音频技术与录音艺术译丛

音频工程师手册 第5版

HANDBOOK FOR **SOUND ENGINEERS**

[美] 格伦 · M.巴卢(Glen M. Ballou)◎编著 朱伟◎译

人民邮电出版社
北京

图书在版编目（CIP）数据

音频工程师手册 : 第5版 / (美) 格伦·M.巴卢
(Glen M. Ballou) 编著 ; 朱伟译. -- 北京 : 人民邮电
出版社, 2024.4
（音频技术与录音艺术译丛）
ISBN 978-7-115-60202-2

Ⅰ. ①音… Ⅱ. ①格… ②朱… Ⅲ. ①音频设备－电
声技术－技术手册 Ⅳ. ①TN912.2-62

中国版本图书馆CIP数据核字(2022)第183975号

◆ 编　著　[美] 格伦·M.巴卢（Glen M. Ballou）
　译　　　朱　伟
　责任编辑　黄汉兵
　责任印制　马振武
◆ 人民邮电出版社出版发行　　北京市丰台区成寿寺路 11 号
　邮编　100164　　电子邮件　315@ptpress.com.cn
　网址　https://www.ptpress.com.cn
　三河市中晟雅豪印务有限公司印刷
◆ 开本：889×1194　1/16
　印张：75　　　　2024 年 4 月第 1 版
　字数：2880 千字　　2024 年 4 月河北第 1 次印刷
著作权合同登记号　图字：01-2010-6518 号

定价：899.00 元

读者服务热线：(010) 81055493　印装质量热线：(010) 81055316
反盗版热线：(010) 81055315
广告经营许可证：京东市监广登字 20170147 号

内容提要

《音频工程师手册（第 5 版）》是一本经典、全面的音频参考书。这本书涵盖了音频的各个方面，包括声音与声学概论、声学、电子元器件、电声设备、声频电子电路与设备、记录与重放、设计应用和测量等 8 大部分，共 50 章。

第 5 版有了很大幅度的更新，并增设了 4 个全新的章节，包括音质的主观评价方法、生理声学—听力障碍—听力保护、教堂声学与音响系统考量和电影中的环绕声。

声音与声学概论部分讨论了声频和声学的历史与现实、音质的主观评价方法、心理声学—听力障碍—听力保护以及声频和声学基础。

声学部分探讨了小型房间的声学问题、噪声控制、室内声环境处理、大型厅堂和音乐厅的室内声学基础、教堂声学与音响系统考量、露天体育场和室外场所、电影中的环绕声以及声学模型与可听化处理。

电子元器件部分介绍了常见电子元器件、声频变压器、电子管、分立固态器件和集成电路、热沉和继电器、导体和电缆传输技术以及光纤传输技术。

电声设备部分讨论了传声器、扬声器以及阵列的设计。

声频电子电路与设备部分探讨了电路保护与电源、放大器设计、前置放大器与混音器、衰减器、滤波器与均衡器、延时器、调音台、DAW 与计算机以及声频输出仪表和仪器。

记录与重放部分介绍了模拟唱片重放、磁记录与重放、MIDI 以及声音重放和记录的光盘格式。

设计应用部分讨论了 DSP 技术、接地与接口、系统增益结构、音响系统设计与计算机辅助设计、基于语言可懂度的设计、虚拟系统、数字声频接口与网络化、个人返送监听系统、信息转发器、博物馆与旅游导览系统、语音教学和群发信息系统、同声传译和流动系统、助听系统、内部通话系统以及显示技术基础。

测量部分介绍了测试与测量以及测量基础与测量单位。

本书适合声音与声学领域的师生、音频产品设计师、音频工程师、录音相关专业师生和从业人员、音响爱好者等阅读。

资源获取方法

本书资源为原书中所附参考资料、参考文献等资料。

方法 1

扫码关注“信通社区”公众号，输入关键词 60202 获取资源下载链接（网盘）。

方法 2

进入信通社区网站，输入本书书名进行搜索，然后在本书图书页面“资源”栏中获取下载链接。

https://book.cww.net.cn/

译者简介

朱伟

中国传媒大学音乐与录音艺术学院教授，音乐与录音艺术学院学术委员会主任。主要开展录音声学及数字声频技术等方面的理论研究工作。

1981 年就读于北京广播学院无线电工程系电视发送专业，1985 年在北京广播学院广播技术研究所攻读通信与信息系统专业广播声学与电声学方向硕士研究生。

1988 年留校，先后在北京广播学院广播技术研究所电声教研室、中国传媒大学影视艺术学院录音系和音乐与录音艺术学院任教。此间承担了《录音技术》《数字声频原理》《声频与声学测量》《扩声技术》等课程的教学任务。

主持完成了十余项部级和学院科研项目；主持编写了《录音技术与艺术丛书》，另外还出版《音频测量技术》《数字声频测量技术》《扩声技术》《录音技术》等多部专著，并翻译出版了《音响系统设计与优化》等多部专业图书。

译者序

《音频工程师手册（第5版）》（8篇共50章）于2015年由Focal press出版发行，该手册仍由第4版的Glen Ballou先生担任主编。

《音频工程师手册（第5版）》相对于第4版有了较多的内容更新。此版增设了4个全新的章节，即：音质的主观评价方法（第2章）、生理声学—听力障碍—听力保护（第4章）、教堂声学与音响系统考量（第10章）和电影中的环绕声（第12章）。

这次，该手册又邀请了新作者来撰写手册原有的6个章节，这6个章节分别是：露天体育场和室外场所（第11章），扬声器（第21章），放大器设计（第24章），前置放大器与混音器（第25章），音响系统设计（第38章）和信息转发器、博物馆与旅游导览系统、语音教学和群发信息系统（第44章）。

手册的第5版与第4版之间有近6年的时间间隔，其间音响领域中的有些分支发展变化非常大，因此新版手册在原有章节内容中修改、增加了新的内容和新技术的介绍，比如数字传声器、声频网络协议、声音节目的响度计量等，尽管有些章节的作者仍是上一版的作者，但是都对内容做了不同程度的更新。

由于手册篇幅巨大，在手册第4版的中文版尚未出版时，手册的第5版也已发行，考虑到技术内容的更新因素，译者于2017年初与出版社商定，开展手册第5版的翻译工作。第5版的全部章节由朱伟翻译完成，其中部分内容参照了中文第4版的译稿（未发行），在此对参与翻译手册第4版的冀翔博士（第4版的第8章“露天体育场和室外场所”、第17章“扬声器”和第18章“扬声器组及阵列设计”）和通信与信息系统专业俞佳博士（第4版的第1章“声频和声学DNA”）深表谢意。

鉴于时间仓促和译者的知识面有限，部分章节的翻译内容难免有不够专业之嫌，在此恳请读者谅解，并欢迎大家提出宝贵意见，以便今后再版时予以改正。

朱伟

前言

第 1 版《音频工程师手册》于 1987 年出版，当时它的副标题定名为“声频百科全书”，因此那些熟悉 Howard Tremain 编写的《声频百科全书》的广大读者马上就意识到这是一版全新的音频百科全书。当 2002 年出版第 3 版时，该书就将副标题省去了，此后各版便以《音频工程师手册》为书名一直延续至今。

自 1987 年以来，我们看到声音和声学领域发生了巨大的变化。虽然如今数字化技术已经以各种形式渗透到了声频领域的各个分支当中，但是模拟系统还是会存在相当长的一段时间。毕竟声音信号本身是模拟的，声波转变成的传声器信号是模拟的，由扬声器传送到我们的耳朵的声波信号还是模拟的。然而，正如 Steve Dove（史蒂夫·达夫）所言，数字化赢了。毫无疑问，随着传声器、电子电路、扬声器和测试设备中新数字电路的引入，它改变了生成、再生和测量声音信号的方法。

《音频工程师手册（第 5 版）》一书由 8 个部分构成，即声音与声学概论、声学、电子元器件、电声设备、声频电子电路与设备、记录与重放、设计应用和测量。

第 5 版相对此前有了很大的更新变化。此版增设全新的 4 章，即：音质的主观评价方法，生理声学—听力障碍—听力保护，教堂声学与音响系统考量，电影中的环绕声。

这次，我们又增加了新作者来撰写手册原有的多章内容，分别是：露天体育场和室外场所，扬声器，前置放大器与混音器，放大器设计，音响系统设计，信息转发器、博物馆与旅游导览系统、语言教学和群发信息系统。

本书还涵盖了信息转发器，同声传译系统，辅助听力系统，内部通话，建模与可听化，环绕声，以及个人监听等内容，这些内容在声频书籍中并不常见。

第 5 版并不是要取代此前 4 版的信息内容。第 5 版将读者引领到数字时代，同时引入了众多新的理念。很多声频专业图书馆将会收藏全部 5 个版本的手册，以及许多其他作者所撰写的专著，这其中就包括：Don 和 Carolyn Davis（戴维斯夫妇），Pat Brown（派特·布朗），Ken Pohlmann（肯·帕尔曼），Bob Cordell（鲍勃·科德尔），Doug Jones（道格·琼斯），Wolfgang Ahnert（沃尔夫冈·达里奥），Stefan Feistel（斯蒂芬·法伊斯特尔），David Miles Huber（大卫·迈尔斯·胡贝尔），Steve Lampen（斯蒂夫·兰彭），Peter Mapp（皮特·马普）和 Craig Richardson（克雷格·理查德森），这些作者都参与了本手册的撰写。

科技领域的作者与读者分享他们用毕生精力钻研所取得的成果。术业有专攻，没有一个人能够通晓声学领域里的所有知识，我十分有幸能特邀了那些在本领域内功成卓著的人士来为本手册撰写他们最擅长的内容。

格伦·M. 巴卢

注册商标鸣谢

本书中所提及的被视为注册商标或服务标识的所有术语列于下文。另外，对疑似是注册商标或服务标识的术语我们也交纳了使用费用。Focal Press 并不能证明这些信息的准确性。在本书中使用的术语将不被认为会对注册商标或服务标识的合法性产生任何影响。

Abffusor 是 RPG Diffuser System，Inc. 的注册商标
Audio Spotlight 是 Holosonic Research Labs，Inc. 的注册商标
AutoCAD 是 Autodesk，Inc. 的注册商标
Beldfoil 是 Belden Electronics Division 的注册商标
Bidiffusor 是 RPG Diffuser Systems，Inc 的注册商标
Biffusor 是 RPG Diffuser Systems，Inc 的注册商标
Boogie 是 Mesa Engineering 的注册商标
C-Quam 是 Motorola，Inc. 的注册商标
Co-Netic® 是 Magnetic Sheild Corp 的注册商标
CobraCAD 是 Peak Audio 的注册商标
CobraNet 是 Peak Audio 的注册商标
dbx 是 DBX Professional Products，AKG，Inc 的商标
Diffractal 是 RPG Diffuser Systems，Inc 的商标
Diffusor 是 RPG Diffuser Systems，Inc 的商标
Dolby 是 Dolby Laboratories Licensing Corporation 的商标
Dolby SR 是 Dolby Laboratories Licensing Corporation 的商标
Electro-Voice 是 Telex Communications，Inc 的产品品牌
Enkasonic 是 Colbond 的注册商标
Fiberglas 是 Owens Corning 的注册商标
Flutterfree 是 RPG Diffuser Systems，Inc 的注册商标
FMX 是 Broadcast Technology Partners 的注册商标
Freon-11 是 E.I. Dupont de Nemours & Co.，Inc 的注册商标
Holophone® 是 Rising Sun Productions Limited 的注册商标
Hot Spot 是 Galaxy Audio 的注册商标
HyMu® 是 Carpenter Technology Corp 的注册商标
InGenius® 是 THAT Corporation 的注册商标
ISO-MAX® 是 Jensen Transformers，Inc 的注册商标
Isoloop 是 3M Company 的注册商标
ITE 是 Synergetic Audio Concepts 的商标
Jensen Twin-Servo 是 Jensen Transformers，Inc 的注册商标
Jensen-Hardy Twin-Servo® 是 Jensen Transformers，Inc 的注册商标
Korner-Killer 是 RPG Diffuser Systems，Inc 的注册商标
LEDE 是 Synergetic Audio Concepts 的商标
Magneplanar 是 Magnepan，Inc 的注册商标
Mumetal® 是 Telcon Metals，Ltd 的注册商标
Mylar 是 E.I. Dupont de Nemours & Co.，Inc 的注册商标
Omniffusor 是 RPG Diffuser Systems，Inc 的商标
OpticalCon® 是 Neutrik AG 的注册商标
OptiFiber® 是 Fluke Networks 的注册商标
PAR是Synergetic Audio Concepts的商标
PCC是Crown International，Inc的注册商标
Performer是Mark of the Unicorn，Inc的注册商标
Permalloy®是B & D Industrial & Mining Services，Inc的注册商标
PZM是Crown International，Inc的注册商标
QRD是RPG Diffuser Systems，Inc的商标
QRDX是RPG Diffuser Systems，Inc的商标
Romex®是General Cable Industries，Inc的注册商标
RPG是RPG Diffuser Systems，Inc的商标
SASS是Crown International，Inc的商标
Scotchguard是3M Co的商标
Series Manifold Technology是Electro-Voice，Inc的商标
Source Independent Measurements是Meyer Sound Laboratories，Inc的商标
Stereo Ambient Sampling System是Crown International，Inc的商标
TEF是Gold Line的商标
Teflon是E.I. Dupont de Nemours & Co.，Inc的商标
Tektronix是Tektronix的注册商标
Time Align是Ed Long Associates的商标
Triffusor是RPG Diffuser Systems，Inc的商标
UniCam®是Corning，Inc的注册商标
Variac是Gen Rad的注册商标
Voice Development System是Musicode的商标

作者简介

Ing. Habil. Wolfgang Ahnert博士，教授

Wolfgang Ahnert 博士 1975 年毕业于德累斯顿，1975—1990 年间，他在柏林的一家工程事务所工作，并于 1990 年成立了 ADA Acoustic Design Ahnert 公司，2000 年成立了 SDA Software Design Ahnert GmbH 有限公司，以提高其在声学和电学应用方面的软件开发能力。2002 年成立了 ADA 基金会，该基金会为高等院校提供声学软件方面的支持，其中就包括 EASE、测量工具 EASERA 和 EASERA SysTune 等应用软件。2006 年成立的 Ahnert Feistel Media Group 对上述活动进行了整合。

1993 年他被授予波茨坦电影与电视学院（Hochschule fuer Film und Fernsehen Potsdam）名誉教授，2001 年被授予莫斯科勒莫勒索夫大学（Lomonossov University）名誉教授。自 2005 年起，他受聘为纽约特洛伊的伦斯勒理工学院建筑学院（Rensselaer Institute for Architecture）客座教授。

1988 年，Ahnert 博士成为声频工程师协会（Audio Engineering Society，AES）会员，1995 年成为 AES 特别会员，2005 年成为美国声学学会特别会员。另外，他还是 German DEGA 和英国声学学会（British Institute of Acoustics）的会员。Ahnert 博士共进行了 65 场科学演讲。

Ahnert 博士是《扩声基础》（*Fundamentals of Sound Reinforcement*，1981 年，1984 年俄文版）以及《扩声——基础与实践》（*Sound Reinforement——Basics and Practice*）（1993 年，2002 年全新英文再版，2002 年中文版和 2003 年俄文版）的作者之一。作为合著作者参与了《音频工程师手册》（*Handbook for Sound Engineer*）第 3 版、*Handbook der Audiotechnik*（2008）和 *Akustische Messtechnik*（2008）德文版部分章节的编撰工作。

Ronald G. Ajemian

Ronald G. Ajemian 是纽约声频研究学院（Institute of Audio Research）的讲师，他在那里执教 30 余年，主讲声频技术方面的课程。Ron 受雇于纽约市的 Switched Services Department of Verizon 长达 32 年，并于近期提前退休。

Ron 先生毕业于 RCA 学院（RCA Institute），也曾就读于纽约布鲁克林的普兰特学院（Pratt Institute of Brooklyn）的电子工程学院。他发表了多篇有关声频电子、电话和光纤方面的论文。

Ron 先生是多个专业组织的成员，其中包括 AES（声频工程师协会）、SMPTE（电影与电视工程师学会）、Telephone Pioneer of America（美国电话先锋者协会）、Communication Wokers of America（CWA，美国通信从业者协会）和 Optical Society of America（美国光学学会）。他是光纤领域的专家，所以有时人们常叫他光纤博士（Dr. FO）。Ajemian 先生还是 NYU（纽约大学）和 AES 的客座讲师，2000—2001 年间曾任 AES 纽约地区的主席，目前他是 AES 标准化任务组 SC-05-02-F 的主席，负责光纤连接方面的标准制定工作，同时还是 AES 声频光纤技术委员会的联合主席。

Ajemian 先生是纽约 Owl Fiber Optics 公司的负责人和咨询人，专门负责有关专业声频 / 视频和广播领域光纤技术的咨询和教学工作。

George Alexandrovich

George Alexandrovich 生于南斯拉夫，曾分别就读于南斯拉夫、匈牙利和德国的学校。到美国之后，他分别在 RCA Institute 和 Brooklyn Polytech 学习，并获得 B.S.E.E（电气工程学士）学位。在 Telectro Industries Crop. 期间，他参加了第一台磁带录音机的设计与研发工作，以及军用电子检测和通信设备的设计研发工作。

他在 Sherman Fairchild 私人研究所从事经营管理工作。在此期间，他与 Fairchild Recording Equipment Corp. 公司合作，设计并制造了唱盘、唱臂、拾音头、调音台和放大器、均衡器、混响室、第一代光敏压扩器、Autoten、Lumiten 压缩器、限制器和一系列遥控声频器件。他还设计了第一台专业多声道便携式调音台、刻盘机和立体声刻录头。他负责设计和制造了VOA（美国之音）的录音设备，以及Johnny Carson，Huntley-Brinkley Newsroom，KNX、KCBS和其他一些广播电台的NBC-TV演播室调音台。

在Stanton Magnetics Inc.公司期间，作为现场工程的副经理和专业产品经理，他负责电唱机唱头的研发。其间他在世界各地举办研讨会、推广会并发表演讲。

George先生是AES的特别会员和前负责人。目前他持有18项声频方面的专利，曾担任电子工业协会（EIA）P8.2标准委员会主席一职。

Ron Baker

Ron Baker是总部位于得克萨斯州达拉斯的一家从事多领域咨询设计公司（Wrightson，Johnson，Haddon和Williams，WJHW）的负责人，主要负责声频设计方面的工作。Ron曾担任世界各地数十个体育场馆的声频工程首席设计师，同时还深度参与了一些大型酒店项目的设计工作。在1972年，Ron以声频系统集成和业务技术人员的身份开始了其在Comcast分公司的工作。1981年，其工作转向了技术咨询，成为Joiner，Pelton，Rose的声频设计师，后来该公司更名为Joiner Rose Group。在此期间，Ron开始为专业体育场馆进行系统设计，并且与设备商合作开发出了更加适合体育场馆市场的产品。他于1990年以首席声频设计师的身份加入了WJHW，继续为众多专业和大专院校的体育场馆设施提供设计解决方案。

Glen Ballou

1958年Glen Ballou毕业于通用汽车学院（General Motors Institute），并获得工业工程专业学士学位，之后加入联合技术公司（United Technologies Corporation）Pratt & Whitney航空部的工厂工程部门。在那里，他为新开发的磁带控制机器工具设计了专用电路，并且负责5 000 000平方英尺的工厂公共扩声和双向通信系统的设计、安装和操作工作。

在1970年，Glen被调到联合技术公司办公室负责技术展示和宣传工作，在那里他设计和安装各部门会议室及礼堂的电气设备、视听系统、音响系统等。另外，他还负责公司展示节目所需要的视听内容和特殊效果的制作。

1980年，Glen被调转到联合技术公司Sikorsky航空部工作，担任市场营销经理一职，在此他负责的工作包括Sikorsky展览和特殊活动规划，以及所有会议室的运作和设计。

从Sikorsky退休后，Glen和他的夫人Debra创办了Innovative Communications公司，这是一家专门从事音响系统设计和安装，以及科技文章写作的公司。

Glen是《音频工程师手册》（*Handbook for Sound Engineers*）一书前4版和第5版的编者/作者。另外他还是CRC出版社出版的《电气工程手册》（*Electrical Engineering Handbook*）一书的主要作者之一。Glen还为《音响与通信》（*Sound and Communications*），《音视频承包商》（*Sound and Video Contractor，S&VC*）和*Church Production*等杂志撰写了许多文章。

他以管理者的身份活跃于AES，曾3次担任论文会议主席，4次担任设备主席，担任过1989年AES年会的副主席和主席，荣获了主席大奖的荣誉。另外他还是SMPTE和IEA会员。

Steve Barbar

Steve Barbar先生有长达25年的专业声频领域从业经历，他一生都沉迷于声音与音频技术当中。在读三年级时，他有了第一台开盘录音机，作为10岁的生日礼物他得到了第一把电吉他，在15岁那年他开始参加乐队演出活动。在就读于马里兰大学（University of Maryland）期间，他加入了学生会的技术部，协助维护电影及公共扩声的声频系统及校园广播电台的广播设备。同时，他还帮助组织了校园音乐会的大型扩声系统租赁工作，并且操作这些系统为许多演员的演出提供音响服务。

1981年，他加入了System Wireless Ltd公司，专门负责大型活动的多通道无线系统和频率规划协调工作。这些大型活动包括艾美奖（Emmy Awards）、格莱美奖（Grammy Awards）、乡村音乐奖（Country Music Awards）、托尼奖（Tony Awards，话剧和音乐剧的各种奖项）、超级碗（Super Bowl）、美国小姐选美大赛（Miss America Pegeant）、自由周末（Liberty Weekend，为期 4 天的盛大庆祝活动）等。另外还包括为诸如 NBC、CBS、ABC、PTL、CBN、USA Today、CNN、NFL Films Walt、Disney、Universal 等电影公司提供设备方面的技术支持。

1984 年他以先进广播产品部门经理的身份加入了 Lexicon Inc.，从事新兴技术——数字声频方面的研究工作。其间他负责 Lexicon 广播级时间压缩系统的研发，该产品荣获艾美奖。另外，他还研发了 Lexicon 480L，这是第一台采用数字化互连的商用信号处理器。并且成为数字混响和全数字化母带处理的行业标准。1989 年，他与 David Griesinger 博士开发出了 LARES——Lexicon Acoustic Reinforcement and Enhancement System(Lexicon 扩声和娱乐系统）这是一种电子化可变室内声学系统。该系统在 1993 年被 Mix 杂志提名为 Tech 奖的候选产品。

1995 年，Barbar 先生成立了 LARES Associates(LARES 联合会），主要是为电子化扩声综合系统提供设计、集成和开发解决方案。另外，LARES Associates 还开展声学、电声学和人类神经学领域的研究工作。从那时起，LARES Associates 已经在全球的音乐厅、歌剧院、艺术展示中心、教堂、体育场、录音棚、排练厅和室外剧场安装了数百套扩声系统。其中就包括 Netherlands Opera(荷兰歌剧院）、Berlin Staatsoper(柏林国家歌剧院）、Royal Danish Opera(丹麦皇家歌剧院）、Bolshoi Theatre(莫斯科大剧院）、Sunset Center(日落中心，卡梅尔巴赫音乐节的主场地）、Milwaukee Symphony(密尔沃基交响乐团）、Indianapolis Symphony(印第安纳波利斯交响乐团）、Millennium Park in Chicago(芝加哥千禧公园）、LDS Conference Center(LDS 会议中心，摩门圣幕合唱团的主场）等。LARES 系统也在许多重大的活动和节日庆典中使用，比如 1998 年在北京故宫举办的普契尼歌剧《图兰朵》的首演，以及以维也纳爱乐乐团演出为主的维也纳音乐节。

他是声频工程师协会（Audio Engineering Society）、美国声学学会（Acoustic Society of America）、声学协会（Institute of Acoustics）和电影与电视工程师学会（Society of Motion Picture and Television Engineers）的会员。他还受邀为这些组织主办会议论坛，发表多篇科技论文并进行主题演讲。另外，他还受邀为 NBC 举办的广播声频技术高级研讨班进行授课；参加了针对 NPR 的立体声技术培训工作坊的工作，同时受邀在众多地区性 AES 会议上和大学里进行主题演讲。

Alan C. Brawn CTS，ISF，ISF-C

Alan C. Brawn 是 Brawn Consulting LLC 的主要负责人，该公司是一家主要开展视听咨询、教育开发和市场资讯业务的公司，所涉及的资讯内容主要来自国内业界的主要产品生产厂家、分销商和集成商。他是 Telanetix 的前董事长，之前还担任三星电子的国内业务开发和产品市场经理。

Alan 是具有 30 余年从业经验的 AV 行业资深人士，他是 Hughes-JVC 的创办者之一，之后还从事多年的 AV 系统集成公司的管理工作。他是知名的 AV 行业杂志和时事通信作者，这些杂志包括有 *Systems Contractor News*，*Digital Signage Magazine* 和 *AV Technology*。

Alan 是影像科技基金会（Imaging Science Foundation）的成员，ISF Commercial 的总经理，拥有 CTS 认证资质，是 InfoComm 资深会员、是制定行业新对比度标准的 ANSI Projected Image Task Group(投影任务组）召集人。同时，Alan 还是信息显示学会显示计量国际委员会的会员，是数字标牌专家组（Digital Signage Experts Group）的负责人，该机构是数字标牌行业负责认证的专门机构，数字标牌联盟（Digital Signage Federation）的前主席。2011 年他荣获 InfoComm Volunteer 年度大奖。在 2004 年，他被 rAVe 接纳为专业 AV 名人堂（Pro AV Hall of Fame）成员。

Pat Brown

Pat Brown 于 1978 年毕业于路易斯维尔大学，并获得电子工程技术学士学位。因其具有音乐人、音响技术人员、零售乐器店店主、承包商和咨询师等身份，故其对声频领域的各个方面都很熟悉。他是 Don Davis 创立的 SynAudCon 这一声频传奇机构的助教。自 1996 年开始，Pat Brown 与他的妻子 Brenda 开始经营和运作 SynAudCon，并从事声频领域的培训工作。作为 SynAudCon 的主讲教师，Pat 将自己掌握的复杂技术主题方面的知识通过多媒体展示的手段以人们易于理解的方式分享给业内人士。SynAudCon 提供针对个人和基于网络平台的技术培训，该公司被认为是声频教育行业的排头兵。

Pat Brown 为几家出版机构撰写过专业性技术文章，为 Glen Ballou 主编的《音频工程师手册》（*Handbook for Sound Engineer*）第 3 版编写了 2 章的内容，为第 4 版编写了 3 章内容，为第 5 版编写了 4 章内容，并与他人合著了《音响系统工程》（*Sound System Engineering*）第 4 版。他将 SynAudCon 的网络培训课程打造成全面的“教科书”，使其能够通过动画和多媒体展示手段来解释一些复杂的概念。

2005年，Pat被推选为NSCA“年度教育工作者”，于2011年荣获NSCA的“Mover and Shaker”奖，2012年荣获“Peter Barnett”奖。

SynAudCon为Kennedy Space Center（肯尼迪航天中心）、Disney World（迪斯尼大世界）、Sea World（海洋大世界）、IMAX、Purdue University（普渡大学）、the US military（美国陆军）和许多声频集成商及制造商开办了专门的研讨会。Pat主讲的研讨会足迹遍布欧洲、中东、非洲、亚洲、南美洲、大洋洲及北美洲等地。

Pat和Brenda还创办了第二个公司——Electro-acoustic Testing Company（ETC，电声测量公司）。ETC公司开展扬声器测量业务，并取得用于房间声学建模所需的数据文件。该公司是美国第一家开展这类业务的公司。该公司测量了数十个厂家生产的数百款音箱，它所积累的经验使得Pat能够提出对大量行业标准产生影响的方法和技术指标。

Dominique J. Chéenne，Ph.D.INCE

1979年Dominique J. Chéenne来到美国，开始从事C&C的咨询工作，主要是针对建筑声学和环境噪声控制方面开展专门的实践咨询业务。他还拥有内布拉斯加大学林肯分校（University of Nebraska-Lincoln）的电机工程学硕士和博士学位。另外，他还取得了法国卡昂大学（University of Caen）的本科学士学位，以及工业控制系统领域的继续教育资质认定。1995年，Chéenne博士入职芝加哥哥伦比亚学院（Columbia College Chicago），目前正在声频艺术与声学技术系（Audio Art & Acoustics Department）指导研究声学编程方面的课题，并被聘为该系终身制正教授（Full Professor）。

自从C&C Consultants公司成立以来，它已经为美国的数百个项目提供了设计咨询服务，项目包括个人住宅、表演艺术空间、学校、办公室、工厂，以及当地、州和联邦政府设施。公司有数以百计的客户，涵盖建筑、工程技术、研发和律师事务所等领域，其业务横跨17个州和3个国家。C&C Consultants公司由Lincoln（NE）和Chicago（IL）运营。

作为Partage Group LLC的成员，C&C Consultants公司自1979年便开展业务活动。公司并不为任何生产商及其产品代言，并不提供源于佣金和产品销售的收入数据，仅仅是在项目实施上体现出业主的利益。公司的设计和解决方案是基于坚实的科学理论以及数十年的从业实践经验做出的，同时还会考虑成本、管理和美学方面等因素。

从最初的现场勘测到性能核验，C&C Consultants公司在设计过程的各个阶段均采用当前最高水平的工具。公司的业务宗旨就是凭借自身的能力和经验，以优异的设计和可测量的结果来满足各类客户的需求。

Joe Ciaudelli

Joe Ciaudelli负责Spectrum Affairs的业务，其工作是为Sennheiser USA提供咨询服务。他毕业于哥伦比亚大学，并获电子工程学位。1987年，Joe受雇于Sennheiser，为百老汇制作产业、大型主题公园和广播网使用的大型多通道无线传声器系统提供频率规划服务。他所编写的Turbo-RF软件已成为时间规划工具的行业标准。此外，他还撰写了白皮书文献“大型多通道无线传声器系统”，刊发于业内行业期刊、NAB和InfoComm会议纪要及*Handbook for Sound Engineers*本书中。Joe在Sennheiser USA拥有多个头衔，其中包括：市场经理、市场开发和教育经理，以及高级项目和工程经理。另外，他还拥有窄角度全息技术方面的多项专利。

Bob Cordell

Bob Cordell是一位从事声频领域工作长达四十余年的电子工程师。他的职业生涯始于Bell Laboratories（贝尔实验室），在贝尔实验室期间他设计了线性集成电路和光纤通信系统。Bob是一位在放大器、声频测量设备、音箱和其他声频器件领域的全能设计师。1983年，他公布了采用垂直功率MOSFET结合误差校正的功率放大器设计方案，该放大器在20kHz时的失真电平低于0.001%。Bob先生在大众媒体和AES杂志上发表了有关功率放大器方面的论文。目前他拥有17项专利，包括一项针对扬声器的“Equalized Quasi Sealed System（EQSS，均衡的准闭箱系统）”。2010年，他编写了《声频功率放大器设计》（*Designing Audio Power Amplifiers*）一书，该书由McGraw-Hill出版社出版。Bob是JAES Review Board的成员，同时负责维护一个声频发烧友网站。

Tom Danley

自孩提时代开始，Tom Danley 便对无线电、电子技术、音箱和“高保真设备”等产生了浓厚的兴趣。1979 年，他入职 Intersonics Inc 公司，这是一家开展声学悬浮业务的 NASA 硬件承包商。Tom 最初的发明之一便是悬浮声源，该声源的效率比之前使用的 St. Clair 声源高出 100 多倍。

在 Intersonics 工作期间，Tom 在声学和电磁学 levitation 器件方面共取得了 17 项专利，同时发明了 Servodrive 重低音扬声器、消除功率压缩的风冷系统，以及用于 Phoenix Cyclone 的 Rotary 驱动单元。除了这些发明之外，Tom 还设计并制造了用于航天飞机 STS-7 和 STS-51a 上的大部分硬件。

2005 年，Tom 和 Mike Hedden 成立了 Danley Sound Labs。自 DSL 成立至今，他研发出了：

- Synergy Horn（Synergy 号筒），该号筒是 Unity Horn（单位号筒）的改进版号筒，它将波形和辐射特性维持为单一声源的情形。
- Tapped Horn（Tappe 号筒），这是一种由辐射器的两个侧面构成的低频号筒配置，它比具有类似截止特性的普通低频号筒的外形尺寸小。
- Paraline，这是一个将点声源（压缩式驱动单元）转变为最短物理深度“线声源”的声学透镜。
- Shaded Amplitude Horn，这是一种可对幅度与角度间关系进行调整的技术，它可让点声源取得与线声源相等或更低的 SPL 滚降与距离关系特性。
- layered combiner（叠置混合器），这是用在 DSL 的 J4 产品上，将 64 个压缩式驱动单元组合在一个号筒中的器件。

Tom 在 AES（Audio Engineering Society），ASA（Acoustics Society of America）上发表论文，并被邀请在会议上宣读，同时他还参加了在 Jet Propulsion Labs 和 NASA HQ 举办的有关声学和电磁悬浮方面的会议，并主持了在 Hague 由国际空间研究委员会（International Committee on Space Research）举办的有关电磁悬浮稳定化为主题的会议。

Tom 是早期的 TEF-10 用户之一，这要感谢其老板的慧眼，派他多次参加 SynAudCon 研讨会和 AES 会议。

Don Davis和Carolyn Davis

Don Davis 和 Carolyn Davis 夫妇二人组成了声频和声学行业特有的夫妻团队，这始于 1951 年与印第安纳州拉菲特的“Golden Ear”（金耳朵）商店的合作，这家商店主要销售顶尖的高保真音响设备，2014 年，他们迎来了结婚 65 周年纪念日。1955 年他们将经营的 3 个商店卖掉，开始了他们长达 3 个月的欧洲之行，为的是检验他们的保时捷车在欧洲汽车拉力赛中的表现。欧洲之行归来，他们在位于波士顿的 Christian Science Church 工作至 1958 年。之后再次回到欧洲，入手了另一辆保时捷，他们在布鲁塞尔世界博览会上观察到有关音响设备的展示并不多。回到美国后，他们说服国务院让其作为当时美国制造的顶级高保真设备的代表去参加世博会，随后他们与两个朋友一道再次返回欧洲，并在世博会的 Pavilion Theatre（Pavilion 剧院）展示了实况录音与重放的音响效果。正是这次早期的旅行导致其在接下来的一年里出行国外多达 22 次。

第二次出行归来后，Don 便成了位于阿肯色州 Hope 市的 Paul Klipsch 公司的执行副总裁，在那里他得以实现了 Klipsch 与 Associates 的合作。在 1959 年，Don 前往 Altec Lansing 公司工作，并最终成为公司的副总之一。其间与他人共同发明了 1/3 倍频程均衡器系统，并为其承包商进行了先进系统设计和均衡器使用方面的培训。

1973 年，Don 和 Carolyn 夫妇二人成立了 Synergetic Audio Concepts 公司，主要是为了满足声频行业不断增长的扩声基础方面需求而开展的培训工作。他们在均衡、语言可懂度和录音技术方面的工作为专业培训和研讨的发展提供了有力的支持。到 1995 年他们将 Syn-Aud-Con 交给 Pat 和 Brenda Brown 为止，Don 和 Carolyn 已经为 1 万多家音响承包商、设计事务所和咨询公司承办了教学培训活动。

Don 和 Carolyn 共著有 3 部专著，它们分别是 1965 年出版的《声学测试与测量》（*Acoustical Tests and Measurements*）；1968 年与 Alex Badmaieff 合著的《如何制作音箱》（*How to Build Speaker Enclosures*），（该书销售已超过 20 万册）；《音响系统工程》（*Sound System Engineering*），（1973—1975 年为活页装订版，1975 年出版了该书的平装版，2013 年该专著已出版至第 4 版）；2004 年出版的《如果声音差到足以致命的话，那么声频就是死因》（*If Bad Sound were Fatal，Audio would be the leading cause of Death*）一书（书中包含了 23 年来 Newsletters 的一些非技术性评论摘要，并包含他们参与运动赛车的一些个人经历，比如 Don 是如何取得 FIA 颁发的国际竞赛执照的，以及 Carolyn 是如何决定参加 Gunsight 学校的射击培训班的，二人如何与学校的创办者 Col. 和 Jeff Cooper 建立友谊的）。在与声频和声学研讨班的毕业生的通信交流过程中，他们创办了季刊 Newsletter。Newsletter 中不但有大量的技术方面信息，而且还含有将教师和毕业生紧紧联系在一起的作用——它已成为致力于改变行业发展的师生联谊季刊。

他们将自己的精力倾注于音响系统工程方面的著书立说。声频行业十分认可他们所做的努力，认为今天我们欣赏到良好的音质与他们的努力是分不开的。Don 和 Carolyn 都是 AES（Audio Engineering Society）的会员，并且荣获多个声频行业奖项，其中包括有 USITT 颁发的音响设计与技术卓越成就奖（Distinguished Award in Sound Design and Technology）。Don 具有美国声学学会颁发的金质认证资质，并且是 IEEE 的高级会员。Don 和 Carolyn 荣获 1999 年的 Heyser 奖，以及 2010 年由 InfoComm International 颁发的 Adele De Berri Pioneers of AV 大奖。

Steve Dove

Steve Dove 是英格兰牛津郡人，经多次辗转现定居在美国宾夕法尼亚州。他设计过各种类型的调音台，有电子管调音台，也有带 DSP 的调音台，以及插件式调音台。

凭借着早年间对 ICs 所做的尝试，他最初是位电线工（后来因为他的焊接让人感到害怕就被解雇了），之后便成为广播、电影和录音调音台主要生产厂家 Alice 的设计师和经理。与此同时，他还为世界上著名的摇滚乐队、剧院和录音棚提供工程和声学方面的技术支持。

作为一位设计咨询人员，他的客户包括有 Sony Broadcast，Shure Bros.，Solid State Logic，Altec Lansing，Clair Bros.，Harman/JBL，Crest 和 Peavey。如今他是广播和信号处理设备制造商——Wheatstone 公司算法部门的负责人。

他撰写了大量的著作和文章，并且还有许多创新性的设计技术和获奖产品，如今他是极少的几位设计过大型模拟和数字调音台的设计师之一。

Dipl.-Phys. Stefan Feistel

Stefan Feistel 在德国的罗斯托克大学（University of Rostock）和柏林洪堡大学（Humboldt University of Berlin）学习物理，他于 2004 年毕业并取得理论物理学硕士学位。2013 年，他在 RWTH Aachen University 学习期间，凭借有关音响系统计算机建模的博士论文荣获博士学位。

2000 年，他与 Wolfgang Ahnert 一道创办了 SDA Software Design Ahnert GmbH 有限公司，该公司专门从事声学建模和测量软件的开发。在 2002 年，非营利组织 ADA Foundation（ADA 基金会）成立，用以支持大专院校使用诸如仿真软件 EASE 和测量工具 EASERA 开展科研和教学工作。为了协调所有这些活动，Ahnert Feistel Media Group（Ahnert Feistel 传媒集团，AFMG）在 2006 年成立。Stefan Feistel 是 AES、ASA 和 DEGA 的会员。

Feistel 先生撰写、合作撰写了 60 余篇论文，文章主要阐述软件研究的内容。在 JAES 上发表的关于“Methods and Limitation of Line Source Simulation”（线声源模拟方法及其局限性）一文获得 2010 年 AES Publications 奖项，因此而备受人们的关注。Stefan Feistel 是《现代高分辨率音响系统声辐射建模》（*Modeling the Radiation of Modern Sound System in High Resolution*）一书的作者，并与他人合著了由 M.Möser 主编的 *Messtechnik der Akustik* 和由 Glen Ballou 主编的《音频工程师手册》（*Handbook for Sound Engineers*）等专著。

Ralph Heinz

作为 Renkus-Heinz 奠基人和总裁 Harro Heinz 的儿子，可以说 Ralph Heinz 是为设计扬声器而生。他以自己机械工程与制造方面的学习背景加入了父亲的公司。自 1992 年以来，Ralph Heinz 便成为 Renkus-Heinz 的扬声器主设计师。其主要成就包括研发了公司的专利技术产品——Complex Conic 和 Co Entrant 波导和换能器。近来，Ralph Heinz 将关注点转移到“可控”线阵列上面，并将这一新技术的基本原理应用到了 Renkus-Heinz 的 Iconyx 系列音箱上面。

Ralph Heinz 与他的妻子和两个儿子现定居在加州的 Norco。除了设计音箱之外，他还酷爱摄影和音乐。

David Miles Huber

David Miles Huber 曾经三次荣获格莱美电子舞曲和环绕声类提名奖的制作人和音乐人，他制作的音乐唱片销售量达数百万张。其风格是通过丰富的节奏和现场演奏声学乐器的结合表现音乐的动机和平衡感，给人“禅宗满足技术的体验”。

DMH 取得了 Indiana University（印第安纳大学）和英格兰吉尔福德的 University of Surrey（萨里大学）的音乐技术学位。其最著名的专著《现代录音技术》（*Modern Recording Techniques*）已被视为录音行业标准的教科书。

Doug Jones

Doug Jones 是美国哥伦比亚学院（Columbia College）声频艺术和声学系的创办者和声学系名誉退休教授。他在世界六大洲一直从事声学方面的咨询工作，开展的项目既有发展中国家的电台项目，也有享誉国际的录音棚项目。他现在还期待着在南极举办火爆的演出！

Doug 是《宗教场所的音响》（*Sound of Worship，Focal Press 2010*）一书的作者，该书阐述了神学与礼拜场所空间声学的关系。

Doug 先生还是位录音棚的音乐人、工程师和制作人，并有许多专辑获奖。他平时会参加美国芝加哥地区众多乐队的演出，而且每周都会参加爱尔兰乡村音乐的音乐演出活动。

Doug 目前任职于 Danley University，是 Danley Sound Labs 的教育负责人，同时还负责产品开发和技术支持方面的工作。

Doug 是美国声学学会（Acoustical Society of America，ASA）和声频工程师协会（Audio Engineering Society，AES）会员。

S. Benjamin Kanters

S. Benjamin Kanters 就职于 Columbia College Chicago（芝加哥哥伦比亚学院），是该院的副教授和声频艺术和声学系的副主任，负责声频设计和节目制作方面的教学，承担包括录音技术、声频理论和生理声学等课程的教学任务。

在来哥伦比亚学院之前，他曾在声频和音乐行业工作了 20 年，其中在美国西北大学音乐与通信学院工作了 14 年，任职声频方向的兼职教授。20 世纪 70 年代，他是芝加哥地区音乐厅俱乐部 Amazingrace 的合作伙伴和音响工程师。到了 20 世纪 80 年代，他成为 Evanston 的 Studiomedia Recording Company 的合作伙伴和主管工程师。

自从 2000 年开始开展生理声学方面的研究以来，他就一直从事此领域的研究工作，其中包括听力保护方面的研究。在 2007 年，他成立了 Hearing Conservation Workshop（听力保护工作室），并走入大专院校给未来的声频和音乐行业专业人员讲授听觉感知方面的知识。近来，他受邀给声频领域的学生和专业人员讲授听力学的理论知识，为他们介绍有关听力健康及保护方面研究的新成果。

他拥有美国西北大学语言学理学学士学位，以及美国西北大学音乐技术的音乐学学士学位。Benj 是 AES（Audio Engineering Society，声频工程师协会）、National Hearing Conservation Association（国家听力保护协会）和 Performing Arts Medicine Association（表演艺术医学协会）的会员。他还是美国西北大学的 Hugh Knowles 听力中心和听力及语言恢复基金会的顾问委员。

Wayne Kirkwood

Wayne Kirkwood 的声频生涯始于 8 岁，当时别人送给他一台磁带录音机。在随后的圣诞节里，他又收到另一件礼物，这是一套 Radio Shack “50 合 1” 的 Science FairTM 配套元件，由此他便中断了自己的录音生涯，对声频电路设计发生了浓厚的兴趣。Kirkwood 先生是自学成才的，其自年轻开始便在录音和广播行业工作。他主办了广受业内人士欢迎的 Pro Audio Design Forum（专业声频设计论坛），在论坛上展示了自己和他人在录音和母带处理方面的电路设计成果。Kirkwood 与他人合作为 THAT Corporation 写了几篇应用备忘录，并与 Rosalfonso Bortoni 合作写了一篇 AES 论文“48V 幻象电源的副作用”。

Kirkwood 先生开玩笑说：“我尤其喜欢研究些 Phantom Menace（幻象供电威胁）方面的

事儿，因为这给了我通过输入电容器上存储的电荷确认各种故障模式的机会。我从这些项目中获得了许多乐趣。”作为研究的一部分成果，Kirkwood 先生设计出了幻象耐受型无输入电容器的有源传声器前置放大器。

Steve Lampen

Steve Lampen 在 Belden 公司工作了 23 年，目前任职该公司的多媒体技术主管，同时兼任娱乐产品部的产品线经理。在加入 Belden 之前，Steve 的从业经历十分广泛，主要从事无线广播工程与安装、电影制作和电子产品销售等方面的工作。Steve 拥有 FCC 颁发的终身通用许可证（Lifetime General License）（之前是第一类 FCC 许可证），并且是 SBE 认证的广播无线电工程师。在数据应用方面，他是 BICSI 注册的通信传输设计师。在 2010 年，它被全国系统承包商协会（National System Contractors Association，NSCA）授予“Educator of the Year”（年度教育工作者）称号，2011 年被广播工作者学会（The Society of Broadcast Engineers）授予“Educator of the Year”称号。他编著了《音视频线缆安装者指南口袋书》（*The Audio-Video Cable Installer's Pocket Guide*），由 McGraw-Hill 出版。他的邮箱是：steve.lampen@belden.com。

Peter Mapp，BSc，MSc，FIOA，FASA，FAES，CPhys，CEng，MinstP，FinstSCE，MIEE

Peter Mapp 是 Peter Mapp Associates 的负责人，这是一家总部位于英格兰曼彻斯特的声学咨询公司，该公司专门从事室内声学、电声学和音响系统设计领域的工作。他拥有应用物理荣誉学士学位和声学硕士学位。另外，他还是声学协会（Institute of Acoustics），美国声学学会（Acoustical Society of America）和声频工程师协会（Audio Engineering Society）会员。

Peter 的专长是预测和测量语言可懂度，在欧洲和美国他发表了大量有关此方面的论文。目前他在英国和国际标准化委员会负责音响系统设计和语言可懂度方面的工作。

Peter 负责设计和调试的音响系统有 500 多个，这些学院分布在音乐厅和剧院、礼拜堂和大教堂，以及其他一些宗教建筑设施、室内运动场、体育馆、发电站和交通枢纽站等。此外，他还在分布式扬声器系统及分布式扬声学院在扩声中的应用等方面做了大量的研究工作，并且名声显赫。

Peter 是声频技术新闻的主要定期撰稿人，撰写了 100 余篇文章。另外他还是国际上出版的大量专业参考文献的主要作者，其中就包括《扬声器手册》（*Loudspeaker Handbook*）。目前，他担任着 AES 语言可懂度国际工作组主席和 IEC 60268-16 的会议召集人等职务，该 IEC 标准是有关 STI 和语言可懂度测量的标准。

Hardy Martin

Hardy Martin 是名副其实的音乐天才，他在许多乡村和摇滚乐队中担任吉他手。他是美国音乐人联合会（American Federation of Musicians）的终身会员。

凭借着自己通过音频产品学到的丰富知识，Hardy 成立了自己的公司，1965—1978 年间开始为录音棚、电台和电视制作部门、产品展厅等设计和制造调音台。

1978 年，他加入了 Innovative Electronic Designs，LLC（IED）公司，他是该公司的创办者之一，并且担任公司的总裁直至 2008 年。

Steven McManus

Steven McManus 1990 年毕业于英国的爱丁堡大学（University of Edinburgh），并获得电气与电子工程工学学士学位。在这段时间里，他还参与了邓迪大学（University of Dundee）的计算机辅助导航和规划项目。

他早期致力于录音工作，之后进入到制作和安装公司并工作了 8 年。在返回到赫瑞 - 瓦特大学（Herriot-Watt University）进一步深造编程课程之后，Steve 于 1999 年移居美国。

他在 Gold Line 公司的 TEF 部门工作了 6 年，主要从事软件和硬件的开发工作。目前他在马萨诸塞州的 Teledyne Benthos 任职，从事水下声学通信和导航系统的研发工作。

Ken C. Pohlmann

Ken C. Pohlmann 广泛开展有关声频新技术的研发及测试工作。目前他以技术顾问的身份为声频和汽车制造商提供数字声频产品和音响系统开发服务及音质评价专业咨询服务，同时他还是技术专利诉讼的专家、证明人。他的一些咨询客户包括：Alpine Electronics（阿尔派电子）、Analog Devices（美国模拟器件）、Apple Computer（苹果计算机）、Bertlesmann Music Group（Bertlesmann 音乐集团）、Blockbuster Entertainment（百视达娱乐）、BMW（宝马公司）、Canadian Broadcasting Corporation（加拿大广播公司）、Cirrus Logic（凌云逻辑）、DaimlerChrysler（戴姆勒克莱斯勒集团）、Eclipse、Ford（福特汽车）、Fujitsu Ten（富士通天）、Harman International（哈曼国际集团）、Hewlett-Packard（惠普公司）、Hughes Electronics（休斯电子）、Hyundai（现代集团）、IBM、Kia Motors（起亚汽车）、Lexus（克莱斯勒）、Lucent Technologies（朗讯科技公司）、Microsoft（微软）、Mitsubishi Electronics（松下电器）、Motorola（摩托罗拉）、Nippon Columbia（日本哥伦比亚）、Onkyo America（美洲安桥）、Philips（飞利浦）、Real-Networks、Recording Industry Association of America（美国唱片工业协会）、Samsung（三星）、Sensormatic、Sonopress、Sony（索尼）、SRS Labs、TDK、Time Warner（时代华纳）、Toyota（丰田）和 United Technologies（联合科技）。

Ken 是美国佛罗里达州科勒尔盖布尔斯的迈阿密大学（University of Miami）名誉教授，并且是该校的终身教授，以及弗罗斯特音乐学院（Frost School of Music）音乐工程技术系的系主任。他最先开设的本科生和研究生课程有数字声频、高级数字声频、网络声频、声学与心理声学和演播室制作等。1986 年，他在美国音乐工程技术专业创建了首个硕士学位授予点。Pohlmann 先生拥有伊利诺伊大学厄巴纳香槟分校（University of Illinois in Urbana-Champaign）颁发的电气工程学士和硕士学位。

Pohlmann 先生是《数字声频原理》（*Principles of Digital Audio*）一书的作者，目前该书已出版至第 6 版，先后被翻译为荷兰语、西班牙语和中文版本。另外他还是《激光唱片手册》（*The Compact Disc Handbook*）的作者，目前该书出版至第 2 版，曾被翻译成德文；同时他还与他人合作编写了《声学手册大全》（*The Master Handbook of Acoustics*）（第 6 版，McGraw-Hill）、《录音棚建造》（*Sound Studio Construction*）（第 2 版，McGraw-Hill）、《新媒体概论》（*Writing for New Media*）（Wiley & Sons）等书。此外，他还是《高级数字声频》（*Advanced Digital Audio*）（Howard W. Sams）的合编著者之一。1982 年以来，他为声频杂志撰写了 3000 余篇文章，并且是《视听》（*Sound & Vision*）杂志的特约编辑、专栏作家和博客版主。

Pohlmann 先生担任过 1989 年多伦多举办的 AES 数字声频国际会议主席，1997 年在西雅图举办的协会有关互联网国际会议的联合主席等职。他两次荣获 AES 颁发的 AES 协会主席大奖（AES Board of Governor's Awards）（1989 年和 1998 年）。1990 年，AES 因其编写专著、推动声频工程领域教育工作开展等贡献，而授予其 AES 高级会员资格。1984 年，他担任 AES 年会论文主席。1991 年，他被推选为 AES 理事会成员。1993 年，他担任 AES 年会的论文联合主席。1993 年，他成为 AES 美国东北部和加拿大地区的副主席。在 1992 年，他荣获迈阿密大学为教学成就卓著者颁发的 Miami Philip Frost 奖。2000—2003 年间，他被推选为全美公共广播传送 / 互联委员会（National Public Radio Distribution/Interconnection Committee）的非董事会成员。2000—2005 年间，他被选举为新世界交响乐团（New World Symphony）董事会成员。2009—2012 年，他以创办人的身份，在 SRS Labs 顾问委员会工作。

Ray A. Rayburn

Ray A. Rayburn 是 Sound Frist，LLC 的首席顾问。他是声频工程师协会（Audio Engineering Society，AES）的终身会员，美国声学学会（Acoustical Society of America）荣誉会员。他还是 AES 标准的互连分会及声频连接件工作组的主席。另外，他也是 AES 信号处理技术委员会的成员和前主席，AES 标准委员会“传声器测量和特性标准化”工作组的成员。他是美国国家标准协会（American National Standards Institute，ANSI）/InfoCom 的 Audio Coverage Uniformity（声频均匀覆盖）工作组的创立者之一，目前是 InfoCom 标准委员会谱平衡（Spectral Balance）工作组的负责人。

Ray 拥有纽约理工学院（New York Institute of Technology）颁发的（ASET）职业教育资质，他在声频、电声学和电信领域已有 43 年的从业经历。他在美国伊士曼音乐学院（Eastman School of Music）、声频研究学院（Institute of Audio Research）和 InfoComm 讲授声频方面的课程。他为 Broadway Video、Eurosound、Photo-Magnetic Sound、db Studios 和 Saturday Night Live 等设计了录音系统。他在录音的功力得到了包含费城管弦乐团歌手 Frank Zappa 在内的美国音乐界的认可。他设计的设备包括电影配音设备、磁带复制机、用于证券经纪行业的专用电信设备和聚合物分析仪。他为美国参议院和众议院、怀俄明州参议院和众议院、佐治亚巨蛋、得克萨斯众议院和夏威夷大学（University of Hawaii）特别活动场地等多个场所做过音响系统咨询工作。

Dr. Craig Richardson

Craig Richardson博士是Polycom的Installed Voice Business的副总裁兼总经理。在这样一个角色中，Richardson领导了安装语音产品的开发，并推出了Sound Structure声频会议产品——第一款具备单声道和立体声回声消除器功能的声频会议产品，它可以取得身临其境的与会体验。

在加入Polycom公司之前，Richardson是ASPI Digital的总裁和CEO，该公司主要开发EchoFree ™电话会议产品，用以占领音/视频集成市场。ASPI的产品可让用户体验前所未有的真正双工通信效果，比如远程教学、远程医疗和庭审应用。在2001年，ASPI Digital被统一协作通信领导者的Polycom Inc.公司收购。

在ASPI Digital时，Richardson领导算法开发工作，并以算法开发部经理的身份开展改良的低比特率视频编码器、MELP军用标准语音编码器、数字滤波器产品、计算机电话产品、针对TMS320系列数字信号处理器的声频、图像处理应用的多媒体算法等研发工作。他撰写了大量的论文，也撰写了一些著作的部分章节，并且拥有4项专利，同时还与他人（Thomas P. Barnwell, III和Kambiz Nayebi）合著了《语言编码：计算机实验室教科书》（Speech Coding：A Computer Laboratory Textbook），这是由John Wiley & Sons出版集团出版的佐治亚理工学院数字信号处理实验室系列丛书。

Richardson是工程荣誉协会（Tau Beta Pi），科学研究协会（Sigma Xi）的会员，IEEE的高级会员。他毕业于美国布朗大学（Brown University），并取得电气工程学士学位，之后还取得美国佐治亚理工学院（Georgia Institute of Technology）的电气工程硕士和博士学位。

Gino Sigismondi

Gino Sigismondi是芝加哥人，从1997年开始便在Shure Associate工作，他活跃于音乐与声频行业已有近15年的时间。目前，Gino负责技术培训部（Technical Training division）的工作，他将自己多年来的专业声频从业经验引入到产品培训课程中，并负责Shure的客户、销售商、配送中心和内部人员等管理工作。Gino用了9年多的时间成为了应用工程（Applications Engineering）的成员，协助Shure客户从公司的大量的产品中选取合适产品来应用，同时他还是出版的教育出版物"《个人监听设备的选择与操作》（Selection and Operation of Personal Monitors），《用于音乐教育工作者的声频系统指南》（Audio Systems Guide for Music Educators）和《声频信号处理器的选择和操作》（Selection and Operation of Audio Signal Processors）"的作者。并且，他以"兼职讲师"的身份获得过InfoComm Academy的表彰。

Gino取得了美国埃尔姆赫斯特学院（Elmhurst College）音乐产业的理学学士学位，在校期间他还是一个爵士乐队的成员，在乐队中他扮演着吉他手和音响技工的角色。离开学院之后的几年间，他在芝加哥地区的音响公司和一些当地演出中做现场音响工程师。Gino一直是位活跃的音乐人和音响工程师，为音乐人做入耳监听方面的咨询和培训工作，除了做现场音乐表演之外，他还将自己的事业拓展到了诸如现代舞和教堂音响设计方面。

Jeff D. Szymanski

Jeff D. Szymanski是Black & Veatch Corporation公司的声学工程师，该公司是处在全球领先地位的工程、咨询和建造公司，专门负责全球能源、水力、信息和政府市场的基础设施开发。Jeff的从业经历涵盖声学的诸多领域，其中就包括建筑声学设计、工业噪声和振动控制、环境噪声控制和A/V系统设计。他拥有19年以上的声学制品制造与咨询的从业经验。

Jeff撰写并发表了大量的有关声学和噪声控制方面的文章。他是美国声学学会AES（Acoustical Society of America）的正式会员，同时还是噪声控制工程协会（Institute of Noise Control Engineering）的委员会认证会员。他拥有两项有关声学处理产品的美国专利，是有资质认证的专业工程师。另外他还在空闲时间里担任著名乐队"The Heather Stones"的即兴弹奏吉他手。

Hans-Peter Tennhardt

Hans-Peter Tennhardt出生于1942年德国埃尔茨的安纳贝格县（Annaberg），1962—1968年间，Tennhardt先生就读于德国德累斯顿技术大学（Technical University Dresden）电工系（Department of Electrotechnics）——弱电工程专业（Low-current Engineering）。其研究领域是电声学，师从Reichardt教授。

1968年，Tennhardt先生从TU Dresden的低电工程专业毕业，并取得了电工方向的文凭工程师资质（Diploma'd Engineer），同时在德累斯顿音乐学院（the Academy of Music Dresden）进行基础研究拓展工作。他的毕业论文主题是"城镇规划的模型调查"。

1968—1991年间，Tennhardt先生在柏林建筑学院（Building Academy in Berlin）的建筑与室内声学系（Department Building and Room Acoustics）做科学合伙人，师从Fasold教授。1991年，他升任为建筑学院供热、通风和结构基础工程学院建筑与室内声学系的副主任。

1992年，Tennhardt先生成为斯图加特弗劳恩霍夫研究所柏林分支机构（Frauenhofer Institute Stuttgart，Berlin Branch）建筑物理研究所（Institute of Building Physics，IBP）室内声学组的组长。

此后，他还担任柏林技术大学（Technical University Berlin）建筑物理系的系主任，以及柏林技术大学的建筑维护与现代化学院（Maintenance and Modernization of Buildings，IEMB）特殊建筑和室内声学系的负责人。

Leslie B. Tyler

Leslie"Les"Tyler是THAT公司的董事长，该公司为专业声频领域提供集成电路形式的高性能声频技术解决方案，同时也向民用声频行业颁发知识产权授权。1989年，Tyler先生与来自dbx公司的高级经理和工程师联合创立了该公司。

在THAT公司成立前，Tyler在dbx公司的各个工程技术和工程管理岗位工作了19年，期间担任过工程部副经理和技术部副经理。在dbx公司工作之前，他在Ithaca NY的Pyramid Sound担任了两年的总录音工程师。

Tyler先生拥有3项美国专利。他毕业于Cornell University（康奈尔大学），并取得电子工程学士学位。他会演奏多种乐器，其中尤为拿手的是爵士声学钢琴。

Bill Whitlock

Bill Whitlock生于1944年，8岁时他就做出了电子管电子产品，并在10岁时开办了一家无线电修理店。他成长于美国佛罗里达州，就读于圣彼得堡专科学院（St. Petersburg Junior College），并于1965年以优异成绩毕业于皮内拉斯县技术学院（Pinellas County Technical Institute）。1971年移居加利福尼亚州之前，他曾在EMR/Schlumberger Telemetry，General Electric Neutron Devices和RCA导弹测试项目（RCA Missile Test Project）（在太平洋的一艘船上）等工作中担任过各种工程技术职务。

他的专业声频生涯始于1972年，当时他见到了Deane Jensen，Deane Jensen聘请他为定制调音台Quad-Eight的总工程师。在那里，他开发了Compumix®（开启调音台自动化系统先河的产品），同时还进行了其他多项发明。1974—1981年间，他设计出了自动化声像合成与控制系统、几种剧院音响系统，以及用于Laserium®激光秀制作人的专利性质多声道PCM声频记录系统。1981，Bill担任Capitol Records/EMI的电子研发工程部的经理，任职期间设计出了高速盒式磁带复制机电子部分和其他一些专用声频设备。他于1988年离开了Capitol，加入新的团队，与Deane Jensen共事，为Spatializer Audio Labs和其他一些公司开发硬件。在1988年Deane不幸离世之后，Bill成为Jensen Transformers的总裁兼总工程师，直至2014年他处于"半退休"状态为止。

其具有里程碑意义的论文是关于平衡式接口方面的，论文发表在1995年AES Journal的6月刊上。Bill是AES标准委员会制定AES48-2005标准工作组的前主席和积极分子。多年来，Bill为AES举办了多次专业研讨会和大师班，并为AES学会在世界各地的分会进行过演讲。他对IEC的CMRR测量程序提出了重大的改进意见，其建议在2000年被IEC所采纳。他为众多的杂志撰写文章和开辟专栏，其中就有Mix、EDN、S&VC、System Contractor News、Live Sound、Multi-Media Manufacturer等杂志。自1994年以来，他在行业展销会、Syn Aud Con讲习班、私人公司和包括MIT在内的大学中为数千人进行了有关接地和接口方面的演讲。

Bill 是声频工程师协会（Audio Engineering Society）终身会士，同时还是电气与电子工程师学会（Institute of Electrical and Electronic Engineers，IEEE）的终身高级会士。他拥有的专利包括被 THAT Corporation 购买并用于 InGenius® IC 上的自举式平衡输入级，以及广泛使用的机械和电气平衡规格的 RCA 接口插接件。目前，Bill 作为 Whitlock Consulting 的一员，从事系统故障诊断和模拟电路设计工作。在闲暇时间里，Bill 喜欢旅游、徒步旅行、欣赏音乐和修理老式的无线电收音机和电视机。

Jack Wrightson

Jack Wrightson 是创建 Wrightson、Johnson、Haddon 和 Williams（WJHW）的合伙人之一，这是家总部位于得克萨斯州达拉斯的多学科咨询设计公司，Jack 负责公司的全方面运作。自 1982 年学校毕业以来，他便在 Joiner，Pelton Rose 开始了其职业生涯。后来该公司成为了著名的 Joiner Rose Group，在公司期间他参与了各种声学和电声学体育场馆项目。1990 年，Jack 与三位同事成立了 WJHW 公司，主要为体育和非体育场馆业主提供 A/V 系统和声学方面的咨询。如今，Jack 仍然为全球的体育业主提供场馆的声频和技术改造咨询服务。

Jack 拥有罗格斯大学（Rutgers University）的生理心理学学士学位，密尔沃基的威斯康星大学（University of Wisconsin）的心理声学硕士学位和南卫理公会大学（Southern Methodist University）的工商管理硕士学位。

Peter Xinya Zhang

Peter Xinya Zhang 是芝加哥哥伦比亚学院（Columbia College Chicago）的终身副教授。他的研究领域包括心理声学（重点研究双耳听音，空间听觉，3D 声模拟和虚拟现实）、生理声学、歌唱声学、多媒体艺术中声学及其应用等。他在北京大学物理系取得理学学士学位，并在密歇根州兰辛的密歇根州立大学（Michigan State University）物理系取得理学博士学位。在其博士论文中，他研究并实验了各种双耳模型所产生的人类双耳音高效应，开发出了采用扬声器实现的用于虚拟现实模拟的 3D 声场新技术。

2010—2013 年间，张博士担任美国声学学会芝加哥分会的主席。他是美国声学学会（Acoustical Society of America，ASA）和声频工程协会（Audio Engineering Society，AES）会员。张博士在声学和听觉的学术期刊（比如美国声学学会月刊和听觉研究期刊）上发表了多篇论文。他是本手册第 4 版“心理声学”一章的作者。张博士出席过许多学术会议，担任过美国声学学会（Acoustical Society of America）和日本声学学会（Acoustical Society of Japan）联合举办的第 4 届联合会议——心理声学与生理声学会议组的联席主席。他曾经在芝加哥的洛约拉大学（Loyola University）、北京大学、中国科学院声学所等高等院校和科研机构发表过有关心理声学和听觉理论方面的主题演讲。

目录

第5篇　声频电子电路与设备

第6篇　记录与重放

第47章

第48章

第8篇 测量

第49章

第50章

第 1 篇

声音与声学概论

第 1 章

声频和声学 DNA——历史与现实

Don Davis和Carolyn Davis编写

1.1 引言

本章主要揭示的是那些曾改变并影响我们生活的先辈巨人们的遗传密码——DNA。如果由其他 100 位作者来撰写这一章节，那么他们笔下的先辈们就会有 100 种面貌。当解读我们的先辈们遗传下来的 DNA 时，我希望你们能从中领悟到更多有关他们的真谛。

我对声频和声学前辈们的研究产生兴趣始于 1952 年年初，我和卡罗琳在创办印第安纳州 Lafayette 一家名为“The Golden Ear”（金耳朵）的 Hi-Fi 商店。Hi-Fi 界的大人物来到这家店里与来自杜普大学的声频狂热者见面。保罗・克立斯奇（Paul Klipsch），弗兰克・麦景图（Frank McIntosh），戈登・高（Gordon Gow），H. H. 斯科特（H.H. Scott），索尔・马兰士（Saul Marantz），鲁迪・波扎克（Rudy Bozak），艾弗里・费雪（Avery Fisher）——这些是在好莱坞罗斯福和纽约希尔顿举办的 Hi-Fi 秀场的参展厂商代表。

唐和卡罗琳・戴维斯与“金耳朵”商店

1955 年，我们卖掉了在印第安纳波利斯（美国印第安纳州首府）和拉文特（美国印第安纳州西部城市）的商店，开始了漫长的欧洲旅程。在 1958 年，我作为保罗・克里斯奇（Paul Klipsch）的“副主管”，开始为他工作。克里斯奇先生介绍我去罗德・开尔文（Lord Kelvin）那儿，作为贝尔实验室西大街的职员，我同时也感受到了他那不受拘束的天赋。

Altec 是我接下来的工作单位，这里的顶头上司就是那位“要让电影说话的人”。在 Altec，我一次次接受艺术大师们带给我的熏陶，这使我们意识到被我们视为历史一部分的东西保有的丰富内涵。我们同时也希望大家通过分享我们的回忆来使自己对所处时代的丰富多彩多一分理解和珍惜。

1972 年，我们有幸与业界第一个尝试开展专门声频教育的领导者——Synergetic Audio Concepts（Syn-Aud-Con）携手工作。代表了那个时代最先进产业发展方向的那些制造商慷慨地将其经验与我们及其学生们分享。

当今的思维。我打算在这一新的章节中与我的同代人一同探讨多个话题，因为在与刚踏入这一领域的新人进行交谈时，我与其分享了其中的几个故事，发现他们从中得到了灵感。其中的每个故事也都给我的思维带来了新的启迪，并时常给当下正在从事的工作带来直接的帮助。他们所有人都具备了能够承担行业举足轻重任务的性格特征。Carolyn 和我始终都在探寻各个领域中顶尖个体所具有的敏锐特质，这种特质说来简单：就是要保持进取心，从前所未有的视角来更全面地看待问题。

我们当中的少数人曾选择了将声频和声学作为其所从事的职业，与其说是那些课题选择了我们，倒不如说是我们固有的经历（音乐发烧友或业余无线电爱好者等经历）帮我们打开了这扇门，正是要了解和掌握那些让我们早年间热衷的不起眼东西背后所暗含的技术，我们才有幸从事这项工作。

1.2 格式塔理论

被声学问题所吸引的人们通常是古典音乐的听众和视觉艺术的鉴赏者，而与之对应的声频爱好者则更多是被其产品中所用材料元件的科学属性所吸引。

厄恩斯特・马赫（Ernst Mach，1838—1916）曾写道：*如果我们确实感到困惑，那么就说明还没理解事物的本质。因此，我们通过对感知物的比对和对感知物关系的理解来逐步深化我们的感知。感觉本身可能不具有根本性的意义，与另一事物的感知关系才具有意义。*

马赫认为，感知绝不是对直接刺激的感受。感觉并不是简单的原始体验，而是与预先形成的认知结构间的互动体验。例如，当我们听到熟悉的旋律时，不论它是用何种调式去演奏的，我们都会识别出来。它可能是蜂鸣声、嗡嗡声，或者随意弹奏一把吉他而发出的声音。进一步而言，即便一个或多个音符不正确，我们还是能把它识别出来。

厄恩斯特・马赫

马赫提问道，是什么构成了旋律呢？回答旋律是由实际的声波振动构成的似乎并不正确，因为我们刚刚还看到各种不同的声音可以产生同样的旋律。然而，从另一方面讲，回答旋律不是由声音构成的，似乎从经验上讲又觉得很奇怪。实际的旋律存在于我们对其的认知力当中。虽然它是由对一个或多个旋律样本的体验构成的，但它是该种体验理想化的结果。很显然，这种理想化不是捕获实际的声音，而是捕获到一个声音与另一个声音间的关系。在马赫看来，这种过程是所有认知的基础。

虽然经验是需要“一种先验的”过程，但是“一种先验”本身就是由经验构成的。通过体验，人们了解了 5 种物理感知的暗含属性，掌握了声学测量间的细微差异，以及录音环境中适宜的传声器数量和摆放方法。在录音工作中借助近距离拾音方法以及采用测量中所要求的“我该将传声器放在何处”的考量都是不适宜的。

尽管人们拥有可接收信号的听觉器官，但是听觉器官间的“听音能力”却不受计算机程序的支配。大量的证据表明，当前声频时代的节目素材和文化背景都已暴露于极度不受人欢迎的“先验”当中。

在所有的专业工作中，人们要找到应用的实际标准，目前这些标准不一定是大多数人所使用的。要想度量任何有意义的事情需要：

1. 具备使用类似仪器设备的经验；
2. 对仪器设备及其最可能的性能表现进行数学分析；
3. 进行试验。

很显然，数学方案通常是最快捷的方法。对处理流程已经非常熟悉的人员会对要开展的工作进行指引，使用类似设备的经验这时就起作用了。试验可能会很耗时，但它带来的损伤是最小量的，这是获取经验的方法。在长期的实践中，所有的测量都会碰到训练听音人感知的问题。确实如此，虽然我确信任何未经训练的听音人可能对很差的听音素材也会满意，但是任何专业目标应为训练过的听音人所接受。当这一切都具备了，你便拥有了具有专门能力的群体成员。

厄恩斯特·马赫是与古斯塔夫·费希纳（Gustav Fechner）同时代的心理声学专家，他被爱因斯坦（Einstein）认为是相对论的哲学先驱。在其生活的早期，马赫坚定地拥护克里斯琴·多普勒（Christian Doppler）提出的观点，多普勒的观点与两位著名的物理学家——佩兹伐（Petzval）和埃斯屈朗（Angstrom）的观点相左，后者通过搭建的一种仪器向多普勒效应发起挑战。该仪器由一个6英尺长的管子和一端在垂直面旋转的哨子。当听音人站立于旋转轴向的平面时，听到的音调没发生变化；但如果观测者站立于旋转面时，就能听到对应于旋转速度的音调波动变化。

马赫发现，眼睛具有自身特有的感知方式，我们感知到的不是直接刺激，而是刺激的关联物。视觉系统是通过对当前感知与之前感知的持续适应来工作的。虽然我们经历的不是现实，但是体验到了神经系统适应新刺激之后的反应。我们的认知结构是由之前的经验自我形成的，我们当前的经验是交替刺激结构形成的，马赫曾说：“如果我们确实认为自己的理解是混乱的，那么我们就还没有认识到世界的本质。”——引自古斯塔夫·费希纳（Gustav Fechner）的著作。

1.3 音乐声学

如下文字摘自弗雷德里克·V. 亨特（Frederick V. Hunt）所著的《声学的起源》（*The Origin of Acoustic*）一书。

萨顿（Sarton）所谓的“经院主义的原因及解决方法”的字面含义似乎就相当于音控研磨机研磨的奇怪谷物。然而，处理音乐的声学分支之所以能够为全面战胜经院主义而做出特殊贡献至少要有两个原因。其中的第一个原因就是音乐凭借其在古典四大学科（中世纪的四大学科：天文、几何、算术和音乐）中所扮演的角色一直在学院派主导的氛围中牢牢地占据着一席之地。教育家、哲学家、百科全书的编撰者和评论家在音乐及音乐学的发展方面似乎也施加了预先的影响力。音乐与经院主义之间密切关系的第二个基础源于音乐具有特有的实验科学的特质。实施的目标性、评价的人文性，以及作曲、演奏和评价的三方面属性（人们一直有意或无意地关注着）的阐述都恪守假设、实验和结论这一科学规律。

绝大多数阐述音乐理论的中世纪作者不得不在其论著中拿出一章来论述声音的产生和对音调产生影响的各个因素。希腊人已经了解了声音的物理属性，不过他们并没有采用明确的力学公式和声音介质的物理属性来说明，而是用尽可能多的辩术来支持自己的理论，因此这就给后来的科学家留下了甄别众多希腊人认为成立的伪命题的机会。如果不充实希腊人的声学认知，那么它还会在民众中不断传播下去——这就如同在西方人看来所谓的“乘着歌声的翅膀”。

从中学开始，我便愿意以学生的身份来不断学习充实自己，喜欢别人指出我的不足，并交给我能促使自己进步的任务。这可以让我将自己的热情不断地倾注在主业上面，同时也避免将精力放到普通的研究工作中。

直到我在困难的课题取得突破之前，我确实是从努力的过程中获益匪浅。总之，这个世界不可能让你不劳而获。当我进入普渡大学时，我见到的最好的学生就是从第二次世界大战战场上归来的退伍老兵，他们获准进入自己选择的大学。学生们具有学习的积极性和国际视野，知道该如何努力工作。后来，我的计划就是，进入并在一所高质量的中学完成学业，并在学习大学课程之前去军队服役一定年限或承担一定体力劳动工作。体力劳动会让人对自己将要从事何种职业产生清晰的认识。

1.4 销售还是沟通?

许多出色的技术解决方案都因为一部分工程师与客户进行沟通的能力不足而导致实施失败。从声学的角度来看待问题，设计良好的教堂就反映了这样一种情况，其声学特性给才华出众的独奏演员和管风琴的琴声以显著的支持，但是对于神坛上的讲话声则需要在语言可懂度方面加以增强。

突出的建筑特性体现在管风琴音管前面的装饰性格栅。当工程师提出在管风琴格栅的中部加装大型的天丝多格号筒时，建堂委员便发出了惊恐的声音。善于察言观色且足智多谋的工程师建议做个号筒前部的纸板模型，将其涂成与格栅同样的颜色，并且在礼拜活动中将其安装在格栅的前面，看看大家会对其存在有何反应。有趣的是，当被问起是否看到了号筒时，观众中竟没有一个人表示他

们注意到了号筒。建堂委员们立刻同意可以安装号筒。

照片展示出了加装了实际号筒的格栅特写，第二帧照片展示的是从挑台区看过来的情形。安装号筒后的结果显示，结构并没有受到破坏，乐音的质量十分出色，而且语言的可懂度也达到了可接受的水平。所安装的含有符合剧场质量要求的电子元器件的系统及剧场质量的音箱的使用寿命至少可达 25 年。

1.5　动声阻抗

摘自 Federick V. Hunt 所著的《电声学》(*Electroacoustics*)(P96 ～ 102)。

动声阻抗(Motional Impedance)一词是 1912 年由 A.E. 肯内利（A.E.Kennelly）和 G.W. 皮尔斯（G.W.Pierce）最先提出的，当时他们正在研究电话听筒的阻抗随频率变化的情况。他们发现电气阻抗会受到耦合的机械系统运动的影响。他们对这一发现反映出的情况颇感兴趣。在进行测量时，一部分实验人员要平衡阻抗桥，而另一些人关注信号源，这是台放置在隔壁房间中的并非总是可靠的弗里兰（Vreeland）振荡器。纯属偶然，其中有些人在调整电桥时习惯性地将听筒放在了实验室的长凳上。其他人总是将听筒翻过来面朝下放置，进而调整振膜的声阻、它的运动和电阻抗。我们可以理解当他们看到实验显示在谐振点附近的各个频率点的结果缺乏一致性时面露惊讶的场景。在探究这一矛盾的根源过程中，他们最终决定放弃对振荡器的小心翼翼的操控和对桥路相互平衡的观测，于是在实验过程中的差异马上变得明显了。Kennelly 和 Pierce 二人立刻意识到了这一结果的物理意义，并且在接下来的几个小时里对该现象进行了全面的理论分析。

机械和电阻抗的动声变化被视为与两个换能系数乘积的负数成正比。要注意的是，动声阻抗的幅度和属性将取决于这些系数的大小，同时取决于它们是实数还是复数。

令人感兴趣的是，亨特（Hunt）博士利用奈奎斯特型矢量图来显示包括导纳在内的所有分量，导纳可能是为何理查德・海泽（Richard Heyser）在其关于阻抗测量的最后一篇论文中建议利用导纳值的原因。亨特（Hunt）的专著包括了涉及阻抗的所有的公式，其中包含了细节内容。

1.6　起源

他们认为的真正声频历史是由创意、萌生这些创意的人们以及那些小众化的能够代表这些创意最高水平的具体化产品组成。那些第一次明确表达出新想法的人们被视为发明者。巴克敏斯特・富勒（Buckminster Fuller）认为“实现”和“实现者”这样的术语更精确。

认为“我们站在巨人的肩膀上”的艾萨克・牛顿（Isaac Newton）代表了人类思想的进步。“科学”这一词在 1836 年第一次由剑桥三一学院院长威廉・休厄尔（William Hewell）教士提炼拟合出来，他认为自然哲学这一术语太过宽泛，而物理应该用单独的术语来描述。该词有趣的含义及企业家的一些小发明可让人们用一个有意义的方法去梳理先驱们构筑的我们称之为声频和声学的这一宏大学科体系的点滴工作。

数学，一旦被掌握，便成为人们深入探究复杂问题的最简单方法，而善于搞些小发明的人往往是第一个发现这些问题的人。例如，我年轻时候知道的一件事情，爱德文・阿姆斯特朗（Edwin Armstrong）在面包板上搭建电路来模拟整个调频（FM）发射和接收系统的结构。此前运用数学方法证明了调频发射和接收是不可能的人在随后通过详细的数学分析向人们展示了它的成功。事实上，一位数学家的一篇关于调频广播不可行的论文和阿姆斯特朗对调频广播的一个可行性展示就在同一个会议上先后出现。

这一发明的另一面被詹姆斯・克拉克・麦克斯韦（James Clerk Maxwell，1831—1879）做了最好的诠释，这基于迈克尔・法拉第（Michael Faraday）的非数学开创性工作。

迈克尔・法拉第有一个没有受到过正规教育束缚的天才头脑。其实验使用的是伏打提供的早期伏打电池，当时伏打作为汉弗莱・戴维（Humphry Davy）爵士的助手正和他一起在意大利旅行。这导致了他的实验同电场和罗盘联系在了一起。法拉第把别人看到的电子流经导线的情景预想成在导线周围存在力场。法拉第首次使用了诸如电解液、阳极、阴极和离子这样的术语。他对电感的研究催生了电动机的发明。其观察结果促使他的好友詹姆斯・克拉克・麦克斯韦（James Clerk Maxwell）提出了著名的、奠定电磁学理论基础的方程式组。

在威廉・汤姆森（William Thomson）(后来的开尔文男爵)21 岁时，他与法拉第进行了一次交谈，正是这次谈话促使法拉第进行了一系列实验，这些实验揭示了汤姆森关于光在穿过电解液时是否会受到的影响这一问题的结果，答案是没有受到影响，而这一结论却促使法拉第尝试让偏振光穿越过一个强磁场，结果他从中发

迈克尔・法拉第

现了磁光效应（法拉第效应）。抗磁性揭示出这样一个事实，即磁性是所有物质同有的一个属性。

法拉第的成功是将自己从由于不了解数学而产生的偏见中解放出来的完美例证。

詹姆斯·克拉克·麦克斯韦（James Clerk Maxwell）是法拉第的一位年轻朋友，他是一个在数学天赋方面可与牛顿相提并论的人。麦克斯韦将法拉第有关电力线和磁力线的理论引入一个数学公式中。他指出，振荡的电荷会产生电磁场。他在1873年首次公布了4个偏微分方程组，这被认为是19世纪物理学上最伟大的成就。

詹姆斯·克拉克·麦克斯韦

奥利弗·海维赛德

在1879年麦克斯韦去世时，他的电磁学理论只是相关理论之一，并没有确立其领军地位。到了1890年，该理论从该理论研究领域脱颖而出，一举确立了其主导地位，成为所有物理学科领域中最成功且基础性的理论之一。G. F. 菲茨杰拉德（G.F.Fitzgerald，1851—1901），奥利弗·洛奇（Oliver Lodge，1851—1940）和奥利弗·海维赛德（Oliver Heaviside，1850—1925）对该理论做了修订，进行了实验验证，并且将其拓展至麦克斯韦本人几乎没有预料到的领域中。

在J.H. 波因廷（J.H.Poynting）去世后几个月，奥利弗·海维赛德偶然发现了独有的能通量理论，并将其视为麦克斯韦理论的核心。海维赛德受到启发，打算修订麦克斯韦以紧凑形式给出的4个矢量方程式组中的一系列公式，这一矢量方程式组就是现在人们广泛熟知的“麦克斯韦方程”。这些方程式将能通量公式（$S=E\times H$）演变成一种简单且直接的方法，从而清晰地阐明了麦克斯韦理论的许多其他方面的含义。

麦克斯韦方程组是采用数学方法预测一个未知现象的完美例子。法拉第和麦克斯韦的这两种不同的思想形态成就了两个巨人。

这些方程组表明，因为电荷可以振荡于任何频率上，而可见光本身只是可能产生的电磁辐射的整个频谱的一小部分。麦克斯韦方程组预测了辐射的可传播性，而这一预测也促使赫兹（Hertz）搭建出了实现电磁传送的装置。

J. 威拉德·吉布斯（J. Willard Gibbs）作为一位在电磁理论方面有杰出贡献的美国人，其有关热力学的论文对麦克斯韦影响深刻，这让麦克斯韦构建造出一个吉布斯热力学表面的三维模型，并且在吉布斯离世前不久将该模型呈献给了他。

G. S. 欧姆（G. S. Ohm）、亚历山德罗·伏特（Alessandro Volta）、迈克尔·法拉第（Michael Faraday）、约瑟夫·亨利（Joseph Henry）、安德烈·玛丽·安培（Andre Marie Ampere）以及G. R. 基尔霍夫（G. R. Kirchhoff）对如今的所有电路分析实现做出了很大的贡献，例如电阻以欧姆为单位，电势差以伏特为单位，电流以安培为单位，电感则以亨利为单位，电容以法拉（第）为单位，并且这些被视为一个基尔霍夫图。他们的前辈和同时代的人的名字，比如焦耳（能量、热量的单位）、库仑（电荷的单位）、牛顿（力的单位）、赫兹（频率的单位）、瓦特（功率的单位）、韦伯（磁通量的单位）、特斯拉（磁感应强度单位）和西门子（电导率的单位）被永久地当作国际单位制单位使用。而开尔文则被记为国际单位制的基本单位。

所有这一切都是人类有组织思维活动的结果，最重要的改革形成于牛顿时代的科技界，当时有一大批人乐于倾听和萌生新思想。世界上最优秀的一些数学家力图将空气中、封闭空间中，以及以各种方式在限定的路径中传播的声音量化。在欧拉时代（1707—1783）、拉格朗日时代（1736—1813）和达朗贝尔时代（1717—1783），已有的数学工具就被用来分析波动和发展场论。

到了20世纪初，从事电话业的工作人员网罗了当时最有才能的数学家和实验人员。在麻省理工学院，奥利弗·海维塞德的运算微积分被拉普拉斯变换所取代（在教育方面，这起到了令人羡慕的技术引领作用）。

奥利弗·海维赛德在其专著《电磁学》（*Electromagnetic*）的第3卷的第519页中写道：

如同宇宙呈现的是无边无际的广漠之大一样，在与之相对的另一方面也存在无限小的情形；所发生的一些重要事件可能是由原子的内部结构引起的，同样也可能由电子的内部构成引发。这里并不存在能量方面的问题。大量的能量通过在极小的距离上存在巨大的力而被极端浓缩了。人们还没有发现电子是如何制造出来的。虽然从原子到电子是人们认识上迈出的一大步，但是这并不是终点。

在主张众所周知的命题（按照物质世界的通常情况，物质是由其当前的状态决定的，并遵循相应的规律）时，生命物质有时或许被忽略了。然而，我并不认为生命物质可以被严重忽略。如果生命存在一个起源地的话，那么我们并不知道生命起源于何处。在生与死之间或许并不存在根本的区别。

海维赛德所说的这几句话反映出他对马尔科夫链的理解，限制在极短距离内的势能，以及我们所说的生命，它们可以决定宇宙的定义原则。这些需要我们去思考。海维赛德对约翰·惠勒（John Wheeler）和将宇宙视为“它源自微观”的观点并不十分满意。

1.7 1893年——魔力时代

1893年4月18日，在纽约市举办的美国电气工程师协会（American Institute of Electrical Engineers）会议上，亚瑟·埃德温·肯内利（Arthur Edwin Kennelly，1861—1939）提交了一篇名为“阻抗”的论文。

亚瑟·埃德温·肯内利确实非同常人，他13岁便离开了学校，在担任话务员的同时，自学了物理课程。他说：“我要制定计划并高效地利用自己的时间。”他说到做到，1902年他成为哈佛大学教职员工中的一员，1913—1924年间，他受聘于麻省理工学院（MIT）。他著有10部专著，还与他人合著了18多部专著，撰写了350多篇技术论文。

亚瑟·埃德温·肯内利

爱迪生（Edison）雇用了肯内利，主要为爱迪生的直觉发明和尝试性实验提供物理和数学方面的支持。其1893年发表的关于阻抗问题的经典AIEE论文是无与伦比的。反射电离层理论就是肯内利和海维赛德建立的，人们将这一电离层称之为Kennelly-Heaviside层。肯内利的博士生之一就是范内瓦·布什（Vannevar Bush），后者参与了美国关于第二次世界大战的科技战略的制定。

1893年肯内利提出了被称为视在电阻的阻抗概念，同时斯坦梅茨（Steinmetz）提出了电抗的概念，以取代电感应速度和无功电阻的概念。在1890年的论文中，肯内利提出了电感的单位——亨利（Henry）。肯内利于1892年撰写的有关RLC电路解决方案的论文指出了电路元件名称统一的必要性。斯坦梅茨在关于磁滞的论文中提出了用磁阻（relucatance）一词替代磁阻抗（magnetic resistance）一词。因此，到了20世纪末21世纪初，针对科学的电路分析及其在通信系统中的实现所需的理论已构建完毕。

同年，在埃德温·W．赖斯（Edwin W. Rice）的坚持下，当年的通用电气（General Electric）公司为了获得变压器专利权购买了鲁道夫·艾克迈耶（Rudolph Eickemeyer）的公司。查尔斯·普罗透斯·斯坦梅茨（Charles Proteus Steinmetz）（1865—1923）这位天才当时正在Eickemeyer工作。身为通用电气领导的埃德温·W．赖斯回首当时其貌不扬的小个子斯坦梅茨的怪异时，他表示当时他认为这是位有本事的人。通用电气公司在工程方面的杰出成就直接受益于赖斯对斯坦梅茨的重用。

查尔斯·普罗透斯·斯坦梅茨

查尔斯·普罗透斯·斯坦梅茨运用复数概念对亚瑟·E．肯内利文章中有关阻抗的概念做了有意义的诠释。迈克尔·普平（Michael Pupin）、乔治·A．坎贝尔（George A. Campbell）及其工程师同事对滤波器理论进行了全面的升华，所形成的理论文献至今仍值得我们去研读。

虽然斯坦梅茨并没有参加1893年4月18日的会议，但他送来了一封评论信函，评论包括以下内容：

不过，就我知道的而言，会上出现的第一种情况就是大家的注意力被肯内利先生提出的关于“阻抗”和复数对应关系的内容所吸引。

这一点的重要性体现在：由于复平面的分析已经做得非常好了，因此通过减少复变量分析方面的技术问题，便将探讨的问题引入到一个已知的，已经充分掌握的科学范畴内。

即使肯内利的目的是在能量传输方面为电力工业提供帮助，但其富有创造性的论文所辐射出的影响力，却被当时的其他行业部门瞬间接受，并被整合到了其他一些早期的工作中，在通信产业使用了十年，这一切使其成为所发布的关于声频的最优秀论文之一。

虽然当今电磁能的产生、传输和分配本身并没有什么意义，但如果被用于信息传输，那就变得有意义了，但将人类宝贵的资源用来传递垃圾信息就显得可悲了。

尼古拉·特斯拉（Nikola Tesla，1856—1943）和威斯汀豪斯（Westinghouse）合作设计出了交流发电机，并且被选中为1893年举办的芝加哥世界博览会供电。

尼古拉·特斯拉

哥伦比亚大学的迈克尔·普平博士出席了肯内利的论文发表会。普平在其文章中提到了奥利弗·海维赛德在1887年使用的“阻抗”这个词。此次会议明确了这个词的正确定义，并确定了它会在电气工业中使用。肯内利的论文以及1887年海维赛德所做的基础性工作，对这一术语在肯内利时代的人们的脑海中的确立确实帮助不小。

迈克尔·普平

1.8　贝尔实验室和西电

从19世纪末到20世纪初这段时间，芝加哥大学有幸聘请到了美国一流的物理学家罗伯特·米利根（Robert Millikan）。获得麻省理工学院物理学博士学位的弗兰克·朱厄特（Frank Jewett）当时正为西电工作，他能够招聘到米利根（Millikan）最优秀的学生。

弗兰克·朱厄特

贝尔电话实验室（Bell Telephone Laboratories，后更名贝尔实验室）的乔治·A. 坎贝尔（George A. Campbell，

1870—1954）在1899年成功地开发出了“加载线圈”，它能够扩展当年的无放大电话线路的频率范围并提高其质量。不幸的是，迈克尔·普平教授也构思了这个想法，并且在专利局申请专利时打败了他。贝尔电话实验室付给普平43.5万美元来购买这项专利，截至1925年，单单一项铜成本开支，坎贝尔设计的加载线圈就为贝尔电话实验室节省了1亿美元。

当意识到加载线圈有扩展未放大的电话线路的频率范围的能力时，贝尔已经到了纽约，并按照他们的意图独自去了丹佛。在1877年托马斯·B.杜利特尔（Thomas B. Doolittle）改进冷拉铜制造工艺之前，所使用的导线在超过可用距离后都无法支撑自身的重量，所以电话行业不能使用这种金属材质的导线。之后，铜线的抗拉强度和伸展率分别由28 000lbs/in^{2}和37%变为65 000lbs/in^{2}和1%。

乔治·A.坎贝尔

坎贝尔在1922年发表的论文“电子滤波器的物理理论（*Physical Theory of the Electric Wave Filter*）”至今都值得研读。我记得当询问托马斯·斯达克汉姆（Thomas Stockham）博士“在瞬态条件下，数字滤波器会产生振铃吗？”这个问题时，斯达克汉姆博士给出了肯定的答复，并指出是数学算法而非硬件决定了滤波器该做什么。像坎贝尔撰写的有关量子滤波器论文一样，该论文一经发表，基于同样的理由，斯达克汉姆博士对于我的数字滤波器问题的回答就会生效。

因H. D. 阿诺德（H. D. Arnold）在1913年设计出了第一个成功的电子中继放大器，故贝尔电话实验室又取得了巨大的进步。

H. D. 阿诺德在贝尔实验室的时候接管了迪福瑞斯特（DeForest）的真空电子管研究项目，摒弃了迪福瑞斯特对它完全错误的认识，并通过建立一个真正的真空，改进了制造材料，并对电子管属性进行了正确的电子分析，使其能够对语音信号进行电子放大。迪福瑞斯特的贡献是在弗莱明电子管中植入了一个“栅极”。

H. D. 阿诺德

约翰·安布罗斯·弗莱明（John Ambrose J Fleming，1848—1945）先生是位英国工程师，他发明了被其称为热阴极电子管的双极整流器。之后，因这项发明在二极管检波器领域所获得的成功，这项发明在1904年被授予专利。迪福瑞斯特在弗莱明电子管中的灯丝和板极之间放入了栅网元件。虽然迪福瑞斯特不明白三极管是如何工作的，但幸运的是阿姆斯特朗、阿诺德和弗莱明知道。

约翰·安布罗斯·弗莱明

另外一位“弗莱明”——亚瑟先生（Arthur，1881—1960）发明了可拆卸的大功率热离子管，这一发明让英国在第二次世界大战爆发前得以建成第一座雷达站。

实际上，迪福瑞斯特直到去世都没能明白自己做过的工作。迪福瑞斯特从来没有在法庭内外正确地描述过一只三极电子管是如何工作的。然而，他为大公司提供了一个方法，即在法庭上如何从知道这一工作原理的人手中夺取专利。

随着铜线、加感线圈和H. D. 阿诺德电子管放大器的出现，在1915年，人们使用130 000个电线杆、2500吨铜线和3个电子管设备来增强信号，建立起横贯大陆的电话通信系统。

在圣弗朗西斯科（San Francisco）召开的巴拿马和平博览会（Panama Pacific Exposition）最初是为了庆祝1914年巴拿马运河的竣工，不过该运河直到1915年才完工。贝尔在这个典礼上不仅提供了横贯大陆的电话系统，而且还提供了一个扩声系统。

电话业的进步也促进了录音技术的发展，在1926—1928年间诞生了有声电影。几乎在同一时期无线电广播也发展起来了。J. P. 麦克斯菲尔德（J. P. Maxfield），H. C. 哈里森（H. C. Harrison），A. C. 凯勒（A. C. Keller），D. G. 布拉特纳（D. G. Blattner）是西电电子公司（Western Electric）录音的先行者。爱德华·温特（Edward Wente）的640A电容传声器让这一组件与放大器结合在一起，这就确保了语言的可懂度和音乐的完整性。

1933年，哈维·弗莱彻（Harvey Fletcher，1884—1981）、斯坦伯格（Steinberg）和斯诺（Snow）、温特和图亚斯（Thuras）与一大群贝尔实验室的其他工程师一道首次推出了“声频透视声场（Audio Perspective）”，这种三声道立体声具有超过现场管弦乐队动态范围的性能表现。在20世纪60年代后期，威廉·斯诺（William Snow）和约翰·希利亚德（John Hilliard）一起在Altec大街上的Ling Research工作。与希利亚德的谈话让他感到兴奋，斯诺告诉我，听到管弦乐队的演奏电平值提高了好几个dB，对他来说，这是比立体声的声场展示更让人震惊的消息。

哈维·弗莱彻

爱德华·C. 温特（Edward C. Wente）和艾伯特·L. 图亚斯（Albert L. Thuras）利用电容传声器、压缩式驱动单元、多格指数型号筒、重负载低音音箱、倒相式低音音箱，以及放大器和传输线路实现了全频带、低失真、大功率的声音重放，而这些工作即便在今天也是相当具有挑战性的。弗莱彻音箱（Fletcher loudspeakers）是个三分

爱德华·C. 温特

频单元，它包含一个 18in 低频驱动单元，配合号筒加载型低音扬声器单元，以及无与伦比的 W.E.555 中音单元和 W.E.597A 高音单元。

艾伯特・L. 图亚斯

在 1959 年，我和保罗・W. 克里斯奇（Paul W. Klipsch）一起去了贝尔实验室，在那里我们共同呈递了对它们在 1933 年所展示的“声频透视声场（Audio Perspective）”的几何学测试结果。当年的展示品被存放在阿诺德会堂（Arnold Auditorium），随后我们看到了最原始的弗莱彻音箱。像 555 和 597 这样的西电组件如今在日本还可以找到，在那里，原件被卖出了 5 位数的价格。现存的原件估计有 99% 都在日本。

1942 年，西电的 640A 电容传声器被 640AA 电容传声器取代，后者至今仍然被那些十分幸运的还拥有这款传声器的人用作测量标准。在 1933 年，640A 电容传声器对管弦乐队的重放来说是关键部件。在 1942 年被重新设计成为 640AA 电容传声器时，贝尔实验室将极头生产交给了 Bruel & Kjaer，因此 640AA 电容传声器也就是 B&K 4160 电容传声器。

保罗 . 克里斯奇在他的 Cessna 180 驾驶舱内

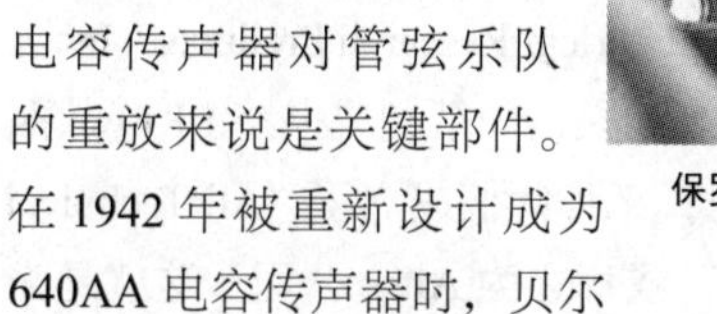

赖斯（Rice）和凯洛格（Kellogg）在 1925 年撰写的开创性论文和爱德华・C. 温特在 1925 年的专利 #1，333，744 扬声器（在没有借助赖斯和凯洛格的工作成果的前提下就完成了）确定了直接辐射式扬声器的基本原理，这种扬声器利用障板内安装的小音圈驱动的质量控制振膜，实现了中频范围宽且平直的响应。

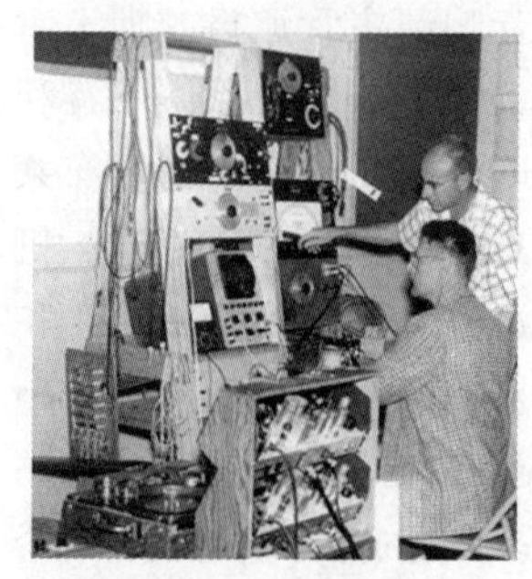
克里斯奇和他的助手在阿肯色州霍普的个人实验室中

赖斯和凯洛格在大功率放大器设计方面也功不可没，他们一致认为，为了重放音乐，声级必须要达到最初的强度。

1.8.1　负反馈——1927 年

哈罗德・S. 布莱克

1927 年，当哈罗德・S. 布莱克（Harold S. Black）看到哈德逊河上反向螺旋桨驱动的摆渡船驶向码头时，他萌生出在功率放大器上应用负反馈的想法。他与志同道合的合作者哈利・奈奎斯特（Harry Nyquist）以及亨德里克・波特（Hendrik Bode）走到一起，他们有关放大器增益、相位和稳定性问题的研究成果成为在不同技术领域广泛应用的一个数学理论。布莱克的专利用了 9 年的时间才得到发表，因为美国海军认为它透露出太多关于他们当时如何调整大型枪械的信息，故要求延迟它的发表。

亨德里克・波特

放大器输出信号被反馈回来，并与输入信号进行比较，如果这两个信号不同，就可得到一个“差信号”。该信号度量的是放大过程中产生的误差，它被作为附加的输入去纠正放大器的工作问题，直到误差信号被减少到零为止。当误差信号被减少到零时，输出信号就和输入信号相一致，并没有失真产生。奈奎斯特对负反馈放大器在确保其稳定性的前提下的可允许增益限定和内部相移进行了数学描述。

哈利・奈奎斯特

1917—1934 年，哈利・奈奎斯特（Harry Nyquist，1889—1976）工作于 AT&T 的研发部，此后便一直在贝尔电话实验室（Bell Telephone Laboratories）工作，直至 1954 年退休。

“inspired”这个词有“被上帝之手触摸过”的意思。哈利・奈奎斯特在贝尔电话实验室工作的 37 年间取得的工作成果和 138 项美国专利将“inspired”这个词赋予了人性化含义。在声学方面，当我初次看到某一环境中一个已知声源驱动下产生的奈奎斯特图时，我就非常地喜欢它。那些有幸在热噪声、数据传输和负反馈方面与哈利・奈奎斯特一同从事研究工作的人们，通过合作及它们自身的实力都成为各自行业中的伟人。

奈奎斯特通过计算给出让放大器稳定工作的数学方法，我们称之为奈奎斯特图，它被认为是所开发出的最有用的声频和声学分析工具之一。他的同事亨德里克・波特则给出了独立测量的频率和相位图。

卡尔・屈普夫谬勒（Karl Kupfmuller，1897—1977）是位德国的工程师，他独立开展的研究工作，与奈奎斯特的研究齐头并进，他推导出信息传输和闭环建模基本结论，其中就包括稳定性条件。屈普夫谬勒早在 1928 年就用方框图来描述闭环线性电路。他被认为是开展此类工作的第一人。早在 1924 年他就发表了关于线性滤波器动态响应的论文。为了更深入地了解这些人所取得的成果，建议读者阅读恩斯特・吉尔曼（Ernst Guillemin）所著的专著《电路理论概论》（*Introductory Circuit Theory*）。书中包含了人们希望了解到的有关研究发展的清晰脉络。

在 19 世纪中叶，查尔斯・巴贝奇（Charles Babbage）首次构想出了当今的计算机和数字声频设备，而拉戈登・拜伦（Lord Byron）的独生女拉芙蕾丝女士（Lovelace）则做了数学可行性研究。拉芙蕾丝女士还预测出会使用计算机来产生乐音。之后，哈利·奈奎斯特证明了“数字系统的采样频率至少应该为所希望再生信号最高频率两倍”的必要性。

奈奎斯特和香农（Shannon）从奈奎斯特有关这一主题的论文入手，发展了“信息论”。当今的声频领域仍然使用并要求考虑奈奎斯特图、奈奎斯特频率、奈奎斯特-香农采样定理和奈奎斯特稳定性判据，并且要注意约翰逊-奈奎斯特噪声。

1.8.2 dB，dBm 和 VI

分贝的产生源自贝尔实验室对每英里标准电缆性能的描述，通过VI设备的设计，系统设计演变成工程设计，这使得分贝、dB、dBm和VU进一步发展并具有一定的共性。

应注意的是，这时的标签VU只是VU而已，它并没有其他名字，就像所谓的音量指示器（volume indicator）设备被称作VI一样。在今天，大多数技术人员并不清楚在系统设计中dBm的含义及其显著作用。工程师必须掌握并重视这个参数。

1.8.3 贝尔实验室和有声电影

20世纪30年代中后期，从开启有声活动影像开始，贝尔电话实验室在1927—1928年间接连推出了电容传声器、指数型高频号筒、指数型低频扬声器、压缩驱动单元、增益和损耗概念、dBm、VU，并与广播业进行合作，还为当时80%的剧院市场安装了音响系统。

的确，早期有些业余人士也想出过这样的主意，但其想法一直没有实现。使有声电影产生爆发性发展的仅仅（即便是最萧条的时候）是娱乐、烟草和酒精这些大多数人承担得起的生活方式，它们给人们带来精神上的慰藉。

对物理学家来说，有声电影就是那个时代的“太空竞赛”，小男孩们跟随着声音工程师们沿街叫喊：“他让电影会说话了。”尤金·佩特罗尼（Eugene Patronis）博士送给我一张20世纪30年代后期的W.E.音响系统的安装照片。实际上当时的工程师已经对音响的高频和低频驱动单元进行了对齐校准。佩特罗尼博士在青少年时期曾经在放映间里工作过，之后他为AMC电影院线设计了一款杰出的音响系统，这一系统被安装在屏幕上方，而不是屏幕后方，这样可让影像更加明亮。对于声频而言，系统将声音维持在整个屏幕中间的位置上。

20世纪30年代安装的W.E.（西电）扬声器系统

1.8.4 电影——视觉与听觉

最初的电影是无声的，也称为默片。影片的命运掌握在那些可以通过传递视觉情感的演员身上。当电影在1928年发出声音时，许多知名人士未能完成从无声到有声的过渡。虽然演员的脸部表情和动作未能与声音同步，但是无声影片观众的思想已经被声音牢牢抓住了。后来，当无线电收音机换成电视机时，几乎所有的无线电高手都能够实现这样的过渡了，因为熟悉的声音相对于任何精神上的视觉形象更占据主导地位，演员都佩戴有无线电接收设备。

通常，对于真正热爱歌剧的人来说，伟大的声音是不分角色大小的，可能仅仅是唱跑了几个音符，就会给视觉带来负面的影响，反过来而言，亮丽的外表也拯救不了差的声音表演。

1.8.5 从西电到私人企业的转变

第二次世界大战爆发后，精密声频产品领域的巨头数量显著增加，其中就有西电-贝尔实验室、麻省理工学院（MIT）和通用无线电公司（General Radio），在某些情况下三者齐头并进。

1928年，西电的一群工程师成立了服务于影剧院的电子研究产品公司（ERPI，Electrical Research Products，Inc）。最后，作为与RCA诉讼的结果，一纸判决书将ERPI从西电中剥离出来。正是那时，工程师们成立了“All Technical Services(全部技术业务)”或称之为Altec公司。这就是为什么它发“all-tech”音，而不是发“al- tech”音的缘故。在经济萧条时期，他们的日子过得像国王的日子一样。就像其中一位前辈工程师告诉我的那样，“那些日子是1欧姆就能逛遍诺克斯堡的日子”。他们用很低的价格就购买了W. E.影院产品的专利。

约翰·赫利尔德

在音响部主管道格拉斯·希勒（Douglas Shearer）、约翰·赫利尔德（John Hilliard）、约翰·布莱克本（John Blackburn）博士、机械工吉姆·兰辛（Jim Lansing）和制图员罗伯特·斯蒂芬斯（Robert Stephens）的努力下，MGM(米高梅）电影公司成立了。他们将一个拥有专利技术的影院扬声器命名为希勒号筒（Shearer Horn）。布莱克本博士和吉姆·兰辛与斯蒂芬斯一起制作了高频单元，以此来适配他们使用的W. E.多格号筒。正是这一系统使得约翰·赫利尔德通过信号调整对齐排列了高频和低频号筒，修正了埃莉诺·鲍威尔（Eleanor Powell）在重放踢踏舞步时发出的模糊不清的踏击声。他们发现一个3in的错位就足以让踏击声不再模糊不清（在20世纪80年代末期，我展示了0～3in的错位引发的极坐标响应偏移），此前，赫利尔德就曾发现早期的演播室放大系统存在近 1500° 的相移。他解决了这个问题，并在 20 世纪 30 年代发布了其工作成果。

第二次世界大战之后，赫利尔德和布莱克本均在麻省理工学院做雷达方面的研究工作，第二次世界大战后，他们分道扬镳，其中赫利尔德加入了奥特蓝星（Altec Lansing）。赫利尔德获得了由霍华德·特里梅（Howard Termaine）经办的好莱坞大学颁发的荣誉博士学位。霍华德·特里梅因就是原来的《音频大百科全书》(*Audio Encyclopedia*)，即现在这部《音频工程师手册》(*The Handbook for Sound Engineers*）前身的作者。

罗伯特·李·斯蒂芬斯（Robert Lee Stephens）在 1938 年离开了 MGM，成立了自己的公司。在 20 世纪 50 年代初，我亲眼见证了 Altec 604、Stephens TruSonic 同轴产品和 Jensen Triaxial 等产品的展示，它们并排陈放在我的"The Golden Ear"发烧音响店中。其中 Tru-Sonics 声音格外清晰，并且高效。斯蒂芬斯还特地为早期的 Klipschorns 产品制造了专用的 15in 低频驱动单元。赫利尔德、斯蒂芬斯、兰辛和希勒明确了他们那个年代的影院扬声器特性，并且希勒多格号筒产品生产的大部分工作都是由斯蒂芬斯设计的。

1941 年，Altec 购买了兰辛制造公司（Lansing Manufacturing Company），并将 Altec 公司更名为 Altec Lansing Corp。Altec 禁止詹姆斯·兰辛使用 Lansing 作为产品的名称，而改用 JBL。在 1949 年兰辛去世后，如果不是曾经被认为是 JBL 最有价值的工程师，即给整个高质量系列产品带来设计突破的埃德蒙·梅（Edmond May），JBL 品牌可能会销声匿迹。

1947 年，Altec 购买了 Peerless Electrical Products Co.。此举不仅引进了 20 ～ 20 000Hz 输出变压器最初的设计者阿赛尔·哈里森（Ercel Harrison）及其颇具才华的得力助手鲍勃·沃尔伯特（Bob Wolpert），同时也取得了能生产其所设计产品的能力。阿赛尔·哈里森设计的出类拔萃的 Peerless 变压器即便在今天也没有能出其右的同类。

在 1949 年，Altec 收购了西电的音响产品部（Western Electric Sound Products Division），并开始制造西电的传声器和扬声器系列产品。据说所有的机械产品工具，比如唱机和相机这类制品都被丢弃在了洛杉矶和卡特琳娜岛之间的海峡中。

吉姆·诺布尔（Jim Noble）、H. S. 莫里斯（H. S. Morris）、阿赛尔·哈里森、约翰·赫利尔德、吉姆·兰辛、鲍勃·史蒂文斯（Bob Stevens）和亚历克斯·伯德米夫（Alex Badmieff）[即与我一起编写《如何制作音箱》(*How to Build Speaker Enclosures*）的作者] 都是构建 Altec 大厦的伟人，纵观 20 世纪 20 年代后期、不可思议的 30 年代，到了 50 年代西电的广播和录音技术终于被 Altec 整合了。

吉姆·诺布尔

亚历克斯·伯德米夫

保罗·克里斯奇在 1959 年介绍我去 Art Crawford 那工作，他是最初的双工扬声器的发明者，同时还是 Hollywood FM 电台的老板。好莱坞的片场总有许多聪明的独创设计者，在他们的想法被移植到美国西海岸的制造商手中之后，其理念就变得"独一无二"。

20 ～ 30 年代，随着西电公司、贝尔实验室和 RCA 所取得的引人注目的成绩，涌现出一批新兴的企业家，比如 Shure Brothers 中的西德尼·N. 舒尔（Sidney N. Shure）、Electro-Voice 的卢·伯勒斯（Lou Burroughs）和阿尔·卡恩（Al Kahn）以及 E. 罗曼·罗兰（E. Norman Rauland），E. 罗曼·罗兰早期曾在芝加哥广播电台做 WENR，后来成为雷达和早期电视机中阴极射线管的发明者。

当我在 50 年代第一次听说他们身上发生的事情时，他们是通过零售商卖出大部分产品的。到了 20 世纪 60 年代初，他们将产品卖给了音响承包商。Stromberg-Carlson、DuKane、RCA 和 Altec 在专业音响承包市场上迅速壮大起来。

在 Altec Lansing 历史中几乎被人遗忘的一位工程师就是保罗·威尼克拉森（Paul Veneklasen），他凭借自己在西电声学实验室（Western Electro Acoustic Laboratory, WEAL）的实力而出名。在第二次世界大战期间，保罗·威尼克拉森对精心研究和设计的音箱塔进行大量的室外测试，并被誉为战后美国的奥特蓝星剧院之声（Altec Voice of the Theater）。当这个和其他重要成果（著名的"魔杖"电容传声器）作为赫利尔德的工作成果被呈现到威尼克拉森面前时，他离开了 Altec Lansing。类似的策略也被用在了 RCA 的新技术推出者哈利·奥尔森（Harry Olson）的身上。CBS 实验室（CBS Laboratories）的彼得·歌德马克（Peter Goldmark）因在 33 $^1/_3$ 密纹唱片上的成就而赢得声誉。虽然阿尔·格伦迪（Al Grundy）是负责开发的工程师，但是他被搁置到了一旁，CBS 将歌德马克作为他们宣传的标志性人物。当大公司试图在推出新产品的同时在某个人周围营造出诱人的"光环"时，上述做法并不罕见，而完成这项工作的工程师对此则是颇为懊恼和反感。

1.9　LEDE录音棚

当卡罗琳（Carolyn）和我回顾起我们 66 年来走过的历程时，我们都清晰地记得 1985 年在德国汉堡 Starmusik 录音棚的情景，当时这里汇集了所能想到的国际上声频和声学界的众多的大牌人物。奇普·戴维斯（Chip Davis）为业主拉尔夫（Ralf）和珍妮·阿尼（Jenny Arnie）建造了当时最现代的LEDE控制室，当时我们受邀主持一个研讨会。

与会人员都是业界大咖，其中包括尤金·帕通尼斯（Eugene Patronis）博士、理查德·海泽（Richard Heyser）、罗恩·麦凯（Ron McKay），以及阿尼夫妇。Starmusik录音棚是当年录制了“你是我的内心，你是我的灵魂（You're My Heart，You're My Soul）”这张热门专辑的录音棚。

作为我们的特邀嘉宾，恩格·沃尔夫冈·阿内特（Eng Wolfgang Ahnert）博士及其来自民主德国广播机构的一位“朋友”参加了研讨会，这位“朋友”后来成了编写有关阿内特博士负面报道的STASI的特工。

1.10 声频技术出版物

在第二次世界大战之前，美国无线电工程师学会（IRE，Institute of Radio Engineers）和美国电气工程学会（AIEE，American Institute of Electrical Engineers）是声频技术应用的首要发源地。美国声学协会（Acoustical Society of America）则在声学相关技术上充当上述这一角色。我比1929年创刊的*JASA*年长一岁。在1963年，IRE与AIEE合并为电气与电子工程师协会（IEEE，Electrical and Electronic Engineers）。

1947年，C. G. 麦克普拉德（C. G. McProud）创刊了《声频工程》（*Audio Engineering*）杂志，它主要刊发在声频方面具有建设性的文章。查尔斯·福勒（Charles Fowler）和米尔顿·斯利普（Milton Sleeper）从1954年开始进行高保真方面的研究。后来，斯利普创刊了《家庭Hi-Fi音乐》（*Hi-Fi Music at Home*）杂志。在20世纪50年代，这些杂志对快速发展的组合音响设备来说起到了重要的引领作用。

声频工程师协会（AES）在1953年开始出版自己的刊物。其首刊刊发的文章中就有一篇亚瑟·C. 戴维斯（Arthur C. Davis）写的题为《接地、屏蔽和隔离》（*Grounding, Shielding and Isolation*）的文章。

读者要在头脑中对那些给“时尚设计”的音响产品做广告的杂志与拥有必要市场信息而对一些愚蠢的说法进行筛选的杂志间做清晰的区分定位。合适的学术期刊有极高的价值，值得去精读，也能让爱好学习的人迅速地掌握行业的前沿技术。

1.11 高保真设备的设计者

第二次世界大战开始时，林肯·沃尔什（Lincoln Walsh）用全三极管2A3设计出了功率放大器，这种放大器至今仍然被认为是失真最小的功率放大器。即便在今天，固态元件还没有与诸如林肯·沃尔什用三极管2A3实现的Brook（布鲁克）或马兰士完全用三极管EL34实现的放大器实现完美的匹配。通过这些富有创意的电子管放大器取得线性和谐波结构的沃尔什放大器至今还在被那些知道该如何设计效率合理音箱的高保真爱好者们不断改进。一位我十分尊敬的工程师给我讲述了以下故事：

林肯·沃尔什

前不久，我和国内一家声频杂志的编辑坐在一起聊天，因为他的一台15 000美元的晶体管放大器冒了一股烟，连带他的一对22 000美元的音箱也报废了。当低音扬声器音圈因为30A的直流偏置而熔化挥发时，我实际上看到了有微小的光亮发出——这是件真事。

20世纪50年代，普渡大学（Purdue University）的一群工程师和我一起对Brook（布鲁克）的10W放大器与当时非常令人兴奋且特殊的50W麦景图（McIntosh）放大器进行了比较。大多数人更偏爱10W的放大器单元。拉尔夫·汤斯利（Ralph Townsley），这位WBAA的首席工程师将他的峰值指示仪表借给我们使用。这真是个电子奇迹，这台重约30磅的漂亮的VI仪器不但可以准确读取完整的峰值，而且会同时在旁边给出VU的读数。当时我们发现黑胶唱片上的滴答声导致两台放大器都出现了削波，不过相对于McIntosh产品而言，Brook产品可更好地处理这一瞬态变化效果。

我们之后又拿到了一台200W的电子管McIntosh产品，并发现它具有足够大的动态余量，使得Klipschorns、Altec 820等产品不会产生削波。

当威斯康星大学（University of Wisconsin）的格莱勒博士（Dr. R.A. Greiner）公布了他对这种效果的测量值时，我们的小组成员十分钦佩他所做的详细测量。每当需要必要的、打破神话的修正时，格莱勒博士总能及时准确地拿出对策来，向我们揭示出真理。声频家庭娱乐设施完全不顾他对他们的神奇电缆所做的破坏性检查，继续做着神话般的梦想。

在我看来，音乐重放经历了一种倒退的阶段，随着效率极低的书架式音箱的出现，这种音箱的效率要比第二次世界大战之后主宰家用音响市场的普通号筒式扬声器的低了20～40dB。有趣的是，如今的功率放大器的驱动能力只比典型的20世纪30年代三极管放大器高出10～20dB。

我有幸加入了Altec，因为尽全力去尝试用根本不可靠的晶体管放大器去驱动音箱，已将当时原本市场环境很干净的高保真家庭音响市场搅成了一摊浑水，百货商店中的产品和引入的音乐资源已无法抓住训练有素的音乐听众的购买力。

我所说的“好运气”是指在消费音响领域停滞不前的那段时间里，专业音响市场以一种令人瞩目的方式不断发展壮大。其中，高效率和大功率相结合，扬声器信号的方向性控制方面有了长足的进步，人们对声环境边界属性的认识也在不断加深。

1.12　音响系统均衡

哈利・奥尔森

RCA 的哈利・奥尔森（Harry Olson）和约翰・福克曼（John Volkmann）在动力学类比、扬声器均衡处理以及传声器阵列设计方面取得了长足的进步。

韦恩・鲁德莫斯（Wayne Rudmose）博士是最早尝试进行有意义的音响系统均衡研究的人。1958 年 7 月，鲁德莫斯博士在《噪声控制》（*Noise Control* 是美国声学学会的副刊）上发表了一篇十分引人关注的论文。在 1967 年秋天的 AES 会议上，我发表了关于 1/3 倍频程连续均衡器方面的第一篇论文。韦恩・鲁德莫斯是这次会议的主席。

韦恩・鲁德莫斯

1969 年，人们对与现实当中均衡有绝对相关性的声反馈问题所进行的深入讨论的内容见于 IREE 的澳大利亚会议论文集中。J. E. 本森（J. E. Benson）和 D. F. 克雷格（D. F. Craig）撰写的《用于厅堂音响系统稳定性的反馈模式分析器 / 抑制器单元》论文阐述了音响系统中负反馈放大的起始和衰减阶段的阶跃函数特性。

现代系统均衡起源于 4 个方面。固定式均衡被许多早期的实验者所使用，这其中包括在 20 世纪 20 年代初期的凯洛格（Kellogg）和赖斯（Rice），在 20 世纪 30 年代 RCA 的沃克曼（Volkmann）和 20 世纪 60 年代查尔斯・伯纳（Charles Boner）博士。

查尔斯・伯纳

上图展示的是伯纳博士在安装滤波器电路，他在每次进行硬连接时总爱引用的一句话是“直到顾客用完了钱”。在恶劣环境下所安装的音响系统所表现出的重大改进效果激励了许多人对音响系统设计和安装实践开展更深入的研究，紧随其后的是常用的 1/3 倍频程均衡。他自己的观点是“将音响系统视为是一位患了心脏病的病人，而我就是诊治音响系统的 DeBakey 医生（DeBakey 医生是最早完成主动脉弓手术的第一人）”。

1967 年的 Altec，亚瑟・戴维斯（以 Langevin 出名）、电子总工程师吉姆・诺伯以及被称作“Acousta-Voicing”的本人共同开发了均衡系统。该方案再加上精密测量设备和经过特殊培训的音响承包商，声反馈问题一旦通过中心频率间隔为 1/3 倍频程的带阻滤波器所解决，那么就会得到更为强大的大型音响系统。

哈特 . 戴维斯在 Altec 实验室

“均衡”对录音棚和电影混录棚的音质有明显影响。在 1969 年 8 月召开的一次电影设备方面的特殊会议上，我向 MGM 的音响主管弗雷德・威尔逊（Fred Wilson）、迪斯尼（Disney）的赫伯・泰勒（Herb Taylor）和华纳兄弟（Warner Bros）的艾尔・格林（Al Green）等人介绍了可变系统均衡。

音响系统均衡是指诸如由彼得・德安东尼奥（Peter D'Antonio）设计和制造的曼弗雷德・施罗德余数扩散体（Manfred Schroeder Residue Diffusers）实现的空间处理，以及众多阵列的信号校准等（将大型场地中的现场声级提高到前所未有的程度）。

在实施均衡的初期，我们从来就不对所要处理信号的频率、波长或幅度投入过多精力。我们将音响系统带入声反馈的状态，然后借助听音或示波器显示的李萨如图形来将一个未被调校的振荡器调谐至零拍音状态，接下来将振荡器的输出连接到滤波器上，并利用一个十进制的电容箱将振荡器信号抵消掉。

滤波器的分流电感器被置于非平衡线路的高端。通过拾取正确的抽头，我们可调整滤波器的衰减深度。这种单调的“一次一个滤波器”的技术被新型的 1/10 十进制叠加滤波器组合按 1/10 十进制间隔实时频谱分析仪所取代（频率中心是按 1/3 倍频程间隔标注的）。

原有方法的优点之一在于人们知道如何去听房间 / 滤波器的相互作用，而新型的实时分析的使用者将关注的重点移向了对那些有时听不到的滤波器步进式应用所存在损伤的视觉显示上面。当迪克・海泽（Dick Heyser）引领我们进入 TEF 领域时，单一频率的李萨如图形正交轴显示对于人们掌握所有频率的希尔伯特（Hilbert）变换是很好的前期理论储备。

任何种类的测量都与观测者有关。要让测量有意义，就要对要测量什么心中有数，并将其训练、灵敏度和预判均考虑于公式中。最令人感兴趣的测量是针对那些在精心设计的“科学”实验过程中产生未曾预期到的情况开展的测量。正如薛定谔所说的：

> 之所以我们回到了事件的这种陌生状态，是因为对现象的直觉感知告诉我们事情并没有按照其客观属性（或者通常我们所想的那样）发生，必须要丢弃将其作为信息源的初始想法，不过最终获得的理论上的情形完全将我们置于全部都是由直觉感知取得的各种信息构成的复杂境地。

1.13　实时分析 RTA

HP 8054A 1/3倍频程分析仪

回想起 1967 年参加的一次技术会议的情形，当时惠普（Hewlett-

Packard，HP）公司向人们展示了其出品的 8051A 响度分析仪产品，该产品是根据茨维克尔（Zwicker）的理论专门用来测量响度的单一功能仪器，我意识到他们有能力制造出我梦寐以求的 1/3 倍频程分析仪。会上我向他们报上了我的名字，并跟他们说："如果能生产出这样的产品，我就打算购买这样的分析仪。"大约一年之后，他们来到我在 Altec Lansing 的办公室，并带来了新型的 HP 8054A 产品，产品的价签上标注的价格是 $9225.00。由于当时 Altec 并不想出这么高的价格来购买这一产品，所以我去了趟银行，自掏腰包买下了一台仪器。接下来，我利用这台仪器并结合我与阿特 • 戴维斯（Art Davis）一起开发的 Altec 1/3 倍频程滤波器组很快地将我之前均衡过的每个系统重新测量了一遍，结果我们在每种情况下均取得了更大的声学增益和更为平滑的幅频响应 —— 在有些情况中，得到了神奇的结果，因为这是我们第一次"实时"地看到了我们实际要进入的工作环境的情况。之后不久，Altec 马上把购置仪器的钱偿还给我，并且给他们的音响承包商提供了一系列价格递减的这类实时分析仪产品，这其中包括：

- HP 8054A，价格是 $9225.00
- HP H23-8054A，折扣价是 $5775.00
- HP 8056A，价格为 $3500.00，它设计成利用示波器进行显示的规格
- Altec/HP 8050A，价格为 $2600.00，它以这一足够低的价位卖出了 500 余台。

Altec/HP　8050A 分析仪

在接下来的两年时间里，我基本上都在跟 Altec 音响承包商打交道，参与到 AcoustaVoicing 项目中，临时负责被当时的学生称之为"声频星球（audio planet Earth）"项目。如今，各种形式的均衡都可以应用，有些均衡改善了音质，而有些均衡则给入门者带来了困惑。正确地使用均衡首先要经过培训，并通过培训教育对均衡获取全面的理解。

1.14　Altec培训班

第一届 Acousta-Voicing 承包商培训班的照片呈现给大家的是当时他们使用 GR 1650A 阻抗桥、GR 1564 1/3 倍频程分析仪和 GR 1382 随机噪声发生器的情形。这些基本的仪器可以让人们在现场获取音箱的声学频率响应曲线，并为电子系统设置相匹配的滤波器组。

一年后，Altec 便能够为承包商提供特制的 Altec-HP 8050A 实时分析仪及 Altec-HP 8058A 声级计。照片中所示的就是最初使用的测试滤波器组，其中包括 50 ～ 12 500Hz 频率范围的全套 1/3 倍频程 BRF 滤波器，以及一套工作于 62 ～ 8000Hz 频带上的倍频程滤波器。此外还包括有一组用于高频和低频截止频点的滤波器。所采用的仪器设备可将滤波器组接入电路中或从电路中旁路掉。所提供的精确衰减器用来测量有 / 无滤波器情况下反馈前声学增益的增量。

利用 20 世纪 60 年代末期在洛杉矶 AES 会议上确定下来的这种配置，我可以在 20 分钟内预测出我们所处环境的大概声学增益。我们当时采用 HP9100A 计算器、均衡了 Altec A7 扬声器，同时对稍微超出期望增益的情况进行了测量。

1.15　JBL

MGM Studio 选中 Jim Lansing 这家小公司的产品来实现与希利亚德（Hilliard）和布莱克本（Blackburn）设计的高频驱动单元的匹配。公司的核心成员是吉姆 • 兰辛（Jim Lansing）、比尔 • 马丁和厄斯尔 • 哈里森（Ercel Harrison），后来他们成立 Altec 时该公司被 ERPI 员工接管。Harrison 是 Peeless Transformers 的成员，并设计出了用于 John Hilliard 为 MGM 设计的电子器件的首个 20 ～ 20 000Hz 声频输出变压器。Bill Martin 成为 Altec 机械工厂的主管。在之后的第二次世界大战期间，知识渊博的利奥 • 白瑞纳克（Leo Beranek）来到这些人中间，教他们如何测量声音，结束了使用早期西电公司声级计的历史。那一时期实用电声领域取得成就的典型代表就是位于西海岸的 Altec，该公司在 20 世纪 40 年代还生产了用于探矿的地磁异常检测器，另一个成就就是统治战后影院市场音响系统的"影院之声"扬声器系统。

1.16　声学

约翰 • 威廉 • 斯特拉特（John William Strutt）[尊称为瑞利男爵三世（Third Baron Rayleigh）] 对声学的贡献就如同开尔文（Kelvin）对电子理论的贡献一般。他作为瑞利勋

爵（Lord Rayleigh，1842—1919）的后辈为人所熟知。在20世纪50年代后期，我受聘于保罗·W.克里斯奇（Paul W. Klipsch），从事高质量扬声器系统的设计和制造。他让我去研读瑞利勋爵的专著《声音理论》（*The Theory of Sound*）。我遵从他的教诲，这使我受益匪浅。这部非同寻常的3卷本专著囊括了一位绅士研究员在家庭实验室中能够得到的所有实例。瑞利勋爵书中写道：

源自我们感官表象推导出的对外部事物的认知是大多数情况下推理的结果。

华莱士·克莱门特·塞宾

重放声音、纸盆来回移动产生的听觉属性被识别为一种乐器、一种声音，或者是其他的听觉刺激。这些在《声音理论》一书著名的第一章中被形象地强调。

在室内声学方面，华莱士·克莱门特·塞宾（Wallace Clement Sabine）是建筑声学这一学科的创始人。他是人们公认的世界上最好的三大音乐厅之一——波士顿交响音乐厅（Boston Symphony Hall）的建声专家。他像是一座被像赫尔曼（Hermann）、L.F. 沃·赫姆霍兹（L.F. von Helmholtz）、瑞利勋爵（Lord Rayleigh）和其他一些研究聆听方法和听感的人环抱着的大山。作为来自声频—声学行业中举足轻重的研究者，他具有丰富的从业经验，其发表的见解是至关重要的。

现代通信原理为我们揭示了听音人方面稍许的复杂性。人类的大脑能够储存$10^{15}\sim10^{17}$bits的信息，并且具有每秒100 000万亿次的处理速度。难怪一些“敏感的人”在早期的数字录音中找到了难点，即使当今的无扩声现场音乐会上的观众也将迅速消除重放声成功模仿现场声的概念。

波士顿交响音乐厅

进入21世纪后，我们时常会看到通过提出不当的产品诉求（一门古老的艺术）、刻意伪造技术学会论文来欺骗读者的情况出现。我曾经在一本受欢迎的声频杂志上亲眼见到一篇有错误的技术文章，这促使梅尔·斯宾克（Mel Sprinkle）（研究声频电路的增益与损耗方面的权威人士）给编辑写了封信。编辑回信写道，梅尔的信肯定像大多数信件一样对编辑部和原作者来说是错误的——这是工程民主的一个情况。我们祈祷没有哪条河上的桥梁是通过这种民主的方法设计的。

哈佛大学的弗雷德里克·文顿·亨特（Frederick Vinton Hunt）是一个像华莱士·克莱门特·塞宾那样的知识分子的后代。就如利奥·白瑞纳克写的那样：

哈佛大学是众多杰出的物理学家和工程师的聚集地，而亨特就在这一“聚集地”工作。那里有晶体振荡器和水中磁致伸缩换能器的发明者乔治·华盛顿·皮尔斯（George Washington Pierce）；霍尔效应的发现者埃德温·H. 霍尔（Edwin H. Hall）；诺贝尔奖获得者珀西·布里奇曼（Percy Bridgeman），他的妻子是华莱士·克莱门特·塞宾的秘书；肯内利电离层的发现者A. E. 肯内利；数学家W. F. 奥斯古德（W. F. Osgood）；位势理论的发明者O. D. 凯洛格（O. D. Kellog）以及塞宾在哈佛大学的技术继承人F. A. 桑德斯（F. A. Saunders）。

哈特成功于1938年，当时他制造出一个5g重的留声机拾音器，它取代了5oz（盎司）的单元，这一应用中使得亨特和白瑞纳克设计制造出了大型的指数式折叠号筒、超高功率的放大器，并且具有比之前所用产品更高的的保真度。

1970年，亨特博士参加了在洛杉矶召开的AES技术会议，当时我演示了对附近的音响系统声学增益的计算，随后又在第一台H.P.实时分析器上进行了实时Acousta-Voicing均衡，这些总共花了20分钟时间。演示之后，亨特博士与参会者的交流即刻让我从此前的疑惑中摆脱出来，毫无保留地将这一切肯定下来。亨特博士将真正的兴趣融入技术中，并且对我们预期的技术应用大加赞赏。他说：“我没有完全弄明白你们是如何做到的，但它确实很有用。”

声频设备的主要应用就是要将声学信号（语言、音乐、噪声等）转换为可放大、记录、测量的电信号，而且在大多数情况下还要将其转换回声学信号。

在这一过程中，系统的输入和输出从声学信号又回到声学信号，同时诸如声学噪声、混响、回声等现实环境演变成不论是输入还是输出都不想要的成分。虽然这一结论对于电话亭这样的小空间才成立，但大部分入门者却没有意识到它对于距离长达几英里的户外语音报警系统和巨型竞技场而言也是要考虑的一个因素。实际经验，尤其是失败的经验告诉我们，声源和声音输出在任何音响系统设计中都是要首先考虑的因素。

本章执笔者与罗恩·麦凯

在我的从业生涯中，我有幸能有特权与众多的优秀声学顾问共事，比如罗恩·麦凯（Ron McKay）、罗利·布鲁克（Rolly Brook）、戴夫·克莱伯（Dave Klepper）、维克多·皮奥茨（Victor Peutz）和其他一些对复杂的声环境和电声设备十分精通的大师们。

戴夫·克莱伯

这些人曾多次帮助过我们，在世界各地为我们讲授相关课程。同时，他们也设计出了世界级的声学空间，比如位于洛杉矶的华特·迪斯尼音乐厅（Walt Disney Concert Hall）和巴黎的IRCAM。正是这些人和其他人一道的努力使得我们能够在塞宾（Sabine）设计的波士顿音乐厅（Boston Symphony Hall）、维也纳爱乐音乐厅（Grosser Musikvereinsaal in Vienna）、阿姆斯特丹音乐厅（Concertgebouw in Amsterdam）和位于纽约的特洛伊储蓄银行音乐厅（Troy Saving Bank Music Hall）进行TEF测量。正如已故的乔治•塞尔所言：如果特洛伊储蓄银行音乐厅处在要被拆除的危险境地的话，那么我将冲到特洛伊，站在音乐厅的入口，伸出双臂阻止这一行动。虽然接近这四座音乐厅的厅堂环境可能存在，但是能出其右的音乐厅却还未出现。基于我们所要求的保真度底线而进行了认真测量的这四座音乐厅的每一座中的现场音乐听音体验就说明了这一切。

《纽约时报》（*New York Times*）的资深乐评人哈罗德•勋伯格（Harold Schonberg）在特洛伊音乐厅听过演出后写道：

> 每位听众都沉浸在丰满且清晰热烈的音响氛围当中——天鹅绒般的高亮音色表现出令人难以置信的临场感和音色甜美感，辉煌的低音响应让人听上去绝不会感觉有隆隆感或人为的造作感，而独奏乐器听上去比现实听感更为丰满，各种交响乐唱诗班的声音平衡十分完美。

作为早期数字录音质量攻关的真正领军者——Dorian Records唱片公司在特洛伊音乐厅为许多天才的年轻艺术家录制了专辑。

1.17 专业级声频设备走入家庭

第二次世界大战对我的人生有两大重要影响。第一大影响就是我和退伍老兵一起上了大学，并从中发现了一个毛头小伙子与一个只比他大一两岁的真正老兵间的差距。这一鸿沟是无法逾越的，我对这些为其祖国服务的人毕生都怀有尊敬之情。

作为一名年轻的业余无线电爱好者，我有了一个非常小的示波器—麦克米伦（McMillan），以此当作调制监视器使用。虽然我曾在普渡大学看见过General Radio 525A型号的产品，但直到多年以后我才意识到当时的线性扫描电路的发明者康奈尔大学的贝德尔（Bedell）教授和一位在General Radio进行这方面研究的麻省理工学院的学生H.H. 斯科特（H.H. Scott）的超凡之处。

第二大影响就发生于声频产业，尤其是被部分人误称为高保真（hi-fidelity）的那一领域，其被压抑已久的能量终于得到释放。但确切地说，它不是真正意义上的“高保真”，只能算“高质量”。

第二次世界大战刚一结束，对专业级音响设备的需求便波及“家庭应用”，诸如保罗•克里斯奇（Paul Klipsch）、林肯•沃尔什（Lincoln Walsh）、弗兰克•麦景图（Frank McIntosh）、赫尔曼•霍斯莫尔•斯科特（Herman Hosmer Scott）、鲁迪•波萨克（Rudy Bozak）、艾弗里•费什尔（Avery Fisher）、索尔•马兰士（Saul Marantz）、亚历克斯•贝德米夫（Alex Badmieff）、鲍勃•史蒂文斯（Bob Stevens）和詹姆斯•B. 兰辛（James B. Lansing）等发明家实现了重放FM广播音质的愿望，具有更宽频率范围的33 $^1/_3$的黑胶唱片诞生等。

在20世纪20年代末到20世纪30年代初这段时间里，借助于AM广播实现的良好声频质量源于真正良好设计的亚特华德•肯特（Atwater Kent）调谐广播频率接收器（由萨金特•罗门特TRF调谐器这一经典的工具接收AM信号，目前这仍然是最好的方法），这种接收器对于当时的E.H. 斯考特（E.H. Quaranta，不要与战后同样出名的H.H. 斯考特混淆）来说绝对是出色的。

E.H. 斯考特的Quaranta接收机

5只扬声器和录音设备

这是一台由48只电子管实现的超外差接收机，接收机被置于6个重达620磅的铬合金底架之上，它装有5只扬声器（两个低音单元、两个中音和一个高音单元），其双路放大配置中50W用于低频，40W用于高频。当我在20世纪30年代末第一次看见这款收音机时，我从中悟出了“财富可以提升文化生活品位”的道理。

亚特华德•肯特（Atwater Kent）在其工厂中

无线电和高保真设备的发明

埃德温•霍华德•阿姆斯特朗

发明家/工程师的埃德温•霍华德•阿姆斯特朗（Edwin Howard Armstrong）对无线电技术的历史做了最好的诠释。其他的杰出人物都是政治领域的，与阿姆斯特朗相比，其他工程师的贡献就显得渺小了。

1912年的夏天，阿姆斯特朗利用新的真空三极管设计出一个新的重放电路，电路板上的部分信号被反馈到栅格，加强了输入信号。尽管阿姆斯特朗很年轻，但其凭借自己在重放电路方面的研究工作转入了西街贝尔实验室（West Street Bell Labs）。重放电路可以对接收到的信号进行较大程度的放大，如果需要的话，它还可以是一个振荡器，使连续波的传输成为可能。这一单电路不仅是第一个射频放大器，同时还是第一台连续波发射机，目前它仍然是所有射频工作设备的核心部分。

1912—1913 年，阿姆斯特朗获得了哥伦比亚大学（Columbia University）工学学位，申请了一项专利，之后回到学校担任教授 / 发明家迈克尔 • 普平（Michael Pupin）的助教。普平博士是阿姆斯特朗的良师益友，同时也是哥伦比亚大学多届学生的优秀导师。

第一次世界大战开始时，阿姆斯特朗被任命为美国陆军通信兵（U.S. Army Signal Corps）的一名军官，并被派遣去了巴黎。其目的就是使那里的敌方无线电信号变弱，为此他设计了一个复杂的 8 管接收器，被称作超外差式收音机电路（superheterodyne circuit），目前，98% 的收音机和电视接收器还在使用这一电路。

1933 年，阿姆斯特朗发明并演示了宽带调频技术，在测试中，即便在最强的雷暴条件下它仍能有良好的接收质量和最高的保真度。当对所选择的通带频率进行调频时，其载波具有恒定的功率。

在哥伦比亚大学时，他在面包板上搭建出整个 FM 发射机和接收机电路。在实际的物理结构出来以后，他做了数学推演工作。

在研发 FM 的过程中，阿姆斯特朗引申了公式推演过程，转而奠定了信息论的基础，对“多大带宽可以拿来交换噪声抑制”的问题进行了定量分析。

1922 年，AT&T 的约翰 • R. 卡尔森（John R. Carson）撰写了一篇 IRE 论文，文中以数学方法讨论了调制的问题。他指出，FM 的基带带宽不能减小至低于两倍的声频信号频率范围。“因为 FM 不能够用来缩窄传输带宽，所以它就没用了。”

埃德温 • 阿姆斯特朗忽略了窄带 FM，在自己开展的实验中他将 FM 的宽带移到了 41MHz，并为宽带、无噪声重放选用了一个 200kHz 的通道。FM 广播允许发射机一直以满功率工作，在接收器中使用限制器去限制所有的振幅噪声。其所设计的检波器将频率变化转换为幅度变化。

保罗 • 克里斯奇是阿姆斯特朗的一位朋友。在第二次世界大战以后，克里斯奇先生为早期的 FM 演示提供了 Klipschorns 音响。当时，在萨诺夫的政治操控下，阿姆斯特朗被迫将 FM 从 44 ～ 50MHz 移动到 88 ～ 108MHz，这就需要对所有的设备重新进行设计。这是一个关于法院、媒体和大量的金钱如何摧毁真正天才的鲜明教训。阿姆斯特朗曾创造了无线电——让 AM-FM- 微波业务的发射机和接收机拥有最高效的形式。大卫 • 萨诺夫（David Sarnoff）从阿姆斯特朗的发明中赚取了数十亿美金，并且通过 AM 广播网形成了一个经济政治联合帝国。法院或是政客不应该被允许去做一个技术上的决断。作为“差中选优”的选择，这些判决应该留给技术人员去做。

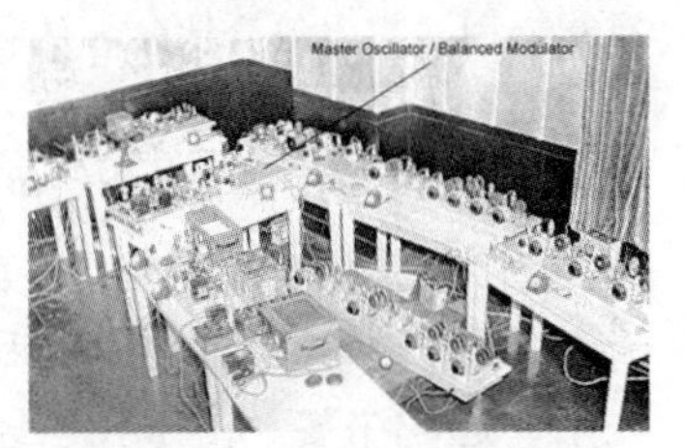

爱德华 • 阿姆斯特朗的面包板系统

声频历史不是讨论暴力政治结果的论坛 —— RCA 的萨诺夫完全控制了当时强大的 AM 广播网。在 1954 年，RCA 和 AT&T 的律师让阿姆斯特朗走向了自杀的道路。仅在一些有限的区域，现在的 AM 节目播出质量胜过更为奢侈的 FM 广播的质量。

20 世纪 50 年代的音乐系统

包括本人在内的少数人听到过通过阿姆斯特朗的 FM 发射器进行的波士顿管弦交响乐团（Boston Symphony Orchestra）的现场直播，即便在今天，其接收效果也是无与伦比的，先前的 FM 接收机知道如何在艺术与技术间取得卓越的透明度。

1.18　声学测量

柏拉图（Plato）说：“上帝曾经研究过几何学。”几何学家理查德 • C. 海泽（Richard C. Heyser）应能与上帝轻松惬意地相处。对那些热衷于直观思维的人而言，海泽的测量为难以理解的数学概念带来了一丝光明。海泽螺旋（Heyser Spiral）通过单一的视觉效果展示了复平面的概念。海泽是一位科学家，他受雇于 NASA，声频只是他的业余爱好。我很确信当他迈出这一步时，它便加入了伟大科学家们的行列中。他所做的改变还没有被人完全理解。就像麦克斯韦一样，我们可能要等上一百年了。

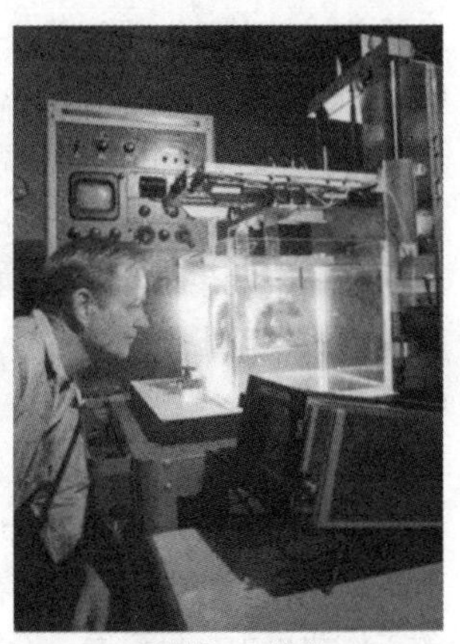
理查德 • C. 海泽

20 世纪 60 年代中期，当我在第一次遇到理查德 •C. 海泽时，当时他正作为高级科学家为喷气推进实验室（Jet Propulsion Labs）工作。他邀请我去他家中的地下室参观他的个人实验室。在他的延时光谱测定设备上，他向我展示的第一个成果是他正在研究的一个分频网络的奈奎斯特图。我很快地看了一眼并说：

“这看起来就像一个奈奎斯特图！”

他回答：“它就是。”

“但是，”我说，“还没人作出奈奎斯特分析仪呢。”

“没错，”他回答说。

正是在那一刻，我迈入了当代声频分析世界当中。观看迪克（Dick）调谐他正在测试的传声器和扬声器间的信号延迟，直到正确的带通滤波器奈奎斯特显示出现在屏幕上时才得到了启示。当看见由扬声器内的共振引起的螺旋线（epicycles）以及非最小相位响应回归所有象限的轨迹时，所有的问题迎刃而解了。

之后，迪克给我演示了同一扬声器的频率和相位波特图，不过我还似乎喜欢通过奈奎斯特图看所有的东西。

我知道声频领域的厂家没有能力去做这些测量中的任何一个。虽然我们都有B&K(Brueland Kjaer）或者General Radio公司的频率分析仪，以及泰克（Tektronics）公司优质的示波器，但这些仪器都没有测量真正声学相位的能力。我并不是说这样的技术不存在，因为温特(Wente）在20世纪20年代就计算过555A的相位响应，但更确切地讲，在理查德•C．海泽证明了测量的有效性和皇冠国际（Crown International）的杰拉尔德·斯坦利（Gerald Stanley）制造出了一个可商用设备之前，声频界没有这类的商用仪器。海泽卓越的工作成果被实用化为时间、包络、频率（Time，Envelope，Frequency，TEF）系统，它最早出自皇冠国际之手，后来成为Gold Line公司出品的一种仪器。

声频领域的先驱实现了对最小相位设备相位响应的理论计算。只有极少数科学家——温纳（Weiner）、艾维斯克（Ewask）、玛丽沃迪（Marivardi）和斯特罗（Stroh）测量过相位，不过他们的结果仅局限于其实验之内。

丹尼斯·伽柏

从1966年至今，这样的分析可用高速、大存储容量计算机中的软件形式体现出来。丹尼斯·伽柏（Dennis Gabor，1900—1979）的解析信号理论以振幅响应、相位响应和包络时间曲线（Envelope Time Curves，ETC）的形式体现在海泽的工作成果中。只要看一看用于阻抗分析的海泽螺旋就会知道，它表现出了伽柏的解析信号、实部和虚部形式的复数，以及奎斯特图。之初，似乎是独立成分被合成为一个成分的相关性呈现给首次看到这个显示的观察者。频率轴方向上的奈奎斯特解绕图给出了一个明确的视角。

在当时，人们仅重视振幅因素，而将其他因素完全忽视掉了，海泽的研究工作无疑使得扬声器的空间响应大为改善。阵列演变成可预测的连续声源。信号校准的理念开始在设计者的脑海中出现。ETC技术使得人们能够对扬声器与空间环境的相互作用问题进行深入的、有意义的研究。

因为全面讲解数学工具都要从脉冲响应开始，所以海泽变换被认为是“穿越了黑色的玻璃屏障”。从业者掌握了此类工具的使用方法便可以对扬声器的瞬态响应进行深入研究。学术界长达数十年的滞后局面最终会因海泽变换应用于换能器的信号延时和信号延时交互而得以扭转。

我始终认为RCA的哈利·奥尔森（Harry Olson）备受尊重的原因在于他在1969年作为《声频工程师协会》杂志（*Audio Engineering Society Journal，JAES*）的编辑时在废纸篓中发现了理查德•C. 海泽的原始论文稿件——此前它被AES杂志采用的非同行评议系统拒绝了。

1.19 计算器与计算机

20世纪60年代末，我被邀请到惠普公司去参观它们计划在市场上发售的一款新型计算器。我当时与亚瑟·C. 戴维斯(Arthur C. Davis)都在Altec工作，亚瑟是威廉·休利特（William Hewlett）的一位朋友。亚瑟曾经购买过传说中的惠普最早在车库中生产的RC振荡器。他将它们用在他为电影“Fantasia(幻想曲)”而设计的声频装置上。

本章执笔者和汤姆·奥斯本

9100计算器-计算机是汤姆·奥斯本（Tom Osborne）被SCM、IBM、Friden和Monroe回绝后带给惠普的第一个创造性产物（我花了5100美元买过一个。当时我用它对第一个声学设计程序进行编程）。1966年，一位朋友介绍奥斯本去惠普公司的巴尼·奥利弗（Barney Oliver）手下工作。在看过他的设计后，他让奥利弗第二天来见戴夫(Dave)和比尔(Bill)，奥利弗问：“他们是谁？”在见过戴夫和比尔之后，奥斯本心中已经为他的9100找到了归宿。很快比尔·休利特（Bill Hewlett）对在巴利·奥利弗的指导下工作的汤姆·奥斯本、戴夫·科克伦（Dave Cochran）和汤姆·惠特尼（Tom Whitney）发出诚恳地请求，“我想要一个体积只有它体积的十分之一，但运算速度要快十倍，价格只是它的价格的十分之一的产品。”之后他补充道，他想让它成为一个“可放入衬衫口袋中的设备”。

HP 9100 计算器

第一台HP35的定价为395美元，体积为3.2×5.8×1.3in，加上电池后的重量只有9盎司。它也符合比尔·休利特的“衬衫口袋”要求（比尔·休利特将这个计算器命名为HP35，这是因为它有35个按键）。有一天，亚瑟·戴维斯带我去和休利特先生一起吃午餐。由于我已经是HP9100系列设备的一位热心用户，所以当HP35还在帕洛阿尔托（Palo Alto，美国旧金山附近的一座城市）进行初期测试时，我就被挑选出来一览它的真容。

HP 35 计算器

在我的脑海中，这些计算器彻底改革了声频教育，尤其是对那些没有接受过先进大学教育的人来说更是如此。快速且精确地进行对数、三角函数、复数等运算能力将我们从书本、计算尺，以及诸如马萨（Massa）的声学设计图表和维加斯（Vegas）的以 10 为底的对数表等繁杂处理工作中解放出来。

对许多人来说，在工科课程的学习过程中都有过点错小数点、困难地拉动计算尺进行计算操作的经历，HP35 将我们没有意识到的自身聪明才智释放出来。x^y 键允许即时得到 *K* 个数字。以 10 为底的对数表变成了历史的人为产物。

当后来我向 Altec 的董事长提出我们应当协商取得向电子工业出售 HP35 系列计算器的权利时（Altec 后来拥有了 Allied Radio），他的回答让我震惊，“我们不做计算器方面的业务。”我的预料如他所说的一样，“休利特·帕卡德（Hewlett Packard）也不会同意这么做。”他的决定让我决意离开 Altec。

之后不久我便离开了 Altec，并开始在 Synergetic Audio Concepts 工作，在声频教育领域开办教学论坛研讨会。我给参加研讨会的每个人提供了一台 HP35，让他们在 3 天的会期中使用。参会的许多人立即购买了一个 HP 计算器，这改变了他们从事声频系统设计的惯例。正如汤姆·奥斯本所写的，“HP35 和 HP65 改变了我们生活的这个世界。”

自从苏联解体后，“没有钢琴的莫扎特”有了展示他们才华的自由。来自民主德国的沃尔夫冈·阿纳特（Wolfgang Ahnert）博士，凭借他的数学功底和相应的计算机工具确立了他在声频—声学设计市场中的主宰地位。

纵观当前 iPhones 的应用，它将计算器、频谱分析仪、阻抗桥和其他测量仪器的功能集于一身，我们用一只手便可掌控它，这让我意识到今天的年轻工程师们正在告别过去的时光。

许多培训过我的科研人员 / 工程师常常会制造自己的仪器，为的是在测量中取得他们想要的精度。Atwater Kent 的 Unisparker 激发系统使他成为富豪（它作为汽车行业的标准之一长达近 50 年），之后他在 20 世纪 20 年代和 30 年代成立了当时最具声望的广播接收机工厂。其 TRF 接收机是接收 AM 广播的理想设计。他所成立的工厂为现代产业化生产指明了道路。

1.20 我们生活年代中的其他伟人

在过去的 64 年间，人类积极地投身于有关声频和声学的研究和体验活动当中，一些承担了非常严苛的现实风险的参与者的名字并没有列入之前的名单中，不过我们应该铭记那些重要的人物，他们为我们了解当前这一领域的历史沿革做出了非常大的贡献。

下面的这份名单包括有发明家、艺术家、物理学家、心理学家和精神学家、牧师等，他们是我们的良师益友。

帕通尼斯博士

帕通尼斯（Patronis）博士。 帕通尼斯博士是拥有物理学博士学位的天才教师（他 19 岁便在佐治亚理工学院任教）。他的物理学博士学位的光环反倒被其能力卓著的工程师、科学家和出色的传播者身份所淡化了。在开发 TEF 技术过程中与其有过交往的人都对他的为人和专业技术大为称道。在迪克·海泽离世之后，皇冠国际（Crown International）的杰拉尔德·斯坦利（Gerald Stanley）和吉恩·帕通尼斯（Gene Patronis）是仅有的两位对电子技术及迪克·海泽的声学应用都十分精通的专家。

帕通尼斯博士和他的 Pataxial（旁轴）扬声器

帕通尼斯是位在数学方面具有极高天赋的人，他凭借自己的努力，成就了其在该领域的专业地位，同时他还鼓励年轻人积极进取，将个人的聪明才智充分发挥出来。对于我而言，他是位令人尊敬的导师，同时也是我的挚友。

帕通尼斯的成就横跨其从事的各个行业，从参与曼哈顿计划（Manhattan project，第二次世界大战期间美国陆军自 1942 年起开发核武器计划的代号，译者注）到设计出用在白宫的独特扬声器系统。他所设计的这一单元被作为建筑空间特性的一部分安装其中，为听众提供了全音域的听感体验。确切的报告表明，那些达官显贵认为传声器就是一切，余下的就是靠魔法实现的。

肯·瓦伦布洛克（Ken Wahrenbrock）。 肯·瓦伦布洛克是一位牧师，同时也是位能力非常强的计算机制图工程师，他将计算机作为一种制图工具引入西海岸的一家飞机制造厂。在第二次世界大战期间他从事密码分析工作，他具有这个世界人们所乐道的学者和绅士的性格特质。

肯·瓦伦布洛克和他研发的 PZM 传声器

在进行 Ed long 的验证演示时，电容传声器的极头膜片被朝下放置在距硬地板几毫米的地方。Ken 研究如何将驻极体膜片合适地安装在精密的螺旋极头组件上，该组件可以提升和降低极板，极头的前部朝下对着极板的表面。他很快发现了取得持续处于人耳听域之上的压力区的最佳间距，这个间距最终只有一张信用卡的厚度。

第一支实用的压力区传声器（Pressure Zone Microphone，PZM）很快在全球普及开来，他马上就开始为热心的听众开展不知疲倦的展示活动。

约翰·戴蒙德

约翰·戴蒙德（John Diamond）博士。约翰·戴蒙德博士是位心理学家、神经生理学家和医学博士，令人难忘的是其在洛杉矶的AES年会上所作的演讲，当时他向与会的工程师们展示了实际的非马尔科夫链。之后，他在Waldorf-Astoria举办的纽约SynAudCon会议上向人们展示了令人难忘的三角肌在疾病诊断中的应用。

奇普·戴维斯和拉斯·伯杰

奇普·戴维斯和拉斯·伯杰。这二位给全世界的录音棚控制室带来了革命性的变革。这幅照片拍摄于圣塔安那山（Santa Ana Mountain）的牧场会议中心，时值清晨他们刚刚冒着瓢泼大雨从简易宿舍赶过来上课。虽然照片摄于他们名声大噪之前，但是我们始终认为这表现了他们二位的热情、幽默，以及挑战逆境的特质。这二位根据LEDE（live end – dead end，一端活跃一端沉寂）和反射自由区（reflection free zone，RFZ）的设计理念，并采用二次剩余型扩散体，从根本上改变了控制室设计理念。

迪华德·蒂摩西

迪华德·蒂摩西（Deward Timothy）是位虔诚的教徒，同时也是位严谨的声频和声学学者。他反复地论证PET分析在恶劣空间环境中取得最佳的直达声覆盖同时将反射声激励最小化中的应用。像迪华德这样做事低调的人一直都在以自己完成的设计项目和搭建的出色音响系统来证明自己。

我和弗雷德·费雷德里克斯

弗雷德·弗雷德里克斯（Fred Fredericks）曾在世界各地参与各种危机状况的管控工作。作为一位成熟的飞行员，弗雷德在其军旅生涯中曾多次飞入并成功飞出禁飞区。它在声频领域也取得了一系列的成功。照片所示的是他为我展示其个人收藏的最早的西电制造的高频驱动单元的情形。正是有幸与他结识，才让我们知道“临场感”声音是何种听感。

托马斯·斯托克汉姆博士

托马斯·斯托克汉姆（Stockham）博士是让妻子十分崇拜的男人，他是第一位成功实现真正的高质量数字录音的人，并为后续的行业发展奠定了坚实的基础。

杰拉尔德·斯坦利

杰拉尔德·斯坦利。凭借着所设计的世界上第一台用来优化模拟和数字域系统的TEF分析仪，杰拉尔德·斯坦利（Gerald Stanley）成为能够跨越于模拟和数字域的巨人。杰拉尔德·斯坦利的个人成就是20世纪末工程技术发展的一个缩影，他为21世纪前10年的行业发展提供了强有力的工具。在皇冠国际的工作使之成为全球闻名的功率放大器设计大师。在此期间他参与了许多Crown首创产品的研发项目。

西德尼·伯特伦博士

西德尼·伯特伦（Sidney Bertram）博士在第二次世界大战期间设计出了被称为“地狱钟声”的探雷系统，正是利用这一扫频声呐系统为操作人员提供的水雷方位和范围信息才使得美国的7艘潜艇通过水雷密布的极度危险区进入日本海。当迪克·海泽去世后，我们成立了一个研究小组，试图对迪克的能量定律进行分析。让我终生难忘的是，当时帕通尼斯博士、杰拉尔德·斯坦利和西德尼·伯特伦给我们展示了真正的独创性思维理论。

维克多·皮奥茨

维克多·皮奥茨（Victor Peutz）和贝尔电话实验室的哈维·弗莱彻（Harvey Fletcher）是20世纪研究语言可懂度方面的两位重要人物。皮奥茨的主要贡献是对主要因素的筛选，这些因素就是环境噪声和辅音损失度百分比，故利用新型的TEF分析仪就可以直接对这些参量进行测量，进而给出与多组实际听音人密切相关的语言可懂度评估结果。虽然由于考虑测量速度，今天广泛使用的一些常见系统主要是基于环境噪声和混响进行评估的，但只有皮奥茨的系统可以让使用者不仅取得一个评分，而且还能看到有人时导致问题出现的原因。

后来，皮奥茨先生参与举办了规模非常大的测试研讨会，研讨会有100多位参与者，会上进行了可懂度测试与TEF评估的对比，通过耐心地讲解，让与会者对经典测试和现代测量评估有了充分的理解。

后来，皮奥茨先生在欧洲也参加了广泛的实验型研讨会，对多座音乐厅进行了测量，参加了在这些音乐厅的演出活动，并在演出后与乐队的指挥见面，倾听他们对音乐厅音质的判断。这位温文尔雅、博学且实干的科学家将自己的知识无私地分享给那些想要学习先进的声学空间研究理论的人们。皮奥茨先生是少数几位能够探讨迪克·海泽的数学能量理论的人，因此他也成了迪克·维克多（Dick Victor）的亲密朋友。维克多是典型的接受过传统教育的欧洲绅士。

比尔·黑兹利特

比尔·黑兹利特。我试图用几个月的时间来争取得到与巨型销售公司的代表会面的机会，为的就是能将 Altec 的产品推荐给他。终于我与比尔·黑兹利特（Bill Hazlitt，Altec 的东部地区经理）一道来到了一家公司。就在我们坐在会客室等待会面时，一位公司的主管从我们旁边经过，他突然停下来，大声叫道："Bill Hazlitt"，随后马上把我们请进了经理办公室，我问他是怎么认识 Bill Hazlitt 的，他说："二战期间我在欧洲战场上是 B-17 轰炸机联队的机组成员之一，而 Bill 是空军中队 Fairchild 相机公司的代表。因为他常与我们一起喝酒，并决定与我们一同飞行，所以我们在德国上空执行了许多次危险的飞行任务。我永远忘不了他，实际上当时他没必要去的。"

曼尼·摩哈格里

曼尼·摩哈格里。Emilar 扬声器是由著名的 Ampex 公司的哈罗德·林赛（Harold Lindsay）、高频压缩驱动单元的出色设计师 Jonas Renkus 和来自伊朗的杰出天才工程师曼尼·摩哈格里合作开发的产品。

他们的第一代产品——EA-175 压缩式驱动单元具有更为平滑的频率响应和更低的失真，从而在其竞争产品中脱颖而出。

拉尔夫·汤斯利

拉尔夫·汤斯利。当我还是年轻人时，拉尔夫·汤斯利（Ralph Townsley）就是印第安纳州西拉斐特的普渡大学 WBAA 电台的总工程师了。WBAA 的一项荣誉就是，它是印第安纳州第一家广播电台，因而也就拥有它专用的干净频道。

拉尔夫设计并制作出了一块在标准 VU 表边上可显示峰值读数的 VU 表。该表能够读取 1～20 000Hz 范围上的真峰值。20 世纪 50 年代，他将这块表借给我们使用，以便我们研究功率放大器输出上呈现的黑胶唱片爆点的真实峰值，拉尔夫这块宽动态电平表和改良的 General Radio 倍频程设备（拉尔夫有一个基本基准，这就是让人们将他所做的这种改进产品视为是最好的仪器设备）是人们在追求准确度方面的典型体现。

当人们通过金萨特·雷蒙特（Sargent Rayment）的 TRF 收音机收听 WBAA 广播时，除非是雷雨天，否则人们难以听出其 AM 信号与 FM 信号音质间的差异。在早期，控制室和演播室是自动化形式的，即通过按键式继电器来控制信号通路。每当到访电台的人提及"高保真之谜"这一话题时，工作室的拉尔夫总是会耐心地解释"真峰值到底是何含义"这一问题。在 20 世纪 80 年代时，拉尔夫参加了我们的一个研讨会，我告诉与会者："在座的有位先生掌握的知识都比我多得多，他可以随时纠正或详细地解释我说的每句话和每个字的含义。"

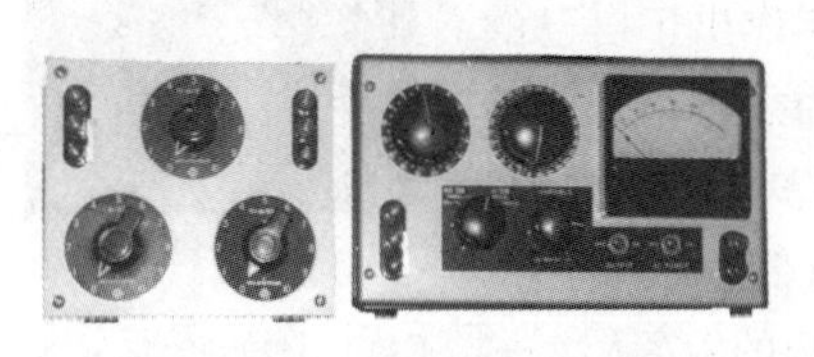

1965 年，拉尔夫利用他有权使用的一台 IBM 360 丰富了我在 Altec 时为阿特·戴维斯（Art Davis）做的"K"图表，同时一直重点关注它在简单和复杂网络中的应用。后来，我以此内容出版了一本书。虽然计算机已经完全取代了图表的使用，但是拉尔夫有关网络方面的观点仍然有借鉴的价值。

詹姆斯·莫伊尔

詹姆斯·莫伊尔。莫伊尔是位英国爱国主义者，在 20 世纪 30 年代研发出了用于测量剧场中反射声对直达声声级影响的技术。由于他具有良好的电学和声学方面的综合知识背景，所以很自然地加入了西电的团队，指导他们研制出了雷达设备，正是这位英国人，将当时我们无法生产且工作中不可缺少的磁电管器件带给我们，因为当时英国的工业化产业发展迅速。詹姆斯·莫伊尔（James Moir）多次前往美国参加 AES 年会。在 AES 活动中，我们与莫伊尔先生在一个小组。该小组由美国的混音师（mixer）和欧洲的录音大师（tone meister）组成。录音大师必须具备音乐历史、音乐本身的知识，同时要接受过电学和声学的多方面技术培训，而美国的混音师则说他们搞不清楚这些与他们坐在调音台前接受的所有训练间到底有何关联性。莫伊尔先生这方面十分博学，他在我耳边悄悄对我说："我发现了我的声频生涯中该干些什么了。"

米德·基利安

米德·基利安。Etymotic Research 的米德·基利安（Mead Killian）设计并制造出了特殊的探管传声器，使得我们可以在耳膜表面直接进行测量工作。这种器件的可应用性使

得我们可以进行入耳内式（in-the-ear，ITE）录音、耳廓测量，并进行当前使用的入耳式监听方面的研究。

纳特·诺曼。1958年我与纳特·诺曼（Nat Norman）在其格林威治村的寓所内秘密会面。当时他在著名的贝尔电话（Bell Telephone）的West Street Laboratories（西街实验室）工作。这时他就已经拥有了7项美国专利，其中就包括有当时广泛应用于广播电台和电视台的节目放大器——West Electric 1126。

纳特·诺曼

诺曼先生手工制作出了自己的Klipschrons，并将W.E.555中音驱动单元和Bostwick高频单元结合在一起应用于标准的Klipsch低音号筒之上。

纳特与一些音响界的领军人物一起工作，比如哈维·弗莱彻（Harvey Fletcher）博士、威尔·芒森（Will Munson）、E.C.温特（E.C.Wente）、A.L.苏拉斯（A.L.Thuras）、J.P.马克斯菲尔德（J.P.Maxfield）、H.C.哈里森（H.C.Harrion）、H.G.博斯特威克（H.G.Bostwick）和FM的发明人马约尔·阿姆斯特朗（Major Armstrong）等。纳特和保罗·克里斯奇（Paul Klipsch）为阿姆斯特朗早期展示FM播出古典音乐所表现出的优越性提供了声频设备。让我感兴趣的是，保罗始终被认为是这些领军人物的同辈人，人们并不把他当作是推销扬声器的零售商。

纳特的住宅在Greenwich Village，他的摄影工作室也在这里。他用Linhof Technika照相机来创作，主要是进行人体摄影和其他爱好领域的摄影创作。

沃尔夫冈·阿内特博士。我与沃尔夫冈·阿内特（Wolfgang Ahnert）结识于在荷兰举办的AES年会，当时他来参会，并应邀向我们介绍自己时说道"你会邀请我去美国的。"在经过短暂的探讨之后，我意识到面前与我交谈的这位来自柏林墙的另一侧。这自然勾起我的好奇心，我不久就开始着手尝试收集一些必要的信息，促成这次来访。

沃尔夫冈·阿内特

由于当时我和卡罗琳正为海军开展咨询工作，所以我们要在邀请他赴美之前核实他的身份。结果证明他在第二次世界大战期间他是CIA的头儿。我们很快就听到了来自CIA的官方消息，我们应行动起来，邀请他过来。当时我们提交给阿内特博士一份当年秋天在佛罗里达举办培训课程的日程安排表。在那个培训班上有3位CIA的雇员以个人的身份公开注册。阿内特从未露面。后来我们发现他当时正在为一家投资民主德国的奥地利公司工作，由于工作尚未完结，所有无法成行。

一年之后，阿内特博士从芝加哥打电话给我们，说是他正在乡下，愿意在路易斯维尔机场与我们见面，以便与我们一道前去参加在东海岸举办的研讨班。我们在机场见到他，并把它接回到印第安纳的农场。第二天，我们前去拜访拉尔夫·汤斯利（Ralph Townsley），他发现一个普通公民就可以拥有一个远优于当时德国可供他使用的最好条件的实验室。乘坐我们的货挂车来到了东部，我们正好与当时西宾夕法尼亚发生的龙卷风擦肩而过，这使得我们到达预定目的地的行程稍稍耽搁了一下，我们将博士安排在汽车旅馆暂住。在纽约，我们有机会将这位好人博士介绍给了"大胡子"大卫·安德鲁斯（David Andrews），由他作为我们在这里的向导。

阿内特见到了许多能够反映出美国真正实力的重要人物。我绝不会忘记他第一次看到废旧汽车堆放场的情形，当时在数英亩的场地中堆放着数以千计的待拆解的汽车残骸，这给他带来很大的触动。他难以理解我们为何如此轻易地放弃了有价值的物品，将其丢弃在任何人都可以偷走的开放场地中。

在接下来的参观中，我们发现他吸取了美国人给他的教训，这让我们对其聪明才智刮目相看，他不愧为"没有钢琴的莫扎特"，因为计算机在柏林墙东面是限制访问的。柏林墙倒塌了，他拥有了自己的计算机，这便成就了EASE程序的诞生。

在柏林墙倒塌前，我们去了柏林，阿内特博士在东柏林的家中款待了我们。因为赫尔穆特科尔伯（Helmuth Kolbe）对德国很了解，同时他在为Columbia Records录制过古管风琴作品，所以我们让他与我们随行。

格伦·巴卢

格伦·巴卢。提起我与作为航海家、工程师、作家的格伦（Glen）和他的妻子黛比（Debbie）的交往，这要追溯到我在Altec的年代。当时格伦是Pratt、Whitney、Sikorsky Aircraft和United Technologies Corporate的音视频专家，其间他为世界各地的会议室和贸易博览会所做的设计都选用了Altec设备。

格伦全身心地投入我们准备创建的Syn-Aud-Con运作当中，他是我们在New England的首位代表，并承担了我们早期的许多课程，无私地给予我们支持。在滑雪和骑马的间隙，格伦总是喜欢来我们位于加州Cleveland National Forest的家和印第安纳州的农场做客，尽管这些运动都是些艰辛的风险运动，但却增进了我们之间的友谊。

当我受出版商之邀负责编写第一版《声频百科全书》

（*Audio Cyclopedia*）之时，我向出版商引荐了格伦，认为他是可承担这项工作的最具声频专业资格的人选。格伦完全可以胜任这一工作。

格伦被人们称为“Capt.Glen”（格伦船长），因为他驾驶他那艘 46 英尺的 Beneteau Sloop 航行于“蓝色海洋”之中，他是位真正的航海家，他拥有 20 000 海里的深海航海经验和 100 Ton Master Coast Guard 的执照。

格伦和著名的伊戈尔（Igor）和谢尔盖·西科斯基（Sergei Sikorsky）发明了天才快速检测系统。他与在谢尔盖·西科斯基有许多相同的爱好 —— 航海、飞行、潜水，以及古典音乐。谢尔盖还是位射击爱好者。

我们初次相识是在 20 世纪 60 年代中期，我们之间的友谊已经历了 50 多年的考验。

理查德·克拉克（Richard Clarke）研发的车内民用音响系统极大地削弱了所有竞争对手的车内音响产品的产量，他后来研究过在厢式货车内如何产生出最响的声音。理查德购置了特殊的入耳式传声器，并利用其拾取了在印第安纳波利斯竞速赛道上 Penske 的奔驰车队的赛车声音，以及在维修区举办的闭幕活动的声音。后来他做了风险投资，成立了一家 DNA 公司，购买了西电工厂。在接管工厂之后，他发现了准备用于大西洋海底电缆通信的未被使用的电子管和其他西电生产的无价音响设备，这些可参见在本章最后呈现给读者的那封信函。无疑，他是我特别想了解的最受关注的企业家之一。

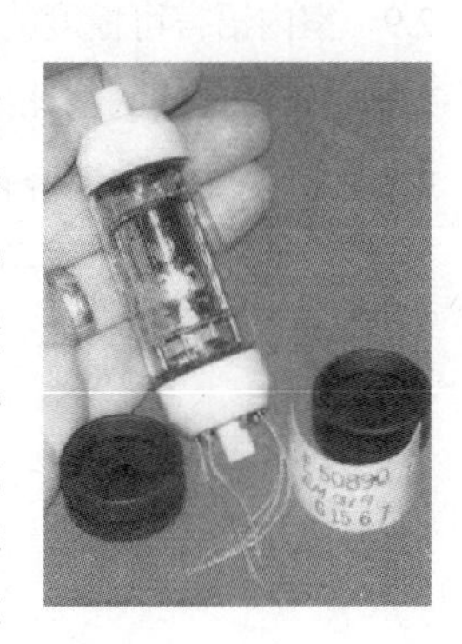

交流的方法。声频和声学的未来是矗立在我们之前介绍的那些巨人的肩膀之上的，当然还有众多并非我们有意忽略的人。生成、分配和控制声音的新的、更好方法的发明者会被人们下意识地拿其前辈的标准来衡量。是昙花一现，还是奠基人，最终将由时间来裁决。元老委员会认为“古人偷窃了我们的发明”。对你而言，揭示一个新想法和对之前做同样事情的人来说都是一件令人激动的事情。

声频和声学的历史就是采用数学方式诠释基础物理定律的传奇史。听觉和视觉是虚幻的，它受到我们生理感官不充分的制约。声频和声学的技术性和艺术性是我们理解历史的根本，因为艺术是属于形而上学（在物理的之上）范畴的。也就是说艺术先于技术。

人的大脑以不同于处理语言和数学的脑半球来处理音乐和艺术，并让人产生出信息上的差异，这些信息上的差异在数学上可以被准确定义，而通信却不能。消息就是完美的文本传送。戏剧、音乐和伟大的演讲却不能被已知的物理系统完美地传递出去。例如，想要聆听到一个大型管弦乐队的空间整体性在一个良好声学空间中的表现，即使是技术高度发展的今天，也只能通过去现场欣赏演出的方法来实现。

听觉感知的复杂性对于真实记录和传输所做的努力都是一种挑战。

对良好声质的感知总是源自听音者过去的听音体验，也就是说，抖晃确实让音乐家感到烦恼，然而谐波失真、限幅等确实会让工程师的听感神经系统混乱。

在这里我没有提及今天被追捧的产品，因为它们的历史属于 21 世纪初期的人们。人们希望将来有一天物理学家和顶尖工程师会因为了一些不可思议的原因重新投身到全息音响系统的发展中，取得高保真的声音。

不论所传递的信息是糟粕还是瑰宝，电信技术、光纤、激光、卫星等还是赢得了全世界听众的心。

尽管电信为蛊惑人心的政客所提供的可怕能量让其倡导者感到恐惧，但是共享通信向更多的听众传递出更为成功的一些思想，而且人们可能希望进步背后包含的深奥理论渗透到大部分人的头脑当中。

每次人们去欣赏现场演出都证明了声频产业的历史才刚刚开始。将来有一天我们回忆起对深奥理论因素的疏忽，或许在揭示出目前我们很容易听到的参数之后，却发现现代科学无法测量它们。历史期待的是产生声场的能力，而非一个声场。当计算机最终为我们提供这样的生成能力时，我们要回答的问题一定是：“感觉如何？”

1.21　音响系统工程

《音响系统工程》（*Sound System Engineering*）第 4 版提供了一个将 3 位良师的大作摆在书架上的特别机遇，这 3 位良师经历并参与了将 20 世纪声频和声学方面最好的思想转变为 21 世纪技术上的指数型爆发的变革活动。该专著将 20 世纪 30 年代在贝尔电话实验室（Bell Telephone Laboratories）工作的个人回忆与当前你们心目中所要尝试的控制声频系统联系在了一起，它不仅仅为你们过去开展的各项研究提供了所有必要的线索，而且为眼下的创造性工作建立起一个良好的起点。可以坦诚地说自己已经了解了书中每一章节内容的任何人都应该写一本书，我们 3 位一定会拜读，就如同我们还是声频和声学领域的学生一样。我们将 150 年所积累的经验和研究成果汇集在这一专著当中，并与大家分享。现在就是您在较短的时间里将其吸收消化的良机。多年前，迪克·海泽发表了一篇论文，他说他花了 10 年的时间将结论公式化，这篇论文让他感到卸下了包袱。作为听者的我们事后发现确实如此！虽然他通过 10 分钟的论文宣讲就将痛苦卸掉，但 10 年之后我们还在整理自己的思绪。不过他为我们搭建了一个让我们进一步攀登的平台，使我们得以爬出所处的深谷。或许这一专著的读者拥有过类似的经历，并且是他们所处时代的领导者。

第2章

音质的主观评价方法

Ken Pohlmann编写

2.1 概论

从核心角度来看，实际上声频工程师的所有努力都是为了一个目标——为环境提供最佳音质。类似地，不论正确与否，每位声频工程师审听声频信号，以确定其是否满足设计标准的要求。在经历了研发和设计的复杂工作之后，音质的验证工作似乎显得相对轻松了许多。然而，这个问题远不是一些琐碎的小事。实际上，确定音质是很困难的，更为困难的是还要对其进行评价。

对于“好声音”含义的明确界定可能还存在争论。如何才能确定设备出来的声音是好的呢？这个评判该由谁来做出呢？我们又该如何说明一个 10 美元的音箱发出的声音听上去相对还不错，而且声音还明显要比一个 100 美元的音箱的声音更好这一事实呢？当我们必须在两种音质间进行选择时，哪一个更好呢？例如，“温暖的”声音要比“清脆的”声音好吗？温暖的声音是怎样的声音，而清脆的声音又是怎样的呢？对于嘻哈音乐和古典音乐而言，两者所言的好声音是一样的吗？对于中国听众和英国听众而言，好声音的标准是一致的吗？诸如这些问题的核心便是音质主观评价的主题。

2.2 主观评价与客观评价

客观测量给出了评估性能结果的可靠基准。经过许多工程上的努力，客观测量完全能达到设备性能的要求。然而，大部分声频设备的输出最终是要送至人耳的。以客观测量结果来确定声频信号听上去是否让人愉悦是困难的或不可能的。“客观声频测量只可能提供有限度的音质模型”议题可能还存在争论。这一让人进退两难的问题构成了为评测声频信号美学素质而设计的主观评价的基础。

音质的主观评价和客观测量之间存在一个分界线。虽然测量是极其重要的，但是对于声频设备和声学特性，人耳才是最终的裁判者。在许多情况下，被试听音人可以完成一些不可替代的分析工作。例如，响度是人的感知因子，而不是文字度量。在进行响度研究时，听音人要听各种声音，而且每人还被要求对声音 A 的响度与声音 B 的响度进行比较，对所得的数据进行统计分析，并评估响度与声级的物理测量结果间的相关性。如果测量被正确实施，并且有足够多的听音人参与听音评估，那么所得结果就是可靠的。例如，采用这种方法，我们发现声压与响度，音调与频率，或者音色与音质间并不存在线性关系。

我们希望将听音人的主观印象与客观设计参量关联起来。这样可以让设计人员掌握声频保真度限制因素存在于何处，因此也就知道该在何处进行改进。例如，同样的，如果掌握了对保真度的影响因素，那么利用这种知识便可降低编解码器的比特率。听音人的印象与测量现象的客观方法间的相关性是个难题。相关性并不总是已知的。人们正在研究将主观印象与客观数据关联起来的方法。随着时间的推移，有可能产生出提供相关性的研究模式。由于需要得到相关性，所以听评在此扮演着无可替代的角色。

虽然并没有仪器设备可以直接测量诸如温暖感或明亮感这类标量，但在有些情况中主观术语可以与客观测量联系在一起。例如，“清晰度”一词一般指在某一声学空间中声音具有干净和清晰的特点。武断地讲，通过提取回声图中前 50 ～ 80ms 的能量，并将该能量与整个回声图的能量相比较便可以进行评估。这比较的是直达声和早期反射声能量（人耳积分的结果）与整个混响声能量。这是利用火花塞或其他声源产生的脉冲声进行的一种直观测量。这是一个主观评价如何与客观测量相关联的例子。

在任何主观评价中，采用的评价术语必须要严格定义，而且管理人员和听音人也必须理解这些评价术语。这一术语表为听音人提供了他们评价用的语言，同时也给广大的听音人提供了统一的评价语言，为主观表述的客观量化奠定了一个良好的基础。对术语的任何模糊认识都会使听音人与管理人员间的整合打折扣。如这些词汇常常用来描述音乐厅声学属性：温暖感、低沉的、清晰的、混响感、丰满感、活跃感、明亮感、透明感、辉煌感、共鸣感、融合感、亲切感。这些术语一定要用听音人熟悉的词汇来加以定义。

2.3 听评

从主观角度出发，评价声频信号的最佳方法就是仔细聆听，遴选大量的听音人。在正确分析后，这种听评如果分析得当，则是进行主观音质评价的首选方法。听音一定要盲听（声源未知），要选用专业的听音人，一定要采用合适的统计分析方法，以提供统计意义上确信的结果。听评可能非常耗时，从某种程度上讲成本也不低。在有些情况下，只有进行了反复的听音尝试之后才能排除人为因素的影响。

任何特定声频设备表现出的潜在异常都要在听评测试中加以说明。通过识别出各种常见的瑕疵，听音人可以更为严密地评价其性能。瑕疵须要被定义，在有些情况下，它是一定要指出来的。这样有助于根据被评测设备的类型来设计听音实验。例如，设备的声频保真度用以下 4 类来划分。

严重损伤。即便是未经培训的听音人也可以听出音质上的差异。例如，两只同样的扬声器，一只有正常的高音扬声器单元，另一只的高音单元不能工作了，这便形成了大的损伤。

中等损伤。虽然未经培训的听音人可以听出音质差异，但是可能需要聆听多次才能听出来。这种通过来回切换并直接比较两个声源的能力可以让这些损伤变得透明。例如，中音扬声器驱动单元接线反相的立体声音箱就属于这种程度的损伤。

小损伤。虽然许多听音人都可以听出这种音质差异，但是必须对听音人进行一定的培训，使他们参与到听音实践中才行。例如，以128kbit/s和256kbit/s编码的音乐文件之间的保真度差异将会反映出128kbit/s文件存在的小损伤。损伤可能具有独特性，并且听音人并不熟悉，所以听音人较难检测出损伤，而且要花较长的时间来检测。

微小损伤。音质差异细微，经过长时间培训的听音人需要耐心听才能听出来。在许多情况下，在普通的听音条件和正常声级的播放条件下这种差异很难被听出来。这可能必须要对音乐进行放大，或者利用诸如低电平的正弦音和颤动静音这样的测试信号才可以。例如，–90dBFS的1kHz颤动正弦波上的微小的可闻失真就属于这种微小损伤。

在听诸如由扬声器产生的那种大损伤时，音质评价可以依靠人们梳理的客观测量和主观术语来描述存在的差异，并找出产生缺陷的原因。然而，在比较诸如高质量数模转换器这种具有较高保真度的设备时，要想量化这种较小损伤是相当困难的。重要的是要有严谨的方法来确认、分类和描述这种微小的差异。

开发这些方法需要进行严格的听音人培训，持续的听音评价，通过讨论拉近听音人与设计人员间距离。进一步而言，必须系统化地找到各种缺陷的可闻阈值。该研究引入已知的缺陷，然后确定缺陷的主观可闻性和听阈。

当设备间的差异小时，一种解决方案就是研究它们之间的残量（差信号）。模拟输出可以应用于高质量模数转换器上；将一个信号反转；信号以比特精度进行精密的时间对齐；这两个信号相加（因为一个信号被反转，故是相减）。之后，便可以对得到的残量信号进行研究。例如，如果设备加入了噪声，那么在残量信号中只能听到噪声。两个一样的信号产生的是一个零信号文件。创建残量信号的过程如图2.1所示。

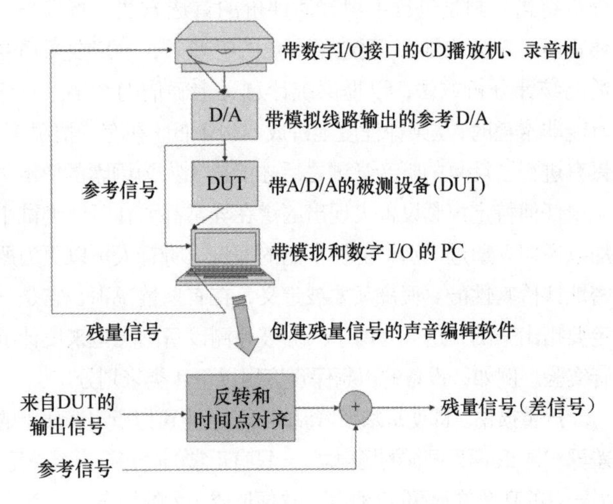

图2.1 用来创建残量信号的方法

相对于非专业的听音人而言，评价更愿意选择专业听音人来进行，因为专业听音人更熟悉特殊和细微的人为衍生物。一位专业听音人可以更为确切地检测到临时找的听音人察觉不出的细节和损伤。根据已经估算的结果，对一位专业听音人评价结果的统计可以取代对7位生手评价结果的统计。做任何评测的听音人都应经过测试流程的培训，而且在特殊情况下还应聆听被测设备可能展现出的人为衍生物。例如，听音人应该从审听非常低的比特率的例子，或者左减右信号，或者是展现出人为衍生物的残留信号开始培训，以便听音人熟悉编解码器的特征。当采用了参考基准时，这一参考基准要尽可能是最高质量的信号。例如，在评测高质量设备时，16bit录音可能并不足以作为参考基准，因为有些设备可能优于参考基准。

有些听音评测可以用高质量耳机来完成，诸如扬声器特性、房间声学，以及讲话者和听音人的位置等外部因素的干扰要排除掉。耳机可以用来进行微小可闻细节的临界性评估。在有些情况下，推荐使用开放型（具有扩散场响应的）耳机，因为这种耳机可以产生出更为“自然的”重放声。然而，这时需要一个安静的房间。密闭型耳机将环境噪声的可闻程度降至最小。其他的评测要利用音箱来进行重放。例如，在进行多声道评价时就必须这么做。当采用音箱重放时，房间声学在评价中扮演着重要的角色。正确的审听室必须具有合适的声学属性，同时还应具备低噪声的环境特性，其中就包括对外部噪声的声隔离。在有些情况下，房间应按照科学的参考基准标准来设计和建造。听音室标准将在本章第5节进行说明。

为了得到有用的结论，听音评测的结果必须符合业界认可的统计分析方法。例如，ANOVA变量模型就是常用方法。必须认真仔细地进行具有适合统计意义的重要分析。听音人的数量、被试的数量、置信区间和其他变量对结论的有效性都有明显的影响。在许多情况下，必须采用和分析从不同角度设计的几个听音评测，这样才能全面确定设备的质量。有关统计分析的说明参见本章第10节。

2.4 听音评测方法与标准

如今业界专家已经研发出了大量的听音评测方法和标准。它们可以被严格地遵循，或者作为开发其他测试的实用指南来使用。在任何情况下，听音测试必须要考虑声源素材、信号通路、评价者、评价方法和分析方法等因素。代表性的情况是：假定理想的声音是透明的。如果在被评价的声音与作为参考基准之间听不出可闻的差异，那么就认为被评价声音也是透明的。在这一限定条件下，我们可以度量出透明度与描述的损伤度之间的感知距离。因此，声频质量是被评价信号与已知的参考基准信号间的主观距离。存在的任何差异便是损伤。

理想的听音评测应满足如下5个条件。

（1）不同时间、地点和听音人所做的评测应具有一致的可重复性。

（2）只考虑被选择的可闻参量。

（3）以评分的形式反映出差异的程度。

（4）报告听音人的评述。

（5）提供有效的统计结果。

有些听音评测只能确定设备是否是感知透明的，也就是说专业听音人是否能够利用测试信号和各类音乐来告知原始文件与被处理过的文件间存在着差异。在 ABX 评测中，已知的 A 和 B 声源，以及可能是 A 或 B 的未知声源 X 被播放给听音人。每次审听声源播放次序被安排成伪随机形式。听音人必须确认出 X 是被安排成了 A，还是 B。评测是让听音人回答是否能听出 A 和 B 之间存在差异。ABX 评测不能用来推断出不存在差异，而是可以表示出听不出差异。短的音乐片段（可能时间长度为 15 ～ 20s）可以重复听，以确认出人为的衍生物。这对于分析 ABX 评测的各个受试者，并且报告出听出差异的被试者人数是有用的。

其他一些的听音评测可以用来评估边界，或者失去透明性之前可能要对信号做多大的损伤。人们还设计了其他一些用来估计相对透明性的评测，这是较为困难的任务。如果两个设备都展现出可闻噪声和人为衍生物，那么只有人的主观感知才可以确定哪个设备更讨人喜欢。进一步而言，不同的听音人在做这个“两害之中取其轻”的选择时可能会有不同的偏好。例如，一位听音人可能对带宽变窄比较厌烦，而另一位听音人则可能对噪声比较排斥。

鉴定性听评测试必须采用双盲法，即测试者和听音人都不知道选择的特征。例如，在“A-B-C 三刺激，隐藏参考基准，双盲”评测中，呈现给听音人的是已知的未处理的参考基准信号 A，而 B 和 C 是未知信号。每个刺激可能是时间长度为 10 ～ 15s 的一段录音。其中的一个未知信号是与已知的基准参考信号一样的，而另一个未知信号是要评测的编码信号。每次评测中所做的次序安排是随机且变化的。听音人必须为两个未知的信号打分，即针对已知参考基准信号做评估。听音人可以重复审听任何刺激信号，即测试是重复进行的，并且采用不同的刺激信号。评测可以使用耳机或音箱来进行。为了取得更为一致的结果，某一特定评测中的重放音量应是固定的。图 2.2 中所示的是刻度表，可用于打分。这一 5 级 CCIR 损伤度划分标准是由国际无线电咨询委员会（International Radio Consultative Committee，CCIR）设定的，并且常用于主观评价。专业听音人根据他们所听到的损伤程度划分出 41 级的连续刻度等级，这 41 级被分成 5.0（透明）到 1.0（非常讨厌的损伤）5 个等级。

听音人依据参考基准所选定的信号得分被作为默认的 5.0。为损伤的编码信号打出的分数减去为实际隐藏参考基准打的得分就是主观差级（Subjective Difference Grade，SDG）。例如，原始的，未压缩素材在评分表中可能得到 4.8 的平均分数。如果设备获得 4.8 的平均得分，那么 SDG 就是 0，设备就被视为是透明的（符合统计分析）。较低的 SDG 得分（例如，–2.6）评价，说明设备距离“透明”有较大的差距。可使用的统计分析技术有很多，要想得到科学的统计结果或许需要 50 位听音人。

绝对评分		差分评分
5.0	感知不到	0.0
4.9	可感知，但不讨厌	−0.1
4.8		−0.2
4.7		−0.3
4.6		−0.4
4.5		−0.5
4.4		−0.6
4.3		−0.7
4.2		−0.8
4.1		−0.9
4.0		−1.0
3.9	轻微讨厌	−1.1
3.8		−1.2
3.7		−1.3
3.6		−1.4
3.5		−1.5
3.4		−1.6
3.3		−1.7
3.2		−1.8
3.1		−1.9
3.0		−2.0
2.9	讨厌	−2.1
2.8		−2.2
2.7		−2.3
2.6		−2.4
2.5		−2.5
2.4		−2.6
2.3		−2.7
2.2		−2.8
2.1		−2.9
2.0		−3.0
1.9	非常讨厌	−3.1
1.8		−3.2
1.7		−3.3
1.6		−3.4
1.5		−3.5
1.4		−3.6
1.3		−3.7
1.2		−3.8
1.1		−3.9
1.0		−4.0

图 2.2　5 级 CCIR 损伤度划分标准

MUSHRA（MUltiple Stimulus with Hidden Reference，隐藏参考基准的多刺激）是对已知损伤存在时采用的一种评价方法。这种方法使用了一个隐藏的参考基准，以及一个或多个隐藏的锚标。一个锚标是一个具有已知可闻限制的刺激。例如，其中一个锚标是低通编码信号。5 级划分的连续刻度被用来为刺激做等级评分：出色、良好、中等、差的、很差 5 个等级。ITU-R BS.562-3 对 MUSHRA 做了详细的说明。声音评价的其他主题在 ITU-T P.800、P.810、P.830、ITU-R BS.562-3、BS.644-1、BS.1284、BS.1285 和 BS.1286 等文件中有说明。

特定情况下，主观听音评测可以利用 ITU-R Recommendation BS.1116-1 标准来进行。这种方法可用来处理声频素材的选择、重放系统的性能、听音环境、听音人经验的评估、评分尺度和数据分析方法等问题。

2.5　标准听音室

尽管耳机有助于我们非常准确地听音，但是诸如音箱这样的设备就理所应当地要在房间内进行听评。任何房间都会对到达听音人耳朵的声音特征产生很大的影响。为了对房间声学的影响进行标准化，人们已经研发出了各种标准房间的设计方案。

除了听音评测方法学之外，ITU-R Recommendation BS.1116-1 标准还给出了一个参考基准来供我们选择听音室。BS.1116-1 技术规范建议单声道和立体声重放的地板面积为 20 ～ 60m^2，多声道重放时的地板面积为 30 ～ 70m^2。为了低频驻波的分布，标准建议的房间维度比要满足三个条件：

$$1.1(w/h) \leqslant l/h \leqslant 4.5(w/h)-4 \quad (2\text{-}1)$$

$$w/h < 3 \quad (2\text{-}2)$$

$$l/h < 3 \quad (2\text{-}3)$$

式中，l、w，h 分别是房间的长、宽、高。

在听音位置上，采用标准响应曲线定义的粉红噪声测量 50 ～ 16000Hz 范围的 1/3 倍频程声压级。平均的房间混响时间指定为：

$$T_{ave}=0.25(V/V_0)^{1/3} \quad (2\text{-}4)$$

式中，

T_{ave} 是平均混响时间；

V 是听音室容积；

V_0 是 100m³ 的参考基准容积。

混响时间可以进一步指定为 200 ～ 4000Hz 内的相对常数，同时要符合允许的 63 ～ 8000Hz 的变化量。15ms 内到达听音位置的 1000 ～ 8000Hz 的早期边界反射相对于来自音箱的直达声必须至少衰减 10dB。建议的背景噪声声级不应超过 NR 10 的 ISO 噪声等级，NR 15 是最高上限。

IEC 60268-13 技术规范（最初的 IEC 268-13）详细说明了用于音箱评价的住宅型听音室的特性。该技术规范与 BS.1116-1 技术规范中对房间的描述类似。60168-13 技术规范建议的单声道和立体声重放的地板面积为 25 ～ 40m²，多声道重放的地板面积为 30 ～ 45m²。为了在空间上分散房间内的低频驻波，规范给出了房间维度比例的标准：

$$w/h \leqslant l/h \leqslant 4.5(w/h)-4 \quad (2\text{-}5)$$

$$w/h < 3 \quad (2\text{-}6)$$

$$l/h < 3 \quad (2\text{-}7)$$

式中，l、w、h 分别是房间的长、宽、高。

混响时间（按照 ISO 3382 标准，空房间 1/3 倍频程带宽进行测量）规定为：在 200 ～ 4000Hz 落在 0.3 ～ 0.6s 的范围内。另外，平均混响时间应为 0.4s，处在标准给定的响应轮廓线之内。环境噪声声级不应超过 NR 15（20 ～ 25dBA）。

EBU 3276 标准指定了听音室地板面积要大于 40m²，容积不小于 300m³。房间维度比和混响时间要符合 BS.1116-1 的技术规范。另外，为了减轻模式共振产生的不利影响，维度比应有大于 ±5% 的差异。房间响应要以符合标准轮廓粉红噪声的 1/3 倍频程响应进行测量。

2.6 声源素材

为了反映出人为衍生物，采用强调被测设备的声频素材是很重要的。进一步而言，因为不同的设备的响应不同，所以必须有各种各样的素材，包括专门强调每种设备的素材。另外，声轨录音质量要好，以免引入其自身的人为衍生物。一般而言，含有瞬态、复音和在人耳最为灵敏区间（1 ～ 5kHz）内有丰富谐波成分的音乐是比较有用的素材。特别富有挑战的例子包括钟琴声、响板声、三角铁声、竖琴声、铃鼓声、语言、小号声和低音吉他声。

评测声轨的选择通常具有强烈的个人色彩。确实，如果可能的话，应鼓励听音人采用自己的音乐选项。对评测声轨的熟悉度是进行鉴评的重要基础。只有聆听过经由多个房间内的多个重放系统重放的声轨后，听音人才能对所录声音的准确内容真正理解。到了这时，这一声轨便可以作为评测设备的参考基准了。表 2-1 给出了在听音评测中有用的声轨例子。

表 2-1 用于主观听音评测的音乐声轨实例

Pink Floyd，*Dark Side of the Moon*，“Speak to Me”
Pink Floyd，*Delicate Sound of Thunder*，“On the Turning Away”
KT Tunstall，*Eye to the Telescope*. “Black Horse and the Cherry Tree”
KT Tunstall，*Eye to the Telescope*. “Suddenly I See”
Five For Flighting，*The Battle for Everything*，“100 Years”
Jennifer Warnes，*Famous Blue Raincoat*，“First We Take Mannhattan”
Dire Straits，*The Very Best of Dire Straits*，“Sultans of Swing”
Dire Straits，*On Every Street*，“Calling Elvis”
Dire Straits，*Brothers in Arms*，“Brothers in Arms”
Madonna，*Ray of Light*，“Candy Perfume Girl”
Santana，*Supernatural*，“Migra”
Blur，*13*，“Tender”
Gomez，*Liquid Skin*，“Hangover”
The Mavericks，*Trampoline*，“Dream River”
Alison Krauss，*New Favorite*，“New Favorite”
Steely Dan，*Gauchov*“Babylon Sisters”

有时，为听音人指出音乐声轨的特殊性是有益的。例如，Jennifer Warnes 专辑中的声轨“First We Take Manhattan”，听音指南可以注释为：

- 乐器的清脆感
- 鼓组的瞬态响应
- 歌唱声线的清晰度和亲切感
- 自然的嘶声
- 平稳的主音吉他声，音符回声效果
- 诸如管风琴和木琴的内在声音
- 声音的混响感
- 不过度清晰的明亮混音
- 自然的压缩
- 低音量下的缩混平衡
- 整体的高保真性

对于 Pink Floyd 的声轨“On the Turning Away”，一些音乐提示信息为：

- 平滑的低频响应
- 歌唱声的清晰度和临场感
- 混响、回声和人声加倍效果的可闻度
- 富有音乐细节的干净的木吉他声
- 干净的键盘乐器声
- 清脆的铃鼓声
- 强的底鼓声
- 响而不浑的通通鼓声
- 突出的主音和节奏吉他声

诸如此类的听音指南对听音人理解所用术语的含义是很重要的。用法上的不统一往往很容易造成任何听音环节结果的无效。

作为音乐内容的一种替换选项，非音乐内容有时也很有用。因其具有特定的声学特征，故人们会选择这类内容。由于这些声轨往往没有音乐那么复杂，或许持续时间也比较短，所以使用起来可能较为容易。例如，混响尾音、正弦波、相关或非相关粉红噪声、男声和女声（语言）、响板声和采样钢琴的半音阶（整个声频频带有一致的声级）。

2.7　感知编解码器的评价

感知编解码器给主观评测带来了独有的机遇和挑战。感知编解码器在设计上利用了人耳听觉系统的弱点，避免让人耳听出其透明度的劣化。由于在极低的比特率下，编解码器无法设计成透明的，所以需要听音评测，通过将人为衍生物可闻度最小化来优化音质。

当编解码器不透明时，诸如音色上的变化、突发噪声、颗粒化环境声、立体声声像漂移和无法空间掩蔽的噪声等人为衍生物可以用来确认设备的“特征”。虽然带宽减小也是显而易见的，但是恒定的带宽减小与不断的带宽变化相比并没那么明显。连续数据块转换下的高频成分变化可能会产生可闻的人为衍生物。

语言常常是一种困难的编解码器评测信号，因为其编码要求在时间和频率上都具有高分辨率。对于低比特率或长变换窗口，被编码的语言信号可以假设是一个奇怪的混响量。立体声或环绕声格式的听众掌声录音会反映出空间编码误差。子带编解码器可能存在未掩蔽的量化噪声，这种量化噪声以处理数据块中的突发噪声形式表现出来。在变换编解码器中，误差被编解码器按照基础函数（例如，加窗余弦）重新构建。具有长数据块的编解码器可能在瞬态之前表现出前回声形式的突发噪声，或者可能存在叮叮声或软化建立过程的现象。变换编解码器的人为衍生物趋向于高频时更容易被听出来。高频比特分配上的变化可能会导致因高频音色的变化而产生的旋转声出现。

对于某种编解码器类型（例如，MP3 编解码器），MPEG 标准会让人相信，所有符合标准的解码器应执行同样的任务，并且声音也是一样的。最有可能引入声音差异的是编码器。然而，有些解码器不可能正确地应用 MPEG 标准，所以它们并不符合标准。例如，它们可能不支持强度立体声编码或可变速率比特流解码。比如，根据心理声学模型、套迭代环路的调谐以及长短窗切换的方案等，MP3 编码器可能在声频性能上有明显的差异。另外一个因素就是联合立体声编码方法和针对特定声道数、声频带宽和比特率所做的优化方法，许多编解码器拥有一个最佳比特率范围。在这些比特率之上，质量并不会有明显的改善，而在这一比特率范围之下质量则会快速地下降。掌握诸如编解码器这样设备的设计属性有助于集中听音评测的关注点，提高评测的效率。

2.8　语言编解码器的评价

诸如用于移动电话的语言编码系统的性能可以通过主观听音评测来评价。例如，经常采用的平均主观评分（Mean Opinion Score，MOS）法。在这种 5 级评分尺度中，4.0 或更高的得分表示高质量或近乎透明的性能。3.5 ～ 4.0 的得分通常是语音通信可以接受的。3.0 以下的得分表示低质量。例如，虽然信号可能拥有高可懂度，但是语言可能听上去在合成或其他方面不自然。通信线路（Circuit-Merit，CM）质量度量尺度可以被用来进行主观性能评分。从听音人那获取的 CM 得分平均值给出了平均主观评分。CM 分数列表如表 2-2 所示。

表 2-2　用于语音编解码器主观性能评价的 CM 分数列表

CM5	出色	完美的语言可懂性
CM4	优良	语言容易理解，有一定的噪声
CM3	中等	语言理解起来稍微费点力，偶尔需要重复
CM2	差的	语言理解起来相当困难，需要频繁地重复
CM1	不令人满意	语言无法理解

特征韵律评测（Diagnostic Rhyme Test，DRT）是用来评价语言可懂度的标准化主观评价方法。在这种 ANSI 评测中，重放给听音人的声音是单词对，听音人必须选出他所听到的单词。单词只在其主辅音上有区别，而且要成对选择，以便在其有或无的状态下对语言可懂度的 6 种属性进行评价。诊断合意度测定标准（Diagnostic Acceptability Measure，DAM）评测也被用于语言编解码器性能的评价。

从历史上看，电话系统拥有的窄带宽为 300 ～ 3400Hz。一般认为它具有较低的转折频率，虽然因为丢失了较低的频率成分而使声音听上去“单薄”一些，音质下降，但并不会给可懂度带来非常大的损失。研究报告表明，3400Hz 的上限转折频率可保证 97% 的语言声音能被听懂。句子的识别可达 99% 的可懂度，因为上下文有辅助识别的作用。较新型的宽带电话系统所提供的响应范围是 50Hz ～ 7kHz。尽管评测得出的可懂度改善幅度微小，但是这样的系统会提供出更为自然的语音和更为清晰的音质。

2.9 室内语言可懂度的评价

对于任何打算用于发言或演讲的声学空间而言，语言可懂度拥有最高的设计优先权。许多宗教场所、大礼堂和剧院就属于这种情况。在不采用声音放大的空间中，空间设计的声学要素必须要认真考虑，以便能提供高水平的语言可懂度性能。人们常常采用扩声系统来克服声学上的限制，并且在非常大的空间里提供出满意的可懂度。

室内的语言可懂度通常基于主观手段（即通过现场实验）进行评估。讲话人诵读列表中的单词和短句，室内的听音人将他所听到的内容写下来。列表中包括重要的语言声例子。评测可以采用 200 ～ 1000 个单词。例如，用于主观可懂度评测的一些英语单词包括：aisle，barb，barge，bark，baste，bead，beigo，boil，choke，chore，cod 和 coil。

正确理解的单词和短句所占的百分比越高，语言可懂度就越高。在有些情况中，测量的是听音困难度。当语言的声级与噪声声级一样时，虽然可懂度可能高，但是听音人可能还是难以听懂这些语言，而且要聚精会神地听。虽然语言的声级比噪声声级高出 5 或 10dB 时，可懂度不会有大的改善，但是听音人会说：“它们听上去不那么困难了。”

2.10 听音评测的统计评估

从评价的意义上讲，一定要认真考虑听音评测结果的解释。例如，在 ABX 评测中，如果听音人在 16 次测试中正确识别出参考基准 12 次的话，那么可闻差异要如何表述呢？统计分析常常被用来解释评测结果。由于评测是样本采集的过程，所以我们用概率论的术语来定义结果。样本采集得越多，结果就越可靠。我们关注的焦点是结果的显著性。如果结果具有显著性，那么它们归因于可闻差异。否则，它们便归因于侥幸。在 ABX 评测中，16 次中有 8 次是正确评分表明听音人并没有听出差异，给出的评分可能是通过盲目猜想得到的。虽然 12/16 的得分可能表明了一个可闻差异，但是也可能归因于侥幸。为了对此进行评估，我们可以定义一个虚假设 H_0，它支持该结果归因于侥幸，另外一个假设 H_1 支持结果归因于可闻差异。显著性水平 α 是侥幸得分的概率，显著性 α' 基准是接受的 α 选择阈值。如果 α 小于或等于 α'，那么我们承认，概率高到足以接受得分归因于可闻差异的假设。虽然 α' 的选择是任意的，但是通常会采用 0.05 这一数值。这可以利用公式进行二项式分布分析：

$$z=\frac{c-0.5-np_1}{\left[np_1(1-p_1)\right]^{1/2}} \tag{2-8}$$

式中，

z 为标准正态离差；

c 为正确响应数目；

n 为样本大小；

p_1 为评测人中归因于偶然因素的正确响应比例（在 ABX 评测中，p_1=0.5）。

得分 12/16，z=1.75，因此，二项式分布生成的显著性水平为 0.038。因偶然因素（不是因可闻差异）得到高达 12/16 分数的概率是 3.8%。换言之，听音人听不到差异的概率为 3.8%。然而，由于 α 小于 α'（0.035 < 0.05），因此我们可以推断结果是有效的，并且存在可闻差异，至少根据我们选择的显著性标准是如此。如果 α' 选择为 0.01，那么同样的 12/16 打分就是无效的，我们就会将该打分归因于偶然因素。

我们可以定义将我们错误接受假设的风险特征化的参量。类型 1 的误差风险（我们常常记作 α'）是将确实成立的假设拒绝的风险。其数值是由显著性条件决定的；如果 α'=0.05，那么在假定是有效结果时会有 5% 的时候是错误的。类型 2 风险是基于样本的大小、α' 的数值、偶然因素打分的数值和效应量或有意义的最小得分。将这些数值带入如下公式可以计算样本大小：

$$n=\left\{\frac{z_1\left[p_1(1-p_1)\right]^{1/2}+z_2\left[p_2(1-p_2)\right]^{1/2}}{p_2-p_1}\right\}^2 \tag{2-9}$$

式中，

n 是样本大小；

p_1 为评测人中归因于偶然因素的正确响应比例（在 ABX 评测中，p_1=0.5）；

p_2 为效应量（假定的整个评测人中归因于可闻差异的正确响应比例）；

z_1 为对应于类型 1 误差风险的二项分布值；

z_2 为对应于类型 2 误差风险的二项分布值。

例如，在 ABX 评测中，如果类型 1 风险为 0.05，类型 2 风险为 0.01，效应量为 0.70，那么样本大小应为 50 次实验。样本量，也就是实验次数越少，那么误差风险越大。再比如，如果进行了 32 次实验，α'=0.05，效应量为 0.70，那么要想取得有效的统计结果，就需要 22/33 的得分。

当采用大量样本时，二项分布分析可以给出理想的结果。诸如信号检测理论这样的其他类型的统计分析也可以应用于 ABX 和其他主观评测当中。虽然统计分析可能留下难忘的表现，但是其结果并不能验证存在固有缺陷的评测。

2.11　评测流程和评价表格实例

作者准备的一个听音评测采用了对偶比较法来评价小损伤。评测将被测设备（DUT）与参考基准作了比较，或者将一个 DUT 与另一个 DUT 进行比较。在该例子中，评测采用耳机来进行重放。图 2.3 所示的是评测信号通路的一个例子。该评测要完成如下 3 件事：

（1）确定听音人是否听到了对源间的差异；如果听出差异的话，听音人要接受审核。

（2）要求被审核的听音人做出主观评述。

（3）另外还要求被审核听音人以数值刻度的形式为声源打分。

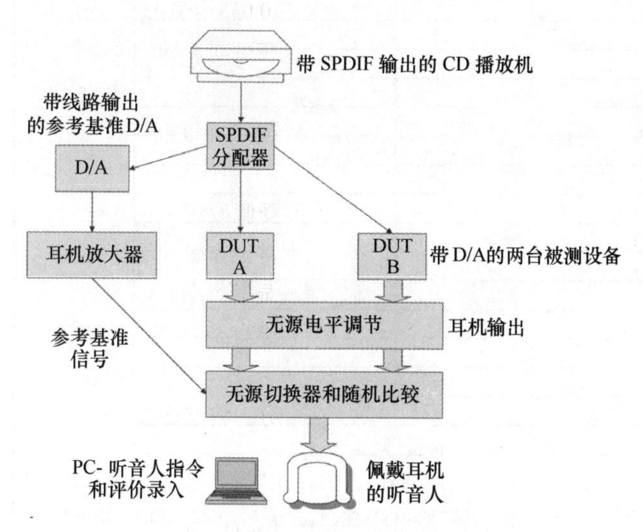

图 2.3　用于主观听音评价的信号通路

评测分成两个部分。发给听音人的评价表如图 2.4 所示。第一部分是 ABX 评测。ABX 评测确定听音人是否能够听到两个声源间的差异。这里采用 ABX box 进行双盲评测。例如，如果听音人在 16 次听音中有 12 次正确，那么我们有 95% 的把握相信他们听到了差异（听音人会被审核）。我们可以通过提高阈值（比如，13 或 14），或者增加测试次数（比如，20 次、50 次、100 次）的方式来改善确信度。如果听音人听不出差异，那么他们就被排除在外了，其所做的选择也就无用了。

第二部分是非双盲评价。被审核的听音人写下其主观评价的评论描述。评价表格为听音人指明了多个评价对象（音色平衡，动态范围等）。听音人还被要求给出数值得分。

第二部分中的标准涵盖了非常广的听音参量。它们被挑选出来供听音人用耳机进行听评，以便排除掉一些受房间中音箱影响的传统参量。虽然标准很广泛，但是在许多情况下听音人可以将注意力集中在几个标准上（比如低电平细节或可闻衍生物），不在其他方面做任何无意义的评论。

第二部分中，对偶比较可以是一个 DUT 与参考基准的比较，或者是两个 DUT 间的比较。在第一种情况下，听音人不必写下对参考基准的评论。在第二种情况中，听音人必须写下对两个 DUT 的评论。评论的理由将有助于设计人员掌握听音人想听什么，以及可能讨厌什么。

在第二部分中，参考基准或 DUT A 被任意给成 0 分。针对每个标准，为另一个源打出的得分可以相对于 0 分有 ±10 等级的差距。这样的话，DUT 的声音可以比参考基准差，也可以优于参考基准。正如所指出的那样，两个 DUT 的得分可以即刻打出；从本质上讲，这是种省时的做法。如果可能的话，建议每个 DUT 都相对于参考基准来评价和打分。这样会得到更为稳定的得分。

在其他一些评测中，从本质来看，第一部分和第二部分是合在一起的。听音人必须盲评和盲打（分），这种做法是不推荐使用的。这种做法给听音人添加了更多的负担，并且可能分散听音人在音质评价和打分时的注意力。这种做法还可能导致出现一些实际问题。如果听音人听不出某次实验的差异，那么这些评论就可能被省略掉了。但如果听音人听出了某次实验的差异的话，那么对此进行的评论值得相信吗？对于特定的实验，如果听音人是靠侥幸猜测打出正确得分，那又该如何应对？最好还是分成两个部分进行，在这一过程中，结果是确认的、先验的、在统计误差范围内的，听音人可以听到差异，故其评论是有效的。

在这种评测中，听音人采用包含音乐和非音乐声轨的文件。听音人任意选择声轨进行 ABX 评测，并对任意一个标准进行评价。其他一些评测是将特定的声轨安排给特定的标准。然而，听音人在“如何听”方面是非常自我的。安排特定的声轨对其聆听细节的能力形成不必要的限制。然而，如果加入评论对后续分析很重要的话，那么应要求听音人对正在聆听的声轨给出评论。

理想情况下，偏爱度这类听评应安排 10 ～ 20 位专业听音人，这种共识会得到准确的结果，在实践中，这样做是比较困难的。一种仍然有效的方案是在双盲评测中安排 1 或 2 位专业听音人。为了促进这项工作的完成，评测消除了听音人的偏好，验证被听到的可闻差异，并信任少数专业听音人的评分。

在完成前期听音之后，这些（和其他）声轨的编辑文件也被准备好了。发给听音人的表格也提供了一些对普通主观听评术语的定义。正如所阐述的那样，除非听音人对评价术语的含义已经充分理解了，否则得到的主观评测结果是无意义的。

该部分给出的是分发给听音人进行性能主观评价用的示例表格。

听音人姓名：
声源：
声源：
采用的耳机：
今天的日期：

听音评测 – 第一部分

致听音人的说明：采用 ABX box 来对两个声源进行比较，采用耳机进行听音。一个声源称为 A，另一声源称为 B。在每次实验中，A 或 B 会被随机指派为 X。您的任务就是聆听 A、B 和 X，并确认出指派为 X 的是 A 还是 B。您可以根据自己的要求多次聆听 A、B 和 X。您可以使用您想用的任何音乐声轨。如果有助于您完成评测的话，那么您可以将对您听评最有帮助的音乐声轨的任何评语写下来。然后记录下该实验中的 X 是 A，还是 B。请您用下面这一表格完成 16 次听音实验。

实验编号	评语	音乐注释	X是A，还是B
1			
2			
3			
4			
5			
6			
7			
8			
9			
10			
11			
12			
13			
14			
15			
16			
本次评测您的得分： /16			

现在，ABX box 将显示出答案（Answer）模式下的正确答案。如果你的打分正确的次数是 12 次以上（含 12 次），那么恭喜您，您可以听出 A 和 B 间的差异，可以进入第二部分的评测。若您的得分低于 12 次，则说明您听不出差异。您可以将 ABX box 复位，再试一次，聆听小细节。ABX box 将会自动生成新的编排。

听音评测 – 第二部分

致听音人的说明：采用ABX box的答案(Answer)模式，在A和B间进行切换。仅有一次实验，A和B的编排不改变，您将看到正在聆听的声源是哪一个。在第二部分中，您并不是对声源打分，而是要对声源 A 和 B 的音质打分。您可以根据自身需要聆听 A 和 B 多次，可以使用任何您想用的音乐声轨。

声源A可能是一个被测设备，或者已知的参考基准。您需要将其与声源B进行比较。请聆听不同的声音标准（Sound Criteria），并写下对两个声源的评论，用符号标注音乐声轨。声音标准术语的定义列于下文。声源A或参考基准始终为0（或中性）分。将声源B与这一0基准作比较，然后对B的音质进行打分。您打出的分数应为-10（差很多）～+10（好很多）。例如，如果B的保真度只是比A稍好一点，那么其保真度的得分为+1。请您采用下面这个打分尺度来打分。

−10	−9	−8	−7	−6	−5	−4	−3	−2	−1	0	+1	+2	+3	+4	+5	+6	+7	+8	+9	+10
差很多					差一些					相同				好一些						好很多

在开始评价前，重要的是要理解音质标准术语（诸如音色平衡，动态范围等）的含义。音质标准术语的定义见本图。这些术语的含义可能与您之前理解的术语含义有出入，重要的是要以这里定义的术语为准进行评测。

声源A或参考基准			声源B	
声音标准	评论和音乐注释	分数	评论和音乐注释	分数
音色平衡				
动态范围				
低音清晰度				
中音清晰度				
高音清晰度				
声像				
声场				
低电平细节				
可闻衍生物				
整体保真度				
			声源B的得分	

图 2.4 小损伤听音评测中提供给听音人进行性能评价的表格实例

声音标准术语的定义

音色平衡（频谱平衡，倍频程平衡）。音色平衡的重放设备具有一致的频率响应，其理想情况是频率响应在整个声频频带内是近似平直的。不存在某些频率区突出或缺失的问题。音色平衡差的声音可能在频率响应图像中存在峰或谷，这可能会夸大或模糊某些音符或改变音色。低频应与高频自然地融合。正确的音色平衡还需要在频谱的低端和高端有良好的低频和高频延伸。

动态范围。声音在从弱到强的整个响度谱中应自然地过渡，并不紧张。在响的时候，声音不应被拉紧或被压缩，使记录的动态范围降低。在不同的响度级上不存在频谱偏移的问题。不存在动态泵机效应，比如在低音音符建立期间中频成分快速减少。在响度最强时，声音应该保持干净，无削波，并且在所有频率上均不存在失真。声音响的时候，低频音听上去音色会更坚实或更强烈。例如，底鼓的声音可能会改变。审听动态频谱偏移，音量由弱到强时任何音色上的差异或频谱平衡都会发生改变。在声音响的时候，这可能是一个或几个频率区域被压缩所致，在弱的时候，声音应维持音乐上合适的频谱平衡。这与响度补偿无关。响度补偿是与重放音量相关的，而与音乐素材的响度和动态无关。拥有最大响度的声音应该在满意听音的前提下足够响。

低音清晰度（低音透明度、确定感、清楚感）。当可以听出低音区的声音细节时，声音便具有良好的清晰度。诸如鼓声和低音吉他声这样的乐器声应有坚实和紧张、不松弛的自然音质。瞬态具有干净的声音建立过程和准确的低音冲击感。当低音清晰度差时，声音听上去可能浑浊、有隆隆声、声音像从箱子里发出来的、呈现出软弱或单薄的特点。

中音清晰度（中音透明度、确定感、清楚感）。当可以听出中音区的音乐细节时，声音便具有良好的清晰度。语音和乐器应具有自然和顺滑的音质。语音应是可懂的，瞬态干净且具有紧张的建立过程。当中音清晰度差时，语音可能听上去有嘶声、胸音或鼻音。乐器声可能听上去浑浊或嘈杂。您可能听出诸如染色和振铃，或者喇叭声般的声音的频谱变化。可能存在因低频互调所导致的中音模糊。当演唱多声部（比如合音）时，可能存在互调问题。在中高频处可能存在刺耳的声音。要留意审听诸如梳状滤波这类时域失真，它们可能引起音色的变化，或者空洞般的声音。

高音清晰度（高音透明度、确定感、清楚感）。当可以听出高音区的声音细节时，声音便具有良好的清晰度。乐器声应具有自然、干净的音质，同时在其周围还有“空气般”的通透感。瞬态应清脆、干净且富有轮廓感。当高音清晰度差时，乐器声听上去嘈杂、尖利、过于明亮、过于呆板，或刺耳。在高频处可能存在尖锐刺耳的声音。

声像。在播放立体声素材时，声像应该在立体声声景上一致性展开。声景应连续地从一个声道过渡到另一个声道，中间没有间隙。声像通常应是稳定的，并且准确地定位在声景中，并不会过度地扩散。声像应鲜明、清楚，个别声音的扩散具有确定性。一个录音应具有准确的前后深度感。为此，系统必须准确地重放直达声（最先到达的声音）与混响声的比例。差的声像可能导致乐器出现在多个位置上，或者高频和低频来自不同的位置。声像的位置不应随着音调、响度或音色的变化而变化。听音人头部的移动或座位的改变不应对声像产生大的影响。重低音单元的声音定位是声像表现差的另一个例子。单声道声音的声像是居中的，故毫无疑问它的声像宽度并不理想。

声场（空间感、开阔性、环境感）。立体声声场通常应是开阔的，这体现在水平的宽度和前后的深度上面，它具有丰满感；声场应对称充满音乐空间，具有实际舞台的空间表现，以及自然的室内声学几何属性。所呈现的现场感和临场感应让听音人有空间包围感，给听音人一种“我就在现场”的感觉。环境声应是扩散的，并且来自四面八方，并没有固定的方位。环境声应具有频谱平衡的特性。例如，混响声不应过分单薄，或者过于丰满。空间表现与录音空间一致。您应能识别出空间大小上的差异，以及不同录音环境在声学响应上的差异。并不空旷的声场可能是封闭和狭窄的，声音听上去平淡而缺乏临场感。差的声场可能存在无规律的相位衍生物，不一致的方向效应而产生的相位声，以及因听音人头部位置稍微变化而引发的频谱改变。

低电平细节。非常弱的声音应该被清晰地表现出来。自然的环境声、噪声和房间声应全部可闻，不应被其他引入的声音所遮蔽。混响尾音应干净，并且平滑地衰减到静音。设备不应添加其他弱的声音、非线性声音、颗粒噪声或其他噪声。仔细聆听与声频信号有关的任何噪声。

可闻衍生物（其他外来的声音）。重放设备的重放性能应是干净的，其只传输原始录音的声音。理想的情况下，根本不应添加原本没有的声音，尤其是与声频信号无关的声音。外来的声音可能包括本底噪声、其他噪声、哼鸣声、嗡嗡声、滴答声、噗噗声和其他衍生物。确保您听不到原始录音之外的其他奇怪的声音。不应存在添加的声音或音色变化，尤其是高频声音。

整体保真度。这一标准整合了您的听音印象和偏爱度。具有良好保真度的设备是透明的，它在原始录音声中既不会添加，也不会去掉声音成分。声音不应与重放设备存在感知关系。它度量的是声音整体的准确度和愉悦感。

图 2.4　小损伤听音评测中提供给听音人进行性能评价的表格实例（续）

2.12　结论

在未来时间里，客观测量会得到进一步的发展，它可以全面地评价声音信号的美学表现。这样的测量将模拟由人耳执行的处理，消除对听音人的需求。诸如清晰度、丰满度、声像和声场这样的参量将被量化，或者为了支持更好的度量方法而放弃它们。或许系统可以进一步允许工程师调谐系统，以提供出特有的美学结果，比如温暖的声音。然而，在这样的客观测量系统未被开发出来之前，主观听音评测对于声频设备的研发会提供有价值的建议。尽管这类主观评测很耗时，但是听音人塑造出适合于同代人欣赏口味的信号还是很有价值的。

第3章

心理声学

Peter Xinya Zhang编写

3.1　心理声学和主观参量

与其他感官不同，在谈及听觉时我们可以使用的词汇是如此有限[1]。尤其是在声频行业，我们常常并不区分主观量和客观量。例如，频率、电平、频谱等全都是客观量，在某种意义上，它们可以利用仪表或电子仪器进行测量；而像音调、响度、音色等概念则是主观量，它们是我们大脑中产生的听感。心理声学研究这些主观量（即我们的听感），以及它们与声学上的客观量之间的相互关系。心理声学（Psychoacoustics）这一称谓源自心理学（Psychology，即认知科学），心理学研究的对象是人类的各种感知，心理声学是涉及多个领域的交叉学科，这些领域包括心理学、声学、电子工程学、物理学、生物学、生理学、计算机科学等。

尽管某些主观量和客观量之间（比如音调与频率之间）存在着清晰且紧密的关系，但是其他的客观量也会对其产生影响。例如，声压级的变化可能影响到对音调的感知。进一步而言，由于不可能存在完全一样的两个人，所以心理声学在处理感知问题时会产生很大的个体差异，这对于声音定位而言可能很关键[2]。在心理声学中，研究人员必须要考虑大部分人群的平均特性和个体差异两方面因素。因此，心理物理实验和统计模型在这一领域应用得十分广泛。

与声学中的其他领域相比，尽管心理声学是新兴学科领域，但却发展得很快。虽然人们已经对许多影响早有所知（例如哈斯效应[3]），但还是不断地有新的发现。为了解释这些影响，人们已经提出了一些模型。新的实验发现可能会证明原有模型的失效，或者修正原有模型，或者使某些模型或多或少被人追捧。这一过程只是人们提高自身认知事物的一个缩影。为了与本手册的宗旨相吻合，我们将阐述的重点放在对已知心理声学效应的归纳总结上，而不是将重点放在讨论开发模型问题上。

3.2　人耳解剖学和功能

在讨论各种心理声学效应之前，我们必须先介绍一下这些效应的生理学基础。这里所说的生理学基础主要涵盖我们听力系统的结构和功能方面的内容。人耳由 3 个部分构成：外耳、中耳和内耳。声音由被称为耳廓（pinna）的外耳汇聚（正如我们在稍后看到的那样，它对声音进行修正），并进入耳道［ear canal，解剖术语中将其称为听道（-auditory meatus）］中。这一通道的末端连接到鼓膜［tympanic membrane，或耳膜（eardrum）］。这些组成部分形成了如图 3.1 和图 3.2 所示的外耳。耳膜的另一侧朝向中耳。中耳中充满了空气，且通过对咽部开放的咽鼓管（eustachian tube）形成声压的平衡，因此在耳膜两侧维持着大气压力。耳膜通过 3 块听小骨中的一块拉紧，这 3 块听小骨的顺序依次是锤骨（malleus）、砧骨（incus）和镫骨（stapes）。通过这 3 块小骨的杠杆作用，耳膜的振动以极佳的效率被传递到耳蜗（cochlea）的卵形窗（oval window）。通过这一出色的中耳系统机械作用，耳蜗液体的声压在气压作用下提高了 30 ～ 40dB。充满耳蜗的干净液体就像水一样是不可压缩的。卵形窗相对柔性的压力释放可以透过卵形窗将声能传递给耳蜗中的液体。在内耳中，通过卵形窗的振动在基底膜上建立起的行波激励绒毛细胞（hair cells），并将神经脉冲传至大脑。

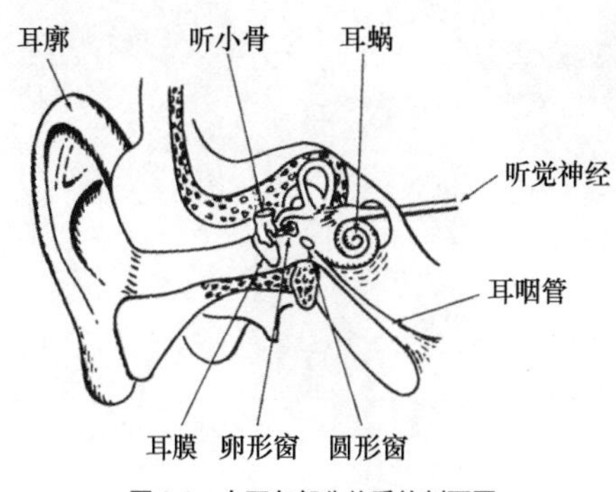

图 3.1　人耳各部分关系的剖面图

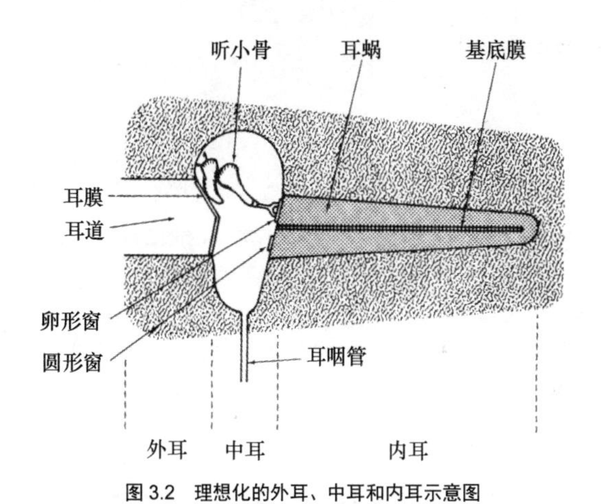

图 3.2　理想化的外耳、中耳和内耳示意图

3.2.1　耳廓

耳廓是我们人类听觉系统最外侧的部分。虽然人们会议论这一长在我们头部两侧的器官是否漂亮，但漂亮与否对其所起的声学作用的影响并不重要。图 3.3 所示的是人耳廓的各个部分。耳道的入口或耳壳对于其声学滤波作用最为重要，因为在耳廓内包含了最大的空气腔。假如我们没有了耳廓，那么在头部只存在两个孔洞的话（实际上这是最简单的人的听觉模型），它被称为是球形头模（spherical head model）。假如我们将手掌呈杯状放在耳孔的周围，就会发现声音会变得更响，因为会有更多的声能直接进入耳朵中。耳廓到底会对直接进入耳道的声音产生多大的帮助呢？对此，我们通过测量没有手掌在耳朵后面时耳道开口处的声压来进行解释。威纳（Wiener）和罗斯（Ross）[4] 做了这样的测量，结果发现，对于大部分频率它会有 3 ～ 5dB 的增益，而在 1500Hz 附近会存在一个约 20dB 的峰值。图 3.4 所示的是由人耳外耳的不同部分所带来的平均声压增益［由

肖（Shaw）测量到的转移函数[5]，其中编号3和4的曲线分别对应于外耳和耳廓的作用。耳廓的不规则和不对称形状不只是出于审美的原因而形成。在3.11节中，我们将会看到它在声音定位方面和对不想听的声音进行空域滤波方面所表现出的重要性。

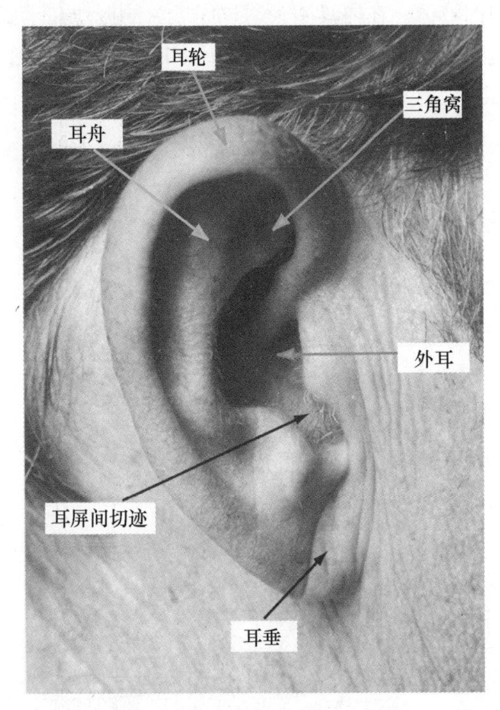

图3.3 人耳廓的各个部分人耳的外耳和耳廓与具有明显声学作用的声栅、声腔和声学意义的折皱的作用一样

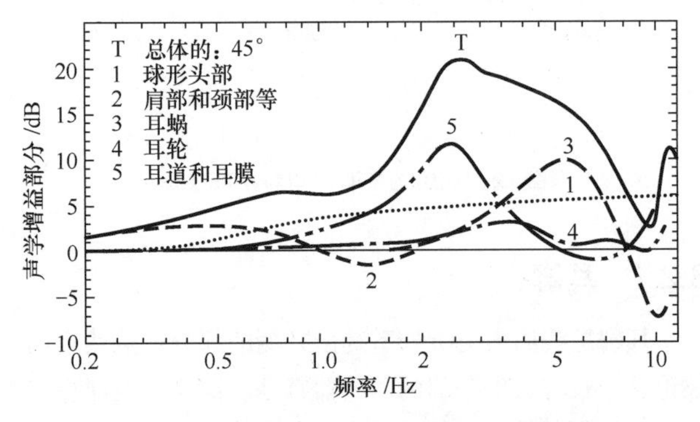

图3.4 由人耳外耳的不同部分所带来的平均声压增益。声源处在水平面上，偏离正前方45°[5]

3.2.2 颞骨

在耳廓后面的颅骨的左右两侧有一块很小的扇形骨头，它被称为颞骨（temporal bone），它将除了耳廓之外的所有人耳部分覆盖起来。这块骨头可以进一步分成4个部分，即鳞状组织（squamous）、乳突骨（mastoid）、鼓室（tympanic）和岩部（petrous portions）。颞骨的最明显作用就是保护听觉系统。除了那些在实施外科手术过程中去掉部分颞骨，植入人工耳蜗的患者之外，其他人可能很少对此加以关注，尤其是对其声学作用更是知之甚少。然而，与通过耳道和中耳传入的声能相比，通过骨头传导至内耳的声能的实际作用是相当有意义的。存在传导听力损失（即中耳损伤）的患者将目前可使用的商用器材（这类器材看上去像是耳机）置于颞骨之上。拥有正常听力的人在佩戴它时，可以通过将其插入耳内进行检测。尽管音色听上去与具有正常听力的人听到的音色相当不同，但是滤波过的语言足以让人听懂。另外，由于这块骨头与其他诸如声反射这样的效应一同参与声传导，所以人们听到的自己的声音会与别人听到的自己的声音有所不同。虽然在日常生活中我们对此并未给予太多的关注，但是有时这却是非常重要的。例如，有经验的声乐教师常常要求学生自己将演唱声录下来后用音响系统将其重放出来。在歌手听来，他会觉得录音的重放声听上去不自然，但这是更准确的听众所听到的效果。

3.2.3 耳道

耳道的直径约为5～9mm，长度约为2.5cm。耳道在外耳是对外部环境开放的，而在基底膜处则是封闭的。从声学概念上讲，它可以被视为封闭的管，其横截面的形状和面积沿其长度方向变化。尽管其弯曲且形状不规则，但是耳道确实呈现出封闭管的模型特征。它的基频约为3kHz，该频率对应波长的1/4近似为耳道的长度。由于这一频率上的谐振，我们的听力在3kHz附近的频带上最为灵敏，而且该频带也是人类语言的最重要频带，这一情形并非巧合。在图3.4中，编号为5的曲线表示出了耳道的作用，它同时也考虑到了耳膜的作用。正如所见到的那样，在2.5kHz附近有近似11dB的增益。将头部、躯干和颈部、耳廓、耳道和耳膜的作用全都综合在一起之后，总的转移函数如图3.4中标有字母T的曲线所示。该曲线相对宽地调谐在2～7kHz，并具有高达20dB的增益。不幸的是，在非常嘈杂的环境中存在的宽带声音，由于这一谐振，常常会导致4kHz附近产生听力损失。

3.2.4 中耳

包括了耳廓和耳道的外耳，终止于耳膜处。一方面，这是个具有低阻的空气环境。另一方面，含有感知细胞的内耳是个具有高阻的流体环境。当声音（或任何波动）从一种媒质传至另一媒质时，如果两种媒质的阻抗不匹配，则很多能量会在媒质的交汇表面处被反射，不会传导至第2种媒质当中。出于同一原因，我们采用传声器来拾取并记录空气中传输的声音，而用水听器来拾取并记录水中传输的声波。为了让我们的听觉系统有更高的效率，中耳的最重要功能就是匹配外耳与内耳的阻抗。如果没有中耳的话，我们将要承受约30dB的听力损失（由力学分析[6]和对猫所做的实验得出[7]）。

健康的中耳（未患中耳炎）是充满空气的空间。当吞咽时，耳咽管打开，以平衡中耳内的气压和外界的气压。然而，大部分时间里中耳是与外界环境隔绝的。中耳主要是由3块听小骨组成，这3块骨头是人体中最小的骨头，它们分别是锤骨、砧骨和镫骨。这些听小骨构成了一个听骨链，链的两端牢牢地固定在耳膜和卵形窗上。通过三大类型的机械运动（即活塞运动，杠杆运动和压屈运动[8]），声能被有效地转入内耳。中耳炎可能导致中耳产生暂时的损伤，遗传因素会致使中耳产生永久性的损伤。庆幸的是，医生们利用现代技术可以用钛材料来重建听小骨，最终使听力完全恢复[9]。另外，人们可以利用骨传导设备来恢复听力[10]。

声反射

中耳内有两块肌肉，即连接到锤骨上的鼓膜张肌（tensor tympani）和连接到镫骨的镫骨肌（stapedius muscle）。与我们人体中的其他肌肉不同，这些肌肉与相应的骨头构成一个角度，而不是顺着骨头生长的，这样就使其运动极其低效。实际上，这些肌肉的作用就是改变听骨链的强度。当听非常响的声音（即至少高于听阈 75dB 以上）时，我们在谈话或歌唱时，我们撞头时，或者身体移动时[11]，中耳的肌肉就会收缩，从而提高听骨链的强度，使其效率更低，以便将内耳保护起来，以免暴露在响的声音下。然而，因为这一过程含有更高级的信号处理以及滤波特性，所以这一保护机制只能是缓慢起效，并且只对低频声音（最高频率是 1.2kHz[12]）有效，对于诸如脉冲这样的噪声或高频噪声（比如，当今的大部分音乐录音）都不起作用。

3.2.5 内耳

内耳或迷路（labyrinth）是由两个系统构成，即对平衡感至关重要的前庭系统（vestibular system）和用来听音的听觉系统。这两个系统共用流体，流体通过卵形窗和圆窗与充满空气的中耳隔离开。内耳的听觉部分是蜗牛状耳蜗。这是个机—电换能器和选频分析仪，并传送编码的神经脉冲至大脑。这可以由图 3.5 大致表现出来。耳蜗的大致剖面结构如图 3.6 所示。整个耳蜗的长度（如果被拉直的话约为 35mm）被前庭膜（reissner’s membrane）和基底膜（basilar membrane）分成 3 个独立的区域，分别被称为前庭阶（scala vestibule）、蜗管（scala media）和鼓阶（scala tympani）。前庭膜和鼓阶共用同一液体（外淋巴液），在顶点通有一个小孔（蜗孔，helicotrema）；而蜗管包含有另一种液体（内淋巴液，endolymph），它含有的钾离子密度较高，这使绒毛细胞的作用更容易实现。基底膜支撑柯蒂氏器官（Organ of Corti），这种螺旋器含有将基底膜和耳蜗盖膜（tectorial membrane）间的相对机械运动和神经脉冲转换至听觉神经的绒毛细胞。

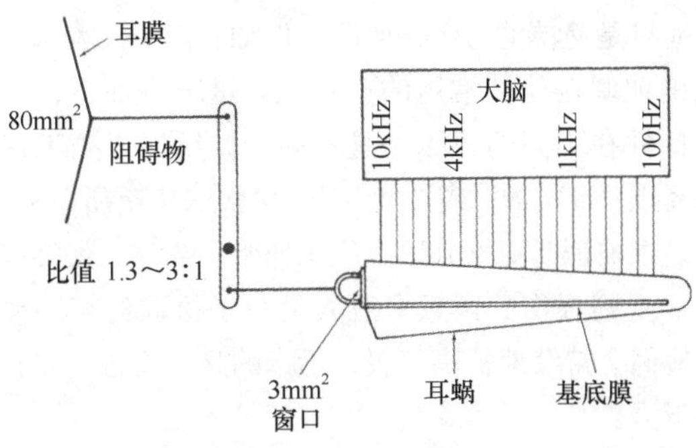

图 3.5 中耳的工作机理

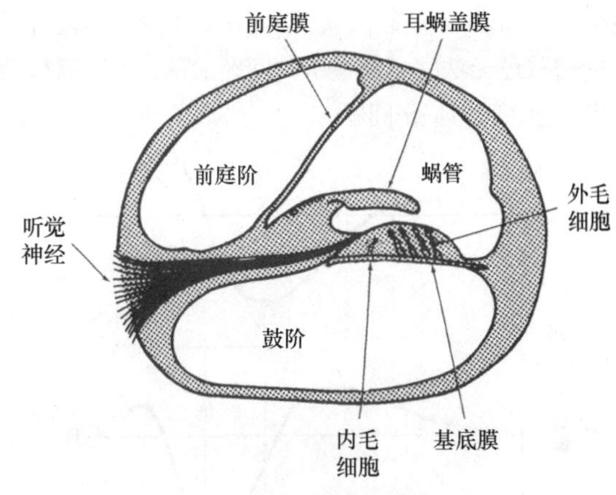

图 3.6 耳蜗的大致剖面结构

当入射声到达内耳时，镫骨的振动通过卵形窗传输至前庭阶。因为耳蜗液体是不可压缩的，所以连接到鼓阶的圆形窗也随之振动。因而，振动从耳蜗的基底开始，沿着前庭阶传输，所有的通路都到达顶部，然后通过蜗孔进入鼓阶，回到基底并最终终止于卵形窗。这样便在基底膜上建立起用来频率分析的行波。尽管基底膜的每一位置也会对相对宽的频带产生较小振幅的响应，但是基底膜上的每一位置仅对特定的频率（即特征频率）最为敏感。基底膜越窄（0.04mm）则靠近基底的强度越高，越宽（0.5mm）则靠近顶点处越松弛（对比而言，当从外侧观察时，耳蜗在基底处较宽，顶点处较小）。因此，由基底至顶部，特征频率逐渐降低，且从基底到顶部特征频率是单调性变化的，如图 3.5 所示。图 3.7 和图 3.8 描述的行波现象表现出了针对不同频率入射纯音的振动类型（即幅度与位置的关系）。图 3.8 中的振动类型是非对称的，其在靠近基底处（对于高频）呈现缓的拖尾，而在接近顶部（对于低频）呈现陡的边缘。因为这种不对称的原因，低频对高频的掩蔽要比高频对低频的掩蔽更加容易。

在基底膜的柯蒂氏器官中，存在一排内毛细胞（Inner Hair Cells，IHC）和 3 ～ 5 排外毛细胞（Outer Hair Cells，OHC），具体排数取决于位置。有大约 1500 个 IHC 和约 3500 个 OHC。每个绒毛细胞含有静纤毛（绒毛），它们会产生对应于其周围液体机械振动的振动。由于基底膜上每个位置对其各自的特征频率最为敏感，所以各位置上的绒毛细胞也就对其特征频率响应最为强烈。与传声器类似，IHC 是感觉细胞，它将机械振动转变为电信号（即神经放电）。另外，OHC 根据从传出神经接收到的控制信号改变其形状。其作用就是给出额外的增益或衰减，以便于 IHC 的输出被调谐至特征频率上，其调谐的陡峭程度要比 IHC 自身更大。图 3.9 所示的是存在和不存在 OHC 作用时基底膜特定位置上的调谐曲线（输出电平与频率的关系）。当 OHC 不起作用时，调谐曲线要宽得多，频率选择性差。OHC 使得听觉系统成为有源器件，而不是无源传声器。由于 OHC 是有源的，且消耗许多的能量和营养，所以它们通常首先会因响的声音或药物毒性（即药物对听觉系统的伤害）而受到损伤。这种类型的听力损失不仅会让我们的听力灵敏度下降，而且也会使听力的敏锐度下降。因此，如果简单地增加助听装置的增益还无法完全解决听力问题的话，那么就较容易确诊患者存在听力损伤问题。

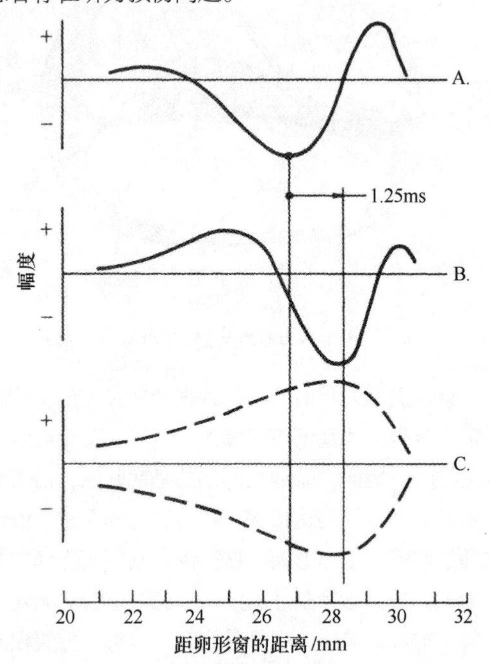

图 3.7 内耳的基底膜上呈现出的行波。其中图 A 是由左向右传播的 200Hz 波动在基底膜上产生的幅度变化的放大图，图 B 所示的是 1.25ms 后到达的同一行波的情况，图 C 所示的是这些传播的 200Hz 行波所产生的包络跌落情况

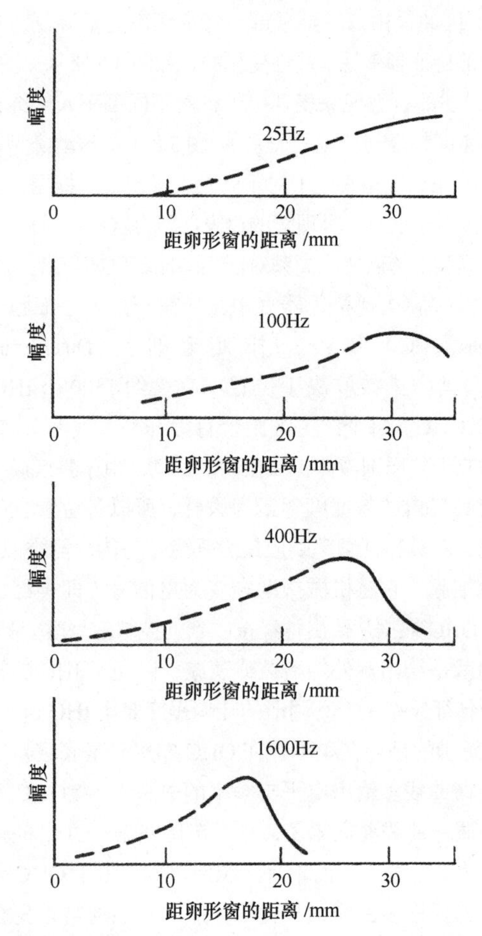

图 3.8 对于各种情形下的纯音，基底膜上的绒毛细胞所产生的振动类型示意图，对于每一可闻的频率都存在一个峰值位置确定的响应[13]

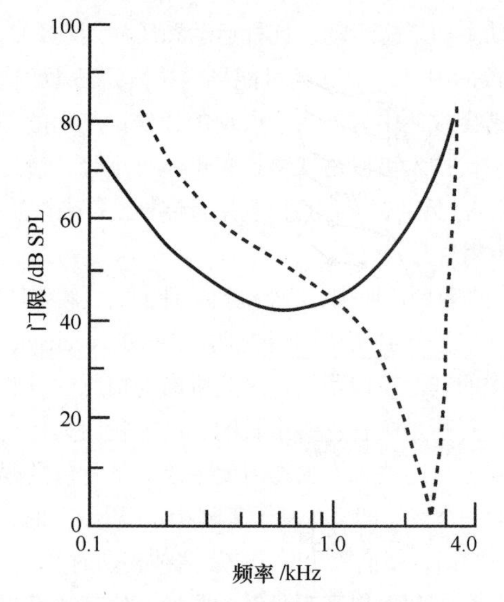

图 3.9 存在（实线）和不存在（虚线）外毛细胞作用时基底膜特定位置上的调谐曲线

3.3 频率选择性

3.3.1 频率调谐

正如 3.2.5 中讨论的那样，内毛细胞在外毛细胞的协助下被锐调谐至特征频率上。这种调谐特征通过连接到内毛细胞的听觉神经保存下来。然而，这种调谐特性随声级的变化而变化。图 3.10 所示的是南美栗鼠基底膜的特定位置处呈现的对不同声级的调谐曲线。正如从该图所见到的那样，随着声级的提高，调谐曲线变宽，这表示频率灵敏度较小。因此，为了听到更加锐利的音乐，人们应该以相对低的声级来放音。进一步而言，在 60dB 以上，随着声级的提高，特征频率下降。所以当人们在高声级听一个音调音，通常调谐在较高特征频率上的神经元现在刚好调谐至该音调音上。因为大脑最终感知的音调基于神经元输入，不知道特征频率已经下降了，大脑听到的音调是尖的。

掌握了这一知识，有人就认为从事监听审听的人们（例如录音工程师）应选用中等到低的声级来听音。那么为何有许多的声频专业人员会选择非常高的声级来监听呢？这其中的原因有很多。高的声级可能更富有冲击感，也可能只是简单的习惯性问题。例如，声频工程师常将音量准确地调至他们常用的声级上。进一步而言，因为频率选择性在不同的声级上是不同的，所以声频工程师可能选择以“真实的”或“演出的”声级来审听所做的录音，而不是以被证明更准确的声级来监听。当然，最终有些听力已经受到损伤的声频专业人员为了拾取到某些频带成分，他们会持续地提高声级，不幸的是这将进一步损伤他们的听力。

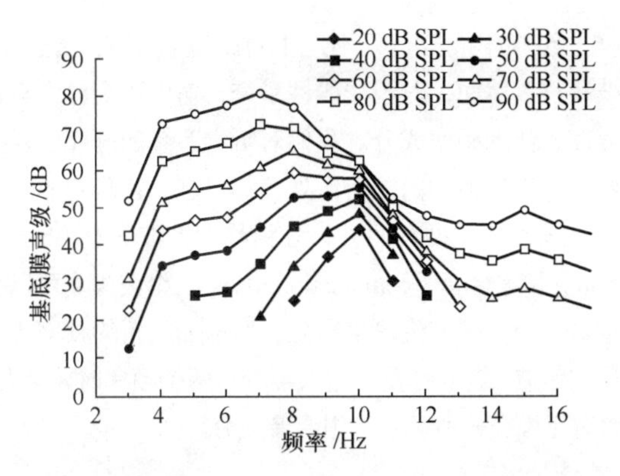

图 3.10　南美栗鼠基底膜的特定位置处呈现的对不同声级的调谐曲线 [15] [16]

3.3.2　掩蔽效应及其在声频编码中的应用

假定听音人在安静的条件下勉强可以听到给定的声学信号。当将这一信号在另外的声音（称为“掩蔽声”）存在的情况下放音时，通常信号必须更强，以便听音人可以听到它 [17]。掩蔽声不一定要包含发生掩蔽效应的原始信号频率成分，当被掩蔽的信号比掩蔽信号还弱的时候，就可能听到被掩蔽信号 [18]。

虽然给定的声学信号和掩蔽信号同时放音时可以发生掩蔽（同时掩蔽），但是当掩蔽信号在给定的声学信号重放之前开始和结束的话也可能发生掩蔽。这就是所谓的前向掩蔽。尽管难以置信，但是当掩蔽信号开始于给定的声学信号停止放音之后也是会发生掩蔽的！一般而言，这种后向掩蔽的效果要比前向掩蔽弱得多。虽然给定的声学信号开始于掩蔽信号放音停止了 100ms 之后，但可能还是会发生前向掩蔽 [19]，而掩蔽信号是在给定的声学信号放音之后 20ms 才开始放音的话，后向掩蔽就消失了 [20]。

掩蔽效应已经广泛地应用于心理声学研究当中。例如，图 3.10 所示的是南美栗鼠的调谐曲线。从安全的角度出发，我们是不允许对人进行这样的实验的。然而，对于掩蔽效应，人们可以改变掩蔽信号的声级，测量出闻阈（即听音人可以听到的最小声音），并建立起反映类似特性的心理物理的调谐曲线图。

除了科研之外，掩蔽效应也广泛用于诸如声频编码这样的领域当中。如今，根据数字录音制品发行的要求，人们希望减小声频文件的大小。无损编码器（lossless encoders）是一种将声频文件编码为更小文件的一种算法，该算法可以用另一种算法（解码器）完全重建。然而，无损编码器的大小仍然相对较大。为了进一步减小文件体积，我们可以将稍微不重要的信息舍去。例如，人们可以去掉高频成分，因为去掉这部分频率对于语音通信而言并不会产生太糟糕的结果。然而对于音乐而言，这么做就会损失掉一些重要的音质特征。值得庆幸的是，由于掩蔽效应的存在，人们可以去掉一些可以被掩蔽掉的弱的声音，以至于听音人几乎察觉不出前后的差异。这一技术已经广泛地用于声频编码器当中，比如 MP3。

3.3.3　听觉滤波器和临界带宽

实验表明，我们检测信号的能力取决于信号的带宽。弗莱彻（Fletcher）（1940）[18] 发现，当重放存在于通带掩蔽信号当中的一个音调音时，随着掩蔽信号带宽的增加，同时保持将掩蔽信号的总声级提高至某一限定，如果超过这一限定，阈值仍然保持恒定。人们可以容易地证实，当听一个具有恒定总声级，拓展了带宽的带通噪声时，除非带宽达到了一定的程度，否则响度是不变的；当超出这一带宽时，尽管 SPL 表（声级计）的读数是不变的，但响度会随着带宽的增加而提高。对这些效应的解释要用到听觉滤波器的概念。弗莱彻提出，不是直接由每个绒毛细胞来听，而是通过一组听觉滤波器来听，这些滤波器的中心频率可能变化或重叠，其带宽也会随中心频率的改变而变化。这些频带就是所谓的临界频带（Critical Bands，CB）。从那时起，人们对听觉滤波器的形状和带宽做了认真的研究。因为听觉滤波器的形状并不是简单的矩形，所以更方便的做法是采用等效矩形带宽（Equivalent Rectangular Bandwidth，ERB）的概念，等效矩形带宽就是传输与实际听觉滤波器相同能量的矩形滤波器的带宽。近来，格拉斯伯格（Glasberg）和摩尔（Moore）（1990）从事的研究表明，具有正常听力的年轻人在适中声压级下的 ERB 计算公式为 [21]：

$$ERB=24.7(4.37F+1) \quad (3\text{-}1)$$

式中，

滤波器 F 中心频率的单位：kHz；

ERB 的单位：Hz。

有时，更加方便的方法是采用公式 3-1 来计算出 ERB 的数目，这与兹维克尔（Zwicker）等人所提出的 Bark 比例刻度类似 [22]：

$$ERB\text{ 的数目} = 21.4\log_{10}(4.37F+1) \quad (3\text{-}2)$$

式中，

滤波器 F 中心频率的单位：kHz。

表 3-1 给出了作为听觉滤波器中心频率函数的 ERB 和 Bark 比例刻度。Bark 比例刻度也以中心频率百分比的形式列出，之后它可以与声学测量中常用的单位相比较，例如倍频程（70.7%）、1/2 倍频程（34.8%）、1/3 倍频程（23.2%）和 1/6 倍频程（11.6%）滤波器。图 3.11 所示的是人耳听觉系统的临界带宽与声学测量经常使用的滤波器组的恒定百分比带宽的比较。声频和声学测量中普遍采用的 1/3 倍频程滤波器已经完全植根于人类听觉响应的研究当中。然而，如图 3.11 所示，带宽在 200Hz 以下，ERB 要宽于对应频率的 1/3 倍频程，带宽在 200Hz 以上，ERB 要小于对应频率的 1/3 倍频程，而带宽在 1kHz，ERB 接近 1/6 倍频程。

表 3-1 人耳的临界带宽

临界频带编号	中心频率（Hz）	Bark（Hz）	比例（%）	等效矩形带宽 *ERB*（Hz）
1	50	100	200	33
2	150	100	67	43
3	250	100	40	52
4	350	100	29	62
5	450	110	24	72
6	570	120	21	84
7	700	140	20	97
8	840	150	18	111
9	1000	160	16	130
10	1170	190	16	150
11	1370	210	15	170
12	1600	240	15	200
13	1850	280	15	220
14	2150	320	15	260
15	2500	380	15	300
16	2900	450	16	350
17	3400	550	16	420
18	4000	700	18	500
19	4800	900	19	620
20	5800	1100	19	780
21	7000	1300	19	990
22	8500	1800	21	1300
23	10 500	2500	24	1700
24	13 500	3500	26	2400

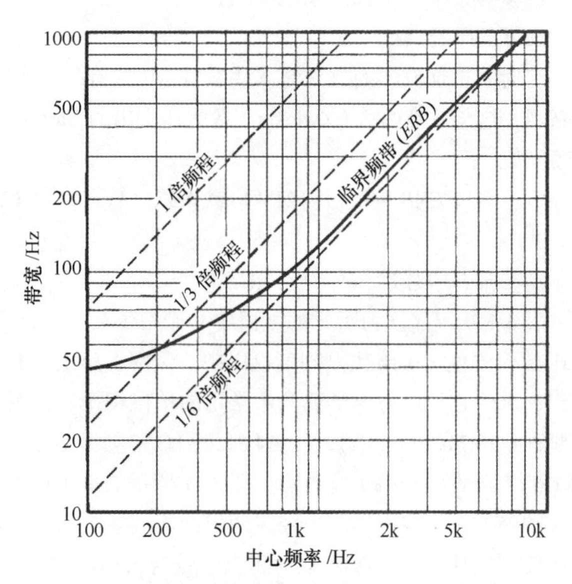

图 3.11 人耳听觉系统的临界带宽（由 *ERB* 计算）与声学测量经常使用的滤波器组的恒定百分比带宽的比较

3.4 人耳听觉的非线性

当一组频率信号输入一个线性系统时，输出将只包含有同样一组频率成分，只不过相对幅度和相位可能会因滤波而被调整。然而，对于非线性系统，输出还会包含有输入中不存在的新的频率成分。我们对听觉系统的研究已经揭示了诸如中耳声反射和内耳有源处理等机制，它具有非线性的特点。非线性的类型有两种，分别称为谐波失真（harmonic distortion）和组合音（combination tones）。谐波失真可以很容易通过对一个正弦音失真来产生，所增加的新的频率成分是原信号的谐波；组合音要在输入至少有两个频率时才会发生。输出含有下面公式所确定的组合音成分。

$$f_c = | n \times f_1 \pm m \times f_2 | \quad (3\text{-}3)$$

式中，

f_c 是混合音的频率；

f_1 和 f_2 是两个输入频率，n 和 m 为任意整数。

例如，当输入含有 600Hz 和 700Hz 两个频率成分时，输出就可能存在诸如 100Hz(=700−600Hz)，500Hz(=2×600−700Hz）和 400 Hz(=3×600−2×700Hz）等频率成分。

由于谐波失真并不改变对音调的感知，所以我们对“组合音的容限较低”这一现象也就不会太吃惊了。

进一步而言，因为听觉系统是有源的，所以即便是在完全安静的环境中，内耳也可能会产生出音调感。这种耳声发射（otoacoustic emissions）[23] 是健康和起作用的内耳的标志，它与暴露于危险的高声压级下所产生的耳鸣（tinnitus）完全不同。

3.5 相位的感知

幅度谱和相位谱用来描述给定的声音。人们大多关注幅度谱，而对相位谱则关注较少。然而，专业研究人员、高保真爱好者和声频工程师都会问：“耳朵能检测到相位差吗？”大约在 20 世纪中期，G.S. 欧姆（G.S.Ohm）曾写道：“听感只取决于声音的幅度谱，而与谱中含有的各个成分的相位无关。”但这个“声学欧姆定律”后来被证实是测量技术和设备的粗糙造成的。尽管这个定律在某些情况下是有效的，比如只有几个低阶谐波组成的简单的音，人耳确实感知不到相位。

实际上，相位谱对于音色的感知有时可能扮演着非常重要的角色。例如，虽然冲击声和白噪声完全不同，但是它们具有相同的幅度谱。其唯一的差异反映在相位谱上。另一个常用的例子就是语言——如果搞乱了语言信号谱的相对相位，那么它就无法被人听懂。现在，我们用实验证明一下，我们可以证明我们的耳朵能检测出相位信息。例如，约高达 5kHz 的听觉神经的神经放电是具有确定相位（被称为锁相，phase-locking）的 [24]。相位锁定对于音调感知是很重要的。在脑干中，来自左耳和右耳的信息被积分，双耳间的相位差（interaural phase difference）可以被检测出来。这些现象我们将在 3.9 节和 3.11 节做详细的讨论。

3.6　听觉区域与听阈

图 3.12 所描绘出的听觉区域是从技术层面来对我们的听感阈限所作的界定。这一区域是由低声级下我们的听力阈限包围而成的。落在听力曲线阈值上的是我们可以听到的最弱声音。在此线之上，空气分子的运动将足以产生响应。在任意给定的频率上，如果声压级提高到足够大，则到达人耳时人耳产生一定的撩痒感。如果声级大幅度提高至感知阈之上，则人耳会产生痛感。这些便构成听觉区域的上下限。此外，在频率的限制上，下限约为 20Hz，上限约为 16kHz，这些限制（就像两个阈限一样）在不同的人身上会有相当大的变化。在此，我们并不太关心特定的数字，更多地将关注的重点放在原理上。图 3.12 所示的听觉区域图涵盖了生活中的所有声音（低频或高频，非常弱或非常强的声音）。语言并没有占据整个听觉区域。其动态范围和频率范围是相当有限的。音乐在动态范围和频率范围上都要比语言大得多。然而，即便是音乐，也没有占据整个听音范围。

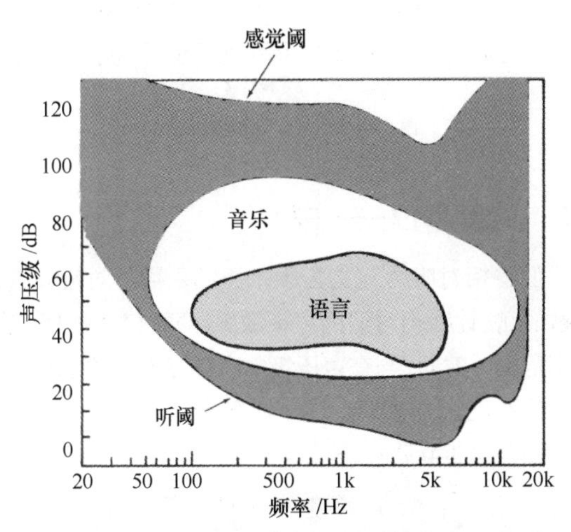

图 3.12　处在可闻区域内，具有平均听觉灵敏度的人所感知到所有声音。这一可闻区域是由听阈和听觉痛阈，以及听力的低频下限和高频上限确定的。尽管音乐和语音并未利用起整个可闻区域，但是音乐具有更大动态范围（纵轴）和更宽频率范围（水平轴）的要求

3.7　听音与时间的关系

如果我们的耳朵能像理想的傅里叶滤波器那样，将波形转变为频谱，那么耳朵就必须对整个时间域进行积分。当然，这是不切实际的。实际上，我们的耳朵只是在有限的时间窗（即在时间轴上的滤波器）内进行积分，因此我们可以听到音调、音色和不同时刻的动态变化，我们可以采用语谱图（spectrogram）取代简单的频谱图加以显示。从数学上看，这是用小波分析取代了傅里叶分析。对不同频率的音调音之间所做的缝隙检测实验表明，我们的瞬时分辨率是在 100ms 的数量级上[25]。这是对我们听觉系统时间窗的理想评估。对于许多其他的分析角度（例如，响度感、音调、音色），我们的听觉系统是在这一时间窗内对声学信息进行积分处理。

3.8　响度

与声级或强度（两者都是物理或客观量）不同，响度是听者的主观感知量。正如本章 3.3 节中所举的例子那样，即便声级计读取的是同样的声级，但较宽带宽的声音听上去要比较窄带宽的声音响很多。即使是纯音，响度在一定程度上取决于声级，但这其中包含着相当复杂的函数关系，它与频率有关联。40dB SPL 的一个音调音一定比另一个 20dB SPL 的音调音响两倍。进一步而言，响度也会因人而异，对于在某一临界频带存在一定灵敏度丧失的听者，他对该频带上的任何信号的感知声级都要比正常听力的人要低一些。

尽管没有仪表可以直接测量诸如响度这样的主观量，但是心理 - 物理度量尺度可以用来研究课题中的响度问题。课题可以给出匹配的任务，其中他们被要求调整信号的声级，直至调整到合适的程度为止；或者是进行比较工作，被要求进行两个信号的比较，对响度进行尺度评估。

3.8.1　等响曲线与响度级

通过对大量人群所作的纯音实验，贝尔实验室（Bell Labs）的弗莱彻（Fletcher）和芒森（Munson）导出了等响曲线，该曲线也被称为弗莱彻 - 芒森曲线（Fletcher-Munson curves）。图 3.13 所示的等响曲线是由罗宾逊（Robinson）和达森（Dadson）后来重新提炼定义的，如今它已经被认为是国际标准。在图中，每条曲线上的各点对应的是纯音，这些纯音给普通的听音人提供相同的响度。例如，60dB SPL 的 50Hz 纯音与 30 dB SPL 的 1kHz 纯音是在同一条线上的。这就意味着这两个音对于普通的听音人而言有相同的响度。很显然，50Hz 纯音的声级要比 60Hz 纯音的声级高出 30dB，这就是说，我们对 50Hz 纯音的灵敏度要低很多。基于等响曲线，我们引入了响度级（loudness level，单位为方，phon）的概念。这里我们始终是以 1kHz 纯音作为基准。纯音（任意频率）的响度级被定义为普通听音人感知到的与 1kHz 纯音具有同样响度时 1kHz 纯音的声压级。对于上面所举的例子，50Hz 纯音的响度是 30 方，这就是说，它与 1kHz 30dB 的纯音一样响。被标注为“最低可闻声压级”的最下面曲线是听觉的闻阈。尽管许多正常的听音人在有些频率上可以听到比该闻阈更弱的音调音，但平均而言，闻阈还是对最低可闻声压级的很好的评估值。比 120 方响度的音更响的音将会导致人耳产生痛感和听力损伤。

等响曲线还表明，人在 4kHz 附近的听力最敏感（此处会首先因为响的声音而产生听力损伤），而高频的灵敏度会较低，而对非常低的频率则更加不敏感（这就是为何

重低音音箱要用非常大的功率来产生出强有力低音的原因，但这样做的代价就是造成对中频和高频的掩蔽，以及听力损伤）。对这簇曲线的研究向我们揭示了当喜欢的录音制品以低声级重放时，高音和低音频率感觉像是丢失了或减小了的原因[25]。

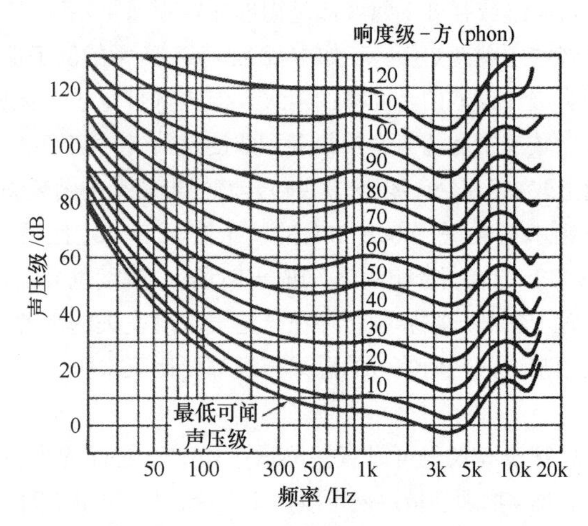

图 3.13 由罗宾逊（Robinson）和达森（Dadson）确立的具有平均听觉灵敏度的人处在声场前沿时的纯音等响曲线。以方为单位表示的响度级对应的是 1000Hz 时的声压级

人们可能注意到，对于 10kHz 以上的高频，曲线在低声级时是非单调的。这是因为耳道的第 2 共振模式造成的。进一步而言，在 100Hz 以下的低频，曲线彼此非常靠近，几分贝的变化就可以让你产生类似于 1kHz 时 10dB 以上动态变化的感觉。进而在高声级下曲线变得更加平坦，然而我们并不鼓励大家以异常高的声级来欣赏重放的音乐，因为这会造成听力的损伤。实际上，即便人们想要平坦或线性的听力，异常高声级下的听音也是不明智的做法，因为我们听觉系统的频率选择特性将会变得更差，引发各频率间更强的相互作用。当然，人在较低声级下的听音局限性就是这样，如果有些频率成分落到听阈之下，那么它们就不可闻了。对于在某些频率上已经失去一定敏感度的人而言，这一问题尤为重要，这时他们的听阈已经比正常听力的人高很多了。然而，为了避免听力的进一步损伤，同时也是为了避免不必要的掩蔽效应，人们还是应考虑采用适中的声级来听音。

由于响度级考虑了我们听觉系统的频率响应特性，因此它是比用声压级来解释响度的更好的度量尺度。然而，就像声压级不是直接用来度量响度一样，响度级也并不直接表示响度。它只是将另一频率纯音的声压级与 1kHz 纯音的声压级进行简单比对。进一步而言，等响曲线只是通过纯音取得的，并没有考虑频率成分间的相互作用（例如，每个听觉滤波器内的压缩）。当处理诸如音乐这样的宽带信号时，人们应知道这一限定条件。

3.8.2 声级的测量及 A、B 和 C 加权

尽管心理声学实验给出了有关响度的较好结果，但从实践的角度出发，声级测量要更为方便。因为等响曲线在高声级时更为平坦，为了让声级测量在一定程度上表示出我们的响度感，所以有必要对不同声级下的测量结果进行频率加权处理。图 3.14 所示的是 3 种广泛应用的加权曲线[26]。A 加权声级类似于 40dB 时我们听力，它用于低声级的测量；B 加权声级代表的是约 70dB 时我们的听力；C 加权声级更为平坦，代表的是 100dB 时我们的听力，故它被用于高声级测量中。从关注听力损失的角度看，尽管听力损失常发生于高声级的情况下，但 A 加权声级还是不错的指示器。

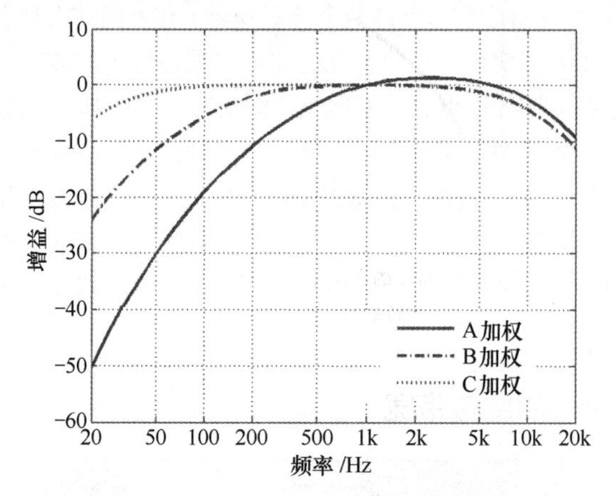

图 3.14 A、B、C 加权曲线[26]

3.8.3 响度单位——宋

我们将相对听力定义为一个压缩函数（对较高的声级不够敏感），让我们对弱的声音敏感，同时对响的声音有大的动态范围。然而，与在声压级中广泛应用的对数刻度（dB）不同，实验的证据表明，响度实际上是声强和声压的幂律函数，如公式 3-4 所示。

$$\begin{aligned}\text{响度} &= k \times I^{\alpha} \\ &= k' \times p^{2\alpha}\end{aligned} \quad (3\text{-}4)$$

式中，

k 和 k' 是解释听音人个体特征的常数；

I 为声强；

P 为声压；

α 随声级和频率的改变而变化。

响度的单位是宋（sone）。根据定义，1 宋是 40 方响度级时 1kHz 纯音的响度，这是方和 SPL 唯一的交汇点。如果另一个声音的响度听上去是 40 方时 1kHz 纯音响度的 2 倍的话，那么该声音的响度就被定义为 2 宋，以此类推。图 3.15 所示的是以宋为单位表示的纯音响度与以 dB 为单位表示的 SPL 间的比较。该图表明：在 40dB 以上，曲线为直线，对应公式 3-4 中声强的指数约为 0.3，声压的指数为 0.6。对于 40dB，频率在 200Hz 以下的情况，声级的指数要大得多（这一点可以通过图 3.13 中频率在 200Hz 以下的等响曲线被压缩来证明）。

人们应该注意的是，公式 3-4 不仅适用于纯音，而且也适用听觉滤波器(临界频带)中的带通信号。0.3(<1)的指数表明滤波器内的压缩。然而，对于宽带（宽于一个临界带宽）的信号，公式 3-4 适用于每个临界频带，总响度仅仅是每个频带（整个临界频带上无压缩）的响度之和。

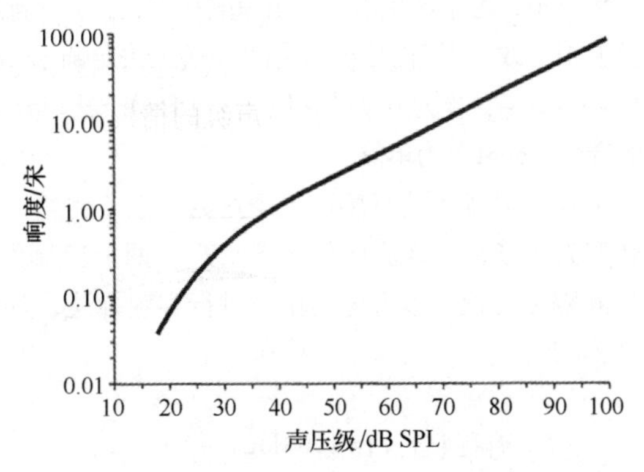

图 3.15　对于 1kHz 的音调音，以宋为单位的响度和以方为单位的响度间的比较[15, 27]

3.8.4　响度与带宽

由于整个临界频带上压缩较少，所以诸如火箭发射或喷气飞机降落这样的宽带声音似乎要比同样声压级的纯音或窄带噪声要响得多。实际上，如 3.3.3 部分所举的例子，除非超出了临界带宽，否则增加带宽并不会提高响度。如果超出临界点的多个临界频带被激励，那么响度会随带宽的变宽而明显增大，因为整个临界频带压缩较少。正因为如此，宽带声音的响度计算必须要基于能量的频谱分布来进行。需要不窄于临界频带的滤波器，通常会采用倍频程滤波器。

3.8.5　脉冲信号的响度

现实生活当中存在着许多脉冲型的声音：噼啪声、爆破声、破裂声、砰砰声、撞击声和咔嗒声。持续时间长于 100ms 的冲击或猝发声的响度取决于脉冲的宽度。图 3.16 所示的是短于 200ms 的脉冲对响度的影响。该曲线表示出了噪声和纯音型短时脉冲的声级要比连续型噪声或纯音的声级高出多少才能使这两种声音听上去一样响。长于 200ms 的脉冲被感知为与相同声级的连续噪声或纯音有同样的响度。对于较短的脉冲，脉冲的声级必须要提高，以保证与较长脉冲有同样的响度。在通过提高声级来维持同样响度方面，噪声和音调脉冲是类似的。图 3.16 表明：人耳存在约 200ms 的时间常数。这证明了在 3.7 节中讨论的人耳瞬时分辨率在 100ms 数量级的结论。这意味频带的声级应采用积分时间约为 200ms 的 RMS 检波器来进行测量。这对应于声级计上的 FAST(快速)设定，而其上的 SLOW(慢速)设定对应的积分时间是 500ms。

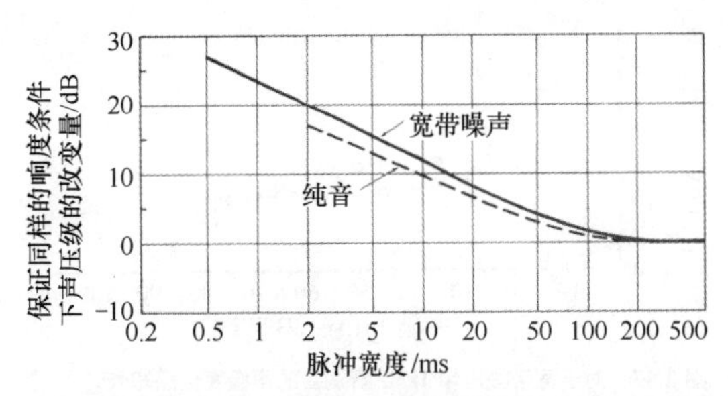

图 3.16　相对于较长持续时间的脉冲声，短时脉冲声必须要更高的声级才能与前者同样响

3.8.6　动态变化的感知

我们的听力对动态变化到底有多敏感呢？换言之，多大的声强或声级变化才能引发响度上的感知变化呢？要想讨论这类问题，我们需要掌握最小可觉差（just-noticeable difference，JND）这一概念，JND 被定义为可以检测到的最小变化量。韦伯（Weber）定律表明，JND 的强度通常与听力无关，与总强度成正比。如果韦伯定律成立的话，则公式 3-5 中定义的以 dB 为单位的韦伯分数为常数，它与总强度和总声级无关。

$$\text{韦伯分数 (dB)} = 10\log_{10}(\Delta I/I) = \text{常数} \quad (3\text{-}5)$$

式中，

I 是强度；

ΔI 是强度的 JND。

应注意的是，以 dB 为单位的韦伯分数并不是 SPL(ΔL)的 JND，它可以根据公式 3-6 来计算。

$$\Delta L = 10\log_{10}(1+\Delta I/I) \quad (3\text{-}6)$$

如果 ΔI 比 I 小很多，则公式 3-6 近似为

$$\Delta L = 4.35(1+\Delta I/I) \quad (3\text{-}7)$$

图 3.17 所示的是针对高达 110dB SPL 的宽带信号的韦伯分数的测量[28]。在 30dB 以上，以 dB 为单位的韦伯分数是约 -10dB 的常数，对应的 JD(ΔL)为 0.4dB。然而，对于 30dB 以下弱的声音，以 dB 为单位的韦伯分数较高，并且可能高达 0dB，对应的 JND(ΔL)为 3dB。换言之，我们的听力对弱于 30dB 的声音的动态（声级）变化不够敏感。有趣的是，当采用纯音测量时，我们会发现其韦伯分数与宽带信号稍有不同[29]。这种现象被称为近似差错韦伯定律(near-miss Weber's Law)。图 3.17 包含了更新的纯音测量结果[30]。它表明：韦伯分数逐渐减小至 85dB SPL，并且可能低于 -12dB，对应的 JND(ΔL)小于 0.3dB。针对纯音的近似差错韦伯定律被认为与高声级整个频率上的宽激励型相关[31]。

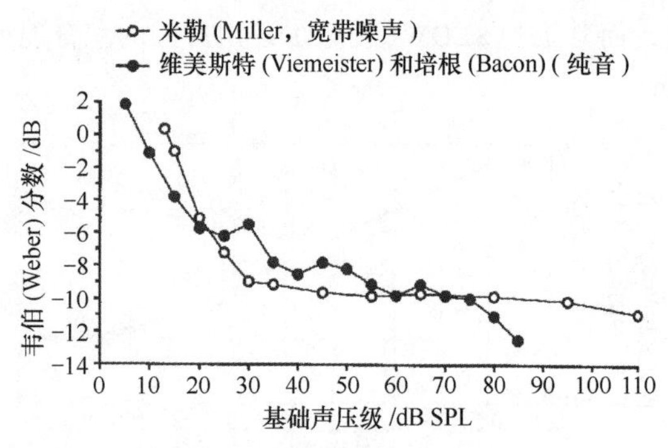

图 3.17 对于宽带噪声和 1kHz 音调音的声级变化感知阈[15, 28, 30]

3.9 音调

虽然音调似乎是个非常清晰的概念，但是准确地定义音调是一件难度相当大的事情。美国国家标准委员会（American National Standards Institute，ANSI）给出的定义是：“音调是听觉感知系统的属性，它可以按照其在音节中由低到高的次序来排序”[32]。与响度一样，音调也是主观量。ANSI标准又言：“虽然音调主要与声激励信号的频率成分有关，但是它也与激励信号的声压和波形有关”[32]。威廉·哈特曼（William Hartmann）已经证明早前的ANSI定义（1960）[17]更好，因为它补充了“低到高”的表述，即“低到高”指的是旋律的特征，而不是音色的[33]。

不严谨地讲，我们感知出音调的声音是由乐器（打击乐器除外）发出的乐音和人的语音。它既可以是某一频率上的纯音，也可以是具有确定基频和一系列与基频成整数倍的谐波的复合音。例如，当小提琴拉奏出一个音乐会音高的单音 A（440Hz）时，频谱中不仅包含有 440Hz 的频率，而且还有 880（2×440）Hz，1320（3×440）Hz 和 1760（4×440）Hz 等一系列频率成分。

要想感知出音调，声音必须能与一个纯音相结合，即听音人必须能调整纯音的频率，以产生出与所给声音相同的音调。下面再举一个反例。当人敲击小鼓时小鼓发出的声音听上去音调要比大鼓声的音调高一些。然而，一般人们是不能将鼓发出的声音与一个纯音匹配在一起的。当然，定音鼓或钢鼓算是例外。因此，大部分鼓发出的声音是不会让人产生音调感的。音调的另一个属性是，如果声音有音调，那么人们就可以用它制作出旋律。人们可以利用频率发生器制作出 10kHz 的纯音，同时也可以通过听拍音来与另一个音调音匹配。然而，它并不被感知为一个音调音，而且也不能用其构成旋律的一部分。因此，它就不被视为是有音调的[34]。这一内容将在 3.9.3 部分进一步讨论。

3.9.1 音调的单位

人们将美（mel）作为音调这一主观量的度量单位[35]。它始终是以听音人闻阈之上 40dB 的 1kHz 纯音作为基准的，该纯音的音调为 1000 美。如果另一个声音听上去是这一基准音调的两倍，那么就认为它的音调是 2000 美，以此类推。图 3.18 所示的是以美为单位的音调与以 Hz 为单位的频率间的关系。图 3.18 中的频率轴采用对数刻度。然而，曲线并不是直线，这表明我们的音调感与以 Hz 为单位的频率并不是理想的对数刻度关系。相对于和弦（当音符被同时演奏时），这种关系可能对旋律音程（当音符被顺序演奏时）而言更为重要。在一个和弦中，为了产生出一个干净的和声，音符必须与根音的谐波相一致，否则就会产生拍音，听上去跑调了。在音乐和声频领域中，更为方便的是以频率（Hz）或基于频率客观量的音分（cent）为单位。

由于我们对频率的听感近似于对数关系（例如，频率加倍转变为乐音音符就是升高一个八度），两个音调音之间的音乐间隔（音程）以音分为单位进行客观描述，其定义如公式 3-8 所示。

$$
\begin{aligned}
\text{音程}(\text{音分}) &= 1200\log_2\left(\frac{f_2}{f_1}\right) \\
&= \frac{1200}{\log_{10}2}\times\log_{10}\left(\frac{f_2}{f_1}\right) \\
&= 3986\times\log_{10}\left(\frac{f_2}{f_1}\right)
\end{aligned}
\tag{3-8}
$$

式中，

f_1 和 f_2 是两个音调音的基频。

因此，钢琴上的半音（平均律）是 100 个音分，一个八度的音程是 1200 个音分。若以音分为单位的话，人们可以方便地描述各种律制［比如平均律（Equal Temperament），自然率（Pythagorean scale），自然调谐率（Just-tuning）等］间的差异。

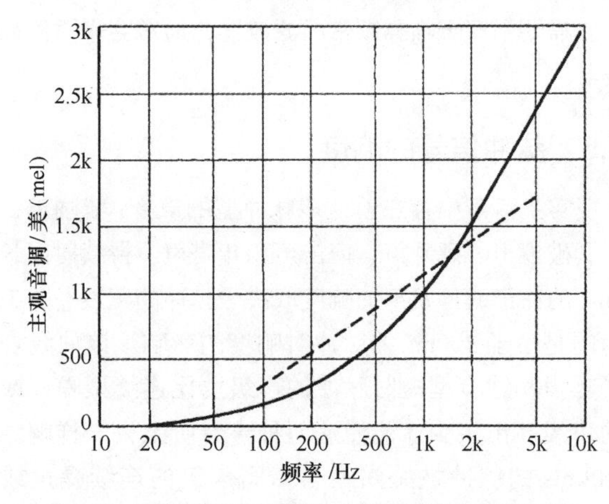

图 3.18 纯粹的物理参量频率与对物理刺激的主观感知变量音调之间的关系[35]

3.9.2 纯音和复合音的感知

我们的大脑是如何感知音调的呢？内耳中的基底膜相当于是频率分析仪——各个频率的纯音将激励基底膜上特定的位置。这似乎是建议用基底膜上最强激励的位置来决定音调。实际上，处理过程要复杂得多——除了位置编码外，还有时间编码，后者是考虑了两个相邻的神经电脉冲间的时间间隔。时间编码对于复合音的音调，丢失了基频的虚调等的感知而言是很有必要的[36, 37]。提出的基于位置编码和时间编码的理论旨在解释纯音和复合音音调的感知机理。不论是位置理论还是时间理论，都不乏支持和反对的实验证据。随着我们知识的更新，我们将有可能了解更多有关每种编码在何时起作用的信息。

当听复合音时，我们对稍微失调的谐波是可以容忍的[38]。例如，如果 800Hz、1000Hz 和 1200Hz 3 个频率（即 200Hz 基频的第 4、第 5 和第 6 次谐波）被混合在一起呈现给听音人，感知的音调是 200Hz。如果它们 3 个都向上移动 30Hz（即成为 830Hz，1030Hz 和 1230Hz），从理论上讲，基频现在就是 10Hz，这 3 个频率分量分别是 10Hz 基频的第 83、第 103 和第 123 次谐波。然而，当重放这种失谐的复合音时，听音人可能清晰地听到一个 206Hz 的音调，它是匹配中频（即 1030Hz）的，匹配的中频是基频的 4 次谐波。尽管另外两个频率作为谐波稍微有些失谐（在相反的方向），但是音调还是非常强的。

值得一提的是，音调的重建是两耳间的积分过程，换言之，这是一个双耳处理过程。当同一基频的两个谐波独立地呈现给每只耳朵时，听音人将听到基频处的音调，而不是两个音调，即不会是每只耳朵各听到一个音调[39]。

3.9.3　锁相和音调感知范围

产生音调的基频范围有多大？和 20Hz ～ 20kHz 的可闻声范围相同吗？钢琴上的最低音的琴键是 27.5Hz，它与可闻声的下限频率偏离得并不多。由于音调感知需要时间编码，听觉神经必须在每个周期里以特定的相位激励，这就是所谓的锁相（phase-locking）。不幸的是，听觉系统不能锁定到 5kHz 以上的频率上[40]。这就是为何短笛的最高音符（它是管弦乐队中最高音调）是 4.5kHz，它比 5kHz 稍低一点。应注意的是，高于 5kHz 的基频不会被感知为音调，并且不能用于音乐旋律。人们可以通过将熟悉的旋律移调一个八度就可很容易地确认该现象——当基频高于 5kHz 时，尽管人们可以听到一些变化，但是旋律就不再能被识别出来了。

3.9.4　频率差阈限

频率差阈限是“频率的最小可觉差”的另一种叫法。它是听音人可以分辨出的最小频率差。采用持续时间 500ms 的纯音进行的实验表明：对于高于听阈 10dB 的 200Hz ～ 5kHz 纯音声级，频率差阈限小于给定频率的 0.5%，它对应于 9 个音分[41]（约为半音的 1/10）。

3.9.5　音调与声级的相关性

虽然音调受声级影响，但是这种影响在整个频率范围上并不是都一样的。在低于 1kHz 的频率上，音调随声级的提高而降低；而在 3kHz 以上的频率上，音调随声级的提高而升高；在 1 ～ 3kHz 之间的频率上，声级的变化对音调的影响很小。这就是所谓的斯蒂芬法则（Stevens Rule）。Terhardt 等人对纯音声级相关性研究成果进行了概括总结，并提出了针对普通听音人的公式[42]。

$$100\times\frac{p-f}{f}=0.02\times(L-60)\times\left(\frac{f}{1000}-2\right)\qquad(3\text{-}9)$$

式中，

f 是声压级为 L（dB）时纯音的频率（Hz）；

p 是 60dB SPL 时的纯音频率，它匹配给定音调音 f 的音调。

3.9.6　音高辨别力

有些人（尤其是一些音乐人）培养出了完美的音高感觉，也就是我们所说的绝对音高（absolute pitch）。他们可以不借助诸如调音器这类仪器作为外部基准就能确定乐音的音高，即他们已经在其大脑中建立起音调的绝对尺度。其中的一些人将某一音符以类比的形式描述成某种色彩。有些人认为，如果人在 4 岁前有许多聆听某种调性音乐的经历的话（通常是源于音乐培训），那么他是可以建立起完美的音高感觉的。公平而言，拥有完美的音高感并不是优秀音乐人的必要条件。除了在没有调音器的情况下进行乐器调音或演唱的优势外，并没有证据表明拥有完美音高感觉的人唱的调会更准。借助于调音器或伴奏的帮助，没有完美音高感的优秀音乐人同样可以做得很好。然而，这里存在年龄因素的不利影响。对于老年人（尤其是那些 65 岁以上的人），音调尺度常常会偏移，以至于他们听那些演奏正常的音乐时会觉得音调不够准。这在没有完美音高的人身上可能表现得并不明显。然而，对于具有完美音高的年龄大的人而言，管弦乐队中每位演奏人员演奏出的音调都不准，可能会让他们觉得厌烦。

3.9.7　其他音调效应

音调主要取决于基频，通常基频是最强的谐波之一。虽然复合音的基频可能消失或者被窄带噪声所掩蔽，但还将产生清晰的音调[43]。所产生的这种没有基频的音调被称为虚调（virtual pitch），这是支持时间理论强过位置理论的理由。虚调的波形具有和同一频率含有基频的普通复合音相同的周期。

在聆听有一定双耳相位关系的宽带信号时，尽管单耳听音时并不能产生音调，但当双耳聆听时，人们就可以在背景上面听到一个音调。这种类型的音调被称为“双耳音调”[44, 45]。

3.10　音色

音色是我们对声音色彩的感知。它是让我们能对同时演奏同一音符的小提琴和钢琴所发出的声音加以区分的主观尺度。按照美国标准协会的定义所言：音色是“听音人能够判断两个具有同样响度和音调的声音有区别的感知属性”，而且“虽然音色主要与激励的频谱有关，但是它也与波形、声压和频谱的频率位置，以及激励的时间特性有关[17]”。每个声音都具有其特有的频谱。对于乐器而言，尽管所有类似音调的声音都是由同一乐器发出的，但是不同音符的频谱可能也不同。因为空气吸声的影响和房间边界表面吸声特性的频率相关性等，音乐厅内产生出的声音音色甚至还会随听音人的位置不同而有所变化。

值得一提的是，为了更全面地描述音色，有必要对幅度谱和相位谱进行研究。正如3.5节所举例子表示的那样，尽管白噪声和脉冲具有同样的幅度谱，但因相位谱存在差异，故它们听上去有很大的不同。有时，音调音的起始和终止过程（比如，钢琴音的衰减过程）对音色而言很重要。因此，我们同时还要考虑人听力的时间窗（100ms的数量级），音色的最准确描述应是声谱图（即频谱随时间的变化过程），如图3.19所示。

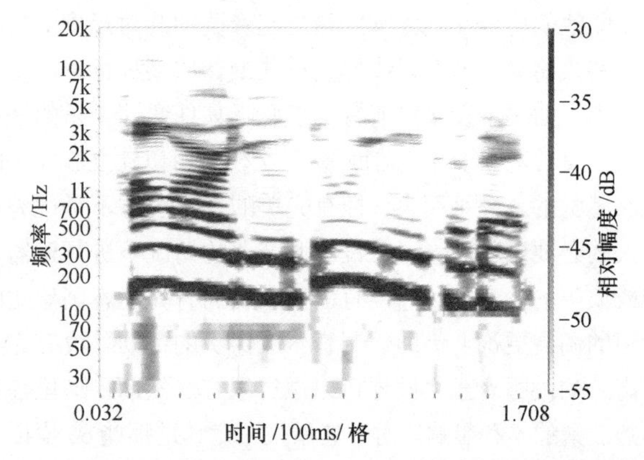

图3.19 男声“How are you doing today？”的声谱图例子。纵轴表示的是频率，横轴表示的是时间，点的明暗度代表的是给定时间上特定频率成分的声级

3.11 双耳与空间听力

长有两只耳朵的优势是什么呢？一个明显的优势就是备份——如果一只耳朵受到损伤，还可以用另一只耳朵，这类似于我们有两个肾脏的原因。这种解释是不完整的定义。在听音过程中，拥有两只耳朵会让我们具有更多的优势。因为有了两只耳朵，我们可以确定声源的位置，分辨出来自不同位置的声音，更加清晰地倾听交谈，提高对背景噪声的抑制力。

3.11.1 左和右的定位信息

当声源相对于听音人而言在左侧时，它与左耳的距离要比与右耳的距离近。因此，左耳处的声级要比右耳处的声级高，从而导致产生双耳间的声级差（Interaural Level Difference，ILD）。有时，人们也将其称为双耳间强度差（Interaural Intensity Difference，IID），它们描述的是同一参量。进一步而言，声波到达左耳的时刻要早于到达右耳的时刻，由此产生了双耳间时间差（Interaural Time Difference，ITD）。然而，听觉神经并不直接对ITD进行比较，取而代之的是比较双耳间的相位差（Interaural Phase Difference，IPD）。对于纯音而言，ITD和IPD是线性关系。ITD和IPD也被认定为是双耳间的瞬时差（Interaural Temporal Difference）。总之，对于左和右的定位，存在两个提示信息，即ILD和ITD提示信息。

调节ILD或者ITD提示信息都可以影响声音的左右定位。在现实中，这两个提示信息是变化的。这两个提示信息存在一定的局限性。为了利用ILD提示信息进行定位，双耳间的差异应更大。因为对于1kHz以下的频率头部附近存在绕射的现象，所以两耳处的声级是类似的，这使得ILD提示信息很少。因此ILD信息应用于高频情况下，这时头部的声影会对相对侧的耳朵形成很大的阻碍（人并不是正对着声源）。另外，ITD提示信息同样也有局限性。对于700Hz以上的频率，极左或极右处声源的IPD将超过180°。对于纯音而言，这会引发混乱，即靠近右耳侧的音调音可能听上去到了左耳侧，如图3.20所示。由于我们最关心的是处在我们前方的声源，这种700Hz的限定可能向上延伸一点。进一步而言，对于宽带复合信号，我们也利用低频调制的延时（或相位差）。总之，1.2kHz的频率（或者处在1～1.5kHz的频率范围）是进行良好评估的边界，在此之下是ITD提示信息起重要作用，而在此频率之上是ILD信息起主要作用。

在录音过程中，通过调节左声道和右声道间的声像电位器就可以很容易取得ILD信息。尽管调节ITD提示信息也移动了通过耳机听音时的声像，但当通过音箱听音时，关于音箱位置，ILD信息要比ITD信息更为可靠。

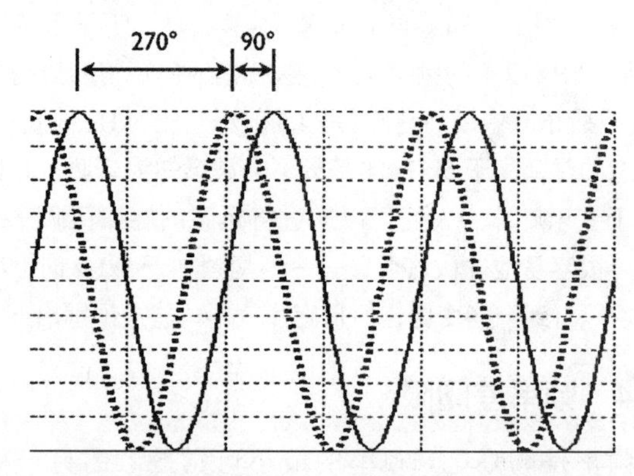

图3.20 高频时两耳间的相位差（IPD）信息的混淆。虽然对应左耳的虚线滞后于对应右耳的实线270°，但是它混淆为左耳领先于右耳90°

3.11.2 弧矢面的定位

下面考虑两个声源的情况，一个声源在人头部的前方，一个声源在头部的后方。由于是对称的，这样两个声源的ILD和ITD都是零。因此，单凭ILD和ITD提示信息，听音人是无法区分出前和后声源的。如果我们将头部认为是在耳朵位置有两个孔的球体（球形头模）的话，则图3.21中所示的是锥面上的各个位置上的声源均产生一个指定的

ITD。这一锥面被称为混淆锥（cone of confusion）[46]。如果仅有ITD提示信息可供球形头模的听音人使用的话，那么他们就不能区分混淆锥上的声源。当然，实际头部形状是有耳廓的，虽然它会改变混淆锥的形状，但是上面的基本结论还是成立的。当ILD提示信息也可以利用时，由于头部的声绕射（即头部声影），听音人可能进一步将混淆限制在某一锥截面（即图3.21的环形圈）上。人们可以同时利用ILD和ITD提示信息是最好的情况。然而在现实中，大部分人即便是闭上眼睛也可以很容易定位出前后声源，以及头上方的声源位置。我们可以结合耳廓、头部、上肢肩部的不对称形状的作用在弧矢面［sagittal plane，它是将身体分成左右两部分（不一定要等分）的垂直平面］上进行声源定位。当我们从任意方向看过去时，耳廓是不对称的。耳廓的基本作用相当于滤波器的作用，建立起针对每个入射角度的特有的频谱提示信息。混淆锥上的不同位置将被进行不同的滤波处理，产生出每一位置所特有的频谱提示信息。

描述用于定位的频谱提示信息的常用方法是头部相关传递函数（Head-Related Transfer Function，HRTF），如图3.22所示。这是个转移函数（增益与频率的关系），它描绘了针对空间中的每一位置（或者称为常用的每个入射角）的外耳滤波特性。如今，将探针式传声器塞入靠近耳膜的位置，就可以测得高准确度的HRTF。一旦获得了针对某一听音人的HRTF，那么在听由正确HRTF卷积过的在消声室内录制的录音时，人们的听觉系统可能就被“欺骗”，听音人会相信播放的录音来自对应于HRTF的场所。

图3.21 对应于两耳位置有两个孔的球形人头的模糊锥。对于给定的ITD，如果只有ITD信息可供使用，则听者不能区分模糊锥表面上位置的不同。如果还可以利用ILD信息的话，由于人头部的声衍射的原因，听者可进一步将模糊锥的范围限定在圆周上（图中黑色圆环）

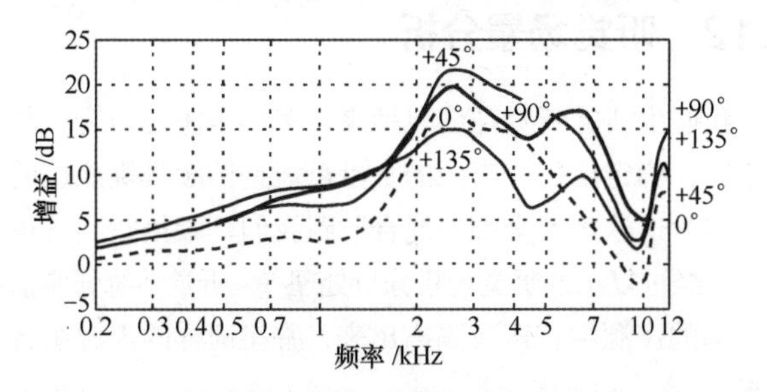

图3.22 头部相关传递函数。每条曲线表示出对于某一入射角度的滤波特性（即对每一频率而言外耳的增益）。该图示出了在水平面上的取向，其中的角度以听者的（正）前方为基准测量出的。0°是指人的正前方[5]

在采用频谱提示信息时我们面临两个挑战。第一个挑战就是区分滤波特性和声源的频谱特性。例如，如果一个人听到在9kHz有一个陷波点，那么这一陷波点可能是源于HRTF，也可能是原始的源频谱在9kHz附近就有一个这样的陷波点。不幸的是，并没有一种简单的方法来区分它们。然而，对于听觉系统熟悉的已知频谱声音（语音、乐器声等），判断HRTF还是比较容易的，因此定位已知声源要比定位未知声源要容易一些。如果一个人沿着混淆锥出现了声音识别上的问题，那么他就可以采用转动头部的方式来获取提示信息。例如，假设听音人向左转动头部。如果声源移向右方，那么声源就在前方；如果声源向远离左方的方向进一步移动，那么声源一定在后方。第二个挑战就是HRTF的个体性。没有两个人能有同样的耳廓和头部形状，根据多年的经验，我们对自己的耳廓和头部尺寸及形状已经了如指掌了。如果一个人听其他人HRTF卷积过的声音的话，尽管左-右定位不错，但是将存在大量的前后混淆的问题[47]，除非听音人的头部和耳朵恰巧与被测量HRTF的那位人士的头部和耳朵相似[48]。人的双耳系统具有明显的自适应特性。使用耳模所做的实验[49]表明：如果通过另一组耳朵进行专门的主观听音的话，尽管最初存在着大量前-后混淆的问题，但是约3周后，主观听音人将会了解并适应新的耳朵，并且几乎能与其原来的耳朵进行一样定位。并不是忘掉新的或旧的耳朵，主观听音人实际上是记住了两组耳朵，从某种意义上讲他具有了“双头球模”的特性，同时能够在两组耳朵间转换。

3.11.3 声音的外部化

许多听音人更喜欢通过音箱来听音乐，而不是采用耳机来听音乐。其中的一个原因就是在使用耳机听音乐的时候，耳廓的作用被有效地取消了，听觉系统接受不到任何由耳廓产生的提示信息。通过耳机，乐器和歌手的声音全都被感知或定位于头内。当通过音箱听音时，尽管定位信息并不完美，但是声音被外部化，反倒更自然一些。然而，如果通过包含听音人HRTF的耳机来重放音乐的话，他们将能够完美地将声音外部化[50]。利用算法来模拟自由场和普通混响房间中任何位置的3D声源。准确模拟的频率高达16kHz，而且听音人区分不出实际声和虚拟声（模拟）[51, 52]。不过，不方便的地方就是必须针对每个听音人和每个房间进行调整。在1985年，琼斯（Jones）等人[53]设计出一个利用美国西北大学计算机音乐工作室（Northwestern University Computer Music Studio）开发的混响器进行有关立体声声像的实验。混响器利用HRTF创建出了非常引人瞩目的3D空间模拟效果，同时还能模拟声源在3D空间的运动。Jones等人所做的实验[53]被称为LEDR（Listening Environment Diagnostic Recording，听音环境诊断记录）NU ™，其中含有在非常特殊的声音通路中移动的声音样本。当利用没有相位或瞬态失真扬声器系统在不存在早期反射的环境中重放时，通路被感知为想要的情形。当存在早期反射，或者分频器（或驱动器）未对齐时，通路便出现可闻的损伤。

3.11.4 领先（哈斯）效应

当两个咔哒声同时出现在听音人的左侧和右侧时，听音人会感觉咔哒声出现在中央，即两个咔哒声的定位提示信息被平均了。然而，如果其中一个咔哒声相对另一个咔哒声被延时了（多达 5ms），那么听音人将其感知为一个融合在一起的咔哒声，并且融合的咔哒声将只根据最先到达咔哒声的提示信息来定位，而忽略掉第二个咔哒声的定位提示信息。对于长于 5ms 的延时，听音人将会听到两个分立的咔嗒声，而不是一个融合的咔哒声。对于语言、音乐，或者其他复合信号，这一延时上限可能提高至约 40ms。听觉系统这种定位于先到声音方位的现象被称为领先效应（precedence effect），或者哈斯效应（Haas effect）[54, 55]。

领先效应在声频领域的应用十分普遍。例如，在大教堂中，通过在一个位置安装音箱来覆盖整个教堂是不可能或不现实的。一种解决方案就是在教堂的正前方摆放主音箱，同时沿着侧墙安装辅助音箱。由于领先效应的缘故，如果加到侧墙辅助音箱的信号被延时，以便让来自前方的直达声首先到达听音人的耳朵中，那么尽管实际的大部分声音内容是来自侧向音箱，且这些音箱距听音人更近、产生的声级更高，但听音人还是会将前方音箱的声音定位为声源。当这样的系统被正确设定时，系统的声音听上去就好像辅助音箱未开启一样。实际上将它们关闭掉，就能准确地体会到它的重要性了，因为没了它们，声音就变成了不可接受的，甚至人们听不懂语言的含义。

3.11.5 Franssen 效应

Franssen Effect（弗兰森效应）[56] 在声音活跃的房间中会呈现给人深刻的印象。通过置于不同位置的两只音箱来播放纯音信号。一只音箱先播放纯音信号，然而马上衰减，同时提起另一音箱的同一纯音信号，以便总的声级没有明显的改变，如图 3.23 所示。尽管最初的音箱根本没放音，但是大部分听众还是相信声音是来自第一只音箱。这一影响可能持续两分钟。人们可以通过断开连接第一只音箱的线缆来更有效地表现这一现象，听众仍然会将声音定位在那只音箱上。Franssen 效应反映出在活跃房间中我们听觉系统的声源定位记忆水平。

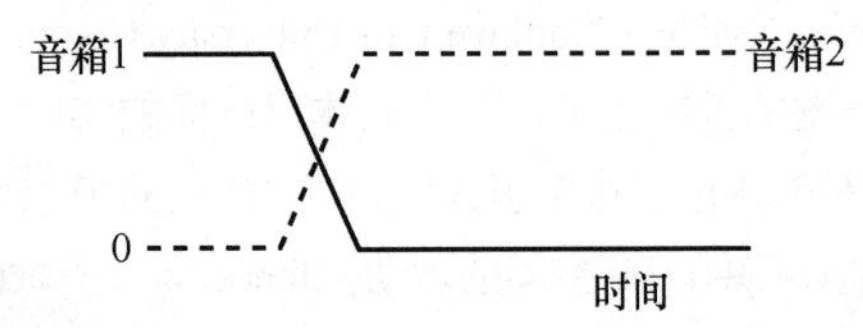

图 3.23 Franssen 效应 [56]。该图表示两只音箱在起居室内两个不同位置的声级。音箱 1 首先播放出一个纯音信号，之后马上衰减，与此同时，将音箱 2 播放的同样的纯音信号提升，以保证房间内的总声级并不发生明显的变化。当音箱 1 停止播放时，听者将还会感知到声音源自音箱 1，此感觉会持续一段时间

3.11.6 鸡尾酒会效应和信号检测的改善

在噪声环境（比如鸡尾酒会）中，许多人同时说话。然而，大部分人有能力每次只听一个人说话，同时忽略周围其他人的说话声音。人们甚至不用将头转向音箱方向就能做到这一点。正如我们此前提及的那样，双耳听音的一个好处就是双耳具有空间滤波器的功能。因为谈话者在空间中是彼此分离的，所以我们的听觉系统可以滤掉不想要的声音空间。在嘈杂的环境中，听力困难的患者通常很受罪，因为他们不能从背景中选择出某个说话声。

因为两耳间的背景噪声一般是同相位的，所以在电子通信中，人们可以反转一只耳朵中信号的相位，使两耳间的信号反相。之后，信号的检测会因空间滤波的原因而变得更好。因此，一般而言，双耳听音不仅让我们具有定位的能力，而且也改善了我们检测声学信号的能力，尤其是在嘈杂或混响环境中。

3.11.7 距离的感知

重现距离提示信息是相当困难的。在自由场条件下。声压级会随着点声源与观察者之间距离的每次加倍而减小 6dB。因此，减小音量会让我们感觉声源距离我们更远。然而，在实践当中，我们倾向于对距离低估，如声级必须衰减 20dB，为的是让我们感觉出距离加倍 [57]。当然，如果我们不知道声音在原始声源处有多响，那么我们便没有基于声级的绝对尺度。

当声源非常远时，由于空气对高频能量的吸收要多于对低频能量的吸收，所以我们会感觉声音含有较多的低频能量，音色较暗。这就是为何远离我们的雷声是隆隆声，而近处的雷声听上去有爆裂感。然而，这是非常弱的影响 [58]，因为日常生活中大部分声音产生在近处。

再现和感知出距离的更有效方法是调整直达声与混响声的比例。在真实的空间中，近处的声音不仅较响，而且具有相对较高的直混比。随着声音的远离，声音会变得更弱，并且直混比也会一直减小，直至达到临界距离位置为止。在临界距离处，直达声声级与混响声声级相等。声源移至临界距离之外时，就不会引发距离感加大的结果了。

3.12 听觉场景分析

我们生活的听觉环境包括来自多个声源的声音。与视觉不同，确定出每个声源的贡献可能是件颇具挑战性的工作，因为这些声音全都“混合”到我们耳朵接收到的声波当中。经过复杂的听觉场景分析处理 [59]，听觉系统通常能够从不同的声源中将声音隔离出来，并将同样的声源组合在一起。

当多个声源同时呈现出来时，同时开始的频率成分或者那些构成谐波序列的频率成分倾向于被组合在一

起，这一处理过程被称为同时编组。当不同的声音被按顺序听到时，听觉系统可将声音编组成独立的听觉流或相同的听觉流。这种编组被称为顺序编组或听觉流处理。具有类似频谱结果的声音倾向于被编组在一起。例如，当某一旋律的音符与另一旋律中的音符交织在一起时，而且来自一个旋律的频率成分要比来自另一旋律的频率成分弱很多时，听音人能够听出单独的旋律。如果音调的交替很快的话，那么就会非常频繁地进行单独听觉流的隔离处理。

我们常常会经历一个声音被另一个声音打断的情形。如果中断是短暂的，那么听觉系统可以将被掩蔽掉（甚至是消失掉）的原来声音的一部分保留下来，听音人听到的是一个连续的声音。这种现象被称为感知恢复[60]。例如，如果重放的录音被频繁出现的间隙打断的话，听音人听到的是不连续的录音。但如果这种间隙被宽带噪声所填充的话，听音人听到的就是连续的录音，甚至它可由脉冲噪声来实现[61]。

3.13 语言

3.13.1 发音器官

声带（vocal folds）（喉部的两片肌肉黏膜，也称之为 vocal cords）产生出宽带嗡嗡声，这一嗡嗡声经声道（包括喉咙、口腔和鼻腔）的滤波，产生出各种声谱，元音尤其如此。在改变口腔的形状和发出某些辅音（比如，/t/）时舌头扮演重要的角色。对于成年人，自然发音时声带的基频在 110Hz（男声）至 220Hz（女声）之间，而且因人而异。这一基频频率在唱歌时会发生改变，以产生旋律，在日常讲话时，用来表达含义。

3.13.2 元音与辅音

对于人类，语言通信是十分重要的。世界上有许许多多不同的语言，以及更多的方言。尽管其字母和语法都不相同，但是所有语言的语感最终都归结为对元音和辅音的感知。

元音是声道打开状态发出的音素（即语言的最小单位）。元音一般是“出声的”，也就是说发元音时声带是振动的（在吹口哨时，元音是不出声的）。元音所占的时间相对长一些，它占据了语言持续时间的大部分。出声的元音是产生出干净音调的复合音，故演唱时产生出旋律的是元音。在图 3.19 所示的声谱图中，元音表现出干净的谐波结构。除了纯元音之外，还有由多个元音混合成一个音素的双元音（比如，/ei/）。表 3-2 所示的是英语中的元音。其他语言中的元音可能要多些，也可能少些，有些语言（比如法语）中存在英语当中并不存在的鼻元音。

表 3-2 英语中的元音

纯元音			
音素	单词	音素	单词
/a:/	father	/i:/	seat
/ʌ/	cut	/I/	bit
/æ/	ash	/ɔ:/	talk
/e/	bed	/ɔ/	top
/u:/	goose	/ə:/	work
/u/	put	/ə/	paper
双元音			
音素	单词	音素	单词
/ai/	like	/əu/	bone
/ei/	take	/iə/	ear
/ɔi/	boy	/ɛə/	care
/au/	cow	/uə/	poor

辅音是声道完全或部分闭合状态下清晰发出的音素。它们时间短促，必须要与元音组合才能发出音节（一个音节是组成一个或多个音素的一个要素，一个或多个音节组成句子）。相对而言，元音本身可以单独构成音节。利用辅音与同样数量的元音便可以产生许多音节，这可以使通信交流更为有效。在声谱图中，辅音通常是以宽带信号的形式出现，没有清晰的谐波结构。根据清晰的形式，辅音可以分类成爆破音（阻断气流），摩擦音（强迫气流通过窄腔道），鼻音（利用鼻腔发音），流音（/l/ 和 /r/），以及滑音（/j/ 和 /w/，也称“半元音”，它与元音 /i/ 和 /u/ 类似，但是短促且无元音那样的功能，比如单词“yes”中的“y”和“wood”中的“w”）。鼻音，流音和滑音都是出声的，而爆破音和摩擦音一般是以“出声音 + 不出声音”的形式成对出现（比如，/b/ 和 /p/，/v/ 和 /f//）。表 3-3 给出了英语中的辅音。在英语中，通常不发声的爆破音（/p/，/t/ 和 /k/）是送气音（利用短促的强气流产生），发声的爆破音（/b/，/d/ 和 /g/）是不送气音（利用短促的弱气流产生）。但在其他语种中可能并非如此。例如，在拉丁语（比如西班牙语、法语和意大利语）中，就存在一些例外，发声和不发声爆破音都是不送气音（类似于英语单词“stop”中的“t”）。另外，在汉语普通话中，虽然所有的爆破音都是不发声的，但是它们以送气音和非送气音组对形式出现。

表 3-3 英语中的辅音

爆破音			
不发声		发声	
音素	单词	音素	单词
/p/	put	/b/	book
/t/	top	/d/	dog
/k/	kind	/g/	good
摩擦音			
音素	单词	音素	单词
/f/	find	/v/	voice
/θ/	thin	/ð/	this

续表

摩擦音			
音素	单词	音素	单词
/s/	see	/z/	zoo
/ʃ/	ship	/ʒ/	pleasure
/tʃ/	chair	/dʒ/	just
流音		滑音（半元音）	
音素	单词	音素	单词
/l/	leg	/j/	yes
/r/	read	/w/	we
鼻音			
音素		单词	
/m/		man	
/n/		no	
/ŋ/		sing	

3.13.3 共振峰与语言可懂度

在语谱方面，谱包络中的峰被定义为共振峰[62]。如图3.24所示，共振峰依照其频率的次序加以标注，即F1、F2、F3等，其中F1是最低的共振峰。对于元音，通常可以识别出3个或更多个共振峰。这些共振峰的频率决定了听到的是哪个元音，较低的两个共振峰（F1和F2）是最重要的。辅音要么是修改了临近元音的共振峰位置，要么是增加了额外的共振峰。表3-4显示的是一些元音的最低的3个共振峰。有趣的是，实验表明：在经过短期的训练之后，人们可以理解用正弦音取代共振峰的合成语言。

300Hz～4kHz的频带对于语言可懂度是很重要的。如果这一频带被去掉了，那么听音人很难识别出单词的意思。语言可懂度本身是一个很重要的研究课题，本手册会单独用一章的篇幅进行阐述。

表3-4 76位讲话人发一些元音时得到的共振峰的平均频率（Hz）

音素		/a/	/ʌ/	/æ/	/e/	/u/
男声	F1	730	640	660	530	300
	F2	1090	1190	1720	1840	870
	F3	2440	2390	2410	2480	2240
女声	F1	850	760	860	610	370
	F2	1220	1400	2050	2330	950
	F3	2810	2780	2850	2990	2670
童声	F1	1030	850	100	690	430
	F2	1370	1590	2320	2610	1170
	F3	3170	3360	3320	3570	3260
音素		/u/	/i/	/I/	/ɔ/	/ə/
男声	F1	440	270	390	570	490
	F2	1020	2290	1990	840	1350
	F3	2240	3010	2550	2410	1690
女声	F1	470	310	430	590	500
	F2	1160	2790	2480	920	1640
	F3	2680	3310	3070	2710	1960
童声	F1	560	370	530	680	560
	F2	1410	3200	2730	1060	1820
	F3	3310	3730	3600	3180	2160

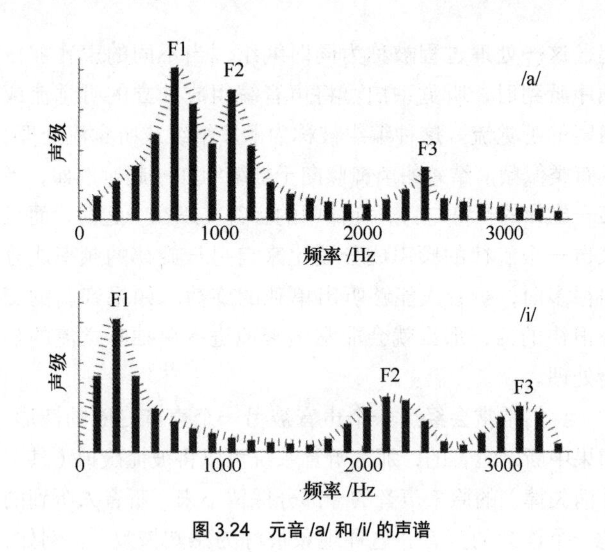

图3.24 元音/a/和/i/的声谱

3.13.4 歌唱声

尤其在古典歌剧当中，歌唱家不能借助扩声系统进行表演。小号演奏发出的能量很容易压过人的演唱声。但是，伟大的歌唱家可以在整个管弦乐队齐奏的同时将演唱声覆盖到观众席的最后一排。这是通过强调3kHz左右的强共振峰（也称为“歌唱家”的共振峰）来实现的，在这一频段上管弦乐队发出的能量相对较低[65]。通过这一演唱技术发出的“明亮的”声音不仅具有美学意义上的优美感，而且在实践演出中也很有用，让观众在有伴奏的情况下也能听清歌词。

3.13.5 声调语言

英语中某一音调（即元音的基频轮廓）可以表现出说话人的情感和情绪等，这并不是功能语义。然而，在诸如汉语和泰语这样的声调语言中，音节被认为在不同音调中是不同的。在汉语普通话中，除了轻声外，共有4种音调，而广东话和泰语则有9种音调。

3.13.6 视觉提示的影响

因为人们听到的声信号可能会被环境噪声轻易改变，所以视觉提示信息被认为对听觉非常有帮助。读唇语就是一个例子。正如麦格克（McGurk）效应[66]中所示的那样，当听音人看到嘴做出/gaː/的动作，而发出的声音是/baː/的时候，通常他们会听到音节/gaː/或/daː/；而实际上极少有人会听到/baː/音节。这表明视觉提示信息有时可能与听觉提示信息一样重要，这一点在分辨难以分辨的广东话的过程中体现得更明显。

3.14 备注

心理声学是一个涵盖多领域的跨学科专业。为了对人类的听感进行定量研究，包括主观评价方面的统计分析等都必须要在多个主题实验完成之后去开展。听觉系统有很强的自适应性，随着我们的成长它会不断地进化。由于每个主题都有所不同，所以要想总结出有意义的结论，个体是一个重要的因素。进一步而言，心理声学是个不断发展的学科领域。随着新的现象不断被发现，我们对听觉的认识也会随之深入。新的模型正在研发，现有的模型被修正或被抛弃。在应用中，心理声学中的许多发现已经被应用于其他领域，有关这方面的内容会在本手册的其他章节中提到。

第4章

生理声学—听力障碍—听力保护

S.Benjamin Kanters编写

4.1 概论

作为声频艺术和科技的实践者，我们会尽全力去理解声音，掌握它的空间属性、模拟和数字声频信号理论，以及换能器和信号处理器技术。我们的生活质量依赖于我们捕获和传播最高质量的声音的能力，当然这要在媒体或客户规定的限定范围内。

有时我们要通过审听来做决定。我们通过审听来确定传声器选择是否合适，均衡或压缩对于语言或乐器声音是否成立，人声或乐器声音是否适合于作品。声学和音响系统设计人员将采用高级算法和数字分析工具进行系统或空间设计。但不管怎样，最终的评判者还是根据“声音是否好”来进行评判，得出结论。

就我们现已掌握的，以及仍在不断探究的理论而言，至少现在我们或许已经有了一个研究的工具，在任何的工具箱里最为重要的一个工具可能就是我们的听觉。深入理解人类听觉机构的实际工作机理对于我们研究听音以及保护好我们的耳朵和听力都是至关重要的。

本章将在第 3 章（心理声学）的基础上系统介绍听觉机构的工作原理，并在此基础上帮助读者进一步掌握听力损失和其他听觉问题的产生机制，之后讨论听力保护和保持听觉健康的方法和当今的相关技术。

4.2 听觉机理——第3章 心理声学的补充

4.2.1 绒毛细胞

图 4.1 所示的是柯蒂氏器官和其中的内毛细胞及外毛细胞的结构。应注意的是，外毛细胞是如何依赖“支持细胞”（迪特尔细胞）的。另外，与内毛细胞不同，外毛细胞中最长的静纤毛被嵌入胶状耳蜗。

正如 3.2.5 中提及的那样，共有两排内毛细胞（大约 3500 个）和三排外毛细胞（大约 11 500 个）。内毛细胞是实际的“听觉细胞”，它类似于眼睛视网膜中的视锥和视杆细胞。这些细胞输出至听觉神经的信号正比于静纤毛的弯曲度。大脑的听觉中枢产生由基底膜决定的不同“通带”接收并放大的来自内毛细胞的信号。就整体而言，其作用相当于实时分析仪的作用。

外毛细胞没有传感功能，然而它们是 120dB 动态范围的核心，通过提供对低声级声音 / 刺激的机械放大，成为 120dB 动态范围的核心。在第 3 章（心理声学）中描述过，它们根据基底膜的振动情况来改变形状。通常描述为“肉体活性”体细胞的弯折作用提高了柯蒂氏器官的位移，因此加大了对绒毛细胞的刺激。这就是通常所指的按需提供增益的“耳蜗放大器”。声音越弱，增益越大，中等强度的声音增益较小，而对响的声音则根本没有增益。有种理论认为“回归传导”神经网络滤波器提供来自大脑的控制反馈。最新的理论认为在每个单独的细胞内机械机能是受控的。

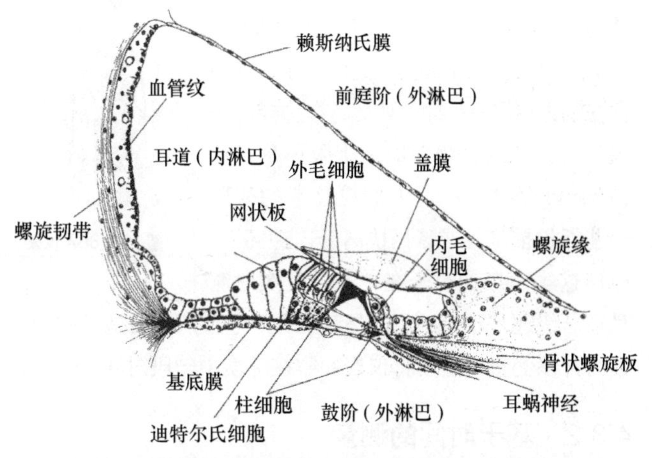

图 4.1　蜗管中的柯蒂氏器官和绒毛细胞（William Yost 授权使用）

从听阈（20μPa）到痛阈，我们听觉可接受的动态范围将近 120dB。如果没有外毛细胞，我们的听阈将处在 60dB SPL 左右。外毛细胞提供了对聆听低于 60dB 声音所必需的增益。从 0 到大约 20dB SPL，细胞提供出约 65dB 的增益。对于 20dB SPL 到大约 100dB SPL 的声音，所提供的增益逐步减少，直至细胞将增益完全“关闭”，柯蒂氏器官的活动完全是被动的。这种耳蜗放大器作用具有反向压缩器的特征。

4.2.2 听觉机理的总结

外耳结构将直达声声能送达鼓膜，同时增加了谐振和反射，放大了音素和辅音频率成分，提供出定位提示信息。中耳起到机械阻抗匹配变压器的作用，使得声能到水动能的能量转换效率更高。在耳蜗中，基底膜获得推力（波形），并将信号按频段分解。之后，特定频段上的移位能被送至柯蒂氏器官，此处的内毛细胞生成对应于每一频段幅度信息的神经信号。外毛细胞为低声级声音提供必要的增益，使我们的总的动态灵敏度达到 120dB。

4.3 测量

4.3.1 声级的测量

为了了解产生听觉障碍的机理，我们首先必须要掌握测量声音和听力的标准。考虑到身处危险噪声环境中掌握这些知识的重要性，所以每一位声频工程师的工具包内都应备有声级计（dB SPL）。我们对音量的灵敏度应与许多人对音调和音色的灵敏度一样。如今，购买一台精度相当的声级计至少要花费 30 美元。图 4.2 所示的便是这类仪表的一个实例。虽然这些仪表的精度还远未达到进行科学研究要求的水平，但是足以进行普通的参考测量。另一

图 4.2　dBA 仪表

个选项就是使用许多智能手机中声级计 APP。实验表明：这些 APP 在上限达到 95 ～ 100dB SPL 之前给出的结果还是相对准确的。但到了更高的声级时，传声器和 / 或输入电路产生了失真，这时的读数便会存在很大的误差。即便如此，在这样的声级下，人的安全暴露时间上限还是可达 15 ～ 30 分钟，不过人们应该考虑采取一些保护措施，或者尽快离开这种环境。虽然这类声级计对于在单点位置实时测量声压级还是不错的，但是对于噪声危害的评估是无效的，因为许多测量一定要将仪表暴露在环境中一段时间。

4.3.2　基于时间的测量

准确地进行噪声危害评估不仅要考虑噪声的强度，而且还要考虑暴露于噪声环境的时间（参见 4.3.5 节安全的暴露标准部分）。另外，由于许多环境的声音强度是变化的（音乐就是最好的例子），所以还必须计算暴露时间内暴露强度的数学平均值，以便准确评估噪声危害的强度，图 4.3 所示的是一个噪声计量表。

一旦开始测量，计量表就开始按规律的时间间隔（每次间隔 10 ～ 60s）存储声级读数。在测量完成之后，如今的仪表可以利用 USB 连接，将存储的数据导出、生成电子表格。此外，许多计量表还装有软件，这些软件能计算如下的一种或全部基于时间的测量：*LAeq*（等效连续声级）、*LAave* 和暴露“计量”。*LAeq* 和 *LAave* 都是针对测量时间的平均声级，*LAeq* 源自高速响应读数，而 *LAave* 源自慢速响应读数。噪声“计量”是一种计算值，它以安全暴露百分比、一天的暴露时长，以及下文提及的 NIOSH 或 OSHA 度量形式表示出暴露“计量”。

图 4.3　噪声计量表（Casella 授权使用）

图 4.4 所示的是对 3 小时的纳斯卡（NASCAR）赛车的计量研究。曲线表示出了每分钟的 dB-A 读数（要注意的是，在所有出示黄旗时间段内噪声声级是如何跌落的），以及 *LAeq*、*LAave* 和基于 NIOSH 和 OSHA 标准的计量百分比，如表 4-1 所示。

4.3.3　dB 度量加权

大部分声级计都带有可切换的 A 和 C 加权设置。有关 A、B、C 加权的详细讨论参见第 3 章（心理声学）的 3.8.2 部分。在基于听觉的测量领域中，A 加权是标准设置，并且已经被 NIOSH 和 OSHA 的噪声暴露评价测量选用。因此，在 SPL 测量时，“dBA”表明测量结果采用的 A 加权。

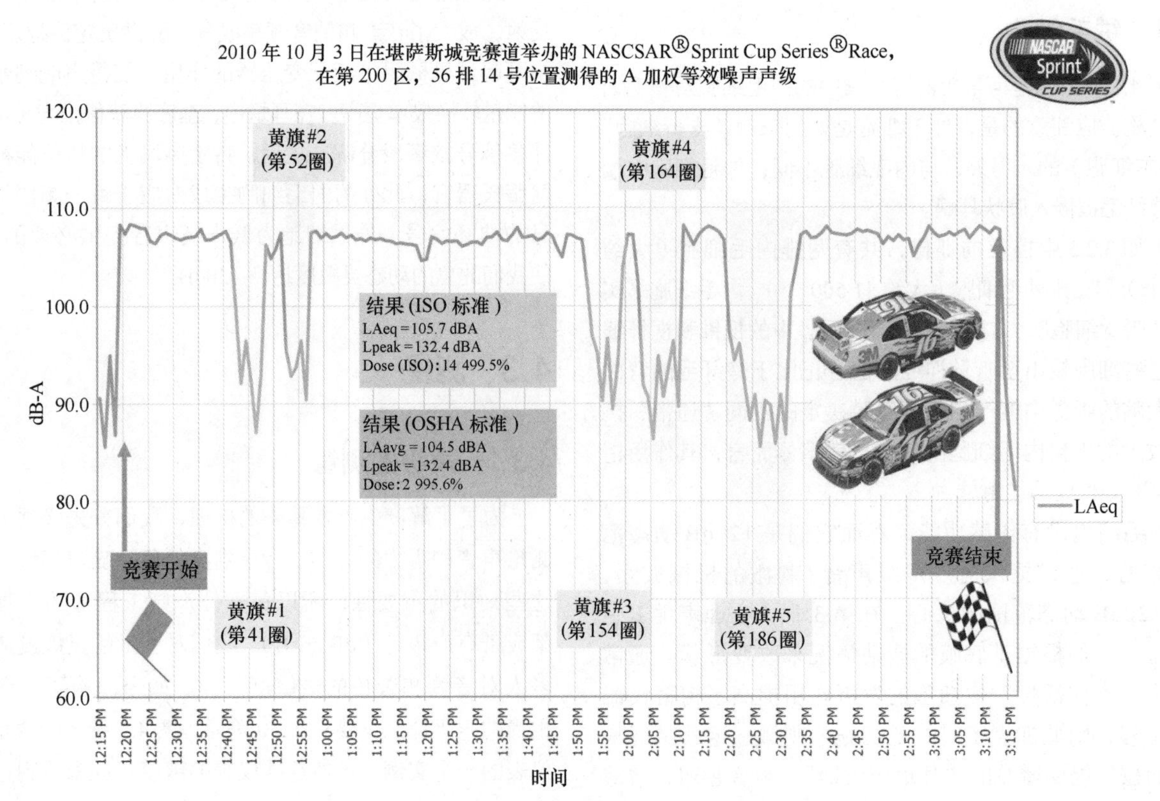

图 4.4　赛车的噪声计量研究（Dominique Chéenne 博士授权使用）

4.3.4　听力测试

图 4.5 所示的是一张空白的闻阈图表。听力检查的结果被记录于本表格中，其刻度采用 dBHL（听力级）单位。以不同的声压级播放所标记的频率信号，听力学家在表格中做标记（“X” 代表左耳，“O” 代表右耳），在其中的每个频率下给出患者的闻阈。0dBHL 的读数表示被检测人主观上可以听到低至临床听阈的声音。读数低至 25dBHL 被认为是标称的。听阈表代表的是某人听力的频率响应曲线。不可否认的是，从声频专业人员的角度来看，其带宽是受限的。这是因为以下两个因素：

（1）传统的听力学关注的是语言通信。

（2）没有现成的频率范围在 20Hz ～ 20kHz 的纯音灵敏度标准。

当前，正在研发几种新的检测协议和技术，以高置信度来检测人的全带宽听力。

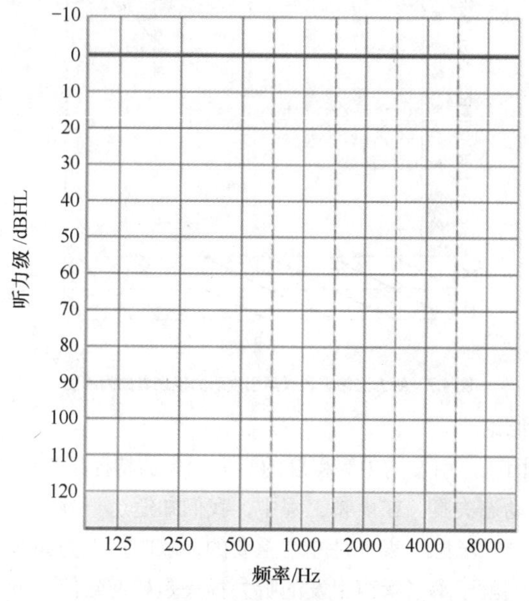

图 4.5　空白听阈图表

4.3.5　安全暴露标准

表 4-1 所示的是不同声级下的安全暴露时间，它根据美国的国家职业安全与健康研究所（National Institute for Occupational Safety and Health，NIOSH）所做的研究确定，并由美国职业安全和健康署（Occupational Safety & Health Administration，OSHA）制定。这些数值是通过对来自工业生产的各个行业的 1172 位工人的研究样本得出的结果，研究是在 1968 ～ 1972 年开展的。NIOSH 的度量代表的是 97% 的调查样本安全时的暴露量（即在这样的声级下还是会有 3% 的人会产生听力下降的问题）。OSHA 的度量代表的是针对 75% 样本的安全暴露时间。OSHA 度量是针对行业法规这种更为现实的目标得出的。对于我们当中剩下的人，这些度量尺度表明每个人的生理条件是不同的。我们对噪声的敏感度并不一致，目前还没有办法确定某一个体的噪声损伤敏感度。

表 4-1　NIOSH/OSHA 安全暴露表

	NIOSH	OSHA
暴露时间	dBA SPL	dBA SPL
8 小时	85	90
4 小时	88	95
2 小时	91	100
1 小时	94	105
30 分钟	97	110
15 分钟	100	115
7.5 分钟	103	120
3.75 分钟	106	
>2 分钟	109	
>1 分钟	112	

重要的是要认识到，即便是中等强度的噪声，若人持续地长时间暴露其中，有可能导致听力损伤，而短时暴露于强噪声之下反而可能是“安全”的。人们对防止噪声引发听力损失所做的努力始终是面向更安全的目标和更加严格的 NIOSH 尺度。

4.4　听力损失的机理

许多人错误地认为，听力损失只是简单的整个频带上整体灵敏度的损失。更为糟糕的是，他们还认为，当人灵敏度损失时，必须要做的就是放大；损失越多，需要的放大量就越大。实际上，过度暴露的危险始终存在，而且过度的暴露始终就意味着产生更大的损失。不仅如此，噪声引发的听力损失既不是宽带的，也不是“固定的衰减”。听力损失的失真体现在频率和动态两个方面。

当然，在最极端的情况下，突然出现的超过 160dB SPL（爆炸等）声级产生的严重创伤可能导致柯蒂氏器官和绒毛细胞瞬间损害。本章关注的重点是反复地、长时间暴露于中高强度声级下所产生的渐变性听力损失问题。

4.4.1　动态灵敏度损失与失真

暴露于中等强度噪声中会导致绒毛细胞的静纤毛产生应激和永久性损伤。图 4.6 所示的是健康的和受损的静纤毛。由于静纤毛主要负责使绒毛细胞起作用的，所以静纤毛的损伤会使绒毛细胞不起作用。在中等损伤的情况下，这种损伤主要发生在外毛细胞的静纤毛上，因为它们是固定在耳蜗上的。更为重要的内毛细胞并未以同样的方式连接，所以它受到的损伤被减缓了。

因此，在大多数情况下的中等损伤中，实际的听力并没有丧失，因为内毛细胞还存活着。由于损伤发生在外毛细胞的位置，所以损伤表现为对“安静的”的声音听不到。既然外毛细胞在响的环境中并不活动，故我们对响的声音的听感还跟原来一样。这就是所谓“复原”的感官现象。有关复原的一个经典例子就是受听力损伤的人要求调高电视机的音量，却突然说音量太响了。这就是对低幅度声音的动态灵敏度损失。从信号处理的角度来看，健康外毛细胞相当于向上的压缩器，当其受损后，其相当于向下的扩展器。

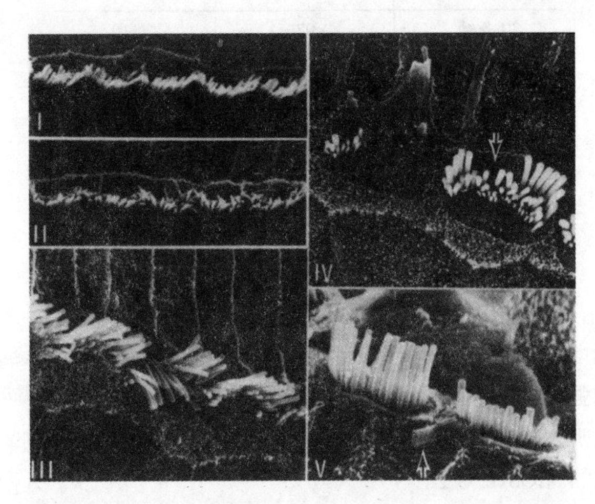

图 4.6　健康的和受损的静纤毛（Charles Libermann 博士授权使用）

4.4.2　频率灵敏度损失

正如指出的那样，柯蒂氏器官中的绒毛细胞受到基底膜位移的刺激。根据膜滤波器和共振于声音中存在频率成分的不同，位移发生在沿柯蒂氏器官长度方向的不同位置点上。因此，当特定频带上存在高度集中的能量时，就会产生高的位移能量，并且对柯蒂氏器官的特定区域上的绒毛细胞产生潜在的压力。

图 4.7 所示的是两个闻阈图。上面的一幅图是拥有正常听力的一位大学生的闻阈图。下面的一幅图是另一位（三十多岁）做了 10 多年 DJ 工作的人的闻阈图，这里要注意一下，其左耳在 2 ～ 8kHz 间存在听力损失，而右耳的损失很小，因为 DJ 在工作时其右耳会佩戴单耳耳机来听提示录音，这对右耳有保护作用。2 ～ 8kHz 的损失使得我们在第 3 章“心理声学”的 3.2.2“颞骨”部分讨论过的自然外耳谐振减弱了，参考图 3.4。

在大部分环境中，我们碰到的都是平均水平的宽带声能。那些外耳谐振始终是提高了对 2 ～ 8kHz 范围的暴露量。这种情况在闻阈图听力损失曲线中一般表现为“噪声凹槽”。还有其他的听力障碍，它们造成的听力损失是宽带的，或者是集中在其他的频带上。但是双平暴露于噪声环境中最常引发的问题还是这种特征的曲线所反映的问题。

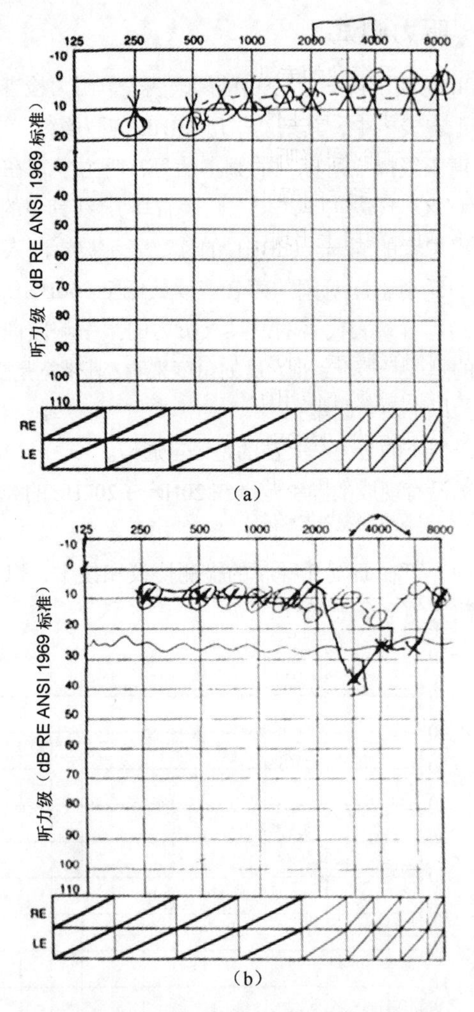

图 4.7　听力正常者和噪声引发听力损伤者的闻阈图

结论

因噪声引发的中等程度的听力损失的特征是 2 ～ 8kHz 上的动态失真。在声频工程中，我们知道这一频带对于声音的“临场感”表现是非常重要的，歌唱声尤为如此。这样人们就了解了噪声引发的听力损失是如何致使其听不清说话中的辅音和音素的。在极端的情况下，这种损伤可能会造成简单的交谈十分困难，在嘈杂环境下的交谈更是如此。对于声频工程师或音乐人而言，严重的听力损伤会导致其失去对均衡或音色的评判能力。

4.4.3　暂时性阈移

在音乐厅或俱乐部里度过一晚之后，大多数人都有过“耳朵里像是塞了棉花”的经历。有时，这种情况还会伴随一定程度的耳鸣。对于许多人，在其他的地方待上两到四天后，这种情况就消失了。这就是我们常说的暂时性阈移，或 TTS（Temporary Threshold Shift）。研究表明：暂时性听力损失是外毛细胞中的静纤毛受损造成的，经过周期性的治疗，听力是可以恢复的。虽然并没有一个确定性的“阈值”来界定暂时性的听力损失会转变成永久性的听力丧失，但是持续地暴露于过强的噪声环境中则肯定会导致永久性的听力丧失和永久性耳鸣。

声频或音乐领域的专业人士应该特别关注两到四天的恢复期问题。对于一周工作 / 演出四五个晚上的人来说，绝不可能有足够的时间将听阈完全恢复到正常的水平。考虑到 TTS 的 EQ 是同样的噪声凹槽，从业的个体正面临在重要的 2 ～ 8kHz 频段上出现“持续性阈移”的问题。

4.4.4　永久性阈移

当前的研究暗示，永久性听力损失和其他听觉障碍是简单地长时间佩戴和使用听音设备的结果。此外，每个人的敏感度是不同的。NIOSH 的研究表明，大部分永久性听阈偏移源于 10 ～ 15 年以上的持续噪声环境暴露经历。

另外，2009 年沙龙• 库佳瓦（Sharon Kujawa）博士和查尔斯•利伯曼（Charles Liberman）博士发布的研究[3]显示，暴露于噪声环境还会使绒毛细胞根部的神经连接受损。这种损伤在受损多年以后才会表现出来。

最后，永久性听力损伤和其他听觉障碍是机械、化学，以及听觉机制中神经和耳朵到大脑信号的通路受破坏等综合因素造成的。其中大部分是由过度暴露于多声源产生的高声级环境造成的。

4.4.5　识别噪声危害

我们生活在日益嘈杂的世界中。虽然我们倾向于将现场音乐会视为主要的听力危害源，但是许多其他形式的娱乐和休闲活动的声音响度也与音乐会相当，甚至比音乐会还响。作为声频和音响的专业人员，我们必须小心形成噪声危害的所有事件。一个良好的参考基准就是 NIOSH 暴露计量中给出的数据。在 100dBA 的环境中停留 15 分钟是安全的，随着声级的变化，每升降 3dB，安全的暴露时间就分别减半或延长一倍。考虑如下有关活动的例子，测量对象中没有一个是音乐，我们测量到的平均声级都在 100dBA 或更高，包括动力锯、职业冰球和足球、喷气式赛艇、履带式雪地汽车和赛车等运动。截至编写这部分内容时为止，堪萨斯城酋长队（Kansas City Chief）在最近的比赛中，官方宣布球迷发出的噪声声压级达到了 137.5dBA（持续时间未说明），创造了新的吉尼斯纪录。尽管不可思议，但这却是事实。

4.4.6　耳塞式耳机的危害

危害听力健康的“恶魔”中最为人们熟悉的便是个人音乐播放器和耳塞式耳机。整天随时可以听音已是不争的事实，但即便是中等音量的听音也可能存在潜在的风险。当然这指的是那些一天都在听音的人。然而根据 NIOSH 和 OSHA 给出的表格数据，酷爱大音量听音的人的安全听音时间缩短了。人们不经意听到太响的声音也带有潜在的危害。

问题与耳塞式耳机有关，而不是播放器。耳塞式耳机是置于人耳外耳处的耳机，这无疑是将扬声器放在开放的耳道中。“嵌入式耳机”是装了软头的耳机，它实际是插入耳道的，所以它可以对周围的环境声产生一定的声隔离效果（不同品牌的耳机隔离程度不同）。

耳塞式耳机的潜在危险不在于它们提供了对环境声的任何声隔离，而是听音人提高了听音音量，以便于与“本底噪声”相抗衡。2011 年，波士顿儿童医院和博尔德的科罗拉多大学的研究人员开展了一项与耳机听音音量有关的研究。其中的一个重要发现表明，在安静的环境下，大部分人（80% 以上的样本）并不习惯以有危险的声级听东西。研究还表明，当环境声场的声级达到 80dBA 时，人们的平均听音声级是 85dBA。另一个有意义的发现来自对不同类型耳塞式耳机、嵌入式耳机，以及头戴式耳机的音量测量，各种被试由 iPod 驱动，结果如表 4-2 所示。戴耳塞式耳机听 iPod 成为 75% 以上设定的潜在危险。

表 4-2　耳塞式耳机、嵌入式耳机和头戴式耳机 SPL 输出的比较[2]

音量控制	输出声级（dBA）		
	耳塞式耳机	嵌入/隔离式耳机	贴耳型耳机
60%	77.0	79.5	71.8
70%	83.1	89.7	78.0
80%	89.2	91.8	84.1
90%	95.4	98.0	90.3
100%	101.6	104.1	96.4

注：有效值，自由场等效输出声级

“耳塞式耳机”包括现有的iPod耳塞

“嵌入/隔离式耳机”包括Eymotic ER6i和Shure E4c耳机

“贴耳型耳机”包括Koss品牌的头戴式耳机

摘自Portnuff，Fligor & Arehart（2011）

4.4.7　其他听力障碍

伴随听力损失的最常见听力障碍可能就是耳鸣和听觉过敏。

耳鸣（tinnitus[“tin-i-tuss”]）是在并不存在实际声学刺激的情况下耳朵出现的声感。更多的情况是声音为音调稳定的音调音。通常，这个音调音是相对较高的频率成分。它听上去可能像限带噪声、“轰鸣”声，或脉冲声。许多耳鸣并不厉害的人只在环境非常安静的时候才能听到耳鸣音。有些耳鸣很厉害的人，无时无刻不会受到很响耳鸣声的困扰。

听觉过敏这一术语指的是对响的声音表现出的过敏症（高灵敏症）。许多人在听 115dB SPL ～ 120dB SPL 的声音时都会感到一定程度的痛感。患有听觉过敏的人可能在听到 95dB 声级（响的地铁声音强度）的声音时就会有痛感。

目前，人们已展开确定这些听觉障碍的诱因和治疗方法的研究。不幸的是，除了训练大脑忽略耳鸣，以及利用耳塞来保护听觉过敏患者免受引发痛感的声音的困扰之外别无他法。

4.5 听力保护措施

声频专业人士的“使命”就是要了解所有潜在的危险环境，并采取有效的保护措施。听力损失是一种等概率的致残现象。声音响就是响，不论声音是来自Fender Stratocaster(一个知名的吉他品牌)，还是来自DeWalt圆锯。为了便于实施听力保护就要了解环境的危害有多大，需要什么程度的防护，并给出预期的暴露时间长度。

4.5.1 耳塞

耳塞会为身处响声音环境中的人提供过度暴露保护。如果你暴露在110dBA的环境中，在这种环境下待2分钟以内是安全的，标称为20dB的耳塞可以将鼓膜处的声级降至90dBA，所产生的保护作用可以让人在这种环境中安全地待上2小时，这是根据比较严格的NIOSH度量尺度得出的结论。

典型的耳塞，即可以在大多数药店看到并在工业中应用的那种耳塞要么是柔软的泡沫材质，要么多是“凸缘”状耳塞。由于这种耳塞具备平均20dB的声能衰减量，在2kHz以上标称的衰减量还会加大，可再增加10dB，故其会引发声音听不清的问题，人们普遍认为用了耳塞后，声音听上去令人讨厌，不过人们陷入一种奇特的欣赏事件的方式。为此开启了听力保护的战争。

越来越多的音乐和声频专业人士正在开发具有平坦衰减特性的耳塞，较为常见的就是所谓的“音乐人”耳塞。多年前，人们进行了一项研究，力图发现适合的耳塞孔径，并且在整个声频频谱上均匀减小音量的材料。图4.8所示的是某一品牌的通用型凸缘式音乐人耳塞和典型泡沫耳塞的衰减曲线对比图。生产音乐人耳塞的厂家有很多，其产品都具有20dB左右的衰减量，价格在4.00～15.00美元之间。价格低是其优点，其缺点是在许多情况下20dB的衰减实际上大于人们暴露于环境1或2个小时所要求的衰减量。

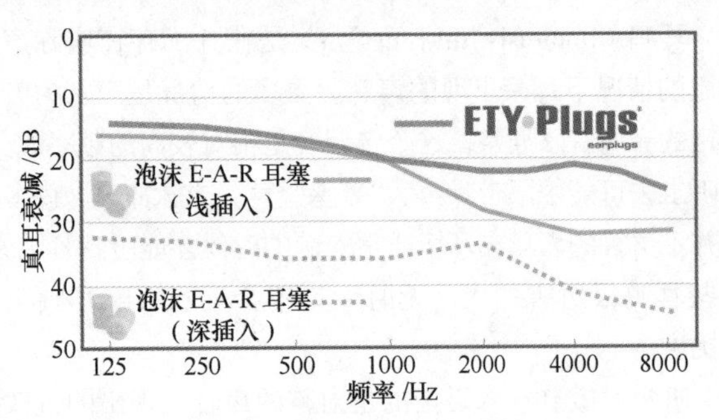

图4.8 通用型凸缘式音乐人泡沫耳塞的衰减响应

(Etymotic Research授权使用)

4.5.2 定制耳塞

图4.9所示的是几种定制和通用型平直衰减耳塞，其价格较高，大概要175.00美金。不过这种耳塞佩戴起来很舒适。这类耳塞长时间佩戴也比较舒适，没有不适感，而且9dB、15dB或25dB的滤波组件可以互换安装使用。图4.10所示的是这些滤波组件及其对比的通用型泡沫耳塞的EQ曲线。应注意的是，15dB滤波组件是平坦响应耳塞或滤波组件中响应最平坦的一个[2]。

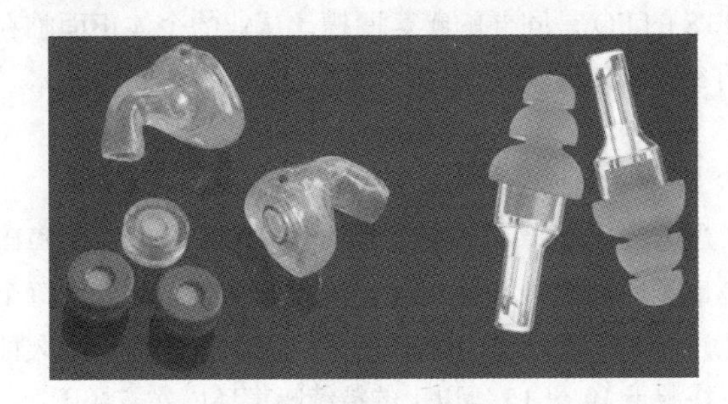

图4.9 定制和通用型平直衰减耳塞

(Sensaphonics and Etymotic Research授权使用)

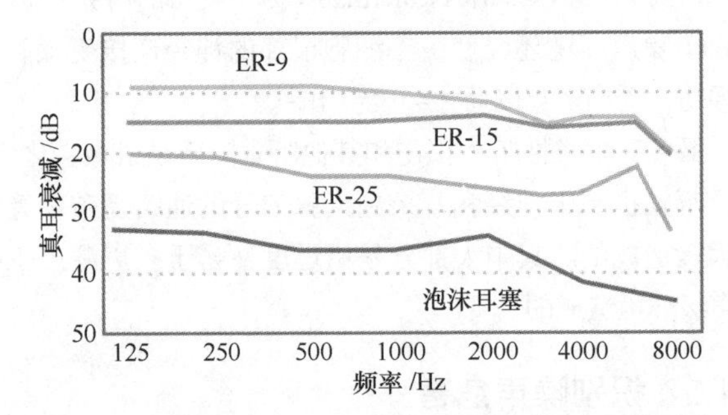

图4.10 定制耳塞滤波组件及其对比的通用型泡沫耳塞的衰减响应

有一点要重点关注，既然大部分定制耳塞是用柔软的硅树脂制成的，所以它们可调整成耳道的形状。许多人并不知道耳道靠外的前半部是被软骨而不是骨骼所包围的，所以硅树脂耳塞可能会随下巴的运动而产生弯曲。硬质耳塞不具备连续完美密封的性能。

4.5.3 正确佩戴及试戴

不论使用何种类型的耳塞，重要的是要实现舒适的密封效果。差的插入式耳塞不仅透气，而且也透声。实际上，露出的那些缝隙会让耳塞和鼓膜间的空腔产生谐振，可能产生比周围噪声环境更高的音量。这便显示出软质硅树脂耳塞的另一个优点。

另一个重要的事情就是找一位在“深置印模”技术方面有丰富经验的听力学家。定制耳塞必须经过“二次弯曲”才能进入耳道的骨骼部分（靠里的一半）。这种方法可以保证下巴移动时耳塞将不会随之移动。大部分听力学家只是受过针对助听方面的制模培训，但是这种耳塞不会放得很深，因为它是硬塑材质的。一旦印模制备，听力学家就会将印模送至实验室进行实际耳塞的制作。当用户/患者收到制作好的耳塞时，他们必须立即认真评价佩戴是否合适。佩戴不合适的耳塞是没有实用价值的。

4.5.4 自适应听力保护

认识到耳塞将会改变人对声环境的感知是很重要的，

可能要花一定的时间来习惯佩戴耳塞后听到的声音。有时这要花几分钟的时间，有时要使用几次才习惯，并且要在多种情况下佩戴使用，个别情况可能根本无法使用耳塞。一部分声能是通过耳蜗接受到的，即通过所谓“骨导”的方式传递声能。由于演奏小提琴、中提琴，或任何管乐器的音乐人与乐器产生物理接触，所以通常听到的一部分声音是通过骨导的方式传来的。由于耳塞只是衰减耳道生成的声音，所以这些演奏家将体验到明显的 EQ 偏移，像现在通过骨骼传来的声音在其所听到的声音中占较高的百分比。这并不是说弦乐器和管乐器演奏者在演奏时不能佩戴耳塞，只是说明人必须要“校准”佩戴耳塞时的演奏声音。

虽然我们不能寄期望于保护措施能对所有噪声危害成功起到保护作用，但采取了保护措施至少可以将听力损伤的风险降至最低。

4.5.5　入耳式监听

“入耳式监听”（In-Ear-Monitor，IEM）已存在 20 多年了（图 4.11 所示的就是通用和定制型入耳式监听）。在过去 5 年间，其使用量明显增加，据最新统计，共有 27 家公司提供定制单元产品，它可以有 1 ～ 8 个驱动单元。与采用音箱作为参考基准或演出声音重放一样，人们也必须试听监听，确认声音是否适合演出。不论怎样，IEM 可以为现场 / 舞台表演者提供四大好处：

（1）将“舞台声音”隔离，以接收到理想监听混音，获得更好的表演效果。

（2）歌手没有监听回授的危险。

（3）利用无线接收器（一般情况如此），演员可以在舞台上自由走动，甚至置身于观众中。

（4）利用鼓膜处正确测量的音量，可以将监听声级维持在安全（或至少是安全的）水平，降低了噪声引发听力损失的风险。

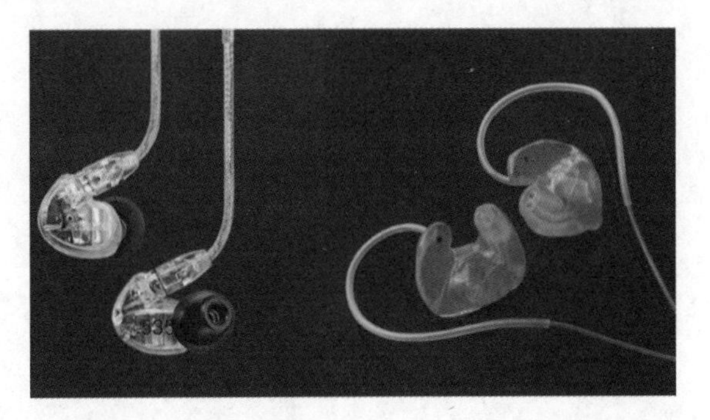

图 4.11　通用型和定制型入耳式监听（Shure，Inc. 和 Sensaphonicd 授权使用）

嵌入式耳机与通用型入耳式监听间几乎没有明显的分界线。被公认的声频公司生产的那些耳机一般都具有最佳的频率响应、良好的动态范围，以及确保佩戴舒适的大量耳套。按照前面提及的针对良好隔声而进行良好密封的要求，良好的密封也确保有最佳的低频响应。任何的间隙不仅会让环境声能进来，而且还会使低频能量透射出去。

良好 IEM 系统的许多效果得益于其平衡式电枢驱动器（图 4.12 所示为 IEM 特写），它不需要留有开口，可以完全包裹在定制耳模中。这样的话，在一个组件中就可以内置多个驱动单元。最为常见的是采用两个和三个驱动单元。它们被处理成妥像是多驱动单元中处理不同频率范围信号的扬声器那样。另外，音色喜好将决定哪种配置是最佳的。

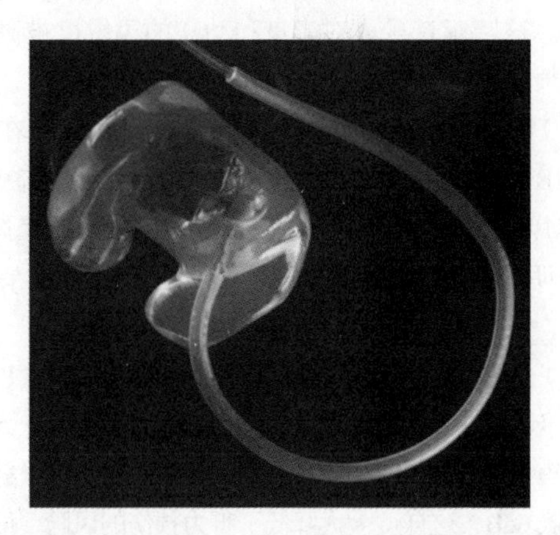

图 4.12　定制入耳式监听的平衡式电枢驱动单元特写（Sensaphonics 授权使用）

与定制耳塞一样，定制的 IEM 也是采用柔软的硅树脂材料制造的，其好处体现在佩戴更为舒适，以及为了更好地隔声和低频响应的有效密封。另外，延伸到耳道骨骼部分的深度取模将提供更为一致的性能，因为其端部被很好地固定在耳道中。

4.5.6　IEM 的谣言、研究和有效性

随着 IEM 应用量的日益增长，有些人表示出了担忧，他们认为 IEM 可能会更危险，因为驱动单元与鼓膜非常接近。许多人认为 IEM 的使用促使声级提高至高过地板监听的水平，因此这样会更危险。另外一些人的看法则相反，简单使用 IEM 是保护人们听力的一种方法。

如果不留意音量控制的话，则 IEM 并不会成为听力保护的辅助工具。即便是如表 4-2 所示的单驱动单元的嵌入式耳机也能够在 iPod 的驱动下达到 104dBA 的声级。来自无线腰包和多驱动单元监听的更高驱动电压会使声级轻而易举地达到 120dBA。虽然 IEM 可以成为实现更好听力健康的有效工具，但是这需要音乐人和监听工程师的承诺。

在 2008 年进行的研究中[3]，来自范德堡大学（Vanderbilt University）的马特•费德曼（Matt Federman）和杰里米•里克茨（Jeremy Ricketts）研究了音乐人对地板监听和 IEM 的听音音量偏好。他们与一组音乐人（年龄在 23 ～ 48 岁之间，至少有 10 年的专业从业经历）一起工作，他们搭建了一个现场舞台环境，在这一环境中，音乐人能够调节其歌唱声监听声级。在进行的每次实验中，要求音乐人调整其使用的地板或 IEM 电平，他们的“偏爱的听音声级”（preferred listening level，PLL），并找到“可接受

的最低听音声级”（Minimum Acceptable Listening Level，MALL），或者监听无用前他们能管控的最低声级。一旦PLL或MALL被建立起来，就可以用探针型传声器系统来测量鼓膜处的声级。

研究得到了3个（还有其他的）非常重要的发现：

（1）从各次实验看出，任何音乐人的PLL上的差异不到1dB。音乐人被真正“校准”到一个可以发挥作用的确定音量上。这暗示音乐人对音量和动态的灵敏度被高度调谐至其对频率和音色的灵敏度上。

（2）对地板监听和IEM进行比较，发现存在平均值有0.6dB的声级差异。由于这被视为是统计有效数值，从暴露风险方面来看，这并不会改变建议的暴露时间，而且表明响度感是一样的，不论驱动单元与耳朵的距离有多近。

（3）虽然使用梯形地板监听时的平均MALL比PLL低了1.8dB，但是在使用IEM时，则低了6dB。如果音乐人愿意采用降低声级的方法来保护听力，那么使用IEM可以舒适地将声级降低6dB，这样便大大降低了听力损伤的风险，同时可以延长安全暴露时间。

不幸的是，探针型测量系统价位太高，普通应用也不现实。很少有听力学家会拥有这样的系统并为IEM的使用者提供“学习”其实际的PLL和MALL的机会。另一个选项是采用新近开发的可显示特定IEM声级的技术。图4.13所示的是就是这样一种单元，它测量驱动电压，并根据IEM的标称值（载入一个选择文件），显示出鼓膜处的实际声压级以及根据NIOSH和OSHA度量尺度换算出的安全暴露时间。最后一个选项就是集中精力尽可能将自己的监听音量放到适中的程度。

图4.13 入耳式监听SPL仪表（Sensaphonics授权使用）

4.6 实用措施的制定

声频工程师和音乐人必须承认：健康的听力是他们从事艺术创作和工程实践的核心条件。

噪声风险并不局限于现场音乐会或高音量播放的音乐。许多娱乐和休闲形式都可能达到危险的音量，比如嘈杂的人群、机械或电气噪声/声音。

耳塞可以降低任何响的环境和/或过长暴露时间所带来的听力损伤风险。

入耳式监听可以为舞台演出者提供良好控制，无反馈风险且拥有潜在安全音量的监听混音。

目前有一个不断壮大的听力学家网络，它可以专门处理音乐人和声频专业人士的问题。他们能够提供一个全面的听力健康关爱规划，而且还可以提供定制耳塞和入耳式监听的资源。

重要的是要接收到一个听力测试的“基线”，然后进行后续的顺序测试，以确定是否存在听力障碍风险，以及风险是来自噪声暴露还是其他因素。

第5章

声频和声学基础

Pat Brown编写

5.1 概论

实际上许多人在进行专业技术培训之前就步入了声频这一行业。那些有关声频实践方面的内容会在本书中逐一讨论到，通过介绍这些内容可以让读者掌握其中所包含的物理原理。本章的目的在于让读者构建从事这一行业工作的知识基础，这些基础知识对于声频领域的从业者而言都是不可或缺的。

音响系统中应用的工具有许多。其中最为重要的就是数学工具。它们的应用具有一种独立的体系或使用形式。另外，它们是永恒的，不会像声频产品那样被淘汰。当然，人们必须时刻在数学解决方案与通过掌握公式的局限性和不足而获取的现实经验间建立起平衡。一旦掌握了其基础，那么音响系统的工作原理就会变得更为直观。

从事声频实践工作的人员必须要对许多方面的内容有全面性地掌握。精心选取的本章内容对于读者建立起关于音响系统的总体概念至关重要。在对每一主题进行最初的阐述时，都尽可能少地使用数学语言，而是选择使用文字来对理论和概念进行解释说明，这为将来对任何问题进行进一步研究打下一个坚实的基础。考虑到所要涉及的主题会有很多，几乎是无法穷尽，所以我根据自己在音响实践和咨询方面的从业经验选择了如下内容，即：

- 分贝与级
- 频率与波长
- 叠加原理
- 欧姆定律和能量守恒
- 阻抗，电阻和电抗
- 人耳听觉简介
- 声频节目素材的监听
- 声辐射原理
- 波的干涉

对这些领域的基本了解将会为对此领域特别感兴趣的读者进一步深入研究打下一个基础。本章中所介绍的大部分理念和原理已经在行业中应用多年。虽然我并未逐字逐句地引用任何参考文献，但是在此给出的信息都是可以被充分信任的。

5.2 分贝

对于声频领域的从业人员而言，或许最有用的工具就是分贝（dB）了。它可以转换诸如功率、电压或距离等与听音人听到的声级变化相关的系统参量。简言之，分贝是一种表达人耳响度感知程度的方式。在此我们并不对其长期以来的演变过程及其特殊的出处进行探究。与大多数声频工具一样，它已经顺应技术实践的发展而变化了多次。关于这方面有很多有益信息资源可以利用。下文将简单介绍有关分贝在一般声频工作中的应用。

我们大多数人都习惯于用线性的思维理念来考察物理变量。例如，参量值加倍致使最终的结果增大了一倍。沙子的用量加倍使得混凝土量加倍；面粉的用量加倍使得面包产量翻番。这种线性的关系用来描述人耳的听感并不成立。按照这一逻辑关系，放大器的功率加倍，声音的响度也应该加倍才对。令人遗憾的是这一结论并不成立。

感知到的声音响度和频率变化是基于相对于初始状态的百分比变化量。这就是说，从事声频工作的人士关心的是参量的比值。给定的比值总会产生相同的结果。主观测试表明，施加到扬声器上的功率必须提高近26%，人们才能有可闻的变化。因此1.26：1的比例将产生最小的可闻变化，而不管其最初的功率量值如何。如果最初的功率量值是1W，那么功率增加到1.26W时，人们才能“刚刚听出”功率增大的效果。如果最初的功率是100W，那么要想得到可闻变化，功率必须增大到126W。数字度量可以采用像1，2，3，4，5等这样的线性形式，同样它也可以采用像1，10，100，1000等这样的比值形式。按比值来校准的度量方式被称作对数度量方式。实际上，对数是指“比值数”。出于简化的目的，声频工作中采用以10为底的对数。以放大器的功率为例，通过找出感兴趣参量（比如，瓦特功率）的变化比值，并求出其以10为底的对数，从而确定变化级。最终的结果数值表示的是以贝尔（Bel）为单位表示的两个功率瓦数间的变化级。以10为底的对数可以通过查表或科学计算器得到。对数转换完成了两项任务：

（1）将比例数值度量表示成与人听觉有较好相关性的比值形式。

（2）可以将非常大的数表示成更紧凑的形式，如图5.1所示。

分贝转换的最后一步就是将贝尔数量值除以10。这一步是将贝尔转换成分贝，并最终完成转换处理，如图5.2所示。分贝度量比贝尔度量的分辨力更强。

分贝始终是与功率相关量的比值。电功率和声功率变化可以用所描述的方式精确地转换。至于那些非功率的参量必须与功率构成比例关系（通过功率公式建立起的关系）：

$$W = E^2/R \tag{5-1}$$

式中，

W是功率，单位：瓦（W）；

E是电压，单位：伏（V）；

R是电阻，单位：欧姆（Ω）。

这便要求电压，距离和压力等参量在取比值之前先要进行平方运算。有些从事实践工作的人员更喜欢省略掉初始参量的平方处理，而简单地将常用对数前的系数由 10 改为 20。这样处理产生相同的结果。

表 5-1 给出了要产生某些分贝值变化以及所对应的电压、压力和距离的变化比值，以及产生所指示的分贝变化对应的功率比。牢记表中粗体字代表的变化数值并通过听音识别这一变化是非常有意义的。

分贝转换要求两个参量具有同样的单位，也就是说，可以同为电压、伏特、米、英尺等单位。在进行最初的除法运算过程中单位被抵消掉了，留下的只是两个量值之比。因此，分贝是没有量纲的，因而从“经典”的理解上看，它是没有技术含义的单位。如果具有相同单位的两个任意量值进行比较，则结果只是相对的级变化。如果比值的分母采用的是标准的参考值，那么结果就是一个绝对的级，并且其单位是相对于原有单位的分贝。相对级在日常工作中比较有用。绝对级则用于设备技术指标和校准。表 5-2 列出了一些用以确定绝对级的参考基准值。

表 5-1　一些重要的分贝值变化以及产生对应这些变化的功率、电压、声压和距离的变化比值（Syn-Aud-Con 授权使用）

主观感知变化	电压，距离，声压 20lg	占原始值的百分比	功率比	分贝值变化
刚刚能感知到	**1.12:1**	**89**	**1.26 : 1**	**1dB**
	1.26 : 1	79	1.58 : 1	2dB
明显能感知到	**1.41 : 1**	**71**	**2 : 1**	**3dB**
	1.58 : 1	63	2.51 : 1	4dB
	1.78 : 1	56	3.16 : 1	5dB
系统变化的目标	**2 : 1**	**50**	**4 : 1**	**6dB**
	2.24 : 1	45	5 : 1	7dB
	2.51 : 1	40	6.3 : 1	8dB
	2.8 : 1	36	8 : 1	9dB
响或弱得多	**3.16 : 1**	**32**	**10 : 1**	**10dB**
	10 : 1	10	100 : 1	20dB
	31.6 : 1	3	1000 : 1	30dB
可闻极限	**100 : 1**	**1**	**10 000 : 1**	**40dB**
	316 : 1	0.3	100 000 : 1	50dB
	1000 : 1	0.1	1 000 000 : 1	60dB

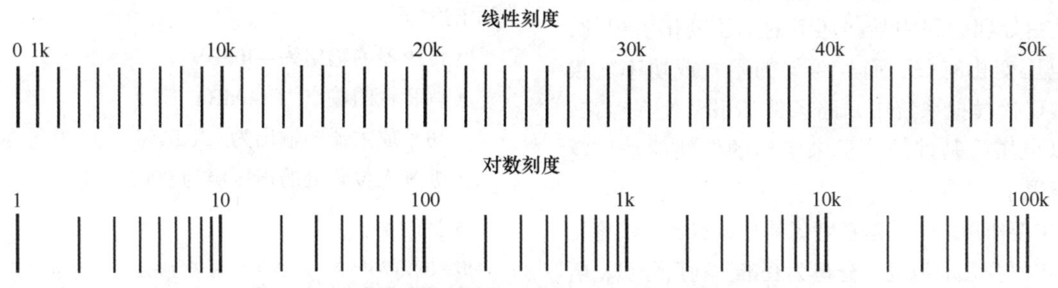

图 5.1　对数刻度表示法中的增量采用的是一个固定的比值，在本图的情况中该比值是 10 ：1，相对于线性刻度表示法而言，对数刻度表示法形成了更为紧密的表示形式（Syn-Aud-Con 授权使用）

1. 比较

质量“A”　质量“B”

$\frac{瓦特}{瓦特}$　$\frac{伏特^2}{伏特^2}$　$\frac{压力^2}{压力^2}$　$\frac{距离^2}{距离^2}$

两个量间比值的结果

2. 压缩

$1=10^0=0$

$10=10^1=1$

$100=10^2=2$

$1\,000=10^3=3$

$10\,000=10^4=4$

$100\,000=10^5=5$

$1\,000\,000=10^6=6$

以贝尔（压缩的）表示的两个量间比值的结果

3. 度量

功率（×10）

0 dB

10 dB

20 dB

30 dB

40 dB

50 dB

60 dB

以分贝来度量以贝尔表示的数值

$$\text{dB}=10\lg\frac{W_1}{W_2}$$

$$\text{dB}=20\lg\frac{E_1}{E_2}$$

图 5.2　转换成分贝表示形式的图解（Syn-Aud-Con 授权使用）

表 5-2　声频行业常用的一些分贝基准值

电功率	
dBW	1 W
dBm	0.001 W
声功率	
dB-PWL or L_w	10^{-12} W
电压	
dBV	1 V
dBu	0.775 V
声压	
dB SPL or L_p	0.00002 Pa

分贝最初是用在阻抗匹配接口上面，并且一直是以功率作为参考基准。知道施加于电阻上的电压才能得出电功率。如果电阻值是固定的，那么所施加的电压变化可以用分贝来表示，所产生的功率将直接与所施加的电压成比例关系。在现代音响系统中，很少有设备接口是采用阻抗匹配的原则设计的。实际上它们是失配的，这样是为了取得器件间最佳的电压转换。尽管每一设备接口上并不存在相同的阻抗，但是可以实现相同阻抗这一条件。如果输出阻抗与输入阻抗间的比值最小为 1/10，那么从本质上讲电压转换就与实际的输出或输入阻抗值无关。这样接口在术语中表述为恒压，对信号源而言就是工作于开路或未端接状态。这就是说，系统输出上的电平变化是由处理链路中某一环节的电压变化引起的，并且只与电压变化有关，而与跨接的阻抗或功率转换无关。既然现代模拟系统中开路条件几乎到处都存在，因此采用以电压为基准的分贝来工作的做法就被广泛地使用和接受了。

分贝的主要作用之一就是在考虑信号链路各点的电压变化引起的电平变化时以同一分母为基准。利用分贝，听音人位置的声级变化可以通过扬声器之前的任意设备的输出电压变化来确定。例如，传声器输出电压增大一倍，就会使传声器、调音台、信号处理器、功率放大器，乃至听音人位置的声压级提高 6dB。这一关系是在假定每一设备均工作于线性条件下得出的。传声器端 6dB 的增量可能是讲话者音量提升 6dB 或者简单将讲话者与传声器的距离缩短一半（2：1 的距离比）所致。声频设备的电平控制一般是按相对分贝来校准的。通过移动推子 6dB，可使设备（和系统）的输出电压变化 2 倍，同时使设备（和系统）的输出功率变化 4 倍。

绝对级对于标称声频设备很有用。产生 100W 连续功率的功率放大器被标称为：

$$\begin{aligned} L_{out} &= 10\lg W \\ &= 10\lg 100 \\ &= 20\text{dBW} \end{aligned} \quad (5\text{-}2)$$

这就是说，该放大器可以比 1W 的放大器响 20dB。能在削波前输出 10V 的调音台可以标称为：

$$\begin{aligned} L_{out} &= 20\lg E \\ &= 20\lg 10 \\ &= 20\text{dBV} \end{aligned} \quad (5\text{-}3)$$

如果同一调音台在仪表指示为 0 时输出 1V，那么调音台在仪表 0 刻度值上具有 20dB 的峰值储备。

如果扬声器能够在 1m 处产生 90dB 的声压级（参考基准值为 20μPa），那么它在 10m 处产生的声压级为：

$$\begin{aligned} L_p &= 90+20\lg(1/10) \\ &= 90 + (-20) \\ &= 70\text{dB} \end{aligned} \quad (5\text{-}4)$$

简言之，分贝是指“由参量量值变化导致的级变化将与参量的初始值和变化的百分比有关”。

分贝的应用不胜枚举，其作用不言自明。分贝在物理参量的变化量与听音人感知到的响度之间搭建起一座桥梁。分贝是一个声频表述语言，如图 5.3 所示。

一旦专业从业人员熟练地使用了分贝表示法，他们可能就会发现不必再使用原始单位来描述信号了。针对音响系统而设计的电压表可以直接以 dB 为单位读取测量数据，而 dB 的参考基准值可由使用者来选择。这里我们给出一些使用的例子：

- 传声器的输出为 –40dBV
- 调音台的输出为 +40dBu
- 功率放大器的输出为 +20dBW
- 听音人位置处的声压级为 90dB SPL

相对的级变化

$dB = 10\lg(W_2/W_1)$　　式中 W 表示的是功率（电学或声学）

$dB = 20\lg(P_2/P_1)$　　式中 P 表示的是压力（对于电路而言为电压）

$dB = 20\lg(D_2/D_1)$　　式中 D 表示的是距离，单位为英尺或米

电学中的级

$dBV = 20\lg(E/1)$　　式中 E 表示的是电动势，单位为伏特

$dBu = 20\lg(E/0.775)$　　式中 E 表示的是电动势，单位为伏特

$dBW = 10\lg(W/1)$　　式中 W 表示的是电功率，单位为瓦特

$dBm = 10\lg(W/.001)$　　式中 W 表示的是电功率，单位为瓦特

声学中的级

L_P or $SPL = 20\lg(P/0.00002)$　式中 P 表示的是声压

$L_W = 10\lg(W/10^{-12})$　式中 W 表示的是声功率

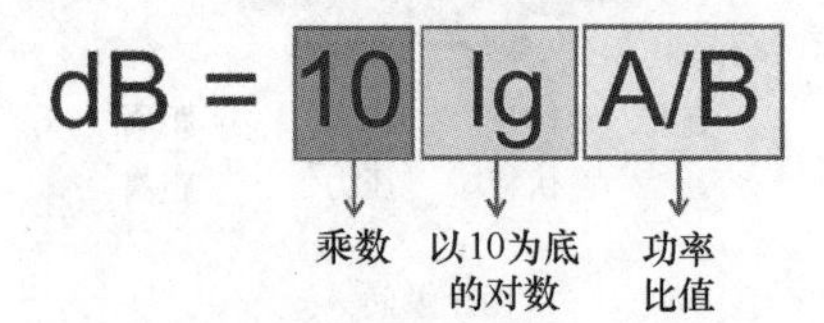

图 5.3　关于一般声频工作用到的分贝公式的总结（Syn-Aud-Con 授权使用）

5.3　响度与声级

声音事件的响度感是与声级有关的，进而转换成与驱

动扬声器的电平相关。级是电压或声压或功率的分贝表示形式。在线性工作范围内，随着声级的增大，人耳听觉系统将其感知为响度的提高。由于耳膜是压力敏感的生理组织，它存在一个能从背景噪声中区分出信号的下限阈值。这一阈值对应的中频范围环境声压大约是 20μPa。利用这一数值作为基准参考值，将其转换成分贝：

$$L_p=20\lg(0.00002/0.00002) \quad (5\text{-}5)$$

$$=0\text{dB}(\text{或 } 0\text{dB SPL})$$

这是被普遍认可的人耳中频听觉闻阈值。声压级总是以基准参考值为 0.00002Pa 的分贝值表示。声功率级则总是以基准参考值为 1pW（皮瓦或 10^{-12}W）的分贝值来表示。由于我们平时对声压级更为关注，所以在进行分贝转换时，对应的功率级一定要将声压的帕斯卡值平方。声压级是由具有模拟人耳听觉特性的对应曲线和加权处理的声级计测量出来的。图 5.4 显示了声频工作人员关心的一些典型声级。

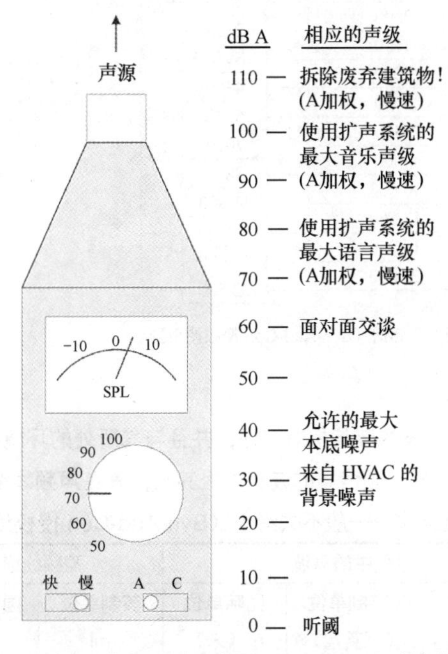

图 5.4　声频工作人员关心的声压级（Syn-Aud-Con 授权使用）

5.4　频率

声频从业者工作的领域属于物理学中的波动范畴。波动是由受扰动的媒质产生的。介质可以是空气、水、钢铁和泥土等。扰动导致媒质周围的环境条件的波动变化，这种变化以波的形式从扰动源向外辐射传播。如果以 1s 作为时间的参考范围，那么在 1s 时间内围绕环境条件波动的次数就称为事件的频率，并且用每秒钟的周期数或 Hz 数来表示。人耳可以听到的频率下限为 20Hz，上限为 20kHz。在声频电路中，人们关注的参量通常是电压。在声学电路中，人们关注的是偏离周围环境大气压的空气压力。当空气压力的波动频率处在 20Hz ~ 20kHz 之间时，人们就能听见这种波动。

正如在分贝一节中描述的那样，人耳的灵敏度是与功率、电压、声压和距离等参量变化成比例关系的。这一结论对于频率也成立。如果我们从最低可闻频率 20Hz 开始，按照 2∶1 的比例增加频率值，则频率增加到 40Hz，也就是增加了一个倍频程的频率间隔。将 40Hz 加倍至 80Hz，这也是增加了一个倍频程的频率间隔，但是它所涵盖的频率范围是前一倍频程涵盖频率范围的两倍。持续地进行频率加倍都将产生另一倍频程增量，并且较高的倍频程所包含的频谱范围都是其之下倍频程的两倍。这种关系下的频率变化更适合使用对数刻度来表示。图 5.5 和图 5.6 所示为一种对数频率刻度表示法，以及一些有用的频率划分。对于听音人而言，感知到的频谱中点大约为 1kHz。以下是一些重要的频率比值：

- 10∶1 比值 —— 10 倍频程
- 2∶1 比值 —— 倍频程

系统的频谱或频率响应描述的是系统可以通过的频率成分。在表示这一响应时，必须要附上相应的容限，比如 ±3dB。这一频率范围便是系统的带宽。系统中各个设备的带宽都是有限的。音响系统的带宽限定通常是根据稳定性和扬声器保护条件确定的。频谱分析仪可以用来观察整个系统或者系统各组成设备的频谱响应。

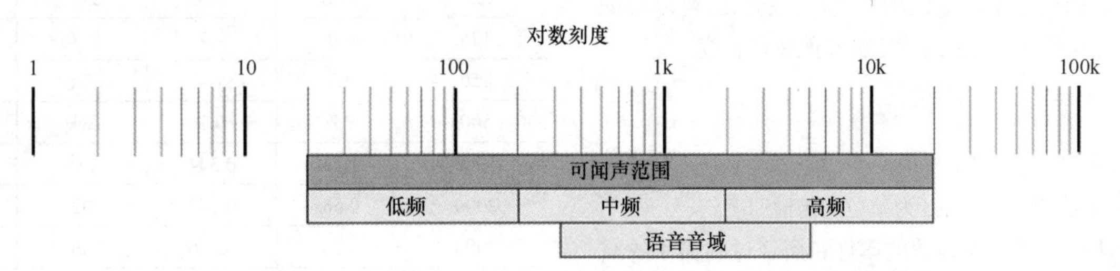

图 5.5　按照 10 倍频程（10∶1 的频率比）来划分的声频信号频谱（Syn-Aud-Con 授权使用）

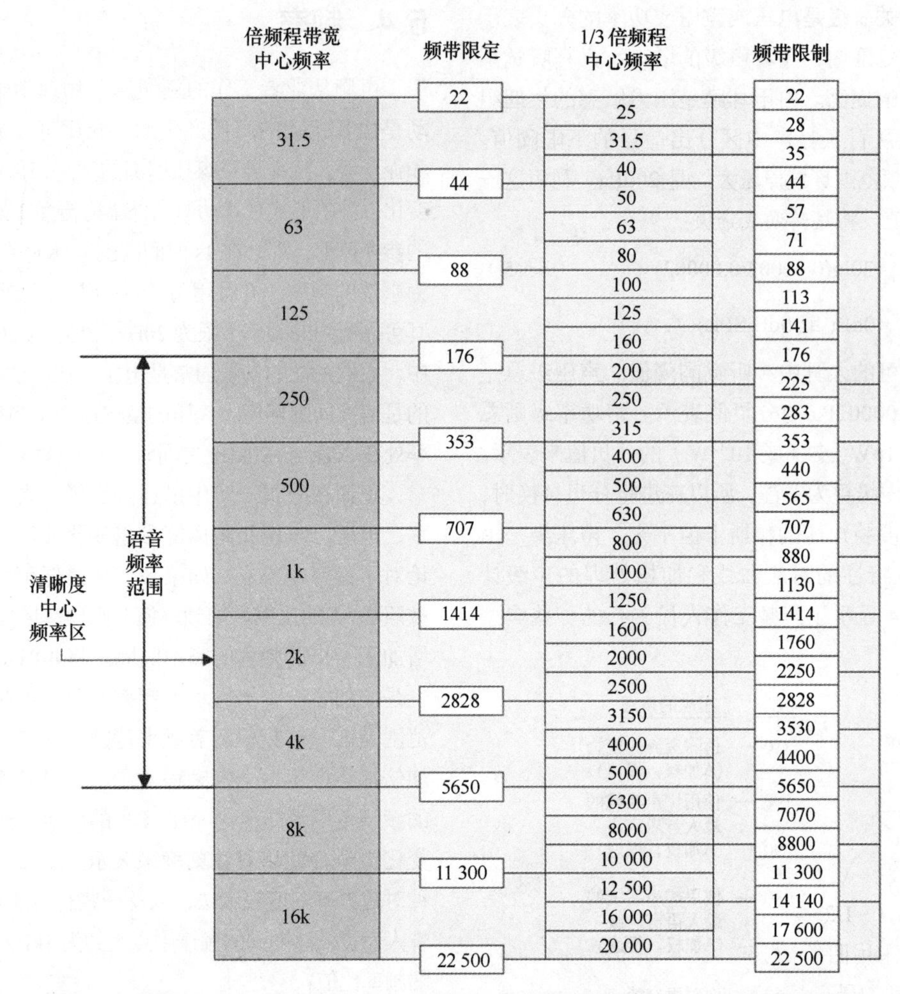

图 5.6　按照倍频程（2 ：1 的频率比）和 1/3 倍频程来划分的声频信号频谱（Syn-Aud-Con 授权使用）

5.5 波长

如果已知振动的频率，则完成一个循环振动的时间，即时间周期 T 可用如下公式来表示：

$$T = 1/f \quad (5\text{-}6)$$

时间周期 T 与振动的频率成反比。波形的周期是一个完整循环的时间长度，如图 5.7 所示。由于大部分波动是传播或传输的，因此如果已知波动的周期，那么就可以根据已知的传播速度用下面的公式确定波动的物理长度。

$$\lambda = Tc \quad (5\text{-}7)$$

$$\lambda = c/f \quad (5\text{-}8)$$

上式中，c 为以 ft/s 或 m/s 为单位的传播速度。

以一定速度传播的波与波的属性和所经过的媒质的属性有关。波传播的速度决定了波的物理尺寸，即波长。真空中光的传播速度约为 300 000 000m/s。电磁波在铜导线中的传播速度要稍微慢一些，通常是光速的 90% ～ 95%。电磁波的高速传播使得其波长在声频范围内变得极长，如表 5-3 所示。

表 5-3　声波的波长相对较短，并且与其所处的环境有很大的关系；而声频信号的波长则极其长，其在声频线缆中的相位交互作用一般不去考虑（Syn-Aud-Con 授权使用）

空气中的声波			声频线缆	
频率 Hz	英制单位 ft（英尺）	国际单位 m（米）	英制单位 mi	国际单位 km
31.5	36.0	11.0	5609	9047
63	18.0	5.5	2952	4523
125	9.0	2.7	1476	2261
250	4.5	1.4	738	1130
500	2.3	0.7	369	565
1000	1.13	0.344	184	282
2000	0.56	0.172	92	141
4000	0.28	0.086	46	70
8000	0.14	0.043	23	35
16 000	0.07	0.021	11	17.6

在较高的无线电频率上（VHF 和 UHF），波长变得非常短（1m 或更短）。接收这种波的天线必须与其物理尺寸

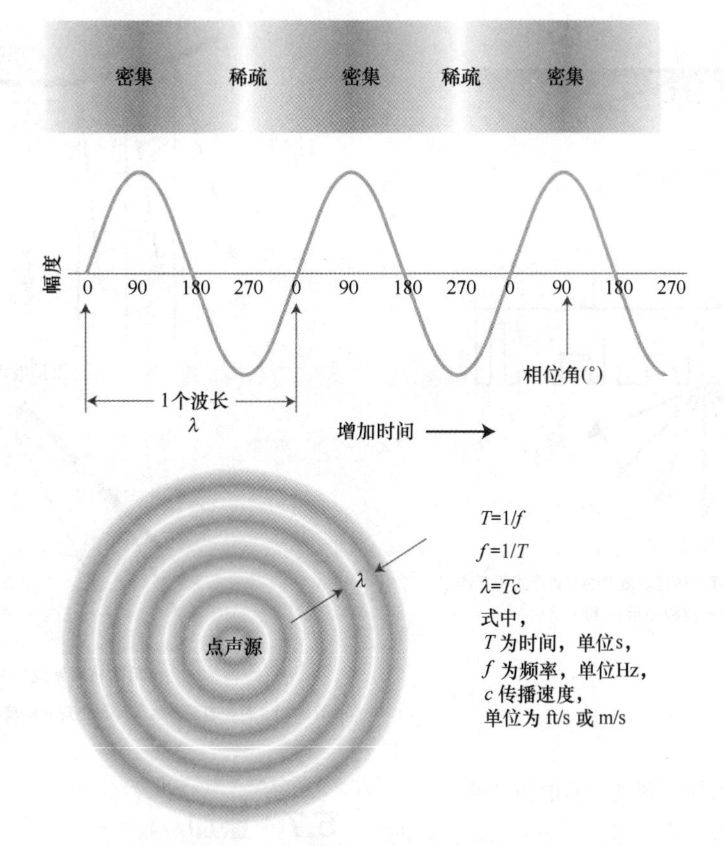

图 5.7 声音的波长与其经过的媒质相互作用的情况（Syn-Aud-Con 授权使用）

相当，一般是 1/4λ ～ 1/2λ。当波的波长变得比实用天线短很多时，就可以采用凹面蝶形天线来收集这种波。应指出的是，人耳能听到的最高频率（约为 20kHz）与整个电磁频谱放在一起考虑时就显得非常低了。

声波是借助诸如钢铁、水或空气这样媒质的振动来传播的一种波。其通过这些媒质进行传播，则传播速度相对较慢，从而导致其波长要比同一频率的电磁波的波长长。空气中声频频率的波长范围约为 17m(20Hz) ～ 17mm(20kHz)。空气中 1kHz 的波长约为 0.334m(大约 1.13 英尺)。

当物理意义上短的声波辐射到大的空间中时，它可能会受到反射带来的不利影响。当声波遇到声阻变化时，就会产生声反射，反射一般是源自刚性表面、界面或一些障碍物的边界。理想情况下，反射角等于入射角。建筑声学研究的就是闭室内声波的传播特性。声学研究人员专门建立起一个反射声场来增强而非削弱听音人的听音体验。

当声音遇到房间墙壁表面时，会发生复杂的相互作用。如果表面比波长大很多，就会产生反射，并在边界后面形成声学阴影。

如果障碍物的尺寸远远小于撞击的声波波长，那么声波会在障碍物周围产生衍射，并绕过障碍物继续传播。两种效应都很复杂，并且与频率（波长）有关，因此计算起来很困难，如图 5.8 所示。

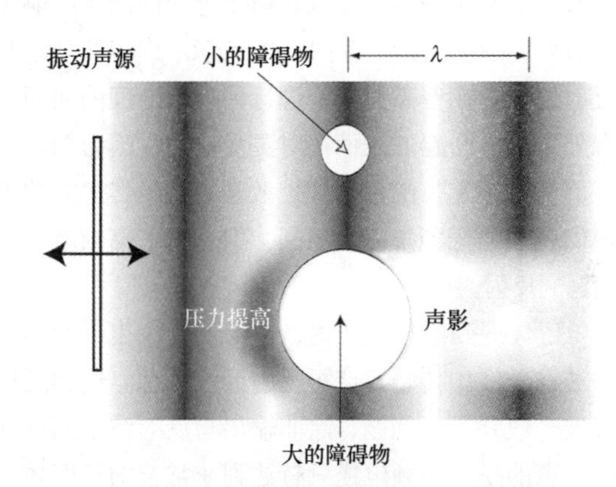

图 5.8 尺寸比声波波长短的物体周围所发生的声衍射（Syn-Aud-Con 授权使用）

如果边界表面很大且吸声很小，则反射波将会很强。随着吸声的加大，反射强度将会降低。如果边界表面不是平坦的，那么根据声波与边界表面间的尺寸关系，声波可能会发生散射。商用的散射体可以用来在重要的听音空间上获得均匀的声波扩散，如图 5.9 所示。

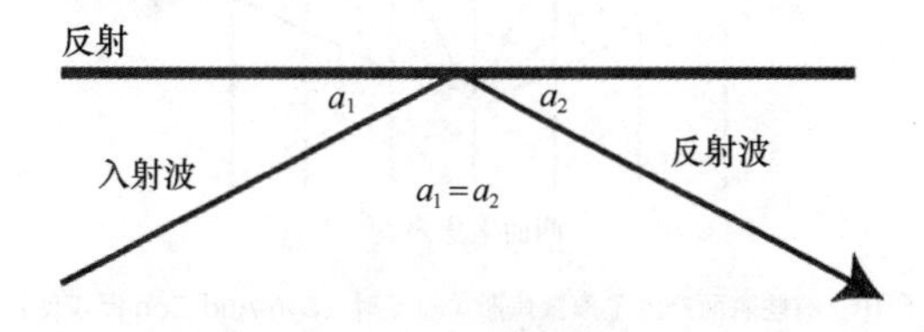

图 5.9 在大边界表面上，声波与边界以复杂的方式产生相互作用（Syn-Aud-Con 授权使用）

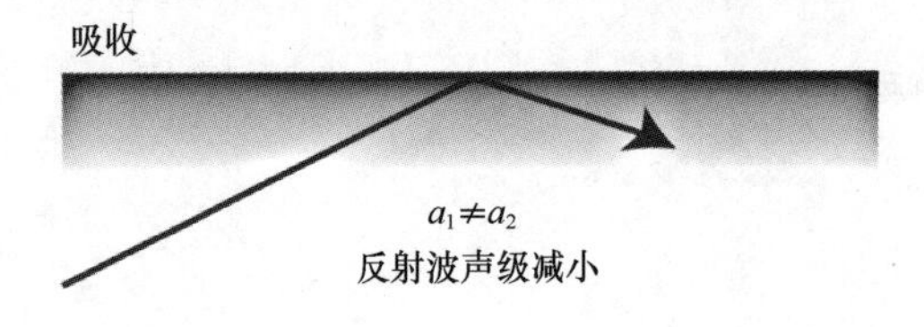

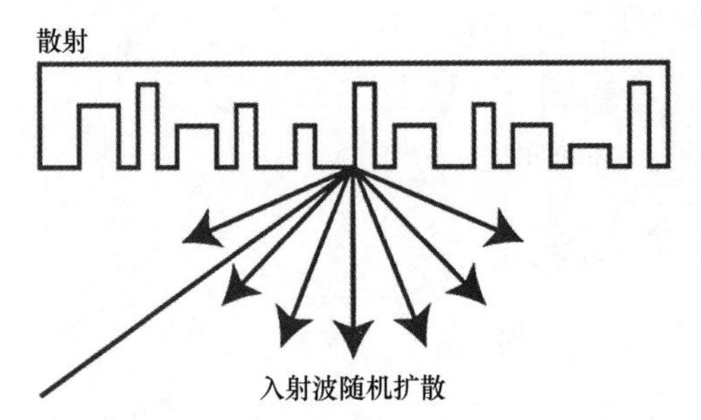

图 5.9 在大边界表面上，声波与边界以复杂的方式产生相互作用（Syn-Aud-Con 授权使用）（续）

5.6 界面形状

边界的几何形状可能对撞击到其上面的声波特性产生很大的影响。从扩声的角度来看待这一问题的话，扩散的声音一般要比汇聚的声音更好。由于这一原因，应避免使用凹面边界的房间表面，如图 5.10 所示。许多礼堂都具有针对反射控制而花费高昂成本进行的声学处理的凹面后墙和挑台外立面。凸起的表面相对更受欢迎，因为相对于凸面半径而言较小波长的声波被扩散开来。虽然房间的角落可以提供有益的低频指向性控制，但是到了高频就可能产生有问题的反射。

当电磁波遇到阻抗变化时，也可能发生电子反射。由于这种波在导线中传输，会再反射回波动源。这种反射对于模拟波一般并不是问题，除非输出与反射波之间存在相移。应注意的是，声频电缆只有达到非常长的长度才会在入射波和反射波之间产生明显的相移（数千米的长度）。对于无线电频率，反射波会引起非常大的问题，线缆通常要端接（工作于匹配的阻抗条件下），以便在接收端吸收入射波，同时降低反射回波强度。这一结论对于工作于非常高频率的数字信号同样成立。

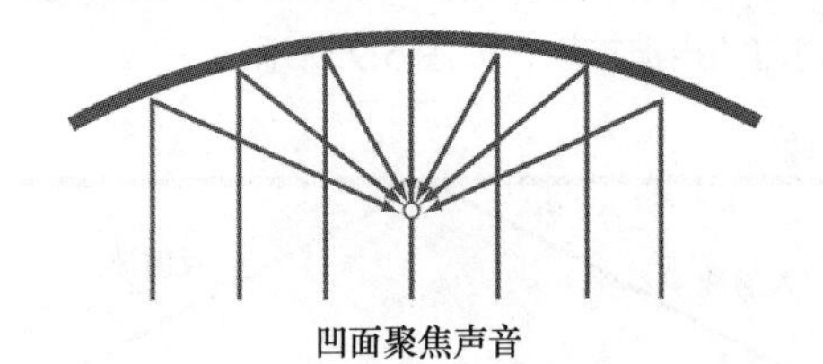

图 5.10 有些表面产生了声聚焦形式的反射（Syn-Aud-Con 授权使用）

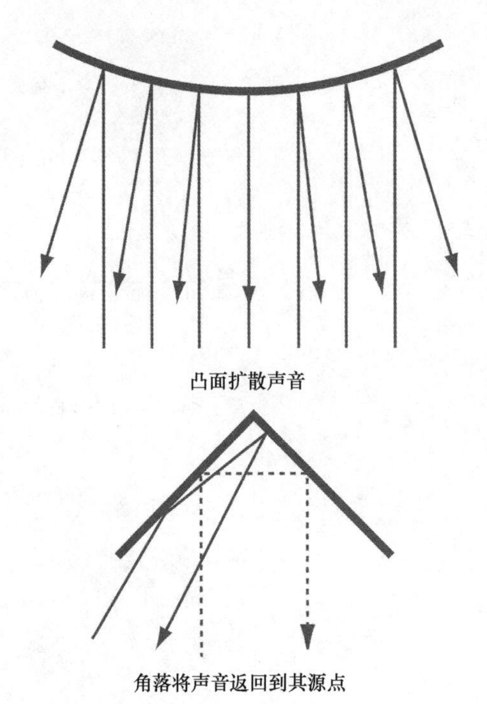

图 5.10 有些表面产生了声聚焦形式的反射（Syn-Aud-Con 授权使用）（续）

5.7 叠加

正弦波和余弦波都是周期性的单频信号。这些简单的波形是我们每天都会听到的复杂波形的基础成分。正弦波的幅度可以表示成时间或相位旋转的函数，如图 5.11 所示。下面所进行的讨论都是以正弦波为例展开的。一旦波的长度（波长）已知，那么将其分成更小的增量将会更加有利于跟踪波在整个周期内的行进情况或者将其进程与另一个波相比较。由于正弦波描述了一个循环（圆周）事件，所以一个完整的循环用 360° 来表示，在这一点上波形开始重复。

当多个声音压力波通过一个观测点时，它们的响应将叠加在一起构成一个复合声波。复合声波是由两个或更多的单一波形的复杂组合。叠加后的幅度是由各单一波形的相对相位决定的。下面将讨论两列波是如何在观测点组合的。这一点可以是听音位置或者是传声器的位置。这里有两种极端的情况。如果具有相同振幅和频率的两列波之间不存在相差，那么最终的相干叠加会使叠加后的振幅是其中某一波形振幅的两倍（+6dB）。另一个极端的例子是，两个波形之间存在 180° 的相差，这时两者叠加的结果会在观测点处产生完全抵消的声压响应。两个极端情况之间也许会发生无限多种情况。波形的相位相互作用对于音响系统中电磁域的模拟声频信号并不是严重的问题，此处的声频频率的波长一般要比互连线缆长很多。由接收端设备反射回波源的信号是同相的，并不会发生抵消。对于视频、射频和数字信号，则不是这种情况。这些信号具有较短的波长，互连线缆上发生的波形叠加可能会对其产生极大的影响。正因为如此，我们要格外关注线缆的长度和互连线缆的端接阻抗，以保证信源和接收端之间具有有效的信号转换。实践中信源、线缆和负载两两之间均采用阻抗匹配的连接原则。

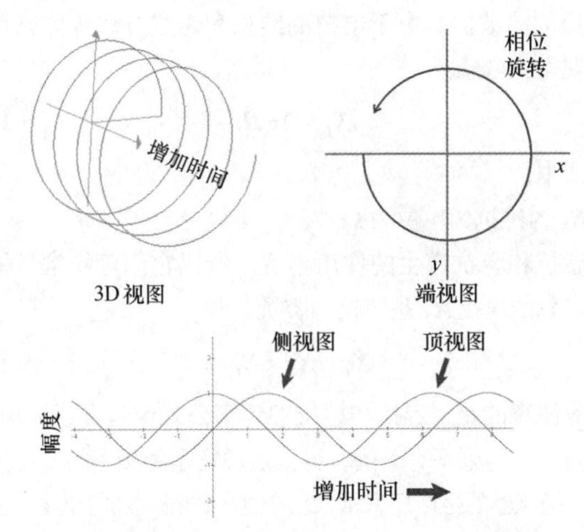

图 5.11　简谐运动可以用正弦或余弦波动形式来表示。两种形式只是以不同角度看待同一事物而已（Syn-Aud-Con 授权使用）

在扩声系统中，相位的相互作用所引发的问题，声波要比电磁波问题更严重。相位同相叠加和反相抵消可能是礼堂这样的大型厅堂中诸多声学问题的根源。声学波长相对于空间尺寸通常都要短一些（至少在高频时是这样），所以声波倾向于在衰减至不可闻之前在空间中产生多次反射。听音人所听到的声音是形成复杂波形的反射声波叠加的结果。辐射自多只扬声器的声音将以相同的方式相互作用，并对辐射的声音方向型和频率响应产生严重的影响。历史上，天线设计者比扬声器设计者更加重视这些相互作用，因为在法律上对射频发射的控制有明文规定。与天线不同的是，由于扬声器通常是要覆盖 10 倍乃至更大范围的可闻频谱范围的宽带器件。基于这一原因，多只扬声器间的相位相互作用绝不会导致声压完全抵消，只是会在某些频率上发生抵消，而在另一些频率上发生相干叠加。听音人听到的主观结果就是对声源的声染色和声像漂移。该现象表现出的含义因应用而异。在餐厅吃午餐的人们并不会关心这种相互作用的影响，因为他们是吃饭来的，而非为了听音乐。欣赏音乐会的人，以及去教堂做礼拜的人对这一问题会更在意一些，因为他们的座位可能是声音的死点，相互作用影响了他们的听音体验，可能达到削弱音响系统信息覆盖的程度。剧院的老板可能会花大价钱来购置高质量的扬声器，殊不知响应的恶化是由相邻扬声器的相互作用或空间表面等原因造成的，如图 5.12 所示。

相位相互作用对于录音棚的控制室或高质量的家庭娱乐系统中的声音的听评环境的破坏性最大。这种类型的用户常常会投入大量的资金来购置相位相干音箱并对听音空间进行相应的声学处理，以保证声音重放音质的准确性。虽然由声波干涉导致的声染色在录音棚的控制室中是不可接受的，但是在家庭娱乐系统中却可以获得人为的愉悦效果。

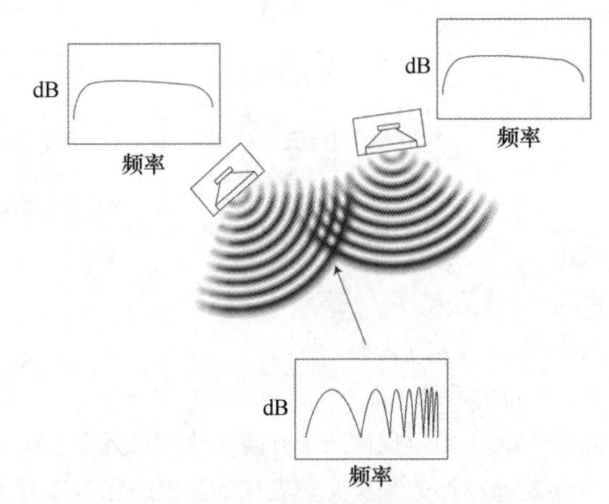

图 5.12　当声波由多个声源发出并在不同时刻到达时，就会发生相位干涉（Syn-Aud-Con 授权使用）

音箱的设计者可以利用声波干涉来选择音箱，并以此形成有用的辐射方向型。几乎所有的低频方向型控制都是采用这一方式获得的。非正规的系统设计人员会随意地将扬声器堆放在一起，致使出现了不想要的辐射方向型。最终结果使得声覆盖特性恶化，声学增益降低。

正确的观点是将音箱和房间视为滤波器，声能必须途经这一滤波器才能到达听音人。这些滤波器的一些属性可以利用电子滤波器来加以补偿 —— 这种处理就称之为均衡。其他的一些属性则不能加以补偿，电子均衡只能夸大或掩盖问题。

5.8　欧姆定律

在声学中，我们听到的声音是大气环境扰动之后自然复原平衡状态的结果。扰动产生的波动导致大气压围绕着环境声压上下变化，并将这种变化传递至观测点。空气始终是要维持其环境的平衡状态，将扰动停止下来。

在电路中，两点之间电压产生的电势差导致了电流的产生。电流是电子向较低电势点流动的结果。电势差被称为是电动力（electromotive force，EMF），并以伏特（volt，V）为单位来表示。电子流动的速率被称为电流（current），并以安培（ampere，A）为单位来表示。电压与电流之比被称为电阻（resistance），其单位是欧姆（ohm，Ω）。电压与电流的乘积是视在功率（apparent power），单位为瓦（W），它是由信号源产生并由负载消耗掉的。功率是所做功的速率，标称功率必须始终包含针对时间的基准参考。功率源可以在指定的时间周期内在负载上产生标称的电压和电流。对于特定的工作，电压与电流的比值可以被控制，以优化信号源。例如，可以通过牺牲电流来换取最大的电压转换。当设备被要求提供可测量的电流时，我们就称其工作于负载条件下。当汽车保持一定的速度驶上山坡时，其负载就会增加，这时就要求汽车引擎和驱动机构间要有更大的功率转换。当负载是声频元件时，要格外小心不要产生失真或造成器件损坏。欧姆定律描述的是电路中电压、电流和电阻间的比值关系。

$$R=E/I \tag{5-9}$$

$$E=IR \tag{5-10}$$

$$I=E/R \tag{5-11}$$

式中，

E 的单位为伏特（V）；

I 的单位为安培（A）；

R 的单位为欧姆（Ω）。

直流（DC）电流仅向一个方向流动，而交流（AC）电流的方向是随波形的频率交替变化的。电压和电流并不总是同步的，因此一定要考虑两者间的相位关系。当两者并不是出于相对相位（同步）状态时，功率通量就降低。在阻性电路中，电压和电流是同相的；在抗性电路中，抗性元件会导致电压与电流间出现相移。由于电抗会存储能量和将能量反射回信源，所以它会降低转换至负载的功率。扬声器和变压器就是音响系统中具有明显抗性特性的元器件。由电阻和电抗共同作用引起的对电流的阻力被称为电路的阻抗（impedance，Z）。阻抗的单位也是欧姆（Ω）。阻抗可以是纯电阻，纯电抗，或者是最为常见的两者组合形式。这就是所谓的复合阻抗。阻抗是频率的函数，并且阻抗测量必须要给出进行测量时的频率。音响系统技术人员应会测量阻抗，以确认正确的元器件负载，比如放大器 / 扬声器间的接口。

$$Z=\sqrt{R^2+\left(X_T\right)^2} \tag{5-12}$$

式中，

Z 为阻抗，单位为 Ω；

R 为电阻，单位为 Ω；

X_T 为电抗，单位为 Ω。

电抗有两种形式。容性电抗会使电压在相位上落后于电流；感性电抗会使电流在相位上落后于电压。总的电抗是容性电抗与感性电抗之和。由于它们在符号上不同，所以可能会彼此抵消，电压和电流间的最终相位角将由电抗中的主要电抗部分来决定。

在力学中，弹簧是容抗最恰当的类比对象。当弹簧被压缩时，能量被存储起来，并将其回馈给能量源。在电路中，电容器抵抗所施加的电压变化。电容器通常被当作滤波器，用来通过或拒绝某些频率，或者用来平滑电源电压的波纹。当附近存在电感时，可能会出现寄生电容。

$$X_C=\frac{1}{2\pi f C} \tag{5-13}$$

式中，

f 为频率，单位为 Hz；

C 为电容，单位为法拉第（F）；

X_C 为容抗，单位为 Ω。

在力学中，移动的质量类比为电路中的电感。在去掉驱动力时，质量倾向于保持运动状态。因此它将所施加的一部分能量存储起来。在电路中，电感抵抗所流经的电流的变化。与电容一样，电感的特性可以在声频系统中建立起有用的滤波器。由于电缆的结构和走线方式等因素可能会出现寄生电感。

$$X_L=2\pi fL \tag{5-14}$$

式中，

X_L 为感抗，单位为 Ω。

感抗和容抗产生的作用相反，所以它们可能常常相互补偿。总的电抗 X_T 是感抗和容抗之和。

$$X_T=X_L-X_C \tag{5-15}$$

应注意的是，容抗和感抗的计算公式中包含了频率项。因此阻抗是与频率有关的，也就是说它是随频率的变化而变化的。扬声器的生产厂家常常公布他们的扬声器阻抗图。我们通常关心的阻抗曲线中的额定或标称阻抗。由阻抗曲线来确定标称阻抗的标准有几种。图 5.13 所示的是阻抗曲线图。

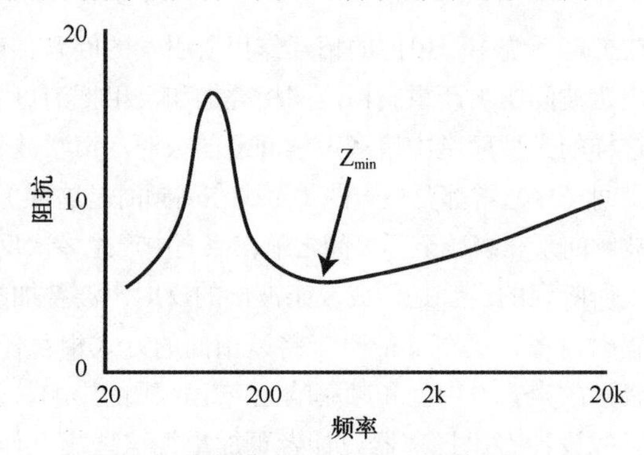

图 5.13 阻抗的幅频特性曲线表明：阻抗是频率的函数
（Syn-Aud-Con 授权使用）

通常阻抗相位图与阻抗幅度图结合在一起来表示出扬声器阻抗在给定的频率上是阻性、容性、还是感性。阻性负载是将所提供的功率转换成热能。抗性负载会将所提供的功率存储和反射起来。诸如扬声器这样的复合阻抗就兼有两种情形。在分析提供给扬声器的功率时，功率的公式中采用的是阻抗 Z。当考虑负载上消耗的功率时，在功率的表示公式中必须采用其阻性的部分。功率因子描述的是由抗性负载中电压和电流间的相位角导致的功率转换的下降。如下一些定义是有用的。

$$\text{视在功率（总功率）}=E^2/Z \tag{5-16}$$

$$\text{有效功率（绝对功率）}=E^2/R \tag{5-17}$$

$$\text{无功功率（反射功率）}=E^2/Z\cos\theta \tag{5-18}$$

式中，

θ 为电压与电流间的相位角。

欧姆定律及其各种变形的功率公式是声频领域中的基

石。人们可以毕生使用这些重要的工具，并方便地将其应用于扩声系统中的电子和声学方面。

5.9　人耳听觉

对于音响方面的实际从业人员，掌握有关人类听音和感知声音的基本方法是非常有用的。人类的听觉系统是令人惊奇的系统，并且相当复杂。其工作的原理就是将环境大气压的波动变化转换成由人的大脑处理的电信号，并让听音人感知到声音。下面我们将简单介绍一下声频实践人员最为常用的人类听觉系统特性。

系统的动态范围描述的是通过系统的最高电平与系统的本地噪声电平间的差异。人耳中频频段的听力阈值大约为 0.00002Pa。人的听觉系统在同一频率范围上可以承受的最高峰值声压为 200Pa。因此人的听觉系统的动态范围可大致表示为：

$$DR = 20\lg(200/0.00002) \tag{5-19}$$

$$= 140\text{dB}$$

听觉系统不能长时间暴露于这种会导致系统损伤的声级之下。针对频谱的中频部分，语言系统一般设计成 80dB（参考基准值为 20μPa），而音乐系统则设计成 90dB（参考基准值为 20μPa）。

声频实践人员更多地关注如何取得平坦的频谱响应。人的听觉系统并不是平坦的，其响应随声级的变化而变化。在低声级时，其低频的灵敏度远远小于中频时的灵敏度。随着声级的提高，低频与中频灵敏度间的差异变小，产生更为一致的频谱响应。图 5.14 所示的经典的等响曲线就描述了这一现象，图 5.15 所示为在测量声级时使用的加权曲线。

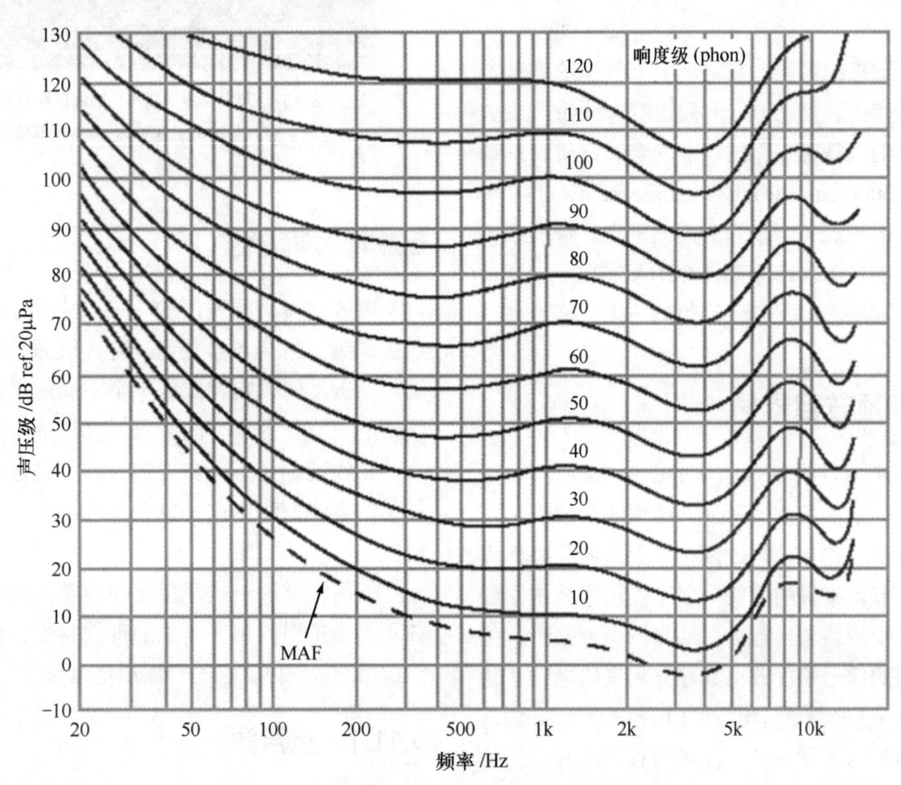

图 5.14　等响曲线（Syn-Aud-Con 授权使用）

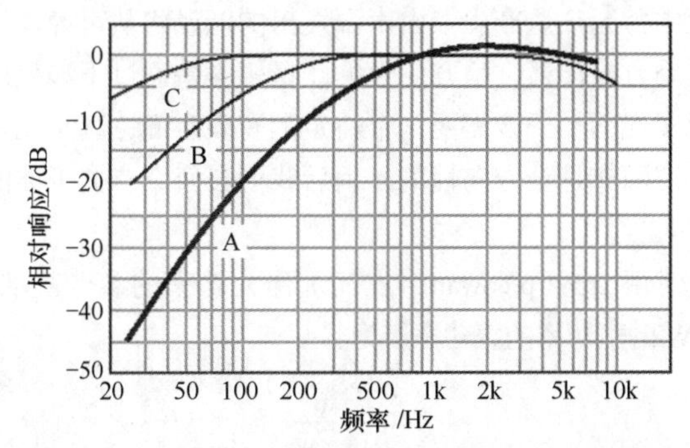

图 5.15　测量声级时采用的加权曲线（Syn-Aud-Con 授权使用）

现代音响系统可以在远处产生非常高的声压级。因此要格外注意，避免观众的听力受到损伤。

听力系统的时间响应与一定时间范围内发生的大量声音事件相比要慢一些。因此，我们的听音系统对间隔很近（< 50ms）到来的声音进行积分，并感知为声级。这就是室内的声音听上去比室外声音响的原因。虽然反射声提高了对声源的感知声级，但也增加了声染色。这就是为何我们能感觉出声学乐器和剧场特性的原因。好的录音棚或音乐厅会在听音位置上产生富有音乐性的，让人愉悦的反射声场。一般来说，如果最先到达的声音与之后到来的次要声音延时不到 10ms（严重声染色）或大于 50ms（潜在的回声），那么这一次要能量将会引发出问题，如图 5.16 所示。

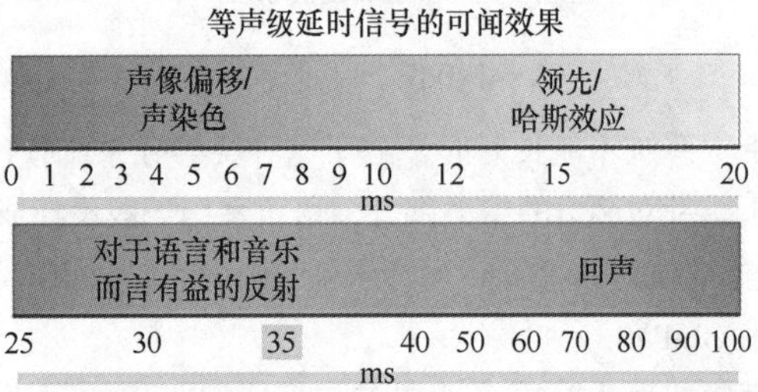

等声级延时信号的可闻效果

声像偏移/声染色	领先/哈斯效应

0 1 2 3 4 5 6 7 8 9 10 12 15 20
ms

对于语言和音乐而言有益的反射	回声

25 30 35 40 50 60 70 80 90 100
ms

图5.16　如果后到的声音对传达给听者的信息起有益或有害作用的话，则声音到达时刻的时间差将起决定性作用。到达声音的方向也很重要，从事厅堂设计的声学工作者对此很关注（Syn-Aud-Con 授权使用）

听觉系统的积分特性使得它对声级上呈现脉冲特性的声音事件敏感度不高。声频素材中的峰信号常常要比感知到的信号响度高出 20dB 之多。测量到的 90dBA（慢速响应）的节目素材可能会包含短时的 110dBA 或更高的峰值，因此暴露在大功率音响系统下的音乐人和观众必须要格外注意这一问题。

耳膜是对压力敏感的薄膜，它对环境大气压的波动产生响应。与扬声器和传声器类似，耳膜也存在一个产生失真和可能造成损伤的过载点。美国职业安全与健康管理局（The Occupational Safety and Health Administration，OSHA）负责保证公共场所的声级符合暴露时间的规定。音响系统是高声级声音的主要来源，它应符合 OSHA 的规定。耳朵内有耳鸣或嗡嗡声是暴露于过强声音下的一种典型现象。

5.10 监听声频节目素材

声频波形的复杂属性需要专业化的设备来进行监视。除了像正弦波这样的最简单的波形外，典型的伏特表并不适合任何其他的信号。声频信号的两个方面是系统操作人员的兴趣点所在。节目素材的峰值一定不能超过系统中任何组成设备的可承受峰值输出能力。从另一角度来讲，信号的峰值与感知到的信号响度或由其建立起来的电和声功率间的关系并不大。这些参量与均方根（Root-Mean-Square，RMS）值间的关系更为密切一些。波形的真正均方根值的测量需要使用专门的可对时间进行能量积分的设备来进行，这一点与听觉系统很像。这一被积分的数据将更好地反映出与感知到的声音响度间的相关性。所以声频实践从业者至少需要监测声频信号的两方面特性——相对响度（与均方根值电平有关）和峰值电平。由于对真正均方根值监测的复杂性，大多数仪表显示的是与节目素材的均方根值近似的平均值。

虽然许多声频处理器具有监测峰值电平或平均值电平的功能，但是可以同时跟踪显示这两者的仪器很少。大多数调音台具有 VI 表（音量指示器），这种仪表是以 VU（音量单位）来读取的。这样的仪表被设计成具有模拟人的听觉系统的弹道属性，并且适合于对信号感知响度的跟踪。这种类型的仪表几乎完全忽视了节目素材的峰信号，使得该仪表不能显示出系统可使用的峰值储备或设备中出现的削波。信号处理器常常具有峰型 LED 显示器件，它能足够快地响应并指示出处在或接近于设备削波点的峰信号。许多录音系统都有 PPM（Peak-Program Meter，峰值节目表），该仪表可以跟踪指示峰值，但却几乎不能反映出波形的相对响度。

图 5.17 所示的是可监测节目素材的峰值和相对响度的一种仪表。这两个数值都是以相对的分贝数来表示的，两者间的差异近似等于节目素材的波形系数（crest factor）。这种类型的仪表可以生成对声频事件更为全面的指示，可以同时观测到响度和可使用的峰值储备。

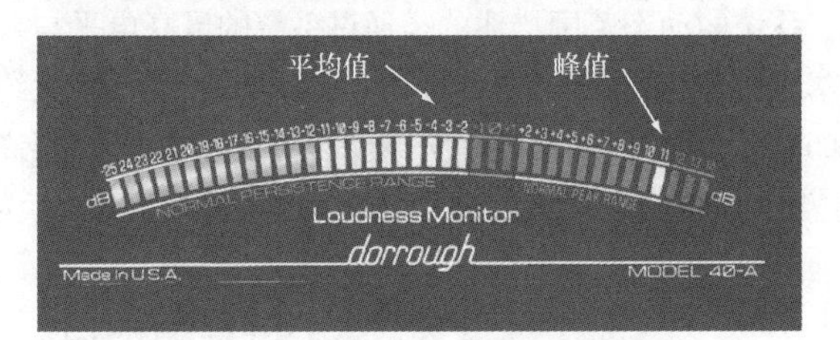

图 5.17　可以监测节目素材的峰值和相对响度的仪表（Dorrough Electronics 授权使用）

5.11 声辐射

声波是由声源发出的 —— 器件的位移对环境大气压产生调制。当扬声器受到听音人可闻带宽内的频率波形驱动产生振动时，它就成为一个主动的声源。点声源是从空间中的一点辐射声音的装置。真正的点声源是个抽象的概念，在物理上是不可实现的，因为它是无限小的。但是这并不妨碍我们利用这一概念来描述在物理上可实现器件的特性。

下面将讨论一些理想化的声源的特性，虽然这些声源并不具备扩声应用所要求的理想特性，但是作为可预测声能覆盖的辐射体，它的特性却是理想的。

5.11.1 点声源

具有 100% 效率的点声源会由所提供的 1W 电功率产生 1W 的声功率。由于全部的电功率均被转换成声功率，所以过程中并无热量产生。由声源发出的能量将从声源均等地向各个方向传播。呈方向性的能量辐射是通过干涉生成的波形实现的。干涉需要一个特定的有限空间，真正无穷小的点声源应是全方向性的。稍后我们会介绍有关干涉的影响的问题。

使用 1pW（picowatt，皮瓦）作为功率的参考基准值，则 1W 的声功率的声功率级为：

$$L_W = 10\lg\frac{1\,\mathrm{W}}{10^{-12}\,\mathrm{W}} = 120\,\mathrm{dB} \tag{5-20}$$

应注意的是，声功率与距声源的距离无关，L_W=120dB

的声功率级表示的是由 1W 的连续电功率可以产生的最高连续声功率级。所有现实中的器件都达不到这一理想情况，而一定会存在额定的效率和功率耗散。

假定现在我们以距离声源 0.282m 的位置作为观测点。当声源辐射出声能时，声波形成球面波前。在 0.282m 处，该波前的表面积为 $1m^2$。因此将有 1W 的辐射声功率通过这面积为 $1m^2$ 的表面。

$$L_I = 10\lg\frac{1\text{W/m}^2}{10^{-12}\text{W/m}^2} = 120\text{ dB} \quad (5\text{-}21)$$

这就是声源的声强级 L_I，它表示的是流经 $1m^2$ 的球面的功率流量。另外，它还是效率为 100% 的全方向器件能取得的最高强度级。通过将辐射的能量组合在较小的区域上可以实现对 L_I 的管控。以此在观测点获得的这一利益被称为方向性指数（Directivity Index，DI），并用分贝来表示。所有适合于扩声用的音箱都从指向性控制中获得利益。

对于所描述的理想器件，球面上的声压级 L_P（或通常表示的 SPL）与 L_W 和 L_I（L_P=120dB）在数值上是相同的，因为 1W 的功率产生的声压达 20Pa。虽然该 L_P 只是球面上的一点的声压，但是由于声源是全指向的，所以球面上的各点的声压均相同。总之，在距点声源 0.282m 的距离处，声功率级、声强级和声压级在数值上都是一样的。这一重要关系对于这些参量间的转换是有用的，如图 5.18 所示。

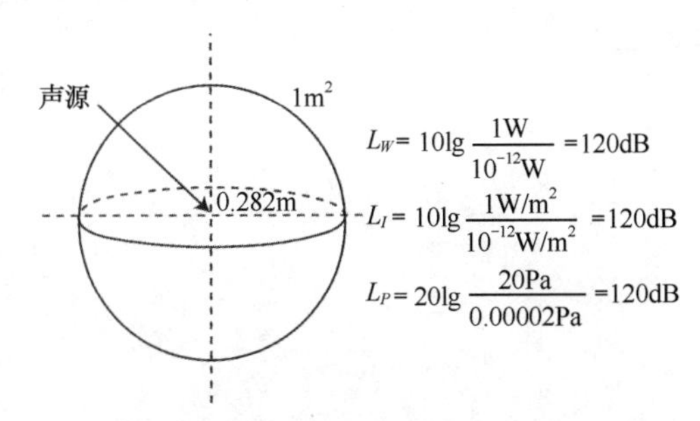

图 5.18　这种情况构成了描述扬声器声辐射变量关系和标准术语的基础（Syn-Aud-Con 授权使用）

下面假定将观测点距声源的距离加倍。随着声波继续向外扩展，半径为 0.564m 时，球面面积将是半径为 0.282m 时球面面积的 4 倍。由于声音传播出两倍远的距离，声波所覆盖的面积是原来的 4 倍。如果用分贝来表示的话，那么从一个点变化至另一点的声级变化量为：

$$\Delta L_P = 20\lg\frac{0.564}{0.282} = 6\text{ dB}$$

这种特性表现就是我们熟知的反平方定律（inverse-square law，ISL），如图 5.19 所示。ISL 描述了点声源辐射体球面声波辐射所导致的声级衰减与距离的关系。

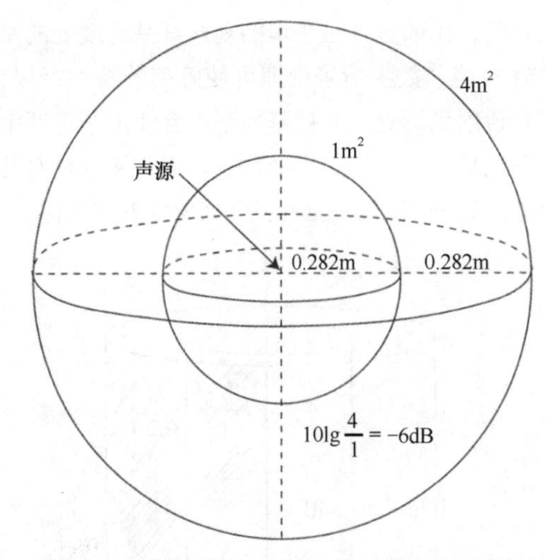

图 5.19　当距声源的距离加倍时，所辐射出的声能将会在两倍的面积上扩散开来。L_I 和 L_P 都将下降 6dB（Syn-Aud-Con 授权使用）

虽然因大气吸收会导致出现与频率相关的损失，但是我们在这里并不考虑这些因素的影响。大多数扬声器基本上都遵循反平方定律描述的声级变化与距声源距离的关系，如图 5.20 所示。

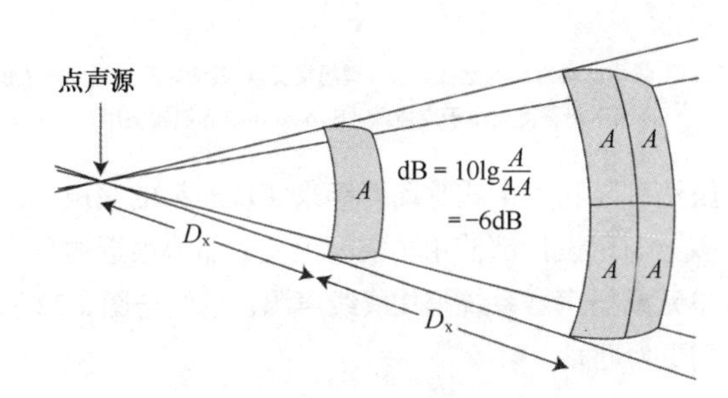

图 5.20　对于指向性器件，在其远场（距离器件较远的位置），ISL（反平方定律）仍然成立（Syn-Aud-Con 授权使用）

5.11.2　线声源

成功的声音辐射体都是采用线结构而非点结构来辐射声音的。无限长的线声源发出的声波近似于柱面波。由于辐射出去的声波不是以二维形式扩展的，所以随距离改变而产生的声级变化只是点声源的一半。由理想的线声源产生的声级将会因距离加倍而衰减 3dB，而不是 6dB，如图 5.21 所示。应指出的是，这些关系都是与频率和线长度有关的，这里描述的只是理想的情况。很少的商用阵列会在其整个工作频带上均表现出这种柱面特性。尽管如此，这种理想化的特性对于研究和开发线阵列这样的系统还是很有用的。

如果线声源的长度是有限的（就像现实中的声源那样），那么由声源的不同点辐射出的声音在到达空间中的特定点时存在相位差。在垂直阵列的平面且与阵列端点等距离的所有点均是同相位的。随着观测点离开中间点，相位干涉将会导致辐射能量的方向型中产生旁瓣。通过巧妙设计可以抑制旁瓣，使得波前被限制在非常窄的垂直角度内，而在水平面上具有宽的覆盖。这种辐射方向型对于有些应用是很理想的，比如宽阔且平坦的观众耳朵高度处的平面必须被声音覆盖。数字信号处理可使阵列的特性得以优化，并将声音投射到远处。有些阵列还配合使用了可调节的针对每一阵列单元的延时，以便控制辐射旁瓣。针对礼堂的实用设计，工程师采用了垂直长度至少为 2m 的阵列。

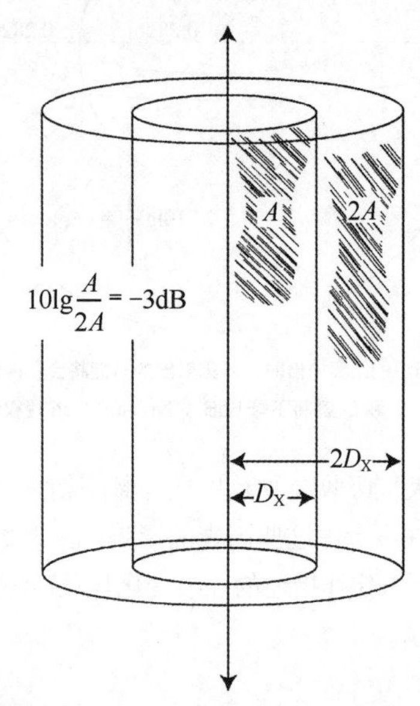

图 5.21 线声源辐射出的是柱面波（理想情况）。其随距离变远而产生的声级下降程度要小于点声源（Syn-Aud-Con 授权使用）

虽然可以利用带式驱动器等来实现连续的线声源，但是大多数商用设计都使用了空间上彼此靠得很近的分立扬声器单元或扬声器系统来构成线声源，它们与图 5.22 所示的阵列更为近似。

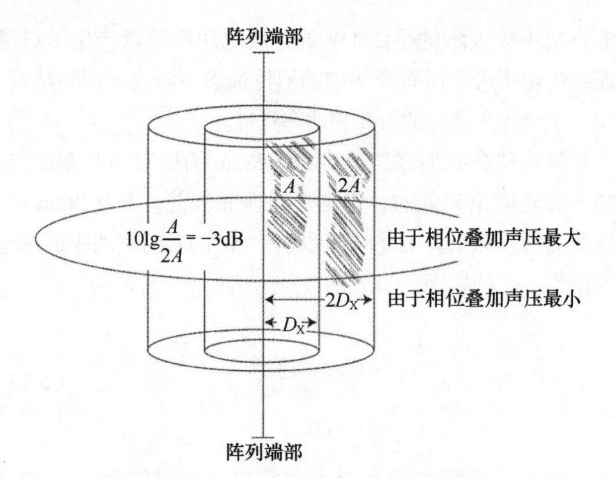

图 5.22 有限长度的阵列可以为系统设计者提供宽的接收性能，这样可以让房间表面最小的声能辐射获得更大的听众覆盖范围（Syn-Aud-Con 授权使用）

5.12 结论

本章中介绍的内容都是经过精心选择后呈现给致力于扩声系统研究和使用的读者的，它包含了广泛的基础知识。每当揭开一层面纱之后，您都会发现它下面还有另一番天地！“这些主题中的每一个都跃升至更高的层面”。建议读者以此作为毕生从事的声频和声学研究事业的跳板，将更多的精力投入新技术的研究和学习当中。应牢记的是：新的方法来源于成熟的基本原理和实践，之前它们是经过实践检验的。回首过去，会让我们受益匪浅。正如艾萨克• 牛顿所言：

“如果说我看得比前人更远，那是因为我站在这些巨人的肩膀之上。”

第 2 篇

声学

第6章

小型房间的声学问题

Doug Jones编写

6.1 引言

小房间的声学特性是由振动模式、房间形状和声反射控制决定的。建造大型厅堂的声学专家常常在进行小房间设计时遭受挫折，因为市面上在大空间中表现良好的智能工具几乎都不适合于在小房间中使用。“让小房间的声音听上去正确”是项艺术和技术相结合的工作。科学的部分是最为直观的。创造型的部分则相当主观，声音出色的小房间可能与音质优异的音乐厅一样会让人难以琢磨。

6.2 作为波长函数的小房间特性

要想掌握小房间特性，分别处理其各方面属性与频率的关系很重要。如图 6.1 所示，其中的这些边界界面不应被理解为是绝对或生硬的表面，它们应被视为是进行性能分析的参考基准，而且在其表面所发生的从一个区域到另一个区域的转变实际上也是个渐变的过程。区域 1 是从 0Hz 到最长尺寸的第一个振动模式的区域。在这一区域中，根本不存在来自房间的支持，人们针对房间可做的事情不是很多。区域 2 是频谱低端的第一个振动模式到高端 f 间的区域，其中 $f \approx 3C/RSD$（房间最短的尺寸，Rooms Smallest Dimension，RSD）。在该区域中，房间的振动模式主导着声学性能，波动属性是最好的模型，有些低频吸声形式可能很有效。区域 3 是从 f 到约 $4f$ 的区域。该区域是由绕射和扩散主导的。最后的区域一般是波长相对于房间的尺寸而言较短的区域。在这一区域中，人们可以利用声线的声学解决方案，因为我们要处理的是镜面反射问题。

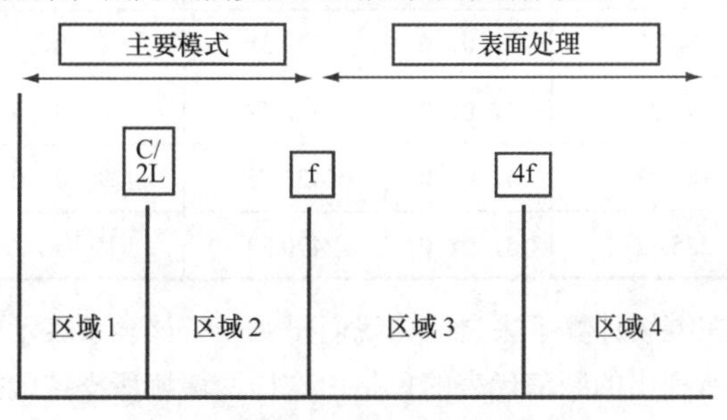

图 6.1　针对房间处理的区域划分

6.3 房间振动模式

房间振动模式是声音在相距一定距离的两个反射面之间传播时所发生的一种现象，入射的声波在两个反射面间来回反射，形成了驻波。在 1896 年，瑞利勋爵（Lord Rayleigh）提出，矩形空间中封闭空气具有无限多的标称或本征振动模式。这些振动模式所处的频率由如下公式给出：[1]

$$f=\frac{c}{2}\sqrt{\left(\frac{p}{L}\right)^2+\left(\frac{q}{W}\right)^2+\left(\frac{r}{H}\right)^2} \qquad (6\text{-}1)$$

式中，

c 是声速，1130ft/s（或 344m/s）；

L 是房间的长度，单位是 ft（或 m）；

W 是房间的宽度，单位是 ft（或 m）；

H 房间的高度，单位是 ft（或 m）；

p，q 和 r 是 0，1，2，3，4……这样的整数。

如果我们只考虑房间的长度，那么就可以将 q 和 r 设为 0，这时的公式就简化为以下形式：

$$\begin{aligned} f &= \frac{c}{2}\sqrt{\left(\frac{1}{L}\right)^2} \\ &= \left(\frac{c}{2}\frac{1}{L}\right) \\ &= \frac{1130}{2L} \qquad (6\text{-}2) \\ &= \frac{565}{L}(\text{ft}) \\ &= \frac{172}{L}(\text{m}) \end{aligned}$$

振动模式的分布决定了小房间的低频性能的表现。以图 6.2 所示的情况为例，声源 S 在两个分离开的反射面间辐射出正弦信号。从非常低的频率开始，驱动声源的振荡器频率缓慢提高。当频率 $f_0 = 1130/2L$（单位：ft）时，所谓的驻波条件就满足了。考察在边界上所发生的情况。不论粒子在任何其他位置速度是否为零，其在墙表面的速度必须为零，声压处于最大值。反射回来的声波与原来入射的声波反相，这就是说反射被延时了 1/2 周期。这将致使在反射面之间的正中心位置产生完全抵消的现象。如果墙体不是纯粹的反射体，则墙体所产生的声损耗将会影响最大值的高度和最小值的深度。图 6.2 中的反射波向左侧行进，且反射波产生干涉，在有些地方产生正向加强，而在其他地方则产生反向抵消。这种影响通过声级计可以很容易验证，在墙体附近呈现出声压的最大值，而在两墙之间的中心位置则呈现出明显的谷点。

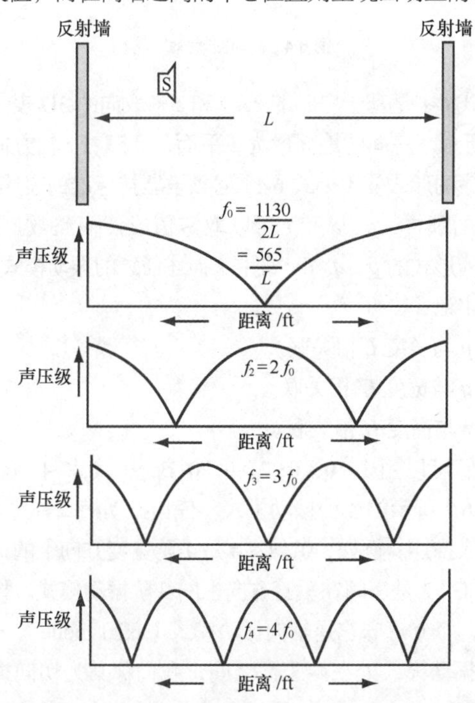

图 6.2　房间共振的简正模式可以通过两堵独立、平行的反射墙表面反映出来

随着声源频率的提高，虽然最初的驻波条件不成立了，但是在 $2f_0$ 的频率时，又出现了两个谷点，以及两墙之间中间位置的声压最大值。其他的驻波可以通过用所有 f_0 整数倍的频率激励两墙之间的空间来建立。这些就是沿着两堵平行墙的轴向建立起的所谓轴向振动模式。

图 6.2 中的两堵墙可以被视为房间的东西两面墙壁。再增加两组平行墙便可以将房间封闭起来，其影响便是增加了更多的轴向驻波系统，一个是沿着东西轴向，另一个是沿着垂直轴向。除了所建立起的两个轴向系统之外，还存在一个与包围所有 4 个表面路径长度的 2 倍相关的驻波。这些振动模式就是所谓的切向振动模式，如图 6.3 所示。大部分房间都具有 6 个边界表面，同样也就具有包括 6 个表面的振动模式，如图 6.4 所示。这些振动模式被称为斜向振动模式。

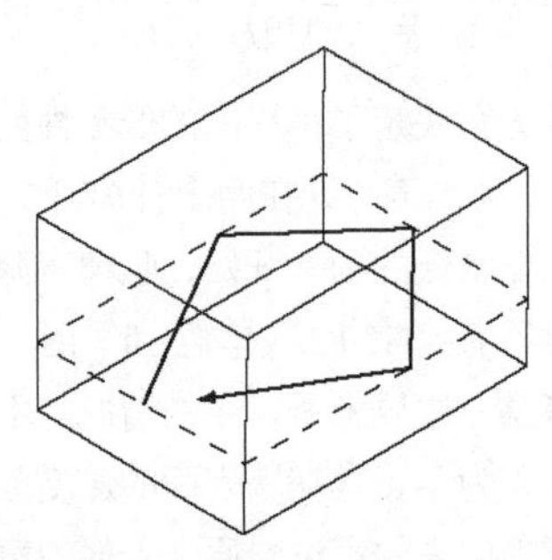

图 6.3 切向的振动模式

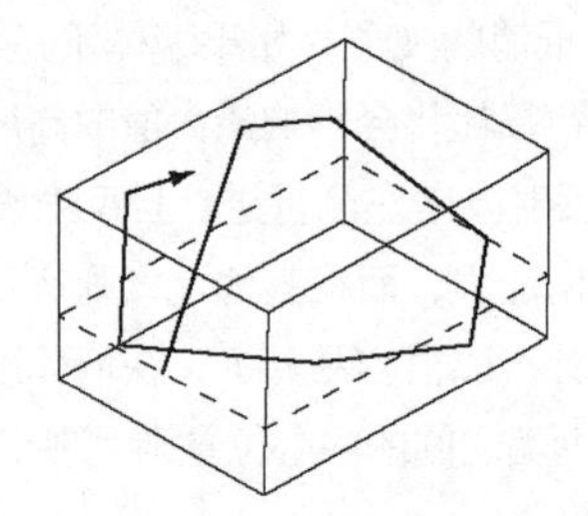

图 6.4 斜向振动模式

公式 6-1 是基于房间的 x，y 和 z 轴取向的 3D 表述，如图 6.5 所示。房间的地面取为 x 平面，高顺着 z 轴方向。为了以有序的形式使用公式 6-1，必须要坚持标准的表述方式。如表述的那样，p、q 和 r 可以取零值或任何整数。因此，标准序列形式的 p、q 和 r 常用来描述任意的振动模式。

应牢记：

- p 与长度 L 相关联。
- q 与宽度 W 相关联。
- r 与高度 H 相关联。

我们可以用 1，0，0；2，0，0；3，0，0 和 4，0，0 来描述图 6.2 所示的 4 种振动模式。任何振动模式都可以用 3 个数字来描述。例如，0，1，0 是 1 阶宽度方向上的振动模式，0，0，2 是房间在垂直方向上的 2 阶振动模式。模式表述中的两个 0 意味它是轴向振动模式（axial mode）。一个 0 意味着振动模式处在两表面之间，我们称其为切向振动模式（tangential mode）。如果在模式表述中没有 0 数字，那么房间的 3 对平面之中，我们称其为斜向振动模式（oblique mode）。

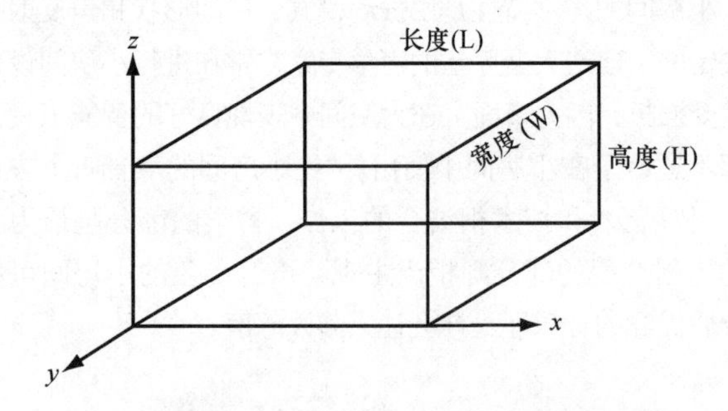

图 6.5 所研究的矩形房间地面处于 xy 平面上，而高度用 z 轴来表示

6.4 房间振动模式分布

为了更好地了解房间振动模式分布的评价方法，我们要计算 3 个房间的模态频率。首先考虑的是音响空间并不推荐的维度尺寸房间。房间的三维尺寸为 12ft（长），12ft（宽），12ft（高）（3.66 m × 3.66 m × 3.66 m），即纯粹的正方形。从这一练习的目的出发，我们假设所有的反射面为刚性的，且质量很大。利用公式 6-1，只计算轴向的振动模式，从中我们可以看到基本振动模式处于 565/12 或 47.08Hz。如果我们继续下去，则会看到 1，0，0；2，0，0；3，0，0……10，0，0 振动模式，所见的结果见表 6-1。

表 6-1 一个 $12ft^3$ 房间（仅轴向上）的本征频率

长度	模式	长度	模式
47.08	1，0，0	282.50	6，0，0
94.17	2，0，0	329.58	7，0，0
141.25	3，0，0	376.67	8，0，0
188.33	4，0，0	423.75	9，0，0
235.42	5，0，0	470.83	10，0，0

在继续计算下去之前，我们研究一下该表所表示的内容。所列出的频率代表的只是由这样两堵墙所支持的振动模式；也就是说在这些频率上就会出现一定的谐振，而在其他的频率上则不会出现谐振。当声源关闭时，振动模式中所存储的能量将以对数的形式衰减。实际的衰减速率是由振动模式的类型和与这些振动模式相对应表面的吸声特性决定的。如果处在这一条件下的观察者发出包含有 141Hz 频率成分的声音，那么我们可能会听到声音的幅度稍有增强，具体增加多少则要取决于所处的房间位置。例如，对于 155Hz，两个表面之间的任何位置对其都不支持或使之谐振。衰减实际上瞬间完成，因为不存在谐振系统来存储能量。当然，在立方体中，其他规格尺寸（0，1，0；0，2，0；0，3，0……0，10，0 和 0，0，1；0，0，2；0，0，3……0，0，10）所支持的振动模式将是一样的，如表 6-2 所示。

表 6-2　立方体支持的每个维度上的轴向模式

长度	模式	宽度	模式	高度	模式
47.08	1，0，0	47.08	0，1，0	47.08	0，0，1
94.17	2，0，0	94.17	0，2，0	94.17	0，0，2
141.25	3，0，0	141.25	0，3，0	141.25	0，0，3
188.33	4，0，0	188.33	0，4，0	188.33	0，0，4
235.42	5，0，0	235.42	0，5，0	235.42	0，0，5
282.50	6，0，0	282.50	0，6，0	282.50	0，0，6
329.58	7，0，0	329.58	0，7，0	329.58	0，0，7
376.67	8，0，0	376.67	0，8，0	376.67	0，0，8
423.75	9，0，0	423.75	0，9，0	423.75	0，0，9
470.83	10，0，0	470.83	0，10，0	470.83	0，0，10

在立方体中，所有三组表面支持同一频率，而非其他频率。在这样一个房间中讲话就如同在浴室中唱歌一样。虽然浴室支持某些频率，但却不支持其他频率。这时你会感觉出演唱中包含的那些频率，因为那些频率上的衰减过程较长，增强了声音的丰满感。为了更好地研究其间的关系，表 6-2 若能列出所有振动模式可能更为有用。表 6-3 就是这样一种表格。在这一表格中，我们列入了一种振动模式与前一个振动模式间的频率间隔（单位：Hz）。

表 6-3　表 6-1 和表 6-2 中的立方体的所有轴向模式

频率	模式	间隔	频率	模式	间隔
47.08	1，0，0		282.50	6，0，0	47.08
47.08	0，1，0	0.00	282.50	0，6，0	0.00
47.08	0，0，1	0.00	282.50	0，0，6	0.00
94.17	2，0，0	47.08	329.58	7，0，0	47.08
94.17	0，2，0	0.00	329.58	0，7，0	0.00
94.17	0，0，2	0.00	329.58	0，0，7	0.00
141.25	3，0，0	47.08	376.67	8，0，0	47.08
141.25	0，3，0	0.00	376.67	0，8，0	0.00
141.25	0，0，3	0.00	376.67	0，0，8	0.00
188.33	4，0，0	47.08	423.75	9，0，0	47.08
188.33	0，4，0	0.00	423.75	0，9，0	0.00
188.33	0，0，4	0.00	423.75	0，0，9	0.00
235.42	5，0，0	47.08	470.83	10，0，0	47.08
235.42	0，5，0	0.00	470.83	0，10，0	0.00
235.42	0，0，5	0.00	470.83	0，0，10	0.00

我们可以清楚地看到在每个轴向模式频率上存在 3 个振动模式，每个集群之间有 47Hz 的间隔（等于 f_0）。每一集群之间的间隔很重要，因为如果一个振动模式集群或者单一振动模式与相邻的模式间距约在 20Hz 以上时，就能被听出来，这是因为相邻模式的掩蔽不存在了。考察另一房间，该房间并不具有良好听音室所应具备的尺寸，但因为标准化的建筑材料而表现为典型的房间规格尺寸。我们要检测的下一间房间的规格尺寸为 16ft（长）× 12ft（宽）× 8ft（天花板高度）（4.88 m × 3.66 m × 2.44 m）。表 6-4 给出了长、宽和高度方向上的振动模式，表 6-5 给出的是按照频率顺序分类的同样数据。

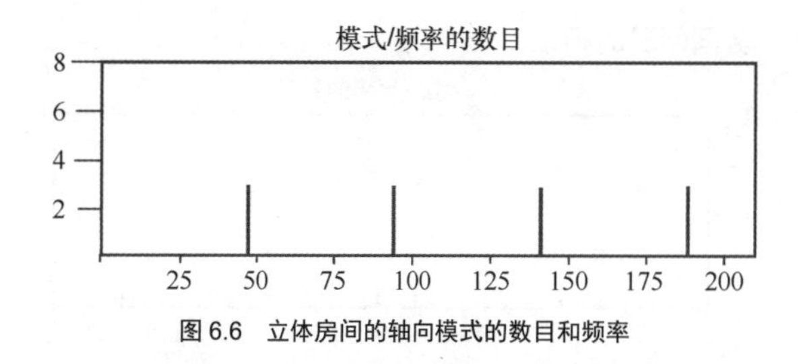

图 6.6　立体房间的轴向模式的数目和频率

表 6-4　按照频率划分的 16ft×12ft×8ft 房间的振动模式

频率	模式	间隔	频率	模式	间隔
35.31	1，0，0		282.50	8，0，0	35.31
47.08	0，1，0	11.77	282.50	0，6，0	0.00
70.63	2，0，0	23.54	282.50	0，0，4	0.00
70.63	0，0，1	0.00	317.81	9，0，0	35.31
94.17	0，2，0	23.54	329.58	0，7，0	11.77
105.94	3，0，0	11.77	353.13	10，0，0	23.54
141.25	4，0，0	35.31	353.13	0，0，5	0.00
141.25	0，3，0	0.00	376.67	0，8，0	23.54
141.25	0，0，2	0.00	423.75	0，9，0	47.08
176.56	5，0，0	35.31	423.75	0，0，6	0.00
188.33	0，4，0	11.77	470.83	0，10，0	47.08
211.88	6，0，0	23.54	494.38	0，0，7	23.54
211.88	0，0，3	0.00	565.00	0，0，8	70.63
235.42	0，5，0	23.54	635.63	0，0，9	70.63
247.19	7，0，0	11.77	706.25	0，0，10	70.63

表 6-5　23ft×17ft×9ft 房间的数据

频率	模式	间隔	频率	模式	间隔
24.57	1，0，0		196.52	8，0，0	8.19
33.24	0，1，0	8.67	199.41	0，6，0	2.89
49.13	2，0，0	15.90	221.09	9，0，0	21.68
62.78	0，0，1	13.65	232.65	0，7，0	11.56
66.47	0，2，0	3.69	245.65	10，0，0	13.01
73.70	3，0，0	7.23	251.11	0，0，4	5.46
98.26	4，0，0	24.57	265.88	0，8，0	14.77
99.71	0，3，0	1.45	299.12	0，9，0	33.24
122.83	5，0，0	23.12	313.89	0，0，5	14.77
125.56	0，0，2	2.73	332.35	0，10，0	18.46
132.94	0，4，0	7.39	376.67	0，0，6	44.31
147.39	6，0，0	14.45	439.44	0，0，7	62.78
166.18	0，5，0	18.79	502.22	0，0，8	62.78
171.96	7，0，0	5.78	565.00	0，0，9	62.78
188.33	0，0，3	16.38	627.78	0，0，10	62.78

如果我们研究图 6.7 中的数据，则将看到有些频率仅被一个尺寸所支持。例如，35Hz 就只被 16ft（4.88m）的尺寸所支持。其他的频率，比如 70Hz 出现两次，它被长度和高度方向所支持。而像 141Hz 这样的另外一些频率则出现 3 次，它被 3 个维度方向支持。在图 6.7 的列线图中，线的高度代表了振动模式的幅度。很显然，这一房间要比立方体房间要好，但远非理想的情况，因为还有许多频率被突出表现出来。70Hz、141Hz、211Hz、282Hz 和 253Hz 全都是引发

这一房间问题的频率。

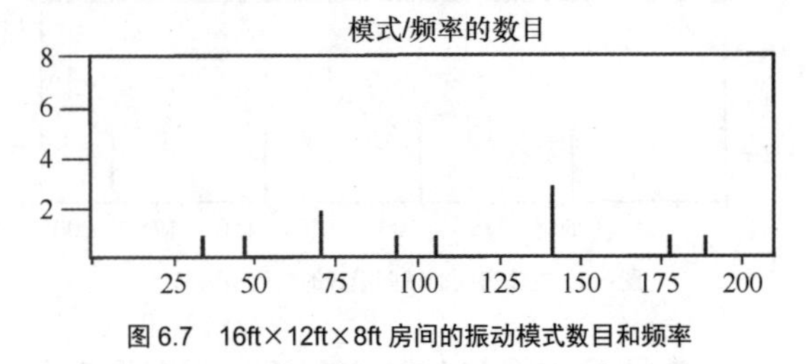

图 6.7 16ft×12ft×8ft 房间的振动模式数目和频率

下面要考察的房间规格尺寸［23ft（长）×17ft（宽）×9ft（天花板高度）（7m×5.18m×2.74m）］可能更符合声频应用的要求。表 6-6 和图 6.8 所示的是分类数据和列线图。

图 6.8 中的数据看上去与图 6.6 和图 6.7 中的数据有相当大的不同。其中并不存在 3 个维度方向支持同一频率的情况。振动模式在整个频谱上的分布也相当合理。少数地方的振动模式间的差异相当小，比如 4，0，0 和 0，3，0 之间的间隔。立方体、由建造者确定规格尺寸的房间，以及最后一个房间，这 3 种房间表现出了处理房间模式时的首要原则。规格尺寸的比值关系决定了振动模式的分布情况。比值关系是通过将最小的尺寸视为 1，用这个最小尺寸除其他的尺寸得到的。很显然，立方体的比值关系是 1 ∶ 1 ∶ 1，它是引发声学灾难的比例。尽管 12ft（3.66m）的立方体听上去与 30ft（9m）的立方体房间不同，但是这两个房间表现出的模式分布是一样的，其分布从根本上确定了小房间的低频特性。第二个由常用的建筑材料确定比例的房间的比值关系是 1 ∶ 1.5 ∶ 2.0。比值关系通过将最小的尺寸设定为 1，再用这个最小尺寸除以其他的尺寸。所以 8ft×16ft×24ft 的房间具有的比值为 1 ∶ 2 ∶ 3。从这一点上看，第三间房间似乎相当好，其比值关系为 1 ∶ 1.89 ∶ 2.56。由此我们可以看出，为了取得合理的振动模式分布，人们应该避免整数比，避免尺寸间存在公因数。

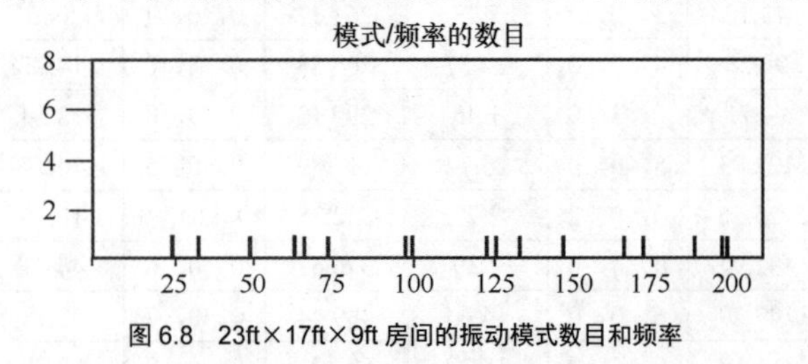

图 6.8 23ft×17ft×9ft 房间的振动模式数目和频率

6.4.1 振动模式的比较

到目前为止，我们只考虑了轴向振动模式。轴向、切向和斜向 3 种类型的振动模式具有不同的能级。轴向振动模式具有的能量最大，因为它距离最短，且涉及的表面最少。在矩形房间中，切向振动模式经受来自 4 个表面的反射，斜向振动模式经受来自 6 个表面的反射。反射越多，反射损失越大。同样，传输的距离越长，强度越弱。莫尔斯（Morse）和博尔特（Bolt）[5] 对此进行了理论上的阐述，对于给定的声压幅度，轴向声波的能量是斜向声波能量的 4 倍。基于能量的情况，这就意味着，如果我们将轴向声波定为 0dB，那么切向声波就是 –3dB，斜向声波就是 –6dB。这种模态能力上的差异在声处理过的房间中会表现得更加明显。在实践中，计算和考虑轴向振动模式绝对是必要的。一种好的思路就是检查切向振动模式，因为它有时会成为一个重要的因素。在小房间中，斜向振动模式几乎都不会强到足以在房间的性能改变方面做出明显的贡献。

6.4.2 振动模式的带宽

与其他谐振现象一样，对应于每一模态谐振的带宽是有限的。从某一方面讲，带宽将决定振动模式的可闻程度。如果将带宽定为测量到的半功率点（–3 dB 或 $1/\sqrt{2}$）带宽，那么此时的带宽为 [2]：

$$\Delta f = f_2 - f_1 \quad (6\text{-}3)$$

$$= k_n/\pi$$

式中，

Δf 为带宽，单位为 Hz；

f_2 是 –3dB 点的上限频率；

f_1 是 –3dB 点的下限频率；

k_n 是主要由房间吸声量和房间容积决定的阻尼系数。房间中吸声材料越多，k_n 越大。

如果阻尼系数 k_n 与房间的混响时间联系在一起的话，那么 Δf 的表示式变为：

$$\Delta f = 6.91/\pi T \quad (6\text{-}4)$$

$$= 2.2/T$$

式中，

T 是衰减时间，单位为 s（秒）[1]。

由公式 6-4，可以做几种归一化处理。小型声频应用空间衰减时间的典型范围是 0.3 ～ 0.5s，带宽的范围为 4.4 ～ 7.3Hz。假设大多数声频应用房间具有的模态带宽为 5Hz 的数量级是合理的。回过头来看一下表 6-6，可以发现有些情况下振动模式彼此处在 5Hz 之内。这些振动模式将融为一个，在模态衰减的过程中偶尔会听出一些拍音。与两侧的模态频率相隔 20Hz 或更大的模态频率将根本不会融合，尽管不像双重或三重振动模式那么明显，但还是会很明显的。下面看一下规格尺寸为 18ft×13ft×9ft（5.48m×3.96m×2.74m）的房间。轴向频率被列于表 6-6 中。有些频率是双重的，比如 62Hz 和 125Hz。这些是显而易见的问题。然而，282Hz 也是个问题频率，因为它与两侧的频率相差 20Hz 以上。

表 6-6 18ft×13ft×9ft 房间的轴向模式

频率	间隔	频率	间隔
31.39		219.72	2.41
43.46	12.07	251.11	31.39
62.78	19.32	251.11	0.00
62.78	0.00	260.77	9.66

续表

频率	间隔	频率	间隔
86.92	24.15	282.50	21.73
94.17	7.24	304.23	21.73
125.56	31.39	313.89	9.66
125.56	0.00	313.89	0.00
130.38	4.83	345.28	31.39
156.94	26.56	347.69	2.41
173.85	16.90	376.67	28.97
188.33	14.49	376.67	0.00
188.33	0.00	391.15	14.49
217.31	28.97		

6.5　评估房间振动模式的标准

至此，我们已经给出了一些具有良好房间振动模式分布的小房间的通用设计指南。我们知道，如果两个或多个振动模式占据同一频率或者与邻近的振动模式融合和隔离，那么我们马上就要警惕声染色问题。多年来，许多学者提出了评估房间的技术，以及根据房间振动模式分布预测房间低频响应的方法。最著名的博尔特（Bolt）[2]，吉尔福德（Gilford）[3]，劳登（Louden）[4]，博内罗（Bonello）[5] 和 D' 安东尼奥（D'Antonio）[6] 都提出了建议的标准。博内罗（Bonello）所建议的准则或许是应用最为普遍的。

博内罗（Bonello）的第一准则是绘出针对频率的 1/3 倍频程频率内的振动模式（所有振动模式：轴向、切向和斜向）的数量，同时研究最终图，看曲线是否单调提高（即是否每一 1/3 倍频程存在的振动模式比前一个 1/3 倍频程多，或者至少是相等数目）。他的第二准则是考察模态频率，确认没有相同的振动模式，或者若存在相同的振动模式，至少在该 1/3 倍频程频带内有 5 个或更多的振动模式。将博内罗（Bonello）的方法应用于 23ft × 17ft × 9ft 的房间，我们就可以得到图 6.9 所示的曲线图形。两个准则的条件均满足。后续 1/3 倍频程频带的单调增加证实振动模式的分布是有利的。

有可能用人耳的临界频带来替代倍频程频带。实际上，在 500Hz 以上，1/6 倍频程要比 1/3 倍频程更符合临界频带。博内罗（Bonello）在其工作的早期考虑过临界频带，但是他发现 1/3 倍频程可以更好地显示出房间尺寸的微小变化产生的细微影响 [5]。另外一个问题就是，是否轴向、切向和斜向振动模式应该赋予相等的状态，因为 Bonello 所做的一切实际上都是在 3 种振动模式所具能量有相当大差异的情况下完成的。尽管存在这些问题，但是博内罗（Bonello）准则还是被许多设计人员所采用，大量计算机程序在确定房间振动模式的最佳分布时也采用了 Bonello 准则。

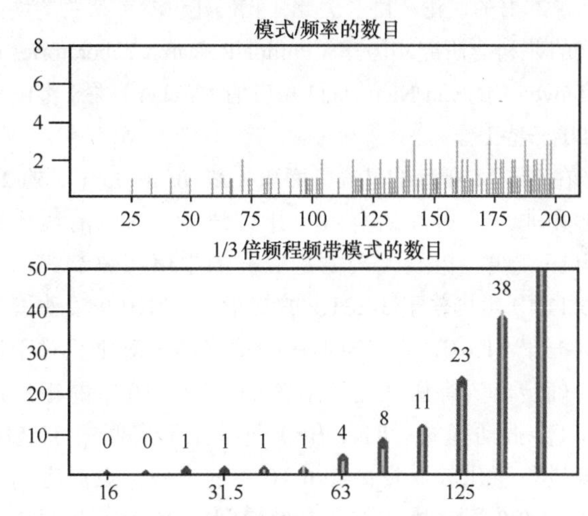

图 6.9　Bonello 准则应用于 23ft×17ft×9ft 房间的情形

D' 安东尼奥（D'Antonio）等人提出了计算房间模态响应的技术，将一支测量传声器放置于房间的角落，然后用放置在相对角落的，具有平坦功率响应的扬声器来激励房间 [6]。作者认为该方案所得到的结果明显优于其他准则。

历史上采用的选择房间尺寸的另外一个工具就是图 6.10 所示的著名博尔特（Bolt）足迹图。请注意，图中右侧的足迹图限制了足迹的有效区域。图 6.10 中的房间比例全都是以天花板的高度为基准的 [2]。

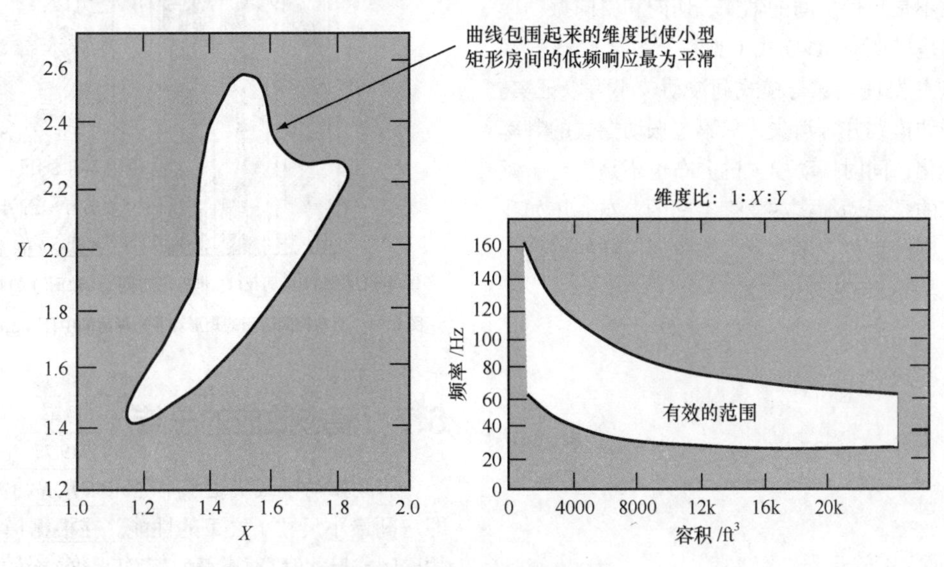

图 6.10　房间尺寸比例的评判标准

6.6 非矩形房间的振动模式

房间经常被建造成非矩形的形状，以避免产生颤动回声和其它不想要的人为衍生物。由于这种解决方案通常成本较高，所以要根据房间的表面为斜面时模态的类型到底如何变化而定。在较高的声频频率上，模态的密度很高，以至于整个矩形房间中的声压变化很小，除了消除了颤动回声之外，几乎没有别的好处。在较低的声频频率上，却不是这样的情况。矩形房间的模态特征可以很方便地通过公式 6-1 计算出来。然而，为了决定非矩形房间的模态模式就需要采用一种更为复杂的方法，比如有限元法。这已经超出了本书的讨论范围。为此，我们建议参考荷兰的埃因霍温的菲利浦研究实验室（Philips Research Laboratories of Eindhoven）的 van Nieuwland 和韦伯（Weber）关于混响室所作的一些工作[7]。

在图 6.11 所示的是同样面积（377ft^2 或 35m^2）的 2D 矩形和非矩形房间的有限元计算结果。图中的线代表等声压级线。粗线代表的是驻波的零声压波节线。在图 6.11 中，共振于 34.3Hz 的矩形房间 1,0,0 振动模式与共振于 31.6Hz 的非矩形房间情况作了对比。对于后者，确定出的等压线是不对称的。图 6.10 中的矩形房间 3,1,0 振动模式（81.1 Hz）与非矩形房间的 85.5Hz 共振进行了比较。提高图 6.10 中的频率，矩形房间的 98Hz 4,0,0 振动模式与非矩形房间的 95.3Hz 共振进行比较。图 6.10 还对矩形房间的 102.9Hz 的 0,3,0 振动模式与非矩形房间的 103.9Hz 共振进行了对比。图 6.11 所示的声压分布图对极度倾斜的房间表面所产生的声场畸变给出了充分的评估。

当房间的形状如图 6.11 所示那样不规则时，模态声压模型也是不规则的。不规则房间中每个频带内的振动模式数目与规则空间中的振动模式数目基本相同，这是因为振动模式数目主要是由房间的容积而非形状决定的。非矩形房间的共振特性不是矩形房间的轴向、切向和斜向振动模式特性，而全都是呈现为 3D 模式（类似于斜向）。这已经通过测量衰减率并发现模式与模式间波动较小得以证实。应注意的是，振动模式并未消失，只不过振动模式的频率不存在明显的变化，同时振动模式的分布也不是相对于频率分布的。变化的是振动模式在物理空间的分布。正如我们在下一章中看到的那样，不对称、非矩形设计的好处一定是相对于其缺点权衡而表现出来的。

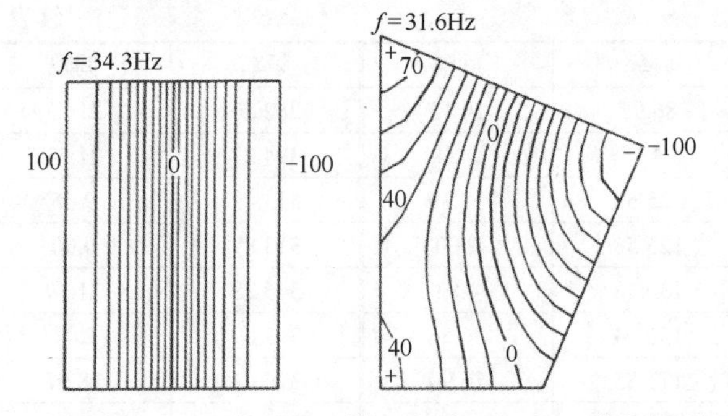

(a) 矩形房间 (34.3Hz) 与非矩形房间 (31.6Hz) 的 1，0，0 模式的比较

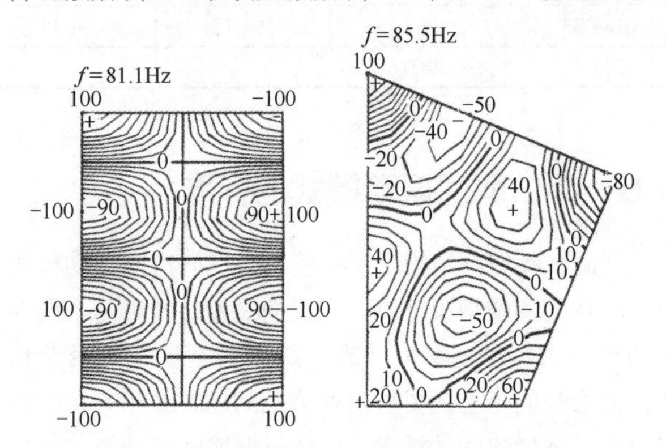

(b) 矩形房间 (81.1Hz) 与非矩形房间 (85.5Hz) 的 3，1，0 模式的比较

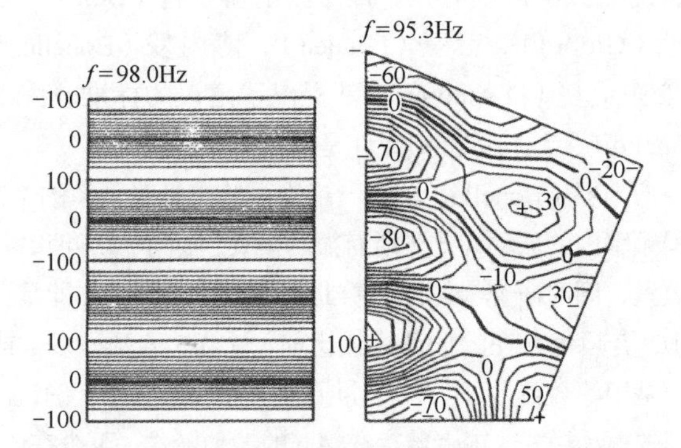

(c) 矩形房间 (98Hz) 与非矩形房间 (95.3Hz) 的 4，0，0 模式的比较

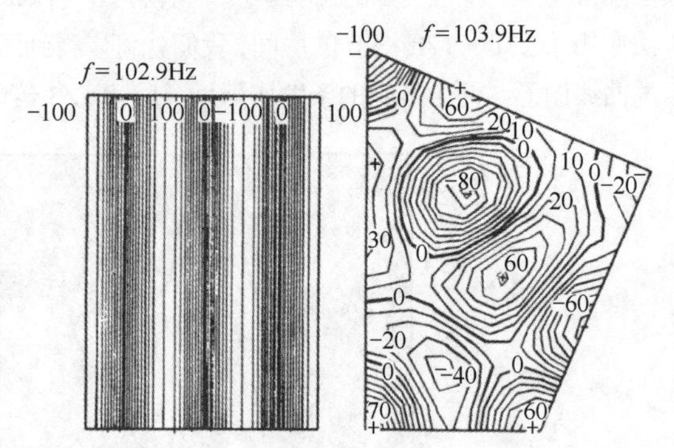

(d) 矩形房间 (102.9Hz) 与非矩形房间 (103.9Hz) 的 0，3，0 模式的比较

图 6.11 具有相同面积的矩形和非矩形房间中计算出的 2D 声场的比较[8]

6.7 模态效应的总结

房间振动模式决定了小房间在 f_1（f_1 约为 $3C/RSD$，RSD 即房间最小尺寸）之下的性能。在根据模态分布评估房间的比例或尺寸时，要遵循如下准则。在考虑轴向振动模式时，

不应存在彼此间频率间隔在 5Hz 之内的振动模式，同时振动模式间的频率间隔也不应大于 20Hz。由于小房间的模态带宽近似为 5Hz，所以彼此相隔间距在 5Hz 以内的任何振动模式将会有效地融为一体。频率间隔在 20Hz 以上的振动模式将不会被邻近的任何其他振动模式所掩蔽，很可能突显出来。很显然，不应存在双重或三重模式。有些准则也应用于所有振动模式（轴向、切向和斜向）。计算模态分布的出色工具有很多。

6.8　小房间内的混响问题

第一位将混响时间的计算公式化的 W.C. 塞宾（W.C. Sabine）是这样描述混响时间的："混响是由充满房间的大量声音所导致的，这些声音不能被分解成分立的反射[10]。"尽管没有使用这些术语，但是塞宾（Sabine）所言的是存在的真实混响，这必须是均匀和各向同性的声场。通常，这样的条件只有在没有太多吸声处理的物理大空间中才能实现。不幸的是，大多数人认为混响等效于衰减。混响时间确实指的是完全均匀的扩散声场所建立起的完美衰减，由于存在丰富的反射，所以这里的扩散声场表现为没有净能量的流动，或者尽管不是扩散声场，混响时间还是指的是任意声音（不管声音的本质如何）的衰减吗？在某种程度上，当然不是。应注意的令人感兴趣的是，或许塞宾（Sabine）本人也已预料到最终引发的混乱，在同一篇论文中他就写道：

"共振"一词已经并不严谨地被视为是"混响"的同义词，甚至还被等同为"回声"，并且在比较多的大部头、不太专业的字典中也是这么解释的。在科学文献中，术语已经被认为是能非常明确和严谨地解释曾经可能发生过的现象。具有一个这一意义的词是必要的。一个词即便使用得很普遍，但若有多重含义，而没有准确的所指也是不可取的[8]。

塞宾的观点就是要准确地正视我们今天的自己。如果没有对混响概念严谨的定义和应用，就会给我们留下一些没有确切意义的东西。

在塞宾（Sabine）首次测量了哈佛大学福格演讲厅（Fogg Lecture Hall）的混响衰减时，他使用了一根管风琴琴管和一块秒表。他既没有方法考察反射声的细节或声场的任何成分，也没有观察到衰减是频率函数的关系（虽然后来他观察到衰减是频率的函数，但是从未将它与房间的大小或形状联系起来）。他只能测量所用的 513Hz 琴管所发声音的衰减率。演讲厅的容积大约为 96 700 ft^3。房间已经大到足以使 512Hz 不会激励任何的常态房间振动模式[9]。由于房间中几乎不存在任何吸声，所以塞宾（Sabine）测量的几乎是真正的扩散声场。有趣的是，应注意一下在塞宾（Sabine）早期的论文中除了房间的容积之外几乎从未提到过他所研究的房间的尺寸。他认为房间的容积是最重要的。平均自由程（mean free path，MFP）也是其理论的核心。平均自由程被定义为房间内两次反射间指定声波行进的平均距离[10]。计算平均自由程的计算公式如下。

$$MFP = 4V/S \tag{6-5}$$

式中，

V 是房间的容积；

S 是总的表面积。

考虑尺寸为 12ft × 16ft × 8ft（3.66m × 4.88m × 2.44m）的小房间。该房间的容积为 1536 ft^3（43.5m^3），总的表面积为 832ft^2（77.3m^2）。将这些数值代入到公式 6-5 中，得到的平均自由程（MFP）约为 7.38ft。如果声音的速度为 1130ft/s（344m/s），声音走过这一距离的时间为 0.00553s（5.53ms）。通常人们接受这样的结论，即小房间中在经过约 4 ～ 6 次声反射之后，声波的大部分能量就损失在反射面上了，并且扩散的无法与本底噪声相区分。当然，这取决于房间的吸声量。在吸声非常强的房间中，甚至不可能存在两次反射。在非常活跃的硬表面房间中，声波可能会反射 6 次以上。在该房间中，一个声波将只需用 32.6ms 就能实现 5 次反射并消失于本底噪声当中。将其与大房间相比较。所考虑的房间的尺寸是 200ft × 150ft × 40ft（61m × 45.7m × 12.2m）。该房间的 MFP 为 54.5ft（16.61m）。声波要用 241.3ms 才能反射 5 次并消失。

塞宾（Sabine）对房间的形状甚至吸声材料的分布并不感兴趣。他关注的是扩散声场的统计属性和衰减率。其他的研究人员通过将时域性能表现划分为越来越小的区域，并研究其对房间主观性能的作用，终于观察到了类似的问题。

图 6.12 所示的是一个大的混响空间的包络时间曲线（Envelope Time Curve），测量采用的是时间延时谱方法。图形的左侧代表的是 t0 测量的开始时刻。应注意的是，这是信号离开扬声器的时刻。如果用传声器代表系统中的观测者，那么观测者在 $t(0)+t(x)$ 期间是听不到任何东西的，$t(x)$ 是声音离开扬声器传输到观测点所用的时间。在该系统中，这一时间是 50ms，因为扬声器距离传声器约 56ft（17m）。这个最先到达的声音被称为直达声，因为它是在任意表面反射的声音之前最先到达听音人或传声器的声能。认真研究这一图形，我们会发现在直达声和到达传声器的其他能量之间存在一个小的缝隙。这一缝隙就是所谓的初始时间缝隙（initial time gap，ITG），它是能很好地体现房间大小的标识物。在这一房间中，声音要用大约 50ms 的时间从扬声器传输到传声器的位置，然后再过 40ms（总共 90ms）才会有一些表面反射回来的扬声器声音到达传声器。因此，该房间的 ITG 大约为 40ms 宽。

图 6.13 是对图 6.12 中前 500ms 的放大图。从中我们可以清晰地看到 ITG，它约有 40ms 长。之后，声音大约用 130ms 左右的时间，在 270ms 附近达到其最大值。图 6.12 所示的图形中，之后的声音会以相当均匀的速率持续衰减

4s，直至声音声级跌落到本底噪声当中。

如果我们进行能量的施罗德积分（Schroeder Integration）[11]，然后测量它的斜率，并将其推延至峰值之下60dB，那么我们就可以看到该房间的混响时间在500Hz时约为6.8s，如图6.14所示。

花点时间对小房间的ETC进行比较是有益的，如图6.15所示。

仔细研究图6.15的情况，它反映出，在由强的分立反射控制的房间中，在直达声之后几毫秒就开始有反射返回到观测点。在直达声之后30ms，能量就已经衰减到本底噪声当中了。

由于声学上的小房间不存在明显的扩散或混响声场，以混响时间作为变量的公式就不适用了。

继续进行有关小房间内声音衰减如何量化的讨论。大部分录音演播室、控制室和听音室对于产生完全扩散声场而言都还太小，尤其是在较低的频率上。在小的、声学上沉寂的房间中，产生明显衰减的频率只是那些处在或靠近房间本征谐振频率的频率，而且只在振动模式是被两个或多个维度尺寸支持的时候它会成为问题。严格地讲，该衰减时间就与混响相关了，或许可以当作混响来看待。然而，振动模式的衰减并不是均匀变化的，这一点可以通过在房间各处所进行测量的结果不同来印证。进一步而言，我们可以清楚地观察到强度，它并不是各向同性的。塞宾（Sabine）公式及其衍生公式对于预测改变房间声学特性需要多大的吸声量是没有帮助的。尤其是对于小房间，我们所面对的

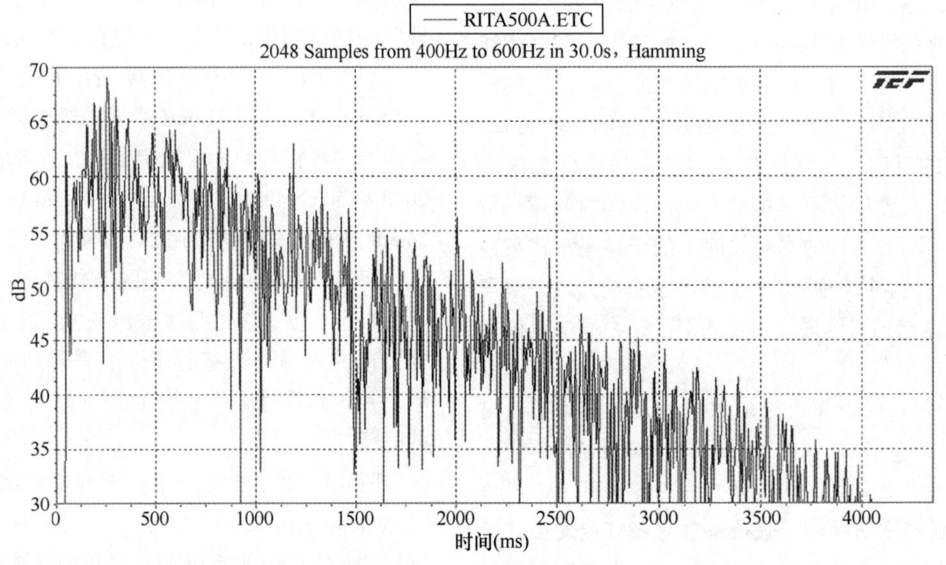

图6.12 大混响的教堂的ETC

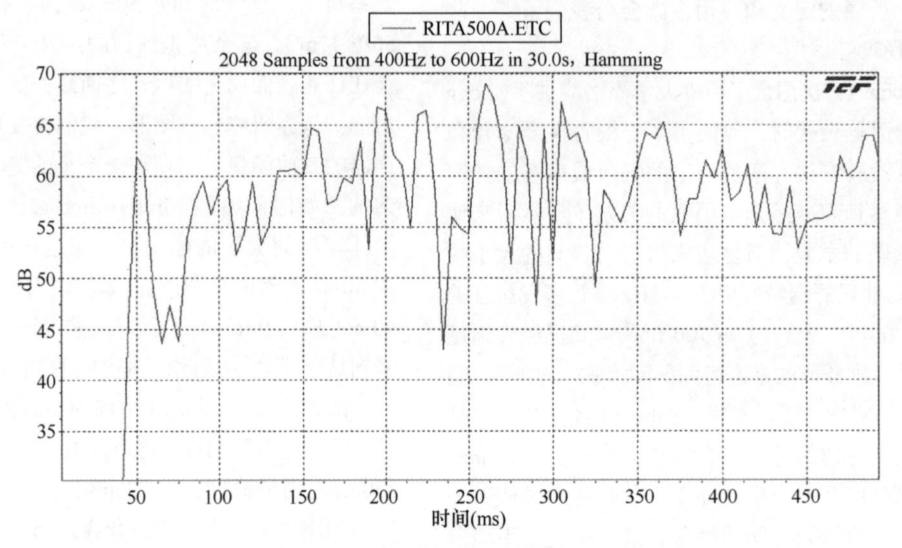

图6.13 图6.12前500ms的放大图

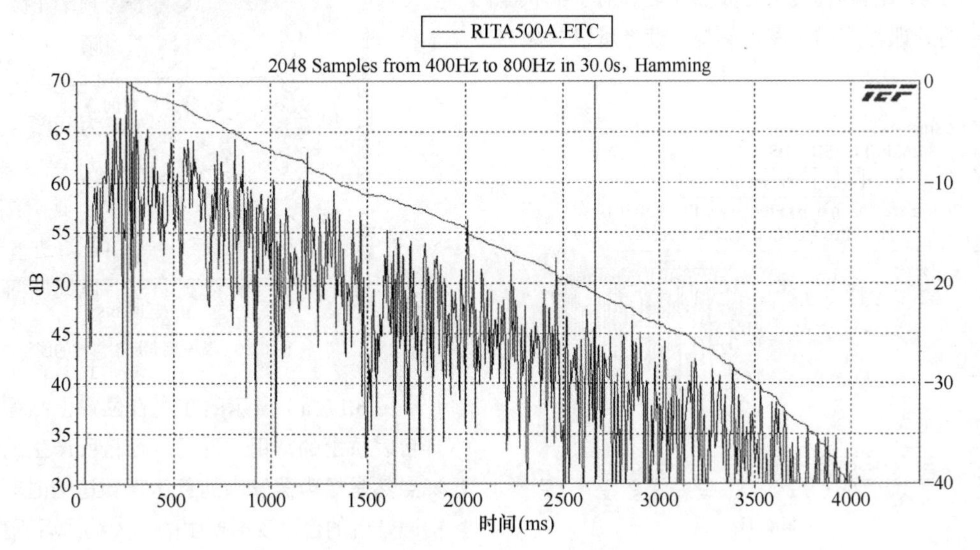

图 6.14　图 6.12 的 Schroeder 拟合图

问题之一就是缺少能与客观测量结果有很好映射关系的、定义明确的主观描述词汇。

因此，小房间的分析并不能采用统计法进行。吸声量并不能简单地根据想要的塞宾数值来指定。需要更深入的讨论和研究才能对小房间内的吸声行为进行全面的量化。

正如第 5 章“声频和声学基础”所提及的那样，测量声处理的标准方法要符合 ASTM C 423-00。这是一种研究处在扩散声场中材料影响的间接方法。在感兴趣的频率范围上未表现出任何扩散声场特征的房间，我们需要采用另一种方法来测量声处理。其他的方法将在第 8 章“室内环境的声学处理”进行概述。

6.9　房间的形状

我们已经提及了用统计方法（比如混响）和波动方法（模态法）解决声学问题，现在我们讨论几何法。应用几何声学的一个前提就是假设房间的尺寸要比所考虑的声音波长长。换言之，我们一定要处在图 6.1 中的区域 3 中，此时存在镜面反射，并且声音的短波长条件允许我们以声线的形式来看待声音。

声线只不过是发自特定点的球面波的一小部分。它具有明确的方向，它的行为动作如同几何光学中光线遵循的基本原理一样。几何声学是基于声线的反射。这时房间形状控制着声学属性。像探究房间比例一样，完美房间形状的研究也令人捉摸不定。有些人建议一定要用非平行表面，然而却没有完美的形状。有些形状具有不错的应用效果。

6.9.1　反射的控制

在开放的空间（当然是充满空气的）中，声音从点声源位置不受约束地向各个方向传播。在实际的房间中，没有点声源，我们有的是音箱或诸如乐器这样的声源，它们的发声特性与理论上的点声源并不相同。实际的声源具有特征辐射或指向性的特点。当然，在实际的房间中，声音并不是无约束地行进非常长的距离，它与 MFP 有关。当声音离开声源之后，声音会被一些表面反射回空间，并与未反射的声音相互作用。这种相互作用可能对原始声音的感知产生重大的影响。有一种巧妙的方法可对房间中的反射进行建模。反射可以被视为是来自反射面另一侧的镜像声源，该镜像声源与声源距表面的距离相等。这是一种简单的情况：一个声源，一个表面和一个镜像。如果现在将反射面换作房间的一堵墙，那么情况立刻就变得复杂了。现在声源在另外 5 个表面上也各存在一个镜像，共有 6 个镜像声源向接收器传送能量。不仅如此，还存在镜像的镜像，以及它们的作用等。物理学家在推导出房间内声源在房间内指定接收点产生的声强数学表达式时一定会考虑镜像、镜像的镜像，以及镜像的镜像的镜像等的贡献或作用。这就是所谓的确定反射路径的镜像模型。有关技术的全面阐述请参阅第 13 章“声学模型与可听化处理”部分。

6.9.2　梳状滤波器

当直达声和反射声在一些观测点混合时，所产生的频谱波动起伏常常被称为产生了梳状滤波器响应。第一个陷波点和陷波点之间的频率间隔基于两个到达信号间的延时。第一个陷波点的频率 F（Hz）由下式计算得出。

$$F = 1/2t \tag{6-6}$$

式中，

t 是延时，单位为 s。

后续的每个陷波点出现在 $1/t$ 处。

图 6.15 所示的是对于两信号间延时为 1.66ms 的系统响应。根据到达的时刻、强度和相对于听音人的入射角度，反射可以让节目素材的声音发生巨大的变化。对于梳状滤波器所建立起的处理程度的更深入解释，读者可以参阅参考文献[12]。

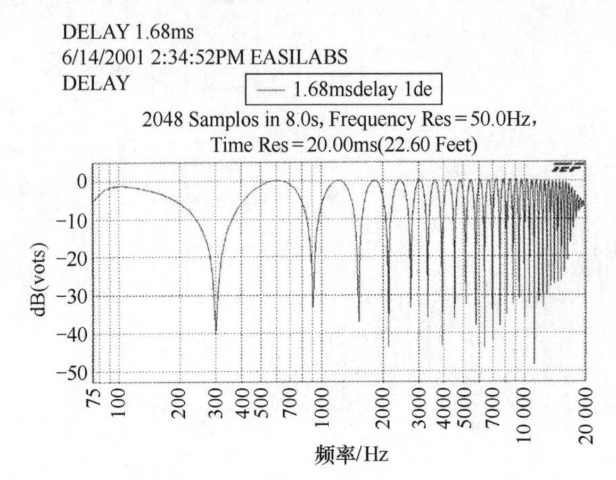

图 6.15　两个声源之间存在 1.66ms 延时情况下的系统响应

在 1971 年，M. 巴伦（M. Barron）撰写了一篇有关反射对声音感知影响的论文[13]。他试图量化音乐厅的侧向反射的影响。尽管他的工作是在大的混响空间中进行的，但是许多小房间的设计者对他的工作表现出很大的兴趣，因为他考虑了房间中声场的最初 100ms 的作用。这种作用通常是人们在小房间中想要得到的。图 6.16 是对单个侧向反射作用的图示总结。从中可以看到 5ms 数量级的非常早的反射，即便它的幅度相对于直达声而言非常低，它仍然有可能引发声像产生偏移。在有些情况下这可能是人们要考虑的重要问题，例如，人们认可的将音箱放在录音调音台表桥上的做法。

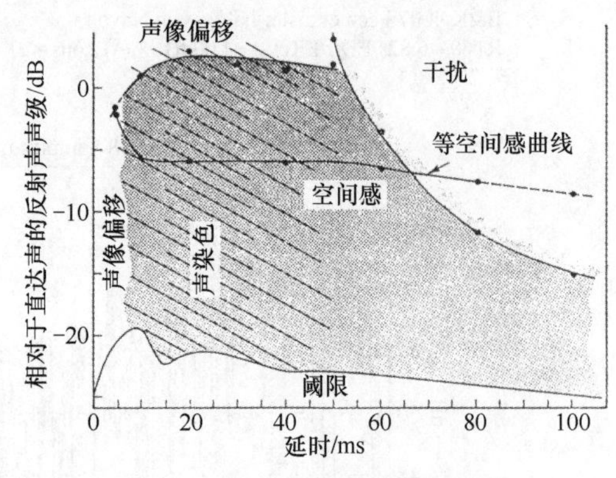

图 6.16　单一侧向反射影响的图示总结

图 6.17（a）所示的在混音位置上测得的放置在录音调音台表桥上的常用“近场”音箱所产生的 ETC。第一个尖峰当然是扬声器发出的直达声到达的时刻。第二个尖峰是由调音台的台面反射产生的，大约滞后于直达声 1.2ms。图 6.17（b）所示的是这样两个信号到达传声器处产生的最终响应。最后的图 6.17（c）是反射被除去后音箱的频率响应。该作者确实是由于好奇才发现了这种将音箱放置在调音台之上的实践方法，虽然表面上消除了房间的影响，得到了更为准确的声音呈现，但实际上却导致了扬声器的响应产生严重的染色，并且对立体声声像的准确感知能力产生了明显的影响。

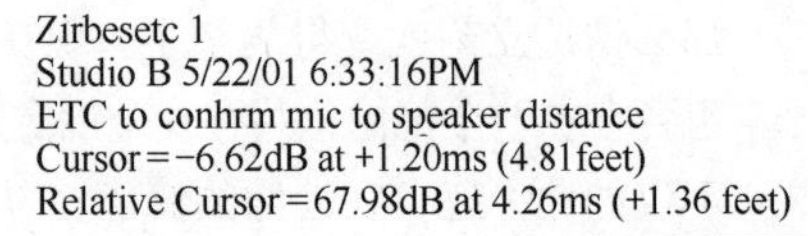

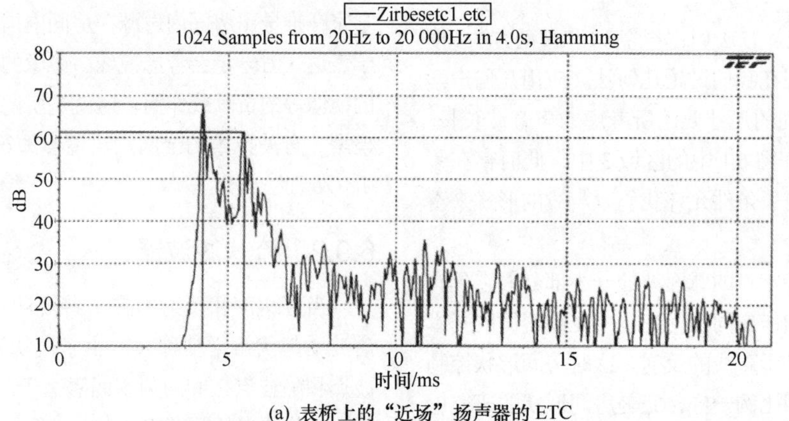

(a) 表桥上的“近场”扬声器的 ETC

图 6.17　录音控制室调音台台面反射的影响

Zirbes FR1
5/22/01 7:06:15PM Studio B
Frequency test from 500Hz to 20kHz checking for comb filtering
— Zirbes FR1.1etc
1024 Samptes in 2.8s, Frequency Res = 226.0Hz, Time Res = 4.42ms(5.00 feet)
dB (P ascals)
80 75 70 65 60 55 50 45 40 35
500 700 1000 2000 3000 4000 5000 7000 10000 20000
频率/Hz

(b) 表桥上的“近场”扬声器的频率响应

Zirbes FR2
5/22/01 7:11:09OM Studio B
Frequency response test from 500Hz to 20kHz. with 4 in. sonnex placed over console
to eliminate reflective surface

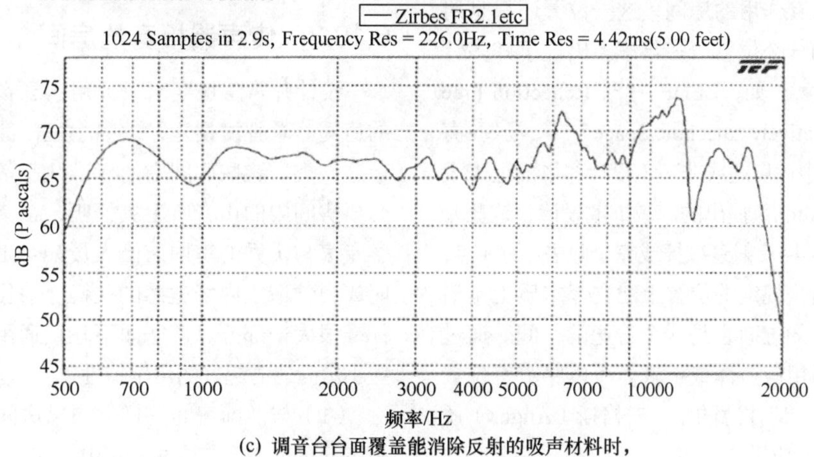

(c) 调音台台面覆盖能消除反射的吸声材料时，
表桥上的“近场”扬声器的频率响应

图 6.17　录音控制室调音台台面反射的影响（续）

虽然巴伦（Barron）并没有对调音台情况中这种来自下方反射的应用进行研究，但是这种影响是清晰可闻的。在 1981 年，C.A.P. 罗杰斯（C.A.P.Rodgers）[14] 注意到它与因扬声器未对齐所导致的频谱陷波的相似性，已经表明由耳廓所建立的这种情况在声音定位中扮演重要的角色。他认为频谱中陷波点的存在将会损伤听觉系统对定位信息的解码能力。这可以解释巴伦（Barron）注意到的现象。非常早的反射所导致的陷波类似于耳廓所引发的频谱定位。这些是导致声像产生偏移的反射。

6.10　小房间的设计因素

研究小房间性能的基本工具问题已经解决了。现在我们将关注的重点转移到小房间的设计因素上面来。我们已经将小房间大致分成 3 类：准确的听音室，传声器拾音的房间和娱乐房间。我们并不是说只有一种方法来建设控制室或娱乐室。对于不同的要求，有不同的设计准则。这里所给出的分类并不侧重于全面概括，而是要有普遍适用性和代表性。还应注意的是，我们并没有将作为房间设计重要组成部分的噪声控制主题涵盖在其中。有关噪声控制的内容请参阅第 3 章的内容。

6.10.1　关于控制室的争论

由于大部分控制室都是声学意义上的小空间，所以在这里讨论控制室的一般性设计是适宜的。有些人坚持认为控制室应尽可能准确。另外一些人则坚称：“由于人们几乎很少在高度精准的审听室中听音乐，所以如果控制室更像娱乐室的话，则音乐会做得更好。”即不是追求效果如何，而是要让人主观感觉设计听上去不错。确实许多的录音是在并不准确的听音空间条件下录制的。只要有演绎和归纳推理者，有左脑和右脑思维的人，有艺术家和工程师存在，那么这种争论就永远不会休止。在接下来的文字中，我们并不是要尝试解决争论，而是要尝试制定出一些简单的规则。房间设计者最重要的任务就是要倾听客户的要求，不要对他们所要寻求的目标作任何假设。

6.10.2 准确的听音室

这些空间的主要目标是让听音人将他所听到的声音与正在记录或已经记录的声音尽可能一致。通常，这些房间的使用者所要完成的任务是对节目进行分析听评，并对其所听到的内容做出决定或判断。这种类型的房间有控制室、母带制作室和声频后期制作室。在本章写作之时，目前的工艺水平还设计不出能让用户所听到的内容百分之百地等同于正在记录或已经记录的内容的换能器或电子器件。然而，我们可以设计出完全满足这一条件的房间。对于音箱而言，消声室可以让用户准确地听到完全是由音箱所发出的声音。现在的问题是，消声室很可能是我们想象的声学上最充满敌意的地方。让人们花上几分钟的时间单独待在消声室中对音乐做出艺术上的处理决定是很困难的。挑战就是利用房间的振动模式或到达听音位置的反射建造一个不会与音箱发生明显相互作用的房间，这一位置还只是用户在主观上可以接受的一个位置。多年来，出现了许多针对该问题的良好解决方案，如，LEDE ™[15]，Reflection Free Zone ™（RFZ）[16]和 Selectively Anechoic Space ™[17]，汤姆•海德利（Tom Hidley）的中性房间或非环境设计，以及近来大卫• 默尔顿（David Moulton）提出的广域扩散设计。这些方案都认同“要将所有的早期反射衰减掉或完全除去”的观点，在扬声器激励时，在预先规定的位置上建立起本质上是消声室的空间，但在其他的方面它是一个普通的空间。通过改变反射体的角度，采用吸声体或扩散体可以将听音位置的反射消除掉或衰减掉。应注意的是，安格斯（Angus）质疑控制侧向反射中扩散的应用[18]。

从表面上看，人们可能会提出疑问，即为何所有的声音空间不以这种方式建造？其原因是，大部分人并不是以听辨的态度来听音乐。在准确的空间中，音乐录制得差，则审听结果也就差。人们确实可以设计出音乐听上去要比在准确房间中听的效果更好的房间。人们可以以给人主观愉悦感为目标来建造房间，但这是建造房间的一部分，而不是记录声音的一部分。录音工程师一般想知道录音过程中的准确度如何。工程师一般在声音制品发行之前会在许多不同的环境下听这一制品，以确保在并不理想的条件下声音听上去不会变差。

所谓好的声音制作因素可以从频域和时域中观察到。例如，如果房间在 120Hz 处存在可闻的振动模式，那么音乐的中低音听起来是丰满的，并让人感到相当愉悦，然而，这种丰满感来自房间，而非录音本身。实际上，录音可能“单薄”或低端能量不足，因为房间的因素渗透到缩混当中了。在时域上，发生于前 10ms 左右的反射，以及来自旁边的反射（侧向反射）可能导致立体声的声像感要比扬声器允许的物理间隔宽一些。虽然这时会感觉声音舞台非常好，但是这是房间的因素造成的，而非录音本身[19]。

设计这样一个空间是艺术和科学相结合的过程。尽管有关整个房间设计方面的细节问题已经超出了本书的讨论范围，但是设计这样一个房间的步骤中必须包含以下内容。

（1）选择一组能产生最佳低频性能表现模态分布的房间比例。

（2）选择对称的房间形状，以便每只扬声器以完全一样的方式与房间相互作用。

（3）选择和安排声处理材料，以便早期反射（至少是前 18ms）被衰减，至少要比直达声低 18dB。应该格外注意，确保所选择的吸声处理在感兴趣的频率范围和输入角度上表现出平坦的吸声特性。应测量能量时间曲线，以确保整个听音区上直达声没有被进行这种处理。

（4）房间中设备和家具的摆放不应干扰直达声。应注意的是，录音调音台常常是控制室中最为明显的声学组成单元。

（5）确保房间有足够的活跃度和扩散面，以便保证房间是一个“正常房间”，而不是像一个消声室。

6.10.3 传声器拾音的房间

设计师常常被要求设计用于录音或者运用传声器拾音的房间。录音演播室，歌唱小室，甚至是会议室可能都属于这一类。这些房间中的标准几乎都是主观的。最终用户想要房间中的声音听上去好听，在其中工作舒适。建议声学专家与优秀的室内装修人员配合工作，使室内装饰和照明成为营造室内舒适感的关键。很显然，噪声控制占设计标准很大一部分。遵守如下几条通用的规则，将有助于这些小房间建立起好的声学特性。

（1）与准确房间一样，如果房间的比例能产生最佳的模态分布，那么在这些房间中工作就会取得良好效果。

（2）与准确房间不同，不对称的演播室和歌唱小室往往更好。

（3）如果可能的话，避免存在平行表面。

（4）在对反射声进行直接测量和统计时，尽可能采用线性处理。

（5）避免用一种形式的声处理来处理整个表面。例如，用一种吸声材料覆盖整个墙壁的效果通常不如只处理某些区域，而留下一些不处理的区域的效果。

（6）仔细地聆听最终用户对所使用空间的描述，明白哪些是他们想要的，哪些是需要改变的。诸如亲切感，亲密感，声音发暗，声音发死，声音平淡等词语通常是与吸声有关的。而诸如声音开阔，活跃，明亮，清新常常是与扩散相联系的词语。

（7）将吸声材料与传声器放置在同一平面上将会提高视在 MFP，从而产生更长的 ITG（initial time gap，初始时间间隔）。这常常使人感觉房间似乎变大了。例如，通常在名人使用的歌唱小室中，将吸声材料置于墙壁上，这样歌手与传声器就和吸声区处在同一平面上。在会议室中，将一组吸声材料绕着房间放置在与坐着的人的头部等高的位置处，这样将有助于改善房间的交谈性能。

6.11　娱乐室

将这部分内容冠以“声音好的房间”的标题会使这部分具有很大的诱惑力。抵御诱惑是为了免遭批评，这样的标题会暗指准确房间的声音听上去不好。这是个关于目标的问题。正如所指出的那样，设计出准确房间的目的是进行分析。这部分讨论的房间是为娱乐而设计的。

当然，制定出声音好的房间的设计标准将会更加困难。与任何主观目标一样，它最终也要归结为最终用户的欣赏品味和偏好。娱乐室的设计方案如何，在很大程度上取决于所使用的系统类型，以及想要用它开展何种娱乐活动。唱片爱好者的听音室就与家庭影院不同。应注意的是，家庭娱乐领域有非常丰富的声频语汇。所使用的有些词，比如空间感和定位感，它们的含义与科学的声频行业中使用的词汇的意思一致。而像氛围感、纹理、确定感、冲击感和清脆感这样的主观词语则要模糊得多，没有办法将其映射成物理领域当中的具体参量，并对其实施控制。当最终用户要求对两个相互排斥的方面进行优化时，这便提出了相当大的挑战！所谓的 1979[20] 年进行的 Nippon-Gakki 实验相当好地表现出了这样一个事实，即如何通过仅将声处理材料移动至房间的不同位置来建立起不同的主观效果，如图 6.18 所示。要注意，当定位认为好的时候，空间感就差，反之亦然。

一些基本要点如下。

（1）在家庭娱乐系统中，房间振动模式的分布不是那么重要。尽管不准确，但是模态对低频段的支持还是可以使得房间中的声音听上去更丰满。这可以改善家庭影院系统的声音表现。

（2）应慎重采用吸声处理。这些房间应为安静的，而非沉寂的。如果采用了吸声处理，那么必须是线性的处理。

（3）记住会对房间的声学性能有贡献的每一个事物。大部分娱乐室中都有丝绒物品，它们是很明显的吸声源。

在考虑最终的处理之前，应将家具摆放就位。

（1）侧向反射应通过采用极端放置的扩散体加以强调。侧向反射可以极大地提高房间的空间感。

（2）吸声的天花板倾向于建立起亲切感，并让人感觉处在小空间当中。如果这并不是想要的，那么要采用一定的吸声处理来控制非常早的反射，而保留其余的部分。

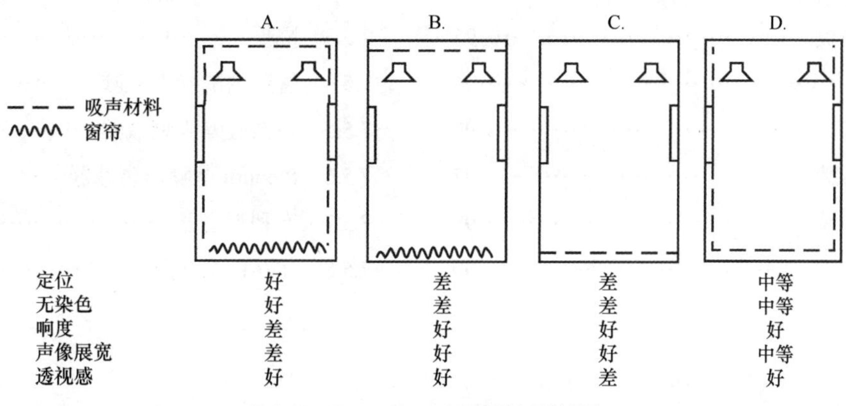

	A.	B.	C.	D.
定位	好	差	差	中等
无染色	好	差	差	中等
响度	差	好	好	好
声像展宽	差	好	好	中等
透视感	好	好	差	好

图 6.18　Nippon-Gakki 心理声学实验的结论

第 7 章

噪声控制

Doug Jones编写

7.1　引言

我们可以方便地将室内声场分成两大类型：噪声控制和主观声学。声学上的这两个分支实际上有一些相同的地方。从大的层面上讲，噪声控制是一种项目设计。如果不能很好地改善房间的隔声问题，那么实现噪声控制是非常困难的。然而，通常我们可以通过简单地改变房间墙壁的处理就可以改变房间中声音的主观听感。必须时刻牢记的重要一点就是，噪声属于主观一类。声压、声密度和声传输全都是可以测量的。噪声是不想要的声音。测量和量化任何指定的声音对任何特定个体产生的干扰程度就要难得多。对采用 Fat Boy ™来检查演播室的哈利（Harley）来说，他的耳朵听到的没完没了的音乐对于你而言则是噪声。你的音乐对于隔壁正在举办完全不同议题会议的临床医学家而言就是噪声。演播室 A 中的音乐对于打算在演播室 B 进行录音的乐队而言就是噪声。

纵览本章的内容，声音空间（sound room）一词通常指的就是为了实现某种应用目标而必须保证一定的安静程度的房间。

噪声从一个地方迁移至另一地方的方式有两种。一种是通过空气来传输，一种是借助于结构来传输。为了减小或消除气导噪声，人们必须消除两个空间之间的所有空气通路。为了减小结构传导噪声，人们必须建立隔离系统，以消除两个空间之间的机械连接。这些措施说起来比较容易，但是实施起来则明显要困难得多。

本章的第一部分将阐述用于噪声控制的最常用标准。这是后续有关技术和材料的讨论所要遵循的，这些技术和材料可能对于改善分析案例的隔离特性有用。

7.2　噪声标准

如果噪声被定义为不想要的声音，那么如何对它进行量化呢？一种方法就是测量空间的环境或背景声音。假设某种声音是不想要的（比如空调噪声，或者可听到的火车经过的声音），那么我们就需要有一种方法来确定人们对该声音可接受的声级。在指定可接受的噪声声级时，习惯上都会采用某种形式的噪声标准（noise criteria，NC）。NC 曲线的好处就在于它将频谱指标定义为具有内在关系的一个 NC 数值。图 7.1 所示的 NC 曲线对于设定某一声音空间的背景噪声是很有帮助的。其他 NC 类曲线还有 PNC，如图 7.2 中在频率范围的低端增加一个倍频程；图 7.3 所示是欧洲采用的噪声评估曲线。1989 年，Beranek 提出了 NCB 或平衡的噪声标准（Balanced Noise Criteria）[1]。NCB 增加了 16Hz 这一倍频程频段，且相对于 NC 或 PNC 而言曲线的斜率有了一定程度的改变，如图 7.4 所示。另外，Beranek 还提出了针对各种应用的 NCB 限定值，如表 7-2 所示。

人们认为使用噪声谱评估要远优于用一个宽带噪声声级来表示。但是，如果需要的话，每条 NC 曲线都可以表示成表 7-1 所示的那样，即一个总的声级分贝值加上每一倍频程频带上的声功率值。这些总声级可以很方便地通过声级计（sound level meter，SLM）的读数来评估。例如。如果 SLM 读取到的演播室背景噪声数值为 29dBA，假设空间内的噪声谱与对应的 NC 曲线一致，且不存在明显的纯音成分的话，那么就可以将该空间的 NC 评定为“近似为 NC-15”。

表 7-1　噪声标准 (Noise Criteria ,NC) 全部声级 *

NC曲线	等效宽带声级(A加权)
15	28
20	33
25	38
30	42
35	46
40	50
45	55
50	60
55	65
60	70
65	75

*数据来源： Rettinger[2]

这有助于对建议的录音棚和其他空间的 NC 范围与用于其他目的空间的应用标准进行清晰的比较，如表 7-2 所示。音乐厅、歌剧厅和音乐剧厅等的 NC 目标值很低，以确保音乐能拥有最大的动态范围，语言有最大的可懂度。

这些对于高质量的听音室（比如控制室）同样也适用。对于录音棚，之所以制定苛刻的 NC 目标值，是为了传声器拾取到最小的噪声。虽然 NC-30 以下的声级一般认为是“安静的”，但是“安静”是有程度差异的。NC-25 为城镇居民区期望达到的声级下限值。这就是说，如果我们的城镇居民区满足 NC-25，那么在此居住的居民一定会感觉环境很安静。同样是同一NC-25对于录音棚而言则是可接受的声级上限值。尤其是录制那些大动态内容的素材时，大部分录音棚都要满足 NC-20 或者 NC-15 的要求。要想达到比 NC-15 更低的声级，则需要在建筑结构上投入巨资，并且在城区很难实现。

表 7-2　噪声标准范围，NC 和 NCB*

适用的场所	噪声标准范围	NCB
私人市内居所，走廊	25 ～ 35	25 ～ 40
私人乡村居所	20 ～ 30	无
酒店房间	30 ～ 40	25 ～ 40
医院，私人病房	25 ～ 35	25 ～ 40
医院，大厅，走廊	35 ～ 45	40 ～ 50
办公室，经理室	30 ～ 40	30 ～ 40
办公室，开放区	35 ～ 45	35 ～ 45
餐厅	35 ～ 45	35 ～ 45
教堂避难所	20 ～ 30	20 –～30
音乐厅，歌剧厅	15 ～ 25	10 ～ 15
演播室，录音棚和放音室	15 ～ 25	10

*选自参考文献1，3和4

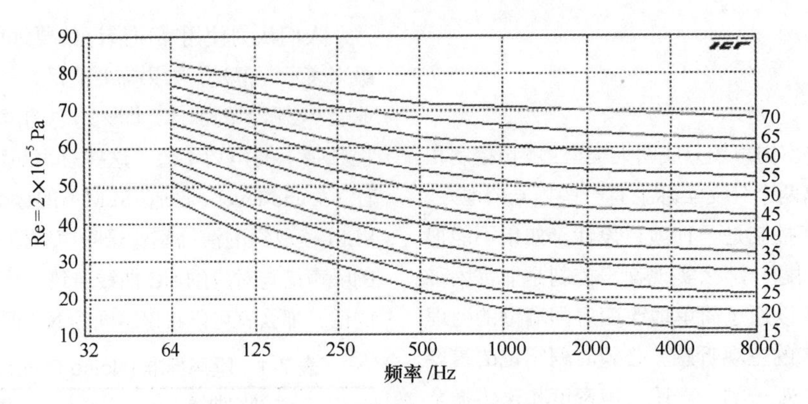

图 7.1 噪声标准（NC）曲线

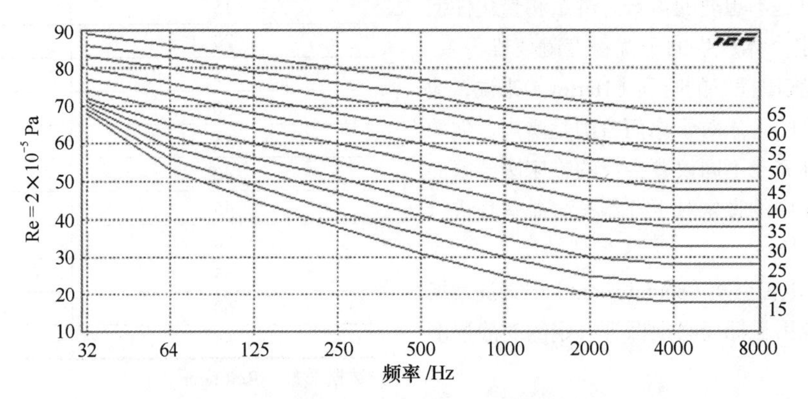

图 7.2 PNC（应注意倍频程之外的情况）

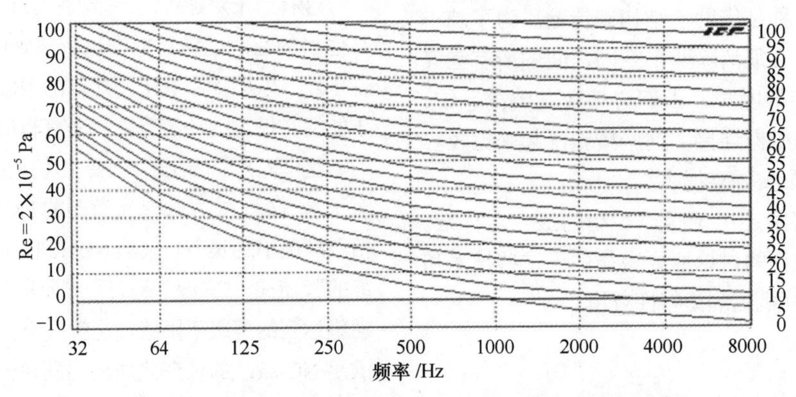

图 7.3 NR- 欧洲采用的噪声评估曲线（应注意的是延伸范围之外的情况）

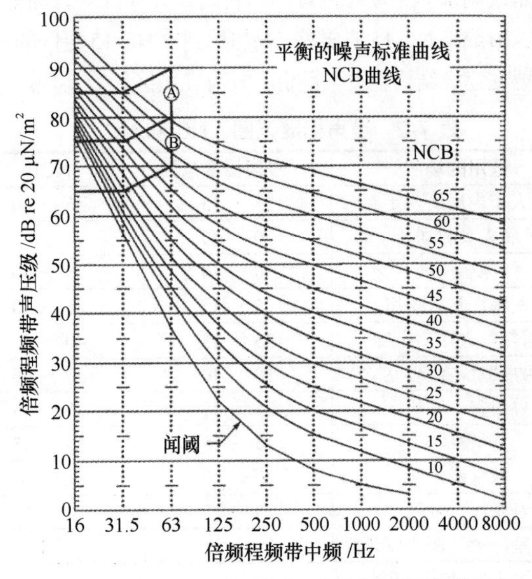

图 7.4 对于有陈设物品的房间的平衡噪声标准曲线（NCB）

7.2.1 传输损失（TL）

用来指定或评估隔离的另一个工具就是传输损失（transmission loss，TL）。传输损失是指声音通过隔离物或障碍物时所发生的损失。TL 越高，意味着损失越大，也就是说只能通过较少的声能。如果想要的NC或噪声限定已知，并且噪声负荷已知，那么设计人员必须要设计出合适的障碍物或隔离物，以得到实现设计目标的要求。在声学范畴中，实际上每个物体的 TL 值都会随频率的变化（更准确地讲是波长）发生非常大的变化。

7.2.2 传声等级（STC）

噪声标准方法使用方便且具有实用价值，因为它用单一 NC 数值来定义允许的噪声声级和频谱。其便捷性和价值属性体现在它能通过一个数字来对声障损失与频率关系曲线进行分类。STC 是标称分类的单一数字法[5]。典型的标准轮廓曲线是由表 7-3 所给出的数值来定义的。根据表 7-3 中的数据绘出的图形如图 7.5 所示。尽管图 7.5 中只示出了 STC-40 曲线，但是所有其他的曲线的形状与此完全一样。应特别注意的是，STC 并不是现场测量而得。现场 STC，或者 FSTC 可在 ASTM E336-97 的附录 a1 中查到。FSTC 通常要比实验室 STC 标称值差 5dB 或者更多。因此，可以期望安装了标称为 STC-50 的门达到 STC-45 左右的性能。不论怎样，STC 还是提供了对竞争厂家生产的产品进行比较的标准化方法。

表 7-3　标准 STC 轮廓线

频率(Hz)	1/3倍频程 声传输损失(dB)	频率(Hz)	1/3倍频程 声传输损失(dB)
125	24	800	42
160	27	1000	43
200	30	1250	44
250	33	1600	44
315	36	2000	44
400	39	2500	44
500	40	3150	44
630	41	4000	44

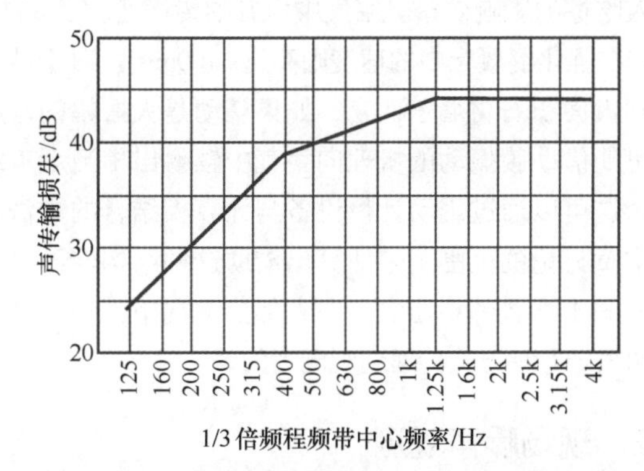

图 7.5　用来决定障碍物的传声等级（STC）而采用的标准形状（ASTM　E413-87）

假设手头就有给定隔离产品的 TL 与频率的关系图，并且我们打算用一个 STC 数字来标称化该隔离产品。那么我们首先要做的就是准备好一个透明的覆盖纸，将其覆盖在一张绘制了标准 STC 轮廓曲线（表 7-3 的 STC-40 轮廓曲线和图 7.5）的图纸上，以便与 TL 轮廓曲线具有相同的频率和 TL 刻度比例。之后，将该覆盖纸垂直移动，直至一些测量的 TL 数值处在轮廓曲线之下，且完成如下的条件为止[6]。

（1）不足量（即轮廓曲线之下的偏差）之和应不大于 32 dB。

（2）任意一次测量点上的最大不足量应不超过 8 dB。

当轮廓曲线被调整到满足以上两个要求的最高值时，该声障的传声等级就是对应于轮廓曲线与 500Hz 纵坐标交汇处的 TL 数值。图 7.6 给出了一个利用 STC 的例子。为了确定针对图 7.6 所示的测量 TL 曲线的标称 STC，首先要将 STC 覆盖纸在 500Hz 对齐，并调整纵向值，以读出一些估计值，就是所说的 STC-44。测量到的 TL 声级与 STC 轮廓线之间的差异按每倍频程点加以记录。将这些数据加在一起。其总和（47dB）大于允许的 32dB。接下来将 STC 覆盖纸降低到估计的 STC-42，这次得到的总和为 37dB。再将覆盖纸降至 STC-41，得到的总和为 29dB，固定 STC-41 轮廓线，将其作为针对图 7.6 所示 TL 曲线的标称值。

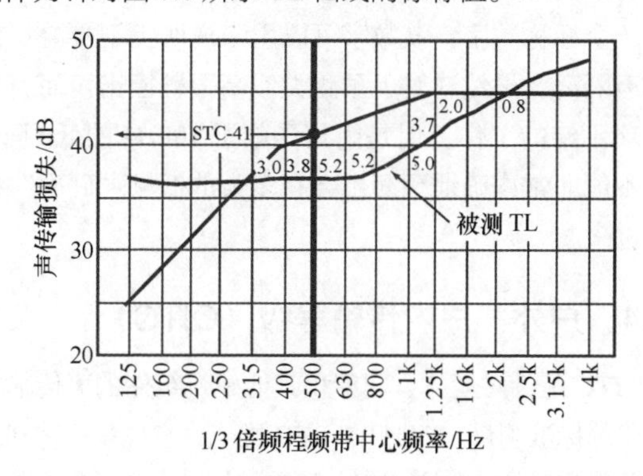

图 7.6　通过测量得到的 TL 图形决定障碍物标称单数 STC 的方法

STC 方法的最终图表如图 7.7 所示。在该情况下，明显的重合谷点出现在 2500Hz 处。图 7.7 示出了第二个 STC 要求，“在任意一个单一测量点上的最大不足量不应超出 8dB”。这一“8dB”的要求将覆盖纸固定在了 STC-39，如果只采用总和为 32dB 的要求，则这一值已经是相当高了。

标准 STC 轮廓线的形状与测量到的 TL 曲线相比可能有非常大的差异。为了准确起见，采用测量，乃至专业的评估，这样的 TL 曲线可能更加贴近想得到的数值，而不是依靠 STC 单一数字标称值来获取 TL 曲线。虽然采用 STC 标准系统通常都会表现出一定的便捷性，但它还只是对实际的 TL 曲线的最大程度上的粗略逼近而已。

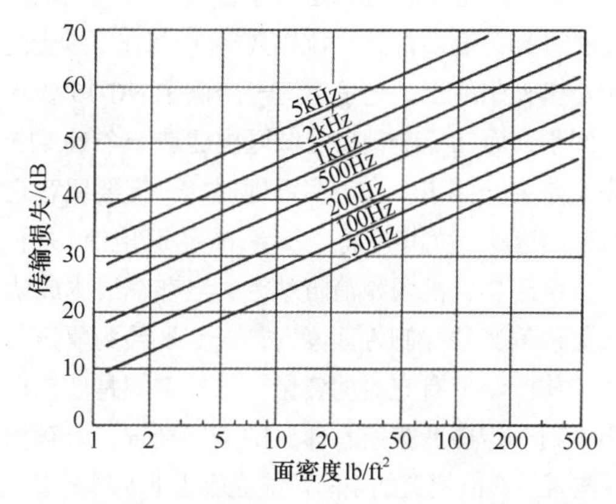

图 7.7　对于允许有 8dB 最大不足量的 STC 确定的第二法则

（原图有误，已用上一版图替换）

7.2.3　撞击声隔离等级（IIC）

在多单元住宅中，来自楼上的噪声对那些生活在楼下的人们而言可能是非常严重的干扰。这种噪声一般都是由结构传导而来的，而不是空气传导的。虽然存在介于气导和固导噪声之间的某种程度噪声，但是要测量和控制的固导噪声一般都比较高。ASTM E492.3 描述了一种利用距表面（一般是地板）一定控制高度而落下的校准重物来产生标准测试“信号”的敲击机器。测量是在单元的下方完成的。之后，这些测量被用于计算 IIC，计算按照 ASTM E1007-13b 中描述的相当复杂的方法进行。测量在 100Hz ～ 3.15kHz 的 16 个频段上进行，并将声级与标准轮廓线相比较。在该方法中，发送房间和接收房间的声学条件也是可变的。其结果是一个标称数字，该数字可以用来说明上下楼叠层住宅间的声隔离。虽然这对于预测类似高跟鞋撞击声而言确实是一项不错的工作，但是因其受限于 100Hz 的低频下限，故并不能非常准确地预测出会有多大的低频“砰砰”撞击声传过来。

7.2.4 户外－户内传输等级（OITC）

OITC 是针对墙体、门窗和其他建筑组件的声传输效率标称化的标准测量。OITC 与 STC 类似，它也是标称建筑组件的单数字系统，数字越高，隔离越好。ASTM E1332 规定在 80Hz ～ 4kHz 范围内测量，并从测量到的撞击噪声之和（或标准文件）减去某一建筑组件的 TL 值之和计算得出该数字。

7.3 噪声控制案例研究

为了描绘出设计一个安静空间所必须要采取主要步骤，我们将拿假想的录音演播室设计作为研究案例。

7.3.1 场地选择

为了满足噪声目标要求，我们要做的首项工作就是应认真选择建筑的地址，选择适合于应用的建筑地址，以便达到要求的 NC 值，并且也可以将资金控制在可承受的范围内。在艾奥瓦州的玉米地里建造一个满足 NC-15 要求的房间是一回事，而在曼哈顿岛的城区内建造一个 NC-15 的房间则完全是另一回事。在考察场地时，一定要留意它是否靠近嘈杂的道路，尤其是高速公路；是否有电梯；是否靠近地铁、十字路口，机场和消防站等。当存在成本或诸如地点无法更改等其他强制性因素时，一定要给为隔声、隔振进行的结构改动留有充足的资金。如果空间是处在已有的建筑中，则一定要考察所有邻居的空间情况，留意相邻空间闲置与否。有时空置的空间可能会吸引非常吵的邻居！

建筑物可能是非常嘈杂的空间。电梯门和电机、供热、通风和空调设备等都是噪声声源。另外，鞋底撞击硬地板的声音，结构中的金属竖管和工业机械发出的声音也是噪声声源。

如果选用了场地的结构图，那么通过在结构体和噪声源之间建造土堤或石墙可以取得一定程度的噪声防护作用。这些结构对高频声会有一定的作用，但是对噪声的低频成分的作用甚微，因为低频成分的波长相对于土堤的尺寸太长了，它会从顶部绕射过去。浓密的灌木丛可以使声音产生高达 10dB 的整体衰减。虽然所给出的结构对噪声的物理隔离有帮助，但这受反平方定律的制约。距离每增大 1 倍产生 6dB 衰减的规律只是针对自由声场条件下的点声源而言的，但是我们可以此来进行粗略的估算。距声源的距离由 50ft 变为 100ft（50ft 的变化）时对噪声声级所产生的衰减与 100ft 变为 200ft（100ft 的变化）时对噪声产生的衰减是一样的。很显然，在靠近声源时，距离的变化对隔离作用的影响最明显。在任何给定的场地上，将对声音敏感的房间安排在远离讨厌的噪声声源的建筑一侧是不错的做法，尤其是不存在反射结构的话，它会降低障碍物的遮蔽效果。

正如引言中所述的那样，噪声由声源处传递到观测者的途径有两种。噪声既可以是通过空气传输（气导噪声），也可以是通过结构或大地来传递（结构传导噪声，或固导噪声）。高速公路上跑运输的重型卡车，或者空中交通工具，或者地下交通工具导致的大地产生的大振幅的低频地面震动都可能传导到建筑结构的地基上，进而将其传递到结构的各个点。尽管这些震动属于次声，但是它还是会使具有良好低频响应的传声器膜片发生震动，从而导致低电平的电子电路过载。次声和可闻声频段的震动对整个混凝土结构会产生令人吃惊的影响效果。空气中声音的传播速度是 344m/s，而声音在强化混凝土中的速度则高达 3700m/s[7]。对于结构中采用的大面积石材墙壁而言，如果震动是大振幅的，那么墙壁可能借助膜振动的机理向空气中辐射出相当大声级的声音。这可以通过震动计量设备与计算相结合的方法（已超出本章讨论的范围）来估算出借助这种结构传导路径辐射到房间中声音的声压级。在大部分情况下，噪声是通过气导和固导两种方式传递到观测者的。

7.3.2 现场噪声观测

场地现场观测可以让设计人员对于给定的建筑场地存在的噪声声级有很好的了解。更重要的是，他们知道了实际环境存在的噪声声级有多高，以便拿出合适的方案来将其降低到可接受的声级。

环境噪声是非常复杂的，由人类和自然声源产生的交通噪声和多种其他噪声的混合噪声时刻都在变化。现场的噪声要利用相应的测量设备来证明。主观性方案是不能令人满意的。即便是在演播室和听音室上投资适中的项目，也要投入适当的人力和物力来进行现场的噪声观测，以此作为进行墙体，地板和天花板设计的依据。

对所提出声音空间的紧邻地方的噪声进行观测的一种方法就是联络声学咨询商，让他们实施相关方案并提交报告。如果由有技术背景的个人来进行工作，那么提供正确的设备，并给予一定的指导就可以得到可信的工作结果。

观测建议地点的简单方法就是使用当今功能较为全面的，基于微处理器记录噪声的分析仪。有大量的精密设备单元可以胜任这一任务，得出可靠和非常有用的现场观测数据。图 7.8 所示的是一个采用 Gold Line TEF 25 运行 Noise Level Analysis ™软件得到的 24 小时观测结果。人们也可以使用具有相应选项功能的手持式声级计（SLM）来工作。有些像 B&K（Brüel 和 Kjaer）2143 这样的实时频率分析仪也适合这种工作。诸如 Quest Technologies model 300 这样的辐射计量仪（如图 7.9 所示）也可以使用，但可以肯定的是这种测定仪能够在测试现场测量声级。辐射计量仪通常不能测量 40dB 以下的声级。

不论使用哪一种分析仪，系统都必须使用传声器校准器来校准。天气条件，尤其是温度和相对湿度在校准时都要做标注。测量传声器可以安装在测量位置的防风雨小室中，然后通过传声器连接线缆将其接到室内的工作设备处。在噪声观测的各种显示中会出现很多种专用术语。它们是用来表示声级 *Ln* 的一组术语，参见表 7-4。这些声级被称为超出或百分比声级。L_{10} 就是指 10% 以上的时间里所具有的声级，L_{50} 是指 50% 以上的时间里所具有的声级，L_{90} 就是指在 90% 的时间里具有的声级，以此类推。在美国，L_{10} 被认为表示的是平均最大声级，而 L_{90} 表示的是平均最小声级或背景声级[8]。由于噪声声级随时间变化剧烈，所以表示等效的恒定分贝声级的一个数字就很有用了，这就是 *Leq*。这是个稳定的连续声级，其能量与在测量声级的指定时间周期内的能量相等。*Ldn* 表示的是 24 小时的 *Leq*，考虑到夜晚时间段中潜在的噪声烦躁度增加，所以 22：00 到 07：00 这一时间段上累计声级再加上 10dB。城市噪声等效声级（Community Noise Equivalent Level，CNEL）也被用来判断 24 小时时间段内的噪声声级。它不同于 *Ldn*，因为其中包括了针对 19：00 ～ 22：00 傍晚时间段的加权系数。对于傍晚时间段的 *Leq* 增加了 5dB，而对于深夜时间段的 *Leq* 增加了 10dB。

表 7-4　在噪声观测中常用的声级名称

L_{10}	10%以上时间里的噪声声级
L_{50}	50%以上时间里的噪声声级
L_{90}	90%以上时间里的噪声声级
L_{dn}	24小时的L_{eq}
lmean	测得声级的算术平均

lmean 是测量声级的算术平均。*Lmin* 和 *Lmax* 是分别指测量到的最低和最高瞬时声级。

理想的情况是，现场观测时间最短应该为 24 小时。24 小时观测捕获的是每天的变化；在每周选择的几天里所进行的观测着重捕获的是一天一天的噪声时间变化，或者一周期内的某一时段发生的噪声事件。

除了 B&K（Brüel 和 Kjaer）2143 之外的大部分价格便宜的分析仪获得的只是不同时间的声压级。B&K2143 除了得到声压级之外还能得到噪声的频谱。如果没有 B&K2143 这样的分析仪可用，则最好进行大量的频谱测量和进行带时间地址的声级记录。

通过现场观测获得的数据应是声学空间中预测的声级与相邻空间内容许声级的组合。

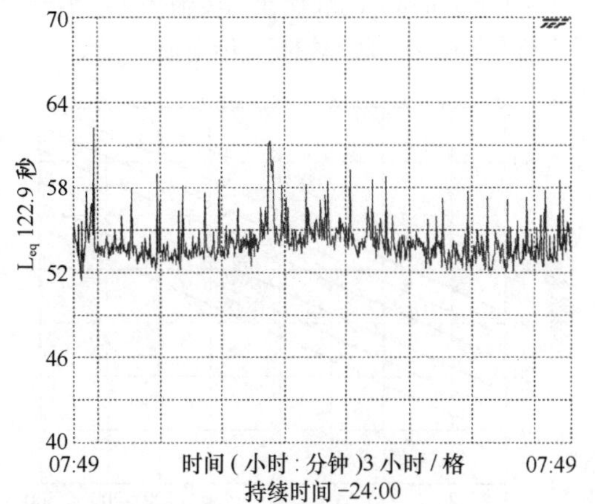

图 7.8　采用 Gold Line TEF 25 进行 24 小时 NLA 现场观测的结果

图 7.9　Quest Technologies model 300 辐射计量仪（Quest Technologies 授权使用）

7.3.3　设置声音障板

设置声音障板的目的是衰减声音。为了有效地工作，声音障板必须要对气导和结构传导噪声进行处理。每种声音障板的作用相当于振膜，它在声波撞击的影响下产生振动。由于声音障板的振动，故一部分能量被吸收，另一部分能量被重新辐射出去。最简单的声音障板是软面板或无任何结构刚性的障板。从通过理论分析得出的大致结果来看，软面板的质量每增加 1 倍，其产生的传输损失应提高 6dB。在现实世界中，该数据指标转变为质量每增加 1 倍，传输损失接近 4.4dB。由实际测量得到的经验性质量定律可以表示为

$$TL = 14.5\lg M + 23 \qquad (7\text{-}1)$$

式中，

TL 是传输损失，单位为 dB；

M 是障板的面密度，单位为 lb/ft²。

由图 7.10 可以归纳出如下几个结论。其中一个结论就

是，在任何特定的频率下，障板越重，传输损失越大。面密度为150lb/ft^2(732kg/m^2)，厚度为12in(30.48cm)的混凝土墙体所产生的传输损失要大于面密度为3lb/ft^2(14.6kg/m^2)，厚度为1/4in(6.35mm)的玻璃板的传输损失。另一个结论是，对于给定的障板，频率越高，传输损失越大。

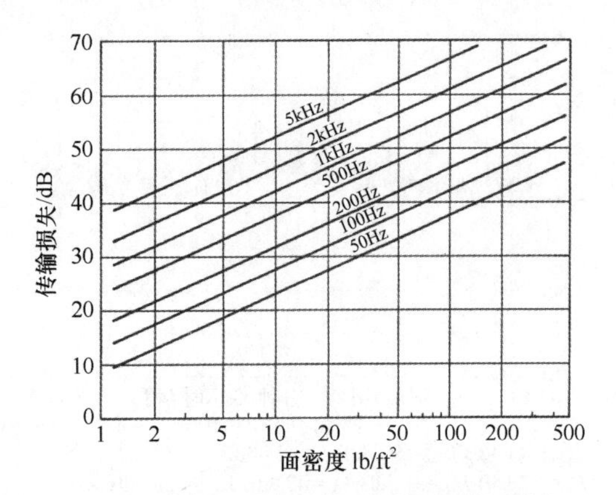

图 7.10 根据实际测量的传输损失得出的经验质量定律。面密度是 1ft^2 墙表面对应的墙体重量

图 7.10 中的直线仅代表部分图像，因为障板并不是软质量体控制的。图 7.11 示出了障板在频域上的 4 个不同区域。在极低的频率下，障板的刚性起支配作用。在稍微高一些的频率上，谐振影响成为障板的控制主因，其振动情况类似于振膜。在临界频率之上，一致性影响控制着障板的传输损失。质量定律对决定障板性能起重要作用，但谐振和一致性会引发明显的偏差。

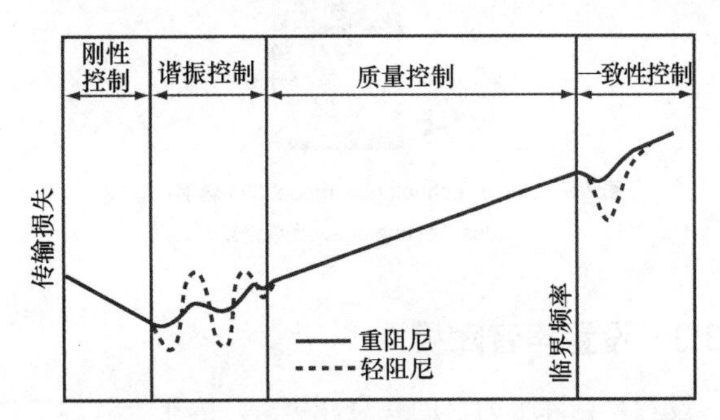

图 7.11 声障性能被刚性、谐振、质量和一致性分割成 4 个控制区

低频谐振效应源于障板的机械谐振。对于较重的障板，谐振频率通常处在可闻限定范围之外。如果板处在谐振振动状态，那么实际上是没有传输损失的。若频率处在谐振频率之上，则质量定律起作用，在一致性效应开始前函数关系保持在相当平直的状态。当入射声的波长与板内弯曲波动的波长一致时就发生一致性效应。对于确定的频率和入射角而言，板的弯曲振荡将被放大，声能将透过板进行传输，损失减小。尽管入射声涵盖很宽的频率范围，并且由各个角度入射，但是总体结果是，一致性效应建立起一个频率范围很窄的“声学空洞”，在传输损失曲线上引发出所谓的“一致性谷点”。这个谷点发生于临界频率之上，它是材料属性的复杂函数。表 7-5 列出了一些常见建筑材料的临界频率。

表 7-5 临界频率

材料	厚度(in)	临界频率(Hz)
砖墙	10	67
砖墙	5	130
混凝土墙	8	100
玻璃板	1/4	1600
胶合板	3/4	700

由Rettinger计算得出[7]

假定对于某一声音空间，我们已经选择了 NC-20 作为目标。通过噪声观测得到了：图 7.12 所示的噪声声级和噪声频谱。到底何种墙体结构能使图 7.12 所示的室内噪声降至 NC-20 的目标呢？图 7.13 表明，这需要标称为 STC-55 的墙体。接下来的一步就是要对能够满足 STC-55 以及其他要求的多种可能墙体类型进行研究探索。

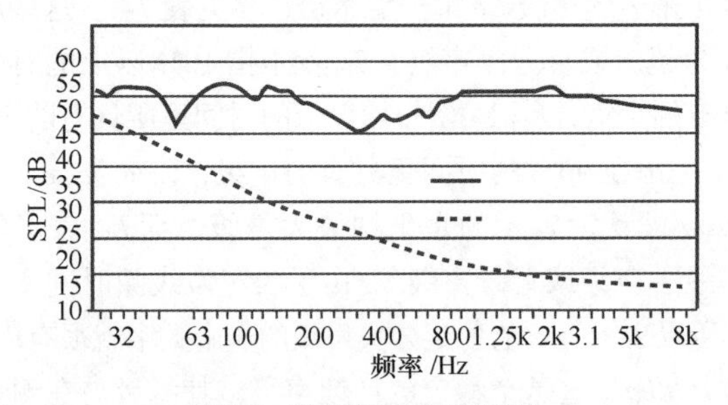

图 7.12 噪声观测到的噪声频谱

如果图 7.12 中的曲线中的数值减去测量到的噪声曲线数值，就可以得到为了达到想要的目标 NC 所必需的衰减量的原始数据。这一结果绘制成图 7.13。将标准的 STC 模板放在图形之上，就可读取到相对于 500Hz 标志的所需 STC。

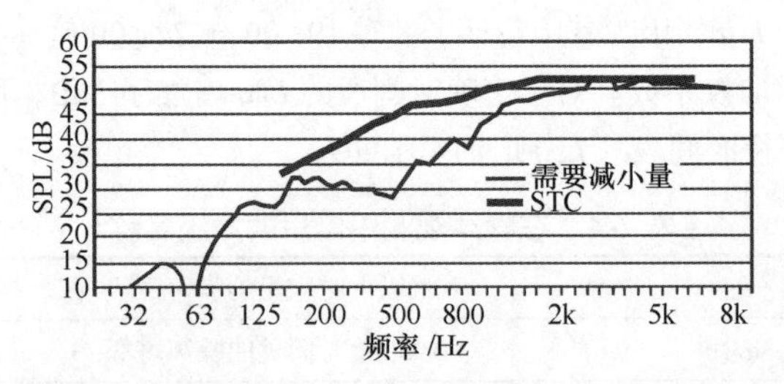

图 7.13 图 7.12 所示的声空间所要求的声障衰减按照 STC-47 划定的结果

7.4 隔离系统

隔离系统必须要做整体处理。人们必须要将墙体、天花板、地面、窗户、门等作为整个隔离系统来加以考虑。震动会以每一种可能的途径从一个地点传到另外一地点。例如，如果打算在建筑物当中另外一个承租人的卧室下方直接建造一个声音空间，那么一定要对天花板的问题格外关注。但通常会有一些途径使得震动可以穿过天花板传递过来。如果想在两个空间之间产生隔离，所有这些侧向路径就必须要被考虑到。

应指出的是，在一些国家的某些地区的建筑规范中要求有抗地震工程。一定要确认所考虑采用的隔离系统绝不能违反任何当地的抗震规定或所要求的附加抗震条例。Mason Industries 已经颁布了公告，在抗震工程方面给出了强制性规定[9]。

7.4.1 墙体的结构

声学隔离是一个复杂的实体工程。正如之前所提到的那样，墙体对频谱中的不同频段会表现出不同程度的隔离效果。因此，人们一定要知道自己要隔离哪些频率（参考图 7.11）。墙体越重且材料的阻尼性越高，则由膜共振所引发的问题就越少。通过比较各种墙体配置的相对效率可以看出，质量定律提供了最为简便的获得粗略近似值的方法。然而，大部分使用的隔声处理实际上都能取得更好的效果，即取得比用质量定律预测的隔声量更大的隔声衰减量。为了基于质量来计算隔声量，表 7-6 列出了各种常用建筑材料的密度值。如果在双墙体结构中增加了空气层的话，那么这便引入了不止质量一种因素，通常这样的处理会产生更高的传输衰减。

表 7-6 建筑材料密度

材料（in）	密度（lb/ft³）	面密度（lb/ft²）
砖		
4	120	40.0
8		80.0
混凝土：轻体空心		
4	100	33.0
12		100.0
混凝土： 实心		
4	150	50.0
12		150.0
玻璃		
1/4		3.8
1/2	180	7.5
3/4		11.3
石膏墙板		
1/2	50	2.1
5/8		2.6
铅	700	
1/16		3.6
刨花板	48	
3/4		1.7
复合板	36	
3/4		2.3
沙子		
1	97	8.1
4		32.3
钢材	480	
1/4		10.0
木材	24～28	
1		2.4
在单层石膏板下面安装		

7.4.2 高衰减框架墙体

文献描述的高 TL 墙体非常广泛。这里给出的是一种可靠的，高度简化的数据总结，重点强调将其用于声音空间墙体的实用性解决方案中。表 7-7 列出了 8 种框架结构及各自的 STC 性能[10, 11]。在这些结构的每一个中都使用了石膏墙板，因为它提供了一种取得必要墙体质量和防火性能的廉价且方便的方法。两种轻型混凝土块墙体（系统 9 和 10）就在石膏墙板墙体 1 ～ 8 所包含的范围内。

格林（Green）和谢里（Sherry）的 3 篇论文给出了对采用石膏板制造的多个墙体配置的测量结果[10]。图 7.14 描述的其中 3 种所产生的 STC 范围为 56 ～ 62。

由经验得出的质量定律的表述给出的是 STC 标称值，而不是传输损失[10]，如图 7.15 所示。这便使其容易针对隔离表面重量来评估表 7-7 和图 7.14 的隔声量。图 7.15 中加深表示的数字化 STC 范围与表 7-7 中相同数字的隔离量相对应，提及的 A，B 和 C 点就是图 7.14 的（a），（b）和（c）结构。由图 7.15 可以看到，类型 1 和 9 的墙体性能源自质量定律的预测。其他类型的墙体的性能要优于质量定律曲线预测出的性能。这种性能上的提高主要是因为结构的一侧与其他结构去耦合的缘故。

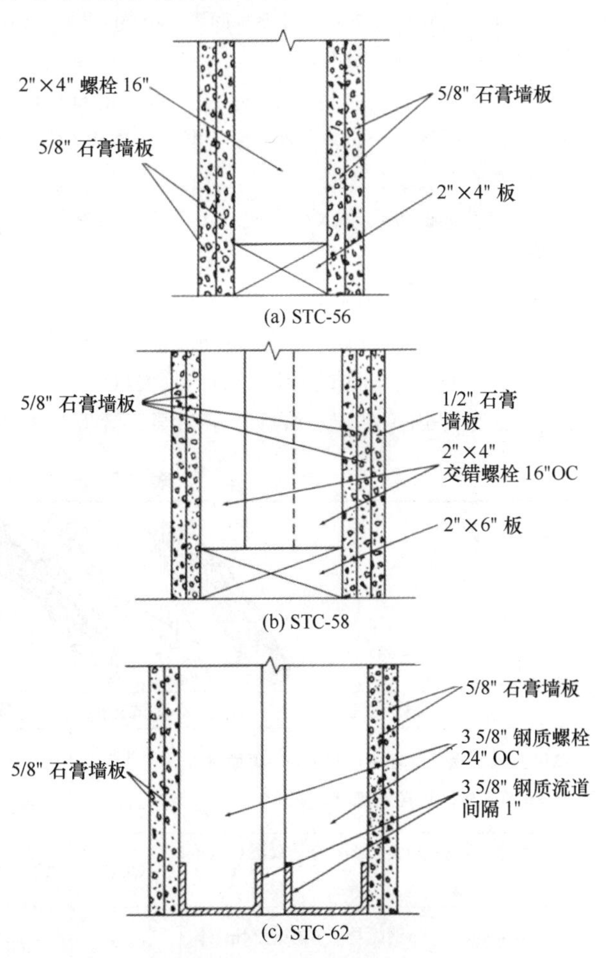

图 7.14 3 种组合的标称 STC 值递增的双层隔离石膏墙板
（Green 和 Sherry 授权使用[10]）

近些年来，墙板方面有了新的发展。QuietRock ™是内阻尼墙板[11]。尽管它比标准的石膏板要贵出不少，但是它远胜过通常的清水墙，对于给定的STC，由于可供使用Quiet-Rock所用的材料较少，所以成本可以抵消掉一些。

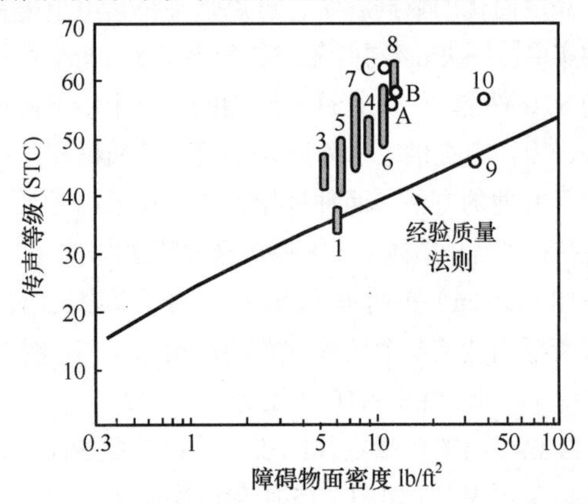

图7.15 按照传声等级而不是TL表达的经验型质量公式的变化。数值是以表7-7作为参考基准，字母是以图7.14为参考基准

为了取得框架式墙体的最高标称STC，要牢记下面10个要点。

（1）从理论上讲，应避免一面墙体与另一面墙体在同一频率上所形成的重合谷点。让两面侧墙的不同的重合谷点出现在不同的频率上更有利于补偿其组合的影响。然而，Green和Sherry发现，当对具有等效面重量的隔离物进行比较时，这种影响可以忽略不计[10]。

（2）在墙体的两侧可以利用具有不同厚度的石膏板来产生差异，在石膏板一面装上软纤维（消声）板和/或在一面的弹性通道上安装石膏板。

（3）弹性通道安装在木质支撑栓上要比安装在钢质支撑栓上更为有效。

（4）钢质支撑栓柱的隔离通常具有的STC要比等效的木质栓柱隔离高2～10点。常见的C形钢质支撑栓柱的轮缘相对柔韧，能量由一面传输到另一面时损失得少一些。

（5）如果采用了多层石膏板，第二层石膏板是采用粘接而不是用螺钉连接安装的，它对STC的影响可能提高6个点。这尤其有助于与更高密度的墙体配合使用。

（6）玻璃纤维的空穴填充物（比如R-7）可以将STC提高5～8个点。如果第二层材料是采用粘接法连接的，那么使用多层隔离材料将更为有效。

（7）STC稍微提高是源于将支撑拴柱的中间间隔由16in提高到了24in。

（8）将支撑拴柱的尺寸由2in提高到3in并不能明显提高加有空穴填充物的钢质支撑栓柱隔离物的传输损失或STC。

（9）虽然石膏板的加层提高了STC和TL，但是最大的改善体现在较轻的墙体上。增加层提高了硬度，倾向于将重合谷点移向更低的频率。

（10）将第一层墙板粘接到支撑栓柱上实际上降低了STC。

7.4.3 混凝土石块墙体

混凝土石块墙更像是具有同样面重量和弯曲硬度的实心墙。表7-7中，墙系统9是轻型、中空混凝石块墙，两侧采用乳胶涂料密封。在图7.15中，我们看到这种特殊墙体的性能低到接近于纯质量工作的情形。许多框架式墙体的STC-46相当于或超过了表7-7中所列出的对应墙体。表7-7中的墙体系统10与墙体系统9是一样的，只不过墙系统10采用了新的侧翼，粘有毛毡，矿棉纤维被添加到一侧的空腔中。这些添加物将STC从46提高到了57。值得一提的是，幸好已经有了具备同样功能的并不太贵的框架结构。混凝土墙的性能可以通过提高墙体的厚度、单面或双面粘接，或者用沙子或混凝土棒来填充空腔的办法来加以改善，所有这些措施都增加了墙的质量。当用每平方英尺的磅数表示的面密度计算时，这种墙的STC性能就可以用图7.15来估算。为了进一步改善性能，必须增加毛毡贴面（比如10）或者添加第二个带空腔的块状墙体。

表7-7 一些常见建筑隔断的传声等级*

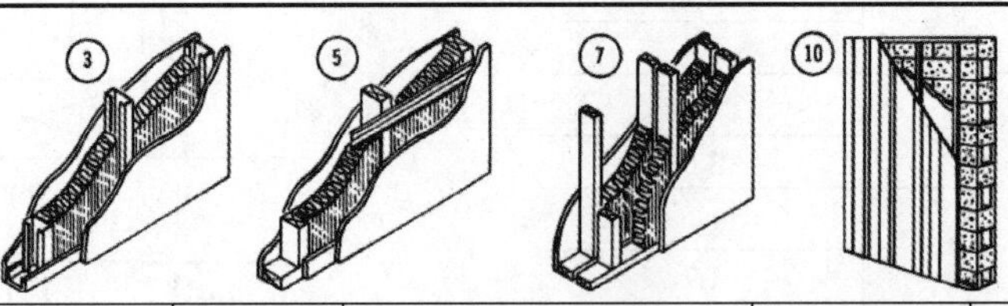

墙体系统	测试支持[1]	实验室测试标准	表面重量lb/ft²	非腔内吸声	腔内吸声
1．单排2×4木螺栓（在中心16in），每面镶入单层5/8in石膏板，直接连接	OCF	OCF 424& OCF423	—	34	36（$3\frac{1}{2}$in玻璃纤维）
	NGC	NGC 2403 & NGC2166	6.1	35	38（$3\frac{1}{2}$in玻璃纤维）
2．与1相同，只不过每面采用的是双层1/2in石膏板	OCF	OCF W-23-69 & OCF W-25-69	—	39	45（$3\frac{1}{2}$in玻璃纤维）
3．单排24-gage $3\frac{5}{8}$in钢螺栓（在中心24in），每面镶入单层5/8in石膏板，直接连接	NGC	NGC 2385 & NGC2386	5.2	42	47（$2\frac{1}{2}$in玻璃纤维）
4．与3相同，只不过每面采用的是双层1/2in石膏板	NGC	NGC 2282 & NGC2288	8.9	48	53（3in玻璃纤维）

续表

墙体系统	测试支持[1]	实验室测试标准	表面重量lb/ft²	非腔内吸声	腔内吸声
5．单排2×4木螺栓，单层5/8in 石膏板直接连接到一面，另一面连接到金属弹性通道	FPL	TL 73-72	6.4	—	47（$2\frac{1}{2}$in玻璃纤维）
	OCF	OCF 431 & OCF427	—	40	46（$3\frac{1}{2}$in玻璃纤维）
	GA	TL 77-138	—	—	50（$3\frac{1}{2}$in玻璃纤维）
6．与5相同，只不过每面采用 双层5/8in石膏板	USG	TL67-212 & TL67-239	10.6	49	59（$3\frac{1}{2}$in矿棉纤维）
	NGC	NGC 2368 & NGC 2365	11.3	50	54（$3\frac{1}{2}$in玻璃纤维）
7．双排2×4木螺栓，1in板隔离，每面有单层5/8in石膏板	FPL	TL 75-83	7.6	—	57（双$3\frac{1}{2}$in玻璃纤维）
	OCF	OCF W-43-69 & OCF 448	—	45	56（3in玻璃纤维）
8．与7相同，只是每面为双层 石膏板	FPL	TL 75-82	12.2	—	63（双$3\frac{1}{2}$in玻璃纤维）
	OLF	OCF W-42-69 &OCF W-40-69	—	58	62（$1\frac{1}{2}$in玻璃纤维）
9．8in轻型中空混凝土砖块，两面用乳胶漆密封	ABPA	TL 70-16	34	46	—
10．与9相同，附织物绒毛外墙：ABPA $1\frac{5}{8}$in 24gage金属螺栓，流道铺设混凝土墙，覆盖1/4in预装硬板面	ABPA	TL 70-14	36	—	57（$1\frac{1}{2}$in矿棉纤维）

[1]OCF-Owens-Corning Fiberglass Corporation（Owens-Corning玻璃纤维公司）
NGC-Gold Bond Building Products Division（Gold Bond建筑产品分公司）
FPL-USDA Forest Products Laboratory（USDA林业产品实验室）
GA-Gypsum Association（石膏板协会）
USG-United States Gypsum（美国石膏板）
ABPA-American Board Products Association（美国板制品协会）

*来源：参考文献9

7.4.4　混凝土墙体

图 7.15 给出的由经验得出的质量定律直线延伸到了 100 lb/ft²（488 kg/m²）密度处，这足以描述密度为 150 lb/ft³（面密度为 100 lb/ft² 或 732 kg/m²）的 8 in 厚混凝土墙。这种墙给出的标称值接近 STC-54。将直线延长，我们会发现，12in 厚的墙能给出 STC-57 的数值，且混凝土墙达到 24in 厚时大约为 STC-61。结论是肯定的。这种针对声音 TL 的强制性解决方案并不是最廉价的解决方案。高 TL 的混凝土墙的性能可以通过引入空气夹层的方法加以改善。比如，两堵 8in 厚的墙彼此间隔 1in 或分开。这种墙需要专业的工程人才对双层墙的每一堵墙的阻尼、空腔在两堵墙间产生的耦合、临界频率和空腔谐振等问题进行研究。

7.4.5　墙体的钩缝

所有的建筑部件都存在因风力、温度形成的缩胀，因吸湿变化而产生的持续性位移和因蠕变和载荷引起的偏移。这些位移可能使细小的裂纹加宽，尽管这些纹隙很细小，但却能使强衰减的隔离效果丧失殆尽。如果想要获得最高的 TL，则就要将声学密封剂填充到所有隔离物的结合部。这种类型的密封剂是种具有无污染、无硬化特性、保持多年良好密封效果的特殊产品。图 7.16 引起了我们对基础钢梁和木板在消除混凝土表面始终呈现的无规则缝隙时体现的重要性的关注。密封剂也要延伸到石膏板内层的下方。这种密封要求对于墙与墙、墙与天花板，以及墙与踢脚线的结合而言都十分重要。其主导思想就是将空间封闭起来。图 7.17 所描绘的是如果存在隔离泄露会引发的可种状况列线图。*x* 轴表示的是任何性质的泄露所导致无折中的隔离量，反映的是缝隙对传输损失的影响。曲线簇是以占整个隔离物表面的百分比形式表示的缝隙或孔洞。这种列线图表明无透射时的 TL-45 标称隔离量相当于墙壁存在 0.1% 开孔率的 TL-30 墙。从其实际含义考虑，对于表面积 10m² 的隔离物，10m² 的 0.1% 的开孔率就意味着存在 1cm² 的开孔。这可能是墙 / 地面接合处被忽略的缝隙，或者在隔离处安装配电箱留下的开孔区。这一小的缝隙将会明显降低墙壁的隔离性能。如果对隔离当中的所有孔洞的密封不加以足够的重视，那么至今所讨论的所有工程和计算就毫无意义了。

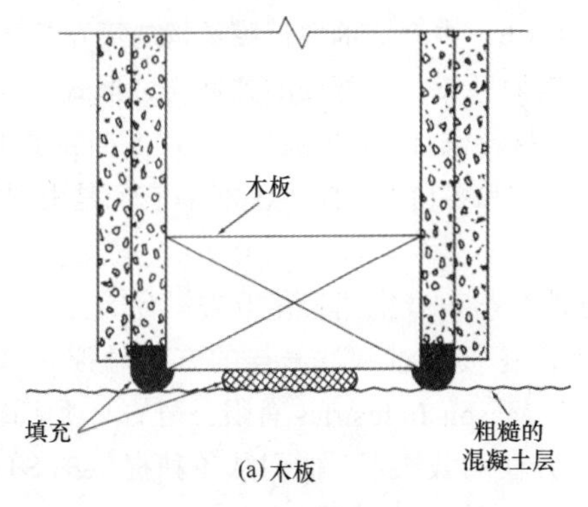

图 7.16　用于隔离夹层的钩缝方法

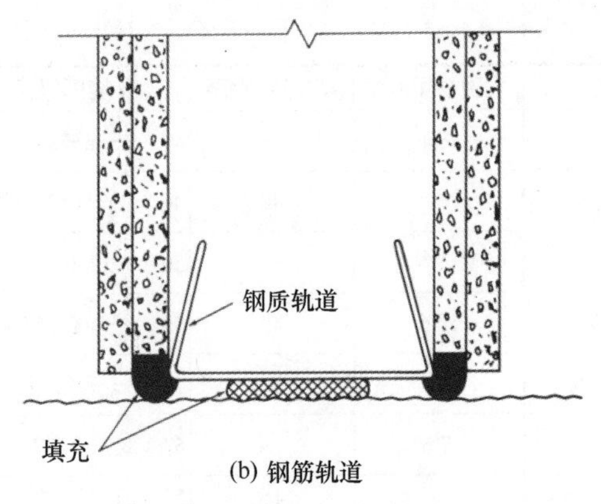

(b) 钢筋轨道

图 7.16 用于隔离夹层的钩缝方法（续）

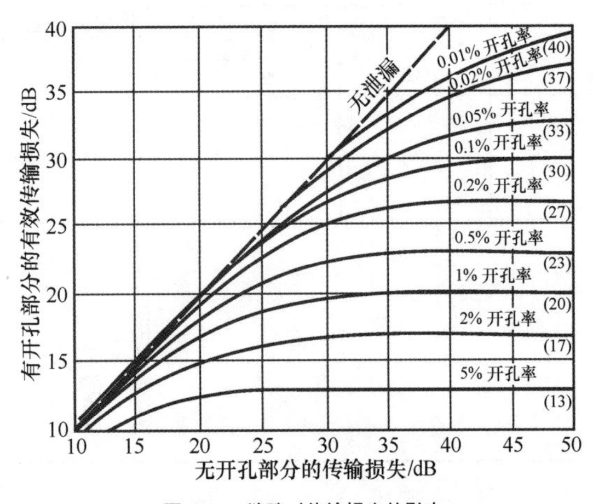

图 7.17 缝隙对传输损失的影响

（Russ Berger, Russ Berger Designs 授权使用）

7.4.6 地板和天花板的结构

在声音空间周围建造高 TL 的墙壁是无效的，除非对地板 / 天花板系统，以及声音空间本身的地板给予同样的关注。除非采取预防措施，否则空间上方的鞋掌和其他接触地板产生的噪声很容易通过天花板结构传导下来，并辐射到声音空间当中。图 7.18(a) 所示的地板和天花板结构是现有的大部分框架建筑中最为常见的类型。上方地板产生的接触噪声透过与下方的天花板结构体的连接结构传导过来，并且衰减量很小，进而辐射到下方空间中。虽然上方地板铺设的地毯减弱了鞋掌的撞击声，但是由于地毯的质量低，因此它对结构固有声音的传输的影响很小。图 7.18(b) 中介绍的地板膜结构与天花板膜结构的去耦合采用的是天花石膏板的弹性安装形式。放置在空腔中的吸声材料也有一定的益处。表 7-8 描述了 4 种地板和天花板系统和各自的 STC 标称值，它们是由现场的 TL 测量确定的。

上方地板与声音空间天花板去耦合的另一种方法就是将整个天花板通过弹性悬挂的方式悬浮起来，如图 7.19 所示。Mason Industries 有限公司的一项测试报告表明了这一方法的效果[12]。他们从单独提供的 STC-41 的 3in 厚混凝土地板开始。利用 12in 的空气缝，使 5/8in 的石膏板天花被 W30N 弹簧和氯丁橡胶支架所支撑，最终得到 STC-50。通过增设第二层 3/4in 石膏板和空腔吸声材料，可以达到 STC-55 的估算值。W30N 支架使用弹簧和氯丁橡胶。弹簧对低频有效，而氯丁橡胶对高频有效。

表 7-8 地板和天花板系统

天花板处理	地板上方的处理	传声等级*
2 in石膏墙板钉在托梁上	在$\frac{5}{8}$in胶合板上覆盖$1\frac{1}{2}$in厚的轻型混凝土，中心间距16in的2×12in托梁连接件	STC-48
3 in矿棉。弹性通道2ft～0 in oc，1/2 in隔音板，5/8 in石膏板	$1\frac{1}{8}$in胶合板在2×10in托梁连接件上，托梁连接件中心间距16in	STC-46
3 in矿棉。弹性通道2ft～0 in oc，5/8 in石膏板	在$\frac{5}{8}$in胶合板上覆盖$1\frac{1}{2}$in轻型混凝土，在混凝土上再加装$1\frac{1}{2}$in隔声板，2×10in托梁，中心间距16in	STC-57
2 in矿棉。1/2 in隔声板。弹性通道2ft～0 in oc，5/8in石膏板	在$\frac{5}{8}$in胶合板上覆盖$1\frac{1}{2}$in轻型混凝土，12×10in托梁，中心间距16in	STC-57

*这些是FSTC标称值[12]

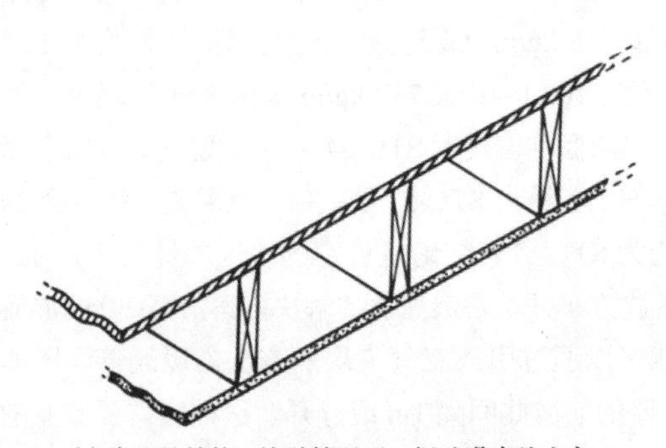

(a) 常见的结构。这种情况下，振动噪声从上方地板传递到地板的下方，衰减量很小

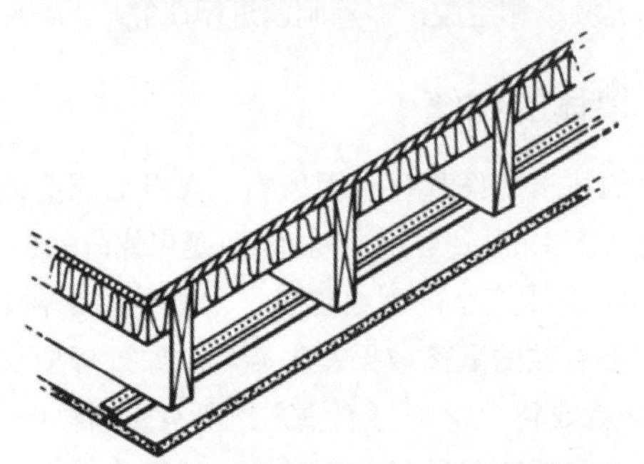

(b) 传输损失大大提高的类似系统，其原因是因为天花板悬吊于弹性的轨道上，并且空隙空间对振动产生的声音有一定的吸收

图 7.18 地板和天花板系统

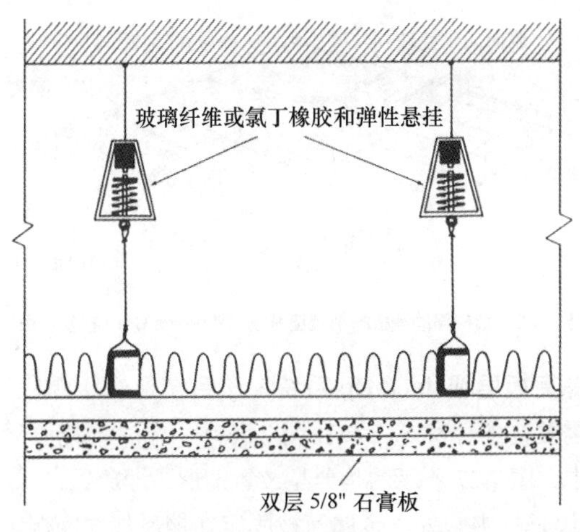

图 7.19　能够大大改善地板和天花板组合的标称 STC 的一种天花板悬吊方法

7.4.7　地板的结构

在涉及隔振地板时一定要考虑多个变量因素。这些变量因素包括成本，现有结构的载荷限制，想要的隔离量和噪声的频谱。每一成功的系统都使用了质量和设计工作在系统谐振点之上的弹性支撑相结合的方式，以此取得隔振的效果。一般有 3 种方法来悬浮或隔离地板，即连续铺装地板衬垫，弹性安装和提高板层，如图 7.20 所示。

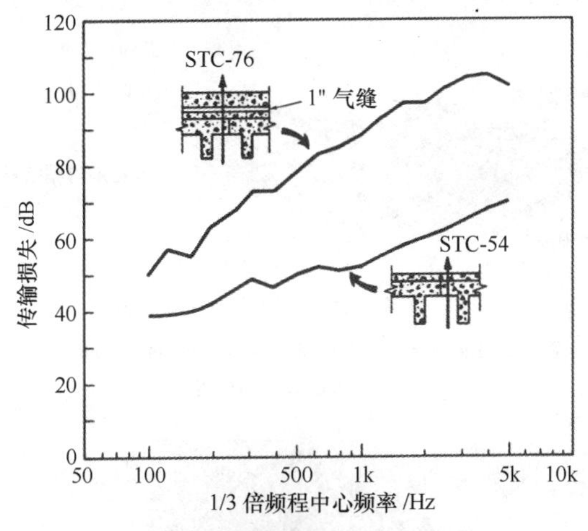

图 7.20　通过将 4in 厚的地板悬浮铺设在与结构地面有 1in 远的空气夹层地板之上，可以十分明显地改善传声等级（STC）(Mason Industries, Inc. 给出的 Riverbank TL-71-247 检验报告[13])

悬浮地板。在此，我们再次说明：简单地增加质量通常是效率最低的在 STC 上获得效果改善的方法。例如，6 in 厚的实心混凝土地面的 STC 为 54，将厚度加倍到 12 in，STC 仅提高至 STC-59。许多的录音棚和对声音敏感的空间都要求地板要优于 STC-54。答案分成利用质量法和设置空气夹层两方面给出。由 Mason Industries，Inc. 主持进行的实际测试列于图 7.21 中[13]。基本的 T 型截面（4 in 厚地板）结合 2 in 浇筑的混凝土使总的厚度达到 6 in，STC 达到此前提到的 STC-54。在留有 1 in 空气缝隙的同样结构的地板上增加 4 in 的混凝土地板，则得到有益于健康的 STC-76，这足以满足除了最苛刻要求应用之外的所有应用。没有空腔的 4 in 板层仅能提供 STC-57。空腔可以直接提供 19 dB 的改善量。

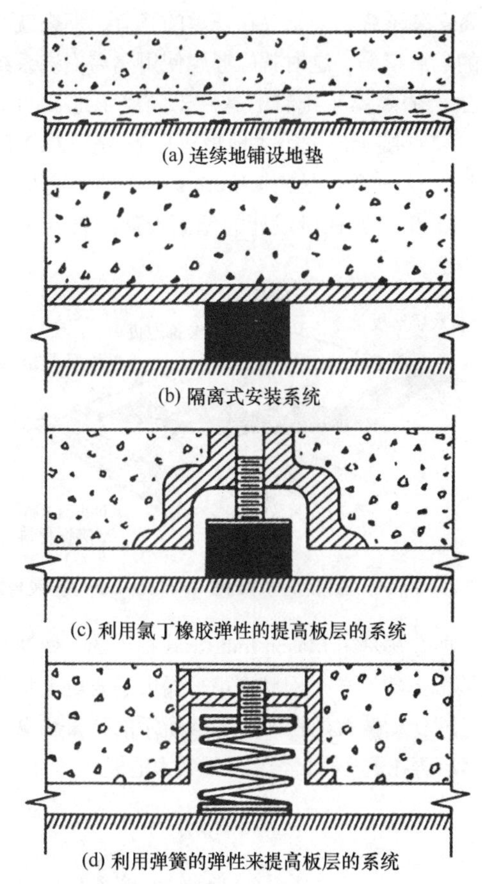

图 7.21　提高悬浮地板的传输损失的 4 种方法

连续铺装地垫。连续铺装地垫是让地板悬浮于结构之上的最简单的方法。这种方法最常用于面载荷相对轻的住宅和轻商业应用中。做法是安装某种吸振垫，然后在垫的上面再铺装结构地板，这时要留意不要让任何捆扎材料刺破地垫。周边用封边隔离产品包好，并用非硬化声学密封剂密封。Maxxon 生产了大量的相关产品，其中包括 Acouti-Mat 3，Acousti-MatII-Green 和 Enkasonic。这些全都是铺装地垫，它们在结构与木地板之间形成弹性层，如图 7.22 所示，或者构成浇注混凝土系统的一部分。

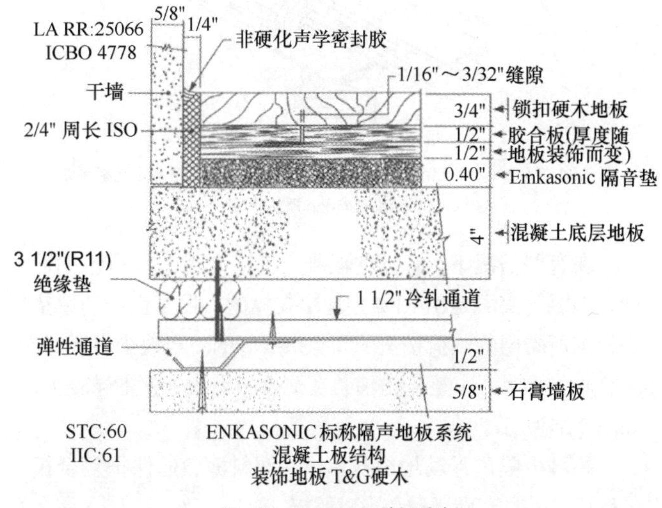

图 7.22　Enkasonic 地板系统

隔离安装系统。如果存在较重的载荷，那么就必须采用更强的隔离措施，这时就应考虑使用隔离安装系统。生产厂家生产的隔离系统有的是用于隔离木地板的，有的是用于隔离混凝土层的。木地板可以用如图 7.23 所示的方式隔离。这一系统是由 Kinetics 提供的，它将封装好的玻璃纤维垫，埋在所设计的低频玻璃纤维卷中，填充到空腔中。

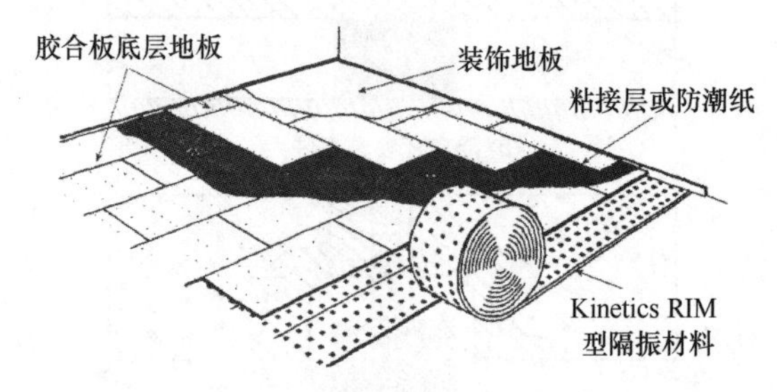

图 7.23 Kinetics 公司的浮动木地板（Kinetics Corp 授权使用）

另一种方法是由 Mason Industries 提出的，做法是在氯丁橡胶装配上建造一个网状支撑，如果需要更大强度的隔离的话，网状支撑就建在如图 7.24 所示的弹簧和氯丁橡胶之上。然后再在这一附属结构上铺装木地板。

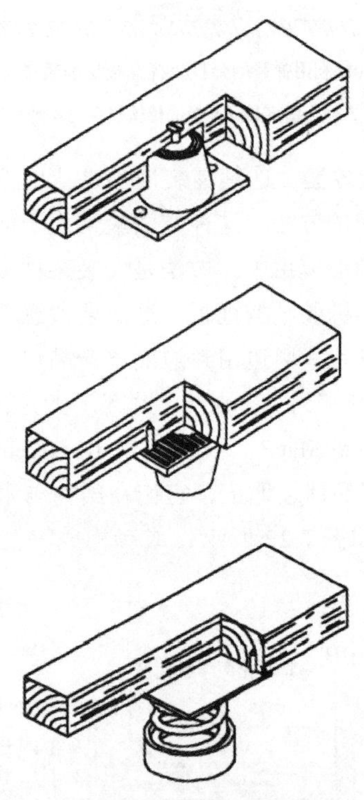

图 7.24 Mason Industries 公司的采用弹簧或橡胶垫的浮动木地板系统（Mason Industries 授权使用）

在有些情况下，浮动的混凝土夹层是图 7.25 所示的那样，混凝土夹层是由 RIM 型地垫支撑的。批量生产的地垫是根据所希望的载荷按垫的间隙来编好的。当地垫展开时，复合板铺装就位；塑料垫铺装在复合板纸上；浇注混凝土，如图 7.25 所示。

踢脚板隔离浮动地板与墙体。塑料薄膜起保护复合板的作用，并且有助于避免形成桥接。

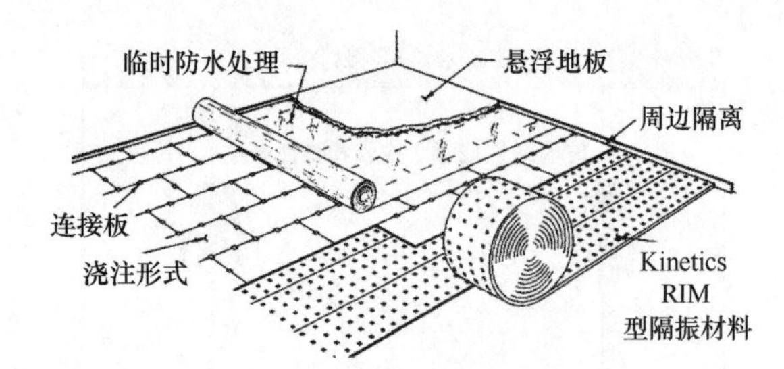

图 7.25 结构浮动地板的铺装垫系统（Kinetics Corp 授权使用）

提高板层或 Jack-Up 系统。该系统适合于重载应用，这时需要高的标称 STC。在图 7.26 中，各个隔离器处在金属筒中，图 7.27 所示的是典型放置情形，即放置在 36 in 到 48 in 边长的中心处。金属筒被固定在钢质加固网栅上，并直接浇注在混凝土层中。在经过足够的固化时间（大约 28 天）之后，就可以适当地旋转所有的固定螺栓，每次旋动 1/4 或 1/2 圈。持续进行这种操作，直至取得至少 1 in 的空腔为止。图 7.28 所示的是另一种提高板层系统，它用弹簧取代了氯丁橡胶或比例纤维。在板层被提高至想要的高度之后，用水泥泥浆将螺孔填死并抹平。图 7.29 进一步描述了提高板层系统的各个部件。转动承重隔离安装装置中的螺丝，提高板层，产生所要求高度的空腔。该系统要求在混凝土中使用比图 7.25 所示系统更重的加强筋。

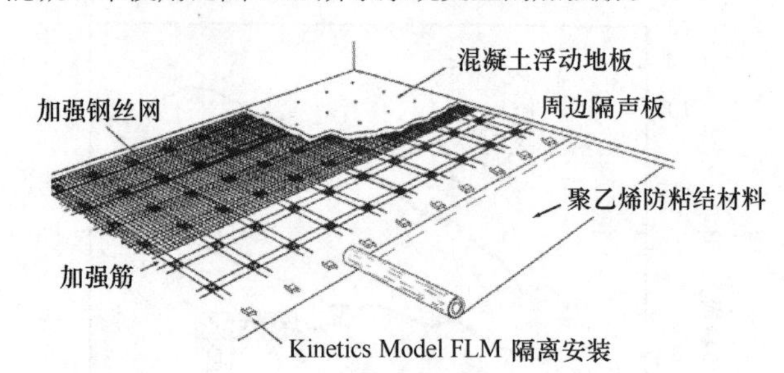

图 7.26 Kinetics 公司的 FLM Jack Up Concrete Floor 系统（Kinetics Corp 授权使用）

图 7.27 Kinetics 公司的 FLM 隔离安装（Kinetics Corp 授权使用）

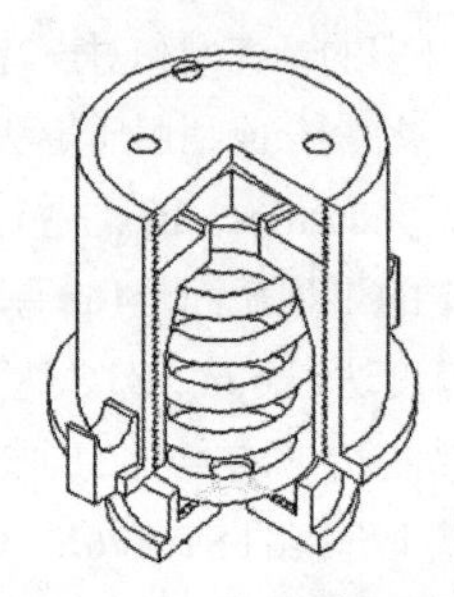

图 7.28 Mason Industries 公司的 FS 弹簧支撑地板系统（Mason Industries 授权使用）

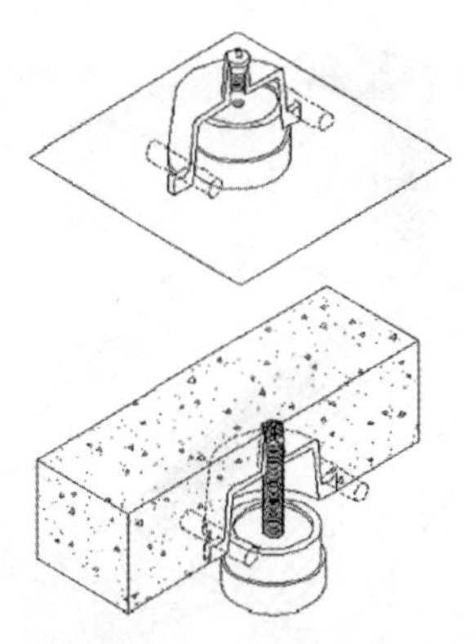
图 7.29 支撑安装的细节（Mason Industries 授权使用）

7.4.8 浮地系统综述

必须计算所讨论的每种浮动地板的载荷。如果弹性系统太硬，那么震动将透过隔离物传导过来，使其失效。同样，如果弹簧太软，那么它们也会在结构的重压之下瘫痪，也会因此失效。

每种浮动地板系统都具有自己的卖点。没有一种类型的地板是适合所有情况的。设计者在做出决定之前一定要考虑所有的变量因素。例如，是采用氯丁橡胶还是采用经压缩、粘接和封装的比例纤维单元材料历来是业界有争议的问题。大部分的争论都是关于隔离能力的退化与使用年限、抗氧化性、湿度侵蚀等因素的。

图 7.30 综合了在“房中房”中讨论过的几种特性。墙壁是支撑在浮动地板上的，并通过抗摇杆来稳定。天花板是由隔离吊架的结构支撑的。这种类型的吊架与对低频震动有出色的隔离作用的弹簧及与之串联的、对高频震动成分有良好隔离的氯丁橡胶或玻璃纤维部件配合使用。一个重要的因素就是在标记有“S”的各点上非硬化型声学密封剂的使用。一种妥善权衡的解决方案应是利用横跨空间的托梁或桁构结构来形成墙壁对天花板的支撑。这样的空间应对方案对建筑物内部的结构固有震动以及通过建筑的地基传导来的附近卡车、地面公路或地铁噪声源产生的震动有足够的抵抗作用。

要想所设计的空间对气导和骨导声具有最大程度的隔离，则必须采取专业化的措施，普通的委托方要向声学专家进行咨询。然而，负责与咨询商或设计师本人打交道的音响工程师有时要了解供货商的口头承诺与相关问题的文献解释间的冲突。

声闸。声闸的每一个部件都对其性能的好坏有重要的影响。特制的金属声闸要使用特殊的门芯，重的铰链，以及特殊的密封和闭锁硬件。在进行结构选择时，一定要对其出色的声学性能、较高产品成本与高的劳动力成本进行评估。在考虑采用何种类型的门时，有两个设计环节是要认真对待的。这就是门本身的传输损失及其密封系统。在这两者中，密封系统更为关键。不论使用什么样的系统，都要保证其具有经久耐用的特点。门及其密封系统通常是声音空间的薄弱点。以这样一种方式设计声音空间的入口和出口的原因是单一的门并不需要过高的性能。利用声闸走廊的原理，将两樘门间隔较大的空间串联在一起，就可以减弱对每樘门的声学要求，如图 7.31 所示。

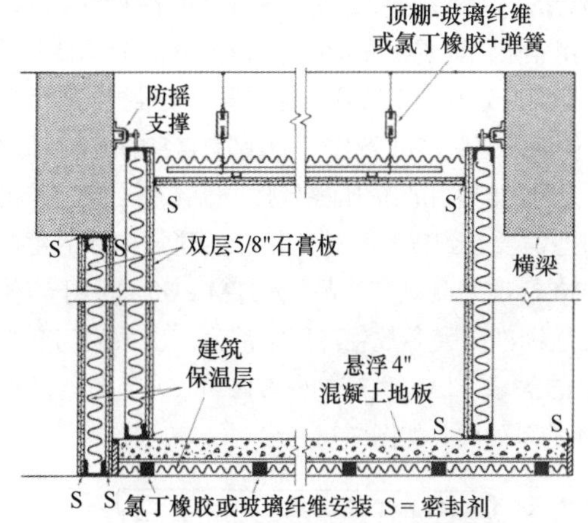

图 7.30 文中讨论的“房中房”例子的原理

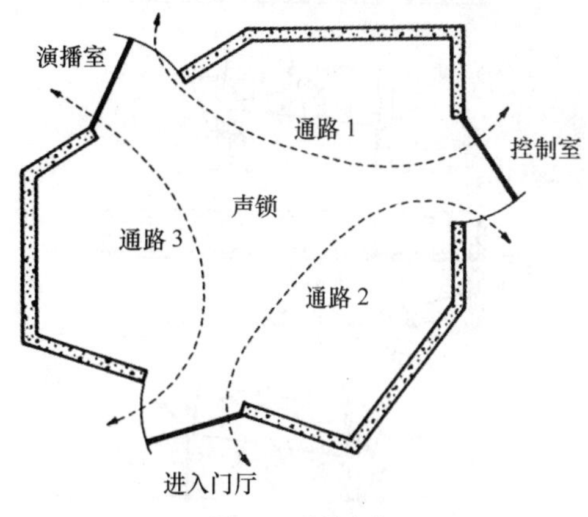

图 7.31 声锁走廊

自制声学门。满足较低应用要求的低成本门可以采用实心复合板或高密度板来制造。也可以从颗粒板的核心材料入手，将其与石膏板压合在一起，如果足够小心的话，就能保护石膏板的边缘，以免被碰碎。用于隔声的门的核心必须是实心的，且实用质量非常重，大多数住宅级门是中空的，并且近乎声学透明。有些商用的实心门是由胶合板制作的，其外表面采用的是颗粒板及复合板材料。后者具有较高的面密度。5.2 lb/ft^2 的颗粒板类型的材料具有的 STC 值大约为 35。STC-35 并不适宜配合 STC-55 的墙壁。然而，对于作为声闸情形的单独门而言，一扇门的 TL 接近与另一扇门的算术相加。相分离的两扇门产生加倍的效果。

所有这些结论都是建立在门的四周均被完美密封的条件之下的，只有通过完美的门闭合和在缝隙注入足够的发泡密封剂才能实现上述目标。实际使用的门必须采用一定形式的防潮封条或其他密封方法。图 7.32 所示的是密封门的不同方法[13]。在这些众多的门当中，尤其是滑动型推拉门需要持续地维护和频繁地更换。较为令人满意的是磁密封门方法，这种密封方式类似于家用电冰箱门的密封方式。Zero International 生产了一种专门设计的用于声学应用的门密封系统，如图 7.33 所示。这种类型的商用声学门封可以让自制的门实现专用门的性能，而制造成本只有专用门的几分之一。

专用声学门。至今为止，声音空间中进行声学隔离效果较为满意的门要数那些为特定目标而专门生产的门。这种门在其使用年限内能提供测量和承诺的性能，只需偶尔调整一下密封即可。这与图 7.32 所示的需要持续维护的自制门相比形成了鲜明的对照。每个生产厂家都有自身的优势。像 Overly 和 IAC 这样的门采用凸轮升程铰链，开启铰链会使门升起。

那些需要达到标称声传输指标的建筑构件的生产商采用 ASTM 标准来测试其产品。ASTM e-90 是用于声传输测量的合适标准。大多数生产厂家都生产出系列门产品来满足特定的需求。IAC 生产的从 STC-43 到令人记忆深刻的 STC-64 的系列门，如图 7.34 所示。

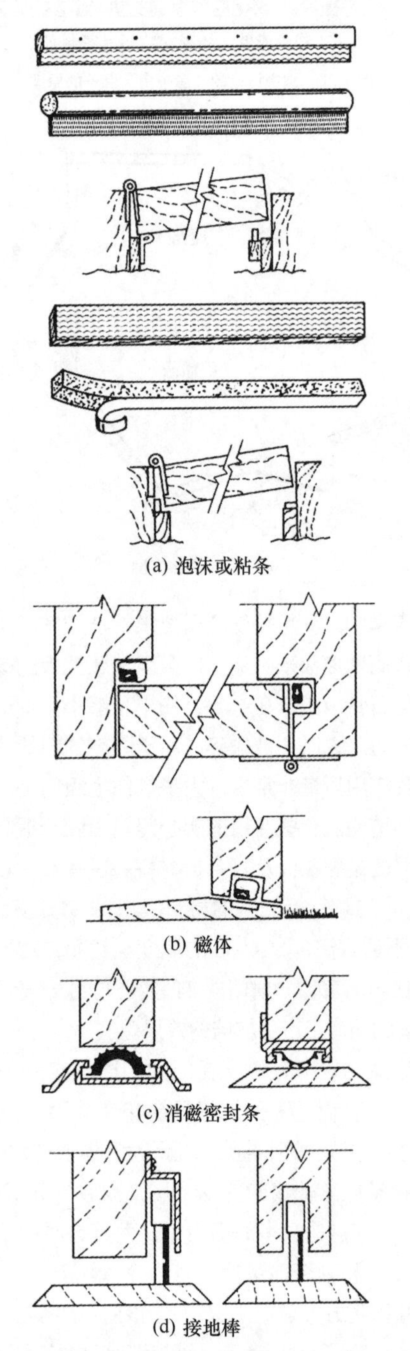

图 7.32　密封门的不同方法。各种类型的密封条都可以用于声频工作房间门的密封（Tab Books, Inc 授权使用）

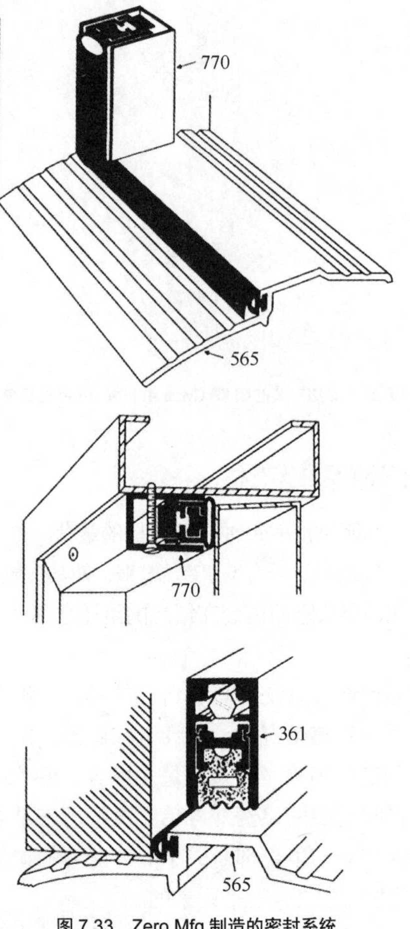

图 7.33　Zero Mfg 制造的密封系统

窗。声音空间偶尔也需要窗户。例如，控制室与演播室之间设置了观察窗。这可能很容易成为造成两个空间隔离的整体 TL 减弱的薄弱环节（参见 7.3.11 部分）。单独一面墙的标称很可能因为安装了精心设计和建造的窗户而从 STC-60 降低到 STC-50。单由窗户所产生的整体 TL 性能下降程度取决于隔离物的原始衰减、窗户本身的 TL、两者的相对面积，当然也与安装窗户的细心程度有关。为了了解高效观察窗设计的因素，首先要掌握作为声障的玻璃的效率[14]。

单层玻璃板的传输损失。图 7.35 所示的是测量到的 1/4 in，1/2 in 和 3/4 in 厚单层 52 in × 76 in 玻璃板（或浮法玻璃）的传输衰减。正如期望的那样，除了每一图形的重合谷点之外，玻璃板越厚，通常的 TL 越高。尽管重的 3/4in 玻璃板在 2kHz 之上可以达到 40dB 或者更高的 TL，但是并不适合用在 STC-50 或 STC-55 的墙壁中。考虑到一般都达不到足够的 TL 和重合谷点等复杂因素的要求，所以单层玻璃的方案达不到大多数观察窗的要求。叠层玻璃的弹性质量要比同样厚度的玻璃板大，所以以此作为观察窗有一定的声学优势。图 7.36 展示出了 1/4 in，1/2 in 和 3/4 in 叠层单玻璃板的特性。

中空玻璃板的传输损失。图 7.37 所示的是 3 种不同中空间距的影响。在所有的情况中，虽然使用的是同样的 1/2 in 和 1/4 in 玻璃板，但是空腔的间距从 2 in 变化到 6 in。玻璃板间距的影响在 1500Hz 以下表现得最为明显。在 1500Hz 以上，两块玻璃板之间的间隔对传输损失并没

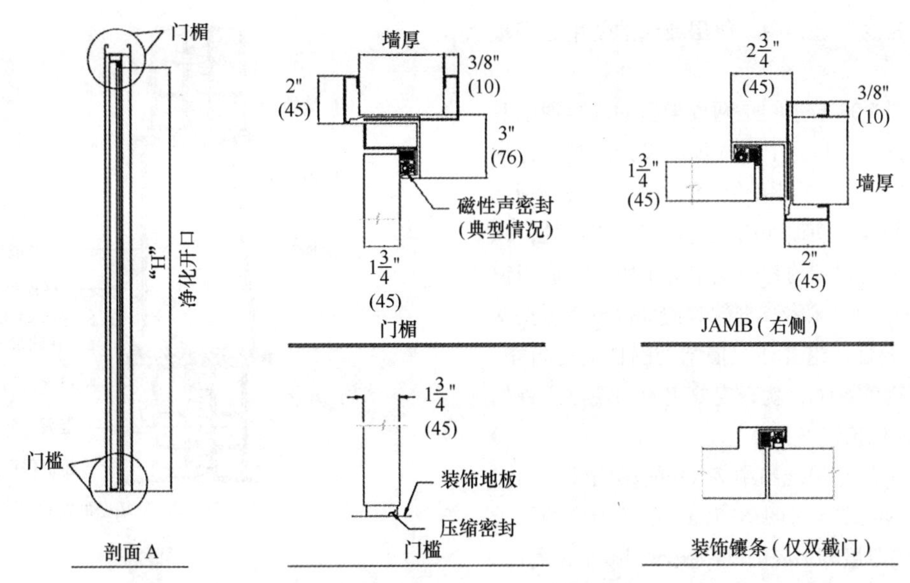

图 7.34　IAC STC-43 门（IAC 授权使用）

有实质上的提高。一般而言，使厚度由 2 in 增加到 4 in 所产生的影响要比同样是 2 in 的间距增加，如由 4 in 增宽到 6 in 的影响小。许多录音棚的观察窗使用的是 12 in 或更大的间距，以使间隔效果最大化。

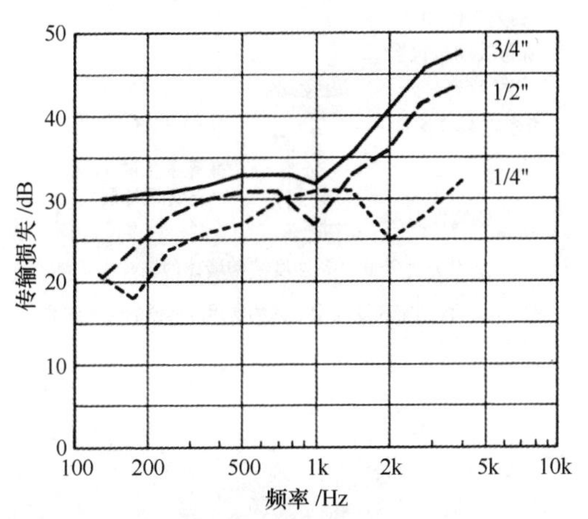

图 7.35　单层玻璃（玻璃板或浮法玻璃）的声音 TL 特性（Libbey-Owens-Ford Co. 授权使用 [15]）

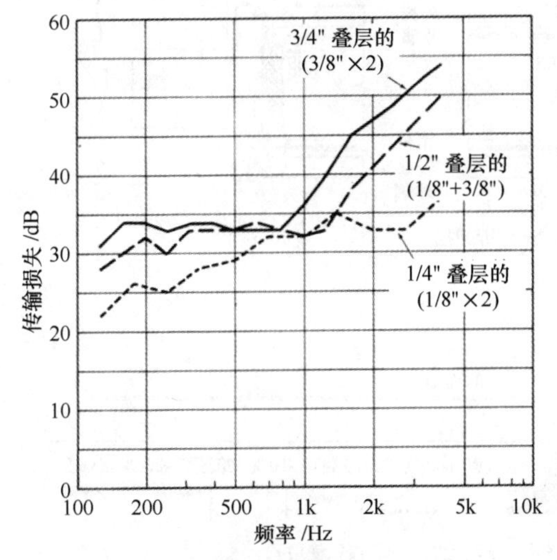

图 7.36　单块的叠层玻璃的声音 TL 特性（Libbey-Owens-Ford Co. 授权使用 [15]）

将两块玻璃板以很小间距放置的做法广泛地用于玻璃的隔热，声音的 TL 从本质上讲与此一样。将这种类型的玻璃用作观察窗并没有实际上的声学优势。这只是很少见的情况之一，此时隔热与隔声并不一致。图 7.37 所示的是将叠层玻璃当作一块 6 in 间距的玻璃板使用的一种情况。叠层玻璃的出色性能源于其较高的制造成本。

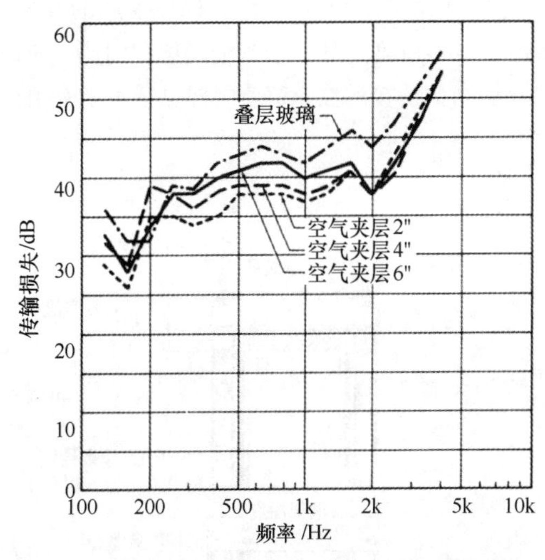

图 7.37　相距一定间隔的两块不同的玻璃板减轻了传声损失。所有情况均采用 1/2 in 和 1/4 in 厚度的玻璃

控制腔体谐振。图 7.37 的 TL 测量是在两块玻璃板之间的周围空间没加吸声材料的条件下进行的。通过将吸声材料内衬于四周，就可以降低空间的自然腔体谐振。通过在这暴露处安装最小 1 in 厚的吸声材料就可以取得平均 5dB 的 TL 增量。将 4 in 厚的吸声材料覆盖在穿孔金属板上可以进一步改善低频的传输损失。

使用不同厚度的玻璃板的实际做法可以通过比较图 7.37 与图 7.35 看到重合谷点变浅来证明。由板或腔体引发的谐振会与产生声学空洞有关，或者会使谐振频率处的 TL 减小。因此，要利用不同厚度的玻璃板来使这些谐振频率分散开来，在这一过程中，叠层玻璃的使用是很重要的。

自制声学窗。图 7.38 所示的是两种类型的观察窗的基本结构细节。图 7.38(a)是为了高损失而设计的与墙体相称的典型高 TL 型产品。通过利用重的叠层玻璃，玻璃板之间设置最大的实用间隔，使玻璃板之间呈现吸声特性，以及其他一些诸如声学密封剂的充分使用等手段可以取得窗户的高 TL。应注意的是，窗台和框架其他部分没有桥接两面墙之间缝隙的重要性，这会让双墙结构的性能打折扣。如果要想维持隔离物的 STC，就一定要避免出现窗户处的双墙结构桥接这种常见错误。

图 7.38(b)所示的是呈现出中等 TL 的单侧螺栓固定墙窗户。对此窗户的要求与对图 7.38(a)所示窗户的要求一样，只不过玻璃的厚度和相应的间距按比例减小了而已。

如图 7.38 那样将其中一块板倾斜的做法各有利弊。将一块板倾斜减小了平均间隔，会使 TL 稍有降低。然而，尤其在演播室中如所示那样倾斜一扇窗户对于避免分立的反射正好回到站在窗前的演员身上是有利的。这种板倾斜做法的主要好处就在于对干扰两个房间之间视觉交流的反射光的控制。

专用声学窗。生产专用声学门的公司中许多也同时生产声学窗。IAC 生产的系列窗涵盖 STC-35 到 STC-58 的范围。图 7.39 和图 7.40 所示的是 IAC 生产的 STC-53 窗以及 IAC Noise-Lock™ 窗户要求的门梁和门槛。应注意的是，对双墙结构桥接的注意事项同样也适用于专用窗和自制窗。

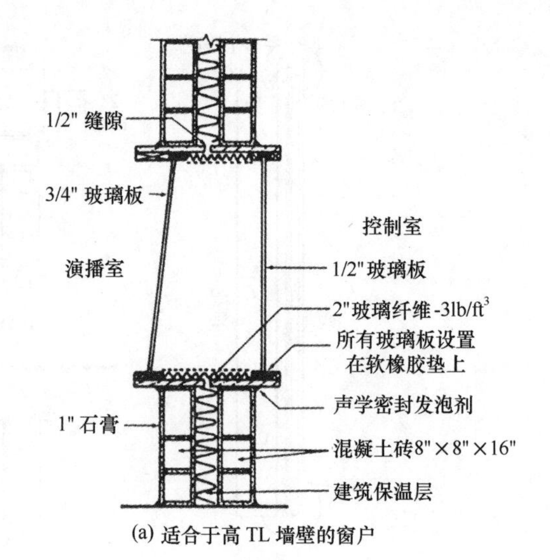

(a) 适合于高 TL 墙壁的窗户

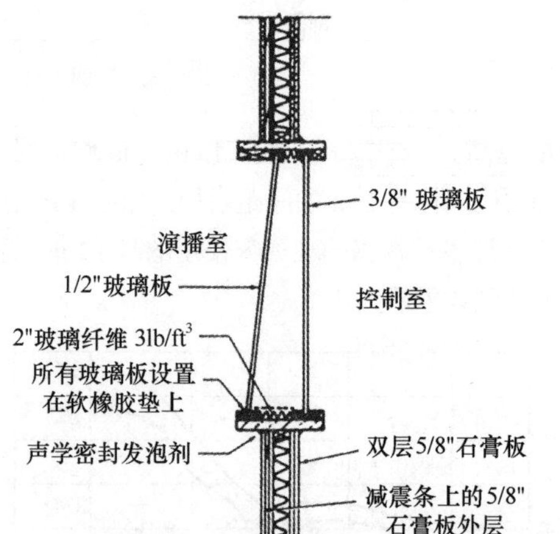

(b) 适合于中等强度结构墙体的窗户

图 7.38 控制室和演播室之间的实用观察窗的结构细节

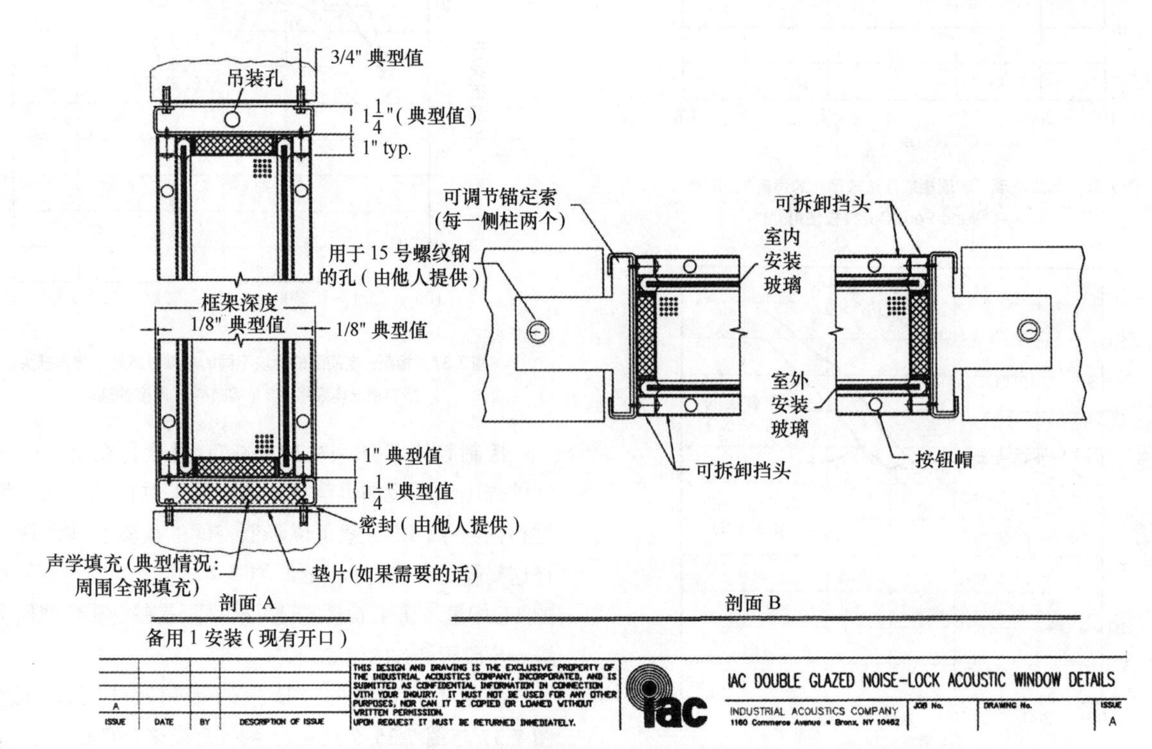

图 7.39 IAC 的 Noise-Lock™ 窗户是按照 STC-53 的标称值制造的（IAC 授权使用）

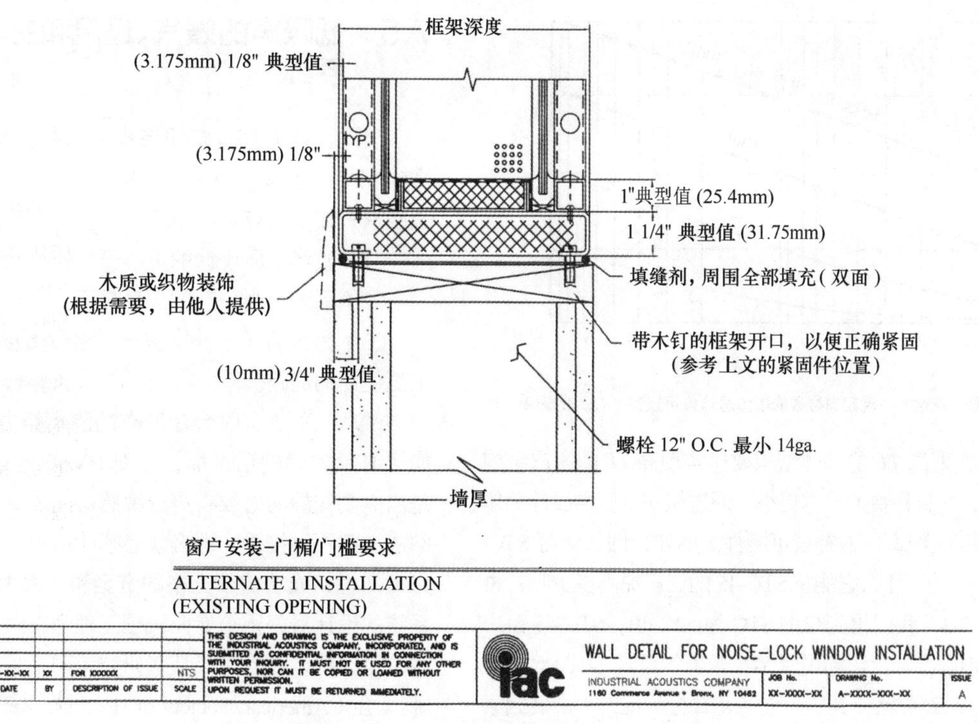

图 7.40　IAC Noise-Lock™ 窗户要求的门梁和门槛（IAC 授权使用）

7.4.9　复合障板的传输损耗

我们使用的“复合”一词是指那些并非一致性的隔离，即那些隔离所包含的区域具有不同的标称 *TL*。例如，具有一定 *TL* 的观察窗被安装到具有另一 *TL* 的一面墙上时，很显然总的 *TL* 就是另外一个值了，但这个值到底是多少呢？最为可能的是，它不能通过 *TL* 或 *STC* 数值的简单处理来得到。而是要以声功率传输为基础。图 7.41 描绘的是控制室与演播室之间 10ft ×15ft 的隔离面中安装了 4.4ft × 6.4ft 窗户的情形。窗户的传输损失与墙壁彼此影响的方式通过如下公式表达。

$$TL = -10\lg\left(\frac{S_1}{10^{\frac{TL_1}{10}}}+\frac{S_2}{10^{\frac{TL_2}{10}}}\right) \qquad (7\text{-}2)$$

式中，

TL 是总的传输损失；

S_1 是墙体部分的面积；

TL_1 是以分贝表示的墙体传输损失；

S_2 是窗户部分的面积；

TL_2 是以分贝表示的窗户传输损失。

下面我们以例子来说明，对于给定频率，墙体 TL_1=50dB，窗户 TL_2=40dB。由图 7.40 我们可以看出，S_1=0.812，S_2=0.188。总的 *TL* 可通过以下计算得出。

$$TL = -10\lg\left(\frac{S_1}{10^{\frac{TL_1}{10}}}+\frac{S_2}{10^{\frac{TL_2}{10}}}\right)$$

$$= 45.7\text{ dB}$$

40dB 窗户和 50dB 墙体作为一个有效的障碍物整体的 *TL* 为 45.7dB。这是对于给定频率而言的。图 7.42 以图示的方式按如下步骤来求解公式 7-2。

（1）以数字表示出玻璃面积与总的墙面面积的比值，并在 *X* 轴上找到该数字。

（2）由墙 *TL* 中减掉窗户的 *TL*，并找到该数值与 *X* 轴上面积比值的交汇点。

（3）从交汇点出发，由左侧的刻度找出墙壁 *TL* 的下降量。

（4）从原始的墙壁 *TL* 减去这一数值。

利用图 7.42，找到窗户对复合墙体的影响。窗户面积与墙面面积的比值为 0.23。沿底部的坐标轴定位出 0.23 的位置。两者之间的 *TL* 差异为 10dB。找出 10dB 线与面积比的交汇点。由左轴读出的下降量稍微低于 5 dB。由 50dB 的墙体 *TL* 减掉 5dB，得到包含窗户在内的墙体总的 *TL* 为 45 dB（由公式 7-2 得到的数值为 45.7dB）。

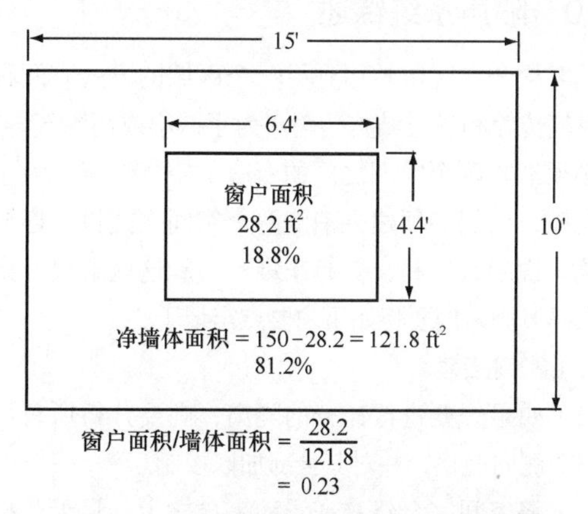

图 7.41　控制室和演播室之间墙壁上的典型观察窗

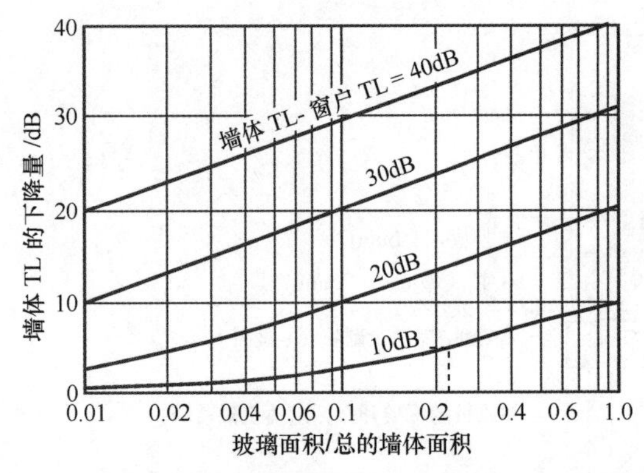

图 7.42 图表确定的由观察窗导致的墙体总体传声损失（*TL*）的影响

通常，实现高 *TL* 的墙体结构要比实现高 *TL* 的窗户结构要更加容易，并且耗费的成本更小。通过超安全标准设计墙体可能引发对有缺陷窗户的补偿可能性。例如，假如认可 STC-70 石墙的可行性，那么它能将 STC-45 的窗户提高多少呢？再次利用公式 7-2，我们得到总的 STC 为 52.2 dB，STC-45 窗户被提高了 7dB。实际上，利用带 *STC* 数值的公式 7-2 是对包含所有相应测量 *TL* 数值及其单一数字 *STC* 标称值的不准确因素的粗略简化。利用在每一频率点测量到的 *TL* 数值进行计算更为完美。当然，这一切都是以已经做了密封处理为前提。

桥接隔离系统的每一事物都对噪声形成短路作用。这种桥路包括 HVAC 管道，电气管道，消防系统，铅管制品，沟槽等类似物。

现在我们已经有了研究墙壁中缝隙影响的经验公式（图 7.17 是利用公式 7-2 绘出的）。我们假设观察窗和墙壁的组合根据计算得出的复合 *TL* 为 50dB。由于安装得并不完美，随着灰浆的干燥并脱离框架，致使窗户框架周围产生一条 1/8 in 的缝隙。既然这是如图 7.41 所示的窗户，裂缝的长度为 21.6ft，所以裂缝的面积为 0.225ft²。这一裂缝会对 50dB 的墙壁产生何种影响呢？将数值代入公式 7-2 我们就得到墙壁新的 *TL* 值为 28 dB。这相当于掉落了一块长方形玻璃或一层石膏板。如果缝隙只有 1/16 in 宽，那么墙壁的 *TL* 将从 50dB 降到 31.2 dB。若缝隙仅 0.001 in 宽，则 *TL* 从 50dB 降至 40.3dB。施工人员一定要小心啊！

7.4.10 隔声系统综述

噪声从一个区域转移到另一个区域的方式有两种。即通过空气传输和通过结构传输。为了减小或消除气导噪声，人们必须消除两个空间之间的所有的空气通路。为了削弱结构噪声，人们必须建立消除两个空间之间机械连接的隔振系统。说起来容易，做起来难。实施这些解决方案明显要困难得多。人们要将如下的要点牢记于心。

（1）密封接缝。

（2）如果想要进行充分的隔离，则要分析所有可能引发噪声的侧向通路，并对其全部加以控制。

（3）将空间完全建立在浮动夹层之上，且天花板完全被墙体支撑的做法始终优于任何其他方法。

7.5 低噪声的暖气、通风和空调（HVAC）系统

至此，我们在本章中考虑的系统就是将不想要的声音排除在外的系统。当考虑 HVAC 系统时，我们要处理的系统应具有如下特点。

（1）破坏了所设计的声学壳体使得噪声持续传出。

（2）引入相当可观的自身噪声。

（3）为声音（噪声）从一个空间传导至另一空间提供了更便捷的通路。

HVAC 系统有时会让所有的隔离努力功亏一篑。通常，如果必须安静的话，那么针对 HVAC 的最廉价解决方案就是当需要安静的时候将声音敏感房间的窗户关掉。如果这个解决方案不可接受，那么就必须使用中央分配系统，设计者必须知道，成功需要充裕的资金和工程力量的支持。HVAC 系统的设计最好留给专业机械工程师来做。对这方面的责任没有足够认识的人可以认真研究美国采暖、制冷与空调工程师学会（American Society of Heating，Refrigeration，and Air-Conditioning Engineers，ASHRAE）的出版物[16, 17, 18]。

重要的是，在大部分住宅乃至轻商业或办公室空间中使用的 HVAC 系统完全不适用于对噪声要求苛刻的空间。与那些通常提供高速低流量冷空气的高效住宅系统不同，低噪声系统要求提供高流量低速气流。许多商业系统是利用供气管道和门下面或公共的天花板空间的泄漏形成回路来实现的。为了实现低噪声，每个房间的供气和排风必须有各自的管道。

7.5.1 HVAC 设备的安装位置

从声音空间噪声的角度来看，HVAC 设备的最佳安放地点是邻近的地区。如果找不到符合这一条件的地点的话，应选择能将这种设备的固有震动与声音敏感区域相隔离的地方。最好将设备安装在与结构完全隔离的混凝土台面上。采用这种方法，噪声问题被化简为只处理来自管道的噪声，这要比处理结构传导震动更容易一些。

7.5.2 HVAC 噪声源的识别

各种类型的 HVAC 噪声源及其传输路径标识如图 7.43 所示。图 7.43 提供了侧向通路有趣的研究方法。重要的是要记住，除非控制了所有的路径，否则降噪效果并不明显。A 代表的是一个声音空间。B 代表的是安装有 HVAC 系统的空间。考察的噪声声源被加以编号，数字 1 和 2 代表的是由扩散器自身产生的噪声。当气流通过扩散器时便产生空气扰动，从而产生噪声。许多扩散器都有在指定气流下的标称噪声指标，在这种情况下控制的唯一要素就是选用最佳标称值的设计。不要忘记这种方法既应用于回风栅网，也应用于供风扩散器。箭头 3 和 4 本质上代表的是风扇噪声，噪声通过供风和回风管道传输至房间中，并完全有能力向上游和下游传输。借助这两个路径散布出的风扇噪声可以通过消音器和 / 或管道内衬来降低。选

择正确的管道系统的管径也是抵御风扇噪声的方法，因为风扇的输出声功率很大程度上是由供气量和气压来决定的。箭头 5 表示的是一个说明侧向通路经常被忽略的一个例子。从两个房间中天花板的结构情况看，来自 HVAC 单元的声音可以通过 HVAC 房间的天花板传到房间 A。当然，控制通路 5 的方法就是要确定两个房间内建造的天花板，其重量要大到足以控制低频震动，同时也要进行密封。箭头 6 表示的是声音不经意间在隔离墙体上的缝隙和孔洞中传输的路径。这已经在 7.3.11 部分和图 7.17 中提到过了。数字 7 表示的是可以直接通过建造不良的墙体传输来的声音。数字 8，9 和 10 表示的是借助结构传递的结构传导震动的路径。在下一部分我们将讨论隔振的问题。最后，数字 11 和 12 表示的是所谓的外部侵入噪声。这种情形出现在声音进入或侵入管道的时候，此时声音会继续向后传输，并辐射到房间里。

7.5.3　隔振

一般首先在振动源部分实施隔离处理。将 HVAC 设备单元安装在 4 种振动装配组件上的简单做法可能有助于削弱振动的传输，也可能根本不起作用，甚至还可能产生实质性的放大，其结果到底如何要取决于装配是否适合具体的工作要求。当然，如果成功了，则会成为削弱或消除振动的路径 8，9 和 10，如图 7.43 所示。隔离的效率完全是干扰源的频率 f_d 与隔离物固有频率 f_n 之间关系的函数，如图 7.44 所示。如果 f_d=f_n，则满足谐振的条件，且传输振动达到最大值。当 f_d/f_n 等于或大于 2 时，则开始产生隔振作用。只要是处在这种隔振范围内，则 f_d/f_n 每次加倍，振动的传递量就会降低 4 ～ 6 dB。如果力所不及，不能更进一步确认问题及解决问题的核心，则要找这方面的专家来解决。

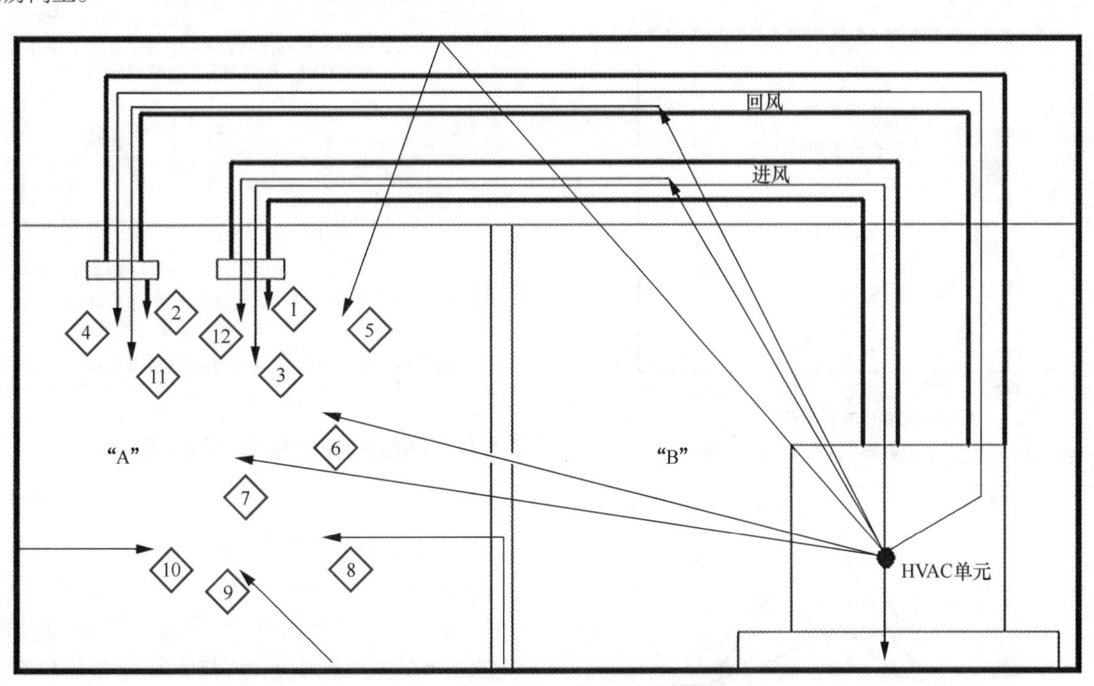

图 7.43　HVAC 噪声可能到达声音敏感房间的典型通路

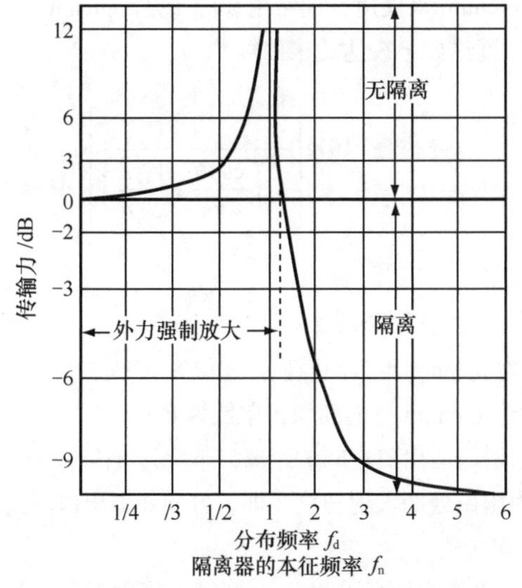

图 7.44　来自 HVAC 设备的噪声可以通过隔离安装降低或放大 [18]

7.5.4　管道内的噪声衰减

未加内衬的金属管道能将风扇噪声衰减到一定程度。当接了分支管道时，部分风扇噪声的能量被导入分支管道。管壁振动吸收一些噪声，而任何不连续（比如弯曲）处都会将一些能量反射回振动源。如果存在非常严重的不连续现象，比如墙壁中管道的出口，则会将很大的能量反射回振动源。这导致进入房间的噪声被衰减，如图 7.45 所示。与声学中的许多其他系统不同，它对低频的衰减要高于对高频的衰减。

加了内衬的管道会提高对高频段的衰减。图 7.46 所示的是对四壁均加了 1 in 厚内衬的管道测量到的衰减量。尺寸表示的是管道内部的自由区。较细的管道产生的这种管壁效应衰减很大。对于中间频带频率而言，一段 10ft

长的 12 in × 24 in 或者更细的管道可以产生 40dB 或 50dB 的衰减。然而，这里存在一个折中平衡的问题，即随着管道截面积的减小，管道内气体的流速会提高。其流速越高，则在栅网 / 扩散器处产生的扰动噪声越大。我们对此问题的关注重点一般是放在了加内衬的管道呈直角弯折处所产生的衰减。图 7.47 对加衬弯折中的声衰减进行了评估。只有四壁都加衬才有效，图 7.47 所示的就是应用于拐弯处的这种加衬方法。此处的结果再次呈现出声频频率越高，衰减越大的结果。所示的管道宽度显然是按内衬内部测量的。内衬的厚度为宽道宽度的 10%，前面的是延展两个管道宽度的情况，后两个是弯折的两个管道的宽度情况。很显然，虽然内衬对传至管道末端的噪声衰减较大，但是其对较低频段的衰减较小。这里也有一个平衡的问题。每一弯折处，不论加衬与否，只要扰动增加，就会因此产生噪声。

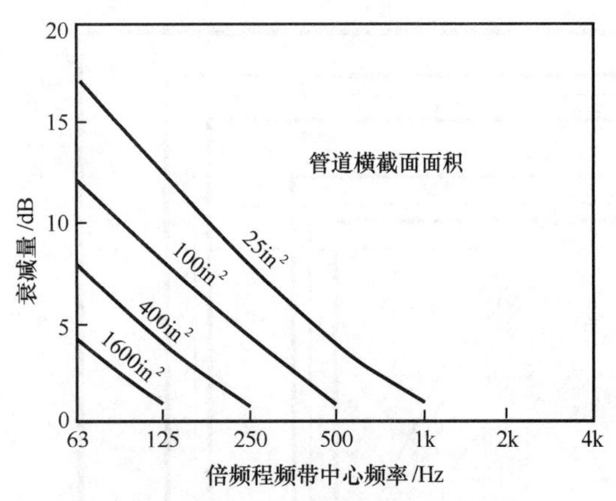

图 7.45 管道交叉区域对衰减 HVAC 噪声的效果 [18]

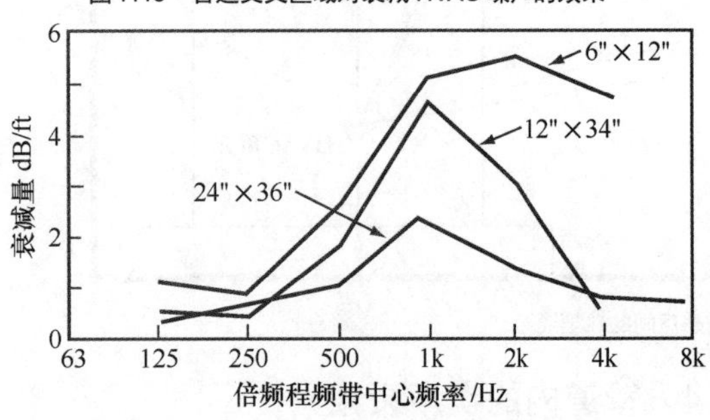

图 7.46 矩形管道中测量到的噪声衰减 [18]

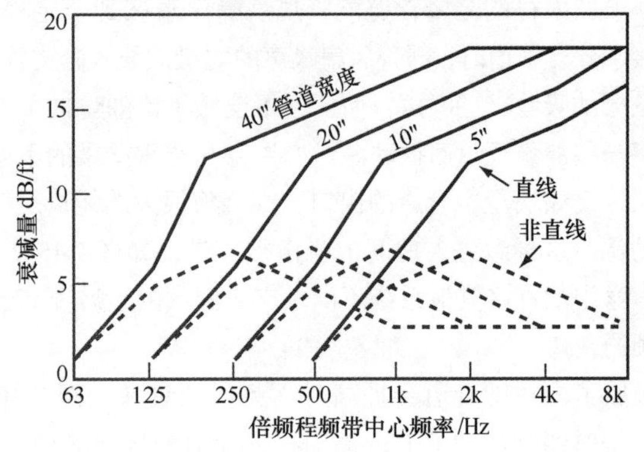

图 7.47 不带导向装置的 HVAC 方形管道拐弯处的噪声衰减 [18]

7.5.5 谐振腔噪声衰减器

风扇叶片可能会在叶片频率下产生线状频谱或有调噪声，叶片频率为，

$$扇叶叶片频率=\frac{RPM\times 扇叶叶片数量}{60\ \text{Hz}} \qquad (7\text{-}3)$$

通常，只要 HVAC 工程师选择了合适的风扇，就可以使这种噪声保持在最低水平。如果这种情况音调音还存在，那么有效的措施就是在沿着管道方向的某一处安装一个调节栓滤波器。这样可以非常有效地减小风扇产生的音调音。典型的调节栓及其衰减特性如图 7.48（a）所示。在图 7.48（b）中还示出了抗性消音器的特性比较。

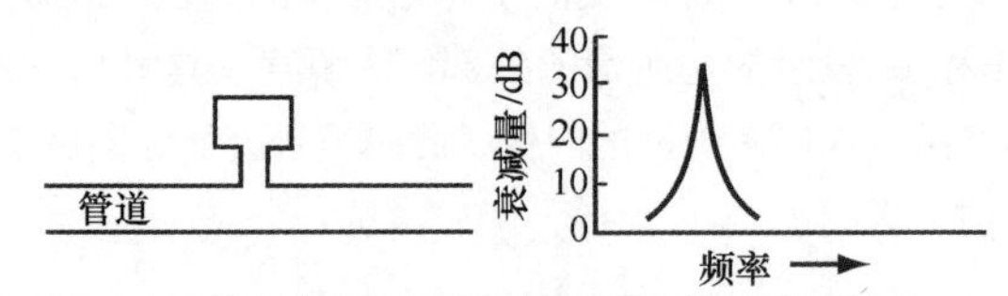

(a) 调节拴具有窄带衰减的性能，这对于减小来自HVAC设备的有调噪声成分很有用

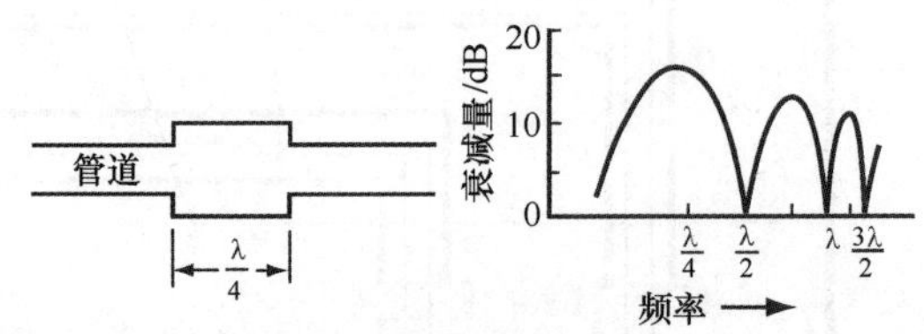

(b) 抗性消音器可以对频谱中的一系列峰值产生衰减。这些用于降低特定的噪声成分

图 7.48 用来衰减噪声中的有调成分的调节栓和抗性消音器

7.5.6 Plenum 型噪声衰减器

正如之前阐述的那样，降噪的最有效手段是降低源头或靠近源头的噪声。如果系统产生的噪声声级在声音空间端太高，那么一种可能的做法就是在供给端安装一个 plenum 衰减器，在返回通路上安装另一个 plenum 衰减器。这种 plenum 衰减器只是一个内衬于吸声材料的大型声腔，如图 7.49 所示。有时，附近的空间或顶楼空间可以当作衰减噪声的 plenum 来使用，通常用在源头处。plenum 所实现的衰减可以通过如下表达式来估算 [19]。

$$衰减量=10\lg\left[\frac{1}{S_e\left(\frac{\cos\theta}{2\pi d}+\frac{1-a}{S_w a}\right)}\right] \qquad (7\text{-}4)$$

式中，

a 为内衬的吸声系数；

Se 为 plenum 出口的面积，单位为 ft^2；

Sw 为 plenum 壁的面积，单位为 ft^2；

d 为进口与出口之间的距离，单位为 ft；

θ 为出口处的入射角度（即，方向 d 与出口轴向所呈的角度），单位为°。

对于那些波长小于 plenum 尺寸的高频而言，其准确度在 3dB 之内。在频率较低时，公式 7-5 有些保守，实际的衰减量要比其给出的值高出 5 ～ 10dB。

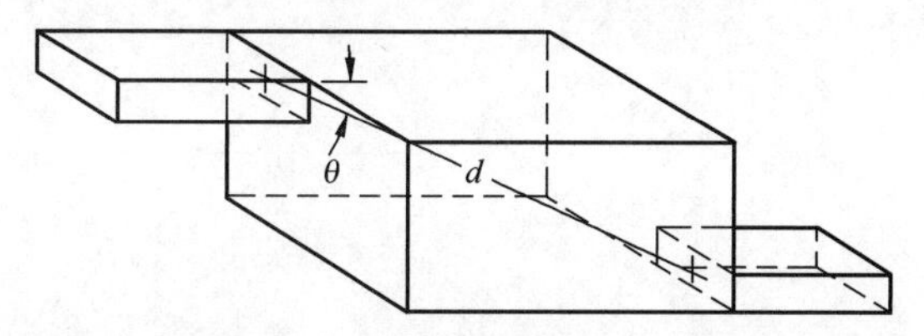

图 7.49　正确设计的直线型填充是非常有效的 HVAC 噪声衰减器，它通常放在设备附近。不用的房间或阁楼空间有时可以转化为衰减噪声的有效填充（参见 ASHRAE，参考文献 18）

7.5.7　专利消音器

当空间非常宝贵且必须采用短的管道连接时，可以在管道的关键点位置安装专门的吸声单元。可供使用的配置有很多，并且有许多的衰减特性。这种单元所带来的额外成本可以通过其他的方法加以抵消。用户还应知道，消音器会产生少量的自身噪声，要对返回到下游消音器的层流给予格外关注。

一般的原则是，空气需要管道直径的 10 倍长度来恢复层流。

7.5.8　HVAC 系统总结

本节的目的是强调对演播室、控制室和听音室的供热、通风和空调系统的设计和安装给予足够关注的重要性。HVAC 噪声一般是这种房间中噪声的主要来源，而且往往这一问题让人们对刚刚投入使用的漂亮房间感到非常失望。问题通常是因为对负责有特殊要求的声音空间施工的建筑和 HVAC 承包商缺乏正确的评估引发的。应该强制性地将 NC 条款写入对声音敏感房间的 HVAC 合同当中。

住宅 HVAC 系统一般采用细管道和高速通风系统。风管噪声按风速的 1/6 次方的比率增加。因此，高速 HVAC 系统在网栅和扩散器处可能很容易成为额外的管道噪声来源。对于演播室和其他专业音响房间而言，保持气流速度在 400ft/min 之下是最基本的、首要的要求。在 T 形连接处、弯折处和消音器处会产生气流噪声，减少 5 ～ 10 个管道直径会将这种扰动平滑掉。为此，建议为管道装置保留足够的空间。管道内部的气流噪声导致管道壁产生振动，并将振动向外部空间辐射。虽然供热管的包裹材料（绝热材料）有助于削弱这类振动，但是要均匀包裹覆盖，这样的管道不应暴露在对声音敏感的房间中。这种对 HVAC 设计的过分简单化处理意味着强调采用专家设计和安装天才的重要性，而不是要诞生现场的天才。整个 HVAC 项目实施的每个阶段都需要声频工程师的参与[17, 18]。

第8章 室内声环境处理

Jeff Szymanski编写

8.1　声处理综述

在专业声频领域中可能并没有像声处理方面那样存在着那么多混淆、传说，以及明显错误的信息，每个人都好像是专家。当然，像大多数学科那样，如果人们了解这方面的基础知识的话，就会发现实际上声学中的许多理论是有逻辑关系的且直观的。正如唐• 戴维斯（Don Davis）所言："在声频和声学中，其基础理论并不难，物理学却很难 [1]"。声学的所有定律中最基础的就是概念无所谓大或小。相对于所考虑的声波波长而言，每件东西都可视为大的或小的。正是这样一个真理才使得广义的声频领域变得如此迷人。人耳可以响应的波长范围覆盖了约 10 个倍频程，相比较而言，人眼的响应只覆盖了约 1 个倍频程。即便可见光因包含有更高的频率成分，使得其带宽明显大于可闻声的带宽，但是这 10 个倍频程的带宽还是给声学工作者带来了特殊的挑战。我们必须能够处理波长范围在 17m（56ft）～ 1.7cm（0.67 in）的声音。

让房间中的声音听上去好听既是门艺术，也是门科学。在有些情况下，例如音乐厅，人们为建造优秀厅堂所做的工作与人们期望达到的最终声音效果之间存在着合理的一致性。而在其他一些情况中，比如家庭影院、录音棚或教堂，在使用者当中却很难就这些房间中的声音怎样才算好听这一问题达成一致，更不用说咨询者了。在我们能够将室内声学中的所有客观问题回归到物理参量上面之前，必须要做相当多的研究。然而，一些基本的定律和原理可能要注意一下。声学工作者手中的工具并不多。关于声音，实际上人们只有两件事可做。人们要么是将其吸收掉，要么是使其改变方向，如图 8.1 所示。从简单的个人听音室到最为复杂的音乐厅，其中每一项房间处理工作中所用的材料要么是吸声的，要么就是用来改变声音方向的。室内声学主要就是用来实现对反射的控制管理。在有些情况下，反射是必须要消除的问题。而在另外一些情况中，反射则是有目的地建立起来的，用以改善人们的听音体验。

本章将会阐述改变房间内声音所涉及的一些基本问题。我们会对吸声和吸声体作详尽的说明，同时也会对扩散和扩散体，以及声音方向控制的其他方式作详细地分析，另外，还会对有些存在争议的电声处理问题进行一定的讨论，同时也会对与声处理有一定关系的人身安全和环境问题用适当的篇幅加以讨论。所涉及的内容虽然很多，但并不详尽。想要了解更为详尽的内容的读者可研读专门阐述声处理方面的专著 [2]。本章的目的是让读者构筑起这方面的坚实基础。有关特殊应用的问题会在后续的章节中讨论。

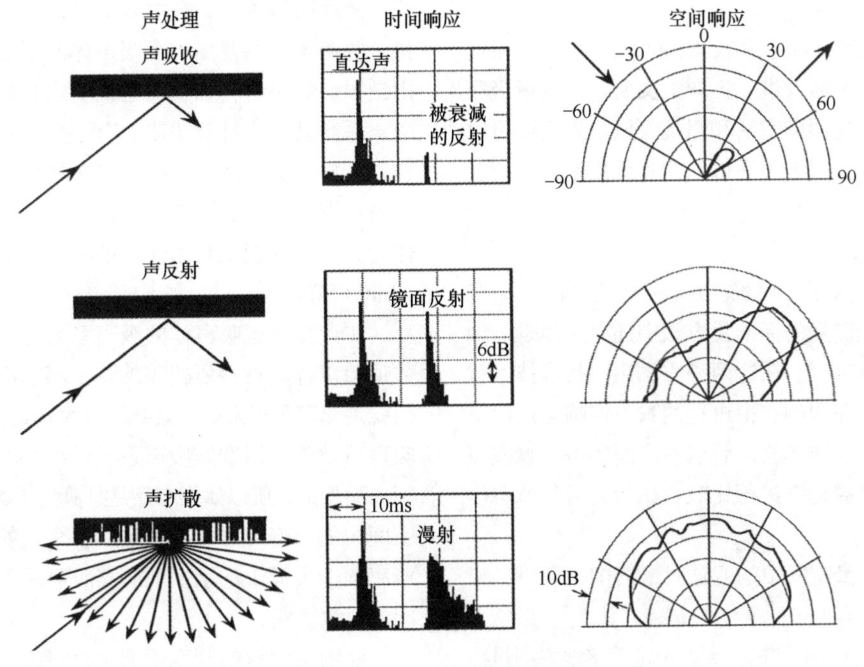

图 8.1　吸声反射与声扩散的比较

8.2　声吸收

吸声就是将声能转变为其他形式的能量，通常是热能。吸声量的单位是 sabin，这是为了纪念 W. C. 塞宾（W.C. Sabine，1868—1919），他是现代建筑声学的开山鼻祖。虽然塞宾（Sabine）早期所开展的有关室内声学研究工作并不会在此详细说明，但是任何严谨的声学研究人员都应认真阅读他的文献。理论上讲，1.0sabin 等于 $1m^2$ 面积上的完全吸声量。塞宾的初期工作就包括确定材料的吸声能力。他将一定面积材料的性能与具有同样面积的开窗所产生的相对理想的吸声能力进行比较 [3]。例如，如果 $1.0m^2$ 的材料产生出与 $0.4m^2$ 的开窗相同的吸声量，那么我们就可以将材料相对吸声能力（现在可称之为吸声系数）定为 0.4[4]。

如何应用吸声要取决于具体的应用和想要解决的问题。

大部分时间里，吸声常用来让人们感觉不够活跃或混响较少。吸声体的性能随频率的变化而变化，它只在相对窄的频率范围上才会表现出最佳的工作特性。另外，吸声体的特性在有效的频率范围上并不一定是线性的。

对吸声体的测量和分类似乎并不直观。人们主要采用两种实验室方法进行测量，即阻抗管法和混响室法，这两种方法会在下文中讨论。吸声量的现场测量也会在下文讨论。吸声体性能还可以用理论推导的方式来确定。对这些方法的讨论已经超出了本章的讨论范围（想了解这方面内容的读者可参阅本章最后所列参考书目中有关高级吸声体理论方面的专著中的论述）。

吸声体可以粗略地划分为3种：多孔吸声体，分立吸声体和共振吸声体。由于人们自己设计和制造自用的吸声体并不常见（随着制造说明和网络论坛上相关内容的日益增多，确实近些年来在DIY吸声体结构方面人们已经有了一定的清醒认识，但获取的这些信息并不见得可靠，具体则要看在线资源的可靠度和提供指南信息的“专家”的专业水平），许多优秀的多孔和共振型吸声体都是可以商用的。这里提及有关吸声体设计方面基础性信息的原因有两个：有许多人想建造自己的吸声体，更为重要的是这些吸声体在建筑空间的处理上有时不是刻意建造的。这一点在共振吸声体上表现得尤为如此。

8.2.1 吸声测量

标准化的吸声量测量始于塞宾（Sabine），之后不断地发展，时至今日还在不断改进。正如上文所言，测量吸声量的两种标准化方法是混响室法和阻抗管法。人们还可以利用其中的任一种方法或者下面讨论的其他技术来进行吸声量的现场测量。

8.2.1.1 混响室法

Sabine在19世纪末和20世纪初期所做工作的成果在当今的混响室吸声量测量的标准化方法中还有所体现，如ASTM C423和ISO 354[5, 6]。在这两种方法中，基本技术就是将一块材料样本放在混响室中进行测量。混响室是没有任何吸声处理的小室。样本放入后这种房间的声音衰减速率与空房间的声音衰减速率进行比较。比较之后，就可以计算出样本的吸声量。

将样本安放在测量空间中的方法对最终的吸声量结果有影响。因此，人们给出了标准化的安装方法[6, 7]。最常采用的安装方法是类型A，B和E。类型A是简单地将测量样本（通常是板型墙壁或天花板吸声体）平靠在预先确定好的混响室测量区（一般是地面）。类型B安装一般是散布或涂布应用的声学材料。材料首先要放到坚固的背板上，然后将处理过的背板放在混响室预定的测量区内。类型E安装是针对诸如有吸声天花板这类吸声体的标准方法。这种安装在吸声体后面留有定义深度的空气间隙，用以模拟实际安装的空气填充吸声天花板。定义的深度为毫米数量级，并表示成后缀的形式。例如，吸声天花板测量中的E400安装意味着被测量的天花板要有400mm（16in）深的空气间隙。

应注意的是，在产品说明书中常漏掉对安装方法的说明，因为板型墙壁和天花板吸声体的A型安装常被作为默认的方法。无论怎样，在评估声学性能数据时要核实采用的安装方法。如果存在任何的不确定性，则要求提供完善且独立的实验室检测和评估报告。安装方法的细节必须含在实验室报告中，以满足测量标准的要求。

北美地区的实验室通常采用ASTM C423来进行说明，在欧洲的国家一般采用ISO 354标准。虽然方法非常类似，但是存在一些值得关注的差异，这些差异可能产生不同的测量结果。其中常常被批判的问题就是不同的最小样本尺寸上的主要差异。符合ASTM C423标准的板型材料测量的最小面积是5.6m^2（60ft^2）[5][建议的测量面积是6.7m^2（72ft^2）]，而ISO 354标准是10m^2（107.6ft^2）[6]。一般而言，这种样本尺寸上的差异可能导致按照ISO 354对材料所进行的测量的吸声系数要比按照ASTM C423方法对同一材料所做的测量的吸声系数稍微低一些。通常，当测量结果被应用于比测量混响室大的空间时，ISO方法被认为是更为理想的解决方案，这种情况也是通常的应用情况。尽管如此，ASTM测量结果已经广泛应用，并且已经成功用于建筑声学设计应用当中长达数十年。

混响室方法还可以用于分立吸声体测量，诸如观众座椅，高速路隔声屏，公共隔离区，甚至是人群的测量。测量分立吸声体与测量板型吸声体的主要差异体现在如何给出结果。如果材料占据测量混响室表面相应面积的话，则吸声系数就可以计算出来。有些分立吸声体的测量结果通常以sabin/单位报告（有时在文献是指*Type J*安装，提供的测量满足安装的标准要求）。例如，声障（可以从工厂或体育馆的天花板上悬吊安装的类型）的吸声量一般报告为sabin/声障。

在计算板型吸声体的吸声系数时，每个频带内的塞宾数值除以样本材料所覆盖的测量混响室表面积。最终的量值就是塞宾吸声系数，其被缩写为α_{SAB}。文献中的绝大部分吸声系数都是以塞宾吸声系数给出。由于材料是在混响空间内测量的，所以如果产品是打算用于类似的混响空间（即空间中的声音可以被视为是从各个入射角度方向以相等的概率撞击表面）的话，则塞宾吸声系数被用来预先确定空间的声学属性。

混响室测量的频率范围是有限的。在低频，由于振动模式的影响占据测量混响室的主导地位，所以准确测量声音衰减是困难的。在高频，混响室足够大，以至于空气的吸声开始影响测量的结果，所以混响室测量的频率范围一般被限定在100～5000Hz的1/3倍频程内。这对于大多数材料和应用来说足够了，因为它覆盖了通常所指的语言频率范围的完整6个倍频程——即进行与语言交流有关的设计问题所要考虑的重要频率范围。

当声处理被专门设计成吸收低频时，混响室法就暴露出不足了。然而，D'Antonio 已经实现了 ASTM C423 的特殊应用，即利用固定的传声器位置（相对于更典型的旋转传声器）来测量房间实际本征频率的衰减。利用这种方法，D'Antonio 已经能够测量到低至 63Hz 倍频程频带的低频吸声量 [8, 9]。虽然阻抗管法（下文中要讨论）也能用来测量低频的吸声量，但是需要带有坚实管壁（比如浇注的混凝土）的大管子。

8.2.1.2 阻抗管法

实验室法一般采用阻抗管来测量法向入射声音（即声音垂直于样本入射）的吸声量。阻抗管测量法分两种：单传声器驻波法和双传声器转移函数法 [2]。一般而言，阻抗管测量成本相对较低，实现起来相对简单，在吸声体性能的研究和开发上可能非常有用。例如，在驻波法中，法向吸声系数（α_n）可以由下式加以计算

$$\alpha_n = \frac{I_i - I_r}{I_i} \tag{8-1}$$

式中，

I_i 是入射声声强；

I_r 是反射声声强。

虽然阻抗管法的成本低且省时的优势非常明显，但还是要格外留意，因为法向吸声系数并不等同于上一部分讨论的塞宾吸声系数。实际上，与 α_{SAB} 不同，α_n 绝不会大于 1.0。在一组实验中，小的 α_{SAB} 会是 α_n 的 1.2 倍，大的 α_{SAB} 会是 α_n 的 8.0 倍 [10]。不论怎样，在 α_{SAB} 和 α_n 之间都建立不了经验关系。法向吸声系数不应用于标准混响时间公式中用来计算空间的属性。

法向吸声系数具有的一个主要优点，即它们提供了一种比较两种吸声体性能的简便方法。混响室本身具有可再现性（会在下文中详细解释）。阻抗管在一定程度上可以克服这一不足之处。阻抗管的一个局限性表现在频率范围上，测量低频时需要大的管子。另一个局限是共振型吸声体测量并不倾向于产生准确的结构，这是因为样本尺寸小的缘故。

8.2.1.3 其他吸声测量方法

除了利用混响室或阻抗管测量吸声量之外，还有利用其他多种方法来测量吸声量 [2]。当然，混响室法和阻抗管法这两种方法可以用于现场测量。实际上，ASTM C423 的附录 X2 给出了在现场采用混响室法的测量指南 [5]。

当声音并不是以完全随机的方式撞击吸声体时（大部分情况下是这样的），可能有更好的方法描述其性能。布拉德•尼尔森（Brad Nelson）对其中的一种方法进行了描述 [11]，他利用信号处理技术对单一反射进行了分析。尽管尼尔森（Nelson）的方法描述的是法向入射的吸声量测量，但是他的方法可以拓展用来在现场确定各个角度入射时材料的吸声系数，这对于为了小空间内反射控制而采用的吸声体进行分析可能特别有用。我利用尼尔森（Nelson）的方法在现场确定了两种多孔型吸声体不同角度上的吸声系数（α_θ），图 8.2 以图形的方式表示出了在 2000Hz 频带上反射的结果。这一结果至少部分符合我们在录音棚中常见到的情况：雕刻的声学泡沫相对于平滑织物覆盖的高密度玻璃纤维板而言，其对倾斜入射的反射控制更为稳定。或者，从另一个角度来说，玻璃纤维板会产生出比声学泡沫更多的离轴反射。当然，一种声处理相对于另一种声处理的优点是主观的。重要的一点是其间的差异是可量化的。

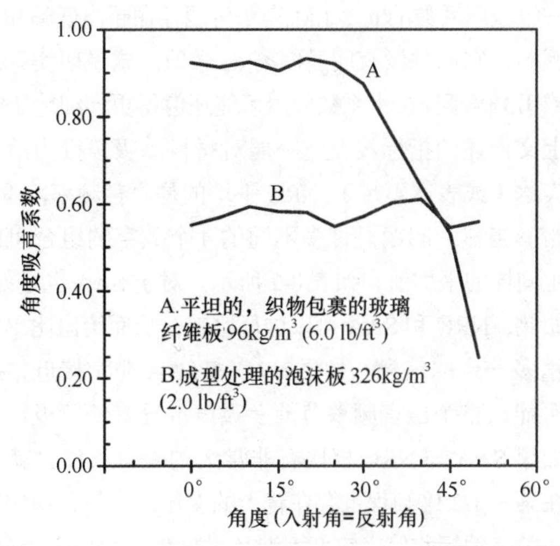

图 8.2 两种吸声材料在 2000Hz1/3 倍频程带宽上的角度吸声系数（α_θ）

8.2.1.4 标称吸声

有 3 种标称的单一数值与吸声相关，它们全都是用塞宾吸声系数计算出来的。第一种，也是最常见的一种是降噪系数（Noise Reduction Coefficient，NRC）。NRC 是 250Hz、500Hz、1000Hz 和 2000Hz 倍频程带宽上塞宾吸声系数的算术平均，四舍五入到 0.05 位 [5]。NRC 最初的目的是用单一的标称数值来对最关键的语音频带内的材料性能进行一定的说明。

为了部分突破 NRC 的某些局限性，人们开发出了平均吸声（Sound Absorption Average，SAA）[5]。与 NRC 类似，SAA 也是算术平均，但是它是用 200 ～ 2500Hz 上的 12 个 1/3 倍频程的塞宾吸声系数取代了 4 个倍频程频带的限定，平均后四舍五入，精确到 0.01 位。表 8-1 给出了针对一组吸声系数计算得出的 NRC 和 SAA 的例子。

表 8-1 样本塞宾吸声系数 (α_{SAB}) 谱及其单一数值标称值 NRC, SAA 和 α_w

1/3 Oct频带中心频率	α_{SAB}	1/3 Oct频带中心频率	α_{SAB}
100 Hz	0.54	1250 Hz	0.39
125 Hz	1.38	1600 Hz	0.31
160 Hz	1.18	2000 Hz	0.30
200 Hz	0.88	2500 Hz	0.23
250 Hz	0.80	3150 Hz	0.22
315 Hz	0.69	4000 Hz	0.22
400 Hz	0.73	5000 Hz	0.20
500 Hz	0.56		
630 Hz	0.56	NRC=0.55	
800 Hz	0.51	SAA=0.53	
1000 Hz	0.47	α_w=0.30（LM）	

最后一种是ISO 11654提供的测试材料单一数值标称值的方法，它是按照ISO 354的要求测量的，被称为加权吸声系数（weighted sound absorption coefficient，α_w）[12]。它采用了曲线拟合处理，以便得出材料的α_w。另外，在如下的α_w数值中可能在括号内会有形状指示器，以此表明这一区域的吸声系数已经明显超出了基准曲线的值。表8-1表示出了针对一组吸声系数的α_w，LM表明可能存在超出低频和中频吸声系数，它们并没有明显偏离α_w数值。这说明实际的倍频程或1/3倍频程吸声系数应用可能还值得更详细地研究。

上文描述的指标没有一个能对材料的吸声行为给出准确的表达（或表达不足）。NRC平均的是语言频率范围的4个频带。当然，问题是许多不同的4个数字的组合可能导致产生同样的平均值，如表8-2所示。对于SAA也是如此。尽管如此，NRC和SAA可以进行比较，从而给出比单一标称值稍多一点的信息。如果NRC和SAA非常接近，那么材料可能在整个语言频率范围上吸声量没有任何极端的偏离。如果SAA与NRC相比有非常大的差异，那么就可能说明在某一1/3倍频程上存在着大的变化。当然，这些都只是单一数字的标称值，它们不涉及材料在200Hz以下的1/3频带的性能。不过它们可以粗略地对材料的相对性能进行表达。在进行材料性能的全面评估时一定要尽可能详细地考察倍频程的情况。

表8-2 两个不同样本的塞宾吸声系数(α_{SAB})谱及其等效的NR和SAA

	α_{SAB}	
1/3 Oct 频带中心频率	材料1	材料2
100 Hz	0.54	0.01
125 Hz	1.38	0.01
160 Hz	1.18	0.09
200 Hz	0.88	0.18
250 Hz	0.80	0.33
315 Hz	0.69	0.39
400Hz	0.73	0.42
500 Hz	0.56	0.57
630 Hz	0.56	0.58
800 Hz	0.51	0.67
1000 Hz	0.47	0.73
1250 Hz	0.39	0.69
1600 Hz	0.31	0.60
2000 Hz	0.30	0.58
2500 Hz	0.23	0.65
3150 Hz	0.22	0.67
4000 Hz	0.22	0.80
5000 Hz	0.20	0.77
NRC =	0.55	0.55
SAA =	0.53	0.53

8.2.1.5 测量结果的分析说明

正如本章开始所提及的那样，声处理行业存在着许许多多错误的信息。悲哀地讲，在测量结果方面也不例外。厂家文件或其网站上给出的材料评估的数据信息是基于粗略统计得出的。该信息最终应进行核实，最好是提供独立的实验室检测报告。如果厂家不能提供检测报告，那么其文件或网站上给出的任何吸声数据都应视为是不可靠的数据。

当吸声数据被评估时，应掌握数据来源，包括采用的标准方法和利用的独立检测实验室机构。还要再次强调，检测报告可能有助于澄清任何的混淆。要对检测结果上的微小差异要给予密切关注，比如厂家替代ASTM C423检测标准推荐的标准最小材料面积。如果两种材料在某些方面是类似的，那么样本尺寸上的变化可以解释测量吸声上的一些变化。

另外，混响室法具有可再现性的问题。萨哈（Saha）已经报告：即便所有其他的因素（比如人员，材料样本，测量设备等）都是一致的，不同实验室中测量到的吸声系数还是会存在很大的不同[13]。考克斯（Cox）和D’安东尼奥（D’Antonio）已经发现，不同实验室间吸声系数的变化可能高达0.40。[2]

最后，值得注意的是，塞宾吸声系数常常超过1.00。这是造成认识模糊的根源，因为理论上表述的吸声系数只能是在0.00(全反射)～1.00(完全吸收)间变化。然而，0～1的法则只适用于利用直达声与反射声强度测量的计算，比如法向吸声系数。但是，塞宾吸声系数是利用衰减率的差异并用测得的吸声量除以样本面积得来的。在理论上，这应该还是将塞宾吸声系数保持在1.0以下。然而，这里会表现出边缘和衍射效应，并且常常被用来（以及一些标称的图示）解释大于1.0的数值。虽然边缘和衍射效应的解释是成立的[14]，但是可能会引起自身的混淆。例如，样本常常被覆盖住边缘进行测量，即并不暴露给声音。因此，这种实验得出的吸声系数大于1.0的结论主要还是缘于衍射效应，在这一过程中，不是从法向入射到样本上的声音朝向样本方向变弯曲并被吸收。当这些测量结果被用于样本边缘暴露给声音的应用当中时，便出现了混乱。

为了更好地理解边缘和衍射效应，萨乌罗（Sauro）及其他一些人研究了在保持面积恒定的前提下变化样本的周长，以及保持周长不变而改变面积所带来的影响。[15, 16]研究结果反映出被测的吸声量、样本面积和样本的周长之间的关系。目前在测量标准中并未考虑周长长度的依赖性问题。虽然其他的研究人员还未验证萨乌罗等人得出的结论，但是他们深受鼓舞。很显然，在建筑声学研究领域还有许多工作要做。

更好且较简单的解释是，塞宾吸声系数不是百分数。塞宾吸声系数计算中涉及的变量是衰减率和检测样本的面积。前者中的变化量除以后者基本上就是确定的值，这并不严格遵从百分比的定义。基于这样的解释，如果其他的因素是相同的，则 α_{SAB} 数值大于 1.0 只表明其吸声量比数值小于 1.0 的高。例如，只要检测两种材料采用的是同样的方式，则 500Hz 时塞宾吸声系数为 1.05 的材料将会比塞宾吸声系数为 0.90 的同样面积的材料吸收更多的声能。

不论塞宾吸声系数大于 1.0 有效性与否，该系数在被用于预测计算时通常被舍入为 0.99。例如，如果确定混响时间采用的是塞宾公式之外的其他公式，那么这种舍入是尤为重要的。当然，关于这种舍入存在许多争议。例如，从技术上讲它并非舍入，而是比例缩放。正如萨哈（Saha）所指出的那样，为何只按比例缩放大于 1.0 的数字？对于其他数值又该如何处理呢[13]？

8.2.2　多孔材料

多孔吸声体是人们最为熟悉和最常用的一种吸声材料。它们包括自然纤维（比如，棉花或木材）、矿物纤维（比如玻璃纤维和矿棉）、泡沫、织物、地毯、软石膏、吸声板等。声波导致空气粒子在多孔材料的深部产生振动，摩擦损耗将部分声能转变成热能。损耗量是密度的函数，或者说是堆积纤维材料的紧密程度的函数。如果纤维是松散堆积的，那么摩擦损耗较少。如果纤维被压缩成密度板，那么穿入内部的能量较少，表面的反射较大，从而导致吸声较少。

将在下一部分讨论的准刚性玻璃纤维板 Owens Corning 700 系列。它是人们较为喜欢选用的多孔吸声体之一。在此，图示出了变化趋势（比如吸声量与厚度和密度的相关性），通常，对于多孔吸声体而言这种情况并不常见。

8.2.2.1　矿物和自然纤维

最为常用的一种矿物纤维就是玻璃纤维板，如图 8.3 所示。Owens Corning 700 系列板中的各种密度板的吸声量如图 8.4 和图 8.5 所示[17]。图 8.4 示出了厚度为 2.5cm（1in）的 Owens Corning 700 系列玻璃纤维板的密度对吸声的影响。3 种密度的吸声体在 500Hz 以下均表现不佳。在更高的声频频率上，48kg/m³ 和 96kg/m³（3.0lb/ft³ 和 6.0lb/ft³）密度的板材要比密度为 24kg/m³（1.5lb/ft³）的较低密度材料稍微好一些。图 8.5 所示的是厚度为 10.2cm（4.0in）的不同密度比例纤维板的吸声情况比较结果。在这种情况下，3 种密度板之间的吸声量差异很小[15]。

中密度板具有机械方面的优势，它们可以用刀切割并按压就位。使用密度在 24kg/m³（1.5lb/ft³）或密度更小的材料会比较困难，比如建筑隔断。板的密度越高，成本也越高。虽然密度 48kg/m³（3.0lb/ft³）的玻璃纤维能很好地满足大多数声学要求，但是有些声学顾问指定采用 96kg/m³（6.0lb/ft³）的材料。有许多顾问常常指定多种密度组合的吸声体，例如 Owens Corning 701，703 和 705A 的组合。在理论上，多密度吸声体（假设最低密度的材料暴露在声源下，随着靠近墙壁密度逐渐增加）会与同样厚度的单一密度吸声体的吸声效果相当或吸声效果比同样厚度的单一密度吸声体更好[18]。在实践中，这种变化趋势是成立的。

(a) 未处理的原材料

(b) 表面涂布了织物的板

图 8.3　玻璃纤维吸声材料

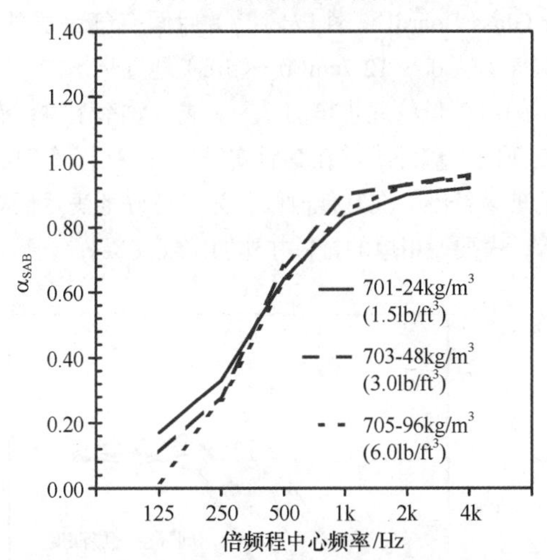

图 8.4　厚度为 2.5cm（1in）的 Owens Corning 700 系列玻璃纤维板的密度对吸声的影响，A 型安装[15]

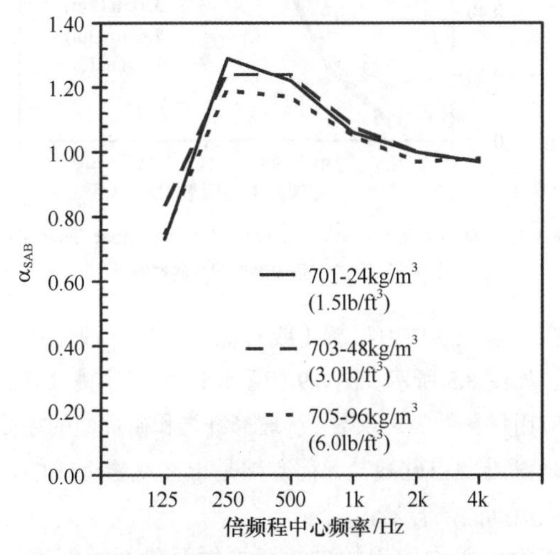

图 8.5　厚度为 10.2cm（4in）的 Owens Corning 700 系列玻璃纤维板的密度对吸声的影响[17]

图 8.6 研究的是 Owens Corning 703 型 703 玻璃纤维板的厚度对吸声量的影响。它对低频声能的吸收远好于更厚的材料[17]。

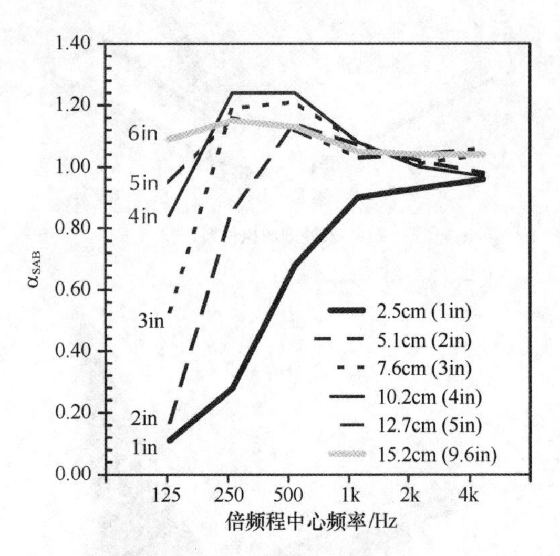

图 8.6 密度为 48kg/m³（3lb/ft³）的 Owens Corning 703 型玻璃纤维板的厚度对吸声的影响，A 型安装[17]

图 8.7 表示的是在 2.5cm(1in) 厚的 Owens Corning Linear Glass Board(线性玻璃板) 后面空气夹层的影响。随着空气层从 0～12.7cm(0～5in) 地逐步增加，其较低频率下的吸声量将逐步增加[17]。从成本效率上讲，有时会采用较薄的玻璃纤维并在其后安排空气夹层；有时会采用更厚的玻璃纤维。在其他时候，为了更好地满足低频吸声的要求，需要使用厚的材料并外加空气夹层。

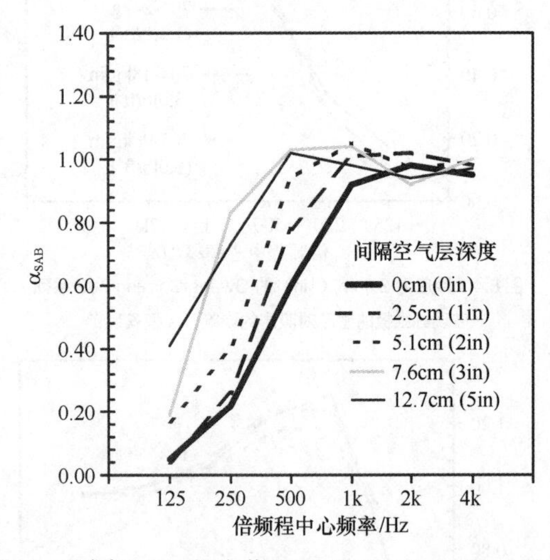

图 8.7 厚度为 2.5cm（1in）的 Owens Corning Linear Glass Cloth 封装板间隔空气层安装对吸声的影响[15]

在声学应用中，矿棉（或石棉）是另一种受欢迎的矿纤维，如图 8.8 所示。图 8.9 和图 8.10 给出了由 Roxul 提供的可应用材料的吸声系数[19]。玻璃纤维和矿棉间的主要差异是玻璃纤维源自硅酸盐，而矿棉是由玄武岩造成的，它可以产生更高的热容限。

声学应用中使用的自然纤维材料包括木纤维和棉纤维。Tectum 公司生产了大量由白杨木纤维制造的天花板和墙板，这些产品具有持久的声处理效果。图 8.11 所示的是一些 Tectum 公司生产的材料的吸声系数[20]。自然棉纤维吸声板的供应商数量也在不断增加。自然棉板（截至目前已经开发出来的）表现出来的吸声量与类似密度的矿棉板的吸声量相当。

(a) 未处理的原材料 (b) 置于框架中的表面织物封装板

图 8.8 矿棉吸声材料

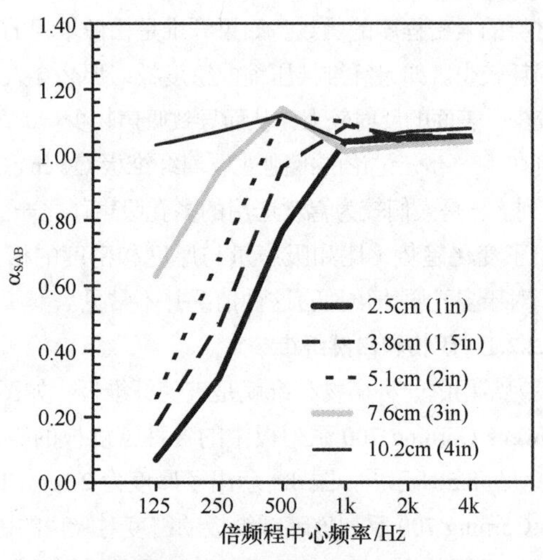

图 8.9 密度为 64kg/m³（4lb/m³）的 Roxul RockBoard 40 矿棉板的厚度对吸声的影响[19]

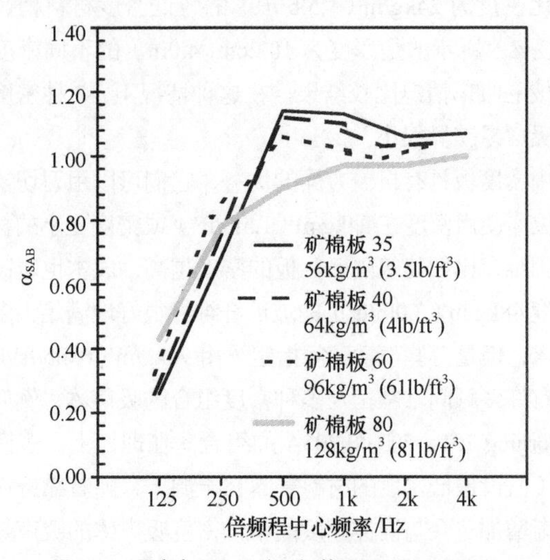

图 8.10 厚度为 5.1cm（2in）的 Roxul RockBoard 矿棉板的密度对吸声的影响[19]

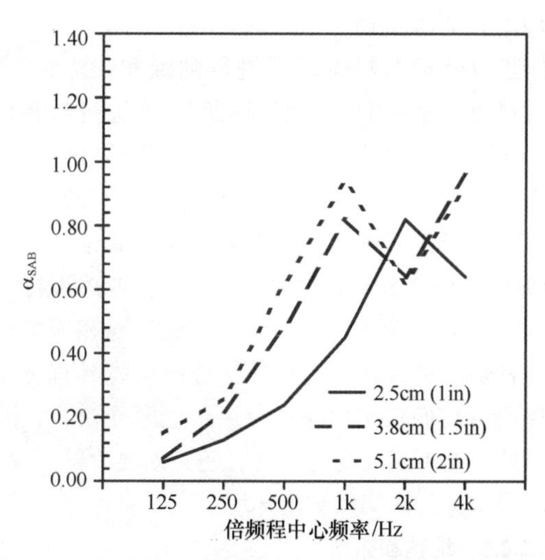

图 8.11　不同厚度的 Tectum Wall Panels 的吸声效果，A 型安装 [20]

大部分纤维质吸声体上都覆盖了某种透声封装织物，这种织物兼有装饰作用和实用性。织物封装具有装饰性，因为玻璃纤维和矿棉呈现的自然黄色或绿色给人带来的美学愉悦感并不强。同时封装具有实用性，因为暴露在空气中的矿物纤维材料可能会对呼吸器官产生刺激。装饰性金属（有或没有粉末涂层封装）和具有高百分比暴露区的塑料覆盖（远高于下文将要讨论的共振型装饰吸声体的暴露百分比）也可能会与纤维吸声体配合使用。装饰性覆盖一般用于装饰、维护和避免板材被强烈撞击。以上情况在体育场馆就可能发生。膜和纸封装有时也会用于含有玻璃纤维的纤维板或矿棉板的低成本产品当中。因为薄膜或纸会产生反射，所以吸声体露在外面一侧的高频吸声量要明显低于不朝外一侧的吸声量 [采用的薄膜或纸有时被指定为膜（membrane）。这会与共振膜（resonant membrane）或膜式吸声体（diaphragmatic absorbers）发生混淆。为了清楚起见，虽然应用于纤维质板上的膜或纸的表面不是严格意义下的共振膜，但是当膜或纸暴露在入射声之下时，它确实会使低频吸声有一定的标称增加]。

为了抗撞击，同时也为有些办公室应用（比如办公室隔断）提供表面处理，在采用织物封装之前在纤维质吸声体的表面加上一层薄的（通常为 3mm）高密度 [一般是 160 ～ 290kg/m³（10 ～ 18lb/ft³）] 比例纤维板。这常常被说成图表板表面封装，因为其上面允许使用固定针和图钉。

在安装简便性方面，自然纤维具有一定的优势，因为它没有矿物纤维板处理过程中所伴随的瘙痒感。自然纤维产品还可以无覆盖安装，Tectum 公司声称他们生产的木纤维板可以反复喷几次油漆，而不会造成声学性能的明显下降。

8.2.2.2　声学泡沫

声学应用的网状开放单元泡沫的类型有很多，如图 8.12 所示。虽然封闭单元泡沫也在声学上时有应用，但是大部分是作为成型的声学扩散体的基材来使用的。在建筑中应用得最普遍的开放单元声学吸声体是聚亚安酯（酯和醚）和三聚氰胺泡沫。与纤维板不同，泡沫板易于切割，并且可以裁成一定的形状。除了无处不在的楔形和金字塔形之外，声学泡沫可以做成各种方形，锯齿形，甚至是装饰门面的曲线形。虽然去掉一部分材料一般会降低吸声量，但是由此产生的更大暴露面积也会加大吸声量。图 8.13 和图 8.14 分别给出了由 Auralex Acoustics 公司提供的不同类型的泡沫，以及由同一类型不同厚度泡沫制成的声学泡沫板的吸声系数 [21]。

图 8.12　开放单元聚亚胺酯声学泡沫

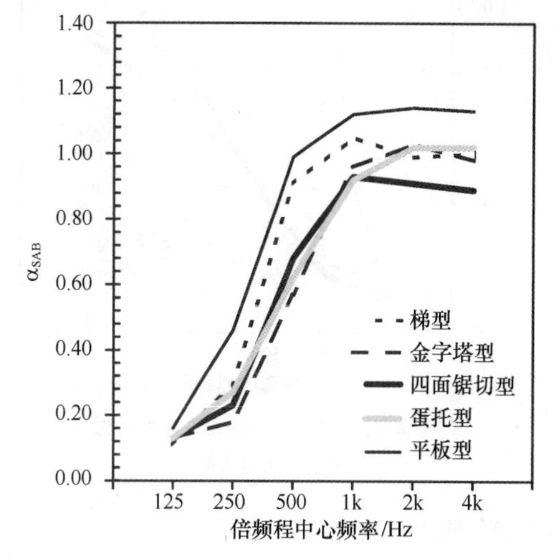

图 8.13　厚度为 5.1cm（2in）的 Auralex Acoustics 聚亚胺酯泡沫板的形状对吸声的影响，A 型安装 [21]

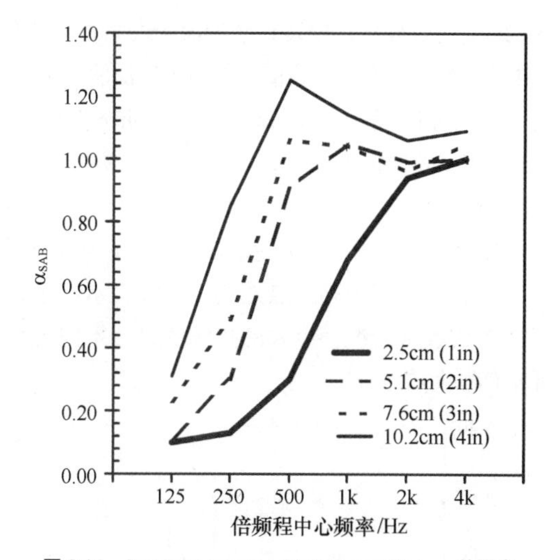

图 8.14　Auralex Acoustics Studiofoam Wedges 的厚度对吸声的影响，A 型安装 [21]

通常，声学泡沫的密度要比纤维材料的密度小一些。声学泡沫的密度一般为 8.0 ～ 40kg/m³（0.5 ～ 2.5lb/ft³）。这就意味着在同样的厚度下，矿物纤维板所提供的吸声系数要比泡沫板的高。然而，声学泡沫一般可以无任何装饰覆盖，直接安装，因此其可能具有更好的成本效率。矿物纤维板一般需要织物封装，或者用其他覆盖物来覆盖裸露的纤维。诸如 Pinta Acoustic 公司（之前的 Illbruck 公司）所提供的三聚氰胺泡沫产品是白色的，并且相对聚亚胺酯泡沫而言具有较高的耐火性。然而，三聚氰胺泡沫一般具有较低的吸声系数（主要是因为密度较低），应用起来也不够灵活，这使得它们比聚亚氨脂泡沫更容易损坏。图8.15给出了来自Pinta Acoustic公司的一些三聚氰胺泡沫产品的声学性能抽样数据[22]。三聚氰胺泡沫可以被涂装（对此，生产厂家总会被咨询），而聚亚胺酯泡沫一般是不涂装的。正因为如此，公司提供的三聚氰胺泡沫有多种颜色可供选用。

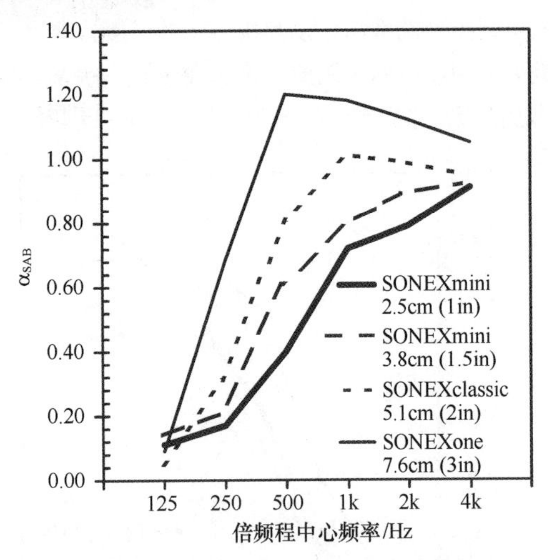

图8.15 不同厚度的Pinta Acoustic三聚氰胺泡沫板的吸声效果，A型安装[22]

8.2.2.3 吸声板

吸声板的密度是多孔吸声体中最高的。它们广泛用于吊装（平装）天花板处理。多年前，常常会见到30cm×30cm（12in×12in）的板被直接安装到硬的泥灰表面（A型安装）。这种方法并不是非常有效，目前已经不再广泛使用了。

吸声板的标准尺寸是61cm×61cm（24in×24in），或者是61cm×122cm（24in×48in），塞宾吸声系数通常是针对E400型安装给出的，它是模拟有400mm（16in）深的空气夹层的平装天花板。图8.16所示的是39种不同吸声板样本的平均吸声系数。每一频率点处的垂直线表示出了针对每一频率的系数散布情况。令人感兴趣的是，不同类型的吸声板可能有很大的差异。

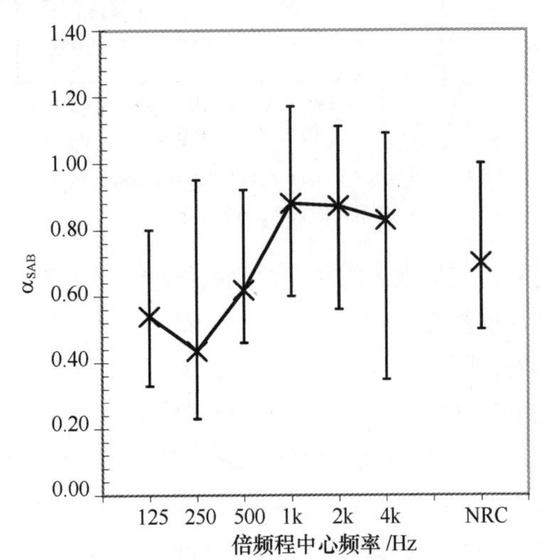

图8.16 不同厚度的39种吸声天花板的平均塞宾吸声系数（a_{SAB}），E400型安装

8.2.2.4 喷浆处理

有些声处理材料可以再进行喷涂和/或喷浆处理。许多材料更像是标准石膏那样在使用时进行封装和细化处理，甚至在上面绘画。特殊的粘接化学材料具有其自身的吸声量。有些石膏基层看上去类似于普通的石膏或灰泥墙板。声学石膏具有高频吸声强，低频吸声弱的特性，厚度薄（<2.5cm）时尤其如此。在考虑进行大面积（比如健身房的天花板）的吸声处理时，选用声学石膏可能是一种经济的做法。有些喷涂处理可能具有防火和隔热的作用。它们在文物保护应用中也颇受欢迎，因为文物景观外观是不能改变的，同时还必须要改善声学环境，给人们提供良好的交谈空间环境。

8.2.2.5 地毯和布料

地毯是一种让人产生视觉美感和舒适感的陈设，它属于多孔吸声体，主要对较高的声频频率起作用。在电子工程师看来，地毯可以称为低通滤波器。由于它是高频吸声体，所以在将其作为室内声处理材料使用时要格外小心。由于它具有过强的高频吸声能力，所以地毯可以很好地平衡房间低频的权重。各种类型的地毯所具有的吸声特性不同。一般而言，吸声量会随着其铺装的重量和高度而变化。割绒地毯的吸声量要比圈绒地毯的吸声量高。衬垫材料对地毯的吸声量有明显的影响。通常，地毯的衬垫越重，吸声量越大。使用不透水的衬垫时要格外小心，因为这会大大降低地毯衬底的作用，进而减小吸声量。由于地毯的厚度是有限的，所以即便是最厚的铺装（加上最厚的衬垫）也不会更多地吸收低频。图8.17所示的是典型中等铺装厚度（有和没有地毯衬垫）时的地毯吸声系数[23]。

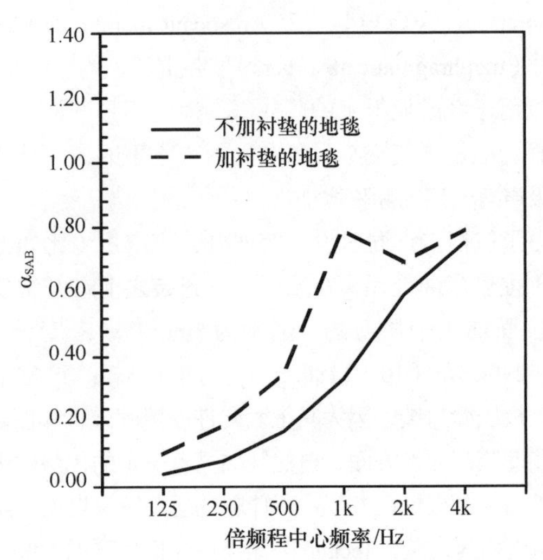

图8.17 加和不加衬垫（1.4kg/m²）时环形堆穗地毯（0.7kg/m²）的吸声效果，A型安装[23]

装饰织物也是多孔吸声体。装饰织物包括挂帘，窗帘，挂毯和其他织物类墙壁装饰挂件等。除了材料的类型和厚度外，填充百分比对装饰织物的吸声能力也有影响（填充百分比表示的是布料中额外材料的量，比如，100%的填充意味着3.0m宽的布料实际包含了6.0m宽的材料量。

同样，150% 的填充则表示 3.0m 宽的布料含有 7.5m 宽的材料量）。图 8.18 所示的是不同填充百分比时布料的吸声系数 [24]。布料与墙壁之间的距离（间隔空气层厚度）并不会对吸声量产生影响，其表现出的作用并没有填充百分比那么明显，如图 8.19 所示 [24]。

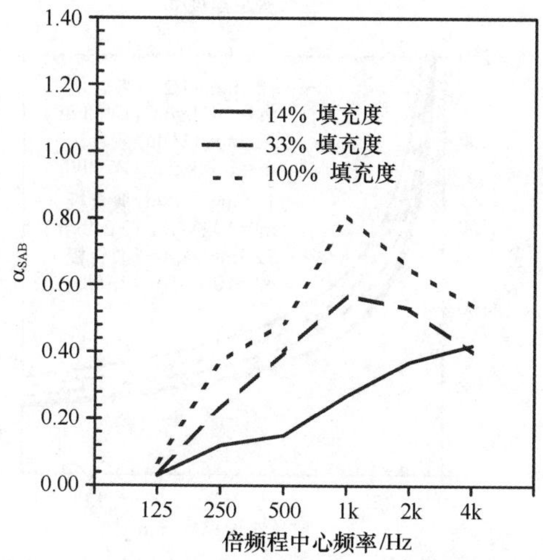

图 8.18 密度为 500g/m²（14.5oz/yd²）的棉布窗帘材料的填充度对吸声的影响 [24]

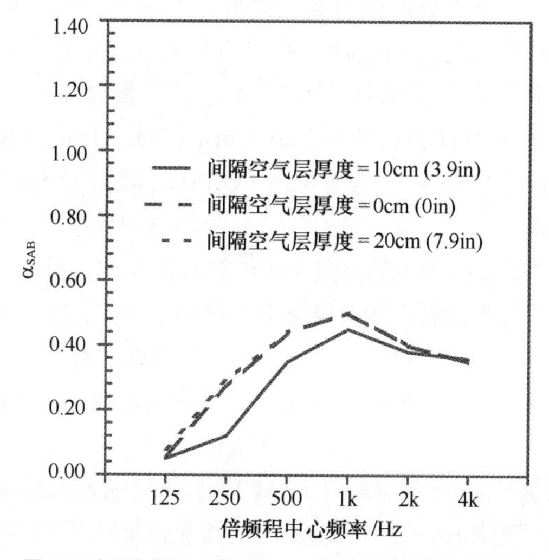

图 8.19 密度为 650g/m²（19oz/yd²）的绒布窗帘材料间隔空气层厚度对吸声的影响 [24]

8.2.3 分立吸声体

吸声板或泡沫板都是分立的吸声体。吸声板、人、书架、设备架等的吸声量都是可以确定的。从声处理的层面来看，两大类分立吸声体是绝不能忽视的，即人和家具。

8.2.3.1 观众与座席

在大空间中，观众和座席将是空间中最大的一个吸声处理。任何有效的大空间声学分析都应将观众因素考虑进来。在空场时座椅的声学作用是要考虑的另一个重要因素。未坐人的木椅的吸声量与坐了人时的吸声量是不同的。加了坐垫的座席的吸声量可能会与坐了人时的吸声量相当。在不坐人时，折叠起来的椅子可能是可反射声音的硬塑料壳。穿孔的座席反面可以在椅子折起来时让声音透过椅子的底部，这种情况在有些应用中是值得考虑的。关于观众，座椅和观众区吸声的更详细信息请参考本手册第 9 章。

8.2.3.2 声学障碍和悬挂物

在非常大的空间中，比如体育馆、运动场、工厂，甚至是教堂，需要将吸声体安装在天花板处，以减小混响声。在这类空间中散布安装声处理通常是不节约的做法，因为这样太耗费人力。为了解决这样的问题，常常采用从天花板上吊装预制的声处理件。一般吊装的声障尺寸是 61cm×122cm（24in×48in）（或者是其他相对可控制的尺寸），厚度通常约为 3.8cm（1.5in）。核心材料一般是刚性或半刚性矿物纤维，比如玻璃纤维，保护面一般是聚酯织物，超强防撕尼龙，或者 PVC。声学泡沫板和其他多孔吸声板也常常被当作障板使用。吸声量以每块障板的塞宾数值来表示。虽然声学障板常常是垂直悬吊安装的（垂直于地板），但是它们也可以水平吊装，甚至是呈一定角度安装。安装的形式可能对障板的总体性能产生影响。例如，从多个方向吊装障板要比障板在一个方向上彼此平行的简单吊装更有利。吊装通常是通过厂家或用户安装好的索孔或索钩来实现。具有声学性能的广告条幅是声学障板的放大版。其核心材料有时是密度稍微低一些的材料，以方便安装条幅，这样便允许从高处的天花板下垂下来。条幅倾向于大尺寸：1.2m×15m（4.0ft×50ft）（更大的尺寸并不常见）。

8.2.3.3 其他陈设和物体

任何搬过新家的人都体验过家具的吸声能力。在房间中没有添加桌椅、书架等家具时，房间的声音听上去会偏大。即便在没铺地毯的起居室中添加少量的物件都可能改变房间的声学特性。

对铺装了地板、安装了石膏板墙和天花板的小房间中搬入两张躺椅前后的声音进行测量，就可以实验验证这一概念。搬入的躺椅是织物材质（不同于皮革或仿皮材质），在搬入房间的家具进行搭配后，将躺椅随意地摆放在其最终要放的位置。图 8.20 所示的是躺椅的吸声频谱（每张躺椅的塞宾值）（图 8.20 所示的吸声量不是在实验室中测量的）。

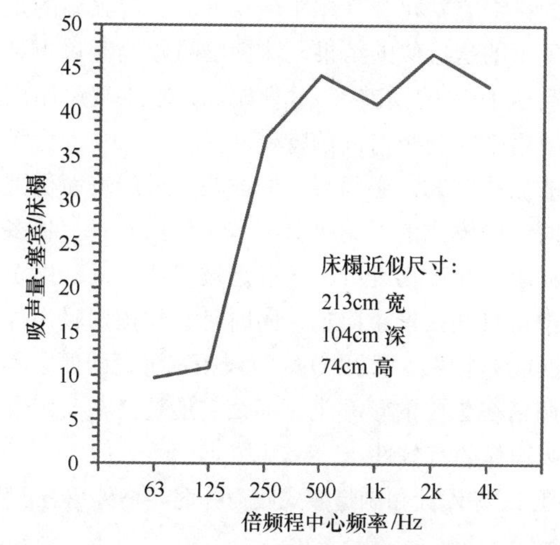

图 8.20 在 8.6m×4.7m×2.3m 的房间里，加盖织物的床的吸声频谱

8.2.4 共振吸声材料

以最常见的视角来看，共振吸声体利用材料或声腔的共振属性来吸声。共振吸声体一般是压力器件，而与之相对的多孔吸声体则是速度型器件。换言之，当多孔吸声体处于声音的粒子振速最大的位置点时，它将具备最大的吸声量。将共振吸声体放置在最大的粒子压力处，这样才能产生最大的量吸声。这在最强低频性能很重要的应用场合将会变得非常重要。宽频带的多孔吸声体脱离表面放置将是获得最佳低频吸声量的最有效方法。相对而言，共振吸声体贴着表面放置将会呈现最佳的低频吸声效果。

共振吸声体常常被描述为被调谐到特定的频率范围上。其含义通过下面确定共振吸声体共振频率的公式会被解释得很清楚。应注意的是，在文献中有多种计算共振频率的公式。不幸的是，这些公式中没有一个能给出准确的结果，有些公式的误差并不是永恒不变的。计算共振吸声体的共振频率并不简单。在下面的章节中，我们将认真研究和总结这方面的问题。除非有特殊的说明，否则基本的霍尔姆兹（Helmholtz）公式的考克斯（Cox）和D’安东尼奥（D’Antonio）[2]方法将作为后续章节进行计算的出发点。

8.2.4.1 膜式吸声材料

膜式吸声体（Membrane absorbers）也被称为板式（panel）和薄膜（diaphragmatic）吸声体，它们利用膜的共振属性来吸收窄频率范围上的声能。无穿孔的柔软木板，挤压成型的木纤维、塑料或其他刚性或半刚性材料一般会用来构造膜式吸声体。当其安装在坚固的衬底上时，虽然它被受迫的空气层隔开，但是板还是会以振动的形式来响应入射声波。其结果是导致纤维弯曲，并且一定量的摩擦损耗会吸收一些声能。板的质量和空气的弹性构成一个共振系统。在该共振系统中，峰值吸声量出现在共振频率（resonance frequency，f_R）处。确定膜式吸声体f_R数值的详细方法可参考本手册第9章。应强调的是，该公式得出的是近似的结果。计算出的f_R与测量得到的f_R间有高达10%的误差[2]。尽管如此，膜式吸声体已经被成功地用来控制小房间的特定共振模式当中。为了控制房间的振动模式，必须将它们放在合适的表面位置。有关房间振动模式的讨论可参考本手册第6章。将多孔吸声材料（比如矿物纤维，一般是玻璃纤维或矿棉）加到声腔中可对共振产生阻尼，同时可有效拓宽吸声体的频带宽度或Q因数。如果Q因数被拓宽了，即便它不能准确地调谐在想要的频率上，那么它还是会在一定程度上加强吸声体的有效性。

另外，在设计和制造膜式吸声体时要格外留意。例如，声腔深度1～2mm的微小变化都可能明显地改变其性能。图8.21所示的是所计算的各种膜的共振频率是如何随空气层的变化而变化的。其他的设计要点可以在本手册第9章中查阅到。

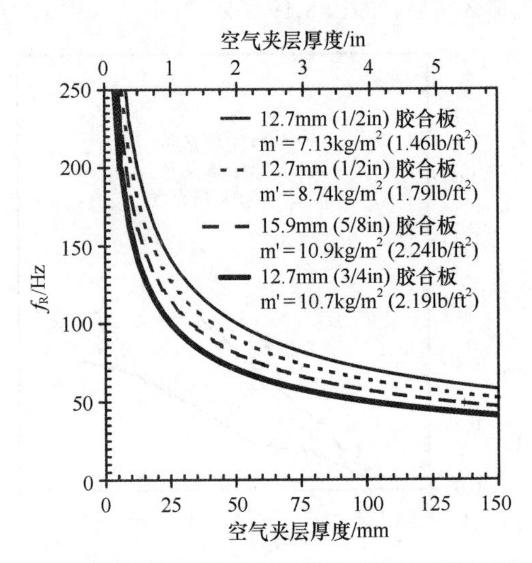

图8.21 对于普通建筑材料组成的膜式吸声体的f_R随空气夹层厚度变化的关系

由于膜式吸声体需要在想要的频率上完成高精度的处理，所以它们都是针对特定的频率专门定制的。尽管有些公司提供膜式吸声体产品，但是批量生产并不划算，来自RPG公司的Modex Corner Bass Trap就是其中的产品之一，它包含了40～100Hz间的1/3倍频程中心频率。

由于没有太多的批量生产的膜式吸声体，所以可供使用的有关膜式吸声体的经验检测数据要比多孔吸声体的数据少很多。尽管如此，一些研究者还是做了商用膜式陷阱的检测，比如诺伊（Noy）等人[25]所做的检测。但结果是毁誉参半。

将理论付诸实践，图8.22所示的是加入膜式吸声体前后测量到的一对小房间的响应情况。频率以线性的刻度显示在x轴（水平轴）上，显示出共振是出现在约140Hz处。y轴是时间轴，它显示朝向观察者方向的房间衰减。y轴的时间跨度约为400ms。这里的一对膜式吸声体是按照f_R=140Hz的标准制造的。一个被放在天花板处，一个被放在侧墙位置。

膜式吸声体常常是不经意间形成房间的结构。墙板、天花板、窗户、乐池音乐罩，甚至是家具和磨坊等全都可能形成膜式吸声体。唯一要了解的就是它们的共振频率。要记住，房间中的每个事物，包括房间本身都会对房间的声学特性产生影响。在现代建筑当中最常遇到的不经意形成的膜式吸声体就是石膏墙板（gypsum wallboard，GWB）（干墙或石膏灰胶纸夹板）声腔。值得庆幸的是，GWB声腔的吸声量可以计算出来，所显示出的计算结果与在实验室测量的结果具有明显的一致性[26]。本手册第 13 章给出了针对 GWB 声腔吸声量的讨论和计算方法。

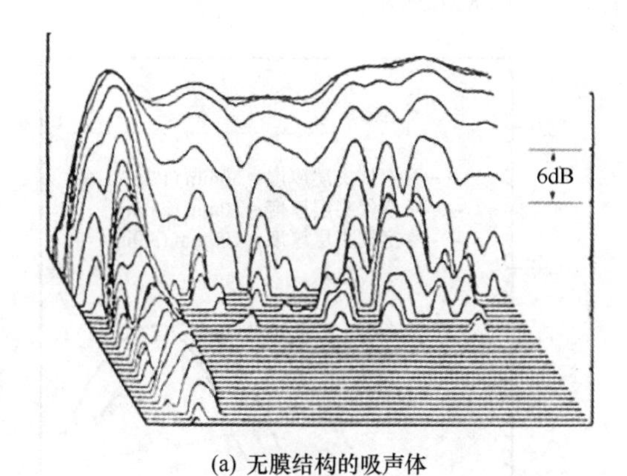

(a) 无膜结构的吸声体

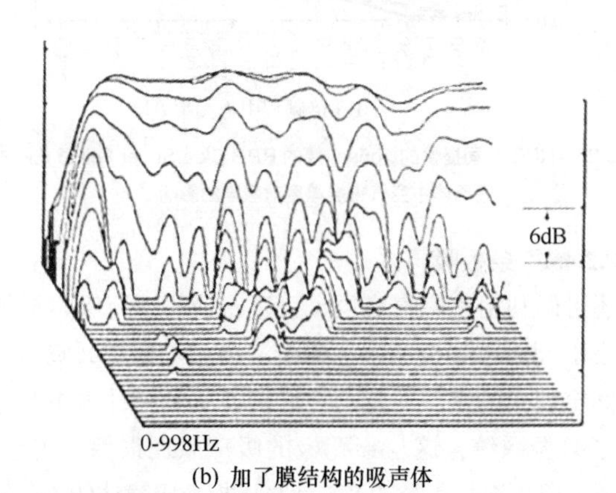

(b) 加了膜结构的吸声体

图 8.22　在小房间中膜式吸声体的作用

8.2.4.2　霍尔姆兹共鸣器

无处不在的可乐瓶可能是声学工作者经常谈论的物品。瓶子和水壶可能是日常生活中拿来说明霍尔姆兹共鸣器（Helmholtz resonator）声学原理的最常见的东西。Hermann von Helmholtz 确定并以文件形式记录了相对狭小器件的封闭空间声学属性[27]，这是他在声学方面开展的一部分工作。正如我们现在所了解的，霍尔姆兹共鸣器对于声学应用具有特定的吸声属性。在共振频率上，吸声量是最高的。该吸声作用的频率范围非常窄，一般只有几赫兹宽。当将诸如松散的矿物纤维这类吸声材料部分填充到霍尔姆兹共鸣器当中时，其有效的频率范围会拓宽。

本手册的第 9 章给出了用来计算霍尔姆兹共鸣器的 f_R 的方法。在商业上，利用霍尔姆兹共鸣器理论的最常见的产品之一就是吸声的混凝土石材单元（concrete masonry units，CMU）。例如，图 8.23 所示的是由 Proudfoot 公司提供的 SoundBlox 产品的吸声数据[28]。

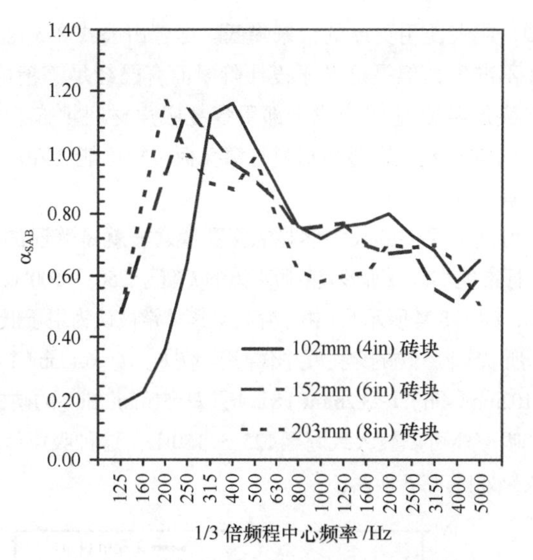

图 8.23　由 Proudfoot 公司提供的利用霍尔姆兹共鸣作用的 RSC SoundBlox 型吸声混凝土砖块的吸声效果[28]

8.2.4.3　穿孔膜式吸声材料

膜式吸声体和赫姆霍兹共鸣器的工作特性依赖于它们所占据的空气夹层或腔室的大小。将前者调谐成后者可以通过在膜的表面切割或钻出开孔来实现。调谐过的膜式吸声体就可以变为霍尔姆兹共鸣器的声腔了。当表面的开孔使用的是圆洞时，它就成了穿孔吸声体。为了计算穿孔膜式吸声体的 f_R，必须首先计算出有效厚度。对于穿孔直径为 d，均匀孔间距为 S（相邻孔中心至中心的距离）的穿孔板，公式 8-2 给出了穿孔率 ε 的计算方法。

$$\varepsilon=\frac{\pi}{4}\left(\frac{d}{S}\right)^2 \tag{8-2}$$

为了计算穿孔吸声体的有效厚度，需要利用修正因数 Δ。虽然该因数常常近似为 0.85，但是利用下面的公式可计算出低 ε 数值（一般 <0.16）时的 Δ 数值。

$$\delta=0.8\left(1-1.4\sqrt{\varepsilon}\right) \tag{8-3}$$

接下来，厚度为 t 的板的有效厚度 t' 可利用公式 8-3 和 Δ 计算得出。

$$t'=t+\delta d \tag{8-4}$$

最终，在深度为 D 的空气层之上的板的 f_R 便可得出。

$$f_R=\frac{c}{2\pi}\sqrt{\frac{\varepsilon}{t'D}} \tag{8-5}$$

要注意所使用单位的一致性。例如，如果采用英寸为单位计算 ε，c（声速）就应以英寸 / 秒为单位。

穿孔吸声体的 f_R 一般通过改变 ε 来调整。提高 ε（采用更大的孔或更小的孔距，或两者同时采用），降低 D，或者采用更薄的板都将提高 f_R。f_R 可以通过减小 ε，提

高 D，或者使用更厚的板来降低。尽管由公式 8-5 得出的 f_R 并不准确，但是这对于设计阶段而言已经足够精确了。空气夹层常常是部分或全部用多孔吸声材料填充。这种做法的唯一缺点是吸声材料与穿孔板接触可能会降低吸声体的有效性。

可能被采用的较为明显的穿孔膜之一就是普通的小钉板。标准的小钉板所形成的吸声体的 f_R 处于 250 ～ 500Hz 的范围内，如图 8.24 所示 [17]。由于穿孔吸声体常被认为用于低频控制，所以定制织物的穿孔板并不常用。例如，$d = 6.4$ mm(1/4 in), $S = 102$mm(4in), $t = 3.2$mm(1/8 in) 且 $D = 51$mm(2in) 的硬板膜，穿孔吸声体可以被大致调至 125 ～ 150Hz。这种吸声体的吸声效果如图 8.25 所示。

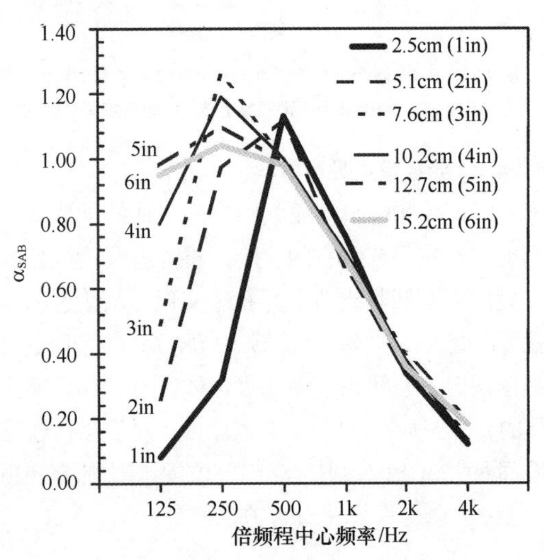

图 8.24　不同厚度的 Owens Corning 703 型玻璃纤维板的穿孔饰面对吸声的影响，A 型安装 [17]

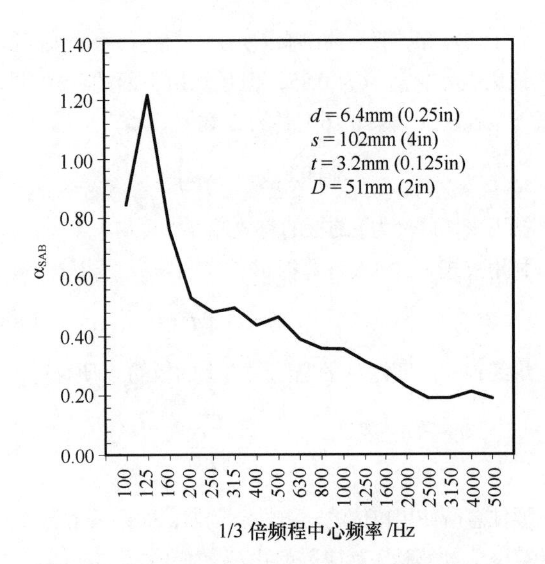

图 8.25 “调谐”到 125 ～ 150Hz 的穿孔膜式吸声体的吸声效果，A 型安装，空腔被 96kg/m³（6lb/m³）密度的玻璃纤维填充

微型穿孔材料是声处理领域最近研发出来的新产品之一。穿有微孔（<<1mm）的极薄材料被撑开并覆盖在空气空腔之上，它们是利用界面层效应来实现吸声的 [2]。由于它们很薄，所以这些微孔吸声体可以被视为是由透明材料制成的。RPG 公司提供的 RPG ClearSorber Foil 微孔膜式吸声体可以被拉伸安装在玻璃之上，这样并不会明显改变光线的透射。这时的吸声系数与微孔膜和玻璃之间空气夹层的厚度有关，如图 8.26 所示 [29]

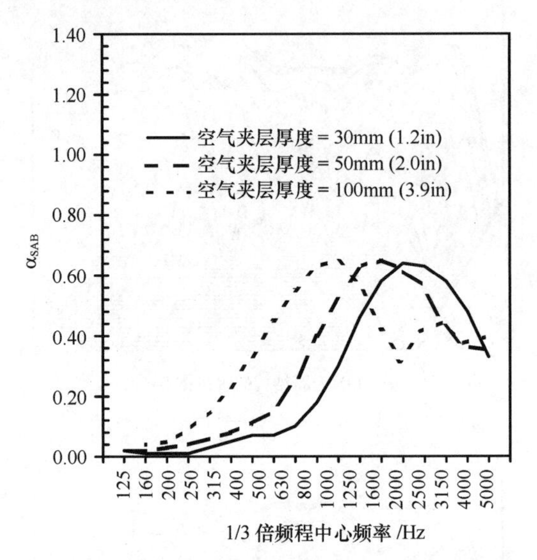

图 8.26　RPG 公司提供的 105μm 厚的 RPG ClearSober Foil 微孔膜式吸声体中空气夹层厚度对吸声的影响 [29]

8.2.4.4　条板吸声体

还可以利用在空气夹层（可进行或不进行吸声材料填充）之上间隔放置板条来“建造”出霍尔姆兹共鸣器。板条之间窄缝中的空气质量与声腔内空气的弹性力相互作用形成了共振系统，这与穿孔板的吸声原理很像。实际上，虽然还可以再次利用公式 8-5 计算出板条吸声体的 f_R，但是要使用如下的公式来计算 ε，δ 和 t'。

$$\varepsilon = \frac{r}{w + r} \tag{8-6}$$

$$\delta = -\frac{1}{\pi}\ln\left[\sin\left(\frac{1}{2}\pi\varepsilon\right)\right] \tag{8-7}$$

$$t' = t + 2\delta r \tag{8-8}$$

式中，

r 是窄槽的宽度；

w 是窄板的宽度。

虽然 δ 的近似值常常为 0.6，但是计算起来并不困难。由于上面提及的穿孔吸声体在 f_R 以上的频率所产生的效果与板条吸声体产生的效果类似，所以在大部分设计应用中将取得不错的效果。

从实用的角度来看，吸声曲线可以通过使用可变深度的空气层来加宽。另一种方法就是使用不同宽度的板条。在图 8.27 所示的结构中，可变深度的空气夹层和可变的板条宽度都可以采用。多孔吸声材料填充被显示于声腔的后面，移掉了板条。这将产生比吸声材料与板条接触时产生的吸声更尖锐的吸声。应注意的是，如果所有其他的因素保持一样，随机地放置板条（产生随机尺寸的板条）将会减少整体的吸声量，同时会增加带宽 [30]。

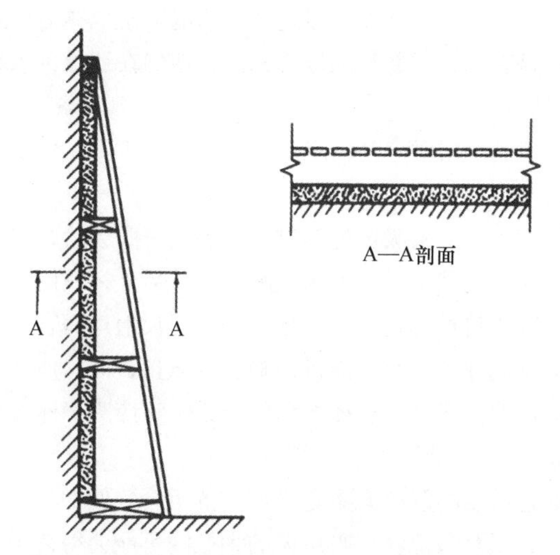

图 8.27　厚度变化的板条吸声体加宽了吸声的有效频率范围

8.2.5　低频陷阱

低频陷阱的理论已渗透到了专业声频领域，尤其是录音领域当中。然而相关的文献却很少见。这一已经成为标语的术语常常被声学产品生产厂家用来宣传自己的声学产品线。这些厂家还常将低频陷阱简单地纳入到宽带吸声体的范畴。能对低频产生实际的有效吸声作用的低频陷阱极少。理由很简单，吸收波长达到或接近 56ft（17m）的声音是相当困难的。为了最有效地对任意入射角度（包括法向入射到吸声材料）的指定频率声频进行吸声，吸声体至少要是想吸收的最低频率对应波长的 1/10，理想情况是对应波长的 1/4。对于 20Hz，这就意味着深度要在 1.7m（最小）～ 4.3m（理想）之间。要想建造出如此大的器件，可能要设计出非常大的空间，它看上去像音乐厅，但是可能更让人感兴趣的是到底什么情况下会需要人们陷掉 20Hz 呢？正如我们在下一章会看到的那样，小型空间的低频段性能可以通过研究房间振动模式的分布来可靠预测。如果振动模式正确分布的话，可能就不需要陷掉处理了。另外，假如振动模式分布得不正确的话，那么目标是修正错误的空间。如果有足够的空间来建造低频陷阱，陷阱要足够大才能对大的波长产生有益的影响，最大的可能是让人移动墙体，如果不用达到最佳效果，那么振动模式分布就可以了，不必用陷阱。

尽管如此，前面章节已经给出了许多不用占据太多空间而设计出低频陷阱的实例。另外，市场上有优秀的宽带吸声体可以将其吸声范围拓展到低频区域。尺寸和安装上的实用限制常常导致许多宽带吸声体在 50 ～ 100Hz 之间出现自然的滚降。这些产品表现出的性能与其被放置的位置有很大的关系，在小空间中尤为如此。

8.2.6　吸声体的应用

在大房间中（参见本手册第 6 章中有关大小房间的定义），存在统计意义上的混响声场，吸声可以被用来对混响声场做实际的改变，并且结果可以预测且相当直观。混响时间的完整概念（在本手册第 6 章做了详细的讨论）是统计意义的概念，它是基于“房间中能量是一致性分布的，并且在各个方向上的声辐射完全是随机的”假设而得出的。在大房间中，这两个条件是可以满足的。

在小房间中（尤其是在低频的情况下），辐射的方向是随机的。正因为如此，常用的 RT 公式在小房间中的适用性就值得考虑了。对于小房间（非混响房间），吸声体被用来控制来自声源近场和听音人位置处的边界表面产生的分立反射。一般在录音棚或家庭影院大小的房间中是找不到真正的混响声场的。在这样的小房间中，常用的 RT 公式不能被高效使用。进一步而言，在混响声场不能成立的小房间中预测或尝试测量 RT 相对于其他分析技术来说一般用处并不大。小房间中 RT 的测量结果既表现不出其真实感知，也不会更多地反映出小房间中声音作用的相对时域数值 。通常，更为有用的是研究小房间中时域声音行为的细节。确定是否存在反射（想要的或不想要的）、那些反射的幅度及其到达听音位置的方向一般是更好的方案。对于低频，本手册第 5 章给出了一些小房间的分析技术，这些技术要比 RT 测量更为有益。

8.2.6.1　混响空间里吸声的使用

在大房间中，常用的 RT 公式可以在取得合理可信度的前提下被采用。当吸声处理并不是在整个房间中均匀分布时，塞宾公式不适用。RT 的详细内容可参考本手册第 9 章。

在混响空间中，吸声体的选择可以根据 8.2.1.1 部分描述的 ASTM C423 收集到的吸声数据来进行。然而，一定程度的影响并没有通过实验室测量方法被直接证明。例如，A 型安装配置下检测的织物包裹矿物纤维板。检测样本被直接置于混响室中的硬（一般是坚固的混凝土）表面上（通常是地面）。吸声系数只代表由板所提供的吸声量。在实践中，像这样的板可以直接加到 GWB 表面上，它自身所具有的吸声特性明显不同于混响室坚固的混凝土地面的吸声特性。将吸声板加到 GWB 墙壁上或天花板上不仅改变 GWB 表面的声学行为（通过改变质量），而且由于安装、相对于实验室检测混响室的相对空间大小，以及吸声材料相对于房间总面积的比例等因素，在实验室测量时板本身将不吸声。这是个“为何大空间的声学预测建模（许多声学方面都很类似）需要艺术和技术并存”的一个例证。所有的声学专家都可能有方法来考量房间的特质，他们可能既不用实验室测量，也不用计算机建模。

另外，声学专家大多认为，混响时间不再是考量音乐厅或大型场馆声学特性的最重要的参量。混响时间被认为是了解这类厅堂声学质量的几个重要参量之一。现在，将这类问题在此加以强调。例如早期到达的声能与总声能之比，侧向反射的存在，各种反射分组的到达时刻，以及其他参量将在本手册第9章中展开详细论述。

8.2.6.2 非混响空间里吸声的使用

在"没有足够大的容积或足够长的平均自由程用来建立起统计意义的混响声场"的空间中，人们必须以某种不同的方式来看待吸声的使用。正如之前所提及的，常用的RT公式在这样的空间中并不能取得令人满意的结果。

在小的空间中，吸声处理常常被用来控制分立的反射或改变空间的感觉方式。与人们普遍认同的想法相矛盾，活跃感或沉寂感并不取决于混响时间的长短，而是取决于直达声与反射声的比值，以及早期反射声场建立的时刻，尤其是最初20ms的情况。非混响空间的声学特性调整（有时称为空间的调谐）包含了对分立反射的控制。

为了确定特定吸声体的适应性，声学工作者需要对产品的反射能量进行测量。小房间中吸声量的现场测量，比如8.2.1.3部分给出的技术和方法可能更适合用来确定特定吸声体在小房间中的特性。

8.2.7 吸声的主观影响

有时考虑极端的情况是有用的。令我们感兴趣的是无吸声的房间和完全吸声的房间所表现出的最为对立的声学空间特质。其中一种极端空间就是无吸声的空间，也就是我们所知的混响室。现实世界中的一个很好的例子就是壁球室。玩过壁球的人可能都认为壁球室的声效不够"友好"。另一种极端空间就是消声室。这是个完全吸声且完全安静的空间。由于消声室不存在反射声，并且与外界声是隔离的，所以现实当中更恰当的例子就是沙漠。伫立在没有反射面的沙漠当中，周围没有建筑和山脉，方圆几公里没有任何噪声源（比如高速公路和人群），此时如果无风的话，那么该无声状况可以与消声室的无声状况类似。难以描述在这样两种空间中人们是如何度过的。非混响室也非消声室的地方就是音乐人想要待的地方，因为他们在那里可以尽情地演绎！

吸声的运用对房间主观性能的影响很大。如果使用了太多的吸声处理。则房间的氛围会太沉寂——也就是说太像消声室了。如果吸声处理过少，那么房间会活跃得令人不舒服——也就是说这太像混响室了。另外，任何材料或器件的吸声特性都是与频率相关的。对反射声而言，吸声体类似于滤波器。有些能量被转变为热量，而其他的频率成分被反射回房间。选择特别的非线性响应吸声体可能导致房间中的声音听上去很奇怪。

更为常见的解决方案是吸声体的组合。例如，已经存在座席、观众和地毯等吸声体的大空间可能会得益于膜式吸声体和多孔吸声体的组合。在小房间中，一些多孔吸声体结合一些霍尔姆兹共鸣器可能会使房间声音更好。这两个例子就是艺术（声音美学）与科学（声学物理）相结合的例子。

在考虑吸声应用时经验是很重要的，在考虑"特定应用中声音效果"的问题时经验就显得更为重要。采用5.1cm（2in）声学泡沫处理的小房间与用2.5cm（1in）玻璃纤维板处理的房间在听感上有所不同。在我们看来，这些材料相当类似（比较图8.6和图8.14）。然而，单凭经验看来，采用9.3m²（100ft²）的泡沫处理过的房间的声音要比用96kg/m³密度的织物包裹的玻璃纤维板处理的房间的声音听上去更暗一些。同样，用开了窄槽的混凝土块处理墙壁的房间的声音也与用GWB墙结合几块精心放置的穿孔吸声体处理的同一房间的声音有所不同（即便每种情况下RT预测值基本相同），这些都是经验之谈。

表8-3给出了常用建筑材料和声处理的吸声数据。

表8-3 常用建筑材料和声处理的吸声数据（除非特别说明，否则所有材料均为A型安装）

材料	125 Hz	250 Hz	500 Hz	1000 Hz	2000 Hz	4000 Hz	来源
墙壁&天花板							
砖，未涂漆	0.03	0.03	0.03	0.04	0.05	0.07	Ref. 23
砖，涂漆	0.01	0.01	0.02	0.02	0.02	0.03	Ref. 23
混凝土块，未涂漆	0.36	0.44	0.31	0.29	0.39	0.25	Ref. 23
混凝土块，涂漆	0.10	0.05	0.06	0.07	0.09	0.08	Ref. 23
单层13mm（½in）GWB安装在90mm（3½in）金属stud的两侧。无声腔隔离	0.26	0.10	0.05	0.07	0.04	0.05	Ref. 26
双层13mm（½ in）GWB，安装在90mm（3½ in）金属stud的两侧。无声腔隔离	0.15	0.08	0.06	0.07	0.07	0.05	Ref. 26
单层13mm（½ in）GWB，安装在90mm（3½ in）金属stud的两侧。带玻璃纤维声腔隔离	0.14	0.06	0.09	0.09	0.06	0.05	Ref. 26
单层13mm（½ in）GWB，安装在90mm（3½ in）金属stud的两侧。带或不带声腔隔离	0.12	0.10	0.05	0.05	0.04	0.05	Ref. 26
在瓦或砖之上贴石膏，平滑封装	0.01	0.02	0.02	0.03	0.04	0.05	Ref. 23

续表

材料		125 Hz	250 Hz	500 Hz	1000 Hz	2000 Hz	4000 Hz	来源
墙壁&天花板								
在板条上贴石膏，粗糙封装		0.14	0.10	0.06	0.05	0.04	0.03	Ref. 23
在板条上贴石膏，平滑封装		0.14	0.10	0.06	0.04	0.04	0.03	Ref.23
地板								
无衬垫的重地毯		0.02	0.06	0.14	0.37	0.60	0.65	Ref.23
有衬垫的重地毯		0.08	0.24	0.57	0.69	0.71	0.73	Ref.23
混凝土或水磨石		0.01	0.01	0.02	0.02	0.02	0.02	Ref.23
在混凝土上的油毡，橡胶，软木条		0.02	0.03	0.03	0.03	0.03	0.02	Ref.23
混凝土上的镶木地板		0.04	0.04	0.07	0.06	0.06	0.07	Ref.23
大理石或釉瓦		0.01	0.01	0.01	0.01	0.02	0.02	Ref.23
其他								
普通窗玻璃		0.35	0.25	0.18	0.12	0.07	0.04	Ref.23
双层窗玻璃（1.4～1.6cm厚）		0.10	0.07	0.05	0.03	0.02	0.02	Ref.2
水面		0.01	0.01	0.01	0.02	0.02	0.03	Ref.23
声处理	**图**							
2.5 cm（1 in）Owens Corning 701	4-4	0.17	0.33	0.64	0.83	0.90	0.92	Ref.17
2.5 cm（1 in）Owens Corning 703	4-4 4-6	0.11	0.28	0.68	0.90	0.93	0.96	Ref.17
2.5 cm（1 in）Owens Corning 705	4-4	0.02	0.27	0.63	0.85	0.93	0.95	Ref.17
10.2 cm（4 in）Owens Corning 701	4-5	0.73	1.29	1.22	1.06	1.00	0.97	Ref.17
10.2 cm（4 in）Owens Corning 703	4-5，46	0.84	1.24	1.24	1.08	1.00	0.97	Ref.17
10.2 cm（4 in）Owens Corning 705	4-5	0.75	1.19	1.17	1.05	0.97	0.98	Ref.17
5.1 cm（2 in）Owens Corning 703	4-6	0.17	0.86	1.14	1.07	1.02	0.98	Ref.17
7.6 cm（3 in）Owens Corning 703	4-6	0.53	1.19	1.21	1.08	1.01	1.04	Ref.17
12.7 cm（5 in）Owens Corning 703	4-6	0.95	1.16	1.12	1.03	1.04	1.06	Ref.17
15.2 cm（6 in）Owens Corning 703	4-6	1.09	1.15	1.13	1.05	1.04	1.04	Ref.17
2.5 cm（1 in）Owens Corning线性玻璃布板。无空气层	4-7	0.05	0.22	0.60	0.92	0.98	0.95	Ref.17
2.5 cm（1 in）Owens Corning 线性玻璃布板。2.5cm（1 in）空气层	4-7	0.04	0.26	0.78	1.01	1.02	0.98	Ref.17
2.5 cm（1 in）Owens Corning.线性玻璃布板。5.1cm（2 in）空气层	4-7	0.17	0.40	0.94	1.05	0.97	0.99	Ref.17
2.5 cm（1 in）Owens Corning.线性玻璃布板。7.6cm（3 in）空气层	4-7	0.19	0.83	1.03	1.04	0.92	1.00	Ref.17
2.5 cm（1 in）Owens Corning 线性玻璃布板。12.7cm（5 in）空气层	4-7	0.41	0.73	1.02	0.98	0.94	0.97	Ref.17
2.5 cm（1 in）Roxul RockBoard 40	4-9	0.07	0.32	0.77	1.04	1.05	1.05	Ref.19
3.8 cm（1½ in）Roxul RockBoard 40	4-9	0.18	0.48	0.96	1.09	1.05	1.05	Ref.19
5.1 cm（2 in）Roxul RockBoard 40	4-9 4-10	0.26	0.68	1.12	1.10	1.03	1.04	Ref.19
7.6 cm（3 in）Roxul RockBoard 40	4-9	0.63	0.95	1.14	1.01	1.03	1.04	Ref.19
10.2 cm（4 in）Roxul RockBoard 40	4-9	1.03	1.07	1.12	1.04	1.07	1.08	Ref.19
5.1 cm（2 in）Roxul RockBoard 35	4-10	0.26	0.68	1.14	1.13	1.06	1.07	Ref.19
5.1 cm（2 in）Roxul RockBoard 60	4-10	0.32	0.81	1.06	1.02	0.99	1.04	Ref.19
5.1 cm（2 in）Roxul RockBoard 80	4-10	0.43	0.78	0.90	0.97	0.97	1.00	Ref.19
2.5 cm（1 in）Tectum Wall Panel	4-11	0.06	0.13	0.24	0.45	0.82	0.64	Ref.20
3.8 cm（1½ in）Tectum Wall Panel	4-11	0.07	0.22	0.48	0.82	0.64	0.96	Ref.20
5.1 cm（2 in）Tectum Wall Panel	4-11	0.15	0.26	0.62	0.94	0.62	0.92	Ref.20
5.1 cm（2 in）Auralex Studiofoam Wedge	4-13 4-14	0.11	0.30	0.91	1.05	0.99	1.00	Ref.21
5.1 cm（2 in）Auralex Studiofoam Pyramid	4-13	0.13	0.18	0.57	0.96	1.03	0.98	Ref.21

续表

材料		125 Hz	250 Hz	500 Hz	1000 Hz	2000 Hz	4000 Hz	来源
声处理	图							
5.1 cm（2 in）Auralex Studiofoam Metro	4-13	0.13	0.23	0.68	0.93	0.91	0.89	Ref.21
5.1 cm（2 in）Auralex Sonomatt	4-13	0.13	0.27	0.62	0.92	1.02	1.02	Ref.21
5.1 cm（2 in）Auralex Sonoflat	4-13	0.16	0.46	0.99	1.12	1.14	1.13	Ref.21
5.1 cm（1 in）Auralex Studiofoam Wedge	4-14	0.10	0.12	0.30	0.68	0.94	1.00	Ref.21
5.1 cm（3 in）Auralex Studiofoam Wedge	4-14	0.23	0.49	1.06	1.04	0.96	1.05	Ref.21
5.1 cm（4 in）Auralex StudiofoamWedge	4-14	0.31	0.85	1.25	1.14	1.06	1.09	Ref.21
2.5 cm（1 in）SONEXmini	4-15	0.11	0.17	0.40	0.72	0.79	0.91	Ref.22
3.8 cm（1½ in）SONEXmini	4-15	0.14	0.21	0.61	0.80	0.89	0.92	Ref.22
5.1 cm（2 in）SONEXclassic	4-15	0.05	0.31	0.81	1.01	0.99	0.95	Ref.22
7.6 cm（3 in）SONEXone	4-15	0.09	0.68	1.20	1.18	1.12	1.05	Ref.22
在2.5cm（1 in）厚的Owens—Corning 703之上	4-25	0.08	0.32	1.13	0.76	0.34	0.12	Ref.17
在2.5cm（1 in）中心处附有6.4mm（¼ in）穿孔的小钉板	4-25	0.26	0.97	1.12	0.66	0.34	0.14	Ref.17
在8.1cm（2 in）厚的 Owens—Corning 703之上	4-25	0.49	1.26	1.00	0.69	0.37	0.15	Ref.17
在2.5cm（1 in）中心处附有6.4mm（¼ in）穿孔的小钉板	4-25	0.80	1.19	1.00	0.71	0.38	0.13	Ref.17
在7.6cm（3 in）厚的Owens—Corning 703之上	4-25	0.98	1.10	0.99	0.71	0.40	0.20	Ref.17
在2.5cm（1 in）中心处附有6.4mm（¼ in）穿孔的小钉板	4-25	0.95	1.04	0.98	0.69	0.36	0.18	Ref.17

8.3 声扩散

与吸声相比，声扩散的科学理念相对较新。经常被引用的现代扩散的科学理念大部分都源自曼弗雷德•施罗德（Manfred Schroeder）的研究成果。实际上，将要在下文中讨论到的采用某种数值方法设计出的声扩散处理材料通常是指施罗德（Schroeder）扩散体。在大多数情况下，扩散可以被视为一种特殊形式的反射。相对于入射声波的波长数量级而言，表面并不规则的材料将会呈现出扩散的特性。理想情况下，扩散体会在宽频范围和所有方向上改变入射声能的辐射方向。然而，构建一个可以在整个可闻声频率范围内产生有效扩散的器件通常是不现实的。大部分声学扩散体产品被设计成在特定频率范围内工作，一般大约是500Hz之上2～4个倍频程。当然，就像吸声体一样，人们必须要考虑扩散体相关的性能。

8.3.1 扩散体的测量：扩散、散射和系数

扩散的性能可通过扩散量和表面所产生的散射量来体现。由于扩散术语还不统一，所以考克斯（Cox）和D’安东尼奥（D’Antonio）尝试建立扩散与散射间的差异，这一点特别是在涉及量化扩散体性能的系数表达方面尤为必要[2]。一般而言，扩散和扩散系数与扩散体创建的扩散声场的均匀性有联系。这可以通过研究扩散体产生的扩散声场的极坐标图来证明，扩散越多，扩散系数越大。

散射和散射系数与镜面方式中未被反射的能量的多少有关。这里的镜面一词表示的是，如果声波由硬的平坦表面反射的话，此时人们可预见到反射方向。例如，硬且平坦的表面所产生的大部分高频声反射是以与入射声同样的角度进行的，如图8.1所示。这就是考克斯（Cox）和D’安东尼奥（D’Antonio）所指的镜面反射。以非镜面方式产生的反射声越多，则散射程度越高。因此，简单的呈一定角度的墙壁可以产生出强的散射，但扩散并不强，因为反射声还是会形成一个辐射瓣，只不过不是出现在镜面反射方向上。应该注意的是，明显的吸声会使散射难以进行测量。这很容易理解，因为吸声体并未考虑到高声级的镜面反射，吸声可能被误认为是散射。

测量扩散和散射系数的标准方法有AES-4id-2001和ISO 17497-2[31, 32]。AES方法给出了测量扩散表面以及得出扩散系数的指南性说明。这些指南性说明有利于我们对不同扩散体进行客观比较。然而，比较结果不能被用于声学建模程序中。在按照ISO 17497-1进行测量时必须要用到散射系数。

AES和ISO方法都相对较新。AES方法是在2001年正式实施的，而ISO 17497-1是在2004年颁布的，ISO 17497-2是在2012年颁布的。正因为如此，在北美地区只有非常少的独立声学测量实验室装配了用来实施标准化散射和扩散测量的设施。因而，表面和声处理材料（扩散体或其他的物体）的扩散和散射系数难以获取。确实，由于针对扩散体所进行的测量非常少，所以行业内的研究人员对扩散和散射系数在主观层面上到底意味着什么还并不清楚。例如，在2500Hz，扩散（或散射）系数为0.84的声音听上去到底是怎样的呢？毫无疑问，信息是有用的，并且对于扩散体的客观量化也是必要的。然而，对不同材料的扩散（或散射）系数进行比较最多也只能算是理论研究。

商用的扩散体在形状和类型上差异非常大，这就进一步使这一分析过程复杂化。每个生产厂家都声称，因一些创新数学算法的特殊应用，其产品在某些方面表现出过人之处。

尽管如此，有些文献也给出了一些可供使用的扩散（或散射）系数［考克斯（Cox）和 D’安东尼奥（D’Antonio）给出了大量的在实验室测量到的扩散或散射系数］[2]，有些生产厂家也开始对其扩散样品进行独立的检测。图 8.28 所示的是各种商用扩散体。另外，有些实验室已经进行了有关扩散（或散射）的充分测量工作，并对标准测量给出了改进建议。[33]

图 8.28　各种商用的扩散体

8.3.2　数学 (数字) 扩散体

二次余数扩散体（quadratic residue diffuser，QRD）是反射相位栅格扩散体（更为常见的称谓是数学或数字扩散体）家族中的一员。诸如 QRD 这样的数字扩散体是基于 Manfred Schroeder 的开创性工作成果 [34]。数字扩散体由周期性变化的一系列等宽凹槽或井构成，凹槽的深度是由数论序列决定的。深度序列是由公式 8-9 导出的。

$$井深系数 (well depth factor)=n^2 \bmod p \qquad (8\text{-}9)$$

式中，

p 是素数；

n 是 ⩾ 0 的整数。

公式 8-9 中的“mod”指的是取模计算，这一计算过程数论理论数学处理过程，在该情况中，其中的第一个数 n 的平方除以第二个数(在该情况中是 p)，其余数等于井(槽)深系数。例如，如果 n=5，且 p=7，根据公式 8-9，则得到

井深系数 =25mod 7

25/7=3(余数 =4)。

因此：

井深系数 =25mod 7

=4

利用类似的方法，可以得到如图 8.29 所示的所有其他井的井深系数。图 8.29 所示的是 p=7 的 QRD 的两个完整周期（增加了一个额外的井来获得平衡）。通常，井是由薄的刚性隔离体隔开的（但并不总是如此）。QRD 的一个重要属性就是其对称性。这样可以使其以多种模块形式来生产和使用。

D’安东尼奥（D’Antonio）和康纳特（Konnert）概括了反射相位栅格扩散体的原理与应用 [35]。有效扩散的最高频率是由井的宽度决定的；有效扩散的最低频率是由井的深度决定的。许多生产厂家都能提供根据这一原理制造的商用扩散体。RPG 公司及其创办人皮特 D’安东尼奥(Peter D’Antonio）博士在扩散领域做了开创性的工作，尤其是在施罗德（Schroeder）扩散方面。该公司还利用特殊的计算机建模和算法生产出了为应用定制的最先进扩散面。

诸如 QRD 这样的数字扩散体在声扩散模式上可以是 1D 或 2D。一系列垂直和水平井所组成的 QRD 将会分别在水平或垂直方向上扩散声音。换言之，如果井在天花板 - 地面方向工作，那么扩散将发生在侧向（从一端到另一端），最终的扩散模式像一个圆柱体（平行于井的入射声反射强于扩散）。更为复杂的数字扩散体采用水平或垂直方向上深度（或高度）变化的井序列（常常是突起的块或凹下去的方形）。撞击到这些装置上的声音将会以球面波形式扩散。

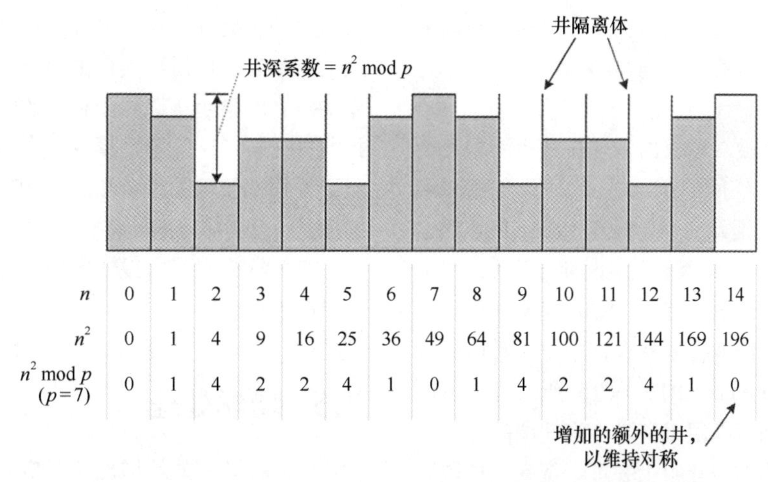

图 8.29　素数 p=7 的 QRD 的双周期剖面图（利用特殊的井结构来维持对称）

8.3.3 随机扩散

除了数字扩散体之外，表面的随机化也可以产生扩散。在理论上，这些表面不能产生理想的扩散。然而，利用随机扩散体处理后的房间的主观声音的听感还是相当不错的。任何的表面随机化都会在一定程度上破坏镜面反射，这是我们不希望见到的。其唯一的局限表现在产生明显扩散的频率范围。之前讨论的有关井的宽度和深度的法则还是适用的，只不过在一般的意义上，不再是采用正式的数论算法对扩散体进行设计。随机扩散的优点在于日常的材料都可以产生明显的扩散。例如，书架、各种媒质的存放架、装饰性的石膏作品、固定装置和其他装饰物都可以产生一定的扩散。在考虑预算的情况下，这可能尤为有帮助，因为按平米数折算的话，进行扩散处理所用的成本一般会是吸声处理所用成本的 2 ～ 10 倍。

8.3.4 扩散体的应用

与吸声一样，在采用扩散原理进行声处理时必须考虑的问题主要还是所要处理的声音所在的空间的大小。在大的空间中，扩散倾向于给出最佳投入回报。扩散一般发生于远场。在扩散体的近场区，一般所产生的散射影响较弱，此时声音带给人的主观愉悦感要比一些应用中的平坦反射面作用下声音的愉悦感更弱一些。

对于大的空间，扩散常常被用于天花板或房间的后墙壁上。这样所产生的房间声能分布会让听众产生一种包围感。虽然这将明显（和很大程度上）降低 RT，但是这与同一空间中类似面积上吸声处理所产生的减小程度并不相当。另外，虽然一般的听众都不太会留意 RT 被减小了，但却将衰减过程变得平滑了，改善了可懂度，在采用了合适的扩散处理之后，通常房间内的声音听上去会更好一些。

对于小空间，采用扩散原理进行声处理是更具挑战性的工作。D’安东尼奥（D’Antonio）和考克斯（Cox）建议在扩散体距扩散面最短工作距离约 3m（10ft）的情况下充分展现扩散体的优势[36]。该原则给出了扩散体应用中一定要超过的尺寸阈限等最有价值的数据。在处理小空间的声音时，人们并不能在与扩散处理同样的面积上做吸声处理来获取更大的利益。

在小空间内，扩散的最常见应用体现在对后墙和天花板的处理上（类似于较大空间的情况），比如录音棚和家庭影院或听音室。在一端活跃 / 一端沉寂（Live End/DeadEnd，LEDE）的录音棚设计理念的全盛时期，后墙采用扩散处理是颇受追捧的做法。虽然目前 LEDE 还是一种受欢迎的解决方案，但是其已经被控制室设计中更为常用的自由反射区（reflection-free zone，RFZ）方案所取代。不论设计方法如何，扩散体都可以用来消除小空间中的有害反射，同时还不会让房间中的声音听上去过于沉寂。扩散原理常常还可以用来产生更好的影响，例如，用扩散原理处理家庭影院空间的天花板会产生不错的效果。不论天花板的高度如何，有时对天花板进行扩散处理而非吸声处理可以让家庭影院的声音品质更好。

8.4 声反射和声音变向的其他形式

除了扩散之外，声音还可以通过受控的反射、绕（衍）射或折射来改变声传播方向。当声音在物体周围发生弯曲时就发生了绕射，比如在墙后可以听到火车经过的声音。火车隆隆声中含有的低频成分所具有的波长相对于墙体的高度而言较长，则声音会在墙体的顶部绕过。当声音绕过办公室的分区、裙房或其他常见障碍物时，绕射就会在室内发挥作用了。

折射是唯一一种不涉及物体类型的改变声音传播方向的形式。声折射是在声音通过媒质过程中由声速变化所引发的声波弯曲。虽然折射常被认为是一种光学现象，然而，当空间中存在温差时就会发生声折射。因为声速与空气的温度有关，所以当声波通过温差层时它就会弯向空气温度低的一侧。这种现象可能会发生于大空间的室内，因为这时空调出风孔吹出的较冷空气位于房间的天花板之下，而较暖的空气则处在下层，此时，声音将会朝上弯曲，直至温度达到平衡为止。即便是在录音棚中，如果暖风装置的出风孔吹出的暖空气处在一只立体声音箱的上方空间，那么声音就会偏向其他的音箱，从而导致立体声声像被严重破坏。

最终，房间中的每一个物体，包括房间本身，即便是吸声体都会以一定的方式反射声音。人们可以将吸声体视为一个低效的反射体。如果物体相对入射来的声音波长而言偏小的话，那么它对该声音影响就很弱。放在低音扬声器前面的脚凳对于波长为 1.7m 的 200Hz 成分、波长为 4.4m 的 100Hz 成分，以及波长为 6.9m 的 50Hz 成分的影响微乎其微。声音将会绕过它继续以原有的方式传播。8kHz 的波长是 4.3cm。如果刚好有物体放在重放 8kHz 声音的高音扬声器前面，那么这些物体都可以有效地阻挡声音，或改变声音的传播方向。

尽管这似乎有些奇怪，但是改变声音的传播方向是非常有用的声处理方式，尤其是在音乐厅中，给直达声增加反射就是音乐厅所要实现的目标。然而，通过对音箱所发出的声音的染色可以阻止针对监听环境增加反射所进行的批判性分析。这并不是反射是利是弊的问题，而是设计人员必须根据使用的设备和想要达到的目的来决定是要用反射还是将反射排除的问题。

有关给大空间内设计有用反射面的更多内容，其参阅本手册第 9 章。

8.5 电学处理

吸声处理有效地增加了对房间的阻尼。其通常的目标就是缩短衰减过程。将电子学用于吸声处理领域还是个神话。目前还没有可以插入到信号通路中用以阻止扬声器发出的声音被房间表面反射的电子器件。尽管如此，从进入电声学时代以来，电子吸声体和房间均衡器这些概念就被人们提出来。这些东西并不是一无是处。早在 1953 年，奥尔森（Olson）和梅厄（May）就提出了以传声器、放大器和扬声器组成的电子吸声体[37]的概念。在距离传声器较近的地方，可以通过调谐设备，在低频的 1 ～ 2 个倍频程的范围内取得高达 10 ～ 20dB 的实用衰减。奥尔森（Olson）和梅厄（May）提出，他们的电子吸声体可以用来降低飞机乘客和工厂工人耳朵处的噪声。不幸的是，这种类型的吸声体的应用效果在距声音距离较远时并不明显，因而在建筑领域并不实用。然而，这一概念为未来的产品开发铺就了道路。

参量均衡器（parametric equalizer，PEQ）的发明为电声学处理点燃了新的希望之火。令人遗憾的是，尽管将 PEQ 插入到信号链路中可降低小房间中窄带问题发生的概率，但是其弊大于利。因为小房间的声压分布具有可变性，所以期望达到的 PEQ 效果一般只限于房间中很小的局部区域。另外，相位上的异常常常会让人感觉处理过的声音听上去不自然。

在数字信号处理的时代，高质量声频设备的用户（比如家庭影院的拥有者）群更加庞大，这为电声处理点燃了新的希望之火。尽管这种处理器有时被称为房间均衡器，但是最新的设备常常指的是数字式房间校正器（digital room correction，DRC）。与之前的设备相比，这些设备的重要改进之处就是处理发生在时间 / 相位域内声音问题的能力提升了。最新的 DRC 系统能够解决最小相位问题，比如轴向房间振动模式（参见本手册第 6 章）。这些问题常常并不是表现为自身的幅度问题（幅度问题可以利用模拟均衡器来处理），而是表现为衰减过程问题。像威尔逊（Wilson）等人开发的较先进 DRC 系统就采用了最先进的数字信号处理技术，它可以实际增加所要求的阻尼，以解决低频的最小相位问题[38]。另外，许多 DRC 系统要求在房间设置多个听音位置来对房间响应进行测量，以便可以利用算法来确定能在房间的更大区域内实施的校正方案。

信号处理方面的进步同样也给原本奥尔森（Olson）和梅厄（May）提出的电子吸声体带来了更广泛的应用前景。Bag End 已经开发出了 E-Trap（电子声音陷阱），这是一种能够在两个不同的低频频率上产生明显的、可度量的阻尼作用的电子低频声陷阱[39]。

虽然 DRC 设备和电子声陷阱提供了能够实际解决与扬声器—房间耦合相关问题的方法，但是不能指望它们有更多的电子调整。它们不能取代采用正确的非电子处理的优秀声学空间设计方法。它们可以提供一定的阻尼，尤其是在最低的一或两个倍频程（如果有可能的话）内，此时许多房间使用多孔或共振吸声体往往是不切实际的。

8.6 声处理和人身保险

在选择声处理方案时首先应该考虑的因素是安全性。越是常见的越不一定安全。比如，石棉吸声材料在过去的数十年间非常流行，现在要尽可能避免使用它，因为在处理这种材料时存在固有的风险，同时人们也会将它的纤维吸进体内。声处理必须要符合现行的建筑规范和安全标准才能被应用于特殊的设施中。因为过敏症或专用设施的缘故，特别安装程序中也可能规定了在一些特殊场所（比如保健或康复设施场所）要避免使用哪些材料。由于许多声处理物体是从墙壁或天花板上悬吊下来的，所以只能采用生产厂家建议的安装方法，以避免发生物体下落致伤事故。针对声处理考虑的最多的两个涉及健康和安全的话题就是材料的可燃性和可吸入性。

声处理不仅必须要满足适用的防火安全规范，而且所用材料一般还不应具有可燃性。声处理内部装饰材料的可燃性一般要按照 ASTM E84 标准来检测[40]。ASTM E84 的检测结果表示为火焰扩散指数（flame spread index）和发烟指数（smoke developed index）。建筑规范根据检测的结果对材料进行进一步的划分。国际建筑规范（International Building Code，IBC）的划分如下[41]：

- A 级：火焰扩散指数 = 0 ～ 25，发烟指数 = 0 ～ 450。
- B 级：火焰扩散指数 = 26 ～ 75，发烟指数 = 0 ～ 450。
- C 级：火焰扩散指数 = 76 ～ 200，发烟指数 = 0 ～ 450。

检测结果附在生产厂家的文件中。针对一些典型声处理材料的 ASTM E84 检测结果及其对应的 IBC 等级划分见表 8-4。

表 8-4 典型的 ASTM E84 检测结果和对应的 IBC 等级划分

声处理	火焰扩散指数	发烟指数	IBC级别	说明
玻璃纤维板	15	0	A	未抛光材料
矿棉板	5	10	A	未抛光材料
木质纤维板	0	0	A	未抛光的，处理过的材料
棉纤维板	10	20	A	未抛光的，处理过的材料
声学泡沫板聚亚安酯	35	350	B	未抛光的，处理过的材料，可能还需NFPA286检测
声学泡沫板三聚氰胺	5	50	A	未抛光的材料，可能还需NFPA286检测
声学石膏	0	0	A	未抛光材料
声学扩散体聚亚安酯	15	145	A	处理过的材料，可能还需NFPA286检测
声学扩散体木质	25	450	A	处理过的材料

一般而言，大部分声学材料是A类材料。有些声学泡沫处理材料，以及木制的声处理材料是B级材料。任何由泡沫或木材制成的声处理材料都要认真检测，并且生产厂家要能够提供检测证明。还应注意的是，有些地区对声学泡沫材料有更为严格的可燃性要求，比如NFPA 286检测方法[42]。

对于可吸入性方面，如果声处理材料含有可能被吸入或导致皮肤过敏的纤维成分的话，则在使用时要格外小心。许多常用的声处理材料的纤维，比如玻璃纤维和矿棉板会对呼吸系统或皮肤产生刺激作用，但是这些材料一旦被安装好以后就无害了，通常纤维板中植入了织物或其他材料。尽管如此，在处理原材料或安装纤维板的时候，还是要佩戴手套和口罩。另外，为了将纤维裸露于空气中的可能性降至最小，应该修复或更换破损的纤维板。

对有些设施可能还有额外的安全要求。有些保健设施可能不允许使用任何类型的多孔材料，以将诸如发霉或滋生细菌的可能性降至最低。在净化的空间设施中也可能会禁止使用多孔材料，以便减少空气中颗粒的产生。监狱常常禁止采用任何可能引发火灾的材料（包括一些阻燃材料），而且声处理板与墙壁或天花板间的固定不能使用诸如螺丝、铆钉、螺栓等这类的可拆卸的机械紧固件。还有其他一些设施会对某件机械装置产生的热量、制造过程中掺入的化学成分等提出一些安全要求。在购买、建造和安装声处理装置之前应该搞清楚它们应适用的法律、法规和规章制度（包括最终用户提出的规定）。

8.7 声处理和环境

声处理的选择应结合对环境了解的程度。根据应用的情况，声处理选择可能不单单包括制造材料这一因素，而且还可能包括材料是如何制造的，以及材料是如何转换到设施上和将来如何进行更换等因素。诸如由自然木质或棉纤维构成的许多声处理材料可以交给能源与环境设计领导者（Leadership in Energy and Environmental Design，LEED）机构进行鉴定。与声频电子不同，海外的生产厂家已经变得标准化了，声处理构件常常在本地生产和组装，这样就节约了资金和运输成本。

甚至像聚亚胺酯泡沫板（石油提炼过程的副产品，在生产过程中可以利用二氧化碳这种温室气体）这样的声处理材料的生产也变得越发环保。例如，生产声学泡沫产品的一个厂家Auralex Acousticss在其聚亚安酯产品中使用了酱油成分，将富碳石油成分的使用量降低了多达60%。

最为环保的声处理解决方案就是限制声处理材料的使用量。一开始设计的设施越好，所需的特殊声处理材料就会越少。在开始进行录音棚乃至教堂空间的声学设计时，通常应该牢记于心的就是不要进行过多的特殊声处理。完全回避实施声处理措施是很困难的。在发出或重放声音，或者实现交谈的每一空间场合几乎都需要一定的声处理。尽管如此，也应保证设施设计中那些声处理是绝对必要的。

第9章

大型厅堂和音乐厅的室内声学基础

Dr. Wolfgang Ahnert 和 Hans-perter Tennhardt 编写

9.1 引言

对于大型厅堂和音乐厅内的音乐演出或演讲，其声学评估主要是基于观众和演员的主观听感来实现的。这些判断一般不是根据明确的标准做出的，而只是对感知到的音质进行特征化描述。除了影响总体声学印象的次要因素(比如，座椅的舒适度、空调的设置、干扰的声级，以及光照、建筑和风格印象）之外，听音人的期待在声学评估中也扮演着尤为重要的角色。如果听音人坐在靠近木管乐器组的地方，尽管他看不到铜管乐器，但听到的铜管乐器声却比较响，那么他的期待是与听众一样的，因此这时没有声学作用。为了使这些判断客观化，人们制定了大量的主观和客观的室内声学标准，并确定了它们的相互关系。然而，这些个体标准彼此紧密关联，其声学作用既不能互换，也不能单独改变。只有在进行整体加权时，它们才对判断起作用。另外，演员的判断可以视为一种对工作场所的评估。音乐家，歌手或演讲者只有对所有次要因素都满意时才会对其声学质量首肯。这里，被判断的主要因素是音量和相互聆听，这也关系到语调。对于演员而言，来自礼堂的充分声学响应是一定要实现的，因为只有这样才能对整体的艺术体验产生积极的作用。对于演员而言，在接收区感知到的对自己工作的总体声学印象并不重要。然而，对他而言最重要的是彩排的条件，彩排场地的声学条件要尽可能贴近实际演出的声学条件，同时仰仗的声学条件要与观众区和乐池区的空间占用密度的关系尽可能小。一般而言，表演空间不应呈现出任何诸如回声或颤动回声的干扰反射特性。必须保证所有位置都拥有良好的听音条件，所听到的声音要与听觉期待有很好的一致性。这需要平衡声音的高清晰度和足够的空间感。一定不能出现声学和视觉方向感之间的位置偏离或偏差。如果空间被用作音乐厅，那么为了避免声音失真，一定要保持观众区和乐池之间的空间统一性。

根据这些考虑，人们开展了客观测量的技术考量和主观测试（部分是在人为产生的无混响声场空间中进行的），这些考量和测试可以确定房间的声学参量标准，使之能够根据房间的功用来优化听音和声学体验。采用的频谱越宽，这些标准中期望的基准参考值的范围也就越大。如果没有大量变量的声学测量（也包括电学测量），那么只能得到折中的、有一定满意度的解决方案。按理说，这种折中应符合室内声学的要求。

礼堂和音乐厅的优化室内声学设计的先决条件是在最初的协调规划阶段制定的。这里要根据打算的用途来建立基本的结构(房间形状，容积，观众区和乐池区的表面状态)。决定有关墙壁和天花板结构设计及其有效性的次级结构必须在此基础之上进行。保证房间声学功能和一级音乐厅及礼堂的质量，以及复杂基本结构的规划方案要通过数学和物理模型的仿真实验来体现（参见9.3节和第39章)。

9.2 室内声学条件、要求

由观众和演员对自然声源或者通过电声器件发出信号的声学重放质量所做的声学评估大部分都非常不准确。这种评估不但受当时客观因素的影响，比如气候的波动、座位和可视条件，另外还受诸如主观态度和对内容和演出经历的感悟度等主观因素的影响。对音乐的主观评定非常不同，其中“在声学上良好（good acoustics)”的表述取决于类型（比如满足构成要求的足够音量，良好的时间包络和声音清晰度，以及空间感)。如果听的是传统音乐，那么偏离声学声源自然音色和通常距离依存性（高频声音在较远处表现出的有效性要比较近处的弱）所引发的音色改变就被判断为声音不自然。这些体验经历也决定了人们对非常空间和大教堂混响声这种声音的听音期待，相反的情形下，人们的期待是开放空间的干声。因此，与来自这种体验经历的偏差被认为是令人讨厌的。坐在音乐厅前部的听众期望听到更为清楚的声音。然而，另一方面，这些听众还想要欣赏到针对各个座位所做的最佳平衡的声学效果，因为听众也是随着媒体的发展一同成长的，主要的后期处理声音制品是独立于空间的，所以不用对客观上存在的空间进行评估就可以获取听觉上的期待。

对语言的评估一般要容易一些，因为在不受房间或电声学方法影响的环境中，人们期望得到的是最佳的可闻性和高可懂度。或许在宗教仪式空间中，空间感并不重要，反倒是音量和可懂度更为重要一些。

针对清晰度而定义的许多室内声学标准术语被用于演讲或音乐表演的主观和客观评价当中。在下文中我们会列出从中选择出的一些相应术语，从上下文的关系看，人们应注意到各个标准之间存在着密切的相关性。人们不可能在对确定的单一参量进行优化的同时让人们对整个的声学表现感到满意，因为另一个参量会对判断产生负面的影响。例如，对中心的时间值和定义范围进行优化，只能对主观上估计正确的混响时间进行评估。只有在清晰度 C_{80} 的测度处在最佳范围时，指示的混响测度才是有效的。

从原理上讲，室内声学的量化标准可以再细分成时间标准和能量标准。之后，应用的主要类型（语言或音乐）决定了推荐的目标建议指南值。对于多功能厅堂（对变化的声学标准并不进行可变的测量)，则需要进行折中处理，将主要的应用类型作为基本的考虑方向。

9.2.1 时间标准

9.2.1.1 混响时间

混响时间（Reverberation Time，RT）不仅是最早采用的室内声学参量，而且也是最为人们所熟知的室内声学参量。它是指室内中的声源停止发声后，平均的稳态声能密

度 $w(t)$ 下降至其最初数值 w_0 的 1/1 000 000，或者声压衰减至初始值的 1/1000，即衰减了 60dB 所用的时间。

$$w(RT) = 10^{-6} w_0 \tag{9-1}$$

因此，混响声能密度的时间响应[1]结果为

$$\begin{aligned} w(t) &= w_0^{-6\lg\frac{t}{RT}} \\ &= w_0^{-13.82\frac{t}{RT}} \end{aligned} \tag{9-2}$$

只有在激励开始时刻之后，即房间建立起均匀声分布（在 10ms 内有大约 20 个声反射）时刻 t_{st} 之后，才能达到稳态条件[2]

$$t_{st} = 1\ldots2(0.17\ldots0.34)\sqrt{V} \tag{9-3}$$

式中，

t_{st} 的单位为 ms；

V 的单位为 m^3（ft^3）。

定义声压级下降 60dB 大致对应于大型管弦乐队的动态范围[3]。然而，听音人可以随着衰减过程的持续，直至感知到房间的噪声声级为止。因此，这一被评估的主观参量—混响时间持续长度（Reverberation time duration）与激励的声级和噪声声级有关。即便是进行客观测量也难以实现所要求的动态范围评估，尤其是在低频范围。因此，混响时间是通过测量声级在 −5 ～ −35dB 这一范围内的衰减来确定的，它被定义为 $RT_{30\,dB}$（也称为 RT_{30}）。初始混响时间［initial reverberation time，IRT，按照阿塔尔（Atal）的理论[2]，RT_{15dB} 处在 −5 ～ −20dB 范围内］和早期衰减时间［early decay time，EDT，按照乔丹（Jordan）的理论[2]，RT_{10dB} 处在 0 ～ −10dB 范围内］大都更加符合混响持续时间的主观评估，尤其是在低声级场合。这也解释了“主观感知的室内混响是变化的”这一事实，因为除了允许的波动之外，根据 60dB 或 30dB 动态范围的经典定义所进行的客观测度值一般与位置无关。

作为满场或空场状态下房间基本特征的唯一标识参量，混响时间被用作 500Hz 和 1000Hz 两个倍频程带宽，或者 500Hz、630Hz、800Hz 和 1000Hz 四个 1/3 倍频程带宽的平均值，并将其称之为平均混响时间（mean reverberation time）。

混响时间 RT 的理想便利值取决于演出的类型（语言或音乐）和房间的尺寸。对于礼堂和音乐厅，图 9.1 给出了满场率达到 80% ～ 100% 时，500 ～ 1000Hz 间期望达到的平均混响时间值，可接受的频率容限范围如图 9.2 和图 9.3 所示。这表明，为了保证音乐演出的声音具有指定的温暖感，低频范围上的混响时间的提高是可以被接受的（参见 9.2.1.2 部分），而对于语言类表演，人们则希望减小这一频率范围上的混响时间（参见 9.2.2.9 部分）。

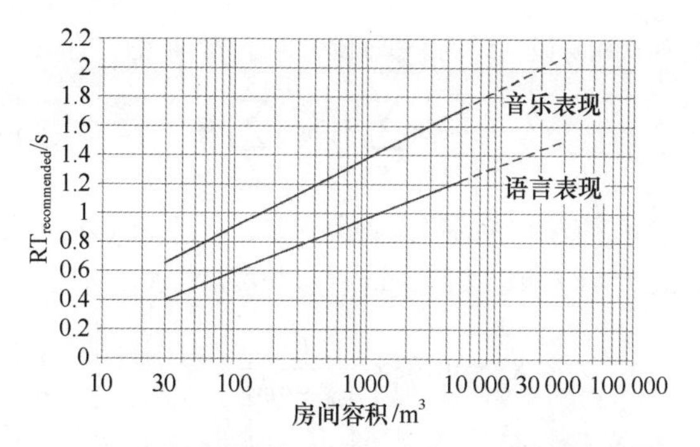

图 9.1　对于语言和音乐表现，500 ～ 1000Hz 间的平均混响时间建议值 $RT_{recommended}$ 是房间容积 V 的函数

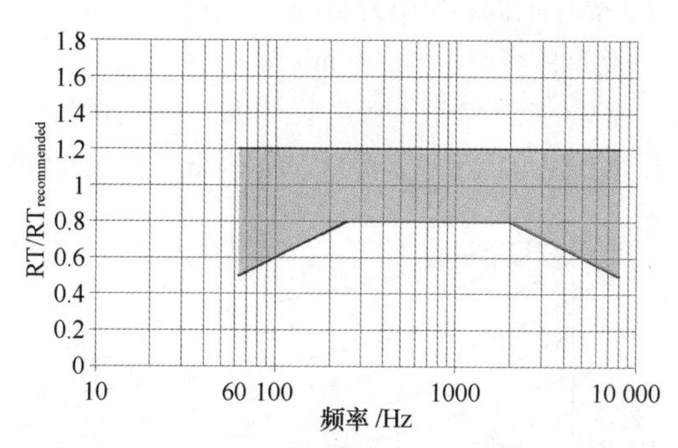

图 9.2　语言表现的 $RT_{recommended}$ 就是指与频率相关混响时间 RT 的容限范围

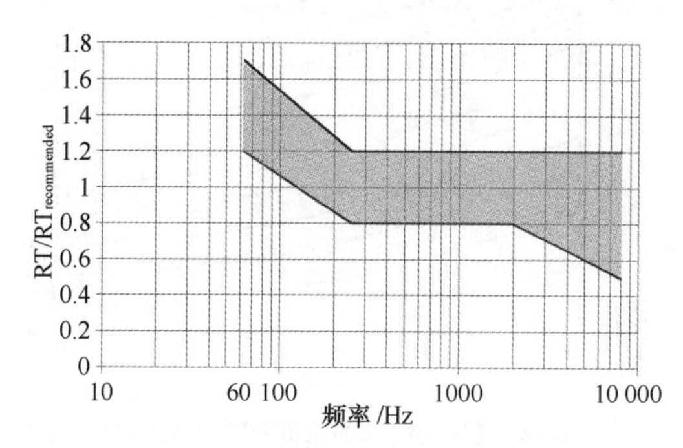

图 9.3　乐表现的 $RT_{recommended}$ 就是指与频率相关的混响时间 RT 的容限范围

由艾润（Eyring）定义的房间混响时间主要与房间的大小和边界表面和非表面性室内陈设的吸声属性有关：

$$RT_{60} = 0.163 \times \frac{V}{-\ln(1+\bar{a})S_{tot} + 4mV} \tag{9-4}$$

* 美制单位采用 0.049

式中，

RT 是混响时间，单位为 s；

V 是房间的容积，单位为 m^3（ft^3）；

$\bar{a}$ 是 A_{tot}/S_{tot}，它是房间的平均吸声系数；

A_{tot} 是总的吸声表面的吸声量，单位为 m^2（ft^2）；

S_{tot} 是房间表面的总面积，单位为 m^2（ft^2）；

m 是空气中的能量衰减系数，单位为 m^{-1}（参见图 9.4）。

图 9.5 所示的是平均吸声系数与不同房间容积 V 和总表面积 S_{tot} 比值下的混响时间间的关系。

总的总吸声表面的吸声量 A_{tot} 是平面型吸声表面及其对应的部分表面 S_n 乘以对应的与频率相关的吸声系数，再加

上由观众和陈设构成的非平面体的吸声量 A_k 得到的。

$$A_{tot}=\sum_{n}\alpha_n S_n+\sum_{k}A_k \tag{9-5}$$

对于高达 0.25 的平均吸声系数，艾润（Eyring）[2] 给出的公式（9-4）可以按照 Sabine[4] 级数展开法加以简化，即

$$RT=0.163\times\frac{V}{A_{tot}+4mV} \tag{9-6}$$

* 美制单位采用 0.049

式中，

RT 是混响时间，单位为 s；

V 是房间的容积，单位为 m^3（ft^3）；

A_{tot} 是总的吸声表面的吸声量，单位为 m^2（ft^2）；

m 是空气中的能量衰减系数，单位为 m^{-1}（如图 9.4 所示）。

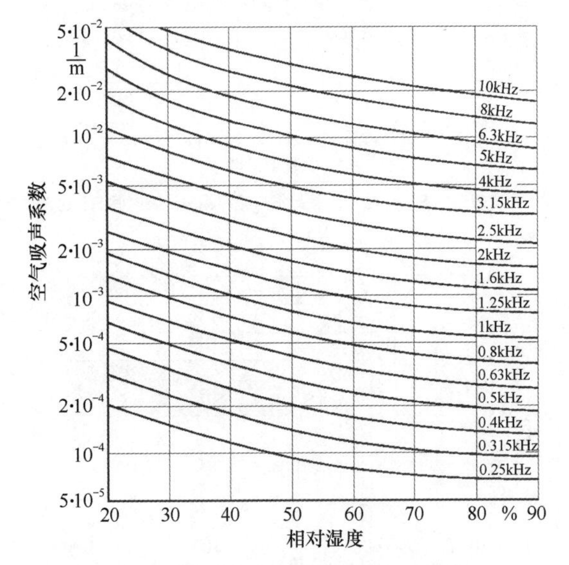

图 9.4 空气吸声系数 m 是相对湿度 F 的函数

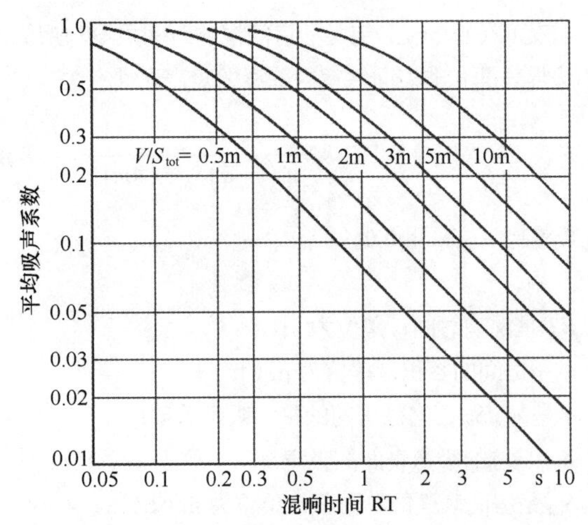

图 9.5 不同房间容积 V 与房间表面积 S_{tot} 比值下，平均吸声系数与混响时间之间的相互关系

混响时间 RT，房间容积 V，等效吸声面的吸声量 A_{tot} 和不可避免的空气阻尼 m 之间的关系由图 9.6 以图示的方式给出。

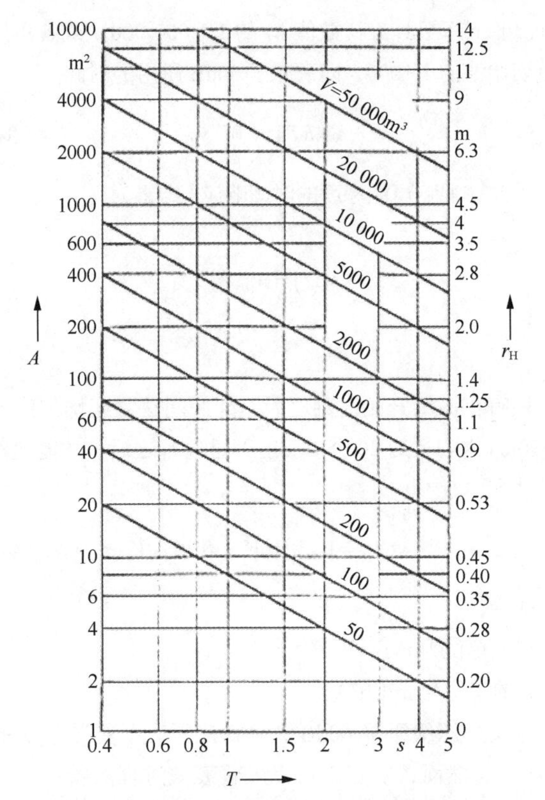

图 9.6 根据公式 9-6 得出的混响时间 RT，房间体积 V 和等效吸声面积 A 之间的关系

上文表述的与频率相关的吸声系数必须通过测量或通过计算周围入射的扩散声来决定。一般利用公式（9-6）在混响室内完成测量。如果吸声系数是采用阻抗管［或孔特（Kundt）管］及其垂直声入射测量得到的，那么结果只能被转换为利用莫尔斯（Morse）和博尔特（Bolt）[2] 绘图法的扩散声入射。人们可以假定吸声体的复合输入阻抗与角度无关，也就是说，假定侧向声辐射被吸声体（比如具有特定高流阻的多孔材料）抑制。

正确地讲，上述提及的由房间内吸声量导出的混响时间只有在吸声面在房间内均匀分布时才有效。对于房间形状严重偏离正方体或长方体，或者必须要进行观众区吸声的单侧布局的情况，这些因素也会对混响时间产生决定性的作用。对于相同的房间容积和同样的房间等效吸声量，若侧墙朝向房间的天花板倾斜，或者朝向吸声的观众区倾斜的话，那么测得的混响时间与标准的混响时间相比，偏差量会高达 100%。对于各式各样的房间形状（比如圆柱形房间），现有计算方法的精确度各不相同 [5]。造成这些差异的原因主要是房间的几何条件不同，以及它对决定混响声线的最终声程的影响不同。

房间所吸收的声功率 P_{ab} 可以由比值能量密度 w = 声能 W/ 容积 V 导出，在考虑表示房间的能量衰减率的微分系数 $P_{ab}=dW/dt$ 的情况下，将这一系数代入公式（9-5）和（9-6）中，则得到

$$P_{ab}=\frac{1}{4}cwA \tag{9-7}$$

式中，c 是声速。

在稳态情况下，所吸收的声功率等于反馈给房间的功率 P。由此得出房间扩散声场中的平均声能密度 w_r，即

$$w_r = \frac{4P}{cA} \quad (9\text{-}8)$$

由于扩散声场中的声能密度 w_r 近似恒定，所以直达声能量及其能量密度 w_d 的下降是按照距声源距离 r 平方的反比规律变化的，即

$$w_d = \frac{P}{c}\frac{1}{4\pi r^2} \quad (9\text{-}9)$$

严格地讲，这只有在球面声源才成立[6]。然而，如果给定的距离足够远，它适用于大部分实际的有效声源。

对于直达声占主导地位的这一距离范围上的声压，这将导致其以 $1/r$ 的规律下降（严格讲，这种下降只处在近场的干涉区之外。这一近场区的范围与声源尺寸的数量级相当，并且距声源中心 0.4m）。

如果直达声和扩散声能量密度相等（$w_d=w_r$），公式（9-8）和公式（9-9）可以等价，这就意味着可以确定一个距声源的特定距离，或者混响半径（reverberation radius，对于无方向声源就是临界距离，critical distance）r_H。对于球面声源，这就是

$$\begin{aligned} r_H &= \left(0.3^*\right)\sqrt{\frac{A}{16\pi}} \\ &= \left(0.3^*\right)\sqrt{\frac{A}{50}} \\ &\approx 0.041\left(0.043^*\right)\sqrt{A} \\ &\approx 0.057\left(0.01^*\right)\sqrt{\frac{V}{RT}} \end{aligned} \quad (9\text{-}10)$$

* 用于美制单位

式中，

r_H 的单位为 m 或 ft;

A 的单位为 m^2 或 ft^2;

V 的单位为 m^3 或 ft^3;

RT 的单位为 s。

对于方向性声源（扬声器，声音换能器）而言，这一距离可以用临界距离 r_R 来替代

$$r_R = \Gamma(\vartheta)\sqrt{\gamma(r_H)} \quad (9\text{-}11)$$

式中，

$\Gamma(\vartheta)$ 是声源的角度方向性比值 —— 相对于基准参考轴 ϑ 角度上辐射的声压与在基准参考轴上同一距离处辐射产生的声压间的比值，换言之，就是其极坐标辐射图，γ 是声源的正向 / 随机比值系数。

9.2.1.2　低频比值 *BR*

除了中频的混响时间之外，混响时间的频率响应也很重要。低频比值（bass ratio,BR），即以 125Hz 和 250Hz 为中心频率的倍频程混响时间与以 500Hz 和 1000Hz 为中心频率的倍频程混响时间（平均混响时间）之间的比值，该比值是根据下面的公式计算出来的[7]。

$$BR = \frac{RT_{125\text{Hz}} + RT_{250\text{Hz}}}{RT_{500\text{Hz}} + RT_{1000\text{Hz}}} \quad (9\text{-}12)$$

对于音乐而言，想要达到的 BR 为 1.0 ～ 1.3。另外，对于语言而言，低频比值 BR 不应超过 0.9 ～ 1.0。

9.2.2　能量标准

按照系统论的法则，房间可以被视为声学上的线性传输系统，它可以通过其时域上的冲激响应 $h(t)$ 来进行全面的描述。如果以单位冲击 $\Delta(t)$ 作为输入信号，那么冲击响应就可以通过傅里叶变换与频域的传输函数联系在一起。

$$\underline{G}(\omega) = F\{h(t)\}$$

式中，

$$\begin{aligned} h(t) &= F^{-1}\{\underline{G}(\omega)\} \\ &= \frac{1}{2\pi}\int_{-\infty}^{+\infty} \underline{G}(\omega)^{(j\omega t)\mathrm{d}\omega} \end{aligned} \quad (9\text{-}13)$$

从测量技术角度来看，要研究的房间被持续时间非常短的脉冲（Δ 单位脉冲）激励，在房间中某一位置上的冲击响应 $h(t)$ 就被确定下来，如图 9.7 所示。

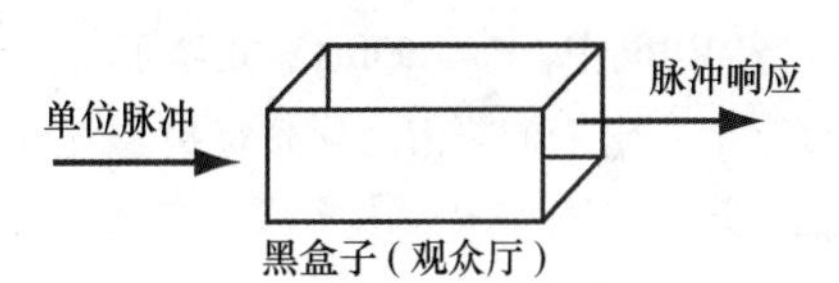

图 9.7　判定未知房间特性而采用的信号理论基本解决方案

这里，冲击响应含有与准静态测量的传输频响相同的信息。

一般而言，如下声场比例因子（sound-field-proportionate factors，所谓的反射图）的时间响应是通过测量或计算房间的冲击响应 $h(t)$ 导出的。

声压级：$p(t) \approx h(t)$　(9-14)

声能密度：$w(t) \approx h^2(t)$　(9-15)

人耳惰性加权后的声强：

$$J_{\tau_0} \approx \int_0^{\tau} h^2(t')^{\left(\frac{t'-t}{\tau_0}\right)\mathrm{d}t'} \quad (9\text{-}16)$$

式中，

τ_0 为 35ms。

$$\text{声能密度：} W(t) \approx \int_0^{\tau} h^2(t')\mathrm{d}t' \quad (9\text{-}17)$$

基本的反射图如图 9.8 所示。

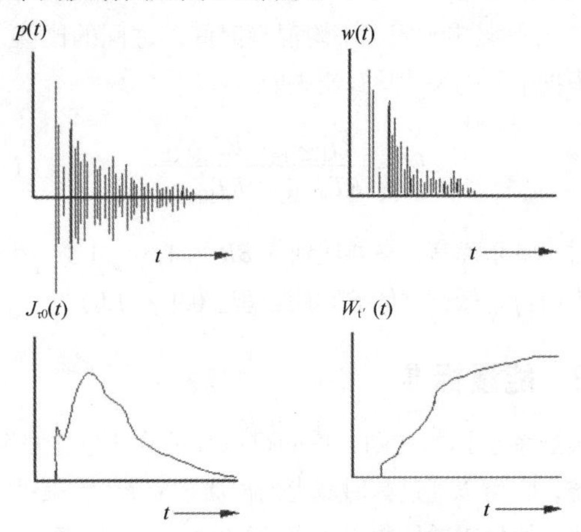

图 9.8 声压 $p(t)$，声能密度 $w(t)$，听觉加权声强度 $J\tau_0(t)$ 和声能 $W_t'(t)$，声场强度与时间的关系（反射图）

为了简化数学和测量技术的相关性，声能比例因子被定义为声能分量（sound energy component）E_f。作为声能比例因子，该因子表示出了声阻的大小，它由声压响应 $p(t)$ 计算出来。

$$\text{声能分量：}\quad E_{t'} = \int_0^{t'} p^2(t)\mathrm{d}t \qquad (9\text{-}18)$$

式中，

t' 的单位为 ms。

为了确定音量等效能量分量，t' 必须被设定为∞。在实际的中等规格的房间中，$t' \approx 800\text{ms}$ 就足够了。

为了进行语言相关的室内声学标准测量，说话者这种具有频率相关指向性的声源被用来激励声场，而对于音乐表演，它足可以被当作一阶近似的无方向性声源。

大部分室内声学质量评价标准都基于单耳、无指向性加权的冲击响应评价。与头部相关的双耳标准仍然是个例外。人们基本上已经掌握了早期初始反射的入射声方向对室内声学质量评价标准的影响。由于主观评估标准还缺失很大一部分内容，所以在测量或计算房间冲击响应时这部分一般也就被忽略掉了。对于制定大部分相关标准而言，人工头双耳信号的能量叠加就足够了。

就像指向性的相依性一样，室内声学能量标准的频率依赖性也没有被深入研究过，以至于在目前看来在以 1000Hz 为中心频率的倍频程上的评估一般就足够了。

9.2.2.1 强度测度 G

强度测度 G 是测量位置的声能分量与距离同一声源 10m 距离的自由场中的声能分量之比的对数的 10 倍。它描述了音量级的特征。

$$G = 10\lg\left(\frac{E_\infty}{E_{\infty,10\text{m}}}\right)\text{dB} \qquad (9\text{-}19)$$

这里，$E_{\infty,10\text{m}}$ 是距离声源 10m（32.8ft）的位置处自由场的基准声能分量。对于音乐和语言的表演空间而言，G 的最佳数值应处在 +1dB ～ +10dB 之间，这意味着任意指定听音人座位处的响度基本上应该与开放空间中距离声源 10m（32.8ft）处的响度相等或是它的两倍。

9.2.2.2 声压分布

以分贝表示的声压级下降量 ΔL 描述的是不同接收位置的音量分布与参考测量位置音量的比较，或者是舞台上特定测量位置音量与其他位置音量的比较。如果参考测量位置或舞台上的参考测量位置的声能被表示为 E_0，接收测量位置或舞台上的测量位置的声能表示为 E，则计算出的声压级分布 ΔL 为

$$\Delta L = 10\lg\left(\frac{E_\infty}{E_{\infty,0}}\right)\text{dB} \qquad (9\text{-}20)$$

如果语言和音乐的 ΔL 范围是 $0\text{dB} \geqslant \Delta L \geqslant -5\text{dB}$，那么对于房间而言这是一个优势。

9.2.2.3 双耳正交相关系数

双耳正交相关系数（Interaural Cross-Correlation Coefficient，IACC）是双耳头部相关标准，被用来描述两个任意选择的时间限制 t_1 和 t_2 之间双耳信号的等式。然而在这一方面，这些时间限定的选择，频率评估以及主观表述也并不明确。一般而言，人们可以针对初始反射（t_1=0ms，t_2=80ms）或混响成分 [$t_1 \geqslant t_{st}$，$t_2 \geqslant RT$（参见 9.2.1.1 部分）] 研究信号的一致性。在 125 ～ 4000Hz 之间的倍频程带宽内一般会发生频率过滤的问题。按照参考文献 10 或 11 的结论，标准的双耳间互相关函数（interaural cross-correlation function，IACF）被定义为

$$IACF_{t_1 t_2}(\tau) = \frac{\int_{t_1}^{t_2} p_L(t) \times p_R(t+\tau)\mathrm{d}t}{\left[\int_{t_1}^{t_2} p_L^2(t)\mathrm{d}t \times \int_{t_1}^{t_2} p_R^2(t)\mathrm{d}t\right]^{1/2}} \qquad (9\text{-}21)$$

式中，

$p_L(t)$ 是左耳道入口处的冲击响应；

$p_R(t)$ 是右耳道入口处的冲击响应。

双耳间互相关系数（interaural cross-correlation coefficient，IACC）为

$IACC_{t_1t_2}=\max \mid IACF_{t_1t_2}(\tau) \mid$

$-1\text{ms} < \tau < +1\text{ms}$

9.2.2.4 中心时间 t_s

对于音乐和语言而言，中心时间 t_s 是针对空间印象和清晰度的基准参考值，并根据到达的声反射与其相应延时时间的乘积之和与总能量之比得出测量位置的结果。它对应于冲击响应平方的初始时刻，并由下面的公式来确定。

$$t_s = \frac{\sum_i t_i E_i}{E_{ges}} \qquad (9\text{-}22)$$

中心时间 t_s 越高，在听音位置处的声学空间感越强。可以取得的最大中心时间 t_s 是基于最佳混响时间的。按照霍夫迈耶（Hoffmeier）[12] 的理论，中心时间与语言可懂度，及其 500Hz，1000Hz，2000Hz 和 4000Hz 之间 4 个倍频程的频率评估有很好的相关性。

对于音乐，理想的 1000Hz 倍频程上的中心时间 t_s 值为 70 ～ 150ms。

对于语言，500 ～ 4000Hz 之间 4 个倍频程的中心时间 t_s 为 60 ～ 80ms。

9.2.2.5　回声标准 *EK*

考察中心时间的累积函数 $t_s(\tau)$：

$$t_s(\tau)=\frac{\int_0^{\tau}\left|p(t)\right|^n t\cdot \mathrm{d}t}{\int_0^{\tau}\left|p(t)\right|^n \cdot \mathrm{d}t} \tag{9-23}$$

对于输入来的声反射，采用指数 n=0.67（语言），n=1（音乐）。将它与差商进行比较

$$EK(\tau)=\frac{\Delta t_s(\tau)}{\Delta t_E} \tag{9-24}$$

当我们采用 Δt_E=14ms（音乐）和 Δt_E=9ms（音乐）的数值时，我们通过主观实验可以确认此时可以察觉出音乐或语言的回声失真 [13]。回声条件与主旨有关。对于快速和强调的语言或音乐，限定的数值较低。

对于听音人分别察觉到的该回声 50%（$EK_{50\%}$）和 10%（$EK_{10\%}$）的数值，回声标准的限定数值相当于：

- 对于音乐，回声察觉度为 $EK_{50\%}\geqslant 1.8$；中频 1kHz 和 2kHz 的两个倍频程频带的 $EK_{10\%}>1.5$。
- 对于语言，回声察觉度为 $EK_{50\%}\geqslant 1.0$；1kHz 倍频程频带的 $EK_{10\%}>0.9$。

9.2.2.6　语言的清晰度测度 C_{50}

语言的清晰度测度 C_{50} 描述的是语言的可懂度，也可以是音乐的可懂度。通常它是在 500 ～ 4000Hz 间 4 个倍频程带宽上进行计算，对测量位置在直达声到达之后 50ms 的时间内所接收到的声能与后续接收到的声能的比值取对数，然后乘以 10 便得出结果。

$$C_{50}=10\lg\left(\frac{E_{50}}{E_{\infty}-E_{50}}\right)\mathrm{dB} \tag{9-25}$$

一般，$C_{50}\geqslant 0$dB 时，便会得到良好的语言可懂度。

频率相关的清晰度测度 C_{50} 应随倍频程中心频率 1000Hz 的加倍而提高（依次的倍频程中心频率为 2000Hz，4000Hz 和 8000Hz），而对于 1000Hz 以下的倍频程中心频率（倍频程中心频率为 500Hz，250Hz 和 125Hz），该值将会下降。

按照霍纳（Höhne）和施罗德（Schroth）[14] 的理论，清晰度测度的差异感知度 $\Delta C_{50}\approx\pm 2.5$dB。

一个等效的、却较少使用的标准是清晰度等级 D，也被称为 D_{50}，其结果是由直达声到达之后 50ms 的延时内到达测量位置的声能与总声能的比值（以百分比的形式给出）。

$$D=\frac{E_{50}}{E_{\infty}} \tag{9-26}$$

与清晰度测度 C_{50} 的相关度由下面的公式确定。

$$C_{50}=10\lg\left(\frac{D_{50}}{1-D_{50}}\right)\mathrm{dB} \tag{9-27}$$

因此，人们应力争让音节的可懂度至少达到 85%，$D=D_{50}\geqslant 0.5$，或 50%。

9.2.2.7　语言传输指数STI

STI 数值是根据在声源（比如舞台）与接收测量位置之间的位置点所进行的 125 ～ 8000Hz 倍频程中心频率上的测量得到的信号调制度的下降量来确定的。在此，Steeneken 和 Houtgast[15] 提出了用特殊的调制噪声来激励被测的房间或开放空间，然后确定调制深度的下降量。

研究者进行了假设，即不仅是混响和噪声降低了语言的可懂度，而且通常所有的外部信号或产生于信号源至听音人通路中的信号变化也都会降低可懂度。为了确定这一影响，他们使用了针对声学目的的调制传输函数（modulation transmission function，MTF）。可使用的有用信号 S（信号）与一般的干扰信号（噪声）相关联。所确定的调制下降系数（modulation reduction factor）$m(F)$ 是对干扰语言可懂度进行特征化表述的系数。

$$m(F)=\frac{1}{\sqrt{1+\left(\dfrac{2\pi F\cdot RT}{13.8}\right)^2}}\cdot\frac{1}{1+10^{-\left(\frac{S/N}{10\mathrm{dB}}\right)}} \tag{9-28}$$

式中，

F 为调制频率，单位为 Hz；

RT 是混响时间单位为 s；

S/N 是信噪比，单位为 dB。

为此，人们采用的调制频率是在 0.63 ～ 12.5Hz 的 1/3 倍频程上。另外，调制传输函数（modulation transmission function）被进行了频率加权（weighted modulation transmission function，WMTF，加权调制传输函数），以便获得与语言可懂度的全面相关。在这种情况下，调制传输函数被分成 7 个倍频程频带，每个频带用调制频率进行调制 [14]。其结果是得到一个 $7\times 14=98$ 的调制转换系数 m_i 的矩阵。

（视在的）有效信噪比 X 可以通过调制转换系数 m_i 计算出来

$$X_i=10\lg\left(\frac{m_i}{1-m_i}\right)\mathrm{dB} \tag{9-29}$$

这些数值将被平均，并计算得出针对 7 个倍频程频带

的调制转换指数（Modulation Transfer Indices，MTI）MTI =（$X_{average}$+15）/30。在对7个频带进行频率加权之后（有些分男声或女声），便可以得到语言传输指数（Speech Transmission Index，STI）。

声场的激励应利用有指向特性行为的声源（如说话人的嘴）来实现的。

为了展开二十年前这种相对耗时的实时处理过程，他们与Brüel & Kjaer公司合作开发出了RASTI处理程序（快速语言传输指数，rapid speech transmission index）[16]。调制传输函数的计算只在两个倍频程频带（500Hz和2kHz）上进行，它们对语言可懂度和调制频率的选择尤为重要，也就是说全部只用了9个调制转换系数 m_i。然而，该测度的使用越来越少。

注释：施罗德（Schroeder）的研究已经表明，98个调制下降系数 $m(F)$ 也可以由测量到的冲击响应中导出。

$$m(F)=\frac{\int_0^{\infty}h^2(t)\mathrm{e}^{-j2\pi Ft}\mathrm{d}t}{\int_0^{\infty}h^2(t)\mathrm{d}t} \tag{9-30}$$

现在，这些可以利用诸如MLSSA，EASERA或Win-MLS这样的现代计算机测量程序来实现。

评估语言可懂度的新方法是测量冲击响应，并推导出调制噪声激励下的STI值。该激励噪声的频谱如图9.9所示。

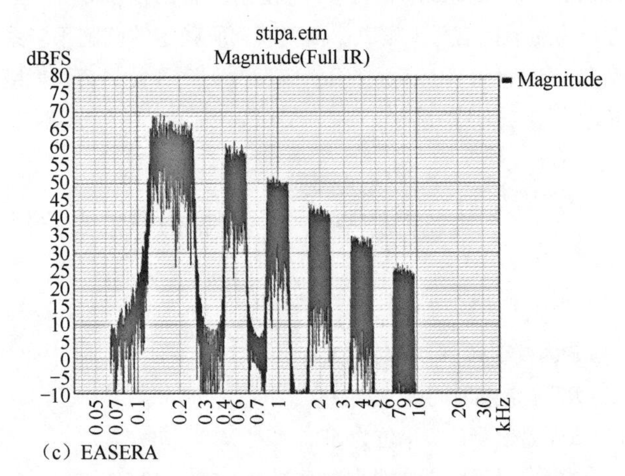

（c）EASERA

图9.9 频率域的STIPa信号

你识别出由音响系统辐射到房间中的1/2倍频程频带的噪声。通过在任意接收位置移动接收器，就可以确定STIPa值[8,9]。任何的门外汉都可以使用这种方法，并且无需特殊的知识。这种方法被越来越多地用来核查紧急呼叫系统的质量（EN 60849）[33]，尤其是在机场、车站或大型商场等场合。

根据定义，STI值可利用公式9-29的结果计算出来

$$STI=\frac{X+15}{30} \tag{9-31}$$

根据主观考核结果与最大可能可懂度（96%）的比较，再根据表9-1所列出的音节可懂度数据，可对STI值对主观评价进行等级划分（EN ISO 9921：Feb. 2004）。

表9-1 针对STI的主观加权

主观可懂度	STI数值
不满意	0.00～0.30
差	0.30～0.45
满意	0.45～0.60
好	0.60～0.75
出色	0.75～1.00

9.2.2.8 语言的辅音清晰度损失

皮奥茨（Peutz）[17]和克莱因（Klein）[18]已经确认了讲话辅音的清晰度损失Alcons对于评估房间中的语言清晰度起决定性的作用。从该现象被发现开始，他们便开发出了确定可懂度的标准。

$$\text{Alcons}\approx 0.652\left(\frac{r_{LH}}{r_H}\right)^2 RT\% \tag{9-32}$$

式中，

r_{LH} 是声源至听音人的距离；

r_H 是混响半径，或者在方向性声源中的临界距离 r_R，

RT 是混响时间，单位为s。

如果直达声声能定为25～40ms（默认是35ms）提供的能量，而将35ms之后的残留能量定为混响声能，那么通过测量房间的冲击响应及皮奥茨（Peutz）[17]的研究结果人们可以确定Alcons。

$$\text{Alcons}\approx 0.652\left(\frac{E_\infty-E_{35}}{E_{35}}\right)\cdot RT\% \tag{9-33}$$

指定的语言可懂度结果如表9-2所示。

表9-2 针对Alcons的主观加权

主观可懂度	Alcons
理想的可懂度	≤3%
良好的可懂度	3%～8%
满意的可懂度	8%～11%
差的可懂度	>11%
无价值的可懂度	>20%（限制值为15%）

长混响时间要承受清晰度损失加大的结果。对于相应的持续时间，该混响的作用类似于伴随于信号的噪声的作用，因而它降低了可懂度。

图9.10所示的是清晰度损失Alcons是 S/N 和混响时间 RT 的函数。上部的图形可以让我们确定 L_R（扩散声声级）− L_N（噪声声级）得到的差值和混响时间 RT 对Alcons数值的影响，并给出 $\text{ALcons}_{R/N}$。根据 $SNR(L_D-L_{RN})$ 的大小程度，为了获得 $\text{Alcons}_{D/R/N}$，该数值被下部的图校正。噪声和信号声级必须采用以dBA为单位的数值来表示。

图示还表明，随着 S/N 提高至25dB以上，要想再改善可懂度实际上就不可能了（在实践中，该数值常常会更低，因为随着高音量的出现，比如90dB以上，此时中耳的大阻

抗变化开始起作用，同时频率相关的人耳灵敏度会导致产生强烈的低音强调）。

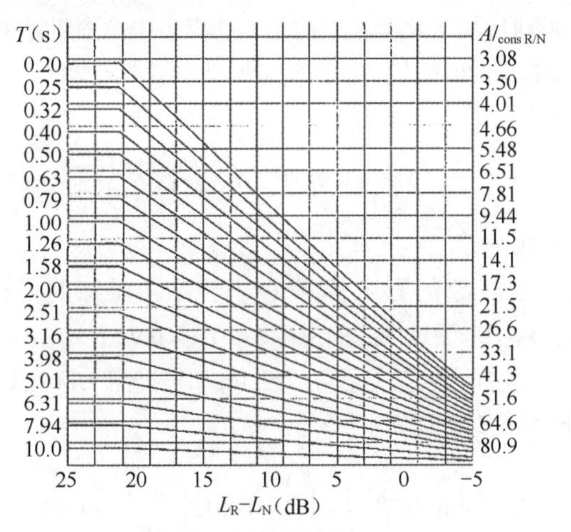

$L_R = 20\lg(10^{L_R/20dB}+10^{L_N/20dB})dB$

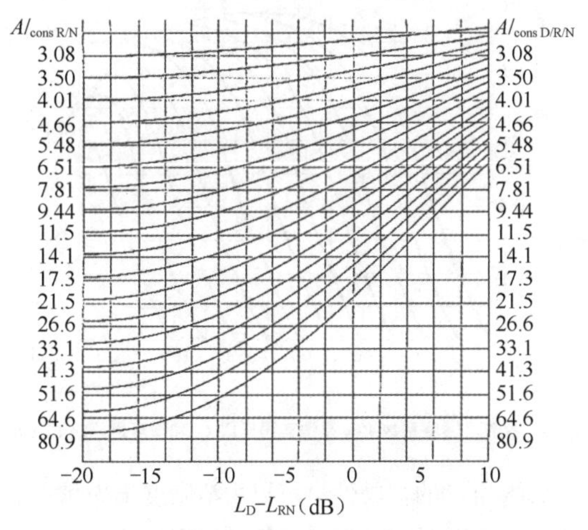

图 9.10　辅音清晰度损失是扩散声声级 L_R 和直达声声级 L_D 之比、混响时间 RT 和噪声声级 L_N 的函数

9.2.2.9　主观的可懂度测量

语言可懂度的主观评估方法与对根据频度单词词典和相关语言音素分布选择出的清楚发音单词（所谓的测试单词）的识别度有关。在德国，使用可懂度测试试验字表（并不容易分辨出意义的单音节词辅音 - 元音分组，以便在测试过程中不充分理解试验字表的逻辑补充是不可能的，如 grirk，spres）来激励房间。然而，在讲英语的国家中，采用的是如表 9-3 所列出的测试单词 [19]。每次测试使用 200～1000 个单词。被正确理解的单词（或试验字表或句子）数与被朗读的单词总数之比便得出以百分比形式表示的单词（或音节或句子）的可懂度 V。单词的可懂度 V_W 和句子的可懂度 V_S 可由图 9.11 得到。

表 9-3　用于可懂度测试的英语单词的例子

aisle	done	jam	ram	tame
barb	dub	law	ring	toil
barge	feed	lawn	rip	ton
bark	feet	lisle	rub	trill
baste	file	live	run	tub
bead	five	loon	sale	vouch
beige	foil	loop	same	vow
boil	fume	mess	shod	whack
choke	fuse	met	shop	wham
chore	get	neat	should	woe
cod	good	need	shrill	woke
coil	guess	oil	sip	would
coon	hews	ouch	skill	yaw
coop	hive	paw	soil	yawn
cop	hod	pawn	soon	yes
couch	hood	pews	soot	yet
could	hop	poke	soup	zing
cow	how	pour	spill	zip
dale	huge	pure	still	
dame	jack	rack	tale	

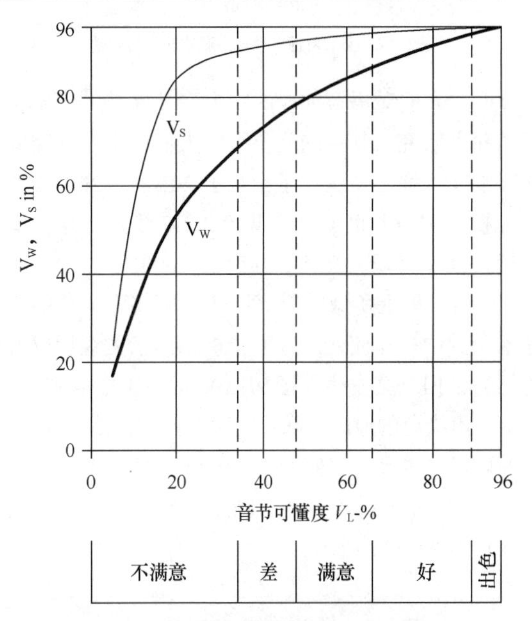

图 9.11　语言可懂度特性的评估值是音节可懂度 V_L，单词可懂度 V_W 和句子可懂度 V_S 的函数

表 9-4 表示的是可懂度数值与表述词语间的相关性。

表 9-4　可懂度数值和表述词语之间的相关性

表述词语	音节可懂度 V_L（%）	句子可懂度 V_S（%）	单词可懂度 V_W（%）
出色	90～96	96	94～96
好	67～90	95～96	87～94
满意	48～67	92～95	78～87
差	34～48	89～92	67～78
不满意	0～34	0～89	0～67

主观可懂度测试的结果受语速的影响非常大，这其中包括在清晰度测试时间内朗读的音节或单词数目（清晰度测试速度）和停顿时间。因此所谓的预测句子常常被用作提前使用的单词或试验字表，它们并不是测试的一部分。

这些句子是由 3 ～ 4 个音节组成，比如："Mark the word..."，"Please write down..."，"We're going to write..."。另外还给出了连续的讲话，这也是为了保证所做的评测是在条件稳态的房间中进行。

主观确定的音节可懂度与室内声学条件间存在紧密的相关性。例如，按照参考文献 20 的结论——长混响时间会降低音节的可懂度 。尽管响度提高了，但图 9.12 所示的情况是因为发生了掩蔽效应而造成的，参见公式 9-8。

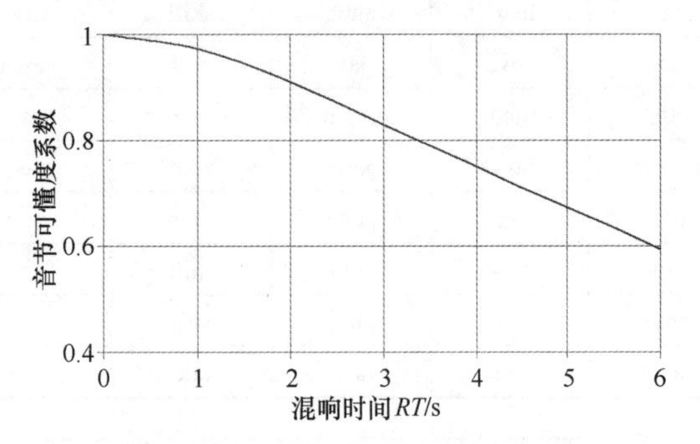

图 9.12　音节可懂度系数是混响时间的函数

最近，人们对语言加权的室内声学标准的频率相关性进行了深入研究，其目的是要引导人们从中发现空间声染色的影响 [12]。可以确认的是，对于 20Hz ～ 20kHz 的宽带频率加权，定量测度 C_{50}（参见 9.2.2.6 部分）与音节可懂度的相关性非常弱。然而，通过在 1000Hz 为中心频率的 3 ～ 4 个倍频程上所做的频率评估，可将声染色的影响充分考虑于其中。即使通过频率分析给出了主观加权方面良好的结果，但是会发生如图 9.13 所示的频率响应。

由于声染色的原因，随着频率的升高，清晰度会下降，语言的可懂度也会随之变低（差的可懂度→ 3）。这也包括了在 1000Hz 处的最大值的清晰度的频率响应（差的可懂度→ 4），如图 9.13 所示。

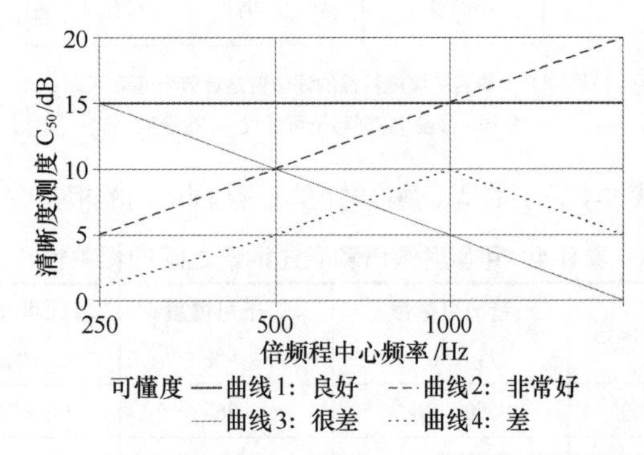

图 9.13　可获得的可懂度与清晰度测度 C_{50} 的频率相关性间的关系

室内声学方案的清晰度响应与升高频率间的关系要么是恒定的（良好的可懂度→ 1），要么是提高的（非常好的可懂度→ 2）。对于听觉心理学而言，这一结论得到了处在较高频率范围内的语言辅音可懂度的重要支持。

通过清晰度测度 C_{50} 确定语言可懂度可能很容易引出错误的结论，因为没有周围声反射分布的知识，限定在 50ms 的数学积分并不是关于可懂度的阶跃函数。

与空间声染色影响最佳相关因素存在于主观语言可懂度和中心时间 t_S（参见 9.2.2.4 部分）之间，以及 500Hz 的倍频程与 4000Hz 的倍频程之间的频率加权当中。按照霍夫迈耶（Hoffmeier）的理论 [12]，在检测点测量到的音节可懂度 V 可按下式计算。

$$V = 0.96 \cdot V_{sp} \cdot V_{S/R} \cdot V_R \qquad (9\text{-}34)$$

式中，

V_{sp} 是声源的影响因子（对于受过训练的说话人，V_{sp}=1，对于未受过训练的说话人，$V_{sp} \approx 0.9$）；

$V_{S/N}$ 是有用声级（语言声级）L_x 和根据图 9.14 得到的扰动噪声声级 L_{st} 的影响因子 [6]。

$$V_R = -\left(6 \cdot 10^{-6}\left(\frac{t_s}{ms}\right)^2\right) - 0.0012\left(\frac{t_s}{ms}\right) + 1.0488$$

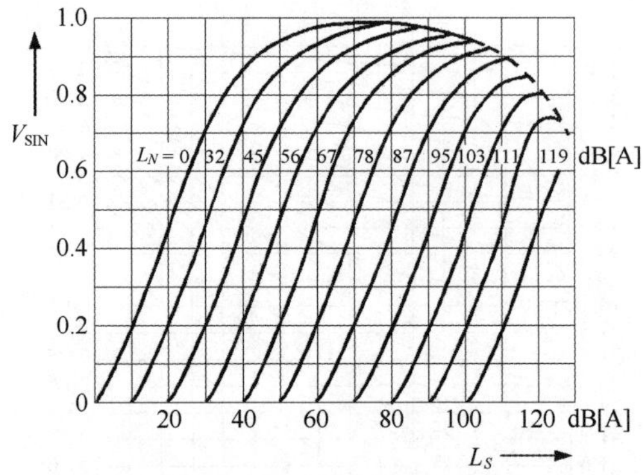

图 9.14　音节可懂度系数 $V_{S/N}$ 是语言声压级 L_S 和噪声声压级 L_N 的函数

图 9.15 所示的相关性也可以由清晰度损失和音节可懂度导出。对于短混响时间，音节可懂度几乎与清晰度损失无关。随着混响时间的加长，才开始表现出反相关的属性。对于 1% ～ 50% 的 Alcons 数值这是显而易见的，音节可懂度可以取 68% ～ 93% 的数值（意味着有 25% 的变化幅度），对于小于 15% 的清晰度损失（可接受的可懂度限定值），音节可懂度 V_S 总是会达到大致对应于清晰度测度 C_{50}> −4dB 数值的 75% 以上的数值，它独立于混响时间。

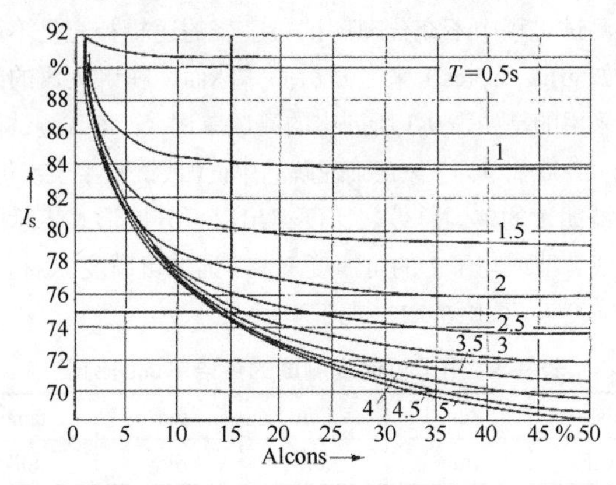

图 9.15　音节可懂度 I_S 是可懂度损失 Alcons 的函数。参量：混响时间 RT。前提：近似统计性的混响特性；信噪比（S/N）≥ 25dB

这种相关性也可以通过图 9.16 看到，该图示出了测量到的 RASTI 数值与清晰度损失 Alcons 的相关性。人们看到：Alcons <15% 的可接受清晰度损失要求 RASTI 数值处在 0.4 ～ 1 的范围内（也就是处在满意和出色的可懂度之间）。通过公式

$$RASTI = 0.9482 - 0.1845\ \ln(\text{Alcons}) \qquad (9\text{-}35)$$

还可以在两个参量之间建立起分析相关性。在良好的近似条件下，这种关系不仅可以用于 RASTI，同样也可以用于 STI。

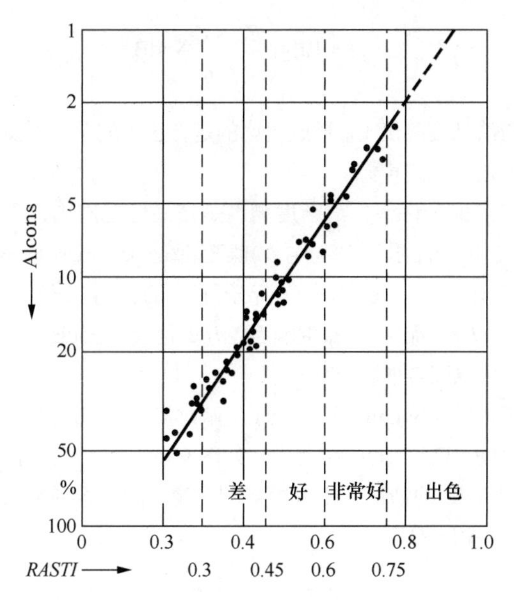

图 9.16　Alcons 数值与 RASTI 数值间的关系

9.2.2.10　音乐的清晰度测度C_{80}

清晰度测度 C_{80} 描述的是音乐表演的瞬时透明度（针对 1000Hz 的倍频程中心频率定义的），其可以通过对直达声到达之后 80ms 的时间里到达接收测量点的声能与后续声能比值取对数再乘以 10 计算得出[21]。

$$C_{80} = 10\lg\left(\frac{E_{80}}{E_{\infty} - E_{80}}\right)\text{dB} \qquad (9\text{-}36)$$

良好清晰度测度 C_{80} 的数值与音乐的类型之间有很紧密的关系。对于浪漫音乐，$-3\text{dB} \leqslant C_{80} \leqslant +4\text{dB}$ 的近似范围就已经不错了，而古典和现代音乐允许的数值的范围为 + 6 ～ +8dB。按照 Höhne 和 Schroth 的理论[14]，清晰度测度差异的感知容限 $\Delta_{C80} \approx \pm 3.0\text{dB}$。

按照赖夏特等人（Reichardt 等人）的研究结果[22]，清晰度测度 C_{80} 与中心时间 t_S 间的分析相关度如下。

$$C_{80} = 10.83 - 0.95t_S \qquad (9\text{-}37)$$

$$t_S = 114 - 10.53C_{80}$$

式中，

C_{80} 的单位为 dB；

t_S 的单位为 ms。

这种相关性如图 9.17 所示。

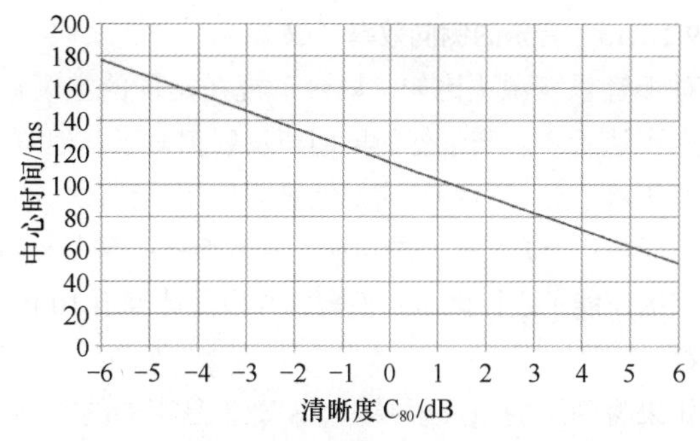

图 9.17　中心时间 t_s 是清晰度度量值 C_{80} 的函数

9.2.2.11　声染色测度K_T和K_H

声染色测度[23]评估的是低频和高频分量（K_T，100Hz 左右的倍频程和 K_H，3150Hz 左右的倍频程）与 500Hz 倍频程带宽上的中频范围房间冲击响应的等效容积能量分数。

$$K_T = 10\lg\left(\frac{E_{\infty,100\text{Hz}}}{E_{\infty,500\text{Hz}}}\right)\text{dB} \qquad (9\text{-}38)$$

$$K_H = 10\lg\left(\frac{E_{\infty,3150\text{Hz}}}{E_{\infty,500\text{Hz}}}\right)\text{dB} \qquad (9\text{-}39)$$

通过声学空间特性，建立起测度与频谱声染色条件的主观印象关系。最佳的数值为：$K_{T;\,H}$=−3 ～ +3dB。

9.2.2.12　音乐的空间印象测度R

空间印象测度 R[24, 25] 包括空间感和混响感两个分量。空间感是基于听音人确定定义位置的能力得出的，到达听音人位置的直达声只是一部分，其中不仅仅有来自声源的直达声，而且还有来自房间边界表面的反射声（音乐中的包围感）。混响感是由音乐的非稳定特性产生的，这种特性经常产生房间内声音的建立和衰减过程。就听觉感知而言，它主要是对混响起作用的衰减过程。虽然两个分量并不是被有意识地单独感知，但房间对它们的相互影响是非常不同的[26]。在声场的能量分数中，增强空间印象的因素是来自房间各个方向的 80ms 之后到达的声反射，以及从几何角度看上去处在 ±40° 锥形窗口之外的 20 ～ 80ms 之间的声反射，该锥的主轴成形于听音人位置与声源中心之间。因此，25ms 之前的所有声反射和上文所提及的锥形窗正面的声反射都会对房间的空间印象产生一种递减式的影响。10 倍这一关系的对数被定义为空间印象测度 R，单位是 dB。

$$R = 10\lg\left[\frac{(E_{\infty} - E_{25}) - (E_{80R} - E_{25R})}{E_{25} + (E_{80R} - E_{25R})}\right]\text{dB} \qquad (9\text{-}40)$$

式中，

E_R 是使用指向性传声器（在 500 ～ 1000Hz 时，波束宽度为 ±40°，主轴正对着声源）测量到的声能分数。

如果空间印象测度 R 所处的范围近似为 −5dB ～ +1dB，那么人们就取得了想要的（有益的）空间印象。

空间印象测度在 −5dB ～ −10dB，就被认定为缺少空间感，而该值取值于 +1 ～ +7dB，则被认为空间感太强了。

9.2.2.13 音乐的侧向效率（*LE*）

对于音乐声源（比如，舞台）视在延伸的主观评价，从侧向到达听音人座位处的早期声反射相对于其他方向来的所有声音成分具有特别明显的重要作用。因此，侧向到来的声能与各个方向传来的声能（两者都指的是在80ms之内到来的声能）之比就确定下来，并由此计算出10倍的比值对数。

如果将到达的声反射乘以$\cos^2\Sigma$（Σ是声源的方向与到达的声波方向间的夹角），那么就得到对侧向反射更为重要的评估信息。对于这一与角度有关的评估测量是利用8字形指向特性传声器取得的。侧向效率（Lateral Efficiency，LE）为

$$LE = \frac{E_{80Bi} - E_{25Bi}}{E_{80}} \tag{9-41}$$

式中，

E_{Bi}为8字形指向性传声器（压力梯度传声器）测量到的能量分量。

侧向效率越高，声源所表现出的声学宽度就越宽。如果侧向效率的范围为0.3～0.8，那么它就是有益的。

为了对室内声学中能量测量取得一致性的表示，这些测量结果也可定义为侧向效率测度10lg*LE*。故想要的范围就是$-5\text{dB} \leqslant 10\lg LE \leqslant -1\text{dB}$。

按照巴伦（Barron）的理论，在5～80ms的时间窗口内从侧向到达听音人位置的声反射负责音乐声源的声学感知延伸［这与乔丹（Jordan）认为的25～80ms时间窗口相矛盾］。这是由5～25ms的侧向反射影响的不同评估方法所导致的。

这些声能成分间的比值由侧向分数（lateral fraction，LF）来度量：

$$LF = \frac{E_{80Bi} - E_{5Bi}}{E_{80}} \tag{9-42}$$

式中，

E_{Bi}是由8字形指向性传声器（压力梯度传声器）测量到的声能成分。

如果*LF*的范围是0.10～0.25，或者其对数表示的侧向分数测度10lg*LF*的范围是−10dB～−6dB，那么它就是有益的。

侧向效率*LE*和*LF*有共同之处，这是因为都是用了压力梯度传声器，单个声反射对侧向声能的最终贡献在行为上类似于反射入射角余弦的平方，该角度是以最高传声器灵敏度方向的主轴为参考的[27]。因此，克莱纳（Kleiner）定义的侧向效率系数（the lateral efficiency coefficient，LFC）与主观评价结果有较好的一致性，其中声反射的贡献类似角度的余弦规律变化。

$$LFC = \frac{\int_{5}^{80} \left| p_{Bi}(t) \cdot p(t) \right| \mathrm{d}t}{E_{80}} \tag{9-43}$$

9.2.2.14 混响的测度*H*

混响测度描述了音乐表演的混响感和空间感。对于1000Hz的倍频程，它由直达声到达之后50ms以后的时间里到达接受测量位置的声能成分与50ms内到达接受位置的声能成分之比的对数乘以10计算得出。

$$H = 10\lg\left(\frac{E_{\infty} - E_{50}}{E_{50}}\right)\text{dB} \tag{9-44}$$

与清晰度测度C_{50}形成对比的是，这里的混响感测度*H*采用的是全方向声源。

在前提条件下，清晰度测度是在最佳范围内，人们可以定义用于音乐厅的指导数值范围是$0\text{dB} \leqslant H \leqslant +4\text{dB}$，用于音乐剧院（备选用作音乐厅）的指导数值范围是$-2\text{dB} \leqslant H \leqslant +4\text{dB}$。如果混响因数*H*的范围为−5dB～+2dB，那么就可以取得平均的空间感。

施密特（Schmidt）[2]研究了混响感测度*H*和主观感知的混响时间RT_{sub}之间的相关性，如图9.18所示。对于混响感测度*H*=0dB的情况，主观感知的混响时间与客观测量到的混响时间相一致。

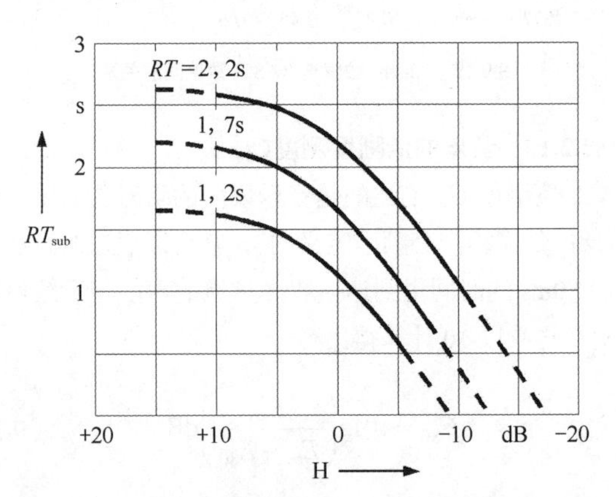

图9.18 主观感知的混响时间RT_{sub}参量是混响度量值*H*和客观混响时间*RT*的函数

9.2.2.15 注册平衡测度B_R

对于音乐表演，管弦乐队各个乐器组之间的音量关系，以及它们与歌手之间的关系是平衡（注册平衡）的重要质量标准，它是通过声场的频率相关时间结构确定的[28]。两个管弦乐器组x和y之间的注册平衡测度B_R是由这两组的A型频率加权音量等效声能成分，再用最佳平衡的参考平衡测度B_{xy}校正及计算出来的。

$$B_{Rxy} = 10\lg\left(\frac{E_{\infty x}}{E_{\infty y}}\right)\text{dB(A)} + B_{xy} \tag{9-45}$$

式中，

B_{xy} 的单位为 dBA。

		乐器组x				
		A	B	C	D	S
乐器组y	A	–	−5.8	1.5	0	−2.8
	B	5.8	–	9.3	5.8	3.0
	C	−1.5	−9.3	–	−1.5	−4.3
	D	0	−5.8	1.5	–	−2.8
	S	2.8	−3.0	4.3	2.8	–

A组：弦乐器；
B组：木管乐器；
C组：铜管乐器；
D组：低音乐器；
S组：声乐。

如果 4dBA < B_R < −4dBA，并且这一容限范围发生于双声道立体声的话，那么便不会发生明显的平衡上的差异。

9.3 设计基础

9.3.1 引言

在策划声学项目时，人们必须从设想要使用的房间基本概念入手。在这一方面，人们要区分房间是打算只用于语言，还是专门用于音乐表演，或者是作为广泛应用的多功能厅来使用。

在下文中，我们将会指出最重要的设计标准及其首先要考虑的最重要参量。如有必要，不同配置的特殊性能也将会特别提及。

严格地讲，所有的房间都需要声学规划，这也包括户外设施，只不过是要进行测量的范围和属性在不同情况下会有所变化而已。因此，声学专家最初的任务应包括与建筑物的业主和建筑商沟通讨论房间的实用功能，但也应考虑到在使用过程中该实用功能可能会改变，以便有经验的声学专家不会错过对现代潮流以及分别因新的建筑或设施翻新所可能引发的或已经引发的实用目的的关注。

一方面，针对小镇，人们尝试将厅堂的声学质量设计为纯粹的音乐厅质量，而这种类型的活动一年也举办不到 10 次的话，显然这种做法不够明智。在这种情况下，确保交响音乐会能高质量地演出的多功能厅堂不失为一种合理的选择，如果项目中包含了可变声学和所谓的“电子建筑”的话，则它将越发出色。

另一方面，无论何时，任何声学条件的缺失都可能让许多类型的事件从声学的观点来看一定会被拒绝。表 9-5 所示的是使用功能与声学措施尝试之间的相互关系。这些措施可以表征如下。

礼堂、会议中心主要被用于演讲、表演。虽然它们大都配备有扩声系统，但是有时也可能没有。没有扩声系统的音乐表演会在简约风格情况下出现，它是为仪式和活动而设定。由于符合其实用概念的短混响时间的缘故，较大型的音乐会演出大都需要在这样的空间内进行，并以电声设备的支持为辅助（参见第 39 章第 1 节）。

表 9-5　功用与声学测量结果间的相互关系

功用	声学测量的评分和质量				
	非常高	高	中等	低	非常低
纯音乐厅	x				
纯歌剧院	x				
多功能剧院		x			
多功能厅，也用于现代音乐		x			
开放空间剧场				x	
俱乐部和酒吧区，爵士俱乐部				x	
演讲厅			x		
报告厅和教室					x

话剧剧场以其古典风格服务于语言应用，偶尔会伴有自然乐器和歌手的表演。除了给音乐表演的独奏乐器提供支持之外，电声系统的功用几乎是专门为插入效果或相互听音而保留的。

多功能剧院相对于纯音乐或话剧剧院而言在剧院中占据着日益重要的地位。在这里，源自自然声源的语言或音乐活动必须可以不打折扣地处理。虽然古典音乐或话剧剧场都采用平均为 1s 的混响时间，但是现代多功能剧院的设计方案倾向于用更长一点的混响时间，可长达 1.7s，同时具有强的、用来改善清晰度的初始声能和降低的混响感测度（在听音人的座位处 50ms 之后的能量要比最初 50ms 的能量低）。它也适合降低混响时间的可变声学应用，比如举办的电声表演（秀场，流行音乐会等）。这种混响时间的降低是通过缩短声反射的声程，而不是采取会降低响度的吸声措施来获得。除非这些房间容积是仔细度量过的，否则空间容积的分割（比如，上层环形观众席，混响室）大都会导致产生不想要的音色变化。

多功能剧院中的电声系统大多具有交互听音和播放功能。舞台上自然声源的音乐会展示需要增设音乐罩。

歌剧院拥有大型的古典剧院大厅，它必须能够不借助扩声，以出色的音质来传输自然声源的语言和音乐。语言主要是通过歌唱表现的。因此，在现代歌剧院的室内声学规划方案中，所选择出的参量要与音乐的要求（长达 1.8s 的较长平均混响时间，更大的空间感，厅堂中乐池听音的立体感和整体感）具有更多的一致。电声方法被用于重放各种类型的效果信号和播出信号（比如远处的合唱声或远处的管弦乐队声）。这意味着扩声系统正成为监制人的艺术创作手段。

舞台上自然声源的音乐会表演还需要增设音乐罩，产生拥有正确声音混合和扩散的厅堂统一感。

多功能厅涵盖的应用范围最广，从体育比赛到音乐会演出场所。这就意味着可变的自然声学并不会像规划概念那样有效，因为结构部分的开支成本一般都会超出所取得的利益。除了室内声学折中解决方案要被调整到偏向主要应用之外，还要适当地缩短混响时间，从而获得高清晰度。适合的内部结构成分（附件）必须提供自然乐器音乐会所需要的正确声音混合，而混响时间的延长以及空间感和响度的改善可以通过电子结构的电声系统来取得（参见9.4节）。

这里要用更大型的音响系统来满足语言扩声和现代摇滚和流行音乐会的需要。

古典音乐厅首先是服务于所有的音乐表演形式，从独唱演员的演唱，到有或无合唱的大型交响音乐会。它们大都安装有管风琴，并且其室内声学参量必须满足最高的质量要求。虽然电声系统被用于歌唱和特殊成分的交互听音，但一般还是要排除它对整个室内声学参量的影响。

通用音乐厅可以被用于包括流行音乐会在内的各种音乐表演形式。这里使用了电声系统，该系统使得厅堂的室内声学参量沦为配角。为了与这些厅堂内举办的音乐演出类型相匹配，厅堂的与频率相关的混响时间应被调整到1.2s的数量级上，并拥有高的清晰度。

体育馆、健身房必须为互动体验提供声学上的支持。这里首先要考虑的是在观众与运动员之间，场馆对观众反应的声学一致性支持。因此，不仅要在观众区使用吸声材料，而且还要采用反射结构将反射声投向比赛场地。比赛场地的天花板应具有较强的阻尼，以便场地也可以用来进行与音乐相关的活动，这种情况下就要使用电声扩声系统。这种思路同样被应用于开放和部分或完全封闭的体育馆，这种场合中比赛场地区上方的吸声特点具有开放空间的自然属性。

秀场通常只是在极少数自然声学场合下使用。带乐池的“德国轻歌剧”剧院是个例外。然而，电声扩声系统主要被用于插播和交互听音，以及半程或全程的声音重放。剧场空间的室内声学参量要根据其应用形式来满足电声学上的要求。所以，混响时间不应超出1.4s的频率相关数值，同时声场应具有高扩散性，以便电声系统所产生的声辐射类型不会因室内声学而产生失真。

可变声学房间是通过机械的方法实施控制的，如果房间的相应几何上的改变同时可见的话，那么它只会在某一频率范围上表现出一定的积极效果。室内声学参量必须始终与听音体验取得一致，这就意味着它们还必须感知到房间的大小和与房间形状相关的方式。当然，实验室和效果实现要排除在这种考虑方式之外（比如，秀场的虚拟舞台设定）。在剧场和多功能厅中，我们可以通过机械方式对混响时间做0.5s范围上的改变，同时保证不会对空间感和音色产生不良影响。无论如何，应避免出现连续可变的声学参量、房间的主导声学参量，因为可能的干涉过程有可能会导致产生不可控和不想要的声学设定。

宗教场所。这里我们必须区分是古典教堂还是现代教堂类型的宗教场所。对于古典的空间场所，决定其室内声学参量的因素是它的大小和重要性——比如：长混响时间和极端的空间感。在这种环境中，短混响时间听上去就不适当了。在定义上的最终缺陷，不方便之处（比如，布道期间）必须要通过建筑上加装的反射体来补偿，或者像当今那样，大部分是通过电声扩声系统来补偿。对于音乐表现而言，人们要让音乐表现的风格在各个频率范围上与长的衰减时间相适应（比较一下巴洛克风格和浪漫风格的教堂）。这里的电声系统只是为了增加响度。

从声学的角度来看，现代教堂建筑兼有一定的多功能厅堂的特征。正因为对声学做了相应的改变，并且采用了扩声系统，才使得它不仅可以满足举办宗教活动的要求，而且也可以用来举办高质量的音乐会和会议。

9.3.2 室内声学设计工作的构架

9.3.2.1 基本构架

室内声学规划方案的目标包括以表演者及观众为对象利用预先设想的概念来维护声学功能。对于新的建筑而言，这样的细节都应在规划阶段来考虑，然而对于现有的房间而言，相应的校准调试应该作为翻新的基本组成部分。这一方面的出发点就是有目的地对表演空间的基本结构进行有目的影响控制。这方面的关注还包括其他的内容：

- 房间的大小。
- 房间的形状。
- 在功能技术条件下，例如乐池或舞台的安排，挑台或顶层楼座的安装，灯光的安装和多媒体设备的设置。
- 表演者区观众区的安排，比如舞台开口正面的斜度或舞台前的区域。

根据这些前提条件，确定出房间附属结构的声学属性。该结构主要考虑的内容包括：

- 与频率相关的吸声体以及声反射面的安排和分布。
- 针对指向性和扩散声反射的细分。
- 不均匀表面的频率相关作用。
- 房间所有边界表面建筑风格的一致性。

9.3.2.2 房间的形式和声音形式

基本结构中房间形状（房间形式）与最终声音之间存在着对应性。在这部分文字中术语“sound form（声音构成）”指的是混响音色，因此也就被分成了低频（温暖感）和高频（明亮感）两个部分。

评价音乐厅声学质量要基于白瑞奈克（Beranek）的论文[46]，其中他将用来分析的76座音乐厅按照其声学质量分成了6个主观类型，并以列表的形式展现。这其中有3座音乐厅因声学性能超群而被列为A+类，有6座音乐厅因出色而被列为A类。这其中有8座音乐厅为鞋盒形状，由此便引发出一个问题：是否室内声学质量好的空间都与其矩形的形状有联系。

使用的主观评价参量一方面是声音的温暖感，另一方面则是声音的明亮感。在这部分文字中，温暖感和明亮感分别主要指频率范围内的较低和较高频段声能密度的影响。有关初始反射的问题暂时先不考虑。只考虑衰减过程中的音色。

标准低音比，*BR*［白瑞奈克（Beranek）[9]］为声音的温暖感提供了确凿的证据（参见 9.2.1.2 部分）。音乐演出所要求的最佳数值范围为 1.0 ～ 1.3。按照白瑞奈克（Beranek）的理论，混响时间低于 1.8s 的空间，可以允许低音比值达到 1.45。

对于音色的客观评测，施密特（Schmidt）[23] 定义了音色的测度。音色测度与 *BR* 相类比，产生了一个等效的测度，用音色比（*TR*1，Timbre Ratio）来表示。它只用于评估明亮度方面的比较。

$$TR1=\frac{T_{2000\text{Hz}}+T_{4000\text{Hz}}}{T_{125\text{Hz}}+T_{250\text{Hz}}} \tag{9-46}$$

这种数字关系常被用来评价音色，表示为高频与低频混响时间的比值。因此，*TR*1 > 1 表示在较高频率上的混响时间要比较低频率上的混响时间长一些，在文中表示为房间声音构成的明亮度更高。

关于音乐厅的主要空间结构主要考虑 4 个基本形式：矩形（鞋盒形），多边形，圆形和各种楔形形状。

白瑞奈克（Beranek）选择出的 A+ 类和 A 类的音乐厅在满场时要具有如表 9-6 所示的数字对。

表 9-6　顶级和出色音乐厅的 $T_{30,mid}$，*BR* 和 *TR*1

空间场所（以字母顺序排序）	$T_{30,mid}$（s）	*BR*	*TR*1	主体结构
阿姆斯特丹音乐厅	2.0	1.09	0.77	矩形
巴塞尔都市俱乐部	1.8	1.18	0.74	矩形
柏林音乐厅	2.05	1.08	0.79	矩形
波士顿音乐厅	1.85	1.03	0.78	矩形
加的夫大卫音乐厅	1.95	0.98	0.87	多边形
纽约卡内基音乐厅	1.8	1.14	0.78	矩形
东京浜离宫朝日音乐厅	1.7	0.93	1.04	矩形
维也纳金色大厅	2.0	1.11	0.77	矩形
苏黎世音乐厅	2.05	1.32	0.58	矩形

表 9-7 表明：在鞋盒形空间中，其明亮度要比形状以多边形为主的空间的明亮度低一些。然而，根据明亮度比值 *TR*1，地面为准圆形的空间（5 座大厅）与各种楔形形状为主要形状的空间（9 座大厅）之间没有如此明显的差异。

表 9-7　调研的 36 座音乐厅的明亮度比值

空间的形状	调研音乐厅数量	*TR*1平均值	*TR*1一致性范围	*TR*1限定值
矩形	12	0.75	±0.05	0.70～0.80
多边形	10	0.91	±0.05	0.86～0.97
圆形	5	0.75	±0.16	0.59～0.91
梯形	9	0.75	±0.15	0.63～0.86

9.3.3　房间的基本结构

9.3.3.1　房间的容积

一般而言，只要房间的功用被明确下来，那么要确定的首要室内声学标准就是混响时间（参见 9.2.1.1 部分）。通过公式 9-6 和图 9.6 所示的混响时间、房间容积和等效吸声面积之间的相关性，我们可以明显地看到：如果想要取得规划观众容量的情况下的需要的混响时间，则房间的容积一定不能低于某一最小值。

为了建立起针对特定应用的声学有效空间容积的初步评估，我们使用了容积指数 *k*，该指数表示的是最小的空间容积（m³）/ 观众座席（m³/ 座），如表 9-8 所示。在礼堂用于举办音乐会的情况下，音乐罩的容积被添加到观众区的容积中而不会增加，然而由于表演者（管弦乐队，合唱队）数量的增加，没有提高观众席的座席容积。对于剧场功能，入口后面的后台的容积暂不考虑其中。

对声学上有效空间容积的最低要求计算如下。

$$V=k\times N \tag{9-47}$$

式中，

V 是声学上的有效空间容积，单位为 m³（ft³）；

k 是根据表 9-5 得到的容积指数，单位为 m³/ 座（ft³/ 座）；

N 是观众区的座位所占的容积。

如果被评估的是空间声学性能的适应性，那么容积指数对于给出粗略评估结果并同时确定增设吸声措施的区域是有用的。

表 9-8　容积指数 *k* 与空间容积的关系

编号	主要用途	容积指数 *k*m³/座(ft³/座)	具有自然声学特性的最大有效空间容积m³(ft³)
1	语言表演——比如，话剧，议会厅和礼堂，演讲厅，视听室	3～6（110～210）	5000（180 000）
2	音乐和语言表演——比如音乐剧场，多功能厅，市政厅	5～8（180～280）	15 000（550 000）
3	音乐表演——比如，音乐厅	7～12（250～420）	25 000（900 000）
4	清唱剧和管风琴音乐的演出厅	10～14（350～500）	30000（1 100 000）
5	管弦乐队排练厅	25～30（900～1100）	—

如果容积指数处在所建立起的指导数值之下，那么想要的混响时间就不能通过自然声学来取得。对于非常小的房间，尤其管弦乐队排练厅，还有可能导致响度过强［在容积为 400m³（14 000ft³）的排练厅中的 25 位演员，他们在演奏中扩散场的声级可达 120dB］。在容积小于 100m³（3500ft³）的房间中，本征频率密度并不是足够高 [2]。这导致房间产生

非常不平衡的房间传输函数，引发出无法接受的音色变化。

过大的响度数值要求采取附加的吸声措施，但这又可能使得低声压级声源的响度降低的幅度过大。

另一方面，按照你喜欢的那样提高座位所占容积和空间容积是不可能的，因为等效吸声面积和不可避免的空气声吸收也提高了，如图9.4所示。在扩散声场中可获得的声能密度及其表演的响度都会降低（参见公式9-8）。此外，表演区到观众区的距离也不支持扩展这种方式。基于这些原因，可以确立一个不使用电声扩声系统（即自然声学）不应超越的房间容积上限，如表9-2所示。当然，这些数值与声源的最大可能功率有关。通过选用表示声级的公式9-8，塞宾的混响时间公式[6]，人们便得到声源的声功率级L_W(dB)和扩散声场的声压级L_{diff}(dB)之间的相关性，它是空间参量［V(m³)和混响时间RT(s)］的函数[6]。

$$L_{diff} = L_W - 10\lg\frac{V}{T}\text{dB} + 14\text{dB}^* \qquad (9\text{-}48)$$

* 采用美制单位时加29.5dB。

图9.19以图形形式展示出了这一数学关系。为了确定在扩散声场中可获得的声压级，人们可以先从如下的声压级L_W入手[3, 29, 30]。

音乐（平均声功率级及其“强音响度”）	
开启琴盖的三角钢琴	L_W=77～102dB
弦乐器	L_W=77～90dB
木管乐器	L_W=84～93dB
铜管乐器	L_W=94～102dB
8把小提琴的室内管弦乐	L_W=98dB
31件弦乐器，8件木管乐器和4件铜管乐器（无打击乐器）组成的小型管弦乐队	L_W=110dB
58件弦乐器，16件木管乐器和11件铜管乐器（无打击乐器）组成的大型管弦乐队	L_W=114dB
歌唱演员	L_W=80～105dB
合唱	L_W=90dB
语言（平均声功率级及其响的清晰发音）	
窃窃私语	L_W=40～45dB
讲话	L_W=68～75dB
喊叫	L_W=92～100dB

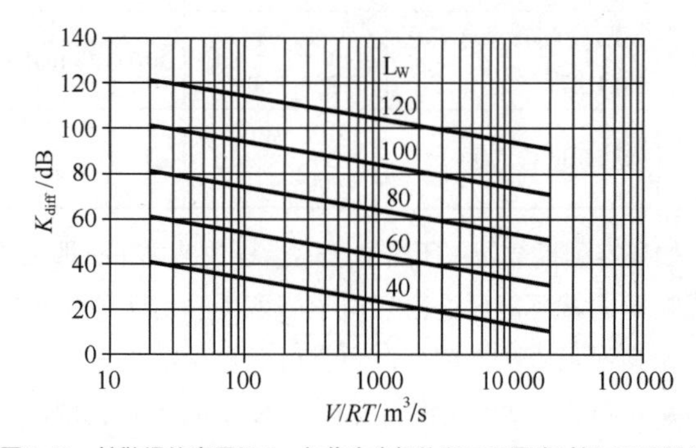

图9.19 扩散场的声压级L_{diff}与作为房间体积V和混响时间RT函数的声功率级L_W之间的关系

对于音乐表演，例如强奏的钢琴声音片段，动态范围的感知在听音体验中扮演着决定性的作用，独立于占主导地位的音量级。湮没在周围噪声声级之中的声音片断或讲话文字就不再具有声学上的作用，而演出也就被认为是有问题的。缓慢演奏乐音的独奏乐器的平均动态范围为25～30dB。对于管弦乐音乐，动态范围大约为65dB，而合唱团中的歌唱家的动态范围约为26dB。谈话者的动态范围约为40dB，独唱演员的动态范围大约为50dB。如果不考虑声源的音色，则弱奏或窃窃私语时的S/N一般至少要为10dB。

对于大容积的房间和高频而言，由空气介质所引起的能量衰减损耗的增大就不能忽略了。这一点可通过一个例子来说明：在容积为20 000m³(700 000ft³)的音乐厅中，在20℃和40%相对湿度的条件下，无法避免的空气衰减在1000Hz时的等效吸声面积增量相当于增加了110人，在10kHz时相当于增加了5000人。

9.3.3.2 房间的形状

房间形状可能有宽泛的变化余量，因为从声学的角度来看很难去定义出一个最佳形状。根据预定的目标，虽然形状暗含着声学上的优缺点，但是即使是大型天文馆的球形空间，通过利用室内声学方法（全都是吸声面）还是可以取得良好的语言可懂度。然而，声学上的不适宜是不能在保证直达声无阻挡传输的同时房间又具有让接收区得到全方向上具有丰富初始能量反射入射的空间形状，例如相邻空间的耦合和挑台下方或空间高度低的高层观众席的低声级观众区通常就是如此。

当选择了具有同样声学有效容积和相等座席容量的不同形状的空间时，就可能导致产生室内声学特性迥异的结果。侧向边界表面或多或少的倾斜都可能产生不同的混响时间（参阅参考文献31）。声反射与不多的结构天花板布局相结合，混响时间的加长会高达两倍，如果朝内或朝外倾斜的侧墙表面产生长延时的声反射串，那么混响时间的加长尤为明显。但如果这些墙壁表面朝吸声的观众区倾斜的话，那么由此产生的较短声程路径可能会产生比普通计算方法计算出的垂直边界表面时的混响时间大为缩短。另外，即便房间形状是类似的，但只要是改变房间（乐池，观众区）的陈设就可获得不同的室内声学条件。所有声学上可用的空间形状具有的共性就是，直达声和能量丰富的初始反射无阻碍地到达听音人。与这一规则相偏离的情况就是歌剧院乐池中所产生的直达声阴影。绕射可部分补偿这种影响，听音体验适应于类似无阻碍声辐射情况中的不同声音印象。初始反射必须在声程差内到达听众的座位——语音17m(50ms)和音乐表演27m(80ms)。

对音乐表演产生足够空间印象的决定因素首先是侧向声反射。按照迈耶（Meyer）理论[30]，这种方法支持的空间感越强，管弦乐声音在“音量”和“宽度”上获得的增益就越强。强奏时声强感知度的提高不单单是响度作用，所以主观感知到的动态范围也被扩展了。出于同样的原因，通过提高声源的响度，主观的空间感也就增强了。

从表演者和观众之间不同的安排形式这样的前提条件出发，我们可以得出针对某些典型的房间平面布局的基本室内声学问题的通用有效指南。就这一点而言，人们可以分辨出在所有侧向上均具有平行边界线（长方形，正方形和六边形）和至少有两个相互倾斜边界线（梯形）的纯几何布局与常见的曲线边界线（圆形，半圆形，椭圆形），以及具有非对称或多边形边界线的不规则布局间的差异。

9.3.3.2.1　地面

为了获得侧向声反射，如果表演区被安排在某一端墙处，并且房间的宽度为 20m（66ft），那么这样的设置是非常合适的，如图 9.20（a）所示。古典音乐厅（波士顿音乐厅，维也纳爱乐之友金色大厅，柏林音乐厅）的鞋盒布局中的线性接触界面就是这种情况的典型例子。

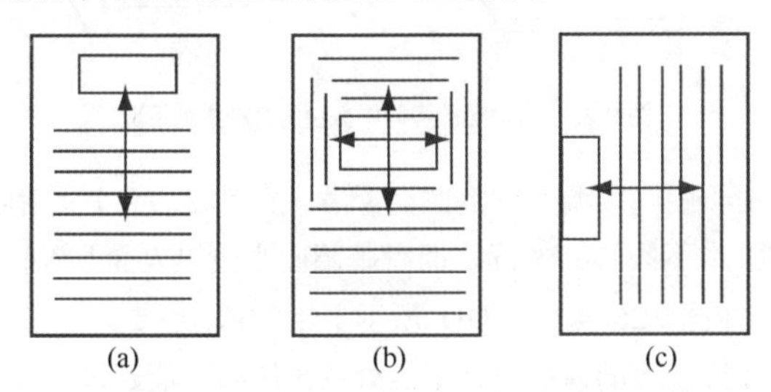

图 9.20　矩形地面的房间中，表演区与观众区不同的排列方式

如果表演区从端墙处移向房间的中间，如图 9.20（b）所示，就可能形成圆形接触的边界线，这时的观众或合唱队就可能被安排在舞台的侧面或后面。由于此时大部分声源（歌唱者，高音弦乐器等）都具有相对明显的与频率相关的指向性特点，尤其是观众区被安排在舞台后面时，所以可能会导致人们听不懂歌词和音色改变等严重平衡问题出现。在舞台两侧的座位处，听音体验可能会因房间的反射而受到明显的破坏，导致出现看不清楚的乐器的声音要比近处的乐器的声音更响的情况。这种影响甚至会被侧向的舞台边界表面增强，其中的附加后向声反射区会对声音混合起作用。然而，通常这些声学不足对于更为多变的视觉体验而言是次要的因素。

如果表演区被安排在纵向墙壁的前面，如图 9.20（c）所示，那么短时的侧向初始反射就会失去，尤其是在宽声源的场合（管弦乐队），这时的相互听音效果和语调就会受到损害。如果天花板的高度和结构能给出改善清晰度的声反射的话，那么这种布局对于独奏音乐会和小型的管弦乐（最多约 6 位乐手）来说，还是会有满意的听音效果的。利用声反射后墙与可调节的、不一定会干扰视觉感的侧墙的组合，可以在不太长的房间中（最长 20m 或 66ft）取得良好的室内声学条件。对于语言类表演，虽然这种应用方式具有与讲话人距离近的优点，但是也存在着因音色改变而损伤可懂度的问题。由于讲话人选择对着房间中部的观众席讲话，所以两侧座位区必然会受到与频率相关的指向性特性的不良影响。按照 Meyer 的理论[3]，当讲话者发“o”，“a”和“e”这样的元音时，在讲话人侧面产生的声压级下降量将分别为 0dB，1dB 和 7dB。

长方形的特例就是正方形。尤其是对于多功能用途的厅堂，允许存在不同的对立形态。同时在约 500 座的小房间中为观众提供良好的声学条件[29]，这里假设考虑了一些基本的原理，如图 9.21（a）～（c）所示。房间变体（a）代表的是能确保有良好直达声提供给观众的古典线性接触面的情形，尤其是对于指向性声源（讲话人，歌手，存在指向性的乐器组）。变体（b）对于延展不大的声源（讲话者，歌手，室内乐乐器组）而言是个不错的声学解决方案，因为它在空间中产生出良好的侧向声辐射。然而，这一结论只是对在表演区中支持彼此听音和音调的侧向声反射不足的主要结构而言才是成立的。变体（c）所示的圆形剧场安排只适合很少的表演形式，因为除了视觉上的长处之外，它存在上面提到的所有声学问题。对于指向性声源（比如讲话人和歌手），存在着声源后方的直达声相对于正对声源方向上的直达声至少降低了 12dB 的可懂度问题。

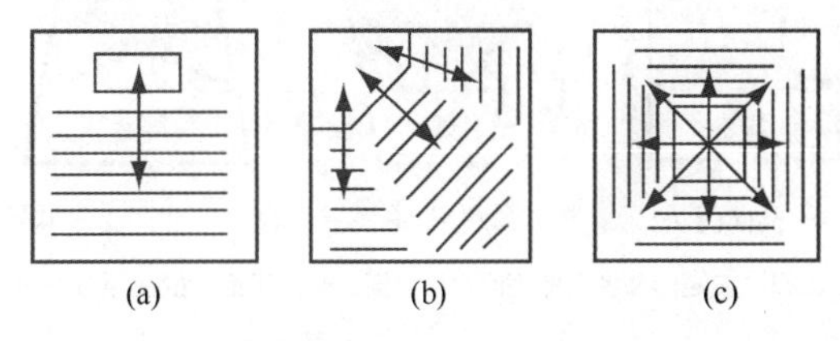

图 9.21　正方形地面的房间中，舞台的不同排列情况

从原理上讲，梯形地面平面图形成了两种对立的形式：侧墙表面由声源发散而成的发散梯形以及声源位于长边一侧的收缩梯形。然而，从建筑的角度来看，后者的地面平面布局并没有以其原本的形式被采用，如图 9.22 所示。

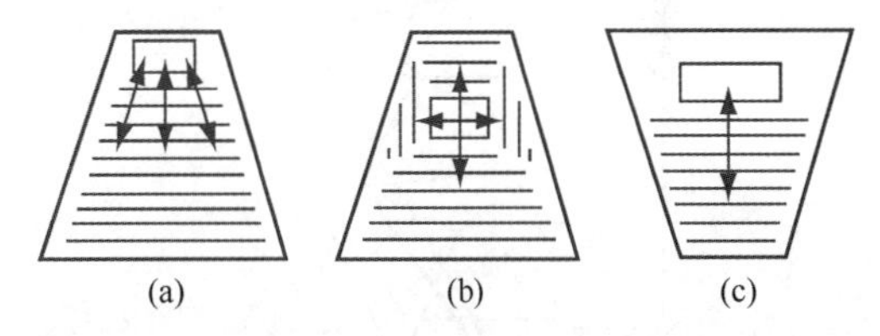

图 9.22　梯形地面的房间中，表演区与观众区不同的排列方式

配合曲线后墙的第一种地面平面布局的变形被设计为扇形或饼状。梯形布局的室内声学影响本质上依赖于侧墙表面的发散角度。如果发散角度不大的话，则图 9.22（a）所示的房间产生的室内声学条件类似于用于演奏音乐的矩形房间的优点。对于较大的发散角度，尤其是来自侧墙的能量丰富的初始反射在整个中心座席区表现不足，这是这种结构的房间的特征条件。图 9.23 所示的只是通过地面平面布局来对所产生的侧向声能部分进行原理性比较。正如所预料到的那样，相比较而言，矩形形状相对窄的地面平面与发散梯形相比，具有更高的侧向声。对于语言表演而言，人们对这种情况并不感兴趣，因为大多数情况下，早期侧向反射的不足可以通过来自天花板的早期反射来补偿。如果表演区被移至类似古罗马圆形露天剧场地面三分之一的位置，如图 9.22（b）所示，那么这种变形方案只适合于音

乐表演。尤其是坐在表演区后面的观众会产生空间感很强、侧向声音被强调的声音印象。

在室内声学中，最受人喜欢的梯形布局是表演区位于长边一端的收缩梯形，如图 9.22(c) 所示。如果舞台一侧没有其他措施可采取的话，那么接收到的早期侧向声能不足的观众区会减小为声源正面很小一块区域，其他观众区接收到侧向声能都较强，如图 9.23 所示。不幸的是，这种房间形状与发散梯形结合在一起形成的舞台区只具有建筑视角。对于发散梯形中的墙壁组成再与座位区结合为一体的情形，所谓的“梯田葡萄园”式布局是非常不错的折中解决方案。这些组成要素的有效表面将能量丰富的初始反射导向接收区[32]，如图 9.24 所示。采用这种技术实现的案例就是莱比锡城的格万特豪斯音乐厅（concert halls of the Gewandhaus）和鹿特丹的多伦音乐厅（De Doelen）[33]。

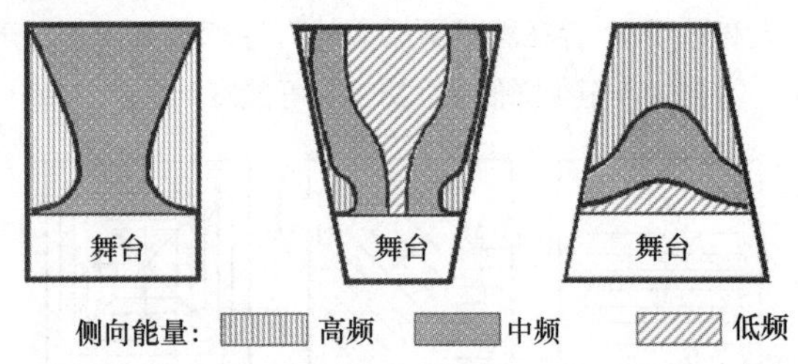

图 9.23 在矩形和梯形的房间中，早期的侧向声反射的主要分布情况

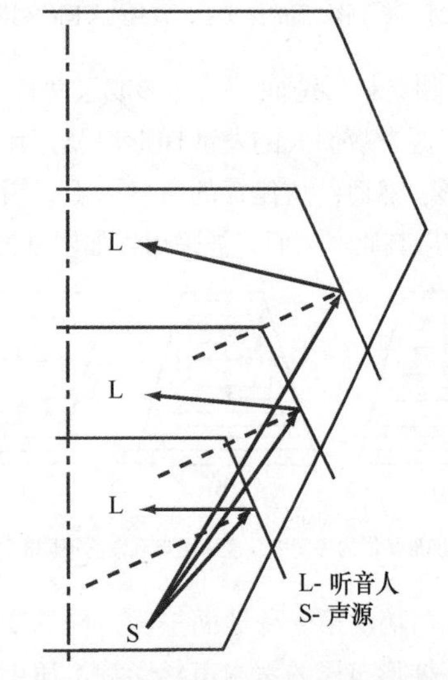

图 9.24 “梯田葡萄园”式布局产生的侧向声反射

这种平面布局的组合也可以在六边形的平面布局中实现，这在普通的多边形平面布局中很常见。细长的六边形表现出的室内声学属性类似于发散或收缩角度并不大的发散和收缩梯形与矩形空间组合的特性。如果地平面是如图 9.25 所示的普通六边形，那么必要的侧向声反射对于音乐表演者而言尤为不足。由于其多变的用途，以及表演者与接收区距离短的特点，从声学角度来看，对于会议和多功能厅应用而言，这种形状利大于弊。图 9.25(d) 所示的类似古罗马圆形竞技场的舞台和观众安排在声学上类似于图 9.20(c) 所示的矩形变体的情形。对于呈现出明显指向特性的声源而言，舞台区域后方和侧方座位处会出现音色和清晰度的问题，这些问题是不能通过沿墙壁增设辅助结构的方法来补偿的。

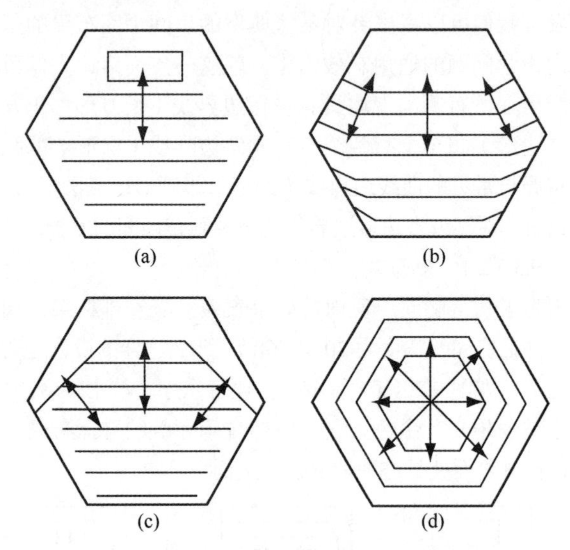

图 9.25 六边形的房间中舞台的各种排列情况

由于朝向声源方向的凹面配置，尤其是看台只是稍微倾斜或根本不倾斜的情况，拥有单调曲线边界表面 [圆形，半圆形，如图 9.26(a) ～ (d) 所示] 会产生不想要的声音汇聚。因为曲线表面的缘故，会聚点处的声压级可能超过原始声源声压级 10dB，由此会聚点处成为一个附加的干扰声源。图 9.27 示出了与频率、传播时间和圆的直径有关的最终波前响应[34]。人们认识到了传播时刻和平面扩散的声音汇聚（所谓的焦散）情况，即便是经过长时间传输之后，也绝不会产生均匀的声音分布。如果在垂直面上没有任何结构，并且也没有宽频带的附属结构的话，那么拥有圆形地平面的房间在声学上既不适合用于语言表演，也不适合用于音乐表演。

对于图 9.26(e) 所示的非对称地平面，音乐表演存在着双耳间信号相关度非常差的风险，这种影响可能引发夸张的空间感。能量丰富的初始反射强调了房间建筑所需的视觉上的不对称，否则房间会产生音乐表演上的平衡问题，留下了有关管弦乐乐器组安排上的问题，并且这些问题无法解决。如果没有反射支持措施，则图 9.26(f) 所示的椭圆形地平面在声学上只适合局部的固定声源。因为表演区及其观众区聚焦结构的原因，故并不推荐使用这种一般性应用。特别是现代建筑趋势中大型写字楼的无结构玻璃墙和地平面组成的天井庭院就是这种情况。虽然这些门厅入口的功能性设计常常用于大型音乐事件，但是却不能满足任何室内声学的要求。

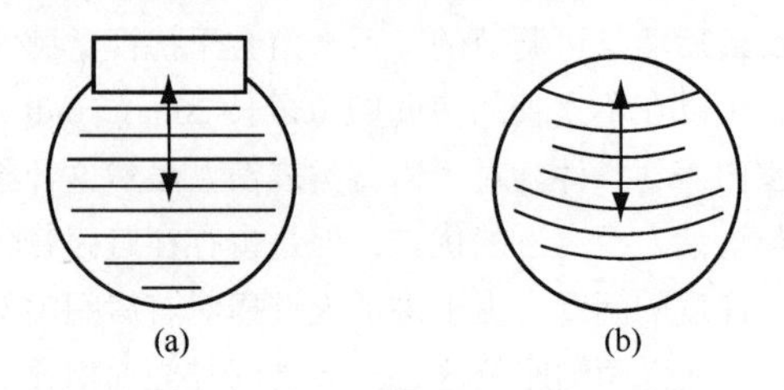

图 9.26 曲线形边界表面的房间中，表演区与观众区（面对面）的不同排列方式

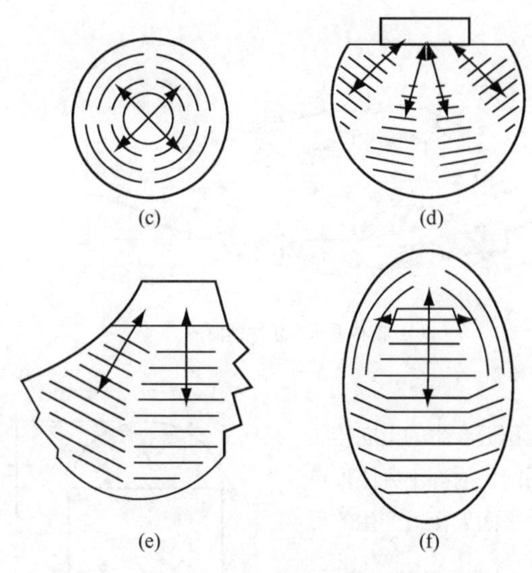

图 9.26　曲线形边界表面的房间中，表演区与观众区（面对面）不同的排列方式（续）

9.3.3.2.2　天花板

一般而言，虽然天花板配置对声场空间感的贡献并不大，但是对取得语言可懂度、音乐清晰度、音量，以及确定混响房间反射却有较大的帮助。对于语言，混响时间应尽可能短。因此，天花板应能够让每个初次声反射到达观众区的中部和后部，如图 9.28 所示。对于音乐演出，平均的天花板高度必须符合容积指数的要求。要想取得尽可能长的混响时间，天花板应具有最大的高度，同时此处房间的长度或宽度也要最大。由边界表面形成的声能重复反射使声传输时间变长，同时所要求的由反射导致的能量少量的减少必须要通过这些吸声系数可忽略的表面来保证[35]。由于所选择表面的几何形状和大小都充分地包含在了混响时间的生成机制当中，所以可以采用想要的方式来缩短低频范围的混响时间，同时声音印象并不会被声吸收措施产生的激励声能所剥夺。在莱比锡格特万豪斯音乐厅中[33]，观众区后部空间的宽度最大，为此在物理模型中进行的测量（参见 9.3）中，此处天花板的高度被选为最大，如图 9.29（a）和（b）所示。与此相反，图 9.29（c）和（d）所示的柏林爱乐音乐厅的最大房间宽度出现在舞台区域。为了取得最佳的混响时间，最大的房间高度就必须处在舞台的上方。

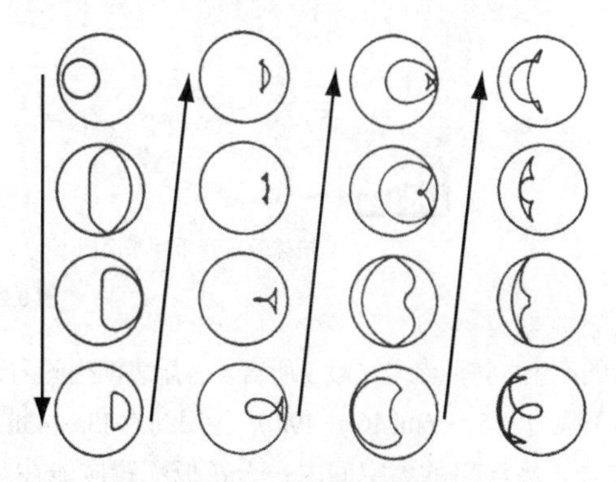

图 9.27　圆形方式的波前辐射（焦散）

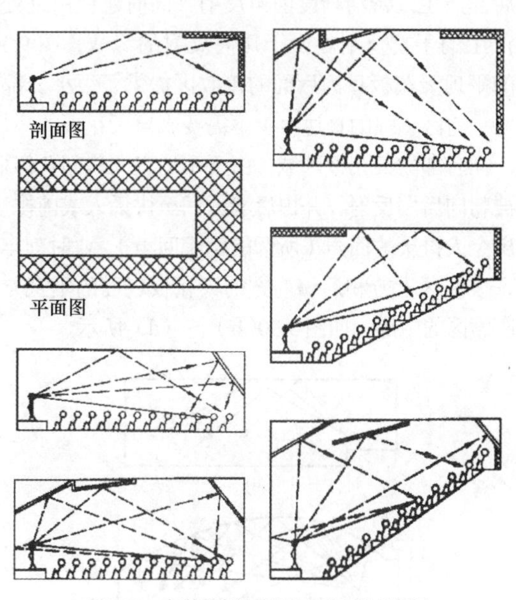

图 9.28　有利于声学特性的天花板设计例子

这也解释了为何要在该音乐厅内加装房间高度压低板的原因。对于音乐而言，表演区上方的天花板必须既不低于也不高于某一高度，为的是支持音乐家之间的相互听音，同时避免干

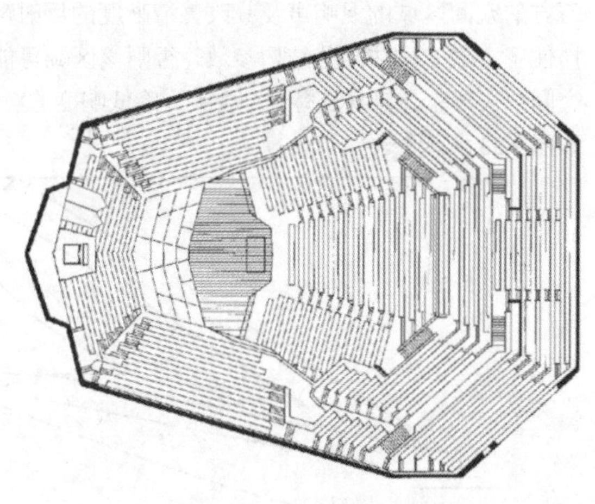

(a) 莱比锡格特万豪斯音乐厅的平面图

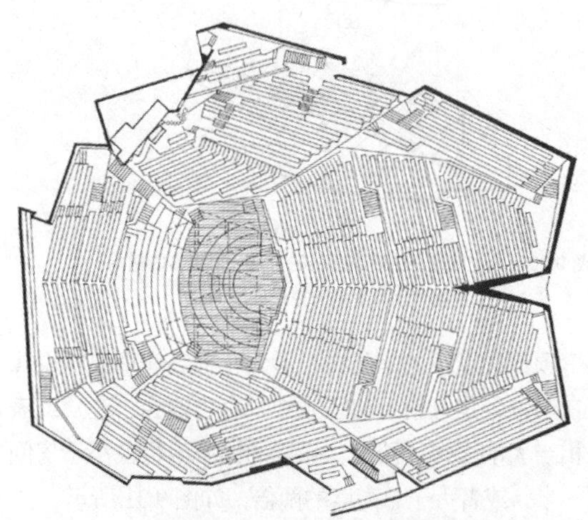

(b) 莱比锡格特万豪斯音乐厅的剖面图

图 9.29　各种体型的音乐厅

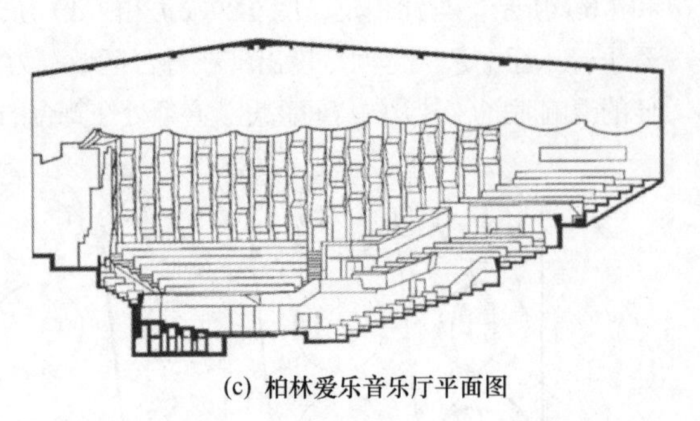

(c) 柏林爱乐音乐厅平面图

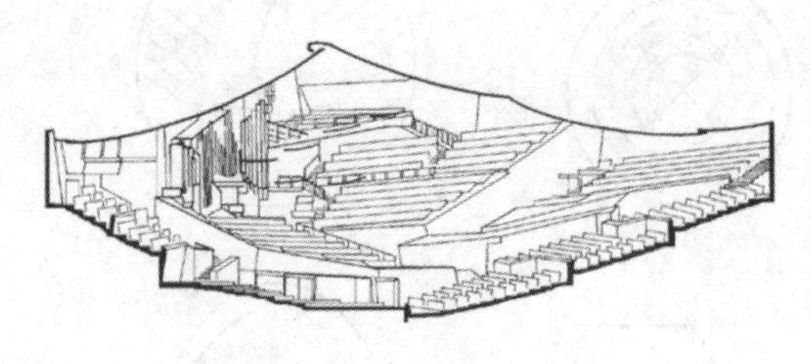

(d) 柏林爱乐音乐厅剖面图

图 9.29 各种体型的音乐厅（续）

扰反射的产生。按照参考文献 3 所言，音乐表演空间内天花板的高度下限约为 5～6m(16～19ft)，上限约为 13m(43ft)。

在音乐会演出的大空间内，天花板配置应能在观众区的中后部产生改善清晰度的声反射，同时避免由远处边界表面产生的干扰反射。由于几何反射的缘故，图 9.30(a) 所示的平顶天花板只为后面的接收区提供了很小一部分声能，但是前区（强的直达声）不需要来自天花板的声反射。然而，在后部的天花板区域，由于不适宜的房间几何形状，声能被朝向后墙反射，并由后墙返回至讲话人或前排观众，产生出令人讨厌的回声（所谓的剧院回声）。要时刻牢记这一点，表演区上方和后墙前方的天花板表面的垂直方向应指向座席区的中部，如图 9.30(b)～(d) 所示。

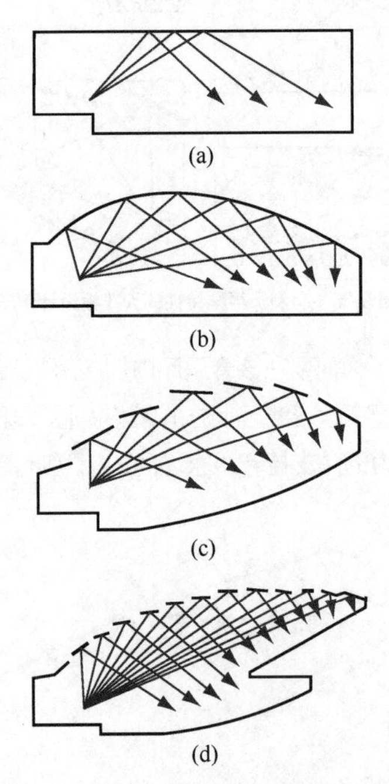

(a)

(b)

(c)

(d)

图 9.30 为了让处在中后部区域的听众获得丰富的初始反射声而设置的天花板形状

桶形穹顶或圆屋顶的单调曲线形天花板会表现出声聚焦的效果，在这种聚焦点附近的区域中，有可能会给观众或表演区带来相当大的干扰。因此，弧线的曲率半径应小于于房间总高度的一半，或者大于总高度的两倍，如图 9.31 所示。

$$r \leqslant h/2 \text{ 或 } r \geqslant 2h \tag{9-49}$$

按照克莱默（Cremer）的理论[9]，可以保证在这种情况下曲面天花板产生的指向接收区的任何反射都不会比顶点高度处平面天花板产生的反射强。

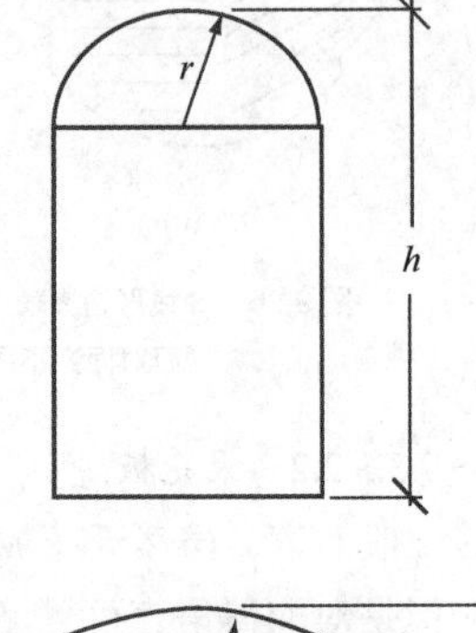

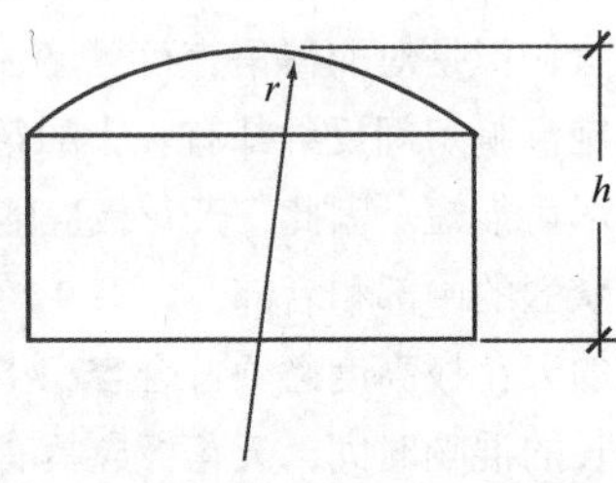

图 9.31 由于拱形屋顶产生的声聚焦

9.3.3.2.3 挑台，过道，圆形凸起

通过正确地安排和工程实施，挑台和楼座可以产生有益的声学作用，因为它们对宽频带扩散声分布产生贡献，并且还能提供改善清晰度和空间感的初始反射。然而，在这一情况下必须要决定这些反射是否是想要的。图 9.32(a) 所示的是引发出强烈回声（所谓的剧场回声）现象。对这些反射有帮助的元素首先就是后墙及其水平方向的建筑元素（楼座，过道，挑台，天花板）。这些声反射产生的干扰作用必须要避免。根据其水平方向上的深度，凸面的挑台能够遮挡住这些角形反射体，并将反射转变为有用的声音，如图 9.32(b) 所示。

强凸面楼座安排是否会引发声学问题是与深度 D(栏杆或房间角落到后墙的距离）和铺装地板到楼座间或两个楼座之间的净高 H 有关的。如果前凸得非常深，那么处在其下方的空间区域的混响声及其改善清晰度的反射声就被遮挡住了。除非关注某些结构参数，否则该区域可能要从主空间中去掉，其自身具有一个会大大降低响度的声学模式，如图 9.33 所示[2, 7, 9]。

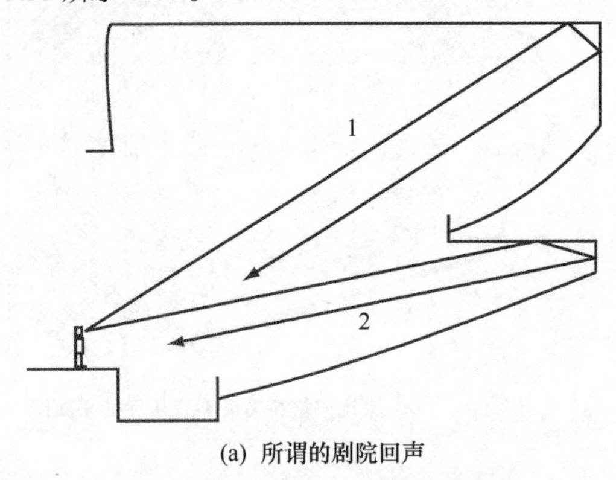

(a) 所谓的剧院回声

图 9.32 由于边界的反射产生的回声现象

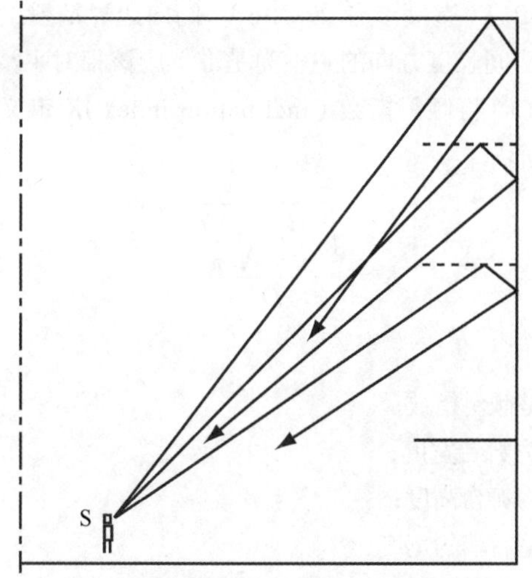

(b) 挑台和楼座下方的边界反射

图 9.32　由于边界的反射产生的回声现象（续）

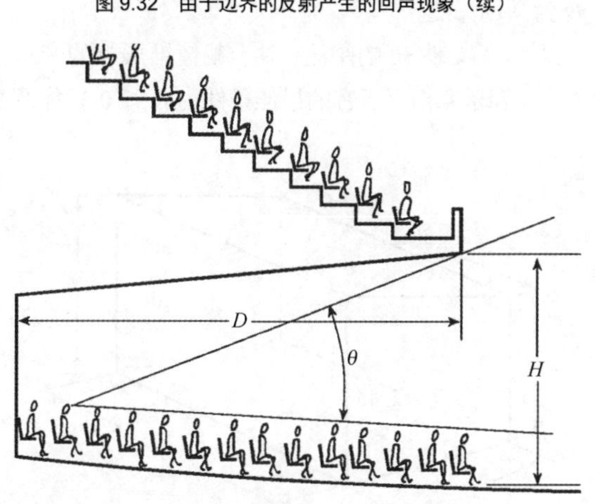

(a) 音乐和歌剧院，多功能剧场

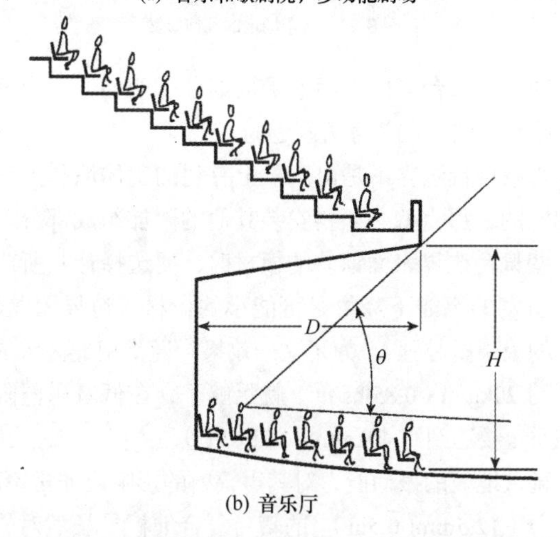

(b) 音乐厅

房间	图9.33 (a) 所示的音乐和歌剧院，多功能剧场	图 9.33 (b) 所示的音乐厅
挑台深度 D	$2H$	$<H$
角度 θ	25°	45°

图 9.33　挑台布局的几何形状如图（a）。音乐和歌剧院，多功能剧场图（a）和图（b）所示的音乐厅

9.3.3.3　房间的地形学

9.3.3.3.1　座席的斜度，视线

对于描述时间和音域清晰度的所有室内声学参量而言，直达声和初始反射声的能量之比是极为重要的。对于以掠射形式通过平面形式观众区的声音传播，将会发生强烈的，与频率有关的声衰减（参见 9.3.4.4.4 部分）。另外，从视觉上看，这种情况暗含着相当大的缺陷，它会妨碍观众观看表演区的表演。如果可能的话，这些干扰效应可通过充分的恒定倾斜度视线来回避。图 9.34 所示的就是第 n+1 排相对于第 n 排的倾斜度视线（实际的视线在眼睛与参考点之间）。

对于拥有恒定阶梯高度（在房间的长度方向上具有连续斜度）的观众席布局，是不可能取得倾斜度 c 的。从数学上讲，这是种对数螺旋线曲线，其倾斜度提高了旁边处到基准参考点的距离，实现了视线的恒定倾斜度[34]。

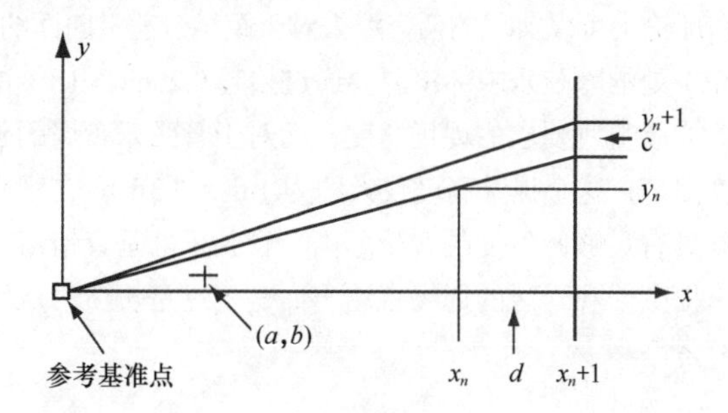

(a,b)= 第 1 排 (视平线) 的坐标 (x_n, y_n)= 第 n 排的坐标
(x_n+1, y_n+1)= 第 n+1 排的坐标
c = 视线的倾斜度 (要求：c = 常量)
d= 各排的间隔
y= 眼睛的高度 = 所在排的高度 +1.2m

图 9.34　座席的坡度（示意图）

然而，这意味着观众席各排要有不同高度的阶梯，必须要通过调节阶梯高度或将小区域内的几排观众席组合为一个恒定高度的方法来获得折中的解决方法。在音乐厅中，这些区域被安排成“梯田式葡萄园”（参见 9.3.3.2.1 部分）的布局，在这方面，这是声学和光学性能均令人满意的解决方案。

眼睛的高度 $y(x)$ 是计算出来的。

$$y = y_0 + \frac{c \cdot x}{d} \cdot \ln\frac{x}{a} + \frac{x}{b}(b - y_0) \qquad (9\text{-}50)$$

式中，

$$当\ y_0 = 0\ 时，\ y = \frac{cx}{d} \cdot \ln\frac{x}{a} + \frac{b \cdot x}{a}$$

视线的抬高程度至少要达到 6cm（2.5in）。

为了估算观众席各排所要求的基本倾斜度，人们应该牢记一点：在演出期间，观众在所有的观众席位置都一定能看到整个舞台。如果可能的话，这一效果的基准参考点应位于舞台的前沿。采用 0.6 ～ 1m（2 ～ 3.3ft）这一合理的舞台高度，便会得到如图 9.35（a）所示的最终倾斜度数值。

当然，通过拉大第一排与视点（舞台的可观看到的区域）间的距离是可以明显地减小各排所必须的倾斜度，如图 9.35（b）所示。

对于平坦的地板式安排，这种情形也用于举办宴会的音乐厅或古典建筑风格的音乐厅中常见（维也纳爱乐之友金色大厅，柏林音乐厅，波士顿音乐厅，慕尼黑赫克利斯音乐厅等），通常的一些令人不满意的地方可以通过对表演区进行相应的垂直方向错落布局来补偿（尤其对于音乐会）。针对 0.6 ～ 0.8m（2 ～ 2.6ft）的基本舞台高度，我们可以由公式 9-50 导出理论上要求的倾斜高度。对于长度约 14m（46ft）的平面座席区，舞台上音乐家的垂直错落高度约为 3m（10ft），而长度为 18m（59ft）的话，则垂直错落高度必须为 4 m（13ft）。虽然这样的数值一般并不容易实现，但是它表明：平坦地面布局房间内的管弦乐舞台必须要有足够的垂直错落高度。然而，如果根据公式 9-50 得出的最佳倾斜度在理论上可以实现的话，那么对于距舞台前沿向面约 6m（20ft）处的管弦乐中部声源要通过抬起 0.25m（≈ 1ft）的高度才能取得所要求的视场角度，而对于管弦乐布局的整个深度而言，这个提升高度仅大约为 1m（≈ 3.3ft）。在观众席各排具有足够倾斜度的音乐厅内，管弦乐的垂直错落安排对于提供给观众区的通畅直达声而言不过是扮演着从属的次要角色。

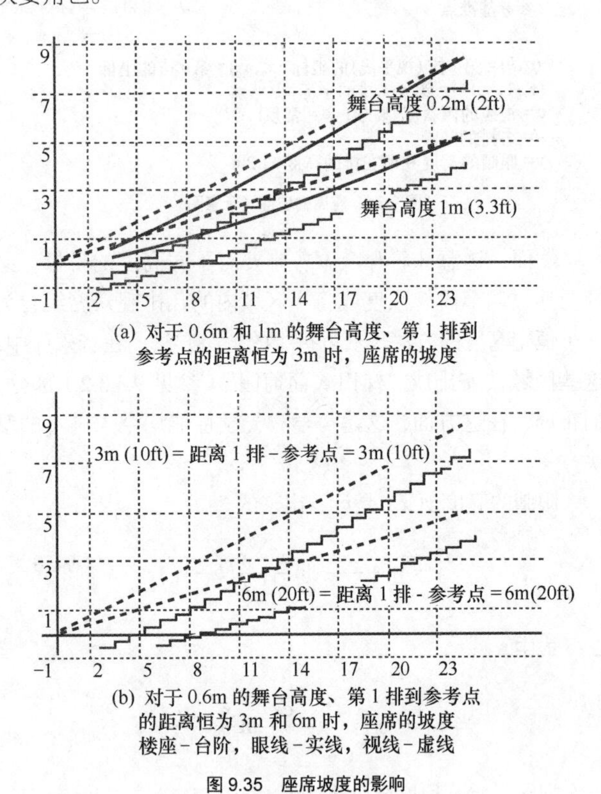

(a) 对于 0.6m 和 1m 的舞台高度、第 1 排到参考点的距离恒为 3m 时，座席的坡度

(b) 对于 0.6m 的舞台高度、第 1 排到参考点的距离恒为 3m 和 6m 时，座席的坡度
楼座 – 台阶，眼线 – 实线，视线 – 虚线

图 9.35　座席坡度的影响

9.3.3.3.2　音乐厅的舞台结构

对于音乐会演出，管弦乐队的表演区（舞台）一定是厅堂的声学组成部分，这就意味着这样两个空间必须是相互调谐统一的。这种统一一定不被中间介质或其他因素所干扰。过小的音乐会舞台外形自身特有的任何室内声学特性必须要回避。就像之前谈到过的许多歌剧院那样，这里存在着与观众所处的厅堂中不一样的声染色，并被人感知为声音的游离。音乐会舞台罩的容积至少应为 1000m³（35 300ft³）（参阅参考文献 36）。侧向边界墙壁的倾斜角度（以房间长度方向的主轴为基准）应该相对平滑。高久（Takaku）[36] 将倾斜指数（inclination index）K 定义为公式 9-51 的形式。

$$K=\frac{\sqrt{\frac{WH}{\pi}}-\sqrt{\frac{wh}{\pi}}}{D}\qquad(9\text{-}51)$$

式中，

K 是倾斜指数；

W 为舞台宽度；

H 为舞台高度；

w 是后墙的宽度；

h 是后墙的高度；

D 为围场深度。

根据参考文献 36 的阐述：对于截棱锥形状的音乐会舞台罩而言，音乐家相互听音的最佳条件为 $K \leqslant 0.3$，如图 9.36 所示。

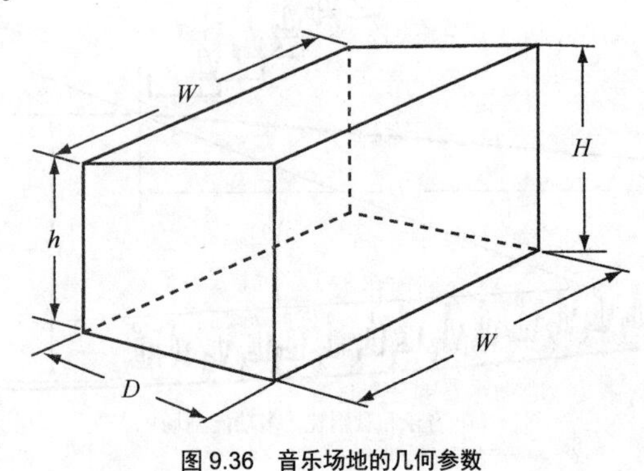

图 9.36　音乐场地的几何参数

音乐厅舞台罩内表面的扩散细分越明显，室内声学参量与倾斜指数 K 的依存关系越弱。

如果舞台边界不是由声学上有利的实体墙和天花板表面构成的，那么就必须要安装其他的附加组成部分。在选择这些舞台边界表面铺装的板材时，要选择让其所产生的吸声引发的声能下降得尽可能小的板材（边界墙壁越薄，低频的吸声量越强）。为了这一效果，通常相关区域的质量达到约 20kg/m²（0.85lbs/ft²）就足够了，在低音乐器附近的区域质量要达到约 40kg/m²（1.7lbs/ft²）。

舞台地板的振动能力对其声辐射的影响应非常不明显。相对薄［12.5mm（0.5in）］的舞台复合地板 [37] 虽然对较低频率范围的成分可能存在有 3 ～ 5dB 的声音放大能力，但是人们也不应忘了这一方面的问题，即振动地板对演员的积极心理有反馈作用 [3]。一般而言，舞台地板的区域相关质量不应低于 40kg/m²。

与刚性地板相比较，对于拨奏的低音弦乐器声辐射（在干声中表现为较短的衰减时间）而言，振动地板的缺点就是降低了气导的声能，但这可以通过琴弓的击打进行技术上的补偿 [3]。这就是舞台地板调谐频率应尽可能低的原因。

舞台边界表面的结构应能形成对音乐家间相互听音的支持，要避免出现干扰回声现象（比如，由平行墙壁表面产生的回声），并将融合得很好的声音辐射到观众区。为了获得声音模式的全面混合，要借助与频率相关的边界表面附属结构。

每位音乐人所需要的空间是：1.4m^2（15ft^2）（高音弦乐器），1.7m^2（18ft^2）（低音弦乐器），1.2m^2（13ft^2）（木管乐器），2.5m^2（27ft^2）（打击乐器）。由此看来，人们可以推导出当有独奏乐器（三角钢琴等）参与演出时，音乐会舞台空间（不带合唱团）一般不应小于 200m^2（2200ft^2），在此情况下高音弦乐器的宽度约为 18m（60ft），最大的深度约为 11m（36ft）。

根据观众区各排座席的坡度（参见 9.3.3.3.1 部分），管弦乐队在垂直方向上要错落安排，尤其是观众区为平面形式或只是稍微有些倾斜的情况更为如此。在维也纳爱乐之友金色大厅中，舞台的落差为 1.8m（6ft），在第二次世界大战中被损毁的柏林爱乐音乐厅的高度落差为 2.8m（9.2ft）。在这种情况下，弦乐组必须要有一个近 250mm（10in）的台阶，接下去的台阶位于两排木管乐器之间，每个台阶约 500mm（20in）高。对于铜管乐器或打击乐器再有约 150mm（6in）的台阶就足够了。

在盛大的音乐会中，合唱团一般是排列于管弦乐队后面，唯一能改善其清晰度的反射声来自侧墙和天花板表面，地板区域是被遮挡的。按照迈耶（Meyer）的理论[3]，演唱者最强声部分的声辐射主轴约向下倾斜 20°，合唱团的队形应相对陡一些，错落排列，为的是确保发音的清晰度和确定性。然而，对于平面站位的合唱团，只是提高了混响感。这种情形被感知为受到房间长混响时间的干扰，反倒是混响弱的房间是人们想要的。合唱团垂直方向错落高度的最佳数值约为 45°[3]—— 即台阶在宽度和高度上应是相等的，为的是声音能够无阻挡地同时辐射到房间的侧向边界表面[3]。

9.3.3.3.3　乐池

从原理上讲，管弦乐队音乐舞台布局是乐队在所谓的乐池当中演奏，乐池处在舞台与厅堂之间的边界线上，与舞台上的管弦乐队布局（比如舞台音乐）相比，其声学条件是不利的，但这种情形是自 19 世纪的演出惯例沿袭发展下来的。在大部分巴洛克剧院中，音乐家要么是坐在与前排观众同一水平高度处，要么是坐在只比前排观众低几个台阶高度的区域演奏[3]。他们与观众区仅有 1m（3.3ft）之隔。随着乐池的引入，听众与乐队之间的视觉交流被随之减少，尤其乐队成员较多时更是如此。此时，舞台上的歌唱声 / 语言与乐池中伴奏乐队之间的室内声学平衡问题便表现出来了。由于舞台区的尺寸和设备的原因，歌手的声音的响度会随着其与乐队距离的渐远而变化，导致尤其在歌唱响度低且不适宜的音调情况下平衡问题会进一步加剧。

进一步要考虑的是，舞台与乐池之间音域和时间的一致性与语调和乐队的演奏有关。

在现代歌剧院中，两个表演区域间的几何分离度应尽可能小，这不仅与舞台戏剧创作手法有关，而且与视觉和功能因素有联系。因此，乐池下沉至舞台之下，为的是避免进一步拉大前几排座位与舞台的距离。基于舞台创作的需要，从乐池所包含区域（台唇区域）的实用性看，这意味着包含区域会越来越大，同时乐池与观众厅堂之间的开放耦合空间则变得越来越小。因此，乐池成为音乐家挤在一起的具有低的边界表面和低容积指数的独立空间，无反射的附属天花板（开放的）表现为对进入厅堂的乐队声音进行一定混合后辐射的出口。因为减小了音乐家与边界表面的距离，所以乐池的声压级约提高了 4dB，低音量的演奏就能对音乐家间的相互听音构成支持。随着响度的提高，它开始变得不利于中低音域上声音响的乐器组间的相互听音。

可以将吸声墙或天花板音罩，或者对中低音域具有选择性作用的可调节墙壁组成单元布置在响的乐器周围，它可以根据需要来减低响度，但不会减小辐射到厅堂中的直达声强度。这对声音模式的清晰度形成支持[3]。如果乐池非常低［大约 2.5m（8.2ft）］的话，那么直达声部分要想到达地平面只能借助衍射来实现，这导致声音模式的低音强调非常严重。只有在那些与乐器组有视觉直接接触的地方（楼座）才能获得足够的声音亮度和瞬时清晰度。

一方面我们可以通过加宽乐池的开口部分，以便能通过相邻的台唇区域（台唇天花板和侧墙）取得丰富的初始反射，改善这一条件下的声学特性。另一方面，乐池的深度不应超出某一限定值。通过改变乐池的地面高度来进行主观评价研究，我们可以较容易地找到与足够乐器摆位的乐池相结合的最佳解决方案。对于约 0.8m（2.6ft）的栏杆高度，将乐池地面前部区域（高音弦乐器区）的高度降至约 1.4m（4.6ft）一般会产生不错的声学条件。朝向后部，错落应更深一些。

如果乐队以合适的响度来演奏的话，则可接受的一种解决方案是面向台唇侧墙进行演奏，并且尽可能少地使声音覆盖舞台的乐池。如果开放区域至少达到了乐池区的 80% 的话，那么乐池在声学上便成为厅堂的一部分，并且声源的整体性也在音色方面得以保证（例如，德累斯顿申培尔歌剧院）。另外一种解决方案是乐池与厅堂耦合区很小，即使乐池近乎完全封闭。然而，这要求有相对大的乐池容积，同时空间高度至少要达到 3m（10ft）（例如，拜罗伊特节日剧院）。通常的歌剧院乐池所存在的问题一般处在这两种极端情况之间。如果是适合大编制乐队的乐池，那么舞台上演唱力度不够的歌手在声学上就很容易变得黯然失色。在这种情况下，倘若有足够的容积的话，就可以借助乐池的音乐罩或将乐队安排在较低地面高度的乐池中来取得更为有利的条件。

除了布置在乐池中用以支持相互听音和交流的声反射和声吸收边界表面之外，乐池围栏的内表面也不应垂直对着舞台（两侧的围栏稍微倾斜一些）。采用这种方法，舞台就能较好地得到来自乐池的初始反射，反过来乐池也能够接收到来自舞台声源的初始反射。在这方面，凸曲面（在垂直方向上）结合低频范围上的声吸收作用一方面对与音域有关的支持效果以及明亮度改善方面都尤为有利。在乐池之上与指挥相对的舞台边缘几何形状应能将另外的初始反射导向观众区。乐池开口的侧向安排结合台唇侧墙的相应辅助结构应确保最强的声反射朝向乐池和舞台。

9.3.4 房间的附属结构

9.3.4.1 平滑平面的表面声反射

对于来自边界表面的声线反射，人们可以根据线性尺寸与其波长间关系的不同，以及反射和入射声线间的关系将反射基本定义为3种类型，如图9.37所示。

- **几何反射（Geometrical reflection）**，如图9.37(a)所示：$b<\lambda$，$\alpha=\beta$(根据反射定律，在垂直于墙壁的平面内发生的镜面反射)。
- **定向（局部）反射［Directed (local) reflection］**，如图9.37(b)所示：$b>\lambda$，$\alpha=\beta$(根据反射定律，发生于有效结构表面上的镜面反射)。
- **漫反射（Diffuse reflection）**，如图9.37(c)所示：$b\approx\lambda$，(非镜面反射，没有特定的方向)。

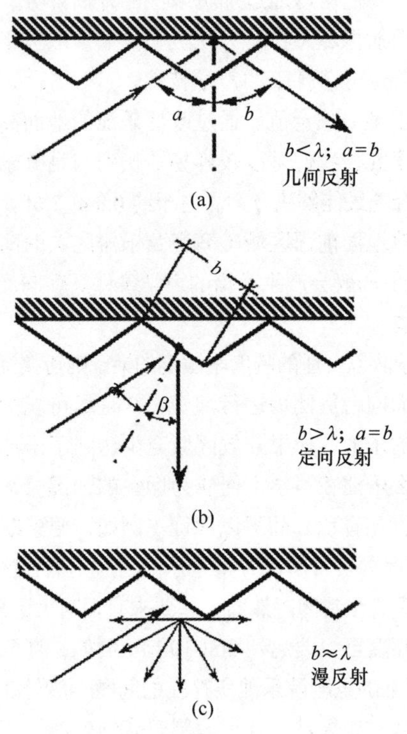

图9.37 平滑的平面上的基本声反射

几何声反射发生于足够大的表面上，这一点与光的反射定律类似。入射角α等于反射角β，并且处在垂直于表面的平面内，如图9.38所示。这种反射只发生于频率下限f_{low}以下

$$f_{\text{low}}=\frac{2c}{(b\cdot\cos\alpha)^2}\cdot\frac{a_1\cdot a_2}{a_1+a_2} \tag{9-52}$$

式中，

a_1, $a_2>b$，

c是空气中的声速。

在f_{low}以下，声压级衰减率为6dB/oct[38]。

公式9-52经处理后以图形形式表示于图9.39中[3]。对于声源与听众相距10m(3ft)的情况，如果反射延长至2m(6.6ft)，则低频下限就约为80Hz，此时是垂直声入射，而对约1600Hz的频率，入射角为45°。如果该反射面以板的形式安装在台面的前部，那么几乎平行台面的布局与倾斜45°位置时发生声反射的频率区域约低了一个倍频程。在下列情况下，频率下限会降得更低：

- 更大的有效表面。
- 距离声源和观众更近，安装反射面。
- 更小的声入射角度。

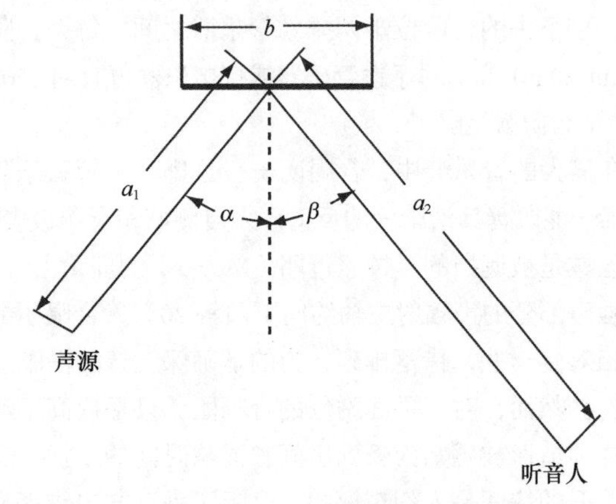

图9.38 几何声反射

除了反射体的几何形状之外，同一反射体的区域相关质量必须在一定范围内保持恒定，这样为的是取得尽可能小的反射损失。如果反射体被用于中高频范围上的语言和歌唱的话，则约为10kg/m²(1.7lbs/ft²)的质量就足够了，比如，12mm(0.5in)厚的复合板。如果有效的频率范围被扩展至低音乐器，则质量必须达到约40kg/m²(1.7lbs/ft²)，比如，36mm(1.5in)厚的刨花板。对于悬吊在表演区上方的增设反射体，静态容许载荷对于反射体的质量起限定性的作用。对于语言类表演，5～7kg/m²(0.2～0.3lbs/ft²)范围内的质量仍然可以产生可接受的结果，采用具有高表面密度的塑料垫就可以了。通常采用另外的室内声学措施来改善低音乐器及其处在相应墙体表面上的音乐表演的声反射，以便可以放弃安装重的板。在这种情况下，20kg/m²(0.8lbs/ft²)的质量就足矣了。

如果在靠近表面的边缘发生多次反射，而边缘与表面呈直角的话，那么这将导致声反射路径平行于声入射的方向，如图9.40所示。在角落，这种影响获取3D的

属性，以至于声音始终是返回到声源，而与入射的角度无关。对于长的传输路径，在内置门、照明点、墙板内的装饰等处有可能产生令人非常讨厌的声反射，这对于房间的基本结构而言，就是所谓的“剧场回声”（参见 9.3.3.2.2 部分）。

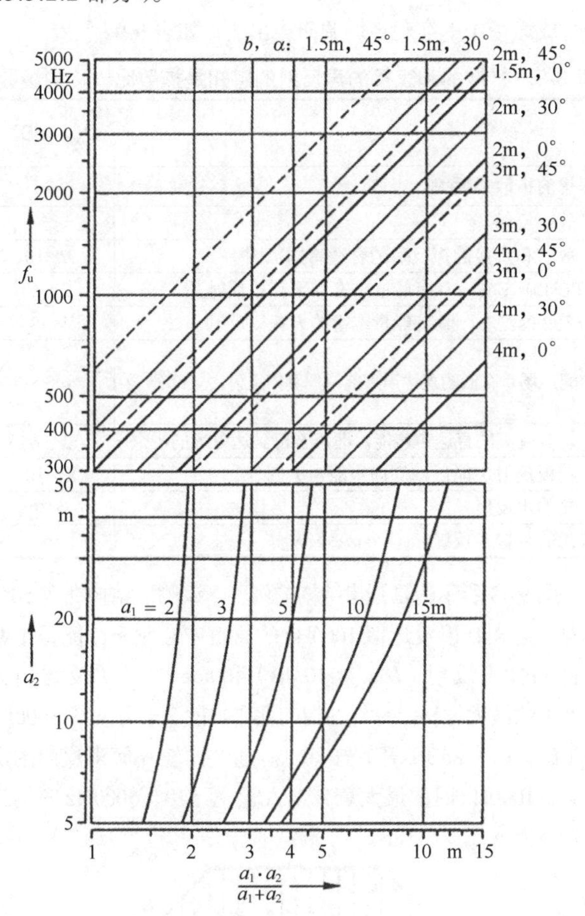

图 9.39　对于几何声反射的最小表面尺寸

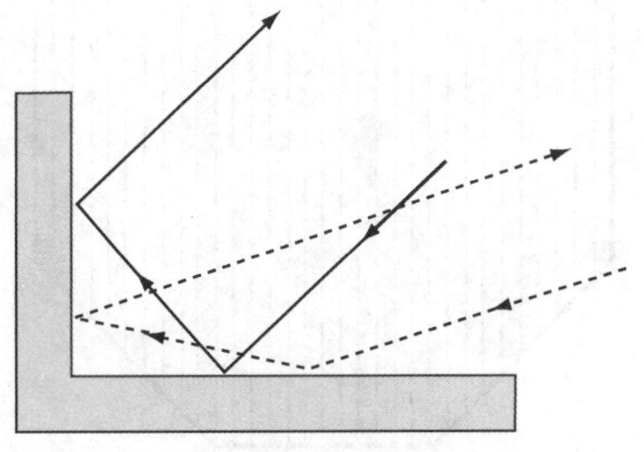
图 9.40　在房间的边缘发生的多次反射

9.3.4.2　平滑曲面的声反射

如果平滑曲面的线性尺寸远大于有效声音成分的波长，那么声音便按照汇聚反射体的规律由这些表面反射出去。凹面的 2D 或 3D 表面组成部分可能会在一定的几何条件之下使声音产生汇聚，而凸面则始终对声音产生散射作用。

曲面中心 M 附近弯曲表面的近轴反射区（入射角小于 45°），可以派生出如下的重要反射变种，如图 9.41 所示。

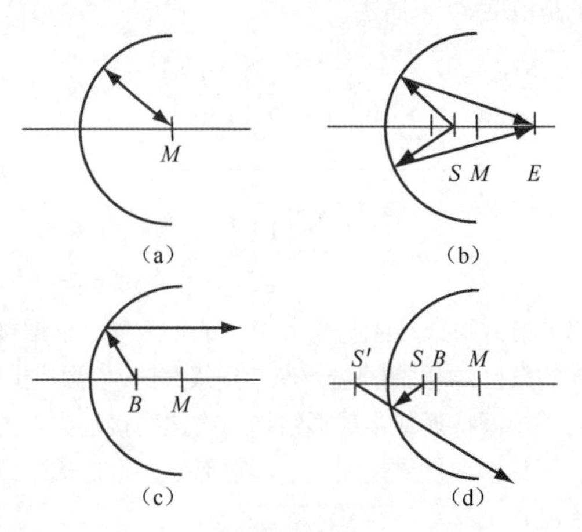

图 9.41　在平滑的曲面上发生的声反射

圆形效应（Circular Effect）。声源处于反射面的曲面中心 M 处，如图 9.41（a）所示。所有发射出去的声线在经过半径两次之后在 M 处汇聚，比如扬声器可能受到来自自身播放语言的严重干扰。

椭圆效应（Elliptical Effect）。如果声源处在曲面中心到一半半径之间的位置处，并且曲面的整个半径处在反射面前方，那么在曲面中心之外便形成了第二个声汇聚点，如图 9.41（b）所示。如果这第二个焦点位于表演区或观众区当中，那么人们便会感觉非常讨厌，因为反射声的分布非常不平衡。对于管弦乐队这样的扩展声源，这种类型的曲面会产生与音域强相关的声音平衡。

抛物线效应（Parabolic Effect）。如果在相当狭窄的布局中，声源位于曲面中心一半的位置处，如图 9.41（c）所示，则曲面类似于所谓的抛物面反射体，它产生出一束平行于轴向的声线。一方面，这不但会使声源发射出的被反射的声音部分有非常均匀的分布，另一方面，它也会使来自观众区的不想要的噪声汇聚到声源位置处。

双曲线效应（Hyperbolic Effect）。若声源距弯曲表面的距离小于曲面半径的一半，如图 9.41（d）所示，那么反射声线以发散的形式脱离表面。由于发散程度较低，所以此时听众座位处的声强要高于平面表面反射产生的声强[2]。因此，其所产生的在声学上有利的散射效应与凸面表面的效果相当，但是发散效应与声源距弯曲反射面的距离是无关的。

9.3.4.3　粗糙表面的声反射

粗糙表面的作用相当于方向性或扩散声反射的附属结构。这指的是水平和垂直面（矩形、三角形、锯齿形、圆形片段、多边形）以及几何布局（球体片段、抛物面、锥面等）和任意形式（浮雕、石膏线、凹圆线脚、凸起、装饰物等）的 3D 结构具有不同的几何交汇形式的结构性表面。另外，利用变化墙阻抗序列（声反射和声吸收面交替）的方法，也可取得具有散射效应的附属结构。

为了对附属结构的这种声扩散进行特征化描述，人们对扩散度 d 与散射系数 s 进行了区分。

对于声反射分布的均匀性，一般是采用所谓的与频率相关的扩散度 d[47] 来描述。

$$d=\frac{\left(\sum_{i=1}^{n}10^{\frac{L_i}{10}}\right)^2-\sum_{i=1}^{n}\left(10^{\frac{L_i}{10}}\right)^2}{(n-1)\sum_{i=1}^{n}\left(10^{\frac{L_i}{10}}\right)^2} \qquad (9\text{-}53)$$

以此方式可以产生与角度相关的扩散球。根据接收器位置 n 的数目，提供的高分辨率 = 声级数值，以形成扩散球。

对于半圆柱形或半球形结构，将达到接近为 1 的高扩散度。不论扩散度 d 是大是小，它都是评价扩散一致性的定性手段。

人们采用了与频率相关的散射系数 s[50] 对与镜面反射或吸收能量相对的散射能量进行特征化描述。

在计算机程序中，尤其是在使用声线跟踪法时，该散射系数 s 被用来模拟能量的散射部分。

系数 s 是非镜面反射的能量（即扩散反射能量）与总反射能量的比值。

$$s=\frac{\text{扩散反射能量}}{\text{总反射能量}}=\left(1-\frac{\text{几何反射能量}}{\text{总反射能量}}\right) \qquad (9\text{-}54)$$

散射系数的测量和计算是在混响室中发生随机声碰撞的条件下进行的[39, 48, 49]。

虽然这些参量没涉及太多反射声能量角分布的问题，但是存在许多实例空间，其中的附属结构要实现声反射的角度不与声入射的角度相对应的指向性反射。在这种指向性声反射的情况下，除其他方面外，人们必须要考虑扩散比 D_{diff} 和最大位移 $d_α$，如图 9.42 所示[42]。

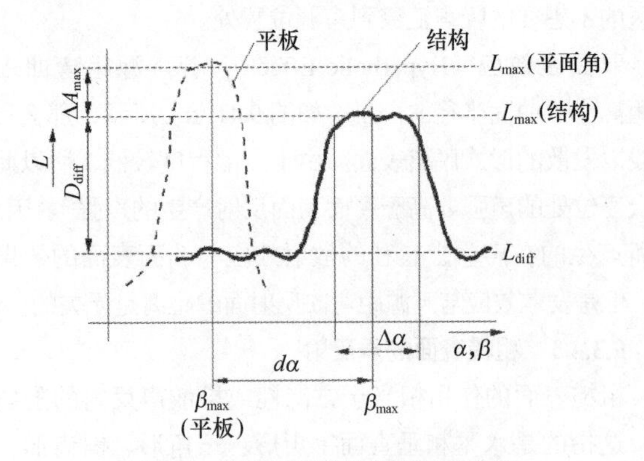

图 9.42 粗糙边界表面的特征指向性参数

• *扩散比* D_{diff}：指向声音和扩散声音分量 L_{max} 和 L_{diff} 间的声压级差异。

→ 用来对结构的指向作用进行特征化描述。

• *最大衰减量* Δ_{amax}：结构的指向性反射（局部最大值，$β_{max}$）与平坦表面产生的反射之间的声压级差异。

→ 对反射的声压级进行特征化描述。

• *最大位移* $dα$：几何反射与指向性反射间的角度。

→ 对想要的反射方向变化进行特征化描述。

• 一致性辐射角度范围 Δα：反射的 3dB 带宽。

→ 对均匀声反射的立体角范围进行特征化描述。

针对 1000Hz 倍频程中频频带频率给出的 D_{diff} 数值是基于合成声场中的客观声场调研得出的，如表 9-9 所示。

表 9-9 扩散的和直接的声反射的感知是扩散比 D_{diff} 的函数

感知	D_{diff}（dB）
理想的扩散声反射	0
扩散声反射	<3
扩散的和直接的声反射的合适感知范围	3～10
*RT*在1.0s左右，具有能量丰富的天花板反射	2～6
*RT*在2.0s左右，具有能量丰富的天花板反射	4～8
空间声场具有低的直达声声能，但侧向反射占大部分	6～8
声场具有高的直达声声能，即声音可到达更远的听众	3～6
天花板反射声能低，侧向声能占大部分	8～10
直接的声反射	>10
理想的直接声反射	∞

图 9.43 所示的是锯齿结构的例子。该侧墙结构拥有 50° 的声入射角，以及近似 1000Hz 的语言中心频率，能量丰富的指向性声反射（D_{diff} ≥ 10 dB）和 $dα$=−20°（反射角为 30°）的最大位移。另外的指向性和扩散声成分从约 3000Hz 处（D_{diff}=6 ～ 8dB）开始被察觉。通过比较几何声反射的反射面，1000Hz 时的最大衰减量 Δ_{amax} 为 5dB，5000Hz 时的最大衰减量 Δ_{amax} 为 11dB。

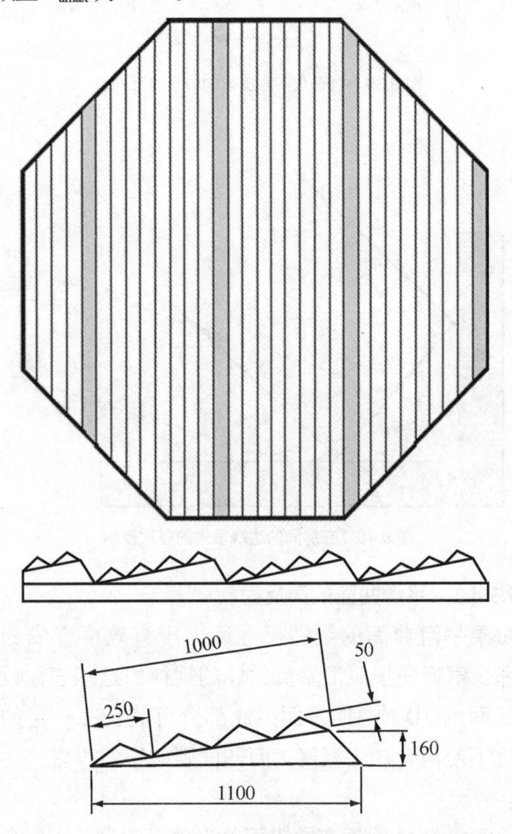

图 9.43 声学上的有源锯齿结构例子，测量单位为 mm

如果符合如下尺寸要求，则拥有规则几何断面（矩形，等边三角形，锯齿形，圆柱形片断）的周期性单元结构可能表现出高扩散度，如图 9.44 所示（参阅参考文献 3 和 40）。

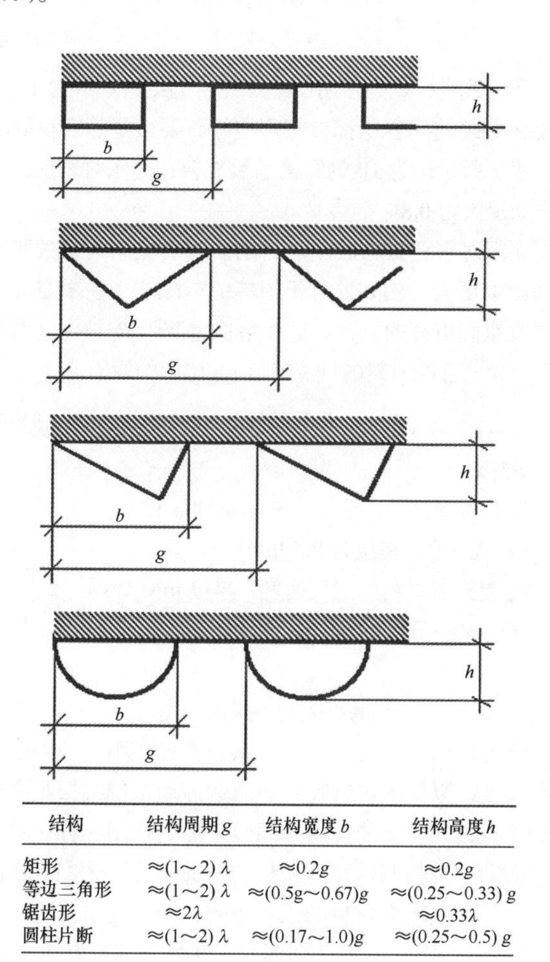

结构	结构周期 g	结构宽度 b	结构高度 h
矩形	≈(1～2) λ	≈0.2g	≈0.2g
等边三角形	≈(1～2) λ	≈(0.5g～0.67)g	≈(0.25～0.33) g
锯齿形	≈2λ		≈0.33λ
圆柱片断	≈(1～2) λ	≈(0.17～1.0)g	≈(0.25～0.5) g

图 9.44　与矩形、三角形、锯齿形和圆柱片断结构相关的几何参数

针对最大语言频率范围的漫散射，结构周期约为 0.6m（2ft），结构宽度为 0.1 ～ 0.4m（0.33 ～ 1.3ft），结构高度最大值约为 0.3m（1ft）。对于矩形结构，声散射效应被限制在约一个倍频程的相对窄的频带上，而对于三角形结构则最宽可达两个倍频程。圆柱形片断或几何组合更利于在宽频带结构中使用，如图 9.43 所示。在 500 ～ 2000Hz 的宽频范围上，如果圆柱形片断结构约 1.2m（4ft）的结构宽度等于结构周期，且结构高度为 0.15 ～ 0.20m（0.5 ～ 0.7ft）的话，则它会产生充分的扩散。对于给定的结构高度 h 和给定的结构宽度 b，可以根据公式 9-55 计算出所需要的曲率半径 r。

$$r=\frac{\left(\frac{b}{2}\right)^2+h^2}{2h} \tag{9-55}$$

通过排列深度变化的相位—栅结构，可以获得特殊形式的扩散型反射面。根据组对的 λ/2 运行时间单位效应，这些结构在表面上形成反射率和声质点速度的局部分布。该速度分布的每一分量都会产生向另一方向辐射的声音。按照施罗德（Schroeder）的理论 [41]，如果人们将这些反射率按照数论的最大序列形式（比如巴克码，原根扩散器 PRD，平方律残留序列 QRD）进行分布，并且用薄的墙面来彼此分隔这些槽结构的话，那么就能获得相对宽带（高达两个或更多个倍频程）的扩散结构效果，如图 9.45 所示。对于垂直的声入射，发生另外反射方向的最低下限频率 f_{low} 近似为

$$f_{low} \approx c/(2d_{max}) \tag{9-56}$$

式中，

c 是空气中的声速，单位为 m/s（ft/s）；

d_{max} 是结构的最大深度，单位为 m（ft）；

扩散体 QRD 73

适用频率：500～7000Hz
单元数：73
一个槽单元的宽度：23.5mm
一个槽壁的宽度：1mm
最大槽深度：255mm
一个周期的长度：1796.8mm

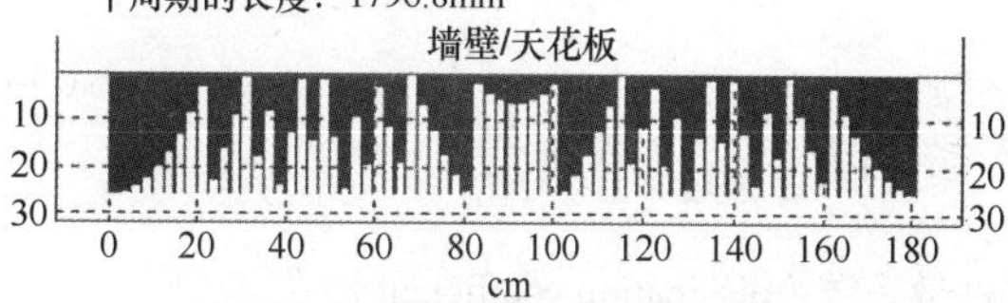

图 9.45　具有原根结构的 Schroeder 扩散体

如今我们采用计算程序并利用边界元法（Boundary Element Methods）来计算与角度相关的声音撞击的散射系数，如图 9.46 所示。

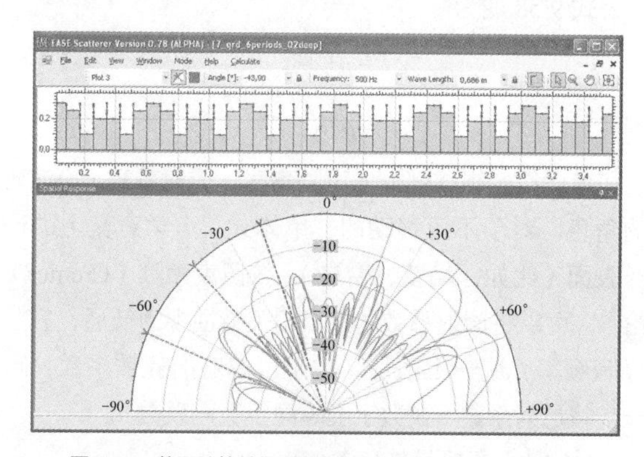

图 9.46　基于计算扩散系数软件工具的边界元法（BEM）

9.3.4.4　吸声体

吸声体可能表现为边界表面的形状、内置单元、家具陈设，或无法回避的环境因素（比如空气），以及空间利用的布局条件（比如观众，装饰等）。按照其在确定频率范围上的先决作用，人们主要将其分为以下几类。

- 低频范围吸声体（工作范围为 32 ～ 250Hz）。
- 中频范围吸声体（工作范围为 315 ～ 1000Hz）。
- 高频范围吸声体（工作范围为 1250 ～ 12kHz）。
- 宽带吸声体。

对于吸声体的声学特性而言，它们给出与频率相关的吸声系数 α 或等效吸声面积 A。对于面积为 S 的区域，人们

得到的等效吸声面积 A 为

$$A = \alpha S \tag{9-57}$$

入射到面积为 S 的吸声材料或吸声结构上的声功率 W_i 是由声强 I_i 来表示的，其中被反射部分的声强为 I_r，余下的被吸收掉的声强为 I_{abs}。被吸收掉的声强包括由耗散（转换为热量的声强 I_δ，这是由于微观结构或耦合谐振腔内的摩擦所产生的内部损耗）所产生的声吸收，以及传输（进入吸声体后面的耦合空间或相邻结构单元中声强 I_τ 的传输）所产生的声吸收。

$$\begin{aligned} I_i &= I_r + I_{abs} \\ &= I_r + I_\Delta + I_\tau \end{aligned} \tag{9-58}$$

由于声反射系数（sound reflection coefficient）ρ 定义为

$$\rho = I_r/I_i \tag{9-59}$$

而声吸收系数（sound absorption coefficient）α 为

$$\begin{aligned} \alpha &= \frac{I_\delta + I_\tau}{I_i} \\ &= \frac{I_{abs}}{I_i} \end{aligned} \tag{9-60}$$

耗散系数（dissipation coefficient）$\varDelta$ 之和

$$\varDelta = I_\Delta/I_i \tag{9-61}$$

透射系数（transmission coefficient）

$$\tau = I_\tau/I_i \tag{9-62}$$

公式 9-58 变为

$$\begin{aligned} 1 &= \rho + \varDelta + \tau \\ &= \rho + \alpha \end{aligned} \tag{9-63}$$

在考虑结构组成部分的声隔离时，透射系数 τ 扮演着重要的角色。对于不可移动的、单体式、声学意义上的硬性材料表面（比如，墙壁，窗户），按照克莱默（Cremer）的理论[48]，可以将透射系数的频率相关特性视为低通，它超越了限制频率 f_τ 这一上限值。对于可忽略的耗散系数，可以进一步将透射系数 τ 在数字上等同于吸声系数 α。

9.3.4.4.1 多孔材料的声吸收

其吸声作用主要是利用空气粒子在开放、狭窄深孔中移动过程中将声能转变为热能而实现的。像用于隔热的那些泡沫材料一样，其中存在的闭合孔并不适合隔声。为了对材料进行特征化描述，我们采用了所谓的空隙率 Σ 参量。它表示的是孔中存在的开放空气容积 V_{air} 与材料的总容积 V_{tot} 的比值。

$$\Sigma = V_{air}/V_{tot} \tag{9-64}$$

对于 $\Sigma=0.125$ 的空隙率，高频时所获得的最大吸声系数仅为 $\alpha=0.4$，而当 $\Sigma=0.25$ 时，$\alpha=0.65$。空隙率 $\Sigma \geqslant 0.5$ 的材料能够达到的最大吸声系数至少是 0.9。通常的矿物、有机物和自然生长的纤维绝缘材料的空隙率为 0.9 ~ 1.0，因此它们非常适合中高频范围的吸声应用[29]。

除了空隙率之外，影响材料吸声能力的参量还有结构系数 s 和流阻 Ξ。结构系数 s 可以通过孔所包含的总空气容积 V_{air} 与有效孔容积 V_w 之比计算得出。

$$s = V_{air}/V_w \tag{9-65}$$

在实践中，最为常用的绝缘材料的结构系数为 1 ~ 2，即要么是总的孔容积都参与声传输，要么是静容积等于有效容积。数量级为 10 的结构系数材料在高频时表现出的吸声系数最大为 0.8[8]。

流阻对多孔材料吸声能力的影响要比结构系数和空隙率的影响更大。例如，对于相等的空隙率，狭窄空间会给出比宽空间更高的阻力。这就是特定流阻 R_s 被定义为材料前后压差与流经材料的气流速度 v_{air} 比值的原因。

$$R_s = \Delta p/v_{air} \tag{9-66}$$

式中，

R_s 是特定流阻，单位为 Pa s/m（lb s/ft³）；

Δp 是压差，单位为 Pa（lb/ft²）；

v_{air} 是通过材料的空气速度，单位 m/s（ft/s）。

随着材料厚度的增加，在流动方向上的特定流阻也随之提高。

9.3.4.4.2 板式共振体的声吸收

薄板或膜（振动质量）可以被安置在刚性墙体前方一定距离处，以便削弱该弹簧—质量振动系统共振频率区声场的能量，让系统的作用如同吸声体的作用一样。弹簧作用是借助于气垫刚性和振动板的弯曲刚性产生的。衰减量不仅主要取决于板材料的损耗系数，而且还与固定点处的摩擦损耗有关[43]。其原理框图如图 9.47 所示，其中 d_L 是空气垫的厚度，m' 是振动板的区域相关质量。

安装在刚性墙体前面，带有衰减空气层和侧向花格镶板的振动板的谐振频率可按下式计算。

$$f_R \approx \frac{60^*}{\sqrt{m' d_L}} \tag{9-67}$$

* 在美制单位中为 73

式中，

f_R 的单位是 Hz；

m' 的单位是 kg/m²（lb/ft²）；

d_L 的单位是 m（ft）。

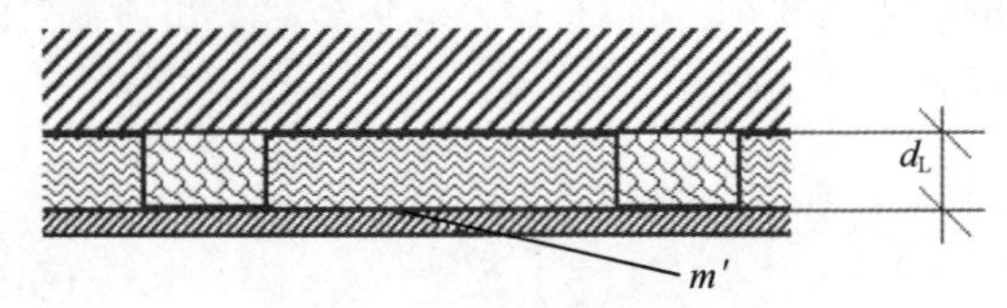

图 9.47 板式共振器的基本结构

在实用设计中，人们还应进一步考虑以下因素。

- 振动板的损耗系数应尽可能高[43]。
- 一般而言，在谐振情况下，花格镶板在每个方向上的净间隔不仅应小于 0.5 倍波长，而且也不能短于 0.5m（1.7ft）。

- 振动板的最小面积不小于 0.4 m^2（4.3 ft^2）。
- 空腔型阻尼材料应连接到固体墙壁上，以便板振动不被任何方式破坏。
- 吸声系数与共振电路的品质因数 Q 有关，在谐振频率处的吸声系数为 0.4 ～ 0.7（有气垫阻尼）和 0.3 ～ 0.4（无气垫阻尼）。在距谐振频率一个倍频程的间隔处，人们必须要意识到此处的吸声系数减半了。

提高板谐振体声学有效谐振频率的有效方法包括利用一定形式的穿孔布局来减轻重板的振动质量。在这种情况下，如果板的区域相关质量 m' 被有效的圆形开孔空气质量 m'_L 所取代，则相关性由类似的规律控制。对于半径为 R 的圆孔和穿孔率 ε，如图 9.48 所示，圆形开孔空气质量计算如下。

$$m'_L = 1.2^{**}\frac{l^*}{\varepsilon} \quad (9\text{-}68)$$

** 美制单位采用 19.2

式中，

m'_L 是与面积相关的圆形开孔空气质量，单位为 kg/m^2（lb/ft^2）；l^* 是有效的板厚度，因为考虑了半径 R 的圆形开孔的口部校正因素，单位为 m（ft）。

$$l^* \approx 1 + \frac{\pi}{2}R \quad (9\text{-}69)$$

ε 是针对圆形开孔，按照图 9.48 得到穿孔率。

$$\varepsilon = \frac{\pi \cdot R^2}{a \cdot b} \quad (9\text{-}70)$$

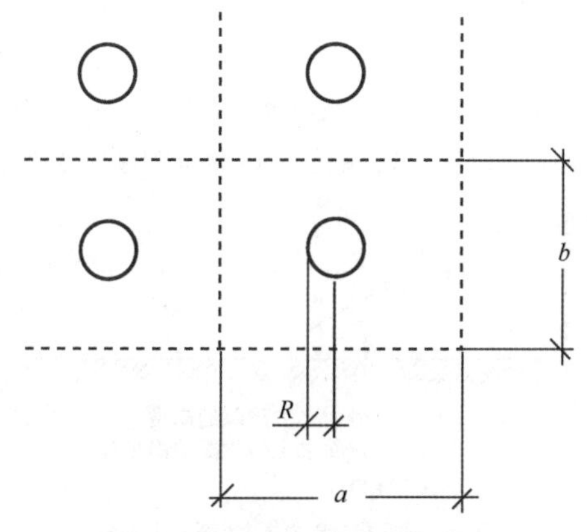

图 9.48　开圆孔的装饰板的穿孔率

假如孔直径足够小，则安排在穿孔板和实墙之间的阻尼材料层可用开孔中所产生的摩擦损耗来替代。通过采用透明材料（例如玻璃）可以制造出透光的所谓微孔吸声体。孔的直径在 0.5mm（0.02in）左右。板的厚度为 4 ～ 6mm（0.16 ～ 0.24in），穿孔率为 6%。人们可以利用可变的穿孔参量（比如，分散穿孔），改变气垫厚度并结合各种穿孔板的复合吸声体来获得宽带吸声体。

新近的研究进展表明，将厚度不到 1mm（0.04in）的微型穿孔薄膜放在坚实的表面前面也可以产生明显的吸声效果。透明的吸声薄膜可较容易地被安置在窗户前面，它既可以被固定安装，也可以通过单或双层的辊式百叶窗形式来安装[44]。

9.3.4.4.3　霍尔姆兹共鸣器

霍尔姆兹（Helmholtz）共鸣器主要用于低频范围的吸声。与板式吸声体（参见 9.3.4.4.2 部分）相比，其优点在于其具有对谐振频率和吸声系数的后期可变性，以及对现有的不一定明显可见的结构型腔体的利用上面。如图 9.49 所示，霍尔姆兹（Helmholtz）共鸣器是具有谐振能力的弹簧 - 质量系统，其中谐振腔容积 V 的作用相当于声学弹簧的作用，共鸣器喉口的质量用开口的横截面 S 和喉口的深度 l 来进行特征性描述。在谐振条件下，如果共鸣器的特征阻抗与空气的特征阻抗匹配，那么环境声场的大量能量就被吸收掉了。为了实现这一效果，人们将具有明确特定声阻抗的阻尼材料放置在共鸣器的喉口或腔体内。

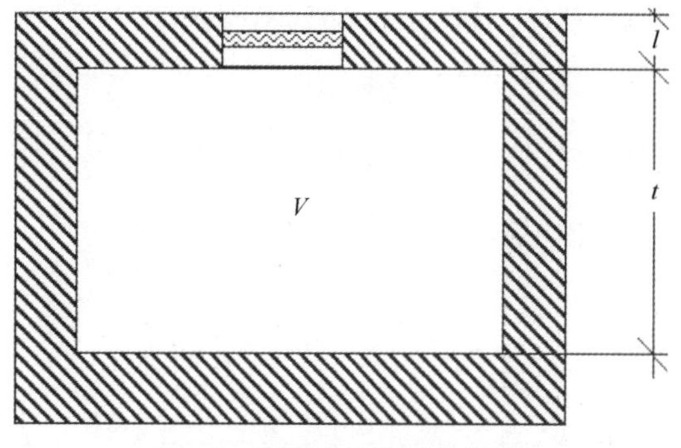

图 9.49　霍尔姆兹共鸣器的基本结构

通常，霍尔姆兹共鸣器的谐振频率通过下式计算。

$$f_R = \frac{c}{2\pi}\sqrt{\frac{S}{V(l + 2\Delta l)}} \quad (9\text{-}71)$$

式中，

c 是空气中的声速，近似为 343m/s（1130ft/s）；

S 是共鸣器的截面积，单位为 m^2（ft^2）；

V 是共鸣器的容积，单位为 m^3（ft^3）；

l 是共鸣器喉口的长度，单位为 m（ft）；

$2\Delta l$ 是口部校正量。

对于正方形的开口，

$$2\Delta l \approx 0.9a \quad (9\text{-}72)$$

式中，

a 是正方形开口的边长。

对于圆形开口，以 Hz 为单位的共振频率 f_R 可由公式 9-71 计算出来。

$$f_R = \frac{100^* \cdot R}{\sqrt{V(l + 1.6R)}} \quad (9\text{-}73)$$

* 美制单位采用 30.5

式中，

R 是圆形开口的半径，单位为 m（ft）；

V 是共鸣器的容积，单位为 m^3（ft^3）；

l 是共鸣器喉口的长度，单位为 m（ft）。

9.3.4.4.4 观众的声吸收

观众的吸声效率与许多因素有关，比如上座率，座椅间和各排间的间隔，衣服，座椅的类型和属性，看台的斜度和房间中的人员分布等。从这一点来看，扩散声场中朝向观众区的声源位置是次要的。图 9.50 所示的是扩散声场中针对各种上座率和座椅类型情况下，每位观众的等效吸声面积测量值。由于在许多房间类型当中，中频和高频的混响时间几乎完全是由观众的吸声量来决定的，所以如果在确定混响时间时将影响观众吸声能力的离散因素考虑在内的话，人们必须要预料到所产生的高误差率，如图 9.50 所示。对于音乐家及其乐器而言，吸声区域产生的离散范围更大，如图 9.51 所示。在大部分空间中最为流行的听众或音乐家区域单侧布局倾向于对声场的扩散形成严重干扰，以至于上面提及的测量到的数值可能有错误，如图 9.50 和图 9.51 所示。

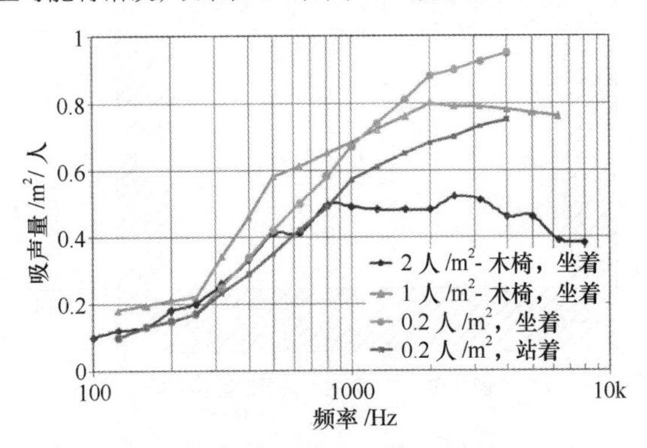

图 9.50 以 m^2/ 人为单位表示的等效声吸收

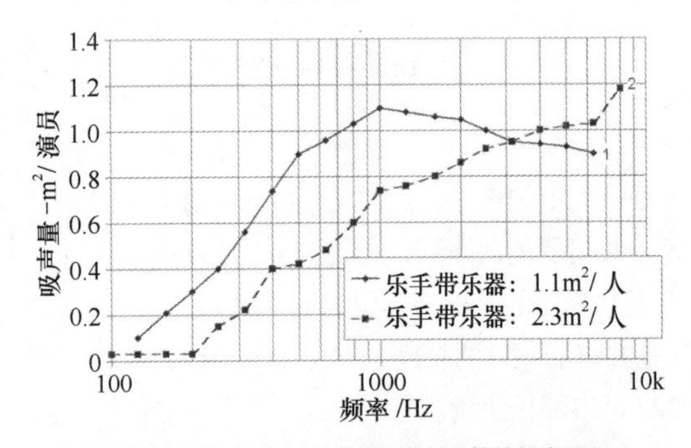

图 9.51 以 m^2/ 音乐人为单位表示的等效吸声面积

尤其是观众和表演区几乎是平坦的布局，掠过观众区的声入射会使直达声和初始反射产生与频率有关的附加衰减。这种附加衰减会通过位于并不重要的声学边界区的声接收器（即耳朵）被强调，以至于这种附加的衰减变得对听觉印象尤为相关。按照莫默茨（Mommertz）的理论 [45]，这种附加衰减的影响可以归因于 3 点：

（1）座位布局的周期性结构迫使低频声音以导波形式传播。在 150 ~ 250Hz 的频率范围上，这种附加衰减导致产生选频式的声级谷，这种声级跌落被称为座位低谷效应（seat dip effect）。图 9.52 所给出的例子就是在 200Hz 附近的频率上出现的这种声级谷 [45]。

（2）在头部位置的声散射产生出附加衰减，尤其在 1.5kHz ~ 4kHz 的频率范围上更是如此，这就是所谓的头部低谷效应（head dip effect），如图 9.52 所示。这种低谷效应影响的程度很大程度上取决于座位的布局和头部相对于声源的取向。

（3）与入射的直达声结合，肩部的散射通过干涉作用产生出频带非常宽的附加衰减。这可以定义出所谓的仰角（如图 9.53 所示）与听众耳朵处中频范围上的声级下降量之间的简单关系（参阅参考文献 45）。

$$\Delta L = -20\lg(0.2+0.1\gamma) \tag{9-74}$$

式中，

ΔL 的单位为 dB；

γ 的单位为 °，$\gamma < 8°$ 。

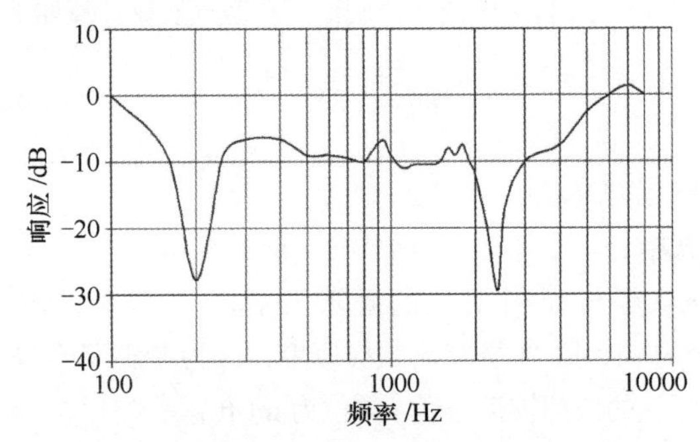

图 9.52 在普通的观众座位布局之上测量到的转移函数量化谱 [45]

图 9.54 所示的是通过公式 9-72 所到的相关结果的图形表示。人们会看到，对于声源和接收者的平坦布局，所产生的最终声级下降量可能高达约 14dB，反之，一个 7° 的仰角足以将声级的下降量降至可忽略程度，例如，不到 1dB。图 9.53 所定义的反射面处在耳朵之下，即 h_L=0.15m（0.5ft），例如，坐着的听众肩部高度 [在地板上沿之上约 1.05m（3.5ft）]。按照参考文献 45 所言，此时的附加衰减只与仰角有关，而与观众区或表演区座位的倾斜作用无关。

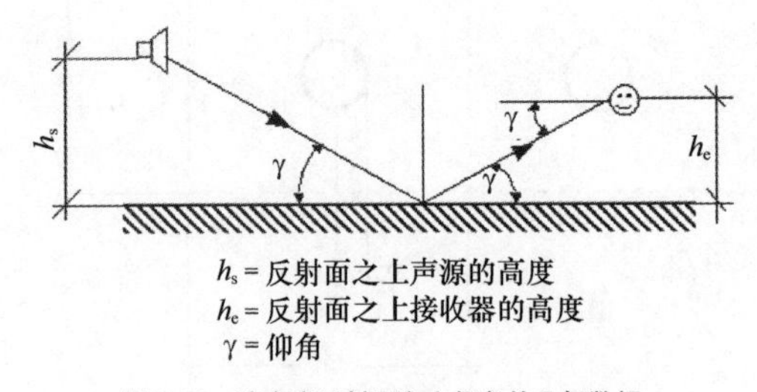

图 9.53 确定声反射面之上仰角的几何数据

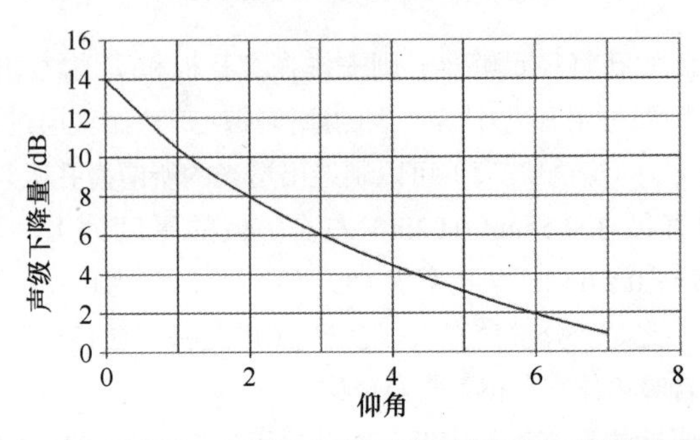

图 9.54 由坐着的观众肩部附近的声衰减引发的声压级下降是仰角的函数

图 9.55 所示的是声源－接收者之间距离为 15m（50ft），超过听众耳朵高度的声源高度对掠射过观众上部的声音所产生的频率相关附加衰减的影响（参阅参考文献 45）。接收者的高度处在地板上沿之上 1.2m（4ft），例子中两声源的高度分别为 1.4m 和 2.0m（4.6ft 和 6.6ft）。由于声源与接收者之间的高度差只有 0.2m（0.66ft），所以人们可以明显地察觉到由中频和低频范围的衰减所引起的直达声成分和初始反射成分的附加音色变化，反之，如果高度差变为 0.8m（2.6ft），声级衰减便降低至 3dB 以下。

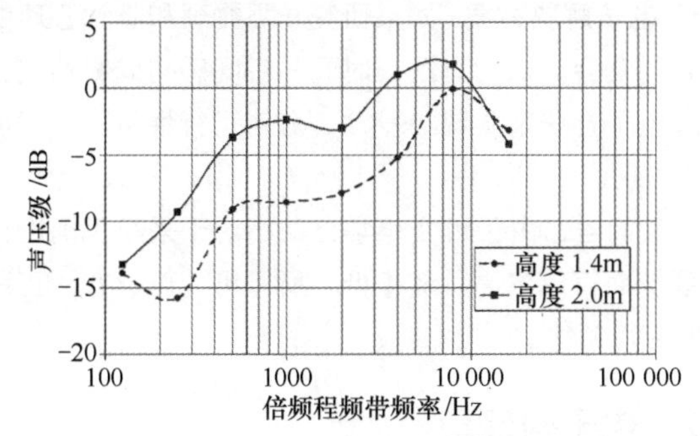

图 9.55　耳朵与声源间的垂直距离对自由辐射场中观众座席处声压级的影响

9.4　结构法或电声法产生的室内声学变化

9.4.1　可变的声学条件

室内声学属性的控制用术语一般被表述为“不同的声学条件（vario-acoustics）”，或者“可变的声学条件（variable acoustics）”。可变控制可以改变声学条件吗？房间的主要结构（容积、尺寸、形状）和附属结构（反射、扩散、吸收）对声学属性的影响非常大。

描述房间总体声学印象的声学参量是由实用功能确定的（参见 9.3.1 部分）。如果这一功能的定义很明确，那么对此所作的响应就是制定出满足应用要求的室内声学方案。然而，对于应用范围非常广泛的房间（即所谓的多功能厅堂）而言，事情看上去就会有相当大的不同。对于采用了专用扩声系统的语言和音乐表演而言，人们希望有短的混响时间，同时混响时间在低频范围稍有延长，降低自然声场的空间感。然而，对于演唱和以自然声源为主的音乐表演而言，人们希望有稍长一些的混响时间来改善空间感。此时的房间音色应表现出较低频率范围上的温暖感。对于其室内声学计划，大部分多功能厅堂采用的是折中的解决方案，保持与主要的应用类型相一致，并且不允许有任何的可变性。声学上较为理想的解决方案应能实现在一定限度内的声学条件改变。这一目标可以通过建筑或电声学的手段来实现。

可变室内声学参量的另一种应用方法是通过影响房间的混响时间、清晰度和空间感来实现其目标，这在一定程度上要归功于它们的构成和尺寸上苛刻的物理边界条件。这主要涉及具有过小容积指数（参见 9.3.2.1）的房间，或者包含大量吸声材料的房间。在此，获得理想的室内声学参量控制的建筑学措施只能是在有限的范围内被采用，因为它们必定采用的方法只能对声场的时间和频率相关声能行为进行刻意的改变。这些方法的有效性通过室内声学参量的对应相关声能分量来确定。要想取得理想的混响时间和空间感改善就需要延长声反射路径，减小对后期声反射的吸收（增加混响声能）。在这一方面，通过电声学的手段可以取得较为有利的结果，特别是因为在这样的空间中，声场结构不会给受控参量提供根本性的支持。从实用的角度来看，本章第 4 节主要讨论的是利用电学方式延长混响时间的方法。对等的建筑学方法将只做基本的概述。

可变声学条件的基础

在改变室内声学参量方法的规划和实现过程中，一定要遵从本质方面的要求，以便房间内听音人的主观听音期望不被过多地破坏：

（1）通过建筑以及电声学方法实现可变声学条件方案的可行性可以依据要改变的室内声学参量的定义（参见 9.2.2 部分）。仅仅是来自声源方向上的附加声反射才会对改善清晰度有确切的作用，与延长混响时间的后期声能增大一样，但附加声反射在提高空间感方面发挥的作用并不大。在空间感增强和混响时间加长的同时，来自房间各个方向上的反射声一定会对听音人产生本质上的影响。在这一方面，利用适当增加尺寸的建筑学措施可以取得不错的结果。然而，要想预期的目标，这意味着高额的技术投入。例如，为了影响混响时间，这里就需要提高空间容积的耦合或去耦合，或者在减少对后期声反射吸收的同时延长声反射的传输声程。可以通过改变吸声材料（窗帘、可旋转的具有不同声阻抗的墙体单元）的方法来获得想要的混响时间和空间印象的减小，吸声材料必须要在所关注的表演形式所要求的整个频率范围上均有效。

（2）所进行的声学有效空间容积耦合一定要与原来的空间构成一个整体，否则就会产生类似音色变化的干扰效果，以及双斜率的混响时间曲线。由于人们倾向于增加空间容积的声学做法，所以不正确的房间尺寸常常会导致声场中衰减过程所产生的空间感与频率有非常大的相关性。额外增加房间容积产生的频率相关混响时间一定会比原来房间的混响时间长一点，或二者至少相等。

反过来的情况就是通过对额外增加的房间容积去耦合来缩短混响时间，为了保持房间容积不变，必然要针对想要的变化提出所要求的声场结构。例如，分配给初始反射和衰减过程的声能越多（现在是提供的声能较少），那么就越不可能产生任何不规则的问题。

（3）利用可变声学法所取得的变化深度的有效程度在声学上一定是可察觉的。例如，主观感知到的混响时间变化辨别阈并不是独立于混响时间的绝对值。中频上 0.1 ～ 0.2s 的变化，以及高达 1.4 ～ 1.5s 的混响时间的主观感知要比此限制值之上的变化要弱一些。因此，要想让混响时间由1.0s延长到1.2s，所付出的更多技术努力产生的痕迹几乎是听不到的，与此相反，由1.6s延长至1.8s，技术应用的痕迹就可以明显地被听到。

（4）听音体验必须与房间的视觉印象完全相符——太大的偏差就被感知为“干扰”和“不自然”。如果电子增强系统产生的混响时间过长，那么对于小容积空间更要将这方面的因素考虑在内（除非是声学分离效果）。

（5）如果采取了可变声学措施，那么原始空间的声场结构必须保持不变。额外修正的声反射必须要对应于房间的频率和时间结构。这一点对于建筑声学和电声学都是成立的，比如，混响增强。与主房间相比较，耦合的额外空间容积一定不能涉及任何可察觉的音色变化。除非是特殊插件所需要的不相关效果，否则利用合成产生的以声场为基础的电声房间声音模拟器只能在符合原始房间的前提下改变传输函数。

（6）混响时间和空间感的增强只能是在许可的边界范围内进行，在该范围内，总体的声学印象不被明显地干扰。边界总是被或多或少地控制，从而使得控制声场偏离原始房间的声场。

实现可变声学所要考虑的问题。按照设想的目标，如下主要的实现对象可以针对可变声学做出明确的表达。

（1）大的空间容积（大的容积指数）或混响空间

- **可变声学的任务：**清晰度和确定性的增强。混响时间的缩短和空间感的削弱。
- **建筑学解决方案：**除了声源的适宜分层安排之外，可变的天花板和可移动的墙壁单元必须要设置在规定的位置，以增强音乐的清晰度和语言的可懂度。改变剧场中靠近舞台区域的墙壁和其中音乐罩的倾斜度等，建立起与目标转换相一致的新的基本反射。

低频的可变机制形状中的宽频带吸声体与窗帘或可旋转的具有不同墙壁声阻的边界单元相结合，以此缩短混响时间，削弱空间感。在布局可变吸声体时，一定要对这些单元的频率相关性加以关注。根据单元的位置情况，所安装的可旋转墙壁单元之间的窄槽可能形成我们并不需要的额外低频吸声体。在窗帘的特有应用情况中，低频的摩擦会引发声音明亮度变差的问题出现。

可以通过仔细地调整后期声反射机制来有效缩短宽频带混响时间。这可以利用可移动空间分割墙体来达到，可移动墙体会缩短房间的最大长度或宽度点的声反射传输距离，以及缩短朝向吸声听众区的直达声和反射声的声程。例如，为了达到这样的效果，也可以通过分割挑台或顶层楼座的空间容积（来减小空间）的方法来实现。

- **电子解决方案：**附加的电子化建筑系统可用来改善确定度和清晰度。然而，缩短混响时间或削弱空间感是不可能通过电子手段来实现的。

（2）小空间容积（低容积指数）或强吸声房间

- **可变声学的任务：**延长混响时间和增强空间感。
- **建筑解决方案：**延长混响时间的一种手段就是将额外的空间容积与主空间耦合为声学上的一个整体。利用最大房间长度或宽度的主动声反射导向，可以让声音重复地在房间的边界表面和天花板间进行反射，从而达到加长传输路径的目的，进而延续听众区的吸声过程（比较一下莱比锡新格万特豪斯大音乐厅）。这种方法首先可以用来处理整个早期衰减时间，其主要目的是延长主观感知到的混响持续时间。
- **电子解决方案：**如果研究一下物理和听觉心理的理论，人们就会认识到对混响时间和空间感构成影响完全可以通过电子方法来实现。9.4.2部分对可行性解决方案进行了详细说明。

一般而言，由于可变声学方法相对于采用正确设计的音响系统而言成本高且效率低，所以可变声学方法正逐步丧失其应用领地。

9.4.2 电子构架

要想在室内以及开放空间中建立起良好的空间音质，还是要保持室内声学的目标。这就是为何在有些国家将室内声学称为建筑声学的原因。

建筑措施的局限性由来已久。其不足主要表现为：

- 所考虑的声源只具有有限的声功率速率。
- 室内声学的改变可能会让建筑设计发生巨大的改变，并且不能保证总获得最佳应用。
- 有关室内声学的措施可能会使施工量产生相当大的变化，而所做的这一切是为了达到预期效果。
- 除了高成本之外，施工量的改变却收效甚微。

正是基于上述原因，采用音响系统来影响特定的室内声学属性，进而改善可闻性的做法正在日益普及。这种做法在改善可懂度及空间感方面同样有效。因此，当人们聆听某一声音时，如果不能区分其良好音质是因为原始声学产生的，还是因为使用了安装的电声设备所产生的，那就可以说房间的声学设计做得不错。

音响安装技术的另一个任务还包括利用电子手段修正信号，使其特定的属性不受听音环境的影响。有必要利用定向扬声器系统来尽可能地抑制各自听音环境的声学属性给听音带来的影响。还可以利用合适的辅助室内声学手段来创建出干的声学环境。

混响（房间的混响时间）不能借助音响系统来减小。在典型听音位置处，直达声声级具有很重要的意义。另外，提高语言可懂度和音乐清晰度的短时反射也可以通过扩声系统来提供。

以下声场成分可以被控制或生成：

- 直达声。
- 配合直达声效果的初始反射。
- 混响的初始反射。

• 混响。

为此，所开发的电子技术打开了提高厅堂直达声或混响时间及其能量的可能性之门，即直接影响室内声学属性。

改变房间室内声学属性的这种方法如今被称为“电子化建筑”的应用。

9.4.2.1　增强空间感的声延时系统的使用

这些做法尤其对影响混响声的初始反射声能起作用。

9.4.2.1.1　立体混响

已经过时的该做法利用的是延时设备，这种设备不仅产生分立的初始反射，而且还能产生混响尾音。这里所选择的反射序列不能使冲击性的音乐主题产生诸如颤动回声这样的梳状滤波器效应。简单环绕声系统的作用可以描述为：直接由原始声源发出的直达声直接辐射到房间，它们与具有足够声延时的系统（在最初阶段，这一延时系统还是磁性记录系统）所产生的延时信号相混合，延时系统发出类似于墙壁或天花板产生的延时反射。这要求在房间中合理地分布附加的扬声器，为的是发出尽可能呈扩散形态的延时声。为了进一步延时声音，可以给延时链路的最后输出安排输入的附加反馈。这类系统是由克莱斯（Kleis）最先提出的[51]，并且在几座大的厅堂内实现了安装运行[52, 53]。

9.4.2.1.2　ERES（Electronic Reflected Energy System，电子反射能量系统）

这一系统是由杰夫（Jaffe）提出的，它基于用于产生所谓的混响—声音—效率初始反射的早期反射模拟技术[54]，如图 9.56 所示。

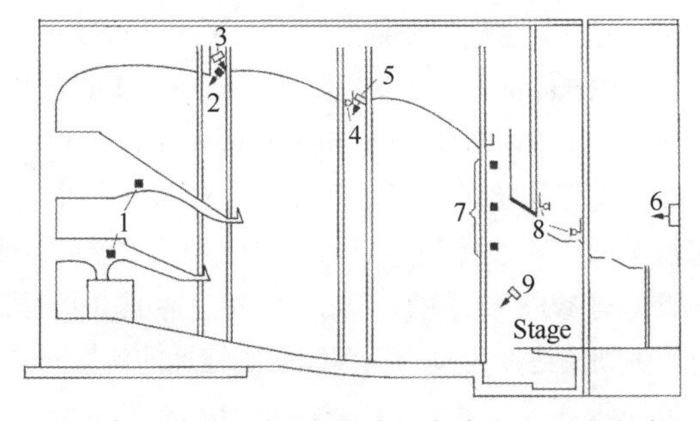

1. 14 对 AR 中的一对（受援共振）/ 挑台下的 ERES 扬声器
2. 90 个 AR 扬声器中的一只
3. 第 3 级天花板中 4 只 ERES 扬声器中的一只
4. 90 支 AR 传声器中的一支
5. 第 2 级天花板中 4 只 ERES 扬声器中的一只
6. ERES 舞台扬声器柱
7. 6 只 AR 台唇扬声器中的 3 只
8. ERES 传声器
9. 2 只 ERES 台唇扬声器中的 1 只

图 9.56　位于 Oregon Eugene 的 Eugene Performing Arts Center 的 Sivia Hall 中的 ERES/AR 系统

借助舞台附近区域墙壁上安装布置的扬声器以及对应用其中的延时、滤波和电平调整使用的变化范围，可以产生适合的侧向反射。因此，空间感可以利用更长混响时间所产生的更宽声学出口或更短混响时间所产生的较窄声学出口的模拟来实施充分的影响。这种方法提供了以下功能：

• 适应声学要求。
• 模拟不同大小的厅堂。
• 优化确定度和清晰度。

杰夫（Jaffe）及其同事对电子建筑进行了说明。其中可以肯定的是，这种有选择性地插入反射确实可以模拟出所研究的有缺陷房间的室内声学属性，并以此对其室内声学结构的问题进行补偿。在俄勒冈州的尤金表演艺术中心安装了第一套此类系统之后[55]，Jaffe-Acoustics 先后在美国、加拿大等国家的许多厅堂中安装了这类系统。目前在世界上，扩声系统中采用电子延时方法已经成为一种普遍的做法，并且现在这已经成为插入延时信号的标准技术（例如，模拟后期反射）。人们可以说，电子建筑所产生的这类反射被有意或无意间用于各种情况。

9.4.2.2　基于传输时间的混响时间增强系统

这种方法主要用于增强后期混响声能，进而加长混响时间。

9.4.2.2.1　受援共振

为了优化 1951 年伦敦建造的皇家节日大厅（Royal Festival Hall）的混响时间，Parkin 和 Morgan[56, 57] 提出了一种可以延长混响时间，尤其是低频范围混响时间的方法，如图 9.57 所示。

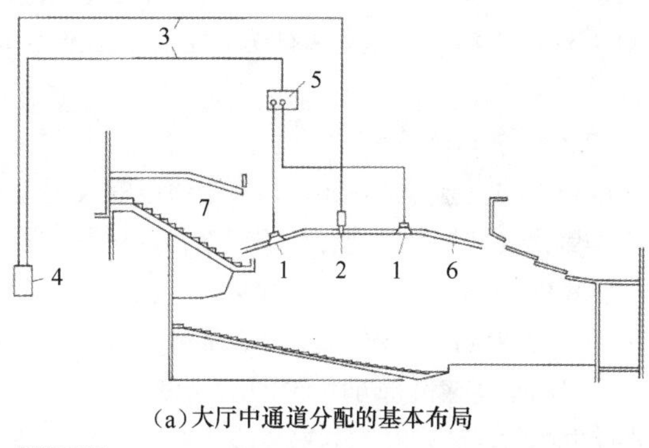

（a）大厅中通道分配的基本布局

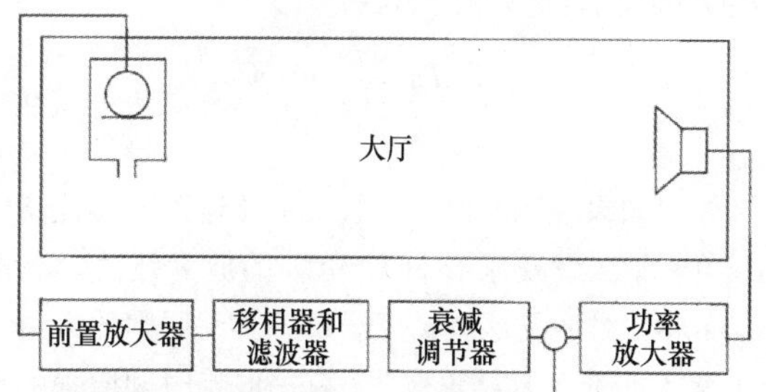

（b）AR- 通道的构成（传声器位于共振室）

1. 在天花板和上部墙区域各有 60 只扬声器
2. 在霍尔姆兹共振器小室内有 120 支传声器
3. 120 条传声器和扬声器电缆
4. 针对 120 个通道的遥控移相器
5. 扬声器箱分配器
6. 用来改变空间容积的可移动天花板
7. 挑台

图 9.57　受援共振系统

帕金（Parkin）和摩根（Morgan）提出了这样的假设：任何房间都存在着大量的本征频率，这些本征频率按照边界表面的吸声特性，通过 e 函数建立起具有节点和腹点衰减过程的驻波。这种衰减过程在相应的频率上具有房间混响的特征。在空间中，任何驻波都具有其特定的取向，在声压最大处（振动波腹）所设置的传声器会呈现这种指定频率的情况。由传声器所拾取到的能量经由放大器提供给安装在远处同一驻波波腹处的扬声器，以便对吸声所失去的能量进行补偿。因此，该频率的能量可以维持更长一段时间（受援共振）。通过增加放大量，可以将该频率的混响时间延长得相当长（直至开始出现回授为止）。借助辐射扬声器的空间分布，它可以提供相应的空间印象。

这些考虑对于房间的所有本征频率都成立。然而，通过各个本征频率的波腹决定传声器和扬声器的布局地点可能很困难。因此，传声器和扬声器被安装在并不太临界的位置点上，并通过移相器来驱动。传输通路中，存在一些额外插入的滤波器（霍尔姆兹共鸣器，带宽近似为3Hz），它们可以让传输通道只响应对应的本征频率。应格外注意的是，辐射扬声器的布置位置距离表演区的距离不要远于距相应传声器的距离，因为这样最先达到的混响信号可能会造成声源定位错误。

安装在许多厅堂内的这些系统已经过时了。尽管它的技术成本很高，且系统要求只能使用受援共振，但在相当长的一段时间里，它还是在提高混响时间的同时又不会对声音产生影响的最可靠的方案之一，在低频范围下尤甚。

9.4.2.2.2 *多通道混响*

利用大量的宽频带传输通道，每个通道的放大量低至不会引发因出现回授而改变音色的程度，这种做法最早是由弗兰森（Franssen）提出的[58]。如果各个通道处于正反馈门限之下，并只给出很少的放大量，那么大量通道便能产生出明显提高空间感和混响时间的能量密度。

混响时间的提高量由下式决定

$$\frac{T_m}{T_0}=1+\frac{n}{50} \qquad (9\text{-}75)$$

例如，如果混响时间被加长一倍（这意味着能量密度也加倍），那么就要求有50个单独的放大链路。奥斯曼（Ohsmann）[59]对涉及这些扬声器系统实用原则的大量论文进行了深入研究，其结论表明：有关混响时间增强的预测结果在实践中并不能实现。他还引用了Franssen的“对通道间正交耦合考虑不够充分可能是导致偏离理论的原因”的结论[1]。

系统依据的技术方法是由Philips提出的，名曰混响系统的多通道放大（Multi-Channel Amplification of Reverberation System，MCR）。它被用来提高混响感和空间感[60]。根据生产厂家给出的技术指标，90个通道可以将平均的混响时间由约1.2s加长到1.7s。据说，甚至更长的混响时间也是可以实现的。如今这种技术在中型和大型厅堂中还在被广泛地应用（最先应用的场所是埃因霍温的POC剧院，如图9.58所示）。

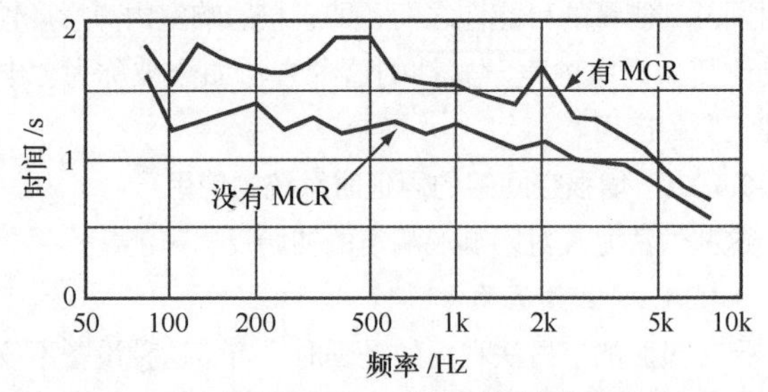

(a)有和没有MCR时的混响时间频率响应

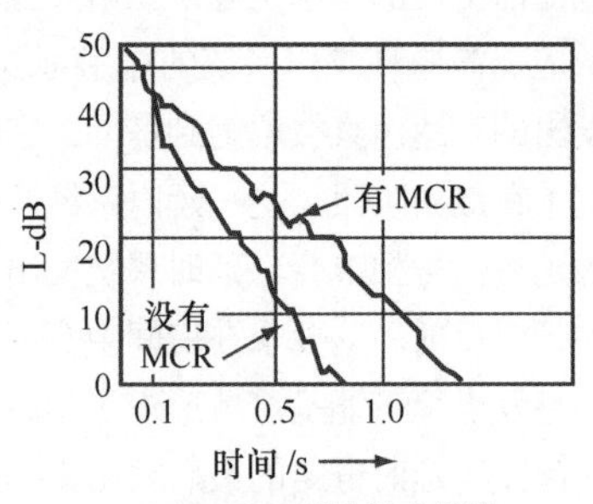

(b)400Hz时的混响特性

系统的技术数据：大厅容积：3100m³，舞台容积：900m³.
90个通道(前置放大器、滤波器、功率放大器)
天花板吊装了90支传声器
侧墙、天花板和挑台下方共安装有110只扬声器
10个步阶的混响遥控

图9.58 位于埃因霍温的POC剧院中的MCR系统

9.4.2.3 增强混响和空间感的现代程序

9.4.2.3.1 *声学控制系统（ACS）*

该系统是由荷兰代尔夫特大学（University of Delft）的贝尔库特（Berkhout）和德•弗里斯（de Vries）提出的[61]。基于波场合成法（wave-field synthesis approach，WFS），作者对提高房间混响感进行了全面尝试。从本质上讲，这确实是超越了利用直线排列传声器获得信号的数学-物理卷积的结果（与WFS要求的一样）。房间的特征由处理器预先确定，房间最终产生具有新混响时间特性的新房间特征，如图9.59所示。

上面框图所示的是用于扬声器-传声器对的ACS电路的原理图。人们从中可以看到，声学专家制定出理想的房间特征（例如通过计算机模型），并通过适合的参量将这些特征映射到模拟器中，并用厅堂的实际声学特征对这些反射模式实施卷积。图9.59所示（原文文图不对应，已改正）的是ACS系统的完整框图。与其他的系统不同，ACS并未使用任何反馈回路，因此由自身激励现象引起的音色改变是看不到的。在荷兰、英国和美国很多厅堂都在使用这样的系统。

9.4.2.3.2 *点播系统的混响*

对于该系统，传声器信号拾取自声源附近，在将信号送至拥有支路的延时线之前，信号线要通过一个逻辑开关门电路。该输出配备有类似的门控。当传声器信号恒定或升

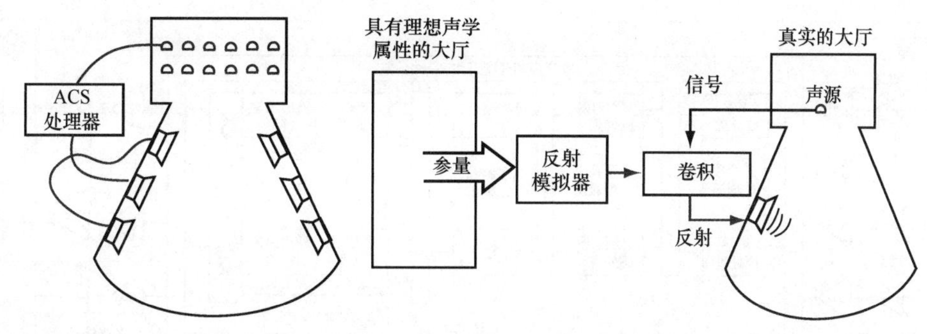

图 9.59　图示出扬声器 - 传声器对的声学控制系统的框图

高时，逻辑控制电路打开输入门，关闭输出门。反之，当传声器信号下降时，它将关闭输入门，开启输出门，如图 9.60 所示[62]。

虽然这样避免了声反馈的发生，但该系统却不能提高伴随连续音乐的侧向能量，这也就使其不适用于音乐演出。因此现在已不再使用了。

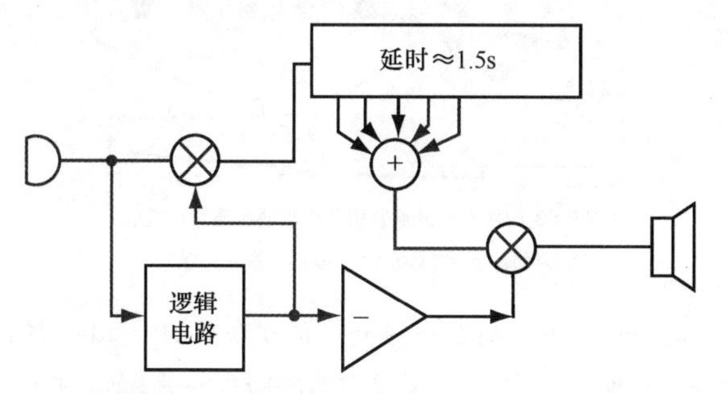

图 9.60　混响点播系统（RODS, Reverberation on Demand System）的原理

9.4.2.3.3　LARES

Lexicon 公司提出的 LARES 系统采用的是标准化的房间处理器 480L 中的模块，在特殊软件的支持下，模块模拟出想要的衰减曲线，如图 9.61 所示。我们需要在墙壁和天花板区域设置大量的扬声器。其输入信号只是由靠近声源附近区域的几支传声器拾取的[63, 64]。由于是时变信号处理（大量的独立时变混响设备进行的处理），所以混响时间的调整不能准确地重复进行。因此，常见的计算机控制测量软件（比如基于 MLS 的测量软件）是不能测量衰减曲线的。除了 ASC 系统之外，LARES 系统被广泛地应用于欧美地区，如柏林歌剧院（Staatsoper Berlin），德累斯顿话剧院（Staatsschauspiel Dresden）。

9.4.2.3.4　*改善声学性能的系统* (SIAP)

SIAP 的基本原理是利用相对少量的传声器来拾取声源所发出的声音，对声音进行适当的处理（利用处理器进行卷积，即将房间的室内声学参量及其目标参量进行电子迭代），之后再通过足够数量的扬声器将声音馈送回厅堂，如图 9.62 所示。其目标就是通过电子的方法产生理想的自然声学属性。为了获得空间扩散，则需要大量不同的输出通道。进一步而言，可取得的最大声学放大量取决于非相关的通路数。与简单的反馈通道相比，拥有 4 个输入通道和 25 个输出通道的系统能够产生高达 20dB 的反馈前放大量。当然，这一结论只有在每个输入和输出通道与其他输入 / 输出通道被足够去耦合的前提下才成立。每个听众座位接收到来自几只扬声器的声音，每只扬声器发出的信号都与任何其他扬声器发出信号存在一定程度的处理差异[65]。

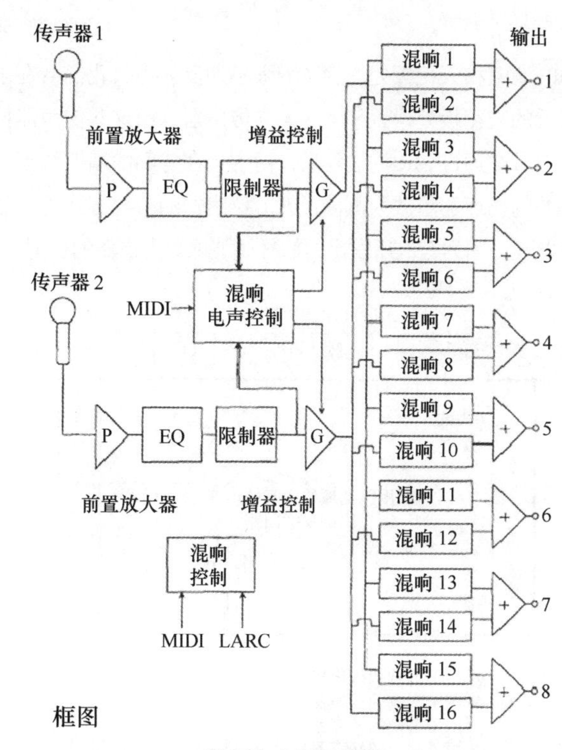

图 9.61　LARES 框图

9.4.2.3.5　*有源声场控制*，AFC

由 Yamaha 公司开发出的有源声场控制（Active Field Control，AFC）系统[66] 主动地利用声学回授来增加声能密度以及延长混响时间。然而，在采用声学回授时，重要的是要避免出现音色上的改变，同时还要确保系统的稳定性。为了达到这样的效果，人们使用了所谓的时变控制（Time Varying Control，TVC）的专用控制电路，该电路由两部分组成：

- 电子传声器旋转器（Electronic Microphone Rotator，EMR）。
- 脉动 FIR（fluc-FIR）。

EMR 单元周期性地扫描边界传声器，同时 FIR 滤波器阻止回授的形成。

为了增加混响，传声器被布置在扩散场，并且仍处在靠近声源的区域内（如图 9.63 右边所示的灰点）。扬声器处在

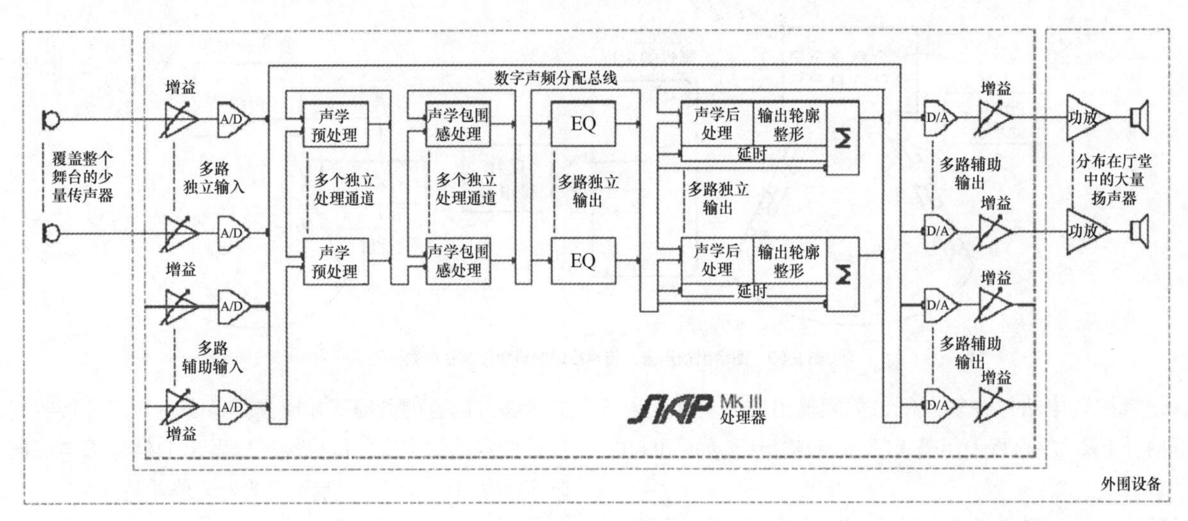

图9.62　SIAP的原理电路框图

房间的墙壁和天花板处。为了增强早期反射声，我们共在声源附近的天花板处设置了4～8支传声器。由这些传声器拾取的信号在通过FIR滤波器后，由安装在房间的墙壁和天花板区域的扬声器重放为侧向反射。扬声器的布局方式不应被轻易发现，因为它们所发出的信号要被感知为自然的反射。

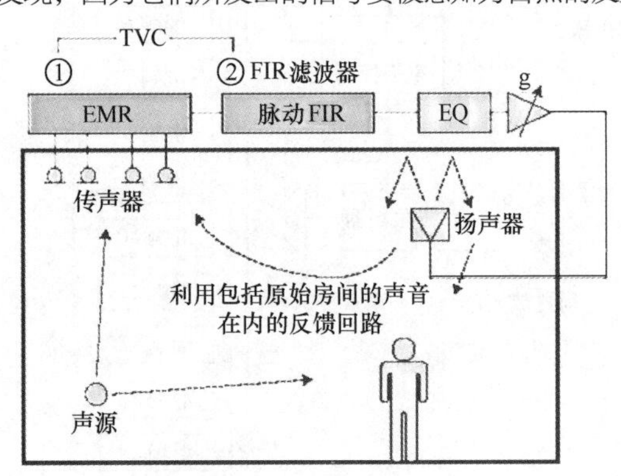

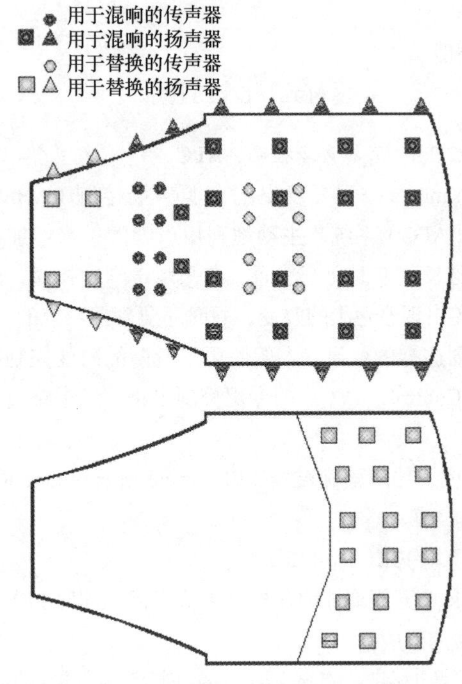

图9.63　由Yamaha公司开发出的有源声场控制（Active Field Control, AFC）系统

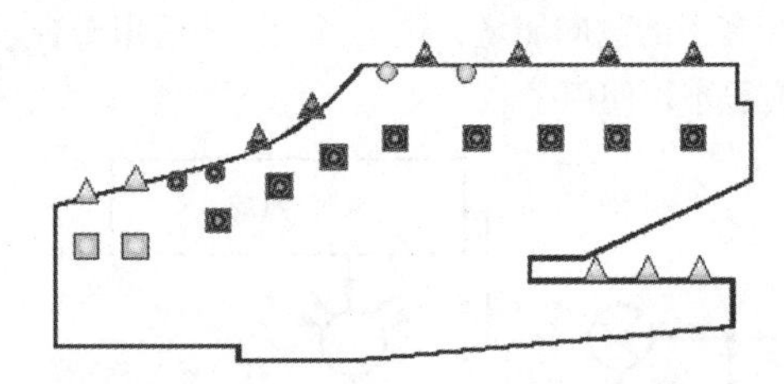

图9.63　由Yamaha公司开发出的有源声场控制（Active Field Control, AFC）系统（续）

进一步而言，AFC系统允许从观众区的中间区域拾取信号，并通过挑台下方区域安装的吸顶扬声器重放出来，以此增加空间感。

9.4.2.3.6　*虚拟室内声学系统*（Virtual Room Acoustic System CONSTELLATION）

Meyer Sound公司提出的CONSTELLATION是一个用来增加混响感的多通道再生系统。这一系统的开发借鉴了20世纪60年代弗兰森（Franssen）[58]在开发MCR[67]时考虑过的理念。有关原理早就被使用者描述过了[68]。CONSTELLATION以我们更容易适应的电子混响处理器取代了附属混响空间。

现代电子器件和DSP已经可以使设计出的电路普遍排除了音色变化的可能。这是通过主空间A（剧场或音乐厅）与附属空间B（混响空间处理器）的耦合来实现的。同时，重放通道的数目会随同声音事件音色的变化而减少。同样，这也可以使早期反射得到增强，比较图9.64。

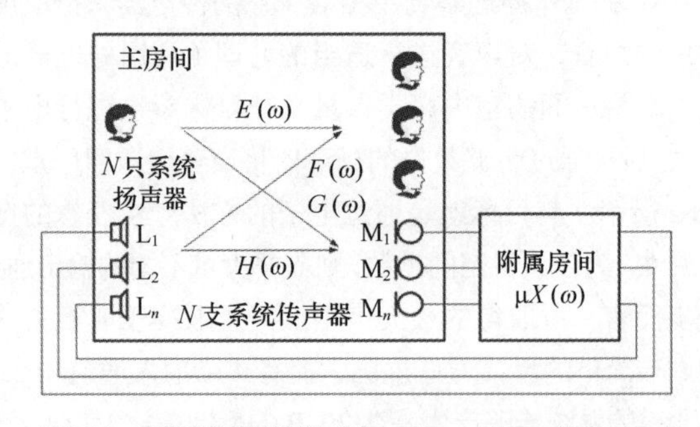

图9.64　虚拟房间声学系统（Virtual Room Acoustic System）CONSTELLATION的基本原理

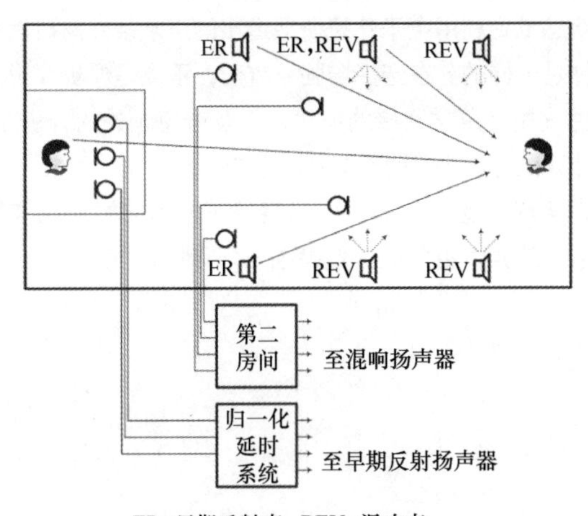

图 9.64　虚拟房间声学系统（Virtual Room Acoustic System）CONSTELLATION 的基本原理（续）

与其他系统相对比，CONSTELLATION 在房间内使用了类似数量的传声器和扬声器。为了达到这样的效果，传声器被放置在房间内所有声源的混响或扩散声场中，并通过前置放大器与数字处理器连接。随后，处理器的输出被连接到功率放大器和扬声器，以进行信号的重放。

对于 CONSTELLATION 系统，有大量的小扬声器 L_1 ~ L_N(40 ~ 50) 分布在房间内，当然它们也可以被用于全景或效果目的。10 ~ 15 支精心摆位且并不显眼的传声器 m_1 ~ m_N 被用来拾取声音，并将信号传输至效果处理器 $X(\Omega)$ 上，在这里产生出想要的且可调整的混响。因此，所获得的输出信号被回馈至房间。这种解决方案的优点在于精确调谐的混响处理器具有很好的可再生性，因此结果也是可度量的。

9.4.2.3.7　CARMEN

这一系统是一面可以通过电子手段修改其反射属性的墙壁[69]被称为 CARMEN。CARMEN 是法文“有源混响调整（Active Reverberation Regulation）”的缩略词，它通过虚拟墙壁的自然效果工作。在墙壁上，安排有构成新的虚拟墙壁的有源单元。单元由一支传声器，一个电子滤波器器件和一个用来重放所拾取信号的扬声器组成，如图 9.65 所示。传声器一般位于距离自身单元扬声器 1m 处，这一距离大约是典型厅堂扩散场距离的 1/5。因此，它也可以称为“局部有源系统”。

倘若人们未选择易于引发回授的过分单元增益，那么每个单元就可产生出想要的人工反射衰减。为了避免产生回授，人们采用了指向性足够强的传声器和内部回声抵消算法。另外，还可以对传声器信号进行电子延时，使单元产生本质上的偏移，让房间的容积产生视在的扩大。

自 1998 年以来，CARMEN 已经在十余座重要的管弦乐厅进行了安装测试。结果表明：它的效果在演出管弦乐的剧场中尤为明显。在这样的空间中，它对远处挑台下方区域的声学属性的改进非常明显。在巴黎的莫多加尔剧院（Mogador Theater）中，在挑台的侧墙和天花板处安装的 CARMEN 大大地改善了其声学表现。

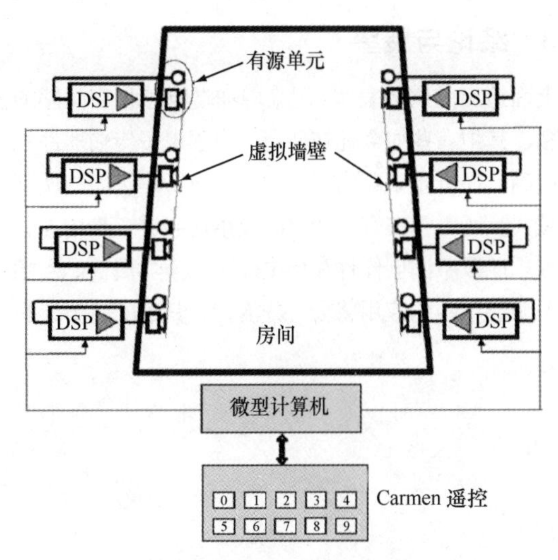

图 9.65　有源混响调整系统（Active Reverberation Regulation System, CARMEN）的基本原理

在一间 500Hz 时混响时间为 1.2s 的房间中使用 24 个单元，可以将混响时间延长到 2.1s。另外，它还能产生出各种类似于展宽声源或改善侧向反射的包围感的空间效果，这些性能是大的管弦乐队和独奏者都希望实现的。

9.4.2.3.8　VIVACE

VIVACE 是一种功能十分强大的室内电声学增强系统。它在室内乃至室外都能创建出虚拟的声学环境，一般被用来改善声环境属性中空间过小或混响不足等性能。VIVACE 所创建出的理想音乐厅或任何其他空间的声学印象既可以是永久性的，也可以是只针对特定的事件。

VIVACE 可以确保声音的细节准确性非常高，瞬态响应完美，同时还具有异乎寻常的反馈稳定性。它会产生出均匀且完全理想化的三维声，满足各种现场应用的声学要求，同时又具有最大程度的灵活性和准确性。

VIVACE 还可以使声源和效果声在声环境中自由地移动。

VIVACE 系统是由拾取舞台表演的几支传声器、房间属性增强主机、一个声频 I/O 矩阵系统、多通道数字放大器、遥控监听和扬声器组成。VIVACE 对来自舞台传声器的实时信号进行数字化转换、分析和处理，随后通过准确安装定位的扬声器重放出来，如图 9.66 所示。利用智能化的卷积算法，VIVACE 可以在低混响空间中重建出几乎任何的声环境。2012 年，中国大连的国际会议中心（Dalian International Conference Center）和俄罗斯莫斯科的新民间剧院（New Folklore Theater）安装了 VIVACE 系统。

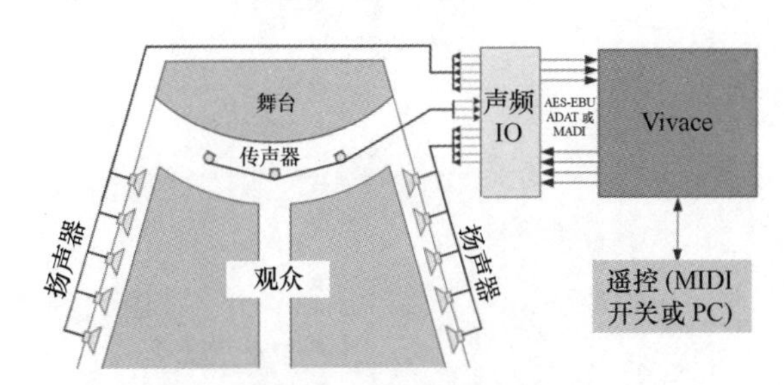

图 9.66　VIVACE 增强系统的框图

9.4.3 结论与展望

上面给出的比较表明：用来增加混响感和空间感的方法有很多，其中有些如今还在使用。由于电子传输器件的质量稳步提高，在音乐人圈内尚存的对“电子建筑”的质疑声音正在减弱，所以它在音乐厅中的应用还会进一步增加，用于赋予音乐厅以不同创作性和历史印迹的声学属性。当然，在所谓多功能厅中的应用将会十分流行。其目的是要让音乐人和观众感觉到利用电子建筑所塑造出的声学条件与自然的声学条件是一样的。在选择增强系统时，重点是要更改设定的简便性或免遭声学回授的危害，以及避免无关的音色变化。现代计算机仿真将有助于抑制潜在的回授。

为实现可变声学而付出昂贵建筑成本的做法已被越来越多的人放弃，更何况其效果也十分有限。

第10章

教堂声学与音响系统考量

Doug Jones编写

如果一个人从宏观角度看待教堂建筑分析与分类这一问题，他便可以开始对教堂中人与教堂建筑间的互动关系进行更为深入地了解。若能对细节做进一步的研究，对期望的室内声学做更深入地思考，即空间声学和媒体方式，尤其是所用的音响系统，那么他就可以在混沌中理清其中的不同模式。

事实证明，对于任何特定的教堂而言，礼拜风格是对声学空间类型，以及所需要或偏爱的音响系统进行预测的最准确因素。

第一种礼拜风格有许多称谓，但将其称为“庆典风格”（*Celebratory style*）或许是最好的。这种风格的教堂的活动遵循非常传统的礼拜仪式，有些人将其中庆典的高潮称为弥撒（Mass），另一些人也把它称为圣餐仪式（Divine Liturgy）。接下来的这种礼拜风格称作福音派风格（*Evangelical style*）可能最为贴切，因为它主要举行誓词宣读和个人忏悔、救赎等仪式。再下来这种风格称为体验式风格（*Experientical style*），因为它强调的是对上帝改造生命的体验。最后一种风格称为社区礼拜风格（*Community style*），它是将教堂视为是个体诉求和信众中间承诺的表达。

10.1 庆典风格

在庆典风格的礼拜中，象征主义是非常重要的。实际上，建筑风格和装饰等各个方面都具有一定的含义，它对举办的活动起到气氛烘托的作用。这是唯一一种以视觉感受作为礼拜活动重要组成部分的礼拜风格。的确，在有些形式的庆典礼拜，所有5个感官感受均包含其中。教堂的铃声、赞美诗的吟唱声、祷告声，以及讲话声和音乐的反应是所有庆典礼拜的核心部分。

10.1.1 声学考量

有时，尤其是在较大的城市中，庆典教堂会是座大教堂。比如，纽约的圣约翰大教堂（Cathedral of St. John），圣殿可容纳约5000人就座。有些小的教堂空间仅能容纳200人。在这种传统中，大小并不重要。弥撒可以为1个人举办，也可以为数千人举办。

为了创建或保持一个用来传递礼拜庆典风格的声学环境，我们在声学领域能做些什么呢？我们迈出坚实的第一步就是要确保1）不损害且2）可以实现庆典教堂的建筑风格，因为象征意义胜过一切！重要的是要避免做出有损于声学空间的事情，同时采取主动的措施，产生出适宜的声学空间。当然，其中的一种“有害”形式就是噪声。对于所有形式的礼拜，庆典形式的礼拜是最有可能被过大的噪声所破坏的。设计团队应力争将噪声声级控制在不超出NC25的水平。对于城市环境，尤其建筑物存在许多大窗户时，这可能会是一项颇具挑战性的工作。

另一种“有害”形式就是存在不符合我们要求的混响。声学工作者有时倾向于将混响视为是敌人。确实存在着混响时间过长，需要对其进行创造性控制的场所。然而，对空间维度大小的感知通常是伴随着两种感官的体验。眼睛看见大的结构并留下深刻印象。听觉系统同时检测到确认和加强尺度感的初始时间间隙，并对加强空间印象产生贡献。

许多庆典教堂还安装了管风琴。在美国国内的所有教堂类型当中，人们最有可能在庆典风格教堂中见到功能性管风琴。如果管风琴被认为是新设施的话，那么它将主导有关室内声学的讨论。虽然在某种程度上，追加一百万美元投资来明确房间的声学性能的做法是合理的，但是人们不应忘记我们所要空间的目的，空间并不只是为了管风琴。最后要说的是，这不是一个演出空间，而是个特别的空间，它主要是服务于弥撒。诸如举办管风琴独奏会等其他用途则是这种空间的次要功能。

概括来说，对于那些较早的教堂，主要的声学议题可能就是混响。虽然混响可能非常适合于管风琴和赞美诗，但并不适合其他的事情。提出处理方法是非常明智的做法。明确的做法就是：它没破败，就不去修理它！或许终极目标就是让教堂具有可变声学特性，将适合于管风琴音乐和赞美诗吟唱的中频频段混响时间从约3s调整至适合于“现代的”或“其他的”弥撒形式的1s或更短。

10.1.2 音响系统考量

或许您可以说对于庆典风格的建筑而言最具挑战性的事情就是活动中有演出。其实这类活动并不是演出！虽然对于旁观者来说可能差不多就是一回事儿。尽管它包含有露天的历史剧，甚至还有一些舞蹈和音乐表演，但这不是一场演出。对于大多数教堂而言，在活动中穿插的演出所隐含的任何商业主义色彩都会被人们以非常疑惑的眼神加以审视。教堂可能安装有用灯光系统，不过对灯光系统控制的制约因素就是并没有任何地方可供专人去“操控灯光”。这就解释了为何在大部分情况下为庆典教堂在会众座席中安装调光台，并派一个人“调光”会是多么困难地一件事。活动经常是在声学空间最恶劣的环境中完成，这要求利用复杂的音响系统传递出可懂度高的语声。此外，大部分教区会在一周的不同时间里提供服务，而参加的人数可能只有几个人，也可能坐满整个教堂。音响系统的运作要考虑到上述所有这些情况，不过用于庆典教堂的系统几乎不会从人的手动控制中受益。这里的系统通常是自动工作的，并且表现出明显的折中特点。尽管这种做法看上去很奇怪，但是在这种风格的教堂中，音响系统的外观形式非常重要。虽然大型的中置音响系统或居中安装的线阵列音箱对提高语言的可懂度大有好处，但如果这样做分散了主题在人们视觉中的中心地位，那么就应拒绝采用这种做法。

采用很容易与建筑风格相融合的极高Q值或至少是非

常强指向性的音响系统来解决语言可懂度问题。在旧式的大教堂中，可控的音箱阵列系统可能非常有用。建筑风格将占据统治地位。如果可以确保音响系统能为每个人提供出可懂度完美的声音，那么它很可能看上去很不美观，从而导致方案无法实施。这就需要借助技术来使音响系统不那么显眼。

21 世纪所面临的严峻挑战之一就是许多教堂还没有对每周开展的事情有很清晰的认识。他们一边要让活动具有非常强的历史感，通常是要保留很久之前流行的教堂建筑风格样式。与此同时，许多教堂为了能吸引新的受众来参加活动，便尝试在仪式中结合进音乐，而这种音乐形式要求的声学特性往往是与空间的声学特性相抵触的。在混响时间长达 6s 或更长的空间中使用鼓乐器是非常困难的一件事！

在传统大教堂风格的教堂中，音响系统所面临的另一个问题就是唱诗班和管风琴的位置问题。通常，它们是处在教堂后部的挑台或顶楼位置。在这里，人们要遵循的一个铁律就是“如果它没破，就不要去修理它”。通常房间的声学特点就是让唱诗班的歌声不用扩声放大也能为人们很好地听到。尽管假使没有唱诗班和管风琴演员，但有独唱演员和管风琴演员，或者有唱诗班和需要扩声的独唱演员时，问题可能会变得棘手。在这种情况下，就需要拾取独唱演员的声音，并将其送至音响系统，不过要牢记的是，他们可能需要在旁边加个低声级的无延时返送监听音箱。如果音响系统的主音响系统朝向教堂的前排，或者安装了带延时音箱的分散式扩声系统的话，那么声学或电学意义上的延时将可能使管风琴手无法进行演奏。虽然非常靠近管风琴手安装的低功率监听音箱会有助于缓解这一问题，但是要小心监听的声级，不要让这种无延时的信号回授至教堂的主要区域。

10.2　福音派风格

福音派教堂实际上根本没有象征性元素。福音派教堂是一个功能性空间。这些教堂的规模从很小的，根本无须任何扩声设备，到有数千人参与，且需要大型音响系统的都有。

10.2.1　声学考量

虽然音乐在所有四种风格中都存在，但是在福音教派风格中，音乐可能是发展得最好且参与度最高的环节。将音乐作为演出形式来展现也存在一定的限制因素。对于福音教派风格教堂的建筑样式需要针对发自讲坛的语言声进行优化，参加的人要听清这一声音，参加者要能听到来自舞台的音乐，而且参与者还要能听到自己发出的音乐声。这种左右都要兼顾的工作目标实现起来确实非常困难！在这种风格中，取得成功的空间特性有两个方面十分关键。其中一个方面就是后墙。后墙不将能量反射回舞台是非常重要的，而且大部分能量也不会反射回去。来自后墙的反射可能会对潜在的反馈前增益构成限制，而且会使讲话变得非常困难。另一个关键的方面就是在圣会参与者头上方的天花板。如果天花板太高，就不会形成对参与者听音有益的反射，参与者便听不清自己的歌唱声。如果天花板太低且具有反射特性，那么这会导致在演唱声音域内的声音很刺耳，同样也会使演唱变得困难。更差的情况就是在低天花板处加装了吸声砖。吸声砖一般并不是吸声特性非常好的线性吸声体，它们可能会产生非常不舒适的歌唱环境。天花板应产生出 16 ～ 24ms 范围的声反射，如图 10.1 所示。[11]

图 10.1　高天花板有助于加强歌唱的环境感

10.2.2　音响系统考量

在福音派教堂中，可懂度是至关重要的。有关当前可懂度量化方面应用技术的详细信息读者可参阅本手册第 40 章“基于语言可懂度的设计”（*Designing for Speech Intelligibility*）的内容。建筑师需要了解音响系统的情况，尤其是需要了解音箱安装在特定位置的重要性。音响系统的种类非常多，将其应用于扩声系统的实施方案同样也非常多。一般而言，为了确保语言可懂度，音箱且只有一个音箱时一定要让其无遮挡地辐射声音。通常，安装音响系统的最佳位置就是圣坛的正上方。然而，尤其是在较大的福音派教堂中，这一区域需要留有一个干净的空间，用于视觉符号或元素的吊装，这便妨碍了音箱的安装。另外，在较大的空间中，还要提供出特别的结构支撑，以便满足音响系统的安装要求。理想情况下，设施的安装规划方案的制订不仅要有建筑师 / 建设者参加，同样声学咨询顾问和媒体系统承包商也要参与其中。音视频系统应融入建筑风格当中，不要看上去像是简单地事后加进去的样子。

如果噪声保持在最低声级，那么就要对混响进行控制，并保持在适当低的水平，产生有害反射的表面也要做相应的适当处理，要避免出现声聚焦表面，这些都做到了便可取得对系统友好的建筑学特性，这时音响系统承包商就可以安装音响系统，同时音响系统也可以在房间的每个座位上实现承诺的可懂度声音覆盖。

10.3　体验式风格

如果强调体验的话，那么对声学和媒体系统品质特征的要求会有明显的不同。体验式教堂可能需要有灵活的媒体系统，这是体验的十分重要组成部分。

10.3.1　建筑

体验式教堂的建筑风格具有多样性的特点。其中的一个极端情况就是非常小的乡村教堂，其座位或许只有100个，根本没安装音响系统。另一个极端情况就是座位高达数千个的大型教堂。当然，较大型的建筑会引起我们的关注，因为钱摆在那儿呢！然而应牢记的是打算购置第一套音响系统的小型乡村福音风格教堂和想购买首套音响系统的同样规模小型体验式教堂对系统所实现的目标方面有完全不同的期望，如图10.2所示。

图10.2　建筑风格决定所需音响系统的类型

10.3.2　声学与音响系统考量

考虑到在这种类型的礼拜中音乐所扮演的角色，重要的是要围绕着音乐来设计建筑。我们推荐：体验式教堂的设计可以由建筑师和声学工程师通力合作来完成，如图10.3所示。这样的空间需要更多地考虑声学空间，而非视觉空间。尤其是在慕道友教堂中，几乎不太可能有任何形式的视觉象征符号。这并不是建议将这些空间按音乐厅来建设。体验式教堂需要一个表演的空间，从某种意义上讲，它更像是影剧院，而非音乐厅。音乐信号都要进行放大，使之具有强烈的冲击感。系统要能够产生出110dB以上的声压级。这并不是说在任何教堂中的系统设定声级都要这么响，而是说系统在足够动态余量的前提下必须要具备产生这么高声级的能力。从声学上讲，这要求空间应尽可能沉寂，也就是说其中频的混响时间RT应非常低。只要低频的混响时间控制在1s以下就是可接受的。比较大的问题是建造了一个包含而不吸收低频的声学壳体。如果采用了石膏板，尤其是大面积覆盖这种材料时，这时需要在16英寸居中双头螺栓上至少安装双层的5/8英寸的石膏板。如果只使用了一层或使用了较宽的螺栓间距，那么低频端的声吸收会过大，音响系统要想产生出想要的冲击感是非常困难的。CMU（Common masonry Unit，常用的块体材料，也就是水泥砖）是优选采用的材料。

图10.3　典型的大型教堂

一定要避免形成声聚焦表面。后墙需要尽可能做吸声处理，以便来自音响系统的声音不会反射回舞台或会众。舞台上同样需要做吸声处理，这样有助于对舞台监听声音进行控制。我们鼓励人们采用ITE（in the ear，入耳式）监听，以保持舞台上的声级最低。慕道友会教堂与五旬节教堂间可能存在差异的一个表面就是天花板。在慕道友会教堂中，参与者演唱并不是重点。假定“探求者”可能不了解歌曲，他并不倾向于任何形式的、可能没有的体验式演唱。天花板通常可以是非常有效的吸声板或吸声处理材料。另一方面，五旬节教堂的价值体现在“观众参与感”。虽然五旬节教堂具有非常短的混响时间，而且实际的装饰也是吸声的，在上方15英尺左右的天花板反射体将会使参加的人产生很强的参与感。

合唱是一种非常重要的体验形式，合唱对许多做法都是一种挑战。首先面临的挑战就是用传声器拾取合唱声。如果传声器被摆放到靠近某位歌唱者的地方，那么即便音响系统不会必须为此“努力工作”，但是你会感到声音失去整体感。若将传声器远离歌唱者摆放，虽然这样可以捕捉到更强的声音整体感，但是这时声压跌落，音响系统必须以更大的放大量工作，才能让观众听到满意的合唱声。有些人试图通过使用大量的无线传声器，尝试拾取合适比例的合唱声。这不仅需要更大的资金投入和非常大的调音台，而且这时音响系统应具有必需的潜在增益，以允许一次启用大量的传声器。许多音响系统的操控者似乎并不了解任何音响系统与声学空间的组合都存在一个音响系统可提供的最大潜在增益问题。总体增益可以是专门针对某支传声器，也可以是针对相应的50支传声器，但总体增益并不发生改变。

第二个挑战就是合唱团提出的，这就是要寻找一种让合唱团团员听到自己声音的方法。虽然有时这可以尝使用精心设计的返送监听系统来解决，但是这样做也可能降低系统的反馈前总增益。

较好的解决方案就是将反射罩设计到空间中。反射罩可能是一种非常有效的方法，它可以让人们听到唱诗班的演唱声，同时唱诗班成员也可以听到自己的演唱声。

体验式教堂可能是混响增强系统的不错的应用对象之一。空间可以建造成声学沉寂的形式，而增强系统可以在需要的时候创建出大且活跃的声学空间感觉。

10.4 社区风格

到目前为止，社区风格是四种风格中最不普遍的。尽管它具有其他风格的许多特征，尤其是具有福音派风格的诸多特征，但是我们要重点强调其在一些非常重要方法上的差异，特别是空间声学和服务的媒体运作方面的差异。我们用“*community*”（社区）一词表述这种礼拜风格，即说明这种风格的重点和中心是围绕着信徒所在社区或分组展开的。在教堂的名称中出不出现“*community*”这个词并不一定表明其是否就是社区礼拜风格。

在这些教堂类型中，其建筑通常就是指礼拜堂，而非教堂。社区风格正好是与庆典风格相对的形式。它根本没有神圣空间。唯一神圣的一件事就是社区本身。如果会众想要成为信徒社区的一分子，并且能够服务他人或被人服务，那么他们就要“去教堂”。

在社区风格中，最重要的是让会众能够听清自己的声音，让其感受到它好像就是整体的一分子。这种形式的建筑风格与总体建筑风格有非常大的差异。比如虽然有些门诺教会很显然就是要体现礼拜的社区价值，但是其礼拜却几乎都是在哥特风格的教堂内举办，这似乎是与举办的礼拜风格相矛盾。其他的教堂则是根据应用目的建造或依据需要翻建的建筑物，它们完全满足礼拜风格的要求。

主导的声学美学应营造出亲切感的氛围。值得庆幸的是，举办社区风格礼拜的教堂几乎没有大的。在非常大的空间中想要营造出亲切感可能是项颇具挑战性的任务。一般而言，亲切感是通过在非常靠近会众的地方摆放反射面来营造的。低的天花板、相对小的空间都将产生短时的初始时间缝隙间隔，并产生出亲密空间的听觉印象。由于在这种风格礼拜中始终有讲经和大量的各种分享活动，所以语言的可懂度也是要考虑的因素。不过在小且具有亲切感的非混响空间中，语言可懂度还是比较容易实现的。除非天花板太低，否则单点扩声系统就可实现充分且理想的声覆盖。

10.5 其他风格

本章中的许多原则同样适用于其他宗教空间。如果服务是围绕着传统和仪式来良好确立的，那么它可能类似于庆典风格，因此空间方面可能要考虑其神圣感，技术处理可能会被视为是冒犯。另一方面看，如果服务是以讲为本，强调讲或对话交流，那么福音风格或许可以用作参考的范例。如果重点在于冥想和分享，那么则可能与社区风格礼拜相类似。或许要做的最重要的一点就是空间，建筑结构问题与声学属性。并不是每个人对媒体技术有相同的需求，保持你的敏感性，将一切假设抛在脑后。

第11章

露天体育场和室外场所

Ron Baker 和 Jack Wrightson编写

11.1　露天体育场的类型及其几何结构

纵观所有的体育场所和座席数量可知，并不存在“典型”体育场馆的说法。虽然这其中存在明显的相似性，但为特定的体育运动建造的有足够座位的场馆，其建筑设计、适合开展的体育运动项目和座位容量的大的改变都会导致场馆的结构有非常大的差异。

其共性就是要在碗状的座位区取得想要的声音可懂度。这一目标能否实现在很大程度上要取决于碗状座席区的几何结构。

11.1.1　矩形、椭圆形和棒球体育场

在世界的大多数地方，为在矩形场地中开展体育运动而设计的场馆最为常见，如图 11.1 所示。这种体育场馆包括美式橄榄球体育场馆、足球体育场馆、长曲棍球体育场馆、英式橄榄球体育场馆、网球体育场馆等。椭圆形场地的场馆用于开展板球和澳式足球运动，虽然椭圆形球场要比标准的美式足球场大很多，但是碗状的座席区具有相当类似的几何结构，如图 11.2 所示。最为特殊的大型场馆就是棒球场，它采用钻石形状的内场和半圆形的外场布局，如图 11.3 所示。

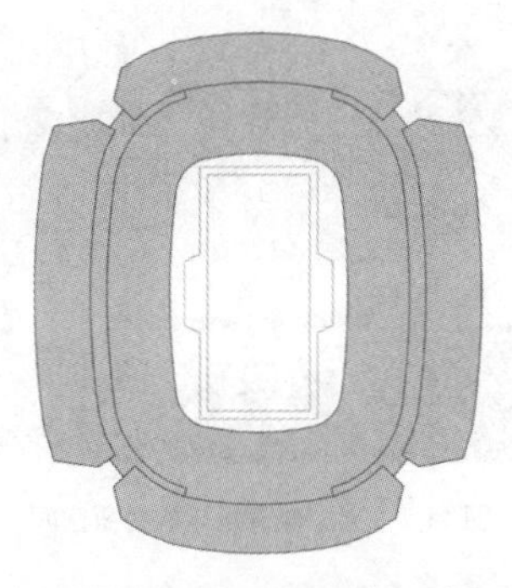

图 11.1　足球体育场馆的俯视图展示出的一种典型的座位布局

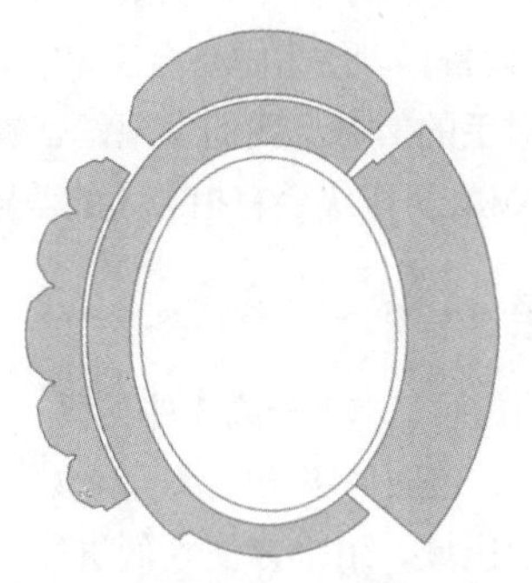

图 11.2　板球或澳式足球体育场馆的俯视图展示出的一种典型的座位布局

许多较小的场馆的座席只是沿着比赛场地长轴向 / 边线布局。在棒球场馆中，座席可能只能位于本垒的正后方。尽管非常小的场馆存在令人感兴趣的问题，但它并不是本章阐述的重点。

11.1.2　座席

本章的大部分章节讨论的是座席区的音响系统问题，因为它们是最重要的，而且也是场馆声频系统花钱最多的部分。而对于其他典型的系统我们将只做概述。

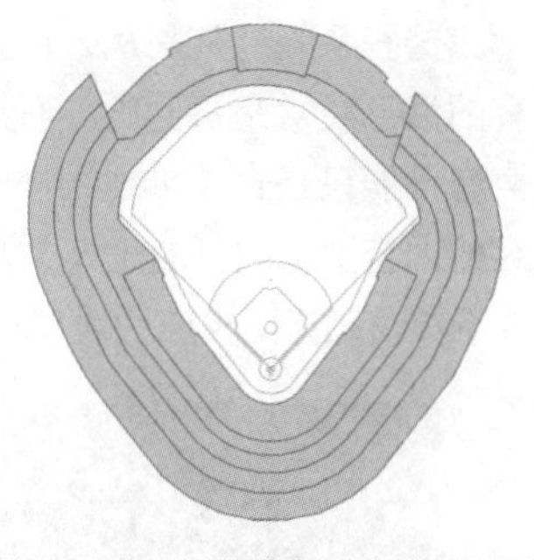

图 11.3　典型的棒球体育场馆的俯视图展示出的一种典型的座位布局

座席是由建筑物的固定座席面积确定的。在大多数情况下，这很容易通过永久性安装座席加以确定。然而，这可能包括草坪区，临时座席看台，可伸缩式座席和站席区等。重要的是要确定出所有购票观看区，以便明确音响系统设计覆盖了所有购票观众所在的区域。

还有一个重要的事情就是保证坐着和站立的观众不仅能看到比赛区，而且还要能看清楚重要比赛展示信息，比如比分牌、大屏幕和标记。观众座席区音响系统的设计不仅必须要实现所要求的声学性能，而且还要与建筑物的其他技术和建筑要素相协调，以保持良好的观看效果。

11.1.3　控制室

在任何体育场馆中，声频控制室一般都是将重要的信息以声频形式向公共区域发布。控制室应位于针对人群聚集区和场地均具有良好视线的地方，以便于对人群聚集情况和比赛活动作出响应，同时控制室还应具备良好的听音环境，以便能听清座席区音响系统和人群会聚区处发出的声音，如图 11.4 所示。为了满足这一需求，建议在控制位置加装可操控的玻璃，并且保证从音响系统覆盖的角度来看，控制室位于碗状座席区中间。不过因为建筑布局和座席数的要求，这一处置方法并非总能实现。这些情况中，应考虑采用在座席的远端处设置调音位置。

图 11.4　体育场馆声频控制室

11.1.4　入口及广场

常见的入场口系统一般有两种形式。第一种形式是在购票处专门为排队的那些粉丝见面而开设的，如图 11.5 所

示。这些系统经常是从入口分离出来的，因为播放给老顾客的消息经常是不同的，而且现场传声器拾取的消息发布声音可能只是直接传送给排队的那些人。发布给这些老顾客的内容通常包括有助于加速票务发行的信息。该系统的声场覆盖距离至少应达到 10m(30ft)。

图 11.5 售票区域头上方吊装的用于发布消息的音箱

然而，主入口系统播放的消息是针对正在进入体育场馆的粉丝的，如图 11.6 所示。这些系统播放的是预录的电台广播(也就是"严禁带入易拉罐饮料""严禁带入瓶装饮品"等)，以及赛前音乐，并进行现场播报。所设计的系统播放出的消息应能让处在至少 40m(75ft)距离处的观众听清楚。

在大部分体育场馆中，主要的公共入口会限定音箱的使用。工作人员、媒体、运动员的入场口一般是不提供音响系统的。在有些情况下，贵宾入口也不会安装音响系统。个别情况下，在有明显的用于赛前和赛后行人使用的步道的体育场馆的四周都会有公共进口。在这种情况下，要考虑提供覆盖这些公共周边区域的入口系统。

虽然广场是与入口相连的，但是公众对此区域的使用方式并不相同，人们不仅仅在活动开始之前在此聚集、开展娱乐活动，而且在主要活动结束后还可能有其他活动安排。在这些情况下，声频系统可能是临时性安装，也可能是永久性安装(具体则取预期的使用频度)，并且可用于音乐演出、电视和广播转播、现场促销活动等。从这一意义上讲，广场已成为人们比赛前后的娱乐聚集空间，用于提高入场率，而不仅仅是为了给老顾客提供进入体育场馆的信息。

图 11.6 体育场馆进场门处安装的用于发布公告的音箱

11.1.5 公共流通区域

大部分大型体育场馆都包括有一个或多个公共流通区域，它们处在建筑物周边指定的区域上。这些公众汇集区设有卫生间、商品销售店，以及通往其他内部空间和场馆设施的通道。

由于存在声学上"坚硬"、滥用和全天候的建筑装饰，以及人流量大等问题，所以流通区可能会是一个非常嘈杂的环境，尤其是在赛前和赛后。这种高的噪声声级会导致系统采用令人烦躁的更高声级来解决发布的消息可懂度差的问题。

正因为如此，许多设施在人群流动区域放弃采用连续的、地毯式声覆盖方案，进而采用目标式解决方案来覆盖排队观众区、食品消费区或卫生间。

非连续覆盖可能会引出有关生命安全规范的问题，这部分内容会在本章的第 4 节讨论。

11.1.6 俱乐部和贵宾空间

这些空间被定性为内部空间，处在观众席当中，但没有设置座席。这些空间的关键设计差异集中体现在是否会被单独用作运动员与粉丝互动区、就餐和饮料区，或被用来举办赛前会议活动，如图 11.7 所示。

图 11.7 典型体育场馆的会所空间

对于前一种情况，一般安装简单的前景音乐和广播 / 比赛音响系统就足够了。对于后一种情况，可能要搭建声频、视频显示 / 投影设备，以便为中心会议室或董事会会议室方便地展示比赛对手的信息。我们发现，整幢建筑物中不同区域所要求的 AV 业务等级会有相当大的差异。

11.1.7 包厢

通常见到的包厢基本上分成 3 种类型。第一种就是"中规中矩"的包厢，包厢的座席区属于观众座席区的一部分，处在后部的平台区域，用来方便人们进行社交和进餐，但在这一区域不能直接观看到比赛场地的情况。包厢中固定的场馆座席与观众区其他的座席设置的标准一样，要保证观众能听到观众区公共扩声系统发出的声音。后部的平台区可能加装了或没有加装声频或 AV 系统。许多包厢内设大屏幕电视，电视机同时具备可靠的 TV 分配功能，可为任何辅助的声频系统提供信号，不需要听覆盖这一区域的 PA 播报声。功能正规，可坐下来就餐的包厢常常设有附加的小型、本地声频系统，因为在比赛开始之前常常会用到它们。

接下来的一类包厢可以被视为是白金级贵宾的包间。这些包间可能比典型的包间大很多，可容纳更多的人。这些区域的声频和 AV 系统通常是由包厢的持有人全权决定，可能不外乎电视机，乃至复杂的家庭影院型的系统，这一系统被连接到可实施全面遥控的场馆声频和视频馈送端上。

第三种包厢建筑布局类型是“库房式包间”，这是一个无法直接观看到比赛场地的空间，它常常处在场地中或场馆建筑的比赛层。正因为如此，这类空间的环境一般都增设了本地的声频和 AV 系统，以便可以利用包括本地和代理商提供的、非固定在内的附加节目信号。

11.2　座席区性能要求

不论场馆的容量、几何形状或举办的体育赛事类型如何，其基本的性能要求必须通过观众区音响系统设计、安装、设置调试和操控来实现。在许多场馆中，上述 4 个方面都必须要进行优化才能取得良好的结果。

最大响度。在关于“体育场馆扩声系统必须具有多大的播放响度”的问题上，人们存在着相当普遍的模糊认识。与任何成功的语音通信系统一样，声频系统必须能够播放出响度足够高的声音，其声级要高过背景噪声声级，让人们能听到播放的声音，其中的背景噪声包括场馆环境中的所有声音，比如当时存在的环境噪声（风噪、陆路和轨道交通噪声）、场馆的机械系统产生的声音和更为重要的人群噪声。

最为常见的错误概念就是：即便是存在最响的人群噪声，体育场馆的音响系统发出的声音也必须能够被观众听懂。这一假设是不成立的，其原因有以下几点。

首先，人们可以轻易地亲身体验到这一现象，即在自己叫喊的时候，要想听清语音系统发出的声音是非常困难的一件事。

其次，据记载，体育比赛时在场馆中正确测量到的观众人群发出声音的声压级大约处在 105dBA ～ 115dBA 之间，因此需要能产生出 115dBA ～ 125dBA 的 PA 声级才能保证可懂度（按照常规的方法）满足要求，这将导致人们向体育场馆方提出听力损伤方面的索赔要求。

最后，就是显著加大对附加音响系统扬声器和放大器方面的成本投入，以便满足非常高声级的需求。当考虑到比赛期间强烈的人群噪声所占的时间百分比，可能就难以证明这些附加成本投入是否值得，因为其所带来的利益是有限的。

更为合理的做法是将 PA 系统的最大声压级定为 105dBA，它被认为是比赛环境中人们更易接受的最大声压级。我们已经发现，按此标准设计的系统拥有良好的接收效果。

对于有些容量较小的场馆而言，人们发现最大声压级处在 98dBA ～ 102dBA 范围上同样也是可接受的。

这些建议的最大声压级适用于能够维持连续声压的系统。

频率响应。频率响应要求与系统播放的节目有关。虽然越来越多的比赛解说（尤其是专业体育比赛项目）依赖于强能量、全频带音乐重放，但是有些场馆的比赛解说仅仅是通过语音播报。表 11-1 给出了建议的设计频率响应的起始点，人们可以根据项目的要求进行适当更改，这在声学环境和资金预算特定的情况下是可以实现的。

表 11-1　针对各种音响系统推荐的频率响应

仅用于语音的系统	150Hz～6000Hz±3dB
要求有良好的音乐质量	50Hz～8500Hz，±3dB，能够在80Hz～250Hz频段上实现相对于1000Hz的+12dB提升。这样便可以在需要的时候，产生出现代的低频声音

响度的均匀性。这是另一个在体育场馆音响设计中常常被错误理解和应用的概念。让观众在整个固定座席区感受到相等的音响系统声音响度是非常重要的，只有这样，声级的上下变化才能被各个座席区的观众感知到。不过人们常常感受不到相等的音响系统声音响度，因为在整个座席区上环境声声级的变化可能非常大，最为明显的是挑台下方区域，在这里需要较高的声压级才能取得同样的感知响度（相对于背景噪声）和可懂度。正因为如此，将系统设计成在空场时拥有一致的声级则会使系统在高噪声声级区域表现出差的可懂度。

在座席和噪声声级条件相同时，想要达到的直达声一致性目标是：±3dBA，2000Hz 倍频程频带上为 ±2dB。

多重声音到达与可懂度。由于体量庞大，所以体育场馆常常在多个音箱的安装位置处设有大的声反射面。这一因素可能引发音质和语言可懂度方面的问题，即在指定座位处，相对于直达声而言延后到达的高强度声反射会引发音质和可懂度问题。对于解决此类问题，虽然有几种有用的设计指南可供参考，但是人们发现当今已被人们普通接受的量化语言可懂度测量针对多重声音到达区域方面的问题提供了有意义的结果。

被广泛接纳的，用于可懂度测量的最为常见的低成本、可重复方法就是利用仪器测量 STI-PA。虽然人们对大的混响空间中 STI-PA 会造成感知语言可懂度方面的问题有一定的担忧，但是源自设计和依据建设性能标准的 STI-PA 还是会提供出有价值的信息，并且给出有益的指引，同时适合 STI-PA 数值的系统性能文件也会被建设的出资方和设施的拥有者所接受。正因为如此，STI-PA 可以被视为进行设计和核验性能评估的非常有用的单一数值度量标准。

其他被人们采用的可懂度测量方法也有不错的结果，在有些情况下，这些测量方法是要符合标准 / 规范的，比如 CIS*。

* Common Intelligibility Standard（常用可懂度标准）。

鉴于设计目标，设计过程中，计算或建模应基于封闭模型来进行，并且至少要将3阶反射考虑其中，以便95%以上的固定座席区和已知的站立/过道观众区获得的STI-PA数值不小于0.55。

0.50的测量值可以被视为是最小可接受的数字等级，建议人们力争取得更高的数值。

11.3 典型座席区扬声器配置

虽然存在很多的配置方式，但是体育场馆观众座席区音响系统成功采用的配置方式主要有3种。

11.3.1 点声源扬声器组系统

第一种配置就是单点扬声器组。这种方案拥有很长的历史，原因在于其功能和成本特点。这种配置是将大部分音箱组合成一个单一阵列，以此进行远距离（通常是800ft/450m以上）的声音投射。绝大多数情况下，主扬声器阵列位于体育场馆长轴向的一端，不过也有一些成功的设计是将点声源扬声器组安装于短轴向/边线座席区的中心点，如图11.8和图11.9所示。

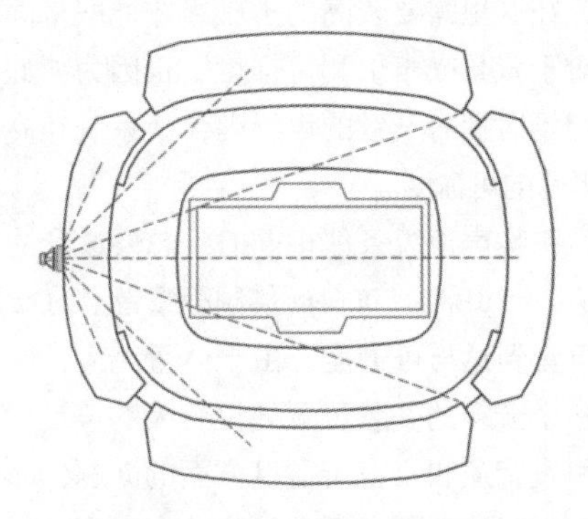

图11.8 体育场馆俯视图表示出了位于端区位置时的点声源扬声器组

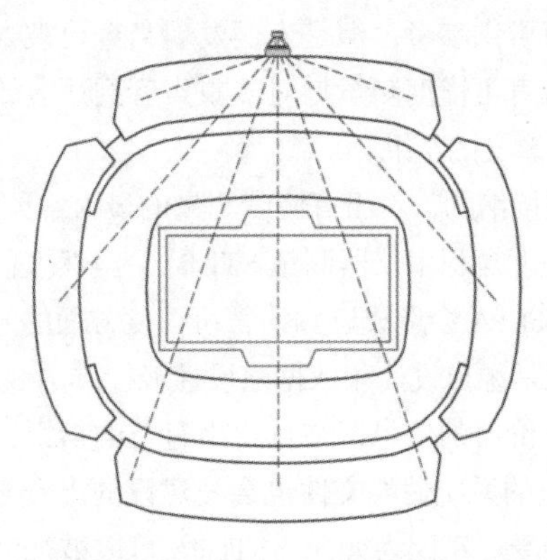

图11.9 体育场馆俯视图表示出了位于边线位置时的点声源扬声器组

除了主扬声器组之外，常常需要采用辅助的音箱，用以对主阵列视线投射受阻的观众座席区或者持续噪声声级比一般座席区高的区域（比如挑台座席区下方，尽管主扬声器组的投射视线可见）进行补声。为了与点扬声器组保持同步，补声音箱需要对信号加以相应的延时。

为了取得想要的声压级和大型场馆声覆盖效果，音箱阵列必须要大，如今人们已经利用传统的高输出扬声器器件成功设计出了线阵列和专门的系统（也就是EAW900扬声器），它可以对大型的阵列化扬声器组进行可编程控制，如图11.10和图11.11所示。

图11.10 位于比分牌上方的大学体育场馆中的端射型扬声器组

图11.11 处在比分牌两侧的大学体育场馆中的端射型扬声器组

点声源扬声器组具有许多优点，其主要优点是以最低成本在大的座席区上产生出可接受的音质。另外它们所需的结构支持量最小，同时与其他选项相比，它们对交流电源基础设施的要求也最少。

点声源扬声器组或端射型扬声器组的缺点包括：

• 由于声信号与光信号间存在到达时间上的差异，所以与视频节目不同步。

• 声音和可懂度可能会受到风和温差的影响。尽管风和温差都会对其产生影响，但风的影响要大得多。

• 声音的高频上限和音质会因长距离传输形成的空气吸声而下降。

• 如果这些场馆位于住宅区附近，那么来自扩声系统的可闻声可能会进入住宅，对生活形成干扰，除非因为音箱的摆位取向，所产生的声音投射避开了较为敏感的区域。

尽管要想解决这些问题非常困难，但是点声源扬声器组一直是可行的且应用较为普遍的选项，尤其在美国的大学足球场中应用得更为普遍。扬声器产品性能上的改进改善了这些系统的音质。

11.3.2 大气环境的影响

声音传播受到介质变化的影响。室外场馆中空气的温度、风速和相对湿度随时都在变化。风所产生的影响是由双重因素造成的。靠近地面处的风速通常比高空处的风速低。这导致逆风传播的声波将会向上衍射，而顺风传播的声波将会向下绕射。这将会造成音箱指向发生明显改变。除此之外，顺风条件下的声音会比逆风条件下的声音传播得更远。一阵狂风或者多变的风将会为这些特点施加随机的影响因素。随着风的起落，声音密度的变化会把一种调制效果施加在听音者身上，用外行人的说法就是“淡入淡出”。

声速还受到气温的影响。温度越高，速度越快。其关系如下。

$$c = 20.06\sqrt{T} \tag{11-1}$$

其中：

c 是声速，单位为 m/s；

T 是绝对温度，单位为 ^{0}K。

恒定的大气温度对声音传播方向没有影响，但热力梯度会成为更多衍射效应的起因。通常，热力梯度是指，温度随着海拔的升高而下降。在这种情况下声音会向上衍射，声波前进的方向会发生一个明显的向上变化。而气温的反向梯度则会产生相反的效果，声波前进的方向会发生一个明显的向下改变。显然，这种现象的严重程度取决于热力梯度的尺度。通常体育场中声音传播方向会改变 5^0，偏差距离超过 200m(650ft)。这些现象图 11.12 所示。

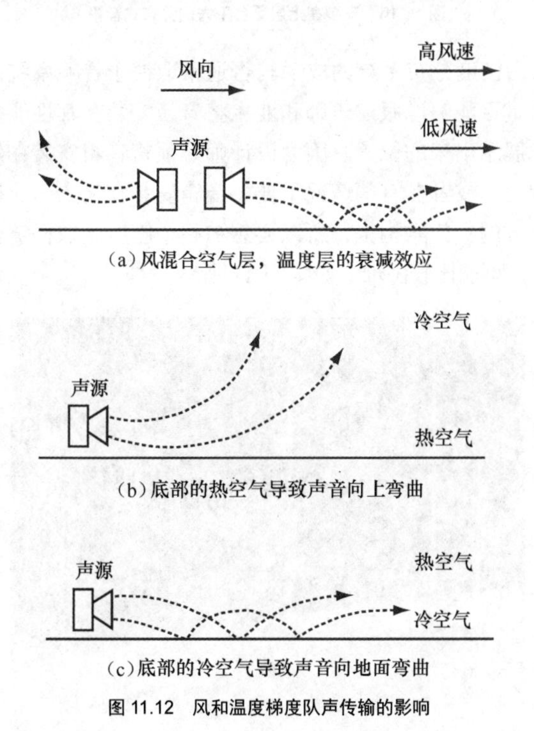

图 11.12 风和温度梯度队声传输的影响

大气对声能的吸收实际上是空气分子的随机热运动将声波能量转化成了热能的结果。空气实际上是氮气、氧气、氩气、二氧化碳、稀有气体和水汽以一定比例混合而成的气体。除了氩气和稀有气体之外，其他所有的微粒都具有多原子结构，内部原子结构复杂。有 3 个因素会对声能的吸收过程产生影响。黏滞性和导热性是其中两个，它们都是以频率为变量的平滑函数，并造成了所谓的典型吸收。第 3 个因素是微粒，它将声能转换为原子微粒的振动和多原子的旋转能量，以及分子簇分离的能量。第 3 个因素对声音频率的影响很大，它解释了水蒸气对大气中声能吸收所产生的复杂影响。具体细节如图 11.13 所示，它描述了在 20℃条件下这些因素所产生的影响，而图 11.14 则给出了一个近似变化趋势，它对于结果的总体估算十分有用。

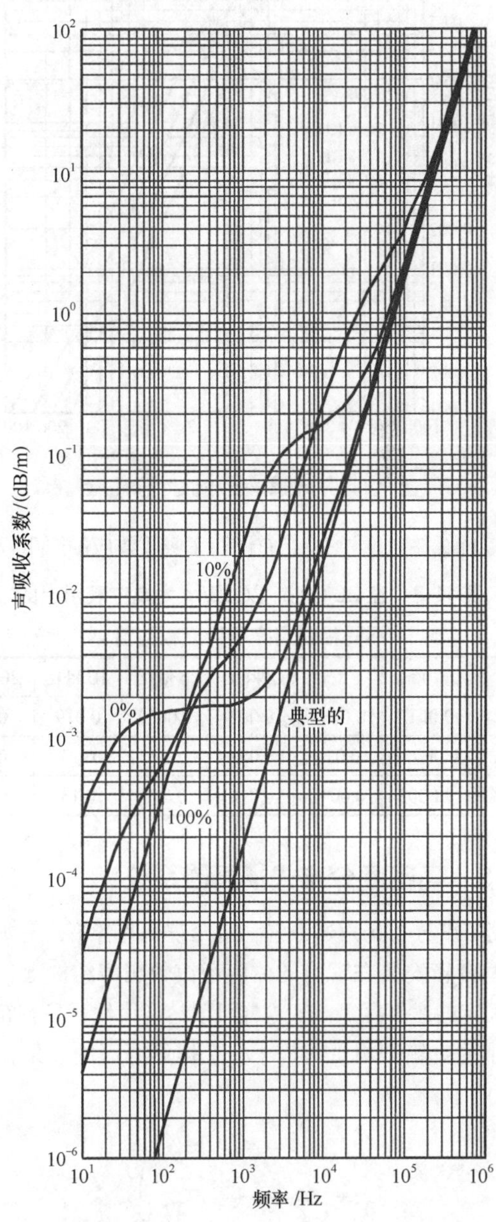

图 11.13 各种相对湿度下，1 个大气压下，20^0C 空气的声吸收

即使对于长达 200m(656ft) 的声音投射长度来说，1kHz 以下的衰减也并不明显。实际情况下，相对湿度在 10%～100%之间，通过图表可以发现，在 5kHz 以下时，我们更倾向于湿润的空气。对于 4kHz 以上的频率，我们往往需要通过均衡处理的方式来补偿高频在空气中传播时的损耗，补偿量则根据声音传输距离而定。在一个干燥秋天的下午，5kHz 在 200m 距离上的损失为 22dB。毫无疑问，一个铜管军乐队在这样的条件下演出会失去其明亮度。因

此，单点声源构成的室外系统在长距离投射的情况下，其带宽通常被限制在4kHz。

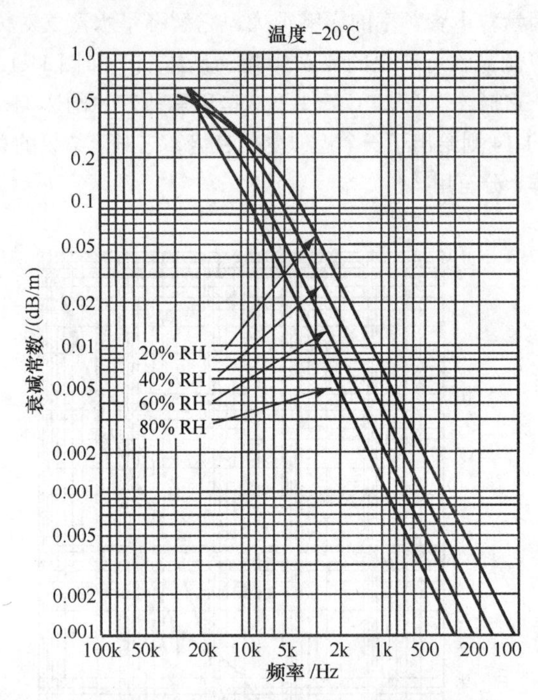

图 11.14 不同频率和相对湿度下的声吸收

表11-2摘自图11.13，它说明了吸收效应的严重程度。

表 11-2 在20℃时，以dB/m为单位表示出的不同相对湿度下的衰减数值

RH	0.1 kHz	1 kHz	2 kHz	5 kHz	10 kHz	20 kHz
0%	0.0012	0.0014	0.002	0.0052	0.019	0.07
10%	0.00053	0.018	0.053	0.11	0.13	0.20
100%	0.0003	0.0042	0.010	0.045	0.15	0.50

11.3.3 高密度分布式扬声器系统

高密度分布扬声器系统利用比较小的音箱，基本上是将这些音箱安装在现有的体育场馆的座席结构上，用以覆盖固定的座席区。一般这样可以达到大约一只音箱（或一个小的音箱分组）对应于一个座席分区的效果，如图11.15所示。

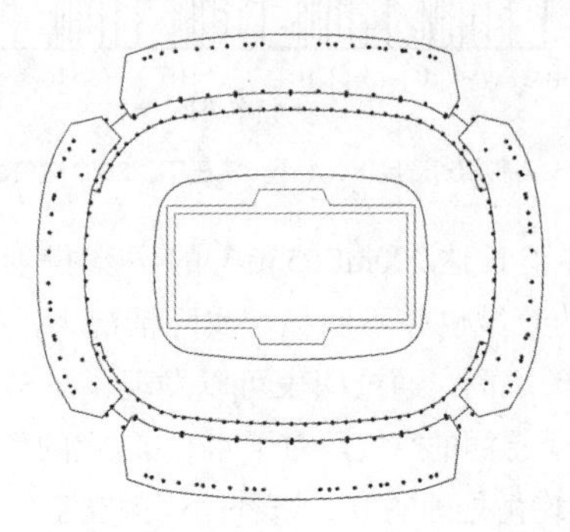
图 11.15 体育场馆的俯视图示出了分布式扬声器的安装位置。图中的每个黑色圆点代表的是一只或两只音箱

高密度分布系统的应用可以追溯到20世纪60年代，呼叫型号筒器件是当时应用得最为普遍的换能器类型。随着放大器型音乐系统的大规模研发，生产出了音质更好，输出能力更强的扬声器器件，这种分布式系统日渐冷落，人们将重心转移到了点声源阵列，点声源阵列成为大型体育场馆的主要扬声器系统配置方式。到了20世纪80年代末期，这一状况开始发生变化，发生这种改变的部分原因是更小型化的、便于控制的宽频带一体化封装的扬声器系统被开发出来了，与寻呼式号筒相比这种扬声器系统在音质和输出上都有了非常大的改善。由于美学和建筑结构上的要求，所以应用大规格、笨重的扬声器阵列的时代宣告终结，与此同时高密度分布系统重获新生，如图11.16所示。

图 11.16 安装在上层看台下方的分布式音箱

高密度分布系统的成功与否通常取决于音响系统设计人员是否能够说服建筑师和业主将音箱安装在其性能被很好地展示出来的位置。因为设计师必须将音箱安装在建筑结构上，或者在有些情况下要将音箱安装在最上面一排座席上方的专门结构上，所以要想在整个座席区取得声音的一致性可能比较困难，如图11.17所示。

图 11.17 安装在座席区后面的分布式柱状音箱

图11.18示出了大型体育场馆的典型几何剖面图。正如图片所示，符合“能够让音箱充分发挥其声学性能，同时还要避免形成视觉障碍或搭建昂贵的附加结构”条件的音箱安装位置十分有限。

正因为如此，以及其他一些原因，比如其他物体与标示位置发生了冲突（特别是在座席区的前部），所以有些体育场

馆的几何结构无法让高密度分布系统发挥出可接受的性能。

正如可预见的那样，系统成功与否很大程度上取决于设计的配置和系统搭建。要想维持感知声压级的一致性，尤其是当听者在某一听音位置会听到多只音箱传来的信号时，要对所传来的声信号的时间和声级进行管控，以便取得可接受的语言可懂度。

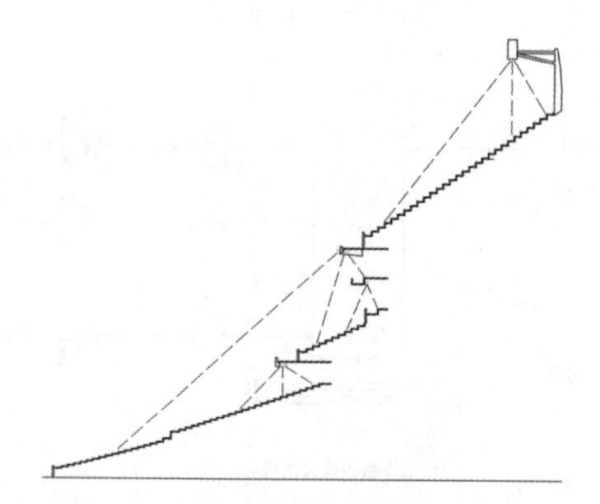

图 11.18　体育场馆的剖面图示出了音箱的安装点和常见的音箱安装取向

大量的音箱和相应的放大器和处理设备造成的另一个后果就是使得安装和维护成本相应提高。

既然面临着这些潜在的设计挑战，以及附加的成本和维护负担，那么为何高密度分布系统还会受到业主和操作人员的追捧呢?

- 与点声源扬声器组系统相比，与视频节目的同步性能得到了非常大的改善。
- 改善了听众对信号保真度的感知。近距离安装的音箱让许多听众感觉音质更具亲切感。
- 消除了大型扬声器阵列（端射型扬声器组的一部分或分布式扬声器组系统）给结构和美学所带来的影响。

11.3.4　分布式扬声器组系统

这种配置在室内和圆顶型体育场馆和那些具有大型棚顶的场馆中十分常见。从成本和设计角度出发，棚顶或穹顶结构形成的结构结合点使得这种配置变得可行。

正如我们所想象的那样，设计的挑战就是点声源和高密度分布式扬声器系统类型的结合。假设设备的技术指标类似，那么其成本通常是介于其他两种选项的成本中间。

系统可以被认为是分离出的点声源扬声器组和位于比赛场地周围或沿着场地边线的扇形声覆盖阵列。在现实中，相对单点阵列而言，需要更多的音箱才能充分覆盖座席区，如图 11.19 和图 11.20 所示。

与高密度分布系统一样，设计和搭建的系统必须要对任意座席位置上的来自多个扬声器组位置的多路直达声进行管控。正因为如此，由极少数量的扬声器组组成的系统（比如大型体育场馆角落的四个阵列）常常会在两个扬声器组的覆盖重叠区呈现出明显的声音到达时间问题，因为它们必然会出现不对称，而且无法利用电子信号延时充分解决这一问题。

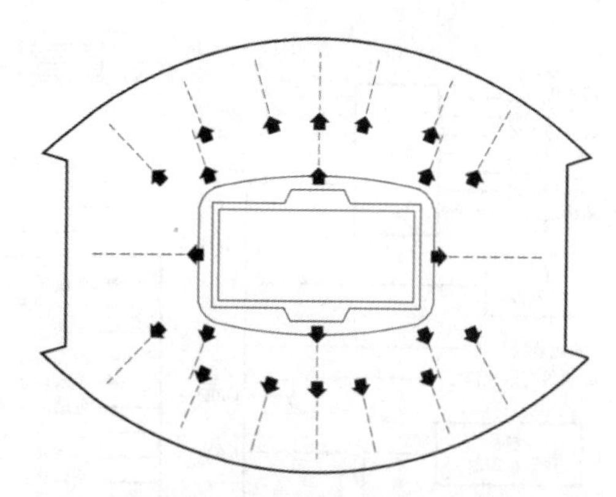

图 11.19　可伸缩棚顶体育场馆中分布式线阵列扬声器组的位置

图 11.20　可伸缩穹顶体育场馆内悬吊于结构上的线阵列

对于大型室内体育场馆（具有非常大的“露天”顶棚的体育场馆也是如此），阵列位置的设计还必须要考虑恶劣的声学条件，以及多路径到达声音与之结合所带来的挑战等因素，设计人员要对相对于其他到达声信号而言的直达声信号声级进行研究计算，同时计算出必不可少的 STI 数值。

图 11.21 示出了体育场馆的分布式扬声器系统的简化框图。

11.4　安全及信息发布问题的考量

许多项目都对座席区音响系统有一定的管控要求，即要求音响系统能发布有关生命安全（如人员疏散等）的信息。虽然整个控制范围上的要求并不相同，但是有些基本要求是共通的，它们应根据需要由官方审查、采纳或舍弃。

如果系统是用于语音通知的话，那么许多国家和地区对于此类系统都有相应的语言清晰度方面的要求。该要求一般都会以包含 STI 或 CIS 参量的列表给出。在有些管理控制范围上，一定要明确 STI 或 STI-PA 测量是否可作为实际安装系统性能保障的衡量参量而被接受。这一点对于系统设计确认任何此类要求，以及建模或计算数值预测决定声学环境的测量数值的“不完美”都很重要。单独对所到达的直达声进行建模和计算肯定会得到过优化的 STI 或 CIS 预测值。

在针对生命安全目的的应用场合，采用的建筑规范可能要求系统的各个组成部分都要满足火灾报警应用的要求，如扬声器线路监管或其他在高质量、专业音响系统中并不

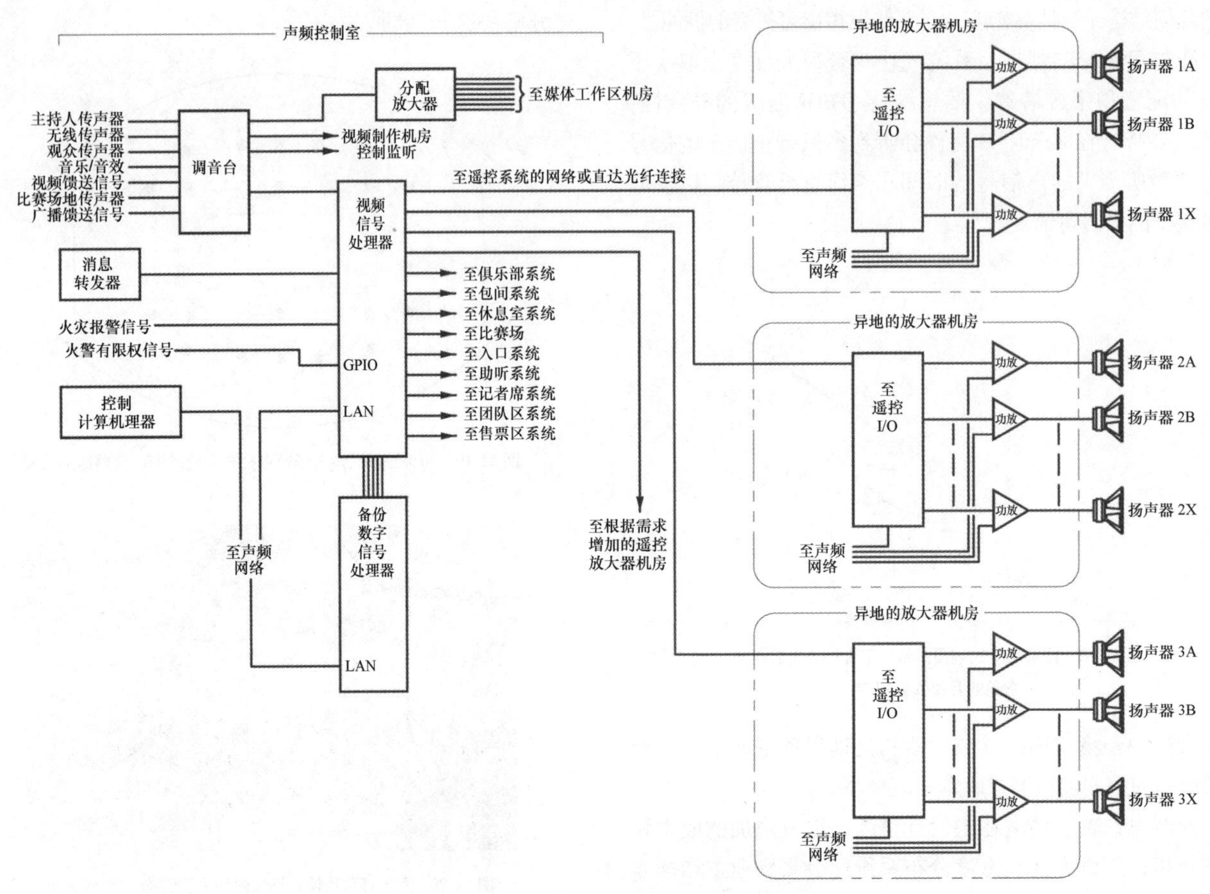

图 11.21 体育场馆分布式扬声器系统的简化框图

常见的性能要求。在大多数情况下，这些规范并未写入期望的专业性能和运动场的设计草案当中。性能上满足管理规定要求的可应用设备有时并不能提供出符合项目要求的声学性能（如带宽、灵敏度、指向性等）。在这种情况下，使用设施期间针对设备放弃一些管理控制要求通常要经过项目成员（技术和消防部门）的研究讨论和许可。系统开/关、线路的计算机监控等要求取得非标称设备的认定批准。

有些管理要求系统具备观众区的分区疏散功能，这便要求系统对于选择的限定座席区具备直接现场语音通知的功能。在这些情况中，系统的电子配置和扬声器/信号处理分区必须配置成可实现对所需的特定区域进行寻址的形式。

用于通告/紧急情况的现场通知的声频，其质量一般是在设计和操作部分来控制的。如果通告的消息是来自普通的生命安全系统的预录文件，那么上述控制就不一定是如此。在有些情形下，不论测得的系统 STI 或 CIS 数值如何，这种消息的声频质量都较差，达不到良好可懂度的要求。在采用这种消息播报形式的地方，要仔细斟酌，确定消息文件的来源，尽可能保持语音录制至音响系统这一传输过程中的声频的质量。

11.4.1 信号传输

考虑到有大量的音箱和多个单独的子系统，因此现代的体育场馆需要一种将声频信号分配至异地放大器机房和本地设备机柜的方法。虽然经典的利用屏蔽双绞线对线缆传输模拟声频信号的方法仍在使用，但是当今的声频设计人员还可以利用其他的方法进行信号分配，这些方法可帮助我们实现中等乃至高通道密度的信号传输，并且具有可靠性高和延时时间低的特点。

一种深受人们欢迎的产品类型利用标准的以太网网络硬件将数十个通道的声频信号传输至多个目标源。这种传输方式最初是由 CobraNet 推广开来的，如今其他的多平台传输选项可供人们选用，比如 Audinate Dante 或 Ravenna，它们具备更大的传输容量。除了多平台网络产品之外，可供人们选用的还有一些专用的传输格式选项，比如 QSC 的 Q-Lan。

尽管基于声频分配系统的网络可以提供将声频信号移动一定距离的简便方法，但是使用这样的网络确实需要熟悉所选用的特定系统，为的是优化性能时可进行配置、调整等处理。如果目的是利用建筑物中的数据网络，而不是单独的、声频专用网络，那么需要进行另外的协调处理，以便确认建筑物的网络硬件能够提供所需的带宽和性能，同时还能实现体育场馆需要的其他网络业务的数据传输。

基于声频传输系统的另一种以太网属于专用光纤解决方案，其搭建目的是实现大量声频信号的传输。这些系统得益于光纤传输的高通道数和更长的传输距离，同时不存在处理数据网络的复杂性。此类产品的代表就包括 Optocore、

Riedel Rocknet 和 Stagetec Nexus，它们都能很好地满足体育场馆声频信号分配的要求。

11.4.2　信号处理

为了适应大型建筑中信号路由分配、增益调整、动态处理、均衡、分频和信号延时的需求，采用数字信号处理（DSP）平台来实现这些功能已变得十分普遍。这些系统具有可调节处理能力，能匹配场馆的需求，系统输入和输出的灵活拓扑、相对容易的内部信号流向调整、与第三方控制系统的接口配接能力，以及集中式的控制计算机可以让操作人员与控制屏幕和系统状态监视器实现互动。它能够将多个系统配置和设定参数以计算机文件的形式保存，这样便大大简化了针对不同的体育赛事和演出类型搭建场馆系统的工作。只要调回之前创建的预置，声频系统便可以快速且可靠地重新返回到已知的配置环境。适合场馆使用的这些类型的产品包括 BiAmp Tesira、BSS London、EV NetMax、Peavey MediaMatrix 和 QSC Q-Sys。

11.4.3　放大

现代体育场馆一般都使用了大量的放大器通道来为整个建筑物安装的音箱提供功率放大信号。尽管集成了处理和信号放大功能的有源音箱越来越受到人们的追捧，但是大部分体育场馆仍然沿用通过放置在异地专用房间或设备空间中的放大器来为远处的音箱提供功率放大信号的方法。对于一些拥有 800 路以上放大通道的较大型体育场馆而言，对放大器的健康状态、通道哑音和非哑音编组，准确地调整电平和功放单元的功率大小对调整等事项，进行监测是 AV 工作人员面对的一项巨大挑战。为了帮助进行上述工作的管理，建议完全由计算机控制的放大器通过所采用的局域网连接起来，允许操作人员通过一台或多台计算机工作站或无线平板电脑对放大器实施控制。

11.4.4　冗余备份

在多数体育场馆举办的体育赛事都具有鲜明的特点，同时由于扩声系统常常作为应急通知系统的一个组成部分使用，所以在设计上一定要尽可能保证这些系统的可靠性。严重的音响系统中断可能导致赛事延期，在人身安全受到威胁时甚至还会将赛事取消。

在设计体育场馆系统时，重要的是要考察改善系统故障容错性能的各种技术，比如：

- 对任何主要组件故障对系统的余下部分的影响程度进行评估。
- 当发生系统故障时，要尽可能对故障的属性进行详尽的说明，并使一个系统自动向操作人员发出警示信息。
- 努力避免任何单一组件的故障导致整个系统瘫痪的情形发生。对于无法避免单点故障发生的地方，要考虑采用可以方便（或自动）启动或决定它是否可以简单地绕过故障组件并恢复工作的冗余单元。
- 考虑在控制室和异地放大器机房间采用备份的信号通路或馈送信号。
- 如果系统是基于专门的声频网络的话，那么要确认是否要配置主网络出问题情况下启用的备份网络。
- 将音响系统与建筑物的应急信号发生器连接在一起，并且为诸如控制计算机、DSP 元件、调音台、周边处理和任何网络化设备提供不间断供电电源（UPS）。

通过采用这些技术，可以避免赛事进行期间许多常见故障发生。然而，对于一些对可靠性有严格要求的场馆而言，则可能必须采用更为复杂的预防措施来避免严重的停机事故发生。

第12章 电影中的环绕声

Steve Barbar 编写

12.1　引言

电影放映与声频重放的结合对电影的艺术表现起到了改革和推动作用。同时这种变革也促进了声音记录、处理、传输、重放工具和重放方法上的模式转变。早期的电影声音发展利用了当时许多最著名科学家在声学方面的研究成果。美国的贝尔实验室（Bell Laboratories）和 RCA 都有专门的团队致力于电影声音质量的改善研究。双声道立体声加上后方音响效果声道（5.1 环绕声的前身）声音的重放格式早在第二次世界大战之前就已经被开发出来并进行了展示。然而，战争期间针对多声道声频的发展以及实际的多声道媒体发布方面的系统改进研究基本上停止了。

战后在双声道立体声音乐重放方面的发展（最著名的就是磁带技术和电视技术）成就了又一次方式上的声频变革。声频记录方面采用了新的改良方法，再结合已有的立体声媒体发布形式，便成就了当代音乐产业的形成和发展。有几个例外和制约因素值得人们关注，它们涉及多声道声频媒体的实用性和成本环节，或者说电影产品的发行环节阻碍了高质量电影声音和环绕声的进一步发展。到来的数字声频时代明显改善了电影声音的质量。这也提供了将两个以上声道的声频信号编码至电影胶片上的方法，而且人们可利用矩阵解码器对其进行解码，这种方法源于贝尔实验室开发的 3 声道方面的某些技术，其中就包括增加“环绕声效果”声道这项技术。高容量光学存储介质的诞生，实现了比 NTSC 广播标准分辨率更高的视频信号数字化，同时也实现了 CD 质量的双声道声频记录和重放，除此之外，这也在家庭娱乐领域促成了又一次方式变革——“家庭影院”出现。在其第一代产品中，人们采用了矩阵解码器来创建左、中、右和环绕声道，一个重低音声道是通过左和右声道的低频信息相加得到的。这些技术反过来又给电视技术带了新的变革，先是诞生了立体声广播和接收机，后来又引发了整个广播系统的数字化转变，视频分辨率更高、声频质量得到进一步改善。这一技术改良（先是 DVD，然后是蓝光）使得全频带的、CD 质量分辨率的分立多声道声频得以实现。

数字编辑、数字后期制作、数字动画、数字传输和数字放映给电影艺术带来了又一次的方式转变 —— 数字电影（Digital Cinema）出现。这些技术的出现解决了此前媒体和发行方法给多声道声频实用化所带来的制约问题。数字电影放映还将影片放映的分辨率提高至 4K 格式，同时也催生了 3D 影片。目前的 DCI 标准可实现质量优于 CD 标准的 16 声道的声频重放。不过，即将到来的是基于对象的多声道声频技术。我们将视线转回到贝尔实验室开发的 3 声道立体声系统上面，这些系统拥有创建出对象定位和空间环境独立转换的潜能。另外，电影声频技术的发展又一次将电影和家庭娱乐业带到了形成又一次变革的边缘。

12.2　电影声音的起源

电影的声音记录与同步的最早实例之一就是由威廉• 肯尼迪劳里迪克森（William Kennedy Laurie Dickson）推出的产品。迪克森曾以“正式的”摄影师身份在爱迪生（Edison）公司工作。爱迪生在 1891 年存档的初级专利中将一种设备称为“为耳朵去做摄影机为眼睛所做事情”的东西，迪克森负责这一产品的研发。在 5 年的时间里，迪克森制造出了可实现所要求的所有功能的设备，这就是电影摄影机（Kinetograph）[1]。这其中包括了首次使用的，由乔治伊士曼研发出来电影胶片，迪克森将其尺寸定为 35mm —— 它是今天胶片的标准尺寸。电影摄影机是一台可移动齿孔胶片的机器，它采用定格 - 曝光 - 运动的方式快速拍摄一系列照片。所开发出的胶片安装于圆柱之上，由爱迪生光源照射，并透过安装了机械机构的木质箱体上的窗口观看。该放映系统被称为活动电影放映机（Kinetoscope），它是 1893 年 5 月 9 日由布鲁克林艺术与科学研究院（Brooklyn Institute of Arts and Sciences）率先推出的。尽管它看上去更像是一个偷窥工具，而非放映机，但是爱迪生公司的这项研发却引发出了下一个自然联想到的问题 —— 如何将声音与电影放映机结合在一起呢？答案就是 1895 年问世的“迪克森实验性有声电影（Dickson Experimental Sound Film）”。影片包括一段由扩音器传出的迪克森演奏的小提琴旋律，同时伴随的是两位爱迪生公司雇员的舞蹈。在离开爱迪生公司之后，迪克森和其他爱迪生公司的前同事合作开发出了 Eidoloscope[2] 放映系统，该放映系统于 1895 年 5 月 20 日首次用于商业电影放映。

从无声电影到“有声”影院体验的过渡始于 1900 年代初期的巴黎。在 1903 年，法国工程师莱昂• 高蒙（Leon Gaumont）开发出了“Chronophone”[3]。根据“Gramaphone（留声机）”的原理，它采用了一个被称为“Eglephone”[4] 的压缩式空气放大器，以此将观众听到的声音响度提高了 4000 倍。Chronophone 的声音与胶片同步工作于 16FPS（frames per second，每秒帧数）速度之下，它采用单马达驱动皮带，以此驱动两个留声机装盘和放映机。每张留声机唱片的播放时间被限制为放映 200ft 胶片所用的时间。因此，系统要由熟练的操作人员操控，操作人员要在适当的时刻改变由一张唱片至另一张唱片的压缩空气馈入量，以便与可视影像保持同步。

动圈式扬声器的开发使得音质得到了本质上的改善。虽然欧内斯特 • 西门子（Earnest Siemens）在 1874 年最先对动圈式换能器做了描述[5]，但是能进行实际应用动圈式扬声器是由彼得 • L. 詹森（Peter L. Jensen）和埃德温• 普里德姆（Edwin Pridham）在 1925 年开发出来的，当时人们将这一器件称为“Magnavox”（拉丁语“伟大的声音”之意）。在贝尔实验室工作期间，爱德华 • C. 温特（Edward C.Wente）独立发现了同样的动圈工作原理，温特和艾尔伯特 • L. 图拉斯（Albert L.Thuras）开发出了用于电影 Vitaphone 音响系统（用来同步转盘的最后系统）中的 Westinghouse（西屋）555-W 扬声器。在接下来的一年里，图拉斯开发出了专利化低音反射式扬声器[6]和低频压缩式驱动器。利用这些研发成果，贝尔实验室开发出了“分频段”（两分频和三分频）扬声器系统。借助于贝尔实验室随后进行的研发成果，他们推出了“弗莱彻系统（Fletcher System）”。

12.3 从单声道到立体声

哈维·弗莱彻（Harvey Fletcher）带领由温特、图拉斯、约瑟夫·麦斯威尔（Joseph Maxwell）、亨利·哈里森（Henry Harrison）、罗杰斯·高特（Rogers Galt）、哈罗德·布莱克（Harold Black）、亚瑟·凯勒（Arthur Keller）和其他关注电气录音、重放和传输的人员组成的贝尔实验室研究团队开展研发工作。1931 年，麦斯威尔和哈里森研发出了阻抗匹配录音系统，系统由碳粒传声器、电子管放大器和磁性线圈刻录头组成。该系统被安装于费城音乐学院（Philadelphia Academy of Music）的地下室，并且在得到当时费城交响乐团（Philadelphia Symphony Orchestra）指挥利奥波德·斯托科夫斯基（Leopold Stokowski）的许可后录制了费城交响乐团的演出。在接下来的几年间，这一系统得到了进一步的改进——动圈传声器、镀金母盘和醋酸纤维压制技术的应用改善了信噪比，提高了带宽的高频上限。在 1933 年，贝尔实验室开发出了 3 声道立体声系统，并将其用于声音传输展示。传声器拾取费城交响乐团在费城音乐学院的演出声音，现场扩声由亚历山大• 苏莫伦（Alexander Smallens，费城交响乐团的助理指挥）指挥，传声器拾取的信号被传送至华盛顿特区的国会大厅（Constitution Hall in Washington D.C.），之后信号被分配至位于透声帷幕后面的扬声器系统上。在华盛顿特区的斯托科夫斯基对系统分配信号进行了调整。

展示的一部分内容包括：

（1）歌唱家在费城的舞台上走动，位于华盛顿的立体声重放系统进行匹配定位。

（2）位于费城舞台一侧的长号吹奏演员由位于华盛顿的舞台另一侧的音乐家伴奏。

（3）最后，乐队进行演奏。

让每个人惊讶的是，当展示端的帷幕升起时，观众们才知道他们所听到的是扬声器重放出来的声音，而不是现场的演奏声。

约翰·哈里德（John Hilliard）当时在 MGM 的音响部门工作，对贝尔实验室主导的弗莱彻系统的研发工作很熟悉。他联系了西电公司（West Electric）的相关人员，力邀他们参与到基于弗莱彻系统原型为 MGM 建造的“适销”系统制造工作当中。一年过去了，西电公司在系统制造方面并未取得进展，哈里德与詹姆斯·兰辛（James Lansing）和约翰• 布莱克本博士（Dr. John Blackburn，被视为是 Lansing 制造方面的技术专家）会面。当时兰辛和布莱克本刚刚参加了 SMPTE（Society of Motion Picture and Television Engineers，电影与电视工程师学会）的会议，会议上研究人员发表了大量有关电影声音中采用的声频系统质量方面的评论。正是这次讨论和接下来的会面成为希勒号筒项目（Shearer Horn Project）的开端[7]。哈里德接洽了时任 MGM 声音部门的主管唐 • 希勒（Don Shearer），谈及了安装自己的系统的想法，希勒批准了项目预算。正因为如此，希勒号筒使电影声音质量有了明显的改善，并很快成为行业的标准，如图 12.1 所示。

图 12.1 希勒号筒（Shearer Horn）。JBL/Harman 授权使用

音质上的这一改善被视为是本质性的，因此希勒号筒荣获了 1936 年电影艺术与科学学院（Academy of Motion Picture Arts and Sciences）年度庆典的技术成就奖。然而，重放声音保真度方面的改善并未掩蔽掉模拟声频重放系统固有的高频噪声。为了攻克这一难题，哈里德与电影艺术与科学学院合作开发了标准的高频滚降滤波器，该滤波器产生出了著名的“学院曲线（Academy Curve）”。

12.4 从立体声到环绕声

沃特·迪斯尼（Walt Disney）在好莱坞露天剧场（Hollywood Bowl）观看了《魔法师的学徒》（*The Sorcerer's Apprentice*）的演出，并萌生了在《幻想曲》（*Fantasia*）动画影片中采用古典音乐的想法。

迪斯尼联系了斯托科夫斯基，斯托科夫斯基接受了他的这一想法，并免费提供了所录制的音乐，但是斯托科夫斯基坚持录音一定要是立体声格式的，并向迪斯尼描述了 1933 年贝尔实验室所做的实验。迪斯尼设想了将这一想法付诸实施所带来的前景，想象了音乐《野蜂飞舞》（*The Flight of the Bumblebee*）在整个剧院以及整个银幕中的声音定位效果。尽管这并未包含于《幻想曲》（*Fantasia*）当中，但是由此诞生了“环绕声”的理念。迪斯尼还想象了将指挥家从指挥台看过去的透视空间传递给观众的沉浸式声场情形。这需要采用原理上与此前电影完全不同的记录和重放方法。“Fantasound（立体声）”[8]是由迪斯尼公司的工程师开发的，它融入了现代声频制作基础的开创性理念——其中并不局限于多轨录音、立体声声像电位器、同步录音、信号路由切换器、TOGAD(tone operated gain adjusting device，在响度强的段落自动提高增益，以此增加感知动态范围的音调操控的增益调整器件) 等。

Fantasound 有十个变型 —— 大部分都涉及自动电平控制的增量变化和扬声器间的信号切换。第一代格式在银幕后面采用了 3 只音箱，在剧场的后部角落使用了两只音箱。从这一方面看，它是现代 5.1 声道环绕声系统的前身。重要的差异体现在其起始阶段，Fantasound 只采用了两个声频声道 —— 一个固定在中间声道，一个可以通过四声道声像电位器手动调整至其他音箱上[9]。这一设置在随后的规格中被扩展成 3 个声频声道，音箱增加了 3 只 —— 其中两只被置于侧墙，另一只被置于天花板上。在放映内容被导音控制声轨和 Togad 取代期间，需要多位操作者来控制 6 路声像电位器。采用 Fantasound 进行的《幻想曲》以“巡回演出”的形式进行首次放映。安装设备的复杂度要求剧院可以接受因安装和调校设备而停演。这样便将发行的范围限制为 13 座大城市。第二次世界大战的爆发终止了可让“巡回演出”更为可行的小型、便携式设备的研发。

战后的发展

第二次世界大战期间通信系统的发展给录音和声音重放系统带来了显著的变化。这其中包括可以用于扬声器制造、磁带和电视机当中的高质量永久磁铁。弗雷德• 沃勒（Fred Waller）创建了新的电影格式，该格式的研发源自炮手训练模拟器的胶片，模拟器将光束投射到 3 条平行的胶片上，并将结果以宽银幕的格式呈现出来。被称为“全景电影(Cinerama)”[10] 的新格式包含 7 个独立的声频声道。其中 5 个声道是位于银幕后面的，另外两个声道位于影院后部的角落处。虽然全景电影取得了成功，但是只有有限数量的影院可以配置这样的系统进行影片放映，主要原因在于这一系统需要非常宽的曲面银幕。鉴于全景电影受到了观众的喜爱，因此 20 世纪福克斯（20th Century Fox）公司采用了变形透镜处理技术，即可以通过一台摄影机产生出更宽的银幕影像。1953 年，CinemaScope[11] 格式沿着标准 35mm 发行拷贝的边缘设置了 4 轨磁性声频条纹纹迹，如图 12.2 所示。

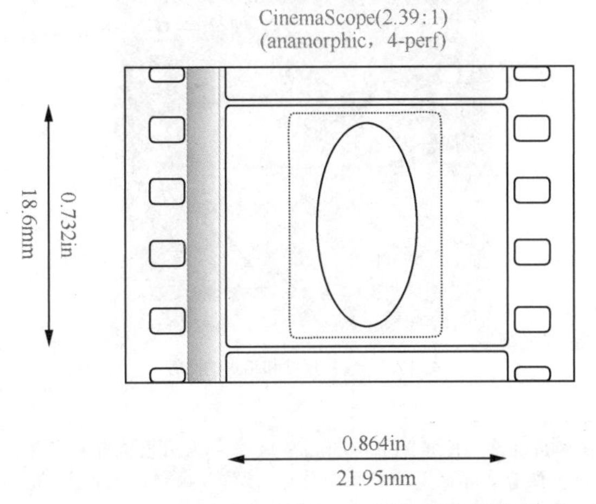

图 12.2 CinemaScope 胶片显示出了被压缩的变形影像

3 个声频声道被安排给银幕后面的 3 只音箱，另一个声道馈送给了位于影院后部的音箱。由于重放的磁性声轨产生出磁带嘶声，因此“学院曲线”被用来减少主要声频声道的高频噪声。效果声道采用 12kHz 的正弦波来切换声道的开 / 关，接着在放音放大器之前用 12kHz 的陷波器将该音调音去除。

迈克尔 • 托德（Michael Todd）离开了 Cinerama 公司，并与美国光学公司（American Optical Company）合作开发出了工作在 30FPS(与电影标准的 24FPS 相比)下，并以宽银幕格式拍摄的 65mm 电影摄影机。电影拷贝是 70mm，它拥有 6 个声道的声频磁条。这种新的格式以其发明者的名字命名（Todd AO），它被人们描述为“单孔全景电影”，即宽胶片格式可以取代 Cinerama 需要 3 台放映机并要满足放映员的复杂要求。5 个声道被安排给位于银幕后面的音箱，1 个声道用于剧场后部。1955 年，随着影片《俄克拉荷马》(*Oklahoma*) 的发行，Todd AO 格式引发了争议。与影片《幻想曲》一样，Todd AO 格式与“巡回展示”紧密联系在一起，在多放映厅影剧院出现之前，它只是进行定期的测试放映。在拥有固定座席的大型影剧院进行专门放映的 Todd OA 拷贝都会采取同样的做法，即在大剧院放映几个月后，才会在附近的影剧院放映。

电影的多声道声频受到磁条发行拷贝高成本的制约 —— 每条磁条纹迹需要实时复制。在 1970 年代，新涌现出的杜比 A 型降噪系统对改善洗印在胶片上的光学声轨质量重新表现出了兴趣。1930 年代以来，这种处理技术就没产生过明显的变化，学院曲线已经设置好了，目的就是减少伴随光学方式记录声音重放所产生的噪声和失真。在 1955 年，约翰• 弗拉伊内（John Frayne，西电公司）提出了在标准的 35mm 胶片上以光学方式记录立体声声频信息的方法[12]。在柯达（Kodak）公司工作的罗纳德• 乌利希（Ronald.Uhlig）进行了在 16mm 的拷贝上记录采用杜比 A 型降噪技术的弗拉伊内光学编码信号的实验[13]。尽管这给音质带来了明显改善，但是馈送给银幕后面左右音箱的信号仍然是双声道立体声信号。这里并没有主要用于将语言对白准确地维持在银幕正中间位置的第三个中置声道。

杜比（Dolby）和柯达（Kodak）合作开发了一个系统，而且该系统采用了为四方声 Hi-Fi 系统中设计的定向矩阵解码器[15]，其目的是从立体声信号中产生出中置声道信息。杜比利用矩阵提供的电平和相位信息来“控制”声频信号，将声频信号分配至相应的声道。矩阵被进一步拓展，产生出一个声道的环绕声信息。该系统被称为 Dolby SVA，之后被命名为 Dolby Stereo(杜比立体声)，如图 12.3 和图 12.4 所示，它提供出与 Cinemascope 一样的四声道声频信号布局。

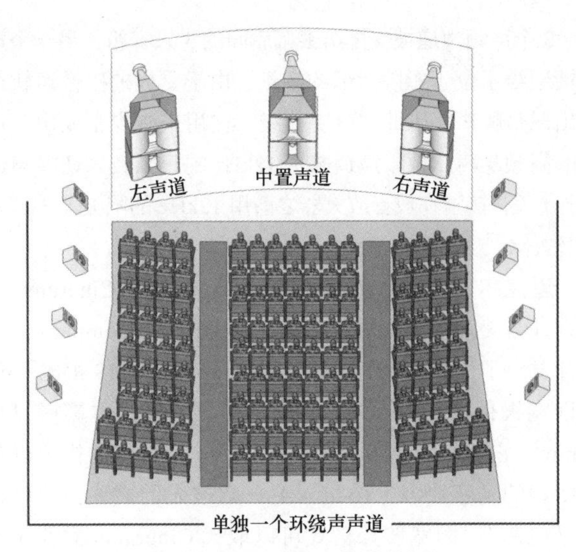

图 12.3 Dolby Stereo 系统音箱布局

杜比环绕声	左声道	右声道	环绕声道
左声道	1	0	$-j\sqrt{\frac{1}{2}}$
右声道	0	1	$j\sqrt{\frac{1}{2}}$

杜比环绕声	左声道	右声道	中置声道	环绕声道
左声道	1	0	$\sqrt{\frac{1}{2}}$	$-j\sqrt{\frac{1}{2}}$
右声道	0	1	$\sqrt{\frac{1}{2}}$	$j\sqrt{\frac{1}{2}}$

杜比环绕声	左声道	右声道	中置声道	后方左声道	后方右声道
左声道	1	0	$\sqrt{\frac{1}{2}}$	$-j\sqrt{\frac{19}{25}}$	$-j\sqrt{\frac{6}{25}}$
右声道	0	1	$\sqrt{\frac{1}{2}}$	$j\sqrt{\frac{6}{25}}$	$j\sqrt{\frac{19}{25}}$

图 12.4 杜比编码矩阵

光学编码有两个主要的优点。第一个优点是声频信息被冲印在胶片上，取消了耗时且高成本的声频磁条制作。然而，更为重要的是它对光学声频声轨是后向兼容的。印在胶片上的同一声迹既可以在影院的老式单声道设备上重放出来，也可以在装配了 Dolby Stereo 系统的场馆设备上重放，因此免去了发行多种声音格式拷贝的需求（降低了发行成本）。

Dolby Stereo 系统促使影院声音发生了又一次变革。最初，该系统被部署在采用 Cinemascope 的影院中，这种影院拥有支持四声道重放的声频基础结构。这种声频格式最先用于 1976 年发行的影片《一个明星的诞生》(*A Star Is Born*) 中，但是在几个月内，4 : 2 : 4 矩阵的固有优势被随后发行的电影《星球大战》(*Star Wars*) 和《第三类接触》(*Close Encounters of the Third Kind*) 所印证。影片《星球大战》的热映激发了许多小型影院对环绕声的热情。为此，更多的观众体验到了环绕声效果所带来的益处，人们对沉浸式电影体验的期待也被激发出来。然而，银幕放映的 70mm 胶片的《星球大战》暴露出了磁性记录方式给低频信息峰值储备带来的不利影响。为了解决这一问题，杜比公司的詹卢卡• 塞尔西（Gianluca Sergi）和史蒂夫 • 卡茨（Steve Katz）重新规划了 6 声道 Todd AO 声频格式 [16]，使其提供出分配给银幕后面的左、中置、右声道，环绕声道和专门的 LF（低频）声道。他们将其展示给加里 • 库尔茨（Gary Kurtz，制作人），后者选中了这种后来被命名为“Baby Boom（婴儿潮）”的重新规划方案，将其用在了 70mm“星球大战”拷贝上。低频输出与左中右输出结合在一起馈送至 Todd AO 扬声器阵列。《第三类接触》是专门为安装有重低音 * 的影院而发行的第一个拷贝。它所确立的矩阵解码环绕声成为影院的一个标准。接下来的研发包括 Dolby SR 降噪系统，该系统有助于增大带宽和动态范围。在《星球大战》上映两年后上映的《超人》(*Superman*) 电影引入了立体声形式的环绕声。

35mm 格式的改进成果重新点燃了人们对 70mm 胶片格式的兴趣。最初的 Dolby A，随后的 Dolby SR 所带来的性能改善类似于在 35mm 胶片声音上所取得的成果。不过 70mm 格式拥有 6 个独立全频带声轨的优势。1970 年，IMAX（ImageMAXimum）70mm 格式面世。尽管摄影机和放映机都采用了 70mm 格式，但是与标准的 35mm 放映机不同，其胶片利用两个大的转盘实现水平传送。与 Todd AO 格式不同，IMAX 影片并不包含声频信息，这样便可以让影像占据更大的帧面积，如图 12.5 所示。

最初的 IMAX 采用了 35mm 声频磁片追踪器，提供 6 个独立的全频带声道。在 20 世纪 90 年代，DTS 传动机构取代了 35mm 追踪器。

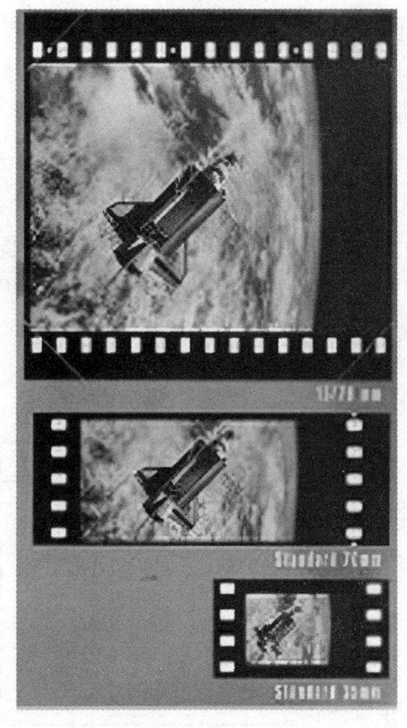

图 12.5 胶片尺寸和格式的比较

* 从技术角度看，《地震》(*Earthquake*) 是首部采用重低音的影片。但是馈送给重低音音箱的是随机噪声信号，该信号由印在胶片上的控制信号触发产生。

12.5　家庭影院的兴起

安培公司（Ampex Corportation）研发了螺旋扫描记录和重放技术，随后该技术被 JVC 公司集成到 VHS(Video Home System，家用视频系统）磁带录像机当中，这便使得电影可在家中电视机上播放。最初，这些机器只能提供单声道声频信号，但立体声电视广播的出现促使其能够实现立体声的记录与重放。NTSC 视频广播的固有局限，以及 VHS 磁带上线性声频磁迹的长度限制导致标准的性能大打折扣。然而，它能够用于让观众在合适的时间观看错过的节目的录像，并且能够让观众在自己舒适的家中选择合适的时间观赏租赁来的、自己拍摄的录像，这便使得电影与广播业产生了巨大的差别。

激光视盘（LaserDisk）的发展提供了对视频影像进行更高分辨率编码的方法，同时其拥有的 CD 质量立体声音质也远远优于 VHS 录像带上线性模拟声频磁迹的音质。这样便可以将 35mm 胶片上的 Dolby Stereo 声轨应用于发行的激光视盘上。Hi-Fi VHS 机器能够利用螺旋扫描磁鼓上单独的磁头，将声频信号以视频信号的一部分来记录。这样便有足够的动态范围来记录 Dolby Stereo 声频信号。由此在民用市场上便诞生了 4：2：4 解码器——即所谓的 Dolby Pro Logic(杜比专业逻辑)。Dolby Pro Logic Decoder(杜比专业逻辑解码器）具有 4 个输出声道，其中 3 个声道接到位于“荧屏”附近的左、中置和右音箱，另一路环绕声道信号馈送给位于房间后部的音箱。第一代解码器是模拟的，而且解码精度很大程度上受困于幅度和相位误差。1988 年，Lexicon 公司率先开发出了数字式 Pro-Logic 解码器。该解码器具有解码前在数字域内实现对相位和幅度误差进行校正的优点。这明显改善了控制精度。1997 年 DVD 格式被推出。DVD 能够存储 8 个独立的全频带声道。然而，其视频信号是被压缩的。这些声道用来传递来自 DVD 播放器的分立模拟信号。蓝光（Blu-ray）格式是 2000 年由 Sony 开发的，并于 2003 年开始进行商业发售。蓝光格式的播放机具有更大的存储容量，可实现对高清晰度视频（High Definition Vedio，1080p）以及 8 个独立的全频带声道信息的存储。与 DVD 一样，这些声道只能以来自蓝光播放机的模拟输出，或者以接收来自蓝光播放器的 HDMI(High Definition Multi-media Interface，高清晰度多媒体接口）信号的前置放大器或解码器的模拟输出形式应用，它们可提供独立的模拟输出。

12.6　数字时代

1987 年，电影与电视工程师学会（Society of Motion Picture and Television Engineers，SMPTE）的小组委员会研究出了将编码的数字声频信号记录到胶片上的方法。由此所产生出的标准就是众所周知的 SMPTE5.1——创建出理想的听觉体验所需的最少声道数。其中 3 个声道的信号被分配给位于银幕后面的左、中和右音箱；另外两个声道被用于左环绕和右环绕的环绕声声道；最后一个声道被用于呈现低频效果（Low Frequency Effects，LFE），如图 12.6 所示。

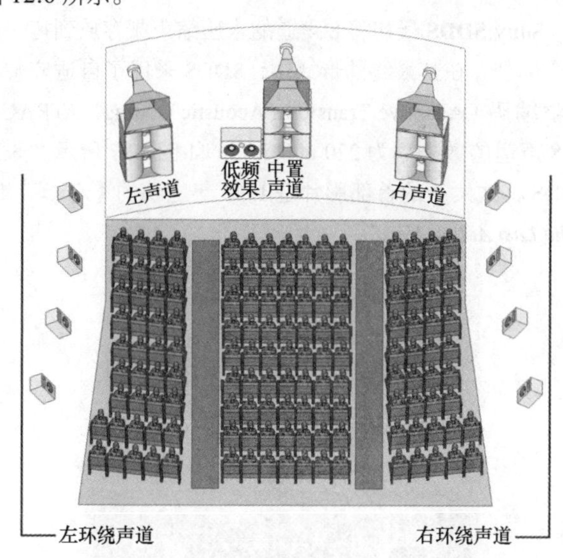

图 12.6　SMPTE5.1（ITU775）规定的音箱位置图

虽然 SMPTE 将这些声道描述为“分立形式的”，但在当时不论是发行的拷贝上，还是单独的 CD-ROM 跟踪器上都没有足够的空间用于普通的 PCM 数字声频编码信息存储。通过业界的筛选，3 种格式被保留了下来：

- Dolby Digital(杜比数字)
- Digital Theater System(DTS，数字影院系统，DTS 可以提供 8 个声道)
- Sony Dynamic Digital Sound(SDDS，索尼动态数字声，SDDS 可容纳 7.1 声道)

所有这些系统都采用了一定形式的低比特数据编码，以减少相对于 CD 声频（1411 200bits/s）而言的实际比特数据量。不论是胶片上采用的光学纹迹记录，还是 CD 跟踪器形式，这种比特率编码处理使得电影数字声频的发展成为可能。对于电影行业而言，分立多声道声频的低比特率编码所表现出的优势超出了人们对更高质量的双声道重放的需求。下面我们以研发顺序来阐述数字编解码器的应用。

Dolby AC-3 就是通常我们所说的杜比数字（Dolby Digital），它将数字声频信息洗印到 35mm 拷贝的齿孔之间。78bits × 78bits 的数据块被记录在每个齿孔之间。以标准的 24FPS 影片放映速率放映的 35mm 拷贝，每帧有 4 个齿孔。这样在同步和误码校正之前便产生出 584 064bits/s 的数据率，而实际的数据率是 320 000bits/s。采用 Dolby Digital 方式发行的首部影片是 1992 年上映的《蝙蝠侠归来》（*Batman Return*）。

DTS 采用与胶片同步的 CD 跟踪器系统。取代电影胶片上的数字声频纹迹的是DTS时间码，DTS时间码轨包含印在胶片上的影片片名。DTS解码器读取该时间码，并以声频形式传输。DTS采用了固定的4：1压缩比——由此产生的数据率为880 000bits/s。以DTS格式发行的首部影片是1993年上映的《侏罗纪公园》（*Jurassic Park*）。

Sony SDDS最初将8声道的未压缩声频存放到拷贝的几个部分。在其最终的形式中，SDDS采用了自适应转换声学编码（Adaptive Transform Acoustic Coding，ATRAC），其8声道的数据率为220 000bits/s，如图12.7所示。采用SDDS格式发行的首部影片是1993年上映的《幻影英雄》（*The Last Action Hero*）。

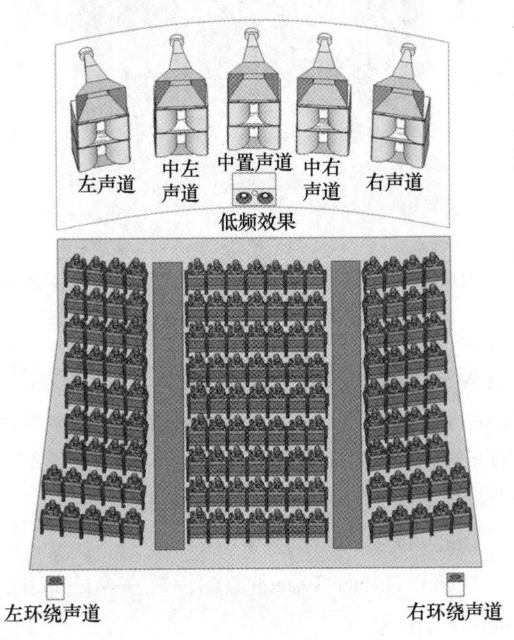

图12.7 Sony SDDS的音箱摆放位置

Dolby Digital EX是由Lucasfilm THX开发的技术，除了左环绕和右环绕声道之外它还利用矩阵解码器创建出一个后方中央声道。与Dolby Pro Logic处理类似，它利用幅度和相位信息实现控制，因此它与Dolby Digital后向兼容。以这种格式发行的首部影片是1999年上映的《星球大战前传1：幽灵的威胁》（*Star War Episode I*：*The Phantom Menace*）。

DTS ES（Enhanced Surround，增强环绕声）Matrix在环绕声数据中加入了标记，以便产生出除了左环绕和右环绕声道之外的后方中央声道。

DTS ES Discreet提供出了7个（6.1）独立的声道，其中的后方中央声道信息也是分立记录的。为了保持与DTS5.1后向兼容，独立的后方中央声道信息通过矩阵分配至左环绕和右环绕声道。图12.8所示的DTS ES Discreet解码器去掉了该声频。采用这种编码格式的首部影片是1999年上映的电影《鬼屋凶铃》（*The Haunting*）。

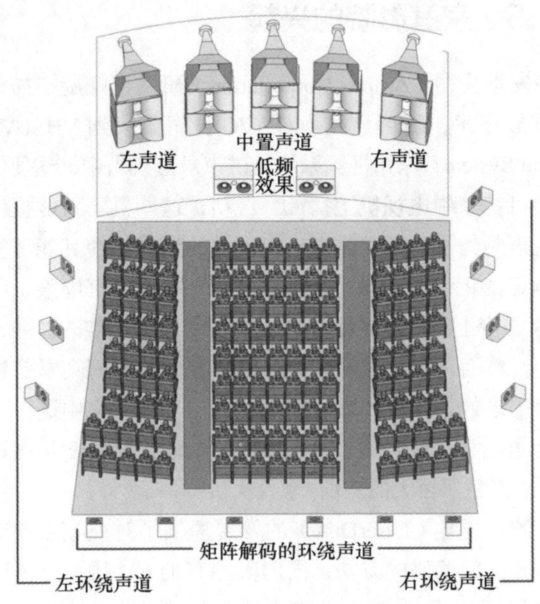

图12.8 Dolby EX，DTS ES 6.1格式的音箱摆放位置

12.7 电影迈入数字时代

1998年，第一个数字光管（Digital Light Pipe，DLP）放映系统在美国国内各大城市的影院中展映了影片《最后的广播》（*The Last Broadcast*）[17]。这是第一部采用德州仪器（Texas Instruments）研发的技术进行数字化方式拍摄、编辑、发行和放映的影片。2000年，SMPTE成立了一个委员会（DC28），专门进行数字电影（Digital Cinema）标准的研究。2002年，由几家大牌电影制作机构（Disney，Paramount Pictures，Fox，MGM，Sony Pictures Entertainment，Universal Studio和Warner Brothers）成立了一个合作项目组织—数字电影倡导联盟（Digital Cinema Initiatives），用来制定数字电影标准。DCI标准包括数字电影文件包（Digital Cinema Package，生成数字视频和声频的文件）的技术规范，它被“吸收”到向数字放映系统和声频解码器馈送信号的服务器中，如图12.9所示。

DCI指定了16个工作于48kHz或96kHz采样率，24bit分辨率下的全频带数字声频声道。声频文件格式是依照ITU 3285第一版规定的.wav格式，并且是无压缩的。“数字电影文件包（digital cinema package）”可以直接传输至服务器。这从根本上改变了电影发行的原有属性。一旦被存储在服务器上，解码的文件由媒体数据块（Media Block）处理，进行实时解码并转换成重放媒体，这其中包括：

- 主图像
- 子图像
- 同步文本
- 声频

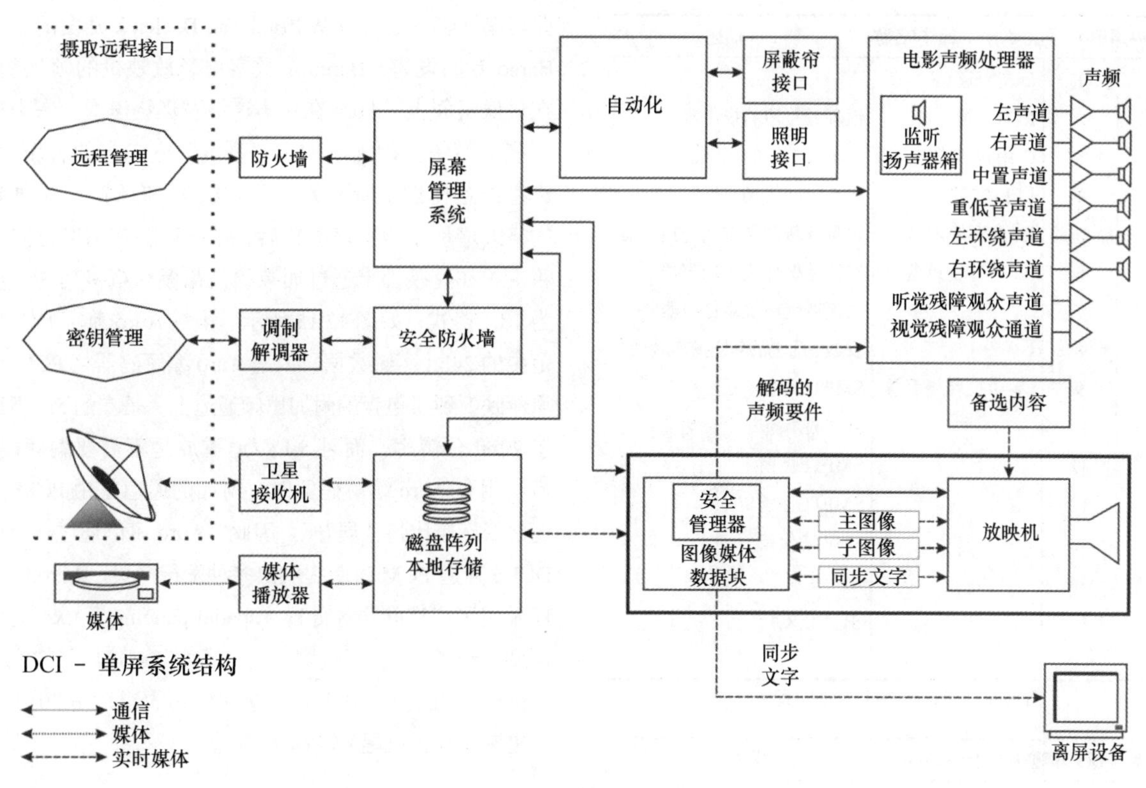

图 12.9　DCI 单屏幕系统结构

Medio Block 提供出符合 AES-3 协议要求的数字声频链路，并将采样率为 48kHz 或 96kHz，分辨率为 24 bit 的 16 个通道分配给电影处理器（Cinema Processor），它提供出声道映射和由数字声频至模拟声频转换的功能（最小的通道映射是 5.1），如图 12.10 ～图 12.13 所示。

AES对#-声道#	声道#	标注/名称	描述
1-1	1	L-左声道	银幕最左边的扬声器
1-2	2	R-右声道	银幕最右边的扬声器
2-1	3	C-中置声道	银幕中间的扬声器
2-2	4	LFE-屏幕	银幕低频效果重低音扬声器
3-1	5	Ls-左环绕声道	左侧墙壁环绕声扬声器
3-2	6	Rs-右环绕声道	右侧墙壁环绕声扬声器
4-1	7	Lc-中左声道	处于左至中置之间的扬声器
4-2	8	Rc-中右声道	处于右至中置之间的扬声器
5-1	9	Cs-中央环绕声道	安装于后墙的环绕扬声器
5-2	10		SMPTE保留
6-1	11		SMPTE保留
6-2	12		SMPTE保留
7-1	13		SMPTE保留
7-2	14		SMPTE保留
8-1	15		用户定义
8-2	16		用户定义

图 12.10　DCI 的 9 声道声频分配

AES对#-声道#	声道#	标注/名称	描述
1-1	1	L-左声道	银幕最左边的扬声器
1-2	2	R-右声道	银幕最右边的扬声器
2-1	3	C-中置声道	银幕中间的扬声器
2-2	4	LFE-屏幕	银幕低频效果重低音扬声器
3-1	5	Ls-左环绕声道	左侧墙壁环绕声扬声器
3-2	6	Rs-右环绕声道	右侧墙壁环绕声扬声器
4-1	7	Lc-中左声道	处于左至中置之间的扬声器
4-2	8	Rc-中右声道	处于右至中置之间的扬声器
5-1	9		不使用
5-2	10		SMPTE保留
6-1	11		SMPTE保留
6-2	12		SMPTE保留
7-1	13		SMPTE保留
7-2	14		SMPTE保留
8-1	15		用户定义
8-2	16		用户定义

图 12.11　DCI 的 8 声道声频分配

AES对#-声道#	声道#	标注/名称	描述
1-1	1	L-左声道	
1-2	2	R-右声道	银幕最左边的扬声器
2-1	3	C-中置声道	银幕最右边的扬声器
2-2	4	LFE-屏幕	银幕中间的扬声器
3-1	5	Ls-左环绕声道	银幕低频效果重低音扬声器
3-2	6	Rs-右环绕声道	左侧墙壁环绕声扬声器
4-1	7		右侧墙壁环绕声扬声器
4-2	8		安装于后墙的环绕扬声器
5-1	9	Cs-中央环绕声道	SMPTE保留
5-2	10		SMPTE保留
6-1	11		SMPTE保留
6-2	12		SMPTE保留
7-1	13		SMPTE保留
7-2	14		用户定义
8-1	15		用户定义
8-2	16		

图 12.12 DCI 的 7 声道声频分配

AES对#-声道#	声道#	标注/名称	描述
1-1	1	L-左声道	银幕最左边的扬声器
1-2	2	R-右声道	银幕最右边的扬声器
2-1	3	C-中置声道	银幕中间的扬声器
2-2	4	LFE-屏幕	银幕低频效果重低音扬声器
3-1	5	Ls-左环绕声道	左侧墙壁环绕声扬声器
3-2	6	Rs-右环绕声道	右侧墙壁环绕声扬声器
4-1	7		不使用
4-2	8		不使用
5-1	9		不使用
5-2	10		SMPTE保留
6-1	11		SMPTE保留
6-2	12		SMPTE保留
7-1	13		SMPTE保留
7-2	14		SMPTE保留
8-1	15		用户定义
8-2	16		用户定义

图 12.13 DCI 的 6 声道声频分配

从环绕声到沉浸式声频

数字电影文件包中 16 个未压缩声频声道的应用将 5.1 电影格式扩展了，促进了电影沉浸式声频的发展。它不是利用矩阵解码处理产生出后方中央环绕声道，而是通过分立的声道具有的创建环绕声“区域”的能力，在两个区域之间建立起准确的声像定位。图 12.14 所示的 Dolby Surround 7.1 具有 8 个分立的声频通道及其 4 个环绕声分区。首部采用这种格式上映的电影是 2010 年上映的影片《玩具总动员 3》(*Toy Story III*)。

Auro 是 2005 年由位于比利时的 Galaxy Studio 的维尔弗里德·范·巴伦（Wilfried Van Baelen）开发的。后来由 Barco 专门发售，Barco 是数字电影放映机的领先制造商。在最低层面上，Auro 在左声道、左环绕声道、右声道、右环绕声道的基础上增加了“高度”方向上的音箱，为 9.1 声道配置构建了所谓的“双四方声”布局[18]。扩展到 13.1 的格式增加了中置声道和后方中央声道在高度方向上的音箱，并在此基础上通过加装的天花板音箱将其进一步扩展为 18.1 格式，如图 12.15 所示。虽然 Auro 兼容 DCI 技术规范中的 24bit 声频数据，但是 Auro 编解码器将 PCM 比特流重新映射到所包含的附加声频通道上。基本的 5.1 声道保留了 20bit 分辨率，而且 5.1 声道重放是不需要编解码器的。当使用了 Auro 编解码器时，附加的通道是由 PCM 比特流的最低标志比特“展开”。因此，Auro 可以通过一个标准的 DCI 6 声道 PCM 母版提供出多种发行拷贝。Auro 的编码处理采用了“空间声像处理（spatial panning）”（x= 宽度，y= 深度，z= 高度），通过增加的“高度”创建出了“空间中声音的一个维度”。最先采用这种格式的影片是 2012 年上映的电影《红色机尾》(*Red Tails*)。

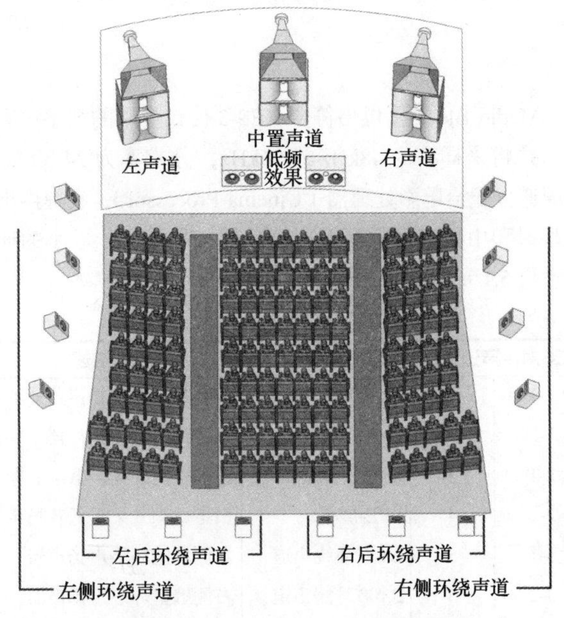

图 12.14 Dolby Surround 7.1 的音箱摆放位置

2012 年，Dolby 推出了 Atmos 系统，这是一种多声道沉浸式声频系统。Atmos 系统利用 Dolby Surround7.1 的扬声器布局，并增设了前方侧向环绕音箱、左和右环绕重低音音箱，备选的中左和中右音箱，以及两排头上方音箱。Atmos 系统比之前用于环绕声的编解码器的整合度更高。它由一系列编译软件应用和针对 Avid Pro-Tools 系统的插件组成。一个 Atmos 混音包括“音床（Bed Audio）”（基于包含特定多声道声像处理的预混合结构）；“对象声频（Object Audio）”（包括借助 Dolby Atmos 声像控制软件进行声像处理的单声道或立体声声轨内容）；“Dolby Atmos 元数据（Metadata）”（有关“对象的声像控制信息”）。

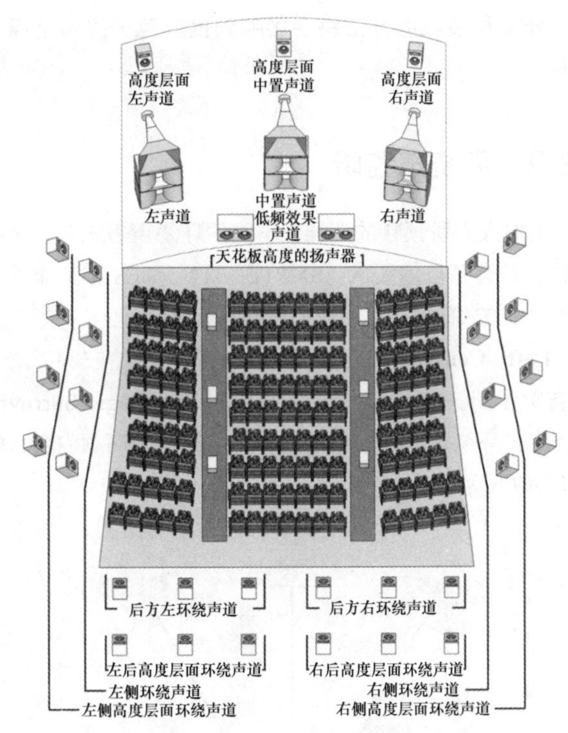

图 12.15　Auro 13.1 的音箱摆放位置

Dolby 把"音床"称为基于预混合主体结构（类似于混响和环境效果）的声道，它们被馈送至扬声器阵列、引用典型 5.1 和 Dolby Surround7.1 混音创建环绕声分区。两个附加的声道提供出立体声形式的头上方输出。对象是可以被状态化的，或者可以通过声像调节至任一声道和扬声器上的各个声音元素。这是利用可生成渲染为 3D 空间中对象特定位置元数据的 Dolby Panner 应用来实现的。

利用一个 HD MADI 接口，声频信号从 Pro Tools 传送至 Dolby Rendering 和 Mastering Unit(RMU)，声频信号在此与元数据混合。在 Pro Tools 中，9.1 声道表现出预混合主体结构的"音床"，它被映射成 Dolby Surround 7.1 标准。Atmos 对象占用通道 11-128，如图 12.16 所示。

声道#	标注/名称
1	L – 左声道
2	R – 右声道
3	C – 中置声道
4	LFE – 屏幕
5	Lss – 侧向左环绕声道
6	Rss – 侧向右环绕声道
7	Lsr – 后方左环绕声道
8	Rsr – 后方右环绕声道
9	Lts – 上方左环绕声道
10	Rts – 上方右环绕声道
11-128	C用于单声道对象声轨 S用于立体声对象声轨

图 12.16　Dolby Atmos 声道映射

Dolby RMU 将声频信号渲染至创建出"主体结构(Stems)"的混音影院中的扬声器中。每个主体结构包含一个基于音床的声道和 7 个声频对象（及其元数据）。Stems 是创建分组（例如，对白、音乐、Foley、背景声等）的方法。Dolby RMU 能够让工程师听到音床与对象的混合情形，以便创建出终混。Dolby RMU 还可以让工程师听到 7.1 和 5.1 版本的混音。

最终我们在母带处理过程中创建出 Dolby Atmos 文件包，如图 12.17 所示，以及终混母带的 7.1 和 5.1 渲染。这些文件连同图像文件和字幕文件被导入成数字电影文件封装（digital cinema packaging，DCP）形式。一旦变成 DCP 形式，主声频 MXF(Main Audio MXF）文件便依照 SMPTE 技术规范进行加密（增加相应的附加声轨）。Atmos MXF 文件被封装成辅助声轨文件，并且依照 SMPTE 规范要求，利用对称内容密钥进行备选加密。单独的 DCP 可以按照 DCI 规范进行发布，并且可以被任何 DCI 兼容服务器所接受。没有装配 Dolby Atmos 系统的任何剧院将忽略包含在 Dolby Atmos 声轨中的辅助文件，并利用主声频文件（Main Audio File）进行标准的声音重放。装配 Atmos 电影处理器（Atmos Cinema Processor）的剧院将接受辅助文件（Auxiliary file)，并按照存储于单元中的音箱配置对 Atmos 声轨信息进行渲染。Atoms B 链声频处理器提供多达 64 个输出声道，它们是由 Atmos Cinema Processor 配置的，如图 12.18 所示。首部采用该格式的影片是 2012 年上映的《勇敢传说》(*Brave*)。

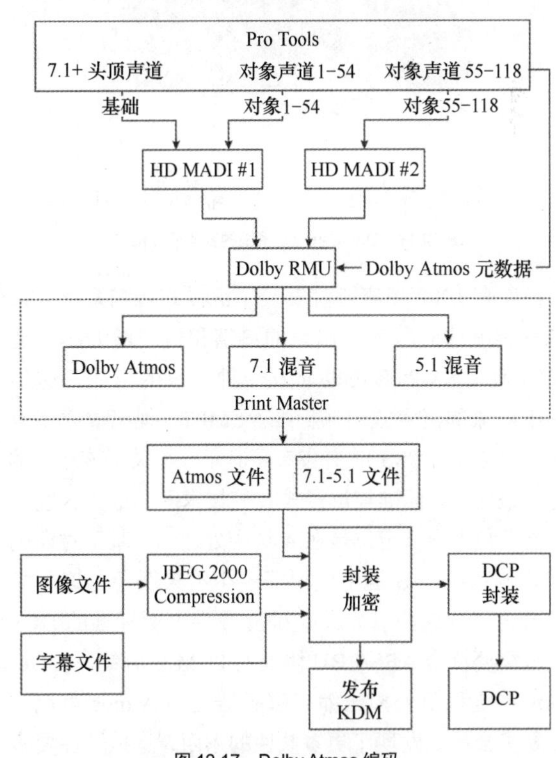

图 12.17　Dolby Atmos 编码

多维声（Multi-Dimensional Audio，MDA）工作组（由 DTS、Doremi Laboratories、Ultra-Stereo Laboratouies、QSC、Barco 和 Auro Technologies）也开发出了沉浸式声频

系统。MDA是基于对象的，可以让工程师将声音定位于三维空间中。MDA利用数字声频工作站的插件和Avid的数字调音台（D-console）来工作。每一对象或对象分组以各自强度来安排，允许其在再记录过程期间单独被访问。MDA采用标准的、未被压缩的加密的PCM声频文件，以便对声轨进行记录和分发。MDA创建器为每个PCM声道生成三维声像控制元数据，同时创建出MDA交互文件形式的母版混音（Master Mix）。这种单独的混音与图像文件和字幕文件一起打包封装成DCP。一旦媒体处理模块接受了它，MDA文件便被解包，并分发给MDA Cinema处理器。利用针对每个声频对象的声像控制元数据，MDA声轨被实时渲染成三维形式。这样可使单个混音被扩展成沉浸式声音格式，以及标准的7.1和5.1格式。

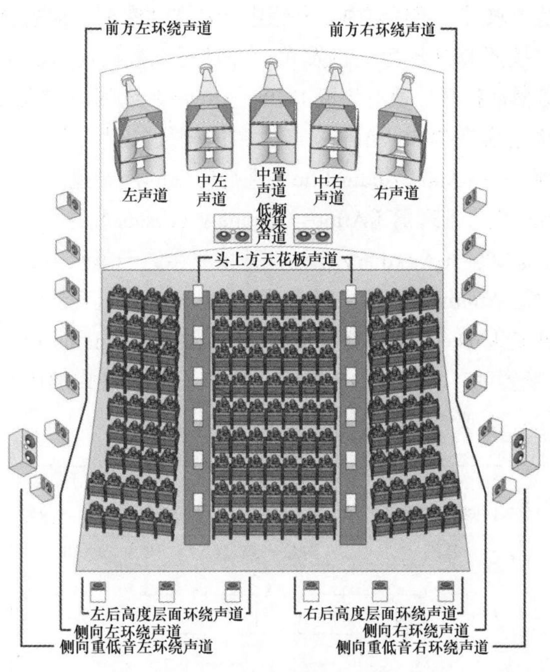

图12.18 Dolby Atmos系统的音箱摆放位置

目前有1000多座剧院安装了沉浸式音响系统。人们对这种音响体验所表现出来的热情和日益增大的兴趣促使DCI邀请SMPTE协助研发一种开放的格式，这种格式基于对象的沉浸式声频标准。SMPTE现已成立了一个技术委员会（25CSS），并发布了其第一个关于该标准的具体进展报告[19]。标准与沉浸式音响技术间的最大区别体现在标准系统中声音定位是在A链中处理的，基于对象的沉浸式音响系统在B链中使用了一个渲染引擎，该引擎利用元数据建立起声音定位。确立数字电影标准的DCI技术规范需要符合AES/EBU协议的PCM声频编码。Dolby Atmos系统利用无损压缩编解码器处理Atmos声轨。总之，委员会从中发现了更多共性的东西，这些共性要多于各个竞争的沉浸式声频系统在音箱摆放位置方面表现出的不一致。

毫无疑问，沉浸式声频技术代表了电影以及家庭影院音响系统上发生的下一个模式转变。这种集编码、传输、分发和接收的方法将会影响到世界范围的整个通信行业。

12.8 环绕声监听

正如人们所预料的那样，不同的环绕声格式对音箱的摆放位置有各自的要求。SMPTE、ITU、AES和其他的组织为摆放方式研发出了相应的标准，具体如下。

Left，Center，Right，Surround（LCRS，左、中、右、环绕）是针对Dolby AC-3和Dolby Pro Logic Surround的规定。环绕声道是单声道的，并且减少了高频内容，如图12.19所示。

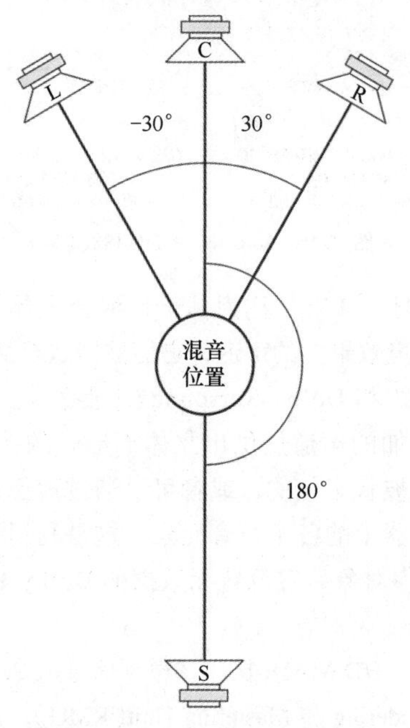

图12.19 L，C，R，S - AC-3矩阵解码

5.1符合ITU-775和其他几种环绕声格式标准。这是最为常见的环绕声格式。5.1声道分别是左声道、中置声道、右声道、左环绕声道（左后）、右环绕声道（右后）和LFE声道，如图12.20所示。

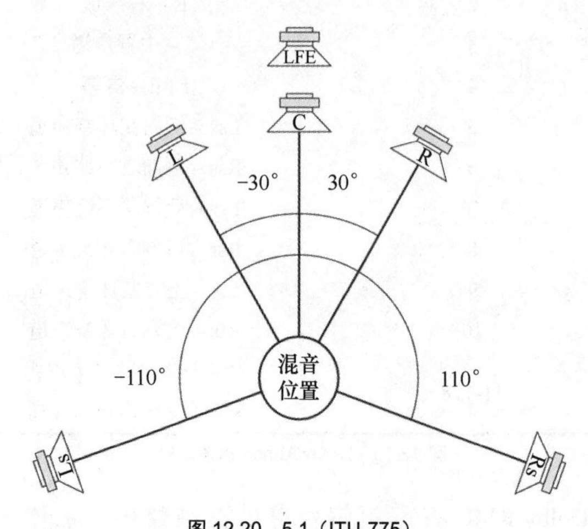

图12.20 5.1（ITU-775）

6.1 用于 Dolby-EX 或 DTS-EX，如图 12.21 所示。6.1 声道分别是左声道、中置声道、右声道、左环绕声道、右环绕声道、后方中央环绕声道和 LFE 声道。Dolby-EX 矩阵从左环绕和右环绕声道中解码出后方中央环绕声道。DTS-ES 矩阵利用编码于 PCM 比特流中的元数据解码出后方中央声道。DTS-ES 提供了一个独立的后方中央环绕声道，并且在启用中央声道时，它会根据需要采用元数据来改变左环绕和右环绕声道。

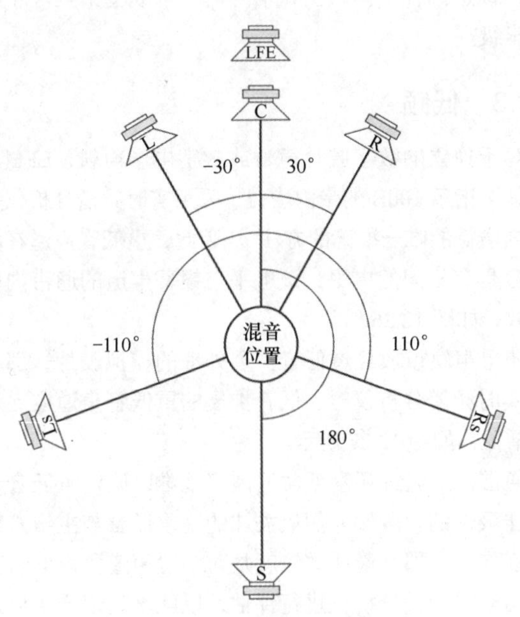

图 12.21　Dolby-EX，DTS-ES

7.1（3/4.1）采用了与 5.1 一样的扬声器配置，不过它增加了两个侧向声道，即 Ls(侧向左环绕声道）和 Rs(侧向右环绕声道)，它们位于中央两侧各 70° 的方位上。这符合 Dolby Digital Surround 格式，如图 12.22 所示。

7.1 SDDS 或 7.1Sony Dynamic Digital Sound，如图 12.23 所示，它在 5.1 基础上增加了两只音箱，即 Lc(中左声道）和 Rc(中右声道)，而且所使用的左环绕和右环绕音箱位于剧场后方的角落处。这是针对使用 Sony 解码和重放硬件而设计的。

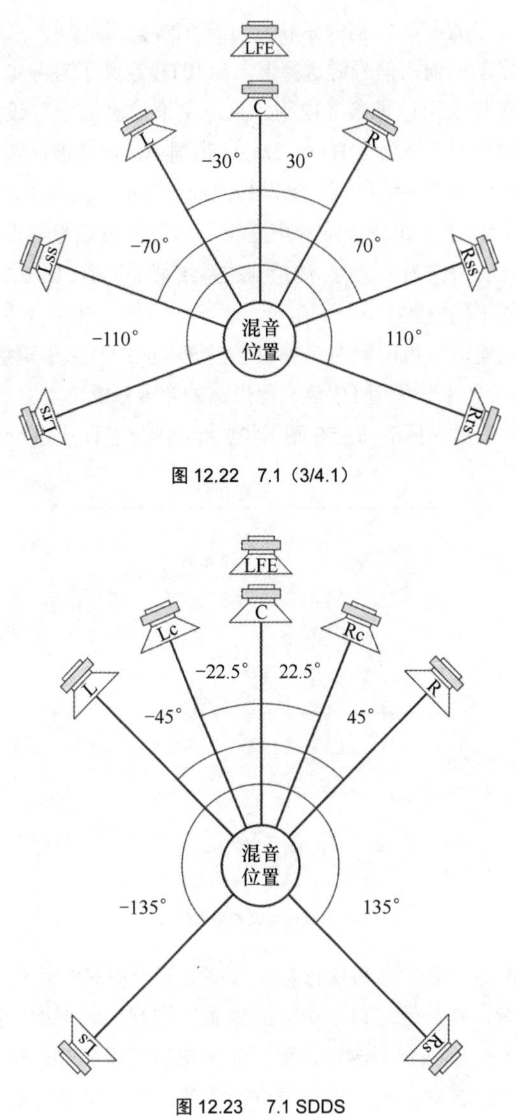

图 12.22　7.1（3/4.1）

图 12.23　7.1 SDDS

12.9　影剧院声频系统的校准

SMPTE 标准 ST-202 规定了 B 链设备校准，根据现有房间声学情况调整声频系统的方法，以及调整各个组件和整个系统的声级方法。图 12.24 示出了 B 链信号的流图。

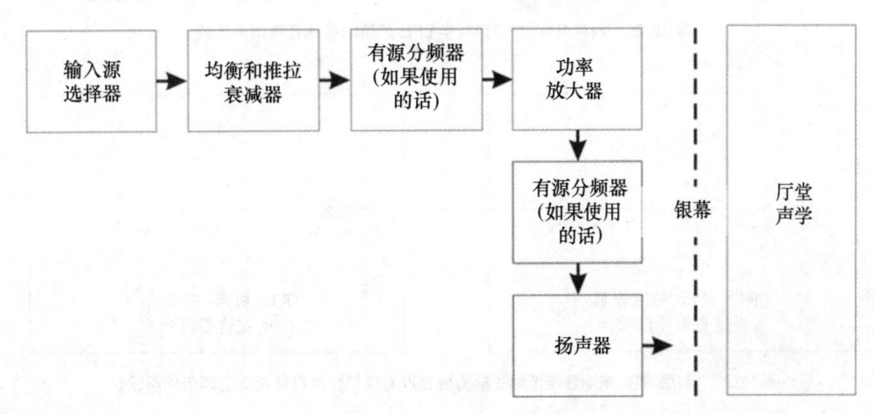

图 12.24　B 链信号流图

指定的激励为宽频带粉红噪声信号，最好插入系统均衡器之前的输入信号源选择器。SMPTE 定义了参考电气电平，它是采用已录参考电平，且“主推拉衰减器”设定到标称位置时，经由 22Hz ～ 22kHz 带通滤波器滤波后测得的宽带粉红噪声平均电压。测得的记录参考电平应在 100% 或满幅调制之下 20dB。绝对声压级是采用记录参考电平的宽带粉红噪声作为激励时，测量到的系统某一通道（L，C 或 R）的空间平均值。

测量应采用设置为 C 加权、慢速响应的宽频带声级计。SMPTE 还主张采用 1/3 倍频程带宽的频谱分析仪。

所有的声压测量应在图 12.25 所示的座席区上进行。

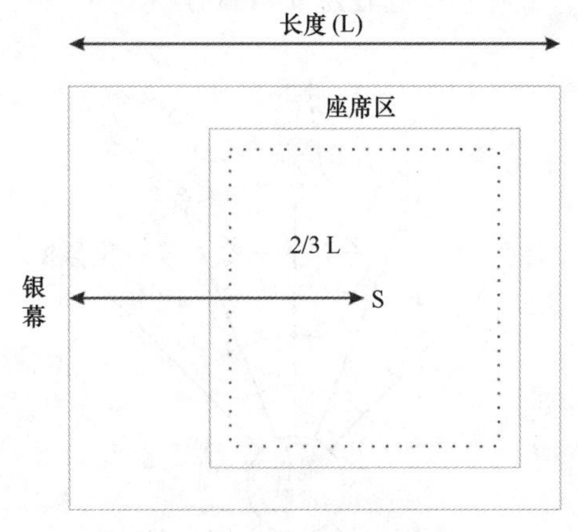

图 12.25 建议的测量位置

声压级要针对每块银幕和环绕音箱至少在一个位置进行测量，并且针对每个声道的测量应进行空间平均。如果只能选择单独一个位置，那么就应选择位置“S”。至少要选 4 个位置对重低音扬声器进行测量，每次测量间的平均时间间隔最少为 30s。

12.9.1 银幕声道

银幕声道的相对声压级应调整至绝对声压级的 ±0.5dB 范围内。

12.9.2 环绕声道

如果有一个环绕声道的话，那么扬声器的总声压级应等于绝对声压级。假如采用了多个独立的环绕声道，那么当其被馈送同样的同相测试信号时，合成输出应等于绝对参考声级。

12.9.3 低频

对于独立的数字胶片声轨或数字电影声轨，LFE 声道应调整至指示 10dB 的带内增益（采用实时频谱分析仪是测量带内增益的唯一准确的方法）。因此，重低音声道在其通带内应具有相同的电平，该电平与银幕声道的通带内电平相一致，如图 12.26 所示。

如果声轨重放经过低音扩展处理的模拟胶片，那么在观测实时频谱分析仪时，低音扩展的重低音声道应显示无带内增益，如图 12.27 所示。

通常，只通过观察纸盆的偏移是难以确定重低音声道的最佳极性的。既然人们最关注的是重低音与主银幕声道的相互作用，那么最佳做法就是对中置声道和重低音声道同时用实时频谱分析仪进行评估，以此来确定产生出最佳结果时的极性。

12.9.4 参考声级

推荐的参考声级应为 85dBC（一般影院采用的声压级）。

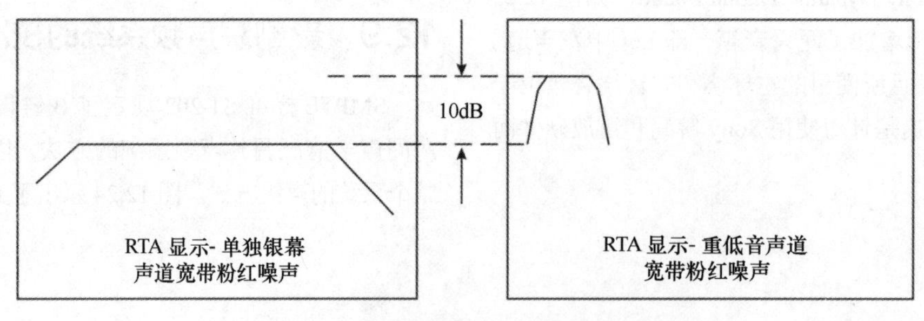

图 12.26 利用 RTA 来测量数字 LFE 声轨的重低音声道声压级

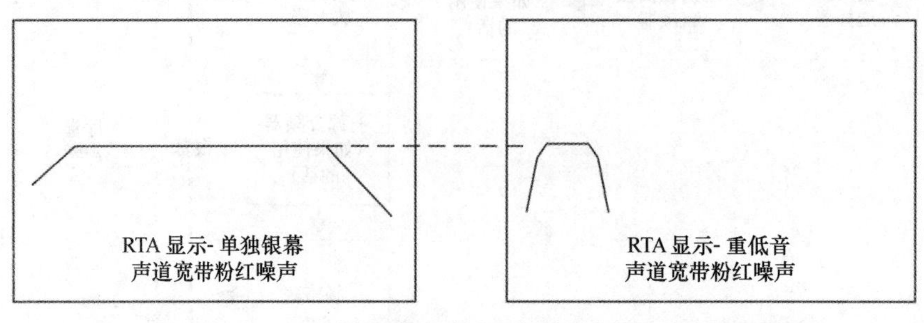

图 12.27 利用 RTA 来测量带低频扩展重放处理的模拟胶片声轨重低音声道的声压级

12.9.5　沉浸式声频系统 B 链校准

要将多个声源指定到组成多维环绕声系统中特定的独立扬声器上，要求改变这一系统中各组件的补偿，以及用于系统校准的方法。每只扬声器可能都被要求将更大的声功率和更宽的频谱内容发送至剧场中。另外，特定扬声器的功率之和可用于构成与 5.1 和 7.1 环绕声映射相关联有代表性的环绕声分区。然而，根据所使用系统的能力，这些“分区”可以近似为 3D 空间。不同系统对扬声器指向性的要求可能有冲突。

由于混音工程师拥有各自访问独立的扬声器声道和较小阵列分组的权限，所以针对所用系统的特定校准策略就变得尤为重要，它可以确保将艺术创作的意图保留下来。毫无疑问，这样的系统需要更加关注各个声道的校准，其中包括指定声道的均衡方法，以及有关其他独立声道和组成阵列的声道编组的延时。因此，虽然系统中有可能存在足够多的共性，以便设计出 DCI 寻求的为沉浸式声频建立的统一的编码和分配标准，但是仍然有可能存在每个系统具有各自偏爱的优化和校准策略的情况。例如，Dolby 提出了针对 Atmos 系统的技术规范，其中包括扬声器的功率处理能力和灵敏度，以及基于房间容积而确定的作为座席区函数的扬声器数量和摆放位置[20]。

沉浸式声频标准的发展迈出了电影声频分配方法学向广播标准和未来媒体发展转换的至关重要的第一步。

第 13 章

声学模型与可听化处理

Dominique J. Chéenne 博士编写

13.1 引言

由于对复杂物理现象的了解、预测及其相关处理是常见的情况，所以建模（modeling）迅速成为声学设计环节的有机组成部分。在处理室内声音传播问题时，利用适合的模型可以让设计人员评估当参量（比如房间的形状、材料的选择）改变时，或诸如声压、混响时间或房间内特定点的反射比变化时所发生的结果。还可以针对室外声音研究研发声学模型，因为人们将指定区域的不想要的高速公路交通噪声衰减到特定的声压级需要知道到底该用何种形状和高度的高速公路声障。在这类情况中，人们期望模型能为设计人员提供出基本的问题解决方案，这是工程设计的核心问题，即留给人们为取得特定结果而对其参量做出明智选择的机会很少。可让设计人员基于提交方案之前的一组特定条件来确保其设计方案的性能和成本效益。

尽管有经验的设计人员可能通过简单看一下设计建模阶段获得的数据就能得到对给定环境声学性能的本质性认识，但是声学模型还可以给出数据的可听化直观听感，以便让经过培训或未经培训的听音人能对声学特性进行评估。设计的这一阶段（称为可听化，auralization）的目的就是让人们通过聆听去认知他所看到的东西，给出与最合适的传感器最相符的声环境描述。在这种情况下，设计的基本目标就是用声音来展示特定环境下的声音效果到底如何，这就如同用图像来描绘所见到的环境的一样。对存在于视觉世界中的事物进行虚拟描述所面临的挑战，比如描述的准确度、前后逻辑关系和感知等问题同样也出现在听觉环境当中，原来某工程学校的格言是“百闻不如一见，但前提是所见一定是好的图片”，这句话放在声学建模和可听化领域中同样也成立。

本章的目的就是要让读者对声学建模和可听化中采用的各种方法以及用于评估室内声学特性模型的核心内容有基本的认识。想要深入研究这方面问题的读者可以查阅本章最后列出的参考文献。

13.2 声学模型

该节将从理论、实现和应用的视角阐述各种声学建模技术。图 13.1 将建模技术进行了分类和分组，它将这些技术分成 3 个基本类型（物理模型，计算机模型和经验模型），并对每一类型进行了更细的分组划分，为了让表述更为清晰，笔者将对每一技术相关的特定问题用一种有效的表现形式来进行界定。这其中也引入了组合运用多种技术混合模型的简单描述。因为本章各部分所阐述的内容彼此独立，所以读者可以选读自己感兴趣的主题，不必以章节的顺序来阅读。

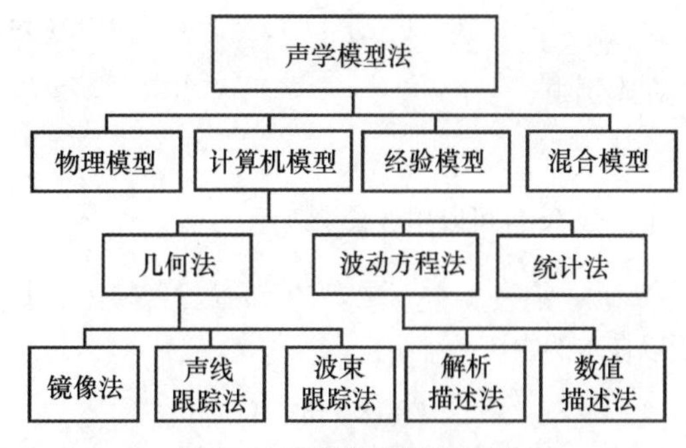

图 13.1　声学模型法的基本分类

13.2.1 物理模型

这类模型采用的比例缩放法建立起对典型的大的声环境（比如剧场或礼堂）的 3D 表示，以进行评估和测试。搭建模型的几何比例范围从 1∶8 至 1∶40，图 13.2 和图 13.3 所示的是 1∶20 的物理模型。物理建模技术是在第二次世界大战后逐渐普及的，如今有些设计人员在其他建模工具受到限制或审核空间的物理表现需要进行测试和直观视觉表达时还是会使用这一建模技术。

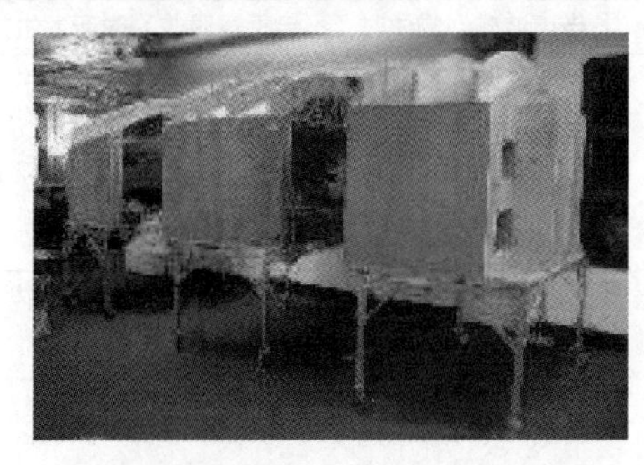

图 13.2　1 ∶ 20 比例的物理模型的外视图（Kirkegaard Associates 授权使用）

图 13.3　1 ∶ 20 比例物理模型的内部视图（Kirkegaard Associates 授权使用）

为了研究某些相关物理参量而使用的模型几何结构中采用的比例缩放法意味着特定的声学变量也必须要做相应的比例缩放改变[1]。

13.2.1.1　物理模型中对频率和波长的考虑

比例缩放模型中的频率和波长等相关问题是应用实例的最好体现。如果发声频率 f=1000Hz 的声源被置于房间内，那么在标准温度（t=20℃）条件下的声速 c=344m/s，声波的波长可通过下式得到。

$$\lambda = c/f \qquad (13\text{-}1)$$

或在本例中

$$\lambda = 0.34\text{m}$$

由于波数 kc 也可以用波长来表示

$$k = 2\pi/\lambda \qquad (13\text{-}2)$$

所以在本例中

$$k = 18.3\ \text{m}^{-1}$$

当不存在声吸收的情况时，当声波碰到物体时，声波波长与声波传输路径上物体大小尺寸的相对比值决定了所要发生的主要物理现象。如果物体被视为声学刚性的（即具有低吸声系数），则声波的能量不会因声吸收而产生明显下降；如果物体的特征尺寸（声波传输通路上最大的尺寸）用 a 来表示的话，那么 ka（k，a 之积）就可以用来预测物体的存在对声波所产生的影响。

表 13-1 所示的是 ka 的数值范围以及物体最终对声波的主要影响。

表 13-1　波数和声波传输路径上物体尺寸的影响

ka的数值	当声波碰到物体时（不包括声吸收）时所发生的现象
$ka \leqslant 1$	绕射：行进到物体附近的声波不受物体存在的影响。对于声波而言，物体可被视为不存在
$1<ka \leqslant 5$	散射：声波以多个方向和复杂的形式被物体部分反射。这种散射现象与声绕射的情形有联系
$ka > 5$	反射：声波被物体向一个或多个特定方向偏转，其偏转方向可用基本的几何学定律加以预测

在所举的例子中，如果尺寸 a=0.5m 的声学刚性物体被置于大的空间中，那么声波将被物体反射，因为 ka=13.1，该数值明显高于反射为主要现象时的数值下限 5。

如果现在建立起的房间模型缩放比例是 1：10，那么依照同样的比例进行缩放的物体尺寸现在就变为 a'=0.05m。在之前的情况中，f=1000Hz 时的 ka' 现在的数值就变为 0.91，按照表 13-1 中所给出规定，此时声波会在物体附近发生绕射，换言之，模型现在已经不能准确预测出 1000Hz 声波撞击到尺寸为 0.5m 的声学刚性物体时所发生的声反射了。

为了让模型给出正确的结论（即声波被物体反射），声波的波长随着房间物理尺寸而进行同一比例的缩放，或者根据公式 13-1，在保持声速为常量时，声波的频率必须以模型物理比例的反比进行放大。在我们所举的例子中，必须在模型中采用 10kHz 的频率来保证存在于全尺寸房间中的 1kHz 激励时的条件成立。如果相关房间需要的是 50Hz ～ 20kHz 范围上的数据，那么利用 1：10 缩放比例物理模型进行研究时则要求频率范围为 500Hz ～ 200kHz。

13.2.1.2　物理模型中对时间和距离的考虑

依照公式 13-3，以速度 c 传输的声波要用时间 t 来覆盖长度为 x 的距离，即

$$x = ct \qquad (13\text{-}3)$$

在物理模型中，尺寸被缩放了，因此声波在模型内部传播的时间也以同样的系数减小。如果要求模型给出特定分辨率的时域信息，那么所要求的时间数据的分辨率必须要以与缩放比例成反比的系数来增大，只有这样才能得到想要的准确度。

例如，如果声源被置于房间的一端，长度 x=30m，且 c=344m/s 的话，根据公式 13-3 给出的关系式，声波到达房间另一端所用的时间就是 87.2ms。如果希望距离信息的精度在 ±10cm 的话，则时间测量的精度就需要达到 ±291μs。

在 1：10 比例，且声速不变的条件下，声波现在将用 8.72ms 的时间传播模型的长度，同时要求时间测量仪器要有 ±213.1μs 的分辨率来取得所要求的距离分辨率。

13.2.1.3　物理模型中对媒质的考虑

随着声波穿过类似空气这样的气态媒质，其能量会损失，因为介质的分子间会发生所谓的热弛豫（thermal relaxation）现象。随着声波离开声源，其能量也会通过声波的扩散而损失掉。媒质产生的吸声量是传输距离 x 的函数，其他诸如温度和湿度这样的参量可以用衰减系数 K 来表示，即

$$K = e^{-mx} \qquad (13\text{-}4)$$

式中，

m 被称为衰减指数，它将声音频率函数的空气温度和湿度因素考虑其中。

m 的数值是针对 100Hz ～ 100kHz 频率范围上的各种温度和湿度条件下的分析和实验确定的，数据考核表明：空气的吸声量随频率的升高而增大，对于给定的频率，最大吸声量出现于相对湿度较高的情况下。

由于物理模型中声波传输距离 x 是以线性形式的比例（即缩放系数）缩减的，所以人们不能期望模型内部的声波衰减会准确反映出空气的吸声，因为衰减系数 K 是根据参数 m 的情况以指数规律衰减的，而 m 本身是受媒质的物理属性影响的。在比例缩放的物理模型中，这种差异既可以通过模型内完全干燥的空气或通过 100% 相对湿度条件将其包含其中。不论是哪一种情况，通过这种解决方案我们可以得到更为简单的 m 关系式，使 m 只与温度和湿度相关。例如，在完全干燥的情况下衰减指数变为

$$m = (33 + 0.2T)10^{-12}f^2 \qquad (13\text{-}5)$$

在这样的条件下，很显然声波中的能量损耗主要取决于频率，因为 m 与 f^2 成正比，而温度 T 对其造成的影响非常小。

物理模型的比例缩放及其全尺寸表示之间空气吸声差异的另外一个应用选项就是模型中使用的不同传输介质。利用诸如氮气这样的简单分子气体取代模型内的空气，由此得到的衰减指数在高达 100kHz 时都与公式 13-5 的结果

类似，但这是难以处理的技术，其在比例缩放模型中的应用受限制。

13.2.1.4　物理模型中对信源和接收器的考虑

如果采用 1 : 10 的模型，为了解释在全尺寸房间内 40Hz ～ 15kHz 频率范围上所发生的主要现象（表 13-1 所定义的），则人们必须要制造出频率范围在 400Hz ～ 150kHz 的声波，若使用 1 : 20 的模型，则要求的频率范围变为 800Hz ～ 300kHz。在这样的频率范围上产生高效和线性声能换能器的困难性是声学上利用物理缩尺模型开展工作所要面对的主要问题。

由于可以在想要的频率范围上产生连续或稳态声波且还能够以点声源的形式向外辐射声能的声能换能器设计起来很困难，因此物理缩尺模型常常采用脉冲源来激励。在这类情况中，频率信息源自时域转移函数。人们时常采用如图 13.4 所示的火花塞发生器来产生脉冲源，其中所产生的短时（一般时长范围短于 20 ～ 150μs）的高电压加到两个相距很近的导体上。在两个导体的缝隙间形成火花，由此产生出包含很多高频能量的噪声，并基本上是以球形向外辐射。

图 13.4　用于比例微缩物理模型中的火花塞发生器
（Kirkegaard Associates 授权使用）

尽管典型的火花脉冲可能在 30kHz 以下具有足够的能量，但是火花塞发生器的频率响应非常不规律，而且为了产生出最为有用的信息，所需要的接收数据带宽要窄才行。脉冲 $\Delta f_{impulse}$ 的带宽及其持续时间 $\tau_{impulse}$ 是通过测不准原理关联起来的，即

$$\Delta f_{impulse}\tau_{impulse}=1 \qquad (13\text{-}6)$$

在处理火花塞发生器发生的脉冲时，虽然接收到的数据必须先经过带通滤波器处理，以消除伴随火花爆炸的非线性引发的失真，但是滤波器必须要具有足够的带宽 Δf_{filter} 来避免对脉冲响应构成限制。

$$\Delta f_{filter} \geqslant 4/\tau_{impulse} \qquad (13\text{-}7)$$

利用特殊设计的静电换能器可以在高达 30kHz 左右的频率上产生球形（全指向）辐射的稳态声波。虽然也可以用气体喷嘴来生成连续的高频谱成分，但是当接收器位置靠近声源时一定要考虑媒质的线性和扰动问题。

所使用的传声器的频率响应一定要非常平坦，其在 50kHz 之内的频响平坦度要在 ±2dB 之内。在物理缩尺模型中使用传声器面临的主要问题是传声器的尺寸与模型中的声波波长相比不能被忽略，并且传声器在高频时呈现出指向性。典型的 1/2 in 传声器极头在 1 : 20 比例的模型中占据了 20cm 的空间，这相当于在真实的房间中存在一个 25cm × 4m 的障碍物，其对测量所带来的影响几乎不可能被忽略。进一步而言，在 20kHz 以上时，它与理想的球形指向性相比，指向性会产生本质上的偏差（> 6 dB）。虽然使用小一些的极头（1⁄4 in 或 1⁄8 in）可以改善传声器的全指向性能，但是也因此导致灵敏度降低，进而使测量期间的 SNR（信噪比）变差。

13.2.1.5　物理模型中对边界材质和吸收特性的考虑

从理论上讲，缩尺物理模型所采用的表面材料的吸声系数应与对应的频率上全尺寸环境中表面材料的吸声系数非常接近。例如，如果采用 1 : 20 的缩尺模型来研究模型 1kHz 时表面的吸声情况（或实际房间中 50Hz 的吸声情况），那么模型中所用材料在 1kHz 时的吸声系数 α 应与全尺寸房间所有材料在 50Hz 时的吸声系数相匹配。在现实应用中，这一要求是无法满足的，因为涵盖拓展的频率范围上的具有类似吸声系数的材料通常仅限于硬反射体，这种情况下其 α 小于 0.02，甚至更低，模型内的吸声量将随着频率的提高而增大，并且与想要的值发生实质性的偏离。模型内任意表面的吸声系数最小值可由下式得到。

$$\alpha_{min} = 1.8 \times 10^{-4}\sqrt{f} \qquad (13\text{-}8)$$

式中，

f 是进行吸声测量时声波的频率。

因此，在 100kHz 时，1 : 20 的缩尺模型中类似于玻璃这样的声学刚性表面所具有的吸声系数最小值 α_{min}=0.06，这一数值明显高于 0.03，或者高于全尺寸空间中对应的 5kHz 频率时所期望的玻璃吸声系数值。

经吸声系数为 α 的表面 n 次反射之后，第 n 次反射波的能量与的直达声波间的声级差可由下式给出

$$\Delta_{Level} = 10\lg(1-\alpha)^n \qquad (13\text{-}9)$$

鉴于模型中玻璃的 $\alpha = \alpha_{min}$=0.06，应用上面的公式 13-9 就会得出两次反射之后声波的能量将降低 0.54dB。如果吸声系数现在变为 α = 0.03，那么声级的下降量为 0.26dB，或者相对误差量小于 0.3dB。即便在 5 次反射之后，因 α 和 α_{min} 间的差异产生的误差还是小于 0.7dB，这实际上是非常小的量。

另一方面，在吸声材料的 α 大于 0.1 的情况下，模型中使用的吸声系数与实际环境使用的材料的吸声系数的匹配就变得非常重要。如果公式 13-9 采用吸声系数 α 超过 0.6，我们就会看到即便吸声系数存在 10% 的轻微失配也可能会导致在仅两次反射之后出现 1.5dB 的差异。如果失配升至 20%，那么在模型中可能出现超过 10dB 的预测声级误差。

由于难以找到适合于缩尺物理模型和实际尺寸环境中使用的材料，所以就要使用不同的材料来进行模型吸声系数（在缩尺频率下）与期望频率下实际尺寸环境吸声系数的匹配。例如，在1∶20缩尺模型中可以采用10mm厚的毛毡来模拟实际房间中的各排座席，或者在1∶10的缩尺模型中使用薄的聚氨酯泡沫来代表实际空间使用的50mm厚的吸声灰膏。在缩尺物理模型中另外一个难以解释的物理参量就是刚性，因此诸如膜吸声作用的评估及其相应的结构技术都难以准确地用模型来反映。

13.2.2 计算模型

这一部分阐述的是利用基于考虑几何、解析、数值或物理现象（或参数）的统计描述，或者前面提及的技术任意组合而创建的声学环境数学表达的模型。在所有这些情况中，建模阶段的最终输出通常是由计算机执行的大量数学运算的结果。随着功能强大且价格适中的计算机的面世，图形化界面这类建模工具日益受到声学设计人员的喜爱。对于不同的程度，计算模型的根本目的就是通过时间、频率和声能到达接收器的方向等相关数据生成在指定接收器位置上的房间冲击响应。之后该信息可以用来生成特定的量化参量，比如混响时间、侧向反射比、可懂度等。

计算模型的固有优势就是其灵活性——可以快速改变变量，得出变化的效果，不存在硬成本，而且节省了机时。它对与声源或接收器位置相关的问题，材料或房间几何尺寸的改变都可以进行无限程度的分析。计算模型的另一个优势就是解决了缩放问题，因为模型以虚拟形式存在，而非物理实体。

计算模型本身可进一步细分，细分基本上是根据适合性、准确性和效率来进行的。适合性模型（adequate model）利用了一组基于要被模型化的物理现实的有效（真实）描述的假设。准确性模型（accurate model）通过提供极为有用的数据进一步探究适合性的原因，因为它与高可信性相关联。效率模型（efficient model）的目的就是快速地给出适合的结果，只不过准确度要低一些（这也是合情合理的）。尽管准确性和效率的问题被视为是本章的一部分，但对各类计算模型的讨论主要是基于其适合性展开的。

13.2.2.1 几何模型

应用于声学领域的所有几何模型采用的基本假设[2]都是将波动视为以一个或多个特定的方向向外传播，当其撞击到表面时也会沿着可预测的方向发生反射；当可将波长认定为比撞击表面的尺寸小，且满足表13-1给出的 ka 大于5的条件时，上述假定的数值限制就是成立的。在这种条件下，辐射的声波可以用由声源发射出的直线来表示，且它会撞击到房间内的表面（或物体）的特定点。因为光学定律中的入射角与反射角关系适用于此，故我们通常将这种建模技术称之为几何声学（geometrical acoustics）。

与几何声学相关的第二个假设就是入射到表面的声波波长必须大于表面的不规则度，换言之，表面必须使声波平滑呈现，在所举的例子中表面的不规则度视为不可见，因为声波将在表面附近绕射过去。如果不规则度的特征尺寸用 b 来表示的话，那么就需要采用表13-1中列出的 kb 小于1的条件。这是假定的镜面反射成立的必要条件，也就是说声波的所有能量会集中在新的传播方向上。除非实际的房间满足这一条件，否则反射波的能量将会以扩散的形式散开，几何声学的假设将很快失效，尤其是在需要考虑许多反射的情况下更是如此。

镜像模型（Image Models）。在这类几何声学模型中，我们所作的假设是：模型中所要考虑的声反射只是由到达接收器的声波产生的，因此我们的目的就是计算出一定时间内的这类反射，并通过模型使用者来选择反射阶次的约束条件，忽略掉不到达接收器的反射。为了找出1阶反射的路径，假定声源 S_0 存在一个镜像（一个虚拟的声源 S_1），它位于声波撞击表面的正对面，如图13.5所示。

只要可以将边界表面视为刚性的边界表面，那么镜像法就可以用来预测边界界面的反射角，并可以找到存在于声源和接收器之间的所有声波传输路径[3]。它还要满足边界界面处一定会发生的边界条件（boundary conditions），即边界反射点两侧的声压必须相等，且声波在界面处的速度必须为零。虚拟声源 S_1 的镜像也可以用来确定由第二个边界表面产生的2阶反射，声波可认为是由 S_1 发出的。因此，2阶声源 S_2 的建立如图13.6所示，根据具体的需要，我们可以重复以上过程，研究存在于声源和接收器通路间的任何阶次的反射。

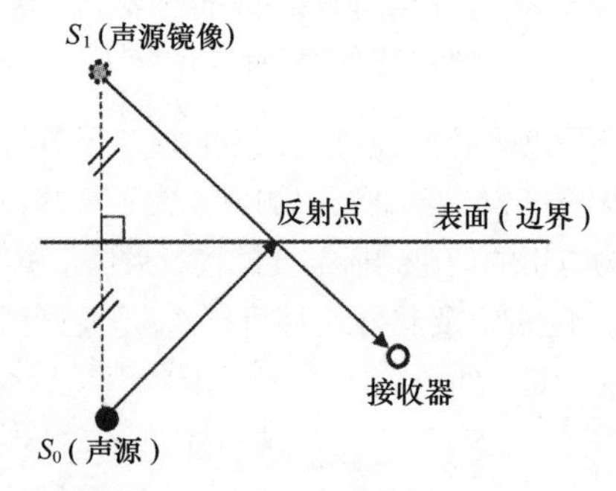

图13.5 声源及其定义了1阶反射方向的位于边界另一侧的虚拟声像

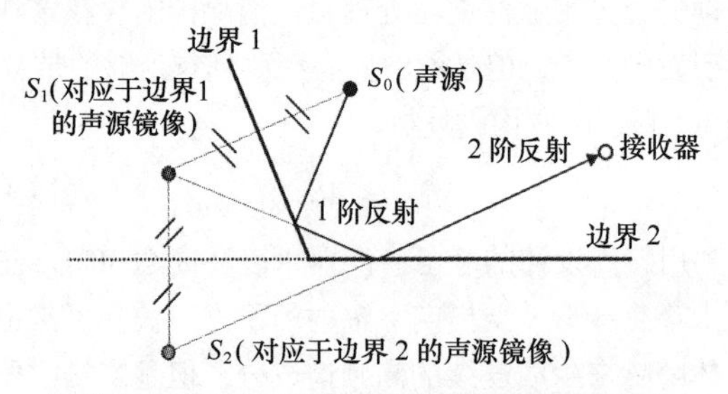

图13.6 高阶反射可以通过增加声源的虚拟声像来建立

因此，可以收集特定位置上所有反射的幅度和方向，绘制反射源自何处的图形。即便是来自曲面的反射路径，也可以利用如图 13.7 和图 13.8 所示的切面来建模。

由于房间内的声速可以假定为恒量，所以有关反射声波传输的距离信息就可以转变为时域信息。这样做的结果就是得到所谓的反射图（reflectogram，有时也称为回声图，echogram），利用该图可对空间内到达指定位置的接收器处的反射进行非常精细的研究，如图 13.9 所示。

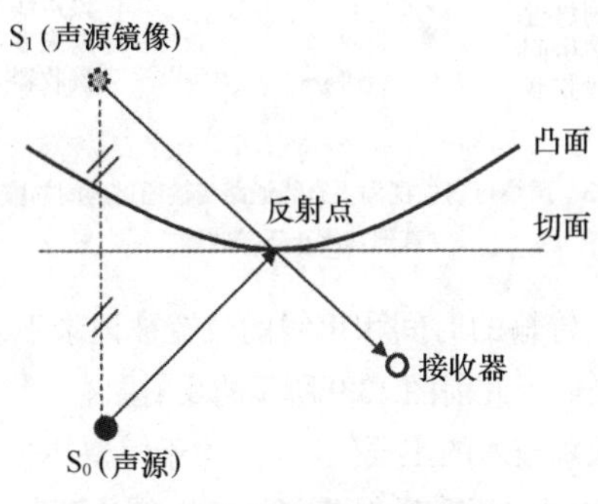

图 13.7　由凸面得到的声像结构 [1]

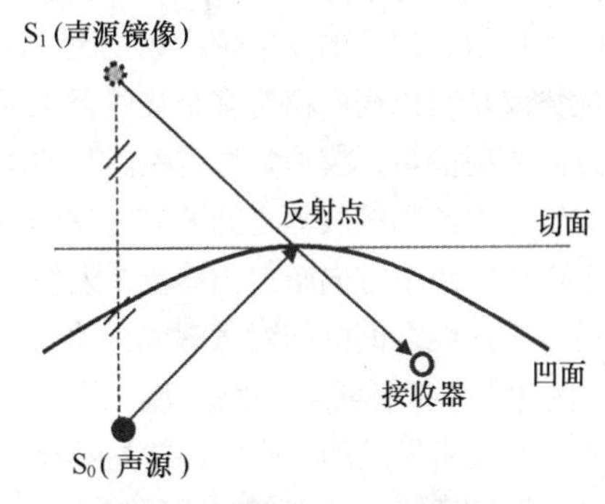

图 13.8　由凹面得到的声像结构 [1]

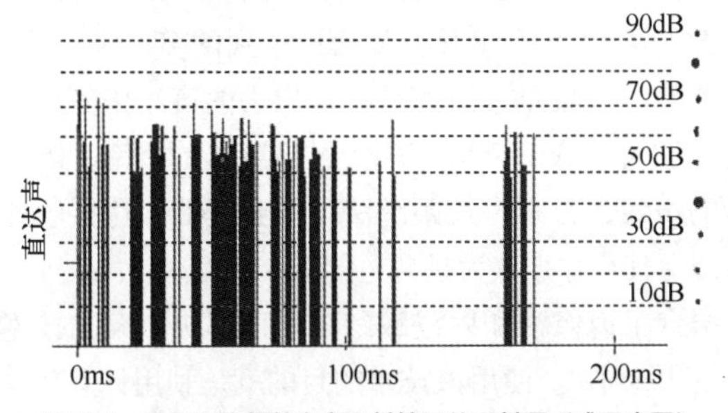

图 13.9　显示出房间特定点反射情况的反射图（或回声图）

尽管最初这一技术只是为确定发生在矩形房间内的低阶镜面反射而开发的，因为复杂的几何形状会增加计算的复杂性，但是该技术也被扩展到用来预测各种形状的镜面反射方向 [4]。在镜像法中，房间边界可通过声源来进行有效替代，而且镜像法对可以处理的反射阶次并没有限制。从实用角度出发，随着反射阶次和边界数目的增加，所要求的计算量会呈现指数型增长，如公式 13-10 所示，其中 N_{IS} 表示的是镜像的数目，N_W 是定义房间的边界数目，而 i 是反射的阶次 [5]。

$$N_{IS}=\frac{N_W}{N_W-2}\left[\left(N_W-1\right)^i-1\right] \qquad (13\text{-}10)$$

此外，在房间形状复杂的情况下，有些物体可能会阻碍接收器接收反射，如图 13.10 所示，这时的反射必须以接收器可视的角度进行正确分析。

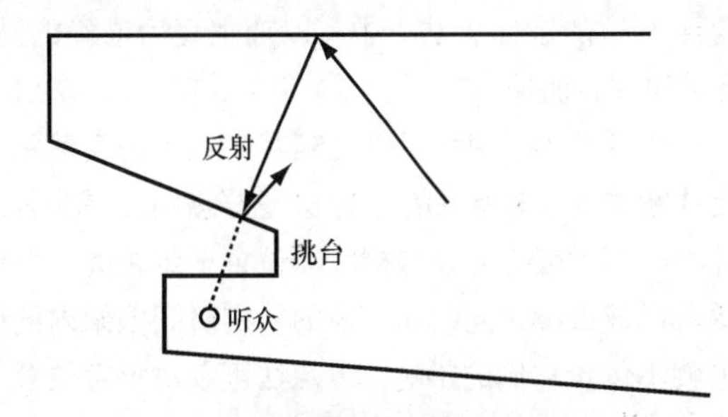

图 13.10　由于挑台的阻挡引发的听众见不到的反射

模型必须不断地核实虚拟声源的有效性，以确保对反射图的实际贡献是来自房间内的模拟反射，而不是来自物理边界之外。图 13.11 所示的就是这种情形。

在图 13.11 中，真实声源 S_0 建立起针对边界 1 的 1 阶镜像声源 S_1。这是个可以用来确定边界表面 1 上发生的 1 阶镜面反射幅度和方向的有效虚拟声源。如果人们尝试通过 S_1 建立起关于边界表面 2 的 2 阶虚拟声源 S_2，以找到 2 阶反射，那么虽然这一虚拟声源 S_2 关于边界 1 的镜像就是所谓的 S_3，但是它处在用来建立它的边界之外，并不能代表物理反射。

一旦对应于反射路径的所有镜像图被保存下来，那么每个反射的强度就可以利用此前引入的公式 13-9 进行计算。由于虚拟声源代表了边界对声波的影响，所以边界吸声系数与频率的相关性要通过改变虚拟声源的辐射能量来建模。因此，只要声源和接收器的位置保持不变，在获得了镜像图之后，模型就可以快速模拟出无限次改变材料所引发的结果。对于声波更长距离传输过程中空气吸声的进一步校正也可以在模拟的时候考虑。同样的原因也适用于声源的频率分布：由于镜像图（以及时域中反射的最终位置）是声源和接收器位置的唯一函数，镜像模型可以快速地执行“假如……，结果如何”这样的模拟仿真，得到各个频率的反射图。

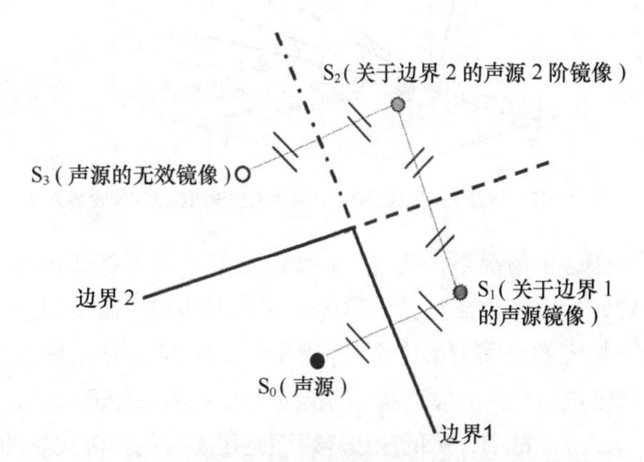

图 13.11　当虚拟声源被用来创建它的边界反射时可能会创建出无效的镜像

用镜像法并不容易解释作为声波入射角函数的边界表面吸声系数。在考虑传输媒质的所有属性时，就会看到：许多材料表现出其吸声系数与声波入射角度间存在很强的相关性，而且在其最基本的应用中，镜像法可能会对反射的强度产生误估。虽然我们可以将入射角与吸声系数间的关系结合到合适的镜像算法当中，以产生更为准确的结果，但是计算时间会加长。

在镜像模型中，用户可以控制其中包含的反射路径长度以及片断数量（即反射的阶次）。这样就可以减少处理所需的计算时间，因为处在与接收器位置一定距离之外的虚拟声源可以被去掉，同时在记录的特定时间框架内的所有反射也就不包含它们的影响，镜像法可以对特定位置上反射到达的时间进行建模。

已经开发出来的高效计算机实现的镜像法[4]考虑到了快速的反射输出，同时还要核实镜像的有效性和存在的障碍物。这种方法还是最适合生成非常准确的短时（500ms或更短）反射图和有限的反射次数（一般应用最多是5阶）。在声学建模中，这些因素并不会影响到镜像法的应用，因为在普通的大空间（比如礼堂或剧场）中，只要经过几次反射之后，声场实际上就变为扩散场了，空间声场中与感知最为密切的一些属性一般都是与反射图中前200ms中包含的信息相关。

声线跟踪模型（Ray-Tracing Models）。虽然声线跟踪法是建立在本节开始时提及的几何声学假设之上的，但是在这种情况中，模型中的声源用发射出的有限数目声线来表示声波，声源指向性既可以是最为常见的点声源的全方向型，也可以是特定的方向型（如果声源的指向性是已知的）。图13.12所示的例子中，声源S在空间中产生声线，同时我们可以看到一些声线是如何被反射并到达接收器位置R的。

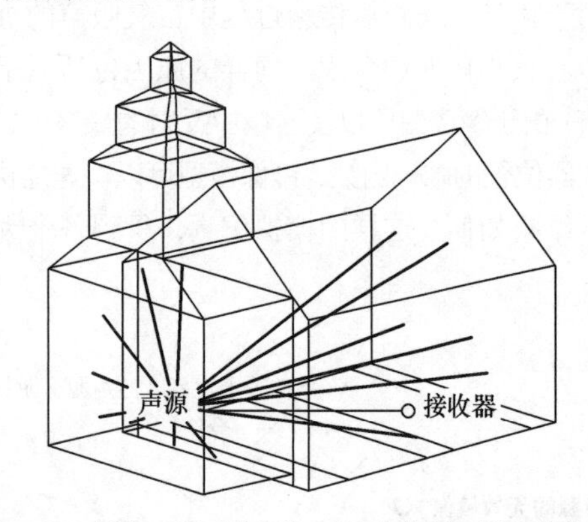

图13.12 声源S所生成的声线。其中有些声线到达了接收器R

在这种情况下，使用声线跟踪法的目的不是计算出在指定时间框架内到达接收器的所有反射路径，而是要产生出在特定的时间窗口内到达接收器（或者通常被用户建模成指定直径球体的检测器）的指定密度反射的高概率。

在镜像法中，房间的边界表面是用虚拟的声源代替的，它决定了声波的反射角度。与此类似，在以声线跟踪技术创建的虚拟声环境中，声源发射出的声线可以被视为是在整个虚拟空间中以直线路径传输的，直到该声线到达虚拟听音人位置为止，如图13.13所示。

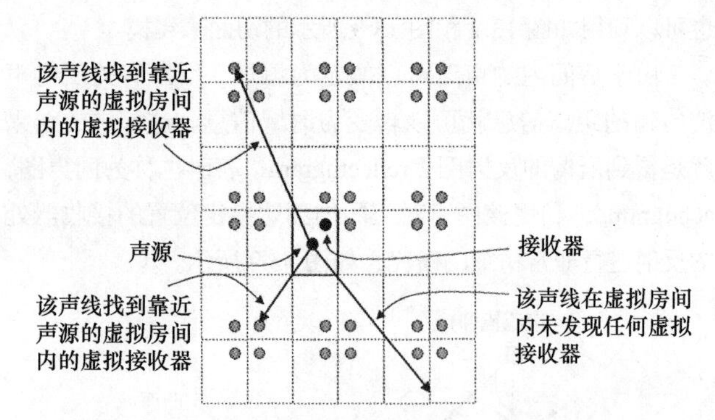

图13.13 声线可以被视为沿直线通路传输通过房间的虚拟声像，直到其终止于接收器[4]

之后，传输的时间和声线的位置被记录下来，并且可以产生出类似于此前图13.9所示的反射图。

声线跟踪技术的主要优点是：由于模型并非要找出声源与接收器之间的所有反射路径，所以其计算时间要比镜像技术的计算时间短。对于标准的声线跟踪算法而言，计算时间与声线的数目、想要的反射阶次成正比。该技术的另一个固有优势就是可以同时研究多个接收器位置，因为声源向各个方向辐射能量，模型复原被检测到的声线数目和方向，并非复原声源和接收器之间的某一特定路径。另一方面，由于声源向各个方向辐射出能量，人们并不能决定特定声线与另一声线之间的相对频率成分关系，与频率相关的声吸收的评估模拟必须要单独进行。

与声线跟踪技术相关的一个问题就是其检测准确度受检测器尺寸的影响非常大。即便球体的各自中心准确地位于空间中的同一点上，大的球形检测器所记录到的声线撞击次数则要比小的球形检测器记录到的多。进一步而言，由于能量的采集是通过声源扩散出去的声线来完成的，因此这就加大了低阶反射可能错过检测器的概率，除非采用大量的声线，否则声线跟踪法可能会低估到达接收器的能量（即便其尺寸被认为是合适的）。

结合了镜像法和射线跟踪法两种解决方案的技术现已被开发出来了[5]。使用该技术的目的就是利用计算效率更高的声线跟踪技术来实现镜像法所要求的可视性检测，以减少要考虑的镜像数。

波束跟踪模型（Beam-Tracing Models）。由声源发出的两条相邻声线界定的三角区被称为2D声线。两条以上的声线还可以用来定义声源向外辐射声能的3D锥形体或圆锥空间。在这些情况下，声源被视为发射能量的波束，相应的建模技术被称为波束跟踪（beam-tracing）。图13.14所示的就是波束及其边界表面形成的反射路径。

波束跟踪技术具有的确切优势就是，由于传播的方向并不是像传统的声线跟踪模型那样采样的，所以整个空间定义的模型都将接收能量。虚拟声源技术被用来确定穿越房间边界的定义反射区点的位置。另一方面，该技术要求通过非常复杂的计算来确定边界表面的反射型，因为这时的反射不能被视为是声线跟踪技术中的一个点产生的——

当采用 2D 波束时，来自表面的反射一定视为是直线，而 3D 波束是以区域来定义的。另外还必须仔细地考虑波束彼此间的重叠或房间中障碍物对波束的截断。

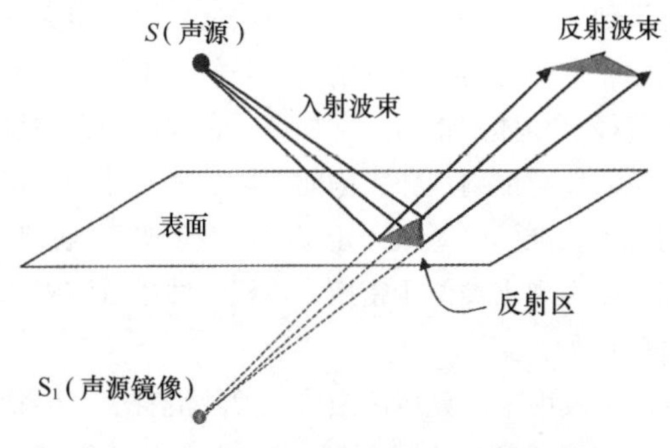

图 13.14　声源 S 及其表面反射发出的 3D 波束

当用这种模型来评估反射方向时，尽管模型计算的复杂度大幅度提高了，但是与单点反射模型相比还是呈现出许多优于镜像模型和声线跟踪模型的特点。反射的发散特性是加大的声源距离的函数，与此相关的问题自然要通过波束跟踪模型来解决。进一步而言，声扩散的影响可以通过建模实现（至少是估测的形式），因为包含在波束内的能量既可以定义为交叉线上（对于 2D 波束）的确定分布，也可以定义为交叉区域上（对于 3D 波束）的确定分布。例如，控制作为反射面形状函数的反射波束交叉形状的自适应波束跟踪模型[16]也可以被用来评估包含在反射波束内的扩散和反射能量。如果包含在入射波束内的能量为 E_B，表面的发射能量是 E_R，那么我们就可以表示出

$$E_R = E_B(1-\alpha)(1-\delta) \tag{13-11}$$

式中，

α 为表面的吸声系数；

δ 为表面的扩散系数。

可以看到，由表面扩散的能量 E_D 与投射的面积 A 成正比，而 E_D 与声源与反射区之间的等效距离 L 的平方成反比。

$$E_D \propto \frac{E_B A\delta(1-\alpha)}{4\pi L^2} \tag{13-12}$$

自适应算法允许对来自表示空间内波束传输图中相同几何数据集合的镜面反射和扩散反射进行单独评估。在这种情况下，来自指定表面的扩散能量通过辐射交换以一种递归的形式被重新定向到另一表面，这一技术也被用于相关的光学应用当中。之后，响应的扩散和镜面反射部分就可以重新混合，尤其与传统的声线跟踪技术相比较，这将产生出具有高准确度的反射图。图 13.15 所示的是对于包含舞台和挑台在内的简单空间模型通过镜像法、自适应波束跟踪法、声线跟踪法和非自适应波束跟踪法得到的反射图的比较。

通过自适应波束跟踪法产生出的反射图与通过镜像法产生出的反射图极为相似。通过自适应波束跟踪法能够生成空间中一个单点所有可能的反射路径。从计算效率的角度来看，自适应波束跟踪法要比镜像法更具优势，尤其是在房间的复杂性和反射的阶次提高方面更是如此。

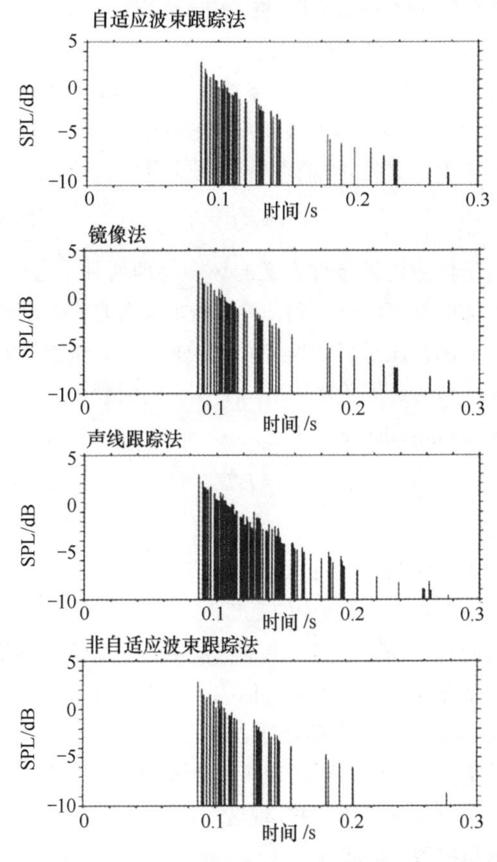

图 13.15　简单房间模型的反射图比较

目前人们已经研发出了其他变型的波束跟踪解决方案。在优先级驱动（priority-driven）法中[7]，算法被进行了优化，以便从心理声学的角度生成一组最为相关的波束，进而可以非常快速且实时地生成反射图，使模型能够以交互的形式使用。波束根据优先函数的重要地位进行排队，其目的是准确地产生出反射图的早期部分，因为从心理声学的角度来看，这部分是与空间感知最为相关的部分。随后，反射图的后期部分（后期混响）利用模仿大空间内能量的统计衰减特性的平滑且稠密的能量包络来建模。

关于扩散的一个注释：商用或定制的扩散体常常被集成到室内设计当中，这意味着成本会很高，所以计算机模型的开发人员对扩散问题极为关注。尽管扩散是定义声场的基本定性部分，但对“需要多少扩散？”这种定量问题的回答很少涉及散射理论和基础声学的内容。从概念上简单的混响来看，其经典的定量表示法（Sabine/Eyring 公式和相应的变形）的本质都是假定声场是扩散的，除非这一条件在现实当中被满足，否则人们在预测混响时间时会产生大的误差。如今，改进的大房间计算机声学仿真软件都能利用频率相关函数或者将声线的入射能量扩散到一个有限区域的自适应几何法将扩散反射的功能结合到模型当中。这可以使我们在预测和测量数据时取得更为准确的相关性，尤其是在形状和透视比不同寻常、吸声表面分布不均匀或

存在耦合声腔的情况下更为如此[8]。在这些情况下，将扩散参量结合到模型当中是必要的，仅考虑镜面反射（即便是采用了有效的声线跟踪法）也会引入误差。

13.2.2.2 波动方程模型

波动方程模型是基于基本波动方程（fundamental wave equation）的求解，基本波动方程是表达空间任意点波动的压力p与3D拉普拉斯算子∇^2和波数k间关系的最简单形式：

$$\nabla^2 p + k^2 p = 0 \tag{13-13}$$

由于相应边界条件定义的环境物理属性（边界表面，媒质）随时都可能会用到，所以基本波动方程的求解要对任意一点的声压进行准确定义。例如，在基于波动方程的模型中，包含环境（比如房间）在内的因素可以用其声阻（acoustical impedance）z来定义

$$z = P/U \tag{13-14}$$

式中，

P是指波动的压力；

U是指波动在媒质中的速度。

当使用波动方程时，由于所发生的现象是从不使用几何简化的基础视角出发来评估的，所以与绕射，漫射和反射有关的问题将被自动处理。与方法相关的主要困难是，为了使用波动方程，环境（表面和材料）必须被准确描述（可以采用解析或数值的方法实现这一目标）。

解析模型：全波法

解析模型的目的就是根据所发生现象必须遵循的基本原理或物理定律以准确的方式给出描述特定现象的数学表达式。因为这一要求，决定模型特性的解析表达式一定没有由实验获取的校正项和不能从其他的解析表达式严格导出的参量校正项。

与声传播相关问题的复杂性阻碍了应用声学中可能遇到的所有频率和表面的统一模型的开发。人们遇到的最大困难就是难以对声波撞击表面产生的散射给予全面地解析描述。按建筑声学领域研究的开创者之一 J.S. Bradley所言[9]：

如果不包含绕射和散射效应，则不可能准确预测普通房间的声学参量[……]的数值。理想情况下，对表面散射效应或有限尺寸墙体单元的绕射效应的近似要通过更为全面的理论分析来实现。在这一领域内开发室内声学模型需要做大量的工作。

在这一部分中，我们将阐述全波法[10]，这是一种可以对声波与非理想表面相互作用所表现出的特性（在真实的空间中，会产生部分能量的散射、反射和吸收）进行建模的分析技术。由于与这一分析技术相关的数学基础的复杂性，故在此仅介绍一般的解决方案，要想更深入地了解，请参考本章列出的参考文献。

全波方法（最初是为了解决电磁散射问题而开发的）满足了声学互易要求的重要条件，即声源的位置与接收器的位置可以相互交换，这并不影响诸如房间表面的传输和反射系数这样的环境物理参数。换言之，如果环境保持不变的话，房间内声源和接收器互换位置后，我们在接收器位置记录到的声场是不变的。全波法在应用于定义环境表面的任意一点时也需要准确的边界条件，不论声波的波长与传输路径上物体的相对尺寸如何，它都以一致和统一的方式来说明所有散射现象。因此，虽然表面并不一定要用通用的且不太准确的系数来定义，以表现吸声或扩散，但是它们可以表现出类似于密度、体积弹性模量和内部声速这类固有的物理参量。

全波法被用来计算声波撞击表面并沿着表面形状的每一点进行传播所产生的压力。之后，包含压力和速度的耦合方程被转换成一组波动的正向（波动的方向）和反向相互分量，因此我们可以对每一方向上的声场进行详细分析。由于全波方法利用了基本波动方程来派生声场，所以模型可以根据需要来返回诸如声压或声强这样的变量。

与全波法相关的主要困难就是表面也比必须要以解析的形式来定义。虽然对于简单的（即平面或曲面）表面可以采用现成的方程，但是对于复杂的表面（比如在那些特定形状的扩散体中），要想取得解析表述是比较困难的，而且方法对接收器的位置也有限制要求，即接收器要处在距离声波撞击表面最近的位置上。尽管如此，在面对许多问题时，全波法在复杂的散射现象的建模方面还是非常准确和高效的。

13.2.2.3 数值模型：边界元法

边界元分析（boundary element analysis，BEA）技术是针对所研究问题的量化数值方法解决方案。BEA技术[11, 12, 13, 14]可以用来解决诸如空气和复杂的物理界面这样的媒质间能量（各种形式的）相互作用的各类问题，它非常适合用来研究房间内的声音传播问题。尽管该方法基于求解此前提及的基本差分波动方程，但是BEA法利用了一组在小部分几何面上有效的等效的、更简单的代数方程式，然后通过同时求解最终的一组代数方程式来得出整个几何面的解。从本质上讲，BEA技术通过求解大量的、非常简单的方程式来取代对一个复杂表面上的一个非常复杂的方程式的求解工作。在BEA实现中，表面被描述为如图13.16所示的网孔形式。

在BEA方法中，对所研究的区域的求解形式不是直接被访问修改的。我们通过指定正确的问题域（几何区），其类型（辐射或散射），声源的参量（功率、指向性、位置），当然也包括必须要应用于每个区域的边界条件来对解进行操作控制。因此可以将各个材料属性赋予模型中网格的每一位置，以便在需要的时候可以处理复杂的散射和吸声问题。尽管这种方法也可以用于解决时域内的声学问题，但是BEA技术却能更好地给出频域的解决方案，因为材料的特性被视为是时不变的，而是与频率相关联。

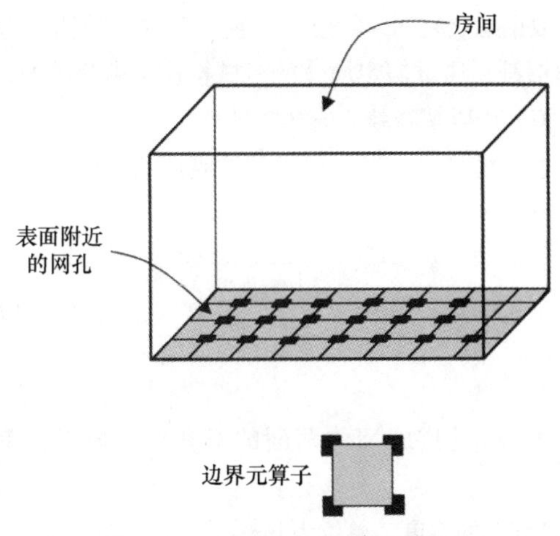

图 13.16　BEA 方法中边界的网孔描述

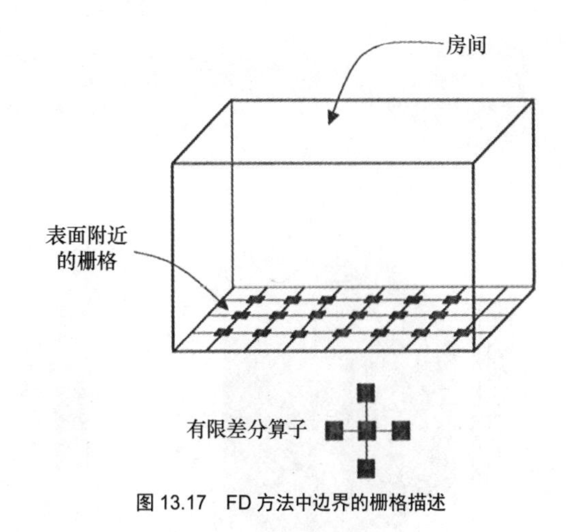

图 13.17　FD 方法中边界的栅格描述

使用 BEA 法研究与声学空间相关的主要问题时，表示边界表面的网格单元尺寸体现了方案的准确度。当然，小的网格尺寸将要求非常高的表面描述准确度，这包含了几何和材料两个方面的含义，然而这也会给求解所需要的计算时间产生极大的影响。另一方面，大的网格尺寸将非常快地产生出结果，但有可能不够精确，因为用来取代基本波动方程的代数方程不适合应用于大的表面。与 BEA 技术在处理非常小的几何面时表现出的准确性相比，声波波长与单元尺寸间必须要满足 7 : 1 的最小比值，其目的是将 BEA 分析与其单元尺寸的依存影响限制在小于 ±0.5dB 的分辨率内。换言之，分析中考虑的波长至少为最大的网格单元的 7 倍，这样才能提高方法的准确性。这因为如此，虽然 BEA 技术在低频（低于 100Hz）时非常有效且能准确地进行声传播的建模，但到了更高频率时，它会变得烦琐，因为网格必须以优于 50mm 的分辨率来建模。尽管如此，在关联建模投射和来自诸如扩散体这样的复杂表面的实际测量数据时，该技术还是可以给出非常出色的结果[13]。

数值模型（Numeric Model）：时域有限差分法。正如早前提及的那样，虽然 BEA 技术最适合用于生成频域数据，但是在承受一定计算效率代价的前提下它也适合提供时域数据。另一种对声学环境独立表达的数值法就是所谓的时域有限差分法（Finite-Difference Time-Domain，FDTD），它在计算速度和存储方面具有非常高的效率，同时还具备非常出色的时域分辨率。这已经表明[15]：该技术可以对室内声学模拟中的低频问题进行有效的建模，其结果适合生成反射图。

有限差分（finite difference，FD）方案用网格（就像 BEA 技术一样）取代了表面的描述，图 13.17 所示的就是采用网格，并对网格点进行代数方程求解的情形。

在这种情况下，网格尺寸可以比所需要的尺寸小，以便在需要的时候取得高分辨率，网格点可以采用对应用而言最有效的坐标系来定义。例如，平坦的表面可以用笛卡儿网格系统（直角坐标）描述，而柱状（针对台柱）和球状（针对听众头部）表面则可以分别用柱坐标和球坐标来表示。

13.2.2.4　统计模型

声学建模中采用统计方法主要是为了沿用矩形刚性房间声学特性的研究成果，即在这样的房间中发生的主要现象是与振动模式相关的。模态频率、模态密度和模态分布问题的说明由第 5 章中相应的描述方程式给出。

声学建模中统计法的另一个应用可在产生高频谐振效应的情况中见到，高频谐振与传统的、与房间振动模式相联系的低频谐振不同。被称为统计能量分析（Statistical Energy Analysis[16]，SEA）的技术通过分析伴随振动结构的动能和应变能，可以准确说明系统（隔离物和墙体）中发生的模态谐振效应的作用。SEA 模型将利用质量和弹性等效来描述振动系统（比如墙体），并对增添阻尼材料对振动谱带来的影响进行分析。SEA 技术在频域分析方面进行了优化，它不能在时域中应用，用以给房间的冲击响应增加信息，或者生成反射图。另外，SEA 的主要优点是：诸如具有不同刚性度，施工梁和声学扩散体的复合隔离物都可以在拓展的频率范围上用准确的方式来建模（即不仅仅体现在特定的物理因素方面）。

13.2.2.5　小室模型

声学含义上的小室可以定义为经典定义所描述的混响现象（采用扩散声场的假设），是以非均匀形式衰减声音（这种非均匀形式是测量位置的函数）的小空间。根据声线跟踪法、镜像源法或自适应算法建立起的大空间模型扩散算法的应用极大地改善了各种空间预测模型的可靠性。然而，鉴于振动模态所产生的干涉图形，声场的准确预测可以在小房间内实现。图 13.18 和图 13.19 所示的是在一个 8m × 6m 的房间内振动模态效应产生的干涉图形[17]，其中两只音箱分别置于 B1 和 B2 的位置。在第一种情况中，振动模态效应在响应曲线的 34.3Hz 处产生了一个深的谷点，宽度约为 5.5m，而在第二种情况中则在 54.4Hz 处产生了完全不同的图形。这样的模型对于确定为了将特定听音位置上产生的模态效应影响最小化而放入房间中的低频吸声体的位置非常有用，而且它的主要优点之一就是它们能够以非常简单的算法生成。通过分析振动模式的密度和分布我们就能够得到有关小房间存在中低频段和中频段声音染色影响问题的有价值的判断。

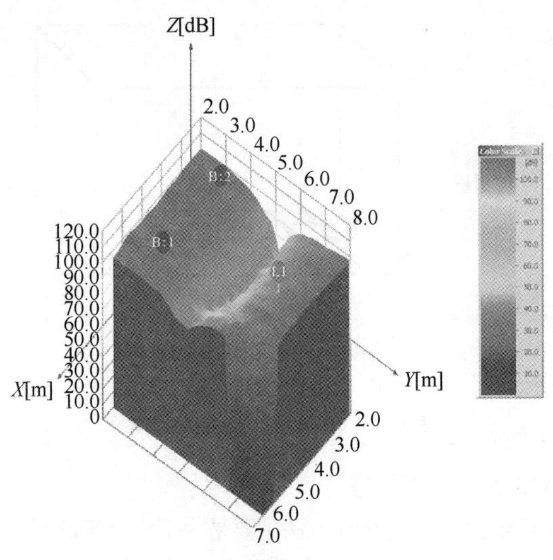

图 13.18 由模型干涉型产生的 34.3Hz 时的声场图（引自 CARA）

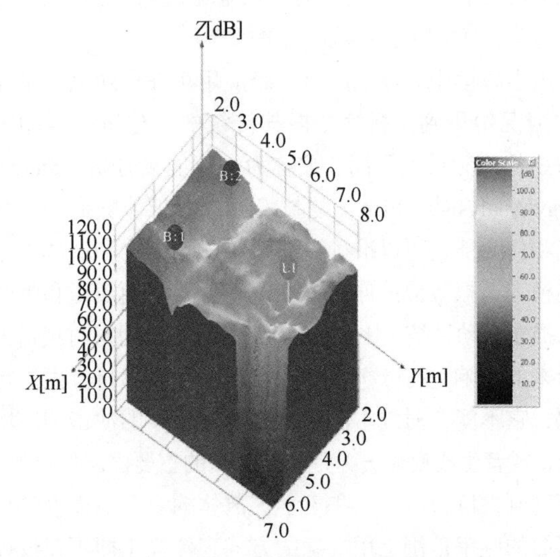

图 13.19 由模型干涉型产生的 54.4Hz 时的声场图（引自 CARA）

13.2.3 经验模型

经验模型源自实验，它一般采用符合通过观测所获取的数据拟合曲线的方程式来描述。虽然模型中并没有开发出全面诠释变量和参量间相互依存关系的解析式、几何或统计表达式，但我们还是可以通过基础理论建立起一般形式的描述性表达式。由于在处理复杂声环境下的声传播问题时要考虑的变量和参量很多，所以在声学建模领域中，经验模型已经广泛应用很多年了，这一部分只通过两个例子来对此进行说明。

13.2.3.1 石膏腔体墙壁的吸声

尽管有关各类墙体结构的传声等级（sound transmission class，STC）的可利用测量数据有很多，但是有关石膏（干墙）板类墙体结构吸声问题的研究却很少。复合墙板的吸声部分属于膜式吸声（因安装原因），部分属于绝热吸声（因材料的多孔结构和空气），有些能量通过共振损失于腔体内部。石膏墙的复杂吸声特性通过了基于混响室实验中获得的吸声数据建立起的经验模型来描述[18]。数学模型与测量到的数据相符，通过假定墙体的机械特性可由简单的力学系统来建模，用以解释腔体的共振吸声。

在这一模型中，发生最大腔体吸声的共振频率可通过下式求出：

$$f_{\mathrm{MAM}} = P\sqrt{\frac{m_1 + m_2}{d(m_1 m_2)}} \quad (13\text{-}15)$$

式中，

m_1 和 m_2 是构成墙体两面的石膏板的质量，单位为 $\mathrm{kg/m^2}$；

d 是穿孔的宽度，单位为 mm；

P 是如下数值的常数：如果穿孔内为空（空气），则 P=1900，如果穿孔内含有多孔或纤维类吸声材料，则 P=1362。

经验模型将公式 13-15 给出的发生在共振频率处的最大吸声 α_{MAM} 与高频吸声 α_{S} 结合成符合实验所获数据的形式，并以公式形式给出，该公式可将墙体的吸声系数的预测表示为频率函数的形式：

$$\alpha(f) = \alpha_{\mathrm{MAM}}\left(\frac{f_{\mathrm{MAM}}}{f}\right)^2 + \alpha_{\mathrm{MAM}} \quad (13\text{-}16)$$

尽管并未考虑全部的结构变量（螺栓间距，层间结合），但模型还是可以给出有关各种石膏墙结构吸声参量的准确预测。

13.2.3.2 乔木和灌木的吸声

在处理与室外噪声传播有关的问题时，人们可能要预测出植被所产生的降噪量。在这种情况下，诸如高度和宽度这种基本属性可以通过几何体来进行建模，然而，像树叶密度、风阻或树干绕射这些因素要想用解析或几何的方法来描述是非常困难的。在考虑树高和树宽、风速及树木类型时，符合实验数据的经验模型及基于统计回归的多项方程式[19]是最适合用来获得距声源不同距离上的声压级的。下面给出的就是应用这类公式的一个例子，该公式在预测距离假设的省道高速公路上卡车噪声声源 150 ～ 400ft 的范围上的噪声声压级，其预测值与实际观测到的声级差异很小，即给出的结果准确度非常高（±1dB）。接收器与交通道路将被沿着省际公路的松柏科植物绿化带所隔离。

$$L_{\mathrm{dB}} = 81.65 - 0.2257H - 0.0228W + 0.728V - 0.0576D \quad (13\text{-}17)$$

式中，

L_{dB} 是预测的绿化带后面的声级；

H 是绿化带的高度，单位为 ft；

W 是绿化带的宽度，单位为 ft；

V 为声传播方向上的风速向量，单位为 mph（英里/小时）；

D 为接收器与绿化带间的间距。

不同的声源和不同类型的树木采用另外的公式。在这种类型的经验模型中，虽然我们并未尝试用解析式来支持方程式，但这并不影响预测结果的准确度。

13.2.4　混合模型

顾名思义，所谓混合模型（hybrid models）就是将各种建模技术综合而成的建模技术，建模技术的选择可以基于特定的需求进行，比如输出速度，准确度，适用范围等方面的需求。混合模型可以将镜像法中反射声到达时间方面的固有的准确性与要求扩散时的自适应波束跟踪法结合在一起，也可以与处理复杂材料时采用的一些 BEM 计算结合在一起。混合模型还可以根据经验模型给出通过物理缩尺模型或统计法得到结果的置信因子。

混合技术的一个例子就是评估室外噪声传播的模型[20]。在这一例子中，处在声波传播路径上的物体一般都是建筑物或大的自然障碍物，除了在最低的频率时，它们都可以被视为外形尺寸远大于声波波长，正因为如此，几何声学在此大有用武之地；同理，镜像法非常适合于计算各障碍物间的反射路径。另一方面，人们不能忽视室外噪声包含许多低频成分这一事实，以及由此产生的绕射影响。在这种情况下，模型必须要采用适当的绕射描述方法，比如本书第 4 章给出的一种方法，模型还可以使用由经验数据表提炼出的一些方法，用来描述诸如交通工具、飞机和火车这种复杂声源，因为这些声源是移动的，所以点声源的假设就不再成立了。图 13.20 和图 13.21 给出了可以从某一模型中得到的噪声预测图类型。在第 1 种情况中，噪声声源是街道交通工具与大型机械系统的混合声源，模型将各个建筑的绕射影响考虑其中。在第 2 种情况中，模型常用来评估在不同类型的人行道（沥青与混凝土）间预测的噪声声级的差异，它是基于住宅区中不同路段上的交通数据实现的。

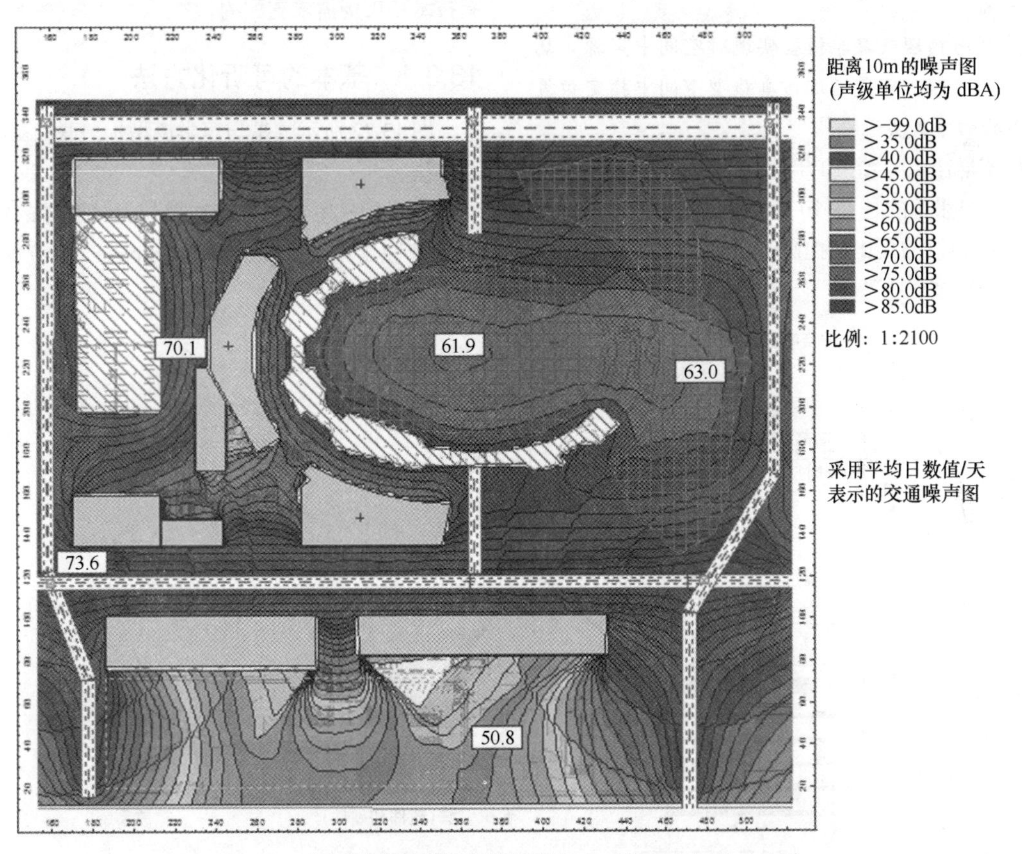

图 13.20　从室外传输模型得出的噪声图（CadnaA by Datakustik GmbH）

我们在工程应用中也会见到混合模型，这时的模型会将基于特定方程的分析技术与人们在实验室和现场得到的测试结果数据库结合在一起。例如，虽然利用质量定律开发出的简单模型可以用来预测两个空间中的声传输，对隔离物的传声等级（Sound Transmission Class，STC）进行评估，但是结果并不是非常有用，因为它们受施工技术和存在的侧向路径的影响非常大。对于考虑了隔离物施工技术的模型而言[21]，其预测结果要准确得多，同时预测结果还为设计人员提供了针对施工噪声传输薄弱环节的有价值判断。

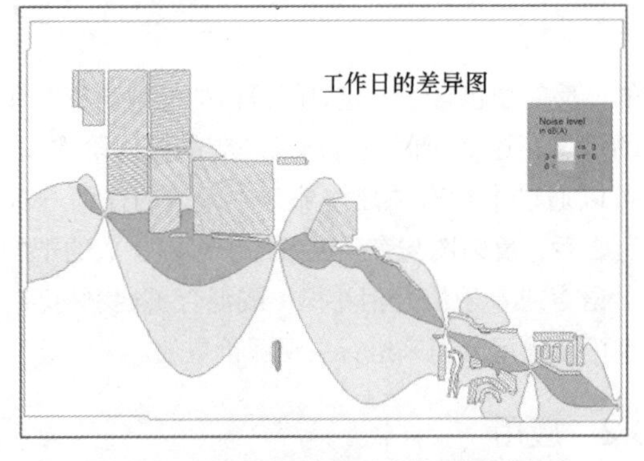

图 13.21　不同类型的道路所产生的噪声的差异图
（SoundPLAN，by SoundPLAN LLC 授权使用）

混合模型正快速成为关于室内和室外噪声传输方面的一种新的，广泛应用的标准。这些改进的模型采用的是将具有准确定位反射的镜像法与按照空间和频率特性对特定声源的辐射型建模的声线跟踪技术相结合的技术。人们用各种度量参数（质量、密度、吸声系数、测得的传输损失）来描述与声波可能发生相互作用的材料物理参量，而且可以通过“总体的”描述（比如环境），乃至更为“局部”的视角（比如声音是如何从一个空间传输至另一空间的）对结果进行全面分析。在这样一个前提之下，对于室外噪声传输，模型还可以适应于受诸如气象条件[22]（湿度、温度、风）等因素影响的情况，不过截至本书写作时，可以方便地应用于“现实”情况的建模和准确描述还不存在。

13.3 可听化

可听化是利用物理或数学模型实现对空间中声源声场进行听音处理的过程，它是通过仿真模型空间中指定位置的双耳听音体验的方式实现的[23]。

可听化系统早在20世纪50年代就出现了[24]。在初期的实验中，研究人员采用的是1：10的物理缩尺模型，并利用缩小的全指向声源以缩尺比例提高带速来重放磁带上记录的语言和音乐样本，同时也考虑了模型的空气吸声和缩放的混响时间等因素。声音记录通过将缩小的人头模型放置在想要的接收器位置来获取的，最后将获取的声音在消声室中，以按缩小比例调整过的速度通过两只音箱重放出来。之后，人们对模型中的声音进行主观评价，并与实际房间中感知到的声音进行比较。

虽然在20世纪70年代这类技术被用来预测大型和小房间的声学属性，但随着计算机系统运算速度越来越快，成本越来越低，人们开发出了基于计算模型的可听化技术，并利用声学建模阶段的结果获得在声场任意指定接收器位置上的听感。尽管在本书的编写过程中，各种可听化的实现方法都已付诸实施[25, 26, 27, 28]，但由于可听化技术的发展速度惊人，因此这一部分只是讨论与可听化主题有关的一些基本概念。保守地讲，可听化技术的具体演变情况是受新技术和市场需求支配的。

13.3.1 基本的可听化方法

图13.22所示的是与声学模型相关联的基本的可听化处理方法。

处理是从用在特定接收器位置处获得的针对各个频率的模型冲击响应（impulse response，IR）表示的反射图

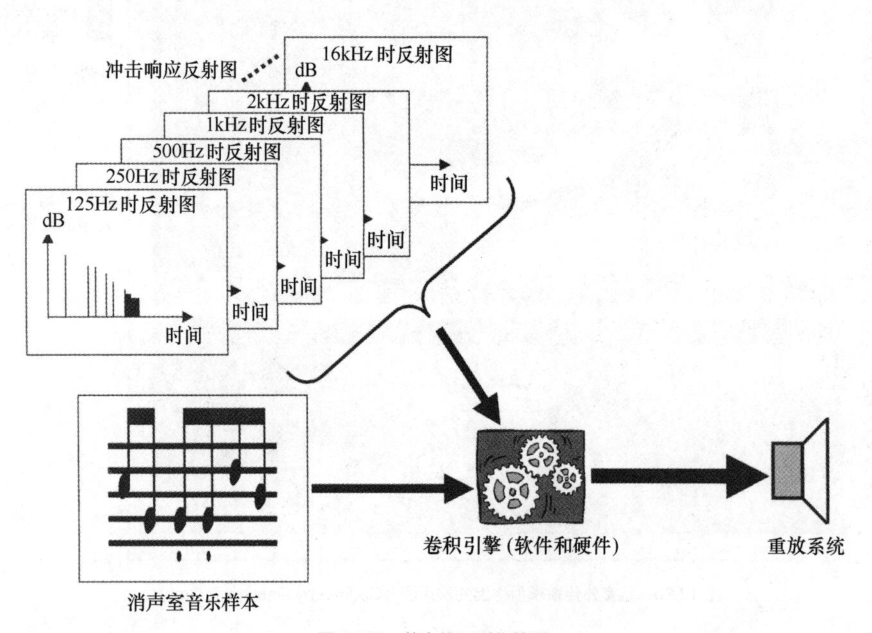

图13.22 基本的可听化处理

开始的。反射图包含了一定时间段内的反射声密度和方向方面的信息，这一时间适合记录理想的反射阶次和长度，它们可以通过本章有关建模部分中阐述的任何一种方法获得。之后，反射图与在受控条件下可以重放的干的（消声室）语言或音乐信号相卷积（或混合），我们可以采用耳机也可以采用音箱来进行主观评价重放。

13.3.2 应用

到达听音人的能量由直达声、早期反射声和后期反射声构成，如图13.23所示。

直达声很容易被发现，并且被准确地反映在反射图中，因为它代表的是由声源到接收器视距直接传输来的能量。为了实现直达声可听化的准确性，唯一要考虑的是要确保通过声源配置和指向性的控制使声波的衰减符合反平方定律。虽然早期反射也是通过建模阶段获得的，但是反射图的长度一定要限制（或者限制反射的阶次），因为计算受某些条件约束。反射图的后面部分一般是由高密度的随机反射型建模得来的，它具有平滑的衰减特性，混响时间之后

的反射型中某一频率成分是由各个频率成分估算出来的。

由于反射图一般代表的是建模空间中某一点（或某一很小的空间）的冲击响应，所以要想通过这一点的冲击响应表达出到达听音人耳膜的双耳声音必须要对这一冲击响应进行修正，可以采用下文中介绍的两种独立的方法来实现。

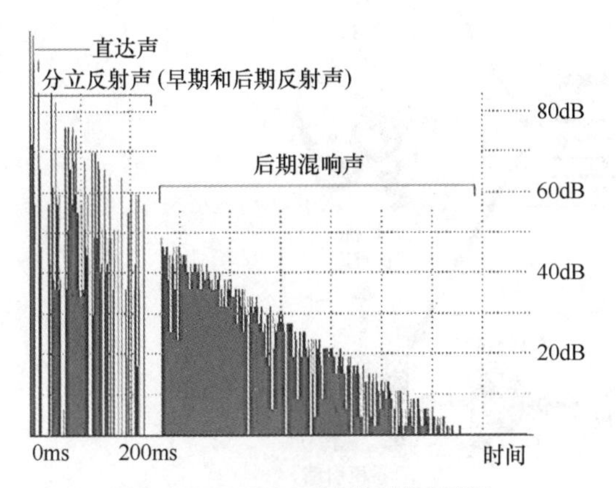

图 13.23　1000Hz 时完整反射图的例子

13.3.2.1　利用扬声器进行双耳重放

冲击响应被分成对应于横跨接收器位置两侧的垂直左、右平面的左、右分量，因此对于位于接收器位置的听音人而言，它产生出房间的双耳冲击响应（binaural impulse response，BIR）。针对左、右通道，消声室信号单独进行卷积，其结果表现为消声室条件下或图 13.24 所示的听音人采用音箱在近场条件下的听音情况。

该技术的优点就是从计算角度来看的高效性，因为计算处理局限于将 IR 分离成 BIR，最终的卷积是针对重放系统的左、右通道。该技术的不足之处就是重放系统需要一个受控的环境，其中听音人必须相对于重放系统保持在固定的位置，音箱之间的串音必须非常小，因为只有这样才能产生正确的空间感表现。

13.3.2.2　利用耳机进行双耳重放

在这种解决方案中，通过应用头部相关传输函数（head-related transfer functions，HRTF）对 BIR 进行了进一步的改进，体现了出头部、耳廓、肩部和耳朵影响的 HRTF 反映出能到达听者耳膜的声音。研究结果[29, 30]表明：这些参量对声音的定位和整体的主观评价结果都有很大的影响。正如图 13.25 所示，因为要考虑听者身体（尤其是头部形状）的影响，所以现在重放系统中必须包含耳机。这种解决方案的优点就是重放系统非常简单；可以使用现成的高质量耳机且不需要特殊的设置。其缺点就是因采用 HRTF 计算改良的 BIR 需要一定的时间。必须注意的是，尽管当前的 HRTF 研究已经可以针对宽的测试片段得出准确的复合数据，但是 HRTF 可能还是无法准确地描述让听音人获得准确听音体验的特定参量。在采用耳机重放时要考虑的另一个问题就是视在声源位置会随着听音人头部运动而移动，这在现实当中是不会出现的。

13.3.2.3　利用扬声器进行多声道重放

在这种情况下，房间的冲击响应被分成对应于空间中普通位置的成分，其中反射的发生如图 13.26 所示。这些年来已经开发出的各个系统[31, 32]既有几只扬声器单元构成的系统，也有由数十个独立通道驱动的上百只扬声器单元构成的系统。其技术优势就在于系统依靠的是听音人自己的 HRTF，同时也考虑了头部跟踪效果。从效率的角度来看，解决方案可以用最少的软硬件来实现，因为尽管 IP 是生成的，但反射可以根据其到达的方向来划分。多声道重放技术实际上可通过物理缩尺模型来实现，而不必通过延时线

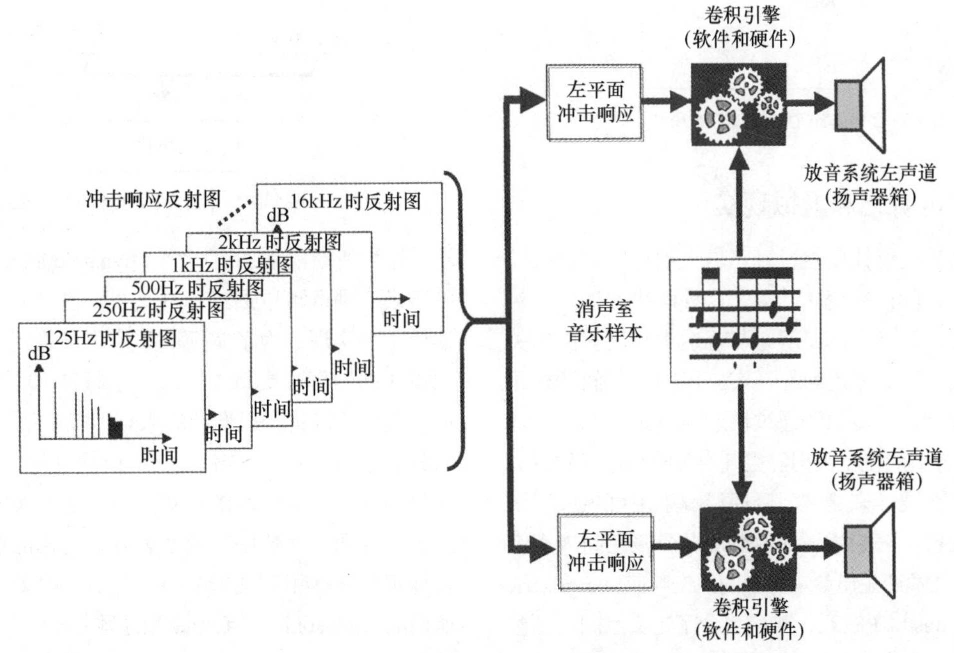

图 13.24　利用双耳冲激响应和扬声器表现的可听化方案

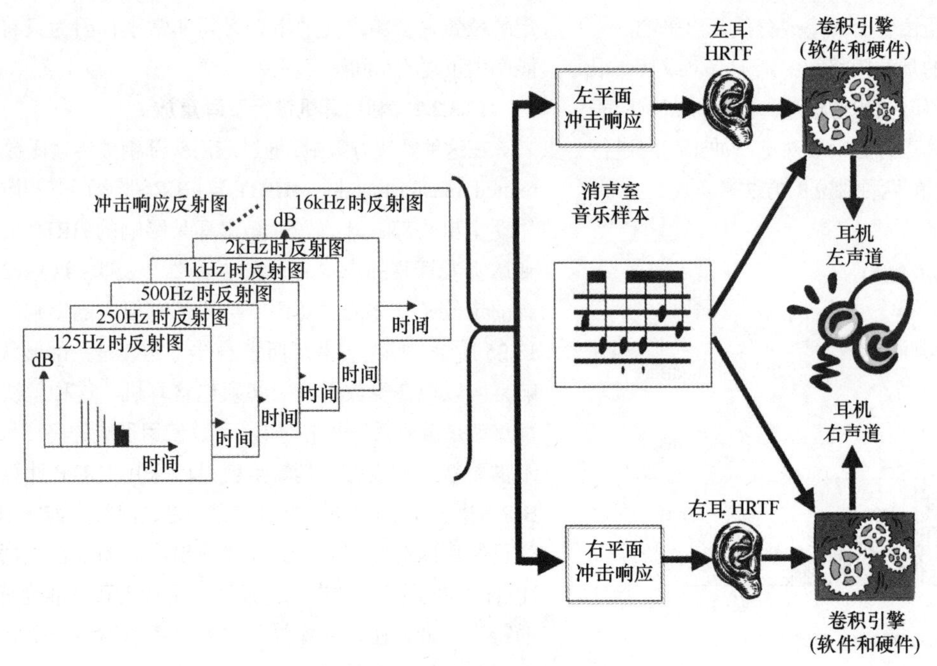

图 13.25 利用 HRTF 双耳冲激响应和耳机表现的可听化方案

和模拟矩阵系统的计算机工具来实现。当然，重放系统还是比较复杂的，因为它需要具体的实际硬件和消声室环境。有一个生产厂家[33]已经开发出了一个依靠近场呈现的全频带响应扬声器重放听音素材的系统。

关于这一点，相应的消声室环境约束条件就取消了，不过听音人与相应重放系统的相对位置要求仍然是基本的要求，其目的是取得准确的呈现结果。

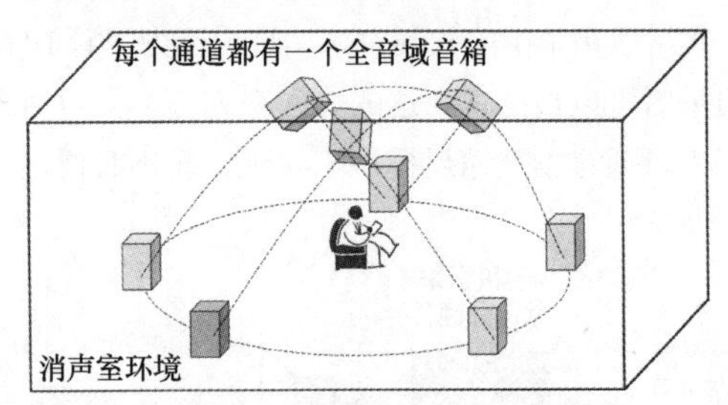

图 13.26 多声道表现方案的音箱布局[29]

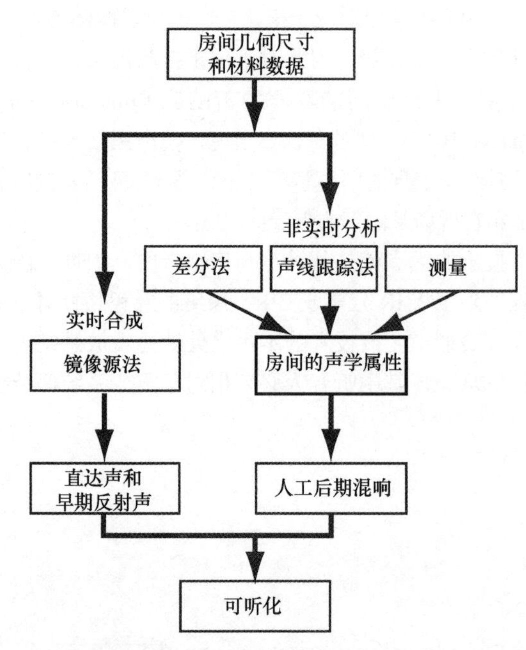

图 13.27 实时交互模型和可听化系统[32]

13.3.3 实时可听化和虚拟现实

实时可听化系统可让使用者真正进入到房间内，去聆听房间中实际声音的最终变化结果。这种解决方案要求对冲击响应进行实时计算，以便所有与直达声和反射声相关的参量都能完成计算。在近期的现实应用中[34]空间建模采用的是改良的镜像法，镜像法通过快速声线跟踪先期处理方式来确认接收器处看到的反射。空气声吸收和边界材料的属性用高效数字滤波器来建模，后期混响采用可生成平滑和高密度反射型技术来描述，反射型遵循受限空间内声音的统计特性。该技术产生出参量化房间冲击响应（parametric roomimpulse response，PRIR），响应包含了定义空间物理参量建模所需的实时和非实时处理。图 13.27 所示的是这种系统建模框图和可听化处理过程。

这种所谓的动态可听化（dynamic auralization）方案中的声场表现既可以通过双耳耳机，也可以通过多声道扬声器技术来实现，为了实现高质量声场表现，可听化参量必须以快的速率来更新（一般高于每秒 10 次）。用于卷积的冲击响应可以将一组准确的双耳相应（跟踪头部运动映射）与具有较简单静态冲击响应的前期反射部分组合在一起，从而实现对后期声场的计算。该解决方案在计算时间和内存占用方面具有适中的效率表现，近期的发展[35]将研发的目标定位在利用空间的冲击响应进行高效运算上。在采用所谓的 Ambisonics B-format[36]的解决方案中，声音信息被编码于 W、X、Y 和 Z 的 4 个独立通道中。W 通道用于全指向传声器的单声道输出，而 X、Y 和 Z 通道用于反映前 - 后

（X）、左 - 右（Y）和上 - 下（Z）的声音分量。这样就可以针对每个位置存储单独的 B-format（B 格式）文件，用以说明在每一特定位置上的所有头部运动，并随着听者从一个接收器位置移动到另一个接收器位置过程中产生出真实和快速的可听化表现，即便发生了头部的转动也可让人在虚拟的模型中体验到近似无缝的声场模拟。

13.4　结论

声学建模和可听化是当前研究和开发的热点。原本是打算用来评估大房间声音的这一技术，现在也被应用于小空间声音[35]评估和室外噪声传播研究当中[37]，人们可以期待能在广泛的应用中将这些表现工具作为评价复杂声学参量的标准方法。即便是简单的数字处理系统，比如用于声频工作站的插件都常常用简单的对应于倍频程或 1/3 倍频程压缩数据的均衡和电平设定它来形象化地表现出因各种材料的与频率相关的传输损失产生的影响。

在实现对诸如乐器、汽车、火车和其他形式的交通工具这样的复杂声源的表现和建模过程中还必须进行更深入的研究。人们正在从事的研究工作还包括材料和边界表面的定义研究，以便说明振动和刚性的影响。此外，模型正迅速变得非常准确和高效，同时它们在描述与声音的传播，乃至接收方面的复杂问题时也表现出很好的适合性。

第 3 篇
电子元器件

第14章

电阻、电容器和电感器

Glen Ballou 编写

14.1　电阻器

电阻与能量消耗相关。在其最简单的形式中，它是一种一段电气材料对电流的抵抗力的衡量。电阻以热量形式耗散能量，最好的导体具有低的阻值，且产生的热量很小，而最差的导体具有高阻值，发热量也最大。例如，如果 10A 电流流过 1Ω 的电阻，那么产生的热量为 100W。如果同样的电流流经 100Ω 的电阻，那么产生的热量则为 10 000W，这是利用以下公式得出的。

$$P = I^2R \tag{14-1}$$

$$= V^2/R$$

式中，

P 为功率，单位为瓦特（W）；

I 为电流，单位为安培（A）；

V 为电压，单位为伏特（V）

R 为电阻，单位为欧姆（Ω）。

如果改变电压，同时保持电阻恒定，那么功率将按电压的平方来变化。例如，电压由 10V 变化至 12V，则功率会增大 44%。如果电压从 10V 提升至 20V，那么功率将提高 400%。

如果改变电流，同时保持电阻不变，那么得到的效果与改变电压所得的效果是一样的。假如电流从 1A 提高至 1.2A 的话，则功率提高 44%；若电流从 1A 变至 2A，则功率提高 400%。

如果改变电阻，而保持电压不变的话，那么功率将产生线性变化。如果电阻从 1kΩ 降至 800Ω，且电压保持不变，那么功率将提高 20%；如果电阻从 500Ω 提高至 1kΩ，那么功率将下降 50%。应注意的是，电阻的增大将导致功率降低。

如果改变电阻，而保持电流不变的话，那么功率仍将产生线性变化。在这一例子中，如果电阻从 1kΩ 升至 1.2kΩ，那么功率将提高 20%；而电阻从 1kΩ 提高至 2kΩ，那么功率将提高 100%。

要将电阻器的大小考虑到对电压或电流变化的影响中。如果电阻器阻值保持恒定，而提高电压，那么电流也将线性提高。这是由欧姆定律决定的，即公式 14-1。

在纯电阻（即不存在电感和电容）中，电压和电流的相位关系保持一致。在这种情况下。电阻器产生的压降为

$$V = IR \tag{14-2}$$

式中，

V 为电压，单位为伏特（V）；

I 为电流，单位为安培（A）；

R 为电阻，单位为欧姆（Ω）。

流经电阻器的电流

$$I = V/R \tag{14-3}$$

电阻器的阻值可以是固定的或可变的，其变化容限从 0.5% ～ 20%，功率的变化范围则从 0.1W 至数百瓦。

14.1.1　电阻器特性

电阻器的数值会因所加的电压、功率、环境温度、频率的变化、机械振动或湿度的改变而改变。

电阻器的数值既可以像功率电阻那样印在电阻器上，也可以利用电阻器上的色标代码来表示，如图 14.1 所示。

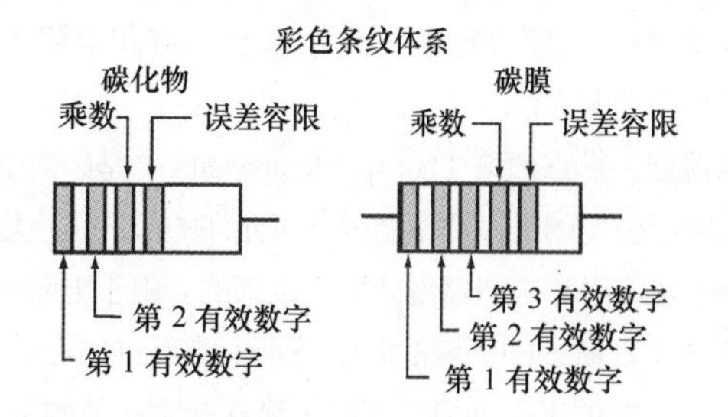

黑色本体的电阻器是合成物，非绝缘
彩色本体的电阻器是合成物，绝缘
绕线电阻器的第 1 条纹的宽度加倍

颜色	数字	乘数	误差容限	故障率
黑	0	1	–	–
褐	1	10	±1%	1.0
红	2	100	±2%	0.1
橙	3	1000	±3%	0.01
黄	4	10 000	±4%	0.001
绿	5	100 000	–	–
蓝	6	1 000 000	–	–
紫	7	10 000 000	–	–
灰	8	100 000 000	–	–
白	9	–	–	可焊接 *
金		0.1	±5%	–
银		0.01	±10%	–
无色			±20%	

图 14.1　电阻的颜色代码

电压系数。电压系数（voltage coefficient）是由所施加的电压而引发的电阻变化率，它以每伏每百万的百分数（%ppm/V）来表示。对于大部分电阻器而言，电压系数为负值，即电阻随电压的升高而降低。非常高阻值的碳膜电阻器的电压系数相当大，而绕线电阻器的电压系数通常可以忽略不计。压敏电阻被设计成具有大电压系数的阻性器件。

电阻的温度系数。电阻的温度系数（temperature coefficient of resistance，TCR）是电阻阻值随温度的变化率，单位为每摄氏度每百万（ppm/℃）。许多类型的电阻器的阻值都是随温度的升高而增大，而其他类型的电阻，特别是加热成型的碳电阻的电阻曲线存在最大或最小值，并在有些温度下呈现零温度系数。金属薄膜和绕线类型电阻的温度系数值小于 100ppm/℃。热敏电阻被设计成具有大温度系数的电阻器件。电阻的百分比温度系数为

$$TCR = \frac{(R - r)100}{(T_R - T_T)R} \tag{14-4}$$

式中，

TCR 为温度系数，单位为 %/℃；

R 为基准参考温度下的电阻值；

r 是测试温度下的电阻值；

T_R 是基准参考温度，单位为℃；

T_T 为测试温度，单位为℃。

最好是让电阻器工作在有限的温升条件下。

噪声。噪声(noise)是电阻器产生的不想要的电压波动。电阻器的总噪声包括约翰逊(Johnson)噪声，它只与电阻器的阻值和电阻器件的温度有关。根据器件类型及其结构的情况，总噪声还有可能包括由电流引发的噪声和由破裂的电阻器和松脱端盖或引线引发的噪声。对于可调电阻器，噪声还可能由与线匝接触的跳线，以及触点和电阻器件之间不良的电气通路引发。

热点温度。热点温度(hot-spot temperature)是因内部热度和环境温度所引发的最高测量温度。可允许的最高热点温度是根据材料的热容限和电阻器设计预测出来的。由于电阻器在正常工作条件下其所处的环境的温度是不可能超过热点温度的，所以如果电阻器的工作环境温度高于建立标称瓦数的温度时，则电阻器的标称瓦数必须是低标的。在零耗散时，电阻器周围的环境温度可能是其热点温度。对电阻器而言，其环境温度受周围发热器件的影响。除非采取强制制冷措施，否则叠置在一起的电阻器并不会感受到包裹于它们外面的实际环境温度。

大多数情况下，碳电阻器的触感温度在40℃(104° F)，而绕线或陶瓷电阻器的设计工作温度高达140℃(284° F)。不论何处存在功率耗散，都必须要提供足够的通风条件，以排除电阻和周围器件受热损坏的可能。

功率系数。功率系数(power coefficient)是电阻的温度系数与每瓦温升的乘积，它以每瓦百分数形式表示(%/W)，其数值随施加的功率的变化而变化。

交流电阻。交流电阻(ac resistance)阻值是随频率变化而变化的，因为电阻器本身存在固有的电感和电容以及趋肤效应、涡流损耗和介电损耗。

环境温度效应。当电阻器工作在高环境温度的大气环境当中时，其功率容量一定会降低，如图14.2所示。大气作用于通过自用空间中端口悬置的电阻器上，并且距周围各方向上的最近物体要有1 ft的最小静止空气间隙。

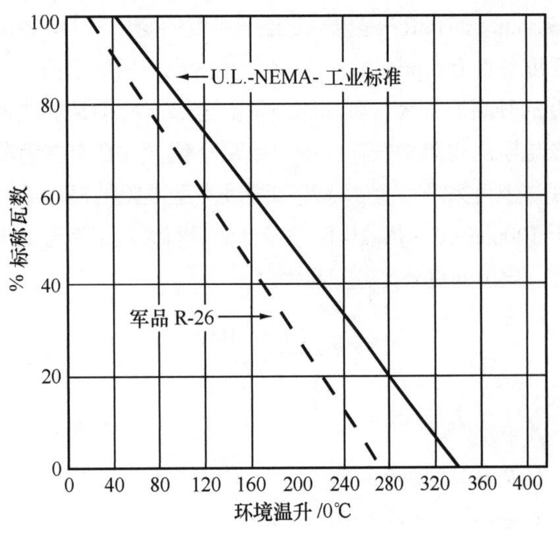

图14.2 由于环境温度的提高导致的电阻的标称值偏移(Ohmite Mfg.Co. 授权使用)

组合。密集安装大量的电阻器可能导致大幅度的温升，使要求的功率容量降低，如图14.3所示。图中的曲线描述的是对相距最近的电阻器之间的空间可允许的最高热点温度。如果电阻器工作在低于可允许的热点温度下的话，则功率容量的降低可能较小。

封装。由于表面积、体积、形状、取向、厚度、材料和通风的原因，封装会导致温度升高。图14.4表示出了封装的不锈钢金属小盒(0.32in厚，无通风孔)对其中的电阻器的影响。通常确定功率容量的降低值是通过反复试验得到的。

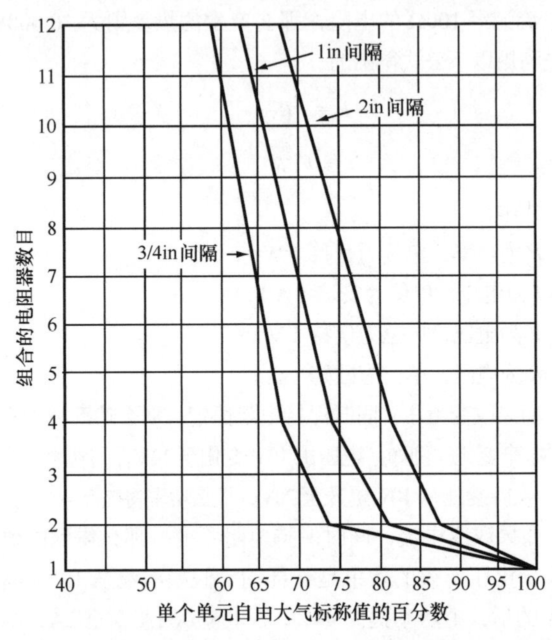

图14.3 由于接地电阻导致的功率标称值偏移(Ohmite Mfg. Co. 授权使用)

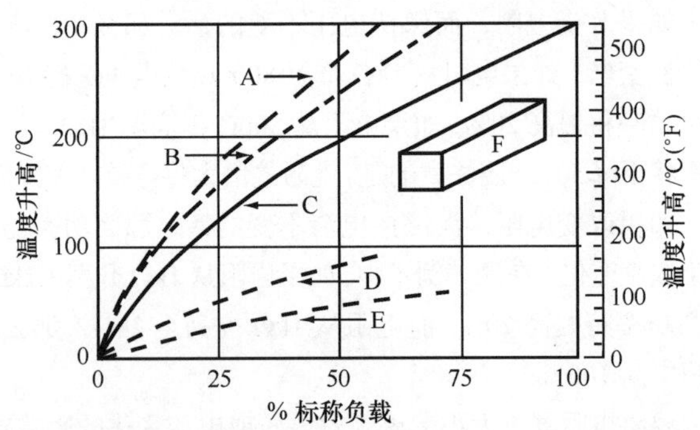

A. 电阻器 33/8in×33/8in×8in长方盒
B. 电阻器 $5\frac{13}{16}$in×$5\frac{13}{16}$in×$12\frac{3}{4}$in长方盒
C. 大气中的电阻器
D. 长方盒温度－小
E. 长方盒温度－大
F. 未上漆的薄金属板盒，0.32in厚钢板，无通风口

图14.4 封装的尺寸对500W0.75in.x6.5in电阻的影响(Ohmite Mfg.Co. 授权使用)

强制风冷。利用强制风冷措施，电阻器和元器件可以工作在比标称瓦数更高的温度下，如图14.5所示。“保持电阻器温度处在限定之内”所要求的冷却空气体积可通过下面的公式得到。

$$空气的体积=\frac{3170}{\Delta T}W \qquad (14\text{-}5)$$

式中，

空气体积的单位是 ft^3/min；

ΔT 是可允许的温升，单位为度 F；

W 是封装内部的功耗，单位为 kW。

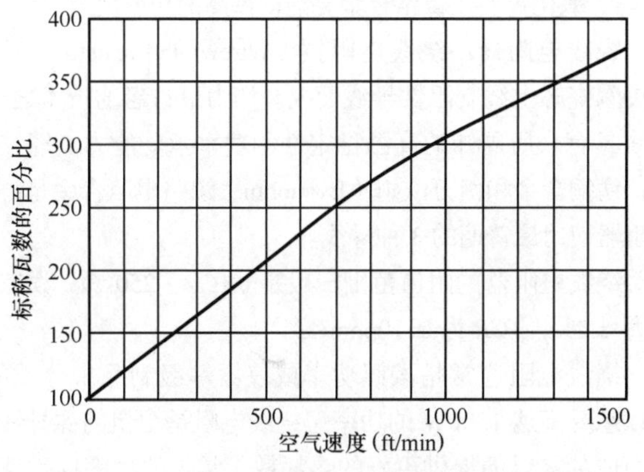

图 14.5　典型的电阻强制通风冷却的标称空气流通百分比（Ohmite Mfg.Co. 授权使用）

高海拔处的空气密度导致由对流产生的热耗散较小，所以需要更大的强制气流。

脉冲状态工作。在脉冲模式下，电阻器通常可以工作在比连续占空周期更高的功率下。实际的增加量取决于电阻器的类型。图 14.6 所示的是脉冲工作条件对绕线电阻的影响。图 14.7 所示的是小尺寸和中等尺寸的陶瓷电阻在脉冲工作条件下的标称连续占空百分比。

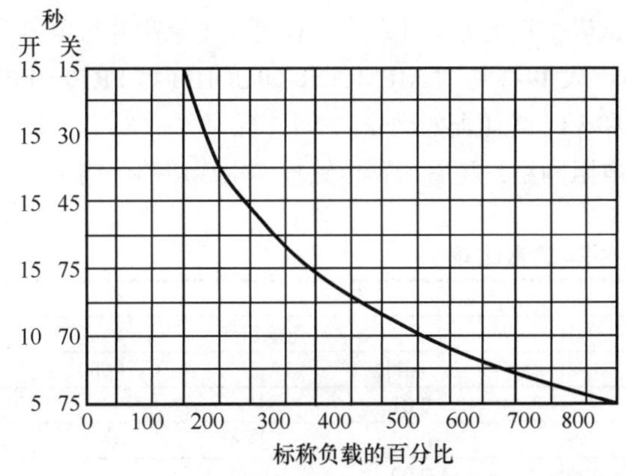

图 14.6　脉冲工作条件对绕线电阻的影响（Ohmite Mfg.Co. 授权使用）

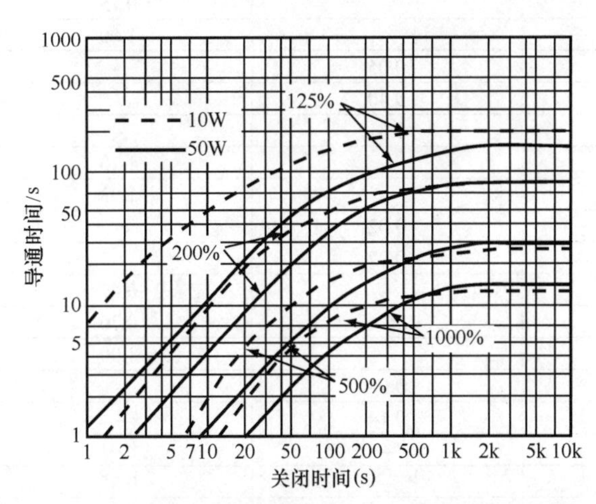

图 14.7　小尺寸和中等尺寸的陶瓷电阻在脉冲工作条件下的标称连续占空百分比（Ohmite Mfg.Co. 授权使用）

14.1.2　电阻器的组合

电阻器可以串联，并联，或串 / 并联组合。

串联的电阻器。电阻器串联连接的总电阻是各电阻器阻值之和。

$$R_T=R_1+R_2+\cdots+R_n \tag{14-6}$$

总电阻始终大于阻值最高的电阻器的电阻。

并联的电阻器。电阻器并联连接的总电阻

$$R_T=\frac{1}{\frac{1}{R_1}+\frac{1}{R_2}+\cdots\frac{1}{R_n}} \tag{14-7}$$

如果两个电阻器并联的话，可使用：

$$R_T=\frac{R_1\times R_2}{R_1+R_2} \tag{14-8}$$

如果所有的电阻器的阻值相等的话，则总电阻可以通过一个电阻器的阻值除以电阻器数量得到。总电阻始终是小于阻值最小的电阻器的阻值。

当两个电阻器并联时，总电阻和其中一个电阻器的阻值已知的话，则可以利用下式确定另一电阻器的阻值。

$$R_2=\frac{R_T\times R_1}{R_1-R_T} \tag{14-9}$$

14.1.3　电阻器的类型

每种导通电流的材料都具有电阻率，它被定义为材料对电力的阻力。电阻率通常定义为由边长为 1cm 的立方体材料的一个截面与相对截面间的电阻，单位为 Ω。测量值表述为欧姆每立方厘米（Ω/cm^3）。电阻率的倒数为电导率。良导体具有低的电阻率，而良好的绝缘体具有高的电阻率。电阻率非常重要，因为它表示出了材料间和对电流抵抗能力间的差异，这让电阻器的生产厂家可以提供出阻值相同，但是电气特性、物理、机械或热特性不同的产品。表 14-1 给出了各种材料的电阻率。

表 14-1　各种材料的电阻率

材料	电阻率
铝	0.0000028
铜	0.0000017
镍	0.0001080
碳（多重复合）	0.0001850
陶瓷（典型值）	100 000 000 000，000或（10^{14}）

碳复合材质电阻器。碳符合材质电阻器是最便宜的电阻器，它广泛用于对输入噪声要求并不严格的电路，以及不要求电阻器容限优于 ±5% 的应用中。

碳复合材质、热成型规格的产品在 50 多年来基本没发生变化。热成型和冷成型规格产品是由碳材料和黏结材料混合而成的。在有些规格的产品中，合成材料被应用到陶

瓷芯或电枢当中，而在一些不太贵的规格产品中，合成材料是一体的硬结构。碳复合材质电阻器的阻值可以为 1Ω 到几 MΩ，功率容量为 0.1 ～ 4 W。最常用的是标称功率是 1/4W 和 1/2W，阻值为 2Ω ～ 22MΩ 的电阻器。

相对于碳膜电阻器而言，碳复合材质电阻器可以抵御更高的浪涌电流。然而，其阻值会因为吸收水分而产生变化，并且温度会很快升到 60℃（140 ℉）以上。当碳复合材质电阻器被用于声频和通信应用时，噪声也成为一个问题。例如，碳芯电阻器产生的电噪声可能降低信号可靠性，甚至可能完全将电信号掩蔽掉。

碳膜电阻器。碳膜电阻器是将碳薄膜结合到铅化陶瓷芯上的一种电阻器。碳膜电阻器具有更严格的容限和更好的温度系数（和碳复合材质电阻器相比）。对于许多通用的，非关键应用而言，大部分电阻器的特性实际上是一致的，这时高可靠性、浪涌电流或噪声并不是关键性因素。

金属膜电阻器。金属膜电阻器是通过在绝缘芯上镀上金属或金属氧化物构成的分立器件。通常，金属既可以是溅镀在陶瓷上的镍铬合金，也可以是溅镀在陶瓷或玻璃上的氧化锡。另一种生产方法是将荧光或涂料金属粉末和玻璃粉末混合而成的油墨或粘接物质涂到多孔陶瓷衬底上。在电炉中通过烧制或加热使材料黏合在一起。这种类型的电阻器制造技术被称为陶瓷技术（cermet technology）。

最常用的金属膜电阻器的阻值范围为 10Ω ～ 1MΩ，功率为 1⁄8 ～ 1W，容限为 ±1%。

在这 3 种技术中，*TCR* 均处在 ±100ppm/℃范围内。然而，它们之间还是存在微小的差别：

- 金属陶瓷涵盖更宽的阻值范围，并能承受比镍铬合金沉积物更大的功率。
- 镍铬合金通常在阻值范围的高端和低端替代氧化锡，并能提供低于 50ppm/℃的 *TCR*。
- 氧化锡要比镍铬合金更能抵御高的功率耗散。

绕线电阻器。绕线电阻器（Wirewound resistor）是在中央陶瓷芯上绕制阻性导线而成。作为最古老的技术之一，绕线具有众所周知的高温稳定性和功率承受能力。镍铬合金，锰铜合金和伊万欧姆（Evanohm）镍铬电阻合金是绕线电阻器使用最普遍的 3 种导线。

绕线电阻器的阻值范围一般是 0.1Ω ～ 250kΩ。误差容限为 ±2%，*TCR* 为 ±10ppm/℃。

绕线电阻通常是按照功率或仪器等级制品来分类的。可以承受高达 1500W 的功率型绕线电阻是由粗的裸导线绕制而成的，以便提供更好的热耗散。常见的功率标称值有 1.5W、3W、5W、8W、10W、20W、25W、50W、100W 和 200W。

仪器等级精度的绕线电阻器是由细的绝缘长导线绕制而成的。在绕制后，它们通常要用陶瓷材料进行涂层处理。

所有的绕线电阻器均被归类为空心电感，并且感抗改变了高频的阻值。声频频段内的感抗可采用特殊的绕制技术来降低。由于问题很严重，所以这些电阻不能应用于高频。

无感电阻器。无感电阻器应用于高频。这是通过利用艾尔顿 - 佩里（Ayrton-Perry）型导线来实现的，即两条导线并联，以相反的方向绕制。这样可使电感和分布电容保持最小。表 14-2 是对 MEMCOR-TRUOHM 型 FR10，FR50，VL3 和 VL5 电阻器的比较。

电阻网络。随着印刷电路板和集成电路的出现，电阻

表 14-2 标准绕组和无感绕组的电感量比较

近似的频率影响				
		定感绕组	无感绕组	
类型	电阻（Ω）	L_S（μH）	L_S（μH）	C_P（pF）
FR10（10 W）	25	5.8	0.01	–
	100	11.0	0.16	–
	500	18.7	0.02	–
	1000	20.8	–	0.75
	5000	43.0	–	1.00
FR50（50 W）	25	6.8	0.05	–
	100	>100.0	0.40	–
	500	>100.0	0.31	–
	1000	>100. 0	–	1.10
	5000	>100.0	–	1.93
VL3（3 W）	25	1.2	0.02	–
	100	1.6	0.07	–
	500	4.9	–	0.47
	1000	4.5	–	0.70
	5000	3.0	–	1.00
VL5（5 W）	25	2.5	0.08	–
	100	5.6	0.14	–
	500	6.4	–	0.03
	1000	16.7	–	0.65
	5000	37.0	–	0.95

Ohmite Mfg. Co.授权使用

网络（Resistor network）越发普及。阻性网络可以安装在单列直扦型封装（single-in-line package，SIP）中，也可以安置在管帽或双列直插式插座（dual-in-line package，DIP）中——就像用于集成电路中那样。最常用的电阻网络有 14 或 16 个针脚，包含有 7 或 8 只单独电阻器或 12 ～ 15 只普通接线端的电阻器。在大部分电阻网络中，电阻器的阻值都是一样的。网络还可以用特殊阻值的电阻器及针对特殊应用的互联，如图 14.8 所示。

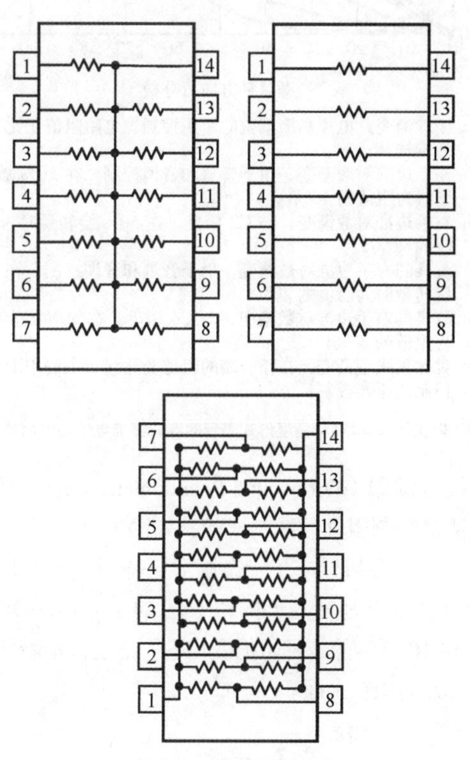

图 14.8 各种类型的电阻网络

厚膜网络中的各个电阻器具有的阻值范围为 10Ω ～ 2.2MΩ，且每只电阻器标称功率一般为 0.125W。其通常误差容限为 ±2% 或更好，电阻的温度系数在 −55℃～ +125℃（−67 ℉～ +257 ℉）范围上为 ±100 ppm/℃。

薄膜电阻几乎总是做成特殊的单元，且被封装成 DIP 或扁平管壳（扁平管壳被焊接到电路中）。薄膜网络使用的是镍铬合金、氮化钽和铬钴合金真空蒸镀法制成。

可变电阻器。可变电阻器（Variable resistor）是阻值可随光照、温度或电压变化而变化的电阻器，其阻值也可通过机械方法改变。

光敏电阻器。当光束被切断时，或者拾取光学胶片声轨上的声频信号时，光敏电阻器（Photocell）可被当作开关器件使用。在后者中，声轨既可以是可变密度型，也可以是可变宽度型。不论是哪一种类型，胶片都是处在聚焦光源和光敏电阻器之间。当光敏电阻器上的光强变化时，其阻值就随之变化。

光敏电阻器是由指定的高低亮度级时的阻值来标称的。一般这些阻值为 600Ω ～ 110kΩ（高亮度），以及 100kΩ ～ 200MΩ（暗亮度）。光敏电阻器的功耗处在 0.005 ～ 0.75W 之间。

热敏电阻器。热敏电阻器（Thermistor，thermal-sensitive resistor）可以随着温度的升高而提高或降低其阻值。如果电阻的温度系数为负值（NTC），那么阻值随温度的升高而降低；如果电阻的温度系数为正值，则阻值随温度的升高而增大。热敏电阻器是根据温度变化 1℃时其阻值变化量来标称的。它们也可以通过其在 25℃时的阻值以及 0℃和 50℃时阻值的比值来标称。在室温下，阻值范围为 2.5Ω ～ 1MΩ，标称功率范围 0.1 ～ 1W[1]。

热敏电阻器通常用作温度传感器或换能器。当其与晶体管一起使用时，它们可以通过温度变化来控制晶体管电流。随着晶体管温度的升高，发射极到集电极的电流增大。如果电源电压保持恒定，那么晶体管内的功耗会提高，直至通过自身散热消耗掉。处在晶体管基极电路中的热敏电阻因温度变化而产生的阻值变化常被用来降低基极电压，从而降低晶体管发射极至集电极的电流。通过正确匹配两个器件的温度系数，晶体管的输出电流可以在温度变化时保持得非常稳定。

压敏电阻器。压敏电阻器（Varistor，voltage-sensitive resistor）是阻值与电压相关的非线性电阻器，它具有与背靠背齐纳二极管（back-to-back Zener diode）类似的对称式、瞬间击穿特性。它们是为电子电路中的瞬态压缩而设计的。瞬态可能是之前存储能量的突然释放（即电磁脉冲，EMP）造成的，或由不受电路设计者的控制外部源（比如雷电冲击）引发。某些半导体最容易受瞬态的影响。例如 LSI 和 VLSI 电路在 0.25 in × 0.25 in 的面积上可能有多达 20 000 个元件，其损坏门限低于 100μJ。

采用压敏电阻器最多的场合就是通过将端口电压限制在某一数值的方法来保护设备免受输电线路浪涌的影响。如果超过这一电压，阻值会降低，从而使端口电压减小。阻值随电压变化的电阻器由功耗（0.25 ～ 1.5W）和峰值电压（30 ～ 300V）来指定。

热电偶。由于热电偶并不是真正意义的电阻器，所以它被用于温度测量。它们是利用塞贝克效应（Seebeck Effect）来工作的，即两个不同的金属被连接在一起，在开路端产生随接触点温度变化而变化的电压。电压输出随温度的升高而提高。热电偶具有耐用、准确且温度范围宽的特性。它们并不需要激励源，且具有很高的敏感性。[1]

由于热电偶具有端部敏感的特性，所以它们测量的是非常小的局部点的温度。其输出非常小（数十到数百微伏），且为非线性，故需要以冷触点补偿的形式进行外部线性化处理。如果需要进行准确的温度测量，则冷触点补偿是很重要的。热电偶输出电压相当低（几千微伏），需要采用精细的导线布局技术来使噪声和漂移最小化。其中用来降低噪声的一种方法就是将电阻器与热电偶串联起来，同时将一个电容跨接于热电偶的引线两端，以构成一个滤波器。

绝对不要用铜导线将热电偶连接到测量设备上，因为这样会构成另一个热电偶。

电阻式温度传感器。 电阻式温度传感器（Resistance Temperature Detector，RTD）是非常精确和稳定的。大部分是采用将白金导线绕制到小的陶瓷管上而成的。它们能够承受 100℃～ 195℃范围内的 50 次温度变化，测量结果的误差小于 0.02℃ [2]。

RTD 具有对温度呈低阻值变化的特性（0.1Ω/1℃）。由于 RTD 可以自发热，所以会导致读数不准确，所以流经单元的电流应保持在 1mA 或更小。自发热也可以通过使用 10% 占空周期（而非恒定偏置），或者是利用可以降低 SNR 的极低偏置来控制。如果连接引线过长，则导线电阻有可能导致误差产生。

电位器和变阻器。 电位器（Potentiometer）和变阻器（Rheostat）的阻值可以通过改变电阻器大小的机械方式来改变。它们通常为三端口器件，两个终端和一个滑动端，如图 14.9 所示。如果滑动端的位置改变，任一终端与滑动端之间的电阻就会发生改变。电位器可以是绕线式的，也可以是非绕线式的。非绕线式电阻器一般带有碳或导电塑料涂层。电位器可以是 360° 单圈或多圈形式，最常见的是 1080° 三圈和 3600° 十圈形式。

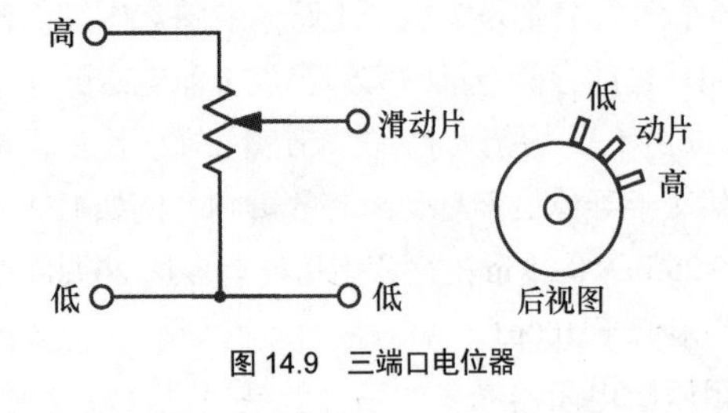

图 14.9 三端口电位器

绕线电位器具有的 *TCR* 为 ±50ppm/℃，误差容限为 ±5%。阻值一般为 10Ω ～ 100kΩ，标称功率为 1 ～ 200W。

碳质电位器的 *TCR* 为 ±400 ～ ±800ppm/℃，误差容限为 ±20%。阻值范围为 50Ω ～ 2MΩ，标称功率一般小于 0.5W。

电位器可以是线性的，也可以是非线性的，如图 14.10 所示。最常见的非线性电位器有逆时针准对数和顺时针准对数形式。逆时针准对数电位器可称之为声频渐变电位器，因为将其当作音量控制使用时，它符合人耳听觉的等响曲线。如果用线性电位器进行简单的音量控制，那么大约只有前 20% 的转动角度能对音响系统进行有用的控制。通过使用如图 14.10 所示 C2 曲线对应的声频渐变电位器，整个电位器都可以起作用。应注意的是，当电位器转动 50% 时，正常位置与滑动端之间的阻值只有 10% ～ 20% 的变化。

电位器也可被制成多抽头形式，它常用在与响度控制有关的应用中。

另外，电位器也时兴采用一个控制转轴控制两个或多个单元组合，或者通过同轴电位器分别控制单元组合。开关及其各种触点配置也可以组装到单个或联动电位器中，用以驱动转轴最开始几度的转动。

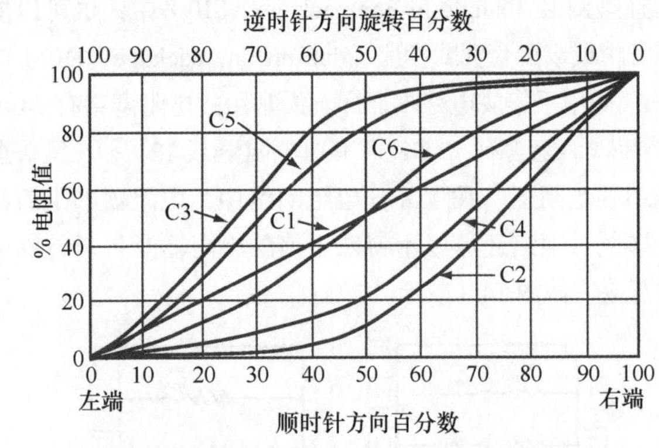

C1: 线性渐变，电视画面调整的通用控制。电阻阻值正比于轴旋转量；
C2: 左手边准对数渐变，用于音量和音调控制。在 50% 旋转量时为阻值的 10%；
C3: 右手边准对数渐变，与 C2 相反。在 50% 旋转量时为阻值的 90%；
C4: 改良的左手边准对数渐变，用于音量和音调控制。在 50% 旋转量时为阻值的 20%；
C5: 改良的右手边准对数渐变，与 C4 相反。在 50% 旋转量时为阻值的 80%；
C6: 对称直线型渐变，在任一端的阻值变化慢。主要用于音调控制或平衡控制

图 14.10 以灵敏度 vs 转动角度形式表示的 6 只标准电位器的阻值变化情况

绕线电位器（Wirewound Poentiometer）是通过在薄的绝缘绕架上绕制阻性导线制成的，如图 14.11（a）所示。在绕制完成后，绕架形成了一个圆形，并围绕这一形状来安装。绕架也可以是渐变形的，如图 14.11（b）所示，以产生如图 14.10 所示的各种阻值变化率。滑动端沿着绕架边缘上的导线方向压在上面。

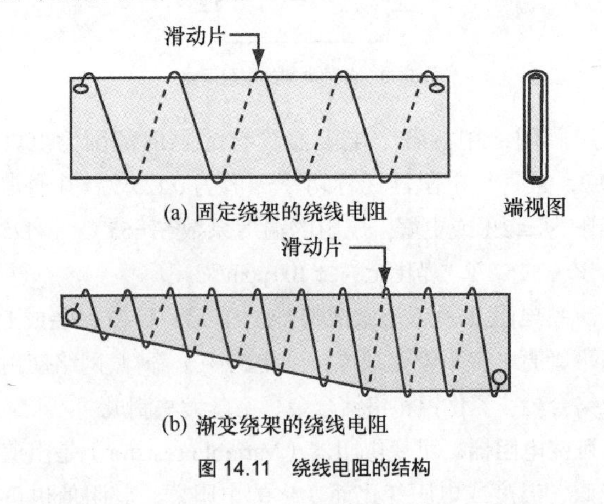

图 14.11 绕线电阻的结构

接触电阻。 多年来，电位器噪声大的问题已经成为困扰声频行业的一个问题。虽然电位器在误差容限和结构上有了改进，但是噪声大还是人们将其替换掉的主要原因。噪声通常是由灰尘导致的，在绕线电位器中，氧化也会引发噪声。许多电路会因偏置调整电阻的缘故而被烧毁，虽然绕线电阻有良好的 *TCR*，但是氧化过程会让接触电阻提高，高于电位器的实际阻值。当用旧的、已氧化的电位器来调整偏置电压时，这一问题表现得尤为明显。

有时可以用喷洒清洁剂或硅树脂，然后再转动的办法对电位器进行清洁。然而，最好的办法是将其更换掉，因

为其他任何措施都只是临时性的措施。

电位器上呈现的任何直流电压都是一种噪声源。这样的电压常常是由滑动端的输入或输出电路连接件处的泄漏耦合电容产生的，这使得滑动端触点上出现直流电压。如果在电阻器和滑动端之间存在电阻的话，那么由滑动端触点流入输出级的电流将导致出现压降。因为滑动端是移动的，所以接触电阻会一直变化，从而产生看上去类似于交流电压的变化。利用图 14.12，不论 V_{Load} 上的数值是交流还是直流，我们都可以利用公式 14-10 和 14-11 计算得出。如果滑动端电阻为零，即呈现完美的电阻特性，那么输出电压 V_{Load} 可以通过以下公式得出。

$$V_{Load}=V_1\left(\frac{R_y}{R_1+R_y}\right)$$

式中，（14-10）

$$R_y=\frac{R_2 R_{Load}}{R_2+R_{Load}}$$

如果电位器滑动端具有高电阻 R_w，那么输出电压 V_{Load} 可以通过以下公式求出。

$$V_{Load}=V_w\left(\frac{R_{Load}}{R_w+R_{Load}}\right)$$

式中，（14-11）

$$V_w=V_1\left(\frac{R_2\left(R_w+R_{Load}\right)}{R_2+R_w+R_{Load}}\right)$$

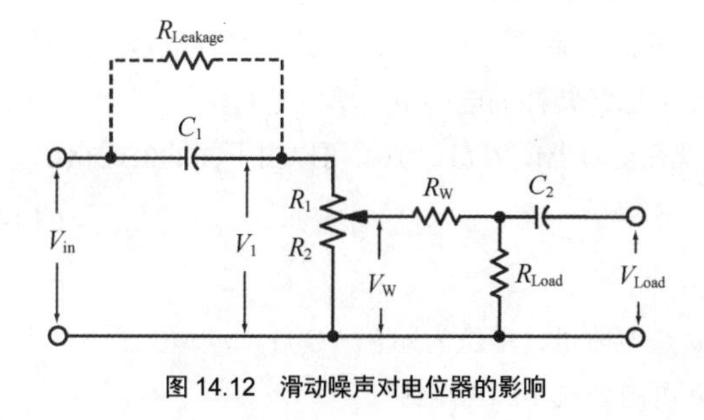

图 14.12　滑动噪声对电位器的影响

14.1.4　电阻的测量

电阻既可以用双线法也可以用四线法进行测量。当测量高阻值电阻时，应采用双线法。而当测量低阻值电阻时，或者被测电阻远离仪表时，使用四线法更好一些[1]。

数字式多功能仪表（DMM）一般采用恒流法来测量电阻，恒定电流（I_{SOUR}）流经被测对象（DUT），并测量电压（V_{MEAS}）。DUT 的电阻阻值（R_{DUT}）便可用已知的电流和测得的电压计算并显示出来 $R_{DUT}=V_{MEAS}/I_{SOUR}$。图 14.13 所示的是恒流测量的简单框图。

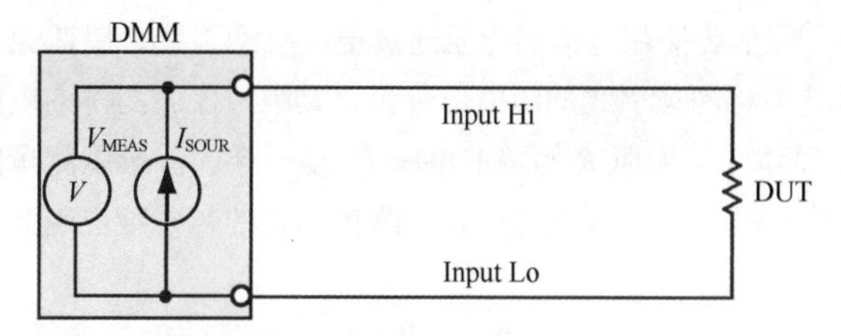

图 14.13　测量电阻的恒流法，采用双线测量配置

14.1.4.1　双线电阻测量

图 14.14 所示的是采用恒流法的双线阻抗测量配置。

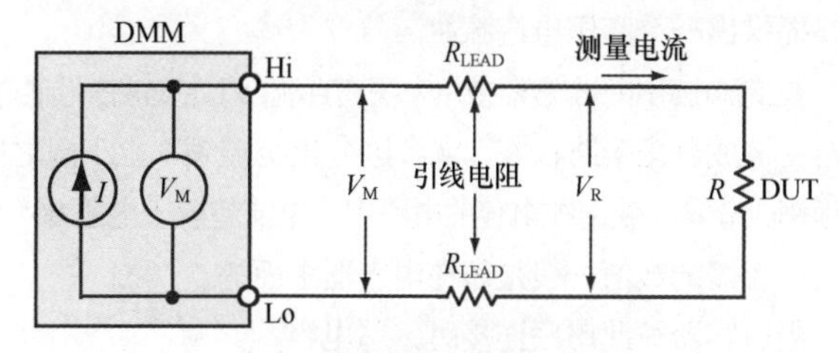

图 14.14　双线法阻抗测量框图

采用双线法测量低阻值电阻时要关注的注意问题就是要将总的引线电阻（R_{LEAD}）加入测量当中。由于测量电流 I 在引线电阻两端产生少量但却明显的压降，所以仪表测量到的电压 V_M 并不是与直接跨接在测量电阻 R 两端的电压 V_R 完全一样，因此测量到的阻值可以表示为：

$$R_{MEAS}=V_M/I=R+(2\ x\ R_{LEAD})\qquad(14\text{-}12)$$

由于一般引线电阻的阻值范围为 10mΩ ～ 1Ω，故当被测电阻的阻值低时获得准确的双线电阻测量结果是非常困难的。例如，采用 100 mΩ 的测量导线对 500 mΩ 的电阻器进行双线电阻测量，其结果会在设备误差的基础上再引入 20% 的测量误差。

14.1.4.2　四线（Kelvin）电阻测量

由于双线法存在局限性，所以对低阻值电阻的测量采取了不同的测量解决方案，以减小引线电阻的影响。对于具有极低阻值的 DUT 进行电阻测量，人们更多采用如图 14.15 所示的四线法，因为测量到的是 DUT 两端的电压，所以测量引线上的压降被排除在外了[1]。

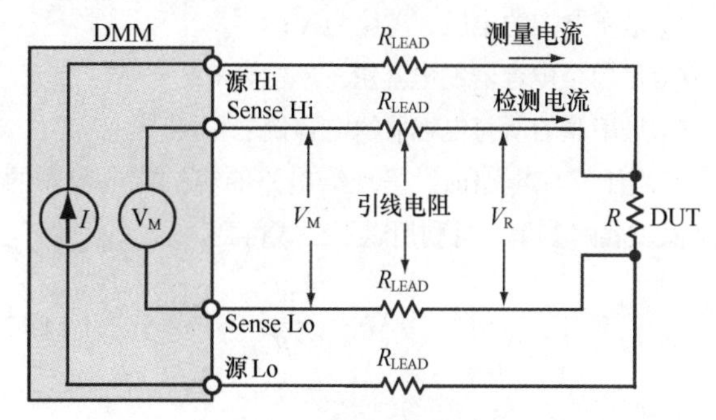

图 14.15　四线法阻抗测量配置

利用这种配置，测量电流 I 通过一对测量引线被强制流经测量电阻 R，DUT 两端的电压 V_M 通过第二对引线（检测引线）测得。现在，被测电阻的阻值可以表示为：

$$R_{MEAS}=V_M/I=V_R/I\qquad(14\text{-}13)$$

应尽可能靠近被测电阻连接电压检测引线，以避免在测量中将测量引线的阻值部分包含其中。仪表测得的电压 V_M 基本上与电阻 R 两端的电压 V_R 是一样的。所以测量的阻值越高，相比双线法而言，测量结果的精确度也越高。

14.2 电容器

电容器在直流和交流应用中都有使用。在直流电路中，它们被用来存储和释放能量，比如产生电源滤波或者根据需要提供出一个高压电流脉冲。

在交流电路中，电容器被用来隔离直流，只让交流信号通过，即对交流成分呈旁路状态，或者区分出交流频率上下限之间的频率成分。在使用纯电容的电路中，电流超前于电压 90° 。

电容器的数值一般是印在电容器上面的。

当电容器彼此串联连接时，总电容

$$C_T = \frac{1}{\frac{1}{C_1}+\frac{1}{C_2}\cdots+\frac{1}{C_n}} \tag{14-14}$$

且始终是小于其中最小电容器的电容值。

当并联使用时，总电容

$$C_T=C_1+C_2+\cdots+C_n \tag{14-15}$$

且总是要大于其中最大电容器的电容值。

当直流电压被加到串联连接的一组电容器的两端时，在电容器组合上产生的压降等于所施加的电压。假定每个电容器具有无限大的有效分流电阻，那么每个电容器所产生的压降反比于其电容量，并可以用下式加以计算。

$$V_C = V_A\left(\frac{C_X}{C_T}\right) \tag{14-16}$$

式中，

V_C 是串联的各个电容器（C_1，C_2，…，C_n）两端的电压，单位为 V；

V_A 是所施加的电压，单位为 V；

C_X 是单个电容器的电容量，单位为 F；

C_T 是串联的所有电容器的电容量之和。

当用于交流电路时，呈现给电路的容抗或电容器的阻抗是很重要的参量，且利用以下公式得到。

$$X_C = \frac{1}{2\pi fC} \tag{14-17}$$

式中，

X_C 是容抗，单位为 Ω；

f 是频率，单位为 Hz；

C 是电容量，单位为 F。

确定由电阻、电容和电感所构成电路的阻抗，需要参考本章第 4 节的内容。

在电场中，电容是个关于能量存储的概念。如果在两点间存在电势差的话，那么就存在电场。由于电场是不同的电荷分离后产生的结果，所以场强的大小取决于电荷量的多少及其隔离器的情况。将附加的电荷从一点移到另外一点必须做的功取决于所需的外力，以及之前移动过的电荷量。在电容器中，电荷受电容器电极（有时称之为极板）的面积、形状和电极间距，以及隔离极板的填充材料属性的限定。

当电流流入电容器时，便在由电介质隔离开的两块平行极板间建立起作用力。在输入电流停止后，该能量便被存储下来。连接到电容器两端的导体提供了极板到极板的通路，为此，充过电的电容器可以重新回到电子平衡状态，释放掉其存储的能量。这一导体可以是电阻器，硬导线，甚至是空气。平行极板电容器的电容量数值可用下面的公式加以计算。

$$C = \frac{x\varepsilon\left[(N-1)A\right]}{d}\times 10^{-13} \tag{14-18}$$

式中，

C 是电容量，单位为 F；

x 取 0.0885（当 A 和 d 以 cm 为单位时），或取 0.225（当 A 和 d 以 in 为单位时）；

ε 为绝缘的介电常数；

N 为极板的数量；

A 为极板的面积；

d 为极板之间的间距。

将单位电荷从一块极板转移到另一块极板必须做的功为

$$e = kg \tag{14-19}$$

式中，

e 为表示成单位电荷能量形式的伏特数；

k 为在两块极板间传输单位电荷所必须做的功与已经转移电荷的比例系数，它等于 $1/C$，其中 C 为电容量，单位是 F；

g 为已经转移的电荷量，单位是 C。

现在电容器的容量数值就可以由下面的公式得出。

$$C = q/e \tag{14-20}$$

式中，

q 是电荷量，单位为库仑（C）；

e 可由公式 10-19 得到。

存储在电容器中的能量由下式得出。

$$W = CV^2/2 \tag{14-21}$$

式中，

W 为能量，单位为 J；

C 为电容量，单位为 F；

V 为施加的电压，单位为 V。

介电常数（K）。介电常数是给定材料的属性，它决定了指定电压下每单位体积材料可以存储的静电能量的多少。K 的数值表示的是真空中的电容器与使用了电介质的电容器的比值。空气的 K 为 1，它是其他材料的 K 值的参考。如果电容器的 K 增大或减小，而其他参量和物理尺寸保持不变的话，那么电容量将随之增大或减小。表14-3列出了各种材料的K值。

表 14-3　电容器介电常数的比较

电介质	K（介电常数）
空气或真空	1.0
纸	2.0～6.0
塑料	2.1～6.0
矿物油	2.2～2.3
硅油	2.7～2.8
石英	3.8～4.4
玻璃	4.8～8.0
瓷	5.1～5.9
云母	5.4～8.7
氧化铝	8.4
五氧化二钽	26.0
陶瓷	12.0～400,000

材料的介电常数一般受温度和频率的影响，而石英，泡沫聚苯乙烯和特氟龙则例外，它们的介电常数基本是恒不变的。特定材料成分上的微小差异也将影响介电常数。

引力。两个极板之间吸引力的计算公式为：

$$F = \frac{AV^2}{\mathrm{K}(1504S)^2} \qquad (14\text{-}22)$$

式中，

F为吸引力，单位为 dyn（达因）；

A为一块极板的面积，单位为 cm^2；

V为势能差，单位为 V（伏特）；

K 为介电常数；

S为极板间的间隔，单位为 cm。

14.2.1　时间常数

当电容器两端施加直流电压时，需要一定的时间（t）才能使电容器的电压达到一定的数值。这一时间是由如下公式确定的：

$$t = RC \qquad (14\text{-}23)$$

式中，

t为时间，单位为 s；

R为电阻，单位为 Ω；

C为电容量，单位为 F。

在仅由电阻和电容组成的电路中，时间常数t被定义为电容器被充电到最大电压值的 63.2% 所用的时间。在下一个时间常数对应的时间段内，电容器充电或电流达到与满幅度值差值的 63.2%，或者满幅度值的 86.5%。从理论上看，虽然电容器上的电荷或流经线圈的电流可能绝不会达到 100%，但是在经过了 5 个时间常数对应的时间之后，我们就认为电荷或电流达到了 100%。当电压撤去后，电容器开始放电，每经过 1 个时间常数对应的时间，电流衰减到距 0 值的 63.2%。

图 14.16 示出的是这两个因素的图示形式。曲线 A 表示的是充电时电容器两端的电压。曲线 B 表示的是放电时电容器两端的电压。这也是充放电时电阻器两端的电压情况。

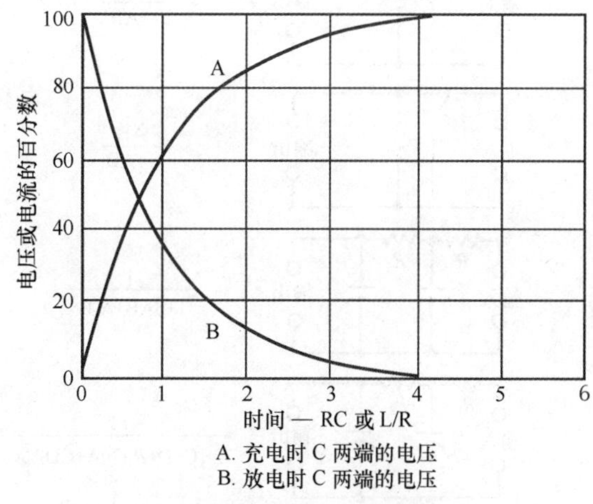

图 14.16　通用的时间曲线

14.2.2　网络转移函数

网络转移函数（Network transfer functions）针对的是给定类型的由阻性和抗性元件组成的网络的输出与输入电压之比。图 14.17 所示的是由电阻和电容构成网络的转移函数。网络的转移函数的表示式见图 14.17。

其中，

A 为 jω 或 j2πf；

B 为RC；

C 为R_1C_1；

D 为R_2C_2；

n为正的乘数；

f为频率，单位为 Hz；

C为电容，单位为 F；

R为电阻，单位为 Ω。

14.2.3　电容的特性

电容器的工作特性决定了人们利用它进行设计时的具体做法，以及它的适用处。

电容量。电容器的电容量（Capacitance，C）一般用微法（μF 或 10^{-6}F）或皮法（pF 或 10^{-12}F）为单位，并以精度或误差容限的形式来表示。误差容限表示为标称数值的某一正或负百分数。另外一种标称误差容限就是允许的最小值 GMV（Guaranteed Minimum Value），有时指的是最小标称值 MRV（Minimum Rated Value）。在特定的工作条件下使用电容器时，虽然电容量绝不应小于标识数值，但是电容量可以大于具名数值。

电介质吸收。电介质吸收（Dielectric Absorption，DA）是电容器在放电时电介质磁阻释放出的存储电荷。如果电容器是通过电阻放电的，并且电阻被去掉了，那么保持在电介质中的电子会重新聚集在电极上，使得电容器两端呈现出电压。这也被称为记忆。

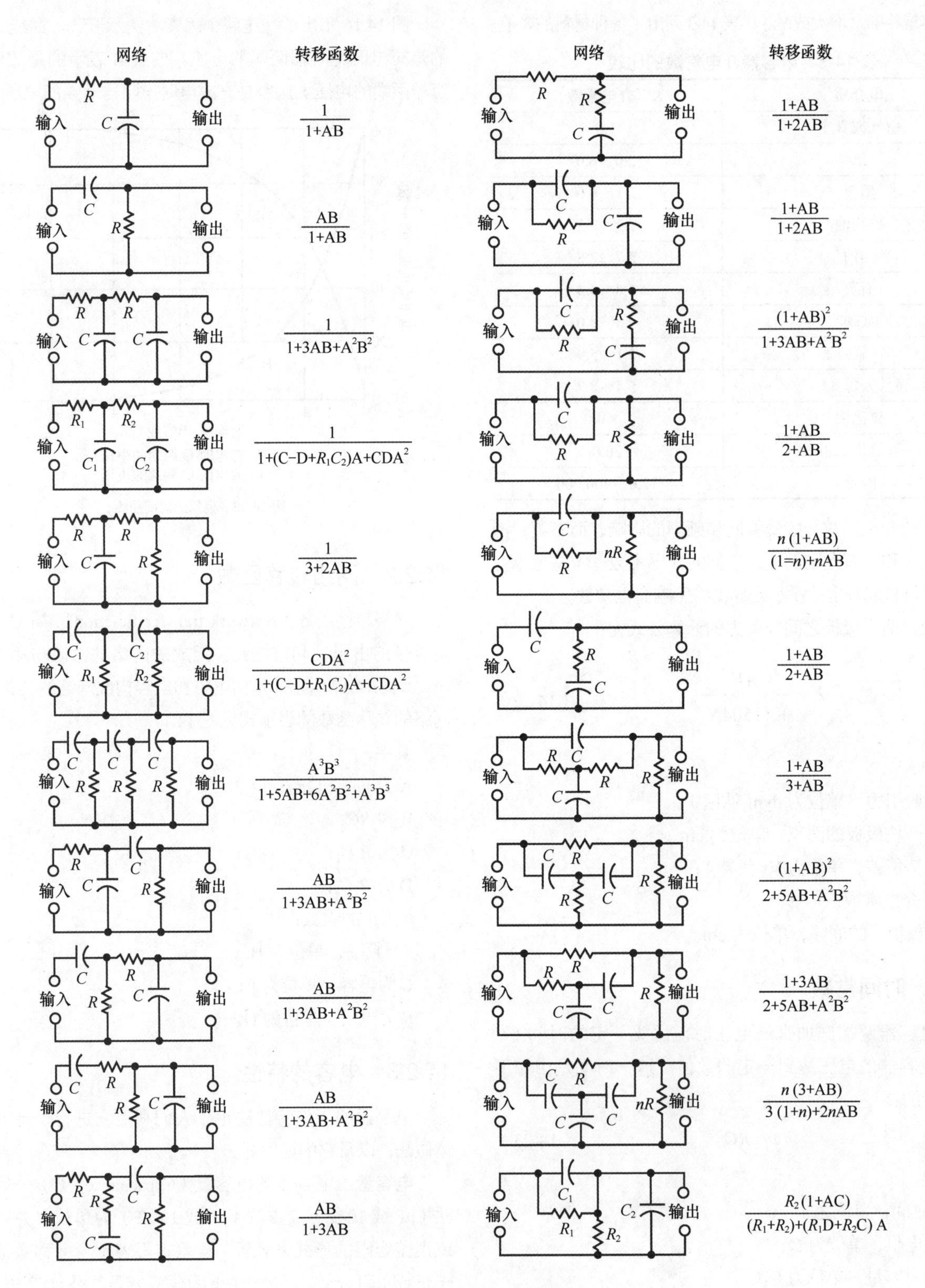

图 14.17 阻容网络的转移函数

当像声音这样具有高变化率建立过程的交变信号被加到电容器两端时，电容器需要一定的时间才能跟上信号的变化，因为电介质中的自由电子移动缓慢。其结果是信号被压缩了。检测 DA 的步骤为：5 分钟的电容器充电时间，5 秒的放电，之后再开路 1 分钟，此后再读取恢复电压。DA 的百分比被定义为恢复与充电电压的比值乘以 100 所得的比率。

耗散因数。耗散因数（Dissipation Factor，DF）是电容器的有效串联电阻与特定频率下的电抗之比，它以百分数的形式来表示。它也是 Q 的倒数。因此，它是电容器内部功耗的一种表示方法，一般它应尽可能地降低。

等效串联电感。等效串联电感（Equivalent Series Inductance，ESL）可能有益，也可能有害。它确实会损害电容器的高频性能。然而，它可以和电容量结合在一起，构成谐振电路。

等效串联电阻。所有的电容器都存在一个以欧姆或毫欧为数量级的等效串联电阻（Equivalent Series Resistance，ESR）。其损耗来自引线电阻，端接损耗和电介质材料的耗散。

绝缘电阻。绝缘电阻（Insulation Resistance）本质上是电介质材料的电阻，一旦以直流电压对电容器充电，那么它还决定了电容器在特定百分比上保持其电荷的时间周期。绝缘电阻一般都非常高。在电解电容中，漏电电流 I_L 不应超过如下数值

$$I_L = 0.04C + 0.30 \tag{14-24}$$

式中，

I_L 为漏电电流，单位为 μA；

C 为电容量，单位为 μF。

阻抗。阻抗（Z_C）是以欧姆为单位测得的交变电流或脉动电流的总抵抗力。阻抗是一只电容器的电阻和电抗分量的矢量和，用公式表示如下：

$$Z_c = \sqrt{(ESR)^2 + (X_L - X_c)^2} \tag{14-25}$$

式中，

ESR 是等效串联电阻，单位为 Ω；

X_L 是感抗，单位为 Ω；

X_C 是容抗，单位为 Ω。

最大工作电压（Maximum Working Voltage）。所有电容器都存在一个不应超过的最大工作电压。电容器工作电压是直流数值加上工作期间可能施加的交流数值的峰值。例如，如果电容器上存在一个 $10V_{dc}$，而且还施加了一个 $10V_{rms}$ 或 $17V_{peak}$ 的交流电压，那么电容器必须能抵御 27V 的电压。

功率因数（Power Factor，PF）。功率因数是输入的伏安数或电容器电介质中的功耗的小数形式，实际上它与电容量、所加的电压和频率有关。人们在描述交流电路中的容性损耗时更愿意采用测量 PF 的方法。

品质因数（Quality Factor，Q）。电容器的品质因数是特定频率下电容器的容抗与其电阻之比。Q 可由下式得出。

$$Q = \frac{1}{2\pi fCR} \tag{14-26}$$

式中，

f 为频率，单位为 Hz；

C 为电容量，单位为 F；

R 为内阻，单位为 Ω。

14.2.4　电容器的类型

每年，电容器的制造和使用都有较大变化，并且更为专业化。它们被用于滤波器、调谐、耦合、隔直、移相、旁路、馈送、补偿、能量存储、隔离、抑制噪声和启动电机等应用中。为了实现上述目的，它们常常必须抵御一些不利条件所带来的影响，比如电冲击、震动、盐雾、极端温度、高海拔、高湿度和辐射等。另外，它们还必须具有小巧、质量轻和可靠性高的优点。

电容器是按照其电介质材料和机械配置来编组分类的。因为它们可能会通过硬导线被连接或安装在电路板上，所以电容器有单端和双端引线型，或者它们可以以双列直插式（DIP）或单列直扦式（SIP）形式封装安装。图 14.18 和图 14.19 给出了各种类型的电容器，及其特性和色标。表 14-4 给出了陶瓷、薄膜和电解质电容器的特性，而表 14-5 则给出了每种类型电容器的优缺点。

表 14-4　电容器的特性[3]

特性	陶瓷			薄膜		电解	
	NPO（COG）	7R	Y5V	聚酯纤维	聚丙烯	铝	钽
工作温度	−55～+125℃	−55～+125℃	−30～+85℃	−55～+125℃	−55～+105℃	−40～+105℃	−55～+125℃
介电常数	15～150	600～5200	7000～22 000	3.1～3.3	2.1～2.3	7～10	24
DF	0.10%	2.50%	5%	0.35%	2%	8%	20%
ΔTC	±ppm1℃	±15%	+22/-82%	±12%	±1%	±10%	±8%
ESR	出色	好	中等	中等	中等	差	差
ESL	出色	出色	好	中等	中等	差	差
频率响应	良好	出色	出色	中等	中等	差	差
极化	无	无	无	无	无	有	有
环境问题	无	无	无	有	有	有	有

表 14-5　陶瓷、薄膜、电解电容器的优缺点

电容器类型		降额		优点	缺点
		电压	温度		
陶瓷	无极化	无	无	无极化	大电压系数
				体积小	老化
				瞬态抗	容量范围受限
				成本低	短路故障模式

续表

电容器类型		降额		优点	缺点
		电压	温度		
薄膜	无极化	无	无	无极化	体积大
				瞬态抗	成本较高
				稳定：电压&温度	焊接温度受限
铝电解*	极化	无	无	高容量&高V_{dc}	极化
				抗直流冲击	寿命有限
				自我修复	体积大
				开路故障模式	
				成本低	
				稳定性：电压	
钽电解	极化	有	有	寿命长	极化
				体积小	低V_{dc}
				稳定性：电压&温度	有限抗冲击
					短路故障模式（典型情况）

*铝电解包括液态电解质、复合结构和固态聚合物类型

14.2.4.1 薄膜电容器

薄膜电容器（film capacitor）是由金属箔交互叠置组成的，并且金属箔由一层或多层的柔软塑料绝缘材料（电介质）以带式卷绕和封装。

14.2.4.2 纸箔电容器

纸箔填充电容器（paper foil-filled capacitor）是由交替出现的铝箔和纸卷绕在一起制成的。纸可以浸油，且被组装在一个充满油的密封罐中。这类电容器常常用作电机的电容器，且标称为 60Hz。

14.2.4.3 云母电容器

投入使用的云母电容器（mica capacitor）有两种。其中一种是由金属箔和云母绝缘层分层叠置和封装而成的。在镀银云母类型中，银电极被云母绝缘体所屏蔽，并被组合封装好。云母电容器具有容量小的特点，常被用在高频电路中。

14.2.4.4 陶瓷电容器

陶瓷电容器（ceramic capacitor）是旁路和耦合应用中最为常见的电容器，因为它有各种体积、形状和标称值。

陶瓷电容器还具有各种介电常数（K）。K 值越高，电容器的体积越小。如，电容器的介电常数超过 3000 时，其体积非常小，其电容量数值在 0.001μF 至几微法之间。

当温度稳定性很重要时，则需要 K 值处在 10 ～ 200 区间的电容器。如果还要求电容器的 Q 值也很高，则电容器的物理尺寸就较大了。陶瓷电容器可以制成具有零电容量 / 温度变化的类型。这类电容器被称为负 - 正 - 零型（negative-positive-zero，NPO）电容器。其容量在 1.0pF ～ 0.033μF 之间。

当用于温度补偿时，要使用温度补偿电容器，其名称为 N750。750 是指电容量随着温度的升高将以 750ppm/℃的变化率减小，或者对于 20℃（68ºF）的温度变化，电容量值将减小 1.5%。N750 电容器容量的数值范围在 4.0 ～ 680pF 之间。

14.2.4.5 电解电容器

电解电容器至今也存在不完美之处。低温会导致其性能受损，甚至可能导致电解液结冰，而高温时它又可能变干，而且电解液本身可能外溢并腐蚀设备。另外，反复出现高于标称工作电压的浪涌冲击、过大的波纹电流和高的工作温度都可能导致其使用寿命缩短。即便它们存在这样或那样的不足，但人们在电解电容器上的开支还是占到了电容器总支出的 1/3，这或许是因为其容量高、体积小、每微法 - 伏特的生产成本相对较低的缘故。

电解质电容器结构的基础是金属面上成型的电化学氧化膜。其他材料与该氧化膜的紧密接触是靠另一种导电材料来实现的。氧化膜上的金属形成了电容器的阳极或阴极端，氧化膜是电介质，阳极或阴极端既可以是导电液体，也可以是导电胶体。使用最为普遍的材料是铝和钽。

铝质电解电容器。铝质电解电容器（Aluminum electrolytic capacitor）使用铝作为基材。表面经常经浸蚀处理，这样其表面积可比未经浸蚀处理的金属箔的表面积提高 100 倍之多，从而使同样体积的电容器的电容量更高。

氧化涂层电介质的厚度是由其成型电压决定的。电容器的工作电压会比这一成型电压低一点。薄膜会形成低压，高容量单元。在壳体尺寸一定情况下，膜越厚则可得到的电压越高，电容器单元的容量更低。

如果电容器部分被包裹起来的话，则要在金属箔之间放置绝缘间隔纸片来将箔片隔开。这样就避免了阳极和阴极端金属箔间因表面粗糙而引发直接短路问题。间隔材料

也与浸透在电解液中的电容器一同吸收电解液，因此确保了整个电容器在使用期间蚀刻阳极箔的表面离心率是一致且紧密相连的。阴极箔只用来与电解液实现电气连接，这实际是电解电容器的真正阳极。

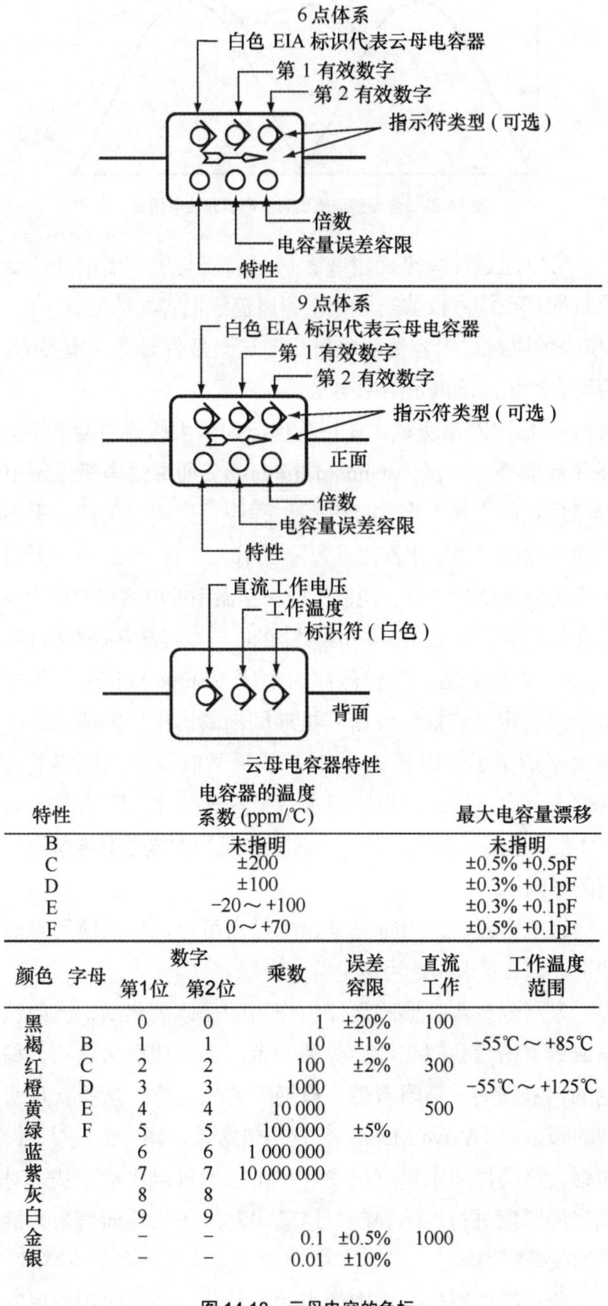

特性	电容器的温度系数 (ppm/℃)	最大电容量漂移
B	未指明	未指明
C	±200	±0.5% +0.5pF
D	±100	±0.3% +0.1pF
E	−20～+100	±0.3% +0.1pF
F	0～+70	±0.5% +0.1pF

颜色	字母	数字		乘数	误差容限	直流工作	工作温度范围
		第1位	第2位				
黑		0	0	1	±20%	100	
褐	B	1	1	10	±1%		−55℃～+85℃
红	C	2	2	100	±2%	300	
橙	D	3	3	1000			−55℃～+125℃
黄	E	4	4	10 000		500	
绿	F	5	5	100 000	±5%		
蓝		6	6	1 000 000			
紫		7	7	10 000 000			
灰		8	8				
白		9	9				
金		–	–	0.1	±0.5%	1000	
银		–	–	0.01	±10%		

图 14.18　云母电容的色标

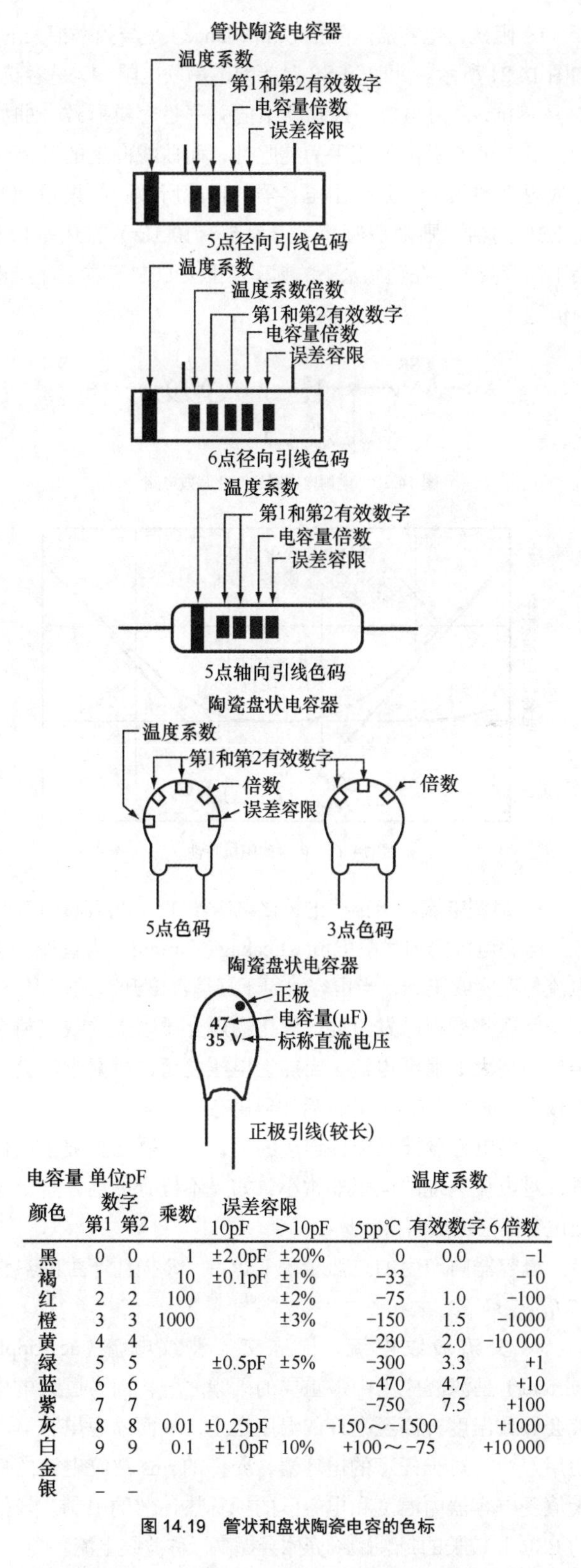

颜色	电容量 单位pF 数字 第1	第2	乘数	误差容限 10pF	>10pF	温度系数 5pp℃	有效数字	6倍数
黑	0	0	1	±2.0pF	±20%	0	0.0	−1
褐	1	1	10	±0.1pF	±1%	−33		−10
红	2	2	100		±2%	−75	1.0	−100
橙	3	3	1000		±3%	−150	1.5	−1000
黄	4	4				−230	2.0	−10 000
绿	5	5		±0.5pF	±5%	−300	3.3	+1
蓝	6	6				−470	4.7	+10
紫	7	7				−750	7.5	+100
灰	8	8	0.01	±0.25pF		−150～−1500		+1000
白	9	9	0.1	±1.0pF	10%	+100～−75		+10 000
金	–	–						
银	–	–						

图 14.19　管状和盘状陶瓷电容的色标

铝质电解电容器中常用的电解质是溶于乙二醇并与乙二醇起反应，形成中等电阻率的糊状物。一般在高纯度工艺或麻纸载体中这起支撑作用。除了乙二醇电解液之外，人们也使用非水性的低电阻率电解液来获得更低的 ESR 和更宽的工作温度。

“箔片 - 间隔物 - 箔片”组合被卷成柱状，插入到适合的容器中，使其受浸蚀并密封好容器。

- **电气特性**。电解电容器的等效电路如图 14.20 所示。A 和 B 是电容器端口。分流电阻 R_s 与有效电容 C 并联，经电容器形成直流泄漏电流。如果存在波动电流，那么就会在 ESR 内借助电压在分流电阻中产生热量。在铝质电解电容器中，ESR 主要是由间隔物 - 电解液 - 氧化系统形成的。通常，除了在低温环境下，这会大幅提高由端子、电极和几何形状形成的电容器自感 L 之外，其他情况下其电气特性只会产生轻微的改变。

• **阻抗**。电容器的阻抗（Impedance）是与频率相关的，如图 14.21 所示。此时，ESR 是等效的串联电阻，X_C 是容抗，X_L 是感抗，Z 为阻抗。最初朝下的斜率是容抗所致。曲线的谷点（最低阻抗）几乎为纯阻性，而曲线向上的升高部分或更高的频率部分是由电容器的自感所致。如果单独绘制 ESR 的话，则随着频率（约为 5 ～ 10kHz）的升高 ESR 会小幅度减小，在随后余下的频率范围上 ESR 基本上保持相对恒定。

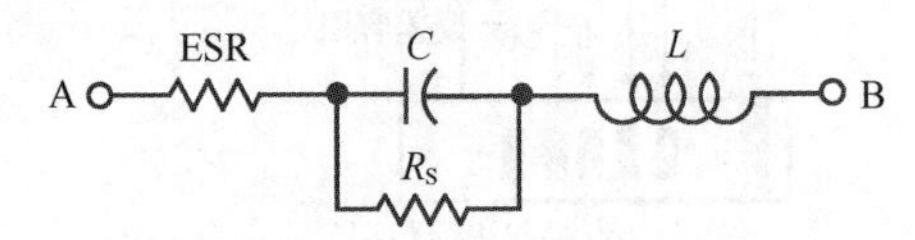

图 14.20　电解电容器的简化等效电路

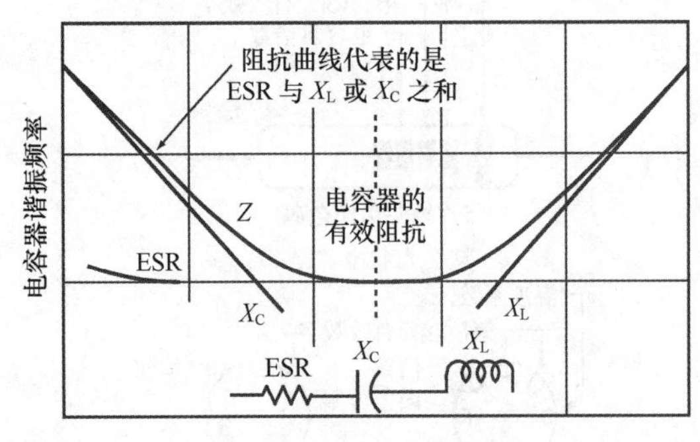

图 14.21　电容的阻抗特性

• **泄漏电流**。当正确的极化电压被加到电容器端口时，流经电解电容器的泄漏电流（Leakage Current）为直流。该电流与温度成正比，当电容器用于环境温度升高的情况下，这一问题将变得越发重要。氧化物电介质膜上的缺陷将会导致出现大的泄漏电流。当加上电压之后，泄漏电流会慢慢减小，通常会在 10 分钟后达到稳态。

如果电容器被反极性连接的话，那么氧化膜被正向偏置，对电流呈现的电阻非常小，如果不检查的话，这会导致电容器因过热而自我损毁。

电容器内产生的总热量是 ESR 中 I^2R 损耗产生的热量与 $I_{Leakage} \times V_{applied}$ 之和。

• **交流波纹电流**。标称交流波纹电流（ac Ripple Current）是滤波应用中最重要的因素之一，因为过大的电流会导致温度升高至允许的温度之上，从而缩短电容器的使用寿命。对于任意的电容器，允许的 rms 波纹电流的最大值受电容器内温度和电容器的标称热耗散的限制。较低的 ESR 和较长的封装罐或壳体会提高标称波纹电流。

• **反向电压**。铝质电解电容器可以抵御高达 1.5V 的反向电压（Reverse Voltage），该电压对其工作特性不会有明显影响。当长时间使用时，更高的反向电压将导致一些电容器产生损耗。虽然短时间施加过大的反向电压会导致电容量发生改变，但这不可能导致电容器在反向电压应用期间或持续工作在正常极性方向期间失效。

大容量值电容器主要用于直流电源滤波处理。在电容器充满电后，整流器导通减弱，电容器向负载放电，直至下半个周期开始为止，如图 14.22 所示。在接下来的周期里，电容器再次充电至峰值电压。图中所示的 Δe 等于总的峰 - 峰波纹电压。这是包含基波的许多谐波成分的复合波，其波纹会导致电容器明显变热。

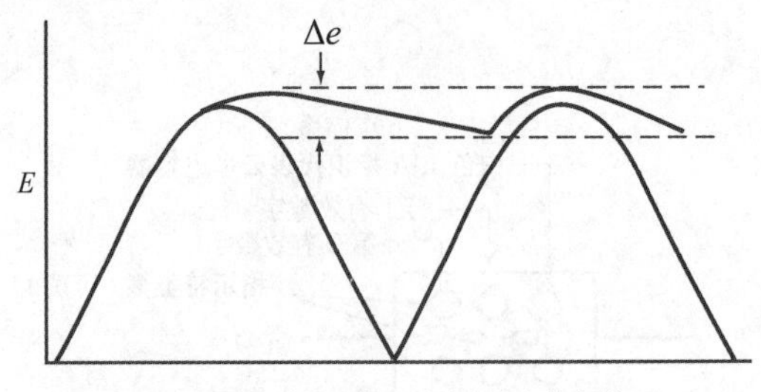

图 14.22　全波整流输出时的电容充放电情况

可以通过计算来确定或者通过插入与电容器串联的低阻抗的真正均方根值安培计来测出流经电容器的波纹电流。“仪表的阻抗比电容器的阻抗小”这一条件是非常重要的，否则会产生大的测量结果误差。

• **标准寿命测试**。在标称电压和最大标称温度条件下展开标准寿命测试（standard life tests）通常是衡量电解电容器质量的方法。在实际使用过程中，这两个条件几乎不会同时发生。由于工作温度每降低 10℃（18 ℉），电容器的平均寿命会延长一倍，所以工作在室温下的电容器的平均寿命会是工作在 85℃（185 ℉）温度下的同一电容器寿命的 64 倍。

• **冲击电压**。电容器冲击电压（Surge Voltage）的技术指标决定了它抵御设备开机期间高瞬态电压的能力。标准测试指定了短时和 24 小时（或更长时间）内电容器的特性。可允许的冲击电压通常是电容器标称电压的 1.1 倍。图 14.23 示出了温度、频率、时间和所加的电压对电解电容器的影响。

钽电容器。如果首先考虑的是高可靠性和长使用寿命的话，那么最好是选用钽电解电容器。

大部分金属会形成无保护作用的晶体氧化物，比如铁锈或铜上的黑色氧化物。少部分金属会形成高密度的、稳定的、坚固的、强附着性、电绝缘的氧化物。这些就是所谓的阀金属（Valve Metals），它们包括钛、锌、镍、钽、铪和铝。这类物质中只有很少几种可以通过电化学方法来对氧化层厚度进行准确控制。这其中对电子工业而言最有价值的就是铝和钽。

所有钽电解电容器中使用的电解质都是氧化钽。尽管湿箔电容器在其箔电极之间采用多孔纸进行了隔离，但是其作用仅仅是保持电解质呈液态，并且保持箔不与之接触。

就标称值而言，钽电容器的容量要比铝电解电容器的容量大 3 倍，因为五氧化二钽的介电常数为 26，这要比三氧化二铝高出 3 倍。由于它可以生产出极薄的薄膜，所以钽电容器在单位体积可利用的微法数值上表现出极高的效率。

所有电容器的电容量都是由两块导电极板的表面积、极板之间的距离和极板之间的绝缘材料的介电常数来决定的。钽电解电容器的极板间距离非常小，仅为五氧化二钽薄膜的厚度。由于五氧化二钽的介电常数很高，所以钽电容器的电容量很大。

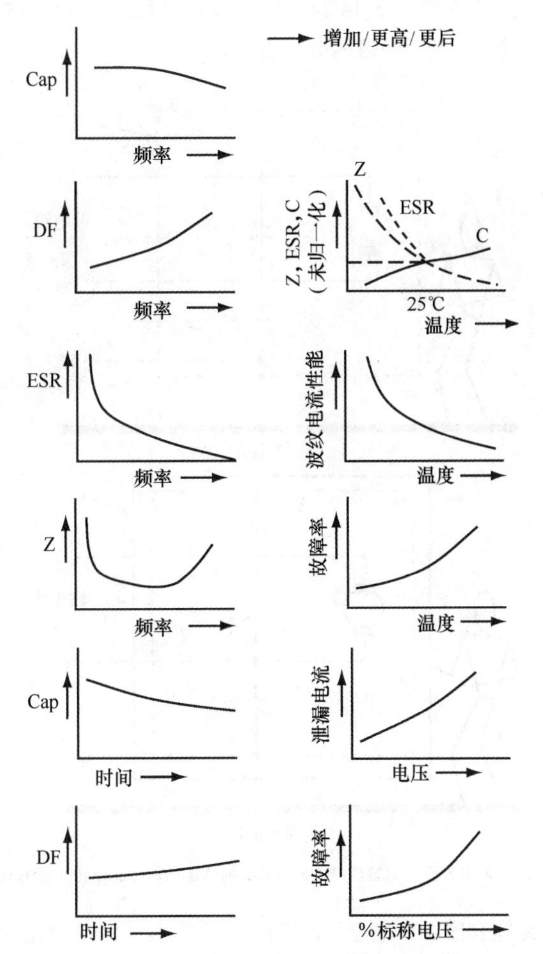

图 14.23　由温度、频率、时间和工作的电压变化导致的铝电解电容特性的变化（Sprague Electric 公司授权使用）

钽电容器使用的电解质可以是固态的，也可以是液态的。湿 - 插片和钽箔电容器中的液态电解质一般都是硫酸，它们形成阳极和阴极。在固态电解质电容器中，干的二氧化锰材料形成了阳极板。从钽球引出的阳极导线由两根组成。钽引线被嵌入或焊接到球体上，之后再焊接到镍导线上。在密封类型中，镍引线被端接到管状金属圈上。外接的镍或涂有焊料的镍引线被焊接到金属圈上。在胶囊或塑料封装设计中，被焊接到基础的钽引线上的镍引线贯穿外部的环氧树脂涂层或塑料外壳中填充的树脂端。

钽箔电解电容器。钽箔电容器（Foil Tantalum Capacitor）是由中间浸满电解质的纸片隔离开的两片薄箔卷绕成圆筒状制成的。将作为阳极的钽箔经过化学刻蚀，以提高其有效表面积，并在指定体积下获得更大的电容量。接下来它在直流电压作用的化学溶液中被阳极氧化处理。这使得钽箔表面产生出绝缘的五氧化二钽薄膜。

钽箔电容器可以制成能工作在高达 300V 的工作电压下的电容器。然而，在 3 种钽电解电容器中，钽箔设计的电解容器单位体积上的电容量最低。由于它最适合工作在老式设备中（较高电压场合），且相对另外两种类型电容器，其制造工序更多，所以现在考虑使用它的机会也很少。因此，它现在价格也比较高，只在固态电解质和湿 - 插片电容器都不能使用的情况下才使用它。

钽箔电容器的工作温度范围一般是 −55℃～ +125℃（−67 ℉～ +257 ℉），而且主要用在工业和军事电子设备上。

湿 - 电解质烧结阳极钽电容器。湿 - 电解质烧结阳极钽电容器（Wet-Electrolyte Sintered Anode Tantalum Capacitor）常常被称为湿 - 插片钽电容器，它采用烧结钽粉末形成的带引线球状物。就其大小而言，因其结构原因，这种阳极具有巨大的表面积。有时粘接剂与合适精细度的钽粉末相混合，经机械压制成小球状。然后人们对含有粘接剂、杂质和污染物的材料进行烧结处理，使其汽化，这样钽颗粒就被烧结成具有非常大的内表面积的多孔物质了。钽引线是焊接在球体上的导线（有些情况中，引线在烧结前的将粉末压制成球体的过程中就嵌入了）。五氧化二钽薄膜是通过电化学方式在熔化的钽颗粒的表面区域形成的物质。之后，氧化物的厚度是由所加的电压决定的。

最后，小球被放到装有电解质溶液的钽或银的容器中。大部分液态电解质呈胶状，以避免容器内的溶液任意流动，同时也保持电解质与电容器的阴极紧密接触。适合的端口密封安排可阻止电解质的损耗。制成的湿 - 插片钽电容器的工作电压范围高达 $150V_{dc}$。

固态 - 电解质烧结阳极钽电容器。固态 - 电解质烧结阳极钽电容器（Solid-Electrolyte Sintered Anode Tantalum Capacitor）不同于湿电解质类型的电容器。这时的电解质为二氧化锰，它是通过将球状物浸润在硝酸锰溶液中在五氧化二钽电介质上形成的物质。之后，球状物在电炉中加热，硝酸锰转变为二氧化锰。接下来小球的石墨层被包裹上一层金属银，这样便在球状物和封装罐之间提供了一个可焊接的表面。带有引线和连接头的球状物被插入到罐内，并将其焊接就位。罐盖也被焊接就位。

固态电解质钽电容器的另一种形式就是将元件封装在塑料树脂中，比如环氧树脂材料。它具有出色的可靠性和高稳定性，这降低了民用和商业电子产品的生产成本。固态钽电容器还有其他的设计，比如人们所熟知的用塑料薄膜或套管作为封装材料，以及以环氧树脂填充的金属壳的封装形式。当然，也有一些小圆筒和长方体形的塑料封装形式。

使用何种钽电容器。在以上 3 种钽电容器间做选择时，电路设计者通常只在需要高压结构下或电路工作期间电容器会被施加大的反向电压时使用钽箔电容器。

湿 - 电解质烧结阳极电容器或湿 - 插片钽电容器被用在要求有最小的直流泄露的应用中。常见的银材料设计并不能承受任何反向电压。然而，在军事和航天应用中，钽壳被用来替代银壳，因为这时需要有最大的可靠性。可抵御高达 3V 反向电压的钽壳湿 - 插片单元将工作在较高波纹电流的情况下，并且可以在高达200℃（392 ℉）的温度下使用。

固态 - 电解质设计对于给定的标称值而言，其制造成本最低，且用在要求指定单位电容器具有非常小的体积的应用中。它们一般都能抵御高于标称直流工作电压值15%的反方向电压。另外，它们还具有良好的低温特性，同时没有腐蚀性电解质。

聚合物电容器。聚合物电容器指的是在某些方面优于钽电容器的极化阴极板电容器。聚苯乙烯磺酸（也称为PEDOT）是20世纪90年代末期最先用于电容器当中的有机导电聚合物，它用来取代钽电容中使用的二氧化锰（MnO_2）。

聚合物和二氧化锰钽电容器之间的物理差异体现在使用的阴极材料上。使用聚合物的明显优势在于其ESR更低、可靠性更高、故障模式优良、降低了额定电压下降值和成本。

PEDOT的导电率是100～1000S/cm，而二氧化锰的导电率是1～10S/cm，PEDOT将ESR降低了几个数量级。与传统的阴极材料相比，温度变化时聚合物阴极表现出非常低的导电率（电阻率）变化。不论是二氧化锰钽电容器还是聚合物钽电容器，它们都不具有疲劳机制，因为它们的结构都不包含电解液。它们是固态结构，并具有上百年或上千年的标称使用寿命。相对于二氧化锰而言，聚合物钽电容器最重要的性能就是“导通”性能。当首次加电时，钽电容器损坏的可能性最大。钽电容器遇到起火问题实际上是与阴极采用的二氧化锰有关，而不是因为钽或其氧化物。使用聚合物作为阴极就排除了电容器起火的可能。

当应用选用了聚合物钽电容器时，还要对几个问题进行折中考虑。导电聚合物的工作温度是有限的。虽然有些聚合物电容标称值可达125℃，但大部分聚合物钽电容器会被限制在85℃或105℃下使用。

虽然基于聚合物的电容器确实具备自我修复的能力，但是其高传导性意味着很少出现局部发热的问题。由于很少出现局部发热问题，所以这种电容器很少需要自我修复或对阴极层实施保护。这导致产生较高的泄漏电流。例如，当使用聚合物阴极时，1nA泄漏电流的二氧化锰可能具有1μA的泄漏电流。

在室温为25℃时，二氧化锰（标准）钽电容在约10kHz之后开始失去电容量，而聚合物钽电容器可以保持其电容量不变，直至200kHz。即便两种电容器有同样电压、同样容量和同样的封装尺寸等标称值，但如果要使用多只标准钽电容器，则可以用单只聚合物电容替代这两种电容器。

14.2.4.6 抑制电容器

抑制电容器被用来减小通过输电线的入口和出口进来的干扰。由于它们与频率相关，即在射频时呈现短路状态，不会对低频有影响，所以它们十分有效。抑制电容器用标识符表示，即X电容器和Y电容器。图14.24所示的是射频抑制的两个例子。图14.24（a）是针对电钻和干发器这种设备的I类保护。图14.24（b）是针对没有保护导体连接到金属机箱G（地）情形的II类保护。

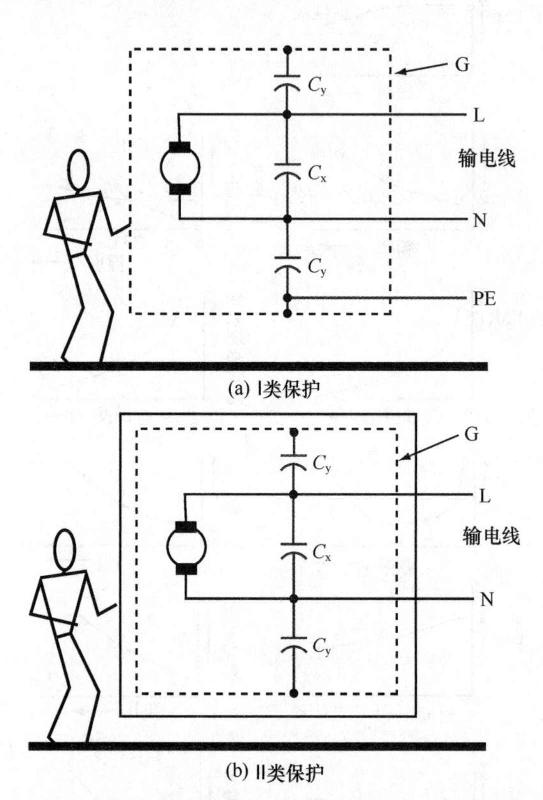

图14.24 X电容器Y电容器产生的射频抑制（Vishay Roederstein授权使用）

X电容器。X电容器跨接在电源两端，以减小电容器失效所引发的对称干扰（即电容器短路），避免人身伤害或致死事件发生。

Y电容器。Y电容器用在火线与机箱之间，以减少不对称干扰。Y电容器具有高的电气和机械技术指标，所以它们出问题的概率要小很多。

XY电容器。上述两者结合在一起时，便产生了XY电容器。

14.2.4.7 超级电容器

超级电容器（Supercapacitor或Ultracapacitor）更为技术化的称谓是电化学双层电容器，它是对电解电容器的较大超越。在超级电容器中，电荷相距的距离依照文字表述达到了电解质中离子大小的数量级水平。超级电容器中，电荷相隔距离不是毫米或微米的程度，而是达到了几纳米的数量级，从静电电容器到电解电容器再到超级电容，每种情况下电荷间距以3个数量级的速率下降，从10^{-3}m到10^{-6}m，再到10^{-9}m。

14.2.4.7.1 超级电容器的工作原理

与普通电容器利用固态电介质存储能量的做法不同，超级电容器采用了双电荷层，通常也称为EDLC（Electrochemical Double-Layer Capacitor）。在EDLC中，物理机构产生出起电介质作用的双电荷层结构。充 - 放电周期是通过正极和负极活性炭表面上的离子吸收层来完成的。在 EDLC 双电荷层结构中，电荷稳态间距极小——大约为 0.3 ～ 0.8nm。图 14.25 所示的是充电（图左部）和放电（图右部）的离子活动情况。

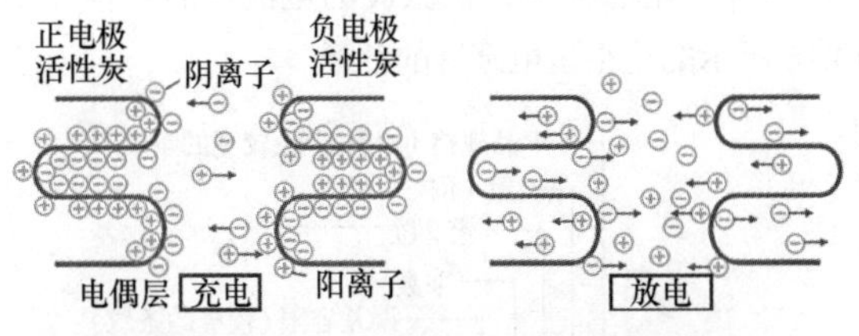

图 14.25　EDLC 一般将电荷存储在活性碳电极上

EDLC 利用活性炭薄膜内的离子迁移来存储电荷。应用电容器两极上所加的电压使电解液中的离子以电极上与电荷相反的方向迁移（周期的充电部分）。正的充电离子移向负电极，在电解质内形成两个电荷层：一正一负。撤去电压将导致离子向反方向移动，形成周期的放电半周。

一旦超级电容器被充电，且存储了能量，则负载就可以使用这些能量。与标准的电容器相比，超级电容器所存储的能量非常多，因为多孔碳电极建立起巨大的表面积，同时介电隔离器建立起 10 埃的微小电荷间隔。然而，它所存储的能量要比电池少很多。由于充放电速率只由其物理属性决定，所以超级电容器可以比依靠缓慢化学反应工作的电池更快的速度释放能量（具有更大的功率）。

许多应用都从超级电容器中获益。采用超级电容器与电池连在一起使用的方法，就可以将前者的功率性能与后者出色的能量存储能力结合起来。这可以延长电池的使用寿命，节省更换和维修的成本，并且使电池的体积减小。同时，它可以在任何需要的时候提供高峰值功率，增加了可使用的能量。由于超级电容器和电池的组合需要另外的直流 / 直流功率电子器件，故提高了电路的成本。

超级电容器与电池的结合体（Hybrid Battery，混成式电池）将成为新的超级电池。差不多现在由电池供电的所有事物都会因这种更出色的能量供给而焕然一新。它们可以制造成任意大小（小到邮票大小，大到混合动力汽车大小）的电池组。质量轻、成本低的特点使其被广泛地应用于便携电子设备和手机，以及飞机和汽车制造中。

- **超级电容器的优点：**

（1）寿命周期循环次数为成千上万次，寿命几乎是无限的 —— 有 10 ～ 12 年的使用寿命。

（2）可以在数秒内充好电。

（3）不存在过充问题。

（4）高的自放电性能——自放电速率要比电化学电池的自放电速率高很多。免维护（更换）。

（5）标准化的封装。

（6）低 ESR。

（7）高功率密度。

（8）可安装在电路板上。

（9）能够以极高速度充放电。

（10）很高的循环效率（95% 或更高）。

- **超级电容器的缺点：**

（1）超级电容器的单位瓦数的成本相对高。

（2）线性放电电压妨碍了它使用全部的能量谱。

（3）低能量密度 —— 一般它为电化学电池能量密度的 1/5 ～ 1/10。

（4）电池具有低电压特点。因此，需要串联来获取更高的电压时（如果将 3 个以上的电容器串联在一起的话），则需要电压平衡。

（5）需要复杂的电子控制和开关设备。

- **电池的优点：**

（1）高能量密度。

（2）宽的工作温度范围。

（3）长的放电时间。

- **电池的缺点：**

（1）相对于使用寿命而言，成本高。

（2）受限于运输管控。

（3）充放电次数小于 1000。

最新型的超级电容器具有很高的容性密度，这使得其可以用于之前只能使用电池的应用中。在大多数应用中超级电容器并不会取代电池，因为它们不具有容积率，同时成本也比较高。不过超级电容器也有优于电池的优点，这使得其成为需要通过频繁充放电进行大能量存储和传送的应用的不错选择。

超级电容器可以频繁充放电，而不会像电池那样丧失原有的性能，电池一般只能充电 400 ～ 500 次。电池和超级电容器常常被连接在一起使用，因为过长时间的充电会使电池失去其在日常充满电时所具备的能力，因此加上超级电容器的补充可以大大延长电池的使用寿命。并联接线电池提供大部分能量，而超级电容器提供短脉冲或能量脉冲（这种情况会使电池性能退化）。

可以和超级电容器很好地组对使用的电池有：

- 锂亚硫酰氯电池
- 锂锰电池
- 锂碘电池
- 锌空气电池
- 锌 / 银氧化物电池
- 聚乙烯（锂氧化锰电池）

由于超级电容器能够快速充电并传送出能量脉冲，所以它非常适合产生数据流或脉冲的设备。依靠能量回收的遥控监测传感器和安全频闪灯就是这类应用的两个例子。在这类设施中，超级电容器既可以独立使用，也可以和电池组合在一起使用。

超级电容器在许多其他的领域中也在被使用，其中包括各种能量存储和能量回收应用。在 UPS 系统的变频器和逆变器中，用两个超级电容器便可以取代一组常规的电容器，从而减小了体积和重量。当用于个人计算机和基于计算机的系统的存储备份当中时，它们在产品的使用寿命期间无需更换。

在电池供电的应用中，超级电容器以短能量脉冲的形式为系统供电，在脉冲之间电池给超级电容器充电。现在电池的使用寿命可以延长3倍以上。超级电容的成本也因无需更换电池而得到一定的补偿。

14.2.4.7.2　超级电容的连接

为了满足用户对电容和电压的要求，需要将超级电容连接在一起使其构成一个模块时，电容器必须要进行平衡。与电池不同，电容器可能在数值上有明显的改变，但仍然处在可接受的容限范围内。随着电容数值的变化，单独电容器两端的电压可能会超过器件的电压承受能力，导致电容器内部过热，并提前损坏。

常用的平衡方法有两种：无源平衡和有源平衡。无源平衡是低成本解决方案，它将电阻器与电容器并联，以均衡电容器两端的电压。有源平衡要将集成电路连接到电容器两端。芯片将对网络进行监测，并根据需要产生变化。有许多半导体生产厂家都能提供适合这种应用的芯片。在解决了电容器平衡问题之后，超级电容模块的开发中还存在其他一些要求，其中包括物理要求、内部连接、环境要求和端口要求等。

14.2.4.7.3　计算后备时间

要想计算出电源断掉时需要超级电容器提供的后备时间，则必须已知电容器上的起始和终止电压、由电容器抽取出的电流和电容器的容量大小。

假设工作在 V_{BACKUP} 供电的情况下负载上的电流为恒定值，那么最坏情况下的后备时间可利用如下公式来计算得出。

$$\text{后备时间}=\frac{\dfrac{C\left(V_{BACKUPSTART}-V_{BACKUPMIN}\right)}{I_{BACKUPMAX}}}{3600} \quad (14\text{-}27)$$

式中，

C 为电容器的容量，单位为F；

$V_{BACKUPSTART}$ 为初始电压，单位为V。电压应用到 V_{CC}，如果用于充电电路，其产生的压降较小；

$V_{BACKUPMIN}$ 为终止电压，单位为V；

$I_{BACKUPMAX}$ 为最大 V_{BACKUP} 电流，单位为A。

例如，为了确定在下列条件下有多长的后备时间：

- 0.2F 容量的电容器
- $V_{BACKUPSTART}$ 为3.3V
- $V_{BACKUPMIN}$ 为1.3V
- $I_{BACKUPMAX}$ 为1000nA

那么：

$$\text{后备时间}=\frac{\dfrac{0.2\left(3.3-1.3\right)}{10^{-6}}}{300}$$

$$=111.1\text{h}$$

14.3 电感器

电感以磁场的形式对电能进行存储，这一存储的能量被称为磁能。只要电感器中流动着电流，它就会存储磁能。在纯粹的电感器中，正弦波的电流滞后于电压90°。图14.26所示的是小型电感器的色标。

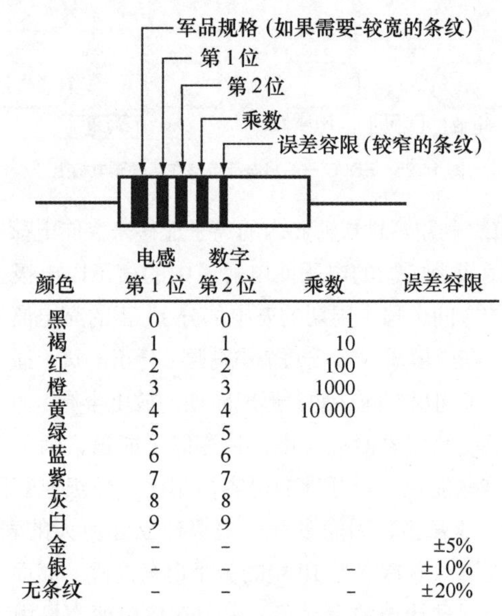

颜色	电感数字 第1位	第2位	乘数	误差容限
黑	0	0	1	
褐	1	1	10	
红	2	2	100	
橙	3	3	1000	
黄	4	4	10 000	
绿	5	5		
蓝	6	6		
紫	7	7		
灰	8	8		
白	9	9		
金	–	–		±5%
银	–	–	–	±10%
无条纹	–	–	–	±20%

图14.26　小型电感器的（μH 数量级）色标

14.3.1 电感器的类型

根据电感器的应用情况，其结构方式有多种。

14.3.1.1　空芯电感器

空芯电感器（Air Core Inductor）既可以是陶瓷芯，也可以是酚醛树脂芯。

14.3.1.2　轴向电感器

轴向电感器（Axial Inductor）的磁芯结构的两端带有同轴引线，如图14.27（a）所示。磁芯材料可以是酚醛树脂、铁氧体或铁氧体粉。

14.3.1.3　绕线磁芯电感器

绕线磁芯电感器（bobbin core inductor）呈线轴的形状，可带引线，也可没有引线。它们可以是轴向的，也可以是径向的，如图14.27（b）所示。

14.3.1.4　陶瓷芯电感器

陶瓷芯电感器（ceramic inductor）常常用于高频应用当中，这类应用要求低电感量，低磁芯损耗和高 Q 值。由于陶瓷并不具有磁属性，所以不存在因磁芯材料而使导磁率增加的问题。

陶瓷具有低的温度膨胀系数，可以保证在大的工作温度范围上电感量保持高度稳定。

14.3.1.5　敷环氧树脂电感器

敷环氧树脂电感器（epoxy-coated inductor）通常具有平滑的表面和边缘。涂层提供了绝缘性能。

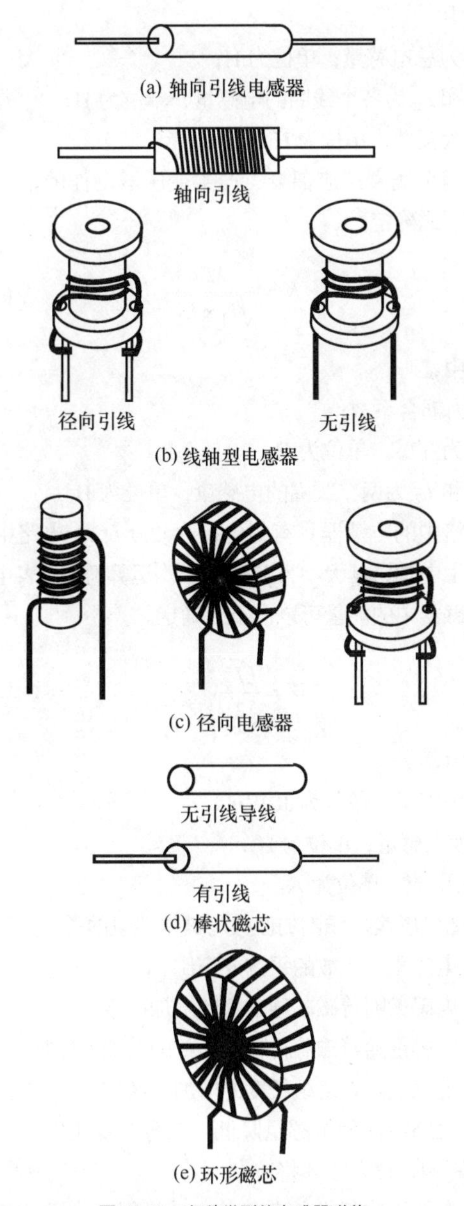

图 14.27　各种类型的电感器磁芯

14.3.1.6　压模电感器

压模电感器（Molded Inductor）的外壳是经过压铸处理成型的，它具有光滑、整体形状棱角分明的特点。

14.3.1.7　铁氧体磁芯电感器

铁氧体磁芯（Ferrite Core）电感器很容易被磁化。磁芯是由氧化铁和其他成分（诸如锰和锌，或镍和锌）混合而成的。通常的成分是 $xxFe_2O_4$，其中的 xx 为某种其他成分。

14.3.1.8　叠片铁芯电感器

叠片铁芯（Laminated Core）电感器是通过在铁芯芯片上面叠置绝缘层构成的。有些叠片铁芯具有多齿鱼叉形的取向，以便使磁芯损耗最小化，产生更高的导磁率。叠片铁芯电感在变压器中应用得较为普遍。

14.3.1.9　MPP芯电感器

MPP（Moly Permalloy Perm，合金粉末）是一种磁性材料，它本身固有分布式空气间隙，与其他材料相比可以存储更高的磁通量级。这样便允许在磁芯饱和之前有更大的直流电流经电感器。

磁芯成分是由 80% 的镍，2 ～ 3% 的钼，以及铁来构成的。

14.3.1.10　多层电感器

多层电感器（Multilayer Inductor）是由磁芯材料层之间的线圈层组成的。线圈通常是裸露的金属，也就是通常所说的非绕线。

14.3.1.11　酚醛树脂芯电感器

酚醛树脂芯（Phenolic Core）电感器常被称为空心电感，通常用于高频应用中，这类应用要求低电感量，低磁芯损耗和高 Q 值。

由于酚醛树脂并不具有磁属性，所以不存在因磁芯材料而使导磁率增加的问题。酚醛树脂磁芯具有高强度，高易燃等级和高温的特性。

14.3.1.12　粉末铁氧体磁芯电感器

铁粉（Powdered Iron）电感器是本身固有分布式空气间隙的磁性材料，允许磁芯具有高磁通量级。这样便可以在磁芯饱和之前有更大的直流流经磁芯。

粉末铁氧体磁芯基本上是由 100% 的铁成分构成，其颗粒是绝缘的，并掺有诸如环氧树脂或酚醛树脂这样的粘合剂。它们被压制成需要的形状，并经烘烤处理。

14.3.1.13　径向电感器

径向电感器（Radial Inductor）结构在磁芯上，引线处于同一侧，如图 14.27（c）所示。这样便可以方便地将其安装在电路板上。

14.3.1.14　屏蔽电感器

屏蔽电感器（Shielded Unductor）的磁芯被设计成能包含大部分的磁场的形式。有些电感是自屏蔽的，比如螺线管，e 磁芯和罐状磁芯。线轴和棒状磁芯需要用一个磁性套管来实现屏蔽。

14.3.1.15　棒状磁芯电感器

棒状磁芯（Slug Core）为圆柱形（或棒形），可带引线，也可不带引线，如图 14.27（d）所示。相对于其他形状的磁芯而言，它们具有比其他形状磁芯更高的磁通量密度特性，因为大部分磁能被存储在磁芯周围的空气中。

14.3.1.16　带绕磁芯电感器

带绕磁芯（Tape Wound Core）对铁合金进行绝缘卷绕并精确控制带的厚度，最终形成螺线管形状的电感器。封装的磁芯具有一个保护性的外涂层。带绕磁芯能够存储高能量，且具有高导磁率。

14.3.1.17　环形电感器

环形电感器（Toroidal Inductor）是将绕组绕在环形磁芯的结构上，如图 14.27（e）所示。环形磁芯可以采用铁氧体、铁粉、绕带或合金和高磁通材料制成。环形电感具有自屏蔽性能，另外还具有高效能量转换、绕组间强耦合和早期饱和的特性。

14.3.2 阻抗特性

阻抗。电感器对交流信号呈现出的阻抗或感抗（XL）由下式得出

$$X_L = 2\pi f L \quad (14\text{-}28)$$

式中，

f 为频率，单位为 Hz；

L 为电感量，单位为 H(亨利)。

导线类型对线圈的电量感影响轻微。线圈的 Q 值主要受导线的欧姆值的控制。对于指定的设计，使用银或金导线绕制的线圈具有的 Q 值最高。

为了提高电感量，可以串联电感器。总的电感量将始终大于其中电感器的最高电感量。

$$L_T = L_1 + L_2 + \cdots + L_n \quad (14\text{-}29)$$

为了降低电感量，可以并联电感器。总的电感量将始终小于其中电感器的最低电感量。

$$L_T = \frac{1}{\frac{1}{L_1} + \frac{1}{L_2} + \cdots + \frac{1}{L_n}} \quad (14\text{-}30)$$

要想确定由电阻、电容和电感构成的电路的阻抗，请参考本章第4节。

互感。互感（Mutual Inductance）是一个导体的磁力线与另一导体的磁力线发生互连时两个传输电流的导体之间存在的属性。磁场相互作用的两个线圈的互感可由下式确定。

$$M = \frac{L_A - L_B}{4} \quad (14\text{-}31)$$

式中，

M 为 L_A 和 L_B 的互感，单位为 H；

L_A 为具有同向磁场的线圈 L_1 和 L_2 的总电感量，单位为 H；

L_B 为具有反向磁场的线圈 L_1 和 L_2 的总电感量，单位为 H；

耦合电感量可由下面的公式确定。

同向磁场的并联

$$L_T = \frac{1}{\frac{1}{L_1 + M} + \frac{M}{L_2 + M}} \quad (14\text{-}32)$$

反向磁场的并联

$$L_T = \frac{1}{\frac{1}{L_1 - M} - \frac{M}{L_2 - M}} \quad (14\text{-}33)$$

同向磁场的串联

$$L_T = L_1 + L_2 + 2M \quad (14\text{-}34)$$

反向磁场的串联

$$L_T = L_1 + L_2 - 2M \quad (14\text{-}35)$$

式中，

L_T 为总电感量，单位为 H；

L_1 和 L_2 为各个线圈的电感量，单位为 H；

M 为互感，单位为 H。

当两个线圈感应耦合，产生变压器动作的话，其耦合系数由下式确定。

$$K = \frac{M}{\sqrt{L_1 \times L_2}} \quad (14\text{-}36)$$

式中，

K 为耦合系数；

M 为互感，单位为 H；

L_1 和 L_2 为两个线圈的电感量，单位为 H。

电路中的电感器具有的电抗为 $j2\pi f L\Omega$。电路中的互感也会产生电抗，其大小为 $j2\pi f M\Omega$。运算符 j 代表电抗。存储在电感器中的能量可以由下式确定。

$$W = \frac{LI^2}{2} \quad (14\text{-}37)$$

式中，

W 为能量，单位为 J(W•s)，

L 为电感量，单位为 H，

I 为电流，单位为 A。

线圈电感量。线圈的匝数与其电感量的关系如下：

- 电感量与匝数的平方成正比。
- 电感量随着磁芯导磁率的增加而增加。
- 电感量随着磁芯材料截面积的增加而增加。
- 电感量随着绕组长度的增加而增加。
- 短路线匝使电感量降低。在声频变压器中，频率特性将受影响，插入损耗将增大。
- 在线圈中插入铁芯将使电感量提高，因此其感抗也提高。
- 在铁芯线圈中引入空气间隙会降低电感量。

磁场中导体因移动而感应出的最大电压与磁场中移动导体切割的磁力线数目成正比。导体平行于磁力线移动的话，则不会切割磁力线，因而导体中也就不会有电流产生。垂直于磁力线移动的导体每英寸每秒所切割的磁力线数目最多，因此，此时的电压最高。

与磁力线呈任意角度移动的导体所切割的磁力线的数目与角度的正弦值成正比。

$$V = \beta L v \sin\theta \times 10^{-8} \quad (14\text{-}38)$$

式中，

V 为产生的电压；

β 为磁通密度；

L 为导体的长度，单位为 cm；

v 为角度 θ 处导体移动的速度，单位为 cm/s。

感生电动势（Induced Electromotive Force，EMF）的方

向为右手螺旋定则主轴的方向，当速度矢量转动时，它朝着通量密度矢量最小角度的方向移动。这被称为右手定则。

线圈产生的磁动势可由下式导出。

$$\begin{aligned}安匝数 &= T\left(\frac{V}{R}\right) \\ &= TI\end{aligned} \quad (14\text{-}39)$$

式中，

T 为匝数；

V 为电压，单位为 V；

R 为导线的电阻，单位为 Ω；

I 为电流，单位为 A。

单层，螺旋和多层线圈的电感量可以通过惠勒（Wheeler）公式或长冈（Nagaoka）公式计算出来。计算结果的精度为 1% ～ 5%。图 14.28（a）所示的单层线圈的电感量的惠勒计算公式为：

$$L = \frac{B^2 I^2}{9B + 10A} \quad (14\text{-}40)$$

对于图 14.28（b）所示的多层线圈，计算公式为：

$$L = \frac{0.8B^2 N^2}{6B + 9A + 10C} \quad (14\text{-}41)$$

对于图 14.28（c）的螺旋线圈，计算公式为：

$$L = \frac{B^2 N^2}{8B + 11C} \quad (14\text{-}42)$$

式中，

B 为绕组的半径；

N 为线圈的匝数；

A 为绕组的长度；

C 为绕组的厚度；

L 的单位为 μH。

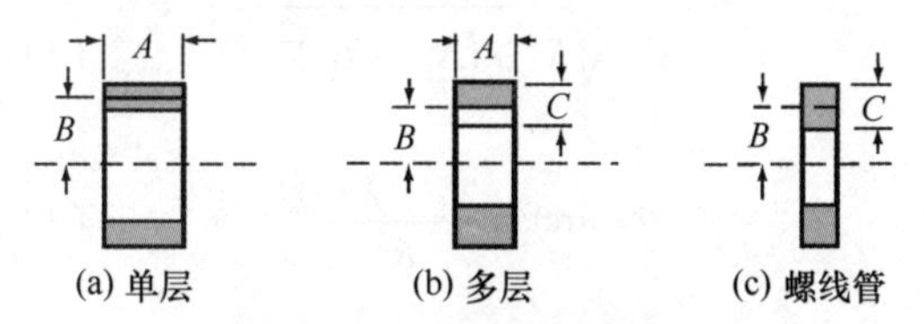

图 14.28　单层和多层电感器

Q。Q 为线圈感抗与线圈内阻之比。影响 Q 的主要因素有频率、电感量、直流电阻、感抗和绕组类型。其他因素还有磁芯损耗、分布电容和磁芯材料的磁导率。对于 R 和 L 串联的线圈而言

$$Q = \frac{2\pi f L}{R} \quad (14\text{-}43)$$

式中，

f 为频率，单位为 Hz；

L 为电感量，单位为 H；

R 为电阻，单位为 Ω。

线圈的 Q 值可按照如下方法测量。使用如图 14.29 所示的电路，频率高达 1MHz 时的线圈 Q 值可以很容易测量到。由于谐振时跨接在电感两端的电压等于 $Q \times V$，其中 V 为振荡器产生的电压，唯一必要的就是测量来自振荡器的输出电压和电感两端的电压。

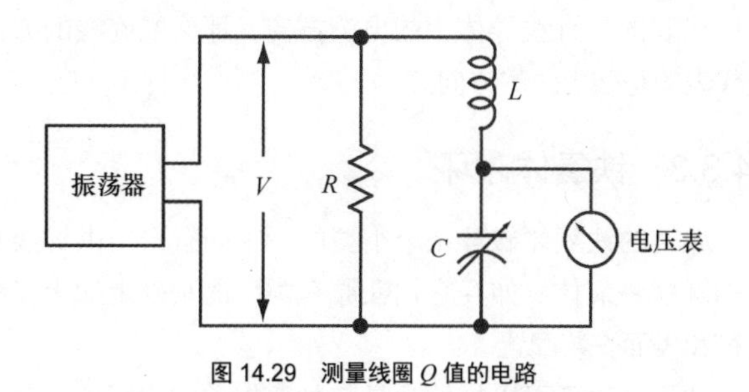

图 14.29　测量线圈 Q 值的电路

来自振荡器的电压被加到低阻值电阻 R 两端，预计该电压大约占 LC 组合的射频阻抗的 1% 时，才能保证测量误差不超过 1%。对于平均测量而言，电阻器 R 的阻值大约为 0.10Ω。如果振荡器不能工作在 0.10Ω 的条件下，那么就可能要匹配变压器。希望 C 的数值能使伏特计看过去的阻抗与测试电路的阻抗之比最小。使 R 两端的电压小一些，如 0.10V。之后，调整 LC 电路，使其谐振，测量最终合成电压。之后，Q 值就可以计算出来了。

$$Q = \frac{\text{C两端的谐振电压}}{\text{R两端的电压}} \quad (14\text{-}44)$$

线圈的 Q 可以由下式近似得到

$$\begin{aligned}Q &= \frac{2\pi f L}{R} \\ &= \frac{X_L}{R}\end{aligned} \quad (14\text{-}45)$$

式中，

f 为频率，单位为 Hz；

L 为电感量，单位为 H；

R 为电阻，它是由欧姆表测得的直流电阻，单位为 Ω；

X_L 为线圈的感抗。

时间常数。当直流电压被加到 RL 电路上时，产生电压变化需要一定的时间。在包含电感和电阻的电路中，时间常数被定义为电流达到其最大数值的 62.3% 所用的时间。时间常数可以用如下的公式得到。

$$T = L / R \quad (14\text{-}46)$$

式中，

T 为时间，单位为 s；

L 为电感量，单位为 H；

R 为电阻，单位为 Ω。

可以参考 14.2.1 部分有关时间常数的讨论。电感器的效果与电容器和电阻器的效果一样。另外，图 14.16 中的曲线 A 表示出了电感器中的电流的建立情况，曲线 B 表明的

是电压撤去后的电流衰减情况。

右手定则。右手定则（Right-Hand Rule）是确定传输直流信号的导体的周围磁场方向的一种方法。以右手握住导体，拇指方向顺着导体的方向，且让拇指指向电流的方向。如果手指部分闭合，那么指尖所指的方向就是磁场的方向。麦克维尔（Maxwell）定律的表述：如果右手螺旋线行进的方向代表的是直线导体中的电流方向，那么螺旋线的方向就代表的是磁力线的方向。

14.3.3 铁氧体磁环

最初的铁氧体磁环是个小型的、中间有一个供导线穿孔的环状铁氧体。如今它们在原有类型的基础上加上了多孔径和表面安装配置。

铁氧体磁环可以被认为是与频率相关的电阻器，其等效电路是一个电阻器与一个电感器的串联。随着频率的升高，其感抗先增大，然后降低，铁氧体材料的复合阻抗提高了磁环的总阻抗，如图 14.30 所示。

当频率处在 10MHz 以下时，其阻抗小于 10Ω。随着频率的提高，阻抗增大到约 100Ω，在 100MHz 时阻抗主要呈现阻性。

一旦阻抗呈现阻性，就不会产生使用 LC 网络所引发的谐振问题。铁氧体磁环并不衰减低频或直流成分信号，所以这对于降低声频电路中的 EMI/EMC 是有用的。

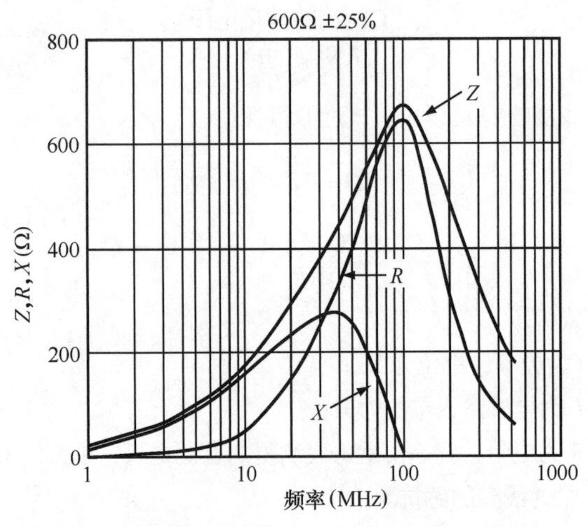

图 14.30 铁氧体磁环的阻抗（Vishay Roederstein 授权使用）

14.3.4 趋肤效应

趋肤效应是指交流信号趋向于沿着导体的表面流动，而不是流经导体的整个横截面的现象。这提高了导体的电阻，因为电流产生的磁场在导体的中心附近建立起涡流。涡流的方向与中心附近的正常电流的方向相反，随着交流电流频率的升高，迫使主要电流在导体的外表面流动。

为了解决这一问题，人们将导线制成单独绝缘的导线束，并绑在一起来使用。通常称之为利兹（Litz）导线，这时的电流被均等地分配给各束导线，以均衡磁通量和各束导线的电抗，相对于实心导线而言，其交流损耗降低了。

14.3.5 屏蔽电感器

有些电感器带有自屏蔽性。例如螺线管、罐形磁芯和 E 磁芯电感器。根据具体的应用要求，棒状磁芯和线轴可能需要屏蔽。完全屏蔽电感器是不可能的。

14.3.6 阻抗

由电阻、电容和电感构成的电路的总阻抗可以通过以下公式确定。

并联电路

$$Z=\frac{RX}{\sqrt{R^2+X^2}} \tag{14-47}$$

串联电路

$$Z=\sqrt{R^2+X^2} \tag{14-48}$$

电阻和电感串联

$$Z=\sqrt{R^2+X_L^2} \tag{14-49}$$

$$\theta=\arctan\frac{X_L}{R} \tag{14-50}$$

电阻和电容串联

$$Z=\sqrt{R^2+X_C^2} \tag{14-51}$$

$$\theta=\arctan\frac{X_C}{R} \tag{14-52}$$

电感和电容串联，且 X_L 大于 X_C

$$Z=X_L-X_C \tag{14-53}$$

电感和电容串联，且 X_C 大于 X_L

$$Z=X_C-X_L \tag{14-54}$$

电阻，电感和电容串联

$$Z=\sqrt{R^2+(X_L+X_C)^2} \tag{14-55}$$

$$\theta=\arctan\frac{X_L-X_C}{R} \tag{14-56}$$

电阻和电感并联

$$Z=\frac{RX_L}{\sqrt{R^2+X_L^2}} \tag{14-57}$$

电容和电感并联

$$Z=\frac{RX_C}{\sqrt{R^2+X_C^2}} \tag{14-58}$$

电容和电感并联，且 X_L 大于 X_C

$$Z=\frac{X_L\times X_C}{X_L-X_C} \tag{14-59}$$

电容和电感并联，且 X_C 大于 X_L

$$Z=\frac{X_C\times X_L}{X_C-X_L} \quad (14\text{-}60)$$

电感，电容和电阻并联

$$Z=\frac{RX_LX_C}{\sqrt{X_L^2X_C^2+R^2\left(X_L-X_C\right)^2}} \quad (14\text{-}61)$$

$$\theta=\arctan\frac{R\left(X_L-X_C\right)}{X_LX_C} \quad (14\text{-}62)$$

电感与并联的电阻相串联

$$Z=R_2\sqrt{\frac{R_1^2+X_L^2}{\left(R_1+R_2\right)^2+X_L^2}} \quad (14\text{-}63)$$

$$\theta=\arctan\frac{R_2X_L}{R_1^2+X_L^2+R_1R_2} \quad (14\text{-}64)$$

电感与并联的电阻和电容相串联

$$Z=X_C\sqrt{\frac{R^2+X_L^2}{R^2+\left(X_L+X_C\right)^2}} \quad (14\text{-}65)$$

$$\theta=\arctan\frac{X_L\left(X_C-X_L\right)-R^2}{RX_C} \quad (14\text{-}66)$$

电容与并联的电阻和电感相串联后再与电容串联

$$Z=\sqrt{\frac{\left(R_1^2+X_L^2\right)\left(R_2^2+X_C^2\right)}{\left(R_1+R_2\right)^2+\left(X_L+X_C\right)^2}} \quad (14\text{-}67)$$

$$Z=\arctan\frac{X_L\left(R_2^2+X_C^2\right)-X_C\left(R_1^2+X_L^2\right)}{R_1\left(R_2^2+X_C^2\right)+R_2\left(R_1^2+X_L^2\right)} \quad (14\text{-}68)$$

式中，

Z 为阻抗，单位为 Ω；

R 为电阻，单位为 Ω；

L 为电感，单位为 H；

X_L 为感抗，单位为 Ω；

X_C 为容抗，单位为 Ω。

θ 为容性电路中电流超前于电压或感性电路中电流滞后于电压的相位角度数。0° 表示同相状态。

14.4 谐振频率

当电感器和电容器串联或并联连接时，它们便构成一个谐振电路。其谐振频率可由下面的公式求出。

$$\begin{aligned} f&=\frac{1}{2\pi\sqrt{LC}}\\ &=\frac{1}{2\pi CX_C}\\ &=\frac{X_L}{2\pi L} \end{aligned} \quad (14\text{-}69)$$

式中，

L 为电感量，单位为 H；

C 为电容量，单位为 F；

X_L 和 X_C 为阻抗，单位为 Ω。

谐振频率也可以通过图 14.31 所示的电抗图表来确定。这一图表可以用来解决电感量、电容量、频率和阻抗的问题。如果其中的两个参量的数值是已知的话，那么就可以利用这一图表得到第 3 和第 4 个参量的数值。例如，要求的电容量和电感量数值在电路中谐振于 1000Hz 的电路，且阻抗为 500Ω。首先在图表中 1000Hz 出画一条垂直线，便将其延长至 500Ω 线处（阻抗表标示在左手边的空白处），电感量的数值被表示为向上延伸的对角线，为 0.08H（80mH），而电容量（0.3 μF）表示为向下延伸的对角线，它延伸至右手边的空白处。

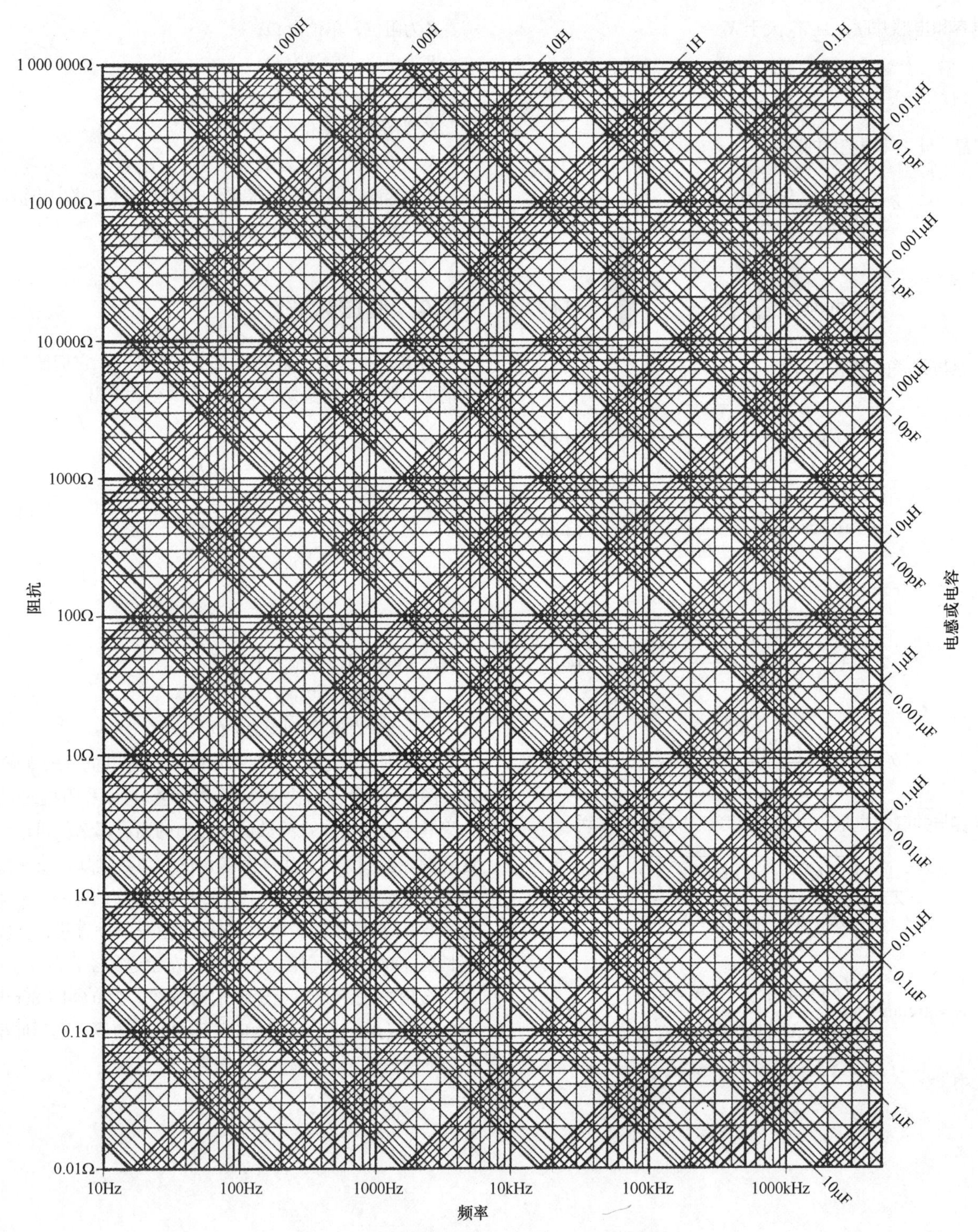

图 14.31 电抗图表（AT&T Bell Laboratories 授权使用）

第15章

声频变压器

Bill Whitlock 编写

15.1 声频变压器基础

声频电子诞生以来，声频变压器扮演着重要的角色。虽然与现代的小型化电子器件相比，变压器似乎既大又重，且使用成本高，尽管如此，在许多的声频应用当中采用变压器仍然是最有效的解决方案。变压器的作用在于它无须直接进行电气连接就可将电能从一个电路转移到另一个电路（例如，隔离地环路），在处理过程中能量可以很容易地从一个电压变为另一个电压（例如，阻抗匹配）。尽管变压器并不是一个复杂的器件，但是为了正确了解其工作原理，我们还是要对其进行一定的解释。本章的目的就是帮助声频系统工程师正确选择和使用变压器。出于简化的目的，在此将只讨论其设计和制造方面的基本概念。

15.1.1 基本原理和术语

15.1.1.1 磁场和磁感应

正如图15.1所示，在存在流动电流的导体（导线）周围都会存在磁场。磁场的强度与电流强度成正比。这些不可见的磁力线（lines of force）的集合被称为磁通量（flux），它与导线呈直角关系，并具有一定的方向或磁极性，具体情况要取决于电流流动的方向。应注意的是，尽管包围上、下导线的通量具有不同的方向，但是回路内的磁力线始终是加强的，因为它们指向同一方向。如果回路中的电流为交变电流，磁通量的瞬时强度和极性则以与电流相同的频率产生变化，并且如图15.2所示成正比变化，随着交流电流的每一变化周期做扩展、收缩和极性反转动作。感应定律是指：暴露在磁通量变化的磁场中的导体内会感应出电压，感应电压的大小与磁通量的变化率成正比。该电压具有瞬时极性，它与导线中原有电流的方向相反，并建立起被称为感抗（inductive reactance）的视在阻抗。感抗可以按以下公式进行计算。

$$X_L = 2\pi f L \qquad (15\text{-}1)$$

式中，

X_L 为感抗，单位为Ω；

f 为频率，单位为Hz；

L 为电感量，单位为H

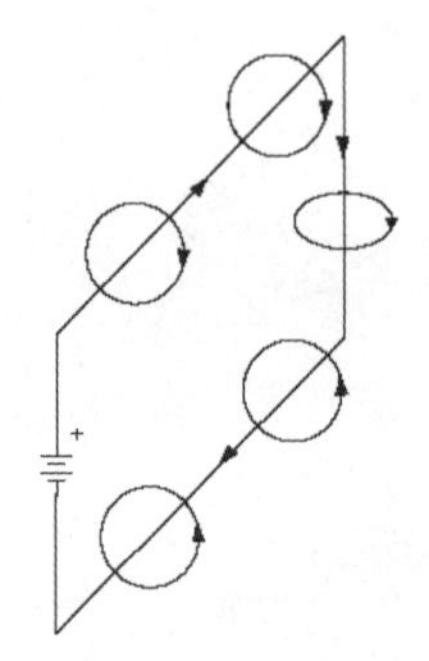

图15.1 导体周围的磁场

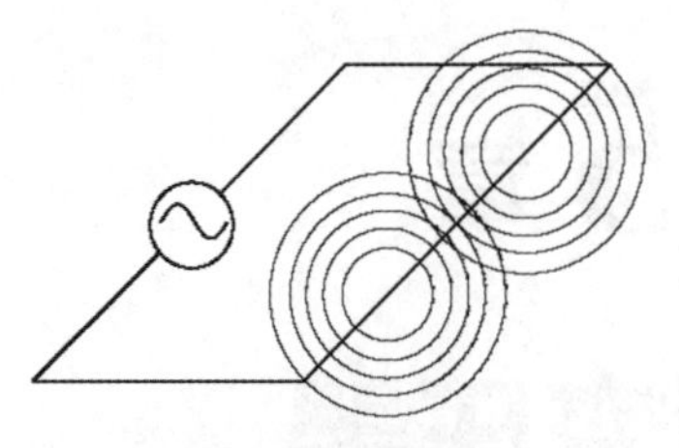

图15.2 交变磁场

电感器（inductor）一般由被称为线圈的多匝导线组成，如图15.3所示，它耦合并汇聚磁力线，提高磁通量密度（flux density）。任意给定线圈的感应系数是由诸如匝数、物理尺寸和绕组属性，以及磁通量通路中材料的属性等因素决定的。

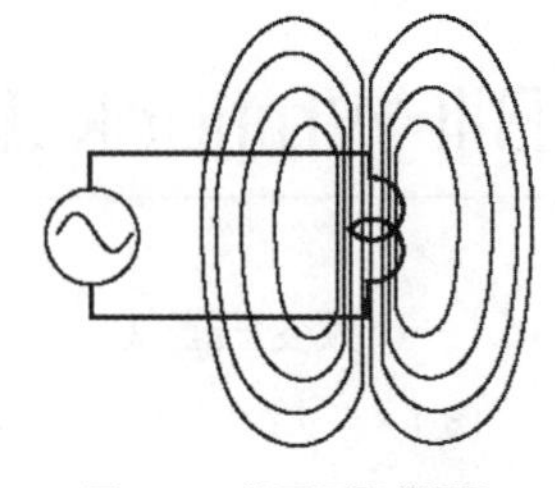

图15.3 线圈汇聚磁通量

根据感应定律，切割磁力线的任何导体（导线）都会感应出电压。因此，如图15.4那样，我们如果将两个线圈彼此靠近放置，那么一个线圈中的交流电流将会在另一个线圈中感应出交流电压，这是变压器实现能量转换的基本原理。因为它们需要变化的磁场才能工作，所以变压器对直流没有作用。在理想的变压器中，两个线圈间的磁耦合是完全耦合，即一个线圈产生的所有磁力线完全被另一线圈的所有线圈切割。这时所谓的耦合系数（coupling coefficient）为单位值，或1.00。

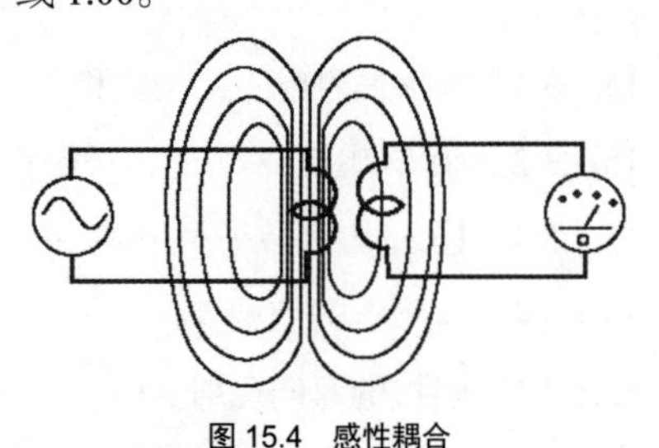

图15.4 感性耦合

15.1.1.2 绕组和匝数比

由电信号源所驱动的线圈或绕组被称为初级（primary），另一个线圈或绕组被称为次级（secondary）。初级匝数与次级匝数之比被称为匝数比（turns ratio）。从本质上讲，由于每一绕组的每一匝所感应出的电压是一样的，故初级与次级的电压比（voltage ratio）与匝数比相同。例如，初级匝数为100匝，次级匝数为50匝，匝数比为2：1，因此，如果加到初级的电压为20V，则在次级所呈现出的电压为10V。由于它降低了电压，所以该变压器被称为降压（step-down）变压器，反之，匝数比为1：2的变压器被称为升压（step-up）变压器，因为其次级的电压为初级电压的两倍。由于变压器并不能生成功率，所以理想变压器次级的功率输出只可能等于（实际的变压器次收的功率只能小于）初级的功率输入。考虑理想情况下的1：2升压变压器，当加到初级的电压为10V，次级所呈现出的电压为20V。由于初级并没有引出电流（这是理想的变压器情况，参考15.1.1.3部分），所以其阻抗表现为无穷大或者开路状态。

然而，当 20Ω 的负载被连接到次级时，要想获得 20W 的输出功率则需要 1A 的电流。为此，初级必须要有 2A 的电流才能让输入功率等于 20W。既然初级现在加了 10V 电压和 2A 电流，故其所呈现的阻抗就为 5Ω。换言之，次级的 20Ω 负载阻抗已经被反射成初级的 5Ω 阻抗。在这一例子中，匝数比为 1∶2 的变压器表现出的阻抗比为 1∶4。变压器始终是将阻抗以匝数比平方的关系从一个绕组反射到另一个绕组上，用公式表示，即：

$$\frac{Z_p}{Z_s}=\left(\frac{N_p}{N_s}\right)^2 \qquad (15\text{-}2)$$

式中，

Z_P 为初级阻抗；

Z_S 为次级阻抗；

N_P/N_S 为匝数比，电压比与此相同。

当变压器转换电压时，阻抗同时也会变化，反之亦然。

线圈缠绕的方向（即顺时针或逆时针）和连接到每一绕组的起始点或终止点的情况决定交流电压的瞬时极性。所有以相同方向缠绕的绕组在起始点和终止点之间的极性相同。因此，相对于初级而言，极性既可以通过初级绕组和次级绕组以相反方向缠绕来反转，也可以通过调换任一绕组的起始点和终止点的方式来反转。变压器的示意符号中的点通常是用来表示绕组中具有相同极性的点。在进行多绕组变压器的串联和并联时，留意极性是最基本的步骤。抽头是在绕组的任意中间点进行的连接。例如，如果缠绕了 50 匝，然后进行电气连接，之后再完成绕组的另一个 50 匝缠绕，则称该 100 匝的绕组为有中心抽头绕组。

15.1.1.3　励磁电流

虽然理想变压器具有无穷大的初级电感，但实际变压器则并非如此。因此，如图 15.5 所示，当次级无负载且初级加上了交流电压时，励磁电流（excitation current）将流过初级，在绕组周围产生励磁通量。理论上讲，电流只是因为初级绕组的感抗产生的。根据欧姆定律，感抗的计算公式为：

$$I_E=\frac{E_p}{2\pi f L_p} \qquad (15\text{-}3)$$

式中，

I_E 为励磁电流，单位为 A；

E_P 为初级电压，单位为 V；

f 为频率，单位为 Hz；

L_P 为初级电感，单位为 H。

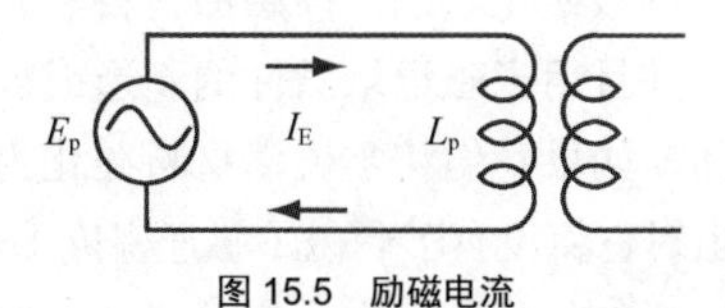

图 15.5　励磁电流

很显然，如果初级电感为无穷大，那么励磁电流为零。如图 15.6 所示，当连接上负载时，将有电流流经次级绕组。因为次级电流以相反方向流动，所以它产生的磁通量与励磁磁通量相反。这便导致初级绕组的阻抗下降，从而让驱动信号源提供更多的电流。当由此增加的磁通量刚好完全抵消次级所产生的磁通量时，便达到了平衡。有可能让人感到惊奇的结果是：负载电流并没有使变压器的磁通量密度提高。这也解释了“次级的负载电流是如何反射到初级的”问题。

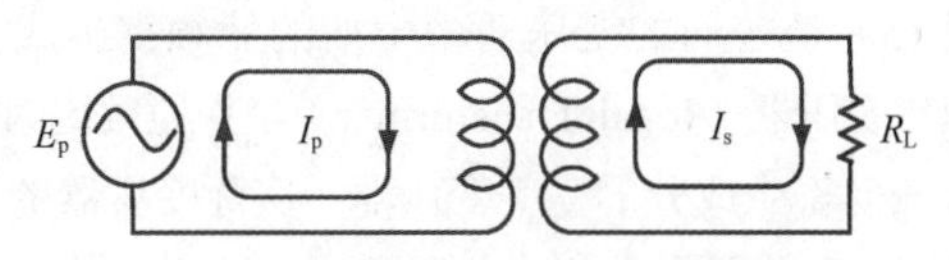

图 15.6　负载电流引发的磁通量抵消

图 15.7 表示的是频率变化时，电压、励磁电流和变压器中磁通量间的关系。横轴为时间轴。当频率改变（3 倍、3 倍地改变）时，初级电压 E_p 保持恒定。例如，左边的波形表示的是 100Hz 信号的一个周期，中间的波形表示的是 300Hz 信号的一个周期，而右边的波形表示的是 900Hz 信号的一个周期。由于初级电感中的励磁电流 I_p 随频率线性降低，即频率每增大一倍，它们减小一半，或者按 6dB/ 倍频程的比率降低。故磁通量的幅度将以完全同样的方式降低。应注意的是，电感导致电压与电流之间的相位关系同样产生 90° 的滞后。由于恒定振幅的正弦波的变化率随频率的提高线性增大，即频率每增加一倍变化率增大一倍，或者以 6dB/ 倍频程的比率增加，所以最终的磁通变化率保持恒定。应注意的是，当频率改变时，I_p 和磁通波形的斜率保持不变。根据感应定律，次级中的感应电压与这一斜率或变化率成正比，输出电压也保持均匀，或输出电压与频率的关系曲线是平坦的。

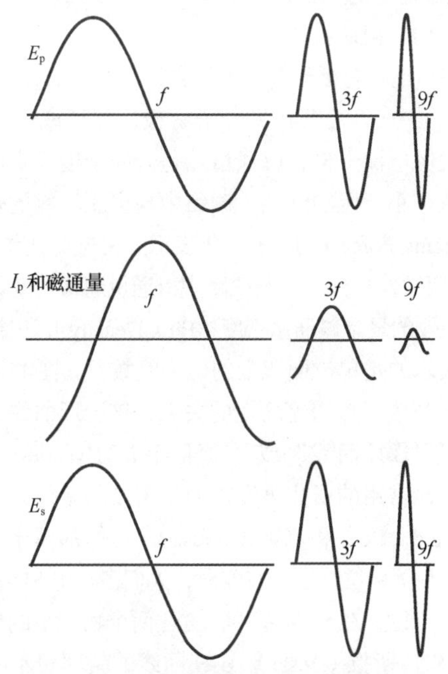

图 15.7　励磁电流和磁通量与频率或反比变化

15.1.2　实用变压器的实际情况

到目前为止，我们还没有考虑不可避免地存在于任何实际变压器中的寄生成分所产生的影响。即便是相对简单的60Hz电源变压器的设计也必须要考虑由寄生因素产生的影响。工作于20Hz～20kHz频率范围上的声频变压器的设计要困难得多，因为寄生成分常常以复杂的方式相互作用。例如，用以改善低频性能的材料和技术常常对高频性能产生不利影响，反之亦然。科学的变压器设计必须要考虑周围的电子电路和内部设计折中处理所带来的性能改变问题。

图15.8是普通的变压器中主要的低频寄生成分示意图。理想变压器（Ideal Transformer）是指匝数比为1：N，且没有任何寄生成分的完美变压器。实际变压器的初级端被连接到驱动电压源，经由其源阻抗R_G，并在次级端接入负载R_L。

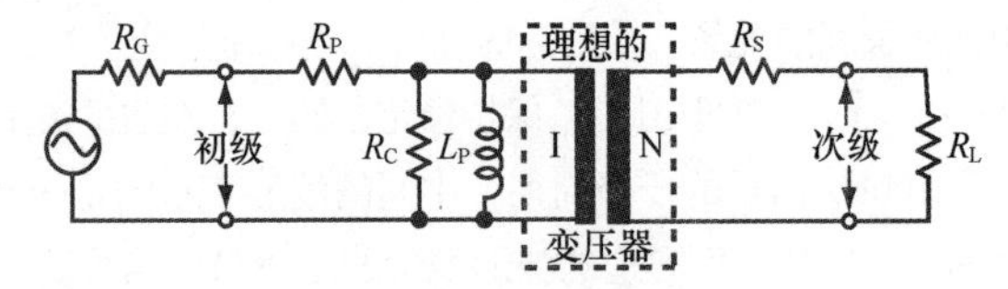

图15.8 变压器的低频寄生成分

设计任何变压器的主要目标之一就是要将初级绕组中的励磁电流减小到可忽略的水平，使其不成为驱动信号源的明显负载。对于给定的源电压和频率，初级励磁电流只可以通过提高电感L_P来减小。对于普通的电子电路阻抗而言，要想在最低的声频频率上取得满意的工作特性，需要大量的电感。当然，电感量可以通过使用非常多的线圈匝数来提高，但实际上这会受其他因素的限制，相关内容会在稍后讨论。另外，还可将电感提高10 000倍，甚至将线圈绕到高导磁的磁性材料上，也就是通常所指的磁芯上。

15.1.2.1 磁芯材料和结构

磁路与电路有相当多的类似之处。如图15.11所示，磁通量始终由一个磁极到另一个磁极，并形成一个闭合通路，这就像电流一样，磁通量总是倾向于走导磁能力最高的通路或最小磁阻的通路。磁路中与电压等效的是磁化力（Magnetizing Force），用符号H表示。它与安匝数（线圈电流I乘以匝数N）成正比，与磁路中磁通量通路长度ℓ成反比。与电流等效的量是磁通量密度（Flux Density），用符号B表示。它表示的是单位面积上的磁力线数目。图15.9示出了磁场强度与磁通量密度之间的关系，该图形曲线被称为给定材料的“B-H回线”或“磁滞回线（Hysteresis Loop）”。在美国，最常用的磁化力和磁通量密度的单位分别是奥斯特（Oersted，Oe）和高斯（Gauss），它们都属于CGS（厘米，克，秒）单位体系。在欧洲，人们多采用SI（国际标准体系）的单位，在SI体系中，上述两个物理量的单位分别为A/m^2和特斯拉（Tesla）。B-H回线的斜率表示的是在所施加的磁化力作用下所引发的磁通量密度的增量变化情况。该斜率有效地度量出了磁路的导磁情况，这也被称为导磁率（Permeability），用符号μ来表示。线圈内部的任何材料还可以起到支撑线圈的作用，它们被称为磁芯。按照定义，真空或空气的导磁率为1，而常见的诸如实用的铝、黄铜、铜、纸、玻璃和塑料等非磁性材料的导磁率也为1。有些常见的铁磁性材料的导磁率大约为300(比如普通的钢材)，变压器使用的4%硅含量的钢片的导磁率约为5000，而镍-铁-钼合金的导磁率则约为10 0000。因为这样的材料能汇聚磁通量，所以它们大大增加了线圈的电感。声频变压器必须利用高导磁率磁芯和最大的实用线圈匝数来建立起高的初级电感。线圈电感与匝数的平方成正比，与磁芯的导磁率成正比，它们之间的关系可用以下公式表示。

$$L=\frac{3.2N^2\mu A}{10^8 l} \qquad (15\text{-}4)$$

式中，

L为电感量，单位为H；

N为线圈匝数；

μ为导磁率；

A为磁芯的截面面积，单位为in^2；

l为平均磁通通路长度，单位为in。

磁性材料的磁通量随磁通密度变化而变化。如图15.9所示，当磁场强度很高时，材料可能会发生磁饱和现象，从本质上讲，磁饱和就是材料失去了传导任何磁通增量的能力。随着材料发生磁饱和，其导磁率会逐渐下降，直至完全饱和，此时它的导磁率与空气的导磁率一样为1。在声频变压器应用中，随着低频信号电平超过门限，磁饱和会导致低频谐波失真持续增大。通常而言，具有较高导磁率的材料倾向于在较低的磁通密度下发生饱和。通常，导磁率随频率成反比变化。

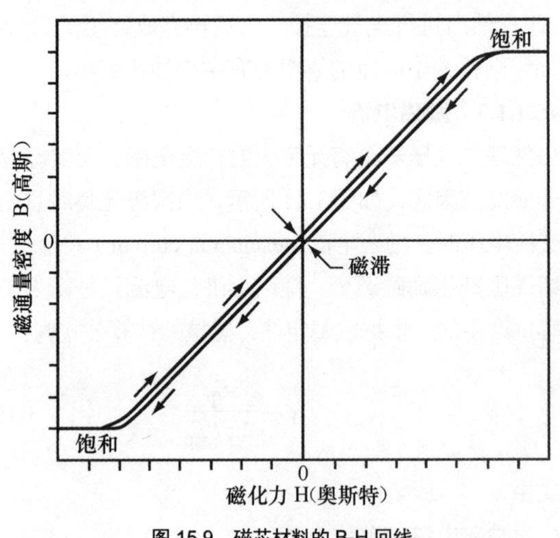

图15.9 磁芯材料的B-H回线

磁滞（Hysteresis）可以被理解为磁记忆效应。当磁化力使具有高磁滞的材料饱和时，即便磁化力撤出之后材料仍然会保持很强的被磁化状态。高磁滞材料具有宽的或方形的磁滞回线，并且用于磁记录器件的制造或被当作永久磁铁使用。然而，如果我们将零磁滞材料磁化为磁饱和，则将磁化力撤出时它将没有了剩磁（磁通密度）。但实际上所有的高导磁率磁芯材料都具有一定的磁滞，对之前的磁化状态保留小量的记忆。通过采用某些已经经过退火或特殊热处理的金属合金可以大大降低磁滞。在声频变压器中，因磁滞产生的非线性导致相对较低电平的低频信号的谐波失真增大。图 15.8 中的电阻 R_C 在等效的电路模型中为非线性阻抗，它表现出了磁饱和、磁滞和涡流损失等产生的综合作用。

对于大部分变压器而言，其磁工作点或零信号点是 B-H 回线的中心，如图 15.9 所示，此处的净磁化力为零。小的交流信号使得回线的一小部分沿箭头的方向横向移动。大的交流信号将回线部分移至距工作点更远的地方，并到达饱和的端点。对于这种正常的居中的工作点，由回线的曲率导致的信号失真（将在稍后详细讨论）是对称的，即它们对正、负信号偏移产生的影响相同。对称失真产生诸如 3 次和 5 次这样的奇次谐波。如果直流电流流经绕组，工作点将偏离回线的中心点。这导致叠加了交流信号的失真呈非对称性。非对称的失真产生的是诸如 2 次和 4 次这样的偶次谐波。当小的直流电流流经绕组时，假定为饱和值的 1%，将这一偶次谐波加到磁滞失真所产生的奇次谐波的成分之上，由此产生的影响主要是针对低电平信号。当磁芯变为被弱磁化时，也会产生同样的影响，例如，短暂、偶然地将直流加于绕组上就可能发生这种情况。然而，窄的 B-H 回线意味着即便磁化力强到足以让磁芯产生饱和，但当其撤去后只能残留很弱的剩磁磁场。

当大的直流电流流经绕组时，饱和失真的对称性也会产生类似的影响。例如，足够大的直流电流可能流入绕组，使工作点移至磁芯饱和值的 50% 处。在磁芯饱和之前仅能处理一半的交流电流，在这种情况下，信号的摆动只能是在一个方向上进行。这样将产生强的二次谐波失真。为了避免这种饱和效应产生的影响，有时人们有意在磁路中构建空气缝隙。例如，在图 15.10 中的 E 和 I 磁芯的中心脚之间放入薄的纸片隔离器就可达到上述目的。这种缝隙（即便只有千分之几英寸）的导磁率与磁芯材料的导磁率相比要低很多，以至于它能有效地控制整个磁路中的磁通密度。尽管它使得线圈的电感量急剧降低，但形成的缝隙可避免磁通密度达到使磁芯饱和的程度，尤其是当绕组中存在较大的直流成分时。

由于高导磁率材料通常也是电的良导体，所以在磁芯材料本身的截面内也会感应出小电压，从而形成涡流（Eddy Currents）。当磁芯是由薄的叠层钢片（Laminations）构成时，涡流就可以大大降低，如图 15.10 所示。因为叠层钢片彼此有效隔离，所以涡流一般并不明显。所示的 E 和 I 形叠片构成了广泛应用的壳式或双窗磁芯结构。其并联的磁路如图 15.11 所示。当磁芯是由叠层片组成时，一定要注意叠片的平直度，以避免叠片彼此之间形成微小的、会导致电感量明显下降的气缝产生。

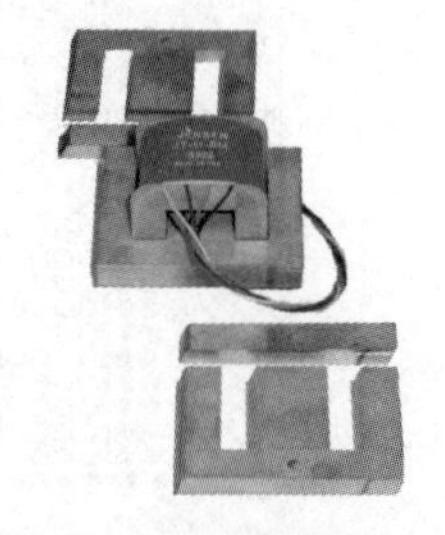

图 15.10　承载线圈的骨架周围的磁芯叠片被叠置和交错放置

螺线管磁芯（Toroidal Core）是人们将薄的带状磁芯材料绕制成环形得到的。它是通过保形涂层或带子来绝缘的，绕组是人们使用特殊的机器通过中心孔绕制而成的。对于螺线管，它并不存在无意产生的可能导致磁属性下降的空气间隙。声频变压器通常并不采用螺线管磁芯，在高带宽设计中尤为如此，因为这时必须有多个断片或法拉第屏蔽，这导致物理结构变得非常复杂。其他的磁芯配置还有环形磁芯（Ring Core），有时也被称为准螺线管（Semitoroidal）。虽然它与图 15.11 所示的磁芯类似，但是它没有中心断片，绕组是置于侧面的。有时环形磁芯的实心的（非叠层的）格式被分割成具有精美配合外观的两个部分。在绕组安装之后，这两个 C 磁芯（C-cores）再被夹在一起。

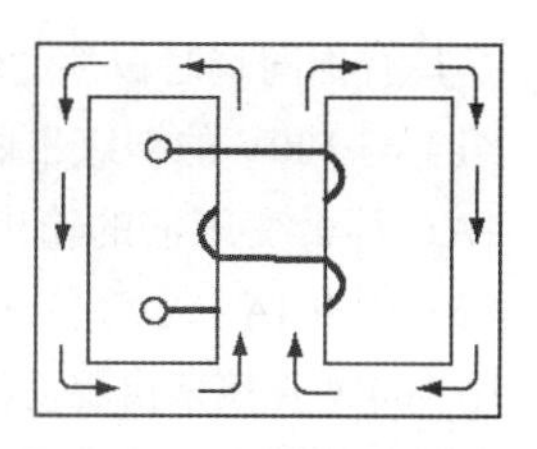

图 15.11　壳芯中的磁路

15.1.2.2　绕阻和自动变压器

如果存在零阻抗导线的话，那么我们就可以制造出一些真正令人吃惊的变压器。例如，在 60Hz 电源变压器中，我们可以用少量的导线在微小的磁芯上绕制出初级，这样就可以形成足够的电感来产生合理的励磁电流。之后，我们同样可以用少量的导线绕制出次级。由于导线不存在阻抗，且磁芯中的磁通密度不随负载电流的变化而变化，所以这种邮票大小的变压器处理的功率不受限制——甚至它不会发热。但是，至少在实用性超导导线可应用之前，实际的导线还是存在阻抗的。由于初级和次级电流流经绕组的阻抗，而由此产生的压降会导致信号在声频变压器内产生损耗，并在电源变压器中产生明显的热量。虽然该阻抗可以通过采用更粗的（较小线径规格标号的）导线或者较少的匝数来降低，但是随着变压器标称功率的提高，所要求的匝数和可接受的功率损耗（或所产生的热量）等所有因素综合在一起会使得变压器的物理尺寸和重量都更大。虽然有时我们推荐使用银线取代铜线，但是其阻抗也只是降低了大约不到 6%，效果不明显，并不划算。但是，另外一种被称为“自动变压器”的变压器绕组配置可以减小其体积、降低使用成本。因为自动变压器的初级和次级是电气连接在一起的，所以它不能用于要求电气隔离的场合。另外，当要求的匝数比非常接近 1 : 1 时，这种变压器的体积和成本优势最大，而在较高的匝数比下这一优势就逐渐丧失了，因此实用的最小匝数比约为 3 : 1 或 1 : 3。

例如，假设一个变压器是要将 100V 转变为 140V，初级线圈可能要有 100 匝，而次级线圈则要有 140 匝，如图 15.12（a）所示。如果次级（负载）上流经的电流 I_S 为 1A，变压器输出功率为 140 W，为了满足理想条件下输入功率与输出功率相等的条件，则初级电流 I_P 为 1.4A。在实用的变压器中，选用的每个绕组导线的粗细受电压损失和发热量的限制。

从本质上讲，自动变压器将绕组串联起来，以便次级电压加到（提升）或减去（补偿）初级输入电压。图 15.12（b）所示的是升压自动变压器。应注意的是，其中的点代表的是具有相同瞬时极性的绕组端子。40V的次级（上面的绕组）与100V的初级串联。如果流经次级负载的电流 I_S 为1A，那么变压器的输出功率仅40W，而且流经初级的电流 I_P 仅0.4A。尽管负载上分得的总功率还是140W，但其中100W直接来自驱动源，只有40W是经自动变压器变换和相加得来的。在自动变压器中，可以在初级使用100匝细导线，而次级只需要使用40匝粗导线。这可与使用240匝粗导线的变压器相比拟。

图15.12(c)所示的是降压自动变压器。其工作原理类似，只不过次级的连接使瞬时极性是输入电压相反值或减去输入电压的值。例如我们可以将自动变压器作为100V到20V的降压变压器来将120V交流电源电压降到100V交流电源电压。因此，100W负载可以只用标称20W的变压器来驱动。

低电平声频变压器的绕组可能是由数百匝或数千匝的导线组成，有时导线细到#46，其0.0015 in的直径，堪比人的头发丝。因此，每一绕组的直流阻抗高达数千欧姆。图15.8中，变压器初级和次级绕组的阻抗分别用 R_P 和 R_S 表示。

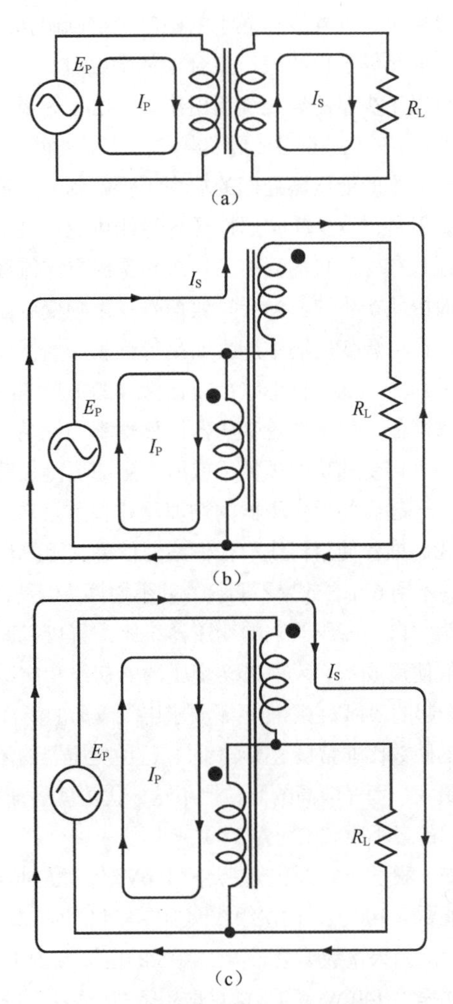

图15.12 采用降/升原理的自动变压器

15.1.2.3 漏感和缠绕技术

在理想变压器中，由于由初级产生的所有磁通量都连接到次级，所以次级上的短路将会反射回初级，使初级同样产生短路。然而，实际的变压器中，未连接的磁通量导致在任何绕组上的漏感都能被测量出来。因此，如果初级短路，则会在次级显现出漏电感，反之亦然。在图15.13的模型中，漏感被表示成 L_L 。应注意的是，漏感与其他阻抗分量一样，也是按照匝数平方的关系从一个绕组反射到另一绕组。

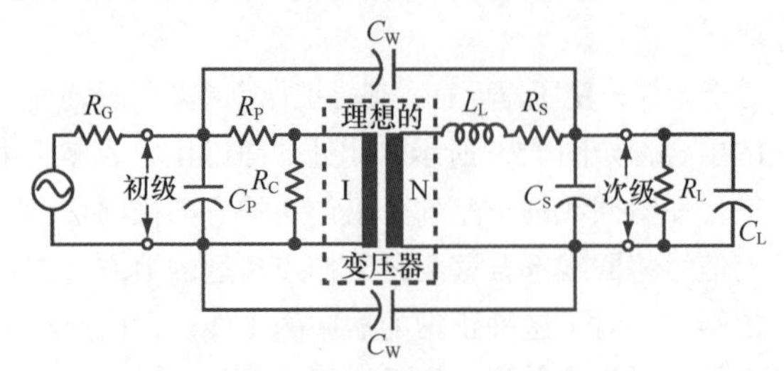

图15.13 变压器的高频寄生成分

初级和次级绕组之间的耦合程度取决于两者间的物理间距，以及彼此之间的相对位置关系。线圈以同一轴向绕制的方式和尽可能靠近的方式可以使漏感降至最小。这种技术的根本形式被称为多股线绕制（Multi-Filar），其中的多股导线，就如同一根导线一样同时绕制。例如，如果两个绕组（即初级和次级）被当作一个绕组来绕制，那么变压器就是所谓的双股线绕制（Bi-Filar）变压器。注意图15.14所示的剖面图中的整个绕组，从头到尾，初级和次级绕组都是并行绕制的。另外一种减小漏感的技术就是分层绕制法（Layering），这一技术中，初级和次级绕组按彼此交错的顺序来绕制。例如，图15.15所示的就是三层变压器的剖面图，其中先绕制一半初级，然后是次级，接着是初级的另外一半。这样处理使漏感要比次级绕制在初级之上的双层设计小了很多。漏感随着绕制层数的增加迅速降低。

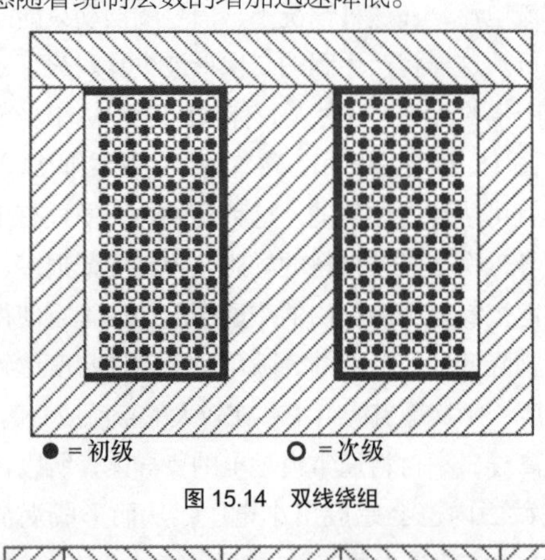

图15.14 双线绕组

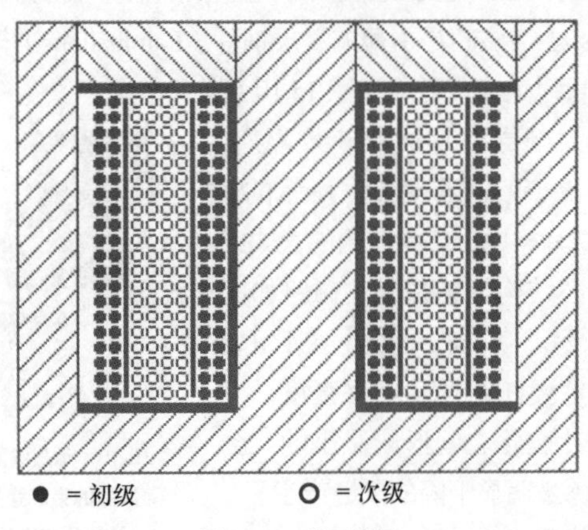

图15.15 分层绕组

15.1.2.4 绕组电容和法拉第屏蔽

为了在指定的空间内绕制最多的匝数，绕组变压器的导线的绝缘层非常薄。所谓的漆包线（Magnet Wire）大多采用丙烯酸聚氨酯磁漆涂层来绝缘。变压器绕组一般都是利用机器，通过图 15.10 那样的旋转线轴绕制而成的。采用类似于纺机的走梭板导线，通过这些线在整个线轴的长度方向上形成厚度相当于导线厚度的一个导线层。导线被引导在线轴上来回移动，形成如图 15.15 所示的那样多层线圈结构，图中形成线轴横截面的线是绕组的三边实线。这种从一边到另一边，从前到后的绕法会在绕组上产生相当大的层间电容。像这种较为复杂的技术有时被用来大幅度降低绕组电容。图 15.13 的电路模型中的 C_P 和 C_S 表示的就是绕组中的这些电容。另外的电容将存在于初级和次级之间，在电路模型中用电容器 C_W 表示。有时人们会在层间加入绝缘带，以增大其间隔，降低初级与次级之间的电容。在图 15.14 所示的双股线绕组中，由于初级和次级的导线完全是并排的，所以绕组间电容 C_W 相当高。

在有些应用中，人们极不希望出现绕组间电容。通过在绕组之间使用法拉第屏蔽（Faraday Shield）可以将其完全消除掉。有时所谓的静电屏蔽（Electrostatic Shield）就是利用放置在绕组之间的一层薄薄的铜箔来实现的。显然，利用多层结构来减小漏感的变压器在所有的相邻层之间都需要采用法拉第屏蔽。在图 15.15 中绕组层之间的深色实线就是法拉第屏蔽。通常，包围绕组的所有屏蔽被连在了一起，并被视为单独的电气连接。当像图 15.16 那样连接到电路地时，法拉第屏蔽就会阻断流经变压器绕组之间的容性电流。

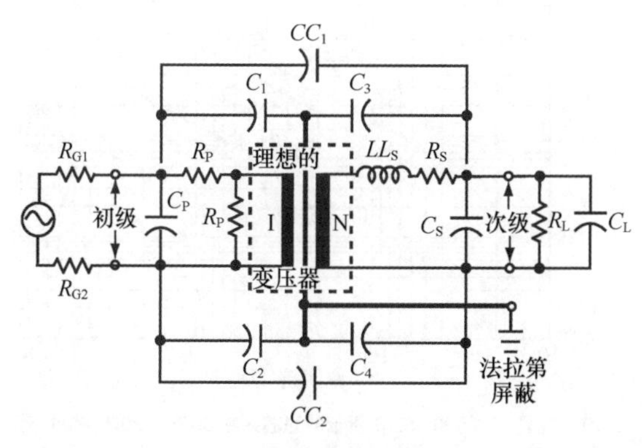

图 15.16 采用了法拉第屏蔽并由平衡信号源驱动的变压器的高频等效电路

在变压器设计中，法拉第屏蔽几乎总是被用来消除噪声。在这些应用中，就是让变压器只对跨接于初级端口的电压差或信号产生响应，而不对同时也存在于初级端口上的噪声（或共模信号）产生响应。法拉第屏蔽用来阻止变压器通过图 15.13 中的 C_W 将这一噪声容性耦合到次级。对于连接到平衡线路的任何绕组而言，对的电容匹配对于抑制共模噪声，或 CMRR 至关重要，具体参考第 36 章的讨论。在图 15.16 中，如果初级是由平衡线路驱动的，则要想取得高的 CMRR，C_1 和 C_2 必须非常准确地匹配。在大部分应用中，比如在传声器或线路输入变压器中，次级工作于非平衡状态，即一个端子是接地的。这样便缓解了对电容 C_3 和 C_4 的匹配要求。尽管电容 CC_1 和 CC_2 一般相当小（只有几个 pF），但是其影响会使声频频带高端的 CMRR 逐渐减小，并限制了其对 RF 干扰的抑制能力。

15.1.2.5 磁屏蔽

磁屏蔽（Magnetic Shield）的目的与上面提及的法拉第屏蔽的目的完全不同。电源变压器、电机和电视机或计算机监视器的阴极射线管这样的器件会产生很强的交变磁场。如果这样的磁场通过声频变压器的磁芯构成通路的话，那么就可能将不想要的电压耦合到其绕组中 —— 这就是人们最常听到的嗡声。如果令人不愉快的信源和受影响的变压器已经安装就位，那么它们的取向有时可能使它们的工作失去实效。在图 15.11 中，应注意的是，垂直通过磁芯的外部磁场将导致磁通量在整个线圈长度上呈梯度变化，在其中感应出电压，但是水平通过磁芯的磁场则没有这样的作用。这样的磁场拾取通常会使输入变压器性能恶化（稍后讨论），因为通常它们的匝数较多。还应注意的是，较高导磁率的磁芯材料对外部磁场有较强的免疫力。因此，未屏蔽的高镍含量磁芯的输出变压器要比钢质磁芯变压器对外部磁场有更强的免疫力。

另外一种阻止拾取这种磁场的方法就是将磁芯用闭合磁路封闭起来（使之没有气缝）。最常采用的磁屏蔽形式为盖子扣得很紧的罐子或盒子，并且它们都是用高导磁率材料制成的。由于普通钢材（比如电气管线）的导磁率只大约 300，特殊功用的镍合金的导磁率可以高达 100 000。其商用产品包括有 Mumetal，Permalloy，HyMu 和 Co-Netic[1,2]。由于壳体将变压器完全包裹起来，因此此时令人讨厌的外部磁场会通过它，而不再通过变压器磁芯。一般而言，必须格外小心，不要对这些金属施加机械压力，因为这样会明显降低其导磁率。出于这一原因，在制作完成之后，大部分磁屏蔽材料必须要进行再退火处理。

磁屏蔽的效力一般以 dB 来标称。变压器被置于强度已知的外部磁场（一般为 60Hz）中。之后我们对有屏蔽时的输出与无屏蔽时的输出进行比较。例如，0.125 in 厚的铸铁盒体将对磁场的拾取减小约 12dB，而 0.030 in 厚的 Mumetal 可以将其减小约 30dB。当低电平变压器工作在强磁场附近时，可以用几个依次渐小的屏蔽罐将变压器套在其中。两个或三个 Mumetal 罐可以分别产生约 60dB 和 90dB 的屏蔽效果。在非常强的磁场中，由于高导磁率材料可能会饱和，所以有时会采用铁或钢的材料制成其外壳。

环形电源变压器所辐射出的磁场强度要弱于其他类型的变压器辐射出的磁场强度。如果声频变压器必须安装在其附近，可以利用这种变压器的这种优点。然而，环形变压器必须要认真设计才能使其辐射的磁场强度很低。例如，每一绕组必须完全将磁芯外表覆盖。变压器引线的连接点常常是产生这类问题的隐患。为了获得体积和成本上的优势，大部分商用类型的电源变压器均被设计为在磁芯临近磁饱和状态时运行。当任何变压器发生饱和时，其辐射出的磁场急剧增大。工作于低磁通密度下的电源变压器会避免此类问题的出现。当标准的商用电源变压器工作于降低的初级电压下时，它所产生的外溢磁场强度非常弱（可以与标准的环状设计相当）。

15.1.3 普通应用考虑

对于任何指定的应用，在选择或设计一种合适的声频变压器时，要考虑的参数非常多。我们将讨论变压器与周围电路相互作用时变压器性能可能产生的变化。

15.1.3.1 最大信号电平，失真和源阻抗

因为这些参量之间存在无法回避的相互依存关系，所以必须将其分组讨论。尽管变压器的工作电平常常是用功率来指定的，比如 dBm 或瓦特（watt），它对失真产生的直接影响则与驱动电压产生的影响等效。初级绕组中的励磁电流导致的失真正比于初级电压，而不是功率。回顾图 15.8，非线性阻抗 R_C 所代表的就是磁芯材料引发失真的机制。考虑于此，如果 R_G（驱动源阻抗）和 R_P（内部绕组阻抗）都为零，那么电压源（定义为零阻抗）将使 R_C 有效地短路，从而得到零失真的结果。但在实际的变压器设计中，信号电平、失真和源阻抗之间存在着一定的关系。由于失真也是磁通密度的函数，失真随频率的降低而升高，所以最大工作电平的技术指标也必须指明是在何种频率条件下。指定的最大工作电平，指定频率下的最大可接受失真和最大可接受源阻抗通常就限定了必须使用的磁芯材料类型及其物理尺寸。当然，成本在这里也是一个重要的考量因素。

最为常用的声频变压器磁芯材料是 M6 钢（一种含 6% 硅的合金钢）和 49% 镍或 84% 镍。镍确实要比钢更贵一些。图 15.17 所示的是选用的磁芯材料是如何影响因信号电平变化产生的低频失真的。低电平时的失真增大是磁滞导致的，而高电平时的失真加大则是磁饱和导致的。图 15.18 所示的是失真随着频率的提高快速减小的情况。因材料磁滞失真上的差异，致使失真下降最快的是镍含量为 84% 的材料，致使失真下降最慢的是钢材料。图 15.19 所示的是失真受驱动源阻抗强烈影响的情况。图中的源阻抗是由 40Ω 开始的，因为这是初级绕组的阻抗。因此，我们推断出，在较高频率、较大失真和较低源阻抗时的最大工作电平始终要比在较低频率、较低失真和较低源阻抗时的最大工作电平高。

以此为前提，我们应该说：用 THD 或总谐波失真来描述失真的感知危害是不恰当的方法。失真是由诸如 2 次或 3 次这样的低次谐波和诸如 7 次或 13 次这样的很难听出的高次谐波组成的。为此，在非常低的频率上，即便是日常最好的扬声器在正常的听音声级下也会表现出百分之几的谐波失真。测量结果很难与人的听音经历间存在很好相关性。很显然，这种感知要比用数字来表达的情况复杂得多。

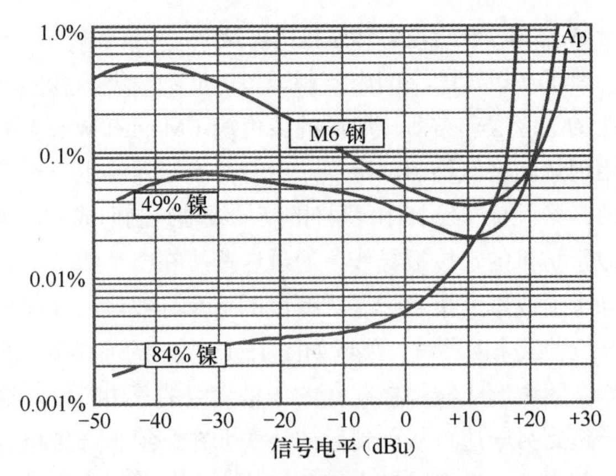

图 15.17 三种不同类型的磁芯材料在 20Hz、40Ω 信号源驱动时测量到的 THD 与信号电平的关系

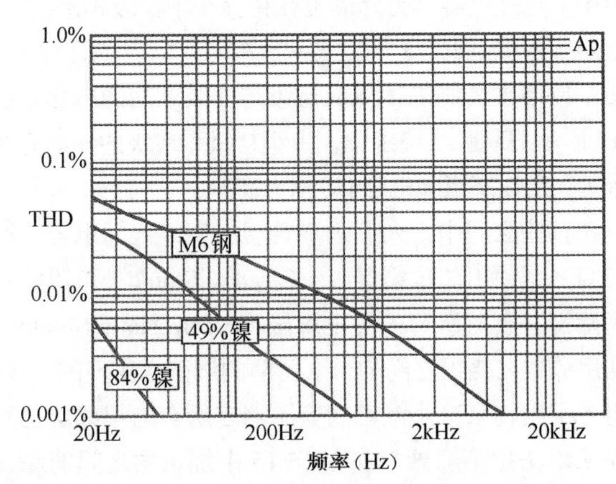

图 15.18 如图 15.17 所示的磁芯，在 0dBu、40Ω 信号源驱动时测量到的 THD 与频率的关系

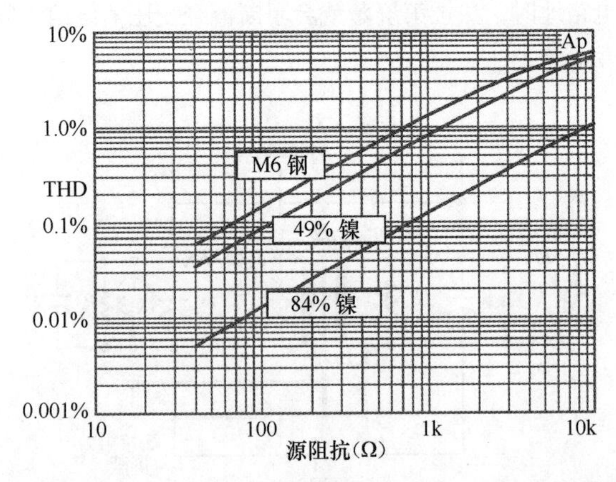

图 15.19 如图 15.17 和 15.18 所示的磁芯，在 0dBu、20Hz 条件下测量到的 THD 与源阻抗的关系

特别容易听出的一种失真就是互调失真（IM 失真）。测量使用的测试信号一般是由大的低频信号和较小的高平信号混合而成的，测量的对象是被较低频率调制的高频分量的幅度。这种互调产生的音调是新的，非谐波的频率成分。SMPTE（电影与电视工程师协会，Society of Motion Picture and Television Engineers）IM 失真测量采用的测试信号是 60Hz 和 7kHz 的混合信号，两者的振幅比为 4 ∶ 1。实际上，所有的电子放大器电路的谐波失真和 SMPTE IM 失真之间都存在近似的关系。例如，如果一个放大器在工作电平条

件下测得的 60Hz 时的 THD 为 1% 的话，那么测量到的在等效工作电平下的 SMPTE IM 失真大约为 THD 的 3 或 4 倍，即 0.3% 至 0.4%。这种相关性是因为电子的非线性给声频信号带来的失真一般与频率无关。实际上，由于负反馈和有限增益带宽的缘故，所以大部分电子失真都会随着频率的升高而恶化。

声频变压器中的失真是以一种使声音变得不同寻常的方式开始的。其中的失真是由平滑的磁性转移特性或如图 15.9 所示的磁芯材料的 B-H 回线所导致的。对于恒定的电压输入，与磁通量密度有关的非线性与频率成反比。因而产生的谐波失真分量近乎为纯 3 次谐波。在图 15.18 中，应注意的是，频率每增加 1 倍，84% 镍磁芯的失真大约降低 1/4，在 50Hz 以上失真小于 0.001%。与放大器中的失真不同，变压器的失真机制具有频率选择性。这使得它的 IM 失真要比预期的小很多。例如，Jensen JT-10KB-D 线路输入变压器在 60Hz，+26dBu 输入时的 THD 大约为 0.03%。但是，在等效的电平下，它的 SMPTE IM 失真仅大约为 0.01%（大约为具有同样 THD 放大器的 1/10）。

15.1.3.2　频率响应

图 15.20 所示的是由电路电阻和变压器初级电感 L_P 构成的高通 RL 滤波器的简化等效电路。有效的源阻抗是 $R_G + R_P$ 和 $R_S + R_L$ 的并联等效值。当 L_P 的感抗等于有效的源阻抗时，低频响应将跌落到中频频段数值以下 3dB。例如，假定变压器的 L_P 为 10H，每一绕组的电阻 R_P 和 R_S 为 50Ω。信号发生器的阻抗 R_G 为 600Ω，负载阻抗 R_L 为 10kΩ，那么有效源阻抗为 600Ω + 50Ω 与 10kΩ + 50Ω 的并联值，通过计算，我们得出的这一并联值约为 610Ω。10H 电感器在 10Hz 时将具有 610Ω 的感抗，这使该频率上的响应降低 3dB。如果发生器阻抗 R_G 变为 50Ω，那么响应的 −3dB 点出现在 1.6 Hz 处。源阻抗越低将总是会使低频带宽向下延展。由于滤波器是单极点的，所以其响应以 6dB/oct 的斜率跌落。正如此前讨论的那样，大多数磁芯材料的导磁率随频率的降低稳步提高，一般在 1Hz 之下的某一处达到最大。这将导致实际的滚降斜率小于 6dB/oct，并使相位失真（与线性相位的偏差）得到改善。尽管变压器不能对 0Hz 或直流产生响应，但是它所产生的相位失真要比选择耦合电容器实现同样滚降频率的情况下产生的相位失真小很多。

图 15.21 的简化等效示意图示出了对高频响应构成限制和控制的寄生元件。

除了讨论过的双股线绕制类型之外，漏感 L_L 和负载电容也是主要的限制因素。对于采用法拉第屏蔽的分层绕线设计而言尤为如此，因为漏感增大了。应注意的是，低通滤波器是由漏感 L_L 与并联的分流线圈电容 C_S，以及外接负载电容 C_L 串联而成的。由于该滤波器有两个电抗元件，所以它是对响应变化起阻尼（Damping）作用的双极点滤波器。滤波器中的阻性元件产生阻尼作用，以此耗散掉电感和电容谐振时的能量。如图所示，如果阻尼电阻 R_D 太大，响应在跌落前会升高；如果阻尼电阻太小，响应会跌落得太早。最佳阻尼会取得不存在响应峰值的最宽带宽。应注意的是，将容性负载 C_L 放在具有高漏感的变压器中不仅会减小其带宽，而且还会改变取得最佳阻尼所要求的电阻阻值。对于大部分变压器而言，R_L 控制阻尼。在时域中，欠阻尼会引发如图 15.22 所示的方波作用下的振铃现象。当负载为指定的负载电阻时，同一变压器会产生如图 15.23 所示的响应。在有些变压器中，源阻抗也具有明显的阻尼效果。

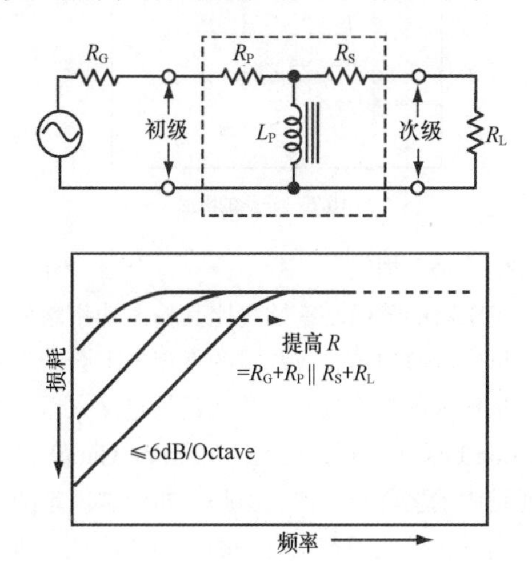

图 15.20　简化的低频变压器等效电路

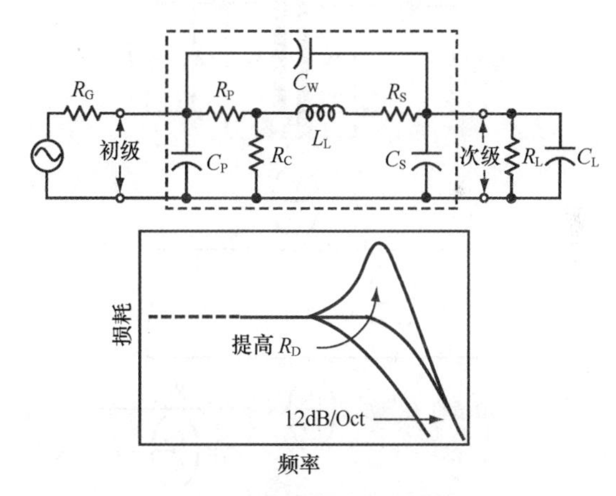

图 15.21　简化的高频变压器等效电路

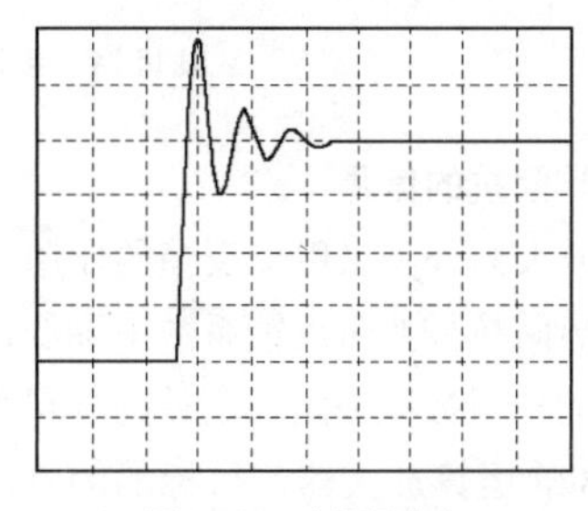

图 15.22　欠阻尼响应

在双股线绕制的变压器中，虽然漏感 L_L 非常低，但是绕组间电容 C_W 和绕组电容 C_P 及 C_S 相当高。在诸如线路驱动器这样的应用中必须保持非常低的漏感，因为大的线缆电容 C_L 将对高频响应产生极大的危害。这样的变压器通常是指输出变压器。还应注意的是，低通滤波器是由 R_G 与并

联的 C_P 和 C_S 相串联构成的。因此，如果驱动源的源阻抗 R_G 太高，那么驱动源可能对高频响应构成限制。在普通的1：1双股线绕制输出变压器中，实际上 C_W 对在绕组间的、在非常高频率下的容性耦合起作用。根据具体的应用情况，这可能是一个缺点，也可以说是一种特性。

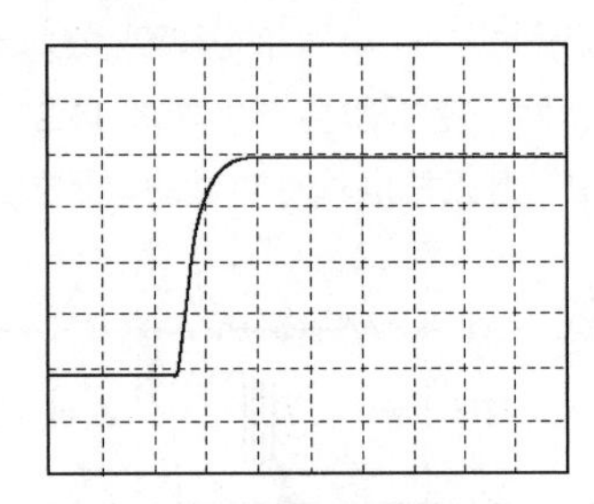

图 15.23　正确的阻尼

15.1.3.3　插入损耗

来自变压器的输出功率始终比其输入功率略低。由于变压器绕组中流有电流，故绕组的直流电阻会产生额外的压降和热量形式的功率损耗。从宽泛的定义来看，插入损耗（Insertion Loss）或插入增益（Insertion Gain）是由插入到信号通路中的器件产生的。但是，即便是理想的无损变压器也会因其匝数比而产生电平的升高或降低，所以“插入损耗”一词通常是根据实际的变压器与具有同样匝数比的理想变压器的输出信号的电平差来定义的。

图 15.24 所示的是电路模型，戴维南（Thevenin）等效电路，理想及实际变压器的计算公式。例如，假设1：1匝数比的变压器的 R_G=R_L=600Ω，由于 N_S/N_P=1，所以等效电路简化为 E_i 与 R_G 或600 Ω的串联。当接入 R_L 时，这便构成简单的分压器，产生 E_O=0.5E_i 或6.02dB的损耗。对于 R_P=R_S=50Ω的实际变压器，等效电路变成 E_i 与 $R_G+R_P+R_S$ 或700Ω的串联。这时，输出 E_O=0.462E_i 或6.72dB的损耗。因此，变压器的插入损耗为0.70dB。

匝数比不是1：1的变压器的计算与之类似，只不过要像所示公式那样，电压要乘上匝数比，反射阻抗要乘上匝数比的平方。例如，假设变压器的匝数比为2：1，R_G=600Ω，R_L=150Ω，则理想变压器的输出表现为0.5E_i 与 R_G/4 或150Ω的串联。当接入 R_L 时，所形成的简单分压器使得 E_O=0.25E_i 或产生12.04dB的损耗。对于 R_P=50Ω和 R_S=25Ω的实际变压器而言，等效电路变为0.5E_i 与（R_G+R_P)/4 + R_S 或187.5Ω的串联。这时，输出 E_O=0.222E_i 或13.07dB的损耗。故该变压器的插入损耗为1.03dB。

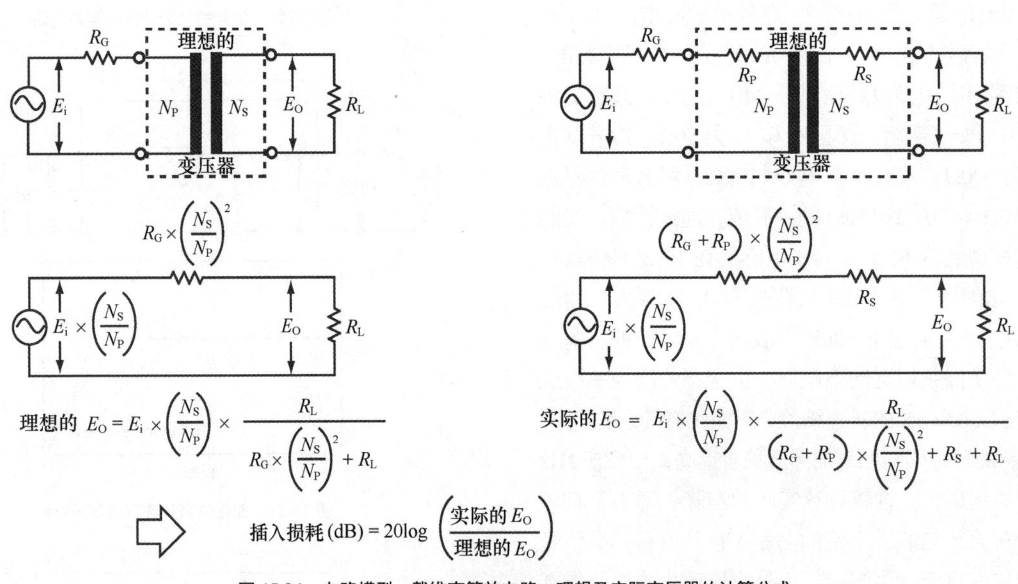

图 15.24　电路模型，戴维南等效电路，理想及实际变压器的计算公式

15.1.3.4　零阻抗的信源

在高增益放大器外围采用负反馈的作用之一就是降低输出阻抗。输出阻抗按照负反馈系数来降低，负反馈系数等于开环增益的分贝数减去闭环增益的分贝数。典型的开环增益为80dB的运算放大器，目标的闭环增益为20dB，则反馈系数为80dB − 20dB=60dB或1000，这将使其50Ω的开环输出阻抗降低反馈系数的倍数(1000)，大约为0.05Ω。在线性工作（即没有电流限制或电压削波）的限定下，放大器周围的反馈有效地迫使输出保持恒定，而不管负载如何。对于所有实用目的而言，运算放大器输出可以被认为是真正的电压源。

正如图15.19所示的那样，当驱动源阻抗小于初级的直流阻抗时，任何变压器的失真特性都会明显改善。不过，当源阻抗约低于绕组直流阻抗的10%时所产生的失真很小。例如，假设典型线路输出变压器的初级直流阻抗为40Ω。刚好在4Ω之下的驱动源阻抗将使失真最低。图15.28和图15.29所示的线路驱动器使用并联的电感和电阻来将放大器与极高频率时的负载（线缆）电容的失稳效应隔离开或去耦合。因为隔离器的阻抗在整个声频频带上刚好都处在1Ω以下，为此使用相对大的串联的做法或附加电阻器的做法更为可取。

对于放大器而言，可以产生负的输出阻抗，以抵消输出变压器的绕组电阻。如图 15.8 所示，变压器失真可以视为是非线性行为或 R_C。如果 R_G 和 R_P 之和的有效值为零，那么 R_C 被有效地短路，且变压器失真变得非常低。Audio Precision（美国一家生产声频测量设备的公司）在其 System 1（系统 1 型）的声频信号发生器中采用了这一专利电路，以便于将与变压器有关的失真降到极低的电平。

15.1.3.5　阻抗的双向反射

关于声频变压器的阻抗表述可能不太清晰。之所以有这么多的不确定性是因为变压器可以同时反射两个不同的阻抗——每个方向上一个阻抗。一个是从次级看过去的驱动源阻抗，另一个是从初级看过去的负载阻抗。变压器简单地将阻抗从一个绕组反射到另一个绕组，反射是按照匝数比的平方来进行的。然而，因之前讨论过的其内部存在寄生元件的缘故，当采用的外部阻抗处在指定范围内时，变压器倾向于产生最佳结果。

从本质上讲，并不存在关于变压器自身的固有阻抗。如果次级没有负载，那么变压器的初级只是个电感，其阻抗随频率线性变化。例如，一个 5H 初级绕组在 100Hz 时的输入阻抗大约为 3kΩ，在 1kHz 时阻抗为 30kΩ，在 10kHz 时阻抗为 300kΩ。在正确设计的变压器中，这一自阻抗与那些另外的内部寄生阻抗一样在正常的电路工作条件下应该是可被忽略的。下面的应用将以图示的方法说明这一点。

图 15.25 所示的是一个匝数比为 1 : 1 的输出变压器应用。其绕组具有大约为 25H 的电感，以及可忽略的漏感。在 1kHz 时，任意绕组的开路阻抗都约为 150kΩ。由于每一绕组的直流电阻约为 40Ω，所以如果初级发生了短路，那么次级阻抗将降至 80Ω。如果我们将变压器放在零阻抗放大器（稍后会有更多介绍）与负载之间，那么放大器将会透过变压器看到负载，同样负载也是透过变压器看到放大器。在我们所举的例子中，对于输出线路 / 负载而言，放大器阻抗像是 80Ω，而对于放大器而言，600Ω 线路 / 负载看上去像是 680Ω。如果负载为 20kΩ，那么该负载看上去会比 20kΩ 稍低一些，因为 1kHz 时的 150kΩ 开路变压器阻抗与其有效地并联在一起。对于大多数应用而言，这些影响微不足道。

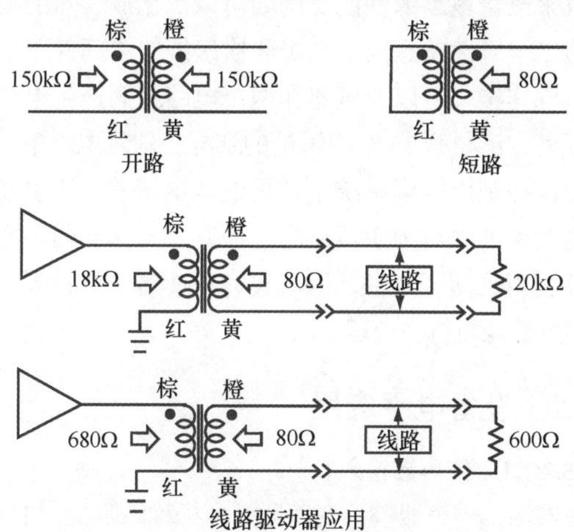

图 15.25　匝数比为 1 : 1 变压器中的阻抗反射

图 15.26 所示的是一个匝数比为 4 ∶ 1 的输入变压器的例子。它的初级电感约为 300H，而绕组电容可以忽略不计。1kHz 时初级的开路阻抗约为 2MΩ。由于该变压器具有 4 ∶ 1 的匝数比，故其阻抗比为 16 ∶ 1，次级开路阻抗约为 125kΩ。对于初级而言，直流阻抗约为 2.5kΩ，对于次级而言，直流阻抗约为 92Ω。既然这是一个输入变压器，那么为了产生正确的阻尼（平坦的频率响应），它必须与 2.43kΩ 的指定次级负载阻抗配合使用。次级上的这一负载将按照匝数比变化成初级看上去的“42kΩ”。为了将放大器级的噪声影响最小化，我们需要知道变压器次级对于放大器而言的阻抗。如果我们假设初级是被 80Ω 源阻抗的线路所驱动的话，那么我们可以计算出对于放大器输入而言，次级看上去阻抗约为 225Ω。实际上，任何小于 1kΩ 的源阻抗对次级看到的阻抗的影响都很小。

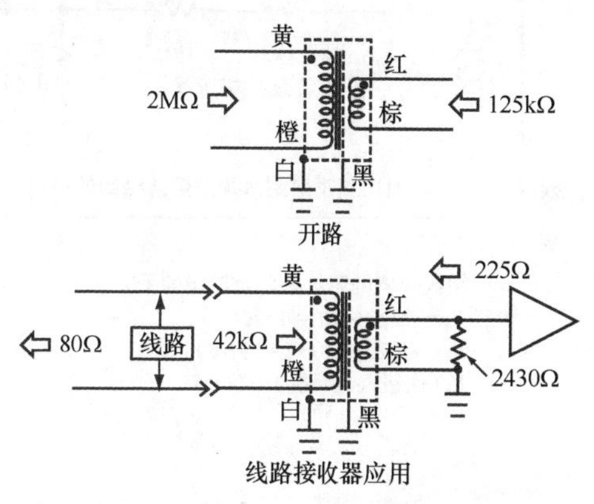

图 15.26　匝数比为 4 : 1 的变压器中的阻抗反射

变压器并不是智能器件——它们不能像变魔术那样只在一个方向上耦合信号。磁耦合确实是双方向进行。例如，图 15.27 所示的是三绕组的 1 : 1 : 1 变压器，它被连接成驱动两个 600Ω 负载 。驱动器看到的是并联的负载，或者是忽略了 300Ω 绕组电阻的情况。同样，任一输出上的短路都将会反射到驱动器，使其短路。当然，为了计算出实际的驱动器负载，必须将匝数比和绕组阻抗考虑在内。基于同样的原因，在同一变压器上驱动两个绕组的立体声 L 和 R 输出，会彼此有效地驱动，从而可能导致失真或损坏情况发生。

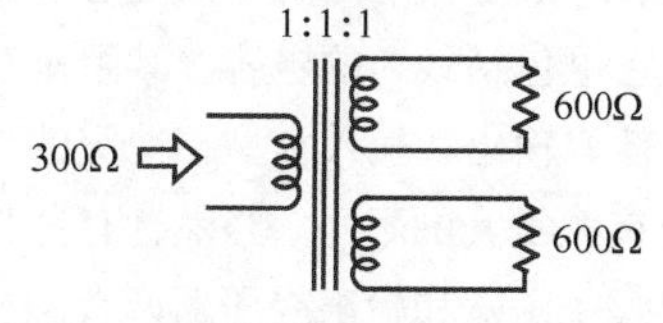

图 15.27　多个负载被有效地并联在一起

15.1.3.6　变压器的噪声指标

尽管变压器的升压匝数比可以提供无噪声的电压增益，如，1 ∶ 10 的匝数比可提供约 20dB 的增益，但要知道：信噪比的改善并不是单靠该增益来实现的。因为大部分放大器设备会在其输入端会产生电流噪声和电压噪声，当匝数比对于特定的放大器而言并不是最佳时，其噪声性能将会受到损害（参考 25.1.2.3 部分讨论的有关“噪声”的内容）。

噪声指标是以 dB 来度量的，它表示出了给定的系统组件所导致的信噪比的恶化程度。包括变压器绕组的电阻在内的所有电阻都会产生热噪声。因此，变压器的噪声指标表明了当用该变压器取代具有相同匝数比（即电压增益）的理想无噪声变压器时，热噪声或嘶声的增加程度。变压器的噪声指标值按图 15.28 所示的公式来计算。

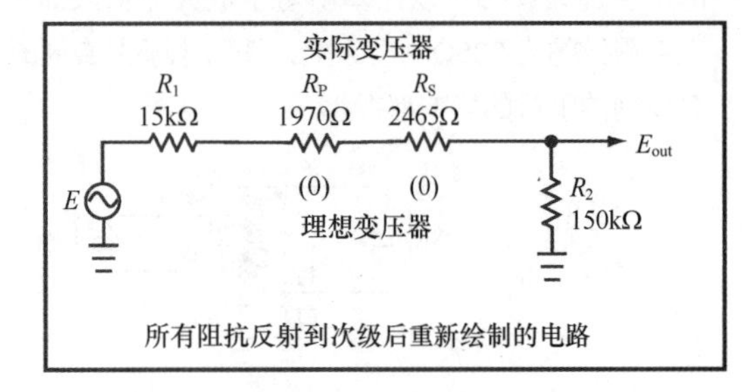

实际变压器

R_1 15kΩ　R_P 1970Ω　R_S 2465Ω　E_{out}

E　(0)　(0)　R_2 150kΩ

理想变压器

所有阻抗反射到次级后重新绘制的电路

初级一侧的阻抗乘以匝数比的平方

$R_1 = 150\Omega \times 10^2 = 15\text{k}\Omega$

$R_P = 19.7\Omega \times 10^2\Omega = 1970\Omega$

R_S（次级直流阻抗）= 2465Ω

R_2 = 150kΩ（负载）

变压器噪声指标是通过对具有绕组阻抗的实际变压器与无绕组阻抗的理想变压器进行比较后计算得出的。首先，按照左面所示的方法将所有的阻抗变化到次级。

有两个分量需要计算。

1.因输出阻抗的提高而导致的附加噪声

实际 Z_{out} $\dfrac{150\text{k}\Omega \times (15\text{k}\Omega + 1970 + 2465)}{150\text{k}\Omega + 15\text{k}\Omega + 1970 + 2465} = 17.205\text{k}\Omega$

理想 Z_{out} $\dfrac{1150\text{k}\Omega + 15\text{k}\Omega}{50\text{k}\Omega \times 15\text{k}\Omega} = 13.636\text{k}\Omega$

$NF = 20\lg\sqrt{\dfrac{17205（实际的）}{13636（理想的）}} = 1.01\text{dB}$

2.因串联损失的加大而导致输出信号电平的减小

理想的 E_{out} $\dfrac{150\text{k}\Omega}{150\text{k}\Omega + 15\text{k}\Omega} = 0.909$

实际的 E_{out} $\dfrac{150\text{k}\Omega}{150\text{k}\Omega + 15\text{k}\Omega + 1970 + 2465} = 0.885$

$NF = 20\lg\dfrac{0.909（理想的）}{0.885（实际的）} = 0.232\text{dB}$

3. 总的 $NF = 1.01\text{dB} + 0.232\text{dB} = 1.23\text{dB}$

图 15.28　变压器噪声指标的确定

15.1.3.7　应用角度的基本分类

诸如可承受电平，失真和带宽等许多的变压器性能都与驱动源的阻抗（大多数情况下是负载的电阻和电容）有着密切的关系。这些阻抗扮演着如此重要的角色，以至于我们以此将声频变压器分成两种基本类型。最简单的表述是，当负载阻抗低（使用线路驱动器）时，我们使用输出变压器，而当负载阻抗高（使用线路接收器）时，就使用输入变压器。线路驱动器的阻抗不只是它要驱动的高阻抗设备的输入，它也包括线缆的电容，其阻抗在 20kHz 时电容会变得相当低。输出和输入类型相冲突的技术要求其设计和物理结构有非常大的不同。当然，有些声频变压器应用同时需要输入变压器和输出变压器两者的性能，因此也就不容易对其分类了。

为了维持容性负载下的高带宽，输出变压器必须具有非常低的漏感。为此，它们几乎很少采用法拉第屏蔽，并且大多采用多股线绕制。为了取得低的插入损耗，它们采用粗导线绕相对少的匝数，以此降低绕组的电阻。由于其使用的匝数较少，且工作在相对高的电平下，所以输出变压器很少采用磁屏蔽。另一方面，输入变压器通常直接驱动高阻、低容的放大器电路输入。许多输入变压器工作在相对较低的信号电平上，通常带有法拉第屏蔽，并且常常被至少一层的磁屏蔽所包裹。

15.2　特殊应用的声频变压器

一般而言，之所以采用声频变压器是因为它们有两个非常有用的属性。第一个属性就是它们可以通过变换电路的阻抗来改善电路的性能，例如可以优化放大器的噪声特性。第二个属性就是因为初级和次级绕组之间并不进行直接的电气连接，所以变压器在两个电路之间产生电气或电流的隔离。正如第 36 章中讨论的那样，信号电路中的隔离是避免或控制由声频系统中常见的地电压差异所引发的噪声问题发生的强有力手段。为了使其真正起作用，变压器应充分利用这两个属性，但不要为此而对带宽，失真或噪声等声频性能做折中处理。

15.2.1　设备电平应用

15.2.1.1　传声器输入

在欧洲，传声器输入变压器是由标称源阻抗为 150Ω 或 200Ω 的专业传声器驱动的。传声器输入变压器的最重要功能之一就是变换传声器的阻抗，一般是将低阻抗变换成更高阻抗，以取得最佳的噪声性能。正如第 25 章所讨论的那样，这一最佳阻抗的范围可能为 500Ω ～ 15kΩ，具体则要根据放大器来决定。为此，传声器输入变压器的匝数比范围为 1∶2 ～ 1∶10，甚至更高。图 15.29 所示的电路采用了 1∶5 匝数比的变压器，故使得传声器对 IC 放大器呈现出 3.7kΩ 的源阻抗，优化了它的噪声特性。变压器的输入阻抗约为 1.5kΩ。重要的是要保证频率变化时该阻抗保持合理的平坦度，以避免频带两端的传声器响应发生改变，参见第 25 章中的图 25.6。

在所有平衡式信号连接中，由于地电压差、磁场或电场对互连线缆的作用，可能会存在共模噪声。之所以称之为共模噪声，是因为其在两路信号线上大小相等，至少在理论上如此。平衡输入的最重要作用或许就是对这一共模噪声的抑制（不响应）。它对差模或正常信号的响应与其共模响应的比值被称为共模抑制比（Common Mode Rejection Ratio，CMRR）。输入变压器必须具有两个属性才能取得高的 CMRR。首先，它的两个输入到地的电容量必须非常好地匹配，并且要尽可能小。其次，其初级与次级绕组之间的电容必须最小化。这通常是要通过精确地绕制初级（以得到均匀分布的电容），以及采用初级与次级之间的法拉第屏蔽来实现。因为变压器的共模输入阻抗是由仅大约 50pF 的电容构成的，所以当设备源阻抗驱动平衡线路和线缆自身的电容没有准确匹配时，变压器的 CMRR 能被维持下去[3]。

因为可允许的共模电压只能通过绕组绝缘来限定，所以变压器非常适合幻象供电应用。图 15.29 所示的就是采用精密的电阻实现的标准配置。精密度较差的电阻可能导致 CMRR 恶化。通过初级的中心抽头馈送出的幻象电源要求抽头两侧的匝数和直流电阻可以精密地匹配，以避免初级两端出现小的直流偏置电压。在大部分实用变压器设计中，绕组半径和导线电阻的标称公差使得其精确度要比电阻对的方法低一些。实际上，所有传声器输入变压器都要求加载到次级，以控制高频响应。图中所示的电路，R_1，R_2 和 C_1 构成的网络将高频响应整形为 Bessel（贝塞尔）式滚降曲线。因为它们工作在非常低的电平上，因此大部分传声器输入变压器也都有磁屏蔽。

15.2.1.2　线路输入

线路输入变压器由平衡线路驱动，并且最常见的情况是它驱动一个参考地（非平衡）放大器级。正如第 36 章中讨论的那样，现代的电压匹配互连要求线路输入具有 10kΩ 或者更高的阻抗，传统上将其称为桥接（Bridging）输入。在图 15.30 中，4∶1 降压变压器所具有的输入阻抗约为 40kΩ。

在线路输入变压器中，人们采用用于传声器输入的技术来取得高的 CMRR。因为它的共模输入阻抗是由小电容构成的，所以即便当信号源是不完美的实际输出阻抗平衡设备时，好的输入变压器也将表现出高的 CMRR 特性。造成大部分电子平衡输入级（尤其是平衡输入级）缺点的根源就是它们对驱动源中微小的阻抗不平衡非常敏感。然而，当驱动源是实验室级的发生器时，它们通常会表现出令人印象深刻的 CMRR 指标。测量技术的缺陷将会在 15.3.1 部分讨论。

像具有法拉第屏蔽的变压器一样，线路输入变压器具

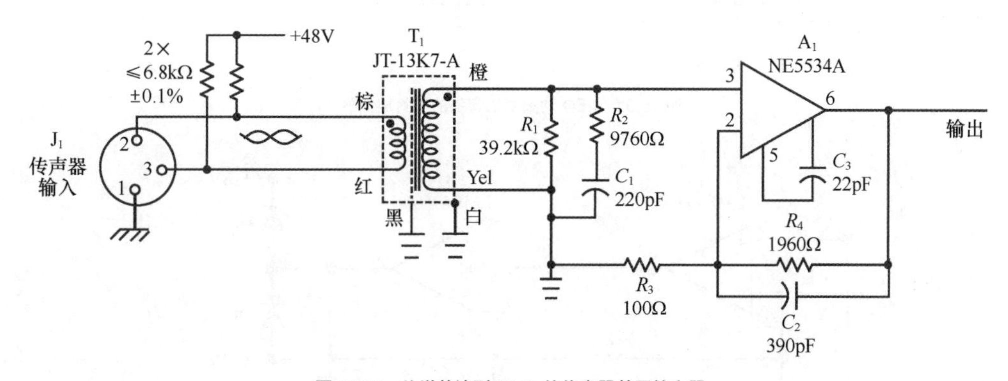

图 15.29　总增益达到 40dB 的传声器前置放大器

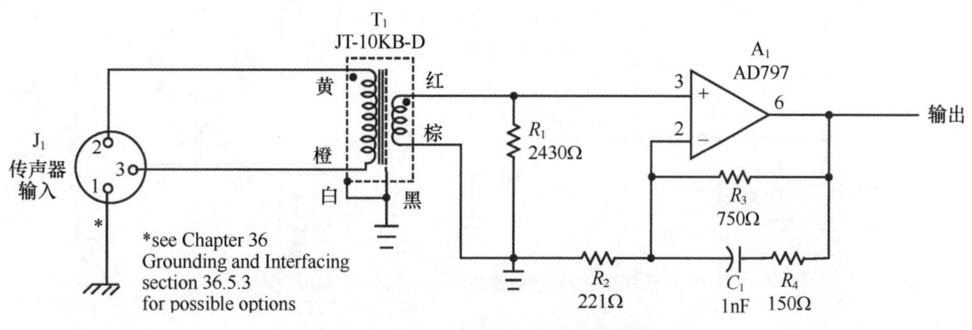

图 15.30　低噪声单位增益平衡式线路输入级

有明显的漏感，它的次级负载有效地控制着高频响应特性。厂家推荐的负载阻抗或网络常常被用来取得指定的带宽和瞬态响应。输入变压器应有意识地直接放在具有最小输入电容的放大器级之前。应避免次级的附加容性负载，因为它对频率和相位响应有不利的影响。例如，大于约100pF（大约3ft的标准屏蔽线缆的分布电容）的容性负载可能会恶化标准1∶1的输入变压器的性能。

15.2.1.3 动圈式唱机输入

动圈式（Moving-coil）唱机拾音头是阻抗非常低，输出也非常低的器件。其中有些拾音头的源阻抗甚至低至3Ω，这使得其不可能在放大器上取得最佳的噪声性能。图15.31所示的变压器具有三组初级，它们能针对25～40Ω器件串联连接成1∶4的升压形式，针对3～5Ω器件并联连接成1∶12的升压形式。不论哪一种情况，放大器达到取得最佳的低噪声工作的600Ω源阻抗。变压器被两个磁屏蔽罐封装起来，并且有一个法拉第屏蔽。负载网络R_1、R_2和C_1将高频响应整形成贝塞尔（Bessel）曲线形式。

15.2.1.4 线路输出

线路电平输出变压器是由放大器驱动的，且典型的负载为线缆的数千pF电容加上平衡桥接线路接收机的20kΩ输入阻抗。在高频段，大部分驱动器输出电流实际上被用来驱动线缆的电容。有时必须驱动端接的150Ω或600Ω线路，这时甚至需要更大的输出电流。因此，线路输出变压器在高频时也必须具有很低的低输出阻抗。这要求变压器有低阻抗绕组和非常低的漏感，因为它们有效地串联在放大器和负载之间。为了维持输出线路的阻抗平衡，驱动阻抗和绕组间电容必须在每个绕组端很好地匹配。典型的双股线绕制设计中的每一绕组所具有的绕组阻抗为40Ω，漏感为几微亨，要在绕组上进行匹配的总的绕组间电容约为20nF，偏差在2%以内。

图15.32所示的高性能电路采用的是运算放大器A_1，反馈环路中的电流提升器A_2将总的增益设定在12dB。A_3为直流伺服反馈环路提供了高增益，该反馈环路用来将A_2输出上的直流偏差维持在100μV以下。这避免了在变压器T_1的初级出现任何明显的直流电流。X_1为放大器提供了容性负载隔离，X_2用来跟踪阻抗，以维持输出的高频阻抗平衡。高导电二极管D_1和D_2对感应脉冲钳位，避免驱动空载输出时A_2进入到硬削波状态。

图15.33所示的电路通常非常适合于较低信号电平的民用系统。因为它的输出是浮地的，所以它既可以驱动平衡

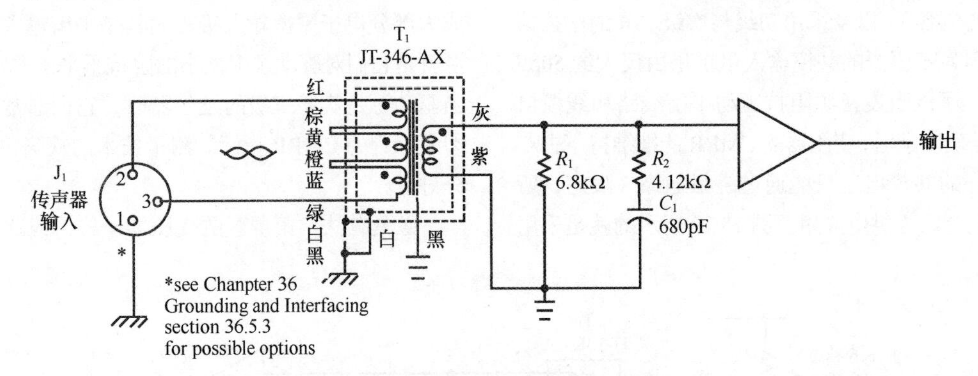

图15.31 25Ω动圈式拾音头的前置放大器

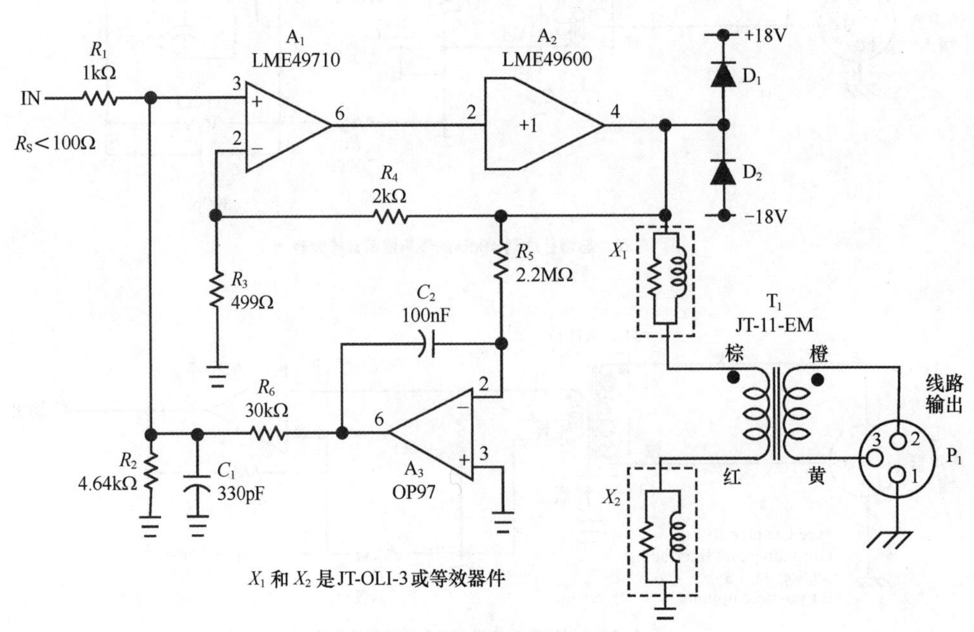

图15.32 典型的线路输出应用电路

输出，也可以驱动非平衡输出，但是并不能同时使用两种方式来工作。浮地的非平衡输出避免了非平衡互连时出现固有的地环路问题。

在之前的两个电路中，由于 T_1 的初级驱动是单端的，所以次级上的电压不是对称的，高频时尤为如此。这并不是问题。与广泛流传的说法相反（参考第 36 章），信号的对称性与平衡接口中的噪声抑制没有关系。这里所谓的信号对称或任何其他浮地输出将取决于信号大小及线缆和对地负载阻抗的匹配情况。如果对信号的对称性有要求的话，那么变压器应由两个极性互为相反的驱动器来驱动。

图 15.34 所示的电路采用了阴极跟随器电路，该电路取代了阴极及其有源电流接收中常用的电阻负载。电路工作在大约 10 mA 的静态板流下，且为变压器所呈现出的驱动源阻抗大约为 60Ω，这比初级直流阻抗的 10% 还小。C_2 被用来阻断初级的直流电流。由于变压器具有 4:1 的匝数比（或 16：1 的阻抗比），所以 600Ω 的输出负载反射回驱动电路的阻抗约为 10kΩ。由于初级上的信号摆幅是次级上的信号摆幅的 4 倍，所以要用法拉第屏蔽来阻止高频容性耦合的产生。次级绕组可以并联，以驱动 150Ω 的负载。因为法拉第屏蔽的缘故，所以输出绕组电容较低，且输出信号的对称性在很大程度上取决于线路和负载阻抗的平衡。

15.2.1.5　级间和功率输出

虽然当前级间耦合变压器已经很少见到了，但在过去的电子管放大器设计中却使用得十分普遍。典型的情况如图 15.35 所示，它采用的匝数比范围为 1：1 ～ 1：3。它可以利用中心抽头的次级来产生反相信号，以驱动推挽输出级。由于板极和栅极电路具有相对高的阻抗，所以绕组有时采取部分缠绕的方式来降低电容。次级的阻性负载一般为驱动级提供阻尼，且呈现出一致的负载阻抗。用于固态电路的级间变压器最为常见的是类似于为线路输出设计的双股线绕制单元。

这些年来，经典的推挽功率输出（Power Output）级有多种变型，并且已经用于高保真（Hi-Fi）、PA 系统和吉他放大器等应用中。输出变压器的匝数比通常是根据电子管板极 - 板极的数千欧姆反射负载来选定的。典型的 30:1 匝数比可能需要利用许多交错部分才能取得延伸至 20kHz 以外的带宽。

如果静态板极电流和初级绕组的其中一半的匝数匹配的话，那么磁芯中的磁通量在直流时会被抵消。由于电子管中的任何电流平衡大多是暂时的，所以这些变压器几乎

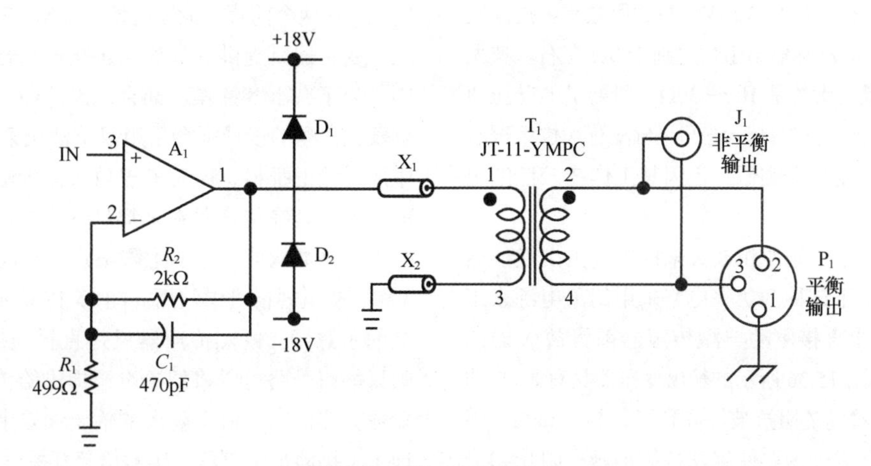

图 15.33　通用的隔离输出应用

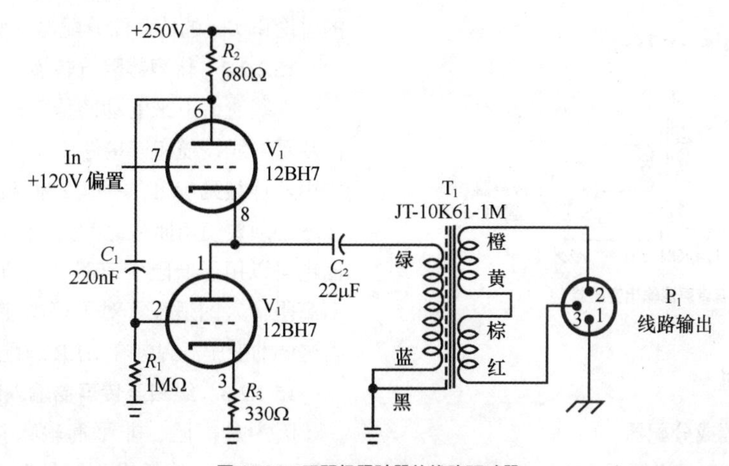

图 15.34　双阴极跟随器的线路驱动器

总是采用钢质磁芯，以实现对其绕组上非平衡直流的宽容。电子管板级相对高的驱动阻抗导致产生相当大的，与变压器相关的失真。为了减小失真，人们常常在变压器的外围使用反馈。要想取得稳定（不存在振荡）的效果，就要在变压器外围的反馈环路闭合时，使变压器具有非常宽的带宽（实际上就是低相移）。为此，这些变压器中的一部分设计得非常巧妙。一些流传下来的至理名言可以当作基本的指南来采用：高保真度的输出变压器的磁芯重量和体积至少分别应达到每瓦标称功率 0.34 磅和 1.4 立方英寸[4]。

单端功率放大器是通过去掉图 15.35 所示电路中的下部的电子管和变压器初级的下半部分实现的。这时板极电流将在磁芯中产生强的直流磁场。正如 15.1.2.1 部分讨论的那样，磁芯可能需要一个空气缝隙来避免产生磁饱和。空气缝隙降低了磁感应，限制了低频响应，同时提高了偶次失真分量。这样的单端五极电子管功率放大器在 20 世纪 50 年代和 60 年代流行的 AM 5 电子管台式收音机中应用得极为普遍。

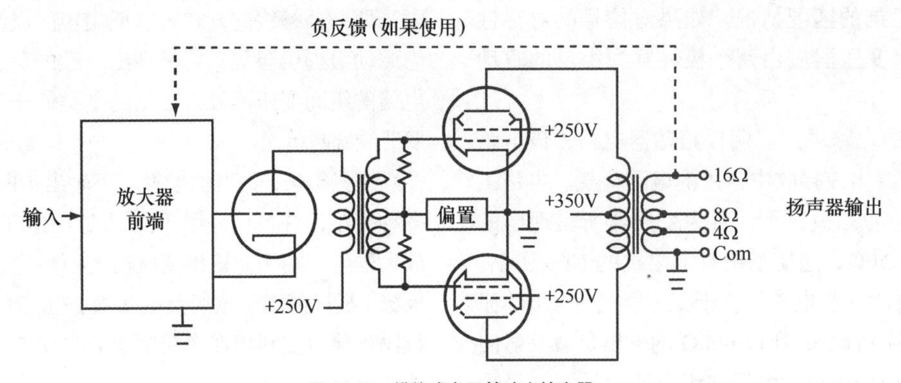

图 15.35 推挽式电子管功率放大器

15.2.1.6 传声器输出

传声器中采用的变压器有两种：升压变压器和降压变压器。在带式传声器中，带状元件所具有的阻抗可能在 1Ω 以下，这要求升压变压器具有 1 : 12 或更高的匝数比来提高它的输出电平，并且使其标称输出阻抗达到 150Ω 左右。典型的动圈元件具有的阻抗大约是 10 ～ 30Ω，所要求的升压匝数比为 1 : 2 ～ 1 : 4。虽然这些升压设计与没有法拉第屏蔽或磁屏蔽的线路输出变压器类似，但因其工作在较低的电平上，所以体积会更小一些。

电容传声器具有用于缓冲和放大来自极高阻抗换能器信号的积分电路。由于这种低功率电路采用幻象电源来工作，所以它可能不能直接驱动典型传声器前置放大器的 1.5kΩ 输入阻抗。如图 15.36 所示的输出变压器具有 8 : 1 的降压比，使得 Q_1 所看到的阻抗被提高到了大约 100kΩ。因为它的高匝数比，所以一般要使用法拉第屏蔽来阻止初级信号容性耦合到输出端。

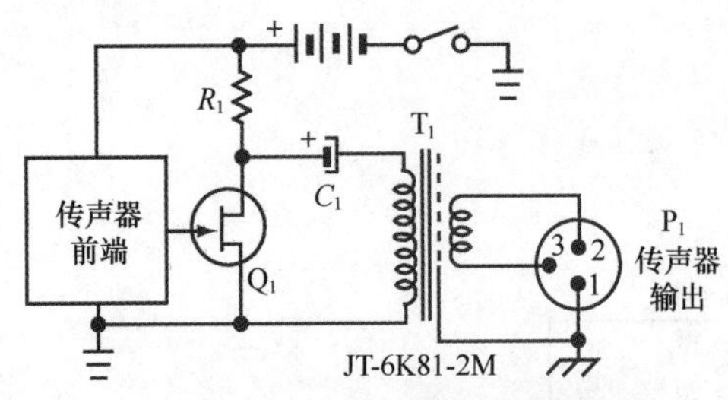

图 15.36 电容传声器输出变压器

15.2.2 系统电平应用

15.2.2.1 传声器隔离器或分配器

1 : 1 匝数比的变压器初级可以桥接 150 ～ 200Ω 的传声器输出，为前置放大器馈送信号，变压器的次级可以向另一个前置放大器馈送完全相同的传声器信号。当然，虽然简单的 Y 形线缆可以实现这一功能，但是这却存在潜在的问题。在两个前置放大器的地之间常常存在大且不干净的电压。变压器所提供的隔离阻止噪声耦合到平衡信号的线路中。为了减小容性噪声耦合，设计师一般都会采用法拉第屏蔽，优秀的设计师会采用双重法拉第屏蔽。正如 15.1.3.5 中所讨论的那样，所有前置放大器的输入阻抗，以及所有的线缆电容在传声器看来都是并联的。这样便对信号可被分离的路数构成实际的上限限定。在商用中，变压器有 2，3 和 4 绕组规格可供使用。图 15.37 所示的是一个三路分线盒的示意图。既然传声器只是直接连接到直接输出端上，则只能有一路可以将幻象电源提供给传声器。对于每个前置放大器而言，每个隔离的输出端看上去就像是普通的浮地（未接地）传声器。接地抬起开关一般是处在开启状态，以阻止潜在的、大的地电流流经线缆屏蔽层。有关更详尽的讨论和实际的传声器分配器的例子请参阅参考文献 7。

15.2.2.2 传声器阻抗转换

有些遗留下来的动圈传声器具有大约 50kΩ 的高阻抗，以及双导线线缆和连接件（非平衡的）。如果必须将这样的传声器连接到标准的平衡式低阻传声器前置放大器上，那么就必须要使用匝数比约为 15 ∶ 1 的变压器。类似的变压器也可以用于低阻传声器与遗留下来的前置放大器的非平衡高阻输入的适配。对于可供使用的商用产品，设计师会将这样的变压器封装在 XLR 适配器小盒内。

15.2.2.3 线路至传声器输入或DI转接盒

因为其高阻、非平衡输入接收线路电平信号，其输出驱动调音台的低电平、低阻平衡式传声器输入，所以

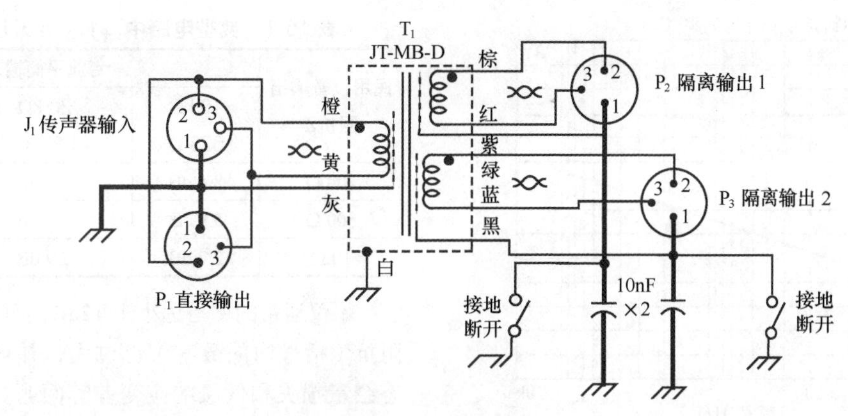

图 15.37　3 路传声器分配盒

图 15.38 所示的器件被称为转接盒。最为常见的是，它被电吉他、合成器或其他舞台乐器信号所驱动。由于它使用了变压器，所以它同样也具有地隔离的功能。在这种典型电路中，由于变压器具有 12∶1 的匝数比，所以其阻抗比为 144∶1。当传声器输入是典型的 1.5kΩ 输入阻抗时，转接盒的输入阻抗约为 200kΩ。所示的变压器为每个绕组提供了单独的法拉第屏蔽，以便使容性耦合的地噪声最小化。

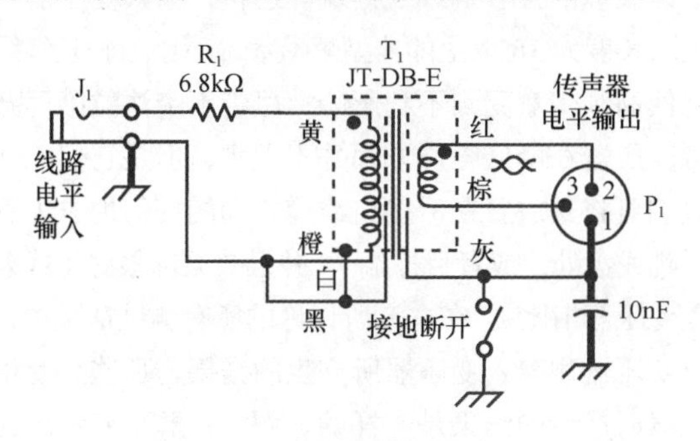

图 15.38　变压器隔离的 DI 盒

15.2.2.4　线路隔离或嗡声消除器

在市面上有相当多的试图解决地环路问题的黑盒子。这其中包括了相当数量的基于变压器的小盒。令人意外的是，那些盒子都包含输出变压器。我们对原始接口的噪声抑制能力与增加了输出变压器和增加了输入变压器后的噪声抑制能力进行了性能比较测试。测试准确地模拟了典型的实际设备条件，具体请参考本部分末段的说明。

图 15.39 所示的是采用在 15.3.1.2 部分讨论过的测试流程（IEC60268-3）对平衡接口进行 CMRR 测试的结果。该测试明确说明，实际应用的平衡输出阻抗与实验室设备并不能完美匹配。虽然输出变压器将 60Hz 的嗡声减小了 20dB 以上，但是它对处在约 1kHz 的嗡声衍生物的作用却很小。输入变压器将抑制噪声的能力提高了，60Hz 时噪声大小达到 120dB，3kHz 时噪声大小近乎达到 90dB，而 3kHz 所处的频段是人耳对微弱声音最为敏感的频段。

图 15.40 所示的是对非平衡接口地噪声抑制能力的测试结果。按照定义，非平衡接口的固有抑制能力是 0dB，参见第 36 章。虽然输出变压器将 60Hz 的嗡声降低了约 70dB，但是对处在 3kHz 附近的嗡声衍生物只降低了约 35dB。输入变压器将 60Hz 时的抑制能力提高到了 100dB，将 3kHz 时的抑制能力提高至 65dB。

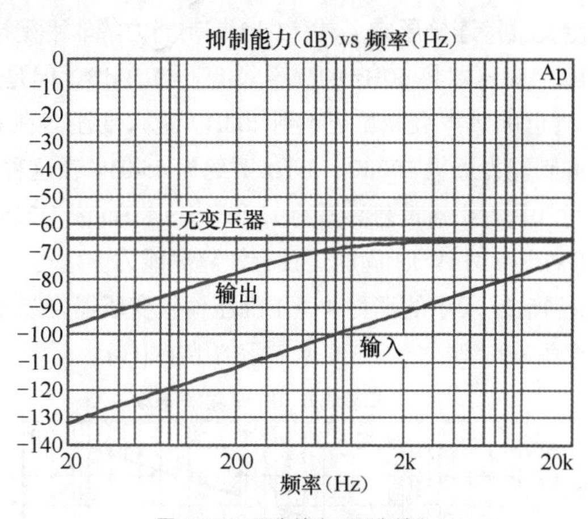

图 15.39　平衡输出至平衡输入

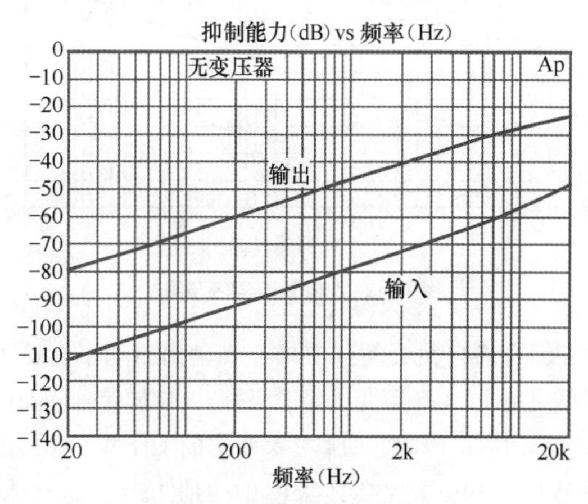

图 15.40　非平衡输出至非平衡输入

图 15.41 所示的是非平衡输出驱动平衡输入的 CMRR 测试结果。这种接口的双导线连接不具抑制能力，参见第 36 章。假如是三导线连接，其中的“−30dB 曲线”表示的是典型电子平衡输入级的 CMRR 是如何被 600Ω 的源阻抗恶化的情形。这里再次看到，输出变压器将 60Hz 的嗡声改善了 20dB，但对约 1kHz 的嗡声衍生物却基本没有作用。输入变压器将 60Hz 时的抑制能力提高至近乎 100dB，3kHz 时约提高至 65dB。

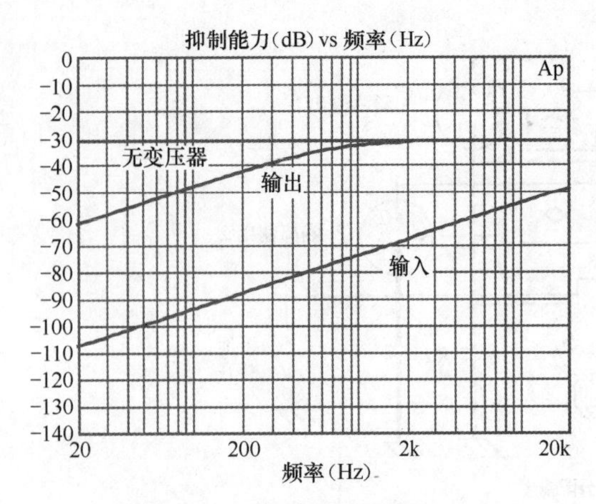

图 15.41 非平衡输出至平衡输入

图 15.42 所示的是平衡输出驱动非平衡输入时对地噪声抑制能力的测试结果。由于平衡输出并不是浮地，所以根据定义直接连接形成了具有 0dB 抑制能力的非平衡接口。虽然输出变压器将 60Hz 的嗡声降低了约 50dB，但是它对 3kHz 附近的嗡声衰减量还不到 20dB。输入变压器在 60Hz 时的抑制能力近乎 100dB，3kHz 时约为 65dB。在这种应用中，通常是希望对信号衰减约 12dB（从 +4dBu 或 1.228V 至 −10dBV 或 0.316V），同时还具有地隔离能力。这可以利用诸如图 15.29 所示的那种 4 ∶ 1 降压输入变压器轻易实现，它所产生的抑制能力与这里所显示的结果相当。

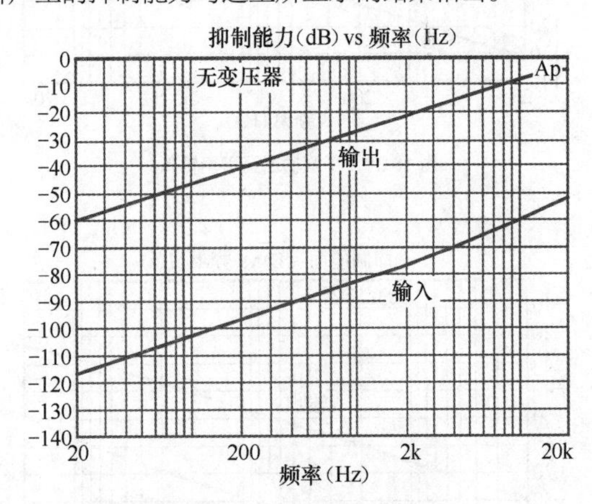

图 15.42 平衡输出至非平衡输入

人们可能自然会问：“在非平衡输出驱动平衡输入时，为何不使用 1 : 4 升压变压器来获得 12dB 的信号增益呢？”因为电路阻抗的缘故，所以答案是它的工作并不非常理想。回顾起 1 : 4 的匝数比会具有 1 : 16 的阻抗比。这意味着我们所驱动的专业平衡输入的输入阻抗反射到民用的输出上，它将只有原来的 1/16。由于民用输出的源阻抗（通常并未指明，但与负载阻抗并不相同）一般为 1kΩ 或更大，所以反射的负载损耗很高。1 : 4 的升压变压器有其自己的插入损耗，我们更适合将其优化到 1dB。下面的表格显示的是将该变压器与典型的设备输出和输入阻抗配合使用时的实际增益（*Z* 代表阻抗）。由于 IEC 标准仅要求民用输出有 2.2kΩ 或更低的源阻抗，所以情况甚至要比表 15-1 中所示的更糟，例如终止在 1kΩ。

表 15-1 典型电路中，1 ∶ 4 升压变压器的增益

民用设备输出阻抗Z	专业平衡输入阻抗Z		
	10 kΩ（625 Ω）	20 kΩ（1.25 kΩ）	40 kΩ（2.5 kΩ）
200 Ω	8.6 dB	9.7 dB	10.3 dB
500 Ω	5.9 dB	8.1 dB	9.4 dB
1 kΩ	2.7 dB	5.9 dB	8.1 dB

不仅通常的增益远小于 12dB，而且反射到民用输出的阻抗（括号内的数字）也过大，并可能产生高失真、动态余量损失和低频响应变差等问题。通常民用输出的唯一技术指标就是 10kΩ 的最小阻抗。试图通过提高匝数比来解决增益问题是徒劳的（这只能使反射的负载问题变得更为严重）。在大多数情况下，可以使用 1 : 1 的变压器，因为专业设备可以轻而易举地提供出所需要的增益。当然，1 : 1 的输入变压器同样也具有非常出色的地环路噪声免疫性能。

应注意的是：带法拉第屏蔽的输入变压器的噪声抑制性能要远比输出类型的变压器出色。但是输入变压器必须用在接口线缆的接收端或目标端。通常，输入变压器一般不应驱动长度为 3ft 以上的典型屏蔽线缆，因为较长线缆的电容将使高频带宽受到不利影响，尽管不带法拉第屏蔽的输出型变压器在降低噪声方面并不理想，但是它们的优点在于人们可将其放置在沿接口线缆方向的任何地方（驱动器端，跳线盘处，或者目标端），并且效果都很好（或差，与输入变压器相比）。在本章所讨论的所有测试情况中，采用输出变压器和输入变压器所产生的结果与那些只使用输入变压器时产生的结果是一样的。例如，非平衡输出在通过线缆传输之前并不需要通过变压器来平衡（这是平衡与对称说法推断出的必然结果），它只需在接收器端用一个输入变压器。在同一线路上同时使用这两种类型的需求十分少见。

定义（仅针对比较测试的文字说明）：

平衡输出。一种标准的，非浮地信号源，其差模输出阻抗为 600Ω，共模输出阻抗为 300Ω，匹配容限度为 ±0.1%。

平衡输入。一种典型的电子平衡级（采用 3 个运算放大器的测量电路），其差模输入阻抗为 40kΩ，共模输入阻抗为 20kΩ，当直接用上面的平衡输出来驱动时，CMRR 可调整至 90dB 以上。

非平衡输出。一种以地为基准的输出，其输出阻抗为 600Ω。这在典型的民用设备中很常见。

非平衡输入。一种以地为基准的输入，其输入阻抗为 50kΩ。这在典型的民用设备中很常见。

无变压器。直接导线连接。

输出变压器。Jensen JT-11-EMCF —— 一种流行的 1 : 1 线路输出变压器。

输入变压器。Jensen JT-11P-1 —— 最流行的 1 : 1 线路输入变压器。

15.2.2.5　扬声器分配或恒压分配

当大量的低阻抗扬声器被安装在距离功率放大器很远的地方时，并没有好的互连扬声器方法来保证功率放大器有正确的负载。这一问题是由互连导线可能存在的阻抗所导致的功率损耗等综合因素造成的。所要求的导线类型在很大程度上是由其必须传输的电流大小和距离长度决定的。借用电力公司所采用的技术，我们可以通过提升配电电压来减少产生指定功率所需要的电流，并且在分布系统中采用更细的导线。降压匹配变压器被用于每一位置，最常见的用法就是通过抽头来选择功率电平或扬声器阻抗。这种方案不仅降低了使用导线的成本，而且允许系统设计者在选择如何在扬声器中分配功率方面有了自由度。这些所谓的恒压扬声器分配系统被广泛地用于公共广播、传呼和背景音乐系统中。尽管最为流行的是 70V 的系统，但有些地方也有使用 25V，100V 和 140V 的系统。因为电压越高的系统在给定的导线规格下产生的分配损耗越低，这在非常大的系统中较为普遍。还应注意的是，只有 25V 的系统被大部分管理机构认为是低压系统，在较高电压的系统中使用的导线必须符合电力导线实践规范。

重要的是要知道当驱动放大器工作在满负荷标称功率的情况下时这些仅存在于配电线路中的标称电压的大小。虽然许多专业功率放大器以标称的输出直接驱动这些线路，但是驱动扬声器的普通标称功率放大器也可以驱动这样的线路，具体依照表 15-2 中的数据。

表 15-2　在各种阻抗与输出电压关系下所需要的放大器功率

放大器标称输出，瓦特			输出电压
8 Ω时	4 Ω时	2 Ω时	
1250	2500	5000	100
625	1250	2500	70.7
312	625	1250	50
156	312	625	35.3
78	156	312	25

例如，给 8Ω 负载分配标称 1250W 连续平均功率的放大器直接驱动 70V 分配线路，只要分配给所有扬声器的功率之和不超过 1250W 即可。尽管应用很广泛，但是术语 rms watts（均方根瓦特）在技术上的界定并不清晰[5]。在许多情况中，虽然恒压分配的好处是我们所期望的，但是所需要的总功率却小很多。如果是那样的话，可以采用升压变压器来提高较小输出放大器的输出电压。这常常被要求将其与线路匹配，因为这样的变压器实际上会将等效的线路阻抗向下变换为针对放大器的标称负载阻抗。大部分升压变压器具有低的匝数比。例如，1∶1.4 匝数比将使 50V 输出提高至 70V，使放大器将标称 300W 的功率加到 8Ω 负载上。15.1.2.2 部分讨论过的自动变压器具有成本和体积上的优势。图 15.43 是带抽头的、匝数比为 1∶1.4 或 1∶2 的自耦变压器（auto-transformer）示意图，它可以通过放大器来驱动 70V 的线路，在 8Ω 负载上分别得到标称 300W 或 150W 的功率。有几家功率放大器的生产厂家将这类变压器作为备选件或附件提供给使用者。

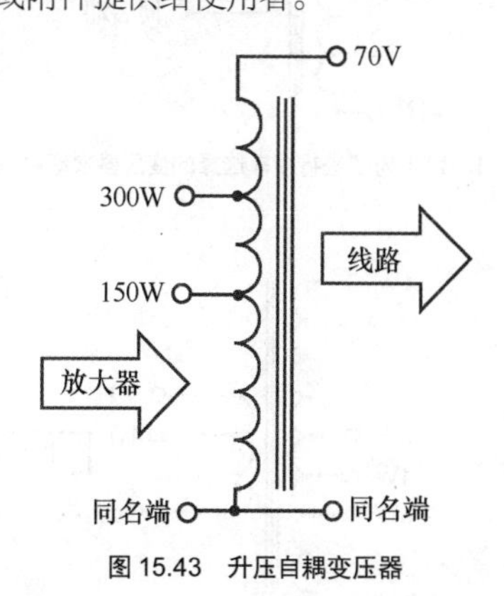

图 15.43　升压自耦变压器

路到音圈的变压器通常必须要用降压变压器，并需要产生想要的扬声器功率，见表 15-3。

这些降压变压器可以按多种方法来设计。图 15.44 所示的是设计中，在初级一侧选择线路电压，在次级处选择功率电平的情况而图 15.45 所示的设计情况是，功率电平是在初级侧选择的，在次级侧选择的是扬声器阻抗。

正如我们从上表中可以看到的重复构型一样，使匹配变压器具有与要求的匝数比相同的线路电压，则相应的扬声器阻抗和功率电平组合有很多种。

表 15-3　产生想要的扬声器功率所需要的变压器降压匝数比

扬声器功率（W）			扬声器电压	所需要的变压器降压匝数比			
16 Ω	8 Ω	4 Ω	V	100 V	70 V	35 V	25 V
32	64	128	22.63	4.42	3.12	1.56	1.10
16	32	64	16.00	6.25	4.42	2.21	1.56
8	16	32	11.31	8.84	6.25	3.12	2.21
4	8	16	8.00	12.50	8.84	4.42	3.12
2	4	8	5.66	17.70	12.50	6.25	4.42
1	2	4	4.00	25.00	17.70	8.84	6.25
0.5	1	2	2.83	35.30	25.00	12.50	8.84
0.25	0.5	1	2.00	50.00	35.30	17.70	12.50
0.125	0.25	0.5	1.41	71.00	50.00	25.00	17.70

由于恒压线路具有非常低的源阻抗，并且加变压器的负载来自低阻抗扬声器，所有变压器的高频响应通常并不是设计问题。与任何变压器一样，低频响应是由初级电感和总的源阻抗决定的，主要的低频响应是由初级绕组的阻抗来控制的，因为驱动源阻抗非常低。初级和次级的绕组阻抗产生插入损耗。人们为了减小体积和降低成本，通常人们会采用尽可能最少的匝数和最细的导线，但这样会导致插入损耗提高和低频响应恶化。通常，1dB 或更小的插入损耗被认为是不错的，2dB 的插入损耗是这类应用可接受的极限插入损耗。

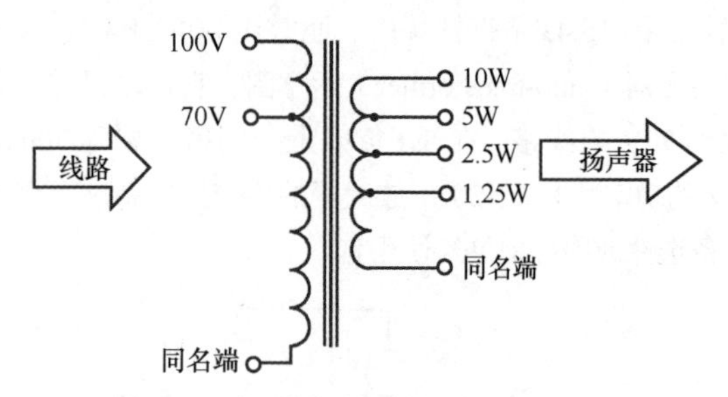

图 15.44 为了进行功率选择的变压器次级抽头

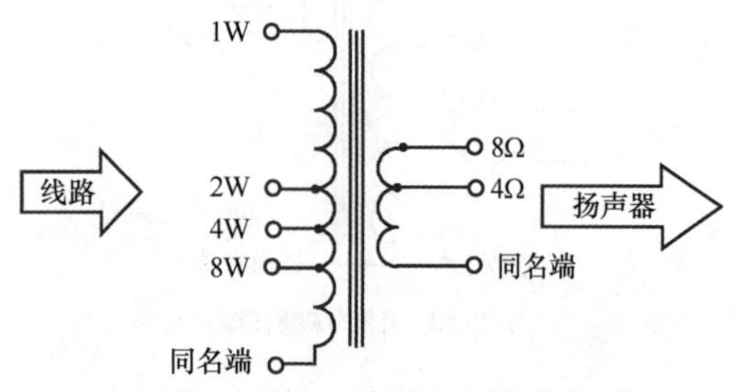

图 15.45 为了进行功率选择的变压器初级抽头

虽然变压器的低电平频率响应可能被标称为 40Hz 时 −1dB，但是其标称功率并不适用该频率，了解这一点是非常重要的。标称功率或最大信号电平在 15.1.3.1 部分讨论过。一般而言，通过采用较大的初级匝数和较大的磁芯材料可以提高电平处理能力，充分利用这两个手段可以使低频的承受功率更大。最终这便导致变压器在物理特性上更大、更重，成本也更高。当任何变压器被其标称电平驱动，频率比设计支持的频率更低时，磁芯将会发生饱和。磁芯导磁率的突然下降有效地将初级电感降至零。现在变压器初级表现出的只是其绕组的直流阻抗，该阻抗可能还不到 1Ω。在最好的情形中，将会发生一些难听的失真，线路放大器将会简单地发生限流。在最差的情形下，放大器将无法工作，感应能量回馈给变压器，如同变压器产生饱和一样。如果大量的变压器同时饱和，这将尤为危险。

在 1953 年，扬声器匹配变压器的标称功率是根据 100Hz 时失真到达 2% 来确定的[6]。传统上，这些变压器的正常应用系统是语音系统，该标称功率标准为假定 100Hz 之下存在的能量非常少。在这里我建议低音系统中使用的变压器具有高于这一 100Hz 标称功率的标称功率值，用来处理管风琴音乐的变压器应至少具有是正常标称功率值 4 倍的标称功率值。由于这些变压器的标称功率很少能被认定为合格，所以假设历史上的 100Hz 标称功率适合大部分商用变压器似乎保守了一些。

例如，如果背景音乐系统需要好的低音响应，那么最好是采用过标称的变压器。降低变压器初级一侧的电压将会延展其低频的功率处理能力。利用表 15-3，可以利用不同的抽头取得同样的匝数，以小于标称电压的电压来驱动变压器初级。例如，70V 的线路可以连接到图 15.33 所示变压器的 100V 输入端。再例如 10W 次级抽头常常实际只有 5W。在任何的恒压系统中，饱和问题可以通过合适的高通滤波器来解决。在信号到达变压器之前简单地衰减低频信号就可解决这一问题。在纯语音的系统中，由气流爆破声，掉话筒或信号切换瞬态所引发的问题可以通过在功率放大器之前的 100Hz 高通滤波器有效地解决。在音乐系统中，将频率太低的成分衰减掉，对于重放扬声器而言可能也有类似的益处。

15.2.2.6 电话隔离或中继线圈

在电话系统中，有时对两端均接地的电路进行隔离是必要的。这种金属线路问题利用中继线圈来加以改正，以改善纵向平衡。从电话术语转化而来的共模噪声抑制能力差的这种平衡线路是利用 1 ∶ 1 声频隔离变压器来弥补的。Western Electric（西电）的 111C 中继线圈被广泛地应用于无线电网络和其他采用 600Ω 电话线路进行高质量声频变压器传输的场合。它将初级和次级绕组与法拉第屏蔽分别分离。其频率响应为 30Hz ～ 15kHz，插入损耗小于 0.5dB。抽头绕组可以并联成 150Ω 电阻使用。

图 15.46 所示的是这种变压器的现代版本，其用作低阻抗电路（比如录音棚中的跳线盘）的隔离器，在有些应用中，选配器件可能发挥大的作用。例如，网络 R_1 和 C_1 将平滑输入阻抗与频率的关系曲线，R_2 将输入阻抗微调至准确的 600Ω，当外接负载是高阻或桥接时，R_3 常常可以为变压器正确加载。

15.2.2.7 电话定向耦合或混合器

电话混合器电路利用电桥调零原理来分离信号，利用双导线线路，同时或全双工地传输和接收信号。这种调零主要取决于对电路中所有支路阻抗的良好控制。它对电话接收器中的传输信号（自己的声音）进行抑制，同时又允许听到接收到的信号。

图 15.47 所示的是一个双变压器混合网络。箭头和虚线便是由发射器 TX 传来的信号的电流。要牢记的是，变压器上的点标记表示的是具有相同瞬时极性的点。变压器匝数比被假定为 1 ∶ 1 ∶ 1。当平衡网络 Z_N 具有一个在所有重要频率上都与线路阻抗 Z_L 相匹配的阻抗，Z_L 环路（上部）中的电流和 Z_N 环路（下部）将是相等的。由于在 RX 变压器（右边）中这两个电流的流动方向相反，所以两者产生了抵消，

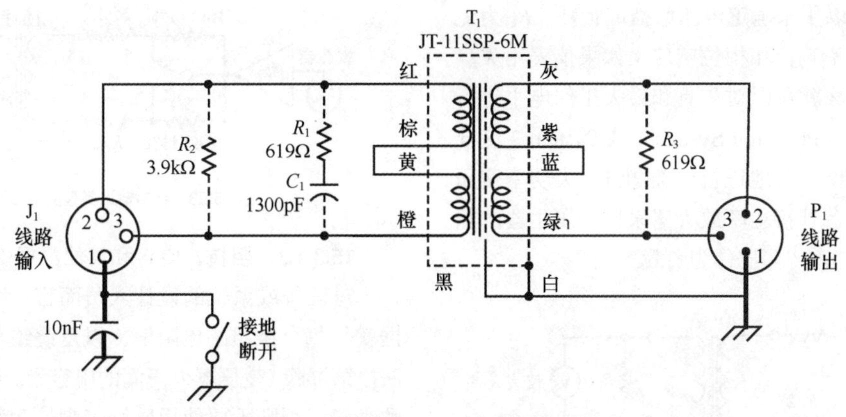

图 15.46　针对 600Ω 线路的中继线圈接地隔离

使得 TX 信号并未出现在 RX 上。源自线路而非 TX 的信号未被抑制，它可以在 RX 中听到。伴随任何类型混合器的共模问题就是调整网络 Z_N，使其匹配电话线路，电话线在相对短的时间内可能发生相当大的阻抗变化。

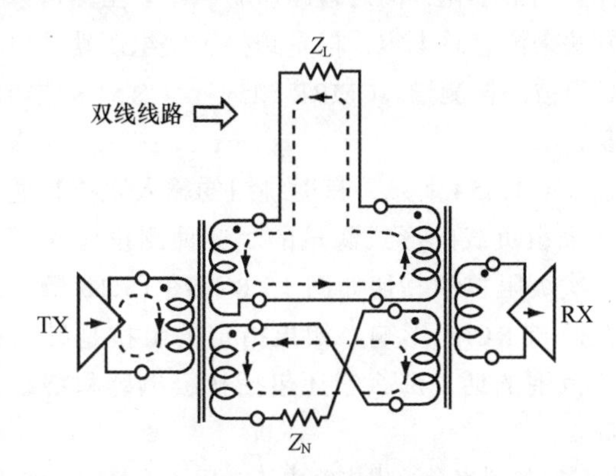

图 15.47　双变压器混合

如果发射机和接收机被电气连接在一起，那么就可以采用如图 15.48 所示的单一变压器法。任何设计优良，具有准确匝数比的变压器可以用在混合应用中。

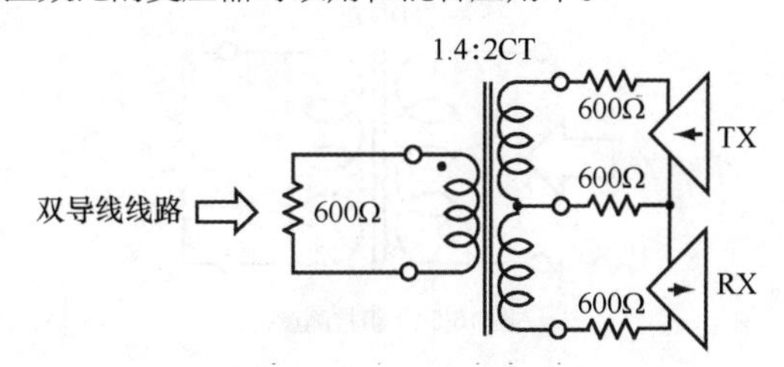

图 15.48　单变压器混合

15.2.2.8　动圈式唱机升压

有时人们常常采用外置小盒来对低输出、低阻抗的动圈式唱机拾音头的输出与针对常规高阻动磁拾音头前置放大器输入进行适配。这些前置放大器具有的标准输入阻抗是 47kΩ。图 15.49 所示的是一个用于此目的的 1 ∶ 37 升压变压器。它的电压增益为 31dB，它将拾音头的 47kΩ 前置放大器负载反射为约 35Ω。这样便可以把在 3Ω 拾音头上产生的负载损耗保持在约 1dB。次级上串联的 RC 网络提供了平滑频率响应的正确阻尼。由于在 RIAA 放音均衡中存在低频增益和极低的信号电平，所以采用了双重磁屏蔽罐结构。在这些应用中，保证所有的导线与拾音头紧密绞合，以避免来自环境磁场引发的嗡声是极为重要的。

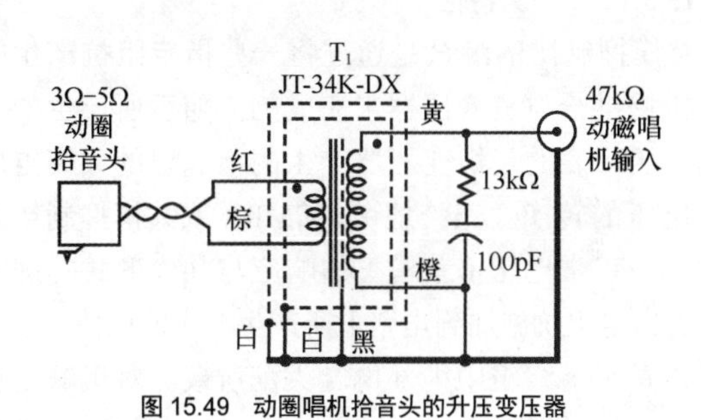

图 15.49　动圈唱机拾音头的升压变压器

15.3　测量和数据表

15.3.1　测试与测量

15.3.1.1　传输特性

下面的测试电路是分别确定输出型变压器和输入型变压器信号传输特性的基本设置，图中所示的 DUT 指的是被测设备。在每种情况中，我们必须指定驱动源阻抗，并将用于平衡系统的指定变压器分离成两个相等的部分。例如，如果指定了一个 600Ω 平衡源，电阻 $R_S/2$ 变为两个 300Ω。在两个图中所指的发生器可被理解为具有对称性的电压输出。所示的缓冲放大器常常具有零源阻抗，这是大部分商用信号源无法提供的。通过简单地将发生器 DUT 初级的下端连接到地，就可将发生器应用于非平衡模式下。指定的负载阻抗也必须放在次级。对于输出变压器，负载和仪表常常像图 15.50 所示那样是浮地的。对于输入变压器，次级的指定端一般如图 15.51 那样接地。

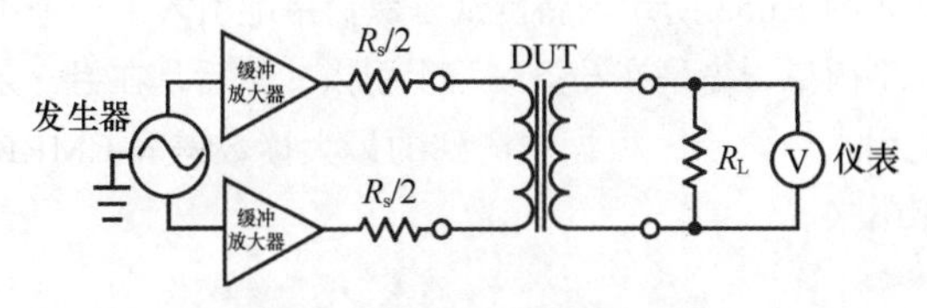

图 15.50　针对输出类型的传输测量

这些测试电路可以用来确定电压增益或损耗、R_L为无穷大时的匝数比，频率响应和相位响应。如果仪表用失真度分析仪所取代，那么就可以对失真和最大工作电平进行特征性分析。像 Audio Precision System 1 或 System 2 这样的多功能设备可以方便快捷地进行这类测试。大功率变压器的测试通常需要一台外接功率放大器来提升发生器的输出，同样也需要用大功率电阻器作为负载。

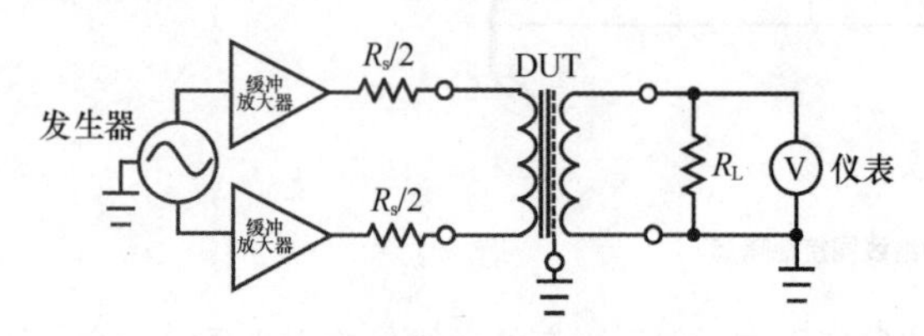

图 15.51 针对输入类型的传输测量

15.3.1.2 平衡特性

共模抑制比的测试是通过将一些指定阻抗产生的共模电压提供给被测变压器来完成的。随后所产生的任何差模电压代表的是由变压器产生的不想要的共模电压到差模电压的转换。笼统地讲，CMRR 或共模抑制比是电路对自身正常电压（差模）的响应与共模形式的同样电压经由指定阻抗施加到电路上所产生响应的比值。这种转换通常是平衡绕组中内部电容失配所致。对于输出变压器，最为常用的测试方案如图 15.52 所示。RG 的常用值为 300Ω，$Rs/2$ 的阻值范围为 0 ～ 300Ω。电阻对必须非常精确匹配。

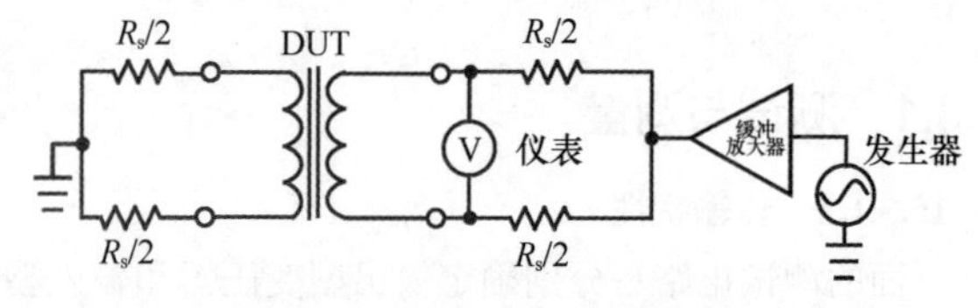

图 15.52 针对输出类型的共模测量

传统上，平衡输入级的 CMRR 测试使用的共模电压是经由一对精确匹配的电阻得到的。因此，这种传统的测试对于绝大多数电子平衡输入的实际噪声抑制能力的预知并不准确。1998 年 IEC 意识到了这个问题，提出了修订测试方案的建议。之所以会引发这样的问题，是因为典型的商用设备平衡源的共模输出阻抗并不能精确匹配。幅度为 10Ω 的不平衡是相当普遍的。在通过对常见的平衡接口研究学习之后，笔者提出了更为切实的方案，并最终被 IEC 所采纳，并在 2000 年 8 月最终将其写入其标准文件 60268-3“放大器的测量”当中。该文件的“附加说明”部分对平衡接口的属性进行了简要的总结性说明。这种如图 15.53 所示的新测试方法简单地引入了一个 10Ω 的非平衡量，先是在一条线路上引入，然后是在另一条线路上引入。之后，根据观测到的最大读数差异 CMRR 被计算出来。

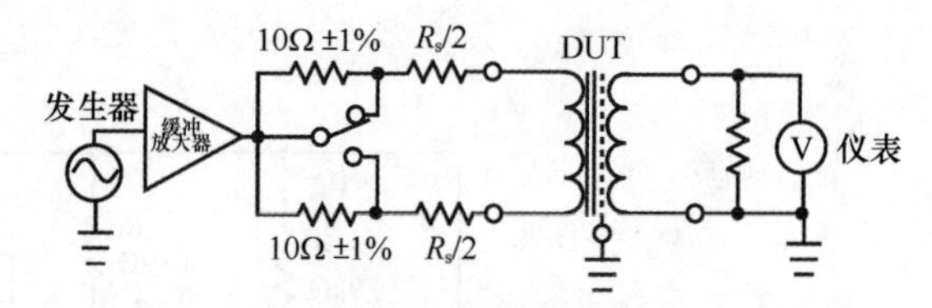

图 15.53 针对输入类型的 IEC 共模测量

15.3.1.3 阻抗，电容和其他数据

对设备或系统的设计人员而言，可能非常有帮助的数据就是每个绕组的电阻值，以及绕组与绕组间或者绕组与法拉第屏蔽 / 变压器外壳间的电容量。除非能够事后对零部件去磁，否则不要使用欧姆表来检测绕组阻抗。普通的欧姆表，尤其是欧姆挡，其核心部件可能很容易被磁化。如果必须简单地使用欧姆表，那么也要使用最高档，这时的电流最小。

通常设计师采用阻抗电桥来测量电容量，以便将绕组感应影响最小化，同时短路所有绕组。虽然可以采用这种方法来测量总电容，但是跨接于绕组两端的电容的平衡必须被间接测量。CMRR 测试可有效测量电容的不平衡度。

正如图 15.54 所示，有时绕组的输入阻抗是通过指定另一绕组负载的形式测量的。这种测量包含了初级阻抗、次级阻抗和其他如图 15.8 和图 15.13 所示的并联损耗阻抗 RC 的影响。如果指定的阻抗是针对很宽的频率范围的话，那么它还包括初级电感和绕组电容的影响。

有时相关列表会给出击穿电压，用于度量整体绝缘性。该参数的测试一般要采用被称为高压测试仪（Hi-Pot Tester）的特殊设备来进行，这种设备使用非破坏性的高电压同时将电流限制在非常低的数值上。

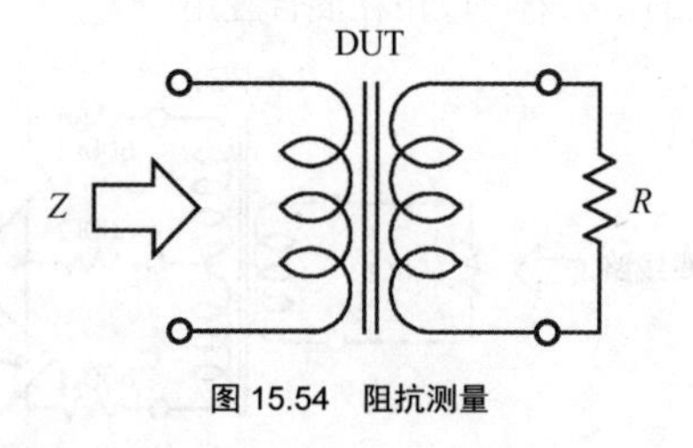

图 15.54 阻抗测量

15.3.2 数据表

数据是留存还是公布

现存的数据表和技术指标使我们很容易对产品进行比较。然而客观的数据表和承诺的技术指标堪称凤毛麟角。与许多其他的声频产品一样，大多数所谓的数据表和技术指标只是针对设计而言的，而不是针对用户的。**若未告知测量条件，则所提供的技术指标从本质上讲就没有意义，**因此在进行比较之前存在一定程度的疑问始终被认为是合理的。例子如：

• 嗡声消除器（Hum Eliminator）和线路电平转换器（Line Level Shifter）产品不附噪声抑制或 CMRR 技术指标。

• 线路电平转换器产品不附增益指标。15.2.2.4 部分解释了生产厂家为何这样做。

• 最大功率（Maximum Power）或最大电平（Maximum Level）列表没有给出频率和源阻抗指标。

虽然从技术的角度上看这是正确的，但是其他的一些技术指标很可能会对变压器并不十分了解的人产生误导。例如，最大电平和失真通常是指 50Hz，40Hz 或 30Hz 时的电平和失真，而不是更为苛刻的 20Hz 时的电平和失真。要注意，这些较高频率上的技术指标要比 20Hz 对应的频率指标好很多。这里它们之间存在近似 6dB/oct 的关系。例如，相对于指定变压器在 40Hz 时的电平或失真，其 20Hz 时的电平处理能力要小约 6dB，而失真要高两倍之多。

15.4 安装与维护

15.4.1 几个安装要点

• 要记住在声频变压器内部有非常细小的导线。它的导线引线绝不应被当作把手使用。虽然内部粘接得很牢固，但是使劲拉还是有可能导致绕组开路。

• 使用锋利的工具时一定要小心。用工具划开输出变压器的外包装可能会割伤内部的绕组。

• 在将变压器安装到屏蔽罐中时，要么使用提供的螺钉，要么使用长度短于推荐值的螺钉。如果螺钉太长，则会钻至绕组 —— 这将惹出大麻烦。

• 在使用被磁化的工具时要小心。如果螺丝刀能吸起曲别针，那么就不要用它来安装声频变压器了。

• 不要掉落变压器。这可能使输出变压器中的叠层安装错位，并影响其低频响应。机械应力引发的输入变压器磁屏蔽罐凹陷将会降低其屏蔽的有效性。同样的原因，安装变压器的钳子不要钳得过紧。

• 缠绕有助于避免传声器对环境交变磁场引发的嗡声的拾取。这一点对于诸如传声器电平的线路而言尤为正确。将所有绕组的引线缠绕在一起可能会降低噪声抑制能力或 CMRR。

15.4.2 去磁

当变压器的磁芯或其屏蔽罐被磁化时，会引发一些微妙的问题产生。一般而言，磁芯会被绕组中流动的直流电流磁化，即便磁化时间不到 1s。这可能使得磁芯保持弱磁性。由于钢制材料具有较宽的磁滞回线，所以钢制磁芯一般最倾向于保有这种磁性。知晓磁芯是否已经被永久磁化的唯一方法就是进行失真测量。磁芯未被磁化的变压器将会表现近似 3 次谐波的失真，事实上不存在偶次谐波失真，而磁芯被磁化的变压器会表现出明显的偶次谐波失真，2 次谐波失真甚至可能会超过 3 次谐波失真。处在 20Hz 或 30Hz 时标称最大的工作电平之下约 30dB 或 40dB 的测试信号所具有的警示作用最强，因为这时它将磁滞失真的贡献最大化。

带幻象供电功能的传声器输入变压器，不论它是连接到供电输入，还是从供电输入处断开，它都会暴露出这种可能性。然而，暴露在最不利的 7mA 电流脉冲情况前后的失真测量显现出的影响微小。通常主导变压器的 3 次谐波失真不受影响。而通常处在测量门限附近的 2 次谐波一般会提高约 20dB，但仍然要比 3 次谐波低 15dB。这能听得出来吗？有些人说听得出来。即便这一失真淹没在几百赫兹的本底噪声之下。在任何情况下，只有关掉幻象电源，通过连上和拔下传声器就能够防止这种情况发生。这种被磁化的变压器是可以去磁的。

低电平变压器的去磁通常可以利用任何可以连续可变输出的声频信号发生器来实现。它可以利用有些类型的升压器来让输出变压器得到足够高的电平（要确认在其输出上没有直流偏置。）。这种做法就是让变压器被驱动成深度饱和状态，产生 5% 或更大的 THD，然后再缓慢地将电平降至零。当然，在频率非常低时是最容易发生饱和的。到底该用多大的电平则取决于变压器。如果幸运的话，所需要的电平对于周围的电工人员是不可能构成威胁的，并且无须断开变压器就可以实现去磁。首先将发生器频率设定为 20Hz，将其电平设为最小输出电平，然后慢慢地（大约用几秒钟的时间）将电平提高为饱和电平（保持在这一状态几秒钟），之后再反过来变化，让电平降到最小。对于绝大多数变压器而言，这一处理过程将会使其停留在去磁状态。

屏蔽罐通常在突然碰到强的磁性工具时会被磁化。有时，变压器会不知不觉地被安装到已磁化的机箱内。当输入变压器的屏蔽罐被磁化时，便会产生变压器的传声器化行为。即便高品质输入变压器被罐装于避免非常细的导线发生断开的半刚性环氧化合物中，磁芯和罐体之间的振动引发出相当于可变磁阻传声的行为。在这种情况下，可以使用高质量的磁带录音机磁头消磁器来对屏蔽罐去磁。在 Jensen 生产线的末端，大部分变压器在都用非常强的消磁器进行了常规的去磁处理。尽管我没有尝试过这么做，但是我想类似用于 2in 录像带的消磁器也是可以对大的钢质磁芯输出变压器进行去磁的。

第16章

电子管、分立固态器件和集成电路

Glen Ballou, Les Tyler 和 Wayne Kirkwood 编写

16.1 电子管

1883 年，爱迪生发现排掉空气的灯泡中的受热灯丝到单独电极之间存在流动着的电子（爱迪生效应）。弗莱明（Fleming）利用这一原理，在 1905 年发明了弗莱明管（Fleming valve），德弗雷斯特（DeForest）在 1907 年插入了栅极，从此开启了利用三极管（Audion）对信号进行电子放大之门。这些人所提出的原理造就出了数百万的电子管[1]。

随着晶体管和集成电路的发明，曾经红极一时的电子管渐渐地从声频电路中淡出了。然而，近一段时期，电子管又重新复活了，因为有些"金耳朵"喜欢电子管声音的平滑和自然的音色。1946 年生产的 12AX7 并未消亡，今天它仍然作为电容传声器中的小型电子管在使用，而 6L6 则被应用于功率放大器中。这里有件有趣的事情，这就是许多人感觉 50W 的电子管放大器的声音要比 250W 固态放大器的声音好。正因为如此，人们还喜欢听电唱机，故我们也在本手册中对电子管进行讨论。

16.1.1 电子管组件

电子管是由各种组件或电极组成的，参见表 16-1，这些组件的表示符号如图 16.1 所示。

表 16-1　电子管组件及其名称

灯丝	直接加热的电子管中受热并发射电子的阴极。灯丝还可以是间接加热的电子管中用来加热阴极的单独盘绕组件。
阴极	包围发射电子的加热器的套管。阴极的表面涂有氧化钡或镀钍钨，以增强电子的发射量。
板极	电子管中的正极组件，输出信号通常都取自这一组件。它也被称为阳极。
控制栅极	处在板极和阴极之间的螺旋导线组件，通常在此加入输入信号。该组件控制电子的流动或阴极与板极间的电流。
屏栅	四极（四个组件）或五极（五个组件）电子管中的组件，它处在控制栅极和板极之间。屏栅维持为正电势，以减小板极与控制栅极间存在的电容。它的作用相当于静电屏蔽，且阻止自振荡和管内反馈的产生。
抑制栅	处在电子管中板极与屏极之间、类似于栅极的组件，用以阻止板极的二次电子发射对屏栅造成的轰击。抑制栅一般连接到地电路或阴极电路上。

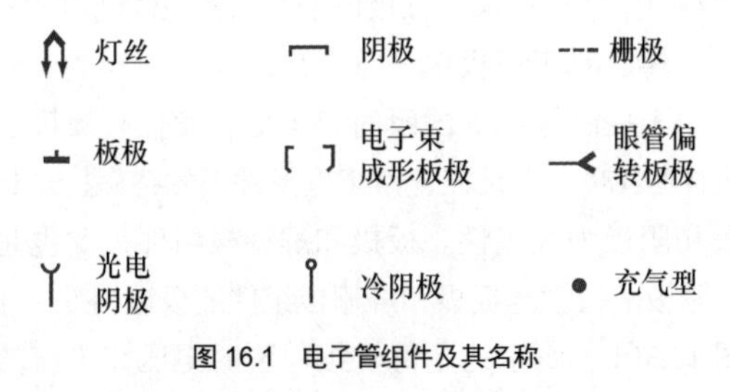

图 16.1　电子管组件及其名称

16.1.2 电子管类型

电子管的类型很多，每一类型都有特定的应用场合。所有的电子管都要求有一种类型的加热器，以便让电子流动。表 16-2 对各种类型的电子管进行了定义。

表 16-2　电子管的 8 种类型

二极电子管	由板极和阴极组成的双组件电子管。二极管被用于整流或控制信号的极性，以便让电流只向一个方向流动。
三极电子管	由阴极、控制栅极和板极组成的三组件电子管。这是用于放大信号的最简单的电子管。
四极电子管	由阴极、控制栅极、屏栅极和板极组成的四组件电子管。它就是通常所指的屏栅电子管。
五极电子管	由阴极、控制栅极、屏栅极、抑制栅极和板极组成的五组件电子管。
六极电子管	由阴极、控制栅极、抑制栅极、注入栅极和板极组成的六组件电子管。
七极电子管	由阴极、控制栅极，四种其他栅极和板极组成的七组件电子管。
八极电子管	由阴极、控制栅极，五种其他栅极和板极组成的八组件电子管。
束射功率管	具有四极电子管和五极电子管优点的功率输出电子管。束射功率管能够处理相对高的输出功率，用在声频放大器的输出级。其功率处理能力源自板极电流电子汇聚成的移动的电子束。在普通的电子管中，虽然电子由阴极流向板极，但是它们并未会聚成束状。在束射功率管中，其内部组件由阴极、控制栅极、屏栅极和两个内部连接到阴极组件的束射成型极组成。像普通的电子管一样，阴极也是被间接加热的。

16.1.3 符号和基本图例

表 16-3 给出了电子管电路中的一些基本符号。图 16.2 给出了各种类型电子管的图例。

表 16-3　电子管命名法

C	两级之间的耦合电容
C_{g2}	屏栅极旁路电容
C_k	阴极旁路电容
E_{bb}	供电电压
E_{ff}	板极效率
E_p	板极处的实际电压
E_{sg}	屏栅极处的实际电压
E_o	输出电压
E_{sig}	输入处的信号电压
E_g	控制栅处的电压
E_f	灯丝或加热器电压
I_f	灯丝或加热器电流
I_p	板极电流
I_k	阴极电流
I_{sg}	屏栅电流

续表

I_{pa}	平均板极电流
I_{pac}	平均交流板极电流
I_{ka}	平均阴极电流
I_{sga}	平均屏栅电流
g_m	跨导（互电导）
mu	放大系数（μ）
P_{sg}	屏栅处的功率
P_p	板极处功率
P-P	板极到板极或推挽放大器
R_g	栅极电阻
R_k	阴极电阻
R_l	板极负载阻抗
R_p	板极电阻
R_{sg}	屏极降压电阻
R_d	去耦合电阻
r_p	板极内阻
V_g	电压增益

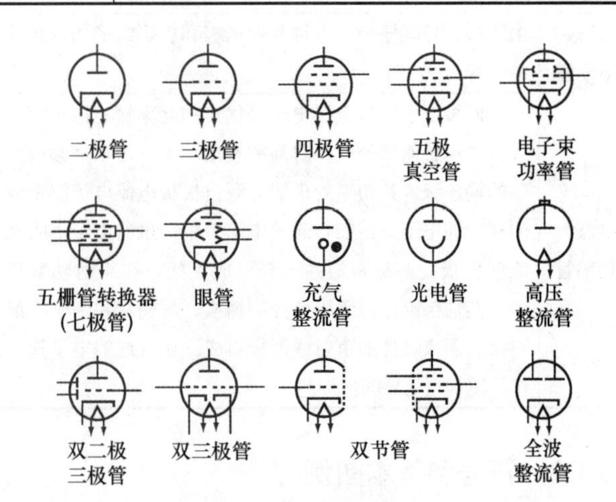

图 16.2 常用电子管的图例

16.1.4 跨导

跨导（Transconductance，g_m）是通过以微安（μA）为单位的板极电流变化量除以电子管控制栅极处的信号电压得到的，它被表示为电导。电导（Conductance）与电阻相反，它被称为姆欧（mho，将 ohm 倒过来拼写），并用该单位进行度量。电导在 SI 标准体系中采用西门子（Siemens，S）作为单位，并在测量中常常取代姆欧，成为度量单位。

对于实际使用，基本的姆欧或西门子单位还是太大了，经常使用的是微姆欧（micromho，μmho）和微西（microsiemens，μS）。1μmho 等于 1mho 的百万分之一。

电子管的跨导（g_m）可由如下的公式得到

$$g_m = \frac{\Delta I_p}{\Delta E_{sig}} \tag{16-1}$$

式中，

ΔI_p 为板极电流的变化量；

ΔE_{sig} 为控制栅极信号电压的变化量；

E_{bb} 为板极供电电压，且保持恒定。

例如，控制栅极处 1V 的变化量对应于 1mA 的板极电流变化量的话，那么跨导就等于 1000μmho。若控制栅极处 1V 的变化量对应于 2mA 板极电流变化量的话，则跨导就为 2000μmho。

$$g_m = I_{pac} \times 1000 \tag{16-2}$$

式中，

g_m 为跨导，单位为 μmho 或 μS；

I_{pac} 为交流板极电流。

16.1.5 放大系数

放大系数（Amplification factor，μ）或电压增益（voltage gain，V_g）是板极电压变化量与板极电流固定且所有其他电极上的电压保持恒定情况下控制电极电压变化量之比。这通常是控制栅极的信号在流经电子管之后提高的量。

电子管增益可用下面的公式加以计算。

$$V_g = \frac{\Delta E_p}{\Delta E_g} \tag{16-3}$$

式中，

V_g 为电压增益；

ΔE_p 为信号板极电压的变化量；

ΔE_g 为信号栅极电压变化量。

如果放大器由多级构成，那么放大量等于各级的放大量相乘。某一放大器级的增益随电子管的类型和采用的级间耦合类型的不同而有所变化。电压增益的通用公式为：

$$V_{gt} = V_{g1} V_{g2} \ldots V_{gn} \tag{16-4}$$

式中，

V_{gt} 为放大器的总增益，

V_{g1}，V_{g2} 和 V_{gn} 为各级的电压增益。

三极电子管是按照其放大系数来分类的。低 μ 电子管的放大系数小于 10。中等 μ 的电子管的放大系数为 10 ～ 50，板极电阻为 5 ～ 15 000Ω。高 μ 电子管的放大系数为 50 ～ 100，板极电阻为 50 ～ 100kΩ。

16.1.6 极性

极性反转发生于电子管内。图 16.3（a）所示的是控制栅极处针对给定信号自偏置五极电子管的各组件间电信号角度的极性反转。对于三极电子管，反转也是一样的。应注意的是，对于控制栅极处的瞬时正电压，栅极和板极之间的电压极性为 180°，且在正常工作条件下始终保持这样。控制栅极和阴极为同极性。板极和屏栅极组件彼此也是同极性的。阴极的极性与板极和屏栅极组件的极性相差了 180°。

图 16.3（b）所示的是每一组件瞬时电压和电流的极性反转。对于控制栅极处的瞬时正极性正弦波而言，板极和

屏栅极处的电压为负极性，电流为正极性。在阴极电阻处电压和电流均为正极性，并且与控制栅极处的电压极性相同。对于指定组件，三极电子管中的反相也是一样的。

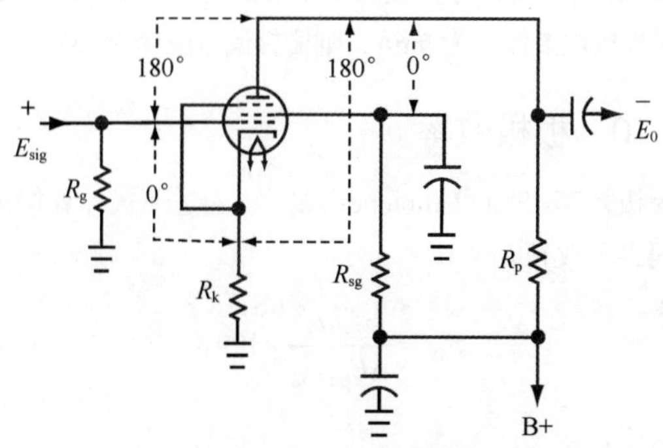

（a）五极电子管的各组件间信号的极性变换

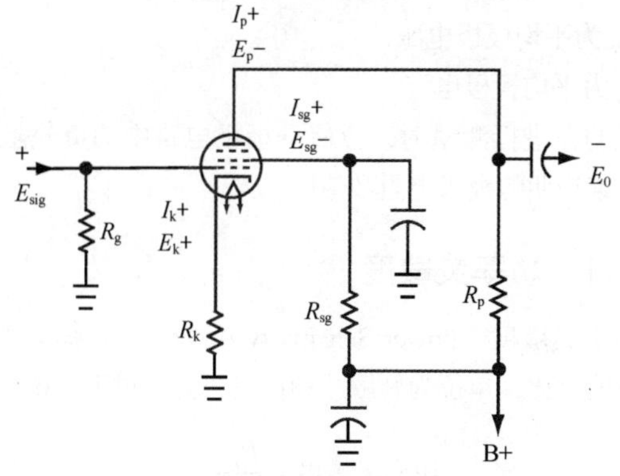

（b）在五极电子管中电流和电压的极性变换

图 16.3 真空管的极性特征

16.1.7 内部电容

图 16.4 所示的是因内部组件靠得很近而建立起的电子管内部电容（Internal Capacitance）。除非制造商另有说明，否则玻璃电子管的内部电容是采用包裹着玻璃外壳、连接到阴极端的紧贴的金属管屏蔽壳来测量的。通常，电容是在加热器或灯丝处于冷却状态，且其他各个组件均未被施加电压的情况下测量的。

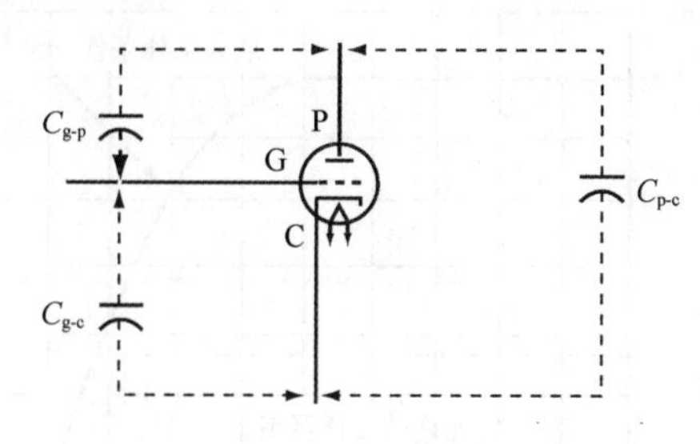

图 16.4 三极电子管的极间电容

在测量电容时，除了输入和输出组件之外，其余金属部件均被连接到阴极。这些金属部件包括内部和外部的屏蔽，管座套和未使用的管脚。在测量 midsection 管时，很少将被测量的组件连接到地。

除了连接到地的板极之外，我们还要测量控制栅极到其他所有组件的输入电容。

除了连接到地的控制栅极之外，我们还要测量板极到所有其他组件的输出电容。

在其他所有组件连接到地的情况下，我们需要测量从控制栅极到栅极的板栅电容。

16.1.8 板极阻抗

电子管的板极电阻（plate resistance，r_p）为常量，它是指电子管的内阻或对阴极至板极的电子通路所呈现的阻力。板极电阻分为两种：直流电阻和交流电阻。直流电阻是当加到电子管组件的电压值稳定时，其内部对电流呈现的阻碍，它可以利用欧姆定律得出。

$$V_{\mathrm{P_{dc}}} = \frac{E_\mathrm{P}}{I_\mathrm{P}} \tag{16-5}$$

式中，

E_p 为直流板极电压；

I_p 为板极电流的稳态值。

交流电阻需要从能提取信息的一簇板极电流曲线来确定。一般而言，该信息含有电子管特性，在计算或选择放大器组件时会用到它。计算交流板极电阻的公式为：

$$V_{\mathrm{P_{ac}}} = \frac{\Delta E_\mathrm{P}}{\Delta I_\mathrm{P}} \tag{16-6}$$

式中，

ΔE_p 为板极电压的变化量；

ΔI_p 为单极电流的变化量；

E_{sig} 为控制栅极信号电压，且保持恒定。

E_p 和 I_p 的数值取自特定电子管的生产厂家提供的曲线簇信息。

16.1.9 栅极偏置

提高板极电压或降低栅极偏置电压都会使板极电阻降低。图 16.5 示出了电子管偏置的最常用的 6 种方法。在图 16.5（a）中，偏置电池与控制栅极串联。在图 16.5（b）中，电子管是通过连接到阴极电路中的电阻自偏的。虽然图 16.5（c）中的电路也是自偏形式，但是偏置电压是通过连接到控制栅极和地之间的栅极电容和栅漏电阻器获得的。图 16.5（d）中，偏置电压是由并联的栅漏电阻器和电容器与控制栅极串联得到的。图 16.5（e）所示的方法是所谓的组合偏置（Combination Bias），它是由自偏和电池偏置构成的。合成的偏置电压为电池的负电压与阴极电路中的自偏置电阻所创建的偏置组合而成。图 16.5（f）所示的是另一种组合偏置电路。偏置电池与栅漏电阻器相串联。控制栅极处的偏置电压由电池和栅极电阻与电容组合创建的自偏置电压组合而成。

如果控制栅极相对阴极变为正时，则会使控制栅极和阴极间的电流流经外围电路。这种情况是不可避免的，因为携带正电荷的控制栅极导线吸引从阴极流到板极的电子。

重要的是，控制栅极电压会保持为负，以此降低栅极电流和失真。

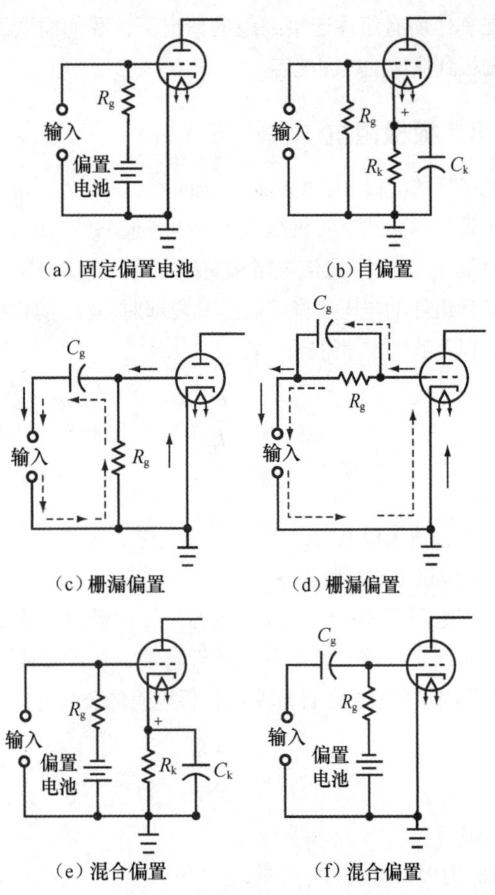

图 16.5 取得栅极偏置的各种方法

电子管中的栅极电流通常被认为是将控制栅极驱动至正区间所导致的，同时人们认为它会引发栅极电流。

栅极电压，板极电流特性是通过图 16.6 所示的电子管生产厂家提供的一系列曲线簇得到的。

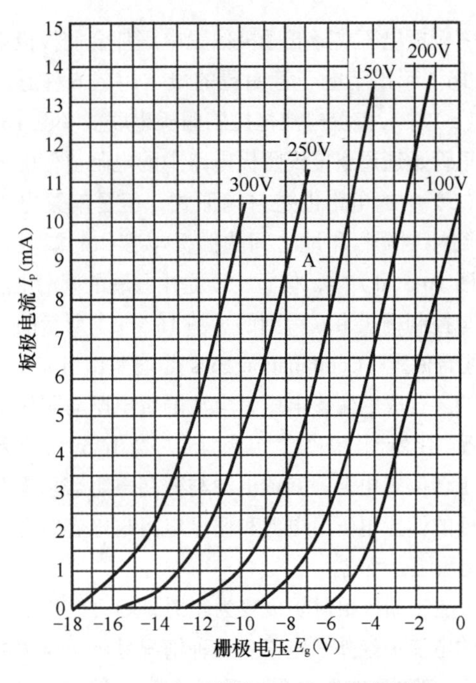

图 16.6 三极电子管的栅极电压、板极电流曲线

曲线表明：对于给定的板极电压，我们可以确定板极电流和栅极偏置。例如，厂家声称，对于 250V 的板极电压和 –8V 的负向栅极偏置，板极电流将为 9mA（250V 曲线上的 A 点所表示的情形）。如果打算让该电子管工作在 150V 的板极电压下，且板极电流保持为 9mA，则栅极偏置应变为 –3V。

16.1.10 板极效率

板极效率（Plate Efficiency, E_{ff}）可通过下式计算得出（公式有误，已改正。

$$E_{ff} = \frac{watts}{\Delta E_{pa} I_{pa}} \times 100\% \qquad (16\text{-}7)$$

式中，

watts 为电子管的功率输出，单位为 W；

E_{pa} 为平均板极电压；

I_{pa} 为平均板极电流。

我们在进行测量时，应保证板极电路中的负载阻抗应等于厂家声明的板极电阻数值。

16.1.11 功率灵敏度

功率灵敏度（Power Sensitivity）为输出功率与输入电压平方值之比，单位为姆欧或西门子，并通过下式得出。

$$\text{功率灵敏度} = \frac{P_o}{E_{in}^2} \qquad (16\text{-}8)$$

式中，

P_o 为电子管的功率输出，单位为 W；

E_{sig} 为输入处的信号电压均方根值。

16.1.12 屏栅极

屏栅极串联降压电阻器的阻值是通过参照厂家的数据表，从中找到可应用的最大电压和屏栅极可耗散的最大功率，再以此计算得出的。这些限定一般被表示成图 16.7 所示的图形形式。电阻器的阻值可通过下式计算。

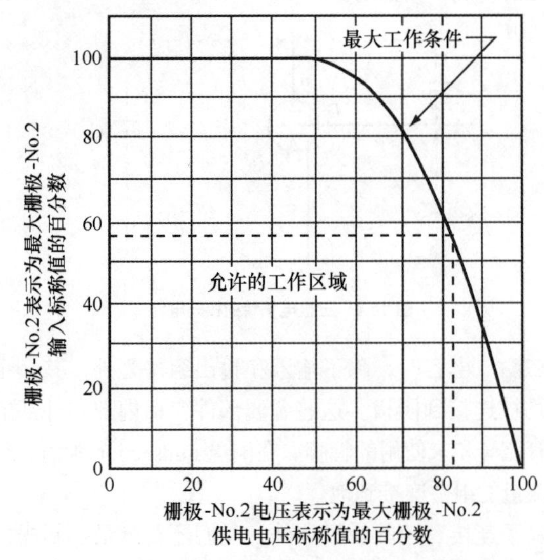

图 16.7 通过屏蔽栅极确定最大功率耗散的典型曲线

$$R_{sg}=\frac{E_{sg}\times\left(E_{bb}-E_{sg}\right)}{P_{sg}} \quad (16\text{-}9)$$

式中，

R_{sg} 为屏栅电压降压电阻器的最大值，单位为 Ω；

E_{sg} 为选择的屏栅电压数值；

E_{bb} 为屏栅供电电压；

P_{sg} 为与选择的 E_{sg} 数值对应的屏栅输入功率瓦数。

16.1.13　板极耗散

板极耗散（Plate dissipation）是损毁前板极组件可耗散的最大功率，它可通过下式得出。

$$\text{Watts dissipation}=E_pI_p \quad (16\text{-}10)$$

式中，

Watts dissipation 为耗散瓦数；

E_p 为板极电压；

I_p 为板极电流。

16.1.14　变化参数

如果打算让电子管工作在与公布的数值不同的板极电压下，那么新的偏置数值、屏极电压和板极电阻可用转换系数 F_1，F_2，F_3，F_4 和 F_5 计算得出。假设针对单只波束功率管指定了以下条件：

板极电压	250.0 V
屏极电压	250.0 V
栅极电压	–12.5 V
板极电流	45.0 mA
屏极电流	4.5 mA
板极电阻	52 000.0 Ω
板极负载	5000.0 Ω
跨导	4100.0 μS
功率输出	4.5 W

F_1 用来获得新的板极电压：

$$F_1=\frac{E_{p_{new}}}{E_{p_{old}}} \quad (16\text{-}11)$$

例如，新的板极电压打算为 180V。针对这一电压的转换系数 F_1 可利用公式 16-11（将新的板极电压除以公布的板极电压）得到。

$$F_1=\frac{180}{250}=0.72$$

屏极和栅极电压正比于板极电压：

$$E_g=F_1\times\text{原有栅极电压} \quad (16\text{-}12)$$

$$E_{sg}=F_1\times\text{原有屏极电压} \quad (16\text{-}13)$$

在例子中，

$$E_g=0.72\times(-12.5)=-9\text{V}$$

$$E_{sg}=0.72\times 250=180\text{V}$$

F_2 用来计算板极和屏极电流：

$$F_2=F_1\sqrt{F_1} \quad (16\text{-}14)$$

$$I_p=F_2\times\text{原有板极电流} \quad (16\text{-}15)$$

$$I_s=F_2\times\text{原有屏极电流} \quad (16\text{-}16)$$

在例子中，

$$F_2=0.72\times0.848=0.61$$

$$I_p=0.61\times45\text{mA}=27.4\text{mA}$$

$$I_{sg}=0.61\times4.5\text{mA}=2.74\text{mA}$$

板极负载和板极电阻可以利用系数 F_3 计算得出：

$$F_3=\frac{F_1}{F_2} \quad (16\text{-}17)$$

$$r_p=F_3\times\text{原有内部板极电阻} \quad (16\text{-}18)$$

$$R_T=F_3\times\text{原有板极负载电阻} \quad (16\text{-}19)$$

在例子中，

$$F_3=\frac{0.720}{0.848}=1.8$$

$$r_p=1.18\times52000=61360\Omega$$

$$R_L=1.18\times5000=5900\Omega$$

F_4 被用来获得功率输出：

$$F_4=F_1F_2 \quad (16\text{-}20)$$

$$\text{功率输出}=F_4\times\text{原有功率输出} \quad (16\text{-}21)$$

在例子中：

$$F_4=0.72\times0.610=0.439$$

$$\text{功率输出}=0.439\times4.5=1.97\text{W}$$

F_5 被用来获得跨导，此时，

$$F_5=\frac{1}{F_3} \quad (16\text{-}22)$$

$$\text{跨导}=F_5\times\text{原有跨导} \quad (16\text{-}23)$$

在例子中，

$$F_5=\frac{1}{1.18}$$
$$=0.847$$
$$\text{跨导}=0.847\times4100$$
$$=3472\mu\text{mho或}3472\mu\text{S}$$

先前阐述的那些不同于原始指定电压的转换方法可以用于三极、四极和五极电子管，以及束射功率管，板极。栅极1和栅极2电压按同一系数同时发生改变。这种转换方法将被应用于任意电子管工作类型，比如A类，AB_1类，AB_2类，B类，或C类。尽管这种转换方法在大部分情况中都能取得相当满意的结果，但是随着转换系数偏离单位值，误差将提高。最令人满意的工作区间为0.7～2.0。当系数处在这一区间之外时，工作的准确程度会降低。

16.1.15 管加热器

电子管厂家的数据表一般含有这样的忠告：加热器电压应保持在标称电压值的±10%的范围内。通常，当加热器电压变化时，人们不太重视这种忠告，电压的变化会对电子管的特性产生很大的影响。内部噪声是祸首。由于加热器电压变化，其发射寿命会变短，组件间的电子泄露会增多，加热器到阴极泄露会增多，且导致栅极电流产生。因此电子管的寿命会随着内部噪声的增大而缩短。

16.2 分立固态器件

16.2.1 半导体

固体中的导电现象是1835年由蒙克（Munck）和亨利（Henry）首先发现的，随后布隆（Braum）在1874年再次发现此现象。在1905，邓伍迪上将（Col. Dunwoody）发明了用在电磁波检测的晶体检波器。它是由处在两个触点之间的条状碳化硅或金刚砂材料构成。然而，在1903年，皮卡德（Pickard）为与硅材料相接触的细导线式晶体检波器申请了应用专利。这是首次提及硅整流器，晶体检波器就是当前硅整流器的前身。后来，铅矿砂（硫化铅）等其他矿物质被用于检波器。在第二次世界大战期间，人们对此进行了深入的研究，以改善晶体检波器的特性，使其可被应用于微波雷达设备中。最初的点接触型晶体管于1948年在贝尔电话实验室（Bell Telephone Laboratories）诞生。

半导体（semiconductor）是以诸如锗和硅材料作为主要功能部件的电子器件，其导电率处在导体的导电率和绝缘体的导电率之间。

锗（Germanium）是1896年由德国萨克森州的温克勒（Winkler）发现的稀有金属。锗晶体是由二氧化锗粉末形成的。最纯状态下的锗的特性更多地偏向于绝缘体的特性，因为它具有的电荷载流子非常少。锗的电导率可以通过掺杂少量杂质而增大。

硅（Silicon）是制造二极管整流器和晶体三极管的非金属元素。它的电阻率要比锗的电阻率高出很多。

图16.8给出了纯净锗和纯净硅的相对定位。刻度代表的是每立方厘米导体、半导体和绝缘体的电阻。纯净锗的电阻率近似为60Ω/cm³。相对于硅而言，锗具有较高的电导率或较低的电流阻力，并用于低功率和中等功率的二极管和三极管中。

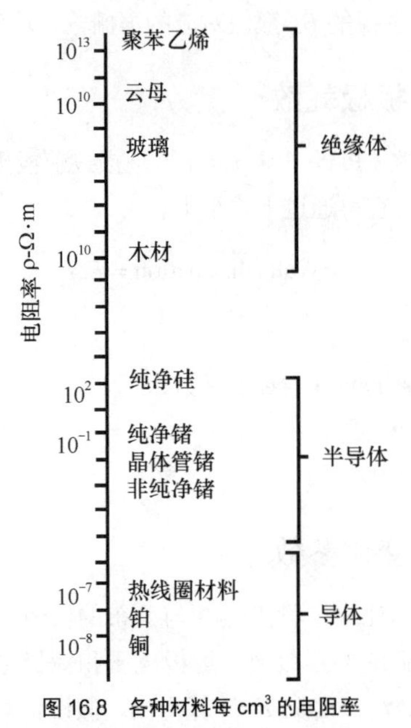

图16.8 各种材料每cm³的电阻率

用来制造半导体器件的基本元素不能是纯态的半导体。这些基本元素需经过复杂的化学、冶金和照相制版处理，在这一过程中，基础元素被高度提炼，然后掺杂进特定的杂质加以改性。将杂质扩散至纯的基础元素当中的这一精确受控过程被称为掺杂（Doping），同时纯的基础材料被转换成半导体材料。半导体机制是通过在器件两端加上电压来取得的。这样做可以获得正确的极性，以便器件具有极低的电阻（正向偏置或导通模式）或者极高的电阻（反向偏置或截止模式）。因为器件既像电的良导体，但在正确的反向电压下却又像是电的不良导体或绝缘体，故其被称为半导体。

有些半导体材料被称为P型材料或正型材料，因为它们被处理成具有多余正电荷离子的形式。另外一些被称为n型或负型，因为它们被处理成具有多余负电荷电子的形式。当p型材料与n型材料发生接触时，这便产生了pn结（pn junction）。如果施加了正确的外部电压，则会在n型材料和p型材料间产生低阻通路。如果施加了与此前相反的电压，则会在p型材料和n型材料之间产生所谓的具有极高电阻的耗尽层（depletion layer）。二极管就是这样的一个例子，因为其导通与否取决于所施加的外部电压的极性。将这样的几个pn结组合在一个器件中便会产生具有非常有用电子属性的半导体。

半导体器件基于其电子结构运行。锗原子的外部轨道包含4个电子。图16.9（a）示出了纯锗晶体的原子结构。含有4个电子的每个原子与相邻的原子构成了共价键，因此不存在“自由”电子。纯净锗是电的不良导体。如果一片（晶体管中使用的锗的大小）“纯的”锗被施加以电压，那么因热扰动而游离其结合的电子只会在电路中产生出几微安的电流。该电流会随着温度的升高而以指数速率增大。

当携带 5 个电子的一个原子（比如锑或砷）被引入到锗晶体中时，其原子结构便变成如图 16.9（b）所示的情形。多余的电子（称为自由电子）将会朝外部电压源的正端移动。

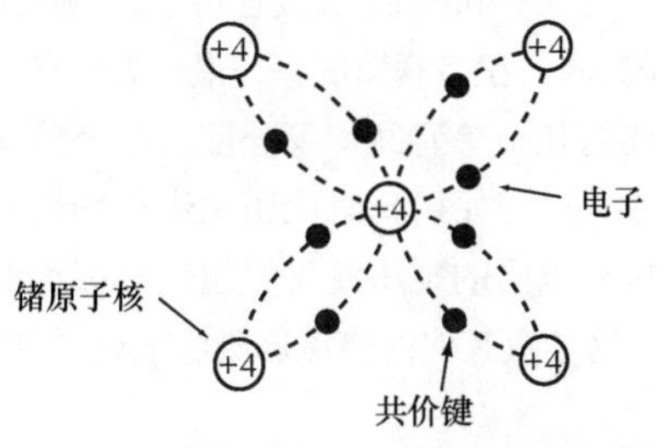

（a）纯净锗晶体的原子结构。这种情况下，锗是不良导体

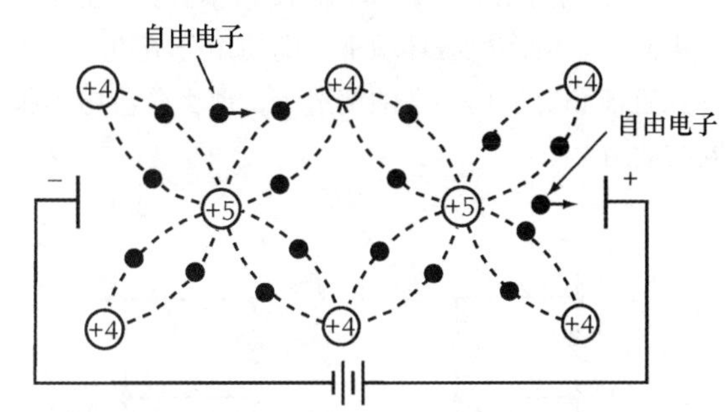

（b）当所感应的是含有 5 价电子渗透杂质的 n 型锗晶体的原子结构

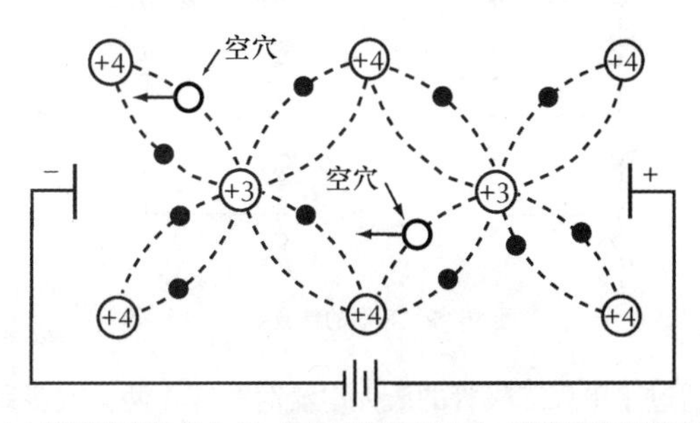

（c）当所感应的是含有 3 价电子渗透杂质的 p 型锗晶体的原子结构

图 16.9　锗的原子结构

当一个电子从锗晶体流向外部电压源的正端时，另一个电子就会从电压源的负端进入到晶体。因此，只要外部的电势被维持下来，就会形成连续的电子流动。

含有 5 个电子的原子是掺杂剂（Doping Agent）或杂质（donor）。这样的锗晶体就被划归为 n 型锗。

如果以铟、镓或铝作为掺杂剂的话，因其外围轨道上只存在 3 个电子，故锗晶体就会变为如图 16.9（c）所示的原子结构。在该结构中，存在着空穴（hole）或受体（acceptor）。空穴一词被用来表示具有正电荷的运动粒子，并模拟具有正电荷的电子属性。

当含有空穴的锗晶体受到电场的作用时，电子跳入空穴，空穴表现为朝向外接电压源的负端移动。

当一个空穴到达负端时，该端发射出一个电子，空穴被抵消了。同时，来自共价键的一个电子流入电压源的正端。这个新的空穴又朝负端移动，使晶体中形成了连续的空穴流。

存在电子缺失的锗晶体被划归为 p 型锗。这里我们考虑的是外部的电子电路，故电子和空穴流没什么不同。然而，两种类型的晶体管的连接方法是不同的。

当锗晶体被掺杂后，它突然由 n 型变为 p 型，且正电势被施加到 p 区，而负电势被施加到 n 区，空穴移过结到右侧，而电子移到左侧，形成了如图 16.10（a）所示的电压 - 电流特性。如果电势反过来的话，电子和空穴会离开结，直至因位移而产生的电场抵消了施加的电场为止。在这种条件下，外部电路中的电流为零。可能流动的任何微小电流是由受热的空穴对引发的。图 16.10（b）所示的是相反条件下的电压与电流的关系图。在结未被击穿之前，泄漏电流基本上与所加的电势无关。

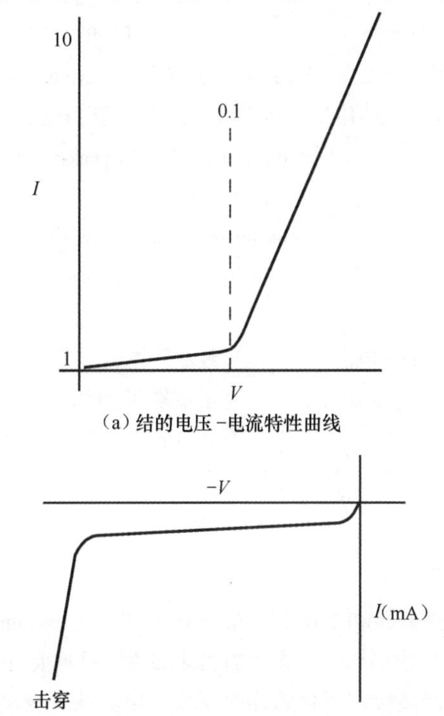

（a）结的电压 − 电流特性曲线

（b）在相反条件下结型晶体管的电压 − 电流特性与电池极性的关系

图 16.10　电压 - 电流特性曲线

16.2.2　二极管

二极管是一种在某一方向上对电流呈现低电阻，而在另一方向上呈现高电阻的器件。理想情况下，当二极管被反向偏置（将电源的负极连接到二极管的正极）时，不管二极管两端加的电压值为多少，都不会存在电流。正向偏置的二极管对电流呈现出非常低的电阻。

图 16.11 所示的是实际二极管的特性曲线。从二极管被反偏开始，二极管内就存在小的反向电流。为了清楚起见，这一反向漏电流被放大了，一般而言它以纳安为单位。由于正向电阻并不是恒定的，所以它不会产生直线型的正向导通曲线。取而代之的是其在相对低的电压时，在开始阶

段正向电阻较高，之后快速下降。在0.5～1V以上时，它具有一个陡峭的直线斜率（即低电阻）。

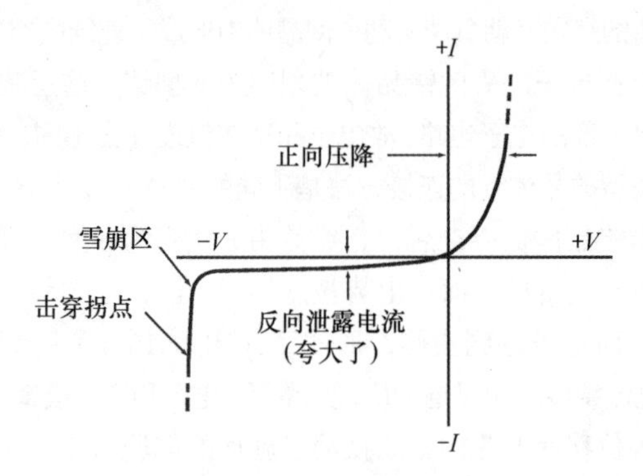

图16.11 实际的二极管特性曲线

在图16.11的反偏区域上，当所加的电压（−V）变得足够大时，泄漏电流突然非常快速地增大，并且特征曲线变得非常陡。在过了特征曲线的拐点之后，即便反向电压少量增加都会引起反向电流增大很多。这一陡峭的区域被称为二极管特性的击穿拐点（breakdown）或雪崩（avalanche）区。

高反向电压应用导致二极管击穿，这时它已不具备二极管的截止特性了。标称的峰值反向电压（peak-reverse-voltage，prv）是二极管最重要的两个参量之一。它有时也被表述为标称峰值反向电压（peak-inverse-voltage，或piv）。该标称值表示出了不会导致出现拐点或击穿现象的反向电压值。二极管的其他参量有：

最大平均电流　　导致器件过热
峰值重复电流　　基于重复而言的最大峰值电流
冲击电流　　瞬间可允许的最大电流绝对值

最大平均电流受结点功耗的限制。这一功耗是正向压降（V_F）与正向电流（I_F）的乘积。

$$P = V_F I_F \qquad (16\text{-}24)$$

硒整流器和二极管。硒整流器单元（selenium rectifier cell）由低温溅射合金之上的硒涂层镀镍铝基板组成。铝基板被用作负极，而合金作为正极。电流从基板流向合金，但在反方向上却碰到高的电阻阻力。转换效率一定程度上取决于导通方向上的电阻与截止方向上电阻的比值。普通的整流器的比值一般为100～1000。

硒整流器可以工作在−55℃～+150℃（−67° F～+302° F）的温度范围上。对于三相桥式电路而言，整流效率在90%的数量级上，而对于单相桥式电路，整流效率在70%左右。随着硒单元使用年限的增加，正向和反向电阻在大约一年的时间里会不断增加，之后趋于稳定，这将使输出电压大约降低15%。硒整流器的内阻很低，并且对所施加的电压而言呈现出非线性的特点，具有良好的调压特性。它们常常被应用于给电池充电。

因自身结构特点，硒整流器具有相当高的内部电容，这便将其工作范围限制在声频范围内。其整流表面上的电容值范围大约为0.10～0.15 μF/in2。

正向导通的最小电压被称为门限电压（Threshold Voltage），它约为1V，因此在该电压之下硒整流器不能正常工作。

硅整流器和二极管。硅二极管的高正向与反向电流特性使得其效率高达99%（当正确使用时）硅二极管具有使用寿命长和不受使用年限、湿度的影响（或者在使用了正确的热沉时也不受温度影响）的特点。

例如，4只单独的400Vpiv二极管可以串联使用，以抵御高达1600V的piv。在串联情况下，最重要的考虑因素是所施加的电压要在几个单元间均等分配。每个独立单元上的压降必须基本一样。如果瞬时电压未进行均等分割，那么其中的一个单元承受的电压就可能超过其标称值，从而导致其出问题。这导致其他的整流器吸收piv，使整个整流器被摧毁。

通过用电容器或电阻器与单独的整流器相并联可以取得电压均匀分配的结果，如图16.12所示。稳态应用时采用分流电阻，于瞬态电压环境下时则使用分流电容。如果电路处在直流和交流均存在的情形下，那么分流电容和电阻应同时使用。

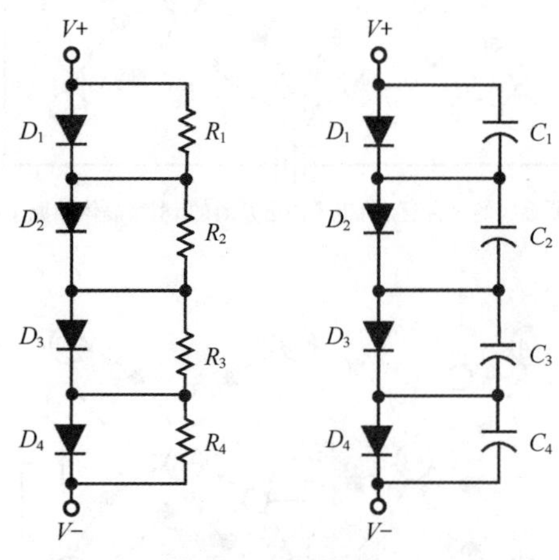

图16.12 串联的整流器

当超过了单只二极管的最大电流时，应将两只或多只二极管并联使用。为了避免各个单元上的压降不同，每只二极管要串联上一个电阻或小电感，如图16.13所示。人们更愿意使用电感，因为它的压降和功耗都较小。

齐纳二极管和雪崩二极管。当反向电压增大到如图16.11所示的二极管特性的击穿拐点之外时，二极管阻抗会突然下降到非常低的水平。如果电流被外围电路的电阻限制的话，那么对于专门为此设计的某些二极管而言，工作在"齐纳区"是正常的。在齐纳二极管（Zener Diode，有时被称为*zener*）中，故意做成与齐纳区尽可能垂直，以便二极管两端的电压在宽的反向电流范围上基本是恒定的。由于齐纳区电压可以具有很高的可重复性，并且在不同的时间和温度条件下呈现出非常稳定的特性，所以齐纳二极管还可以作为电压基准来使用。齐纳二极管具有各种各样的电压、电流和功率，电压从 3.2V 到数百伏，电流从几毫安到 10A 或更大，功率约从 250mW 到 50W 以上。

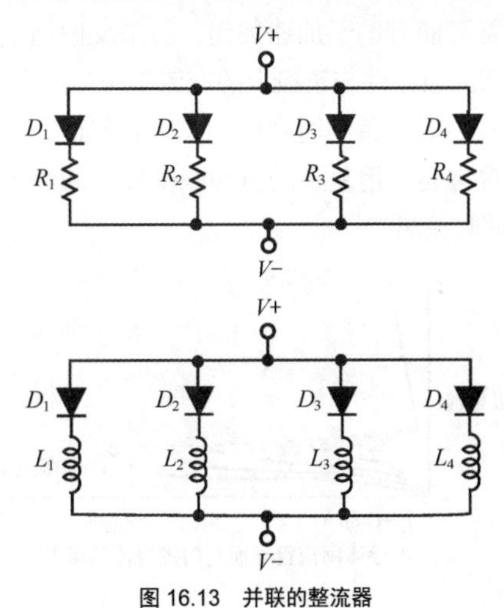

图 16.13　并联的整流器

雪崩二极管（Avalanche Diode）是击穿拐点形状得到控制的一种二极管，击穿前的泄漏电流已经被降低，以便二极管更加适合于两种应用：高压堆和钳位。换言之，它们是利用二极管在某一电平或者刚好在其之下就击穿的特性来阻止电路超过这一电压值的。

小信号二极管。小信号二极管（Small-Signal Diode 或通用二极管（Heneral-Porpose Diode）是低电平器件它的基本特性和功率二极管的基本特性相同。它们体积更小，耗散功率更低，但不是为高压、大功率应用而设计的。其典型的标称范围是：

I_F（正向电流）	1 ～ 500mA
V_F（I_F 时的正向压降）	0.2 ～ 1.1V
piv 或 *prv*	6 ～ 1000V
I_R（80% *prv* 时的漏电电流）	0.1 ～ 1.0μA

开关二极管。开关二极管（Switching Diode）与小信号二极管一样，基本上是用在数字逻辑和电压变化可能非常快的应用中，所以它的速度，尤其是反向恢复时间参量至关重要。其他重要的参量特性还包括低的寄生电容、低且一致的 V_F（正向压降），低的 I_R（反向泄漏电流），以及控制电路中的 *prv*。

噪声二极管。噪声二极管（Noise Diode）是用于雪崩模式（反向偏置于击穿拐点之外）的硅二极管，用于产生宽带噪声信号。所有的二极管都会产生一定的噪声。然而，噪声二极管具有特殊的内部结构且经过特殊的处理，为的是在非常宽的频带上产生一致的噪声功率。它们是低功率器件（一般为 0.05 ～ 0.25W），且可以在不同的带宽级别下使用，带宽范围可低至 0kHz ～ 100kHz，也可以高至 1000 ～ 18 000MHz。

变容二极管。变容二极管（Varactor）是由硅或砷化镓制成的，它被用来可调电容。有些二极管工作在击穿电压值以下的反偏模式时会表现出与所加电压成反比的寄生电容，变容二极管的电容量是变化的。这一效果可以用于调谐电路、调制振荡器、发生谐波和混合信号。变容二极管有时称为电压可调谐微调电容器（Voltage-Turnable Trimmer Capacitor）。

沟道二极管。沟道二极管（Tunnel Diode）的名字源于其沟道效应，其间粒子可从势垒的一端消失，并立刻重现于势垒的另一端，因为其存在通过势垒组件形成的沟道。

沟道二极管是由强掺杂的 p 型材料和 n 型材料制成，这使其具有与普通二极管完全不同的电压 - 电流特性。这一特性使得其在许多高频放大器和脉冲发生器，以及射频振荡器中发挥着不可取代的作用，如图 16.14 所示。

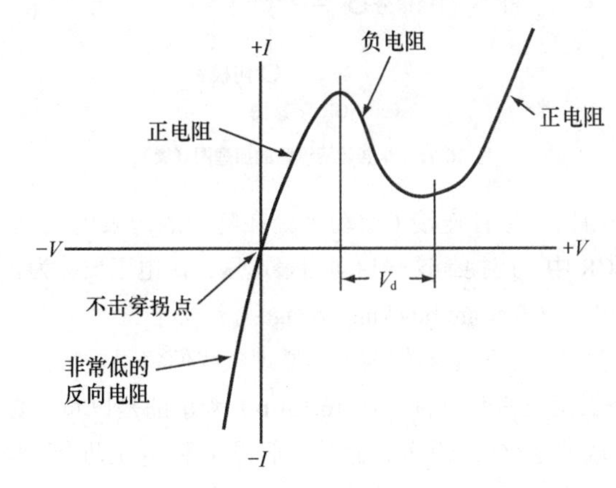

图 16.14　显示出负向区域（沟道区域）的沟道二极管特性曲线

使沟道二极管与有源器件一样工作的原因是电压范围 V_d（不到 1V）上的负阻区。在这一区域上，提高电压使得电流减小，这与普通的电阻器工作原理正好相反。沟道二极管在反方向上充分导通。实际上，不存在击穿拐点或泄漏区。

16.2.3　半导体闸流管

四种正确掺杂的半导体层以串联形式垒在一起，pn 即 pnpn（或 npnp），其结果是产生一个四层或肖特基导通二极管。第二层增加的一个端子（门）建立起一个门控反向截止半导体闸流管（Thyristor），或可控硅整流器（Silicon-Controlled Rectifier，SCR），如图 16.15（a）所示。

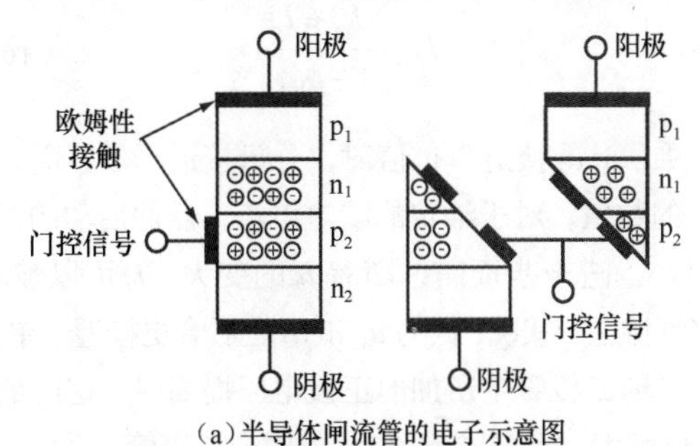

（a）半导体闸流管的电子示意图

图 16.15　半导体闸流管的原理图

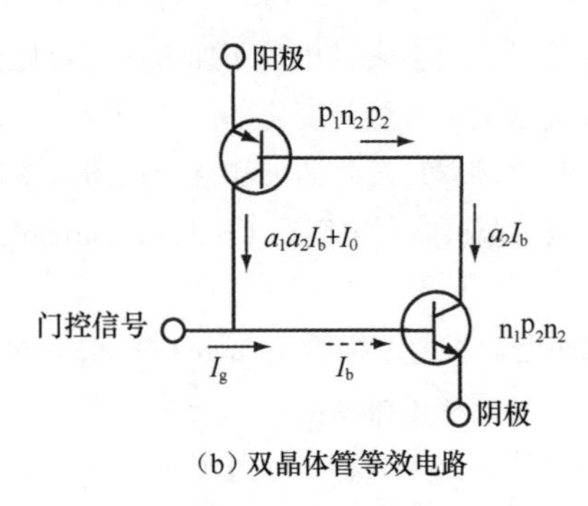

（b）双晶体管等效电路

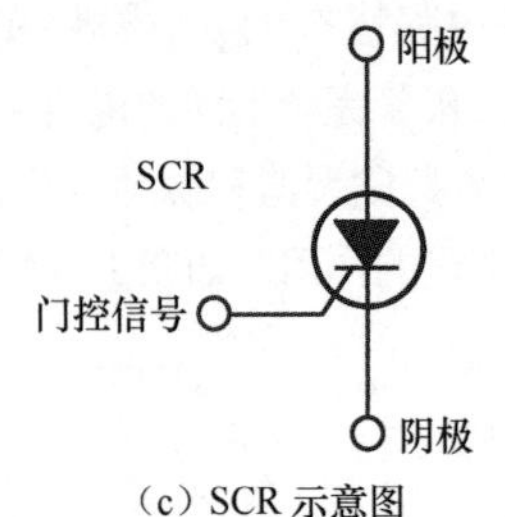

（c）SCR 示意图

图 16.15 半导体闸流管的原理图（续）

四层二极管连接（启动）处在特定的门限电压之上。在 SCR 中，门控制这一启动门限电压，该电压被称为正向截止电压（forward blocking voltage）。

为了了解四层器件的工作原理，我们将层材料分离成两个三层三极管器件。图 16.15（b）所示的是以负反馈连接而成的等效双三极管表示法。假设 a_1 和 a_2 是两个三极管部分的电流增益，其中的每一增益值均小于单位值，馈入 $n_1p_2n_2$ 三极管的总的基极电流

$$I_b = a_1a_2I_b + I_o + I_g \qquad (16\text{-}25)$$

式中，

a_1 和 a_2 为三极管的电流增益；

I_b 为总的基极电流；

I_o 为泄漏到 $n_1p_2n_2$ 三极管基极的电流；

I_g 为进入到门端子的电流。

当公式 16-18 成立时，电路开启，并且在稳定反馈动作所需要的一定开启时间之后变成自锁状态。通过求解 I_b，这一结果更容易理解。

$$I_b = \frac{I_o + I_g}{1 - a_1a_2} \qquad (16\text{-}26)$$

当乘积 a_1a_2 接近单位值时，分母接近于零，而 I_b 取得一个大的数值。对于给定的漏电流，器件启动的门电流可能极小。进一步而言，随着 I_b 的变大，I_g 可以被取消，反馈将维持这一状况，因为 a_1 和 a_2 之后会更接近于单位值。

当导通二极管中所加的正极电压提高时，这时的 I_g 消失，I_o 也增大。当公式 16-26 成立时，二极管启动。当门电流升高至建立起正极电压固定的等式时，半导体闸流管启动。对于固定的 I_g，正极电压可能被升高，直至半导体闸流管启动为止，I_g 决定启动电压，如图 16.16 所示。

一旦启动，半导体闸流管就会一直处于导通状态，直到正极电流降至对应于一定关闭时间的最小保持电流。另外，一旦半导体闸流管启动，那么门将失去所有控制。尽管反向偏置可能有助于加速关闭，但是反偏门信号将不会使器件关闭。当器件与正极上的交流电压一起发挥作用时，单元在电压周期的负半周会自动关闭。然而，在直流开关电路中，常常要采用复杂的方法来消除、减小或反转正极电压才能使其关闭。

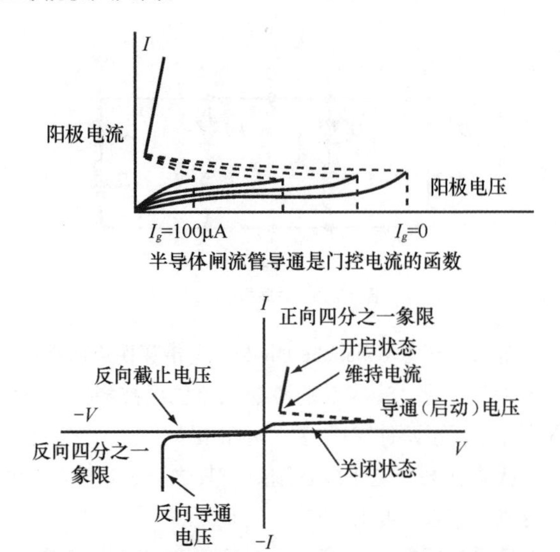

图 16.16 作为门电流和正向电压函数的半导体闸流管的溢出特性

图 16.17 所示的是一种与两个四层二极管（diac，双向开关二极管），或两个 SCR（triac，双向可控硅）作用非常相像的双向导通、并行和反向导通的安排。当端子 A 为正电压且处在导通电压之上时，经由 $p_1n_1p_2n_2$ 的通路可以导通；当端子 B 为正电压时，通路 $p_2n_1p_1n_3$ 可以导通。当端子 A 为正电压且第三个组件端子 G 存在足够大的正电压时，$p_1n_1p_2n_2$ 通路将会在比 G 为零时低很多的电压下启动。该作用几乎与 SCR 的作用一样。当端子 G 变为负值且端子 B 为正电压时。启动点要比反向（或 $p_2n_1p_1n_3$）时的启动点更低。

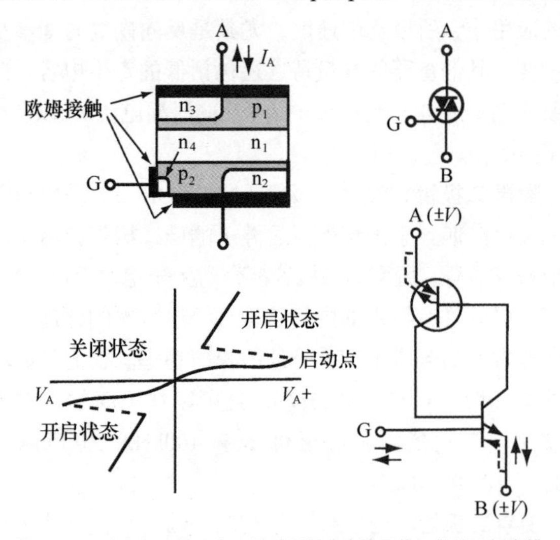

图 16.17 建立起三端双向可控硅开关或交流工作组件的双侧安排

由于导通条件下阻抗低，所以四层器件必须在正极和门上串联足够大的电阻才能工作，只有这样才能将正极 - 负

极电流或门电流限制至安全值。

为了了解半导体闸流管的低阻抗，高电流能力，必须将器件视为一个整体来考量，而不是将其视为两个三极管模型。在图 16.17 中，$p_1n_1p_2$ 三极管注入空穴，以启动单元，而三极管 $n_1p_2n_2$ 则发射电子。当分成两个独立的三极管来考虑时，空间电荷分布将产生两种典型的三极管饱和电压正向压降，与半导体闸流管的实际压降相比这是相当高的。

然而，考虑图 16.17 所示的半导体闸流管的话，在同样的 n_1 区域和 p_2 区域内两极的电荷同时存在。因此，当半导体闸流管存在高的注入电平时，少数载流子的活动载流子浓度远超过本底掺杂密度下的载流子浓度。因此，空间电荷实际被中和了，以至于高电流下正向压降变得几乎与电流密度无关。对电流的大部分阻抗来自接触电阻和负载电阻。

标准半导体闸流管为低阻抗性能所付出的代价就是必须要有比导通时间更长的关闭时间，这是耗散掉高电平少数电流载流子所必须达到的条件。长关闭时间限制了半导体闸流管的速度。庆幸的是，长关闭时间并未使开关功率损耗有明显增加，而慢的开启时间则会使功率损耗明显增大。

第一个时间指标是关闭时间。关闭时间是正向正极电流中止到器件能够阻止重新加入的正向电压使其再次开启之间的最短时间。

第二个时间指标是反向恢复时间。反向恢复时间是通过将交流信号加到正极 - 负极电路来阻止反向电压，使正向导通停止所需的最短时间。

第三个时间指标就是导通时间，它是半导体闸流管由触发到完全导通所用的时间。

这些时间指标限制了半导体闸流管的工作频率。另外两个重要的指标就是应用于半导体闸流管端口的电压关于时间的导数（dv/dt）和电流关于时间的导数（dv/dt），它们限制了加到半导体闸流管上的电压和电流的变化率。

快速变化的正极电压可能导致半导体闸流管即便是在电压电平还没超过正向导通电压时也会开启。因为层间电容的缘故，电流大到足以能导致门控层发生启动。流经电容器的电流与所加电压的变化量成正比。因此，正极电压的 dv/dt 是半导体闸流管的一个重要技术指标。

在有些单元中，尤其是旧的单元中，小到每微秒几伏的 dv/dt 就可能实现单元开启。较新设计的这一标称值常常达到每微秒几百伏。

另外一个重要的指标就是正极电流的 di/dt 标称值。这一标称值对于正极 - 负极通路中存在低电感的电路而言特别重要。足够大的电感将限制器件启动时电流的升高速率。

当半导体闸流管启动时，靠近门的区域首先导通。然后电流在一段时间里会扩散到门控半导体材料的其它区域。如果流经器件的电流因输入电流的 di/dt 过高而在这一时间段内过快升高的话，那么靠近门处的电流会高度集中，器件可能会因局部过热而被烧坏。特殊设计的门结构可以缩短半导体闸流管的开启时间，提高工作频率，同时缓解热点问题。

可控硅整流器。如果以直流作为负载的供电电压，那么 SCR 半导体闸流管可以被认为是固态自锁继电器。门电流启动 SCR，这相当于闭合了负载电路的触点。

如果以交流作为供电电压，那么随着正极性交流波形跨越零点且极性反转成负电压，SCR 负载电流将减小至零。这将关闭掉 SCR。如果正的门电压也去掉了，那么它在交流电压的下一个正半周期间也不会开启，除非加上了正的门电压。

SCR 适合利用小的门电流来控制大的整流电源。负载电流与控制电流之比可以是几千比一。例如，10A 的负载电流可以用 5mA 的控制电流来触发。

SCR 与时间相关的重要技术指标是标称 dv/dt。该特性表明了输电线路上的瞬态冲击达到多快时不会引发 SCR 误触发、在没有门控电流时使其导通。除了这一与时间相关的参量及其门特性之外，SCR 的标称值与那些功率二极管的标称值类似。

我们可以通过换向电路（commutating circuit）来实施关闭，SCR 可以用来控制直流。由于正极供电电压每半周反转一次，所以这时无需借助交流。SCR 可以配对或组对使用，以便逆变器由直流产生交流。它们还可以被当作保护器件来使用，以免出现过压问题。这些通常是用在供电电源保护器的过压保护电路中。SCR 也可用来实现开关功率放大，充当固态继电器。

双向可控硅。图 16.18 所示的是三端口半导体器件，它相当于两个背对面颠倒着并联在一起的 SCR。它们在一个门控电路的作用下可以双向导通电源。在功率二极管导通期间，人们利用移相或延时门控信号半个周期的方法，将双向可控硅广泛用于控制交流电源。家庭和办公场所使用的调光器，以及变速电钻就是应用双向可控硅的例证。

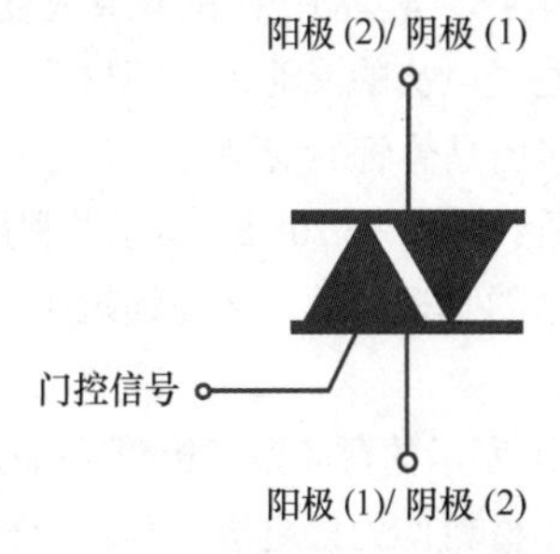

图 16.18　三端双向可控硅开关组件的示意图

光启动可控硅整流器。当足够强的光照射到暴露的门结点时，SCR 被开启，就如同门控电流存在一样。在有些电路中门控端口还可以作为备用端口。这些器件被用于投影仪控制，定位控制，光继电器，从属闪光灯和安保系统中。

双向触发二极管。双向触发二极管如图 16.19 所示。其作用相当于两只齐纳（或雪崩）二极管背靠背串联的作用。当加到双向触发二极管上的任意方向电压变得足够大时，其中一只齐纳管会被击穿。其作用是将电压降至更低的电平上，使得相应电路的电流增大。该器件常被用来触发 SCR 或双向可控硅整流器。

光耦合可控硅整流器。光耦合 SCR（opto-coupled SCR）是发光二极管（LED）和光可控硅整流器（photo-SCR）的组合。当足够的电流被迫流经 LED 时，它发射出触发 photo-SCR 门的红外辐射。小量的控制电流可以调节大的负载电流，同时器件在控制电路和负载电路之间起到绝缘和隔离的作用。后面将要讨论的光耦合晶体三极管的工作原理、达林顿晶体三极管的工作原理与其工作原理相同。

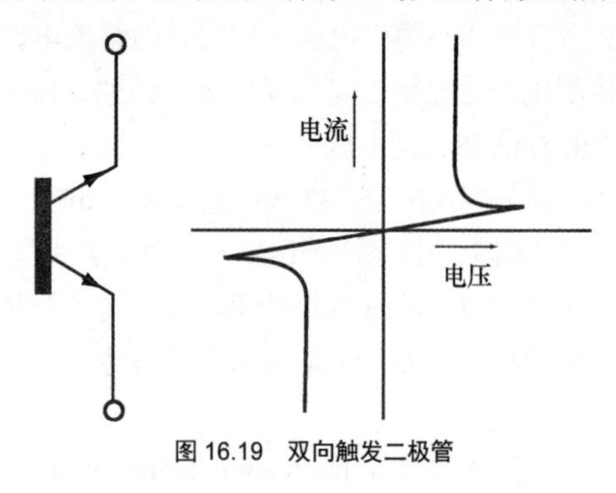

图 16.19 双向触发二极管

16.2.4 三极管

三极管的种类有很多[1]，并且它们是以自己的生产和制造方式来命名的。图 16.20（a）所示的是生长结（grown-junction）三极管。图 16.20（b）所示的是合金结（alloy-junction）三极管。在生长结被制造期间，半导体的掺杂成分被更改，以产生 npn 或 pnp 区。生长材料被切割成小的部分，并将触点连接到各区上。在合金结类型中，n 型或 p 型掺杂元素的小点被连接到 p 型或 n 型半导体材料的薄晶片的任意一侧，以构成发射极结和集电极结。基极连接是由原始半导体材料形成的。

图 16.20（c）所示的漂移场（drift-field）三极管采用的是改良的合金结，其晶片中的掺杂浓度被扩散或降低了。漂移场加速了电流的流动，并拓展了合金结三极管的频率响应。漂移场晶体管的变型为微合金扩散（microaolly diffused）三极管，如图 16.20（d）所示。利用蚀刻技术，人们取得了非常窄的基极尺寸，从而缩短了到集电极的电流通路。

图 16.20（e）所示的台面型三极管（mesa transistor）它以原始的半导体材料作为集电极，与基极材料一起融入晶片和发射极点合金的基极区。被蚀刻的平顶峰或平台缩小了在基极结处的集电极面积。台面器件具有大功耗性能，且能工作于非常高的频率下。双扩散外延台面三极管利用气相沉积法生长并在晶片上建立起晶体层，这将允许其在独立于原始晶片属性的前提下对物理和电子规格进行精密的控制。这一技术如图 16.20（f）所示。

平面三极管（planar transistor）是结构高度复杂的三极管。用于基极扩散和发射极扩散的面积有限，仅有非常小的有效面积与大的导线接触面相联系。平面结构的优点就是其具有高耗散性、更低泄漏电流、更低的集电极截止电流，这提高了它的稳定性和可靠性。平面结构也与之前讨论的几种基极设计配合使用。图 16.20（g）所示的就是双扩散外延台面型三极管。

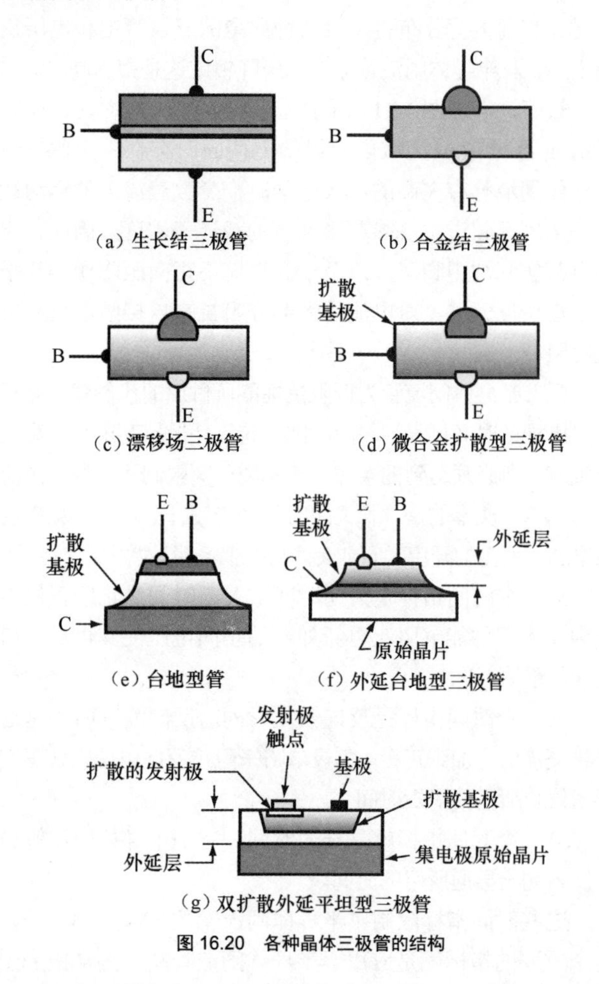

图 16.20 各种晶体三极管的结构

普通三极管与场效应管（field-effect transistor，FET）在工作原理上的差异就在于：三极管是电流受控器件，而 FET 是电压受控器件，后者与电子管类似。普通的三极管还具有输入阻抗低的特点，这可能也是经常让电路设计者感到头痛的一件事。FET 具有高输入阻抗和低输出阻抗的特点，在这一方面，FET 很像电子管。

FET 工作的基本原理可以通过简单的 pn 结机制做出最佳解释。控制机制就是消耗层的建立与控制，这在所有反偏结中是常见的。n 区中的原子拥有用于传导的多余电子，而 p 区中的原子也拥有产生电流的多余空穴。给结施加反转的电压，虽然这需要一定的时间才能达到稳定，电流非常小，但是电子和空穴会重新进行配置。正电荷空穴会朝向电压源的负极性端移动，而负电荷的电子将会被吸引到电压源的正极性端。这导致在结中心附近区域的大部分载流子被消除了，因此这一区域被称为耗散区（depletion region）。

根据图 16.21（a）所示，*n* 型半导体材料做成的简单块在每一端具有一个非整流触点。两电极之间的电阻

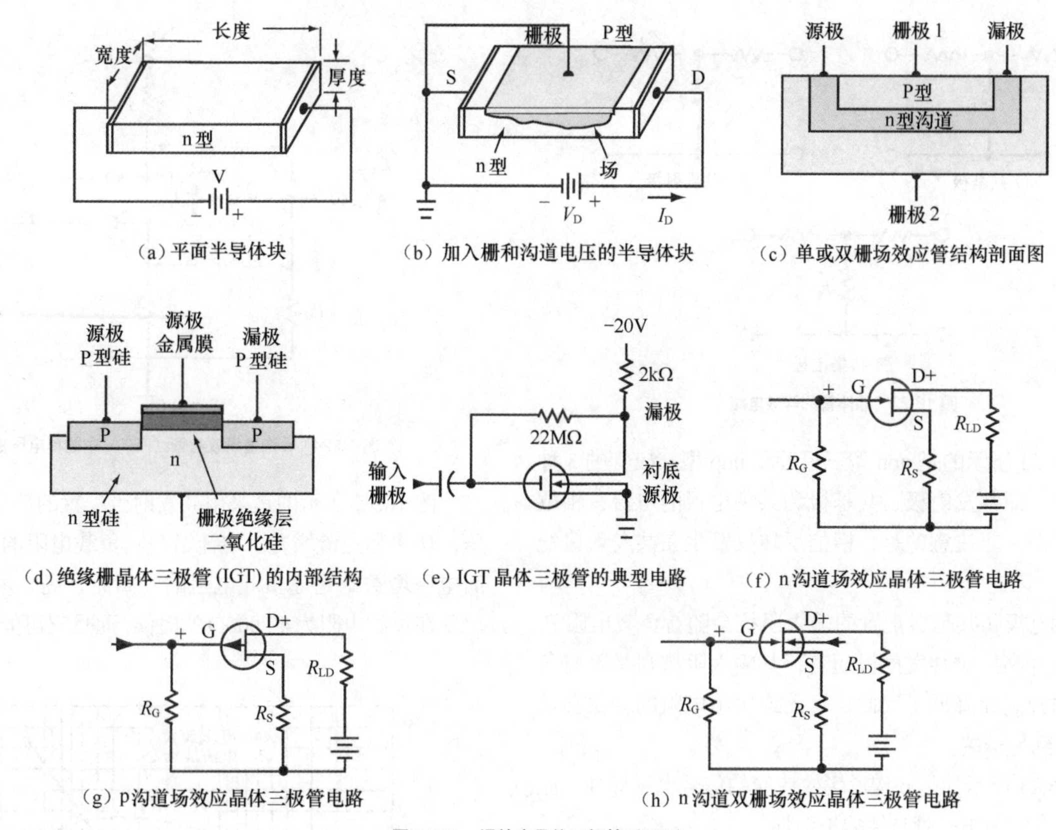

（a）平面半导体块　（b）加入栅和沟道电压的半导体块　（c）单或双栅场效应管结构剖面图

（d）绝缘栅晶体三极管（IGT）的内部结构　（e）IGT 晶体三极管的典型电路　（f）n沟道场效应晶体三极管电路

（g）p沟道场效应晶体三极管电路　（h）n沟道双栅场效应晶体三极管电路

图 16.21　场效应晶体三极管（FET）

$$R = \frac{PL}{WT} \tag{16-27}$$

式中，

P 为材料灵敏度的函数；

L 为块的长度；

W 为宽度；

T 为厚度。

改变半导体电阻的一个或多个变量就改变了块。假如薄片形式的 p 区成形于块的顶部，如图 16.21（b）所示。pn 结是通过扩散、合金或外延生长在 p 型和 n 型材料之间建立起产生两个耗散区的反向电压来成形的。在 n 型材料中的电流主要是由多余的电子形成的。通过减小电子或多数载流子的浓度，可以增加材料的电阻率。通过将耗散区多余的电子消除可使材料成为实用的绝缘体。

忽视 p 区，并将电压加到块两端，由此产生电流，并沿着块材料的长度方向建立起电势梯度，相对于负端或地而言，电流朝右移动，电压会升高。连接 p 区到地会使 pn 结两端的方向偏置量发生改变，所产生的最大量朝向 p 区的右端。将块两端的电压反转会产生同样的耗散区。如果将 p 型材料的电阻率做得比 n 型材料小很多的话，则耗散区将进一步延伸，进入 n 型材料，而不是进入 p 型材料。为了简化下面的分析，我们将忽略 p 型材料的耗散问题。

耗散的一般形状为梯形，长度从左至右递增。由于块材料耗散区的电阻率增大了，所以导电部分的有效厚度从 p 区端到右端会变得越来越小。半导体材料的总电阻会因有效厚度的减小而变得更大。继续增加块两端的电压，会存在耗散区向块的各个方向延伸的一个点，这时有效厚度减小至零。若将电压提高至这一点之外的电压，则产生的电流变化非常小。

p 区控制着这一行为，它被称为栅控。存在多数载流子源的块左端被称为源极（source）。消耗电子的右端被称为漏极（drain）。图 16.21（c）所示的是典型 FET 的截面图，图 16.21（f）～（h）所示的是 3 种基本电路。

绝缘栅晶体管（Insulated-gate transistors，IGT）也被称为场效应管、硅基金属氧化物或半导体场效应管（MOSFET）、硅基金属氧化物或半导体晶体管（MOST）和绝缘栅场效应晶体管（IGFET）。这些器件类似，只是不同的生产厂家给它们起的名字不同。

IGT 的显著特点就是其极高的输入阻抗（高达 $10^{15}\Omega$）。IGT 虽有 3 个组件，却有 4 个连接点—— 栅极，漏极，源极和 n 型基片，它被扩散到两个同样的 p 型硅区当中。源极和漏极端口是由这两个 p 区简化来的，它构成了 n 基片和氧化硅绝缘体和金属栅极端子间的电容。图 16.21（d）示出了内部结构的剖面图，其基本电路如图 16.21（e）所示。由于高输入阻抗的缘故，IGT 可能很容易被静电荷损坏。因为器件在安装使用前就可能损坏，所以一定要严格按照生产厂家的规定行事。

IGT 被用于电子仪表、逻辑电路和超灵敏电子设备当中。不要将其与应用于声频设备中的普通 FET 相混淆。

三极管等效电路，电流和极性。晶体三极管。三极管可以视为如图 16.22 所示的 T 型有源网络。

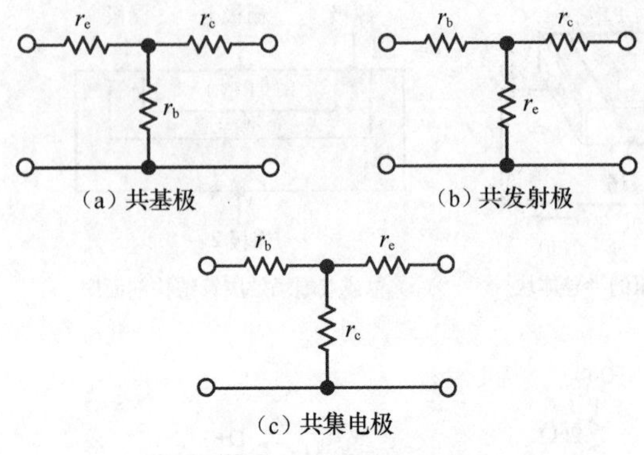

图 16.22　晶体管的等效电路

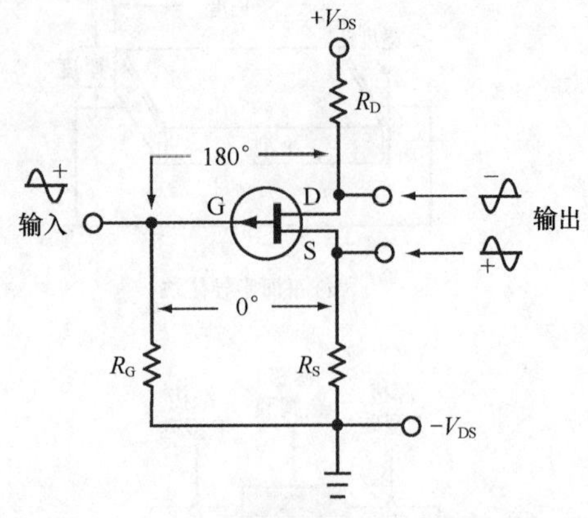

图 16.24　p 沟道场效应管（FET）中的单电压极性

图 16.23 所示的是 npn 型三极管和 pnp 型三极管的 3 种基本配置，即共发射极、共基极和共集电极的电流，相位和阻抗情况。应注意的是，相位反转只发生在共发射极配置当中。

共集电极和共基极配置的输入阻抗会随着负载电阻 R_L 的升高而升高。对共发射极而言，其输入阻抗则是随着负载电阻的升高而降低。因此，输入或输出电阻的变化会从一端反射到另一端。

图 16.24 所示的是 p 沟道场效应管的信号电压极性。应注意的是，它与电子管特性的相似性。

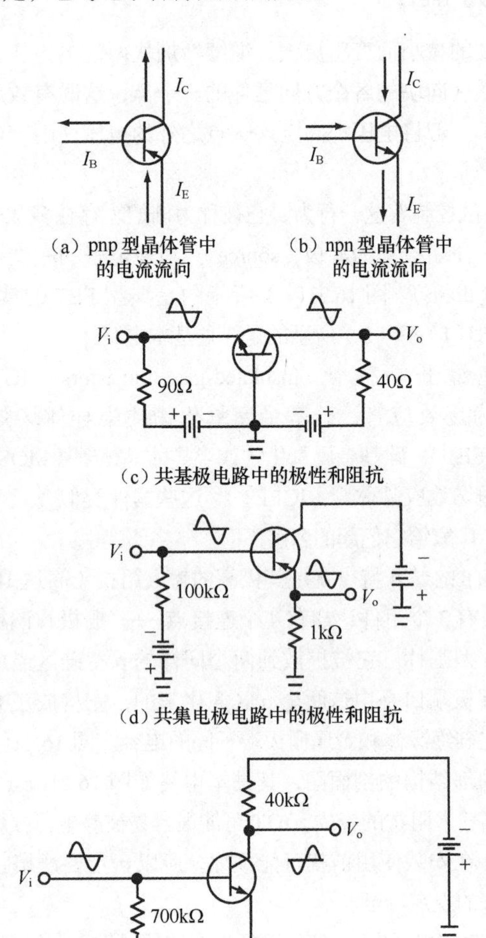

图 16.23　电流、极性和阻抗的关系

图 16.25 所示的是采用共发射极配置的典型三极管的电压，功率和电流增益。电流增益随负载电阻的升高而降低，而电压增益则是随负载电阻的升高而升高。最大功率增益出现在负载电阻为 40 000Ω 的时候，而且它可能超过单位值。

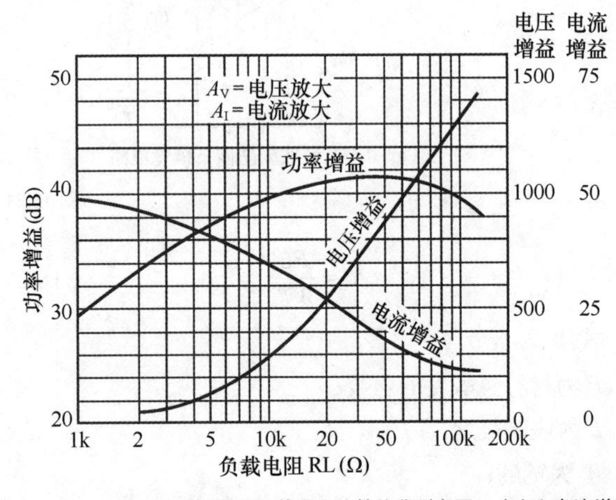

图 16.25　采用共发射极配置的普通晶体管的典型电压、功率和电流增益

对于共集电极连接，虽然电流增益随负载电阻的升高而降低，电压增益随负载电阻的升高而升高，但是绝不会超过单位值。这样的曲线有助于设计人员针对特定的结果来选择一组条件。

功率增益是随输入与输出阻抗比值的变化而变化的，且可以利用以下公式加以计算。

$$\text{dB} = 10\lg\frac{Z_o}{Z_{in}} \qquad (16\text{-}28)$$

式中，

Z_o 是输出阻抗，单位为 Ω；

Z_{in} 是输入阻抗，单位为 Ω。

正向电流转换比。三极管的重要特性就是它具有正向电流转换比（输出组件上的电流与输入组件上的电流比值）。由于连接三极管的配置有许多种，所以对于特定的电路配置而言，其正向电流转换比也是特别指明的。共基极配置的正向电流转换比通常是用 alpha（α）来表示的，而共发射极的正向电流转换比是用 beta（β）来表示的。在共基极电路中，发射极是输入组件，集电极是输出组件。因此，α_{dc}

是集电极直流电流 I_C 与发射极直流电流 I_E 的比值。对于共发射极而言，β_{dc} 则是集电极直流电流 I_C 与基极电流 I_B 的比值。这些比值给出了相对于输入和输出而言的信号电流比值，或者说输出电流与输入电流的变化量之比。

参量 α 和 β 也被用来表示三极管的频率截止特性，并且被定义为共基极配置中对应于 α 数值的频率，或者共发射极电路中对应于 β 数值的频率，它是数值降至 1000Hz 时数值的 0.707 倍所对应的频率。

增益 - 带宽积就是共发射极正向电流转换比 β 等于单位值时的频率。它表示出了器件的有用频率范围，并且有助于确定最适合于指定应用的配置。

偏置电路。图 16.26 示出了三极管中提供偏置电压的几种不同方法，图 16.27 所示的是正确电路的辅助主电路。将图 16.27 与图 16.26 相比较，通过让图 16.27 中的电阻器等于零或无穷大，再进行分析和研究可以得到它们的等效情形。例如，图 16.26(d) 所示的电路可以通过将图 16.27 中的 R_4 和 R_5 短路得到重现。

图 16.26(g) 的电路使用了一个用于 R_2 的分压器。一个电容器连接到用来分流交流反馈电流到地的两个电阻器的节点上。除非负载电阻器两端的压降至少为电源电压 V_{cc} 的 1/3，否则图 16.26 所示的 (a)、(d) 和 (g) 电路的稳定性表现会较差。最终的决定因素将是增益和稳定度。

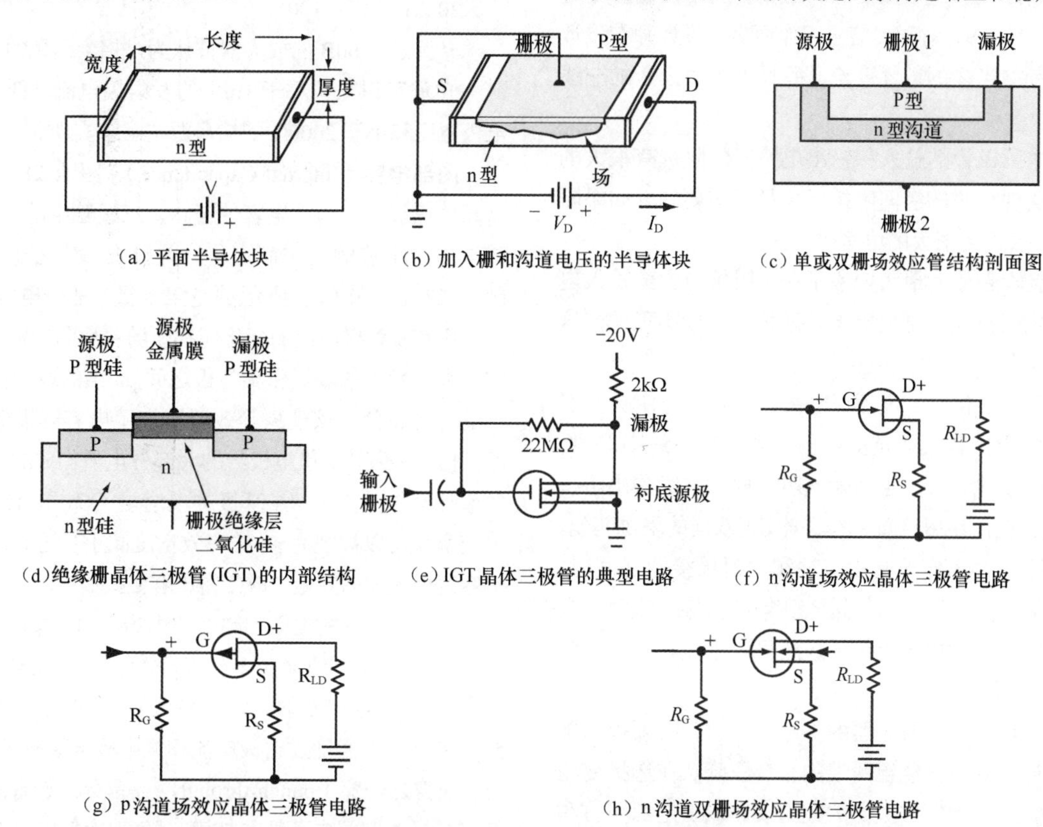

(a) 平面半导体块　(b) 加入栅和沟道电压的半导体块　(c) 单或双栅场效应管结构剖面图

(d) 绝缘栅晶体三极管 (IGT) 的内部结构　(e) IGT 晶体三极管的典型电路　(f) n 沟道场效应晶体三极管电路

(g) p 沟道场效应晶体三极管电路　(h) n 沟道双栅场效应晶体三极管电路

图 16.26　针对晶体管偏置电路的基本电路设计

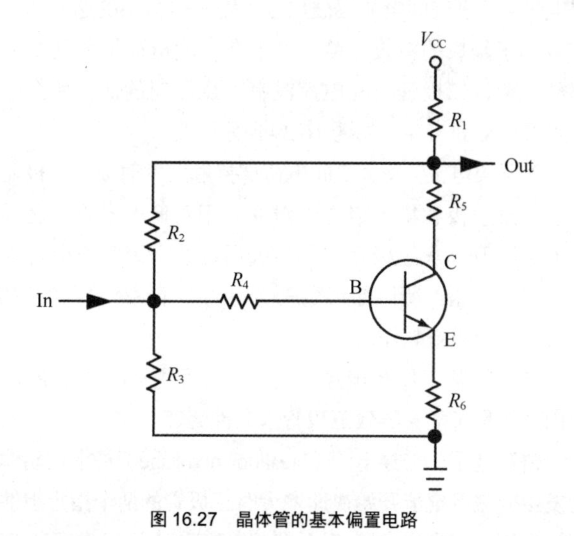

图 16.27　晶体管的基本偏置电路

利用热敏电阻来补偿因温度升高而增大的集电极电流可以改善稳定性。热敏电阻的阻值随温度的升高而减小，从而降低了偏置电压，使得集电极电压趋于保持恒定。二极管偏置还可以用于温度和电压变化的情况中。二极管被用来建立起偏置电压，它设定了三极管的空载电流或静态电流。

如果三极管被偏置成截止状态，那么会产生少量的反向直流电流，该电流由与半导体材料的表面特性有关的泄漏电流和饱和电流组成。饱和电流随温度的升高而增大，并且与材料的掺杂浓度有关。集电极截止电流是在集电极 - 基极电路被反偏，且发射极 - 基极电路被开启时所引发的直流电流。发射极截止电流是在发射极 - 基极被反偏，且集电极 - 基极电路被开启时的电流。

小信号和大信号特性。与电子管类似，晶体三极管也具有非线性，且可以归类于非线性有源器件。尽管三极管的非线性很轻微，但是在电流和电压非常低和非常高的时候会还是会变得相当明显。如果交流信号被加到无偏置电压的三极管基极上，那么它只会在所加信号电压的半个周期里导通，从而导致产生失真很高的输出信号。为了避免产生高失真，要给三极管加上直流偏置电压，并且将工作点移至特性曲线的线性区间。这改善了它的线性，并且将失真降低至适合小信号工作的数值。即便三极管被偏置到特性曲线的最佳线性部分，但是如果它被驱动至特性的非线性区间的话，还是会给信号增加相当大的失真。

由于小信号的摆幅通常是在小于1μV到约10mV之间，所以直流偏置电压大到足以让所加的交流电压与直流偏置电流和电压相比较小是很重要的。三极管通常被偏置到电流值为0.1～10mA。对于大信号工作而言，设计师在设计过程中要参考相当多的数学理论，并且需要做大量的非线性电路分析。

由于晶体三极管的输入和输出电路间的阻抗有很大的差异，所以实现级联的级间阻抗匹配是很重要的。如果阻抗不匹配，则会产生很大的功率损失。

利用三极管来放大最大功率是在源阻抗与内部输入电阻匹配且负载阻抗与内部输出电阻匹配时才能实现的。这就是此后所言的镜像匹配。

如果源阻抗变化了，则三极管的内部输出电阻会受影响，这也需要变化负载阻抗的数值。当三极管级串联时，除非是发射极接地连接，否则输入阻抗要比前级输出阻抗低很多。因此，应该使用级间变压器来实现双向的阻抗匹配。

当变压器需要工作于基极接地和发射极接地之间时，我们要使用降压变压器。工作进入到集电极接地级时，则要使用升压变压器。集电极接地级还可以用作其他三极管级间的阻抗匹配器件。

当需要调整三极管放大器的供电电压时，必须提高电池电压，以补偿变压器绕组两端的直流压降。在选择变压器之前，我们应查阅厂家提供的数据表，以确定源阻抗和负载阻抗。

晶体三极管噪声指数（Transistor Noise Figure）。在低电平放大器中，比如前置放大器，噪声是最重要的单一因素，它被表示为SNR或*nf*。大部分放大器会在输入电路中使用电阻器，因为热扰动的缘故，它会产生一定量的可度量噪声。这一噪声功率一般约为–160dB，参考值为1 W，带宽为10000Hz。当输入信号被放大时，噪声也被放大。如果信号功率与噪声功率的比值一样的话，则说明放大器是无噪声的，并且噪声系数为单位值或更大。在实际的放大器中，存在一定的噪声，并且所产生的损害程度采用放大器的噪声指数（noise figure，*nf*）来衡量，它被表示为输出位置的信号功率与噪声功率的比值：

$$nf = \frac{S_1 \times N_o}{S_o \times N_1} \tag{16-29}$$

式中，

S_1为信号功率；

N_1为噪声功率；

S_o为输出的信号功率；

N_o为输出的噪声功率。

$$nf_{dB} = 10\log(\text{功率比的 } nf \text{ 值}) \tag{16-30}$$

对于各种*nf*值的放大器而言，其*SNR*应为：

nf	SNR
1 dB	1.26
3 dB	2
10 dB	10
20 dB	100

*nf*值低于6dB的放大器被认为是相当出色的放大器。

低*nf*可以采用小于1mA的发射极电流、低于2V的集电极电压和小于2000Ω的信号源电阻来实现。

内部电容（Internal Capacitance）。图16.28所示的是典型晶体三极管中内部电容的通路。三极管中的pn结的宽度随电压和电流的变化而变化，并且内部电容也随之变化。图16.28（b）和（c）所示的是集电极-基极电容*C*随集电极电压和发射极电流的变化情况。随着反向偏置电压（V_{CB}）的增大而增大的基极和集电极之间pn结的厚度被反射为较低的电容量值。该现象等效于增加了电容器极板之间的间距。由流经基极-集电极结的大部分电流构成的发射极电流的增加会加大集电极-基极的电容量（C_{CB}）。流经pn结的电流增大可以被视为pn结有效宽度减小。这等效于减小了电容器极板间的间距，故使得电容量提高。

根据三极管的类型和制造技术的不同，集电极-基极电容（C_{CB}）的平均值会在2～50pF间变化。集电极-发射极电容是由pn结产生的。该电容通常是集电极-基极电容的5～10倍，并且随发射极电流和集电极电压的变化而变化。

击穿。击穿（punch-through）是晶体三极管的集电极组件与基极间空间电荷层的加宽。随着电势V_{CB}数值的增大，集电极-基极空间电荷层被加宽。空间电荷层的这一加宽效应减小了基极的有效厚度。如果在空间电荷扩散到发射极部分之前，二极管空间电荷没有产生雪崩的话，那么这种现象就被称为击穿，如图16.29所示。

随着集电极-基极空间电荷层接触到发射极，基极便消失了，发射极和集电极之间建立起相对低的电阻。这导致电流急剧升高。三极管的作用随后终止。因为三极管内不存在击穿电压，所以如果电压降回到击穿发生之前的数值，那么它还会重新起作用。

当三极管工作在击穿区时，其作用并不正常，所产生的内部热量可能会导致三极管永久性烧坏。

击穿电压。击穿电压（breakdown voltage）是指在晶体结构发生变化且电流开始快速增大时三极管的两个指定组件之间的电压值。击穿电压可以通过将第三极开路、短路、正向或反向偏置来测量。图16.30示出了不同数值的基极偏置时的集电极特性曲线簇。集电极 - 发射极击穿电压随着基极 - 发射极偏置由正常的正向值变到零，再到反向值而升高。随着基极 - 发射极电路中电阻的下降，集电极特性曲线演变成两个击穿点。在初始击穿之后，集电极 - 发射极电压随集电极电流的增大而减小，直至在更低的电压下发生了再次击穿为止。

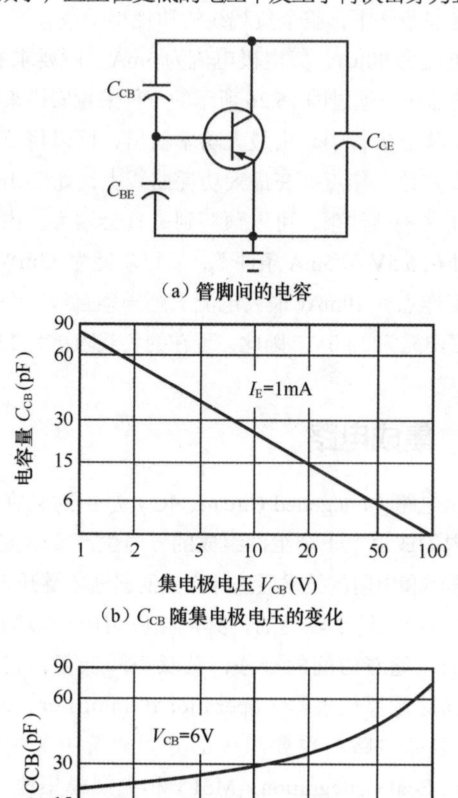

（a）管脚间的电容

（b）C_{CB} 随集电极电压的变化

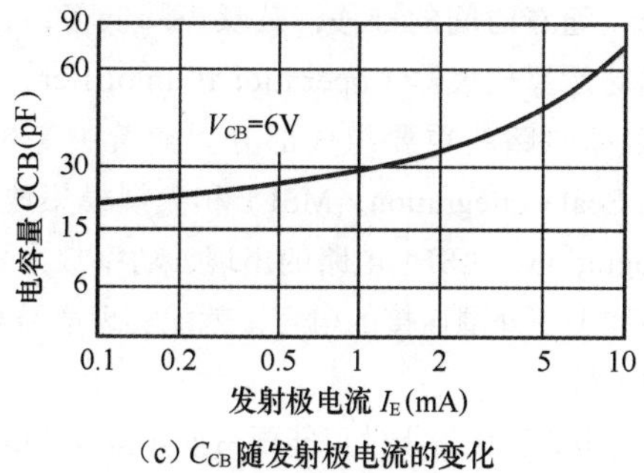

（c）C_{CB} 随发射极电流的变化

图 16.28 晶体管的内部电容

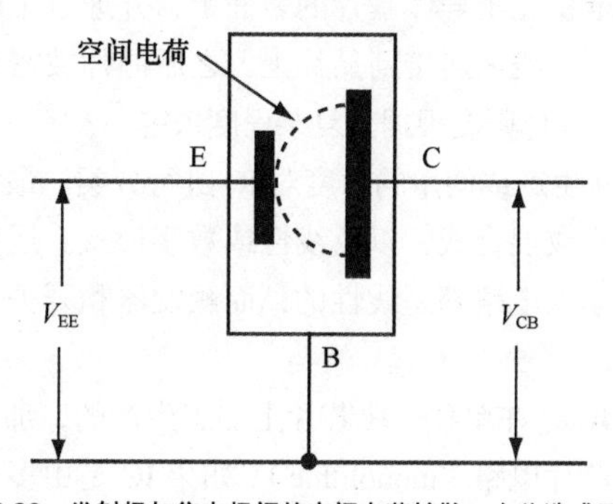

图 16.29 发射极与集电极间的空间电荷扩散，由此造成了击穿

在功率三极管中，击穿具有非常大的破坏性。被称为二次击穿的击穿机制是一种电流集中于非常小的区域上的电子学和热学的过程。高电流结合三极管两端的电压导致管内产生很大的热量，使得集电极到发射极间熔出一个孔。这使得三极管中出现短路和内部击穿现象。

对三极管应用的主要限制因素就是击穿电压（BV_{cer}）。由于击穿电压并不是一个瞬变数值，所以必须要指明发生击穿时的集电极电流值。该数据可以从制造商的数据表中获取。

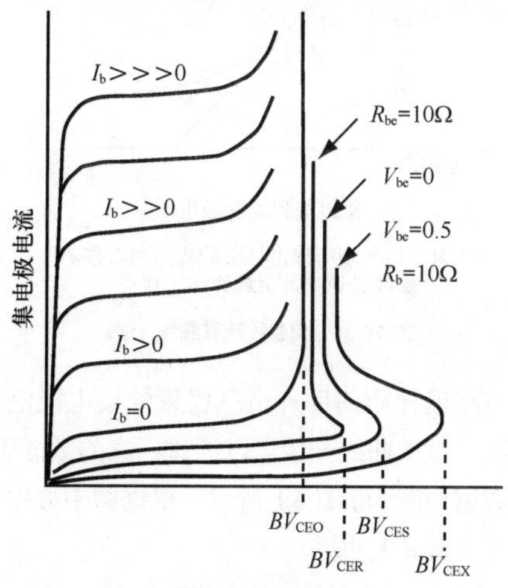

图 16.30 典型的集电极特性曲线，其中表示出了各个击穿电压的位置

三极管负载线。三极管负载曲线被用于电路设计。下文给出的就是利用具有如下特性的三极管来设计电路的一个例子：

最大集电极电流	10mA
最大集电极电压	–22V
基极电流	0 ～ 300μA
最大功耗	300mW

图 16.31（a）所示的是基极电流曲线。放大器电路要设计成 A 类，采用的是共发射极电路，如图 16.31（b）所示。针对三极管的特性和供电电压来正确选择工作点，便可以很容易地在三极管的功率标称值之内取得低失真的 A 类性能。

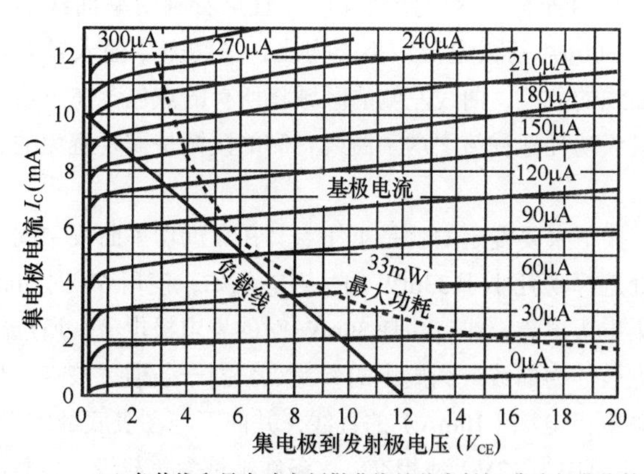

（a）负载线和最大功率耗散曲线的共发射极-集电极曲线簇

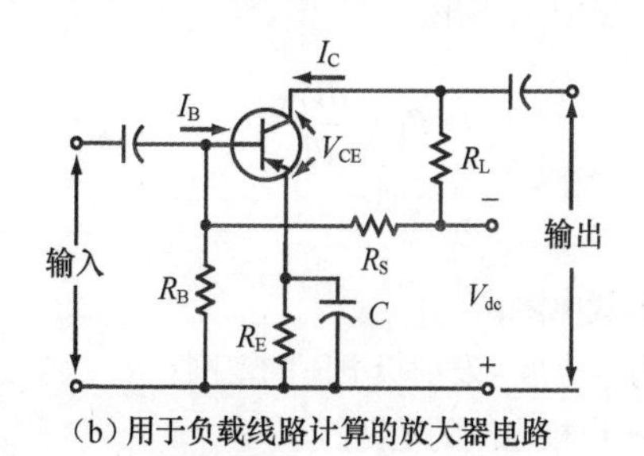

（b）用于负载线路计算的放大器电路

图 16.31 负载线计算曲线

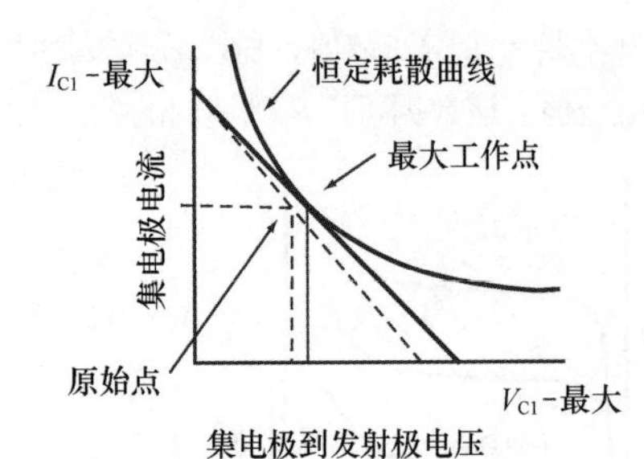

（c）为了最大功率输出将负载线路向右移。虚线是原来的负载线和工作点

图 16.31 负载线计算曲线（续）

进行电路设计要借助一组三极管的集电极电流、集电极电压曲线。这类曲线一般可以通过厂家的数据表来获取。假设这种数据如图 16.31（a）所示，根据图中数据，再利用以下公式可求出最大功耗。

$$I_c = P_c/V_c \quad (16\text{-}31)$$

或

$$V_c = P_c/I_c \quad (16\text{-}32)$$

式中，

I_c 为集电极电流；

P_c 为三极管的最大功耗；

V_c 为集电极电压。

这条线上的任意点上，V_cI_c 的交叉点上的乘积等于 0.033W 或 33mW。在确定功耗曲线的点时，电压沿着水平轴选择，相应的电流

$$I_C = P_C/V_{CE} \quad (16\text{-}33)$$

为了确定每个主要的集电极电压点的电流，应首先从 16V 开始查看，然后持续向后，直至看到功率曲线的上端与 300μA 基极电流线相交为止，在图表中输入针对功耗曲线的数值，曲线左侧的区域将所有的点包含在三极管的最大功耗标称值之内。曲线右侧的区域是需要避免的过载区。

接下来要确定的就是工作点。在靠近功率曲线中间的某处选择功耗小于 33mW 的一点。例如，使用 6V 时 5mA 的集电极电流，或者功耗 30mW 时的集电极电流。所选择的点被作为曲线或圆周上的参考点。画一条通过该点到最大集电极电流（10mA）的直线，并向下与图表底部的 V_{CE}（在本例中为 12V）线相交。这条线被称为负载线。负载电阻 R_L 可用下式计算得出。

$$R_L = \frac{dV_{CE}}{dI_C} \quad (16\text{-}34)$$

式中，

R_L 为负载电阻；

dV_{CE} 为集电极 - 发射极电压的范围；

dI_C 为集电极电流的范围。

例子中，

$$R_L = \frac{0-12}{0-0.01} = \frac{12}{0.01} = 1200\Omega$$

在这些条件下，整个负载线的功耗小于最大值 33mW，且基极电流为 90μA，集电极电流为 5mA。所要求的 90μA 集电极电流可以通过图 16.26 所示的一种偏置安排来实现。

为了从三极管中导出最大功率输出，可以将负载线移至右侧，并让工作点处在最大功耗曲线上，如图 16-31（c）所示。在这些条件下，可以预料到失真会增大。由于现在工作点处在 6.5V 和 5mA 条件下，所以功耗为 33mW。通过现在的工作点和 10mA（最大电流）画一条直线，在负载线底端的底电压为 13.0V。因此，现在的负载阻抗为 1300Ω。

16.3 集成电路

集成电路（Integrated Circuit，IC）是由封装在一个小的壳体内的成百上千个组件组成的，当生产商掌握了如何封装半导体和电阻的技术后这种产品便逐渐普及开来。

最初的 IC 是小规模的，其声频应用时一般噪声都较大。然而，随着时间的推移，其噪声降低了，稳定性提高了，同时运算放大器（operational amplifier，op-amp）IC 成为声频电路的重要组成部分。随着中等规模集成（Medium-Scale Integration，MSI）和大规模集成（Large-Scale Integration，LSI）电路的出现，功率放大器利用一个芯片和加上在外围连接的电容，就能实现增益和频率补偿器件的运行。

典型的电路三极管组件可能要占据 4 密耳（mil）× 6 密耳（mil）（1 密耳 = 0.001 in）的空间，而二极管要占据 3 密耳 ×4 密耳的空间，电阻要占据 2 密耳 ×12 密耳的空间。这些组件堆积在半导体基片的表面上，并通过金属化方式互连起来。引线被连接到晶片上，之后晶片被密封成几种配置形式，具体则要根据其复杂程度来定。

可以从生产或使用的角度对 IC 进行分类。最常见的类型是单片式或混合式，以及线性或数字形式。运算放大器和大部分模拟电路都是线性的，而触发器和开关电路是则数字式的。

如果 IC 是在单独一块芯片上加工生产的，那么我们就认为它是单片电路（monolithic）；如果 IC 是由多块单片芯片连接在一起或由诸如三极管、电阻及电容等分立组件构成的话，则将其称为混合电路（hybrid）。

只需使用几个外围组件，IC 便可以进行运算，比如三角函数、平方根、对数与反对数、积分和微分运算等。同样，IC 也非常适合用作电压比较器，声频和视频放大器，零点检测器和正弦波、方波或三角波发生器，其成本只相当于利用分立组件电路产品产生的成本的很小一部分。

16.3.1　单片集成电路

不论是有源还是无源，所有的电路组件均同时成型于同一块晶片上。同样的电路可以在一块晶片上重复多次，之后切割成一块 50mil^2 的 IC。

IC 中常使用双极晶体管，并通过平面工艺以很像焊接分立晶体管的方式焊接起来。双极晶体管中某些部分与集电极区域的连接是通过顶部表面而不是衬底层实现的，要求衬底层与集电极之间保持电气绝缘。由于集成的晶体管通过建立起电容的 pn 结产生隔离，所以高频响应降低，泄漏电流增大，这些问题在低功率电路中可能变得很明显。

集成二极管的生产方法采用与三极管的生产方法一样，且集成二极管可以视为其中一端已经被连接以产生想要的特性的三极管。

电阻器也可以与三极管同时做出。电阻根据参数表的阻值特征化，对于扩散电阻而言，通常其阻值在 100 ～ 200 Ω/ 方形材料，对于沉积电阻，阻值为 50 ～ 150Ω/ 方形材料。为了提高电阻器的阻值，可将方形材料简单地串联起来。

要想制造出误差容限更接近 10% 的电阻器是非常困难的。然而想制造出两个几乎一样的相邻电阻器却非常容易。在搭建比较器型电路时，电路为平衡的，并且所执行的任务针对的是比值而非绝对数值。另外一个优点就是温度表现上的一致性。当一个组件的温度变化时，其他组件的温度也会升高，由于组件和电路之间可以进行良好的温度跟踪，所以 IC 电路通常要比分立电路更加稳定。

电容器被制成薄膜集成电容或结电容。薄膜集成电容具有一个沉积金属层和一个与氧化硅的自由载流子绝缘的 *n*+ 层。在半导体材料中，两层均为扩散的低阻半导体材料。每层有一反极性掺杂物。因此，载流子区域是由 pn 结电荷耗尽区构成的。

在 IC 应用当中，MOSFET 三极管相对于双极型晶体管有许多优点，因为它没有绝缘垫层，故其所占据的面积只相当于相应的双极型晶体管的 1/25。MOSFET 三极管的作用类似于可变电阻器的作用，并可以当作高阻值电阻器使用。例如，一只 100kΩ 电阻器可能只占据 1mil^2，而扩散型电阻器要占据 250mil^2。

芯片最后必须连接到端口或其他电路上，并且还必须被封装起来，以与环境隔离。早期方法中还有将细的金导线将芯片连接到触点上的做法。这种方法后来被铝质超声绑扎导线所取代。

倒装芯片和梁形引线法消除了各个绑扎线的问题。在 IC 与晶片隔离之前，先将相对厚的金属沉积在接触垫上。之后，沉积的金属与基层上的匹配金属连接。在倒装芯片法中，焊滴将每一超声绑扎芯片接触垫沉积在基层上。

在梁形引线方法中，每个接触垫上有从芯片中引出的薄的金属接点。至基层的引线焊接减小了至芯片的热转换，消除了对芯片造成的压力。

芯片最终以密封的金属帽或塑料帽进行密封封装，这是生产 IC 的低成本方法。

16.3.2　混合型集成电路

混合型集成电路是单片电路与厚和薄的薄膜分立组件组合在一起的一种电路。

虽然有源组件通常被成型为单片电路，但有时也将分立晶体三极管焊接到混合电路中。

诸如电阻器和电容器这样的无源组件是采用薄膜技术生产的。薄的薄膜厚度约为 0.001 ～ 0.1mil，而厚的薄膜一般有 60mil 厚。制造出的电阻器阻值从几欧姆到几兆欧姆不等，误差容限值为 0.05%。

高数值的电容器一般都是分立组件，焊接到电路中的微型组件和低数值电容可以被做成薄膜电容，并直接被焊接到基片上。

由于要将组件一同安装到混合封装中，所以必须要考虑温度因素。封装的温升 T_R 可通过以下公式计算。

$$\begin{aligned} T_R &= T_C - T_A \\ &= P_T T\theta_{CA} \end{aligned} \quad (16\text{-}35)$$

式中，

T_C 为外壳温度；

T_A 为环境温度；

P_T 为总的功耗；

θ_{CA} 为壳体至环境的热阻。

自由空间中封装的 θ_{CA} 近似为 35℃ /W/in^2。即，如果在 1in^2 的面积上产生了 1W 的功耗，则会使得温度升高 35℃。

16.3.3　运算电压放大器

对声频应用而言，最有用的 IC 就是运算放大器。虽然运算放大器可以由分立组件搭建而成，但是因此形成的放大器会非常大，并且通常在温度和外部噪声的影响下会不稳定。

运算放大器一般具有以下特性：

- 非常高的输入阻抗（$>10^6$ ～ 10^{12}Ω）
- 非常高的开环（无反馈）增益
- 低的输出阻抗（< 200 Ω）
- 宽的频率响应（>100 MHz）
- 低的输入噪声
- 高的对称变化率和宽的输入动态范围
- 低的固有失真

通过增加外围反馈通路，就可以控制增益、频率响应和稳定性。

运算放大器一般为双输入的差分器件。一个输入是反转信号，另一个输入是未反转信号，故被称为同相信号。图 16.32 给出了几种典型的运算放大器电路。

因为存在极性相反的两个输入，所以输出电压是输入的差值。

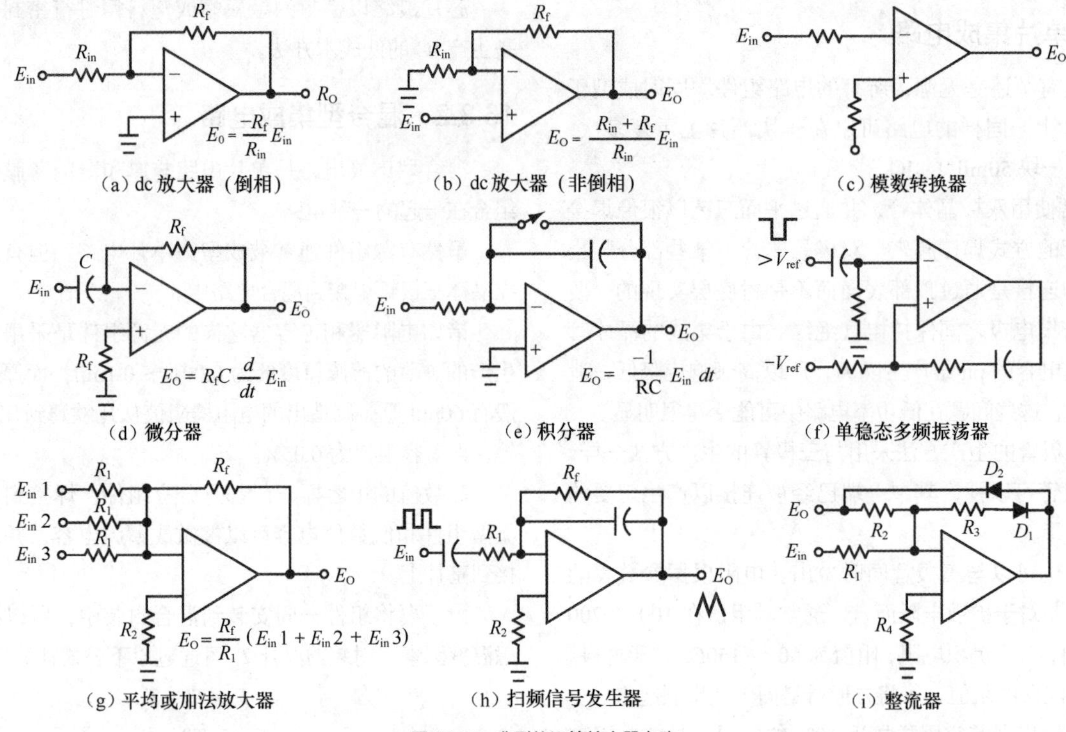

图 16.32　典型的运算放大器电路

$$E_O(+) = A_V E_2 \quad (16\text{-}36)$$

$$E_O(-) = A_V E_1 \quad (16\text{-}37)$$

E_O 由下面的公式计算出来。

$$E_O = A_V \times (E_1 - E_2) \quad (16\text{-}38)$$

通常，其中的一个输入是接地的，既可以直接短路接地，也可以通过一个电容接地。因此增益

$$E_O = A_V E_1 \quad (16\text{-}39)$$

或者

$$E_O = A_V E_2 \quad (16\text{-}40)$$

为了产生出相对地而言的正输出和负输出，需要如图 16.33 所示的正和负电源。电源应经整流和滤波。这里所说的正、负电源并不使用汽车中的正、负电源，而放大器必须工作在如图 16.34 所示的单电源之下。在这种供电方式下，输出直流电压是通过 R_1 和 R_2 调整的，因此同相输入端上的电压大约是电源电压的 1/3。

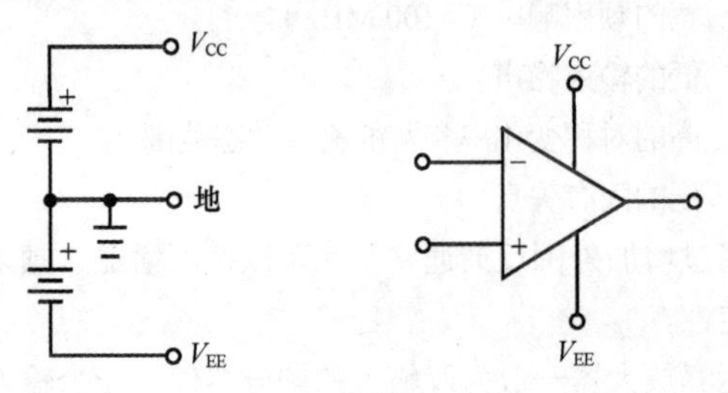

图 16.33　正向和反向供电

图 16.35 中所示的二极管和齐纳二极管保护运算放大器免受冲击、反向电压过热等而形成的电路。D_6 和 D_7 在过驱动之前会对输入削波，D_1 和 D_2 用于避免极性反转，D_4 和 D_5 用于稳定电源电压，而 D_3 则用来限制运算放大器两端的总电压。

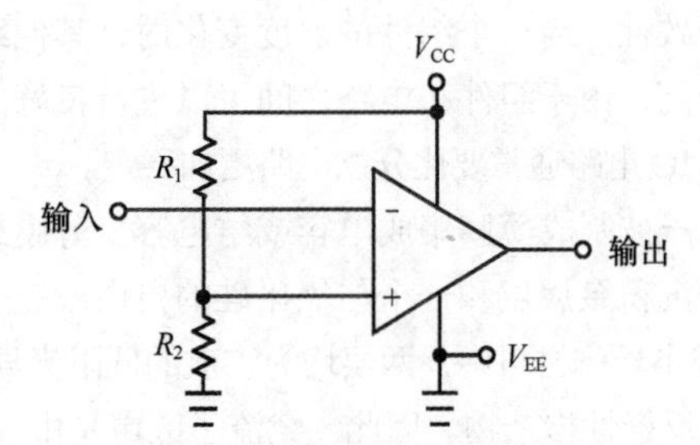

图 16.34　单端供电工作时的简化电路

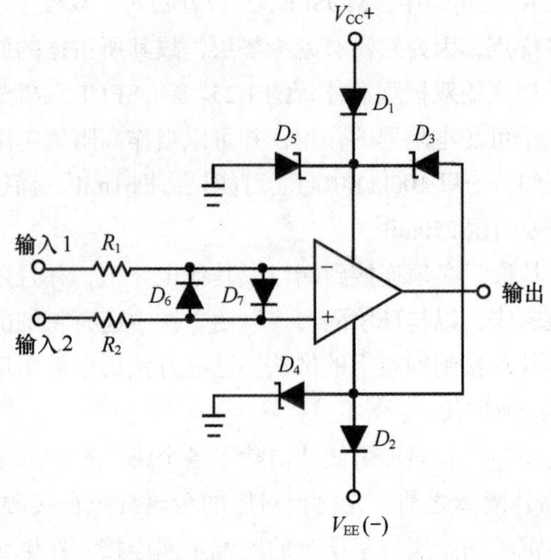

图 16.35　运算法大器的二极管保护电路

直流误差因素会导致产生输出误差电压 E_{Oo}，当输出应为零时，这会存在于输出与地之间。通过采用反相端与同相端之间的电压差分可以非常容易地对直流偏移误差进行

校正，这可以通过图 16.36 所示的几种方法来实现。通常连接的反馈电阻 R_f 会引起误差，它可以由以下公式计算得出。

$$E_{Oo} = I_{bias} R_f \qquad (16\text{-}41)$$

为了获得最小的偏差，需图 16.36(a) 中所示的补偿电阻等于

$$R_{comp} = \frac{R_f R_{in}}{R_f + R_{in}} \qquad (16\text{-}42)$$

如果这种方法不满意，可能需要采用图 16.36(b) 或 (c) 所示的方法。

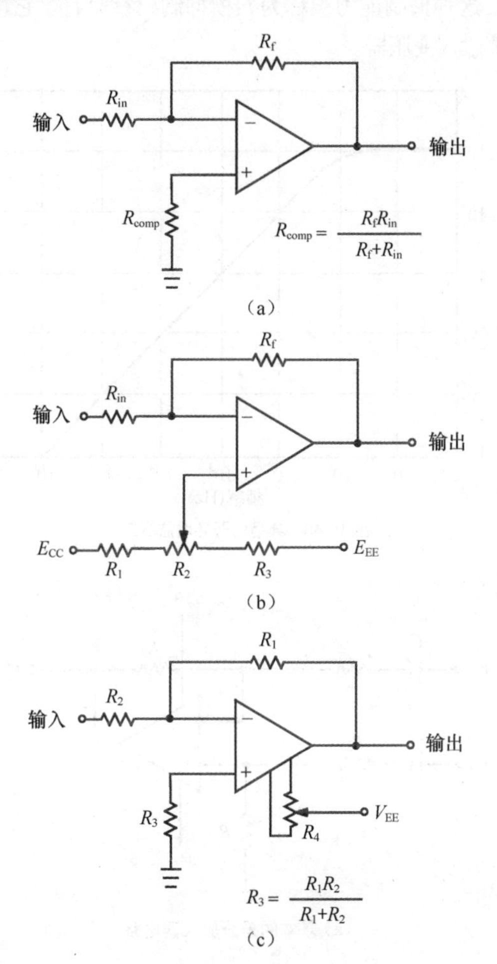

图 16.36　校正直流误差的各种方法

许多运算放大器都是内部补偿运算放大器。与补偿外围器件相比通常它有一定的好处，它可以优化带宽和转换速率，降低失真。内部补偿运算放大器 IC 流行于标准封装当中—— 8 脚 TO-99 金属壳体，8 脚双列直插式封装（MINI DIP）和 14 脚 DIP。

倒相放大器。在倒相放大器（inverting amplifier）中，(+) 正输入被接地，信号被加到 (−) 负输入端，如图 16.37 所示。电路的输出是由输入电阻 R_1 和反馈电阻 R_f 来确定的

$$E_O = E_{in}\left(\frac{-R_f}{R_1}\right) \qquad (16\text{-}43)$$

式中，

E_{in} 为信号输入电压，单位为 V；

R_f 为反馈电阻，单位为 Ω；

R_1 为输入电阻，单位为 Ω。

低频截止频率

$$f_C = \frac{1}{2\pi R_1 C_1} \qquad (16\text{-}44)$$

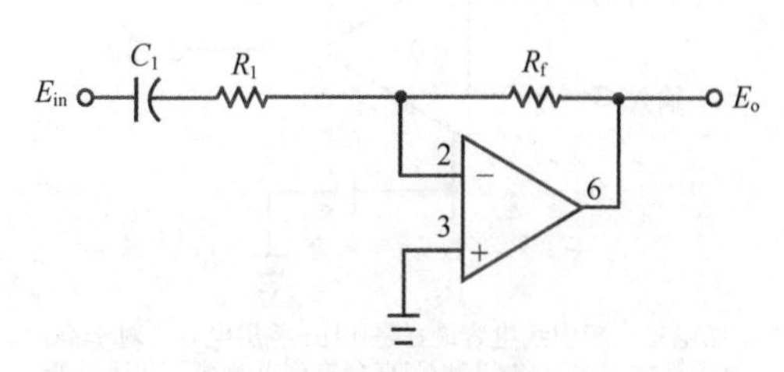

图 16.37　简单的倒相放大器

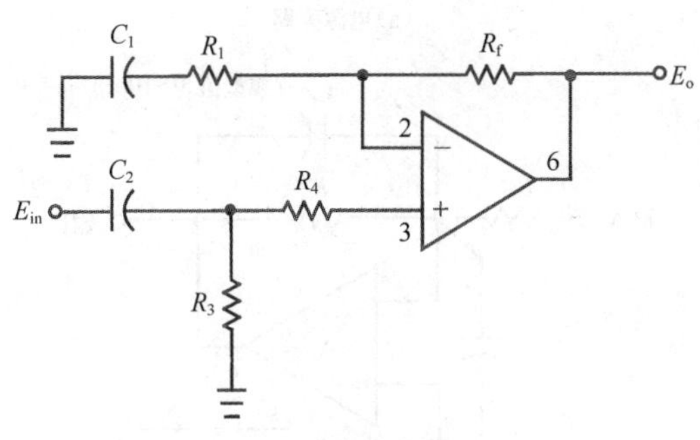

图 16.38　简单的同相放大器

同相放大器。在如图 16.38 所示的同相放大器（noninverting amplifier）中，信号被加到正（+）输入端，而负（−）输入端成为反馈环路的一部分。输出

$$E_O = I_{in}\left(\frac{1+R_f}{R_1}\right) \qquad (16\text{-}45)$$

低频截止频率分为两阶。

$$f_{C_1} = \frac{1}{2\pi R_1 C_1} \qquad (16\text{-}46)$$

$$f_{C_2} = \frac{1}{2\pi R_3 C_2} \qquad (16\text{-}47)$$

为了保持低频噪声增益最小，应保持 $f_{C1} > f_{C2}$。

电源补偿。宽带运算放大器电路的电源应该用电容器旁路，如图 16.39(a) 所示，它处在正（+）和负（−）脚与公共端之间。引线应尽可能短，并且尽可能靠近 IC。如果做不到这样，则应在印刷电路板上使用旁路电容。

输入电容补偿。寄生输入电容可能导致反馈运算放大器产生振荡，因为它表现为对频率成分产生潜在的相移。

$$f = \frac{1}{2\pi R_f C_s} \qquad (16\text{-}48)$$

式中，

R_f 为反馈电阻；

C_s 为寄生电容。

减弱这一问题的一种方法就是保持低的 R_f。然而。最为

有用的方法是增加一个补偿电容 C_f，它跨接到 R_f 两端，如图16.39（b）所示。这使得 C_f/R_f 和 C_s/R_{in} 构成频率补偿分压器。

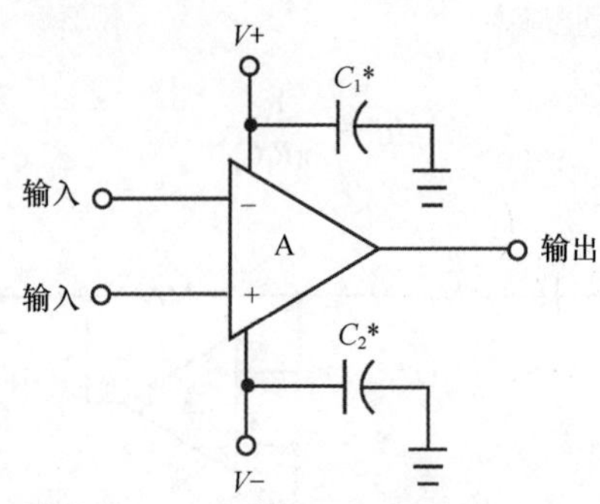

（a）电源旁路

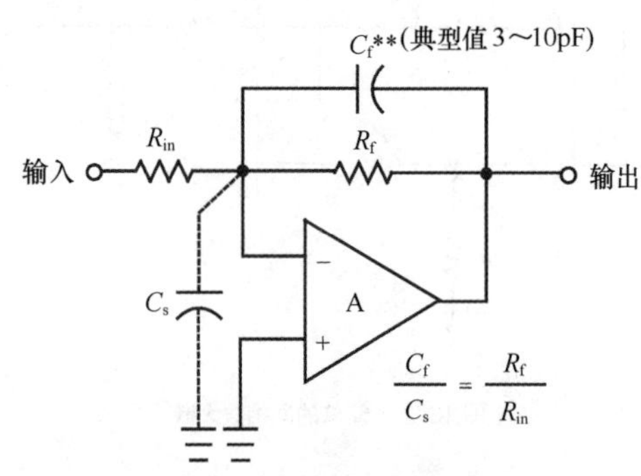

（b）寄生输入电容的补偿

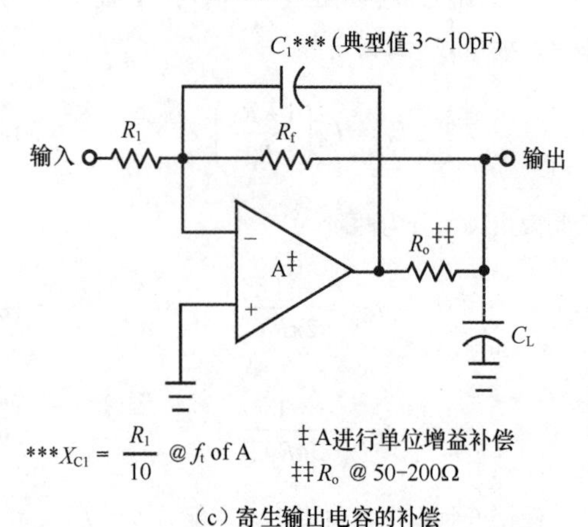

（c）寄生输出电容的补偿

图 16.39 提高稳定性的技术

输出电容补偿。 大于100pF的输出电容可能引发问题，这时需要在IC的输出与负载和寄生电容之间串入一只电阻 R_o，如图16.39（c）所示。反馈电阻（R_f）连接到 R_o 之后，可以补偿由 R_o 所导致的信号损失。补偿电容（C_f）旁路 R_f，可以降低高频增益。

增益和带宽。 完美的运算放大器具有无限大的增益和无限宽的带宽。然而，实际的运算放大器的直流开环增益大约为100 000或100dB，0增益时的带宽为1MHz，如图16.40所示。

为了确定运算放大器在指定带宽下的可能增益，在垂直方向跟踪的是开环增益响应曲线，水平为电压增益。当然，这指的是在频率上限不存在反馈的条件下。例如，图16.40所示的频带宽度为0～10kHz，运算放大器的最大增益为100。为了降低噪声，最好是在所要求的上限频率处加入反馈。为了将这一增益提高至100以上，应使用更好的运算放大器，或者将两个低增益的运算放大器串联起来使用。

差分放大器。 图16.41所示的是两个差分放大器（differential amplifier）电路。差分放大器阻止相同信号的能力对于减小由低电平传声器电路的输入线路拾取到的嗡声和噪声是有益的。这种抑制能力被称为共模抑制，有时有了它可以不再需要输入变压器。

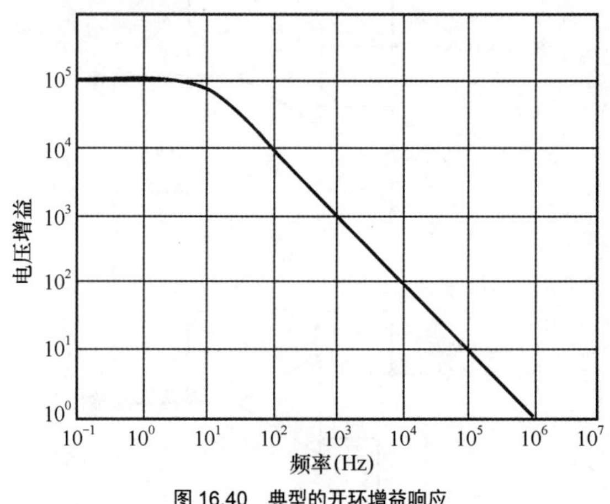

图 16.40 典型的开环增益响应

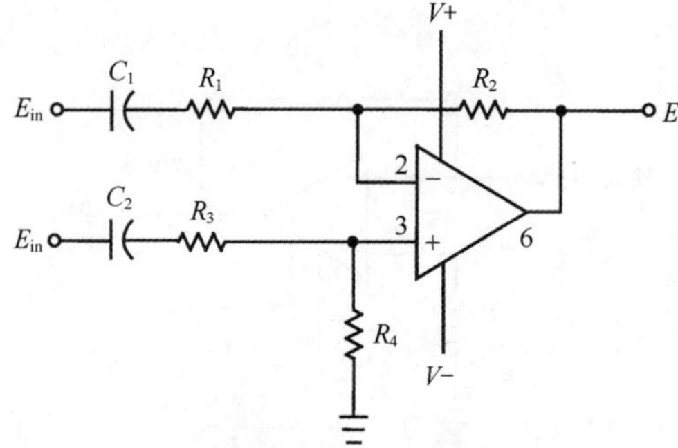

（a）基本的差分放大器电路

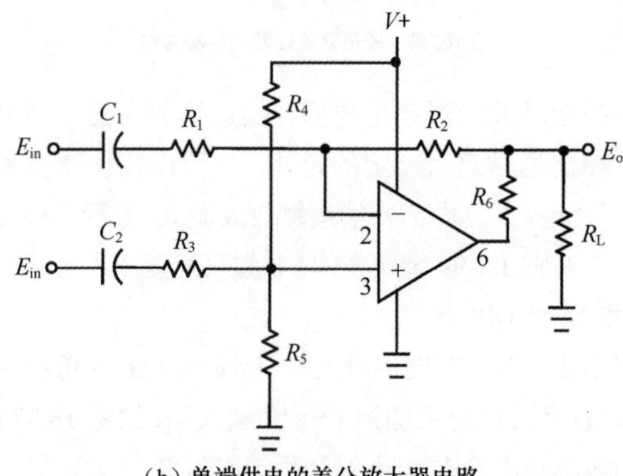

（b）单端供电的差分放大器电路

图 16.41 差分放大器电路

在图16.41（a）中，电容 C_1 和 C_2 阻止了来自之前电路的直流成分，并提供了6dB/oct的滚降衰减。

$$f_{C_1}=\frac{1}{2\pi R_1C_1} \tag{16-49}$$

$$f_{C_2}=\frac{1}{2\pi(R_3+R_4)C_2} \tag{16-50}$$

输出电压为

$$E_O=\left(E_{in_2}-E_{in_1}\right)\frac{R_2}{R_1} \tag{16-51}$$

为了减小共模抑制比（Common Mode Rejection Ratio，CMRR），应保证

$$\frac{R_2}{R_1}\equiv\frac{R_4}{R_3} \tag{16-52}$$

且

$$f_{C_1}=f_{C_2} \tag{16-53}$$

相加倒相放大器。在图 16.32（g）所示的加法倒相器（Summing Inverter Amplifier）中，放大器相加点的虚地特性被用来产生缩放加法器。在这一电路中，I_{in} 是各输入的代数和，见公式 16-55。

输出电压由如下公式得出：

$$E_O=\left[R_{in_1}\left(\frac{R_f}{R_{in_1}}\right)+R_{in_2}\left(\frac{R_f}{R_{in_2}}\right)+\cdots+R_{in_n}\left(\frac{R_f}{R_{in_n}}\right)\right] \tag{16-54}$$

$$\begin{aligned}I_{in_1}&=\frac{E_{in_1}}{R_{in_1}}\\ I_{in_2}&=\frac{E_{in_2}}{R_{in_2}}\\ I_{in_n}&=\frac{E_{in_n}}{R_{in_n}}\end{aligned} \tag{16-55}$$

且总的输入电流为

$$\begin{aligned}I_{in}&=I_{in_1}+I_{in_2}+\cdots+I_{in_n}\\ &=I_f\end{aligned} \tag{16-56}$$

且

$$I_f=\frac{-E_O}{R_f} \tag{16-57}$$

因此

$$I_{in_1}+I_{in_2}+\cdots+I_{in_n}=\frac{-E_O}{R_f} \tag{16-58}$$

令人感兴趣的是，即便输入在一点混合了，但是所有的信号彼此是隔离的，并且一个信号对其他信号并无影响，一个阻抗对其他阻抗也无影响。

运算跨导放大器。运算跨导放大器（Operational Transconductance Amplifier，OTA）提供的是跨导增益和电流输出，而不是像运算放大器那样提供电压增益和输出。输出为输入电压与放大器跨导的乘积，它可以被视为一个无限大阻抗的电流发生器。

改变 OTA 上的偏置电流可以完全控制器件的开环增益，同时也可以控制总的功率输入。

OTA 对于乘法器、自动增益控制器、采样和保持电路，复用器和多谐振荡器等是很有用的。

16.3.4　声频应用的专用模拟集成电路

声频应用中使用的首块 IC 类似于著名的 Fairchild μA741 这样的通用运算放大器。像 Fairchild μA741 这样的早期运算放大器通常都存在限制其在专业声频领域应用的缺陷，因为其转换速率有限、削波特性差。

最初，IC 生产厂家就意识到了相对很大的民用市场将会在特定的应用中大量使用量身定做的 IC，比如电唱机的前置放大器和压扩器。National LM381 前置放大器和 Signetics NE570 压扩器满足了电唱机前置放大器和无绳电话这样的民用设备的大批量需求。像 RCA CA3080 这样的运算跨导放大器是 1970 年左右面世的，主要用于工业市场。之后不久，专业声频设备生产厂家以 OTA 作为早期专业声频领域中压控放大器（Voltage Controlled Amplifier，VCA）。然而，纵观 20 世纪 70 年代，这些集成电路大多被用于民用消费市场和工业应用当中，而不是被用于专业声频领域。

在 20 世纪 70 年代中期，半导体生产厂家开始意识到专业声频的要求与民用声频或工业产品的要求存在明显的差异。Philips TDA1034 是第一个综合了低噪声、600Ω 驱动能力和高转换速率性能的集成电路产品——所有这些性能对专业声频设计人员而言都是非常重要的。此产品问世不久，Philips 将 TDA1034 的产品线转移给了新收购的 Signetics 部门，并重新编号为 NE5534。大约同时，Texas Instruments（德州仪器）和 National Semiconductor（松下半导体）开发出了综合了双极性和 FET 技术的通用运算放大器（TI TLO70 系列、TLO80 系列、National LF351 系列，有时也称之为 BIFET）。这些产品具有高的转换速率，小的失真和适度的噪声（但不具备 5534 的 600Ω 驱动能力）。虽然它们并不是针对专业声频而开发的产品，但是这些特性还是吸引了专业声频设计人员的注意力。随着 NE5534 的出现，这些运算放大器像真空管时代的 12AX7 一样成为专业声频行业的标准。

2006 年，National Semiconductor（后来被 TI 收购）推出了针对声频应用，且与 NE5532 和 5534 形成竞争的系列化产品，该公司认为采用 30 ～ 36V 电压工作的声频运算放大器会很有市场。由于放大器的性能有了很大的改进，因此单运放的 LME49710 和双运放的 49720，以及工作电压范围更大的双运放 LME49860 便取代了 NE5532 和 5534 系列产品的地位。有趣的是，LME4562 还在 2006 年获得了电子

产品“年度产品大奖”的称号。

在1990年代，集成了Δ-Σ模数转换器的产品推动了全差分声频运算放大器的开发。Δ-Σ转换器需要一个外部的调制器电容来实现差分驱动。为了满足这一要求，Analog Devices、Linear Technology和Taxas Instruments等厂家便开发出了不仅具有普通运算放大器差分输入性能，而且还具备差分输出性能的运算放大器[1]［注：在这些器件的命名方式上，不同生产厂家会存在一定的差异，比如有的放大器被称为ADC Driver（ADC驱动器），也有的放大器被称为Differential ADC Driver（差分ADC驱动器）］。2003年前后，TI OPA1632问世，它不但满足了此前的要求，而且还具有电压噪声低、输出电流大的特点，同时能够将直流共模偏置电压直接加到转换器输入端。图16.42所示的是一个完全差分运算放大器驱动A/D转换器的例子。

运算放大器是基础性的通用器件。“通过电压控制增益”

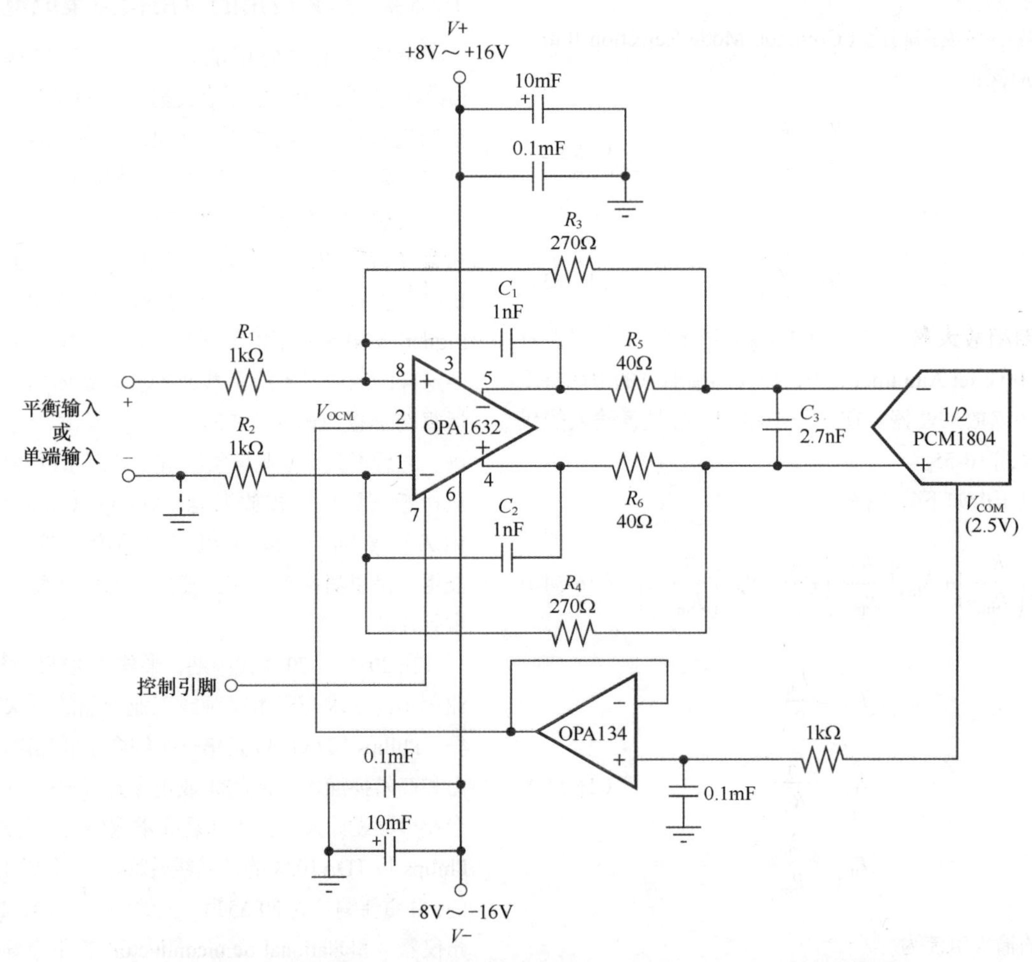

图16.42 驱动A/D转换器的一个完全差分运算放大器（Texas Instruments Incorporated授权使用）

的技术在磁带降噪上的应用，为专门化的IC市场开发打开了一片新的天地。这是与针对电唱机前置放大器设计的IC放大相并行的。在许多方面，VCA推动了早期专业声频IC的发展。

声频VCA的设计得益于巴里·吉尔伯特（Barrie Gilbert）的研究工作，吉尔伯特是Gilbert Cell乘法器的发明人，他在1968年发表了《具有亚纳秒级响应的精确四象限乘法器》（*a precise four-quadrant multiplier with subnanosecond response*）这一文章[2]。吉尔伯特发现了利用与输入呈电流镜像的电流模式的模拟乘法处理。尽管当时它主要是迎合射频通信系统设计者的工作需求，但是吉尔伯特的研究为声频VCA设计打下了坚实的基础。

在1972年，大卫.E.布莱克默（David E. Blackmer）的研究成果被美国专利局编号为3，681，618，名为“RMS Circuit with Bipolar Logarithmic Converter（RMS电路及其双极性对数转换器）”，并且他在随后的几年中发明了用于声频的压控放大器【专利编号为3 714 462，名字为“Multiplier Circuit（乘法器电路）】。与吉尔伯特不同，布莱克默利用双极性晶体管的对数特性来实现增益控制和有效值电平检测所必需的模拟计算。布莱克默的研究发明是针对专业声频领域的[3，4]。

随着记录声轨数的增多，布莱克默时代并没有变得更好，因为声轨宽度的变窄，耦合进来多个声轨的叠加效应，使得磁带噪声提高。记录声轨数目的增多也提高了缩混的复杂程度。由于没有足够能力来操控推拉衰减器，所以自动化成为录音调音台应能实现的功能之一。

dbx和Dolby Laboratories等公司顺应了磁带降噪技术这一发展潮流。dbx将VCA用于调音台的自动化。布莱克默基于分立晶体管的 rms 电平检测器和 VCA 的产品就出自 dbx，之后不久它们就被应用于压扩型多轨磁带降噪和调音台自动化系统中。

早期人们在使用分立的 NPN/PNP 晶体管的 Blackmer VCA 时需要对晶体管仔细进行挑选配对。布莱克默的设计很大程度上得益于集成的单片电路。一段时间以来，这被认为是非常困难的事情。尽管如此，布莱克默的分立声频 VCA 和吉尔伯特的跨导单元都为专门的声频 VCA 的面世打下了坚实的基础。VCA 成为声频 IC 发展的重点。

并非专业录音的电子音乐主要是由早期的单片电路 VCA 和专用声频 IC 的集成来推动的。在 1976 年，Solid State Music（SSM）的 Ron Dow 和 E-mu Systems 的 Dave Rossum 开发出了用于模拟合成器的最初一些单片 IC。SSM 的最初产品就是 SSM2000 单片 VCA5。Solid State Music 后来更名为 Solid State Microtechnology，它开发出了包括传声器前置放大器、VAC、压控滤波器、振荡器和电平检测器在内的声频 IC 产品线。再之后，道格拉斯• 弗雷（Douglas Frey）开发出了被称为运算压控组件（operational voltage-controlled element，OVCE） 的 VCA 拓扑产品，它最先被用在了 SSM2014 当中[6]。Interdesign 的道格• 柯蒂斯（Doug Curtis），也就是后来的 Curtis Electro Music(CEM) 的奠基人也开发出了用于合成器市场的单片 IC 产品线，这些产品深受 Oberheim、Moog 和 ARP 等制造商的欢迎[7]。用于电子音乐的 VAC 的生产依靠 NPN 晶体管增益单元来简化集成度。

保罗• 巴夫（Paul Buff），VCA Associates 的大卫• 巴斯坎（David Baskind）和哈维• 鲁本斯（Harvey Rubens），也改进了分立 VCA 技术。巴斯坎和鲁本斯生产出了 VCA IC，并将其命名为 Aphex/VCA Associates 的"1537"[8]。

布莱克默的 VCA 和 rms 检波器利用双极性晶体管的准确对数特性来实现适合 VCA 和 rms 检波的数学运算。SSM，CEM 和 Aphex 产品利用了线性乘法器的变形，其中的差分对或差分双对执行 VCA 功能和压控滤波任务。为了在所有 VCA 拓扑中实现低失真和控制馈送的目标，需要将晶体管严格配对且对温度相关误差进行严格控制。

Gilbert 乘法器，OTA 的 CA3080 系列，以及 SSM 和 CEM 及 Aphex 生产的 VCA 全都将 NPN 晶体管当作增益单元使用。Blackmer 的对数 - 反对数 VCA 需要通过对比来准确匹配 NPN 和 PNP 晶体管。这使得布莱克默的 VCA 集成起来最为困难。在 1980 年代初期 dbx 最终推出了它的 2150 系列单片 VCA，在 6 年之后又推出了 SSM2000[9]。

许多早期的 VCA 开发者变更了所有权或者随着模拟合成的消退而退出了市场。目前 Analog Devices 生产的许多产品大都是所有权变更后得来的。THAT 公司承接了 dbx 的专利投资。今天，Analog Devices、THAT Corporation 和 Texas Instruments 成为了专业声频市场中模拟 IC 的主要专业制造商。

16.3.4.1　压控放大器

现代 IC VCA 利用了单片晶体管的固有特点和准确匹配特性，当它与芯片调整相结合时，可以将失真降低至非常低的水平。当今，通常使用和生产的 IC 声频 VCA 有两种类型：基于 Douglas Frey 的运算电压控制组件（Operational Voltage Controlled Element，OVCE）[10] 的 VCA 和基于布莱克默的双极性对数 - 反对数拓扑[3] 的 VCA。

The Analog Devices SSM2018。 Frey OVCE 增益单元首先被引入到 Solid State Microtechnology（SSM）制造的 SSM2014 当中[11]。SSM 由 Precision Monolithics 公司所有，现在提供的 Frey OVCE 增益单元商品标签为 SSM2018T。Frey 的原始专利 U.S. 4，471，320 和 U.S. 4，560，947 是建立在 David Baskind 和 Harvey Rubens（参见 U.S. 专利 4，155，047）的工作成果之上的，只是在增益单元核心周围增加了校正反馈[12, 13, 14]。图 16.43 示出了 SSM2018T VCA 的框图。

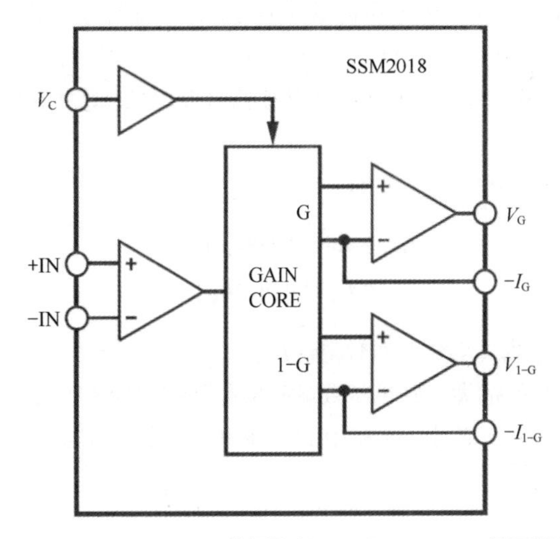

图 16.43　SSM2018T VCA 的框图（Analog Devices，Inc. 授权使用）

OVCE 的特点是它有两个输出：V_G 和 $V_{1\text{-}G}$。在控制电压的控制下，V_G 输出提高了增益，$V_{1\text{-}G}$ 输出衰减。其结果就是：随着控制电压的变化，声频信号被从一个输出端转移到另一输出端上。

下面的公式表明了该电路的工作原理的数学机理：

$$\begin{aligned} V_{\text{out1}} &= V_G \\ &= 2K \times V_{\text{in}} \end{aligned} \tag{16-59}$$

且

$$\begin{aligned} V_{\text{out2}} &= V_{1-G} \\ &= 2(1-K) \times V_{\text{in}} \end{aligned} \tag{16-60}$$

式中，

随着控制电压从完全衰减变化至完全提升，K 在 0 ～ 1 之间变化。

当控制电压为 0V 时，$K = 0.5$，且两路输出电压都等于输入电压。数值 K 与所加的控制电压呈指数比值关系。在 SSM2018T 中，由于基本 VCA 配置中的增益控制常数为

−30mV/dB，所以分贝增益与所加的控制电压成正比。这使得该器件在声频应用中尤为受欢迎。

虽然有很多 SSM2018 被当作 VCA 应用的实例，但将 SSM2018 用作压控声像电位器（Voltage-Controlled Panner，VCP）或许是最为特殊的应用实例之一，如图 16.44 所示。

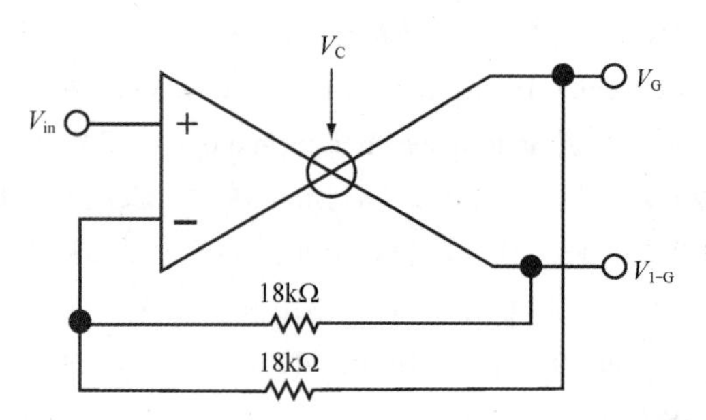

图 16.44　用作 VCP 的 SSM2018（Analog Devices，Inc. 授权使用）

THAT 公司的 2180VCA 和 2181 VCA。现在 Blackmer VCA 是由 THAT 公司提供的（为此应用而注册的商标为“Blackmer”），THAT 公司开发出的在数字对数之上加上个常量的数学属性等效于线性域内常量的反对数乘以该数字的运算。

确定输出的公式为：

$$\begin{aligned} I_{out} &= \text{antilog}\left[(\lg I_{in}) + E_C\right] \\ &= I_{in} \times \left[\text{antilog} E_C\right] \end{aligned} \quad (16\text{-}61)$$

I_{in} 乘以 E_C 的反对数得到 I_{out}。

布莱克默将 E_C 的指数响应表示成线性的 dB 形式。

当 $E_C = 0$ 时，认为当前情况是单位增益的情况。

$$\begin{aligned} I_{out} &= \text{antilog}\left[(\lg I_{in}) + 0\right] \\ &= I_{in} \times \left[\text{antilg} 0\right] \\ &= I_{in} \times 1 \\ I_{out} &= I_{in} \end{aligned}$$

Blackmer VCA 开发了双极性结型晶体管（Bipolar Junction Transistor，BJT）的对数属性。在基本的 Blackmer 电路中，输入信号 I_{in}（Blackmer VCA 在电流域内工作，而不是在电压域）首先被转换到其等效的对数域。控制电压 E_C 被加到输入信号的对数上。最后，对和值取反对数，并产生输出信号 I_{out}。这时用控制常量 E_C 乘以 I_{in}。如果需要的话，输入信号电压通过一个输入电阻器转变成电流，输出信号电流再通过运算放大器和反馈电阻转换回电压。

与 Frey OVCE 类似，Blackmer VCA 的控制电压（E_C）在处理过程中为指数形式。这使得控制规律呈指数形式，或者呈以分贝表示的线性形式。许多早期用于电子音乐的 VCA 产品基于线性相乘，且要求指数转换器，可以通过外部或内部的 VCA 获得想要的特性[15]。图 16.45 所示的是 Blackmer VCA 的增益与 E_{C+} 间的关系。

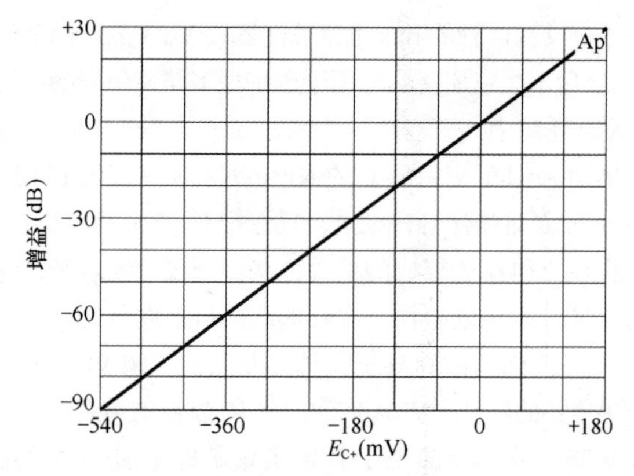

图 16.45　THAT 2180 的增益与 E_{C+} 之间的关系（THAT 公司授权使用）

声频信号具有双极性。那就是说上面公式中的 I_{in} 在不同的时刻可能是正的，也可能是负的。从数学的定义上讲，负数的对数是无定义的，所以电路必须被设计成能处理双极性的形式。David Blackmer 发明的本质就是利用晶体管（NPN 和 PNP）的不同“属性”来处理不同相位（正和负）的信号波形，并且给出了处理两只晶体管之间交越区 A-B 类的偏置方案。这便使其可以产生某种双极性的对数和反对数。图 16.46 所示的是 Blackmer VCA 的框图。

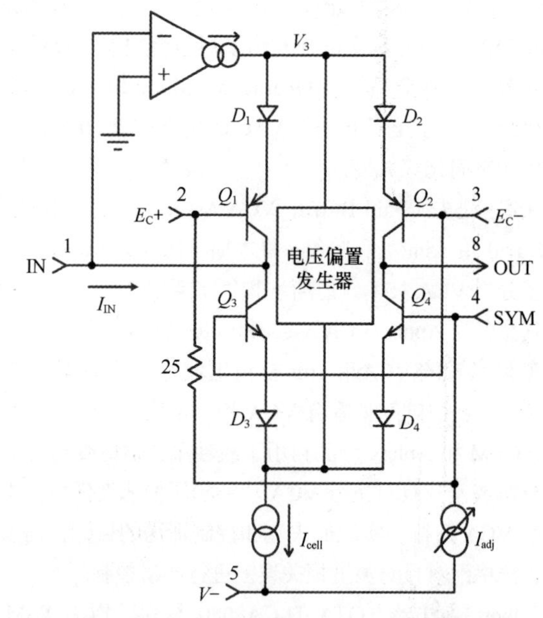

图 16.46　THAT 2180 的等效电路图（THAT 公司授权使用）

总之，其电路功能如下。交流输入信号电流 I_{IN} 流入针脚 1。通过驱动 Q_1 和（经由电压偏置发生器）Q_3 的发射极使内部运算跨导放大器（Operational Transconductance Amplifier，OTA）维持针脚 1 为虚拟地电位，Q_3/D_3 和 Q_1/D_1 对输入电流取对数，产生出了体现输入电流的双极性对数的电压（V_3）（虽然在 D_1 和 D_2 节点处的电压与 V_3 相同，但是它向下偏移了 4 个正向 V_{be} 压降）。

针脚 8（输出）一般是连接到虚拟地。因此，Q_2/D_2 和 Q_4/D_4 取 V_3 的双极性反对数，产生流入到虚地的输出电流，该电流与输入电流完全一样。如果针脚 2（E_C+）和针脚 3

（E_C−）被保持在地电位，那么输出电流将等于输入电流。对于针脚 2 为正或针脚 3 为负的情形，相对输入电流而言，输出电流将被放大得更大。对于针脚 2 为负或针脚 3 为正的情形，相对输入电流而言，输出电流将被缩减得更小。

在图 16.46 中，作为 VCA 对数部分的 D_1/Q_1 和 D_3/Q_3，以及反对数级 D_2/Q_2 和 D_4/Q_4 要求 NPN 和 PNP 晶体管完全配对才能维持低失真特性。同样，所有的器件（包括偏置网络在内）必须处在同一温度下。虽然集成解决了匹配和温度的问题，但是普通的"结隔离"集成会使 PNP 晶体管性能变差。Frey 和其他人通过在重要乘法器级的 NPN 器件上进行特殊的偏置设计，解决了这一问题。布莱克默的设计要求设备具有良好的 PNP 和 NPN 晶体管。

对具有分立晶体管特性的 PNP 晶体管精确匹配的一种方法就是采用被称为"介质隔离（dielectric isolation）"的 IC 制造技术。THAT 公司采用介质隔离来生产性能与 NPN 晶体管的性能相当的晶体管或更优的集成 PNP 晶体管。利用介质隔离，在处理的初期使用器件底层，所以 N 型集电极和 P 型集电极是可以实现的。进一步而言，每个晶体管与基片和所有其他的器件都是通过氧化层产生电气隔离的，这使得晶体管只有在单片形式的产品中才能有分立晶体管性能，以及匹配特性和温度特性。

在图 16.46 中，我们还可以看到 Blackmer VCA 具有相反控制响应的两个 E_C 输入——E_C+ 和 E_C−。这一特点使得两个控制输入可同时使用。从单独的角度看，增益与针脚 2 上的电压呈指数比例关系，同时也与针脚 3 上的负电压呈指数比例关系。当两者同时使用时，增益则与针脚 2 和针脚 3 之间的电压差呈指数比例关系。由于总体上的指数特性，控制电压将增益设定为分贝表示的 6mV/dB 的线性形式。

图 16.47 所示的是基于单片 THAT2180 IC 的典型 VCA 应用。VCA 的声频输入是电流。输入电阻器将输入电压转换为电流。VCA 输出也是电流。运算放大器及其反馈电阻被用来将 VCA 的电流输出转换回电压。

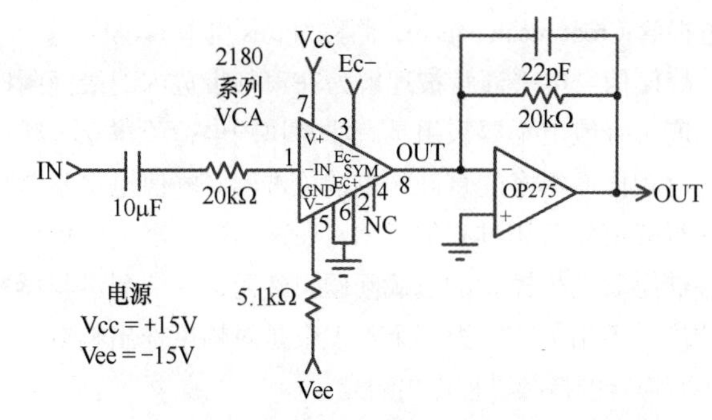

图 16.47　基本的 THAT 2180 VCA 应用（THAT 公司授权使用）

与 Gilbert、Dow、Curtis 和其他的跨导单元的基本拓扑一样，电流输入 / 输出 Blackmer VCA 也可以用作可变电导来调谐振荡器、滤波器和类似的器件。图 16.48 所示的就是 VCA 被用来控制 1 阶状态可变滤波器的一个例子，其响应如图 16.49 所示。

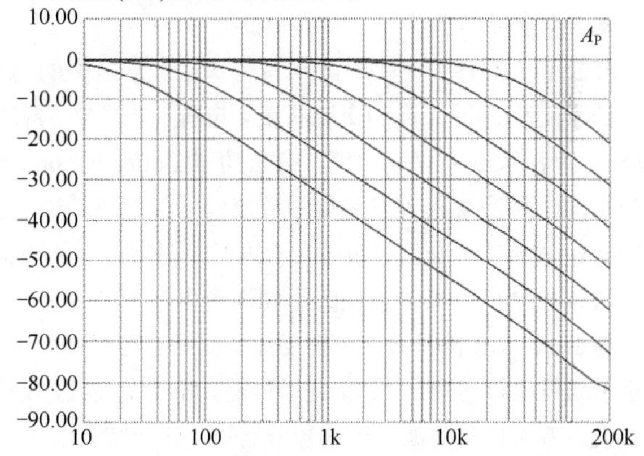

图 16.49　状态变量滤波器响应（THAT 公司授权使用）

当与声频电平检波器配合使用时，VCA 可以用来构成大范围的动态处理器，其中包括压缩器、限制器、噪声门、画外音压缩器和压扩式降噪系统，以及信号控制的滤波器。

16.3.4.2　峰值，平均值和RMS检波

为了实现显示、动态控制、降噪，仪表测量等功能，常常要测量声频信号的电平。电平检波器采取不同的检波形式，其中最常用的就是表现峰值电平，一定时间段内的平均值和

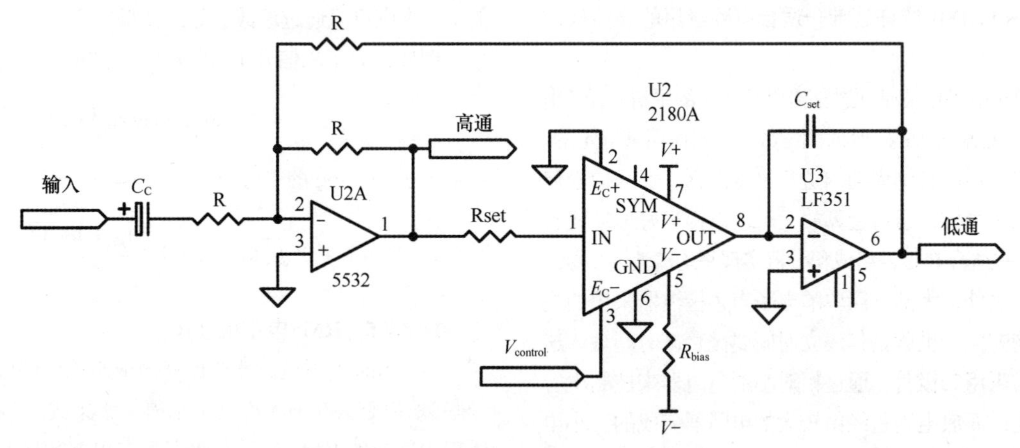

图 16.48　VCA 非稳态滤波器（THAT 公司授权使用）

均方根值（root-mean-square，简称为 rms 电平）等形式。

峰值信号电平通常被理解为在声频带宽内的最高瞬时值。度量峰值电平要采用具有非常快的电荷（建立）响应和与之相比慢得多的衰减响应的检波器。峰值电平常常用来进行峰值储备和过载的指示，在声频限制器中避免传输或存储媒质发生短暂的过载问题。然而，峰值测量与感知的响度并不相关，因为耳朵不仅仅是对幅度作出响应，而且还对声音的持续过程作出响应。

平均值响应电平检波器一般是对半波或全波整流信号进行平均（或平滑）处理，以得到包络信息。虽然纯平均响应（也就是 R-C 电路）均有同样的上升（建立）和下降（衰减）时间，但是在声频应用中，电平检波器的建立时间要比衰减时间短。人们熟悉的 VU 表就是一种平均响应表，其指示器的响应时间和恢复时间都是 300ms。在欧洲，PPM 表常被用来对声频节目电平进行度量，它结合了特别快的建立响应和相对特别慢的下降时间。PPM 仪表指示对峰值电平发布有意义的指示[16]。

有效值（RMS）电平检测具有特殊性，它提供的是适合对信号功率进行计算的交流测量。电压、电流或两者的 RMS 测量表示出了有效功率。有效功率（effective power）是与交流信号产生相等发热量的直流信号的发热功率。真正的 rms 测量是不受信号波形复杂程度影响的，而峰值和平均值读数会根据波形属性的不同而产生很大的变化。例如，与由 $12V_{ac\ rms}$ 信号导致电阻发热量相等的功率瓦数（和热量）与将电阻连接到 $12V_{dc}$ 是一样的。不论交流波形是纯正弦波、方波、三角波，还是音乐信号，这一结论都成立。在仪表中，rms 常常是指从纯 rms，这有别于校准成仅读取正弦输入 rms 的平均响应仪器。重要的是，在声频信号处理应用中，rms 响应被认为非常接近于人耳对响度的感知[2]。

16.3.4.3 带集成电路的峰值，平均值和RMS检波器

当信号需要被严格限制在传输或存储媒质要求的电平边界之下时，对于过载指示或动态控制而言，我们需要峰值检波器作出快速响应。大量的运算放大器采用的是基于全波或半波整流来检测峰值的电路。通用的运算放大器对于构建峰值检波器是相当有用的，参考 16.3.3 部分的有关讨论。Analog Devices PKD01 或许是唯一适合声频应用的峰值检波器 IC。

平均值响应电平检波是通过整流以及后续的平滑电阻/电容（R-C）滤波器来实现的，其时间常数是针对应用来选定的。如果输入能够在足够长的周期内进行平均的话，那么信号包络被检波出来。同样，通用运算放大器可以相当好地完成整流器的工作，并结合 R-C 网络或积分器实现平均滤波的目标。

除了仪表之外，大部分简单的电子声频检波器采用的是非对称的平均响应，也就是其建立时间要比衰减时间短。这样的电路通常采用二极管，通过相对小的电阻器来控制电容器的快速充电，而放电则是经由较大的电阻器完成的。小电阻对应短的建立过程，而大的电阻则对应较长的衰减过程。

16.3.4.4 RMS电平检波基础

rms 检波器在声学和工业测量中被广泛应用。正如之前所提到的那样，rms 电平检波器被认为有与人耳对响度的感知类似的响应。这使得它们在声频信号动态控制上特别有用。

rms 在数学上被定义为波形平方平均值的平方根。在电学上，mean 就等同于 average，可以通过 R-C 网络或基于运算放大器的积分器来近似得到 rms。然而，计算 rms 是比较困难的。

设计人员想出了许多巧妙的技术来回避 rms 计算的复杂性。例如，阻性组件产生的热量可以被用来度量功率。由于功率与电阻两端的电压或流经电阻的电流的平方成正比，所以组件产生的热量就与所加信号的电平的平方成正比。为了测量波形非常复杂的信号（比如电视发射机的射频输出）的大的功率量值，常常使用电阻假负载来加热水。温度的升高与发射机的功率成正比。这样热计量仪器的响应自然会慢一些，并且将这种响应用于声音测量也不实际。尽管如此，这一概念的固态形式被整合，比如罗伊• 查普尔（Roy Chapel）和马吉德• 古洛尔（Macit Gurol）发明的专利 U.S.Patent 4，346，291[17]。指定给仪器制造商 Fluke 使用的这一专利描述了利用差分放大器来匹配阻性组件的功率消耗，以此来测量加到组件上的电流或电压分量的真正 rms 数值的方法。虽然在仪表应用中它非常有用，但是由于加热组件的时间相对较长，所以这一技术并未用在声频产品中。

为了提供更短的时间来测量像声音这样的复杂波形的小 rms 电压或电流，人们采用了各种模拟计算的方法。计算信号的平方通常需要极宽的动态范围，这便限制了直接模拟方法在计算 rms 数值中的应用。同样，平方和平方根运算需要用到复杂的模拟乘法器，这种传统意义的乘法器制造起来价格不菲。

与 VCA 一样，模拟计算需要 rms 电平检波器利用双极性结型晶体管的对数属性来进行简化。有关声频应用中计算 rms 数值的创造性方法是由 David E. Blackmer 研发出来的，其被批准的专利为 U.S.Patent 3，681，618，在研究过程中他利用了“双极性对数转换器的 RMS 电路（RMS Circuit with Bipolar Logarithmic Converter）”[3]。于稍后要讨论的 Blackmer 电路，我们需要利用两个重要的对数域属性来计算平方和平方根。在对数域中，数字被平方相当于该数字乘以 2；数字的平方根则可以通过该数字除以 2 得到。

例如，为了求信号 V_{in} 的平方，采用

$$V_{in}^2 = \text{antilg}\left[\left(\lg V_{in}\right) \times 2\right] \qquad (16\text{-}62)$$

为了求 $V\log$ 的平方根，采用

$$\sqrt{V\log} = \text{antilg}\left[\frac{\lg(V\log)}{2}\right] \qquad (16\text{-}63)$$

16.3.4.5 RMS电平检波IC

由于 rms 电平检波器要比峰值或平均值响应电路更复杂一些，所以它们在很大程度上都得益于集成。值得庆幸的是，还有少部分的 IC 适合于专业声频应用。2014 年，THAT 公

司宣布分立的“2252”走到了其生命尽头，并将 Analog Engine 系列元器件的有效值检波器作为其下一代产品。虽然 Soild State Music 为我们提供了 SSM2110 有效值至直流的转换器，但是在 Analog Devices 收购了 Precision Monolithics 之后（后者收购了 Soild State Music），该产品便停产了。好在 Analog Devices 还为我们提供了 AD636[18]。

Analog Devices AD636。AD636 深受声频和仪表业应用的广泛欢迎。AD536 的处理器被用来与 SSL 4000 系列调音台的通道动态处理器、dbx VCA 配合使用。目前世界上每天有数千条这样的通道在发挥作用。

图 16.50 所示的 AD636 提供了线性域 rms 输出和 dB-刻度的对数输出。在针脚 8 上的线性输出对于必须利用直流仪表读取 rms 输入电压的应用而言是非常理想的线性输出。如果刻度合适，那么 $1V_{rms}$ 输入可以在针脚 6 的缓冲输出上产生 $1V_{dc}$。

在诸如信号处理器这样的声频应用中，将信号电平以分贝为单位来表示常常是非常有用的。AD636 也在针脚 5 处提供了 dB- 刻度的电流输出。线性的 dB 输出对于 SSM2018 或 THAT 2180 这样的指数控制的 VCA 特别有用。

平均处理要求通过连接到针脚 4 上的电容器 C_{AV} 计算出平方和的均值。图 16.51 所示的是将 AD636 用作声频分贝计进行测量的应用。

THAT 2252。2252 IC 采用了布莱克默研发出的技术来提供宽动态范围，对数线性 dB 输出和相对快速的时间常数。Blackmer 的检波器在对数域产生快速建立和慢速线性 dB 衰减特性[3]。因为它是专门为声频应用而开发的，所以它已经成为用于压扩型降噪系统和基于 VCA 的压缩器 / 限制器的标准器件。如今这一设计还在以 THAT 的 43xx 系列 Analog EngineIC 的形式存在（参见 16.3.4.6 部分），它们都至少包含一个 VCA 和一个有效值检波器。

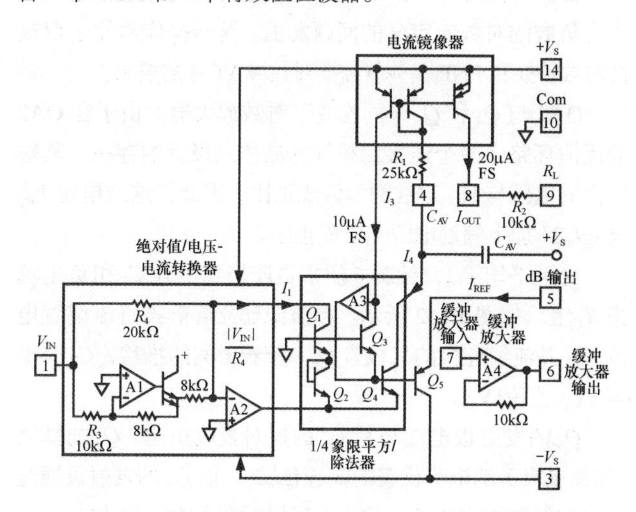

图 16.50　AD636 的原理框图（Analog Devices，Inc. 授权使用）

图 16.52 示出了用在 THAT2252 中的 Blackmerrms 检波器的简化框图。

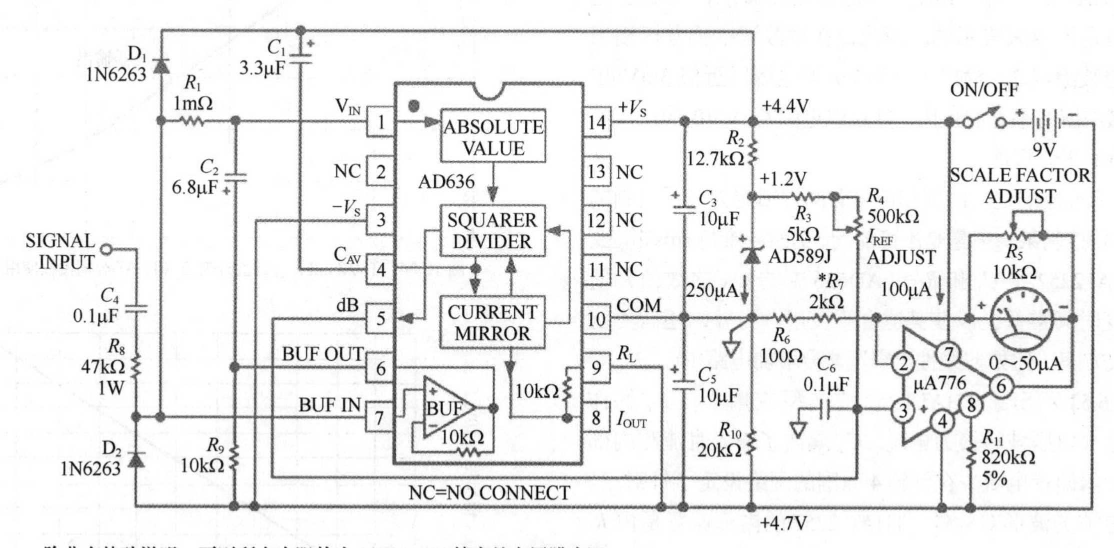

除非有特殊说明，否则所有电阻均为 1/4W，1% 精度的金属膜电阻。

图 16.51　当作声频分贝计使用的 AD636（Analog Devices，Inc. 授权使用）

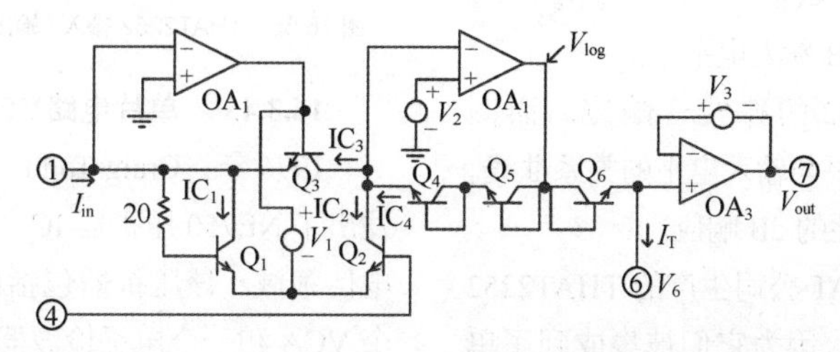

图 16.52　THAT 2252 中的 Blackmerrms 检波器的简化框图（THAT 公司授权使用）

声频输入首先通过外接电阻（图 16.52 中未示出）转换为电流 I_{in}。I_{in} 通过由 OA_1 和 Q_1-Q_3 构成的电流镜像整流器进行全波整流，其中的 IC_4 就是 I_{in} 的全波整流形式。正的输入电流被强迫流经 Q_1，并镜像至 Q_2 及 IC_2；负的输入电流流经 Q_3 及 IC_3。因此 IC_2 和 IC_3 流经 Q_4。（应注意的是，针脚 4 通常是通过一个外接的 20Ω 电阻连接到地的）。

我们应在对数转换之前进行取绝对值的操作，避免数学上负数的对数未定义的问题发生。这一操作消除了双极性对数转换和 PNP 晶体管需要对数域 VCA 的要求。

OA2 与 Q_4 和 Q_5 一同构成了对数放大器。由于在 OA2 的反馈环路中两个连接二极管的晶体三极管的存在，其输出上的电压与 IC_4 对数的两倍成正比。因此，这一电压 V_{log} 与 $\lg I_{in}2$（加上偏置电压 V_2）成正比。

为了平均 V_{log}，针脚 6 通常是连接到电容 C_T 和负电流源 R_T 上。如图 16.52 所示。电流源建立起静态直流偏置电流 I_T，并流经连接的二极管 Q_6。随着时间的推移，C_T 充电至 V_{log} 之下 $1V_{be}$。

Q_6 的发射极电流与其 V_{be} 的反对数成正比。Q_6 的基极（和集电极）的电势代表的就是 $\lg I_{in}2$，而 Q_6 的发射极通过电容被保持在交流地电位上。所以，Q_6 中的电流与输入电流瞬时值的平方成正比。该动态反对数使得电容电压表现为输入电流平方的平均值。另外一种让 Q_6，C_T 和 R_T 运算特征化的方法就是使用“对数域”滤波器 18。

在 THAT 2252 中，rms 并不是直接计算的，而是通过输出的恒定比值来表示的。因此，在对数域中平方根相当于相应的数除以 2，输出（针脚 7）的电压以近似 3mV/dB 的比率和均值的平方成正比，并且以近似 6mV/dB 的比率和平方均值的平方根成正比。

rms 检波器的建立时间和恢复时间被锁定为相互限制的关系，单独控制某一参量是不可能的，仍然要维持 rms 响应。改变 THAT2252 中 C_T 和 R_T 和 AD636 中的 C_{AV} 的数值，便可以改变时间常数，以使其适合于应用。另外，还有更复杂的解决方案，比如非线性电容可能要增加电路 19。

图 16.53 示出了 THAT 2252 的典型应用。在 R_{in} 的作用下，输入电压被转换为电流。C_{in} 隔离了输入直流和内部运算放大器偏置电流。在针脚 4 周围的网络设定了针对正、负输入电流的波形对称性。THAT 2252 的内部偏置是由 R_b 和 1μF 旁路电容器设置的。R_T 和 C_T 设定对数域滤波器的时基。当输入信号电流等于由 I_{bias} 和 I_T 确定的基准电流时，输出信号（针脚 7）为 0V。它在这一数值上下改变直流电平，以表示近似为 6mV/dB 变化率的 dB 输入电平。

图 16.54 所示的是 THAT 2252 的猝发音响应，而图 16.55 表示的是 THAT2252 输出电平与输入电平的关系曲线。THAT 2252 在约 100dB 处具有线性的 dB 响应。

Analog Devices AD636 和 THAT 公司生产的 THAT2252 提供了精确、低成本的 rms 检波，因为它们被集成到了单片形式的电路中。就其自身而言，rms 检波器在监测信号电平，控制仪表和其他应用中非常有用。当与 VCA 结合用来进行增益控制时，可以实现包括降噪，压缩和限制在内的许多不同的信号处理功能。

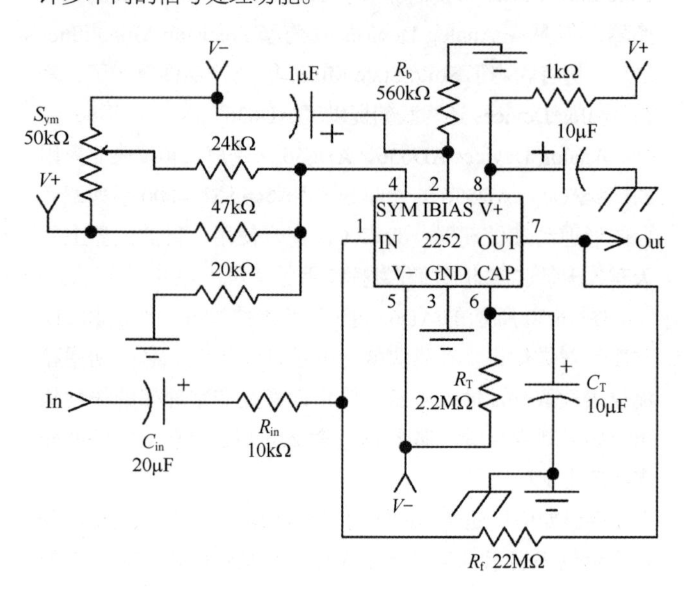

图 16.53 THAT2252 IC 的典型应用（THAT 公司授权使用）

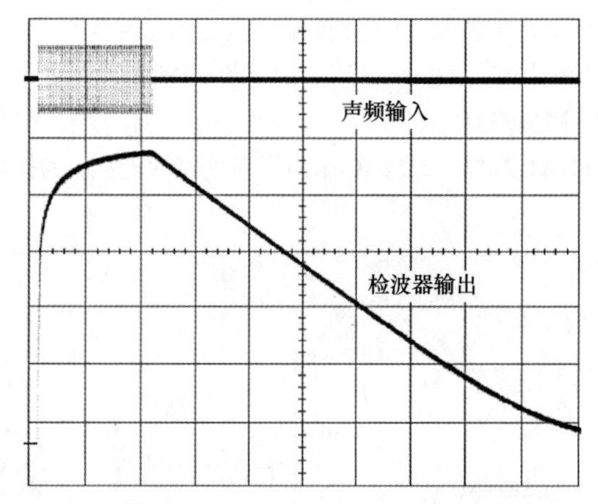

图 16.54 THAT2252 音调提升响应（THAT 公司授权使用）

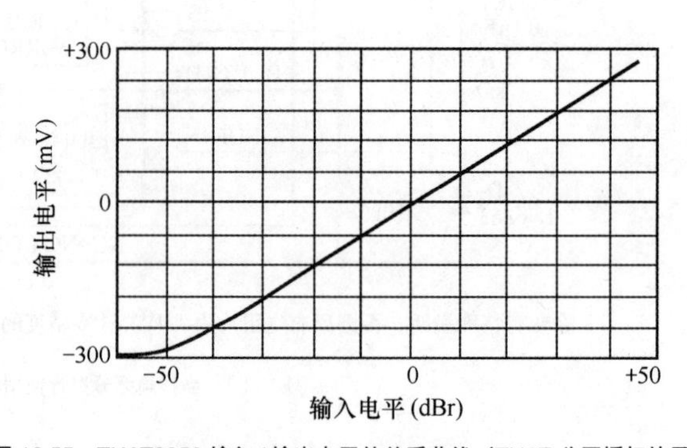

图 16.55 THAT2252 输入 / 输出电平的关系曲线（THAT 公司授权使用）

16.3.4.6 单片电路VCA+检波器IC

1976 年，Craig Todd 公司（后来的 Signetics 公司）开发出了 NE750 压扩器 IC。最初人们打算将压扩器用于无绳电话领域。该压扩器包括两个声频通道，每个通道包含一个 VCA 和一个电平检波器。每个通道既可以配置成一个压缩器，也可以配置成一个扩展器。一般而言，压缩器被安装于电话听筒内，用来对将要传送给无绳电话基座的听筒传声器信号进行压缩，然后电话基座端的互补扩展器对信号再进行扩展处理。另一半电路被用来压缩打算传输给听筒的声频信号，并通过听筒内 NE570 的另一半对信号进行扩展。Signetics 将这一概念拓展到了系列器件中，比如具有不同特性的 571、572 和 575 器件。最后，包括 Toko 和 Mitsumi 在内的许多生产厂家都生产了针对无绳电话市场的这类器件。近来大部分产品都由 On Semiconductor（美国安森美公司）生产。

VCA 加上电平检波器的做法在许多应用中都被认为是很有用的做法，这种方法被应用于压扩，各种模拟信号的调整，以及信号动态处理。到了 20 世纪 90 年代，Solid State Music 生产出了 SSM2120 单片电路，该单片电路中包括两个 VCA 和两个对数域的平均值电平检波器。在一些关键的地方，该器件不同于用于无绳电话的压扩器，其检波器的输出在内部并不与 VCA 控制输入绑定。这样便可以让设计者更为灵活地设计压缩和扩展比，通过更为复杂的旁链设计可以实现不同电平下采用不同比值的目标，而且还可以在动态处理器上实现一些富有艺术性的应用技巧。

在 20 世纪 90 年代初期，THAT 公司推出了 THAT 4301，公司给其挂上了“Analog Engine”的注册商标。对于单通道应用，“4301”包含一个有效值电平检波器（源于 THAT 的 2252），一个含有专门的电流 - 电压转换运算放大器，“Blackmer” VCA，以及两个额外的放大器。与 THAT 2181 系列类似，4301 中的 VCA 采用了外部微调的方法来调整失真和直流直通特性。

此后，THAT 又推出了几种 Analog Engine 产品，其中就包括专门用于低电压和低功率应用的型号产品，比如“4315”“4316”和“4320”，其中“4320”如图 16.56 所示。低功率规格的产品常被用来构建专业无线传声器和腰包中应用压扩器。1999 年，SSM2120 被 Analog Devices 淘汰，THAT 的 4311（低功率的 Analog Engine）也不适合被用于新的设计中。然而，其余的 THAT Analog Engine 器件在有源产品中还在使用。

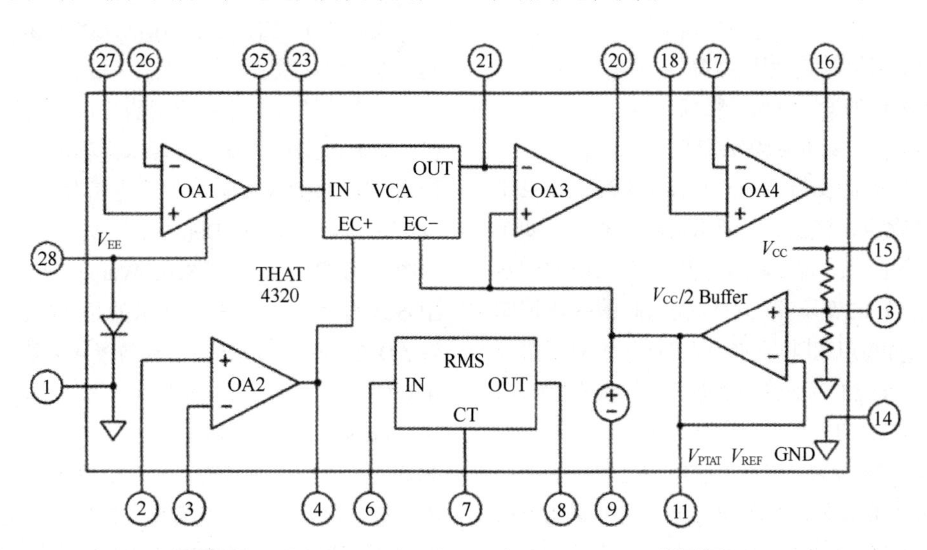

图 16.56 THAT 4320 Analog Engine（THAT Corporation 授权使用）

16.3.5 集成电路前置放大器

在后磁带时代，前置放大器在专业声频中的主要应用就是与传声器配合使用。在专门为此应用而开发的单片 IC 推出之前，电子管、分立双极性或场效应晶体管[21]，或者通用声频运算放大器被当作前置放大器使用[22]。通常，动圈传声器产生的信号电平非常小，并且输出阻抗也低。带式传声器因输出电平低的缘故口碑也不好。对于许多声频应用，需要明显的增益（40 ～ 60dB）来将这些传声器信号的电平提高至专业声频信号电平。需要采用幻象电源、外部电源，或电池供电的电容传声器通常产生的信号电平较高，需要的增益也较小。

为了避免将明显的噪声加到传声器输出上，专业声频前置放大器必须具有非常低的输入噪声。变压器耦合前置放大器放宽了对低分贝噪声放大的要求，因为它们利用了输入变压器中可以升压的优势。在 20 世纪 80 年代之前，早期的无变压器或有源器件设计中要求的性能排除了使用集成方式的可能。直到半导体处理和设计上的改进使各种条件具备，且市场开发出足够的需求之前，大部分传声器前置放大器都是基于分立晶体管的，或者说分立晶体管随着运算放大器的商用而成长起来。

实际上，所有的专业传声器都采用两条信号线传输信号，产生平衡的输出。这允许前置放大器将想要的差分声频信号（表现为两条信号线路间的电压差）与拾取到的嗡声和噪声（它表现为两条信号线路上的信号的幅度和极性均相同的“共模信号”）区别对待。共模抑制比量化了前置放大器抑制共模干扰同时接受差模信号的能力。

因此，专业传声器前置放大器的目标之一就是要放大存在于共模嗡声中的差模信号。同样，理想的前置放大器应不会在输出上添加比源阻抗热噪声更大的噪声——明显低于传声器本底噪声和环境声学噪声。

许多传声器（尤其是专业的电容传声器）需要幻象电源。这通常是通过 6.8kΩ 电阻（每个输入极一个电阻）为两个差分输入极提供出 +48V_{dc} 电源来实现。直流电源电流由传声器返回到地导体。幻象电源以本质上相等的共模形式出现在两个输入端上。电压通常用来为内部传声器的电路供电。

16.3.5.1　变压器输入传声器前置放大器

许多传声器前置放大器在其输入上使用了变压器。尽管变压器的成本高一些，但是所产生的电压增益可以缓解变压器对后续放大器的低噪声要求。变压器的电压增益是由次级与初级的匝数比决定的。该比值也变换阻抗，使变压器可以将低阻抗的传声器与高阻抗的放大器匹配，而不用折中考虑噪声性能问题。

变压器的电压增益与由下面公式确定的阻抗比相关。

$$增益=20\lg\sqrt{\frac{Z_s}{Z_p}} \tag{16-64}$$

式中，

增益是以 dB 表示的变压器电压增益；

Z_p 是以欧姆为单位的变压器初级阻抗；

Z_s 是以欧姆为单位的变压器次级阻抗。

具有 10：1 匝数比的变压器可产生 20dB 的自由电压增益，而不会增加噪声，这减小了绕组电阻的影响。如果初级连接到 150Ω 的源上，那么在次级输出上呈现的就是 15kΩ 的源阻抗。良好的变压器还可以提供高的共模抑制比，这有助于阻止对嗡声和噪声的拾取。这一点对于输出电压低，驱动长传输线缆的专业传声器而言尤为重要。另外，变压器通过电气隔离的初级和次级电路，阻止信号通过而产生电流隔离。虽然在通常的传声器应用中这并不是必须的，但是这可以提供真正的浮地解决方案，这种解决方案可以消除某些困难条件下产生的地环路。

当从前置放大器输入端沿传声器线缆向下馈送幻象电源（传声器中的电路提供的 +48V_{dc} 限流电压）时，变压器隔离也很有用。幻象电源可以通过连接到初级的中心抽头，将整个初级激励至 +48V_{dc}，或者通过变压器初级两端分别串接的电阻（通常为 6.8kΩ）来提供（后一种连接避免线圈中出现直流电流，这一电流可能导致磁芯材料过早饱和）。变压器的电流隔离杜绝了 48V 直流信号到达次级绕组的可能性。

16.3.5.2　不带输入变压器的有源传声器前置放大器

与常用的电子设计一样，变压器也一定存在缺陷。或许其最主要的缺陷之一就是制造成本：JT-115K-E 的制造成本将近 75 美元（每分贝增益要付出 3.75 美元的代价）[23]。从信号的角度出发，由于饱和问题，变压器增加了失真。变压器失真具有特殊的声音特征属性，这可以被认为成优点，也可以被认为是缺点 —— 具体则要取决于变压器及其使用者的要求。变压器也对声频频谱两端的频率响应构成限制。进一步而言，它们更容易受到杂散电磁场的影响，从电磁场拾取到嗡声。

设计良好的有源无变压器（Transformerless）前置放大器可以避免这些问题的发生，可以降低应用成本，减小失真并展宽带宽。然而，无变压器设计要求其中的有源电路具有比基于变压器的前置放大器的有源电路更好的噪声性能。有源传声器前置放大器通常需要电容器（和其他保护器件）来阻止幻象电源可能产生的潜在危害 [24, 25]。

16.3.5.3　有源传声器前置放大器IC的评估

有源平衡式输入传声器前置放大器 IC 直到 20 世纪 80 年代初期才被开发出来。依靠早期 IC 制造工艺生产不出高质量的低噪声器件，而且半导体的生产商也对这样的产品需求拿不定主意。

有源无变压器（*Active Transformerless*）传声器前置放大器必须具备真正的差分输入，因为它们连接的是平衡式传声器。这里所描述的放大器（分立和 IC 形式的）采用了 CFB（电流反馈）拓扑，反馈返回到差分晶体三极管对的一个（或两个）发射极上。在其众多的属性当中，电流反馈允许差分增益通过一个电阻器来设定。

电流反馈放大器的应用历史可以追溯到测量放大器时代。放大低电平的测量信号所面临的挑战与放大传声器信号所面临的挑战非常类似。电流反馈测量放大器拓扑至少可追溯到 1968 年 Demrow 论文中的相关阐述 [26]，它在 1982 年被最先集成到 Scott Wurcer 研发的 Analog Devices AD524 当中 [27]。图 16.57 所示的是 AD524 的简化框图。尽管 AD524 并未被设计成声频前置放大器，但是后来使用的拓扑实际上成为了 IC 传声器前置放大器的标准。Demrow 和 Wurcer 都采用了偏置方案和全面平衡拓扑，两只输入晶体管均被他们用运算放大器包裹在其中，以提供交流和直流反馈。增益是通过连接在发射极之间的单独一个电阻来设定的（图中所示的 40Ω，404Ω 和 4.44kΩ），反馈是由两个电阻（R_{56} 和 R_{57}）提供的。输入级是完全对称的，并且其后接了一个准确的差分放大器，将平衡输出转换成单端形式的信号。Wurcer 的 AD524 要求使用激光校准薄膜电阻器将匹配程度精确到 0.01%，以取得单位增益时 80dB 的共模抑制比。

声频产品制造商利用各种形式的电流反馈和 Demrow/Wurcer 乐器放大器，在 1978 年就生产出了基于分立低噪声晶体三极管的传声器前置放大器，例如，Harrison PC1041 模块 28。在 1984 年 12 月，Graeme Cohen 也公布了自己的分立晶体三极管拓扑，这种拓扑的工作原理与 Demrow、Wurcer 和 Harrison 前置放大器的工作原理非常相像 [29]。

SSM，也就是后来的 Solid State Microtechnology 在 1982 年开发出了第一块用于专业声频的有源传声器前置放大器 IC[30]。SSM 专门生产针对专业声频领域中小众市场的半导体产品。SSM2011 几乎就是完全独立的器件，只需要少量的外围电阻和电容就能运行完整的前置放大系统。

SSM2011 的特性之一就是芯片上带有一个 LED 过载和存在信号的指示灯。

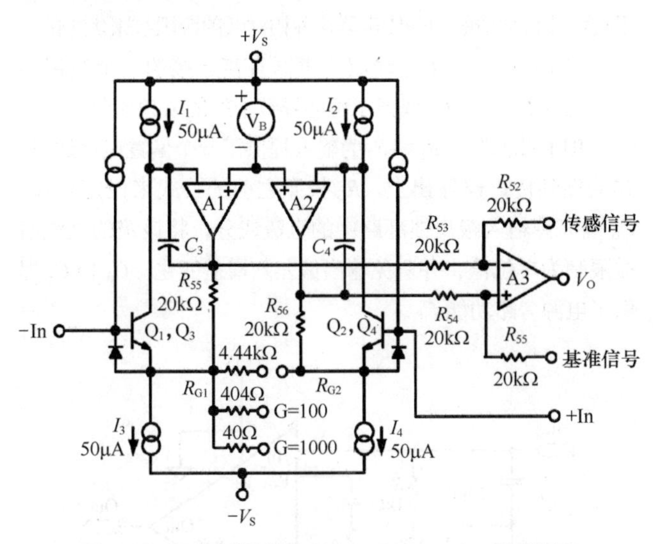

图 16.57　AD524 简化框图（Analog Devices，Inc. 授权使用）

后来，SSM 生产出了由德里克• 鲍尔斯（Derek Bowers）设计的 SSM2015 和 SSM2016[31]。SSM2016 以及先于它的 SSM2011 和 2015 都没有使用类似于 Wurcer 的 AD524 和 Harrison PC1041 的完全平衡拓扑。SSM 器件利用内部的运算放大器将差分级输出转换为单端形式信号。它允许使用外部的反馈电阻，避免了芯片上离散电阻器所带来的性能下降。虽然 SSM2016 取得了很大的成功，但是它需要精确的外部电阻，并且还要用三个外部校准。SSM 后来被 Precision Monolithics 收购，并最终并入 Analog Devices（ADI）。在 20 世纪 90 年代中期，SSM2016 停产，但后来它仍然是人们追捧的对象。

Analog Devices 推出了也是由 Bowers 设计的自带前置放大器的 SSM2017，它采用了内部激光校准薄膜电阻，可使 AD52 完全平衡的拓扑和分立前置放大器能像一块 IC 那样运行。Analog Devices 生产的 SSM2017 大约在 2000 年停产。大约在一两年之后，ADI 推出了 SSM2019，并一直使用至今。

Texas Instruments 的 Burr Brown 分公司生产出了 INA163，虽然它与 SSM2017 的性能类似，但是在针脚方面二者并不相同。在 2017 停产之后，TI 推出了与 SSM2017 针脚一致的 INA217。如今，TI 生产了大量的适合于传声器前置放大器的乐器放大器 INA 系列，其中包括 INA103、INA163、INA166、INA217 和第一个数字式增益受控放大器 PGA2500。

在 2005 年，THAT 公司推出了与 SSM2019/INA217 以及 INA163 匹配的传声器前置放大器系列产品。THAT1510 和改良性能的 THAT1512 采用了介质隔离来产生比结隔离 INA 和 SSM 系列产品更宽的带宽（有关介质隔离的说明请参见 16.3.4.1 部分）。2009 年，与 THAT 1570 推出的同时，公司在传声器前置放大器中引了新的拓扑方案，该方案被称为“去集成”解决方案[32]。这一规格以及 THAT 1583（2013 年推出）省掉了集成反馈电阻，为的是允许对其数值进行外部控制，这在数控应用中尤为如此。图 16.58 所示的是该拓扑的框图（与图 16.59 进行比较）。

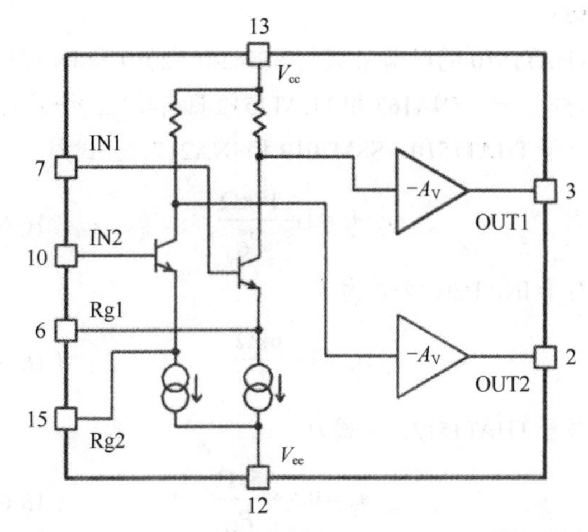

图 16.58　THAT 1570 原理框图（THAT Corporation 授权使用）

由于人们通过这些产品能够以相对较低的成本搭建出更为复杂的电路，因此传声器前置放大器的集成化解决方案一般都具有比此前分立单元解决方案更好的可测量性能[33]，不过它们还是会存在一些由不同分立电路引入的某种“偏爱”的声染色。在所提供的集成化产品中，当今几种不同系列的器件具有不同的优缺点。其间的差异体现在增益带宽、本底噪声、失真、增益结构和耗电等性能方面。对于任何指定的应用而言，“最佳器件”的选择则要取决于设计者的准确要求。设计者在设计任何一种器件时都应在新设计定型之前对其技术指标进行认真比较。

16.3.5.4　集成电路传声器前置放大器应用电路

图 16.59 所示的是 THAT 1510 系列的原理框图。它的拓扑类似于 TI 和 ADI 的器件。图 16.60 所示的是典型应用电路。平衡式的传声器电平信号被加到输入针脚 +In 和 −In。连接到针脚 R_{G1} 和 R_{G2} 之间的单独电阻器（R_G）与内部的电阻器 R_A 和 R_B 被用来设定增益。输入级由两个独立的配置成平衡式差分放大器形式的低噪声放大器组成，其中的交流和直流反馈返回到差分对的发射极。这种拓扑基本上与 Wurcer 文献中所描述的 AD524 电流反馈放大器一样。

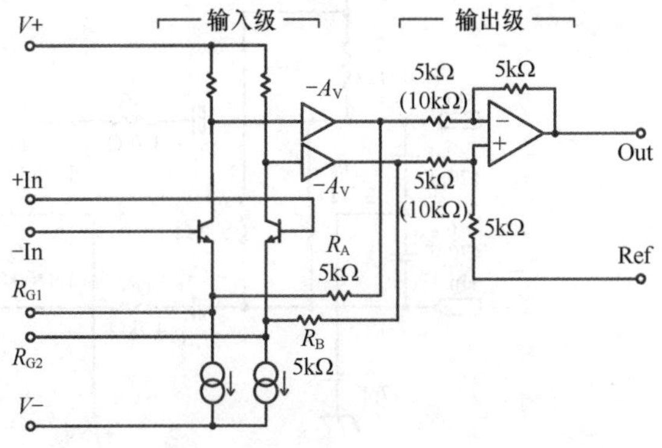

图 16.59　THAT 1510/1512 原理框图（THAT 公司授权使用）

输出级是单独一个运算放大器构成的差分放大器，该放大器将增益级的平衡输出转变成单端的形式。THAT1500系列为该级提供了增益选择：1510为0dB，1512为−6dB。增益是由输入端的电阻阻值来控制的：1510为5kΩ，1512为10kΩ。

THAT1510的增益公式与SSM2017/2019和INA217的增值公式一样。INA163和THAT1512具有特殊的增益公式。

对于THAT1510，SSM2019和INA217，公式为

$$A_v = 1 + \frac{10\text{k}\Omega}{R_G} \qquad (16\text{-}65)$$

对于INA163，公式为

$$A_v = 1 + \frac{6\text{k}\Omega}{R_G} \qquad (16\text{-}66)$$

对于THAT1512，公式为

$$A_v = 0.5 + \frac{5\text{k}\Omega}{R_G} \qquad (16\text{-}67)$$

式中，

A_v为电路的电压增益。

虽然这些器件都可以达到单位增益，但是所要求的R_G却有相当大的不同。对于1510，2017，2019，163和217，当R_G开路时，增益为0dB（A_v=1），这是这些IC的最小增益。对于1512，R_G开路时，增益为−6dB（A_v = 0.5）。为了达到60dB～0dB的增益，R_G的跨度范围要相当大，1510及其类似器件的开路值为10Ω。

R_G是典型的反对数电位器（或开关电阻器组），以此产生平滑的增益旋转控制。在许多应用中，如图16.60所示，大数值的电容器与R_G串联，以便限制直流增益，从而阻止增益变化时出现输出直流偏差漂移。为了使THAT1512产生60dB的增益，R_G = 5Ω（在INA163的情况下为6Ω）。因为这一原因，C_G必须相当大（典型的范围为1000～6800μF）以保持低频的响应。幸运的是，C_G不必支持大电压（可以支持6.3V的电压）。

所有厂家生产的器件在高增益时都表现出~1 nV/$\sqrt{\text{Hz}}$的出色电压噪声性能。噪声性能上的差异在较低增益下便开始体现出来，THAT1512系列产品在0dB增益时表现出~34 nV/$\sqrt{\text{Hz}}$的最佳性能。这些器件一般都是针对典型输出阻抗为几百欧姆的动圈传声器这种相对低的源阻抗来优化的。

图16.60示出了与动圈传声器直接连接的一个应用例子。电容器C_1～C_3滤掉了可能导致干扰的射频成分（构成一个RFI滤波器）。R_1和R_2为输入提供了一个偏置电流通路，并端接到传声器输出上。R_G按照之前的公式来设定增益。C_G隔离掉输入级反馈环路中的直流成分，将该级的直流增益限制为单位值，并避免输出偏差随增益变化。C_6和C_9提供了电源旁路功能。

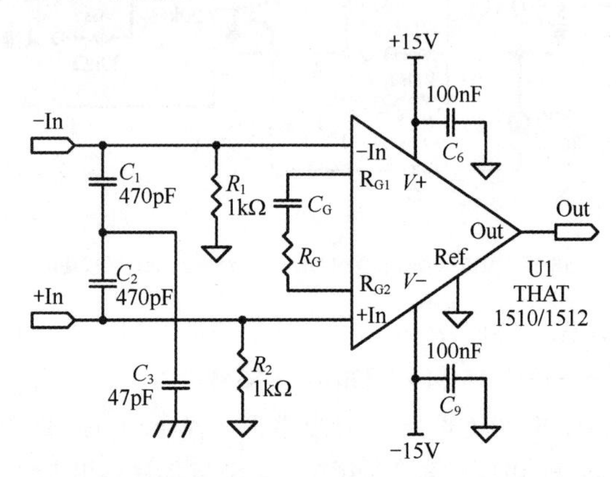

图16.60 THAT 1510/1512的基本应用（THAT公司授权使用）

图16.61所示的是带幻象供电供能的THAT1512前置放大器电路。C_1～C_3提供了RFI保护功能。R_5和R_6将幻象电源电压馈送至传声器。R_9端接传声器。C_4和C_5将48V_{dc}幻象电源电势与THAT1512隔离开。R_3，R_4和D_1～D_4提供了幻象电源出故障时的电流限制和过压保护功能。R_1和R_2要比之前所示的更大一些，以减小对C_4和C_5的载荷。

16.3.6 数控传声器前置放大器

在21世纪初期，随着许许多多声频处理功能（不仅仅声信号的记录，而且还包括缩混和效果）的数字化技术不断被人们所接纳，人们遥控传声器前置放大器增益的期望变得越发强烈。由于缺少数控的集成化解决方案，所以设计人员便采用包括从继电器，乃至模拟开关在内的器件来

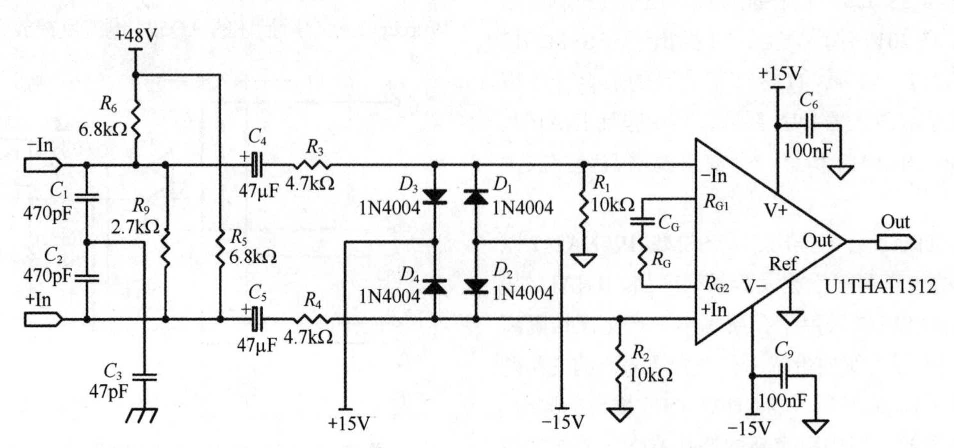

图16.61 带幻象供电功能的THAT1512前置放大器电路（THAT公司授权使用）

改变增益电阻阻值的方法。然而，这里存在一个固有的问题，这就是这些电路一般都比较大、且复杂、耗电。从 20 世纪 90 年代末开始，设计人员便开始探寻新的集成化解决方案。

在 2003 年，Texas Instruments（TI）推出了首个单片数控传声器前置放大器，即 PGA2500。图 16.62 示出了其框图。该器件可提供 10 ～ 65dB 的增益，调整的步阶为 1dB，并且还有一个附加的单位增益设定。虽然许多人认为它的价格太高，但是它表现出的噪声特性和失真特性还是十分出色的，而且它还能通过串行数字接口进行增益控制。PGA2500 包括一个直流伺服过零检波器，以及认可的差分输入，同时可提供适合连接高质量 A/D 转换器的差分输出。目前它已被众多的专业声频设备生产商所采用。

在 2009 年，THAT 公司提出了解决该问题的另一种不同的解决方案：THAT5171 数字前置放大器控制器与 THAT1570 模拟增益块配合使用。图 16.63 所示的是这一解决方案的简化电路示意图。THAT 的芯片组可提供 13.6 ～ 68.6dB 的增益，调整步阶为 1dB，以及一个附加的 5.6dB 增益设置。虽然它在许多方面与 PGA2500 类似，比如价格、特性和性能方面，但是它们间的最大差异是：THAT 的供电范围可高达 ±17V，TI 元器件的供电范围是 ±5V，这种差异会给动态余量带来影响。

时隔不久。TI 就推出了价格更为便宜的 PGA2505，它与 PGA2500 类似，只不过增益的调整步阶变成了 3dB。THAT 随后也推出了一对成本更低的（高电压）产品：THAT 5173（3dB 调整步阶）和 THAT1583（模拟增益块）。尽管这种双元器件的解决方案或许并不够便捷，但是可以为设计人员提供选择的余地，让设计人员选择自己的模拟前置放大器来匹配单独的数控部分，另外还可以被“反向”应用，即当作数控衰减器来使用。随着信号处理的 DSP 化，目前只有接口还保持在模拟域。

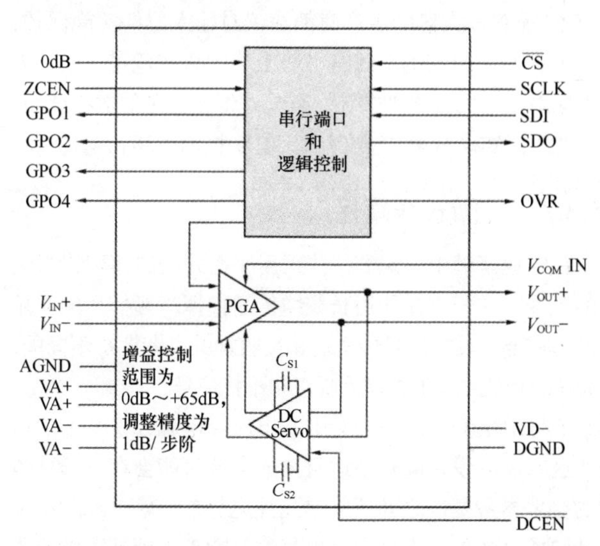

C_{S1} 和 C_{S2} 是外接伺服积分电容器，它们分别跨接于 C_{S11}/C_{S12} 和 C_{S21}/C_{S22} 针脚之间。

图 16.62　PGA2500 的框图（Texas Instruments 授权使用）

上文所提及的基本电路可以有许多变化。受控模拟前置放大器可以与直流伺服一同使用，以减弱或消除对某些交流耦合的需求。也可以采用浮动电源配置来取消输入耦合电容。能对直流响应的传声器前置放大器已被提出。人们可以对数控前置放大器进行相关改良，尤其是那些基于 THAT 的积木式解决方案。有关可行配置的更多信息，请参见 Analog Devices，Texas Instruments 和 THAT 公司发布的应用说明。

现代 IC 类型的传声器前置放大器提供了简单的积木式功能模块，其性能与不带高成本变压器的分立组件解决方

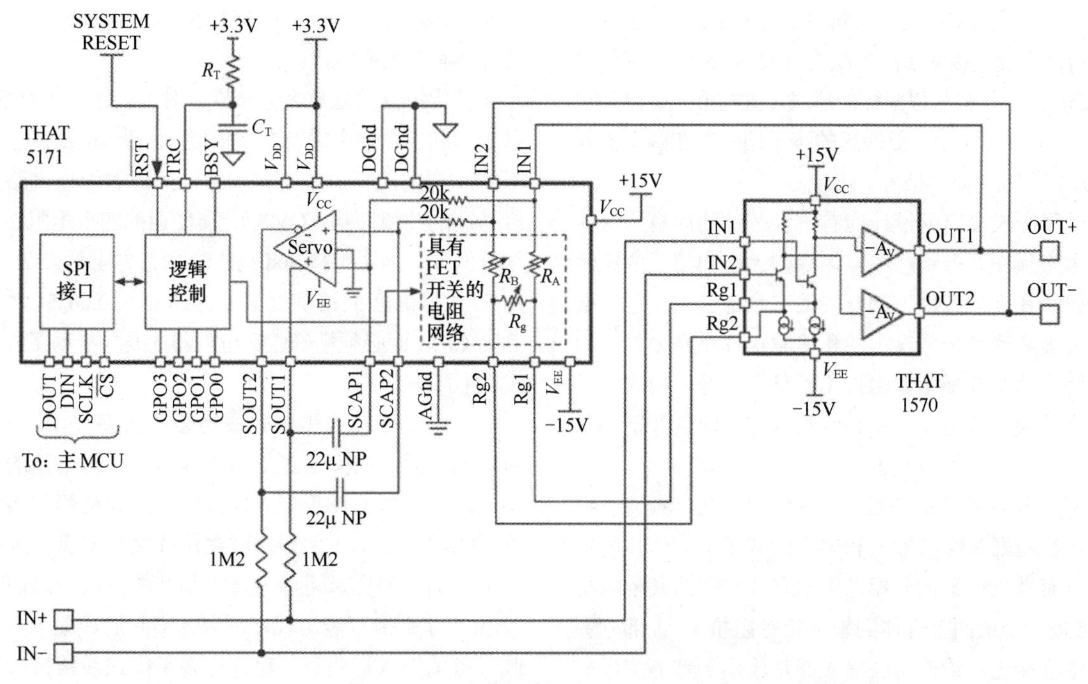

图 16.63　THAT 5171 和 THAT 1570 模拟增益电路（THAT Corporation 授权使用）

案相当或更强。然而，无变压器“有源”解决方案的一个最大缺陷就是其对幻象供电电源故障所引发的损害很敏感。所有IC前置放大器的生产商都建议对输入器件实施保护，以避免在使用幻象电源时有可能出现的潜在危害。设计人员也应对这一问题格外关注。有关“幻象电源的潜在威胁”的一些入门知识参阅参考文献25和参考文献36。

16.3.7 平衡式线路接口

在专业声频中，人们往往采用平衡式线路实现设备之间的互连。这一点在使用长线缆传送模拟声频信号的应用中尤为重要，其中信号传送端和接收端的参考地是不同的，或者说互连线缆可能拾取到噪声和干扰信号。

信号地电势上的差异会引发出流经电源线安全地的电流。这些流经设备间有限地阻抗的电流可能会在一幢建筑内的接地参考基准之间建立起几种电势差。输电线频率及其谐波成分的电流也会产生出每位音响工程师都再熟悉不过的哼鸣声。

另外两种形式的干扰，即静电和磁干扰也会造成麻烦。线缆的屏蔽减小了周围场产生的静电干扰，屏蔽一般采用编织铜线、包裹金属箔的方法来实现。磁场干扰更难以用屏蔽来阻止。信号线缆中磁场的影响是通过采用的双绞线对线缆的平衡线缆结构来减小的。平衡式线路得益于保证磁场等量切割每个导线的绞线对结构。反过来说，这确保这些外部场产生的电流以共模形式呈现，电流在两个输入端产生的电压是相等的。

平衡式线路解决方案源于无屏蔽双绞线在数英里的长距离语音通讯中的应用，这种线路可以取得合理的保真度和对嗡声及干扰信号的免疫力。平衡式线路的工作原理有两个。其一，不论是磁场还是静电场引发的干扰都会在双绞线电缆的两根导线中感应出相同的干扰电压；其二，由信源和接收器，以及连接两者的导线构成如图16.64所示的平衡桥式电路[34]。干扰信号以同样的形式（共模形式）出现在两个（+和－）输入端上，而理想的声频信号则在两个输入端之间以差模形式（差模信号）出现。

人们对平衡式接口的设计抱有一种普遍的误解，这就是声频信号必须在两条线路中以相等的大小和相反的极性来传输。虽然在许多条件下需要使动态余量最大化，但是从保护保真度和避免拾取噪声的角度看这不是必要的。如果通过电路的两个共模信源阻抗（不是指信号）构成的桥路抵御两个共模负载阻抗，那么就足以在任何条件下都保持平衡。

在早期的电话系统和专业声频系统中，在声频设备中人们都使用变压器来维持输入和输出桥式平衡。优良的输出变压器具有精确匹配的共模源阻抗和非常高的共模阻抗（共模阻抗是一个或两个导体到地的相等阻抗）。大部分变压器的浮地连接（不论使用在输入还是输出）都能提供非常高的共模阻抗。这里有两个因素，输出变压器的匹配源阻抗和输入及输出变压器的高共模阻抗（到地的），人们将两者结合在一起来保持在众多条件下信源/负载阻抗的桥式平衡。另外，变压器还提供了电流隔离性能，在面对特别困难的接地环境时，这是有帮助的。

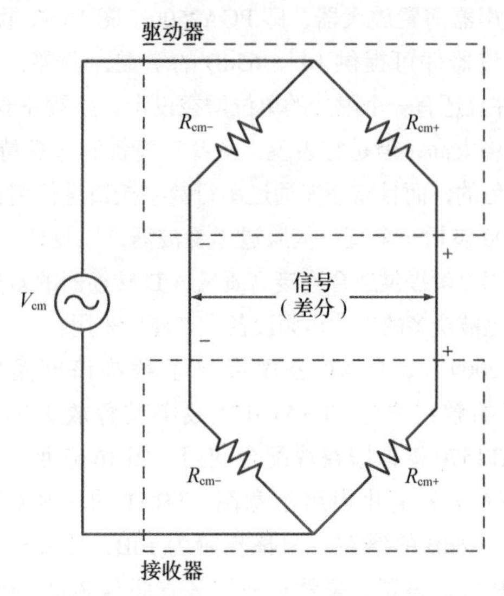

图16.64 平衡桥式电路（THAT公司授权使用）

另一方面，正如我们在前置放大器部分所提及的那样，变压器也存在成本高、带宽有限、高信号电平失真和拾取磁场方面的不足。

16.3.7.1 平衡式线路输入

变压器被用于早期的平衡式线路输入级上，尤其是在廉价的运算放大器还未取代变压器之前的那些日子里。廉价（尤其是与变压器的成本相比）运算放大器的出现推动了有源无变压器输入的发展。由于当前运算放大器生产工艺水平的改进，变压器耦合输入已经被基于成本并不高的通用器件（比如Texas Instruments TL070和TL080系列，National Semiconductor LF351系列和Signetics NE5534）的高性能有源级所取代。

与传声器前置放大器一样，对于线路接收器输入而言，共模抑制也是一个重要的技术指标。图16.65所示的是用于专业声频中的有源平衡式线路输入级的简化电路图。为了维持高的共模抑制（CMR），所使用的四个电阻必须精确匹配。例如，为了维持90dB的CMR，电阻器R_1/R_2的比值与R_3/R_4比值的匹配精确度误差必须要在0.005%之内。要得到高CMR而必须精确匹配电阻器的要求推动了线路接收器IC专门化的发展。

为了保持精确平衡式线路接收器高CMR的潜能，两级之间的互连必须通过低阻来实现，同时电路的两条线路中的阻抗必须非常近似。外接到线路驱动器和接收器的几欧姆的接触电阻（例如，因氧化或接触不良）或驱动电路中的任何不平衡都可能通过不平衡的桥式电路而大大降低CMR。非平衡可能出现在信源、中间的线缆节点，或者接收设备的输入端附近。尽管许多平衡式线路接收器在理想情况下具有非常出色的CMR，但是在不尽理想的情况下则我们很少能实现变压器所表现出的性能。

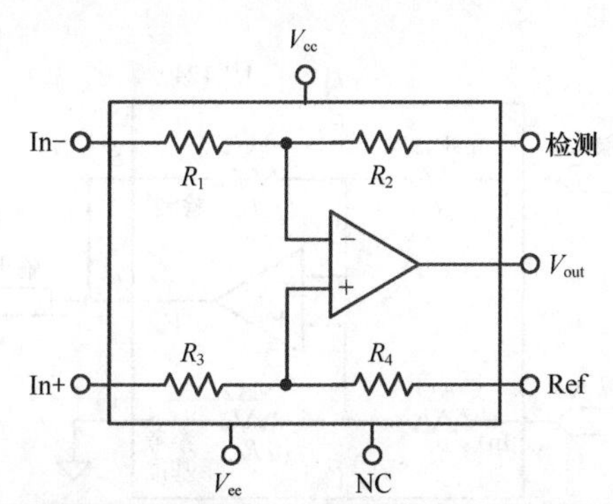

组件编号	增益	R_1，R_3	R_2，R_4
THAT1240	0dB	9kΩ	9kΩ
THAT1243	−3dB	10.5kΩ	7.5kΩ
THAT1246	−6dB	12kΩ	6kΩ

图 16.65　THAT1240 的基本电路（THAT 公司授权使用）

16.3.7.2　平衡式线路输出

变压器也被用于早期的平衡式输出级中，其中原理与用在输入级上的原理是一样的。然而，要想驱动 600Ω 的负载，输出变压器必须具有比能支持同样电压的输入变压器更大的电流容量才行。这提高了使用输出变压器的成本，因为它需要的铜和钢要比输入端变压器所需要的多，这就迫使设计人员寻求另外一种形式的输出。早期的有源级要么是分立的，要么是采用分立的输出晶体管来提高来自运算放大器的可用电流。具有直接驱动 600Ω 负载能力的 NE5534 可以用于运算放大器形式的输出级上，而不用来增加缓冲。

人们想要的变压器耦合输出级的一个属性是：不论输出是被连接成差分形式还是单端形式，其输出电压都是一样的。虽然专业声频设备具有使用平衡式输入级的传统，但是音响工程师通常都必须将其连接到采用单端输入连接的民用或准专业设备上。变压器的表现就如同将其输出绕组的一个端口短路到后续单端输入级的地。另一方面，如果将一个输出端短路到地，那么以相等大小和相反极性驱动正和负输出的有源平衡输出级就可能有麻烦。

这促使 MCI 的托马斯・海（Thomas Hay）开发出了正交耦合（cross-coupled）拓扑技术，它可以让有源平衡式输出级模拟出变压器的属性[35]。当用合适阻抗（比如 600Ω 或更大）等量加载时，Hay 电路在两路输出上会产生基本上相等且极性相反的电压输出。然而，因为反馈采用的是差分形式，所以当一个脚被短路到地时，反馈环路在与之反相的输出端上自动产生两倍的电压输出。这模拟了同一条件下的变压器特性。

虽然非常巧妙，但是该电路至少有两个缺点。第一个就是其电阻必须匹配得非常精确。为了确保稳定性、对输出负载的灵敏度最小且保持在两个输出上电压严格匹配，常常需要误差限制在 0.1% 以下（如前所提及的那样，这最后一个要求对于高性能而言并不是必要的）。第二个缺点是加到两个放大器上的可用电源电压限制了每个输出上的电压摆幅。当差分加载时，输出级可以提供两倍于驱动单端负载时的两倍的电压摆幅。但这意味着单端负载时的动态余量减小了 6dB。

确保 Hay 电路达到所要求的匹配度的一种方法就是在集成电路中使用激光校准薄膜电阻器。SSM 首先将其应用到了他们所推出的 SSM2142 中，即结合正交拓扑结构的平衡式线路输出驱动器当中。

16.3.7.3　用于平衡式线路接口的集成电路

人们对测量放大器输入的要求类似于对声频线路接收器的要求。INA105 由 Texas Instruments 生产是早期的测量放大器，它具备激光校准电阻器的性能，能提供 86dB 的共模抑制。尽管其在专业声频中的应用受限于其内部运算放大器的性能，但是 INA105 被视为现代声频平衡式线路接收器的基础。

在 1989 年，Precision Monolithics 的 SSM Audio Products Division 推出了 SSM2141 平衡式线路接收器和与之对应的 SSM2142 线路驱动器。虽然 SSM2141 具有与 INA105 同样的针脚安排，但是它具有低噪声和近乎 10 V/μs 的变化率。其典型的 90dBCMR，使得专业声频领域终于有了可以取代线路输入变压器的低成本、高性能产品。采用了正交耦合输出的 SSM2142 线路驱动器成为输出变压器的低成本替代品。这两款产品取得了相当大的成功。

如今，Analog Devices（被 Precision Monolithics 并购）生产制造 SSM2141 线路接收器和 SSM2142 线路驱动器。设计有 6dB 衰减的 SSM2143 线路接收器也被推出，以提高输入动态余量。当与 SSM2142 线路驱动器一起使用时，SSM2143 还可以给整体的单位增益工作提供 6dB 增益空间。

如今，Texas Instruments（TI）的 Burr Brown 分公司生产类似的平衡式线路驱动器和接收器系列产品，其中包括双单元的产品。INA134 声频差分线路接收器是 SSM2141 的第二个信源。INA137 与 SSM2143 类似，并且也允许有 ±6dB 的增益。两个器件的针脚安排归类于原始的 INA105。两种器件的双规格应用与 INA2134 和 2137 相同。TI 还制造正交耦合的线路驱动器，这就是人们所熟知的 DRV134 和 DRV135。

THAT 也制造平衡式线路驱动器和接收器。THAT 的 1240 系列和 1280 系列的单 / 双平衡式线路接收器利用激光校准电阻器以熟悉的 SSM2141（单）和 INA2134（双）针脚形式来取得高共模抑制性能。为了降低应用成本，THAT 提供了 1250 系列和 1290 系列单 / 双线路接收器。这些器件取消了激光电阻器，通过牺牲 CMR 来降低成本。特别的是，THAT 提供的双 / 单线路接收器具有 ±3dB 增益的特殊配置，这可以优化许多普通应用的动态范围。

THAT 也提供独特的线路接收器 THAT1200 系列产品，这些产品是基于 Jensen Transformers 公司的 William E. Whitlock 授权的专利技术（U.S. 专利 5，568，561）[36] 生产出来的。被称为 InGenius（THAT 的注册商标）的这一设计将共模输入阻抗自举提升到变压器的兆欧姆的范围内。这克服了馈给线路接收器的阻抗稍微不平衡时产生的共模抑制损失，并且它可以像变压器那样工作。将在随后的章节中讨论 InGenius 电路。

THAT 还提供了 THAT1646 平衡式线路驱动器，它与 SSM2142 和 DRV134/135 有同样的针脚排列。THAT 的 1606 平衡式驱动器在这些器件中很特殊，它不仅具有差分输出，而且还具有差分输入——这使得其可以更为直接地与数模转换器进行连接。

THAT1646 和 1606 采用了与普通的正交耦合输出不同的特殊输出拓扑，它被 THAT 称为“OutSmarts”（另一个注册商标）。OutSmarts 的问世基于克里斯• 史特森（Chris Strahm）的研究。Strahm 最先将真正差分运算放大器当作线路驱动放大器，利用共模反馈环路来提升共模输出阻抗，产生了与输出变压器相仿的“浮动”特性。加里• 赫伯特（Gary Herbert）发现，普通的正交耦合输出和 Strahm 电路在一个输出端被短路到地以适应单端负载时会损失共模反馈，同时有源输出被驱动至削波状态。这便使大的信号电流流入到地，加大了串音和失真。Hebert 电路通过采用共模反馈环路来避免这一问题发生，即便削波使差分通路不起作用了，但电路仍保持工作。有关 THAT1646 的应用电路将在 16.3.7.7 部分中说明。

16.3.7.4 平衡式线路输入应用电路

由 Analog Devices，Texas Instruments 和 THAT Corporation 提供的普通平衡式线路接收器从本质上讲与图 16.66 所示的 THAT1240 相当。不同厂家的产品所表现出的一些不同体现在 R_1 ～ R_4 的数值上，这将影响输入阻抗和噪声。R_1/R_3 与 R_2/R_4 的比值建立起针对 $R_1 = R_3$ 和 $R_2 = R_4$ 的增益。V_{out} 通常连接到感应输入电阻上，且参考基准针脚接地。

线路接收器一般要么是工作在单位增益（使用 SSM2141，INA134，THAT1240，THAT1250 器件时引发的增益）的情况下，要么是工作在衰减（使用 SSM2143，INA137，THAT1243，THAT1246 等器件时引发的衰减）的情况下。当理想的平衡信号（每个输入线路摆幅为 1/2 差分电压）通过单位增益接收器从差分形式转换成单端形式时，输出的摆幅必须为任一输入线路电压的两倍才能得到 +6dB 的净电压增益。由于通过双极 15V 电源供电的线路接收器只能有 +21dBu 的输出电压可以使用，所以常常需要额外的衰减来提供动态余量，以便适应 +24dBu 或更高的专业声频信号电平。在 SSM2143，INA137 和 THAT1246 中，R_1/R_2 和 R_3/R_4 的比值为 2 : 1，以提供 6dB 的衰减。这些器件适合高达 +27dBu 的输入，同时不会在双极 15V 电源供电工作时出现输出削波。THAT1243 和 THAT 的其他 ±3dB 器件（1253，1283 和 1293）具有独特的 0.707 衰减。这可以让线路接收器适合 +24dBu 的输入，避免了使噪声提高的附加衰减。图 16.67 所示的是 −3dB 线路接收器 THAT1243。

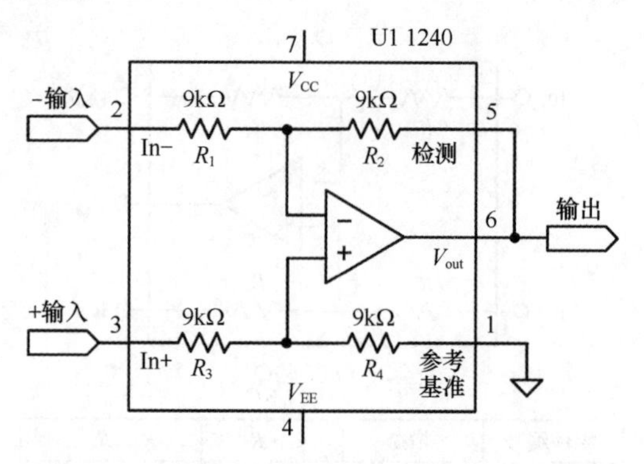

图 16.66 0dB 增益的 THAT1240（THAT 公司授权使用）

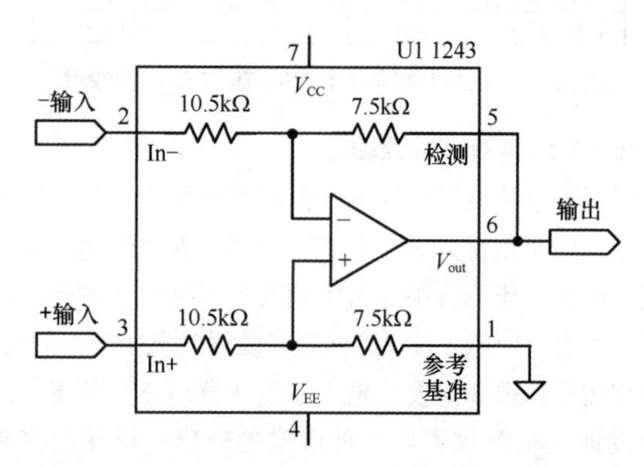

图 16.67 有 3dB 衰减的 THAT1243（THAT 公司授权使用）

±6dB 器件（以及来自 THAT 的 ±3dB 器件）可以被配置成取代衰减形式的增益形式。为了实现这一点，基准参考和检测针脚被用作输入，In– 针脚连接到 V_{out}，In+ 针脚连接到地。图 16.68 所示的就是 6dB 增益的 THA1246。

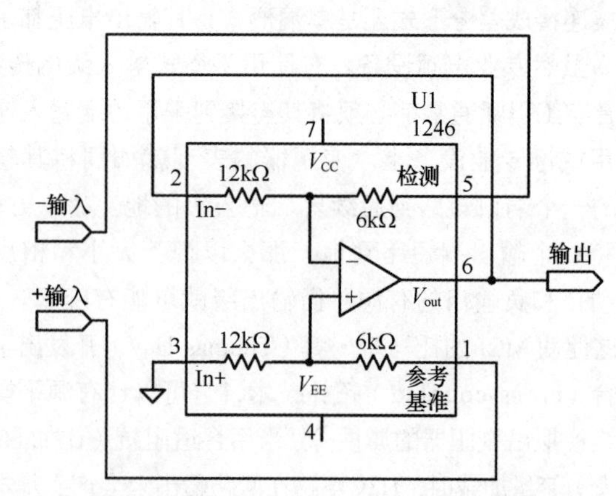

图 16.68 有 6dB 增益的 THAT1246（THAT 公司授权使用）

平衡式线路接收器还可以用来提供用于 M/S 或 M-S 拾音制式编码 / 解码，以及需要精确差分放大器普通应用的和 - 差网络。这样的应用利用了通过单片，激光校准电阻器尽可能实现的电阻比值准确匹配的优点。实际上，虽然这些器件通常是作为输入级使用，但是它们也被应用于需要准确电阻比值的许多电路当中。许多产品宣传中所说的典型 90dB 共模抑制都要在比值匹配精度误差在 0.005% 之内的条件下才能实现。

任何外接于线路接收器输入的电阻都表现为与高度匹配的内部电阻相串联。基本的线路接收器连接到图 16.69 所示的不平衡电路上。即便是稍许的不平衡（插接件氧化或接触不良可以产生多达 10Ω 的电阻变化）也可能会使共模抑制性能下降。图 16.70 对低共模阻抗线路接收器与变压器的 CMR 下降进行了比较。

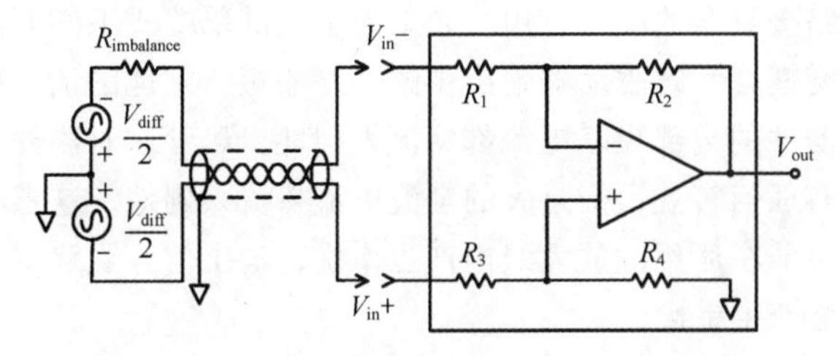

图 16.69 存在不平衡的平衡电路（THAT 公司授权使用）

因阻抗不平衡引发的共模抑制性能下降源于简单线路接收器的相对低阻负载与外部阻抗的不平衡连接。因为嗡声和噪声表现为共模形式（因在两个输入端为相同的信号），共模输入阻抗表现的共模负载通常是误差的主要来源（差模输入阻抗被视为差分信号的负载；共模输入阻抗被视为共模信号的负载）。为了减小阻抗不平衡的影响，共模输入阻抗（不是差模输入阻抗）必须非常高。

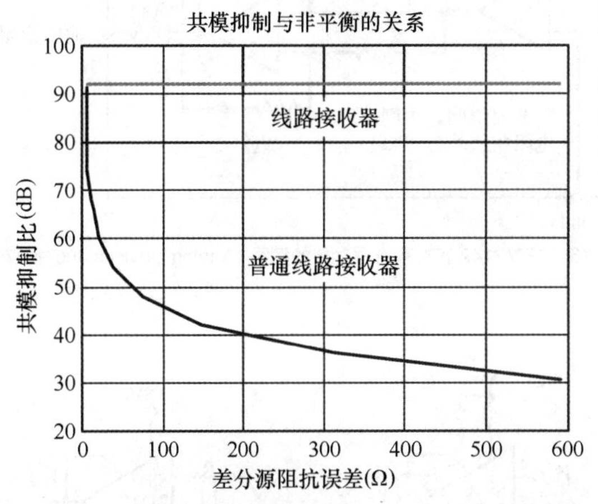

图 16.70 CMR 非平衡与信号源的关系（THAT 公司授权使用）

16.3.7.5 具有变压器共模特性的平衡式线路接收机

变压器输入级相对于有源输入级而言的一个主要优点是：不论其差模输入阻抗如何，它的共模输入阻抗都极高。这是因为变压器提供的是浮地连接，与地不存在任何形式的连接。而有源级的共模输入阻抗，尤其是那些利用简单的 SSM2141 型 IC 做成的有源级的共模输入阻抗基本上与差模输入阻抗相同（应注意的是，对于这样的简单差分级，共模输入和差模输入阻抗并不总是一样的）。由于运算放大器输入偏置电流，所以它难以在这样的简单级实现非常高的阻抗。更严重的问题是，这些噪声是按照所选用阻抗的平方根的规律增加的，所以大的输入阻抗一定会导致更高的噪声电平。

噪声和运算放大器的要求使得设计者选用相对低的阻抗（10 ~ 25kΩ）。不幸的是，这意味着这些级同样也具有相对低的共模输入阻抗（20 ~ 50kΩ）。这与驱动级的共模输出阻抗（也是相对地而言的）和加长线缆（或插接件）电阻相互作用。如果驱动器、线缆（或插接件）具有不相等的非零共模输出阻抗，那么输入级负载将破坏任何共模信号的自然平衡，使信号的共模平衡转变为差模平衡。不论输入级电阻如何精确都将抑制共模信号到差模信号的转换。这可能会破坏简单输入级中精确匹配电阻器所带来的出色性能。

图 16.71 所示的测量放大器电路可以用来提高共模输入阻抗。输入电阻 R_{i1} 和 R_{i2} 必须要为缓冲放大器 OA_1 和 OA_2 供电的电源偏置电流提供返回通路。R_{i1} 和 R_{i2} 可以做得很大（MΩ 数量级），以便将阻抗不平衡的影响降至最小。虽然可以利用这一技术来使线路接收器具有非常高的共模输入阻抗，但是要取得这样的效果需要专门的运算放大器及其偏置电流补偿或 FET 输入级。另外，除了基本的差分级（OA_3）之外，它还需要两个或更多的运算放大器。

结合附加的电路，利用改良的基本测量放大器电路可以取得更高的性能。Jensen Transformers 公司的比尔• 怀特洛克（Bill Whitlock）开发了一项专利技术 —— 为了进一步提高共模输入阻抗，而在测量放大器中采用的一种自举方法[36]。THAT 在其输入级 IC 的 InGenius 系列产品中采用了这一技术。

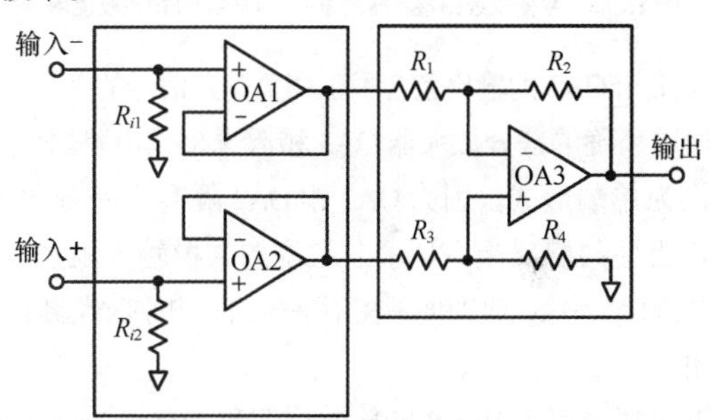

图 16.71 测量放大器电路（THAT 公司授权使用）

16.3.7.6 InGenius线路接收器IC

图 16.72 所示的是单端连接中交流自举电路后面电路工作的基本原理。通过将输入的交流成分馈送至 R_a 和 R_b 的节点，R_a 的有效值（在交流时）可能表现得相当大。输入阻抗的直流数值（忽略并联的 R_s）为 $R_a + R_b$。虽然因自举的原因，R_a 和 R_b 可以表现为相对小一些的数值，以提供运算放大器偏置电流，但是 R_s（Z_{in}）上的交流负载可能表现为相对实际 R_a 数值而言极高的数值。

图 16.73 所示的是采用 THAT1200 构成的 InGenius 平衡式线路接收器的电路图（所有运算放大器和电阻都处于 IC 内部）。R_5 ~ R_9 提供直流偏置给内部的运算放大器 OA_1 和 OA_2。运算放大器 OA_4，结合 R_{10} 和 R_{11} 提取出输入端的共模成分，并通过 C_b 将交流共模成分馈送回 R_7 和 R_8 的节点。因为这种正反馈，R_7 和 R_8（在交流时）的有效值被倍增至 MΩ 的数量级。在 THAT1200 系列 IC 的技术数据表中，THAT 称 C_b 应至少为 10μf，以便将 50Hz 时的共模输入阻

抗（Z_{inCM}）至少维持在1MΩ。更大的电容可以将低频输电线路时的Z_{inCM}提高至IC的实用上限——10MΩ。这一上限是由内部放大器的增益精度决定的。

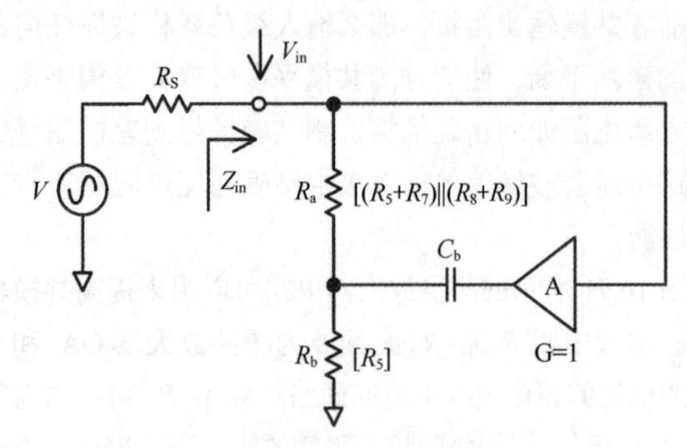

图 16.72　单端自举放大器（THAT公司授权使用）

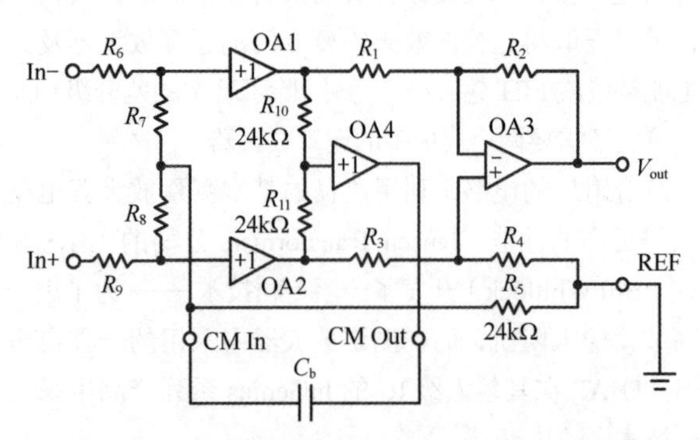

图 16.73　平衡式线路接收器的电路（THAT公司授权使用）

OA1和OA2的输出包含了正和负输入信号的副本。这些信号通过精确的差分放大器OA3和激光校准电阻器R_1～R_4被转换为单端形式。因为OA1和OA2隔离了差分放大器，并且正极性共模反馈保证了非常高的共模输入阻抗，所以THAT1200系列输入级即便是在不平衡的高电平时也具有90dB的CMR。

工程师采用了Bill Whitlock公司和Jensen Transformers公司的技术，制造出了与近似理想条件下工作的变压器性能差不多的有源输入级。

图16.74示出了InGenius线路接收器的基本应用电路。

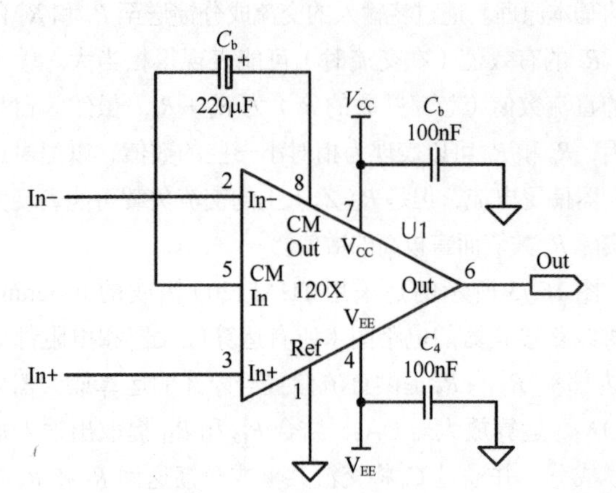

图 16.74　InGenius线路接收器的基本应用电路（THAT公司授权使用）

16.3.7.7　平衡式线路驱动器

Analog Devices SSM2142和Texas Instruments DRV系列平衡线路驱动器采用正交耦合方法来模拟变压器的浮地连接，并且在单端（接地式）端口和完全平衡负载上提供恒定的电平。图16.75所示的是SSM2142正交耦合线路驱动器的框图。驱动线路和检测线路一般是直接连接到每个输出上或者通过小的电解耦合电容器进行连接的。图16.76所示的是SSM2142驱动器驱动SSM2141（或者SSM2143）线路接收器的典型应用。如果为了提供单端式工作而将正交耦合线路驱动器输出中的一路输短路到地的话，那么器件的全部短路电流都将流入到地。尽管这对器件并没有任何害处，但是大的削波电流将流入到地，这意味着可能在所用的放大级内产生串扰，输出信号线路本身也会产生串扰。

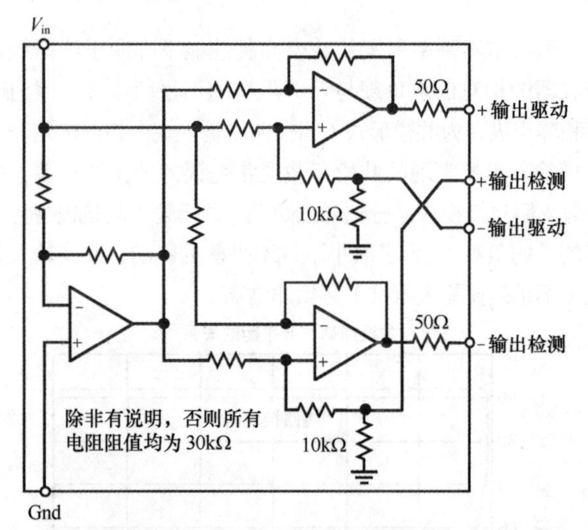

图 16.75　SSM2142正交耦合驱动器的框图（Analog Devices, Inc. 授权使用）

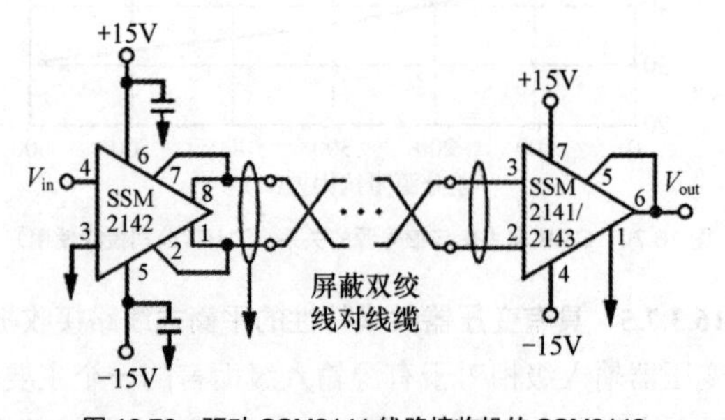

图 16.76　驱动SSM2141线路接收机的SSM2142
（Analog Devices，Inc. 授权使用）

THAT被授权使用由Audio Teknology Incorporated的Chris Strahm研发的专利技术。1990年12月公布的U.S.专利4，979，218描述了通过电流反馈系统来模拟浮地变压器输出的平衡式线路驱动器，其中反馈系统中来自从每一输出端的电流是相等的，并且相对的输出是反相的[35]。THAT为这一技术注册商标“OutSmarts”，并且将其引入到与SSM2142有同样的针脚分配和功能的THAT1646线路驱动器当中。THAT还提供了1646版本的产品，这就是人们所熟知的具有差分输入的THAT1606。图16.77所示的是THAT1646的原理框图。

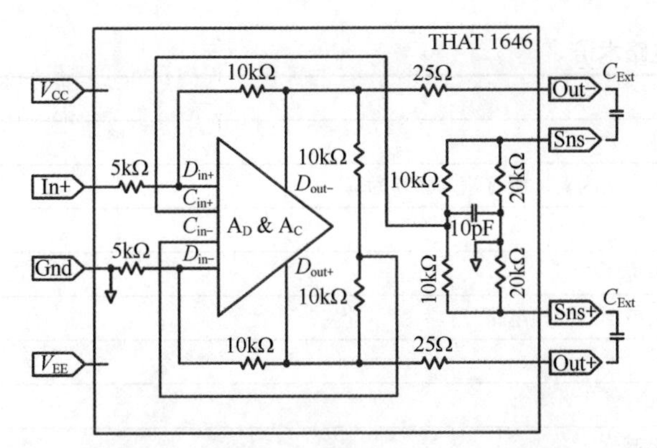

图 16.77 THAT 1646 原理框图（THAT 公司授权使用）

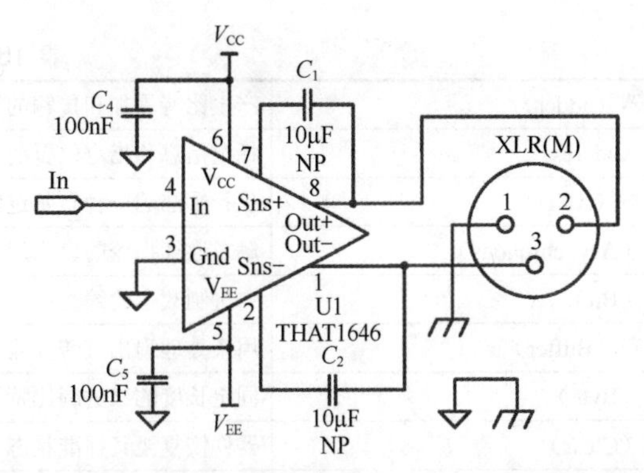

图 16.79 THAT 1646 CMR 减小偏移电路（THAT 公司授权使用）

THAT1646 OutSmarts 内部电路与其他制造商所提供的电路不同。输出 D_{out}− 和 D_{out}+ 电源电流流经 25Ω 的电阻。来自这些电阻端的反馈返回到两个内部共模反馈通路中。匹配电阻的驱动端通过检测 − 和检测 + 脚被反馈到共模 C_{in}− 输入以及匹配电阻的负载端，产生到 C_{in}+ 输入的反馈。电流反馈桥式电路允许驱动短路到地的输出，也允许驱动所连接的单端负载。输出短路将增益提高了 6dB，类似于普通的正交耦合拓扑。然而，这样不产生共模反馈环路的损耗。最终的电流反馈阻止了大的削波电流流入到地。这便减小了由这些电流引起的串音和失真。

图 16.78 所示的是 THAT1646 的典型应用电路。

为了减小共模直流的偏差量，推荐使用图 16.79 所示的电路。主信号通路之外的电容器 C_1 和 C_2 使共模直流增益最小化，降低了共模输出偏差电压和低频时 OutSmarts 的影响。ADI 和 TI 部件使用了起同样作用的类似电容器。

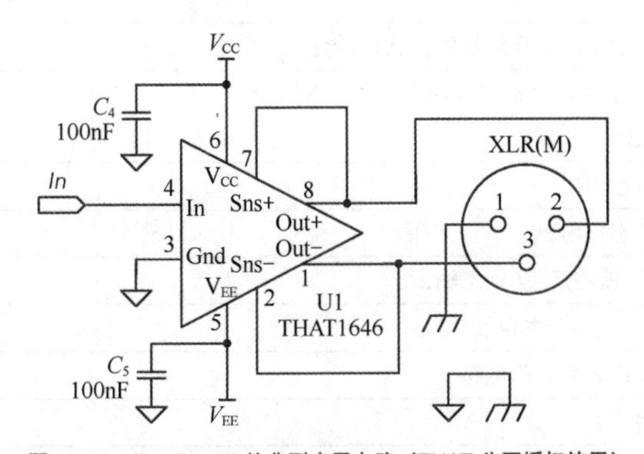

图 16.78 THAT 1646 的典型应用电路（THAT 公司授权使用）

THAT OutSmarts 规格的 1606 提供了更便于连接到数模转换器输出上的差分输入。图 16.80 所示的是 THAT1606 的典型应用。1606 的另一个优点就是它只需要一个低值电容器（典型情况是薄膜型），而不是像 THAT1646、SSM2142 或 DRV134 那样要使用两个数值较大的电容。

有源平衡式线路驱动器和接收器与变压器相比有许多优点，其成本更低，重量更轻，失真更小，并且具有更宽的带宽和无磁拾取的特点。如果被使用正确的话，有源器件可以实现同样的功能，甚至在许多方面还会比变压器更好，可以取代变压器。只要从几家 IC 制造商的产品中认真选择现代构架的 IC 器件，就很容易获得理想出色的性能。

16.3.8 数字集成电路

数字 IC 产生的输出要么是 0，要么是 1。对于数字电路而言，当输入达到预定电平时，输出切换极性。相对而言，这使得数字电路对噪声具有更高的免疫力。

双极性技术的特点是通过非常快的传导时间和大的功耗来体现的，而 MOS 技术则具有相对慢的传导时间，低的功耗和高的电路密度。图 16.81 所示的是大部分双极性逻辑家族产品的典型电路和特点。表 16-4 给出了数字电路和数字 IC 中常用的术语。

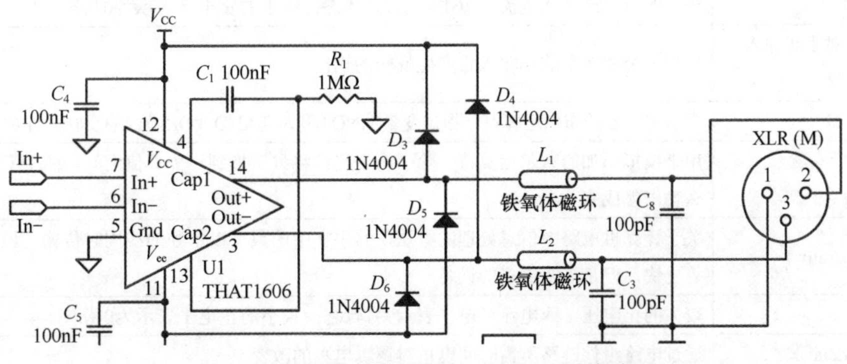

图 16.80 THAT 1606 的典型应用（THAT 公司授权使用）

表16-4 数字电路术语

术语	说明
加法器（adder）	产生比特累加和传输的开关电路
寻址（address）	指定信息和指令位置的一种代码
逻辑与（AND）	执行乘法的一种布尔逻辑运算。为了输出为真，所有输入必须为真
异步（Asynchronous）	触发连续指令的自由运行切换开关
比特（Bit）	二进制数字的缩写；二进制信息的单位
缓冲器（Buffer）	用来处理扇出或转换输入电平和输出电平的同相电路
字节（Byte）	固定长度的二进制比特型（字）
清零（Clear）	器件恢复至其标准状态
时钟（Clock）	用来控制开关和存储电路的脉冲发生器
时钟速率（Clock rate）	时钟工作时的频率（速度）。这通常是计算机的主频速度
计数器（Counter）	具有改变指定序列或输入信号数字状态能力的器件
二进制计数器（Counter，binary）	单输入触发器。只要脉冲出现在输入，触发器就改变状态（称为T型触发器）
环型计数器（Counter，ring）	互连触发器连接成的环路或电路，以便它在任意指定时刻只有一个触发器开启。当接收到输入信号时，开启状态的位置顺次从一个触发器移至环路中的另一个触发器
扇入（Fan-in）	输入的数字可用来打开一个门
扇出（Fan-out）	指定门可以驱动的门的数量。该术语仅在指定的逻辑家族内使用
触发器（Flip-flop）	具有两个稳定状态且能够以一种特定的方式将应用的信号从一种状态变到另一种状态的电路
D触发器（Flip-flop，D）	D代表延时。触发器的输出是此前出现的一个脉冲的函数，也就是说，如果1出现在其输入上，那么输出将是滞后的1脉冲
JK触发器（Flip-flop，JK）	具有两个指定输入J和K的触发器。在时钟脉冲的作用下，J输入上为1，将设定触发器为1或开启状态；K输入上为1，将触发器重置为0或关闭状态；而当两个输入上同时为1将导致触发器的状态翻转，而不管触发器处在何种状态
RS触发器（Flip-flop，RS）	具有两个指定输入R和S的触发器。在时钟脉冲的作用下，S输入上为1，将设定触发器为1或开启状态；R输入上为1，将触发器重置为0或关闭状态。这里假设两个输入上决不会同时为1
R，S，T触发器（Flip-flop，R，S，T）	具有R，S和T3个输入的触发器。R和S输入产生如上面R、S触发器所描述的状态；T 输入引发触发器改变状态
T触发器（Flip-flop，T）	仅有一个输入的触发器。出现在输入上的脉冲将导致触发器状态改变
门（Gate）	拥有两个或多个输入，一个输出的一种电路，且输出取决于输入上逻辑信号的组合。有4种门：与、或、与非和或非门。下面的定义假定采用正逻辑
与门（Gate，AND）	所有输入必须为1状态信号才能产生0状态输出
与非门（Gate，NAND ）	所有输入必须为1状态信号才能产生1状态输出
或非门（Gate，NOR）	任何一个或多个输入为1状态信号的话，就将产生0状态输出
或门（Gate，OR）	任何一个或多个输入为1状态信号的话，就将产生1状态输出
倒相器（Inverter）	输出始终与输入的逻辑状态相反。也被称之为非门电路
存储器（Memory）	信息可以被插入并保持下来供日后使用
与非门（NAND gate）（对于正输入，D =ABC）	所有输入同时为正状态，才能产生反转的输入
负逻辑（Negative logic）	较大的负电压（或电流）电平表示为1状态；较小的负电平表示为0状态
或非门（NOR gate）（对于正输入，D =A + B + C）	出现一个或多个的正输入将产生反转的输出
非（NOT）	表示逻辑非的布尔运算符。指定变量的NOT将为其AND或OR函数的反转。针对一个变量的开关函数
或（OR）	用来模拟相加的布尔运算符（除了两个真值将只累加到一个真值上）。两个变量，只要一个成立，那么输出就成立
并行运算符（Parallel operator）	关于计算机电路中信息处理的方法，其中字中的数字以单独的线同时传输。虽然这种方法要比串行运算更快，但是需要更多的设备
正逻辑（Positive logic）	较大的正电压（或电流）电平表示为1状态；较小的正电平表示为0状态
传输延时（Propagation delay）	通过电路组件链路所需时间度量对逻辑电平的改变

续表

脉冲（Pulse）	一些具有有限持续时间和幅度的电压或电流的变化。持续时间被称为脉冲宽度或脉冲长度；变化的幅度被称为脉冲幅度或脉冲高度
寄存器（Register）	计算机电路中用来存储一定数量数字（通常为一个字）的器件。有些寄存器还可能具有移位、循环或其他运算的功能
上升时间（Rise time）	对电路的输出从低电平（0）变化到高电平（1）所需时间的度量
串行运算（Serial operation）	计算机电路中信息处理的一种方法，其中字的数字沿着一条线逐次传输。尽管它要比并行运算慢一些，但是其电路要简单得多
移位寄存器（Shift register）	在数字器件家族中利用触发器来执行将一组数字向左或向右位移或移动一个或多个位置的一类器件。如果数字是用数值来表示的，那么移位就相当于该数字乘以底数的幂
偏斜（Skew）	任意两个信号间的延时或时间偏差
同步时基（Synchronous timing）	通过时钟脉冲发生器来切换网络的操作。虽然它比异步时基更慢且更关键，但是所用的电路要更少、更简单
字（Word）	在计算机中被视为一个整体的比特集合

符号	电路图	速度 *	功率 *	扇出 *	噪声免疫力 *	商品名	备注
DCTL	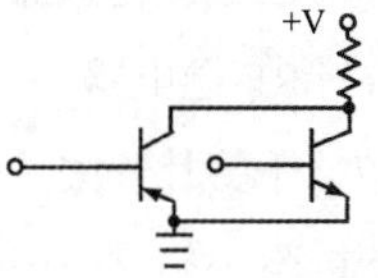	中等	中等	低	低	Series 53	输入特性的变化导致基极电流发生“扭曲”问题。并不能保证始终正确工作。因低的工作和信号电压的缘故，对噪声较为敏感。
RTL	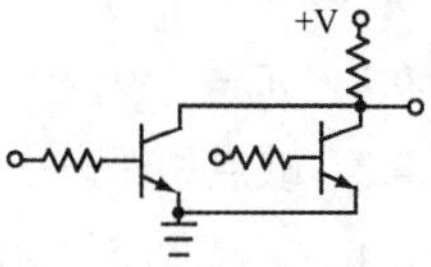	低	低	低	低	RTL	与 DCTL 非常类似。电阻器解决了电流“扭曲”问题，同时降低了功耗。然而，工作速度下降了。
RCTI	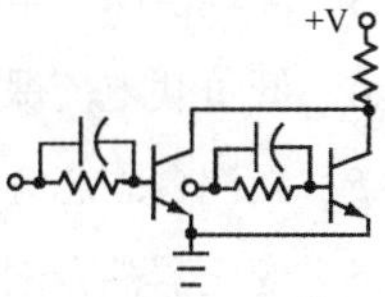	低	低	低	低	Series 51	虽然电容可以提高速度能力，但是噪声免疫力受到噪声信号的容性耦合的影响。
DTL	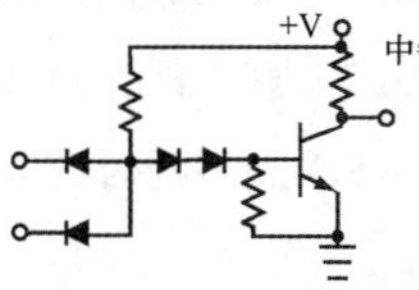	中等	中等	中等	中等 - 高	930 DTL	提升电阻器和电荷控制技术的采用改善了速度性能。这一电路的许多变种都具有各自持有的优点。
TTL	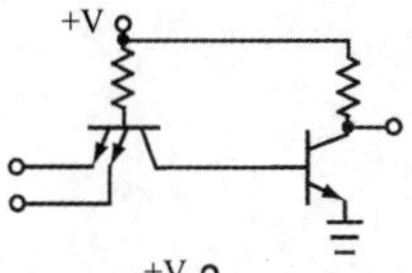	高	中等	中等	中等 - 高	SUHL series 54/7	与DCTL非常类似。输入的寄生电容较低。对于现有的许多变种，这已经变得很普遍了。
CML (ECL)	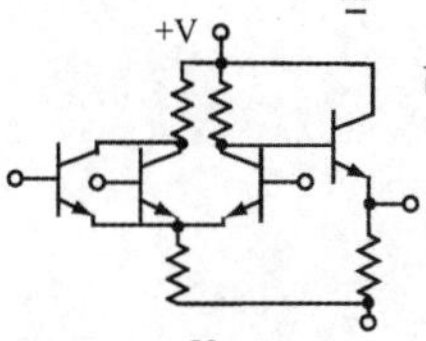	高	高	高	中等 - 高	MECL ECCSL	类似于差分放大器，参考电压设定了门限电压。高速、高扇出工作可能伴随着高功耗。它也被称为发射极耦合逻辑(ECL)。
CTL	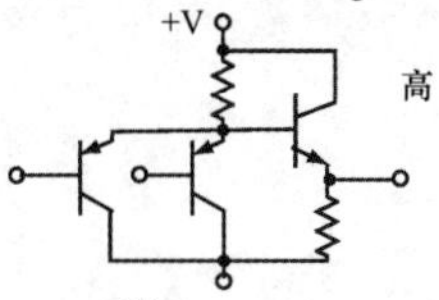	高	高	中等	中等	CTML	较复杂的制造工艺导致其要在有源器件特性和较高的成本间作出折中。
I^2L	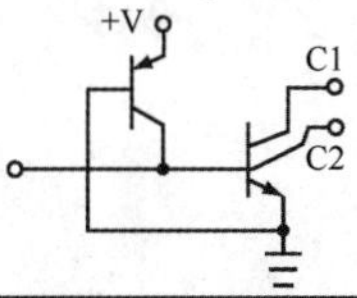	高	低	高	中等	I^2L	提供出最小和密度最高的双极性门。相对于MOS而言，其制造工艺更简单，元件封装密度更高。它也被称为混合型晶体管逻辑(MTL)。

*	速度	功率	扇出	噪声免疫力
低=	＜5MHz	＜5mW	＜5	＜300mV
中等=	5～15MHz	5～15mW	5～15	300～500mV
高=	＞15MHz	＞15mW	＞10	＞500mV

图 16.81　大规模集成电路中的典型数字电路及其特性（摘自参考文献 4）

第17章

热沉和继电器

Glen Ballou 编写

17.1 热沉

17.1.1 当今声频系统的热量控制 *

像所有由较小器件供电的电子系统一样，当今的声频系统也被封装成会产生较多热量的较小系统。我们必须深入了解并掌握对这一增加热量进行管控的最新技术，以便用有效的方法来进行温度控制。我们首先要了解热传递的 3 种方法 —— 对流、热传导和辐射，以及这 3 种热传递方法应用于安装热沉的声频系统中所产生的温度控制作用。

17.1.1.1 对流

对流是指由固体表面向周围气体传输热量，在典型的声频系统中，“周围气体”就是空气。这种热传递方法生效的前提是一定面积的翼片与周围的空气相接触，以便翼片可以加热周围的空气，并让气体流动起来，为了让这一过程重复进行，要在翼片周围留有空间。利用风扇提供的更多能量可以让这一过程比只靠受热空气产生自然升力进而产生气流的过程更快。

自然的对流是指在没有外部风扇时，热传输以非常低的气流速度进行。对于自然对流不顺畅的情况，气流速率可低至每分钟 35 直线英尺（linear feet per minute，lfm），而对于顺畅的垂直自然对流，该速率可达 75lfm。自然对流绝对不能是零气流流速，因为如果空气不流动就不会产生热传导。闭合蜂巢型塑料泡沫隔离相当于隔离体，因为闭合蜂巢结构阻止空气的流动。

当系统风扇使热沉翼片周围的空气以一定速度流动时，便会发生强制对流。风扇可以物理连接到热沉对流翼片表面区域，以提高翼片表面上方的空气流速。这便产生冲击流 —— 风扇将气流由翼片的顶部向下吹，同时产生气流 —— 风扇产生的风从翼片的侧面吹过。

强制热对流系统一般都要比对应的自然对流系统明显小很多（小 50% 或更多）。较小尺寸所带来的不利结果就是要加大工作风扇的功率，这便增加故障概率，提高了成本和来自风扇的噪声。当声频系统使用风扇时，风扇噪声或许是要考虑的最重要因素。

17.1.1.2 热传导

热传导就是将热量从一个固体传输到相邻的另一个固体上。热传导的量和热梯度取决于表面封装（平坦度和粗糙度）和连接系统所产生的界面压力。所产生的这种机械力是由螺丝、弹簧和快装组件等实现的。热传导界面的热效率是以℃为单位的合成温度梯度来度量的。这可以通过安装压力下的界面热阻乘以移过连接处的能量瓦数再除以截面积计算得出。对于小型封装中的大功率器件而言，这些温度梯度最值得关注 —— 在实际效果上，除数小于 1.0 就成为倍增器。好的散热解决方案中的连接系统产生的压力在 25 ～ 50psi。表 17-1 对大部分常见的界面材料与干性连接的散热性能进行了比较，从中我们将更为清晰地理解“决不接受指定或缺省的无作用干性连接”的观点。

表 17-1　常见界面材料的热性能

界面材料	热性能范围	注释
单位：˚C in²/W		
干结合面	3.0～12.0	应用的不确定性太多
		热梯度太大
填隙料	0.4～4.0	所需要的厚度最小
		弹性机械负载
电气绝缘材料	0.2～1.5	机械负载最大
高性能垫片	0.09～0.35	厚度最小
		机械负载最大
相变垫	0.02～0.14	必须符合应用方法
		弹性机械负载
低性能润滑剂	0.04～0.16	屏蔽应用
		弹性机械负载
高性能润滑剂	0.009～0.04	必须屏蔽应用
		弹性机械负载
		高负载（> 50 psi）是最佳

热传导的主要驱动力来自界面处传导 ΔT 损耗修正的 $T_{maxcase}$ 与 $T_{maxambient}$ 的温差，以及与任何特殊的热点偏差和扩散损耗。如果热沉安装在扩散热点上方，那么这些持续的传导损耗并没有想象得那么大。在考虑极为不同寻常的安排（比如典型 LED 这样的大功率紧密安装负载）时，它们确实是唯一重要的因素。

17.1.1.3 辐射

对于声频系统热沉而言，辐射是第 3 种且是最不重要的一种热转换方法。辐射热转换的最大值为自然对流应用效果的 20% ～ 25%，同时在 200 lfm 之后的应用效果可以忽略不计。辐射是彼此相对的热侧和周围较凉表面间绝对温差的 4 次方以及各自辐射率的函数。在我们生活的现实世界中，这还没有足以重要到让我们尽力去了解和优化它们的工作。

一般都采用成本不低的氧化处理挤压成型铝热沉，使之呈深色，导热率达到 0.95(无量纲)。典型的铝表面在加工后不到 1 秒的时间里便形成一层氧化膜，这层膜的导热率约为 0.30 ～ 0.40。通常，这样做的优点之一是无成本，以至于我们的忠告就只有“别去管辐射影响了”。总之，我们可以利用 3 种热传导方法来产生想要的冷却效果，以此对声频系统中典型的电子组件进行散热。

17.1.1.4 总结

对流通常是最重要的散热方法，其效果取决于翼片表面区域与周围空气直接接触是否充分以及对边界薄膜隔离

* 17.1.1-17.1.2部分由Henry Villaume，Villaume Associates，LLC提供相关信息

效果最小化的设计。允许空气自由流动的空气动力学形状和足够的开放间距是设计的关键。传导是热传导链路中的第一步，即将热量从器件上转移到热沉上，然后再通过热沉将热量转移到产生对流的翼片表面。有些热沉需要使用传导强化手段，比如用热管来保持传导温度梯度至足够低的数值，以便使对流在不超出应用温度限制的前提下完成热交换。

辐射始终是次要的散热手段，虽然在自然对流环境下其效果还较明显，但是控制起来成本并不低。

17.1.2 使事情更容易的新技术

如今，热学设计人员使用的技术、材料和制造工艺让人印象深刻。使用这些先进的技术、材料和制造工艺的主要目的就是要提高复合传热系统的有效密度。从技术上讲，我们针对给定的应用来提高所提出的热学解决方案的体积效率。通俗地讲，这就是要求热沉的体积更小，以便其更容易被安装到不断缩小的产品封装上。较小的热沉会降低导热扩散阻，因此传导的温度梯度也就会较小。这部分的阐述内容的前提是，假设我们已经有了一个针对基准热沉的对流解决定义。基准热沉是用挤压成型铝合金（6063-T5）加工而成的。下文的文字描述是针对技术、材料或制造工艺展开的，并且给出了可将这些技术、材料或制造工艺应用于现有解决方案当中，并在身边的声频系统中快速起效的体积比或体积比值范围。低于1.0的比值表明热沉体积下降。

散热解决方案是应用边界技术指标与成本合理的技术/材料/制造工艺的不断平衡过程，这一平衡要持续确定出一个系统折中解决方案为止[1]。例如，虽然市场已经指明仅有自然对流解决方案是可行的，但是这时的热沉还是太大了。一种解决的方法可能需要 $T_{maxambient}$ 降低5℃，这时热沉可通过铜、C110焊接在一起加工而成。这样可将热沉的尺寸降低25%～35%。由此所带的不利结果就是重量增加了2～3倍，单元的制造成本约增加3～4倍。有些专门的软件系统[2]可以快速确定这些折中因素，允许实时进行折中，即便在与市场部门进行设计沟通时也可以进行这种折中处理。

表17-2总结了结合了新技术、新材料和新制造工艺的正确应用散热解决方案。挤压成型热沉的翼片厚度较厚，要比散热要求得更厚。它们之所以厚一些是为了适应冲模的强度要求，在挤压过程中接近铝的熔点。

结合翼片和折叠翼片的热沉设计以薄钢板作为翼片材料，以便可以根据传输热负载的需要来优化体积，而不用顾及冲压处理的机械要求。因此，在不用对开放翼片间距折中考虑的前提下，这些热沉可以有大量的翼片，使对流有更大的体积效率。这些薄金属翼片既可以采用热环氧粘接剂，也可以用焊接剂连接到热沉基座上。由于这种连接表现出的热阻只近似为热沉总热阻的3%，所以结合方式的选择始终都不重要。

空气流动控制是实现任何散热解决方案的对流热交换目标时最重要的参量。障板、保护罩和风扇尺寸对于实施散热解决方案的大部分对流热交换都非常重要。几个月前（译者注：指从编写本书的时间算起），我们正在开展声频放

表17-2 结合新技术、新材料和新制造工艺的散热解决方案

技术/材料/制造工艺	名称	体积比范围	成本范围	注释
M	铜C110	0.8	3.5×	对于传导受限应用而言，体积比甚至更低。重量几乎是3倍（3×）
MF	模型塑料导电介质弹性	0.97（<200 LFM） 1.03（>200 LFM） 1.07（>500 LFM）	如果不是标准的，则在开模之后为0.5～0.7	减小了重量和封装[3] 混合式-基于模型的金属翼片
TM	基础安装热管[3]	1根热管0.79 2根热管0.73	1.5～2.0	铝基
TM	基础安装热管[3]	1根热管0.71 2根热管0.66	4.0～4.5	铜基
TM	基础安装气室[3]	0.69 Al 0.58 Cu	2.5 Al 4.8 Cu	取得最佳散热
M	石墨	0.72	6～8×	相对脆弱 重量减小35%
TM	固态热管（TPG）[4]	0.75	3.6 Al 5.4 Cu	消除耗尽作为是一种失败模式
FM	结合翼片和折叠翼片	0.90 Al 0.76 Cu	2× 3.6×	单位体积的对流翼片面积较大，翼片形成了提高性能的断裂边界薄膜层形状

大器方面的工作，其中有两排非常热的元器件。由于两个相对的挤压成型结构形成了一个箱形，所以我们在一端安装了一只风扇，将空气朝向下的斜槽吹，并取得了巨大的成功。由于气流被完全包裹着，没有产生泄漏，由此诞生了声频冷却管。

风扇的出风口与完全覆盖的翼片始终保持一定的间隔（沿着风扇的轴向 0.5 ～ 0.8 in），以迫使空气通过翼片表面上方。这就是所谓的压力通风（plenum）。其作用就是让风扇产生的进口压力到达平衡，从而均衡通过每个翼片开放面的气流。

我们必须认真设计声频系统所使用的风扇，以便形成明确的气流通路，从而使风扇能以最低的速度运转，取得最低的风扇噪声。高速运转的风扇是很吵的。降低噪声所花费的成本非常高，而且几乎得不到非常满意的效果，因此，最好的解决方案就是让风扇产生的噪声最小化。

17.1.3　热沉的工作原理

热沉（Heatsink）用来将热量从器件（通常是半导体结）上散失掉。为了散热，在半导体结与空气之间必须存在温差（ΔT）。正因为如此，热量散失始终都是事后采取的措施。不幸的是，在结与壳体、任何绝缘材料、热沉和空气之间还存在着热阻，如图 17.1 所示。

J（结）　C（机箱）　S（热沉）　A（环境）

TJ　θ_{JC}　TC　θ_{CS}　TS　θ_{SA}　TA

结温度　机箱温度　热沉温度　环境温度

图 17.1　串联的热阻 / 温度电路

17.1.3.1　热阻

在结与空气之间存在的总热阻为其间的各个热阻之和：

$$\Sigma\theta = \theta_{JC} + \theta_{CI} + \theta_{IS} + \theta_{SA} \quad (17\text{-}1)$$

式中，

θ 为热阻，单位为℃ /W；

JC 为结到外壳；

CI 为外壳到绝缘体；

IS 为绝缘体到热沉；

SA 为热沉到空气。

结处的温度可以通过环境的温度、空气与结之间的热阻以及结的热耗散来确定。

$$T_J = T_A + \theta_{JA}P_D \quad (17\text{-}2)$$

式中，

T_A 为空气的温度；

θ_{JA} 为空气到结点处的热阻；

P_D 为功耗。

如果结的温度已知，那么结处的功耗可以由下式确定

$$P_D = \frac{\Delta T}{\Sigma\theta} \quad (17\text{-}3)$$

式中，

ΔT 为 $T_J - T_A$。

17.1.3.2　热沉材料和设计

通常热沉是由铝或铜挤压成型的，并且除了在与发热器件安装的接触面之外均被涂成深色。热沉的尺寸将随所要被辐射出的热量、环境温度和流经元件的最大平均正向电流的变化而变化。图 17.2 示出了几种不同类型热沉的图片。源自一个物体的热流速率

$$Q = \frac{KA\Delta T}{L} \quad (17\text{-}4)$$

式中，

Q 为热流速率；

K 是材料的热导率；

A 为截面积；

ΔT 为温差；

L 为热流的长度。

（a）与二极管和晶体管配合使用的小型热沉。其直径比1美分硬币还小

（b）与大电流整流器配合使用的大型热沉。整流器的螺栓旋入到热沉鱼鳍的中心处

图 17.2　用于二极管和晶体管冷却的传导性热沉

为了达到最佳导热的目的，材料应具有高的导热率和大的横截面。环境温度和材料温度应尽可能保持在低水平，而且热通路应短一些。

热量还可以通过对流和辐射转移出去。当物体表面比周围的空气温度高时，空气的密度降低，同时向上升的空气将热量带走。由物体辐射出的热量（能量）与物体的表面积、温度和辐射率有关。为了取得最佳效果，热沉应该是：

- 具有最大的表面积 / 体积比（因此使用垂直翼片）。
- 采用高导热率材料来制造热沉。
- 所用材料应具有高辐射率（喷涂铝或铜材料）。
- 采用正确的通风和安装位置（应处在其他热辐射体的下方，而不是上方）。
- 功率最小的器件置于较高功率器件的下方，并且所有的器件应尽可能处在热沉的下方。

热沉的总体效率很大程度上取决于要被冷却的器件与热沉表面接触的紧密程度。这两者之间的紧密接触程度是两个表面之间平整一致度和将两者结合在一起的压力的函数。在两个表面之间使用硅油将有助于表面空气缝隙的最小化和接触条件的改善。要被冷却的器件基座与热沉之间使用云母垫圈也将使组合体的热阻增大 0.5℃ /W。因此，建议（只要可能）采用的隔离垫圈将整个热沉与所要安装的机箱隔离。这样可以让固态器件直接安装到热沉表面（没有云母垫圈）上。通过使用这种方法，云母垫圈的热阻就可以回避掉了。

如今，高导热率 / 高电绝缘材料已经被用于晶体管外壳与热沉之间的电气绝缘上了。它们源于硅胶绝缘体、硬涂层阳极化封装铝晶片和高铍含量的晶片形式。图 17.3 所示的是典型的热沉。该热沉的辐射表面为 165 in^2。图 17.4 中的曲线表明了晶体管安装到热沉表面的散热特性。所采用的硅油提高了热传导特性。通过垂直面上的热沉翼片可以得到该曲线，其中的空气流动只有对流形式。图 17.5 所示的是沿着翼片的长边方向的热阻对气流的影响。

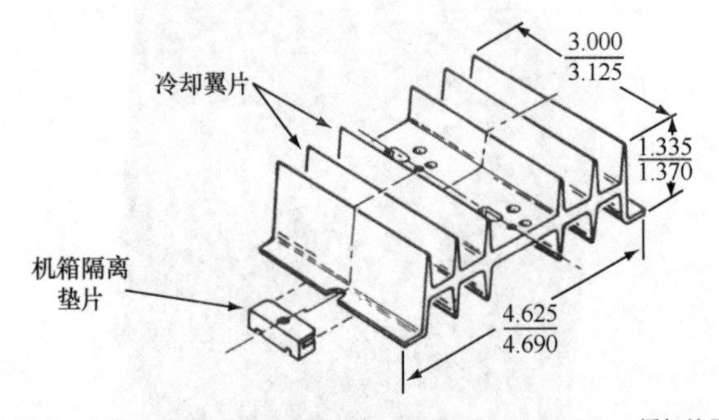

图 17.3 安装两只晶体管的典型的热沉（Delco Electronics Corp 授权使用）

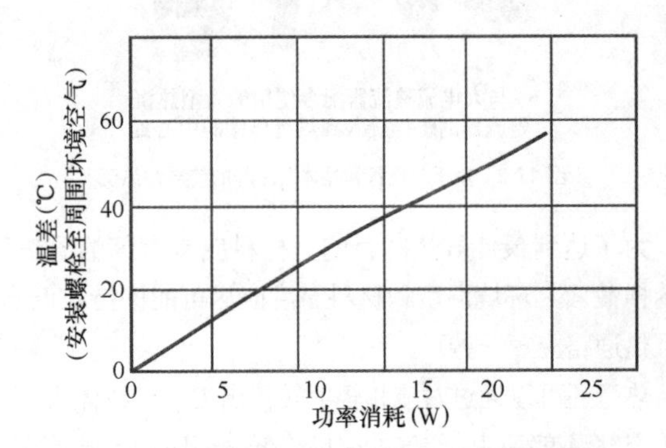

图 17.4 图 17.3 所示热沉用于强制风冷的散热特性曲线（Delco Electronics Corp 授权使用）

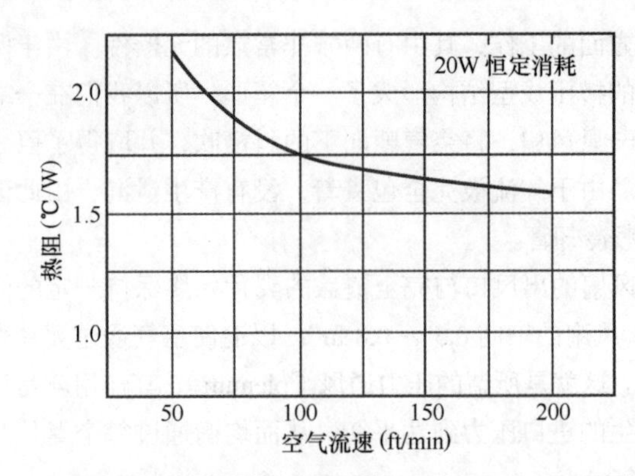

图 17.5 热阻对沿翼片的长边方向气流的影响（Delco Electronics Corp 授权使用）

也可以利用导热的黏合剂。这些黏合剂具有高导热、低收缩特性，并且其热膨胀系数与铜或铝的相当。

冷却翼片或热沉的热容量必须比器件的热容量大，同时在其整个表面区域上具有良好的热传导率。表 17-3 所示的是用于热沉和绝缘器件的表面材料的单位热阻 ρ。

这些材料的热阻 θ 可由下面的公式得出

$$\theta=\frac{\rho t}{A} \tag{17-5}$$

式中，

ρ 是单位热阻；

t 为材料的厚度，单位为 in（英寸）；

A 为面积，单位为 in^2（平方英寸）。

表 17-3 接口材料的特定热阻（℃ in/W）

材料	ρ
静止空气	1200
聚酯薄膜	236
硅脂	204
云母	66
Wakefield型120化合物	56
Wakefield Delta黏合剂152	47
阳极氧化物	5.6
铝	0.19
铜	0.10

Wakefield Engineering公司授权使用

例如，边长为 4in（10cm），厚度为 0.125in（3.2mm）的正方形铜板的 θ 为 0.00078℃ /W，而 0.003in（0.076mm）厚，直径为 1in（25.4mm）的云母绝缘体的 θ 为 0.25℃ /W。如果半导体的功耗为 100W，那么在整个铜板上产生的温降为 0.07℃（0.13 ℉），在云母垫片上温降为 25℃（45 ℉）。在更换旧型号设备的晶体管时，最好用新型的绝缘件来替换云母绝缘件。

在选择热沉材料时，必须要考虑材料的导热率。它决定了消除热梯度和最终辐射率减小所要求的厚度。铝翼片必须比与之相当的铜翼片厚 2 倍，而钢的厚度必须是铜厚度的 8 倍。

除了最小的低电流固态器件之外，大部分器件必须使用热沉，热沉既可以是内置的，也可以是外置的。

由于安装热沉的空间一般都是有限的，所以平坦的铝质散热板许可的最小表面积可以由下式计算得出。

$$A = 133\frac{W}{\Delta T}\text{in}^2 \quad (17\text{-}6)$$

式中，

W 为器件的功耗；

ΔT 为环境与壳体间的温差，单位为℃。

器件产生的近似功耗可以由负载电流和其两端产生的压降计算得出。

$$W = I_L V_D \quad (17\text{-}7)$$

式中，

I_L 为负载电流；

V_D 为器件两端的压降。

对于双向可控硅，V_D 约为 1.5V；对于 SCR，该值约为 0.7V。而对于晶体管，该值可能为 0.7 ～ 100V 以上。

下面的例子就是如何确定平坦铝热沉所需要的最小表面积问题，它是要在环境温度为 25℃（77 ℉）且双向可控硅两端压降为 1.5V 的条件下，保持双向可控硅的壳体温度在 75℃（167 ℉），同时还要保证双向可控硅提供出 15A 的负载电流。

$$\begin{aligned}\Delta T &= T_{\text{case}} - T_{\text{ambient}}\\ &= 75℃ - 25℃\\ &= 50℃\end{aligned}$$

利用公式 17-7

$$\begin{aligned}W &= V_D I_L\\ &= 1.5\times 15\\ &= 22.5\text{W}\end{aligned}$$

利用公式 17-6

$$\begin{aligned}A &= 133\frac{W}{\Delta T}\text{in}^2\\ &= 133\times\frac{22.5}{50}\\ &= 59.85\ \text{in}^2\end{aligned}$$

在指定负载电流 I_L（参见图 17.6 所示的典型降额曲线）下，保证壳体温度 T_{case} 不超过可允许的最高温度是非常重要的。

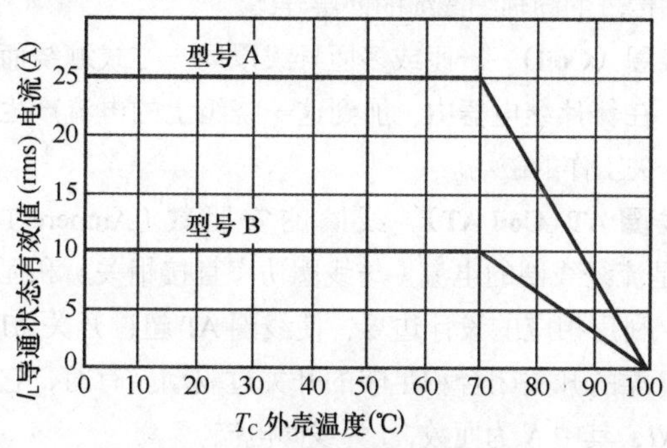

图 17.6　固态器件的典型降额曲线

公式 17-6 给出了针对垂直安装热沉所需要的表面积。垂直安装热沉的自由空气对流具有的热阻大约比水平安装的热沉低了 30%，如图 17-7 所示。

在有限的区域上，可能有必要采用强制对流冷却措施来降低热沉的有效热阻。当采用强制风冷措施来冷却组件时，所需要的通风量 - 每分钟立方英尺（cfm 或 ft³/min）由式（17-8）确定。

$$\begin{aligned}cmf &= \frac{Btu/h}{60}\times 0.02\ \text{temperature rise}\\ &= \frac{1.76Q}{\Delta TK}\end{aligned} \quad (17\text{-}8)$$

式中，

1W=3.4Btu，

Temperature rise 为温升，单位为℃

Q 为热耗散，单位为 W；

ΔT 等于热沉安装温度减去环境温度；

K 为耦合效率（宽间距翼片为 0.2，窄间距翼片为 0.6）。

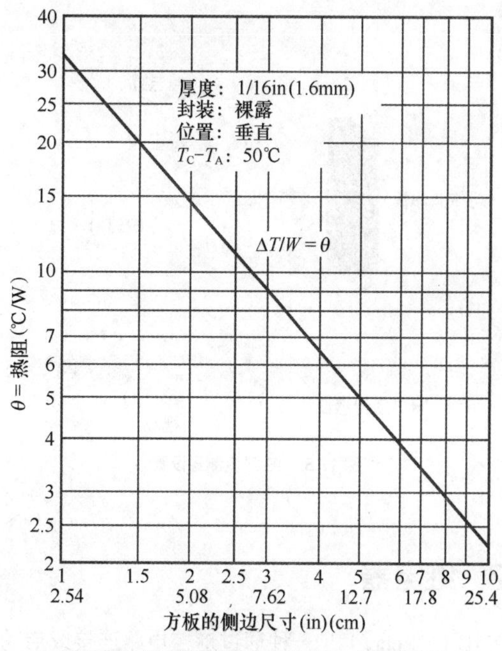

图 17.7　各种尺寸的垂直安装 1/16in 铝板的热阻

17.1.3.3　热沉和管道温度的监测

大功率电子器件需要采用不同材料和各种形状的热沉将热量有效地散掉，以及热量管控措施来确保其性能和可靠性。通常，热沉和管道以超安全标准设计，以应对意外的环境输入。对于要求苛刻的应用，需要采取热沉温度监测和反馈控制措施。

通常，人们会在热沉上安装热敏电阻器或其他类型的直接接触式温度传感器，并通过导线将其连接到测量和控制单元所处的印刷电路板（PCB）上。这种复杂的制造和处理工作常常要手工组装完成。

不与物体直接接触，而利用红外（IR）传感器来测量温度是一种最佳的温度监测和控制方法。大功率电子器件的温度管控处理可能是一个获益明显的领域。新型的热电堆传感器技术已大大降低了体积和功率消耗。数字处理可使传感器置于空间受限的地方，并且可以独立运行通过 IR 辐射计算出物体温度的集成控制器或微处理器。可以采用标准表面安装技术将传感器直接安装在电路板上，这让它能提供出安装了芯片温度传感器的 PCB 局部温度信息，同时通过测量其 IR 辐射、计算其相应温度直接在其正面监测热沉的温度。

图 17.8 所示的是 IR 温度测量设置。传感器的视场（破折线表示）完全被热沉包围住了，一个重要的要求就是要确保热沉的 IR 辐射（和温度）能够被传感器拾取到，不要被周围的器件或机箱所阻碍。有些传感器允许将存储于其内置存储器中的限定温度与热沉的温度进行比较，并根据比较结果来决定是否关机。采用这种方法，系统仅在温度过高或过低时才启动。当温度处在可接受范围内时，控制器或处理器就不必从传感器上获取测量数据了。

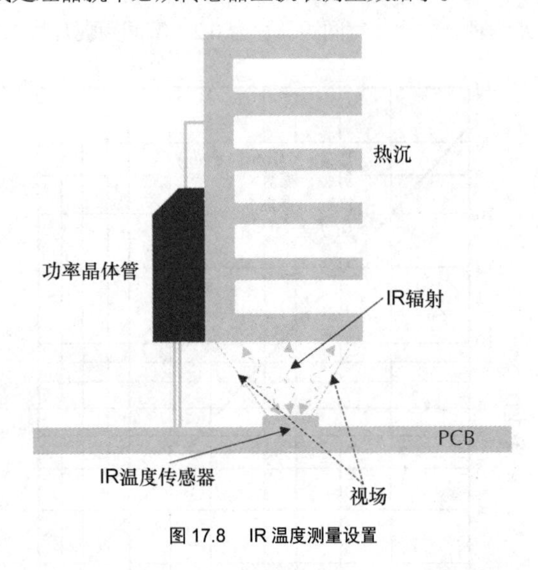

图 17.8 IR 温度测量设置

17.2 继电器

继电器（Relay）是一种通过遥控电路连接或启动的电动开关。继电器会引发第二个电路或电路组工作。继电器可以控制连接到它上面的许多不同类型的电路。这些电路可能包括有电机、电铃、灯光、声频电路、电源等。另外，继电器还可以通过一个输入或以一定的时序来开关大量的其他电路。

继电器可以是机电式的，也可以是固态的。这两种形式各有其优缺点。就在几年前，继电器还是个大且笨重的器件，并且要使用 8 脚插座或外接导线进行连接。如今的继电器已经非常小巧，而且有多种布局安排。下面就给出其中的一些布局安排。

焊接连接器。根据载流能力的情况，连接器的尺寸和间隔会有所改变。

8 针管座。插入到标准的 8 针管座和 11 针管座。

长方形管座。插入到 10 针，11 针，12 针，14 针，16 针，22 针或 28 针管座。

DIP 继电器。直接安装到印刷电路板上，间距为 0.1in（2.54mm）。管座为 8 针或 16 针。

SIP 4 针继电器。插入到 SIP 插座或安装到印刷电路板上，管间距为 0.2in（5.08mm）。

17.2.1 术语表

该术语表选编自 NARM 标准 RS-436，MIL STD 202 和 MIL STD R5757。

启动时间（Actuate Time）。线圈将测试触点激励至稳定闭合（A 方式）或稳定断开（B 方式）状态所测得的时间（还可参考工作时间“Operate Time”一词）。

安匝数（AT）（Ampere Turns，AT）。电磁线圈绕组的匝数和流经绕组的电流安培数的乘积。

带宽（Bandwidth）。继电器的 RF 功率插入损耗达到 50% 或 -3dB 时的频率。

偏置，磁（Bias，Magnetic）。加到开关磁路上的稳态磁场，用以帮助或阻止相关线圈磁场的工作。

回弹，触点（Bounce，Contact）。通常在工作或释放的瞬间所发生的间歇性问题和不想要的闭合触点断开或断开触点闭合的问题。

击穿电压（Breakdown Voltage）。在发生电气击穿之前，加到断开的开关触点两端的最大电压。在簧片继电器中，这主要取决于簧片开关触点之间的缝隙和使用的填充气体类型。指定开关系列产品中的高 AT 开关具有较大的缝隙和较高的击穿电压。由于触点表面的点状腐蚀可能加大产生电子辐射和雪崩击穿的高电场梯度的区域，所以击穿电压也受到触点形状的影响。由于这种点状腐蚀可能是不对称的，所以正极性和反极性下的击穿电压检测都要实施。在进行裸开关测试时，环境光可能影响雪崩点，为了测试的一致性，应对其进行控制或消除。击穿电压测量可以用来检测簧片开关壳体的损坏情况。参见 Paschen 测试。

载流（Carry Current）。在不超出其标称值前提下，闭合的继电器可传输的最大电流。

同轴屏蔽（Coaxial Shield）。开关每一侧的继电器内部的簧片继电器的两个针脚用铜合金材料端接。常常用来模拟高频传输的同轴细线缆的外层导体。

线圈（Coil）。一匝或多匝导线以同一方式缠绕而成的组件。在簧片继电器中，加到这一绕组上的电流产生出使簧片开关工作的磁场。

线圈 AT（Coil AT）。线圈的安匝数（Ampere Turns，AT）是流经线圈的电流（与线圈功率直接相关）和匝数的乘积。利用相应的设计边界，使线圈 AT 超过开关 AT，以确保可靠的开关闭合和足够的开关过驱动。有时，它被缩写成 NI，其中 N 为匝数，I 为线圈电流。

线圈功率（Coil Power）。在标称电压下，继电器的标称电压与电流的乘积。

冷切换（Cold Switching）。在开关负载加上时，保证继电器触点完全闭合的一种电路设计。它必须要考虑到回弹、工作和释放时间等因素。如果技术上是可行的话，那么冷切换是较高负载状态下让触点寿命最大化的最佳方法。

触点（Contact）。通常镀有铑、钌、或钨材料的开关铁磁闸刀。

接触电阻，动态（Contact Resistance，Dynamic）。在触点处在闭合后的工作期间，接触电阻的变化。

接触电阻，静态（Contact Resistance，Static）。在相应的触点端子上测量到的闭合触点的直流电阻。测量是在取得了稳定的触点闭合之后进行的。

串音，串音耦合（Crosstalk Coupling）。当使用多通道继电器时，特定频率下继电器输出触点送出的信号功率与加到相邻输入通道功率的比值，单位为分贝（dB）。

工作周期（Duty cycle）。激励与去激励时间的比值。

静电屏蔽（Electrostatic Shield）。簧片继电器内的铜合金材料被端接到一个针脚上。这可以使线圈和触点之间的耦合和静电噪声最小化。

A 方式（Form-A）。一种单极 - 单投常开（Single Pole–Single Throw normally open，SPST n.o.）触点形式的触点配置。

B 方式（Form-B）。一种单极 - 单投常关（Single Pole–Single Throw normally open，SPST n.c.）触点形式的触点配置。

C 方式（Form-C）。一个单极 - 双投（Single Pole–Double Throw，SPDT）触点形式的触点配置（一个公共点连接到一个常开和一个常闭触点上）。有时指的是转移接触。

硬故障（Hard Failure）。被检测到的触点永久性故障。

密封（Hermetic Seal）。通过熔合而密封的封装体，以确保低漏气速率。在簧片开关中，采用玻璃 - 金属的密封方式。

热切换（Hot Switching）。在断开和闭合时，将负载切换到开关触点上的一种电路设计。

滞后（Hysteresis）。在使用簧片继电器时，初次闭合继电器所要求的电功率与刚好维持其处在闭合状态所要求的功率间的差异（通常按照继电器的吸附电压和释放电压来表示）。需要一定程度的滞后来避免触点发生抖动，它还可以是具有足够开关接触力的电感器。

阻抗 Z（Impedance，Z）。在特定频率下，继电器的直流电阻和交流电抗的组合可通过下式得出。

$$Z = R + jX \tag{17-9}$$

式中，

R 为直流电阻；

$X = 2\pi f L - \dfrac{1}{2\pi f C}$；

f 为频率。

由于触点断开的簧片继电器两端存在小量残留电容，所以在较高频率上的阻抗会降低，从而导致在高频时的隔离下降。相反，较高频率时的感抗升高会使继电器闭合时的阻抗升高，从而使较高频率时的插入损耗增大。

阻抗不连续性（Impedance Discontinuity）。与簧片继电器内某一点的 50Ω 标称 RF 阻抗间的偏差。阻抗不连续会导致出现信号吸收和反射问题，最终产生较大的信号损耗。通过设计出具有理想传输线特性的继电器可使上述问题的影响最小化。

插入损耗（Insertion Loss）。在指定的频率下，闭合触点时通过继电器分配给负载的交流信号源功率与直接分配的功率的比值，该比值可用下式计算：

$$\text{插入损耗} = -20\lg\frac{V_t}{V_i} \tag{17-10}$$

式中，

V_t 为传输电压；

V_i 为入射电压。

插入损耗、隔离和回波损耗常常用相反的符号来表示。例如，产生 50% 功率损耗的频率可以用 −3dB 点来表示。由于继电器是无源的，始终会产生损耗，所以这一般不会引起混淆。

浪涌电流（Inrush Current）。通常，在负载被连接到信源时，电流波形会突然变化。浪涌电流可能会对流经的用于开关切换的低阻抗源负载（典型情况是高抗性电路或像钨丝灯泡这样的具有非线性负载特性的负载）的继电器构成冲击。当不小心将继电器连接到包含未充电电容器或存储有相当大容性能量的长传输线的测试负载上时，有时就会碰到这种对负载构成伤害的浪涌电流。过大的浪涌电流可能导致开关触点熔解或发生永久性触点故障。

绝缘电阻（Insulation Resistance）。两个特定检测点之间的直流电阻。

隔离度（Isolation）。在特定的频率下，通过断开触点的继电器分配给负载的信源功率与直接分配的功率之比。如果 V_i 是入射电压，V_t 是传输电压，那么隔离度可以表示成分贝（dB）的形式：

$$\text{隔离度} = -20\lg\frac{V_t}{V_i} \tag{17-11}$$

式中，

V_t 为传输电压；

V_i 为入射电压。

自锁继电器（Latching Relay）。一般有两个线圈的双稳态继电器，它需要通过电压脉冲来改变状态。当脉冲由线圈撤去后，继电器就会保持在其之前设定的状态下。

期望寿命（Life Expectancy）。在指定负载条件下，因粘连、丢失或过大的接触电阻等原因，继电器将会达到的平均周期数。它被表示为出现故障前的平均周期（Mean Cycles Before failure，MCBF）。

低温 Emf 继电器（Low Thermal Emf Relay）。专门为

开关诸如热电偶这样的低电压电平信号而设计的继电器。这些类型的继电器使用了温度补偿陶瓷芯片，以便使继电器产生的温度偏差电压最小化。

磁相互作用（Magnetic Interaction）。继电器容易受到来自邻近受激励继电器产生的磁场的影响。这种影响可能引发受影响继电器的吸附和释放电压的跌落或提升，从而导致其超出其技术指标的要求。可以通过交替变换相邻继电器线圈的极性、磁屏蔽或将两只继电器彼此呈直角放置来最小化这种相互作用。

磁屏蔽（Magnetic Shield）。使继电器和外部磁场的磁耦合最小化的铁磁材料。

湿化水银触点（Mercury Wetted Contact）。簧片和触点被由密封在簧片开关的水银池发生的毛细现象而产生的水银薄膜湿性包裹。这种类型继电器中的开关必须垂直安装，只有这样才能确保其正确工作。

遗漏(触点)(Missing(Contacts))。簧片开关故障机制，其中断开的触点无法在继电器激励之后的指定时间内闭合。

标称电压（Nominal Voltage）。继电器的正常工作电压。

工作时间（Operate Time）。线圈被激励至首次触点闭合（A方式）或首次断开（B方式）时所测得的时间。

工作电压（Operate Voltage）。触点的非激励状态发生改变时测量到的线圈电压。

过驱动（Overdrive）。加到继电器线圈上的电压超过其吸附电压的分数或百分比。至少25%的过驱动才能确保有足够的闭合接触力和良好控制的回弹时间，其结果是让其取得最佳的触点寿命。例如Coto Technology的继电器被设计成36%过驱动的最小值，所以5V标称线圈电压的继电器在不大于电压3.75 V时就将被吸附。

当使用簧片继电器时，现场条件下加到继电器上的过驱动将不低于25%。诸如电源压降和继电器驱动器两端的电压降问题可能导致标称的可接受电源电压降到不能维持足够过驱动的电平上。

释放时间（Release Time）。测量到的从线圈去激励到触点断开（A方式）或首次触点闭合（B方式）的时间状态。

释放电压（Release Voltage）。触点返回到其去激励状态时测量到的线圈电压。

回波损失（Return Loss）。在特定的频率下，由继电器返回来的功率与进入到继电器功率的比值，可通过下面的公式得出该比值。

$$\text{回波损耗} = -20\lg\frac{V_r}{V_i} \qquad (17\text{-}12)$$

式中，

V_r为反射电压；

V_i为入射电压。

信号上升时间（Signal Rise Time）。继电器的上升时间是指输入为突然作用的阶跃函数信号时，其输出信号由最终值的10%升至90%所用的时间。

屏蔽，同轴（Shield，Coaxial）。导电金属护套包裹着的簧片继电器的簧片开关，开关通过多个内部连接连到相应的外部针脚，并且将继电器保持在50Ω的阻抗环境中。针对高频业务应用而设计的继电器可以将阻抗不连续性最小化。

屏蔽，静电（Shield，Electrostatic）。导电金属护套包裹着的簧片继电器的簧片开关，开关至少连接到一个外部针脚上，并且开关与其他继电器元件间的容性耦合最小化，因此减小了对高频噪声的拾取。虽然这类似于同轴屏蔽，但是它并未被设计成保持在50Ω的RF阻抗环境下的形式。

屏蔽，磁（Shield，Magnetic）。一种安装于继电器线圈外部的由诸如镍-铁或锰游合金这样的导磁材料制成的可选装板（或壳）。其作用是可以减小相邻继电器的磁相互作用的影响，并改善继电器的效率。磁壳还减小了外部磁场的干扰影响，这对于安全方面的应用很有用。磁屏蔽可以被安装在外部，也可以被隐蔽安装于继电器壳内部。

软故障（Soft Failure）。触点发生的间歇性的、可自己恢复的故障。

黏附（触点）[Sticking（Contacts）]。开关故障的机制，此时闭合的触点无法在去激励之后在特定的时间内断开。这种故障可以归类于硬故障，也可以归类于软故障。

开关AT(Switch AT)。安匝数要求闭合一个簧片开关，吸附AT；或者只求保持闭合，释放AT，并且针对线圈的特定类型和设计进行指定。开关AT取决于开关引线的长度，并且当簧片开关裁切不正时开关AT会增大。当为特定的应用指定了开关时，必须要考虑这一点。

开关电流（Switching Current）。在不超出其标称值的特定电压的作用下，继电器热开关可能产生的最大电流。

开关电压（Switching Voltage）。在不超出其标称值的特定电流的作用下，继电器热开关可能产生的最大电压。通常，由于必须允许触点断开期间出现电弧，所以该值低于击穿电压。

传输线（Transmission Line）。在继电器的词汇中，可中断波导是由两个或多个导体组成的，它被设计成具有良好控制的特性RF阻抗，并且以最小的损耗，高效地将RF功率由信源传输至负载，或者阻止RF能量泄漏，使之最小。RF继电器中的有用结构包括微带、共平面型波导和同轴传输线组件。

电压驻波比（VSWR，Voltage Standing Wave Ratio）。指定频率下继电器中最大RF电压与最小电压之比，通过下式可计算出该比值。

$$\text{VSWR} = (1+\rho)/(1-\rho) \qquad (17\text{-}13)$$

式中，

ρ是在输出为标准参考阻抗（通常为50Ω）时由闭合的

继电器端口反射回的电压。

17.2.2　接触特性

触点既可以开关电源，也可以开关弱电流电路，而诸如声频电路这样的弱电流电路中流动的电流极小，或无电流流动。典型的弱电流或低电平电路小于 100mV 或 1mA[6, 7, 8]。

当触点闭合时，它们在最终停止前在彼此的表面上滑动一小段距离。这就是所谓的擦拭接触（Wiping Contact），并且可确保良好的电气接触。

触点是由银、钯、铑或金制造的，并且可以是平滑式或分叉式。分叉式触点比平滑式触点具有更好的擦拭和清洁作用，所以它们被用于弱电流电路中。

根据继电器作用的工作电路的情形，触点组合各式各样。图 17.9 所示的是继电器的各种触点排列。

当触点闭合时，初始电阻相对高一些，并且任何薄膜、氧化物等会进一步提高触点电阻。随着闭合，电流开始流经触点的粗糙表面，使其变热并且变软，直至整个触点紧密结合在一起，并将触点电阻降至毫欧姆的数量级。如果流经电路的电流太低，不足以使触点发热变软，则应使用金触点，因为这种触点不会被氧化，故触点电阻低。另一方面，金材料并不应用于有电流流动的电源电路中。

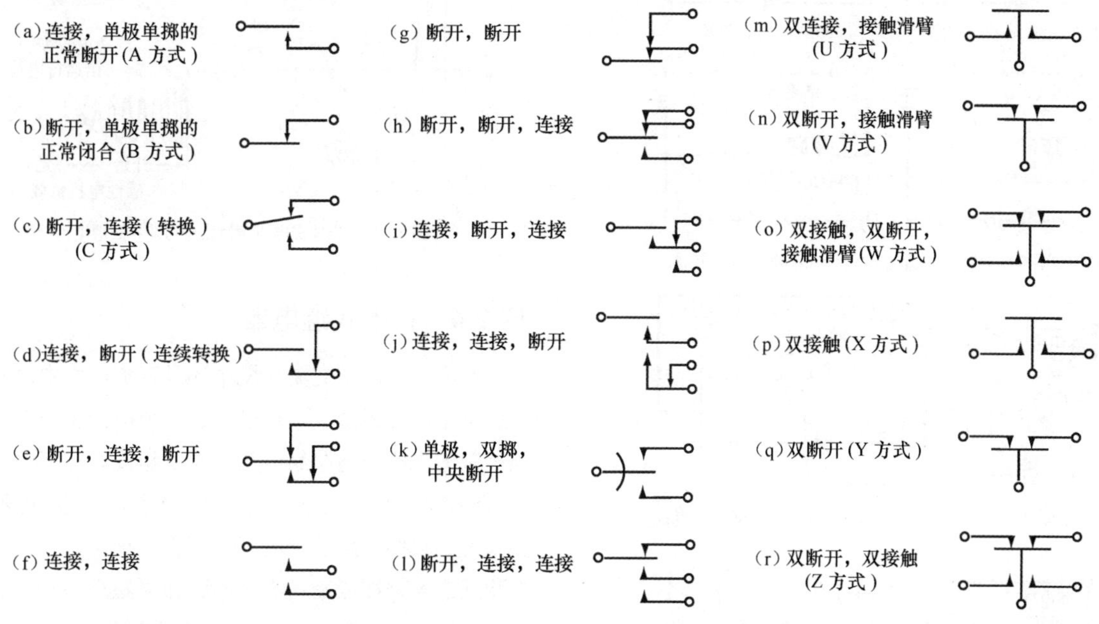

图 17.9　继电器的各种接触排列（引自 *American National Standard Definitions and Terminology for Relay for Electronics Equipment C83.16-1971*）

指定的触点电流常常为连接或断开时的最大电流。例如，可以让电机或电容器的电流为其稳态工作时电流的 10 ～ 15 倍。在这种类型的负载中使用电镀触点非常普遍。指定的最大电压是断开过程中产生电弧所允许的最大电压。一个电感器的断开电压可能是电路稳态电压的 50 倍。

为了保护继电器触点免受高瞬态电压的影响，应该采用抑弧措施。对于直流负载，这可以通过反偏二极管（整流器）、可变电阻（变阻器）或 RC 网络的形式来实现，如图 17.10 所示。可利用下式计算得出 RC 电路中的 R 和 C。

$$C=\frac{I^2}{10}\mu\text{F} \tag{17-14}$$

$$R=\frac{0.01V}{I\left(1+\dfrac{50}{V}\right)} \tag{17-15}$$

式中，

C 的单位为 μF；

I 的单位为 A；

R 的单位为 Ω；

V 的单位为 V。

当使用整流器时，整流器对电源呈开路状态，因为它被反向偏置；然而，当电路断开时，二极管导通。该技术取决于二极管导通的反向通路；否则，电流将流经电路的其他部分。整流器具有的标称电压等于瞬态电压是很重要的。

除了水银湿簧类型继电器外，所有的机械型继电器都会发生触点回弹问题，因为触点上的水银薄膜在制造过程中没发生断裂。回弹会导致电路中产生噪声，尤其是开关声频信号时尤为如此，此时这种现象相当于信号失落。

17.2.3　继电器负载

不论负载是何种类型，绝不要假设继电器触点能够对其标称电流进行开关。如图 17.11 所示，类似的高启动电流或高感应反电动势（emf）可能会快速腐蚀或焊接机电继电器的触点，并烧坏固态继电器[8]。

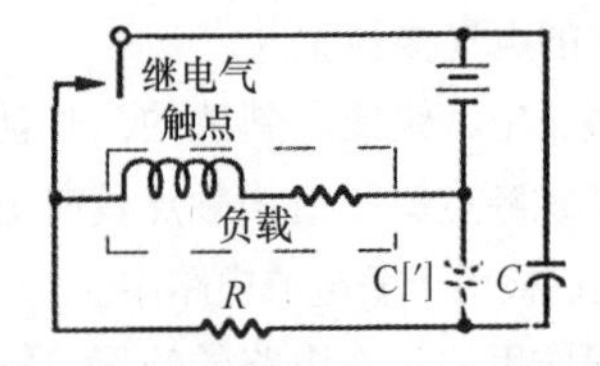

(a) 阻容网络(最好采用C或C[']), 交流/直流

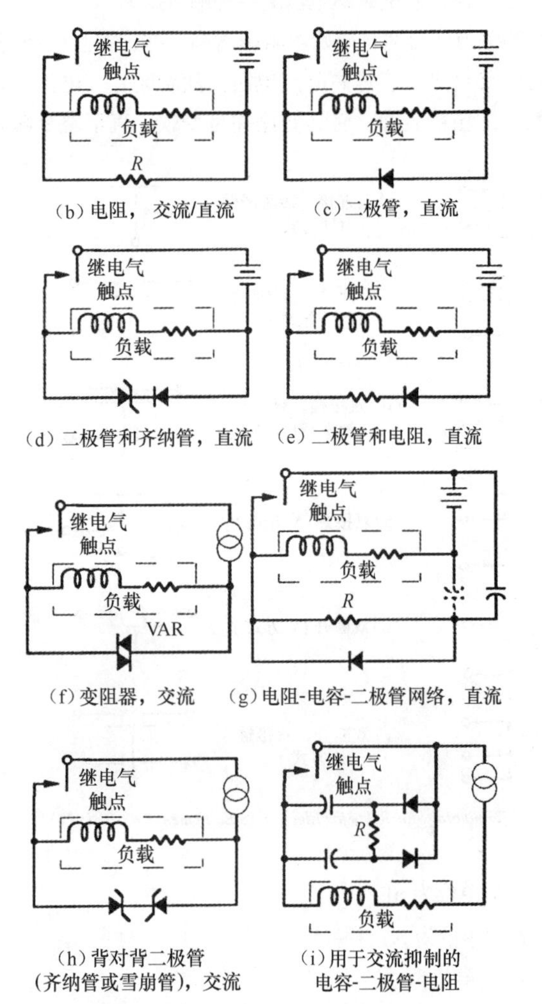

图 17.10　抑制瞬态交越接触的方法（Magnecraft Electric Co. 授权使用）

各种负载的影响

白炽灯。 钨丝灯的冷电阻是极低的，这致使冲击电流可高达稳态电流的 15 倍。这就是为何灯泡被烧坏的情况几乎总是发生于启动过程的原因。

容性负载。 容性电路的初始充电电流可能极高，因为此时的电容器相当于短路，电流只是通过电路电阻加以限制。容性负载可以是长的传输线、用于消除电磁干扰（emi）的滤波器和电源。

电机负载。 由于电机在停止时其输入阻抗非常低，所以大部分电机的启动冲击电流都很高。触点回弹导致的在最终闭合之前出现的几次高电流的通断会使情况恶化，这是特别坏的情况。当电机转动起来时，它产生使电流减小的内部反电动势。根据机械负载的情况，启动时间可能非常长，并产生可使继电器损坏的冲击电流。

感性负载。 冲击电流受电感限制。然而，当关闭时，存储在磁场中的能量必须释放掉。

直流负载。 由于电压从来就不会过零，所以关闭它要比关闭交流负载更难。当电磁辐射（Electro Magnetic Radiation，EMR）触点断开时，所加的电压可能会持续产生电弧冲击，导致触点烧坏。

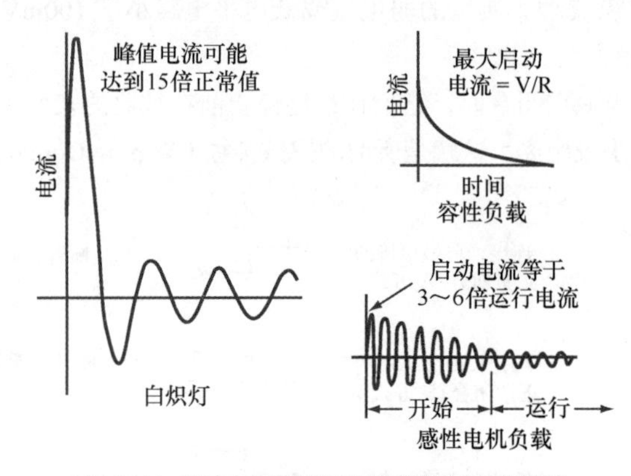

图 17.11　强冲击电流突然出现可能导致继电器损坏

17.2.4　机电式继电器

不论是工作于交流环境中还是直流环境中，继电器都是由一个励磁线圈、一个磁芯、一个衔铁和一组连接到要被控制的电路或电路组的触点簧片组成。与衔铁有关的是机械调节和弹簧片。触点的机械安排可以使继电器处于静止状态，某些电路处于断开或闭合的状态。当继电器处于静止状态（未被激励状态）时，如果触点是断开的，那么它就被称为常开（normally open）触点。

继电器以许多不同的方式绕制，如图 17.12 所示。其中有单绕、双绕、三绕、双线绕和双线圈等，它们都是非电磁式的。

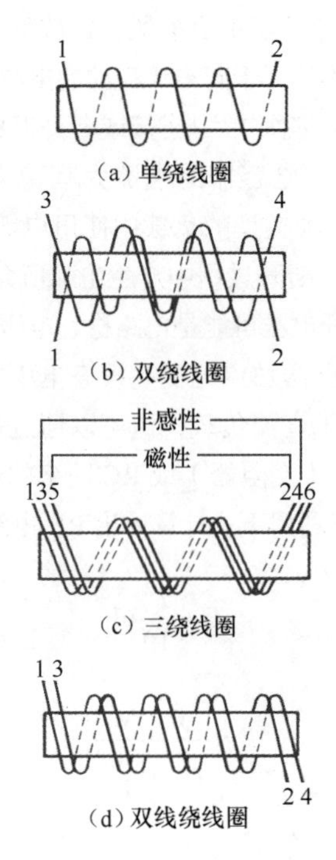

图 17.12　继电器线圈绕组的类型

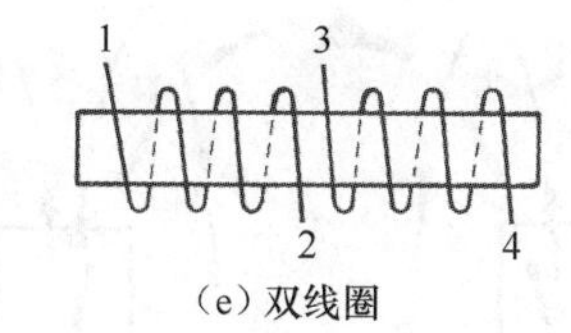

（e）双线圈

图 17.12　继电器线圈绕组的类型（续）

17.2.4.1　DC继电器

直流继电器［Direct current(dc)Relays］工作于不同的电压和电流之下，这是通过改变励磁线圈的直流电阻来实现的，这一直流电阻可在几欧姆到几千欧姆间变化。直流继电器可以工作于定限、快速、慢速或极化工作方式下。

定限继电器（Marginal Relay）仅当流经绕组的电流达到指定数值时才工作，并且在电流回落到指定值时才释放电流。

在快速工作（quick-operate）类型继电器中，当控制电路闭合时，衔铁立刻连接到电磁铁的极片上。

慢速工作继电器（Slow-operate Relay）具有延时特性。也就是说，当控制电路闭合时，衔铁并不是马上连接到电磁铁的极片上。为了实现这一点，我们可以将一个铜环套在衔铁的极片端。它们不同于慢释放类型的继电器，慢释放类型的继电器是将铜环套在与衔铁相对的极片端。

极化继电器（Polarized Relay）被设计成只对指定方向电流和幅度起作用。极化继电器采用永久磁铁磁芯。指定方向上的电流提高了磁场强度，与此相反方向的电流则减小磁场强度。因此，只当指定方向的电流流经线圈时继电器才工作。

自锁继电器（Latching Relay）在双位置上均稳定。自锁继电器的一种类型包含两个独立的励磁线圈。激励一个线圈时，将使继电器锁定于一个位置上，并且一直保持到另一个线圈被激励而使继电器解锁为止。

另一种且更先进的类型是双稳态磁闭锁继电器（Bistable Magnetic Latching Relay）。这种继电器被用于单或双线圈锁定配置中。两种配置都是双稳态的，并且将无限期地保持在任何一种状态下。线圈被设计成间歇工作方式：最长接通持续时间为 10s。继电器在 100ms 或更长的脉冲作用下设置或复位。图 17.13 所示的是各种触点和线圈形式。

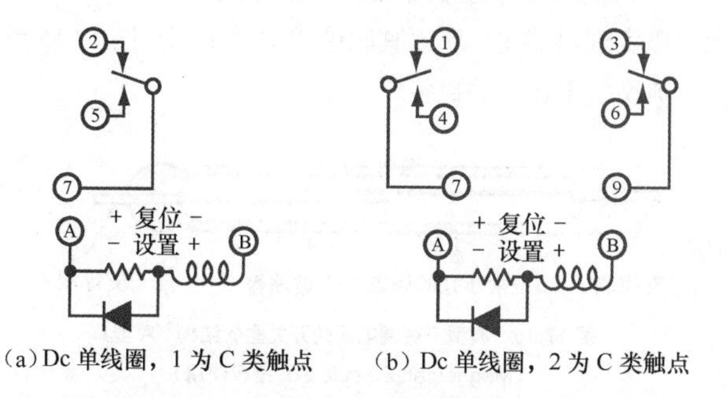

（a）Dc 单线圈，1 为 C 类触点　（b）Dc 单线圈，2 为 C 类触点

图 17.13　自锁继电器的各种类型和针脚连接
（Magnecraft Electric Co. 授权使用）

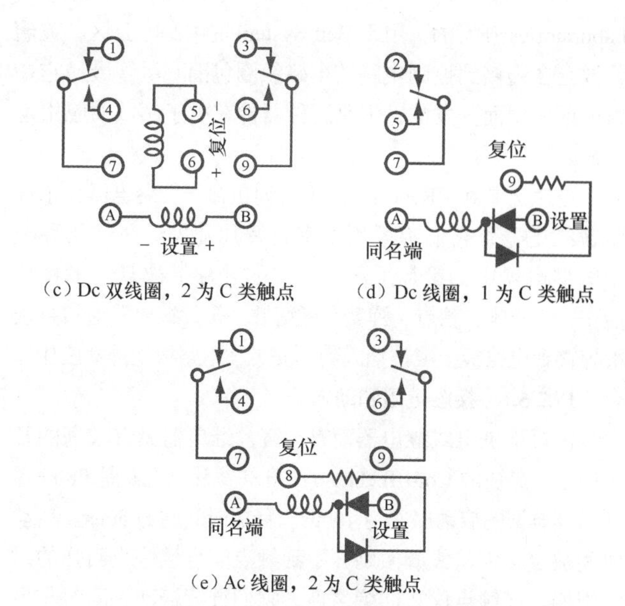

（c）Dc 双线圈，2 为 C 类触点　（d）Dc 线圈，1 为 C 类触点

（e）Ac 线圈，2 为 C 类触点

图 17.13　自锁继电器的各种类型和针脚连接
（Magnecraft Electric Co. 授权使用）（续）

17.2.4.2　AC继电器

交流继电器［Alternating-current(ac)Relay］与直流(dc)继电器的结构类似。由于每半个周期交流都存在一个零值，所以交流工作继电器的磁场在每半个周期里也有对应的磁场零值。

当处于或接近零电流时，衔铁将离开磁芯，除非我们实施了使其保持在原有位置的一些预备措施。一种方法就是采用块状衔铁，利用其惰性来保持其就位。另一种方法是利用独立磁芯上的两个绕组。这些绕组被连接在一起，以便它们各自电流彼此反相输出。当两个绕组中有电流流动时，两个线圈对衔铁产生拉力。

还有一种方法是使用被铜环部分环绕的分离极片，铜环起到短路环的作用。励磁线圈中的交变电流在铜线圈中感应出电流。这一电流与励磁线圈中的电流反相，而且不会与励磁线圈中的电流同时达到零值。因此，足够大的拉力使衔铁保持在工作位置。

交流差动继电器（ac Differential Relay）使用两个完全一样的绕组，只不过它们以相反的方向绕制。只有当一个绕组被激励时，这样的继电器才工作。当两个绕组以相反的方向被激励时，由于绕组是以相反的方向绕制的，所以它们产生一个增量叠加的磁场。如果流经励磁线圈的电流是同方向流动的，那么线圈将产生互为反向的磁场。如果流经两个线圈的电流相等，那么电流将彼此抵消，继电器处于不工作状态。

差动极化继电器使用一个永久磁铁芯上两个绕组构成分离磁路。差动极化继电器是差动继电器和极化继电器的组合物。

17.2.5　簧片式继电器

簧片继电器（Reed relays）是 1960 年由 Bell Telephone

Laboratories 开发的，用于 Bell System 的中心办公区。玻璃管被套在连接到控制电路的电磁线圈包围。尽管最初它是为电话公司而开发的，但是这种器件在电子领域的应用也很普遍[6, 7, 8, 9]。

簧片继电器（Reed Relay）一词包括干簧继电器和水银湿簧继电器，它们都采用了密封簧片开关。在这两种类型的继电器中，簧片（薄且平坦的叶片）被赋予多种功能 —— 导体、触点、弹簧和磁衔铁。簧片继电器通常直接被焊接到电路板上或被插入到已安装在电路板上的插座中。

17.2.5.1 接触电阻和动态

相对于机电式继电器而言，簧片继电器具有较高的开关速度。最快的 Coto Technology 开关簧片继电器是 9800 系列，其典型的启动时间为 100μs。释放时间约为 50μs。启动时间被定义为从线圈激励开始到触点闭合且停止回弹的时间周期。在触点停止回弹之后，它们继续振动，同时与另一个触点接触约 1ms。这种振动建立起擦拭作用和可变的接触压力。

静态接触电阻（Static Contact Resistance，SCR）是指触点在闭合了一个足够的时间周期，完全停下来之后，继电器触点两端的电阻。对于大部分簧片继电器而言，虽然几毫秒就已经足够长了，但是继电器行业采用 50ms 来进行定义测量。

对继电器整体质量给出更深入阐述的另一种接触电阻测量是接触电阻稳定性（contact resistance stability，CRS）测量。CRS 度量的是连续性静态电阻测量的可重复性。

17.2.5.2 磁相互作用

簧片继电器易受到包括地磁场（近似等效于 0.5AT，通常可忽视）、电机、变压器外溢磁场在内的外部磁场的影响，并由此改变其工作特性。这类磁场源还包括一种由彼此近距离安装的一个继电器（或另一继电器）工作而产生的常见的外溢磁场源。在密集安装的单通道或多通道继电器组中，必须要考虑磁耦合的潜在影响。

图 17.14 示出了具有彼此近距离安装的具有相同线圈极性的两个继电器 K1 和 K2 的磁相互作用的一个例子。当 K2 “断开” 时，继电器 K1 工作于其设计电压下。当 K2 启动时，由于磁场是相反的，所以 K1 中的有效磁通量下降了，这时要求提高线圈电压来使簧片开关工作。对于没有磁屏蔽的近距离安装的继电器而言，一般要使工作电压提高 10 ~ 20%，这样才能将继电器驱动至其指定限制值之上。如果 K1 和 K2 以相反的方向极化，那么就会产生相反的效果，从而降低 K1 的工作电压。

有几种方法可减小继电器之间的磁相互作用：

- 使用采用了内部或外部磁屏蔽的继电器。
- 在继电器的安装区域采用外部磁屏蔽。2 ~ 5 mils（密尔）厚的锰游合金或其他高导磁率铁合金片就有效果。
- 提高继电器之间的中心间距。这一距离每增大 1 倍，相互作用的影响程度约减小至原来的 1/4。

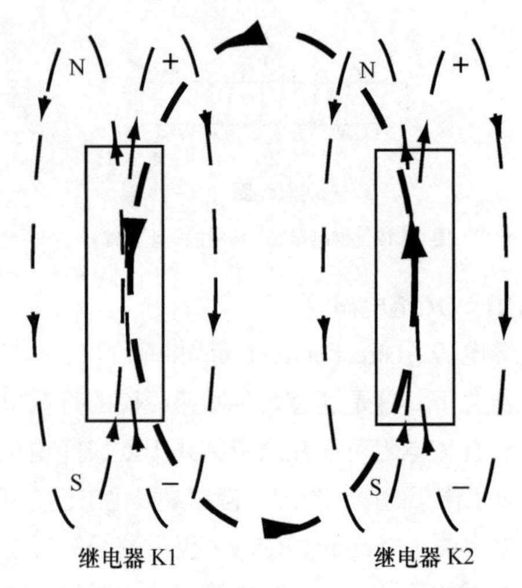

图 17.14 相反的磁相互作用（Coto Technology 授权使用）

- 避免邻近的继电器同时工作。
- 交变用于矩阵中的继电器线圈极性。

17.2.5.3 环境温度的影响

温度每升高 1℃，用于簧片继电器线圈的铜导线电阻提高 0.4%。簧片继电器属于电流敏感器件，所以它的工作和释放电平是基于输入到线圈的电流的。如果使用电压源来驱动继电器，那么线圈电阻的增加会导致流经线圈的电流减小，所以必须提高电压来补偿电流并维持电流不变。行业标准定义一般是针对 25℃的环境做出的。如果继电器用在较高的环境温度下，或者靠近外部热源，那么必须要认真对待。

例如，根据技术指标的规定，正常标称为 $5V_{dc}$ 的标准继电器在 25℃时的最大工作电压值为 $3.8V_{dc}$。如果继电器被用在 75℃的环境中，则 50℃的温升会使工作电压提高 50 × 0.4%，或者 20%。此时，继电器将工作在 $3.8V_{dc}+(3.8V_{dc}\times 20\%)$，或者 $4.56V_{dc}$ 下。如果电源电压因器件驱动器或衰变电源而出现大于 $0.5V_{dc}$ 的压降时，继电器就可能不工作。在这些条件下，继电器的工作和释放时间同样也会增加约 20%。

17.2.5.4 干簧继电器

由于低电平逻辑开关、计算机应用，以及其他商用机械和通信应用的急剧增长，干簧继电器已经成为继电器行业中的重要一员。它们在密封性上具有的巨大优势，使得其在太空通信应用中不受影响。当其工作在标称的接触载荷时，它们的工作速度非常快，寿命也非常长。由于制造上可以实现自动化，所以其制造成本并不高。图 17.15 所示的是典型的干簧开关封装。

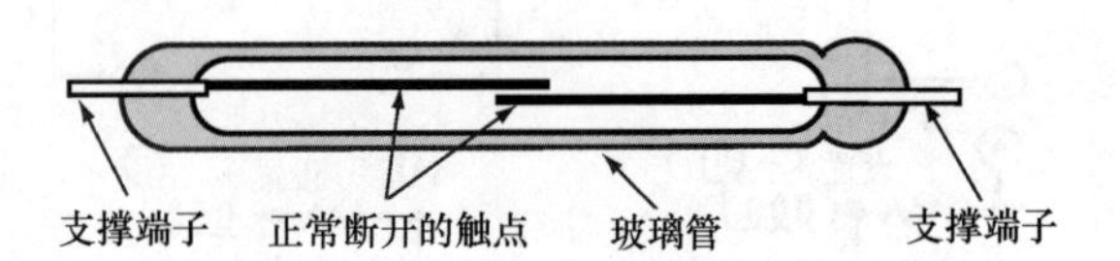

图 17.15 典型干簧继电器的开关盒的结构（A 型）（Magnecraft Electric Co. 授权使用）

在这种基本设计中，两个正对的簧片被密封于狭小的玻璃管中，簧片的自由端是重叠的。在接触区，簧片的金材料上镀有铑，为的是彼此接触时产生低的接触电阻。充满惰性气体的玻璃管被电磁线圈所包围。当线圈被基本的 A 方式接触组合激励时，平时断开的触点就接触到一起了；当磁场去掉时，簧片借助于自身的弹性张力而分开。

有些设计可能采用了永久磁铁来获取磁偏置，以取得正常情况下闭合的触点（B 方式）状态。单极双掷接触组合（C 方式）也可以使用。根据簧片的尺寸大小和类型，以及镀层量的情况，标称电流的范围可为低电流至 1A。除非开关工作于干燥环境，否则大部分应用中必须实施有效的触点保护。

多达 4 个 C 方式和 6 个 A 方式的干簧开关封装是很常见的，它可以实现多种开关安排。簧片继电器可以分为多种，比如脉冲继电器、自锁继电器、交叉点继电器和逻辑继电器。这些继电器还可以装配有静电或磁屏蔽。图 17.16 所示的继电器具有两个 C 方式触点。

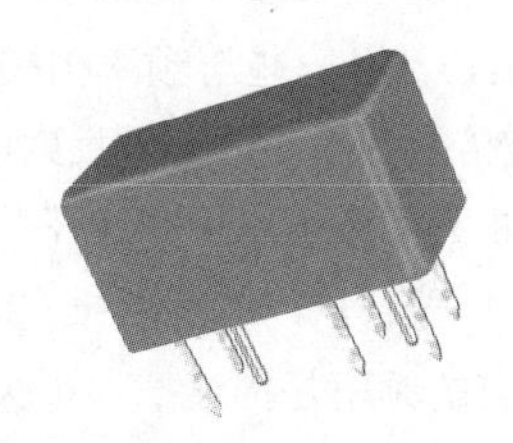

图 17.16　Coto Technology 2342 多极继电器（Coto Technology 授权使用）

簧片开关具有如下特点：

- 源于其受控的接触环境而取得的高度可靠性。
- 因零部件很少，故性能的一致性高。
- 工作寿命长。
- 易于封装成继电器。
- 工作速度高。
- 体积小。
- 成本低。

开关数。一个普通线圈可以激励的开关数似乎并没有限制。然而，随着数量的增加，线圈效率降低，功率输入提高。这可能引发实用上的限制。另一方面，如果组件被分离成两个，那么使一个多开关密封小盒工作所需功率的增大量通常小于总需求量。虽然单一触点继电器最为常用，但是一个线圈内具有 4 个或更多个开关的继电器也相当常见。

灵敏度。使干簧继电器工作所需要的功率输入是由所用的特定簧片开关的灵敏度、线圈操控的开关数目、永久偏磁（如果使用的话），以及线圈的效率和其耦合簧片的效果决定的。有效闭合所要求的最小输入范围为从单一封装灵敏单元的几毫瓦到多极继电器的几瓦。

工作时间。线圈时间常数、过驱动和簧片开关特性决定了工作时间。如果是过驱动，那么簧片继电器的工作时间近似为 200μs 或更短。以标称电压驱动通常会引发 1ms 的工作时间。

释放时间。如果继电器线圈未被抑制，那么干簧开关触点会在不到 1ms 的时间内释放。A 方式触点会在 50μs 的时间里断开。基于磁性的 B 方式触点和 C 方式的正常闭合触点开关重新闭合的时间分别为 100μs 和 1ms。

如果继电器线圈被抑制，那么释放时间将增加。二极管抑制可以延时释放几毫秒，具体时间则取决于线圈的特性和簧片的释放特性。

回弹。与其他硬触点开关一样，闭合时干簧触点会回弹。回弹的持续时间一般都相当短，并且与驱动电平有一定关系。在有些速度较快的器件中，工作时间和回弹加在一起是相对恒定的，所以随着驱动的加大，工作时间减小，回弹加大。

虽然 C 方式的常闭触点的开关回弹长于常开触点，但是基于磁性的 B 方式触点表现出的回弹基本上与基于 A 方式触点表现出的回弹一样。

触点电阻。由于干簧开关是由高体积电阻率的磁性材料制成的，所以端到端的电阻要比其他一些继电器的高一些。对于方式 A 的初始最大电阻限制的典型技术指标为 0.200Ω 。

开关导线变更。建议从玻璃封装到阻止封装开裂或封装内的残留应力的破坏的开关导线弯曲不小于 1.0mm。

虽然玻璃封装对于压力有非常高的抵抗力，但是对拉力的抵抗力很低。封装正确抵御开关导线变更的能力取决于几个因素：导线与玻璃尺寸的关系，封装的长度，所做变更的拉力或类型，以及相对于封装本身的距离和机械力的方向。

重要的是要正确支撑和夹持导线，以免破坏封装。即便如此，NiFe 导线的塑性形变应力还是会透过夹持区传输，并进入封装。

NiFe 导线的塑性形变应力所带来的风险是非常高的，以至于对玻璃封装间的导线构成支撑或夹持，在切割或弯曲导线时一定要避免损坏玻璃封装。

任何形式的开关导线弯曲、切割或变更都需要使用合适的工具设备，以便将引入到玻璃封装区的机械应力最小化。多年的经验已经证明：当使用合适的固定装置进行所需的导线变更时，开关损伤是可以避免的，同时要避免任何变更与玻璃封装的偏离小于 1mm。

17.2.5.5　水银湿化触点继电器

水银湿化触点继电器是簧片继电器的一种形式，它是由封装在玻璃管中的簧片构成，簧片基座的一端浸入水银池中，另一端能够在一个或两个静态触点间移动。水银利用毛细作用流到簧片上，并且浸湿簧片活动端的表面以及静态触点的表面。因此，在闭合位置上，保持着水银至水银的接触。水银湿式继电器通常是由包围封装管的线圈激励的。

由于当每个触点闭合和触点侵蚀消除时水银膜重新确立起来，所以除了极快的工作速度和相对良好的负载容量之外，水银湿化触点继电器具有极长的寿命。因为膜具有“可伸缩性”，所以它不存在触点回弹问题。触点结合电阻极低。

这种类型的簧片继电器的缺点是：

- 水银的冰点为 –38.8℃（或 –37.8° F）。
- 它们的抗震性能差。
- 有些类型必须以近乎垂直的位置来安装。

针对印刷电路板安装，这些继电器可以使用小型化方式。通过在线圈内加入另外的封装就可以提供多种规格的继电器。它们广泛地用于各种开关应用当中，比如在计算机、商用机器、机械工具控制系统和实验室仪器当中都会看到它们的身影。

水银湿化开关还可以被视为将干簧片和水银湿化封装的期望性能组合在一起的非位置敏感、水银湿化簧片继电器。这可以让使用者将簧片继电器以任何位置放置，并且能抵御通常干簧片封装所遇到的震动限制。同时，它们保持了其他水银湿化开关的主要优点 —— 无触点回弹和低的稳定接触电阻。

非位置敏感开关的工作是通过消除了封装底部的水银池来实现的。这种设计让水银只会被触点和闸刀表面所捕获和保留。由于水银膜的量有限，所以这种开关只限于低电平负载使用。

水银湿化簧片继电器是簧片继电器家族中的特殊群体。它们有别于干簧片继电器，其中开关元件的接触是通过薄的水银膜实现的。因此，水银湿化继电器的最重要的特性是：

- 从工作开始的整个工作寿命期间接触电阻基本上是恒定的。
- 触点无回弹。触点上的水银量大到足以缓解潜在的影响，同时对保留的任何机械回弹进行电子桥接。
- 由于触点表面持续更新，所以使用寿命按数十亿次的工作次数来衡量。
- 触点是多用的。同样的触点，只要使用正确，就能够处理相对高功率和低电平的信号。
- 电子参量是常量。由于消除了触点磨损，所以在数亿次的工作当中其工作特性保持一致。

为了保持这些特性，当它们断开时，必须要对触点两端的电压变化率进行限制，以免损坏水银下的触点表面。这因为如此，对除了低电平之外的应用都应作专门的限制。

安装位置。为了确保继电器触点上的水银分布正确，位置敏感类型的继电器在安装时要让开关垂直取向。人们通常都认为，当与垂直位置存在 30° 的偏差时就会对性能产生一定的影响。非位置敏感型的水银湿式继电器（当今最常见的类型）不受这些限制因素的影响。

回弹。如果工作在合适的限定范围内，那么水银湿化继电器是不会发生回弹的。然而，如果驱动速率提高了，开关的共振效应可能导致回弹发生，使其超出水银可能桥接的水平，并且产生电子上的回弹。由高工作速率导致的触点上水银分布的变化也可能对这种效应的出现起到推波助澜的作用。

接触电阻。水银湿化继电器具有的端到端接触电阻要比干簧片继电器低一些。最大接触电阻的典型技术指标限定值为 0.150Ω 。

17.2.5.6 RF继电器

RF 继电器用于高频应用当中，即 50Ω 的电路环境中。图 17.17 所示的 RF 簧片继电器可以在高达 200V_{dc}，0.5A 的条件下实现开关。

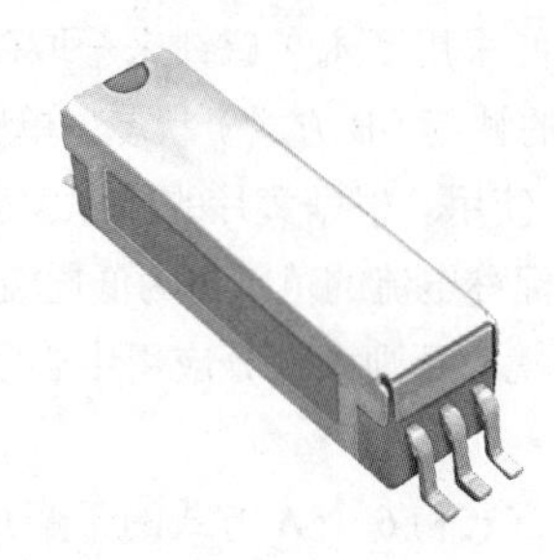

图 17.17 Coto Technology 9290 RF 簧片继电器（Coto Technology 授权使用）

插入和其他损失。在过去，用来衡量合格簧片继电器 RF 性能的典型参量是插入损失（Insertion loss）、隔离（isolation）和回波损失（return loss，有时也被称为反射损失，reflection loss）。用一些与频率相关的矢量描述输入到继电器，并且被传输到输出端或被反射回信源的 RF 功率的相对量值。例如，随着继电器簧片开关的闭合，50% 的功率被传输通过继电器，这时的插入损失就是 0.5 或 −3dB。产生 -3dB 滚降对应的频率是描述插入损失性能的一个简单的标量（单一数值）。

隔离。簧片继电器的隔离可以通过插入一个功率幅度已知的 RF 信号到簧片断开的开关（线圈未激励）来确定。通过 RF 频率扫描，描绘出离开继电器的 RF 能量，以便得到以 dB 为刻度单位的隔离曲线。在较低的频率上，隔离为 40dB 或更大，这表明不到 0.01% 的输入功率被泄漏出继电器。在较高的频率上，隔离会降低，因为簧片开关触点两端存在容性泄露。

电压驻波比（Voltage Standing Wave Ratio，VSWR）。VSWR 度量的是：当 RF 信号被插入到端接了 50Ω 阻抗的闭合继电器时，有多少输入功率被反射回信源。它被表示为指定频率下反射信号包络幅度的最大值与最小值之比。数值为 1 的 VSWR 表示的是信源、继电器和输出负载阻抗之间的完美匹配，但这是不可能达到的。在任何特定的频率下，VSWR 可以利用表 17-4 的 y 轴回波损失转换得到。

表 17-4 回波损失与 VSWR 的关系

回波损失VSWR（dB）	VSWR
−50	1.01
−40	1.02
−30	1.07
−20	1.22
−10	1.93
−3	5.85

回波损失（Return loss）。回波损失表示的是在簧片开关闭合，输出端接标准阻抗（通常为 50 Ω）时返回到信源

的 RF 功率值。如果继电器在所有频率下闭合匹配到 50Ω 上，那么从低频到高频只有很小一部分输入能量被反射回去。实际上，回波损失会随着频率的提高而增大（更多的功率被反射回去）。对于高速脉冲传输，人们想要取得高回波损失（低反射能量），因为这样可使导致二进制数据恶化和比特误差率提高的回声信号风险更低。回波损失是通过反射系数（ρ）计算得出的，它是特定功率下继电器闭合时被反射的信号功率幅度与输入功率的比值

$$回波损耗 = -20\lg\rho \tag{17-16}$$

为了取定簧片继电器的 RF 性能，需要将已知功率的扫频 RF 信号插入到继电器，并测量由继电器反射传输回来的 RF 能量值。这些测量可以利用矢量网络分析仪（Vector Network Analyzer，VNA）方便实现。这些测量仪器包括一个统一的 RF 信号发生器和定量的接收器 / 检测器。在使用 A 方式继电器的情况下，仪器被视为是一个输入端和一个输出端口的网络，RF 能量输入的量和被每个端口反射的能量被记录成频率函数的形式。因此，A 方式继电器的完整特性由 4 个数据矢量组成，具体说明如下：

S_{11} 代表由输入端口反射的功率。

S_{12} 代表由输出端口传输到输入端口的功率。

S_{21} 代表由输入端口传输到输出端口的功率。

S_{22} 代表由输出端口反射的功率。

上升时间（Rise Time）。簧片继电器的上升时间是指输入被阶跃函数信号激励时，其输出信号从最终值的 10% 上升至 90% 所用的时间。继电器可以被近似视为简单的 1 阶低通滤波器。上升时间近似为：

$$\begin{aligned} T_r &= RC \times \ln\frac{90\%}{10\%} \\ &= 2.3RC \end{aligned} \tag{17-17}$$

将 50% 时滚降频率 $f_{-3\text{ dB}} = 1/2\pi RC$ 代入公式中，便得到以下关系式：

$$T_r = \frac{0.35}{f_{-3\text{ dB}}} \tag{17-18}$$

因此，继电器的上升时间可以由 0.35 除以 -3dB 滚降频率得到的 S_{21} 插入损失曲线进行简单估算。例如，Coto Technology B40 球网继电器（ball grid relay）的 $f_{-3\text{ dB}}$ = 11.5 GHz，由此得到的上升时间估计值为 30ps。

引线方式对高频性能的影响。表面安装器件（Surface Mount Device，SMD）继电器的 RF 性能要比那些穿孔引线继电器的性能更好一些。SMD 引线方式包括鸥翼封装，J 弯曲和轴向形状。虽然每种方式都具有各自的优缺点，但是从 RF 性能上看，轴向继电器一般在关于信号损失的 RF 性能方面最好。轴向继电器的直通信号通路将引线的容抗和感抗最小化，同时也将继电器的阻抗不连续性最小化了，从而取得了最大的带宽。然而，轴向引线方式要求印刷电路板有一个凹孔，以便安放继电器。其优点就是有效地减小了轴向继电器的高度，此处的空间是非常宝贵的。J 弯曲继电器的 RF 性能次之，其优点就是占用的 PCB（印刷电路板）的面积较小。鸥翼形式是 SMD 继电器的最常见的类型。它在连接 PCB 座和继电器本体间引线的长度最长，从而使得其 RF 性能要比其他的引线类型稍逊。初次选取和就位焊接简单，重新焊接也同样简单，除非 RF 性能至关重要，否则人们都愿意使用这种引线类型的继电器。

Coto Technology 的新型无引线继电器大大改善了 RF 性能。它们不存在传统暴露在外的金属引线。它与用户电路板的连接是利用球网阵列（Ball-Grid-Array，BGA）连接实现的，所以器件基本上是无引线的。在 BGA 继电器中，BGA 信号输入端和输出端之间的信号通路被设计为 RF 传输线，继电器的 RF 阻抗始终近似为 50Ω。这是利用共平面波导和同轴结构的组合来实现的，通过继电器的阻抗的不连续性非常低。图 17.18 所示的 Coto B10Technology 和 B40 簧片继电器取得的带宽大于 10GHz，上升时间为 35ps 或更短。

图 17.18　Coto Technology B40 Ball Grid 表面安装 4- 通道簧片继电器（Coto Technology 授权使用）

簧片继电器中的趋肤效应。在高频的情况下，RF 信号倾向于靠近导体的表面传输，而不是通过导体材料的主体来传输。高导磁率的金属（比如用作簧片开关叶片的镍铁合金）会加大趋肤效应。在簧片开关中，同样的金属必须传输开关电流，同时也对闭合磁场产生响应。趋肤效应并不会对 RF 频率下簧片继电器的工作产生明显影响，因趋肤效应引发的交流电阻的增大与频率的平方根成正比，而因电抗的增大而产生的损失与 L 成正比，与 C 成反比。另外，外部引线的表面镀有锡和焊锡，这改善了焊接能力，有助于降低趋肤效应造成的损失。

选择用于高频业务的簧片继电器。高速开关电路可以通过簧片继电器、专门为高速业务而设计的机电继电器（Electromechanical Relays，EMR）、固态继电器（Solid-State Relay，SSR）、PIN 二极管和微机电系统（Microelectromechanical Systems，MEMS）继电器来实现。在许多情况下，簧片继电器是非常不错的选择，其在 RC 乘积特性的表现上更是无与伦比。RC 是品质因数，用 pF•Ω 为单位来表示，其中 R 是闭合时触点电阻，C 是断开时触点电容。该数值越低，高频性能越好。以 Coto Technology B40 继电器的 RC 乘积为例，其该乘积值近似为 0.02 pF•Ω。SSR 具有的 pF•Ω 乘积值约等于 6，比上一几乎高出了 300 倍，另外，其这样的 pF•Ω 数量级对应的击穿电压要比簧片开关的电压低很多。SSR

的断开时间也要比簧片继电器达到其典型的 1012Ω 断开电阻所需要的 50μs 更长。有些人感觉与固态器件相比的簧片继电器可靠性很大程度上也未得到确认，因为技术上的改进一直都在进行。在典型的信号开关层面上，许多簧片继电器已表现出几亿到几十亿次的 MCBF 数值。

17.2.5.7 干簧片开关

簧片开关是包含铁磁式接触叶片的组件，这些叶片被密封在玻璃套管中，并通过外部产生的磁场来工作。磁场可以由线圈或永久磁铁产生。图 17.19(a) 和图 17-19(b) 中的开关可以在高达 $175V_{dc}$(350mA) 或 $140V_{ac}$(250mA) 的条件下实现开关动作。图 17.19(c) 中的开关可在 $200V_{dc}$(1A) 或 $140V_{ac}$(1A) 条件下实现开关动作。

图 17.20 所示的是利用线圈来工作的 3 种簧片开关。

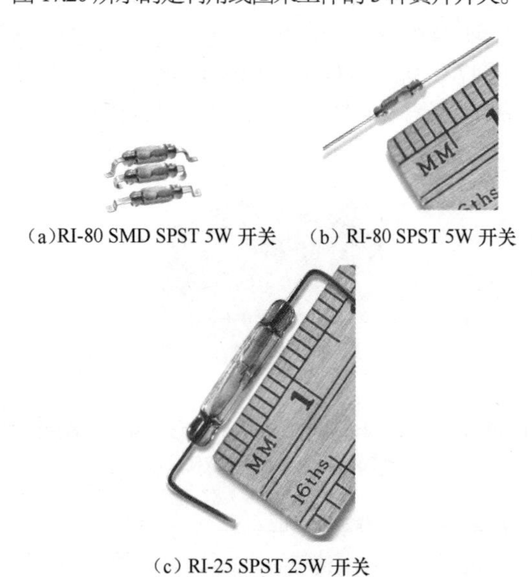

(a)RI-80 SMD SPST 5W 开关　(b) RI-80 SPST 5W 开关

(c) RI-25 SPST 25W 开关

图 17.19 Coto Technology 簧片式开关（Coto Technology 授权使用）

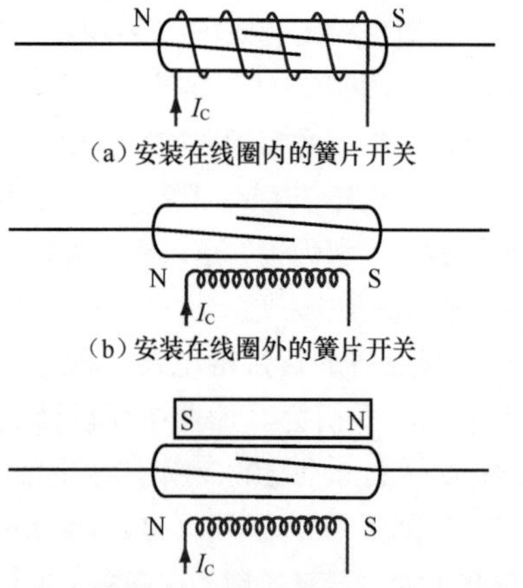

(a) 安装在线圈内的簧片开关

(b) 安装在线圈外的簧片开关

(c)由永久磁铁施加偏置和线圈驱动下工作的簧片开关

图 17.20 利用线圈来工作的 3 种簧片开关（Coto Technology 授权使用）

17.2.6 固态继电器

固态继电器（Solid-State Relays，SSR）利用晶体管和 SCR 的导通 - 截止属性来开启和断开直流电路。它们也采用双向可控硅元件来开关交流电路。

17.2.6.1 优点

SSR 与其对应的机电产品相比有这几个优点：没有活动部件、不存在电弧和起火问题，或无触点磨损现象；同时具有高速、无回弹、静音工作的性能。许多 SSR 具备可实用的光耦合性能，因此，信号电路包括灯泡或发光二极管，在用作驱动器件的光电晶体管工作时会闪烁。在其他类型的 SSR 中，小的簧片继电器或变压器可以当作驱动器件使用。此外，还有一种直接耦合静态继电器，因此实际上这种静态继电器已不属于 SSR 了，因为在输入和输出之间没有隔离。所以最好将其称为放大器。所有 3 种类型如图 17.21 所示。

交流继电器在过零时会开启和关闭。因此，它们减小了 dv/dt。然而，对于工作频率而言，这并没有减慢启动的动作频率。

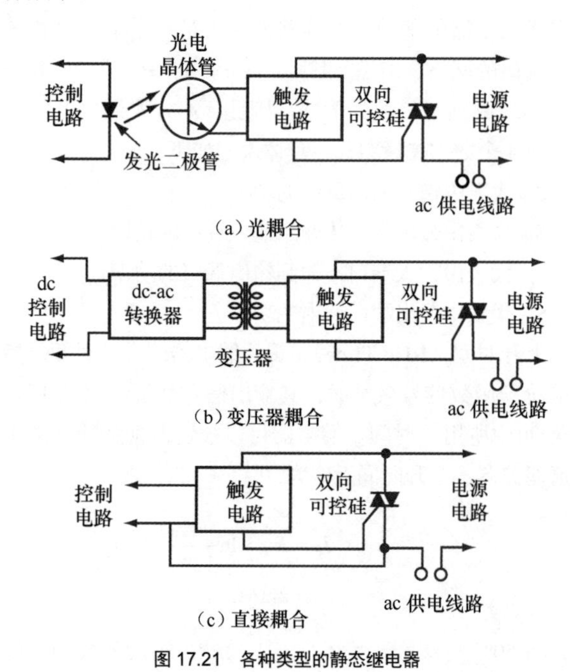

(a) 光耦合

(b) 变压器耦合

(c) 直接耦合

图 17.21 各种类型的静态继电器

17.2.6.2 缺点和保护

固态继电器也存在一些固有的问题，比如容易被短路损坏、容易出现高浪涌电流以及高 dv/dt 和电源两端的高峰值电压。

利用快速熔断的保险丝或串联电阻器来实现短路和高浪涌电流情况下的保护。标准保险丝在 SCR 或双向可控硅损坏之前一般并不会熔断，因为保险丝是用来抵御浪涌电流的。快速熔断的保险丝会在高尖峰电流出现时起作用。

采用的限流电阻将保护 SSR。然而，它所建立起的压降是与电流有关的，大电流时的功率消耗很大。

保护固态开关元件免受高 dv/dt 瞬态的一种常见技术是利用 RC 网络（缓冲器）来对开关元件分流，如图 17.22 所示。如下的公式能给出一些有效的结论：

$$R_1 = \frac{L}{V} \times \frac{dv}{dt} \tag{17-19}$$

$$R_2 = \frac{\sqrt{1-(PF)^2}}{2\pi f} \times \frac{dv}{dt} \quad (17\text{-}20)$$

$$C = \frac{4L}{R_2^2} \quad (17\text{-}21)$$

$$C = \frac{4L}{R_2^2} \times \frac{V}{I} \times \frac{\sqrt{1-PF^2}}{2\pi F} \quad (17\text{-}22)$$

式中，

L 为电感，单位为 H（亨利）；

V 为线路电压；

d*v*/d*t* 为可允许的最大电压变化率，单位为 V/μs；

I 为负载电流；

PF 为负载功率因数；

C 为电容，单位为 μF；

R_1，R_2 为电阻，单位为 Ω；

f 为线路频率。

RC 网络常常内置于 SSR 当中。

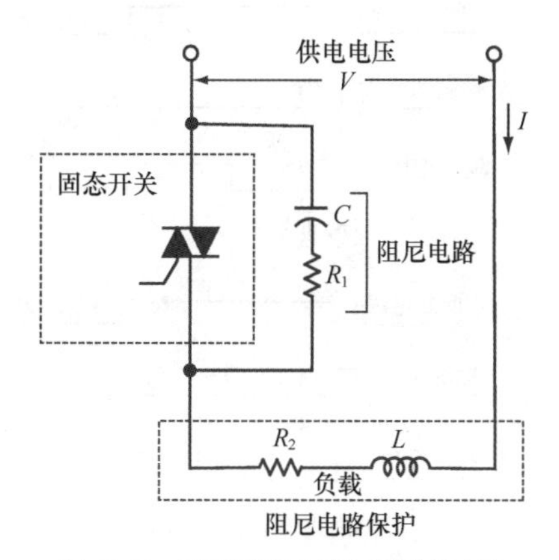

图 17.22 用于保护静态继电器的扼流电路

17.2.6.3 高峰值瞬态电压保护

当出现高峰值电压瞬态时，利用金属氧化物变电阻器（Metal-Oxide Varistors，MOV）可以起到有效保护作用。MOV 是双向电压敏感器件，当其设计电压门限被超过时，它便变为低阻抗器件。

图 17.23 示出了如何才能选择出正确 MOV 的方法。所选择继电器的峰值非重复性电压（Peak nonrepetitive voltage，V_{DSM}）被变换为 MOV 的峰值电压与峰值电流间的关系图。对应于峰值电压的电流可从图表中读取。在下面的公式中带入这一电流（*I*）的数值。

$$V_{DSM} = V_P - IR \quad (17\text{-}23)$$

式中，

I 为电流；

V_P 为峰值时刻电压瞬态值；

R 为负载加上源电阻。

重要的是不超过 SSR 的 V_{DSM} 峰值非重复电压。

MOV 的能量标称值一定不能被下式结果超出。

$$E = V_{DSM} \times I \times t \quad (17\text{-}24)$$

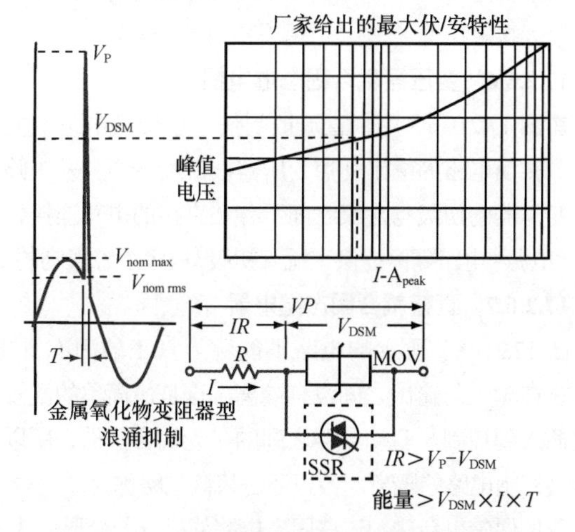

图 17.23 金属氧化物变阻器构成的峰值瞬态保护器

17.2.6.4 低负载电流保护

如果负载电流低的话，则可能必须要采取特别的措施来保证正确的工作。固态继电器具有有限的断态漏电流。SSR 也需要最小的工作电流来锁定输出器件。

如果负载两端的断态电压非常高的话，则将导致电路短时中断问题的发生，同时元件会过热。在这些应用中，与负载并联的低瓦数白炽灯给出一种简单的改善方法。灯泡的非线性特点可以使其断态的电阻较低，而在导通状态下保存功率。对于组合式的负载，必须要考虑 SSR 的大小。

17.2.6.5 光耦合固态继电器

图 17.21（a）所示的光耦合固态继电器安排（SSR）能够提供最高的控制 / 电源电路隔离（在小型，常规的形式中存在几千伏的电压）。双向可控硅触发电路被光电晶体管激励，光电晶体管器件（封装在透明的塑料中）的集电极 - 发射极电流受照射到其基极区的光量的控制。

光电晶体管与发光二极管一同被安装在一个避光的小空间中，它们之间要充分隔离，以便在控制和电源电路之间产生高的（几千伏）隔离。

发光二极管只需要 1.5V 的激励，同时它具有非常快的反应时间。电源电路是由高速光电晶体管和用于直流电源的 SCR，以及用于交流应用的双向可控硅组成的。

继电器不仅能够高速响应，而且还能够非常快地进行重复性动作，且关闭的延时非常短。在有些应用中，光电耦合器的封装在持续发光的发光二极管和光电晶体管之间提供了一个开缝。开 - 关控制是由活动臂、叶片或其他机械器件产生的，以此控制开缝，并根据一些外部的机械运动情况来截断光束。典型光耦合 SSR 具有以下特性：

开启控制电压	3 ～ 30V_{dc}
隔离	1500V_{ac}
d*v*/d*t*	100V/μs
传感控制电压	3V_{dc}

失落控制电压	1V_{dc}
1 个周期浪涌（rms）	7 ～ 10 倍标称值
1 秒过载	2.3 倍标称值
最大接触压降	1.5 ～ 4 V

17.2.6.6　变压器耦合固态继电器

在图 17.21(b) 中，直流控制信号在转换电路中被变为交流，转换电路的输出利用变压器被磁耦合至触发电路。因为在变压器的初级与次级之间不存在直接的电气连接，所以控制 / 电源 - 电路隔离提供了抵御初级 / 次级绝缘限制的电压。

17.2.6.7　直接耦合固态继电器

图 17.21(c) 所示的电路不能称为真正的固态继电器，因为它在输入与输出之间没有隔离。这是最简单的配置。由于被插入到控制与驱动电路之间的是无耦合器件，所以它并未提供控制电路的隔离。最好还是将该电路称为放大器。

我们偶尔也会碰到这些固态电路的另一种变形形式 ——达林顿电路（Darlington circuit）。图 17.24 所示的是达林顿直接耦合式静态继电器。实际上，这是一对级联的功率晶体管，该电路被用于许多固态系统中，以取得非常高的功率增益（1000 ～ 10000，或更大）。利用单只晶体管，它可以用具有高额定工作电压的单晶体管的形式来获得，这种晶体管利用基极连接处仅几伏的电压控制大电流负载，而从控制电路中引出的电流只有几毫安。它可以同样的方式应用于直流电路的继电器应用中，这可以通过控制信号直接耦合，也可以像所描述的那样利用中间隔离器件来实现。它不能用于交流电源电路中。

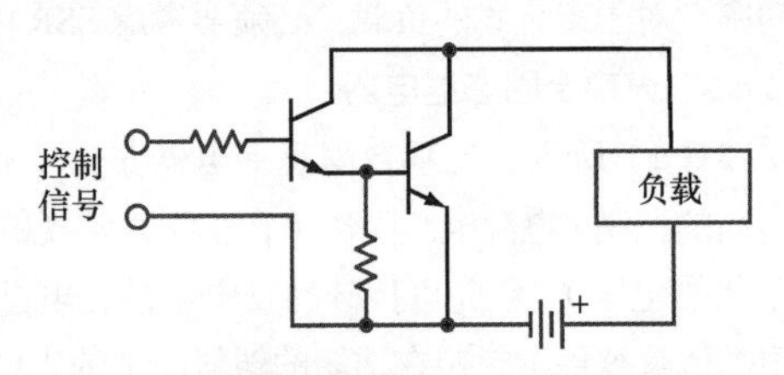

图 17.24　达林顿直接耦合式静态继电器

17.2.6.8　固态延时继电器

图 17.25 所示的固态延时继电器能够以许多不同的模式工作，因为它们并不依赖加热器或空气力学原理工作。简单的 IC 可让继电器执行标准功能，以及做下文所描述的求和、间隔和瞬时工作。

启动延时（On-Delay）。利用控制电源，开始延时周期。在延时结束时，输出开关工作。当控制电源取消时，输出开关返回到正常模式，如图 17.25(a) 所示。

非累加器（Nontotalizer）。利用控制开关的断开，延时周期开始。然而，任何控制开关的闭合先于延时的结束都将会立即重启定时器的循环。在延时周期结束时，输出开关工作，且保持工作直至所要求的不间断电源中断为止，如图 17.25(b) 所示。

累加器 / 预置计数器（Totalizer/Preset Counter）。当各个控制开关闭合持续时间等于预置的延时周期时，输出开关将工作。在控制开关闭合期间可能存在中断，但这些中断不会对累积的时间精度有实质性的改变。当不间断电源中断时，输出开关返回到常态，如图 17.25(c) 所示。

关闭延时（Off-Delay）。当控制开关闭合时，输出开关工作。而当控制开关断开时，延时周期开始。然而，只要任何控制开关闭合先于延时结束都将会立即重新循环定时器。在延时周期结束时，输出开关返回到常态。定时器必须装配不间断电源，如图 17.25(d) 所示。

间隔（Interval）。当控制电源应用时，输出开关工作。在延时周期结束时，输出开关返回到常态。为了重新循环，控制电源必须中断，如图 17.25(e) 所示。

瞬时激励（Momentary Actuation）。当控制开关闭合时，输出开关工作，同时延时周期开始。延时周期不受控制开关闭合持续时间的影响。在延时周期结束时，输出开关返回到常态。该定时器必须装配不间断电源，如图 17.25(f) 所示。

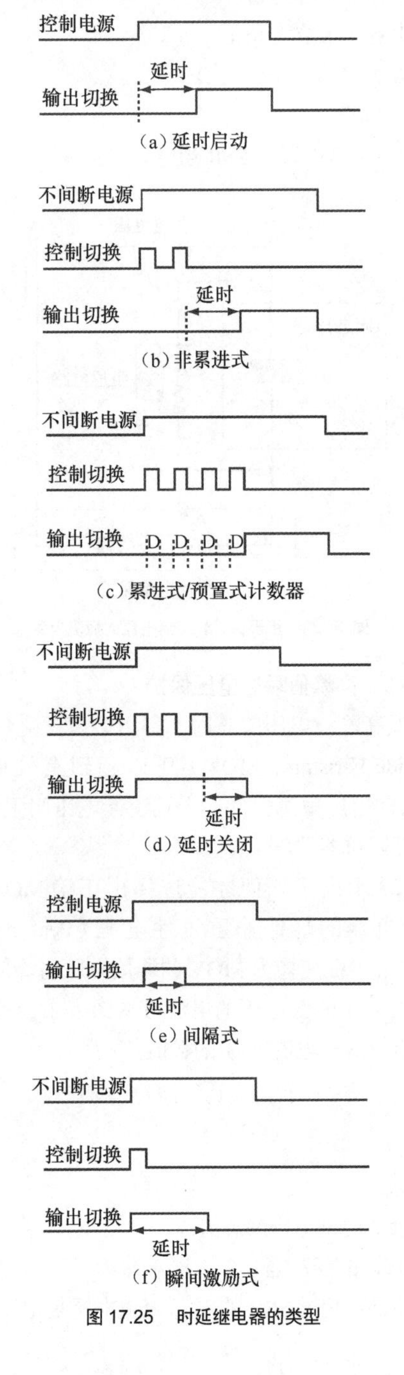

图 17.25　时延继电器的类型

可编程延时继电器（Programmable Time-Delay Relay）。在时间和功能可由用户编程时就可以使用可编程延时继电器。图 17.26 所示的 Magnecraft W211PROGX-1 继电器就是这种类型的一个例子。它插入到一个 8 爪管座上，具有 ±0.1% 的重复精度和 4 个输入电压范围。它具有 4 个可编程功能：开启延时（On Delay）、关闭延时（Off Delay）、单次使用（One Shot）和开启延时加关闭延时（On Delay and Off Delay）。它有 62 个可编程定时范围，从 0.1s ～ 120min，而且继电器有 10 个 DPDT 触点。8 档 DIP 开关被用来对定时功能进行编程，同时校准旋钮被用来设定时间基准。

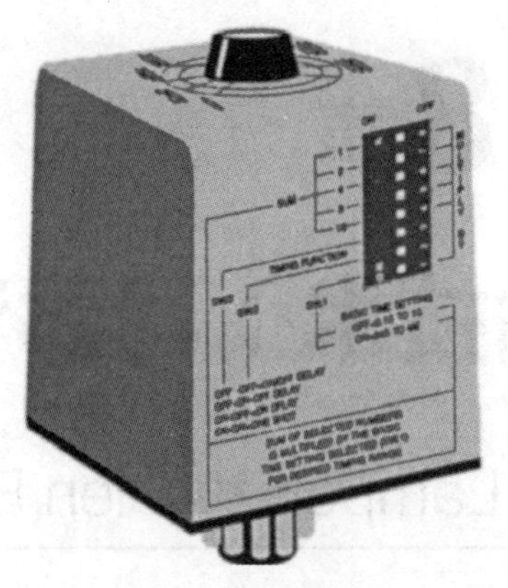

图 17.26　可编程延时继电器（Magnecraft Electric Co. 授权使用）

第18章

传输技术：导体和电缆

Steve Lampen 和 Glen Ballou 编写

18.1　引言

就在不久前，导线还只是将声音或图像从一个地方传输至另一个地方的廉价且可靠的工具。如今我们不仅仅可以通过导线，而且还可以利用光纤和射频（RF）技术来实现信号传输，这其中包络使用从蓝牙、无线路由器、移动电话、微波和卫星等手段进行信号的传输。本章将讨论声频和视频应用中采用的各种形式的导线和线缆。

导线只是一种单一导电组件，它可以被进行绝缘或非绝缘处理。从另一个角度来讲，线缆则是由两种或多种导电材料组成的导电器件。从理论上讲，线缆中各导电组件之间可以不做绝缘处理，但它们彼此之间的接触会产生短路的问题，因此我们通常还是要求其彼此绝缘。一根线缆可以由多根彼此绝缘的导线构成，这种线缆被称为多芯线缆（Multiconductor Cable）；或者将导线绞合在一起，构成所谓的绞线对线缆（Twisted Pair Cable）；或者一根中心导线由绝缘材料包裹，然后再用作为另外一信号通路的金属覆盖层包裹形成的所谓同轴线缆（Coaxial Cable）。

18.2　导体

导线和线缆用来连接不同的电路或元件。它们在机箱内部进行电路的连接，也可以从外部连接不同的单元设备。

18.2.1　阻抗和线径

导线是由金属或其他导电合金材料制成的。所有的导线均具有电阻，并以热能形式耗散功率。当传输声频或视频这样的小信号时，这种形式的功率损耗并不明显，如果采用电源线来传输大功率或大电流信号，这种损耗则非常明显。电阻的大小与导线的直径相关。导线越细，其电阻越大。

18.2.2　线阻抗的计算

对于指定长度的导线，其电阻通过以下公式求出：

$$R = KL/d^2 \tag{18-1}$$

其中，

R 是指定长度导线的电阻，单位为 Ω；

K 是材料的电阻，单位为每圆密耳英尺的欧姆值（Ω / cir mil ft）

L 是导线的长度，单位为英尺（ft）；

d 为导线的直径，单位为密耳（mil）；

许多用作导体材料的电阻采用的是表 18-1 的形式，即以每圆密耳英尺的欧姆值（Ω /cir mil ft）为单位来表示。这里所表示的电阻值通常是 20℃（68° F），即所谓的室温下的阻值。

在确定绞线对的阻值时，要牢记导线的长度应是单根导线长度的两倍。而对于像同轴线缆这样的线缆，则很难通过已知的部分来确定其阻值。中心导体可以很容易确定，但是编织线或编织线＋屏蔽则很难确定。在这种情况下，则要咨询生产厂家。

对于常见的金属材料，虽然银的电阻率最低，但是银很贵且难以使用。排在次之的是金属铜，它的价格则要便宜得多，并且很实用，材料本身易弯曲和耐磨。因此铜是导线和线缆的生产厂家最常使用制造材料。但是如果价格要求苛刻，且性能要求不高的话，人们也常常会使用铝材料来生产导线和线缆。将铝作为导体材料来使用时，使用者应该清楚：其较为便宜的价格可能意味着较差的电气性能。

表 18-1　金属和合金材料的电阻率

材料	符号	电阻率（Ω/cir mil ft）
银	Ag	9.71
铜	Cu	10.37
金	Au	14.55
铬	Cr	15.87
铝	Al	16.06
钨	W	33.22
钼	Mo	34.27
硬黄铜	Cu-Zn	50.00
磷青铜	Sn-P-Cu	57.38
纯镍	Ni	60.00
铁	Fe	60.14
铂（白金）	Pt	63.80
钯	Pd	65.90
锡	Sn	69.50
钽	Ta	79.90
锰镍合金	Ni-Mn	85.00
钢	C-Fe	103.00
铅	Pb	134.00
镍黄铜	Cu-Zn-Ni	171.00
阿留麦尔镍合金	Ni-AI-Mn-Si	203.00
砷	AS	214.00
蒙乃尔铜-镍合金	Ni-Cu-Fe-Mn	256.00
锰镍铜合金	Cu-Mn-Ni	268.00
铜镍合金	Cu-Ni	270.00
钛	Ti	292.00
镍铬合金	Ni-Cr	427.00
锰钢	Mn-C-Fe	427.00
不锈钢	C-Cr-Ni-Fe	549.00
克罗马克镍铬耐热合金	Cr-Ni-Fe	610.00
尼克洛姆镍铬耐热合金	Ni-Cr	650.00
Tophte A	Ni-Cr	659.00
镍铬耐热合金	Ni-Fe-Cr	675.00
科瓦铁镍钴合金A	Ni-Co-Mn-Fw	1732.00

这里可能有个例外，即便是高价位的高性能线缆，屏蔽层也常常使用铝箔。还有一个例外则是出现在汽车的设计当中，这时人们将线缆的重量作为一个重点考虑的因素，铝的重量要明显小于铜材料，而汽车中使用的导线都比较

短，因此电阻值则是次要的因素。

表 18-1 可能会让许多人惊异，人们一直错误地认为金是最佳的导体。金的优点在于其不会氧化。所以将它覆在暴露在大气、污染或潮湿环境下的物体表面是非常理想的，比如连接件的针脚或者用来插接电路板的连接点。作为一种导体，金并不需要进行退火处理，它经常用在集成电路中，因为它可以被制成极细的导线。但是，在普通的应用中，金并不是良好的导电材料，其导电性能更接近于铝，比铜还要差一些。

表中列出了通常会用在线缆中另一种材料——钢。正如可能会看到的那样，这种材料的电阻率几乎是铜的 10 倍，因此在使用它的时候人们也很纠结。实际上，采用钢导线制成的线缆都覆有一层铜，它被称为黄铜钢，信号只通过铜层，这一点将在 18.2.8 部分讨论。因此，这里的钢导线只是用来增加线缆的强度的，而不用来传递信号。

之所以将黄铜钢用于线缆，是因为这些线缆的抗拉强度（拉伸张力）是极为重要的参量。绞合导体可以采用多股黄铜钢绞合而成，以达到最大的强度。这样的线缆在基本阻抗特性上要打折扣。就像经常说的那样，人们可能对一种品牌的产品钟情只是因为其某个特定的属性。此时，人们以较高的阻抗来换取更大的强度。

18.2.3　阻抗和线径

在美国，导线的尺寸规格是采用美国线规（American Wire Gage，AWG）法来表示的。AWG 是根据此前 1856 年颁布的导线尺寸规格的布朗和沙普（Brown 和 Sharpe，B & S）系统建立的。AWG 标号在美国最为常用，本章相关内容也是以此为依据来说明的。在声频行业中最为常用的导线尺寸约为 10 ～ 30AWG，但标号较此低或高一些的导线也在使用。诸如 4AWG 这种低标号的导线的重量非常大，尽管其笨重但物理硬度很高，且电阻非常低；而像 30AWG 这样的高标号导线则重量轻，但易断，且电阻高。在确定任何电路中使用的导线线径时，阻抗是一个非常重要的考量因素。例如，如果一只 8Ω 的扬声器通过 #19 导线连接到 500ft 之上的功率放大器上，那么将会有 50% 的功率将以热的形式被导线耗散掉。将在 18.25 部分讨论有关扬声器线缆的内容。

若导线标号每增加 3，比如从 16AWG 变到 19AWG，那么其电阻阻值将加倍；反之亦然，即导线由 16AWG 变化至 13AWG，其电阻阻值将减半。这也就意味着将任意给定标号的两个同样的导线组合在一起时，它会使组合导线的总标号降低 3 个单位，同时降低了电阻阻值。例如，两根 24AWG 导线组合（绞在一起）而成的导线相当于是 21AWG 的导线。如果是将两根不同标号的导线组合在一起，则最终的标号可以通过将表 18-2 和表 18-3 所示的 Circular Mil Area（CMA）数值相加方便地计算出来。例如，如果将 3 根导线组合在一起，一根是 16AWG（2583 CMA），另两根是 20AWG（1022 CMA）和 24AWG（404 CMA），则总的 CMA 为 2583+1022+404=4009 CMA。通过表 18-1 可知，该数值刚好落在 14AWG 下面。虽然偶数标号的导线最为常见，但是奇数标号的导线也偶尔出现（比如，23AWG）。例如许多 6 类（Cat 6）规格 / 数据线缆就是 23AWG 标号的。如果需要的话，制造商甚至可以生产定制规格的线缆。有些同轴线缆配备的中心导体就是 28.5AWG 导线。这种专用规格的线缆可能同样也需要专门的连接件。

导线的基本形式有两种：实心的和编织的。实心导线是一根连续的金属。绞合导线则是由多个较细的导线组合而成的一根导线。实心导线的电阻阻值稍微低一些，但相对于编织线而言，它在弹性上差一些，并且弯折寿命较短（不适宜弯折）。

18.2.4　拉丝和退火

铜导体取自埋于地下的铜矿。该矿藏经开采、冶炼被制成铜条或铜棒。5/16 in 粗的铜丝是制作导线和线缆的最常见的材料。各种纯度的铜材料都可以买到。其纯度标准一般遵从 ASTM（American Society for Testing and Materials，美国材料试验协会）的标准。大多数高纯度的铜就是所谓的 ETP（电解韧铜，Electrolytic Tough Pitch）。例如，许多线缆制品都是采用 ASTM B115 ETP 制造的。该铜材料的纯度达到 99.95%。更高纯度的铜材料可以根据需要来购买。许多民品的高保真音响爱好者认为这些材料应是不含氧原子的，为此确实还引发了对铜纯度的讨论，最后采用纯度中 9 的个数来确定这一参量。纯度中 9 的个数每增加一个都会使铜的成本急剧升高。

要想将 5/16 in 的铜棒制成可使用的导线，铜棒要经过一系列的冲模来拉丝。每次处理只是将铜棒稍微变细了一些，并最终将铜棒拉制成非常细的极长导线。将 5/16 in 铜棒制成 12AWG 导线需要将铜导体冲模和拉丝 11 次；如制成 20AWG 则需要冲模和拉丝 15 次；制造 36AWG 的导线就需要冲模和拉丝 28 次。

铜棒拉丝的处理会使材料变硬、变脆。这时还要马上将导线放入退火炉中，速度高达 7000ft/ 分，温度在 900 ～ 1000 ℉（482 ～ 537℃）。这一温度还不足以让导线熔化，但是却足以让铜失去其脆性而重新变得柔韧，将其从硬化的状态中恢复回来。退火一般是在拉丝处理结束时进行。然而，如果接下来还需要进一步的柔韧化处理，则可能要在拉丝过程中进行退火处理。有些生产厂家是先将铜棒做成导线，然后整个导线盘成卷放入退火炉中。为了减小氧化的程度，有些退火炉充入的是氮气这样的惰性气体。这样可以通过降低氧的浓度来提高铜的纯度。然而同步退火要比整卷放入退火炉中退火的一致性更好些。

如果退火不够或退火时间或温度不对的话，则会使得导体变硬、变脆，并使产品报废。采用批量退火的方式处理，整卷材料中靠内缠绕的导线可能加热得没有靠外缠绕的导线那么充分。由其他国家生产的线缆可能不具有高性能应用所要求的纯度。质量差的铜材料，或者退火不充分的材料单凭肉眼很难看出问题，往往是在安装的过程中或安装之后才显现出问题来。

18.2.5 电镀和镀锡

大部分导线都镀有一层锡。这道工序也可以在拉丝和退火的同时利用电镀处理来完成。导线镀锡处理的目的是提高其抗污染、抗化学物质和盐分（针对水下应用）侵蚀的能力。然而，这种镀层的导体不适合于高频应用，因为高频时信号是沿着导体表面传输的，即所谓的趋肤效应（Skin Effect）。在这种情况中，都是采用裸的铜导体。用于高频传输的导体的表面是取得良好性能的主要因素，应对其表面进行镜面精加工处理。偶尔也会对导线镀银。虽然银的导电性更好一些，但是其真正的优点是氧化银与裸银材料具有同样的电阻率。在这一点上，铜材料就不行了，氧化铜是半导体。因此，要预先对铜线的反应做出应对。镀银有助于维持其性能的稳定性。为此有时水下使用的线缆或在类似室外环境中应用的线缆会被做镀银处理。

在导线挤压（熔化）成型处理时，有些塑料可能会对铜产生化学影响。例如，挤压TFE[四氟乙烯(Tetrafluoroethylene)，特氟龙(Teflon)的一种形式]绝缘处理时常会出现这种问题。这些线缆内部采用的导线通常都是经过镀银处理的。挤压成型处理而产生的任何氧化一定不能对线缆性能产生影响。当然，为此所付出的代价就是镀银导体的成本要比裸铜高很多。

18.2.6 导线参数

表18-2给出了4AWG至40AWG的实心导线的各种参数。表18-3给出了绞合导线的同样一些参数。应注意的是，特殊标号实心导线的电阻阻值要比同样标号的绞合导线的电阻阻值稍低一些。这是因为绞合导线并不是整体全部导电的，绞合导线之间存在间隙。这也是与实心导线阻值相等的绞合导线要粗一些的原因。

表18-2 4AWG～40AWG ASTM B类实心导线的参量

AWG	标称直径	CMA（×1000）	裸线 lbs/t	Ω/1000ft	电流A	mm^{2}等效
4	0.2043	41.7	0.12636	0.25	59.57	21.1
5	0.1819	33.1	0.10020	0.31	47.29	16.8
6	0.162	26.3	0.07949	0.4	37.57	13.3
7	0.1443	20.8	0.06301	0.5	29.71	10.6
8	0.1285	16.5	0.04998	0.63	23.57	8.37
9	0.1144	13.1	0.03964	0.8	18.71	6.63
10	0.1019	10.4	0.03143	1	14.86	5.26
11	0.0907	8.23	0.02493	1.26	11.76	4.17
12	0.0808	6.53	0.01977	1.6	9.33	3.31
13	0.075	5.18	0.01567	2.01	7.40	2.62
14	0.0641	4.11	0.01243	2.54	5.87	2.08
15	0.0571	3.26	0.00986	3.2	4.66	1.65
16	0.0508	2.58	0.00782	4.03	3.69	1.31
17	0.0453	2.05	0.00620	5.1	2.93	1.04
18	0.0403	1.62	0.00492	6.4	2.31	0.823
19	0.0359	1.29	0.00390	8.1	1.84	0.653
20	0.032	1.02	0.00309	10.1	1.46	0.519
21	0.0285	0.81	0.00245	12.8	1.16	0.412
22	0.0254	0.642	0.00195	16.2	0.92	0.324
23	0.0226	0.51	0.00154	20.3	0.73	0.259
24	0.0201	0.404	0.00122	25.7	0.58	0.205
25	0.0179	0.32	0.00097	32.4	0.46	0.162
26	0.0159	0.253	0.00077	41	0.36	0.128
27	0.0142	0.202	0.00061	51.4	0.29	0.102
28	0.0126	0.159	0.00048	65.3	0.23	0.08
29	0.0113	0.127	0.00038	81.2	0.18	0.0643
30	0.01	0.1	0.00030	104	0.14	0.0507
31	0.0089	0.0797	0.00024	131	0.11	0.0401
32	0.008	0.064	0.00019	162	0.09	0.0324
33	0.0071	0.0504	0.00015	206	0.07	0.0255
34	0.0063	0.0398	0.00012	261	0.06	0.0201
35	0.0056	0.0315	0.00010	331	0.05	0.0159
36	0.005	0.025	0.00008	415	0.04	0.0127
37	0.0045	0.0203	0.00006	512	0.03	0.0103
38	0.004.	0.016	0.00005	648	0.02	0.0081
39	0.0035	0.0123	0.00004	847	0.02	0.0062
40	0.003	0.0095	0.0003	1080	0.01	0.0049

表18-3 4AWG～40AWG ASTM B类绞合导线的参量

AWG	标称直径	CMA（×1000）	裸线 lbs/ft	Ω/1000ft	电流A*	mm^{2}等效
4	0.232	53.824	0.12936	0.253	59.63	27.273
5	0.206	42.436	0.10320	0.323	47.27	21.503
6	0.184	33.856	0.08249	0.408	37.49	17.155
7	0.164	26.896	0.06601	0.514	29.75	13.628
8	0.146	21.316	0.05298	0.648	23.59	10.801
9	0.13	16.9	0.04264	0.816	18.70	8.563
10	0.116	13.456	0.03316	1.03	14.83	6.818
11	0.103	10.609	0.02867	1.297	11.75	5.376
12	0.0915	8.372	0.02085	1.635	9.33	4.242
13	0.0816	6.659	0.01808	2.063	8.04	3.374
14	0.0727	5.285	0.01313	2.73	5.87	2.678
15	0.0647	4.186	0.01139	3.29	4.66	2.121
16	0.0576	3.318	0.00824	4.35	3.69	1.681
17	0.0513	2.632	0.00713	5.25	2.93	1.334
18	00456	2.079	0.00518	6.92	2.32	1.053
19	0.0407	1.656	0.00484	8.25	1.84	0.839
20	0.0362	1.31	0.00326	10.9	1.46	0.664
21	0.0323	1.043	0.00284	13.19	1.16	0.528
22	0.0287	0.824	0.00204	17.5	0.92	0.418
23	0.0256	0.655	0.00176	20.99	0.73	0.332
24	0.0228	0.52	0.00129	27.7	0.58	0.263
25	0.0203	0.412	0.01125	33.01	0.46	0.209
26	0.018	0.324	0.00081	44,4	0.36	0.164
27	0.0161	0.259	0.00064	55.6	0.29	0.131
28	0.0143	0.204	0.00051	70.7	0.23	0.103
29	0.0128	0.164	0.00045	83.99	0.18	0.083
30	00113	0.128	0.00032	112	0.14	0.0649
31	0.011	0.121	0.00020	136.1	0.11	0.0613
32	0.009	0.081	0.00020	164.1	0.09	0.041
33	0.00825	0.068	0.00017	219.17	0.07	0.0345
34	0.0075	0.056	0.00013	260.9	0.06	0.0284
35	0.00675	0.046	0.00011	335.96	0.04	0.0233
36	0.006	0.036	0.00008	414.8	0.04	0.0182
37	0.00525	0.028	0.00006	578.7	o.03	0.0142
38	0.0045	0.02	0.00005	658.5	0.02	0.0101
39	0.00375	0.014	0.00004	876.7	0.02	0.0071
40	0.003	0.009	0.00003	1028.8	0.01	0.0046

绞合线缆

相对于实心线缆而言，绞合线缆更为柔软，并且弯折寿命更长。表 18-4 给出了一些推荐的绞合线数值。其中的两个数字（例如 65×34）分别给出了绞合线的线股数（65），以及每种弯折类型的绞合线缆的尺寸规格（34）。

18.2.7　拉线张力

拉线张力要求是一定要满足的，只有这样线缆才不会在使用中发生永久性的拉伸变形。退火铜导线的张力值由表 18-5 给出。

多芯线缆的拉线张力可以通过将导线总数乘以适当的系数得出。对于双绞线线缆，每根线缆有两根导线。而对于带屏蔽层的双绞线线缆，由于有了衬箔屏蔽层，所以还必须将消排扰线包含在计算之内。需要格外注意的是，排扰线有时可能会比导线对中的导体标号小一些。那些并不是由多芯导线构成的同轴线缆（或其他线缆）的拉线张力要比计算值大很多。有关拉线张力的要求请咨询线缆制造商。

表 18-5　退火铜导线的拉线张力　（磅，lbs）

24AWG	5.0
22AWG	7.5
20AWG	12.0
18AWG	19.5
16AWG	31.0
14AWG	49.0
12AWG	79.0

18.2.8　趋肤效应

随着导线内信号频率的升高，信号在更靠近导体的表面传输。由于高频时使用的中心导体的截面积非常小，所以有些线缆由中心为钢芯，表面覆以铜材料的导体制成。

表 18-4　针对各种弯折程度推荐采用的绞合线的数值

典型应用	AWG	mm	AWG	AWG
	12 AWG		14AWG	
固定安装（线缆挂装在线槽中）			实心	
	19×25	19×0.455	19×27	19 ×0.361
中等程度弯折（常常用于维护的布线）	65×30	65×0.254	19×27	19 ×0.361
			41×30	41 ×0.254
严重的弯折（传声器，检测产品）	165 ×34	165×0.160	104 ×34	104 ×0.160
	16 AWG		18AWG	
固定安装（线缆挂装在线槽中）	实心		实心	
	19×29	19×0.287	7×26	7 ×0.404
			16×30	16 ×0.254
中等程度弯折（常常用于维护的布线）	19×29	19×0.287	16×30	16 ×0.254
	26×30	26 ×0.254	41×34	41 ×0.160
严重的弯折（传声器，检测产品）	65×34	65×0.160	41×34	41 ×0.160
	104 ×36	104×0.127	65 ×36	65 ×0.127
	20 AWG		22 AWG	
固定安装（线缆挂装在线槽中）	实心		实心	
	7×28	7 ×0.320	7×30	7 ×0.254
	10×30	10×0.254		
中等程度弯折（常常用于维护的布线）	7×28	7 ×0.320	7×30	7×0.254
	10×30	10×0.254		
	19×32	19 ×0.203	19×34	19 ×0.160
	26×34	26×0.160		
严重的弯折（传声器，检测产品）	26×34	26 ×0.160	19×34	19×0.160
	42×36	42 ×0.127	26×36	26 ×0.127
	24 AWG		26 AWG	
固定安装（线缆挂装在线槽中）	实心		实心	
	7×32	7 ×0.203	7×34	7 ×0.160
中等程度弯折（常常用于维护的布线）	7×32	7 ×0.203	7×34	7×0.160
	10×34	10×0.160		
严重的弯折（传声器，检测产品）	19×36	19×0.127	7×34	7 ×0.160
	45×40	45×0.079	10×36	10 ×0.127

（Belden授权使用）

这些所谓的铜膜，镀铜，或Copperweld技术常常被CATV/宽带业务提供商所采用。

包铜钢线缆要比铜线缆硬一些，所以在安装期间，或者在安装之后承受风灾、冰灾或其他外部因素的灾害方面表现出更强的抗拉性。例如，#18AWG的包铜的同轴线缆的抗拉强度为102 lbs，而#18AWG的实心铜质同轴线缆的抗拉强度则为69 lbs。包铜线缆的主要缺点是其在50 MHz以下并不是出色的导体，根据铜层的厚度，其电阻阻值是铜的4～7倍。

这是信号低于50Hz时才存在的问题，例如DOCSIS这样的数据分发，或者由家庭至节目提供商的VOD（视频点播，Video-On-Demand）信号。系统在铺装线缆时，最好还是使用实心铜质线缆，这样在低频和高频的情况下都可以使用。

这也就是为何包铜导体不适合于50MHz以下的应用，比如基带视频，CCTV，模拟或数字声频等。包铜线缆也不适合于明显处在50 MHz以下的像SDI或HD-SDI视频和数据部分的应用。

在卫星蝶形天线安装中，铜包线缆常常被错误应用。在这类型应用中，直流电源给天线馈电，宽带干涉频率信号正好与之相反（它来自蝶形天线）。虽然线缆对于卫星频率可能具有合适的损耗特性，但是线缆芯的钢质材料对于直流电源而言却是一种差的选项，而且这种线缆存在着严格的距离限定。

铜导线的趋肤深度可以通过下面的公式计算：

$$D=\frac{2.61}{\sqrt{f}} \tag{18-2}$$

其中，

D为趋肤深度，单位为in；

f为频率，单位Hz。

表18-6对实际的趋肤深度与实际使用的RG-6线缆的中心导线的百分比进行了比较。不论导线的厚度如何，趋肤深度始终保持一致。唯一改变的是所利用的导线的百分比。确定所利用的导线百分比要求采用两倍的趋肤深度，因为我们比较的是导线的直径与其深度。

表18-6　各个频率下的趋肤深度以及导体占用的百分比

频率	趋肤深度（in）	#18AWG导线占用的百分比（%）
1kHz	0.082500	100
10kHz	0.026100	100
100kHz	0.008280	41
1MHz	0.002610	13
10MHz	0.000825	4.1
100MHz	0.000261	1.3
1GHz	0.0000825	0.41
10GHz	0.0000261	0.13

正如可能所见到的那样，当频率到了高频时，导体表面的信号深度可以很容易地达到微英寸的数量级。对于处在这一范围内的信号，比如高清晰度视频信号，这将意味着导线的表面与导线本身一样十分重要。因此，应该镜面封装处理打算用来传输高频信号的导线。

由于导线在这种高频时的电抗是不存在因果关系的，因此这就是为何有时会要求使用更粗一些导线的原因。其原因就在于随着导线的尺寸变粗，其导线表面积也会因此而增大。

进一步而言，有些导线镀有一层锡，以阻止被腐蚀。这些线缆明显不适合于在几MHz的频段上使用，或者说信号的主要部分不适合在镀锡层传输。如表18-1所示，锡材料并不是一种特别好的导体。

18.2.9　电流容量

对于点到点携带大量电子流动、高安培数或电流的导体而言，我们可以通过一个已做好通用型表格来简化每个导体的电流携带容量。为了使用图18.1所示的电流容量表格，首先要确定导体的标号、绝缘性和套管、额定温度以及所关心线缆产品描述中的导体数目等。这些信息一般都可以从生产厂家的网址上或产品手册中获取。

接下来的工作就是通过表格获得正确的额定温度和导体的尺寸规格。为了计算最大的额定电流/导体，表格数据要乘以相应的导体系数。表格数据是假定线缆处于静止空气和环境温度［25℃（77 ℉）］状态下得到的。电流的数值单位为安培（rms），并且只对铜导体才有效。线缆的最大连续额定电流受限于导体的尺寸、线缆中包含的导线数目、导体表面绝缘材料的最高额定温度，以及环境温度和空气流动性等环境因素。不同绝缘塑料及其熔点温度采用4线标记法来表示。有关最大绝缘或护套温度的信息请参考生产厂家的网址或产品手册。

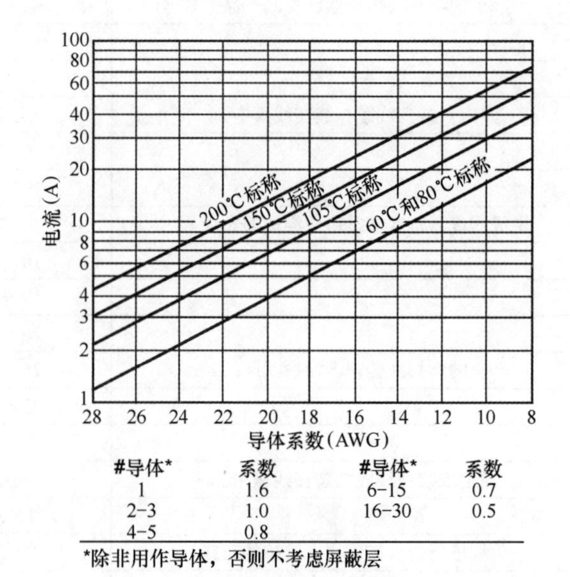

图18.1　线缆的额定电流（Belden授权使用）

图18.1所示的额定电流是针对低功率电子通信和控制应用的一般性指南。高功率应用的额定电流一般是由诸如

保险商实验室（Underwriters Laboratories，UL）、加拿大标准协会（Canadian Standards Association，CSA）、国家电气规范（National Electrical Code，NEC）等管理机构组织来制定，并且在最终安装之前要采用。

NEC 的表 310-15（b）（2）（a）包含了在一个管线或沟槽中穿有 3 条以上电流传输导线时的安培数调整系数。

NEC 的 240-3 部分给出了除了软线和固定线缆之外导线的过载保护要求。240-3（d）部分（Small Conductors，细导线）给出了 #14 ～ #10 导线对额定值不高于 60℃一列中所列出的额定电流的最大过流保护设备的要求。这些电流分别为：#14 铜导线对应的 15A，#12 铜导线对应的 20A，#10 铜导线对应的 30A。这些数值常作为商业安装断路器的额定值。

当将导线连接到连接端子上或与其他导线相连时，还必须要考虑连接点的温升问题。通常，电路并不受导线传输电流容量的限制，但接线端子则受此限制。

导线标称电流

导线的传输电流能力是受 NEC 的控制的，它在表 310-16、表 310-15（b）（2）（a）和 240-3 部分被着重强调。

NEC 的表 310-16 给出了额定值为 0 ～ 2000V 绝缘处理导线的载流量，其中包括了铜导线和铝导线。其中还给出了针对 3 种温度（60℃，75℃和 90℃）时每种导线的安培数。由于铜几乎在达到 2000℃时也不会熔化，所以铜导线的电流限制并不是铜的熔点，而是绝缘材料的熔点。该数值大多数都会列在制造商的网址或其产品手册上。例如，PVC（Polyvinyl Chloride，聚氯乙烯）能够抵抗 60℃～ 105℃的温度。材料在这些特定的温度下并不会发生熔化，只是可能在进行某种检测时通不过，比如在弯折时会发生破裂。

18.3　绝缘体

虽然导线可以是裸线，即通常所谓的母线（bus bar 或 bus wire），但是大多数情况下还是有绝缘层的，也就是包裹一层非导电材料。早期的绝缘处理包括使用棉线或丝绸缠绕在导体上，甚至还有人以纸作为绝缘材料。在工作环境良好的老建筑中可能还会见到使用棉花来包裹居室布线的情况。如今，大多数绝缘材料要么是橡胶，要么是某种塑料。每种线缆所选用的绝缘材料应列在生产厂家的产品手册中。表 18-7 列出了一些以橡胶基材料的属性。表 18-8 列出了各种塑料的属性。两

表 18-7　橡胶绝缘性能比较

属性	PVC	低密度聚乙烯	泡沫聚乙烯	高密度聚乙烯	聚乙烯	聚亚安酯	尼龙	特富龙
抗氧化性	E	E	E	E	E	E	E	O
耐热性	G-E	G	G	E	E	G	E	O
耐油性	F	G	G	G-E	F	E	E	O
低温柔韧性	P-H	G-E	E	E	P	G	G	O
耐日照性	G-E	E	E	E	E	G	E	O
抗臭氧性	E	E	E	E	E	G	E	O
耐磨性	F-G	F-G	F	E	F-G	O	E	E
电气属性	F-G	E	E	E	E	P	P	E
阻燃性	E	P	P	P	P	P	P	O
抗核辐射性	G	G	G	G	F	G	F-G	P
耐水性	E	E	E	E	E	P-G	P-F	E
耐酸性	G-E	G-E	G-E	G-E	E	F	P-E	E
耐碱性								E
耐汽油煤油等（烃类）性	P	P-F	P-F	P-F	P-F	G	G	E
耐不纯苯、甲苯等（芳香烃）性	P-F	P	P	P	P-F	P	G	E
耐脱脂溶剂（卤代烃）性	P-F	P	P	P	P	P	G	E
耐酒精性	G-E	E	E	E	E	P	P	E

P= Poor（差）　F=Fair（一般）　G=Good（良好）　E=Excellent（优秀）　O=Outstanding（极佳）

（Belden授权使用）

个表格中的标称值是基于通用复合材料的平均性能得出的。任何给定的属性通常可能因复合成分的选用而改善。

表18-8 介电常数

介电常数	材料	注释
1	真空	按照定义
1.0167	空气	非常接近于1
1.35	泡沫，充气塑料	当前技术的限制
2.1	固态Tef lonR	最好的固体塑料
2.3	固态聚乙烯	最常用的塑料
3.2-6.5	固态聚氯乙烯	便宜 容易生产

（Belden授权使用）

18.3.1 塑料和介电常数

表18-9给出了各种绝缘材料的性能、要求和特殊优点等细节。用于传输信号线缆中的绝缘常常是指绝缘体（dielectric）。任何材料的性能，也就是对线缆中传输信号的最低绝缘效果被称为介电常数（dielectric constant），该常数可以在实验室测量出来。表18-9给出了作为基准参考点的一些标准数字。

18.3.2 导线绝缘特性

橡胶复合物与塑料复合物之间的主要差异体现在其再循环利用性上。塑料材料可以被碾成粉末，并且重新与其他物体熔合。例如，聚乙烯可以重复制成塑料瓶，食品袋，甚至是公园的长椅。如果有需要，这些物质本身还可以再被研成粉末，转换回导线的绝缘体或用作其他各种用途。热塑（thermoplastic）一词意味着物体是通过热处理变化而来的，而且“热塑”一词是通常塑料（plastic）一词的词源。

表18-9 塑料绝缘体的属性

属性	PVC	低密度聚乙烯	泡沫聚乙烯	高密度聚乙烯	聚乙烯	聚氨酯	尼龙	特氟龙
抗氧化性	E	E	E	E	E	E	E	O
耐热性	G-E	G	G	E	E	G	E	O
耐油性	F	G	G	G-E	F	E	E	O
低温柔韧性	P-G	G-E	E	E	P	G	G	O
耐日照性	G-E	E	E	E	E	G	E	O
抗臭氧性	E	E	E	E	E	E	E	E
耐磨性	F-G	F-G	F	E	F-G	O	E	E
电气属性	F-G	E	E	E	E	P	P	E
阻燃性	E	P	P	P	P	P	P	O
抗核辐射性	G	G	G	G	F	G	F-G	P
耐水性	E	E	E	E	E	P-G	P-F	E
耐酸性	G-E	G-E	G-E	G-E	E	F	P-F	E
耐碱性	G-E	G-E	G-E	G-E	E	F	E	E
耐汽油、煤油等（脂肪烃）性	P	P-F	P-F	P-F	P-F	G	G	E
耐不纯笨、甲苯等（芳香烃）性	P-F	P	P	P	P-F	P	G	E
耐脱脂溶剂（卤代烃）性	P-F	P	P	P	P	P	G	E
耐酒精性	G-E	E	E	E	E	P	P	E

P= poor（差） F= fair（一般） G= good（良好） E = excellent（优秀） O = outstanding（极佳）

（Belden授权使用）

另一方面，橡胶复合物属于热固树脂。橡胶及其家族产品在处理过程中要进行所谓的硫化处理（vulcanizing）。这些复合物不能研碎，并重复循环制成新的产品。橡胶有自然橡胶复合物（比如乳胶基橡胶）和人工橡胶复合物，比如EPDM（ethylenepropylene-diene monomer）。

绝大多数导线和线缆绝缘都由塑料基复合物制成。由于橡胶极为粗糙，而又比大部分塑料更贵一些，所以生产橡胶基产品的生产厂家越来越少。橡胶和塑料这两种材料在线缆制造中有两种应用形式。第一种应用形式就是用作线缆内部导体的绝缘；第二种应用形式就是用作套管材料，保护线缆的组成部件。

18.4 套管

线缆的套管特性对其耐磨性和抵御环境的能力有很大的影响。我们首先要考虑的通常是其柔韧性，尤其是在低温环境下。声频和广播应用的线缆在制造时对标准套管材料进行了广泛的筛选。特殊的复合物和标准复合物的变型产品常被用来满足重要的声频和广播应用的要求，以及异常环境条件的需求。选择能与线缆工作环境相匹配的线缆套管可以避免因极端的冷热变化、日照和不合理的机械处理、缠绕或车辆交通等因素造成的性能劣化。

18.5　塑料

塑料（Plastic）是 thermoplastic 一词的简写。thermo 是热的意思，plastic 的本意是变化。Thermoplastic 材料可以通过加热产生变化。它们可以被熔化并挤压成其他的形状。例如，它们可以被挤压成线缆的护线套，形成绝缘（非导电）层。塑料有许多种形式。下面所列出的是用来制造导线和线缆的最常见的类型。

18.5.1　乙烯

乙烯（Vinyl）有时就是指 PVC 或 polyvinyl chloride，这种材料是沃尔多•西蒙（Waldo Semon）博士（美国）于 1928 年发明的。由于一种成分配方的产品不会有极高或极低的温度属性，所以多成分配方产品的标称温度范围在 –55℃～ +105℃（–67 ℉～ +221 ℉），而其他普通的乙烯的温度范围可能只是 –20℃～ +60℃（–4 ℉～ +140 ℉）。各种类型的乙烯产品在柔韧性和满足多种应用的电气属性上会有所不同，产品价位也可能会因此而有所变化。典型的介电常数从 1000Hz 时的 3.5 到 60Hz 时的 6.5，因此若要求的性能高的话，则选择的余地会很小。PVC 是最廉价的复合物之一，并且其使用起来最为方便。因此，在许多对性能要求不高的线缆中，或者材料成本是主要考虑因素时人们都会使用 PVC 材料。PVC 很容易着色，并且相当柔软，但并不非常粗糙。在高性能的线缆中，PVC 常常被用作套管的材料，只是不用于线缆内部而已。

18.5.2　聚乙烯

聚乙烯（Polyethylene）是 1933 年由 E.W. 福西特（E.W. Fawcett）和 R.O. 吉布森（R.O. Gibson）(英国）偶然发明的，它是电气性能非常好的绝缘材料。其整个频率范围上的介电常数均较低，并且具有极高的绝缘电阻阻值。在柔韧性方面，聚乙烯的标称范围从坚硬到非常硬，具体取决于分子量和密度。低密度的聚乙烯最软，而高密度且大分子量的聚乙烯则非常坚硬。它的抗潮湿性能非常出色。正确的褐色和黑色配方具有非常好的抗日照性能。用于实心绝缘的介电常数为 2.3，而充气泡沫蜂房式设计的介电常数可低至 1.35。聚乙烯是世界上应用最为普遍的塑料。

18.5.3　特氟龙（Teflon）

1937 年由杜邦（DuPont）的罗伊•普伦吉特（Roy Plunkett）发明的特氟龙（Teflon）具有出色的电气性能，理想的工作温度范围和抗化学腐蚀性能。它并不适合在核辐射环境下使用，并且它不具备良好的高压特性。FEP（氟化四溴乙烯）Teflon 可以采用类似制造乙烯和聚乙烯的方式挤压成型，因此该材料在长导线和线缆中都可以使用。TFE（四氟乙烯，tetrafluoroethylene）Teflon 采用液压油缸型处理挤压成型，但因油缸中的材料量，绝缘厚度和导线尺寸等因素，故其长度是有限的。TFE 必须对镀有银和镍的导线挤压。镀镍层和镀银层设计的标称温度最大值分别为 +260℃和 +200℃（500 ℉和 392 ℉），这是常见塑料的最高温度。每磅 Teflon 的成本大约比乙烯绝缘材料高出 8 ～ 10 倍。实心 Teflon 的介电常数为 2.1，这是所有实心塑料中最低的。泡沫 Teflon（FEP）可以低达 1.35。Teflon 的生产方和注册商标公司均为杜邦公司（DuPont Corporation）。

18.5.4　聚丙烯

聚丙烯（Polypropylene）在电气特性上与聚乙烯类似，并主要用作绝缘材料。通常而言，它要比聚乙烯硬，这使得它适合于薄壁绝缘。UL 标称的最大温度为 60℃或 80℃（140 ℉或 176 ℉）。其电介常数在实心情况下为 2.25，蜂窝状设计时为 1.55。

18.6　热塑化合物

顾名思义，热塑化合物是经加热生产并定型出来的。这就是说该处理过程不能像热塑性塑料那样反过来进行。它们不能像热塑性塑料那样再循环利用，制成新的产品。

18.6.1　硅树脂

硅树脂（Silicone）是非常软的绝缘材料，其温度范围为 –80℃ ～ +200℃（–112 ℉～ +392 ℉）。它具有出色的电气特性和抗臭氧能力，较弱的吸湿特性，以及良好的抵御天气和抗辐射特性。一般而言，它的机械强度较低，并且抗磨损性较差。由于硅树脂价格非常高，所以它不经常被使用。

18.6.2　氯丁橡胶

氯丁橡胶（Neoprene）具有的最大温度范围为 –55℃ ～ + 90℃（–67 ℉ ～ +194 ℉）。实际的范围取决于所用的配方。氯丁橡胶的抗油和抗日照特性，使得它非常适合于在多种室外环境中使用。最稳定的颜色是黑色、咖啡色和灰色。它的电气特性并没有像其他绝缘材料那样出色。因此要想达到同样的绝缘效果，必须采用更厚的绝缘层。

18.6.3　橡胶

对橡胶的描述一般包括自然橡胶和苯乙烯 - 丁二烯橡胶（SBR）复合物。两者都可以用于绝缘和套管。这些基本材料有许多配方，每一配方均针对特定的应用。有些配方适合于 –55℃（67 ℉）最低温度，而另一些则适合于 +75℃（+167 ℉）最高温度下使用。橡胶套管复合物具有延长线缆寿命的出色耐久性。它们的强抗挤压和抗摩擦性能要优于 PVC，并且能够抵御水、碱或酸的侵蚀。它们具有出色的抗热特性，而且在低温条件下也具有良好的线缆柔韧性。

18.6.4 EPDM

EPDM代表的是三元乙丙橡胶（Ethylene-Propylene-Diene Monomer）。它是由Waldo Semon博士于1927年发明的。尽管它极为粗糙，如同自然橡胶一样，它是一种热固性化合物但是它可以从石油的副产品乙烯气体和丙烯气体中产生。

18.7 单芯导线

单导体导线最初是单根导线，这根导线既可以是实心的导线也可以是编织线。它可以是裸线，有时也被称为总线，也可以是带护线套的导线。对导体的粗细并没有实际的限制。对线缆尺寸规格（AWG）的选择是根据具体的应用以及所要求的电流和功率分配来确定的。如果需要带护线套，线套的选择可以根据性能要求，以及粗糙度、柔韧性或者其他要求来确定。

对单根导体的额定电压没有规定，因为NEC（National Electrical Code）只适用于线缆，而不是单根导体。但是在阐述安装单导体导线进行接地和类似应用时，有时也引用NEC文献300和310的一些内容。

18.8 多芯导线

两根或多根彼此绝缘的导线构成的导线束就是多芯导线线缆。除了对每根导线有要求之外，通常还对总的护线套有要求，但不论选择何种属性，它都要适合特定的应用要求。

多芯线缆有些是有专业化规定的，比如用来将AC电源从墙壁插座（或其他电源）分配到某一设备的电源线。这样的线缆是有UL安全额定值的，以确保使用者不会被电击受伤。其他的诸如应用于VFD（Variable Frequency Drive，变频驱动器）的多芯线缆是采用特殊配方制造出来的，以便在驱动变频电机工作时将驻波和电弧放电最小化。由于多芯线缆并不是组对而成的，所以要考虑导体之间的电抗（VFD中就是如此），但是其电阻仍然是起决定性作用的主要参数。

表18-10 对于非成对线缆每一ICEA#2和#2R的色标

导线	颜色	导线	颜色	导线	颜色	导线	颜色
第1	黑	第14	绿/白	第27	蓝/黑/白	第40	红/白/绿
第2	白	第15	蓝/白	第28	黑/红/绿	第41	绿/白/蓝
第3	红	第16	黑/红	第29	白/红/绿	第42	橙/红/绿
第4	绿	第17	白/红	第30	红/黑/绿	第43	蓝/红/绿
第5	橙	第18	橙/红	第31	红/黑/橙	第44	黑/白/蓝
第6	兰	第19	兰/红	第32	橙/黑/绿	第45	白/黑/蓝
第7	白/黑	第20	红/绿	第33	蓝/白/橙	第46	红/白/蓝
第8	红/黑	第21	橙/绿	第34	黑/白/橙	第47	绿/橙/红
第9	绿/黑	第22	黑/白/红	第35	白/红/橙	第48	橙/红/蓝
第10	橙/黑	第23	白/黑/红	第36	橙/白/蓝	第49	蓝/红/橙
第11	蓝/黑	第24	红/黑/白	第37	白/红/蓝	第50	黑/橙/红
第12	黑/白	第25	绿/黑/白	第38	黑/白/绿		
第13	红/白	第26	橙/黑/白	第39	白/黑/绿		

（Belden授权使用）

多芯导线绝缘色标

导线绝缘色标有助于我们查找导体或导体对。表18-10就是众多色标中的一个例子。

18.9 导线对与平衡线路

两条彼此绝缘的导线绞合在一起可以构成绞线对。由于需要两个导电通路来构成电路，所以绞线对为使用者提供了将电源或信号从一点连接到另一点的方法。有时绝缘材料的颜色是不同的，以便确认每个绞线对中的每根导线。绞线对可能具有比多芯导体线缆出色得多的性能，因为绞线对能够以平衡线路的形式驱动。

平衡线路是两条导线的电气性能具有一致性的一种配置。电特性是关于地，即电路设计的零电位点而言的。平衡式线路可以抑制噪声，这些噪声可以是从诸如50/60Hz电源线产生的低频噪声，也可以是高达MHz数量级的射频信号，甚至是更高频率的信号。

当两个导体的电特性一致时，或者近似一致时，除了电阻之外还有许多其他的参量在起作用。这些参量包括电容、电感和阻抗。当使用诸如数据线缆这样的高频线对时，我们可以测量到电阻的变化（电阻非平衡），电容的变化（电容非平衡），或者是阻抗的变化（回波损耗）。本章将会对每一种变化进行进一步的分析。

大部分广播产品采用“电阻器色标”，因为大部分设计师和安装者都已经记住了该色标，在最初色标中代表“0”的黑色被调了位置，其颜色代表“10”，如表18-11所示。

表 18-11　标准电阻器色标

编号	颜色	编号	颜色
1	褐色	6	蓝色
2	红色	7	紫色
3	橙色	8	灰色
4	黄色	9	白色
5	绿色	10	黑色

在 10 种颜色之后，便不存在统一标准了，常用的还有其他色标，如表 18-10 所示。

声频线缆和视频线缆常常以此作为套管的颜色，尤其是应用捆扎线缆的地方。在使用单根线缆时，其颜色并没有标准化的含义，不过红色、绿色和蓝色是例外，有时它们代表的是 RGB 复合模拟视频信号。

由于平衡线路在每一端具有一个变压器，所以它工作的对象是由两个线圈构成的设备。如今许多现代设备都采用了与变压器电气作用相同的有源平衡方式电路，其作用被称为“有源平衡”。由于最高质量的变压器可能昂贵，所以开发出了高性能的平衡线路芯片，有些芯片的性能已经非常接近导线绕制线圈的性能。

应该注意的是，由于双绞线对具有良好的噪声抑制特性，所以现实中声频行业都采用这种线缆。而在民用消费领域，连接线缆是一根接热端和一根接地屏蔽的所谓非平衡式线缆。人们仅在短距离连接中采用这类线缆，它除了具有自身屏蔽之外没有其他固有的噪声抑制特性。

18.9.1　多线对

顾名思义，多线对线缆所包含的线对不止一对。有时所指的多芯（multicore）线缆可能只是一组裸线对，或者每个线对可能单独有护线套，或者每个线对可能被屏蔽（屏蔽内容在下文概述），或者是每个线对单独屏蔽并加护线套。这些可能的选项均可方便应用。当需要采用整体护线套或需要给每个线对单独加护线套时，每个线对所用的护线套材料则要根据价格、柔韧性、粗糙性、颜色和其他要求的性能参数来选择。

应注意的是，线对上的护线套，或者整个线缆的护线套几乎对线对的性能没有影响。人们可能这样认为：采用单独的护线套后，由于护线套将线对隔开了，因此线对间的串音性能得到了改善。若护线套的挤压工艺差的话，则会导致化学成分泄漏，使得护线套进入它所保护的线对当中，即发生所谓的复合物迁移（compound migration），进而影响到线对的性能。

表 18-12 给出了用于简单捆扎成束的组对线缆的常用色标。色标只是用来识别线对，而绝缘材料的颜色并不影响性能。如果该线缆是采用单独护线套的线对，那么线对中的两根导线可能具有一样的颜色，比如黑和红，而护线套则采用表 18-13 所示的不同的颜色来标识它们。

表 18-12　针对组对线缆的色标（Belden 标准）

线对号	色标组合	线对号	色标组合	线对号	色标组合	线对号	色标组合
1	黑/红	11	红/黄	21	白/棕	31	紫/白
2	黑/白	12	红/棕	22	白/橙	32	紫/深绿
3	黑/绿	13	红/橙	23	蓝/黄	33	紫/浅蓝
4	黑/蓝	14	绿/白	24	蓝/棕	34	紫/黄
5	黑/黄	15	绿/蓝	25	蓝/橙	35	紫/棕
6	黑/棕	16	绿/黄	26	棕/黄	36	紫/黑
7	黑/橙	17	绿/棕	27	棕/橙	37	灰/白
8	红/白	18	绿/橙	28	橙/黄		
9	红/绿	19	白/蓝	29	紫/橙		
10	红/蓝	20	白/黄	30	紫/红		

（Belden授权使用）

表 18-13　蛇形线缆的色标

线对号	色标组合	线对号	色标组合	线对号	色标组合	线对号	色标组合	线对号	色标组合
1	棕	13	浅灰/棕条纹	25	浅蓝/棕条纹	37	绿黄/褐条纹	49	浅绿/棕条纹
2	红	14	浅灰/红条纹	26	浅蓝/红条纹	38	绿黄/红条纹	50	浅绿/红条纹
3	橙	15	浅灰/橙条纹	27	浅蓝/橙条纹	39	绿黄/橙条纹	51	浅绿/橙条纹
4	黄	16	浅灰/黄条纹	28	浅蓝/黄条纹	40	绿黄/黄条纹	52	浅绿/黄条纹
5	绿	17	浅灰/绿条纹	29	浅蓝/绿条纹	41	绿黄/绿条纹	53	浅绿/绿条纹
6	蓝	18	浅灰/蓝条纹	30	浅蓝/蓝条纹	42	绿黄/蓝条纹	54	浅绿/蓝条纹
7	紫	19	浅灰/紫条纹	31	浅蓝/紫条纹	43	绿黄/紫条纹	55	浅绿/紫条纹
8	灰	20	浅灰/灰条纹	32	浅蓝/灰条纹	44	绿黄/灰条纹	56	浅绿/灰条纹
9	白	21	浅灰/白条纹	33	浅蓝/白条纹	45	绿黄/白条纹	57	浅绿/白条纹
10	黑	22	浅灰/黑条纹	34	浅蓝/黑条纹	46	绿黄/黑条纹	58	浅绿/黑条纹
11	棕褐	23	浅灰/棕褐条纹	35	浅蓝/棕褐 条纹	47	绿黄/棕褐条纹	59	浅绿/棕褐/条纹
12	粉红	24	浅灰/粉红条纹	36	浅蓝/粉红条纹	48	绿黄/粉红条纹	60	浅绿/粉红条纹

（Belden授权使用）

18.9.2 模拟多线对蛇形线缆

当初，采用单独护线套的硬导线多线对蛇形线缆是为广播行业应用而设计的，它具有优化的噪声抑制特性，并且每个线对上的单独护线套有时还能改善其物理保护特性。这些线缆可以很好地传输多路线路电平信号或传声器电平信号。它们还可以进行声频单元设备间的互连，比如用于录音演播室、电台和电视台、后期制作设备和扩声系统安装中多声道调音台的连接。蛇形线缆具有如下特性：

- 具有低电容、粗糙或满足消防标称要求的绝缘材料种类。
- 缠绕、编织、French Braid，或衬箔屏蔽。
- 护线套和绝缘材料要满足粗糙度或NEC的消防要求。
- 有些复合材料具有很高的抗高温性能。
- 有些复合材料具有很好的低温柔韧性。
- 大部分规格尺寸的导线不但具有小巧的外观，而且具有很好的绝缘性。
- 有些线缆具有用来减小串音的整体屏蔽，并且采用星形接地设计。
- 可以实现比采用多条单通道导线更为容易和更廉价的安装。

蛇形线缆有相应的各种端接方式，并可以按消费者需求进行定制。端接通常是在一端使用公头或母头XLR（传声器）插接件和1/4in立体声插头，而在另一端要么是XLR插接件和1/4in立体声接口组成的分线箱，要么是由XLR母头和1/4in接口构成的辫式甩头。

对于舞台应用而言，由于单独屏蔽的多线对蛇形线缆具有重量轻，结构直径小的特点，所以十分适合便携式声频设备连接使用。单独屏蔽和护线套线的安装较为简单，并且很少出现错误。在NEC指南所认可的范围内，当标称CM蛇形缆在房间之间穿墙使用时，演播室内不需要使用管线。在楼板间垂直方向上，蛇形标称的CMR（吊索）不需要管线。在高压区域（提升的楼面，下沉的天花）CMP，高压标称蛇形缆可以不加管线使用。蛇形缆的色标如表18-13所示。

18.9.3 高频线对

绞线对最初是设想用来传输低频信号的，比如电话语音信号。20世纪70年代初期，人们开发生产出来了诸如Twinax这样的线缆，这种线缆在MHz的数量级上能达到合理的性能。IBM Type 1是突破性产品，它证明了绞线对确实可以传输数据。这便直接导致了当今使用的Category premise/数据线缆的出现。

表18-14 绞线对高频格式的比较

标准	格式	目标应用领域	接口形式	线缆类型	传输距离[1]	采样率	数据率（Mbps）	指南文件
D1分量	并行	广播	多针D	多线对	4.5m/15ft	27 MHz	270	ITU-R BT.601-5
DV	串行	专业/民用		（参见IEEE 1394）	4.5m/15ft	20.25MHz	25	IEC 61834
IEEE 1394（火线）	串行	专业/民用	1394	6导线2-STPs/2供电	4.5m/15ft	n/a	100，200，400	IEEE 1394
USB 1.1	串行	民用	USB A& B	4导线，1UTP/2供电	5m/16.5ft	n/a	12	USB 1.1促进联盟
USB 2.0	串行	专业	USB A& B	4导线，1-UTP/2供电	5m/16.5ft	n/a	180	USB 2.0促进联盟
DVI	串行/并行	民用	DVI（多针D）	4 STPs	10m/33 ft	至165MHz	1650	DDWG; DVI 1.0
HDMI	并行	民用	HDMI（19针）	4STPs+7导线	未指定	至340MHz	至10.2Gbps	HDMILLC
DisplayPort并行	并行	民用	20针	4STPs + 8导线	15 m/49ft	至340MHz	至10.8Gbps	VESA

STP =屏蔽绞线对，UTP =未屏蔽绞线对n/a=未应用

[1]根据所采用线缆和指定设备的情况，传输距离可能有很大的变化

如今高频、高数据率线缆的形式不胜枚举，其中包括有DVI，USB，HDMI，IEEE1394火线和其他一些形式。所有这些线缆一般都用于传输声频信号和视频信号，如表18-14所示。

18.9.3.1 DVI

DVI（Digital Visual Interface，数字视频接口）广泛用于计算机的平板LCD显示器的接口当中。

本地显示器与计算机之间的DVI连接包括一个串行数字接口和一个并行接口，从某种层面上讲，这些接口有点类似于广播的串行数字接口和并行数字接口。

TMDS（Transition Minimized Differential Signaling，最小化瞬态差分信号）的传输格式在一个并行包中共传输了4

种不同的高速串行连接。被扩展为双模工作的 DVI 技术规范认可更高显示分辨率所要求的更大数据率。这要求 7 个并行、差分、高速对。高质量的线缆和连接变得极其重要。标称的 DVI 线缆长度限定为 4.5m（15ft）。电气性能要求信号的上升时间为 0.330 ns，线缆的阻抗为 100Ω。FEXT 小于 5%，信号的上升时间恶化度最大为 160ps。DVI 线缆为特殊应用，因为每个通道的实际比特率为 1.65Gbps。

如果任何重要的数据在数字视频接口中丢失了，那么我们就有可能丢失图像信息甚至是整个画面。DVI 线缆及其端接是非常重要的，并且双绞线对的物理参数必须被高度控制，因为线缆和接收机的数字指标是以比特传输的一部分给出的。

技术要求取决于所采用的时钟速率或信号分辨率。对于单信号链路系统而言，60Hz 时 1600 ×1200 的最大传输速率意味着在整个屏幕上写入 1 bit 的时间 0.606ns。

DVI 接收机的技术指标允许在 0.40 × 比特时间内，或者任何绞线对中有 0.242ns 的对内偏斜。接收机处的信号型必须非常对称。对内偏斜控制着接收解码器中比特在时间上是如何排列的，它可能只是 0.6× 像素时间，或者 0.364ns。这些参数控制着 DVI 的传输距离。

另外，还要对给定长度线缆的插入损耗进行评估。DVI 发射机输出专用线缆的阻抗是 100Ω，信号的摆幅为 ±780mV（最小摆幅为 ±200 mV）。在确定 DVI 线缆时，假定此时的发射机的性能最低，即 200mV，并且发射机必须工作在 ±75mV 的最佳灵敏度之下。在这种情况下，线缆衰减在 1.65 GHz（10 比特 / 像素 ×165 MHz 时钟）时可能不大于 8.5dB，对于双绞线对而言，要想维持这一数值是相对困难的。

DVI 连接将上面所言的数字传输与原有的模拟器件传输结合在一起。这可以让 DVI 成为模拟和数字应用间的传输的过渡解决方案。

18.9.3.2　HDMI

HDMI（High Definition Multimedia Interface，高清晰度多媒体接口）与 DVI 类似，但 HDMI 只传输数字信号。我们看到 DVI 不仅在商业领域应用，同样在民用领域也有应用，而 HDMI 几乎完全是针对民用领域而开发的。HDMI 是个 19 针的连接件，它有 4 组带屏蔽的双绞线对（3 对用于数据，1 对用于时钟）和 7 根用于 HDCP（Copy Protection，复制保护）、设备握手和供电的导线。标准规格的 HDMI 是无锁定式接口，以突显其只着眼于民用的特点。当今有超过 30 亿台设备装配有 HDMI。

18.9.3.3　IEEE-1394或火线串行数字

火线（Fire Wire），或 IEEE1394 常常用来上载 DV 或数字视频，格式化信号至计算机等。DV，有时被称为 DV25，它是 25Mbps 的串行数字格式信号。IEEE1394 最高支持 400Mbps。其技术规范定义了 3 种信号数据率：S100（98.304Mbps），S200（196.608Mbps）和 S400（393.216Mbps）。

IEEE1394 可以互连多达 63 台对等配置的设备，因此声频和视频可以从一台设备传输至另一台设备，而无需计算机，D/A，或 A/D 转换。IEEE1394 可在设备开启时从电路中热插拔。

IEEE1394 系统采用了 2 组带屏蔽的双绞线对和两条单独的导线，这些线均被封装在保护套中，如图 18.2 所示。每组线对将被衬箔 100% 包裹，再进行最低 60% 的编织缠裹。外层的屏蔽是 100% 的衬箔包裹，再进行最低 90% 的编织缠裹。每线对采用铝箔屏蔽，它相当于或优于 60% 编织屏蔽。绞线对处理不同的数据和选通脉冲（辅助时钟再生），同时两个单独的绞线可对远处的设备对提供电源和接地。信号电平为 265mV，差分输入至 110Ω 负载。

IEEE 1394 技术规格中给出的最大线缆长度为 4.5m（15ft）。当数据率低于 100Mbps 的水平时，有些应用可以工作在更长的距离下。典型的线缆为 28gage 的双绞线对铜线，22gage 的导线用来供电和接地。IEEE1394 技术规格给出了如下电气性能要求：

- 线对至线对偏斜为 0.40ns。
- 在 1～500MHz 频段上，串扰必须维持在 –26dB 以下。
- 传输速率不能超过 5.05ns/m。

表 18-15 给出了 IEEE1394 物理接口的细节信息。

表 18-15　IEEE1394 物理接口的细节信息

参量	100Mbps	200Mbps	400Mbps
最大Tr/Tf	3.20ns	2.20ns	1.20ns
比特单位时间	10.17ns	5.09ns	2.54ns
传输斜率	0.40ns	0.25ns	0.20ns
传输抖动	0.80ns	0.50ns	0.25ns
接收端斜率	0.80ns	0.65ns	0.60ns
接收端抖动	1.08ns	0.75ns	0.48ns

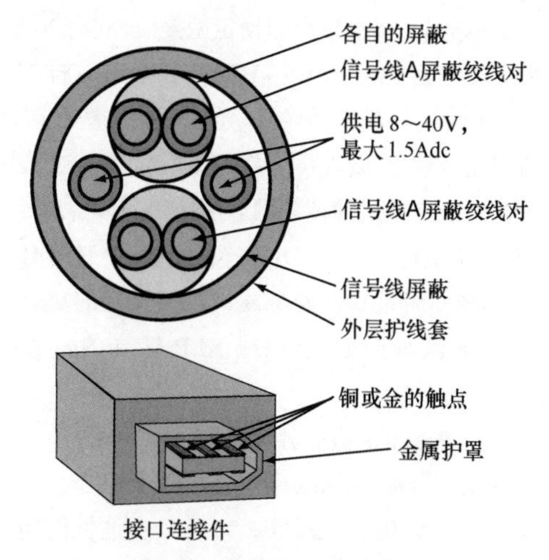

图 18.2　IEEE 1394 线缆与接口

18.9.3.4　USB

USB（Universal Serial Bus，通用串行总线）简化了计算机周边设备的连接。USB 1.1 限制的通信速率为 12Mbps，而 USB 2.0 则支持速率高达 480Mbps 的通信。USB 线缆是由一个用于数据传输的绞线对和为下游数据流应用供电的两个非绞线导线组成。全速线缆包括一个 #28 标号的绞线对，以及一个 28gage 至 20gage 的非绞线对的供电导线，这些导线均被封闭在带排扰线的铝化聚酯屏蔽内。

数据线对的标称阻抗为 90Ω。最大线缆长度是由信号传输延时决定的，其端到端的传输延时必须小于 26ns。表 18-16 列出了一些常见的塑料及其根据 26ns 所确定的理论距离。由于可以附加一个 4ns 的宽容度，该量可以分配到发送设备连接与接收设备连接 / 响应函数间。总的单向通路延时最大为 30ns。线缆的传输速度必须小于 5.2ns/m，并且要与长度和数据绞线对匹配，以便使比特极性间的时间偏斜不大于 0.10ns。标称的差分信号电平为 800mV。

表 18-16 各种塑料的介电常数，延时和传输距离

材料	介电常数	延时（ns/ft）	最大USB距离（ft）
泡沫，充气塑料	1.35	1.16	22.4
固态Teflon	2.1	1.45	18
固态聚乙烯	2.3	1.52	17
固态聚氯乙烯	3.5-6.5	1.87-2.55	10～14

18.9.3.5 DisplayPort

DisplayPort 是一个针对数字视频的新协议。其最初的意图是将图像从 PC 或类似设备上传输至显示端。DVI 传输和 HDMI 传输具有一些明显的优势。DisplayPort 被设计成与单链路 DVI 和 HDMI 后向兼容。如果与时钟线对相比较的话，DVI 和 HDMI 受到 3 个数据线对延时偏斜的严格距离限制。对于 DisplayPort，时钟是嵌入在视频当中的，这与时钟被嵌入到 AES 数字声频的声频比特流当中非常相似，所以 DisplayPort 的距离限制不太可能涉及时钟的时基问题。

然而，DisplayPort 也是个非锁定型接口，它有 20 个针脚，预计的最大长度为 15m（50ft）。HDMI 和 DVI 这样的线缆只应用于封装格式的信号。传输原始信号的线缆和现场的接口化处理并非专业安装人员的常规安装选项。这些因素使得它不大可能被专业广播视频领域所接受。

虽然有些场合安装了 DIY 连接件用于 HDMI，但是它们难以安装，而且其性能也成问题，安装的复杂性和耗时问题使其无法与诸如 BNC 或 XLR 这样的普通接口相提并论。

18.9.3.6 Premise/数据分类线缆

虽然并未打算将 premise/ 数据分类线缆用作声频或视频线缆，但是其高性能、低成本，以及其普适性的特点，使得我们在传输各种非数据类信号的应用中常见到其身影。

我们还应注意：在数据网络中，常用高速以太网来传输这些声频和视频信号。10GBaseT（10G 网络）可以传输多路未压缩的 1080p/60 视频图像。对于 AES 数字声频比特流，10GBaseT 可以传输 48kHz 采样率下的 3000 以上通道数据。今天的大多数娱乐内容的数字属性，以及普遍采用的视频器服务技术，使得在声频、视频和广播，以及其他娱乐应用领域采用高带宽、高数据率网络成为一种必然的选择。

然而，随着 4K 和 8K 视频的出现，即便是 10BaseT 带宽（10Gbps）也可能不够用了。现已出现的 40GBaesT 和 100GBaseT 以太网络可能有助于解决这一问题。

18.9.3.6.1 布线定义

- Telcom Closet（TC）。实施水平布线和主干线布线的位置。
- Main Cross-Connect（MXC）。通常被称为设备间，其中安装了主要的电子设备。
- Intermediate Cross-Connect（IXC）。在 TC 和 MXC 之间被端接的房间。LANs 中很少使用。
- Horizontal Cabling。由 Telcom 机房到工作区的连接
- Backbone Cabling。将所有集线器连接在一起的线缆布线。
- Hub。电气连接小盒。所有水平线缆连接到该小盒上，然后再连接到主干线缆上。
- Ethernet。10，100 或 1000Mb/sLAN。10Mbps 格式的网络被称为 10BaseT。100Mbps 格式的网络被称为 Fast Ethernet（高速以太网），而 1000Mbps 格式的网络被称为 Gigabit Ethernet（千兆以太网）。

18.9.3.6.2 结构化布线

结构化布线也被称为通信线缆布线（Communications Cabling），数据 / 语音，低电压，或限制能量在大部分商业安装中是针对电话和局域网（LAN）连接的标准化基础构架。线缆的架构是由 Electronic Industries Association 和 Telecommunications Industry Association（电子行业协会 / 电信行业协会，EIA/TIA）来标准化的。EIA/TIA 568 是涵盖结构型布线的主要文件。IEEE 802.3 也是针对结构化布线的标准。

当前的标准，也就是在本书编写之际的标准是 EIA/TIA 568-B.2-10，它包含了直至 10GbaseT，10 Gbit 布线的所有正在使用的标准。

18.9.3.6.3 结构化线缆的类型

以下是布线线缆的种类，种类 1 至种类 7，也就是通常说的 1 类到 7 类。标准 TIA/EIA 568A 已不再承认 1 类、2 类和 4 类了。截至 2000 年 5 月，FCC 要求用于家用的所有导线的等级不低于 3 类。其命名惯例由图 18.3 所示的 ISO/IEC 11801 来指定。

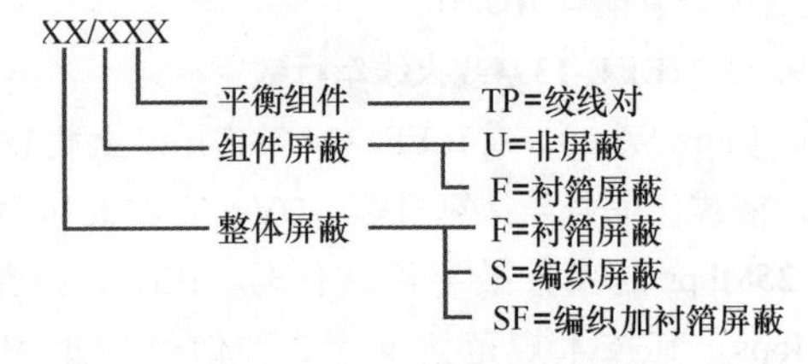

图 18.3 ISO/IEC 11801 线缆命名惯例

表18-17给出了针对结构化布线的对应TIA和ISO分类。

表 18-17　TIA 和 ISO 对应的分类

频带宽度	TIA		ISO	
	组件	布线	组件	布线
1～100MHz	Cat5e	Cat5e	Cat5e	D类
1～250MHz	Cat6	Cat6	Cat6	E类
1～500MHz	Cat6a	Cat6a	Cat6a	E_A类
1～600MHz	n/s	n/s	Cat7	F类
1～1000MHz	n/s	n/s	Cat7A	F_A类

1 类（Category 1）。满足模拟语音或老式直耦电话业务（Plain Old Telephone Service，POTS）的最低要求。该类并不是 EIA/TIA 568 标准的组成部分。

2 类（Category 2）。与IBM Type 3布线系统的定义一样。IBM Type 3 的构成要件被设计成更高等级的能工作于 1Mb/s 令牌网（Token Ring）的 100ΩUTP 系统，以及短距离的 3270 应用。该类并不是 EIA/TIA 568 标准的组成部分。

3 类（Category 3）。其以 16MHz 为特征频率，并支持最高可达 10Mbps 的应用。3 类导体为 24AWG。应用范围为从语音至 10BaseT。

4 类（Category 4）。其以 20MHz 为特征频率，并支持最高可达 16Mbps 的应用。4 类导体为 24AWG。应用范围为从语音至 16Mbps 令牌网 。该类已不再是 EIA/TIA 568 标准的组成部分。

5 类（Category 5）。其以 100MHz 为特征频率，并最高支持 100Mbps 的应用。5 类导体为 24AWG。应用范围为从语音至 100BaseT。该类已不再是 EIA/TIA 568 标准的组成部分。

5e 类（Category 5e）。其以 100MHz 为特征频率，并最高支持 1000Mbps/1Gbps 的应用。5e 类导体为 24AWG。应用范围为从语音至 1000BaseT。5e 类由 TIA 标准 ANSI/TIA/EIA-568-B.2 进行了详细的说明。D 类由 ISO 标准 ISO/IEC 11801 第 2 版进行了详细的说明。

6 类（Category 6）。其以 250MHz 为特征频率，在有些版本中，其带宽展宽到了 600MHz，并支持 1000Mbps/1Gbps，将来的应用会与 5 类布线系统后向兼容。6 类的导体为 23AWG。它在承受功率、插入损耗和高频衰减特性方面有所改善。图 18.4 示出了相对于 5e 类而言，6 类的性能改进情况。6 类由 TIA 标准 ANSI/TIA/EIA-568-B.2-1 进行了详细的说明。E 类由 ISO 标准 ISO/IEC 11801 第 2 版进行了详细的说明。6 类在美国 UTP 领域应用得最为普遍。

6 类（Category 6）F/UTP。6 类 F/UTP（无衬箔屏蔽的绞线对）或 ScTP（屏蔽绞线对）是由封闭在一面为导电材料的金属屏蔽层内的 4 组绞线对组成。排扰线紧挨着屏蔽层的导电面，如图 18.5 所示。若连接合适，则屏蔽层可降低 ANEXT，RFI 和 EMI。Cat6 FTP 只是根据 TIA/EIA 568B.2-1 为 250MHz 的带宽而设计的。

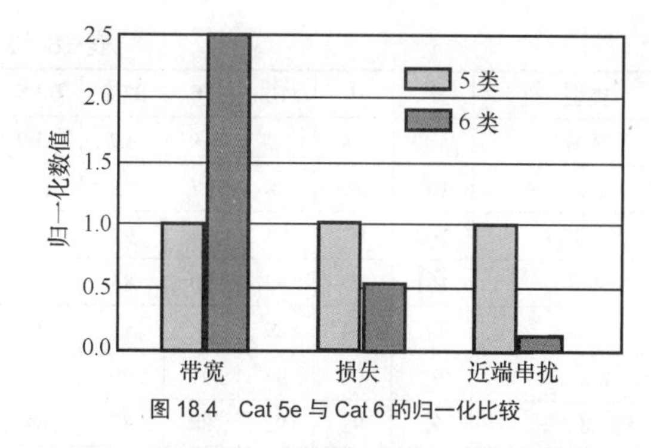

图 18.4　Cat 5e 与 Cat 6 的归一化比较

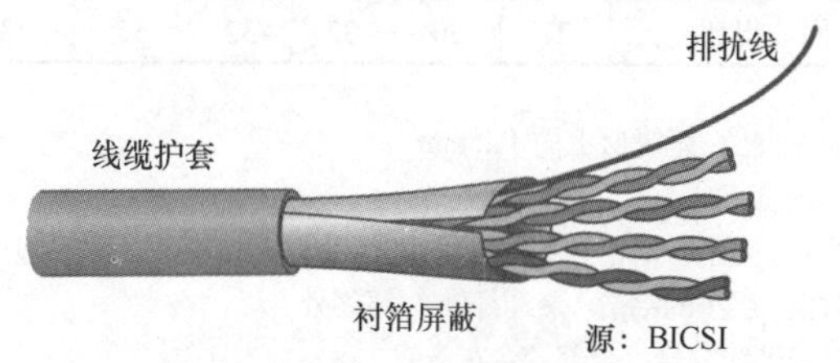

图 18.5　Cat 6 F/UTP

6a 类（Category 6a）。6a 类（增补的 6 类）的特征频率为 500MHz，其特殊版本的特征频率可以达到 625MHz，它具有较低的插入损耗，对噪声的抑制能力也较强。6a 类通常要比其他线缆粗一些。10GBaseT 传输采用了数字信号处理（DSP），以抵消一些因线对之间 NEXT 和 FEXT 产生的内部噪声。6a 类由 TIA 标准 ANSI/TIA/EIA 568-B.2-10 进行了详细的说明。EA 类由 ISO 标准 ISO/IEC 11801 第 2 版的增补 1 进行了详细的说明。6a 类可用于 UTP 或 FTP 领域。

7 类（Category 7）。7 类线缆是另一种 4 对数据线缆。在这种情况下，每个线对使用排扰线单独屏蔽，这与声频蛇形缆十分相像。然而，该类线缆是针对每个线对 1GHz 以上带宽设计的。它在欧洲应用得较为普遍，而在美国则几乎无人知晓。实际上，在美国几乎所有 7 类线缆都用于欧洲生产并出口到美国的专用设备上。

7 类线缆最常用作水平布线和建筑干线线缆，并且支持目前和未来的 Cat6a 和 Cat7 的应用，比如 10GBaseT（10Gigabit 以太网）、1000BaseT（千兆以太网）、100BaseT、FDDI、ATM。

图 18.6 给出了其结构和尺寸。其典型性能如表 18-18 所示。

剥离绳层　线缆护套下面的尼龙剥离绳层

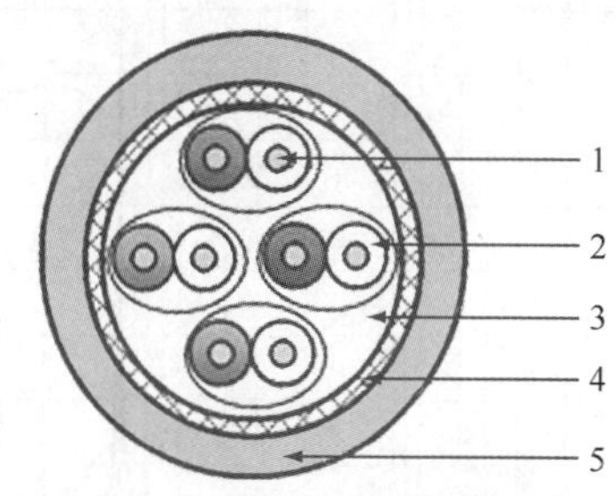

图 18.6　Cat7 的结构（Belden 授权使用）

1. 导线
材料：实心裸铜 ETP
直径：AWG23
2. 绝缘体
材料：泡沫聚乙烯

表 18-18 Cat 7 的典型性能

类型	1*	4	10	16	31.2	62.5	100	125	200	250	300	600	1000	MHz
衰减	1.8	3.4	5.5	6.9	9.7	13.9	17.7	19.9	25.6	28.8	31.8	46.6	62.2	dB/100m
NEXT	103	100	98	97	95	94	93	92	91	90	90	89	88	dB/100m
PS NEXT	100	97	95	94	92	91	90	89	88	87	87	86	85	dB/100m
ACR	101	97	92	90	85	80	75	72	65	61	58	42	26	dB/100m
PS ACR	98	94	89	87	82	77	72	69	64	55	55	39	23	dB/100m
ACR-F	95	94	93	91	90	87	85	83	77	74	74	60	50	dB/100m
PS ACR-F	92	91	92	88	87	84	82	80	74	71	71	57	47	dB/100m
回波损耗	27	30	32	32	35	33	32	31	30	25	25	23	21	dB/100m

标称直径：绝缘层上面 1.45mm

3. 线缆芯

线对：完全衬箔包裹的绝缘双绞线

衬箔：层压的铝箔 - 聚酯纤维 铝箔朝外

对屏蔽线编号，全部绞合在一起

第一对色标：白 / 蓝

第二对色标：白 / 橙

第三对色标：白 / 绿

第四对色标：白 / 褐

4. 编织物

材料：实心镀锡铜

覆盖包裹率：大于 30%

5. 线缆护套

材料：LSNH

直径：8.0±0.3mm

除了带宽的优势之外，Cat7 也存在许多不足。首先就表现在对线对的屏蔽上。这意味着潜在的“地环路”（在 18.16.1 部分提及过）现在会成为数据领域中的严重问题。在声频领域中，这可以通过切断一端的排扰线加以解决。正确的做法是：在终端导线一端截断，而在信源一端保留排扰线的连接。然而，这将立即使屏蔽的效果减小 50%（1 根导线取代两根）。更进一步，如果在错误的一端截断的话，就会产生真正的梳状滤波器效应。如果在正确一端截取，则会得到完全一样的效果，只是幅度降低了。图 18.7 所示的是正确截断排扰线的效果。

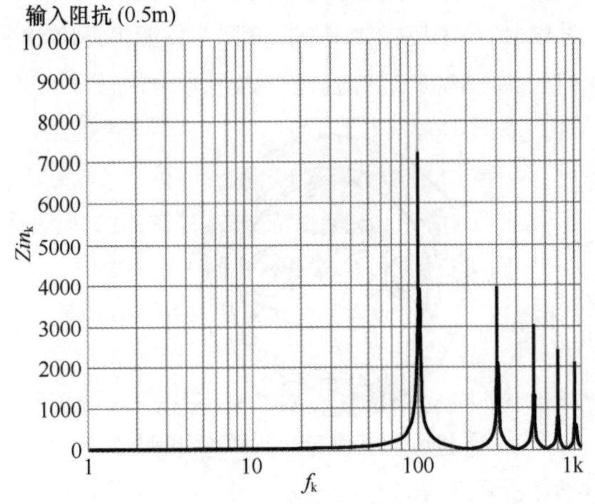

图 18.7 正确截断排扰线的效果（Belden 授权使用）

大部分 Cat7 线缆是被挤压到端接块上的。这种线缆并不用于 RJ-45 插头上。最为常见的情况是将其当作干线线缆来用，完全屏蔽的线缆被用作至用户端的分支缆。当然，这会对带宽产生限制。

8 类（Category 8）。以太网发展的下一步是 40gigabit 网络。其标准是 ANSI/TIA 568C.2-1。该标准已存在于单模光纤领域中，被称为 40GbaseSR4。终端数量表明在每一方向上将有 4 条光纤，总共有 8 条光纤。从本质上讲，这样的设计旨在利用多条 10gigabit 光纤，以及现有的 10gig 信源和终端设备来维持低成本。在未来，发射机和接收机将能够在单模光纤上实现 40gig 的任务。今天的大部分安装甚至采用了 12 根光纤的组合。事实上，这是最受欢迎的光纤组合。显然，这包括 8 条 40GbaseSR4，外加 4 条备用光纤。另外，还有多模光纤的应用形式，它被称为 40GbaseLR4。尽管还是每条光纤 10gig 乘上 8 条光纤，但是其限制距离要比单模光纤更远。

对于绞线对，标准将是 40GbaseT（Cat8），研究组并未打算在 2015 年前结束并颁布。Cat8 被寄期望与 Cat7 有同样的单独衬箔屏蔽，所以美国的安装者着手准备采用这种格式。期望达到的带宽为 2GHz/ 线对。由于带宽非常宽，所以任何铜线缆都不可能达到 100m（328ft）的工作距离。正如已经阐述的那样，这将涵盖数据中心接线的 90%，这对诸如广播业或电影制作这种打算传输更远的应用而言会是个严重问题。光纤或许是唯一的选项。

18.9.3.6.4 多模和单模光纤

随着技术的不断进步，光纤价格持续变化。在过去，人们在考虑成本时，多模光纤常常是必选项，而单模则是高成本的选择。如今这一切已发生了改变。实际上，对于许多生产厂家而言，生产多模产品会比生产单模成本更高，这意味着应用单模光纤的另一个障碍也已消除。如果对带宽和工作距离有要求，那么就选择单模产品。虽然单模收发机昂贵，但价格还是得到了均衡。许多问题还是经济规模因素造成的。所有长距离运行的电信应用采用的都是单模形式。虽然还存在少量的苛刻要求（接口的校准必须完美）的问题，但事情正在一天天变得简单。

这并不是说您购买了这些简单的 DIY 光纤连接件，就能成为一名合格的安装者。如果不了解所做的事情，则可能还要进行麻烦的铜线网络安装（可能还要进行麻烦的 XLR 焊接）。所有一切归结到一点就是要充分掌握光纤的工作原理，以及使用和维护它（比如如何清洁接口，这是大部分光纤故障的根源）的方法。

18.9.3.6.5　比较

表 18-19 针对 3 类到 6a 类线的网络数据率进行了比较，而表 18-20 则对 5e 类、6 和 6a 的各个特性进行了比较。图 18.8 示出了关于 5e 类和 6a 类产品与 802.11（a，b，g，n）无线媒体，即通常所说的 Wi-Fi 的媒体距离 - 带宽比较。

表 18-19　网络数据率，支持的线缆类型和传输距离

最低的性能	令牌网	以太网	最大传输距离
3类	4Mb/s	10Mbps	100m/328ft
4类	16Mb/s	—	100m/328ft
5类	—	100Mbps	100m/328ft
5e类		1000Mbps	100m/328ft
6类	—	10Gbps	55m/180ft
6a类		10Gbps	100m/328ft

表 18-20　5e 类，6 类和 6a 类的特性

线缆类型	5e类	6类	6a类
相对价位（%）	100	135～150	165～180
可应用带宽	100MHz	250MHz	500MHz
数据率能力	1.2Gbps	2.4Gbps	10Gbps
降噪量	1.0	0.5	0.3
带宽视频通道 6MHz/通道	17	42	83
带宽视频通道重播现有通道	6	28	60+
在24×4 in管道中的线缆数	1400	1000	700

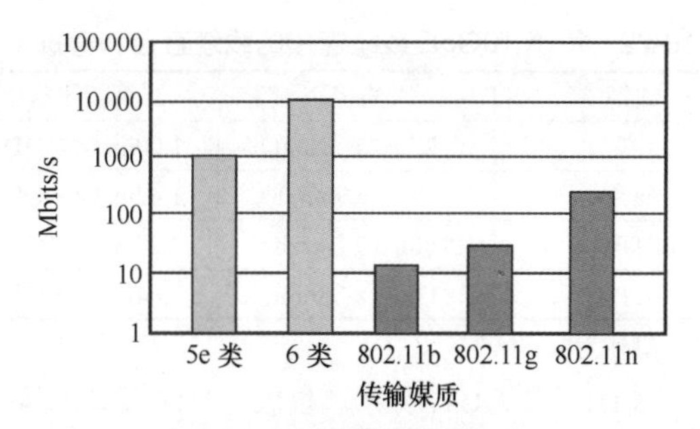

图 18.8　媒质距离与带宽的比较

由于新型线缆设计可能影响规格尺寸和通路负载，所以相关内容要咨询厂家。应注意的是，线缆密度会随着更新、更细的线缆设计而不断变化。表 18-20 中的数字是情况最差时的数据。较大系统的设计者和安装者应从厂家处获取特定的尺寸信息。

图 18.9 示出了 UTP 布线中有可能出现的各种问题。图 18.10 给出了由 ANSI/TIA 指定的 UTP 线缆传输区域间的最大距离。

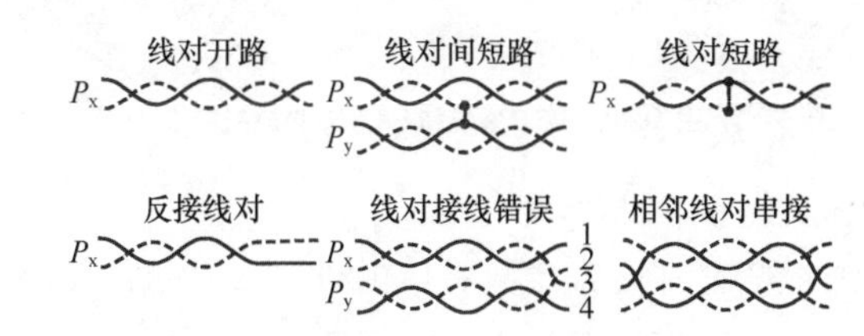

图 18.9　线对的接线问题（Belden 授权使用）

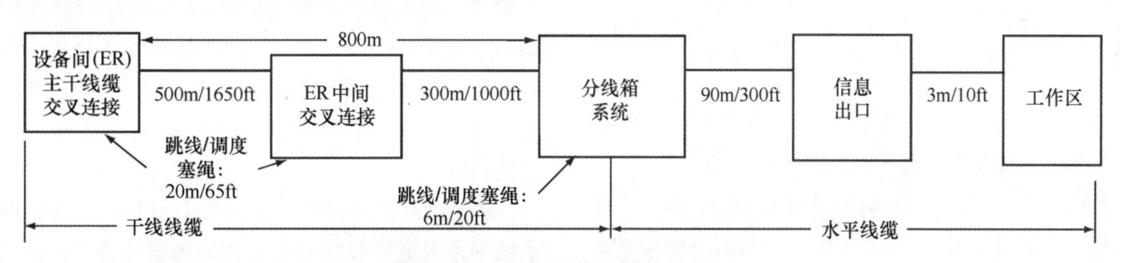

图 18.10　UTP 线缆传输区域间的最大距离

4 线对 100Ω±15% 的 UTP5e 类布线被推荐为针对住宅和小型商业安装的最低要求，因为它具有出色的柔韧性。桌面应用的线对数为 4 对，而主干线缆应用为 25 对。线缆的最大长度为 295ft（90 m），外加 33ft（10m）的跳线。

非屏蔽绞线对（UTP）和屏蔽绞线对（STP）用于结构化布线。非屏蔽绞线对（UTP）在当今应用中使用得最为普遍。虽然这些线缆看上去像 POTS 线缆，但因结构原因其被应用于多噪声和高频的场合，每一线对中的两根导线短路且均匀地绞合在一起。所有 4 线对绞合不同，它们具有不同的“铺放长度”用以满足对特定线缆类型的串音要求。当两条导线因为安装期间或使用一些 RJ-45 接口要进行弯曲而要分开时，这可能提高串音、提高信号的输出和输入、影响阻抗和回波损耗，以及提高噪声。绞合必须均匀和紧密，只有这样才能在整个线缆长度上实现全面的噪声抵消。为了做到绞合紧密和均匀，正确的做法是将两根导线绑在一起，以便它们在弯折时彼此不分离。由于跳线具有一定的柔韧性，故绞合和阻抗不易控制。表 18-21 给出 UTP 线缆的色标。

表 18-21　UTP 线缆的色标

线对编号	第1导体Base/Band	第2导体
1	白/蓝	蓝
2	白/橙	橙
3	白/绿	绿
4	白/棕	棕

线缆的直径由于线缆的种类不同会有所变化。TIA 虽然推荐了两种 6 类线缆，但是只有一种 6a 类线缆可以以 40% 的填充量穿入到 3/4in（21mm）的管线中。线缆的直径和硬度决定其弯曲半径，进而决定管线和线盘的半径，如表 18-22 所示。

表 18-22　用于 10GbE 线缆连接的线缆直径和弯折半径

线缆	直径	弯折半径
6类	0.22in（5.72mm）	1.00in（4×OD）
6a类	0.35in（9mm）	1.42in（4×OD）
6FTP类	0.28in（7.24mm）	2.28in（8×OD）
7STP类	0.33in（8.38mm）	2.64in（8×OD）

注：线缆直径为标称值

图 18.11 示出了 UTP 线缆和屏蔽的 UTP 线缆的结构。

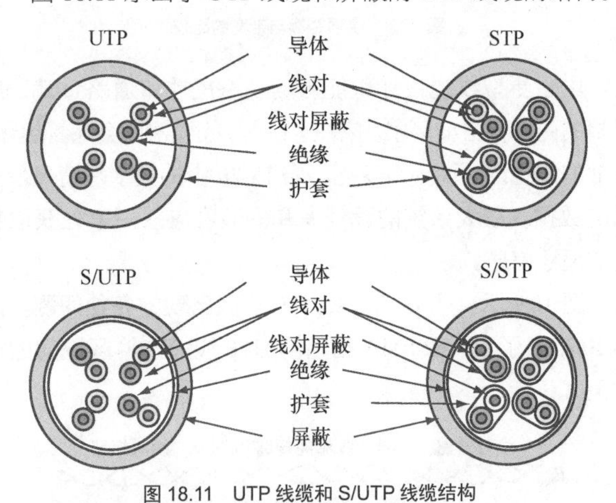

图 18.11　UTP 线缆和 S/UTP 线缆结构

18.9.3.6.6　临界参数

UTP 线缆的临界参数有：NEXT，PS-NEXT，FEXT，ELFEXT，PS-ELFEXT，RL，ANEXT。

NEXT。NEXT 或 Near-end crosstalk（近端串扰）是从传送线对的近端到接收线对上的不想要的信号耦合。

PS-NEXT。PS-NEXT 或 Power-sum near-end crosstalk（功率叠加近端串扰）是所有传送线对与接收线对间的串扰。对于 4 线对线缆，该参数要比 NEXT 更重要。

FEXT。FEXT 或 Far-end crosstalk（远端串扰）是对近端的发射机耦合到远端线对的不想要信号的度量。

EL-FEXT。EL-FEXT 或 Equal level far-end crosstalk（等电平远端串扰）是对由发射机端到远端相邻线对的不想要信号的度量，它是相对于远端的接收信号而言的。其公式为：

$$\text{EL}-\text{FEXT}=\text{FEXT}-\text{衰减量} \tag{18-3}$$

Power sum equal-level far-end crosstalk（功率叠加等电平远端串扰）是对由近端的多个发射机耦合到远端被测线对的不想要的信号的度量，它是相对于同一线对测量到的接收信号电平而言的。

Return Loss（RL）。RL 是测量由发射信号产生的反射能量，以 –dB 数来表示，该值越高越好。反射是由连接件导致的阻抗失配或不正确的安装引发的，比如线缆的拉伸或过强的弯曲半径，制造上的错误或负载不正确等。

对于各种类型线缆期望的阻抗：

- 所有 UTP 数据线缆（类 5，5e，6，6a）的阻抗都为 100Ω。
- 所有无源视频、HD、HD-SDI 或 1080p/60 分量信号线缆的阻抗都为 75Ω。
- 所有数字声频绞线对的阻抗都为 110Ω。
- 所有数字声频同轴线缆的阻抗都为 75Ω。

广播从业人员对回波损耗都非常熟悉，但称谓会有所不同，比如 SWR（Standing Wave Ratio，驻波比）或 VSWR（Voltage Standing Wave Ratio，电压驻波比）。实际上，回波损耗测量可以很容易地转换成 VSWR 数值，反之亦然。回波损耗可通过以下公式得出：

$$\text{RL}=20\lg\frac{\text{差值}}{\text{和值}} \tag{18-4}$$

其中，

差值为所需的阻抗与实际测量到的阻抗值之间的差值（绝对值）；

和值是所需的阻抗值与实际测量到的阻抗值的之和。

对于 1000BaseT 系统而言，线对同时进行传送和接收。当发射机传送数据时，它也同时监测由同一线对的另一端传送出的数据。来自传送端的任何被反射信号（反射回传送端再被反射的信号）与传送信号在远端混合，导致可懂度下降。利用 10BaseT 或 100BaseT 数据网络，因一个线对在发送的同时另一线对在接收，所以反射（RL，回波损耗）并不是主要要考虑的问题，并且不需要进行测量。既然现在线对同时进行发送和接收，即所谓的双重模式，那么 RL 对于数据应用就是一个重要的测量参量。

Delay Skew（延时偏斜）。由于每个线对（和每条线缆）在将信号由一端发送到另一端时都会用去特定的时间，所以会产生延时。如果是 4 个线对传送要重新组合的数据，那么理想的情况应是每一线对的延时是一样的。然而，为了减小串扰，在任何类线缆中各个线对具有不同的绞合标称值。虽然这可以减小线对之间的串扰，但是这会对单独部分的传送时间产生影响。这就是所谓的延时偏斜。

由于延时偏斜影响了数据的重新组合，比如 1000BaseT 系统中，当这些 UTP 线缆被用来传送分量视频或类似信号时，同样的延时偏斜现象就会造成问题，由于 3 种色彩不会同时到达接收端，因此便会在深色图像的边缘产生淡淡的亮线。有些有源的 baluns 内置有偏斜校正功能。

ANEXT。ANEXT 或外部串扰，它是线缆之间产生的耦合信号。这种类型的串扰不能通过开关电平处的 DSP 抵消。可以通过线对的整体屏蔽或者在线缆内插入非导电组件从而拉大与周围线缆间距的方法来减小外部串扰。

18.9.3.6.7　端接连接件

所有的结构化布线使用的都是同样的连接件，即 RJ-45。在 LANs（局域网，Local Area Networks）中，有两种可能的针脚输出，即 568A 和 568B。其差异体现在对线对 2 和线对 3 被对调了。只要它们不相互混合，那么两者的工作就都不会出现问题。图 18.12 示出了其端口的情况。

在很长的一段时间里，B 型接线方案应用得最为普遍。但是如果要增设或扩展现有网络，则必须确定应采用哪种接线方案来保证接线方法的连贯性。混合网络是导致网络发生故障的最常见原因。

保证线对绞合尽可能靠近连接件是非常重要的。对于100BaseT（100 MHz，100 Mbps）应用而言，为了较小串扰和对噪声的拾取，不绞合的长度最长为1/2 in。实际上，对于6类（250MHz）或6a类（500MHz）线缆而言，保守地讲，任何不绞合的线对都将影响其性能。所以许多连接件、跳线盘和插接件都要将线对的不绞合部分最小化。

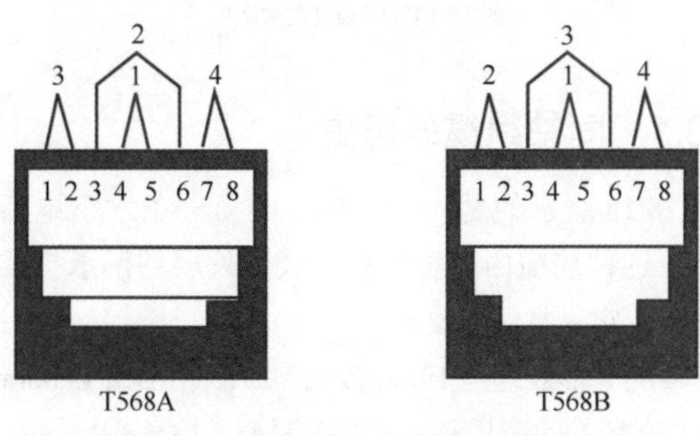

图 18.12　EIA/TIA 568-B.2 线缆的端口布局

18.9.3.6.8　Balun

Balun（平衡 - 非平衡，Balance-unbalance）网络是不同阻抗和不同格式的设备的一种连接方法。Balun已经普遍应用于电视天线的非平衡同轴到平衡双导线的转换上，或者同轴数据格式（同轴以太网）到平衡线路系统（10BaseT，100BaseT等）的匹配上。其他的Balun设计可以使诸如视频或民用声频这样的非平衡信号源采用诸如UTP Cat 5e，6等这样的平衡线路来传输。

由于在常用的数据线缆中有4对导线，所以它可以传输4个通道。因为分类线缆几乎没有进行过1MHz以下的检测，因此人们最初对其声频性能产生了怀疑。UTP中声频的串扰已经被测量过，即便是Cat 5线缆上的串扰也始终优于–90dB的串扰。对于Cat 6线缆，其声频串扰小于大多数网络分析仪的本底噪声。

Baluns通常是用来处理模拟和数字声频、复合视频、S-视频、RGB或其他分量视频（VGA，Y/R-Y/B-Y，Y/Cr/Cb）、宽带RF/CATV，甚至是DVI和HDMI这样的信号的。对此方面应用的限制就是在更高频率上特定线缆的带宽和线缆的性能（衰减、回波损失、串扰等）。

无源Balun还可以改变声频设备的源阻抗。这样可以将传输这类信号的有效距离由仅几英尺大大延长至几百英尺。实际输出阻抗和有效距离请咨询Balun的生产厂家。

有些Balun可能还具有有源放大、均衡或偏斜（分配时基）补偿的功能。尽管其价位较高，但是这些有源Balun可以使低标号的分类线缆的有效距离大大延长。其不利之处是增加了成本，降低了可能存在故障隐患的信号链路中多链接的可靠性。

18.9.3.6.9　适配器

用户和安装者应该了解现有的一些适配器，这些适配器常常是安装在墙板上的，其中的重要数据插孔的作用就是实现数据快速断开处置。这些适配器常常将民用的声频和视频（RCA连接件）连接到110接线板或其他绞线对连接点上。然而，由于这里没有非平衡 - 平衡设备（即变压器），所以当以平衡线路作为折中方式工作时，绞线对对固有噪声有抑制作用。这些适配器是简单的非平衡绞线对，其有效性在短距离内表现得很出色。并且，Balun可以改变信号源的阻抗并延长其有效工作距离。不带变压器或类似元件的适配器不能延长其有效工作距离，往往还要缩短这一有效距离。除非这些器件包含一个实际的Balun，否则应避免使用这些器件。

对此的一个例外就是信号是匹配的场合，比如平衡线路到平衡线路。例如，有些适配器将XLR平衡线路转变到RJ-45上，此处Cat 5或Cat 6数据线缆也是平衡线路。对于非平衡适配器可以说同样如此，比如RCA至RCA，或BNC至BNC，有时被称为隔离或馈送适配器。虽然通常这样可能改变链接的类别，但却没有其他的性能优势。

18.9.3.6.10　以太网供电（PoE）

PoE为诸如VoIP（Voice over Internet Protocol）电话、无线LAN访问点、蓝牙访问点和Web摄像头的各种以太网业务供电。许多声频和视频应用将很快利用这种先进的供电系统。IEEE 802.3af-2003是针对PoE的IEEE标准。IEEE 802.3af指定的电源设备（PSE，Power Sourcing Equipment）端最大功率级为15.4 W，并且通过两个线对为接于100m（330ft）线缆端的被供电设备（PD，Powered Device）提供最大12.95W的功率。

PSE可以通过图18.13所示的3种配置之一来供电：

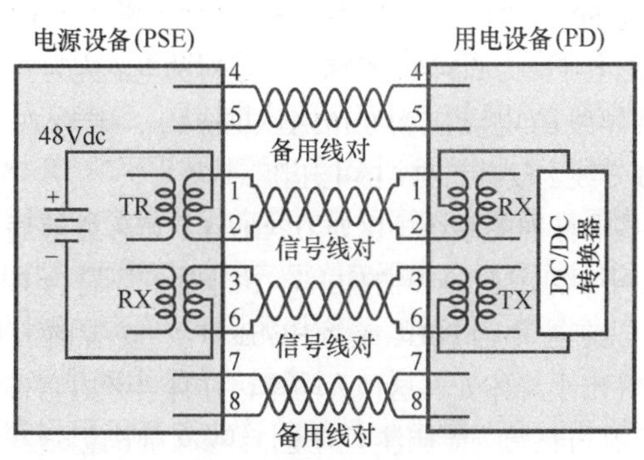

（a）通过数据线对供电

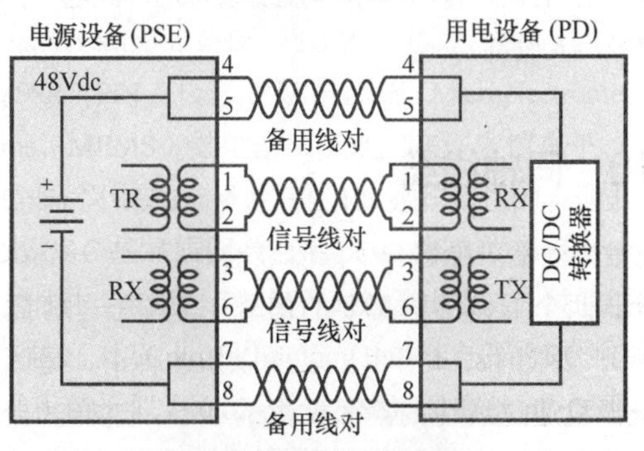

（b）通过空置的线对供电

图 18.13　通过以太网供电的3种方法（Panduit Intel Corp. 授权使用）

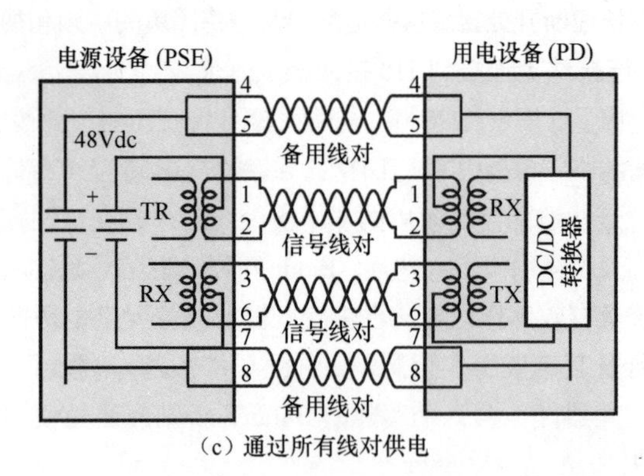

（c）通过所有线对供电

图 18.13　通过以太网供电的 3 种方法（Panduit Intel Corp. 授权使用）（续）

（1）选项 A 有时称为幻象供电，通过线对 2 和 3 来供电。

（2）选项 B 是通过线对 1 和 4 来供电。

（3）选项 C 是通过所有线对来供电。

（4）大功率（60 ～ 90W）使用所有 4 个线对；随后两个并联的电源通过作为输入源的两个二极管桥路为设备加电。

所提供电压的标称值为 48V_{dc}，最小为 44V_{dc}，最大为 57V_{dc}，每个线对上的最大电流为 350mA_{dc}，或每个导线上的电流为 175mA_{dc}。对于单根长度在 100m（328 ft）的实心 24AWG 导线（与许多分类线缆的设计一样），它所具有的电阻阻值为 8.4Ω。每根导线将消耗 0.257W 或者每根线缆消耗 1.028W（0.257W × 4 根导线）。这样便使线缆和管线中的温度升高，这一点在安装 PoE 时必须要考虑到。

18.9.3.6.11　以太网 plus 供电（PoE Plus）

PoE Plus 是由 IEEE 802.3at 定义的，它能提供高达 30W 的功率。现在要做的功要达到 60W 或更大。这要求提供的电压高达 50 ～ 57V_{dc}。假设在 50V_{dc} 的端点需要 42W 的功率，则总电流应为 0.84A，或者每个线对的电流应为 0.21A，或每根导线的电流应为 0.105A（105mA），或者在一根 24AWG 导线上仅有 0.88V 的电压降。

有些非标准的系统（比如 HDbaseT）声称能够通过标准以太网线缆处理 100W 的功率。由于这并不符合 PoE 标准，所以它被称为 PoH（或 PoHDbaseT）。安装前应该考虑并计算出小导体处理这种大功率，并且要考虑它长距离（100m）工作的能力。应注意的是，许多 Cat 6 或 6a 线缆是 23AWG。使用它的目的是用一条线缆为设备供电，同时也馈送信号出入设备。

18.10　同轴线缆

同轴线缆是一种将一个导体准确地居于另一导体中心的设计，两个导体传输想要的信号电流（信号源到负载并返回），如图 18.14 所示。之所以如此称谓，是因为如果拉一根线通过线缆的剖面视图的中心，这样就会看到线缆的所有部分。线缆的各个部分均处在同一轴芯上（或同一轴）上。

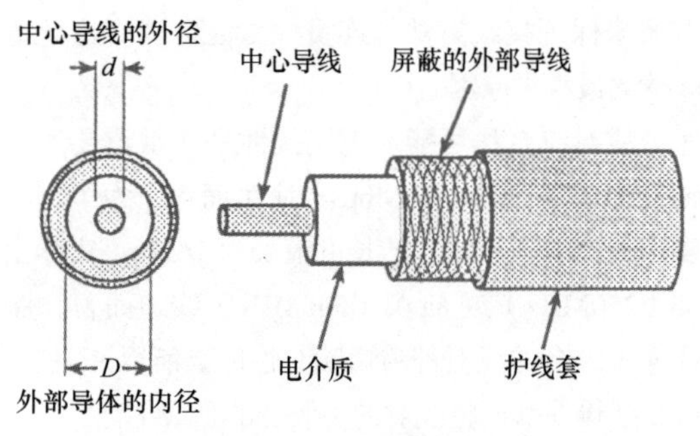

图 18.14　同轴线缆的结构

18.10.1　同轴线缆的历史

图 18.15 所示的是人们曾热议的第一条水下电话线缆（1858）。这种线缆由多层结构构成，外层并不承担传输信号的任务，它只是保护层。

现今的同轴线缆是 1929 年 5 月 23 日由 Bell Laboratories（贝尔实验室）的劳埃德• 埃斯蓬谢德（Lloyd Espenscheid）和赫尔曼• 艾菲尔（Herman Affel）发明的，它常常被称为 Coax，通常它被用来传输高频信号。对于 100kHz 以上的高频，与绞线相比，同轴线缆的性能要更为出色。然而，同轴线缆的不足体现在它对噪声的抑制能力上，因为绞线对可以被配制成平衡式线路的形式来工作。1931 年，同轴线缆首次被用来在城际间传输多路电话信号。

图 18.15　第一条水下电话线缆

18.10.2　同轴线缆结构

中心导体和同轴线缆屏蔽层之间的绝缘材料影响着线缆的阻抗和寿命。中心导体与屏蔽间的最好绝缘体就是真空，其次是干燥的空气，第三种是氮气。其中后两种是人们在高功率天线馈电硬线传输线中常用的绝缘体。

尽管真空的介电常数最低（为 1），但是人们并不采用它，这是因为它无法将热量从中心导体传导到外部导体，进而导致传输线很快损坏。空气和氮气在这种传输线中一般是欠压使用。空气偶尔也用于较细的软线缆中。

第二次世界大战期间，人们一般都将聚乙烯（Polyethylene，PE）作为同轴线缆的核心材料来使用。战后不久，“聚乙烯”被从机密表中删除了，大部分早期的线缆设计都含有这种塑料成分。如今，大部分高频同轴线缆都采用泡沫绝缘材料制成，或充氮泡沫材料化学成型。理想的发泡材料是高密度蜂窝泡沫，其密度接近于实体塑料的密度，但是它充氮气的百分比较高。尽管当前顶级的聚乙烯泡沫的传播速度为 86%（介电常数为 1.35），但是大部分数字视频线缆的传播速度为 82% ～ 84%。这种速率的高密度泡沫在线缆弯曲时会阻止导体位移，以保证阻抗的变化最小。这一高速率改善了线缆的高频响应。

软泡沫带来的问题是“容易发生形变”，这会使得中心导体与屏蔽层之间的距离发生变化，进而改变阻抗。这可能是由线缆过分弯折，或者受到重压，或者过分拉伸，或者任何其它可能性因素造成的。为了减少这一问题的发生概率，应使用硬的蜂窝式泡沫。有些标称传播速度非常高的线缆可能会使用非常软的泡沫。简单的测试方法就是挤压各种线缆的泡沫电介质。密度（抗挤压性）为其他线缆两倍的一些线缆马上就会表现出优势了。随着时间的推移，软泡沫可能引发导体发生位移，这将改变时基，阻抗，回波损耗，以及长距离传输的比特误差。

同轴线缆在各种类型的测量设备中使用得非常普遍。在替换这样的线缆（尤其是示波器的探针连接的线缆）时，必须要将由绝缘材料的介电常数确定出的每英尺长度上的电容考虑在内。

18.10.2.1　CCTV线缆

CCTV（Closed Circuit Television，闭路电视）线缆的特性阻抗为 75Ω。CCTV 是由低频的行 / 场同步脉冲信息和高频视频信息组成的基带信号。由于信号为宽带信号，所以只以中心导体为实心铜线的线缆。

如果线缆要不断地上下 / 左右移动，那么应采用绞合中心导体，因为实心导体的加工硬度高，会因此发生折断。也有针对高强度弯曲应用而设计的，可弯折数百万次而不出现问题的机器人用同轴线缆。

CCTV 线缆的屏蔽应采用覆盖率至少为 80% 的铜线或镀锡铜线来实现，以抑制低频噪声。如果采用了铝箔屏蔽再加编织线的屏蔽方法，则屏蔽只能采用镀锡铜或铝材料。如果线缆暴露于空气中，且空气中可能存在常见的污染物，比如水、硫、氯、盐等，那么裸铜编织线便会产生流电反应。

CCTV线缆的传输距离

对于普通的 CCTV 75Ω 线缆，其经验上的传输距离如表 18-23 所示。这些距离可能会因使用了在线提升放大器而进一步延长。

表 18-23　CCTV 线缆的传输距离

RG-59	1000ft
RG-6	1500ft
RG-11	3000ft

18.10.2.2　CATV宽带线缆

对于较高频率的应用而言，比如传输射频或电视频道信号，这时只有导体的表面参与信号传输工作（参见 18.2.8 部分）。例如美国的电视信号频率是从频道 2（54MHz）开始的，这一频率一定会产生趋肤效应。所以这些线缆可以采用附有铜材料层的钢导线，因为只有铜材料层起传输作用。

如果人们将覆有铜材料的钢导体用于 50MHz 以下的应用，则这时导体的 dc 电阻是实心铜导体的 4 ～ 7 倍。例如，如果将覆有铜材料的线缆用来传输基带视频信号，则同步脉冲可能会衰减过大。如果这样的线缆用来传输声频信号，则几乎所有的声频信号会因采用钢导线而产生整体衰减。

传输直流以及 RF 高频信号的线缆也需要全铜结构，因为直流（频率为“0”）将在包裹铜的钢线结构内部传输。

CATV / 宽频带线缆应具有对高频噪声有出色抑制能力的衬箔屏蔽。CATV 宽带线缆还应具有对连接件产生一定固定作用的编织屏蔽，一般 40% ～ 60% 的铝质编织最为常用。有时也会使用多层屏蔽，比如三层（箔 - 编织 - 箔）和四层（箔 - 编织 - 箔 - 编织）屏蔽。四层屏蔽会产生最佳屏蔽效果的假设是不正确的，有些单一箔 / 编织和三层屏蔽配置的性能就十分出色。参考 18.8.6 部分有关屏蔽效率的内容。

现代的 CATV 宽带线缆采用的是发泡的聚乙烯或发泡的 FEP 电介质，以及更为适宜的充气发泡材料。这样可以降低线缆的损耗。护线套材料是由线缆的工作环境决定的（参考本章第 4、5 和 6 节）。

18.10.3　同轴线缆安装注意事项

18.10.3.1　室内安装

最常见的同轴线缆安装环境是室内。安装同轴线缆应遵守如下几点：

（1）安装同轴线缆时，首先要遵守所有 NEC 要求。

（2）均匀分配整个线缆的张力，最小弯曲半径不要有超过线缆直径的 10 倍。超出线缆的最大张力或最小弯曲半径可能会导致线缆在机械和电气性能上产生永久性的劣化。

（3）当通过管线来穿线缆时，要对管线进行全面清洁，去掉毛刺，并且使用不会对线缆产生不良影响的正确、长效润滑剂。

18.10.3.2　室外安装

室外安装要求人们采用能让线缆抵御恶劣环境的特殊安装技术。当线缆暴露于大气中时，要将线缆捆扎在钢质吊缆上，或购置有内置钢支撑形式的线缆。这将有助于对线缆形成支撑，并在遭遇风雪和冰雹灾害期间减小线缆的压力。如果线缆被直接埋于地下，则要让线缆保持在无张力状态下，以便使其在被土壤包裹时不至于承受重压。当线缆埋于有岩石的土壤中时，要用沙子对沟槽填充，放入线缆，然后再将经压力处理过的木质或金属板置于线缆之上。这样可以避免岩石土壤沉降给线缆带来损坏。在寒冷的气候环境下，要将线缆埋在霜冻土壤线之下。要购买为直接填埋而设计的线缆进行线缆铺装。

18.10.4　同轴线缆端接技术

18.10.4.1　焊接

焊接具有几大好处，它可以用于实心导体或绞合导体，使其产生可靠的机械和电气连接。其缺点就是要比其他方法花费更多的时间来进行端接，且如果连接件没有正确地焊接到线缆之上，那么可能产生虚焊问题。如果 RoHS（减少危险物质）是安装要求的一部分，则可能还要考虑含铅焊料的使用问题。针对诸如 HD-SDI 或 1080p/60 这样的高频应用，不推荐使用焊接连接方式，因为尺寸的变化将表现为阻抗和回波损耗的改变（参见 18.10.5 部分）。

18.10.4.2 卷边

卷边法可能是同轴线缆端接 BNC 或 F 连接件的最流行的方法。与焊接方法类似，它可以用于实心导体或绞合导体，并提供良好的机械和电气连接。这种方法之所以流行，是因为它不需要焊接，所以缩短了安装时间。为了取得连接件与线缆的紧密结合，使用正确规格尺寸的连接件是非常重要的。一定要始终使用正确的工具。绝不能使用老虎钳，因为它们并不是为了使连接件周围产生均匀的卷边压力而设计的。老虎钳会破坏线缆，并使线缆的电气性能下降。

18.10.4.3 绞合连接件

绞合连接件是端接同轴线缆的最快捷方法，但是它也有一些缺陷。当采用这类连接件端接线缆时，中心导体会被连接件的中央针脚割伤，因此过多的绞合可能导致中心导体被破坏。在安装频繁进行上下 / 左右运动的线缆时并不推荐采用这种方法，因为它会导致连接件松动。由于这种方法不涉及机械或电气上卷边或焊接连接，所以这种连接件并不如其他方法可靠。

18.10.4.4 压紧式连接件

近几年来，引人注目的改进之一是由真正的专业单元件形式的压紧连接件引发的。连接件曾经被认为是低质量选项，以及高频性能差和机械耐拉拔性能差等问题，如今全部得到了解决。现在有些单元件形式的压紧连接件的带宽已达 4.5GHz，被用于 1080p/60 3G-SDI 视频。同样这些连接件在 RG-6 线缆上的拉拔强度已超过了 110lbs，几乎不可能将其拉脱。由于 HD/3G RG-6 线缆上的拉动张力接近 69lbs，RG-6 线缆连接件如图 18.16 所示。

图 18.16 RG-6 线缆连接件（Belden 授权使用）

并不是说所有的压紧连接件都具有这种质量。生产厂家的技术指标表格和测试数据应能验证其所称的任何性能。如今市场上仍有一些低质量的压紧连接件在使用。

18.10.5 数字信号

在所有的数字信号中，都有一个确立原始信号采样样本的时钟频率。这是 1920 年代由哈里• 奈奎斯特（Harry Nyquist）确定的，其最高的采样频率只能是时钟频率的一半。这被称为“奈奎斯特频限”。如果超过了奈奎斯特频限，便开始出现与原始素材不相关的人为衍生物，数字信号便不是真实的信号了。因此，在数字信号中，实际可用的数据仅一半填充到时钟中。有时这被称为“占用带宽”。

透传数字信号

完美的方波是由时钟频率（正弦波）及无限数目的谐波叠加而成。如果我们试图度量某一组件（比如线缆），并确定其是否适合传输数字信号，那么就必须将这些谐波考虑其中。虽然我们不可能测量“无限数目的谐波”，但是可以选择有限数目的谐波。基于现有的测量设备，通常的谐波选择为三次谐波。这意味着对于特定的时钟频率，我们先将其除以 2（奈奎斯特频限），然后将占用带宽乘以 3（三次谐波）。然后我们再在该频率下测量线缆、连接件、跳线盘、跳线、隔离器、适配器等。我们还可以计算出该频率的 1/4 波长。测量结果将表明哪些组件不是关键的，而且是不需要准确的 75Ω 阻抗的。

18.10.6 回波损耗

在高频时，如果线缆和连接件占据波长的百分比很大，则线缆和组件的阻抗变化可能就会成为信号衰减的主要根源。从信号的角度来看，如果对象的阻抗不是 75Ω，则就会有一定比例的信号反射回信号源。表 18-24 给出了各个频率对应的波长和 1/4 波长。对于模拟视频（1/4 波长为 59ft），人们可以将其视为是很小的问题，因为这一距离太长了。但是对于 HD-SDI 和更高频率的信号来说，1/4 波长可能只有 1 in 或更短，这就意味着线路上的每件事物（线缆连接件，跳线盘，跳线，适配器，隔离 / 贯通连接件等）都很关键。

实际上，上面的表 18-24 并不完全准确。距离应该乘以线缆或其他组件的传播速度才能得到实际的长度，所以它

表 18-24 不同频率的各种信号的波长和 1/4 波长

信号	时钟频率	Nyquist限制	三次谐波	波长	1/4波长
SD-SDI	270MHz	135MHz	405MHz	2.43ft 0.74m	7.3in 18.5cm
HD-SDI	1.5GHz	750MHz	2.25GHz	5.3in 13.46cm	1.3in 33mm
1080p/60	3GHz	1.5GHz	4.5GHz	2.6in 66mm	0.66in 16.8mm

们甚至还要更短。

由于高频时每个东西都很关键，因此要求线缆，连接件，跳线盘和其他无源器件的生产厂家提供其产品阻抗与 75Ω 的偏差程度是合理的要求。这可以通过询问每一器件的回波损耗来获取。表 18-25 可以让用户粗略地得到间接的答案。

表 18-25　回波损耗与信号接收和反射百分比

回波损耗	信号接收百分比	信号反射百分比
–50dB	99.999%	0.001%
–40dB	99.99%	0.01%
–30dB	99.9%	0.1%
–20dB	99.0%	1%
–10dB	90.0%	10%

用于 HD 的大部分器件可以达到 –20dB 的回波损耗的要求。实际上，2GHz 时达到 –20dB 的回波损耗对于用于 HD-SDI 的无源器件来说是个不错的起点。更好的器件将能在 2GHz 的频率上达到 –30dB 的回波损耗指标要求。目前还没有哪一器件在任何合理的频率上总能达到 –40dB 的回波损耗。通过表 18-24，人们可以看到 1080p/60 信号需要测试到 4.5GHz 的频率。这要求人们定制价格不菲的匹配网络。Belden 是首家对此进行投资的公司。

应注意的是，在信号接收一列中 9 的数目是与回波损耗中的第一个数字相同的（即，–30dB = 3 个 9 = 99.9%）。此外还有一些类似的测试，比如 SRL（结构回波损耗，Structural Return Loss）。该测试只是部分显示出了总体反射。除了回波损耗之外，不采纳任何测量方法对应的数值。无源线路上（所有被测器件加在一起）产生反射的可接受 SMPTE 最大值为 –15dB 或 96.84%，3.16% 被反射。RL 为 –10dB（10% 被反射）的线路可能就通不过了。

18.10.7　视频三同轴线缆

视频三轴线缆用来进行摄像机与其相关设备的互连。三轴线缆包含一根中心导体和两个独立的屏蔽层，这允许它通过一根线缆支持多个功能。中心导体和内屏蔽层传输视频信号。中心导体和外屏蔽传输通话信号、监视器信号、信号灯信号、提词器信号、摄像机遥控信号和许多其他功能的信号。两个编织屏蔽层通常传输摄像机供电信号。中心屏蔽是视频信号地或公共地。三同轴线缆一般采用 RG-59 或 RG-11 类型。欧洲规格也使用毫米来表示。

有些摄像机生产厂家提供采用三同轴线缆工作的数字摄像机。然而，这要将数字信号转变为诸如宽带 RGB 或 Y-C 这样的模拟信号，然后在另一端还要进行相反的转换。使用者会因此丧失全数字域工作的许多优势，至少要将信号发送多次的处理将会表现出严重的噪声问题以及差的视频质量，这与原来的模拟视频是一样的。

18.10.8　S-Video

S-Video（S- 视频）需要双同轴线缆来独立传输亮度（Y）和色度（C）信号。亮度信号为黑白信号或任何灰度值信号，而色度信号包含彩色信息。这种传输有时是指传输 Y-C 信号。分立信号可以提供出更好的图像质量细节和分辨率，以及更小的噪声干扰。

S-Video 有时也指 S-VHS（Super-Video Home System，超级视频家用系统）。其目的是改善民用视频的质量，这些摄像机也应用于较低端的专业领域，它们主要用于新闻、纪录片和其他不太重要的题材的拍摄。

由于这是一个模拟系统，所以 S-Video 或 Y-C 几乎已经从民用、商用和专业市场上消失了。

18.10.9　RGB

RGB 表示的是红 - 绿 - 蓝（Red-Green-Blue），它们是彩色电视的基本色彩。由于信号被分割成其分量色彩，所以它常常也被称为分量视频。当这些模拟信号被单独传输时，就能取得更好的图像分辨率。RGB 可以用多条单独的视频线缆来传输，或者采用为此应用而制造的线缆束来传输。当利用单独的线缆传输时，所用的所有线缆的电气长度必须准确一致，这时线缆的物理长度可能一样也可能不一样。利用示波器，可以确定电气长度，并进行 RGB 分量的比较。如果线缆的质量不好的话，则同轴线缆的电气长度可能有明显的差异（即线缆的物理长度可能比分量信号对齐时的物理长度更长）。质量非常出色的线缆可能只需简单地按照物理长度切割即可。

RGB 线缆束是由时基误差量，即针对分量部分的传送时间差来指定的。例如，所有 Belden 同轴线缆束允许每百英尺线缆有 5ns 的差异。其他厂家也有类似的技术指标或容限值。广播 RGB 的实际时基要求为：最大差异为 40ns。借助于矢量示波器对线缆进行时基校正，安装者能够取得大于 1ns 的时基误差。虽然为数字视频应用而制造的线缆束也可以用于 RGB 模拟信号，以及类似的信号（Y，R – Y，B – Y，或者 Y，Pb，Pr，或者 YUV，或者 VGA，SVGA，XGA 等），不过 VGA 及其所属类型的信号对时基的要求还没有确立。

除了仅三根 RGB 同轴线缆束之外，这些同轴线缆束中还有其他类型的线缆束。通常水平信号和垂直同步信号（H 和 V）与绿信号一起通过绿信号同轴线缆来传输。为了进行更进一步的控制，这些信号可以由单独的同轴线缆（通常称为 RGBS）来传输，或者人们可以使用 5 根同轴线缆来传输每路信号（称为 RGBHV）。如今这种线缆在家庭应用环境中应用得也越来越普遍，这时通常是指 5 路视频信号。也有采用特制的 4 对 UTP 数据线缆来传送 RGB 和 VGA 信号的。这些线缆的其中一些的时基容限（在 UTP 领域中被称为延时偏斜，delay skew）性能要比同轴线缆束的时基容限性能更为出色。但是，视频信号必须要进行75Ω到100Ω的转换，Balun可以完成这一工作，即人们可以在线缆的每一终端上加一个Balun来完成这一工作，这将增加安装的成本。进一步而言，即便是比较差的同轴线缆的阻抗容限也要比绞线对的阻抗容限好很多。最好的绞线对的这一参数也只能达到 ±7Ω，而大多数同轴线缆的这一参数为 ±3Ω，同轴线缆的精度是绞线对的两倍，甚至更优。

18.10.10 VGA及其家族成员

VGA即视频图像阵列（Video Graphics Array）。它是一种将改良视频信号源连接到显示设备（比如投影机和显示屏）的模拟格式。根据分辨率的不同，VGA派生出了许多格式。具体如表18-26所示。

表18-26 各种VGA和同族格式的分辨率

信号类型	分辨率
VGA	640×480
SVGA	800×600
XGA	1024×768
WXGA	1280×720
SXGA	1280×1024
SXGA-HD	1600×1200
WSXGA	1680×1050
QXGA	2048×1536
QUSXG	3840×2400

针对分辨率和带宽的多个变种见表18-26。虽然这些变种许多都是高分辨率的，但是它们仍然是模拟信号。在日益发展的数字领域中，VGA及其家族成员或许是最后的模拟幸存者。

18.11 数字视频

数字视频有许多格式，有针对民用的格式，也有针对商用和专业应用的格式。本节将重点讨论专业应用的问题，其中主要讨论SD-SDI(标清-串行数字接口，Standard Definition-Serial Digital Interface）和HD-SDI(高清-串行数字接口，High-Definition-Serial Digital Interface)。另外也将讨论相关的民用标准，比如DVI(参见18.9.4.1部分）和HDMI(参见18.9.4.2部分)。

18.11.1 数字信号和数字线缆

控制通信（或数据通信）采用的是数字信号。数字视频信号要求宽带宽的线缆布线。控制通信和数据通信使用的是性能较低的线缆布线，因为它们传输的信息较少，所需的带宽较窄。高速数据通信系统明显地提高了余量要求，以便针对处理数据丢失问题而进行的误码校正，数据可以重新发送。虽然数字视频具有一定的误码校正能力，但是如果系统工作所要求的数据比特没有被全部接收到，则画面的质量将会下降，或者画面完全消失。表18-27对各种数字格式进行了比较。

表18-27 同轴数字格式比较

标准	格式	应用	接口类型	线缆类型	传输距离[2]	采样率	数据率（Mbps）	指南文件
SDI	串行	广播	1BNC	同轴[1]	300m/1000ft	27MHz	270	SMPTE 259
SDTI	串行	数据传输	1BNC	同轴[1]	300m/1000ft	可变	270或360	SMPTE 305
SDTV	串行	广播	1BNC	同轴[1]	300m/1000ft	27MHz	3～8	ATSC；N53
TV	串行	广播	1BNC	同轴[1]	1220m/400ft	74.25MHz	19.4	ATSC；A/53
HD-SDI	串行	广播	1BNC	同轴[1]	1220m/400ft	74.25MHz	1500	SMPTE 292M
1080p/60	串行	母带	1BNC	同轴[1]	80m/250ft	148.5MHz	3000	SMPTE 424M
1080p/60	串行	母带	2BNC	双同轴[1]	122m/400ft	74.25MHz	1500x2	SMPTE 424M

[1]也应用于光纤系统

[2]根据所用接线线缆和特定设备的情况，传输距离可能有很大变化

18.11.2 同轴线缆和SDI

大部分专业广播格式（SDI和HD-SDI）是串行格式，并且采用接有BNC连接件的单根同轴线缆来传输该格式信号。新涌现出来的更好分辨率格式，比如1080p/60也是基于BNC的。对于一些高密度应用而言，比如跳线盘和路由器则会使用一些较小规格的连接件，比如使用一些LCC，DIN 1.0/2.3或DIN 1.0/2.5的微型连接件。也可以使用专用的微型BNC连接件。

18.11.3 线缆和SDI

SDI的最常见形式就是分量SDI，其工作的数据率为270Mbps，时钟频率为135 MHz(占用带宽为135MHz)。针对标准SDI的线缆损耗技术指标是由SMPTE 259M和ITUR BT.601来指定的。如果我们根据1/2时钟频率的30dB信号衰减量确定出最大线缆长度，得到的结果也是可以被接受的，因为串行数字接收机具有信号恢复处理能力。

HD –SDI的总线缆损耗是受SMPTE 292M限定的，其

工作的数据率为 1.5Gbps（时钟频率为 1.5GHz，占用带宽为 750MHz）。我们可以根据 1/2 时钟频率 20dB 的衰减量确定最大线缆长度。1080p/60 应用（有时称为 3G 或 3G-SD）在 SMPTE 424M 中进行了说明，该应用的数据率为 3Gbps（时钟 3GHz，占用带宽 1.5GHz）。

18.11.4　接收机质量

接收机的质量对于串行数字系统的性能而言至关重要。接收机具有均衡和恢复 SDI 信号的出色能力。SMPTE 292M 描述了 A 型接收机和 B 型接收机的最低能力。SDI 接收机被认为具有自适应能力，因为它们能够对信息进行放大、均衡和滤波。上升时间受距离的影响非常明显，所有合格的接收机都能从最短距离为 122m（400ft）的 HD-SDI RG-6（比如 Belden 1694A）传输数据中恢复出信号。影响串行数字信号的最主要因素是上升时间 / 下降时间的恶化和信号抖动。串行数字信号在通过主要的网络集线器或矩阵路由器时一般都要进行再整形和时钟再生。

表 18-28 给出了 SMPTE 259M 和 SMPTE 292M 中有关上升 / 下降时间特性，以及抖动的技术指标规定。如果系统在线缆运行的终端具有这一级别的性能，则 SDI 接收机就能对信号解码。

表 18-28　SMPTE 串行数字性能技术指标

参量	SMPTE259				SMPTE292M	
	A级NTSC 4fsc 复合	B级PAL 4fsc 复合	C级525/625 分量	D级525/625分量	D级1920 ×1080 隔行	L级1280 ×720 逐行
数据率，MHz（时钟）	143	177	270	360	1485	1485
1/2时钟率，MHz	71.5	88.5	135	180	742.5	745.2
信号幅度（p-p）	800 mV	800 mV	800 mV	800 mV	800 mV	800 mV
DC偏差（V）	0 ± 0.5	0 ± 0.5	0 ± 0.5	0 ± 0.5	0 ± 0.5	0 ± 0.5
最大上升/下降时间（ns）	1.50	1.50	1.50	1.5	0.27	0.27
最小上升/下降时间（ns）	0.40	0.40	0.40	0.40	—	—
最大上升/下降时间微分（ns）	0.5	0.5	0.5	0.5	0.10	0.10
%最大过冲	10	10	10	10	10	10
时基抖动（ns）	1.40	1.13	0.74	0.56	0.67	0.67
校正抖动（ns）	1.40	1.13	0.74	0.56	0.13	0.13

18.11.5　串行数字视频

串行数字视频（Serial digital video，SDI）被归入到 SMPTE 和 ITU 的标准当中，并有如下种类：

SMPTE259M	复合NTSC 143Mb/s（A级）和PAL 177Mb/s（B级）的数字视频信号传输。它还包括了270Mb/s（C级）和360Mb/s（D级）525/625分量信号的传输。
SMPTE292M	1.485Gb/s下的HDTV信号传输
SMPTE344M	540Mb/s下的分量宽屏信号传输
ITU-R BT.601	177Mb/s下的PAL信号传输的国际标准

虽然这些标准可以利用标准的模拟视频同轴线缆工作，但是更新的数字线缆能提供出满足高频传输要求的更为准确的电气性能。

SDI 线缆以实心裸铜线作为中心导体，它提高了阻抗的稳定性，降低了回波损耗（RL）。数字传输包括低频信号和高频信号的传输，所以必须以实心铜线作为中心导体，而不能以铜包裹的钢材料作为中心导体。这样便可以让低频信号在导体的中心传输，而高频在导体的外层传输（趋肤效应的原因）。由于数字视频是由低频成分和高频成分构成的，所以采用箔屏蔽可以取得最佳效果。所有的 SDI 线缆都应进行扫频测量，确定针对占用带宽（奈奎斯特频限）的三次谐波的回波损耗。对于 1.485Gb/s 或 750MHz 占用带宽的 HD-SDI 而言，线缆在 2.25GHz 处进行扫频。在该频率上 RL 可能不大于 15dB。

通常采用 BNC 50Ω 连接件来端接数字视频线路。使用一个或两个连接件的做法可能还是行得通的，但是如果使用了多个连接件，就需要 75Ω 连接件来消除 RL。线缆、连接件和所有无源组件应该对 750MHz，即占用带宽的三次谐波，也就是 2.25GHz 呈现稳定的 75Ω 阻抗。对于具有 1.5GHz 占用带宽的 3G-SDI 而言，要对 4.5GHz 这一三次谐波频率下的全通组件性能进行测试和验证。

18.12　无线电制导设计

自 20 世纪 30 年代末以来，美国陆军和海军开始根据线缆的结构对其进行分类。由于这些线缆被定位用于制导无线电信号的高频线缆（同轴线缆和绞线对线缆），所以它们执行的是为制导无线电确定 RG 目标的任务。

线缆的指定编号与线缆的任何结构因素之间并没有相关性。因此尽管 RG-8 与其前后的 RG-7 和 RG-9 有编号上的次序关系，但是它们在设计上可能完全不同且无关。从其整个意图和目的来看，编号中的数字只是简单表示设计书中的页码而已。在针对军事应用进行产品订购时，通过编号可以得到可预测性能的特定线缆设计信息。

随着线缆设计上的变革，以及新材料和新制造技术的出现，原本的RG设计的变革产品也被制造出来。有些线缆针对特定目标作了改进，比如对现有线缆的护线套做了改进。这些变化都被人们通过在其原有名称后加上附加的字母的方法来加以标注。所以RG-58C就是对RG-58设计的第3次改进。

许多军用线缆的检测流程通常都比较长、复杂、成本高。对于这些线缆的商业用户而言，这些都是不必要的开支。所以许多生产厂家开始生产与原来的RG技术指标一样的线缆，只是这些线缆不经过检测而已。之后，这些产品被指定了实用级别，并在其编号的后面添加了斜线和字母U加以标注。RG-58C/U就是RG-58C的实用规格，其结构与前者一样，只是不经检测。

通常type一词被包含在RG的名称当中。这表明了人们所考虑的线缆是基于较早的某一军用标准制造的，只是在一些重要的方法上区别于原始的设计。在这一点上，整个名称会为安装者提供该线缆所归属的家族的信息。它可以表示出中心导体的粗细，阻抗和结构，以及可能具有的关键字。

目前，RG体系已经排到了RG500，较早设计中的数字区段已放弃不用了（20世纪70年代这一体系已经变得不适用了），美国军方重新制定了今天仍在使用的MIL-C-17（陆军）和JAN C-17（海军）的命名体系。例如，RG-6会在MIL-C-17G命名体系中找到。

18.13 传播速度

传播速度（Velocity of propagation），缩写为V_p，它是指线缆的传输速度与自由空间中光速（大约186 282mi/s或299 792 458m/s）的比值。为了简单起见，一般以300 000 000m/s来表示光速。传播速度可以很好地表示出线缆的质量。就目前的制造技术而言，实心聚乙烯的V_p含量占比为66%，化学成型泡沫的V_p含量占比为78%，而充氮泡沫的V_p含量占比则高达86%。主要充干燥空气或氮气为电介质的一些硬线的传播速度可能超过95%。

传播速度是信号由线路的一端传输到另一端的速度。由于传播是发生在传输线上的，所以它与所有的电子线路一样，拥有其三个固有的属性：阻性、感性和容性。不论线路的结构如何，所有这三个属性都将存在。线路不能通过结构来消除这些特征。

在之前的条件下，适用于线路的电脉冲速度在其传输过程中会减慢。线路的构成要素是均匀分布的，并不是呈现为集中参量。

在柔软的线缆中传播速度（V_p）在50%到86%之间变化，具体则取决于采用的绝缘成分和频率。V_p与所选的绝缘材料的介电常数（DC）直接相关。确定传播速度的公式如下：

$$V_p = \frac{100}{\sqrt{DC}} \tag{18-5}$$

式中，

V_p是传播速度；

DC是介电常数。

虽然传播速度可以应用于任何线缆（同轴或绞线对线缆），但是打算用于高频的线缆之间还是有较多的共性之处。同轴线缆的传播速度是真空的介电常数与绝缘体的介电常数的平方根之比，该比值用百分数来表示。

$$\frac{V_L}{V_S} = \frac{1}{\sqrt{\varepsilon}} \tag{18-6}$$

或

$$V_L = \frac{V_S}{\sqrt{\varepsilon}} \tag{18-7}$$

式中，

V_L是传输线路中的传播速度；

V_S是自由空间中的传播速度；

ε 是传输线路绝缘体的介电常数。

各种介电常数（ε）如表18-29所示。

表18-29 介电常数（ε）

材料	介电常数
真空	1.00
空气	1.0167
特氟龙	2.1
聚乙烯	2.25
聚丙烯	2.3
PVC	3.0～6.5

18.14 屏蔽

从室外到演播室和控制室，再到扩声系统，声频行业面临EM/RF干扰（EMI和RFI）带来的严峻挑战。屏蔽线缆和绞线对可确保信号的完整性，保证声频和视频传输中的安全性，避免信号质量的下降，保持声音和图像的清晰度。

根据定义，除了同轴线缆这种带屏蔽的单一导体的精确结构之外，线缆可以是屏蔽的，也可以是非屏蔽的。应用的屏蔽结构有许多，这里介绍的是最常用的屏蔽方法。

18.14.1 伺服或螺旋屏蔽

伺服或螺旋屏蔽是导线屏蔽中最简单的形式。导线被简单地缠绕在线缆的内层部分。螺旋屏蔽既可以是单螺旋屏蔽，也可以是双螺旋屏蔽。这种屏蔽结构比编织屏蔽更柔韧，且易于端接。从本质上讲，由于螺旋屏蔽属于线圈，所以它们可能表现出感性影响，使得高频屏蔽无效。因此，螺旋/伺服屏蔽适用于低频频段，几乎不会应用于模拟声频频率以上的频段。当线缆打弯时，伺服或螺旋屏蔽倾向于打开。所以屏蔽效果要比理想情况差，高频时会更差。

18.14.2　双重伺服屏蔽

伺服或螺旋屏蔽的效果可以通过增加第二层屏蔽来改善。最为常用的是与原有的螺旋呈 90° 角缠绕。虽然这的确改善了覆盖率，但是打开的倾向并没有明显改善，所以它还是只局限于在低频或模拟声频领域使用。这种双重伺服或螺旋结构也被称为 Reussen 屏蔽。

18.14.3　French Braid 屏蔽

Belden 的 French Braid 屏蔽是由 Belden 提出的一种以编织形式将两条裸铜线或镀锡铜线捆扎在一起而形成的超柔韧双螺旋屏蔽。这种屏蔽可以长时间弯曲，并且柔韧性比编织屏蔽更好。另外，它所具有的传声器和摩擦电噪声不到原来的 50%。由于它沿一个轴向进行了两层编织，所以它们不会像双螺旋 / 伺服结构那样打开。因此，French Braid 屏蔽对于高频频段仍然有效，并且可以应用于 GHz 的频段。

18.14.4　编织屏蔽

编织屏蔽具有出色的结构完整性，同时又有良好的柔韧性和长的弯曲寿命。这种屏蔽对于最小化低频干扰十分理想，并且具有比衬箔屏蔽更低的直流电阻。编织屏蔽在低频及 RF 范围上均有效。一般而言，编织物覆盖率越高，屏蔽效果越好。单层编织屏蔽的最大覆盖率接近 95%。双层编织屏蔽的覆盖率可以高达 98%。100% 的编织覆盖率在物理上是不可能实现的。

18.14.5　衬箔屏蔽

衬箔屏蔽可以使用裸露的金属来制成，比如裸露的铜屏蔽层，只不过人们多数时候会采用聚酯铝箔。衬箔屏蔽可以提供 100% 的覆盖。有些线缆具有一个松散的聚酯衬箔层。另外一些设计可能是将衬箔与线缆芯或线缆的护线套内壁黏合在一起。不论采取其中的哪种屏蔽方式，我们都会面临机遇与挑战。

衬箔层既可以朝外，也可以朝内。由于衬箔屏蔽层用来作为连接点使用太薄了，所以裸线要贴着屏蔽的衬箔一侧。如果衬箔朝外，则必须在衬箔外侧使用排扰线。如果衬箔层朝内，那么排扰线也必须处在衬箔内侧，挨着线对。

未粘合的衬箔在切割或剥去护线套之后很容易去掉。许多广播从业人员更喜欢同轴线缆中采用未粘合的衬箔层，因为这样有助于阻止衬箔薄片造成 BNC 连接件短路的问题发生。如果衬箔被粘合到线芯上，则剥离护线套的处理一定要准确，避免产生芯和衬箔的薄切片。

然而，对于 F 连接件，当它被推到同轴的一端时，未粘合的衬箔可能产生堆积，并妨碍这些连接件正确就位。这解释了为何实际的用于 CATV 宽带的所有同轴线缆的衬箔都粘合到线芯上 —— 这样 F 连接件容易插入。

在屏蔽的线对线缆中，比如模拟或数字声频线对线缆，其屏蔽结构采用的是包裹线对的衬箔屏蔽。一旦剥离了护线套，接下来就是要去掉衬箔屏蔽。在有些线缆中，人们将衬箔屏蔽粘合（粘在）护线套的内壁上。当护线套剥离后，衬箔也被去掉了，这样就大大节约了时间。之后，粘合的衬箔屏蔽线对要求衬箔面朝向线缆内部，同时排扰线在线对内。有证据表明：将排扰线置于线对内会影响线对的对称性，尤其是在高频时。在这种情况下，采用“非粘合衬箔结合外置排扰线”的方法，或者采用对称编织包裹衬箔层的方法将是更好的选择，参见 18.15 节。

为了改善高频特性，保证金属与金属间的接触，通常会使用短路折叠技术。如果不进行短路折叠，则产生的微小缝隙有可能导致信号泄露。绝缘折叠也有助于阻止多线对线缆中一个线对的屏蔽与另一线对的屏蔽相连接的情况出现。如果出现了上述的连接，则会使这些线对间的串音明显增大。

Belden 对传统的短路折叠方法进行了改进，并将成果应用于 Z-Fold 当中，Z-Fold 是为降低多线对应用中的串音而设计的，如图 18.17 所示。Z-Fold 将绝缘折叠与短路折叠结合在一起。短路折叠提供了金属 - 金属的接触，而绝缘折叠则避免多线对中各个屏蔽线缆间出现短路问题。

由于高频信号的波长可以透过编织小孔起作用，所以衬箔屏蔽在这些频率上是最有效的。从根本上讲，衬箔屏蔽体现了高频时的趋肤效应，因为此时的趋肤效应占主要的地位。

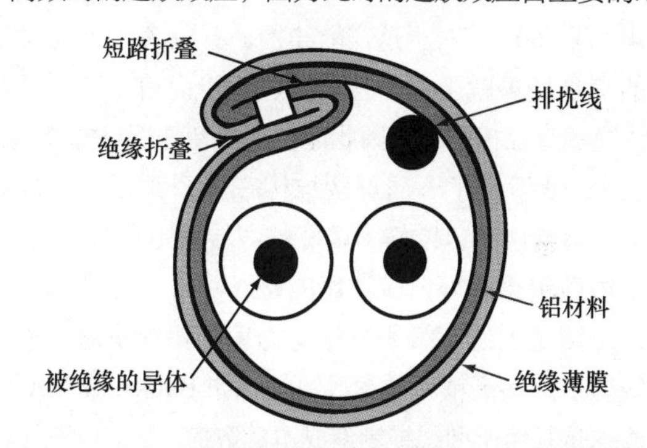

图 18.17　Z-Fold 衬箔屏蔽线改善了高频的性能（Belden 授权使用）

18.14.6　组合屏蔽

组合屏蔽由多层屏蔽组合而成。它们在整个频谱上均有最高的屏蔽效率。衬箔 - 编织屏蔽组合既有衬箔屏蔽的 100% 覆盖率的优点，同时也强化了编织屏蔽的低直流电阻的特性。可以使用的其他组合屏蔽方式还有各种衬箔 - 编织 - 衬箔屏蔽，以及衬箔 - 螺旋屏蔽设计等。

18.14.6.1　衬箔+伺服屏蔽

由于伺服 / 螺旋屏蔽存在电感效应，所以这一组合只能在低频范围上使用，目前这样的组合屏蔽几乎见不到了。

18.14.6.2　衬箔+编织屏蔽

这是最常用的组合屏蔽方式。由于采用了高覆盖率（95%）的编织，所以这种屏蔽在 1kHz 至几 GHz 的宽频率范围上都具有十分有效的屏蔽效果。许多线缆都采用这种类型的屏蔽，包括高精度的视频线缆。

18.14.6.3 衬箔+编织+衬箔屏蔽

衬箔-编织-衬箔屏蔽常常被称为三重屏蔽(Tri-Shield)。它在CATV宽带同轴应用中应用得最为普遍。双层衬箔结构在高频时的表现尤为出色。但是，处在衬箔之间的编织屏蔽的覆盖率是决定屏蔽效果的关键因素。当这种编织类型的编织覆盖率达到合理的高数值（>80%）时，就能获得出色的屏蔽效果。

三重屏蔽同轴线缆的另一个优点就是能够使用标准规格尺寸的F连接件，因为这种屏蔽结构的厚度基本上与普通的低成本线缆使用的衬箔-编织屏蔽结构的厚度相同。这种类型的屏蔽最先在高精度视频线缆中亮相，尤其是在那些针对3G-SD(1080p/60）的应用中被使用，它们已经通过了4.5GHz的测试。其中的一个例子就是Belden 1749A。

18.14.6.4 衬箔+编织+衬箔+编织屏蔽

衬箔+编织+衬箔+编织屏蔽常常被称为四重屏蔽（quad-shield 或 quad）（注意不要与星形四芯传声器线缆或老式的POTS4四芯跳线线缆混淆）。与上面提及的三重屏蔽一样，它在CATV宽带同轴应用中使用得最为普遍。许多人认为它的屏蔽效果是最好的，但其实不然。

如果该屏蔽结构中的两层编织屏蔽采用的是高覆盖率(>80%)，那么这一结论没错，它确实是格外出色的屏蔽。然而，大部分四重屏蔽结构的两个编织层的覆盖率分别都只有40%和60%。对于这样的结构，覆盖率达80%的三重屏蔽的测量结果就十分出色了。进一步而言，四重屏蔽的同轴线缆的直径相当粗，因此需要使用特殊规格的连接件。

表18-30示出了不同屏蔽结构在各个频段上的屏蔽效果。该表格给出了以欧姆为单位的“转移阻抗”，其数值越低，则屏蔽效果越好。应注意的是，除了最后列出的线缆之外，所测量的所有编织屏蔽均为编织铝线屏蔽。最后给出的线缆是数字高精度视频线缆（比如Belden 1694A），其制造成本是其他所列线缆制造成本的数倍。

表18-30 不同屏蔽结构的屏蔽效果

屏蔽类型（铝质编织）	5MHz	10MHz	50MHz	100MHz	500MHz
60%编织，结合衬箔	20	15	11	20	50
60%编织，结合三重屏蔽	3	2	0.8	2	12
60%/40%四重屏蔽	2	0.8	0.2	0.3	10
77%编织，结合三重屏蔽	1	0.6	0.1	0.2	2
95%铜质编织，结合衬箔	1	0.5	0.08	0.09	1

18.15 电流感应噪声的屏蔽

重要的证据表明：采用内部排扰线外包衬箔的结构可能会影响线对的性能，尤其是高频时的性能。由于理想的平衡线路是电学意义上两条一致的导线，近处的排扰线似乎一定会影响到线对的对称性。当声频线缆周围存在强RF场时，这一点将显得尤为关键。

尽管存在这一证据，但制造出的具有适当对称性的线缆却非常少。这可能是终端用户对此的需求并不强烈的缘故，因为制造商一般会很愿意根据使用需求来重新设计它们的线缆。例如，排扰线很容易地被对称的、低覆盖率编织线来取代。

18.16 屏蔽的接地

对于任何组合屏蔽，编织部分都是连接的一部分。即便是屏蔽高频噪声，此时衬箔实际也在起作用，噪声还是会通过比衬箔电阻更低的编织方式到地。

由于衬箔使用了排扰线，而排扰线是与屏蔽相连的，所以排扰线必须是裸线，以便与衬箔相连。如果衬箔是浮地的，且没有粘接到线芯上，那么另一塑料层就被用来支撑衬箔。衬箔本身太薄且很脆，即便是厂家使用的衬箔也是如此。于是增加了强度和弯折寿命（损坏前的弯折数）都足够的第二塑料层，这样便可以使用衬箔了。

因此，排扰线必须与衬箔接触。在有些线缆中，排扰线必须处在衬箔的外侧，即衬箔和护线套之间。如果衬箔朝内，那么排扰线必须在衬箔内侧，挨着线缆内的线对（或其他构成成分）。

如果排扰线在内，则需要考虑其他问题。其中一个问题就是之前（18.15节）提及的SCIN(Shield Current Induced Noise，屏蔽感应电流噪声）。另一个问题是能够进行多线对屏蔽，此时屏蔽是朝内，塑料层朝外。这要求生产厂家通过对支撑衬箔的塑料层着色来对线对进行颜色编码。

如果使用的是单独各自衬箔屏蔽的多线对线缆，则重要的是不要让这些衬箔屏蔽相接触，如果它们相接触了，则在一个衬箔上的任何信号或噪声将马上与其他的衬箔所共有。同样，也可以将衬箔屏蔽放在两个线对共同使用的地方。因此这种朝内使用的公共衬箔屏蔽将有助于阻止线对间接触。通过在每一衬箔及其塑料支撑上标记上各种颜色，对其进行颜色编码，这样有助于区分线对。

然而，简单地对线对进行线圈缠绕和加衬箔还是会在衬箔的边缘留下小的边缘空隙。在采用多个各自衬箔屏蔽的多线对线缆中，如果线缆被安装成弯曲的形式，那么就会相当容易地让一个衬箔边缘与另一个衬箔的边缘相接触，从而使屏蔽的效果打折扣。对此的解决方案就是Belden在1960年发明的Z-Fold，如图18.17所示。不论线缆如何弯折，它都不会让任何衬箔边缘暴露在外。

18.16.1 地环路

在许多安装中，一个机架与另一个机架之间的地电势，或者建筑中的一点与另一点之间的电势可能是不同的。如果建筑可以安装星形接地，那么整个建筑的地电势就一致了。而任意被连接的两点之间也不会存在电势差。

当所连接的两点之间存在电势差时，地环路就会产生。地环路是指电子沿地线从一点流到另一点的现象。连接到地的机架或设备机箱上的任何 RF 或其他干扰都将流向这一地线，这时衬箔或编织屏蔽变成了天线，并将噪声馈送至绞线对。有时干扰不是小区域上的问题，比如导线彼此垂直交叉放置，则地环路可能利用其整个长度来引入噪声。

如果拿不出时间或资金来构建星形接地系统，则还有两种选择。其中一个选项就是切断导线一端的接地。这就是所谓的套筒式接地。

18.16.2　套筒式接地

如果线缆的每一端都有一个接地点，则将其中一端接地断开便形成了套筒式接地。安装人员应留意只在线缆的目的地（负载）端将地断开，而保留信源端连接。

对于声频应用，套筒式接地的作用是消除地环路，但这样会使屏蔽的效率降低 50%（一根导线连接取代了两根导线连接）。如果将信源端（这一端在模拟声频中是低阻抗端）接地断开，而维持目标（负载）端连接，这样便会在声频频段产生一个作用明显的 R-L-C 滤波器。

在更高的频率上，比如数据线缆，即便只在信源端套筒式屏蔽，也可能会产生一定严重程度的问题。图 18.18 示出了套筒式接地对 6 类数据线缆的影响。左边的柱条表示的是输入阻抗，对屏蔽层上传输的任何 RF 所呈现的阻抗，底部参数为频率 F_k。

你将会注意到：在每半波长处，屏蔽的作用相当于开路的作用。由于大部分声频线缆是衬箔屏蔽，而衬箔屏蔽只对高频起作用，这就意味着即便是采用了正确的端接，套筒式屏蔽对于 RF 频率的屏蔽效率也较低。

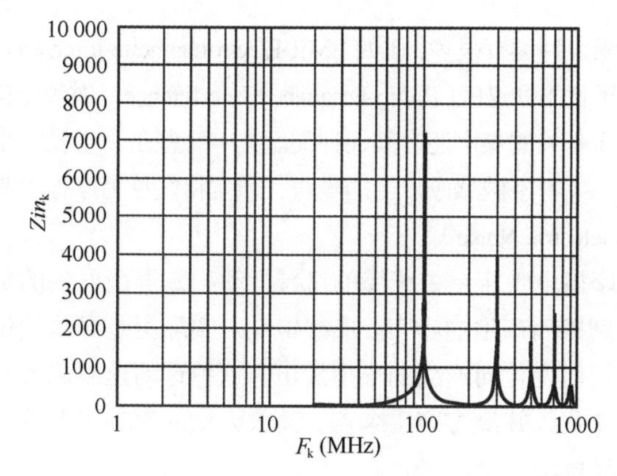

图 18.18　嵌入式接地对 6 类线缆的影响

18.17　UTP与声频

对地环路的另一个应对方案就是不进行接地连接。对于有经验的声频和视频专家而言，这种解决方案可能需要一定的信心。很显然，由于线缆没有屏蔽，没有排扰线和接地线，因此也就不会产生地环路。这是所谓 UTP（Unshielded Twisted Pairs，非屏蔽绞线对）数据线缆的常见形式。

对于这种线缆，没有屏蔽就意味着用户必须完全依赖平衡线路来抑制噪声。当打算用 Cat 5e，Cat 6 或 Cat 6a 线缆中的四对导线来传输四个不相关的声频通道信号时，这一点表现得尤为明显。人们对低性能的（绞合线缆）Cat5e 跳线线缆（Belden 752A）进行了相关测试，观察线对之间的串扰。该检测实验表示出了所有可能的线对组合的平均情况，最差情况和覆盖 1 ～ 50kHz 的情况，其结果如图 18.19 所示。

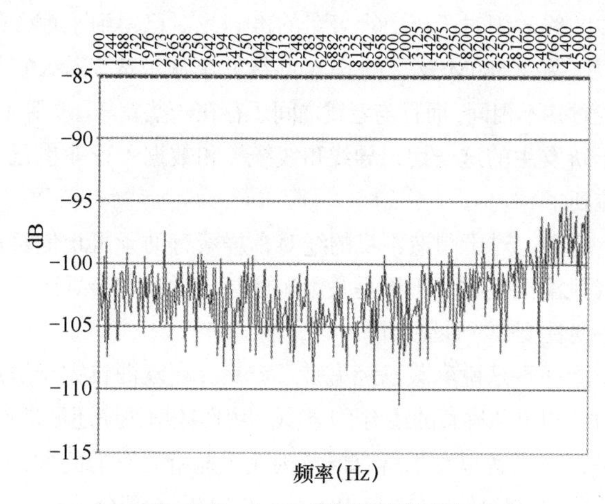

图 18.19　Cat 5e 跳线线缆间的串扰

人们会注意到在大约 40kHz 附近是最差的情况，此处的串扰稍优于 -95dB 的串扰。在正常的可闻声频率（20kHz）范围上，线对与线对间的串扰接近 -100dB。由于当今 -90dB 的本底噪声完全是可以接受的，所以即便是 -95dB 或 -100dB 的测量值也还是不错的。

很多数据工程师因为这些测量是针对 FEXT（Far-End Crosstalk，远端串扰）的而质疑这些数字。因为这时这种线缆中的信号是最弱的，所以我们还进行了 NEXT（近端串扰，near-end crosstalk）的测量，这时的信号是最强的。这些测量结果如图 18.20 所示。

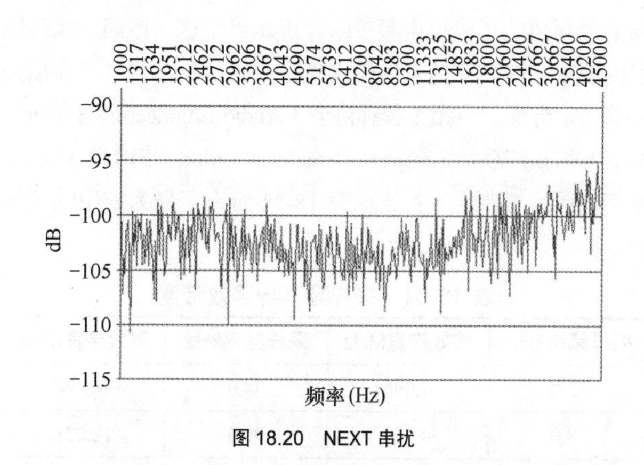

图 18.20　NEXT 串扰

NEXT 测量甚至优于之前的 FEXT 测量。在这种情况下，最差的情况是在 50kHz 处串扰刚好为 -95dB。在 20kHz 及其以下的频率时，数值甚至更为理想，约为 -100dB 或更好。

另外有些研究人员还尝试对性能更好的线缆（Belden 1872A MediaTwist）进行测量。这是未加屏蔽的绞线对线缆，现在属于6类线对束。经过了一周的努力，研究人员确认在Agilent 8714ES网络分析仪上读不出线对与线对间的串扰。在某些频率处的串扰低于测量仪器的本底噪声。仪器的本底噪声为–110dB。一些性能好的线缆在某些频率处的串扰是低于–110dB的。

为何如此屏蔽

对未屏蔽线缆进行的这些实验回避了一个问题：这就是为何要进行屏蔽呢？实际上，答案有些出乎意料。数据线缆中的线对相对于历史上著名的声频线对已得到了惊人的改善。例如500MHz下的6a类线缆，单从带宽来看，它与老线对并不相同，而且与老线之间还存在一些差异。实际上，对于所发生的这一切，导线和线缆（和数据）行业也已经关注到了。

之前，对于制造不良的线对，屏蔽有助于阻止信号进入或泄漏出线对。不论是入影响还是出影响均会导致线对的平衡性变差，性能下降。

这并不是说屏蔽已经失去了意义。在欧洲将完全屏蔽（FTP）和单独屏蔽的线对（7类线）用作数据线缆还很常见。但是，这也就引发了所有屏蔽接地线缆所固有的问题，即地环路和波长效应（参见18.8.6.5和18.8.6.6部分）。

非屏蔽绞线对传输声频、视频、数据和许多其他信号的功效在当今已是不争的事实。日常工作中，许多声频设备使用UTP进行模拟和数字连接。如果信号源不是平衡线路，则设备必须由平衡（UTP）变到非平衡（例如，同轴）。这样的设备完成的是平衡—非平衡（Balanced-to-Unbalanced）的匹配，它被称为Balun。有关Balun的更详尽内容在18.9.3.6.7部分有过阐述。

18.18 AES/EBU数字声频线缆

尽管数字声频技术已经问世许多年了，如今，数字声频技术全面超越了模拟声频技术。正是出于这一原因，满足数字传输要求的数字信号传输线缆就变得至关重要了。在相关标准制定方面，声频工程师协会（Audio Engineering Society，AES）和欧广联（European Broadcast Union，EBU）已经为数字声频线缆制定了标准。表18-31给出了最为常用的采样频率和等效带宽数据。

表18-31 采样频率与等效带宽

采样频率kHz	等效带宽MHz	采样频率kHz	等效带宽MHz
32.0	4.096	48.0	6.144
38.0	4.864	96.0	12.228
44.1	5.6448	192.0	24.576

保持线路阻抗的一致性，以消除会造成信号损伤以至于无法恢复原信号的反射是非常重要的。标准的模拟线缆可以用来传输距离在50ft（15m）以内的数字信号，但超出这一范围之后，信号的可靠性会下降。模拟线缆的阻抗和电容分别为40～70Ω和20～50pF/ft。当以78%的传播速度工作时，数字线缆的阻抗和电容分别是110Ω和13pF/ft。要求线缆应具有正确的阻抗匹配并具有低电容，只有这样才能保证方波信号不失真、不产生反射或衰减。

最常见的数字声频线缆是24AWG（7×32）镀锡铜导线，总的绞合长度短，采用低损耗泡沫绝缘、100%铝聚酯膜屏蔽。在便携应用时也可使用编织屏蔽。如果需要的话，可以得到22～26AWG的导线。数字声频线缆也开始普遍使用多线对形式，其中每个线对单独屏蔽，而且常常加有护线套，这样可以使每个线对及其屏蔽与其他线对完全隔离。每个线对能够传输两个通道的数字声频信号。线缆可以采用XLR插接件来端接，也可以插入或焊接到跳线盘上。

AES/EBU数字同轴线缆

数字声频要求的带宽要比模拟的带宽宽得多。只要采样频率加倍，则带宽也会随之加倍，如表18-31所示。

虽然仍是标准的一部分，但是32kHz和38kHz的采样率几乎已不使用了。绝大部分应用则以如下三种之一为采样率：44.1kHz、48kHz或96kHz。在传输数字声频方面，同轴线缆的传输距离，要比绞线对的传输距离远。同轴线缆具有75Ω的阻抗，实心铜导线为中心导体，屏蔽覆盖率不能小于90%。除非设备具有AES/EBU非平衡同轴输入和输出，否则当采用非平衡同轴线缆传输声频信号时，可能需要使用Balun（平衡-非平衡转换器）来实现平衡与非平衡之间的转换。Balun可以将阻抗由平衡时的110Ω转变到非平衡时的75Ω（也可以反过来转换）。

18.19 摩擦电噪声

噪声种类有很多，比如EMI（Electromagnetic Interference，电磁干扰）和RFI（Radio-Frequency Interference，射频干扰）。与线缆有关的噪声还有其他种类。其中一些是由机械产生的噪声，或者机械感应产生的噪声，通常将其称为摩擦电噪声（Triboelectric Noise）。

摩擦电噪声是由线缆的机械运动导致屏蔽层内的导线彼此摩擦而产生的噪声。摩擦电噪声实际上是导体的位置发生相对变化而产生的小型放电。这种运动建立起微小的电容变化，并最终产生爆点。高放大量的声频可能拾取到这一噪声。

滤波器、填充在导体周围的非导电成分有助于保持导体间隔的恒定，同时碳绝缘浸渍布或者碳塑料层这类的半导体材料有助于将累积起来的电荷释放掉。摩擦电噪声可利用低噪声测量仪器进行测量，它使用了三种低噪声标准：NBS，ISA-S和MIL-C-17。

在使用像吉他线和非平衡传声器线缆这类频繁移动的高阻抗线缆时，机械感应噪声是经常要面对的重要问题。

人们经常利用特殊导电带和绝缘材料的属性来帮助阻止机械感应噪声的产生。

无填充物的线缆可能常常会产生摩擦电噪声。这就是为什么 premise/ 数据类线缆不适合用于需弯折线缆的移动声频应用的原因。近来，新出现了一些柔软的可弯折数据线缆，尤其是那些线对束线缆，可以考虑将这些线缆用于这类应用中。诸如 Belden1353A 这种用于声频的绑扎线对的使用可避免线对中两根导线的移动，因此也就避免了摩擦电噪声和其他接触或运动感应噪声的产生。

18.20　线管铺设

要得出用于任意线缆或线缆组的管线尺寸，需要做如下工作：

（1）求出每根线缆外径 OD(Outside Diameter) 的平方，并得出总的结果。

（2）若只安装一根线缆，将步骤（1）中得出的数值乘以 0.5927。

（3）若安装两根线缆将步骤（1）中得出的数值乘以 1.0134。

（4）若安装三根线缆将步骤（1）中得出的数值乘以 0.7854。

（5）从步骤（2）或（3）或（4）开始，选择线管的规格尺寸应等于或大于总面积。在做这一决定时要利用线管的内径 ID(Inside Diameter)。

这要依据 NEC 给出的标称值：

- 单根线缆　　53% 填充率
- 两根线缆　　31% 填充率
- 三根或更多线缆　40% 填充率

如果线管长度在 50 ～ 100ft，则要将线缆的数目减少 15%。每弯折 90°，线管的长度要减小 30ft。任何长度超过 100ft 的线管都需要在某一中间点加装一个分线盒。

18.21　长距离传输的线路声频绞线对

正如表 18-33 所示，像声频这样的低频信号几乎达不到 1/4 波长，因此就无须考虑诸如阻抗，以及线路的负载 / 匹配这种属于传输线的属性问题。

然而，在电话和类似的应用中，长距离的绞线对是很常见的，长距离的绞线对如今也应用于像 DSL 这样的适中的数据率的数据传输上。在指定间隔距离上绞线对传输线所加的负载是通过在线路上串联一个电感来表示的。通常使用两种类型的负载——集中式负载和连续分布式负载。加载一段线路会提高线路的阻抗，所以降低了因导体电阻引起的串联损耗。

尽管加载降低了衰减和失真，可以取得更为一致的频率特性，但是提高了由泄漏产生的分流损耗。加载还导致线路产生了一个截止频率，在此频率之上损耗会变得过大。在连续式分布加载线路中，负载是通过高导磁磁带或导线缠绕着整个线缆取得的。电感沿线路均匀分布，这便使其相当于具有分布常数的线缆。

在集中加载方法中，螺旋缠绕的线圈沿线路方向上的间距是均等的，如图 18.21 所示。每个线圈所具有的电感在 88mH 的数量级上。如果让线圈发挥正确的作用，则线路导体与地之间的绝缘性能必须极为出色。

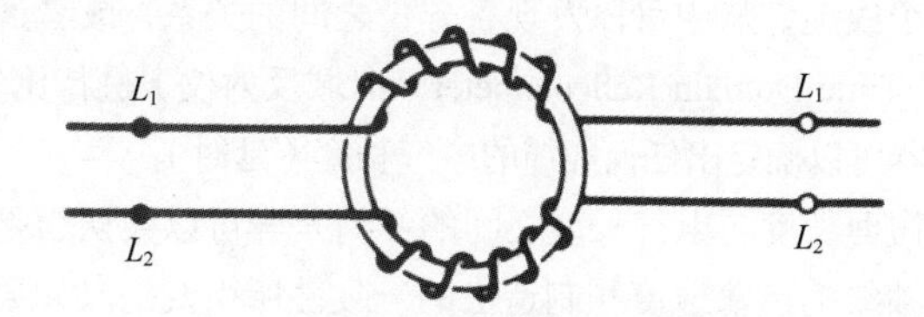

图 18.21　连接在平衡传输线上的负载线圈

加载线圈将会让一般电话线路的通话距离提高 35 至 90 英里。

如果高频线缆端接不正确，一部分端接信号将反射回发送端，从而减小输出。

18.22　延时与延时偏斜

实际上，由于每条线缆均具有一个传播速度，所以信号在线缆中传输就一定会耗费一定的时间。这一时间就是所谓的延时（Delay)，通常用纳秒为单位（D_n）来表示。V_p 可以方便地转换为延时。由于 V_p 与介电常数（DC）直接相关，所以可以直接用公式 18-8 来表示其相关性，延时单位为 ns/ft。

$$\begin{aligned} D_{\mathrm{n}} &= \frac{100}{V_{\mathrm{p}}} \\ &= \sqrt{DC} \end{aligned} \tag{18-8}$$

这些公式给出的是合理的近似数值，实际的公式应为：

$$\begin{aligned} \text{Delay} &= \frac{101.67164}{V_{\mathrm{p}}} \\ &= 1.0167164\sqrt{DC} \end{aligned} \tag{18-9}$$

（注：Delay = 延时）

当广播业中采用多条线缆传输一个信号时，延时便成为一个影响因素。这种情况常发生于 RGB、VGA 或其他模拟分量视频的传输系统当中。对于 HDMI、DisplayPort 及其在多线对间分割数据的类似系统而言，这也是个影响因素。延时还出现在像 1000BaseT(1GBaseT) 这样的高数据率 UTP 线缆中，其中数据被分割到 4 个线对中传输，并在目标设备处将其重新组合在一起。

由于信号被分割并重新组合，所以用于传输分量成分的不同线缆将会针对每一分量成分产生可测量出来的延时。解决这一问题的方法就是使所有的分量线缆在同时传输这些分量成分时产生的延时相等。对于 RCB 模拟信号而言，延时对所有分量导致的实际最大时基变化在 40ns 之内。测量和调整线缆的传输常常被称为定时基。从一致性的角度来看，数据域中 45ns 的最大延时差异已是惊人的一致了。在数据域中，它被称为偏斜（Skew）或延时偏斜（Delay Skew），其中的传输并不是列队进行的。

在 RGB 中，人们采用单独的同轴线来传输每一分量成分，因此同轴线缆必须具有同样的电气长度。这不一定是同样的物理长度。最为常用的方法是通过矢量示波器比较各个线缆，从中可以发现各分量之间的关系，或者通过 TDR（Time Domain Reflectometer，时域反射仪）进行比较，该仪器可以确定出任何线缆的电气长度（延时）。

物理长度与电气长度之间的任何差异可以被认为是各自同轴线的传输速度和制造上的一致性所引发的。如果制造一致性出色，则所有同轴线的传输速度将是一样的，并且物理长度与电气长度也是相同的。购买的线缆具有为了方便识别所传输分量的不同颜色的护线套，显然它们是工厂在不同时间制造的。我们要对其进行质量和一致性方面检测，判断其电气长度与物理长度的匹配程度。

如果线缆被捆扎在一起，则安装人员要想降低任何时基误差是十分困难的。在 UTP 数据线缆中，无法调整任何特定线对的长度。对于所有这些捆扎线缆，安装人员必须切断线缆，并安装连接件。

当使用四线对 UTP 数据线缆（分类线缆）传输 RGB，VGA，以及其他非数据分量传输系统中，要将这一问题列入需考虑的问题当中。因此，这些线缆的长度是根据工作频率上线缆的衰减量，以及线对的延时偏斜确定的。故如果打算传输非数据分量成分，则应查找到厂家关于延时偏斜方面的测量结果和承诺。

这种相同的承诺常常也用于许多同轴结构线缆上。有关细节要咨询生产厂家。

18.23　衰减

所有的线缆都具有衰减，并且衰减量随频率的变化而改变。衰减量可通过下面的公式得出：

$$A = 4.35\frac{R_t}{Z_o} + 2.76pf\sqrt{\varepsilon} \qquad (18\text{-}10)$$

其中，

A 是衰减量，单位为 dB/100ft；

R_t 是总的 DC 线路电阻，单位为 Ω/100ft；

ε 是传输线路绝缘材料的介电常数；

p 是介电媒质的功率系数；

f 是频率；

Z_o 是线缆的阻抗。

表 18-32 给出了各种 50Ω，52Ω 和 75Ω 线缆的衰减量。衰减量上的差异是由线缆的介电常数或者中心导体的直径原因造成的。

表 18-32　同轴线缆的信号损失（衰减）(dB/100ft)

频率	RG-174/8216	RG-58/8240	RG-8X/9258	RG-8/8237	RG-8/RF-9913F	RG-59/8241	RG-6/9248	RG-11/9292
1MHz	1.9	0.3	0.3	0.2	0.1	0.6	0.3	0.2
10MHz	3.3	1.1	1.0	0.6	0.4	1.1	0.7	0.5
50MHz	5.8	2.5	2.3	1.3	0.9	2.4	1.5	1.0
100MHz	8.4	3.8	3.3	1.9	1.3	3.4	2.0	1.4
200MHz	12.5	5.6	4.9	2.8	1.8	4.9	2.8	2.1
400MHz	19.0	8.4	7.6	4.2	2.7	7.0	4.0	2.9
700MHz	27.0	11.7	11.1	5.9	3.6	9.7	5.3	3.9
900MHz	31.0	13.7	13.2	6.9	4.2	11.1	6.1	4.4
1000MHz	34.0	14.5	14.3	7.4	4.5	12.0	6.5	4.7
特性阻抗（Ω）	50.0	50.0	50.0	52.0	50.0	75.0	75.0	75.0
传播速度（%）	66	66	80	66	84	66	82	78
电容量（pF/ft，pF/m）	30.8/101.0	29.9/98.1	25.3/83.0	29.2/96.8	24.6/80.7	20.5/67.3	16.2/53.1	17.3/56.7

18.24　线缆的特性阻抗

线缆的特征阻抗（Characteristic Impedance）是对无限长线缆阻抗的度量。该阻抗是 AC 测量得到的，不能使用欧姆表进行测量。其数值与频率相关，这一点由图 18.22 可以看出。该图所显示的是同轴线缆在 10Hz ～ 100MHz 范围上的阻抗。

在低频，电阻是主要的构成因素，阻抗由高数值（在 10Hz 时近似为 4000Ω）降到更低数值。这是趋肤效应（参见 18.2.8）的原因，这时信号由低频时的由整个导体传输，演变为高频时只由导体表面来传输。由于只是表面传输信号，所以导体的电阻就不重要了。这一点可以从阻抗公式中清楚地观察到。对于低频而言，公式 18-13 表现为 R，电阻是阻抗的主要成分。对于高频，公式 18-14 没有了 R，即公式中不存在电阻成分。

一旦进入到高频区域，这时的电阻不起作用了，如图 18.22 所示，这一频率下限大约在 100kHz 左右，进入该频率之上后阻抗便不再改变了。这一区域的阻抗被称为线缆的特征阻抗。

如果线缆的远端是开路或短路的，则无限长线缆的特征阻抗不会发生改变。当然，对此是不可能检测的，因为无法实现在无限远处做短路处理。重要的是要以额定阻抗来端接同轴线缆，否则部分信号可能会反射回输入，降低传输的效率。反射可能是因负载不正确（使用了错误的连接件，即在高频时使用了 50Ω 的视频 BNC 连接件，而不是使用 75Ω 的连接件）所导致的，或者线缆拉得过紧，导线打弯过急，从而改变了导体间的间距。影响线缆尺寸的任何事情都会影响阻抗，进而产生反射损失。我们唯一想了解的问题就是由此产生了多大的反射。所导致的反射在术语上被称为回波损失（Return Loss）。

普通同轴线缆的特征阻抗可能在 30Ω 到 200Ω 之间。最为常见的数值是 50Ω 和 75Ω。特征阻抗 Z_o 是线缆的平均阻抗：

$$Z_o = \frac{138}{\sqrt{\varepsilon}}\lg\frac{D}{d} \qquad (18\text{-}11)$$

其中，

ε 是介电常数；

D 是外部同轴导体（屏蔽）的内表面的直径，单位为 in；

d 是中心导体的直径，单位为 in。

任意频率下同轴线缆的真实特征阻抗可通过下式求出：

$$Z_o = \sqrt{\frac{R + \mathrm{j}2\pi fL}{G + \mathrm{j}2\rho C}} \qquad (18\text{-}12)$$

其中，

R 是导体的串联电阻，用单位长度上的欧姆数度量；

f 频率，单位为 Hz；

L 电感，单位为 H（亨利）；

G 是分流电感，用单位长度上的 mH（毫亨）数度量；

C 电容，单位为 F（法拉第）。

在低频，通常是指 100kHz 以下，同轴线缆的公式简化为：

$$Z_o = \sqrt{\frac{R}{\mathrm{j}2\rho\pi C}} \qquad (18\text{-}13)$$

在高频，通常是指 100kHz 以上，同轴线缆的公式简化为：

$$Z_o = \sqrt{\frac{L}{C}} \qquad (18\text{-}14)$$

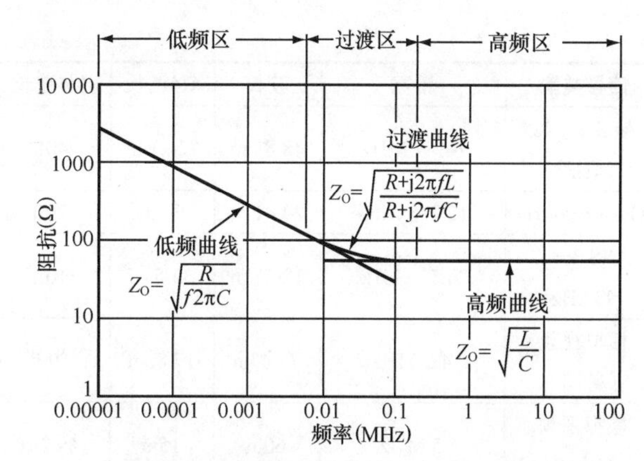

图 18.22　同轴线缆 10Hz ~ 100MHz 的阻抗特性

18.25　传输线的特征阻抗

传输线的特征阻抗等于为了使输入阻抗与端接阻抗相等而必须端接线路的阻抗。对于长于工作频率对应的 1/4 波长的线路而言，输入阻抗将等于线路的特征频率，而不必考虑端接阻抗。

这意味着低频应用常常具有的 1/4 波长距离。表 18-33 给出的是常见信号的波长和 1/4 波长。更准确地讲，在一种特定线缆类型中，这些数值应乘以传播速度。

问题非常简单：是等于 1/4 波长，还是比 1/4 波长更长？如果是等于 1/4 波长，那么特征阻抗就变得重要了。随着距离变得越来越短，这一距离也变得更为重要。对于较短的距离，跳线、跳线盘，以及它们最终的连接件都变得与线缆一样重要。尤其当测量超出所要的带宽时，这些组件的阻抗就成为一个严重的问题。为了做到真正准确，表 18-33 中的 1/4 波长的数值需要乘以每种线缆的传播速度。因此，实际的距离甚至比所给出的数值还小。

线缆在较低带宽应用下可以完美工作，而在较高频率应用中却失败的情况是完全有可能出现的。特征阻抗还取决于在应用频率下线对或同轴线缆的参量。在低频时，特征阻抗的阻性分量一般都要比随频率提高而下降的电抗分量高，如图 18.22 所示。电抗分量在低频时高，随着频率的提高会降低。

均匀线路的阻抗是针对长线路（无限长）获取的阻抗。对于长线路，它是透明的，线路中的电流受线路远端端接阻抗数值的影响很小。如果线路存在 20dB 衰减，而且远端是短路的，那么在发送端测量到的特征阻抗受影响的程度不超过 2%。

表 18-33　各种信号的特性

信号类型	带宽	波长	1/4波长	1/4波长
模拟声频.	20kHz	15 km	15 km	12，300ft
AES 3—44.1 kHz	5.6448 MHz	53.15m	13.29m	44ft

续表

信号类型	带宽	波长	1/4波长	1/4波长
AES 3—48 kHz	6.144 MHz	48.83 m	12.21 m	40ft
AES3—96kHz	12.288 MHz	24.41 m	6.1m	20ft
AES 3—192 kHz	24.576 MHz	12.21 m	3.05 m	10ft
模拟视频（美国）	4.2 MHz	71.43m	17.86m	59 ft
模拟视频（PAL）	5 MHz	60m	15m	49.2 ft
SD-SDI	270 MHz时钟	2.22m	55.5cm	1ft 10in
SD-SDI	405MHz3次谐波	74 cm	18.5cm	7.28in
HD-SDI	1.5GHz时钟	40cm	10 cm	4in
HD-SDI	2.25GHz 3次谐波	13cm	3.25 cm	1.28in
1080P/50-60	3GHz时钟	20cm	5cm	1.64 in
1080P/50-60	4.5GHz 3次谐波	66 mm	16.5 mm	0.65 in

18.26 绞线对阻抗

对于屏蔽和非屏蔽的绞线对，其特征阻抗

$$Z_0 = 101670/C(V_P) \qquad (18\text{-}15)$$

其中，

Z_0是线路的平均阻抗；

C由公式18-16和公式18-17获得；

V_p是传播速度。

对于非屏蔽线对：

$$C = \frac{3.68\varepsilon}{\lg\left[\dfrac{2(ODi)}{DC(Fs)}\right]} \qquad (18\text{-}16)$$

对于屏蔽线对：

$$C = \frac{3.68\varepsilon}{\lg\left[\dfrac{1.06(ODi)}{DC(Fs)}\right]} \qquad (18\text{-}17)$$

其中，

ε 是介电常数；

ODi是绝缘层的外直径；

DC是导体直径；

Fs是导体线股系数（实心线 = 1，7号绞合线 = 0.939，19号绞合线 = 0.97。

更高频频率下的绞线对数据线缆的阻抗为：

$$Z_0 = 276\left(\frac{VP}{100}\right)\times\lg\left[2\left(\frac{h}{DC\times Fs}\right)\times\left(\frac{1-\left(\dfrac{h}{DC+Fb}\right)^2}{1+\left(\dfrac{h}{DC+Fb}\right)^2}\right)\right] \qquad (18\text{-}18)$$

其中，

h是导体中心到中心的间距；

Fb非常接近于零。忽略掉Fb将不会引入感知误差。

传输线的端接

并不是所有的线路都必须端接。是否端接传输线取决于信号的频率 / 波长和传输线长度。表18-32可以作为一个指南来使用，尤其是当信号的波长长于线路的长度时。如果信号的波长与传输线的长度相比较小时，比如4.5GHz信号，则这时就需要端接来避免信号反射回信源，干扰前行的信号。在这种情况下，只要任何线路的长度长于1/4波长，则线路必须端接。

传输线端接是利用并联或串联端接来实现的。并联端接是指在传输线的接收端的传输线与地之间连接一只电阻；而串联端接是指在靠近传输线起始端的信号通路上串联一只电阻，如图18.23所示。

阻性端接要求电阻的阻值与传输线的特征阻抗匹配，最常见的特征阻抗值为50Ω或75Ω。由于端接电阻的阻值与传输线的特征阻抗匹配，所以信号的电能不会由接收端反射回到线路的信源端。如果电阻与特征阻抗完全匹配，则在想要带宽的所有的频率上，信号的全部能量都以热能的形式耗散在端接电阻上，因此就没有信号沿线路反射回信源，导致抵消出现。随着视频频率的提高，正确端接的成本就变得更高，因为在这些高频上阻抗值必须恒定。除非能够测量到2.25GHz（对于HD）或4.5GHz（对于3G），并且以合理的准确度表示出来，否则必须放弃较早的端接。为了取得最佳准确度，在感兴趣的频率上，需要电阻值精度在 ±3Ω或更高。

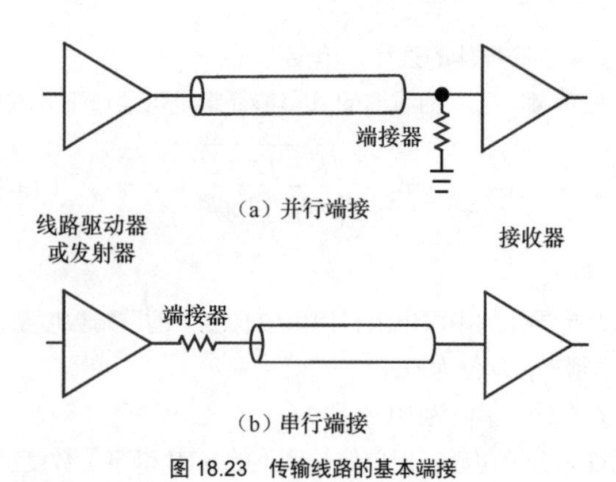

图18.23 传输线路的基本端接

18.27 扬声器线缆

有关扬声器与放大器连接导线的问题已经论述得很多了。阻抗、电感、电容、电阻、负载，匹配，趋肤效应等等都一直在讨论。

大部分家庭和演播室中扬声器的工作距离都比较近（小于50ft，或15m），因此不满足传输线的条件。当工作距离进一步加大时，这在70.7V（通常称为70V系统）或100V

分布式扬声器系统的连接当中十分常见，为了减小由导线电阻引起的线路损耗，不能小视线路中的功率损失对分配给扬声器功率的影响。例如，如果一只 4Ω 的扬声器被连接到放大器上，测量到的线缆电阻阻值为 4Ω，那么 50% 的功率将消耗到线缆上。如果扬声器被连接到 70V 的系统上，并且扬声器从放大器获取的功率为 50W 的话，扬声器 / 变压器阻抗为 100Ω，那么 4Ω 的线路电阻将耗散掉 4% 的功率。

当使用 70V 的扬声器系统时，需要综合考虑铜导线的成本与线路上的功率损耗来选择扬声器线路中的导线的尺寸。由放大器获取的功率可通过下面的公式计算得出：

$$P=\frac{V^2}{Z} \tag{18-19}$$

其中，

P 是放大器分配的功率；

V 是放大器分配的电压；

Z 是负载阻抗。

对于 70V 系统而言：

$$P=\frac{5000}{Z} \tag{18-20}$$

如果电压为 70.7V，负载为 50Ω，则功率将为 100W。然而，如果放大器通过一条 1000ft 的 #16 导线（来回为 2000ft）连接到 50Ω 的负载上，或者导线电阻为 8Ω，则从放大器得到的功率为：

$$P=\frac{5000}{50\Omega+8\Omega}$$
$$=86.2\text{W}$$

流经系统的电流为：

$$I=\sqrt{\frac{P}{R}} \tag{18-21}$$

或者在这种情况下

$$I=\sqrt{\frac{P}{R}}$$
$$=\sqrt{\frac{86.2}{58}}$$
$$=1.21\text{A}$$

在 50Ω 负载上的功率利用下式得出：

$$P=I^2R \tag{18-22}$$

或者在这种情况下

$$P=I^2R$$
$$=1.21^2R$$
$$=74.3\text{W}$$

或者比假设的功率低了 26%。

只有 11.7W 损失到线路上，另外还有 14W 不可能被放大器获取，因为阻抗失配。由于大功率放大器相对便宜一些，所以它可以利用足够粗的导线，使放大器几乎能够满功率向扬声器输出。表 18-34 给出了各种可以用作扬声器导线的线缆特性，而表 18-35 是扬声器线缆的选择指南。图 18.24 和公式 18-23 被用来计算表 18-35。

表 18-34　各种负载情况下 33ft（10m）线缆长度的频率上限

线缆类型	上限转折频率，kHz		谐振测量相位（°）	
	2Ω负载	4Ω负载	4μF负载	4Ω负载
No.18zip cord	75	136	35	3
No.16zip cord	61	114	32	2
No.14扬声器线缆	82	156	38	2
No.12扬声器线缆	88	169	40	2
No.12zip cord	55	106	32	4
焊接线缆	100	200	44	2
绞合线缆	360	680	80	1
同轴双圆柱形线缆	670	1300	112	
同轴RG-8	450	880	92	

针对给定的损耗和绩效预算，可以以英尺或米为单位来运算。

* 当针对 Hi-Fi 性能做潜能考虑时，70V 线路驱动系统与高电流（低阻抗）系统一样遵循同样的线缆损耗理论。为了这一计算，我们采用了 25W、70V 系统（196Ω）。

要想使用表格，要做到：

（1）选择合适的扬声器阻抗列。

（2）选择认为可以接受的合适功率损耗列。

（3）选择可使用的导线规格尺寸，并根据步骤（1）和步骤（2）决定的列找到相应的行。两者的交汇点上的数字就是线缆的最大工作长度。

例如。在损耗为 11% 或 0.5dB 的 4Ω 扬声器系统中，12AWG 线缆的最大工作长度为 69ft。

图 18.24 和微分方程，公式 18-23 被用来生成表 18-33。

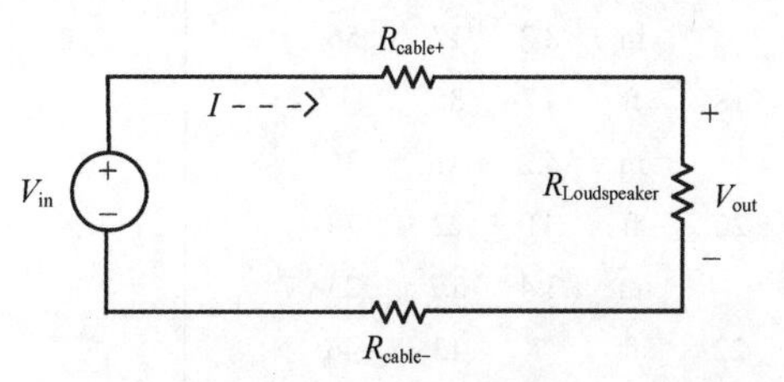

图 18.24　用于计算表 18-32 的电路（Belden 授权使用）

$$R_{Cable}=R_{Cable+}+R_{Cable-}$$

$$V_{in}=I\times\left(R_{Loudspeaker}+R_{Cable}\right)$$

$$V_{out}=I\times R_{Loudspeaker}$$

$$V_{in}=\frac{V_{out}}{R_{Loudspeaker}\times\left(R_{Loudspeaker}+R_{Cable}\right)}$$

$$\frac{V_{out}}{V_{in}}=\frac{R_{Loudspeaker}}{\left(R_{Loudspeaker}+R_{Cable}\right)}$$

$$\alpha=20\lg\left(\frac{V_{out}}{V_{in}}\right) \quad (18\text{-}23)$$

$$10^{\frac{\alpha}{20}}=\frac{R_{Loudspeaker}}{\left(R_{Loudspeaker}+R_{Cable}\right)}$$

$$R_{Cable}=R_{Loudspeaker}\times\left(10^{\frac{-\alpha}{20}}-1\right)$$

$$R_{Loudspeaker}=10^{\frac{\alpha}{20}\times\left(R_{Loudspeaker}+R_{Cable}\right)}$$

为了化简，假定使用的锡包铜导体在温度为20℃时它具有最小的直流电阻（ASTM），以及平坦的响应和理想的信号源、线缆和负载。较粗的固态、和未包裹导体的传输距离将比设定的情况更严重。使用电模型而非所示的纯阻模型将会产生不同的结果。在任何系统中的性能可能会随频率变化而发生变化。至于其他的考虑因素，阻尼系数并不在本表的考虑范围内，如果应用需要的话，则应将其考虑在内。70V 线路驱动系统，当针对 Hi-Fi 性能做潜能考虑时，与高电流（低阻抗）系统一样遵循同样的线缆损耗理论。为了这一计算，我们采用了 25W，70V 系统（196Ω）。

18.27.1 阻尼系数

放大器的阻尼系数是负载阻抗（扬声器加上导线的电阻）与放大器内部输出阻抗的比值。放大器的阻尼系数的作用相当于对扬声器短路，控制扬声器的过冲。例如，如今的放大器的输出阻抗都低于 0.05Ω，这样便可以将 10kHz 的阻尼系数转变成 150 以上，因此只要直接将扬声器接到放大器上，便可以对扬声器实施有效的阻尼。在安装家用系统、演播室或任何高质量的音响系统时，阻尼系数是应重点考虑的因素，尤其是低频的情况。只要将导线的电阻加到电路上，阻尼系数就会急剧下降，降低对扬声器的影响。例如，如果使用了 50ft（来回 100ft）的 #16AWG 扬声器线缆，那么导线的电阻将为 0.4Ω，这使得阻尼系数只有 18，明显小于预期的系数。

在 70V 系统中，不必担心放大器的阻尼系数对扬声器的影响，因为 70V 扬声器变压器去除了导线电阻的影响。

图 18.25 是将线路考虑为集中参数求和后的情况。线路的阻抗随导线粗细和类型而变化。表 18-36 给出了 33ft（10m）长线缆的 *R*，*C* 和 *L* 典型值。应注意的是，20kHz 时的阻抗几乎是最细导线的最低值，并且 −3dB 的上限频

表 18-35 扬声器线缆传输距离为导体尺寸与损耗关系的函数（Belden 授权使用）AWG 线缆中的功率损耗（% 损耗 & dB 损耗）

4Ω扬声器					8Ω扬声器			70V扬声器		
%损耗		11%	21%	50%	11%	21%	50%	11%	21%	50%
dB损耗		0.5	1.0	3.0	0.5	1.0	3.0	0.5	1.0	3.0
6	ft	277	571	1930	554	1141	3859	13580	27965	94548
	m	84	174	588	187	347	1176	4139	8524	28818
8	ft	174	359	1214	349	718	2438	8546	17598	59498
	m	53	109	370	106	219	740	2604	5364	18135
10	ft	110	226	764	219	452	1528	5377	11072	37434
	m	34	69	233	67	137	466	1639	3375	11410
12	ft	69	142	480	138	284	959	3376	6952	23505
	m	21	43	146	42	87	292	1030	2119	7164
14	ft	43	89	302	87	179	604	2127	4380	14809
	m	13	27	92	22	55	184	648	1335	4514
16	ft	27	55	185	53	110	371	1305	2687	9085
	m	8.2	17	56	16	34	113	398	819	2770
18	ft	17	35	117	34	69	234	823	1694	5726
	m	5.2	11	36	10.4	21	71	251	516	1745
20	ft	11	22	74	21	44	147	518	1068	3610
	m	3.4	6.7	23	6.4	13.4	45	158	325	1100
22	ft	7	13	46	13	27	91	321	661	2234
	m	2.1	4	14	4	8.2	27.7	98	201	681
24	ft	4	9	29	8	17	57	202	417	1409
	m	1.2	2.7	8.8	2.5	5.2	17.4	62	127	430

率刚好处在声频范围之上。最差的情况是容性负载。例如，对于 4μF 负载，谐振发生在 35kHz 附近。

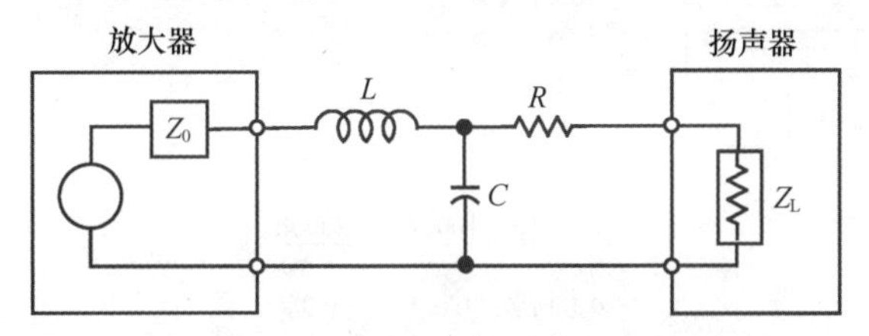

图 18.25　采用集总电路元件的放大器、线缆、扬声器电路来代表线缆的属性

表 18-36　33ft（10m）长度的线缆的集中参数值

线缆类型	L-μH	C-pF	R_{dc}-Ω	Z-Ω@20kHz
No.18 zio cord	5.2	580	0.42	0.44
No.16 zio cord	6.0	510	0.26	0.30
No.14扬声器线缆	4.3	570	0.16	0.21
No.12扬声器线缆	3.9	760	0.10	0.15
No.12 zio cord	6.2	490	0.10	0.15
焊接线缆	3.2	880	0.01	0.04
绞合线缆	1.0	16 300	0.26	0.26
同轴双圆柱线缆	0.5	58 000	0.10	0.10
同轴RG-8	0.8	300	0.13	0.13

以上的结论可概括如下：

（1）使放大器与扬声器的工作距离尽可能短。

（2）使用的导线规格的阻抗要小于任何频率之下的扬声器阻抗的 5%。

（3）在平衡式的 70V 或 100V 的分布系统中要使用绞线对，以降低串音（放大器输出常常以负反馈的形式回馈给放大器）。

（4）使用良好的插接件，以减小电阻。

18.27.2　串音

当传输不同节目或信号的多条线路走同一条管线时，或者多对导线或多条同轴线缆捆扎在一起时，它们都有可能彼此感应出串音电流。串音通过两种方式感应出来：

（1）电磁信号通过一个电路与另一电路之间的非平衡耦合。

（2）静电信号通过非平衡电容进入另一电路，或者传输电流进入管线当中。这便在一个电路与另一电路之间，或者传输电流的自身屏蔽与其他屏蔽间形成了电压差。

如果线路小于工作频率的 1/4 波长的话，则线缆不一定具有特定的阻抗，或必须端接特定的阻抗。端接阻抗可以比开路的线路特性阻抗小，此时未屏蔽线对间的净耦合以磁耦合为主。如果端接阻抗比导线的特性阻抗大很多，那么净耦合以电耦合为主。

线对的两根导线必须是绞合的，这样可确保间隔空间小，并有助于通过变换将拾取到的串音抵消掉。在图 18.26 所示的测量中，所有拾取的串音均来自容性耦合，因为绞合导线有效地抑制了感性耦合。

有一种应用常常将扬声器接线产生的串音忽略掉，尤其是 70V 分布式扬声器的接线。人们会注意到第一个设计草图中两根导线不是平衡线路。两条线一条接信号热端，另一条接地。因此，线对将会辐射出一定的声频信号，并进入到相邻的、也是非平衡的线对中。在这一应用中，绞线对减小串音的作用很小。

所进行测量的对象是穿于同一管线中的 250ft 类似绞线对，后者传输的是 70.7V 信号。对一半长度所进行的测量产生的电压减半，因此 500ft 和 1000ft 的结果是通过内插得出的。

干扰线路由 40W 放大器的 70V 端口驱动，并且线路远端以 125Ω 加载，故传输功率还是 40W。给出的串音指标针对 1kHz。100Hz 和 10kHz 时的电压分别是这一数值的 1/10 和 10 倍。

有效降低串音的方法有两种。第一种方法是只采用平衡双绞线对来传输信号。与平衡线的噪声和串音抑制能力相比，屏蔽产生的效果比较小。减小串音的第二种方法是将两根线缆的间距加大。反平方定律告诉我们：间距加倍，所产生的干扰将减小为原来的 1/4。进一步而言，如果线缆呈直角交叉的话，这时此处的磁场相互作用最小。当然，后一种解决方案对于预捆扎线缆就无法实施了，或者说线缆盘中的线缆或从一点到另一点的多线缆安装都无法用这种方案。

18.28　国家电气规范

National Electrical Code（NEC）是针对商业建筑和居民区内电力和设备接线管理而颁布的一系列指引性文件。颁布这些文件是为了确保居民在遭遇火灾和电击时的人身以及财产安全。从事特定线缆安装的任何人都应了解规范的基本含义。

NEC 规范由 9 章组成，每章又分成针对相关主题的单独条款。其中 5 个条款是针对通信和限制功率的线缆。NEC 规范是由 NFPA（National Fire Protection Association，国家消防协会）（美）编写的，它可以通过致电 1-800-344-3555 获得。

条款 725 — 1 类，2 类，3 类，遥控，信号和限制功率电路。 条款 725 包括 1 类、2 类和 3 类遥控和信号线缆，以及限制功率的盘式线缆。限制功率的盘式线缆可用作 2 类或 3 类线缆。被列为多用途、通信或功率受限的防火线缆可用于 2 类和 3 类应用。列为 3 类的线缆可当作 2 类线缆来使用。

条款 760 — 消防信号线系统。 条款 760 包括限制功率的防火线缆。列为限制功率的防火线缆可以当作 2 类和 3 类线缆使用。列为通信和 3 类的线缆可以当作限定导体材料、规格尺寸和导体数的限制功率的防火线缆来使用。

条款 770 — 光纤系统。 条款 770 包含了 3 种普通类型的光纤缆：绝缘型光纤缆，导电型光纤缆和复合型光纤缆。绝缘型光纤缆是指包含了非金属材料成分和其他非导电材料的光纤缆。导电型光纤缆是指包含了传输非电流的导电成分，诸如金属力学材料等的光纤缆。复合型光纤缆是指包含光导纤维和传输电流的导体的光纤缆。根据设计采用的金属导体电路的类型，条款还对复合型光纤缆进行了分类。

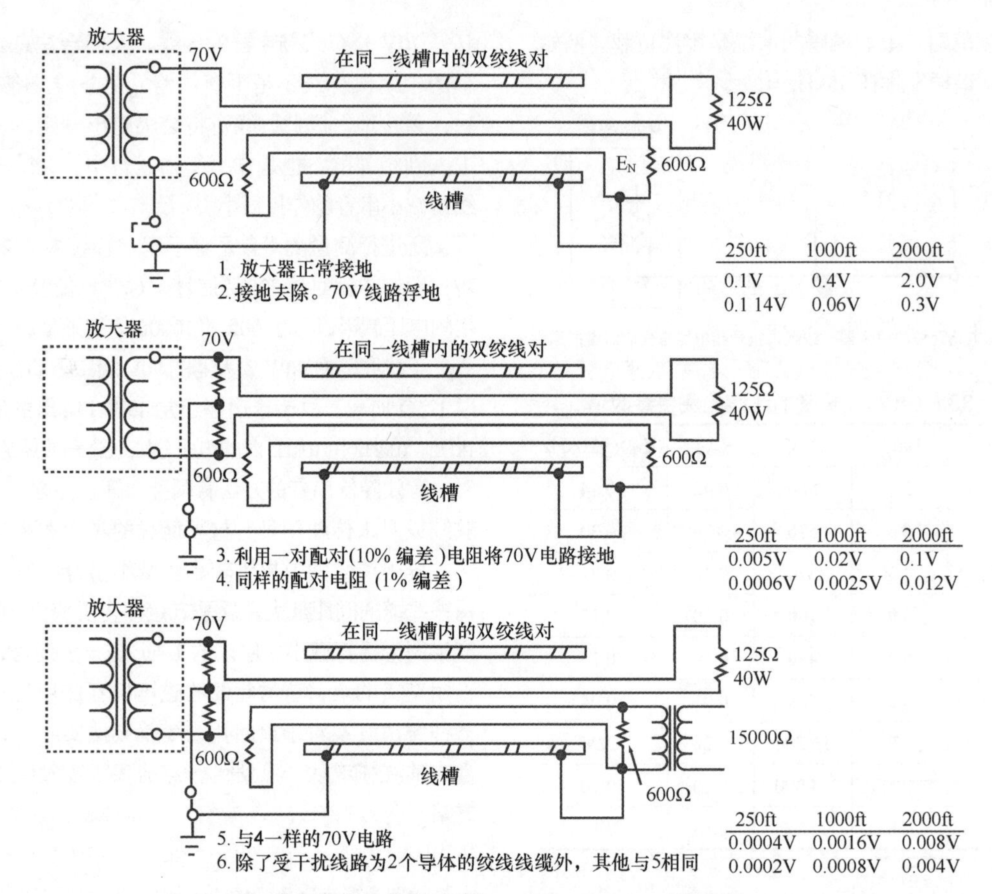

图 18.26 接地对串音的影响（Altec Lansing Corp. 授权使用）

条款 800 — 通信电路。条款 800 包括了多用途和通信线缆。多用途线缆是线缆的最高标号，并且可以用作通信，2 类，3 类和限制功率防火线缆使用。通信线缆可以用作 2 类和 3 类线缆使用，并且在限定的情况下也可以用作限制功率的防火线缆使用。

条款 820 — 公共天线电视。条款 820 包括公共天线电视和 RF 线缆。CATV 线缆可用多用途或通信标号的同轴线缆来替换。

18.28.1 名称和环境场地

NEC 针对各种应用环境设计出了 4 类线缆，并以由高到低的顺序依次列出。列表中处在较高顺位的线缆可以取代较低顺位的线缆。

Plenum(夹层) ——适合于在风道、夹层和其他无管道的自然通风环境中，以及有足够阻燃和低烟排放特性的应用中使用。它也可以作为其下所有应用的替换线缆使用。

Riser(立管) ——适合于垂直敷设，线轴，或地面到地面走线方式使用，并且具有能够避免火焰地面扩散的阻燃特性。它也可以作为其下所有应用的替换线缆使用。

General Purpose(通用) ——适合于一般应用，立管，风管，夹层和自然通风的其他空间应用除外，具有阻止火焰扩散的特性。它也可以作为其下所有应用的替换线缆使用。

Restricted Applications(限制性应用) ——有限的应用，适合用于住宅和管道环境，具有延缓火势的特性。

18.28.2 线缆类型

用于声频、电话、视频、控制应用和电压低于 50V 的计算机网络的信号线缆都被认为是低压线缆，并且它们被 NEC 编组分成 5 种基本类型，如表 18-37 所示。

表 18-37 5 个基本的 NEC 线缆分组

线缆类型	适用于
CM	通讯
CL2，CL3	2类、3类用做遥控、发送信号和限制功率的线缆
FPL	限制功率的防火信号线缆
MP	多功能线缆
PLTC	限制功率的线缆盘

所有的计算机和电信线缆均属于 CM 类。A/V 行业主要使用 CM 和 CL2 类线缆。

表 18-38 定义了各种应用的线标。应注意的是，标称的高压线缆为最高级别的线缆，因为它具有最低的消防载荷，这就意味着它已经不具备放火能力。

表 18-38 线缆应用名称层级

	线缆家族					
应用	MP	CM	CL2	CL3	FPL	PLTC
高压	MPP	CMP	CL2P	CL3P	FPLP	—
吊缆	MPR	CPR	CL2R	CL3R	FPLR	—
多用途	MP.MPG	CM，CMG	CL2	CL3	FPL	PLTC
住宅	—	CMX	CL2X	CL3X	—	—

18.28.3　NEC 替代表

图 18.27 定义了加拿大电气规范（Canadian Electrical Code，CEC）替代表。图 18.28 示出了 NEC 线缆层级表，它明确给出了一种线缆可以被另外哪些线缆所替代的信息。最高一级线缆被列于图表顶部，之后依次降至图表底部的最低一级。

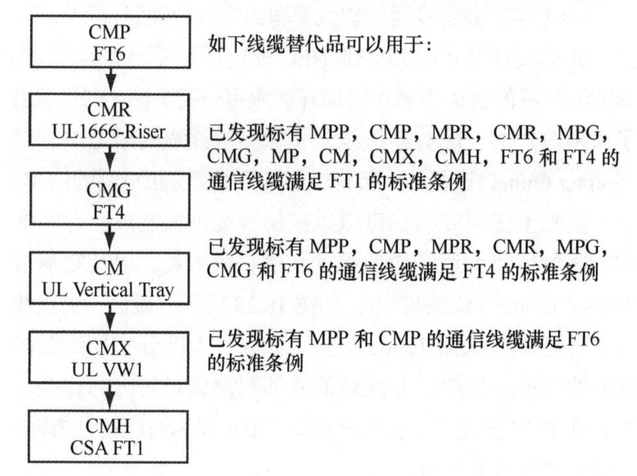

图 18.27　加拿大电气规范中按照 C22.2#214（通信线缆）规定的替换层级表

18.28.4　最终的考虑

在美国，NEC 已经作为正确安装导线和线缆的建议管理控制而被采纳。规范每 3 年更新一次，以保证导线和线缆制造和安装在最前沿工作中的安全性。即使规范通常都被接受，但是每个州、县、市和直辖市还是可以选择采纳所有的规范规定，或者部分采纳规范规定，甚至颁布自己的规定。当地的监理对安装有最终的决定权。因此，NEC 只是在针对特定安装中涉及技术争议时作为一个正确的标准来使用，但是当地的主管部门要与认证机构进行沟通。

在选择安装线缆时，要遵循以下 3 个要求，以保证发生问题的概率最小化：

（1）应用和使用环境决定了所使用的线缆类型和具有的标称数值。确保线缆满足应用的正确标称值要求。

（2）如果用另外的线缆来取代原有的线缆，则替代线缆的标称值必须与要求的规范相当或更高。要与当地的监理协商确认是否满足当地要求。

（3）NEC 规范是一般性的，可全盘采用或部分采用的指引文件。一定要遵守当地的州、县、市或直辖市认可的规范。有关地区使用规范的认证，请咨询当地的主管部门。

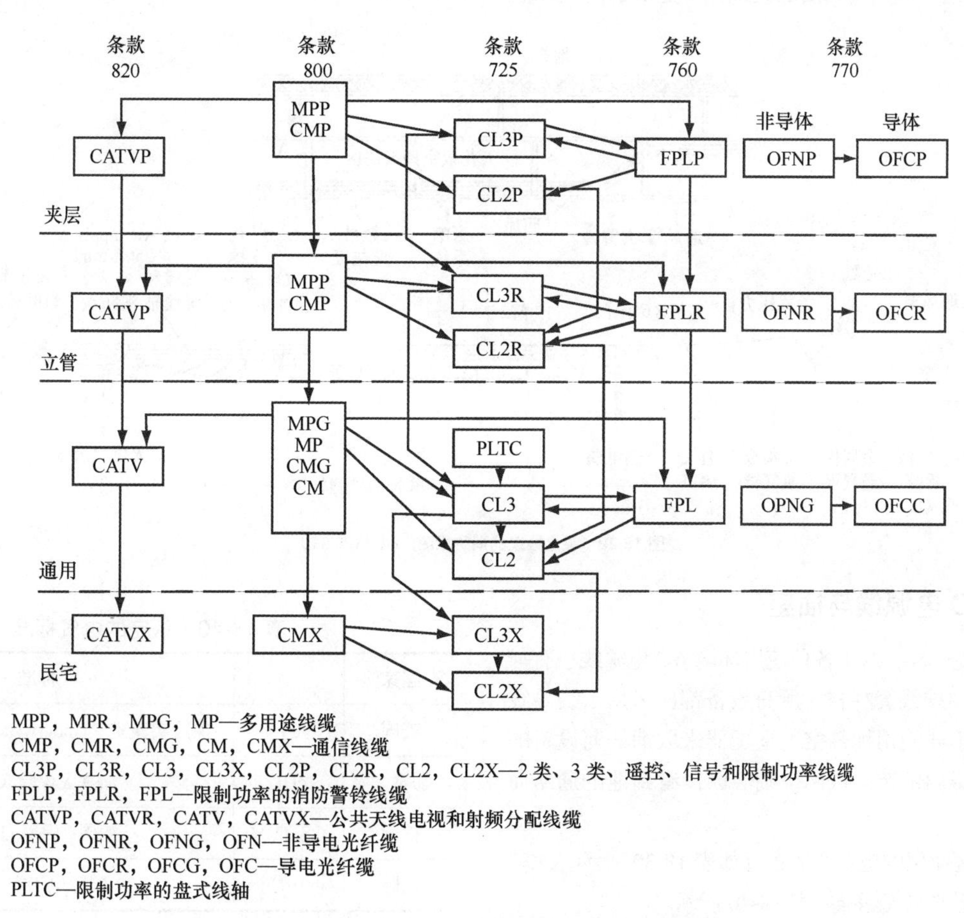

图 18.28　（美国）国家电气规范替换和层级表（Belden 授权使用）

当地的监理或消防指挥官对根据 NEC 或当地的规范安装的线缆是否合格具有最终决定权。

18.28.5　夹层线缆

夹层线缆用于天花板内，其中的空调系统使用夹层线缆来给送风或回风管道提供电能。由于要求这种线缆具有防火和低烟排放的属性，所以夹层线缆的护线套和绝缘材料采用的特殊复合材料必须是NEC规范已接受的，且属于Underwriters Laboratories Inc.（UL）分类中可在大气条件下使用的无线管的夹层线缆类型。

在典型的现代商业建筑中，安装在下沉天花板和地板之间的封闭空间中的线缆一般是悬挂式的。这一区域也常常用作为建筑的供暖和冷却系统的空调管道夹层。由于这些通风管线常常要无障碍地通过整个设备层，所以它们可能成为火灾隐患。如果火焰能够以夹层线缆的易燃材料（比如线缆的绝缘材料）为能源持续燃烧的话，那么热量、火焰和烟雾可能快速扩散到整个通风管道系统和建筑物。为了消除这一问题隐患，避免烟雾进入到通风控制系统当中，NEC要求当采用夹层线缆时，将普通的线缆安装在金属管线中。

不同区域间存在小股气流和开阔空间的夹层会导致火焰和烟雾蔓延，所以1975年NEC颁布了夹层环境下电气线缆和管道的使用规范。在1978年，NEC的Sections 725-2（b）（信号线缆），760-4（d）（防火线缆）和800-3（d）（通信/电话线缆）容许“假如所列出的线缆具有足够的防火和低烟雾释放特性，则它可以在管道中使用，用于管道和在夹层环境，以及用于Section 300-22（a）描述之外的场合”。

由于夹层线缆的成本高于普通线缆的成本，但因为它省去了管线的成本，以及安装管线所需的劳动力成本和时间成本，所以总体安装成本会大大降低。

1981年，夹层线缆的护线套和绝缘复合物经过了检测，同时人们发现其可被相关的NEC规定所接受，并且被UL归为无管线的送风管道和夹层环境应用一类。图18.29示出了采用改进的、配有特殊线架支撑测试线缆的斯坦纳管道（Steiner tunnel）进行UL标准910夹层线缆消防检测的内容。

实际上任何线缆都可以以夹层线缆规格制成。存在的实际限制因素为线缆中使用的易燃材料的量，以及它通过Steiner Tunnel测试的能力，如图18.29所示。最初，夹层线缆内外全部都采用Teflon材料。如今，大部分夹层线缆的核心为Teflon材料，而线缆的外部则是满足防火标称要求的特殊PVC护线套。但也有诸如Halar和Solef这样的许多种复合材料可供选用。

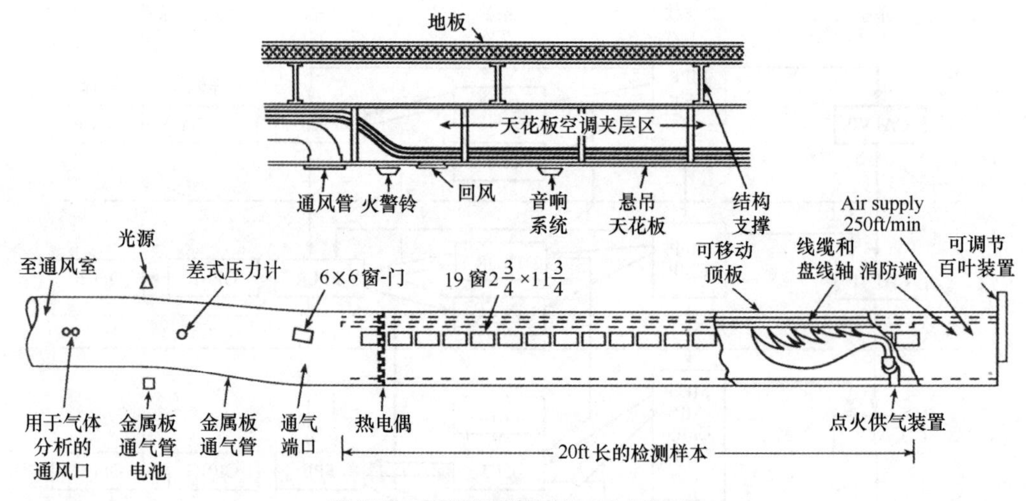

图18.29 夹层线缆的消防检测，UL标准910

18.28.6 AC电源线与插座

像其他线缆一样，对于各种使用环境AC电源线也有与之相适应的各种护线套材料。所有设备都应采用3线导线进行连接。决不要使用地悬空的适配器来取消任何设备的接地。如果设备内部产生故障，则会因没有到地的通路而引发危险。

在北美地区使用的电源线的色标如表18-39所示。北美和欧洲地区认定的电气标准如表18-40所示。

表18-39 电源线的色标

功能	北美地区	CEE和SAA标准
N-Neutral中性	白	浅蓝
L-Live火线	黑	棕
E-Earth地	绿或绿/黄	绿/黄

表18-40 认定的电气标准

国家		标准
美国	UL	保险实验室（Underwriters Laboratory）
加拿大	cUL	加拿大保险实验室
德国	GS/TUV	德国产品认证机构
国际	IEC	国际电工委员会

UL条款表示出了导线和已经由保险实验室（UL）批准的组合方法的所有要件，满足的可应用结构和性能标准。UL条款已经成为数以百万计美国人心目中的安全标识和信心体现，有该标识的电子产品会更容易销售。

图18.30给出了通用插头和插座的各种电压和电流的U.S. NEMA配置。

18.28.7 电源线的屏蔽

虽然电源线屏蔽是将环境电干扰的生成误差影响最小化的有效方法，但是大部分结构的屏蔽效果主要是针对中高频的。例如，编织线屏蔽，即便是高密度覆盖的编织线对 1000Hz 以下频率的屏蔽效果也是微乎其微。因此，如果打算屏蔽来自相邻线缆或设备的 50/60Hz 干扰，那么购买屏蔽电源线是没有用的。在这种情况下，我们推荐使用钢质管线。然而即便是完美安装的纯钢管线也只能在 50/60Hz 上产生大约 30dB 的抑制效果。

标准的电源线缆屏蔽包括 100% 屏蔽覆盖和辐射抑制的铝乙烯膜。螺旋缠绕的排扰线端接到地。这些屏蔽措施对 10MHz 以上高频的屏蔽效果非常明显。应用于极高 EMI 和 RFI 环境下的电源线要求采用诸如 Belden Z-Fold 那样的 100% 衬箔覆盖率，外加一层 85% 或更高覆盖率的镀锡铜编织线屏蔽结构。它可以对柔软的电源线提供最大的可应用屏蔽。

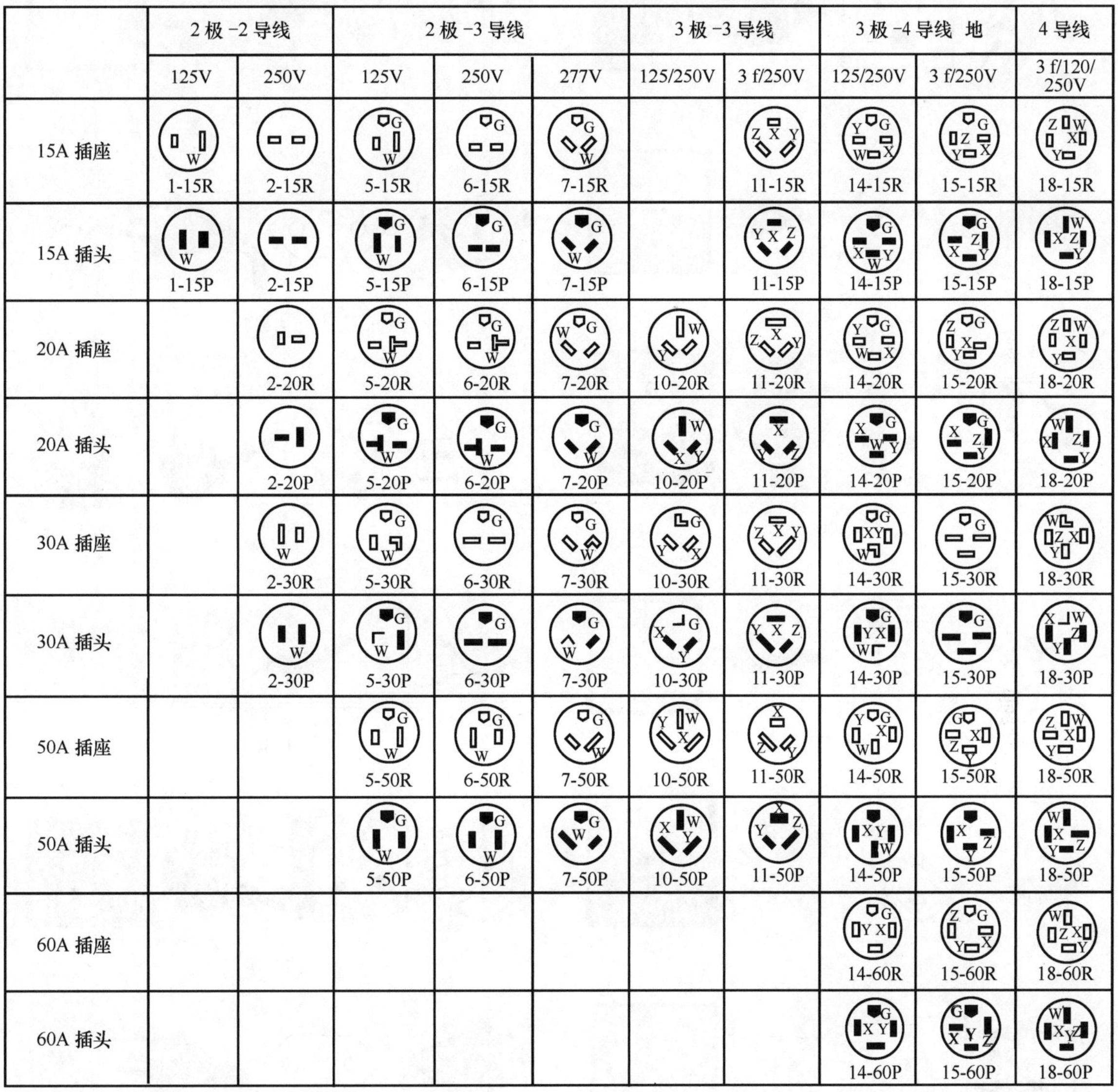

	2 极 -2 导线		2 极 -3 导线			3 极 -3 导线		3 极 -4 导线 地		4 导线
	125V	250V	125V	250V	277V	125/250V	3 f/250V	125/250V	3 f/250V	3 f/120/250V
15A 插座	1-15R	2-15R	5-15R	6-15R	7-15R		11-15R	14-15R	15-15R	18-15R
15A 插头	1-15P	2-15P	5-15P	6-15P	7-15P		11-15P	14-15P	15-15P	18-15P
20A 插座		2-20R	5-20R	6-20R	7-20R	10-20R	11-20R	14-20R	15-20R	18-20R
20A 插头		2-20P	5-20P	6-20P	7-20P	10-20P	11-20P	14-20P	15-20P	18-20P
30A 插座		2-30R	5-30R	6-30R	7-30R	10-30R	11-30R	14-30R	15-30R	18-30R
30A 插头		2-30P	5-30P	6-30P	7-30P	10-30P	11-30P	14-30P	15-30P	18-30P
50A 插座			5-50R	6-50R	7-50R	10-50R	11-50R	14-50R	15-50R	18-50R
50A 插头			5-50P	6-50P	7-50P	10-50P	11-50P	14-50P	15-50P	18-50P
60A 插座								14-60R	15-60R	18-60R
60A 插头								14-60P	15-60P	18-60P

图 18.30 通用型插头和插座的 NEMA 配置

对于计算机和实验室测量仪器这类对干扰非常敏感的电子设备而言，屏蔽效果是十分重要的。但是设计者和安装者应该意识到，保护电源线和其它线缆的最完美方法是将其间距拉开。反平方定律明确表明：间距加倍，可以将干扰减小为原来的 1/4。将间距再加倍的话，则可以使干扰减小 16 倍，以此类推。

18.28.8 国际上的供电标准

图 18.31 所示的是各个国家使用的插头。

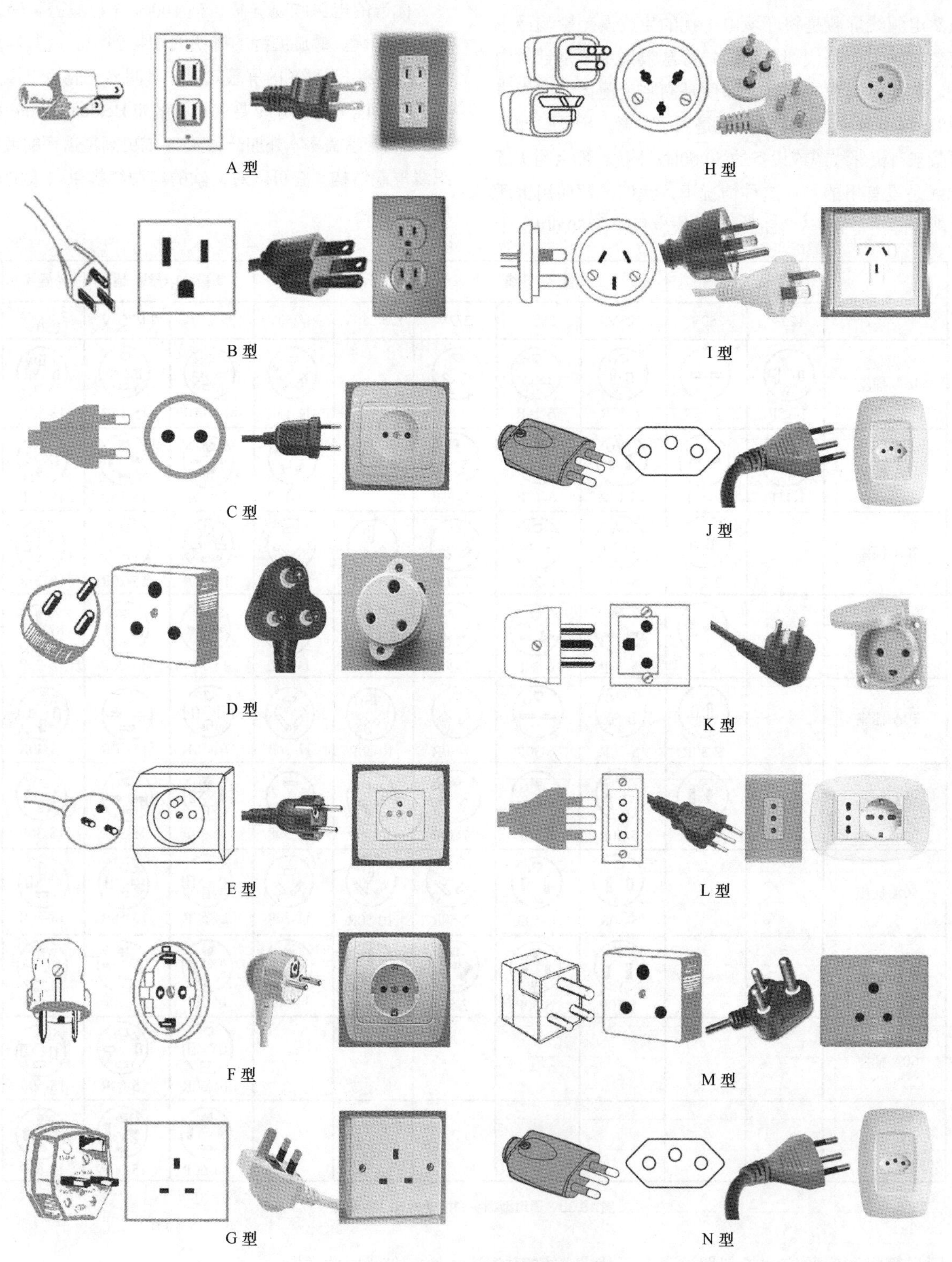

图 18.31 国际上采用的电源插头与插座

致谢

在此我对 Martin Van Der Burgt（产品开发经理）；David DeSmidt（产品高级工程师）；Carl Dole（应用工程师）；Steve Lampen（产品线经理 - 娱乐产品）以及 Belden 公司的全体同仁深表感谢。

第19章

传输技术：光纤

Ron Ajemian 编写

19.1 历史

光纤学是光学技术的分支，它主要研究通过透明材料（比如玻璃、石英玻璃或塑料）制成的光纤维中传输的光来传送信息的课题。

光纤已经应用于电话行业 30 余年了，并且自身也已证明可作为通信的传输媒介使用。以往的历史表明，声频的发展是跟随电话行业的发展前进的，故光纤技术不久也将会成为声频行业的中坚力量。

光纤的奠基人被认为是英国的物理学家约翰·廷德尔（John Tyndall）。早在 1870 年，在皇家学会（Royal Society）向人们展示了光在行进到水中时会发生一定程度的弯曲这一事实之前，Tyndall 进行了一个实验。Tyndall 汇聚一束光并投射到水中，观众看到光顺着水的弯曲通路沿之字形行进。他的实验利用的是内部全反射原理，这一原理如今也被应用于光纤传输中。

大约 10 年后，马萨诸塞州康科德（Concord）镇的工程师威廉姆斯·惠勒（William Wheeler）提出了透过建筑物的管道光的解决方案。他使用了一组内衬有光反射和扩散材料的管道，使光（明亮的电弧）穿过建筑物传输出去，然后再在另一房间内扩散开来。尽管 Wheeler 的光管可能不会反射出足够的光照亮整个房间，但是他的想法被不断地发展传承，直到最终形成了光导纤维。

几乎与此同时，亚历山大·格雷厄姆·贝尔（Alexander Graham Bell）发明了光线电话机，如图 19.1 所示。Bell 向人们展示出光线可以携带语声穿过空气。这是通过一系列的镜面和透镜引导投射到送话口平面镜上的光来实现的。语声使镜面振动，导致光被调制。接收器包含一个硒二极管检测器，其电阻随着入射的光强变化而变化。因此，投射到硒二极管检测器上的调制光（阳光等）会改变流经接收器的电流量，并且将传输了近 200m 的语声重放出来。

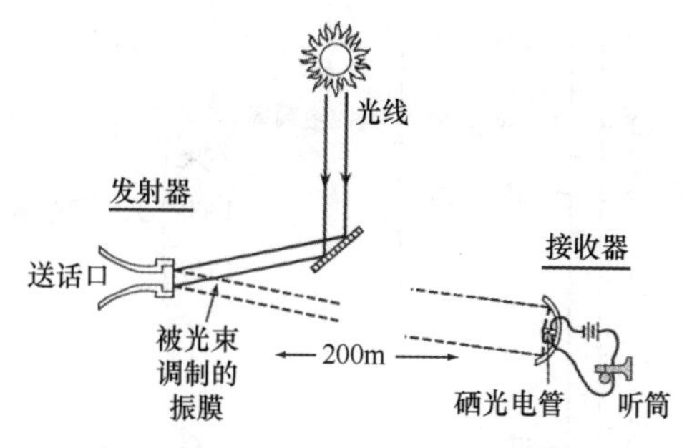

图 19.1　Alexander Graham Bell 的光线电话机

1934 年，当时在 AT&T 工作的美国人诺曼·R. 弗兰彻（Norman R. French）获得了光电话系统专利。French 的专利描述了语言信号通过光学线缆网络进行传输的原理。线缆是由固体玻璃棒或在工作波长时衰减系数低的类似材料制成。

在 20 世纪 50 年代，人们对玻璃波导的关注热情越发高涨，当时人们研究利用玻璃棒来进行影像的调制传输。其中的成果之一就是发明了光线镜，它被广泛地用于医学领域，用来观察人体内部的情况。在 1956 年，美国的布莱恩·奥布莱恩（Brian O'Brien）、英格兰的哈里·霍普金斯（Harry Hopkins）和纳林德尔·卡帕尼（Narinder Kapany）发现了导光的方法。其主要的概念就是制造了一个双层纤维。一层被称为缆芯，另一层被称为包裹层（参见有关“光”的部分）。之后 Kapany 造出了一个新的词汇，即光导纤维（fiber optics）。

由于需要高效光源，所以直到 1960 年首个激光光源被发明出来之后，这一想法才得以实现。由于研发出了激光，贝尔实验室（Bell Laboratories）的阿瑟·肖洛（Arthur Schawlow）和查尔斯·H. 汤斯（Charles H. Townes）获得了诺贝尔奖（Nobel Prize），休斯研究实验室（Hughes Research Laboratory）的西奥多·H. 梅曼（Theodor H. Maiman）首次成功使用了激光。1962 年人们掌握了用半导体材料产生激光的处理过程。同时，用作接收器件的半导体光电二极管被开发出来。当时唯一遗留下来没解决的问题就是找到合适的传输媒介。

之后，在 1966 年，英格兰标准电信实验室（Standard Telecommunication Labs）的查尔斯·H. 高岛（Charles H. Kao）和乔治·A. 霍克汉姆（George A.Hockham）发表了一篇论文，其核心内容是：如果光导纤维的损失可以降低到 20dB/km，那么光导纤维就可以用作传输媒介。他们已经知道：玻璃中的杂质（不是玻璃本身）可以使损失高达 1000dB/km。通过降低这些杂质，就可以生产出用于电信的低损耗纤维。

在 1970 年，罗伯特·莫勒（Robert Maurer）及其纽约的康宁玻璃制品（Corning Glass Works）的合伙人终于开发出了第一根损耗在 20dB/km 以下的纤维，到了 1972 年，他们又开发出了损耗低至 4dB/km 的实验室样本。此后美国的 Corning Glass Works 和 Bell Telephone Labs、日本板硝子株式会社（Nippon Sheet Glass Company）和日本电气公司（Nippon Electric Company），以及德国的德律风根（AEG-Telefunken）、西门子（Siemens）和德国阿尔斯克（Halske in Germany）开发出了损耗低至 0.2dB/km 的玻璃纤维。也有一些塑料材料与玻璃一样被用来进行短距离传输。

通信中实际使用光导纤维及其复核实验始于 20 世纪 70 年代中后期。然而，直到 1980 年的纽约普莱西德湖（Lake Placid）冬奥会，光导纤维才被普及开来，所使用的光纤系统是由纽约电话（New York Telephone）、AT&T、西电（Western Electric）和 Bell Labs 共同努力搭建起来的。其目的是要将 Lake Placid 电话设施信号传输到专业通信中心，中心可以处理支持奥林匹克赛事的大量必要的电信业务。如今的光导纤维技术已很成熟。

19.2 采用光纤传输声频信号的优点

采用光纤构成硬线系统至少有3个优点。其一就是传输上表现出的出色性能，它具有极宽的带宽和较低的损耗，将长距离传输应用中对信号前置放大的依赖程度降至最低。数字数据可以方便地以100Mbit/s或更高的速率进行传输，从而表现出更强的信息处理能力和更高的效率。由于光纤是采用非金属材料（比如玻璃、塑料等）制成的，所以它不会受到电磁干扰（EMI）和射频干扰（RFI）的困扰。另外它也消除了串扰的问题（这是非常强的优势）。

利用光纤，人们便不再顾及阻抗匹配、电气接地或短路的问题，地环路也不存在了。安全性是光纤另一个重要特性，因为断裂的线缆不会产生火花，因此也就不会引发电击或在危险的环境中引发爆炸。

光纤线缆的另一个优点就是其质量大约只有135.6g/m，所占用的空间也比金属导线小，这对于在穿管中传输信号应用而言尤为有益。如今光纤的生产成本也比相应的铜导线生产成本低。最后一点就是，光纤系统产生抽头不太容易，这样便更具安全性。

针对声频的应用

电话公司已经架设起将日本和欧洲与美国相连的光纤链路。考虑到全世界各地进行多轨录音应用的多种可能性，借助光纤线缆，人们就可以不必担心SNR、干扰和失真等问题了。顶级的激光唱机和DAT播放器提供了用于光纤连接的输出。另外，像德国的Klotz Digital和美国的Wadia Digital Corporation这样的公司就制造出了具有光纤连接形式的数字声频输出产品，它们在每一端均采用了AES/EBU格式的输入和输出。

许多录音棚位于高层住宅楼中。例如，录音棚A位于21层，而录音棚B位于24层，这时采用数字声频光纤连接链路就是非常好的应用解决方案。这种解决方案很理想，因为使用者不必担心荧光灯和电梯电机等产生的噪声和干扰问题。另外一种不错的应用就是将MIDI工作室连接在一起。

最近，另一项创新就是利用DWDM（Dense Wavelength Division Multiplexing，密集波分复用）激光器和掺铒光纤将AES3声频通道信号跨越大西洋或太平洋传输到相应的录音棚进行实时录音。互联网也可以用来建立起光纤形式的端到端的录音流程。

19.3 光的物理特性

在讨论光纤之前，我们必须了解光的物理特性。

光。光是一种电磁能，无线电波、X射线、电视波、雷达波和电子数字脉冲也是如此。用于进行光纤数据传输的光频率大约为200～400THz，这要比最高频率的无线电波的电磁能量谱高出几个数量级，如图19.2所示。描述光波的更常见方式是采用波长来描述，其中对应的波长要比无线电波的波长更短。就可见光而言，深紫色光的波长约为400nm，深红色光的波长为750nm，可见光只占光谱很小的一部分。虽然有时光纤数据传输会采用波长范围为600～700nm的可见光，但是人们更关注接近红外区域的750～1550nm这一范围的光，因为这一波长上的光的传输效率更高。

不同波之间的主要差异体现在频率和波长上。当然，频率定义为每秒钟的正弦波循环的次数，并用赫兹（Hz）为单位来表示。波长是两个连续波同一点之间的距离（或者一个循环周期时间里波行进的距离）。波长和频率是相互关联的。波长（λ）等于

$$\lambda = v / f \quad (19\text{-}1)$$

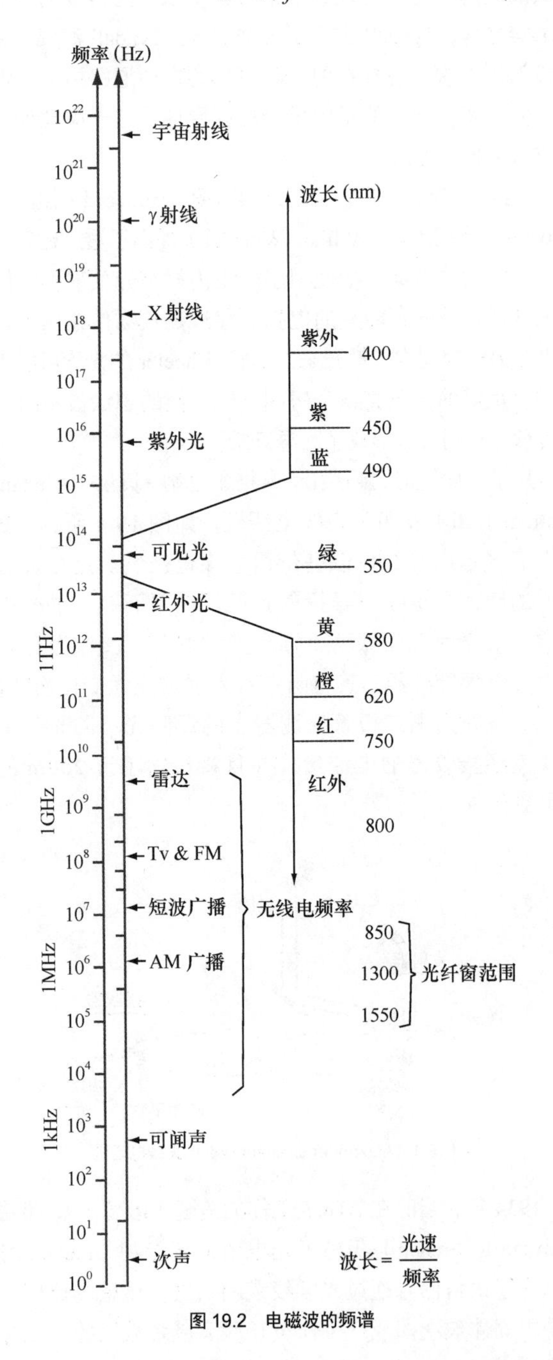

图19.2 电磁波的频谱

通常，自由空间或真空中电磁波的传播速度被称为光

速（300 000 km/s）。由公式可以清楚地看到：频率越高，波长越短。光在其他介质中的传输速度要比在真空中慢，同一介质中不同波长的光行进的速度也不同。当光由一种介质传至另一种介质时，其速度会发生变化，从而引发光线发生偏转，即所谓折射。棱镜的表现就是这种原理。进入棱镜的白光由多种色光组成，它们可由棱镜折射出来。因为每一波长的光的速度变化不同，故每一色光折射率也不同，因此离开棱镜的光被分成了可见光谱中的不同颜色，如图 19.3 所示。

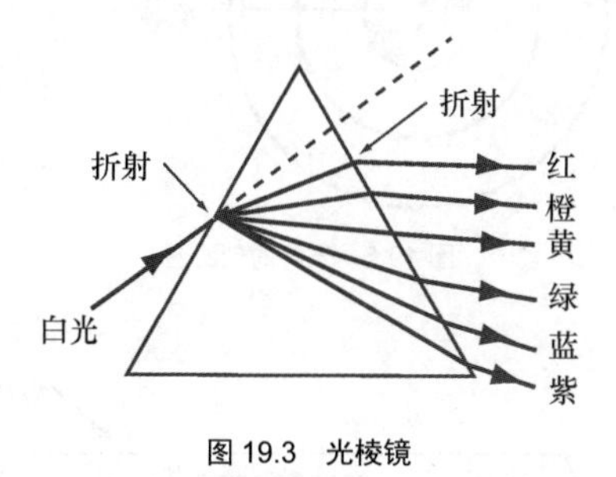

图 19.3　光棱镜

光粒子。光和电子均呈现出波粒二象性的特点。阿尔伯特•爱因斯坦（Albert Einstein）提出理论，光可以与电子相互作用，致使光本身可以被认为是能量束或量子（quanta，单数形式为 quantum）。这有助于解释光电效应。

在这一概念中，光线被认为是净质量为零的粒子，该粒子被称为光子。

一个光子所包含的能量取决于光的频率，并且可用普朗克（Planck）定律表示成

$$E = hf \tag{19-2}$$

在公式中，

E 为能量，单位为 W；

h 为普朗克常数，数值为 6.624×10^{-34}j•s（焦耳•秒）；

f 为频率。

正如我们从该公式看到的那样，光能与频率（或波长）直接相关。随着频率的提高，能量也随之增大，反之亦然。

光子能量与频率成正比。由于最感兴趣的光子能量是波长度量谱的一部分，所以更为好用的公式是将能量以电子伏特的形式给出，这时波长的度量单位是微米（μm）

$$E = \frac{1.2406}{\lambda} \tag{19-3}$$

在研究光纤时，我们将光视为具有波动和粒子双重特性。根据研究的需要，我们在这两种描述方式间转换。例如，许多光纤的特性是随波长变化而变化的，所以这时我们采用波动的描述。另外，光源发射的光、发光二极管（LED），或者 PIN 检测器的光吸收最适合用粒子理论进行分析研究。

光线。观察光纤中的光的最容易方法就是利用光线理论，其中的光被视为用直线简单表示的射线。光的传播方向用直线上的箭头来表示。光通过光纤系统的运动可以利用简单的几何学理论进行分析。这种方法简化了分析的过程，并使得人们更容易理解光纤的工作原理。

折射和反射。折射率（n）表示的是自由空间中的光速（c）与特定介质中的光速（v）之比的无量纲数字。

$$n = c / v \tag{19-4}$$

下面给出了一些典型的折射率。

真空	1.0
空气	1.0003（一般视为 1）
水	1.33
石英玻璃	1.46
玻璃	1.5
钻石	2.0
砷化镓	3.35
硅	3.5
砷化铝镓	3.6
锗	4.0

尽管折射率受光的波长的影响，但是在确定光纤的折射率时，波长的影响已小到可以忽略不计的程度。

光从一种材料到另一种材料的过程中产生的光线折射程度取决于每种材料的折射率。在讨论折射时，有 3 个术语特别重要。法线（normal）是垂直于两种材料界面的一条虚线。入射角（angle of incidence）是入射光线与法线之间的夹角。折射角（angle of refraction）是折射光线与法线之间的夹角。

当光由一种介质进入具有更高折射率的另一种介质时，光会如图 19.4（a）所示的那样向法线的方向偏折。如果第一种介质的折射率高于第二种介质的折射率，则大部分光会如图 19.4（b）那样偏离开法线。少部分的光会按照菲涅尔反射的理论反射回第一种介质当中。两种材料的折射率差异越大，反射越强。在任意两种材料之间的边界上产生的菲涅尔反射强度近似等于

$$R = \left(\frac{n_1 - n_2}{n_1 + n_2}\right)^2 \tag{19-5}$$

在公式中，

R 是菲涅尔反射率；

n_1 是材料 1 的折射率；

n_2 是材料 2 的折射率。

用分贝表示，光的这种传输损耗为

$$L_F = -10\lg(1-R) \tag{19-6}$$

随着入射角的增大，折射角接近 90°。我们将产生 90° 折射角所对应的入射角称为临界角，如图 19.4（c）所示。如果入射角大于临界角，光将完全被反射回第一种材料，而不会进入第二种材料，且反射角等于入射角，如图 19.4（d）所示。

单根光纤是由两个同心层组成的。内层，也就是内芯是由非常纯的玻璃（非常干净的玻璃）构成的；它的折射率要比外层（包层）的高，包层是由非纯玻璃（不是特别透

亮的玻璃）制成的。图 19.5 给出了其结构安排。因此，入射到缆芯中并且以大于临界角的角度撞击内层与包层间的界面的光会反射回光缆芯当中。由于入射角和反射角相等，所以光线始终以全内反射的方式沿着光缆芯的长度方向呈之字形向下传输，如图 19.6 所示。虽然光被限制在缆芯内，但是以小于临界角撞击界面的光会进入包层并损失掉。包层通常由第三层（缓冲层）包裹着，该层的目的是保护缆芯和包层的光学属性。

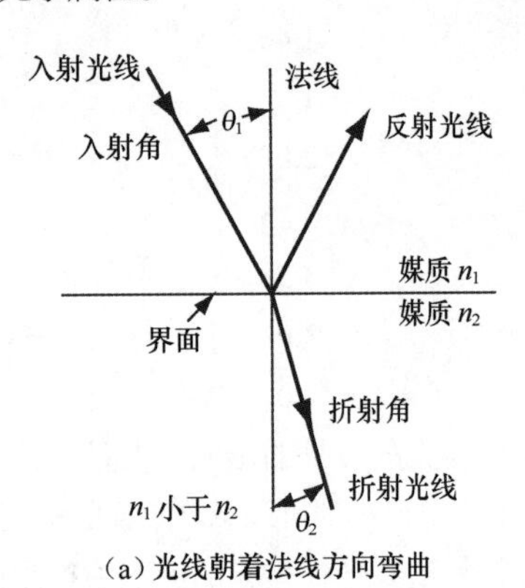

（a）光线朝着法线方向弯曲

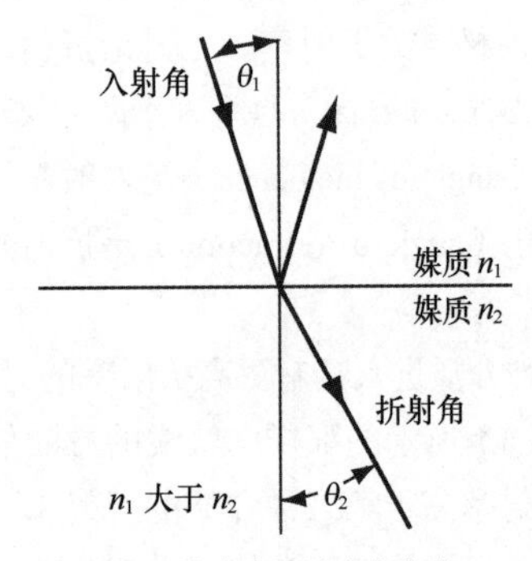

（b）光线朝偏离法线的方向弯曲

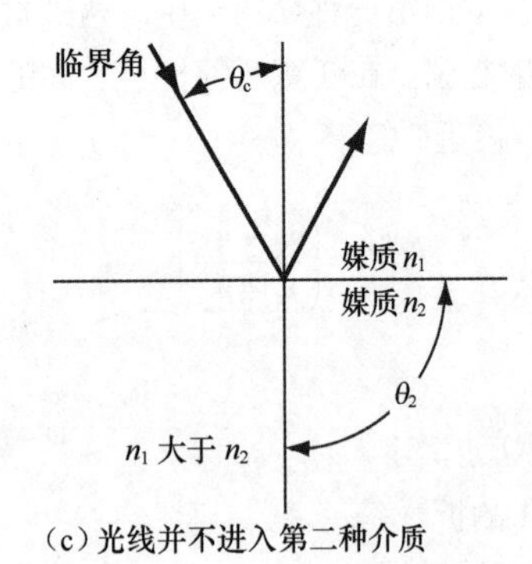

（c）光线并不进入第二种介质

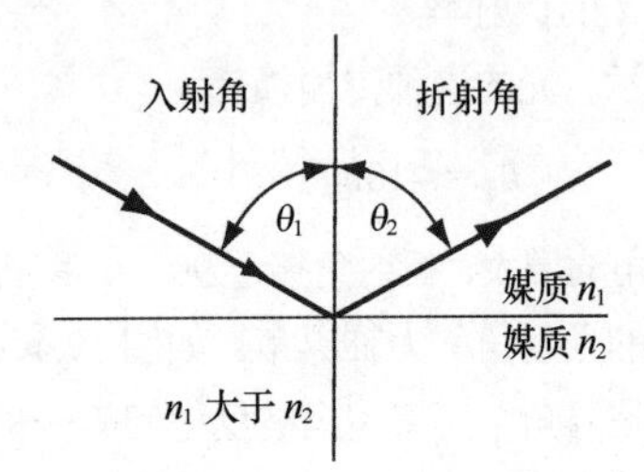

（d）当入射角大于临界角时，光线被反射

图 19.4 折射与反射

全内反射构成了光纤内光传输的基础。光纤内光传输的主要分析是评估子午光线 —— 那是些每次穿过光纤轴被反射的光线。为了帮助大家理解光纤的工作原理，我们研究一下描述入射光和反射光之间关系的斯涅耳（Snell）定律，如图 19.6 所示。

例子：50/125 纤维命名方式表示出了纤维缆芯外径 (50μm) 和包层外径 (125μm)

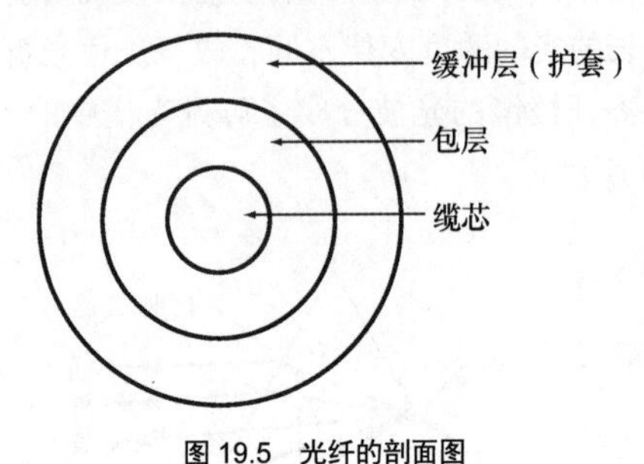

图 19.5 光纤的剖面图

图 19.6 光通过光导纤维的传导

Snell 定律的公式表示式为

$$n_1 \sin\theta_1 = n_2 \sin\theta_2 \qquad (19\text{-}7)$$

在公式中，

n_1 为缆芯的折射率；

n_2 为包层的折射率；

θ_1 为入射角；

θ_2 为反射角。

入射的临界角 θ_c（其中 $\theta_2 = 90°$）为

$$\theta_c = \sin^{-1}\left(\frac{n_2}{n_1}\right) \qquad (19\text{-}8)$$

当角度大于 θ_c 时，光被反射。因为反射光意味着 n_1 和 n_2 相等（即它们处在同样的物质中），θ_1 和 θ_2（入射角和反射角）相等。这些折射和反射的简单原理构成了光纤中光传播的基础。

光纤也支持斜射光线，该斜射光线顺着光纤芯向下传输，却不穿过光纤轴。在直光纤中，斜射光线部分一般呈螺旋形。由于斜射光线分析起来非常复杂，所以它们通常并不包括在实用光纤的分析中。光传播的准确特性取决于光纤的尺寸、结构和构成成分，以及投射光源的属性。

虽然光纤性能和光传播可以将光视为光线来进行合理的近似分析，但更为准确地分析必须采用场论和求解麦克斯韦电磁方程的方法来实现。麦克斯韦方程表明：光并不是随机地通过光纤传输的；而是引导成模式形式传输的，这是求解电磁场公式得出的结论。简言之，模式指的是光顺着光纤向下传输的可能通路。

从极端感受的角度来看，玻璃纤维的特性可被比作穿过晶莹剔透的水、混浊的水和含有外来物质的水的光。这些条件是水的特性，并且它们对其中的光的行进（传输）有着不同的影响。虽然玻璃纤维没有差异，但是其切割、断裂、边界失真、气泡、光纤芯失圆等所有这些因素都会对达到远端的光量产生影响。我们的主要目的是接收到最大的光强度，同时没有或只有很小的失真。

19.4　光导纤维

19.4.1　光纤的类型

光纤通常是按照其折射率分布和缆芯的尺寸来分类的。光纤主要有 3 种类型。

（1）单模光纤。

（2）多模阶跃折射率光纤。

（3）多模渐变折射率光纤。

单模光纤。单模光纤包含一个直径在 8 ～ 10μm 的缆芯，具体粗细取决于厂家。必须使用诸如激光或高效 LED 这样的高度集中的光源来在光纤中产生辐射的单一模式。因为高度集中的光束和阻止光线外泄（正式的叫法是散射）的极细缆芯等原因，所以单模光纤的折射率非常低。

细的缆芯倾向于阻止外来的模式进入光纤，如图 19.7 所示。单模光纤的损耗非常低，这样就减少了长距离通信所用的转发器（电话放大器）数量，转发器间的间隔距离更长。这种光纤具有传输 1310nm 和 1550nm 波长光的能力。它非常适合于对转发器间距有要求的城际间通信应用。

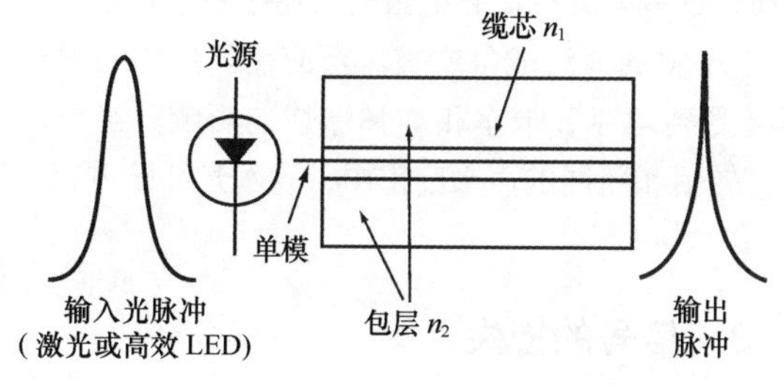

图 19.7　单模光纤

多模阶跃折射率光纤。光纤的生产包括在起始管内部的玻璃芯上进行层沉积处理。如果玻璃缆芯表现出同样的光学属性，那么这种光纤就属于阶跃折射率光纤（step index fiber）。缆芯层具有一致的传输特性。光线的扇出及其在缆芯 - 包层边界上的折射使其在穿透玻璃时呈现出阶跃的形态，如图 19.8 所示。还应注意的是，由于各个光线以阶跃方式通过，且有些光线传输得更远，要用更长的时间才能到达远端；因此便产生了图中所示的圆形轮廓输出脉冲。这种类型的光纤需要在短的间隔距离上设置转发器 - 再生器。

同时到达的所有的光线或模式将产生最准确和最强的输入复制，这就是我们的目的。对于在通信中最有用的光纤，模式一定是在受控方式下导引到缆芯的，所以它们绝大多数是同时到达的。

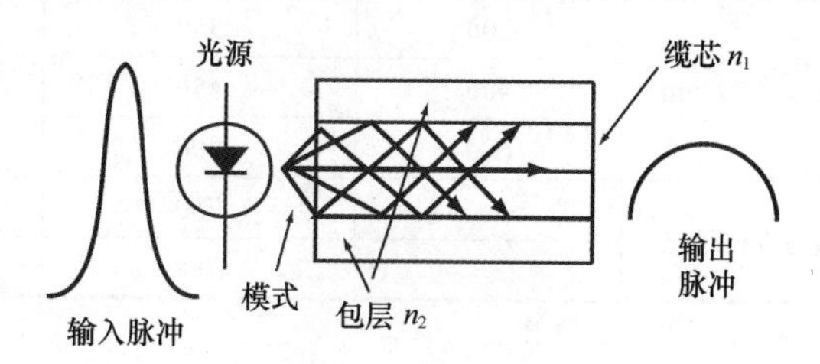

图 19.8　多模阶跃折射率光纤

多模渐变折射率光纤。渐变折射率光纤的制造过程包括在起始管中沉积不同渐变折射率的玻璃材料，以便让缆芯具有各种传输特性；外层的部分与中心部分一样并不阻碍多个模式通过。

在渐变折射率光纤中，缆芯的轴包含一个供慢波（光线，模式）传播的较高密度的玻璃，以便协调最长通路中波到达的时刻。从轴心到外周的缆芯玻璃的渐变沉积呈现出阻力逐渐减小的特点，以便让所有的波一同到达，同时大大增强了接收的强度（功率）。

注意一下图 19.9 所示的情况，光纤中每一模式的弯曲（和减慢）程度是与其入口点成比例的，以保持其同相位。当光线同相到达时，功率增强。这种技术提供了无再生前提下最大传输距离上信号强度的最大化，因为反相模式要从总功率中减掉。

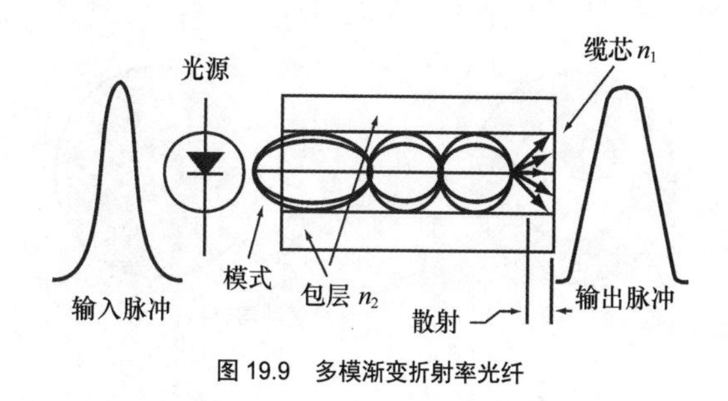

图 19.9　多模渐变折射率光纤

19.4.2　典型光纤的特性

表 19-1 给出了典型光纤线缆的特性。

散射。散射是光沿着光纤长度方向的传播而产生的光脉冲扩散现象。散射限制了光纤的带宽或携带信息的能力。

表 19-1 典型光纤线缆的特性

类型	缆芯直径（μm）	包层直径（μm）	缓冲直径（μm）	NA	带宽（MHz/km）	衰减量（dB/km）
单模 在1300nm	8	125	250		6 ps/km*	0.5
	5	125	250		4 ps/km*	0.4
渐变折射率 在850nm	50	125	250	0.20	400	3
	62.5	125	250	0.275	150	3
	85	125	250	0.26	200	3
	100	140	250	0.30	150	4
阶跃折射率 在850nm	200	380	600	0.27	25	6
	300	440	650	0.27	20	6
PCS†在790nm	200	350	—	0.30	20	10
	400	450	—	0.30	15	10
	600	900	—	0.40	20	6
塑料在650nm	—	750	—	0.50	20	400
	—	1000	—	0.50	20	400

*每纳米光源宽度上的散射。

†指的是石英系塑胶包覆光纤，Plastic-clad silica：塑料包层和玻璃芯。

（AMP 公司授权使用）

在数字调制系统中，这会导致所接收的脉冲被适时散开。虽然功率实际上并没有因散射而损失，但峰值功率减小了，如图 19.10 所示。在单模光纤中散射可以抵消为零，但在多模光纤中这常常给系统设计带来限制。散射的单位一般为 ns/km。

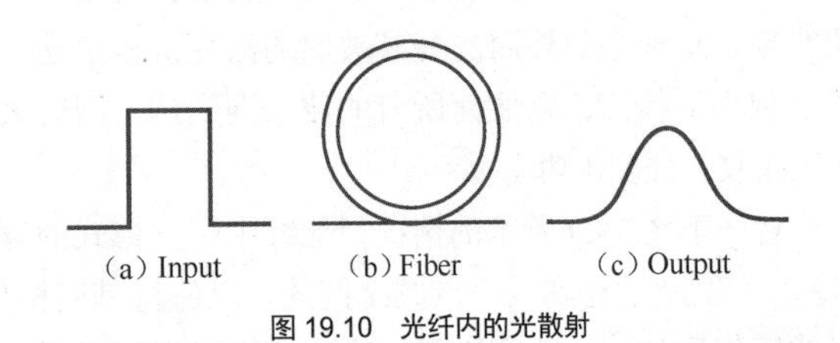

图 19.10 光纤内的光散射

松管型和紧套型光纤护套。光纤护套保护基本分两种类型，它们被称为松管型（loose tube）和紧套型（tight buffer），如图 19.11 所示。

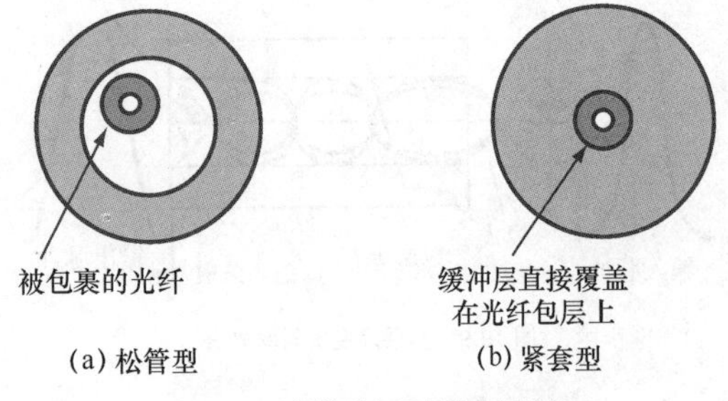

图 19.11 松管型和紧套型光纤护套

松管型的结构是将光纤包裹在内径稍微大于光纤本身直径的塑料管中。随后，塑料松管中被填充胶体物质。这样便可以使光纤在穿线或拉拽线缆时受到的外部机械张力较小。在多根光纤的松套管或单根光纤的松套管中，人们会加入特殊的强化物质，以保证光纤免受张力的作用，并有助于将拉缩形变最小化。因此，通过改变松套管中光纤的数量，就可以控制因温度变化而导致的收缩量。这样便可以使整个温度范围上的光纤拥有更为一致的衰减。

第二种类型（紧套型）是通过将塑料直接挤压至基本的光纤涂层上来保护光纤。这类紧套型线缆可以抵御更大的挤压和撞击力，而不会导致光纤断掉。虽然紧套型光纤有较好的抗挤压性能，且柔韧性较好，但当温度变化时其在衰减数据指标的表现上不如松管型光纤，剧烈弯折和线缆缠绕会产生微弯效应。

加强件提供出与同轴或电气声频线缆类似的较好的拉伸载荷参数。由于光纤在断掉之前并不会有非常大的拉伸量，所以在所期望的拉伸载荷下必须使用低拉伸加强件。

恶劣环境下使用的光纤缆常用的加强件为凯夫拉（Kevlar）。凯夫拉是防弹背心使用的材料，将其作为光纤加强件使用能使光纤具有最佳的性能。采用这些加强件的光纤也就是所谓的战术光纤。它们最先被用于军事通信，并且在 1991 年爆发的海湾战争中被广泛应用。这些战术光纤线缆不会受到坦克、卡车和炸弹爆炸的影响。当今，在包括体育转播和新闻的声频应用中，战术光纤已占有一席之地。

19.4.3 信号的损失

19.4.3.1 光纤的传输损耗（FOTL）

物理变化除了会导致光脉冲构成对频率或带宽的限制，它还会减小通过光纤传输的光功率级。这种光功率损耗或衰减以 dB/km 为单位来度量。光纤系统中光衰减的主要因素为以下 5 个。

（1）光纤损耗。

（2）微弯损耗。

（3）连接件损耗。

（4）接续损耗。

（5）耦合损耗。

ANSI/IEEE 标准 812-1984 “the Definition of Terms Relating to Fiber Optics（有关光纤术语的定义）” 对衰减和衰减系数的定义如下。

衰减。在光波导中，衰减是指平均光功率的降低。注：在光波导中，衰减源于光吸收、散射和其他辐射。虽然衰减量一般以 dB 为单位来表示，但是用衰减系数这一同义词来表示，其单位为 dB/km。这里假定衰减系数并不随长度的变化而变化。另外可参阅：衰减系数、耦合损耗、微分模式衰减、稳态模式分布、非本征连接损耗、泄漏模式、材料散射、微弯损耗、瑞利散射、光谱窗口、传输损耗、波导散射。

衰减系数。它是指关于波导长度方向上平均光功率减小的速率。它由下面的公式定义。

$$P(z)=P(0)10^{-\left(\frac{\alpha_z}{10}\right)} \tag{19-9}$$

在公式中，

$P(z)$ 为沿波导方向距离 z 处的功率；

$P(0)$ 为 $z=0$ 时的功率；

α 为衰减系数，如果 z 的单位为 km，则衰减系数的单位为 dB/km。

由该公式，

$$\alpha_z=-10\lg\left[\frac{P(z)}{P(0)}\right] \tag{19-10}$$

这里假设 α 与 z 无关；如果这样的话，那么定义以增量衰减量的形式给出

$$P(z)=P(0)10^{-\int_0^z\frac{\alpha(z)\mathrm{d}x}{10}} \tag{19-11}$$

或者，等效为

$$\alpha_z=-10\frac{d}{dz}\lg\left[\frac{P(z)}{P(0)}\right] \tag{19-12}$$

19.4.3.2　光纤的损耗

衰减量随光波波长的变化而变化。窗口是低损耗区，在这一区域内，光纤以低衰减量传输光能。第一代光纤工作于第一窗口区，该区约在 820 ～ 850nm。第二窗口区为 1300nm 的零色散区域，而第三个窗口区为 1550nm 区。典型的 50/125 渐变折射率光纤在 850nm 时的衰减系数为 4dB/km，在 1300nm 时为 2.5dB/km，传输效率提高了 30%。而在 730nm、950nm、1250nm 和 1380nm 区域上的衰减是非常高的；因此，应避免在这些区域使用。

对光纤损耗的评估必须要针对传输波长来进行。图 19.12 所示的是低损耗多模光纤的典型衰减曲线。图 19.13 所示的是单模光纤的衰减曲线，应注意的是，在模式过渡区光纤具有较高的损耗，其间光纤由多模工作方式转为单模方式工作。要想充分利用光纤的低损耗特性，则要求光源发出的光处在光纤的低损耗区。塑料光纤的最佳工作区域约为 650nm 的可见光区域。

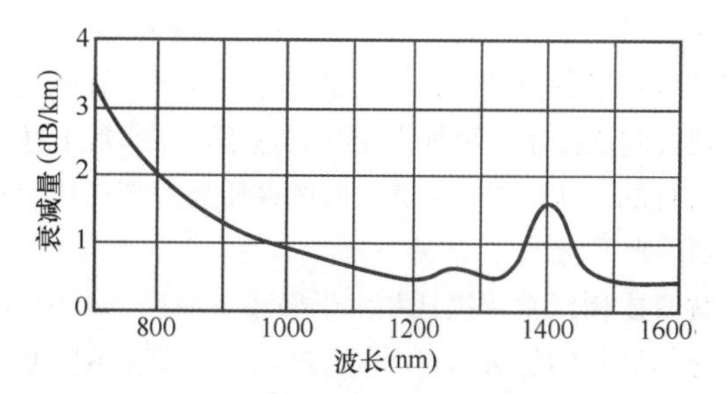

图 19.12　多模光纤的衰减曲线

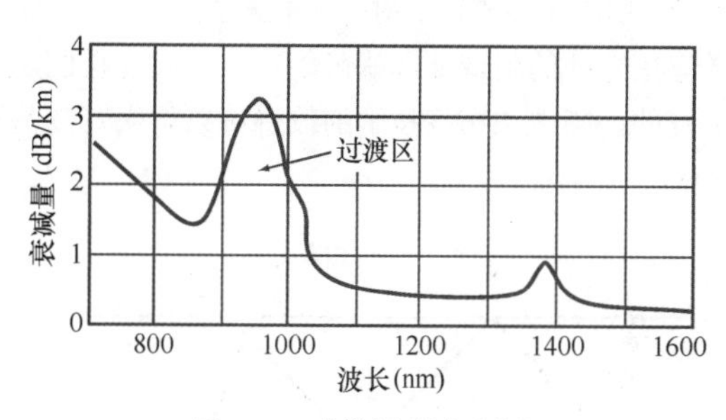

图 19.13　单模光纤的衰减曲线

光纤的一个重要衰减性能就是在带宽内的所有调制频率上衰减都是恒定的。在铜线缆中，衰减随着信号频率的提高而增大。频率越高，衰减越大。铜线缆对 30MHz 信号的衰减要比对 15MHz 信号的衰减大。因此，信号频率对信号传送需要采用转发器来再生信号的距离构成限制。在光纤中，对上述两种信号的衰减都是一样的。

光纤中的衰减有以下 3 个主要原因。

（1）散射。

（2）吸收。

（3）弯曲（微弯）。

散射。散射是因光纤瑕疵，以及与光纤的基本结构有偏差所产生的光能损耗。散射的本意是指光线向各个方向辐射。此时光不再具有方向性。

瑞利散射所产生的现象与日出的红色朝霞一样。较短波长的蓝光被散射和吸收，而较长波长的红光则散射较少，当光线进入我们的眼中时，我们便看到火红的朝霞。瑞利散射源于光纤中的密度和成分的变化，这是光纤制造过程中自然产生的副产品。在理想情况下，纯玻璃具有完美的分子结构，因此其各处的密度都是一样的。在实际的玻璃中，玻璃的密度并不是各处都一样，其结果便引发了散射。

由于散射与波长的 4 次方 $1/\lambda^4$ 成反比，所以它随着波长的变长而快速降低。散射代表的是衰减的理论下限值，具体数值如下。

- 在 820nm 时，2.5dB。
- 在 1300nm 时，0.24dB。
- 在 1550nm 时，0.012dB。

吸收。吸收是光纤中的杂质吸收光能，并将其中的小部分能量转变成热能的过程。光会因此变得越来越暗。光纤的高损耗区源于水的能级（其中的羟基分子对光产生明显的吸收）。引发吸收的其他杂质包括有铁离子、铜离子、钴离子、钒离子和铬离子。为了保持低损耗，生产厂家必须将这些粒子的浓度保持在十亿分之一以下。值得庆幸的是，现代制造技术，再加上光纤制造都是在非常干净的环境下进行的，这使得产生光吸收的杂质被控制在几年前无法达到的水平上。

微弯损耗。微弯损耗是由于微小弯曲所导致的损耗，微弯是指缆芯到包层的界面间存在的小量变化或隆起。正如图 19.14 所示的那样，微弯可能导致高阶模式以一个不允许进一步反射的角度进行反射。光消失了。

微弯在光纤的制造期间就可能产生，或者它们是由线缆所引发的。制造和布线技术的改进可以将微弯及其影响降至最低。

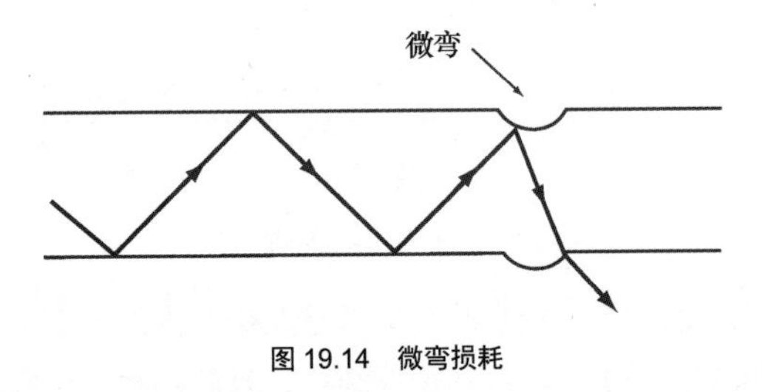

图 19.14 微弯损耗

新型减小弯曲半径的光纤。如今，光纤线缆制造厂家已经大大降低了光纤的弯曲半径。降低弯曲半径使安装人员在急弯附近弯曲光纤变得更加灵活，同时又不会明显增加光纤的衰减。这种光纤有好几种名称，比如弯曲不敏感光纤（bend insensitive）或者耐弯曲光纤（bend resistant），这些名称给用户选择光纤带来一定的误导。用户可能倾向于相信：弯曲半径的减小也消除了任何误处置、极端温度、路由不正确或其他外部因素给光纤工作带来的不利影响。然而，用户应注意到：这些因素是不可能始终存在的。选择减小弯曲半径的光纤确实在光纤配线架、类似管道的构架和路由通路、线槽和升降竖井上的更急弯曲方面实现了光纤弯曲性能方面的改善。

这里有一个常用的基本原则，就是弯曲半径应为线缆外直径的 10 倍，或者大于 3.81cm。光纤弯曲半径的减小将标准值降低了约 50%，或者降低至 15mm，而不会改变光纤的衰减量。

已经有一些演示减小弯曲半径的光纤跳线并给跳线打个活结的实验。做了活结的跳线并没有光逸出，也没有使衰减量加大。针对跳线的这些改进确实惊人，但是在其他一些应用（比如较高密度的路由分配或方便查看连接件的应用）当中，开始采用减小弯曲半径的光纤将会变得更为关键。因此，在选择减小弯曲半径光纤时，一定要查阅一下生产厂家的指南和技术指标。

连接件损耗。连接件损耗是一条光纤缆芯与另一条光纤缆芯物理对齐程度的函数。虽然划痕和灰尘也可能污染连接件的表面，并使系统性能严重下降，但是最常见的连接件损耗是由未对齐端口或端口分离产生的。

大的连接件供应商都会提供几种类型的光纤连接件。典型的情况是，每个生产厂家都有自己设计的，并且一般都与其他连接件生产厂家的产品不兼容的产品。然而，这种情况正向好的方向发展，因此如今的所有 SMA 和 ST 型连接件都是兼容的。

根据连接件类型，人们会采用不同的端接技术。

• 环氧树脂和抛光 —— 用环氧树脂将安装就位于对准套管中，然后对套管外面进行抛光处理。

• 光学与机械 —— 通常使用透镜和严格对齐管。另外还可能要使用折射率匹配的媒质。

连接件 - 连接件接口的光功率损耗一般为 0.1 ～ 2dB，具体则取决于连接件的类型和事先准备工作的好坏。

接合损耗。两条光纤可以通过熔接、焊接、化学胶合，或者机械结合的方式永久地连接在一起。引入系统的接合损耗可能在 0.01 ～ 0.5dB 变化。

耦合损耗。光纤与信号源或信号接收器之间的损耗是器件和所用光纤类型的函数。例如，LED 辐射出的光与激光二极管相比具有光谱辐射型宽的特点。因此，当使用较粗缆芯的光纤时，LED 将耦合更多的光，而激光对于较小直径缆芯的光纤（比如单模系统）可能更为有效。

因此，在确定有多少光能被光纤所收集时，光纤尺寸是一个主要的因素。耦合光功率的升高是光纤缆芯直径平方的函数。

数值孔径（Numerical Aperture，NA）体现的是光纤会聚光的能力。只有以大于临界角入射到光纤中的光才能被传播。材料的 NA 与缆芯和包层的折射率有关。

$$NA=\sqrt{n_1^2-n_2^2} \tag{19-13}$$

在公式中，

NA 为无单位维度数值。

我们还可以定义光线由光纤实现传播的角度。这些角度构成一个锥体，该锥体被称为接收光锥区，它给出了光接收的最大角度。接收光锥区与 NA 有关。

$$\begin{aligned}\theta&=\sin^{-1}(NA)\\NA&=\sin\theta\end{aligned} \tag{19-14}$$

在公式中，

θ 为接收光的半张角，如图 19.15 所示。

光纤的 NA 很重要，因为它指出了光纤是如何接收和传播光的。具有大 NA 数值的光纤能很好地接收光；而低 NA 数值的光纤要求采用强指向性的光。

一般而言，高带宽光纤的 NA 较低；因此它们接纳的模式较少。模式越少意味着色散越少，因此带宽也就越宽。NA 的数值范围从塑料光纤的约 0.50 至渐变折射率光纤的

0.21。大的 NA 加大了模态色散，因为它给光线提供了更多的通路。

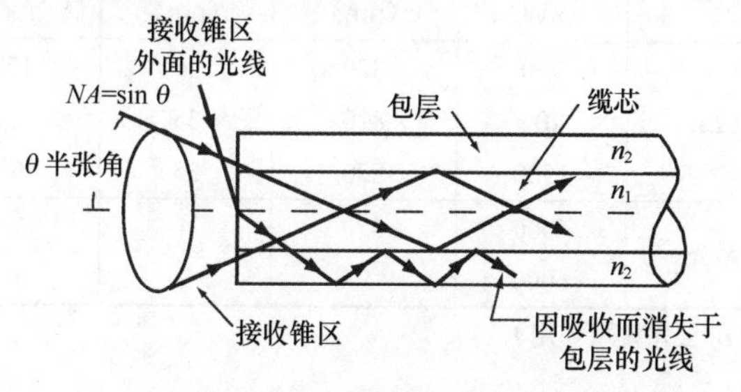

图 19.15　数值孔径（NA）

光源和检测器也有一个 NA。光源的 NA 定义了发射光的角度。检测器的 NA 定义了接收器工作的光角。尤其对光源而言，光源的 NA 与光纤 NA 的匹配很重要，只有这样光源发出的所有光才能被耦合到光纤中传播。当光由较低 NA 被耦合到较高 NA 时，NA 上的失配是损耗的根源。

19.4.3.3　衰减的测量

在光纤中，衰减量的测量需要分别对输入功率（P_{in}）和输出功率（P_{out}）进行比较。它以 dB 来度量。

$$L_{FOP}=-10\lg\left(\frac{P_{out}}{P_{in}}\right) \qquad (19\text{-}15)$$

在公式中，

所增加的负号是为了以正值形式给出衰减量，因为对无源器件而言，输出功率始终小于输入功率。

L_{FOP} 是以 dB 表示的光纤光功率级。

要牢记，这些是光功率，它们与波长有关。光功率数字测试仪测的读数可以是 dB，也可以是 dBm，而且也可以显示为波长。光功率级 L_{OP} 由下式计算得出。

$$L_{OP}=10\lg\left(\frac{P_s}{P_r}\right) \qquad (19\text{-}16)$$

在公式中，

P_s 为信号的功率；

P_r 为参考功率。

如果参考功率是 1mW，那么光功率级 L_{OP} 的计算公式变为

$$L_{OP}=10\lg\left(\frac{P_s}{1}\right) \qquad (19\text{-}17)$$

应注意的是，当我们已知参考功率为 1mW，光功率级的单位就变为 dBm。当参考功率没有指定时，光功率级的单位为 dB。

精确的光纤衰减量测量是基于图 19.16 所示的截断法测量（cut-back method test）。这里的光源用来将信号馈入光纤；在渐变折射率或多模光纤中要使用模态滤波器来建立一致的发射条件，以保证测量的一致性。尽管模态条件（使用模态滤波器）并不在本书讨论的范围内，但是在对多模光纤进行测量时这是非常重要的问题，因为模态条件对该测量中要测的数值有影响。先在远端测量输出的光量，然后将光纤尾端截去约 1m ～ 2m，刚好越过模态滤波器。测量新的一端上的光输出。将一端与另一端光量的差异除以光纤的长度，就得到单位长度的损耗，或光纤衰减量。这是所有生产厂家都采用的测量光纤的方法。

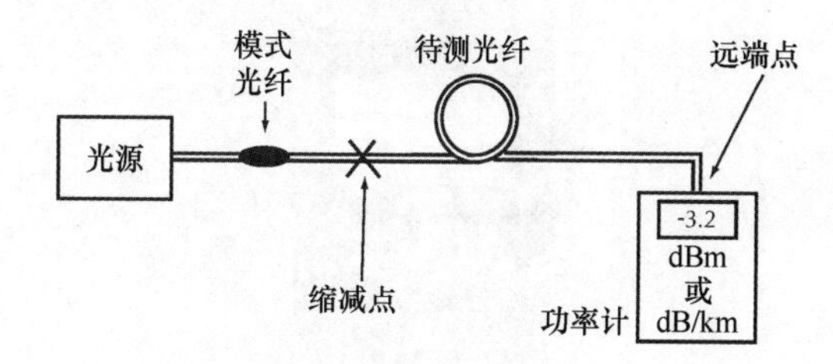

图 19.16　测量光纤衰减的截断法

然而要注意的是，当采用短的多模光纤进行测量时结果会不够准确，因为与高阶模态有关的损耗在加入了模态滤波器后被去除了。

通过用短跨接线缆（如果需要的话，可包含模态滤波器）取代截尾光纤段也可以对安装了连接件的光纤线缆进行类似的测量。在适当牺牲精确度的前提下，可以避免截断光纤，以简化该测量方案。与单模光纤相关的一个特殊问题就是光可能会在包层中传输一小段距离，被系统性低估的输入耦合损耗会使测量结果毫无意义。为了测量到真正单模光纤的传输和耦合，光纤长度至少应为 20m ～ 30m。

针对系统功能检查，光纤连续性检测是很重要的。这种连续性检测很简单，并不需要复杂的设备。在一端的技术人员用发光手电筒将所发出的光投入光纤中，另一端的技术人员只需观察一下是否有光亮出现即可。通过测量光缆的衰减量可以对此进行快速核实检测。光纤断开的位置可以用光时域反射计（Optical Time Domain Reflectometers，OTDR）及对光缆的衰减测量来确定。

OTDR 包含一个大功率激光源和一个灵敏的与信号放大器相耦合的光检测器，它具有宽的动态范围。输出信号显示在一体化示波器上。OTDR 利用基模反射或通过发射形状定义好的光脉冲进入光纤，并测量和显示回波电平的方法来确定光纤的色散属性。然而，OTDR 较为复杂且价格不菲。对声频工程师而言，另外一种可选方法就是使用光纤故障诊断仪，比如图 19.17 所示的 Tektronix® 生产的产品（Model TOP300）。TOP300 是手持式设备，其重量约为 454g，装配有易于读取读数的 LED。使用者无须是有经验人员，只需按下按钮，读取 LED 上的读数即可。强激光显示出故障的位置。还有其他一些用于光纤检测的测量仪器，不过它们不在本章的阐述范围之内。

图 19.17　光纤故障诊断仪（Tektronix 授权使用）

19.4.3.4　OTDR检测的发展

光时域反射计（OTDR）被用

来检查光纤故障的断点和光纤损耗。在过去，OTDR是非常复杂且极为昂贵的仪器。现在光纤的生产厂家已经制造出不太复杂的OTDR设备。其中的一个例子就是图19.18所示的由Fluke Networks制造的OptiFiber® Advanced OTDR这样一款仪器。

图19.18 OptiFiber Advanced OTDR（Fluke Network授权使用）

OptiFiber Advanced OTDR软件包将对光纤链路 / 光纤跨度进行测量、核实、诊断并形成文件。这是第一批为网络运营商和安装者设计的认证OTDR产品之一。

在声频和广播网络中光纤的使用在不断地增长，故人们对测量和检测的需求也在不断增加。为了保证这些光纤网络 / 局域网的性能，网络运营商需要提供更详尽的信息，使其对光纤链路能够全面地了解。使用这种类型的OTDR就可以获取较为全面的信息。

OptiFiber是第一款专门设计的测量仪器，以便让网络运营商和安装人员跟上对检测和核实光纤网络的最新需求。OptiFiber集成了插入损耗和光纤长度测量、OTDR分析和光纤连接件端面镜像的功能，以此提供更高标准的光纤检测和诊断。同时还具有对所有测量数据进行计算机软件文件化、报告和管理的能力。OptiFiber使得所有有经验的声频网络运营商能够检测、核实光纤的行业和专用技术指标，诊断短距离连接故障，并将其结果完全文件化。

19.5 光源

光源是可以耦合到光纤线缆的光的发射器。光纤通信中基本采用的两大光源为发光二极管（LED）和激光二极管。这两种器件都是由半导体材料制成的。

LED和激光二极管是由P和N型半导体材料层形成的结创建而成的。在结两端施加小的电压便可以产生由电子和空穴组成的电流流动。当电子和空穴在结内部结合时便由结发射出光子。

尽管LED提供的功率较小，运用速度较慢，但是它非常适合速度在几百兆比特、传输距离为几千米的应用。另外它还具有更为可靠、成本较低、预期寿命较长，使用更为方便等特点。对于更高速度或更长距离的传输应用，必须考虑使用激光二极管。表19-2列出了典型光源的特点。

表19-2 典型光源的特点

类型	输出功率（μW）	峰值波长（nm）	频谱宽度（nm）	上升时间（ns）
LED	250	820	35	12
	700	820	35	6
	1500	820	35	6
激光	4000	820	4	1
	6000	1300	2	1

（AMP公司授权使用）

19.5.1 LED

LED是由位于元素周期表当中处在第Ⅲ至第Ⅴ组当中的多种材料制成的。其发射出的光的波长取决于制造材料。表19-3给出了一些常见的LED材料所发出的光的颜色和波长。

表19-3 制造LED和激光二极管的材料

材料	颜色	波长
磷化镓	绿	560nm
磷化镓砷	黄、红	570～700nm
镓铝砷	近红外	800～900nm
磷化铟镓砷	近红外	1300 ～1500nm

人们可能已经注意到了LED被用于VU或峰值读数的仪表显示，或者用作状态指示灯。用于光纤的LED设计与简单的LED显示屏不同。设计上的复杂性是因想要让光源具有与光纤系统需要的兼容性引发的。这些特性中主要的是发射光的波长和模式。为了让LED将最大的光输出耦合到光纤中，采用了特殊的封装技术，如图19.19所示。

光纤LED的设计有3种基本的类型。

- 面发射发光二极管（Surface emitting LED）。
- 边发射发光二极管（Edge emitting LED）。
- 微距镜发光二极管（Microlensed LED）。

面发射发光二极管。图19.20（a）所示的面发射LED的生产制造最容易且最便宜。其结果就是它的大发射面模式产生的低辐射输出并不太适合与光纤配合使用。其问题的根源在于所发射出的光只有非常少的部分被耦合到了光纤缆芯。

巴鲁LED是以其发明人Bell Labs的Charles A.Burrus的名字命名的，为了适合容纳集光光纤，它有一个刻蚀孔，它是一种面发射LED，如图19.21所示。然而，在现代的系统中，巴鲁LED并不常用。

边发射发光二极管。图19.20（b）所示的边发射LED采用了具有条形几何形状的有效区域。因为条形上层和下层具有不同折射率，所以载流子受产生的波导效应的限制（波导效应与将光限制和导引在光纤缆芯内是同样的现象）。通过在硅氧化物绝缘区蚀刻一个开孔，并在开孔沉积金属来控制发射区宽度。流经活动区的电流被限制在金属膜下面的区域。与面发射LED相比，最终它的高辐射椭圆输出会将更多地光耦合到细光线中。

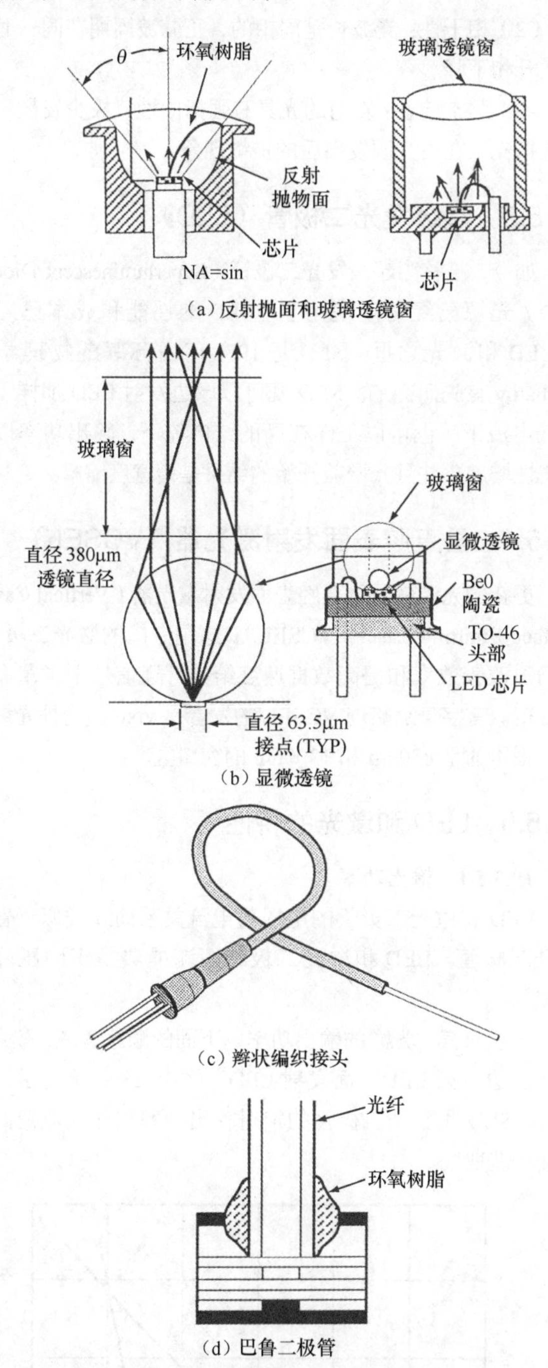

图 19.19　为了产生对光纤的最大光耦合而采用的封装技术

微距镜发光二极管。近一时期，技术已经进一步向前发展，人们可以在生产条件下将一个微小的玻璃珠放置在二极管的微芯片结构顶部作为透镜使用。这种微透镜器件具有与广泛的光纤直接兼容的优点。另外，它还有双透镜规格，这种器件可使光会聚到输出光纤的软线中。

主波长。大部分 LED 在主波长区域（位于 800 ～ 850nm 的第一窗口区的某一位置）都具有最大的功率。有些 LED 也使用其他的波长：要么在 1300nm 附近（第二窗口区），要么是 1550nm 附近（第三窗口区）。选择是由如下因素决定的。

（1）窗口区——即光纤中的损耗最小区。

（2）合适检测器的应用。

（3）成本。

（4）光纤中脉冲扩散（色散）的最小化。

（5）可靠性。

另外，波分复用（Wavelength-Division Multiplexing，WDM）的设施也可能是影响选择的一个因素。

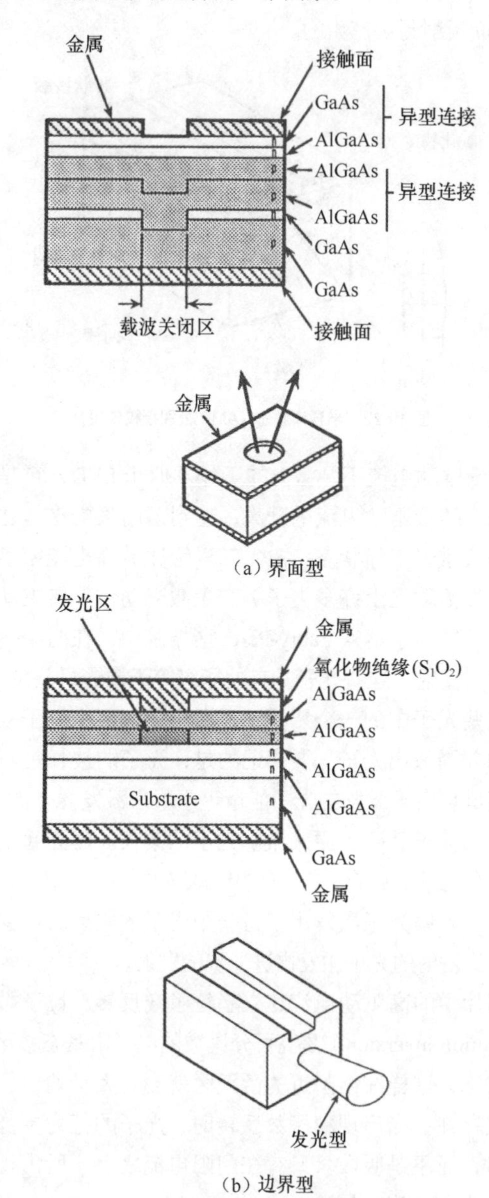

图 19.20　界面型和边界型发射 LED（AMP 公司授权使用）

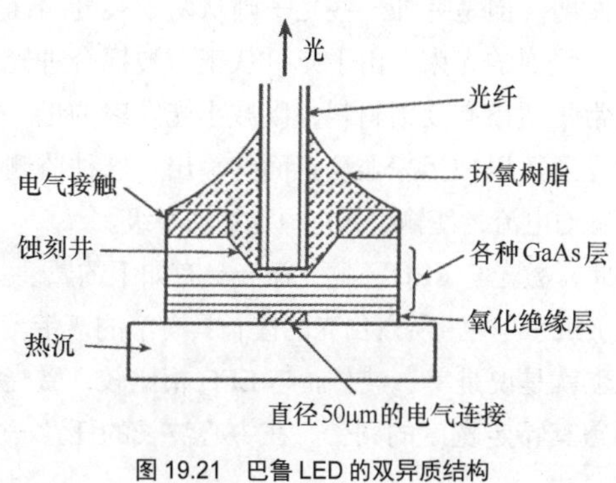

图 19.21　巴鲁 LED 的双异质结构

19.5.2　激光二极管

激光（Laser）是 light amplification by the stimulated emission of radiation（受激辐射产生的光放大）的首字母缩略词。LED 和激光之间的差异在于激光具有一个发射激光所需要的光学谐振腔，如图 19.22 所示。这个被称为法布里 - 珀罗（Fabry–Perot）共振器的腔体是由分裂芯片的相对端构成的、高度平行的镜面反射封装产生的。

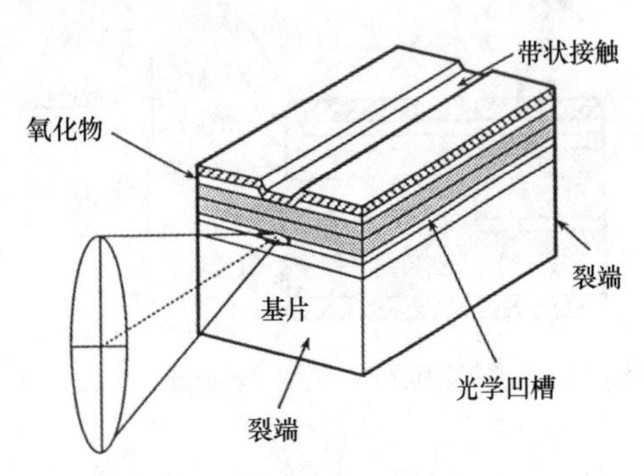

图 19.22　半导体激光（AMP 公司授权使用）

在低驱动电流下，激光的工作类似于 LED，它是自主发光的。随着驱动电流的升高，达到了门限电平，之后便开始进入激光工作状态。激光二极管凭借高电流密度（在小的芯片活动区上许多电子）产生激光动作。自主动作发射出的一些光子落入 Fabry-Perot 谐振腔中，在两个镜面端之间来回反射。这些光子具有的能级等于激光材料的带隙。如果这些光子中的一个影响到受激电子，那么电子立刻重新组合并释放出光子。要牢记的是，光子的波长是对其能量的度量。由于激发的光子能量等于原来激发光子的能量，所以它的波长就等于原来激发光子的波长。建立起的光子是第一个光子的克隆。它具有相同的波长、相位和行进方向。换言之，入射光子激发出了另一个光子的辐射。这便发生了放大，发射的光子激发出进一步的发射。

芯片中的高驱动电流建立起粒子数反转。粒子数反转（Population inversion）是高百分比数的电子由基态移至激发态的状态，这样在结附近的活跃区就会有大量的自由电子和空穴存在。当出现粒子数反转时，光子的行为更像是受激发射，而不是吸收。只有在门限电流之上，所出现的粒子数反转才可以产生激光。

尽管有些光子始终被限制在腔体中，前后来回反射并进一步发射，但是另外一些光子则从两个裂缝端面逃逸出去，产生强烈的光束。由于光只从正面被耦合进光纤，所有反面常常覆盖有反射材料，以减小光发射的量。由后面发射的光还可以被用来监测正面的输出。这种监测可以用来调整驱动电流，使输出保持恒定的功率级。

因此，激光与 LED 不同，激光具有如下的属性。

（1）近乎单色：所发出光的波长具有窄的谱带。它近乎单色，也就是说是单一波长。与 LED 相比较，激光并不是连续涵盖其特定宽度的频带。在中心波长的任意一侧会有几个明显的波长被发射。

（2）相干性：光波长是同相的，正弦波周期在同一时间内上升和下降。

（3）强指向性：发射的光具有强指向性，极少发散。发散是指光束在由光源发出后的扩散现象。

19.5.3　超级发光二极管（SLD）

如今，被称为超级发光二极管（Superluminescent Diode，SLD）光源已经可以使用了。SLD 的性能和成本已经落入 LED 和激光之间。SLD 是 1971 年由苏联的物理学家 Kurbatov 首先研究的。SLD 既可以像边发射 LED 那样工作在低电流下，也可以工作在高的结电流下，输出功率以超级线性增加，并且光增益开始的结果是谱宽度缩窄。

19.5.4　垂直腔表面发射激光器（VCSEL）

更新的光源就是垂直腔表面发射激光器（Vertical Cavity Surface Emitting Laser，VCSEL）。这是专门的激光二极管，它通过改善效率和提高数据速度给光纤通信带来了革命性的变革。首字母缩略词 VCSEL 的发音是 vixel。这种光纤系统中采用的是 850nm 和 1300nm 的窗口区。

19.5.5　LED 和激光的特性

19.5.5.1　输出功率

LED 和激光二极管的电压与电流关系曲线类似于普通的硅二极管。LED 和激光二极管两端的典型正向压降为 1.7V。

一般而言，光源的输出功率以下面的顺序递减：激光二极管、边发射 LED、面发射 LED。图 19.23 所示的是针对 LED、SLD 和激光二极管的相对输出功率与输入电流间关系的一些曲线。

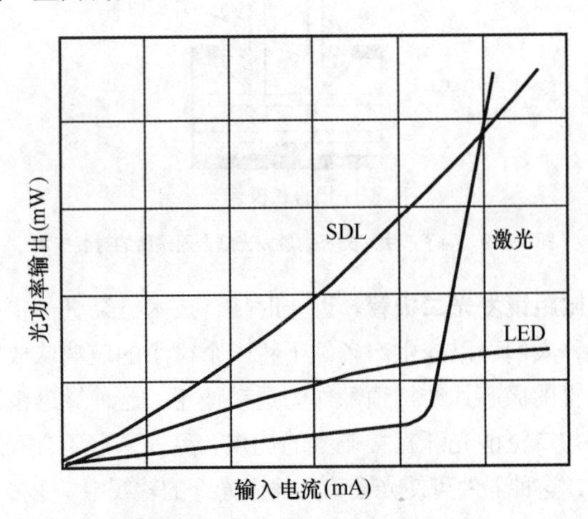

图 19.23　光功率输出与 LED、SLD 和激光二极管输入电流的关系

19.5.5.2　输出形态

光的输出或色散形态是光纤中十分关心的重要特性。随着光脱离开芯片，它便扩散开来。实际上只有一部分光耦合进了光纤。输出形态越小，就可以让更多的光耦合进

光纤。优秀的光源应具有小的发射直径和小的 NA。发射直径定义了发射光的面积有多大，而 NA 则定义了光扩散开来的角度有多大。如果光源的发射直径或 NA 大于接收光纤的对应参量数值，那么光功率就会损失掉一部分。图 19.24 所示的是 LED、SLD 和激光的典型发射形态。

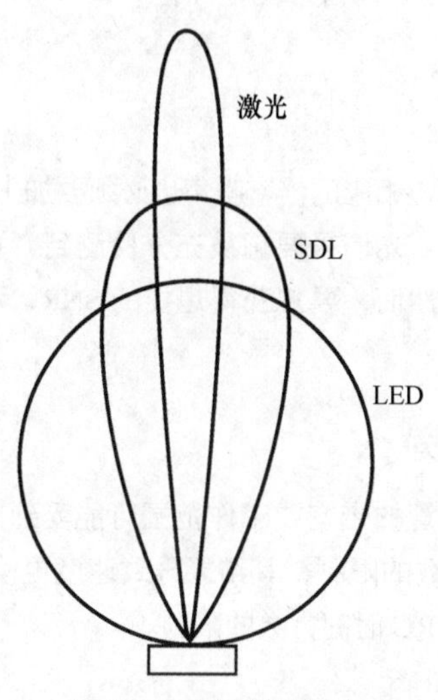

图 19.24　光源的发射形态

19.5.5.3　波长

由于光纤对波长很灵敏，所以光纤光源的谱（光学）频率就很重要。LED 和激光二极管并不发射单一波长的光；它们发射的光处在一定的波长范围上。这一范围就是所谓的光源的谱宽度。它是根据峰波长最大幅度的 50% 来度量的。例如，如果光源的峰波长为 820nm，且谱宽度为 30nm，那么由谱宽度曲线的技术指标上显示的输出范围为 805 ～ 835nm。激光二极管的谱宽度约为 0.5 ～ 6nm；LED 的谱宽度要宽得多，约为 20 ～ 60nm。

19.5.5.4　速度

光源必须开启和关闭得足够快才能满足系统的带宽要求。光源的速度是由上升和下降时间来指定的。激光的上升时间不到 1ns，而 LED 的上升时间较长，约为 5ns。对于给定的上升时间，带宽的粗略值为

$$BW = 0.35 / t_r \quad (19\text{-}18)$$

在公式中，

BW 为带宽，单位为 Hz；

t_r 为上升时间，单位为 s。

19.5.5.5　寿命

光源的预期工作寿命可达几百万小时。然而，超过这一时间后功率输出会因器件的晶体 - 线结构内缺陷的增加而降低。光源的寿命一般被认为是峰值输出功率下降 50% 或 3dB 时所经历的时间。通常 LED 的寿命要长于激光二极管。例如，发射 1mW 峰值功率的 LED 在其峰值功率变为 500μW 或 0.5mW 时就被认为其寿命已经完结了。

19.5.5.6　安全性

在光纤领域要采取一些预防措施。其中最重要的就是决不要直接用肉眼观看 LED 或激光二极管！通常，虽然 LED 所发出的光并没有强到足以造成人眼损害的程度，但是最好还是避免观看 LED 或激光所发出的完全平行的光束。熟悉所使用的光源，有关更详尽的安全信息，可以联系美国激光协会（the Laser Society of America）或 OSHA。

19.6　检测器

检测器执行的工作与光源的功能正好相反，它是将光能转变为电能。检测器可以被称为一种光电换能器。光纤中最常见的检测器是 PIN 光电二极管、雪崩光电二极管（Avalanche Photodiodes，APD）和集成检测器 - 前置放大器（Integrated Detectors-Preamplifiers，IDP）。

PIN 光电二极管是简单的检测器，它对于大部分应用都有用。这是一种 3 层半导体器件，其中的纯净（或本征）材料层是夹在正掺杂材料与负掺杂材料层之间。PIN 一词就是这一次序的 3 个单词的首字母构成的（positive，intrinsic，negative，正、本征、负）。投射到本征层的光导致产生电子空穴对，从而形成电流。在理想的光电二极管中，每个光子将建立起一个流动的电子空穴对。在实际的 PIN 光电二极管中，由光到电流的转换并非理想；只有 60%（或更低）的光子到达二极管，并形成电流。

该比值是检测器的响应率。光电二极管的响应率约为 0.6A/W；从实用的角度讲，这就是说，60 μA 的电流会使每 100μW 的光能撞击二极管。响应率（R）是二极管的输出电流与输入光功率之比，单位为 A/W。响应率还取决于光的波长。作为最简单的器件，PIN 光电二极管并不对信号进行放大。即便如此，它还有几大优点：便宜、易于使用、响应时间快。

雪崩光电二极管具有一定的增益，并且对低功率信号比 PIN 光电二极管更为灵敏。光子撞击 APD 将确定运动的电子空穴对的数量，其现象就是所谓的雪崩效应。光子启动电流的雪崩。典型 APD 具有的响应率为 15μA/μW。APD 的另外一个优点就是速度非常快，开关速度要比光电二极管快很多。APD 的缺点就是其复杂性和成本。它的工作需要高电压，对温度变化很敏感。像作为光源的激光一样，APD 只被用于对速度和传输距离有要求的场合。

集成检测器 - 前置放大器是将光电检测器和跨阻抗前置放大器置于同一集成电路当中。其优点就是信号遇到负载电阻伴随的噪声之前可以立刻被放大或增强。这一点很重要，因为任何后续放大级将不仅提升信号，而且同时也提升噪声。IDP 放大光感应电流，并提供一个可用的电压输出。IDP 的响应率单位是伏特 / 瓦特（V/W）。典型 IDP 的响应率约为 15mV/μW。另外，器件所提供的增益可以克服噪声的影响，给出合适的信噪比（SNR）。

表 19-4 给出了典型检测器的特性。

表 19-4 典型检测器的特性

类型	响应灵敏度	响应时间（ns）
PIN 光二极管	0.5μA/μW	5
	0.6μA/μW	1
	0.4μA/μW	1
APD	75.0μA/μW	2
	65.0μA/μW	0.5
IDP	4.5mV/μW	10
	35.0mV/μW	35

（AMP Incorporated授权使用）

19.6.1 量子效率（η）

量子效率是另一种表达光电二极管灵敏度的方法，它是外部电路中流动的电子数与光子数之比，该比值既可以用无量纲的数字来表示，也可以用百分比来表示。响应率可以由量子效率的公式求出。

$$R=\frac{\eta q\lambda}{\mathrm{h}c} \tag{19-19}$$

在公式中，

q 为电子的电量；

h 为普朗克常数；

c 为光速。

由于 q、c 和 h 是常量，所以响应率是量子效率和波长的简单函数。

19.6.2 噪声

与光电检测器和接收器相关的噪声有几种。散粒噪声和热噪声对于了解光纤中的光电二极管特别重要。

由光电二极管产生的噪声电流被称为散粒噪声。散粒噪声是由流过光电二极管 p-n 结的电子分立属性引起的。散粒噪声可以利用如下的公式来计算。

$$i_{\mathrm{sn}}=\sqrt{2qI_{\mathrm{A}}(BW)} \tag{19-20}$$

在公式中，

q 为一个电子的电量（1.6×10^{-19} 库仑）；

I_{A} 为平均电流（包括暗电流和信号电流）；

BW 为接收器带宽。

光电二极管中的暗电流是热生成电流。“暗”一词与运算电路中光的消失有关。热噪声（i_{tn}）有时被称为 Johnson 或 Nyquist 噪声，它是由光电二极管的负载电阻的波动变化生成的。计算热噪声的公式如下。

$$i_{\mathrm{tn}}=\sqrt{\frac{4\mathrm{k}T(BW)}{R_{\mathrm{eq}}}} \tag{19-21}$$

在公式中，

k 为玻尔兹曼常数（1.38×10^{-23} j/K）；

T 为绝对温度，单位为 K；

BW 为接收器带宽；

R_{eq} 为等效电阻，它可以近似为负载电阻。

PIN 光电二极管内的噪声为

$$i_{\mathrm{n}}=\sqrt{i_{\mathrm{sn}}^2+i_{\mathrm{tn}}^2} \tag{19-22}$$

在公式中，

i_{tn} 为热噪声。

对于 APD，相应的倍增噪声也必须要加上去。

一般而言，光信号要想被充分检测到，它应该是噪声电流的两倍。然而，要想获得想要的 SNR，可能必须要更大的光功率。

19.6.3 带宽

光电二极管的带宽或工作范围可能受到其上升时间或其 RC 时间常数的限制，其结果导致速度更慢或带宽更窄。电路的带宽受 RC 时间常数的限制。

$$BW=\frac{1}{2\pi R_{\mathrm{eq}}C_{\mathrm{d}}} \tag{19-23}$$

在公式中，

R_{eq} 为负载电阻和二极管串联电阻之和给出的等效电阻；

C_{d} 为包括所有安装引发容量在内的二极管电容量。

光电二极管的响应并不是完全遵从 RC 电路的指数形式响应，因为光频率或强度的变化改变了参量。尽管如此，我们还是将器件等效成具有与之近似带宽的低通 RC 滤波器。图 19.25 所示的是 PIN 光电二极管的等效电路模型。

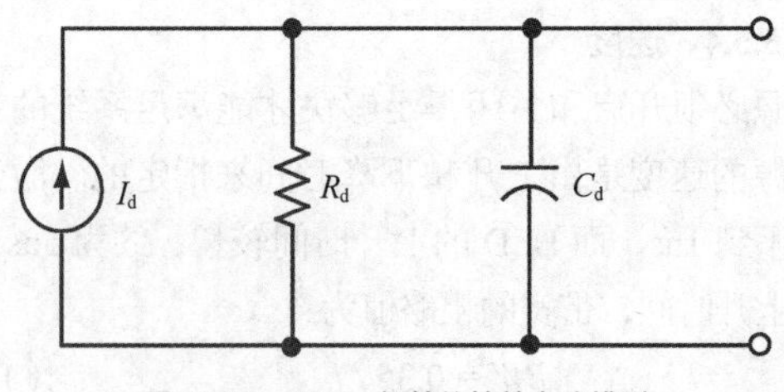

图 19.25 PIN 二极管的等效电路模型

19.7 发射器/接收器模块

在大多数情况中，光纤工程师并不设计其发射器和接收器。他们要完成的是接收器 - 发射器模块的集成。发射器模块可能包括如下的构成要素。

（1）电子接口的模拟 / 数字输入。

（2）模拟 / 数字转换器。

（3）驱动电路（前置放大器等）。

（4）光监测电路。

（5）用于激光二极管的温度传感。

（6）用作光源的 LED 或激光二极管。

（7）输出处的 FO 连接件或软线缆。

接收器模块可能包括如下的构成要素。

（1）输入处的 PIN 或 APD 光电二极管。

（2）放大电路。

（3）信号处理器 A/D。

（4）输出处的模拟 / 数字电信号。

通常，FO 工程师利用如图 19.26 所示的匹配的一对发射器和接收器模块。在考虑发射器 / 接收器模块时，人们必须要考虑如下的一些要求。

（1）调制的类型。

（2）带宽。

（3）噪声。

（4）动态范围。

（5）电气和光学接口。

（6）空间和成本。

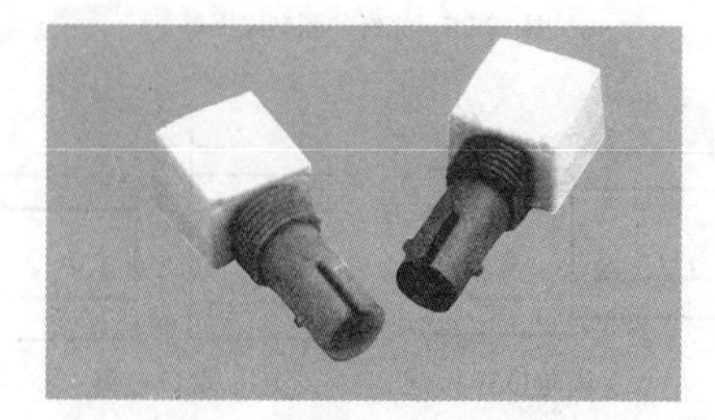

图 19.26 短波长光波数据链接件（Agilent Technologies 授权使用）

19.8 发射接收器和转发器

发射接收器和转发器是光纤系统中两个重要的组成部件。发射接收器是发射器和接收器结合在一起的设备，它可以实现对来自另一基站信号的发射和接收。转发器是驱动发射器的接收器。如果传输距离太长，并在到达接收器之前信号衰减过高，那么就用转发器来提升信号。转发器接收信号，并将其放大后转发出去，通过再传输和重建信号方式传送信号。

数字传输的一个优点就是利用了再生转发器，再生转发器不仅对信号进行放大，而且将信号整形为原来的形式。因色散或其他原因导致的任何脉冲失真被去除。模拟信号使用非再生转发器，这种转发器只放大信号，当然同时也放大了任何的噪声和失真。模拟信号不能方便地进行整形，因为转发器并不知道原始的信号到底是什么样的。对于数字信号而言，这些是已知的。

对千兆光端收发机的需求

如今行业正面临着高清晰度技术所要求的带宽不断增大的问题。以太网已经成为使用铜线缆和光纤的标准。生产厂家必须紧跟更高比特率的要求。声频 / 视频行业现在使用的是 1/2/4/10 GB 的光端收发机来应对这种高带宽应用。除此之外，还要求将这些音视频信号传送至 10km 或更远的距离。光纤具有比铜线线缆更高的带宽和更远的传输距离来传输信号。

由于世界市场对铜消耗量的不断攀升，致使铜的价格上涨了 10 倍。其购买成本已经与两年前（译者注：从本书编写时算起）购置光纤线缆和光纤收发机的价格相当。以制造光纤收发机的 3Com 公司为例，这些光纤收发机中的大部分都是用 SFP（小型插接，small form factor plug-in）双工型 LC 连接件。表 19-5 给出了 3Com 生产的光端收发机的技术规格数据。图 19.27 所示的是 3Com 光端收发机的照片。

表 19-5 3Com 光端收发机 — Part No.3CSFP92

1.25 Gb 以太网/1.063G光纤通道	
应用：这款100% 3Com兼容1000 BASE LX SFP收发机是可热插拔的，并且设计成直接插入路由器的SFP/GBIC 接口插槽，用于以太网和光纤通路接口应用的切换	
到达	10 km
光纤类型	SMF（单模光纤）
光纤光连接件	LC
中心波长 λ	1310nm
最小TX 功率	−9.5dBm
最大输入功率	−3 dBm
RX灵敏度	−20dBm
最大输出功率	−3dBm
链接目标	10.50dB
规格尺寸	MSA SFP标准
	高：8.5mm
	宽：13.4mm
	深：55.5mm
供电电源电压	3.3V
工作温度	0℃～70℃
标准	IEEE 802.3 2003； ANSI X3.297-1997
兼容	IEC-60825； FDA 21； CFR 1040.10， CFR 1040.11
承诺	1年内无条件更换

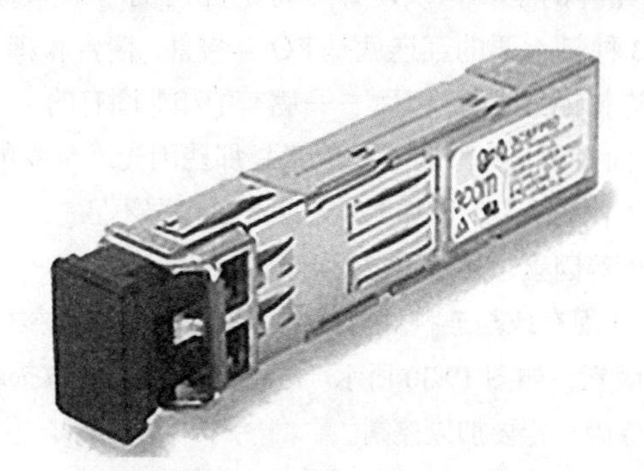

图 19.27 3Com 光端收发机（3Com 公司授权使用）

19.9 光纤链路

图 19.28 所示的基本光纤链路是由一个发射器和一个接收器，以及将两者点到点相连的一段光纤线缆组成。光发射器将电信号电压转变为光功率，该功率通过 LED 或激光二极管投射到光纤中。

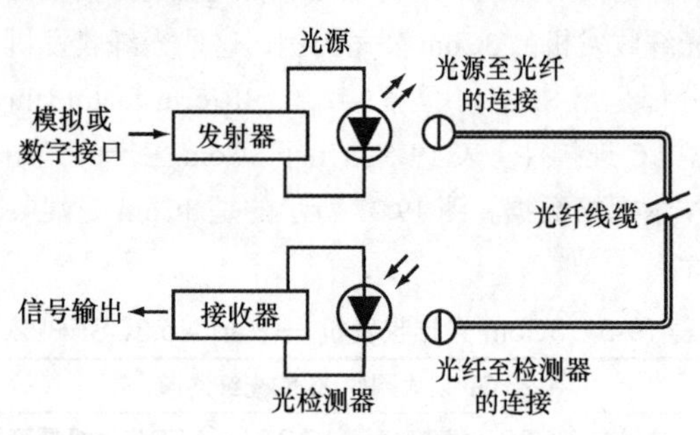

图 19.28 基本的光纤的光学系统

在接收器端，PIN 或 APD 光电二极管捕获到光波脉冲，并将其转换回电流。

光纤系统设计者的工作就是确定出最具成本效益和信号效率的传输光功率的方案，掌握各个组成单元间的利弊和局限。人们还必须设计出系统的物理布局。

19.9.1 光纤链路设计考虑

光纤链路设计包括功率目标分析和上升时间分析。功率目标计算出总的系统损耗，以确保检测器由光源接收到足够大的功率，始终满足所要求的系统 SNR 或比特误差率（Bit Error Rate，BER）。上升时间分析确保链路满足应用的带宽要求。

BER 是正确传输的比特数与错误传输的比特数之比。对于数字系统，典型的这一比值为 10^{-9}，这就意味着每传输 10 亿个比特，才接收到 1 个错误比特。数字系统中的 BER 常常取代模拟系统中采用的 SNR，并以此度量系统的质量。

19.9.2 无源光学互连

除了光纤，互连系统还包括将光纤连接到有源器件或其他光纤的工具，以及针对特定应用的有效系统集成硬件。3 种最重要的互连就是 FO 连接件、接合和耦合器。

互连损耗分成两种类型——固有的和非固有的。

- 固有或与光纤有关的因素是那些因光纤自身的变化而导致损耗的因素，比如 NA 不匹配、包层不匹配、同心度和椭圆度等因素，如图 19.29 所示。
- 非固有或与连接件有关的因素是那些由连接件产生损耗的因素，如图 19.30 所示。连接件或接合导致损耗的 4 个主要原因一定要加以控制。

（1）横向位移。

（2）端口分离。

（3）角度未对齐。

（4）表面粗糙。

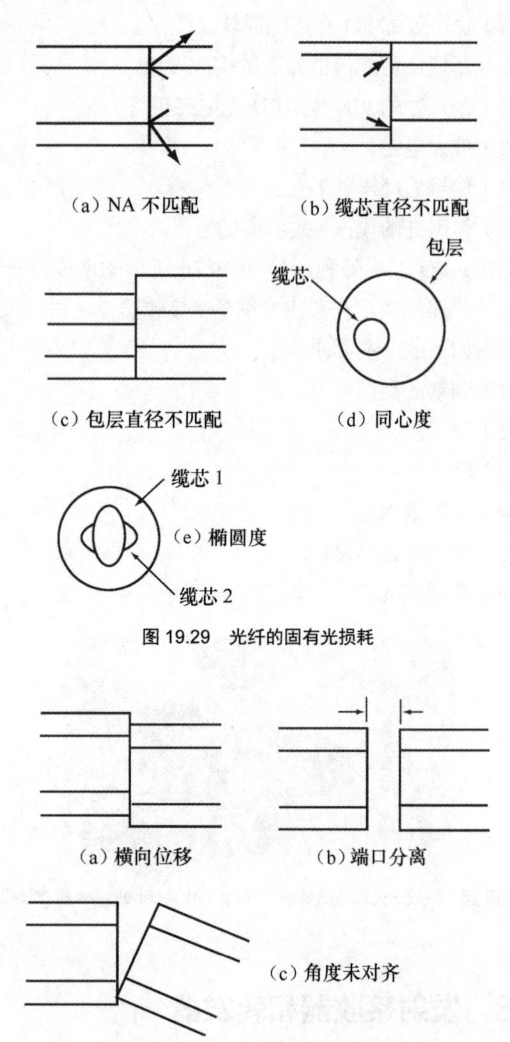

图 19.29 光纤的固有光损耗

图 19.30 光纤外在因素的光损耗

19.9.3 光纤接口连接件

光纤连接件（Fiber Optic Connector，FOC）是一种用来方便地将线缆中每个光纤的光信号或功率耦合、去耦合和再耦合至对应的另一线缆中的光纤的器件，通常不使用工具。连接件通常是由两组耦合和去耦合部件组成，线缆的每一端或一台设备上连接一组，用以提供连接和断开光纤线缆的功能。在选择 FOC 时，人们应该注意以下几点。

（1）最小插入损耗。

（2）一致的损耗特性，在多次连接 / 断开循环之后变化很小。

（3）便于安装，无须昂贵的工具和专门的培训。

（4）连接的可靠性（坚固性）。

（5）低成本。

目前使用的 FOC 有许多不同的类型，并且更新的类型还在不断涌现。虽然我们不能将所有的类型都全面介绍，但是下面所讨论的是广泛应用于通信行业且广受人们欢迎的类型，如图 19.31 所示。

（1）Biconic（双锥接口连接件）。

（2）SMA。

（3）FC/PC。

（4）ST（声频应用首选）。

（5）SC。

（6）D4。

（7）FDDI（用于双工操作的声频）。

（8）小型封装连接件 LC；MT-RJ。

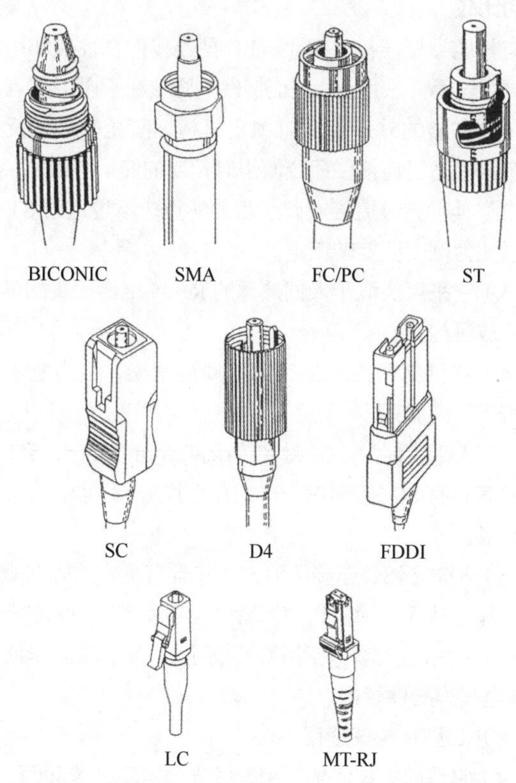

图 19.31　常用的光纤光学连接件（Ronald G . Ajemian 绘制）

19.9.3.1　双锥接口连接件

双锥接口连接件是由 AT&T Bell Laboratories 发明的。它采用了最新的精密成型技术，使得损耗只有零点几分贝。其中使用了圆锥套管，并在一端呈精密锥角，以配合耦合适配器中的自由浮动的精密成型对齐套管。尽管这种连接件还在使用，但是在大多数应用中已经不那么普遍了。

19.9.3.2　SMA接口连接件

SMA 是由 Amphenol Corporation 开发的，并且是所有 FOC 中最早使用的。它与微波应用中采用的 SMA 连接件类似。SMA 采用了陶瓷套管，需要事先准备光纤端以进行安装。其他生产厂家生产的不同规格的 SMA 被称为 FSMA。

19.9.3.3　FC/PC接口连接件

FC 是由 Nippon Telegraph 和 Telephone Corp 开发的。它的套管部分是平头的，这样便可以实现连接件之间的连接为面接触。FC 的改良规格称为 FC/PC，它最初是用来进行光纤端之间的物理接触，通过将连接光纤的接口反射最小化，以减小插入损耗，提高回波损耗。

19.9.3.4　ST接口连接件

直通（Straight Through，ST）型连接件是在 1985 年年初由 AT&T Bell Laboratories 推出的。ST 连接件的设计利用了类似于用在同轴线缆上的 BNC 连接件上的弹簧加载扭转和锁定耦合。ST 避免了多头连接期间光纤的转动。这样确保了多头连接期间插入损耗的一致性。如今，因为 ST 的性能和兼容性，它正成为最受欢迎的 FOC。其他 FOC 生产厂家生产出这种 ST 类型连接件有许多其他规格产品，甚至有些不需要环氧树脂，只是简单夹压即可。

19.9.3.5　SC接口连接件

最近市场上出现的 SC 类型连接件是由日本的 NTT 开发的。它是成型塑料连接件，具有矩形截面，并用推拉方式取代了螺纹耦合方式。SC 具有比其他类型 FOC 更低的插入损耗，以及更大的组装密度，这对于多线缆安装很有用。近来，日本的 Hirose Electric Co. 和 Seiko 正生产可推拉锁定的 SC 类型连接件，它采用了氧化锆套管。

19.9.3.6　D4接口连接件

D4 连接件是由日本东京的 NEC Nippon Electric Corp. 设计的。它与 FC 的上一代产品 D3 类似。

19.9.3.7　FDDI接口连接件

光纤数据分配接口（Fiber Data Distributed Interface，FDDI）连接件是新近开发的另一种连接件。这种连接件由 FDDI 标准进行描述和解释。电气与电子工程师学会（Institute of Electrical and Electronic Engineers，IEEE）802.8 委员会现在推荐将 FDDI 连接件用于包括双工光纤工作的所有网络。然而，双工 SC 连接件的增益提高使其应用更为普遍。

19.9.3.8　SFF（小型封装）接口连接件

SFF 连接件是新设计的光纤连接件，它具有快捷、更低成本的性能，并且提高接线板 / 交叉连接场合的密度。它们的尺寸近似为传统 ST 和 SC 连接件尺寸的一半。

19.9.3.9　LC接口连接件

LC SFF 连接件是 1996 年年末由 Lucent Technologies 推入市场的。LC 连接件使用了 1.25mm 的陶瓷套管，以及类似于人们熟悉的 RJ-45 电话模块插头的推拉式插入释放机构。LC 采用的闩锁机构改善了其耐久性，同时较少了交叉连接重新安排的工作量。LC 有单工和双工两种类型可供选用。

19.9.3.10　MT-RJ接口连接件

MT-RJ SFF 接口是由 AMP 和 Inc.（现在的 TYCO）设计的，虽然它采用人们在铜线系统中常见的闩锁机构，但是 MT-RJ 闩锁本身有防穿刺性能。MT-RJ 连接件的单套管设计可以让两条光纤同时端接，减少了装配的时间和复杂度。

19.9.3.11　OpticalCon®

最新的市场产品是 Neutrik AG 于 2006 年开发并推向市场的 OpticalCon® 连接件。OpticalCon® 光纤连接系统由强化的全金属防尘、防污外壳，以及线缆连接件构成，以此提高其可靠性。系统是基于标准的光学 LC-Duple 连接；然而，OpticalCon® 改进了这一原始的设计，以确保连接的安全性和坚固性。为了与普通的LC连接件相兼容，它可以选择更划算的LC连接件进行永久性连接，也可以选择Neutrik的强化型OpticalCon®线缆连接件用来进行机动性应用，如图19.32所示。

图19.32 OpticalCon®连接件（Neutrik AG授权使用）

19.9.3.12 Toslink

Toslink连接件是1983年由日本的Toshiba公司开发并进行商标注册的。该连接件最初是为直径为1mm的塑料光纤而设计的。实用的连接件/适配器为方形结构，并采用了新型的保护性翻盖，这样可以在不与插头配接时将连接件适配器盖上。另外，这种连接件的单工类型指的是JIS FO5（JIS C5974-1993 FO5），双工类型指的是JIS FO7，如图19.33所示。

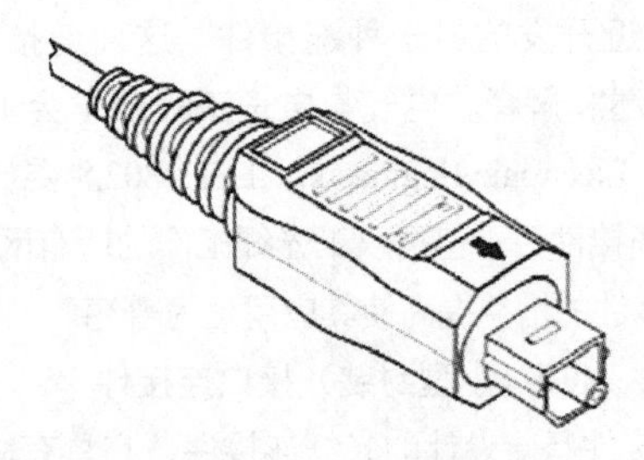

图19.33 Toslink连接件

19.9.3.13 军用级别接口连接件

用于专业声频领域的一些军用级别FOC类型可能使用了透镜系统，也可能没用透镜系统。这些军用级别的FOC不在本章的讨论范围之内。

19.9.4 接口连接件的安装

虽然安装光纤连接件的步骤与连接电气连接件类似，但是FOC的连接要更细心，要使用专门的工具，花费的时间要更长一些。但对于有丰富经验的人而言，安装时间可以大为缩短。以下是进行光纤连接的步骤。

（1）打开线缆。

（2）去掉护套和缓冲层，将光纤暴露出来。

（3）切断光纤。

（4）将光纤插入连接件当中。

（5）用环氧树脂或卷夹将光纤与连接件连在一起。

（6）将光纤端部打磨平滑。

（7）用显微镜查看光纤端。

（8）将连接件和光纤线缆封装好。

现在有些FOC并不需要环氧树脂或抛光打磨。

19.9.4.1 用于玻璃质光纤（GOF）的电流光纤接口连接件

LC连接件正成为专业声频和视频应用的约定俗成标准。如今，声频设备生产厂家发现了这种连接件及被Neutrik称作OpticalCon®的恶劣环境类型连接件的好处。制定有关光纤连接件及其线缆的AES标准化小组还在进行光纤线缆和连接件的标准化的工作。

19.9.4.2 LC与其他光纤接口连接件类型（ST、SC等）的比较

与其他类型连接件相比，LC型连接件在性能和可靠性方面更胜一筹。采用LC型连接件的好处在于以下几点。

（1）方形的外形且带有锁定机构，防止转动，反过来这一切也提高了连接件配合使用时预期的使用寿命。

（2）具有更快捷接入调线盘的特点，不过这时ST连接件（以此为例）要旋转锁定。

（3）它采用类似于人们熟悉的RJ-45电话插头的推拉式插入释放机构。

（4）它可使调线盘的空间布局更紧凑，因为它不需要转动可启动或脱离。

（5）LC被称为小型封装（small form factor，SFF）连接件，其只有SC连接件约一半的大小，这样可实现高密度的调线盘。

（6）相对于SC连接件而言，它具有更好的轴向载荷和侧拉性能，从而消除了当使用者触碰到线缆时引发的干扰。

（7）使用者感觉使用LC很舒服，因为其操作使用与RJ-45电气连接件相似。

（8）LC型在全球通用。

（9）它消除拖曳线缆所引发的光信号不连续问题。

（10）它具有更好的成本效率性能。

注：对于现有安装了ST或SC型连接件大量生产者而言，如果需要的话，则可以使用混合适配器来实现ST或SC连接件与LC连接件（或反过）的配接。

19.9.4.3 光纤接口连接件端接的发展

光纤连接件生产厂家现在已经改进了端接技术，只需几个简单的步骤就可以将连接件结合在一起。这样一个装置是由Corning生产的，它被称为UniCam®连接件系统。UniCam®可以描述为一个小型软线缆再确切不过。它结合了厂家处理好的光纤端，能完全放入连接件的套管中。另一端被精密地贴合且放置到Corning的专利机械接合的校准结构中。场光纤和光纤头完全被保护起来，使其免受环境因素的影响。与其他无环氧树脂的可场安装的连接件不同，UniCam®连接件无须抛光，节约了安装和端接光纤连接件的时间和成本。如今，端接一个光纤LC、ST或SC所有的时间约为1min，这大大快于焊接一

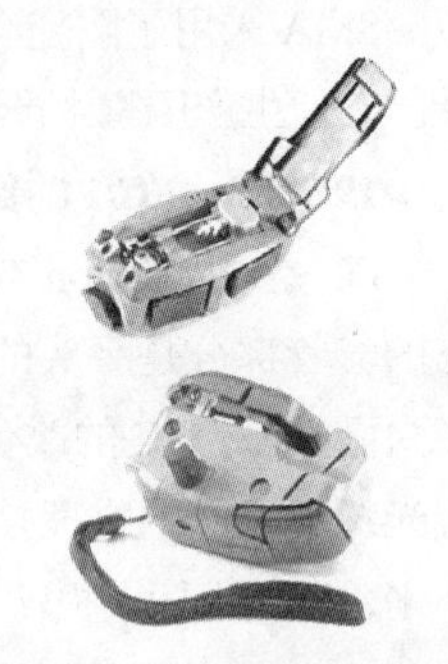

图19.34 UniCam连接件系统（Corning公司授权使用）

个 XLR 声频连接件。图 19.34 所示的是 UniCam® 连接件系统工具。

19.9.4.4　光纤的接合

接合就是通过熔接、焊接、化学胶合或机械接合的方式将两条光纤永久连接在一起。在接合上我们主要关心 3 个问题。

（1）接合损耗。

（2）接合的物理持久性。

（3）进行接合的方便性。

不论是从内因上看，还是从外因上讲，光纤接合损耗与 FOC 的损耗是一样的。然而，接合的容限度更严格一些；因此，得到的衰减量数值更低。

可使用的接合类型有很多；下面展开的有关接合的讨论只是针对声频应用的。Lucent 提出的一种类型被称为 CSL 光纤接合系统（CSL LightSplice System）。它具有快捷、易于实现永久性粘接 / 机械接合的特点，并且可以实现单模或多模光纤的复原接合。CSL LightSplice System 具有损耗和反射低、使用期无限的特性，并且无须抛光或使用粘合剂。图 19.35 所示的接合还可以让用户直观地验证接合的过程。

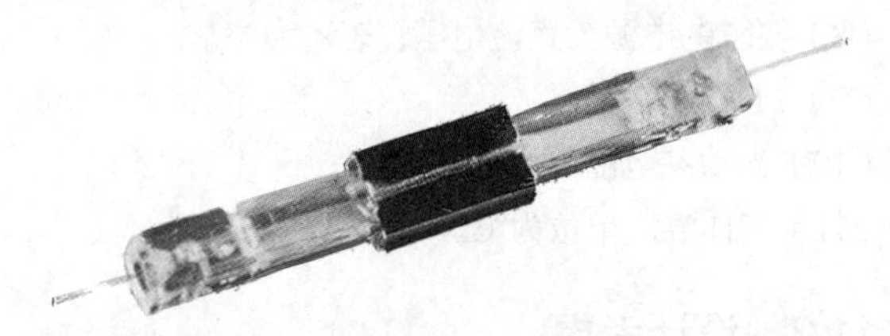

图 19.35　Lucent CSL 光纤接合（Lucent Technologies 授权使用）

另一种接合的类型是由 3M TelComm Products Division 提出的 Fibrlok™ 光纤接合方法。在线缆准备好之后，两条光纤被插入 Fibrlok 当中进行接合。之后，使用套件工具来将帽封闭，迫使 3 个定位面靠紧光纤。这样便使光纤准确地对齐，并且永久地实现钳制接合。Fibrlok 可用于单模或多模光纤。图 19.36 所示的接合可以在光纤端准备好之后约 30s 的时间里完成。

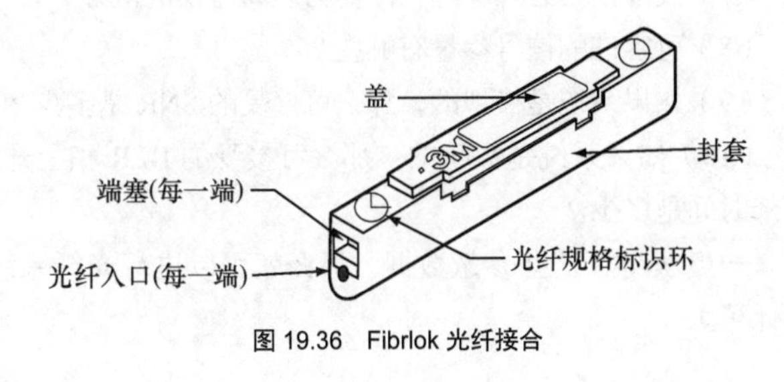

图 19.36　Fibrlok 光纤接合

19. 10　耦合器

光纤耦合器被用于将 3 条或多条光纤连接在一起。耦合器与只是将两个实体连在一起的连接件或接合件不同。光纤耦合器对于光纤的重要性要比电信号传输更大，因为光纤传输光信号的方法使其很难将两个以上的点连在一起，光纤耦合器或分配器就是用来解决这一问题的。

在选择耦合器时，主要关注以下 5 个问题。

（1）所用光纤的类型（单模或多模）。

（2）输入或输出端口的数量。

（3）对方向的灵敏度。

（4）波长选择性。

（5）成本。

图 19.37 所示的是被称作 T 形和星形耦合器的两种无源耦合器。T 形耦合器有 3 个连接端口，形状类似字母 T。星形耦合器可以使用多个输入和输出端口，输入的数目可以不同于输出的数目。

耦合器使用起来非常简单。必须要进行如下的计算。

附加损耗：因散射、吸收、反射、物理位置未对齐和隔离差所导致的内部到耦合器的损耗。附加损耗是输出端口上的所有输出功率与输入端口上输入功率之比。通常它以 dB 为单位来表示。

插入损耗：该损耗表示的是指定输出端口上呈现的功率与某一输入端口上呈现的功率之比。因此，插入损耗与端口的数目成反比变化。

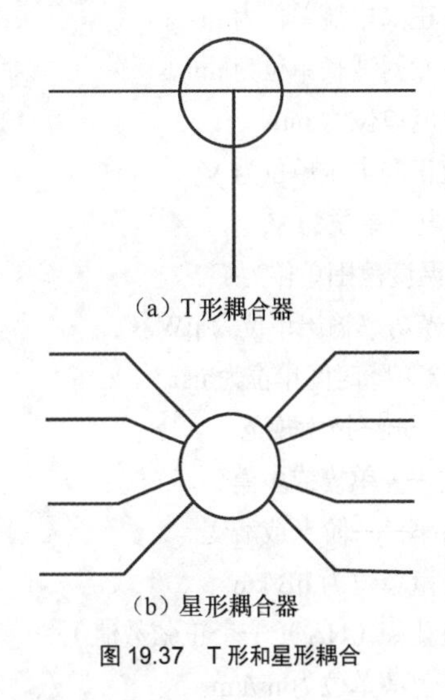

图 19.37　T 形和星形耦合

19.11　光纤系统设计

19.11.1　系统技术规范

在设计 FO 系统时，通常最好是所有的元器件均由一个生产厂家购买，这样可以确保零部件的兼容性。许多厂家已经开发出了完整的系统，并且包括需要使用的所有元器件。在选择零部件和设计系统时，要考虑如下一些重要的事情。

（1）如果系统是模拟的：

① 带宽的单位为 Hz 或 MHz。

② 失真的单位为 dB。

③ 工作温度范围单位为℃。

（2）如果系统是数字的：

① 所要求的BER。BER上限通常以Mbit/s为单位，BER下限通常以bit/s为单位。

② 工作温度范围单位为℃。

（3）如果系统为声频/视频系统：

① 带宽的单位为Hz或MHz。

② 失真的单位为dB。

③ 串扰以dB为单位（用于多声道）。

④ 工作温度范围单位为℃。

19.11.1.1 发射器技术规范

（1）输入阻抗单位为Ω。

（2）最大输入信号表示为V_{dc}，rms或有效电压表示为V_{rms}，峰-峰电压表示为$V_{p\text{-}p}$。

（3）光波长单位为μm或nm。

（4）光输出功率单位为μW或dBm。

（5）光输出上升时间单位为ns。

（6）要求的直流电源电压通常为5 ±0.25V_{dc}或15 ±1V_{dc}。

19.11.1.2 光源技术规范

（1）连续正向电流单位为mA。

（2）脉冲正向电流单位为mA。

（3）峰值发射波长单位为nm。

（4）谱宽度单位为nm。

（5）峰值正向电压单位为V_{dc}。

（6）反向电压单位为V_{dc}。

（7）工作温度范围单位为℃。

（8）总的光功率输出单位为μW。

（9）上升/下降时间单位为ns。

19.11.1.3 光纤技术规范

（1）模式——单模或多模。

（2）折射率——阶跃或渐变。

（3）衰减量单位为dB/km。

（4）数值孔径（NA）（一个正弦数值）。

（5）模间色散单位为ns/km。

（6）缆芯和包层直径单位为μm。

（7）缆芯和包层折射率（比值）。

（8）光纤的弯曲半径单位为cm。

（9）拉伸强度单位为psi。

19.11.1.4 线缆技术规范

（1）光纤数目（一个单位）。

（2）缆芯和包层直径单位为μm。

（3）线缆直径单位为mm。

（4）最小弯曲半径单位为cm。

（5）重量单位为kg/km。

19.11.1.5 检测器技术规范

（1）连续正向电流单位为mA。

（2）脉冲正向电流单位为mA。

（3）峰值反向电压单位为V_{dc}。

（4）电容量单位为pF。

（5）波长单位为μm或nm。

（6）量子效率（η）以百分比为单位。

（7）响应率单位为A/W。

（8）上升/下降时间单位为ns。

（9）监视器暗电流单位为nA。

（10）活跃区直径单位为μm。

（11）增益系数单位为V（用于APD）。

（12）工作温度单位为℃。

19.11.1.6 接收器技术规范

（1）输出阻抗单位为Ω。

（2）输出信号表示为V_{dc}，rms或有效电压表示为V_{rms}，峰-峰电压表示为$V_{p\text{-}p}$。

（3）光灵敏度单位为μW、nW、dBm（参考值为1mW），或者Mbit/s。

（4）额定灵敏度的光波长单位为nm。

（5）最大光输入功率（峰值）单位为μW或dBm。

（6）模拟/数字上升和下降时间单位为ns。

（7）传输延时单位为ns。

（8）要求的电源为直流电压，表示为V_{dc}。

（9）TTL兼容性。

（10）光动态范围单位为dB。

（11）工作温度单位为℃。

19.11.2 设计考虑

在设计光纤系统之前，一些因素必须要掌握。

（1）信号信息是何种类型?

（2）信号是模拟的还是数字的？

（3）带宽信息是怎样的?

（4）功率有何要求？

（5）光纤线缆的总长度是多少？

（6）发射器与接收器之间的距离是多少？

（7）线缆是否必须穿过在任何物理障碍物的地方？

（8）可容许的信号参量有哪些？

（9）如果系统是模拟的，那么可接受的SNR是多少？

（10）如果系统是数字的，那么可接受的BER和上升/下降时间是多少？

一旦获得了这些参量数据，那么就可以进行光纤系统设计了。

19.11.3 设计步骤

设计一个光纤系统的步骤如下。

（1）确定信号带宽。

（2）如果系统是模拟的，则要确定SNR。这是输出信号电压与噪声电压的比值，该比值越大越好。SNR用dB来表示。SNR曲线在检测器的数据表中会给出。

（3）如果系统是数字的，则要确定BER。典型的良好的 BER 为 10^{-9}。BER 曲线在检测器的数据表中会给出。

（4）确定发射器与接收器之间的链路距离。

（5）基于衰减量来选择光纤。

（6）计算系统的光纤带宽。这是通过以 MHz/km 表示的带宽因数除以链路的距离得出。带宽因数可从光纤数据表中得到。

（7）确定功率边界。这是光源功率输出与接收器灵敏度之间的差异。

（8）用以 dB/km 为单位表示的光纤损耗乘以链路的长度（单位为 km）来确定总的光纤损耗。

（9）统计 FO 连接件的数目。用连接件的数目乘以连接件的损耗（由生产厂家提供）。

（10）统计接合的数目。用接合的数目乘以接合损耗（由生产厂家提供数据）。

（11）容许光源 / 检测器有 1dB 的耦合损耗。

（12）容许有 3dB 的温度老化损耗。

（13）容许有 3dB 的时间老化损耗。

（14）将光纤损耗、连接件损耗、接合损耗、光源 / 检测器耦合损耗、温度老化损耗、时间老化损耗相加（将第 8 ～ 13 步的数值相加），得到总的系统衰减。

（15）由功率边界减掉总的系统衰减量。如果差值为负值，则光源功率 / 接收器灵敏度必须修改，以便建立起更大的功率边界。如果不会导致系统的性能下降，也可以选用低损耗光纤或者更少的连接件和接合的方法。

（16）确定上升时间。为了得到总的上升时间，要将所有关键器件（比如光源、模间色散、模内色散和检测器）的上升时间相加。将各上升时间平方，然后对总的平方和开方后再乘以系数 110% 或 1.1，即如下式所示。

$$\text{系统上升时间} = 1.1\sqrt{T_1^2 + T_2^2 + T_3^2 \ldots + T_N^2} \qquad (19\text{-}24)$$

19.11.3.1　光纤系统衰减

光纤系统的总衰减为离开光源 / 发射器的功率与进入检测器 / 接收器的功率之差。在图 19.38 中，进入光纤的功率被指定为 P_S 或光源功率。L_{C1} 为光源到光纤耦合产生的损耗，通常每次耦合损耗为 1dB。功率指的是来自光纤耦合处光源信号的功率。L_{F1} 代表的是光源与接合件之间的光纤损耗。光纤线缆损耗被列在生产厂家的技术规格表中，其单位为 dB/km。L_{SP} 代表的是接合处的功率损耗。接合的功率损耗典型值为 0.3 ～ 0.5dB。L_{F2} 表示的是第二个光纤长度产生的功率损耗。L_{C2} 是光纤至检测器耦合处的功率损耗。最后，P_D 代表的就是发射至检测器的功率。由于温度和时间老化因素而产生的其他功率损耗一般分别约为 3dB。因此。检测器处的功率就可以归一化为

$$P_D = P_S - (L_{C1} + L_{F1} + L_{SP} + L_{F2} + L_{C2}) \qquad (19\text{-}25)$$

注：所有的功率和损耗都是用 dB 为单位表示的。

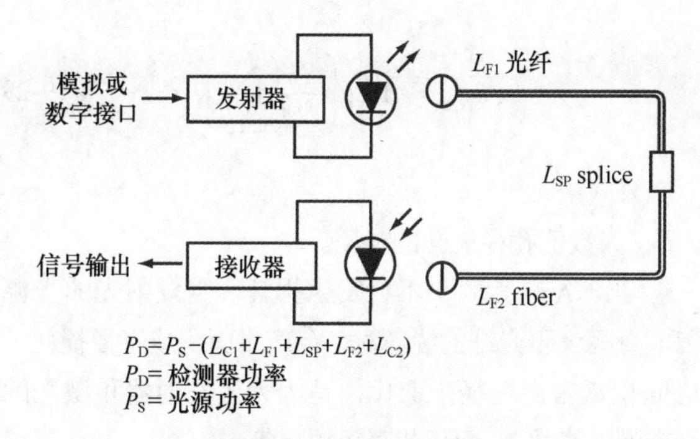

图 19.38　光纤的光系统衰减

19.11.3.2　其他损耗

如果接收光纤的缆芯小于发射光纤的缆芯，那么就会引入损耗。下面的公式用来确定光纤到光纤的耦合损耗。

$$L_{dia} = -10\lg\left(\frac{d_{iar}}{d_{iat}}\right)^2 \qquad (19\text{-}26)$$

在公式中，

L_{dia} 等于缆芯直径的损耗电平；

d_{iar} 为接收光纤的直径，单位为 μm；

d_{iat} 为发射光纤的直径，单位为 μm。

当光由较细的缆芯进入较粗的缆芯时，不存在直径失配损耗。

当接收光纤的输入 NA 小于发射光纤的输出 NA 时，NA 上的差异也会产生损耗。

$$L_{NA} = -10\lg\left(\frac{NA_r}{NA_t}\right)^2 \qquad (19\text{-}27)$$

在公式中，

L_{NA} 为数值孔径的损耗电平；

NA_r 为接收数值孔径；

NA_t 为发射数值孔径。

计算 NA 损耗，要求已知传输光纤的输出 NA。因为实际的输出 NA 随光源、光纤长度和模型的不同而发生改变，所以使用材料的 NA 会产生失配的结果。当接收光纤的 NA 大于发射光纤的 NA 时，不会发生 NA 失配损耗。

因光源与多模光纤间 NA 和直径的失配而产生的光功率损耗如下文所述。

- 当光源的直径大于光纤的缆芯直径时，失配损耗为

$$L_{dia} = -10\lg\left(\frac{d_{ia\text{fiber}}}{d_{ia\text{source}}}\right)^2 \qquad (19\text{-}28)$$

在公式中，

L_{dia} 为缆芯直径失配损失的电平。

- 当光纤的缆芯直径较大时，不会发生损耗。当光源的 NA 大于光纤的 NA 时，失配损耗为

$$L_{NA} = -10\lg\left(\frac{NA_{fiber}}{NA_{source}}\right)^2 \quad (19\text{-}29)$$

在公式中，

L_{NA} 为数值孔径失配的损耗。

• 当NA较大时，不会发生损耗。当发射光的光源的面积或直径大于光纤的缆芯时，会产生面积或直径损耗（之所以面积常常用直径来取代，是因为边发射器和激光的椭圆光束型的缘故）。面积或直径损耗等于

$$L_{area} = -10\lg\left(\frac{area_{fiber}}{area_{source}}\right) \quad (19\text{-}30)$$

在公式中，

L_{area} 为面积的损耗电平；

$area_{fiber}$ 为光纤的面积；

$area_{source}$ 为光源的面积。

光源的技术数据列表常常给出输出的面积和NA。尽管有些列表可能没有这一数据，但是它可以通过诸如通常所提供的极坐标图形这样的信息计算得出。NA损耗和面积损耗的计算得出因光源和光纤之间的光学性能差异所产生的损耗的估计值。另外的互联损耗则是与连接件有关的损耗，这包括由连接件所产生的菲涅尔反射和位置未对齐的影响。

与光源一样，导致由光纤耦合到检测器的光产生损耗的两个主要原因是直径和NA的失配。

$$L_{dia} = -10\lg\left(\frac{d_{ia\ det}}{d_{ia\ fiber}}\right)^2 \quad (19\text{-}31)$$

如果 $NA_{det} < NA_{fiber}$ 那么

$$L_{NA} = -10\lg\left(\frac{NA_{det}}{NA_{fiber}}\right)^2 \quad (19\text{-}32)$$

在公式中，

L_{dia} 为直径的损失电平；

L_{NA} 为数值孔径的损耗电平。

由于可以容易制造出大有效直径和宽视角的检测器，所以失配并不像光源失配那么常见。其他损耗是由菲涅尔反射和连接件与二极管组之间的机械位置偏差引起的。

19.12 多模还是单模的问题

首先，我们先回顾一下两种基本光纤类型：多模光纤和单模光纤。

多模渐变折射率光纤的芯直径要比单模光纤的芯直径大。有两种芯直径的玻璃光纤已经被完美标准化了，即芯直径为62.5μm和50μm的玻璃光纤。62.5μm的光纤在20世纪80年代被电信公司广泛应用。这些多模光纤一般都适合中等到约2km传输距离的局域网使用。

芯直径50μm多模光纤在20世纪70年代最先用在短距离传送应用中。后来更粗一些的62.5μm芯直径的光纤允许低成本的LED光源射入这种光纤芯。随着距离和带宽的增加，人们推出了具有重要技术成果的垂直腔面发射激光器，这样便使得更细的50μm芯直径光纤重新受到人们的追捧，因为它比62.5μm光纤的效率更高。因此62.5μm芯直径的光纤随着时间的流逝逐步淡出人们的视野。

单模光纤具有更细的芯直径，大约8～10μm。它允许芯内的发射光只传输一种模式，故传输距离提高至50km，同时带宽也更宽了。

大约在2009—2013年，新涌现出了很多的标准。针对多模和单模光纤标准优化的新激光器诞生了。这些优化的多模和单模被分别定名为OM*x*和OS*x*，即指优化多模（Optimized Multimode）和优化单模（Optimized Singlemode）。其中在OM和OS后面的*x*是一个数字，它代表着优化的级别。数字越大，优化越好。例如，OM4就优于OM3。表19-6给出了一般的OM*x*和OS*x*命名。

如今，OS*x*也采取了与OM*x*类型一样的标准化方法。现在它允许设计者或使用者采用这些性能标准对优化的性能进行混合和匹配。在这些标准问世之前，对所选择的光纤类型并没有一致性原则。采用OM1和OM2型的老系统现在变得越发无法与当今的系统兼容了。

注：OM*x*和OS*x*光纤类型针对于激光/LED光源进行优化，即对纳米波长进行优化。在使用这些不同类型的光纤时，请咨询光纤生产厂家的数据。一般而言，OM*x*/OS*x*的标号数值越高，则由光纤类型带来的系统性能也就越好。因此，OM4优于OM3。

表19-6 MMF和SMF的行业标准名称

芯直径	IEC-60793-2-10	OM光纤类型 ISO/IEC 11801	常见的光纤类型
62.5μm	Type A1b	OM1	MMF
50μm	Type A1a.1	OM2	MMF
50μm	Type A1a.2	OM3	MMF
50μm	Type A1a.3	OM4	MMF
芯直径	IEC-60793-2-50	OM光纤类型 ISO/IEC 11801	常见的光纤类型
8～10μm	Type B1.1	OS1	SMF
8～10μm	Type B1.3	OS2	SMF

19.13 未来声频/视频网络的光纤部署

随着网络设计师和工程师朝着40～100Gbit/s的更高数据率迈进，现在有了更多的选择。我们不再看到系统中仅有1种或2种光纤。在如今的多通道声频/视频应用会采用

多达4～24种带式光纤。为了适应这些带式光纤，人们开发出了新型的光纤连接件。

MPO/MTP是日本NTT和USConec推出的产品，这个缩略语代表的是“multi-fiber push on/push off”。与普通的MPO连接件相比，MTP连接件的性能高于MPO连接件，多项工程化产品增强措施改善了产品的光学和机械性能。图19.39所示的MTP连接件有一个可拆卸的封装外壳，这可以让使用者做如下工作。

- 修复和清洁MT套管。
- 在组装后或者是在现场改变其连接属性。
- 在组装后检查套管。
- 排除丢失销钉的问题。
- 弹力居中。
- 排除光纤弹性损伤问题。

MPO/MTP可应用于采用2.5×6.4mm金属环的MMF和SMF上。这些连接件可被选用制造4、8、12、24、48和72多芯光纤。

图19.39 MPT连接件

图19.40所示的是Neutrik AG基于常规且已验证的MPT®开发的可容纳12路光纤通道（PC或APC）的opticalCON MTP®光缆连接件，其连接性由坚固耐用的全金属封装外壳加以保护。它具有一个弹簧加载推拉锁定机构，以及聚芳基酰胺线提供的出色光缆保持力。自动工作的密封罩确保其具有优异的光学连接，同时对灰尘也起到很好的防护作用。opticalCON MTP®在大型/小型广播和现场体育赛事安装中非常受欢迎。

光缆连接件是预组装好的，并不能当作单独一个元件来使用。使用的光缆可以有不同长度，它既可以装在机柜里，也可以绕在线轴或气阀上。

性能与优点

- 具有防切割和防鼠咬的双层护套，铠装玻璃线线缆结构。
- 坚固的12通道光纤光学连接系统。
- 点到点多通道跳线。
- 创新的球形快门。
- 很少需要维护。
- 在配对条件下，符合IP65的防尘和防水要求。

19.14 光纤考虑

专业声频工程师、技术人员或相关人员现在都面临许多

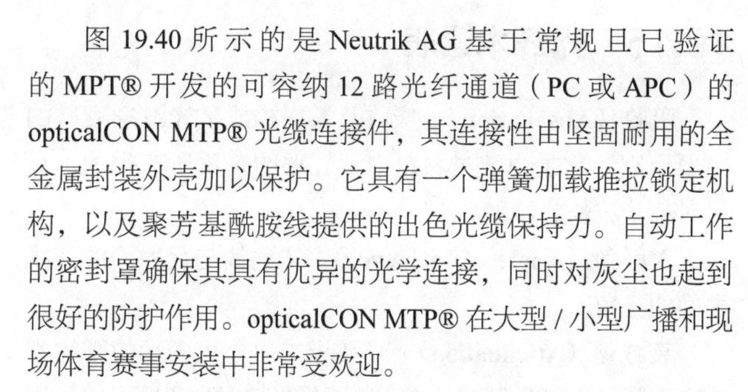

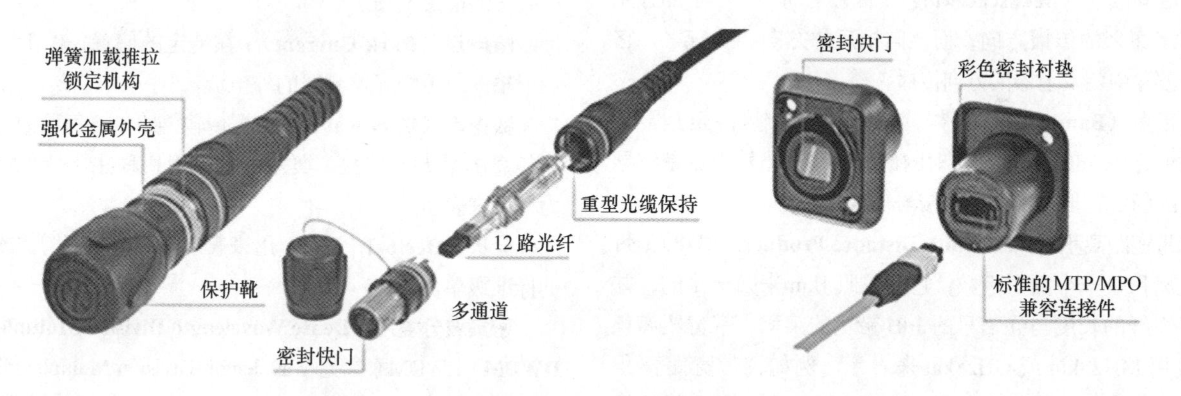

图19.40 opticalCON MTP®光缆连接件（Neutrik，AG.授权使用）

声频信号分配方面的挑战。光纤的应用正变得更为方便和有效，且成本效益方面也比铜线表现得好。光纤技术上的许多突破已经开启了步入未来之门。玻璃光纤线缆更加可靠，并且成本效益方面的表现已经足以满足2km以上距离的光信号传输应用的要求。虽然塑料光纤（POF）非常适合较短距离（25ft或更短）的光信号传输，但是它们无法满足大部分建筑结构的消防规范的要求。在有些情况中，即便只有15ft的距离，POF所产生的抖动似乎也会成为问题。然而，利用玻璃和塑料混合的技术[就是所谓的塑料包层石英纤维（塑料包层加玻璃缆芯），Plastic-Clad Silica，PCS]，塑料光纤的上述缺陷正被改善。这些PCS被用于工业及一些电信领域应用当中。光纤系统链路设计有许多类型。通常，专门的设计要比自己设计并从一个或两个零售商处购买元器件要好，后者要假定系统兼容性工作正常。光纤连接和接合工具的进步如今已经让任何声频系统的集成变得简单易行，且省时高效。随着带宽的不断增加，唯一能跟得上这一发展进程的就是光纤了。声频信号的完整性将不会被改变，同时还能保证高水平的信号质量。如今我们正经历光纤到户（Fiber To The Home，FTTH）的阶段，借用这一词汇，我们造出一个新的词汇：光纤到演播室（Fiber To The Studio，FTTS）。声频行业正呈现出许多技术上的突破，并且这些光纤线缆、连接件和光电芯片正成为专业声频系统的有机组成部分。

19.15 光纤术语表

吸收（Absorption）：吸收及散射构成了光波导衰减的主要原因。它是由波导材料中不想要的杂质所产生的，且只对某一波长起作用。

入射角（Angle of Incidence）：入射线与反射面的法线之间的夹角。

衰减量（Attenuation）：光波导内用分贝表示的平均光功率下降量。产生衰减的主要原因是光散射和吸收，以及连接件和接合器件中的光损耗。衰减量或损耗可用下式表示。

$$\mu = -10\lg\left(\frac{P_o}{P_i}\right)^2$$

衰减器（Attenuator）：一种光学器件用于降低通过它的光信号强度（即光衰减）。例如：AT&T 将衰减器内置于双锥形套管组成的碳涂层聚酯薄膜滤波器连接件中。它们可被步进设置成 6dB、12dB、16dB 和 22dB 的数值。

雪崩光电二极管（Avalanche Photodiode，APD）：利用光电流的雪崩倍增的特性设计的光电二极管。随着反向偏置电压达到击穿电压，通过吸收光子而建立起的空穴电子对捕获足够能量，以便在与离子发生碰撞时建立起额外的空穴电子对；由此取得倍增或信号增益。

轴向光线（Axial Ray）：沿着光纤的轴向传输的光线。

后向散射（Backscattering）：因散射而导致一小部分光偏离了原来的传播方向，而转向相反的方向。换言之，它在光波导中朝发射器的方向传播。

带宽（Bandwidth）：波导转移函数的幅度降至其零频率数值之下 3dB（光功率）时的最低频率。虽然带宽是波导长度的函数，但是不可能直接与长度成正比。

带宽距离积（Bandwidth Distance Product，BDP）：带宽距离积是一个品质因数，它是按照 1km 来归一化的，并等于光纤的长度与光信号的 3dB 带宽的乘积。带宽距离积一般用 MHz×km 或 GHz×km 来表示。例如，带宽距离积为 500MHz×km 的常用多模光纤可以将 500MHz 信号传输 1km。故 1000MHz 或 1GHz 信号只能传输 0.5km。所以，随着距离的增大，比如 2km，BDP 将为 250MHz。

分光镜（Beamsplitter）：将一束光分成两束或多束独立光束的器件。

波束宽度（Beamwidth）：光波束的峰辐照度的指定部分辐照度正好相对的两点间的距离；光波束宽度应用于波束中最为常见的形式是圆形截面。

比特误差率（Bit Error Rate，BER）：在数字应用中，接收到的误差比特与传送的比特之比。典型的 BER 为十亿分之一误差比特（1×10^{-9}）。

缓冲物（Buffer）：用于保护光纤免受物理损坏的材料，它提供了机械隔离和保护。制造技术包括松管或紧管缓冲，以及多层缓冲等。

巴鲁发光二极管（Burrus LED）：带有一个蚀刻孔的面发射 LED，该孔用来适应光纤。其名称是用其发明者 Bell Labs 的 Charles A. Burrus 来命名的。

色散（Chromatic Dispersion）：因对不同波长的不同折射率而引发的光脉冲扩散现象。

包层（Cladding）：包裹光纤缆芯的介质材料。

粗波分复用（Coarse Wavelength Division Multiplexing，CWDM）：CWDM 是密集波分调制（Dense Wavelength Division Modulation，DWDM）的一种成本 - 效率解决方案，它是 2002 年由国际电信联盟（International Telecommunication Union，ITU）为解决通道间隔问题而开发的。该标准允许 1270 ～ 1610nm 的波长使有 20nm 的通道间隔。

相干（Coherent）：光源（激光）中所有光波的幅度完全相等，并且同时升降。

缆芯（Core）：通过传输光的光纤中心区。

耦合器（Coupler）：用来分离或组合光信号的光学器件。也就是所谓的“光分路器（Splitter）”“T 形耦合器”“2×2”或“1×2”耦合器。

耦合损耗（Coupling Loss）：由一个光学器件光耦合到另一个光学器件时承受的功率损耗。

临界角（Critical Angle）：光线可以在缆芯 - 包层界面完全反射时光线偏离光纤轴的最小角度。

截止波长（Cutoff Wavelength）：光波导能够传输的唯一基模的最短波长。

暗电流（Dark Current）：在特定的偏置条件下，没有入射辐射时流经光检测器的外电流。

数据率（Data Rate）：数据传输链路中，每秒钟可以传输信息的最大比特数。典型情况是用每秒兆比特（Mbit/s）为单位来表示。

分贝（Decibel，dB）：用来表示光或电功率增益或损耗的标准级单位。

密集波分复用（Dense Wavelength Division Multiplexing，DWDM）：WDM（参见 Wavelength Division Multiplexing）的改良，它采用 1550nm 窗口区（1530 ～ 1560nm）中的多个波长来传输多路信号，并且经常使用光纤放大。许多窄带发射器传送信号给 DWDM 光多路复用器（Optical Multiplexer，Mux），该复用器将所有信号组合为一个信号送给单路光纤。在 DWDM 光解复用器（Optical Demultiplexer，Demux）的另一端将信号分离出来送给多个接收器。

检波器（Detector）：产生对应于入射光信号的电输出信号的换能器。电流取决于所接收光量和器件的类型。

色射（Dispersion）：在光波导中，信号延时的扩散。它由多种成分构成：模态色散、材料色散和波导色散。作为色散的结果，光波导的作用相当于传输信号的低通滤波器。

套管（Ferrule）：保持光纤就位并协助其对齐的光纤连接组件。

光纤分布式数据接口（Fiber Data Distributed Interface,

FDDI）：由AT&T、Hewlett-Packard Co和Siemens Corp.开发的新标准，它采用100Mbit/s双光纤令牌环网。

光导纤维（Fiber Optic）：由传导光的介质材料构成的任何细线或纤维。

光纤链路（Fiber Optic Link）：其连接件连接到发射器（光源）和接收器（检测器）的光纤线缆。

菲涅尔反射（Fresnel Reflection）：在具有不同折射率的两个媒质之间的平面上出现的部分入射光的反射。菲涅尔反射发生于光纤的入口和出口端的空气-玻璃界面处。

基本模态（Fundamental Mode）：波导的最低阶模式。

渐变折射率光纤（Graded Index Fiber）：为光纤轴向距离函数的可变折射率光纤。

非相干（Incoherent）：发射与激光光源相干光相对的非相干光LED光源（参见相干性）。

折射率匹配材料（Index Matching Material）：用来减小光纤端面产生的菲涅尔反射，折射率近似等于缆芯折射率的材料（通常是指液体或粘接剂）。

折射率（Index of Refraction）：参见折射率（Refractive Index）。

注入式激光二极管（Injection Laser Diode，ILD）：激光二极管。

插入损耗（Insertion Loss）：由于插入光学元器件而产生的衰减。换言之，由光学传输系统中的连接件或耦合器引发的衰减。

强度（Intensity）：辐照度。

集成光学组件（Integrated Optical Components，IOC）：利用波导中的光传输的光学元器件（单个或组合）。波导对传输光进行结构和边界限定，将光限制在只有一或两个光波长数量级的非常小的尺寸内。IOC的光纤化过程中常用的材料是铌酸锂（Lithium Niobate，LiNbO）。

模间失真（Intermodal Distortion）：多模失真。

辐照度（Irradiance）：穿过光源辐射面或光波导横截面的辐射在受照面上的功率密度。其标称单位为W/cm^2。

激光二极管（Laser Diode，LD）：在门限电流之上发射相干光的半导体二极管。

发射角（Launch Angle）：入射光的辐射方向与光波导的光学轴向之间的角度。

发射光纤（Launching Fiber）：用来连接光源，并激励出另一光纤模式的光纤。发射光纤最常用于测试系统中，以提高测量的精度。

光（Light）：在激光和光学通信领域中，可以利用基本的光学技术来处理的电磁谱部分，基本的光学理论用于处理可见光谱，其波长向下延伸至约0.3μm的紫外区附近，涵盖整个可见光区，再到波长约30μm的红外部分的中部区。

发光二极管（Light Emitting Diode，LED）：当偏置产生正向电流时，由p-n结发射出非相干光的半导体器件。光可以由结带边缘或其表面发出，具体取决于器件的结构。

光波（Lightwaves）：处在光学频率范围上的电磁波。光一词原本仅限于指人眼可见的辐射，其波长处在400～700nm。然而，它通常是指靠近可见光频谱区域（处在700nm至约2000nm的红外区域附近）的辐射，因为光强调的是它们与可见光具有同样的物理和技术特点。

宏弯曲（Macrobending）：光纤相对于直线的总体轴向偏移，与其相对的是微弯曲。

微弯曲（Microbending）：几微米的轴向位移和几毫米空间波长的光纤弯曲。微弯导致光损耗，并由此提高了光纤的衰减量。

微米（Micrometer, μm）：1m的百万分之一（1×10^{-6} m）。

模态色散（Modal Dispersion）：因经由光纤传输的各种光线以不同的速度传输不同距离而产生的脉冲扩散。

模态噪声（Modal Noise）：由激光二极管产生的多模光纤中的扰动。当光纤中存在与模式有关的衰减（比如不理想的接合）时，就会发生这种扰动，并且激光的相干性越好，扰动越严重。

模式（Modes）：可以在光波导中传输的分立光波。它们是波导特征差分方程的特征解。在单模光纤中，只有一个模式（基模）可以传播。在多模光纤中有几百种场型和传播速度不同的模式。模式数目的上限由缆芯直径和波导的数值孔径决定。

改良化学气相沉积技术（Modified Chemical Vapor Deposition（MCVD）Technique）：通过在衬底的表面处的多相气体/固体和气体/液体化学反应产生沉积的处理。MCVD方法常常是通过引发气化物质的反应和沉积玻璃氧化物的方式应用于光波导的生产上面。典型的起始化学处理包括硅、锗、磷和硼的挥发性化合物，它们在与氧或其他气体一起加热后会形成相应的氧化物。根据其类型，是指为了拉制成光纤所必须的进一步处理工作。

单色（Monochromatic）：单一波长构成。在实践中，虽然辐射绝不会是理想的单色，但是在最好的情况下它表现为窄带波长。

多模失真（Multimode Distortion）：不同延时的模式叠加而引发的光波导中的信号失真。

多模光纤（Multimode Fiber）：缆芯直径比光波长大的光波导，因此其中能够传播大量模式的光波。

纳米（Nanometer, nm）：1m的十亿分之一（1×10^{-9} m）。

噪声等效功率（Noise Equivalent Power，NEP）：要求产生SNR有效值为1的光功率有效值；噪声电平的指示确定了最低可检测信号电平。

数值孔径（Numerical Aperture）：对经由光纤传输的入射光角度范围的度量。它取决于缆芯与包层之间折射率上的差异。

优化光纤等级（OM1、OM2、OM3和符合ISO11801规定的OS1指定类型）：针对10G以太网应用而言，不同光纤类型的带宽和最大传输距离，如表19-7所示。

表 19-7 不同优化光纤等级在 10G 以太网应用中的带宽和最大传输距离

光纤类型	带宽850nm	带宽1300nm	1Gbit/s传输距离		10Gbit/s传输距离		光纤等级
多模			@850nm	@1300nm	@850nm	@1300nm	
传统62.5/125μm	200	500	275m	550m	33m	300m	OM1
传统50/125μm	400	800	500m	1000m	66m	450m	OM1
50/125μm-110	500	500	550m	550m	82m	300m	OM2
50/125μm-150	600	1200	750m	2000m	110m	850m	OM2+
50/125μm-300	700	500	750m	550m	150m	300m	OM2
50/125μm-300	1500	500	1000m	550m	300m	300m	OM3
50/125μm-550	3500	500	1000m	550m	550m	300m	NA
单模			@1300nm	@1500nm	1310/1383/1550nm		
传统9/125μm			5000m		5000m		OS1
8～10/125μm			5000m		5000～10 000m		OS2

注：OS1为紧密缓冲结构，而OS2为松散的管缓冲光纤结构。有关最新的优化性能请咨询光缆生产厂家。

光纤零水峰（Optical Fiber Zero Water Peak）：由生产过程中残留的氢氧基（OH）离子污染所导致的光纤内衰减峰。水峰通常导致 1360 ～ 1460nm 区域内波长衰减和脉冲色散。低水峰光纤（Low-water-peak-fiber，LWPF）和零水峰光纤（Zero-water-peak-fiber，ZWPF）解决了 1360 ～ 1460nm 区域上的水峰问题，因此为采用粗波分复用（CWDM）的高性能光传输技术打开了 1260 ～ 1625nm 的整个谱带。

光学时域反射计（Optical Time Domain Reflectometer，OTDR）：为了使光纤特征化，使光脉冲经由光纤传输，并对产生为时间函数又回到输入的反向散射和反射进行测量的一种方法。这在评估作为距离函数的衰减系数，以及确认缺陷和其他局部损耗很有用。

光电子器件（Optoelectronic）：用作电 - 光或光 - 电换能器的任何器件。

光电子集成电路（Optoelectronic Integrated Circuits，OEICs）：电和光功能被组合在一块芯片上。

峰值波长（Peak Wavelength）：光源的光功率处在最大值时的波长。

光电流（Photocurrent）：由于暴露在辐射功率下而产生流经光敏器件（比如光电二极管）的电流。

光电二极管（Photodiode）：通过吸收光来产生光电流的一种二极管。光电二极管用于检测光功率和将光能转变成电能。

光子（Photon）：电磁能的量子。

软导线（Pigtail）：用来耦合光学器件的一小段光纤。它通常是被永久固定在器件上。

PIN-FET 接收器（PIN-FET Receiver）：由 PIN 光电二极管和高输入阻抗的低噪声放大器构成的光接收器，其初级采用的是场效应管（Field-Effect Transistor，FET）。

PIN 光电二极管（PIN Photodiode）：在 p 掺杂和 n 掺杂的半导体区之间夹有大的本征区的二极管。这一区域的光子建立起由电场分离开的电子空穴对，由此在负载电路中产生电流。

塑料光纤（Plastic Optical Fiber，POF）：组成成分为塑料而非玻璃的一种光纤。POF 一般用于 25ft 或更短距离的传输。

预制件（Preform）：可以拉制成光纤波导的玻璃结构。

预端接光纤（Pre-terminated Optical Fiber）：定制的采用任何类型 OM*x*/OS*x*、指定长度和光纤连接件类型的一段光纤。它们是预制并根据系统要求检测过的。无须现场在光纤上连接 / 端接连接件。它是为用户定制的，是真正的即插即用产品。

预涂覆层（Primary Coating）：在光纤生产期间直接在光纤的包层表面形成的塑料涂层，以保护表面的完整性。

光线（Ray）：经由光介质的光通路的几何表示；垂直于波前的直线，代表的是辐射能流动的方向。

瑞利散射（Rayleigh Scattering）：针对波长的折射率小量波动变化（材料密度或成分的非同质性）而产生的散射。

接收器（Receiver）：将光信号转变为电信号的检测器和电子电路。

接收器灵敏度（Receiver Sensitivity）：接收器为了实现低误差信号传输而要求的光功率，平均光功率通常使用 W 或 dBm（以 1mW 作为 dB 基准参考值）。

反射（Reflection）：光束的方向在两种不一样的媒质之间发生突然变化，以至于光束再次返回到原来传输媒质中的现象。

折射（Refraction）：在两种不一样的介质之间的界面上或折射率是位置的连续函数（渐变折射率媒质）的一种介质中所产生的光束弯曲的现象。

折射率（Refractive Index）：真空中的光速与光密介质中的光速之比。

转发器（Repeater）：在光波系统中，接收光信号并将其转变为电的形式、放大或重建和以光的形式再传输的一种光电子器件或模块。

响应率（Responsivity）：检测器输出与输入的比值，通常以 A/W（安培 / 瓦特）（或者 μA/μW）为单位度量。

单模光纤（Single-Mode Fiber）：小的缆芯直径中只有一种模式（基模）能够传输的光纤。这种类型的光纤特别适合长距离的宽带传输，因为其带宽只受色散的制约。

光源（Source）：用来将电信息传输信号转换成相应的用光波导传输的光信号信息的方法（通常为 LED 或激光）。

接合（Splice）：两个光学波导之间的永久连接。

自发辐射（Spontaneous Emission）：半导体的导通带中存在过多电子时所发生的一种现象。这些电子自发地落入价带中空缺位置，每个电子辐射出一个光子。发射出的光是相干的。

ST 连接件（ST Connector）：采用类似于同轴线缆配接的 BNC 连接件中弹簧加载扭转和锁定耦合的一种光纤连接件。

星形耦合器（Star Coupler）：用来将光信号分配至多个输出端口的一种光学器件。通常输入和输出端口的数量是相等的。

阶跃折射率光纤（Step Index Fiber）：缆芯中具有相同折射率，而在缆芯 - 包层界面上折射率急剧下降的一种光纤。

受激发射（Stimulated Emission）：当半导体中的光子激励空闲的过剩载流子来进行光子辐射时所发生的现象。辐射的光在波长和相位上与入射的相干光一致。

超辐射发光二极管（Superluminescent Diode，SLD）：超辐射发光二极管不同于激光二极管和 LED，其发射的光由放大的自发射光产生，光谱宽度比 LED 的窄很多，但比激光的宽。

T 形耦合器（Tee Coupler）：一种三端口耦合器。

门限电流（Threshold Current）：使激光二极管中光波的放大变得比光损耗更大的驱动电流，以至于产生受激发射。门限电流与温度有很大的关系。

全内反射（Total Internal Reflection）：当光线以大于临界角的入射角撞击界面时所发生的全反射。

传输损耗（Transmission Loss）：传输过一个系统所产生的总损耗。

发射器（Transmitter）：用来将电信号转变成光信号的驱动器和光源。

树形耦合器（Tree Coupler）：用来将光信号分配到多个输出端口的光学器件。通常，输出端口的数目多于输入端口的数目。

垂直腔表面发射激光器（Vertical Cavity Surface Emitting Laser，VCSEL）：通过改善效率和提高数据速度来实现革命性光纤通信的特殊激光二极管。首字母缩写词 VCSEL 发音为 vixel。应用的典型窗口为 850nm 和 1300nm。

Y 形耦合器（Y Coupler）：T 形耦合器的变形，其输入光在两个通道（典型情况为平面型波导）之间进行分配，来自输入的分配就像字母 Y。

波分复用（Wavelength Division Multiplexing，WDM）：在一个光波导中同时传输不同波长的几路信号。

窗口范围（Window）：指的是与光纤的属性相匹配的波长范围。光纤的窗口范围如下。

- 第一窗口：820 ～ 850nm。
- 第二窗口：1300 ～ 1310nm。
- 第三窗口：1360 ～ 1469nm。
- 第四窗口：1550nm。

第 4 篇

电声设备

第20章

传声器

Glen Ballou和Joe Ciaudelli编写

20.1 引言

所有声源都具有不同的特性，其波形是变化的，相位特性是变化的，其动态范围、建立时间和频率响应也是变化的，类似的说法不胜枚举。没有哪一支传声器可以将所有这些特性都能表现得同样出色。实际上，当我们用一种类型或品牌的传声器去拾取声源发出的声音时，常常会发现它所拾取的声音听上去比其他的传声器拾取的声音更好或更自然。正因为如此，我们常常要有许多种类型和品牌的传声器可供使用。

传声器是一种能将声能转换成电能的电声器件。所有的传声器都有一个振膜或在声波作用下可移动的表面。相应的输出就是体现声学输入的电信号。

传声器可以分成两大类：压力式（pressure）和振速式（velocity）。在压力式传声器中，振膜只是一个暴露于声源辐射声场中的表面，故其输出对应的是作用其表面的声波瞬时声压。压力式传声器属于零阶梯度传声器（zero-order gradient microphone），并且与传声器的全方向特性联系在一起。

第二类传声器是振速式传声器，也称为一阶梯度传声器（first-order gradient microphone），其中声波给振膜所施加的作用是声波在振膜前部与后部之间形成的差异或梯度。其电信号输出对应的是作用于振膜上的声波瞬时粒子速度。带式传声器及随振膜前后差异变化的压力式传声器也属于振速式传声器。

传声器还可以按照其拾音的方向性图形或对来自各个方向上的声源的拾取差异来分类，参见本章20.4“传声器指向性”部分，其具体的分类如下。

• 全指向性（omnidirectional）——对来自各个方向的声音进行均等地拾取。

• 双指向性（bidirectional）——只对来自相对的两个方向上（彼此相差180°）的声音进行均等地拾取，而对来自与之前方向相差90°方向上的声音不拾取。

• 单指向性（unidirectional）——只对来自某一个方向上的声音进行拾取，其拾音的图形表现为心形或心脏形。

空气粒子的运动、速度和加速度间的关系，可以通过将传声器视为处在平面波的远场来分析，如图20.1所示。

20.2 传声器技术指标

20.2.1 传声器灵敏度

传声器灵敏度（microphone sensitivity[1]）是针对声学上的声压级输入度量传声器所产生的电输出的参量。

灵敏度的测量可以采用如下3种方法之一来进行。

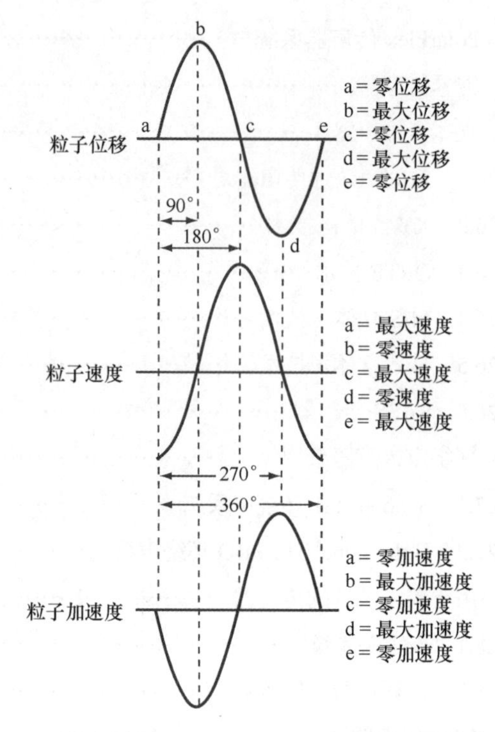

图20.1 声场中空气粒子的运动，以及粒子速度和加速度之间的关系

开路电压 0dB = 1V/ μbar

最大功率输出 0dB = 1mW/10 μbar= 1mW/Pa

电子工业协会（EIA）灵敏度 0dB = EIA标准SE-105

用来测量传声器灵敏度的常用声压级为

94dB SPL	10dyn/cm^2 SPL	10μbar或1Pa
74dB SPL	1dyn/cm^2 SPL	1μbar或0.1Pa
0dB SPL	0.0002dyn/cm^2 SPL	0.0002 Pa或20μPa—听阈

由于74dB SPL过于接近典型的噪声声级，所以推荐使用94dB SPL。

20.2.2 开路电压灵敏度

采用开路电压来测量灵敏度的好处有以下几点。

• 如果已知开路电压和传声器的阻抗，则任意负载下的传声器性能均可以计算得出。

• 它对应于一个有效的使用条件。传声器应该与高阻抗相连，以产生最大的信噪比（SNR）。

150～250Ω的传声器应该连接到2kΩ或更大的阻抗上。

• 当传声器连接到比自身高的高阻抗之上时，传声器阻抗的变化不会导致响应的变化。

开路电压灵敏度（S_v）可以通过将传声器置于已知声压级的声场中，同时测量出其开路电压，并利用如下的方法计算出来。

$$S_v = 20\lg E_o - dB_{SPL} + 94 \quad (20\text{-}1)$$

其中，

S_v是以分贝为单位表示的开路电压灵敏度，其0dB基准值为10dyn/cm^2 SPL（94dB SPL）的传声器声学输入产生的1V开路电压；

E_o为传声器的输出，单位为V；

dB_{SPL} 为实际声学输入的声压级。

传声器测量系统可以按图 20.2 所示的情况来搭建。设置中需要一个随机噪声发生器、一块毫伏表、一个高通滤波器和低通滤波器组合、一个功率放大器、一只测量扬声器和一个声级计（SLM）。SLM 被置于特定的测量距离处，位于扬声器正面约 1.5 ～ 2m 的位置。调整系统，直至 SLM 的读数达到 94dB SPL（带宽为 250 ～ 5000Hz 的粉红噪声十分适合此应用）。现在，用被测传声器取代 SLM。

通常必须要知道各个声压级下传声器的输出电压，以确定传声器是否使前置放大器电路过载或者 SNR 是否足够。为了确定这一点，要利用如下的公式。

$$E_o = 10\left(\frac{S_v + dB_{SPL} - 94}{20}\right) \quad (20\text{-}2)$$

在公式中，

E_o 为传声器的输出电压；

S_v 为开路电压灵敏度；

dB_{SPL} 为传声器处的声压级。

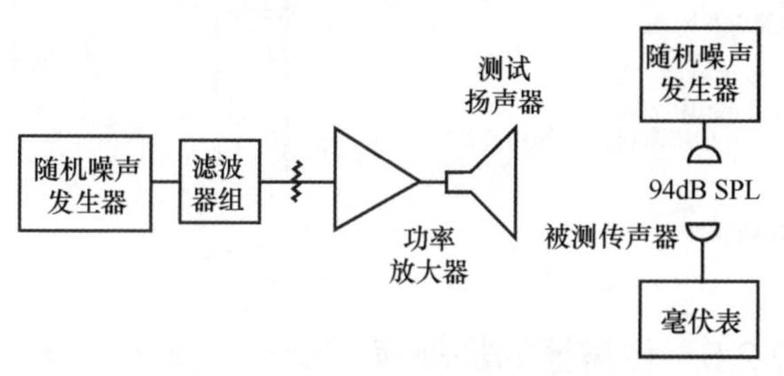

图 20.2　确定传声器开路电压灵敏度的方法（摘自参考文献 1）

20.2.3　最大功率输出灵敏度

最大功率输出灵敏度（maximum power output sensitivity[1]）形式的指标给出了指定声压和功率基准下传声器可以产生的最大功率输出（dB）。该指标可以通过传声器的内阻和开路电压计算出来，它也表示出传声器将声能转换为电能的能力。其计算公式为

$$S_p = 10\lg\frac{V_o^2}{R_o} + 44 \quad (20\text{-}3)$$

其中，

S_p 是以分贝为单位表示的功率级传声器灵敏度；

V_o 为 1μbar（0.1Pa）声压作用下的来路电压；

R_o 为传声器的内阻。

该指标形式类似于电压指标，只不过后者功率是以电压为基准的，现在是以声压为基准给出的。1mW 功率基准和 10μbar（1Pa）声压基准是常用的基准（与之前的情况一样）。这种形式的传声器技术指标很有意义，因为它将电压输出和传声器的内阻均考虑其中了。

S_p 还可以由开路电压灵敏度方便地计算出来。

$$S_p = S_v - 10\lg Z + 44 \quad (20\text{-}4)$$

其中，

S_p 为 94dBSPL（10dyn/cm²）或 1Pa 的声学输入所对应的分贝标称值；

Z 为测量到的传声器阻抗（大部分厂家的技术指标都采用标称值）。

输出电平也可以直接从开路电压来确定。

$$S_p = 10\lg\frac{E_o^2}{0.001Z} - 6 \quad (20\text{-}5)$$

其中，

E_o 为开路电压；

Z 为传声器阻抗。

因为 $10\lg(E^2/0.001Z)$ 的量值视为开路电压，如果负载存在，就必须要减掉 6dB（读数要比负载存在时高 6dB）。

20.2.4　EIA（电子工业协会）输出灵敏度

电子工业协会（Electronic Industries Association，EIA）标准 SE-105（1949 年 8 月）定义的系统标称值（G_M）为传声器的最大电输出与传声器所处的平面波稳态声场声压平方之比（dB），其基准参考值为 1mW/0.0002dyn/cm²。其数学表示式为

$$G_M = 20\lg\frac{E_o}{P} - 10\lg Z_o - 50 \quad (20\text{-}6)$$

其中，

E_o 为传声器的开路电压；

P 为稳态声场声压，单位为 dyn/cm²；

Z_o 为传声器的标称输出阻抗，单位为 Ω。

若完全从实践目的来考虑，传声器的输出电平可以通过将相对于 0.0002dyn/cm² 的声压级与 G_M 相加来获得。

因为 G_M、S_v 和 S_P 是兼容的，G_M 还可以通过下式计算得出。

$$G_M = S_v - 10\lg R_{MR} - 50 \quad (20\text{-}7)$$

其中，

G_M 是 EIA 标称值；

R_{MR} 是下面所示的 EIA 标称阻抗范围的中心值。

范围（Ω）		采用的数值（Ω）
20 ～ 80	=	38
80 ～ 300	=	150
300 ～ 1250	=	600
1250 ～ 4500	=	2400
4500 ～ 20 000	=	9600
20 000 ～ 70 000	=	40 000

EIA 标称值还可以通过图 20.3 所示的图标来确定。

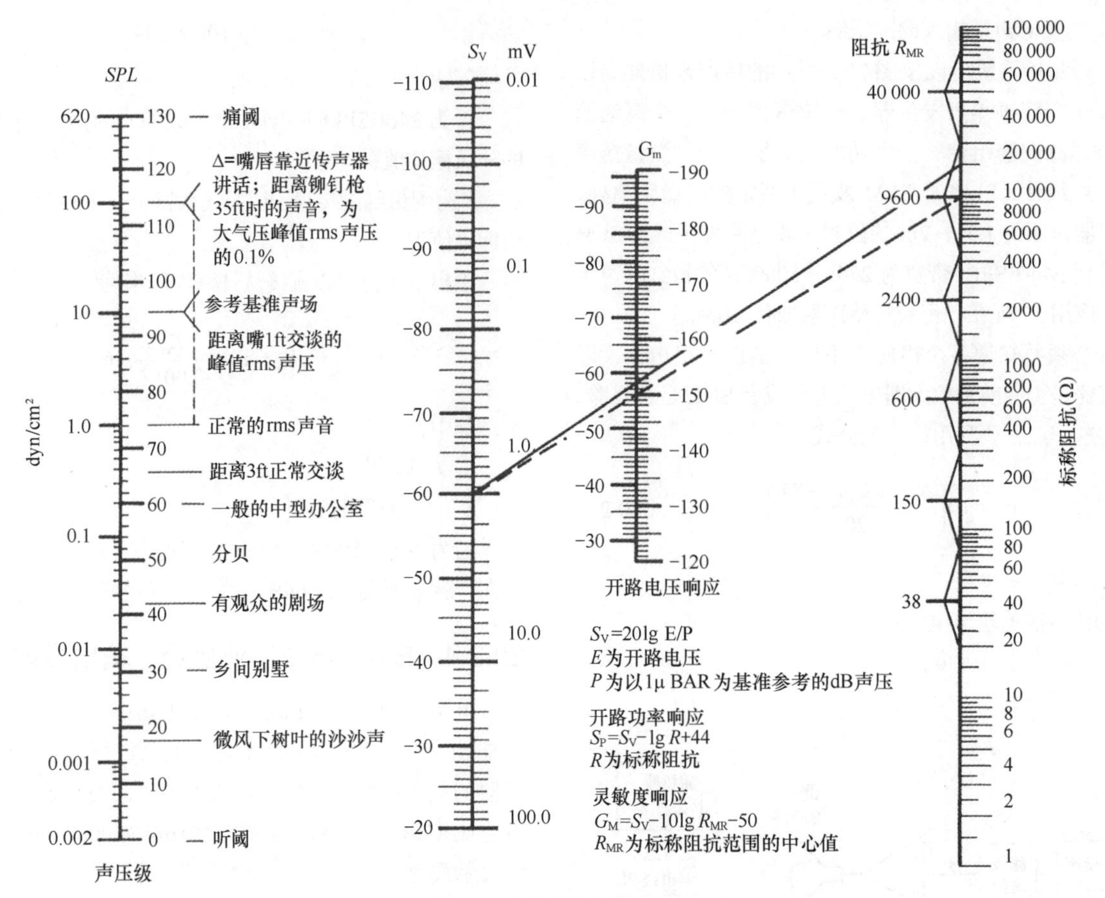

图 20.3　传声器灵敏度换算表

20.2.5　各种传声器灵敏度

传声器对任意处的声压级产生响应，从远距离拾音时的 40dB SPL，到近距离拾音时的 150dB SPL（比如，离摇滚歌手口部 6mm 处拾音，甚至是放入鼓腔或号筒内部拾音）。

各种类型的传声器具有不同的灵敏度，如果不同类型的传声器相互混用，那么掌握其灵敏度是很重要的，因为这时增益设定，SNR 和前置放大器过载情形都将会改变。表 20-1 给出了各种不同类型传声器的灵敏度。

表 20-1　各种类型传声器的灵敏度

传声器的类型	S_p	S_v
碳粒-纽扣式	−60～−50dB	
石英式		−50～−40dB
陶瓷式		−50～−40dB
动圈式	−60～−52dB	−85～−70dB
电容式	−60～−37dB	−85～−45dB
带式-振速型	−60～−50dB	−85～−70dB
晶体管	−60～−40dB	
声功率	−32～−20dB	
线路电平	−40～0dB	−20～0dB
无线式	−60～0dB	−85～0dB

20.2.6　传声器的热噪声

由于传声器存在一个阻抗，故它会产生热噪声。即便没有声学信号，传声器还是会产生少量的输出电压。由声源的电阻产生的热噪声电压（E_n）与考虑的频率带宽、电阻值和测量时的温度有关。该电压为

$$E_n = 4kTR(bw) \tag{20-8}$$

在公式中，

k 为玻尔兹曼（Boltzmann）常数，数值为 1.38×10^{-23} J/K；

T 是绝对温度，273° + 室温，单位为℃；

R 是电阻，单位为 Ω；

bw 是带宽，单位为 Hz。

将其变换为 dBv 表示，则要利用如下的公式。

$$EIN_{\text{dBv}} = 20\lg\frac{E_n}{0.775} \tag{20-9}$$

对于 1Hz 带宽和 1Ω 阻抗而言，相对于 1V 的热噪声为 −198dB。因此，

$$\frac{TN}{1} = -198 + 10\lg(bw) + 10\lg Z \tag{20-10}$$

在公式中，

TN 是相对于 1V 的热噪声；

bw 是带宽，单位为 Hz；

Z 是传声器阻抗，单位为 Ω。

相对于 1V 的热噪声可以转换为等效输入噪声（Equivalent Input Noise，EIN），转换公式为

$$EIN_{\text{dBm}} = -198 + 10\lg(bw) + 10\lg Z - 6 - 20\lg 0.775 \quad (20\text{-}11)$$

由于 EIN 的单位是 dBm，而 dBm 是以 600Ω 为参考基准的，阻抗 Z 为 600Ω。

20.3　传声器实践

20.3.1　摆位

传声器相对于声源以各种不同的位置关系进行摆放，以便拾取到不同的声音。只要在某一位置上拾取到了想要的声音效果，那么这一位置点就是传声器正确的摆放位置。虽然并没有严格的准则要遵守，但为了确保得到好的声音，有些建议还是要听取的。

20.3.1.1　传声器与声源的距离

传声器通常在直达声声场中使用。在这种情况下，反平方定律衰减是成立的，这意味着距离每增大一倍，传声器的输出将减小 6dB。例如，将传声器与声源间的距离由 2.5cm 移至 5cm 所产生的效果与由 15cm 移至 30cm，由 30cm 移至 60cm，或者由 1.5m 移至 3m 所产生的效果是一样的。

距离对系统的影响是多方面的。在扩声系统中，距离加倍，反馈前增益将减小 6dB；在所有的系统中，这会减弱传声器与声源变动的影响。

利用反平方定律计算出衰减量，

$$衰减量_{dB} = 20\lg D_1/D_2 \quad (20\text{-}12)$$

可以看到，当传声器距声源距离为 2.5cm 时，仅将传声器移近 1.25cm，就会将信号提高 6dB，而移开 1.25cm，将会使信号降低 3.5dB，对于这总体上仅 2.5cm 的位移，信号总体上会产生 9.5dB 的变化量！当声源与传声器距离为 30cm，同样是 2.5cm 只会导致信号产生 0.72dB 的变化量。上述两种情况各有其应用优势。例如，在简单反馈区域、高噪声声级区域（摇滚乐器区），或者是艺人想利用声源与传声器的距离变化产生某种效果时，这时就可以采用近距离拾音了。

当使用讲演台和桌面传声器，或者讲话人要来回走动，而又不想出现电平变动时就非常适合采用远距离拾音。

传声器与声源的距离还对传声器拾音的音质有影响，尤其是对于心形传声器。随着距离缩短，近讲效应增强，低音加重（参见 20.4.3.1）。传声器近距离拾音也会提高呼吸噪声和喷话筒噪声。

20.3.1.2　距大边界表面的距离

当传声器靠近大的表面（比如地板）放置时，可能会使增益提高 6dB，这对于远距离拾音可能是有益的。

随着传声器离开大的表面，但仍然离其较近时，就会出现某些特定频率抵消的现象，有可能产生高达 30dB 的陷波点，如图 20.4 所示。陷波是由振膜处的该频率直达信号与表面反射回传声器振膜处的直达声信号反相 180° 的反射信号叠加抵消造成的。

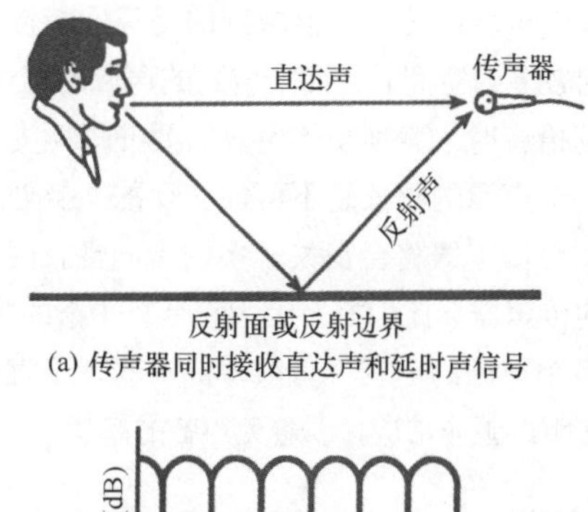

(a) 传声器同时接收直达声和延时声信号

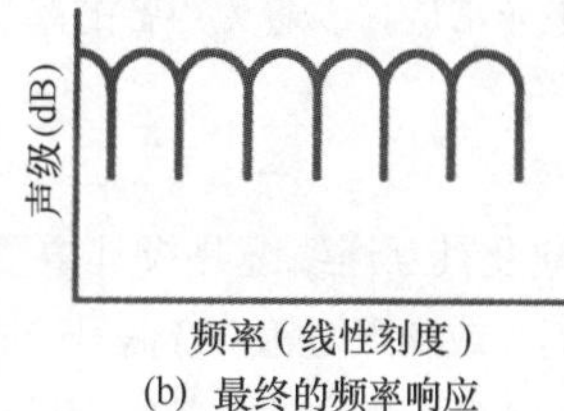

(b) 最终的频率响应

图 20.4　由邻近反射所导致的抵消效果（梳状滤波器）

抵消的频率 f_c 可由下式计算得出。

$$f_c = \frac{0.5c}{D_{r1} + D_{r2} - D_d} \quad (20\text{-}13)$$

在公式中，

c 为声速，数值为 1130ft/s 或 344m/s；

0.5 是极性反转比值；

D_{r1} 为声源到表面的反射通路距离，单位为 ft 或 m；

D_{r2} 为表面到传声器的反射通路距离，单位为 ft 或 m；

D_d 为从声源到传声器的直接通路距离，单位为 ft 或 m。

如果传声器距声源的距离为 10ft，且两者均位于地板上方 5ft，则抵消的频率为

$$f_c = \frac{1130 \times 0.5}{7.07 + 7.07 - 10} = 136.47\ \text{Hz}$$

如果传声器移动至距地板 2ft（61cm）的高度，则抵消的频率为 319.20Hz。如果传声器移至距地板 6in（15.2cm）的高度，则抵消频率为 1266.6Hz。如果传声器距地板 1in，则抵消频率变为 7239.7Hz。

20.3.1.3　处在物体后面

与光一样，声音不会透过固体或声学暗物质。然而声音确实会穿过各种密度的物体。传输损耗或声音穿过这种类型材料的能力是与频率有关的。因此，如果这种类型的物体被置于声源与传声器之间，那么拾取到的声音将会根据物体的传输特性被衰减。

低频声会绕过尺寸小于其波长的物体，而对信号的频率响应产生影响。将传声器摆放在物体后面所产生的常见影响就是总体电平降低，低频提升，而高频被衰减。

20.3.1.4　处在声源的上方

当传声器被放置在指向性声源（比如小号或长号）的上

方或侧向时，频率响应的高端将会发生滚降，因为高频的指向性要比低频的指向性强，因此到达传声器的高频 SPL 要比低频 SPL 低。

20.3.1.5 直达声声场与混响声声场

置于混响声场的传声器拾取到的是房间特性，因为传声器拾取到较多的空间声，而拾取到的声源的直达声较少。在混响声场拾音时，表现立体声只需要使用两支传声器即可，因为各个声源的隔离是不可能实现的。当处于混响声场时，指向性传声器将会丧失较多的指向性。因此，通常使用全指向传声器会比较好，因为它具有平滑的频率响应。要想拾取各个声源的声音，必须将传声器置于直达声声场中，且常常距声源非常近，以避免声音的串扰。

20.3.2 接地

传声器的接地及其互连线缆是极其重要的，因为线缆拾取到的任何哼鸣声或噪声均随声音信号一同被放大。专业系统一般采用图 20.5 所示的方法。其中信号是通过屏蔽的双导体线缆平衡式地传输至前置放大器的输入。线缆的屏蔽层连接到 XLR 连接件的 1 脚上，而声频信号是由两根导线来传输的，它们分别连接到 XLR 连接件的 2 脚和 3 脚上。实际的物理地只被连接到前置放大器的机壳上，同时传输至传声器的外壳。在任何情况下都不会将线缆远端连接为第二个地，因为这将导致两个接地点之间形成地电流。

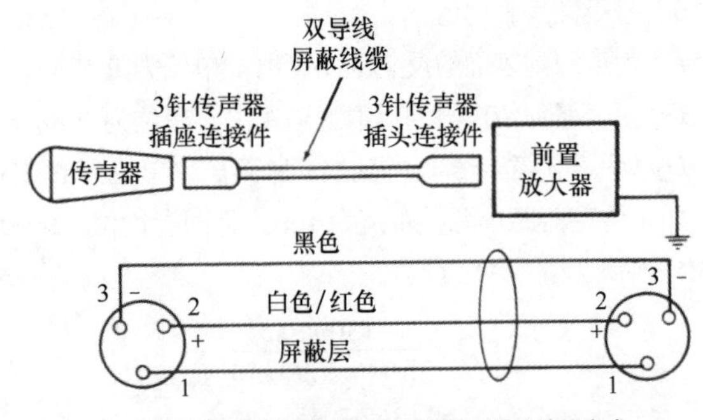

图 20.5 典型的低阻传声器与前置放大器的接线方式

在为准专业和家庭应用设计的系统中，常常使用图 20.6 所示的方法。应注意的是，声频信号的一端是借助线缆的屏蔽来传输到针型连接件。公头和母头连接件的壳体是接地的：母头接到放大器的机壳，公头接到线缆的屏蔽层。传声器端以类似的方式连接；这里还是只在前置放大器机箱处进行物理接地连接。屏蔽层而非中央导体拾取到的哼鸣声被叠加到信号上，并被整个系统放大。

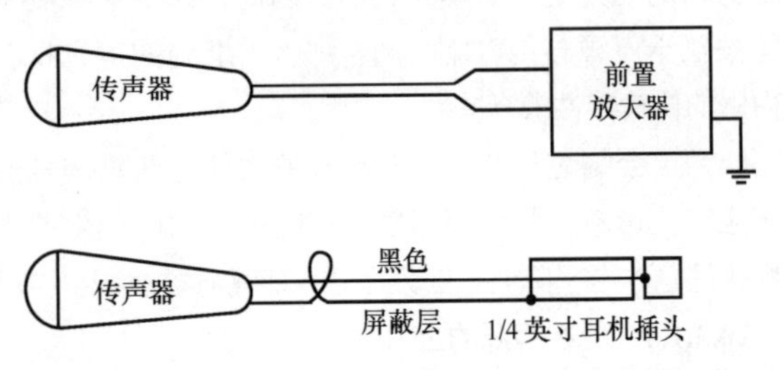

图 20.6 典型的准专业 Hi-Fi 传声器与前置放大器的接线方式

20.3.3 极性

传声器极性（microphone polarity，或者常被称为相位）是很重要的，尤其是采用多支传声器进行拾音时。当它们是同极性时，它们会产生彼此叠加的效果，而不是彼此抵消。如果使用了多支传声器进行拾音，而其中一只的极性是相反的，那么这会导致梳状滤波器情况的发生，使音质降低和立体声声场被展宽。1979 年 10 月颁布的 EIA 标准 RS-221.A 表述称“传声器或传声器换能器单元的极性指的是针对产生电压的声波声压在其端子上呈现出电压的同相或反相情况”。

注：准确的同相关系可以看成产生电压的声压波动的相位是一致的。在实际的传声器中，这种完美的关系不可能始终实现。

正或同相端子是指针对振膜正面的正声压拥有正电位且相位角小于 90° 的端子。

如果根据 EIA 标准 RS-297 的 3 针 XLR 连接进行，极性遵从如下规定。

- 反相 — 端子 3（黑色）。
- 同相 — 端子 2（红色或除黑色以外的其他颜色）。
- 地 — 端子 1（屏蔽）。

图 20.7 所示的是 3 针和 5 针 XLR 连接件的正确极性，以及 3 针和 5 针 DIN 连接件的正确极性。

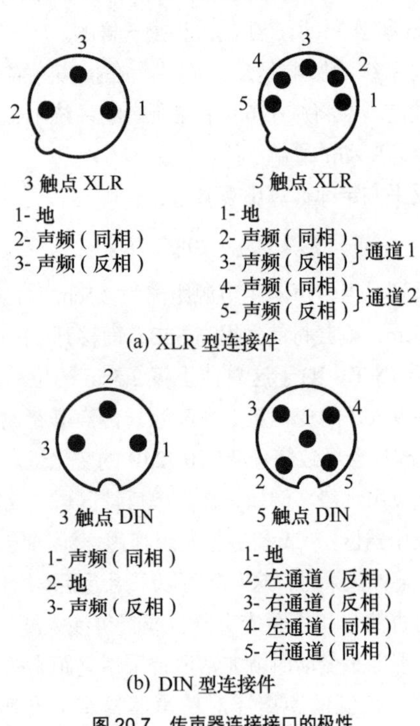

图 20.7 传声器连接接口的极性

确定传声器极性的简单方法如下。

如果两支传声器具有同样的频率响应和灵敏度，彼此挨着摆放，且连接到同一调音台上，那么当两支传声器都使用时，输出将加倍。然而，如果两者彼此反相，输出将降低至一支传声器输出的 40 ～ 50dB 以下。

将要检测正确极性的传声器摆放在另一支传声器边上，

并且将两者连接到调音台各自的输入上。为传声器施加单一声源（粉红噪声是不错的声源），调整调音台的一个音量输入，让 VU 表指示至正常的输出电平。应注意的是，音量控制设定并关闭。对第二支传声器进行同样的调整，记下该音量控制的设定。接下来，开启对这些控制的两个设定开启。如果传声器极性相反，重放的音质是失真的，并且在电平上呈现出明显地跌落。将对一支传声器的电气连接反转，使两者极性相同，这时的音质与一支传声器工作时相同，同时输出电平更高了。

如果传声器是双指向类型，那么可以将一支传声器调转 180°，以取得同极性的结果，之后再进行电气校准。如果传声器是指向型的，那么只需反转输出或线缆连接即可。在极化双指向传声器之后，为了将来参考方便，应将后部用白色胶带标记出来。

20.3.4 平衡与非平衡

传声器既可以平衡式（balanced）连接，也可以非平衡式（unbalanced）连接。之所以所有专业安装都采用平衡式连接的原因如下。

- 降低对哼鸣声的拾取。
- 降低对电子噪声和瞬态的拾取。
- 降低对相邻导线上传输的电信号的拾取。

之所以能实现上述降低目标，是因为图 20.8 所示的两个传输信号的导体以相等的强度和极性拾取到同一杂散信号，所以噪声在变压器初级的每一端上被均匀抑制，消除了跨接在变压器端口上的电位，将任何输入噪声抵消掉。因为平衡式连接的导线是处在屏蔽线缆内的，所以进入每个导体的信号也被大大降低了。

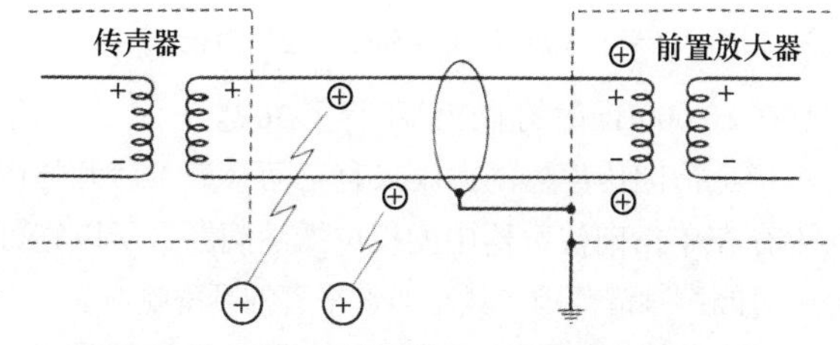

图 20.8 平衡式、带屏蔽的传声器线缆的噪声抵消

当传声器被接入非平衡系统时，进入内部非平衡导体中的任何噪声不能借助屏蔽层内噪声抵消掉，所以噪声被传输至前置放大器。实际上，屏蔽的传声器端被抑制的噪声叠加到了信号上，因为屏蔽层的电阻处于噪声与前置放大器之间。

平衡式低阻抗传声器线路可以长达 150m，而非平衡式传声器线路绝不应超过 4.5m。

20.3.5 阻抗

大部分专业传声器都是低阻抗（200Ω）的，且设计的工作负载阻抗为 2000Ω。高阻抗传声器为 50kΩ，且设计的工作负载阻抗为 1 ～ 10MΩ。低阻抗传声器具有如下的优点。

• 噪声敏感度较低。相对高阻抗的噪声源不能“驱动”相对低阻抗的信号源（比如，传声器线缆）。

• 能够使用长的传声器线路进行连接，且不会拾取到噪声，也无高频跌落。

所有的传声器线缆均具有电感和电容。其电容量约为 40pF(40×10^{-12}F)/ft(30cm)。如果线缆长度为 100ft(30m)，则电容量将为（40×10^{-12}）× 100ft 或 4×10^{-9}F，或 0.004 μF。这在 10kHz 时相当于具有 3978.9Ω 的阻抗，这一结果可由下面的公式得出。

$$X_c = \frac{1}{2\pi fC} \qquad (20\text{-}14)$$

这对于阻抗为 200Ω 的传声器影响很小，因为这并未降低由下面公式确定的相应阻抗。

$$Z_T = \frac{X_c Z_m}{X_c + Z_m} \qquad (20\text{-}15)$$

对于 200Ω 的传声器阻抗，总阻抗 Z_T = 190Ω 或产生的衰减小于 0.5dB。

如果同一线缆用于 50kΩ 的高阻抗传声器，那么 10kHz 时的衰减将大于 20dB。

让负载阻抗等于传声器阻抗将会使传声器灵敏度降低 6dB，也就将总体 SNR 降低 6dB。为了取得最佳的 SNR，低阻抗传声器前置放大器的输入阻抗始终要为 2000Ω 或更高。

如果负载阻抗降至小于传声器阻抗的情况，或者负载阻抗不是阻性的，那么传声器的频率响应和输出电压就会受到影响。

若高阻抗或陶瓷传声器的负载从 10MΩ 变至 100kΩ，则其 100Hz 时的输出将降低 27dB。

20.4 传声器拾音指向性

所制造的传声器一般具有一种或多种指向性，我们一般根据所使用的拾音指向性来对其命名。各种类型传声器的指向性图形和指向性响应特性如图 20.9 所示。

传声器	全指向	双指向	单指向	超心形	锐心形
指向性响应特性					
电压输出	$E=E_0$	$E=E_0\cos\theta$	$E=\frac{E_0}{2}(1+\cos\theta)$	$E=\frac{E_0}{2}[(\sqrt{3}-1)+(3-\sqrt{3})\cos\theta]$	$E=\frac{E_0}{4}(1+3\cos\theta)$
扩散场的能量效率(%)	100	33	33	27	25
$\frac{\text{前方响应}}{\text{后方响应}}$	1	1	∞	3.8	2
$\frac{\text{前方扩散场响应}}{\text{总体扩散场响应}}$	0.5	0.5	0.67	0.93	0.87
$\frac{\text{前方扩散场响应}}{\text{总体扩散场响应}}$	1	1	7	14	7
等效距离	1	1.7	1.7	1.9	2
3dB衰减对应的拾音角度(2θ)	–	90°	130°	116°	100°
6dB衰减对应的拾音角度(2θ)	–	120°	180°	156°	140°

图 20.9 各种传声器的性能

20.4.1 全指向传声器

图 20.10 所示的压力传声器的全指向或球形极坐标响应是因为只有振膜的前部暴露于声波的声场中，故才会产生这样的图形。因此这种情况不会产生声波同时作用于振膜前后两面所导致的声抵消现象。

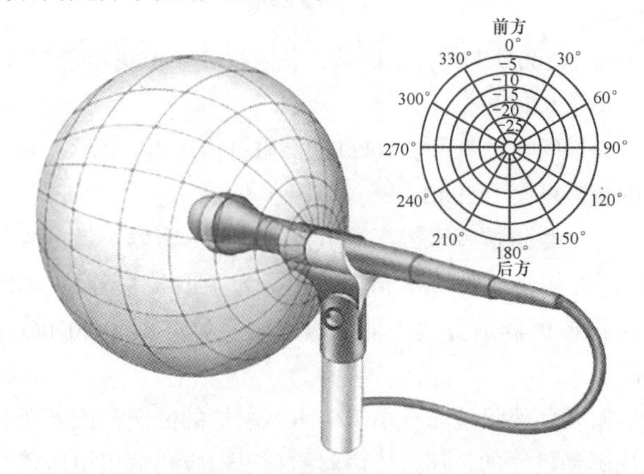

图 20.10 全指向传声器的拾音方向性图形（Shure Incorporated 授权使用）

随着传声器外形直径增加到所考虑的声波频率对应的波长时，全指向传声器会逐渐产生指向性，如图 20.11 所示。因此如果想让传声器在高频时还具有全指向的特性，则传声器应尽可能具有较小的外形直径。当声波波长与前进方向上的障碍物尺寸相比拟时，声波会在物体周围产生弯曲，这种特性称之为声波的衍射（diffraction）。当波长接近物体的尺寸时，声波不能产生明显的弯曲并从物体旁掠过。当传声器的振膜的直径 D 接近到达振膜的声波波长 λ 的 1/10 时，此时在对应的频率下开始便分化出各种形式的响应，这一条件用公式来表达，即

$$D = \lambda/10 \tag{20-16}$$

开始产生相应变化的频率为

$$f = v/10D \tag{20-17}$$

其中，

v 为声速，单位为 ft/s 或 m/s；

D 为振膜的直径，单位为 ft 或 m。

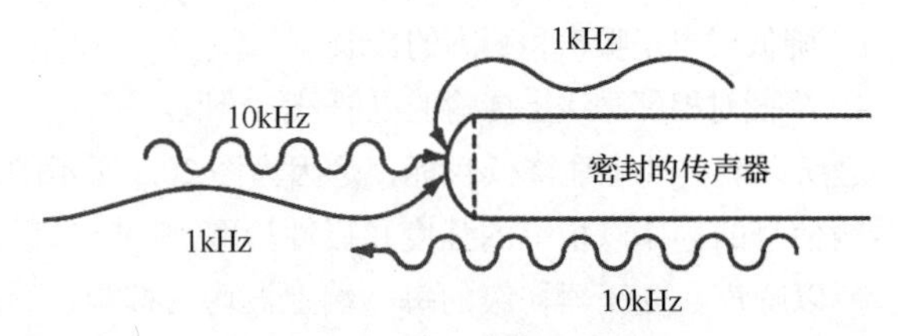

图 20.11 无指向传声器的高频指向性

例如，一支直径为 1/2in（1.27cm）的传声器开始从无指向向有指向变化的频率大约为

$$f = 1130/(10 \times 0.5/12) = 2712\text{Hz}$$

其在 10 000Hz 时的响应约下降了 3dB。

由于全指向传声器的振膜只有正面暴露于声源的声场中，不存在单指向传声器中的相位抵消问题，所以它可以在整个可闻声频谱范围上具有非常平直的频率响应。

就频率响应的平坦度而言，传声器越小，其响应的平滑程度越好。但由此又会出现新的问题，即最小的振膜直径所对应的信噪比也最差。换言之，振膜越小，传声器的灵敏度就越低，故信噪比（SNR）也就越差。

全指向传声器表现出的近讲效应非常小，参见 20.4.3.1 中有关近讲效应问题的讨论。

由于其拾音的方向性图形为球形，所以它在扩散场中的能量效率为 100%，传声器正反两面的响应比值为 1∶1，因此传声器对从侧向或后方到来的信号会以与正面相同的灵敏度来拾取，所给出的方向性指数为 0dB。这有助于传声器拾取到所需要的房间特性或者四周的谈话声，就如同拾取一个交响乐队一样。但如果在一个嘈杂的环境下拾音，这可能就是有害的了。

由于全指向传声器在所有频率上都具有高输出，且传

声器的振膜可以是刚性的，所以相对而言它对机械振动具有一定的免疫力；这样便允许振膜能跟随磁体或稳定系统，而不会与机械运动逆向工作。

20.4.2　双指向传声器

双指向传声器（bidirectional microphone）是一种能从前后两个方向均等拾取声音，同时对来自侧向声音拾取得很少或根本不拾取的传声器。图 20.12 所示的是其在声场中的拾音指向性，该拾向性也称为 8 字形指向性（figure eight）。

由于该种传声器对来自前方、后方和侧向的声音区别对待，所以其扩散场的能量效率为 33%。换言之，如果它处于混响声场，那么所拾取到的背景噪声要比无指向传声器拾取到的背景噪声低 67%；其前后响应之比始终维持为 1，而前 / 侧响应之比将接近无穷大，所具有的方向性指数为 4.8。这种特性对于拾取在桌子两边相向而坐的交谈声极为有用。因为传声器的指向性能力提高了，所以它的拾音距离是无指向传声器在直达声声场中拾音距离的 1.7 倍。图 20.13 所示的是理想的双指向传声器在相对正前方的响应衰减了 6dB 时所涵盖的拾音锥角，它在传声器的前方和后方分别都是 120°。由于衍射的原因，所以这一角度值会随频率改变而发生变化，频率越高，角度越窄。

图 20.12　双指向拾音指向性图形（Sennheiser Electronic Corporation 授权使用）

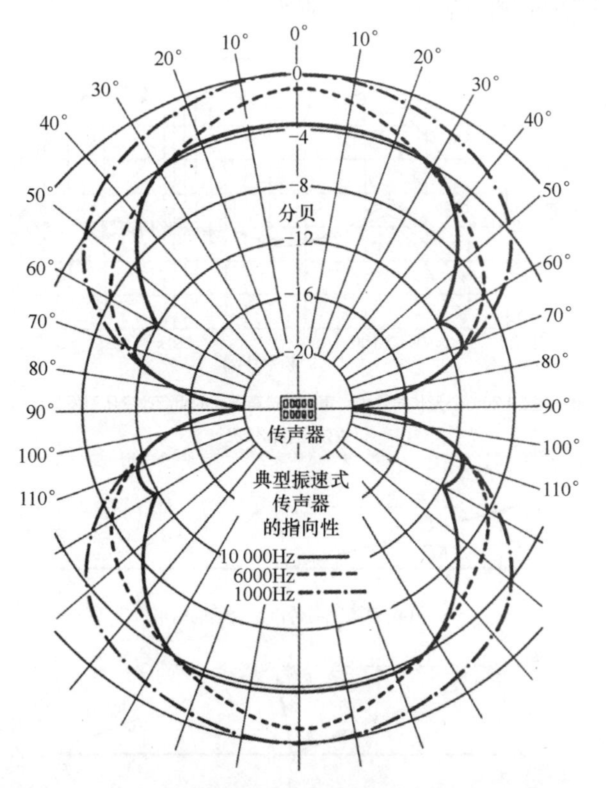

图 20.13　典型双指向带式振速式传声器所表现出来的极坐标响应图形，图中表明在高频时图形变窄了

20.4.3　单指向传声器

单指向传声器（unidirectional microphone）对来自正面的声音的拾音灵敏度要比其他方向上的声音的拾音灵敏度高。一般的单指向传声器的前后响应之比为 20 ～ 30dB；这就是说，这种传声器对于正面到来的声波的灵敏度要比对后面到来的声音灵敏度高 20 ～ 30dB。

单指向传声器通常被归类为心形（cardioid），如图 20.14 所示，超心形（supercardioid），如图 20.15 所示，以及锐心形（hypercardioid），如图 20.16 所示。之所以将其指向性称为心形，是因为其指向性图形的形状呈心脏形状。由于单指向传声器可以将信号与不想要的随机噪声区别对待，所以它是现实中最为常用的一种传声器。这其中的众多优点包括以下几点。

- 拾取到的背景噪声较小。
- 较高的反馈前增益，尤其在直达声场中使用时更是如此。
- 对不同位置上的声源区别对待。

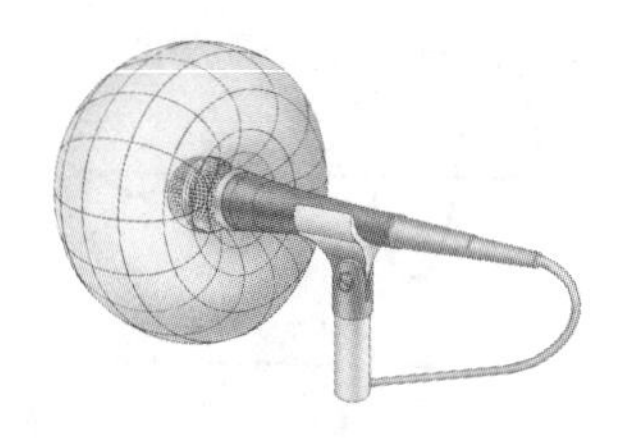

图 20.14　心形拾音指向性图形（Shure Incorporated 授权使用）

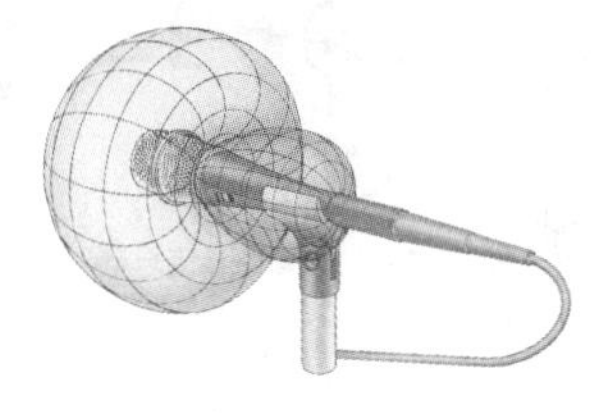

图 20.15　超心形拾音指向性图形（Shure Incorporated 授权使用）

图 20.16　锐心形拾音指向性图形（Sennheiser Electronic Corporation 授权使用）

心形拾音指向性图形可以通过如下的两种方法之一来产生。

（1）第一种方法是将压力振膜和压力梯度振膜的输出相混合，如图 20.17 所示。由于压力梯度振膜具有双指向的拾音指向性图形，而压力振膜具有无指向的拾音指向性图形，撞击振膜正面的声波加上同时撞击振膜背面的声波而抵消掉，因为对于压力振膜而言，后向拾音指向性图形是反相 180° 的。这种方法实现起来成本高，因而很少作为扩声或一般应用的传声器来使用。

（2）产生心形指向性图形的第二种，也是被广泛采用的方法。它是采用单一振膜加上对到达振膜背面的声波实施声学延时的方法。声波首先到达振膜的正面，然后在通过一个声学延时电路之后到达振膜的背面，如图 20.18（a）所示。振膜正面上的压力是 0°，而此时在振膜的背面的信号与之存在一个介于 0°～180° 的角度，如图 20.18（b）所示。如果背面的声压也是 0°，则输出为 0；理想情况下，如果背面声压为 180°，则它就可以与输入相加，使输出加倍。

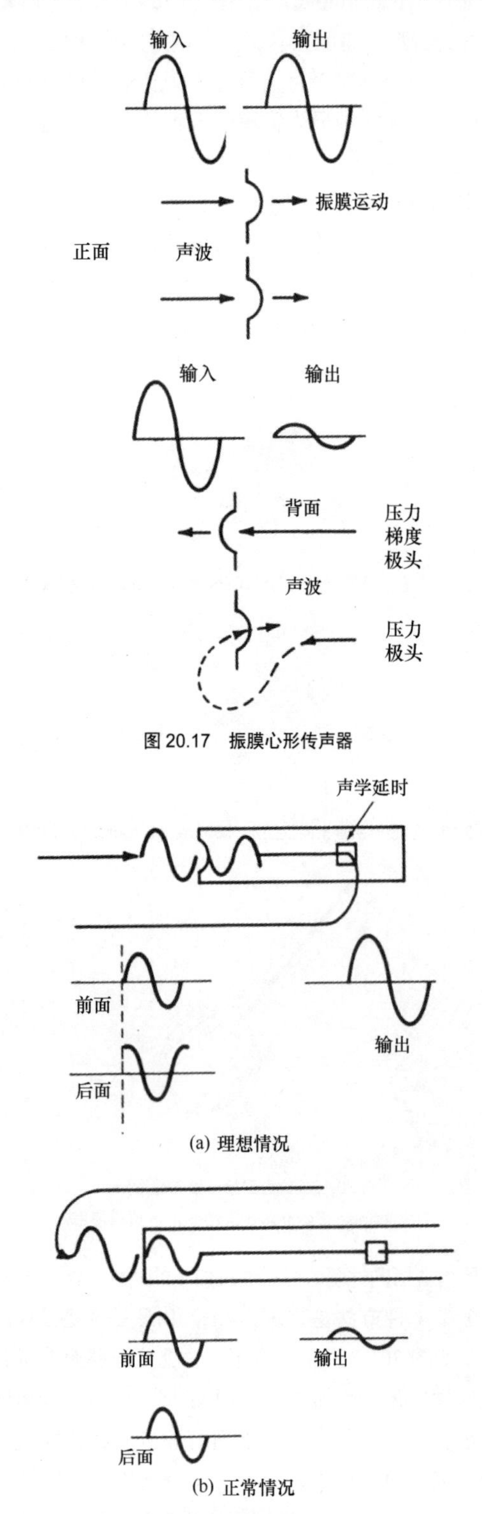

图 20.17 振膜心形传声器

(a) 理想情况

(b) 正常情况

图 20.18 采用声学延时的心形传声器

相位反转是通过强制声波在到达振膜背面之前传输更长的距离来实现的。当声波来自传声器的反面时，它会同时撞击振膜的正面和背面，并且具有同样的极性，因此表现为抵消的输出。

由于声学阻抗通路和其对正面声波的影响，所以心形传声器的频率响应的平坦度要比无指向传声器的差一些。心形传声器正面和背面的频率响应是不相同的。尽管正面的响应在整个声频频谱范围上基本上是平坦的，但是其背面的响应一般在低频和高频段会提高，如图 20.19 所示。

正面和背面响应的差异在中频段上为 15～30dB，而在声频频谱的两端只有 5～10dB，如图 20.19 所示。

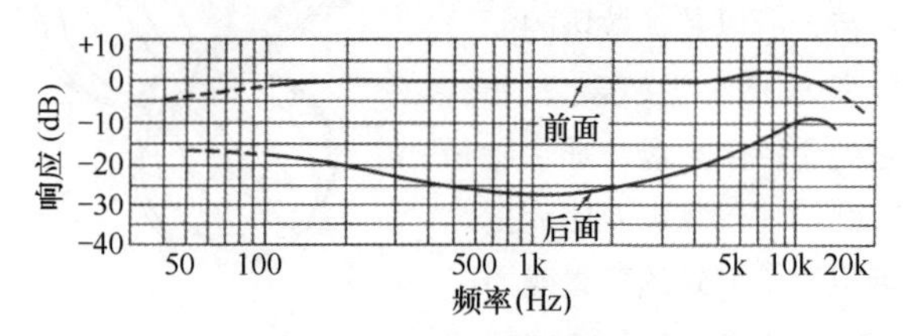

图 20.19 典型心形传声器的频率响应

20.4.3.1 近讲效应

当声源向振膜移近时，由于近讲效应的影响，传声器的低频响应会提高，如图 20.20 所示。因为当声源与传声器之间的距离很近时，传声器振膜正面的声压幅度明显高于背面声压幅度，进而产生了近讲效应[2]。在图 20.21（a）所示的矢量图中，声源距传声器的距离大于 2ft，角度 $2KD$ 可以从 D 得出，其中的 D 代表的是由振膜正面到背面的声学距离，而 $K=2\pi/\lambda$。图 20.21（b）给出的是所使用的振膜距声源的距离小于 4in 时的矢量图。

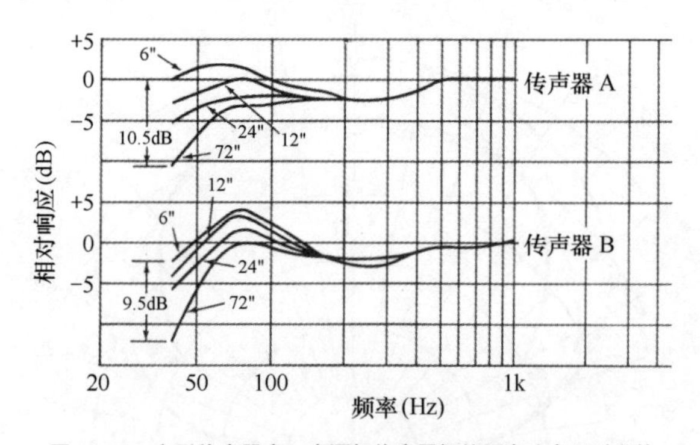

图 20.20 心形传声器中，声源与传声器间的距离改变所引发的近讲效应变化情况

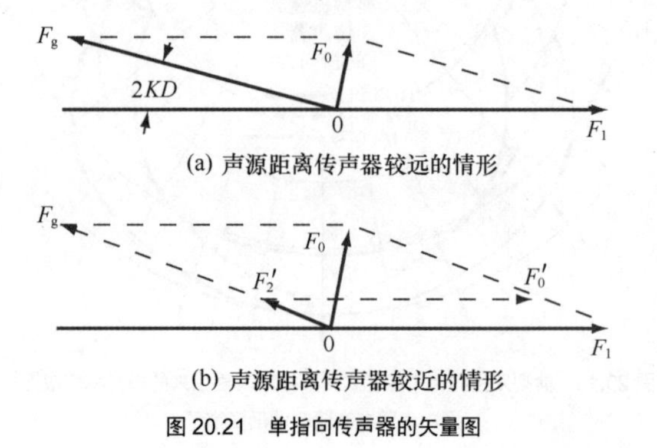

(a) 声源距离传声器较远的情形

(b) 声源距离传声器较近的情形

图 20.21 单指向传声器的矢量图

在上述两种情况中，每种情形中，振膜正面的声压 F_1 都是一样的。F_2 表示的是所用传声器距声源较远时，振膜的背面所受到的力，而 F_0 表示的是合成力。F'_2 表示的是所用传声器距声源较近时，振膜背面所受到的力。其中后者中的矢量和 F'_0 在幅度上要明显大于 F_0，因而在低频时传声器会产生更大的输出。这种特性既可能是优点，也可能是缺点。当声乐演唱者想提高其歌唱声的低频时或者打算给乐器增加更多的低频成分时，近讲效应就特别有用，这主要是通过改变传声器与声源之间的距离来实现的，距离变近，低音增强。

相对于声学灵敏度而言，单指向传声器的灵敏度要比全指向传声器大得多。图 20.22 所示的是典型全指向传声器和单指向传声器的振动灵敏度与频率的关系，其中电平相对于声学灵敏度进行了归一化。

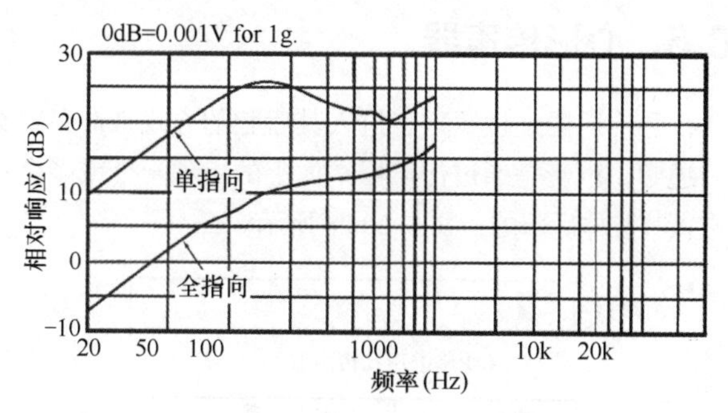

图 20.22 传声器极头的振动灵敏度

单指向传声器的振动灵敏度要比全指向传声器的振动灵敏度高了大约 15dB，而且在约 150Hz 处还存在一个峰。这一峰有助于解释其间的差异。

单指向传声器通常是压力梯度传声器。也就是说，其振膜响应的是振膜前后向表面间的压力差。入射来的声波不单单会到达振膜正面，而且还会经由一个或多个声学开孔及其相应的声学移相网络到达振膜背面。在低频时，引发振膜运动的净瞬时声压差要比绝对声压小，如图 20.23 所示。曲线 A 是到达振膜正面的压力波，曲线 B 是稍迟后到达振膜背面的压力波，其中的延迟是因为声波要想到达背面要经由后面的进声孔进来，并要经过附加的相移，这便存在更长的声程。曲线 C 为驱动振膜的净压力，它是图中上面两条曲线之间的瞬时差。在典型的单指向传声器中，100Hz 时的压差约为绝对压力的 1/10，或者说比全指向传声器所经受的压力低 20dB。

为了取得良好的低频响应，要求单指向传声器具有一个合理的低频电输出。要想实现其目标，对于指定的声压，振膜移动必须更为容易。通过将阻尼阻抗减小到全指向传声器采用的阻尼阻抗的 1/10 以下，便能到达这一目的。这种减小阻尼的做法会提高振膜和音圈机械运动的共振频率，大约提高至 150Hz，如图 20.22 所示，同时让传声器对结构振动的承受力更大。由于全指向传声器振膜的阻尼很大，所以它对惯性或机械振动力的响应较弱。

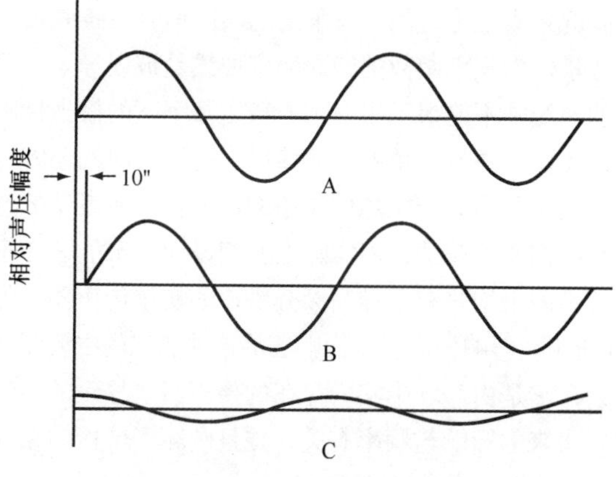

图 20.23 单指向传声器在低频时的压差

为了消除不想要外部低频噪声，避免对单指向传声器产生影响，需要采取一些诸如使用传声器避震座等措施，使传声器极头免受机械撞击和振动的影响。

20.4.3.2 频率响应

频率响应是单指向传声器的重要技术指标，我们必须对其进行认真的分析，掌握所用传声器关于频率响应的表达方式。如果我们单从轴向频率响应来判断传声器的拾音音质，那么就可能忽略了传声器近讲效应和离轴响应对此所带来的影响。频率响应的比较结果是传声器与声源距离的函数，这一距离便反映出所有单指向传声器所能产生的一定量的近讲效应。为了对传声器进行评估，这一距离变量是相当重要的。

当使用手持传声器或将传声器置于支架上使用时[3]，可以想象的是，演员并不总是固定不动地处在传声器的主轴方向上，他们常常会处在偏离主轴 ±45° 的方向上，因此在这样一个角度范围内保持频率响应的一致性是很重要的。图 20.24 所示的是这些响应变化的自然属性。这里所给出这种形式的响应曲线要比采用极坐标响应曲线的形式在表现离轴性能上会更好一些。极坐标响应曲线具有一定的局限性，它一般只能表现出几个频率的情况，很难让人们看到整个频谱上的性能表现。

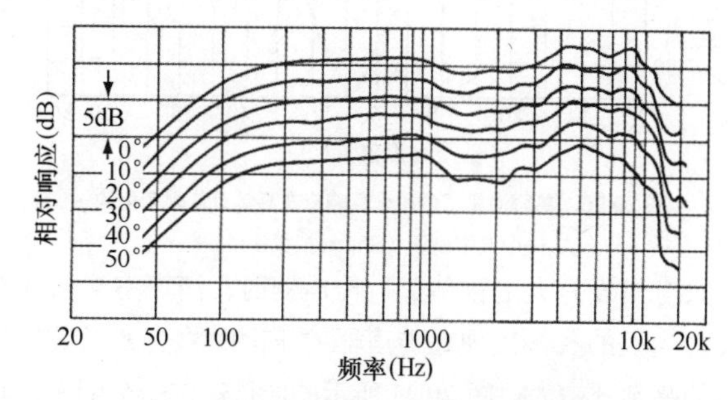

图 20.24 传声器正面响应变化与角度的关系

（注：为了进行比较，曲线是按照 2.5dB 的间距来显示的）

对于反馈控制和噪声抑制等方面的应用，极坐标响应或者特定的离轴响应曲线（比如在 135° 或者 180°）就很重要了。由于声学条件和所采用的激励信号的原因，这些曲线常常会误导使用者。对这些数据的测量一般是在消声室内不同的距离上进行的，所采用的激励信号为正弦波。单独地考察作为频率函数的背面响应曲线是被误导了，因为这样的曲线并不能揭示出在某一特定频率下的极坐标响应特性，而仅仅是某一角度下的情况。这样的曲线还容易给人造成高频分辨力产生急剧波动的印象。性能表现的这种形式是我们所希望的，但实际上我们设计不出能够在恒定的角度范围上均具有最佳高频分辨率的实用传声器，如图20.25所示。影响传声器背面响应的这种变化的主要因素就是衍射，它是由声场中实际存在的传声器所导致的。这种衍射所带来的影响与频率有关，并且破坏了单指向相移单元的理想性能。

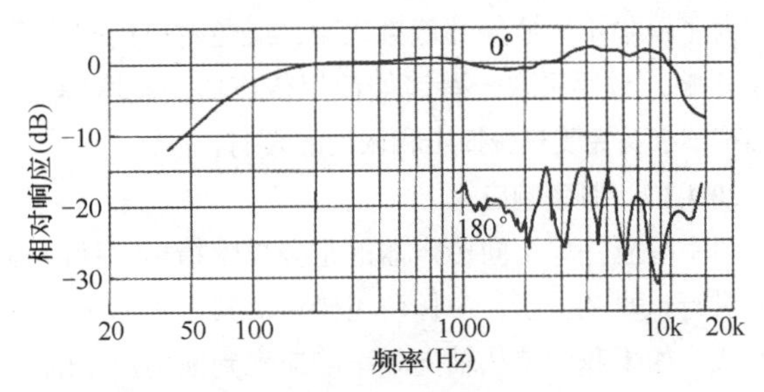

图20.25 心形传声器背面响应在高频段出现的典型波动（Shure授权使用）

要想正确地表现出这种高频离轴响应特性，最好是采用极坐标形式的响应曲线，但是在高频段它也会被混淆。造成这种混淆的原因如图20.26所示，其中只表现出了相隔20Hz的两条极坐标响应曲线。这便引发出一个问题：我们如何能对这样的性能进行正确地分析呢？一种可行的方法就是用随机噪声，比如1/3倍频程的粉红噪声激励得到一簇极坐标响应曲线。由于随机噪声具有平均意义的性能，并且其幅度分布更接近于节目素材，所以它还是很有用的。

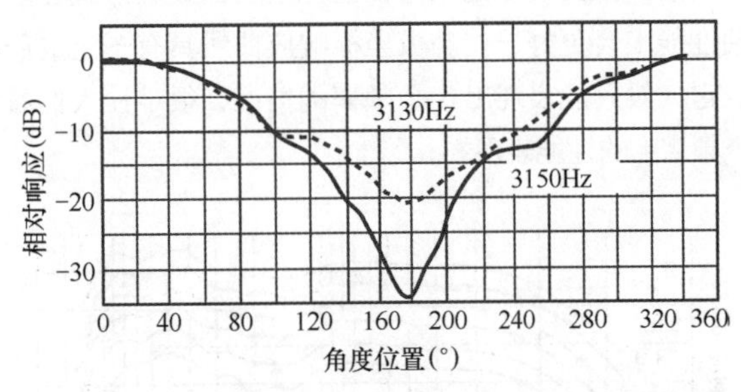

图20.26 单频激励下的极坐标响应在高频段急剧变化的一个典型例子（Shure授权使用）

只有当没有大的物体靠近传声器时，消声室测量才有意义。当人的头部出现在传声器的正面时将会严重破坏传声器的高频分辨力。图20.27所示的便是这样一个例子，其中人的头部处在传声器的正面，距其5cm的地方（两条曲线均没有归一化）。它的这种性能表现源于头部的声反射，当一个反射体靠近传声器时，这是导致反馈出现的最常见原因。这种性能表现不应视为传声器的一种缺点，而应看成声场中使用传声器无法回避的一种结果。例如，从传声器角度来看，在180°时，除了试图要抑制的声源，还有在其振膜正面5cm处产生的声源部分反射。这种现象在低频出现的概率大为降低，因为这时人头部对声场而言不再是一个障碍。因此可以很清楚地看到，任何单指向传声器分辨力的有效性受其所处的声场的影响非常大。

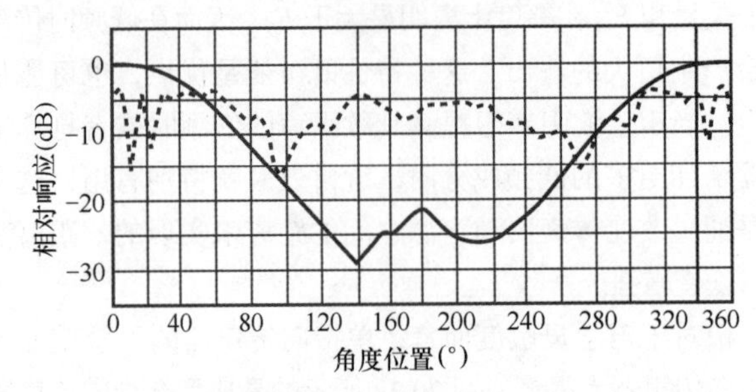

图20.27 头部阻碍对于极坐标响应产生影响的一个实例（Shure授权使用）

20.5 心形传声器

心形传声器是按照声音进入其后腔的方式来命名归类的。通常，声音是通过传声器本体上的单独一个或多个小孔进入其腔体后部的，如图20.28所示。

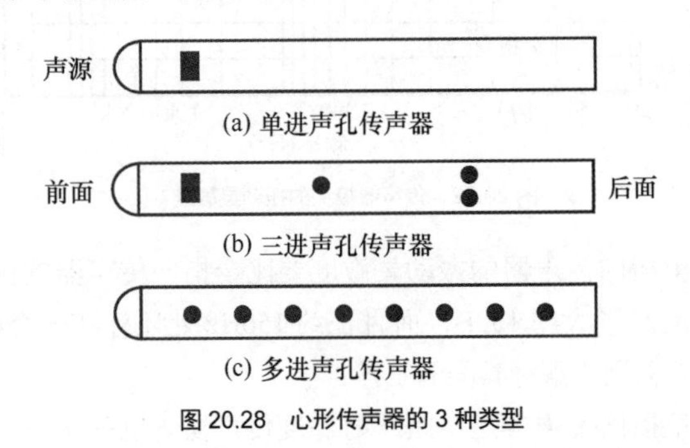

图20.28 心形传声器的3种类型

20.5.1 单进声孔心形传声器

所有单进声孔心形传声器都在其振膜的后方一定距离处有一后进声孔。这一进声孔通常位于振膜后面3.8cm处，这可能导致很强的近讲效应出现。Electro-Voice DS-35就是单进声孔心形传声器的一个实例，如图20.29所示。

图20.29 Electro-Voice DS-35单进声孔传声器（Electro-Voice公司授权使用）

DS35的低频响应会随着声源与传声器距离的减小而发生变化，如图20.30所示。最大低频响应出现在传声器距离声源3.8cm的近距离拾音时，最小的低频响应则出现在距离0.6m之外拾音时。可以想象，这种可变的低频响应能够产生有益的效果。

另一个单进声孔传声器就是Shure SM81[4]。传声器的声学系统工作时可以视为有两个声开孔的一阶梯度传声器，如图20.31所示。图20.31所示的是换能器的简化剖面图，图20.32还给出了换能器的等效电子电路和前置放大器。

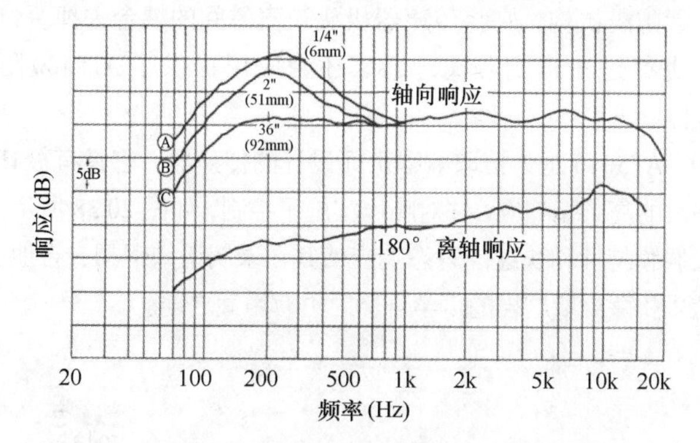

图20.30 Electro-Voice DS-35单进声孔心形传声器的频率响应与拾音距离的关系（Electro-Voice公司授权使用）

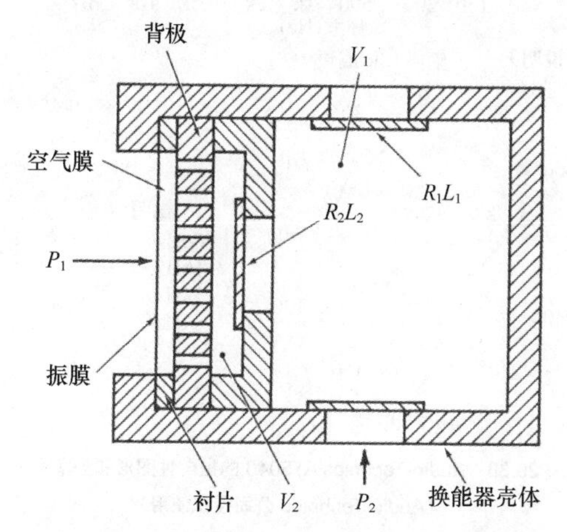

图20.31 Shure SM81电容换能器的简化剖面图（Shure授权使用）

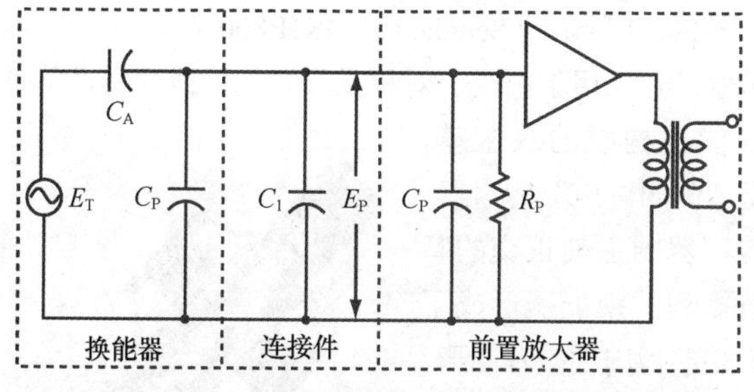

图20.32 Shure SM81电容换能器的等效电子电路和前置放大器（Shure授权使用）

从图20.31可以看到，其中一个开孔是暴露于振膜前表面的声压p_1之下的。另一个开孔或后进声孔是由换能器腔室侧面的大量窗孔构成的，此处所获得的声压为p_2。振膜的声阻抗为Z_0，它包含了振膜与背极之间的薄空气膜的阻抗在内。声压p_2是透过安装在具有声阻R_1和声质量L_1的换能器腔室侧面的栅网，经过声顺为C_1的声腔后作用到振膜的后表面上。第二个栅网具有声阻R_2和声质量L_2，第二个声腔V_2的声顺为C_2，并最终通过背极上的穿孔。

电路元件L_1、R_1、C_1、L_2、R_2和C_2的组合构成了有耗声质量的梯形网络，该网络被称为有耗梯形网络（lossy ladder network）。网络的转移特性致使压力p_2产生一个延时，使得传声器在低频和中频频段具有指向性（心形）的特质。网络在高频段产生的衰减比较大，使得最终到达振膜背极的声压p_2变小，之后传声器的工作更像一个由p_1主导的无指向系统。在这些频率上的指向性特质是通过在合适外形的换能器本体周围形成的声衍射获得的。

可转动的低频响应整形开关可以让使用者在平坦、100Hz处开始的6dB/oct滚降衰减，以及80Hz处开始的18dB/oct滚降衰减间进行切换选择。100Hz处开始的滚降衰减是为了补偿在距声源15cm处使用时产生的近讲效应，而80Hz处开始的滚降则是为了最大程度地衰减大部分低频干扰，使其对歌唱声音的影响最小。处在平坦位置时，传声器在10Hz处有一个针对次声成分的6dB/oct电子滚降衰减，其在10Hz处衰减3dB，以减小不可闻的低频干扰对传声器前置放大器输入的影响。传声器的衰减开关是针对高声压级拾音而设的（声压级达到145dB SPL），它是通过一个旋转电容开关来实现的。

关于单进声孔心形传声器的最后一个例子就是Shure SM57这款超心形动圈传声器，如图20.33所示，它采用了钕磁体材料来使输出信号更强，同时还采用了改良的防震支架。

图20.33 Shure SM57动圈传声器（Shure授权使用）

20.5.2 三进声孔心形传声器

Sennheiser MD441是三进声孔心形传声器的一个例子，如图20.34所示。低频的后进声孔大约有7cm的长度距离d（从振膜的中央到进声孔的距离），中频进声孔d大约为5.6cm，而高频进声孔的d大约3.8cm，频率上的转换分别发生在800Hz和1kHz。每个进声孔都由传声器极头周围的几个孔构成，而不只一个孔。

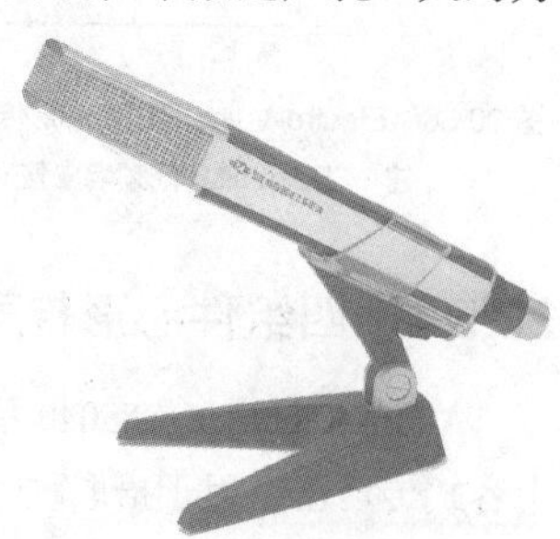

图20.34 三进声孔的Sennheiser MD441心形传声器（Sennheiser Electronic Corporation授权使用）

采用这样的结构是出于3个原因。通过在传声器壳体周围安排的多个进声孔用于低频系统，这样便优化了正面的频率响应，并且在手持和放到支架上使用传声器时，尽管有可能会意外将大部分进声孔盖住，但还是可以维持极坐标响应不变。由于低频进声孔远离振膜（约12cm），同时高频进声孔对低频近讲的影响几乎没有，所以传声器具有良好的近讲性能。双路进声的结构产生的心形极坐标响应图形具有宽的正向工作角度，以及出色的噪声抑制和反馈控制性能。

20.5.3 多进声孔心形传声器

Electro-Voice RE20 Variable-D 传声器是多进声孔传声器的一个例子，如图 20.35 所示。多进声孔传声器有许多的后部进声口，它们可以结构成简单的端口，所有的端口距离振膜的距离不同，也可以视为一个连续的开放端口。每一端口被调谐到不同的频带上，最靠近振膜的端口被调谐到高频段上，而距离振膜最远的端口则调谐到低频段上。这样安排的最大优点就是：它可以减小由于声源与低频的后进声孔之间距离长带来的近讲效应，并且机械分频过渡也不是很陡，可以更准确地定位于所需的频率上。

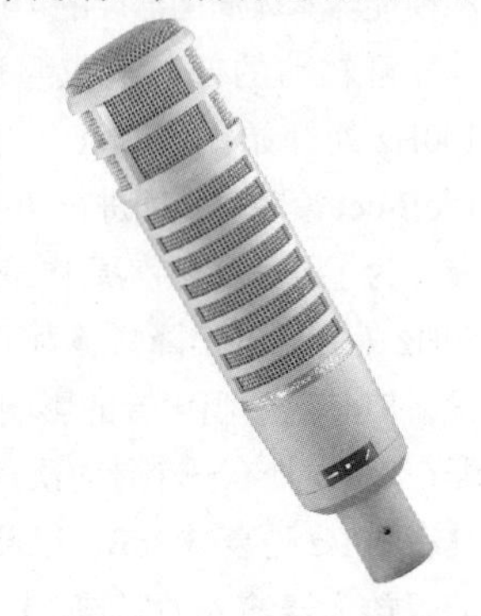

图 20.35 Electro-Voice RE20 多进声孔（Variable-D 心形传声器）（Telex Electro-Voice 授权使用）

与许多心形传声器一样，RE20 也有一个用来减小近距离拾音时近讲效应的低频滚降开关。图 20.36 所示的是 RE20 的线路图。通过将红色的导线接到 250Ω 或 50Ω 的端子上，就可以改变传声器的输出阻抗。应注意的是，“Bass tilt（低频响应整形）”开关启用时，低频响应从 400Hz 至 100Hz 会产生向下 4.5dB 的倾斜量。

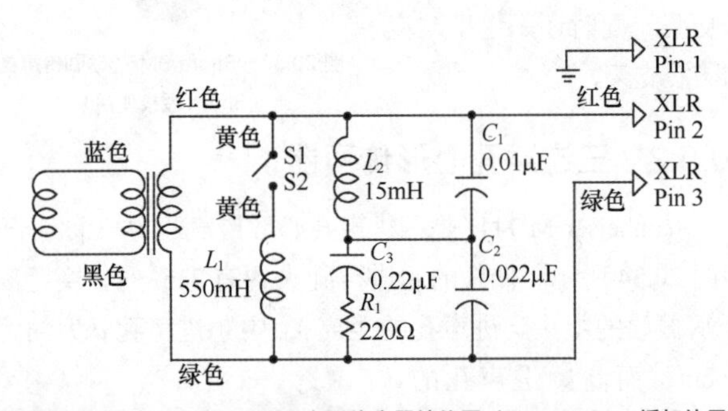

图 20.36 Electro-Voice RE20 心形传声器接线图（Electro-Voice 授权使用）
注：“Bass tilt（低频响应整形）”开关电路和输出阻抗端口

20.5.4 四组件心形传声器

Audio-Technica AT5040 是一款大振膜侧向寻址驻极体电容式传声器，用于拾取歌唱声，指向性为心形。传声器采用了一个 4 块矩形组件，如图 20.37 所示。4 个匹配的振膜共同作用（将所有的输出相加），当作 1 个高性能单元使用，它在不增加振膜重量、不降低瞬态响应特性的前题下，形成一个是标准 2.54cm 圆形振膜面积两倍的组合表面，而重量大、瞬态响应变差被认为是使用单一大振膜的制约因素。

图 20.37 Audio-Technics AT5040 传声器（美国 Audio-Technics 公司授权使用）

振膜的厚度为 2μm，并经气相沉积和老化处理，以便在使用多年之后振膜特性能保持不变。传声器包括一个内置防震机构，它将传声器极头与壳体间的耦合去掉。为了进行进一步的隔离，厂家还为应用提供了 AT8480 防震件。

AT5040 是为拾取歌唱声而设计的传声器，它具有极其平滑的高频端响应，并对嘶声实施了控制，如图 20.38 所示。大振膜特性和快速的瞬态响应使其在录制诸如钢琴、吉他、弦乐和萨克斯这样的声学乐器时也有用武之地。

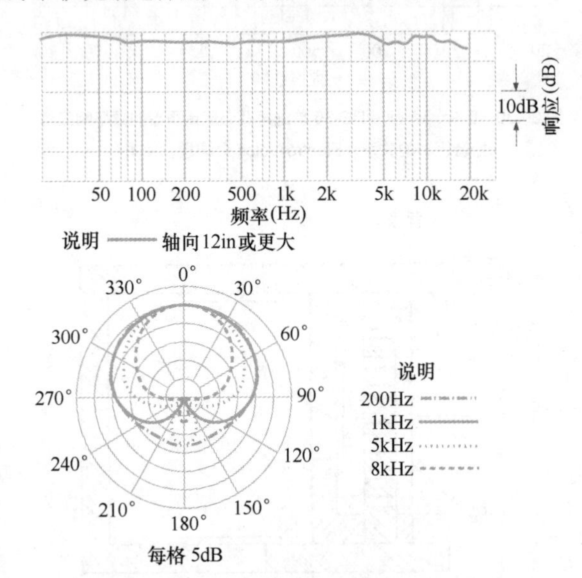

图 20.38 Audio-Technics AT5040 的指向性图形和频率响应（Audio-Technics 公司授权使用）

20.5.5 双振膜传声器

图 20.39 所示的 Sennheiser MKH 800 Twin 是一款电容传声器，它采用了由两个对称且具有优异线性特性的推挽式换能器构成的双振膜。它是“侧向进声”传声器，与传声器的主轴正交的背靠背排列的换能器形成了两个心形指向性拾音图形。两个换能器产生的信号并不在传声器内部混合，这样做是为了产生不同的指向性图形，在传声器的输出上这两路信号可以当作两个通道的信号独立使用，这样可以遥控调整传声器的指向性。在调音台上，信号可以以任意想要的方式进行混合，借助于无限多种中间处理过程，建立起从全指向到 8 字形的指向性图形。

图 20.39 Sennheiser MKH 800 Twin（Sennheiser Electronic Corporation 授权使用）

KS 80 极头的双振膜系统的特点是具有背靠背的拾音指向性。这两个系统通过筒身内一个公共的气腔室声学锁定在一起。每个系统与后向声场耦合，抵达另一个系统。为了避免在低频最终演变成无指向的指向特性（这种特性是双振膜极头的典型情况），两个系统固定在极头壳内的空气缝隙位置，这里有 4 个小的开口。空气缝隙和开口形成了一个能稳定低频心形指向特性的附加与频率相关的侧向声学输入。

Sennheiser MKH 800 Twin 的两个信号可以让使用者在调音台上实现对指向性的遥控。两个传声器信号（前方和后方）分别被分配到通道上并进行相加处理。然后，像常规的操作那样，利用声像电位器将相加信号分配至立体声通道。为了保证操作的正确，两个通道的声像电位器必须放到一致的位置，如图 20.40 和图 20.41 所示。

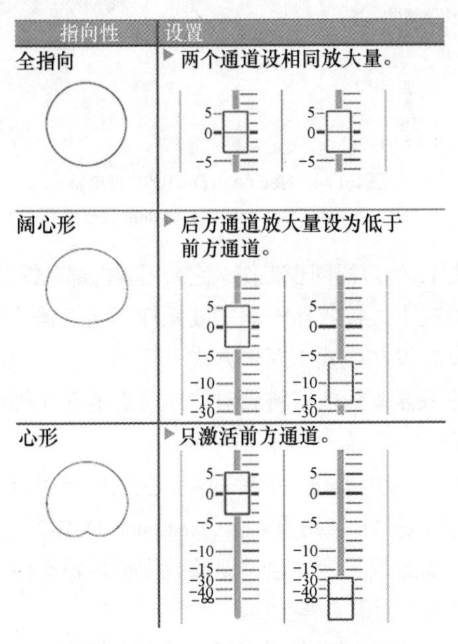

图 20.40　无指向至阔心形指向特性的设置
（Sennheiser Electronic Corporation 授权使用）

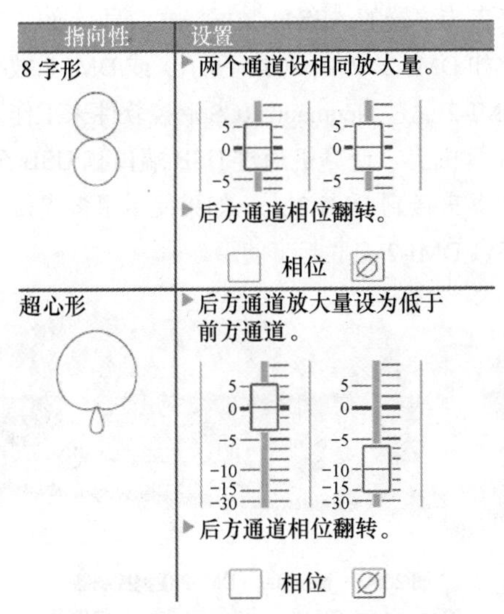

图 20.41　8 字形至超心形指向特性的设置
（Sennheiser Electronic Corporation 授权使用）

阔心形：阔心形指向性是通过将后方通道信号的放大量设置成比前方通道信号低 10dB 所得到的结果。较高放大量时，指向性图形就趋向于全指向图形；较低放大量时，指向性图形就更趋向于心形指向性图形。

同时，传声器的后方衰减（180°衰减）变化了。这是前后通道间放大量之比导致的直接结果，也就是说：在阔心形的例子当中就是 10dB。

超心形：超心形指向性图形是后方声道的放大量比前方声道的放大量低 10dB，同时后方声道的信号被反相所导致的结果。在较高的放大量时，指向性图形趋向于 8 字形图形，反之则更趋向于心形。

在传声器抵消角度方向上，传声器对变化也尤为不敏感。在心形指向性图形中，这一角度是 180°；超心形指向性图形时是 120°；而 8 字形时则为 90°。如果 MKH 800 TWIN 被用作起加强作用的点传声器，那么这种用法就可以使管弦乐队不同乐器组间的衰减得到优化。同样，这也是前后声道间放大量比值所导致的结果，也就是说，超心形指向性图形时就是 10dB。

环绕声拾音应用：由于传声器的对称性，它也可以创建出任意想要的后方拾音指向性图形。为此，传声器信号还可以再分配至另外两个通道上，此时前后声道所扮演的角色互换。之后就依照上文所描述的方法进行设定，这样后方指向性图形就可以任意选择了。这时便同时有两种指向性图形可供使用，例如：用于环绕声的前方声道和环绕声的后方声道。采用这种方法，利用两只 MKH 800 Twin 便可以建立起 4 个环绕声声道。

如果前方和后方声道只需要心形指向性图形，那么传声器信号也可以直接利用。这样便降低了应用的复杂度。利用一只 MKH 800 Twin 和一只 8 字形指向性传声器完成双 MS 技术（MSM）实现的环绕声录音。与常规的 MS 技术一样，将 8 字形指向性的传声器放在 MKH 800 Twin 的上方，并指向左侧。通过 8 字形传声器拾取的信号与 MKH 800 Twin 拾取的前后信号的矩阵处理便能得到前方和后方的左右环绕声声道信号。

通过混合 MKH 800 Twin 的前方和后方信号，利用任何指向性都能得到中央声道，甚至可以是后方中央声道。尽管选择的方案比较多，但还是要求后期制作要保留原始的传声器信号，即仅三路信号用于 5 或 6 个环绕声道。

20.6　数字传声器

尽管技术有了一定的改进，但是市面上可以使用的集成电路仍然是限制模数转换质量的限定因素。

例如，对于当前使用的最好的集成电路形式的 Δ-Σ A/D 转换器，在理论的 24bit 字长情况下，其所能提供的动态范围为 115 ～ 120dB（A 加权）。这与高质量模拟电容传声器高达 130dB 的动态范围相比，还是存在差距。为了避免在信号上叠加新的噪声，A/D 转换器的性能还需明显改进才行。转换处理必须同时对信号电平和传声器的源阻抗进行优化。

一般而言，当 A/D 转换是在调音台或其他设备上完成时，人们可以料到其一定会使信号质量受到损失，因为转换是在电平匹配完成之后进行的，动态范围会受到动态余量和传声器前置放大器、A/D 转换器考量的影响。

数字传声器技术将数字化过程直接放到传声器内完成，让电平匹配和其他处理环节在数字域内进行，将信号质量保持在传声器所产生信号的水平。

Neumann Solution-D 数字传声器系统

Solution-D 数字传声器系统由如下几部分组件构成。

- 数字传声器，比如 D-01 大振膜传声器或 KM D 小振膜传声器。
- DMI-2 或 DMI-8 接口。
- 操控传声器的 RCS 遥控软件。

传声器的信号和数据传输符合 AES42 标准，标准中包括平衡的数字传声器输出信号，10V 的幻象供电电源，包含使传声器与主时钟同步信号在内的遥控数据流。信号的传输采用标准的平衡式 3 针 XLR 电缆。AES42 信号用来双向传输数据，如图 20.42 所示。来自传声器的 AES3 信号数据包括有关于所连接传声器方面的信息，例如：生产商、型号和串行码等。10V 幻象电源和用来调整传声器的遥控数据被送至传声器。这类调整包括指向性调整、低频切除滤波器调整、预衰减调整、增益调整和峰值限制器调整。

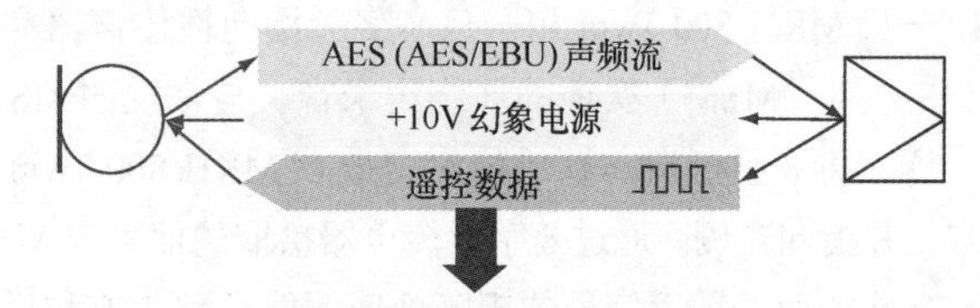

图 20.42 AES42 的基本构成要素

D-01 传声器（如图 20.43 所示）外观与模拟传声器类似，但是 A/D 转换器针对极头信号状态进行了优化，以便直接接收来自极头的输出信号。信号被转换成数字信号，产生出动态范围高达 130dB（A 加权）的内部 32bit 信号，其中包括了极头的特性。接下来，传声器内再处理的信号就是数字信号了，如图 20.44 所示。诸如指向性特性、预衰减、低切滤波器、增益和各种切换功能等参量可以数字化形式设定和遥控。像模拟前置放大器和 A/D 转换器等外部组件就不再需要了。

图 20.43 Neumann D-01 数字传声器（Sennheiser Electronic Corporation 授权使用）

AES42 标准描述了传声器与接收器（比如调音台或 DMI-2 数字接口）同步的两种模式。

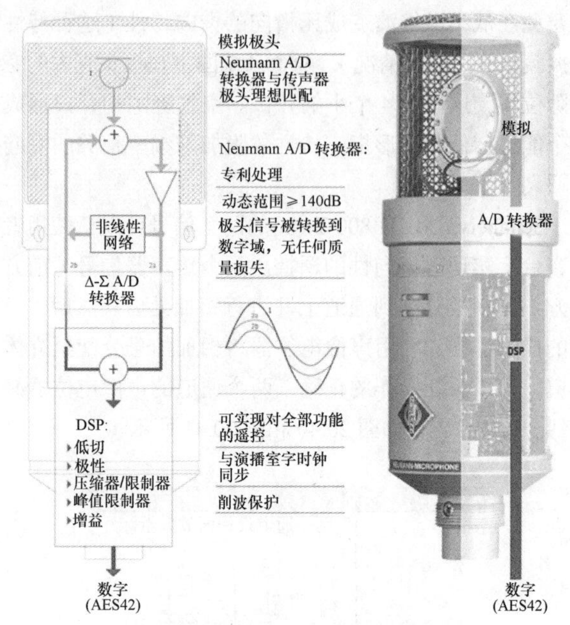

图 20.44 Neumann D-01 的内部电路

（Sennheiser Electronic Corporation 授权使用）

模式 1：传声器同步工作，它采用其内部晶振的采样率。在这种情况下，接收器一端需要采样率转换器。然而，这一工作模式仅在模式 2 同步方式不可能实现的情况下，因为普通的采样率转换器将会对诸如动态范围和等待时间方面的质量产生损伤。

模式 2：传声器与主时钟同步，主时钟既可以是外部时钟，也可以是 AES42 接收器（Neumann DMI-2）的内部字时钟。生成的控制信号通过遥控数据流传输至传声器，并对内部晶振的频率实施控制。

支持 AES42 标准的设备可以直接处理 Solution D 传声器的输出信号。在所有其他的情况下，需要单独的双通道设备将来自传声器的 AES42 数据格式信号转换成 AES/EBU 信号，比如 DMI-2（如图 20.45 所示）或 DMI-8 数字传声器接口。DMI-2 通过 Neumann RCS 遥控软件来工作，该软件安装在计算机上。计算机通过 USB 端口和 USB 至 RS 485 接口转换器来接到 DMI-2 上。如果使用了多支传声器，就需要将多台 DMI-2 级联起来使用。

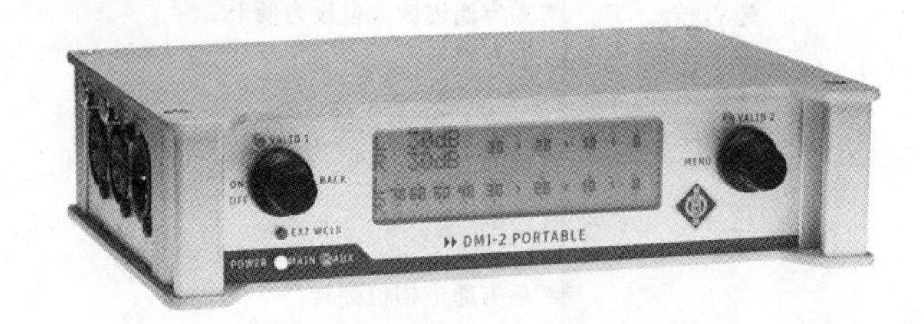

图 20.45 Neumann DMI-2 便携控制器

（Sennheiser Electronic Corporation 授权使用）

除了字时钟输入和输出，DMI-2 也有一个内部时钟发生器。如果没有主时钟信号（比如来自调音台的）出现在输入，那么就会自动使用 DMI-2 的内部时钟来同步两个传声器声道。

数字传声器控制是通过 RCS 软件来完成的，该软件以独立程序的形式运行于计算机上。所有重要的参数均被显示在显示屏上，并且可以随时改变。在制作期间，声频工程师可以监看所连接传声器的工作状态和参数，并可以根据需要来进行调整，如图 20.46 所示。

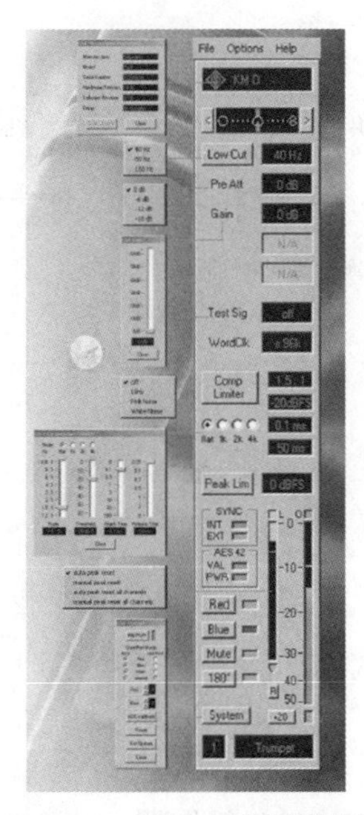

图 20.46　Neumann RCS 传声器控制软件
（Sennheiser Electronic Corporation 授权使用）

20.7　碳粒传声器

碳粒传声器（carbon microphone）是最早的传声器类型之一，至今在一些老式电话机中还能见到。它的频响范围非常有限，并且噪声和失真都非常大，同时需要笨重的直流电源供电才能工作。碳粒传声器[5]如图 20.47 所示，并按照如下的方式工作。

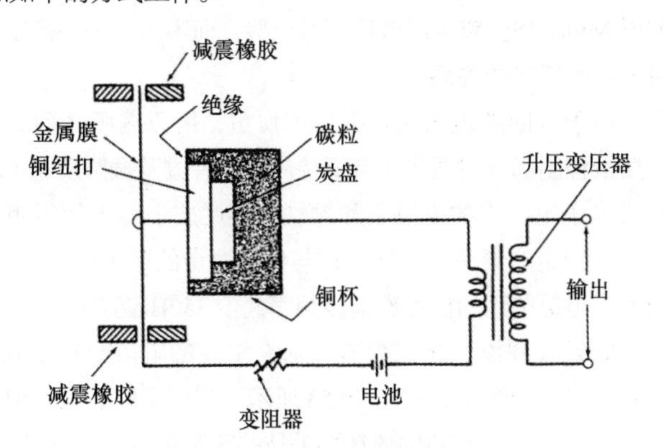

图 20.47　单纽扣碳粒传声器的连接与结构

几百个小碳粒粒子被紧密接触的被称之为纽扣的铜杯支撑着，这一纽扣与金属振膜的中心相连。声波撞击到振膜的表面，致使碳粒被扰动，从而导致其表面间的接触阻抗发生改变。电池或直流电源是串联于炭纽扣和声阻抗匹配变压器的初级上。接触阻抗的变化导致源自电源的电流幅度发生改变，从而产生类似于撞击振膜的声信号包络的电流包络。炭纽扣的阻抗非常低，以至于必须采用升压变压器来提高阻抗和传声器的输出电压，同时将输出电路中的直流成分去除。

图 20.48 所示的是 Shure 104C 手持式现代碳粒传声器。该传声器极为结实耐用，推荐在警察局的移动或固定基站中使用。其频率响应限定在语音的音域范围内，如图 20.49 所示。输出阻抗为 50Ω，输出电流为 50mA。对于 100μPa 声压的信号，其输出灵敏度在 1V 之下 5dB。

图 20.48　Shure 104C 型碳粒传声器
（Shure Corporation 授权使用）

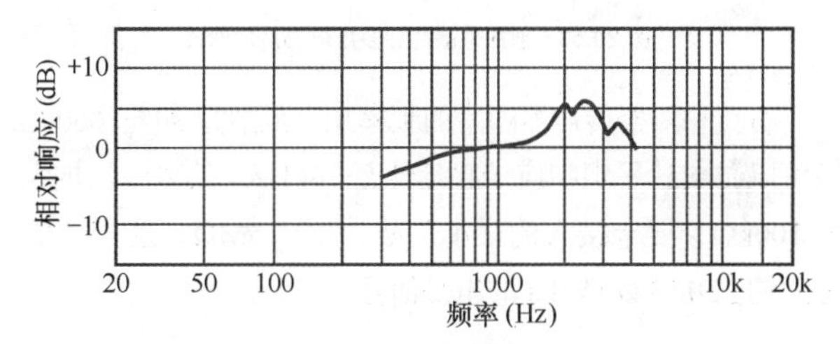

图 20.49　Shure 104C 型碳粒传声器的频率响应
（Shure Corporation 授权使用）

20.8　石英和陶瓷传声器

石英和陶瓷传声器[6]工作原理如下。压电是指“压力产生电能”，它是类似酒石酸钾晶体、电气石、钛酸钡和石英这样的一些晶体材料所具有的一种特性。当这些晶体受到压力时，它们就会产生电能。现如今磷酸二氢铵（Ammonium Dihydrogen Phosphate，ADP）、硫酸锂（Lithium Sulfate，LN）、酒石酸二钾（Dipotassium Tartrate，DKT）、磷酸二氢钾（Potassium Dihydrogen Phosphate，KDP）、锆酸铅和钛酸铅（Lead Titanate，PZT）的压电特性也已开发出来。虽然陶瓷在其初始状态下并不具有压电的性能，但是当对其材料进行极化处理之后便引入了压电的特性。压电陶瓷材料中，电信号和机械轴的方向取决于最初直流极化电势的方向。在极化期间，陶瓷元件承受一个在极化电极方向上持续增加，而在平行于两极的方向上持续减小的极化电压。

石英元件可以被切割成只受弯曲运动影响的弯曲元件或只受扭转运动影响的扭转元件，如图 20.50 所示。

对于振膜运动型的石英传声器而言，其内部电容大约为 0.03μF，而声巢型的内部电容则为 0.0005μF ～ 0.015μF。

陶瓷传声器的工作原理与石英传声器类似，只不过陶瓷传声器在陶瓷成形中加入了钛酸钡层，改善了其温度和湿度特性。

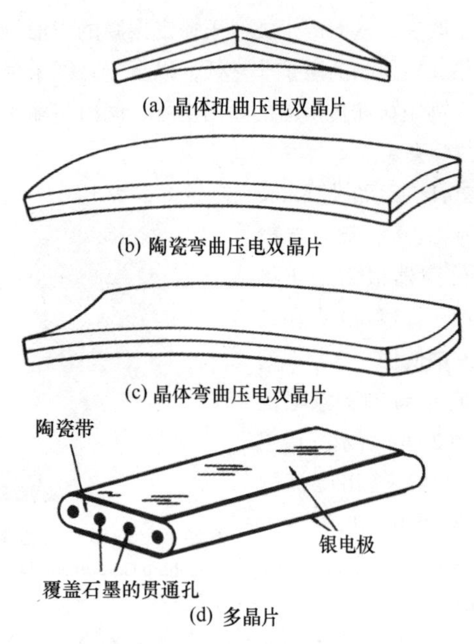

图 20.50　双压电晶片和多压电晶片的弯曲

石英和陶瓷传声器通常的频率响应范围为 80 ～ 6500Hz，但可以做成让平坦响应一直延伸至 16kHz，其输出阻抗大约为 100kΩ，要求接入的最小负载为 1 ～ 5MΩ，这样才能产生大约 -30dB @1V/Pa 的电平信号。

20.9　动圈传声器

动圈传声器（dynamic microphone）也被称之为压力式传声器或移动音圈式（moving-coil）传声器。它采用了一个小振膜和一个可在永久磁场中移动的音圈。撞击到振膜表面的声波致使音圈在永久磁场中发生移动，从而产生了与作用于振膜表面的声压成比例关系的电压。

在图 20.51 所示的动态压力单元中，磁铁及其相应的部件（磁回路、极片和极板）在小的磁缝隙中集中了大约高达 10 000G 的磁通量。

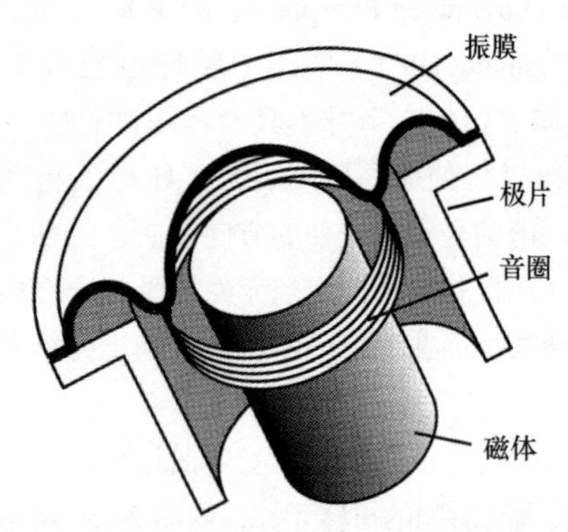

图 20.51　动圈传声器的简化图（Shure Incorporated 授权使用）

作为决定传声器性能的关键部件——振膜，它将音圈支承于仅有 0.1524mm 间隙的磁缝隙中间。

全指向振膜及其音圈组件如图 20.52 所示。顺性部分有两个悬挂点，它处于两个切向褶皱三角部分之间，用来加强该部分，并允许振膜产生前后运动和轻微的转动。悬挂点被设计成可以实现高顺性动作。垫片支撑振膜的运动部分离开顶部极片，为振膜运动提供空间。结合平面是结合在一起的面板。所设计的硬半球形球顶提供了足够的声学电容。音圈座是一个小的台阶，其中居中安装有音圈，并且与振膜粘合在一起。

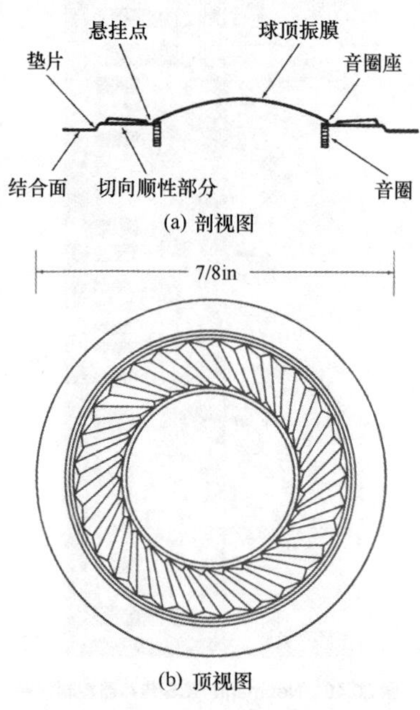

图 20.52　全指向振膜和音圈组件

Mylar ™是由杜邦（DuPont Company）生产的聚酯薄膜，它常被用作振膜材料。Mylar 是一种特殊的塑料。它不但有极高的硬度，而且还具有很高的抗拉强度、很高的耐磨性和出色的柔韧性。Mylar ™振膜在 -40°F ～ +170°F（-40℃～ +77℃）的温度范围上进行的长时间周期检测过程中不会发生任何振膜的损伤。由于 Mylar ™具有极高的稳定性，其属性在传声器应用的温度和湿度范围上不会发生改变。

Mylar ™的特定重力质量近似为 1.3，而铝材料为 2.7，所以 Mylar ™振膜可以做得更厚一些，而不用去关心振膜质量与音圈质量的关系。

由于音圈的重量高过振膜的质量，所以振膜音圈组件的质量控制部分主要是由音圈控制的。音圈及振膜质量（类比成电子电路中的电感）和顺性（类比成电容）使得组件在一个指定的频率上谐振，这与任何调谐的电子电路一样。典型无阻尼单元的自由锥谐振频率处于 350Hz 左右。

如果音圈没做阻尼处理，那么组件的响应会在 350Hz 出呈现出一个峰值，如图 20.53 所示。利用振膜后面居中定位环内的覆盖开孔部位的环形毛毡的声阻阻尼掉谐振特征。这类比于调谐电路中的电阻。虽然这降低了 350Hz 处的峰值，但并不改变 200Hz 以下的跌落情况。在传声器壳体内部建立起的附加声学谐振器件被用来校正这种跌落特性。单元后面的声腔（类比为电容）有助于与振膜和音圈组件的质量（类比为电感）共同作用，在低频建立起谐振。

增设的另一个调谐的谐振电路将频率响应向下延伸至

35Hz。调谐至大约 50Hz 的这一电路常常是一个将传声器内部腔室与外部耦合的声管。

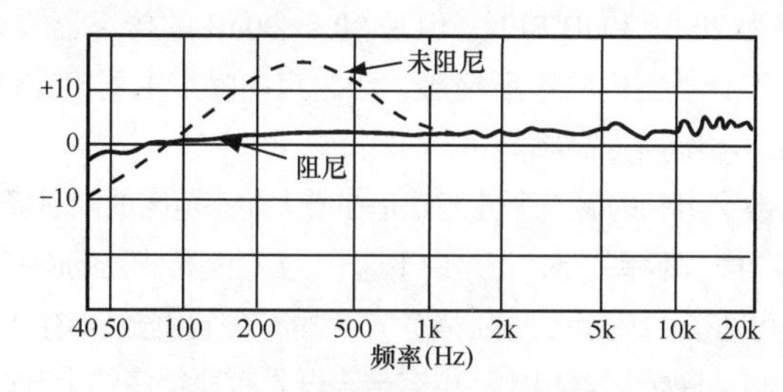

图 20.53 振膜和音圈组件的响应曲线

振膜球顶的曲率提供了刚性，振膜球顶与极片球顶之间的气腔构成了声学意义的电容。该电容与组件的质量（电感）所形成的谐振将频率响应向上延伸至 20kHz。

图 20.54 所示的是动圈传声器上声压变化的影响。为了简化分析的过程，假定使用的振膜和音圈组件是无质量的。图 20.54（a）所示的声波波形是声波的一个周期，其中 *a* 表示的是大气压 *AT*；*b* 代表的是大气压与微小的过压增量 Δ 之和，或者 *AT*+ Δ。

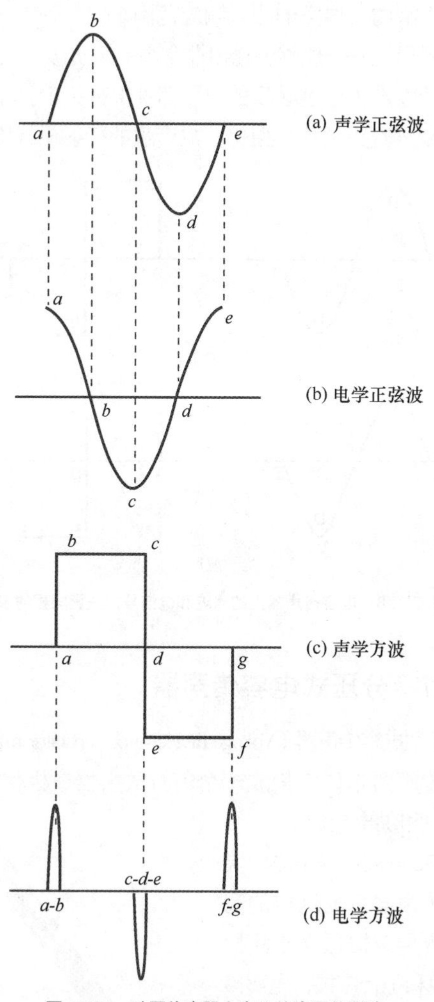

图 20.54 动圈传声器上变化的声压的影响

图 20.54（b）所示的是动圈传声器产生输出电信号波形，它不是跟随声学波形的相位，因为在最大声压 *AT* + Δ 或 *b* 处，振膜还处在静止位置（无速度）。进一步而言，振膜及其与之相连的音圈达到其最大振速，此时产生最大电信号幅度——声学波形的 *c* 点。除非伴随动圈传声器再使用另一支传声器，此时另一支传声器看不到这一 90º 的相移，否则这是无结果的。由于这一相移，所以在同样的距离对同一声源拾音时，电容传声器不应与动圈传声器或带式传声器混用（在许多实用的情况中，声压可能都是与声速成正比的）[7]。

被视为声学意义上方波的稳定过压，如图 20.54（c）所示，可以产生如图 20.54（d）所示的输出。随着声压从 *a* 升高至 *b*，声速使传声器产生出一个电压输出。一旦振膜达到其最大位移的 *b* 处时，并且在表示 *b* 和 *c* 之间距离的时间间隔期间保持在那里，音圈速度为零，所以电输出电压停止，输出返回到零点。同样的情况会在声波从 *c* 到 *e* 和 *e* 到 *f* 期间重复出现。正如所见到的那样，动圈传声器是不能产生出方波的。

图 20.55 所示的是动圈传声器工作机制的另一种让人感兴趣的理论考虑。假设是突然瞬态的情况。声波在 *a* 点开始，正常的大气压突然增加到新信号的初始波形情形，进而达到第一个过压峰值，*AT* + Δ 或 *b*。振膜将达到最大声速的一半的 *b* 点，然后在 *b* 点返回到零声速。这将导致在电波形中产生峰值点 *a*′。从 *b* 点开始，声学波形和电学波形将会如之前那样进行下去，周而复始，只不过相差了 90°。

在这种特殊的情况下，峰值 *a*′ 并不准确跟随输入，所以它在一定程度上是个例外。在实用的动圈传声器中，这有可能会被其他的问题（尤其是质量）所掩盖。即便对于“完美的”、无质量的动圈传声器有所示的情况，也不会产生出“完美的”电信号波形。

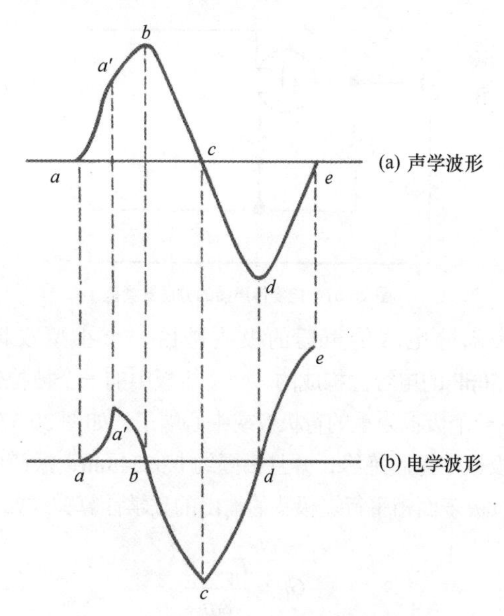

图 20.55 动圈传声器上瞬态条件的影响

当声波使振膜振动时，音圈上产生出与振动的幅度和频率成正比的感应电压。音圈和振膜具有一定的质量，任何质量都具有惯性，这一惯性会使得其维持在原有的状态（运动或静止状态）之下。如果振膜 – 磁体结构的固定部件产生了空间位移，那么振膜和音圈的惯性就会试图保持在空间的固定位置不动。因此，最终的电输出对应于两个部件间的相对运动。电输出可以由两种方式获得，即气导声能作用下的振膜运动或结构传导振动作用下的磁体电路的运动。振膜运动是输出所需要的，而结构传导振动是不想要的。

为了减小不想要的输出，虽然我们可以降低振膜和音圈的质量的方法，但这存在着实用上的局限性，或者通过使用机械上更硬的振膜或滤波器电路来限制频率响应。然而，受限的频率响应会导致传声器不适合广泛应用。

20.10　电容传声器

在电容（capacitor或condenser）传声器（如图20.56所示）中，通过弯曲电容器的一个或两个极板，声压级改变了极头的电容，从而使得电信号随着声信号的变化而变化。变化的电容常被用来调制一个RF信号，该信号随后被解调，或者可以用作分压器的一脚（如图20.57所示），其中R和C构成对电源++至－的分压器。

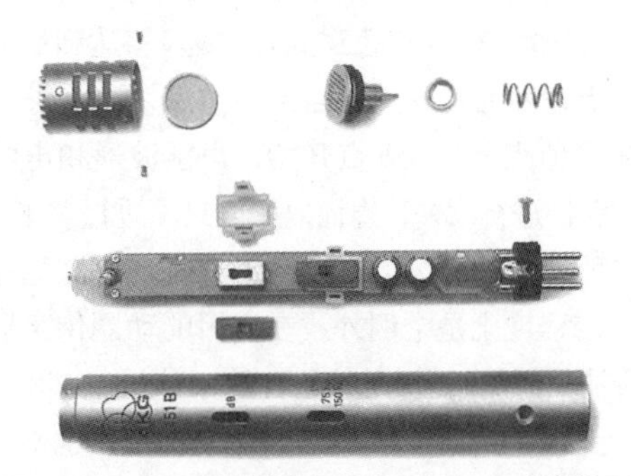

图20.56　AKG C451传声器（AKG Acoustics授权使用）

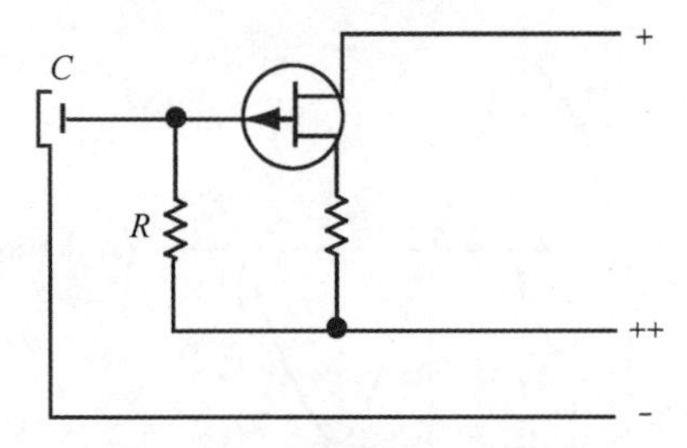

图20.57　电容传声器的分压器类型

大部分电容传声器的极头是由一个小型双极板的40～50pF的电容器构成的。两个极板中的一个被拉伸为振膜；另一个极板为重的背极板或中心端子，如图20.57所示。背极极板与振膜绝缘，并且相隔约0.0254mm，振膜的后表面与背极表面相平行。极头的输出的数学计算公式如下。

$$G_O = \frac{E_p a^2 P}{8dt} \qquad (20\text{-}18)$$

在公式中，

E_O为输出，单位为V；

E_p为极化电压，单位为V；

a是振膜的有效区域半径，单位为cm；

P为声压，单位为dyn/cm^2；

d为背极与振膜之间的间距，单位为cm。

t是振膜的张力，单位为dyn/cm。

有些便宜或老式的电容传声器工作时的等效噪声声级为15～30dB SPL。尽管结构上良好的演播室的噪声声级范围为20～30dB SPL，但是20～30dB的传声器等效噪声并不会被室内噪声所掩蔽，因为室内噪声主要出在低频，而传声器噪声为高频咝声。

数字声频的另一个性能就是在增大动态范围的同时降低了本底噪声。不幸的是，正是由于这一改善使得传声器的固有噪声变得可闻了，因为记录媒质噪声产生的覆盖作用已经不存在了。

与动圈传声器相比，电容传声器具有快得多的上升时间，因为此时可动部件的质量明显地降低了（振膜与振膜/音圈组件的变化）。电容的上升时间是指其上升时间的10%～90%的时间，它约为15μs，而动圈传声器的上升时间的数量级为40μs。

电容传声器产生出与声学波形相一致的阶跃变化或相位，并且可以适合用来测量dc过压，如图20.58所示。要想产生真正的方波，传声器必须是射频电容传声器。直流电压分压型的传声器产生出的信号在方波的顶部和底部存在跌落。

电容传声器的一些优点包括以下几点。

- 降低对振动拾取的小型化、质量轻的刚性振膜。
- 平滑的、展宽的频率响应范围。
- 耐用性——能够测量出非常高的声压级（火箭发射）。
- 低噪声（通过必要的电子器件部分抵消掉了）。
- 传声器头尺寸小型化，故产生的衍射干扰降低了。

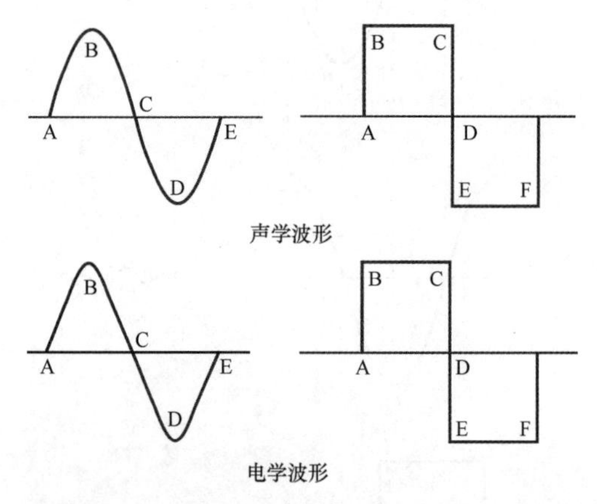

图20.58　电容传声器上的声波和电信号，注意同相的条件

20.10.1　分压式电容传声器

分压型电容传声器（Voltage divider-type capacitor microphone）需要在传声器本体内集成一个前置放大器、极化传声器头的电压源和供电电源。

像Sennheiser K6模块式电容传声器系列这样的高质量电容传声器适合于演播室、电视和电台广播，电影摄影棚录音和舞台及音乐厅录音应用，同时也适合于高质量的商业音响系统安装应用。

图20.59　采用分压电路的无指向壳体的模块化传声器系统（Sennheiser Electronic Corporation授权使用）

图20.59所示的K6/ME62

系列是一个电容传声器系统，它们采用了包括场效应管在内的 AF 电路，所以它具有低的噪声电平（15dB 符合 DIN IEC 651 标准）、高可靠性和长期稳定性的特点。低电压时的低电流消耗和幻象电路供电允许馈给传声器的电源电压通过标准的屏蔽双导线声频线缆来实现，或者使用内置的 AA 电池供电。

K6 提供了可更换的传声器头，可以从全指向到心形，再到枪式传声器指向性中选择出具有不同响应特性的传声器，以便选择出适合不同环境和录音应用的传声器。

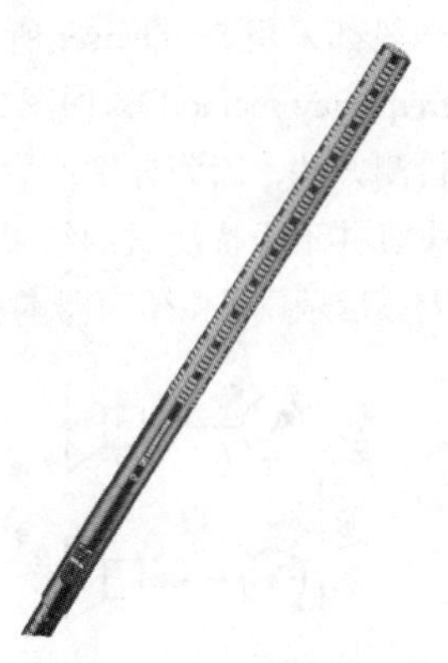

图 20.60　与图 20.59 所示同样的传声器，只是它为短枪式壳体（Sennheiser Electronic Corporation 授权使用）

由于新型的 PCM 录制设备的信噪比（SNR）已经达到了 90dB，所以要求电容传声器提高其自身的 SNR，以便与录制设备相匹配。图 20.60 所示的枪式 K6 系列传声器的等效噪声电平为 16dB（DIN IEC 651）。

与大多数电路一样，分压器型电容传声器的输入级对噪声的影响最明显，如图 20.61 所示。换能器上的电压不变是很重要的。这一般是通过控制输入电流来实现的。在图 20.61 所示的电路中，电压 V_{in}、V_{out} 和 V_D 彼此相差不到 0.1%。由于 V_{in} 是来自运算放大器，所以电路中可能呈现的噪声只是电压 V_o 的 1.1%。

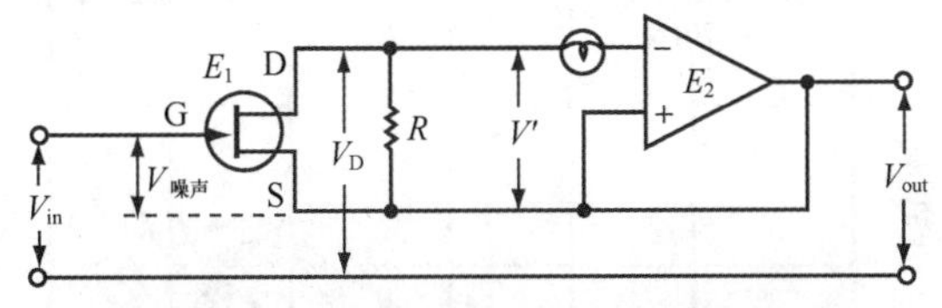

图 20.61　AKG C-4608 传声器输入电路的简化电路图

预衰减，也就是在电容与放大器之间的衰减，可以通过在输入上并联电容，利用负反馈电路中的电容器来降低输入级的增益，或者通过将极化电压减低至标称值的 1/3 和利用声频线路中的电阻型分压器的方法来实现。

20.10.2　电容传声器的幻象供电

为电容传声器供电的常见方法是利用幻象电路来进行供电。幻象（Phantom）或单纯供电（simplex powering）是指由诸如前置放大器、混音器或调音台这样的后级设备的输入为传声器供电的方法。

大部分电容传声器的前置放大器可以工作于 9 ～ 52V_{dc} 的任意电压下。前置放大器为电容器膜盒提供正确的极化电压，同时也是为了让膜盒与平衡的低阻输出产生阻抗匹配。

标准的低阻抗，平衡式传声器输入插座容易更改，以便工作电压和声频输出信号更为简化，它在降低成本和电容传声器工作简便性方面有如下的优点。

- 电容传声器原本所需的特殊外接电源和单独的多导线线缆可以省去了。
- 录音机、调音台和商用声音放大器所带的 B+ 电源可以直接为传声器供电。
- 动圈、带式和电容传声器均可以交换使用标准的、低阻抗平衡式传声器电路。
- 动圈、带式和自供电电容传声器可以连接到改良的放大器输入上，不会破坏传声器的工作电压。
- 任何录音、广播和商用安装都可以通过低成本的升级，让现有的双导线传声器线缆和电子器件可用于电容传声器。

使用幻象电路只要求放大器的低阻（通常是 XLR 输入）插座的 2 针和 3 针能提供相等的传声器工作电压。1 针维持接地和电路电压负值。除非对通常的声频极性有要求，否则标准的传声器线缆接线极性并不重要（参见 20.5.3）。有两种同样有效的放大器供电方法可以使用。

（1）直接将 9 ～ 12V 的放大器电源 B+ 连接到传声器输入变压器未接地的中央抽头上，如图 20.62 所示。对于 12 ～ 52V 的电压，需要使用一个串联的降压电阻器。图 20.63 是典型的电阻阻值表。如果对于特定电压的电流是已知的，那么可以针对任意传声器做出这样一个表格。

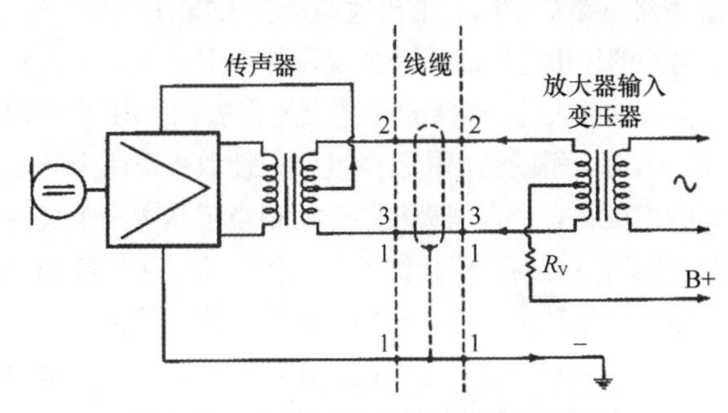

图 20.62　电容传声器采用的直接中央抽头幻象供电法（AKG Acoustics 授权使用）

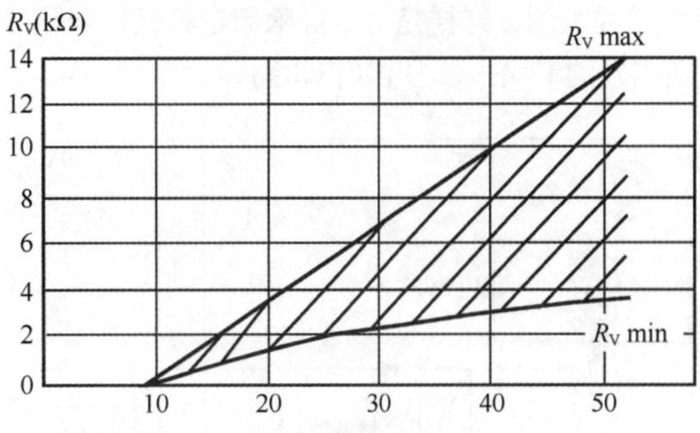

图 20.63　用于 AKG C-451 传声器幻象供电的电阻阻值递减表（AKG Acoustics 授权使用）

（2）当传声器输入变压器不是中央抽头式，或者输入衰减网络被跨接到输入变压器的初级时，需要用两个电阻器实现人工居中调整的供电电路。将 9 ～ 12V 的 B+ 电源直接连接到两个 332Ω，精度在 1% 的精密电阻中间进行人为调整，如图 20.64 所示。任何变压器中心抽头都不应接地。对于处于 12 ～ 52V 的电压，要将图 20.63 中电阻器阻值加倍。

根据可使用的电流情况，采用一个B+电源的上述两种方法可以为任意数目的电容传声器供电。图20.63中表示出的针对各种电压所使用的最大电阻阻值（R_v max）对应的是最小的电流消耗。

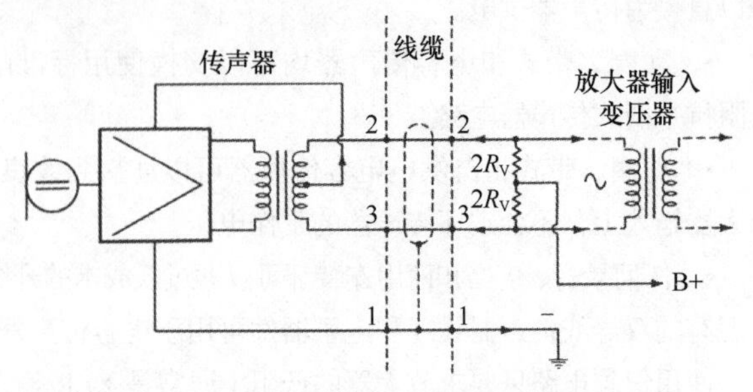

图20.64　电容传声器采用的幻象供电准中心抽头连接法

20.10.3　电容无线，调频传声器

调频传声器（frequency-modulated microphone）是一种连接到射频（Radio-Frequency，RF）振荡器上的电容传声器。撞击振膜的压力波导致传声器头的电容量发生改变，从而对振荡器进行频率调制。调制振荡器的输出通过鉴频器，并以正常的方式进行放大。

图20.65所示的是其基本电路。利用单只晶体管，两个振荡器电路被激励且准确地调谐在3.7MHz的同一频率上。电路的输出电压通过相位-桥式检波器电路整流，它对来自振荡器的大的线性调制范围上的非常小的RF电压均能工作。来自电桥的输出电压幅度和极性取决于两个高频电压间的相位角。传声器极头的作用相当于其中一个振荡器电路上的可变电容。当声波撞击到传声器极头振膜的表面时，振膜的振动由振荡器电路的相位曲线所检测，并在桥式电路的输出端产生声频电压。传声器极头膜片是金属材质，以保证拥有大的恒定电容量。自动频率控制（Automatic Frequency Control，AFC）及其大范围的工作是通过电容二极管方式提供的，这样是为了排除因定频元件老化或温度变化所引发的干扰，省去了平衡电路。

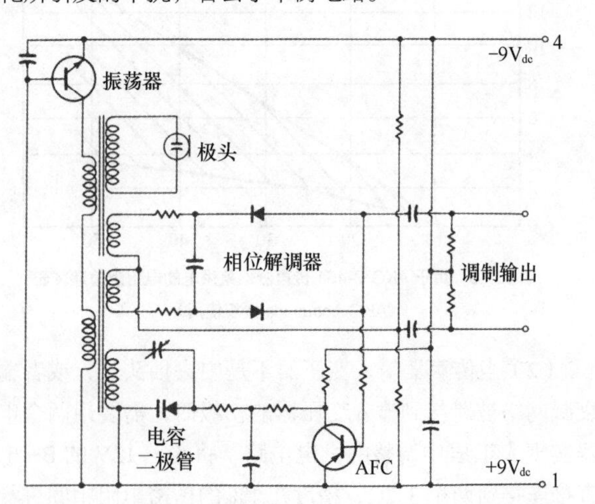

图20.65　Schoeps射频电容传声器—CMT系列产品采用的基本电路图

内部输出阻抗约为200Ω。信号直接由桥式电路通过两个电容馈送过来，对于10 dyn/cm^{2}的声压级，分配至200Ω负载上的输出电平为−51～−49dB（具体取决于采用的指向性图形）。因为桥式电路的缘故，其SNR和失真独立于负载。因此，传声器工作负载阻抗范围为30～200Ω。

20.10.4　对称推挽式换能器传声器

对录音演播室中使用的电容传声器线性特性的研究一般都采用Sennheiser所用的双音信号差频法（difference frequency method），如图20.66所示。这是一种非常可靠的检测方法，因为分别产生出测试信号的两只扬声器的谐波失真并不干扰测试的结果。因此，在传声器输出端呈现的差频信号只是由传声器本身所引起的。

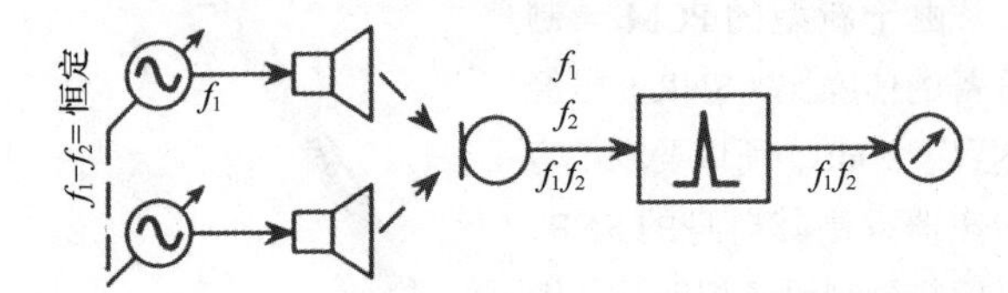

图20.66　差频的检测（Sennheiser Electronic Corporation授权使用）

图20.67所示的是8支单指向性演播室电容传声器的失真特性，此时传声器拾取的是两个声压级为104dB SPL（3Pa）声音。这两个声音存在着一个固定为70Hz的频率差。同时这两个双音信号一直扫频至声频的上限。图中的曲线表明：具有相当高声压级的，不想要的差频信号在所有考核的传声器中均会出现。尽管曲线的形状各不相同，但是其总的基本变化趋势是高频时失真电平不断升高（直至达到1%）。

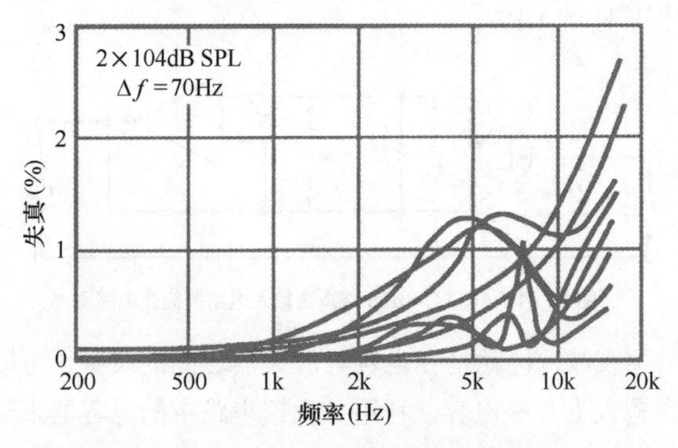

图20.67　8支单指向传声器的频率失真

（Sennheiser Electronic Corporation授权使用）

通过线性推断，可以将测量结果延伸至更高的信号电平上。例如，这意味着只要传声器电路的削波受到阻止，那么声压高出10倍，产生的失真也就增大10倍。因此，两个124dB SPL的声音将会导致传声器内的失真增大10%。虽然该数量级的声压级已经超出人耳听觉系统的痛阈，但在近距离拾音时还是可能出现的。尽管失真的可闻性与声音信号的音结构有很强的相关性，但是这一数量级的失真数值还是会对所拾取声音的保真度有相当大的影响。

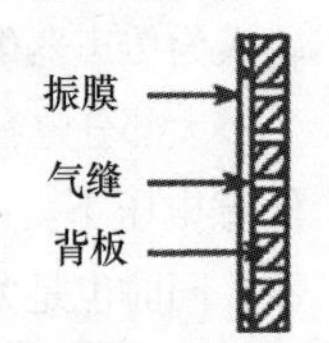

图20.68　普通的电容传声器换能器

非线性的原因。图20.68所示的是容性换能器的简化示意图。振膜和背板构成

了一个电容器，其电容量取决于空气缝隙的宽度。从声学角度来看，空气缝隙的作用相当于一个复合阻抗。其阻抗并不是恒定的，而是取决于振膜的实际位置。如果振膜朝着背板的方向移动，该阻抗值增大；当振膜朝相反的方向移动时，阻抗值降低，因此空气缝隙的阻抗随着振膜的运动而发生变化。这意味着寄生的调整效应通过换能器叠加到体速度的流动上，从而导致非线性失真的产生。

解决线性问题。换能器的推挽设计有助于改善电容传声器的线性，如图 20.69 所示。相当于背板的附加极板对称地置于振膜的前部，所以只要振膜处于其静止位置，便构成了具有相等声阻的两个空气层。如果振膜在声信号作用下发生了弯曲，那么空气缝隙的阻抗便产生相反方向的变化。一侧的阻抗增大，同时另一侧的阻抗减小。不论振膜朝哪个方向运动，变化的影响彼此补偿，且总的空气缝隙阻抗保持恒定，从而降低了容性换能器的失真。

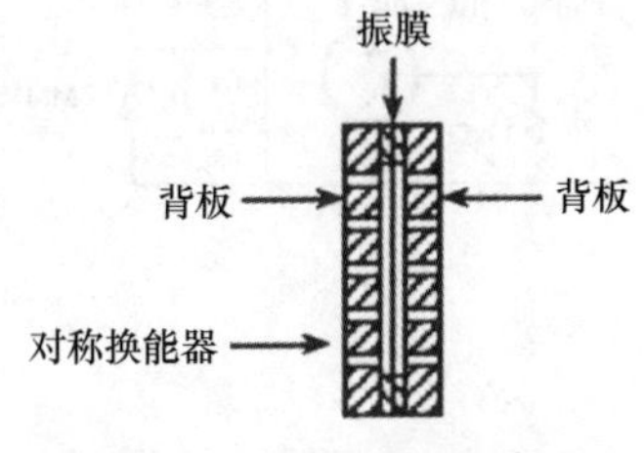

图 20.69　对称电容式传声器换能器

图 20.70 所示的是 Sennheiser MKH 系列推挽元件，无变压器 RF 电容传声器的失真特性。将图 20.70 与图 20.67 进行比较可以看出推挽设计所带来的线性性能改善。

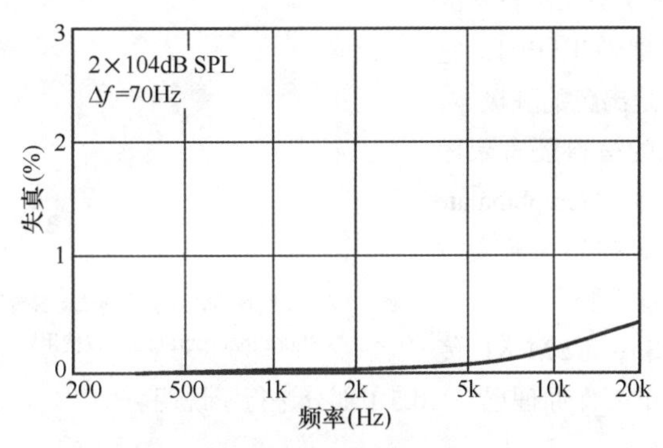

图 20.70　对称电容式传声器换能器的失真特性

20.10.5　噪声源

电容传声器的固有噪声一部分源于空气粒子热扰动对振膜产生的随机撞击。统计法则可以对作用于振膜上的声压信号进行准确的评估，从而改善振膜直径引发的线性特征。因此，较大直径振膜的噪声性能要比较小直径振膜的更好。

噪声的另一个贡献者就是换能器阻性阻尼元件中的摩擦效应。声阻所引发的噪声与电阻引发噪声的机理一样，因此，采用的声学阻尼越大，所引发的噪声越高。

传声器的电子电路也会使噪声加大，其贡献出的噪声与换能器的灵敏度有关。高灵敏度的换能器降低了电路噪声的影响。电路本身的固有噪声与其工作原理和电子器件的技术质量有关。

降噪。大振膜改善了噪声性能。不幸的是，大振膜提高了高频的指向性。一个直径为 1in(25mm) 的换能器通常是一种不错的选择。改善噪声性能的进一步方法就是降低换能器的阻性阻尼。在大多数指向性电容传声器中，为了让换能器本身取得平坦的频率响应都采用了大量的阻性阻尼。利用这样的设计，传声器的电子电路相对简单。然而这将降低灵敏度，提高了噪声。

虽然保持换能器适中的阻性阻尼是改善噪声性能的较合适方法，但是这会导致换能器频率响应不平坦，因此必须要采用电子方法进行均衡，以获得整个传声器具有平坦的频率响应。这种设计技术需要采用更为精密的电子电路来产生良好的噪声性能。

换能器的电输出动作相当于纯电容。由于其阻抗随着频率的升高而降低，所以 RF 电路中的换能器阻抗低，而 AF 电路中的阻抗高。进一步而言，RF 电路中换能器的电阻抗与实际的声频频率无关，而且由于 RF 振荡器固定频率的缘故，其阻抗相当一致。与此形成对比的是，在 AF 设计中，换能器阻抗与实际的声频频率有关，尤其在低频时其阻抗数值非常高。在电路的输入上必须要使用极高阻值的电阻器，以避免换能器输出的负载影响。这些电阻器客观上会提高噪声电平。

RF 电路具有非常低的输出阻抗，这一点可以与动圈传声器相比拟。输出信号可以直接提供给偶极晶体管，利用阻抗匹配产生低噪声性能。

图 20.71 所示的 Sennheiser MKH 20 是一款具有全指向特性的压力式传声器。MKH 30 是一款具有高度对称双指向特性的纯粹压力梯度式传声器，这是因为推挽换能器对称性的缘故。图 20.72 所示的 MKH 40 工作于压力式和压力梯度式相结合的方式下，它具有单指向的心形指向特性。

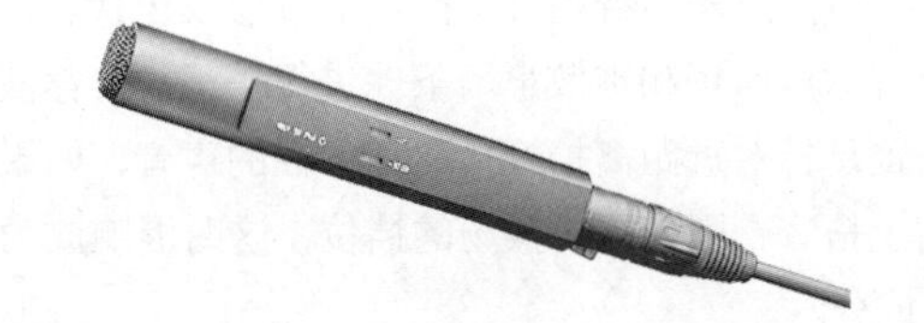
图 20.71　全指向压力式电容传声器（注：壳体上没有后进声孔，Sennheiser Electronic Corporation 授权使用）

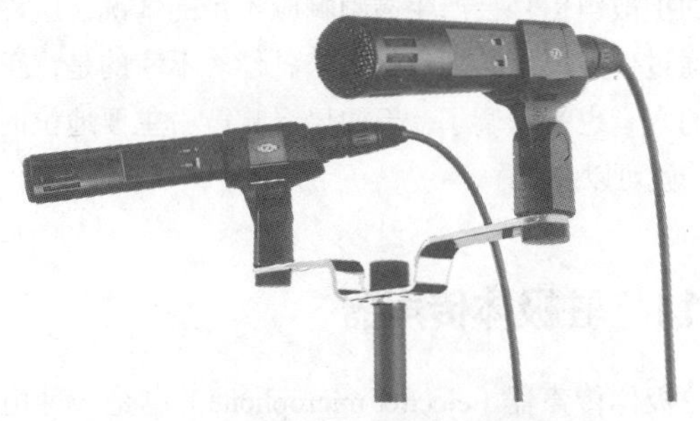
图 20.72　单指向压力 / 压力梯度式电容传声器（Sennheiser Electronic Corporation 授权使用）

- 传声器由 $48V_{dc}$ 和 2mA 的幻象电源来供电。输出是无变压器浮地输出，如图 20.73 所示。

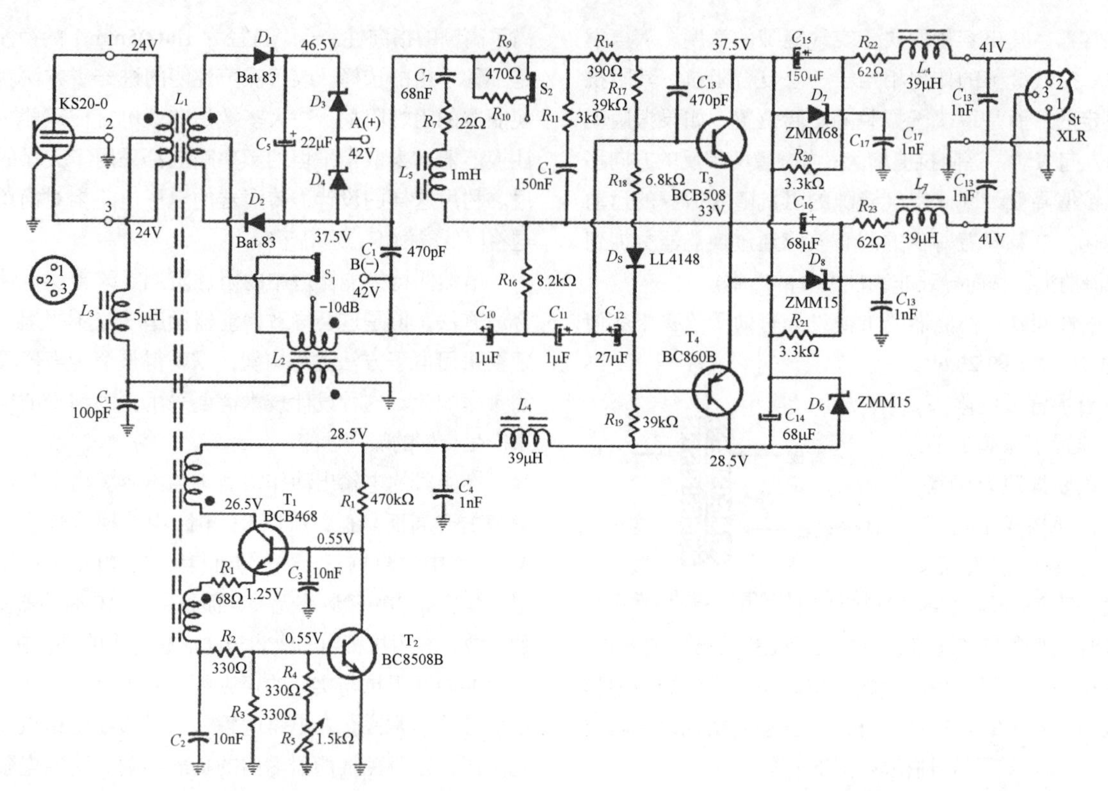

图 20.73　Sennheiser MKH 20 P48 U3 电容传声器的原理示意图（Sennheiser Electronic Corporation 授权使用）

• 标称灵敏度下的 SPL_{max} 为 134dB，在降低灵敏度时该值为 142dB。

• 对应于 20 ～ 22dB 的 CCIR- 加权数值的传声器等效 SPL 范围为 10 ～ 12dBA。

• 指向性传声器配置了可切换的低频滚降开关，用以消除近距离拾音所带来的近讲效应的影响。补偿是针对 5cm 所进行的调整。

全指向传声器的特性可切换至扩散场校正状态，它可以针对直达声声场和扩散声场条件进行校正。推荐使用的正常位置是针对近距离拾音拾取到中性的声音，如果在更远距离上拾音，则使用扩散场的挡位，这时混响成为主要的声音成分。

两种录音情况间之所以存在差异，是因为全指向传声器倾向于衰减侧向和反方向投射来的高频声音信号。随机入射的扩散声信号会产生高频响应不足的情况，这种情况可以通过传声器上的高音加重来补偿。不幸的是，正面入射来的声音也被强调了，但如果混响声占主要地位时，这种影响就可以忽略了。

20.11　驻极体传声器

驻极体传声器（electret microphone）也是一种电容传声器，其极头电容器被永久充电，消除了对高电压偏置电源的需求。

图 20.74 所示的 Shure SM81 心形电容传声器 [3] 使用驻极体材料在换能器上建立起偏置电压。背极的驻极体材料是基于诸如 Teflon ™和 Aclar 这类光碳材料的物理属性工作的，它们都是出色的驻极体，类似的材料还有聚丙烯和聚酯 terephthalate（Mylar ™），它们更适合用作振膜。

图 20.74　Shure SM81 驻极体式电容传声器（Shure Incorporated 授权使用）

Shure SM 81 传声器的工作原理已在 20.5.1 部分进行了说明。

20.12　压力区域式传声器（PZM）

压力区域传声器（pressure zone microphone）也称为 PZMicrophone 或 PZM，它是面朝下，挨着声反射面或边界安装的微型电容传声器。传声器振膜刚好位于边界上方的压力区，在这一区域内直达声与反射声可闻声范围内进行有效的同相混合。

在许多录音和扩声应用中，音频工程师强制将传声器摆放在靠近硬反射面的地方，比如录制由反射障板包围起来的乐器，在舞台的地板附近利用传声器进行戏剧或歌剧的扩声拾音，或者将传声器贴在钢琴的琴盖内拾取钢琴声音。

在这些情况中，由声源发出的声音以两个路径传输至传声器：一条是由声源直接传输至传声器的路径，另一条是经边界表面反射至传声器的路径。被延时的声反射在传声器处与直达声叠加，导致在多个频率上产生图 20.4 所示的相位抵消现象。这在净频率响应上产生出一系列的峰和谷，我们将其称为梳状滤波器效应（comb-filter effect），它对录音的音质产生影响，并产生出不自然的声音感知。

研发 PZM 是为了避免靠近表面摆放传声器所产生的声染色问题。传声器振膜被安排成与反射面平行且与之很近的位置，而且振膜朝向表面，所以直达声波和反射声波在振膜处同相叠加，如图 20.75 所示。

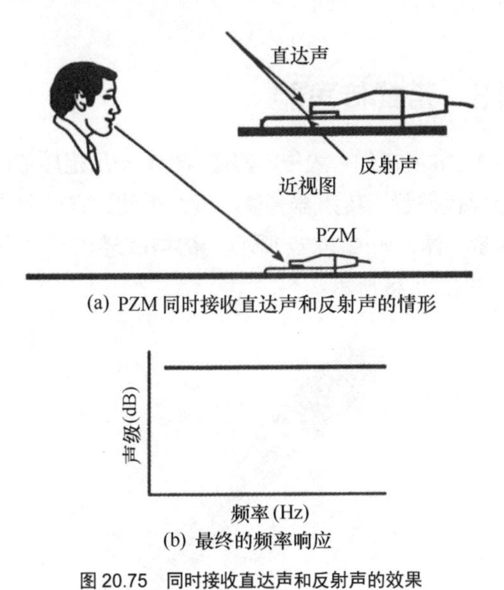

(a) PZM 同时接收直达声和反射声的情形

(b) 最终的频率响应

图 20.75　同时接收直达声和反射声的效果

这样的安排具有如下的好处。

- 宽且平滑的频率响应（自然重放），因为直达声与反射声之间相位干涉弱。
- 灵敏度提高了 6dB，因为直达声与反射声是相干叠加。
- PZM 的高灵敏度和低内部噪声使 SNR 提高。
- 与普通的全指向传声器相比，对混响声场成分的拾取降低了 3dB。
- 离轴声染色弱，因为进声口小且径向对称。
- 由于离轴声染色弱，所以对偏离传声器主轴的乐器拾音良好。
- 对随机入射声（环境声）和直达声有一致的频率响应，因为离轴声染色弱。
- 除非声源移动或传声器至声源的距离变化，否则音质是一致的。
- 出色的拾音范围（清晰地拾取到干净的远处声音）。
- 半球形极坐标方向型，对来自表面之上各个方向的声音具有相等的灵敏度。
- 安装不显眼。

20.12.1　灵敏度的影响

如果 PZM 极头放置得非常靠近（在 0.5mm 处）某一块大的边界表面（比如大的平板、地板或墙壁）时，那么进来的声音会由表面反射。反射声波在靠近边界的压力区与输入声波叠加。声波的这种相干叠加使传声器处的声压加倍，其灵敏度要比标准传声器的灵敏度或输出提高 6dB。

如果 PZM 极头被放在两个彼此直角相交界面的结合部，比如墙壁与地板交界处，那么墙壁将灵敏度提高 6dB，地板再将灵敏度提高 6dB。这两个直角相交的边界将使灵敏度提高 12dB。

对于处在彼此直角相交的三个边界结合处的 PZM 单元，比如地板与两个墙壁的交汇处，那么此时传声器的灵敏度要比处在开放空间时的灵敏度高出 18dB。

应注意的是，虽然传声器的声学灵敏度随着边界数的增多而增大，但传声器的电噪声还是保持恒定不变，因此传声器的有效 SNR 会因直角交会的边界数每增加一面而改善 6dB。

20.12.2　直混比的影响

边界数每增加一面，直达声灵敏度提高 6dB，而边界数每增加一面，混响或随机入射声只提高 3dB。因此，只要直角交会的边界较之前增加一面，则直混比就会提高 3dB（$6\text{dB}_{直达声} - 3\text{dB}_{混响声}$）。

20.12.3　对频率响应的影响

PZM 或 PCC 的频率响应取决于其安装面的大小。表面越大，其低频响应向下延伸越多。低频响应以搁架形衰减至中频电平之下 6dB。此时频率所对应的波长约为边界尺寸的 6 倍。例如，在 0.6m × 0.6m 板上安装的 PZM 传声器的频率响应在 94Hz 处搁架衰减了 6dB。在 12cm × 12cm 板上，响应在 376Hz 之下就搁架衰减了 6dB。

为了取得最佳的低频和最平滑的频率响应，PZM 或 PCC 必须放置在诸如地板、墙壁、桌面或障板这样的大的硬边界表面上，其大小至少要为 1.2m × 1.2m。

为了降低低频响应，PZM 或 PCC 可以安装在远离其他反射面的小的平板之上。这一平板可以由薄的胶合板、绝缘纤维板（Masonite）、干净的塑料或任何其他硬的光滑材质平板制成。当用于铺设地毯的地板上，PZM 或 PCC 应放置在大小至少为 0.3m × 0.3m 的硬表面平板上，以取得最为平滑的高频响应。

为了确定 $f_{-6\text{dB}}$ 频率，即响应被搁架衰减 6dB 所对应的频率，利用如下的公式。

$$f_{-6\text{dB}}=188^{*}/D \tag{20-19}$$

*57.3 用于 SI 单位制。

在公式中，

D 是边界的尺寸，单位为 ft 或 m。

例如，如果边界为 2ft（0.6m）的正方形，那么 −6dB 点为

$$f_{-6dB} = \frac{188}{D} = \frac{188}{2} = 94\,\text{Hz}$$

在 94Hz 以下，响应为恒定状态，电平为中频上限电平之下 6dB。应注意的是，这是搁架式响应，而非连续地滚降衰减。

当 PZM 被置于长方形边界上时，其响应会呈现出两个搁架。边界面的长边为 D_{max}，短边为 D_{min}。响应降低 3dB 的频率为

$$f_{-3dB}= 188*/D_{max} \tag{20-20}$$

*57.3 用于 SI 单位制。

另一个衰减 3dB 的频率点为

$$f_{-3dB}=188*/D_{min} \tag{20-21}$$

*57.3 用于 SI 单位制。

低频搁架随着边界周围声源的角度的变化而变化。对于 90° 入射（声波运动平行于边界），这时不存在低频搁架。

搁架的深度也随声源与平板之间距离的变化而变化。当声源与平板的距离小于平板的尺寸时，搁架就开始消失了。如果声源非常靠近 PZM 安装面，那么就不存在低频搁架了，频率响应就是平坦的了。

如果 PZM 处在彼此垂直交汇的两个或多个边界面时，在上限频率之上每个边界面会使响应产生 -6dB 的搁架衰减。例如，两块 2ft（0.6m）方形平板组成的双边界单元产生的搁架衰减的 -12dB 点处在 94Hz 以下。

除了低频搁架，还存在其他的频率响应影响。对于边界面主轴上的声源，在波长等于边界尺寸的频率点上，响应会存在约 10dB 的提升搁架。

对于方形板，

$$F_{peak}=0.88c/D \tag{20-22}$$

在公式中，

c 为声速（1130ft/s 或 344m/s）；

D 为边界的尺寸，单位为 ft 或 m。

对于圆形板，

$$F_{peak}=c/D \tag{20-23}$$

例如，一块 2ft（0.6m）的方形平板产生 10dB 提升搁架的频率点为

$$F_{peak} = 0.88c/D = 0.88 \times 1130/2 = 497\text{Hz}$$

应注意的是，该响应峰值只是针对主轴声源的直达声而言。如果平板处声场为部分混响场，或者声波是以某一角度撞击平板，那么影响就会比较小。如果传声器极头被摆放在偏离边界中心的位置，那么峰值也会降低。

20.12.4 相位相干心形传声器

相位相干心形传声器（Phase Coherent Cardioid microphone，PCC）是一种界面安装的超心形传声器，其优点在许多方面都与 PZM 类似。但其也存在与 PZM 不同之处，PCC 采用的是超小型超心形传声器极头。

从理论上讲，PCC 并不是压力区域传声器。PZM 的振膜是平行于边界的，而 PCC 是对着安装面的，也就是说，主拾音轴是平行于平面的。

20.13 带式传声器

图 20.76 所示的带式传声器通常含有一块矩形障板，这个矩形障板被置于传声器壳体的缝隙中间，它是非常薄且柔韧的带状体，如图 20.77 所示。磁体在缝隙中产生很强的磁场，如图 20.78 所示。

图 20.76　Royer Labs R-122 型 Active Ribbon™ 带式传声器（Royer Labs 授权使用）

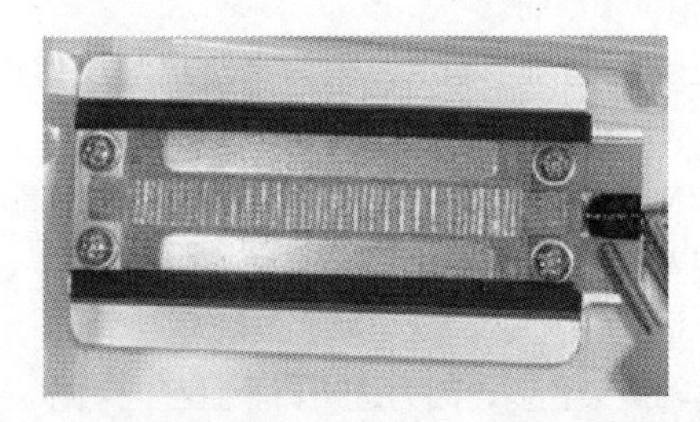

图 20.77　Royer Labs 的带式传声器结构（Royer Labs 授权使用）

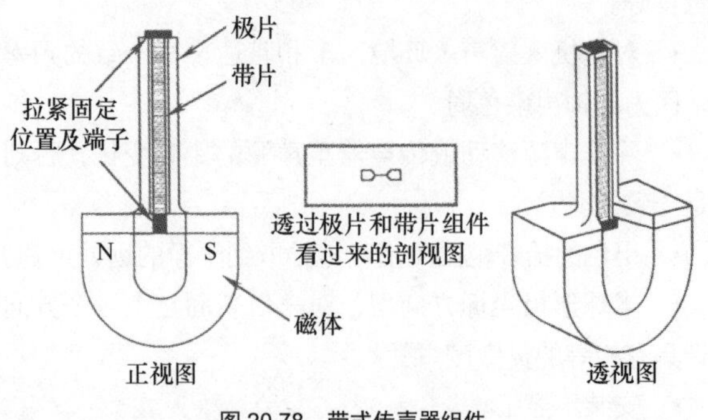

图 20.78　带式传声器组件

当声波由传声器的正面或背面接近传声器时，会在传声器的正面与背面间产生声压差，同时带片以此产生运动。带片的运动与声波驱动它一样，同时带片中感应出的电压将与带片运动的速度成正比。

由于带片的位移取决于传声器前后两面的气压差，因此指向性图形是标准的双指向（8 字形）图形，与带片处在同一平面的声源在带片上产生大小相等但方向相反的作用力，故此时带片不运动且无输出*。这便产生了 8 字形的图形，如图 20.79(a) 所示，其频率响应如图 20.79(b) 所示。

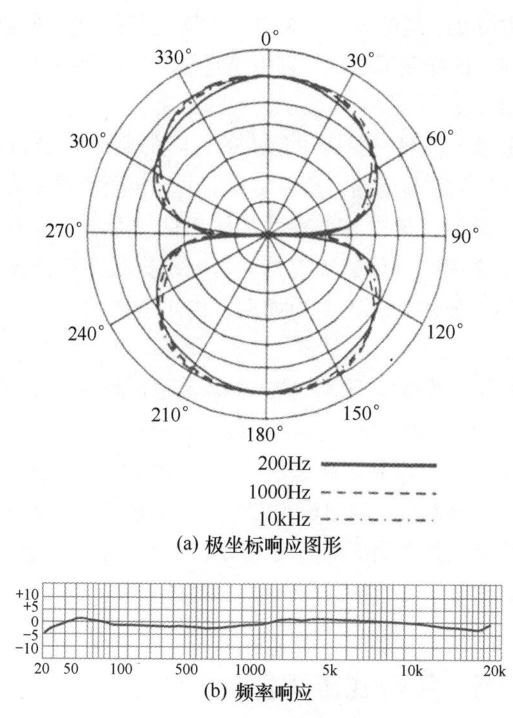

(a) 极坐标响应图形

(b) 频率响应

图 20.79　Royer Labs R-122 传声器的指向性图形和频率响应（Royer Labs 授权使用）

由于带片中感应出的电压与带片的运动速度成正比，而且带片的位移与声波的速度成正比，若传声器经过精心设计，则其频率响应可以做得非常平坦。

带式传声器通常具有出色的低频响应，同时也会表现出“近讲效应”。典型的双指向带式传声器在距声源大约 6ft 的位置上会有平坦的频率响应，不过在较近的位置处其低频响应会被提升；随着传声器与声源间距离的缩短，这种提升作用变得越发显著，如图 20.80 所示。

这种低频提升特性可能会表现得相当强烈，如果需要，它可以通过均衡加以纠正。然而，对于多传声器拾音设置，明显的低频提升(由近讲效应导致的)可以转变为有利因素。如果一件乐器（比如小号）采用了超近距离拾音，而且利用低频衰减来恢复平坦的响应，那么就可以将不想要的低频声音衰减掉一些，与采用平坦响应传声器且未进行均衡的做法相比，其衰减量可达 20dB 之多。这种差异性与传声器的极坐标响应无关。

可以将近讲效应转变为有利因素的另一种情况就是可以让声音听上去“比真实的声音更真实”。例如，许多语音和某些乐器所产生的基频处在低频范围（大约低于 150Hz）内，但其幅度却比较弱。如果采用了不具有近讲效应，且提升了高频响应的传声器对立式钢琴或说话声单薄且弱的人声进行拾音，那么所录制的声音可能听上去会比实际听到的声音更单薄。反之，若采用具有强烈近讲效应的传声器对这样的声源进行拾音，那么就会得到“比实际更好的”声音，因为提升了的低频响应将会补偿声源中较弱的基频。由于基频确实存在，只不过比较弱，因而将基频提升几个分贝将会使声音听上去“自然”一些，甚至声音听上去还会有“甜美感”。

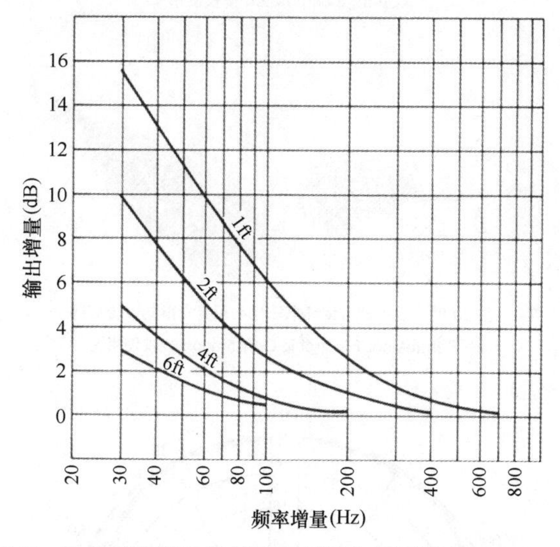

图 20.80　带式振速型双指向传声器的频率响应与传声器拾音距离的典型关系

在典型的带式传声器设计中，带片间的开路电压处在 −80dB(@1V/Pa) 的数量级上，这大大低于实用的要求，然而，由于带式传声器具有极低的阻抗（约为 0.1Ω），所以通过采用合适的升压变压器可以很容易将输出提升至 −50dB(@1V/Pa) 的数量级；通过将升压变压器与适宜的“极头放大器”电路组合使用，就可以取得 −36dB(@1V/Pa) 的输出，且等效噪声可达 15dB 或更好的水平。

20.14　领夹式传声器

领夹式传声器可以是动圈的、电容的、压力区的、驻极体的或高阻抗陶瓷类型。

图 20.81 和图 20.82 所示的领夹式传声器无须进行频率响应校正，因为它们不会与胸腔形成耦合，且尺寸很小的振膜不会在高频区构建出压力，产生出指向性。虽然大部分领夹式传声器都是全指向性的，但是越来越多的厂家正在生产指向性领夹传声器。图 20.82 所示的 Sennheiser MKE 104 领夹式传声器就具有图 20.83 所示的心形拾音图形。这降低了由直达声波与经地板、讲坛等反射通路进入传声器的反射声波间叠加作用所产生的反馈、背景噪声和梳状滤波器效应。

---

* 在空间中，传声器将暴露在直达声和反射声当中，即便直达声声源是“离轴”的，但反射声并不如此，因此它并不是绝对的抑制。

图 20.81　Shure SM183 全指向电容领夹式传声器
（Shure Incorporated 授权使用）

图 20.82　Sennheiser MKE 104 领夹式指向性传声器
（Sennheiser Electronic Corporation 授权使用）

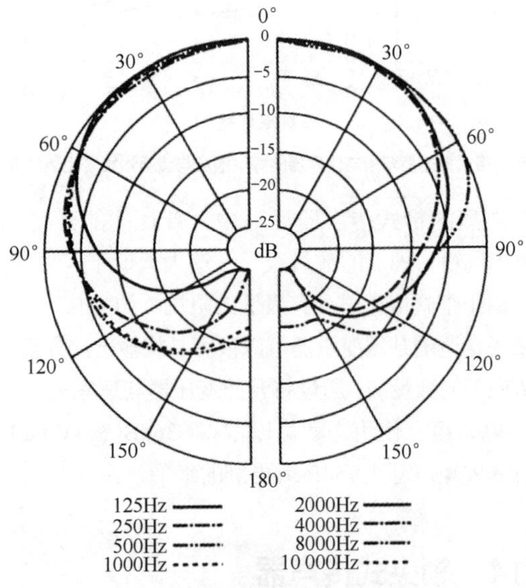

图 20.83　传声器的极坐标频率响应
（Sennheiser Electronic Corporation 授权使用）

图 20.84 所示的是尺寸最小的传声器之一，Countryman B6。B6 传声器的直径为 2.54mm，而且可更换保护帽。因为其尺寸小，所以即便是平视时它也可以隐藏起来。通过选用彩色的、与环境匹配的保护帽，传声器可以放入衣服的扣眼当中，或者放入头发内。

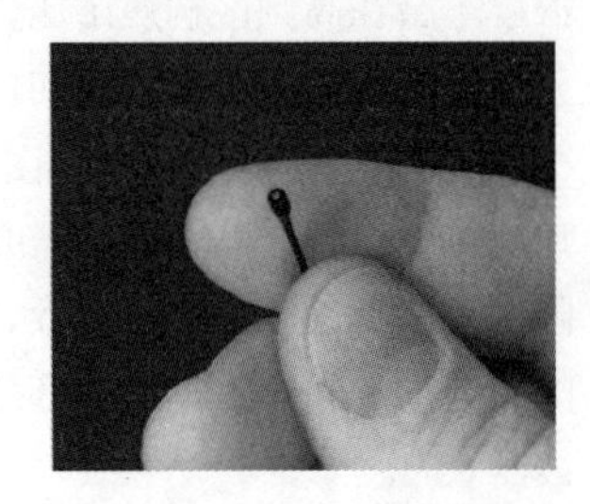

图 20.84　Countryman B6 微型领夹式传声器（Countryman Associates, Inc. 授权使用）

领夹式传声器一般用于讲话者随意走动的场合。这会引起与活动相关的一些问题。例如，通过传声器线缆传递过来的噪声。为了减小这种噪声，最好使用良好填充的、柔软的传声器线缆，以降低使用当中导线的移动（参见第 18 章 传输技术：导线与线缆）。线缆，或者用于驻极体 / 电容传声器供电的线缆应别在使用者的腰带或裤子上，以减小由传声器与夹子之间线缆（大约 0.6m）所产生的噪声。当连接线被突然拉动或拖曳时，别在腰部的夹子也具有缓解张力的好处。

传声器线缆的第二个重要特性就是其粗细。线缆应尽可能细，这样便不显眼，且重量足够轻，从而不会拉扯传声器和衣服。

由于传声器一般离讲话人的口部的距离为 25cm，且没有直接的信号通路，所以传声器的输出要比采用摆在讲话者正面的支架安装传声器的输出低。除非在传声器与扬声器之间有身体躯干遮挡，否则领夹式传声器会成为反馈的主要祸首。正因为如此，传声器的响应应尽可能平滑。

与任何传声器一样，传声器距离声源越远，传声器与声源间的自由移动所产生的负面影响越小。如果为了提高增益而将传声器靠近颈部佩戴，那么讲话人抬头和低头，头部的转动都会给输出电平带来很大的影响。重要的是要将传声器佩戴在胸部的高度，以免衣服等可能对传声器极头形成遮盖，从而降低了传声器的高频响应。

20.15　头戴式传声器

20.15.1　Shure SM10A 和 Beta 53

图 20.85 所示的 Shure Model SM10A 和图 20.86 所示的 Shure Beta 53 是低阻抗、单指向性的动圈传声器，它们是为体育和新闻报道、会谈和通话系统，以及特殊事件的转播工作而设计的。Shure SM10A 是单指向传声器，而 Beta 53 是全指向传声器。

图 20.85　Shure SM10A 动圈单指向头戴式传声器
（Shure Incorporated 授权使用）

头戴式传声器具有使用方便、不用手持、避免使用者疲劳的特点。作为近讲单元，它们可以在嘈杂的环境中使用，而不会失去或掩蔽掉讲话信号。它们外观小巧、重量轻、坚固耐用，可靠性高，通常安装在头带上。其转动支点可以使传声器伸长臂在任意方向上移动 20°，传声器与支点间的距离可以改变9cm。

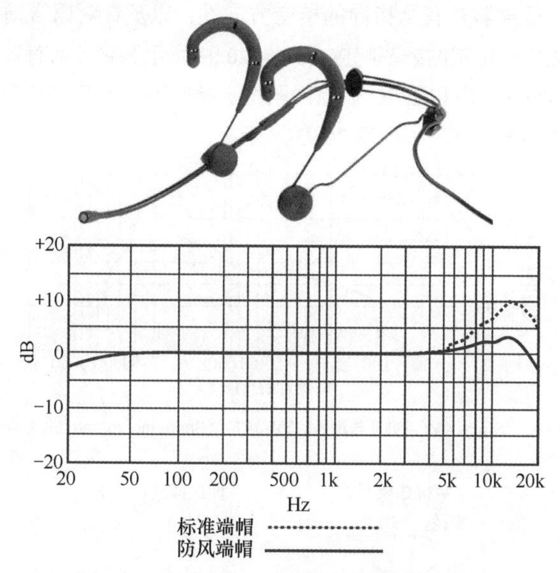

图20.86 Shure Beta 53全指向传声器及其频率响应
（Shure Incorporated授权使用）

20.15.2 Countryman Isomax E6 Directional EarSet

Countryman Isomax E6 Directional EarSet是另一种头戴式传声器，它极为小巧。传声器被别在耳朵附近，而不是佩戴在头部附近。该单元有不同的颜色，以便能融入背景当中。利用一个细的横杆和舒适的耳夹，可将超小型电容单元贴近口部固定。整个组件的重量不到2g，在皮肤的映衬下几乎看不到，所以演员可能会忘记它的存在，观众也几乎看不到它，如图20.87所示。

图20.87 Countryman Isomax E6 Directional EarSet传声器
（Countryman Associates，Inc.授权使用）

传声器需要可更换的端帽，以便在需要更大隔离时，在所处位置产生出心形或超心形的指向性。心形（cardioid，C）和超心形（hypercardioid，H）端帽可改变EarSet的指向性，如图20.88所示。

EarSet系列始终要有一个保护端帽，以免汗渍、化妆品和其他异物掉入传声器中。

超心形保护帽能对所有方向提供最佳的隔离，对着地板方向响应呈现出一个谷点，因为这一方向常常放置梯形返送监听扬声器。超心形传声器帽对气流和横杆噪声稍微敏感一些，故始终要使用防风罩。

心形传声器端帽指向性稍微弱一点，对着演员背面方向的响应有一凹陷点。这对于演出节目主持人或在其肩部之上或后方有监听音箱的其他人会有益处。

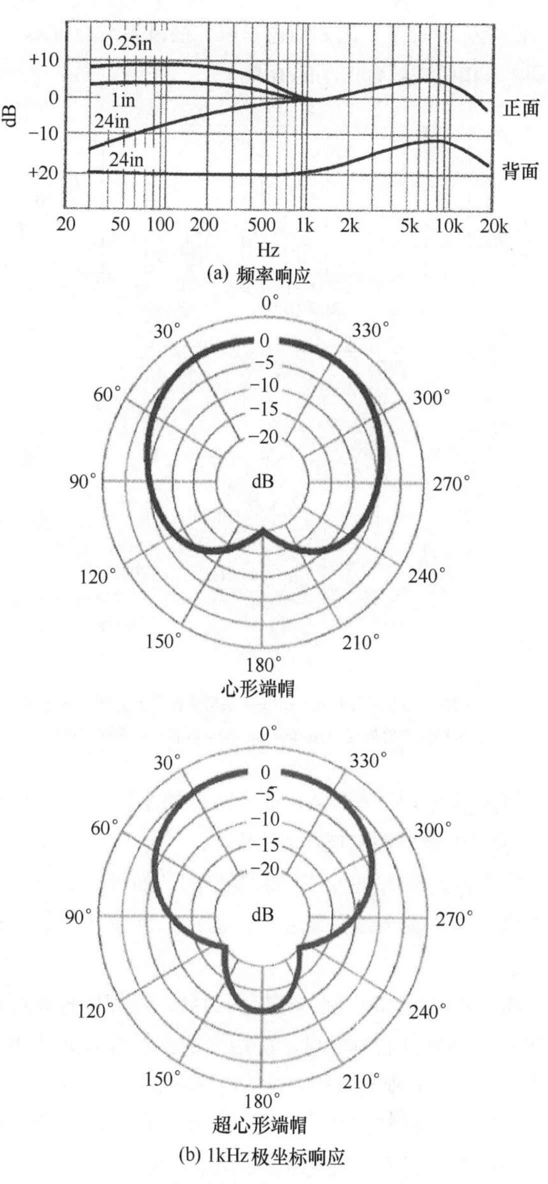

图20.88 Countryman Isomax E6 Directional EarSet传声器的频率响应及其极坐标响应
（Countryman Associates，Inc.授权使用）

20.15.3 Audio-Technica BP894

Audio-Technica BP894（如图20.89所示）是一款头戴式电容传声器，其指向性图形为心形（如图20.90所示）。

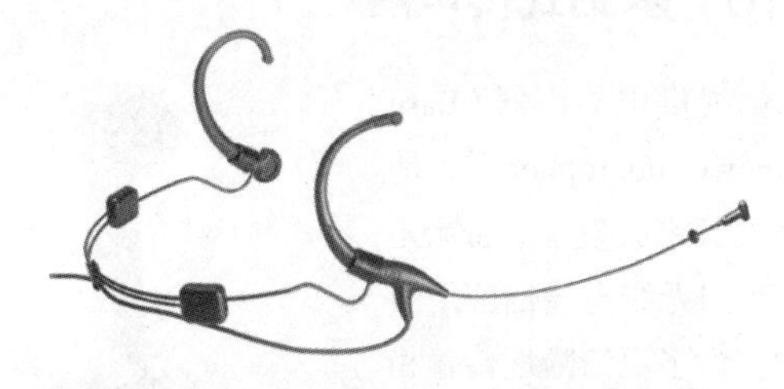

图20.89 Audio-Technica BP894头戴式传声器
（Audio-Technica U.S. Inc.授权使用）

一体化的80Hz高通Unisteep®滤波器可提供从平坦频响到低频段滚降衰减的切换，这样便可以减小传声器在靠近嘴边使用时对“喷话筒”声的灵敏度。同样，这也减弱了对低频环境噪声（比如交通噪声、换风系统噪声等）、房间混响声和机械耦合振动的拾取。

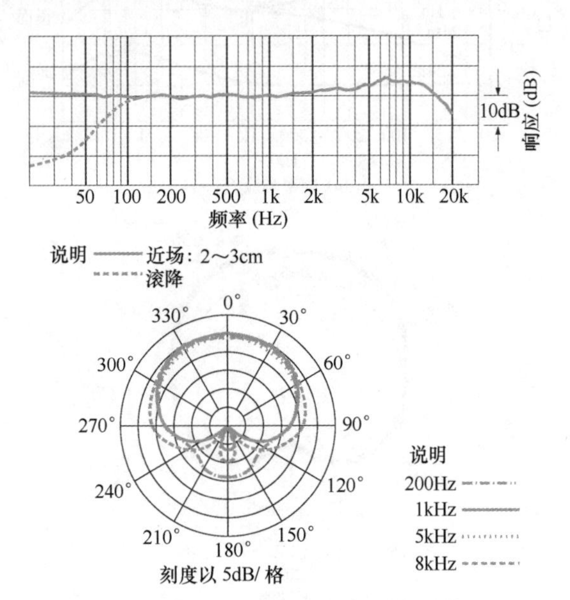

图 20.90 Audio-Technica BP894 头戴式传声器的频率响应和极坐标指向性响应（Audio-Technica U.S. Inc. 授权使用）

传声器包括一根 1.4m 固定连接的小型电缆，且需要 11 ～ 52V 幻象电源供电才能工作。

传声器还有各种无线规格型号的产品可供选用，同时还提供可与许多无线系统生产厂家产品配合使用的各种端接件。

BP894 采用 180° 旋转式极头封装，让使用者既可以左耳佩戴，也可以右耳佩戴。讲话侧的指示灯可为使用者显示出将极头帽转动至其想要位置的方法。

线缆夹具有消除应力的作用，可让传声器安全地保持在某一位置，而不存在线缆重量拉动耳机的问题。

图 20.89 中包括了 AT8464 Dual-Ear Microphone Mount（双耳佩戴传声器安装件），这样便可以让单耳佩戴的 BP894 MicroSet® 以双耳佩戴单元的形式使用。传声器的极头可安装在双耳佩戴传声器安装件的任意一侧，头带很容易调节，适合儿童和成人使用。

20. 16 基站式传声器

基站式供电传声器（Base station power microphone） 是专为公共频带收发器、业余无线电和双向无线电通信应用而设计的。为了更清晰地传输和改善工作可靠性，原机配备的晶体管化的传声器可以用陶瓷或动圈、高阻抗或低阻抗传声器来替换。

图 20.91 Shure 450 系列 II 基站式传声器（Shure Incorporated 授权使用）

图 20.91 所示的 Shure Model 450 Series Ⅱ是为寻呼和传送应用而设计的高输出动圈传声器。传声器具有全指向的拾音方向性，以及针对语言清晰度优化而定制的频率响应，如图 20.92 所示。它包括有针对 30 000Ω 高阻和 225Ω 低阻的阻抗选择开关，以及可锁定的即按即通话开关，如图 20.93 所示。

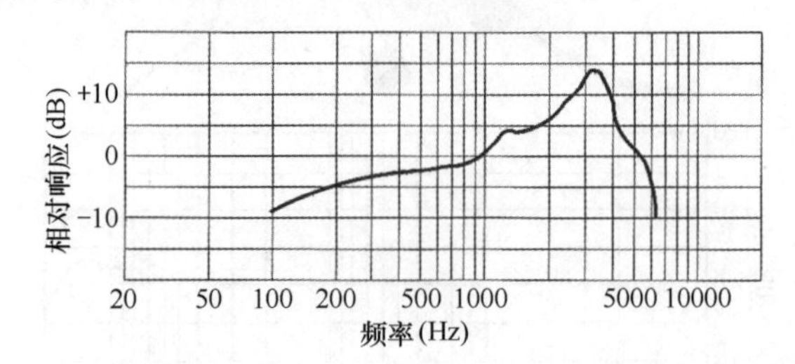

图 20.92 Shure 450 系列Ⅱ传声器的频率响应（Shure Incorporated 授权使用）

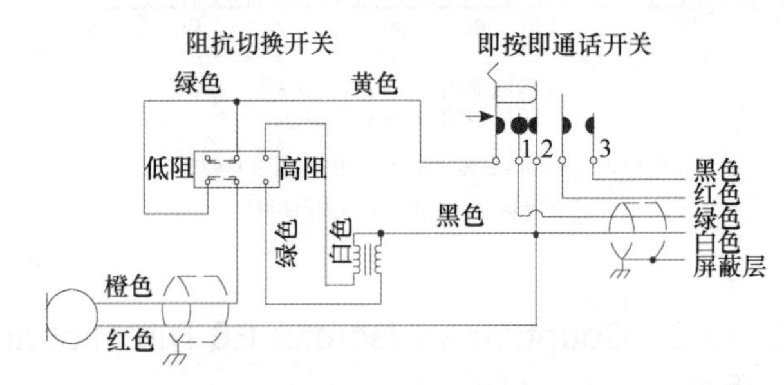

图 20.93 Shure 450 系列Ⅱ传声器的电路框图

20.17 差分型噪声抵消传声器

图 20.94 所示的是差分型噪声抵消传声器（Differential noise-canceling microphone），主要是为汽车、飞机、船舶、坦克、公共扩声系统、工厂车间或环境噪声在 80dB 以上的任何服务场所而设计的，并且传声器为手持应用。传声器对来自其正面距离 6.4mm 之外的所有声源发出的声音具有一定的抑制。传声器的噪声抵消特性是通过采用平衡式端口来实现的，它将不想要的声音传到动圈单元振膜的后部，相位与到达传声器正面声音的相位相反。噪声抵消对于 2000Hz 以上的频率最为有效。传声器只对发自 6.4mm 小孔的声音才会充分重放。在 200 ～ 5000Hz 频率范围内，传声器对语声与噪声的平均分辨力为 20dB。

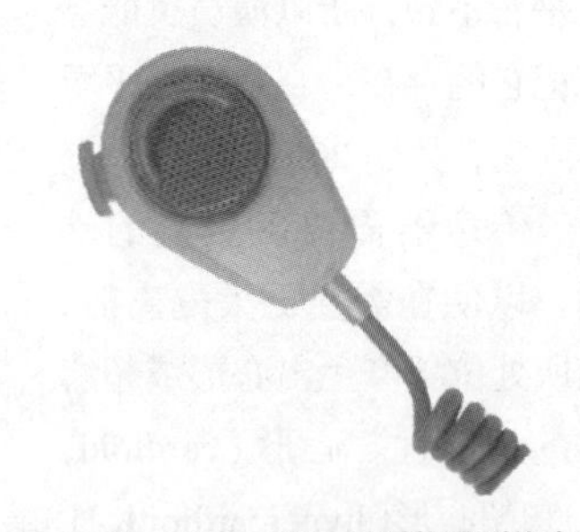

图 20.94 Shure 577B 动圈抑噪型传声器（Shure Incorporated 授权使用）

20.18 受控被动型传声器

受控被动型传声器（controlled-reluctance microphone）的工作原理是位于变化磁场内的线圈中感应的电流。磁靴是连接到悬吊在音圈内的振膜上。当振膜被声波扰动时，带动磁靴移动，在音圈中感应出相应的电压。这类传声器的典型特点就是高输出，以及相当出色的频率响应。

手持娱乐型传声器

手持娱乐型传声器（handheld entertainer microphone）是舞台演员最常用的传声器，因此它需要有提高清晰度和临场感的特殊频率响应。传声器通常对粗鲁的用法、极端的撞击和振动都能适应。对于现场演出，近讲效应对于产生低音可能是有用的。

图 20.95 所示的 Shure SM58 或许是最有名的娱乐型传声器了。传声器具有十分有效的球形防风罩，它还可以降低气流的噪声。心形拾音指向性图形有助于减小反馈。图 20.96 所示的频率响应是专门为产生明亮的歌唱声及其低频滚降特性而定制的。表 20-2 给出了为了取得最佳音质而建议的传声器摆位。

图 20.95　Shure SM58 歌唱用传声器（Shure Incorporated 授权使用）

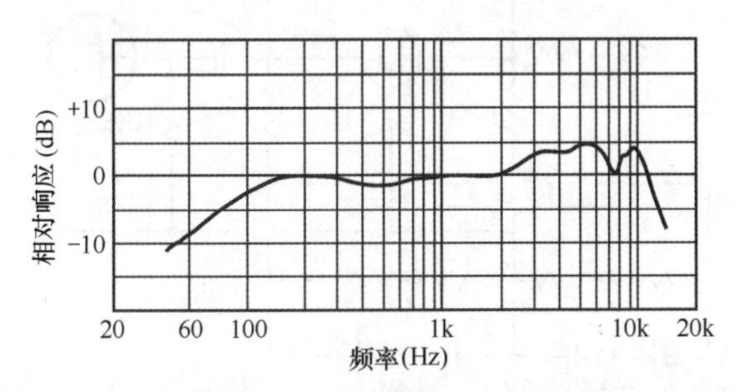

图 20.96　Shure SM58 歌唱用传声器的频率响应（Shure Incorporated 授权使用）

表 20-2　建议的 SM58 传声器的摆放

应用	建议的传声器摆放	音质
主唱及和声	距嘴唇距离小于150mm或触到防风网，对着传声器主轴	声音结实，强调低音与其他声源存在最大的隔离
语言	偏离嘴部，刚好处在鼻子之上	声音自然，降低了低音
	距离嘴部200mm～0.6m，主轴稍微偏向一侧	声音自然，降低了低音，最大程度地减低了嘶声
	距离嘴部1～2m	声音单薄；有距离感；有环境感

为了克服粗暴使用和使用噪声的问题，人们常常采用特殊的结构技术来降低风声、喷话筒噪声和机械噪声，确保传声器能抵御与地板的突然撞击。图 20.97 所示的 Sennheiser MD431 是一款高质量、坚固耐用且具有低机械噪声的传声器。为了消除反馈，MD431 具有超心形指向特性，它与常见的心形指向性相比，其对侧向声音的拾取降低 12% ~ 50%。

尤其是对于大功率的扩声系统，另外一个问题就是机械（使用）噪声。除了会干扰观众，该噪声可能还会对设备产生实质性损坏。正如在剖面图所看到的那样，MD 431 实际上是处在传声器内的一个传声器。其动圈换能器元件被安装在内部极头内，利用隔振的方式将其与外部的腔室隔离开来。这避免了现场演出过程中碰到的使用噪声及其他机械振动的影响。

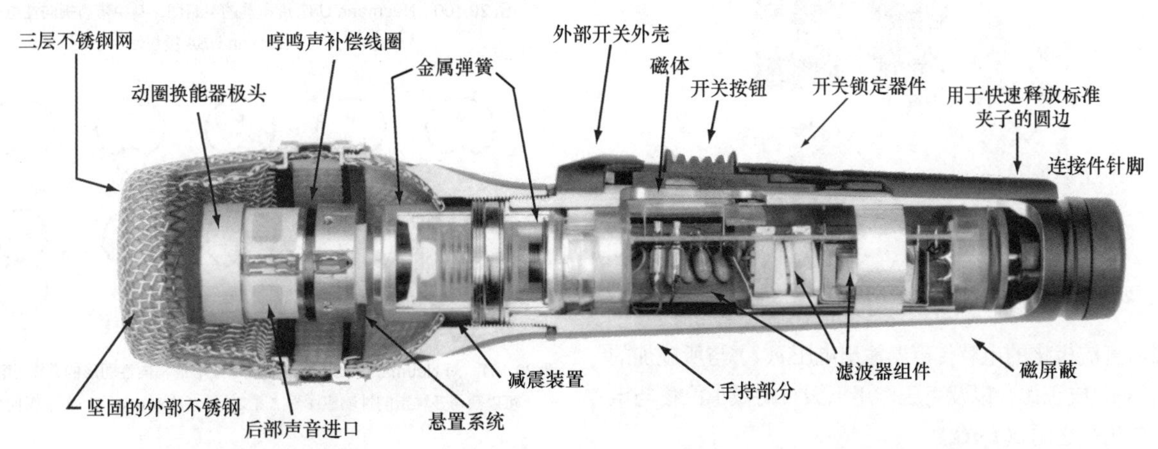

图 20.97　Sennheiser MD 431 手持娱乐型传声器（Sennheiser Electronic Corporation 授权使用）

为了进一步隔离噪声，传声器内部内置了电子高通滤波器网络，以确保低频干扰不影响声频信号。振膜前部安装的内置网状滤波器降低了近距离拾音时产生的喷话筒噪声和过大的咝声。

传声器外壳采用重质量材料制成，并配有不锈钢正面网罩和舌簧型开关。防哼鸣线圈安装在换能器后面，以抵消任何寄生磁场的影响。

20.19　压力梯度电容传声器

图 20.98 所示的是在最受欢迎的演播室传声器之一，Neumann U 87 多指向电容传声器，图 20.99 所示的是前者的孪生兄弟 Neumann U 89。这种传声器被用于近距离拾音，这时常会遇到高 SPL。30Hz 之下响应的滚降为的是避免低频阻塞，同时它可以切换到 200Hz，以补偿近距离拾音时所

有指向性传声器所产生的低频提升问题。

利用两个靠近摆放或装配的心形特性的极头产生出8字形指向特性，其主轴方向是彼此相对的两个方向，两者电气上反相连接。

这些传声器一般是由背板，以及小孔、槽缝和腔室组成的延时单元构成，其穿孔目的一部分相当于摩擦阻力，一部分相当于能量存储（声学电感和电容），从而使背板具有声学低通网络的特性。在该低通网络的截止范围内，转折频率f_t之上，振膜只从正面被撞击，传声器极头变为压力或干涉换能器。

图 20.98 Neumann U87 传声器（Neumann USA 授权使用）

图 20.99 Neumann U89 传声器（Neumann USA 授权使用）

采用直流极化的电容传声器输出电压$e(t)$与所施加的直流电压E_o成正比，以及声压作用下振膜的微小位移与电容相对变化量之比$c(t)/C_o$。

$$e(t)=E_o\frac{c(t)}{C_o} \qquad (20\text{-}24)$$

在公式中，

E_o为所施加的直流电压；

$c(t)$是极头电容器的可变分量；

C_o是声压不存在时的极头电容量；

t为时间。

在有些类型的传声器中，输出电压$e(t)$与E_o的相关性被用来控制指向特性。图 20.100 所示的是具有心形指向特性的两个极头背靠背放置的情况。它们还可以装配成共用一块背板的单元。由两个膜片产生的声频（交流）信号通过一个电容器并联在一起。来自这两个半膜的输出间的强度和相位关系可能会受到施加到其上面的直流电压变化的影响（如图 20.100 中的左边部分所示）。这可以通过一个开关，或一个电位器来实现。传声器的指向性特征可以通过长的延长线缆遥控实现。

如果开关是处在中间位置C，那么左边半个极头并不会提供任何电压，传声器拥有的是右侧半个极头的心形指向特性。当开关处在位置A时，两个交流电压被并联，最终得到全指向的指向图形。在位置E时，两个半膜反相连接，最终得到的是8字形响应图形。

图 20.100 中字母$A\sim E$所对应的开关位置所产生的指向性图形由图 20.101 以相同的字母表示出来。

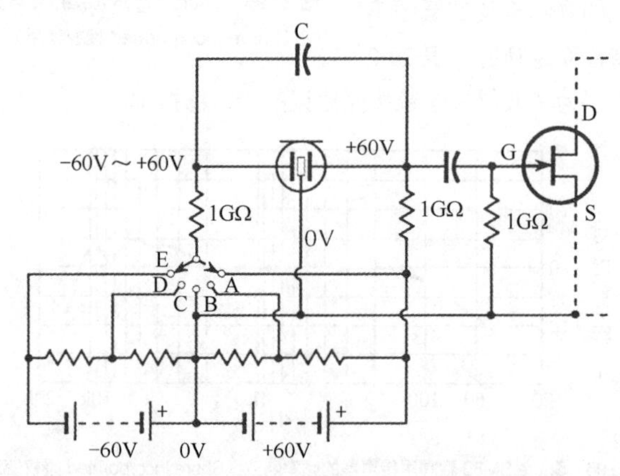

图 20.100 Neumann U87 传声器的电路图，其中带有指向性电子切换开关（Neumann USA 授权使用）

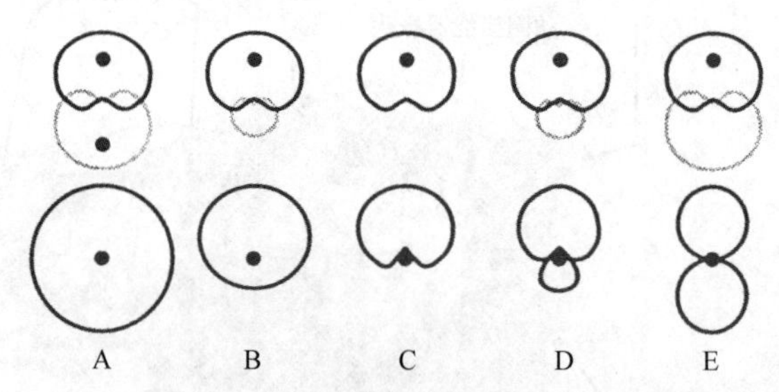

图 20.101 对 Neumann U89 传声器进行双心形指向性图形的叠加（第一行），可以获得多种指向性响应图形（第二行）（Neumann USA 授权使用）

20.20 可控阵列传声器系统

图 20.102 所示的 TOA AM-1 Real-Time（实时）传声器是一个由（8支）心形驻极体传声器单元构成的阵列传声器系统。由于它属于界面型阵列，因此阵列的拾音图形是垂直轴向上的半心形，如图 20.103 所示。在水平轴向上，这一波束图案在 500Hz～20kHz 为恒定的 50° 拾音角。这种强指向使得 AM-1 与其他固定位置传声器相比具有更为出色的反馈前增益特性。

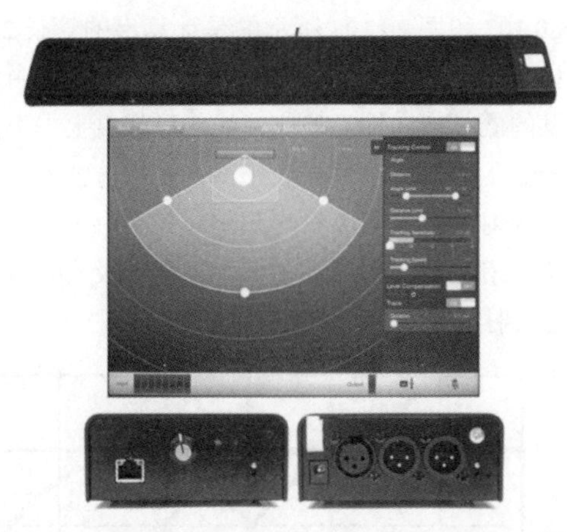

图 20.102　TOA AM-1Real-Time 传声器（TOA Electronics Inc. 授权使用）

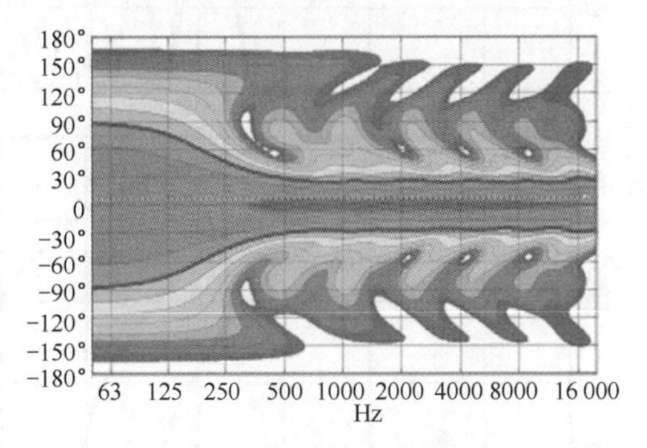

图 20.103　TOA AM-1 Real-Time 传声器的垂直方向覆盖图（TOA Electronics Inc. 授权使用）

阵列的波束图案可以通过比较阵列中特定单元的声源脉冲响应到达时间的差异，在板载 DSP 上运用三角测量法进行实时调控。阵列必须要执行这些运算。阵列的 DSP 还能够对拾音的角度和距离进行限定，以避免将拾音图案调控至朝向扩声音箱或不想要的背景噪声声源方向。该传声器系统既可以通过硬线连接，也可以通过无线网络连接到 PC 或苹果的 iPad 上实施软件控制。

可控的传声器阵列并不是新出现的技术。多年前就已经开发出了多种应用。然而，AM-1 的单元间距却是特殊的，415Hz ~ 18.3kHz 范围上的每个倍频程具有的恒指向的拾音图案都是水平共轴的。它是第一款商用的实时可控传声器阵列产品，拾音图案具有恒定的指向性和恒定的水平轴向。

20.21　干涉管传声器

干涉管传声器（interference tube microphone[8]）是奥尔森（Olson）在 1938 年最先介绍的，因其物理形状和指向特性的缘故，故常将其称为枪式传声器（shotgun microphone）。

所有传声器的重要特性就是其灵敏度和指向性方面的质量。假设有一个恒定声压的声源，如果增加传声器到声源的距离，就需要提高放大系统的增益来维持其有同样大小的输出电平。这是以降低 SNR 和提高包括混响和背景噪声在内的环境噪声为代价做到的，这里的非直达声可能等于直达声。之后，想要信号的恶化致使其无法利用。距离限制可以通过提高传声器的灵敏度来克服，所拾取的混响和噪声产生的影响可以通过加强拾音图形的指向性来减弱。干涉管传声器便具有上述两种所需要的特性。

DPA 4017 是超心形枪式传声器。其长度为 210mm，重量为 71g，这使其更便于架在杆上使用，如图 20.104 所示。图 20.105 所示的是该传声器的极坐标指向性图案。

图 20.104　超心形干涉管传声器（DPA Microphones，Inc. 授权使用）

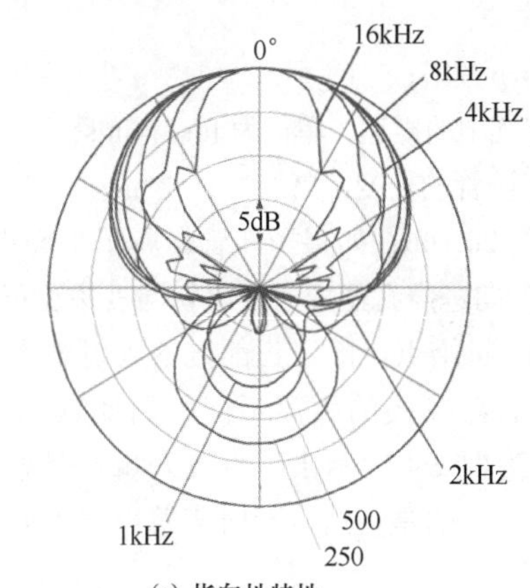

(a) 指向性特性

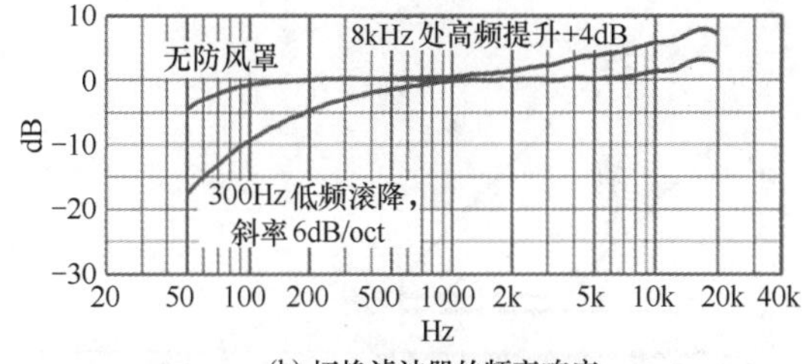

(b) 切换滤波器的频率响应

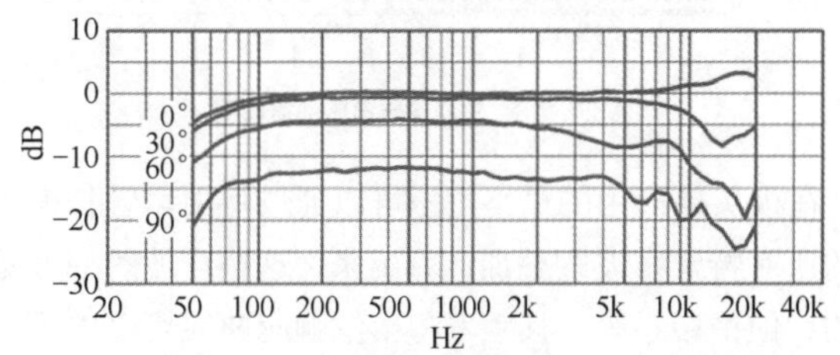

(c) 在 60cm (23.6in) 距离处测量到的轴上和离轴响应

图 20.105　DPA 4017 传声器的指向特性和频率响应（DPA Microphones，Inc. 授权使用）

干涉管传声器与标准传声器间的差异体现在拾音的方法上。

干涉管被安装于振膜的前部，图 20.106 为其原理示意图。

如示意图所示，传声器由 4 个部分构成。

（1）拥有一个正向和几个侧向进声孔的干涉管，其被纤维或其他阻尼材料覆盖。

（2）极头及其振膜。

（3）后进声孔。

（4）电子电路。

指向特性是基于两种不同的原理得到的。

（1）在低频范围，干涉管传声器的行为相当于一阶指向性接收器。极头前面的干涉管可以被认为是一种顺性声学元件，因为它包含一定容积的空气，阻力由干涉管侧向的开孔或槽缝决定。后面的进声孔被设计成声学低通滤波器，以便产生想要极坐标指向图形（通常为心形或超心形）所需的相移。

（2）在高频范围，干涉管的声学属性决定了极坐标指向图案。两个不同指向特性间的转折频率取决于管的长度，并由下式得出

$$f_o = c/2L \tag{20-25}$$

在公式中，

f_o 为转折频率；

c 为空气中的声速，单位为 ft/s 或 m/s；

L 为干涉管的长度，单位为 ft 或 m。

参照图 20.106，如果干涉管暴露于平面声波声场中，那么每一侧向进声孔便成为管内朝向极头及正面进声孔传输新声波的起始点。除了正前方的入射声音，每一特定的声波覆盖至极头的距离不同，因此其到达的时间也不相同。图 20.94 中示出了声波 b 和 c 相对于声波 a 的延时。应注意的是，这一延时随着声音入射角度的增加而加大。

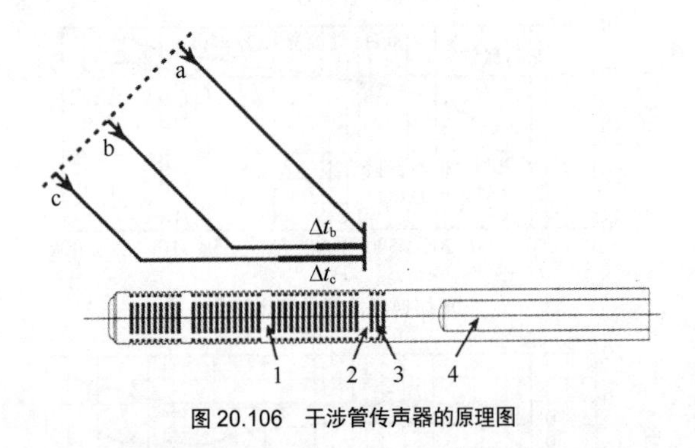

图 20.106　干涉管传声器的原理图

在极头处产生的最终声压可以通过将由声管长度上产生的所有特定声波的叠加计算出来，这些声波的幅度是相等的，但相移不等。其频率和相位响应曲线可以由下面的公式来描述。

$$\frac{P(\theta)}{P(\theta=0°)}=\frac{\sin\left[\frac{\pi L}{\lambda}\times(1-\cos\theta)\right]}{\frac{\pi L}{\lambda}\times(1-\cos\theta)} \tag{20-26}$$

在公式中，

$P(\theta)$ 为指定的声入射角时的传声器输出；

$P(\theta=0°)$ 为声音沿主轴入射时的传声器输出；

λ 为波长；

L 为管的长度；

θ 为声入射角。

图 20.107 和图 20.108 所示的是计算出的管长 25cm 时的曲线和绘制出的极坐标指向图形，其中未考虑由后进声孔所引发的低频指向性。响应曲线的形状看上去类似于每倍频程 6dB 的等幅最小和最大下降的梳状滤波器。对于正面的声音入射，相位响应只与频率有关。对于其他角度入射的声音，相位与频率线性相关，以至于极头处最终声压表现出随入射角度的加大，延时增加的情形。

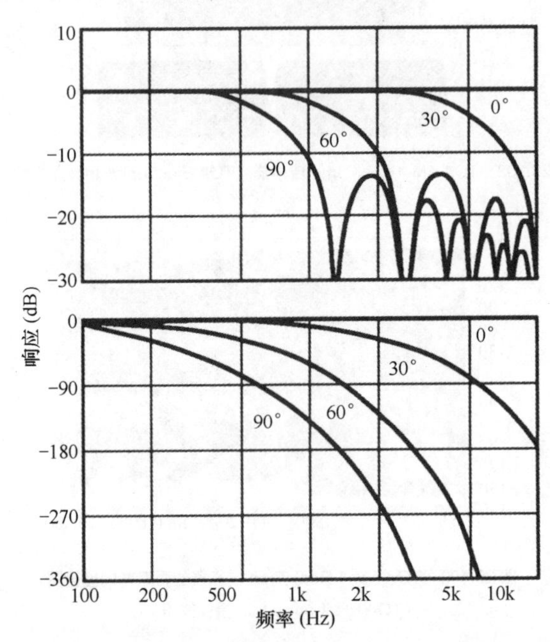

图 20.107　无后进声缝隙的干涉管传声器（250mm）计算得出的不同角度入射声音的幅频和相频响应（Sennheiser Electronic Corporation 授权使用）

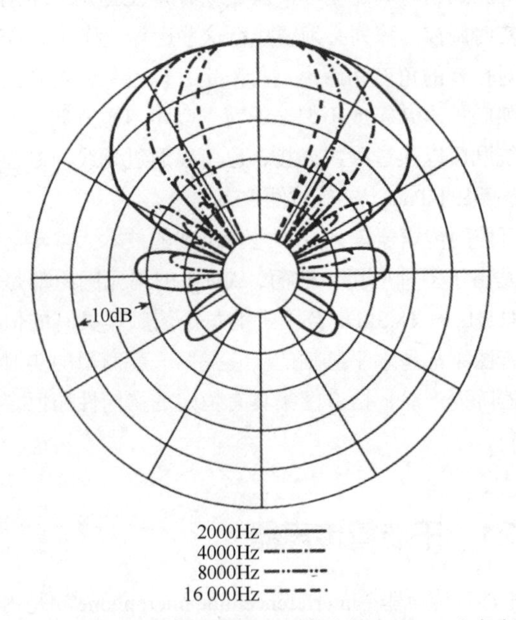

图 20.108　计算得出的无后进声缝隙的干涉管传声器（250mm）极坐标响应图形（Sennheiser Electronic Corporation 授权使用）

在实际应用中，干涉管传声器与简化的理论模型间存在偏差。图 20.109 所示的是 Sennheiser MKH 60P48 的极坐标指向图形。内置的声管对侧向入射声产生出高频滚降，以及足够大的衰减，尤其对于第一旁瓣。侧向进声孔的形状，以及覆盖的材料影响着频率和相位响应曲线。转折频率要

随着干涉管正面进声孔声学质量的增大而降低，以提高低频的延时。

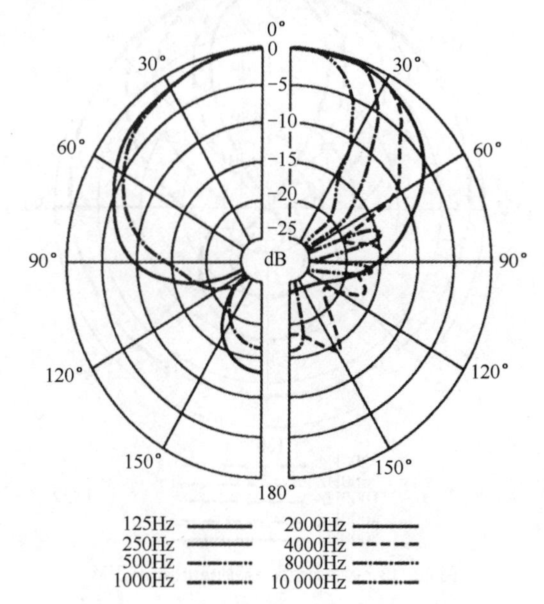

图 20.109　超心形传声器（MKH 60P48）的特性
（Sennheiser Electronic Corporation 授权使用）

另一种干涉管传声器就是图 20.110 所示的 Shure VP89L[9]。在这支传声器中，由于延长的干涉管槽缝之上的声阻逐渐减小，所以要随着频率的变化来改变声管的有效长度，以便 L/M（管长与波长之比）在想要的频率范围上基本保持恒定。这样便可以在频率升高时让极坐标响应更加稳定，如图 20.111 所示，由于声阻与管内空气的声顺相结合构成一个声学低通滤波器。在管的末端，高频成分被衰减，因为这里是高阻端，只允许高频成分在靠近振膜的地方进入声管。这便使得声管在高频时看上去要比公式（20-26）所得到的长度短一些。

图 20.110　Shure VP89L 电容枪式传声器
（Shure Incorporated 授权使用）

由于心形传声器可以满意地拾取到 1m 处的声音，所以直线排列的心形可以让这一距离达到 1.8 ～ 2.7m，而直线排列的超心形可以达到 12m，这样便可以在附近建筑物的屋顶上拾取嘈杂人群发出的声音、在赛道周围跟踪马匹奔跑发出的声音、拾取游行队伍发出的声音，以及远距离拾取那些难以拾取到的声音。

在使用干涉管传声器的时候要格外小心。因为它们的指向性是通过抵消获得的，所以其幅频响应和相频响应并不像全指向传声器那么平滑。另外，由于低频呈现出全指向性的特点，所以其频率响应在 200Hz 以下快速跌落，这将有助于控制指向性。

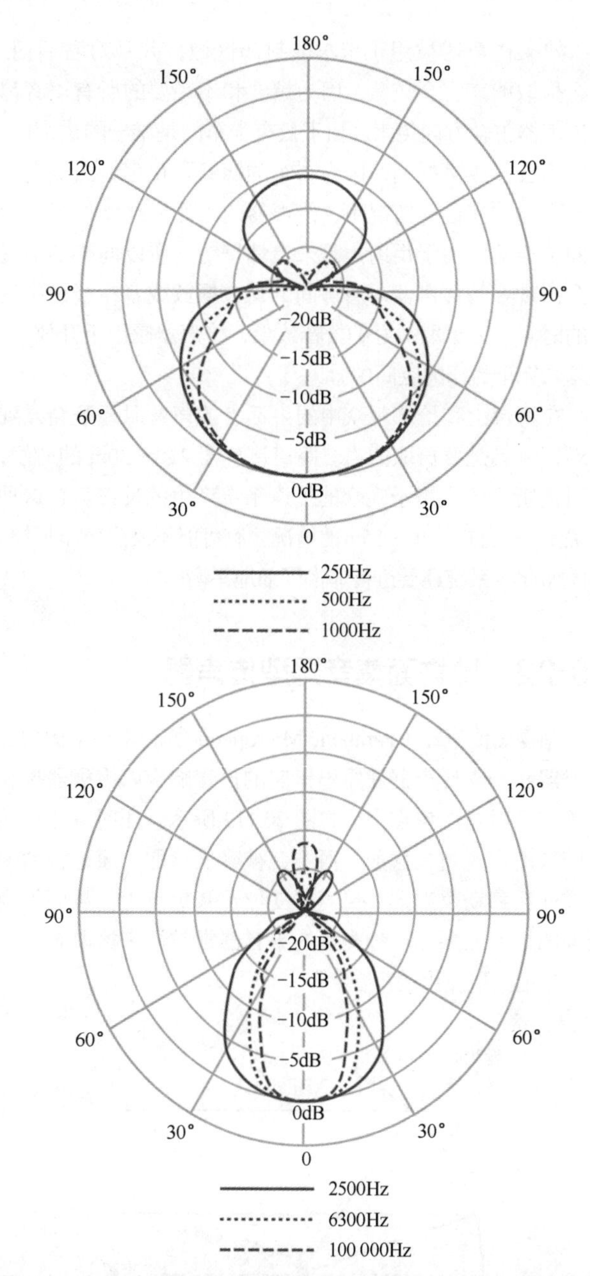

图 20.111　VP89 枪式传声器的极坐标响应图形（Shure Incorporated 授权使用）

不应假定拾音锥角之外就拾取不到声音。随着传声器从轴向位置转动至 180° 离轴位置，其电平将会不断跌落。由离轴 90° ～ 180° 角度上传来的声音将会被抵消 20dB 或更多。然而，抵消量取决于声级，以及传声器到声源的距离。例如，如果主轴上的声音是由 6m 远的地方传来，那么由 90° ～ 180° 的离轴角度上同等距离传来的声音将被衰减 20dB 或更大，导致由墙壁、天花板等离轴的反射声进入不到传声器的正前方。另一方面，在离轴方向上 0.6m 远处发出的声音与相同声级、轴上 6m 远处发出的声音将会重放出相等的声级。之所以这样的原因在于传声器虽然抵消掉不想要的声音多达 20dB，但是由于两个声音的距离差，在传声器处离轴声音要比主轴上的声音响 20dB。因此，它们被以相同的声级重放。对于在随机噪声和混响成问题的区域内的拾音，架设传声器的尾部应对着不想要的声源，并尽可能远离干扰源。

如果传声器被用于卡车或封闭区域，并且对着后门，那么拾取的声音会较差，因为想要和不想要的所有声音都由传声器主轴方向传来。由于只有卡车门是唯一的进声口，所以不会发生声抵消，因为卡车的四壁阻止声音由侧向进入传声器。在这种情况下，传声器的工作形式就相当于全指向传声器。由于反射声是来自墙壁的，所以同样的情况也会出现在将传声器对着房间的窗户摆放或者在楼道中使用的时候。为了取得好的拾音效果，传声器应用于开放的，以及未完全封闭的空间中。

在舞台上和拾取观众中的讲话者的声音时还是会碰到困难，尤其是要拾取的声音距离传声器 23 ～ 30m 的时候，这时会听到经由用于观众的扩声系统产生的反馈。在这种情况下，只有在约 9 ～ 15m 的情况才有可能不发生声学反馈。即便如此，系统还要进行非常仔细地平衡。

20.22 抛物面集音器型传声器

抛物面传声器（Parabolic Microphone）利用一个抛物面反射器和一支传声器获得强指向的拾音响应。传声器振膜安装在反射器的焦点上，如图 20.112 所示。任何从非正前方传来的声音将被散射，而不会被聚焦拾取。通过移动振膜或前后移动反射器，传声器变位于聚焦点上，从而得到最强的拾音效果。这种类型的集音器常常用来拾取赛马或嘈杂中的人群发出的声音。

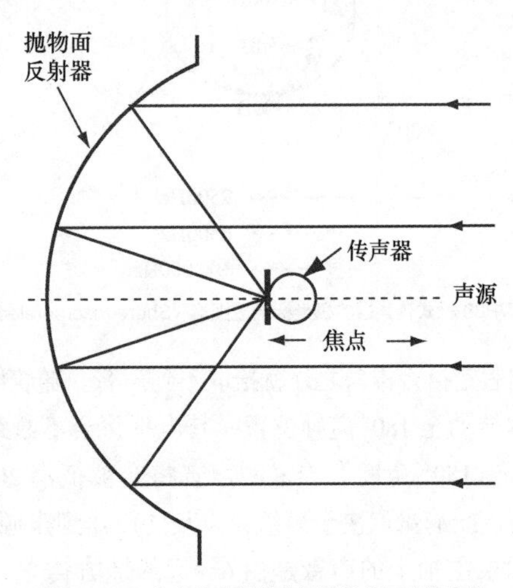

图 20.112 指向传声器拾音用的抛物面式集音器

当反射面的尺寸与入射声波长相比拟时，它能在声压作用下获得最大增益。利用处在焦点上的传声器，其中频范围上的增益最大。通过将传声器稍微散焦一点，可以在一定程度上改善高频响应，同时也倾向于展宽高频时的尖锐指向特性。尽管直径在 0.91m 的碗状反射器在 200Hz 以下实际已经不具方向性了，但是其在 8000Hz 的指向性非常尖锐，如图 20.113 所示。对于 0.91m 的直径，去掉碗状反射器，仅由传声器产生的增益约为 10dB，而对于 1.8m 直径的碗状反射器，增益近似为 16dB。

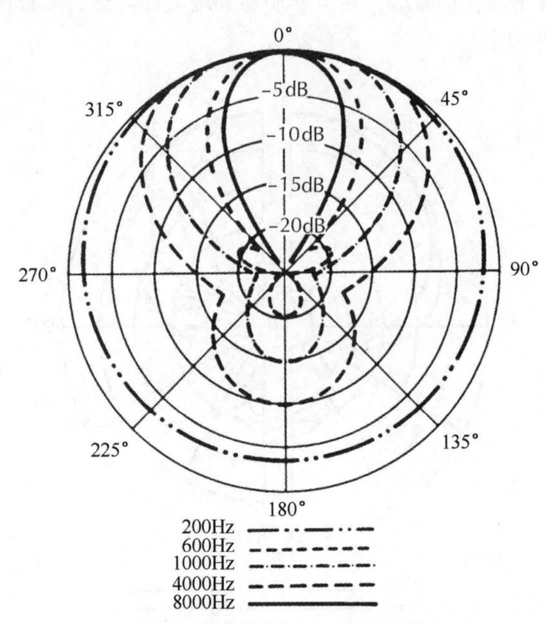

图 20.113 抛物面型集音器的极坐标响应图形

20.23 变焦传声器

变焦传声器（zoom microphone[10]）或可变指向性传声器（variable-directivity microphone）是一种工作原理与变焦透镜类似的传声器。这种类型的传声器应用于电视和电影领域。

对到物体距离的光学感知是由画面的投射角度简单决定的。另外，声像感是由如下因素决定的。

- 响度。
- 混响（直达声与反射声之比）。
- 对声音的捕获响应。
- 声音到达双耳的声级差和时间差。

如果声音是以单声道记录的，那么可以通过如下因素的组合，产生出关于距离感的自然声像重放。

- 响度（Loudness）：感知到的响度可以通过改变传声器的灵敏度来控制。
- 混响（Reverberation）：距离的表现是通过改变传声器的指向性或直混比来获得的。在普通的环境中，我们听到的是直达声及其反射声组合在一起的情形。听音点距离声源越近，直混比越大；听音点距离声源越远，直混比越小。因此，利用强指向传声器来保证直达声大于反射声，就可以通过减小对混响声的拾取来将传声器与声源的距离拉得更近。对于室外环境，指向性传声器的使用可以改变环境噪声声级，以获得自然的距离表现。
- 获得人对声音的响应（Acquired human response to sound）：通常我们可以通过物体（比如汽车或人）所发出的声音大概掌握距熟悉物体的距离，因为我们凭借日常的经验获得了对声音的响应。

通过同时改变传声器的灵敏度和指向性，可以取得声学变焦效果，并且在录音中可以实现更逼真的感觉。图 20.114 所示的是变焦传声器系统的基本框图。系统由排列在同一轴向的 3 个单指向传声器极头组成（1 ～ 3）。3 个极头具有相同的特性，极头 3 的朝向与另外 2 个相反。通过改变每个极头输出的混合比和相应的均衡特性，指向性可以从全指向性变为二阶梯度单指向性。全指向拾音图形可以简单地通过极头 2 和 3 的输出来获得。在指向性由全指向至单指向的变化过程中，极头 3 的输出逐渐减小，与此同时极头 1 的输出被关闭掉。进一步而言，此时的均衡特性保持平坦，因为离轴响应在这一过程中并不改变。在从单指向性变至二阶梯度单指向性的过程中，极头 3 的输出被关闭。通过极头 2 的输出减去极头 1 的输出，便可获得二阶梯度单指向性图形。为了让获得的二阶梯度单指向图形的误差最小，需要微调极头 1 的输出。因为轴上响应根据混合比的变化而变化，所以均衡特性也必须要根据极头 1 输出的调整而调整。在单指向设置基础上建立起的二阶梯度设置的轴上灵敏度提高可以让放大增益保持不变。

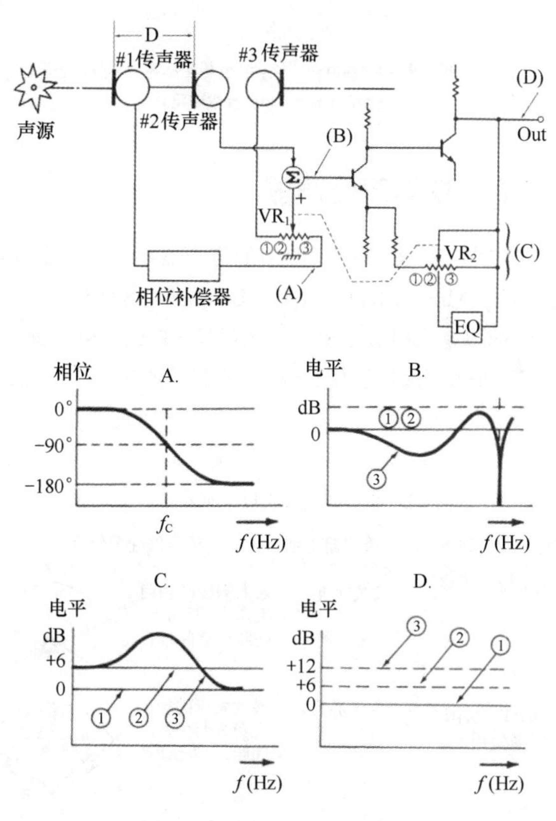

图 20.114 变焦传声器的结构配置

为了获得画面与声音的良好匹配，就必须要实现光学变焦与声学变焦的同步机制。电子同步还可以利用压控放大器（Voltage-Controlled Amplifiers，VCA）或压控电阻器（Voltage-Controlled Resistors，VCR）来实现。

20.24 PolarFlex传声器系统

PolarFlex 系统是由 Schoeps 生产的，该系统具有两个输出通道，每个通道有两支传声器，如图 20.115 所示。标准系统的每个通道由一支全指向和一支 8 字形传声器，以及一个模拟 / 数字处理器组成。

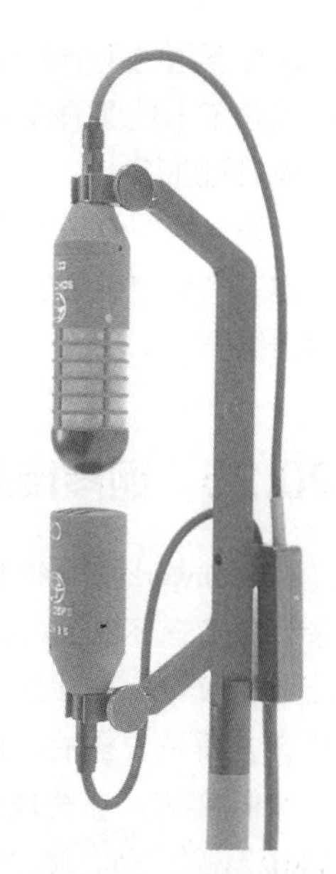

图 20.115 具有全指向和 8 字形指向特性的 Schoeps PolarFlex 传声器（Schoeps GmbH 授权使用）

相同标称指向性图形的电容传声器之间的基本音色差异不仅体现在其频率响应上，而且还体现在其指向性图形在整个频率范围上并不是始终保持一致，尤其是在频率范围的低端和高端。尽管表面看来这似乎是缺点，但有时也会成为优点（例如，适应录音空间的声学条件）。由于指定拾音角度上的频率响应可由均衡器来控制，但是并没有办法改变相应的极坐标响应图形。控制这种情形的唯一方法就是想办法选择出极坐标图形与频率关系变化不同的传声器。利用 DSP-4P 处理器，可以选择出近乎理想的指向性特性，基本上可以得到任意想要的频率相关指向性特性。比如，在中频范围之下心形变成全指向形，以便在非常低的频率上仍有较好的响应。大振膜传声器也可以实现这种愿望。

进一步而言，在相应的频率范围上，在强混响的空间中，人们可以拾取到较干的声音（心形或超心形设定），或者在干的空间中，接收到更多的房间反射（阔心形或全指向设定）。

这种情况下，它改变的不是频率响应，而是直达声与反射声的比值。这既不能用均衡器来实现，也不能在事后利用混响单元来减小反射声的强度来实现。

在图 20.115 的布局中，具有适中高频响应的全指向传声器用来强调直达声声场。由于其取向角度的原因，极头在水平面上拥有理想的指向特性。高频强调补偿因侧向声入射而导致的高频损失。

8 字形传声器设置在全指向传声器的正上方。其所对准的方向将决定最终可调节的虚拟传声器的取向。连接到 8 字形顶部的半球形设施平滑了全指向传声器在最高频段的响应。

利用图 20.116 所示的 DSP-4P 处理器，在 3 个可调节的频率范围上如下的设定可以彼此独立地进行。利用上排的 3 个旋钮，3 个频段中每一频段的指向性图形都可以设定。设定可以通过每一旋钮周围的环形 LED 表示出来。每个旋钮旋至左下位置为全指向设定，旋至右下位置为 8 字形设定。其间共有 11 种中间过渡图形可供选用。下面一排旋钮完成的是上面一排旋钮之间的一些设定。它们可以用来设定频率范围间的边界；分别为 100Hz ～ 1kHz 和 1 ～ 10kHz，步阶为 1/3 倍频程。

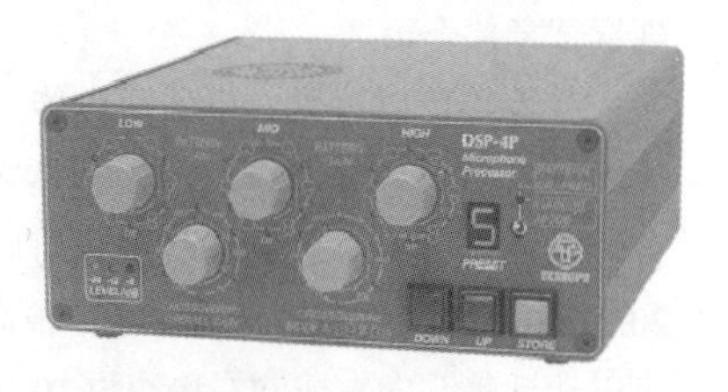

图 20.116 Schoeps DSP-4P 传声器处理器（Schoeps GmbH 授权使用）

右下角的3个按钮是用来存储和调用预置的。如果已经记录了未处理的传声器信号，那么这些调整可以在后期处理期间进行。

处理器在分辨率为24bit，采样率为44.1kHz或48kHz工作。当数字设备连接到输入时，PolarFlex ™处理器与其时钟信号同步。

20.25 钢琴传声器

Earthworks PM40 PianoMic™ System是专门为现场和录音棚录音环境下的钢琴声拾音而设计的，它无须传声器支架和横臂，如图20.117所示。钢琴琴盖大开或微开时的拾音音质是一样的。系统由两支随机入射全指向、40kHz高清晰度传声器构成，传声器的频率响应范围为9Hz～40kHz，具有快速的脉冲响应和极短的振膜设定时间，如图20.118所示。40kHz高清晰度传声器是为拾取随机入射声波而设计的。当传声器置于钢琴内部时，它们便处在多个声源（即每根琴弦、音板、来自音板及钢琴侧板和琴盖的众多反射声）所产生的声场环境中。所有这些声源和反射声波从四面八方到达传声器位置处。这就是所谓的扩散声场，高清晰度随机入射传声器（High Definition Random Incidence Microphone）就是为在这种扩散场拾音而设计的。不管传声器与钢琴琴弦或音板的距离如何，这时都不存在近讲效应。

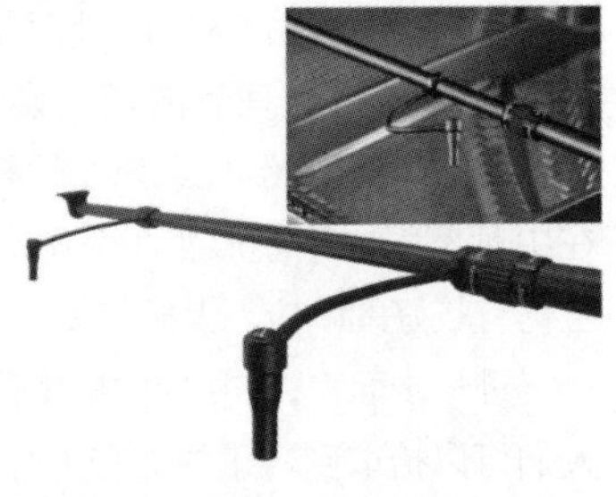

图20.117 PM40 PianoMic™ System（Earthworks，Inc.授权使用）

由于传声器被置于非常靠近声源，且钢琴的声场所包围，所以它可以取得非常大的反馈前增益。因为传声器被放在了钢琴琴箱内，某种程度上与钢琴外部的声音相隔离，再加上传声器就处在钢琴琴弦上方7.62～15.24cm的地方，所以几乎拾取不到来自钢琴之外的串音，传声器所拾取到的钢琴声的声压级要比来自钢琴外部声音的声压级高很多。

系统采用了一个可调节的伸缩管，该伸缩管由钢琴琴箱的边框所支撑。伸缩管可在1.17～1.63m调节，很容易与各种尺寸的钢琴配合使用。琴箱支撑的支撑臂厚度不到0.32cm，并且有非常光滑的保护涂层，不会对钢琴的封装产生有害的影响。钢琴琴盖可以在其顶部合上，而不会压到钢琴琴盖合页。

伸缩管可以移动，以便两支传声器可以非常靠近或远离琴锤安放。伸缩管可以放在钢琴之上，让传声器朝向或背对着钢琴键盘。管的中心部分可以向左或向右移动多达20.32cm，以便强调钢琴低音琴弦或高音琴弦的声音。曲臂可以让话筒头向左或向右移动约10.16cm，同样也可以上下移动。

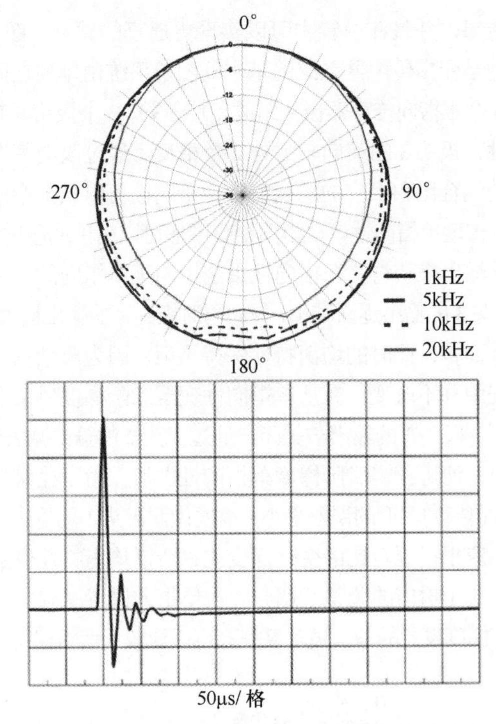

图20.118 PM40 PianoMic™ System极坐标响应和脉冲响应（Earthworks，Inc.授权使用）

20.26 立体声传声器

立体声传声器是配对使用的传声器组或传声器系统，比如XY、M/S、ORTF、NOS、Blumlien、SASS、人头式（in-the-head）双耳拾音和入耳式双耳（ITE，in-the-ear）拾音系统。它们可以是以某一种方式安装的单体传声器，也可以是复合传声器。这些系统中的传声器彼此靠得很近（接近于点声源或双耳的间距），产生基于强度差、时间差或两者组合的立体声表现，如图20.119所示。

立体声拾音系统	传声器类型	传声器配置组合
XY	2支心形	最大响应的轴向夹角为135°，间距：空间重合
ORTF（法国广播公司）	2支心形	最大响应的轴向夹角为110°，间距：17cm
NOS（荷兰广播基金会）	2支心形	最大响应的轴向夹角为90°，间距：30cm
Blumein Pair or Stereosonic	2支8字形	最大响应的轴向夹角为90°，间距：空间重合
M/S（中间-侧向）	1支心形 1支8字形	心形指向前方，8字形指向侧方，间距：空间重合

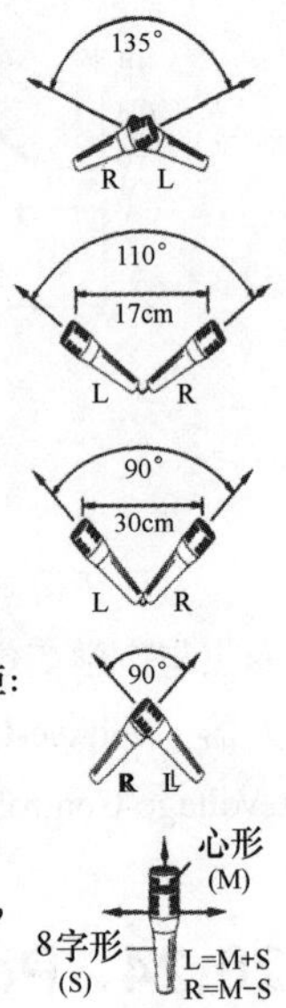

图20.119 各种类型的立体声录音制式

20.26.1 空间一致性传声器对

万能型立体声拾音方式非空间一致传声器技术（coincident microphone technique）[11, 12, 13] 莫属。空间一致意味着声音同时到达两支传声器，两支传声器位于空间的同一点上。在现实应用中，虽然两支传声器不可能占据同一位置点，但是可以将两者尽可能靠近摆放。也有一些实用的特殊形式立体声传声器是将两支传声器组合到一个壳体内。由于它们本质上是处在同一点上，所以任何方向入射来的声音到达两支传声器的时刻间不存在时间差，故不可能产生抵消问题。有可能第一眼看上去这种配置似乎并不能产生立体声效果。两支传声器通常为单指向性的，彼此的取向相差 90°。两者形成的组合取向指向声源，每支传声器与经过声源的直线间的夹角为 45°。立体声的结果源于强度差 — 左传声器（传声器对中右边的传声器）所接收到的来自舞台左手边的声音音量要高于来自舞台右手边的声音音量。

虽然这种形式的传声器对所获得的立体声效果不如空间传声器技术来得广阔，但是它具有与单声道完全兼容的特点，它对声环境中声音的重放最为准确。它设置起来相当简单、快捷。

空间一致性技术的变形包括改变传声器间的夹角（有些立体声传声器是可调的）、利用双指向传声器可以拾取到更多的混响声、利用单指向与双指向传声器的组合及矩阵系统可以得到左和右通道的和与差电信号（这些信号可以通过日后的控制得到想要的效果）。

基本的空间一致性技术是 20 世纪 30 年代由英国的工程师艾伦 • 布鲁姆林（Alan Blumlein）开发出来的 [14]（与最初的立体声录音一同出现）。Blumlein 使用了两支 8 字形指向性的带式传声器，两支传声器被安装成指向图形彼此呈直角（90°）的形式，如图 20.120 所示。立体声效果主要是由声源在两支传声器上产生的幅度差产生的。位于右侧的声音在传声器 B 上产生的信号要比在传声器 A 上产生的信号大。正前方的声音在两支传声器上产生的信号相等，而左边的声音在传声器 A 上产生的信号比在传声器 B 上产生的信号大。虽然同样的情形也会发生于空间摆放的全指向传声器组合中，但是因为这时传声器间存在空间间隔，所以两个信号间存在时间差（梳状滤波效应）。如果两个通道的信号被组合成一路单声道信号，则有可能产生增益上的损失和不舒服的声音感觉。因为空间一致性传声器对的换能器被安装于同一垂直轴上，所以声音到达两个通道的时刻是一样的，它在很大程度上将上述这一问题解决了。

现代的空间一致性传声器对通常使用心形或超心形指向图形。虽然这类指向图形的工作原理与 8 字形指向图形传声器产生立体声声像的原理一样，但是它们拾取到的环境厅堂声较少。

空间一致性传声器技术的最大优点就是在实际工作条件下使用简单。只要将传声器摆在中间位置，就可以在音乐家与厅堂声学之间建立起良好的平衡。正是因为其使用简单，所以广播工程师在录音（或传输）实况交响乐演出时都愿意采用这种拾音技术。

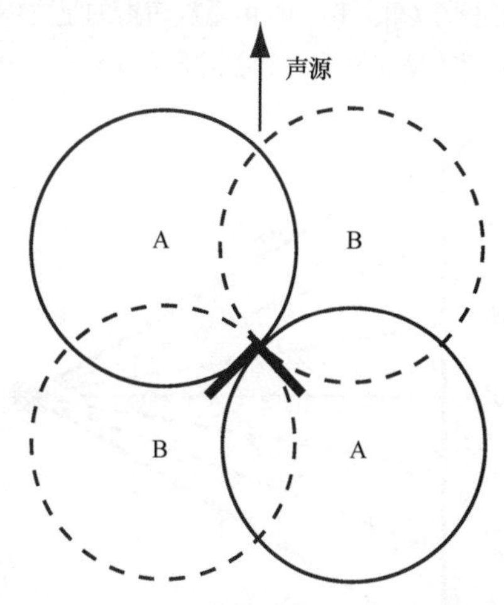

图 20.120 利用两支双指向传声器构成的传声器对

20.26.2 XY 立体声技术

XY 技术使用了两支同样指向性的传声器，针对录音角，两支传声器以相等且相反的偏转角摆放。指向左的传声器直接产生 L 信号，指向右的传声器直接产生 R 信号，如图 20.121 所示。其立体声特性取决于传声器的指向特性及两者的主轴夹角。

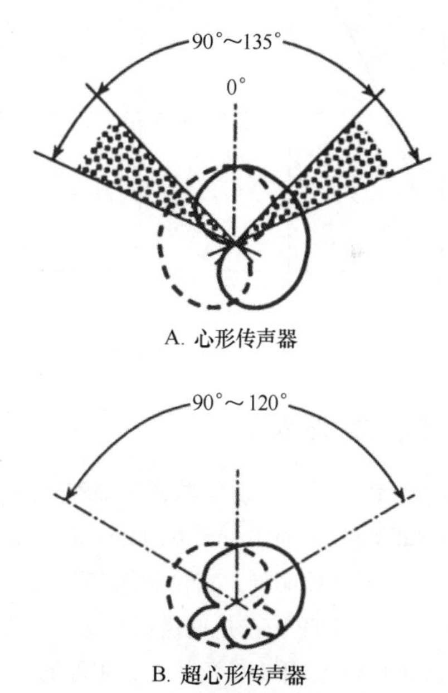

图 20.121 XY 立体声拾音的拾音指向图形

传声器系统的一个重要属性就是录音角，它是指中心轴（系统的对称轴）与获得正常的立体声重放时 L 和 R 的声级差所确定的声音入射角度间的夹角。在大多数情况下，除了针对前方声音拾取的录音角，其对后方声音也存在一个开放的接收角度。

另外一个重要的属性是声音的入射角与声音重放角的关系。由于 XY 和 M/S 拾音技术提供的是纯粹的强度信息，因此关注的是 L 和 R 信号的声级差在基于等边三角形建立起的标准听音设置下所确定的重放角度，如图 20.122 所示。图 20.123 示出了这种关系，它对于 330 ～ 7800Hz 频率范围有效，其有效精度在 ±3°。图中的水平轴代表的是声级差，纵轴代表的是重放角。其中的0°重放角指的是立体声声场中心位置，30°指的是定位于某个音箱的位置。

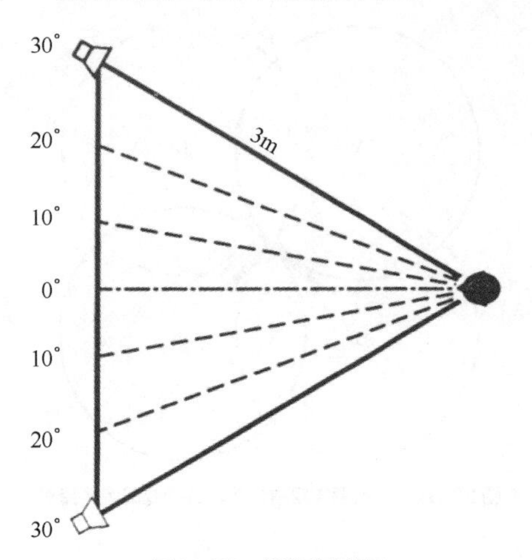

图 20.122　标准听音设置

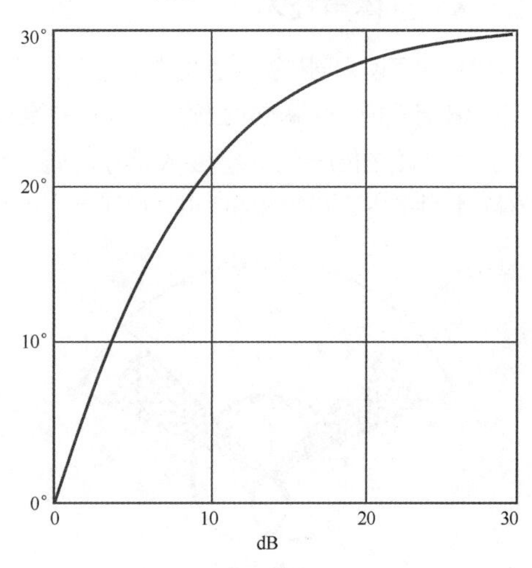

图 20.123　立体声声像定位

20.26.3　ORTF 技术

基本 XY 拾音技术的一个变型就是 ORTF 技术。ORTF 是 Office de Radiodiffusion Television Francais（法国的广播电视机构）的首字母缩略词，它是由法国政府广播网开发的一种拾音技术。ORTF 方法是通过将两支心形传声器间隔 17cm，且彼此间向外张开 110°角的方式实现的，如图 2.124 所示。因为两支传声器间隔摆放，所以 ORTF 方法并不具备 M/S 或 XY 拾音方法的时间一致性。

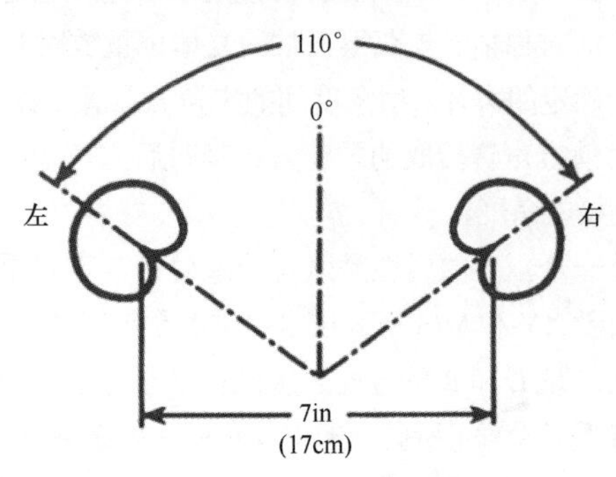

图 20.124　ORTF 传声器技术

20.26.4　M/S 立体声技术

M/S 技术使用了一个中间（mid，M）换能器单元来直接拾取单声道的和信号，而用另一个侧向（side，S）换能器单元来直接拾取立体声的差信号（相当于广播立体声副载波调制信号）。尽管使用了两个单独的换能器，但是采用单元式封装的 M/S 传声器使用起来更为方便，这种封装是将两个换能器紧紧靠在一起置于壳体中。

图 20.125 所示的是典型的 M/S 传声器的拾音指向性图形。M 换能器将其正面（最大灵敏度的方向）对着入射声信号的中心。虽然 M 传声器也可以选择其他的指向性图形，但图中所示的是最常选用的心形（单指向性）图形。为了获得对称的立体声拾音效果，S 传声器必须选用主轴指向两侧的 8 字形（双指向性）图形（通常，与前方中间信号具有相同极性的指向 90°的主瓣为左，而相反极性的主瓣为右）。

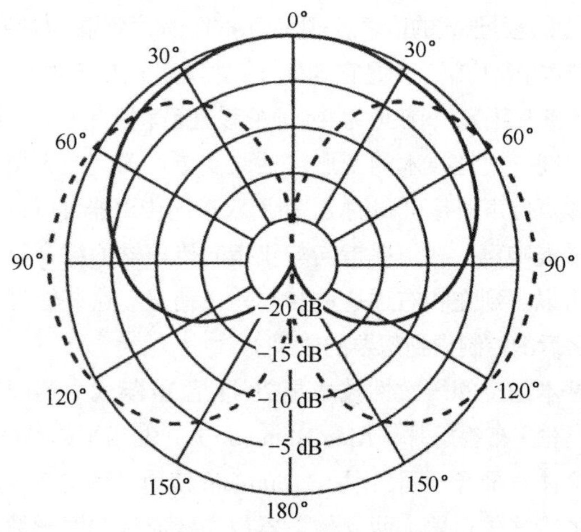

图 20.125　MS 传声器的拾音图形

在立体声 FM 或电视接收机中，单声道基带和信号，以及立体声副载波差信号是通过和 / 差矩阵来解调和解码成左和右立体声信号的。类似地，M/S 传声器的中间（单声道）信号和侧向（立体声差）信号也可以解码成有用的左和右立体声信号。

与单声道和信号相关联的中间换能器所拾信号，以及与立体声差信号相关联的侧向换能器所拾信号可以简单地表示成如下形式。

$$M = \frac{1}{2(L+R)} \tag{20-27}$$

$$S = \frac{1}{2(L-R)} \tag{20-28}$$

求解，得到左和右信号，

$$L = M+S \tag{20-29}$$

$$R = M-S \tag{20-30}$$

因此，左和右立体声信号分别是由中间和侧向信号的和与差导出的。可以通过和 / 差矩阵及其变压器处理中间和侧向信号来获得这些立体声信号。图20.126所示的是采用变压器实现的和/差矩阵，这种矩阵也可以通过有源电路来实现。这种矩阵既可以内置于M/S传声器当中，也可以外置。

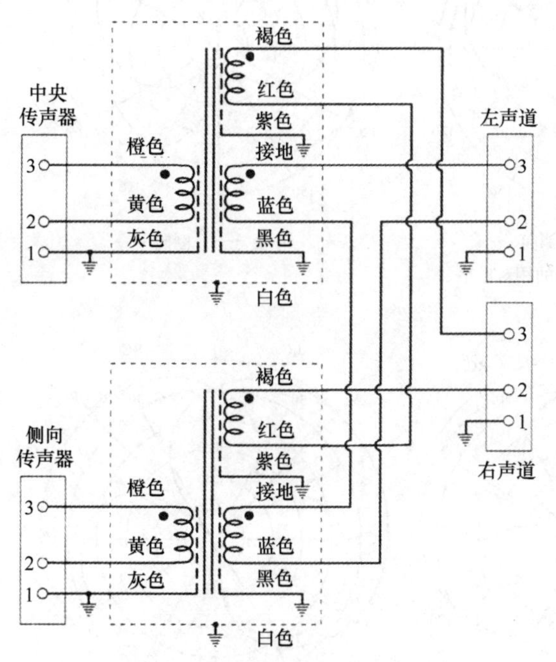

图20.126 M/S传声器使用的变压器型和/差矩阵

在理论上，任何传声器指向性图形都可以用作中间信号的拾取。有些录音棚M/S传声器对的中间指向性图形是可选的。然而，现实广播应用中的中间传声器采用心形指向性图形最为常见。

图20.127所示的是Shure VP88立体声传声器，它也采用了可切换指向性图形设计。图20.128所示的是其中间极头和侧向极头的极坐标响应。

图20.127 Shure VP88立体声电容传声器（Shure Incorporated授权使用）

左和右立体声信号分别呈现出等效于前左和前右传声器的拾音指向性图形。图20.129所示的是中间和侧向传声器的相对电平，以及Shure VP88传声器在L位置，双指向侧向方向型的最大灵敏度低于最大中间灵敏度6dB的立体声拾音方向型。每个传声器方向型的小后瓣是与正向主瓣极性反转了180°。对于0°角到达的声源，左和右输出信号是相等的，声像出现在两个音箱之间。随着声源偏离开主轴，左和右之间产生了幅度差，音箱所产生的声像偏离中心，平滑地向信号幅度较高的一侧移动。

当中间（单声道）方向型固定为心形时，立体声拾音方向型可以通过改变相对于中间电平的侧向电平来改变。图20.129所示的是在L、M和H位置M/S指向性图形的情形，在M位置时，侧向电平比中间电平低1.9dB；在H位置时，侧向电平比中间电平高1.6dB。这三种最终的立体声指向性图形分别表现出的拾音角为180°、127°和90°。图中还示出了产生左、中间偏左、中间、中间偏右和右声像时的入射声音角度。应注意的是，立体声方向型方向的变化和后瓣的大小。

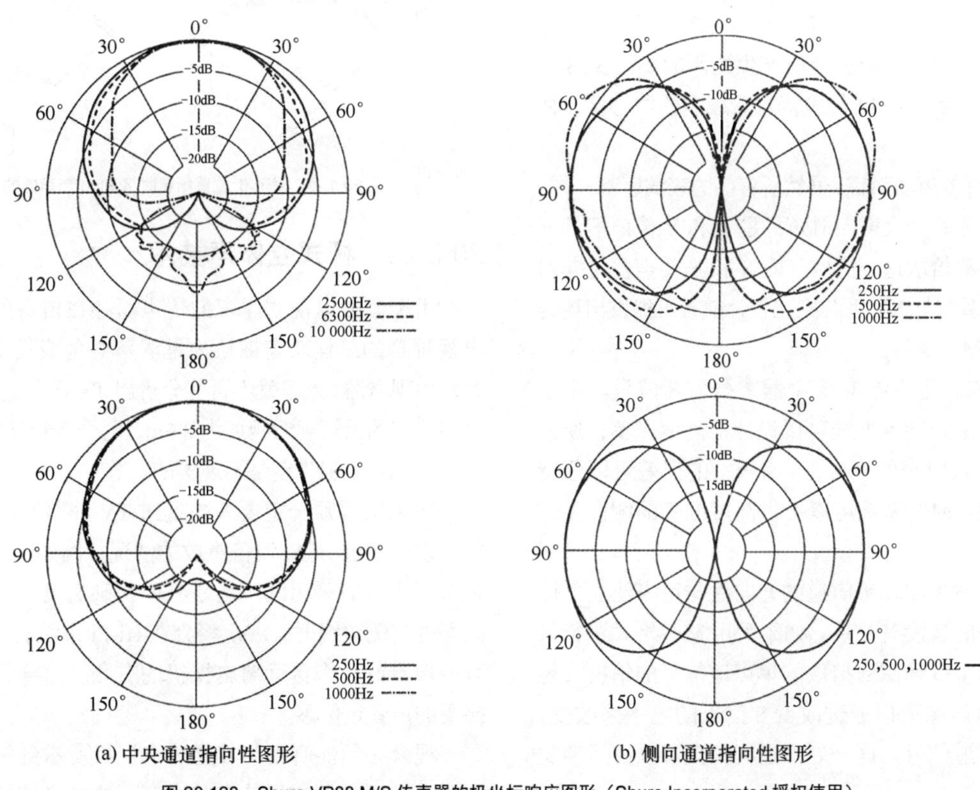

(a) 中央通道指向性图形　(b) 侧向通道指向性图形

图20.128 Shure VP88 M/S传声器的极坐标响应图形（Shure Incorporated授权使用）

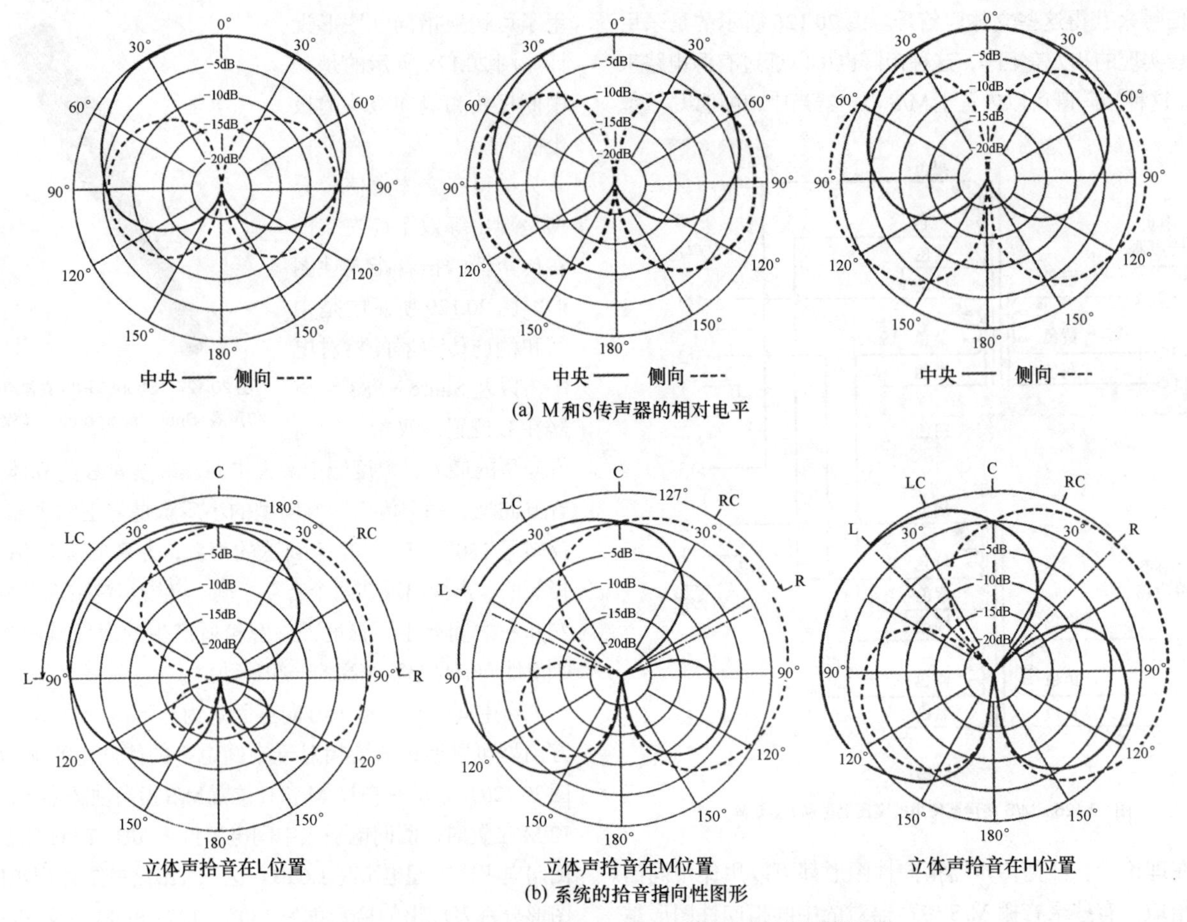

(a) M和S传声器的相对电平

(b) 系统的拾音指向性图形

图 20.129 处在 L、M 和 H 位置的 Shure VP88 的立体声拾音指向性图形

（Shure Incorporated 授权使用）

考虑到实际传声器的指向属性，很显然，M/S 技术具有的录音保真度要比 XY 高。这其中至少有 3 个原因。

（1）XY 系统的传声器主要工作在离轴条件下，尤其是在较大偏移角时。指向性不完美所产生的影响要比 M/S 系统更为严重，因为后者的 M 传声器对着表演的中心区，如图 20.130 所示。

（2）对于所有传声器而言，虽然所覆盖的表演区都一样，但从传声器看过去的最大声入射角只是 X 和 Y 传声器的一半。M 传声器对称拾取这一区域，而 X 和 Y 传声器是非对称拾取的。M/S 系统与 XY 系统相比较，前者可提供出更为准确的单声道（M）信号。

（3）M/S 系统利用双指向传声器来拾取 S 信号。由于这种类型传声器的指向性性能可以设计得高度完美，所以对于所有方向上入射来的声音，S 信号上的误差可以保持在特别小的程度。M/S 系统可以提供高度准确的侧向（S）信号。

（4）在 M/S 技术中，单声道的方向性与用来建立立体声效果的 S 信号的量没有关系。如果采用 M/S 格式进行录音，那么始终是可以预测到拾取的单声道信号的情况。另一方面，立体声声像可以通过改变 S 信号的电平来改变，而不会改变单声道信号。这一处理过程甚至可以在后期制作期间实现。

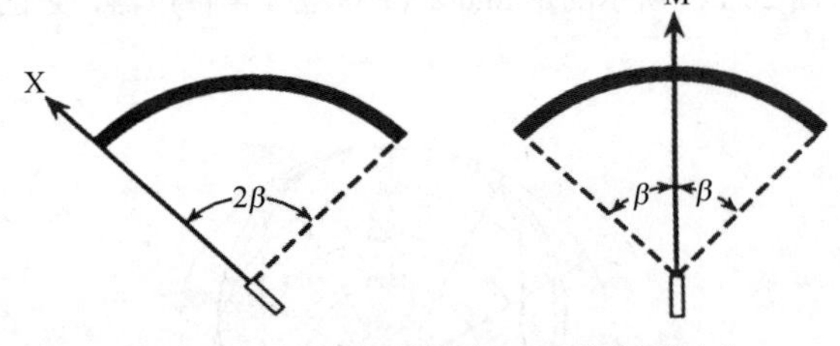

图 20.130 对于 0° 位置拾音时 X 和 M 传声器的方位

20.26.5 杆式立体声技术

用于广播电视立体声的传声器存在自身的问题，距离电视屏幕的最佳距离被认为是屏幕对角线长度的 5 倍，在此距离观看时，人眼就不再能分辨出 TV 图像的线状结构了。最终确定的最短观看距离为 3.3m，两个音箱彼此相距 3.8m。这对于观看电视肯定是不现实的。

声频工程师一定要考虑通过 TV 屏幕两侧的扬声器重放，以及通过 Hi-Fi 设备重放的情况。例如，如果在录制电视节目声音时采用的声场是整个基础宽度，即演员出现在画面的右侧边缘时，观众将会在 Hi-Fi 系统右音箱中听到声音，声音好像来自远离电视机的右侧。这样将会产生无法接受的声音定位感。

观众必须能听到与其通过电视机所看到的讲话者的位置十分接近的地方所传来的声音。要达到这样的目标，德国的电视机构提出了将拾取演员声音的单指向传声器信号与表现整个立体声场基础宽度的 8 字形传声器信号相结合的解决方案。

这种录音技术利用了一支吊装在传声器吊杆上的 8 字形传声器来保持吊杆转动时它的方向性，同时利用安装在上部的第二支单指向传声器来跟随演员或记者的运动，如图 20.131 所示。为了保证运动传声器的指向特性不会产生太大的影响，并且小量的角度误差不会导致产生突然的方向感变化，该传声器的主瓣应该比当今使用的普通枪式传声器的主瓣再宽一点。

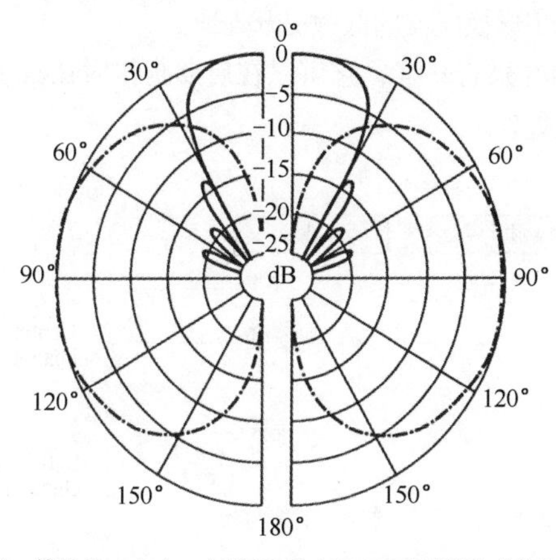

图 20.131 使用 Sennheiser MKH30 和 MKH70 传声器构成的杆式立体声传声器（Sennheiser Electronic Corporation 授权使用）

现在就可以采用 M/S 组合方式中定位传声器的方法来制作最终的立体声声轨。8 字形传声器的电平可以稍低一些，并且只用于拾取画面之外的人声、环境声和音乐。该传声器应该始终保持在固定的位置，并且方向也不应改变。以这种方式产生的 S 信号必须进行适当地衰减，以保证 M 传声器拾取的信号始终占主导地位。出现在画面中的演员的声音始终能被该传声器拾取到。

20.26.6 SASS 传声器

图 20.132 所示的 Crown® SASS-P MK Ⅱ 或 Stereo Ambient Sampling System™（立体声格式环境声采集系统）是一种专利化拾音系统，它是采用 PZM 技术的立体声电容传声器系统，且是一种兼容单声道的准一致性传声器阵列。

SASS 使用了两支分别安装在边界上的 PZM 传声器（彼此用泡沫障碍物隔开），从而使每支传声器具有指向性。

受控的极坐标指向性图形和两支传声器极头间与人头尺寸相当的间距产生出定位准确、声像自然的立体声，并且用音箱重放时不存在中空效应，如果需要还可以得到不错的混合单声道信号。

每个极头宽的声音接收角（125°）可拾取到房间的环境侧墙和天花板的反射，从而得到良好厅堂和周围环境的自然声学再现。这种方向型在垂直方向上几乎覆盖了 ±90° 的角度。

极头之间的泡沫障碍 / 障板使得每个极头的拾音角指向前方，限制了高频时两个侧向的重叠。尽管传声器极头间隔了几厘米，但将两个声道混为单声道时产生的相位抵消非常小，因为障板存在一定的遮蔽效应。当两个声道间存在相位差时，障板所产生的两个声道间极端幅度差可将 20kHz 之内因混合成单声道而产生的相位抵消减弱。

虽然 SASS 拥有相对小的边界，但由于标准 PZM 传声器不存在 6dB 的搁架，故其平坦响应一直可延伸至低频（参见 20.12 节）。之所以能获得平坦的响应，是因为极头在 500Hz 以下呈全指向特性，并且其在低频的输出电平相等，在立体声听音时，相加会导致感知声级提高了 3dB。这便使通常在小边界情况下体验到的低频搁架被有效地抵消了一半。

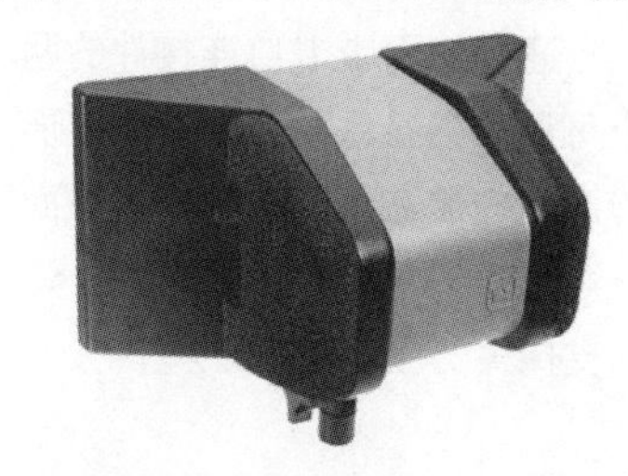

图 20.132 Crown® SASS-P MK Ⅱ 立体声传声器（Crown International, Inc. 授权使用）

另外，当传声器应用于混响声场时，由于方向性在低频呈全指向性，而在高频呈单指向性，这便导致低频的有效声级又被提升了 3dB。因此整个的低频搁架被完全抵消了，因此有效的频率响应在 20Hz ～ 20kHz 表现一致。图 20.133 所示的是左声道的极坐标响应（右声道与左声道正好相反）。

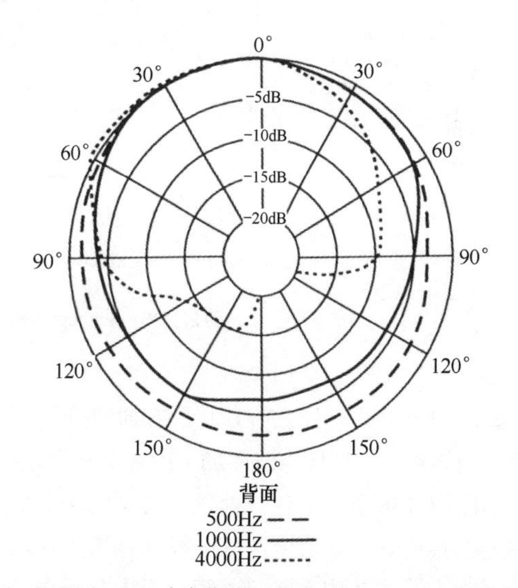

图 20.133 SASS-P MK Ⅱ 左声道的极坐标响应图。0° 入射的声音垂直于边界表面。右声道是左声道的镜像（Crown International, Inc. 授权使用）

20.27 环绕声传声器系统

20.27.1 Schoeps 5.1 环绕声系统

Schoeps 5.1 环绕声拾音系统是由 KFM 360 传声器球和两支悬吊的 8 字形传声器，以及 24bit DSP-4 KFM 360 处理器组成的，如图 20.134 所示。

该系统的核心单元是KFM 360传声器球。它使用了两支压力式换能器，即便没有其他的系统部件辅佐，也可以用于立体声录音。其录音角度大约为120°，允许采用比标准立体声传声器更近的距离进行拾音。在处理器单元中内置了必要的高频提升。

通过使用带卡口连接件的两个可调节夹持系统将两支8字形传声器安装在压力式换能器下面便可以获得环绕声拾音功能。这两支传声器应朝向前方。

图20.134 Schoeps KFM 360传声器球（Schoeps GmbH. 授权使用）

DSP-4 KFM 360处理器从传声器信号获得馈送至四角通道的信号。中间通道信号可以利用特殊类型的矩阵从两路前方信号中获得。附加的通道只传送70Hz以下的低频成分。为了避免感知到后方扬声器的存在，可以降低这些通道上的信号电平，延迟这些通道的信号或者设定其频率响应的上限，如图20.135所示。

前方的立体声声像宽度可以调整，并且朝向前方和后方的虚拟传声器对的指向性可以彼此独立调整。

处理器单元可以为传声器信号提供模拟和数字输入。除了提供增益，它还内置了针对压力式换能器的高频加重和针对8字形换能器的低频提升处理。

与M/S录音一样，它可以在后期制作时在数字域内实现矩阵化处理。

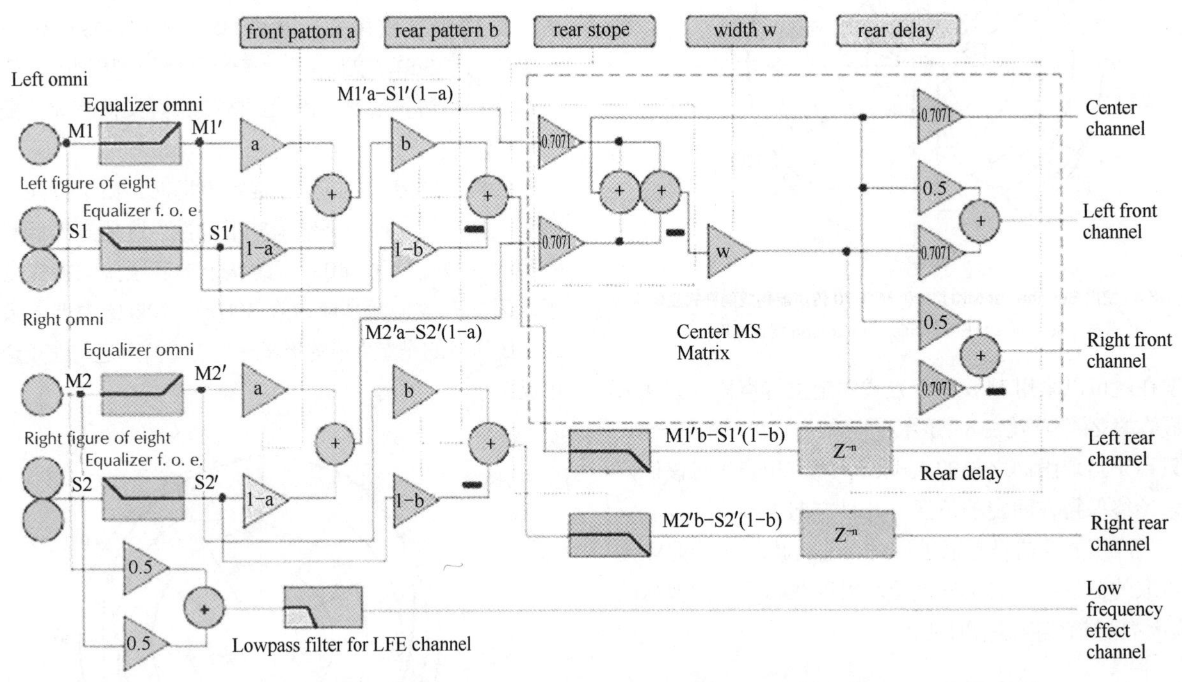

图20.135 Schoeps DSP-4 KFM 360处理器（Schoeps GmbH. 授权使用）

系统以如下形式工作，前方和后方通道分别通过位于每侧的全指向和8字形传声器相加（前方）和相减（后方）得来，如图20.136所示。这一处理所得到的4个最终的虚拟传声器的指向与8字形传声器一样都是指向前后的。在较高的频率上，这些传声器则更倾向于指向侧向（也就是说两边）。它们的指向性图形可以改变，可以从全指向变化为心形，再到8字形。两个指向后方的虚拟传声器的指向性图形可以与指向前方的虚拟传声器不同。改变指向性图形，也就可以改变声音，这利用普通的均衡器是不可能实现的。这样就可以用一个固定的方法来应对不同的录音空间（录音空间的声学环境），如果记录了未处理的传声器信号，则可以在后期制作时再进行调整。

这种四通道的解决方案产生了不带中置声道的格式或环绕声重放，有时中置声道并不是每个人都需要的。

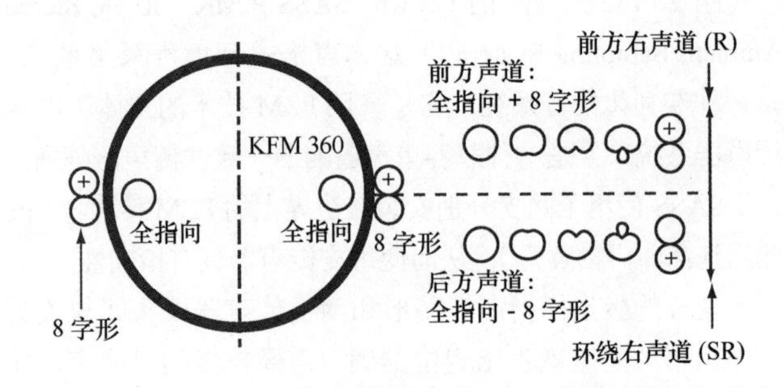

图20.136 Scpoeps 5.1环绕声系统的右信号（R）和右环绕信号（SR）的产生（Schoeps GmbH. 授权使用）

20.27.2 Holophone® H2-PRO环绕声系统

Holophone® H2-PRO的椭圆形状模拟的是人头部的特性，如图20.137所示。与声波在头部周围发生的情况一样，声波在H2-PRO的周围会产生弯曲，从而得到准确的空间感和声像，以及自然的方向感。将捕捉的这些声波方向性信息转变成现实的环绕声体验。8 个不同单元的总表面积与 H2-PRO 的球形外表相结合以捕捉用以进行环绕声重放的声学细节，如图 20.138 所示。其外表的作用相当于捕捉低频和清晰高频的声学透镜。

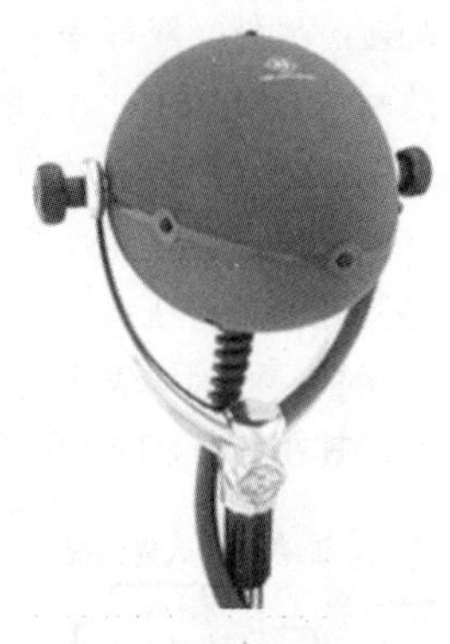

图 20.137　Holophone H2-PRO 7.1 环绕声系统（Holophone® 授权使用）

整个声场可以不用附加任何传声器就能准确地再现。Holophone H2-PRO 可以拾取多达 7.1 个分立的环绕声声道。它端接有 8 个 XLR 传声器线缆端口（左、右、中置、重低音、左环绕、右环绕、上和后中置）。它们包含了标准 5.1 声道，同时还为诸如 IMAX 这样的格式增加了上方声道，以及为诸如 Dolby EX、DTS、ES 和 Circle Surround 这类环绕声格式增加了后中置声道。由于每支传声器都有自己的输出，所以工程师可以根据环绕声制作项目的需要来选择声道，因为声道的分配从拾音到缩混，以及最后的发行始终是保持独立的。它非常适合电视广播（STV、DTV 和 HDTV）工作者、电台广播工作者、音乐制作人和工程师、电影同期录音人员和独立的项目演播室采用。

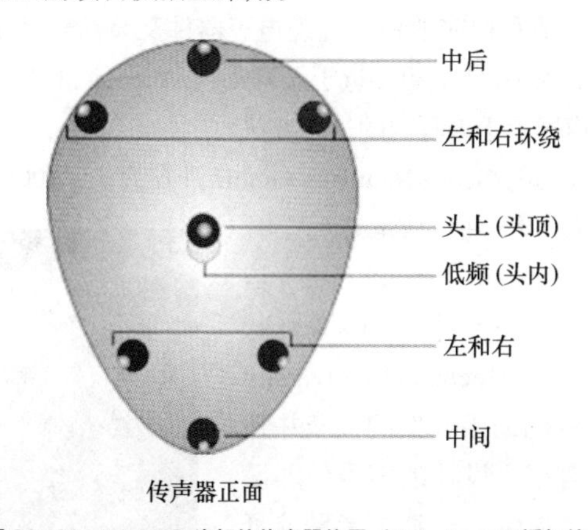

图 20.138　H2-PRO 头部的传声器位置（Holophone® 授权使用）

Holophone H4 SuperMINI环绕声系统

图 20.139 所示的 H4 SuperMINI 头部含有 6 个传声器单元，它们分别传输到标准环绕声配置的音箱上：L、R、C、LEF、LS 和 RS。LEF 将整合的低频信号送至重低音音箱。6 个分立的声道被馈送至 Dolby® Pro-Logic Ⅱ编码器，编码器输出的是类似于立体声信号的声频信号，输出从立体声 mini 接口转成双 XLR、双 RCA 或双 mini 接口。之后，左和右立体声信号被连接到摄像机或立体声录音机的立体声输入。编码的信号被记录在摄像机或录音机的记录载体上，并且捕捉的声频信号可以通过任何配有 Dolby® Pro-Logic Ⅱ解码器的家庭影院系统进行完整的 5.1 环绕声重放。素材可以编辑，并且声频可以通过 Dolby® Pro-Logic Ⅱ解码器解码并进入包括 Final Cut 或 iMovie 等在内的 NLE（非线性编辑系统）。立体声录音还可以通过标准基础结构直接进行广播。一旦包含 Dolby®Pro-Logic Ⅱ或任何兼容解码器的家庭影院接收到这样的信号，则 6 个声道就会呈现出其原始的状态。如果检测不到家庭影院接收机，那么信号就简单地以立体声形式重放。SuperMINI 具有包括用于外接的、中置声道定位的枪式或领夹式传声器的一个输入附加功能，该功能用来增强声学变焦按钮的声音选项和性能，提高拾音图形的正向偏置。它还包括针对环绕声场的实时机载 3D 声频监听的耳机方式虚拟环绕声监听功能。

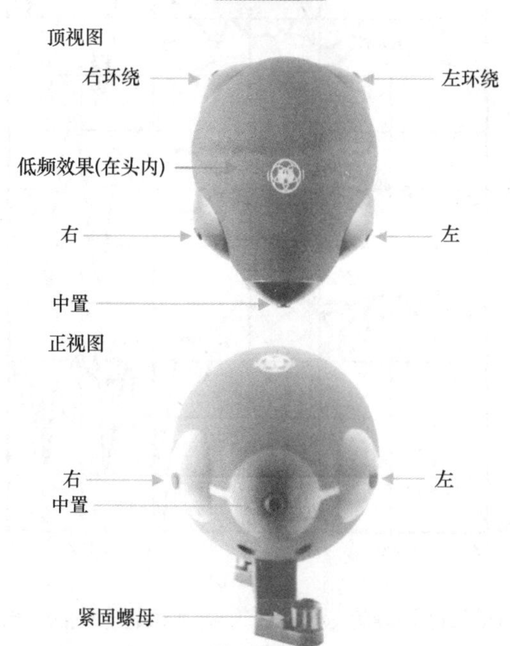

图 20.139　Holophone H4 Super-MINI 环绕声系统（Holophone® 授权使用）

20.28　用于双耳录音的传声器

20.28.1　人工头系统

人的听觉系统能够从混合的声音中选择出某一声音，同时抑制不想听的声音元素（即鸡尾酒会效应）。这一点是通过在处理过程中将人耳听到的信号视为两个在空间上相隔一定距离的声音接收器所接收到的信号来实现的，也就是通常所谓的双耳听音信号处理。用一个简单的实验就能证明这一说法，当我们聆听用单支传声器拾取几个同时发生的声音事件的录音时，就不能区分单个声源了。

两支空间上相距一定距离的传声器，或者是更为出色的、对空间多个要素敏感的传声器，比如立体声传声器对，它们都可以用来捕捉声音的空间特征，但是通常与身在同样环境下的听众所感知到的真实声音相比，它们还是存在不足之处的。这种真实感的缺失是因为它们所拾取的声音中缺失了因人头部、肩部，以及外耳对传播过程给声音频谱所带来的固有改变（即人的转移函数），并且直到人对声音分析环节的非常靠后阶段之前信号一直保持分离状态。

人外耳的声学转移函数只与人身体的几何形状有关。它由可以进行数学建模的4个部分构成，如图20.140所示，或者通过人工头系统来重建[15, 16, 17]。

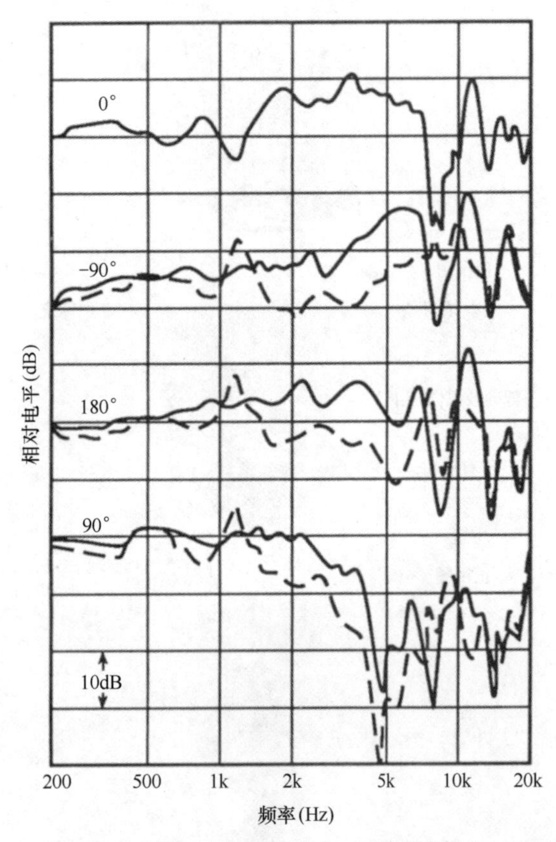

图20.140 对于4种角度入射（正前、左方、正后和右方）情况下在距耳道入口内4mm处测得的左耳的转移函数

在身体的上肢、肩部、头部和外耳（耳廓）处所发生的声音反射和衍射，以及外耳和耳道所导致的谐振对转移特性的影响最大。耳甲腔是耳朵的前腔室。外耳转移函数的频谱形状因人而异，因为每个人及其解剖学特征都是唯一的。因此，人工头及其数学模型是基于对大量人群的响应和头部大小所作的统计分析结果建立的。

对外耳转移函数有影响的所有这些因素都对方向非常敏感。这就是说，每个方向上来的声音都有其各自的频率响应。另外，双耳是由头部隔开的，因此它会影响声音到达两耳的相对时间。为此，整个外耳转移函数是非常复杂的，如图20.141所示，并且它在修正单支传声器或传声器对响应时只是部分适用。在图中，每个箭头记号的基准指示的是基准参考声压级。实线表示的是自由场情况下的外耳转移函数，而虚线表示的是相对于正面入射的自由场声音而言，其在各个方向上的差异。

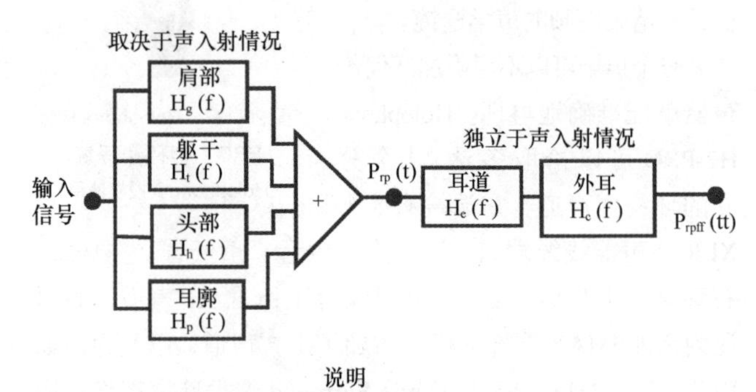

说明

$P_{rp}(t)$ 输出信号取决于声入射情况
$P_{rpff}(tt)$ 输出信号等于人耳处的声压
rp 在耳道入口内4mm的参考平面
ff 自由场声场
H 复变转移函数

图20.141 人外耳的转移函数

虽然人工头用于录音实践已经有一些时间了，但是最新的人工头和相应的信号处理电子器件又将拾音质量带到了更高的水平，它们更接近于入耳式（In the Ear，ITE）拾音，即将传声器置于人耳内的拾音方法。

由德国的Georg Neumann GmbH开发的KU 100测量和拾音系统就是一种高质量的人工头，如图20.142所示。最初的人工头是由克劳斯·格努特（Klaus Genuit）博士和他在Technical University of Aschen的助手开发的，一并开发的还有精心设计的信号处理设备，由此提供的双耳录音系统可非常准确地将复杂声场中的空间声像表现出来。

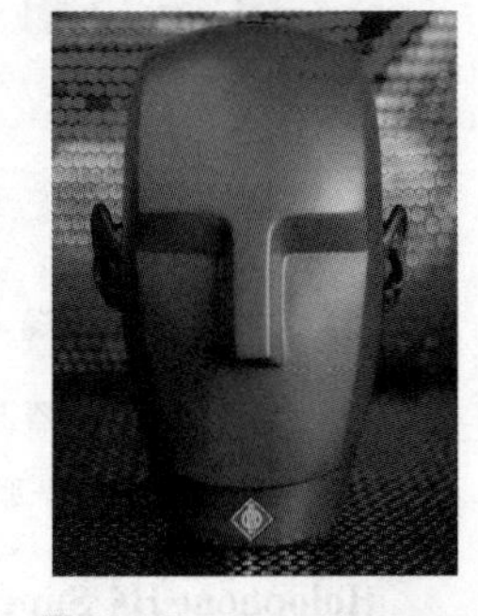

图20.142 Georg Neumann KU 100人工头（Georg Neumann GmbH授权使用）

人工头是对人头部的真实复制，并且根据录音和重放理论进行建模。顾名思义，要为听音人重建的声音不应经过两个传输函数的处理，这两个传输函数一个是人工头耳朵的，另一个是听音人耳朵的。

图20.143所示的是人工头传声器和录音系统的框图。高质量的传声器被安装在人工头两侧耳朵的耳道入口位置。来自每支传声器的信号通过处理器中的扩散场均衡器，之后便可以用于记录或重放了。扩散场均衡器针对人头进行了专门的调谐，即将正面扩散场的头部转移函数反转。这样的信号被用于记录，并用于扬声器重放和测量。处在重放单元中的耳机扩散场均衡器产生一个耳机的线性扩散场

转移函数，因此在听音人的耳道入口处所呈现的声压级将是人工头耳道入口处声压级的复制。

扩散场均衡适合于声源距人工头一定距离的情形。对于靠近声源的拾音或者受限空间内的拾音，比如汽车的座舱内的拾音，则最好采用另一种所谓的与方向无关（Independent of Direction，ID）的均衡。均衡含在图 20.143 的人工头内部。

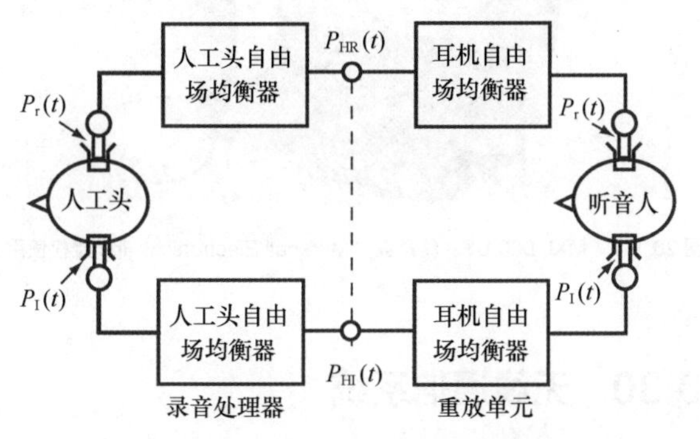

图 20.143　人工头双耳立体声传声器系统

来自人工头的信号 $P_{HR}(t)$ 和 $P_{HI}(t)$ 可以记录并直接通过扬声器来重放、分析，或通过耳机重放。作为一种拾音工具，这种方法胜过许多其他以扬声器重放为目标的拾音技术。空间声像的完美表现不但可以通过入耳式耳机进行重放和欣赏，同样也可以利用高质量的音箱来欣赏。

人工头是采用高强度的玻璃纤维结构而成的。通过将可拆卸的人工头外耳取下并放入耳塞，可以对传声器进行调校。传声器的前置放大器提供极化电压和平衡式的无变压器线路驱动。录音处理器和模块式的单元结构为人工头提供直流电能，并在人工头与记录媒介或分析设备间起到接口的作用。低噪声电子器件及出色过载范围的组合让使用者可以充分利用人工头传声器 135dB 的动态范围，当开启 10dB 的衰减器开关时，这一动态范围可达 145dB。

对于耳机重放，重放单元提供均衡过的信号给耳机，在耳道入口产生对应于人工头相应位置的声信号。

在任何人工头传声器拾音系统中都应考虑的一个重要参数就是在人工头输出信号端可以使用的动态范围。例如，耳道谐振可能产生超过一些安装在耳道内的传声器的最大可承受声压级的声信号。

20.28.2　入耳式录音传声器

入耳式（In-the-Ear，ITE™）[18] 录音和耳廓声学响应（Pinna Acoustic Response，PAR™）重放体现的是对原有的、具有高保真双通道重放空间声像的双声道录音解决方案的革新，如图 20.144 所示。这里重要的是保证音箱重放信号的同步，同时音箱呈一定角度摆放，以便听音人处在无早期反射的区域。

采用软硅胶探头的低噪声、宽频响和动态范围的探针式传声器被置于现场听音人耳膜的压力区上。该传声器系统可以用均衡或不用均衡进行录音，以补偿耳道的谐振，同时保留高频梳状滤波器的空间提示信息不变。重放系统是由距离听音人近似等距的间隔摆放的同步扬声器系统构成，其摆放方式如图 20.144 所示。虽然左侧的两个音箱是并联的，右侧的两个音箱也是并联的，但是前后音箱有各自的音量控制。这样便允许进行两侧声音的平衡，并针对每个单独的听音人进行前后的相对电平调整。前面的两个音箱用来提供听音人前方的听音信号。

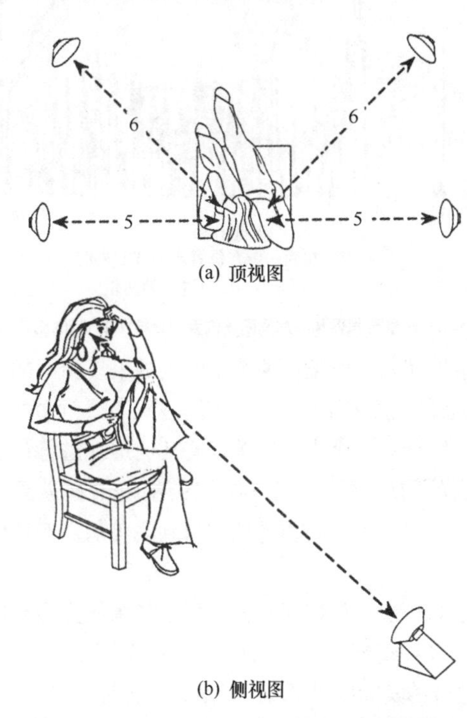

图 20.144　用于 ITE 录音的 PAR 重放的扬声器位置安排

图 20.145（a）示出的是某一听音房间（L_D-L_R = 0.24）中得到的 ETC。图 20.145（b）所示的是利用 ITE 技术（L_D-L_R = 5.54）在同一测量位置测得的结果。特别应注意的是，两种技术在 L_D-L_R 上所表现出的差异。ITE 拾音和 PAR 重放可以让某一指定听音人听到的给定语言可懂度环境与另一个人的头部和外耳配置在耳膜处感知到的一样。

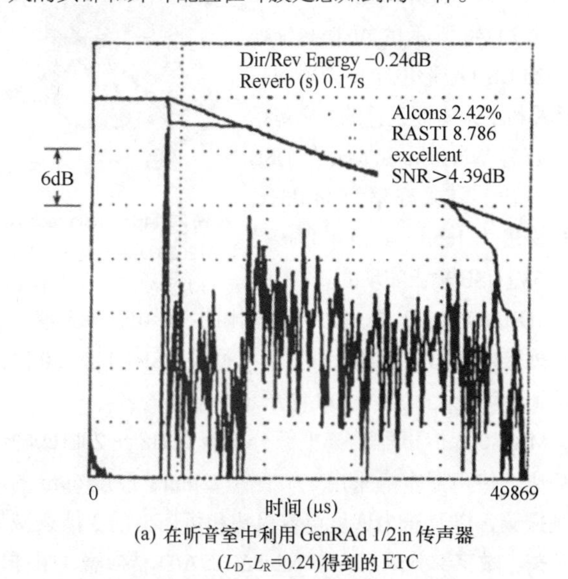

(a) 在听音室中利用 GenRAd 1/2in 传声器 (L_D-L_R=0.24)得到的 ETC

图 20.145　测量传声器和在房间同一位置 ITE 技术的 ETC 比较

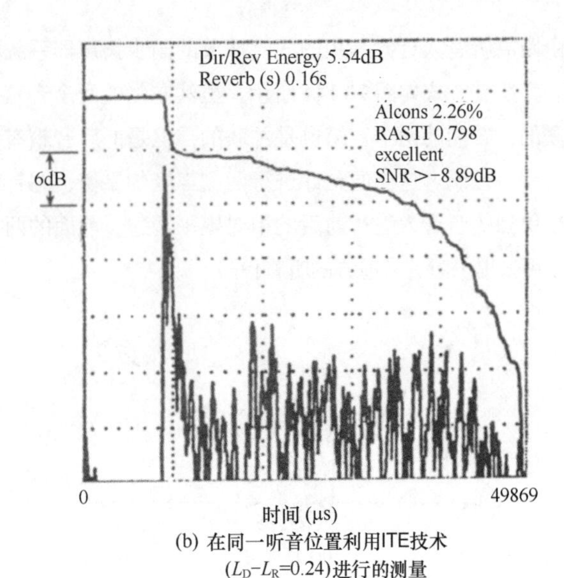

(b) 在同一听音位置利用ITE技术
(L_D-L_R=0.24)进行的测量

图 20.145　测量传声器和在房间同一位置 ITE 技术的 ETC 比较（续）

利用坐在同一座位区两个不同人的表现相同的耳朵内 ITE 传声器实现的拾音，其声音听上去不同。通过扬声器重放时，系统针对一个人的完美声音几何透视进行正确地平衡，这时的前后平衡可能需要有多达 10dB 的差异，只有这样才能让另一个人在重放期间听到完美的声音几何透视表现。

由于 ITE 录音与普通的立体声重放系统完全兼容，并且能够在多种情况下具有出色的声音保真度，这使得 ITE 传声器拾音的实际应用呈现出无限的发展前景。

20.29　USB传声器

如今，计算机已经成为音响系统的重要组成部分。许多调音台都是数字式的，传声器被直接连接到调音台上。传声器也通过 USB 输入连到计算机上。

图 20.146　Audio-technica AT2020 USB 传声器（Audio-Technica U.S.，Inc 授权使用）

图 20.146 所示的 Audio-technica AT2020 USB 心形电容传声器是基于计算机的录音而设计的。它包括一个兼容 Windows 和 Mac 的 USB 数字输出。其采样率为 44.1kHz，比特深度为 16bit，其供电直接是通过 $5V_{dc}$USB 输出实现的。

MXL.006 USB 是一款 USB 输出的心形电容传声器，它无须外接传声器前置放大器，直接通过 USB1.1 和 2.0 协议连接到计算机上，如图 20.147 所示。

MXL.006 传声器的模拟部分具有 20Hz ～ 20kHz 的频率响应，传声器本身采用一个直径 22mm、厚度 6μm 的金喷溅振膜，以及压力梯度电容极头和可切换的 3 挡衰减垫整开关。数字部分采用一个 16bit Δ－Σ A/D 转换器，采样率可选取为 44.1kkHz 或 48kHz。

MXL.006 包括位于保护网栅后面的红色 LED，该 LED 指示告知使用者传声器已打开且取向正确。

图 20.147　MXL.006 USB 传声器（Marshall Electronics，Inc 授权使用）

20.30　无线通信系统

图 20.148 所示的无线通信系统（Wireless communication systems）是指无线传声器（wireless microphones，或 radio microphones）及相关概念的无线通话。通常，同一终端用户会购置传声器和通话设备用来满足电视和无线电广播节目制作、电影制作和相关的娱乐应用的需求。

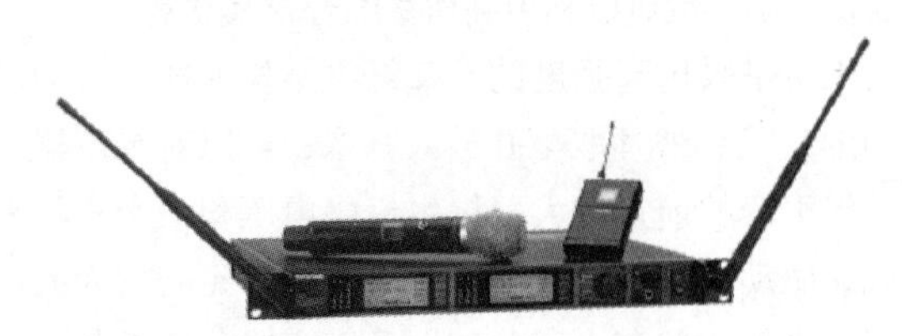

图 20.148　Shure UHF-R 无线传声器系统（Shure Incorporated 授权使用）

无线传声器系统可以与之前讨论过的任何传声器配合使用。有些无线传声器系统包括有特定的传声器本体头，而有些则可以使用各个生产厂家提供的传声器本体头。

20.30.1　无线模拟传声器

图 20.149 所示的是模拟无线传声器系统的框图。无线传声器系统的传送端为连接到前置放大器上的动圈、电容、驻极体或压力区域传声器、压缩器，以及小型发射机 / 调制器和天线。

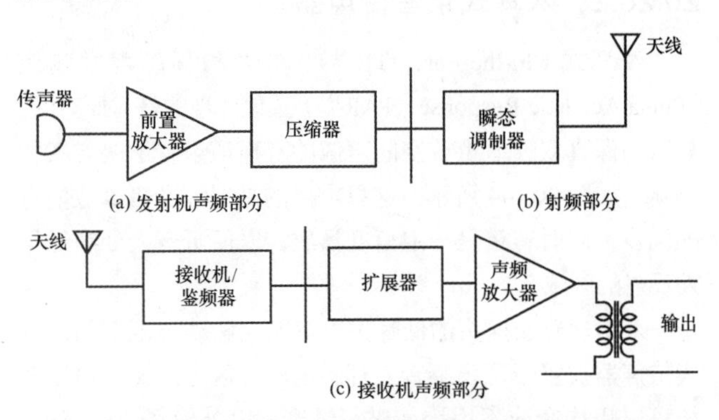

图 20.149　带内置前置放大器、压缩器和发射机的无线传声器发射机部分，以及带内置鉴频扩展器的接收机部分

系统的接收端是天线、接收机 / 鉴频器、扩展器和连接到外部声频设备上的前置放大器。

20.30.2　选用无线传声器的标准

在选择适合专业应用的无线传声器系统时，必须要考虑诸多因素[19, 20]。理想情况下，这样的系统必须能在各种恶劣环境下完美且可靠地工作，同时还要具有良好的可懂度，在强 RF 电磁场、调光台和电磁干扰源附近仍能工作。这一切与调制的类型（标准调频或窄带调频）、工作频率、高频（HF）、甚高频（VHF）、超高频（UHF）、接收机选择性等因素直接相关。系统必须能够在一组干电池（或镍镉充电电池）供电情况下非常可靠地工作至少 5 小时。

20.30.2.1　工作频带

根据 FCC 的频率分配规划及当前和未来分配的不确定性，有些无线设备生产厂家提供的系统完全避开了 VHF 和 UHF 频带。ISM（工业、科学和医疗，industrial，science and medicine）频带为电视频带提供了特有的另一种方案。通过国际协商，所有的仪器都采用低压供电，因此将不会有高压馈电产生的潜在 RF 干扰。2.4GHz 频带提供了除传统 UHF 频带外的另一种重要选择方案，只要保证发射机与接收机之间处在视距范围内，则使用者就很容易取得 100m 的工作范围。使用 2.4GHz 的另一个好处在于可以简化针对巡回演出的无线资源储备。同一无线电频率在全球均被接受，因此在国际巡演中不需要遵守特定国家与环境兼容的频率规定，在美国也同样应用——在所有地区都工作于同一频率。

当前的无线传声器被授权使用几个频段工作，最常见的频段为以下几个。

VHF 低端频带（AM 和 FM）	25 ～ 50MHz
	72 ～ 76MHz
FM 广播（FM）	88 ～ 108MHz
VHF 高端频带（FM）	150 ～ 216MHz
UHF（FM）	470 ～ 746MHz
	902 ～ 952MHz
UHF（FM）禁用	698 ～ 806MHz

VHF 频段目前几乎无人使用了，可能一些老式设备还在使用。低频段是无线电频谱中噪声最强的频段，因为该频段波长约为 6m，故需要使用长天线（1.5m）工作。VHF 的低频段易受电磁波跳变的影响，它可以被定义为来自远距离电离层反射回地球的外部信号所产生的干扰。

VHF 的高频段要比低频段好一些。1/4 波长天线只有大约 43cm 长，并且占据的空间很小。VHF 频段的部分电磁波可以穿过建筑物，这各有利弊。其优势在于能够实现各房间和附近表面间的通信。其不足之处在于传输不受控制（不安全），而且外部的噪声源可以侵入接收机。

最常用的 VHF 频带为 174 ～ 216MHz，它对应于电视频道 7 ～ 13。VHF 的高频段是对公众免费开放的频段，商业无线电干扰频段和任何可能引发干扰的商用广播电台的日常使用频段，因此人们可以知道它们处在哪一频段，这样便可以回避它。由于它使用了 FM 调制，所以其具有对噪声的天生免疫力。较好的 VHF 高频段接收机具有充分的选择性，可抑制临近商业电视台或 FM 广播信号。如果工作的传声器或通话系统使用的是尚未使用的电视频道（比如 7 频道），那么就需要保护其免受当地电视 8 频道的干扰。FM 无线电广播还可能引发另一个问题。如果数千瓦的 FM 台正在 50mW 无线传声器附近播出，那么即便 2 次谐波能被很好地抑制，但它还是会产生与传声器或输入信号相当的 RF 场强，因为 FM 88MHz 的 2 次谐波是 176MHz，它正好处在 7 频道的频带中间。FM 107MHz 的 2 次谐波是 214MHz，它处在 13 频道的频带中间。因此，如果打算全都使用 VHF 无线系统，尤其是在相邻的频率上使用几支传声器或几个通话系统，那么无线接收机必须要有选择性非常好的前端。

一个电视频道占据 VHF 频带内 6MHz 的宽度。例如，7 频道占据的是 174 ～ 180MHz。无线通话约占据 0.2MHz（200kHz）。按照 FCC Part 74 的分配规定，在一个电视频道的频率空间内可使用多达 24 个独立的 VHF 高频段传声器或通话系统。为了使用工作于相邻频率上的多套系统，无线传声器通话接收机必须有非常强的选择性和出色的捕捉比。从实际应用的角度出发，这意味着要使用窄频偏 FM（近似 12kHz 调制）。宽频偏系统（75kHz 调制或更宽）可能容易对相邻的传声器 / 通话工作频率产生干扰，这样的系统也要配合使用更易受到邻频干扰影响的宽带接收机。窄带和宽带 FM 之间的折中是针对更好的整体频响、更低的失真和更好的固有 SNR，这一切是针对未使用 TV 通道最大可能通道数而言的（在相同的干扰抑制能力下，该最大数值为 6）。设计不良的 FM 接收机会产生灵敏度下降的问题（desensing）。Desensing 意味着无线传声器 / 通话接收机被哑掉，因为另一个传声器、通话、电视台或 FM 电台（2 次谐波）正在临近频率上传输，这样会限制传声器或通话的有效工作范围。

UHF 频带设备可在选择的频带上工作，如今厂家使用的频带只有一个。由于其波长不到 1m，所以天线长度只有 23cm。其工作范围不如 VHF，因为其电磁波可以从小的开口通过，而且更容易被边界表面反射。

目前，所有专业系统都工作在如下 UHF 频带。

- A 频带 710 ～ 722MHz。
- B 频带 722 ～ 734MHz。
- 728.125 ～ 740.500MHz 频带。

FCC 已经将大部分 DTV 频道安排在频道 2 ～ 51，而在 64 ～ 69 只有 4 个频道，大部分专业无线传声器均在此频带内工作。

20.30.2.2　系统工作频率的调整

许多专业无线传声器能够调谐至许多频点。在过去，系统在固定频率上工作，因为通常这是让系统稳定工作的唯一方法。利用PLL-同步通道（锁相环），切换至可调谐的UHF频带100个不同频点，以及0.005%频率稳定度的系统并不罕见。这一点对于DTV发展尤为重要。

20.30.2.3 捕捉比和哑音

接收机的捕捉比和哑音指标很重要。捕捉比是指接收机对发射同一频率的两台发射机的分辨能力。当信号调频（FM）时，较强的信号控制接收机接收状态。捕捉比是正在捕获的发射机与已覆盖的已捕捉到的发射机信号间的强度差。该数值越低，接收机捕捉信号能力越强。例如，捕捉比为2dB的接收机将会捕捉到比第二个信号只高出2dB的信号。

大部分系统具有哑音电路，如果没有RF信号，该电路将会使系统静音。要想开启电路，发射机在其载波之上传送一个特殊信号，该信号可以中断静音状态，让声频信号通过。

20.30.2.4 RF功率输出和接收机灵敏度

VHF高端频段传声器或对讲发射机的最大法定RF输出功率为50mW；大部分分配的功率为25～50mW。虽然FCC第90.217规定的商用频带（用于无线通话）可以达到120mW，但即便如此这也不会高过50mW数值4dB。FCC并不允许使用高增益发射机天线，即便是使用了，由于这种天线大且有指向性，所以对来回走动的人而言并不实用。在有些情况下，高增益接收天线还会起坏作用，因为发射机总是在演员附近来回移动，所以接收到的许多无线电信号实际上是捕获到的来自墙壁、设备等反射回来的信号。

即便一副台下天线对着演员，还是有可能指向错误的目标。分集接收天线系统利用两副或更多副天线来拾取信号，并将其组合在一起馈送给接收机，这样便降低了固定接收机安装中的信号失落或衰减。

由于受到天线和发射机功率的限制，故接收到的信号电平是不能提升的，其可用范围在很大程度上取决于接收机灵敏度和选择性（即捕捉比和SNR），以及声频动态范围。在20世纪80年代之前，大部分无线传声器和通话采用简单的压缩器来避免发射机过调制。如今，采用了压扩器电路的系统可在不改变RF SNR的前提下使声频SNR提高15～30dB。这是通过在传声器或通话发射机内内置全频段压缩器，然后再通过接收机对声频信号进行互补扩展来实现——这与磁带降噪系统采用的编解码器很类似。压缩可以让响的信号不至于使发射机过调制，同时保持安静的声音信号的电平处在嘶声和静电干扰电平之上。在接收到信号之后，扩展器恢复出响的声音，同时进一步降低任何低电平嘶声或静电干扰。在相同的频偏下，压扩声频信号可将动态范围由无压扩的发射机/接收机系统时的50～60dB提高至80～85dB。

20.30.2.5 频率响应、动态范围和失真

没有哪款传声器会在20Hz～20kHz的范围上具有平坦的响应，实际上这也不是必需的。无线也好，非无线也好，到了观众欣赏广播、电影或音乐会时，频率响应的带宽可能已经降至40Hz～15kHz。或许评价手持无线传声器系统的最佳标准就是将其与传声器振膜的自身响应进行比较。如果发射机/接收机带宽基本上包含了振膜的工作带宽，那么这就足够了。一般而言，好的无线传声器的声音听上去应该与使用同样极头的有线规格的传声器一样。由于无线通话系统主要是用于语言通信，所以它对声频带宽方面的要求相对低一些，300Hz～3kHz为电话音质，50Hz～8kHz的带宽对于通话已是十分出色了。

为了取得自然音质的声音，动态范围可能是最为重要的性能指标。假设对于最响的声音传声器被调整至100%调制，则好的压扩器系统提供的动态范围为80～85dB。通过将传声器的调制度调低来保留一定的安全余量的做法会牺牲SNR。即便拥有额外的动态余量和75dB的工作SNR，传声器的动态范围还是典型光学胶片声轨或电视节目的动态范围的两倍。

对于10μV信号，系统应提供至少40～50dB的SNR，对于80μV信号则至少要有70～80dB的SNR。这表示的是没有声频信号传输时的情况。

当使用驻极体电容传声器时，对动态范围构成限制的因素可能是极头本身，而不是无线系统。一般而言，由1.5V电池供电的驻极体被限制工作在约105dB SPL。9V电池供电时，同样的传声器可以在120dB SPL下使用。无线传声器系统应能提供足够高的偏置电压，以确保传声器极头具有足够大的动态范围。尽管电容传声器的输出电平要比动圈传声器的输出电平高，但是前者的背景噪声也不成比例地高一些，因此总体的SNR指标也要小一些。

无线通话系统并不需要有与传声器一样的动态范围。它们不必传输自然的音乐表演。然而，自然动态的声频信号与高压缩的声频信号相比不易让人疲劳，尤其是长时间使用其工作时。因此除了较大的动态范围，通话系统具有良好的SNR还有其他的好处：40dB或50dB是可用的，60dB或70dB是出色的。噪声非常高的工业环境是个例外，此处利用压缩获得响的通话条件对于抑制背景噪声是必须的。好的通话用头戴式耳机送话器起到保护听力和排除大部分环境噪声的双重作用。

无线系统的失真要比有线系统的失真高——无线电链路绝不会像一段导线那么纯净。然而，当今较好的无线传声器若能达到小于1%的总谐波失真（Total Harmonic Distortion，THD）指标就是可接受的。在这些传声器中，对谐波失真贡献最大的因素之一就是压扩器，因此失真要以SNR作为交换对象。虽然无线通话可以接受较大的THD，但是较低的失真也有助于避免听觉疲劳，改善通话质量。

20.30.3 接收天线系统

图20.150所示的是RF信号失落或由边界表面反射回

的 RF 信号与到达单个接收机天线处的直达信号反相叠加产生的多径抵消。信号可以被诸如音乐厅的钢筋混凝土墙壁、金属网栅、汽车、建筑物、树木，甚至是人反射。

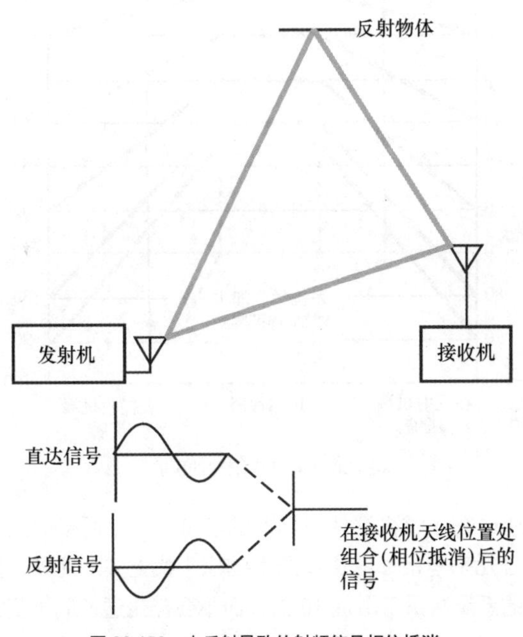

图 20.150　由反射导致的射频信号相位抵消

尽管通常可以通过调试接收机天线的摆位来消除这一问题，但更为简便的方法是利用空间分集接收系统，它是利用一副或多副天线来拾取传输来的信号，如图 20.151 所示。同时影响两副或多副接收机天线的障碍或多径干扰出现的概率极低。

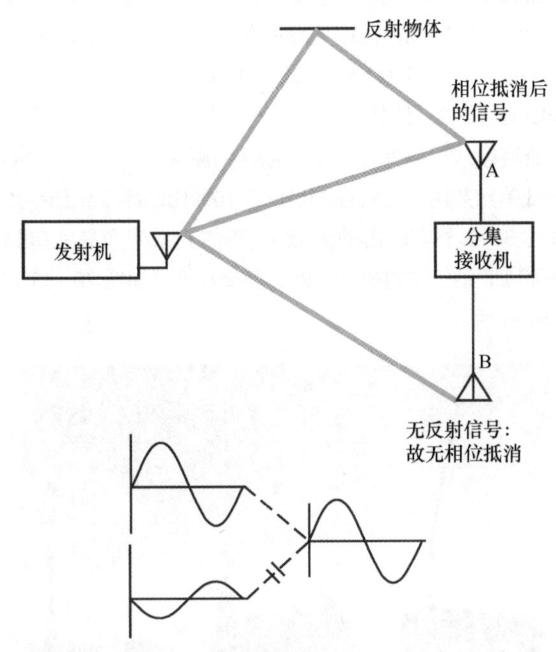

图 20.151　为了减小多路径射频信号相位抵消而采用的分集天线系统

共有 3 种形式的分集接收方案：开关式分集接收（switching diversity），真正分集接收（true diversity）和天线合成（antenna combination）。

- 开关式分集接收。在开关式分集接收系统中，系统对来自两副天线的 RF 信号进行比较，选出较强一路的信号馈送给一台接收机。
- 真正分集接收。该接收技术使用两台接收机和放置在不同位置的两副天线实现，如图 20.152 所示。两台接收机在同一频率工作。任意时刻取自接收机输出的 AF 信号为其天线处较强的信号。两副天线同时没有信号的概率极低。分集接收与普通 RF 传输相比的优点如图 20.153 所示。只有较好输入信号的接收链路用以分配信号。该系统不仅提供接收端的冗余，而且结合了信号强度、极性和空间分集接收等性能。

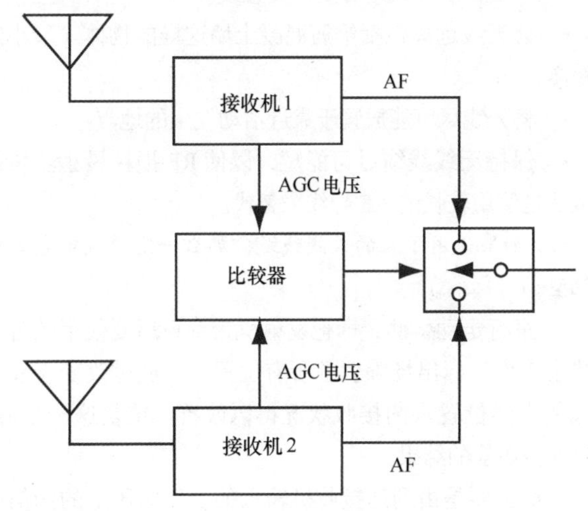

图 20.152　真正分集接收机的功能框图

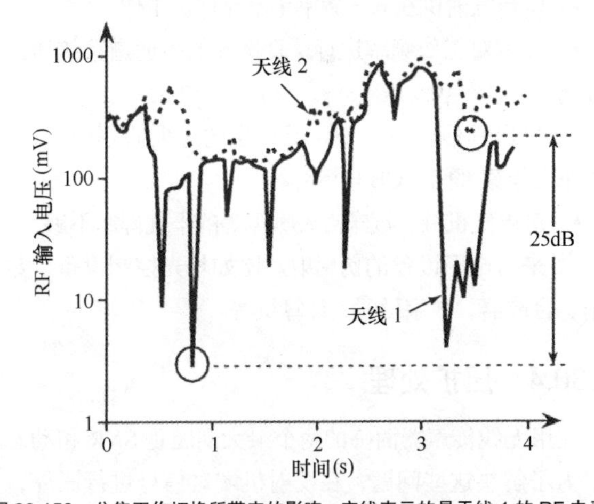

图 20.153　分集工作切换所带来的影响，实线表示的是天线 1 的 RF 电平，点线表示的是天线 2 的 RF 电平

- 天线合成分集接收。天线合成分集接收系统是对其他接收方法的折中。该系统使用两副或多副天线，每副天线连接到宽带 RF 放大器，用来提高接收信号。来自两副接收天线的信号进行有源合成，并馈送至每支传声器的一台标准接收机。利用这种方法，接收机始终从所有天线上呈现的信号中获得好处。它没有开关噪声，背景噪声无变化，并且每个通道仅需要一台接收机。其缺陷是多径接收所产生的相应不利条件引发的相位和幅度关系有可能造成信号完全抵消。

天线的摆放

近场天线和远场天线的用法都比较常见。近场天线就是离发射机最近的一副天线，它产生大部分时间里的大部分信号；实际上，它甚至可以利用了占线放大器放大。远场天线通常可以将一副或多副天线在高度或位置上错开安放，以此大大降低潜在的信号失落。因为天线一般是用于所有接收机的，所以许多无线传声器可以同时使用同一天线系统。这就意味着可以利用较少的天线，同时取得尽可能最佳的正确天线摆位。

被用来避免出现死点的措施有以下几点。

• 不要在壁龛或走廊处设置天线。

• 让天线远离包括钢筋混凝土墙这样的物体。最小间隔距离：1m。

• 将天线尽可能放置于靠近活动发生的地点。

• 保持天线线缆尽可能短，以使RF损耗最小。较好的做法是使用较长的AF导线来替代。

注：如果使用了长的天线线缆，那么一定要确定它是低损耗型。

• 进行走动检测，即把发射机带到日后要使用的各个位置上工作。标出场强弱的所有位置点。通过改变天线的位置使上述位置点的接收状况得以改善。重复这一步骤，直至取得最佳的结果。

干扰主要是由到达接收机输入的工作频段上的伪信号造成的。这些伪信号可能由以下几种原因产生。

• 两台发射机在同一频率（不允许）工作。

• 没有对工作频率进行认真选择的多通道系统所产生的互调成分。

• 来自其他无线电安装所产生的过大假辐射。比如，出租车、警察部门、CB电台等。

• 对电气机械、汽车点火噪声等的干扰抑制不够。

• 来自电子设备的伪辐射。比如灯光控制设备、数字显示、合成器、数字延时、计算机等。

20.30.4 压扩处理

使用无线传声器面临的两个最大问题是SNR和动态范围。为了解决这些问题，在发射机端对信号进行压缩，在接收机端对信号进行扩展。图20.149和图20.154图示出了它的实现方法，以及实现的过程，其目的是改善SNR，降低对低电平偶发FM调制（比如嗡嗡区）的敏感性。

发射机拥有40dB的声频信号增益，而接收机则会对声频信号衰减40dB，因此在传输信号过程中引入的任何噪声也将在接收端下降40dB。应注意的是，-80dB的信号没有被改变，而-20dB的信号则被明显地改变了。

虽然典型的输入电平变化量为80dB，但是馈送至调制器的声频输出要进行一次波形包络压缩，所以输入声频电平的变化转变为伪对数形式输出。这样便提高了平均调制电平，将传输媒质中碰到的各种形式的干扰降低了。

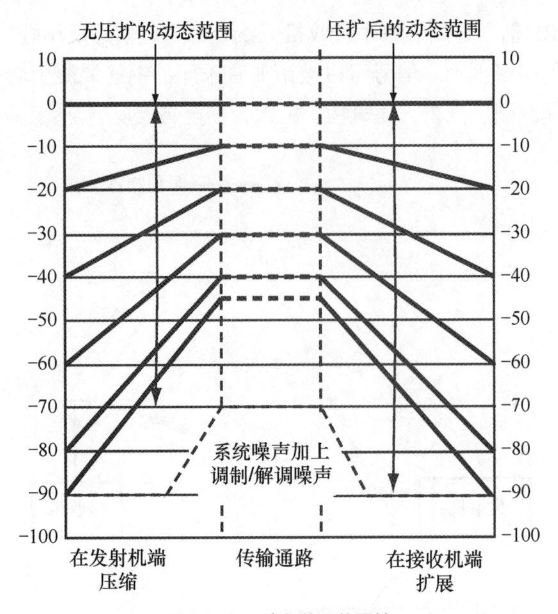

图20.154 声频信号的压扩

通过在接收机端使用标准的窄带技术，所接收到的声频信号几乎与相邻通道和杂散响应干扰无关。此外，同时工作的系统数量可增加10倍，而不会产生通道间干扰。在采用扩展和压缩技术时，接收机对各种形式干扰的抑制能力是非常重要的，因为接收机必须互补地扩展声频成分，只有这样才能恢复出最初信号的完整性。

20.30.5 数字无线传声器系统

Lectrosonics L系列无线传声器系统

Lectrosonics L系列无线传声器系统根据特定的频段有三个标准Lectrosonics模块的调谐范围，或者67.5～76.8MHz，它采用了Lectrosonics拥有专利的Digital Hybrid Wireless®技术，该技术被用于免压扩器的声频处理中，具有的兼容模式可以保证它与之前任何原有模拟系统的Digital Hybrid单元共用。它们有25kHz或100kHz两种调谐步阶（产生多达3072个可选用的频点）。新的L系列产品线包括有LMb和LT腰包发射机和LR小型接收机，如图20.155和图20.156所示。

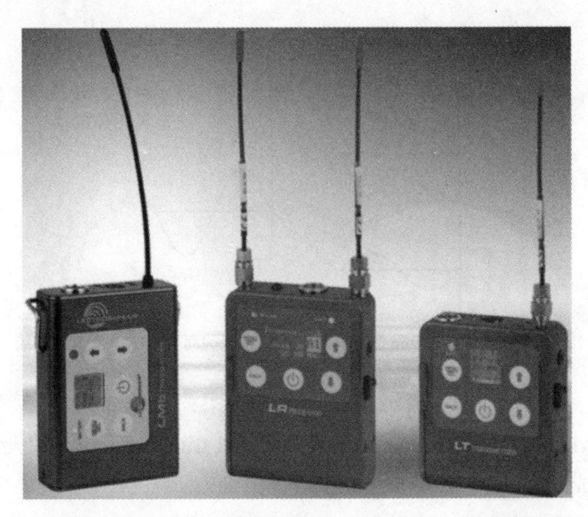

图20.155 Lectrosonics L系列传声器（Lectrosonics，Inc. 授权使用）

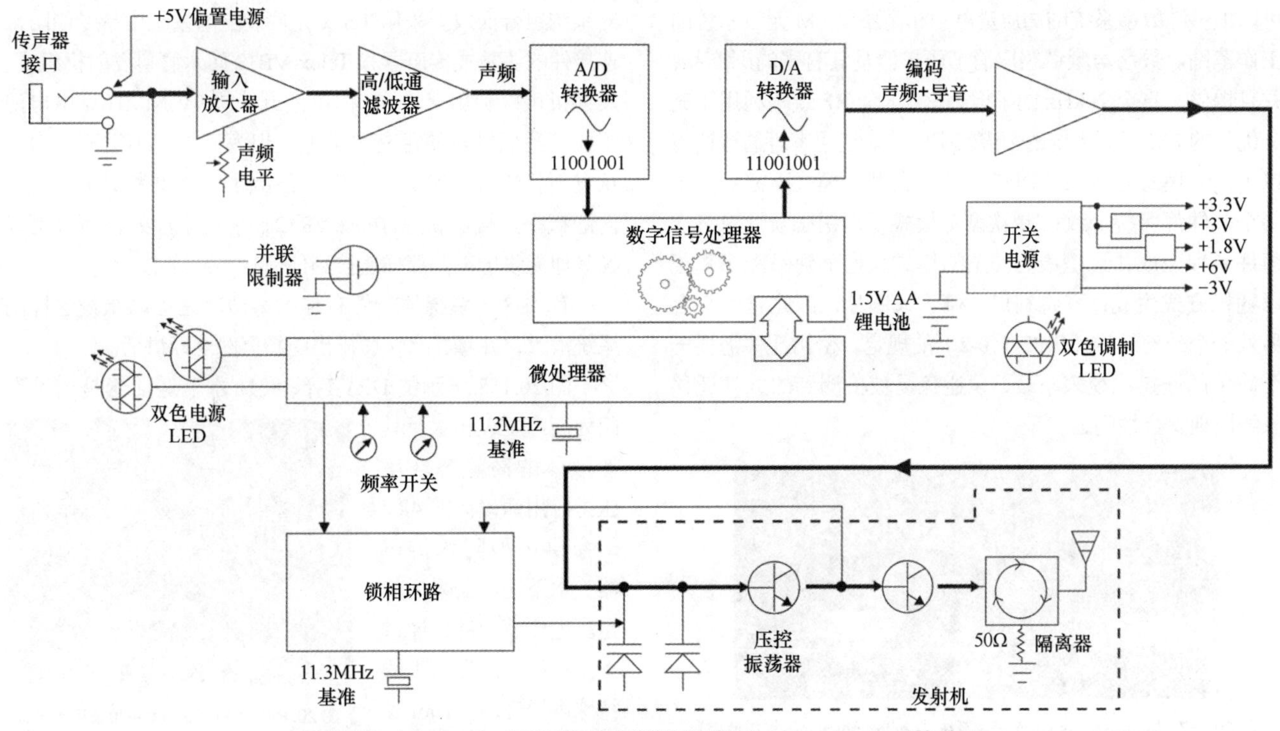

图 20.156 Lectrosonics DSW 无线系统发射机的框图（Lectrosonics，Inc. 授权使用）

LMb 是一款经济型腰包发射机，它是为剧场、宗教场所、TV、ENG、影视制作等应用而设计的。它采用全金属式封装，配有线缆带夹，射频功率为 50mW，并且集成了多功能选择开关，通过可选菜单模式来设置功率、哑音或对讲。另外它还装配有图示式 LCD 和薄膜开关面板及 IR 同步，用两节 AA 电池供电。

LT 发射机具有多功能选择开关，通过可选菜单模式来设置功率、哑音或对讲，图示式 LCD 和薄膜开关面板及 IR 同步使得设置和操作更为便捷。使用者可以选择使用 50mV 或 100mW 的 RF 传输功率工作，可拆卸式天线可异地安装。LT 可对响应来自专用 Lectrosonics RM 遥控单元或拥有该功能的智能手机 App 的遥控命令。它有两个输入，一个是 Lectrosonics 传声器输入，另一个是可由使用者选择的 1MΩ 输入。

LR 接收机是针对 DSLR、4/3、小型 4K 和其他小型 HD 摄像机而设计的超便携型接收机。可跟踪前端滤波器的宽调谐带宽为使用者提供了很大的灵活性，可以避免更宽通带所带来的危害。其兼容模式可使 LR 能够与老式的模拟发射机配合工作。双天线分集接收提高了其接收范围，改善了其抗失落性能。RF 频谱分析仪和 Lectrosonics 的 SmartTune 能力使得现场搜寻干净频带的工作更为简化。大尺寸、带背光的 LCD 显示可让使用者在工作时随时清晰地查看到设置和状态信息。可拆卸天线便于天线异地安装。单元用两节 AA 电池供电。

针对世界各地的用户，L 系列单元有 4 个不同的频率范围可供选用。

- A1（470.100 ～ 537.575MHz）。
- B1（537.600 ～ 614.375MHz）。
- C1（614.400 ～ 691.175MHz）。
- D1（691.200 ～ 767.975MHz）。

整个系统的声频技术指标如下。

- 数字转换：24bit/88.2kHz 采样率。
- 频率响应：40Hz ～ 20kHz ± 1dB。
- THD+N=0.3%（Digital Hybrid 模式）。
- 信噪比（SNR）>：95dB。
- 声频输出电平：−50 ～ +5dBu 可调，步阶 1dB。

20.30.6 数字加密无线传声器系统

无线传声器系统常常用于对私密性要求很高的环境，比如私人的电影 & 电视设备、公司会议室、股东会议和政府机构等。在这种情况下，保护传输信息安全的方法就变得非常重要。为了确保信息安全，人们常常使用数字调制和加密的数字无线系统。

Lectrosonics DSW系统

Lectrosonics 拥有专利的 Digital Hybrid Wireless® 技术（U.S. Patent No.7，225，135）数字加密无线（Digital Secure Wireless，)DSW 系统，如图 20.157 所示，该系统采用了专利算法将数字声频信息编码成模拟格式，以便可以通过模拟 FM 无线链路进行传输。它利用拥有 256bit 密钥的改良加密标准（Advanced Encryption Standard，AES）加密技术，该技术在 2001 年被认证为政府标准加密算法（FIPS 197）。在 DSW 中 CTR（客户端）的加密模式保持着低的延时（整体 2.5ms），同时将通道噪声维持在最低水平。在接收机上，编码过的信号被捕捉并被解码回原始数字声频。这种组合可以提供纯数字系统的高质量声频和高质量FM无线系统的工作范围。数字声频链路取消了压扩器及其有害的副产品，并且提供了直至20kHz的平坦频率响应。RF链路利用了充分优化的FM射频系统的频谱效率优势。使用者可通过选用以下两种模式之一来管理密钥："永久型"模式下密钥对于每个事件都保持一致；"单次型"模式下密钥必须针对每次事件单独生成，这是最为安全的模式。为了确保密钥真正以随机方式生成，系统利用了熵生成芯片，因此它也符合另外一个政府标准（FIPS 140-2）的规定。密钥迁移需要一个简单的连接线缆来下载，以避免易被检测到的红外迁移系统出现安全性问题。

图20.157 Lectrosonics DSW无线系统（Lectrosonics Inc. 授权使用）

DSW系统由3部分组成，它们是可容纳6个DRM接收机模块的DR数字无线接收机机箱、单独的DRM数字接收机模块和DB数字无线腰包式发射机。

模拟和数字（AES/EBU）XLR输出可在设备的菜单中选择。机箱支持宽带接收（470.100～691.1175MHz），还配有50ΩBNC天线输入和与另外3个机箱级联（总共24个通道）的输出，仅用一副天线，无须采用多工器。时钟输入和输出既可以让DR成为数字声频系统的主时钟，也可以让其从属于外部主时钟。6.5mm的耳机插孔可馈入混合通道信号或隔离通道信号。

DB数字无线腰包发射机具有宽带调谐（470～698MHz），低互调失真、线性RF输出级和RF频谱占用最小的高通道数性能。发射机可实现50mW的RF传输。Lectrosonics发射机的TA5M传声器/线路输入可线缆接入所有领夹式和头戴式传声器传来的信号。

它的技术指标如下。

- 声频频率响应：20Hz～20kHz±1dB。
- 数字转换：24bit，48kHz采样。
- 系统延迟时间：2.5ms。
- 失真：0.05% THD+N，1kHz@-10dBFS。
- 动态范围：108dB A加权。

20.30.7 防水无线传声器系统

包括游泳和水下有氧运动在内的各种形式体育运动的教练员佩戴无线传声器是非常有用的。如果教练员始终处在泳池旁，那么使用防潮系统就足够了。如果教练员在水中，那么就需要完全淹没在水中的防水系统。

水中拾音器由全面防水器件和淹没在水中的无线传声器系统组合而成。采用Telex元件装配的系统由带专门防水连接件的头戴式传声器和Telex VB12防水腰包发射机组成。发射机可以利用一块9V锂电池或一块9V NiMH充电电池工作。我们推荐使用充电电池，因为充电时不需要将电池从发射机中取出来充电，这样便减小水渗入发射机机机壳内的概率。接收机是Telex VR12，它用于池外，而且可以像其他无线传声器那样连接到任何音响系统中。

有关这一系统的一件有趣的事情就是可以佩戴这样的系统潜水，并且在水快速排出防护屏时立即讲话。

图20.158所示的DPA Type 8011水下送话器是一种专门为高声压级和水及其他液体的高静态环境压力应用而设计的48V幻象供电型防水传声器。水下送话器采用的是压电传感元件，通过频率补偿来匹配水下的特殊声学环境。10m长的高质量声频线缆被硬化到水下送话器的本体上，并且配备有标准的三针XLR连接件。输出是电气平衡形式，并具有100dB以上的动态范围。8011水下送话器是水中或其他极端条件（普通传声器会受到不利影响）下进行专业录音的良好选择。

图20.158 DPA 8011水中拾音用传声器（DPA Microphones A/S授权使用）

20.31 多通道无线传声器和监听系统

Joe Ciaudelli编写

无线传声器在当今的社会生活中无处不在。它们已成为内容创建（比如，电影、TV和广播）、新闻采集、现场舞台演出、体育与政治活动的重要工具。通常，它们还用于学校、宗教场所、政府机构会议中心和公司总部办公室等场合。无线传声器的定义中包括有入耳式监听系统及内部通话和对讲系统。

内容创建的日益增长、制作复杂度的提高、舞台演出越来越机动化、每位演员都要求控制音量和均衡、新闻传播的速度要求，以及没有线缆所带来的安全性等，这些都推动了人们对无线声频系统需求的增长。同时使用大量无线传声器（即指多通道数）的应用场合也极速增长。应注意的是，文中提及的通道一词不应与TV通道相混淆，这里所说的通道是指无线声频系统工作所处的通道。如今采用大型多通道系统的制作和活动中，同时使用30多个通道已是司空见惯的情况了。如此规模的系统对工程而言是一种严峻的挑战。人们需要对其精心规划、安装、操作和维护。

无线系统利用电磁波取代了线缆或光纤来传输信息。电磁波是带电粒子的振动所产生的。从实用的角度来看，声频系统通常采用电磁频谱中的无线电频率（RF）部分工作。

无线系统需要一台发射机和完全互补的接收机，同时二者都要有调谐的天线，只有这样才能处理经由射频（Radio Frequency，RF）传输的声音。首先，发射机对信号进行处理，通过所谓的调制技术将信号叠加在载波之上。对载波而言，发射天线的作用相当于发射平台，它借助于空气将信号传播出去。其次，信号必须要穿行一定的空间或距离才能到达拾取单元，也就是接收天线。最后的处理环节就是接收机，它选择出想要的载波，通过解调取出基带信号，对基带信号进行处理并最终重建出原始信号，如图 20.159 所示。同时工作于同一区域的每个无线通道需要工作在特定的载波频率之上。

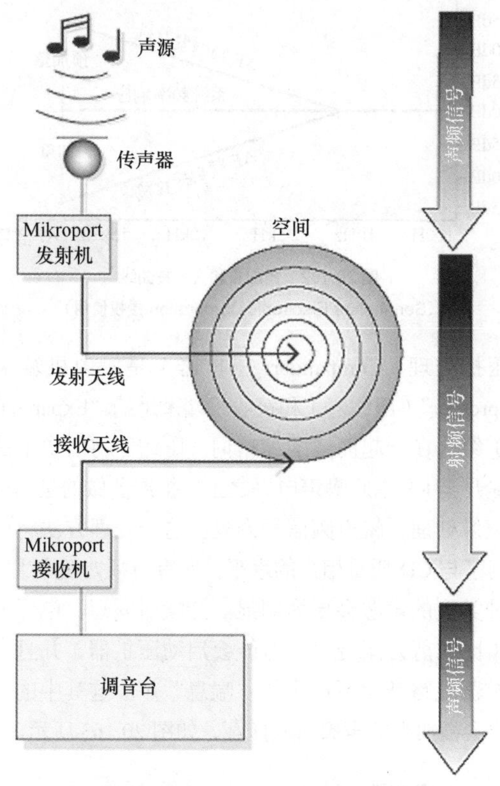

图 20.159　Mikroport 系统的信号通路
（Sennheiser Electronic Corporation 授权使用）

20.31.1　声频信号

声学意义的声源被传声器单元所拾取，它将机械声波转换成随后可由发射机处理的电声信号。另外还有其他形式的一类输入信号（比如电子乐器信号）可以直接馈送给发射机发射。

经典的无线传声器系统利用声音这种原始形态的信号对载波频率信号进行调制。模拟信号仍继续模仿波动的表现形式。

随着时间的推移，出现了越来越多的数字传输系统。数字信号是表达模拟信号瞬时幅度的一串数字，它以等时间隔对模拟信号进行度量。以数字化形式取代模拟形式进行声频信号的传输具有一定的优势，这主要体现在噪声方面。由于模拟信号可以假定为任意数值，故所引入的任何噪声都会成为原始信号的一部分。另一方面，数字系统仅有简单明了的两种数值形态，即 0 和 1。其间的任何数值均被忽略。为此，这种属性具有以下特点。

- 存储简单，质量不会因时间变久而下降。
- 传输过程不会导致质量下降。
- 可实现数字信号处理（DSP）。

声音从模拟域转变到数字域是通过采样来实现的。人们一定要清楚的是：数字是一个近似值。为了降低近似处理的误差程度，必须在短时间间隔内度量多个模拟信号样本。采样率至少为想要的最高声频频率的两倍。通常，人们将 20 000 周 / 秒（20kHz）视为人耳听觉感知到的最高频率。因此，在数字系统中，人们会采用 44.1kHz 或更高的采样率来取得全频带的声频频率响应。

然而，凡事有利必有弊，数字系统的主要问题表现在延时方面，即信号输入与输出间的延时。模拟域与数字域间的每次转换都会用掉一定的时间（典型 A/D 和 D/A 的这一时间为 0.1～1.5ms）。像压缩这类处理产生的延时会更大。

时钟也是数字系统的一个关键因素。数字声频信号是基于采样率的，它需要精确的时钟再生或多台设备一同工作时需要准确的主系统时钟，同时还需要高精度的采样率转换。

数字声频再生

A/D 转换器以分立的时间间隔获取模拟信号的样本。根据模拟信号的幅度，每个样本被量化到最为接近的可用数值上，如图 20.160 所示。

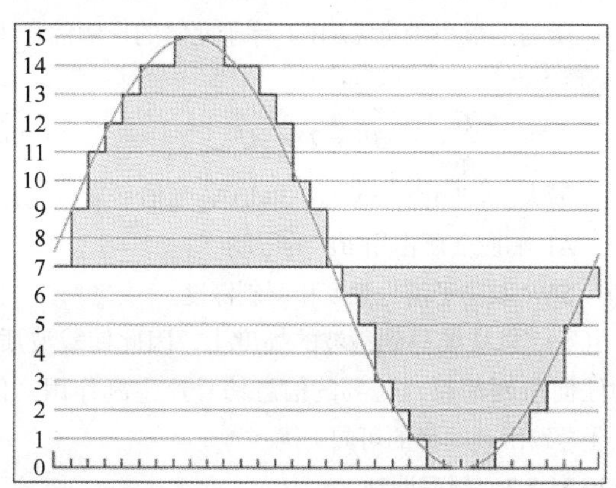

图 20.160　D/A 转换（Sennheiser Electronic Corporation 授权使用）

20.31.2　调制

所谓调制就是通过专门的变化在载波频率上加入"代码"。传输一个信号需要如下三个步骤。

- 生成纯净的载波频率。
- 用信息对载波进行调制。载波特性中任何可靠的且可检波出来的变化都可以用来转换信息。
- 在发射机端所做的信号改变在接收机端被检出，并且重建出信息，这就是所谓的解调。

图 20.161 所示的是可通过时间维度上的改变来传输信

息的载波信号特征参量。

- 幅度。
- 频率。
- 相位。

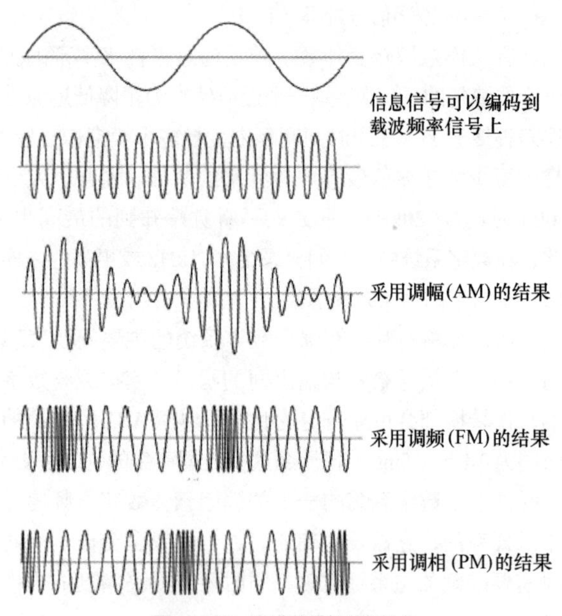

图 20.161 经典的模拟调制技术
(Sennheiser Electronic Corporation 授权使用)

20.31.2.1 调制-模拟

幅度调制(AM)。在AM中，载波信号的频率保持不变，其幅度随着调制信息信号的瞬时幅度的变化按比例变化。

- 所需的最小带宽（BW）等于两倍的声频信号（AF）最高频率

$$BW = 2 \times AF_{max} \tag{20-31}$$

- 最大的信噪比（SNR）≈ 30dBA（受信号衰减的影响）。
- AF响应受所占用BW的限制。
- SNR取决于信号强度和调制深度。

由于信息被编码到载波的幅度上，因此使载波质量下降的任何东西都将对想要的信息信号产生副作用。例如，雷电会导致出现明显的可闻干扰。

20.31.2.2 频率调制

在频率调制中，载波信号的幅度保持不变，其频率则随着调制信息信号的瞬时幅度的变化而按比例变化。

- 所需的最小带宽等于频率偏移量与最高声频频率之和的两倍。

$$BW_{min} = 2 \times (\Delta f + AF_{max}) \tag{20-32}$$

- $SNR_{max} \approx 50$dBA（典型情况 $\Delta f = \pm 50$kHz），无AF处理时；当$SNR_{max} \geqslant 100$dB，存在动态处理时。
- 声频频率响应取决于带宽BW。
- SNR取决于信号的频偏和接收信号的强度。

由于无信息信号被编码于载波信号的幅度上，所以FM具有更强的抗干扰性，并且对气候条件的变化也不敏感。这也就是FM经常被用在高保真个人应用和车载无线电应用的原因。同样，FM传声器发射机的工作方式就相当于是小型的FM无线电电台。

FM的声频处理。为了改善声频质量，一定要采取几种必要的处理措施，这是因为RF链路中存在着固有噪声。这些技术能够改善声频信号的动态范围和SNR：

预加重与去加重。这种方法是一种静态处理措施，它被用于大多数FM传输当中。通过提升发射机端的高频声频信号的电平，就可以改善信噪比，因为这时想要的信号被提升至RF链路的本底噪声电平之上，如图20.162所示。

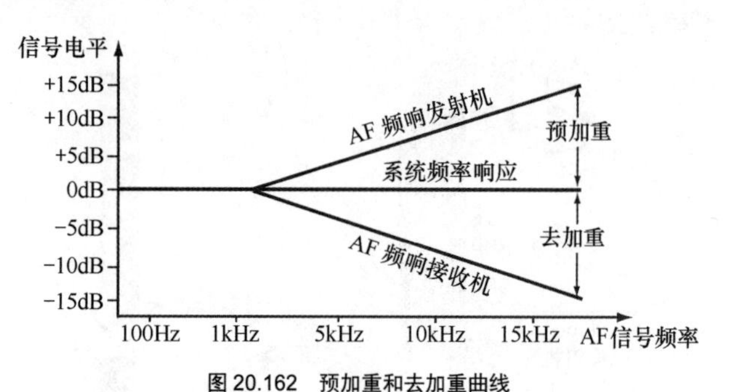

图 20.162 预加重和去加重曲线
(Sennheiser Electronic Corporation 授权使用)

压扩处理。Compander（压扩器）是发射机端采用的“Compressor”（压缩器）和接收机端采用的“Expander”（扩展器）组合在一起而成的缩略词。压缩器将低电平的声频信号提升至RF本底噪声电平之上。扩展器做的是与前者相反的镜像处理，将声频信号恢复。这一处理方法将信噪比提高到了与CD质量相当的水平。所有声频处理产生的后果对某种类型的声源会更为明显。持续时间短、电平低的高频声（比如剪刀闭合声）可能会启动压扩器，并且能够听到压扩器电路开闭所产生的“喘息”声。这其中的大部分喘息声会被典型的声频输入掩蔽，如图20.163所示。

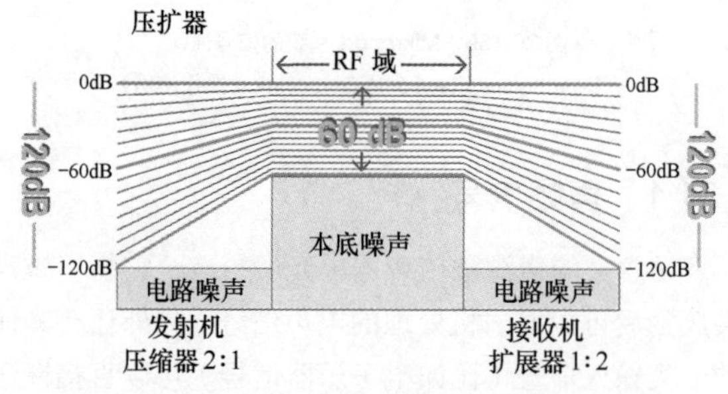

图 20.163 压扩曲线（Sennheiser Corporation 授权使用）

通常，厂家生产的无线传声器是在超高频（ultrahigh frequencies，UHF）频段工作的，该频段是由政府部门（比如联邦通信委员会，Federal Communications Commission，FCC）专门从TV频带中规划出来的。波长与频率成反比。频率越高，波长越短。UHF频带（450～960MHz）所对应的波长不到1m。它们具有出色的反射特性，可以穿过长长的走廊，弹射离墙壁，损失的能量非常小。另外，相对于更高频率的微波而言，它们传输同样距离所需的功率较小。这种出色的波动传输特性和低功率要求使得UHF成为这类应用的理想选择。

频偏。FM 系统的载频调制对声频质量的影响很大。增大频偏会产生更好的频率响应和动态范围。由此带来的不利之处就是在一定频率范围上所能使用的频道数会减少。系统可分类成宽带系统和窄带系统。典型的宽带系统适合于高保真音乐，其峰值频偏可达 56kHz。如果调谐到 525.000MHz 载波上，那么这样一个系统存在响的输入信号时，则可能会将载波调制到 524.944 ～ 525.056MHz。相反，对于通信级别的系统，比如即按即通话产品可能在载波附近仅有 5kHz 的频偏。因此，宽带系统可以带来高质量，同时也占用了更宽的频谱（占用带宽）。

占用带宽。总的频谱占用带宽是由需要传输的信息量决定的。美国电视频道是 6MHz 带宽（欧洲是 8MHz 带宽）。高清晰度电视传送的信息量可能要占用 6 个完整 MHz 频道的带宽。另外，4 个标清电视台可以共用一个频道。如果某一频道在某一地区并没被电视广播使用，那么将无线传声器放在当地的空闲电视频道上是最为理想的。由于它们并不传输画面或彩色信息，并且 FCC 限定的传声器占用带宽是 200kHz，那么在 1 个 6MHz 电视频道上大约可以使用 8 个宽带 FM 传声器。如果只需要窄带设备，那么在同样的频道上可以使用两倍于此前数量的 FM 传声器。

因此，针对音乐应用的传声器高保真信号（CD 音质）所占用的频谱要比即按即通话的低保真设备（限定频响范围和动态范围）的频谱更宽。打个简单的比方：购物袋（载波）可以放在汽车的后备箱内（后备箱代表电视频道：1 个 6MHz 的频谱区间）。虽然每个大袋子（宽带频偏）能放下更多的商品（声频信息），但是固定空间大小的后备箱能放下的袋子就较少，反之，同样空间下就可以放下更多的小袋子，不过每个袋子里装的商品（信息）就较少。

20.31.2.3 相位调制

相位与频率是紧密相关的，因为可以认为是它们从不同的角度去度量同一信号的方法。调频（FM）是角度调制的一种形式，其中每秒的周期（完整的交变）数是由信息信号来改变的。相位调制（PM）也是角度调制的一种形式，其中的角度是由信息信号来改变的。FM 被用在模拟传输上，而 PM 则多用于数字系统中。

20.31.2.4 调制 – 数字系统

在传输之前将原有的模拟声频信号转变为数字数据的期望和潜在优势可以体现在如下几个方面。

- 较低的噪声。
- 压扩电路可以省去，这样可以提供无喘息副作用的高度透明的声音。
- 声音处理更为灵活。
- 对于数据压缩 / 缩减应用而言，这是可以接受的较高谱效率。
- 传输安全（加密）。
- 具有误码校正能力。
- 可通过软件 / 硬件升级获取附加功能。

主要的驱动力仍然是“尽可能最佳的声频质量”（SNR，频率响应，对干扰的免疫力）！

20.31.2.5 数字调制

对于模拟调制系统，信息信号是模拟的、在信号动态范围内具有无限多个变化值的连续波形。而对于数字调制而言，信息信号是具有分立数值的二进制代码。从技术上讲，“数字调制”是一种错误称谓，它是指一个模拟载波被数字数据所调制（数字代表着声频信号）。任何调制总是要改变载波的属性。这两种系统都是采用模拟载波。

在最基本的数字信息中，信号存在用二进制数值“1”来表示，而信号不存在则用“0”来表示。

图 20.164 所示的是简单的数字调制方案，其中包括幅度偏移键控（Amplitude Shift Keying，ASK）、频率偏移键控（Frequency Shift Keying，FSK）和相位偏移键控（Phase Shift Keying，PSK）等方法。

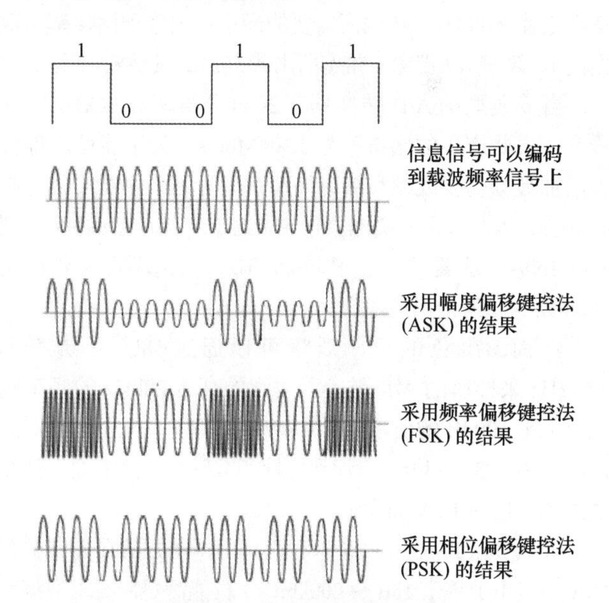

图 20.164 简单的二进制数字调制
（Sennheiser Electronic Corporation 授权使用）

对于数字无线传声器（或者其他无线电通信设备），必须要考虑以下多种属性。

- 发射机功率（从天线辐射）。
- 工作范围。
- 对无线电噪声的容限。
- 数据率（以 bit/s 表示的处理能力）。
- 比特误码率（接收到的错误比特部分）。
- 占用带宽（Hz）。

当系统在其限定条件附近工作时，任何这些属性都可能得到改善，至少理论分析是这样的，但这要以牺牲其他方面的性能为代价。例如，减小占用带宽需要提高发射机功率，减小工作范围，降低噪声容限，降低处理数据率，以及接受更高的误码率。这些限定对于信息本身的自然属性而言是要遵守的根本原则，这就如同能量守恒是物理学的根本基础一样。同样的，能量守恒定律排除了永动机的实用可能，而信息论也排除了在不牺牲其他方面质量的前提下无线传声器可工作于减小带宽的应用可能。

上面列出的许多性能是不在传声器生产商的控制范围内的。发射机功率受到电池寿命（以及政府法规）的限制。所需要的工作范围是由演出场地的布局决定的。必要的噪声容限则由当地无线电频率环境左右。数据率取决于所需音质采用的算法（取决于压缩处理）。可接受的误码率同样取决于声频质量要求。无线电频带宽度则受制于上述所有因素。

在转变成数字调制（比如移动电话和广播电视应用）时，获得频谱效率的其他业务并不是从数字化中取得的，但是数字化省去了压缩处理。这两个问题常常被混淆，因为数字化是有效压缩的先决条件。压缩甚至并未提供绕过信息论的方法。虽然压缩降低了数据率，但是却损伤了声频质量或增加了延迟时间。因此，必须要对压缩做权衡考虑。

在许多频段上，无线传声器使用规定都将最大占用带宽限定在200kHz。传输所需要的最小带宽等于比特率（数据流）。数据率/带宽=带宽的比特/赫兹或比特/字符。

当今典型的A/D转换具有24bit分辨率和96kHz的采样率，由此产生的比特率为2.304Mbit/s。为了能可靠地传输附加数据需要成帧和编码处理，同时还必须能实现控制和同步，因此数据率要比原来增大约1.5倍，总比特率达到3.45Mbit/s。这要求超过了17bit/s/Hz，当前不可逾越的是200kHz保护所给出的限定。

然而，出色的声频质量可以通过18bit分辨率和44.1kHz采样率的A/D转换所达到的高达20kHz的频率响应及大于100dB的动态范围（*SNR*）来取得，只不过这时的比特率为793.4kbit/s。考虑到成帧和编码处理的需要，最终数据率会达到1.2Mbit/s。

像ASK、FSK和PSK这种简单的调制方案在允许的带宽（一般小于等于150～200kbit/s）仅能满足所要求数据率的零头。一种可能的选项就是对数字数据进一步处理，取得更为明显的数据压缩。任何这类数据压缩都可能影响最终的声频质量，同时也肯定会引入附加的处理延时（延时时间）。

更为复杂一些的方案就是采用会产生更大bit/s/Hz的复杂调制技术。在数字通信中，调制参数只采纳一个分立的数值集合，其中的每一个数值代表一个字符。该字符可以由一个或多个比特组成，或者是二进制1和0。因为解调必须在每个字符期间识别出幅度、频率和相位状态最接近于接收信号所代表的字符，所以就可以无失真地重建信号。

例如，简单的二进制相位偏移键控只传输1bit的信息，要么是“1”，要么是“0”。然而，载波的相位偏移并没有限定只有0°和180°两种状态。利用四相制偏移键控（Quadra-Phase Shift Keying，QPSK），共有4种状态可用，分别对应45°、135°、225°和315°。每种状态对应于2个比特，故它将传输信息加倍了，如图20.165所示。

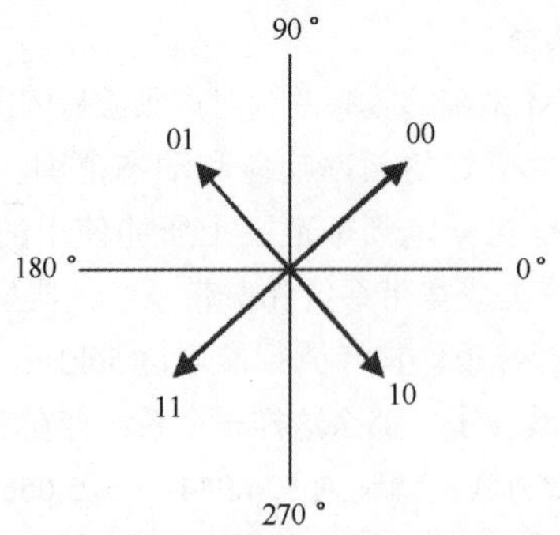

图20.165 四相制偏移键控（QPSK）
（Sennheiser Electronic Corporation 授权使用）

QAM

另外还可以将相位偏移键控与幅度键控以矢量调制的形式结合在一起使用，这被称为正交幅度调制（Quadrature Amplitude Modulation，QAM），如图20.166所示。

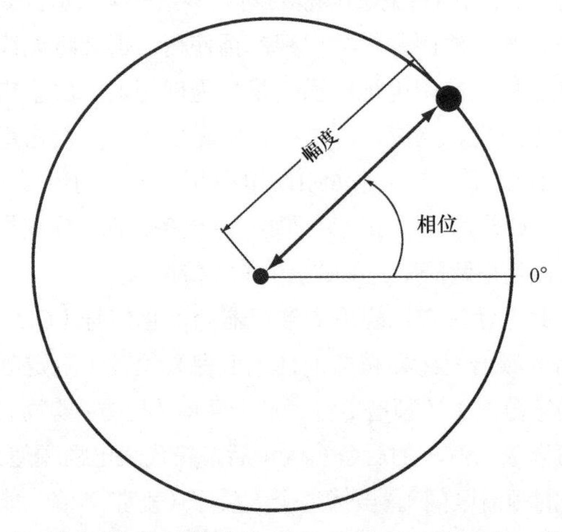

图20.166 数字（矢量）调制（Sennheiser Electronic Corporation 授权使用）

通常产生的QAM相当于一个信号对相位彼此偏移90°的两个载波进行调制的结果。最终的求和输出包含幅度和相位变化。QAM的优点在于它是一种高阶调制，因此每个字符能够以多比特形式传输信息。通过选择QAM的高阶格式，可以提高链路的数据率。表20-3对不同格式的QAM和PSK的比特率进行了归纳总结。

表20-3 QAM和PSK的比特率

调制	比特/字符	字符率
BPSK	1	1×比特率
QPSK	2	1/2比特率
8PSK	3	1/3比特率
16QAM	4	1/4比特率
32QAM	5	1/5比特率
64QAM	6	1/6比特率

观察特定条件下幅度和相位的一个简单方法就是利用星座图。星座图表示出了对应于极坐标图中矢量端点的不同位置。这里所示的是不同格式QAM的星座图表示结果。随着调制阶次的提高，QAM星座图中的点数（CP）也随之

增加，如图 20.167 所示。

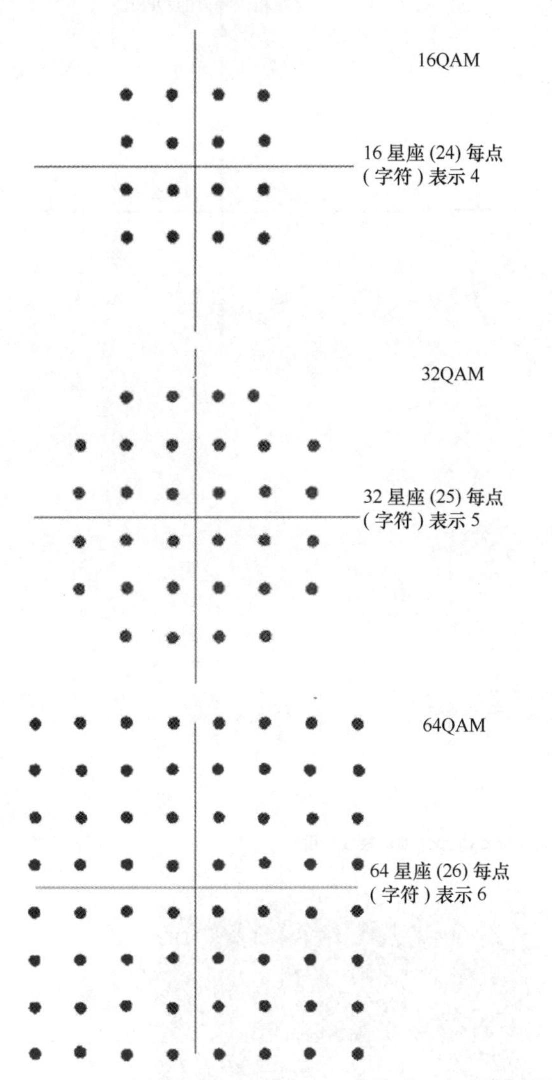

图 20.167　QAM 星座图（Sennheiser Electronic Corporation 授权使用）

图 20.168 所示的是针对 64QAM 描述星座图的另外一种方法，它将全部 4 种幅度电平和 16 种分立相位条件组合在一起显示。

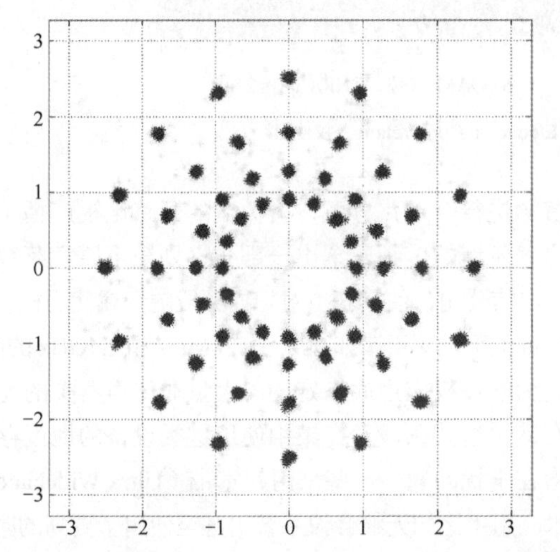

图 20.168　64QAM 星座图（Sennheiser Electronic Corporation 授权使用）

如果每个传输字符用 6bit 来表示，那么 200kHz 宽度的通道可以满足 44.1kHz 采样率下，18bit 分辨率的数字信号所要求的 1.2Mbit/s 总数据率的要求。因此也就满足了未压缩的高保真声频信号高达 20kHz 频率响应和大于 100dB 动态范围（*SNR*）的目标要求。

通过比较可知，未压缩的数字 HD 视频信号加上声频信号，以及成帧所要求的数据率近似为 20Mbit/s。采用 4 比特 / 字符（BQAM）的方法，这种信号可以通过 TV 频道的 6MHz 带宽进行大气传输。这表明：如果考虑监管机制，则传输高质量未压缩声频所带来的技术挑战要比传输高清晰度电视信号（1080i，HD 视频 +5.1 声频）还要大。

这里总结一下这种调制技术的属性。

- 星座点（CP）是由分立的幅度和相位定义的。
- CP 点数决定了一个字符定义的比特数。
- 每个单位时间的字符数受 RF 频道带宽（BW）的限制。
- 特定时刻（字符时间）的 CP 被确定下来。

尽管对于无线电通信系统而言，高阶调制数据率能够提供更快的数据率和更高的频谱效率，但这样做会存在成本的问题。每个字符表达的比特数越多，则所需要的带宽就越窄，然而比特误差的概率也就越大，同时也需要有更大的传输功率。高阶调制解决方案对于噪声和干扰的伸缩性相当小。按照要被传送的序列（字符），调制的 RF 载波（矢量）由一个星座点到另一个星座点的运动是连续的。接收信号中存在的噪声和干扰使得区分各个星座点，以及对相应比特序列的解码变得更为困难。低阶调制解决方案的比特率较低，星座点较少，对于可接受的比特误差率（Bit Error Rate，BER）所需的载噪比（Carrier-to-Noise，CNR）/载扰比（Carrier-to-Interference，CIR）较低。图 20.169 和图 20.170 所示的是较简单的 QPSK 与 64QAM 调制的比较。

20.31.2.6　载波频率

生产商制造出的一些经典无线传声器的载波频率有可能被调谐到电视频段内。这些系统可以在当地空闲（并不用于开路电视广播）的频道上工作，这些频道常常被称为“白空间”，它是由政府部门所规划的。例如：美国的联邦通信委员会（Federal Communications Commission，FCC）对 RF 频率的使用做了规定。

在 20 世纪 80 年代，无线传声器首次大范围普及应用之时，人们使用的是甚高频（Very High Frequencies，VHF）频段的高端频段（174 ～ 216MHz）。在 1990—2010 年间，人们主要使用的是超高频（Ultra High Frequencies，UHF）频段（470 ～ 806MHz）。载波波长与其频率成反比。频率越高，波长越短。天线的尺寸在很大程度上是由所用载波的波长决定的。因此，UHF 系统可以使用比 VHF 系统更小的天线，对于传声器应用而言，通常这被视为是相当大的优点。UHF 频率（450 ～ 960MHz）的波长小于 1m，它们具有非常出色的反射特性。它们可以沿着长长的走廊传输，从墙壁上弹回，能量损耗非常小。与更高频率（比如微波）相比，它们只需更低的功率便能传输同样的距离。这些出色的波动传播特性和低功耗需求使得 UHF 非常适合应用于演出现场。

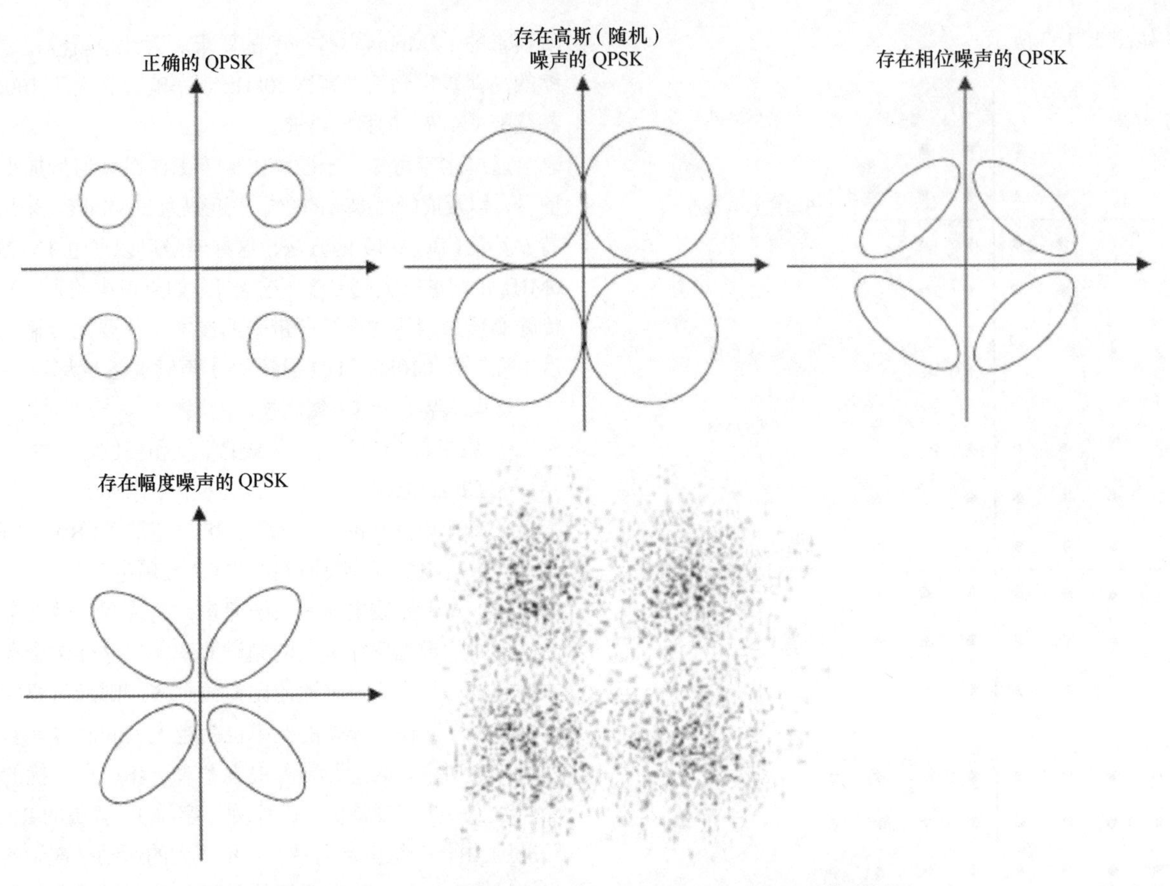

图20.169 QPAK系统的噪声（Sennheiser Electronic Corporation授权使用）

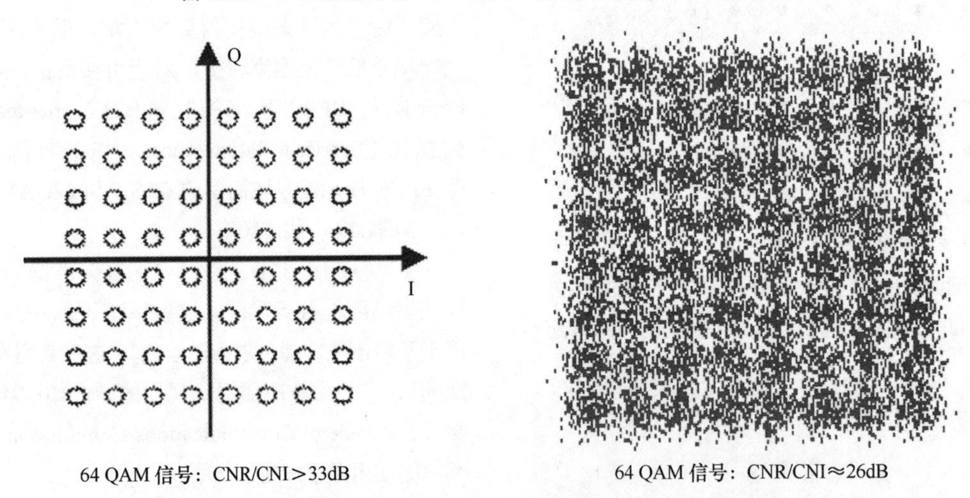

图20.170 QAM信号的CNR/CNI比值（Sennheiser Electronic Corporation授权使用）

在2010年期间，美国对UHF的电视部分做了重新分配，以适应宽带电信业务的发展需求。传声器工作的可用频谱范围被缩减到了470～698MHz。目前还有对频谱进行进一步分配的计划。这便导致用于传声器的频谱资源更少了。由于每个国家或地区有自己的规定，所以每个国家可供使用的特定频率也会发生变化。然而，UHF频段的再分配是全球的变化趋势。这是因为人们对UHF频率范围所提供的良好波动传播特性（比如穿透植被和墙壁的能力）的需求非常大的缘故。另外，即便是采用低的发射机RF输出功率（在传声器应用中，≤50mW），也可以小尺寸天线取得不错的范围（距离）覆盖。这些优点也促使政府部门对频谱资源进行合理化分配，将免费的开路电视广播（和无线传声器所用的）频段拿出一部分来划给了愿意花数十亿美金的电信公司，使其获得对想要频段的专属使用权。

设备也可以使用诸如902～928MHz和2.4GHz的频段，后者是为非授权应用而指定的。大量非传声器类的无线设备也在使用这些频段。在集中使用这类设备的地区存在较大的潜在干扰问题。一些采用超宽带（Ultra Wideband）传输技术应用（比如无线会议系统）甚至使用了更高的频率。

目前，有可能会拿出另外的频率范围供传声器工作使用，这将有助于缓解传声器使用者在UHF频段资源上的损失。然而，也可能会依照优先数据库利用原则来共享频率资源。

20.31.2.6.1　频率间隔

为了取得一个确定的无串扰频道，在典型的 FM 设计中一般会采用载波频率最小间隔为 300kHz 的做法。频道间隔越大，结果越受到人们的欢迎，因为当存在频率彼此靠近的信号时，许多接收机的输入级对此并不敏感。对于立体声形式的入耳式监听操作，人们会使用 400kHz 这种较宽的最小间隔设置。某些具有超高线性的数字系统可以采用等间隔载波方案（后文会讨论），它们会使用 500kHz 的间隔。

当宽频率间隔接收机与一副普通天线配合使用时，使用者要格外小心。频率必须要处在天线，以及任何滤波天线放大器和天线分配系统的工作带宽内。

20.31.2.6.2　频率协调

多通道无线传声器系统工作起来可能尤为困难，因为它们存在几个特殊的应用条件。在舞台上来回移动的多台发射机会因人体吸收、遮挡和极化效应等因素导致接收机天线系统处的场强大幅度变化。这一点使得巡回演出应用甚至变得更具挑战性，因为演出场地不同，RF 条件会变化。在这种情况下，频率的混合会持续变化。利用这些变量实现干净传输的艰巨任务可通过认真选择设备和频率来实现。

一个重要的议题就是要避免互调失真（IM）分量产生的干扰。一般而言，人们可以对此进行协调，或者使用正确配置的顶级设备来避免 IM 分量的产生。

协调 IM 分量。互调失真是由两个或多个信号混合在一起，产生出谐波失真的结果。认为互调失真是由载频与空气混合所产生的，这是一种常见的错误概念。互调发生在强 RF 输入信号暴露的有源器件中，比如晶体管。当两个或多个信号超过某一阈值时，它们会将有源器件驱动至非线性工作模式，从而产生互调分量。这一切一般发生在接收机、天线放大器或发射机的输出放大器的 RF 部分。在多通道工作时，如果几个 RF 输入信号超过某一阈值电平，那么互调分量会急剧升高。有许多补充条目从不同层面对互调进行了定义。

对于同一频率范围内有三个或更多个频率工作的任何无线系统，我们强烈推荐进行频率协调。必须要考虑可能导致声频传输出现问题的那些 IM 频率。尤其是 3 次和 5 次谐波可能引发干扰问题出现。如下的信号可能出现在非线性级的输出上。

- **基频：F1和F2。**
- 二阶分量：2F1，2F2，F1 ± F2，F2–F1。
- 三阶分量：3F1，3F2，2F1 ± F2，2F2 ± F1。
- 四阶分量：4F1，4F2，2F1 ± 2F2，2F2 ± 2F1。
- 五阶分量：5F1，5F2，3F1 ± 2F2，3F2 ± 2F1。
- **其他更高阶分量。**

因此，不应使用互调频率，因为那些频率是虚拟的发射机。这种情况下的基本应用原则是：两台发射机决不要使用同一频率来工作。然而，偶阶分量远离于基频，因此出于简化目的就不对其进一步考虑了。由于随着 IM 分量阶次的提高，信号的幅度急剧减小，所以在现代设备设计中，对 IM 分量的考量可能仅限于三阶和五阶。

对于多通道应用（即使用了 30 个以上的通道），互调分量可能会显著增加，对不受互调影响的频率的计算可以使用特殊软件来进行。如果只考虑多通道系统中的 3 次谐波失真，那么多通道所产生的三阶 IM 分量的数量如下。

- 2 个通道有 2 个。
- 3 个通道有 9 个。
- 4 个通道有 24 个。
- 5 个通道有 50 个。
- 6 个通道有 90 个。
- 7 个通道有 147 个。
- 8 个通道有 225 个。
- 32 个通道有 15 872 个三阶互调分量。

给系统增加更多的无线链路将会导致潜在的干扰组合数量呈对数形式增长。*n* 个通道将导致 2 个信号时的三阶 IM 分量数等于

$$(n^3 - n^2)\ /2 \qquad (20\text{-}33)$$

如果考虑 3 个信号互调，则情况会变得更为复杂，这其中包括的三阶 IM 分量如下。

- F1 + F2 – F3。
- F1 + F3 – F2。
- F2 + F3 – F1。

等频率间隔的 RF 载波频率必然会导致两个和三个信号互调分量的产生，除非使用的设备具有极为出色的线性特性（后文会讨论到）才能够避免这种情况的发生。RF 电平和相邻性确定了互调分量的电平。如果两台发射机彼此靠近，那么发生互调的可能性会显著增加。只要扩大两台发射机间的距离，那么最终的互调分量就会明显下降。通过考虑这些问题就会发现两台或多台发射机间的物理距离是非常重要的。如果演员需要佩戴两套腰包发射机，那么我们推荐使用工作于不同频率范围的腰包，并且一个腰包的天线朝上，另一个腰包的天线朝下。

如果无线通道的数量增加了，那么所需要的 RF 带宽也明显增加，如图 20.171 所示。

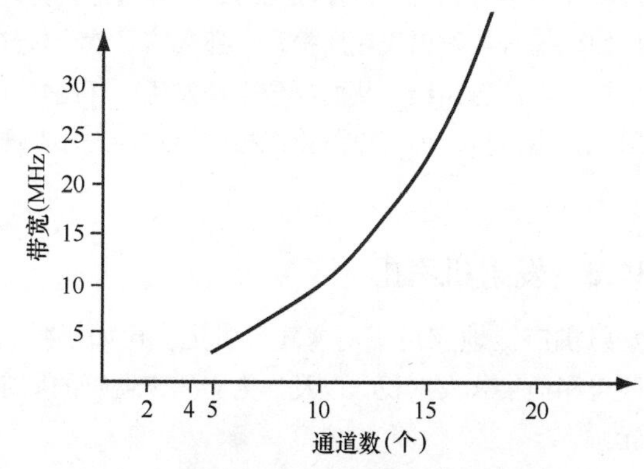

图 20.171　多通道系统所要求的带宽

（Sennheiser Electronic Corporation 授权使用）

诸如TV发射机、出租车业务、警察业务、来自数字设备的噪声等外部干扰源也必须要考虑。庆幸的是，建筑物的屏蔽作用相当高（30～40dB）。对于室内应用，这种作用将强的外部信号保持在低电平上。当屏蔽差的数字设备在同一空间内工作时，就会产生明显的问题。这些宽带干扰源能够干扰无线声频设备。针对这一问题的唯一解决办法就是采用更好的屏蔽来取代原来设备上差的屏蔽组件。

必须考虑应用兼容性的其他RF系统。

（1）“直播”TV台。

（2）无线通话。

（3）IFB。

（4）无线监听系统。

（5）其他无线系统。

如果满足了如下的要求，那么系统组件间的兼容性就能实现了：多通道无线系统中每一链路的功能与所有其他启动链路的功能同样优良，且没有单一链路（或任何多链路组合）引发的干扰。

如果无线传声器通道的发射机被关闭，那么互补的接收机也将关闭或在调音台上被哑掉。无法“看到”其发射机的接收机将会尝试锁定到邻近的信号上。这一邻近信号可能是一个互调分量。之后，接收机将会尝试解调该信号，并将其馈送给扬声器系统。

设备可以基于互调最小化进行设计。被人们熟知的互调抑制技术指标被用来度量产生互调之前的RF输入阈值。对于一台设计良好的接收机，该技术指标应为60dB或更高。60dB的互调抑制意味着在输入电平接近1mV时会产生互调分量。如果采用高质量的组件（互调抑制为60dB或更高），那么就只需要考虑三阶互调分量即可。

避免IM分量的产生。当有源电子组件被驱动至其线性工作范围之外时，那么它就会产生互调问题。精密的、高质量设计可以提高线性工作范围。优秀的线性设计采用顶级的电子器件，它能提供出非常大的输出电流，由此形成的高“峰值储备”可以避免谐波分量的形成。

发射机间的互调可通过采用环路器来避免。其中的天线既可以发射信号，也可以接收信号，具体情形则是不可知的。如果信号被发射天线所拾取，那么信号就会馈送至发射机放大器的输出级，从而导致互调发生。环路器可以让发射机送出信号，但可以阻止以接收形式馈入不想要的信号。

20.31.3 发射机考虑

发射机广泛地应用于便携式设备上，比如手持传声器、腰包和插接式发射机，以及作为立体声监听的固定设备单元。

20.31.3.1 工作范围与RF功率

发射机功率是其潜在RF信号强度的标称值。该技术指标是在天线输出端测量的。无线传输的范围与几个因素有关。RF功率、工作频率、发射机和接收机天线的设置、环境条件和发射机手持或佩戴的方式等诸多因素一起决定了系统的总体覆盖范围。因此，考虑这些可变条件后，发现只有功率技术指标限定了发射机的工作范围。另外，电池的寿命也与RF输出功率相联系。提高功率将会缩短电池的使用寿命，同时对增大覆盖范围的作用也不明显。

采用具有正确RF输出功率的RF无线传声器发射机对于保证整个系统的稳定性至关重要。通常这里有一个误区，即功率越高越好。然而，在许多应用中，高功率可能会加大互调（IM）失真，产生可闻噪声。

首先，所应用的RF输出功率必须降低至每一国家法律所允许的范围内。在美国，无线传声器的最大RF输出功率被限制为250mW。在大多数欧洲国家，这一数值被定为50mW，而在日本就只有10mW。尽管限制为10mW，在日本还是有许多多通道无线传声器在使用。这一切是通过认真处理诸如天线位置、使用低损耗RF线缆和天线分配系统的增益结构来实现的。

有些应用情况确实需要更大的RF输出功率才适合；其中的一个例子就是高尔夫锦标赛，因为无线系统必须覆盖广阔的区域。由于传声器一般不会彼此靠得很近，所以这种情况下的互调风险较低。

如果具有高RF功率的发射机离得较近，那么通常都会发生互调。同时，在应用区域内的RF本底噪声被提高。因此，在多通道舞台应用中我们推荐使用低功率（≤50mW）的发射机。

20.31.3.2 电池管理

发射机应设计成在整个事件实施过程中可提供恒定的RF输出功率和信号处理。这可以通过采用DC-DC转换器电路来实现。这种电路根据其输入来衰减电池电压，并对其进行调整，以取得恒定的电压输出。一旦电池的电压低落至最低门限之下时，DC-DC转换器几乎瞬间关闭。其结果基本上是发射机要么关闭，要么开启。当发射机打开时，RF输出功率、信号处理和其他相应的技术指标就保持一致。一旦电池电压开始下降，工作范围和声频质量就会下降。

20.31.3.3 假辐射

除了想要的载频，发射机可能还会辐射出一些不想要的频率成分，它被称为杂散辐射。对于大型的多通道系统而言，这些潜在的杂散频率成分不能忽略。我们可以通过精心滤波将其明显降低，并利用发射机良好结构的RF屏蔽金属机壳将其限制在机器内部。另外，一台屏蔽RF的发射机也不容易受到外部干扰的影响。

金属机箱不仅对于其屏蔽性能十分重要，而且也关系到其耐用性的问题。这些设备通常会被演员和其他艺人滥用，其滥用的程度是任何人都无法预料到的。如图20.172所示。

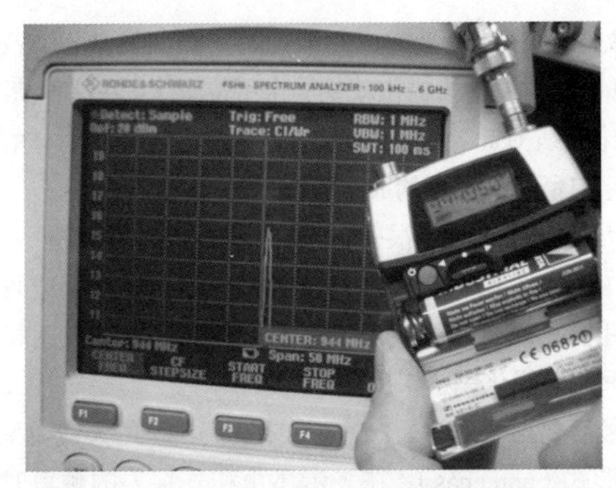

图 20.172 Sennheiser SK 5212 腰包发射机和频谱分析仪

（Sennheiser Electronic Corporation 授权使用）

20.31.3.4 发射机天线

每台无线发射机都配备有天线，天线对于无线系统的性能表现至关重要。如果发射机天线恰巧与人体发生接触，那么所传输的无线电能量就会降低，并且可能导致听到所谓的失落噪声。 这种与天线接触所引发的失谐效应被称为人体吸收。

正因为如此，演艺人员在使用手持传声器时不应接触天线。不幸的是，我们无法保证他们会遵守这一建议。考虑到这一点，优化接收机端的天线设置和系统的整体 RF 增益结构就变得十分重要。

在使用腰包发射机的时候也可能发生同样的效应，尤其是当艺人出汗的时候。被汗浸湿的衬衫可能成为连接皮肤的良导体。如果发射机天线碰到它，则功率就会下降，进而导致音质变差。在这种情况下，一种可能的解决方案就是将腰包近乎朝下佩戴，或者将腰包卡在腰带上，天线指向下方。有时，这种措施无法实施，因为艺人会坐到天线上。这时，可行的解决方案就是保持发射机在正常的位置，并在天线上加装厚壁的塑料管，就如同水族箱过滤器上使用的那种塑料管。

20.31.4 接收机考虑

接收机是无线声频系统中的关键组件，因为它被用来拾取想要的信号，并将其转换为电信息形式的声频信号。掌握基本的接收机设计、声频处理、静噪和分集工作的原理将有助于确保系统的性能处于优化状态。

实质上，所有现代接收机都具备超外差的结构，其中想要的载波被从天线拾取的众多信号中滤出，之后被放大并与本机振荡器频率混合，从而产生出差频：中频（Intermediate Frequency，IF）。该 IF 经过更强的受控鉴频，并在信号被解调和处理之前进行放大，以便在输出恢复出与原始信号完全一样的特征和质量。

FM 接收机的声频信号处理与发射机的处理呈镜像关系。在发射机端所作的处理包括预加重（提升声频信号的高频部分）和压缩。这一切处理在接收机端通过去加重和扩展器电路被反向实施。

固有的 RF 本底噪声存在于环境当中。静噪设定应设置在该噪声电平之上。其作用相当于噪声门，即想要的 RF 信号跌落到阈值电平之下时，声频输出被哑掉。如果 RF 信号完全失落，这样的处理便阻止突然的白噪声信号进入 PA 系统。如果静音被设定得太低，则接收机可能会拾取到底噪，而且人们可能会听到该噪声。如果静音被设定得太高，那么无线传声器的工作范围将会降低。

RF信号电平

RF 信号的强度变化主要是因为多径传输、吸收和遮蔽等因素引起的。这一难题也出现在市区的车载电台上面。

因 RF 信号太弱而产生的可闻效应被称为失落，因多径传输的原因，它甚至可能出现在接收机附近。有些被发射的电波会找到到达接收机的直接路径，另外一些电波则会被墙壁或其他物体所偏转。天线检测在任意特定瞬间接收到的直达和偏转到达电波的矢量和（包含幅度和相位）。如果偏转的电波与直达电波存在不同的相位，那么偏转电波可能会降低直达电波的强度，从而导致总体信号降低。这种相位上的差异在于偏转电波行进的路径要长于发射机与接收机天线间的直线距离，以及电波撞击到物体时所产生的相位反转。在室内应用中，这种现象必须要解决，因为建筑物内反射墙壁所引发的场强变化可高达 40dB 或更大。在室外环境中，其重要程度要弱一些。

RF 能量可以被非金属物体所吸收，从而导致强度减弱。如前所述，人体会对 RF 能量产生相当大的吸收。因此，重要的是要将天线摆放正确，以将该影响最小化。

当电波被发射机与接收机天线间大的障碍物阻挡时，就会发生遮蔽现象。这种影响可以通过将天线架设得高一些，同时保持天线离开任何大的或非金属物体 1/2 波长的距离来最小化。

这些问题可利用分集接收机来解决。即便只有一个通道工作，我们也推荐采用分集接收系统。对于大的多通道系统，分集接收工作方式或许是唯一的可行性解决方案。

可供使用的分集接收概念有不同的类型。天线切换分集接收采用了两副天线和一个接收电路。如果一副天线上接收信号的电平低于某一阈值，则切换到另一副天线上。虽然这是一种经济的结构，但还是有可能出现第二副天线所接收到的信号比已经处在阈值之下的第一副天线信号还低的情况。另一个解决方案就是切换两台独立接收机单元接收到的声频信号，其中每台接收机被连接到各自的天线上。这就是所谓的真分集接收。这种技术将有效 RF 接收电平提高了 20dB。根据分集接收的概念，两副天线间的有源切换是我们想要的结果。

两副分集接收天线间的最小距离是人们经常争论的一个话题。最短距离定为频率信号对应波长的 1/4 似乎是一个不错的方案。根据频率的情况，最短距离一般为 5～6 英寸。通常，我们更喜欢选用较大一点的距离。

20.31.5 天线

天线的摆位及其相关组件（比如RF馈线、天线放大器、天线衰减器和天线分配器）的正确使用是实现无故障无线传输的关键。天线的作用相当于接收机的眼睛，因此在系统的发射机天线与接收机天线之间构成直接的视距传输可以取得最佳的传输效果。

可以使用的接收和发射天线的类型有全方向性天线和指向性天线。对于接收而言，室内应用时常常推荐采用全方向性天线，因为RF信号会被墙壁和天花板所反射。当工作于室外时，人们应该选用指向性天线，因为通常在室外反射很小或无反射，天线的这种指向性有助于信号的稳定。一般而言，对于临界的RF环境，明智的做法是在天线工具箱内存放全指向性和指向性两种天线，因为它们发射和接收信号的方式不同。

全指向性天线是借助于只在一个参考平面上产生一致的辐射或响应的形式来发射或接收信号的，通常这一参考平面是平行于地平面的水平面。全指向性天线并不存在方向上的偏好，对想要的和不想要的信号不能区别化对待。

如果采用了指向性天线，那么它会在其所指的通路方向上发射或接收信号。最为常用的天线类型是八木天线和对数周期性天线，它们通常具有可覆盖整个UHF范围的宽工作频率范围。在室外场地中，通过选择正确的天线摆放位置可以接收想要的信号，而在一定程度上抑制掉来自电视台的不想要信号。指向性天线也可以像全指向性天线那样只在一个平面上进行传输或接收。

对于特定的条件，我们会见到如下几种类型的全指向性和指向性天线。拉杆式伸缩天线是全指向天线，通常具有宽的工作频率范围（450～960MHz）。如果使用了拉杆式伸缩天线，那么应将其与配对的天线摆放在视线内。例如，不应将其安装在封闭的金属航空箱内部，这样会降低发射机传输来的RF场强，影响声频信号的质量。

当采用分置天线时，系统性能会有相当大的提高。分置天线是一种与接收机或发射机单元分离开来放置的天线。这些天线可以摆放在诸如传声器架这类支架上面。这将明显改善RF性能。然而，在使用分置天线时，一定要考虑一些基本的原则。这里，我们再次强调：要将发射机天线和接收机天线架设在无遮挡的视线之内，以确保传输的可靠性。如果采用了指向性天线，那么天线的位置，以及它与舞台的距离就很重要了。一种常用的设置方法是将两副接收天线指向舞台中央。再次强调，为了取得最佳的传输质量，接收机天线和发射机天线要处在同一视线上。

指向性和全方向性天线确实存在一个偏好的平面，该平面要么是水平面，要么是垂直面。如果发射机和接收机天线间的极化不同，那么这会导致RF电平产生明显地跌落。不幸的是，想让天线在所有时间内都具有同样的极化是不可能的。在剧场应用中，当演员在舞台上走动时，天线是处在垂直位置上的。如果场景需要演员躺下来或者匍匐，那么这时发射机极化就变成水平位置了。在这种情况下，圆极化天线对此会有所帮助。这类天线能够以同样的效率接收来自所有平面上的RF信号。

因为天线的极化很关键，并且常常会使用拉杆式伸缩天线，所以不推荐刻板地将接收机天线置于水平或垂直面上使用。相反，使天线稍微呈一定的夹角会使发射机和接收机间出现极化完全相反的概率最小化。

最后要提一下的是：在文章中我们讨论的天线类型都是复数形式（antennas）。在表示昆虫和外星人的触角时会见到单数形式（antennae）。

20.31.5.1 天线馈线和相关系统

在设计无线系统时，天线馈线经常成为被低估的因素。设计者必须为实际应用选择出最合适的馈线，具体情况则要根据馈线的长度和安装情况来确定。当RF信号沿馈线传输时，其幅度会衰减。这一衰减量取决于馈线的质量、长度，以及RF频率。随着馈线长度的增加，以及频率的提高，衰减量也会加大。在设计无线传声器系统时一定要考虑这些影响，如表20-4所示。

表20-4 在不同频率下各种直径的不同类型RF馈线的相关衰减量

（数据来源：Belden产品主目录）

馈线类型	频率（MHz）	衰减量（dB/100 ft）	衰减量（dB/100m）	馈线直径（in/mm）
RG-174/U	400	19.0	62.3	0.110 / 2.8
	700	27.0	88.6	
RG-58/U	400	9.1	29.9	0.195 /4.95
	700	12.8	42.0	
RG-8X	400	6.6	21.7	0.242 / 6.1
	700	9.1	29.9	
RG-8/U	400	4.2	13.2	0.405 /10.3
	700	5.9	19.4	
RG-213	400	4.5	14.8	0.405 /10.3
	700	6.5	21.8	
Belden 9913	400	2.7	8.9	0.405 /10.3
	700	3.6	11.8	
Belden 9913F	400	2.9	9.5	0.405 /10.3
9914	700	3.9	12.8	

在RF衰减方面具有较好技术指标的RF线缆通常都较粗。在固定安装方面，我们强烈推荐采用这类馈线。在流动巡回演出应用中，馈线每天都必须要收放，因此这种较重的馈线可能就显得非常麻烦了。

由于任何RF馈线线缆都存在一定的RF衰减，所以馈线的长度应尽可能短，同时不要明显增加发射机和接收机天线间的距离。虽然这方面对于接收应用很重要，但是对于无线监听信号的传输则更为重要。

在接收应用中，在无线传声器系统的设计和规划阶段，重要的是要考虑馈线及天线系统中各个分配器所引起的衰减。如果系统内的衰减小，那么就不要使用天线放大器了。在这种情况下，所有的失落都与天线系统内的 RF 衰减无关，而这些失落更多的时候是与天线的摆放位置、使用过程中发射机的使用方法和老化程度相关。如果天线系统内的衰减大于 6dB，那么推荐使用天线放大器。

如果因工作距离远而必须要用天线放大器，那么则应将其尽可能靠近接收天线放置。内置放大器的天线被称为有源天线。这类天线中有些还内置有滤波器，以便只对想要频率范围上的信号进行放大。这是降低这种放大器发生互调概率的另外一种措施。

当 RF 馈线非常长时，两副天线不应背靠背使用。因为第二副天线放大器将会因第一个放大器的输出而发生过载，进而产生互调。

如果发射机靠近接收机天线使用，而且又使用了天线放大器，则一定要格外小心。强信号可能将天线放大器驱动至其线性工作范围之外，并产生互调分量。因此在设计和安装系统的时候，我们推荐发射机与接收机天线的距离至少要保持在 10ft(1ft ≈ 30.480m)。

另外，来自开路（Over The Air，OTA）电视广播的信号（比如数字电视信号）也是不想要的信号，该信号可能是导致系统中的任何放大器产生互调分量的原因。我们可以采用调谐为 6MHz(1 个电视频道宽度）带通的外置窄带滤波器。如果启用电视信号间的闲置电视频道来传输信号，那么采用窄带滤波器的做法有助于提高工作的安全性。

这种做法也用于固定安装应用中，因为这样可以降低 RF 环境变化的概率。这一优点在 RF 环境恶劣情况（附近有许多电视台或其他无线系统在工作的情况，比如大城市当中的广播制作演播室）下体现得尤为明显。

20.31.5.2　分配系统

天线分配器可以使多台接收机共用一副天线来工作。对于 4 通道以上的系统，应采用有源分配器，这样可以通过放大器来补偿分配器产生的衰减。通过在放大器级之前采用滤波处理可以提高对干扰和互调的免疫力。例如，一个 32 通道系统可以分成 4 个 8 通道编组。通过强选择性滤波器，可以将每个编组彼此分离。之后，编组就可以视为彼此独立了。在这种方法中，只需要在每一编组内部进行频率协调。这种对 8 个频率进行频率协调的方便程度就比对整个 32 个频率进行频率协调高出了 4 倍，如图 20.173 所示。

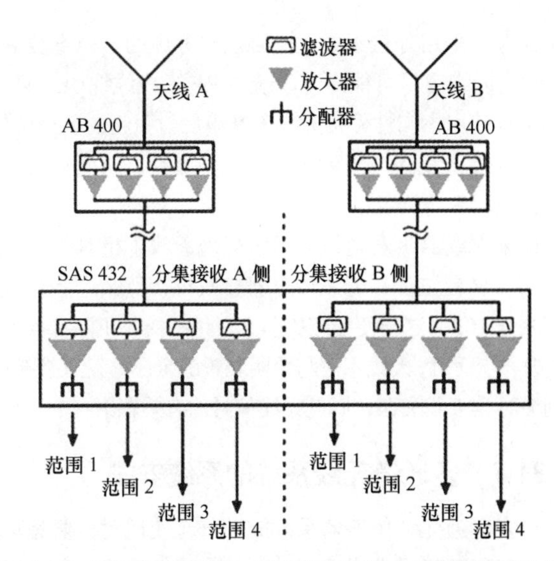

图 20.173　具有滤波提升装置、长天线馈线和选频滤波有源分配器的分集天线设置（Sennheiser Electronic Corporation 授权使用）

20.31.6　无线监听系统

无线监听系统对于舞台音乐制作应用非常重要。无线监听系统的最大优点或许就是让舞台上的每位音乐人能够使用各自的监听混音。更进一步而言，无线监听系统会大大减少舞台表演区的监听音箱的使用量，甚至取消监听音箱。这样便降低了反馈的风险，同时可以使用重量更轻、外观更为小巧的监听系统。

在使用无线监听系统之前，有一些问题要格外留意。在大多数情况下，该信号是立体声信号，这种复用信号对失落和多径传输更为敏感。在长距离应用，单声道可以改善系统的性能。

如果无线传声器和无线监听系统是并行使用的，那么这些系统应该调谐到单独的频带，至少要隔开 4MHz，而且频率间隔越大越好。另外，任何发射机和演员佩戴的入耳式接收机之间的物理距离要最大化。这样将会减少阻塞的风险，阻塞是一种使接收机灵敏度下降，阻止其接收想要信号的现象。因此，如果腰包无线传声器发射机和无线监听接收机都佩戴在同一艺人的身上，那么这些设备就不应直接挨在一起。

当音乐人使用相同的监听混音时，一台发射机通常提供的 RF 信号可能要比一台无线监听接收机接收的 RF 信号强一些。如果需要某一种混音，那么每种混音就需要自己使用的发射机在特定的频率上工作。为了避免互调干扰，无线监听发射机应对信号进行混合，混合后的信号通过一副天线发射出去。强烈推荐使用有源混合器。无源混合器会受到信号衰减和高串扰的困扰。有源混合器将在每台发射机与其他设备之间产生约 40dB 的隔离，并且保持 RF 电平一致（0dB 增益），因此这可使互调最小化。再次强调，互调是整个无线理论中重要的一个议题。当采用立体声传输时，这一问题会变得越发重要。

在考虑采用外接天线时，必须要考虑的一个重要因素是：天线馈线应尽可能短，以避免RF馈线线缆引入衰减。我们推荐使用指向性外接天线来减小反射引起的多径传输，同时指向性天线还会提供额外的无源增益，从而扩大系统的工作范围。

如果无线监听发射机采用了异地天线（相对于本机天线而言，译者注）和无线传声器接收机，那么这些天线至少应隔开10ft。这样便能避免前文讨论的接收机阻塞问题发生。进一步而言，天线不应与照明装置的金属材料直接接触，否则会导致天线失谐，降低无线信号的有效辐射。

20.31.7　多通道无线系统的系统安排

当多通道无线传声器系统放在一起使用时，要想可靠工作，以下几条是非常重要的。首先，必须了解系统工作的工作环境。

（1）位置。场地的坐标位置可以通过互联网的地图工具（比如谷歌地图Google Earth）来确定。如果算出了场地的坐标，那么就可以简单地将这一信息插入FCC主页中。随后便可以显示出FCC规定的该地区所有发射机的授权结果。从FCC认证的电视空置频段数据库（包括Spectrum Bridge）或者Key Bridge Global中还可以找到有价值的信息。最为重要的是这些数据库将会表示出哪些电视频道是为在特定地区使用无线传声器系统而保留的。所有认证的数据库共享同样的信息。应注意的是，有些保留的频道是被限定在特定的日期和时段的。这些信息会让无线系统的设计人员规划出可被无线声频设备所使用的空置TV频道。如果在无线传声器系统使用的场地附近（小于113千米）有TV发射机在工作，那么一般就要避免采用该TV频道。操控大量传声器的操作人员可以通过数据库系统了解并使用保留的当地空闲电视频道来完成整个活动，不要让那些频道被其他的空闲设备所占用。经过资质认证的工作人员（比如广播从业者）可以直接进入数据库来做好频道保留事项。而对于非认证的人员则必须首先要得到FCC的认证许可才能进入数据库。一旦人们知道了该地区可以使用哪一TV频道，则设计人员就可用另外一种软件工具来计算出无IM的工作频点，同时显示出可行的设置。

（2）数量和频率协调。确定出在具体工作中要使用的无线传声器、无线监听系统、通话等的数量。利用在第一步中收集到的信息开始进行系统设计。目前，已经知道了可使用的TV频道和想要使用的无线系统数量。

利用这些已知的信息，开始在空置的TV频道内进行系统的频率协调。这项工作可以采用各个公司提供的软件来完成。这里的关键问题是要阻止互调分量（由谐波失真产生的不想要的频率成分）干扰无线系统想要的频率成分。

现场的测试也很有必要。如果有机会，则应利用频谱仪对现场进行频谱扫描，如图20.174所示。利用这样的工具，人们可以核实来自互联网的信息是否准确。另外，人们可以对使用的无线接收机的可调谐频率进行扫频，从中发现场地中活跃的RF信号。许多接收机具备自动扫频功能，它能发现启用的频率。必须通过这种反复核查来发现是否存在列表中没有的其他无线设备在使用，这些设备在工作期间会干扰到你所使用的信号。

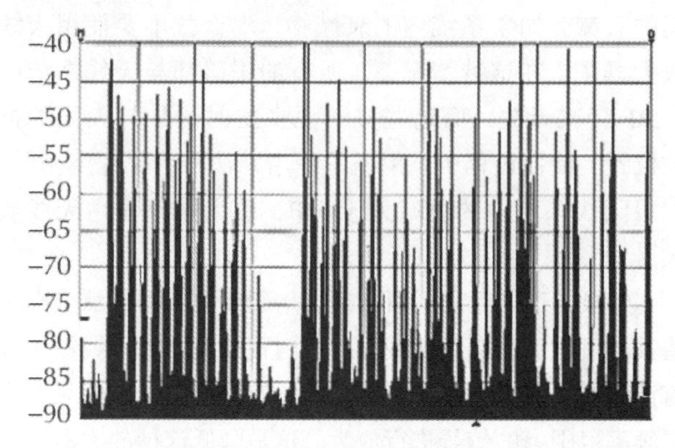

图20.174　雅典奥林匹克体育场外围的RF频谱图（450～960 MHz）（Sennheiser Electronic Corporation授权使用）

（3）调谐自己使用的组件。将自己使用的各个发射机和接收机设置到协调过的各自频率上。开启所有的组件，执行最后的兼容性测试。发射机间的间隔应为几英尺，发射机与接收机天线间的物理间隔至少应为10ft。对干扰进行监听。再次强调：如果满足了以下的要求，那么系统组件间的兼容性就能实现了：多通道无线系统中每一链路的功能与所有其他启动链路的功能同样优良，且没有单一链路（或任何多链路组合）引发的干扰。

20.31.8　结论

大型多通道无线系统需要认真的规划和良好的技术支持，尤其是在策划初期。通过仔细观测上述提及的所有条款，即便身处困难的条件下也能取得完美的系统运行结果。

在此对沃尔克・施密特（Volker Schmitt）、格利特・布赫（Gerrit Buhe）和彼得・阿里森（Peter Arasin）所做的工作深表谢意。

20.32　传声器的附件

格伦・巴卢（Glen Ballou）编写。

20.32.1　占线式传声器处理器

传声器的总体声音可能常常得益于信号处理，以及作为传声器声音定制工具的大部分调音台提供的一些基本均衡处理。数字调音台甚至提供了多套功能强大的工具，其中包括参量EQ、压缩、增益控制和其他自动化功能。系统针对每支传声器实施的专门信号处理为用户提供了切实的利益，有些厂家通过插入占线式处理器实现了基于每支传声器的定制处理。这些处理包括自动增益控制、自动反馈控制、针对爆破音和近讲效应的控制，以及基于传声器附近是否有人存在而开关传声器的内置红外门控。这些幻象供电处理器可以为差的传声器技术而引发的诸多问题提供针对性的解决方案。

20.32.1.1　Lectrosonics HM Digital Hybrid UHF 插接式发射机

图 20.175 所示出了这种发射机最常见的应用形式，它取消了传声器与音响或录音系统间的线缆。其中最好的应用例子就是大礼堂或体育场馆中的声学分析，这时所进行的测量必须要在音响系统声覆盖区域中的多个位置点上进行，使用极长的线缆并不现实。在这种情况下，无线技术不仅加速了测量的进程，而且可以完成更多的测量任务，改善最终音响系统的性能。图 20.176 所示的是发射机的框图。

图 20.175　Lectrosonics HM Digital Hybrid Wireless® 插接式发射机（Lectrosonics，Inc. 授权使用）

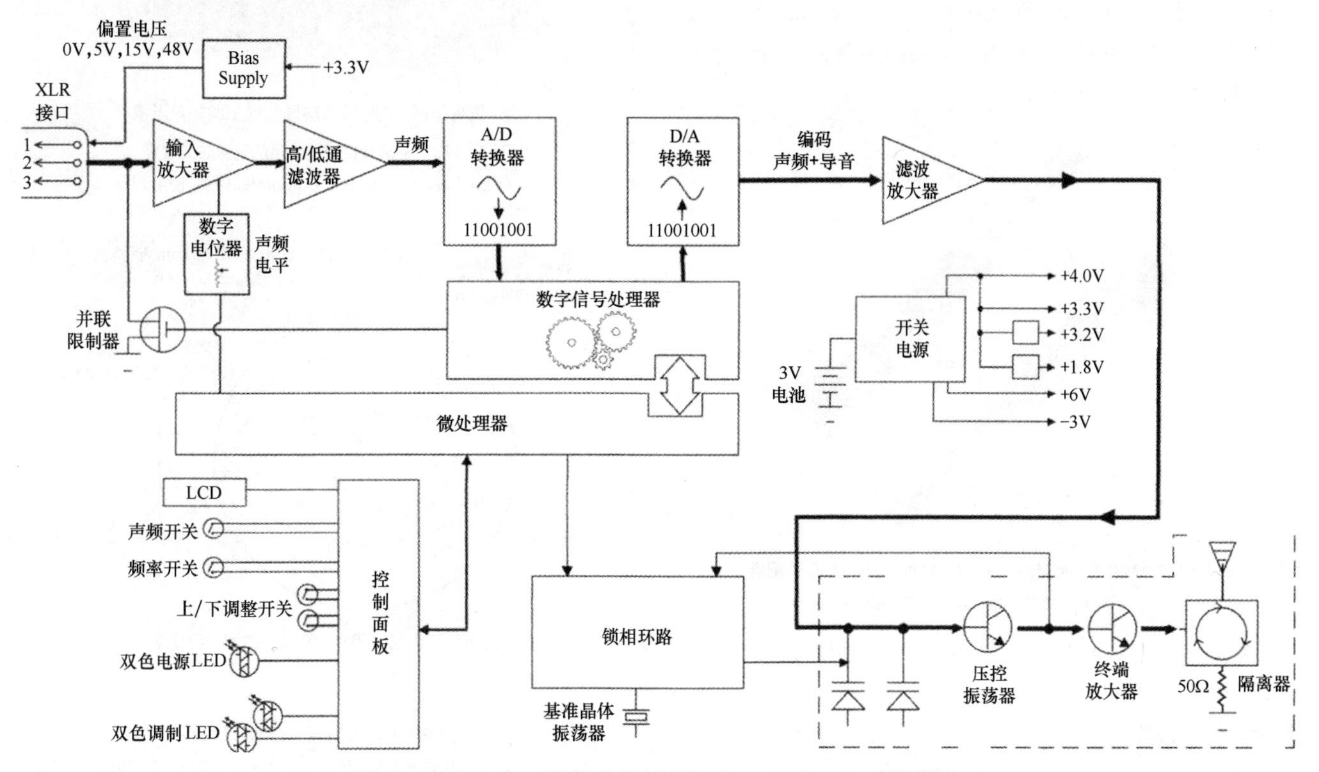

图 20.176　Lectrosonics HM 发射机的框图（Lectrosonics，Inc. 授权使用）

Digital Hybrid Wireless® 采用的是专利化处理技术，它将一个 24bit 数字声频线与宽频偏 FM（US Patent 7，225，135）结合在一起。该处理过程取消了压扩器，提高了声频质量，将应用领域扩展到了测量与测试，以及乐器当中。

Digital Hybrid Wireless® 将数字声频与模拟 FM 无线链路组合在一起，提供出高质量的声频和 RF 性能。

通过发射机内的声频数字化编码，再利用模拟 FM 无线链路传送编码过的信息，并在接收机内进行解码等处理过程，使得通道噪声降低。该算法并不是模拟压扩器的数字化应用，这是一种仅能在数字域内实现的技术。处理过程消除了压扩器所带来的副作用，同时也使得其能用于声学空间的测量与测试工作当中。

DSP 拥有 ±0.002% 的频率稳定度，取消了对晶振的需求，另外它可以在系统频率模块的调谐范围内为 256 个频率中的每一个提供不同的导频音。每个导频音从根本上消除了哑音阻塞及多通道系统工作中导频音信号通过互调进入错误的接收机等问题的出现。输出级的环路器 / 隔离器对互调干扰还有进一步的抑制作用。

FM 无线链路的另一个好处就是，为了与 Lectrosonics 和其他厂家的模拟接收机兼容，DSP 具有仿真压扩器的功能。

在本机混合模式中，FM 频偏为 ±75kHz，以提供出宽的动态范围。这种宽的频偏结合 100mW 的输出功率，大大改善了声频 SNR，以及对 RF 噪声和干扰的抑制性能。

与传声器配合使用时，天线在发射机的机壳与传声器本体之间形成了偶极子。当将其插入调音台的输出时，发射机的机壳类似于地平面天线的辐射器，而调音台机箱实现了接地的功能。

发射机采用两节 AA 电池供电工作，它能提供 5、15 或 48V 幻象电源，使用动圈传声器时可以将幻象电源关闭掉。

发射机可以在UHF频段（470～691.1MHz）上的9种不同频率模块工作。每个模块提供出256个频点，间隔的步阶为100kHz。

20.32.1.2 MXL Mic MateTM USB适配器

图20.177所示的Mic Mate ™和Mate Pro是一种用来将传声器与Macintosh或PC相连接的USB适配器。它采用了一个16bit Δ-Σ A/D转换器，采样率在44.1kHz和48kHz时，*THD* + *N* = 0.01%，另外它还有一个3挡的模拟增益控制。USB传声器前置放大器具有平衡式低噪声模拟输入，同时能为传声器提供48V_{dc}幻象电源。随同的附件还包括有用于两轨录音的MXL USB Recorder Software（MXL USB录音机软件）。它共有3种不同的传声器配对（Mic Mate）方式，一种用于电容传声器，一种用于动圈传声器，最后一种用于新闻有线馈送、摄像机等。

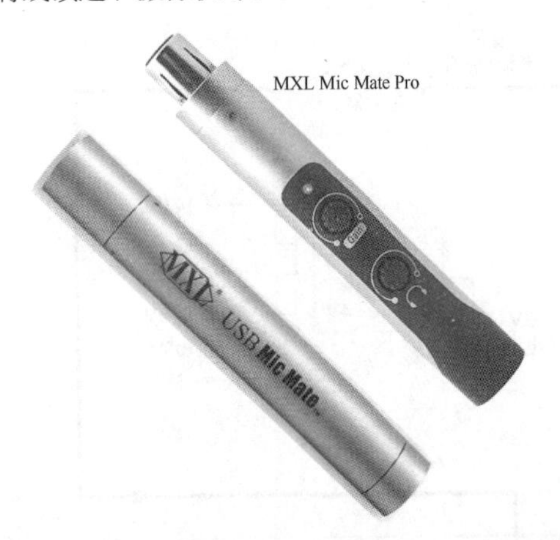

图20.177 MXL® Mic Mate™ 和 Mic Mate™ Pro USB适配器
（Marshall Electronics授权使用）

MXL® Mic Mate™ Pro利用两个并不显眼的旋钮来调节传声器增益和耳机音量，同时利用内置的耳机插孔可实现零延时的直接监听。

20.32.2 防风罩和防喷网

防风罩（windscreen）是一种套在传声器外壳上使用的附件，其目的是减小室外录音或传声器平移或枪式拾音时产生的风噪，以及呼吸噪声的影响。随着防风罩表面积的增加及表面特性的改善，其效率会提高。通过其建立起的无数微型气流扰动，并将这些扰动在大的表面区域进行平均，求和后产生零扰动的结果。由此可见，人们并未从在较大的笼形防风装置内放置小的泡沫防风罩的做法中获得增益，如图20.178（a）所示，然而防风毛衣可以带来20dB的改善，如图20.178（b）所示。当今生产的大部分传声器都带有一体式的内置防风罩/防喷网。在风力非常大的情况下，这些内置装置就不起作用了，这时必须使用外部防风罩。

正确设计的防风罩可根据当时的声压级、风速和拾取声音的频率，可以取得20～30dB的风噪下降量。防风罩可以和任何类型的传声器配合使用，因为它们的大小和形状是可以改变的。图20.179所示的是安装在直径为1in传声器上的覆盖尼龙织物的网架防风罩的剖面图。图20.180是B&K的V.Brüel博士测量到的这种防风罩的防风效率。

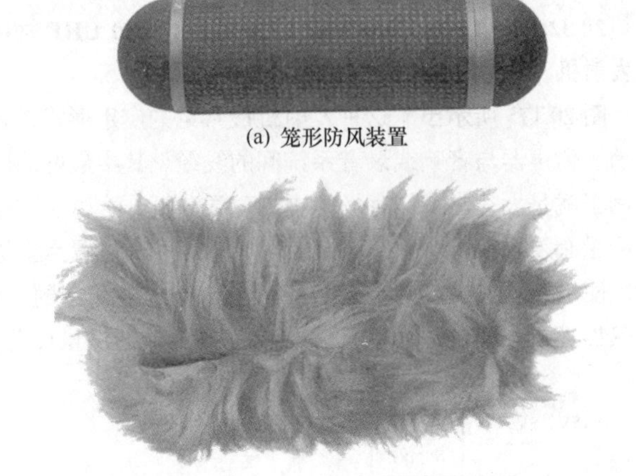

(a) 笼形防风装置

(b) 包裹于图(a)所示的防风装置上的防风毛衣

图20.178 干涉管传声器使用的笼形防风装置
（Sennheiser Electronic Corporation授权使用）

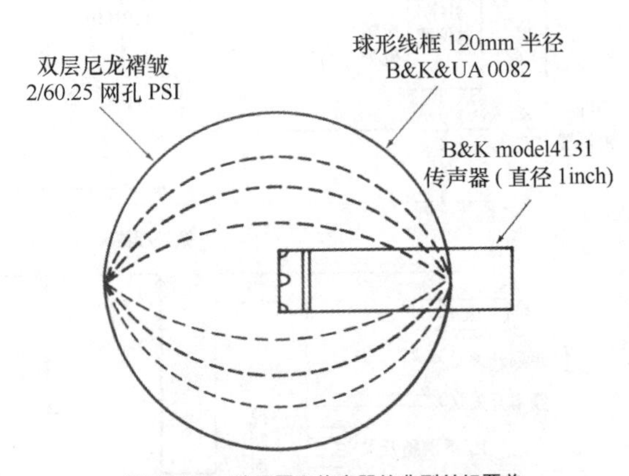

图20.179 防风罩和传声器的典型丝织覆盖
（B&K Technical Review授权使用）

20.32.2.1 Rycote防风器件的降风噪指标

Rycote开发出了自己的测量风噪技术，它采用了实际风和实时差分比较方法。该技术比较同一条件下两支传声器的表现，一支传声器安装了特殊的降风噪器件，而另一只则没有安装，最终得到校准的响应和增益变化统计曲线。

图20.181所示的是Sennheiser MKH60传声器（典型的短枪式传声器），在宽频带（20Hz～20kHz）测量中没有采取任何低频衰减处理。

当安装了风噪降噪器件时，其对声频响应的影响为恒定系数——如果导致高频产生一定的损失，那么它在任何时候影响都是一样的。然而，风噪的降低量取决于风的强度。如果风平浪静，那么它并没有什么益处，而且最终还会导致传声器的声频性能下降。不过，在九级以上的强风时，防风器件造成的响应与理想平坦响应的偏差并不大，而风噪的降低量可达30dB。风噪处于低频频谱范围内。对于无防风措施的裸露Sennheiser MKH60，风所产生的能量几乎全部处在800Hz以下，在大约45Hz处形成高出40dB的峰值。防风罩在这种较低频率上的表现是最重要的。腔式防风罩不可避免地会造成指向性传声器低频响应的下降，但是通常下降得并不明显。笼型防风罩对高频的影响非常小。对降低低频噪声作用很大的防风毛衣也会衰减一定的高频。

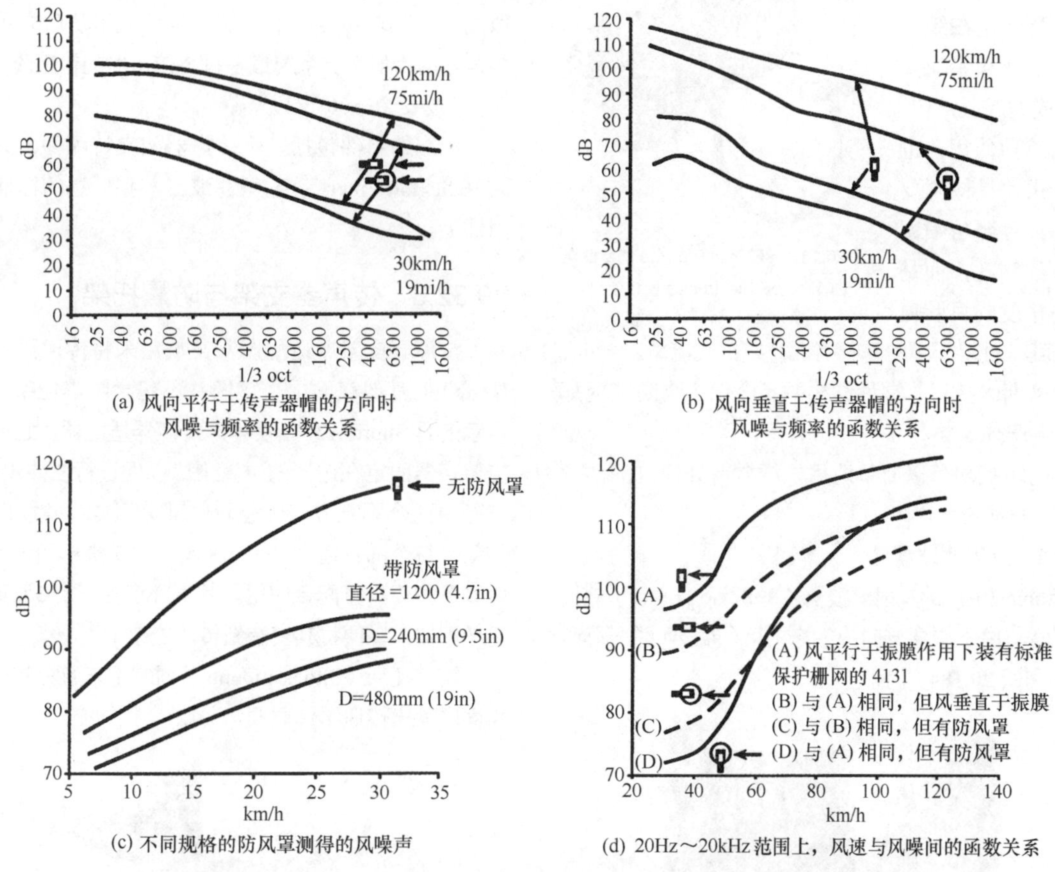

图 20.180　图 20.179 所示的防风罩的防风效果（B&K Technical Review 授权使用）

许多传声器或调音台还都可以进一步进行低频衰减（这对于阻止次声过载和手持传声器的手持噪声或者传声器的隆隆声很有必要），这样便以一定的低频信号损失为代价来换取 10dB 以上的额外风噪降噪量。

标准的（笼型）防风罩在 35Hz 处表现出高达 25dB 的风噪降噪量，同时几乎未对信号产生衰减，如图 20.181 所示。

Softie Windshield 是开放气室式泡沫与防风毛衣结合在一起的一体式防风器件。Softie 降低了风噪，同时对传声器起保护作用。它在全球的电视界成为一种标准配置。Softy 对风噪的衰减量约为 24dB，如图 20.181 的曲线 B 所示。

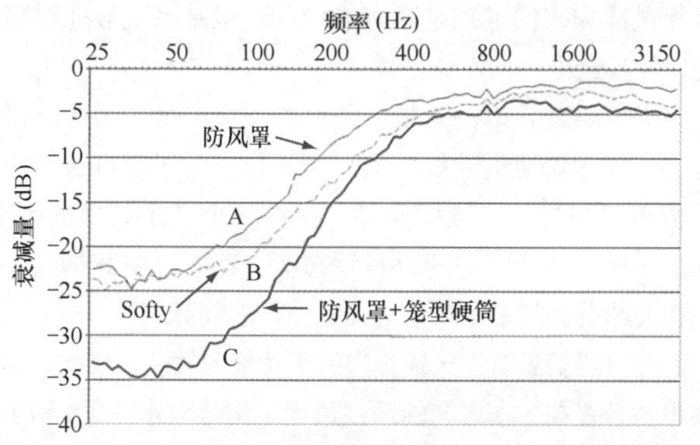

图 20.181　在现实环境下，可供 Sennheiser MKH 60 传声器采用的降低风噪措施选项（Rycote Microphone Windshields LTD 授权使用）

在笼型防风罩上套上防风毛衣（Windjammer）将会使低频降噪改善约 10dB，至 -35dB，如图 20.181 的曲线 C 所示。虽然 Windjammer 在 6kHz 以上的衰减量近似为 5dB，但是如果加以阻尼或者皮毛加衬，那么衰减量还会提高。整体上的这种组合可以提供最佳的宽带风噪降噪性能，而不是信号衰减。

当近距离讲话，以及爆破音的气声特别令人讨厌时，采用防喷网保护措施是最佳的选择。当人们发“P 和 T”音时，通常都会产生这类爆破呼吸声。爆破音气声（explosive breath sound）一词有点用词不当，因为如果不放大，听音人一般是听不到的 [15]。

传声器的电输出实际上是对这种低速、高压、脉冲型波前的瞬态传声器响应。P 和 T 音向不同的方向投射，这一点可以通过在发字母 P 和 T 音的同时将手放在嘴前方约 7.6cm 的地方感觉出来。应注意的是，T 音被感知到的距离要比感知到 P 音的距离远一些。

对于大多数传声器，喷话筒声的输出会随声源与传声器间距离的变化而变化，其峰值约出现在 7.6cm 的距离上。对大部分传声器而言最差的入射角度约为 45°，它沿着与纵轴相平行的路径掠过传声器的边缘。

sE Dual Pro Pop Filter（sE 专业双防喷网）。图 20.182 所

示的是一种有趣的防喷网。sE Dual Pro Pop 防喷网是一种适用于歌唱声表演的双防喷网。该附件有一个结实的鹅颈，以及固定在绞合机构上的织物膜和专业金属防喷网组成的双层结构。它们既可以单独使用，也可以同时合用，具体则要取决于应用。金属防喷网并不是简单的穿孔，而是呈现一个小角度的百叶窗结构，这样可以对超低频的呼吸喷话筒冲击气流重新导向，使其从防喷网两侧掠过。这种结构并不会像织物防喷网那样对高频产生衰减。

图 20.182 sE Dual Pro Pop 的专业双防喷网（sE Electronics 授权使用）

应急用的防喷网可以简单地用植绒材料处理过的两片丝网来实现，它能产生声阻。

20.32.2.2 反射滤波器

sE Electonics 生产的反射滤波器（Reflexion Filter）被用来实现传声器与由不想要方向投射来的房间噪声间的隔离，如图 20.183 和图 20.184 所示。

图 20.183 反射型滤波器（sE Electronics 授权使用）

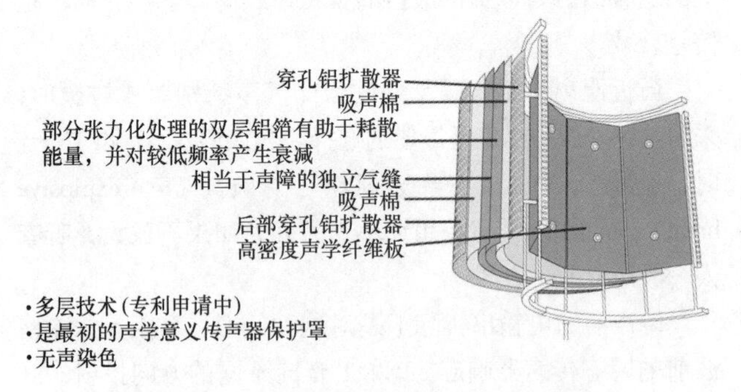

图 20.184 反射型滤波器（sE Electronics 授权使用）

反射滤波器有 7 个主要分层。第一层为穿孔铝，它对穿过其进入吸声棉层的声波产生扩散。接下来，声波撞击到铝箔层，该层有助于能量耗散，破坏较低频率成分的波形。此后撞击穿过由各层的连杆撑开的空气间隔。

接下来，声波撞击作用于相当于声障的空气间层。声波通过另一个毛绒层，随后通过外部的穿孔铝壁，它将对余下的声能进行进一步吸收和扩散。

各层均对撞击其的声波产生吸收和扩散，因此声波每通过一层均会使声能进一步减小，降低了撞击表面的声能量，仅较少一部分原始能量被反射回来，并成为传声器不想拾取的房间环境声。反射滤波器也降低了从后方和侧向到达传声器的反射声。系统最多只将传声器的输出改变 1dB，而且大部分处在 500Hz 以下。

标准的组件包括一个传声器架夹持配件，该配件连接到 Reflexion Filter（反射型滤波器）和任意的标准防震安装附件上。

20.32.3 传声器支架与防震托架

传声器支架或适配器常常被用来将传声器固定在话筒架或任何其他表面上。它们并不包含防震托架。图 20.185 所示的是 Shure A27M 立体声传声器适配器，它被用来将两支传声器固定在选择的位置上，以便进行立体声拾音制作。它是由两个垂直方向上叠置的部分组成，并能以同一中心转动。每个部分包含一个 5/8 英寸 -27 螺母和锁紧环，它可以和各种传声器配合使用。其下部包括一个 5/8 英寸 -27 螺母适配器，以便将其安装到传声器架上。

防震托架（Shock mounts）通常用来避免将来自地板或桌面的噪声传递给传声器。

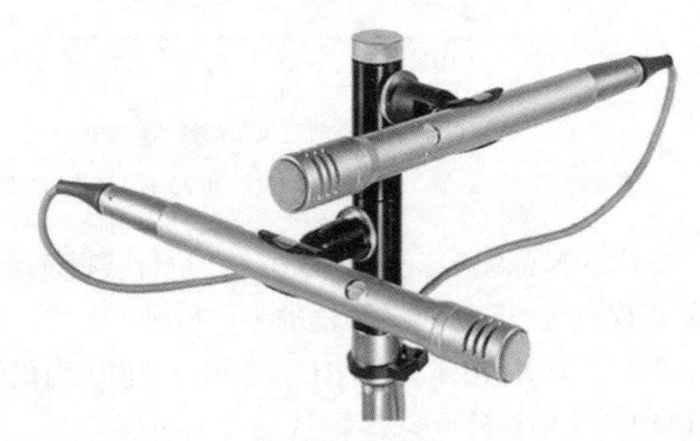

图 20.185 立体声传声器适配器（Shure Incorporated 授权使用）

在检测撞击传声器本体的振动时，传声器非常像一个加速计。悬置的防震托架在支架移动时还能让传声器保持在原位。

所有的悬置都采用弹性布局方案，它可以让传声器摆位固定，同时又表现出恢复力，让传声器恢复到静止点。尽管过冲和来回弹跳是不可避免的，但是系统应通过阻尼处理使其最小化。

由于随着频率的降低，位移波长会增大，因此悬吊装置必须移动得更远才能完成这项工作。对于任意特定质量的传声器和悬吊装置的顺性，存在一个产生共振的频率。在这一频率点上，悬吊将移动放大，而不是将其抑制。系统在大约谐振频率的 3 倍处开始正确的隔离。

传声器振膜对沿 z 轴方向的干扰最为敏感。因此，尽管理想的悬置在 z 轴方向的顺性最大，但是对水平（x 轴）和垂直（y 轴）也要有较强的控制，以便阻止传声器的斜向运动，如图 20.186 所示。

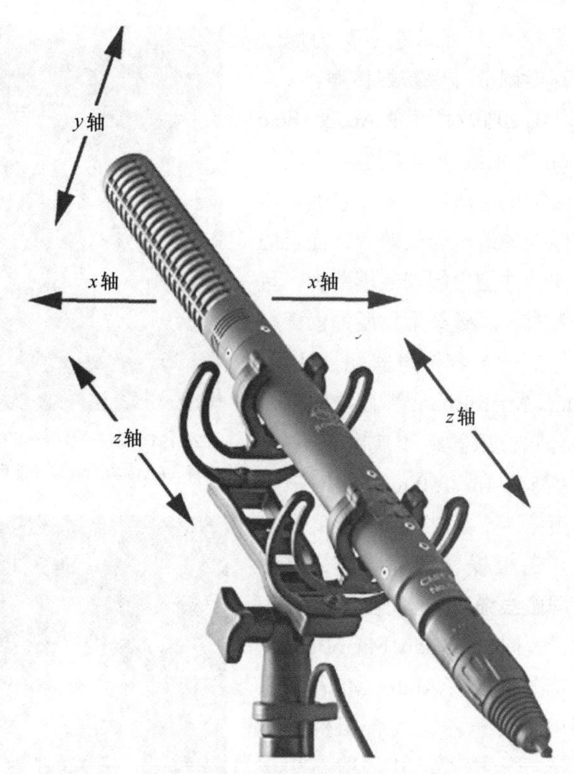

图 20.186　Rycote 七弦琴型传声器悬挂（防震）系统
（Rycote Microphone Windshields LTD 授权使用）

悬置顺性。虽然振膜和所谓的环形悬置可以取得不错的工作效果，但是存在影响传声器极坐标响应的声学固体结构。虽然硅胶带、防震吊篮绳和金属弹簧越细，声学透明性越高、越好，但是这样就必须努力保持其在低张力状态，只有这样才能建立起低的谐振频率，同时提供良好的*X*–*Y*平面控制和可靠的阻尼。随着位移的增大，约束力也急剧提高，限制了低频的性能表现。

防震托架也可以是图 20.187 所示的类型。该传声器防震托架是 Shure A53M，它安装于标准的 5/8 英寸 – 27 螺纹的螺口附件上，可将机械和振动噪声降低 20dB。由于其设计原因，该防震托架可以用于地架或桌面支架、吊杆，或者用在低架上，将传声器极头靠近诸如地板这样的表面附近进行拾音。

图 20.187　Shure A53M 防震托架
（Shure Incorporated 授权使用）

防震托架被设计成其谐振频率至少是传声器的最低频率的 2.5 倍[21]。虽然目标很简单，但是存在着实用上的限制。机械系统的谐振频率（f_n）可以由下式计算得出。

$$f_n = \frac{1}{2\pi}\sqrt{\frac{Kg}{w}} \qquad (20\text{-}34)$$

在公式中，

K 为隔离体的弹簧劲度系数；

g 为重力加速度；

w 为负荷。

传声器防震托架负荷几乎完全由传声器的重量决定。为了获得低的谐振频率，弹簧劲度系数或硬度必须尽可能低。然而，它必须能够承载传声器，而不会有太多的下沉，并且对于传声器的任何使用位置都有效。

Rycote 的七弦琴网主要是利用其形状，在每一轴向上提供的不同性能。一般而言，100g 的力使传声器在（上下方向）*y* 轴方向上的位移几乎不到 1mm，相反，这会使传声器在（侧向）x 轴上产生的位移是前者的 4 倍。在重要的 *z* 轴方向，它移动的位移几乎是 *y* 轴的 10 倍，如图 20.186 所示。

由于固有张力非常低，所以谐振频率可能非常低，而且*z*轴方向的位移可能很大。即便质量非常轻的小型传声器，也可以取得小于 8Hz 的谐振频率，这便意味着传声器可能在几乎整个频率范围上均获得很好地隔离。

即便是与橡胶带结合在一起，我们也必须给金属弹簧悬吊施加阻尼，这种阻尼并不容易控制。通过选择合适的塑性材料，人们几乎可以独立地选用七弦琴网式阻尼。Rycote 的 Hytrel 不仅采用了平滑的阻尼，而且在北极温度条件下也能保持其特性。

大部分悬置系统难以做成大的伸缩。弹簧和弹性带细且脆，而且橡胶和泡沫材料的柔软度范围有限。然而，这并不应用于琴网。微小的 InVision 悬吊视觉看上去并不显眼，它可以将对小型和类似尺寸传声器的隔离降至 30Hz，它足够结实，没有掉落地板上的风险。图 20.188 所示的是粉红噪声振动作用于安装在 InVision 附件上的 Schoeps CCM4 传声器上实测的转移函数性能。曲线 A 表示的是传声器的输出，工作的振动器并不与传声器接触，它反映的是通过空气和建筑结构本身形成的固有耦合。曲线 B 表示的是振动器与传声器本体直接耦合情况，它反映的是振动输入的实际水平。最后的曲线 C 表示的是振动器撞击安装杆时的传声器输出，因此它表示的是悬吊的有效性。

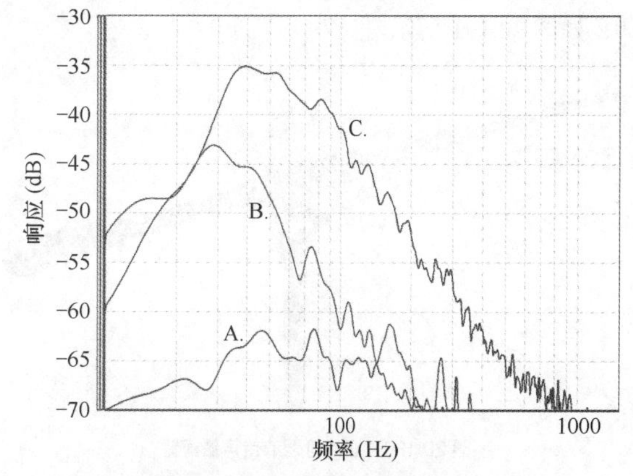

图 20.188　InVision 配件的防震效果
（Rycote Microphone Windshields LTD 授权使用）

20.32.4 传声器架和横臂

20.32.4.1 传声器架

传声器被安装在传声器地架或桌面支架上，以便将传声器摆放在声源前面。地架通常可以在 0.8 ～ 1.6m 间调节，而且配有一个 5/8 英寸 – 27 螺纹附件，用来安装夹子或防震托架。它们可以与高度为 25.4 ～ 30.5cm，重量为 3624 ～ 6342g 的圆形底座，或者是高度在 380cm、重量为 8164g 三角形底座配合使用，还可以与张开 380cm 的三脚架一同使用，以提高稳定性。如果三角架与横臂配合使用，那么重要的一点就是要将横臂置于脚架某一脚的方向上，以加强其稳定性。

图 20.189 所示的是用于无线电通信、寻呼和调度系统的 Shure 522 动圈式基站型传声器。其心形（单指向）指向特性可以抑制其他临近的调度员、空调设备或办公设备发出的不想要的背景噪声。另外，它也可以降低公共寻呼应用中的声反馈。

图 20.189 Shure 522 桌面传声器座架及其即按即讲开关（Shure Incorporated 授权使用）

它拥有双阻抗特性：低阻抗（150Ω）或高阻抗（30 000Ω），可以通过阻抗开关进行切换。指尖控制杆（锁定或解锁作用）驱动传声器电路，同时可以启动外接的继电器或控制电路。按下并保持拨杆开关不放，便可以进行讲话，要想锁定该开关，只需按下它并向前推即可。如要解锁该开关，只需将杆向后移动并释放即可。传声器的高度从 248 ～ 312cm 可调。

20.32.4.2 传声器横臂

被安装在标准传声器地架上的短横臂一般用来将传声器置于直接通过地架难以达到的地方，如图 20.190 所示。当传声器置于声源上方时，人们也会使用横臂。横臂与传声器架的组合常常用在话筒车或脚架腿平放的场合，垂直方向上可在 1.5 ～ 2.3m 调节，水平方向上可在 2.3 ～ 2.8m 调节，如图 20.191 所示。

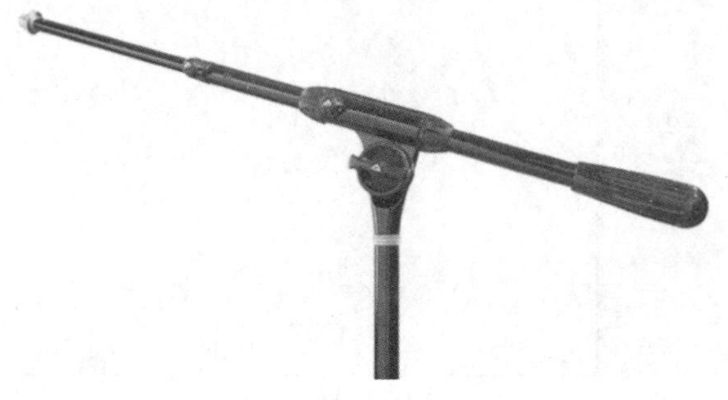

图 20.190 短的可调节传声器横臂

横臂或传声器架易于调节，保证离合 / 制动系统能在任意位置锁定是很重要的。优良的传声器架结合活塞式空气悬挂系统可以毫不费力地进行高度调节并保护好传声器。

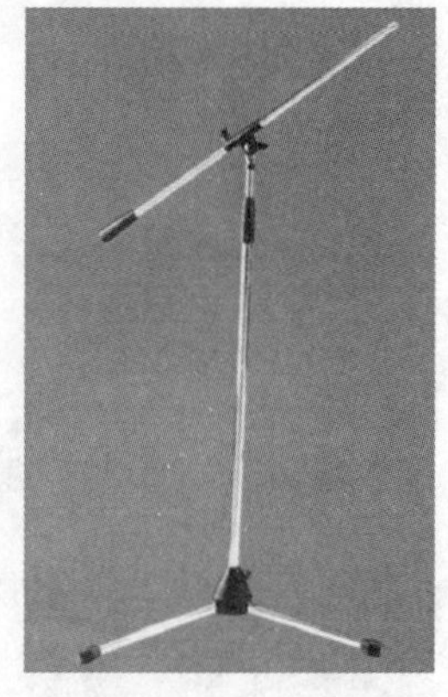

图 20.191 可调节的传声器架 / 横臂（Atlas Sound 授权使用）

图 20.192 所示的 Audix Micro Boom™ 系统为需要连续定位的安装提供了解决方案。它们与所有标准的传声器架兼容，而且固定安装件使用起来毫不费力，且十分有效。碳纤维材质的横臂与高性能的电容传声器配合使用，Audix MicroBoom™ 非常适合拾取合唱、乐器组和演讲等声源。它们有 24in、50in 和 84in 三种长度规格，可将传声器精准定位。每根横臂内部走线，其中的屏蔽线缆可以实现对感应噪声的最大抑制。Audix MicroBoom™ 系统支持所有 Audix Micro™ 系列电容传声器。离合组件控制着碳纤维横臂，并且留有引出线缆的缝隙，如图 20.193 所示。

图 20.192 典型的 MicroBoom™ 设置（Audex Corporation 授权使用）

图 20.194 所示的是 Galaxy Audio MST-C Standformer 三脚架式的传声器架，这是一种有趣的解决方案，它可以将横臂 / 立杆传声器架折叠起来。中央的枢轴离合机构可以让横臂部分向下滑动，进入固定的垂直部分的下面。5 联防滑凸轮可以让横臂在完全拉出的情况下支撑 2 磅的重力。

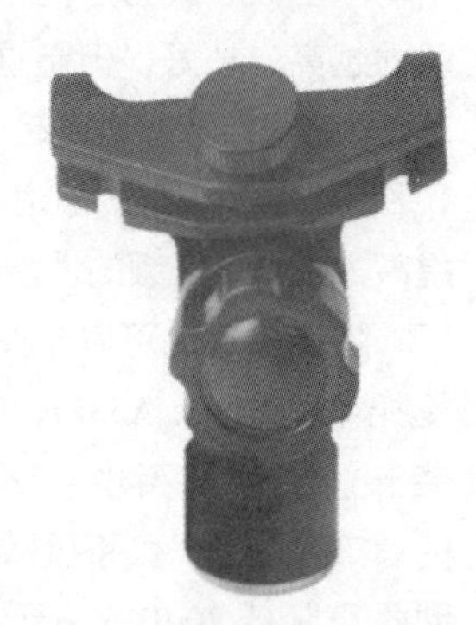

图 20.193 Audix MicroBoom™ 离合装置（Audex Corporation 授权使用）

演播室横臂用于无线电、广播、演播室和家庭等场合。它们可以让使用者根据需要将传声器拉向或推离自己使用。它们还可以置于桌面上方的任何区域，如图 20.195 所示。

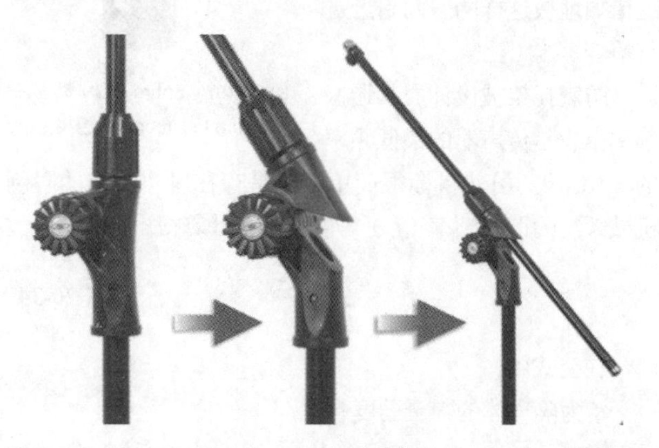

图 20.194 Galaxy MST-C Standformer 传声器架（Audio，Inc. 授权使用）

图 20.195 Rode PSA1 演播室用横臂

用于电视和电影声音舞台的长的传声器横杆是由电机控制的，通常还包括一个话筒员的操作台。

20.32.4.3 鼓组传声器安装件

Kelly SHU Pro 和 Kelly SHU Composite 传声器安装套件采用的是马蹄形设计，它们用来加持所有配有标准化传声器螺口（即 5/8-27 螺纹口）的动圈传声器，如图 20.196 所示。Pro 系列安装套件单元是铝材质的，用来加持较重且较大的传声器，比如 Shure BETA 52A，EV RE20 或 AT2500。Composite 系列使用的是填充了高密度尼龙树脂的 30% 玻璃纤维材质。两个系列的产品都采用了同样的隔离支撑系统，它们是为内部安装而设计的，不过也可以将其安装在鼓的正面使用。录音演播室是外部安装的最佳环境。现场应用可以对安装进行调节，以找到将传声器置于鼓腔内的最佳拾音位置，在演奏或运输期间不要让这一位置移动。安装这一系统不需钻孔。产品的支撑线缆系统是用户定制的，以确保对传声器进行精确定位。自折弯挂钩用来连接隔离线。产品利用了现有的硬件螺丝作为硬橡胶支撑线缆系统的连接点，以此构成传声器的大型防震安装平台。舞台震动和串扰基本上可以消除，另外它还有一个好处就是取消了拾取底鼓时要用的短横臂架。传声器可以随时插拔，并且任何时候演奏都会产生一致的传声器输出和信号。

图 20.196 Kelly SHU Pro 传声器安装套件（Kelly Concept，LLC. 授权使用）

图 20.197 所示的 Kelly SHU FLATZ 是被用来安装界面传声器的套件。它使用材料的材质与 Kelly SHU Composite 安装组件一样。共有 3 种不同的 FLATZ 安装板用来与 4 种最受人们喜欢的界面传声器（Shure BETA 91 和 91A，Shure SM91 和 Sennheiser E901）配合使用，用来拾取底鼓的声音。一旦安装完毕，在运输期间界面传声器就可以安全可靠地留在鼓腔中了。

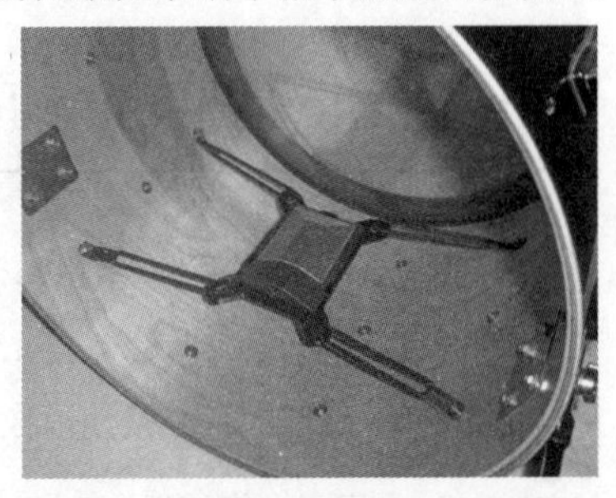

图 20.197 用于界面传声器的 Kelly SHU FLATZ（Kelly Concept，LLC. 授权使用）

20.32.5 衰减器和均衡器

来自 Electro-Voice，Shure 和其他厂家的衰减器、均衡器和特殊设备可供人们使用，以减小传声器输出电平，或对响应进行整形，以实现低频端或高频端的滚降、增加 3 ～ 5kHz 可懂度区域的能量或反转极性。这些单元通常具有标准输入和输出的 XLR 公头和母头，或者 1/4in 耳机插头连接件。衰减器也被用来安装在电容极头和电容传声器电子器件之间，以消除高声级信号源导致的过载情况发生的可能。

第21章

扬声器

Tom Danley和Doug Jones编写

21.1　引言

讨论扬声器主题的方式有多种。在本手册上一版当中，本章作者采用相当详尽且准确的方式讨论了这一主题。有关其数学分析方面的更详尽内容，读者可以参考本手册前一版的阐述。在这一版当中，我们希望在不降低严谨性的同时，在一定程度上减少数学分析方式的阐述，更多地采用叙述性文字来讨论扬声器的工作原理及其工作特性。本版该章节的内容不应视为对前一版相关章节的取代，而应将其看成对令人感兴趣的复杂主题的另一角度阐述。

21.2　介质，空气的海洋

我们生活在空气的海洋当中，这就像当代声频伟人理查德•海泽（Richard Heyser）所言："空气受到推动便产生了声音。"因此这是一个好的出发点。空气的海洋实际是气体分子的一个巨大集合。这种分子集合在重力作用下被吸附于地球表面。我们生活在这一海洋的底部。从一阶方程角度来看，将所有这些分子的运动想象成微小弹力球的巨大集合就不困难了，所有弹性球彼此接触。虽然每个球非常轻，但其都具有质量及弹簧效应。此时我们脑海里很快会浮现出这样一个画面：动能的转移发生于分子间的一个维度方向上。"推动空气"时所发生的一切可通过牛顿摆来形象化理解，如图21.1所示。给第一个球施加一个外力，这时便可以看到能量被传输到最后一个球。或者将一打便士硬币全都接触并以直线排列。如果在一端轻弹一个硬币，另一端就会有一个硬币投射出去。每个硬币明显具有质量，且非常坚硬。硬币难以被压缩的，这就意味着其"弹力"非常强。对于硬币或牛顿摆中的球体而言，动能转移的速度要比你所见的速度更快，不过这一速度是有限数值且可度量的。空气也是如此，这里也存在一个"声音的速度"，该速度受到同样的因素，即弹力、质量和邻近度的制约。

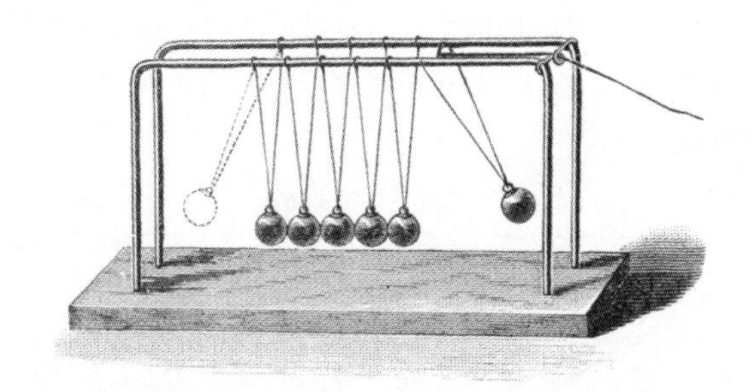

图21.1　牛顿摆

这种空气海洋大约有129km厚，且厚度的3/4位于11 000m或大约11 288m以下。尽管分子质量非常小，但是129km的厚度层在地球表面最终会产生大约1033g/cm^{2}的静态或稳态压力。想象一下，你站在地面上，你的头上面有一个厚度为129km的分子层。像水中的鱼儿一样，你察觉不到这一静态压力。但可以想象的是：传感器将会把空气的压力转变为相应的电压。如果参考基准是真空，那么传感器将产生出对应于1033g/cm^{2}的电压。传声器（压敏型）一般并不测量相对于真空的低至直流或0Hz的外力，否则传声器电压将存在一个对应于1033g/cm^{2}静态压力补偿。我们听到的声音实际上是非常小的压力强弱变化，这一变化是叠加在1033g/cm^{2}这一静态压力补偿之上的。若要想理解这些压力变化有多小，我们以132dB SPL（非常响）的声音为例，这种响度的声音的峰值压力仅比静态压力高了约0.97g/cm^2。

人耳的内在工作机制也相当于一个压力传感器。咽鼓管的作用类似于均衡低频压力的"高通"滤波器，如图21.2所示。

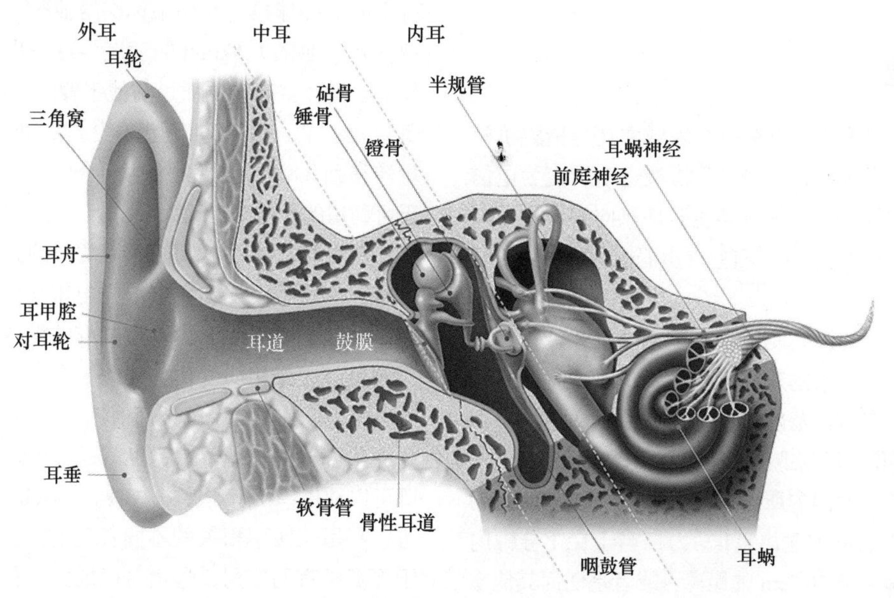

图21.2　内耳示意图

通过观察耳朵的响应曲线或等响曲线，我们可以看出耳朵响应与“平直响应”的偏差。这种低频“滚降”就是我们无法听到因天气和周围其他极低频率声音引发大气压变化的原因。等响曲线上人耳灵敏度的自然滚降也是造成将在后文中讨论的低频扬声器难以生产的原因之一，如图 21.3 所示。

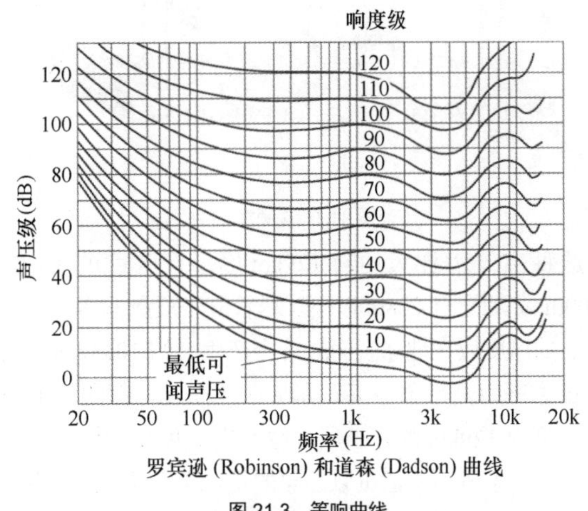

图 21.3 等响曲线

想象一下混凝土仓库的气压密封钢门。在一面墙上，有一个嵌入墙体中的圆柱形活塞。如果活塞被推动，那么圆柱体内的空气被加入仓室的固定空间中，因此仓室内的压力按照水动力学理论（Hydraulic theory）和帕斯卡定律（Pascal' s law）阐述的规律升高。相反，如果活塞被拉出到冲程的底部，那么空间中的压力依照同样的理论阐述减低。尽管这使讨论形象化，但我们还要一步步往前走。你可以想象能看到超慢动作的气压。这时你将看到空间中的压力并不是立即升高，而是随着活塞的运动压力才会升高，并且压力以“声音的速度”辐射到空间中。在这种类比中，活塞就是换能器。空间中的压力波运动是辐射的例子。但在讨论辐射之前我们先研究一下换能器。

21.3 换能器

能量转换有许多含义，但在声频领域中它是指将机械能转变成另一种能量形式，一般是从机械运动转变为电信号，或者是反方向转换。通常，换能器是双向的，比如有些扬声器可以当作传声器使用，有些传声器也可以视为（弱信号）扬声器。

尽管能量和信号的互换使用存在一定的欺骗性，但实际上两者间还是存在很大的差异。能量、功或功率始终是两种事物的乘积。在机械范畴中，电动机轴承产生的功率是转速与扭力的乘积。所创造出来的马力（Horsepower）一词是被用来描述指定时间内所做的特定量的功，它度量的是一匹马驱使磨盘转动的输出。1 马力相当于在 1 分钟内将 15 000kg 的重量举高 30.5cm 的距离，或者是任何其他重量和距离乘积的组合。因此从技术层面上讲，你可以选择 1 马力是将 4.5kg 的重量提升 1006m 产生的，但不管怎样这都必须在 1 分钟内完成！在电学范畴中，负载上的“功率”是跨接于负载两端的电压与流经负载的电流的乘积，如图 21.4 所示。从欧姆定律（Ohm’s law）我们可以看出，电压和电流的关系或比例是由负载电阻确定的。为了清楚起见，人们可以通过 1000V 电压和 1A 电流产生出 1000W 的功率，或者以 1000A 电流和 1V 的电压产生 1000W 的功率。顺便提一下，马力和瓦特是量化同一事物的两种方法。1 马力的能量等于 746W。

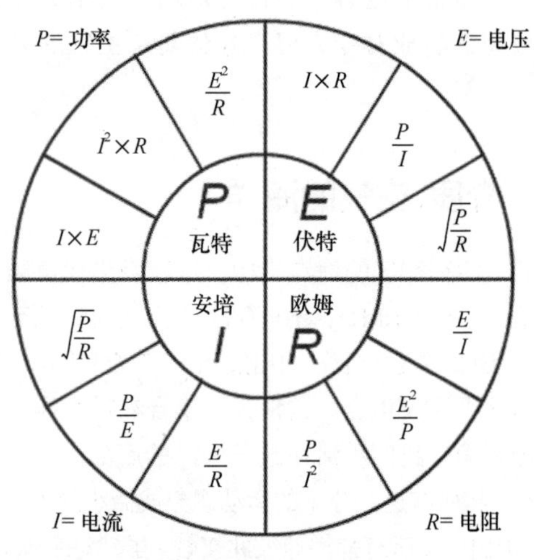

图 21.4 欧姆定律转盘

在力学范畴内，我们可以用一个杠杆来调节移动的距离与所施加力之间的比值，或者用一个滑轮或齿轮减速处理来匹配快转速和较低扭矩电机与慢转速和较高负载扭矩。如果骑车时从 10 挡变速自行车的第 10 挡齿轮开始，你就会发现自己的腿难以匹配这一负载。但如果用出力非常高的液压缸取代缓慢移动的双腿，这时匹配就非常完美了。这就是 10 速自行车的齿轮传动点。它们允许骑车人将力和踏车速度与负荷匹配起来。另一个有助于理解问题的类比就是职业棒球投手。如果你交给他一个儿童玩的塑料空心球，并让他以 145km/h 的速度将球投出，这可能会伤害到他的手臂。空心球的质量与他手臂的力量并不能合理匹配。负载太小了。如果递给他一颗棒球，他便能够将很高的能量转移到负载上，若交给他一个保龄球，则这时的负载对于可利用的能量来说又太大了。

在电学范畴中，我们采用类似的方法，利用变压器将信号源与负载匹配到所要求的电压与电流比值上。功率分配系统是一个以电压为参考基准的系统。这意味着电压并不随负载的变化而变化，因此来自变压器的电流可以是变压器最大标称值之下的任何值。

在“声学范畴”中，也就是在处理声音辐射时，阻抗既可以利用窄带亥姆霍兹共鸣器（Helmholtz resonator），也可以利用与频率相关的不同长度的声管道来实现变换。对于更宽频带的应用，号筒可以成为一种非常有效的声学变换器。

在无线电波 / 电磁范畴中，自由空间的辐射阻抗利用谐振天线或者可调谐的宽频带天线来变换，比如号筒、对数、菱形或双锥形天线，其作用实际上是要在更宽的频带上产生谐振。

扬声器驱动单元以声音的形式辐射“功率”。声能与所有其他形式的能量类似，它以两种形式进行传输，即交替变化的压力和交替变化的粒子速度。负载是必须“推动”的空气质量和弹簧效应，这期间伴随着小量的空气阻力或声吸收。这种属性组合被称为声阻抗。这种小量的阻力或吸声是声波的速度与压力、动能与势能之间连续转换过程中的损耗或阻性损耗部分。有些能量损耗与空气海洋的粘性和其他非理想因素有关。正是这些损耗解释了声音不能永远传播下去的原因。对于调谐的音叉，如果在真空中敲击它，它会振铃较长时间，因为这时只存在机械损耗，当空气被抽取出去之后，辐射阻抗不存在了，从技术理论上讲，空气中的功率耗散，只是使空气稍微变热一点而已。

在该部分的最初论述中，我们已经指出：信号和能量是不同的概念，它们是有区别的。在模拟声频中，声音被转变为以电压表示的电信号。例如，当测量传声器暴露于指定的声压或参考基准压力下时，它将会产生特定的电压，并且在非常宽的频率范围上都会如此。测量传声器捕获的是表示声压的参量，由此产生与声压变化成比例的电压值，或者说在大的频率范围上变化的声压指的是围绕 1033g/cm^2 这一参考基准声压上下变化的声压。

当驱动典型的扬声器时，我们主要关心的是施加到扬声器上的电压，在理想的情况下，扬声器所产生的声音将与施加到其上面的电压值成正比。因此，100Hz 1V 的电压将产生声压为 X 的 100Hz 信号，而 1000Hz 1V 的信号将会产生同样声压大小的 1000Hz 信号，以此类推。这时，我们认为扬声器具有“平直的频率响应”。扬声器将辐射一个与所施加电压成正比的声压。如果阻抗保持恒定，我们也可以说声压与电流或功率成正比，功率是电压与电流的乘积。然而，声频信号是交变电流，电流的流动也在双方向交替变化，这就如同我们寻求所产生的声压是围绕着环境大气压上下交替变化一样。另外，我们还发现阻抗中还有像电容和电感这样的“抗性”元件，其作用与电阻不同，它们可以像弹簧或移动的质量块那样临时储存能量。在这样的系统中，我们发现当频率发生变化时 R 并不保持恒定。像这种随频率变化而变化的 R 参量我们称之为阻抗。由于阻抗是频率的函数，所以即便驱动电压是恒定的，功率还是会随频率的变化发生巨大的起伏波动。

换能器自身有两个侧面，一个是电学方面，另一个是力学方面，这两个侧面的每一个都有两个端口或输出。例如，要想将电压加到器件两端，就必须有一个完整的电路，所以它有两个连接。声学上的扬声器，比如典型的低音扬声器，有一个由电动机驱动的辐射器。移动的部件或辐射器拥有两个始终相等的两个表面，其中一个面存在一个正向压力，该压力大于 14.7psi(1033g/cm^2)，但与此同时在另一面则存在一个大小相等方向相反的负向压力。在低音扬声器情况中，允许两个大小相等但方向相反的声压在开放的驱动单元周围混合，这样便导致来自一面的大部分声压被来自另一面的声压所抵消。为了提高输出，尤其是较低频率的输出，必须不允许来自两面的输出混合。虽然解决的策略有许多，但是大部分策略是采用障板，它可以是一个有洞的墙壁，也可以是密封的箱体。

这里用四种转换机制的例子来表示一些可能的实现方法。从电学上讲，有些转换机制产生的力与电压成正比，另一些则是与电流成正比。

21.3.1　电压 - 力换能器

首先，我们讨论的是电压产生的推力。这里给出两个很好的实例。一个例子是静电扬声器，另一个是压电组件。

21.3.1.1　静电换能器

在静电扬声器的情况中，若组件间距是固定的，则静电力与电压成正比。电压越大，静电力越强。这听上去像是在干燥天气里，气球会粘到你头发上一样，只不过这里碰到的吸引力被应用于大的表面积上。在这种类型的换能器中，如图 21.5 所示，振膜是一张薄塑料，其上喷镀了非常薄的一层导电材料。薄膜被多个小的弹性组件支撑，以保持其在原位，不过它可以按照声频信号波形进行位移。通常一个 1000V 以上的高电压通过一个非常大的电阻对薄的薄膜充电或极化。信号以差模形式施加到任一侧的栅格或电极上。其结果是施加到电极上的声频信号导致薄膜按照电压的比例被更多地吸引到一侧或另一侧。振膜两侧的电极是透声的，以避免滞留空气产生压力效应，并且让声能由振膜辐射出去。这种结构类型允许振膜拥有任意的尺寸。对于振膜的任意区域，每个单位面上的性能是同样的。实际扬声器常常是相对水平面呈弯曲的薄表面，构成一个圆柱截面。在高频段时，表面尺寸大于对应的波长，其辐射指向性增强。

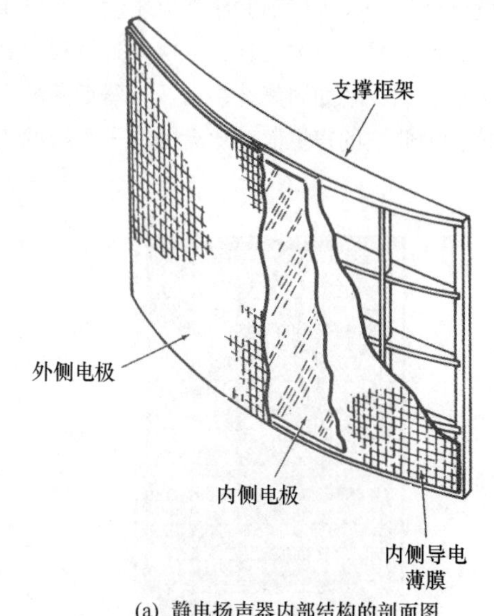

(a) 静电扬声器内部结构的剖面图

图 21.5　典型的静电扬声器

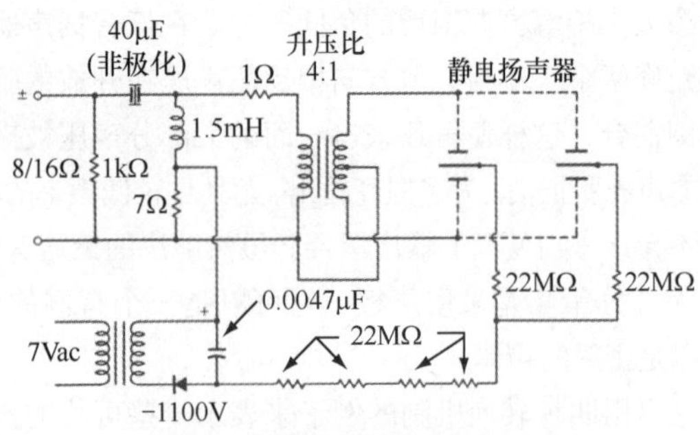

(b) 静电扬声器的典型耦合电路和高压电源

图 21.5　典型的静电扬声器（续）

由于静电扬声器被设计成与空气的声阻直接耦合的形式，所以振膜质量相当小，可以忽略其对预测模型精度的微小影响。除非振膜悬吊机构的硬度发生了改变，否则振膜的速度与所施加的静电力成正比。测量结果表明：如果施加到电极上的电压恒定，那么声学响应的一致性（平坦的）可以很好地延展到人耳听音音域范围之外。

低频输出受到振膜运动的最大线性幅度的限制，这一幅度是由振膜间的间距和悬吊结构的阻尼决定的。振膜面积一定的静电扬声器的最大功率输出取决于振膜与电极间产生的静电场强度。有些设计中，实际是将驱动单元置于充满了电气绝缘气体的"塑料袋"，这样可以在产生电弧放电前取得更高的电压。

从放大器的角度来看，静电扬声器是一个电极间电容值达到 0.0025μF 数量级的电容器。因此，扬声器对放大器的输出所呈现阻抗的量值随着频率的升高按 6dB/oct 的斜率下降。这对给驱动静电扬声器带来一些问题，因为许多放大器并不是为驱动容性负载而设计的。

因为静电扬声器相对于锥盆有更大的表面积，所以其指向性要比锥盆系统更高。静电扬声器的设计师采用了各种方案来解决这一问题。图 21.6 所示的 Quad ESL63 就是其中一个例子。在这款扬声器中，振膜被分割成圆环状，每个圆环通过一个电气延时线加以驱动，以便中心单元首先辐射，然后是最小的圆环，依次向外推移。其目标就是产生球面辐射，就如同声音是由扬声器后面的一个点发出来那样，因此它的声扩散要比大的单一平板的声扩散更宽。

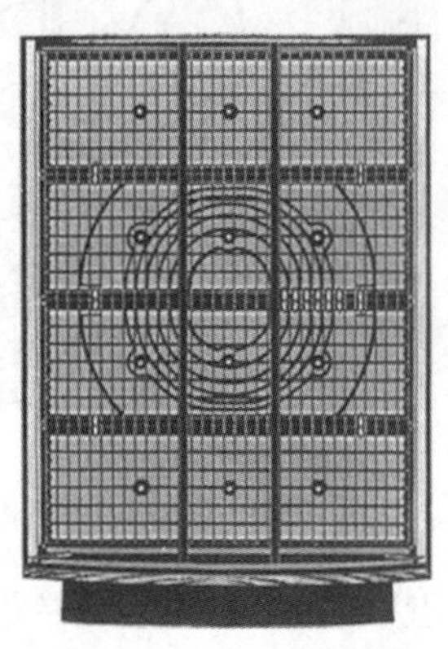

图 21.6　Quad ESL63 扬声器

21.3.1.2　压电换能器

另外一种电压换能器是压电换能器。压电（Piezoelectricity，或 pressure electricity）现象是 1880 年代由居里（Curies）发现的。当电压加到某些材料上时，材料会呈现出明显地弯曲或机械应变。值得注意的是，这类压电材料以两种方法工作。当材料受外力产生形变或压力时，它便产生电压。因此，静电材料可以用于扬声器和传声器或拾音器件中。目前，它成为扬声器上可行的电机驱动机构。在压电材料中，施加到材料上的电压将导致材料产生机械应变或形变。这一过程反过来也成立，压电元件也可以用于传声器。这种特性对诸如超声器件这样的直接驱动单元也颇具吸引力。然而，对于扬声器而言，必须采取一些措施来解决内部固有低偏移的机械放大问题，以便可以正确驱动扬声器振膜。

最早发现的压电材料之一就是罗谢尔盐（Rochelle salt）。尽管罗谢尔盐还在广泛应用，但是应用却受到材料机械强度差、低温（55℃或 131°F）易损坏，以及对湿度极度敏感的困扰。石英（Quartz）也是一种压电材料，且被广泛地用作锁定于指定无线电频率的微小机械谐振器。它还是"石英"手表计时器和用于设定计算机和其他数字装置时钟的微型电子元件。

钛酸钡是首先被开发出来的压电材料。尽管它并非电敏材料，但还是应用广泛，并且所表现出的特性在许多方面都优于罗谢尔盐。当前应用最为广泛的压电材料就是锆钛酸铅，该材料是 1950 年代由日本最先开发出来的。如今这种材料（PZT）被高度提纯，表现出了比任何其他用于扬声器的压电材料都要好的最佳性能。

至于压电元件，跨接于内部晶格间的电势产生出大的内力，导致其尺寸发生变化。一个压电驱动的准最佳应用就是水下应用的声纳系统。这是源于压电材料与透过防水障板的水间出色的阻抗匹配。虽然采用标准电磁驱动单元的泳池扬声器仍在使用，但是压电配置更为有效，这是因为其机械阻抗与水的匹配。扬声器被安装于泳池池壁，并像普通扬声器那样进行驱动。

在力学或声学方面，静电换能器和压电换能器看起来迥异，如图 21.5 和图 21.7 所示。静电换能器的辐射器和机动机构具有小的移动质量，而且压电组件的薄膜是固体材料，故当功率传输至理想负载，即声学阻抗时，每种换能器具有的移动与力的比例关系非常不同。这两种换能器是可逆的转换形式。当静电驱动单元暴露于声场当中时，被极化的静电驱动单元的表现类似于传声器，而当压电元件处于变化的压力下，它会产生电压。忠告！！压电换能器可以完成其他类型换能器无法完成的一些工作。大的、做工精良的压电换能器，尤其是常用于水下的换能器类型确实可能引发人身伤害。温度变化导致的内部压力可以产生并存储成可形成数百乃至上千伏电压的电荷。如果不小心拾取到它，它可能会让你受到类似放电电容器引发的震击。

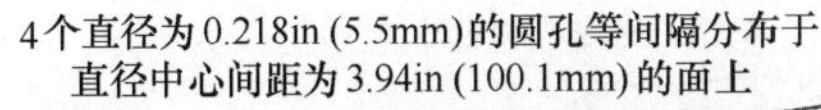

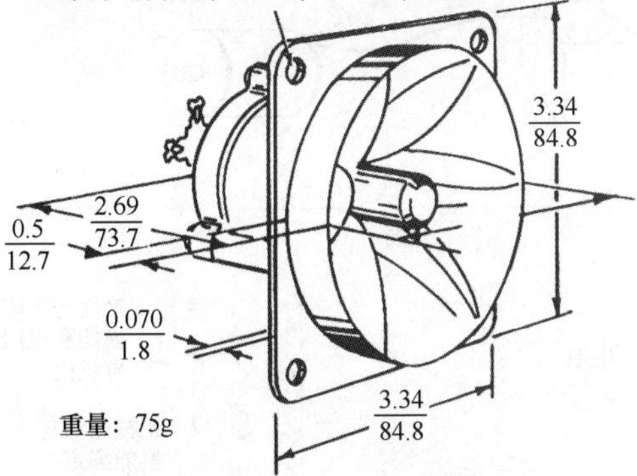

(a) Motorola KSN 1001A 压电式超高频驱动单元 / 号筒 (Motorola，Inc. 授权使用)

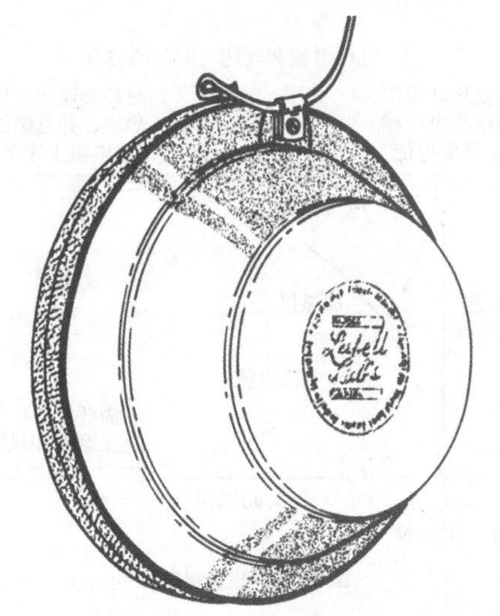

(b) 水下压电式扬声器 (Lubell Laborities，Inc. 授权使用)

图 21.7 压电扬声器

21.3.2 电流 - 力换能器

21.3.2.1 电动换能器

利用电流产生力的换能器越来越常见。大部分扬声器属于电动型。这些扬声器的电动机构是基于另一种可相互换能的原理，即我们所称的法拉第定律（Faraday's law）。法拉第定律阐述了变化的磁通量产生电压，以及变化的电压产生磁通量的转换过程。在这些扬声器中，电流越大，电流引发的磁场越强，永久磁场越强，导线产生的相互作用力越大。典型的动圈扬声器驱动单元有一个处在环形磁缝中的线圈，这样可让较大长度的导线处在有效成形的磁缝中。实际上，控制换能器电 / 磁行为表现的“定律”有很多。建议想深入了解磁场与电流间相互作用的读者复习一下法拉第、楞次、洛伦兹定律的内容。在此应该注意的是，只有处在磁缝中的导线部分可以产生力。然而，电流是流经整个线圈的，会将整个线圈加热。旋转电机中采用的换向就是用以减小 R 分量。当电机转动时，换向器连续不断地选择电流流经的线圈组。那样的话，实际上会产生力的，仅处于磁场中的导线部分是传导电流并被加热。

换能器力转换的这部分的标准度量被称为 BL 因子，它是加到音圈上的磁场强度。它也可以读作每安培电流的牛顿力（牛顿 / 安培）或特斯拉 / 米［即 1T(10 000 高斯）磁场中 1m 长的导线］。

这里也存在令人感兴趣的双重属性。当电压加到音圈上，音圈会因缝隙中的反向磁场而产生移动，所产生的力与电流成正比。当导体处于运动状态时，它变成了发电机，所产生的电压与运动速度成正比。这就是楞次定律（Lenz's law）。BL 或每安培力越大，运动时产生的电压越大。这一属性被称为“反电动势”。电动势当然是电动力，这是电压的另一种表述方法。我们采用“反电动势（Back emf）”一词将换能器运动所产生的这一电压与施加到换能器上的电压区别开来。稍后我们接着讨论反电动势。

虽然 BL 描述了电机产生的每安培力，但是电机品质因数可以更好地表示每单位消耗所用的力，这更像是 $BL^2/R^{1/2}$ 或 $BL/R^{1/2}$，因为导线电阻上的功耗与 $I^2R\times RI^2\times R$ 成正比或跨接其两端的电压乘以流经它的电流。

这里存在着另一种双重属性。线圈可能是粗导线绕了几圈，也可能是细导线绕了多圈，只要缝隙中有同样数量的导线，并且磁场是同样的，那么它就具有同样的品质因数，但负载电阻会有很大的不同。标准的动圈扬声器就是这种换能器。

大部分电刷型永磁直流电机的转动等效于磁场中的导线。力或扭矩可以指定成 V/rpm 的形式。当连接到电池或直流电源时，这些电机将向一个方向转动。然而，如果它们被像声频信号这样的交变信号驱动时，它们将随着信号前后振荡。

这种类型的电机在 20 世纪 80 年代和 90 年代被用来让伺服驱动（Servodrive）扬声器产生低频声信号，如图 21.8 所示。用在 Servodrive 中的低惯性直流伺服电机拥有每安培扭矩 6.4N•cm 的扭矩常数，在转动时产生 6.7V/1000rpm 的扭矩。此前我们提到过，注释中提到的那种线圈的明显优势就在于置于磁场中可以更为高效。这就是开发伺服驱动的一个原因。

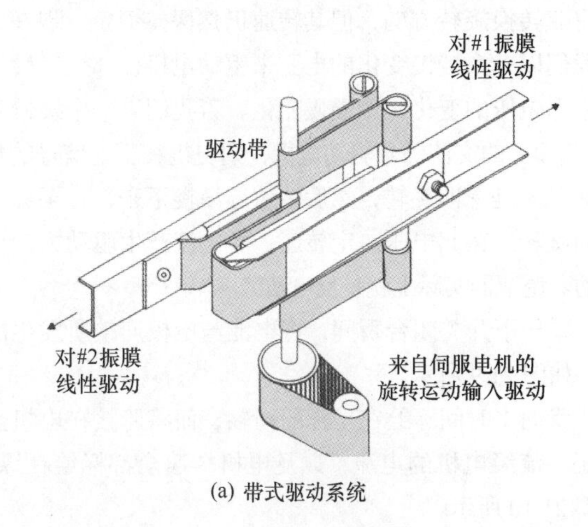

(a) 带式驱动系统

图 21.8 伺服驱动扬声器

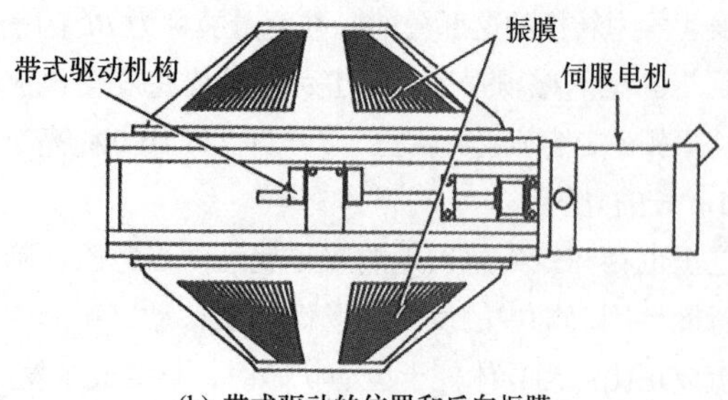

(b) 带式驱动的位置和反向振膜

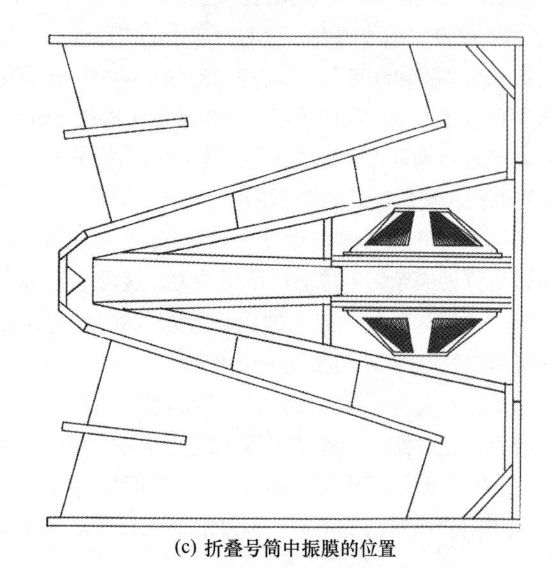

(c) 折叠号筒中振膜的位置

图 21.8 伺服驱动扬声器（续）

21.3.2.2 反电动势

在继续下面的讨论之前，对反电动势的理解会有助于我们更好地掌握电动换能器的工作原理。分析简单的永磁直流电机或许是最容易的方法。这将使我们更容易研究所出现的现象。虽然原理完全一样，但是理解旋转电机可能要比理解振荡音圈容易一些。

如果我们将直流电机连接到电池上，那么它将以一个方向和速度连续运转，只要电池提供电流就行。应注意的是，电机以恒定的速度运转。除非放大，否则它的运转不会越来越快。它并不是处在恒加速状态下。看上去它像是个调节器，设定速度限制。如果我们将电压的极性调转，则电机将会转换旋转方向，但其转速仍然保持恒定。现在，如果我们以一个缓慢变化的电压来驱动电机，那么其转速将会跟随电压的变化比例慢慢变化。若我们以一个缓慢变化（即低频）的交流信号驱动电机，则电机在驱动信号的每一周期里先是单向旋转，然后转速逐渐慢下来，直至停止并反向旋转。在此电压决定转速，而电流产生驱动力使电机运动。调节器实际上就是反电动势。

看一下开关闭合瞬间，将电池与电极连接所发生的情况，如图 21.9 所示。

我们将时间标绘在坐标的横轴，而将跨接在电机上的电压、流经电机的电流，以及电机转速全都标绘在纵轴，如图 21.10 所示。

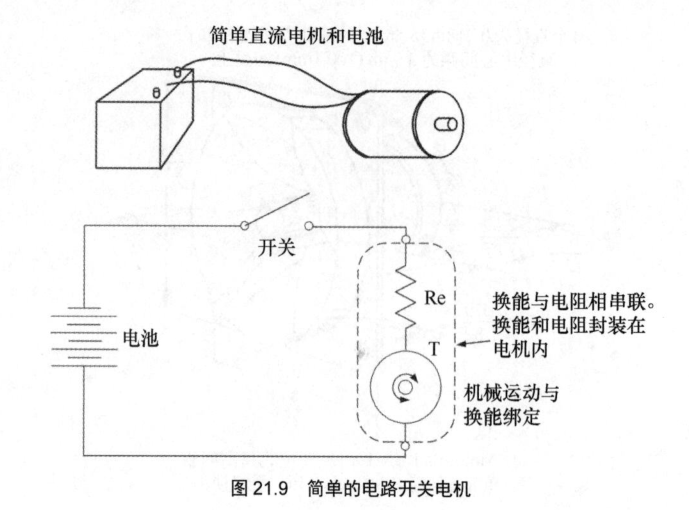

图 21.9 简单的电路开关电机

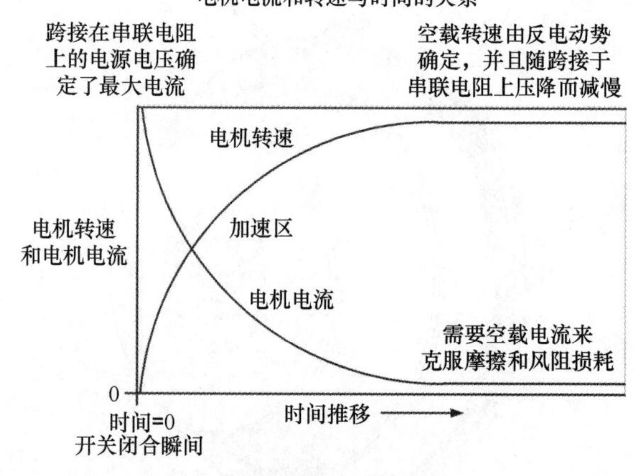

图 21.10 电机转速图

实际换能发生的电机部分是磁场中悬吊的导线线圈（转子）。该导线可以被视为一个直流电阻与实际换能作用的串联，电阻源自导线自身。当开关闭合时，电池电流流经包含直流电阻在内的换能机构，产生出磁场。但这只是在那一瞬间，因为转子还没有开始运动，不存在反电动势。

当然流动的电流量值是由电压和负载决定的，此时的负载就是转子导线的直流电阻。我们用数字来加以说明，假定采用的是 12V 电池，直流电阻是 10Ω。根据欧姆定律，这时的电流是 1.2A。1.2A 被转变为扭矩或扭转力（或者音圈的“推 / 拉”）。该扭转力开始将质量加速，并使电机转动。只要转子开始转动，换能机构便会产生电压或反电动势。由于反电动势降低了电池加到负载上的有效电压，所以电流及其加速扭力开始下降。过一会儿后，电机已经加速到反电动势与电池电压相等时应有的速度。此时对电池电压的需求降为 0，不存在电流，不再有扭矩或扭力发挥作用。在现实世界中，实际上电流并不是降到 0 的，这时需要力来克服轴承、风阻（内部的风阻）和其他损耗，这些损失总是需要一定的电流 / 扭矩来抵消，但这一电流 / 扭矩非常小。如果将一个安培计与电机相串联，那么就可以观察到这一现象。现在如果在电机上再加上负载，比如在电机上接个风扇，那么就会观察到安培计指示的电流升高了。我们可能要问电池是如何感知电机的机械载荷的呢？随着电机机械载荷的增加，转速或 rpm 会有小量的下降。当 rpm 下降时，反电动势下降，电池提供的电压升高，电流及由此产生的扭转力（这种情况下的扭矩）便会升高。在存在负载的情况下，现在电机以稍微低一点的速度运行。然而，本章讨论的是扬声器，而不是电机。在音圈的机械限定（X_{max}）内，扬声器中会发生同样的事情。音圈首先向一个方向产生力，然后再向另一个方向产生力，同时加速系统的移动质量，产生的力受控于 BL 分量、反电动势和直流电阻。当以典型的交流声频信号驱动时，观察电气端口上的电压和电流，电机和动圈换能器移动质量的表现在其大部分工作范围上类似于串联电阻和一个接地的电容。对此我们将在稍后进行讨论。

这些类型的换能器表现出来的行为特性似乎与压电换能器相反。即便换能器不连接放大器，也容易驱动，并且借助外部弹力返回到运动的中心（平衡位置）。扬声器定心支架和边缘悬吊机构起到这一作用，当扬声器被置于封闭箱体时，箱体形成的“空气弹簧”是并联的，或增加了定心支架和悬吊弹性机构的刚性。

21.3.2.3 磁致伸缩换能器

虽然磁致伸缩换能器很少应用于声频，但在机械声和水下应用中非常有用。铁、镍及许多专有的金属化合物都具有这样的属性，即当其通过磁场产生的内部压力导致其尺寸稍微发生改变，就像压电材料那样，它便产生大的力和小量的运动。由于这一效应与磁场强度成正比，所以当信号流经绕在材料上的线圈时，它会引发产生出信号的二次谐波，这是因为磁场每周期上下变化两次。为了使这样的器件产生出真正的输入信号，通常磁铁被置于电路中，并将材料偏置至大约饱和磁平一半的位置。这时驱动线圈中的电流便对磁场进行调制，围绕着磁铁设定的偏置点上下变化。该偏置点还可以由直流来设定。像陶瓷压电组件一样，与扬声器换能器相比，它是固体材料，更像压电材料以非常大的力来产生非常微小的运动。我们最有可能听到这类换能形式的地方就是有些电源变压器发出的嗡鸣声，这是变压器内叠片产生微小磁致伸缩的结果。

21.3.3 振膜类型

除了电机类型和换能类型，还必须有能将驱动力与空气海洋连在一起的机构。一般而言，这要依靠振膜来实现。理想的振膜应具有非常低的质量，以便能快速地移动和改变运动方向。另外，理想振膜还应是刚性的，以便在其推动空气时不会产生失真。最常见的直接辐射器件就是由柱状音圈驱动的纸盆。制作的最为便宜的锥盆就是折叠锥盆，它是由一张纸经裁切，卷起并将接缝黏结而成。制作成本较高且制作较为困难的锥盆是模压纸盆。这类纸盆是利用过滤器对纸浆进行过滤，并将滤出物模压成想要的最终成品的形状。成形的潮湿纸浆垫再经压制和烘干处理，去掉剩余的水分，从而得到一件干燥、坚硬且无接点的锥盆。有时加强筋和同心环结构被模压到锥盆中，以加强或阻尼锥盆内的谐振模式，锥盆也可以成形为深度变化的直线或曲边形式。从锥盆的供货商那里可拿到这种和许多其他选项的产品。首先，浮现在我们脑海中的最佳锥盆可能就是最轻、最硬材料的那种，这类锥盆排除了另一个重要属性——内部阻尼。会产生类似振铃的调谐音叉或铃的材料并不是想要的。所以归纳一下：理想的锥盆应价格低，尽可能轻且硬，有充分的阻尼且易于粘接。

图 21.11 所示的是一个软球顶，这是一种常见的辐射器类型，相比于脊形活塞而言，这种软球顶在不同的方面发挥着作用。一般，常将黏性的阻尼材料浸入布质球顶中。在接近球顶工作范围的顶部附近一些频率上，活塞辐射器的工作模式不再是活塞了。在这一点上，其行为变得难以预测，随着频率的攀升可能会转变成一个或多个谐振模式。所有这些行为特点都是我们不想要的，这就是为何说活塞 / 锥盆辐射器设计中内部阻尼是一个非常重要的特性。软质球顶是一个好的选项，因为这种球顶的硬度或刚性非常低。周界处的音圈运动以波动形式传输并通过阻尼材料，波动在到达顶部前，相应频率成分的能量会在内部被部分吸收。这样可以提供出表现非常好的低效率声源。其不利因素就是温度和老化可能降低效率和阻尼材料自身的性能。

图 21.11 软球顶高音单元特写

环形辐射器是高频驱动单元中常见形状的辐射器。由于运动质量对号筒驱动单元高频响应构成限制，所以针对指定的运动强度，环形辐射器可用更小、更轻的辐射器系统。

如图 21.12 所示，当电流流经导体（这时是扁带）时，便产生出磁场，它对永久磁铁包围的扁带两侧要么是吸引，要么是推开。扁带的这种运动导致扁带的长边紧贴着磁结构进出移动。在移动时，扁带沿着垂直于其长度的方向使空气产生位移。在理想情况下，扁带的整个长度以单一运动形式一致运动。一种关于运动设计的新颖解决方案是在一张薄的 Mylar™0.0127mm）上印刷或刻蚀上导体，然后折叠产生出在磁场中受力的褶皱振膜。带式扬声器是让音圈起导体和振膜作用的一种特殊情况。在另一种应用中，长度连续的导线被粘接到大的 Mylar™ 板之上，使其工作于条形磁铁的磁场当中。图 21.13 所示的叶状高音单元就与之类似，它在 Mylar™ 刻蚀了一个导体场。其工作原理与带式扬声器一样。

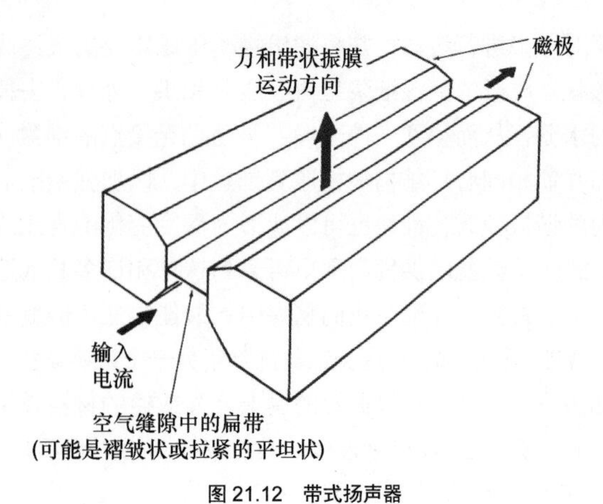

图21.12 带式扬声器

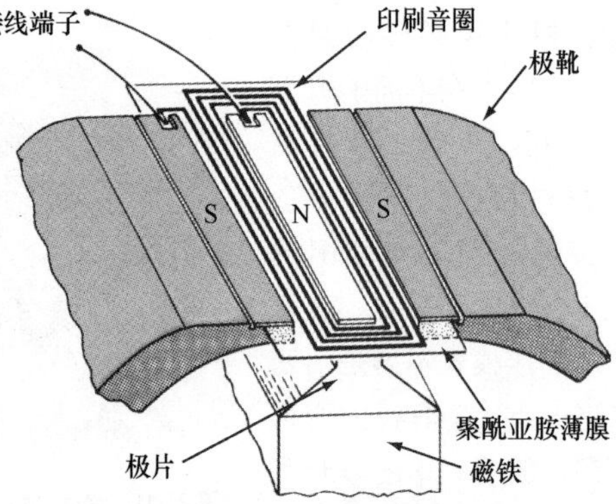

图21.13 Techincs Leaf（叶状）高音单元振膜细节
（Panasonic Industrial Corp授权使用）

悬吊方法

锥盆驱动单元悬吊机构的主要目的是维持音圈排列成直线，同时它也产生一个恢复性弹力，或者使锥盆和机动机构运动轴向居中的力。它由两个有明显区别的组件构成：折环和定心支片。偶尔也会见到两个定心支片。折环被连接到振膜或锥盆边缘，而振膜本身也连接到支撑结构（锥盆驱动单元的盆架）上。定心支片连接到音圈架（或音圈架附近的锥盆）上，其边缘还连接到盆架上。由于它们影响箱体的密封性，所以折环被设计成无孔型。折环和定心支片以机械损耗的形式对振膜运动产生阻尼。最为常见的折环结构是热成型、稀松组织、浸入树脂的亚麻布，并结合向边缘内卷绕和阻尼涂料密封处理而成。其他类型的折环有采用泡沫或丁基合成橡胶制造，并在边缘定型为半弧形。在有些扬声器中，折环还涂有黏性（绝不会干燥）的涂料。

定心支片通常由热成型、稀松组织、浸入树脂的布质材料制成，并被定型为卷绕形状。它们一般不采用密封材料（涂料）进行处理。需要未密封的纤维织物来透气，否则定心支片下方的空气便滞留下来。这也会对定心支片产生一定的阻尼。定心支片无须将锥盆边缘密封于其周围的附件上。在典型的驱动单元中，定心支片的作用就是提供悬吊机构的大部分刚性，保持音圈的排列成直线。

21.4 辐射

在21.2节中，我们讨论了包围我们的空气海洋，以及压力扰动是如何以声速从声源传播开来的。之后，我们又讨论了换能器是如何将电信号转变为声音。下面我们将关注的重点转移到声辐射上面，或者压力波在离开换能器之后发生了什么。为了对此有更深入的理解，我们回到21.2节讨论的极端情况，即有个密闭门和单面墙体嵌入一个活塞的混凝土贮仓。当活塞朝向房间向内运动时，这时存在压力变化，但却没有声能辐射出去。绝大部分有的能量都存在于该仓内。仓内的空气作用相当于一个弹簧，它将活塞产生的势能存储起来。如果加到活塞上的力撤掉，那么房间中的压力就会把活塞推回到其静止位置，能量的净转换为0。没有做功，也没有功率耗散。如果这种情况想象起来比较困难，我们就考虑下面的情况。如果推动活塞开始运动的是我的手，那么我将消耗热量来使活塞运动。当房间内的压力将活塞推回给我时，我的手和身体是没有办法将能量恢复的。从我的角度来看，我已经做了功，能量被转移到系统中了。但假使器件使活塞移动了，能量还能够恢复吗？正如我们所见到的那样，扬声器就是这么做的。当然。现实生活中不存在我们讨论的这种“完美的事物”，因为始终会有一部分能量被消耗掉，只不过在这种特殊情况下消耗的非常少而已。

若房间中放入家具和地毯，则情况就不同了。从某种程度上讲，放入的这些东西属于多孔材料，其周围的每次压力变化都会导致一定量的空气进出多孔材料。它们以近似“呼吸”的形式响应压力的变化。根据材料的多孔性和其他属性，空气流经织物会碰到流阻、黏性阻力，这便产生了能耗，一部分能量被吸收，从之前仓内空气的“纯”弹簧属性中拿走能量。该能量不能返回活塞，它被耗散于材料当中，转变为热量。如果有非常灵敏的温度计，那么实际上就可以测量到在类似大的毛绒沙发这类吸声体内的温度升高。温度升高的程度取决于有多少能量被吸收掉。值得庆幸的是，在我们可以容忍的声级上，单位面积上的能量很小，温度的升高是极其微小的。一位声学前辈曾从另一个角度看待这一问题，他说：如果你看到房间里到处都是政治家，他们彼此在争论问题，如能将他们一周释放的声能捕获，你就可以用这一能量加热一杯茶水。

扬声器设计是一件既有趣又复杂的事情，其面临的问题之一就是我们必须要处理极宽的带宽。由于我们听觉感知的带宽很宽，大约有1000倍的跨度或10倍频程，所以利用单独一个驱动单元产生整个可闻带宽的声信号是件非常困难的事。随着声能的提高，困难度成倍增加。为此必须对频率范围进行划分，并将划分的频段指派给对该频段有最佳表现的大功率驱动单元。人们可能会认为两个声源相加，其结果始终是更大的。但事实并非总是如此。当两个声源叠加时，所得到的结果取决于两个声源间的相位差，以及各个声源到观察者或传声器的距离。例如，我们将低音扬声器单元的一面封闭起来是因为各面的位移是相等的，而压力是相反的。当两面的声压相加时，它们会因反相而彼此抵消（大小相等，方向相反）。当两个类似超低音扬声器的相同声源同相时，它们叠加混合后的幅度取决于它们相距有多远。从非常低的频率开始，直到频率上升到辐射器边到边相距大约为 1/4 波长为止，这时声源组合成一个具有相同辐射方向图的新声源。声源也“感觉”到彼此的辐射声压，所以它们“提升”了辐射阻抗曲线，作为一个系统，它们拥有一个更高效率的辐射器。在这种条件下将两个等声源相加，将得到增大 4 倍的声功率，因为有两个驱动单元和 2 倍输入功率而增大了 2 倍，因组合辐射器的效率加倍而又增大了 2 倍。该条件还可以建模成另一种方法。它可以被视为信号通过电阻器实现相加，此时只有一个结果数值。一旦一个辐射器达到了约 1/2 波长的间距时，那么两个声源便开始独立辐射，每个声源有各自的方向性。通过观测可以印证所得到的这一结论。随着扬声器进一步远离（相对于波长），它们便产生出图 21.14 所示的干涉方向图，即辐射方向图或极坐标图中标示出的带波瓣和零点的图形。

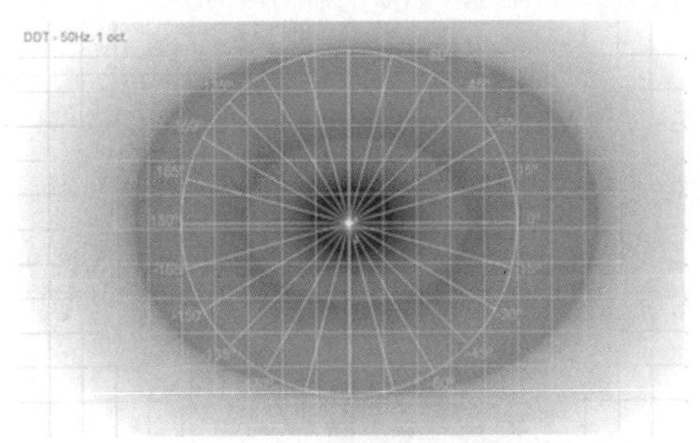

（a）两个低音扬声器发出50Hz信号，相距1/4波长

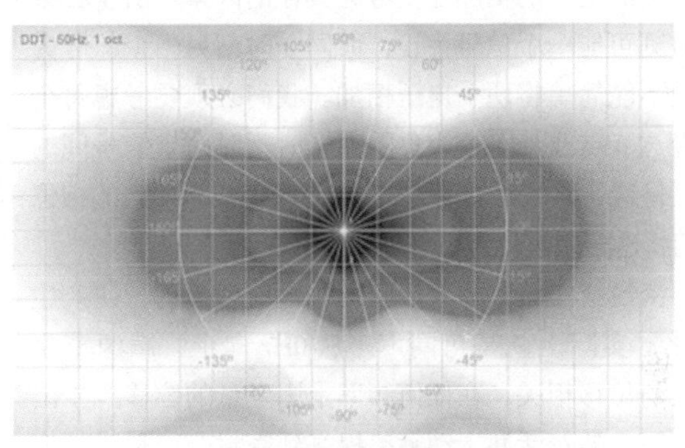

（b）两个低音扬声器发出50Hz信号，相距1/2波长

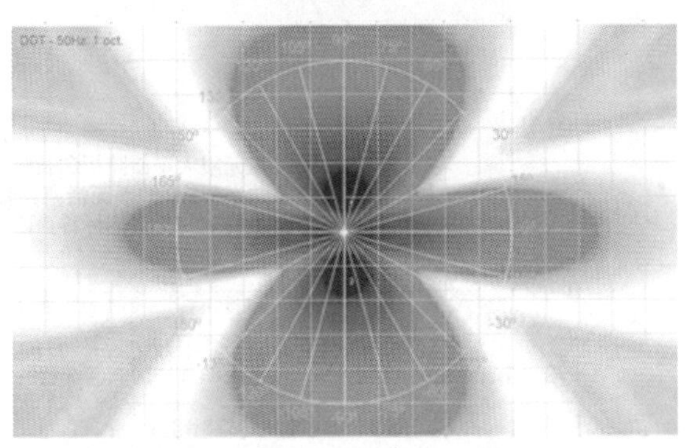

（c）两个低音扬声器发出50Hz信号，相距1个波长

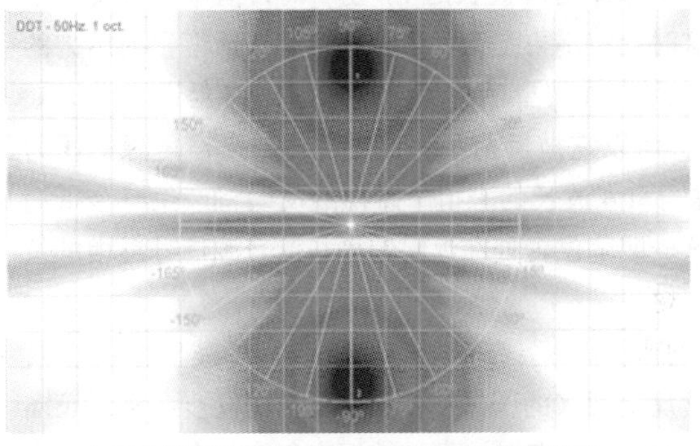

（d）两个低音扬声器发出50Hz信号，相距4个波长

图 21.14 多个低音扬声器声覆盖的效果

该图形是空间中任意指定点到相距特定距离的两个声源中的结果，所以对应距离差等于 1 或半波长的奇数倍，或者是 180° 的 N 倍的点，由于它们互为相反的压力，所以存在抵消或零值点，如图 21.15 所示。

相反，两个声源的声压是同相位或是半波长整数倍的地方，两者相加产生出波瓣。若两个声源各自不存在方向性或者像重低音扬声器那样各自向各个方向辐射，那么干涉方向图在整个辐射球形空间上就存在波瓣和零点。由各个声源组成的大型阵列可以利用同样的处理方法组建而成，有些声音将混合成“波束”。它在波束外也辐射出大量的能量，只是因为干涉图形的缘故而形成了波束，阵列并不会提高各个干涉声源自身的方向性。对于足够多的声源而言，在观察其幅度响应时，相加和抵消的方向图形被平均了。然而，如果以宽带脉冲作为输入，那么到达听音人的是时间上分开的单个脉冲，它们分别来自最近声源和最远声源，而不是像原始输入信号那样的单个脉冲事件。

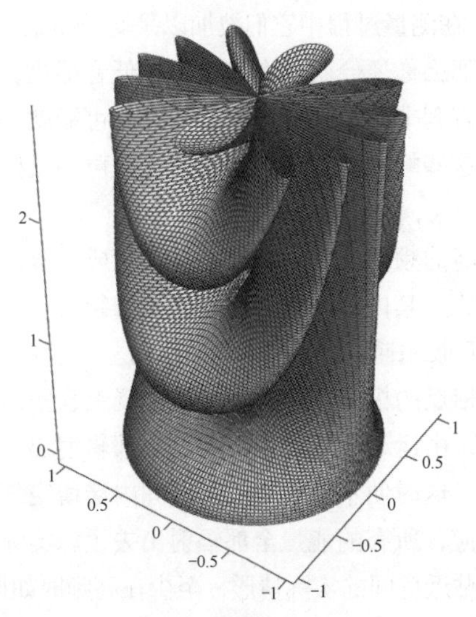

图 21.15 极坐标图的堆叠

在一个多路系统中几乎不可能将上下驱动单元放置得足够近，为的是避免产生干涉方向图形。大部分尝试的做法是将其与分频设计一起安装。虽然正确进行分频设计的内容超出了本章的讨论范围，但对于采用分频技术的多路系统中的上下扬声器在某种程度上确实需要查看主瓣的朝向，已确认它指向了听众区。

到目前为止，除了在功率的马力公式中和每当提及频率时，我们还没有考虑时间参量。声频信号相加也与我们刚刚研究的声音干涉图形类似，它是交变的信号，一段时间是正电压，另一段时间是负电压。与直流电压的简单相加不同，交流电压的相加还要考虑其他的因素。由于在某一指定时刻可能一个信号为正，而同一时刻另一个信号为负，我们不能简单将两个电压相加。我们必须要考虑每个信号在经过0点或从正变为负的那一时刻时两个信号间的时间差。将这一时间差转变为一个360°完整周期内的相位差，我们将这一差值称为相角。

对于密封仓实验，随着活塞更快地前后运动，便产生压力变化，实际上就是可闻声。从0Hz向上，声源产生的压力只与位移相关，在任何频率上固定量的位移产生出同样的声压。随着活塞运动频率提高到密封仓最长边长度为活塞运动频率对应波长的1/4左右时，情况开始发生了改变，这时仓室不再是密闭压力系统。从活塞辐射出去的压力在撞到远处墙壁后返回。这种返回将延迟半个周期或180°，所以它被反相了。其压力将与来自声源的压力反相。差了1/4波长的来自障碍物的反射将产生一个抵消凹陷，这一凹陷位置处在返回信号与信号源信号反相的位置点。

进一步提高频率，在距离最远墙壁约1/2波长的位置点，远端墙壁反射回来的压力波将与驱动声源同步，满足正向叠加或谐振驻波的条件。再继续提高频率，在距离大约为3×1/4波长的地方会出现另一个抵消点，当移动到4×1/4波长时，又会出现正向叠加的情况。随着频率的进一步提高，将会出现许许多多这种叠加和抵消的情况（每个都是上面的倍数），在测量过程中它们被加以平均。如果在房间中到处走走，那么你便会听到有些地方的低音很重，而另一些地方的低音则非常弱，这时你所听到的可能就是房间的振动模式。这些峰谷点的样态就是由直达声和反射声干涉图形导致的结果，参见第6章“小空间声学”。

在较高的频率上，大部分家具都变成了吸声体，因为与波长相比，其内部空气通路变得越来越长。声源辐射出的能量被吸收和耗散。因此也就做了功。

考虑相反的极端情况。我们从混凝土仓室出来走到户外。如今，由运动活塞产生的声压全部辐射出去，没有返回的声压。这时便不存在类似于房间内滞留空气形成的压力弹簧效应，所有的能量全都辐射出去了。实际上这第二种情况更贴近房间的实际情形，至少在高频时如此。通常，我们是要将声音辐射给听众的，而不是密闭混凝土仓室，只不过与之相同的压力模式或“房间增益”只有在摇起车窗时。轿车内才有可能产生出频率非常低的低音。

如果我们可以知道负载，也就是说知道换能器向哪里辐射，那么我们就能够优化换能器和所连接的设备（称为辐射体），或者换能器与空气的耦合。与之前讨论过的所有能量形式类似，辐射出的声能也具有质点速度和压力双重属性。一般我们只关心压力这部分，因为它最容易测量，但所呈现出的速度部分利用振速型传声器同样也很容易观测。图21.16所示的是活塞辐射体的辐射阻抗。图表的横轴表示的是辐射体相对于其产生波长的尺寸，纵轴表示的是前后振荡时活塞“感知”到的辐射阻抗。

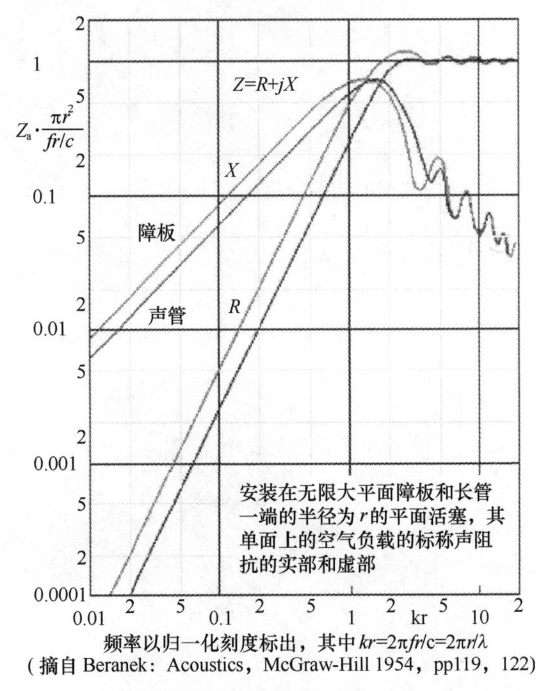

频率以归一化刻度标出，其中$kr=2\pi fr/c=2\pi r/\lambda$
（摘自Beranek：Acoustics，McGraw-Hill 1954，pp119，122）

图21.16　空气的辐射阻抗

当辐射体相对于波长而言较小时，它“感知”到的源于辐射阻较小，故其对于给定的辐射体而言辐射出的功率也较小。在有些点上，该关系为最佳且不会获得进一步的效益。当辐射体的周长大于其产生的波长时可能就会发生这种情况。另外，当辐射体比波长大时，就无法从辐射阻上获取更进一步的优势了。

低音扬声器通常工作于辐射体尺寸与波长相比十分微小的范围上。观察一下图21.16，我们便可以看到辐射阻的这种情况，如果辐射体振速保持恒定，则频率响应是一条+6dB/oct上升的直线。实际上，为了在这种辐射声阻变化的条件下使响应平直，辐射体必须要施以恒加速度，而不是由恒定速度来驱动。虽然低音扬声器是一种将电流转变为力的换能器，但是驱动它的信号源是以电压为参考基准的。如果要想得到平坦的响应，那么信号必须随着频率的升高而减小。这一解决方案是通过确定移动质量和运动强度来实现的，同时还要考虑线圈导线直流电阻的影响。

由于电阻（导线自身的电阻）与换能机构（磁缝隙中的导体）相串联，恒定电压的输入被转变为流经线圈的电流信号。这是通过在驱动单元内通过选择移动质量、降低运动强度，同时将音圈直流电阻的影响包含其中来实现的。与之前的讨论一样，在通过换能进行转换时，移动质量表现为一个通过该声阻驱动的并联电容器。

从电学意义上讲，串联电阻驱动并联电容构成了一个“低通”滤波器，如图 21.17 所示。在滤波器转折频率之上，响应将以 -6dB/oct 的斜率滚降。机械类比表示出的同样性能就是振速的下降。正因为如此，随着频率的攀升，必须通过提高辐射效率来对此进行补偿。

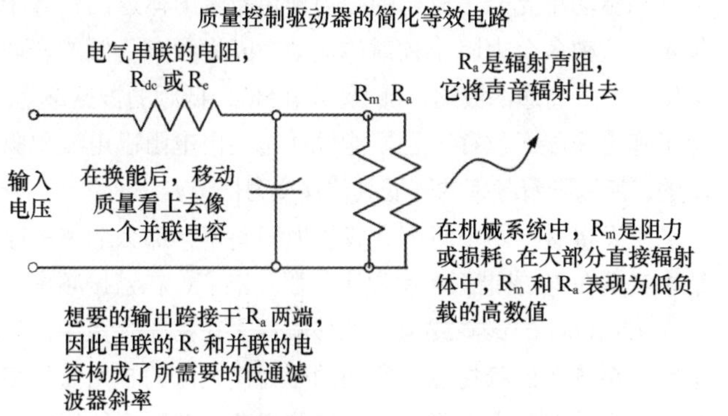

质量控制驱动器的简化等效电路

电气串联的电阻，R_{dc} 或 R_e

R_m　R_a

R_a 是辐射声阻，它将声音辐射出去

输入电压

在换能后，移动质量看上去像一个并联电容

在机械系统中，R_m 是阻力或损耗。在大部分直接辐射体中，R_m 和 R_a 表现为低负载的高数值

想要的输出跨接于 R_a 两端，因此串联的 R_e 和并联的电容构成了所需要的低通滤波器斜率

图 21.17　等效电路中频段简化为 RC 低通滤波器

在此应注意的是，辐射体的振速是以电容器两端的电压，而不是用线圈阻抗中串联电阻两端的电压表示的。

当振膜推动空气时，其中一面形成的正向压力稍稍大于 14.7psi（1033g/cm^2），而另一面形成的负向压力则稍稍低于 14.7psi（1033g/cm^2）。

与稍早前所述一样，当这种大小完全相等，方向相反的两个信号相加时，它们彼此抵消，+1 加上 -1 等于 0。很显然，避免产生这种抵消的方法就是要阻止来自辐射体背面的压力波与从前方辐射出的压力波相混合。实现这种方案的最简单方法就是将扬声器置于封闭的箱体内，将来自后方的辐射包围住，以便其不能与我们需要的前方辐射相混合。将驱动单元放入箱体中要做许多事情。这阻止了两个极性相反信号产生混合，它通过提高弹力来改变驱动单元上的恢复力，而由后面辐射出去的能量实际上没有利用。

此前我们讨论了驱动单元悬吊机构的恢复力或弹性效应，该恢复力使驱动单元在没有信号时返回到中性或中间位置。在等效电路中，这一弹力表现为换能转换后与电容器并联的电感器。密闭箱体中的空气作用于可动锥盆上，看上去就像一个弹力与驱动单元中悬吊弹力相并联，使得弹簧更硬。

在机械域中，存在两种能量形式。能量可以被存储成移动的物体，我们将这种移动的能量称为动能。能量也可以存储成其位置上的物体。这种位能被称为势能。

在简单的单摆中，可以见到这两种形式的能量，如图 21.18 所示。

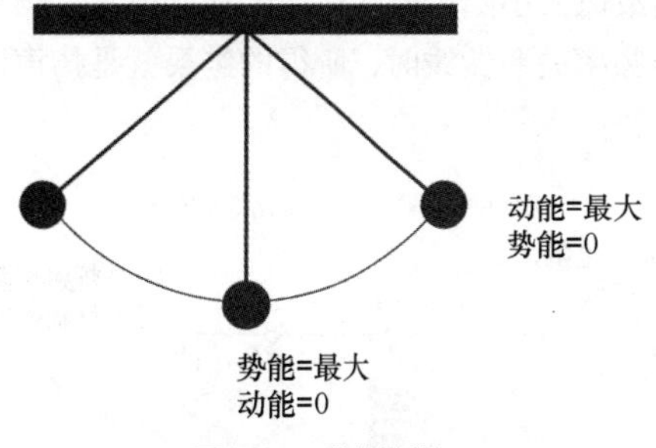

图 21.18　简单的单摆

为了让单摆运动起来，必须要给重物提供能量，使其离开静止位置。当我将重物由中间位置拉开几英尺时，能量便由我的身体转移到重物上。现在能量就存储成重物的势能。应注意的是，纯粹的势能确实做不了任何事情，它只是潜在的势而已。当重物被释放且允许做自由摆动时，能量便在势能和动能间来回转换。当单摆越过低点或静止位置时，动能最大，此时完全不存在势能。相反，质量拥有最大势能的位置就是它每次摆动到最高点停下来那一瞬间的位置，此时完全没有动能。在单摆中，存储的能量始终在动能和势能间相互交换，一种形式的能量达到最高值时，另一种形式的能量就最小，反之亦然。这一过程将会一直持续下去，直到所有存储的能量因摩擦损耗而耗散掉为止。观察机械系统存储和释放能量的另一种方式就是悬挂重物的弹簧。如果弹簧被正确地激励，则重物将以其谐振频率或固有频率上下振荡。当弹簧被压缩时，恢复力便阻止其运动；当弹簧被拉伸时，恢复力便试图将重物拉回到静止位置。这一系统与单摆类似，能量持续地在动能与势能间相互转换。调谐音叉的一个叉确实非常像小的单摆。其尖头质量在其经过静止点时移动速度最快，而其内部弹力则在其达到最大位移时最大。最终，调谐音叉发出的音调音将会逐渐减弱，因为能量以声音的形式辐射出去，同时内部损耗（摩擦）也消耗一定的能量。电学和声学中提到的“*Q*”值通常指的是品质因数或谐振的尖锐度。

在电学中，有两个存储能量的基本元件：电感器和电容器。电感器是弹力的电学对应量，而电容器则是移动质量的电学对应量。我们将这些称为电抗元件。

对于密闭箱体中的扬声器，质量和弹力彼此相互对抗，系统存在一个基础谐振。就如同调谐音叉一样，谐振是由弹力和质量决定的。从电学角度看，我们从图 21.19 可以看到：电感（弹力）与电容（质量）并联，并经由电阻来驱动。在扬声器中，这种并联谐振电路是由电感（反射的弹力）和电容（反射的移动质量）构成。我们可通过研究输入端的电压和电流的比例来实际观察该电路。当我们提高总弹力的刚性（将驱动单元放入密闭箱体）时，谐振频率将会提高。应注意的是，曲线对其数值的改变取决于频率，如图 21.20（a）和图 21.20（b）。

要记住：在处理直流问题时，负载称为“电阻”或直流电阻。然而，在处理交流或交变电流问题时，阻值被称为阻抗，其数值大小随频率变化而变化。在测量扬声器并绘制阻抗与频率关系曲线时，所得的结果就是扬声器的特征阻抗曲线。

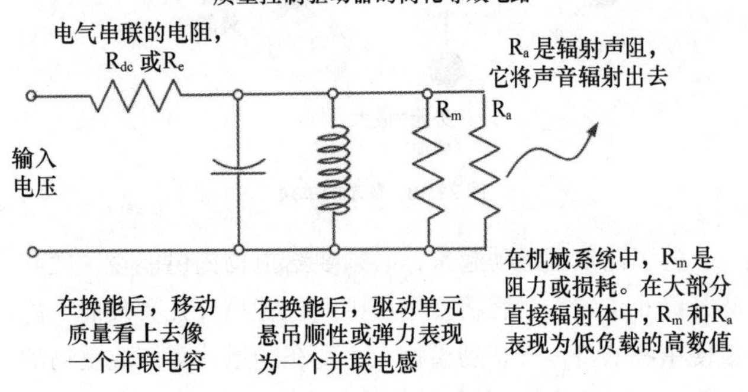

图 21.19　RC 低通滤波器

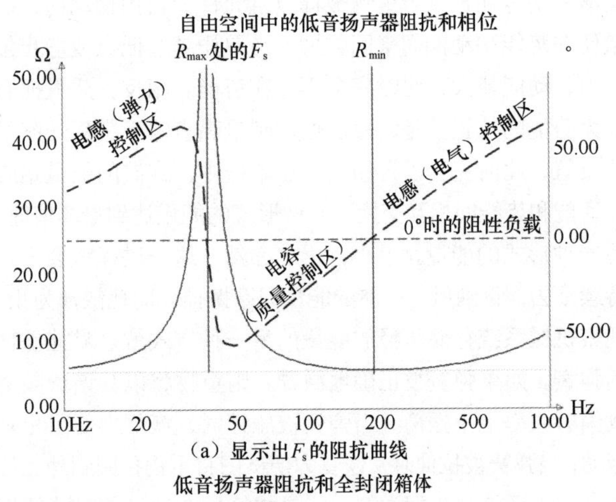

（a）显示出 F_s 的阻抗曲线

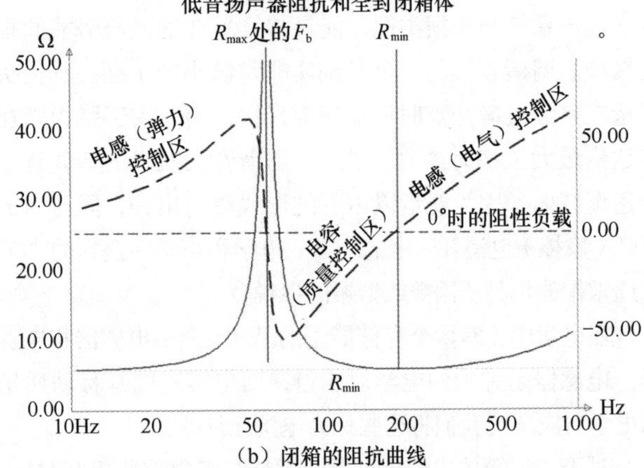

（b）闭箱的阻抗曲线

图 21.20　扬声器的阻抗与频率关系曲线

回想起来，声学意义上小的低音扬声器辐射器工作于辐射阻抗曲线的倾斜部分。如果辐射器以恒定速度方式驱动，那么它将产生一个升高的频率响应。应记住：移动系统的速度与换能机构可动部分两端的电压成正比。在电学等效电路中，并联的移动质量 C 与组合力顺或弹力 L 不可避免地要通过制作线圈采用的相同导线的电阻连接到电压源上。上面谐振中移动质量的作用类似于电阻器驱动的电容器，这样便建立起 RC“低通”滤波器，它通过滚降辐射器速度至加速度的响应来提高辐射效率。因此，随着频率的提升，阻抗曲线向上倾斜，通过低通滤波器实现的补偿，在很大程度上使驱动单元表现出平坦的频率响应。

当我们下移频率时，辐射器的偏移量必须每倍频程提高 4 倍，这样为的是保持平坦的响应。如果是恒振速系统，则振速每倍频程将加倍。随着我们到达扬声器响应的底部，弹力的统治力变得越来越大，而质量控制力则越来越弱。当达到阻抗曲线谐振峰值频率时，弹力和质量具有大小相等但相反的属性。抗性部分抵消所形成的峰的大小由各种机械损耗和微小辐射阻之和决定。由于这些损耗小，却又并联于移动系统上，所以在通过换能过程来反映时，阻抗峰的数值就很高。

继续从谐振点向下降，系统完全被弹力所控制，箱内空气和驱动单元悬吊机构的弹力作用将辐射体返回到静止位置。这种多余力阻止辐射体运动，因为频率降低的表现类似于一阶高通滤波器，随着频率降低，低频的振速滚降。由于弹力受限于位移，且换能机动是经由电阻以电流源驱动的，所以随着频率的降低其位移变为恒定。

如果将这样两个斜率看成辐射阻斜率，那么最终的净结果就是在 F_b 或谐振频率以上呈平坦响应，在谐振频率之下为 12dB/oct 的滚降或恒定位移响应。在密闭仓室中，如果闭箱系统的低频拐点与空间的压力模式区的起始点呈镜像，那么随着频率的降低，恒定位移源就会顺应位移等于空间的压力响应，并且理论上的平直响应会一直延伸至直流或 0Hz。这或许是声频中唯一一份“免费午餐”，不过可悲的是这种情况在户外，甚至在很大程度上大部分起居室中都不存在，但在汽车音响中却是一个要考虑的因素。

低频拐点的形状是关注的重点。通常，响应中出现大的峰是不想要的，同样也不需要太陡的响应滚降。

若移动质量和弹力保持恒定，就可以对谐振的一个重要特性进行研究。极为常见的是，系统存在谐振并不重要，重要的是该谐振有多尖锐。这种尖锐程度就是所谓的 Q。Q 值越大，存储在移动系统中的能量就越多，这与调谐音叉很像。低频转折点 Q 值近似为 2 或更大的一个系统的声音，它听上去很低沉，且有“单音符”的听感，如图 21.21 所示。

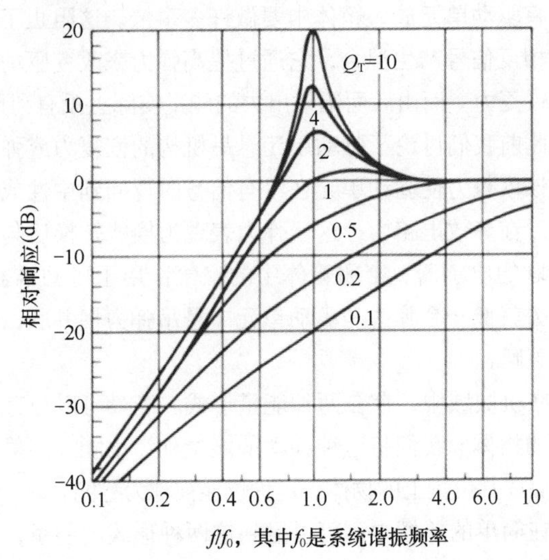

图 21.21　闭箱系统的响应与 Q 值和相对于系统谐振的归一化频率间的关系

控制扬声器响应 Q 值形状的主要是最终的电动阻尼。现代放大器在加电，但不加信号时表现为极低阻抗的信号源。对于扬声器而言，信号源的表现基本上是在驱动单元端子两端呈现出短路状态。要明确的是，在产生信号时放大器也以同样的方式看待，不论信号如何输出，电压都加到非常小的串联电阻上。

如果低音单元处在箱体之外，那么你可以俯下身来，轻轻拍拍纸盆，以此查看阻尼的表现。通常，你可以聆听一下响应，更准确地讲是可以听一下让系统产生振铃所传输来的能量，以及驱动单元在“自由空气”谐振频率上的衰减。该谐振的 Q 值相当高，它是由驱动单元的悬架损耗和辐射阻抗阻尼或辐射器振速损耗决定的。利用鳄鱼夹引线、导线、曲别针将扬声器端口短接，并重复上面拍打过程。注意：现在的声音听上去完全不同了，平稳的隆隆声没有了，现在听到的声音是像调谐音叉或拨弦没有衰减过程的沉闷声音。

谐振频率是同样的，质量是同样的，弹力也是一样的，差异就体现在换能系统增加的阻尼量上。

回顾之前的阐述，电机速度产生出一个对应的发电机电压，即音圈线的反电动势。随着端口被短路，导线的电阻便跨接到电机或换能器机构的两端。跨接到该阻抗上的发生电压或反电动势产生出电流。导线中该电流的作用是阻止磁场产生作用于音圈导线的力。该感应力与运动系统的速度方向相反，故其作用便对运动形成阻尼。这就是为理解楞次定律（Lenz’ law）而做的更全面解释。

Thiele 和 Smalls（T&S）的标准化扬声器参量对设计箱体和驱动单元作用明显。如今，利用配备的 T&S 参量和免费的计算机程序，我们就可以确定正确的箱体容积，以获得想要的响应曲线形状。

虽然要想深入了解这一问题会涉及诸多方面的知识，但是若拍打未短路的低音扬声器单元，则所听到的谐振引发的“隆隆声”是与 Q_m 或由力学或声学损耗限制的机械 Q 值相关联的。当将低音扬声器单元的端口短路时，最终听到的因阻尼产生砰砰声是由 Q_t 或 Q_e（电磁阻尼）和机械阻尼综合作用的结果。如果驱动单元被置于比户外或房间更小的箱体中，那么由于增大了作用于辐射器上的弹性力，所以谐振频率被提升。虽然两个弹簧被并联，但是提升的谐振频率还是会提高箱体中响应曲线形状中 Q 的数值。实际上通常的做法是将驱动单元放入箱体中，箱体的容积提高了箱体的 F_b 或谐振，此时的响应曲线形状 Q 值处在 0.5～1，一般在 0.7 左右。令人格外感兴趣的另一个 T&S 参量是 V_{as} 或顺性容积。该参量详细说明了作用于辐射器之上的驱动单元悬吊弹力，但它被表示为等效的空气容积。这一点很容易从图 21.20（a）和图 21.20（b）观察到。

在高频段，还有更多的驱动单元简化等效电路。当我们一并提高响应曲线和阻抗曲线时，便可从此前的指标数字中更清晰地看到这一切。与输入侧 R 相串联的是另一个更小数值的电感。对于实际的驱动单元而言，该电感可在某种程度上与磁缝中间音圈的位置有一定的关联，但到目前为止还不可能做到在宽频率范围上都表现为具有固定数值的一个简单电感。与输入串联的该电感最终对流经驱动单元的电流产生滚降，并在电气上构成一个 L-R 串联型低通滤波器。在工作频带内，驱动单元阻抗曲线的最低点（称为 R_{min}）是串联的电感与并联的电容构成串联谐振电路的频率点。

R_{min} 和 F_b 都是谐振条件，一个并联，一个串联。一个在谐振时具有最低阻抗，另一个在谐振时具有最高阻抗。令人感兴趣的是，在两个谐振中，电抗部分被抵消了，在电路中只留下阻性负载，这时电流与输入电压是同相位的，如图 21.22 所示。

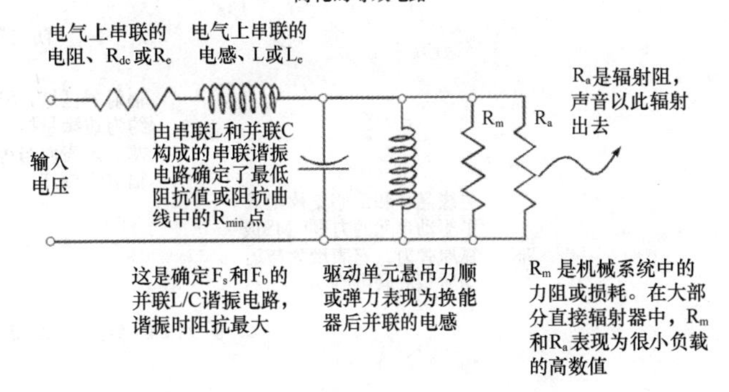

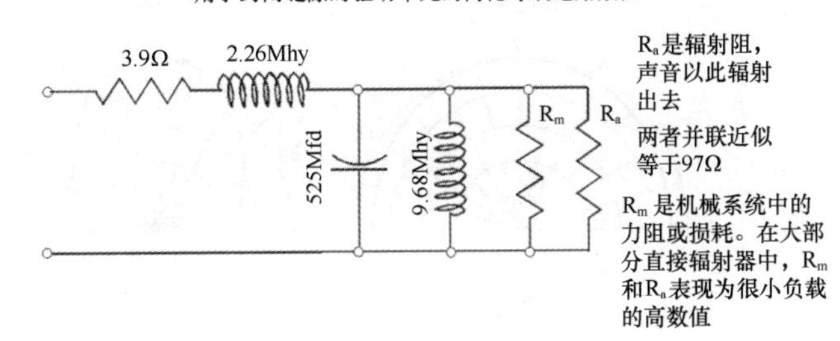

图 21.22　扩展的等效电路显示出串联的 L 和两个谐振通路，并且具有相同的数值

随着频率的升高，电感提高了负载阻抗，减小了电流，同时对高频段的驱动力产生滚降。

图 21.23 示出了一个此前讨论过的假想的长动程低音扬声器单元（包含基本的构成组件），现在我们重新将其调出。应注意的是，所包含的许多构成组件的作用都不止一个。

例如，所有的移动部件都会对总的运动质量产生贡献，悬吊不仅仅用作辐射区部件，而且还是悬吊弹力和机械损耗的一部分。另外，情况可能并非看上去那样，辐射器后面的位移与人们更熟悉的前面情况一样。

然而，这不意味着人们到达有益响应的终点。假设辐射器像简单活塞那样连续工作，随着辐射器大于辐射曲线中 K=1 的点，辐射器开始变得有指向性了。通过将正在降低的能量更多地会聚在一个更小的角度内，两者便在部分频谱范围上实现相互补偿的目的，直至其他一些因素对系统产生影响为止，这时辐射器的表现就不像简单的活塞了，或者像任何其他的东西，如图 21.24 所示。

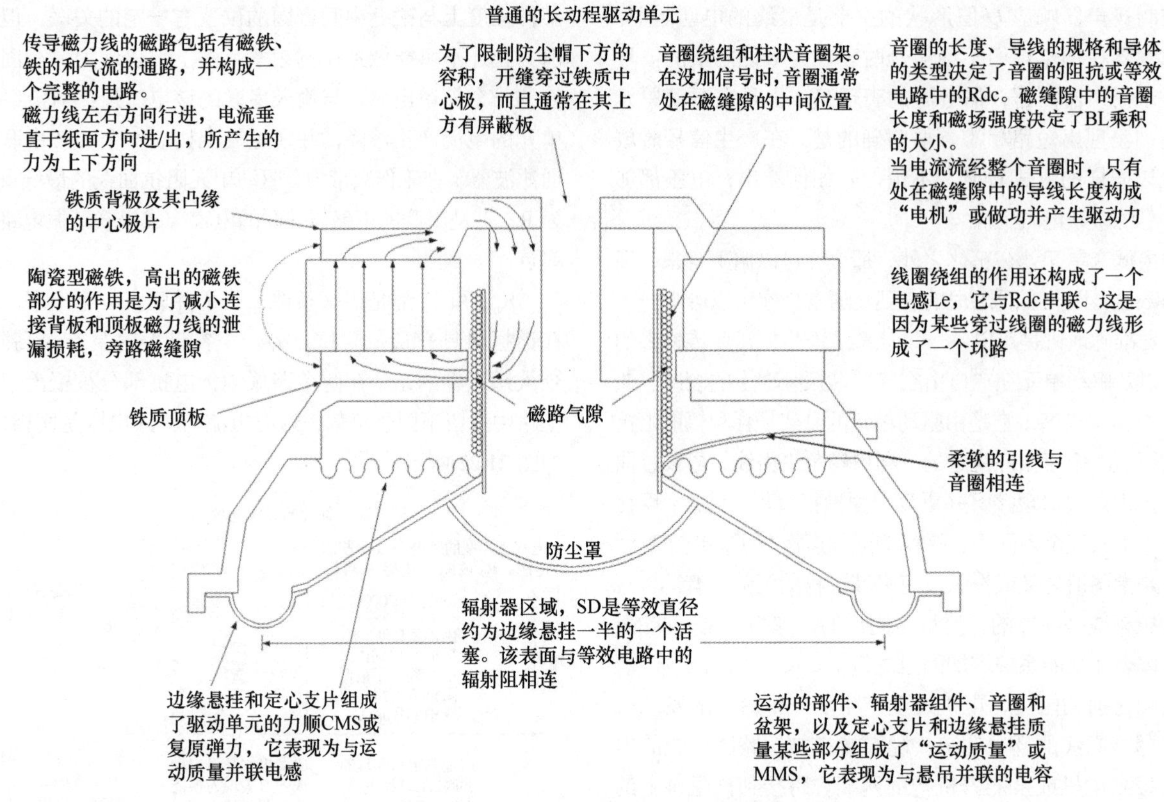

图 21.23　典型长动程低音扬声器单元的组成部件

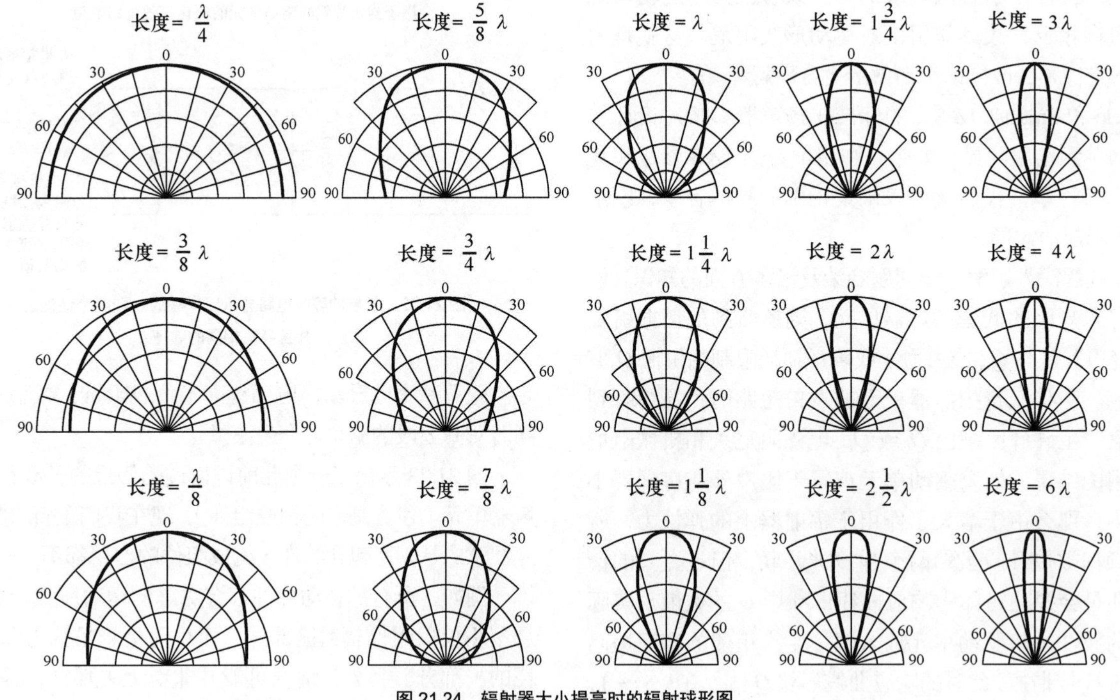

图 21.24　辐射器大小提高时的辐射球形图

如果由串联的 L 引起的输出下降被更大的声学辐射器所提高的指向性补偿，那么轴上响应就可以延展，直至辐射型变得过窄为止。至此，由辐射阻形成的负载已经小到足以忽略不计的程度，这表现为典型直接辐射式扬声器具有非常低的效率。在阅读后文将要讨论的号筒加载驱动单元之后，我们就会知道情况并非总是如此。

效率

直接辐射器的标称效率一般都相当小，通常都不到 1%。这意味着如果辐射器耗散 100W 的功率，那么只有 1W 以声能形式耗散掉，余下的能量基本上都在换能过程中以热量形式损失了。从严格的意义上讲，声辐射最终也是转变成了热，这些热量完全被大气所吸收。正如我们可从辐射阻抗曲线中所看到的那样，辐射效率在我们感兴趣的最低频率上最低。对于闭箱，频率响应的低频拐点与箱体谐振频率及阻抗曲线的峰值一致。低频拐点的形状也是由阻尼量和拐点曲线形状的 Q 值决定的，在有些地方，0.7 左右的 Q 值被认为是理想的。这里并未给出的一个结论是：当该 Q 值由电动强度来确定时，通过降低拐点 Q 值形状也能够提高其在低频拐点之上频段的效率。与此同时，随着电动强度的提高，阻抗曲线会变得更宽，幅度更高。

21.4.1　倒相式音箱

相对闭箱而言，倒相式音箱提高了效率，虽然其中的原因有很多，但最重要的是这种类型的箱体可以采用功率更大的电动机构，同时允许有比纸盆自身可以产生的气流位移大得多的气流位移。针对指定的驱动单元位移而言，倒相式系统可以（所有其他的事情也如此）在一个倍频程范围上或在低频转折频率之上的频段辐射出比闭箱扬声器系统更强的声音，但在低频转折频率以下的频段却比闭箱系统弱，这是因其具有更陡的响应滚降造成的。倒相式谐振系统具有的谐振曲线形状是由 Q 或谐振锐度定义的。对于输入端的驱动单元和输出端的端口辐射阻抗而言，Q 值是由箱体的弹力和端口质量决定的，Thiele Small 公式给出了定量形式的公式化表示方法，明确指出了为取得最终想要的响应形状所要采用的驱动单元和闭箱及倒相箱设计。在选择了正确 Thiele Small 关系后，人们可以用提高更强电动机构的灵敏度 / 效率的方法来取代早前的”过强（对于闭箱而言）电动机构”的 LF 响应滚降，倒相谐振在低频拐点上附加了一个声学负载，从而取得了平滑的响应，如图 21.25 所示。

倒相箱可以视为作用于驱动单元后面的一个谐振倒相器。将倒相箱中谐振系统的作用视作倒相器可以让类比更为直观、清晰。如果将一个重物置于弹簧或橡胶带的一端，用手让其上下运动，这时便会发现“谐振”频率，此时重物的运动幅度最大，而手的运动作用最小。更为重要的是，若认真观察则会发现，手的运动是与重物移动的方向相反。如果手的运动刚好合适（处于谐振），那么重物就会比手运动得更远。在倒相箱中，重物是端口或无源辐射器处的空气。箱体容积和手的弹性力是作用于驱动单元辐射器的背面。在低频拐点处，端口的输出远大于驱动单元正面的辐射输出。该谐振负载一般位于闭箱阻抗峰值的中心处，此处辐射器具有最大机动灵活性，并在阻抗曲线上形成了两个较低的峰。源于倒相器 / 谐振的阻抗通常位于曲线中间或中间附近，此处会辐射出更大的功率。从更大的负载甚至是无限大负载的角度考虑，如果音圈被粘合在磁铁适当的位置上，那么将不存在运动系统谐振，也就不存在机动灵活性、不存在运动，因此也就不存在阻抗曲线峰值。这一点可从对倒相箱阻抗曲线与之前曲线中端口贡献的“凸起”间所进行的比较观察中清晰看到。

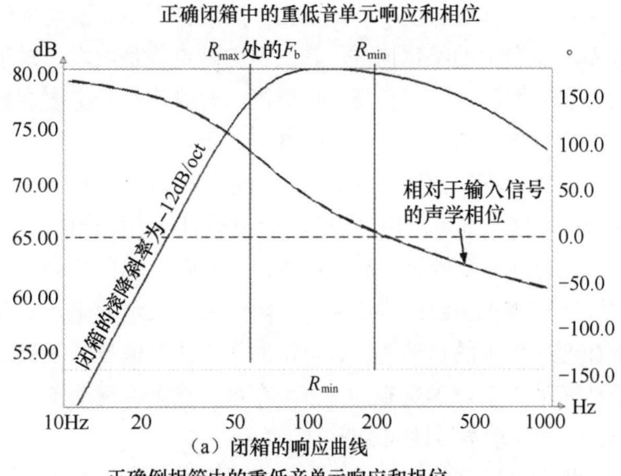

(a) 闭箱的响应曲线

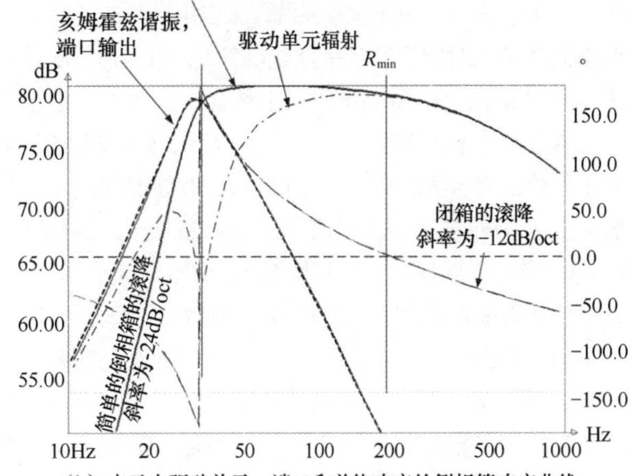

(b) 表示出驱动单元、端口和总体响应的倒相箱响应曲线

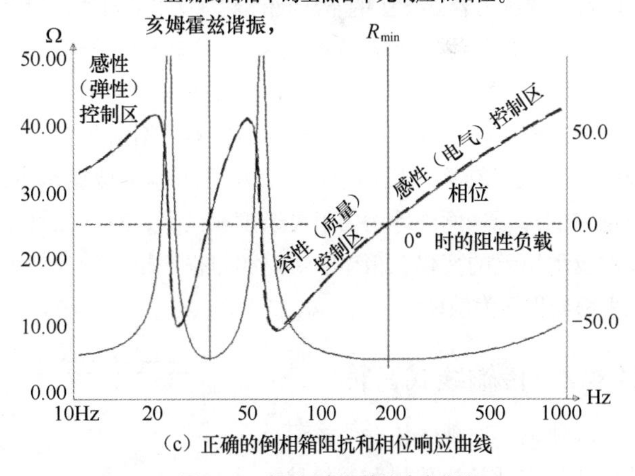

(c) 正确的倒相箱阻抗和相位响应曲线

图 21.25　闭箱和倒相箱的响应曲线

一旦将辐射器背面所产生的压力做窄带反相，那么它可以增加和提高正面的辐射强度。建立一个谐振倒相器的常用方法有两种。大部分常见的谐振器是由箱体容积的“弹簧”力顺和与端口上空气质量相耦合的声学质量组成。小部分谐振器利用的是无源辐射器。无源辐射器也是一种驱动单元，只不过它没有电子或换能器部件而已。无源辐射器可以通过将有效的端口质量和面积以等效的数值结合到自由运动的活塞上的方式来替代端口。无源辐射器的优点要认真看待。它们避免了端口损耗和低频噪声，它们并不

存在管风琴音管长度模式的谐振，同时也不会让驱动单元背面可能产生的噪声通过。其主要的缺点就是成本。对于无源辐射器而言，其自身悬吊谐振的有效范围一定要在想要的低频响应拐点的下一个倍频程以上。它们必须要有足够的位移，不能让位移成为限制因素，同时其自身不能产生噪声。另一方面，开孔要简单、成本低且绝不能产生裂痕。

在此前提及的另一种情况中，倒相系统的谐振频率应被设定于阻抗曲线的中心附近。阻抗曲线表示的是运动系统在速度域中的移动能力，阻抗曲线中的峰值被置于最易推动驱动单元声学负载的地方。在这一点上，驱动单元具有最强的运动灵活性或最低的约束力。

我们可以将倒相系统的阻抗曲线视为一个取得平直响应所必需的速度滤波器。闭箱在其箱体谐振频率以下时，驱动单元逐渐变为一个恒定位移系统。来自电动系统的恒定力与频率间的关系对应于恒定弹力与频率的关系。辐射阻曲线斜率与机械谐振之下斜率的作用相结合，综合的声学滚降是 -12dB/oct。在倒相箱体中，第二谐振将高通滤波器的斜率提高至四阶滤波器的水平，或 -24dB/oct。增加滚降的原因是更容易直观地跟踪频率降低时频率响应曲线的变化。当到了低频拐点以下时，倒相系统的作用像低通滤波器。随着频率的降低，频率从谐振频率偏离，“倒相器”的有效性变弱。端口产生的辐射器后向辐射越大，它会进一步抵消正面的辐射。对于闭箱，所有条件下的后向辐射均被控制，故只有衰减是与驱动单元的恒定弹性控制位移相关。在混凝土仓库的例子中，低频时的位移等于压力，这时响应的平坦特性会延至源于“房间增益”或压力容器产生的非常低的频率。如果箱体参量保持恒定，那么在系统中增加倒相孔将会使响应在拐点频率以下不再是平坦的，不过仍以 12dB/oct 的斜率滚降衰减。

带通箱体利用其他形式的声学谐振器将增益带宽与更窄的带宽做了交换。概括起来讲，尽管箱体类型非常多，但是它们都无一例外地增加了复杂度和谐振，对齐校准处理对驱动单元的变化、箱体的弯折和与损耗相关的非期望电平都变得更为敏感。

21.4.2 传输线式音箱

这种较早出现的传输线式设计从近些年来计算机建模和测量技术的发展中获益良多。传输线利用了借助通道或声管的声延迟后的后向辐射，如图 21.26 所示。很显然，声管存在着与声管长度密切相关的谐振现象，设计上不仅要考虑驱动单元的参数，而且还要与传输线内存在的用来抑制不想要的高频振动模式的内部阻尼相关联。

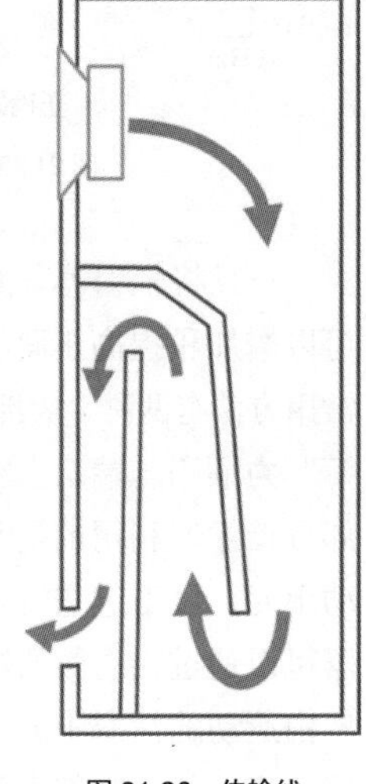
图 21.26 传输线

21.4.2.1 号筒

号筒扬声器理解起来要比理解较为常见的扬声器困难得多，遇到的问题也更多，所以在此要多费些笔墨。加到扬声器上的“号筒”具有脊状的边界表面，它对声压辐射构成限制，这不同于自由空间的全向辐射。可能引发议论的是：声学上的小驱动单元嵌装在平面障板上适合这种表述和工作表现。这是一种语意上的差别。通常，我们并不将平面障板说成号筒。当驱动单元被置于房间的边界角落时，我们一般也不会用号筒这个词。我们在谈论这些驱动单元的辐射时，使用的是部分空间这种表述。不论是号筒还是部分空间，重要的是当声音由声源辐射出去后声压发生了何种变化。在号筒中，空间部分远小于放在房间角落中的驱动单元对应的部分空间，所以我们考虑问题的角度也会不同。用号筒对声音进行限制有两个主要目的，第一个目的是与辐射阻抗曲线相关的。

号筒经常被用来改善扬声器辐射器上的负载特性，并以此提高其效率的“变压器”。当用 22.7kg 的昂贵电子产品产生出所需要的 2W 功率时，这就是关键利益所在！该变压器效应提高了声学负载，这表现为一个与 L 和 C 并联的电阻器，它是由运动质量和弹力构成的。该负载表现出的阻抗较低，能在特定的电压下传导出更大的电流，因此可在声学负载上产生出更大的功率，将更多的能量辐射出去。在讨论号筒时应注意的问题是：我们不再期望滚降辐射器的速度，或者运动质量两端的电压。其原因从古老的“经验”便能得出，它建议在向“自由空间”（离开地面或任何边界）辐射时，号筒口的周长需达到所关心的最低频率对应的波长。与工作在较低、辐射阻抗曲线倾斜部分频段的低频直接辐射器不同，号筒的任务就是将曲线平坦部分的辐射阻与处在号筒小口端的辐射器耦合在一起。最低频率时周长为 1 个波长的“经验法则”关系可确保在低频转折频率及其以上频率时号筒口处在辐射阻抗曲线的平坦部分，形成平坦的辐射阻与频率关系曲线。

描述该关系的数学表示可以从之前提及的闭箱和安装了合适号筒的闭箱阻抗曲线中发现。在完美的情况下，可以对这些曲线做一些广义化处理，如图 21.27 所示。

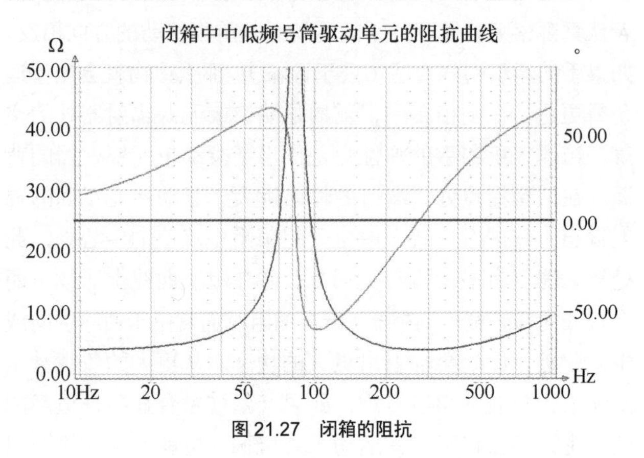

图 21.27 闭箱的阻抗

阻抗曲线表明：运动系统在速度域上的运动能力是频率的函数。在高频段，其运动能力受可视为并联电容的质量来控制。在低频段，移动性受控于弹性力，该力可视为与 C 并联的一个电感器（L）。对于直接辐射器的情况，曲线中峰所处的位置是弹簧和质量的作用大小相等但方向相反的地方，两者的作用彼此抵消了，所留下的峰值受到机械损耗和辐射阻限定，这两个控制因素在直接辐射器中更小。这便解释了直接辐射器中峰的幅度相对较高的原因，如图 21.28 所示。

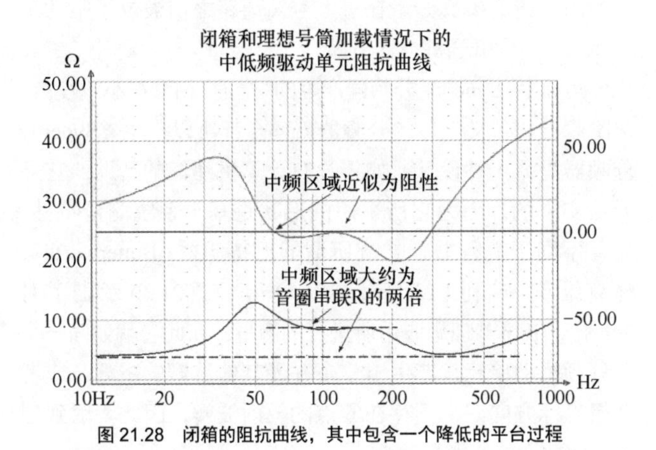

图 21.28　闭箱的阻抗曲线，其中包含一个降低的平台过程

上述问题是有办法解决的，至少可以在一定程度上解决。随着电动强度的增大，阻抗曲线中峰的宽度和高度也同步加大，有效带宽和上限频率也是如此。如果可以减小运动质量，那么除此之外所留下的一切对带宽和高频响应也有类似的影响。不幸的是，这确实是个复杂的商业问题！当改变这些参量时，也就改变了驱动单元的声学属性，所以需要在其他方面做出改变，以得到最佳结果。另外，就如同直接辐射器一样，与电阻串联的电感的作用相当于另一个对高频响应产生滚降的“低通”滤波器。

压缩式驱动单元是最常见的与号筒耦合的驱动单元，因为它们通常将允许的物理条件和最强的电动安排与所连接的非常小的轻型辐射器结合在一起。即便如此，典型的 1 英寸压缩式驱动单元通常存在一个始于 2 ～ 4kHz 附近，由质量控制的高频滚降，同时更多的感性阻抗滚降则始于 1 个倍频程或更高频率之后。尽管有些在更高的频率上还能工作，但是其效率要低很多。之所以将其称为“压缩式驱动单元”，是因为辐射器的面积要比号筒喉口端的面积大很多。号筒起始端的声学喉口实际上在驱动单元内就开始了，此处的截面面积最小，并从此开始向外扩展。压缩式驱动单元安装系统利用一种简单的标准化方法将驱动单元与外部号筒连接在一起。辐射器的面积比实际号筒喉口面积大 10 倍以上的情形并不少见。在驱动单元内，声学尺寸与所关心的最高频率波长相比非常小，声音表现更像流体。声波穿过微小的空间，并在压缩式驱动单元的相位塞附近发生急剧弯折。辐射器与喉口间的正面空气容积的作用相当于一个弹簧，号筒喉口内空气的作用相当于质量。如果取得了相对合适的尺寸，那么该弹簧 / 质量也会为系统建立起另一个“低通”滤波器。如果选择正确且现实中物理实现许可，那么这种声学滤波器实际上可以稍稍延展一点高频响应，其交换的代价就是更陡的终极滚降。这种声学低通滤波器还具有非常有用的属性，即可以降低任何驱动单元所产生的谐波失真，这些加入声音中的谐波成分是实际信号频率的整数倍，它们在进入号筒之前会被衰减。

附注：所给的经验法则对于号筒内的声阻抗变换不再成立，它意味着在 20kHz 时，声音平稳到达 1in 驱动单元的出口前应很好地完成声学变换。

压缩比是设计中的另一个自由度，它实际上是利用“帕斯卡理论（Pascal’s Principal）”也称为液压理论来实现驱动单元与号筒间的独立阻抗变换的。当压缩比高于 1 ∶ 1 时，指定辐射器运动产生的空气运动大于号筒喉口内的空气运动。

对于那些跟踪型号筒设计，*On the Specification of Moving-Coil Driver for Low-Frequency Horn-Loaded Loudspeakers*（低频号筒加载扬声器的动圈驱动单元的技术指标）一文是设计此类系统时非常不错的入门参考文献。

所有号筒的确立并不相同，如图 21.29 所示。号筒的形状控制着开口处感知到的辐射阻，或者转变到喉口处的辐射阻，号筒的长度和形状与其低频拐点相关联。最为常见的延展轮廓线形式的指数型号筒对转换表现出“高通”的效果，这时的高通转折频率由扩展比设定。例如，对于一个 30Hz 的号筒扩展，大约每 24in（61cm）面积就会翻倍，并不太快呀！对于 300Hz 的号筒，每 2.4in（6.1cm）面积会翻倍。所以你得不到小的低音号筒！还有其他扩展类型的号筒可供使用，其中包括专有的形状，每种号筒对于“高通”拐点呈现出独特的形状。

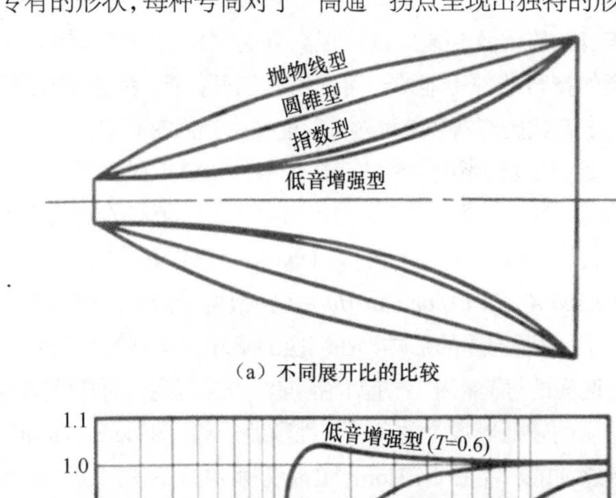

（a）不同展开比的比较

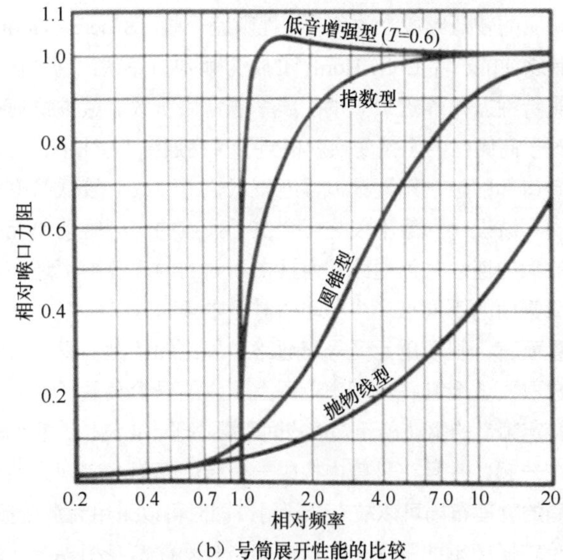

（b）号筒展开性能的比较

图 21.29　各种展开类型的辐射阻

21.4.2.2 电抗消除

在号筒响应的低频段，存在一个附加效应，它可以用来将转折频率稍微向下移一点。虽然号筒增加了对驱动单元的声负载，但是它也有抗性成分。双曲线型扩展轮廓面的扩展速率在最初时比较慢。这些形状可能在驱动单元端呈现出明显的声学抗性成分。当声波经由换能器反射回来时，抗性成分表现为质量，或者与驱动单元的运动部件相并联的附加电容。然而，与具有固定数值的电气电容不同，这个C的数值随频率的降低而升高，直至截止频率为止。通过选择刚好合适的声抗量及优化箱体、驱动单元弹力L和组合的驱动单元质量和号筒“C”，谐振的影响可以延展到更宽的范围上，并且可以延展由先前弹性力顺限定的范围。虽然与此有关的其他内容已超出了本书的讨论范围，但是在所有一切都正确无误的前提下，它可在一定程度上延展低频响应。

21.4.2.3 Synergy Horn™

由于商业扩声市场上人们对恒指向性号筒的期望和需求越发强烈，而对宽带声源的需求同样也变得更加重要。虽然号筒加大了驱动单元的声学负载，但是它也具有声阻。针对观众的音乐重放要求有宽的带宽和恒指向性。进一步而言，在房间中，伴随扬声器干涉所产生的额外的辐射瓣并不需要，因为通常这样会将声能投射到并无听众的墙壁和天花板上，有效地提高了背景声级。语音的可懂度主要由声音的直混比控制。同时提高直达声和反射声声场能量密度的扬声器并不能改善可懂度，然而，配装强指向性号筒的全音域扬声器系统可对可懂度产生积极的影响。

图21.29所示的曲线表示出了各种号筒扩展率下的辐射阻情况，其中清楚地表明：圆锥形号筒声学负载的起始阶段变化较为缓慢。正如唐•基尔（Don Keele）在其论文“*What's So Sacred About Expoential Horns*（指数型号筒为何如此令人追捧）”中所描述的那样，在响应的上端，呈圆锥状的号筒与呈曲面的号筒相比，前者的指向性更为恒定，而在驱动单元响应的较低频段上的负载特性则差一些。Synergy Horn™及其之前的产品Unity Horn™的处理解决方案认识到了低频负载特性差是靠近顶点的扩展率非常快所致。这种快速扩展对于高频时的阻抗变换就相当于“高通”。再往下，号筒朝向口部的扩展率逐渐减慢至较低值，形成对较低频率的扩展。该设计一般不仅是一个位于顶点的高频驱动单元驱动的大的连续号筒通路，而且在不同的频率范围上还会沿号筒侧面的不同点产生驱动。对于中频和较低频率范围的位置而言，驱动单元受号筒通路扩展比的控制。驱动单元的选取要适合其各自频率范围上工作的号筒负载。所有覆盖特定频带的驱动单元安放的间距要小于1/4波长，它们耦合在一起，并且在号筒内构成一个新的辐射。表现为前后间隔的物理布局可以被充分利用，同时可以采用无源分频。覆盖较低频率的驱动单元通过端口与号筒筒身相耦合。端口尺寸、长度、形状与纸盆下方滞流空气的体积相结合构成一个声学意义上的低通滤波器。就像举例的倒相箱那样，开孔和箱体构成了一个低通滤波器。在此，低通并不处在响应的底部，而是响应的顶部，对工作范围的下部起作用。该“低通”声学滤波器位于分频网络中的电子低通滤波器上面一点，其结果使得由驱动单元产生的并非实际信号成分的固有谐波失真分量在进入号筒通路之前被位于驱动单元前部的声学低通滤波器衰减。

实际上，Synergy分频器产生的“全通”相移很小或没有，一阶以上“名义上”的分频器斜率全都可以产生。Synergy分频器是另一种设计，如果没有计算机建模的帮助，它是无法实现的，因为它所采用的形状是基于系统测量特性，而且不同于教科书公式或所谓的巴特沃兹（Butterworth），林克维茨-瑞利（Linkwitz-Riley）等。图21.30示出了对Synergy Horn™理想应用所进行的测量，在此它就如同一个无分频驱动单元，产生出一个并无其他波瓣的主瓣，或者在极坐标方向图中不存在零点的辐射波瓣，因此辐射到想要指向性之外的能量较少。

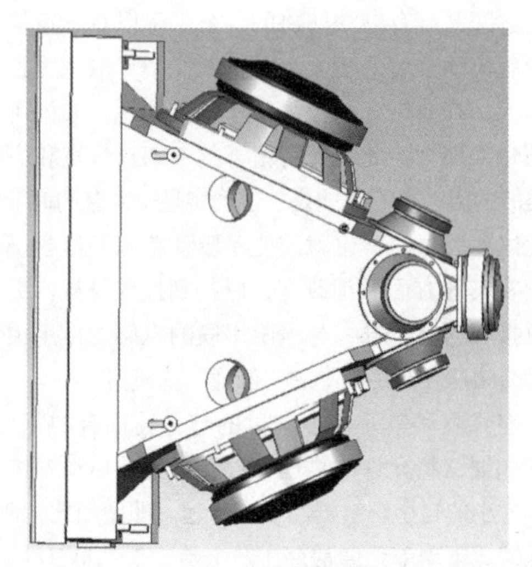

图21.30 Synergy Horn™的侧向剖面图

21.4.2.4 “折中”号筒

有些号筒与理论上的理想情况偏离很远，以至于难以一眼便能知晓其是如何工作的。然而通过认真测量得到的信息细心建模，还是有可能成功的。低音号筒通常是“折中”的结果，因为它们并没有为取得辐射阻抗曲线过渡而要求的足够大开口。当开口太小时，辐射阻将因号筒中的管道谐振阻尼而减小。一定程度的谐振并不会在每一端形成阻尼，一端是辐射阻，驱动单元阻尼在另一端，每一端的Q值可能会缓慢增加到不可接受的大数值。这在主观上将人们能制造的低音号筒限定为“好小”的程度。在此，号筒长度也是一个问题，因为当号筒长度约为半波长时，它开始建立起有效带宽。在半波长时，驱动单元和开口端处在最大振速状态。现实情况迫使采用的大部分号筒都是低频段拐点时的号筒长度为1/4波长。对于驱动单元，该条件有很大不同，因为它处在振速最小且声压最大的位置。不能过分强调折中型号筒，甚至说它性能超过了利用计算机建模结合认真测量设计出的最好的普通号筒。号筒设计与理想尺寸偏离得越多，在做大量琐碎的制作工作前进行这种建模设计就越重要。

图 21.31 示出了非常受人欢迎的“折中型”低音号筒，即“Scoop”或后部加载号筒。

图 21.31　Scoop 号筒

该设计早在计算机建模应用出现之前就面世了。尽管现代低频驱动单元采用了有些过时的 Scoop 技术，但是它还是令人感兴趣的研究课题。其设计思路就是让驱动单元直接从箱体的上部辐射，同时驱动单元的后部连接到号筒和倒相箱之间的某些东西上，此处开孔是号筒，而低频拐点之上的辐射则越来越少。

Tapped Horn™ 是另一种小型或折中型低音号筒，它只有当计算机建模实用之时才有可能实现并实用化。Tapped Horn™ 一般都比具有类似低频截止特性的普通低音号筒小很多。这些号筒利用低音号筒中的阻抗匹配关系进行制作，但其配置上更像传输线与图 21.32 所示的克莱因瓶（Klein bottle）的结合体。

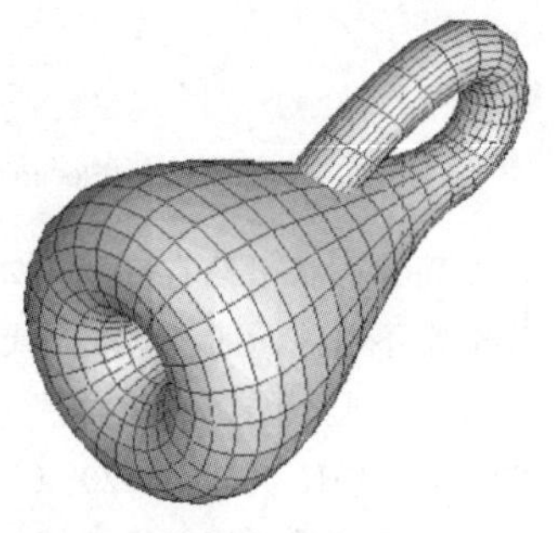

图 21.32　克莱因瓶

在此，驱动单元被安装在号筒的小口端与开口端侧面之间的接口处，与图片的克莱因瓶不同，其号筒的一端是开放的，如图 21.33 所示。

驱动单元的两侧现在连接到号筒上了，一侧位于离筒口最远的小端口，另一侧则靠近筒口。虽然驱动单元两侧产生大小相等方向相反的位移，但是这种安排利用频率相关的相移在两个辐射之间加入了一个延时，让来自每一侧的辐射在号筒内叠加。在反映普通小号筒响应的第一个深谷点区域，驱动单元的两侧是同相叠加的，它将那个深谷填平了。与全尺寸普通号筒不同，这里并不存在通过调谐取得抗性抵消的“弹性”后方腔室。通过采用兼容的“弹性”或悬吊顺性可以取得一定程度的响应延展。当各种关系和长度都正确时，指定驱动单元的效率与可用带宽达到两个倍频程，以直接辐射器方式应用的同一驱动单元的效率提高 6 ～ 9dB 或更多。低频拐点之下的滚降类似于倒相箱对齐校准。它大于 -12dB/oct，虽然开始时可能较小，但最终会达到与对齐校准的倒相箱同样的 24dB/oct 水平。

图 21.33　Tapped Horn™ 剖面图

21.4.2.5　号筒工作的其他部件

通过观察辐射阻曲线可以看到：“拐点”外加大辐射器尺寸会导致负载不再进一步加大。实际上，当号筒周长等于所产生频率对应波长的那一点上，阻抗变换便停止了。随着频率提升至低频截止频率之上，虽然此时阻抗变换停止的点朝向喉口方向移动，进入号筒内，但是号筒大的开口端仍扮演着重要的角色，因为它仍控制离开号筒的声音。我们已经观察到：在高频时，许多传统类型的号筒表现出的辐射方向型会随频率的升高而变窄，如图 21.34 所示。

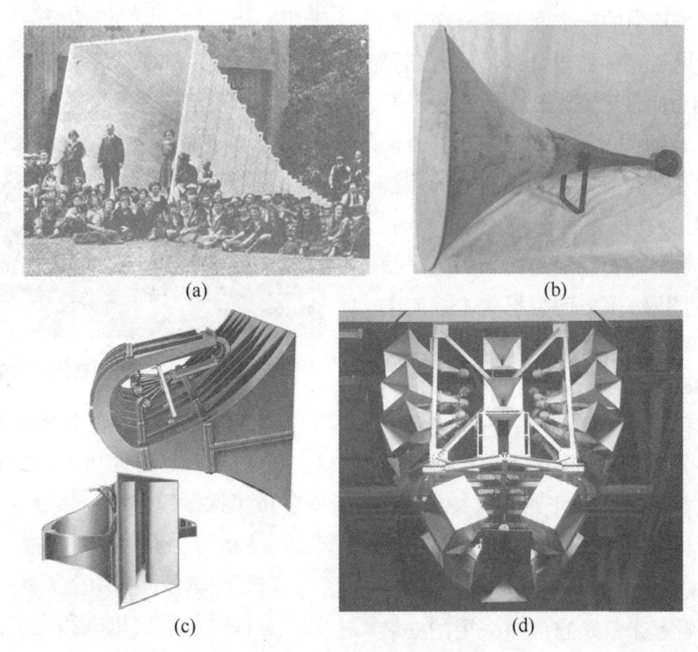

(a)　(b)　(c)　(d)

图 21.34　各种单格号筒

为了解决辐射波束的这种问题，人们开发出了多格和其他类型的号筒，以便辐射方向型能够在宽频范围内保持更为一致的形状。Don Keele，Jr. 掌握了波束变窄的原因，在号筒设计方法和波导两个方面进行研发，给出了壁面夹角不再控制辐射角的频率，见公式（21-1）。

$$D=\frac{K}{a\times f_0} \quad (21\text{-}1)$$

在公式中，

D 是号筒尺寸，单位为英寸；

K 是常数，等于 10^6；

a 是号筒筒壁夹角

f_0 是辐射型失去控制时对应的频率。

进一步引申，该规则可能也暗示出老式的号筒在频率升高时扩散角变得更窄的原因。同样地，声阻变换点后撤至号筒内，并随着频率的升高移向喉口，因此号筒壁控制辐射角的那些点处在号筒内。

21.4.2.6 辐射方向型翻转

在讨论压缩式驱动单元中采用的相位销时，我们曾提到：如果尺寸比波长小，那么声音能够像流体一样在工作，并且在角落周围处流动。相反，在号筒内辐射方向型控制的讨论中，也清楚地表明：一旦控制尺寸大于波长时，号筒壁夹角便可以控制声音的辐射角度，在反射器尺寸比波长大很多时，它的工作特性可能更像光波。

Don Keele，Jr. 给出的辐射方向型损失经验公式（21-1）描述了在指定号筒角和开口宽度情况下，失去对辐射方向型控制点对应的频率。随着不同种类号筒被开发出来，人们发现了此前很少讨论或理解的工作特性。这种有悖直觉的工作特性被称为“辐射方向型翻转（pattern flip）”。辐射方向型翻转在并不对称的简单形状号筒（比如 20° ×60° 号筒，或其他形式的号筒，即其中的一个面与另一个有明显不同的号筒角度）中最常见到。顾名思义，辐射方向型翻转指的是在某些点上，窄的指向性变宽，宽的指向性变窄。

从高频开始，号筒辐射就如同其内部结构控制一样。然而，随着频率的降低，根据方向型损失关系，号筒将会达到失去控制的频率点。当号筒角度存在非常大的不同时，号筒在一个平面失去控制的频率点会明显超前于另一个平面的相应点，辐射方向型将被压缩至方向型已失去控制的平面。

图 21.35 所示的早期 Electrovoice TW-35/T350 就是将辐射方向型翻转当作优点来利用的绝好例子。它将长轴固定在垂直方向，T350 在水平方向上失去对方向型控制的频率刚好在 12kHz。由于号筒在水平方向上根本没有控制，故它表现出非常宽的水平覆盖。对 T350 的研究令人着迷，许多人将这种驱动单元用在较大的系统中，并将其长轴固定在水平方向上，因为这看起来就是它应该采用的安装方式。

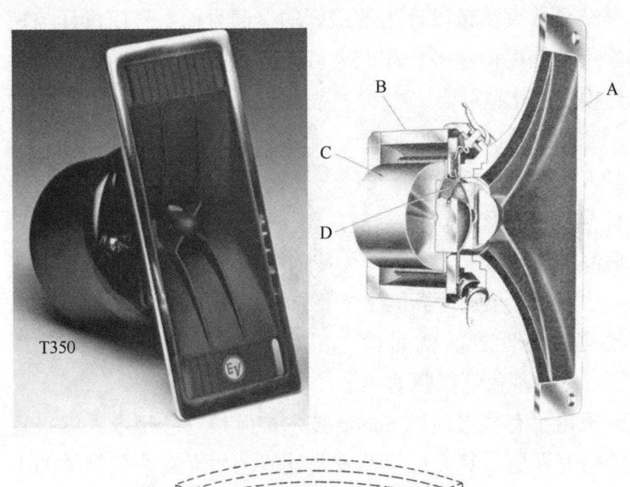

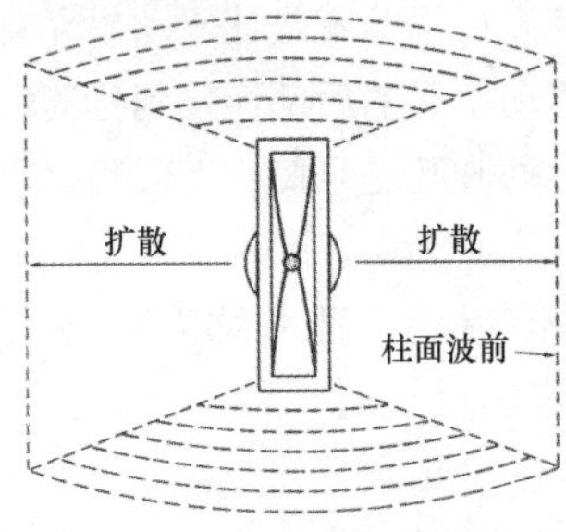

图 21.35 Electrovoice TW-35/T350

简单形状号筒存在的根本问题就是：一旦号筒壁面变得非常不对称，那么其取向或筒口条件与其形状产生冲突，导致方向型翻转。因此要想制造一个避免出现指方向型翻转的 60°（H，水平）×20°（V，垂直）号筒，筒口高度必须是其宽度的 3 倍。这正好与通常利用宽且短的简单号筒形状工作的情形相反。

该领域的探究引出了另一种号筒形状，其所有的设计目标就是要产生恒指向性，或者换言之，在理想情况下，在整个听音面上具有同样的频率响应。

有时这些老式号筒会让人觅得一条进入高保真领域的道路，在那里指向性和动态表现就如同令人难忘的视觉表现那样，它能够产生出富有戏剧性的差异，如图 21.36 所示。

图 21.36 号筒扬声器论坛（图片提供：John Kalinowski）

21.4.2.7 扬声器的输出限制

电磁扬声器可使用的最大输出是诸多参数的函数，这些参量包括振膜位移、热量传导、音质（即可接受的最大非线性程度）及运动部件的磨损程度等。

磁驱动单元存在两个最基本的限制：位移限制和温度限制。位移限制可由机械和电气因素共同作用导致。当一个运动部件与一个固定部件相接触，或者某一悬吊部件产生了超出机械位移设计范围的形变，此时就会产生机械位移限制。当电动机构在线性范围之外进行工作时，就会产生电气位移限制。这是由音圈绕组的长度及构成磁缝隙的磁板厚度决定的。图 21.37 示出了 3 种典型的音圈构造：等长音圈、长音圈和短音圈。当这些音圈的所产生的位移导致电动机构的电流灵敏度降低时，将会产生更大的失真。线性换能要求单位电流产生出的力在各个位置上基本保持恒定。

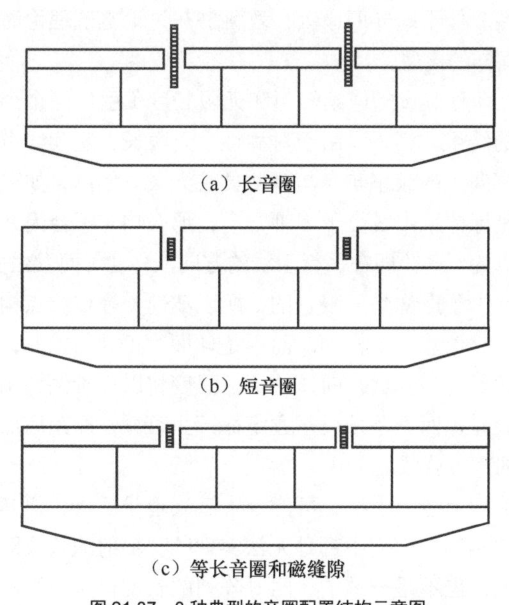

图 21.37　3 种典型的音圈配置结构示意图

经验显示：超过磁缝隙长度 15% 的位移将会在低频产生近似 3% 这种较为合理的谐波失真。上面提及的 3 种音圈结构类型中的每一种均具有各自的优缺点。图 21.37(c) 所示的等长音圈在电动失真方面存在最大的潜在可能性。尽管如此，同时它也具有最强的电动力（因为它具有最大的导体质量和最强的磁场密度）。等长音圈是压缩驱动单元的典型配置，从本质上讲，其最大位移比较短。图 21.37(b) 所示的短音圈允许产生更大的位移，但由于磁缝隙较长，故需要更大的磁体。对于中等磁通密度而言（10 000 ～ 15 000G），与等长设计相比，该种设计需要采用重量约大 2 倍的磁体（面积加倍，长度一样）来取得磁缝长度加倍的结果。它能够获得近似 2 倍的最大位移，以 2 倍磁体重量(3dB)为代价换得输出声功率增大 4 倍(6dB)。图 21.37(a) 所示的长音圈具有最佳的电动机构线性特性，所有其他方面特性也比较均衡。它常见于以直接辐射器应用的低音扬声器单元中，因为这时需要更大的位移。其主要缺点就是磁缝之外的音圈无法参与能量转换。这些多出的音圈长度导致重量和直流电阻增加，因此降低了电动机构的效率。尽管如此，还是有很多商用低音产品使用长音圈取得成功的案例。

电磁扬声器电机机构的温度限制是由使用材料的温度限制和音圈向外界进行热传导的特性共同决定的。扬声器制造业所使用的多数黏合剂所能承受的温度上限处在 120℃～ 177℃（250°F ～ 350°F）。虽然有些黏合剂能够承受更高的温度（高于 354℃或 670°F），但它们需要经过特殊的加工方式，因此从本质上讲它们难以应用。阳极氧化铝线材的熔点与铝相同。音圈在高温状态下工作会产生更高的阻抗。一般温度每升高 1℃（1.8°F），铜和铝材料的直流阻抗约升高 0.4%。因此，当音圈工作于高于环境温度 100℃的情况时（127℃或 261°F），此时的阻抗与外界环境温度下的阻抗相比约增加了 40%。

音圈的工作温度 T_{VC} 是由环境温度、音圈耗散的能量，以及一个被称作热阻(thermal resistance)的参数(单位为℃ / W）共同决定的。热阻用来衡量一个物体将热量传导至体外的能力。热阻值越低，它传导热量的效率就越高。随着功率的加倍，高于环境温度的最终温度也会加倍。扬声器的热传导性能取决于其空气缝隙设计、音圈设计及其盆架和磁体向周围或空气的热传导能力。

随着空气缝隙长度的减少和面积的增加，热传导将加大（或者说热阻降低）。使用铝作为音圈骨架将会增加有效传热面积，铝的材质越厚，效果越明显。绕在大直径铝质骨架的音圈拥有较大的缝隙面积和非常严格的音圈与缝隙间隔容限，之所以能够承受大的电功率是因为气缝内有良好的热传导能力。简言之，大且构造精密的扬声器通常能够承受更大的功率。随着扬声器的振动，它有可能将气缝中的气体抽出，进而改善其热性能。扬声器的设计者们或许可以开发这种特性。假如音圈的长度相同，短音圈和等长音圈设计将具有更好的热传导能力。长音圈设计则只在缝隙区域内具有良好的导热性能，而缝隙区域之外的一段导热性能则相对较差，因此在持续高功率的环境条件下很有可能造成其损坏。

音圈的温度升高并不是瞬时完成的，它和质量、时间和节目素材信号直接相关。可以猜想，质量轻的音圈温度升高时间短，反之亦然。磁结构和盆架的时间常数通常以小时来计量。因此，评估换能器最大功率承受容限需要进行长时间的功率评估。盆架和磁体向外界导热是需要重点考虑的另一个因素。尽管温升需要很长时间，但因箱体的原因，最终的温度可能会有非常大的变化。倒相式箱体的顶部和底部未经玻璃纤维隔离的倒相孔将会形成足够的空气流通，进而对高温扬声器进行散热。如果同样的扬声器被包裹在一个由玻璃纤维填充的闭箱中，那么它就极有可能遭受高温升带来的危害。在要求闭箱扬声器系统提供最大功率输出的应用中，要关注最终的散热路径问题。

扬声器的效率与指定输出声功率条件下所呈现的热负载直接相关，该热负载要承受指定的声输出级。扬声器效率越高，它在一定输出功率下的自身发热量就越低，在其他条件均相同的情况下，针对指定阻抗的总体灵敏度高出 3dB 的扬声器，达到想要的输出功率所承受的热负载会降低一半。

在音乐会巡演中，音箱经常会在接近或超出其设计限定的情况下工作。如果因温度原因，音圈阻抗加倍就会使扬声器系统的灵敏度降低6dB，其在演出过程中的音质也会发生非常大的变化。当发生问题时，输入信号的属性通常将决定其故障模式。经过压缩（降低动态范围）的高频成分将导致散热问题出现。机械故障通常源于那些高动态的打击乐素材，比如单独预听的录音棚中架子鼓通道信号，或是那些没有经过动态范围控制的输入信号。另一种导致机械故障产生（大多数情况是高频换能单元的故障）的信号是经过高通滤波器的硬削波信号。这种信号的峰-峰值电压是输入信号的2倍。

21.4.3 大功率低音音箱的热交换设计

在扩声系统的各组成单元中，低频器件的发热量比其他的发热量都大。这些器件的效率通常为2%～8%，余下的92%～93%的能量都直接转变成了热量。对于某些音乐形式而言，这不算问题。然而，有些节目形式，尤其是EDM或电子舞曲音乐都包含电平非常高的极低频率成分，并且这些信号会持续相当长的时间。这时热传导就变成要重点考虑的问题。实际上现代节目素材的重低音加大了解决问题的难度。

随着我们对扬声器热传导机制了解的不断深入，让我们来看一些用于改善音圈散热和提高承受标称热功率的设计。

21.4.4 线阵列

另一种类型的扬声器系统就是线阵列。尽管线阵列与其他类型的扬声器系统相比存在许多一致的地方，但是有些属性是其特有的，需要单独进行讨论。线阵列可以构成完整的全音域扬声器，或者构成全音域中的一个或多个频带。在线阵列中，各个辐射器被安排成直线状或弧线状的形式，多个完整的扬声器系统也可以配置成线阵列。近些年来这种配置越发流行起来。在最简单的线阵列形式中，每个单元通常是一个小型的纸盆换能器，它们被施加一样的全音域信号。这种类型的阵列也被称为声柱（sound column），在20世纪70年代的大部分时间里它颇受业内的欢迎，目前在一些固定安装系统中它还在使用。

近来，随着DSP技术的发展，再加上来自音乐会巡演扩声行业对重量小型化，解决扬声器阻碍现场观众视线，以及物流卡车空间问题的呼声一直不断，这一切重新引燃了人们对线阵列的兴趣。虽然它具有一些诱人的感知性能特点，但也存在一些固有的局限性。第一，线阵列指向性属性只表现在垂直面（沿着阵列的长度方向）上。水平方向上的指向性与构成阵列的各个单元的水平特性一样。第二，线阵列一定是由分立的单元组成的，它不同于连续线声源。各个声源单元构成的阵列的这种周期性使辐射型的零极点问题进一步恶化，同时导致线阵列的离轴冲激响应存在多个分立到达的脉冲。这就是说，当用类似单个脉冲（咔哒声或类似于爆竹录音信号）驱动时，所接收到的信号序列从来自最近声源开始，以最远声源结束。

将线阵列视为线声源来判读线阵列的工作特性或可能的特性通常并不正确。线声源是一个大的理论意义上的结构。它是由无限长且窄的辐射器构成的，声辐射在其表面的每一点上都是非常一致的。实践中的“声学无限性”通常指其尺寸要达到40～50倍波长的规模。在现实中不可能实现的这种完美一致性假定简化了对线声源特性进行数学建模的要求。文中为了说明问题，我们还是可以假设其具有无限长的物理特性，这样可以进一步降低数学建模的复杂性。处于同样的原因，教科书在讨论电磁理论时也采用了同样的模型。

这两种假设（连续辐射和无限长度）引出两个令人感兴趣的结果。第一，由于对称性，无限长、连续线声源沿着线方向上的频率响应与观测位置无关。例如，如果假设在柱坐标体系中线位于Z轴方向，那么响应不会因Z轴上观测点的不同（即在平行于线的方向上移动）而发生变化。第二，由于声源是无限长的，所以波前（等相位点构成的集合）将形成一个柱面，而不是球面。正因为如此，随着距线源距离的变远，向外的辐射强度将以一阶倒数函数的规律衰减，而不是按反平方定律产生衰减，即距离加倍所产生的声级衰减是3dB。

尽管上述两个结论可能令人感兴趣且诱人，但其在任何物理实现的阵列中都是无法实现的。辐射的效果既不是连续的，也不是一致的，同时阵列的长度也是有限的，因此在讨论实际系统的特性时这些都是不能忽略的。不幸的是，这些问题在所提供的商用线阵列产品信息中都被忽略或者完全略去了。

全音域线阵列具有相对窄的垂直辐射型特性。这些辐射型的细节会随频率的改变而产生大幅度的改变，一般都包含不想要的离轴零点（深的响应凹陷点）和极点（响应峰值）。在非同轴的多分频扬声器中也会产生同样的离轴响应现象——这是由各个声源与听音人之间相对距离的变化而导致的，这种现象建立起这样的指向性。在高频时，前两个零点间的角度隔离度（有用的覆盖角度）可达5°或更小的程度。

在过去的59年间，人们采取许多种方法来解决与线阵列相关的问题。对设计者而言，线阵列所固有的两个主要属性对其设计形成了挑战：总的阵列长度和各个单元的间隔。为了取得性能优异的线阵列产品性能，必须要认真对待这两方面问题，让人感兴趣的是，这两方面的问题会让线声源的特性更像点声源。

解决阵列总长度问题的一种方法就是采用锥形阵列。在这种类型的阵列中，只有最靠内的单元传输最高频率成分。加到阵列中更靠外单元上的信号是经渐次工作于更低频率的低通滤波后的信号。实现该目标的另一种方法就是保持阵列的有效长度与声波波长间的比值不变。利用DSP处理能力基本上可创建出任意幅度和相位响应的滤波器，这便使锥形阵列的创建更为直观。另外，采用与频率不相关的延时可使辐射型的峰值点可控。在所有这些情况中，每个单独声源的指向性对总的指向性形成限制，因为声源还是独立辐射的，如图 21.38 所示。

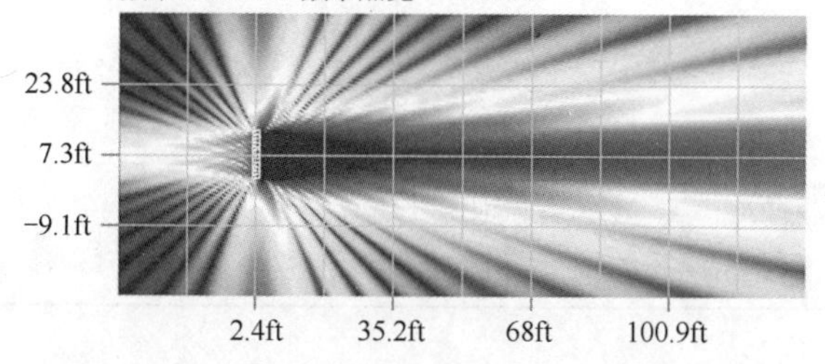

图 21.38　12 个箱体单元组成的线阵列在 2kHz 时的辐射情况

单元的间距问题是摆在设计人员面前的另一类挑战。相对于波长而言，间距做得越小，线阵列或点声源阵列的特性越好，性能越接近于连续的辐射器。当间距相对于波长而言变大（大约在 1/2 波长或更大）时，阵列的离轴响应将会包含许多零极点。这些离轴的极点有可能达到接近主轴辐射的声级。回顾图 21.14 所示的双声源的极坐标方向图，开始时声源间距不到 1/4 波长，最后声源间距达到数倍波长。考虑到较高频率可闻声的波长短（10kHz 时的波长为 34.4mm），这时为了取得最佳单元间距所面临的挑战在较高的频率上就变得越发明显了。通过采用大功率磁性材料来不断地减小电动机构组件的尺寸有助于解决这方面的问题，因为开发的组合器件可让许多高频驱动单元耦合至同一号筒上，图 21.39 和图 21.40 所示的就是 Danley J4 扬声器及其垂直覆盖图。

图 21.39　Danley Sound Labs J4 象散型点声源号筒阵列，在一个号筒上有 64 个压缩式驱动单元

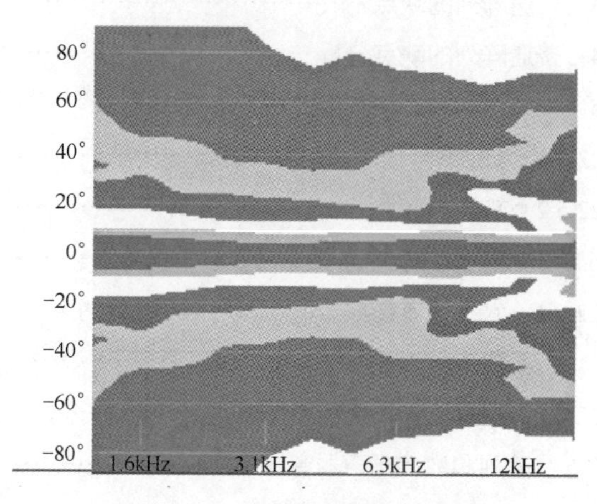

图 21.40　Danley J4 垂直覆盖的等声压级图

第22章

扬声器阵列设计

Ralph Heinz编写

22.1 为何用阵列

为了讨论这部分内容，我们可将扬声器阵列定义为一组由两只或更多数量的全频带扬声器组成的系统，其箱体彼此相互接触。当一个音箱无法产生足够的声压级，或无法很好地覆盖听音区域时，系统设计者会使用由多个箱体组成的阵列来满足需求。然而，大多数设计者对于阵列都有着明显的倾向性，因为相对于使用多个广为分散的声源来说，使用一个近似的点声源更容易保证声音的可懂度。

22.2 阵列问题和部分解决方案:简史

用于音乐演出的第一代便携流动音响系统使用了一种原始的阵列形式：它们简单地将很多矩形全频带音箱堆砌在一起，这些音箱指向同一方向，以获得足够大的 SPL。这种阵列隐含着潜在的相互干涉问题，因为每个听音者都会听到若干音箱发出的声音，而这些音箱与同一听音者的距离各不相同。在每个听音位置上，各扬声器信号到达时间上的差异造成声波呈现峰谷，而这些加强和抵消则根据不同的频率和不同的距离差而有所不同。因此，尽管这套系统产生了足够的声压级，但其在覆盖区域的频率响应是极为不一致的。即使有足够的高频能量，在每个听音位置上的清晰度和可懂度表现还是会因为声音到达时间上的差异而不尽如人意。

第二代系统集合了压缩驱动单元和从电影院扩声借鉴而来的号筒技术，这种系统被用于大型的语言扩声系统中（这也是“公共扩声”最初的含义）。当两个或更多的号筒被放入一个箱体，并通过一个梯形边界隔开时，这些号筒得以张开，彼此不再干扰，由此第一代可阵列化系统被引入市场。这些产品承诺能消除副波瓣和死点（声波相干而产生的峰和谷），并显著地改善梳状滤波效应（干涉）的影响。相对于那些堆放的矩形直接辐射式扬声器而言，它们的性能的确提升了。但覆盖区域的频率响应却始终不能保持一致。除了中高频区域的不一致，低频的输出也存在从前到后、从左到右上的差异。低频能量被集中在阵列的纵轴上，产生出一条“能量小径”，给视觉效果最好的座位带来最差的声音表现，如图 22.1 所示。

图 22.1 一个典型的第二代扬声器组。即使每个箱体都作为一个点声源来设计，多个箱体之间总会在还原同一个声频信号时产生相互干扰

22.3 普通阵列的缺点

正如我们在第一段所说，阵列的性能优势（无论是横向阵列还是纵向）在于它与完美点声源的性能近似。然而，通常最小的阵列也包含了 3 个或更多的音箱，每个箱体还拥有自己的 2 ～ 3 个声学中心。因此，我们很容易理解，要让这些不同的声源表现出接近于理论上点声源的性能，在实践中是极为困难的。人们试图用信号处理作为解决方案，通过牺牲信号的一致性来弥补理论和现实之间的差异。它们通过频率处理或使用延时的方式，将不同的信号送往不同的箱体当中，希望以此来改善声学问题。这些解决方案往往成本高、复杂且效果有限。

严谨的声学物理分析指出了一条通往实用解决方案的道路。首先，这里讨论的是现在所有阵列系统都会使用的：60° ×40° 的号筒被放置在斜面为 15° 的梯形箱体当中，如图 22.2 所示。

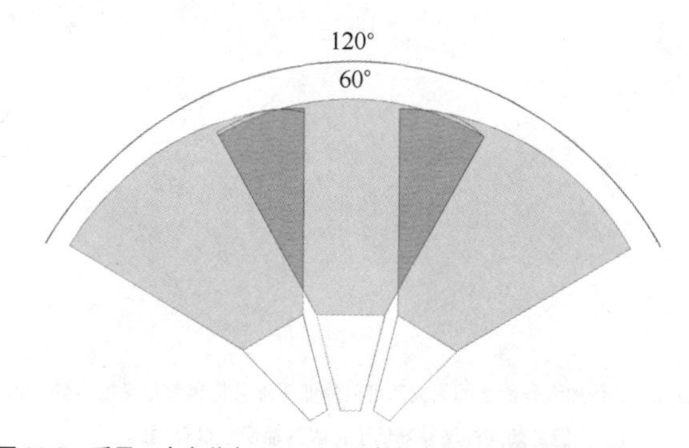

图 22.2 采用 3 个安装有 60°×40° 号筒的音箱来组成普通的阵列，音箱彼此的梯形边之间以 15° 的夹角紧靠在一起安装。这样的阵列会产生实质性的声场交叠和号筒间的干涉问题

在这套系统中，3 个紧密相连的号筒之间有 15° 的相邻交错角度，这便在号筒之间形成 30° 的张角，从而使总张角达到 120° 。乍看上去，这似乎是一个完美的排列。不过，图 22.3 所示的 EASE 干涉预测显示的结果却表明这种结构存在着明显问题：在 1kHz 以上会出现明显的干涉现象，根据角度不同，干涉产生的幅度变化在 8 ～ 9dB。在轴向上，1kHz 以下的频率拥有 10dB 的增益。如果将最大声压级作为主要考虑因素，那么这种阵列的性能可以接受。当主扩调音台位于左右阵列的轴线上时，在经过调整后它们可在这一有限区域上得到可接受的声音重放效果。而在房间的其他区域，包括前排的 VIP 座席区，都将深受其害。

如图 22.3 所示的干涉形态可以通过将箱体之间的角度扩大为 30° 来降低，如图 22.4 所示。这个阵列可能看上去不如之前的好看，但它的确在整个覆盖区域上拥有更加平坦的频率响应特性，如图 22.5 所示。在 ALS-1 预测图形中，在 2kHz 和 4kHz 时可以清楚地辨别出每一个号筒。同时还需要指出的是，随着频率的增加，号筒间的间隙也变得更深。

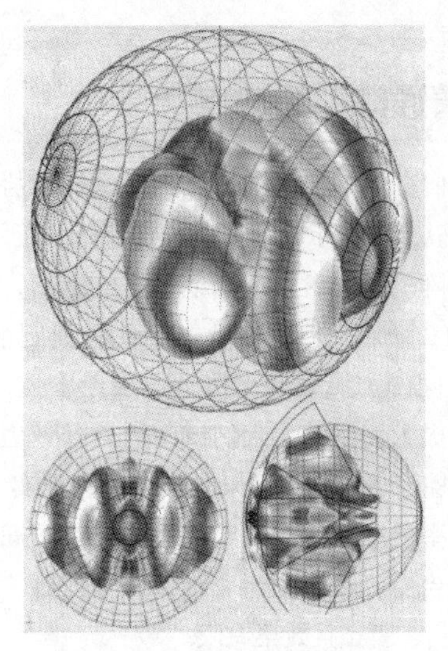

图 22.3　干涉形态图是由彼此靠在一起、梯形边之间以 15° 夹角安装在一起的 3 个可构成阵列、且内部装有 60° ×40° 恒指向性号筒的音箱产生。这是一种通过直辐射式换能器组合构成的改良方案，这与理想的点声源阵列完全不同

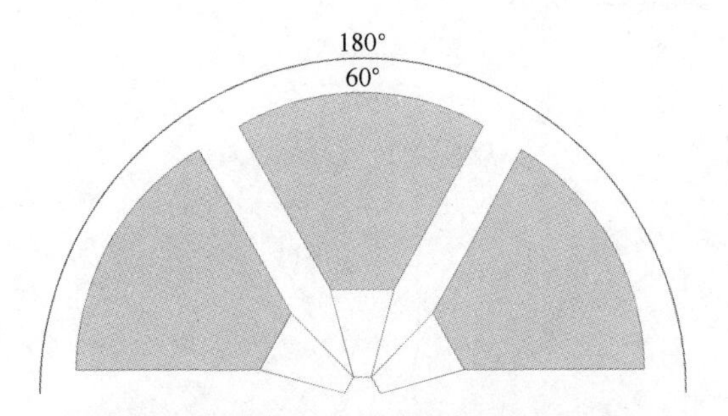

图 22.4　尽管加大号筒之间的夹角可以降低干涉且将覆盖角度加宽到 180°，但是前向的增益降低了，因为能量总是守恒的

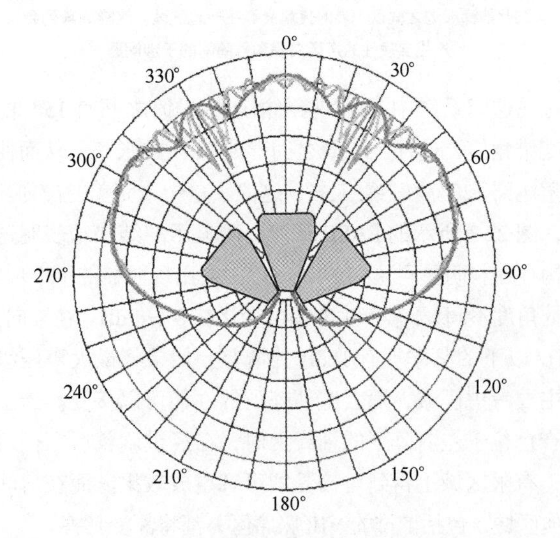

图 22.5　尽管 ALS-1 干涉预测得到的加大彼此夹角情形时的干涉降低了，但在较高频段上，3 个号筒的表现过分明显

图 22.6 揭示出了传统号筒阵列之间（无论它们是被安装在梯形箱体内所组成的阵列，还是被直接安装在自由空气当中）始终存在干涉的原因。随着波前从原点中心向空间扩散，它们总会在声波覆盖的边界处产生一定的干涉。

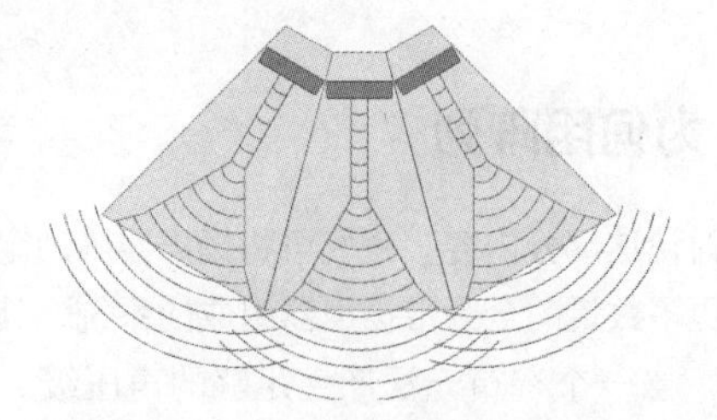

图 22.6　声音的压力波以球面形态向外扩展，除非它们是由同一中心点发出的，否则多个球面总是会相互交叠的

22.4　普通阵列的缺点分析

对于处在远场的阵列，相关的角度为

$$SPL(\theta)=10\lg P_0^2 \tag{22-1}$$

如果听音区与阵列的距离远大于阵列尺寸，则声压级 P 可以表示为下式的实部

$$P(\theta)=A_i(\theta)^{\mathrm{j}(\omega\tau-kS_i)} \tag{22-2}$$

在公式中，

P 表示声压；

ω 表示角频率。

$A_i(\theta)$ 是关于阵列纵轴和远处听音点方向间夹角的函数。由于声源是以其轴向上相同距离的比值表示的，所以它给出了声源所产生声压的比值。

在图 22.7 所示的第 i 个声源中，假设所有声源相同，那么它们所产生的声压贡献由下式给出。

$$P_i=A_i(\theta)^{\mathrm{j}(\omega\tau-kS_i)} \tag{22-3}$$

在公式中，

k 为 $2\pi\lambda=2\pi fc$；

λ 为波长；

f 为频率；

c 为声速；

S_i 是由第 i 个声源到达超出原点与听音点距离的远点位置的声程。

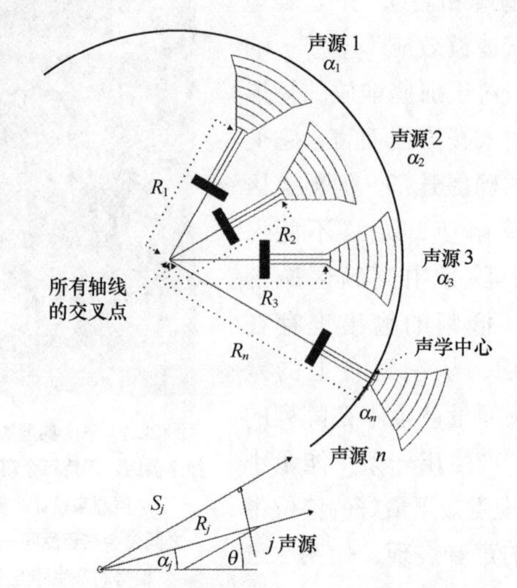

图 22.7　对于与圆弧形阵列而言，图中表示出了附加的声程 S_j

对于一个由 n 个声源组成的阵列而言，总声压 P 可由下式给出。

$$
\begin{aligned}
P(\theta) &= \sum_{i=1}^{n} A_i q \mathrm{e}^{\,\mathrm{j}\omega\tau - kS_i} \\
&= \varepsilon^{\mathrm{j}\omega\tau} \sum_{i=1} A(\theta) \varepsilon^{\mathrm{j}\omega\tau kS_i}
\end{aligned}
\quad (22\text{-}4)
$$

声压振幅的平方为

$$
P_0^2(\theta) = \left[\sum_{i=1}^{n} A_i \theta k S_i\right]^2 + \left[A_i(q\theta)\sin(kS_i)\right]^2 \quad (22\text{-}5)
$$

其中，

$A_i(\theta)$ 为 $A_i(\theta-\alpha_i)$。

对于一个圆弧状阵列来说，图 22.7 中所显示的附加声程 S_i，半径为 R，角度为 α 的第 i 个声源

$$
-S_i(\theta) = R_i \cos(\theta - \alpha_i) \quad (22\text{-}6)
$$

因此，R_i 越小，S_i 的差异就越小，声源之间的干涉就越弱。在理想条件下，对于所有声源来说，R=0。由于 R 接近为 0，故干扰的可闻程度将会更低，阵列想要覆盖区域上的频率响应将会变得更加一致。

22.5　一致声学中心：实用的解决方案

很显然，理想的解决方案就是按照图 22.8 所示的那样布置所有的声学原点。我们可以通过垂直堆放号筒来做到这一点，虽然这种做法解决了横向的问题，但却使纵向（前后方向上）的问题变得愈发严重。图 22.9 展示了一种更为实用的近似做法，它将扬声器设计的物理构造约束考虑其中（换能器、号筒、箱体侧壁等的尺寸）。由于声源是真实的物体，我们无法将 R_i 降至 0。然而，我们可以将这个距离做得足够小，以使多箱体构成的阵列产生可测量的、可闻的性能提升。

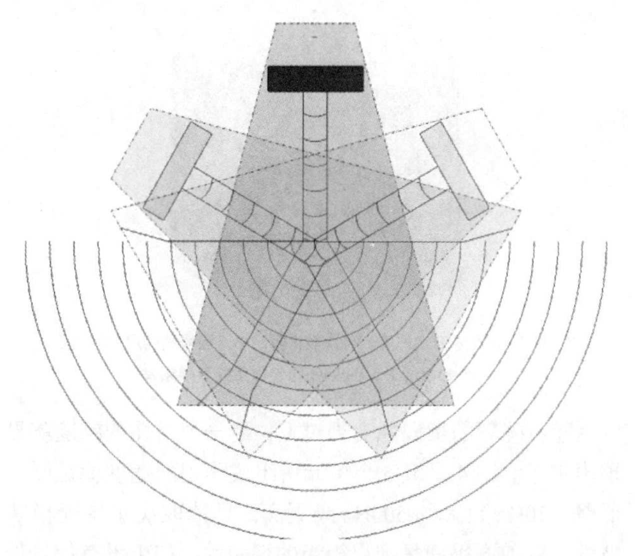

图 22.8　对所有号筒的声学中心进行声学上的理想配置在现实中是不可能实现的

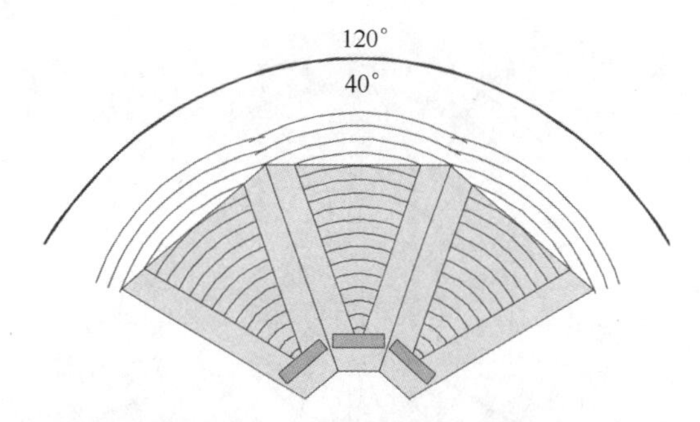

图 22.9　虽然驱动单元和箱体是真实的物理意义上的物体，TRAP 号筒的声学中心并不能完全一致，但可将其彼此安置得足够近，这样还是可以取得可测量的、可闻的干涉降低效果

22.5.1　TRAP 号筒：新的解决方案

图 22.9 揭示了将 R_i 和它所导致的干涉最小化的方法—— 将声学中心尽可能地靠近箱体的后部。我们可以尝试将驱动单元的尺寸最小化，例如通过使用诸如金属钕这样的高输出磁性材料。声学中心取得一致的最大障碍在于号筒本身。这是由于典型的恒指向性号筒所表现出的象散性：它们的视在原点在水平和垂直面上均不相同。为了在水平方向上取得更宽的覆盖指向型，其视在顶点向前移，由于其垂直覆盖指向性通常较窄，因此垂直方向的顶点会更靠后。可以肯定的是，目前最受欢迎的两种号筒模式就是 60° × 40° 和 90° ×40°。有一种解决方法，就是将号筒旋转，在水平面上使用号筒的垂直顶点。通过这种处理，我们可以尽可能有效地将声学中心向箱体后部移动。当这种技术与箱体设计相结合时，即让阵列中相邻驱动单元间间距最小化，同时将箱体的梯形面与号筒的开口角度相匹配，这样便可以创造出在号筒有效频率范围内干涉被最小化的系统。该理念奠定了 Renkus Heinz 的真正阵列原理（True Array Principle）理论的基础。

后来，对号筒形状本身的改进方案获得了美国专利，专利号为 U.S. Patent # 5 750 943。这种阵列波导拓扑结构使得视在声学原点更加向音箱箱体后部移动。再次强调，将声学中心尽可能向后方移动，可将阵列内声学原点间距离 R 最小化，进而减小阵列各单元之间的相互干涉。

图 22.10 所示的是第一代 TRAP 号筒的 ALS-1 预测图。很明显，干涉现象几乎消失了。

图 22.11 所示的是 3 个 TRAP40 箱体所组成的宽覆盖阵列的被测 EASE 数据。频率响应在水平方向和垂直方向上都能够保持基本稳定，波动范围处在 ±4dB 之内。这是一个非传统的阵列，它没有使用频率整形或者微延时来改善性能。由于号筒的实际指向特性随频率变化而变化，所以测量结果与预测结果并不是 100% 吻合：第一代 TRAP 号筒能够在 1 ～ 4kHz 范围上保持 ±10°的标称覆盖范围。

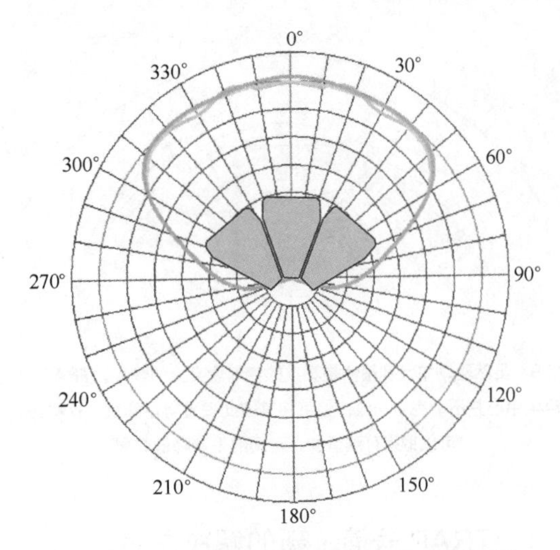

图 22.10　TRAP 设计实现了真正意义上的可阵列化系统，系统在号筒通带内的有害干涉被最小化

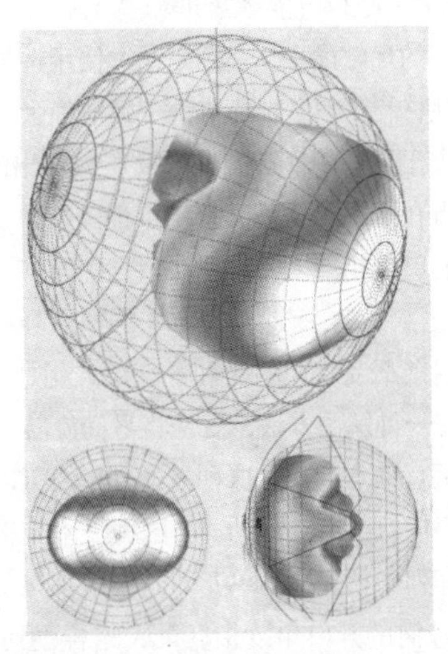

图 22.11　由紧密摆放的 3 个宽覆盖扬声器组合得到的 TRAP 阵列产生的干涉几乎测量不到，这是因为由 3 个号筒产生的 3 个球面波前是从同一声学中心发出的，因而它们的表现就如同是一个声学单元一样，不存在声学叠加或干涉的问题

22.5.2　TRAP 的性能

基于真正阵列原理（True Array Principle）的系统可以扩展同样辐射方向型的带宽（辐射角变化处于 ±5° 所对应在频率范围），它所能到达的频率下限取决于相邻箱体相互耦合终止时的频率。TRAP 系统的设计使得箱体能够为号筒之间提供 40° 最佳倾角：与其他很多 20° 侧倾角的设计相比，这种梯形侧面更为陡峭。对称号筒与更为陡峭的侧壁倾角的结合使得阵列中所有单元的声学中心保持一致。

需要指出的是，将水平顶点移至与垂直顶点相同的位置将导致出现 40°×40° 对称覆盖方向型。这反过来又需要 4 个水平方向（一侧到另一侧）上频率响应平直的箱体来覆盖 160° 的范围。利用 60°×40° 箱体，即使存在可闻性的差异，还是能够提供 180° 的覆盖。

除了上述系统，还有与其阵列性能相近的商用系统。法国制造商 L-Acoustic 的 ARC 系统使用了一种声程均衡器，它强制所形成的波前适合其所使用号筒的张角，并且将声学中心置于箱体后方。在 ARC 当中，箱体的梯形侧壁同时还对高频起到波导作用。由于波导开口角度与箱体匹配，所以这肯定是一种优秀的解决方案，它使号筒在其有效的工作频率范围内的干涉被降至最低。

在 EAW 的 KF900 系列产品当中，用于中高频的简单相位号筒将声学中心尽可能地置于箱体的后方，同时它们的开口张角也与箱体梯形侧壁的倾角相匹配。与那些基于较小波导的系统相比，尺寸相对较大的 KF900 系列箱体和号筒的最小干涉频率下限会更低。请记住，这些用于阵列干涉最小化的技术，包括真正阵列原理（True Array Principle），仅在号筒有效的频率上才可行。

22.6　低频阵列：有利的干涉

在之前的阐述中，概述了使阵列中箱体或号筒间破坏性声学干涉最小化的必要参数。然而，这些技术仅在号筒有效的频率上才是有益的。不过这些系统或者号筒常被用在刚好指向性截止或更低的频率上，在这些频率上，低音扬声器的活塞尺寸完全无法提供指向性控制。

22.6.1　水平低音扬声器单元阵列：维持宽的声覆盖

作为第一个例子，让我们看看用图 22.12 所示小型全频箱体（12 英寸纸盆，1 英寸压缩驱动单元）组成的阵列所产生的另外的问题及其所带来的机遇。对于全频阵列模块来说，存在 3 个不同的区域，在这些区域上会表现出相对于波长的不同性能。在最低的频率，或最长的波长上，这些模块仅表现出良性干涉或互耦合。每增加一个模块都会增加额外的轴向声学输出。这里所表现出的机遇是相对于单个箱体而言，需要较少的均衡就可以使阵列在更低的频率上保持频率响应的平坦性。

图 22.12　虽然 TRAP 阵列可以做得相当小，但号筒的尺寸将决定 True Array Principle 不再起作用的下限频率

随着阵列的指向性变得过宽，另一个潜在的问题就显现出来了。由 4 个或 5 个单元所组成阵列的宽度就足以让低频（20Hz 到大约 500Hz 或更高，具体取决于单元模块特性）在前方平面呈现出相当的指向性。如果没有信号处理机制，那么该阵列就无法被均衡处理，因此在想要的覆

盖范围上也就无法获得一致的频率响应。在覆盖区的中部，声音会比较浑浊，在其边缘，声音听上去发薄。解决方案之一就是使阵列在水平面长度方向上逐渐变短，以此让较低频率的水平扩散最大化。虽然整个阵列可用于波长最长所对应的最低频率（20 ～ 200Hz）上，但在较高的频率上，随着波长越来越短，阵列长度也必须相应变短，以此来保持较宽的扩散性。这种效果可以通过对阵列中最靠外的低音扬声器进行低通处理来取得，这样仅 2 个或 3 个最大的低音扬声器单元被用于相对较高的频率。

基于全频单元的阵列可能出现问题的第二个频率区发生在箱体间距无法保证互耦合成立的波长上，此时号筒已经到达其指向性的截止频率了。这一般适用于小半个倍频程的范围，此时相邻箱体的间距达到一个波长。在此，我们从阵列覆盖区的多个观察点来观察破坏性干涉与良性干涉的综合效应，这使得频率响应的波动范围超过了 ±6dB。幸运的是，我们可以使用信号处理技术来把这种影响降至最低。简单地在每个隔开的箱体上将这个频率范围陷波掉，陷波衰减量为波动量的最大值（通常衰减量为 6dB），宽度选择为偏差带宽（通常为 1/2 倍频程），这样在阵列覆盖区域中出现的频率响应不平坦度就会被降至最小。

基于全频模块的阵列由相关波长特性所划分出的第三个频率区域就是高于号筒有效频率的频率范围。让我们假设图 22.12 所示号筒的声学中心处于箱体的后部，其开口张角也与箱体侧壁所组成的梯形倾角相匹配。基于这些假设，该阵列在 1 ～ 2kHz 的频率范围将呈现出极少的干涉，这一频段恰好是号筒有效指向性频率的截止区域。每增加一个单元，阵列的覆盖角度就会相应地增加。

22.6.2　垂直低音扬声器单元阵列

尺寸导致号筒不实用的频率指向性

虽然有益的破坏性干涉听上去像一种自相矛盾的说法，但仍然有一些商用的低音扬声器单元阵列利用这项技术的优势。将哈里·奥尔森（Harry Olson）所表述的基础物理理论应用于实践，如今指向性低音扬声器单元阵列已在应用，其效果要好于大型低音扬声器单元号筒。

当两个点声源彼此叠加时，其输出简单地在所有方向上实现叠加。随着两个点声源被分开，因相位抵消的缘故，其输出在分离平面上逐渐减小。当分离距离恰好为 1/2 波长时，便会出现一个纯粹的零值凹陷点，我们获得了一个经典的 8 字形，偶极化的指向性图形。目前投入商用的系统正是借助这一现象，它将低音扬声器单元以一定的间距安排成一个垂直阵列的形式，在号筒显得过大的频率以下形成偶极化指向性图形。

图 22.13 所示的就是这样一种阵列。它的设计者 Vance Breshears 将其称为 Tri-Polar，它利用 3 个低音扬声器单元之间的纵向间隔，配合相应的信号处理手段，这样便在 400 ～ 100Hz 的频率上维持对恒定低频指向性的控制。第一个应用的系统由克雷格·詹森（Craig Janssen）开发，名为调谐偶极子（Tuned Dipolar），它使用了两个独立的阵列。通过驱动单元、单元间隔和相应带宽内的恰当信号处理，Tuned Dipolar 在更宽的频带上提供了卓越的指向性控制性能。即使时至今日，超低扬声器单元也受益于这项技术。Meyer Sound 的 PSW-6 在最低的频率上获得了心形指向特性，在箱体的正后方对同一频率成分产生显著地衰减。

图 22.13　Reference Point Array 采用了 4 只 40° ×40° 的中高音音箱和 6 个低频模块组成了 Tri-Polar 配置，这样可以配合相应的下补声小型全音域系统，共同完成了对垂直方向辐射型的控制

22.7　线阵列和数控扬声器音柱阵列

为了在声源和听音者之间实现有效地交流，至关重要的是要让听音者接收并理解传来的信息。在人群聚集的大型空间中，包括剧场、教堂、体育场、交通枢纽和教室等，确保语音有效性的声学要求往往与空间的建筑需求相矛盾。如果无法通过调整场馆的声学环境，以进行有效的语音交流，那么设计一套扩声系统来满足这个要求诚然是一种挑战。近年来功率放大和数字信号处理技术的飞速进步造就出了新一代的扬声器：数控扬声器音柱或所谓的线阵列（digitally steerable column 或 line array）。用于扩声的这些扬声器在混响和强反射环境中表现出良好的声学和建筑学方面的优势。

下面我们将探讨有效交流的问题，并从客观和主观两方面来定义和度量可懂度。我们将介绍建筑和声学方面的一些概念，以及混响环境对大型公共场所空间中声音可懂度的影响。最后，我们将概述数控扬声器音柱阵列，并对其设计、性能及在大混响空间中使用时的优势进行介绍。

在语音交流当中的基本原则有以下几个。

- 语音交流中的可懂度是指语言被理解的能力。
- 它假设语音交流的过程存在于演讲者和听音者之间，或存在于声源和听音者之间。
- 对于语意的传达，英语语意的传达在很大程度上取决于对辅音的有效接收和理解。这也是我们基于近似元音区分不同单词的方法。例如：Zoo、Two、New。
- 在频响方面，语音的频率范围为 100Hz ～ 8kHz，最大的能量集中在 250Hz 附近。

• 在语音中，传递辅音信息最为重要的频率范围是2kHz附近的倍频程。

22.7.1 影响可懂度的因素

影响可懂度的主要因素有以下8个。

• 讲话者的说话方式和发音方法。说话含糊的人的讲话在任何情况下都很难听懂。

• 听音者的听觉灵敏度。人们常常忽略的一个影响因素就是，听力损失的人对于语音的理解存在障碍。

• 信噪比。我们都曾经到过很嘈杂的地方，在那种地方我们无法听懂对方的讲话。

• 直混比。混响声的声级越高，就越难以听懂讲话的内容。

• 扬声器或扬声器组的指向性。具有强指向性的扬声器能够直接将更多的声能投向观众，而投向反射墙壁或天花板的能量较少。

• 扬声器的数量。使用的扬声器数量越多，辐射到房间内的声能就越多，产生的混响声级越高。

• 混响时间。混响时间越长，对可懂度的影响可能越大。

• 声源与听音者之间的距离。听音者距离扬声器越近，混响的干扰可能就越小。

影响可懂度的次要因素有以下6个。

• 演讲者的性别。

• 传声器拾音技术。

• 语言信息的内容词汇和前后句关系。

• 主要声音相对于听音者的方向和反射及回声的方向。

• 系统保真度、均衡和失真。

• 声覆盖的一致性。

22.7.2 可懂度的测量

22.7.2.1 客观度量

对受过培训的讲话者和听音者进行统计测试可能是确定系统可懂度的最可靠度量方法。为了保证所有的语音都能够出现在测试当中，我们通常会使用音位平衡（Phonemically Balanced，PB）词表。这类词表有多达1000个词汇。我们也会使用无意义音节（nonsense syllables）或试验字表（logatoms）、修正韵律测试（Modified Rhyme Tests）来进行测试。这些测试十分耗时，而且组织起来十分困难。

22.7.2.2 主观度量

清晰度指数（Articulation Index，AI）。它是最早尝试用于可懂度量化测量的方法之一。清晰度指数主要关心噪声对语言的影响。该指数范围为0～1，其中0代表无可懂度。

辅音清晰度损失。辅音清晰度损失又被称为%Alcons（articulation loss of consonants），它是由荷兰人皮奥茨（Peutz）于20世纪70年代提出的。%Alcons将噪声和混响因素纳入考量当中，它是基于2000Hz附近倍频程对于辅音信息传递的重要性而言的。%Alsons使用的计数范围从0开始，0代表完美的可懂度，或0%的清晰度损失。

虽然Peutz使用2000Hz作为中心频率，并且2000Hz仍然是欧洲人的标准，但很多美国的声学研究学者更倾向使用1000Hz作为标准。总体而言，以1000Hz为中心频率测量出的结果相对于2000Hz来说，清晰度损失更大。

语音传输指数（Speech Transmission Index，STI）。它将声源、房间和听音者视为一个传输通道，通过测量用于替代真实语言爆破音的特殊测试信号所产生的调制深度衰减来衡量清晰度。STI的取值范围是0～1，1表示完美的可懂度。STI被认为是最为准确的可懂度测量方法，如表22-1所示。

表22-1 STI的取值范围

评价	STI	%ALcons
恶劣	0.20～0.34	24.3～57
不良	0.35～0.50	11.3～24.2
一般	0.51～0.64	5.1～11.2
好	0.65～0.86	1.6～5.0
出色	0.87～1.00	0.0～1.5

摘自彼得·马普（Peter Mapp）编写，Kalark Teknik出版的《The audio system designer technical reference》。

22.7.3 建筑结构和室内声学

混响

混响是指在原始声源停止发声后，声音在空间当中的残留。

RT是测量混响的指标，它被定义为：在空间中，从原始声音停止发声算起，与平均声能密度相比，其原始值下降60dB所需要的时间。

塞宾（Sabine）公式将RT与房间容积、表面积和所用的表面材料吸声系数关联起来。

相对表面积和表面材料吸声系数而言，若房间容积增大，则RT增加。

相对房间容积而言，表面积和表面材料吸声系数增大，RT减小。正是这种持续的声音干扰了我们对辅音的理解，进而导致可懂度的降低，如表22-2所示。

表22-2 可懂度对比图表

RT	<1s	能够获得极好的可懂度
RT	1～1.2s	可获得极好或良好的可懂度
RT	1.2～1.5s	可获得良好的可懂度
RT	>1.5s	需要细致的系统设计
RT	>1.7s	对于在大型空间中取得良好可懂度构成限制
RT	>2s	需要指向性很强的音箱，可获得有限的可懂度
RT	>2.5s	可懂度将在很大程度上受到限制
RT	>4s	需要通过具有高度指向性的扬声器来获得可接受的可懂度

22.7.4 线阵列

图 22.14 ～图 22.16 所示的是在一座 30m × 20m 的教堂当中，各种扬声器布局所形成的直达声覆盖。高坛使其长度增加了 6m。尖顶处的高度为 15.8m。房间的容积大约为 7080m³。房间里有泥灰质地墙壁、木质天花板、水磨石地面和未包饰的木质长椅。该房间的 RT 约为 3.5s。

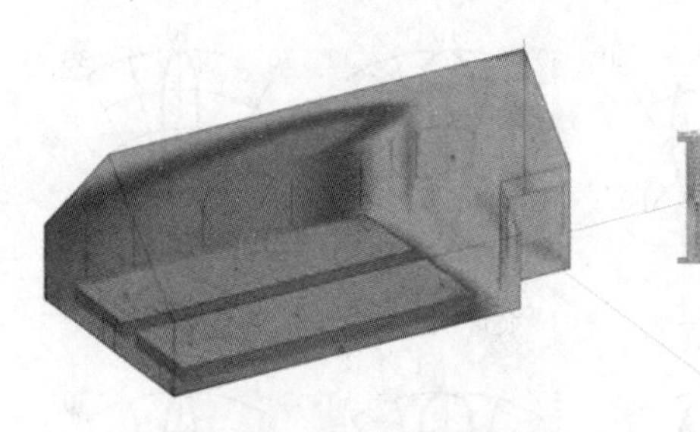

图 22.14 吊装的大型号筒阵列

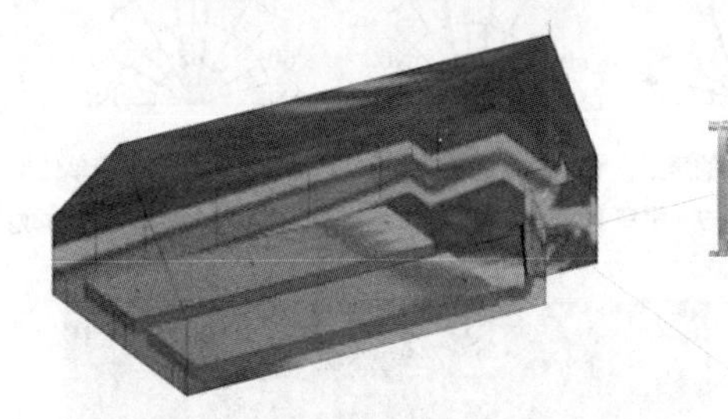

图 22.15 机械上倾斜安装的 4m 长音柱阵列

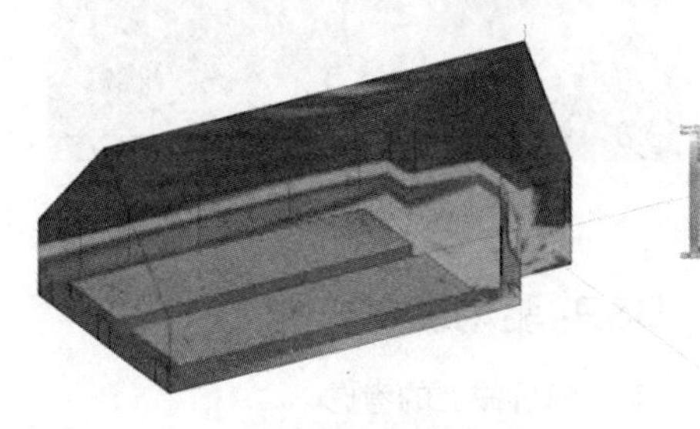

图 22.16 数控的音柱阵列

要注意吊装号筒阵列模拟中的侧墙和天花板的高声压级。机械上倾斜音柱阵列的高频波束对前排观众不利于形成良好的覆盖。数控音柱阵列覆盖了观众区，只有很少的声音被投射到侧墙，且没有任何声音被投射到天花板。数控音柱阵列能够在整个观众席区域内形成一个可接受的（良好到一般）可懂度。数控音柱阵列还能够提供出色的声辐射，且提供出更好的直混比。它们能够在强混响的空间中提供出优良的可懂度，不仅如此，它们还能更好地融入周遭的建筑环境中，让人几乎察觉不到它在使用。

22.7.4.1 数控线阵列

当房间的尺寸和容积固定时，通过增加吸声量来减少混响时间并不是一种应用选项，而数控音柱阵列可提供一种新的解决方案。

- 它们具有比最大的号筒更强的指向性。
- 这并不是一个新的理念，这种音柱阵列的概念由 Harry Olson 于 1957 年提出。只不过现在重新实施了而已。
- 实现这些设想所需要的硬体条件现在已经具备了。
- 所需的数字信号处理技术业已成熟，其功能强大且成本相对较低。
- 便携、高效的 D 类功放已具有高保真的性能。

线阵列并不是一个新的理念。Harry F. Olson 早就做过数学描述，他在 1940 年出版的经典专著《声学工程》（Acoustical Engineering）中描述了连续线声源的指向性特性。传统的音柱扬声器也始终在利用线声源指向性的相关理论。

简单的线阵列（音柱阵列）基本上就是以直线方式紧密排列在一起的大量驱动单元，如图 22.17 所示。随着频率的上升，简单线阵列在垂直方向上的指向性变得越来越强。驱动单元之间的间隔控制着高频上限。线阵列的高度（长度）则决定了其低频控制下限。图 22.18 所示的是 Harry Olson 于 1957 年所描述的线声源指向特性。

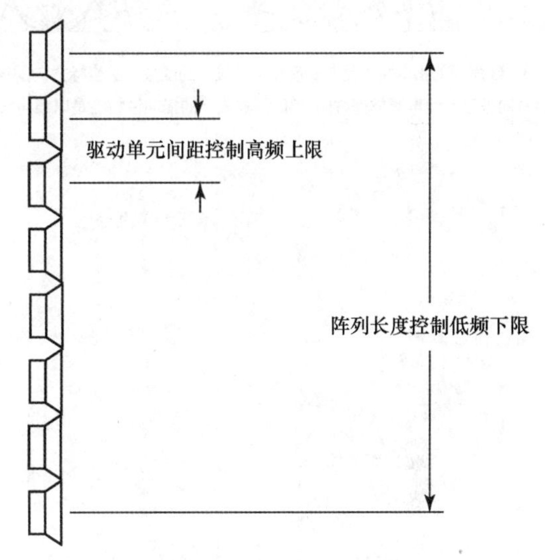

图 22.17 基本的线阵列原理

线阵列的指向性是其线长和波长的函数。当波长达到线长时，阵列呈全指向性，如图 22.19 所示。图 22.20 示出了典型线阵列的垂直方向辐射方向性图案。

22.7.4.2 控制高频的波束

简单线阵列的指向性随频率的上升而变得愈发明显。事实上，在较高的频率上它们往往变得指向性过强。垂直方向上的指向性可以通过在较高频率使用较少驱动单元的方式，进而缩短阵列长度的方法来保持恒定。为每个驱动单元配备一个放大器通道和一个 DSP 通道使得这个方式变得可行。

22.7.4.3 波束控制

通过对邻近驱动单元引入延时可对波束投射方向进行向上或向下调整。同时，DSP 控制也可让我们通过一个线阵列取得多个波束，并且可对这些波束分别进行控制。

DSP 控制可让我们将每个波束的声学中心向上或向下移动，使我们可以获得多个波束，并对这些波束进行控制，如图 22.21 和图 22.22 所示。

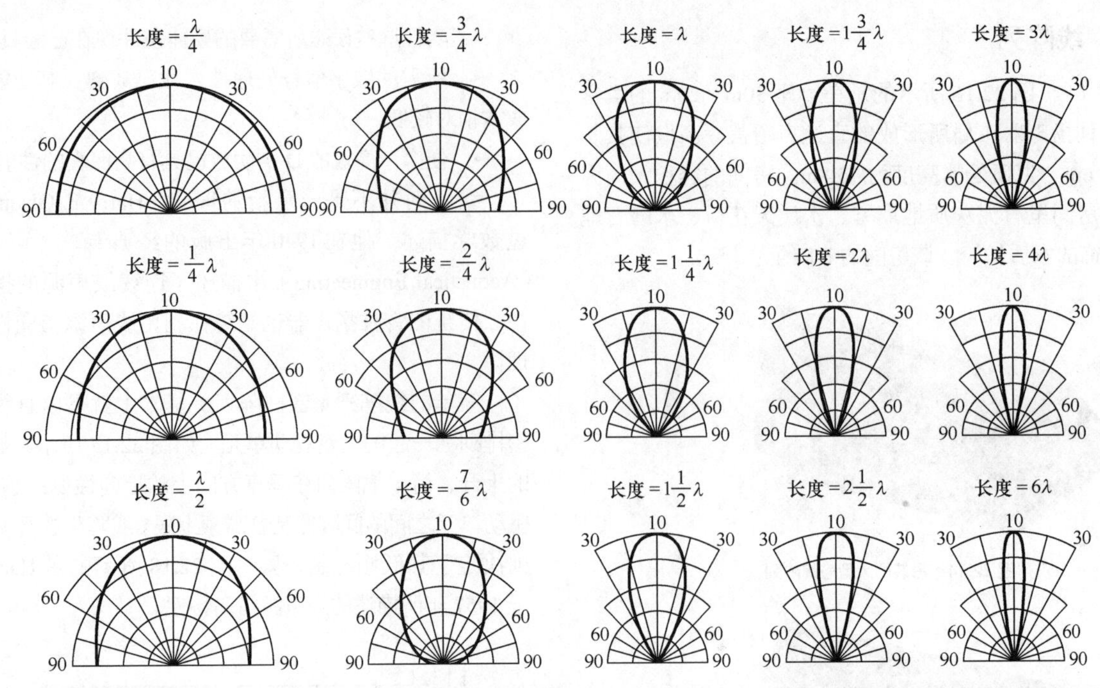

图 22.18 线声源的指向特性是其长度和声波波长的函数。极坐标方向图描述了在远处固定距离上的声压，它是角度的函数。0° 角的声压被强制定为单位值。0° 角对应的方向垂直于线声源排列方向。3D 形式表示的指向性特性是以线声源为主轴旋转表面而得到的（引自 Harry Olson 先生编写的《Acoustical Engineering》一书）

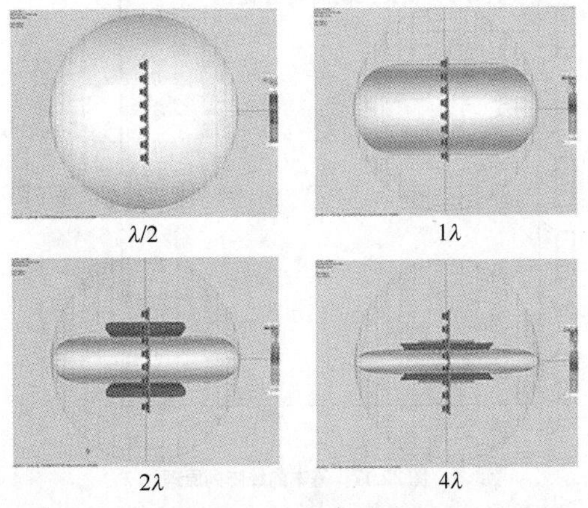

图 22.19 作为线长度函数的简单线声源指向性与频率的关系

图 22.20 典型的线阵列垂直声辐射图

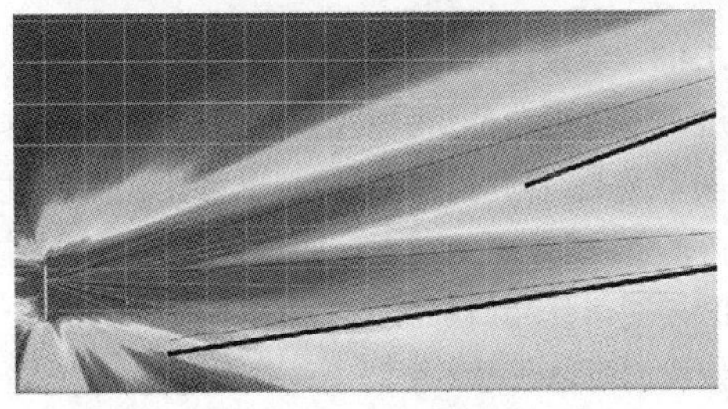

图 22.21 垂直的声辐射图表现出了多波束的性能

图 22.22 波束控制的图示

22.7.5 DSP- 驱动纵向阵列

声学、电学和机械上的考虑

实用的例子取自新型 Renkus-Heinz IC 系列 Iconyx 可控音柱阵列。Iconyx 是一种可控音柱阵列，这是一款拥有强指向性、对声音素材能准确还原，且具有建筑美感的小型紧凑组件，如图 22.23 所示。

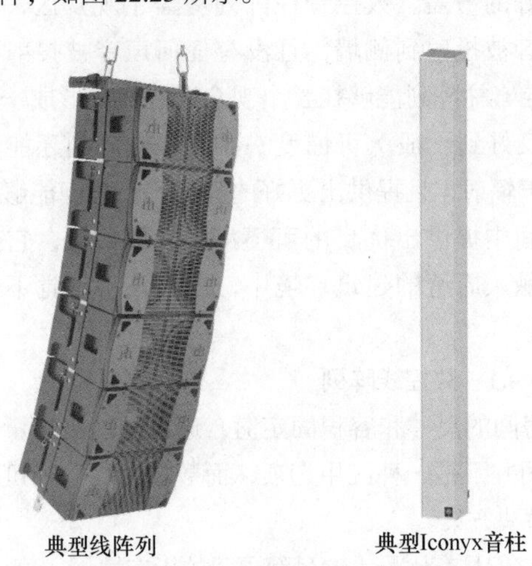

图 22.23 典型线阵列和典型的 Iconyx 音柱

和每一个扬声器系统一样，Iconyx 设计是为了满足特定范围的应用要求。当然，很多关键的设计参数都是根据这些目标应用的特点来确定的。为了理解设计过程中所做出的决定，我们必须从需要的这些应用所提出的特定问题入手进行分析。

单个驱动单元功能和 DSP 都是为了更有效地利用这一现象。没有任何一种单晶硅芯片能够绕开声学物理定理。第一代音柱扬声器的声学特性是由换能器的声学特性与整个系统的物理特性共同决定的。

（1）音柱的高度决定了它在垂直方向上可对辐射特性实施控制的最低频率。

（2）驱动单元间的间距决定了整个阵列以线阵列而非单独声源集合模式工作的最高频率。

（3）水平辐射范围是固定的，通常在驱动单元选定后，它便被确定下来。因为音柱扬声器没有波导。

（4）诸如带宽、可承受功率能力和灵敏度等驱动单元特性将会决定系统的对应性能。

这些特性所导致的一个不良后果，就是普通音柱扬声器的功率响应并不平滑。它会将更多的低频能量辐射到房间中，同时，这些能量也往往具有较宽的垂直指向性。这使得听众能够听清楚的临界距离变得更短，因为混响声场中往往包含较多的低频能量，这使得听音者对诸如辅音或乐器冲击瞬态这样的高频声的识别变得更加困难。

1. 偶极子声源指向性

由于在垂直平面上彼此相距 1/2λ，所以偶极子声源在正上和正下方两个方位上的各自输出相互抵消。在水平面上，两个声源叠加。其整体输出如图 22.24 所示。

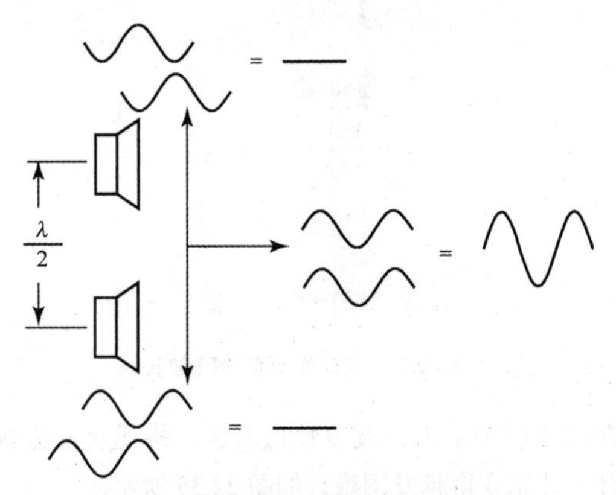

图 22.24　两个扬声器间距为 λ/2 时的信号输出

当两个声源的间距为 1/4λ 或更小时，其行为可近似视为一个声源。在垂直平面上会出现非常轻微缩窄的情况，如图 22.25 所示。

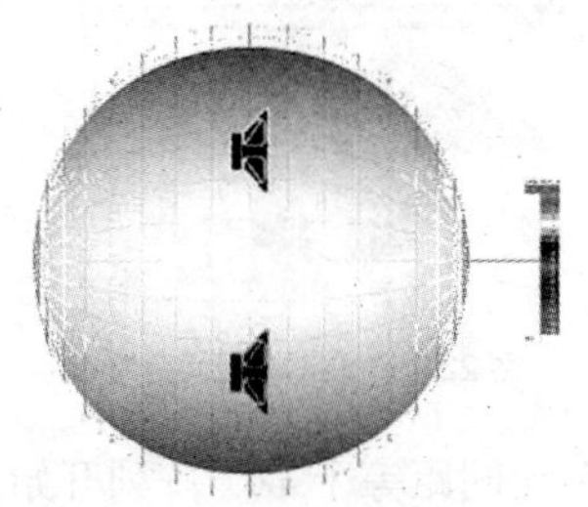

图 22.25　λ/4（1/4λ 的情形）

当间距变为 1/2 波长时，垂直平面会产生非常明显的缩窄，因为波前在垂直平面上相互抵消，此时它们呈 180° 的反相状态，如图 22.26 所示。

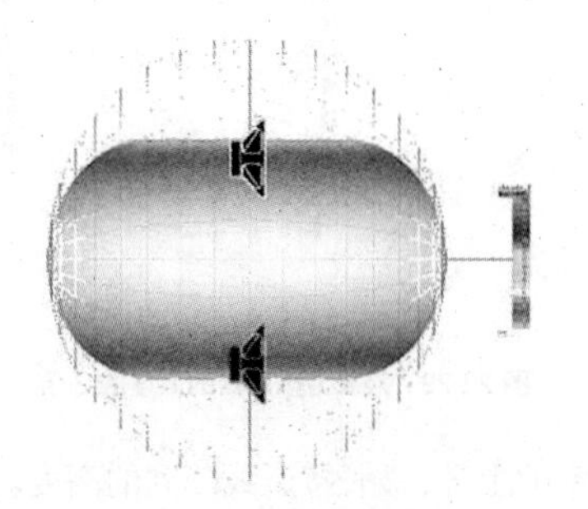

图 22.26　λ/2（1/2λ 的情形）

当间距为一个波长时，两个声源在垂直方向和水平方向上均相互增强。这会在水平方向和垂直方向上产生两个波瓣，如图 22.27 所示。

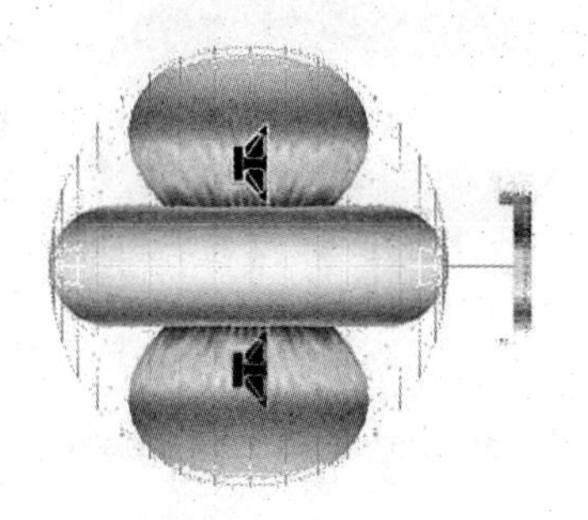

图 22.27　λ（1λ 的情形）

随着驱动单元间距以波长的倍数为比例成倍增加时，波瓣的数量也会相应增多。对于线阵列当中的固定驱动单元来说，这个比例随频率的上升而上升（λ=c/f，其中 f 为频率，c 为声速），如图 22.28 所示。

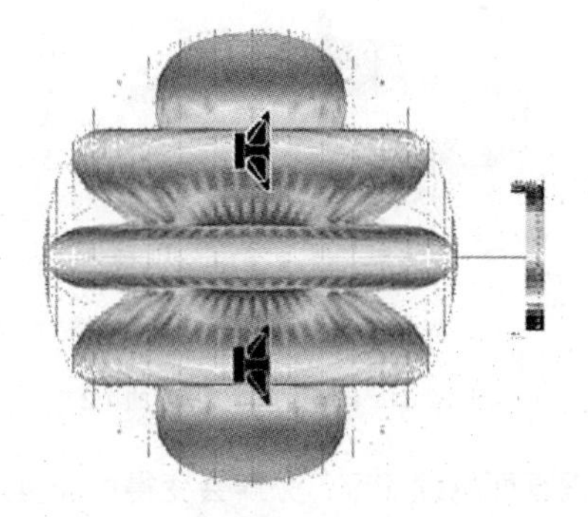

图 22.28　波长大于驱动单元间的间距

2. 阵列高度与波长（λ）的关系

驱动单元的间隔决定了阵列作为线阵列模式工作的最高工作频率。阵列的整体高度决定了它具有纵向指向性的最低频率。

图 22.29 ～图 22.32 示出了阵列高度与波长关系所产生的影响。

当波长是阵列高度的 2 倍时，指向性控制不存在，每个声源的输出都具有非常高的功率处理能力，如图 22.29 所示。

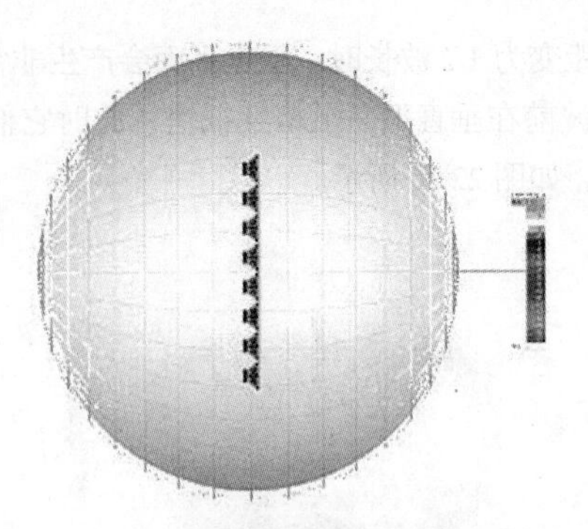

图 22.29 波长为扬声器的高度的 2 倍

随着频率的上升，波长接近线阵列的高度。在这一点上，垂直辐射具有实质性的可控性能，如图 22.30 所示。

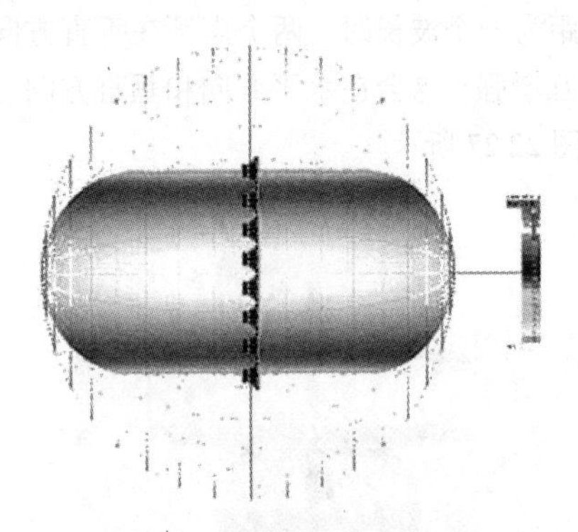

图 22.30 波长等于扬声器的高度

在更高的频率上，垂直波束的宽度持续变窄。此时开始出现一些旁瓣，但在此方向上辐射的能量无法与前方和后方波瓣辐射的能量相提并论，如图 22.31 所示。

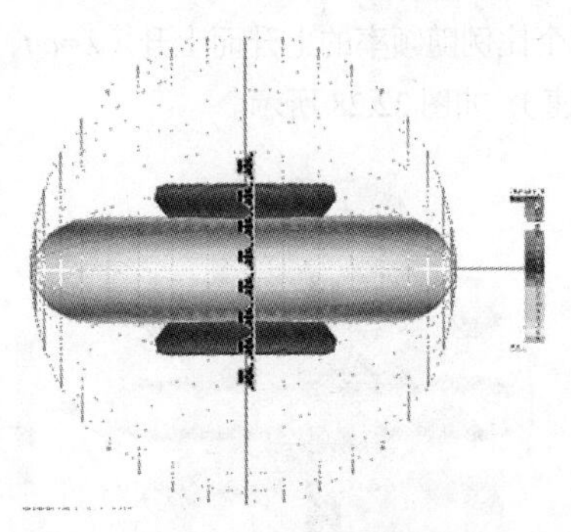

图 22.31 波长为扬声器高度的 1/2

如果垂直面持续缩窄，旁瓣会变得更加复杂，能量也变得有点大，如图 22.32 所示。

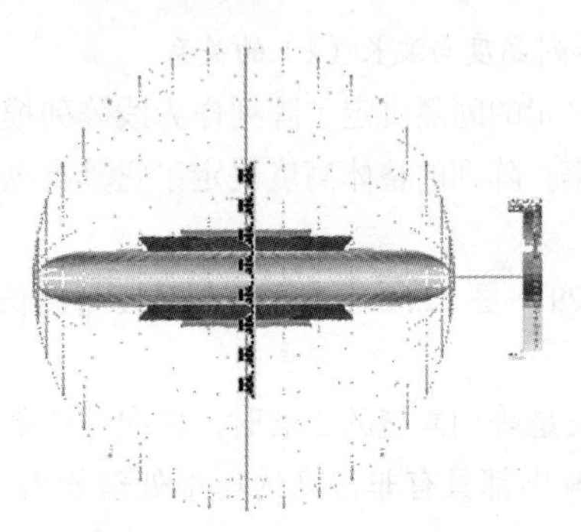

图 22.32 波长为扬声器高度的 1/4

3. 驱动单元相互间隔与波长（λ）的关系

我们必须对旁瓣和栅瓣的区别有一个清楚的认识。旁瓣与主瓣邻近，且向同一方向辐射。栅瓣则与主瓣在切向强烈叠加。旁瓣在任何现实的线阵列当中都会出现，栅瓣则在驱动单元间距小于 1/2λ 时才会形成。同时需要指出的是：这部分内容的图表都是采用理论上的点声源来描述的。

图 22.33 ～图 22.36 示出了驱动单元间距与波长（λ）之间的关系。

当驱动单元之间的间距小于 1/2λ 时，阵列会产生一个旁瓣最小、指向性十分紧凑的波束，如图 22.33 所示。

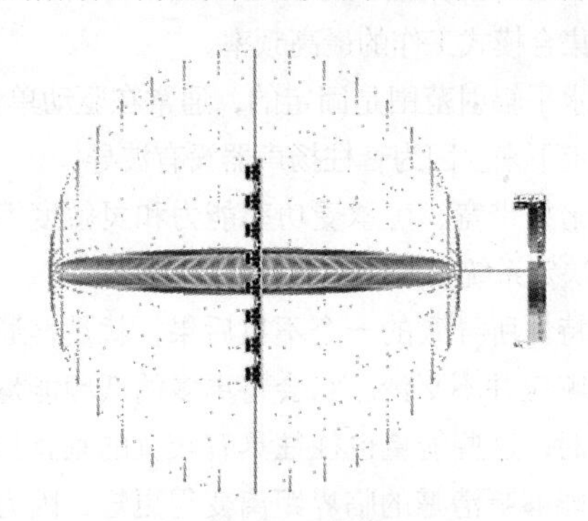

图 22.33 驱动单元间距为 1/2λ

随着频率上升，波长与驱动单元间距相等。在这一点上测量得到的栅瓣变得明显。如果所有观众都位于这些垂直波瓣的外侧，那么它们将不会产生什么问题，如图 22.34 所示。

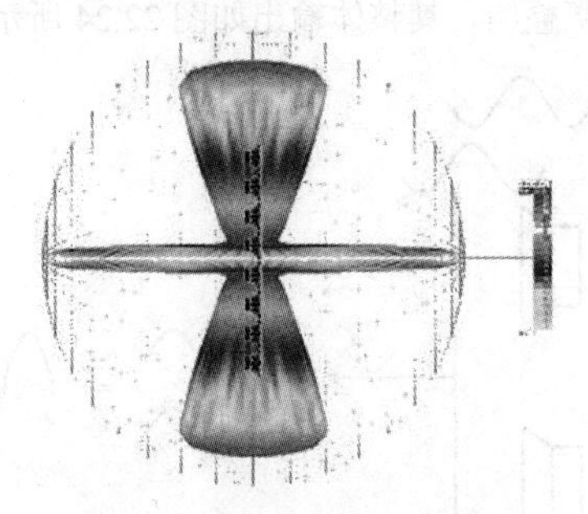

图 22.34 驱动单元间距等于波长

在更高的频率上，波瓣数量增加，将观众与这些波瓣隔离开来开始变得越发困难，如图 22.35 所示。

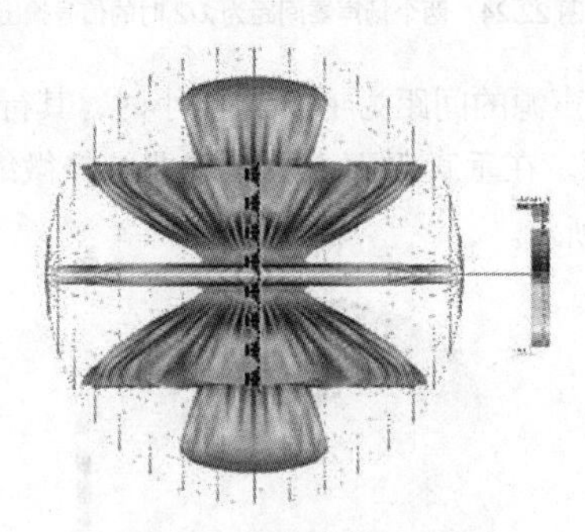

图 22.35 驱动单元间距为 2λ

随着驱动单元间距等于 4λ，阵列开始产生多个栅瓣，这些栅瓣的能量很大，其输出接近于一个单独的点声源，如图 22.36 所示。当阵列长度为 1/2λ 时，我们得到了一个圆形的能量辐射，阵列在各个方向上的辐射基本相同。如图 22.32 所示，这是线阵列获得指向性的高频上限。

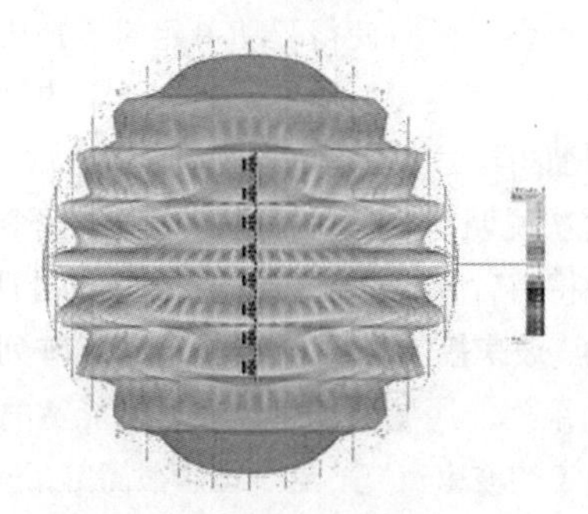

图 22.36　驱动单元间距为 4λ

由于在产生栅瓣的频率上实际驱动单元相对于点声源来说有着更强的指向性，因此栅瓣的能量要比主瓣小很多，如图 22.37 和图 22.38 所示。

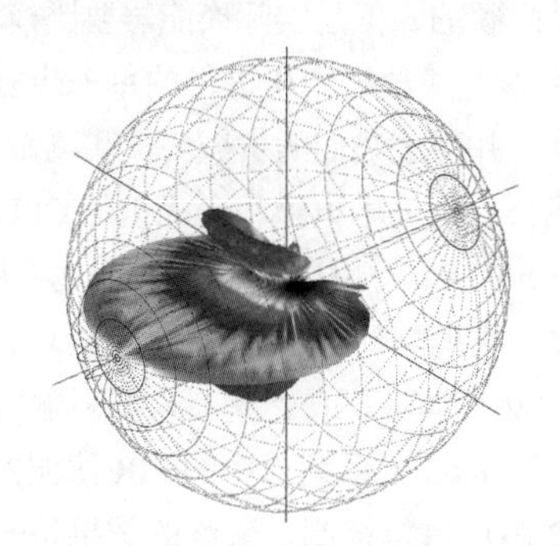

图 22.37　第二代 Iconyx 阵列在 4kHz 时的 3D 视图

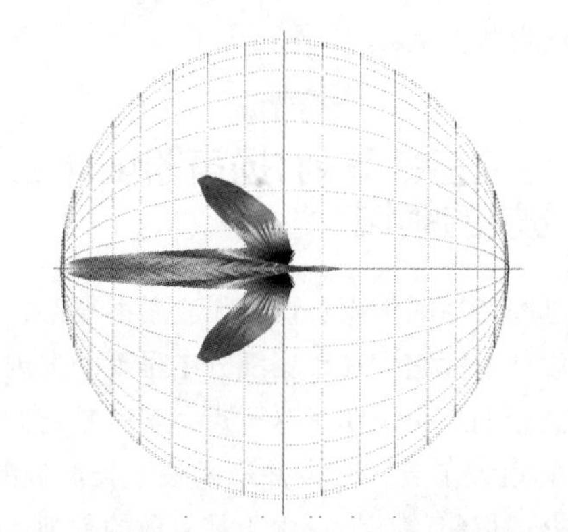

图 22.38　第二代 Iconyx 阵列在 4kHz 时的侧视图

22.7.6　多通道 DSP 可以控制阵列高度

阵列垂直指向性控制的频率上限始终受制于驱动单元之间的间距。线阵列设计所面临的挑战就在于将这种间距最小化，在不引入更多成本的前提下优化其频率响应，将输出功率最大化。随着频率的升高，线阵列的指向性也越来越尖锐，事实上，在高频段，它们往往变得指向性过强，并因此丧失了声学上的实用性。尽管如此，如果我们为每个驱动单元配备了单独的 DSP，就可以在频率上升的同时将阵列的声学长度缩短，这将保证其垂直指向性更为恒定。从概念上来说，这项技术十分简单——在阵列的顶部和底部使用低通滤波器来衰减换能器获得的驱动能量，越靠近两端滤波器斜率越陡，越靠近中间滤波器斜率越平缓。虽然这项技术十分基础，但如果不能够为每一个驱动单元分别安装功放和 DSP，则它并不具备可行性。

图 22.39 是一个简化的原理图，它向我们展示了多通道 DSP 是如何根据频率的升高来缩短阵列声学长度的。为了清楚起见，图中只示出一半的处理通道，且没有示出延时处理。

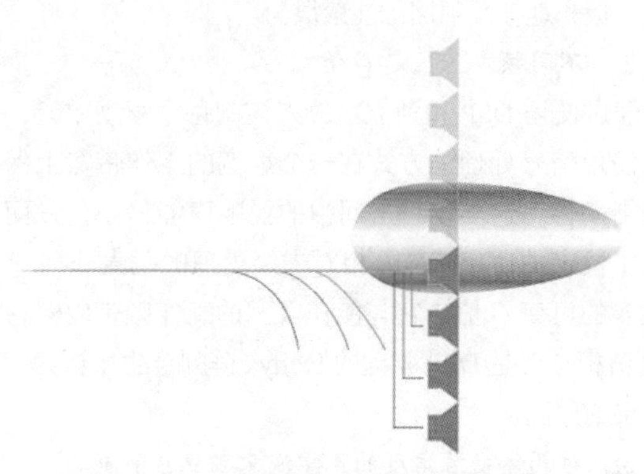

图 22.39　多通道 DSP 缩短了扬声器的长度

22.7.7　可控阵列可能看上去像音柱，但它们不是

虽然简单的音柱扬声器能够在垂直方向上提供指向性，但波束的高度会随频率的变化而改变。s 这些扬声器的整体 Q 值比所需数值低。很多早期的设计都使用了小型纸盆全音域换能器，很显然，这些高频响应不良的驱动单元无法赢得很好的声誉。

22.7.7.1　波束控制：时间会证明每件事物都会有重生的一天

唐・戴维斯（Don Davis）引用了费恩・克劳森（Vern Knudsen）非常著名的一句话："我们的先祖总在窃取我们的创意"。而这里则有引自 Harry F.Olson 所著的《Acoustical Engineering》当中的另一种描述。它展示了数字延时被应用到一系列单独的声源上，并且产生出与倾斜线声源相同的效果。它真正变为现实已经是 1957 年之后许多年的事了，这时这项技术的造价已经低到能够进行商业化生产的水平了，如图 22.40 所示。

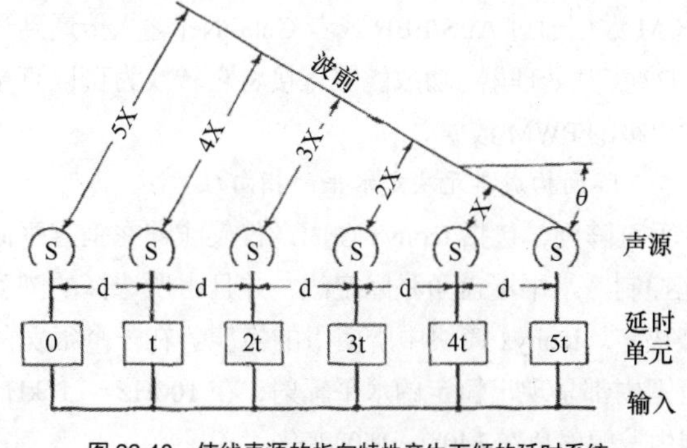

图 22.40　使线声源的指向特性产生下倾的延时系统
（引自 Harry Olson 先生编写的《Acoustical Engineering》一书）

22.7.7.2 DSP-驱动单元阵列解决了声学和结构两方面的问题

1. 可变 Q 值

因为可以通过控制干涉来改变垂直波束的张角，所以DSP驱动的线阵列拥有可变的 Q 值。Renkus Heinz IC系列在阵列高度足够的情况下，可以获得5°、10°、15°或者20°的张角（一只IC24是获得5°垂直波束的最低要求）。这种垂直方向上的窄波束将对混响声场的激励降至最小，因为天花板和地板反射回的能量很少。

2. 不同频率下恒定 Q 值

通过使用DSP和独立功放来控制每个驱动单元，我们可以使用信号处理的方式在一个很宽的工作带宽上保持恒定的指向性。这不仅将房间中的混响声能最小化，而且还带来了恒定的功率响应。相对未经处理的垂直阵列 Q 值高出很多的可变 Q 值，它与能在很宽的工作频带内保持恒定的 Q 值相结合是DSP驱动的Iconyx阵列产生出更为有用声学效果的原因。

3. 对箱体安装角度的声学波束独立控制能力

虽然从信号处理的角度来说，波束控制显得相对不那么重要，但它作为建筑的有机组成部分来说是重要的。固定在墙上的音柱有可能完全看不见，但一个向下倾斜的音柱则是对建筑设计的一种干扰。任何DSP驱动的阵列都能被控制。Iconyx也具有改变阵列垂直声学中心的能力，这在很多时候是非常实用的性能。

4. 设计标准：满足应用的挑战

上述内容向我们揭示了：任何线声源，即使配有非常复杂的DSP，也只能在一个有限的频率范围实施控制。但是将实用的全频同轴驱动单元作为线声源的单元就可以使整体系统的重放声音变得更加准确和自然，不必再在波束整形和控制方面做出严重的妥协。对于普通的节目源，多数能量都处于可控的频率范围之内。早期的设计能够控制的频率范围十分有限，因此节目源中的很多内容都被牺牲掉了，在可懂度上也没有获得明显的提升。

为了将数控线声源的效果最大化，仅仅使用高品质的换能器还是不够的。Renkus Heinz Iconyx扬声器系统使用了便携的多通道功放，内置DSP处理器。D2声频模块拥有所需的输出，全面的DSP控制和附加的纯数字信号路由选择。当PCM数据通过AES/EBU或者CobraNet输入传递到通道时，D2声频处理器/功放能够直接将它转换为可以直接驱动输出级的PWM数据。

5. 阵列构成单元决定水平的指向性

垂直阵列，包括Iconyx在内，仅仅能够在垂直平面内实施控制。水平覆盖角是固定的，并且由所选择的阵列模块来决定。Iconyx模块中所使用的换能器在一个很宽的频率范围内都呈现出恒定的水平辐射，在100Hz～16kHz的范围内，辐射角在140°～150°变化。

6. 控制是简单的——只是不断地延时驱动单元

如果将一个阵列倾斜，那么我们将驱动单元做位移变化的同时也做了时间变化。假设一个线阵列的顶部有铰链固定，下方倾斜。倾斜使得驱动单元的下方从时间和空间上远离听音者。我们可以通过对从上至下的每个驱动单元施加不断增加的延时来获得同样的声学效果。

这里再次说明，控制并不是一个新的理念。它不同于机械方式中将前后波瓣对准控制同一方向的处理。

22.7.7.3 波束控制套件：控制Iconyx线阵列系统的软件

利用一系列低通滤波器可以在尽可能宽的频率范围内保持一个恒定的波束宽度。这个理念很简单，但就算是对于最基础的Iconyx阵列IC16来说，我们必须计算并使用16组FIR滤波器和16个独立的延时。如果我们希望借助恒定驱动单元间隔将主瓣的声学中心移至阵列物理中心以上或以下，那么我们必须计算并使用不同的滤波器和延时。虽然理论模型是必须的，但是实际换能器要比模型复杂得多。在Iconyx波束整形滤波器中所进行的每一步复杂运算都经过了模拟仿真，并通过我们的机械测试和测量设备的检验。幸运的是，现今的笔记本电脑和台式机的CPU都能够胜任这项工作。BeamWare将用户输入的数据转换为图形（观众区的侧面区域、物理阵列的位置和安装角度），并且提供了可以导入EASE（版本4.0或更高）的阵列输出模拟和一系列能够被下载到Iconyx系统当中的FIR滤波器，该系统能够通过RS422串口进行控制。最终的结果是一个图形化的用户界面，且能够在真实声学环境中给出准确的、可预测的，并且可重复的声学效果。

22.8 可控音柱阵列：扬声器设计上细分市场发展最快的领域

尽管可控音柱的仿真、设计和应用很复杂，但是如今在扬声器设计方面它们在市场细分中呈现的发展速度是最快的。有充分的理由证明了这一点，这就是它们现已成为许多应用的强大工具，其中并不局限于长混响的大教堂、清真寺和交通枢纽等环境。由于其离散的外观，所以可控音柱阵列成为许多建筑敏感空间的扩声解决方案。与早期采用该技术的产品一道，Duran Audio的Intellivox阵列（如图22.41所示），Renkus-Heinz的Iconyx阵列（如图22.42所示）和EAW的DSA（如图22.43所示）也加入这一阵营，如今我们在这一领域有十余种或更多的新产品在使用，这其中最为著名的就是Tannoy的Q-Flex系列（如图22.44所示）和Meyer Sound的新CAL系列产品（如图22.45所示）。

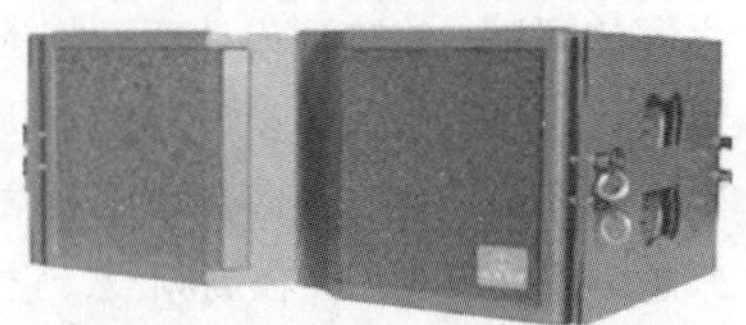

图22.41 Duran AXYS Target U-16 全音域可控阵列

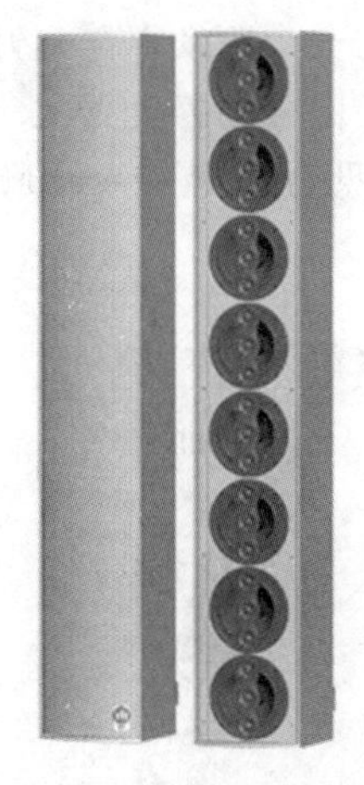

图 22.42　Renkus-Heinz Iconyx 扬声器

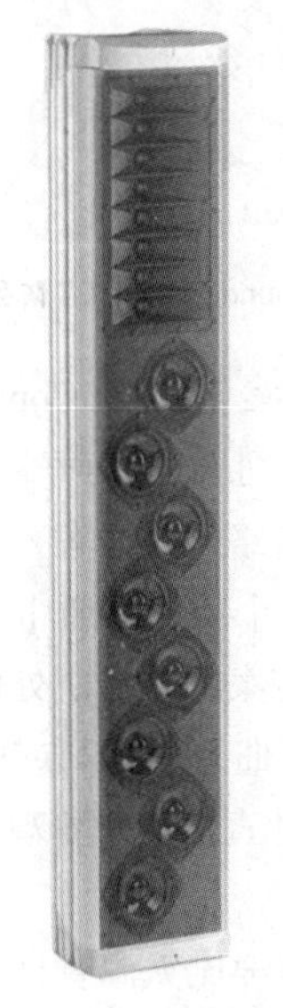

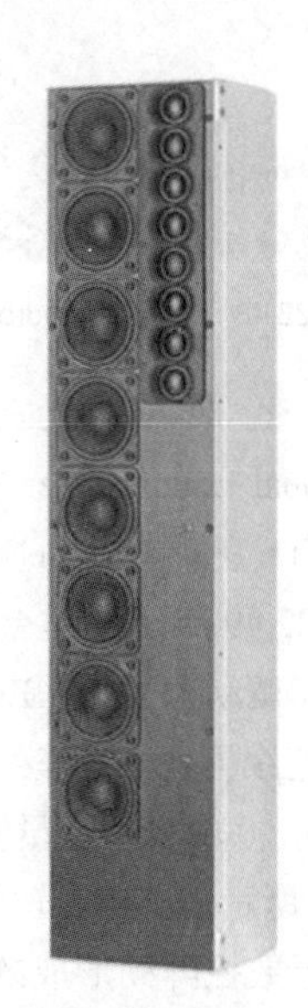

图 22.43　EAW DSA250C 扬声器　图 22.44　Tannoy RWGPSW2 扬声器

这些新设计中的大部分为这一性能分类带来了进一步细化。后来其中许多应用都关注工作频端的高频段的性能问题。通过将驱动器彼此放得更近（Renkus-Heinz Iconyx 阵列现在采用同轴的 3 个高音驱动单元阵列组，如图 22.42 所示），以及提高放大和 DSP 的力度，这些新型阵列降低了旁瓣的强度，将梯度渐变旁瓣的起始点推至语言的音域范围之外，同时提高了控制能力。简言之，这些新型设计的表现越来越好，更为重要的是，经过长期实践已经证明了它们是对存在问题的声环境的可靠解决方案。

图 22.45　Meyer Sound Cal 阵列

然而，上面提到的所有可控音柱只在低背景噪声、大混响空间的人声扩声中对音柱换能器、放大器和箱体的实施可控操作。这也就是将这一技术主要局限在语言应用上的原因，除了竞技场、体育馆和节日现场的普通音乐厅和歌剧院，以及当代宗教场所、会议中心、大舞厅等都能够从这种“受控”声音中获益。值得庆幸的是，这种技术可以拓展诸如 Renkus-Heinz ICLive 可控阵列和 IC（IC Square 发布的）可控点声源扬声器等这类应用。

图 22.46　带波导的 Renkus-Heinz ICLive Dual

所做过的最难的事情就是：让控制技术产生更高输出和保真度成为一种相对简单的事情。利用创建控制算法的科学工具和仿真方法，结合强大的数字信号处理（需要应用 FIR 系数），将结果应用到由更大功率放大器通道驱动的更高输出换能器上，我们便可建立起高输出可控阵列。

在 ICLive、Renkus-Heinz 中使用了 4 个 6.5 in（1in ≈ 2.54cm）低音单元，3 个 1 in 压缩驱动单元取代了原始 IC8 中使用的 8 个 4 in 同轴单元。这里应注意的是，针对 1.6kHz 之上频率范围采用的是真正的 1 in 压缩驱动单元，每个驱动单元的间距与 IC8 中使用的 4 in 同轴单元相当。这样便保证了渐变波瓣有相对较高的起始频率，同时任何残留的渐变波瓣也借助高频阵列指向性波导的优势得以抑制，如图 22.45 所示。因此，除了新的换能器安排，用于 ICLive 的放大器已经将原始 IC8 功率能力提高了 2 倍。这种提高驱动器数量与放大器功率相结合的做法使得每个 ICLive 阵列比原来 IC8 阵列的功率输出提高了约 9dB，同时还保证分立的柱状成型产品适合于除了最响和最大的应用的所有场合，由于它是分立的，所以其建筑美学因素可以让它方便地安装在最为有效且合适的地方。尽管来自 Renkus-Heinz 的 ICLive 是率先进入市场的这类产品之一，但是目前 ICLive 技术也被结合到了由 RCF 提供类似设计的 TTL11A 和 Fohhn 的 Focus Modular 可控阵列当中。

除了 ICLive 可控线阵列，Renkus-Heinz 还推出了 IC2（或 IC Square）可控点声源阵列。这是个相当独特的解决方案，它进一步强化了用于波束控制的技术，不过形式因素是针对极高输出容量做功率密度最大化处理。这时 ICLive 驱动器以一个细长柱的形式排列，以取得对阵列高度的最大化，以及对垂直方向上低频辐射指向性的最大化控制，IC2 的 4 个 8in 低音单元与 4 个 1 in 压缩驱动单元对称排列，从而形成一个可对水平辐射型进行控制的紧凑“方形”箱体，这是一款具有数字控制能力的独特产品。它非常适合于单独使用，此时其输出相当于是响的有源点声源。可扩展的 IC2 可以组合成多达 16 个单元的高大阵列形式，用于需要最大输出，以及准确指向性和控制的应用场合。到目前为止，只有产自Duran Audio的AXYS Target U16(如图22.46所示)可提供出全音域可控的声级和可扩展性能，因此人们希望在此领域有进一步的发展，让这一解决方案日益普及、更为常见。

22.9 无源音柱阵列:简单的音箱组合中，可控音柱阵列的利益最大化

很难找到一个可控音柱的指向性控制是无益的例子。然而，在现实世界中诸如可用预算或附近可用电源等限制可能会阻止将特定可控音柱阵列应用于所有场合。值得庆幸的是，可控阵列的主要益处，即较低频率时呈现的强指向性可以用较简单、全部无源的设计来取得。

正如我们之前所了解的那样，阵列的高度决定了音柱维持其指向性不变的最低频率。不论阵列中的每个扬声器是单独供电（就像是在可控阵列中那样），还是以串联和并联组合形式接线，最终通过一个放大器通道来供电（就像是在无源阵列中那样），如果两个阵列有同样的有效高度，那么它们在低频段就呈现相同的指向性。由于这样的无源阵列可以设计成具有良好的低频端垂直方向指向性控制的形式，因此可将其对安装了此类扬声器场所的混响影响降至最低。此时的主要限制就是无源音柱扬声器需要机械方位校准，使其朝下对着观众，偏离开墙壁。从建筑美学上讲，与直接安装在墙壁上的可控阵列相比这样显得不十分好看。

尽管由一个放大器通道来驱动，但是一些无源音柱采用内部无源网络产生出宽频率范围上的一致性声场覆盖。这类音柱的一些最佳例子就包括图22.47所示的JBL恒定波束宽度换能器

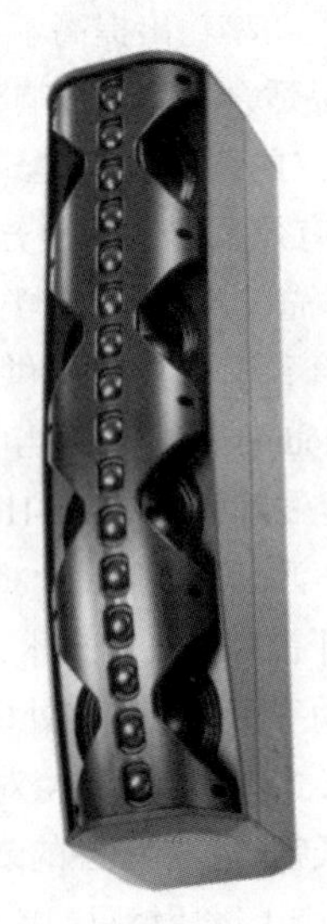

图22.47 JBL CBT-70J扬声器阵列

（Constant Beamwidth Transducer，CBT），它是基于Don B. Keele博士所做的研究成果，即应用声纳阵列概念来解决无源音柱扬声器产生的频不变散射问题。从安装在固定曲面障板的一个驱动器阵列开始，将振幅遮蔽方案应用于从中心向外的换能器上，此处对靠外驱动器单元的驱动依照勒让德（Legandre）函数递减，如图22.48所示。

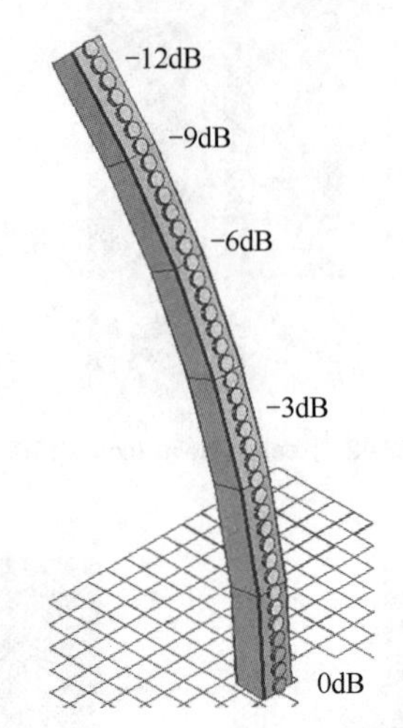

图22.48 采用Legandre遮蔽的JBL Ground-Plane CBT阵列

另一个成功的无源音柱应用案例就是Community Professional Loudspeaker的Entasys系列音柱扬声器。设计师布鲁斯• 豪兹（Bruce Howze）从多路解决方案入手，采用了图22.49所示的适合于所选的2个或3个通带的驱动器间距和驱动器类型。Entasys解决方案的独特之处就是有限度的连续无源HF阵列，它可以弯曲（以提高或降低垂直覆盖），并由安装人员调整角度，让直达声对着观众，如图22.50所示，不包含软件或计算机。

由于数控阵列形成的观众区覆盖要比无源音柱的更为出色，所以对于较短混响时间的房间，较短投射距离或较少预算的应用而言，这些新一代的无源音柱阵列可以提供出色的性能和音质。

图22.49 Community Entasys扬声器系统

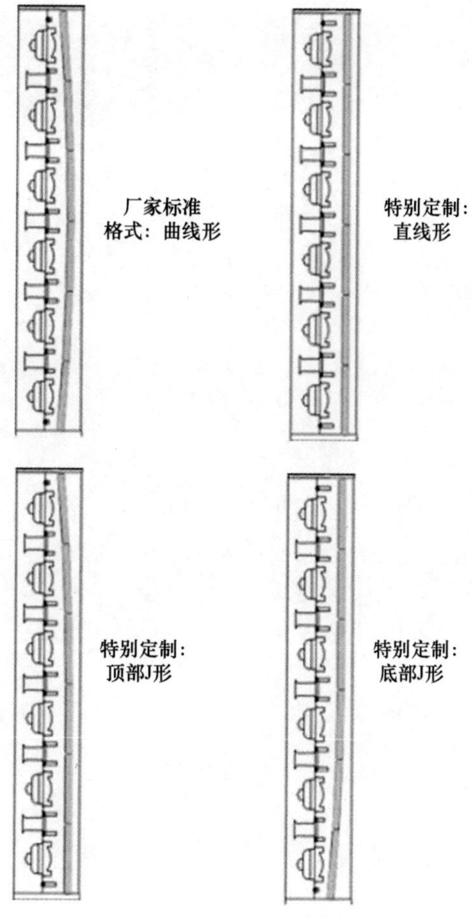

图 22.50 Community Entasys 扬声器系统曲线配置

第 5 篇

声频电子电路与设备

第 23 章

电路保护与电源

Glen Ballou编写

23.1 瓦特与伏安

瓦特和伏安是度量电功率的单位。瓦特是对“实际功率”进行度量，而伏安是对“视在功率”进行度量。

直流电路的实际功率可由下式计算。

$$W = V_{dc} \times I_{dc} \tag{23-1}$$

虽然交流电路的实际功率也是电压乘以电流，但是这时的电压和电流不一定是同相位的，我们需要关于时间的瞬时电压 $v(t)$ 和瞬时电流 $i(t)$ 才能得出关于时间的瞬时功率 $p(t)$。为了得到以瓦特为单位的时间周期上的平均功率，需要利用下面的公式。

$$\begin{aligned} P_{ave} &= \frac{1}{T}\int_0^T (v(t) \times i(t))\mathrm{d}t \\ &= \frac{1}{T}\int_0^T p(t)\mathrm{d}t \end{aligned} \tag{23-2}$$

对于直流电路，以伏安为单位的视在功率与实际功率一样，即 $VA = W$。

对于交流电路，以伏安为单位的视在功率是

$$VA = V_{rms} \times I_{rms} \tag{23-3}$$

功率因数（Power Factor，PF）是瓦特与伏安的比值。在直流电路中，功率因数始终为1。对于交流电路，功率因数始终处在0～1，并由下式得出。

$$PF = \frac{W}{VA} \tag{23-4}$$

如果负载是纯阻性的，那么功率因数为1，但如果负载是纯容性或纯感性的，则功率因数为0。尽管电路消耗0W，但是它可能会产生可观电流导致的可观的VA。

一块功率计或一块伏特表和一块安培表可以测量出直流瓦特数。能够测量交流电压和交流电流的多功能仪表可以测量出交流伏安数。

23.2 电路保护

所有电子电路都需要对瞬态、闪电、静电放电和电涌冲击加以防护。电路保护通常应用于电源之前或内部。实现电路保护的方式有多种，其中包括避雷针、保险丝、断路器、电涌保护器和GFCI。

23.2.1 配电安全

电是可以致人死亡的！无论多么胆大，我们都必须始终留意周围的电力。电击房颤或室颤是很危险的，并可致人相对缓慢地死去，因此在电力线路附近工作时，除颤仪器一定要放在伸手可及的地方。表23-1给出了致人受伤或死亡的小电流数值。

表23-1 触电电流对人产生的生理反应

触电电流	$120V_{ac}$时的电路阻抗	生理反应
0.5～0.7mA	240 000Ω低至17 000Ω	感知阈：大到足以刺激皮肤神经末梢产生刺痛感。男性的平均阈值为1.1mA，女性的平均阈值为0.7mA
1～6mA	120 000Ω低至20 000Ω	反作用电流：有时称为惊吓电流。通常人会因此产生不自觉的反作用，从接触点拿开
6～22mA	20 000Ω低至5400Ω	摆脱电流：这是人可能主动从触电电流源摆脱的阈值。神经和肌肉受到强烈刺激，最终导致产生痛感和疲劳感。平均的摆脱电流阈值是，男性：16mA；女性：10.5mA。需要寻求医护人员的帮助
15mA及其以上	8000Ω及其以下	肌肉抑制：由强烈的肌肉收缩和神经刺激产生的呼吸麻痹、疼痛和疲劳。如果电流不中断，则可能引发窒息
60mA～5A	2000Ω低至24Ω	心脏颤动：触电电流大到足以使心肌丧失正常同步心电活动的情形。心脏有效的泵机作用停止，即便电击停止仍无法恢复正常。这时需要采取除颤措施（单次脉冲激发），否则会致人死亡
1A及其以上	120Ω及其以下	心肌收缩：整个心脏肌肉收缩。随着触电时间的延长，可能发生因过热导致的烧伤和组织坏死。肌肉有可能与骨骼脱离。在触电停止后，心脏有可能自动重新跳动

接地故障断路器

接地故障断路器（Ground-Fault circuit interrupter，GFCI）有时也称漏电或残留电流保护器。GFCI检测电源热端或中性端到大地的泄漏电流，如果电流超过4～6mA，就会在25ms时间内自动切断电路。这些数值是根据人心脏进入颤动前的最大安全水平确定的。例如，当电流从一条线路经过人体到达另一条线路时，GFCI并不工作。它们并不像断路器那样工作。

图23.1所示的是一种GFCI核心平衡保护设备。热端和中性端电源导体通过环形（差分）电流变压器。当一切都正常工作时，电流的矢量和为零。当流经两脚的电流不相等时，环形变压器检测出差值并放大，并将结果送至电磁继电器。电路还可以通过按下检测按钮，使电路不平衡来实施检测。

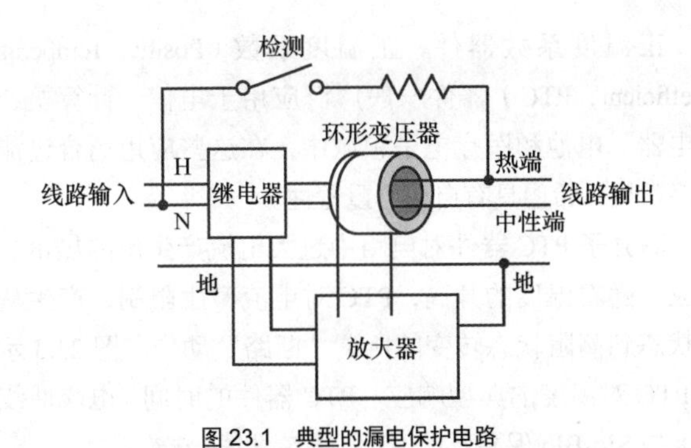

图 23.1　典型的漏电保护电路

23.2.2　电压瞬态

电压瞬态定义为持续时间短的电能浪涌，它是之前存储的电能突然释放，或者重的感性负载感应，或者闪电所导致的。在电路中，这一能量可以通过受控的开关切换动作，或者由外部信号源随机感应至电路的方法，以一种可预测的方式加以释放。

重复出现的瞬态是由电动机、发电机或抗性电路元件的开关所引发的。随机出现的瞬态通常由无法预测何时发生的闪电和静电放电（ESD）所导致的。表 23-2 给出了几种瞬态的关键特征。

闪电的指数形式上升时间一般为 1.2 ～ 10μs(基本上是指 10% ～ 90%)，持续的时间一般为 50 ～ 1000μs(峰值的 50%)。

表 23-2　各种瞬态源和电压、电流、上升时间和持续时间

	电压	电流	上升时间	持续时间
闪电	25kV	20kA	10μs	1ms
开关	600V	500A	50μs	500ms
EMP	1kV	10A	20ns	1ms
ESD	15kV	30A	< 1ns	100ns

ESD 是持续时间短很多的事件。其特点是上升时间不到 1ns，总体的持续时间接近 100ns。

由于工作于极低电压下的微处理器结构和导电通路无法处理源自 ESD 瞬态的大电流，所以一定要对电压波动进行控制，以避免器件受干扰，引发潜在或灾难性的故障。

表 23-3 给出了当今电子电路中各种组件技术的易损性。

表 23-3　器件的易损性

器件类型	易损性（V）
VMOS	30～1800
MOSFET	100～200
GaAs FET	100～300
JFET	140～7000
EPROM	100
CMOS	250～3000
肖特基二极管	300～2000
双极型晶体管	380～7000
SCR	650～1000

23.2.3　机械保护

诸如避雷针这样的机械保护措施不一定让设备得以保全。雷击能够产生出几十万安培的电流，这其中只有一部分电流由机械方式处理掉了。在经过避雷针和主要的保护系统之后，建筑物内的杂散电流和电压仍可高达 3000A 和 6000V。虽然这一浪涌持续时间只有几毫秒，但这一时间长度足以导致电路板损毁。

保险丝，PTC器件和短路器

保险丝和断路器一般用来避免由设备过热引发火灾。UL、CSA 等对此有要求[1]。

保险丝。保险丝是一段可熔化的金属，当流经的电流超出保险丝的额定值时，金属便会熔化或汽化。保险丝可以是快熔型保险丝（顾名思义，它对过荷响应迅速），也可以是慢熔型保险丝，当过荷为允许开机电涌和临时设备过载的中等水平时，慢熔型保险丝需要较长的时间才能熔化。

虽然保险丝一般不会对小于其额定值 1.5 倍的电流产生响应，但是根据不同标准（IEC 或 UL）给出的保险丝额定值可能会有所变化。IEC 额定的保险丝传送的是 100% 的连续额定电流，而 UL 额定的保险丝传送的是 75% 的连续额定电流。表 23-4 给出了针对保险丝 - 链路的标准。

表 23-4　保险丝 - 链路标准

IEC 60127	小型熔断器（一般主题）
IEC 60127-1	第一部分：针对小型保险丝-链路的小型熔断器定义和基本要求
IEC 60127-2	第二部分：管装保险丝-链路
IEC 60127-3	第三部分：超小型熔断器-链路
IEC 60127-4	第四部分：通用模块式熔断器-链路
IEC 60127-5	第五部分：小型熔断器-链路质量评估指南
NFC 93435	特性改良的管装保险丝
UL 248-1	低压保险丝：一般要求
UL 248-14	低压保险丝：辅助保险丝
CAS/C22.2 No.248.1	低压保险丝：一般要求
CAS/C22.2 No.248.14	低压保险丝：辅助保险丝

上面提及的额定电流保险丝是对 I^2t，或保险丝熔化所用的时间进行响应。它与电流的平方相关，是保险丝耗散功率的函数，用安培平方秒（A^2s）为单位表示。与被保护电路相比，尽管保险丝耗散功率非常小，但还是存在一个可使保险丝熔断的额定短路电流，该电流等于电路的最大短路电流。依照 UL/CSA/ANCE 248 所列出的保险丝都要求有一个在 125V 下的 10 000A 中断额定参量。保险丝具有的电压额定值可确保在未产生出连续电弧的情况下将电路中的电流中断。通常这一电压额定值为 32V、63V、125V、250V 和 600V。在确定使用的保险丝时，要核实其额定电流、额定系统、延时、断路电流、短路电压和“I^2t”额定值。保险丝的尺寸规格最初采用的是“汽车用玻璃（Automobile

Glass）”保险管，因此它被冠以“AG”字样。而其他的保险丝则是采用陶瓷或其他材料作为外部壳体材料，所以被冠以“AB”字母标识。表 23-5 给出了常用保险丝的规格尺寸。

表 23-5　常用保险丝的规格尺寸

规格	直径（in）		长度（in）	
1AG	1/4	0.250	5/8	0.625
2AG		0.177	0.588	
3AG	1/4	0.250	11/4	1.25
4AG	9/32	0.281	11/4	1.25
5AG	13/32	0.406	11/2	1.5
7AG	1/4	0.250	7/8	0.875
8AG	1/4	0.250	1	1.0

图 23.2 示出了针对 Littlefuse 3AG Slo-Blo 和 Fast-Acting 保险丝的时间 - 电流曲线。

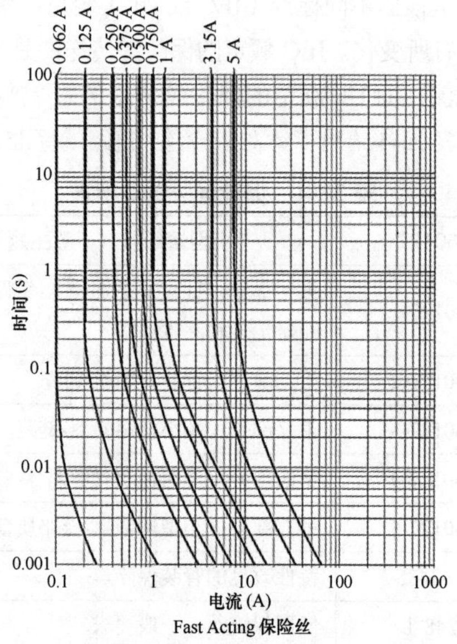

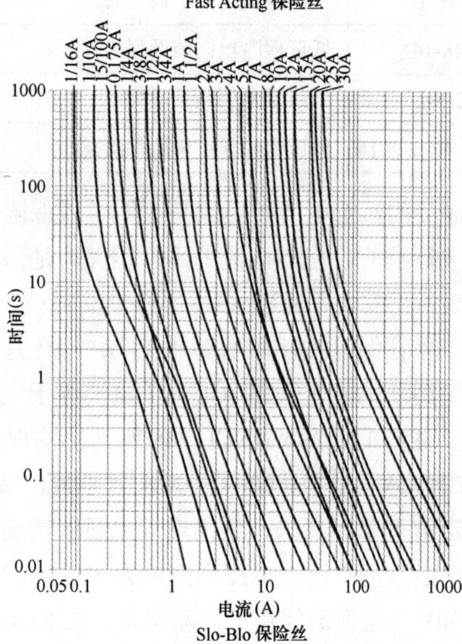

图 23.2　Fast Acting 和 Slo-Blo 保险丝的时间 - 电流曲线（Littlefuse，Inc. 授权使用）

正温度系数器件。正温度系数（Positive Temperature Coefficient，PTC）器件一般广泛应用于电信、计算机、民用电器、电池和医疗电子领域中，在这些应用场合过流事件很常见，希望具有自动可重置性。

高分子 PTC 器件对电路中过大电流产生出的热量产生反应。随着温度的升高，PTC 对电流产生限制，产生从低阻状态到高阻状态转变的所谓“断路”动作。图 23.3 示出了 PTC 对温度的典型响应。PTC 器件的时间 - 电流曲线基本上与 Slo-Blo 保险丝的时间 - 电流曲线一样。

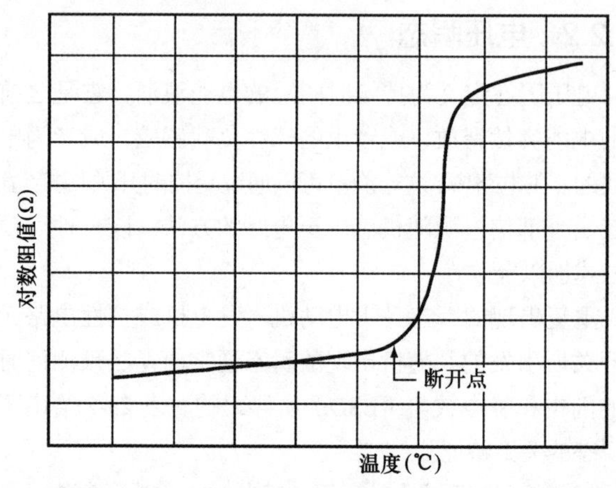

图 23.3　PTC 电阻与温度关系的典型响应（Littlefuse，Inc. 授权使用）

高分子 PTC 器件是由高密度聚乙烯与石墨混合制成的。在过流事件发生期间，高分子 PTC 器件将发热并膨胀，进而导致导电粒子断开接触，中断电流。一般出现过载后的设备的复位流程就是卸下电源，让设备冷却下来。

Littlefuse PTC 器件具有如下的形式和性能。

（1）表面安装型器件。

① 全面的紧凑型封装。

② 低的保持电流。

③ 非常快的断开时间。

④ 低的电阻。

（2）径向引线系列。

① 保护高达 $600V_{dc}$ 的设备。

② 非常高的保持电流。

③ 低的断开 / 保持电流比。

④ 低的电阻。

（3）电池条状器件。

① 窄的扁平设计。

② 可焊接带状镍端子。

③ 低的电阻——用于延长电池寿命。

保险丝与 PTC 器件之间最明显的不同就是：它们在断开后，PTC 器件是可以自动复位的，而保险丝是需要更换的。在过流事件发生时，保险丝将会完全中断电流，而 PTC 器件除了在极端情况下都会继续让设备发挥作用。

由于 PTC 器件是自动复位的，所以它们对于预计过流事件会经常发生、恒定的系统运行时间和用户透明度非常重要的应用场合是很有用的。在更换保险丝比较困难的异地场所也常常选用 PTC 器件。

断路器。断路器的工作原理与保险丝非常像。它们具有额定的连续电流和额定断路特性，在温度型断路和磁性断路或两者组合断路形式中均可应用断路器。通常，它们需要手动复位。

设备断路器（Circuit Breakers for Equipment，CBE）具有利用热双金属来模拟保护元器件（导线、电机、变压器等内部中的导体）的电热行为属性。机械组件模拟电流的热效应，将电能转变为运动（弯曲）形变，并触发机械结构来中断造成影响的电流。利用电流产生的热量来取代电流本身的幅度的做法具有很大的优势，因为热量决定了允许的绝缘体应力，以及现实应用中遇到的各种过载条件下的允许持续时间。双金属可以承受的频率从直流至 400Hz，不必对额定值或特性做出任何改变。

温度型的 CBE 可以接受启动或电机高扭矩工作所需要的多余能量，同时可以接受开关电源、变压器、钨丝灯等使用时产生的高启动电流，避免这类瞬态引起误跳闸情况的发生。温度型 CBE 的优势在于对温度很敏感，因为要被保护的元器件绝大部分是对温度敏感的。

其延时可以通过几种方法施加影响，并且可以用不同的加热双金属方法来实现。应用的最为广泛的方法就是利用由流经双金属的电流所产生的内部损耗来直接加热双金属条。当损耗不足以产生出可导致足够弯曲的热量时，热丝绕组将双金属包裹，以产生出所需要的热量。由于热量在到达双金属之前必须通过绝缘体，因此会产生时间滞后，导致延时动作。

温度型 CBE 的典型断路区随环境温度的变化而改变，其变化方式与 PVC 绝缘导线的情形类似。

热磁型 CBE 有两个释放过程，以实现过流情况下的自动中断，热双金属用于过载电流场合，而电磁型用于短路或极高电流的场合。

工作特性基本上由两个区域组成，在将两个区域链接在一起的第三个区域中要么是第一种断路模式起作用，要么是另一种断路模式起作用。

电磁型应定出规格，以确保在预期应用中可能发生的瞬态期间它不产生断路。这决定了电流电平，在低磁电平时不应发生瞬时断路。上限电平表明在高于磁电平时必须产生瞬间断路动作，该电平在考虑两个保护器件的选择性动作时是我们所关注的参量。

在过流断路范围内（额定电流的 8 ～ 12 倍），磁性释放取得的较快速中断具有一定的优势，它可以节省掉通过过热来间接加热双金属的热丝绕组，这样可以改进 CBE 的断流容量。主要用于过载保护的 CBE 通常可以不借助备份就能实现中断，高达 100 ～ 300A 的电流不会损坏 CBE。在较高故障电平时的性能取决于保险丝或断路器的备份辅助。

23.2.4 电子保护方法

对于电路保护而言，第一道阻击防线就是电阻。电阻对流经的电流进行限制，同时配合电容可以降低电压增大的速率，为电路中其他保护措施提供了起作用的时间。如果流经电阻的电流很大，那么就会浪费掉一些功率，而这些浪费的功率产生出热量。电阻也可以反过来影响电路，导致电压下降。

23.2.4.1 涌流保护电阻

热敏电阻。利用负温度系数（NTC，negative temperature coefficient）的热敏电阻这一简单的方法来控制高的涌流。涌流受如下因素的影响。

（1）涌流的能量。

（2）正常工作温度下，NTC 热敏电阻所要求的最小电阻。

（3）稳态电流。

（4）环境温度。

由输入电容导致产生的涌流能量为

$$E = \frac{C \times V_{\text{peak}}^2}{2} \tag{23-5}$$

在公式中，

E 为涌流的能量，单位为 J；

C 为电容量，单位为 F。

$$V_{\text{peak}} = \left(V_{\text{input}} + 10\% V_{\text{input}}\right)\sqrt{2}$$

25ºC 时，控制涌流的最小 NTC 热敏电阻阻值为

$$R_{\min} = \frac{V_{\text{peak}}}{I_{\text{limit}}} \tag{23-6}$$

在公式中，

$R_{\min}$ 为要求的最小电阻阻值；

V_{peak} 为最终的峰值电压；

I_{limint} 为想要的最大涌流。

23.2.4.2 过压保护

集成电路应用日益普及导致人们对降低雷电过压风险的需求更加迫切。集成电路，尤其是大规模集成电路，其绝缘强度非常低，所以它们非常容易受到雷电过压瞬态的攻击[2]。

频繁出现的雷电浪涌通过交流电源进入电子系统当中，因此最好在供电线路上安装浪涌保护设备（Surge Protective Devices，SPD），以便对电子设备产生保护。按照IEC的标准，这应该包括共模和差模两种保护模式。

结合了两种模式的传统 SPD 电路如图 23.4 所示。金属氧化物可变电阻器 M_1 ～ M_6，以及气体放电管 G_1 和 G_2 被用于两级当中。在第一级中，M_1 提供差分模式的过压限制，而 M_2-G_1 和 M_3-G_1 提供共模方式的限制。M_4、M_5-G_2 和 M_6-G_2 在第二级完成同样的任务。L_1 和 L_2 是去耦电感，用来协调两级之间的保护特性。该电路符合 IEC 标准的要求，

它广泛用于单相交流供电线路上。

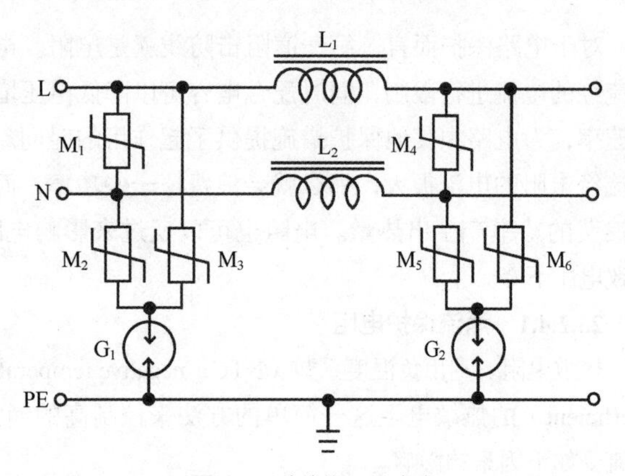

图 23.4 传统的 SPD 电路

23.2.4.3 电源保护

可变电阻器为存在大电流和高电压的应用提供浪涌处理能力。基于高分子的静电放电（Electrostatic Discharge，ESD）抑制器被用于传感检测线路和测量设备的输入 / 输出上，因为它们的电容低，所以不可能使设备监测信号产生失真。基于硅材料的器件或阵列具有高速性能，几乎可以立刻将浪涌信号嵌位。它们不能像其他的抑制器(比如可变电阻器)那样处理大的电流和电压。

对于输入交流电源 保护（浪涌保护），我们采用交流额定的 TVS 二极管和金属氧化物可变电阻器（MOV）。虽然这些是电容相对高一些的器件，但是在 50Hz 或 60Hz 电路中，其表现并不明显。它们针对工作电压、击穿电流和浪涌电流确定额定参量。重要的是要观测电路中的峰值电压，而不是均方根值电压。表 23-6 给出了各种规格的 MOV 的浪涌电流和额定能量。

表 23-6 在典型电压标称值下，各种规格的 MOV 的浪涌电流和额定能量

标称直径	额定电压（V_{ac}）	最大浪涌电流（8×20μs，1个脉冲）	最大能量（2ms）
14mm	130	6 000A	50J
20mm	130	10 000A	100J
32mm	130	25 000A	200J
34mm	130	30 000A	270J
40mm	130	30 000A	270J
14mm	275	6000A	110J
20mm	275	10 000A	190J
32mm	275	25 000A	360J
34mm	275	40 000A	400J
40mm	275	40 000A	400J

23.2.4.4 静电放电（ESD）保护

在低湿度环境下最常见到的静电放电现象之一就是当穿的鞋子摩擦地毯后又去接触金属门把手。由自己体内电容存储的电压在门把手上产生的火花就是 ESD 的结果，这一电压可能高达数千伏。转动的机械装置可以产生 ESD，这种情况可能更为严重，因为通常这时的电容更大，电阻更小。为了保护电路免受 ESD 的影响，将一个输入电阻器与电容器相连，其目的是减慢电压增长的速率[2]。

当电压瞬态的上升率并不太高时，可以采用齐纳二极管。对于由直流供电的电感器或线圈反射回来的电感，具有适当额定速度、电流和电压的高速二极管是有效的。对于并不频繁掉电的线圈或电感器的应用场合，最重要的二极管额定参量是浪涌电流额定值。瞬态电压抑制（Transient Voltage Suppression，TVS）二极管（tranzorbs）是以纳秒级响应过压的齐纳二极管。它们是由工作电压、击穿电压和浪涌电流来确定额定参量值的。

23.2.4.5 不间断电源

不间断电源（uniinterruptible power supply，UPS）可能是对交流线路馈电电源和电路进行处理和滤波的最有效方法。表 23-7 给出了各种电源问题的影响，以及这些问题对离线、交互线路和占线 UPS 的影响。

电源的电子干扰形式有很多，比如电压骤降、浪涌、谐波或电压突增。这些破坏因素可能导致敏感的电气设备受到严重的损害。为了降低电源失真带来的风险，常常在电气网络中加入 UPS 系统。UPS 系统是保证正确的电源性能的有用工具。

UPS 系统可以作为后备电源使用，以保证在电源波动时或在时常发生断电的场合系统能够正常工作。在存在短时波动或电压中断下，UPS 可以保持让负载运行的恒定功率输出，如果发生了电气故障，那么它启动存储的功率来保证系统运行，直至系统安全关机为止。UPS 系统还可以降低因谐波干扰和线路瞬态产生的风险。有效的 UPS 具有如下的几种特性。

（1）调节输出电压，同时谐波失真低，不受电压或负载变动的影响。

（2）降低输入电流的谐波失真。

（3）很低的电磁干扰和声学噪声。

（4）正常工作与后备工作的转换时间最短。

（5）高水平的可靠性和工作效率。

（6）相对低的成本，且重量和尺寸都相对较小。

表 23-7 各种电源问题对三种类型 UPS 的影响

电源	描述	影响	UPS可以解决吗
暂时干扰	在社区的局部区域发生的有计划的或意外的公共电源的总掉电；几秒到一分钟。	设备宕机，工作和数据丢失，文件和硬盘及操作系统（OS）损坏，光纤、Ti和ISDN连接受损	离线 — 可以； 线路-交互 — 可以； 在线 — 可以
长期干扰	在社区的局部区域发生的有计划的或意外的公共电源的总体掉电；几分钟到几小时	设备宕机，工作和数据丢失，文件和硬盘及操作系统（OS）损坏，光纤、Ti和ISDN连接受损	离线 — 不可以； 线路-交互 — 95%不可以； 在线 — 可以
瞬时干扰	非常短的有计划的或意外的电源掉电；几毫秒到几秒	计算机死机，计算机和网络设备重启或死机，工作和数据丢失，文件和硬盘及OS损坏	离线 — 可能可以； 线路-交互 — 可能可以； 在线 — 可以
电压下降或欠压	公用电压下降； 电压下降 —几毫秒到几秒； 欠压 — 长于几秒	屏幕现实缩小，设备死机或重启，设备电源损坏。计算机死机，计算机和网络设备重启或死机，工作和数据丢失，文件和硬盘及OS损坏	离线 — 不可以； 线路-交互 — 可以； 在线 — 可以
电压升高或过压	公用电压升高； 电压上升 —几毫秒到几秒； 过压 — 长于几秒	设备永久性损坏。计算机死机，计算机和网络设备重启或死机，工作和数据丢失，文件和硬盘及OS损坏	离线 — 不可以； 线路-交互 — 可以； 在线 — 可以
瞬态、脉冲或尖峰	电压突然升至几百至几千伏； 几毫秒	网络故障。设备和电路烧毁或损坏。计算机死机，计算机和网络设备重启或死机，工作和数据丢失，文件和硬盘及OS损坏	离线 — 可以； 线路-交互 — 可以； 在线 — 可以。更高保护级别
深谷	波形的反极性干扰 几毫秒	因过多错误导致LAN变慢，电话和声频设备上出现可闻噪声	离线 — 不可以； 线路-交互 — 不可以； 在线 — 可以
噪声	来自其他设备的不想要的高频电子信号； 偶发的	因过多错误导致LAN变慢，电话和声频设备上出现可闻噪声。设备死机	离线 — 不可以； 线路-交互 — 不可以； 在线 — 可以
谐波失真	因诸如计算机开关电源这样的非线性负载引发的纯正弦波的改变	导致电动机、变压器和绕组过热，办公设备工作效率较低	离线 — 不可以； 线路-交互 — 不可以； 在线 — 可以

虽然大部分 UPS 系统并不能同时提供出上述所有性能，但是通常还是可以找到能满足应用需求特性的 UPS。以下内容是对几种类型的 UPS 的定义。

待机型 UPS 系统。待机型 UPS 也被称为离线或优先占线型 UPS，一般它是由一个交流 / 直流和一个直流 / 交流换流器，一块电池，一个静态开关，一个用来降低输出电压切换频率的低通滤波器和一个浪涌抑制器组成。如果电源没有故障，电力经由浪涌和噪声抑制器电路馈送给负载。交流 / 直流换流器 / 电池充电器保持内部电池处于充好电且可随时使用的状态。在掉电、电力不足或过压期间，环流器将电池的功率转变成模拟的正弦波输出。当电源供电恢复时，UPS 又切换回交流电源，同时给电池充电。待机型 UPS 系统工作的交流输入主要就是电力电源，而电池和换流器是主力电源发生故障时的后备电源，换流器一般保持在待机状态，当电源出问题时随时启动。低压条件的传感检测和电池电力的切换都非常快，以保证设备的连续运行。由于待机型 UPS 系统十分高效，启动留下的痕迹很小，且成本低，所以它成为个人计算机应用的常备选项。

待机型 - 铁电 UPS。待机型 - 铁电 UPS 有一个带多电源连接的饱和变压器。主要电力来自交流输入，它通过变压器来到输出。在电源出现问题时，转换开关启动变流器，为输出负载提供电能。专用的铁电变压器可以对电压进行一定程度的调节，并对输出波形进行控制。虽然待机型 - 铁电 UPS 系统的可靠性和线路滤波特性都不错，但是它存在着电压失真和过热的风险。

线路交互 UPS。在线路交互 UPS 系统中，电力经过浪涌和噪声抑制器电路馈送给内置的线路调节电路，该电路将高或低的电压调节到正常水平，并将纯净的电力加至负载，而不使用电池电源。线路调节电路通常是一个抽头变化变压器，它能提供电压调节功能，因此UPS并不会过早地切换到电池电源上。电池充电器保持内部的电池处在充好电的状态，并且随时准备派上用场。在掉电期间，变流器开启，同时将电池电源转变为模拟正弦波输出。当电力恢复时，变流器关闭，电池再次充电。由于切换的时间只有几毫秒，所有设备几乎不受影响。因为变流器被连续地连接于输出上，所以UPS除了提供附加的滤波作用，同时也降低了开关切换的瞬态。线路交互设计UPS具有高效、可靠、体积小和成本低的特点。

双转换UPS。双转换UPS对停电和电源质量问题有非常出色的抑制性能。它并不需要进行主电源与后备电源（电池）的转换，取而代之的是将所有的交流电源转变成直流。有些直流电源对电池进行充电，另一些电源被转变回交流，为所连接的设备供电。这样从根本上使所有被供电设备免受任何尖峰、瞬态等的影响，使保护等级达到很高的水平。该系统的成本很高，同时还降低了工作效率，因为在正常工作期间，要进行交流-直流的转换，然后再转变回交流。因这种单元设备工作的温度较高，故需要采取更强的冷却措施。

Δ 转换UPS。Δ 转换UPS的推出，弱化了双转换系统的一些不足之处。与双转换UPS一样，Δ 转换UPS变流器连续提供出负载电压，除此之外还为变流器输出供电。在电源出现故障或存在电气失真的情况下，虽然UPS的作用类似于双变换单元，但是通过将功率从输入变换到输出，而不是在电源和电池间循环切换，从而实现了更好的效率能量性能表现。

占线式UPS系统。在占线式UPS系统中，首先将电源分解，然后再通过变流器完美重构，它具有100%的占线时间。不存在转换切换时间。该系统完全消除了输入浪涌和线路噪声，对高或低电压进行调整，产生出完美的正弦波电源。

飞轮UPS。另一种能量存储方案就是飞轮，飞轮是一种旋转的轮子，它以运动（角动量）的形式将能量存储起来。当发生停电时，飞轮的动能被转变回电能，为设备供电。在这一过程中，随着更多的能量被消耗掉，飞轮会慢下来。有些飞轮重且转动慢。有些飞轮则较轻，转动速度较高。虽然飞轮通常并不能像电池那样存储较多的能量。但是它们确实具有一些优点。“UPS Flywheel Technology”解释道：飞轮具有“出色的性能，同时也不存在铅电池所表现出的用户高成本和污染环境问题”。进一步而言，它的“快速补给和宽的工作温度范围，使得它能用在电池无法工作的地方。飞轮的工作痕迹也比电池的工作痕迹小很多，也弱很多”。

23.3 直流电源

直流电源有各种配置，其中包括简单的非调节型、复杂的调节型和电池。

23.3.1 电源方面的术语

电源（Power Supply）。为另一个单元提供电功率的设备。电源从交流输电线或诸如电动发电机、逆变器和转换器那里获取其初次能量。

整流器（Rectifier）。仅能以一个方向通过电流的设备。整流器由正极和负极组成。当正向电压加到整流器的正极时，该电压减去跨接于整流器端口的电压将会呈现在负极上，并产生电流。当负向电压加到相对于负极的正极时，整流器被关闭，并只有整流器的漏电流流过。

正向电阻（Forward Resistance）。在指定的正向压降或电流时测得的单个电池的电阻。

正向压降（Forward Voltage Drop）。流经电池的正向电流在整流器内部产生的电压降。通常的正向压降处在0.3 ～ 1.25V_{dc}。

反向电阻（Reverse Resistance）。在指定的反向电压或电流下测得的整流器的电阻。反向电阻的单位为兆欧姆（megohm，MΩ）。

反向电流（Reverse Current）。反方向流动的电流，其单位通常为微安（microampere，μA）。

最大峰值电流（Maximum Peak Current）。在正常的电流流动方向上，整流器可以安全循环传输的最高瞬时阳极电流。

峰值电流的数值由滤波器部分的常数决定。对于扼流圈滤波器输入，峰值电流小于负载电流。对于大电容滤波器输入，峰值电流可能比负载电流高许多倍。该电流是通过峰值指示仪表或示波器测得。

最大峰值反向电压（Maximum Peak Inverse Voltage）。整流器可以抵御与设计通过的电流流动方向相反电流下的最大瞬时电压。如图23.5所示，当全波整流器的阳极为正时，电流从A流向C，但因B为负，所以电流不会从B流向C。当阳极A为正的时刻，A和B的阴极C相对于阳极B为正。正的阴极和负的阳极B间的电压与导致电流流动的电压相反。该电压的峰值受阳极B与阴极C之间的阻抗和通路属性的限制。这些点之间的电压最大值（不存在击穿危险时）被称为最大峰值反向电压。

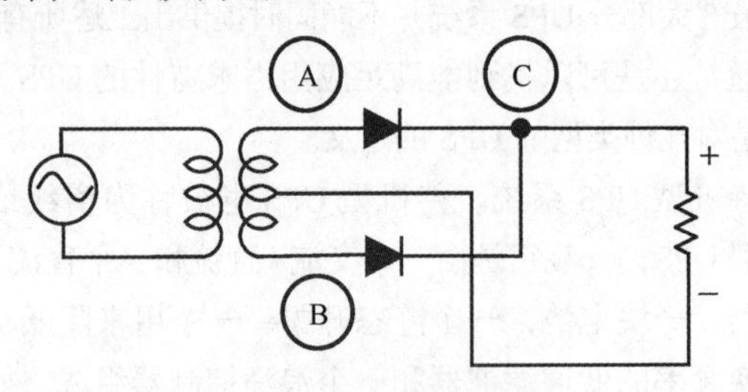

图23.5 峰值反向电压分析

峰值反向电压，交流输入电压的有效值和直流输出电压间的关系在很大程度上取决于整流器电路的各自特性。线路浪涌冲击，或者任何其他瞬态或波形失真可能使实际的峰值电压被提升至比针对正弦波电压计算出的峰值高。实际的反向电压（不是计算值）应该不超过针对给定整流器额定最大峰值反向电压。读取峰值的仪表或示波器在确定实际的峰值反向电压时是很有用的。

峰值反向电压近似为正弦波输入，且在滤波器部分的输入端没有电容，此时峰值反向电压是单相全波电路阳极电压有效值的 1.4 倍。对于滤波器部分存在电容器输入的单一半波电路，峰值反向电压可达到阳极电压的 2.8 倍。

波纹电压（Ripple Voltage）。叠加在整流器型电源直流输出电压之上的交流成分。波纹电压的频率取决于线路频率和整流器的配置。滤波器系统的效率是负载电流和滤波器元件数值的函数。

波纹系数是对电源质量度量的一个参量。它是输出电压的交流成分有效值与输出电压的直流成分之比，或者

$$波纹系数（ripple\ factor）=V_{rms}/V_{dc} \quad (23\text{-}7)$$

在公式中，

V_{rms} 是输出端的交流电压；

V_{dc} 是输出端的直流输出电压。

内部输出阻抗（Internal Output Impedance）。呈现给接受电源电压设备的阻抗。当多台设备工作时，必须尽可能地让内部电源阻抗接近于零。

静态线路调节（Static Line Regulation）。输出电压随输入电压的变化是缓慢地从额定的最小值变化到额定的最大值，同时负载电流保持在标称数值上。

动态负载调节（Dynamic Load Regulation）。当负载突然变化时输出的变化。电源可能不能即刻对此产生响应，并且可能导致在输出电压上附加了瞬时偏移，随后再下降至静态负载稳压电平。正和负向的偏移限定叠加在静态的线路之上，并处在负载稳压调整区域之内。正和负的成分并不一定相等或对称。最严格的额定值是针对从空载到满负荷，或满负荷到空载的变化而言的。

动态线路调节（Dynamic Line Regulation）。输出电压的瞬间附加偏移是输入电压快速变化的结果。

温度调节（Thermal Regulation）。由于环境温度的变化会对电源中各个元件产生影响，所以输出电压在额定工作温度范围内会发生变化。这也就是所谓的热漂移（thermal drift）。

23.3.2 简单的直流电源

最简单的直流电源类型就是串联负载的一个整流器。随着多个整流器连同滤波器一起被安装到电路中，电源也就变得越发复杂了。与负载串联的整流器供电始终保持简单的状态，并且调节能力和瞬态响应都较差。表 23-8 所示的就是各种电源及其特性。为了确定左列的参量值，需要用中间列所示的任意系数乘以右列的数值。

表 23-8 整流器电路总结图表

电路的类型 →	单相半波	单相中心抽头	单相桥式	三相星形（Y形）
初级 →				
次级 →				
0V				
整流器元件数	1	2	4	3
rms直流电压输出	1.67	1.11	1.11	1.02
峰值直流输出	3.14	1.57	1.57	1.21
每个整流器元件上的峰值反向电压	3.14	3.14	1.57	2.09
	1.41	2.82	1.41	2.45
	1.41	1.41	1.41	1.41
平均直流输出电流	1.00	1.00	1.00	1.00
每个整流器元件上的平均直流输出电流	1.00	0.500	0.500	0.333

续表

每个整流器元件上的rms电流				
阻性负载	1.57	0.785	0.785	0.587
感性负载	—	0.707	0.707	0.578
每个整流器元件上的峰值电流				
阻性负载	3.14	1.57	1.57	1.21
感性负载	—	1.00	1.00	1.00
每个元件上的峰值电流/平均电流				
阻性负载	3.14	3.14	3.14	3.63
感性负载	—	2.00	2.00	3.00
%波纹（波纹的rms/平均输出电压）	121%	48%	48%	18.3%
波纹频率	1	2	2	3
	阻性负载	感性负载或大的扼流输入滤波器		
每个脚上的变压器次级rms电压	2.22	1.11（至中心抽头）	1.11（总的）	0.855（至中性）
变压器次级rms电压线路至电路	2.22	2.22	1.11	1.48
次级电流	1.57	0.707	1.00	0.578
变压器次级伏安	3.49	1.57	1.11	1.48
变压器初级每脚rms安培	1.21	1.00	1.00	0.471
变压器初级伏安	2.69	1.11	1.11	1.21
初级和次级伏安平均值	3.09	1.34	1.11	1.35
初级线路电流	1.21	1.00	1.00	0.817
线路功率因数	—	0.900	0.900	0.826

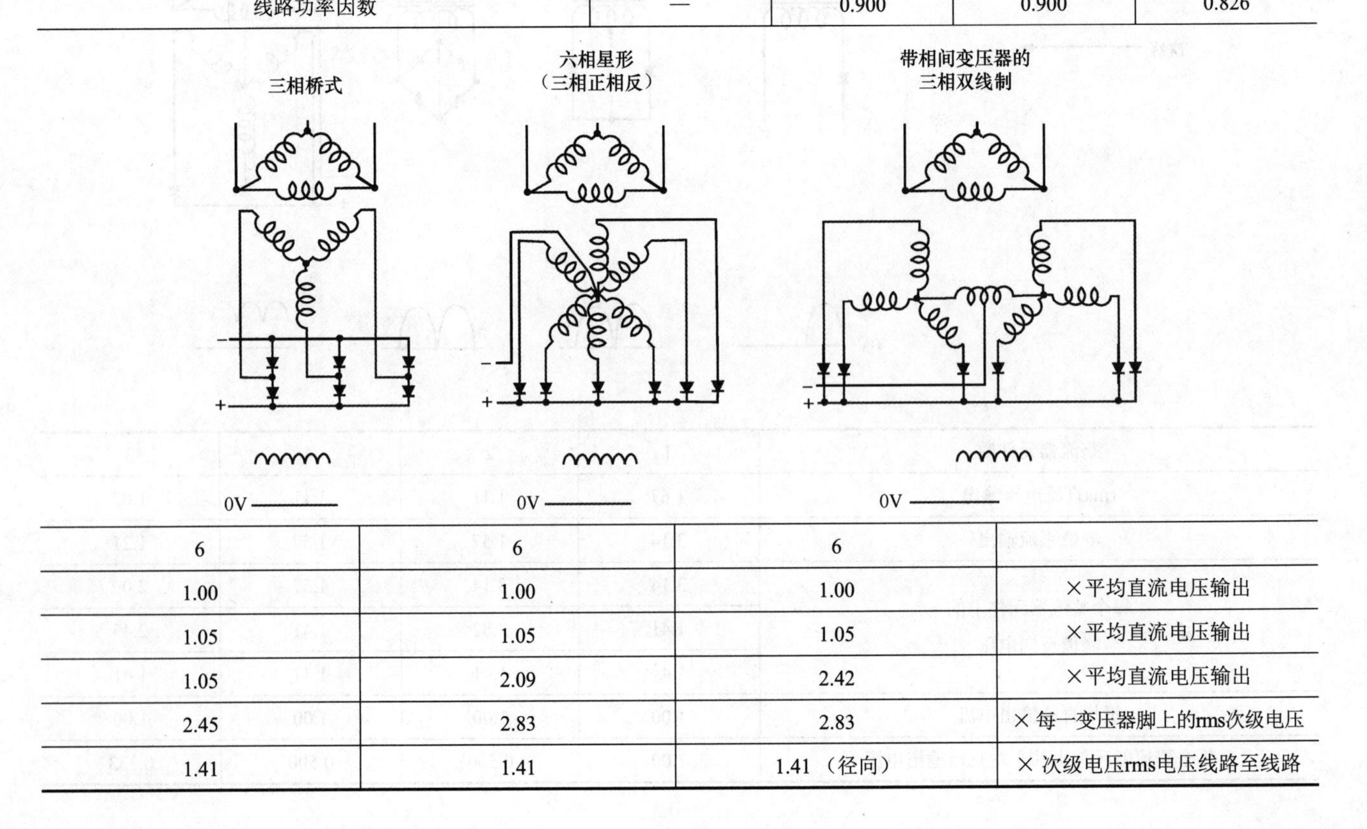

6	6	6	
1.00	1.00	1.00	×平均直流电压输出
1.05	1.05	1.05	×平均直流电压输出
1.05	2.09	2.42	×平均直流电压输出
2.45	2.83	2.83	× 每一变压器脚上的rms次级电压
1.41	1.41	1.41（径向）	× 次级电压rms电压线路至线路

续表

1.00	1.00	1.00	×平均直流输出电流
0.333	0.167	0.167	×平均直流输出电流
0.579	0.409	0.293	×平均直流输出电流
0.578	0.408	0.289	×平均直流输出电流
1.05	1.05	0.525	×平均直流输出电流
1.00	1.00	0.500	×平均直流输出电流
3.15	6.30	3.15	
3.00	6.00	3.00	
4.2%	4.2%	4.2%	
6	6	6	×线路频率，f
感性负载或大的扼流输入滤波器			
0.428（至中性）	0.740（至中性）	0.855（至中性）	×平均直流电压输出
0.740	1.48（最大）	1.71（最大-空载）	×平均直流电压输出
0.816	0.408	0.289	×平均直流输出电流
1.05	1.81	1.48	×直流功率输出
0.816	0.577	0.408	×平均直流输出电流
1.05	0.28	1.05	×直流功率输出
1.05	1.55	1.26	×直流功率输出
1.41	0.817	0.707	×（平均负载电流× 次级针脚电压）/初级电路电压
0.955	0.955	0.955	

23.3.2.1　半波整流电源

半波单元可以直接连接到交流电源上，如图 23.6(a)所示，或者通过变压器连接到电源上，如图 23.6(b)所示。由于整流器只有当阳极上正向电位比阴极的高时才有电流通过，所以输出波形为半周的正弦波，如图 23.6(c)所示。直流电压输出为交流电压输入的 0.45，且整流器电流完全是直流电流，跨接于整流器端口上的峰值反向电压（peak inverse voltage，piv）为 $1.414V_{ac}$，波纹将达到 121%。在无变压器电源中，$115V_{ac}$ 电力线路被直接连接到了整流器系统上。这种类型的电源对于操作人员和接地设备都很危险。另外，这种类型的电源将会产生嗡声问题，出现的这种问题只能通过在电力线路和电源之间采用隔离变压器来解决。

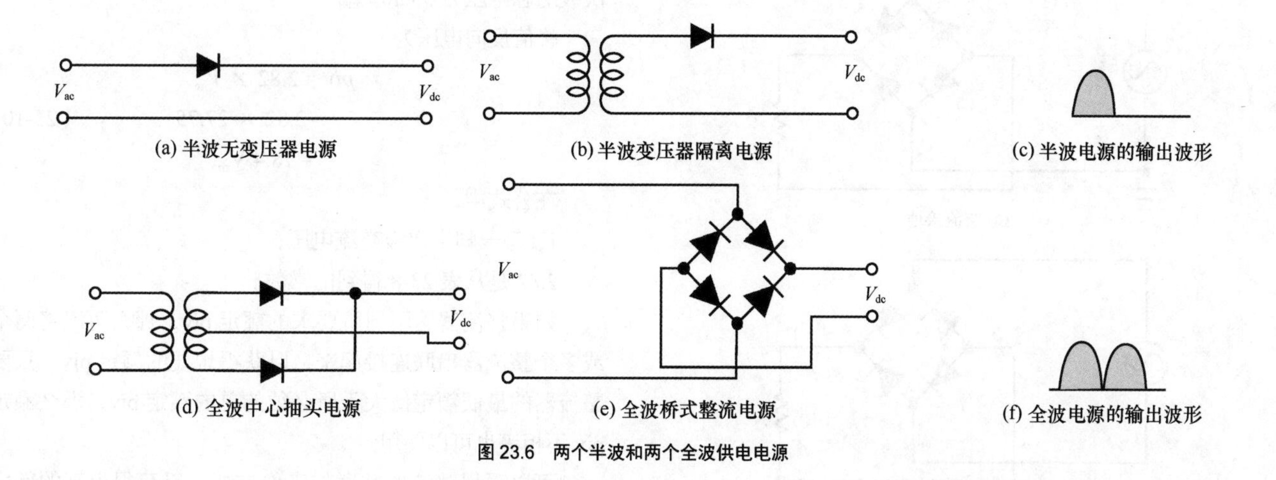

图 23.6　两个半波和两个全波供电电源

23.3.2.2 全波整流电源

全波整流电源一般用在电子电路中，因为它简单，具有良好的波纹系数和电压输出。全波整流电源总是和变压器一同使用。全波整流电源既可以是单相中心抽头设计，也可以是全波桥路设计。不论是哪一种情形，信号在正和负半周里均被整流，并合并产生直流输出。

图23.6(d)所示的是中心抽头配置，它采用了两个整流器和一个中心抽头变压器。V_{dc}近似等于V_{ac}，其中V_{ac}是从变压器的一侧到中心抽头。由于输出是源自每一半波，所以波纹只是输出电压的48%，频率为输入频率的两倍。每个整流器传输一半的负载电流。整流器的piv为2.828V_{ac}。

全波桥式整流器提供的是不带中心抽头变压器的全波整流。桥式整流器并不是真正的单端电路，因为它不存在输入和输出电路的公共端。

全波桥式整流器由4个整流器元件构成，如图23.6(e)所示。该电路最为常见，并且是电子行业中使用最为普遍的类型。

由于是全波桥式电路，所以直流输出电压等于交流输入电压有效值的0.9倍。

全波桥式整流器电路可以通过图23.7(a)、(b)、(c)所示的3种方法实现接地。虽然可以将输入(交流信号源)或者输出(直流负载)接地，但是两者不能同时使用。如果隔离变压器被用于交流信号源与整流器输入之间，如图23.7(c)所示，那么交流和直流一侧可能就会被永久接地。图23.7(d)示出了将桥式整流器接地的一种方法，其中隔离变压器的中心抽头被接地了。

在设计整流器电路时，必须要对直流负载电流、峰值反向电压、最高环境温度、冷却要求和过载电流等进行分析。例如，假设要设计的是图23.7(d)所示的采用硅整流方式的全波整流器，且加有负载时的直流负载电压V_{dc}为25V(1A时)。

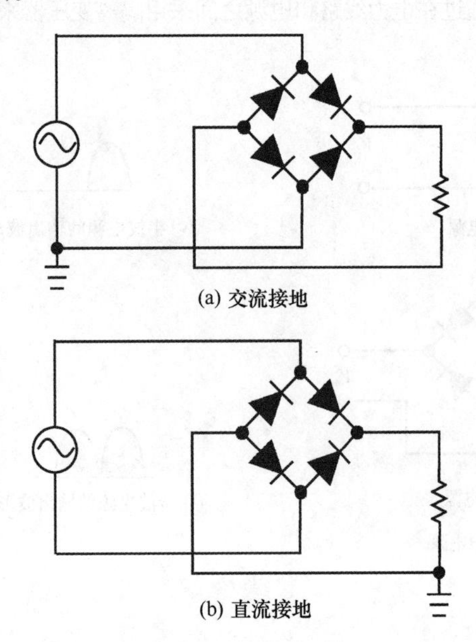

(a) 交流接地

(b) 直流接地

图23.7 电源接地的方法

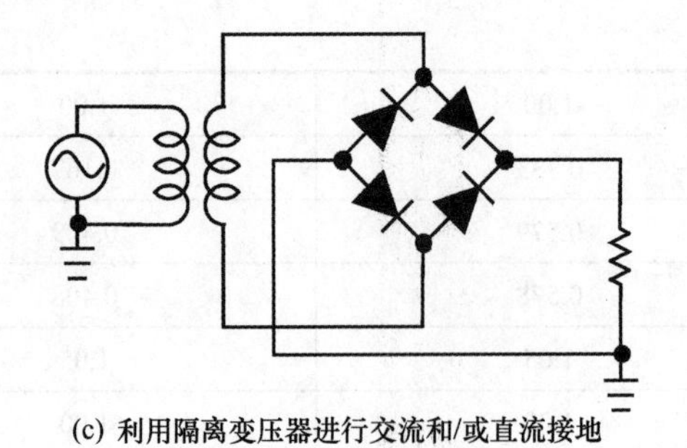

(c) 利用隔离变压器进行交流和/或直流接地

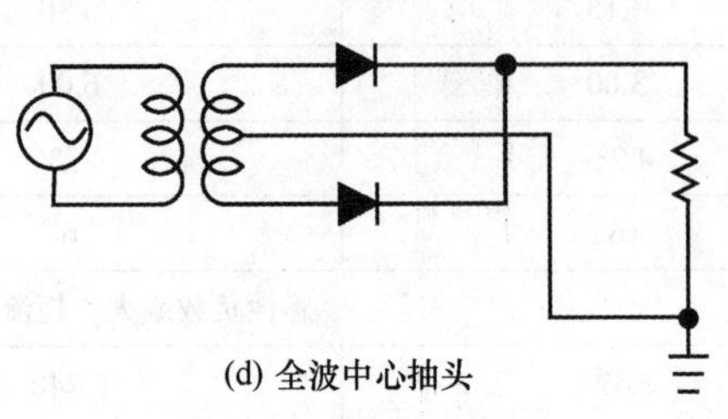

(d) 全波中心抽头

图23.7 电源接地的方法(续)

利用表23-8，通过公式确定每一整流器的电流。

$$I_{rect} = 0.5 \times I_{dc} = 0.5 \times 1 = 0.5\text{A} \quad (23\text{-}8)$$

在式中，

I_{rect}是每一整流器的电流；

0.5是从表23-8得到的常数；

I_{dc}是被整流过的交流电流，它是直流电流。

这是每一整流器必须传输的电流。接下来，所要求的来自变压器的交流电压由下面的公式确定。

$$V_{ac} = 1.11 \times V_{dc} = 1.11 \times 25 = 27.75\ V_{rms} \quad (23\text{-}9)$$

在公式中，

V_{ac}是变压器的电压；

1.11是从表23-8得到的常数；

这是由变压器中心抽头的每一侧测得的电压，跨接在次级的总电压为55.50V_{rms}。

峰值反向电压为

$$piv = 2.82 \times V_{ac} = 2.82 \times 27.75 = 78.4\ V_{rms} \quad (23\text{-}10)$$

在公式中，

V_{ac}每一脚上次级交流电压；

2.82是从表23-8得到的常数。

如果整流器达不到所要求的额定piv，那么可以将两个或多个整流器串联连接起来，以获得想要的额定piv。只要整流器的最低额定值大于所必须的总的额定piv，那么额定piv不相等也可以使用。

可以采用整流器并联的工作方式，以获得更高的额定电流。然而，由于正向压降和有效串联电阻可能引发单元间的不平衡，所以一个单元可能传输的电流要比另一个单元传输的电流大，并可能导致实质性的失败。为了避免发生这一问题，必须在每个单独的整流器上串联上一个小的等值电阻，以此来平衡负载电流，如图 23.8 所示。

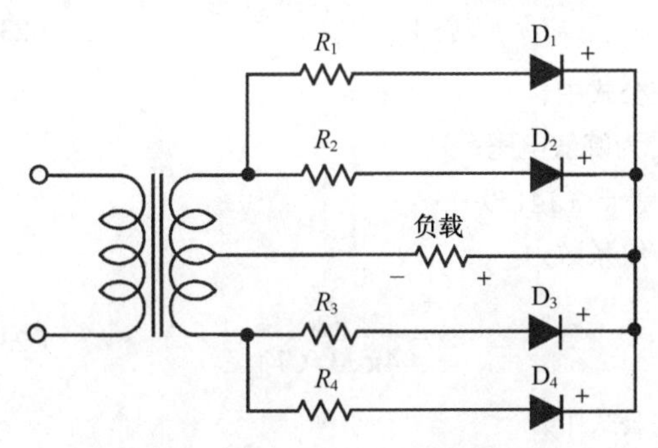

图 23.8　将小阻值电阻串接到每一整流器中，以平衡流经并联的每一整流器的电流

一个针对全波桥式令人感兴趣的方案就是用低损耗 N 沟道 MOSFET 和一个控制器取代整流器，如图 23.9 所示。

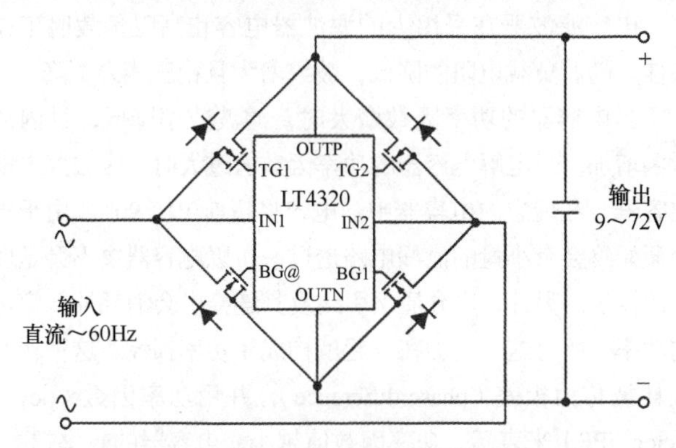

图 23.9　用 MOSFET 取代桥式整流器的全波桥式电源（Linear Technology Corporation 授权使用）

Linear Technology 的 LT4320 理想二极管桥式控制器读取输入来的交流电压波形，并在相应的 MOSFET 对上针对每个半周进行平滑转换。MOSFET 的门驱动来自内部的充电泵，它含有充电电容器[3]。

用 MOSFET 替换桥式整流二极管消除了硅二极管的 0.6V 正向压降和相应的热效应。MOSFET 正向压降要低很多，常常为硅二极管的 1/10。

LT4320 工作温度范围是 -40℃～ 85℃。封装选项包括一种 8 针、3×3 双边扁平无铅（DFN）封装，以及一种 12 针微型小外形封装（MSOP），后者加大了高压针脚的间隔。

23.3.3　三相供电电源

虽然工业上常用三相供电电源，但是很少直接用其给声频电路供电。它们被当作输入电源来给整个系统供电。例如，便携的大功率室外用摇滚系统。要想了解三相供电电源的特性请参见表 23-8。

23.3.4　电阻分压器

图 23.10 所示的是电阻分压器（resistance voltage divider）。在这一分压系统中，电阻被串联到其馈给的特定负载上。利用欧姆定律可以计算出电阻阻值，

$$R = V/I \qquad (23\text{-}11)$$

功率瓦数由下式计算，

$$P = V^2/R = = I^2R \qquad (23\text{-}12)$$

一般而言，当使用串联电阻分压器的同时，还使用一个单独的泄漏电阻来保证其有更好的稳压性能。每一部分应有单独的 10μF 或更大的旁路电容来对地旁路。旁路电容稳定并改善了滤波特性和不同电平的去耦合性能。这一点对于串联型分压器尤为如此。

常用的分压器类型有两种，即并联型（shunt）和串联型（series）。图 23.10 所示的并联型是用来为外接设备提供三种不同的电压设计。上边的电路是提供给负载 L_1 的，第二个电路是提供给 L_2 的，第三个电路是提供给 L_3 的。所有的电路为公共接地。

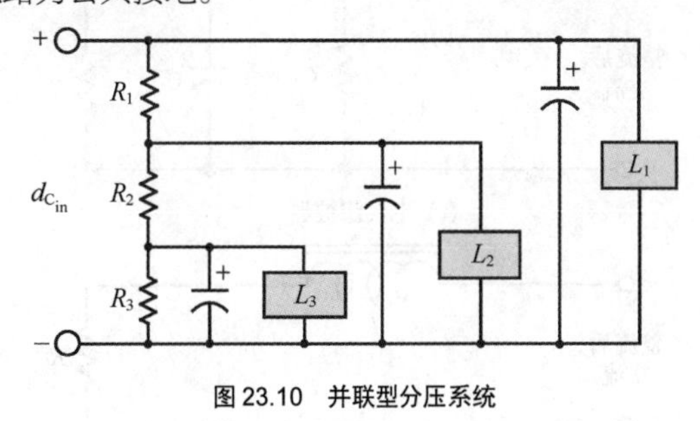

图 23.10　并联型分压系统

所要求的总电流是 3 个外接电路的总电流（或者 $I_{L_1} + I_{L_2} + I_{L_3}$）与附加的称为泄漏电流之和。这一泄漏电流只通过电阻，并不流经外部电路。一般它为总电流的 10%。

首先计算电阻 R_1，因为泄漏电流只流经该电阻，

$$R_1 = V/I \qquad (23\text{-}13)$$

在公式中，

V 为 L_1 上的电压，同时它也跨接在 R_1 上；

I 为泄漏电流。

在 R_2 上部的电压是对地的 L_2 电压。它减去 R_1 上产生的压降便得到 R_2 上的电压。流经 R_2 的电流是负载 L_1 的电流加上泄漏电流。

$$R_2 = \frac{V_{L_2} - V_{L_1}}{I_{R_1} + I_{L_1}} \qquad (23\text{-}14)$$

电阻 R_3 上的电流是负载 L_1 和 L_2 的电流加上流经它的泄漏电流，或

$$R_3 = \frac{V_{L_3} - V_{L_2}}{I_{R_1} + I_{L_1} + I_{L_2}} \qquad (23\text{-}15)$$

负载 L_3 的电流并不流经分压系统中的任何部分，因此，对它无须进行进一步的考虑。

23.4　滤波器

电源滤波器（power-supply filter）是电阻、电容和电感

串联而成的，它既可以是无源的，也可以是有源的，它被用来降低电源的交流或波纹成分。

23.4.1 电容滤波器

电容滤波器（capacitor filter）在输入上使用了一个电容，如图23.11（a）所示。带输入电容滤波器的电源要比没有电容的电源具有更高的电压，因为整流器输出电压的峰值跨接在输入滤波器的两端。由于整流器整流过的交流脉冲加到了电容器C上，所以电容器两端的电压并没有降至零，而是逐渐地减小，直至来自整流器的另一个脉冲加到其上为止。它再次充电至峰值电压。电容器可以视为一个蓄水池，它将能量存储起来供负载在脉冲之间使用。在半波电路中，这一动作每秒钟发生60次，而在全波电路中，它每秒钟发生120次。

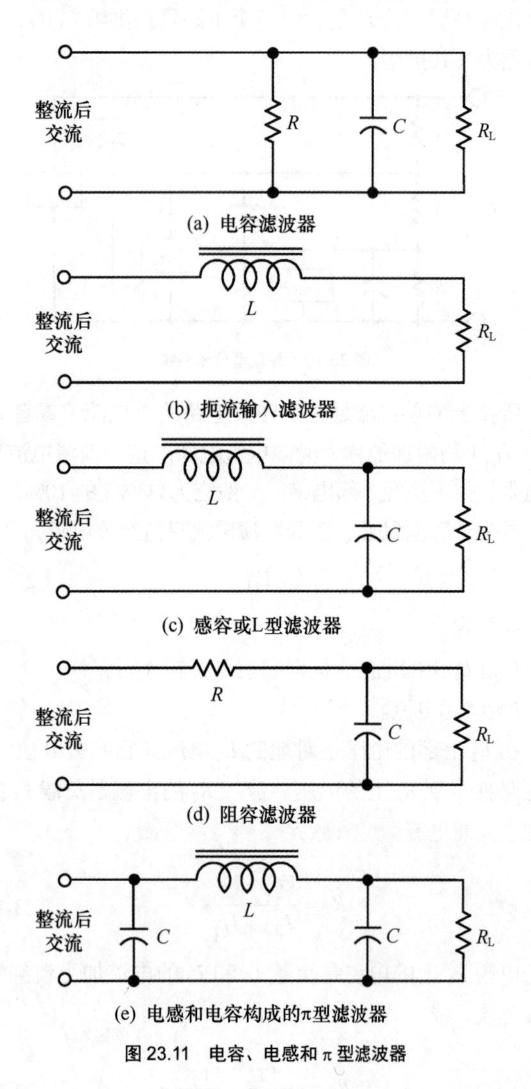

图23.11 电容、电感和π型滤波器

对于正弦波输入且不带滤波器的单相电路，在整流器处的峰值反向电压是加到整流器上的电压有效值的1.414倍。对于带电容器输入的滤波器，峰值反向电压可能会达到所加电压有效值的2.8倍。这一数据可以从参考表23-8获得。

当直流电压表连接到整流器未滤波的输出时，仪表读取到的是平均电压。例如，假设电压表被连接到半波整流器两端。因为仪表指针摆动惯性的原因，故仪表不可能迅速响应半波整流电流的变化脉冲，其动作相当于机械式的积分器。指针停留位置对应的数值与所应用的电压波形的时间平均成比例。平均电压（V_{av}），即直流电压表读取的数值为

$$V_{av}=V_p/\pi \quad (23\text{-}16)$$

在公式中，

V_p为峰值电压；

π等于3.14159⋯.

波纹系数为

$$\gamma=\frac{I_{dc}}{4\pi\sqrt{3}fCV_{dc}} \quad (23\text{-}17)$$

在公式中，

I_{dc}为输出直流电流；

f为波纹频率；

C为滤波器的电容量，单位为F；

R_L为负载电阻，单位为Ω。

电容滤波器在采用大的滤波器电容和高阻负载时工作最佳。随着负载电阻的降低，波纹增大且稳压能力下降。

当电容器的功率因数增大时，滤波效率降低，且内部泄漏增加。当电解电容器的功率因数值过大时，应去掉电解电容器。在理想的电容器中，电容将超前电流90°。由于电介质始终会有小量的泄漏电路透过，所以电容器决不会是理想的情况。另外，电介质、引线及其连接也会消耗掉一定量的功率。所有这一切加在一起就构成了功率损耗。这种功率损耗被称为相差（phase difference），并用功率因数（power factor，PF）来表示。功率因数值越小，电容器的效率越高。由于大部分的电容器分析仪直接用功率因数来表示这些损耗，所以具有大功率因数的电容器可以很容易地识别出来。一般而言，若电解电容的功率因数达到了15%，就应该替换了。不同功率因数时对应的滤波效率可以从表23-9直接读取。

表23-9 滤波效率与百分比功率因数的关系

滤波效率	%PF	滤波效率	%PF
100	0.000	35	0.935
90	0.436	30	0.955
80	0.600	25	0.968
70	0.715	20	0.980
60	0.800	15	0.989
50	0.857	10	0.995
45	0.895	5	0.999
40	0.915		

23.4.2 电感滤波器

电感滤波器（inductive filter）是在滤波器的输入上用扼流圈取代了电容器，如图23.11（b）所示。尽管这种滤波器的输出电压较低，但是其稳压性能较好。

扼流线圈滤波器最佳工作状态处在最大电流时。当没

有电流时，其对电路没有作用。临界电感是假设电流每时每刻都要流经负载时所要求的电感。电感滤波器取决于电感器对任何变化电流的抑制属性。

为了确保电流的连续性，电流中交流成分的峰值电流必须不超过直流值 $I_{dc}=I_{dc}/R_L$。因此，

$$X_L \geqslant \frac{\sqrt{2}}{3R_L} \tag{23-18}$$

和

$$L_C=\frac{R_L}{3\times 2\pi f} \tag{23-19}$$

式中，

L_C 是临界电感，

R_L 是负载电阻。

滤波器扼流线圈应尽可能选择相对于电感值而言具有最低直流电阻的那种。

电感滤波器的波纹系数（γ）为

$$\gamma \quad \frac{R_L \quad R_C}{3\sqrt{2}\times 2\pi} \tag{23-20}$$

在公式中，

R_L 为负载电阻，单位为 Ω；

R_C 为扼流圈电阻，单位为 Ω；

f 为波纹频率。

23.4.3 组合滤波器

组合滤波器（combonation filter）采用了电阻、电容和电感的组合形式来改善滤波的性能。最简单的就是阻容滤波器和较为复杂的感容（LC）串联电路。

23.4.3.1 感容滤波器（LC）

感容滤波器（Inductance- capacitance filter）有时被称为 L 滤波器，它使用一个电感作为输入滤波器，而将一个电容器作为滤波器的次级，如图 23.11（c）所示。LC 滤波器在阻抗条件变化的情况下工作较好。

LC 滤波器中的扼流圈感抗通常对流经其绕组的电流中的任何变化产生抑制作用，对整流器的脉动电流产生平滑的作用。电容器对电能进行存储和释放，也对波纹电压起到平滑作用，从而产生相当平滑的输出电流。

LC 滤波器的波纹系数为

$$\begin{aligned}\gamma &= \frac{\sqrt{2}X_C}{3X_L}\\ &= \frac{\sqrt{2}}{3\times 2\pi fC\times 2\pi fL}\\ &= \frac{0.01}{f^2CL}\end{aligned} \tag{23-21}$$

在公式中，

X_C 为容抗，单位为 Ω；

X_L 为感抗，单位为 Ω；

f 为波纹频率；

C 为电容量，单位为 F；

L 为电感量，单位为 H。

当多个 LC 滤波器连在一起时，波纹系数为

$$\begin{aligned}\gamma &= \frac{\frac{\sqrt{2}}{3}}{(16\pi^2f^2LC)^n}\\ &= \frac{0.47}{(157.9f^2LC)^n}\end{aligned} \tag{23-22}$$

在公式中，

L 为电感量，单位为 H；

f 为波纹频率；

C 为电容量，单位为 F；

n 为连接的滤波器数。

23.4.3.2 阻容滤波器

如图 23.11（d）所示的阻容滤波器（resistance-capacitiance filter），使用的是一个电阻和一个电容，而非电感和电容。该滤波器的优点是其廉价的成本，轻的重量和减小的磁场。其缺点是串联电阻会引发压降，从而使电流产生变化，这对电路的工作可能是不利的。RC 滤波器系统一般只用于要求低电流的场合。RC 滤波器的效率与 LC 类型并不一样，它们可能要用两个或更多的滤波部分来取得足够的滤波效果。

23.4.3.3 π型滤波器

π 型滤波器在电容输入之后跟着一个 LC 类型的滤波器，如图 23.11（e）所示。π 型滤波器具有平滑的输出和较差的稳压能力。它们常常被用于变压器电压不够高且需要低波纹的场合。利用输入变压器，直流电压被提升至峰值电压。π 型滤波器的波纹系数为

$$\gamma=\sqrt{2}\frac{X_{C_1}X_{C_2}}{R_LX_{L_1}} \tag{23-23}$$

在公式中，

X_{C_1} 为第一个电容的容抗，

X_{C_2} 为第二个电容的容抗，

R_L 为负载电阻，

X_{L_1} 为扼流圈的感抗。

当扼流圈用电阻取代时，波纹系数变为

$$\gamma=\sqrt{2}\frac{X_{C_1}X_{C_2}}{R_LR} \tag{23-24}$$

在公式中，

R 为滤波器电阻。

23.5 稳压电源

稳压电源（regulated power supply）能在负载、电流或输入电压发生变化时保持输出恒定。稳压电源可以是简单

地并联或串联调节器，它有1%～3%的调节能力，它也可以是具有0.001%调节和0.001%波纹的高增益供电电源。

虽然电源可以采用并联形式连接，但是为了保护电源，在每个电源的正极性引出端都连接一个二极管。当二极管处在其正常导通模式下，它必须能够承受其稳压器的短路电流。二极管的额定piv必须等于或大于最高额定电源的最大开路电压。

所有稳压电源都有一个参考组件和一个控制组件。这两个组件的电子器件数量决定了电源的质量和稳压性能，如图23.12所示。

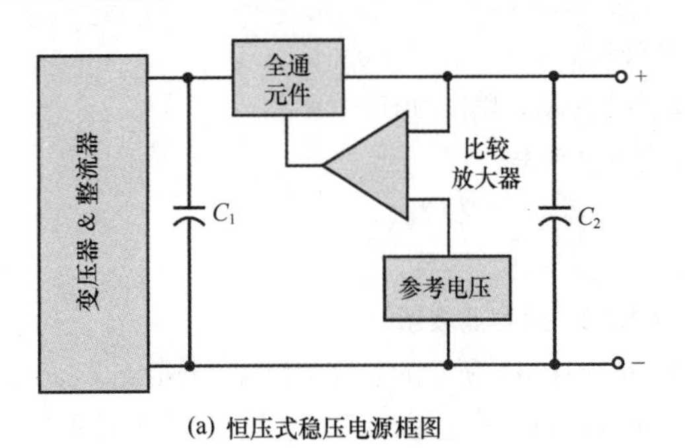

(a) 恒压式稳压电源框图

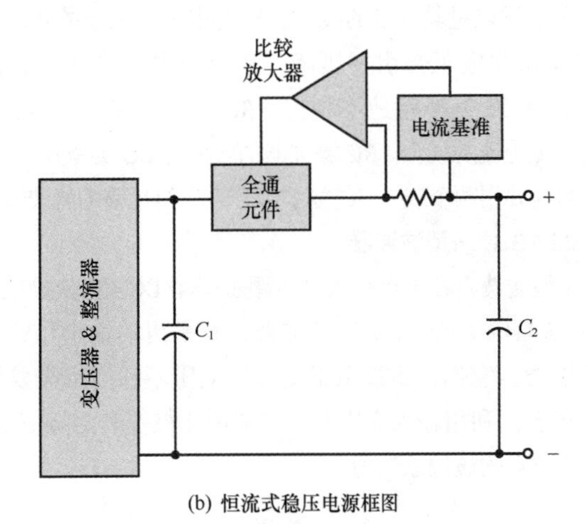

(b) 恒流式稳压电源框图

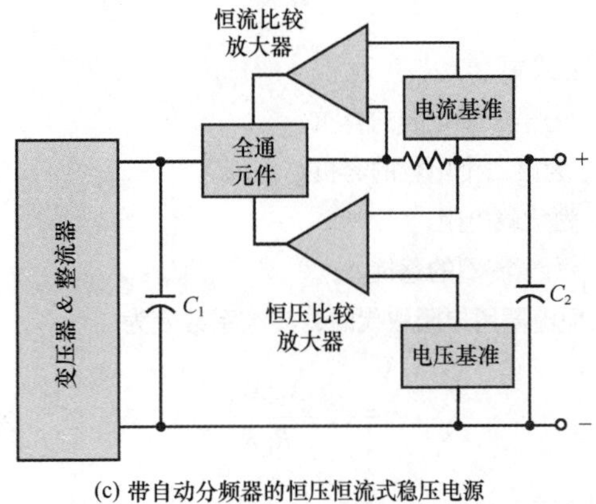

(c) 带自动分频器的恒压恒流式稳压电源

图23.12 稳压电源

参考组件是构成所有电压调节的基本单元。稳压电源的输出参考值等于或是参考值的数倍。参考电压的任何变化将会导致输出电压的变化，所以，参考电压必须尽可能地维持稳定。

控制组件是维持输出电压恒定的单元。调节器的类型是根据控制组件来命名的。比如称为串联、并联或开关式，如图23.12(a)、(b)和(c)所示。控制组件是个可变电阻，其上的压降可以与负载串联，也可以跨接于负载两端。控制组件的配置如图23.13所示。

所有的稳压电源都会给出待机电流，这是在没有输出负载时由电源给出的电流。提供给稳压电源的输入电压被滤波成直流。输入电压越平滑，输出也就越平滑。图23.12中所示的电容C_1被用来平滑输出或减小波纹。

比较放大器始终监测输出，减小波纹，因为参考电压是平滑的直流，输出波纹电压在比较器上的表现类似于变化的负载。调节器或导通晶体管尝试跟随它，降低波纹。

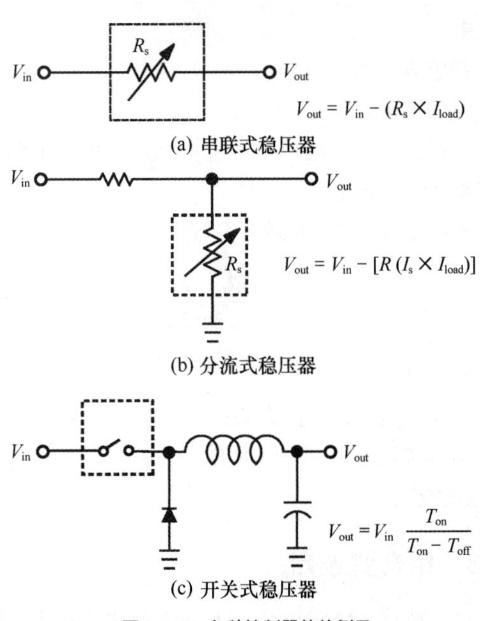

图23.13 各种控制器件的例子

不管负载电流、输电线路电压或温度如何变化，恒定电压稳压电源（constant-voltage regulated power supply）均被设计成保持其输出电压恒定不变的形式。对于负载电阻的变化，输出电压保持恒定到一级近似的状态，而为了实现这一目标，输出电流必须作出相应的改变，如图23.12(a)所示。它的阻抗曲线如图23.14(a)所示。

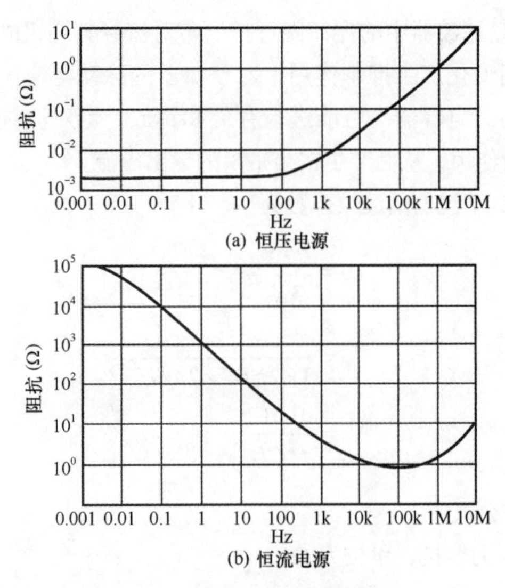

图23.14 稳压电源的典型内阻特性

理想的恒压电源具有零阻抗特性。对于设计良好的稳压电源而言，在直流至 1MHz 的频率范围上，内部输出阻抗的范围应在 0.001 ～ 3Ω。实际的阻抗是负载及其工作于电源馈电下的设备类型的函数。实际的恒压电源在较低频率时具有非常低的阻抗，并且阻抗随频率的升高而提高。

恒流电源（constant-current regulated power supply）被设计成保持输出电流恒定的形式，而不管负载阻抗、输电线路电压或温度如何变化。对于负载电阻的改变，虽然输出电流保持恒定至一级近似，但是为了实现这一目标，输出电压必须作出相应的改变，如图 23.12(b) 所示。其阻抗特性如图 23.14(b) 所示。

恒流电源在任何频率上均应具有无穷大的阻抗。然而，这种理想条件是达不到的。因此，实际的电源在较低的频率上具有非常低的阻抗，阻抗会随频率的升高而增大。恒流电源更适合在较低的频率上具有高阻抗，而在较高的频率上阻抗降低。

图 23.12(c) 所示的恒压、恒流稳定电源对于比较大的负载阻抗表现为恒压电源，而对于阻抗相对较小的负载则表现为恒流电源。这两种工作模式之间的自动转换(或切换)会在负载阻抗（R_C）达到临界数值时发生，

$$R_C=V_s/I_s \tag{23-25}$$

在公式中，

V_s 是控制电压设定；

I_s 是控制电流设定。

23.5.1　简单的稳压电源

简单的电源只是由控制组件和基准参考组件组成的。固态齐纳二极管几乎已经完全替代了气态的电子管参考组件，因为二极管的体积更小，调节性能更好，电压范围和功率范围更宽。参照图 23.15(a) 所示的基本设计，齐纳二极管与限制电阻 R_1 串联连接，然后并联到输出上。通常，齐纳二极管电流 I_Z 选择为负载电流 I_L 值的 10%。串联电阻 R_1 的数值可利用下面的公式加以计算，

$$R_1=\frac{V_s-V_{out}}{I_L+I_Z} \tag{23-26}$$

其中，

V_s 是电压源；

V_{out} 是输出电压；

I_L 是负载电流；

I_Z 是齐纳电流（通常是 I_L 的 10%）。

R_1 上的功耗为 I^2R。功耗只是针对负载电流维持在其设计电流的情况。如果负载电流被完全去除，那么通过二极管的电流提高至设计电流加上齐纳电流的数值。

齐纳二极管可以串联连接并跨接在直流电源的输出上，所具有的功率处理能力和工作电流范围是类似的，如图 23.15(b) 所示。

图 23.15(c) 所示的是一个 10V 调压电源，输出可在 0 ～ 10V 调节。可调节输出并不稳压，因为在输出和输入之间存在一个来自电位器的串联电阻。

图 23.15(d) 所示的是级联的并联稳压器。齐纳二极管控制晶体管 Q_1 的基极电位，其作用相当于射随器和电路放大器。该电路用于存在大电流变化的场合。

如果要求只能存在小的电压降，也就是 5 ～ 6V，那么可以采用图 23.15(e) 所示的电路配置。在这一情况下，整个的负载电流加上流经 R_1 的电流一定会流经二极管，故二极管很容易损坏。

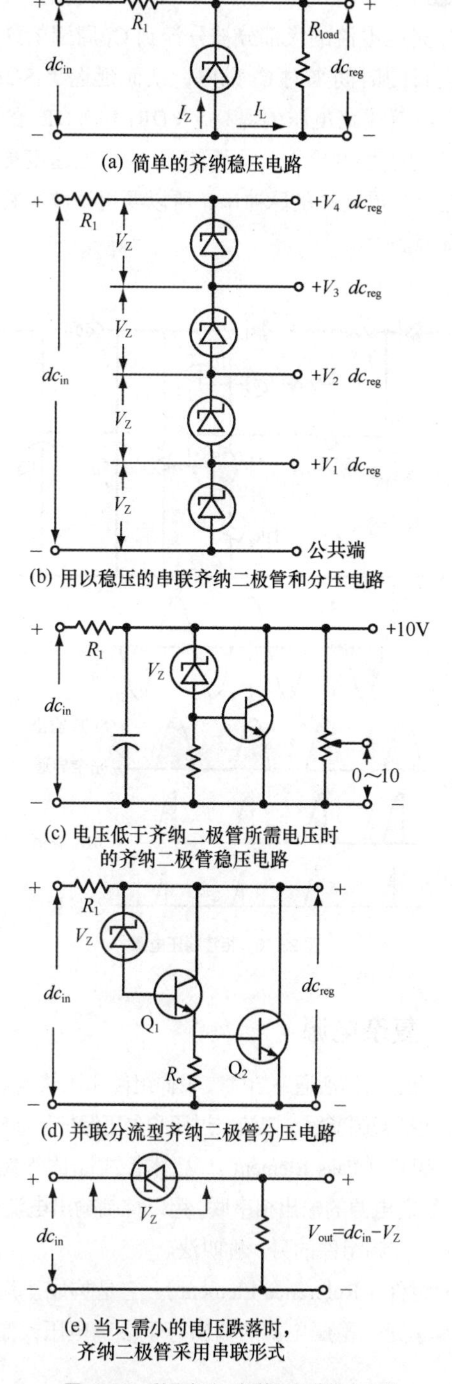

图 23.15　利用齐纳二极管的各种稳定电路

23.5.2 相控稳压电源

在相控（phase-controlled）电源中，通路组件是以线性频率开关的，并通过改变脉冲宽度来控制输出电压。实现这一目标的最常见方法就是在调整部分使用SCR。通过对每一周期中SCR_1的初始点进行延时，就可以改变输出电压，如图23.16所示。SCR_1是通过施加到门上的电压来触发启动的。这一电压是通过经由R_2和镇流灯充电的C_1来获得的。当门的启动电压加到C_1上时，SCR_1开始启动。一旦SCR_1打开，那么在其阳极电压为零之前它会一直保持打开状态，这将处在第二个半周期当中。当SCR_1开启时，C_1放电，并保持放电状态直至线性电压的相位恢复到零。C_1的充电速度是受Q_1控制的。当Q_1导通时，C_1充电电流的大部分被分流到C_1周围的通路，这便需要更长的时间来对C_1充电，从而延迟了SCR_1的启动时间。随着线路电压的提高，VDR_1和VDR_2的电阻降低，Q_1导通的程度更大，从而使C_1的充电速度更慢。由于输出是上升沿陡峭的脉冲串，所以要用滤波器将其输出平滑为直流。

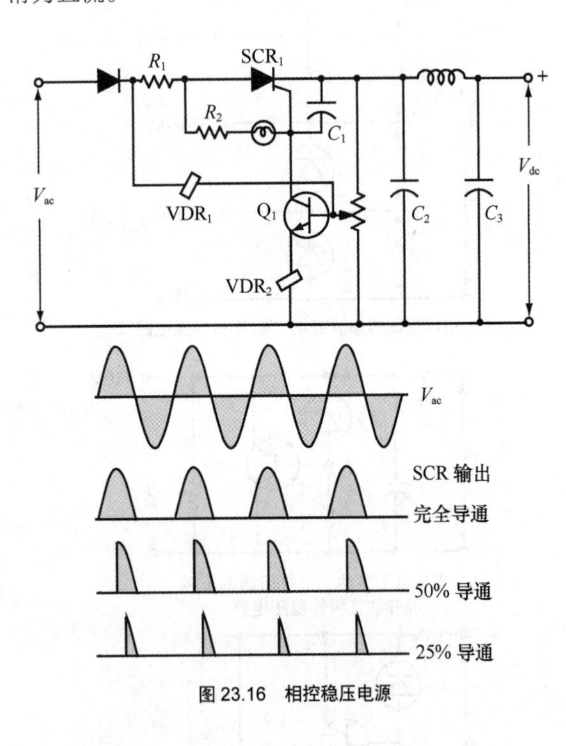

图 23.16 相控稳压电源

23.5.3 复杂电源

复杂的电源包括通路组件、采样组件和比较器组件，并且可能还包括预调节器、限流、过压和欠压保护和遥感等。

通路组件（Pass Element）。晶体管或晶体管组并联连接，并与稳定电源的输出相串联，用以控制输出电流的流动。通路组件是控制组件的另一种叫法。

参考组件（Reference Element）。它是构成了所有调压器的基本单元。稳压电源的输出等于参考电压或是这一参考电压的数倍。参考电压中的任何变化将导致输出电压产生变化。因此，参考电压必须尽可能维持稳定。

采样组件（Sampling Element）。监测输出电压并将其转换为与参考电压进行电平比较的器件。采样电压与参考电压的差异就是最终用来控制调节器输出的误差电压。

预调节器（Preregulator）。监测跨接串联调节器端口的电压，并调节输入V_{in}，以维持调节器电压在3V左右。不论输入或输出条件如何变化，这一调节器电压保持相对恒定。这减小了功耗和串联调节器中晶体管的数量，如图23.17所示。

比较器组件（Comparator Element）。将来自采样部分的反馈电压与参考电压进行比较，并提供用来检测误差电平的增益。该信号用来控制控制电路。

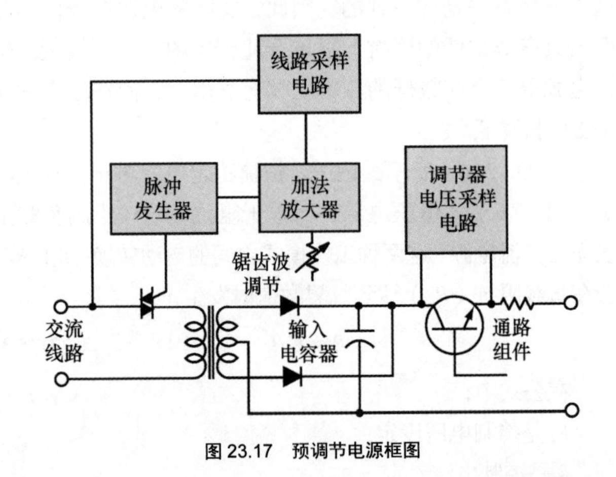

图 23.17 预调节电源框图

限流（Current Limiting）。通过将电流限制在安全工作范围之内来保护调整晶体管的方法。最简单的限流器件就是将一个电阻与负载串联起来。然而，这将影响由电阻器上的IR压降产生的调节作用。

为了克服这一难题，我们采用了恒流限制方法。利用恒流限制，串联电阻上的压降被采样。输出电压持续上升至预定电流时，这时电压降低，以限制输出电流。

第三种限流措施就是反馈限流，当负载电流持续增大至I_{max}以上时，它会使负载电流产生实际性的降低。通常这种方法只用于高电流的电源中。

图23.18（a）所示的传统的限流电源可以对瞬间短路起保护作用，但是长时间的短路会导致Q_2过热，从而导致其最终损坏。在图23.18（b）中，这一电路作了改进，它通过增加的两个反馈电阻R_3和R_4来实现反馈。控制晶体管Q_1的发射极电压取决于由R_3、R_4形成的分压器采样到的电源输出电压。如果R_1检测到电流过载，其上的压降使输出电压降低，同时Q_1的发射极电压也降低。随着流经R_1电流的减小，Q_1导通，从而限制了流经Q_2的电流，如图23.18（b）所示的电流反馈特性。反馈比可以通过改变R_3、R_4或R_1，或者上述三者来调整。

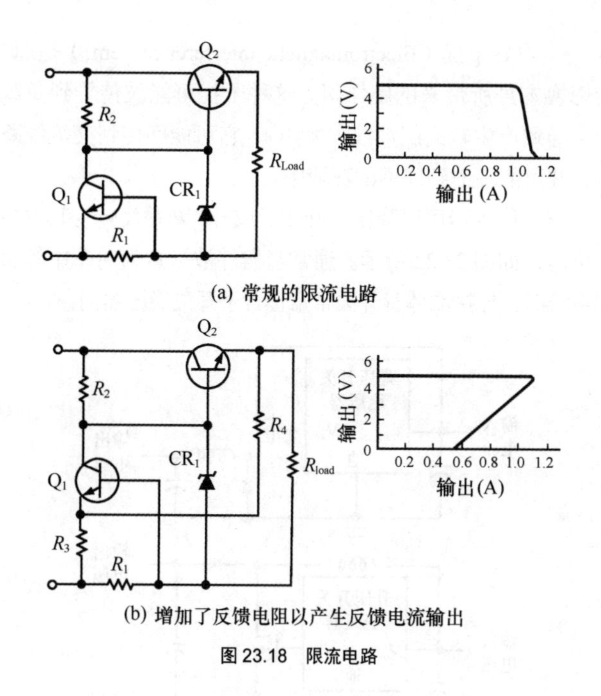

(b) 增加了反馈电阻以产生反馈电流输出

图 23.18　限流电路

过压保护。保护负载，避免出现过压。这可以在内部实现，或者以电源附件的形式来实现。电路监测电源的输出电压，当达到预置电压时，控制电子保安器（Crowbar）电路，此处跨接于电源输出端口的可控硅整流器（SCR）在输出端短路。

遥感。大功率交流电源至直流电源和有些直流电源转换器的大部分中间环节都包含一个遥感连接点。这些连接点，+和－感应参量被用来调节负载上的电源输出电压[4]。

连接电源输出至负载的输出线缆存在电阻，因此电流提高时，在线缆上产生的压降也随之加大。利用连接到负载上遥感线路将补偿这些不希望出现的压降，如图 23.19 所示。

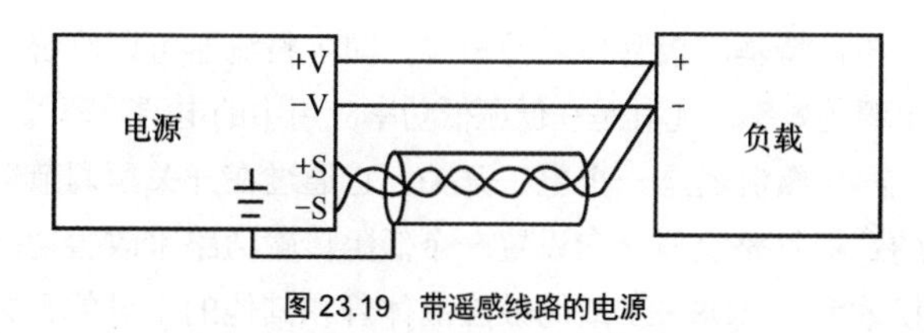

图 23.19　带遥感线路的电源

当出现重负载时，为了减小过大的压降，遥感功能自动提高电源输出端的输出电压，以补偿输出线缆所产生的不想要的压降。大部分遥感电路能够对输出线缆的压降进行 0.25 ～ 0.75V 的补偿。如果压降超出遥感电路的补偿范围，则负载上的电压将不再稳定，这可以通过减小输出线缆长度或加粗输出线缆的方法来加以纠正。

遥感引线携带有非常小的电流，所以可以使用轻规格的导线。要采取措施来确保遥感导线拾取不到辐射噪声，比如采用绞合导线或将导线屏蔽。图 23.20 所示的是电源遥感电路的简化原理图。重要的是要观测到正确的极性，即正的感应导线应连接到负载靠近正向负载的连接端，而负的感应导线应连接到负向负载的连接端。如果遥感线接反了，那么电流将流入感应线路，并烧毁电源内的内置感应电阻。

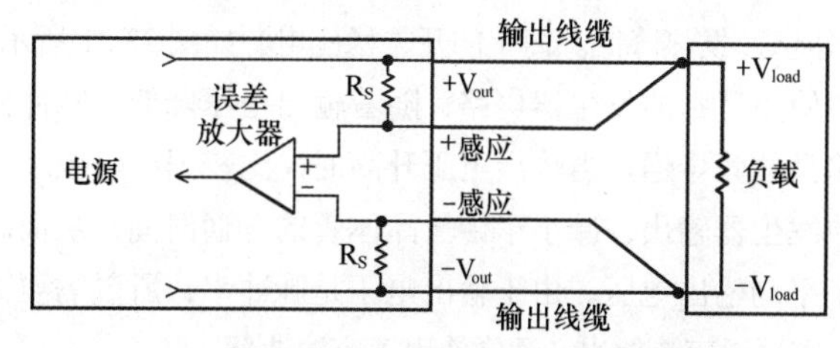

图 23.20　带外部输出和感应导线的遥感电路原理图

重要的是不要将开关或保险与一根或两根输出导线串联起来。如果遥感线路保持与负载相连接，同时负载线路是开路的，那么电流将流入感应线路，烧坏电源内的内置电阻。如果需要保险或开关，则感应线连接之后，应将其加在负载上。大部分电源出厂时在电源上安装了本机感应跳线器。

导线规格尺寸和在稳压电源上产生的压降可通过欧姆定律或使用表 18-2、表 18-3 和表 23-10 的列线图来确定。由于稳压电源被设计成控制电源输出端口输出的形式，所以用作输电线的导体必须视为电源负载的一部分。

表 23-10　为了保护输出，建议 90˚C时接线线缆的最低直流 AWG（TDK-Lambda 授权使用）

总功率额定模块电流（A）	90˚C应用时导线和接片规格（Lug Gauge）（AWG）导线（NEC 表310.16）
5	18
10	16
15	16
20	14
30	12
40	10
50	8
75	6
100	2
125	2
150	（1） 1AWG或（2） 6AWG
175	（2） 4AWG
200	（2） 2AWG
225	（2） 2AWG
250	（2） 2AWG
300	（2） 1AWG

23.5.4　开关稳压电源

在开关稳压电源中，传输晶体管工作在开关模式，使效率提高，发热降低。简单的开关稳压电源如图 23.21 所示，其中使用了脉冲发生器电路，随着输出电压降低，脉冲使传输晶体管导通。当输出电压升高时，比较器电路减小了脉冲发生器输出，减小了传输晶体管的导通时间，从而减小了平均输出电压。由于输出电压是脉冲串，所以需要滤波器来平滑直流输出，通常使用感容滤波器。

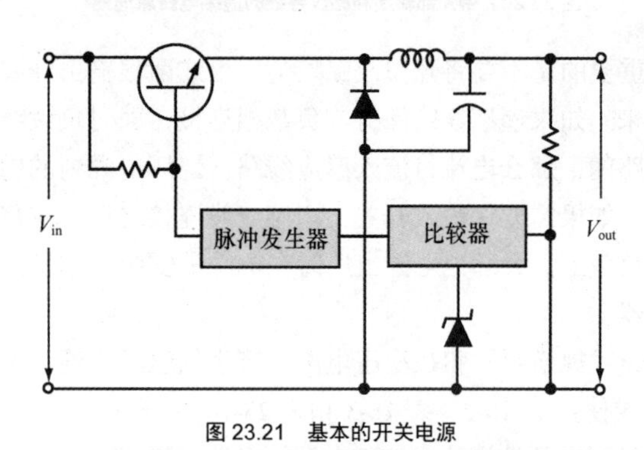

图 23.21　基本的开关电源

开关稳压电源通常工作在 20kHz 或更高的频率上，它具有如下的优点。

- 由于开关稳压器属于开关器件，所以它们避免了类似于串行稳压器工作时可变电阻器所产生的较高功率消耗问题的出现。晶体管在饱和（导通）或截止（关闭）状态下的功耗非常小，大部分的功耗是由电源的其他部分产生的。开关电源效率的典型值为 85%，而与之相比，线性电源的效率为 30% ～ 45%。浪费的功率越少就意味着工作时的发热量越小，运行成本越低，所需要使用的稳压电源热沉的体积就越小。
- 开关电源在体积和重量上的减小是通过其高的开关速率来取得的。典型情况下，开关电源的体积和重量是串行稳压电源的 1/3。
- 开关电源可以工作在低的交流输入电压（灯管暗淡）条件下，并且在输入电力瞬间掉电时还能维持一个相对长的输出延续（或不间断），因为在输入滤波器的电容中存储了较多的能量。在开关电源中，输入的交流电压直接被整流，滤波器电容被充电至交流电压的峰值。标准输电线路的交流电压输入是通过电源变压器降压的，之后被整流，最终在其滤波器的电容两端形成较低的电压。由于存储在电容器中的能量与 CV^2 成正比，且 V 在开关电源中较高，所以其存储能力（也就是其不间断供电时间）也较强。

开关电源的不足之处有以下几个。

- 开关电源瞬态恢复时间（动态负载调整）要比串行稳压电源的恢复时间长一些。在线性电源中，恢复时间只受到用于串联调整器和控制电路中的半导体速度的限制。在开关电源中，恢复时间主要是受到输出滤波器中电感的限制。
- 电磁干扰（Electromagnetic interference，emi）是通 - 断切换本身所带来的副作用。这种干扰可能被传导到负载上（导致产生较高的波纹和噪声），它可能回传到交流线路中，并可能辐射到周围的环境中。

开关稳压器可以降压，升压，或升 / 降并反转为其供电的电压，如图 23.22 所示。通常当器件被指定为用于中等负载电流时，外接晶体管开关常常包含于开关稳压器内。

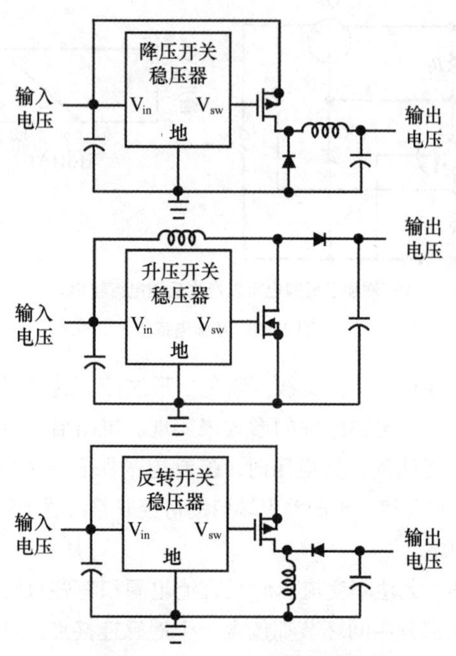

图 23.22　降压、升压和反转开关稳压器
（Maxim Integrated Products 授权使用）

23.6　同步整流低压电源

与肖特基二极管型电源相比，同步整流器可以改善开关电源的效率，尤其是在低压低功率应用中的电源效率 [5]。

同步整流器是一个电子开关，它通过在开关型调节器中的二极管整流器端口设置一个低阻传输通路来改善功率转换效率。MOSFET 或场效应晶体管和其他的半导体开关均可使用。

由于开关型整流器两端的正向压降与输出电压相串联，所以在整流器上的损耗决定了效率。

即便是在 3.3V 时，整流器的损耗也很明显。对于 3.3V 输出的降压调整和 12V 的输入而言，肖特基二极管上的 0.4V 正向电压表现出的典型效率代价约为 12%。在较低的输入电压时的损耗较小，因为整流器具有较低的占空因数，因而导致导通时间较短。然而，肖特基整流器的正向压降通常是占主导地位的损耗机制。

对于 7.2V 输入电压和 3.3V 输出电压的情况，同步整流器使肖特基二极管整流器的效率改善了约 4%。随着输出电压的降低，同步整流器在效率方面提供了更大的提升，如图 23.23 所示。

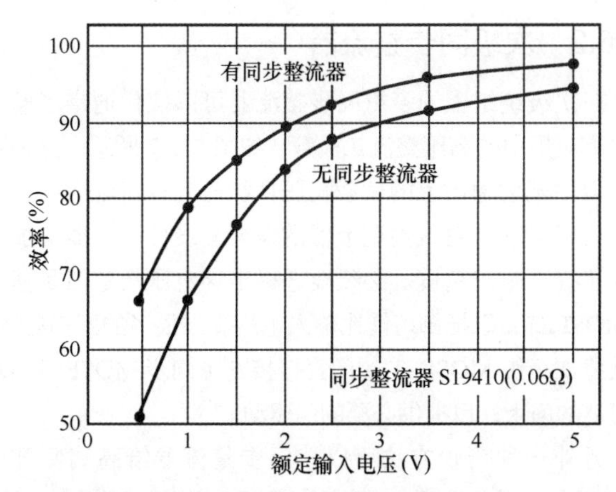

图 23.23　基于高性能降压开关稳压器的数据和标准 7.2V 笔记本电脑电池的电源均表明，同步整流器在 5V 时对效率几乎没有影响，但是对于 3.3V 及其以下的电压具有明显的性能改善作用（Maxim Integrated Products 授权使用）

23.6.1　二极管与同步整流器

在没有并联同步整流器的情况下，如图 23.24(a) 所示，开关调整器中整流器二极管两端压降表现为输出电压下降的效率损失恶化。肖特基二极管的简单降压变换器将开关节点、电感器的摆动端钳位，就像电感器放电一样。

在图 23.24(b) 所示的同步整流器规格中，大的 N- 沟道 MOSFET 开关取代了二极管，并构成将开关节点钳位到 -0.1V 或更低的半桥式配置。图 23.24(a) 中的二极管将节点嵌位于 -0.35V。直观上看，任意一种整流器中的损耗都会随着输出电压的降低而升高。在 V_{IN} 至 V_{OUT} 处，在大约半个开关周期内，整流器压降与负载电压串联。随着输出电压的下降，整流器上的功率损耗占了负载功率的大部分。

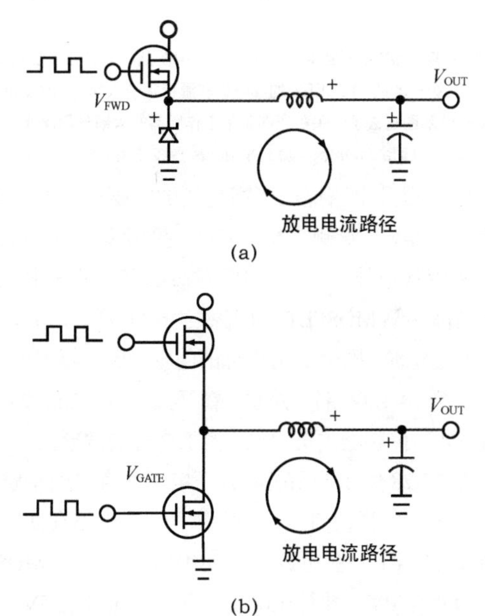

图 23.24　同步整流器用低 $R_{DS(ON)}$ 取代了图（a）中的肖特基二极管，较低的电阻通路导到 5V 至 3.3V/3A 变换器的效率提升 3% ～ 4%（Maxim Integrated Products 提供）

是使用二极管，还是 MOSFET 整流器的基本折中原则就是看驱动 MOSFET 门所需的功率是否抵消了由降低的正向压降所获得的效率。同步整流器的效率增益在很大程度上取决于负载电流、电池电压、输出电压、开关频率和其他应用参量。较高的电池电压和较低的负载电流会提高同步整流器的数值。对于主开关而言，等于 1 – D 的占空因数 [其中 $D = t_{on}/(t_{on}+t_{off})$] 会随着电池电压的提高而增大。另外，正向压降会随着负载电流的增加而减小。

在比较二极管和同步整流器时，应注意同步整流器 MOSFET 并不总是取代通常的肖特基二极管。为了避免高端和低端侧 MOSFET 可能引发的破坏性跨导电流开关重叠，大部分开关调节器都带空载延时。同步整流器 MOSFET 包含一个一体式的、寄生体二极管，其作用相当于钳位，并捕获这一空载期间的负向点感器电压摆动。该二极管存在损耗，且缓慢截止，同时可能会产生 1% ～ 2% 的效率下降。

为了从电源中获取之前的效率百分数，可以将肖特基二极管与同步整流器 MOSFET 并联。该二极管只在空载期间导通。与硅体二极管并联的肖特基二极管在较低电压时导通，从而确保硅体二极管不会导通。一般而言，以这种形式应用的肖特基二极管可能要比简单降压电路需要的类型更小、更便宜，因为二极管的平均电流低（通常肖特基二极管的额定峰值电流要高于其额定直流电流）。重要的是要关注空载期间的导通损失在高开关频率下可能会变得明显。例如，在具有 100ns 空载时间的 300kHz 变换器中，额外的功耗等于

$$I_{LOAD} \times V_{FWD} \times t_d \times f = 6\text{mW} \qquad (23\text{-}27)$$

在公式中，

f 是开关频率；

t_d 是空载时间。

针对 2.5V、1W 电源，其所表现出的效率损失大约为 0.5%。

逻辑控制输入可以将同步整流器从互补驱动选项偏移到零点关闭选项，如图 23.25 所示。不论负载如何，当低时，“SKIP” 允许正常工作：电路对于重负载采用脉宽调制（PWM），且在轻负载时自动切换至低静态电流的脉冲跳变模式；当高时，“SKIP” 强制 IC 至低噪声固定频率 PWM 模式。另外，对 “SKIP” 应用高电平将使 IC 的过零检测器失去作用，允许电感电流方向反转，对寄生谐振 LC 电路产生抑制。

一个与同步整流器的门驱动时间有联系的问题就是对利用回程绕组获得的多个输出的正交调整。将一个附加的绕组或耦合电感置于降压调节器的电感器磁芯上就可以提供一个辅助的输出电压，所增加的成本不过是一个二极管、一只电容和少量的导线而已，如图 23.26 所示。

通常，图 23.26 中的耦合电感回扫电路是在高端侧开关打开时将能量存储在磁芯中，当同步整流器的低端侧开关打开时，它通过次级绕组放掉一部分能量，产生一个辅助的 15V 输出。在放电期间，跨接于初级两端的电压等于 $V_{OUT} + V_{SAT}$，其中 V_{OUT} 为主输出，V_{SAT} 为同步整流器的饱和电压。因此，次级输出电压等于初级输出乘以匝数比。

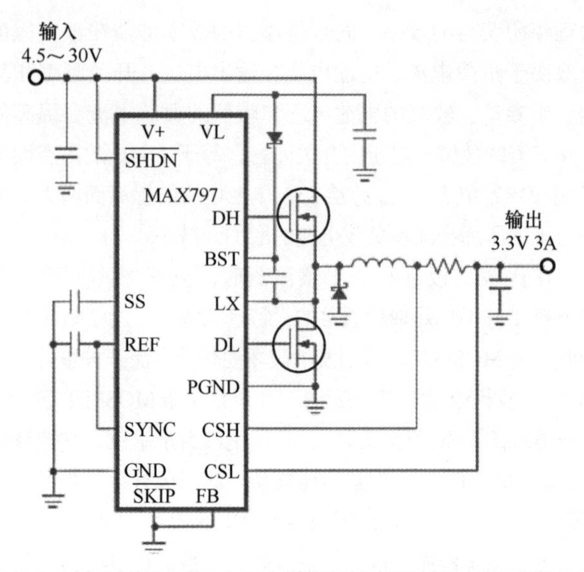

图 23.25 低噪声逻辑控制输入的 N- 通道降压稳压器调整同步整流器联机时的时间（Maxim Integrated Products 授权使用）

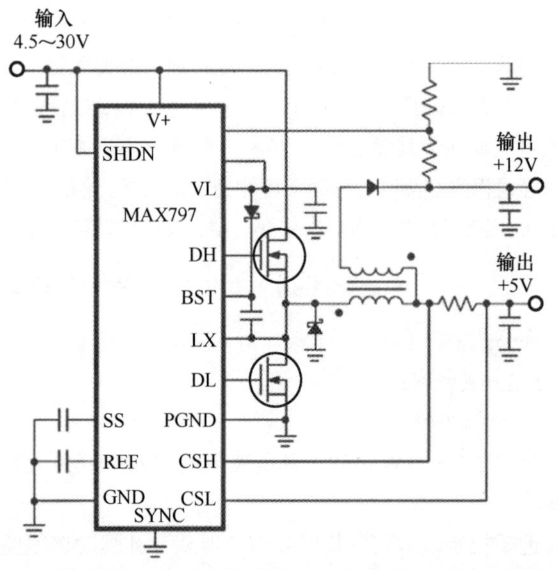

图 23.26 次级线圈（SECFB）的反馈输入大大改善了较轻的初级负载或低 I/O 差分电压情形下多路输出的正交稳压性能（Maxim Integrated Products 授权使用）

不幸的是，如果同步整流器在零电流时关闭掉，且初级负载很轻或不存在时，那么 15V 输出接地，因为这时磁芯没有能量被存储。如果同步整流器维持开启，那么初级电流可能反转，并且使变压器工作在正向模式，在理论上有避免 15V 输出接地，产生无限大输出电流的可能。遗憾的是，静态电源电流承受的压力很大。

然而，在图 23.26 的电路可以在不必承受静态电源电流惩罚的前提下就能取得出色的正交调整。第二个附加的反馈环路检测 15V 输出。如果该输出处于调整状态，那么同步整流器则像往常一样在零电流时关闭。如果输出电压跌落到 13V 以下，那么同步整流器会在初级电流达到零之后再保持其开启几微秒，所以即便在 5V 电源输出上空载时，15V 输出还是可以送出几百毫安的电流。另外，这一方案在 $V_{IN}-V_{OUT}$ 数值低的情况下仍具有不错的 15V 负载能力，这一点对于输入电压下降时非常重要。

23.6.2 次级同步整流器

在次级绕组上的多重同步整流器可以取代通常多输出非隔离应用中的高压整流二极管，如图 23.27 所示。这种替换可以使辅助输出上的负载稳压性能得到神奇地改善，并且常常可以取消对线性调节器的需要，线性调节器的加入是为了提高输出精度。必须要选择击穿电压额定值足够高的 MOSFET，以抵御可能比输入电压高出很多的回扫电压。尝试将次级侧 MOSFET 的门直接接到主同步 MOSFET（DL 端口）的门上，以提供必要的门驱动。

另外一种巧妙方法可以让同步整流器给高端侧开关 MOSFET 提供门驱动。分接外部开关节点，产生高于电源电压的门驱动信号，使 N 沟道 MOSFET 可以用于同步整流器降压转换器的开关。与 P 沟道类型相比，N 沟道 MOSFET 具有许多优点，因为其出色的载流子迁移率，使得在门电容和导通电阻特性方面有近两倍的改善。

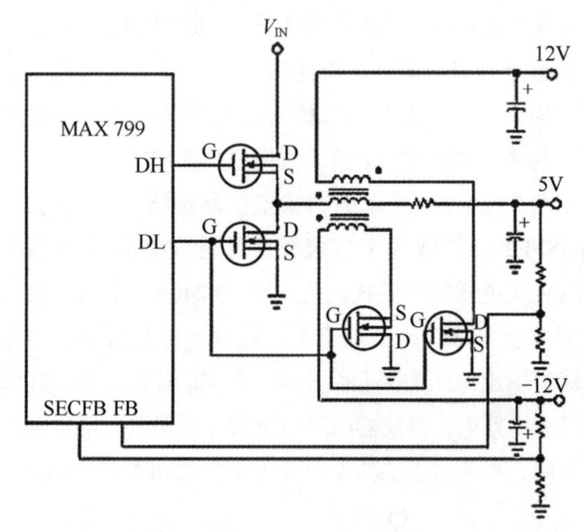

图 23.27 耦合感应器次级输出可以从同步整流中获益。为了适应负的辅助输出，调换次级一侧的 MOSFET 的漏电极和源极端子（为了清晰起见，该简化的电路图省去了开关稳压器正常工作所需的大部分附属元件）（Maxim Integrated Products 授权使用）

跨接电容提升电路提供了高端侧的门驱动，如图 23.28 所示。跨接电容与高端侧的 MOSFET 门源级端口相并联。电路通过二极管利用外部的 5V 电源对该电容交替充电，并且将电容器与高端侧 MOSFET 的门源级端口并联。之后，充过电的电容便起电源的作用，为内部的门驱动倒相器提供电压，这相当于几个 74HC04 部分并联。在开关节点所加的偏置下，在 LX 端口处，倒相器的负向电压叠加在开关波形上。

对于图 23.28 所示的门驱动升压电源而言，同步整流器是必不可少的。如果没有这一低端侧开关，电路在初次加电时就可能启动不了。在电源首次使用时，低端侧 MOSFET 迫使开关节点至 0V，并且充电使电容器电压升至 5V。

同步整流器可以被整合到升压和倒相拓扑方案当中。图 23.29 所示的升压调整器在有源整流器模块中采用了一个内部 pnp 同步整流器。升压拓扑要求整流器与 V_{OUT} 串联，所以 IC 将 pnp 集电极连接到输出上，发射极连接到开关节点上。整流器控制功能块中的快速比较器检测整流器是正向偏置还是反向偏置，并以此驱动 pnp 晶体管导通或截止。当晶体管导通时，自适应基极电流控制电路维持晶体管处于饱和边界上。这一条件将使由基极电流产生的效率损失最小化，并且通过将存储的基极电荷导致的延时最小化，来保持高速开关动作。

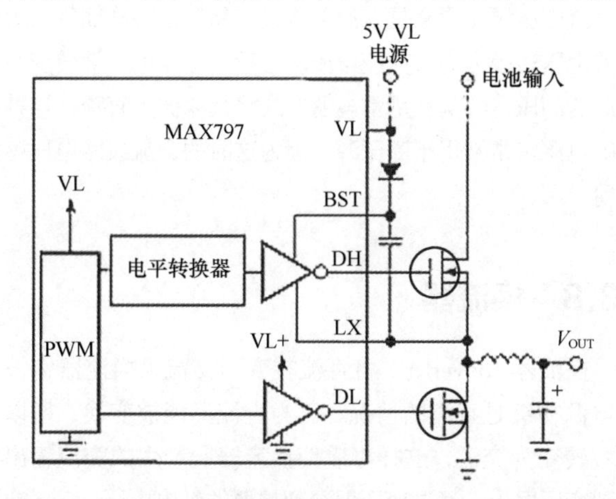

图 23.28　由开关节点（感应器的左端）驱动，BST 与 LX 之间的电容提高了上边门驱动倒相器的电源电压（Maxim Integrated Products 授权使用）

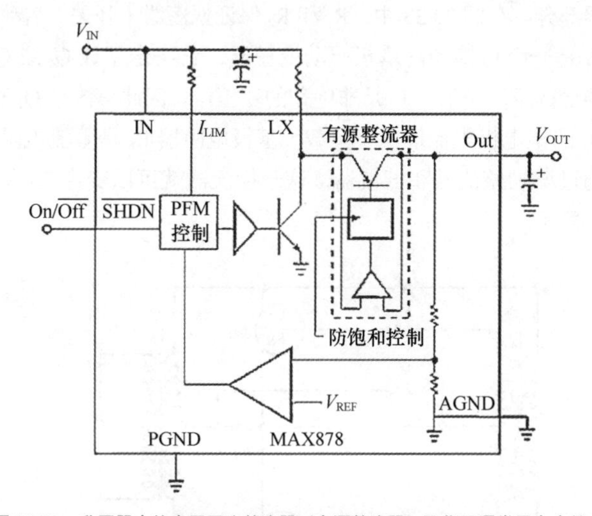

图 23.29　升压器中的内置同步整流器（有源整流器）取代了通常用在本机中的肖特基整流器（Maxim Integrated Products 授权使用）

pnp 同步整流器所带来的令人感兴趣的连带作用就是能够提供升压和降压作用。对于普通的升压调节器，输入电压范围受经由电感和二极管的输入至输出通路的限制（这种不想要的通路是简单的升压拓扑方案所固有的问题）。因此，如果 V_{IN} 超过了 V_{OUT}，经由整流器的传导通路可以将输出向上拉，这可能使负载因过压而损坏。

即便当 V_{IN} 超过了 V_{OUT}，由于图 23.29 所示的 pnp 整流器电路利用有源整流器的开关动作，所以它还是工作在开关模式下。这一作用与其说是降压调节器，倒不如说更像是调整充电泵，因为工作的降压模式要求在高端侧有第二个开关。

产生负向电压的倒相拓扑调节器（有时被称为降压 - 增压调节器）对于同步整流器来说是有益的应用。与增压拓扑一样，倒相拓扑将同步整流器与输出串联连接，而不是连接到地，如图 23.30 所示。在这一例子中，同步开关是一个 N 沟道 MOSFET 及其依赖负向输出的信号源，其泄漏与开关节点有关。

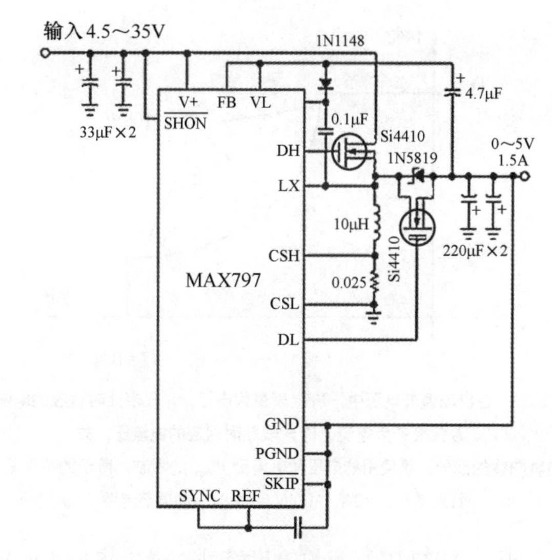

图 23.30　倒相拓扑要求同步开关与输出串联（Maxim Integrated Products 授权使用）

通过将 IC 的 GND 针脚连接到负向输出端，而不是连接到电路地，电路致使最终的 300kHz 降压调节器执行倒相拓扑开关的功能。该开关调节器的效率大约为 88%，超出与之相当的异步整流器电源 4%。

23.6.3　自动调节电源

自动调节电源被用来提供比一般电源更大的工作范围。如果最大伏特值乘以最大安培值得到的数值大于最大瓦特值时，电源就成为自动调节电源[6]。

图 23.31 所示的是典型的非自动调节电源的特性。它被称为矩形输出电源。在其电压和电流限定范围内，电源可以正常工作。只要所需要的电压低于额定电压，而且所需要的电流低于额定电流，电源就可以正常工作。

电源的大小（即额定功率）是个问题。虽然电源拥有某一确定的额定功率值，但只有当其工作于最大额定电压和最大额定电流时才能取得最大的功率。

图 23.32 所示的是一个自动调节电源的工作特性。图中的重要性能体现在曲线上，在曲线的点轨迹上，电压与电流的乘积等于最大功率。在曲线的终端，存在一个限定电压和一个限定电流。自动调节电压的一个优点体现在曲线终点处的电压比值上。

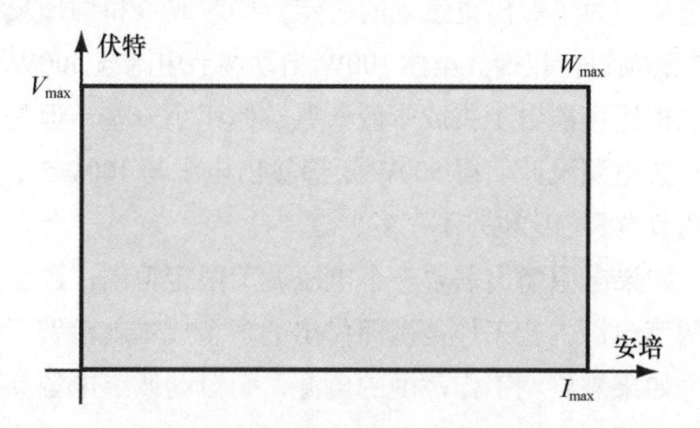

图 23.31　只要在 V_{max} 和 I_{max} 的限定范围内，矩形输出电源就可以工作，但仅当 $V=V_{max}$，$I=I_{max}$ 时才能取得 W_{max}

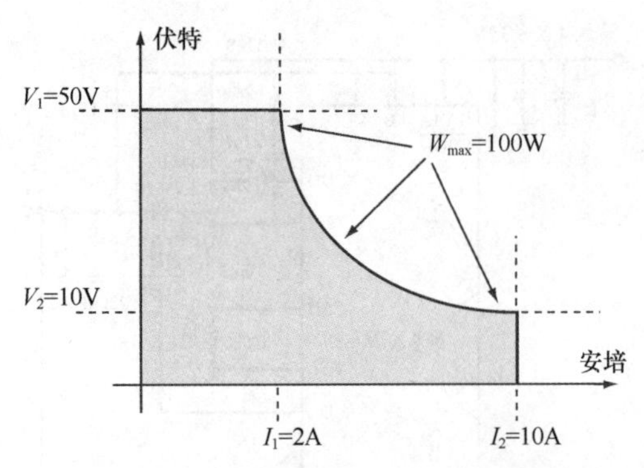

图 23.32 在自动调节电源中，V_1 代表最大电压，I_1 代表此时对应的电流，故 $I_1=W_{max}/V_1$。I_2 代表最大电流，V_2 代表此时对应的电流压，故 $V_2=W_{max}/I_2$。沿着曲线的部分，可使用的电压和电流受 W_{max} 的限制。所示的特性是针对 50V，10A，100W 5 : 1 的自动调节电源

对于图 23.32 中所示的输出特性，最大电压（V_1）是 50V，最大电流是 2A，因此这是个 100W 的电源。在 10V 最大电压（V_2）时的最大可使用电流是 10A。因 V_1/V_2 的比值等于 5，故这是个 5 : 1 的自动调节电源。如果该比值变得更大，则电源就变得更为灵活，且可以工作在更宽的范围上。典型的自动调节电源为 2 : 1 ～ 5 : 1。

虽然自动调节电源具有较高的应用灵活性，但是困扰它们的问题之一就是精确度问题。尽管它们工作在指定的宽电压和电流范围上，但是内置的监测系统也需要工作于这一宽范围之上。在上面的例子中，即便这仅是个 100W 的电源，但监测系统必须限定在 50V 和 10A 上。

自动调节电源一般要比对等的矩形电源贵 20% ～ 30%。首先，它们需要有一个附加的控制环路来保持输出功率处在电源的功率包络内。其次，元件的额定值必须要达到最高电压和最大电流值，因为在有些点上会出现这些最大值情况。最后，要想在这一较宽的工作范围上取得尽可能最佳的测量准确度就意味着要有一个成本更高的监测系统。

自动调节电源工作于宽的范围之上，并且可以取代几个具有相同额定值的矩形输出电源。然而，另一个方法就是只使用大的矩形输出电源。500W 矩形输出电源可以提供与 100W 5 : 1 自动调节电源一样的工作点。

虽然 100W 的自动调节电源在灵活性和效率方面表现出一定的优势，但有时使用大的矩形输出电源可能还是更好的选项。为了做出更正确的决定，要对成本和物理尺寸这两个选项进行权衡。虽然 100W 自动调节电源与 500W 矩形电源相比可能看上去成本低一些、体积小一些，但是现代的开关电源设计使得 500W 矩形输出电源与 100W5 : 1 自动调节电源相比也差不了多少。

如果电源输出需要一个电压调节限定范围，那么为自动调节电源的宽工作范围而付出的多余成本就浪费了。相反，如果需要宽工作范围的电源，则自动调节电源就可能比较有用，因为它具有更大的灵活性，同时电源较小的物理尺寸也节省了成本和空间。

23.7 电压转换器

电压转换器（converter）将低压直流变化为高压直流。从基本原理上看，直流 - 直流的转换器是由一对开关晶体管的直流电压源（通常是电池）构成。晶体管将施加到其上的直流电压转换为高频交流电压。之后，交流电压被转变为被整流的高压，再次利用常规的方式将其滤波为直流。这种特性的电源常常被用于高压源，因为这时的交流线路电压不能应用。

23.8 换流器

换流器（inverter）将直流转变为交流。换流器常被用于电源初级是直流的情况。因为直流不能被变换，所以它要被转变为交流，这样可以使换流器所产生的交流输出施加到变压器上，通过变压器得到想要的供电电压。

换流器的工作非常像电压转换器中的开关电路和变压器部分。在图 23.33 中，R_1 和 R_2 保证振荡器（开关）启动。T_1 是一个可饱和的基极驱动变压器，它决定了让 Q_1 或 Q_2 导通的驱动电流。T_2 是非饱和的变压器。因此，流经 Q_1 和 Q_2 的集电极电流取决于负载。基极电阻器 R_b 是限流电阻。通过增加整流器和滤波器，这一换流器就可以变为电压转换器了。

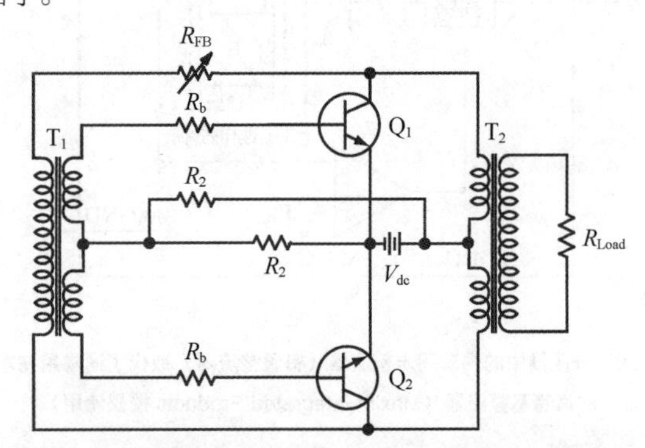

图 23.33 两个三极管、两个变压器，以及采用提供启动偏置的阻性分压网络构成的推挽换流器

23.9 超级电容器不间断电源（UPS）

超级电容器（Ultracapacitor，UC）在英文中还称为 Supercapacitor（SC）或电气双层电容器（Electric Double Layer Capacitor，EDLC），当作电池使用的这种电容器并不会因使用年限而产生性能下降的问题，所以其工作可靠性高。相关内容还可参见本手册 14.1.18 部分。

UC 具有比标准电解电容高一百万倍的容量。这种大容量是通过在铝基板上沉积碳层来实现的，这种做法可以让表面积有巨大的提高，同时又使阻抗降低很多。典型的 UC 30mm × 50mm 可在 2.5V 的工作电压下有高达 400F 的电容量。

存储在电容器中的能量是 $CV^2/2$。为了获得与当前流行的

锂离子电池一样的能量密度，针对给定体积大小的工作电压必须要增加到 5V。这将是当前 UC 技术所产生的能量密度的 4 倍，并使 UC 成为纯粹的储能器件。让技术体现出材料能够拥有 5V 或更大范围绝缘能力之前，还需要些时日。正如我们所知道的那样，真的到了那一天再生产今天使用的电池就有些过时了。

当前，UC 常常与电池组对使用，这时它们可能产生出可使电池性能下降的短时高电流脉冲。UC 与下列电池类型配合工作效果不错。

- 锂 / 亚硫酰氯电池
- 锰酸锂电池
- 锂碘电池
- 锌空气电池
- 锌 / 氧化银电池
- 聚乙烯（碳 Monofloride-Lithium）电池

充电：超级电容具有极低的内阻，所以充电必须要限定功率，以避免充电器过载。

UC 对电压也很敏感。它们一定要在其额定值以下工作，以免出现损坏。设计者通常尽可能将其充电至接近其最大电压，以便从中获取最大的能量。

放电：与电池不同，超级电容在其整个电压范围内存储能量，由于输入电压范围大和整体效率的原因，这使得设计的复杂程度提高了。

UPS。由 Ram Technologies 为医用计算机而生产的不间断电源（UPS）利用了超级电容器技术。8000 型 Ultra UPS 模块所包含的充放电电路确保可实现高效的能量转换，如图 23.34 所示。独有专利模块被设计成直接与 ATX/SFX 医用级电源的 RAM Technologies 产品线接口相连接。单元可以由 RamTechnologies 进行改制，使其能与其他灵敏度和 / 或有生命危险的设备一起工作。模块可以通过增加附加的超级电容模块来扩展。基本的模块存有 8000J（焦耳）的能量。可以任意增加模块数量，以提高负载能力。图 23.35 所示的是计算机中的典型安装情况。

模块的输入电压是 $+12V_{dc}$，且效率大于 90%。每个 8kJ 模块的充电时间为 2 分钟。

$12V_{dc}$ 时的最大输出电流是 30A。工作时间是

$$工作时间 = \frac{模块的数量 \times 133}{dc\ 负载} \qquad (23\text{-}28)$$

在公式中，

工作时间的单位是分钟（min）；

dc 负载的单位是瓦特（W）。

图 23.34　超级电容 UPS 模块（Ram Technologies LLC 授权使用）

图 23.35　超级电容 UPS 模块在计算机中的典型安装（Ram Technologies LLC 授权使用）

23.10　电池

最终要求决定使用电池的最佳类型。表 23-11 给出了各类电池的特性[7]。

23.10.1　铅酸电池

铅酸蓄电池是由加斯顿• 普兰特（Gaston Planté）于 1860 年发明的，并且是应用最为广泛的电池能源形式。这种电池的主要缺点就是其液态的电解液，以及在充放电时会发烟。如今，密封式铅酸电池的地位可能已被镍镉电池这样的其他可充电电池所取代。由于在充电或放电循环期间任何电池都可能会发出小量的气体，所以铅酸电池都留有排气口，但是电解液不会由此口流出。

铅酸电池一般为 2.1V，并且很容易串行连接，产生 6V 和 12V 车载类型电压，24V 飞机用类型电压，以及高尔夫球车使用的 36V 类型电压等。由于铅酸电池的实用性、高额定 Ah 和可串联连接的特点，所以它可以很好地为现场扩声系统工作提供电能。

充电的类型和电量是由电池的状况决定的。如果铅酸电池被过充了，那么就会消耗过多的水，并析出更多的氢，而欠充会导致电池的容量越来越小。

充电系数（recharge factor，RF）被定义为充电 Ah 除以之前的放电 Ah。RF 必须始终大于 1，以便电池能恢复其容量。实际的 RF 处在 1.04 ～ 1.20，密封的铅酸电池要求的 RF 值要比标准的带排气孔类型的电池小。图 23.36（a）所示的是达到的充电状态（State Of Charge，SOC）与铅酸电池的 RF 值之间的关系。图 23.36（b）所示的是 SOC 与循环多次之后的 RF 值之间的关系。应注意的是，如果电池没被过充（即充入的比取出的多），那么其容量会很快失去。

因为过充的缘故，故采用滴漏式补电充电器给蓄电池充电会缩短电池的寿命。滴漏式补电充电器仅在不能使用其他方式充电时才使用。这种问题的实用解决方案是将每块电池的充电电压调整至 2.15 ～ 2.17V。

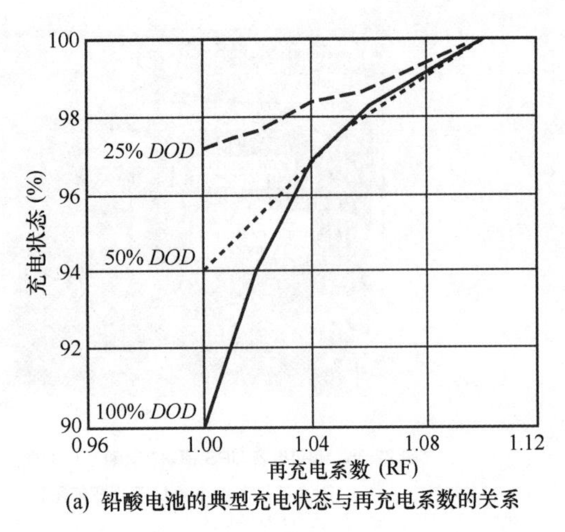

(a) 铅酸电池的典型充电状态与再充电系数的关系

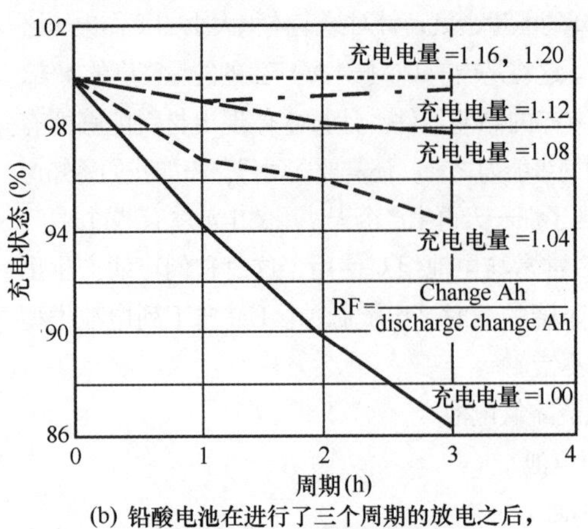

(b) 铅酸电池在进行了三个周期的放电之后，充电状态与再充电系数的关系

图 23.36 铅酸电池

表 23-11 电池类型和典型技术指标

电池类型	技术指标								
	能量密度（Wh/kg）	周期寿命（最初容量的80%）	快充时间（小时）	自放电/月（室温）	单节电压（额定）	工作温度（仅放电）	维护要求	典型电池成本（仅供参考）	每个周期成本
铅酸	30～50	200～300	8～16	5%	2V	−20℃～60℃	3～6个月	25美元（6V）	0.10美元
NiMH	60～120	300～500	2～4	30%	1.25V	−20℃～60℃	60～90天	60美元（7.2V）	0.12美元
NiCd	45～80	1500	1典型	20%	1.25V	−40℃～60℃	30～60天	50美元（7.2V）	0.04美元
Li-Ion	110～160	500～1000	2～4	10%	3V	−20℃～60℃	不需要	100美元（7.2V）	0.14美元
Li-Ion聚合物	100～130	300～500	2～4	10%	3.6V	0℃～60℃	不需要	100美元（7.2V）	0.29美元
可重复性使用碱电池	80（初始）	50（至50%）	2～3	0.3%	1.5V	0℃～60℃	不需要	5美元（9V）	0.10美元～0.50美元

一种较好但却要精细调整的方法就是隔几个月核实一下电池的特定重力，并将其充电电压调整至维持特定重力为 1.250 时的电压值。在读取特定的重力时，必须对温度变化采取补偿措施。将四个重力点相加，对于处在 80 ℉（27℃）温度之上的电解液，得到每隔 10 ℉（5℃）的读数。

电池电解液的冰点取决于电解液的特定重力，如表 23-12 所示。由于铅酸电池在放电状态下会结冰，所以在冰点温度之下充电时保持电池充满电是十分必要的。如果将蓄电池存放在放电条件下任意长度的时间，电池极板可能会因酸的盐化作用而损坏。

表 23-12 特定的重力对电池冰点的影响

特定的重力	冰点	特定的重力	冰点
1.275	−85℉（−65℃）	1.175	+4℉（−16℃）
1.250	−62℉（−52℃）	1.150	+5℉（−15℃）
1.225	−35℉（−37℃）	1.125	+13℉（−11℃）
1.220	−16℉（−27℃）	1.100	+19℉（−7℃）

23.10.2 二氧化铅电池

二氧化铅电池（lead-dioxide battery）属于胶质电解液免维护型电池，当使用和充电正确的前提下，它能表现出容量大和寿命长的特性。为了避免电池中的电解液运动，通过将电解液存储于高渗透隔离器中胶凝剂的方法来使密封电池中的电解液固定不动。利用这种结构，水的消耗量被最小化。

每块电池的端口电压接近 2.12V。虽然刚刚充好电的电池电压会更高一些，但是在隔一段时间之后绝大部分会调整到 2.12V。

胶质 / 电池分成类型 A 或类型 B。类型 A 胶质 / 电池针对备用电源应用中 4 ～ 6 年的连续充电应用而进行了适当的设计。在这一段时间内，期望有 100 个正常的充 / 放电循环。如果只经历了较少次的放电，那么使用的时间会更长。电池的使用寿命实际上是由设备不再执行所要求的功能来决定的。由于电池可能还具有其初始容量的 40% ～ 60%，所以其服务的时间还可以更长。

类型 A 胶质 / 电池在出厂发货时具有近似满的额定容量。类型 A 电池常用于应急系统，备用存储等场合，在这类应用中，电池通常处在待机备用模式。

所设计的类型 B 胶质 / 电池可为备用电源应用提供 3 ～ 5 年的服务，或者给便携电源应用提供 300 ～ 500 次标准的放电 - 充电循环过程。

随着电池放电过程进行，端口电压会慢慢减小。例如，当电池达到额定容量结束充电超过 20h 以上时，每块电池的端口电压将会降至 1.75V。这些电池是按照 20h 额定电流和室温条件来确定额定值的。这就意味着一块 2.6Ah 的电池将会输出 0.13A 电流长达 20h。然而，这并不是说它能输出 2.6A 电流长达 1h（它将输出约 1.7A 电流长达 1h）。

氧化铅电池可以采用恒流或恒压方法充电。如果将充电器成本作为首要考量对象，则选择使用恒流方法。不管它需要多少，电池都将被强迫接受恒定量的电流。如果电流设定不正确，那么采用廉价的元件构成的充电器部件有时是以牺牲充电时间或使用寿命为代价的。针对每块电池的额定 Ah 容量，滴漏式充电电流的范围为 0.5 ～ 2.0mA。

当采用恒压方法时，应采用的电压是每块电池 2.25 ～ 2.30V。为了维持 100 ℉（38℃）时的电压，要求的电压是每块电池 2.2V，而在 30 ℉（0℃）时，则要求每块电池为 2.4V。

23.10.3　吸附玻璃衬层电池

吸附玻璃衬层（Absorbed Glass Mat，AGM）电池是密封型电池，它可以在任何地方工作。开发 AGM 是为了提高电池的安全性、效率和耐用性。在 AGM 电池中，酸性物质被吸附到非常精细的玻璃衬层上，而不会溅到周围。由于用于极板的电解液仅保持在潮湿状态，所以气体重组的效率更高（99%）。因为 AGM 材料具有极低的电阻，故电池能提供大功率和高效的电能输出。AGM 电池具有非同一般的寿命周期。

AGM 电池极板既可以像湿铅酸电池那种是平坦的，也可以是像弹簧那样缠绕。其结构也考虑到极板上的铅是纯铅，因而它们不再需要支持其自身的重量。AGM 电池有一个压力调节阀，当电池的电压以大于 2.30V 充电时这一调节阀会启动。在柱状 AGM 电池中，极板很薄，且绕成螺旋状，所以有时可被称为螺旋缠绕。

AGM 电池与相同制造成本的胶质和浸没电池相比，有如下几个优点。

- 所有电解液（酸）都吸附在玻璃衬层上，所以即便它坏掉也不会溅出或泄漏。由于不存在液体冻结和膨胀的问题，所以它们实际上不存在冻结损坏的问题。
- 大部分 AGM 电池是重组的——即电池内的氧和氢重组。利用氧的气相转换使阴极极板重组回到水中，在充电时阻止透过电解产生的水损耗。重组的典型效率为 99% 以上。
- AGM 电池每月的自放电率为 1% ～ 3%。
- AGM 电池不存在任何的液体溅出，即便是在严重过充的情况下，氢的喷射量也远低于特定飞行器和封闭空间最大值的 4%。
- AGM 的极板紧密地堆在一起，并牢固地安装好，所以它能抵御撞击和震动的破坏。

23.10.4　三种可深循环电池的比较

安全性。电池存在一定的危险。它们储存的能量相当大，在充放电期间能产生爆炸气体，并含有危险的化学物质。胶质和 AGM 电池是采用重组气体技术封装的电池。AGM 在处理过程和完成极板附近的气体重组时有较高的效率。胶质重组气体电池应结合自动温度补偿电压调节装置，以避免因过充引发的爆炸。浸没电池会溢出酸性物质，如果翻倒，则一定会溢出和泄漏，并由此产生危险和有害的爆炸气体。AGM 电池在保护设备和乘客方面是做得最好的。

寿命。所有电池都是有寿命的。在其完结之前循环使用的次数取决于电池的类型和质量。当电池在放电深度的 25% ～ 50%（推荐采用的深度循环周期）循环时，通常 AGM 电池要比另外两种类型的电池寿命更长。

耐久性。有些电池设计只不过比其他电池较为耐用而已。它们在误用条件方面较为宽松，所谓的误用条件也就是它们不易受震动和撞击破坏，以及过充和较深放电破坏的影响。胶质酸性电池最能承受过充引发的不可逆破坏。浸没酸性电池最能承受内部短路和震动的破坏。AGM 电池通常较为耐用，可以抵御严重的震动、撞击和快速充电带来的不利影响。

效率。电池的内阻表明了其整体的充 / 放电效率，以及它在不产生明显压降下提供大范围变化电流的能力，同时也是衡量电池设计和制造优劣的参量。镍镉电池的内阻接近 40%，即必须将镍镉电池充电至其额定容量的 140% 才能将其充满电。浸没湿电池的内阻可能高达 26%，这是汽化或分解水带来的充电电流损失。胶质酸性电池在内阻近似为 16% 时的表现较好，大约需要额定容量的 116% 就可充满电。AGM 电池具有的内阻为 2%，这可使这种电池更快速地充电，并输出更高的功率。

23.10.5　LeClanche（锌碳）电池

锌碳电池是由一个碳阳极，一个锌阴极，以及混入水中的氯化铵、氯化锌和氯化汞电解液（称之为混合液）组成的，其额定电压为 1.5V。这种类型的电池在重负载下效率相当差，其容量与占空因数有相当大的关系。当电池在不间断使用的情况下，其可用的功率较小。如果频繁间断使用，其产生的功率最大，因为在有负载条件下电压会连续下降。电池结构体的寿命是受电解液干涸程度的限制。典型的放电曲线如图 23.37 所示。

锌碳电池可反复充电的次数有限。从美国国家标准局的函件 965 可以获取如下信息。

充电电池电压必须不低于 1V，并且在从工作设备上取下后应尽快充电。充电的安培小时（Ah）应在放电速度的 120% ～ 180%。充电速度应低至可让电池在 12 ～ 16h 内完成充电过程。电池在充电后必须马上使用，因为它的保持时间短。

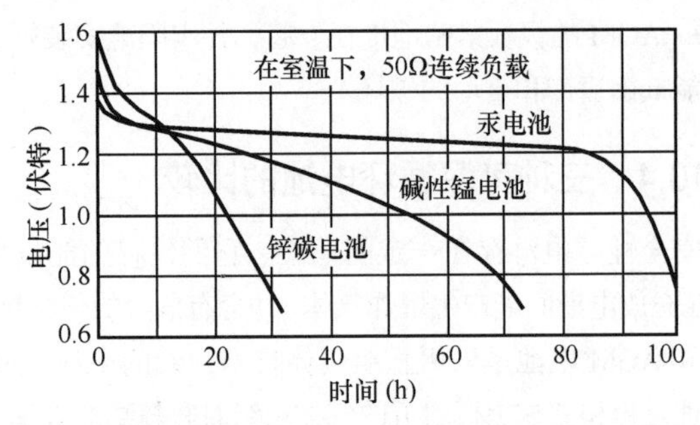

图 23.37　三种不同类型的手电筒用电池连续向 50Ω 负载放电的典型放电曲线

23.10.6　镍镉电池

为了取得最佳的性能，许多采用电池工作的项目要求一个相对恒定的电源电压。在大多数应用中，镍镉电池在整个放电过程中绝大数是保持着恒定电压，而且不同放电率下的电压变化也十分微小。室温条件下的额定放电电压为 1.25V，如图 23.38 所示。

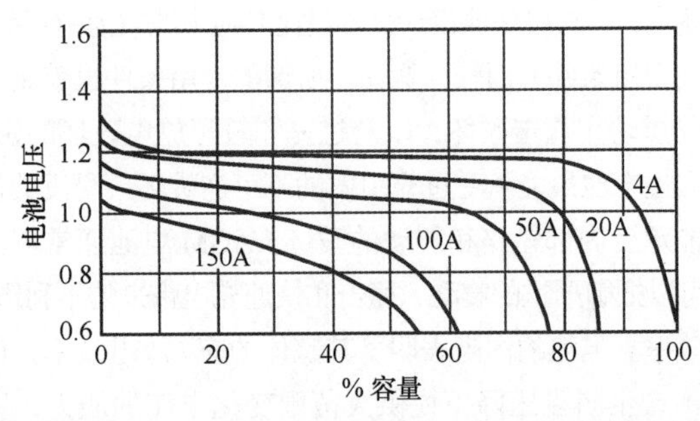

图 23.38　Sonotone 型 20L420 镍镉电池（额定 25Ah）的放电特性

因为镍镉电池内阻低且能维持放电电压不变，所以它尤其适合于高放电或脉冲电流的应用。它们还能够在受控的条件下以高速率进行充电。许多电池可以不用特殊控制而实现 3 ～ 5 小时的快速充电，并且全部都可以以 14h 的速率进行充电。

镍镉电池工作于宽的温度范围下，并且可以在 −40°F ～ +140°F（−40℃ ～ +60℃）范围内放电。

这些电池可以在推荐的速率和温度下进行连续过充。除非充电速率超出电池的设计限制，否则这并不会对其寿命有明显的影响。

电池结构消除了对增加水或电解液的需要，并且在一定条件下，电池将针对不确定的时间周期而工作于过充状态。图 23.36 给出了重量约 907g、额定值为 25A 的电池的典型放电曲线。

电荷保持力从 1 个月的 75% 到 5 个月的 15%。在高温下的存储会降低这种高保持力。电池应在使用前充电恢复至满容量。最终镍镉会因永久性或可逆性电池故障而报废。可逆性故障通常是因浅的充放电循环造成的，电池表现出失去容量。这通常被称为记忆效应。这一问题可以通过深度放电和充满电的方法来消除。容量的损失也可能是长时间过充造成的。如果出现了这一问题，可以通过放电再充满电的方法来恢复满容量。

镍镉电池的容量是指可以从充满电的电池所获取的总电能。电池的容量以安培小时（ampere-hour，Ah）或毫安小时（milliampere-hour，mAh）来表示，即为电流与时间的乘积。容量值与放电电流、电池放电期间的温度、最终的截止电压和电池的一般历史情况有关。

镍镉电池的额定容量是指由充满电的电池在 68°F（20℃）的温度下放电 5 小时达到 1.0V 截止电压时所获得的电能。这被称为 C/5 速率。

以 20h、15h、10h 和 1h 的速率进行放电分别被称为 C/20、C/15、C/10 和 C。更高的速率被指定为 2C、3C 等。

当为了获得更高的电压而将 3 块或更多块电池串联使用时，可能会存在放电过程中容量比其他电池容量稍微低一点的某块电池会被驱动至零电位，然后进入极性反转状态的问题。如果放电率为 C/10 左右时，电池可能被反向驱动，但不会造成电池的永久性损坏。应避免长时间地、频繁地或深度地处于反向工作状态，因为这样会缩短电池的寿命或导致电池破裂。绝不允许电池电压处在 −0.2V 以下。

镍镉电池既可以采用恒流方式充电，也可以采用恒压方式充电。决定镍镉电池充电速度的因素主要有 4 个。它们分别是充电接收能力、电压、电池压力和电池温度。

对于高达 C/3 的充电速度是不需要充电控制的。这便允许使用成本最低的充电器工作。当充电速度达到或超过 C 时，充电电流必须要可调节，以避免出现过充。

在表 23-13 中，包含字母 C 的符号被用来描述电池额定容量的一小部分。对不同厂家生产的电池进行比较时，需要以同一放电率条件下共同标准的额定容量为合理依据。

一般而言，放电时间会短于那些 C 额定值大于 1 的时间，长于那些 C 额定值小于 1 的时间。充电输入必须始终是大于放电输出。例如，由于充电接受特性，为了确保将完全放光电的电池充满电，10h 速率时的恒流充电时间必须长于 10h。

表 23-13　镍镉电池的充电速率

充电方法		充电速率		
名称	俗称	电流速率	部分	小时速率
待机充电	滴充	0.01C	C/100	100h
		0.02C	C/50	50h
		0.03C	C/30	30h
		0.04	C/25	25h
慢速充电	过夜充	0.05C	C/20	20h
		0.1C	C/10	10h
快速充电	快充	0.2C	C/5	5h
		0.25C	C/4	4h
		0.3C	C/3	3h
高速充电		C	C	1h
		2C	2C	30min
		3C	3C	20min
		4C	4C	15min
		10C	10C	6min

23.10.7　镍 - 金属 - 氢化物电池

镍 - 金属 - 氢化物（Nickel-metal hydride，NiMH）电池具有比镍镉（NiCd）电池高 40% 的能量密度。在重负载情况下，NiMH 的使用持续时间要比 NiCd 的使用持续时间短，而且在高温环境下 NiMH 的使用寿命也短。

当充电时，NiMH 电池需要较复杂的充电算法，并产生出一定的热量，同时需要的充电时间也比 NiCd 电池的所需的充电时间长。

NiMH 的优点是存放和运输简单，容量高，很少存在电池充电记忆问题。

其缺点是自放电快，使用寿命有限（200 ～ 300 个周期，3 年使用寿命，而且重负载会缩短电池的周期寿命）。

23.10.8　碱性锰电池

由于碱性锰电池（alkaline-manganese battery）属于原电池且可反复充电，所以它在电子领域占有相当重要的地位。

这种电池的极性与常见的锌碳电池相反。然而，由于封装的缘故，其外观与锌碳电池类似，端口安排也是一样的。尽管这种电池的开路电压达到了近似 1.5V，但是它可在比锌碳电池更低的电压下放电。另外，放电电压会稳步下降，只不过下降得更慢一些。碱性锰电池比相对应的锌电池容量高了 50% ～ 100%。锌碳电池在 1.25V 以上时产生的能量最大，实际上在 1V 时已经耗尽了。而碱性电池在 1.25V 以下时产生的能量最大，相当多的能量部分是在小于 1V 期间释放的。

如果放电速率被限制到电池额定容量的 40%，且实施充电的时间周期为 10 ～ 20h，那么碱性锰电池可以循环充电 50 ～ 150 次。典型的放电曲线如图 23.39 所示。

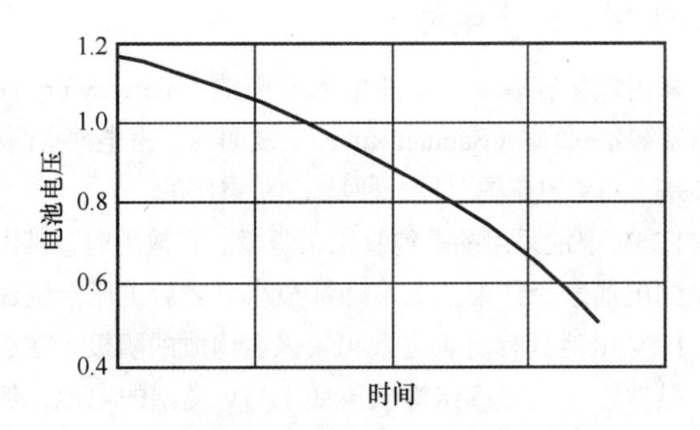

图 23.39　碱性电池的放电特性（时间刻度可任意指定）

23.10.9　锂离子电池

锂离子（Lithium-Ion，Li-ion）电池非常受欢迎。所有金属中最轻的锂具有非常出色的电化学势能，并且单位重量可提供出大的能量密度。采用锂金属电极（负电极）的可充电电池可以提供出高电压，并且容量性能也很出色[8]。

锂电池可提供出 3.6 ～ 4.2V 的电压，其工作性能要比采用镍镉电池的串联电池组合更好。在不同的电池化学反应中，锂离子最适合并联使用。

所有的电池都会表现出自放电问题。以镍为基础的电池在充电后的前 24 小时会放掉其电容量的 10% ～ 15%，之后每月放电量为容量的 10% ～ 15%。锂电池的自放电在最初的 24 小时里放电 5%，随后是 1% ～ 2%。增设的保护电路可使自放电提高到每月 10%。在室温条件下，存放 20 年的电池，每年失去其充电量的 5%。

虽然锂电池存在一些安全性问题，但是在充放电时只要满足一定的安全预防要求就没问题。锂电池需要保护电路来限制每块电池充电期间的峰值电压，并阻止其放电期间电压降得过低，限制最大的充放电电流，同时监测电池的温度。电池要求进行更为准确的充电，因为伴随锂电池的安全风险一直存在，它们可能会产生漏电、若充电不正确还会起火或爆炸。许多充电事故不但可能造成电池损坏，而且还可能会因电压或电流达到半导体器件过热或电气损伤的程度而使器件损坏，还会让电池的化学稳定性打折扣。许多这类事故源于充电电路存在从直流电源输入到充电 IC、电池和系统的直接通路。

解决输入过压的措施包括采用带输入过压保护（INOVP）门限的外接保护电路。如果电源输入电压超过该门限，则保护电路会在一段时间里阻止电压加到充电系统，该段时间被称为“阻止电压浪涌的安全时间”。如果电源输入电压在这一安全时间之外还保持在门限之上，那么保护电路会阻断输入，并假定该电路被连接到错误额定电压的电源输入上。

过流保护（OCP）电路必须始终监测电源输入电流，所采用的控制方法与 INOVP 的控制方法类似：如果电流升至过流门限之上，电流将被闭锁。如果电流经历的是瞬间尖峰，那么将没必要保持电流闭锁，断开电源输入。由于保护电路通常允许在完全闭锁之前进行一定次数的再尝试，所以可以解决限制系统、电池和充电器损坏而带来的小电流问题。

电池过压保护（BOVP）需要直接监测电池电压，并在电池电压超过预定门限值时断开与电池的连接。与 OCP 类似，BOVP 允许在闭锁时间段过去之后电压恢复，以确定是电压触发了 BVOP，还是调节器失灵，在尝试几次之后器件闭锁。

为了避免出现反转极性，在直流输入和系统的其他部分（最好是在任何保护 IC 之前）之间增加一个二极管或 MOSFET，以避免反向电流。

为了消除反向漏电，要在充电器和电池之间放入一个二极管，以避免任何反向漏电。

应用 INOVP、OCP 或者 BOVP 需要增加一个电路，该电路会主动监测和纠正特殊的故障，如图 23.40 所示。最大成本效率和小型化解决方案采用充电器保护 IC，并将其插入适配器和系统的其他部分之间。

Monolithic Power Systems MP267x 充电器保护器的系列产品将 INOVP、OCP 和 BOVP 集成到了一块 IC 中，并为 OCP 和 BOVI 提供了二进制计数器，以便在重试 16 次之后将加给充电系统的电流或电压闭锁。

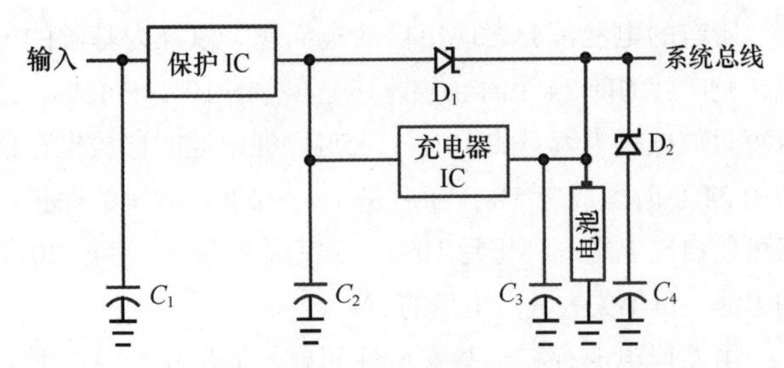

图 23.40　带保护 IC 的锂电池充电电路（Monolithic Power Systems 授权使用）

23.10.10　锂离子聚合物电池

锂离子聚合物采用了不同于普通电池的电解质。这种电解质像塑料薄膜，虽然它并不导电，但却可以进行离子交换。聚合物电解质取代了传统的浸入电解质中的多孔隔离器。商用的锂离子聚合物电池在化学特性和材料上与其液态电解质计数部分非常像。

由于锂离子聚合物电池比标准锂离子电池更易损坏，所以在器件设计和使用者如何获取、使用和更换电池方面都要格外认真地考虑。不管怎样，锂离子聚合物电池因其薄外形在市场上占有一席之地。

具有高电荷密度的锂离子聚合物的重量轻于与之有相当能量密度的以镍为主的电池和锂离子电池。由于它们对过充有更强的抵抗力，所以很少出现电解质泄漏的情况。这类电池非常薄，厚度与信用卡相当，并不受限于标准的电池格式。

不过这类电池确实存在着局限性问题。它们的能量密度较低，与锂离子电池相比计数周期数减少。针对等效输出，锂离子聚合物电池更小，而且可以频繁充放电。由于它们没有标准的规格尺寸，所以生产的大部分电池用于广大的民品市场。使用锂离子聚合物电池的许多设备都做成电池组合不可更换的形式，为的是避免潜在的消费者损坏殃及比较易碎的电池组。

23.10.11　锂亚硫酰氯（Li-$SOCl_2$）电池

Li-$SOCl_2$ 电池有一个锂金属阳极和一个液体阴极。阴极结构是多孔碳集流体，填满了亚硫酰氯（$SOCl_2$）。它们堆砌成柱状外形，与 D 形电池接近，并可提供 3.6V 电压和优于 18Ah 的容量。该电池有高达 1220Wh/L 或 760Wh/kg 的高能量密度。每年自放电率低于 1%，故其在待机应用中颇受欢迎[9]。

线轴型锂亚硫酰氯电池现已成为许多无线遥控应用的不错选择，它拥有长达 40 年的免维护使用寿命，可为需要高电流脉冲的改进型双向通信供电。

不幸的是，所生产的这些电池的性能一致性较差，一种品牌的电池的年自放电率可能低至 0.75%，而其他品牌的电池的年自放电率可能高达 2.5%～3%，后者的使用寿命就更短。

日益增多的无线设备需要大电流脉冲来为改良的双向通信设备供电。为了保存能量，这些设备主要工作于“休眠”状态，周期性地切换到“活动”模式，这可能需要几安培的电流脉冲来实现数据的捕获和传输。

如果应用存在高温环境下的休眠过程，同时还有周期性的高电流脉冲情形，那么在电池放电的初始阶段就可能出现较低的电压读数，也称为瞬态最低电压（Transient Minimum Voltage，TMV）。这与电解质和阴极的组成相关。

熟知的 PulsesPlus 混合型锂亚硫酰氯电池将线轴型电池与专利技术的多层电容器（Hybrid Layer Capacitor，HLC）结合在一起。HLC 存储并能产生出短时高电流脉冲。这种类型的电池对类似于地震传感器这种应用十分有用，因为这类应用需要电池保持在休眠状态数十年，之后仍可产生出非常高的电流脉冲。

23.10.12　锂二氧化硫电池（Li-SO_2）

Li-SO_2 电池与 Li-$SOCl_2$ 电池类似，只不过解决方案中用二氧化硫取代了多孔碳集流体。虽然它们与标准圆柱形电池有相同的尺寸，但是其提供的电压较低，只有 2.8V，不到 3.6V，同时能量密度也较低，只有 250Wh/kg。

23.10.13　ZPower 电池

ZPower 电池拥有基于水化学成分的固有安全性，不含有锂或易燃溶剂。与锂离子和锂聚合物电池不同，这类电池不存在热耗散、起火和爆炸危险的问题。它们也不存在乘飞机时要求锂含量限制的问题。

除了具有高性能和安全性，ZPower 电池使用的是环境友好的化学成分材料，允许电池的再循环利用，以及组成成分的再利用。与其他传统电池不同，ZPower 电池不含重金属和有毒化学成分。

23.10.14　汞干电池

采用氧化锌汞碱性系统的汞干电池（mercury dry cell）是由塞缪尔•鲁本（Samuel Ruben）发明的。汞电池有两种：一种是 1.35V 电压的，另一种是 1.4V 电压的。

1.35V 电池采用的是纯氧化汞阴极。在放电时，其电压在快到电池寿命结束前的下降都很小，之后电压会快速下降。1.4V 电池具有由氧化汞和氧化锰构成的阴极。在放电时，虽然它的电压稳定性能不如 1.35V 类型的电池，但却要比碱性锰电池或锌碳电池好很多。

汞电池具有出色的存放稳定性。典型电池所呈现出的电压为 1.3569V，且电池与电池间的电压差异只有 150μV。在 −70°F ～ +70°F（−56℃～ +21℃）范围内，因温度而引发的变化量为 42μV/°F，当温度升高时，其电压会稍有提高。内阻近似为 0.75Ω。在存放期间的电压损耗大约是每个月 360μV，所以，单块电池可以当作电压为 1.3544V 的参考电压使用，其偏差为 ±0.17%。电压定义是针对电池最大电流容量 5% 的负载条件的。一般的存放寿命在 3 年左右。

并不推荐对汞电池充电，因为它有爆炸的危险。图 23.41 所示的是单块汞电池在 36 个月时间里的典型稳定性曲线。在这一时间段内电压下降量为 13mV。

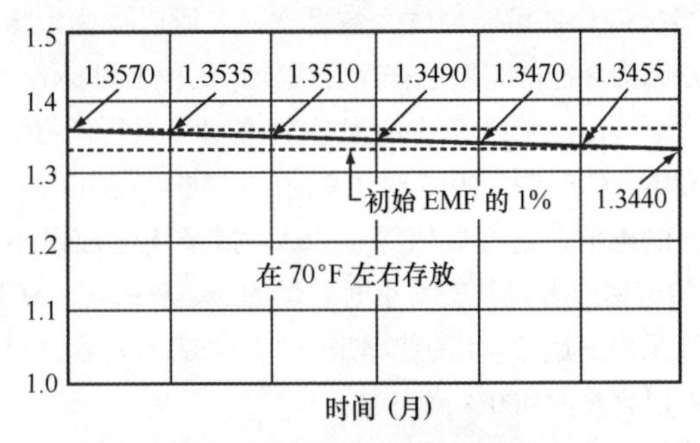

图 23.41　单块汞电池的稳定性曲线

23.11　电池的特性

电池提供了一种生产平滑、无波纹、无嗡声和可便携供电的方式。电池的容量是以安培小时为单位来标称的。关于电池的三种实际情况如下。

（1）1 Ah 可以是 1 小时 1A 电流产生的消耗，也可以是 0.5 小时 2A 电流产生的消耗。

（2）一般认为一块 12V 液体电池在电压达到 10.5V 时就将电能完全放光。

（3）周期性维护的电池（也就是供电放大器等）一般采用如下的标称方法。

① 20h 的放电率。

② 储电容量以 25A 放电率下的分钟数来表示。

在电子电路中，阴极被认为是负极端，而在电池中，正极端被称为阳极。这在电池中讲得通，因为电池中正的充电离子被吸引到阴极，而负的充电离子被吸引到阳极。电池内外电子以同样的方向流动。

电池是一个电化学系统，它将化学能转变为电能。由于化学反应是可逆的，所以电池是一种二次或可充电系统。

为了实现可重复充电，电池的正和负电极必须能够在放电之后再转变回其原来的状态。因此，电池必须是通过与其放电周期发生的过程相反的形式来实现充电过程。

23.11.1　温度的影响

电池的标准额定值是指其 25℃（77 ℉）时的数值。电池容量在较低的温度下会降低。在冰点，Ah 容量降至 80%。在 –27℃（–22 ℉），Ah 容量降至 50%。在 122 ℉，容量提高 12%。

电池充电电压也受到温度的影响。电池充电电压会从 –40℃（–40 ℉）时的每块约 2.74V（16.4V）变化到 50℃（122 ℉）时的每块 2.3V（13.8 V）。

温度对电池的寿命也有影响。虽然电池容量在 –22 ℉时降低了 50%，但是电池的寿命却提高了约 60%。在较高的温度下，电池寿命会缩短。实际上，在 25℃（77 ℉）的基础上每增加 8.3℃（15 ℉），电池的寿命会缩短一半。这一结论对于所有类型的铅酸电池、密封电池、胶质电池和 AGM 都成立。

23.11.2　周期与电池寿命

电池周期是指完全放光电和再次完全充满电的周期，通常是指从 100% 放电到 20%，然后再充电回到 100% 的时间。其他关于放电深度（Depth Of Discharge，DOD）的额定定义还有 10%、20% 和 50%。

电池寿命与每次电池循环的深度直接相关。如果电池 DOD 以 50% 来完成循环，那么它持续的时间是 DOD 为 80% 时的 2 倍。如果 DOD 循环周期只是 10%，那么其持续的时间大约是 50% 循环周期的 5 倍。通常推荐采用 50% 的 DOD 循环周期。5% 或更低的 DOD 循环周期的电池通常的持续时间与 10% 的 DOD 循环周期的长度并不一样，因为在非常浅的循环周期时，相对于均匀薄膜，氧化铅在阳极极板上更容易结块。

23.11.3　电池的电压

对于所有铅酸电池电源，每块电池的电压约为 2.14V，或者 12.6 ～ 12.8V（对于充满电的 12V 电池）。长时间存放的电池最终将处在自我放电的状态。这会随着电池类型、使用年限和温度的不同而变化。自我放电的程度可达每月 1% ～ 15%。电池绝不应以部分放电的状态存放太长的时间。如果不使用电池，则应维持对其进行浮充电。

23.11.4　充电的状态

充电的状态，或者反过来的放电深度都可以由所测量的电压和液体比重仪上酸的特定重力所决定。充满电的电池上的电压是每块 2.12 ～ 2.15V，或者 12.7V（12V 电池）。在 50% DOD 的情况下，电压为 2.03V，0% DOD 为每块 1.75V 或更低。对于充满电的电池，特定的比重为 1.265，完全放光电的电池为 1.13 或更低。许多电池是密闭封装的，所以不能采用液体比重仪读取数据的做法。

23.11.5　虚电容

虽然在充满电的情况下电池可以通过所有测试检验，但由于极板的破损、酸化或者长期使用部分功能失效时，其容量要比初始时的容量低一些。在这种情况下，其作用像一个体积小很多的电池。

23.11.6　安培 - 小时容量

深循环电池是按安培小时来额定的。1Ah 就是 1 小时内 1A 电流产生的消耗，或 0.1 小时内 10A 电流产生的消耗。它是利用公式 A × h 计算得来。20 分钟时间里 20A 电流产生的消耗就是 20A × 0.333h，或者 6.67Ah。针对用于太阳能电池和备有电源系统的电池，以及绝大多数深循环电池而言所接受的额定时间周期 Ah 是 20 小时速率。这被定义为电池在 20 小时周期内放电到 10.5V，同时测量出其提供的总的实际 Ah。

23.11.7 电池的充电

电池既可以采用恒流充电，也可以采用恒压充电。当采用恒流方法充电时，必须要格外小心，应消除过充的可能性。所以，在充电前要了解电池的状况，以便在达到了电池额定的安培小时时将充电器去掉。

采用恒压方法充电降低了过充的可能性。利用恒压方法，初始的充电电流高，之后逐渐减小，以补电方式将电池充满电。当采用恒压方法时，一定要满足两个要求。

• 充电电压必须稳定，铅酸电池设定为每块电池 2.4V，胶质电池设定为每块 2.30V。胶质电池开路电压为每块 2.12V。

• 当电池放光电时，必须使用限流电路来限制充电电流。

好的电池充电器以三步来完成对电池的充电。第一步，充电电流为电池可接受最大安全速率，直至电压升高到充满电时电平的 80% ～ 90%。这一阶段的电压一般处在 10.5 ～ 15V 的范围内。虽然对于容量或大电流充电并不存在正确电压，但是可能对电池和导线可接受的最大电流有限制。

在第二步中，随着充电期间内阻的升高，接受电压维持恒定，且电流逐渐减小。典型的电压为 14.2 ～ 15.5V。

在电池充满电之后，第三步的充电电压被降至较低的电平（12.8 ～ 13.2V），以减少汽化，延长电池的寿命。这就是通常所指的维护（maintenance）、浮动（float）或滴漏式充电（trick charge），其主要目的就是避免已经充过电的电池放电，如图 23.42 所示。理想的充电状态如表 23-14 所示。

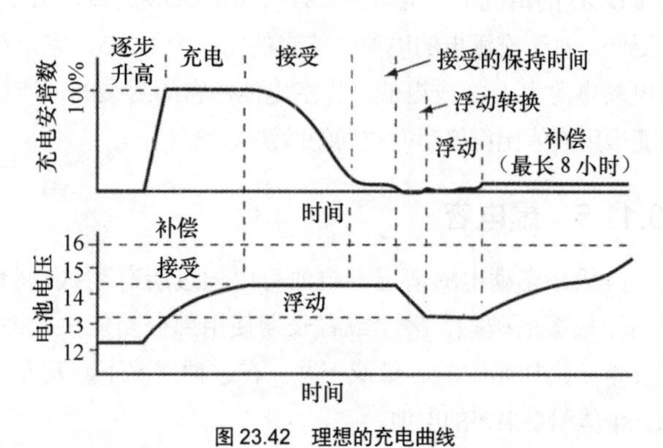

图 23.42 理想的充电曲线

表 23-14 理想充电状态

周期	电压	电流
充电	12.0～14.3V升高	最大
接受	14.4V恒定	下降
浮动	13.5V恒定	小（<2%容量）
补偿	13.2～16.0V升高	持续恒定直至16.0 V

脉宽调制（Pulse Width Modulation，PWM）有时被用于浮动或滴漏式充电。在 PWM 充电器中，控制电路感应电池中的小量压降，并给电池提供出短的充电周期（脉冲）。这种情况每分钟可能会发生数百次，之所以被称为脉冲宽度，是因为脉冲的宽度会在几百微秒到几秒之间变化。

大部分浸没电池应以不超过 C/8 的速率进行任意维持周期的充电。C/8 是指 20 小时速率时的电池容量除以 8。对于 220Ah 的电池，这一数值等于 26A。胶质电池应以不超过 C/20 的速率或者以其安培小时容量的 5% 来充电。AGM 电池可以采用高达 C × 4 的速率来充电，或者针对容量充电周期而言以容量的 400% 来充电。

为了 100% 充电，铅酸电池要求电压为 15.5V。当充电电压达到每块电池 2.583V 时，充电就应该停止，或者减为滴漏式充电。浸没电池必须要发泡（产生气体）才能确保充满电，并且气泡要与电解液混合。浸没电池的浮动电压应为每块电池 2.15 ～ 2.23V，或对于 12V 电池而言，达到 12.9 ～ 13.4V。在高于 85 ℉的温度下，充电电压应减小到每块电池 2.10V。胶质电池的浮动和充电电压通常约比浸没电池低 0.2V。

23.11.7.1 补偿

补偿周期执行的是一个控制的过充动作，以消除极板被硫酸铅化，电池在进行普通的充电过程中是无法回避这一问题的。如果每 10 ～ 40 天执行一次补偿充电动作，那么浸没电池的寿命可以延长。这是一种以约高于通常的满充电压 10% 的电压进行充电的过程，进行 2 ～ 16h 的这种类型的充电可以确保所有的电池均被充电，气泡混合到电解液中。如果电池中的液体未被混合，那么电解液会形成分层，从而对电池上部产生强分解，而对电池下部的分解较弱。AGM 和胶质电池一年最多可以进行 2 ～ 4 次这种补偿过程。

23.11.7.2 充电电压与温度的关系

电池充电对温度很敏感。随着温度的降低，充电电压必须要提高，如表 23-15 所示。

表 23-15 各类电池的温度补偿

温度		Liquid		Gel—Std.		Gel—Fast		GMA	
℉	℃	接受	浮动	接受	浮动	接受	浮动	接受	浮动
120	49	12.5	12.5	13.0	13.0	13.0	13.0	12.9	12.9
110	43	13.6	12.7	13.5	13.0	14.0	13.4	13.9	12.9
100	38	13.8	12.9	13.7	13.2	14，1	13.5	14.0	13.0
90	32	14.0	13.1	13.8	13.3	14.2	13.6	14.1	13.1
80	27	14.2	13.3	14.0	13.5	14.3	13.7	14.2	13.2
70	21	14.4	13.5	14.1	13.6	14.4	13.8	14.3	13.3
60	16	14.6	13.7	14.3	13.8	14.5	13.9	14.4	13.4
50	10	14.8	13.9	14.4	13.9	14.6	14.0	14.5	13.5
40	5	15.0	14.1	14.6	14.1	14.7	14.1	14.6	13.6
30	–1	15.2	14.3	14.7	14.2	14.8	14.2	14.7	13.7

23.11.7.3 充电的状态

表 23-16 示出了空载时典型电压与 12V 电池的充电状态之间的关系。这些电压是指已经放了 3h 或更长时间的电

池的电压。应注意的是，在最后的 10% 情况中的大压降。

表 23-16　12V 电池的空载电压与充电状态的关系

充电的状态	12V电池	每个电池的电压
100%	12.7	2.1
90%	12.5	2.1
80%	12.4	2.1
70%	12.3	2.1
60%	12.2	2.0
50%	12.1	2.0
40%	11.9	2.0
30%	11.8	2.0
20%	11.6	1.9
10%	11.3	1.9
0%	10.5	1.8

23.11.7.4　内阻

所有的电池都具有内阻，它会导致电池电压随负载的变化而产生波动。为了计算单块电池的内阻，需要用内阻至少为 1000Ω/V 的电压表来测量出开路电压 V_1。之后，电池接入负载电阻 R_1，并测量出电阻器两端的电压 V_2。R_1 至少应是电池内阻的 10 倍以上。流经电阻器 R_1 的电流为

$$I=V_2/R_1 \tag{23-29}$$

现在，电池的内阻 R_i 就可以用如下的公式计算出来了。

$$R_i=V_1/I-R_1 \tag{23-30}$$

23.11.7.5　无线电池充电

电池为各类应用提供功率。通常，在那种需要封闭包装来保护敏感的电子元件免受恶劣环境的影响，或者要求方便清洁或无菌处理等应用中难以或无法使用充电连接件。其他一些产品则太小，无法将接口包含其中，或者电池供电应用要运动或旋转也无法按接口。

正在修订便携设备中无线电池充电接受条款的 3 个标准化组织分别是：无线电源联盟（Alliance of Wireless Power，A4WP），电源事项联盟（Power Matters Alliance，PMA）和无线充电联盟（Wireless Power Consortium，WPC）。目前，IEEE 也成立了自己的无线电源和充电系统工作组（Wieless Power and Charging System Working Group，WPCS-WG）[10]。

所有这些充电方法都是基于感应耦合的原理，即发射器驱动充电座内的初级线圈，使之产生磁场，该磁场在临近的便携电子设备内的次级线圈和接收器内感应出电压。大部分配置采用内含一个或多个发射器线圈的扁平充电座，将设备放在充电座上面进行充电。PMA 和 WPC 标准使用的频率为 100 ~ 200kHz，而 A4WP 标准采用的是更为高效的谐振解决方案，该频率是工业、科研和医疗（Industrial，Scientific and Medical，ISM）频带频率，频率为 6.78MHz。

第一代 Qi（发“Chee”音）产品要求在发射器 / 接收器对之间实现紧密的感应耦合（磁感应），而且一次只能给一个设备充电。它们要求设备要以特定的方位放在充电座上才能进行充电。寻求的替代方案是采用松散的感应耦合，即采用磁共振技术在几英尺的距离范围内进行充电，并且可对多个设备同时进行充电，即便这些设备有不同的电源要求，同时没有放置方位的要求，这十分适合汽车充电和工作平台等充电应用。

时至今日无线充电发展进程中的竞争尽管还一直在持续，且具有各自的独特性，但是随着我们向下一代产品迈进，这些差异将会消失。目前尚不清楚三大标准将会涵盖这些内容。不过磁共振技术在未来将扮演明星般的角色。

正如图 23.43 所示，无线电源系统是由空气间隙分割开来的两部分构成。

（1）发射电路，包含一个发射线圈。

（2）接收电路，包含一个接收线圈。

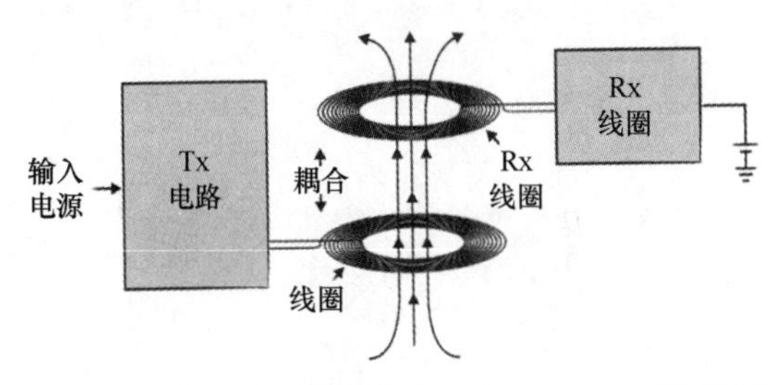

图 23.43　无线式电池充电器原理图（Linear Technology 授权使用）

发射电路在发射线圈四周产生高频交变磁场，交变磁场耦合到接收线圈中，并将其转变为对电池或电源等其他电路充电的电能。

关键参量是充电电源给电池实际增加能量的多少，这取决于被发射的功率、距离和发射线圈与接收线圈之间的方位角关系（也称为线圈间的耦合），以及发射和接收元件的误差容限。

基本的目标是要在最差的功率转移条件下将所需要的功率分配出去，同时要避免在输出功率要求低（比如电池充满电或接近充满电）时，在接收机器内产生热和电的过应力。这些多余的功率会导致高整流电压出现，同时还需要以热量的形式将这部分多余的功率耗散掉。

为了解决这个问题，整流电压可以用功率齐纳二极管加以钳位或瞬态吸收器件，不幸的是这个电压较高，并且会产生出可观的热量。若没有来自接收器的反馈，虽然最大发射机功率可能下降，但是这将限制可使用的接收功率或缩短传输距离。可以将接收功率回传给发射器并按照 WPC Qi 标准实时调整传输功率。

然而，这也可以不借助于复杂的数字通信技术而采用小巧且有效的方式来解决这一问题。为了在各种条件下都能对发射器到接收器的功率转移进行有效地管理，Linear Technology 开发的 LTC4120 无线功率接收器集成技术包括有 PowerbyProxi 的专利化动态谐波控制（Dynamic Harmonization Control，DHC）技术，这是一种能够高效无接触充电技术，不会给接收机带来热量或电气方面的过大

压力。利用该技术，可以在长达1.2cm的距离上进行高达2W的功率传输。

通过将接收机的谐振频率从“调谐”状态调制为“失谐”状态，DHC承诺可在最恶劣的条件下进行功率分配，而不用担心空载的最佳工作条件。这允许基于LTC4120的无线充电系统工作于大的传输距离上，即便明显线圈未对准也无妨。进一步而言，通过只在接收器一侧进行功率转移控制，基于LTC-4210的系统消除了所有有可能中断功率分配的潜在通信干扰问题。

在选择发射器时，要对几个因素进行考虑。发射器待机功率（当接收器不存在时）重要吗？发射器必须要区分有效接收器和无关外部金属物体吗？周围电路对EMI的灵敏度如何？

基本的发射器是非常简单的解决方案。因无源谐振滤波的缘故，EMI的频谱被很好地控制在基本的发射器频率（大约为130kHz）上。然而，由于不论接收器存在与否都要进行满功率传送，所以其待机功率相对高一些。另外它还无法区分接收器和外部金属物体，有可能导致无关的金属物体通过感应涡流被加热。

PowerbyProix生产的发射器具有的传输距离和方位对齐容限性能与可以检测有效接收器是否存在的基本发射器的性能实际上是一致的。如果接收器不存在，这种性能可以让其减小待机功率；如果附近存在无关的外部金属物体，就结束功率传输。

第24章

放大器设计

Bob Cordell编写

24.1 引言

各种各样的放大器是声频系统的核心。在本章中，我们将会对放大器的电路实现框图进行阐述，同时还会对不同类型放大器的应用进行图示说明。在许多声频系统中，非常小的信号需要被提升至标称的“线路”工作电平，这一工作电平的大小通常处在伏这一数量级上。这些信号通常通过增益或音量控制，以及诸如音调控制和滤波器这类功能电路实现放大。最后，线路电平的信号还必须通过功率放大器加以提升，以产生驱动扬声器所要求的高电压和高电流信号。

图 24.1 所示的是典型的民用声频放大器和处理链路框图。链路的输入包括了诸如 CD 播放机、声频 DAC 或磁性唱头这样的信号源。低电平的信号源需要附加一个诸如唱机前置放大器或传声器前置放大器这样的放大级，用以将输入信号提升至线路电平。这类信号源产生出的信号通常处在毫伏数量级上。有些必须包含均衡，比如用于唱机前置放大器的 RIAA 均衡。

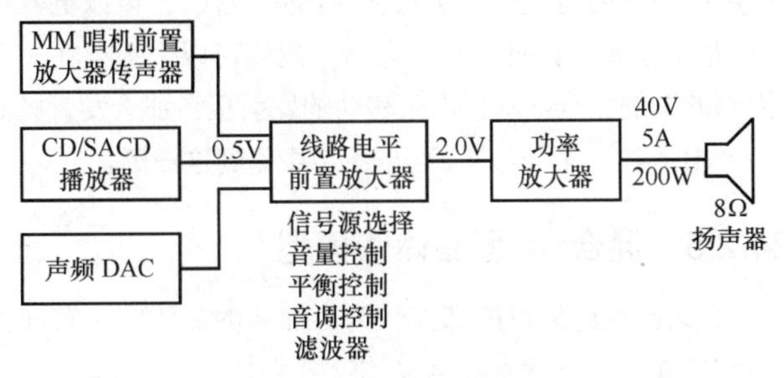

图 24.1 民用声频处理链路

前置放大器包括有用来选择想要输入的选择开关，用来设定音量的信号电平控制，以及常见的左 - 右平衡控制。有些前置放大器包括有针对听音人喜好而设置的可改变频率响应的低音和高音控制。除了低电平前置放大器部分，前置放大器也可以提供小量的增益，或根本没有增益。线路电平信号进入前置放大器，并以线路电平离开前置放大器。

功率放大器将线路电平信号提升至可驱动扬声器系统所要求的幅度。它必须为扬声器负载提供出高达数十伏和数十安培的信号 [1]。标称的扬声器负载阻抗一般是 8Ω，但也有 2Ω、4Ω 的，偶尔还会见到 16Ω 的。对于一个 8Ω 负载，一个 100W 的放大器必须要产生 $28V_{rms}$ 和 3.5A 的信号。一个 800W 的放大器必须要给 8Ω 负载提供 80V 和 10A 的信号。如果是 2Ω 负载，那么产生 800W 的功率则要提供 40V 和 20A 的信号。

扬声器是信号处理链路中的一部分，并且会影响到功率放大器的性能和对功率放大器的要求。虽然扬声器可能具有 8Ω 的标称值，但是实际的阻抗值通常会随频率的改变而产生相当大的变化，它可能低至 3Ω，高至 50Ω。这些阻抗的峰谷点通常出现在低音扬声器单元的谐振频率和分频频率点上。因此，加到放大器上的输出电流可能相当大，要想驱动 8Ω 的阻性负载至 100W，那么一个 100W 放大器的输出电流会高达 3.5A。

有时均衡器会被置于功率放大器前面，通过改变频率响应来补偿房间的声学问题、扬声器的缺点，或者适应听音人的听音喜好。有源分频器还可以放置在多路放大器之前，其中的每个放大器可以专门驱动扬声器系统的特定单元，比如低音单元、中音单元和高音单元。虽然专业的声频信号链路并不是与之完全不同，但是通常它们会包括许多的传声器输入，并且用调音台来取代前置放大器。

24.2 晶体管

双极结型晶体管（Bipolar Junction Transistor，BJT）是大部分声频放大器的基本构成元件。如果小电流源接入 NPN 型晶体管的基极，那么在其集电极会有更大电流的输出。这两个电流的比值就是电流增益，通常称为 β 或 h_{fe}。类似地，如果从 PNP 晶体管的基极取出一个小电流，那么会有比之大得多的电流流入其集电极。典型的小信号晶体管电流增益通常为 50 ～ 200。对于输出晶体管而言，β 值一般为 10 ～ 100。不同晶体管 β 值的变化相当小，同时它还与晶体管电流和集电极电压存在弱函数关系。

24.2.1 晶体管特性

图 24.2 示出了在几个不同的基极电流值条件下的晶体管的输出电流与集 - 发电压（V_{ce}）间的函数关系。每条曲线随 V_{ce} 的提高而呈现出的向上斜率变化反映出 β 值与集 - 发电压的弱相关性。不同基极电流对应的曲线间的间距反映出的就是电流增益。应注意的是，这一间距会随着 V_{ce} 的提高而加大，这再一次说明电流增益与 V_{ce} 的相关性，这种相关性被称为厄利效应（Early effect）。这表示出了电流增益与集电极电流的相关性。图中所示晶体管的 β 值约为 50。

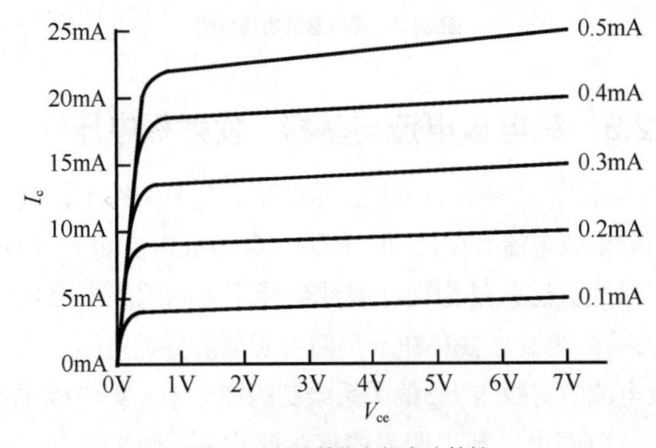

图 24.2 晶体管集电极电流特性

由于晶体管 β 值的变化相当小，所以通常在设计电路时会让电路的工作状态与所用晶体管的 β 值不存在强相关。

另外，所设计的电路要在最低 β 值和非常高 β 值时都能良好地工作，如果 β 值变得非常高时，所设计的电路工作不良，则说明电路设计实践不佳。

双极结型晶体管在其基极 - 发射极结上需要一定的正向偏置电压，以使其导通集电极电流。这个导通电压通常指的就是 V_{be}。对于硅型晶体管，V_{be} 通常约为 0.6V。实际的 V_{be} 数值则与晶体管元件设计和集电极电流（I_c）值有关。

集电极电流每增大 10 倍，基极 - 发射极电压约提高 60mV。这反映出 V_{be} 与集电极电流间的对数关系。例如，广受人们欢迎的 2N5551，在 100μA 时，V_{be}=600mV；在 10mA 时，V_{be} 升至 720mV。这一 120mV 的增量对应于集电极电流提高了 20 倍（100∶1）。

24.2.2　古梅尔（Gummel）图

如果将集电极电流的对数作为 V_{be} 的函数来绘图，则得到一个非常富有启示性的图形结果[2]。这是一条理想的直线。如果基极电流以同一坐标轴绘于图中，图形则会变得更有意义。如今，这种图形被称为古梅尔图（Gummel plot），如图 24.3 所示。

实际上，集电极电流和基极电流图在整个 V_{be} 范围上均不呈直线，其弯曲性图示出了晶体管工作特性的各种非理想化属性。曲线间的垂直距离对应于晶体管的 β 值，而间距上的变化表明了 β 值的变化是 V_{be} 的函数，更进一步讲，它是 I_c 的函数。图 24.3 所示的曲线示出了在极低和极高电流的极端情况下晶体管电流存在的典型损耗。

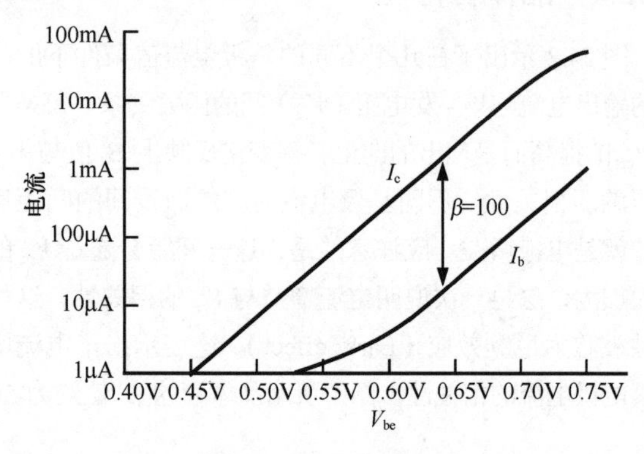

图 24.3　晶体管的古梅尔图

24.2.3　集电极电流与基极 - 发射极电压

实际上，在相当小的正向偏置（V_{be}）条件下，就有小量的集电极电流开始流动。的确，集电极电流随 V_{be} 以指数规律增大。这就是为何在线性坐标下绘制的集电极电流与 V_{be} 关系曲线看上去存在一个相当明确的导通电压。在以集电极电流的对数与 V_{be} 的关系绘制的图形中，集电极电流在很大的范围上呈现出明显的直线形式。在像乘法器这样的一些电路中，利用了集电极电流与 V_{be} 之间存在的这种对数相关性。集电极电流随基极 - 发射极电压呈指数型增长，这可近似表示为

$$I_c = I_S e^{V_{be}/(V_T)} \tag{24-1}$$

其中电压 V_T 被称为热电压（thermal voltage）[2]。这里的 V_T 在室温时约为 26mV，并且与绝对温度成正比。它在 V_{be} 的温度相关性中扮演一定的角色。然而，V_{be} 温度相关性的主要原因是饱和电流 I_S 随温度变化产生大的提升。这种情形最终会导致 V_{be} 产生一个大约为 −2.2mV/℃ 的负温度系数。

24.2.4　跨导

晶体管的跨导（*gm*）描述了当晶体管在给定的直流偏置电流下工作时，基极电压的小量变化，会导致集电极电流的变化量。因此，$gm = \Delta I_c \Delta V_{be}$。实际上，跨导是更具预测性和重要的设计参量（只要 β 值足够高，那就不成问题）。跨导的单位是西门子（Siemens，S）或 A/V。如果晶体管的基极 - 发射极电压增大 1mV，且集电极电流增大 39μA，则晶体管的 *gm* 为 39mS。

由于晶体管电流增益是一个重要的参量，而且是其放大能力的重要体现，所以在进行实际设计时晶体管的跨导是工程师采用的最重要特征参量。有时通过考虑将有限的 *gm* 用所谓的固有发射极阻抗 $re'=1/gm$ 取代[1]，可以更容易让电路工作和设计直观化。之后，我们可以设想存在一个“内部的”的完全随基极电压移动的发射极，那么发射极就与 re' 相串联。我们会在下面的章节中见到这一概念。

24.2.5　混合 π 型晶体管模型

前文已经讨论过的那些较为人熟知的晶体管中有许多都会出现在混合 π 型小信号晶体管模型中[2]，如图 24.4 所示。晶体管的基本有源构成要素就是压控电流源，名为跨导（*gm*）。模型中其他的所有元件基本上都是无源元件。小信号电流增益考虑到了基极 - 发射极阻抗 r_π。厄利效应是将 *ro* 考虑其中。集电极 - 基极电容被视为 C_{cb}。随频率（f_T）滚降的电流增益被建模为 C_π。由于这是小信号模型，所以元件数值将会随晶体管工作点的变化而变化。

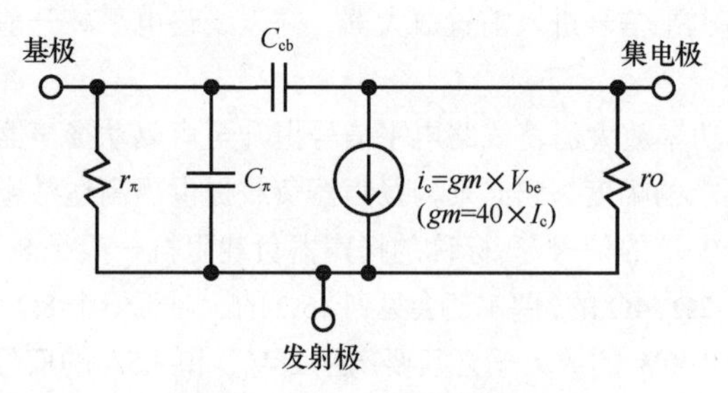

图 24.4　混合 π 型晶体管模型

24.2.6　JFET 特性

JFET 的工作原理与 BJT 不同。想象一个 N 型掺杂硅棒从源极连接到漏极。这个棒的作用就像一个电阻器。现在通过增加一个 P 型掺杂区的方法在沿着这个棒的长度方向上增加一个 PN 结，这就是门。当 P 型门被反向偏置时，

将形成一个耗尽区（depletion region），同时这将开始截断 N 型棒中的导通区。我们把这种元件称为耗尽型（depletion-mode）元件。JFET 处于名义上的导通状态，其导通程度将会随着门上所加的反向偏置的加大而减小，直至通道被完全截断。

产生截断时的反向门电压被称为门限电压（threshold voltage）V_t。对于大部分小信号 N 沟道 JFET，其门限电压通常处于 -0.5 ～ -4V。应注意的是，JFET 的控制方式与 BJT 控制方式相反。BJT 一般情况下是截止的，而 JFET 是导通的。当基极 - 发射极加上正向偏置时 BJT 才导通，而 JFET 在其门 - 源结加上反向偏置时是截止的。

存在于沟道和门之间的反向电压还可以将通道截断。当 V_{dg} 大于 V_T 时，通道以漏电流变成自限制的方式被夹持。在这一区域内，JFET 的作用不再像电阻器了，而更像压控电流源。这两个工作区分别被称为线性区（linear region）和饱和区（saturation region）。JFET 放大器通常工作于饱和区。

图 24.5（a）示出了漏电流作为饱和区门电压函数的变化关系，而图 24.5（b）则描绘出了同一区域上跨导作为漏电流函数的变化关系。这里所示的元件是 Linear Integrated System 生产的 LS844 双 JFET 中的一半。该元件的门限电压一般约为 -1.8V。

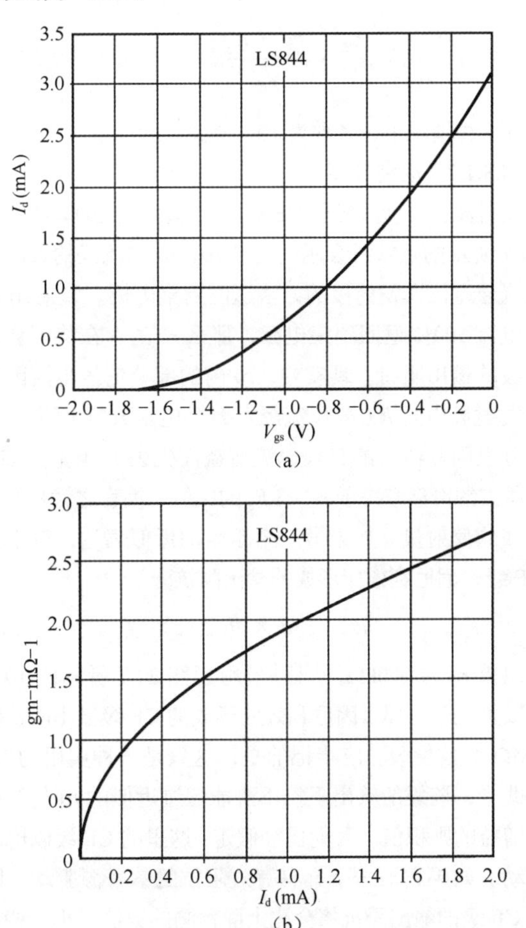

图 24.5　JFET 漏电流和跨导曲线

JFET 的 I-V 特性（I_d 与 V_{gs} 的关系）符合平方定律，而非适用于 BJT 的指数定律 [2]。当 V_{ds}>V_T 且不考虑 V_{ds} 的影响（它是元件输出阻抗的成因）时，下面的简单关系成立。

$$I_d=\beta\ (V_{gs}-V_t)^2 \tag{24-2}$$

该公式仅当 V_{gs}-V_T 为正值时成立。其中的系数 β 控制着元件的跨导。当 V_{gs}=V_T 时，V_{gs}-V_T 项为零，即不存在电流。当 V_{gs}=0V 时，V_{gs} − V_T 项变为 V_T^2，电流为最大值。

应注意：该 JFET 的 *gm* 在 1mA 时约为 2mS。这与 BJT 在 1mA 时近似 39mS 的情况形成对比。在类似的条件下，JFET 的 *gm* 通常是 BJT 工作时的 *gm* 的 1/10 或更小。

24.3　放大器电路

声频放大器只是少数几个重要的电路以多种不同形式组合在一起构成的。只要能够理解了这些构成电路模块的工作原理，那么通过检查整个放大器来对其进行近似分析就不困难了。如果掌握了这些构成放大器的电路单元的知识，并且将性能参量的数值提供给设计人员，则设计人员不仅可以对电路进行分解，而且可以对电路进行合成。

24.3.1　共发射极级

共发射极（common emitter，CE）放大器可能是最为重要的电路构建模块，因为它可以产生基本的电压增益。假设晶体管的发射极是接地的，并且在晶体管中建立起偏置电流。如果小电压信号被加到晶体管的基极，那么集电极电流将会随基极电压的变化而变化。如果负载阻抗加到集电极电路上，那么阻抗将变化的集电极电流转变为电压。最终形成了电压输入、电压输出的放大器，并且可能具有相当小的电压增益。图 24.6 所示的是简单的共发射极放大器。

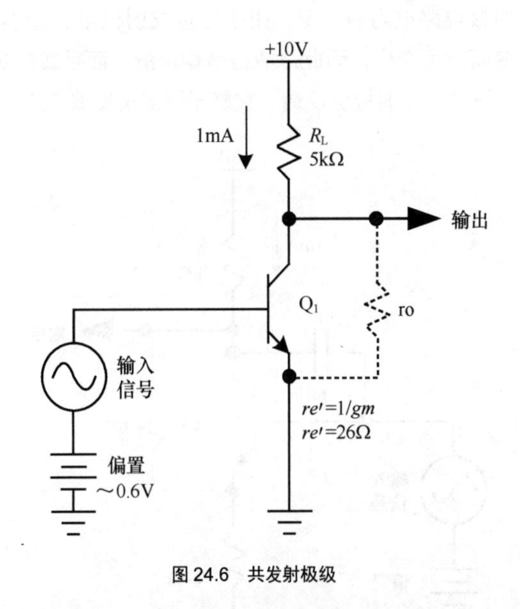

图 24.6　共发射极级

电压增益近似等于集电极负载阻抗乘以跨导 *gm*。回顾之前提及的寄生发射极阻抗 *re′*=1/*gm*，因此更为方便的是：

假定理想的晶体管具有的寄生发射极阻抗为 re′，则增益被简化为 R_L/ re′。[1]

假定图 24.6 所示电路中晶体管的偏置为 1mA，负载阻抗为 5000Ω，电源电压为 10V。这时跨导将约为 39mS，寄生发射极阻抗 re′ 约为 26Ω，则增益近似为 5000/26=192。这是个相当大的数值。然而，这里忽略了其输出驱动的其他电路的任何负载影响。这种形式的负载将降低增益。

厄利效应（Early effect）也被忽略了。这一效应的效果相当于将另一个阻抗 ro 与 5000Ω 的负载电阻相并联。在上图中它是以破折线绘制的电阻器表示出来的。对于工作于 1mA 的 2N5551，ro 的数值处在 100kΩ 的数量级上，因此由忽略厄利效应所引入的误差大约是 5%。ro 的数值是晶体管工作点的函数，因此它可能随着信号的摆动而变化，并会引入失真。

由于 re′ 是集电极电流的函数，所以增益将随信号摆动而变化，并且增益级会承受一定的失真。随着集电极电流摆动的降低，以及输出电压摆动的升高，增益将会变得更小。而随着电流摆动的升高和输出电压摆动的降低，增益将会变得更大。这将导致二次谐波失真的产生。

如果输入信号向正向摆动，这使得集电极电流升高到 1.5mA，集电极电压下降到 2.5V，则 re′ 将约为 17.3Ω，增量增益将为 5000/17.3=289。如果输入信号向负向摆动，这使得集电极电流降至 0.5mA，集电极电压升至 7.5V，则 re′ 将升高到大约 52Ω，增量增益将为 5000/52=96。因此，当输出信号摆动为 $5V_{p\text{-}p}$ 时，该级的增量增益会在 3 倍的范围内变化。这表现为失真的高电平。

24.3.1.1 发射极负反馈

如果如图 24.7 所示那样加入了外接的发射极电阻，那么增益将简化为 R_L 与 re′ 和外接的发射极电阻 R_e 组成的总的发射极电路电阻的比值。由于外接发射极电阻并不随信号改变而产生变化，因此总增益是稳定的，而且线性更好。这就是所谓的发射极负反馈。它属于局部负反馈形式。

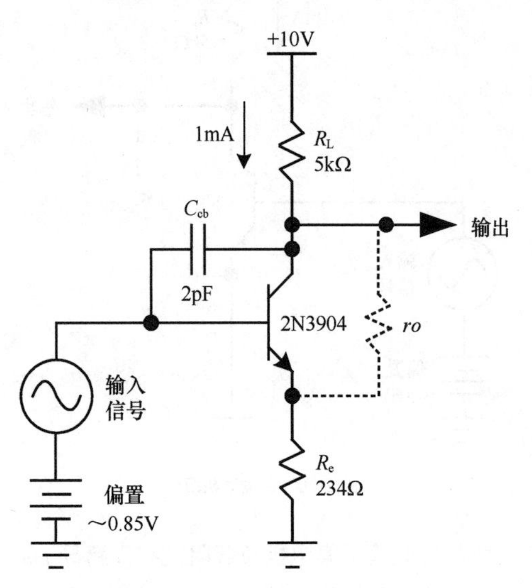

图 24.7 带发射极负反馈的 CE 级

在图 24.7 中，CE 级是基本上与图 24.6 中的电路一样的，但是增加了一个 234Ω 的发射极电阻。这对应于 10 ∶ 1 的发射极负反馈，因为在发射极电路中的有效总电阻增大了 10 倍，从 26Ω 变到 260Ω。标称增益也因此降低 10 倍，近似为 5000/260=19.2。

这里我们再次考虑输入信号正负向摆动引起的 $5V_{P\text{-}P}$ 输出摆幅时增益所发生的变化。如果输入信号正向摆动，以便集电极电压下降至 2.5V，那么总的发射极电路电阻 R_e 将变为 17+234=251Ω，增量增益将升至 5000/251=19.9。

如果输入信号负向摆动，致使集电极电流降至 0.5mA，集电极电压升至 7.5V，那么 R_e 将升至大约 234+52=287Ω，增量增益将减小至 5000/287=17.4。现在当输出信号摆幅为 $5V_{P\text{-}P}$ 时，该级的增量增益摆动范围为 1.14 ∶ 1，或者只有 14%。这时的失真电平确实要比图 24.6 所示的无负反馈电路产生的失真低很多。这解释了不借助于任何负反馈理论的局部负反馈的影响。因此，对于 CE 级，可近似得到

$$\text{Gain} = \frac{R_L}{(re' + R_e)} \tag{24-3}$$

在公式中，

R_L 为集电极负载净电阻；

R_e 是外接发射极电阻；

发射极负反馈系数被定义为

$$\frac{re' + R_e}{re'}$$

在这种情况下，系数为 10 ∶ 1。

24.3.1.2 厄利效应

发射极负反馈减轻了 CE 级厄利效应产生的非线性。如图 24.7 所示的点状线表示的阻抗 ro，ro 内流经的大部分信号电流通过注入发射极的方法返回到集电极。如果 ro 内的信号电流 100% 返回到集电极，那么 ro 的存在将不会影响到该级的输出阻抗。现实中，ro 内的部分信号电流因流入外接发射极电阻 R_e（取代流经发射极电阻 re′）而失去（有一部分也因晶体管的有限电流增益而失去）。电流“流失”部分所占的份额取决于 re′ 与 R_e 的比值，换言之就是发射极负反馈的反射量。如果做一个粗略的近似表达，对于负反馈 CE 级，因厄利效应形成的输出阻抗为

$$R_{out} \sim ro \times \text{负反馈系数} \tag{24-4}$$

如果 ro 为 100kΩ，同时采用了图 24.7 所示的 10 ∶ 1 发射极负反馈，那么因厄利效应形成的 CE 级输出阻抗将达到 1MΩ 的数量级。应牢记的是，这只是一种实用的近似。在实践中，该级的输出阻抗不可能超过近似的 ro 与晶体管电流增益的乘积值。我们已经假定：这里的 CE 级以电压源来驱动。如果它被一个具有有效阻抗的信号源驱动，则负反馈 CE 级的输出阻抗将会比上面预测的数值减小一些。所发生的这种下降现象是源自厄利效应所引发的基极电流变

化所致。

24.3.1.3　密勒效应

Q_1 的集电极 - 基极电容 C_{cb} 建立起一个至 Q_1 基极的反馈电流，它降低了高频时的输入阻抗。因为该级的输入和输出信号是反相的，所以 C_{cb} 两端的信号电压是相加的，即为 $V_{out}+V_{in}$。由于这里的增益为 19，所以 C_{cb} 两端的信号是输入信号的 20 倍，这意味着如果电容器的右端连接到地，C_{cb} 内的电流就是输入电流的 20 倍。因此 C_{cb} 的有效值也增大 20 倍。这就是所谓的密勒效应（miller effect）或密勒乘积。它可能对 CE 级的高频响应起到明显的限制器作用。

24.3.2　共集电极级

图 24.8 所示的是共集电极，它就是通常所谓的射极跟随器（emitter follower）。射极跟随器提供的是电流增益而非电压增益。其电压增益一般够得上单位值。最为常见的用法是将其当作缓冲级使用，允许高阻抗输出的 CE 级驱动较重的负载。发射极内的信号电流等于 V_{out}/R_L，而 Q_1 基极内的信号电流将等于该数值除以晶体管的 β 值。很显然，由 Q_1 基极看进去的输入阻抗为负载阻抗乘以 Q_1 的电流增益。这是射极跟随器的最重要的函数关系。

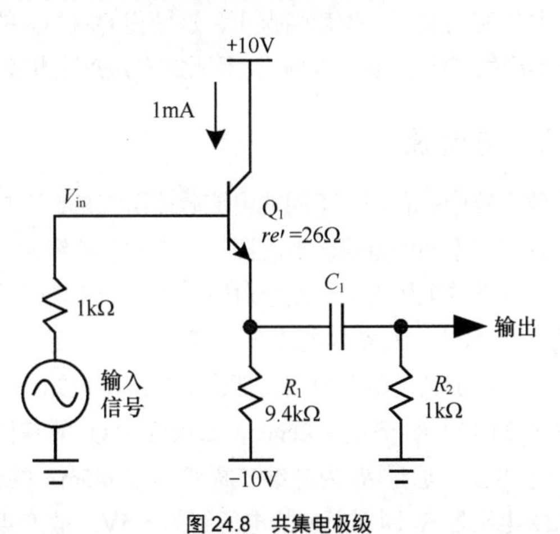

图 24.8　共集电极级

射极跟随器的电压增益近似为 1。假定 R_1 等于 9.4kΩ，且晶体管偏置电流为 1mA，那么固有发射极阻抗 re' 约为 26Ω。假定 R_2 为 1kΩ，则要让净 R_L 等于 904Ω。因此，射极跟随器的电压增益近似为

$$G=\frac{R_L}{(R_L+re')}$$
$$=0.97$$

当出现较大的电压摆幅时，Q_1 的瞬时集电极电流将随信号产生变化，导致 re' 产生变化。这将使得对应于失真的增量增益变化。假设发射极内的信号电流在每一方向上的峰值是 0.9mA。由于这占了 1mA 无功电流的大部分，所以我们能够预见到存在失真。最终的输出电压峰值将约为 814mV。在负向峰值摆幅时，发射极电流仅为 0.1mA，同时 re' 升至 260Ω。增量增益约降至 0.78。在正向峰值摆幅时，发射极电流为 1.9mA，re' 降至 13.7Ω，这使得电压增益为 0.985。

因此，电压增益在电压摆动过程中约有 21% 的变化，产生相当大的二次谐波失真。对此的解决方法之一就是降低 R_1，以便产生更大的偏置电流，使得增益公式中 re' 的作用更小。当然，这也将净 R_L 减小一些。最好的解决方案是用电流值明显高于 1mA 的恒流源替代 R_1。

射极跟随器产生的低阻值负载阻抗至更高值输入阻抗的转变是晶体管电流增益的函数。β 值是频率的函数，它通过晶体管的 f_T 表示出来。例如，这意味着阻性负载将转变为射极跟随器输入端的阻抗，最终与 β_{ac} 随频率降低一样，它也开始随频率减小。标称值 β 为 100，f_T 为 100MΩ 的晶体管将存在一个 1MHz 的 f_β。晶体管的交流 β 在 1MHz 时开始下降。因此，射极跟随器输入阻抗的降低本质上可视为容性负载所致，而且高频时输入电流的相位将近似超前电压相位 90°。

功能强大的简单射极跟随器对负载形成缓冲，这种电路的最常见应用就是用作功率放大器的输出级。射极跟随器常常被用来驱动第 2 个射极跟随器，以取得更大的电流增益和缓冲效果。这种安排有时也称为达林顿连接（Darlington connection）。在这种晶体管对中，若每个晶体管的电流增益为 50，那么从驱动负载的角度看，它可以将阻抗提高 2500 倍。驱动 8Ω 负载的这种输出级将呈现出 20 000Ω 的输入阻抗。

24.3.3　共源共栅级

图 24.9 所示的利用 Q_2 构成的共源共栅级。共源共栅级也称为共基级，因为晶体管的基极被连接到交流地。在这里，共源共栅是被其发射极驱动的，该发射极包含于 Q_1 的 CE 级中。共源共栅级的最重要作用是产生隔离。共源共栅让输出信号与 Q_1 的集电极相分离，从而减小了厄利效应和密勒效应的影响。虽然它具有准单位电流增益，但是可以产生出非常大的电压增益。在某种程度上，其作用类似于双射极跟随器。

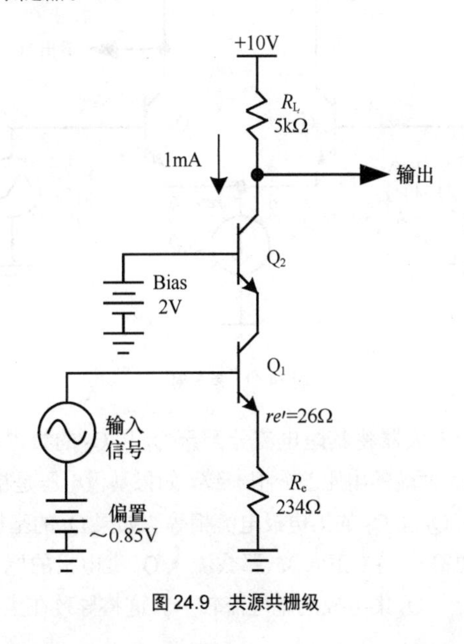

图 24.9　共源共栅级

24.3.4　三级放大器

图 24.10 所示的是一个三级放大器。其中包括了两个串联的共发级，以及一个跟随其后的射极跟随器输出级。R_4 和 R_3 组合在一起形成的反馈建立起放大器的闭环增益。输出信号被 R_3 和 R_4 组合衰减得越多，则放大器的增益越高。负反馈的工作原理将在下一部分详细介绍。放大器是通过 R_1 和 R_2 构成的分压器偏置的。偏置点通过负反馈加以稳定。放大器的增益约为 10，带宽约为 13MHz。

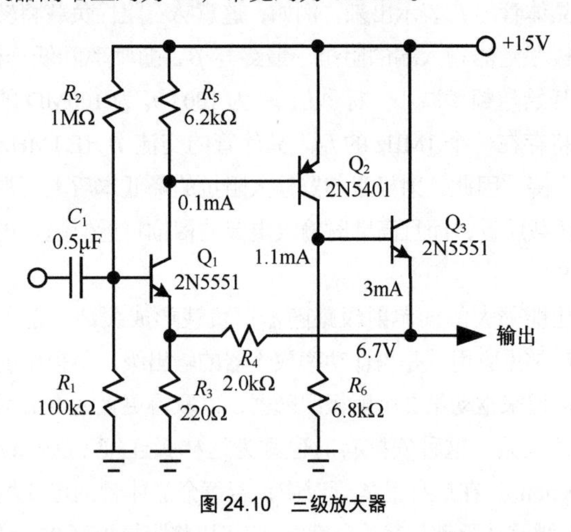

图 24.10　三级放大器

24.3.5　差分对

图 24.11 所示的是差分放大器。这一放大器更像发射极连在一起的一对共发射极放大器，通过共同的电流加以偏置。这一电流被称为尾电流（tail current）。这种安排常被称为长尾对（long tail pair），或 LTP。

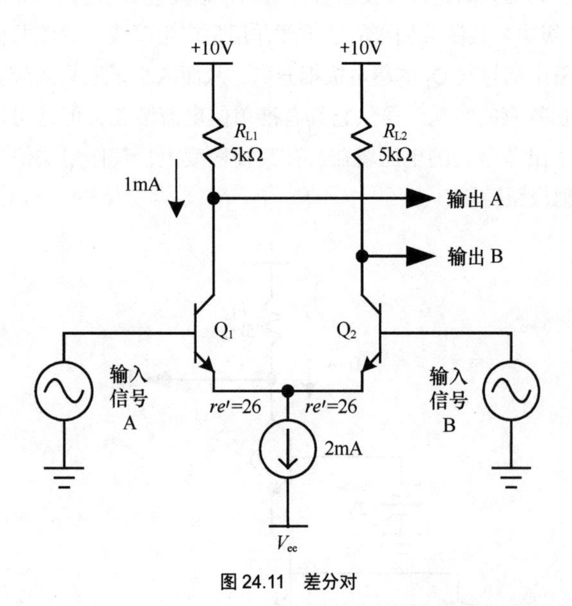

图 24.11　差分对

差分放大器将其尾电流分配至 Q_1 和 Q_2 的集电极，这与 Q_1 和 Q_2 两端的电压差分相一致。如果基极电压是相等的，那么流入 Q_1 和 Q_2 的集电极电流相等。如果 Q_1 的基极比 Q_2 的基极更高一些（正向），那么流入 Q_1 集电极的尾电流更多，而流入 Q_2 集电极的尾电流较少。这将导致在集电极负载电阻 R_{L_1} 两端有较大的压降，而在负载电阻 R_{L_2} 两端的压降较小。因此，输出 A 相对于输入 A 被反转，同时输出 B 相对于输入 A 并不反转。

为了将 Q_1 和 Q_2 的每个发射极管脚存在的固有发射极阻抗 *re′* 形象化。我们回顾一下 *re′* 的数值近似为 26Ω 除以以 mA 为单位的晶体管工作电流。对于标称 1mA 的流经 Q_1 和 Q_2 电流，每个晶体管的发射极阻抗 *re′* 可以视为 26Ω。应注意的是，由于 *gm*=1/*re′* 取决于瞬时晶体管电流，所以 *gm* 和 *re′* 的数值也存在一定的信号相关性，并且这表现为引发失真升高的非线性。

为了形象化发射极阻抗为 *re′* 的理想晶体管的情况，虽然人们现在可以假定每个元件的理想化内部发射极随晶体管的基极精确移动，但是固定直流电压补偿等于 V_{be}。现在关注的是当 Q_1 的基极比 Q_2 的基极高 5，2mV 时所发生的情况。分割这两个电压点的总的发射极阻抗是 52Ω，因此 5.2mV/52Ω=0.1mA 的电流将从 Q_1 发射极流至 Q_2 发射极。这意味着 Q_1 的集电极电流将比标称值大 100μA，Q_2 的集电极电流将比标称值低 100μA。因此，Q_1 和 Q_2 的集电极电流分别为 1.1mA 和 0.9mA，因为两者必须加到 2.0mA 的尾电流（假定晶体管具有非常高的 β 值）。

如果输入信号一起同相位移动，那么这就是所谓的共模信号。在此很容易看到，理想情况下，这使得 Q_1 和 Q_2 的集电极电流不产生变化，故也没有输出。因此差分级产生共模抑制。

24.3.6　电流源

在放大器中，有许多不同的电流源使用方法，而构成电流源也有许多不同的方法。电流源的特点就是流经元件的电流与元件两端的电压无关。差分对尾电流中的电流源就是其应用的良好例证。大多数电流源是基于观测来判断的，如果已知电压被加到电阻器两端，那么就会流出已知的电流。

在图 24.12 中，齐纳（Zener）二极管为 Q_1 的基极提供一个参考电压。通过 R_2 为齐纳二极管加了 0.5mA 的偏置。因 1.1kΩ 电阻器 R_1 两端所加的电压约为 5.5V，故产生的电流为 5mA。该电流源的输出阻抗近似为 2MΩ。

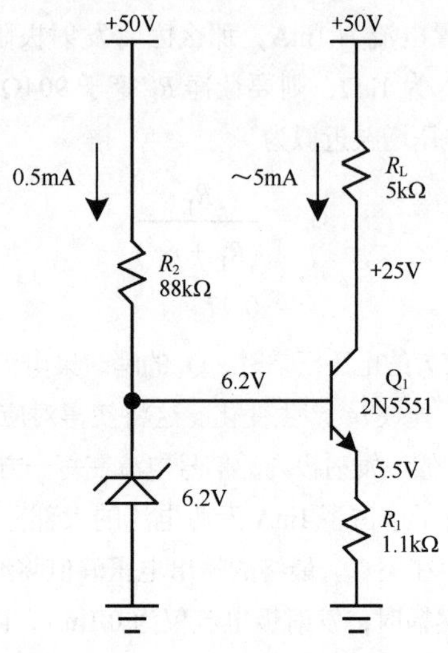

图 24.12　齐纳基准电流源

图 24.13 所示的是巧妙的双晶体管反馈电路，它被用来强制将 R_1 两端的压降为 V_{be}，从而产生出 5mA 的电流。这是利用晶体管 Q_2 对 Q_1 的电流实施有效调节来实现的。如果 Q_1 的电流太大，Q_2 将被更强地导通，同时拉低 Q_1 的基极，相应地向下调整其电流。正如图 24.12 所示的那样，0.5mA 被提供给电流源做偏置。该电流流经 Q_2。此电流源的输出阻抗达到令人印象深刻的 3MΩ。

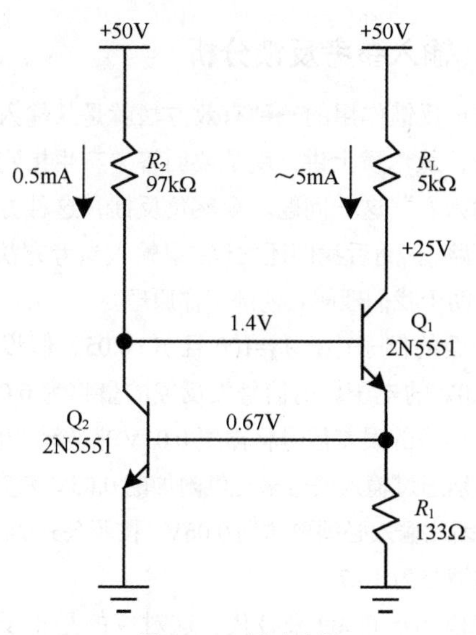

图 24.13　反馈电流源

即便提供给 Q_2 的偏置小于 0.5mA（输出电流的 1/10），该电路的工作状态也令人满意，只不过随后的输出阻抗将降至较低的数值上，同时电流源的“质量”也要打些折扣。之所以如此是因为较低的 Q_2 集电极电流具有较小的跨导，同时并不很强的厄利效应也使其对 Q_1 内电流变化的反馈控制减弱。例如，如果偏置电流被降至 0.1mA，那么输出阻抗将下降到约 1 MΩ。

24.3.7　电流镜

图 24.14 所示的是一个非常有用的电路，该电路被称为电流镜（current mirror）。这种特别的电路被称为维德拉（Widlar）电流镜。如果信号源的指定电流流入 Q_1，那么同样大小的电流也会进入 Q_2，假设发射极负反馈电阻器 R_1 和 R_2 相等，那么晶体管 V_{be} 压降相同，同时流经基极的电流损失可忽略不计。通常所取的 R_1 和 R_2 数值会让电压降低约 100mV，以确保在碰到不匹配的晶体管 V_{be} 压降时能精确匹配，但这并不重要。

如果 R_1 和 R_2 存在差异，那么流入 Q_2 的集电极电流就会增大或减小许多。在实践中，相对于输入电流而言，Q_1 和 Q_2 的基极电流会引发输出电流产生少量的误差。在上面的例子中，如果晶体管 β 值为 100，那么每个晶体管的基极电流 I_b 将为 50μA，导致产生的总误差为 100μA，或输出电流的 2%。这种影响可以通过在 Q_1 的集电极和 Q_1 和 Q_2 的基极节点间增加一个射极跟随器“助手”晶体管来降低。

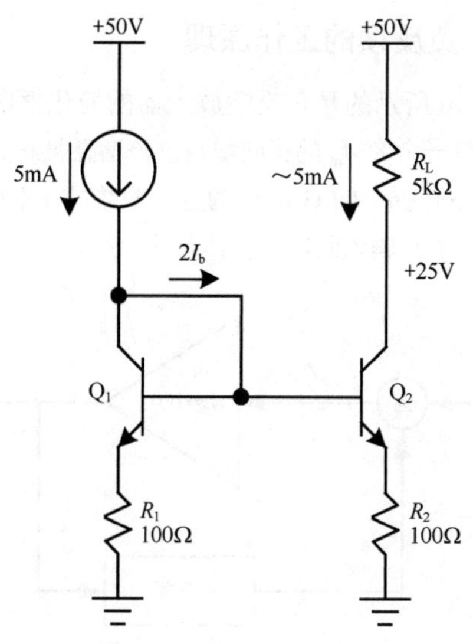

图 24.14　维德拉（Widlar）电流镜

24.3.8　分立式运算放大器

如果差分输入级的输出被馈送至共发射极级，之后该级的输出被射极跟随器缓冲，那么就构成了具有高电压增益和相对低输出阻抗的差分放大器。这是简单运算放大器的入门电路。在图 24.15 中，差分对以电流镜加载。Q_1 集电极上的高阻抗负载导致产生大的电压增益。来自两个集电极的电流以推挽形式工作，这样便进一步增加了增益。应注意的是，多个电流源是通过强制 Q_8 和 Q_{10} 关闭由 Q_3 和 Q_4 构成的反馈电流源创建的。

开环增益约为 113dB，开环带宽约为 400Hz。单位增益频率为 20MHz，相角为 230° 。

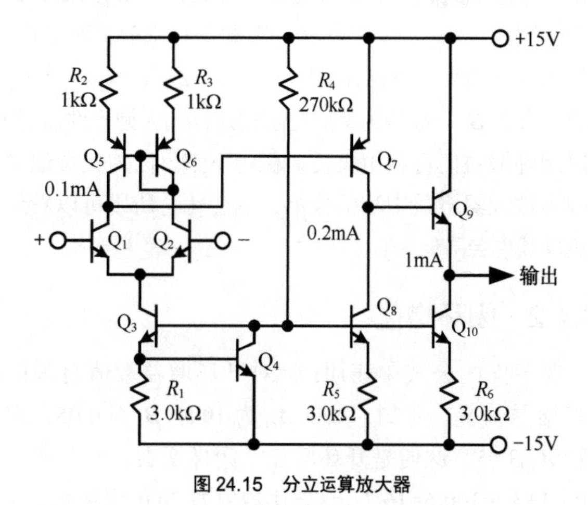

图 24.15　分立运算放大器

24.4　负反馈

实际上每种放大器中都应用了负反馈。负反馈的作用是降低失真，使增益更具可预测性和稳定性。它是由哈罗德·布莱克（Harold Black）于 1927 年发明的，其工作原理是比较放大器级的输出与输入，创建出一个用来驱动放大器核心的误差信号[3]。

24.4.1 负反馈的工作原理

图24.16所示的是负反馈放大器的简化框图。基本的放大器具有一个为A_{ol}的正向增益。该增益被称为开环增益（Open-Loop Gain，OLG），因为这一增益是在不存在负反馈时整个放大器从输入到输出所具有的增益。

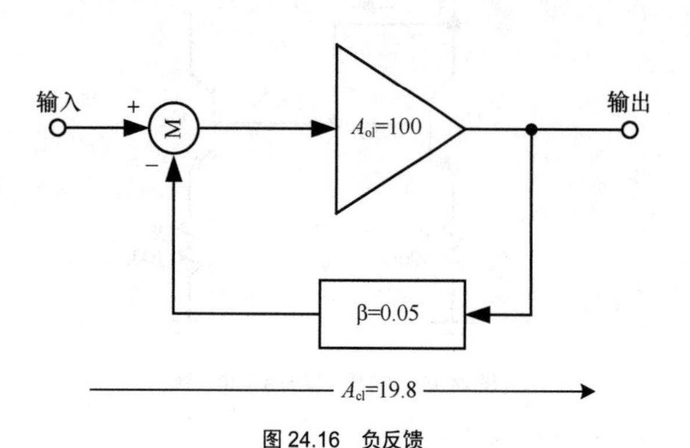

图24.16 负反馈

部分输出以负极性馈送回输入。决定将多大的输出馈送回去的参量是β。负反馈环路增益是A_{ol}与β的乘积。闭环放大器的总增益被称为闭环增益（Closed-Loop Gain，CLG），并用A_{cl}来表示。负反馈的作用是抵抗输入信号，这使得闭环增益小于开环增益，通常开环增益除以一个大的系数才是闭环增益。

在放大器的输入端的减法器输出被称为误差信号。它是输入信号与输出信号分压复制信号之差。误差信号与放大器的开环增益相乘便得到输出信号。随着增益A_{ol}变大，我们可以看到误差信号必然要变小，这意味着输出信号将变得更接近V_{in}/β。如果A_{ol}变大非常大，且β为0.05，那么会看到闭环增益A_{cl}变为20。在此应注意的重要事情是：这种情况下的闭环增益A_{cl}是由β而不是由开环增益A_{ol}决定的。由于β一般是由诸如电阻器这样的无源元件设定的，所以闭环增益便可利用负反馈稳定下来。因为失真通常可以视为放大器增益中与信号相关的变化，所以可以看到应用负反馈也会降低失真。

24.4.2 闭环增益

在下面的公式中表明：针对开环增益数值有限时的闭环增益情况。例如，如果A_{ol}为100，β为0.05，那么乘积$A_{ol}\beta$=5，这便是开环增益。闭环增益（A_{cl}）将等于100/(1+5)=100/6=16.7。这要比数值为20的闭环增益（这是A_{ol}数值无限时的结果）小一点。如果A_{ol}为2000，则A_{ol}将等于2000/(1+100)=2000/101=19.8。在此，我们看到：如果$A_{ol}\beta$=100，则与理想数值的增益误差约为1%。乘积$A_{ol}\beta$被称为开环增益，因为这是负反馈环路周围的增益。当考虑输入减法器处于负号的情况，负反馈周围的净增益是负值。

$$A_{cl} = \frac{A_{ol}}{1+A_{ol}\beta} \qquad (24\text{-}5)$$

应注意的是，如果由于某些原因$A_{ol}\beta$的符号为负，那么闭环增益将变得比开环增益大。例如，如果$A_{ol}\beta$=−0.6，那么闭环增益将为A_{cl}=A_{ol}(1−0.6)=2.5A_{ol}。最终的闭环增益将趋向于无限大，如果乘积$A_{ol}\beta$达到−1，则将产生振荡。正反馈效应的潜台词就是反馈补偿和稳定性的核心重要性。所谓的负反馈存在一个180°的相位，这对应于环路中信号周期产生了净反转。正反馈存在0°相位，这与360°相位相同。

24.4.3 输入参考反馈分析

研究负反馈作用的一种有效方法就是从输入的角度来观察电路，从本质上讲，就是要回答“产生指定的输出需要何种输入？”这一问题。观察负反馈，这种方法本质上是断开环路[1]。随后我们还发现：以输入参考方法来观察失真，也有助于我们理解其内部工作原理。

在上面的例子中，A_{ol}=100且β=0.05，假设放大器输出呈现1.0V的电压。则信号被反馈的量将为0.05V。驱动正向增益通路的误差信号将需要0.01V来驱动正向放大器。另外还必须通过输入信号来提供附加的0.05V来克服被反馈的电压。因此输入必须要达到0.06V。按照公式24-5来计算，这对应的增益为16.7。

假如以β=−0.009来替代。这对应的是正反馈，它加强驱动正向放大器的输入信号。对于1.0V的输出，反馈将为−0.009V。要想产生1.0V的电压，正向放大器所要求的驱动仅为0.01V，正反馈提供的电压是0.009V。故所要求的输入仅为0.001V。因正反馈的存在，闭环增益已经增大到1000。如果β是−0.01，乘积$A_{ol}\beta$将为−1，并且在公式24-5中的分母将趋于零，这就意味着产生无限大增益和振荡。

24.4.4 同相放大器

图24.17所示的是同相反馈放大器。其开环增益（OLG）为50，反馈系数β为0.1。这意味着闭环增益（CLG）将刚好不到10。如果开环增益是无限大，则闭环增益将为10。很容易看到：要想产生假定的1.0V输出而要求放大器输入为20mV将会导致增益低于理想情况下的10。这种观察是输入参考反馈分析的一种形式。

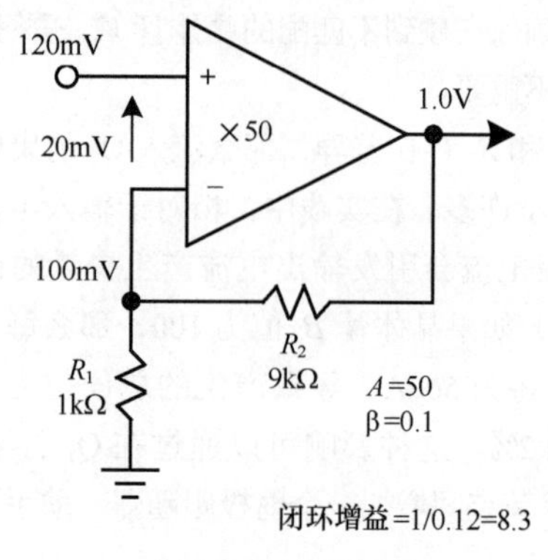

图24.17 同相放大器

24.4.5 倒相放大器

虽然图 24.18 所示的倒相放大器也被设置成 10× 的理想增益，但是它还具有一个正向增益仅为 50 的一个放大器，因此其实际的 CLG 再次小于 10×。在对该电路进行的分析时，如果运算放大器的输入阻抗高，那么 R_1 内的全部电流也流经 R_2，认识到这一点十分有用。

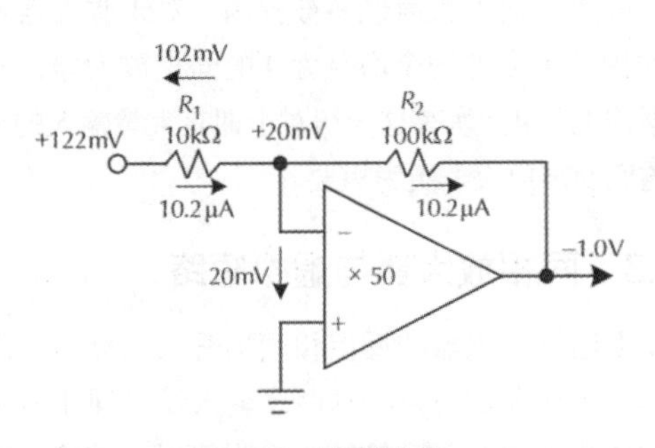

图 24.18 倒相放大器

应注意的是，反馈系数 β 为 0.091，这是 R_1 和 R_2 构成的分压器产生的结果。因此环路增益为 4.55，这是个相当小的数值。通过对图中所示的输入参考进行分析，很容易看到其实际增益是 8.197。

24.4.6 反馈补偿与稳定性

为了实现其工作目的，负反馈必须要保持为负。的确，如果出于某些原因环路产生的反馈变为正，那么可能出现不稳定或振荡的结果。正如我们在上面所见到的那样，简单的负反馈依靠处在环路某处的 180° 的相移（倒相）。环路内的高频滚降可能增加一个附加的滞后相移，这将导致环路相位大于 180° 。这些超前相移通常与频率相关，且随频率的提高而加大。

正如图 24.19 所示的图例那样，环路增益通常随着频率的增高以 6dB/oct 的斜率滚降，以至于整个环路的足够大相移在累计达到 360° 之前环路增益变到单位增益以下。应注意，这种有意进行的补偿滚降引入 90° 相移的频率刚好在极点之上，因此在达到单位环路增益频率前电路中任何附加的相移必须要刚好小于 90° 。在图 24.19 中所描述的反馈补偿是所谓的主极点补偿，因为处在相对低频率（此处约为 600Hz）上的单极点是随频率变化形成的增益滚降的主要贡献者。

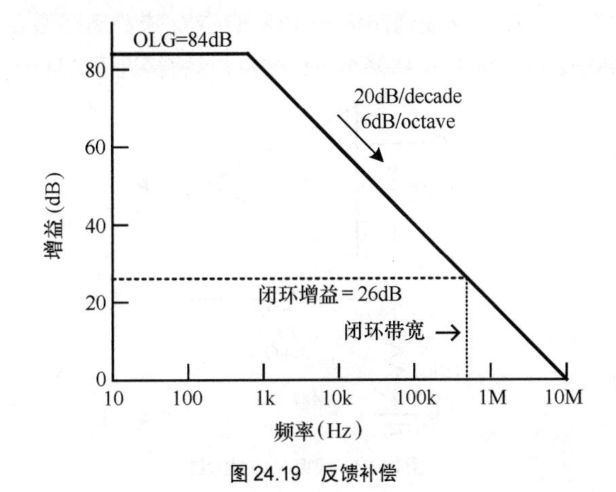

图 24.19 反馈补偿

如果某一频率时的总相位滞后为 135° ，而该频率（此处为 500Hz）时环路增益刚好降至单位增益，那么相位容限（Phase Margin，PM）为 45° 。这是针对将发生振荡的 180° 相移的容限。类似地，如果环路相位滞后达到 180° 时的频率下的环路增益降至 −6dB，那么增益容限（Gain Margin，GM）为 6dB。这些通常是设计中可接受的最小容限值。

在极点的 3dB 频率 f_p 上，附加的滞后相移是 45° 。在非常高的频率上，极点将会提供 90° 的相移。如果系统拥有多个极点，那么这种增加的相移可能在有些高频频点上达到 180° 。整个环路的总相移将达到 360° ，这将形成正反馈。如果在该频率时的整个环路增益为单位增益，那么就会发生振荡。

24.5 运算放大器

运算放大器是高增益电路，其大部分功能是由负反馈定义的。从本质上讲，它们是一种能够以许多种不同方式应用的通用增益模块[4, 5]。实际上它们通常全都是用在集成电路当中。虽然它们为了适应不同的应用而分成了许多不同的种类，但是其工作和应用原理一般都是相同的。

除了少数例外的情况，运算放大器均是工作于小信号域，此时的信号电压一般都低于 $10V_{rms}$。不过许多运算放大器确实是工作于 ±15V 的电源下。

24.5.1 理想的运算放大器

理想的运算放大器具有差分输入和无限大增益，并且不存在输入直流补偿及输入偏置电流。尽管这可以通过有限的带宽来特征化，但是这一参量指的是增益与带宽的乘积。它是运算放大器的电压增益下落到单位增益时的频率，通常增益下降的斜率是 6dB/oct。大部分实际的运算放大器在直流和低频时具有非常高的增益，通常为 120dB 或更大的数量级。典型的针对声频应用而设计的现代运算放大器的增益带宽乘积值可约达 10MHz。这意味着运算放大器 1kHz 时的开环增益约为 10 000 或 80dB（10MHz 除以 1kHz）。

24.5.2 倒相放大器与虚拟地

以图 24.20 所示的简单运算放大器倒相器为例进行分析。假设其直流时的开环增益是 80dB（实际要大得多）。当上面所描述的运算放大器在其输出为 +1V 时，这时倒相输入上的信号电压必须仅为 −0.1mV，因为正端输入连接到地。这一数值如此之小，并且接近于我们所指的运算放大器的倒相输入节点的地，这样的反馈安排被视为“虚拟地（virtual ground）”。在 R_1 和 R_2 内的电流必须几乎相等。之后我们便可方便地看到：产生 +1V 的输出需要 −1V 的输入。

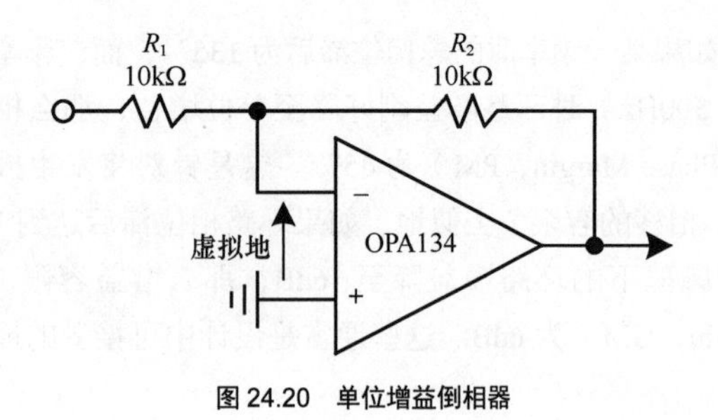

图 24.20 单位增益倒相器

从本质上讲，负反馈强制保持这些关系成立。在实践中，R_1 两端的电压仅为 999.9mV，这是运算放大器的反相输入实际存在的电压为 0.1mV 所导致的结果。这意味着增益永远要比单位增益稍稍小一点，正如我们在低于无限大环路增益的负反馈系统中所预测的那样。应注意的是，对于反馈环路增益，R_1 和 R_2 的组合构成了一个 6dB 的衰减器。因此，这种安排的环路增益为 74dB，其对应的比值为 5000。闭环带宽将达 5MHz 的数量级，因为环路增益被 2 除后再被 R_1 和 R_2 的组合除。

图 24.21 所示的是增益为 10 的倒相放大器，其中 R_1=10k 和 R_2=100k。由于 R_1 和 R_2 内的电流几乎相等，同时因运算放大器反相输入端的电压几乎为零，所以通过检查可以看到增益为 -10。当输出电压为 +1V 时，输入电压基本上就是 -100mV。这里要注意的是，R_1 和 R_2 的组合在反馈环路引入了 21dB 的衰减：$R_1/(R_1+R_2)=0.09$。这意味着现在 1kHz 时的环路增益就仅有 59dB。虽然运算放大器倒相输入端的电压误差仍然大约是 0.1mV，但是现在它与较小的输入信号相比要大一些。R_1 和 R_2 的组合将反馈信号按系数 11 衰减，所以闭环带宽将达 10MHz/11=910kHz 的数量级。

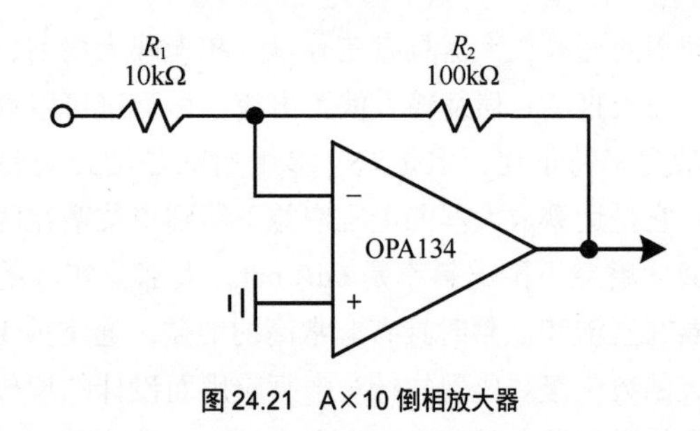

图 24.21 A×10 倒相放大器

图 24.22 所示的是一个简单的混合器电路，这里可以实现将 3 个不同信号源等幅混合在一起。在该电路中，针对输出每个输入看过去的增益是 -1。如果使用了不同的电阻器，那么可以为每个信号源提供出不同的增益。虚拟地抑制信号间的串扰。

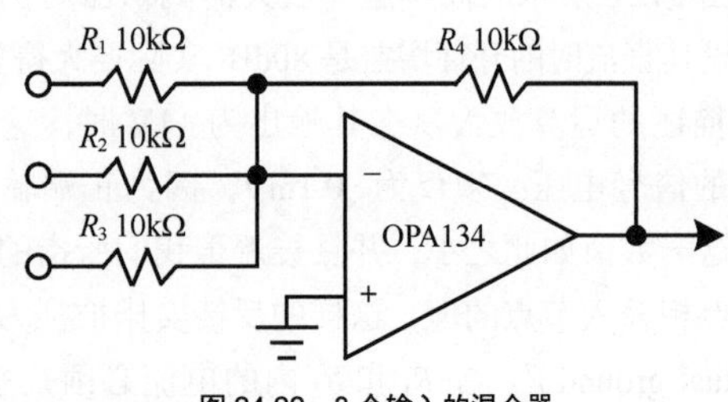

图 24.22 3 个输入的混合器

这里，因 R_4 与 R_1、R_2 和 R_3 组合并联的作用，环路增益要除以 4。因此，闭环增益带宽将只有约 2.5MHz。如果将所有 3 个输入驱动视为单独一个信号源，就可以将放大器看成一个 ×3 倒相器。

像这样的电路对于专业声频调音台很重要，因调音台中常常有许多输入要叠加在一起。在这样的情况中，一定要时刻牢记这会降低环路增益，因为带宽和失真是相反的作用。放大器输入噪声也将被提高。对于放大器噪声，上面的安排看上去像一个增益为 4 的同相放大器，同时噪声增益据称也是 4。所有这一切对于拥有大量输入的混合级中采用的低噪声放大器更为重要。

24.5.3 同相放大器与虚拟短路

如果运算放大器的反相和同相输入以负反馈设置形式被驱动，那么我们可以将这两个输入端之间非常小的电压视为在这两个输入之间存在“虚拟短路”，这意味着在反馈设置中这两个电压将始终是完全相同的。这种近似会让这种电路设计变得非常容易。

我们以图 24.23 所示的单位增益同相缓冲器为例进行分析。如果 1kHz 时其输出存在 1V 电压，那么在输入两端将只有 0.1mV 的电压，这意味着输入信号与输出信号仅存在 0.1mV 的差异。实际上，输入是 1.0V 加上 0.1mV，或者 1.0001V，反映出与增益 +1 存在非常小的增益偏离。应注意的是，在许多分析中，我们采用的是从假定输出推导输入的后推方式分析流程。这通常会使对反馈电路的分析变得容易些。这种电路通常称为电压跟随器。

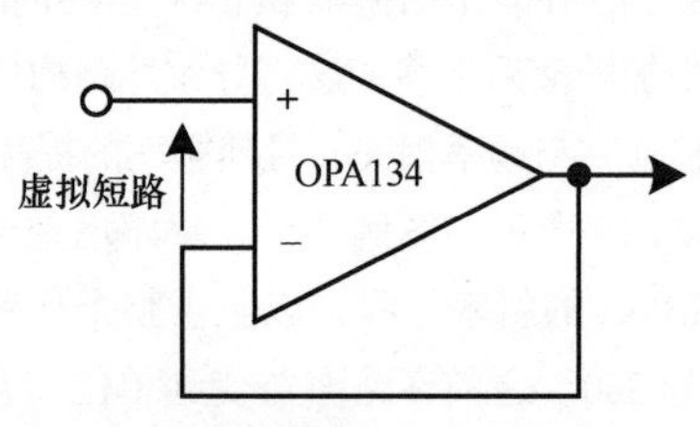

图 24.23 同相单位增益缓冲器

下面我们来分析图 24.24 所示的 +10× 缓冲器。R_1 和 R_2 在反馈通路中构成了一个 10× 分压器。当输出为 1V 时，反相输入端的电压将为 100mV，主输入上的电压将为 100.1mV。通过观察分析，这时的增益只比 10× 稍微低了一点。反馈通路内的 10× 衰减意味着环路增益在 10MHz/10=1MHz 时将降至单位增益，这将接近于闭环带宽。

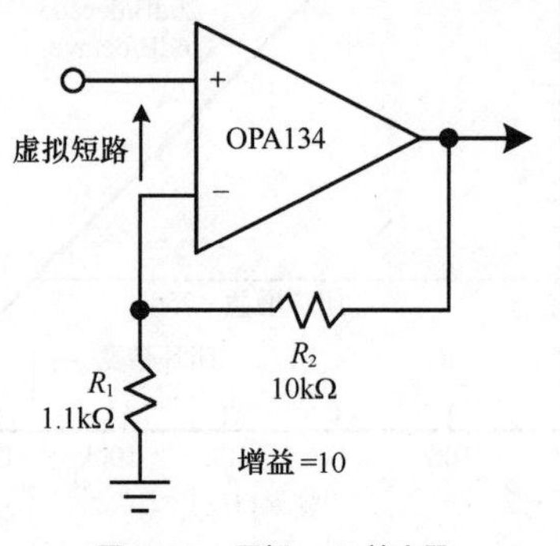

图 24.24 同相 ×10 放大器

24.5.4　差分放大器

图 24.25 所示的电路是应用得十分普遍的基于运算放大器的差分放大器设置。虽然我们可以采取多种不同的方法进行分析，但其中的一种分析方法就是将其视为反相放大器和同相放大器的组合。虚拟接地的概念同样还会使分析变得容易实现。对于 10kΩ 的输入电阻器（R_1 和 R_3）及 10kΩ 的反馈电阻器（R_2）和 10kΩ 的并联到地的电阻器（R_4）来说，放大器被假想成 1× 的差分增益。

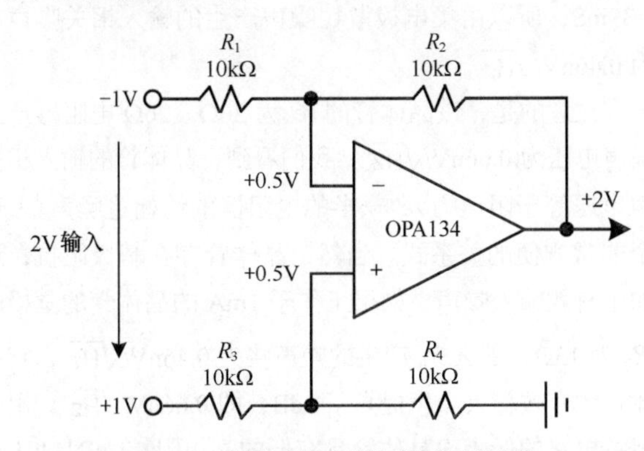

图 24.25　单独运算放大器构成的差分放大器

这里我们还是假设 1V 的输出，并采用后向推至输入的分析方法。为了让事情变得简单，现在我们将在 1kHz 时一定会出现在运算放大器输入端的 0.1mV 忽略掉。如果电路的正端输入被接地，那么就可以简单地将电路缺省视为一个增益为 -1× 的倒相器。如果电路的负端输入接地，则可以简单地将电路缺省视为增益为 +1× 的同相放大器（前面是 R_3 和 R_4 组成的 0.5× 衰减器，之后是一个 2× 的同相放大器）。我们可以方便地看到：如果施加到电路正端和负端输入上的信号相同，那么净增益将为零。这意味着电路产生了共模抑制。从另一个角度来看，如果输出为零，那么输入信号在运算放大器的反相和同相输入端上创建出同样的信号，所以不存在产生输出信号的运算放大器净输入信号。

要注意的是，如果只有一个或其他输入被驱动，则对于差分放大器电路而言，正和负的输入电流并不相同。这就是说，到正和负输入地的输入阻抗并不相同。当电路被一个具有有限大到地源阻抗驱动时，这便是安排上不完美的根源。这会让电路的共模抑制性能大打折扣。

24.5.5　测量放大器

图 24.26 所示的是被称为测量放大器（instrumentation amplifier）的一种差分放大器。最前面的两个运算放大器被配置成增益为 3× 的同相差分缓冲器。它们中的每一个都可以视为一个简单的 R_3 虚拟中心抽头接地的同相放大器。对于纯粹的差分输入，这一点无论如何都将是地电位的。由于使这一点浮地会将共模增益减小至单位增益，因此与共模增益（比如，CMRR）相比，这将使差分增益改善 3×。U1 和 U2 的缓冲作用也意味着电路在正和负输入端呈现的输入阻抗是相同的。这样在面对有限源阻抗时保留了共模抑制性能。测量放大器的另半部分仅仅是一个如图 24.25 所示的普通差分放大器安排。

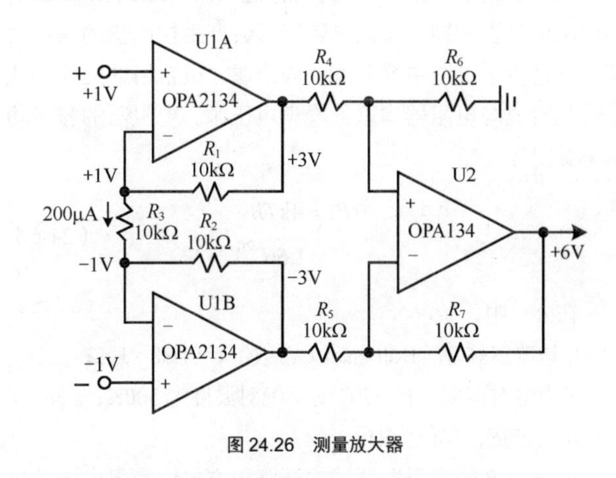

图 24.26　测量放大器

24.5.6　功率放大器

正如我们在稍后看到的那样，大部分功率放大器如同是安排成增益约为 20 ～ 30 的同相放大器那样的分立运算放大器。典型的功率放大器会将闭环带宽设定成约为 1MHz，闭环增益为 20 的情形[1]。这意味着其类似于运算放大器的内核将具有约为 20MHz 的增益 - 带宽。这样的放大器的可能设定是 R_1=1kΩ，R_2=19kΩ。

24.5.7　补偿

就如同任何采用负反馈的安排一样，出于稳定性的考量，在一定的高频频率上环路增益必须要降到单位增益。大部分运算放大器采用内部补偿的方法，以便在其标称的增益 - 带宽频率上其增益降至单位增益。在理想情况下，它们的前向增益在其开环带宽频率时便开始下降。通常其下降的斜率是 6dB/oct，直至达到增益 – 带宽频率为止。例如，增益带宽为 10MHz、直流增益为 120dB（100 万倍）的现代运算放大器其增益开始下降的频率是 10Hz。

大部分现代运算放大器被设计成单位增益稳定型。这意味着：就像同相单位增益放大器那样，如果输出被直接连接到反相输入端，那么这种安排是稳定的。这通常意味着 10MHz 增益 - 带宽的运算放大器在 10MHz 时为单位增益，产生的相移或许小于 120°，保留有 60° 的相位容限。

24.6　噪声

所有无源和有源电路都会产生噪声，而噪声是我们不想要的东西。噪声限制了系统的动态范围。为了设计出低噪声电路，我们一定要了解产生噪声现象的机理。电路设计上存在许许多多折中权衡的因素，最好的低噪声设计通常与特定的应用有非常强的相关性[6]。有关声频放大器噪声方面更为全面的讨论请见参考文献 1、6、7 和 8。

24.6.1 热噪声

在电子电路中，最为常见的噪声类型是热噪声（thermal noise），通常我们也将其称为约翰逊噪声（Johnson noise）。不论阻值是否相同，每只电阻器都会产生相同量的噪声功率。它是电子电路中最基本的噪声源。最常用的建模形式是将其看成与电阻器串联的噪声电压源。电阻器的噪声功率与温度有关[6]

$$P_n = 4kTB = 1.66^{-20} \quad (24\text{-}6)$$

在公式中，

k是玻尔兹曼（Boltzman）常数，$k = 1.38^{-23}$J/K；

T为绝对温度，在27℃时，绝对温度为300K；

B为带宽，单位为Hz。

阻值为R的电阻器两端的开路均方根值噪声电压简单表示为

$$e_n = \sqrt{4kTRB} = 0.129\text{nV}/\sqrt{\text{Hz}}/\Omega \quad (24\text{-}7)$$

因此电阻器的噪声电压随带宽和阻抗平方根的增加而提高。

噪声功率在整个频谱范围上均匀分布，这与白噪声一样。频谱中每赫兹所包含的噪声功率是相等的。由于我们最为常用的是噪声电压或噪声电流，所以噪声谱密度会随着测量噪声采用的测量带宽的平方根的变化而变化。噪声电压通常表示为nV/$\sqrt{\text{Hz}}$，而噪声电流一般表示为pA/$\sqrt{\text{Hz}}$。一个方便的经验公式就是：1kΩ的电阻器在开路电路中产生约4nV/$\sqrt{\text{Hz}}$的噪声电压[1]。10Ω的电阻器产生约0.4nV/$\sqrt{\text{Hz}}$的噪声电压，而100kΩ电阻器产生约40nV/$\sqrt{\text{Hz}}$的噪声电压。

给定噪声带宽上的噪声电压均方根值随带宽平方根的增大而提高。例如，在20kHz的带宽上，噪声电压的均方根值为141/$\sqrt{\text{Hz}}$，因此1kΩ电阻器产生的噪声电压为4×141=564nV$_{rms}$。

24.6.2 散粒噪声

最为常见的第二种噪声成分是散粒噪声（shot noise）[6]。它源自电流流动中电荷的量子化。由于散粒噪声在整个频谱范围上也是均匀分布的，所以它也属于白噪声。散粒噪声电流通常表示为pA/ $\sqrt{\text{Hz}}$，其均方根值为

$$I_{shot} = \sqrt{2qI_{dc}B} = 0.57\text{pA}/\sqrt{\text{Hz}}/\mu\text{A} \quad (24\text{-}8)$$

在公式中，

q为一个电子所带负电荷量，为1.6^{-19}库仑；

I_{dc}的单位为A；

B是带宽，单位为Hz。

这里我们很容易看到：噪声电流随带宽的平方根和电流的平方根的变化而变化。散粒噪声的一个良好例证就是晶体管集电极电流。1mA的集电极电流产生的散粒噪声分量是18pA/$\sqrt{\text{Hz}}$。

如果晶体管的β值是100，则基极电流将为10μA。它所对应的噪声成分是3.16$\sqrt{\mu\text{A}}$。因此输入噪声电流就是1.8pA/$\sqrt{\text{Hz}}$。换言之，基极散粒噪声等于集电极散粒噪声除以$\sqrt{\beta}$。如果用集电极散粒噪声除以晶体管的跨导，那么我们就得到有效输入噪声电压。由于1mA偏置的晶体管的gm=39mS，所以由集电极散粒噪声产生的输入相关噪声电压为0.46nV/$\sqrt{\text{Hz}}$。

应注意的是，该晶体管的re'为26Ω。26Ω电阻器产生的噪声电压为0.66nV/$\sqrt{\text{Hz}}$。我们看到，晶体管的输入相关噪声电压等于阻值为re'一半的电阻器的约翰逊噪声[1]。这是个非常方便的关系式。当然，晶体管存在基极阻抗，这增加了有效输入噪声。如果工作于1mA的晶体管的基极阻抗R_B为13Ω，那么R_B产生的噪声将为0.46nV/$\sqrt{\text{Hz}}$，它将晶体管的有效输入噪声提高了3dB，即0.66nV/$\sqrt{\text{Hz}}$。用于低阻抗电路的低噪声晶体管具有低的基极阻抗。2N4401和2N4403就是良好的例证。不过用于高阻抗电路的低噪声晶体管为了保持小的输入噪声电流则具有高的β值。2N5089就是这类晶体管的一个代表。

JFET中的噪声

JFET的电压噪声一般高于BJT，尤其是其工作在同样的电流时。在JFET中的主要噪声源是热通道噪声（thermal channel noise）[7,8]。这种噪声被模型化为等效输入电阻器r_n的约翰逊噪声，r_n的阻值近似等于每跨导0.67。JFET中的电压噪声在非常低的频率上升高。这一效应指的是$1/f$噪声（或flicker-闪烁噪声），因为它的功率谱密度在所谓的$1/f$转折频率之下与频率成反比关系。因此在$1/f$噪声频率之下频率每下降1个倍频程，$1/f$噪声电压提高3dB。$1/f$区间具有与粉红噪声相同的谱形状。许多JFET的$1/f$转折频率处在30～300Hz。$1/f$噪声现象源自半导体晶体结构中的小缺陷。JFET中的输入电流噪声非常低，因为它只有伴随非常小的门泄漏电流的散粒噪声。

24.6.3 信噪比

以电压增益为30，输入相关噪声为10nV/$\sqrt{\text{Hz}}$的功率放大器为例进行分析。假定信噪比是在20kHz带宽下测得的，其包含了141$\sqrt{\text{Hz}}$。输出噪声将为4.23μV。放大器的SNR通常是以8Ω电阻上产生1W功耗，或2.83V来指定的。因此，SNR为2.83/4.23×10^{-6}，或者约116dB，这是个非常不错的指标数据。

24.6.4 A加权噪声指标

A加权曲线的频率响应如图24.27所示。它根据人耳感知的噪声响度对噪声进行加权处理。

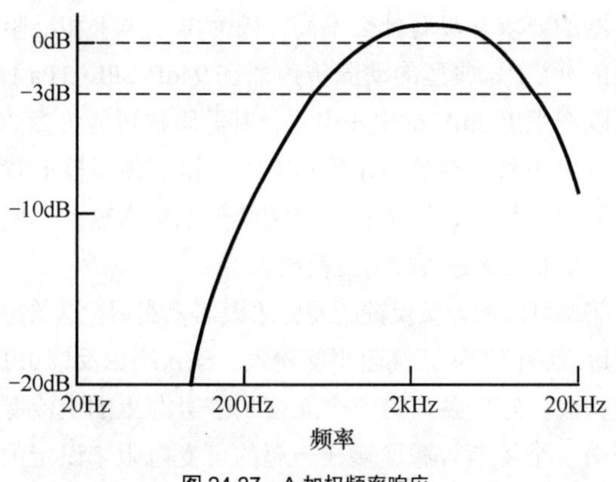

图 24.27 A 加权频率响应

放大器的 A 加权噪声指标通常要比未加权的噪声数值好一点，因为 A 加权测量往往将较高频率上的噪声贡献量衰减一些。优良的功率放大器的未加权信噪比（*SNR*）可能约为 90dB（针对 8Ω 电阻上产生 1W 功耗），而同一放大器针对 1W 的 A 加权 *SNR* 可达 105dB[1]。中等放大器的这类 *SNR* 指标数值分别为 65dB 和 80dB。A 加权的数值通常可能要比未加权的数值高 10 ～ 20dB。

24.7 前置放大器与混音器

在民用的前置放大器和专业混音器中，各类小信号放大器电路都扮演着重要的角色。在本节中，我们将讨论几种这类放大器的功能及其应用。

前置放大器将小信号提升至线路电平的信号，同时对线路电平信号进行调控。它们也常常用来进行均衡处理，比如用作电唱机或磁带录音机的前置放大器，这里必须要进行 RIAA 或 NAB 均衡处理。因此在单台设备中常常一同使用的前置放大器有两大类：低电平和高电平前置放大器。混音控制器可以被视为一种精心设计的前置放大器，这种前置放大器与多个通道模块的准前置放大器安排在一起，这些通道模块的输出能够以不同的比例混合在一起，然后分配至左和右输出通道上。每个通道的电平控制被称为推拉式衰减器（fader），将声源定位在声场中的左和右通道间的信号分配控制被称为声像电位器（pan pot）。

线路电平前置放大器一般只提供适中的线路电平增益，或许是 12dB，将 0.5V 线路电平信号提升至 2V 信号，以驱动功率放大器。线路电平前置放大器的主要功能是音量控制和输入信号源选择，这些信号源包括 CD/SACD 播放器、声频 DAC、电唱机级和传声器前置放大器。

最为常见的音量控制实施方法是利用一个双联声频渐变电位器。音量控制的其他解决方案包括 IC 和开关衰减器。音量控制在信号链路中的位置可能影响噪声和过载性能。如果音量控制处在链路的前部，那么虽然过载性能可以通过音量控制的标称衰减加以改善，但是音量控制之后的增益将使噪声提高，这一噪声在音量设定为低时是不会被衰减的。如果音量控制靠近前置放大器的输出，那么情形就正好相反。

24.7.1 典型的前置放大器信号通路

图 24.28 所示的是前置放大器信号链路的框图，其中包括低电平唱机前置放大器、输入选择、音量控制、平衡控制和音调控制。

24.7.2 简单的线路电平前置放大器

图 24.29 所示的是简单的线路电平前置放大器[9]。它只包含了一个平衡控制和一个音量控制。图并未示出输入选择、音调控制、均衡器等功能。

在每个通道中，前置放大器由两级组成，这两级都采用了广受欢迎的 OPA2134 双 JFET 运算放大器。第一级提供出标称 12dB 的增益，通过改变平衡控制上的滑动片位置，可得到约 3.5dB 的峰到峰变化。上面的简单平衡控制易受到因有限的滑动片阻值而产生的一定电平串音的影响，对于这一数值的合格电位器而言，滑动片的典型阻值约为 5Ω。串音将约为 -46dB。其他的前置放大器设计在每一通道上采用单独的平衡电位器，有些是为平衡功能专门设计的，其中还带有中心位置止动机构。这样便不受滑动片串音问题的困扰[9, 10]。

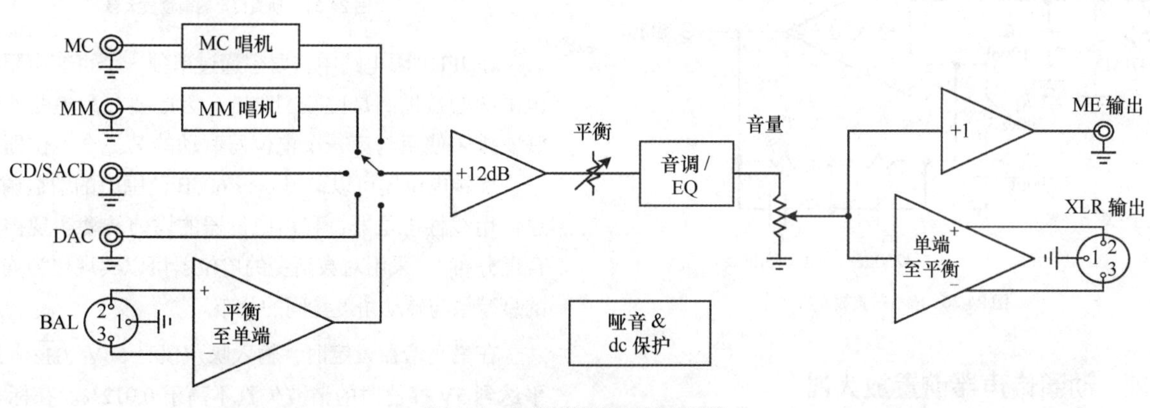

图 24.28 典型的前置放大器信号通路

音量控制是通过普通的声频渐变电位器实现的，其中许多控制受到可能高达1～2dB的通道至通道失配问题的困扰。此外还有其他一些实现方法，其中包括采用步进式衰减器、集成电路步进式衰减器和压控放大器等。采用固有跟踪误差较低的线性电位器实现的电路具有近似对数渐变的特性，这种电路在参考文献中也有描述[10, 11]。

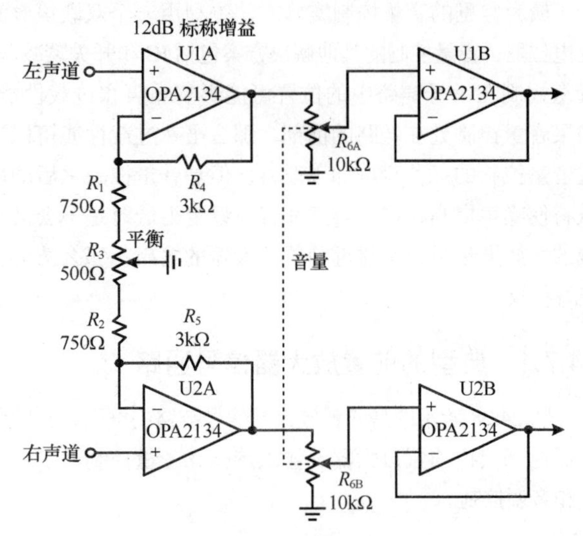

图24.29 简单的线路电平前置放大器

24.7.3 唱机前置放大器

图24.30所示的是经典的唱机前置放大器设计[12]。电路是一个同相反馈电路，其增益经反馈网络整形以满足RIAA均衡特性的要求。典型的唱机前置放大器将在1kHz时提供出35dB的增益。相对1kHz而言，RIAA曲线在20Hz时升高约20dB，在20kHz时降低约20dB。因此其所需的增益范围是40dB。RIAA曲线随频率升高而降低，其低频的时间常数为3180μs和318μs。均衡的高频部分由具有75μs时间常数的一个极点来特征化。低失真、低噪声的LM4562被当作运算放大器来使用。C_4构建出3180μs的时间常数，而C_3构建出75μs的时间常数。处理动圈和动磁唱头的较复杂唱机前置放大器以及更进一步的讨论在参考文献13中介绍。

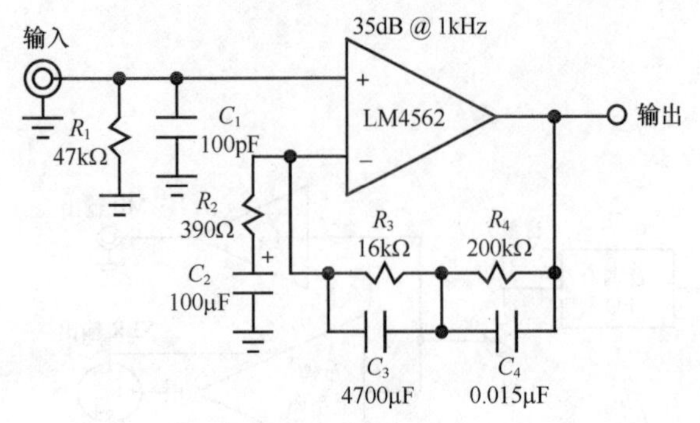

图24.30 唱机前置放大器

24.7.4 动圈传声器前置放大器

针对动圈传声器前置放大器的要求与对那些唱机前置放大器的要求并没有什么不同，因为电压电平和源阻抗是类似的[8, 9, 10]。典型的动圈传声器在94dB SPL（1Pa）作用下可以产生出2mV的电压电平，其源阻抗可能约为300Ω。低输入电压和电流噪声是很重要的。虽然传声器前置放大器并不需要均衡，但是它必须接受一个平衡输入，同时要具有一个非常大的可控增益范围。

前端可以用无负反馈的差分放大器来实现。这给出了拥有软过载特性的真正高阻平衡输入。输入级由反馈JFET差分对构成，它们各自为一个连接到信号源上的电流源。增益是由一个将信号源连接在一起的可变电阻来设定的。沟道负载电阻器建立起一个馈给配置成差分放大器的运算放大器的差分输出。在这样一个设计中，JFET相对低的跨导限制了其可以获得的增益量。

图24.31所示的是一个改进设计[8, 9]。通过在漏电路中增加一个PNP晶体管将每个JFET配置成互补反馈对（Complementary Feedback Pair，CFP）。这种安排将JFET的有效跨导提高约50，同时形成了减小失真的局部反馈。JFET施加的是1mA偏置，而BJT采用的是2mA偏置。应注意的是，要将来自电流源I_1和I_2的非共模噪声量最小化。直流补偿通过微调I_1和I_2的一个伺服加以控制（未示出）。

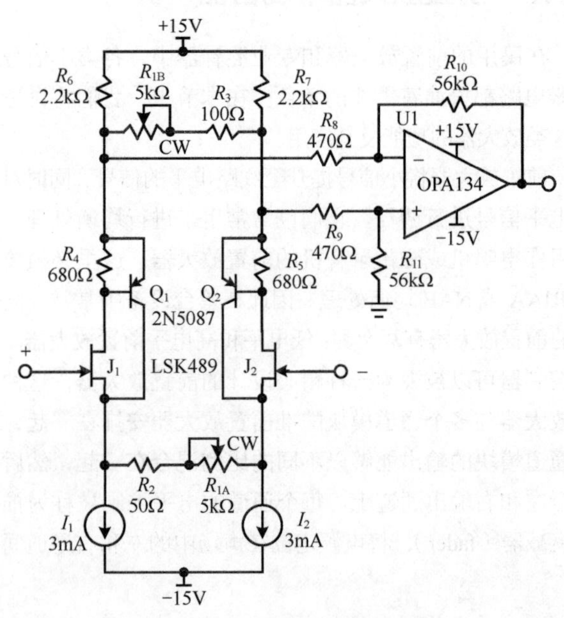

图24.31 动圈传声器前置放大器

在JFET源电路中，要想通过单独一个可变电阻实现大范围的增益控制是比较困难的，因此要在漏电路的差分并联安排中使用与第一个电位器联动的第二个电位器。利用一个旋转电位器可以取得6～60dB范围上的增益调整，通过使用线性电位器，利用电位器的均匀转动实现控制量的合理分布[9]。采用对数渐变的电位器可以实现更为均匀一致的衰减量与转动角度量间的分布。

在最高增益设定时，输入噪声仅有$5nV/\sqrt{Hz}$。输出电平达到5V峰值时的谐波失真不高于0.012%。在标称$1V_{rms}$的线路电平上，增益设定为60dB的THD为0.003%。尽管电路表现为差分和对称的属性，但失真还是以被听感上要更为亲切的二次谐波为主。这是因为在漏电路中的非对称是由差分运算放大器配置所建立的。它导致在 J_1 和 J_2 的沟道中的信号幅度产生差异。这一影响可以通过采用测量差分放大器加以消除，三次以上的谐波失真基本上不存在。

24.7.5　电容传声器前置放大器

电容传声器由传声器极头和内置的前置放大器组成，电容传声器的输出经由传声器线缆馈送至调音台内为普通动圈传声器而设计的前置放大器输入。电容传声器极头包括一个构成电容器极板的振膜，它被充电至 40 ～ 60V。作用于振膜上的声学振动改变了电容，而电荷保持不变，这时电容传声器便产生出电压。虽然电容量可能会小到仅 5pF，但是通常处在 50pF 左右。因此在声频频率范围上极头的输出阻抗极高（在 20kHz 时为 160MΩ ～ 1.6GΩ）。传声器前置放大器主要起缓冲器的作用，因为极头的输出电压与动圈传声器的输出电压相比高很多[8, 9, 10]。其典型数值为 20mV@94dB SPL（1Pa）。

极头极高的容性源阻抗意味着放大器一定要呈现出非常高的负载阻抗，为的是保留低频响应。这一负载能力可能需要达到 1 ～ 10GΩ 的数量级。典型的输入电路包括一个 10GΩ 的极化电阻器，它与 10GΩ 的门控返回电阻器在极头处交流耦合，这使得净输入阻抗变为 5GΩ。JFET 对信号进行缓冲。前置放大器的输入阻抗也必须非常高，目的是让该阻抗产生出的噪声最小化。极头电容构成的低通滤波器滤除了 10GΩ 极化和门控返回电阻器的约翰逊噪声。因此对于给定前置放大器输入阻抗，拥有较高电容的极头将具有更好的 *SNR*。前置放大器输入阻抗的约翰逊噪声（无源自噪声）通常占据前置放大器噪声的大部分。对于加载 5GΩ 的 20pF 极头，该噪声在 1kHz 时为 $17\text{nV}/\sqrt{\text{Hz}}$，20Hz 时为 $700\text{nV}/\sqrt{\text{Hz}}$。

图 24.32 所示的是简单的电容传声器前置放大器。前置放大器的输入电容必须非常低，特别是当它存在类似半导体结的非线性时。JFET 的沟道常常会自举信号，进一步降低 C_{rss} 的影响。由于大部分电容传声器前置放大器采用一个单端 JFET 输入级，所以使用双单片 JFET 的差分安排在存在相当高输入电压（在高 SPL 的情况下，电容传声器极头便存在这种高电压）时具有较低的失真[8]。

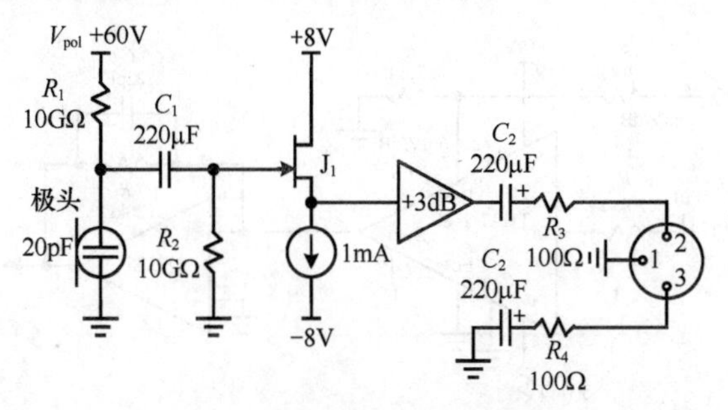

图 24.32　简单的电容传声器前置放大器

JFET 的栅漏电流可能开始在电容传声器前置放大器中起作用。输入是交流耦合，并且栅极通过一只阻值高达 10GΩ 的电阻实施偏置。JFET 的栅极输入电流流入电阻器，建立起一个正向电压补偿。在 25℃ 时的最大栅极电流为 25pA。该栅极电流通过 10GΩ 电阻可以建立起 +250mV 的补偿。温度每增加 10℃，栅漏电流增大 1 倍。考虑到电容传声器在炎热的阳光照射下温度可达 45℃ 的情况，这时的最大栅极电流可达 100pA，最终的输入补偿电压为 +1V。这样一种补偿对有些电路会造成损害。补偿电压可以通过连接到 10GΩ 栅极返回电阻器的返回端上的直流伺服加以控制[8, 9]。

前置放大器的电压增益通常可能处于 10dB 或更小的数量级上。实际上，对于较为灵敏的极头和高声压级情形，可能必须要进行信号衰减。一种有用的衰减解决方案就是接通极头两端的分流电容器，这可以产生约 20dB 的衰减。20pF 的极头结合 180pF 的分流电容将产生 20dB 的衰减。另外一种衰减方法就是降低极化电压，虽然这种方案并不能保持 *SNR* 性能不恶化，但是这对于需要进行衰减的高声压级情况而言，可能并不是什么问题。

24.7.5.1　一种实用的前置放大器前端

前置放大器输入电容必须保持非常低。图 24.33 所示的设计中，JFET 的沟道被输出信号自举，以进一步减小 C_{rss} 的影响。虽然 J_1 基本上还是起到信源跟随器的作用，但是它与 J_2 共源共栅，其栅极由二极管 D_1 和 D_2 形成的 $2V_{be}$ 提升的输出信号驱动。LSK489 双单片 JFET 的低电容特性有助于进一步将有效输入电容维持在非常低的水平。最后，PNP 晶体管 Q_1 使电路成为一个互补反馈对（Complementary Feedback Pair，CFP），将 J_1 的有效跨导提高至大约 10 的水平，同时为处理环节中的 D_1 和 D_2 提供正向偏置。由 CFP 提供的局部负反馈大大降低了失真。即便电路驱动负载，它还是能保持级增益极为接近单位增益，自举作用的最大化。电路的输入电压噪声约为 $3.7\text{nV}/\sqrt{\text{Hz}}$。

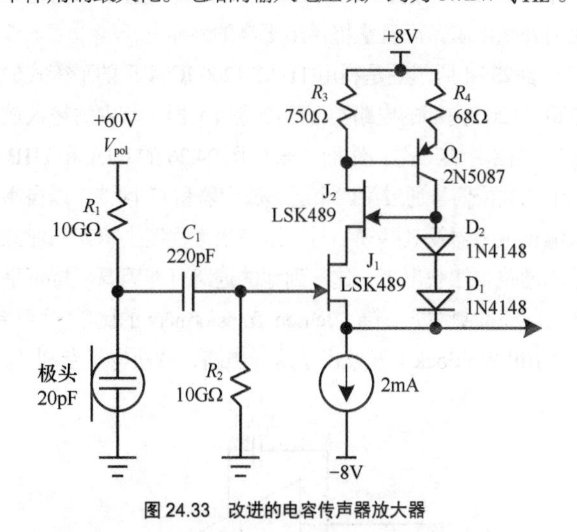

图 24.33　改进的电容传声器放大器

24.7.5.2　幻象供电

电容传声器的电子部分必须要施加所谓的“幻象”电源来供电。幻象电源通常利用平衡式传声器线路将经由一对 6.8kΩ 电阻器提供的 48V 直流电压馈给电容传声器。例如，前置放大器要求的7mA电流将使幻象电源降低24V，只保留24V电压施加到前置放大器的电子电路部分。正因为如此，这里必须使用低功耗的电子元件。由一个RC振荡器或LC振荡器及一个电容倍压器组成的直流-直流转换器常用来为极头提供40～60V的极化电压[9]。极头的灵敏度与极化电压成正比。

24.7.5.3 平衡线路的驱动

许多电容传声器前置放大器通过单端信号驱动平衡式传声器线缆，将其冷端导线交流耦合到屏蔽地，有时也通过一个端接电阻器接地，如图24.32所示。虽然这种方法也足够了，但其并不是最佳的方法。较好的解决方案是利用由BJT或JFET晶体管构成的差分对的真正平衡输出来驱动热端和冷端（2针和3针）线路，基本上就是利用远端的一对6.8kΩ幻象驱动电阻作为集电极或沟道负载来实现的。局部的差动分流可用来建立起传声器前置放大器的差分输出阻抗[9]。有些设计是利用射极跟随器来驱动平衡线路。

24.7.5.4 印刷线路板

输入端呈现出的极高输入阻抗要求布局时对输入节点要仔细地保护和屏蔽，并且通常要采用高质量的印刷电路板材料来使介质吸收损耗、胡克效应（hook effect）和寄生阻抗最小化[9]。我推荐采用特氟龙（Teflon）和Panasonic Megtron 6 PWB材料。组装后的PWB必须要认真清洁，以避免污染物引入泄漏电阻。

24.7.6 平衡式输入电路

许多民用的前置放大器和大部分专业声频前置放大器，以及调音台都配有XLR接口形式的平衡输入。因为大部分内部功能都是单端的，所以这些输入必须要经过差分至单端的转换。图24.25所示的简单运算放大器构成的差分放大器或图24.26所示的测量放大器均可用于此目的。不过THAT Corporation生产的InGenious™芯片在实现这一功能时并未使用外围电阻，而且能提供出更高的性能[14]。

图23.34所示的是利用THAT 1200 IC实现的平衡式输入电路。1200内部的电路类似于测量放大器，其中的输入放大器以单位增益工作。然而，来自图24.26的U1A和U1B输出中的共模信号通过第四个运算放大器和C_1回馈，以自举输入偏置电阻器及其共模信号。这在很大程度上将其从建立到地的通路中摆脱出来，这一到地的通路可能因源阻抗不平衡产生共模抑制性能下降。Jensen Transformers的比尔·怀特洛克（Bill Whitlock）开发出了这一电路，并获得了专利[14]。

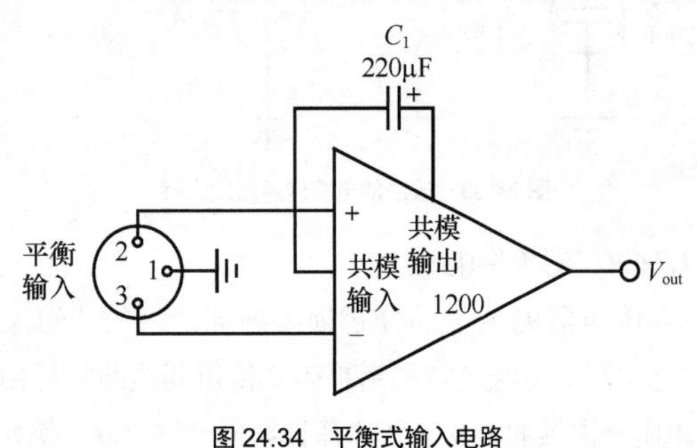

图24.34 平衡式输入电路

24.7.7 平衡式输出电路

平衡输出可以利用变压器或只是在单端输出上再增加一个倒相器来实现。虽然变压器可提供出共模抑制性能极其出色的浮地式平衡信号，但成本比较高，同时会引入失真和带宽受限问题。虽然利用倒相器的方案成本低，但是仅提供出两个极性相反的输出，实际上这一输出只不过是以地为参考基准的单端信号。THAT Corporation生产的1646 OutSmart™通过一个无须外围元件的单一芯片在上述两个方面均取得了最佳的结果[15]。图24.35所示的是利用这一芯片实现的输出电路。

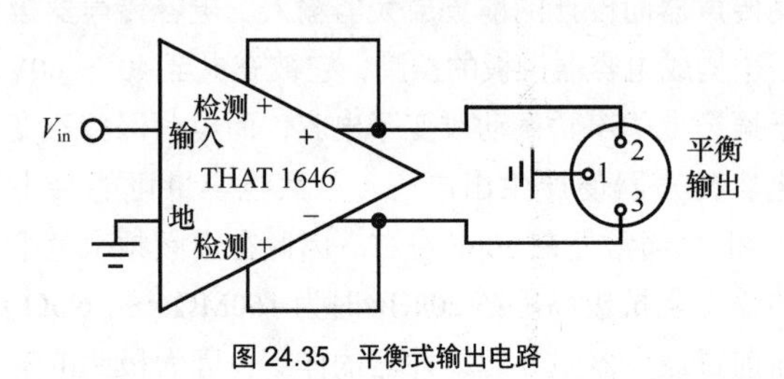

图24.35 平衡式输出电路

24.7.8 压控放大器

压控放大器（Voltage Controlled Amplifiers，VCA）广泛用于调音台和其他专业声频处理功能的模拟电路中。它们在自动化方面尤为有用。dbx公司生产的Blackmer®VCA是应用最为广泛的一种VCA。在THAT Corporation创立之初就制造出其IC形式的产品。

图24.36所示的是利用THAT 2180芯片实现的简单VCA。2180是一种电流入、电流出元件。R_1将输入电压转变为2180芯片的低阻输入端的电流。输出信号电流被馈给U2的虚拟地，同时信号通过反馈电阻R_5转变为电压。2180提供出与控制电压呈线性关系的分贝增益/衰减。在图24.36所示的电路中，控制系数是100mV/dB。推拉式电位器仅被用来产生控制VCA增益的低阻直流电压。可供使用的VCA也有双通道格式，即2162。电路被简化了，其中的控制端口电路可能需要较大的电流。对于实现控制端口缓冲的更优解决方案请见参考文献16及其相关的应用备忘录。虽然2180和2162针对低失真进行了预调，但还是允许利用微调电路将小电流注入Sym针脚，它能够针对最低失真进行调节。这里并未示出微调电路，不过在参考文献16中可以查到这一内容。

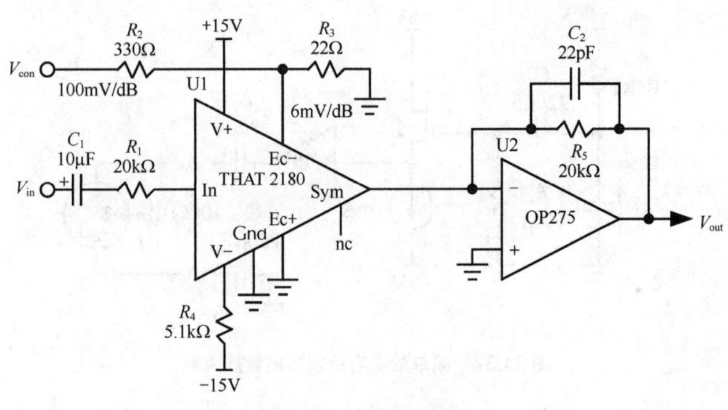

图24.36 压控放大器

24.7.9　基于 VCA 的混音器

2180 的电流输出属性使其方便地应用于混音器当中，因为多个 2180VCA 可以被安排用来驱动图 24.36 中所示的 U2 的虚拟地。其另外的优点体现在 U2 混合电路的噪声增益并不会随叠加到混音器上的通道的增多而增加，这种情形与图 24.22 中所描述的简单混音器相一致。这是因为输入混合电阻器被信号电流源有效地取代。2180 的每个输出都存在一个连接到地的 15pF 左右电容，因此当另外的 VCA 加到母线时，从稳定性的角度考虑，C_2 必须要加大一点。

24.7.10　声像电路

调音台中的声像电位器将某一声道信号以一定的比例关系分配至左和右相加母线上，这一比例关系决定了声源在声场中的位置。这是一种常见的做法，利用这种方法可以保证左和右通道上信号的功率之和不会随电位器位置的变化而变化。置于中间的声源在每个声道上的信号被降低 3dB。实际上，左和右声道上的响度并非总是基于功率进行相加的，在有些情况下响度感可能更像是基于声压级（SPL）叠加的结果，为此建议采用恒压声像控制，这时置于中间的声源在每个声道上的电平要降低 6dB。为此人们往往采用折中的做法，将置于中间声源在左和右声道上的电平降低 4.5dB[10]。

利用一对电位器以想要的信号分配法则而设计出的声像电位器电路可能要面临众多这种考量的挑战。采用具有方便的线性分贝控制特性的一对 VCA 可以实现更为简便的设计，同时可取得更好的性能[17]。THAT 2162 双 VCA 是这一应用的不错选择。两个 VCA 被安排以相反的非线性控制电压驱动，以便在将声源设置于中间时声像电位器所提供的直流电压可使每个通道的输出降低 3dB，满足恒定功率法则的要求。加到每个 VCA 上的直流控制电压可以通过非线性电路来建立，以取得所需要的声像电位器控制法则。同样的，VCA 的电流输出可以方便地直接驱动虚拟接地的左和右相加母线，而不必采用会提高调音台噪声增益的加法电阻器。

VCA 有两个控制输入，每个均有各自的控制极性。它们可以被差分驱动或独立驱动。负向控制端可以用声像电位器控制信号驱动，而正向控制端可以用推拉衰减器信号驱动，这样便利用单独一个双 VCA 实现推拉衰减器和声像电位器功能的结合。这种做法能够在保持声像位置不变的同时，利用 VCA 的线性分贝控制法则取得不同的推拉衰减器电平。

图 24.37 所示的是这种电路的简化框图[9]。+1 的单位增益控制缓冲器必须能够在 −10V 时产生高达 27mA 的电流，以驱动低阻抗 VCA 控制端的电阻分压器。同样的，在参考文献 16 中我们可以看到关于缓冲控制端口信号的更好解决方案。声像电位器的电阻分压器及其相应的电阻器建立起为转动角度函数的非线性控制电压，它非常接近于实现恒功率声像法则所必需的控制特性。在声像电位器的整个转动范围上，功率稳定度处于 ±0.2dB 的窗口内，其低端的最大衰减量接近 100dB[9]。只需将 R_3 和 R_4 变为 5200Ω，便可以将声像法则变为 −4.5dB 的折中法则。

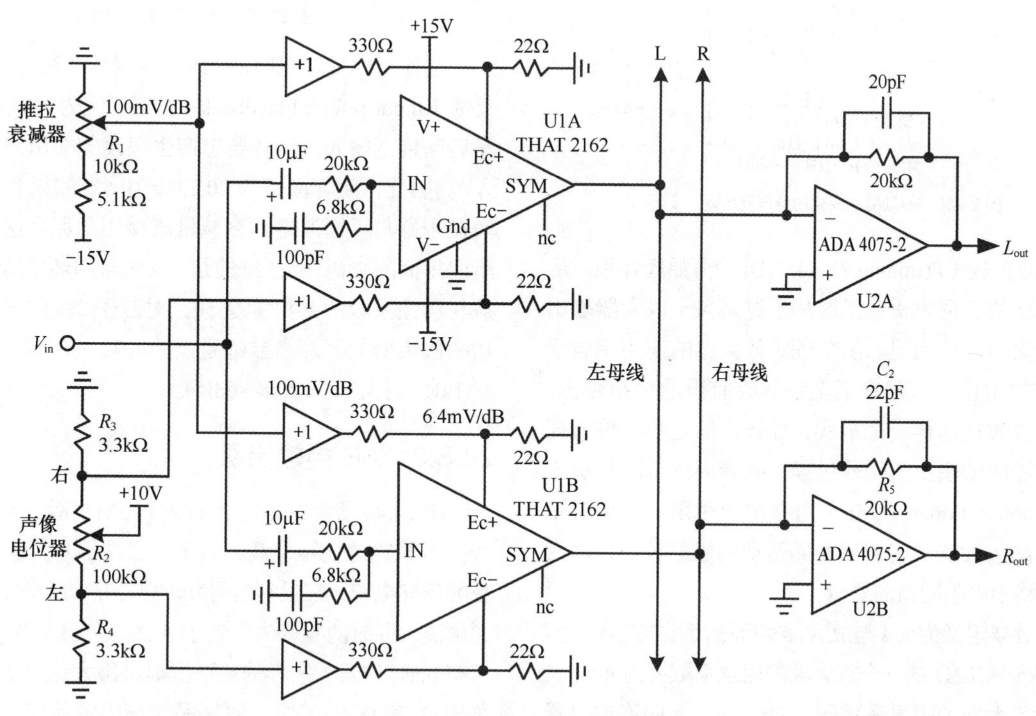

图 24.37　声像控制和推拉衰减器电路

24.8 线性功率放大器

功率放大器常被用来驱动音响系统中的音箱。顾名思义，它们产生出声功率。通常，它们必须将线路电平信号放大至几十伏，以驱动扬声器系统。例如，100W的放大器必须产生出峰值高达40V的信号，以此驱动8Ω的扬声器。1000W的专业功率放大器必须产生出峰值达126V的信号来驱动8Ω的扬声器。

同时，它还必须提供出大电流。100W的放大器必须提供出5A的峰值电流给8Ω负载。如果负载阻抗更低，比如4Ω或2Ω，那么要达到同样的工作功率电平就需要更大的电流。尽管1000W的放大器必须产生出16A的峰值电流给8Ω负载，但是在1000W的工作电平下它必须给2Ω负载提供32A的峰值电流。

24.8.1 驱动扬声器负载

虽然想要平坦的频率响应来避免出现声染色，但是放大器在驱动现实当中的扬声器负载时并非始终可以获得平坦的响应。实际扬声器的输入阻抗是频率的函数，它会随频率变化产生非常大的变化，而功率放大器的输出阻抗却是非零阻抗。放大器的输出阻抗和扬声器输入阻抗构成了一个图24.38所示的分压器[1]。在此，放大器被建模为零输出阻抗的理想放大器与描述其实际输出阻抗 Z_{out} 的串联。这就是所谓的戴维南（Thevenin）等效电路。

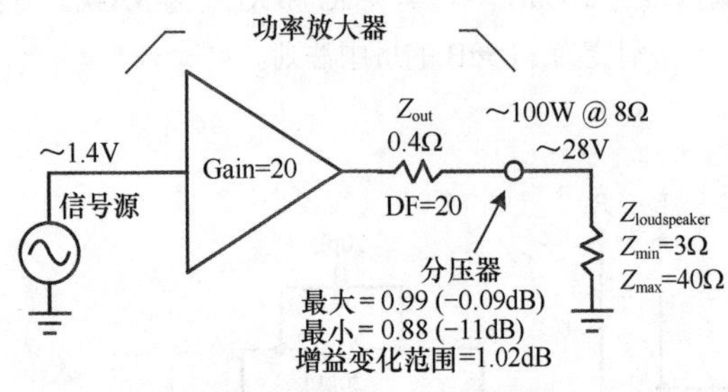

图24.38 驱动阻抗变化的扬声器负载

这时阻尼系数（Damping Factor，DF）开始起作用。尽管这是其重要的名词术语，但这只不过是关于放大器输出阻抗的不同表述方式而已。虽然理想放大器的作用相当于零输出阻抗的电压源，但它们全都具有有限的输出阻抗。阻尼系数一词源自这样一个事实，即扬声器是个机械谐振系统，放大器的低输出阻抗通过扬声器音圈的电阻和机电力（Electromotive Force，EMF）对谐振产生阻尼。拥有较高输出阻抗的放大器对扬声器音圈运动的阻尼较小，因为它增加了电路中电阻阻值的总量。

阻尼系数被定义为8Ω与放大器实际输出阻抗之比。因此，输出阻抗为0.2Ω的一个放大器的阻尼系数将为40。大部分电子管放大器的阻尼系数低于20，而许多固态放大器的DF值将超过100。要牢记的重要一点是：DF通常是频率的函数，一般它在低频时较大。虽然这与低音扬声器阻尼纸盆运动的要求相吻合，但是在较高频率上DF对频率响应的影响可以忽略。许多扬声器在分频点或附近频率上的阻抗曲线存在大量的峰或谷。

从许多现代扬声器中存在大的阻抗变化这一点来看，我们一定不要轻视阻尼系数和输出阻抗对频率响应的影响。在整个声频频带上，扬声器阻抗低至3Ω的谷值和高达40Ω的峰值并不罕见。这种负载上的剧烈变化不利于采用阻尼系数为20、输出阻抗为0.4Ω的电子管放大器。这将在声频频带上产生可闻的峰-峰频率响应变化。

24.8.2 带反馈的放大器框图

图24.39所示的是功率放大器的简化框图。提供全部开环增益的放大器核心被表示为如同运算放大器的一个增益模块。出于图示的原因，其增益表示为1000(60dB)。反馈网络描述为将反馈信号衰减20倍的模块。假设放大器的输出为20V，则反馈量将为1V。如果正向增益为1000，则增益模块差分输入两端的输入将为20mV。所要求的来自输入端的输入就是1.02V。

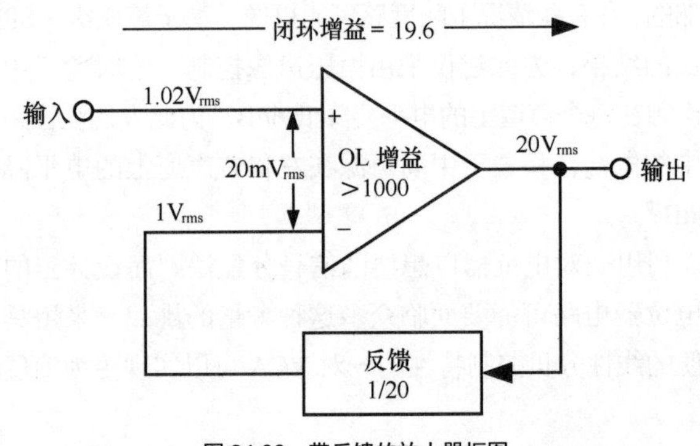

图24.39 带反馈的放大器框图

这种研究反馈电路的简化方案有时指的就是输入相关反馈（Input-referred feedback）分析，因为我们从输出开始，然后回推至输入，看看要想产生假设的输出需要多大的输入[1]。因此，闭环增益为20/1.02=19.6。如果我们假定闭环增益刚好与反馈通路的衰减量成反比，那么这刚刚是我们所取得值的2%。要注意的是：放大器的环路增益（开环增益与反馈系数的乘积）是50，对应于2%的误差。大部分功率放大器的开环增益都是低频时较大，高频时较小，通常1kHz时大于10 000(80dB)。

24.8.3 AB类输出级

图24.40所示的是简化的AB类输出级。对于正极性信号，Q_1 馈送电流至负载，对于负极性信号，Q_2 接收来自负载的反向电流。在没有信号和非常小的信号时，Q_1 和 Q_2 导通电流，同时两者产生出处于A类工作区的输出信号电流。标有bias(偏置)字样的矩形框提供出大约为 $2V_{be}$ 的电压跨接于 Q_1 和 Q_2 的基极，使其保持在闲置状态，并建立起无功电流，这时的电流为100mA。该电路被称为偏置扩散器（bias spreader）。

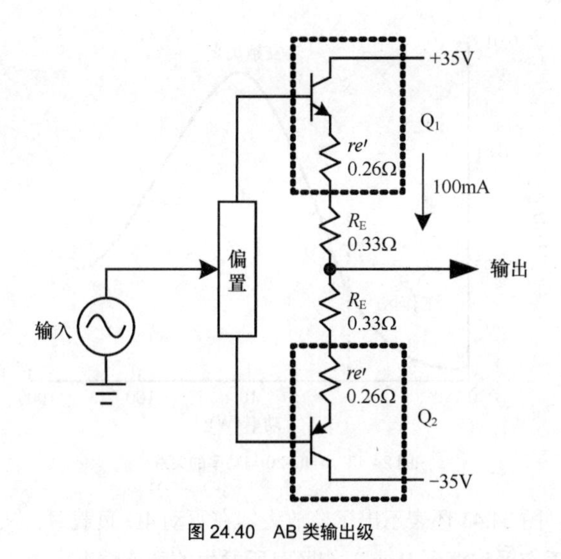

图 24.40 AB 类输出级

这里重点观测的是信号在正负半周里以不同的通路通过输出级。如果输出级上部和下部的电压或电流增益不同，那么就会导致失真。进一步而言，在“结合点”处，信号电流经过零点，同时从一个通路跨越到另一个通路就可能比较棘手，这有可能导致出现所谓的交越失真（crossover distortion）。

说句题外话，如果偏置扩散器被设定成可提供非常大的输出级无功偏置电流，那么顶部和底部的晶体管将会在信号的两个半周中均导通。其中一个晶体管将提高其电流，而另一个晶体管将降低其电流，在负载中会有差动电流流过。在这种情况下，我们便获得一个所谓的 A 类输出级。实际上，其后始终会经由同样通路到达输出（两个并联通路构成）的信号将会使失真更小，因为当信号由正半周摆动到负半周时，不存在从输出级的一半向另一半交越过渡的问题。对此所付出的代价就是由高输出级偏置电流所产生的非常高的功耗。

输出级的电压增益是由输出级射极跟随器输出阻抗和扬声器负载阻抗组成的分压器决定的。半个输出级的每一个的输出阻抗近似于 re' 加上 R_E，如图 24.40 所示。

由于输出级的两个部分在其均处于闲置和小信号情况下的作用是并联的，所以净输出阻抗将约为每侧阻抗的一半。

$$Z_{\text{out(small signal)}} \approx \frac{re'_{\text{idle}} + R_E}{2} \qquad (24\text{-}9)$$

如果输出级被偏置于 100mA，那么每只输出晶体管的 re' 将约为 0.26Ω。对于每侧而言的求和阻抗值就为 0.26+0.33=0.59Ω。并联的两个输出将致使输出阻抗约为 0.3Ω。因为电压增益是计算得出的，所以这些数字是假定输出级是由电压源驱动的情况下得出的。图 24.41 所示的是分压器作用控制的输出级。如果负载阻抗是 8Ω，那么输出级的电压增益就是 8/(8+0.3)=0.96。假如负载阻抗变为 4Ω，则输出级增益将降至 0.93。

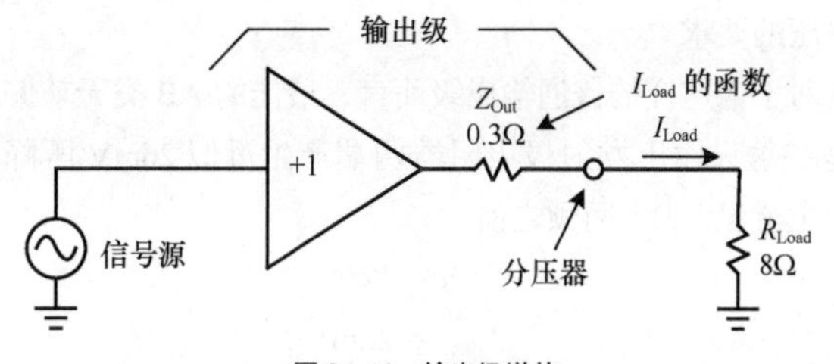

图 24.41 输出级增益

应记住的是：输出级的小信号增益是在其静态偏置电流时计算出来的。每只输出晶体管的 re' 数值将随晶体管电流的增大或减小而变化，从而引发输出级增益产生复杂的变化。进一步而言，在较大的信号摆幅时，仅有半个输出级被启动。这意味着这些情况下的输出阻抗将近似为 $re'+R_E$，而不是该数值的一半。作为输出信号电流函数的输出级，这些递增变化会导致产生所谓的静态交越失真（static crossover distortion）。

$$\begin{aligned} Z_{\text{out(large signal)}} &\approx re'_{\text{high current}} + R_E \\ &\approx R_E \end{aligned} \qquad (24\text{-}10)$$

在大电流时，re' 变得非常小。在 1A 时，re' 仅有 0.026Ω，这要比 R_E 的典型值小很多。在 10A 时，re' 的理论值只有 0.002 6Ω。这就是 Z_{out}（大信号）≈R_E 的原因。如果 R_E 被选择为

$$R_E = re'_{\text{idle}}$$

那么

$$Z_{out}（大信号）\approx Z_{out}（小信号）\approx R_E$$

通过让大信号和小信号时的输出增益近似相等，使交越失真最小化。这只是个折中的解决方案，而且不会消除静态交越失真，因为随着信号经过交越区，等式并未保持在输出电流的中间数值上。输出级增益上的这一变量是输出电流的函数，如图 24.42 所示[1, 18]。

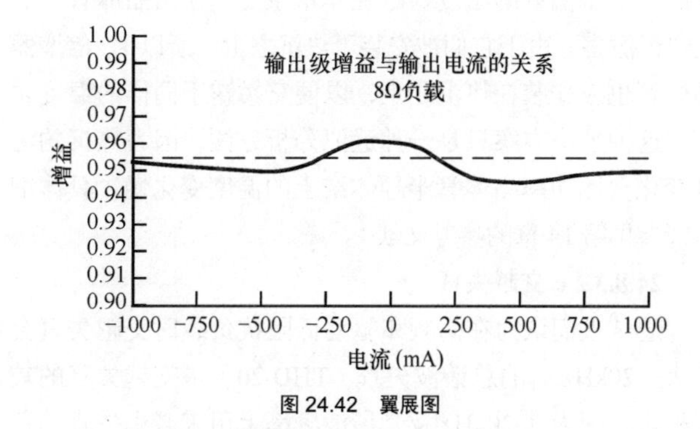

图 24.42 翼展图

24.8.3.1 输出级偏置电流

输出级的无功偏置电流在控制交越失真方面扮演着关键的角色。当输出为 0V，并且不给负载提供任何电流时，流经输出级的偏置电流（从上至下）取得合适数值是很重要的。应注意的是，两个驱动级和两个输出晶体管加在一起，从 Q_1 的基极到 Q_2 的基极需要至少 $2V_{be}$ 的压降才开始导通。输出发射极电阻器两端的任何其他压降将会提高对偏置扩

散电压的要求。

对于像这样的普通输出级而言，最佳的 AB 类无功偏置就是在每只输出发射极电阻器两端产生近似 26mV 压降对应的电流量[1, 18]。回顾之前

$$re' = V_T/I_c$$
$$= 26\text{mV}/I_c$$

那么

$$I_c = 26\text{mV}/re'$$
$$= 26\text{mV}/R_E$$

且

$$V_{RE} = I_c \times R_E$$

这一偏置电流量使得输出晶体管的 re' 等于其相应的发射极电阻器的阻值。由于发射极电阻器阻值为 0.33Ω，所以这时对应的电流值约为 79mA。在此给出的例子中，输出级被稍稍过偏置。电流达到 100mA。这意味着此情况下的小信号增益将稍微大于大信号增益。这一点由图 24.42 可以证明。

当每个发射极电阻器两端的压降为 26mV 时，确定上面出现的最佳偏置点时有一个忠告。射极跟随器的实际输出阻抗稍微大于 re'。附加的阻值源于晶体管内部物理基极和发射极电阻。这一附加的阻性成分的作用相当于扩大了外接发射极电阻器 R_E 的阻值。这意味着外接发射极电阻器两端的最佳压降可能会稍低于 26mV。通常由 V_{be} 倍增器组成的偏置扩散器设定 R_E 两端的电压。偏置扩散器上的微调电位器用来调整并将输出级偏置电流设定至想要的数值。

设计偏置扩散器的目的是取得输出级偏置点的温度稳定性。由 V_{be} 倍增器产生的电压温度系数应与驱动器和输出晶体管的基极 - 发射极结电压相匹配。由于晶体管的 V_{be} 以大约 2.2mV/℃ 的速率降低，因此这些结的压降彼此间的合理跟踪对于偏置的温度稳定性非常重要。输出晶体管一般发热最厉害。由于它们被安装于热沉之上，所以 V_{be} 倍增器晶体管也应安装在热沉之上，以便它暴露于同样的温度之下。这种解决方案只是一种近似分析方法，因为热沉的温度变化要比功率晶体管半导体结上的温度变化慢。具体细节请参见第 14 章的参考文献 1。

24.8.3.2 交越失真

通常人们认为在高频和驱动低阻抗负载时交越失真会变大。20kHz 时的总谐波失真（THD-20）是交越失真的较好标志，因为在 20kHz 及其谐波频率上用来减小失真的负反馈较低。THD-20 也包括了静态和动态两种（转换）交越失真。

图 24.43 所示的是作为功率函数的 THD-20，这时高功率放大器驱动的是 4Ω 负载。图中示出了交越失真的峰值出现在相对低的功率上。这里所示的交越失真表明：对于驱动 4Ω 负载的标称功率为 350W 的一个放大器，其 THD-20 峰值出现在 11W 的功率电平上。因此，满负荷功率输出时的失真并不能告诉我们整体的情况。

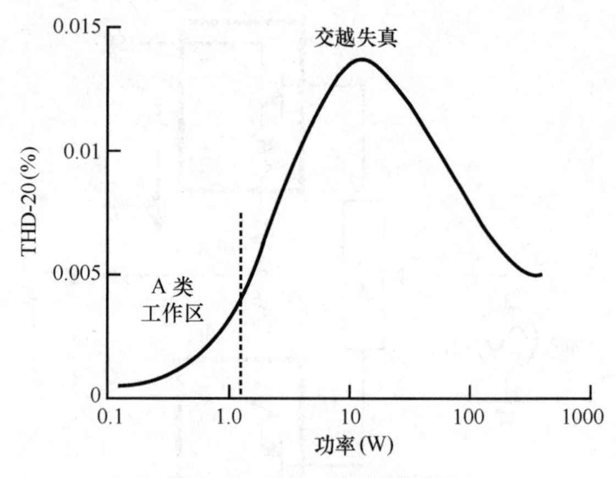

图 24.43 THD-20 与功率的关系

图 24.43 还表示出了该放大器在驱动 4Ω 负载时，从 A 类工作区过渡到 B 类工作区时所发生的瞬态情况。对于输出级内 400mA 的无功偏置电流，该放大器在功率晶体管进入顶部或底部的截止区之前可以为负载提供出约 800mA 的电流。这一 800mA 的峰值电流在 4Ω 负载上产生的对应功率是 1.28W。

24.8.4 简单的功率放大器

图 24.44 所示的是一个非常简单的功率放大器，其目的是说明声频功率放大器的最常用拓扑结构的工作原理[1]。

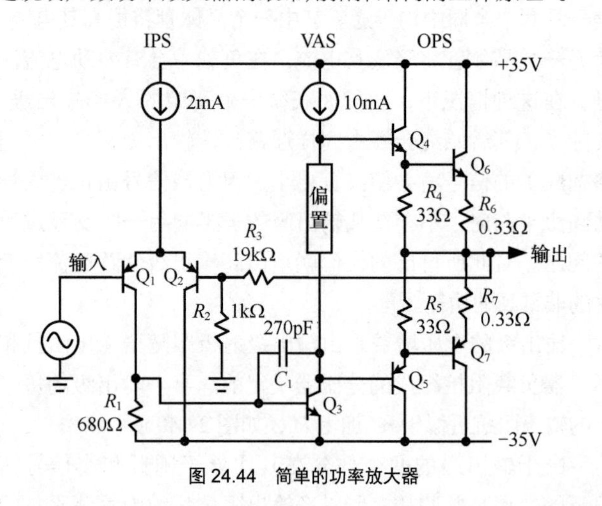

图 24.44 简单的功率放大器

24.8.4.1 输入级

晶体管 Q_1 和 Q_2 构成了输入级差分对。这种安排常常被称为长尾对（Long Tailed Pair，LTP），因为它被提供了来自诸如图中所示阻抗非常高的电路的所谓尾电流。放大器的输入级被称为 IPS。输入级通常具有相当低的电压增益，其典型范围为 2 ～ 15。

IPS 对所应用的输入信号与放大器的小部分输出进行比较，为放大器提供出输出所必需的残留信号量。这种工作形式构成了负反馈环路的根本。与输入进行比较的小部分输出是由 R_3 和 R_2 构成的分压器决定的。如果这部分比例系数是 1/20，并且放大器的正向增益高，那么输入和为了产生所要求的输出而应用于 IPS 的反馈信号间就需要存在非常小的差异。为此，放大器的增益将非常接近于 20。这指的

就是放大器的闭环增益。

在实践中，大部分设计优秀的放大器在输入级采用了发射极反馈，通常将跨导降低了 5 ～ 10。这提高了线性，同时降低了从稳定性出发所要求的 C_1 的数值。反过来看，这也提高了放大器的转换速率。

24.8.4.2　VAS

图 24.44 中的晶体管 Q_3 构成了所谓的电压放大器级（Voltage Amplifier Stage，VAS）。这是个高增益共发射极（common-emitter，CE）级，该级提供出放大器电压增益的大部分。它加载的是电流源，而不是一个电阻器，这样为的是提供出尽可能最高的增益。对于 VAS 而言，产生 100 ～ 10 000 的电压增益并非罕见。这意味着用来驱动输入级的差分信号并不需要非常大就可以将输出驱动至所需的电平。

24.8.4.3　输出级

输出级（OPS）是由晶体管 Q_4 ～ Q_7 组成。其主要的工作是在 VAS 的输出和扬声器负载间产生电流增益形式的缓冲。大部分输出级具有的电压增益稍稍低于单位增益。这里的输出级基本上是由两对射极跟随器（emitter followers，EF）组成，每对射极跟随器对应着输出信号摆动的每个极性。这被称为互补型推挽输出级。晶体管 Q_4 和 Q_5 被称为驱动器，而 Q_6 和 Q_7 被称为输出元件。

通常，如果晶体管的 β 值处在 50 ～ 100，那么两级 OPS 将提供出 2500 ～ 10 000 的电流增益。这就是说，对于 VAS 的输出而言，一个阻抗为 8Ω 的负载看上去的阻抗处在 2 ～ 80kΩ。像所谓的 Triples 一样，其他输出级能够提供的电流增益达到 100 000 ～ 1 000 000，它会大大降低 VAS 上的负载 [1]。

24.8.5　更全面的放大器

所描述的放大器已经在一定程度上作了简化。处于完整性考虑，有必要做一些补充。图 24.45 所示的就是这种做了必要增加的电路，其中核心放大器仅仅表示为一个开环增益模块。为了清楚起见，在上述的核心放大器设计中将反馈网络电阻器 R_2 和 R_3 包含其中。

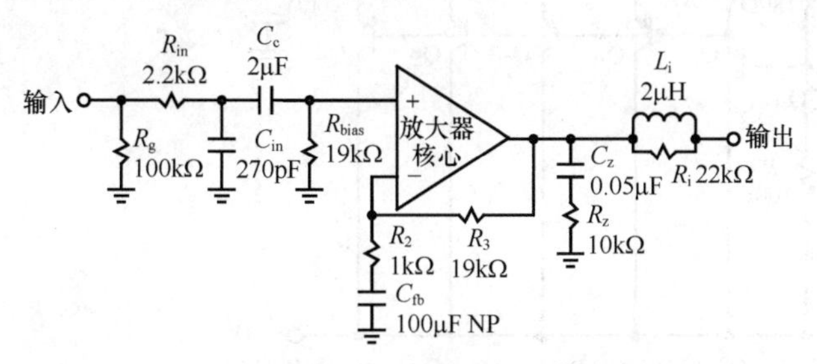

图 24.45　更为完整的放大器

24.8.5.1　输入网络

电阻器 R_{in} 和电容器 C_{in} 构成了一阶输入低通滤波器，它将不想要的射频成分滤除。该滤波器通常被设计成将整个放大器的带宽限制在比相应放大器实际闭环带宽稍低一点的频率上。按照图 24.45 所示的情形，R_{in}=2.2kΩ，C_{in}=270pF，则输入滤波器的典型 3dB 频率点是 300kHz。电阻器 R_g 避免输入端在直流时出现浮地情况。

耦合电容器 C_c 阻止可能来自信号源的任何直流成分，同时 R_{bias} 为放大器输入级的输入偏置电流提供了一个返回通路。这将放大器的同相输入节点电位保持在 0V 附近。应注意的是，如果放大器中的 Q_1 被偏置于 0.5mA 且 β=100，那么其基极电流将接近于 5μA。这将导致在 R_{bias} 两端产生 95mV 的压降。R_{bias} 的数值一般被设定成等于 R_3，以便于这两只电阻器上的压降抵消掉任何直流补偿。在这种情况下，R_{bias} 将被设定为 19kΩ。挨着的 R_{bias} 和 C_c 的电容构成了一个高通滤波器，我们期望它的 3dB 频点保持在 5Hz 以下。这里，2μF 的电容器形成了一个低于 4Hz 的 3dB 频点。该电容器应是高质量的。

24.8.5.2　反馈交流去耦合网络

图 24.44 所示的核心放大器是直流耦合的。其具有的直流增益与交流时的直流增益一样，都是 20。这意味着放大器输入端的任何补偿都将被放大 20 倍。在这种情况下，输入的 R_{bias} 两端的压降在某种程度上不会完全补偿，其电压被放大 20 倍。10mV 的补偿在输出端将变成 200mV 的补偿，这就过大了。正因为如此，我们加入了一个电容器 C_{fb} 与 R_2 相串联。这样会使得放大器的增益在直流时降至单位值，从而大大减小输出补偿电压。

C_{fb} 与 R_2 相结合形成了高通滤波作用，使放大器在低频时的增益下降。同样，我们还是希望该滤波器的 3dB 频点处在 5Hz 或更低的频率。由于 C_{fb} 是配合较小的电阻器工作的，所以它的数值必须要比所采用的 C_c 明显高一些。因为 1 kΩ 的 R_2 要比 19 kΩ 的 R_{bias} 小 19 倍，故 C_{fb} 的数值必须要比取得相对应的低频衰减时的数值大 19 倍。这样其数值便到达 38μF。实践中，C_{fb} 一般会采用 100μF 的非极化电解电容器。同样，该电容器的质量与耦合电容器 C_c 同样重要。电压标称值至少为 50V 的非极化电解电容器将有不错的工作表现。作为另一种选项，参考文献 1 中描述了用直流伺服电路取代对 C_{fb} 的需求的做法。

24.8.5.3　输出网络

大部分固态功率放大器都包括一个输出网络，以避免在异常负载条件下变得不稳定。有时射极跟随器输出级本身在高频空载时会变得不稳定。该问题可以通过加入 R_z 和 C_z 组成的分流 Zobel 网络加以避免。该网络确保在极高频率时输出级绝不会加载所提供的低于 R_z 的负载值。R_z 和 C_z 的典型数值分别是 10Ω 和 0.05μF。

容性负载可能使射极跟随器级或反馈环路失去稳定性。为此，大部分放大器采用了并联的 R-L 隔离网络与放大器的输出相串联的做法。在非常高的频率上，电感器的阻抗变大，保留下电阻器的串联阻抗用以隔离来自射极跟随器输出级的任何负载电容。L_i 和 R_i 的典型数值可以为 2μH 和 2.2Ω。

24.8.6　功率耗散

AB类输出级的功耗在功率处在中间值时是最大的，通常约为1/3功率值。在该功率电平时，输出晶体管会较长时间处在明显的大电流和高电压之下。图24.46所示的是一个100W的放大器在理想和实际情况下的功耗，它是输出功率的函数。实际的功耗较高，这是因为输出级不能始终在其工作电源范围上摆动，同时还存在其他损失，比如那些在发射极电阻器和驱动器中产生的损失。IPS和VAS也会消耗固定量的功率。

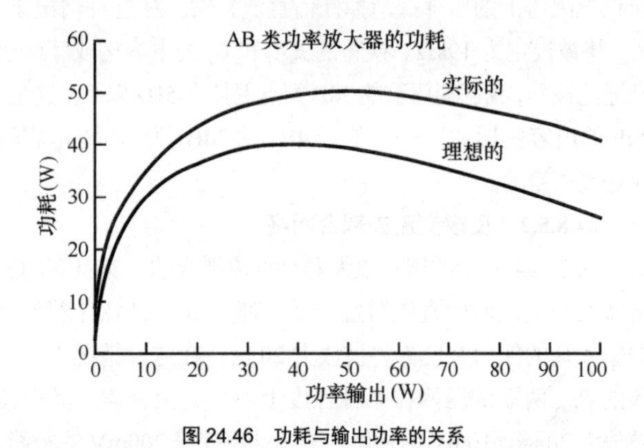

图24.46　功耗与输出功率的关系

24.8.7　一种225W放大器

图24.47所示的是一个实用的225W放大器。设计采用了64V供电电压和4对输出晶体管。其总体设计是图24.44所示的简单拓扑规格的改进和完整版本。根据输入和输出网络的情况，容易识别出IPS、VAS和OPS。在大部分采用并联输出晶体管的放大器中，所谓的基极隔离器（base stopper）电阻被置于与每个基极相串联的位置。这些电阻器通常是处在2～5Ω的数量级上，为了清晰起见，图中并未示出。另外，保护电路也未示出。

24.8.8　桥式放大器

桥式（bridged）放大器广泛用于需要大功率的场合，这在专业音响领域尤为如此。图24.48示出了简单的桥式放大器的布置安排。双通道的立体声放大器被反相驱动，扬声器被连接到两个放大器的热输出端上。桥式功率放大器理论上可以在采用同样的供电电压下在给定的负载上产生出的功率是同样放大器在非桥接（立体声放大器的一个通道）时功率的4倍。这是因为扬声器两端的电压被加倍了，而功率与电压的平方成正比。在这些条件下，两个放大器中的每一个“看到的”有效负载阻抗是扬声器阻抗的一半。正因为如此，桥式放大器产生的功率不到4倍。

电源优点

工作于桥接模式的放大器常常会享有关于供电电源所带来的优势。对于指定的功率输出需要较低的干线电压。这也缓解了对输出晶体管电压的标称要求。单端放大器在信号的每个半周里会从正端干线或负端干线电源获取功率。这一电流是流经地的。取自每个干线电源的电流占空比只有50%。在桥接模式下，电流则是同时从两路干路获取电流，只有很少或没有输出电流流经地。每路干线电源在100%的时间里都在被利用。源自每个干线电源的电流波形是全波波形，而不是半波波形。

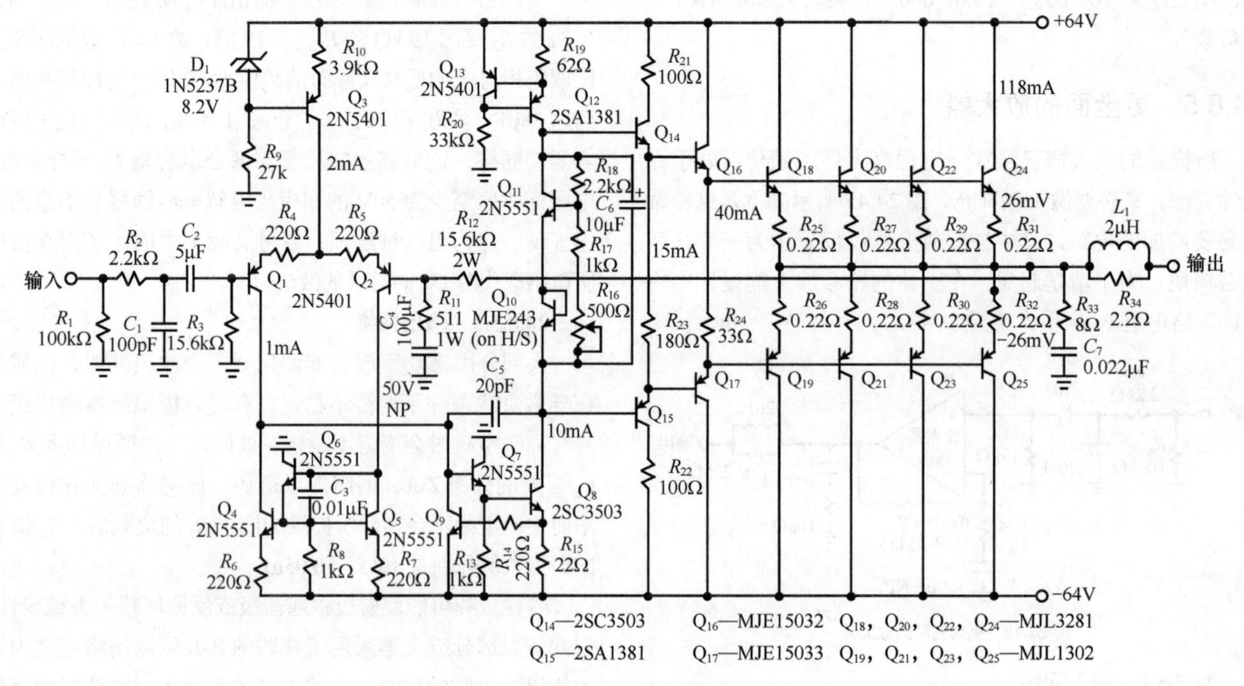

图24.47　225W放大器

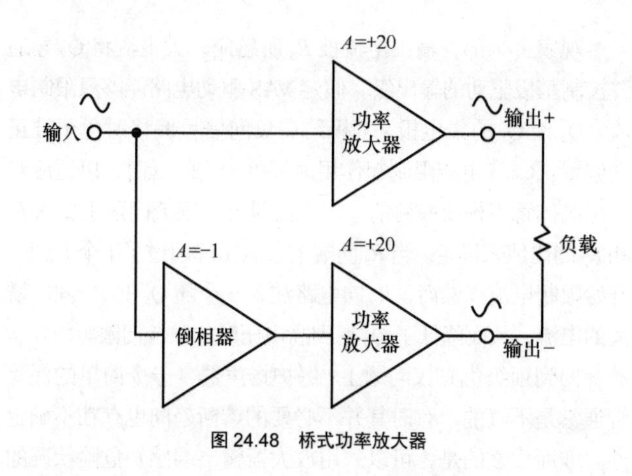

图 24.48　桥式功率放大器

24.8.9　G 类放大器

热量问题始终是人们关心的问题，尤其是应用大功率的专业功率放大器的场合。普通的 AB 类功率放大器并不是非常高效。当功率管在跨接其上的高电压作用下导通高电流时，它会耗散相当大的功率。G 类放大器就是为了解决这一问题，它是通过在不需要时降低主输出晶体管上的跨接电压来实现的。图 24.49 中所描述的波形显示出了低功率条件下工作于 40V 干路电压的输出晶体管的情形[1, 19]。如果由该干线电压支持的信号电压变得太高，那么上部的一组功率管（外侧）会按所要求的较高输出电压的比例提高干线电压。当发生这种转换时，主输出晶体管工作于恒定的集电极 - 发射极电压下。

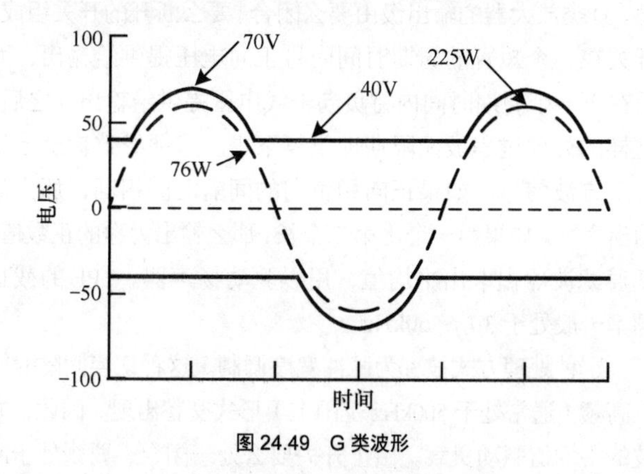

图 24.49　G 类波形

图 24.50 示出了简化的 G 类输出级原理图。在较低的功率电平下，Q_1 是通过整流二极管 D_1 加上 +40V 干线电压的。如果驱动信号在较大功率时变得足够大，那么 Q_2 的基极将被 40V 以上的干线电压来驱动，并且将提升了的集电极电压提供给 Q_1。浮动电压源决定 Q_1 的集电极电压的被提升点，同时决定 Q_1 可以利用的电压峰值储备有多大。

图 24.51 所示的是实际的 G 类输出级[1]。在该设计中，外部晶体管 Q_{11} 和 Q_{12} 的驱动源自自举形式的输出信号。齐纳二极管 D_5 和 D_6 为 Q_{11} 和 Q_{12} 的基极建立起驱动补偿，因此在出现大信号摆动时，针对输出晶体管 Q_5 和 Q_6 的峰值储备。输出级是一个 Locanthi T 型电路三重射极跟随器。当出现大信号摆动时，前置驱动器 Q_1 和 Q_2 的集电极由 Q_7 和 Q_8 自举，而驱动器 Q_3 和 Q_4 的集电极电压由 Q_9 和 Q_{10} 自举。D_3 和 D_4 阻止 Q_9 和 Q_{10} 的基极—发射极结被过量反向偏置。

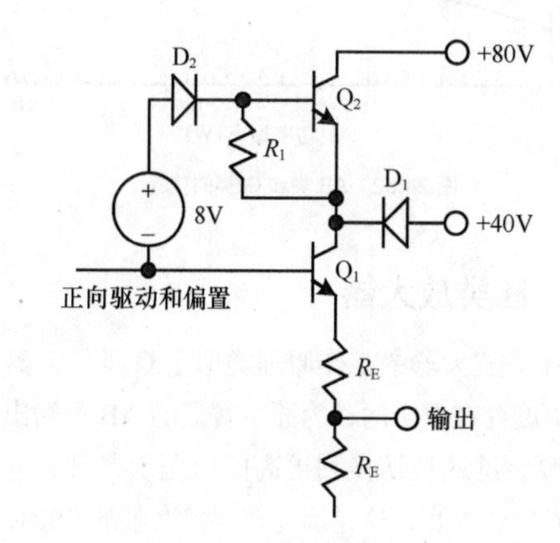

图 24.50　G 类原理图 - 正半周

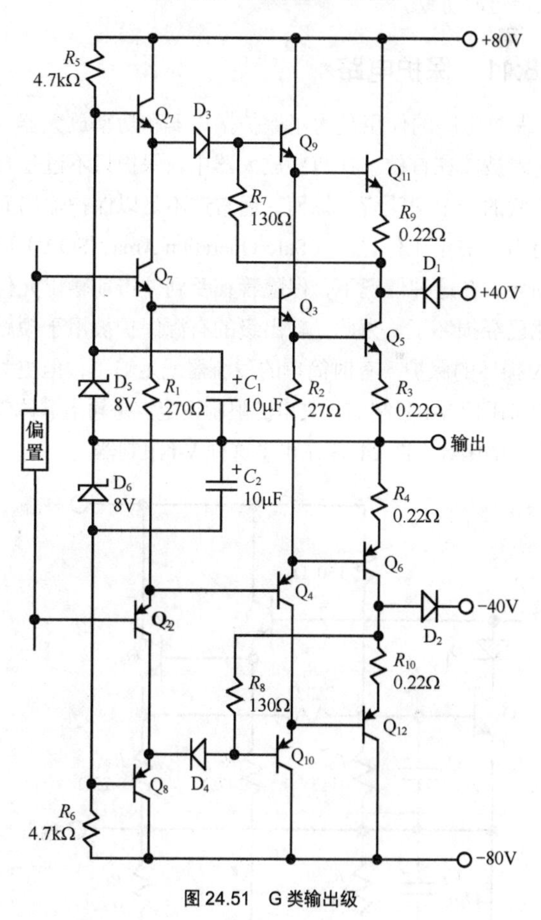

图 24.51　G 类输出级

图 24.52 所示的是可比较的 AB 类和 G 类 300W 放大器功耗与功率输出的函数关系。G 类放大器显示出了其当节目素材占据大部分时间时在功率区所表现出的出色功耗优势。

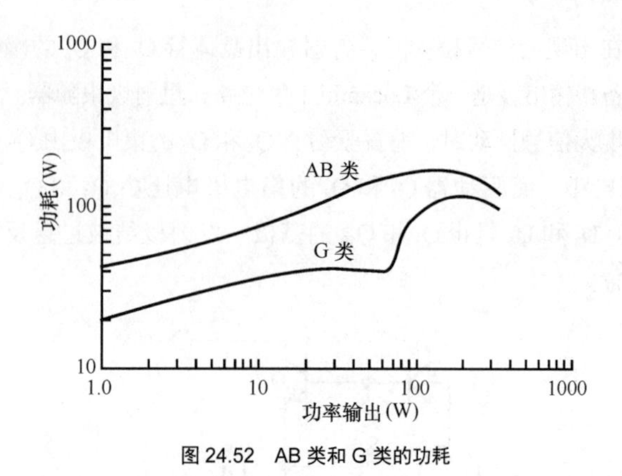

图 24.52 AB 类和 G 类的功耗

24.8.10 H 类放大器

虽然 H 类放大器的工作原理类似于 G 类放大器，但是当对信号幅度存在要求时，为原本普通的 AB 类输出级供电的干路电源会迅速被切换到更高的电压上[19, 20]。这种突然地切换可能导致失真，这是因为输出级有限的 PSRR 造成的切换沿过冲所致。

24.8.11 保护电路

保护电路的作用是为了保护扬声器和功率放大器，其中前者被放在首位。在有些放大器中，保护只不过是与输出串联的一个保险管。然而，通常这不足以保护输出元件因超出其安全工作区域（Safe Operation Area，SOA）而免受损坏。在这种情况下，保险管在受到冲击前输出元件可能就已经损坏了。为此，输出级的有源保护被用于短路和 SOA 损坏的保护。有时简单的限流器就足够了，但更为常见的是采用 V-I 限制器，其电流限制设定点是输出晶体管跨接电压的函数。图 24.53 示出了这种 V-I 限制器。

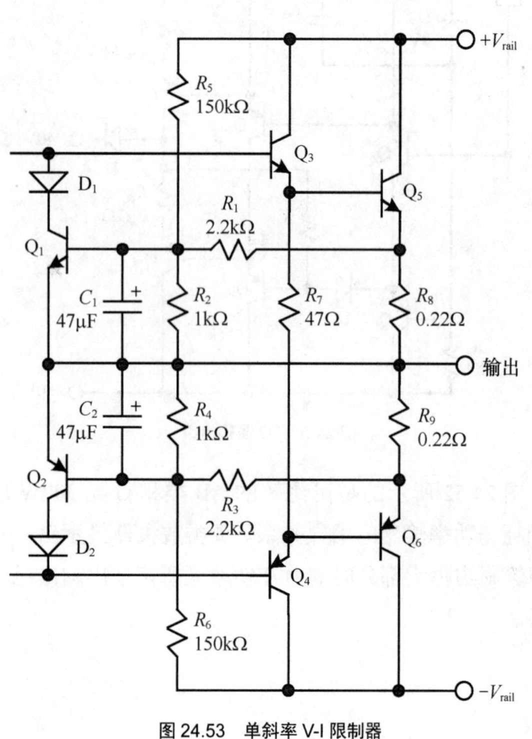

图 24.53 单斜率 V-I 限制器

观察上半部，输出电流被 R_8 所感应，大电流将 Q_1 导通并控制基极驱动的输出级。假定 VAS 驱动电路能够只限制电流。D_1 使 Q_1 的集电极 - 基极结在负向信号偏移时免于被正向偏置。C_1 在电流限制起作用时提供一定的延时，以适应对输出晶体管不构成威胁的短时电流瞬态。限流门限主要由 R_1 和 R_2 的比值来设定。当 R_8 两端的衰减压降超过了 1 个 V_{be} 时，开始限制电流。然而，R_5 向电路注入一个随 Q_5 的 V_{ce} 同步增大的电流，从而降低了 Q_5 遇到高电压时的限流门限。

回到顶级优先权问题上：保护扬声器，一个简单的保险管通常是不够的，有时其并不必要的熔断趋向也存在不确定性。取而代之的是，可以采用放大器输出端感知危险状况的电路来驱动一个继电器，比如在直流过大时打开继电器。继电器通常还用来哑掉输出，以避免开启和关闭产生的瞬态和电平跳变。在其他设计中，采用消弧电路将放大器输出短路，保护扬声器免受严重危险的损害。然而，使用消弧电路似乎具有破坏性，要牢记的是：无论怎样，放大器都应被设计成可承受输出短路的形式，至少在干路保险管失灵时要发挥作用。通常的放大器故障是输出晶体管短路，整个干路电压被加到输出上。在这种情况下，可能引发争论的是：无论怎样，消弧电路将不会导致进一步的明显损害。

24.9 D类功率放大器

D 类放大器的工作原理与线性放大器的工作原理完全不同。D 类放大器的输出级由要么闭合、要么断开的开关组成。开关在一个短暂的周期时间内将正向电压提供给输出，而后在下一个周期时间内将负向干线电压提供给输出。之后，这样的处理过程被无限期地重复下去。这便导致输出上呈现出方波信号。如果正向和负向的间隔时间相同，那么净输出为零。如果第一个比第二个长，那么输出为净的正数值。低通滤波器提取出平均值，用以驱动扬声器。LPF 的截止频率一般处于 30 ～ 60kHz。

这种处理方式被称为脉冲宽度调制。这种切换间隔时间以高频（通常处于 500kHz 范围上）形式交替出现。因此，方波的平均值驱动负载。由于开关要么处于闭合、要么处于断开状态，所以它们并不消耗功率。差不多来自电源干线的全部输入功率都被转移至负载上，故效率非常高、功耗非常低。85% ～ 95% 的效率并不罕见。这样小的放大器就能够工作在低温状态。D 类放大器面临的一个大的挑战就是正确驱动输出级开关，以便闭合和断开的时基间隔准确反映输入信号。

长期以来，D 类放大器深受失真性能差的困扰。在 20 世纪 90 年代末期，这一问题得到非常大的改善。人们需要将较大的功率输出能力置于较小的空间内，同时产生出较少的热量，正是这些需求推动了技术的进步。D 类放大器的应用远不止上面描述的这些内容。更为详尽的说明请见参考文献 1。尽管 D 类放大器中的 D 并不代表数字的含义，但是 D 类放大器的发展与应用则确确实实是面向数字化的。实际上，有些解决方案就是将 PCM 输入流直接数字转换为 D 类声频输出。

虽然搭建 D 类功率放大器的方法有很多，但是这些方法都是基于脉冲宽度调制这一十分古老但却深受欢迎的技术。同样，在此我们也会讨论其他的解决方案。这部分的重点还是放在高音质 D 类放大器设计上面，同时也会讨论与之相对的更为小型和高效化的放大器设计，后者主要用于诸如手持式民用电子设备等应用场合。

24.9.1 PWM 调制器

图 24.54 所示的是一种将模拟输入转变为数字 PWM 信号的简单安排[21, 22, 23]。该电路被称为 PWM 调制器。数百 kHz 的三角波被加到比较器的一侧，同时输入信号被加到另一侧。每当输入信号比基准参考三角波的正向电平高的时候，就会产生正脉冲，只要输入信号处在三角波所设定的门限之上，那么这个正脉冲就会一直持续下去。对于完美的三角波而言，很容易看到：脉冲宽度与输入幅度呈线性的比例关系。相反，当输入信号低于三角波设定的时变门限时，比较器的输出就是负值。

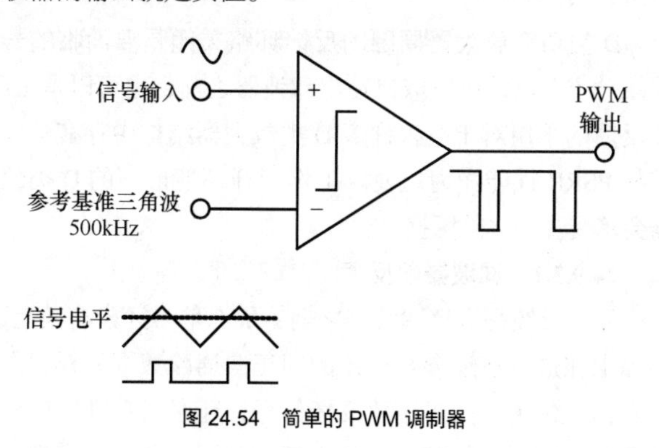

图 24.54 简单的 PWM 调制器

因此，比较器的输出是占空比对应于输入信号电压幅度的方波信号。方波信号的频率被称为载波频率。我们可以很容易看到：方波的平均值准确地反映出了输入信号。如果比较器输出被用来驱动功率 MOSFET 管的开关，则平均输出将反映为输入信号值与电源干线电压的乘积。平均输出是通过低通滤波器从大功率脉冲流中提取的，如图 24.55 所示。从脉冲串中恢复出模拟信号的这一处理过程在技术术语中被称为重建，时间上分立的开关信号被转变为时间上连续的信号。输出滤波器也抑制了作为方波信号一部分的高频所产生的 EMI 干扰。

这里所示的输出级采用了互补式的 MOSFET。N 沟道 MOSFET 被用于低电平侧的开关，P 沟道 MOSFET 被用于高电平侧的开关。这两种元件均为共源极配置。这是简化的原理概念安排。以这种方式连接的元件的门将无法承受功率放大器中使用的典型电压。

这种放大器的增益等于电源干线电压与三角波峰值电压之比。这就是说，其电源抑制比（PSRR）较差。如果三角波的峰值为 2V，且输入信号的峰值刚好等于 2V，那么比较器的输出在所有时间里都是高电平，同时正的干线电压将在 100% 的时间里都加到负载上。如果干线电压是 40V，则峰值输出就为 40V，放大器的增益将被视为 20。方波正值的占空比反映出调制深度，它是与 50% 占空比的相对偏离度。

24.9.2 D 类输出级

D 类放大器的输出级面临着许多挑战[22, 24, 25]。它是将电源干线电压以非常快的上升时间和回落时间，以及非常高的频率交替切换至输出母线上的。图 24.55 所示的是已经做了大量简化处理的 D 类输出级。单端输出安排通常被称为半桥接式（half bridge）。典型的 PWM 载波频率处在 500kHz 范围上，而典型的上升及回落时间处于 20ns 的范围上。工作于 ±50V 干线电压下的放大器，其在 20ns 内的输出瞬态为 100V，在输出开关节点上的电压变化率约为 5000V/μs。从这一观点上来看，在这一电压变化率（转换速率）之下，需要 2.5A 的电流来驱动 500pF 的电容器。

24.9.2.1 H 桥接输出级

图 24.56 所示的安排就是所谓的完全桥接（full bridge 或 H-bridge）。该电路的驱动结果要保证在一侧为高，一侧为低时，可将加倍的输出电压加给负载。令人感兴趣的是，H- 桥接通常有一个“关闭”位置，在该位置上，即便桥的两侧为高或低，此时也没有电流流入负载。有些更为复杂的调制器可以利用这个第三输出状态的优点。

虽然完全桥接所需要的许多组件要加倍，但仅需一半的电源电压便可实现指定的输出功率。这是对桥接线性放大器的模拟。完全桥接相对于稍后讨论的 D 类放大处理而言还有一些技术上的优势。MOSFET 及其令人满意的开关特性更方便于较低电压转换率（大约在 150V 以下）时使用，所以大功率 D 类放大器经常采用完全桥接方式工作。

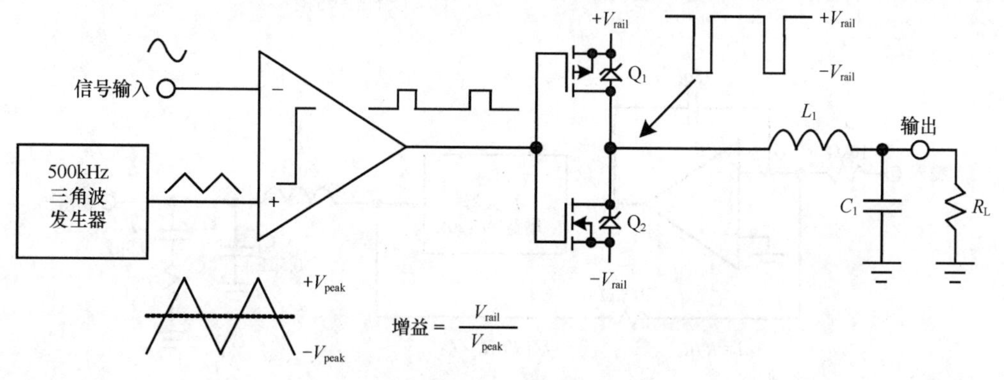

图 24.55 PWM 型 D 类放大器

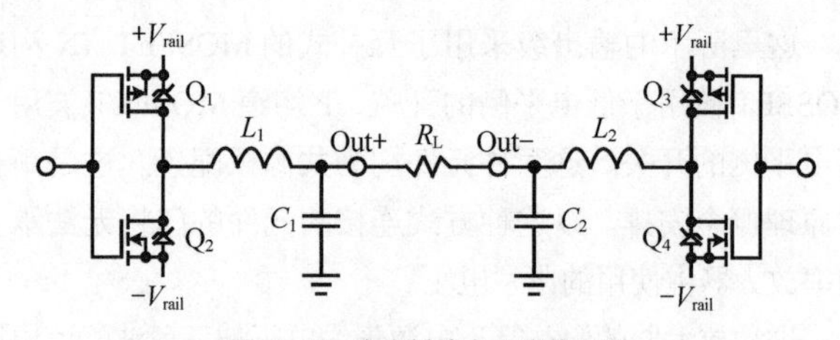

图 24.56　完全桥接式 D 类输出级

24.9.2.2　N沟道输出级

相对于 P 沟道元件而言，N 沟道 MOSFET 具有更好的开关特性。正因为如此，输出级常在开关的低侧和高侧使用 N 沟道元件，如图 24.57 所示。这些设计需要更为复杂的驱动器，驱动器包括电平位移器和升压电源[21, 24]。由于它被认为是元件的信号源，所以用于高侧 N 沟道 MOSFET 的门驱动必须浮动于输出信号的顶部。之所以需要升压电源，是因为高侧 N 沟道开关要求门驱动电压处在正的干线电压之上，以便使其导通。庆幸的是，可应用的集成电路驱动器考虑了大部分复杂的情况。其中的一个例子便是 International Rectifier IR2011[24]。

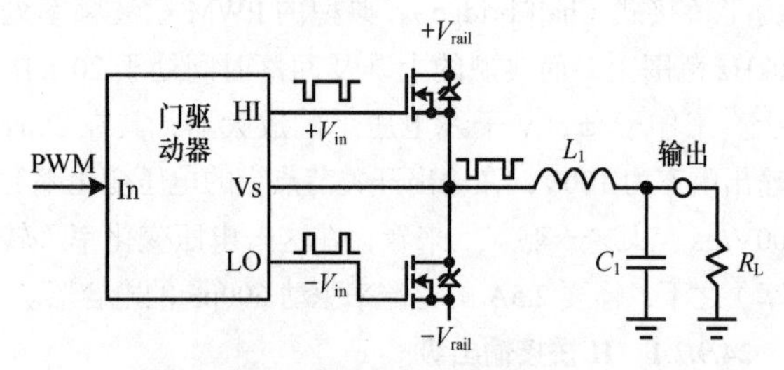

图 24.57　半桥接 N 沟道输出级

24.9.2.3　门驱动控制

虽然低频时 MOSFET 门的输入阻抗非常高，但在高频时，因栅源（C_{gs}）和栅漏（C_{gd}）电容的原因，该输入阻抗变得低了很多，不过可能还是相当高。在 D 类输出级中，这些栅极电容必须以非常高的速度充放电。进一步给门驱动增加的负担就是包含于栅漏电容中的密勒效应。在 100W 的 D 类放大器中，峰值的门驱动电流可能处于安培量级上。更为复杂的是，这需要提供高精度的门控时基，以便使失真最小化。

24.9.2.4　停滞时间控制

当开关从正和负的电源干线连接到单输出节点时，总是有可能存在两个开关同时短暂开启的情形。这将导致直通电流直接从正电源流向负电源。至少这将引发功率的浪费。在有些情况中，这将导致输出级损坏。正因为如此，在 MOSFET 驱动电路中会引入一个非常小的停滞区。这样可以保证始终存在一个让两个元件均关闭得非常短的时间。由于时基上的微小变化，所以决不会出现两个元件同时导通的情况。不幸的是，这一停止时间是产生与交越失真性质类似的一种失真的原因[24]。

假设低侧已经导通，存在来自负载经由输出电感器的吸收电流。电感器内的磁场表现为存储的能量。当低侧截止时，随着磁场的消失，输出电压将快速从负的干线电压转变为正的干线电压。这将给 MOSFET 上部的基底二极管带来正向偏置，同时导致换向电流流入正电源，即便顶部的晶体管本身还因任何的停滞时间而截止也是如此。由于电感器试图保持电流同方向流动，所以换向电流将继续以相同的方向流经电感器一段时间。该电流还将在顶部晶体管导通之后继续流动。

24.9.3　负反馈

D 类功率放大器周围的反馈环路关闭是要面临的一项挑战[23, 26]。反馈可以取自输出滤波器之前，也可以是之后。负反馈的采用对于改善许多 D 类放大器结构中存在的非常差的 PSRR 性能尤为重要。工作于开环情形下的 D 类放大器会承受高失真的困扰。

24.9.3.1　滤波器前反馈

如果反馈是取自滤波器之前，那么信号还没有被重建。实际上在这一点还存在一定的因正向通路数据采样引发的有效相位延迟。为了重建反馈信号，还必须在环路中进行低通滤波或积分处理。信号必须从时域上分立的表现形式转变为时间上连续的表现形式（模拟）。滤波器前反馈不会降低输出滤波器失真或改善高频的阻尼系数。

在图 24.58 中，倒相密勒积分器被置于 D 类放大器的前端。模拟输入是经由 R_1 加入的，而开关切换的 PWM 反馈经由 R_2 加入。正向通路积分器的目的是满足重建反馈回的原始开关输出的要求。闭环增益简单地表示为 R_2 与 R_1 的比值。反馈增益的转折频率 $\omega_0=K/R_1\times C_M$，公式中 K 为 D 类放大器的正向增益。这基本就是将普通的主极点方案应用于反馈补偿的情形。

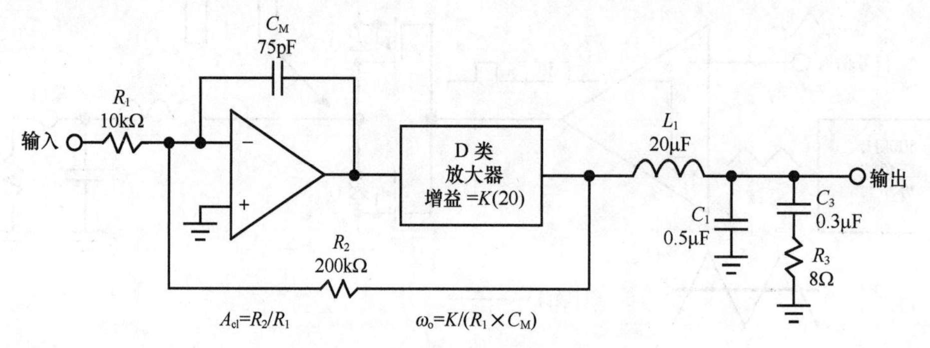

图 24.58　采用滤波器前反馈的 D 类放大器

在 PWM 放大器中，尽管没有考虑重建滤波器的影响，但在输入信号和输出信号间不可避免地产生延时。延时是模拟至 PWM 转换基础的采样处理产生的必然结果。模拟输入信号在每个 PWM 载波周期内被采样两次，一次是在三角波基准信号上升段（正斜率），一次是在三角波的下降段（负斜率）。在平均的 1/4 采样周期里，模拟信号的变化将不会导致 PWM 脉冲比的变化。如果反馈增益转折频率太高，那么这一增加的延时会引入不稳定因素。这种交替转换限制了反馈在降低高频失真方面的有效性。取自滤波器前反馈存在的一个大的缺陷就是对于滤波器失真或阻尼系数的滤波器劣化无能为力。

24.9.3.2　滤波器后反馈

虽然滤波器后反馈将降低滤波器失真，同时可维持阻尼系数，但是环路将会承受源自输出滤波器的相当大的相位滞后，并将难以取得环路稳定性。如果为了取得足够的稳定度而对反馈环路闭环带宽进行限制，那么在较高的声频频率上就不可能有足够的环路增益用来进一步改进性能。

为了将滤波器后反馈的优势发挥到极致，PWM 载波频率和滤波器截止频率应尽可能高。实际上，输出滤波器对已经重建的反馈信号是有帮助的。这可以弱化或消除正向通路积分器这一角色的地位。图 24.59 示出了这样一种解决方案。要注意的是：为了减小 EMI，在环路外围增加了第二个较小的 LPF。

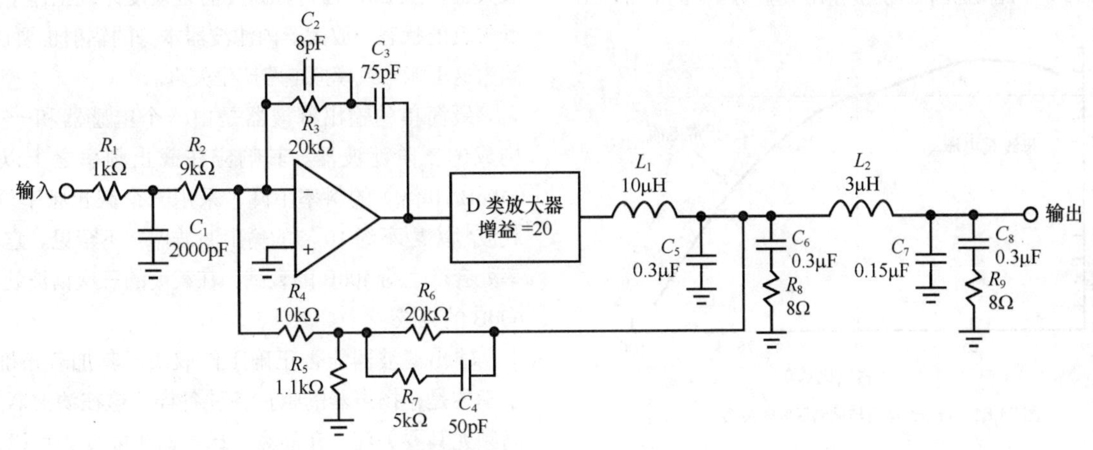

图 24.59　滤波器后反馈

24.9.3.3　自振荡及其输出滤波器

从输出滤波器引入相移的角度来看，关闭输出滤波器外围的反馈环路并维持足够的反馈稳定度可能要做大的努力。参考文献 27 中的 PWM 解决方案并没有通过让环路以控制方式振荡来利用这一“问题”。它采用的是一种自身振荡设计，其中源于滤波器后反馈的不稳定性发挥了作用 [27, 28]。图 24.60 示出的简化放大器约在 400kHz 处产生振荡，这一频率高过二阶输出滤波器转折频率的 10 倍。由于在这一频率时滤波器的相移接近 180°，所以并不要用太多的附加相移将环路推入振荡状态。这一附加的相移是由正向通路中的切换延时提供的。相位超前网络被置于反馈通路中，用来控制振荡的频率。

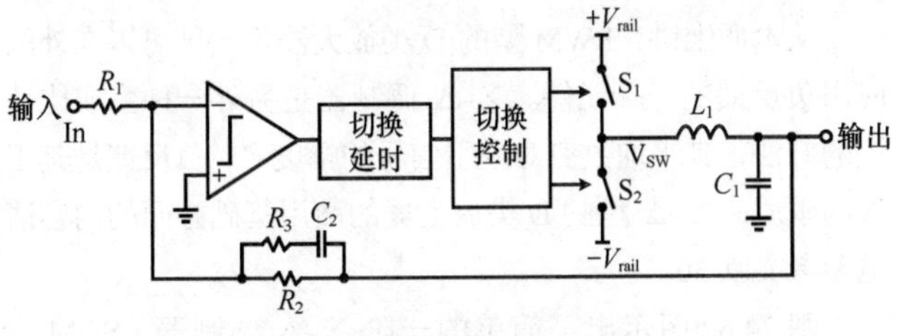

图 24.60　自振荡 PWM 放大器

这一神来之笔就是将输入信号提供给另一个振荡 D 类放大器，该放大器将产生对应于声频波形的相应 PWM 工作周期信号。滤波器频率约为 35kHz，振荡频率约为 400kHz。环路增益几乎与电源电压无关，几乎只与输出滤波器的频率响应相关。环路增益大约 30dB，在整个声频频带乃至向上延伸至约 35kHz 都是平坦的。增益转折频率大约处于 200kHz，而闭环频率响应的 –3dB 频点约为 40kHz。该设计得益于滤波器后反馈，它减小了滤波器失真，同时提供出优良的负载不变性能。

24.9.4　母线泵机

母线泵机表现为采用半桥接输出级时从一电源干线到另一相对的电源干线的能量转换 [21]。假设低侧已经导通，来自负载的反向电流经过输出电感器。电感器中的磁场表现为能量存储。当低侧截止时，随着磁场的消退，输出电压快速从负的干路电压转变为正的干路电压。换向电流在一段时间里将继续以相同的方向流经电感器，因为电感器将力图保持电流以同一方向流动。

现在流入电感器的换向电流必须流经上边的整流二极管进入正电源，实际力图保持的电流方向不变会让正电源更加向正向偏移。这倾向于泵机提升至正的干路电压。处理过程体现为负电源到正电源的能量无损转换。如果方波的工作周期长期处在负值（如同低频输出），那么在这一时间里将有更多的能量从负电源转移到正电源。如果正电源不能吸收这一能量，那么其电压将以泵机形式上升。

虽然母线泵机取决于输出电感器的抗性反应，但是扬声器的电抗属性也可能对母线泵机产生贡献。母线泵机效应在低频会恶化，因为如果电源不能吸收泵电流，那么储能电容器在信号周期内其电压可能会改变。如果存在另一从电源抽取大电流的信号源，这一大电流超过了泵电源的换向电流，那么就不会有问题了。

图24.61示出了作为PWM工作周期函数的流回到正电源的电流量。泵电流在占空比约为25%时最大，表现为相当强的负输出电流。正电源必须能够抵消这一上升的电流或其电压。*Y*轴上的负值表示当负载被正向驱动时电流必须是源自正电源。这些数值表示出了这一情形。所示的数值是工作于 ±50V 干路电压下半桥接输出级驱动4Ω的情况。

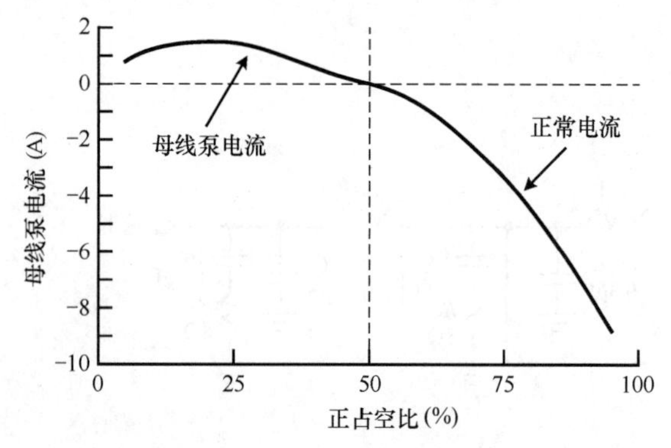

图24.61 母线泵电流与调制深度的关系

完全桥接对母线泵机效应十分不敏感，因为来自负干路电源的低侧长期电流被来自正干路电源、在桥的另一侧流动的高侧长期电流匹配。因此，换向电流回到了另一干路电源。实际上，换向电流流经闭环[21]。

一定要避免因母线泵机而产生的电源变化，因为PWM型D类输出级的0dB PSRR所引发的结果就是：任何变化都将影响声频信号。母线泵机是低频时的一个主要问题，此时的干线电容可能并未大到足以抑制干路电压的升高。大的储能电容器有助于缓解这些影响。有些开关电源结构能够吸收泵电流，同时损失非常低，并将泵电流返回至相对的电源中。

24.9.5 电源抑制

大部分D类放大器设计的致命弱点就是PSRR差。在有些情况下，PSRR为0dB只是字面含义而已[21, 24]。当任一输出开关闭合时，其中一个电源干路便直接连接到放大器的输出上。这意味着实际上并不存在对D类输出级固有的电源抑制。的确，电源波纹和噪声经D类处理采样并加到输出上。回想之前提到过：简单D类放大器的增益也是按照电源干线电压与参考基准的三角波峰值电压之比定义的。因此，电源电压上的变化会对输出级增益产生调制。

所有这一切说明：D类输出级的电源必须非常稳定，并能进行良好的调控。因信号导致的电源电压上的任何变动都将引发与信号相关的增益变化及互调失真。该效应并不会因为采用了完全桥接的输出级而被减弱。用来改善电源抑制性能的技术有几种。其中大部分都是采用了一种或另一种形式的负反馈。

24.9.6 输出滤波器

D类输出级的原始输出是跳变沿陡峭、脉宽变化的矩形波。开关输出脉冲的上升时间通常处在5～40ns。输出滤波器用来实现两个非常重要的目标。第一个目标：滤波器从高频矩形波中提取出低频平均值，以产生出声频输出信号。就此而言，这是一个PWM至模拟的转换器。第二个目标：它必须滤除频率非常高的载波及其谐波成分，以避免放大器产生EMI辐射。滤波器必须设计成工作于大电流且低失真的状态。放大器内滤波器本身的辐射也要认真对待，因为这可能导致模拟电路产生失真。

最简单的输出滤波器是由一个电感器和一个电容器构成的二阶滤波器。其响应在截止频率之上以12dB/oct（40dB/10倍）的斜率下降。采用一个截止频率位于PWM载波频率之下约10倍的输出滤波器并不罕见。它在载波频率处会产生约40dB的衰减，在载波的三次谐波处会产生约60dB的衰减。

输出滤波器能否正确工作取决于其加载正确的阻抗。不幸的是，扬声器的阻抗各种各样。这在滤波器起作用的高频尤其要关注。在高频，扬声器可能变为可以由扬声器线缆驱动的抗性元件。为此，常常将Zobel网络置于滤波器的输出上，以便高频时呈现出阻性负载[26]。该网络通常由一个8Ω电阻器与一个电容器串联而成，这很像线性放大器中采用的Zobel网络。

24.9.7 输入滤波器与混叠

所有D类放大器都会对模拟信号实施一种或另一种类型的采样处理。这就是说，这其中始终存在着混叠的可能。为此，经常会在线性放大器中见到的输入滤波器在此就显得更为重要，虽然并不一定要求输入滤波器具有低的截止频率，但是其在接近1/2 PWM载波频率及其以上频率时一定要具有良好的衰减特性。

24.9.8 Σ-Δ 调制器

从本质上讲，PWM型的D类放大器是一种可以在外围应用负反馈的开环元件。Σ-Δ 调制器是另外一种生成比特流的方法，其平均数值对应于信号的幅度[29]。负反馈是其工作的本质。Σ-Δ 型的D类放大器的商用基础方面的内容请见参考文献30。

图24.62图示出了简单的一阶 Σ-Δ 调制器（SDM或ΣΔ）。它工作在一个固定频率上。然而，它所产生出的脉冲并不是脉宽可变的载波频率脉冲，其脉宽是时钟周期的分立增量。这是脉冲密度调制（Pulse Density Modulation，PDM）的一种形式。由于脉冲是以时钟周期为增量变化的，

所以该信号是被时间量化了。因此，这便引入了量化噪声。这是一定要关注并解决的问题。简言之，Σ-Δ 调制器的时钟是远高于典型 PWM 载波频率的更高频率信号。Σ-Δ 调制器从根本上讲取决于过采样，其中的采样频率高于被采样信号最高频率的 2 倍以上。

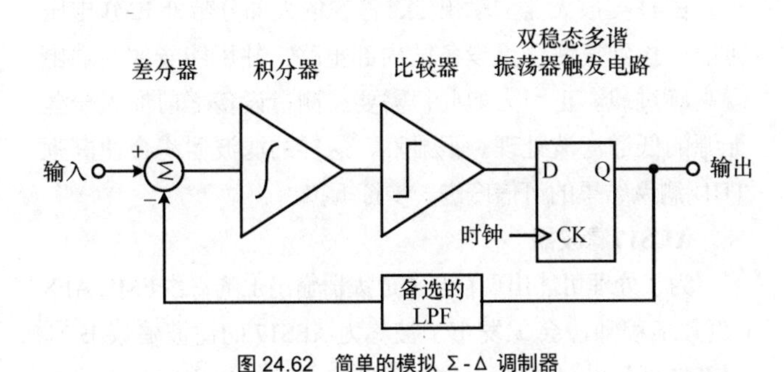

图 24.62　简单的模拟 Σ-Δ 调制器

Σ-Δ 调制器包括一个加法器、一个积分器、一个比较器和一个 D 型触发器。触发器的输出是比特流。开关输出信号的平均值表现为模拟输出。输出信号被回馈给加法器，输入信号与反馈信号平均值在此进行比较。如果输入信号大于反馈信号的平均值，那么积分器的输出将向正向移动，最终越过比较器的门限，使其输出变为高电平。

对于下一个时钟的正向跳变沿，D 型触发器锁定为高电平，对于这一比特周期，输出就为高电平，对于后续的正向时钟跳变沿，输出将持续地被时钟锁定于高电平，直至反馈输出遇到更大的正输入并实际让其通过为止。当积分器输出跌落至比较器门限之下足够大量时，它将致使触发器在下一个正向时钟跳变沿时锁定为低电平。这一完整的过程被无限次重复下去，而 Σ-Δ 环路始终力求保持输入与重建输出间的差异为小值。如果输入信号为零，那么调制器的输出将以时钟速率在高低电平间切换，形成一个 1/2 时钟频率的方波。

由于输出比特流的平均值通过反馈被驱动至等于输入信号，所以比特流的脉冲密度将真实地反映输入信号的幅度。在普通的 Σ-Δ 型 D 类放大器中，被反馈的比特流是滤波器之前的放大器输出比特流。

理解图 24.62 中模拟加法器的反馈信号不被重建是很重要的，它是时间上离散的正向或负向参考电压。表现为时间连续的反馈信号在积分器中重建。在大部分 D 类放大器中，开关信号反馈并不是固定的参考信号（1bitA/D），而是衰减形式的实际开关输出信号。在该方法中，脉冲反馈更真实地表现了放大器的实际输出脉冲部分。比如说，如果电源干线电压提高了，那么它将相应地在被反馈脉冲区域反映出来，这改善了 PSRR。在有些设计中，反馈信号在馈给加法器之前先经低通滤波处理。

应注意的是，在脉冲发生时，其宽度绝不会小于一个时钟周期。这与 PWM 调制器的输出是相反的，在 PWM 中，当信号接近于其最大幅度时，可能产生出宽度非常窄的脉冲。相对而言，在 Σ-Δ 比特流中，脉冲宽度没有限制。进一步而言，当脉冲由正到负，或由负到正时需要做非周期性的调整。在输出信号中不存在载波频率。

过采样与噪声整形

由于 Σ-Δ 调制器在时域上产生出量化噪声，所以它们的工作频率要明显高于 PWM 调制器的时钟频率就非常重要了。这需要考虑更窄的脉冲时间间隔问题。Σ-Δ 调制器的高速率指的是过采样的时钟。Σ-Δ 时钟频率与所要求的奈奎斯特采样频率之比被称为过采样率（Over Sampling Ratio，OSR）。对于 20kHz 模拟信号，其奈奎斯特采样率就是 40kHz。一个工作于 4MHz 的 Σ-Δ 调制器的 OSR 将为 100。通过将总的采样噪声功率分布于更宽的频率范围上，过采样将带内噪声降低了[31]。一个为 2 的 OSR 可将噪声分布至 2 倍的频谱范围上，这将使带内的噪声功率减小一半，*SNR* 改善了 3dB。

提高一阶 Σ-Δ 调制器的时钟速率可使 OSR 的噪声以 9dB/oct 的斜率降低。这种降噪效果高于噪声整形（noise shaping）处理所取得的 3dB/oct 的效果[31]。因此，将时钟速率从 5MHz 提升至 20MHz 会将量化噪声降低 18dB。采用更高频率的时钟还允许使用 −3dB 频率更高、物理尺寸更小的输出滤波器。

对 D 类放大器输出能够处理的最窄脉冲有限制要求，在需考虑必要的停滞时间边界时尤为如此。前文中讨论过的这一问题与非常高或非常低占空比的 PWM 调制联系在一起。D 类输出级的开关速率还存在着上限限制（除了最窄脉宽限制），因为其功率损失随着平均开关速率的提高而升高，输出状态每切换一次都会产生功率耗散。时钟频率与比特流转换密度的乘积就是源于开关损失产生的发热影响。

24.9.9　数字调制器

许多民用电子领域的有些方法是将功率放大器视为进入数字域前要做的最后一件事。为此，结合低成本 VLSI 芯片可以提供出的强大处理能力，在全数字域中应用 D 类调制器便是理所当然的事情了。

采用数字调制器的 D 类放大器对于通常源自 I^2S 母线的 PCM 格式声频信号源是自然契合的。I^2S（Inter-IC Sound）格式是 Philips Semiconductor 开发的广受人们欢迎的数字声频信号传输标准。数字调制器的应用完全取消了模拟接口和其他一些潜在的混合信号功能。这对于家庭影院接收机应用可能尤其具有吸引力，这里要处理的大部分声频信号都是数字形式的。

24.9.10　混合 D 类放大器

在有些情况下，通过 D 类放大器与模拟功率放大的结合能够取得更高的声音性能。这种情形的一个简单例子就是利用 D 类和 AB 类放大器将信号放大至同样的电平。AB 类放大器实际上是驱动负载的功率、大电流放大器。其输出级电源是由 D 类放大器的输出信号驱动的[1]。在一定程度上这类似于线性功率放大器，这里的浮动 A 类放大器是由

AB类放大器驱动的。

图24.63所示的是混合型D类放大器的原理图。最直观的解决方案就是让D类放大器驱动整个AB类放大器的电源。该电源可以是一个线性电源或一个切换器。

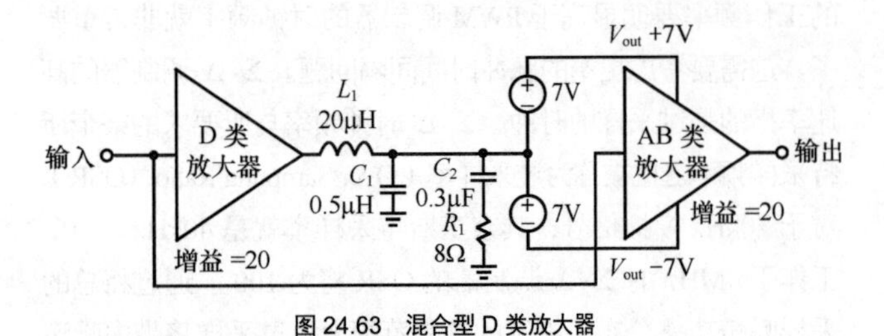

图24.63　混合型D类放大器

混合型D类放大器有几个优点。它将D类输出与负载隔离开来，这大大降低了EMI，同时将输出滤波器从信号通路中去掉。它还使线性放大器取得的阻尼系数保持不变。最后，它还通过放大器输出端闭合的负反馈，消除了输出滤波器引发的相移影响。

实践中，仅AB类放大器的输出级需要在D类放大器提供的跨线干线电源上运行。所有之前的各级可以工作于非常干净的线性电源下，因为它们需要的功率非常低。不过AB类输出级的良好PSRR特性是所有各级都需要的。

混合型D类放大器是一种巧妙的折中解决方案，它以效率下降为代价来换取音质的改善。虽然AB类放大器部分可以工作于低电压下，但是它还必须设计成能够将放大器所产生的全部电流分配出去的形式。AB类放大器部分使用低的当地干线电压，大大降低了对输出晶体管安全区的要求。

图24.64示出了作为普通AB类放大器功率、混合型D类放大器和D类放大器（均标称为200W/8Ω）函数的功耗估算曲线。假定混合型D类放大器中的AB类放大器采用±15V的浮动干路电压。

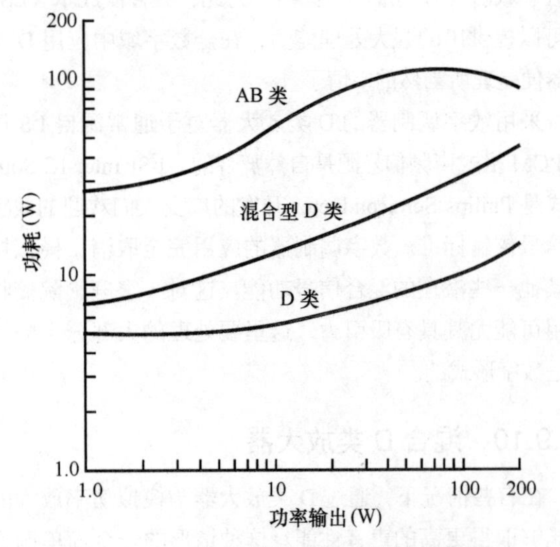

图24.64　AB类、混合型D类和D类放大器的功耗

24.9.11　D类放大器的测量

D类放大器性能的正确测量尤其在两个领域可能会面临一定的挑战。输出滤波器对许多D类放大器的带宽都构成限制，此时基频为20kHz信号的总谐波失真（THD）会受到明显地衰减，从而导致让人乐观的、错误的THD-20数据结果。为此，高频互调失真测量就应采用诸如19+20kHz CCIF IM这样的测量方案，因为在这种测量方法中，失真分量都处在带内[1]。

在D类放大器的输出上，潜在的大部分带外EMI电压可能干扰到灵敏测量设备的内部电路，并可能导致前端出现高频过载。正因为如此，需要在测量设备之前加入一些无源的低通滤波处理。很显然，这样的滤波器将会使高频THD测量结果的可信度进一步打折扣。

AES17滤波器

为了处理可能出现在D类放大器输出上的寄生EMI，AES（声频工程师协会）发布了被称为AES17的滤波建议书[32]。AES17低通滤波器位于放大器输出与诸如失真度分析仪这样的测量设备之间。滤波器过渡带非常陡，其在20kHz之前响应是平坦的，之后在24kHz时要衰减60dB。这通常需要采用一个七阶的椭圆滤波器来实现，其中大部分或全部元件都要采用无源元件。如果没有滤波器，那么尤其是低信号电平的测量会受到负面方式的影响。

AES17滤波器就像一个抗混叠滤波器。在许多情况下，AES17滤波器的锐截止属性存在过度的杀伤力。如果采用了前端抗干扰能力强的测量设备，那么插入更为柔和的滤波器功能可能就足够了。D类放大器就属于这种情况，因为放大器的EMI频谱位于声频频带之上很高的频带。在这种情况下，甚至一个三阶（或更高阶）的Bessel滤波器就足够了，这时的实极点以无源形式应用。这样的好处在于在进行类似方波响应这样的时域测量时能更好地保持波形的保真度。

24.10　开关电源

由于50或60Hz的低线路频率，普通电源很重。由于波纹频率低，这使得电源变压器很重，需要采用大的储能电容器。由于普通电源具有高的非线性脉动输入电流，故其功率因数较低。这些数十安培的整流器脉冲导致在阻性的主电源内产生压降，从而可以有效地降低由电源获取的功率量。

开关模式电源（Switch Mode Power Supplies，SMPS）与普通的电源相比更轻、效率更高。它们还可以降低60或120Hz（及其相应谐波）电磁场在放大器中的强度。由于工作频率远高于电源的频率，所以对于给定的储能电容量值，放大器电源干线上的电源波纹一般都比较小。

开关电源对线路侧的电源电压进行整流，并且将直流能量存储于储能电容器中[33，34]。图24.65示出了开关电源的简化安排。中间的直流总线电压被以高频（几百kHz）开关切换，使之变成驱动隔离变压器的交流。之后，次级电压被整流并将能量存储在次级储能电容器中。高频变压器要比工作于电源频率的变压器更小、更轻、更便宜。

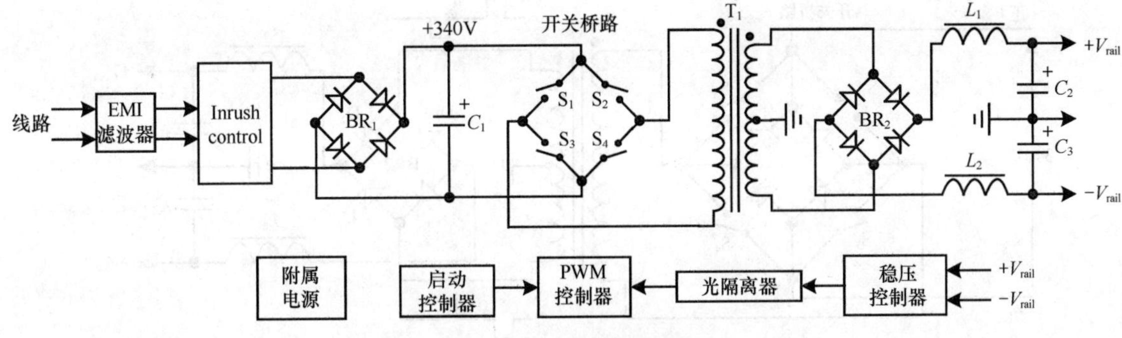

图 24.65　开关型电源（SMPS）

与普通的线性电源一样，它可以在变压器上利用多个次级绕组产生不同的次级电压。另外，可以在次级侧建立起单独的整流电压，如果需要较低的电压，则可以通过非隔离的 SMPS 转换器来实现。

24.10.1　EMI 滤波器

开关电源产生出明显的高频电噪声，这种电噪声可能导致电磁干扰（EMI）。一定要阻止电磁干扰进入线路中，否则可能辐射并干扰其他的电子设备。

SMPS 开关频率处在 50 ～ 500kHz 频率范围上，开关切换脉冲被进行脉宽调制（PWM）。因此，所产生的谐波处在无线电频率范围内。这一属性迫使一定要使用精密的电磁干扰（EMI）滤波器来阻止开关频率及其谐波以共模信号的形式出现在交流电源线路上。典型的 EMI 滤波器电路如图 24.66 所示。

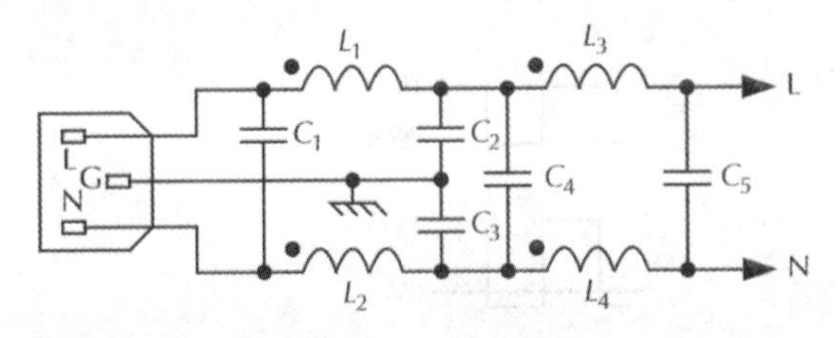

图 24.66　EMI 滤波器

EMI 滤波器一定要设计成可阻止电源内产生的共模信号传导至外部供电电源，与此同时为差动的 60Hz 交流电源电压提供最小的串联阻抗。这是上下线路电感器之间的互感与每条供电线路上的平衡电感器相结合实现的。这种安排使在两个电感器中同向流动的共模电流所呈现的电感最大化。对于相反方向的 60Hz 干线电源差动电流而言，互感为负值，故迫使总的串联电感为较小值。

24.10.2　线路直流电源

SMPS 的线路部分将干线电压转变为约 340V、可供后面的隔离 DC-DC 转换器使用的直流电压。很显然，对于 240V 输入而言，图 24.67 所示的线路电源只是一个为由 C_1 和 C_2 串联构成的滤波器电容器馈电的全波桥式整流器。这其中的每个电容器的数值可均为数百 μF。应注意的是，对于 240V 输入工作时，SW1 是断开的。而对于 120V 工作时，SW1 是闭合的，它将电路装置转变成倍压器[33]。在这些条件下，D_3 和 D_4 被反向偏置，并未使用。浪涌控制是由 NTC 电阻器提供的，浪涌电流被加电后短暂闭合的继电器触点所分流。

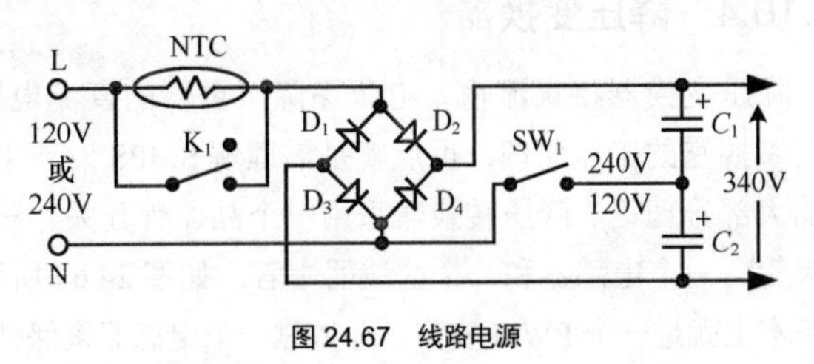

图 24.67　线路电源

24.10.3　隔离式 DC-DC 转换器

所谓离线（offline）开关电源工作于干线电压下，并且几乎始终提供隔离。隔离的开关转换器在原理上相当简单。高频变压器用来取代普通电源中的线路频率变压器。干路电压首先被整流和滤波，产生出直流电压。之后，该电压被切成方波，提供出馈送给高频变压器所必需的交流信号。直流电压至交流方波电压的转换通常是通过 MOSFET 开关实现的。变压器的次级随后馈送信号给整流器和储能电容器。

图 24.68 示出了更为完整的离线式 DC-DC 转换器，该转换器包括借助脉宽调制（PWM）实现的稳压控制。如同 D 类功率放大器一样，提供给变压器的电压脉冲导通时间越短，提供的能量越少，进而导致输出电压更低。次级整流过的输出电压通常与基准电压相比较，产生控制 PWM 电路的误差信号。在许多情况中，误差信号通过提供必要隔离的光电耦合器传送至 PWM 控制器。由于光电耦合器仅在闭环反馈安排中传送误差信息，所以其耦合效率上的变化并不十分重要。如果采用多个次级绕组实现不同的电压输出，那么在误差环路中除了一个连接，其他情形都将降低负载调整率，除非它们有各自的稳压器。

由于其波纹频率远高于普通电源内的波纹频率，所以对于指定波纹电压值而言，储能电容器可以小得多。然而，如果被供电的功率放大器中的信号瞬态需要非常大且短暂的峰值电流，则还是一定要用相当大的储能电容器。SMPS 本身一般并不能提供出如此之大的短暂负载电流，除非它采用极端的过度设计。

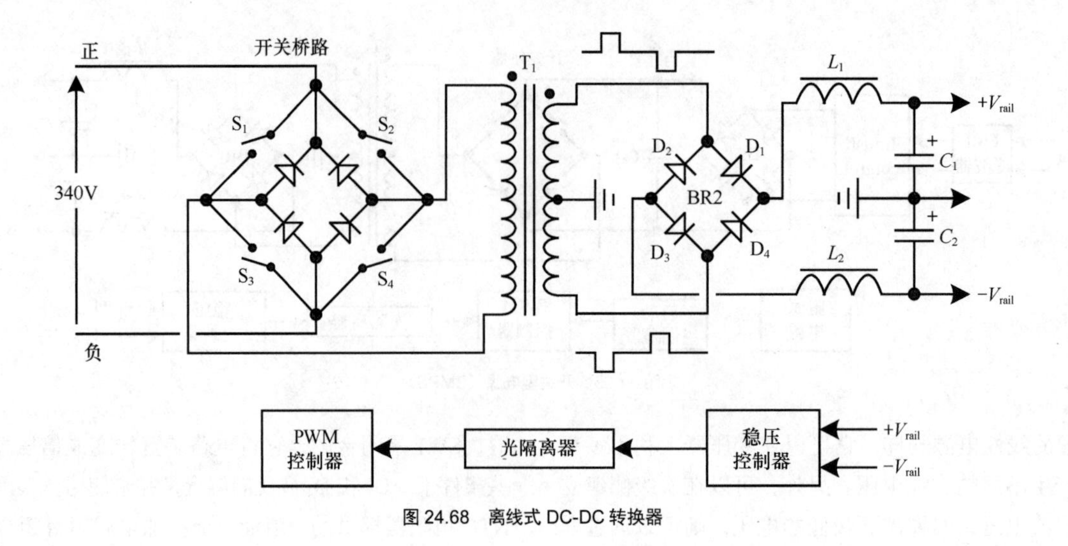

图 24.68 离线式 DC-DC 转换器

24.10.4 降压变换器

降压变换器将直流输入电压递降至更低的直流电压。若要掌握它的工作原理，重点就是需理解 SMPS 设计中隐含的大部分理论。降压转换器采用一个晶体管开关、一个二极管、一个电感器和一个滤波器电容，如图 24.69 所示。这基本上就是一个 PWM 安排，即依靠一个电感器来保持磁场消退时电流的流动。由于其开关元件只是完成通断动作，所以工作效率高。开关的相对闭合时间长短控制着分配给负载能量的多少，以及输出电压的大小。

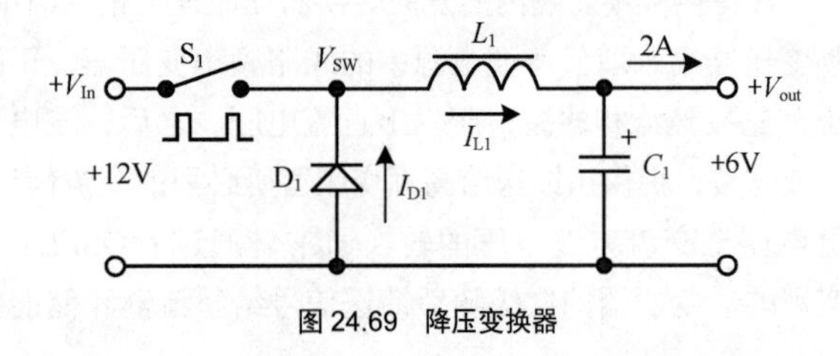

图 24.69 降压变换器

电感器处于信号源与负载之间。如果 $V_{in}-V_{out}$ 等于 ΔV，那么开关闭合时流入 L_1 的电流将以 $\Delta V/L_1$ 的斜率升高，在开关闭合结束时刻达到最大值。当开关断开时，电感器输入侧的电压转向负值，电流流经逆向电压保护二极管，该二极管有时也被称为续流二极管（free wheeling diode）。随着电感器中磁场的消退，电流继续流入负载，直至开关返回到闭合状态为止。稳态下，在开关处在闭合与断开状态期间，电感器中的电流通常会持续流动。换言之，S_1 在磁场完全消失前返回到闭合状态。因此流入电感器的是三角波形脉动电流。如果电感器中的电流在周期中的任何一点都不变为零，那么变换器就工作于所谓的连续（continuous）工作模式，输出电压是占空周期的线性函数[33, 34]。

然而，如果负载电流小于脉动电流峰 - 峰值的一半，那么变换器将进入所谓的不连续（discontinuous）区间，处于该区间时电感器电流在开关闭合结束时刻之前停止。这是一种不太理想的工作模式。降压变换器最好工作于连续模式，这就是降压型变换器最好工作在最小负载电流的原因。如果电感太小，或者如果频率太低，那么电感器中的电流在第二个半周（能量正转至负载）之前降为零。在这种情况下，它可能表现为输出电压与占空周期间的关系不再是线性的[34]。电感器中电流的时间变化斜率是由输入与输出的电压差异，以及电感值决定的。电感越大，斜率越缓，电感器内电流降至零的概率越低。

图 24.70 利用波形对降压变换器的工作原理做了进一步的说明，其中变换器将 2A 的电流分配给了负载。在 S_1 闭合时的前半周期间，输入电压被加到电感器上，同时电流随着电感器两端电压和电感量的增大而线性升高。电流将达到数值 I_{max}。

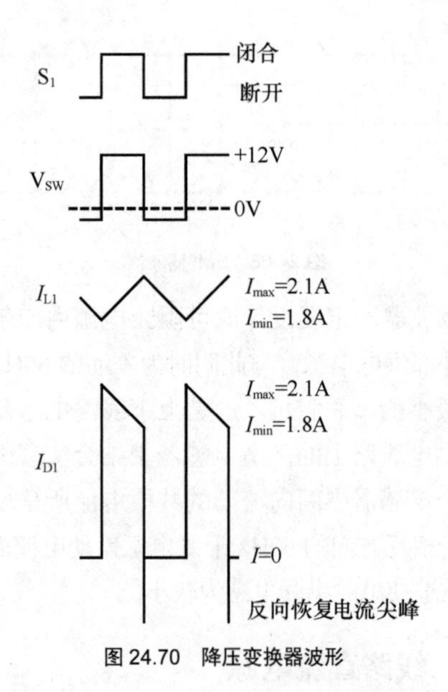

图 24.70 降压变换器波形

当 S_1 断开时，L_1 中的电流因其消退的磁场得以继续流动。该电流通常被称为反激电流（flyback current）或换向电流（commutation current）。在第二个半周期间，唯一可能产生电流的地方就是从地经由 D_1。因此，捕捉到的开关输出电压 V_{sw} 从 +12V 至大约 −0.7V（D_1 的正向压降）。重要是要认识到在这第二半周期间电流是连续流动的。在这段时间里，电感器中的电流将线性降低至 I_{min}。通常要选定开关频率和电感器数值，以便 I_{min} 在第二半周结束时大于零。I_{max} 和 I_{min} 的平均值就是流入负载的输出电流。I_{max} 与 I_{min} 间的差值被称为波纹电流。

二极管 D_1 常被称作续流二极管（freewheeling，flyback 或 commutation diode）。如图 24.70 所示，当 S_1 再次闭合并且将开关输出从 -0.7V 提升至 +12V 时，D_1 在第二半周结束时处在导通状态。当电流被反向时，处在导通状态的二极管并不能立刻停止传导。已经导通的硅二极管包含少数载流子（minority carriers）形式的电荷，这些电荷在二极管能够允许在其端口施加反向电压前必须要清除。这一过程被称为反向恢复（reverse recovery）。因此，在 S_1 闭合时会出现短暂的大电流尖峰。这是我们不想见到的情形，它会表现为能量的损失，以及成为 EMI 干扰源。反向恢复时间短的快速二极管并不包含少数载流子，并且在很大程度上摆脱了反向恢复效应的困扰。它们深受人们欢迎的另一个原因就是其正向压降更小。

24.10.5　同步降压变换器

图 24.71 示出的是同步降压变换器。其中的 D_1 被当作开关 S_2 使用的 MOSFET 所取代。由于在第二半周时电感器电流由地流入时不存在结压降，故这种安排更为有效。这种结压降表现为功耗。S_2 有时被称为同步整流器（synchronous rectifier）。这是一个像整流器那样传导闭合的开关。在这种安排中，当 S_1 闭合时，S_2 断开；反之亦然。其工作上大部分是与图 24.70 所示的一样，例外的是在第二半周期间开关输出几乎跌落到 0，而不是 -0.7V。应注意的是，门是由脉冲变压器驱动的。这使得它易于驱动像 S_1 这样的浮动开关。

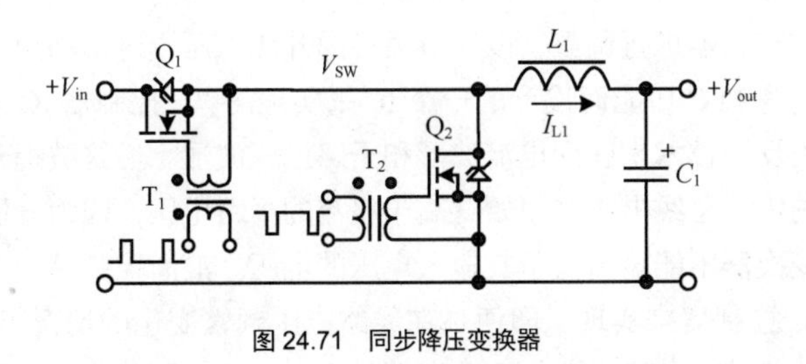

图 24.71　同步降压变换器

有一个与同步降压变换器相关的问题。如果两个开关同时短暂闭合，那么输入电源将被短路到地，同时产生非常大的直流短路电流（shoot-through）。这个问题必须要通过在开关的动作上增加停滞时间（dead time）来避免，在停滞时间期间两个开关会同时短暂断开。如果 S_1 断开，而 S_2 却还没闭合，那么 L_1 中消退的磁场将会建立起负的回扫电压。回扫电压在这一短暂的时间间隔里由增加的跨接于 S_2 两端的续流二极管钳位。开关的输出节点将被阻止向比 −0.7V 更大的负值变化。这就是为何在两个开关均断开时，输出电压负的部分会在第二半周的起始和结束时刻表现出负的 “ears”。

与周期时间相比，停滞时间通常保持的非常短，所以源自 S_2 的大部分效率改善被保持下来。重要的是，当作 S_2 使用的 MOSFET 的 R_{DSON} 必须足够小，以便导通时其两端的压降要比二极管的导通电压小很多。所有为开关应用而设计的 MOSFET 都存在源 - 漏硅体二极管形式的内置二极管。

不幸的是，这种安排并不能避免 S_1 闭合时的反向恢复电流尖峰。这是因为续流二极管就在第二半周结束前的停滞时间期间变成导通了。如果将一个肖特基（Shottky）二极管并联到 MOSFET 上，那么反向恢复直流短路电流就能够被降低。这将避免响应较慢的二极管导通。

24.10.6　正向变换器

图 24.68 所示的隔离变换器被称为正向变换器（forward converter）。这与降压变换器非常相像，这时变压器被插入正向通路中。当绕组的同名端由 PWM 脉冲驱动为正，那么 D_1 的源电流进入 L_1，其作用如同图 24.69 所示的降压变换器中的 S_1。在导通时间的结束点上，当绕组两端的电压为零时，来自 L_1 的反激电流流经 D_4，维持电流流入负载，就如同在降压变换器中一样。在同样的 PWM 间隔期间，D_3 和 D_2 通过 L_2 服务于负的干路负载。

当绕组的同名端被相反极性的 PWM 脉冲设成负的时，那么在交流波形的第二半周期间存在一个第二导通间隔。在这段时间里，D_1 和 D_4 所扮演的角色与 D_3 和 D_2 正好相反。

L_1 和 L_2 对于正向变换器的准降压工作极为重要。它们不仅是进行额外的滤波。

24.10.7　升压变换器

降压变换器只能建立起一个比直流源更低的电压输出。升压变换器可以建立起比直流源更高的输出电压。图 24.72 所示的是一个简单的升压变换器。直流源被连接到电感器 L_1 的一端，而 L_1 的另一端通过开关 S_1 被连接到地。L_1 还连接到二极管 D_1 上，在工作的第二半周期间向负载滤波器中的电容器 C_1 充电。S_1 在工作的第一半周期间是闭合的，这使得电流从源经过 L_1 流入地。电流随时间推移不断升高，直至 S_1 被断开。在这一期间，能量被存储于电感器当中。

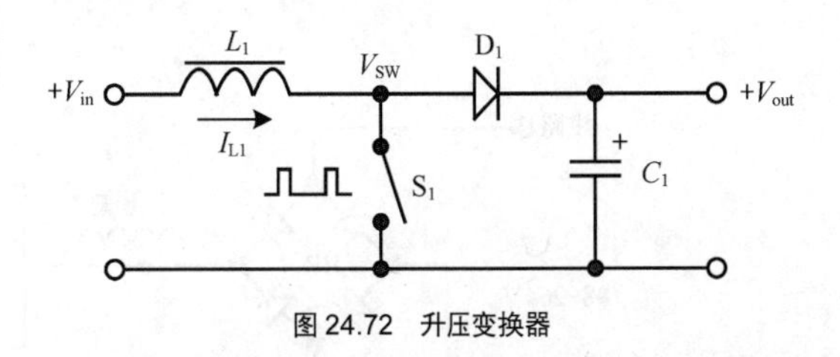

图 24.72　升压变换器

当 S_1 在第二半周期间被断开时，电感器通过建立使 D_1 正偏的反激电压来力求保持电流的流动。这允许将能量泵入负载。之后，随着能量被转移至负载，电感器内的电流将随时间推移而下降。在许多设计中，在 S_1 再次闭合时，电感器电流将在下一周期开始前达到零。这就是所谓的不连续（discontinuous）工作，因为在电感器电流为零时会存在一个时间间隔。

在不同的条件下，比如较大的电感值，到了周期的终点 L_1 内的电流将不会降至零。在这一情况下，在两个半周期间，所有时间电流都在流动。这就是所谓的连续（continuous）工作模式，在参考文献 34 中描述了一些不同的行为。

从源转移至负载上的能量多少取决于 S_1 导通期间的占空比。PWM 控制器被用来控制导通时间，因而就调节了在输入电压和负载电流变化时的输出电压。在第二半周期期间，输入源也提供流经电感器进入负载的电流。这意味着流入负载的能量不只是来自存储于电感器中的能量，而且同时也有能量由源流入电感器。

24.10.8 逆向变换器

在升压变换器中，如果第二个电感器 L_2 被绕制在 L_1 使用的同一磁芯上，那么 D_1 和 C_1 可以由 L_2 馈入信号。这就是所谓的逆向变换器。在第一半周期期间，当 S_1 断开时，借助 L_2 绕组将 L_1 存储在磁芯中的能量会转给负载。这非常像升压变换器的工作，但是加了隔离。虽然它的诱人之处指的是作为变压器使用而将 L_1 和 L_2 组合在同一磁芯上，但从更为正确的技术角度看待这一情况，两个电感器是共享同一磁芯[34]。在变压器工作中，电流通常是同时流入初级和次级的。这就是正向变换器中所发生的情况。在双电感器的回扫工作中，电流每次只流入一个电感器。出现在 L_1 和 L_2 上的回扫电压仍然与 L_1 和 L_2 的匝数比相关。在汽车中使用的凯特灵（Kettering）点火装置基本上就是个逆向变换器。

24.10.9 功率因数校正

功率因数描述了针对指定的分配伏特和安培组合被转移功率的多少。阻性负载具有将 100% 的视在功率（VA）作为实际功率分配给负载的能力，因此它具有理想的单位功率因数。之所以功率因数为单位值 1，是因为电压和电流的波形是同样的，且同相位。波形在同一性和相位上的任何偏差都会使功率因数小于 1。例如，在纯感性负载的极端情形下，电压与电流间存在 90° 的相位差，尽管确实有明显的电压和明显的电流流动（VA），但却没有功率分配给负载。诸如带有电容器输入滤波器的整流器这样的非线性负载也表现为功率因数差的负载。这种功率转移上的低效对于实用而言并不好，有时对于用户而言也不好。

对于感性负载这样的线性负载，通过将负载电流移相至与电压近似一样相位的方法，利用电感器和电容器来取得无源形式的实用功率分配，实现功率因数校正（PFC）。这种无源的功率因数校正对非线性负载并不起作用。普通开关电源前端整流的高失真和大振幅输入电流脉冲会导致其与理想的单位功率因数有很大的偏离。再就是，单位功率因数的定义是针对负载表现像纯电阻的情形。

24.10.9.1 有源功率因数校正

有源功率因数校正的目标就是要将输入电流波形更改成与干路电压具有相同波形且相位相同的情形[33, 34, 35]。应注意的是，由于其他非线性负载的存在，干路电压波形并非总是纯粹的正弦波。例如，其他普通的整流器负载可能倾向于平滑掉干路电压正弦波形的一或两个顶部。输入电流同样应跟随这些波形的形状，就像电阻器的电流那样。

如图 24.73 所示，虽然在干路上采用了桥式整流器形式的有源 PFC 电路，但是没有滤波器电容器。用所谓的半正矢电压取代全波整流电压馈送给动态升压变换器。升压变换器建立起一个大约 $385V_{dc}$ 的高压直流中间总线电源，该电源馈给后续的 DC-DC 变换器。滤波器电容器 C_1 被移至升压变换器之后。升压变换器可以工作于宽的输入电压范围上，同时提供出 $385V_{dc}$ 的输出。这样可以让电源在没有干路电压开关的情况下工作于整个通用输入电压范围（88 ~ $264V_{ac}$）上。

升压变换器中的 MOSFET 开关利用波形和相位与输入电压一样的平均输入电流来实施控制。平均的输入电流通过控制器进行调整，以调节最终的升压电压。这是利用专门为 PFC 功能而设计的一个 IC 来实现的[36]。控制器 IC 采用反馈技术来匹配电流波形和干路电压波形。最终被提升的中间总线电压必须始终高于整流的干路电压，因为升压变换器不能输出低于其输入电压的电压。浪涌控制易于用 IC 控制器来实现。即便是在线路电压频繁变化的情况下，调节过的中间总线电压还是可让 DC-DC 变换器工作在其最佳条件下。

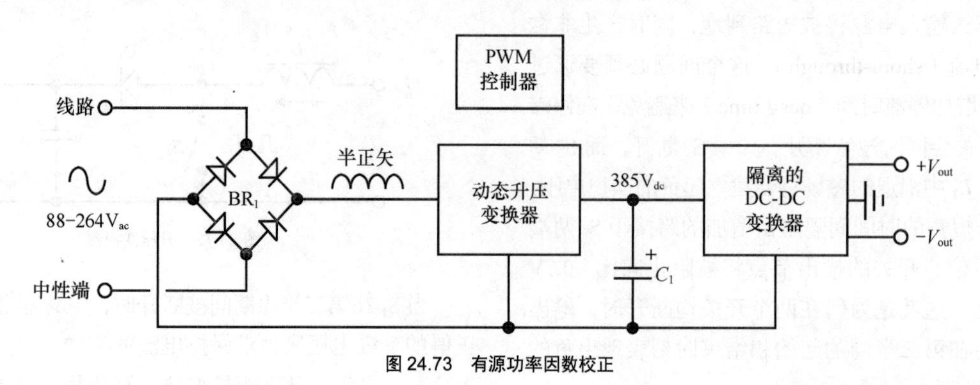

图 24.73 有源功率因数校正

24.10.9.2　动态升压变换器

升压变换器本质上可以将任何输入电压提升至更高的电压，此时能量被泵入一个储能电容器中。对于 PFC 应用，随着半矢正波形的瞬时电压由其谷点到其峰值点，它必须动态调整其提升比。因开关频率远高于干路电源频率，故相对而言输入上的线路电压波形至 PFC 的变化是非常缓慢的，开关变换器有足够的时间使其工作参量适应“缓慢变化”的半正矢输入电压波形。

在输入电压波形底部附近，PFC 升压变换器的升压比必须大一些，这样才能从小的半正矢输入电压升压至更高的稳定输出电压。与此同时，输入电流应小一些。我们要注意的是，源于自身实际阻抗产生的功耗是与电压的平方成正比的，因此，若半正矢输入波形处于其峰值的 10%，则由 PFC 变换器从全波整流源抽取的瞬时功率将只有在峰值时抽取的最大功率的 1%。图 24.74 示出了升压变换器输入脉动电流与想要的半正矢电流波形平均值的比较结果。升压变换器应工作于连续导通的模式（CCM）下，否则大量的高频脉动电流将被引入干路电源中。

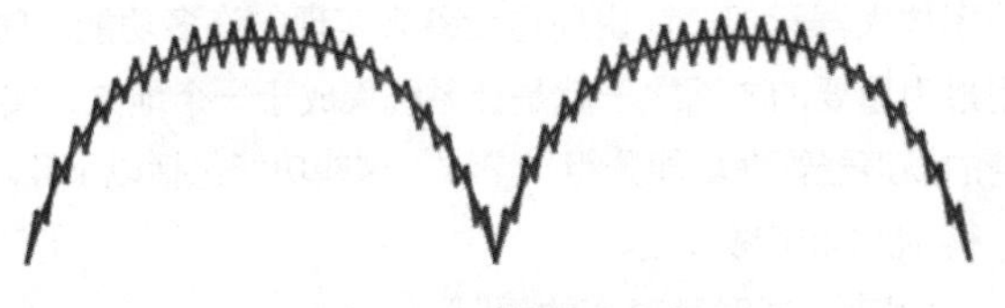

图 24.74　功率因数校正波形

24.10.9.3　PFC系统

PFC 控制电路必须监测 PFC 输出电压及其输入电流，其目的是提供出稳定输出的直流电压，同时抽取出与输入半正矢电压波形成正比的输入电流。为了达到后一目的，还必须要监测其全波整流输入电压。

图 24.75 示出了非常简单的 PFC 电路，其中包括有干路电源桥式整流器，升压变换器和 PFC 控制器芯片。R_3 感应输入电流，并允许 PFC 控制器匹配输入电流波形与出现在 V_{in} 针脚上的输入电压半正矢波形参考基准。R_4 和 R_5 通过反馈为输出调节提供一个缩放规格的输出电压。应注意的重点是，控制器芯片有两项反馈工作要做，一项是针对输入电流的，一项是针对输出电压的。控制器芯片是由小的附属电源供电的。

PFC 电路易于设计成可提供浪涌控制的形式，由于由干路电源抽取的电流决定于其开关的占空比，所以它可以慢慢地提供出来。调节总线电压的同一反馈环路可以设计成逐渐提高总线电压的形式。

要牢记的是，随后的 DC-DC 变换器将会在输入电压变低时抽取出更大的电流，目的是可以分配出同样要求的输出功率。这表现为负阻抗响应；随着输入电压的下降，电流在增大。因此，当中间总线电压被逐渐建立起来时，开关变换器的闭合特性必须要用某些方法实施控制。例如，DC-DC 变换器在总线电压升至其标称稳定值之前应不起作用。

P 功率因数校正不仅是用来让放大器的行为像个“好邻居”或令人满意的实用标准，它还能够让放大器以有限的阻抗从干路电源抽取出最大的能量，因为功率在整个干路电源电压周期上均被抽取，而不仅是持续时间短暂的大电流脉冲时。

24.11　专业功率放大器

在专业扩声系统中，专业功率放大器用来驱动音箱。在谈及专业声频放大器，它基本都是关于功率、可靠性、尺寸、重量、安装方便性和系统接线减少等方面的内容。

在 20 世纪 70 年代，专业功率放大器与大功率的坚固耐用的民用放大器没有什么不同。它们通常也带有平衡式输入、功率监测显示和削波指示灯。它们经常以桥接模式工作，以便在指定的电源电压下取得更大的功率电平。到了 20 世纪 80 年代，在更大功率电平的产品家族中我们见到了 G 类和 H 类放大器的身影。这些设计降低了发热量，允许在一个指定的机架空间里安置功率更大的功放产品。Crest 8001 就是当时这种大功率放大器的良好实例。这种设计安装在 3 个机架高度内的产品可以在桥接模式下为 8Ω 负载提供 2000W 以上的功率。

近些年来，在上述这些应用当中更新为 D 类放大器的势头非常强劲。更大功率、更低发热量、重量和占用机架空间等方面的需求是推动其发展的动力。这些更新型的放大器通常采用开关电源（SMPS），从而大大减小了产品的尺寸和重量。许多更新型的放大器采用了功率因数校正（PFC），以便最大效率地利用干路电源，同时满足当地政府的相关要求。现代的 SMPS 还能够灵活地采用不同干路电源标准进行供电工作，而无须进行电压切换，通常的干路电源电压范围为 88 ～ 264V_{ac}。基于同样的原因，这样的放大器在干路电压下跌时还能满负荷分配功率，而且不需要针对最恶劣情况下的高电压进行过度设计。

对于专业功率放大器而言，虽然平衡式输入和单端输入始终都是必须有的，但是许多产品还配有符合 AES3（AES/EBU）数字声频传输标准的输入接口，这种做法已经存在一段时间了。这些数字输入可以采用电气或光学形式的接口。大约从 1996 年开始，还设计安装了通过专用以太网互连的数字声频输入。

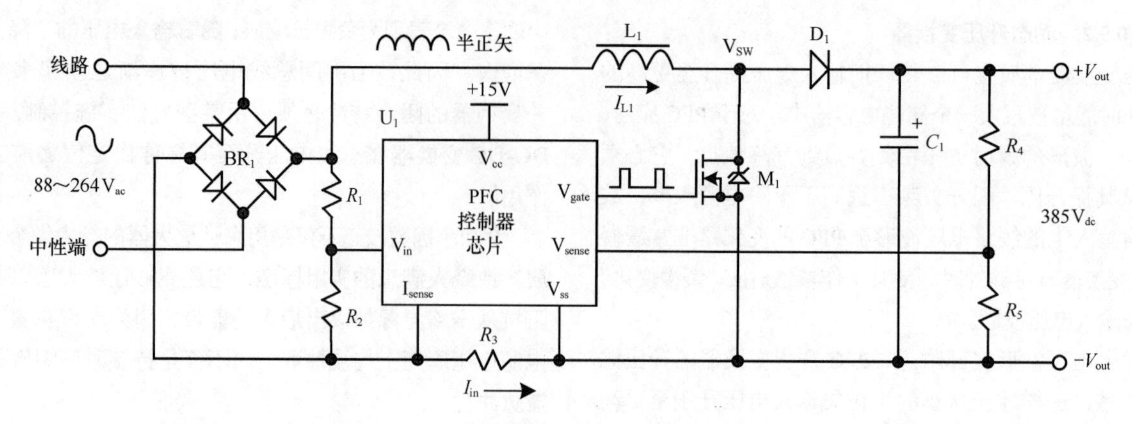

图 24.75　功率因数控制器

24.11.1　微型计算机

微处理器和DSP的引入改变了原有的状况。这让人们想起了现代的民用AV接收机，它将所有的控制处理和DSP集于一身。如今大部分产品都采用了数字化的内部结构和D类功率放大器。许多专业放大器现在也使用了这样的技术。在20世纪80年代，微处理器开始用于专业功率放大器中。

在许多放大器中，微型计算机也已被用来实现先进的保护和监测实施方案当中。如今，FLASH存储的应用可让放大器保留设定，并使用不同的软件模式。在许多情况中，微型计算机用来实施加电自检（Power-On Self-Test，POST）和辅助诊断工作。有些放大器能够采用USB端口进行本机的诊断访问和现场的软件升级工作。现代的专业功率放大器确实是一个具有多种先进且智能化性能的系统，图24.76所示的是其框图。

24.11.2　网络化控制与监测

长期以来遥控和监测对于专业声频放大器都是重要的性能，尤其是用于大型场馆的功率放大器。在20世纪80年代，Crown推出了IQ系统，其中的RS232/422串行接口可以将多台放大器以菊花链形式连接在一起，然后链路被连接到用于控制和监测多台放大器的计算机主机上。

在1993年，Peavy推出的基于以太网连接的Media Matrix® 网络化系统将这方面的研究与应用向前推进了一大步。这种功率放大器互连方法的性能要远远优于串行端口互连方法的性能[37]。

24.11.3　数字信号处理

20世纪90年代初期，经济型数字信号处理（DSP）、A/D和D/A转换器的应用不可避免地将这些技术引入专业功率放大器产品当中，它在降低系统成本的同时大幅提高系统灵活性和能力方面扮演了重要的角色。在许多情况中，DSP可使功率放大器承担之前由周边设备来实现的许多功能。DSP应用最为重要的方面之一就是让系统集成于一个地方，实现所谓的扬声器管理功能分组[37, 38, 39]。这些功能包括以下几项。

- 滤波和均衡。
- 用来完成时基对齐的延时。
- 压缩和限制。
- 电子分频。
- 保护。
- 负载检测。

与微型计算机系统相结合，不同的DSP功能、处理程序和设定可以方便选用。DSP还使得放大器中的一些系统检测性能实用化，比如正弦波、粉红噪声、白噪声、MLS等信号的发生。DSP还可以将更为复杂的保护和检测系统应用于放大器和所连接的扬声器上。重要的是，功率放大器中的DSP所引入的等待时间非常短，一般都不到2μs。

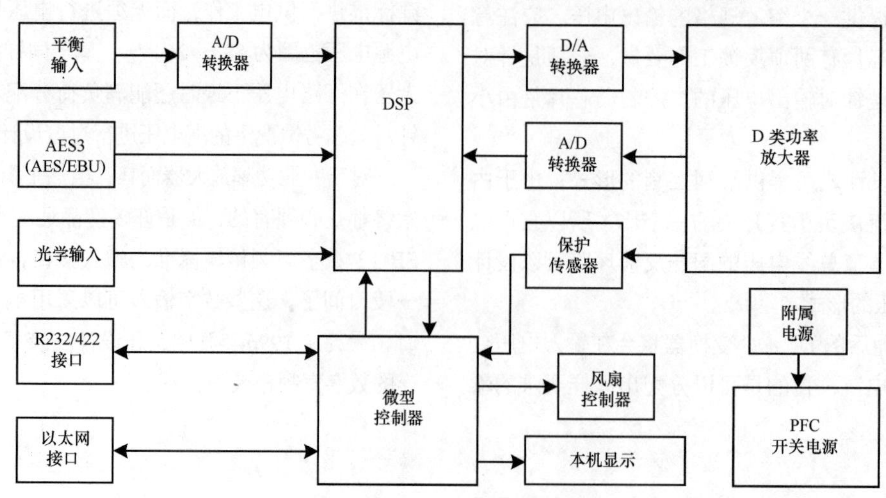

图 24.76　专业放大器的原理框图

24.11.4 声频网络化

数字声频与以太网的结合使得声频网络化设想得以实现。对于功率放大器而言，这意味着将声频信号的数字分发与通过以太网超结构实现的控制集于一身。这种解决方案真正实施始于 1996 年，当时 Peak Audio 在业内引入了 CobraNet® 技术 [40，41]。虽然这种以太网声频（Audio over Ethernet，AoE）系统已经取得了让人满意的成功，但却不能让人们使用众多流行的以太网硬件和软件。同时它还让等待时间增加到高达 5ms 的数量级 [42，43]。虽然这样的等待时间在许多专业声频应用中还是可以接受的，但在现场扩声应用中这却是要重视的问题。现场声音是最为严苛的网络声频应用，因为它要求等待时间非常短。

基于 AoE 或网络声频协议（Audio over Internet Protocol，AoIP）的其他网络声频系统解决方案有很多，比如 RAVENNA[44] 和 Livewire[45]。另一个引人关注的解决方案就是 Audinate 的 Dante® 系统 [42，43]。该系统大大解决了等待时间问题，同时让人们充分利用以太网的流行硬件和路由分配功能。

近来，声频工程师协会（AES）颁布了针对 AoIP 系统和技术的交互标准 [46]。AES67-2013 标准发布于 2013 年 9 月。AES67 标准是行业协作努力的结果，同时并不寻求废除现有的 AoIP 解决方案或硬件。与 AES67 的大部分兼容性可以通过软件变化来实现。

当然，AoIP 适合于所有专业声频设备的网络化互连，而不仅仅是功率放大器。AoIP 是一种已经给专业声频领域带来变革且发展迅猛的技术。

第25章

前置放大器与混音器

Ray，Rayburn和Bill Whitlock编写

25.1 传声器前置放大器基础

通常，传声器是输出信号电平非常低的换能器。由于需要有 1000（60dB）或更大的电压增益才能将信号提升至标准的线路电平，所以用于此目的的放大器被称为前置放大器（preamplifier）。如此低电平信号的放大器面对一个特殊的问题，这就是高增益、低噪声的电子电路。传声器前置放大器既可以是周边分立器件，也可以是简单混音器或复杂录音调音台的一个组成部分。在本章中，我们将有关前置放大器和混音器的讨论限定在与平衡式、低阻输出的专业传声器配合使用的设备。

25.1.1 作为信号源的传声器

正如第 20 章“传声器”中讨论的那样，传声器的输出阻抗、输出电平或灵敏度和固有噪声方面可能有相当大的变化。对于专业传声器而言，标称的阻抗数值为 150Ω（美国标准）或 200Ω（欧洲标准）。与扬声器一样，动圈传声器的实际阻抗是随频率的变化而变化的。应注意的是，图 25.1 的阻抗图与扬声器阻抗图的相似性。表示这类器件阻抗的单一数值通常是取自频率由低频下限升高而产生的第一个最大值之后的第一个最小值。第一个最大值通常是纸盆或振膜谐振导致的。对于传声器而言，该阻抗是由信号输出针脚（XLR 的 2 和 3 针）间测量得到的，其叫法很多，比如输出阻抗、源阻抗、信号阻抗或差分阻抗等。这种传声器被简单划归为浮地平衡信号源。浮地是针对共模阻抗 [这一阻抗是针对输出（2 和 3 针）与壳体和屏蔽（1 脚）之间] 而言的，这一阻抗要比信号阻抗或差模阻抗高很多。正如第 36 章“接地与接口”所强调的那样，平衡指的是这些共模阻抗的匹配。

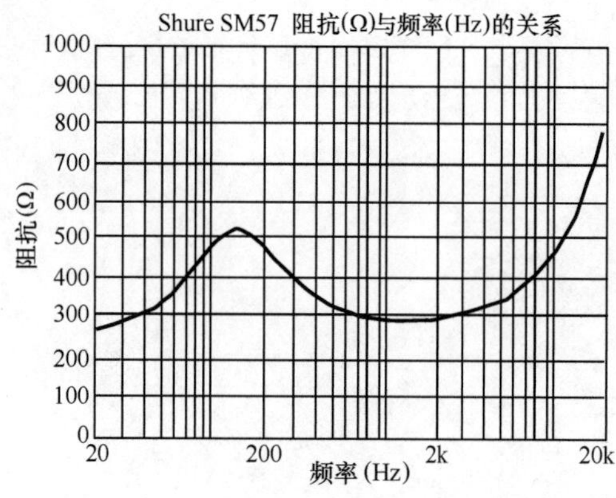

图 25.1 测得的 Shure SM57 输出阻抗

25.1.1.1 传声器的电路模型

由于 Shure SM57 动圈传声器应用得非常普遍，所以以它为例来进行说明。图 25.2 所示的是它的内部示意图、膜盒和变压器的电子等效电路，以及综合的等效电路。等效电路并未模拟 150Hz 附近的振膜谐振。应注意的是，传声器头的一对 17pF 电容。这些因素决定了共模输出阻抗，当传声器被连接到前置放大器和电缆上时，这一阻抗在确定噪声抑制或 CMRR 性能方面起一定的作用。实际测量的 SM57 输出阻抗如图 25.1 所示。Shure 的数据表将实际阻抗准确地定为 310Ω。图 25.2 所示的等效电路模拟了 1kHz 以上时的阻抗特性，以及等效噪声阻抗。电容传声器一般都具有比动圈传声器更低的输出阻抗，同时它随频率变化而产生的变化量也较小。

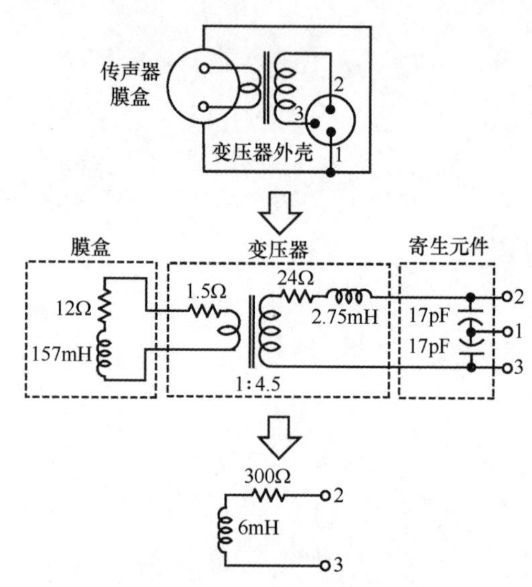

图 25.2 Shure SM57 框图和等效电路

25.1.1.2 前置放大器与线缆的相互作用

通常，传声器前置放大器都尽可能地设计成适合现在使用的大部分传声器的输出电压。由于前置放大器的本底噪声近似保持恒定，所以可以通过尽可能提高输入电压的方法来改善信噪比特性。实际分配给前置放大器的传声器电压的大小取决于传声器的输出阻抗和前置放大器的输入阻抗，了解这一点至关重要。

如图 25.3 所示，这两个阻抗有效地构成了分压器。传声器输出阻抗负载 Z_S 上的电压损失取决于前置放大器的输入阻抗 Z_L。负载损耗（loading loss）通常用 dB 来表示，它是特定负载时的输出电压与开路或空载条件下的输出电压的比值。例如，当加载一个输入阻抗为 1.5kΩ 前置放大器时，一支阻抗（实际）为 150Ω 的传声器会将其空载电压的 91% 分配给前置放大器。为此，负载损耗就为 20 × lg 0.91，即 0.8dB。通常，如果负载阻抗比源阻抗大 10 倍以上，那么负载损耗就可以忽略不计（小于 1dB）。正如第 20 章“传声器”中所讨论的那样，前置放大器阻抗与传声器阻抗的“匹配”既非想要，也非必要。如果阻抗匹配，那么传声器产生的电压将损失掉一半，信噪比会降低 6dB。尽管阻抗匹配可以实现最大的功率转换，但这并不是我们所想要的。

当传声器被连接到线缆和前置放大器时，便构成了图 25.4 所示的无源的双极点（12 dB/oct）低通 LC 滤波器。LC 滤波器达到其截止频率或谐振频率时的特性是由滤波器的阻性成分控制的。这一电阻阻尼很大程度上是由前置放大

器的输入阻抗 R_L 所提供的。图 25.5 所示的是 Shure SM57 传声器在接入了 75ft 长的典型传声器线缆时产生的 2.5nF 电容和三种不同的前置放大器输入电阻时的频率响应偏差。上边的曲线，10kΩ 和 3kΩ 是不使用输入变压器时前置放大器的典型情况。应注意的是，高频响应的峰化是由阻尼不充分所致。下边的曲线，1.5kΩ 是使用输入变压器的前置放大器典型情况。

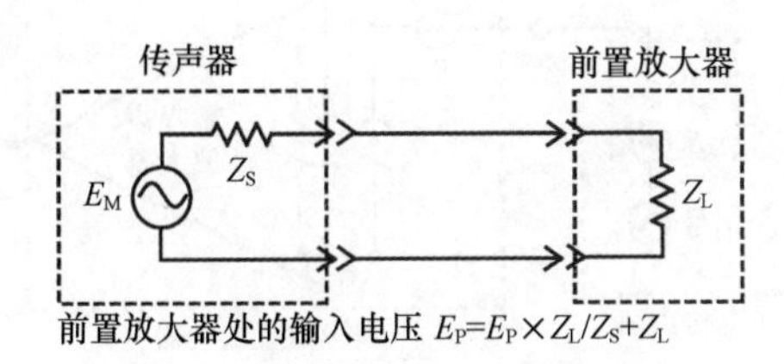

图 25.3　传声器和前置放大器的分压电路

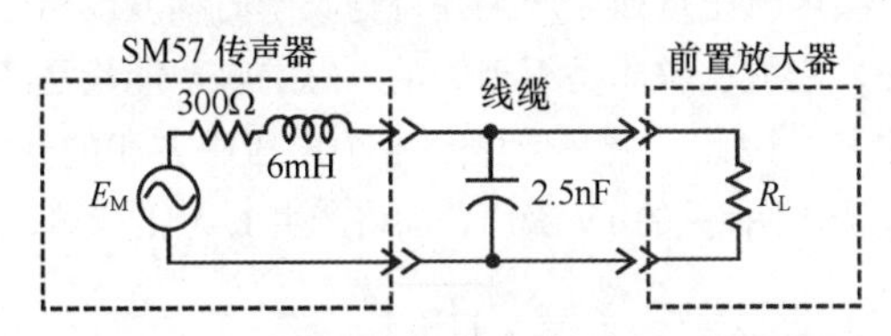

图 25.4　由传声器线缆和前置放大器构成的低通滤波器

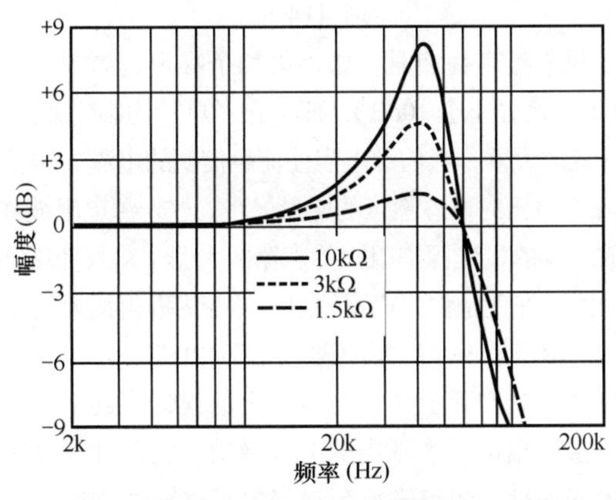

图 25.5　负载阻抗对阻尼的影响

屏蔽双绞线线缆的电容通常是指源于一根导线与另一根导线和屏蔽间的电容。例如，Belden 8451 数据表给出的数据是 67pF/ft。然而，影响差分信号的导线间电容大约为此值的一半，或 34pF/ft。对于动圈传声器而言，高的线缆电容导致高频滚降。就 SM57 传声器而言，约 500ft 的这种线缆（大约 17nF）会将高频带宽限制在 15kHz 附近。由于电容传声器使用了内置的放大器来驱动输出线缆，所以高的线缆电容可能引发失真。如果放大器限制了输出电流，那么它会使诸如人声的嘶声或铙钹的撞击声等这类高电平、高频（即高斜率）信号产生失真或削波。就“星形绞线缆（Star-quad）”这样的线缆而言，尽管它对磁场拾取具有惊人的免疫力，但是它具有的电容大约是标准线缆每英尺电容的 2 倍。这一事实一定会严重影响这种线缆的长距离应用。

然而，要牢记的是：根据其准确等效电路情况的不同，其他类型（或者型号）的传声器可能有完全不同的表现。例如，有些电容类型的传声器具有较低的（大约 30Ω）、且几乎为纯阻的输出阻抗，而有些动圈类型的传声器在实际的中频频段上的阻抗超过了 600Ω。

任何传声器的频率响应都或多或少地受到连接线缆和前置放大器的负载电容，以及前置放大器的输入阻抗特性的影响。或许这就是传声器和前置放大器的选择是这样一种主观议题的原因。

25.1.2　实用前置放大器的一些考虑

因为前置放大器电路设计和折中方面的许多内容会在第 29 章“调音台与 DAW”中讨论，所以在此仅讨论几个主题。

25.1.2.1　增益与动态余量

传声器前置放大器一般都具有约 60 ～ 80dB 的最大电压增益，以及 0 ～ 12dB 的最小增益。像 Shure SM57 这样的典型传声器在 94dB SPL 声学输入下的输出为 1.9mV 或者 –52dBu。对于 134dB SPL 这样的非常高的声学输入，传声器的输出将达到 190mV 或者 –12dBu。但是对于 Sennheiser MKH-40 这样的高灵敏度传声器，其在 94dB SPL 时的输出为 25mV 或 –30dBu，在 134dB SPL 时的输出为 2.5V 或者 +10dBu。如此高的输入电平实际上可能需要前置放大器对其进行一定的衰减（即负的增益），以产生可用的线路电平输出。这么高的输入电平还可能使前置放大器过载。对这两个问题最为常见的解决方法就是使用输入衰减器或垫整，一般这一衰减量为 20dB。重要的一点是：在插入垫整时，不要低于前置放大器的输入阻抗。传声器的垫整绝不应该设计成 150Ω 或 200Ω 的输入（典型的 H 垫整），而是要利用 U 垫整技术，将其设计成 1500Ω 或更高输入阻抗和低输出阻抗的形式。声频变压器的失真和电平处理特性的讨论，请参见第 15 章“声频变压器”的相关内容。

25.1.2.2　输入阻抗

如图 25.5 所示，就像前一部分讨论的那样，有些输入变压器具有负载传声器的输入阻抗，并且改变了在极限频率处的响应。然而，比如像 Jensen JT-16B 这样的设计优良的变压器具有图 25.6 所示的极为平坦的输入阻抗特性。

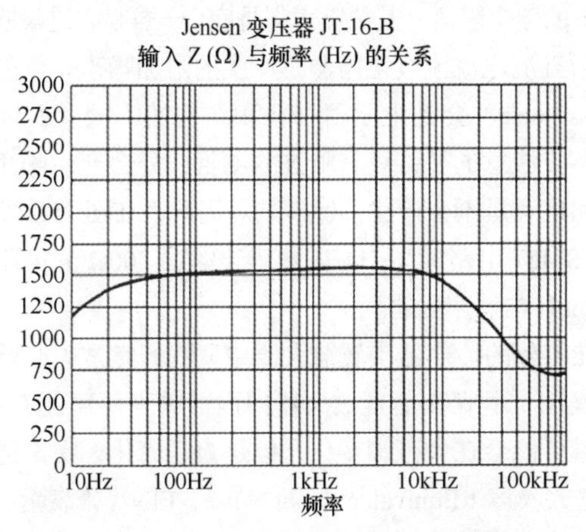

图 25.6　Jensen JT-16B 输入变压器的输入阻抗

高的前置放大器输入阻抗将会改善许多电容传声器的性能。例如，虽然 Shure KSM137 传声器的最大可承受声压级（SPL）在 5000Ω 负载时达到了 145dB SPL，但是在 2500Ω 负载时就降至 139dB，而在 1000Ω 负载时则为 134dB。

同样，有些电容传声器在前置放大器输入阻抗下降至传声器技术指标规定的最小负载阻抗以下时，其失真前的最大可承受声压级会急剧下降。当负载由 1000Ω 降至 750Ω 时，一种深受人们喜欢的电容传声器的最大可承受声压级减小了 12dB。

25.1.2.3 噪声

导电体中电子的随机运动产生了被称为热噪声、白噪声或 Johnson 噪声［它是 1927 年由贝尔实验室的 J.B. 约翰逊（J. B. Johnson）首先观测到的］的电压。热噪声电压与温度和导体的电阻成比例关系，其计算公式如下[1]。

$$E_t = \sqrt{4kTR\Delta f} \quad (25\text{-}1)$$

在公式中，

E_t 是用 rms 电压表示的热噪声；

k 是波尔兹曼常数，数值为 1.38×10^{-23}Ws/K；

T 是导体的绝对温度［开氏（Kelvin）温度］，单位为 K；

R 是导体的电阻，单位为 Ω；

Δf 是噪声带宽，单位为 Hz。

在 300K（80°F 或 27℃）的室温下，$4kT = 1.66 \times 10^{-20}$。对于 20Hz ～ 20kHz 的声频频带，带宽为 19.98kHz。这里，噪声带宽是针对矩形“砖墙”响应，而不是针对较为常见的 -3dB 点测量到的，牢记这一点非常重要。对于处在这些条件下的 150Ω 电阻，其噪声为

$$223\text{nV}_{\text{rms}} = -133.0\text{dBV}$$
$$= -130.8\text{dBu}$$

对于在同一条件下的 200Ω 电阻，其噪声为

$$258\text{nV}_{\text{rms}} = -131.8\text{dBV}$$
$$= -129.5\text{dBu}$$

这里，我们简单地采用了理想传声器的标称阻抗，以便对前置放大器的噪声性能进行简单又合理的比较。

不论导体是铜线还是银线，是昂贵的金属膜电阻器还是廉价的碳电阻器，其热噪声都是完全一样的！过量噪声指的是当直流电流流过电阻器时产生的附加噪声。额外噪声（excess noise）会随电阻器材料和结构的不同而有明显的不同。应注意的是，只有阻抗的电阻部分会产生噪声，纯电感和电容是不会产生热噪声的。因此，在图 25.2 所示的 Shure SM57 电路模型中，其热噪声是由 300Ω 的电阻而不是由 6mH 电感产生的。

在实际的传声器前置放大器中，我们常常关心输出端的信噪比。尽管在前置放大器中内部噪声源可能有很多，其增益可能会在大范围变化，但是为了简化，噪声通常用等效输入噪声（Equivalent Input Noise，EIN）来表示。这种简化之所以能成立，是因为在良好的设计中主要的噪声源是来自第一放大级，而后续的各放大级并没有明显的噪声贡献。

如图 25.7 所示，EIN 有 3 个构成成分。

（1）E_t：源阻抗的热噪声。

（2）E_N：放大器的电压噪声。

（3）I_N：放大器的电流噪声。

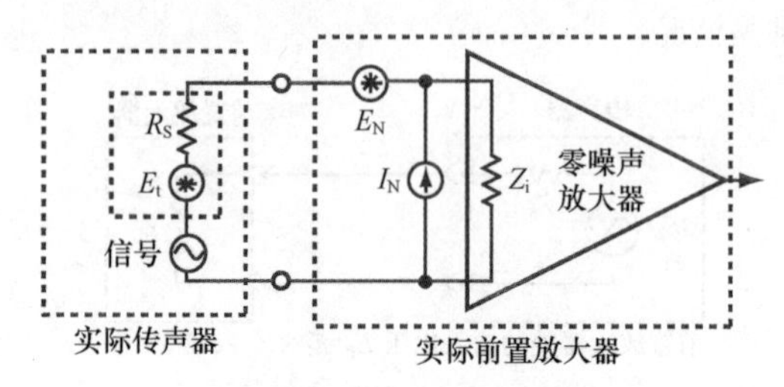

图 25.7 对等效输入噪声的贡献

当噪声电压是独立产生并且与其瞬时幅度或相位没有关系时，它就被说成是不相关的。总的噪声能量是各噪声功率之和。因此，最终电压是各个电压平方和的开方值。例如，两个不相关的 1V 噪声叠加将产生 1.4V 的噪声，因为，

$$\begin{aligned} E &= \sqrt{1^2 + 1^2} \\ &= \sqrt{2} \\ &= 1.414 \end{aligned} \quad (25\text{-}2)$$

当两个噪声叠加时，如果第二个噪声是第一个噪声的 1/3 以下（差异小于 10dB），那么它对总量的影响就很小了。对于任意放大器，当信源电阻使流经信源的电流 I_N 产生等于 E_N 的噪声电压时，总噪声的增量最小。这一源电阻被称为该特定放大器的最佳源电阻。传声器放大器中输入变压器的最有用功能或许就是将传声器的阻抗转变为取得最大化 *SNR* 的最佳值，参照第 15 章“声频变压器”中的说明。

噪声测量实际上是一种技术上的误读。甚至有些人多年来一直不相信所表现出的 EIN 数值。大部分人都是将前置放大器的输入短路进行测量得出了这一数值，忽略了 R_S（源电阻）和 I_N（放大器电流噪声）对噪声的贡献，而只保留了 E_N（放大器电压噪声）。当偏置电流流过源阻抗（不只是源电阻）时，偏置电流噪声产生附加电压噪声。在这种情况下，SM57 模型中的电感对实际的噪声产生间接的贡献。为了从根本上弄清楚其含义，*EIN* 必须要指明源阻抗是多少。对于 150Ω 源阻抗的理想无噪声放大器，

$$EIN = 223\text{nV}_{\text{rms}}$$
$$= -133.0\text{dBV}$$
$$= -130.8\text{dBu}$$

如果前置放大器噪声等于源噪声，那么 *EIN* 将增高 3dB 或者 -130.0dBV = -127.8dBu。噪声指数（Noise Figure，或 NF）是对放大器引发的 SNR 劣化的度量方法——在该情况下就是 3dB。从工程的角度来看，试图实现低于 3dB 的 NF 几乎没有意义[2]。

应注意的是，热噪声计算公式（25-1）还包括带宽的参量。诸如 *EIN* 这样的噪声技术指标常常表现为数据表中的数值，

而没有指明噪声带宽。所有其他的事情也是如此，噪声是按照带宽的均方根值来增大的。所以，相对于 20kHz 带宽下的噪声，15kHz 带宽下的噪声减小了 1.25dB，而 10kHz 带宽下的噪声则降低了 3dB。同样，虽然诸如 A 加权噪声测量合理且有用，但是它们不能直接与未加权的测量结果相比较。在进行噪声指标的比较时，一定要明确比较是在对等条件下进行的。

25.1.2.4　带宽和相位失真

对于准确的音乐重放来说，时域（time domain）或波形保真度方面的特性十分重要。准确的时域特性有时称之为瞬态响应（transient response），其要求相位失真很低。纯粹的时间延迟表现为相位与频率间的特性是线性关系。真正的相位失真被表示为 DLP 或这种线性相位关系的偏差程度（deviations）。相位偏移（shift）不一定是相位失真[3]。假定滤波器响应是 6dB/oct(一阶)，那么为了在 20Hz ～ 20kHz 的范围上取得小于 5° 的 DLP，频率响应必须要从 0.87 Hz 延伸至 35kHz。如果低通滤波器是二阶 Bessel 型，那么截止频率可能要低至 25kHz[4]。要注意，虽然并不需要极高的频率响应，但是向下延展的低频响应却是必需的!

相位失真不仅改变了乐音的音色，而且它对系统的峰值储备同样也存在着潜在危害。即便频率响应可能是平直的，但是信号在通过了存在高相位失真的网络之后峰值信号的幅度可能会提高 15dB。这在数字录音系统中可是个严重的问题。甚至由未阻尼的谐振所导致的超声频相位失真可能会在后续的非线性（任何的实际情况都如此）放大器级激励出复杂的可闻正交调制成分[5]。

低频相位失真常常被描述为低音浑浊，而高频的相位失真则被描述为刺耳或中音拖沓。复杂的正交调制成分通常被描述成声音不干净，并且常常会引发听觉疲劳。

25.1.2.5　共模抑制，幻象供电和抗RF干扰能力

正如第 15 章“声频变压器”中讨论的那样，共模抑制不单单是放大器输入电路的函数。它取决于由传声器的输出电路、线缆和输入电路的前置放大器组合取得的阻抗平衡情形。共模抑制比（CMRR）是很少与动圈传声器一起提及的话题，因为如图 25.1 所示的那样，其中的共模阻抗是很小的寄生容抗。然而，当将幻象电源考虑其中时，要想取得非常高的 CMRR 可能很困难。正如第 20 章“传声器”中的例子所示的那样，由两条信号线获取电能的传声器中的电路可能对地存在非平衡的线路阻抗。在图 25.8 所示的前置放大器中，幻象供电电源中的电阻 R_2 和 R_3 也必须严格匹配才能获得高的 CMRR。例如，如果使用的电阻的精度为 ±0.1%，那么 CMRR 可能被限制在 93dB；如果采用的电阻精度为 ±1%，那么 CMRR 就被限制在 73dB。为了进行比较，图 25.9 中采用了 JT-16B 变压器，而没用电阻实现幻象电源，这时取得了 117dB 的 CMRR。

连接或断开幻象供电传声器时，幻象电源可能会产生大的瞬态电压。如果前置放大器设计考虑不周到，那么这种瞬态会恶化前置放大器输入端的噪声性能。由此产生的噪声也可能会对听力和扬声器构成潜在的威胁。因此，在连接或断开幻象供电的传声器时最好先将幻象电源关闭。

有时像图 25.10 那样，幻象电源是通过传声器输入变压器的中心抽头提供的。这时便出现了变压器设计上可能更难实现的问题，即同时实现变压器匝数和中心抽头两边的直流绕组电阻的匹配。目前的 IEC 61938 版标准不再允许幻象电源经由前置放大器输入变压器的中心抽头提供。

通常，RF 干扰会以共模电压的形式呈现出来，这是对传声器前置放大器构成的另一个潜在威胁，因为这一共模电压可能在放大器电路中被解调。在无变压器电路中，抑制措施通常是由每一输入至地的电容和有时串联电阻、扼流器或铁氧体磁环来实现。除非认真地进行电容匹配，否则它们会形成非平衡的共模输入阻抗，恶化 CMRR。因为它们还具有较低的共模输入阻抗，所以它们可以使电路对传声器中的标称阻抗的不平衡更为敏感。Benchmark Media 在前置放大器输入与输入旁路电容器之间使用一个共模扼流电路，这种做法提高了更高频率上的共模输入阻抗，同时降低了上述问题发生的概率。这些折中处理可以通过使用固有 RF 抑制特点的法拉第屏蔽输入变压器来避免。

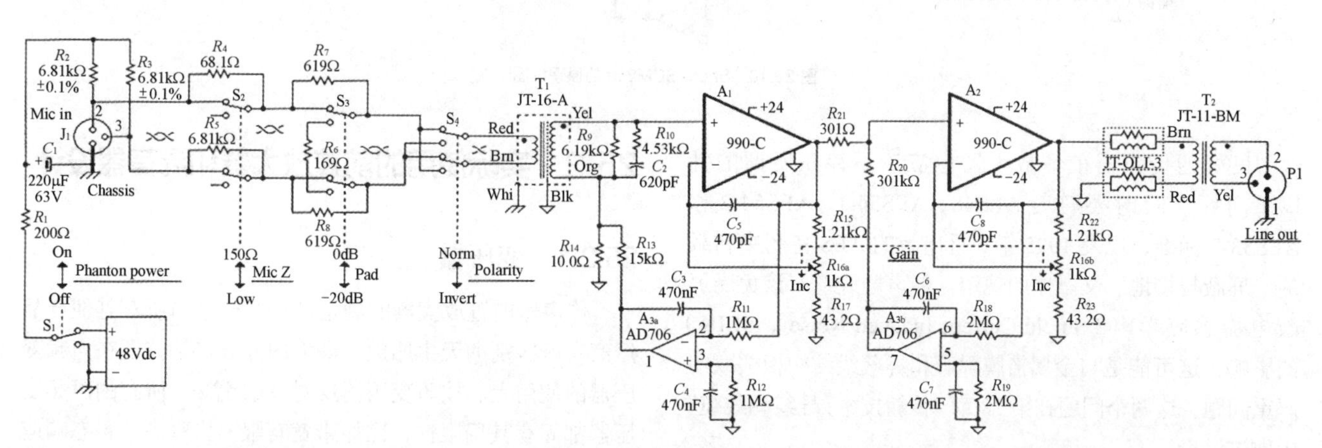

图 25.8　Jensen Twin-Servo 990 传声器前置放大器的信号通路原理图（Jensen Transformers，Inc. 授权使用）

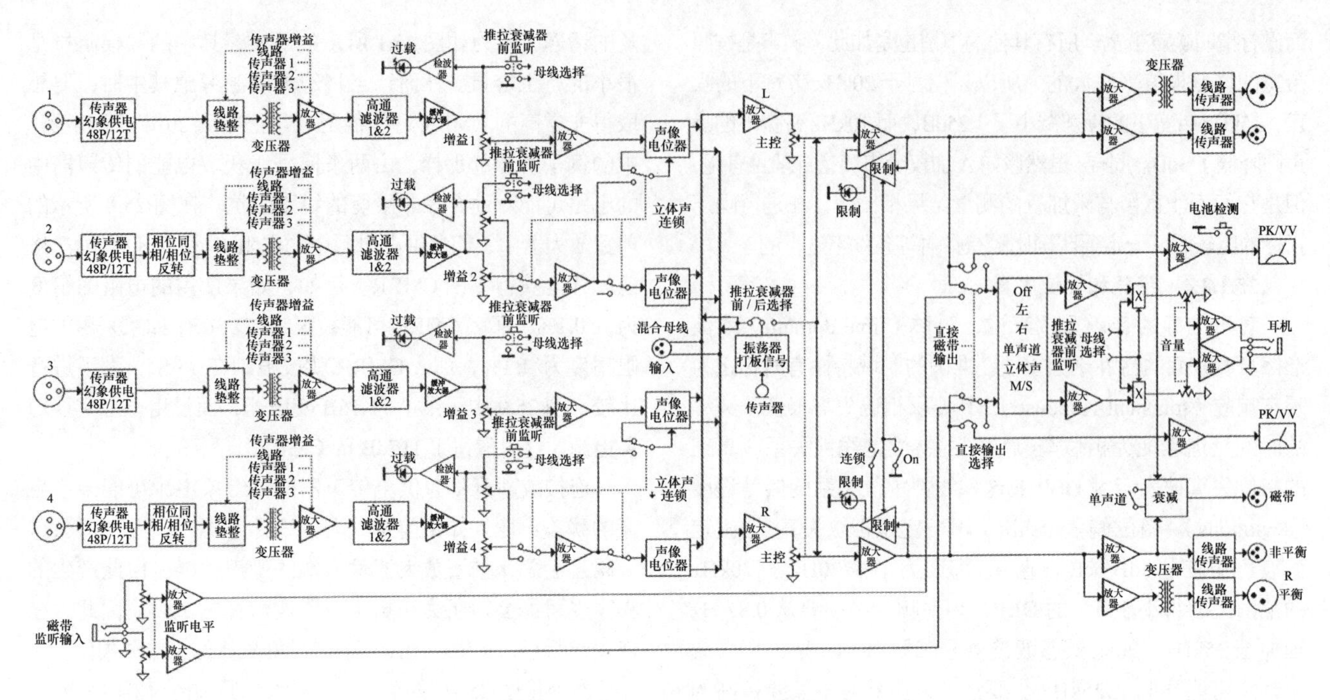

图 25.9 Copper Sound CS104 的框图

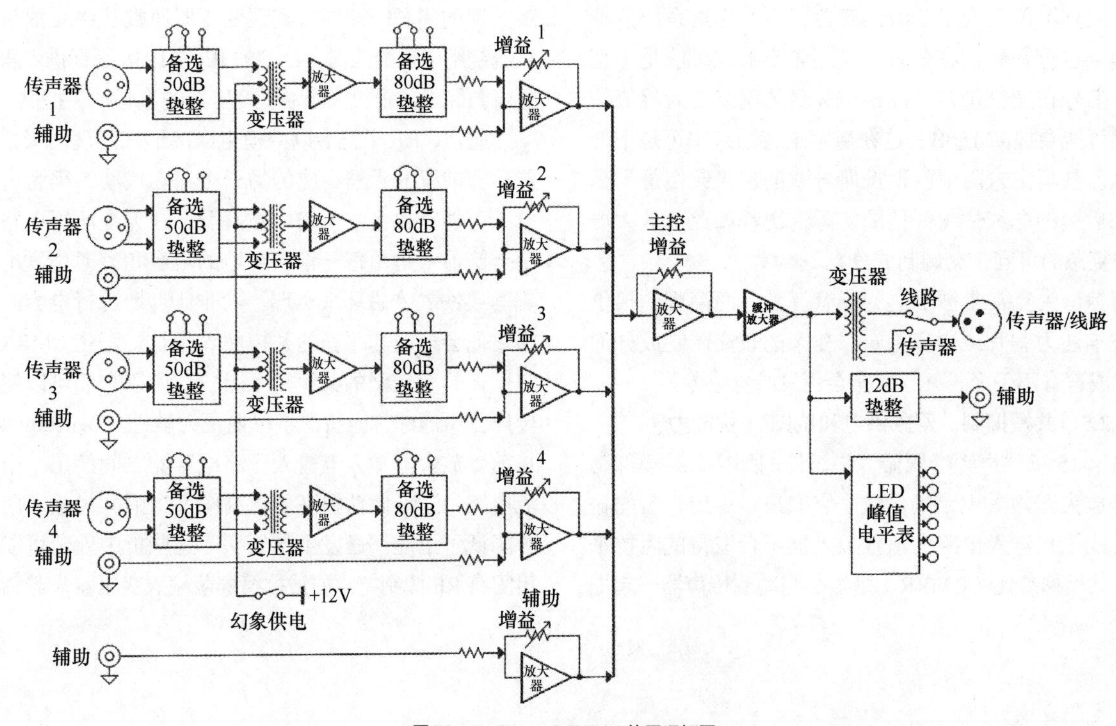

图 25.10 Shure SCM268 的原理框图

良好的传声器前置放大器也应该不存在所谓的针脚1问题，同时要符合AES48、AES54-1、AES54-2和AES53-3标准，以及1995年6月出版的AES特刊中刊载的“屏蔽与接地”文献中的规定。传声器线缆应该免受屏蔽电流感应噪声（Shield Current Induced Noise，SCIN）的影响，这可能是与金属箔膜屏蔽和屏蔽线结构相关联的严重问题。这两个问题在第18章“传输技术：导线和线缆”中做过讨论。

25.2 实际使用的前置放大器和混音器设计

25.2.1 变压器

传声器前置放大器的制造商存在一个与所有其他产品厂商有所区别的天生愿望。最大的分歧点就体现在声频变压器的使用上。按照变压器反对者的说法，所有的声频变压器都固有其局限性，比如带宽有限、失真高、瞬态响应一般，以及相位失真过大。不幸的是，许多这类变压器确实存在这些问题，而且并不是所有的变压器都那么便宜。这类变压器的制造者完全忽视了声音清晰度的问题，而且对工程上的折中取舍知之甚少，或者考虑成本因素生产出性能上打折扣的产品。

如前所述，任何电子器件中的带宽和相位失真都是紧密联系在一起的。设计正确的变压器可以具有非常高的性能。以 Jensen JT-16B 传声器输入变压器为例来说明。其 -3dB 的频率响应为 0.45Hz ～ 220kHz，而 -0.06dB 的频率响应为 20Hz ～ 20kHz，并且具有二阶 Bessel 高频滚降特性。由于磁芯材料属性的原因，其低频滚降的斜率小于 6dB/oct，相位特性进一步得到改善。在 20Hz ～ 20kHz 的范围上，它与线性相位的偏离度小于 2°，具有真正出色的波形保真度特性和方波响应。

正如在第 15 章“声频变压器”中详细讨论的那样，声频变压器失真与电失真有相当大的不同。首先，变压器失真与频率和电平有关。明显的失真只发生在高信号电平的低频段，一般在几百赫兹之上会降到 0.001% 以下。其次，失真近乎纯三次谐波，且并不伴随着电子器件中发生的更为强烈的互调失真。

在正常模式和普通模式下，大的 RF 衰减也是封装在法拉第屏蔽中的变压器所固有的性能。例如，在 Jensen 设计中，200kHz ～ 10MHz 上的共模衰减一般在 30dB 以上。正如第 15 章“声频变压器”中讨论的那样，变压器享有大部分电子平衡输入级所具有的高 CMRR 的优点，因为它们对实际信号源中存在的阻抗不平衡相对不敏感。如果设计良好且应用正确，高质量的声频变压器算得上是高保真器件。它们无源、耐用、性能稳定，并且有明显的优点，尤其是在恶劣的电子环境中。

25.2.2　A 类电路

在前置放大器上的另一个分歧主题就是关于 A 类电路的问题。尽管 A 类电路具有一定的优点，但是并非天生一定就会比广泛应用的 AB 类设计好很多。当整个 360° 信号周期里有源器件（或者推挽输出级情况下的器件）存在导通电流时，我们就说它工作在 A 类。如果每个器件只是在 180° ～ 360° 期间内导通，那么它就工作在 AB 类。在 C 类中，导通只存在于小于 180° 的时间里，这种情况一般只存在于 RF 电路或者故意要失真的时候。

大部分运算放大器级工作在 AB 类，以避免小信号时的交越失真。实用的有源器件一般在低失真纯 B 类工作所要求的零电流（截止）附近都不具备线性性能。在零信号时会有小的空闲或静态电流流过两个器件，并且一直保持在 A 类（两个器件在整个信号周期内均导通）工作状态直至有了一定的信号电平，在这一时刻一个器件开始在周期的部分时间里处于截止状态，进入 AB 类状态。

例如，在图 25.8 所示电路中使用的 Jensen-Hardy 990 放大器模块中，该输出级的静态电流大约为 15mA。因此，放大器会一直工作在 A 类，直至输出电流（正向或负向）达到约 15mA 为止。当然，峰值输出电流取决于峰信号电平和负载阻抗。例如，输出电压削波处在大约 24 V_{peak} 时，所以任何高于约 1.6kΩ 的负载阻抗都将导致其始终工作在 A 类。同样，对于 600Ω 的负载，它在输出信号达到 ±9 V_{peak} 之前会一直工作在 A 类。在峰值电平之上时，工作状态变为 AB 类。990 的“前端”电路与大部分的运算放大器类似，除非输出达到削波，否则它一直会工作在 A 类。

即便在设计良好的 AB 类电路中，信号正负极性间的来回瞬态变化也会导致轻微的非线性问题产生。虽然高信号电平时这种非线性并不明显，但是对于低电平信号，这种非线性表现得尤为明显。鲁伯特• 尼夫（Rupert Neve）提出了一种深受人们欢迎的解决方案，即对电路实施偏置，以便信号存在零电平交越时并不会发生 AB 类的瞬态过渡，取而代之的是这种瞬态过渡出现在更高的电平上。利用这种解决方案，最低的声频信号仅通过其中一个输出器件，而且这些低电平信号基本上被进行 A 类放大。

A 类与 AB 类之间的分界线非常明确：只要任何有源器件（电子管或晶体管）中电流变为零，那么其工作状态就不再是 A 类了。A 类电路设计的主要优点是非线性曲线的曲率可能会更加平滑（即在拐点处没有了尖锐的不连续性），以至于与负反馈、斜率和增益带宽限制有关的问题更少了。

25.2.3　Shure SCM268 4 通道混音器

Shure SCM268 是一台具有基本功能的简单小型调音台。主要的性能包括：带变压器的平衡输入和输出，传声器或线路电平输出，幻象供电和针对平衡式线路电平输入的可选用垫整，如图 25.11 所示。图 25.10 示出的是其功能性框图。

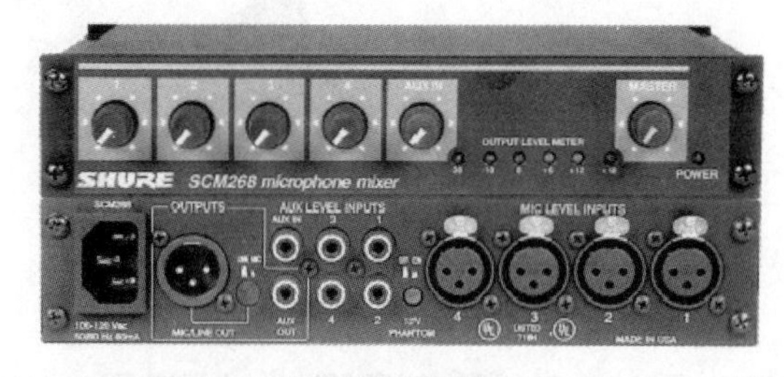

图 25.11　Shure SCM268 4 通路传声器混音器（Shure Incorporated 授权使用）

25.2.4　Cooper Sound CS 104 4 通道 ENG 调音台

Cooper Sound Systems CS 104 是一款便携式、具有大量复杂功能的、由电池供电工作的调音台，如图 25.12 所示。其主要的性能包括：立体声混合，声像电位器和通道连锁控制，带变压器的主输入和主输出，内置的立体声限制器，输入过载指示灯，可选用的高通滤波器，推拉衰减器前监听，磁带监听和内置的测试音及打板功能。图 25.9 所示的是其功能性框图。

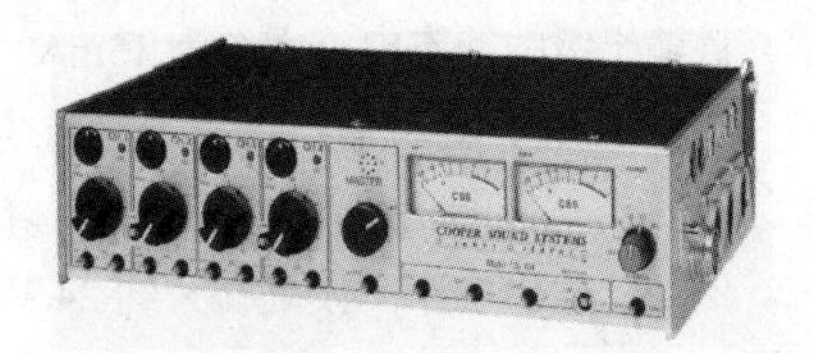

图 25.12 Cooper Sound CS 104 电池供电的便携式 ENG/EFP 4 通路调音台

25.2.5 Jensen-Hardy Twin-Servo® 传声器放大器

Jensen-Hardy Twin-Servo® 990 传声器前置放大器是高性能设计的一个例子，如图 25.13 所示。它具有专利技术的分立元件 990 放大器模块，该模块综合了低输入噪声、高输出电压和电流、低失真和高增益带宽等集成电路不具备的特性。它的每个通道采用了两个级联的可变增益级，以维持其整体的高带宽和低失真的特点。与大多数设计不同，这种拓扑技术还可以使最低增益设定时的 EIN 保持在非常低的水平。通过采用直流伺服反馈电路，消除了耦合电容及其相关问题，从而向下拓展了低频响应，如图 25.8 所示。

图 25.13 Jensen Twin-Servo® 990 4 通路传声器前置放大器（Jensen Transformers 公司授权使用）

25.2.6 Rnae TIM56S

Rane TIM56S 是采用独特的磁性推拉衰减器的 DJ 调音台。无接触式设计就意味着无噪声或没有经由面板缝隙进来的灰尘，如图 25.14 所示。

图 25.14 Rane 磁性推拉衰减器（Rane 授权使用）

25.3 自动化传声器混音器

自动化传声器混音器（Automatic microphone mixers）也被称为语音控制启动混音器（voice-activated mixers 或 sound-activated mixers），它已经成为用于语言的音响系统设计的必要组成部分。所有的自动传声器混音器都具有一个基本的功能：衰减（降低电平）任意一支没有发言人使用的传声器信号；反过来，当传声器被发言人使用时迅速将该传声器启动。一般认为，使用了 4 支或更多传声器的音响系统，或者有多支传声器拾取同一发言人的声音时就需要采用自动传声器混音器。比如佩戴领夹或耳挂式传声器的讲话人在靠近摆放了鹅颈传声器的讲台，或者佩戴领夹或耳挂传声器的两位演员在舞台上彼此靠近就属于这类情况。

当将其应用于扩声系统时，如果现场没有音频工程师且必须使用多支传声器时，则使用自动化传声器混音器可使反馈前增益得到明显提高。通过降低对过多房间声的拾取和对梳状滤波效应的降低也使音响系统输出的质量得到改善。另外，它自动调整了系统增益，以对任意时刻使用的传声器数量进行补偿。因此，自动传声器混音器是尝试产生与音频工程师相同的系统控制，就如同有丰富经验的音频工程师在多人发言时会立即产生响应一样。

由于自动传声器混音器是针对语言应用来优化的，所以并不推荐将其用于音乐场合当中。针对音乐的传声器信号混合则更具艺术因素，所以音频工程师的艺术判断更多地偏爱于自动传声器混音器的电子决策处理。

总之，当语言扩声系统使用了多支传声器时，理想的自动传声器混音器可以保证任一时刻启动的传声器数量等于同一时刻发言人的人数。所有当时不使用的传声器就被衰减关闭掉。

25.3.1 由多支开启的传声器引发的声频问题

当开启的传声器数量增多时，要想取得高质量的声频就变得越发困难。只要必须开启多支传声器，那么所有的声频系统都面临着同样的一些问题。这些问题如下。

（1）由此产生的背景噪声和混响。

（2）反馈前增益的降低。

（3）梳状滤波问题。

这些问题可能会让会议室、市政会议厅、会议中心、教堂、电话会议室、电台脱口秀等使用着多支传声器的场合中的音响麻烦不断。由于声频质量会随着开启的传声器数量的增多而迅速下降，所以解决方案就是保持为处理声频信号而开启的传声器数量最少。自动化传声器混音器保持将所有不使用的传声器输入通道衰减，并在毫秒级的时间内启动任意一支发言人要使用的传声器。

25.3.1.1 背景噪声和混响的建立

开启多支传声器遇到的第一个问题就是背景噪声和混响声的建立。它们的建立反过来会影响到由该声频系统取信号的录音或广播的声音质量。以市政会议厅中 8 位成员使用 8 支传声器的情况为例来说明问题。对于这样一个实例，仅一位成员发言。如果只需要 1 支传声器却将所有 8 支传声器都开启，则声频输出将包含来自 8 支传声器拾取到的背景噪声和混响声。这就意味着此时的声频信号中实际包含了比只开启发言人面前 1 支传声器更多的背景噪声和混响。由此所建立起的背景噪声和混响大大降低了声频的质量。语言的清晰度和可懂度会因背景噪声和混响的提高而始终饱受其苦。

随着开启传声器数量的增多，声频输出中的背景噪声和混响也会提高。在我们所举的市政厅的例子中，开启 8 支传声器时的声频输出中所包含的背景噪声和混响要比单开 1 支传声器时提高了 9dB 之多。对于人耳而言，当 8 支传声器全都开启时，感知到的噪声响度几乎提高了一倍。

为了让所建立起的背景噪声和混响最小化，自动化传声器混音器将只开启发言人要用的传声器，并且使用了一个 NOMA 电路。NOMA 是开启传声器衰减器的数量（number of open microphones attenuator）的英文缩写。不论何时，只要开启的传声器数量增加，系统都会减小总的增益。如果没有 NOMA，随着开启传声器数量的变化，背景噪声和混响会随之增大和减小，声频系统将会产生令人讨厌的噪声调制（噪声起伏和喘息）问题。如果使用了正确设计的自动化传声器混音器，则不论开启多少传声器都可以让背景噪声和混响保持恒定。

25.3.1.2　在反馈之前降低增益

开启多支传声器引发的第二个问题就是反馈前增益的降低。声学反馈（“啸叫”）可能是任何使用的扩声（PA）系统随时都要面临的一个问题。为了避免出现反馈，PA 系统都会工作在系统变得不稳定且开始啸叫的条件之下。然而，这一反馈安全边界余量会随着每开启一支传声器而变小。如果开启的传声器太多，则最终就会产生反馈啸叫。

自动化传声器混音器解决方案就是保持将不用的传声器关闭掉，同时使用 NOMA 技术。当更多的传声器被启动时，总的增益将保持恒定，这都得益于 NOMA 电路。自动化传声器混音器可确保：如果任意一支传声器开启时声频系统不出现反馈，那么即便所有的传声器都开启时也会保持其对反馈的抑制力。

25.3.1.3　梳状滤波

开启多支传声器所带来的第三个问题就是梳状滤波问题。当距发言人不同距离处的具有相同增益的传声器被开启且其所拾取的信号电平基本相等时，将这些信号混合在一起便会产生梳状滤波问题，如图 25.15 所示。如果被混合信号的电平差大于 10dB，那么梳状滤波的可闻性一般不会成为问题。由于声音是以有限的速度传播的，所以讲话人的声音是在不同的时刻到达传声器的。当混音器将这些传声器信号混合时，这些不同步的传声器信号产生的组合频率响应与开启单支传声器时的频率响应有非常大的不同（不同步信号的频率响应曲线看上去更像梳子的梳齿，故得此名）。梳状滤波的声音听上去会觉得声音发空、发散且单薄。更差的情形是，如果距离不是恒定不变的，比如讲话人边走边讲，那么所产生的陷波型频率响应还会让人感觉到声音有明显的摇曳感。

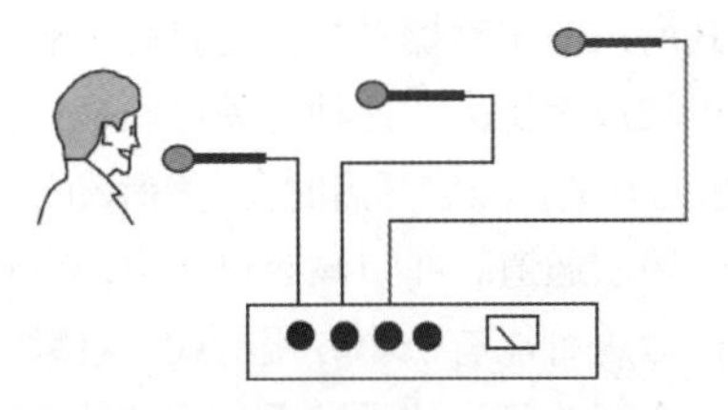

图 25.15　将距讲话者不同距离的开启传声器所拾取的信号混合时就会产生梳状滤波响应

解决梳状滤波问题的方法也是要保持开启的传声器数量最少。当两支或更多支传声器接收到的声级近似相同时，自动化混音器可以选择采用信号最强的那支传声器，而将其他传声器的信号产生衰减。这样可以减小发生可闻梳状滤波的空间区域，同时使音质得以改善。

25.3.1.4　总结

（1）保持开启的传声器数量最少，总能起到改善总体音质的作用。

（2）自动传声器混音器的基本作用就是保持不使用的传声器输入通道衰减（或关闭掉），而当传声器需要使用时能迅速开启。

（3）背景噪声和混响噪声的建立，反馈前增益的降低，以及梳状滤波问题的产生都可以通过使用自动化传声器混音器来加以控制。

（4）自动化混音器的作用相当于一位能力很强，如同有多只手的操作人员一般，他有足够的能力来对所有电平进行操控，而决不会发生注意力不集中而出差错的问题。

25.3.2　针对自动化传声器混音器的设计目标

如图 25.16 所示，音响系统中普通的传声器混音器放大来自每支传声器的信号，并将这些放大的信号混合在一起形成单一的输出。这一输出馈送给功率放大器，进而推动一个或多个音箱。开启的传声器数量每增加一倍，馈送给音响系统信号的反馈前可用增益便降低 3dB。这一事实让通常相信使用的传声器越多可让声音越响，而非越弱的外行人大为吃惊。如果音频工程师不在现场控制电平且关闭掉不用的传声器，那么使用了多支传声器的音响系统很容易瘫痪掉。由于反馈前增益常常是针对房间的声学特性而预留的边界值，所以自动化传声器混音器可能是唯一一种能让无人值守的音响系统向观众提供出节目电平足够响的方法。

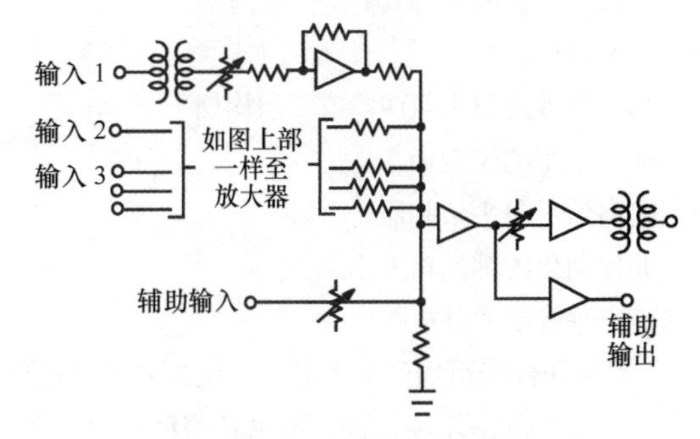

图 25.16　传声器混音器的简化框图

针对自动化传声器混音器的设计目标的实例

（1）保持音响系统的增益处在导致不稳定的反馈门限之下。

（2）不需要操作人员或音响技术人员进行控制。

（3）不引入寄生的、不想要的噪声或节目信号失真。

（4）可以像普通调音台那样易于安装。

（5）仅对想要的语言输入信号产生响应，而无关的背景噪声信号相对不会产生影响。

（6）能迅速启动输入通道，不会对语言信号产生可闻的损伤。

（7）允许讨论议题时多位发言人使用系统，同时还能保持对整体音响系统增益的控制。

（8）调整系统增益，以补偿发言人输入电平范围。

（9）为周边设备控制提供系统状态输出，并且为需要系统设计升级改造而加入的外接系统留有接口。

自动化传声器混音器操作应提供相对容易且非常快的输入启动。来自发言人的所有的语言应使得相应的输入通道立即启动，如果自动化传声器混音器的设计比较差，就不可能始终做到这一点。另外，有些自动化传声器混音器设计对来自远处传声器拾取到的发言人的声音会产生随机的假启动。然而，这种假启动一般不会像比想要的发言人信号电平低较多的假象信号那样带来麻烦。如果所有发言人在讲话时其声音能被听众清晰地听到，同时音响系统保持在反馈点之下，那么自动化传声器混音器的目的就达到了。

自动化传声器混音器不能改善传声器的性能表现。其根本的利益得益于限制了馈送给混音器输出的传声器信号的数量。它所带来的副作用是提高了多传声器系统的临界距离（临界距离被定义为房间中讲话人的直达声信号等于其反射声的位置点，即该点有50%的直达声信号和50%的混响声信号）。因为距离发言人较远的，不使用的传声器被衰减掉了，所以同样被放大的房间混响和环境声将被减少。

25.3.3 自动化传声器混音器的控制与性能

自动化传声器混音器具有的控制和性能与手动传声器混音器相比，许多都是一样的。

- 每一输入通道的电平控制。
- 每一输出通道的主电平控制。
- 输入信号衰减（“微调”）。
- 幻象供电。
- 每一输入通道上有两段或三段均衡。
- 输出电平的仪表指示。
- 输出信号电平限制器。
- 非自动化的辅助输入。
- 带电平控制的耳机输出。

这些控制和性能可能配置为硬件，比如开关、电位器、LED排灯，也可以是软件配置。不论是哪种情况，控制或性能的作用都是一样的。

25.3.3.1 自动化传声器混音器的控制与性能特点

一般而言，自动化传声器混音器所要完成的功能都要比手动传声器混音器所要完成的功能多一些，所以有些控制和性能是自动化传声器混音器所独有的。

输入通道门限（仅限门控处理类型的自动化混音器）。它决定了哪一信号电平之上的输入传声器信号经由带门处理的自动化传声器混音器的输入传输到混音器的输出。

输入通道开启指示灯（仅限门控处理类型的自动化混音器）。它的点亮表明输入通道让传声器信号通过并送至混音器的输出。许多增益共享型自动化混音器都会以不同的方法提供类似的指示灯。

每一输入通道的直接输出。为每一输入通道提供一个不受自动化传声器影响的隔离输出。增益共享型自动化混音器的各个通道输出都已具备了自动化混音功能。

最后传声器锁定开启（仅限门控处理类型的自动化混音器）。保持带门的自动化传声器混音器中最后启动的传声器输入通道一直打开，直到另一个输入通道被启动为止。这种功能可在自动化传声器混音器被用于给广播、录音或助听系统提供信号时，让信号中始终维持有房间的环境声。

保持时间（仅限门控处理类型的自动化混音器）。在语言停止之后仍然保持带门的自动化传声器混音器继续开启的时间长度。这一性能可以实现语言停顿期间的自然过渡连接。

输入衰减。当通道未被启动时，它决定在带门处理的自动化混音器输入通道上施加多大的增益下降量。典型的衰减调整范围是3～70dB，通常使用的数值为15dB。大部分自动化混音器的每个输入一般有两个增益状态，即打开或关闭。有些自动化混音器则采用了三状态设计，即启动、保持和关闭3个状态。在这种设计中，保持状态时的衰减量可能约为12dB，而关闭状态下的衰减量约为30dB。

时间延迟（仅限门控处理类型的自动化混音器）。带门的自动化传声器混音器的某一输入从启动状态降至衰减状态所要求的时间。时间延迟总是附在保持时间之后。

手动/自动选择。允许自动化传声器混音器工作在非自动化（手动）模式。

25.3.3.2 自动化传声器混音器的外部控制能力和状态指示

大部分自动化传声器混音器都具有由外部的开关、电位器、触摸屏、个人计算机和其他类型的控制设备控制的功能。如果采用的是模拟混音器，这些设备是通过混音器后面板上的螺丝紧固端口或多针连接件连接到自动化传声器混音器上，而对于数字自动化混音器一般是采用数据端口或网络连接进行连接的。这些可控功能和控制协议取决于自动化传声器混音器生产商及其产品的型号。实例中可以被外部控制的自动化传声器混音器的功能如下。

输入通道或主输出的增益。在法庭中，庭审人员可以利用并不处在自动化传声器混音器本机上的电位器来控制证人所用传声器或整个音响系统的电平。

某支传声器的On/Off开关。可以让使用者在其不想马上发言时将其所用的传声器关掉。这有助于避免与邻近与会者的交谈声被放大出去。这种开关可能是处在传声器边上的自锁型按钮开关，当它开启时会有指示灯指示。

哑掉某一输入通道。在市政会议厅中，市政工作人员所用的传声器旁边可能有一个专用的或“咳嗽”时使用的开关。这样一个开关可能位于助手方便按动的位置，这样在需要与参会者进行私密性交谈时方便使用。

所有输入通道全部哑掉。在政府机构的听音室中，会议主持人可以哑掉所有的输入，对会议重新进行掌控。这种开关还可以强制将自己所用的传声器开启，而将其他的传声器哑掉。

环境声传声器。当常规的系统传声器无人使用时，为了避免出现广播从业者痛恨的“死寂声”，具有广播馈送功能的系统会启动拾取环境声的传声器。若提供了这样一支环境声传声器，那么它应只驱动广播输出，而不应驱动自动化混音器的扩声输出。

输入通道至不同输出的路径分配。在配有可移动隔离墙体的酒店会议设施中，可以根据房间的配置情况将输入通道信号送至不同的扬声器组中。

状态端口。如果输入通道已被自动化混音处理启动或衰减掉了，所以若能有状态端口来对特定的输入通道的启动或衰减加以指示，那将是很有意义的。这种状态端口也被称为门控端口（gate terminal），人们可以将其认为是可以根据输入通道的启动情况进行开启和关闭的电子开关。状态端口的使用实例如下。

• 指示输入通道启动的 LED 或灯泡的控制。市政会议厅中，当传声器的输入通道被自动化传声器混音器启动时，市政工作人员可以在传声器指示旁边设置信号灯。

• 用以衰减最近处音箱的继电器控制。因为在音响系统中典型的反馈通路是处在传声器与最近的音箱之间，所以在传声器启动时衰减对与之最近的音箱信号的拾取可以改善反馈前增益的性能。然而，更好的解决方案是利用减法混音或矩阵混音方案，这时的每支传声器绝不会馈送附近音箱的声音。由于没有哑掉音箱，所以即便人们自己正在讲话却还是可以听到远处讲话者的讲话声。

• 连接到多台摄像机上的视频切换器的控制。在法庭上，庭审情况可以用跟随自动化传声器混音器启动的输入通道摄像机来录像。

• 哑掉其他输入通道。在酒店会议设施中，当出现紧急通知时，一个输入通道可以优先于所有其他的输入通道。

将外部控制功能和状态端口结合在一起可提供数百种特有的系统配置。大部分自动化传声器混音器的生产商都会提供这种配置文件，它们通常是印制在产品安装手册中，并且可以从厂家的网站上获取。正如此前所言，用于说明状态端口和混音器功能控制的通信协议会因自动化传声器混音器生产厂家和产品型号的不同而不同。

25.3.3.3　自动化传声器混音器采用的通信协议的例子

触点闭合协议。作为最基本的通信协议，触点闭合是通过简单的单极 / 单掷（SPST）开关或继电器实现的。开关被连接到控制一定功能（比如输入通道哑音）的混音器的两个端口上。当开关闭合时，输入通道被哑掉。当开关开启时，输入通道解除哑音，并可被启动。

电阻变化或电压变化协议。主要用于 VCA（压控放大器）的控制信号，该协议要求定义应用于混音器控制端口的电阻或电压变化。在响应中，自动化传声器混音器中的 VCA 将改变声频信号的电平。

TTL（晶体管 - 晶体管逻辑电路）。这是 20 世纪 60 年代制定的电子协议，TTL 使用起来很简单。自动化传声器混音器控制端口处在两种状态之一：逻辑高电平（$+5V_{dc}$）或逻辑低电平（$0V_{dc}$）。当混音器输入通道处于衰减时，状态端口处于逻辑高电平，而当混音器输入通道被启动时，状态端口处于逻辑低电平。这种电压变化告知外接设备在输入通道上存在变化，将会发生一些预定的动作 — 比如点亮 LED 或开启一台摄像机。

RS-232。作为用于与计算机进行通信联系的方法，RS-232 是另外一种常见的电子协议。当自动化传声器混音器安装的是专门的控制软件或者混音器被连接到诸如 Crestron 或 AMX 生产的控制系统时，基本上都会采用 RS-232。

RS-422。它基本上就是 RS-232 的平衡线路版本，RS-422 是针对必须采用特别长的线缆将自动化传声器混音器与外部控制设备连接起来的应用而设计的。

以太网。它是计算机网络中应用最为广泛的协议。基于 DSP 的自动化传声器混音器通常将具备利用该协议实现的遥控和监听功能。

25.3.3.4　开启传声器数量引起的衰减（Number of Open Microphone Attenuation，NOMA）

NOMA 是所有设计优良的自动化传声器混音器均具备的功能。它是根据启动的输入通道数量按比例自动减少混音器的输出增益，以确保系统稳定工作的一种简单方法。NOMA 的偏差补偿了因为开启了更多的传声器而引发的增益提高量。以分贝表示的衰减减量按如下公式变化。

$$\text{衰减量}\ (\text{dB}) = 10\lg N \tag{25-3}$$

在公式中，

N 是启动的传声器数目。

由于 NOMA 只是在音响系统中启动的传声器数目变化时辅助其维持增益稳定，所以它并不对可以启动的传声器数目进行限制。

25.3.3.5　传声器开启数量的限制

在自动化传声器混音器设计方面的新进展体现在 NOM 限制器（NOM restrictor）性能的最佳描述上。该性能将开启的传声器数量限制在预定值上。例如，在大型的司法机构使用的系统中使用了 100 支传声器，即便全部 100 位立法者在讲话，也很少会允许将所有 100 支传声器在某一时刻同时开启的场合出现。

将 NOM 限制在 100 支中的 5 支传声器开启，便可以在不受开启 100 支传声器时来自观众的嘈杂声音影响到同时进行的激烈讨论。一个人可能难以决定 100 支传声器中的哪 5 支被启动，对这种功能的需求在很大程度上取决于使用系统的编组协议。

25.3.3.6　输入通道衰减

自动化传声器混音器采用一定形式的输入通道衰减来关闭不使用的传声器。如果由关闭状态到开启状态的电平变化太大，那么输入通道的开启动作就变得可闻了。实践经验表明：对于双状态自动化混音器而言，由关闭变到开启，15dB的变化量是不错的折中选项。也可以使用三状态衰减：开启、保持和关闭。如果没有人发言，那么衰减被设定到中间或保持状态数值上。当检测到一个或多个输入上存在语音信号时，衰减值会从保持状态逐渐上升至开启状态，同时不使用的输入上的衰减状态逐步降至关闭状态。这样便将衰减变化量及衰减变化所用的时间最小化。通常，三状态的自动化混音器的衰减值可能为：开启状态为 0dB，保持状态为 -12dB，关闭状态为 -30dB。然而，随着系统中开启的传声器数量的增加，为了让系统增益稳定，可能就需要更大一些的输入通道衰减。在大部分自动化传声器混音器上都可以进行输入通道衰减量的调整。这一调整逐个输入通道地进行，或者是针对所有的通道一次调整完毕。反馈前增益，输入通道衰减量，以及传声器数量之间的关系可以利用如下公式计算。

$$\Delta G = 10\lg \frac{N}{1+(N-1)10^{A/10}} \tag{25-4}$$

在公式中，

ΔG 为只有 1 支传声器被启动时增益的改善量（dB）；

N 是传声器的总数；

A 为针对所有输入通道的衰减量（dB）。

图 25.17 以图形方式表示出了其间的关系。应注意的是，伴随着无限大衰减与增益改善渐近线最大数值之间的关系，即几乎关闭到只剩一个通道。另外还要注意到，大于 30dB 的输入通道衰减对于多于 256 支传声器构成的系统几乎没有改善作用。

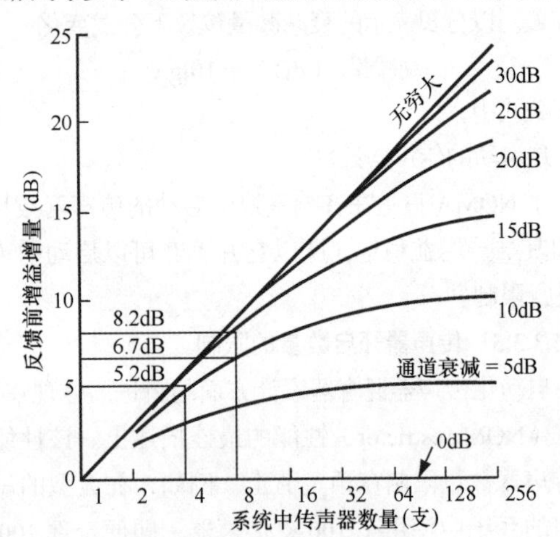

图 25.17 具有大量的传声器并仅有一个通道开启的混音器中不同的关闭通道衰减与增益改善之间的关系

25.3.3.7 自动增益控制

输入或输出的自动增益控制（Automatic Gain Control，AGC）是少数自动化传声器混音器所具有的性能。音频工程师控制增益，提高弱信号或减小过响的信号，力图在不损伤语言固有动态范围的同时实现上述处理。自动化传声器混音器中的 AGC 一般设计成仅当输入信号电平提高时才减小增益，或者如果允许提高增益，那么它会限定增益提升的量值，以避免弱的讲话人声音将系统送入反馈状态。调整 AGC，以便使说话最轻的发言人的声音享有最大的增益（不产生反馈）。所有较响的讲话人的声音将迫使 AGC 降低总体的电平。

IRP Level-Matic 电路就是这样一个例子。它自动调整主增益，对于高达 10dB 的输入信号变化仍能维持一致的输出电平。响的讲话人声音会使增益稳步减小。当讲话人停止讲话时，增益维持在针对其平均讲话电平的增益上。如果随后说话轻的讲话人发言，那么增益会稳步提高到针对它的平均电平而设定的新数值上。

有些设计是在每个输入上都采用 AGC，让它基于系统的持续稳定性来计算出每个 AGC 所提供的增益，同时对任意 AGC 的动态变化设定一个可能的最大增益值，以保持系统的稳定性。如果只有一位声音轻的发言人，那么可以让 AGC 对输入进行控制，以获取在无回授风险的前提下可观的增益提升。然而，如果有多位声音轻的发言人，那么允许 AGC 所提供出的最大增益将会明显减小。

有些 AGC 设计允许在没有人发言时可采用不确定的保持时间，或者可以在没有人发言的时间里选择缓慢回到正常增益的处理。这样的增益复位做法对于多位发言人使用同一支传声器情况很有用。

增益控制是基于人耳感知的响度与频率的关系和响度与时间响应的关系。增益调整是以每秒恒定分贝数的比率实现的，以便将简单电平压缩电路中存在的泵机和噪声喘息效应最小化。有些 AGC 设计在增益控制旁链中采用滤波处理的做法来降低对噪声或非发言声音的敏感度。

25.3.4 自动化传声器混音器的种类

自动化传声器混音器有采用模拟电路设计的，也有采用数字电路设计的，或者用这两种电路的组合形式设计的。尽管数字设计可以提供由软件控制带来的更强的设计灵活性，但是数字自动化传声器混音器并不是天生就比模拟自动化传声器混音器优秀。不论是模拟的，还是数字的，自动化传声器混音器都属于下面功能分组中的某一类。

（1）固定门限型。

（2）可变门限型。

（3）增益共享型。

（4）直接关联灵敏型。

（5）噪声自适应型。

（6）多变量关联型。

25.3.4.1 固定门限型自动化传声器混音器

当传声器信号出现时，自动化传声器混音器中的检测电路启动输入通道，而当传声器信号停止时，它衰减输入。这种基本功能常被称为噪声门控。为了启动输入，信号必须高过安装时针对通道而预置的门限值。这种方法有几个不足之处。首先，设定的启动门限是把双刃剑。如果设得太低，那么它会对房间噪声、混响和房间反射声成分产生假响应。如果为了避免出现假响应而将门限设得太高，则想要的语言信号可能就会被阻塞或切掉。门限应设定在足以避免随机噪声启动输入的电平上，同时其低的程度也要保证想要的语言信号能启动输入。这些往往是相互矛盾的要求，其处理结果常常并不令人满意。

更为严重的问题是非常响的讲话人可以启动任意数量的输入通道。一种解决方案就是采用每次只能允许一个输入通道开启的第一时间禁止电路。每次开启一个的工作方式常常是交谈对话型的应用所不能接受的，因为必须要有一个能覆盖语言停顿期间的保持时间，这会让第二位讲话人的声音一直听不到。

固定门限自动化传声器混音器的使用热度已经消退了，现在几乎没有再使用的了。固定门限启动的早期应用产品有：Shure M625 Voicegate（1973）、Rauland 3535（1978）、Edcor AM400（1982）和 Bogen AMM-4（1985）。

25.3.4.2　可变门限型自动化传声器混音器

克服固定门限问题的一种尝试就是根据来自远处传声器的信号来设定启动门限。这支传声器应处在不期望拾取到想要的节目输入的地方，并假定它能提供根据房间噪声或混响变化确定出的参考信号。任何想要的讲话人输入必须超出这一电平一定的预置量。这里假定想要的讲话人信号比参考信号更响。然而，这可能并不成立，尤其是参考信号是来自随机选取的传声器位置，而这一位置的声音并不代表讲话人传声器附近的环境声情况。这一系统的理论基础是来自杜根（Dugan）在美国专利 U.S. Patent 3 814 856 中所描述的理论。参考门限的另外一个来源可以是系统中所有传声器的输出之和。

已经停产的 JBL 7510 自动化传声器混音器使用的是摒弃固定门限的可变门限设计。该设计假定：如果普通的声学干扰在几支传声器输入通道被检测到，那么某一输入通道就不应启动。取而代之的是，应该提高整个系统的门限。随后讲话人必须在传声器面前足够响，以便处在新提高的门限之上。固定门限和背景门限参考基准的贡献将在安装时设置好。释放时间、输入衰减和增益也必须针对每一输入通道逐一进行调整。这种可变门限设计概念的变形已经被应用于 Audio Technica、Biamp、IED、Ivie、Lectrosonics 和 TOA 的自动化传声器混音器中。

图 25.18 所示的是 Biamp autoTwo Automatic Mixer，其中采用了自适应门限检测，以便让门的虚假触发概率最小化，语言频率滤波器可让由噪声引发的虚假门控触发最少化，来自通道的逻辑输出用来切换外部电路，滞后 6dB 的设计可以减小门限附近的门摆动问题。图 25.19 是其框图。

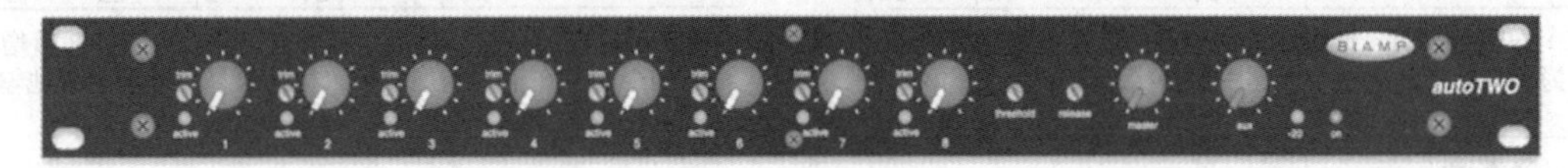

图 25.18　Biamp autoTwo Automatic Mixer（Biamp system 授权使用）

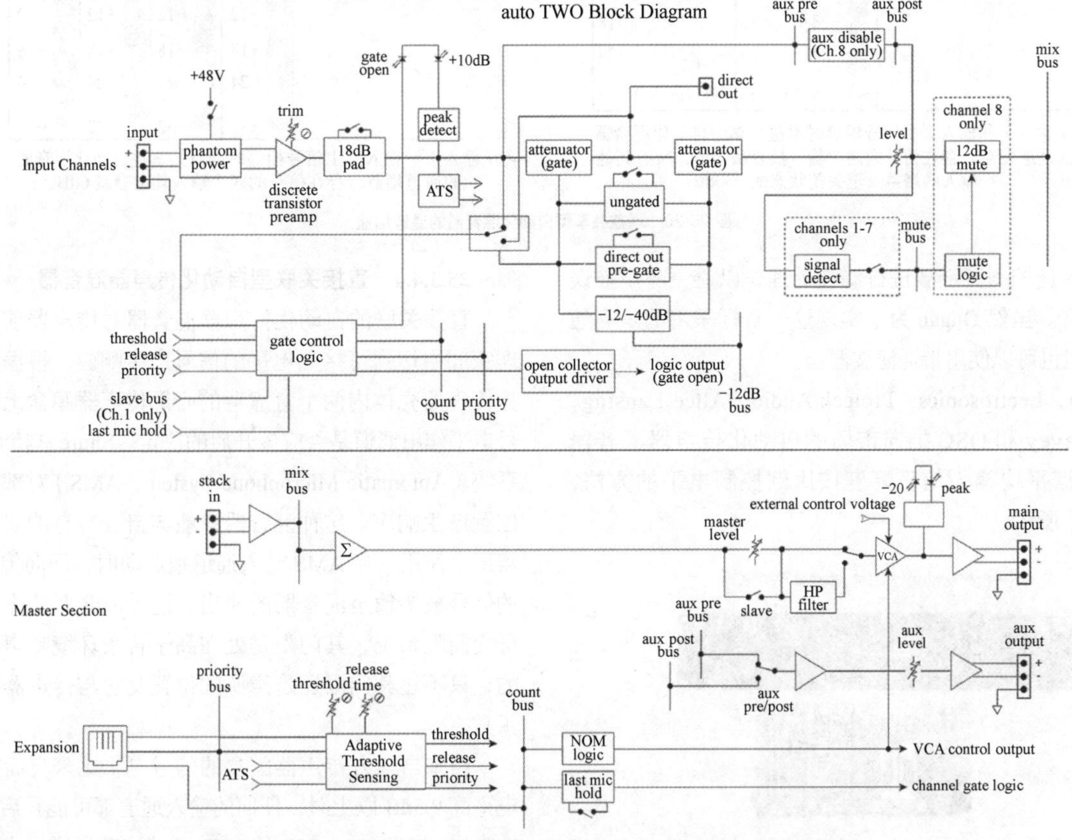

图 25.19　Biamp autoTwo Automatic Mixe 的原理框图（Biamp system 授权使用）

25.3.4.3 共享增益型自动化传声器混音器

Dugan 的美国专利 U.S. Patent 3 992 584 对这样一个系统进行了描述，其中所有输入增益之和恒定。每个输入上的信号电平与所有输入的电平之和相比较，这两个电平间的比值被用来决定施加到该输入上的增益。如果两位讲话人的讲话声进入各自传声器的电平差异有 3dB(两者都稍稍高过背景声级)，那么它们在系统输出上表现出的电平差为 6dB。换言之，最高的输出被给予最大的增益，而对来自具有最小输出传声器的信号被给予最小的增益。利用这样的工作概念，在输出级中就不需要 NOMA 了。理论上讲，这样配置系统是为了让总的增益保持在不会发生反馈振荡的安全电平上。

共享增益型自动化传声器混音器的工作前提是来自系统中所有传声器信号输入之和必须低于一些最大数值，以避免出现反馈振荡。安全的系统增益是相对系统中所有传声器信号之和设定的。如果一支传声器具有比所有信号的平均值更高的信号，那么该传声器通道被赋予更大的增益，所有其他的通道的增益大致是按照信号电平相对升高的比例来减小。当在任何输入上都检测不到语言信号时，则所有的输入就进入增益保持状态，如图 25.20(a) 所示。当检测到某一个输入存在语言信号时，其增益升至 0dB，同时所有其他的输入的增益都降至关闭状态增益，如图 25.20(b)。如果检测到电平一样的两个语言输入，那么这两个输入的增益被提升至 -3dB，同时其他入的增益将降至关闭状态增益，如图 25.20(c) 所示。如果检测到电平一样的四个语言输入，那么这两个输入的增益被提升至 -6dB，同时其他输入的增益将降至关闭状态增益，如图 25.20(d) 所示。由于每个输入的功率增益之和总是 0dB(增益共享)，因此就不需要在求和的输出上再施加 NOMA，因为在输入上产生了等效的作用。

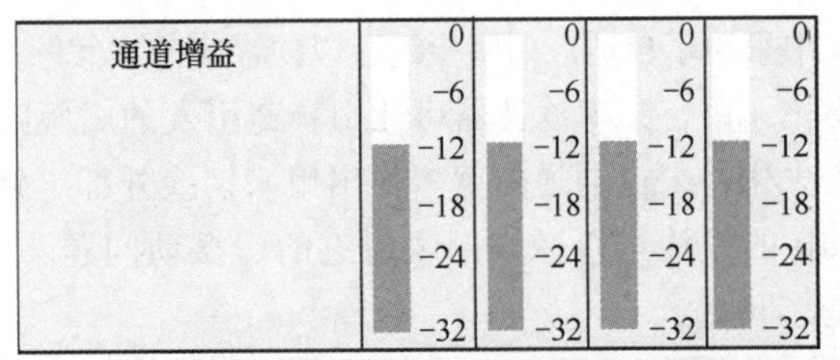

(a) 在无信号时，增益共享型自动化混音器通道增益为保持状态的增益。本例中保持状态增益为 -12dB

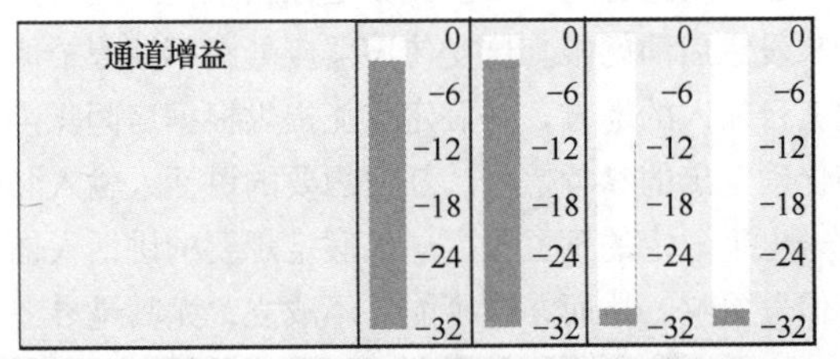

(b) 输入 1 存在信号时，增益共享型自动化混音器的通道增益。在本例中，存在信号的这一输入没有衰减，而所有其他输入的增益降至关闭状态的 -30dB

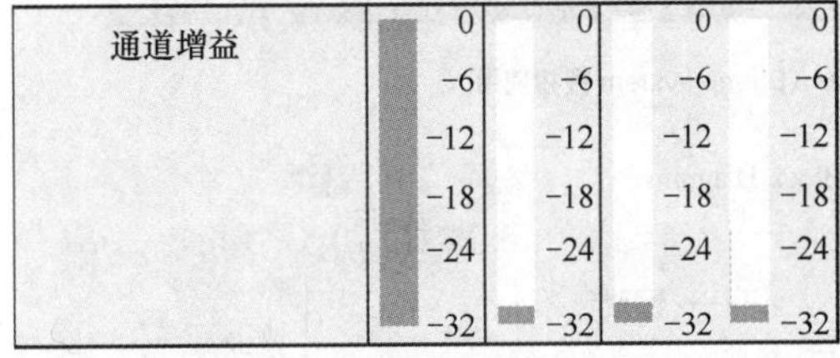

(c) 输入 1 和输入 2 上信号相等时增益共享型自动化混音器的通道增益。存在信号的两个输入被衰减 3dB。所有其他输入的增益降至关闭状态的 -30dB

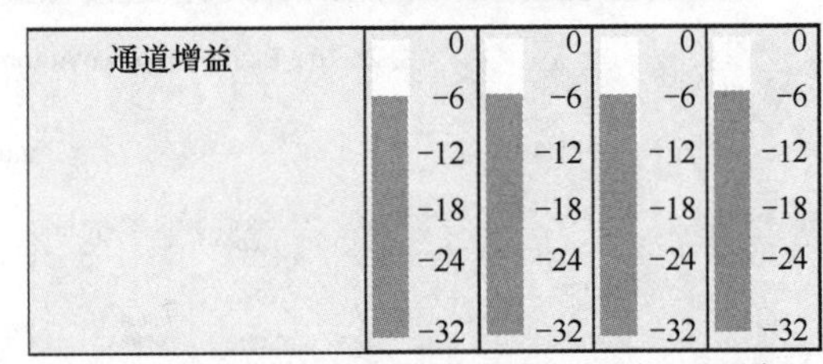

(d) 输入 1～输入 4 上信号相等时增益共享型自动化混音器的通道增益。存在信号的四个输入均被衰减 6dB

图 25-20 增益共享型自动化混音器的通道增益

重要的是控制旁链要进行滤波处理，以避免噪声被误认为是语音。虽然 Dugan 为了实现这一目标采用的是高通滤波器，但也可以使用带通滤波器。

Dugan，Lectrosonics，Protech Audio，Altec Lansing，Rane，Peavey 和 QSC 推向市场的自动化传声器混音器采用了根据平均输入信号幅度按比例控制电平的方法，如图 25.21 所示。

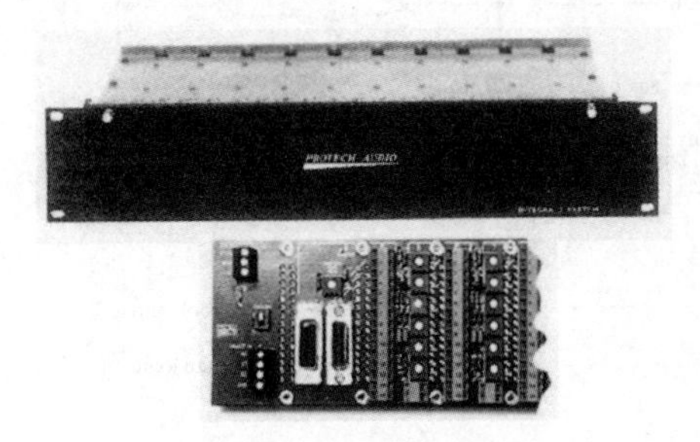

图 25.21 Protech Audio 自动混音器（Dan Dugan 授权使用）

25.3.4.4 直接关联型自动化传声器混音器

直接关联的自动化传声器混音器对传声器前方预定物理空间中达到可接受电平的信号产生响应。根据安装在一支传声器壳体内两个背靠背的心形传声器膜盒上的相对信号电平作出通道是否应该开启的决定。Shure 自动化传声器系统（Automatic Microphone System，AMS）对部分的声源位置产生响应。这种混音器只能与自身特有的双膜盒传声器配合使用。当 AMS 输入通道被启动时，面向传声器正面的信号被传输至混音器的输出。这种混音器的作用类似于可变门限系统，其门限是处在高于背景环境噪声电平之上的，只不过其门限还是声源的位置及它与传声器间角度的函数。

当来自前方传声器膜盒的信号电平比来自后方膜盒的电平高 9.5dB 以上时，任何的输入通道都可能开启。从有效性上讲，需要 5～7dB 的 SNR 才能启动通道。当然，较弱的声源启动不了通道。9.5dB 的电平差是根据心形传声器在离轴 60° 时的响应一般为其主轴响应的 1/3 的这一判断标准得出的。因此，混音器输入通道的启动角度是 120° 。不论其产生的声压级怎样，处在 120° 角度之外的声源都将不会启动输入通道。

为了保持 AMS 传声器与常用的屏蔽双绞线线缆的兼容性，同时又保持两支传声器信号的隔离，人们采用了非平衡的信号通路。相对于常用的平衡信号通路而言，这种方案可能更容易耦合嗡声和拾取到噪声。传声器中电流源前置放大器的使用，以及非同寻常的低阻抗输入将这一潜在的问题最小化了。

建议指出：AMS 传声器要安装在距每位讲话人 3ft 之内的地方，讲话人必须要处在 120° 的启动角之内。每支 AMS 传声器还应距离其后方墙壁至少 3ft 远，同时距其后面的物体（比如书籍，大的烟灰缸或公文包等）至少 1 ft。这种预防措施对于避免讲话人声音信号所产生的不想要声反射进入传声器膜盒后面是必须的。杂散声反射可能导致输入启动不可靠。

有关依靠方向性工作的自动化传声器混音器处理方面的内容包含在美国专利 U.S. Patent 4 489 442 当中，这种类型的自动化传声器混音器已经由 Shure 生产面世。在 2000 年，公布的美国专利 U.S. Patent 6 137 887 被 Shure 应用于新型 AMS 设计当中。它是由安德森（Anderson）开发的，这一专利增加了保证单独一位发言人讲话时只启动一条输入通道的电路，即便这时发言人处在多支 AMS 传声器的启动角之内，如图 25.22 所示。

图 25.22　Shure AMS8100 混音器（Shure 公司授权使用）

25.3.4.5　自适应噪声门限的自动化传声器混音器

这一概念给每一输入通道使用了独有的动态门限。它采用了一个反向峰值检波器，每一输入通道根据传声器输入信号的变化设定自己的适应几秒内频繁变化的最低门限。

像换气扇发出的这种频率和幅度信号都是恒定的声音，它们是不会启动输入的，但它却会增加噪声的自适应门限。像语言这种频率和幅度均快速变化的声音才会启动输入。要想让混音器启动输入需要满足两个条件。

（1）讲话人产生的瞬时输入信号电平高于通道的噪声自适应门限。

（2）输入通道具有对该讲话人最大的信号电平。

如果没有这第二个条件，那么非常响的讲话人声音可能会启动不止一个输入通道。

应注意的是，该系统将频率和幅度相对恒定的任何声音都被认为是非语声信号。虽然持续的乐音音符在起始阶段可能会启动一路输入，但是在接下来的几秒的时间里持续音的音符将会使门限升高，输入将被衰减。正如之前所述的那样，自动化传声器混音器主要是为语言而非音乐应用而设计的。

由 Julstrom 开发并包含在美国专利 U.S.Patent 4 658 425 中的噪声自适应门限配置已经应用于 Shure 生产的模拟和数字自动化传声器混音器当中，这其中就包括新型的 SCM820 数字自动化混音器，如图 25.23 所示。

25.3.4.6　多变量关联型自动化传声器混音器

至今所描述的自动化传声器混音器方案本质上都是将输入信号幅度作为启动变量。每个输入上的信号相对时间是另一个可以应用的变量。多变量相关系统所做出的启动决定源自输入信号幅度和输入信号的时间先后次序。

皮特（Peter）拥有的美国专利 U.S. Patent 4 149 032 就是这样一种设计。所有输入的瞬时正向信号幅度与门限电压（直流锯齿形状）同时进行比较，在 10ms（或更短）内从高数值降到低数值的量多达 80dB。最初，所有的输入通道均保持在衰减状态。瞬时幅度等于下落门限瞬时值的第一个输入通道被启动，而其他的输入还保持在衰减状态。这一被启动的通道会维持 200ms。

一旦某一输入通道被启动，则门限电压被重新设定到其高的数值上，并立即开始再次降低，以搜索需启动的另一路输入。如果所有的讲话人都不发言，找不到匹配的幅度，那么门限搜索进程会在 10ms 时间内达到最大的 80dB，然后重新设置。然而，这种情况并非典型。大部分时间里，某一输入上的信号将会产生一个门限幅度来与此前的搜索匹配。在现实中，平均输入启动时间为 3ms 或 4ms。由于门限每次复位了被启动的输入，所以门限搜索的频率也是平均每 3ms 或 4ms 进行一次。

如提及的那样，输入启动被维持了 200ms。如果在第二次搜索时同一输入还是最大的信号幅度，那么它的启动状态再重新开始 200ms。如果在之后的门限搜索过程中，另外的输入通道具有更高的幅度，那么它也会启动 200ms。第一个被启动的输入停止下来，如果在未来的 200ms 的搜索中未被重新启动，它将衰减。只要讲话人一直不停地讲话，那么他的输入就一直会以 200ms 的间隔持续刷新。这种快速响应能够使对话交谈进行下去，同时也允许在语言的间隙期间较弱的声源轻易地启动。

由于所有输入通道的启动增益是一样的，所以启动通道上的任意信号源具有相同的增益，调音台输出上不同讲话人的相对电平被保持下来。

当多位讲话人竞争访问系统时，所有这些讲话人访问成功的概率会随着人数的增加按比例减小。这便有效地限制了任一指定时刻可以被启动的最大输入通道数量。例如，

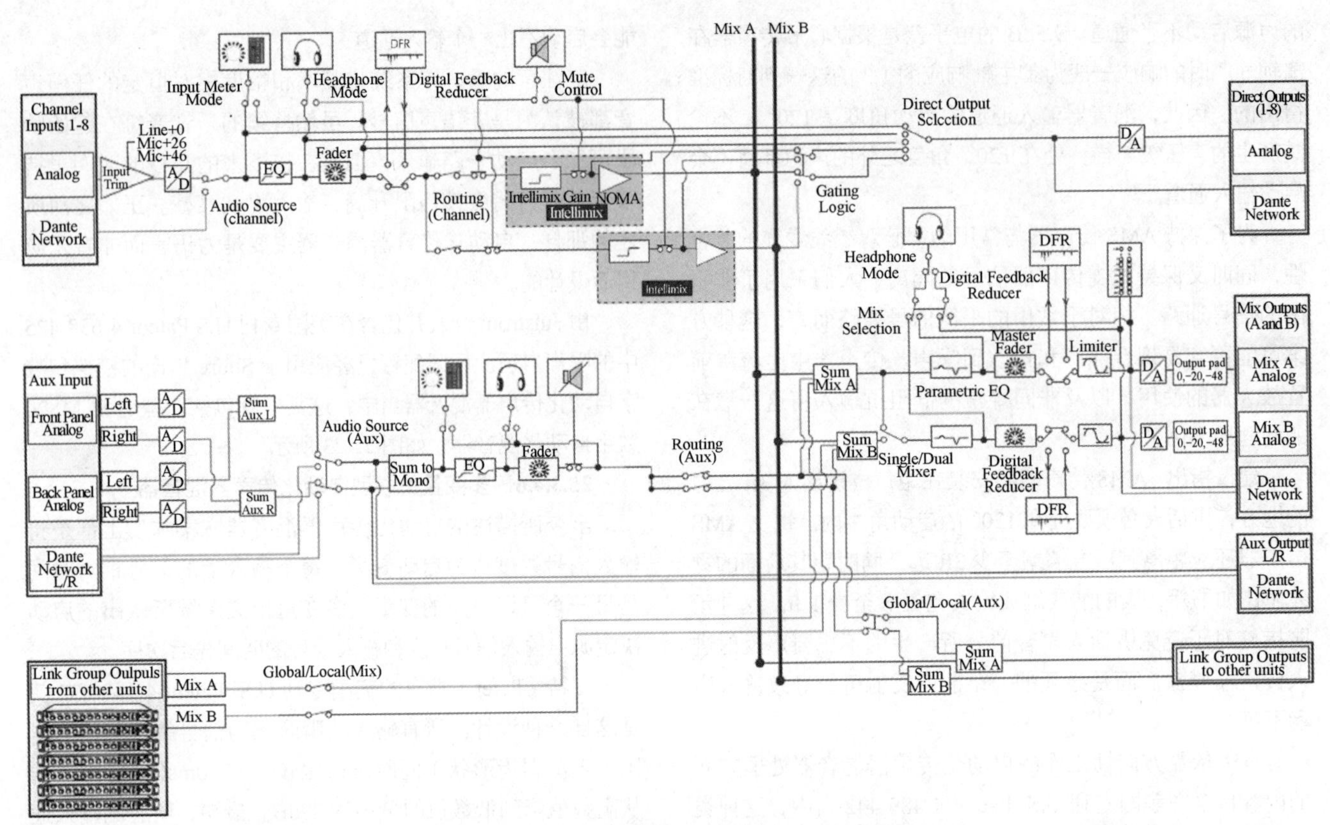

图 25.23 Shure SCM820 混音器的框图（Shure 公司授权使用）

10 位音量相当的讲话人各占据 88% 的时间。然而，由于出现 3 个人或 4 个人同时讲话的情形很难让人理喻，所以这种限制通常很少出现。

Peter 设计的另外一个独特之处体现在可变的访问比例。简单而言，访问比例就是指一个输入保持启动的时间（200ms）与启动一个输入所花费的决定时间（10ms）之比。访问比例可以重调，以控制一次能够启动的输入通道数量。访问比例的选择性调整还可以减少说话音头丢失的概率。IRP Voice-Matic 自动化传声器混音器采用了这一设计，有时在输出上还包括其 Level-Matic AGC。

25.3.4.7 具有矩阵混合至多输出的自动化传声器混音器

自动化传声器混音器中的最新设计和基于 DSP 的虚拟系统（将在第 41 章“虚拟系统”详细介绍）的特殊调音台中将矩阵混音引入多输出当中。这一性能允许将任意的输入通道送至任意数量的输出通道上，并且根据各个输出想要的信号混合以不同的电平来传送。Lectrosonics AM16/12 是模拟与数字相结合的产品。所有的控制是通过运行在 Windows 平台上的专门软件来实现的。软件控制可以让带矩阵混音功能的 16 入 /12 出自动化传声器混音器功能由两个机架空间的机箱来实现。软件控制还阻止了未授权重新调整情形的出现，因为它上面没有可随意摆弄的旋钮。诸如 Peavey MediaMatrix 和 QSC Q-Sys 这样的基于 DSP 的虚拟系统能够配置成几种不同风格的矩阵混音输出的自动化混音器。

矩阵混合可以用来创建并馈送出为录音、电话会议、助听和同声传译等而制作的声频信号。法庭就是需要所有这些不同声频系统的设施的一个例子。矩阵混音还具备为扬声器及其相应的每支传声器提供独立混音的功能。这样便允许将一支指定传声器信号以满幅电平送至所有位于远处的扬声器，而将降低了电平的信号送至附近的扬声器，而对于最近处的扬声器则根本不送信号。这样便能够在完全不用哑掉扬声器的前提下改善对反馈的抑制力，提高系统的稳定性。由于扬声器从未被哑掉，所以即便与会者自己在讲话，这时他们还是可以清晰地听到更远处发言者的讲话声音。检查这一问题的另一种方法就是让为每只扬声器提供的独立输出的矩阵混合以真正的双工方式工作，而不是设计成通过哑掉扬声器来获得稳定工作的半双工工作方式。

有些系统允许对矩阵混音进行动态调整，以便于在指定的发言人静下来的同时 AGC 已经提高其电平情况出现时，由传声器接收到降低电平的那些扬声器所处区域的空间大小能够被增大。例如，一个拥有 100 路传声器输入和 100 路扬声器输出的系统需要一个可进行 10 000 个电平控制的矩阵混音。为了减少所需要的控制和支持电路的数量，人们开发出了减法混音方案。以我们所举的例子来说明，每支传声器将以满幅电平驱动 90 只扬声器，而只以降低电平信号来驱动 10 只扬声器。首先，人们为所有的传声器制作出一个单声道混音，然后针对任意指定的输出，来自最近处 10 支传声器的信号被进行极性反转处理，并将其与单声道混音信号混合。因此对于每个调音台输出只需要 11 个输入，这样便将控制的数量从 10 000 个减少到了

1100 个。对于离任意指定的最近处传声器的输出而言，传声器的信号以满幅电平与单声道叠加信号反相混合。由于叠加信号中已经包含来自满幅传声器的信号，所以在加入了极性反转的拷贝信号后将会使其从该输出中抵消掉。对于靠近输出的其他 9 个输入而言，它们会以稍稍低于满幅的反转信号混合进去，从而降低了来自那些传声器输入的电平。

在模拟域中采用减法混音系统的最大问题就是确保系统中所有增益控制的稳定性。虽然数字式实施方案解决了控制稳定性的问题，但是它有可能引入另外的问题，即要确保所有信号要精准地同时到达减法混音器的输入。

对于一些当今基于 DSP 的虚拟系统而言。采用大型矩阵调音台可能要比用减法混音解决方案更容易一些。

矩阵混音概念改善了反馈前增益。如果传声器信号并未出现在最近的扬声器中，那么这时的反馈前增益就要优于传声器信号出现在那只扬声器时的情况。在典型的会议室中，讲话人不需要通过最近处的扬声器来听自己的声音。他们需要听的是远离其位置的其他讲话者的声音。矩阵混音或减法混音提供了这一功能，如图 25.24 所示。

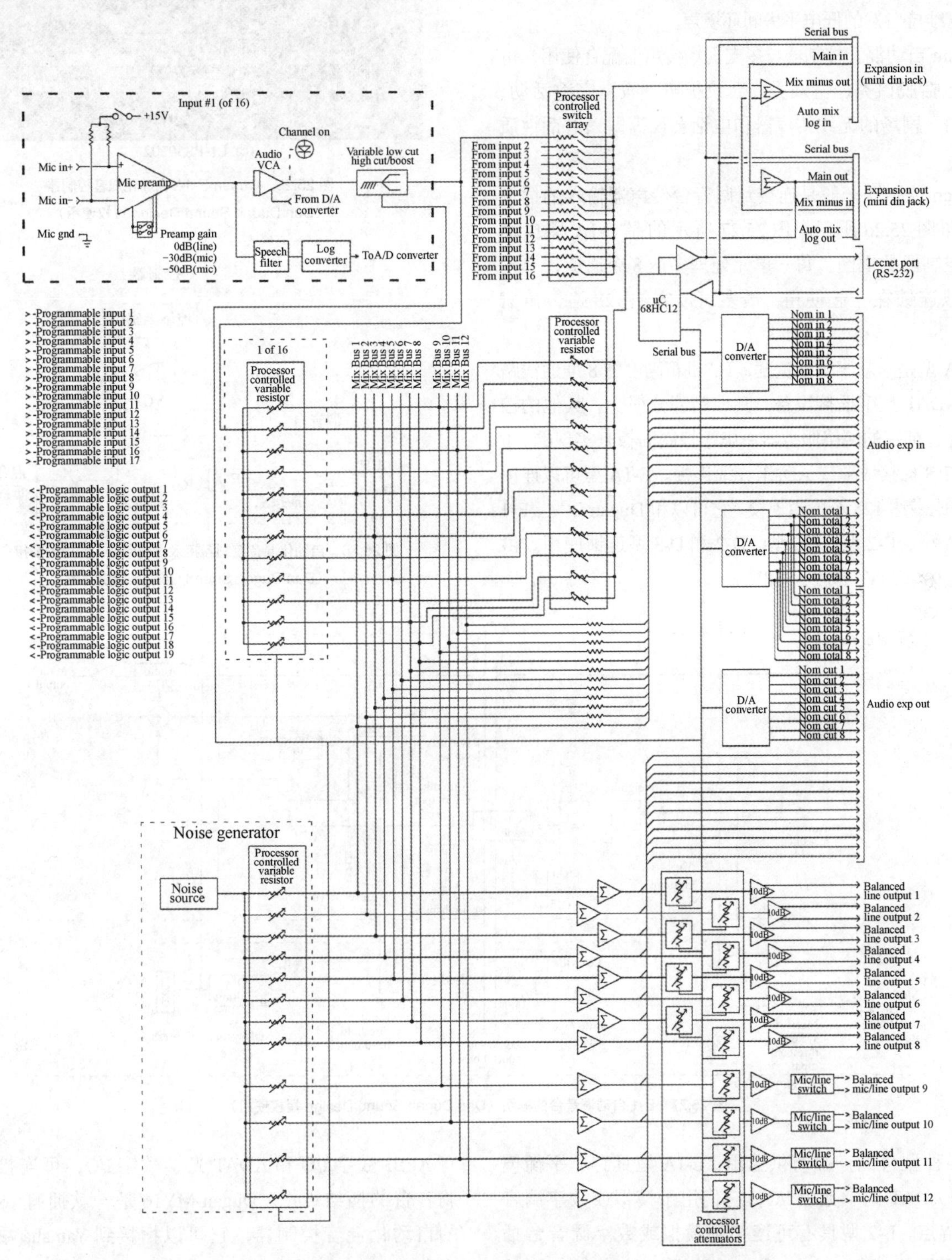

图 25.24　Lectronics AM1612 混音器的框图

25.3.4.8 自动混音控制器

图 25.25 所示的是 E-1A 型自动化混音控制器，它能帮助专业的声频混音师处理多支现场传声器，而无须一刻不停地关注并调整这些推子。这款 8 通道信号处理器通过混音器的输入插接点接入。它检测哪支传声器在使用，并进行快速透明的交叉渐变，将混音师从困境中解脱出来，让其专心于平衡和音质处理方面的操作，不必被推子束缚住。E-1 型的受控语音交叉渐变对于脱稿的对话声轨很完美，它消除了提示错误和事后淡入的问题，同时避免产生与噪声门工作类似的不断变化和转换影响。由于不需要噪声门，所以可以维持自然的低电平房间环境声。

Dugan 自动混音控制器与多支现场传声器配合使用，可应用于包括脱口秀、游戏秀、会议扩声、教堂宗教活动、戏剧对白、剧场的无线传声器和电话会议等即兴对话性质的节目。

Dugan 控制器一般是连接到调音台传声器输入的插接点上，如图 25.26 所示。图 25.27 所示的是 E-1A 型自动化混音控制器的框图。每一单元处理多达 8 个通道，单元设备可以连锁在一起使用，最多可以容纳 128 路传声器通道。

E-1A 型是一款半机架宽度，1U 机箱高度的 8 通道线路电平或 ADAT 数字插接设备，其控制部分很少。其他的控制都是通过绑定的网络服务器由虚拟控制面板来实现的。I/O 通过 TRS 插接线缆或 ADAT 光缆连接。E-1A 型可以连锁使用，构成多达 128 个通道规模，它可以和 Dugan E 型、E-1 型、E-1A 型、E-2 型、E-3 型、D-2 和 D-3 型连锁使用。供电电源是 $9\sim24V_{dc}$ 或 $9\sim18V_{ac}$。

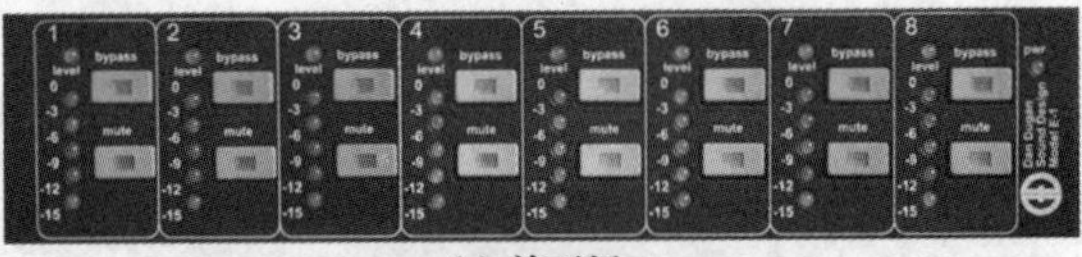

(a) 前面板

(b) 后面板

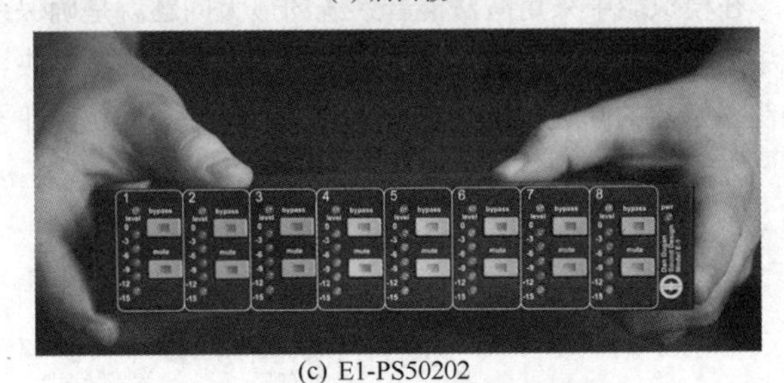

(c) E1-PS50202

图 25.25 Dugan E-1A 自动化混音控制器
（Dan Dugan Sound Design 授权使用）

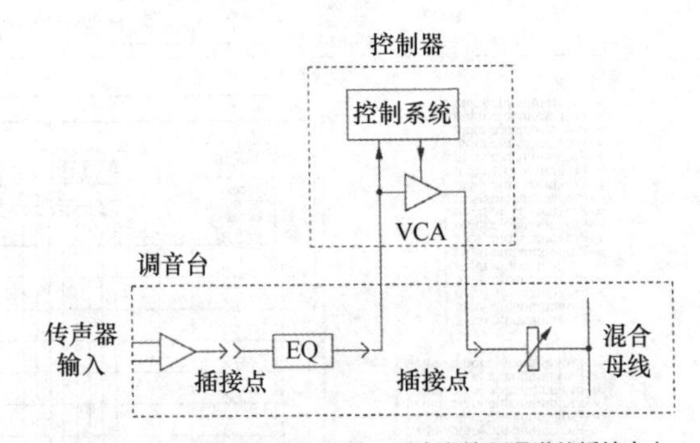

图 25.26 自动化混音控制器接入调音台输入通道的插接点上
（Dan Dugan Sound Design 授权使用）

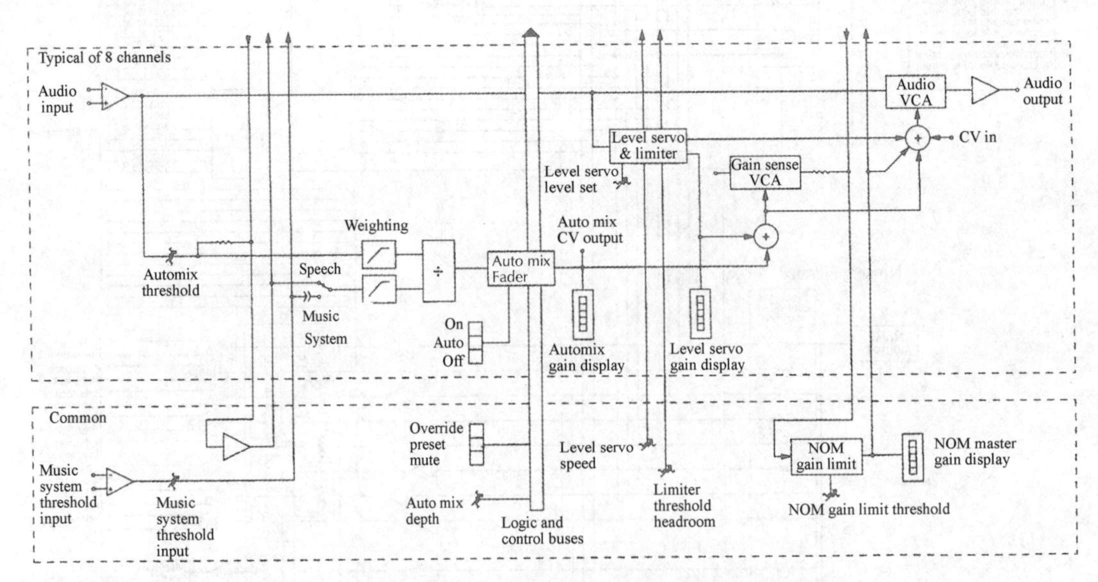

图 25.27 E-1 自动调音台的框图（Dan Dugan Sound Design 授权使用）

有四种型号的产品可供选用。E-1A 型具有非平衡模拟 I/O 和 ADAT 光学数字 I/O，它们用于模拟或数字调音台的插结点。E-2 型具有可连接到模拟或数字调音台插结点的平衡式模拟 I/O 和 ADAT 光学数字 I/O。E-3 型具有 AES3 数字 I/O 和 ADAT 光学数字 I/O，可连接到数字调音台的插结点上。Dugan-MY16 是一款拥有 16 个通道的自动化混音控制器，它可以插接到 Yamaha 数字调音台中。

25.3.4.9　软件形式的自动化传声器混音器

如果软件可以控制自动化传声器混音器硬件，那么自动化传声器混音器还可以完全由软件来实现。这种自动化传声器混音器的全数字式解决方案产品就包括有基于软件的 Allen & Heath、ASPI、BSS、Crown、Dan Dugan、Gentner、Lectrosonics、Peavey、QSC、Rane 和 Shure 等厂家提供的产品。至今，数字式自动化传声器混音器使用的工作概念与之前描述的模拟式自动化传声器混音器的工作概念并没有太大的改变。可能有的变化就是未来的数字式自动化传声器混音器的概念将被隐含在计算机代码中，制造商可能不愿意透露工作原理上的细节突破；他们严守其公司的秘密。如果专利被转让或技术文件被公布，那么自动化传声器混音器中的新概念可能就成为大众化的知识了。

图 25.28 所示的 Polycom Vortex EF2280 可自动混合传声器和其他声源，同时消除了回声和令人讨厌的背景噪声。它被应用于会议室、法庭、远程教学、扩声和多功能场所。它很容易与包括编解码器、VCR 或其他 A/V 产品进行连接。单元通过前面板来编程，或者通过 Conference Composer ™ 软件（随机附带）来编程。Conference Composer 的 Designer ™ 向导程序确保快速准确地进行各种应用设置。

单独一个 Vortex EF2280 单元具有针对 8 支传声器外加 4 路辅助声频信号源的自动混合功能。可以将多达另外 7 台 Vortex EF2280 或 Vortex EF2241 单元与第一台单元连锁在一起使用。（NOM）信息可以被指定到在被连锁的单元中的所有通道上。传声器通道具有回声抑制的性能，以阻止信号重新传输到其原来的地点。神经网络 AGC 只对有效语言类型起作用，将语声带至想要的电平。AGC 控制是用户可调的，比如针对所有输入和输出通道的 5 段参量均衡设定和输出延时控制。图 25.29 所示的是 Vortex EF2280 的框图。

图 25.28　Vortex EF2280 数字多通道回声和噪声抑制器，内部装有自动化传声器 / 矩阵混音器（Polycom 公司授权使用）

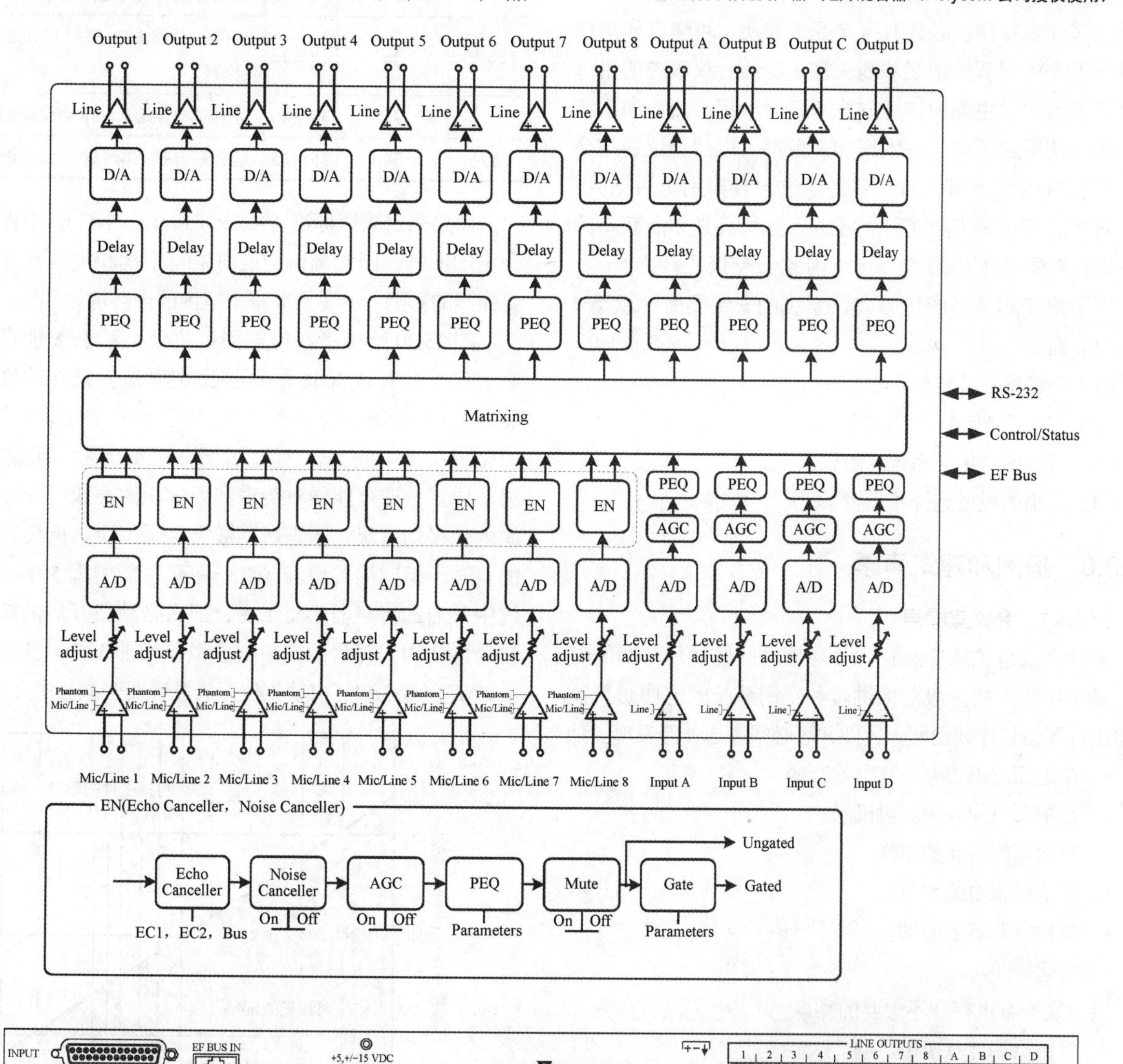

图 25.29　内部装有自动化传声器 / 矩阵混音器的 Vortex EF2280 数字多通道回声和噪声抑制器的框图（Polycom 公司授权使用）

25.3.4.10 哪种自动化传声器混音器最好？

对这一问题没有一个确切的答案。通过研究技术指标、相信市场宣传、研读电路图、翻译计算机代码或重读本章文字都不可能告诉你哪一种自动化传声器混音器设计在给定的环境下会工作得最好。人类的语言是非常复杂的，人的听力有很强的辨别力。与专业声频的许多领域类似，挑剔的耳朵才能给出最终判断的答案。

25.3.5 电化会议与自动化传声器混音器

自动化传声器混音器在许多电话会议系统中都有应用。这类系统的设计包含了大量的扩声系统设计不曾涉及的复杂问题。这部分将讨论这种安装所涉及的重要设计问题。

与单独的讲话人分组间进行的现代通信实践一样，电话会议有两个要素——视频和声频。视频由电视摄像机、视频监视器和投影仪来处理。视频可以是完全实时运动、慢动作或单帧显示。

它适合于将电话会议系统的声音部分视为声频会议系统的一部分来对待。必须对可接受的音质、可懂度和用户舒适度等大量细节给予足够地关注。电话会议系统的用户更愿意采用非常主观的描述方式对日后应用、测量和系统设计必须使用的质量工程术语加以解释。电话会议的与会者期望有好的语言可懂度，容易通过声音辨别出讲话人，有相对高的 *SNR* 和其他方面的质量。他们还期望所获得的总体听音感受要好于通过电话听筒听会议交谈的感受。

用于语音和节目的声频会议系统的安装要关注以下4个主要方面。

（1）会议室及其建筑声学。

（2）与电话 / 传输系统的接口。

（3）可能作为扩声系统的附属应用。

（4）正确的设备选择和设置。

25.3.6 房间和建筑声学

25.3.6.1 会议室噪声

电话会议系统的安装首先要考虑的问题就是房间的噪声。基于可接受的声级对像供暖和空调系统的这种明显噪声源进行评估和详细说明。另外，还必须考虑外部噪声。

- 在走廊或相邻办公室中的交谈。
- 在相邻空间内的商用机器。
- 对面墙体后面的电梯。
- 建筑设施中的水流。
- 屋顶空调器的振动。
- 货运码头。

会议室本身也存在不想要的噪声。

- 投影机和计算机的风扇。
- 灯具的哼鸣声。
- 翻动纸张的声音。
- 移动椅子的声音。
- 咳嗽声。
- 旁边的交谈声。

所有这些不想要的声源都是比较明显的、令人讨厌的，并且对异地会议室的可懂度伤害要比对本地会议室的可懂度伤害更大。另外，随着与会者的增加，与会者占据的空间面积就会增大，这样讲话者与听音人之间的距离就更大，故未放大的语言听上去更困难。因此，为了能舒适地交谈和聆听，对于更大的会议分组，其所处房间的环境噪声声级必须更低。

表25-1给出了针对会议室的建议噪声声级限定值。这些通常是指未使用的会议室的会议桌处的声级，并且它距离任何边界表面至少要2ft。实现低干扰噪声声级的方法在本书的第6章“小型房间的声学问题”中讨论过了。

表25-1 会议室的环境噪声声级限制

会议室大小	最大声压级（dBA）	适宜的NC值	声学环境
50人	35	20～30	非常安静，适合举办摆有20～30ft会议桌的大型会议
20人	40	25～35	安静，适合举办摆有15ft会议桌的会议
10人	45	30～40	适合举办摆有6～8ft会议桌的会议
6人	50	35～45	适合举办摆有4～5ft会议桌的会议

如果采用噪声标准（Noise Criteria，NC），则评估结果会更加准确，因为频谱构成对语言干扰和听音者烦躁度有更强烈的影响（参见第8章“室内的声环境处理”）。

图25.30给出了在传声器位置处，基于A加权，传输语言信号时针对20dB的可接受 *SNR* 边界条件的最大传声器 / 讲话人距离。通常传声器被置于非常靠近噪声声源（比如安装在天花板上的空调或置于桌面的便携笔记本电脑风扇）位置，这可能导致传声器处的噪声声级明显地高于房间内的平均声级。图表所列数据是采用全指向传声器获取的。对于指向性传声器，这一距离可能增大50%。如果系统中开启的传声器不止1支，那么必须将开启的传声器数量考虑在内，开启的传声器数量每增加1倍，就要将预测的 *SNR* 降低3dB。自动化传声器混音器会减轻对此的顾虑。

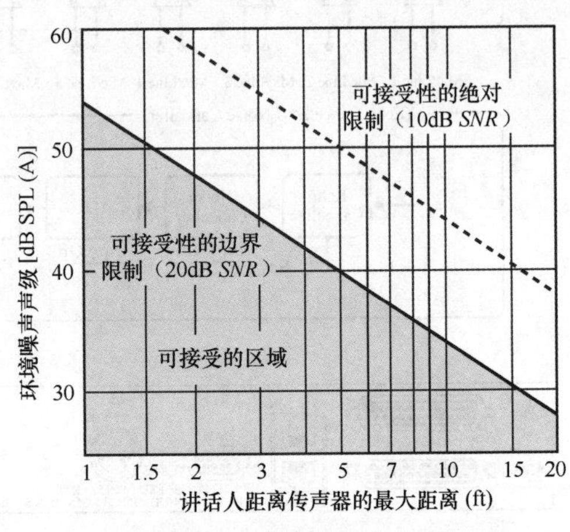

图25.30 可接受的环境噪声声级

如果声学考察显示出存在干扰噪声源，那么必须采取结构处理技术来产生足够的声传输损失，或考虑另换一个房间。

25.3.6.2 会议室的声反射

来自电话会议中远端的声学反射会因房间之间传输链路产生的传输延时而明显变大许多，同时也更加令人烦恼，它常常被与会者表达为有种“在桶中讲话”的感觉。有些人错误地将这种听音印象称为声学反射混响，但是诸如通常用于声频电话会议的小房间根本就不存在符合真正统计特性的混响声场。声反射的来源有很多。例如，房间中某一时刻发出的语言声，便会由房间的硬边界表面产生声反射。对房间内舒适交谈的要求表述为房间存在适宜的扩散性声学反射，因为会议室需要些声学活跃度。如果传声器没有放置于讲话人的嘴边，同时自动化传声器混音器并没有用来减少未用传声器对混响声的拾取，那么在异地电话会议室中听到的声反射可能就会过大且难以容忍。在这种情况下，就要求本地场所的声反射要非常低。由于异地的与会者不会通过双耳听音将语言信号与声反射区分开来，而且他们与讲话人并不处在同一空间内，这便进一步分散其注意力。异地会场的听众要求发言人的声级与噪声和反射声声级间有大约 6dB 以上的差距，其目的是取得与发言现场的与会者类似的可懂度体验。

异地会场的声反射也会进一步加进来。输入来的信号通过音箱重放，声音辐射到房间各处，这会在那些来自远端的声音中加入更多的声反射。因此，除非在异地使用电话机听筒来聆听，否则两地会场都需要有正确的声学特性。将房间的视觉舒适性优先于声学舒适性来考虑的情形在会议室应用中并不常见。这要问一下室内设计人员了！

房间的尺寸、边界的倾斜度和边界表面的处理应按照驻波和颤动回声最小化的原则来选择。如果房间已经有了，则要通过选择使用正确的吸声材料来对房间的声学特性进行控制。

直达声与反射声的比例（D/R）常被用来预测发言人与传声器间的合适距离。D/R=1 表示发言人的直达声信号等于发言人的反射声信号，也就是直达声与反射声各占 50%。在会议室中 D/R=1 时对应的距离一般在 1 ～ 4ft。

为了取得良好的可懂度，全指向传声器距离讲话人的距离应为 D/R=1 时对应距离的 1/2，或更近。当使用指向性传声器时，讲话人与传声器间的距离可以增大 50%。

由于前 60 ～ 100ms 的声音衰减通常对电话会议交谈的损伤最大，所以通常测量声反射电平下降 60dB 所需的时间的做法可能不是最合适的。会议设备的生产厂家坚持认为房间在前 60ms 产生的衰减要大于 16dB。这么做的一个原因就是电话会议系统所使用的回声抑制器（Acoustic Echo Canceller，AEC）要求必须如此。AEC 降低了扬声器进入传声器的直达声信号，以及来自房间的该声音的声反射和被送至异地的信号大小。它们这样做的唯一目的就是要限制一个毫秒数，让在此时间之后到达的后期反射声不减小。因此，稍后到达的反射声的声级必须要通过声学方法加以控制。

对从事电话会议系统设计者的忠告就是不要忽视房间的声学特性。坚持房间要有正确的声学环境或者在展开项目的其他工作之前提交获得正确房间声学特性的解决方案。声学上的缺陷几乎不可能用电子手段来纠正。如果房间是新建的，那么在房间设计完成之前要与建筑师保持密切的沟通合作。

25.3.6.3 电话/传输系统接口

图 25.31 所示的是通过一条双线模拟普通电话业务（POTS），采用电话线路连接起来的两间电话会议室。每个会议室都有一支传声器和一只具有放大功能的有源音箱。发送和接收线路间的混合接口和电话线缆的作用就是通过减小侧音泄漏（sidetone leakage）来降低包括房间在内的环路增益。

图中示出了可能的反馈回路。不仅在发送的房间中存在潜在的振荡，而且经线路与接收房间的耦合和反向路径同样也可能形成反馈回路。基本的扬声器扩音器采用语音启动的门控处理来获取线路信号，并且每次只允许单方向传输，这样便切断了来自异地的反馈通路。这可能引发谈话声频繁失落，并且迫使通信进入半双工工作模式。半双工传输是指某一时刻的传输只能单方向进行。

理想情况是全双工，它允许某一时刻的传输双向进行。电话机听筒到电话机听筒的电话通话提供的是全双工模式。全双工模式对于声频会议更适合，因为这种模式不会造成丢字或丢词，并且交谈能以正常方式进行。混响和房间噪声的控制是所有全双工系统的根本。

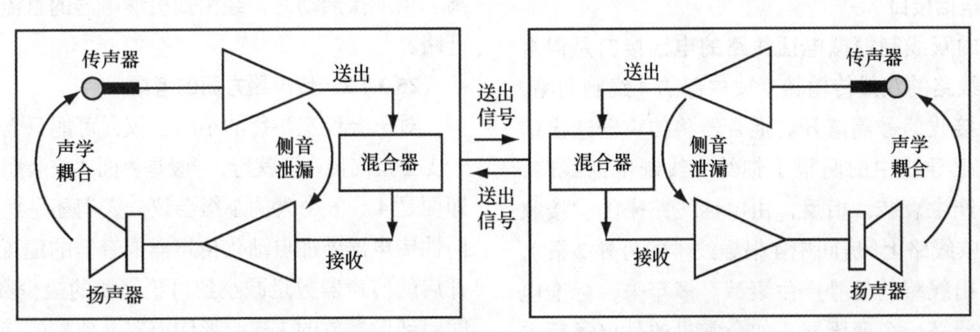

图 25.31 采用双线电话连接的电话会议系统，示出了反馈通路

另外一种连接系统采用的是图25.32所示的4线制系统。由于每一方向的传输是利用一对导线来实现的，所以消除了通常令人讨厌的混合侧音泄漏问题。正如所看到的那样，这里还是有可能存在经由任一端的房间产生的反馈。然而，加了第二条电话线路所增加的成本通常换取到的是更为干净的信号传输。4线制系统通过取消对双线电话电路混合需求的限制，使得全双工通信变得更容易实现。诸如ISDN和VOIP这种数字连接等效于4线制电路，并且也允许进行全双工通信。

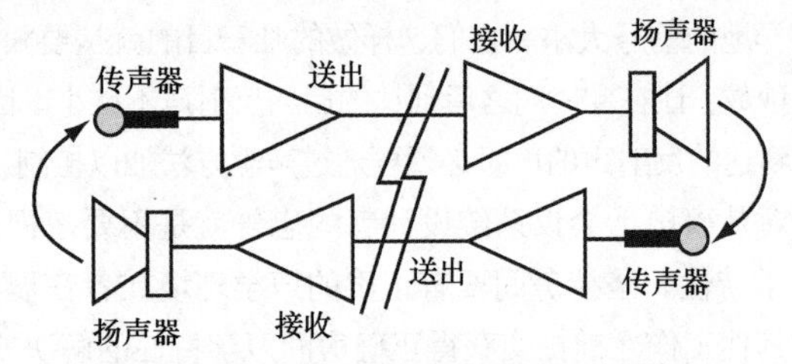

图25.32 采用4线电话连接的电话会议系统

通常的声频会议包括几个与会地点，这就需要点到多点，或者多点到多点的电话互连。会议电话桥分器被用来连接多条电话线路，以便让所有与会者共同连线。现在桥接20条以上的线路是相当常见的。实际的桥接可以通过外部的桥接服务公司或由现场电话会议设备一部分的桥接器件来实现。

最简单的会议桥接是矩阵混音器或减法混音电路设置，这样来自电话线路某个端口的语音就被送至除自身端口之外的所有其他端口。这样一种基本的会议桥接可以通过在减法混音电路之前将所有进来的语音信号通过自动混音器加以改良。

简单的会议桥接将开启端口的数量限制为两个，因为桥路中的信号泄漏可能导致电话线路所接收到的声频再次传输。因此，只有两个方向的交谈可以进行，而其他人只能听。另外，模拟电话连接不确定性和可变质量有可能导致系统存在杂音线路，并且阻止访问，因为桥接控制取决于启动信号切换。现代数字电话线路与更为先进的会议桥接的结合已经减小了这些问题发生的概率，同时可以提供更为自然的用户体验。

25.3.7 电话会议设备

25.3.7.1 电话接口

用于典型的双线制模拟电话线路的电话接口是混合器。它将连接线路的双线传输转变成内部的4线制通路，以便将送出和接收信号隔离开。混合器将传声器送出信号（房间中4根导线中的两根）馈给2线制电话线路，但对接收线路产生衰减。相反，由电话线路来的被接收信号被送至接收线路上（房间中4根导线中的另外2根），并对传声器送出线路的信号产生衰减。多年来，标准电话机中的混合器是一个变压器，如今常见的是电子等效形式的器件。

像那些在标准电话中采用的简单混合是在假定电话线路阻抗为600～900Ω的前提下设计的。由于它们并没有与电话线路阻抗准确匹配，所有发送与接收间的隔离几乎达不到10dB。虽然允许手动调谐至电话线路的混合器能够改善性能，但是每次呼叫都需要重新调谐设定。Studer开发出了一种用于广播和电话会议应用的自调谐混合器，它消除了必须的手动调谐要求。许多电话线路所呈现出的阻抗会随频率的改变有相当大的变化，这即便对最好模拟混合器的性能表现都会构成限制。Telos的斯塔夫• 丘奇（Steve Church）将DSP回声抑制技术应用于混合器当中，首次推出了现代的数字混合器Telos 10。Telos 100对性能做了进一步的改进，将即便是在困难的双线连接情况下，也可以将发送与接收间的隔离度降低到50dB以下。

良好隔离的混合器是必要的。除非这些器件可以适应变化的电话线路条件，否则信号泄漏就可能经由它们转发出去。如果会议室的声学处理不合适，那么房间回声和信号泄漏共同作用会建立起我们不想要的反馈通路。许多混合器将泄漏抑制在15dB以下，对于音箱接收会议安装而言，可接受的最低泄漏为35～40dB。图25.33示出了信号泄漏的通路。提供基于DSP的混合器产品的制造商有Gentner Electronics、ASPI和Telos。这些产品具有优化阻抗，使其与电话线路匹配的功能，因此它对信号泄漏有附加的抑制能力。DSP混合器可让边界与可接受的电话会议间产生差异。

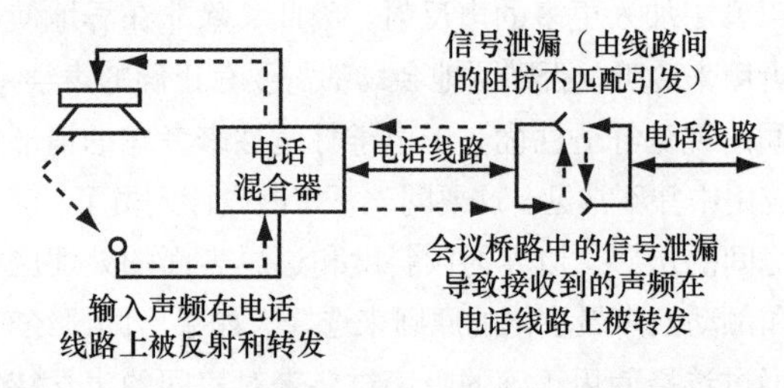

图25.33 在典型的电话会议系统中信号泄漏和不想要反馈的通路

典型的电话线路阻抗范围是600～900Ω。电话设备期望的送出电平是0dBm。虽然接收电平标准是-6dBm，但是据称这些电平变化很大，-10dBm的电平也经常会碰到的。用于系统控制的标准电话线路有48V_{dc}（有些个人交换机使用的是24V_{dc}），这必须要使用变压器或电容进行隔离。当连接启动时，经由摘机继电器的直流电流保持线路开路。

25.3.7.2 传声器方面的考虑

对于会议室举行的小组会议，可能只需在会议桌上摆一支全指向传声器就行，一般是界面式安装型传声器。然而，即便是4～6个人的小组会议，人们还是愿意采用几支指向性传声器外加自动化传声器混音器的配置，这样可以将开启的传声器数量减小到讨论必要的最少数量。以120°间隔环形摆放的3支心形传声器是典型的使用方法。还可以使用多支界面安装型传声器，这样可以使传声器到讲话人的距离达到可接受的短距离。电话会议的与会者期望达到的最低音质要与电话听筒的音质相当，这时传声器距离讲话人的嘴只有几英寸。因此，保持传声器靠近讲话人是非常重要的。一种出色的解决方案就是采用鹅颈式传声器，这样可以让传声器处在距离讲话人的嘴部几英寸的地方。如果这种做法不能实施，那么可以采用 TOA 的可控阵列传声器，它可以从更远的距离处将拾音指向波束对着讲话人来拾音。传声器跟踪讲话人的位置，以保持传声器以窄的拾音波束正确拾音。

保持传声器远离噪声声源非常关键。天花板吊装传声器往往会让传声器靠近产生噪声的空调、照明设备和投影仪。会议桌桌面放置的传声器可能必须面对来自笔记本电脑的噪声和风声带来的问题，同时传声器常常还会被桌上放置的文件覆盖住。

25.3.7.3　传声器信号的混合

大的会议分组肯定需要有大量的传声器来保证与会者与传声器的距离处在满足房间的 D/R=1 条件所要求的距离限定之内。在这种情况下，某些形式的自动化传声器选择和混合是必不可少的。系统可以设计成将自动化传声器混音器（如本章前面所描述的那样）连接到电话接口设备上使用。或者可以采用集成设备构成的系统，这时的自动混合和电话接口都包含在同一机箱中。根据所要求的复杂程度，适合的系统设计解决方案可能有很多。根据房间中回声模态的演变情况，人们常使用声学回声抑制（Acoustic Echo Cancellation，AEC）来改善电话会议系统的性能。如果单台 AEC 与自动化混音器配合使用，那么回声模式变化时，传声器会开启或关闭。这要求 AEC 要始终适应变化的回声模式。尽管成本会更高一些，但是为每支传声器配用单独的 AEC 可以消除需始终适应的要求，同时能取得更好的系统性能。对于制定的设计建议要咨询设备制造商，如图 25.34 所示。

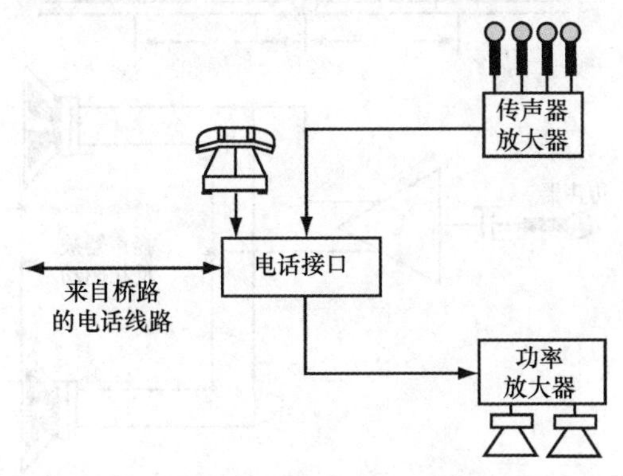

图 25.34　多支传声器的声频会议系统的安装配置，无扩声系统

25.3.7.4　扬声器方面的考虑

必须避免在任何会议场所从音箱直接反馈到传声器，因此，音箱的摆放位置很关键。音箱应放置在传声器拾音指向性图形的零点方位。就心形传声器在水平方向上的指向而言，音箱可以放置在传声器后面，并且主轴方向朝上。绝对不要将音箱摆在传声器的前方，因为传声器无法区分房间中的讲话人直接发出的声音（想要的声源）和由音箱发出的讲话人声音（不想要的声源）。

当房间中有人正在讲话时，自动化传声器混音器可以减小来自异地的音箱信号的电平。这是通过衰减继电器、画外音压缩电路等来实现的。较好的解决方案就是通过将每支传声器放置在两个扬声器间的声覆盖叠加谷点（在此处，两个扬声器产生的声信号大小相等，极性相反）上，以此来降低扬声器至传声器的声学耦合。Brigham Young University（杨百翰大学）将这一理念进一步发展，并在 1969 年 6 月 27 日与 Electro-Voice 共享了这一理念。1969 年 9 月 Electro-Voice 在其主办的音响技术（Sound Technique）刊物的时事通信专栏上发表了这一理念。Sound Control Technologies 公司推出了利用该概念的产品。利用这种安排，音箱对发送线路的贡献据称被降低了 40dB。

除了声频会议，如果还必须提供房间内谈话的扩声（有时称为语音提升），那么对降低音箱与传声器间的声耦合问题要给予格外的关注。这样的系统可能很难被正确设计出来，并且设计上还要格外认真。在碰到这类情况时，我们强烈推荐向有经验的声学 / 声频承包商咨询。

25.3.7.5　送出信号电平的控制

送出电平（即提供给电话线路的声频信号电压）应处在可接受的范围内。压缩器、AGC 和电平调节器均在这一技术要求选用的设备当中。

25.3.7.6　回声抑制器

回声抑制器降低了声频会议安装中残留回声的回馈。如果本地现场将明显的信号从输入端口返回至输出端，并且存在明显的因传输线引发的传输延时，那么在异地现场扬声器环境当中的人将会听到令人讨厌的回声。

混合器不完美的平衡为回声提供了一条通路。电话线路内的信号反射是另一种回声根源。当扬声器发出的声音辐射到开启的（启动的）、正在拾取语言的传声器当中时，也会发生声学范畴的回声。由于长的传输延时，使用的卫星传输链路还会使回声问题进一步恶化。

线路回声抑制器力图减小本质上是电学的回声，比如那些由混合泄漏引起的回声。声学回声抑制器（AEC）关注于进入房间的信号与离开房间信号的比较结果，以及直达声和声反射的模式演变。然后在离开房间的输出信号中插入输入信号的延时镜像信号。其中心思想就是要抵消掉因扬声器和传声器之间的声学耦合泄漏到输出信号通路的所有输入信号。

更快的 CPU 速度和新的研究成果被应用于抑制器算法当中，因此回声抑制器技术发展快速。早期的回声抑制器非常贵，在每一会议场所安置一台抑制器都被认为是相当奢侈的做法。随着回声抑制器价格的下跌，像 Gentner 和 ASPI 这样的生产厂家现在可以为每个传声器通道都提供一个回声抑制器。

25.3.7.7　此前电话会议设备的例子

除了通常的扩声需求，为了显示出必须考虑的大量参量，我们将更详细地介绍两个具有历史意义的系统。第一个例子是利用20世纪80年代首先生产出来的Shure ST3000自动化传声器混音器的解决方案。第二个是没有使用自动化传声器混音器的Sound Control Technologies系统。

Shure ST3000是模拟型扬声器扩音器（Speakerphone）。图25.35所示的是ST3000的简化框图。电话会议呼叫连接是通过将电话机听筒从话机机座摘下并拨出想要的号码来实现的。如果确定拨号方已经连接好了，就可以按下控制器会议开关，打开会议系统了。绿色的"讲话"LED点亮，听筒就可以放回到话机机座上了。如果需要，接下来可以调整控制器的扬声器音量。用于任意辅助设备的信号电平也可以调整。利用哑音开关可以阻止被呼叫方听到本地的交谈。红色的LED指示的是哑音状态。通过按下控制器电话开关一秒以上，就可以结束会议。

在图25.35中，左上角的混音放大器馈送出各种辅助输出。在放大器的下面，示出了会议传声器输入。只有可哑音（即用于自动混音）的传声器输入馈送信号给混合器。接收通路连接到功率放大器和扬声器上。房间内的相对送出和接收信号受送出/接收开关和抑制逻辑的控制。抑制逻辑致使送出放大器或者接收放大器根据接收信号的有无来衰减其信号。因为标准语音质量的电话线路具有带宽限定的要求，所以送出通道中包含带通滤波功能。接收通道的带通滤波降低了来自电话线路的过多噪声发生的概率。

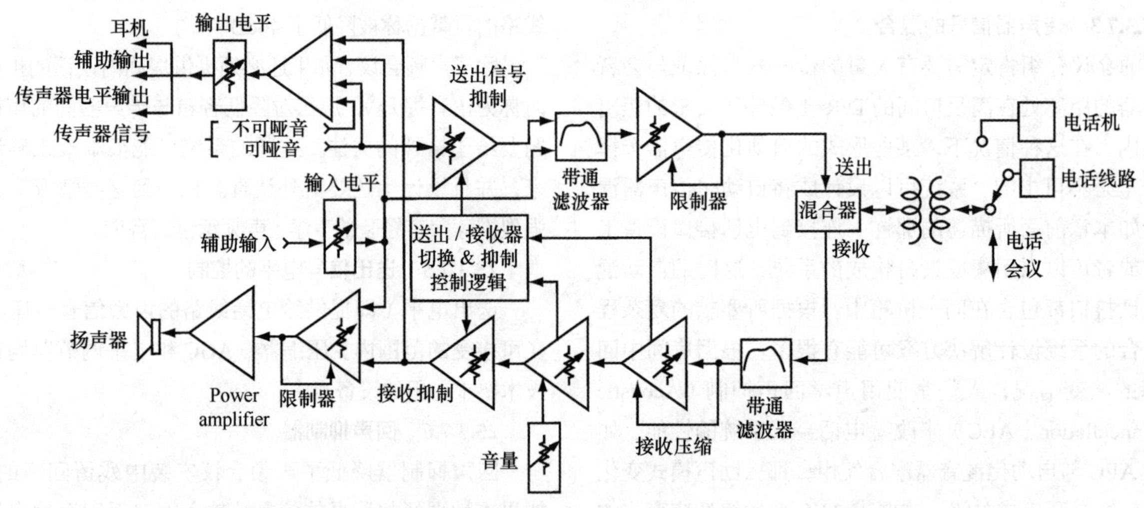

图25.35　使用自动传声器控制技术的模拟电话会议系统的框图（Shure公司授权使用）

在20世纪90年代初期，数字技术取代了诸如Shure ST3000这样的模拟设备。如今，Polycom成为数字式、全双工扬声器扩音器的主要供货商之一。

Sound Control Technologies的天花板扩声系统提供了两种配置。该系统的扬声器和传声器被安装在与会者头顶的天花板上。在其中的一种配置中，两只扬声器被反相（极性反转180°）驱动，一支小型的传声器被安装在两只扬声器的中间。扬声器传输到传声器的直达声是平衡的，它们对于接收信号形成了20dB的谷点。图25.36所示的是基本组成单元。

第二种配置使用了一支传声器和一只扬声器，两者安装位置相隔距离为12ft，且安装在反射障板式天花安装板上。这种扬声器/传声器单元组合置于会议桌的上方。所有的扬声器均同相驱动，而对称放置的传声器被混合且平衡反相。图25.37示出了该系统的框图。

被混合和反相平衡的传声器信号馈送给源自扩声（语音增强）和产生传声器送出信号的母线。陷波器用来调整频谱平衡。如果房间大，扩声馈送中可以采用延时。电话返回信号也馈送给扩声扬声器。所包含的回声抑制器用以减小电话线路回声或房间声学回声的影响。

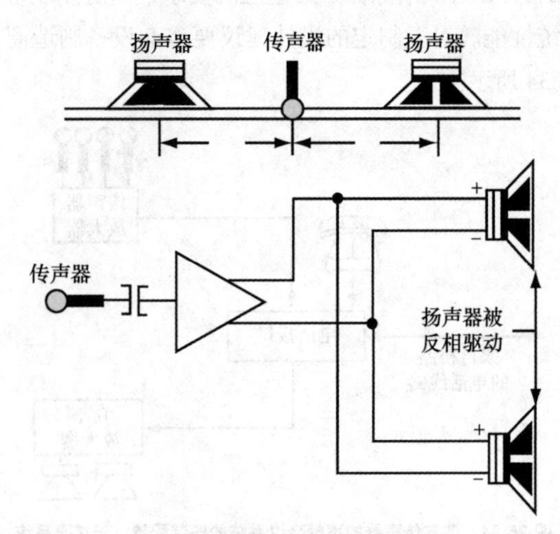

图25.36　通过反相驱动扬声器，利用声学抵消方法来减小会议室内的声泄漏

与之前描述的Shure系统一样，电话连接也是通过听筒实现的。连接完成后，线路的状态由传输的一组猝发音决定，猝发音可以让复杂阻抗的电话线路实施电平衡混合。按钮开关将连接转换成会议，电话听筒就可以放回机座上了。

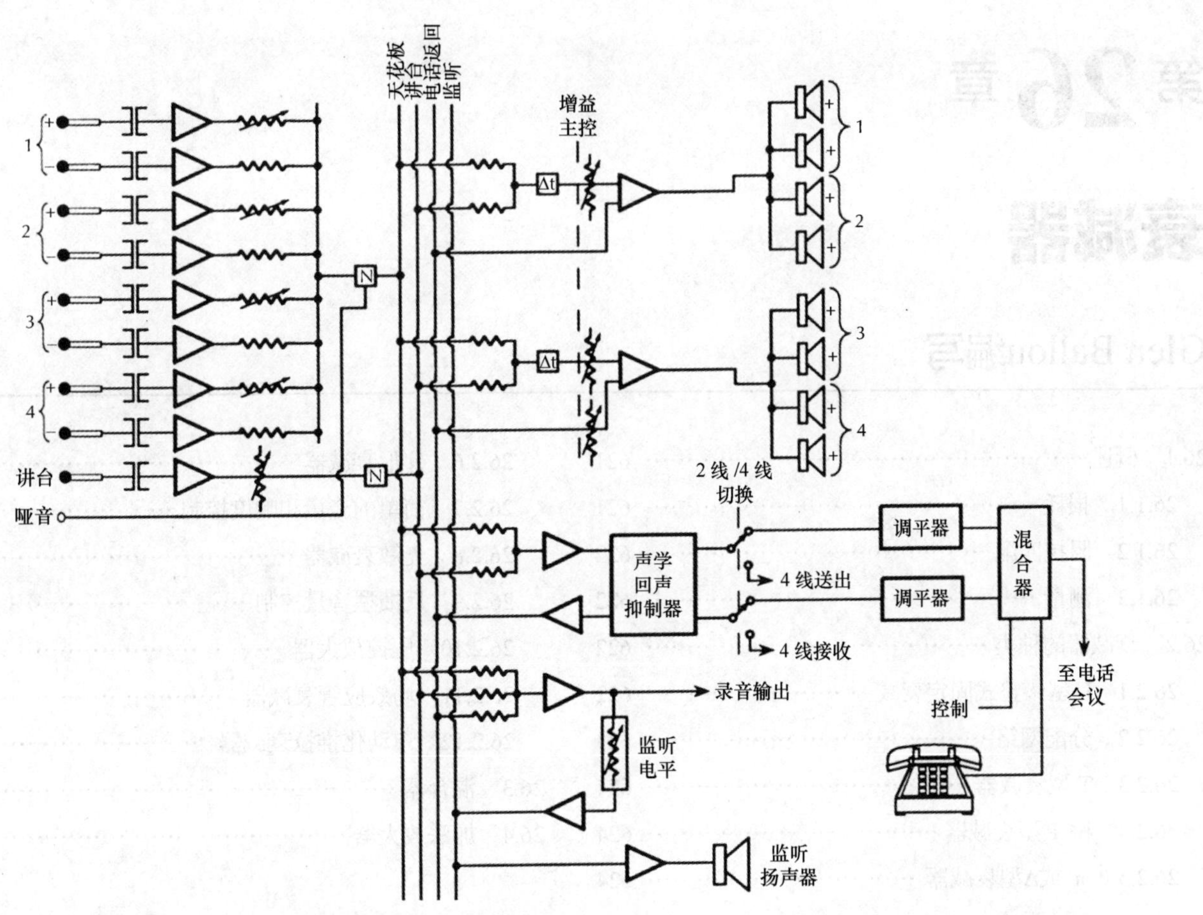

图 25.37　在交易室中使用的电话会议系统的框图，其中的所有传声器均是同相的，而传声器对是反相的（Sound Control Technology 公司授权使用）

25.3.7.8　电话会议设备的现状和未来发展方向

最基本的电话会议系统是具有全双工性能的复杂扬声器扩音器。中等水平的电话会议系统使用了自动化传声器混音器和数字混合器。最复杂的系统集成了包括自动混音和回声抑制功能的多路输入、减法混音信号路由分配功能、实时反馈和电平控制，以及触摸屏操作等。

个人计算机和数字信号处理（DSP）已经成为推动电话会议新发展的主要技术。

DSP 的发展引领电话会议系统的开发，为每一位与会者提供定制的电声环境，满足自身的特殊讲话和听音要求。只要噪声具有可重复性，那么利用电子手段实现的先进背景降噪技术就可以取得很好的效果。可控的传声器阵列可以实现对讲话人声音的最佳拾取，而可控扬声器阵列的应用则更为普遍。

不管数字技术在电话会议系统中的地位多么牢固，系统的语音输入却还是来自人口腔的模拟形态，而且到达人耳的声学输出也是模拟形态的。准确度达到 100% 只是技术预测而已。

第 26 章

衰减器

Glen Ballou编写

26.1 概述

当今的大部分电路都是输入阻抗高，输出阻抗低，因此它们并不需要无源衰减器或阻抗匹配器件。然而，如果低阻抗输出通过长的线路馈送给高阻输入，那么在线路没有端接匹配阻抗的情况下就会产生高频损失。在使用针对匹配工作而设计的老旧设备时，这一距离可以是数千英尺或几英尺。当与外部电路连接时，信号通常必须要进行衰减，以满足标准的要求，这便让几乎不用维护的无源衰减器有了用武之地。

衰减器或垫整是一种用无感电阻器配置成的电子电路，该电路用以减小声频或射频信号的电平，同时不会引入可察觉的失真。衰减器可以是固定衰减型，也可以是可变衰减型，并且可以设计成以对数规律或任何其他曲线形式来对信号进行衰减。

本书的第 1 版到第 4 版都讨论过许多不同的无源衰减器和垫整。本版将只对目前还在使用的老式电路或者行业中出现的增益问题进行讨论。

衰减器和垫整可以是非平衡的，也可以是平衡的。在非平衡的衰减器中，阻性元件仅存在于线路的一端，如图 26.1 所示。在平衡式结构配置中，阻性元件存在于线路的两端，如图 26.2 所示。

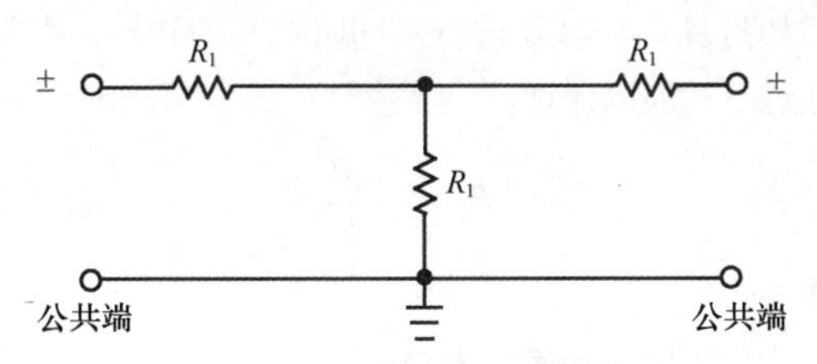

图 26.1 非平衡式 T 型衰减器

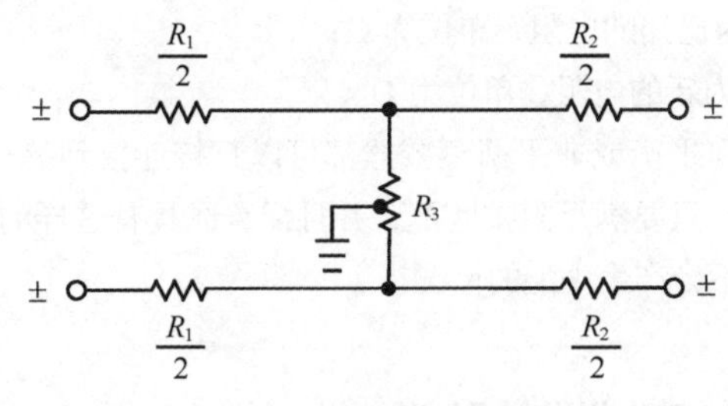

图 26.2 平衡式 T 型衰减器

非平衡垫整（unbalanced pad ）应接地，以避免产生高频泄漏。被称为公共端的无电阻元件线路是应接地的唯一线路。如果将电阻器的一侧接地，那么衰减器将不能正常工作，实际上，信号将可能被短路。平衡式衰减器（balanced attenuator）应通过平衡分流电阻建立起中心点接地。

平衡和非平衡配置不能直接连在一起；然而，它们可以利用隔离变压器相连，如图 26.3 所示。如果网络没被电气隔离，那么平衡电路的一半将被短路到地，如图 26.4 的虚线所示。这时可能会产生高频的严重不稳定和泄漏问题。变压器可以在两个网络的地分离的情况下，对声频信号进行感应转换。即便平衡的网络没被接地，但它还是被变压器隔离。虽然变压器通常设计成 1 ∶ 1 的阻抗比，但是它们具有产生其他阻抗比的抽头。本书第 36 章“接地与接口”部分将会讨论通过连接设备来消除接地问题的正确方法。

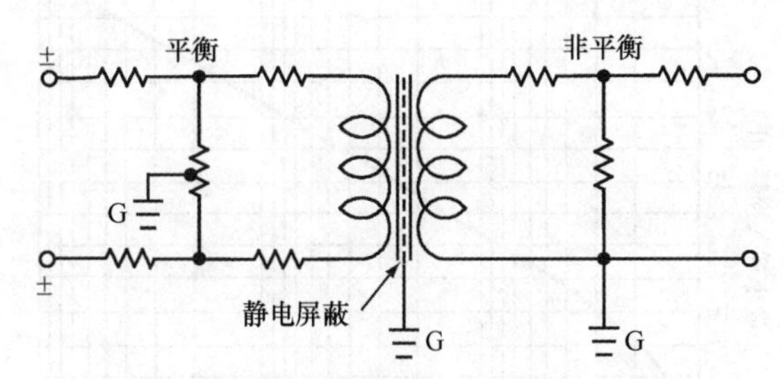

图 26.3 通过变压器连接平衡与非平衡网络的正确方法

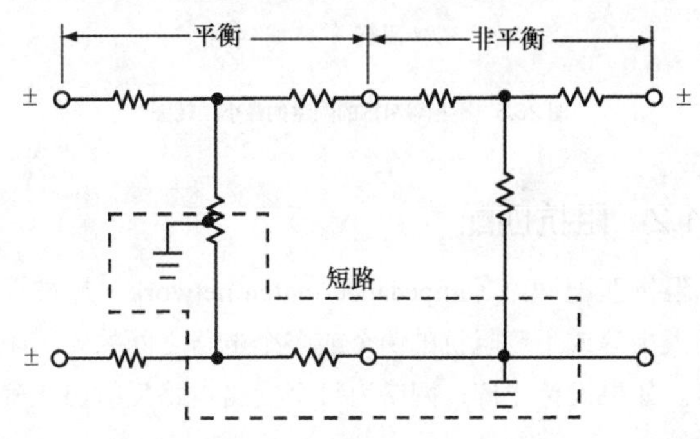

图 26.4 两个网络（一个是平衡式的，另一个是非平衡式的）的错误连接

26.1.1 损耗

损耗（loss）一词是衰减器和垫整设计中常用的术语。损耗表示的是器件输出上的功率、电压或电流与器件输入上的功率、电压或电流相比较的下降量。以分贝为单位表示的损耗可以利用如下公式中的任一个进行计算。

$$dB_{\text{loss}} = 10\lg\frac{P_1}{P_2} \tag{26-1}$$

$$dB_{\text{loss}} = 20\lg\frac{V_1}{V_2} \tag{26-2}$$

$$dB_{\text{loss}} = 20\lg\frac{I_1}{I_2} \tag{26-3}$$

在公式中，

P_1 为输入功率；

P_2 为输出功率；

V_1 为输入电压；

V_2 为输出电压；

I_1 为输入电流；

I_2 为输出电流。

插入损耗（insertion loss）由电路中的插入器件所引发。最终的损耗一般用分贝来表示。

最小损耗垫整（minmum-loss pad）是为了将匹配网络中因不等阻抗产生的损耗最小化而设计的匹配垫整电路。该最小损耗与端接阻抗比值有关。

不等阻抗衰减器的最小损耗可以由图26.5所示的图中读取。

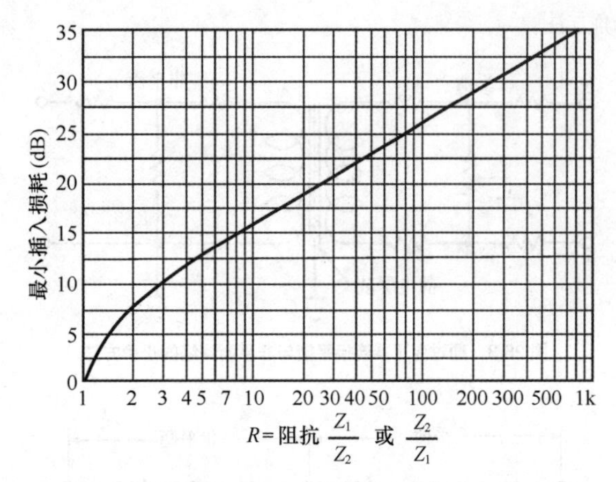

图26.5 不相等阻抗的网络的最小损耗图

26.1.2 阻抗匹配

阻抗匹配网络（impedance-match network）是被设计成插入相等或不等阻抗的两个或多个电路之间的无感阻性网络。如果设计正确，网络为每个支路电路反射出正确的阻抗。

如果两个阻性网络失配，一般频率特性是不受影响的，只会产生电平损耗。如果阻抗失配比已知，那么电平损耗就可以直接由图26.5或利用如下的公式得到。

$$dB_{\text{loss}} = 20\lg\left(\sqrt{\frac{Z_1}{Z_2}} + \sqrt{\frac{Z_1}{Z_2} - 1}\right) \quad (26\text{-}4)$$

在公式中，

Z_1为较高的阻抗，单位为Ω；

Z_2为较低的阻抗，单位为Ω。

在图26.6所示的简单电路中，衰减器的输入大于负载，R_1可由如下公式得出。

$$R_1 = Z_1 - Z_2 \quad (26\text{-}5)$$

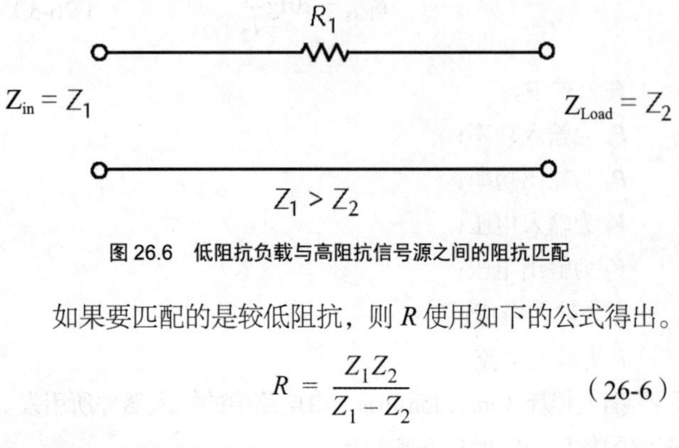

R_1

$Z_{in} = Z_1$ $Z_{Load} = Z_2$

$Z_1 > Z_2$

图26.6 低阻抗负载与高阻抗信号源之间的阻抗匹配

如果要匹配的是较低阻抗，则R使用如下的公式得出。

$$R = \frac{Z_1 Z_2}{Z_1 - Z_2} \quad (26\text{-}6)$$

电阻并联到线路中，如图26.7所示。

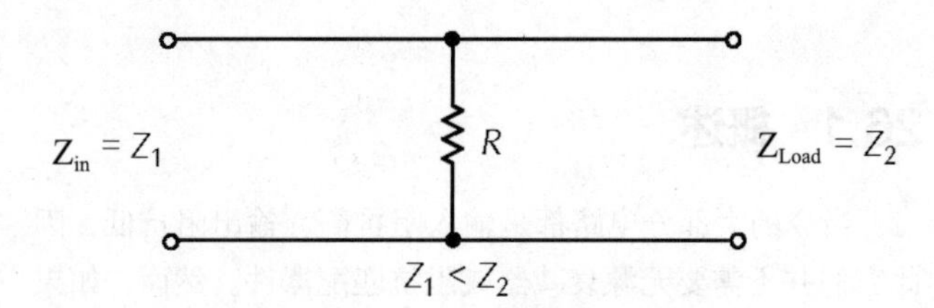

图26.7 高阻抗负载与低阻抗信号源之间的阻抗匹配

26.1.3 测量

衰减器的电阻阻值可以通过用阻值等于端口阻抗的电阻端接输出，并用万用表来测量输入阻抗的方法来得到。万用表测量到的阻值等于垫整的阻抗。如果衰减器是可变的，那么所有各个步骤中的直流电阻应一样。

如果衰减器的阻抗未知，其阻值可以通过先将远端开路再将其短路，同时测量一端阻值的方法来确定。阻抗（Z）就是两次测量读数的几何平均。

$$Z = \sqrt{Z_1 Z_2} \quad (26\text{-}7)$$

在公式中，

Z_1为远端开路时测量到的阻抗值，单位为Ω；

Z_2为远端短路时测量到的阻抗值，单位为Ω。

只要垫整被设计成在相等阻抗的端口间工作，那么这一测量结论就永远成立。如果两端的直流阻值不同，那么垫整就是被设计成工作于不等的阻抗间。

假如打算用衰减器进行不同阻抗间的转换，则新的电阻可通过下式加以计算。

$$R_x = \frac{Z_x R}{Z} \quad (26\text{-}8)$$

在公式中，

Z_x为新的阻抗，单位为Ω；

Z为已知的阻抗，单位为Ω；

R为已知的电阻，单位为Ω；

R_x为新的电阻，单位为Ω。

任何平衡或非平衡衰减器都可以直接连接到另一个衰减器上，只要满足阻抗匹配，并且配置成具有这样的属性，那么就不会产生失配的情况。

26.2 衰减器的种类

26.2.1 L型垫整式固定衰减

L型垫整（L pads）是衰减器的最简单形式，它是由L形式连接的两个阻性元件构成，如图26.8所示。该垫整并不在两个方向上反射出同样的阻抗。它只在图中所示的箭头方向上提供阻抗匹配。如果在对阻抗匹配敏感的电路中采用了L型网络，那么电路的特性可能会受到影响。

如果网络被设计成在串联臂的方向上实现阻抗匹配，那么其在并联臂方向上就是失配的。失配的程度随着损耗的增大和高衰减量而加大，并联电阻的数值可能变成零点几欧姆，而且可能对所连接的电路产生严重的影响。

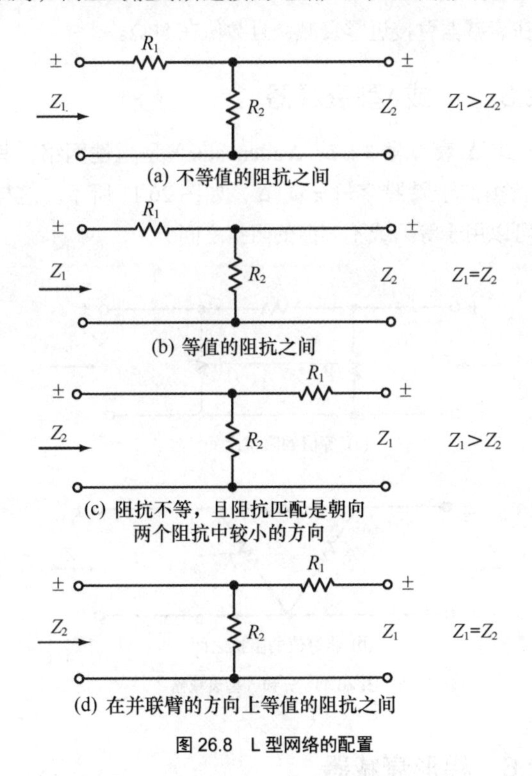

图 26.8　L 型网络的配置

图 26.8(a) 所示的就是工作于阻抗值不等的 Z_1 和 Z_2 之间的 L 型网络配置。在朝向两个阻抗中较高阻抗 Z_1 的方向上是阻抗匹配的，且电阻的阻值为

$$R_1 = \frac{Z_1}{S}\left(\frac{KS-1}{K}\right) R_2 = \frac{Z_1}{S}\left(\frac{1}{K-S}\right) \tag{26-9}$$

在公式中，

$$S 是 \sqrt{\frac{Z_1}{Z_2}},$$

$$K = 10^{\frac{\text{dB}}{10}}。$$

如果是以最小损耗的 L 衰减器来匹配两个不等值的阻抗，如图 26.8(a)，那么电阻器的阻值为

$$R_1 = \sqrt{Z_1(Z_1-Z_2)} \tag{26-10}$$

$$R_2 = \frac{Z_1 Z_2}{R_1} \tag{26-11}$$

在公式中，

R_1 为连接到较高阻抗一侧的串联电阻，单位为 Ω；

R_2 为并联电阻，单位为 Ω。

经由衰减器产生的损耗为

$$dB_{\text{loss}} = 20\lg\left(\sqrt{\frac{Z_1}{Z_2}} + \sqrt{\frac{Z_1}{Z_2}-1}\right) \tag{26-12}$$

对于在图 26.8(b) 中箭头所指的方向上阻抗匹配且阻抗相等的条件下，电阻阻值可以利用如下的公式来计算。

$$R_1 = Z\left(\frac{K-1}{K}\right) \tag{26-13}$$

$$R_2 = Z\left(\frac{1}{K-1}\right) \tag{26-14}$$

$$R_1 = \frac{Z_1}{S}(K-S) \tag{26-15}$$

$$R_2 = \frac{Z_1}{S}\left(\frac{K}{KS-1}\right) \tag{26-16}$$

对于图 26.8(d) 所示的条件，电阻 R_1 和 R_2 由下式计算。

$$R_1 = Z(K-1) \tag{26-17}$$

$$R_2 = Z\left(\frac{1}{K-S}\right) \tag{26-18}$$

26.2.2 分配网络

分配或混合网络（dividing 或 combining network）被设计成具有同样阻抗的几个器件或电路混合在一起的阻性网络，如图 26.9(a) 所示。电阻阻值可由如下公式计算得出。

$$R_B = \frac{N-1}{N+1}Z \tag{26-19}$$

在公式中，

R_B 为外接电阻，单位为 Ω；

N 为由源阻抗馈电的电路数目；

Z 为电路阻抗，单位为 Ω。

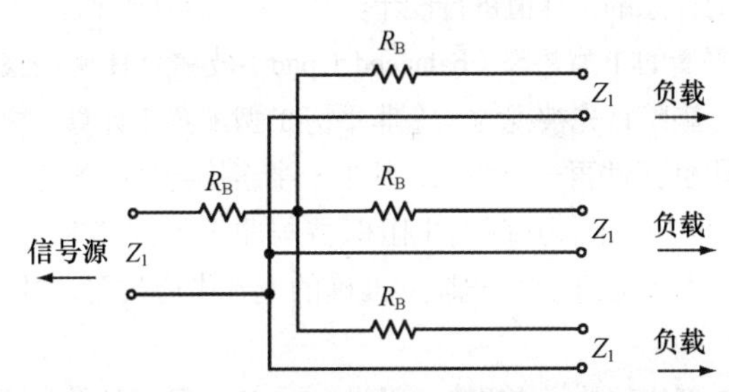

(a) 一个电路与三个其他电路进行匹配的混合或分配网络

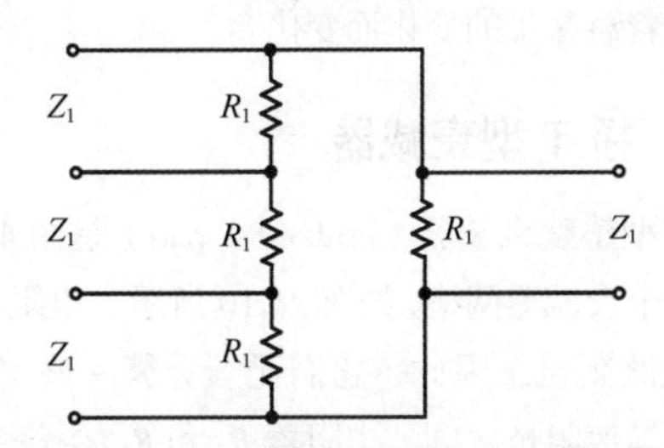

(b) 一个电路与三个另外电路进行混合的串联混合网络

图 26.9　将一个电路与三个电路进行匹配的混合或分配网络

网络的损耗为

$$dB_{\text{loss}} = 20\lg(N-1) \tag{26-20}$$

在公式中，

N 为输入或输出电路的数目。

分配或混合网络中未使用的电路必须端接上阻值等于正常负载阻抗的阻性负载。

这种相同的电路可以被反转过来当作混合网络来使用。

该电路常常用在调音台的设计当中。

混合或分配网络还可以设计成串联配置的形式，如图 26.9(b) 所示。对于相等的阻抗，其公式为

$$R_1 = \frac{N-1}{N+1}Z \qquad (26\text{-}21)$$

在公式中，

R_1 为端接电阻，单位为 Ω；

N 为支路电路的数目；

Z 为电路阻抗，单位为 Ω。

插入损耗可以利用下式计算。

$$\mathrm{dB}_{\mathrm{loss}} = 20\lg N \qquad (26\text{-}22)$$

在公式中，

N 为支路电路的数目。

串联配置只能用于无接地的电路中。混合网络的插入损耗可以利用有源混合网络来避免（参见 26.2.15 节和 26.2.16 节）。

26.2.3 T 型衰减器

T 型衰减器（T-type attenuator）是将 3 只电阻以 T 形方式连接所构成的衰减器，如图 26.1 所示。网络可以设计成为相等或不等的阻抗间提供匹配功能的形式。当其被设计用在不等阻抗的电路间时，它指的就是递减垫整（taper pad）。

如果 T 型衰减器设计工作在相等阻抗之间，那么它可以针对任意的损耗值进行设计。

平衡的 T 型垫整（balanced T pad）被称为 H 型垫整（H pad）。垫整首先被视为一个非平衡 T 型配置来计算。之后，串联阻性元件再一分为二，其中一半连接到线路的每一侧，如图 26.2 所示。并联的电阻保持与非平衡配置时一样的数值。抽头位于并联电阻的准确的电气中心位置，并连接到地。

T 型垫整的平均噪声电平为 -100dB，且为常数。因此，信噪比随着衰减量的变化而变化。

26.2.4 桥 T 型衰减器

桥 T 型垫整衰减器（bridged T pad）是由 4 个阻性元件构成的一个衰减器网络，如图 26.10 所示。电阻器阻值相等，并等于线路阻抗，因此，它们无须计算。该网络被设计成仅工作于等值阻抗之间。电阻器 R_5 和 R_6 的接触臂通过公共轴实现机械连接，并且数值上变化彼此相反。

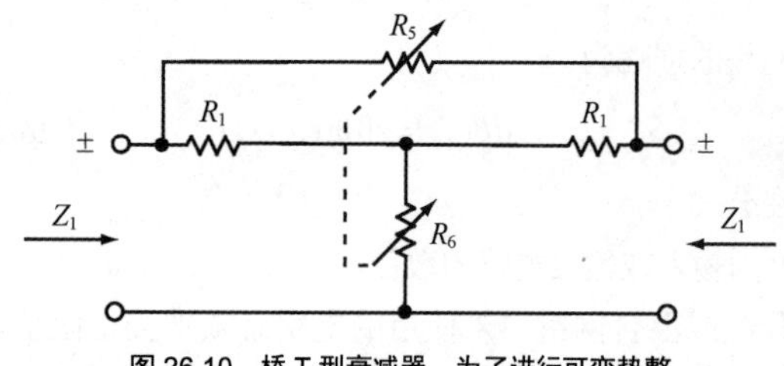

图 26.10 桥 T 型衰减器。为了进行可变垫整

平衡桥式 T 型衰减器（balanced bridged T attenuator）采用的是类似于非平衡桥 T 型衰减器的形式，只不过电阻元件被一分为二后，放置在线路的两侧。最大的阻抗变化发生在衰减器臂接近零衰减，且数值在 80Ω。

26.2.5 π 或Δ型衰减器

π 或 Δ 衰减器（π 或 Δ attenuator）是阻性网络，其结构形状类似于希腊字母 π 或 Δ，如图 26.11 所示。这样的网络可以用于等值或不等值的阻抗之间。

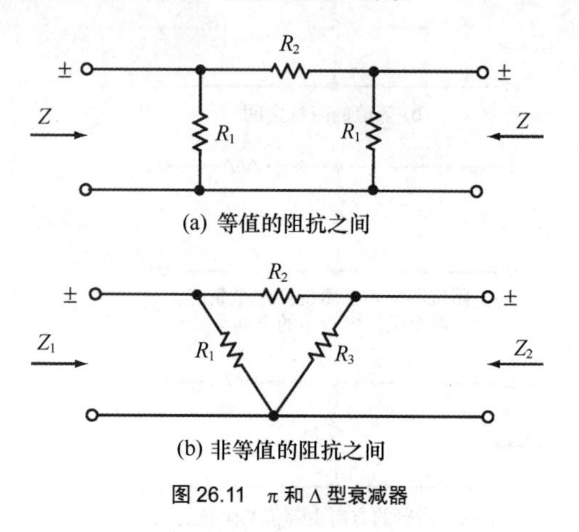

图 26.11 π 和 Δ 型衰减器

26.2.6 梯形衰减器

图 26.12 所示的梯形结构垫整（ladder-type pad）之所以如此命名，是因为它们看上去像横置的梯子。梯形垫整实际上是一组并联的 π 形衰减器，R_2 为每一部分公共的电阻。由于电阻 R_4 特有的衰减器设定缘故，这类衰减器的损耗固定为 6dB，这一点在设计梯形衰减器时一定要考虑在内。梯形衰减器在整个衰减范围上并不具有恒定的输入和输出阻抗。然而它确实将稳定的阻抗反射到其信源端。

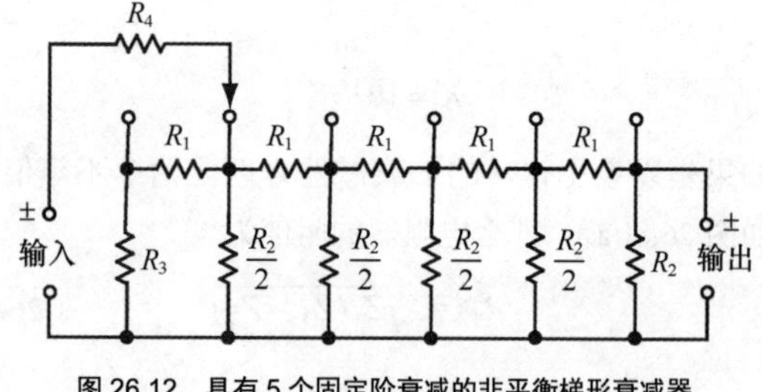

图 26.12 具有 5 个固定阶衰减的非平衡梯形衰减器

混合控制应用的梯形电位器可以通过两种结构类型获得，即滑线型和接触型。

对于调音台而言，一般采用滑线型，因为它即便在大范围衰减时也能实现平滑的处理。虽然接触型电位器在使用上不如滑线型那么顺滑，但是由于它接触只有一排，所以减少了噪声和维护上的问题。

梯形网络还可以设计成以平衡方式工作。这可以通过将两个非平衡网络并排连接在一起来实现，如图 26.13 所示。

梯形衰减器的噪声电平处在 –120 dB 的量级上，随着衰减量的加大，SNR 将增大。

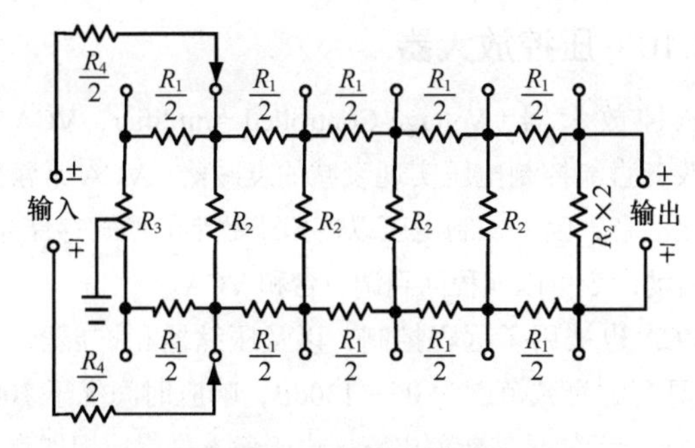

图 26.13　平衡式梯形衰减器

26.2.7　简单的音量和响度控制

简单的音量控制是由双端口连接到信号源，滑动端和一个端口连接到负载上的一个电位器构成，如图 26.14 所示。音量控制对信号源应呈高阻抗，所以它将不加载到信号源上，负载应足够高，以便不影响控制。输出电压利用如下的公式加以计算。

$$V_{\text{out}} = V_{\text{in}} \frac{\left(\dfrac{R_2 Z_2}{R_2 + Z_2}\right)}{R_1 + \left(\dfrac{R_2 Z_2}{R_2 + Z_2}\right)} \qquad (26\text{-}23)$$

在公式中，

R_1 为控制的上部；

R_2 为控制的下部；

Z_2 为负载阻抗。

如果负载阻抗比 R_2 高，则公式被简化为

$$V_{\text{out}} = V_{\text{in}} \left(\frac{R_2}{R_1 + R_2}\right) \qquad (26\text{-}24)$$

衰减量为

$$dB = 10\lg(4)\left[\frac{R_1 + \left(\dfrac{R_2 Z_2}{R_2 + Z_2}\right)^2}{Z_1 Z_2}\right] \qquad (26\text{-}25)$$

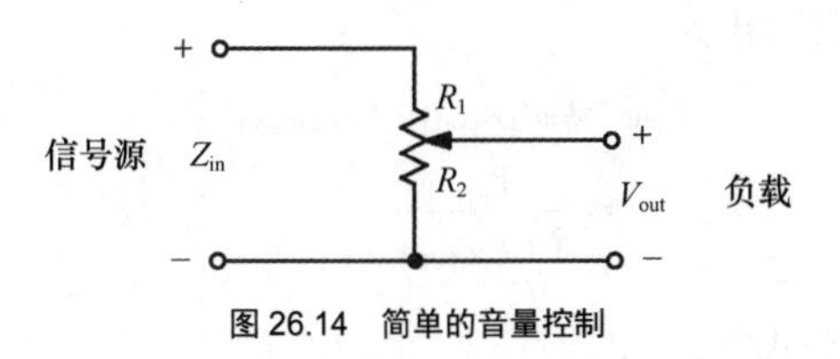

图 26.14　简单的音量控制

一般而言，音量控制具有对数渐变的特性，所以电位器的前 50% 只表示出 7% ～ 8% 的变化，这与人耳灵敏度相一致。如果需要特殊的渐变特性，线性电位器可以通过在电位器一端与滑动刷间并联一个固定电阻的方法来改变其特性。图 26.15 示出了并联直线型电位器的 3 种方法。在第一种方法中，并联分流电阻被连接在滑动刷与地之间。利用正确阻值的分流电阻，电位器相对于角度旋转将呈现渐变的特性，与下面所示的方案一样。第二种方法利用了与直线型电位器联动的第二个电位器。在第三种方法中，两个并联分流电阻连接到滑动刷的每一端上，从而产生类似于正弦波式的渐变特性。第四种方法（未示出）使用了将并联分流电阻连接到滑动刷和电位器顶端之间。

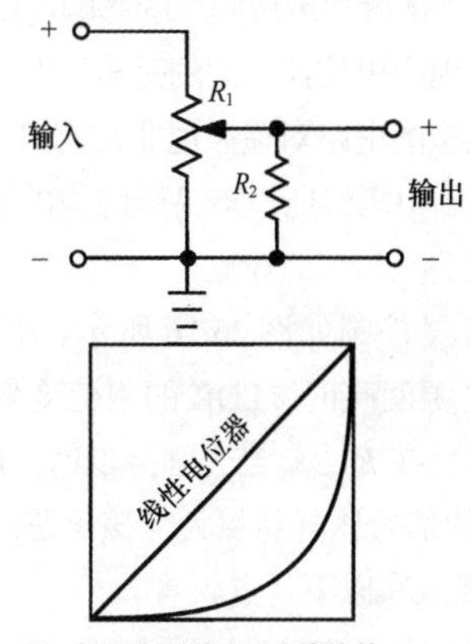

(a) 由滑动刷到地的分流连接

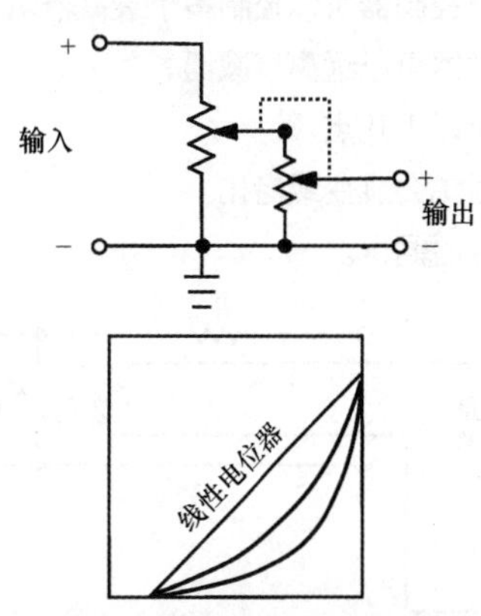

(b) 与直线性电位器联动的第二个电位器

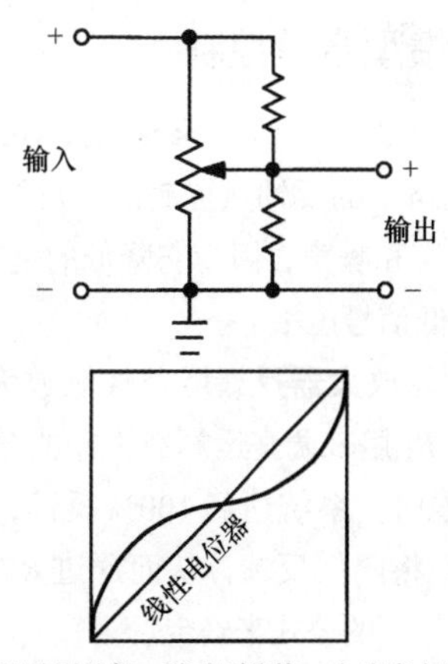

(c) 在滑动刷的每一端分别连接一个分流电阻

图 26.15　改变简单电位器响应的方法

响度控制采用了一个根据 Fletcher-Munson 等响曲线（即声级越弱，越要相对于 1kHz 更多地提升低频）来改变频率响应的电路。为了逼近这一目标，在约 50% 的转动时电容器渐变减小音量控制。随着滑动刷旋至抽头以下，信号的高频成分被衰减，产生提升低频的效果。

26.2.8　光敏衰减器

光敏衰减器（Light-Dependent Attenuator，LDA）的衰

减量是通过改变照射到光敏电阻（Light-Dependent Resistor，LDR）上的光源强度来控制的。在运算放大器出现之前LDA很受欢迎，目前在遥控应用方面它还是很有用的，因为它们不受控制线路上的噪声或哼鸣声的影响。LDA消除了电位器噪声的问题，因为电位器处理的是有固有滞后时间的照射器电路。这种类型的电路对遥控也非常有用，因为遥控线路携带着照射器控制电压，所以不易受哼声的干扰，也不易拾取到额外的干扰。

简单的音量控制如图26.16所示。R和LDR构成一个衰减器。当光源明亮时，LDR的阻值变低，因此，大部分信号压降均跨接在R上。当光强降低时，LDR的阻值提高，在LDR两端的信号压降将更大。该电路的阻抗始终是变化的。LDA的优点有以下几点。

（1）无滑动刷噪声。

（2）一个控制器可以控制多个衰减器。

（3）控制器可以远离衰减器。

其缺点有以下几点。

（1）照射源会衰变或老化。

（2）响应时间慢。

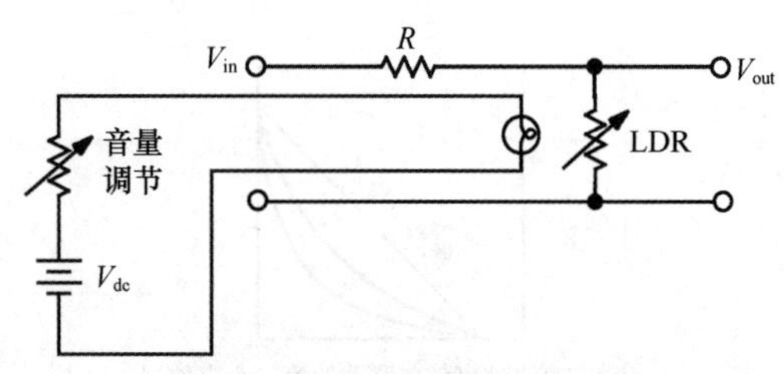

图26.16　利用光敏电阻的音量控制

26.2.9　反馈型音量控制

在反馈型音量控制（feedback-type volume control）中，衰减量是由电路中的反馈量控制的。反馈型音量控制的优点是减小了哼声和噪声，因为它降低的是有源网络的增益，而不是单单降低信号电平。

非反相运算放大器反馈增益控制放大器如图26.17所示。反馈电阻R_2用来调整运算放大器的增益，从而调整输出。当R_2为零时，系统达到100%反馈，增益将为1。提高R_2的数值，将降低反馈，从而通过R_2/R_1的比值来提高增益。增益由如下的公式来确定。

$$E_0 = E_{in}\left(\frac{R_1+R_2}{R_1}\right) \qquad (26\text{-}26)$$

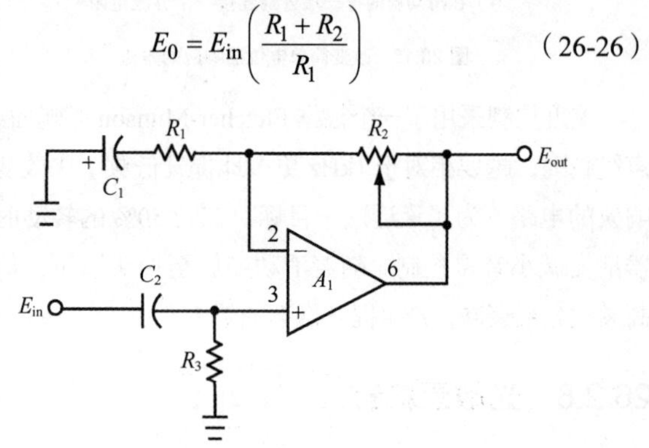

图26.17　非反相线性反馈、增益控制放大器

26.2.10　压控放大器

压控放大器（Voltage-Controlled Amplifier，VCA）是通过改变直流控制电压实现衰减的衰减器。VCA常常用于自动化混音，因为控制电压以模拟或数字的形式存储起来，并且启动命令可以编程回到调音台和VCA。

VCA也被用于远程控制，以及压缩器和扩展器当中。VCA具有的衰减范围为0～130dB，响应时间优于100μs。图26.18所示的是其典型电路。由于输入是虚地相加点，所以采用的R_1对前面的电路并不呈现负载。由于输出电路必须提供虚拟地，所以必须使用运算放大器实现电流-电压转换器（任何将输出反相馈回输入的运算放大器和同相输入接地的运算放大器）。电路可以和线性递减电位器一起使用，以提供线性控制特性。

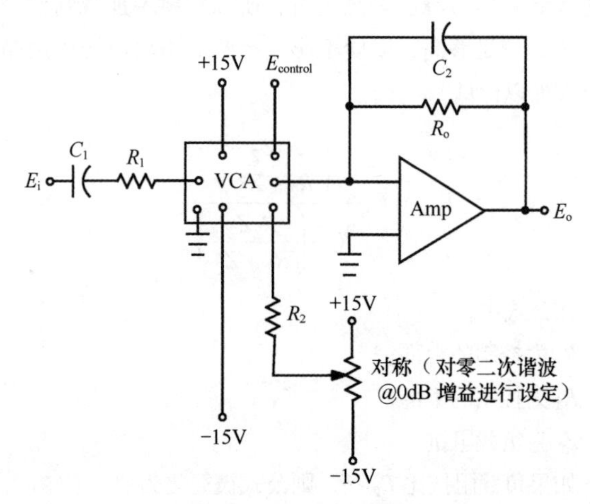

图26.18　VCA音量控制

26.2.11　场效应管衰减器

场效应管衰减器是用FET来控制增益。场效应管具有与电子管类似的特性，即具有高的输入阻抗和适中的输出阻抗。在其最简单的形式中，FET被用作分压器的下部元件，如图26.19（a）所示。

电压输出为

$$V_{out} = V_{in} r_{DS(on)} + V_{out(max)} = \frac{V_{in}}{R + r_{DS(on)}} \qquad (26\text{-}27)$$

在公式中，

r_{DS}为沟道到信号源的电阻。

为了改善失真和线性特性，在FET周围需要采用图26.19（b）所示的反馈。如果需要低输出阻抗，则可以将运算放大器连接到FET上，如图26.19（c）所示。在这一电路中，运算放大器被用来阻抗匹配。FET还可以用来控制反馈，如图26.19（d）所示。该电路的增益为

$$AV = 1 + \frac{R_f}{r_{DS}} \qquad (26\text{-}28)$$

在公式中，

R_f 为反馈电阻。

当 r_{DS} 最小时，因为大部分反馈被短路到地，所以增益最大。另外，FET 还可以当作 T 型衰减器使用，如图 26.19（e）所示。这样可提供出最佳的动态线性范围衰减，并倾向于保持阻抗更高。

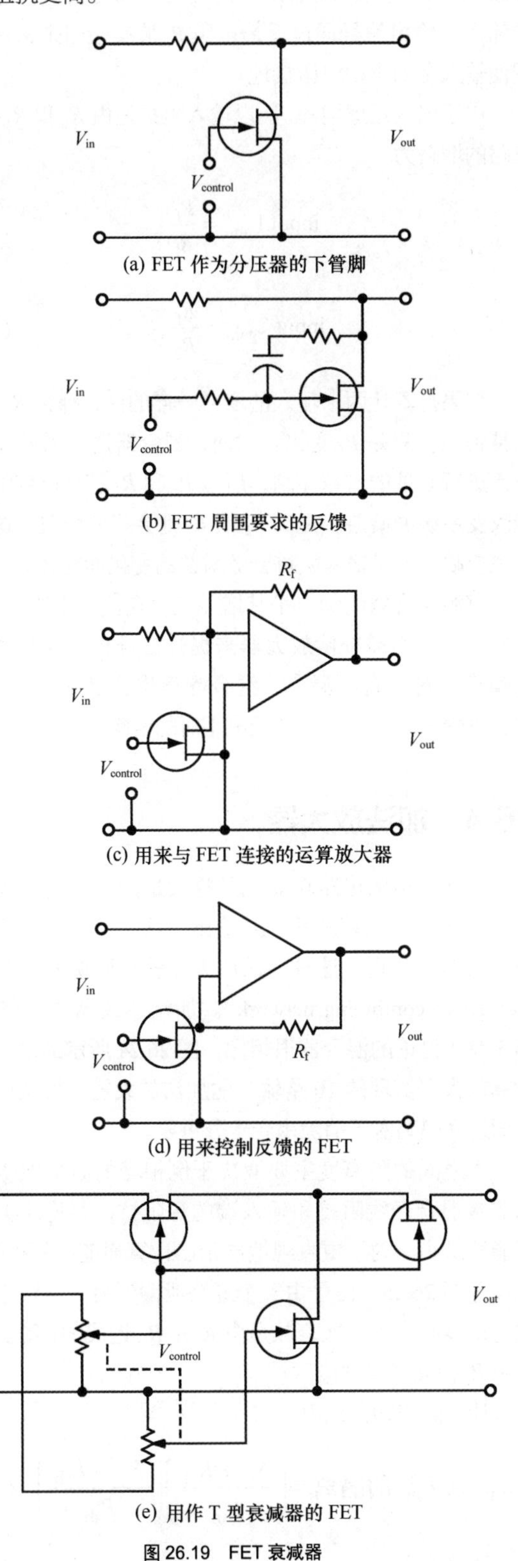

(a) FET 作为分压器的下管脚

(b) FET 周围要求的反馈

(c) 用来与 FET 连接的运算放大器

(d) 用来控制反馈的 FET

(e) 用作 T 型衰减器的 FET

图 26.19　FET 衰减器

26.2.12　自动化推拉衰减器

在自动化推拉衰减器（automated fader）中，推拉渐变控制可以编程到数据存储器件中，并且在缩混期间用来调整推拉衰减器的设定，如图 26.20 所示。推拉衰减器被手动调整至想要的位置时，写入电压被添加到编程器（编码器）上，它为磁带录音机的数据轨提供数据。在重放期间，数据轨被解码，并通过读取控制将衰减器调整至所记录的电平位置。如果缩混不正确，则可以通过执行调整任意控制或修改操作，并再次重放磁带。

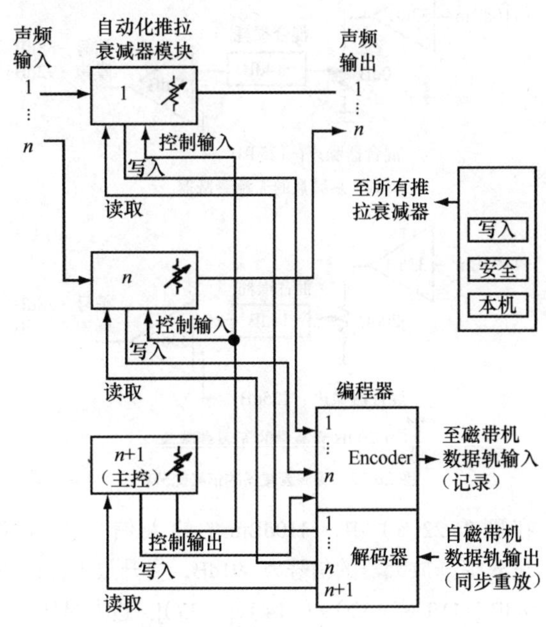

图 26.20　自动化推拉衰减器的原理框图

自动化衰减器

在自动化衰减器（automatic attenuator）中，两点（通常为关闭和预定设定值）间的衰减自动变化。虽然自动化衰减器常常工作在所谓的自控状态，但是也可以工作于手动状态。它们以画外音压缩和门控的方式自动关闭掉不用的输入。

26.3　混合器

混合器是用来将两路或更多路信号混合成一路复合信号的器件。混合器可以是可调的，也可以是不可调的；可以是有源的，也可以是无源的。

无源的混合器只使用无源器件（即电阻和电位器），如图 26.21 所示。

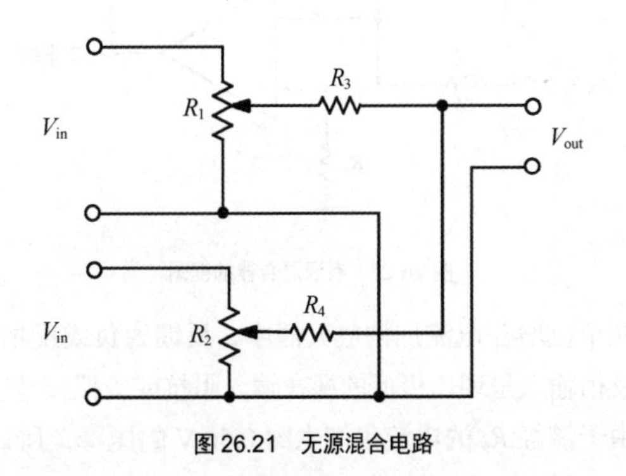

图 26.21　无源混合电路

无源混合的缺点就是在混合后需要一个放大器来提升增益，恢复混合器输入端的电平。随着衰减器控制被降低，混合母线上的信号被减小。然而，由于混合母线的噪声保持不变，所以 *SNR* 降低了，从而导致在高信噪比最为重要的低电平下的噪声更为明显。这可以从图 26.22 所示的分析中看出。

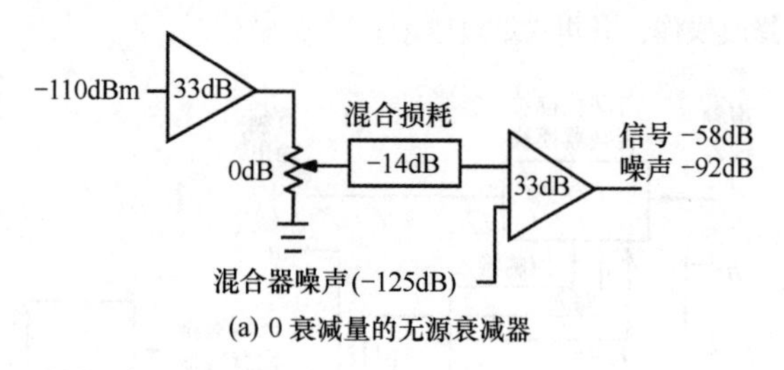

(a) 0 衰减量的无源衰减器

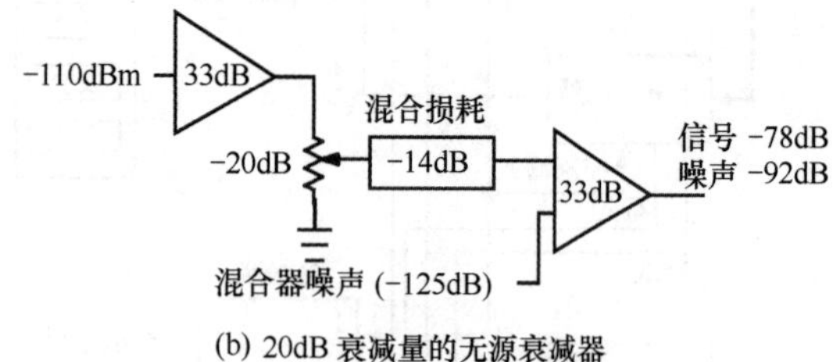

(b) 20dB 衰减量的无源衰减器

图 26.22 无源衰减器的信噪比分析

在图 26.22（a）中，–110dBm 的输入信号没有被衰减，进入提升放大器的信号为 –91dB，提升放大器的输出为 –58dB [–110 +（+33）+（–14）+（+33）]。进入提升放大器的混合器噪声是 –125dB，所以，输出噪声为 –92dB [–125 +（+33）] 或信号电平之下 34dB。

在图 26.22（b）中，–110dBm 的输入信号在混合器中被衰减 20dB，所以到了提升放大器的信号就是 –111dB，而信号输出为 –78dB。进入提升放大器的混合器输入噪声还是 –125dB，提升放大器的输出为 –92dB，信号与噪声间的差异只有 14dB，这几乎达不到实用的要求。

有源混合器是将运算放大器或其他有源器件与电阻和 / 或电位器配合使用的一种混合器，它能对增益或衰减量实施控制。

单位增益电流加法放大器被用作标准的有源混合器。混合器通常设计成输入阻抗大约为 5 ～ 10kΩ，输出阻抗低于 200Ω，而增益为 0 ～ 50 的形式。典型的有源混合器如图 26.23 所示。

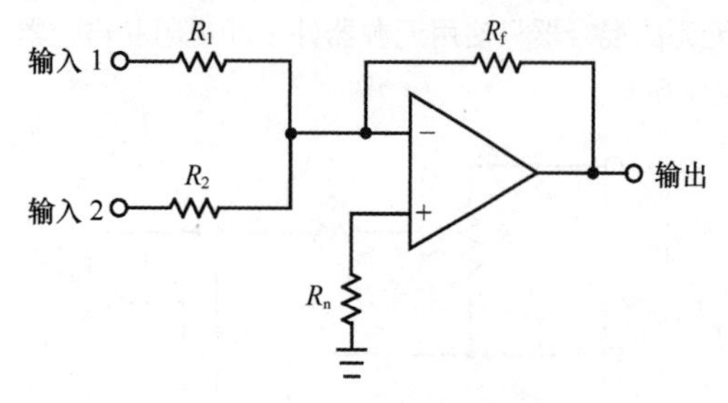

图 26.23 有源混合器的框图

在单位增益电流加法放大器中，反馈为负或反相输入，它对反相输入呈现出极低的视在输入阻抗或虚拟接地。

由于流经 R_n 的电流仅产生约 0.5mV 的压降，所以正相输入基本上也是接地的。虽然正相输入可能被接地，但是最好让 R_n 的阻值基本上与其并联的 $R_1 + R_2 + R_f$ 组合一样，以减小偏差电压。

任何加到 R_1 的输入上的小的正向变化输入被高增益运算放大器放大后驱动输出负向变化，因为输入信号是倒相的输入。输出信号通过反馈电阻 R_f 被反馈回来，它不断试图使输入上的驱动电压接地。

由于输入是虚地的，所以输入阻抗是由 R_1 和 R_2 决定的。电路的增益为

$$\text{input } 1_{\text{gain}} = \frac{R_f}{R_1} \tag{26-29}$$

$$\text{input } 2_{\text{gain}} = \frac{R_f}{R_2} \tag{26-30}$$

如果打算让两个输入的增益一样的话，那么 R_1 和 R_2 应保持恒定，只是 R_f 变化。然而，混合器通常需要能对每个输入进行单独的增益控制，所以 R_1 和 R_2 都是可变的，以便能改变系统的增益。提高 R_1 或 R_2 则会降低增益。这种系统的主要缺点就是输入阻抗会随增益的变化而变化。

有源混合器的优点是其增益包含在混合电路中，因此，它并不需要增益补偿放大器来提升信号和混合器之后的混合噪声。对于有源混合，混合噪声也会随信号一同减小，这会改善信噪比，尤其是低电平时的信噪比。

26.4 加法放大器

标准的声频电路功能就是将大量的单一信号线性混合成一路无串音或衰减的公共输出。这一功能非常适合由加法放大器来实现，这种加法放大器就是所说的有源混合网络（active combining network）。加法放大器的工作方式与 26.3 节所讨论的混合器很相像。图 26.24 所示的是一个利用运算放大器实现的 10 路输入的加法放大器。加法放大器中的通道间隔离对于消除串音十分重要。

通道间的隔离度主要取决于倒相器的虚拟地所呈现出的非零混合母线阻抗和输入端的源阻抗，要将这类阻抗尽可能地减小。为了更直观地展示出计算通道间隔离的方法，可参考图 26.25。信号由一个通路泄漏到另一通路必须要经过两次衰减。第一次衰减是由 R_i 和 R_{in} 造成的；第二次衰减是由 R_i 和 R_s 产生的。

计算隔离的公式为

$$E_{in_a} \text{ 到 } E_{in_b} \text{ 的隔离} = \left(\frac{R_{i_1} + R_{in}}{R_{in}}\right)\left(\frac{R_{i_2} + R_{sb}}{R_{sb}}\right) \tag{26-31}$$

在公式中，

R_{sb} 是 E_{sb} 的源阻抗，单位为 Ω；

R_{in} 是 A_1 闭环输入阻抗，单位为 Ω。

或者

$$R_{in} \cong \frac{R_f}{A_{vo}\beta}$$

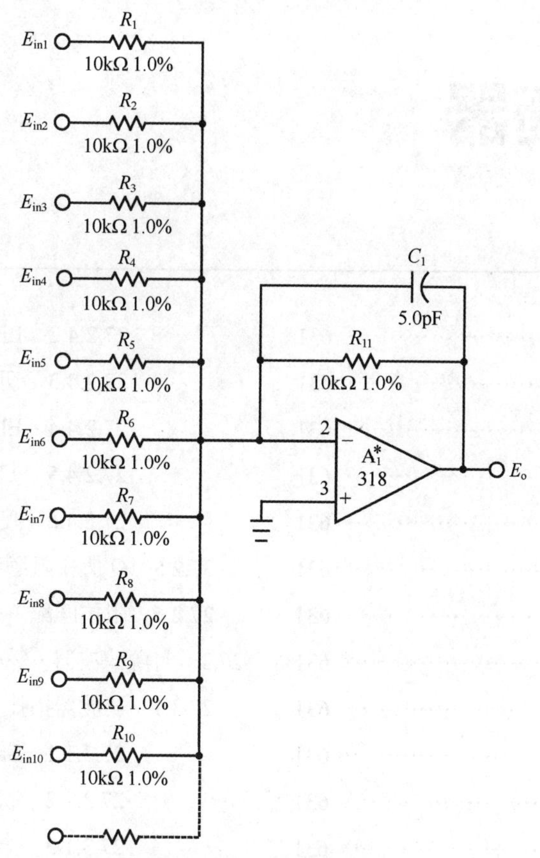

图 26.24　加法放大器（有源混合网络）

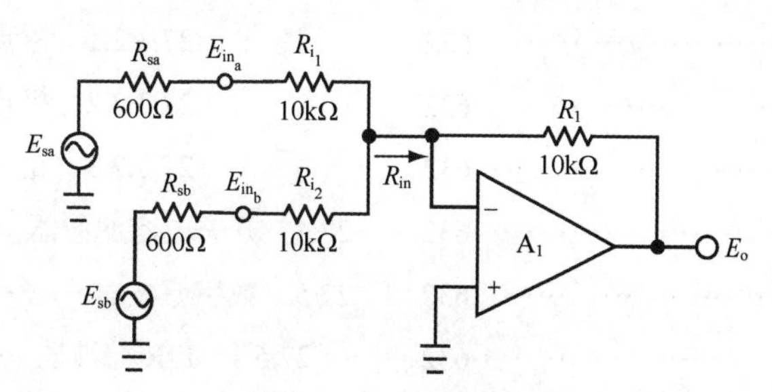

图 26.25　计算加法放大器通道间隔离度的方法

第27章

滤波器与均衡器

Steven McManus编写

27.1　滤波器和均衡器的定义

滤波器（filter）是一种基于信号的频率对信号进行分割的器件或网络。滤波器既可以只针对其通带（pass band）（让感兴趣的频率通过）进行定义，也可以针对其阻带（stop band）（某些频率被去除）来定义，如图 27.1 所示。大部分滤波器的缺省设计模式是低通（low pass），即让低于截止频率（cutoff frequency ）的所有频率，直至直流都可通过。通常，通过简单的重新安排就可实现高通（high pass），即所有高于截止频率的频率成分都可传输。其他诸如带通（bandpass）这种复杂响应模式可以由基本形式来构成。

无源滤波器（passive filter）电路中没有放大元件。它们不能给信号增加能量，而只能对信号进行衰减。

有源滤波器（active passive）使用了晶体管或运算放大器作为增益级，对选择的频段或整个频谱频段进行提升。

均衡器（equalizer）是利用滤波器来对不想要的系统响应幅度和相位特性进行补偿的设备。

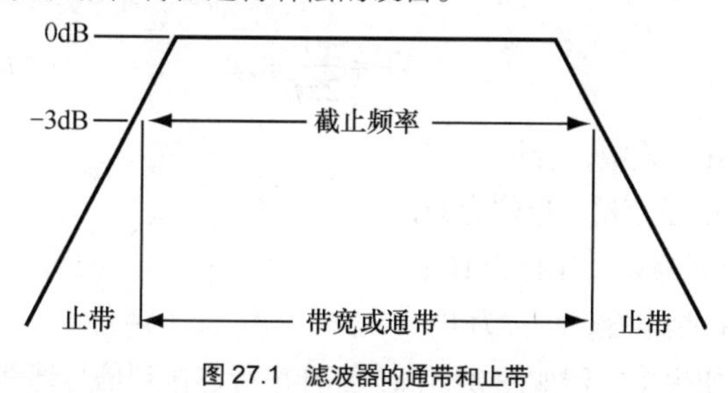

图 27.1　滤波器的通带和止带

27.1.1　通带

通带是指可让信号以低于滤波器标称增益 3dB 的损耗通过滤波器的频带。

27.1.2　阻带

阻带是指让信号以高于滤波器的标称增益 3dB 的损耗通过滤波器的频带。

27.1.3　截止频率

截止频率是指增益首次跌落到滤波器标称增益 3dB 以下所对应的频率，此后它便移出了通带。

27.1.4　转折频率

转折频率（corner frequency）是响应的变化率使响应产生明显改变的频率。在低通或高通滤波器中，这一频率与截止频率相同，但是像搁架式滤波器这类的其他滤波器可能存在另外的转折频率。

27.1.5　带宽

带宽（bandwidth）是指通带两侧的上下截止频率之间的频率差。

27.1.6　过渡频带

过渡频带（transition band）是指滤波器从其截止频率的电平降至阻带内标称衰减电平所需的频率范围。

27.1.7　中心频率

频带的中心频率（center frequency）定义为频带的最低和最高频率的几何平均值。

$$f_m = \sqrt{f_1 \times f_2} \tag{27-1}$$

在公式中，

f_1 是高通滤波器的截止频率；

f_2 是低通滤波器的截止频率。

27.1.7.1　几何对称

我们将在对数刻度图形中关于中心频率呈镜像对称的响应就称之为几何对称（geometric symmetry）。这是许多电子电路的固有响应，因为响应函数通常包含乘法项。

27.1.7.2　算术对称

我们将在线性刻度图形中关于中心频率呈镜像对称的响应就称之为算术对称（arithmetic symmetry ）。具有恒定包络延时的带通滤波器在相位和幅度上具有算术对称的特点。这种情况下的中心频率由算术平均得出。

$$f_c = \frac{f_1 + f_2}{2} \tag{27-2}$$

27.1.8　阶次

滤波器的阶次（order）由电路中的抗性（reactive）元件决定。这些抗性元件可以是感抗（inductive），也可以是容抗（capactive），并且通常所增加的元件只是针对声频频带的频率响应，而不针对稳定性或 RF 抑制。如果所有元件的作用相当于低通或高通，那么在阻带内的滚降将达到每阶 6dB/oct 的斜率。虽然四阶低通在截止频率之上将会表现出 24dB/oct 的滚降，但是对于四阶带通而言，其中心频率两侧将具有 12dB/oct 的斜率。

27.1.9　相角

特定频率下的相位角度（phase angle）是由特定频率信号从系统的输入到输出的相对时间来度量的。相角是相对度量，通常是用度数（°）来表示的，其中 360° 代表了一个波长。在大多数公式中，相位采用弧度数来表示，其中 2π 表示一个波长。正弦信号的瞬时相位由下式给出。

$$\begin{aligned}\alpha &= \omega t \\ &= 2\pi \times ft\end{aligned} \tag{27-3}$$

27.1.10　相延时

给定频率下的系统相延时（phase delay）是等效的时间偏移，这一时间偏移将引起同样的相位偏移，它是用同一频率的正弦来度量的。

$$\tau_p = \frac{\alpha}{\omega} = \frac{\alpha}{2\pi f} \quad (27\text{-}4)$$

27.1.11 群延时

如果滤波器所覆盖的频段上的那些频率主观上具有同样的时间延迟，那么滤波器可能表现出对覆盖的声频频谱的一部分频率产生群延时（group delay）。群延时是用相对于频率的相位一阶导数给出的。

$$\tau_g = \frac{d}{d\omega}\phi(\omega) \quad (27\text{-}5)$$

声频频谱上500Hz～4kHz范围所表现出的群延时感知门限是1～3 ms[1]。

27.1.12 瞬态响应

滤波器的瞬态响应（transient response）是对输入激励的时域响应。对此进行的测量，一般使用脉冲或阶跃信号作为激励。对于快速变化的输入而言，窄带滤波器会表现出振铃，因为网络中的能量要用一定的时间才能产生变化或从信号中去除。当信号去除后，阻尼的尾音会非常清楚地表现出这种振铃现象，如图27.2所示。

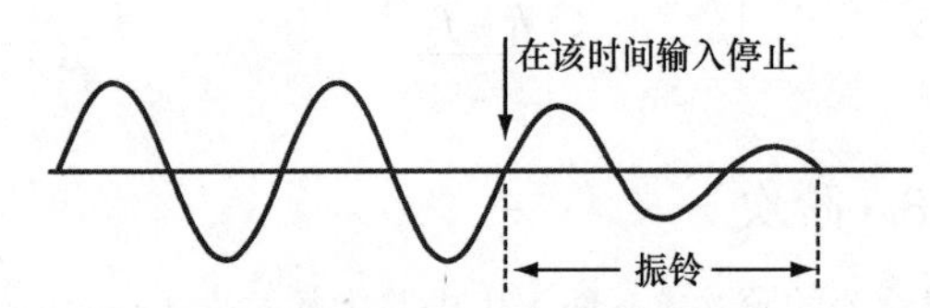

图27.2 在信号消失后滤波器出现的振铃

27.1.13 最小相位

最小相位（minimum phase）系统是利用希尔伯特变换（Hilbert transform），由幅度响应确定出每一频率相移的一种系统。对于从输入到输出有多个通路的滤波器而言，不同的分支通路具有不同的群延时，虽然它是线性时不变（Linear Time Invariant，LTI）系统，但它可能非最小相位。

27.2 无源滤波器

由于无源滤波器的电路中不存在放大元件，因此也就不会输出比输入更多的能量。虽然无源滤波器绝不会有能量响应的提升，但是对于有些谐振电路，其瞬时电压可能高于输入电压。在这种情况下，输出阻抗将会升高，阻止被任何过大的电流驱动。为了建立起提升的无源滤波器，我们必须构建一个将所有其他的频率衰减掉，然后用单独的放大器来提高整体增益的滤波器。

27.2.1 一阶L和C网络

基于电感和电容的滤波器网络可以通过将电路简化成电阻和电抗成分来对其阻抗进行分析。

阻抗可以用一个复数来表示，其中的实部为电阻，虚部为电抗。复数的虚部是由其幅度乘以-1的平方根给出的。该数的数学表示为“i”，但是在工程上常使用j来表示，以免与电流发生混淆。

$$Z = R + jX \quad (27\text{-}6)$$

复合阻抗的网络分析可以按照如下的公式对幅度和相位进行计算。

$$\theta = \tan^{-1}\left(\frac{\text{imaginary}}{\text{real}}\right) \quad (27\text{-}7)$$

$$A = \sqrt{\text{imaginary}^2 + \text{real}^2} \quad (27\text{-}8)$$

在公式中，

θ 是复数的相角；

A 是复数的幅值。

27.2.1.1 容性网络

电容的阻抗在高频时表现为短路，而在低频时表现为开路。电容的电抗表示为

$$X_C = \frac{1}{2\pi f_C} \quad (27\text{-}9)$$

在公式中，

X_C 是容抗，单位为Ω；

f 是频率，单位为Hz；

C 是电容，单位为F。

如果电容器如图27.3（a）那样串行连接到信号通路中，那么电容和电阻便构成分压器（potential divider）。随着频率降低而导致的电容器阻抗的提高，将表现为低频被衰减。

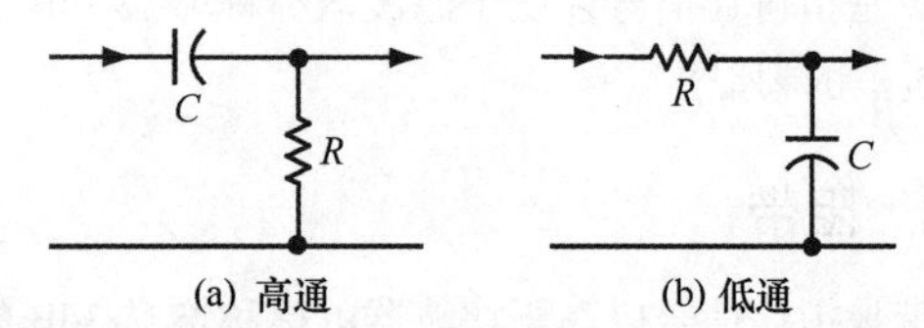

图27.3 仅使用了一个电容和一个电阻的简单滤波器网络

$$V_{out} = V_{in}\frac{R}{(R + Z_C)} \quad (27\text{-}10)$$

这一滤波器的截止频率就是 $R = |Z_C|$ 时所对应的频率，所以将其代入公式（27-8），我们就会得到

$$f = \frac{1}{2\pi RC} \quad (27\text{-}11)$$

利用公式（27-8）的复数分析，我们就可以确定该频率的相位。

$$V_{out} = \frac{V_{in} \times R}{R + jR} = \frac{1}{1+j} = \frac{1-j}{2}$$

因此，根据公式（27-7）和公式（27-8），幅度为 0.707 或者 -3dB，相位角为 -45°。如果如图 27.3(b) 那样将电容器并联到信号通路中，那么电容器和电阻便构成一个分流器，在较高的频率上，随着电容器阻抗的减低，高频成分将被衰减。

$$V_{out} = V_{in}\frac{Z_C}{(R+Z_C)} \quad (27\text{-}12)$$

该滤波器的截止频率就是 $R = |Z_C|$ 时对应的频率，所以将其代入到公式（27-10），我们就会再次得到

$$f = \frac{1}{2\pi RC} \quad (27\text{-}13)$$

利用公式（27-10）的复合分析，我们可以确定该频率下的相位。

$$V_{out} = \frac{V_{in}\times jR}{R+jR} = \frac{j}{1+j} = \frac{1+j}{2}$$

所以根据公式（27-7）和公式（27-8），幅度为 0.707 或者 -3dB，相位角为 +45°。

27.2.1.2　感性网络

电感器的阻抗在高频时表现为开路，而在低频时表现为短路。电感器的电抗为

$$\ddot{u}_L = 2\pi \quad (27\text{-}14)$$

在公式中，

X_L 是感抗，单位为 Ω；

f 是频率，单位为 Hz；

L 是电感，单位为 H。

当绕制长线圈时，电感器会产生寄生电阻，大的电感器尤为如此。在大数值电感器中，寄生电阻可以通过使用粗的导线来降低，这将导致随着电感值增大，其尺寸会急剧增大。电感器阻抗的完整表达式为

$$Z_L = R_L + j2\pi fL \quad (27\text{-}15)$$

在公式中，

Z_L 是电感器的阻抗；

R_L 是电感器的电阻。

如果电感器如图 27.4(b) 那样串联到信号通路中，那么电感器和电阻便构成了分压器。随着电感器在较高频率上的阻抗增加，其高频成分将被衰减。

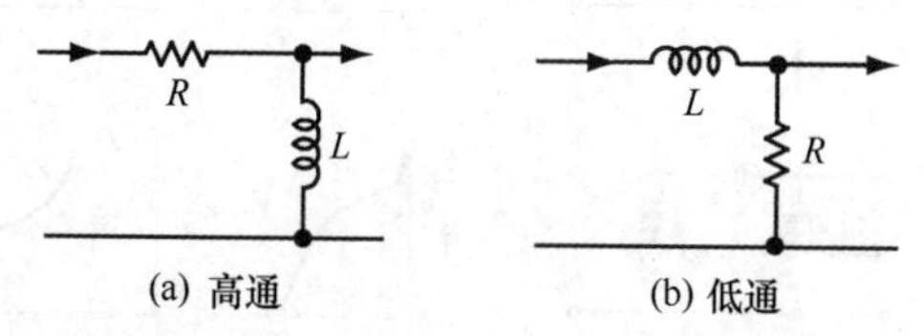

图 27.4　仅使用了一个电感和一个电阻的简单滤波器网络

$$V_{out} = V_{in}\frac{Z_C}{(R+Z_L)} \quad (27\text{-}16)$$

该滤波器的截止频率就是 $R = |Z_L|$ 时对应的频率，所以将其代入到公式（27-14），我们就会得到

$$f = \frac{L}{2\pi R} \quad (27\text{-}17)$$

利用公式（27-10）的复合分析，并忽略寄生电阻，我们可以确定该频率下的相位。

$$V_{out} = \frac{V_{in}\times R}{R+jR} = \frac{1}{1+j} = \frac{1-j}{2}$$

所以根据公式（27-7）和公式（27-8），幅度为 0.707 或者 -3dB，相位角为 -45°。应注意的是，这是与基于电容的低通滤波器相反的角度。

27.2.2　二阶 L 型网络

L 型滤波器是由一个电感器与一个电容器串联而成的，输出跨接在一个或多个元件上。由于电路中有两个抗性元件，所以它构成的是二阶滤波器（second-filter），滚降斜率为 12dB/oct。这种网络有两种配置形式，如图 27.5 所示。

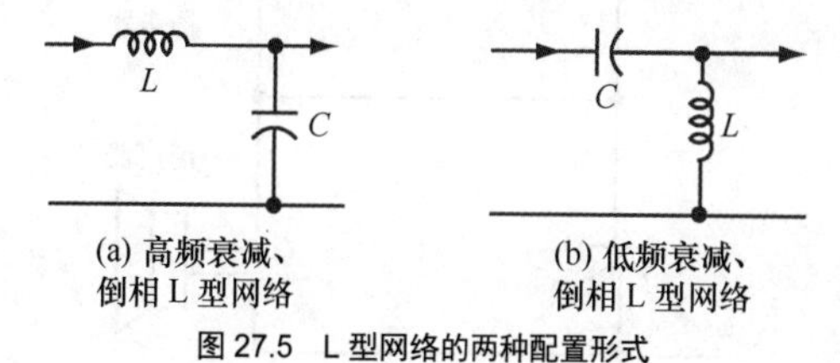

图 27.5　L 型网络的两种配置形式

低通配置形式的插入损耗由图 27.5(a) 给出。

$$IL_{dB} = 10\lg\left[1+\left(\frac{f}{f_c}\right)^2\right] \quad (27\text{-}18)$$

高通配置形式的插入损耗由图 27.5(b) 给出。

$$IL_{dB} = 10\lg\left[1+\left(\frac{f_c}{f}\right)^2\right] \quad (27\text{-}19)$$

在公式中，

f_c 是 3dB 插入损耗对应的频率；

f 为任意的频率；

IL_{dB} 是插入损耗，单位为 dB。

这些配置通常用于如图 27.6 所示的基本的扬声器分频器网络当中。高通和低通响应可以由同样的电路产生。这一应用中的 L 型滤波器对输入端口呈现出恒定的阻抗。公式（27-12）中的电感器阻抗和公式（27-7）中的电容器阻抗随频率的变化而改变，所以在选择将其用于分频频率时，其阻抗等于特征阻抗 Z_0。每一端口与负载并联，为了使分析简化，我们将其视为恒定，且数值等于 Z_0。

$$Z_L = \frac{1}{\left(\frac{1}{2\pi f_x L}+\frac{1}{Z_0}\right)} \quad (27\text{-}20)$$

$$Z_C = \frac{1}{\left(2\pi f_x C + \frac{1}{Z_0}\right)} \quad (27\text{-}21)$$

在公式中，

Z_0 是电路阻抗；

f_x 是转折频率。

输入上呈现的总阻抗为

$$Z_{in} = Z_C + Z_L \quad (27\text{-}22)$$

当频率远低于分频频率时，Z_L 的数值变为 $2\pi f_x L$，这是非常小的。随着 $2\pi f_x C$ 变得更小，Z_C 的数值变为 Z_0。总的阻抗变为 Z_0。

在分频频率处，电感和电容的阻抗等于 Z_0，所以总的电路阻抗也等于 Z_0。

当频率远高于分频频率时，随着 $2\pi f_x L$ 变得越来越大，Z_L 的数值变为 Z_0。同时，Z_C 的数值变为 $1/(2\pi f_x C)$，这是很小的。总的阻抗变为 Z_0。

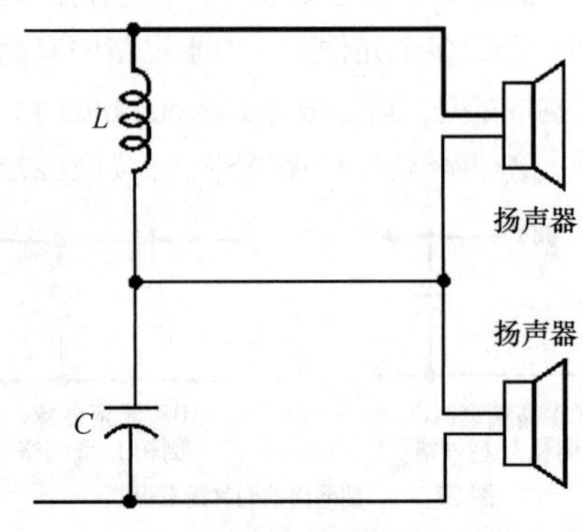

图27.6　采用L型滤波器的无源分频器

27.2.3　T和π型网络

T和π型网络是属于恒定 k(constant-k)滤波器一类。它们是通过将L型滤波器与常见的单支方案组合在一起构成的。线路阻抗 Z_0 是这些滤波器设计中的关键参量。T网络呈现给输入和输出传输线路的阻抗是对称的，且被设计为 Z_T。这一阻抗等于通带内的线路阻抗，并且在阻带内逐步减少。π型网络呈现给传输线路的阻抗也是对称的，且被设计为 Z_P。该阻抗等于通带内的线路阻抗，并且在阻带内逐渐增大。

完整的T和π网络具有的衰减量是半L型网络衰减量的2倍。

27.2.3.1　低通

T型低通滤波器有两个电感：L_1 与线路串联，而与电容 C_2 并联，如图27.7所示。随着频率的提高，感抗也提高，它对传输呈现出的抵抗力也提高。随着频率的提高，容抗降低，所以并联电容将更为有效地使并联信号分流到地。元件数值的设计公式为

$$C_2 = \frac{1}{2\pi f_c Z_0} \quad (27\text{-}23)$$

$$L_1 = \frac{Z_0}{2\pi f_c} \quad (27\text{-}24)$$

在公式中，

f_c 是截止频率；

Z_0 是线路阻抗。

这些公式与L型网络一样。电容器的实际数值是 $2C_2$，其中与来自两个低通L型网络的电容并联混合。在π型网络中，电感器的实际数值是 $2L_1$，其中与来自L型网络的电感串联混合。

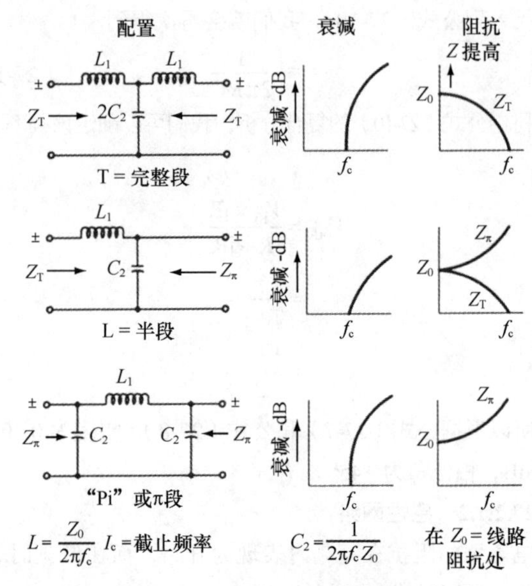

图27.7　低通滤波器的配置与特性

27.2.3.2　高通

恒定k高通滤波器的基本设计如图27.8所示。电感器和电容器的位置与低通时相反。设计公式为

$$C_1 = \frac{1}{2\pi f_c Z_0} \quad (27\text{-}25)$$

$$L_2 = \frac{Z_0}{2\pi f_c} \quad (27\text{-}26)$$

在公式中，

f_c 是截止频率；

Z_0 是线路阻抗。

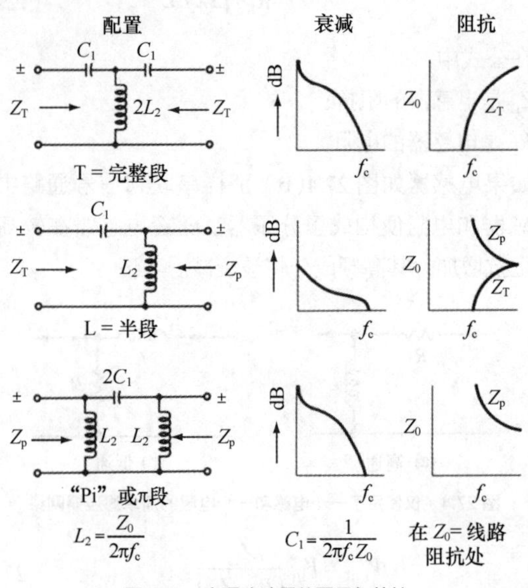

图27.8　高通滤波器的配置与特性

27.2.3.3　并联谐振元件

并联谐振（parallel resonant）电路组件具有的阻抗在谐振频率处最大（如图 27.9 所示）。组件的阻抗由下式给出。

$$Z=\frac{X_{\mathrm{L}}\times X_{\mathrm{C}}}{X_{\mathrm{L}}\times X_{\mathrm{C}}} \tag{27-27}$$

在公式中，

Z 为阻抗；

X_{L} 为感抗；

X_{C} 为容抗。

在非常低的频率时，电感器的电抗近乎短路，这降低了整体的阻抗。在高频时，电容器的电抗近乎短路，总体阻抗也减小。

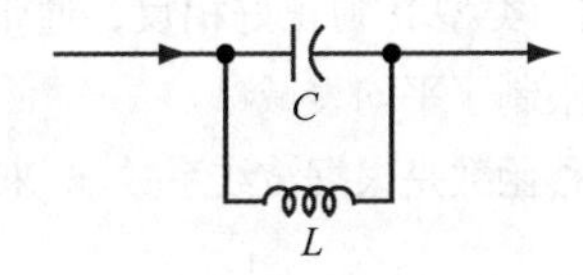

图 27.9　并联谐振电路

27.2.3.4　串联谐振元件

串联谐振（series resonant）电路组件在谐振频率处具有的阻抗最小（见图 27.10）。组件的阻抗为

$$Z=X_{\mathrm{L}}+X_{\mathrm{C}} \tag{27-28}$$

在公式中，

Z 为阻抗；

X_{L} 为感抗；

X_{C} 为容抗。

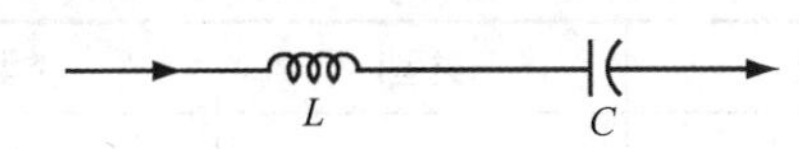

图 27.10　串联谐振电路

在非常低的频率时，电容器的电抗几乎开路，总的阻抗提高。在高频时，电感器的电抗几乎开路，总阻抗提高。

27.2.3.5　带通

串联和并联谐振组件的阻抗特性可以用于构成图 27.11 所示的带通滤波器。频率 f_1 和 f_2 是通带的截止频率。元件值的设计公式为

$$L_1=\frac{Z_0}{2\pi(f_2-f_1)} \tag{27-29}$$

$$L_2=\frac{(f_2-f_1)Z_0}{2\pi f_1 f_2} \tag{27-30}$$

$$C_1=\frac{f_2-f_1}{2\pi f_1 f_2 Z_0} \tag{27-31}$$

$$C_2=\frac{1}{2\pi(f_2-f_1)Z_0} \tag{27-32}$$

在公式中，

f_1 是低频端截止频率；

f_2 是高频端截止频率；

Z_0 是线路阻抗。

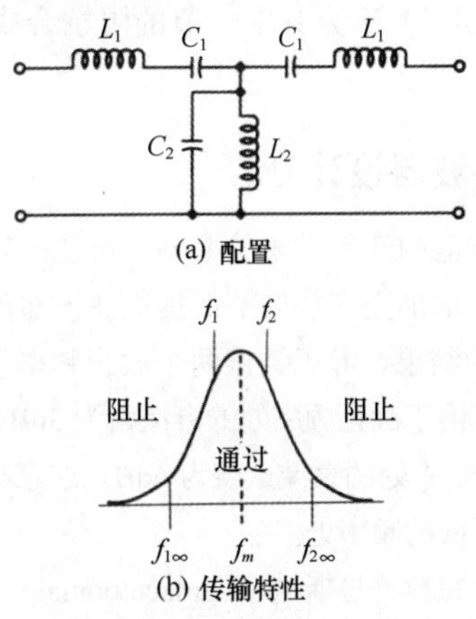

图 27.11　T 型网络带通滤波器

27.2.3.6　带阻

采用串联和并联谐振组件的带阻（band reject）滤波器配置如图 27.12 所示。配置与带通 T 型网络滤波器正好相反。在这种情况中，频率 f_1 和 f_2 是阻带的边界。元件数值的设计公式为

$$L_1=\frac{(f_2-f_1)Z_0}{2\pi f_2 f_1} \tag{27-33}$$

$$C_1=\frac{1}{2\pi(f_2-f_1)Z_0} \tag{27-34}$$

$$L_2=\frac{Z_0}{2\pi(f_2-f_1)} \tag{27-35}$$

$$C_2=\frac{f_2-f_1}{2\pi f_1 f_2 Z_0} \tag{27-36}$$

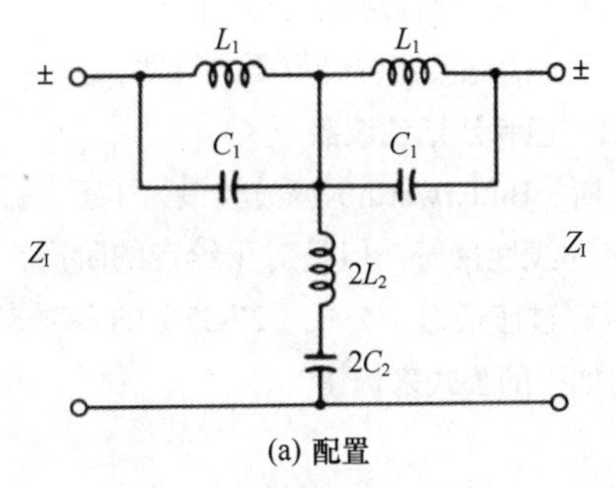

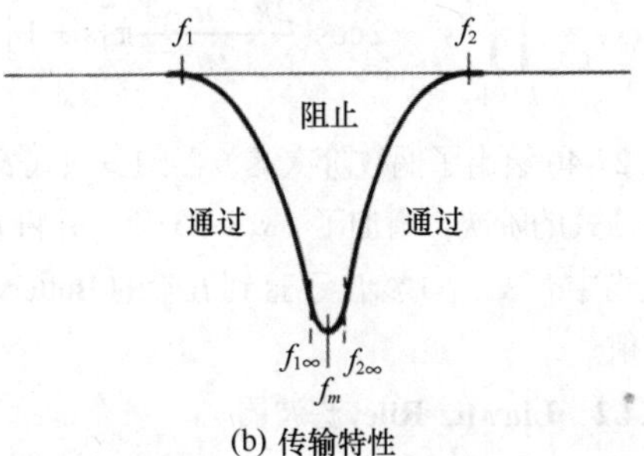

图 27.12　T 型网络带阻滤波器

27.2.3.7　梯形网络

任意长度的无源滤波器可以通过在被称为科尔网络

(Cauer network)的任意长度网络中增加RC、RL或LC L型分断来构成。这一拓扑结构中各级之间的相互作用开始变得重要了，因为其中一节的阻抗会成为下一节的负载。

27.2.4 滤波器设计

随着滤波器中元件数量的增多，可能的转移函数数量也增多。通过增加更多相同节而提高滤波器的阶次不一定会产生优化的结果。考虑链接两个截止频率为f_c的低通滤波器的情况。由于截止频率处的衰减量为3dB，所以对于两节串联的情况，f_c处的衰减量将为6dB。这意味着3dB的截止点被移向更低的频率处。

我们可以在拉普拉斯域(Laplace domain)对e^{st}形式的输入信号进行分析，其中s定义为

$$s = \sigma + j\omega \quad (27\text{-}37)$$

在公式中，

σ是指数的衰减的数值；

ω是$2\pi f$，f为频率。

这为我们提供了一个可以表示为以s为变量的多项式形式转移函数。一阶低通滤波器可以表示为如下形式。

$$h_1(s) = \frac{1}{(s+p_0)} \quad (27\text{-}38)$$

p_0的数值定义了截止频率。以串联形式增加多节就是依次乘以更多项。

$$h_1(s) = \frac{1}{(s+p_0)(s+p_1)} \quad (27\text{-}39)$$

对于公式(27-37)的归一化格式，p_0被设定为1，p_n序列中的所有其他值可以按照公式来定义。所用的准确公式取决于所设计的滤波器中最重要的特性。

27.2.4.1 巴特沃斯滤波器

巴特沃斯(Butterworth)滤波器最为平坦，并且其通带内相位响应的线性最好，但是对于给定的阶次，其从通带到阻带的瞬态过渡最慢。公式(27-37)的多项式转移函数形式可以由如下的公式来构建。

$$B_n(s) = \prod_{k=1}^{\frac{n}{2}}\left[s^2 + 2\cos\left(\frac{2k+n-1}{2n}\pi\right)s + 1\right] \quad (27\text{-}40)$$

公式27-40给出了偶数阶次滤波器的多项式表达式。为了计算多项式的阶次，增加了$(s+1)$项，并将$n=n-1$应用到公式当中。表27-1给出了直到五阶的Butterworth多项式的计算值。

27.2.4.2 Linwitz-Riley滤波器

林克威治-瑞利(Linkwitz-Riley)滤波器[2]用于声频分频器。它是通过两个Butterworth滤波器级联而成，这便使其分频频率处的衰减达到-6dB。这意味着低通和高通相应的相加将使分频点和其他各点处的增益为0dB。

表27-1 Butterworth多项式

阶次	多项式
1	$(s+1)$
2	$(s^2+1.414s+1)$
3	$(s^2+1)(s^2+s+1)$
4	$(s^2+0.765s+1)\ (s^2+1.848s+1)$
5	$(s+1)(s^2+0.618s+1)\ (s^2+1.618s+1)$

27.2.4.3 切比雪夫I型和II型滤波器

虽然切比雪夫(Chebyshev)滤波器具有比Butterworth滤波器更陡的滚降，但这是以响应中的波纹为代价换来的。Chebyshev滤波器有两种形式。类型I通带存在波纹，但阻带有最大的衰减。类型II则正好相反，通带内平坦，但阻带内存在的波纹限制了平均衰减量。

滤波器的转移函数是根据波纹系数ε来定义的，

$$H(\omega) = \frac{1}{\sqrt{1+\varepsilon^2 C_n^{\,2}\frac{\omega}{\omega_0}}} \quad (27\text{-}41)$$

在公式中，

C_n是阶次n的多项式，由表27-2中给出。

以分贝表示的波纹幅度为

$$ripple_{dB} = 20\lg\left(\frac{1}{\sqrt{1+\varepsilon^2}}\right) \quad (27\text{-}42)$$

表27-2 Chebyshev多项式

阶次	类型I	类型II
1	s	$2s$
2	$2s^2-1$	$4s^2-1s$
3	$4s^3-3s$	$8s^3-4s$
4	$8s^4-8s^2+1$	$16s^4-12s^2+1$
5	$16s^5-20s^3+5s$	$32s^5-32s^3+6s$

27.2.4.4 Elliptical滤波器

椭圆(elliptical)滤波器在通带和阻带内都存在波纹，对于指定波纹的滤波器阶次，其过渡带最短。通带和阻带内的波纹可以独立控制。它是Butterworth和Chebyshev滤波器的广义形式。如果将通带和阻带内的波纹设定为零，那么我们就得到I型Chebyshev。如果阻带有波纹，而通带没有，那么我们就得到II型Chebyshev。

转移函数是与公式(27-39)相同的形式，只是多项式不同。

$$H_n(\omega) = \frac{1}{\sqrt{1+\varepsilon^2 E^2_{(n,\xi)}\left(\frac{\omega}{\omega_0}\right)}} \quad (27\text{-}43)$$

在公式中，

$E_{(n,\ \xi)}$ 是阶次 n 和选择系数 ξ 的椭圆多项式。

27.2.4.5　归一化滤波器

归一化（Normalizing）是将滤波器元件的数值调整到适宜的频率和阻抗上的处理过程。为了分析，频率通常归一化到 1rad/s，阻抗为 1Ω。为了设计实用的声频电路，滤波器归一化到 1kHz 和 10kΩ 。

27.2.4.6　尺度滤波器

尺度（Scaling）是通过改变电阻器和电容器数值来改变归一化频率或阻抗数值的设计处理过程。频率既可以通过改变所有的电阻数值，也可以通过改变所有电容器数值的方法来对归一化频率作相对改变，这是通过将想要频率的比值 ρ 设为归一化频率来实现的。利用公式（27-11），频率与电容器和电阻器数值的乘积成反比变化。

$$\rho=\frac{f_{\text{norm}}}{f_1} \tag{27-44}$$

在公式中，

ρ 是比例因子；

f_1 是新的频率。

通过将所有的电阻器数值与一个系数相乘，并用同一系数去除所有电容器数值，我们可以改变网络的归一化阻抗，而又不改变 RC 的乘积值，所以频率保持不变。

$$\rho=\frac{Z_1}{Z_{\text{norm}}} \tag{27-45}$$

在公式中，

ρ 是比例因子；

Z_1 是阻抗。

27.2.5　Q 值和阻尼系数

阻尼因数（damping factor，d），或其倒数 Q 出现在有些滤波器的设计公式中。不同的电路特性与 d 的数值有关。

当 d 为 2 时，阻尼等效为隔离的阻容滤波器。

当 d 为 1.41（2 的平方根）时，滤波器处于临界阻尼，这时最为平坦，没有过冲问题。

随着 d 在 1.414 ～ 0 减小，过冲的峰值电平增大，d = 1.059 时为 1dB，d = 0.776 时为 3dB。

当 d = 0 时，峰值变得非常高，以至于滤波器无法使用，如果此时存在增益，那它就成为振荡器了。

27.2.6　阻抗匹配

源和负载阻抗都会对无源滤波器的响应产生影响。它们可以改变滤波器的截止频率，衰减斜率或 Q 值。图 27.13 示出了三种不同无源滤波器的信源和负载阻抗时的情况。在截止频率之前的响应峰值导致滤波器出现振铃，使得其在这些频率上存在着潜在的不稳定性。桥式 T 型滤波器不受阻抗失配的影响，因为滤波器中是电阻器，但是这些电阻器会产生插入损耗。

27.3　有源滤波器

任何无源滤波器都可以通过选择在输入和输出上使用放大增益转变为有源滤波器，如图 27.14 所示。这也提供了重要的缓冲，使电路具有高输入阻抗和低输出阻抗，保护电路免受外部阻抗失配带来的不利影响。这可以让有源滤波器部分不用考虑相互干扰问题而直接连接在一起。

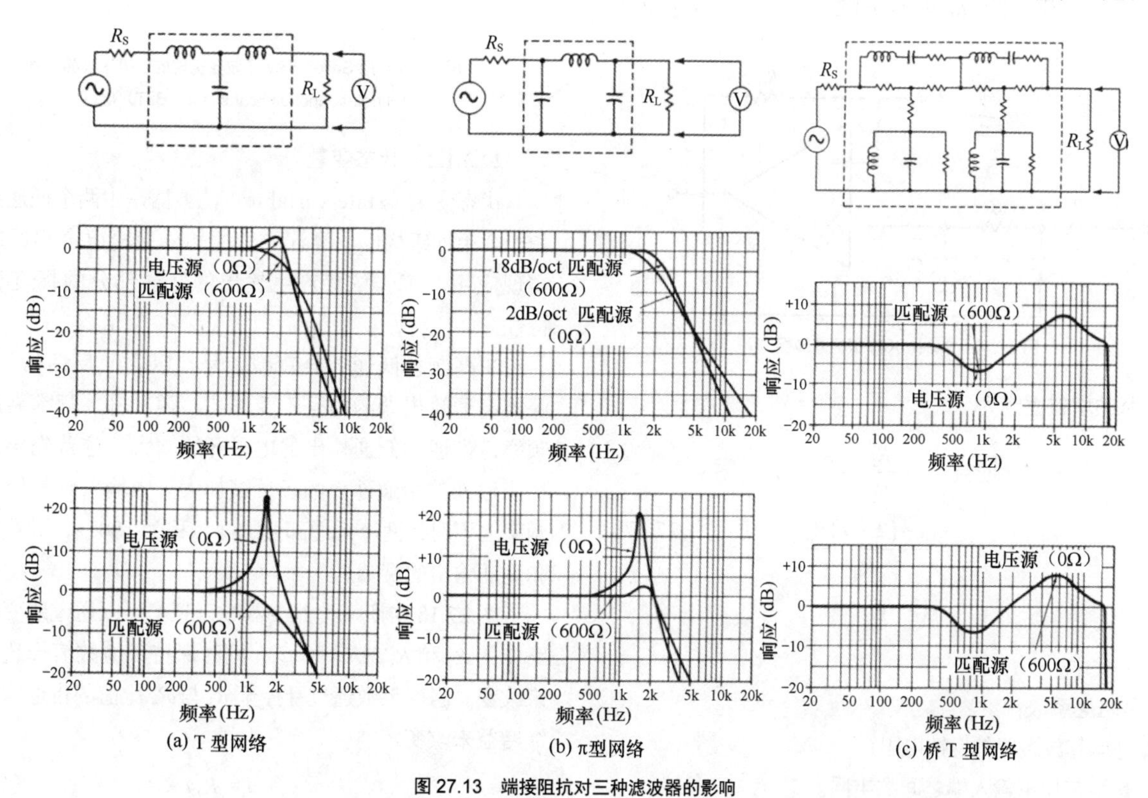

图 27.13　端接阻抗对三种滤波器的影响

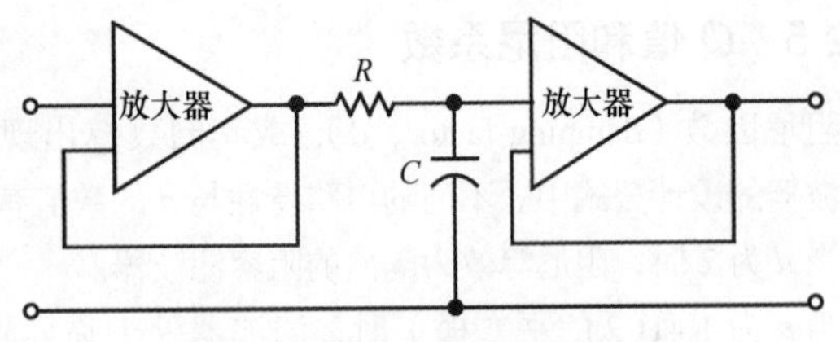

图 27.14　有源滤波器的简单缓冲级

更为先进的有源滤波器在增益级的反馈回路中使用了滤波器元件，以较少元件取得更强的功能。有源滤波器具有无源滤波器不具备的优点，那就是它可以做得更小，尤其是对于低频滤波器，这时它不再使用笨重的大电感器。去除电感器也使有源滤波器的低频哼声干扰趋于减小。有源滤波器的缺点就是实现起来更加复杂了，出问题的元件更多；需要电源供电；并且动态范围的上限受电源的限制，下限受放大器自身高频噪声的限制。

27.3.1　滤波器拓扑

27.3.1.1　Sallen-Key

Sallen-Key 滤波器是二阶高通或低通滤波器，它在阻带内表现出 12dB/oct 的衰减斜率。等元件数值（Equal component value）滤波器是最容易设计的，频率决定等值的电阻器，频率决定等值的电容器。其优点是通过互换位置就能够简单地实现高通或低通。

图 27.15 所示的是二阶低通滤波器，频率是根据公式 27-42 按比例缩放输入网络中的 R 和 C 的数值来改变的。为了保持偏差最小，最好是让 R_0 等于 $2R$ 的输入阻抗。阻尼系数 d 受 R_f 和 R_0 比值控制，这样

$$R_f = (2-d)R_0 \tag{27-46}$$

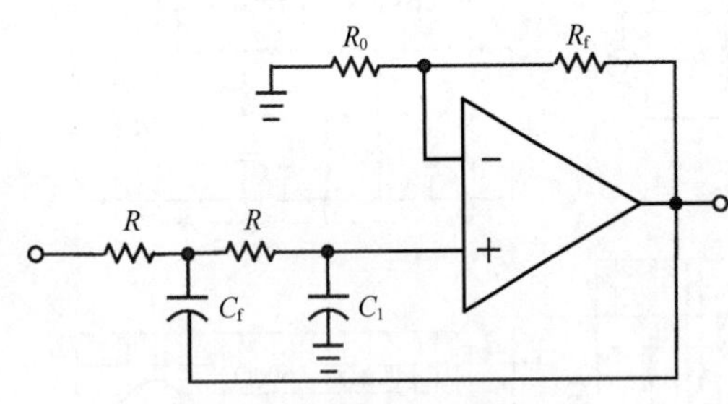

图 27.15　Sallen-Key 低通滤波器

电路的增益固定为

$$\begin{aligned} 增益 &= 1+\frac{R_f}{R_0} \\ &= \frac{1+(2-d)R_0}{R_0} \\ &= (3-d) \end{aligned} \tag{27-47}$$

在公式中，

d 是阻尼系数；

R_f 是运算放大器的反馈电阻；

R_0 是地与反相输入端之间的电阻。

图 27.16 所示的二阶高通滤波器是通过调换图 27.15 中 R 和 C 的位置形成的。其增益和阻尼系数适用与低通滤波器一样的公式。

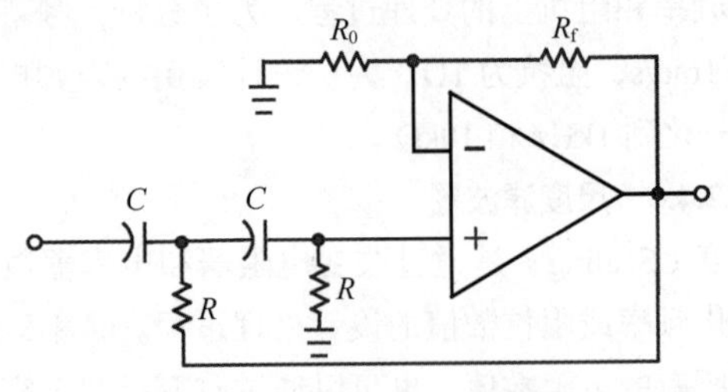

图 27.16　Sallen-Key 高通滤波器

单位增益（unity gain）的 Sallen-Key 滤波器也可以实现。为了独立控制频率和阻尼，电容器的比值必须改变，所以在低通中

$$C_f = \left(\frac{4}{d5}\right)C_1 \tag{27-48}$$

由于截止频率仍由 R 和 C 的乘积决定，所以可以通过调整 R 的数值，或者一同按比例缩放 C_f 和 C_1 来改变频率。

图 27.17 所示的 Sallen-Key 滤波器被当作双极结型晶体管电路来使用。

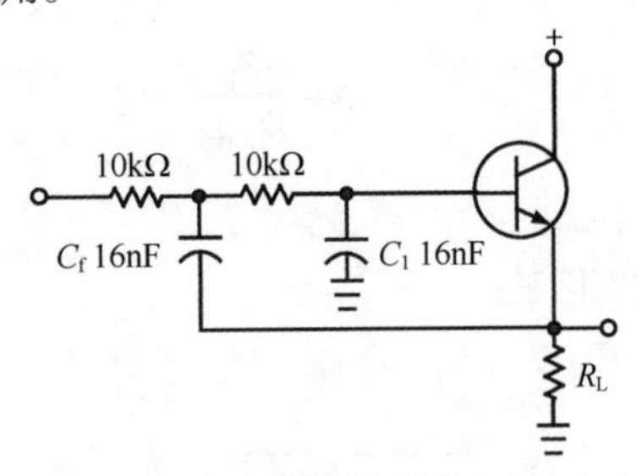

图 27.17　用 Sallen-Key 滤波器实现的双极结型晶体管（Bipolat Junction Transistor，BJT）电路

27.3.1.2　状态变量

状态变量（state variable）滤波器是由两个低通滤波器和一个相加级构成。高通、带通和低通输出全都通过电路实现应用。工作依赖产生输出的低通部分的幅度和相位特性。

在高频，低通部分衰减信号，以便使反馈信号很小，保持高通输出端的信号不受影响。随着输入频率靠近中心频率，带通和低通输出的电平开始增大。这首先导致抑制相应过冲的带通部分的正反馈加大。当输入频率处在中心频率之下时，两个低通部分的净相移为 180°，导致负反馈和高通输出的衰减。

图 27.18 中所示的滤波器截止频率可以通过改变超前电路中的 R_1 和 R_2 或 C_1 和 C_2，同时保持其他数值一致的方法来改变。阻尼系数通过受控于 R_3 与 R_4 比值的带通滤波器反馈增益来改变。

$$d = R_4 / R_3 \tag{27-49}$$

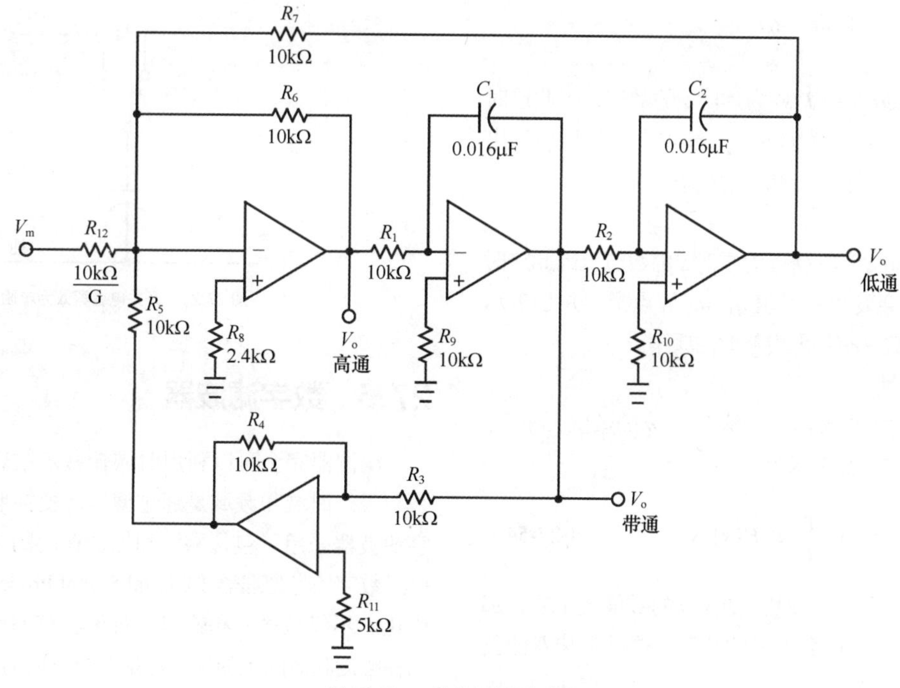

图 27.18　二阶状态变量滤波器

总增益受 R_{12} 控制。如果 R_1、R_2 和 R_{12} 相等，那么增益为 1。

$$增益 = R_1 / R_{12} \quad (27\text{-}50)$$

R_8、R_9、R_{10} 和 R_{11} 的数值并不关键，应该以每一运算放大器级的直流偏差最小为目标进行选择。

27.3.1.3　全通滤波器

图 27.19 所示的电路是在所有频率上均具有单位增益的全通放大器，且其相移与频率的比例关系为

$$\theta = 2\tan^{-1}\left(\frac{f_0}{f}\right) \quad (27\text{-}51)$$

在公式中，

θ 是输入至输出过程产生的相移；

f_0 为 $1/(2\pi RC)$。

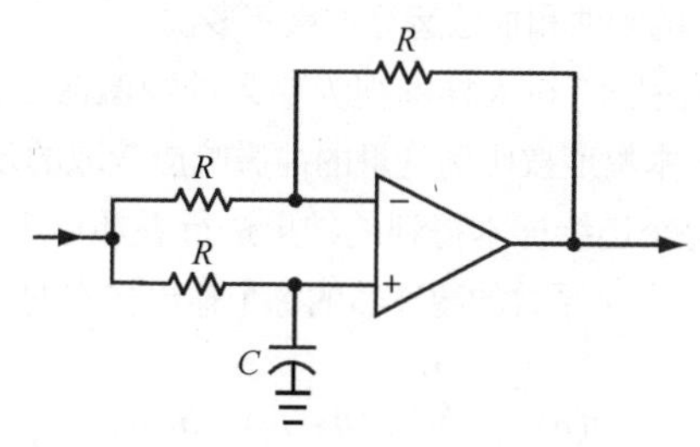

图 27.19　全通单位增益放大器

相移在低于和高于 f_0 的频率范围上与频率近似成正比。这些电路可以级联在一起，以便在同一频率范围上产生更大的相移，或者将所设计的具有不同 f_0 的电路中相位与频率成正比变化的范围进一步扩展。

$$\theta = \omega t = 2\pi f t \quad (27\text{-}52)$$

由于相位与频率成正比，且公式（27-50）是以时间来表示相位的，所以这些电路通常可能引入小量的延时。

27.3.2　零极点分析

图 27.20 所示的零极点图是表示滤波器复杂转移函数的图示方法。零极点图描述了一个平面，其中存在将平面向上拉伸的无限大幅度的峰值和向下拉伸的零值。沿着 ω 轴（此时 $\sigma = 0$）方向上的平面高度就是标准的幅度响应。

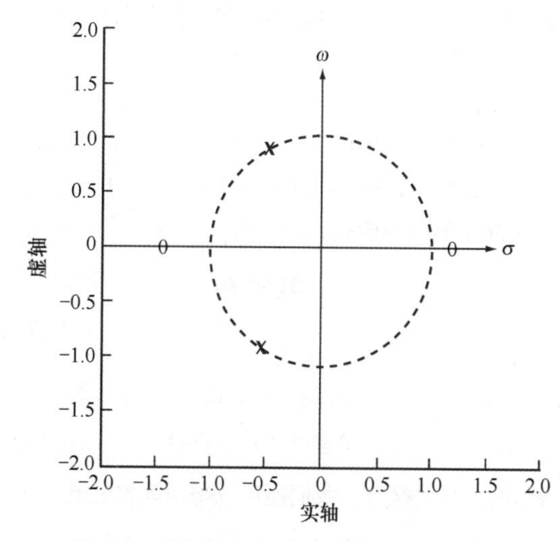

图 27.20　零极点图，其中 0 代表零点，X 代表极点

如果函数表示式被简化成 s 平面的因式分解形式，这里的 s 是拉普拉斯（Laplace）域的变量［公式（27-53）］，那么系统的转移函数就可以表示成

$$H(s) = P(s)/Q(s) \quad (27\text{-}53)$$

在公式中，

$P(s)$ 和 $Q(s)$ 是多项式的表达形式，

$P(s) = (s - p_1)(s - p_2)\cdots(s - p_n)$，

$Q(s) = (s - q_1)(s - q_2)\ldots(s - q_n)$。

27.3.2.1 零点

函数的零点（zero）是 $P(s)$ 为零时 s 的数值，因此这时 $H(s)$ 等于零。这会发生在数值 p_1、p_2 等点上，并且表示出的频率是转移函数具有最大衰减时的频率。

27.3.2.2 极点

函数的极点（pole）是 $Q(s)$ 为零时 s 的数值，因此这时 $H(s)$ 为无穷大。这会发生在数值 q_1、q_2 等点上，并且表示出的频率是转移函数具有最大增益时的频率。

27.3.2.3 稳定性

s 平面右手边的极点或零点意味着 s、σ 的数值大于零。在时域表示式中，信号被表示为

$$f(t)=\int_0^{\infty} \mathrm{e}^{st}F(s)\mathrm{d}s \qquad (27\text{-}54)$$

e^{st} 可以被展开为 $\mathrm{e}^{\sigma t} \times \mathrm{e}^{j\omega t}$。如果 σ 的数值大于零，那么表示式表现为呈系数指数增大的情形，这就意味着滤波器是不稳定的。这一情况在无源滤波器中是不存在的，因其本身就具有稳定的属性。

27.4 开关电容滤波器

任何基于电阻和电容元件构成的有源滤波器都可以重新配置成开关电容滤波器（switched capacitor filter）。阻性组件被等效的开关容性组件所取代。采用开关电容器取代电阻器的方法的优点就是它们更容易在硅片上实现，因为电容器占据的空间要比电阻器小，并且电容器 / 电容器比值的容限要比电阻 - 电容乘积更容易控制。

图 27.21 所示的电路在开关的控制下在两个电压源之间转移电荷，进而产生电流。在每个开关周期 t_s 的时间里被转移的电荷 ΔQ 可以表示成公式（27-55）的电流形式，或公式（27-56）的电压形式。

$$\Delta Q = It_s = \frac{I}{f_s} \qquad (27\text{-}55)$$

$$\Delta Q = C(v_1 - v_2) \qquad (27\text{-}56)$$

将这两个公式整合，我们便可以得到等效电阻。

$$\frac{I}{f_s} = C(v_1 - v_2)$$

$$R = \frac{v_1 - v_2}{I} = \frac{I}{Cf_s} \qquad (27\text{-}57)$$

公式（27-57）中等效电阻的阻值是由固定的电容和频率表示的。其数值可通过改变开关频率来加以控制。这便使得开关电容滤波器非常适合作为理想的调谐滤波器使用。

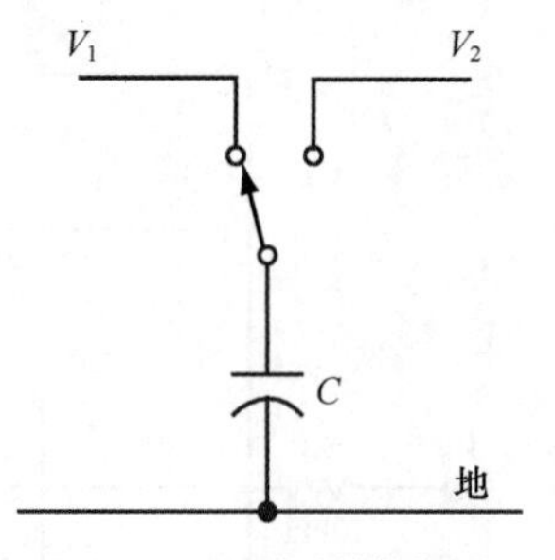

图 27.21 开关电容等效为电阻

27.5 数字滤波器

滤波器完全可以利用时域转移函数表示法的数学方式来实现。时域和频域是通过傅里叶变换联系在一起的。数字滤波器采用了包含乘法和加法在内的大量递归算法，用以对数字信号处理器（Digital Signal Processors，DSP）进行优化。不仅是输入和输出，对于所有的计算而言，采样数据在幅度和时间上的精度都是一个重要的因素。

27.5.1 FIR 滤波器

有限冲激响应（Finite Impulse Response，FIR）滤波器执行的是输入信号与滤波器冲激响应的时域卷积。由于 FIR 滤波器概念简单、易于设计，所以相对于其他设计而言，它们占用了更多的处理能力。常常需要对每个样本进行数以百次的乘法运算。由于它不存在使用有限精度算法可能导致失控的反馈环路，所以它具备固有的稳定属性。另外，它们还可以设计成线性相位（linear phase）特性，保留波形的形状，并在所有频率成分上均具有恒定的时间延迟。

图 27.22 所示的是 FIR 滤波器的结构。每个 Z^{-1} 代表的是等效于系统采样周期的一个单位延时。这种符号表示法源自 Z 域变换，它是一种以分立时间形式表达转移函数的方法。算法的递归属性很明显，在存储的冲激响应中，针对每个样本的乘法和加法运算被重复多次。

FIR 滤波器将输入样本视为输入的冲激激励，并且生成一个将样本幅度按比例度量的冲激响应截取的复制输出。通过将由每个连续样本得到的结果进行叠加产生整个输出信号。具有 M 个系数的滤波器的每个输出样本的结果为

$$y(n) = \sum_{m=0}^{M} x(n-m) \times h(m) \qquad (27\text{-}58)$$

在公式中，

n 为采样编号；

$x(n)$ 是第 n 个输入样本的数值；

$h(m)$ 是第 m 滤波器的系数值；

$y(n)$ 是第 n 个输出样本值。

这需要存储之前 $M-1$ 个样本，并且对每一个样本执行 M 次乘法和加法运算才能实现。

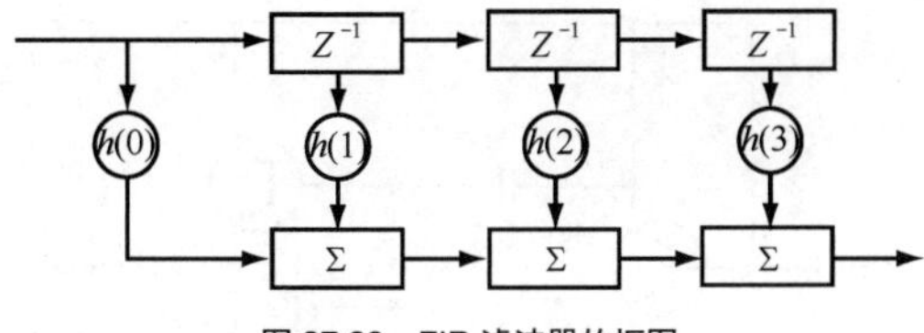

图 27.22 FIR 滤波器的框图

27.5.1.1 FIR系数

FIR 滤波器的系数值一般是事先计算出来并存储在查阅表中的，查阅表是滤波器运算时的参考基准。

以截止频率为 ω_0 rad/s 的理想，或砖墙式数字低通滤波器为例进行分析。该滤波器在低于 ω_0 的所有频率上的幅度均为 1，而在 ω_0 与奈奎斯特频率之间频率的幅度则为 0。针对 0 ～ π 的频率归一化滤波器而言，冲激响应序列 $h(n)$ 为

$$\begin{aligned} h(n) &= \frac{1}{2\pi}\int_{-\pi}^{\pi} H(\omega)\mathrm{e}^{jw\omega n}\mathrm{d}\omega \\ &= \frac{1}{2\pi}\int_{-\omega_0}^{\omega_0} \mathrm{e}^{j\omega n}\mathrm{d}\omega \qquad (27\text{-}59) \\ &= \frac{\omega_0}{\pi}\sin c\left(\frac{\omega_0}{\pi}n\right) \end{aligned}$$

由于冲激响应是无限的，所以该滤波器不能当作 FIR 来使用。为了持续时间有限的冲激响应，我们利用加窗处理来对其进行截取。通过保留该截取中冲激响应的中心部分，便获得线性相位的 FIR 滤波器。滤波器长度主要控制截止的陡度，而通过选择窗函数可以实现通带和阻带波纹的折中，如图 27.23 所示。

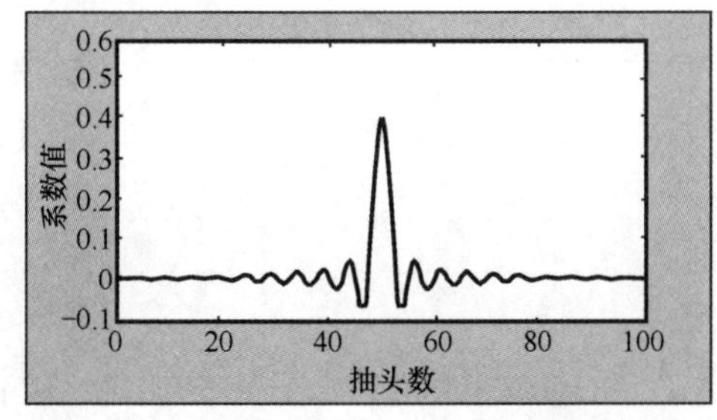

图 27.23 0.2 倍的采样率时的 100 抽头低通滤波器的系数

27.5.1.2 FIR长度

对于由宽度（f_t）和衰减量 dB（A）指定的过渡带，FIR 滤波器在采样率（f_s）下所需的抽头数（N）可估算为

$$N = \frac{f_s A}{f_t 22} \qquad (27\text{-}60)$$

例如，我们可以计算出 48kHz 系统中 100Hz、四阶高通滤波器有多少个抽头。由于四阶具有的滚降率为 24dB/oct，所以响应到了 50Hz 时已降低了 24dB。由于过渡带要在阻带内产生 20dB 的最小衰减，所以在 50 × 20/24 或 42Hz 宽度上，想要的衰减为 24dB，利用公式得到 48 000 × 20 × /(42 × 22) = 1049 个抽头。这是个非常长的滤波器，并在 48kHz 的采样率下会引入 520 个样本或 10.8ms 的延时。

如果我们以同一个例子来分析，只是截止频率变成了 1000Hz，所有的数值要按照系数 10 进行比例缩放，给出的更为可接受的 105 个样本长度滤波器的延时为 1.1ms。图 27.24 示出了 FIR 滤波器用于低频时的限制。

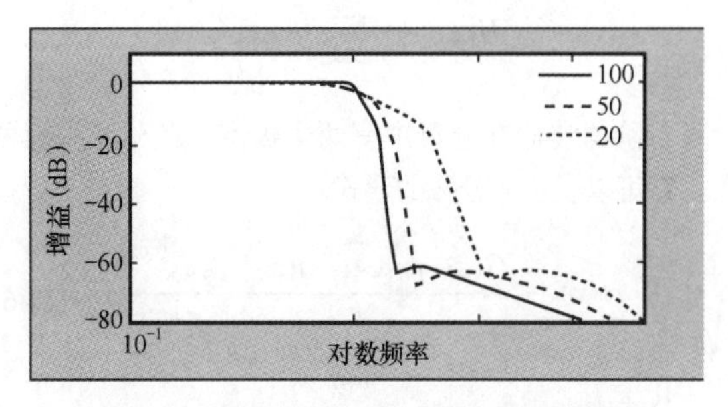

图 27.24 加大 FIR 的抽头数来提高滤波器的斜率

27.5.2 IIR 滤波器

无限冲激响应（Infinite Impulse Response，IIR）滤波器的配置有许多种，图 27.25 和图 27.26 示出了其中的两种。它们示出的是双二阶滤波器的直接形式，其中输入和输出样本进入延时线。转置矩阵形式在每一延时和比例缩放的输入拷贝之间有一个相加过程，并且输出样本被插入延时线中。直接形式 I 更适合定点应用，这时重要的是延时项要维持尽可能高的精度。

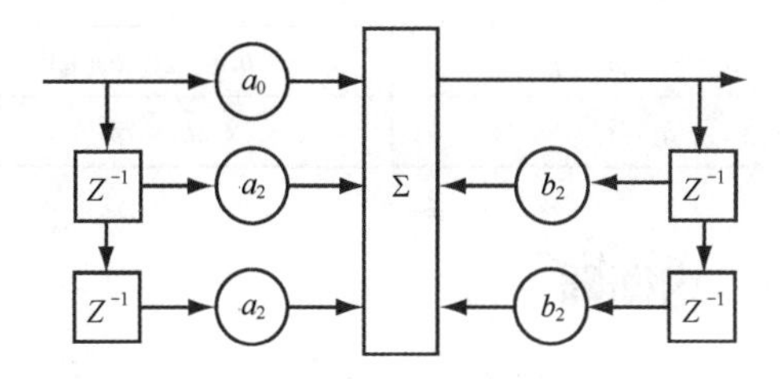

图 27.25 用 IIR 滤波器实现的 Direct Form I 中的双二阶部分

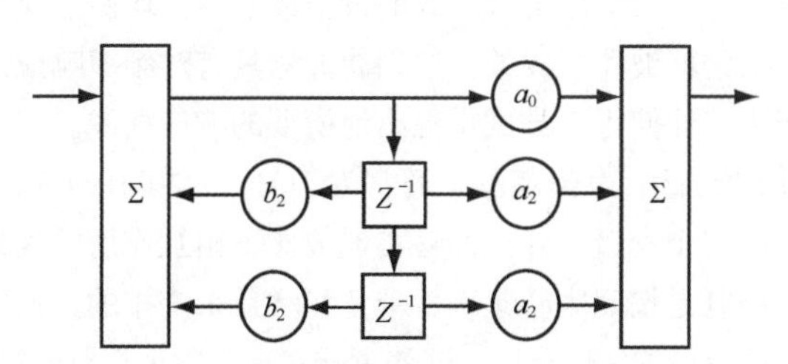

图 27.26 用 IIR 滤波器实现的 Direct Form II 中的双二阶部分

双二阶 IIR 滤波器是一个二阶滤波器，并且是构成更高阶 IIR 滤波器的最常见的基础。这种构成很适合诸如表 27-1 中的巴特沃斯多项式这样的转移函数公式。反馈系数相当于滤波器的极点，直接系数相当于零点。虽然每一部分都可以表示成一个短的 FIR 滤波器，但与 FIR 的直接应用不同，即便输入和输出只有实部，这些部分也可能具有复数系数。

由零极点计算出系数

IIR 滤波器是按照 Z 变换设计的。在该变换中，滤波器采用时域表达，在离散傅里叶变换中，普通指数项的地方

用符号 z^{-1} 取代。

$$z^{-n} = e^{j\omega n\Delta t} \tag{27-61}$$

于是我们得到了 Z 变换的表示式，

$$H(z) = \sum_{n=-\infty}^{\infty} h[n]z^{-n} \tag{27-62}$$

双二阶滤波器在分母中有两个极点，在分子中有两个零点。它可以表示成分数的形式

$$H(z) = \frac{G(z - r_{01}e^{-jq_{01}})(z - r_{02}e^{-jq_{02}})}{(z - r_{p0}e^{-jq_{p0}})(z - r_{p1}e^{-jq_{p1}})} \tag{27-63}$$

在公式中，

G 是增益；

r_0 代表的是零点位置的实部；

q_0 代表的是零点位置的虚部；

r_p 代表的是极点位置的实部；

q_p 代表的是极点位置的虚部。

表 27-3 列出了对于双二阶滤波器的纯实部应用的每一系数的公式，给出了极点和零点的位置。

表 27-3　双二阶系数与极点和零点的关系

零点	极点
$a_0 = 1$	
$a_1 = -2r_o\cos(q_o)$	$b_1 = -2r_p\cos(q_p)^2$
$a_2 = r_o$	$b_2 = rp^2$

27.6　均衡器

均衡器被用来补偿系统某一部分不想要的幅度或相位响应，并使其响应再次一致的设备或器件。均衡器是由如下方式的滤波器组成的，这些滤波器具有对频率响应的控制能力，让使用者尝试重建出他所要的响应曲线。均衡器能够控制影响声频范围（通常为 20Hz ～ 20kHz）响应的一个或多个参量，并且能够实现彼此不相互作用的理想情况。控制是按照中心频率、带宽和增益来安排的，而非控制这些参量的实际电路。这就意味着会经常见到双联控制，以便让两个电阻阻值的比例保持恒定，而只改变它们的绝对值。

27.6.1　音调控制

最简单形式的均衡器用在便携式收音机的音调控制上。控制只是对高频进行衰减。比音调控制更为常见的这类均衡器的另一种规格就是低音提升，顾名思义，它的作用正好与音调控制相反，它增加对低频增益的控制。

图 27.27 所示的是音调控制电路，其中包括了在中间无源滤波器周围的基于晶体管的缓冲放大器。这可以让均衡器的工作与信号源和负载阻抗无关。

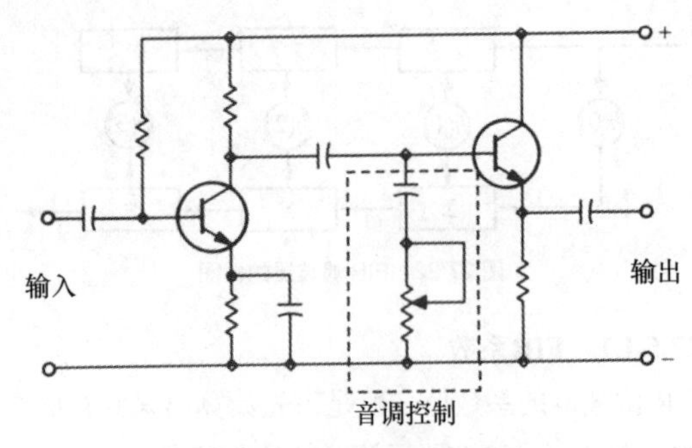

图 27.27　简单的低通音调控制

27.6.2　图示均衡器

图示均衡器（graphic equalizer）用来对节目素材的总体频谱进行整形。图示一词指的是前面板各个控制的设定方式，因为各滑动推子的位置控制着想要的频率响应。虽然图示均衡器一般采用 1/3 倍频程频带滤波器，但是也可以采用任意的频率间隔来构建。1/3 倍频程是指相邻两个滤波器间的频率间隔，它并不一定是滤波器的带宽。

图示均衡器是用具有固定频率和带宽的一串滤波器构建而成的。滤波器的中心频率一般是取自 ISO 推荐的频率，而不是数学校正的 1/3 倍频程间隔。这就意味着为了完全覆盖频谱，有些滤波器必须有不同的带宽。每个滤波器的输出被加到由滑动控制所控制的原始信号上。电平加在一起，有可能会在中心频率之间的响应上产生波纹。图 27.28 所示的是控制 800Hz、1000Hz、1250Hz 和 1600Hz 的 4 个滑动推子被设定在 +5dB 时的响应。总的峰值大于想要的峰值，并在频带上产生了 2dB 的波纹起伏。

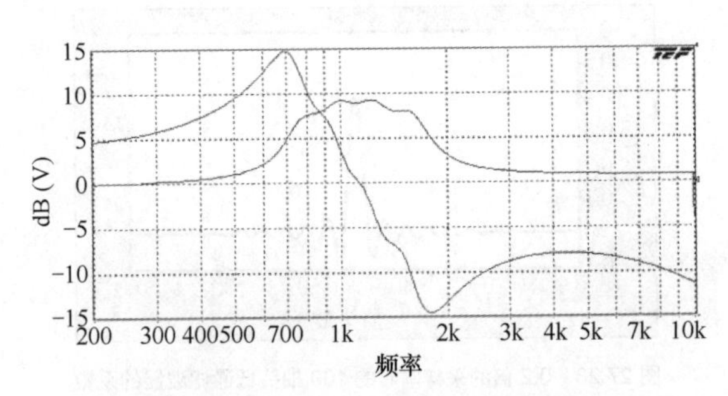

图 27.28　图示均衡器的幅频和相频响应

横向均衡器

图 27.28 所示的是基于调谐滤波器的图示均衡器在使用相邻的控制组时在响应上所表现出的波纹起伏情况。我们尝试建立的实际响应要优于使用单个滤波器所取得的响应，如图 27.29 所示。横向均衡器（transversal equalizer）配置成的图示均衡器对于任何相等或平坦的控制设定产生的是无波纹起伏的响应。它产生最小相位响应曲线，避免在频带边界处出现相位失配异常，这种情况在其他均衡器中容易引发。相位曲线是对想要响应的最佳数学匹配。

之前讨论的 FIR 滤波器是横向滤波器的数字化应用。然而，普通的调谐滤波器工作于频域，而横向滤波器工作

于相域或时域。如果图 27.19 所示的单位增益全通电路被替换成图 27.22 所示的 Z^{1} 延时组件，那么就建立起模拟的横向滤波器了。通过加法放大器的不同权重电阻器将连续的延时输出相加来实现系数。

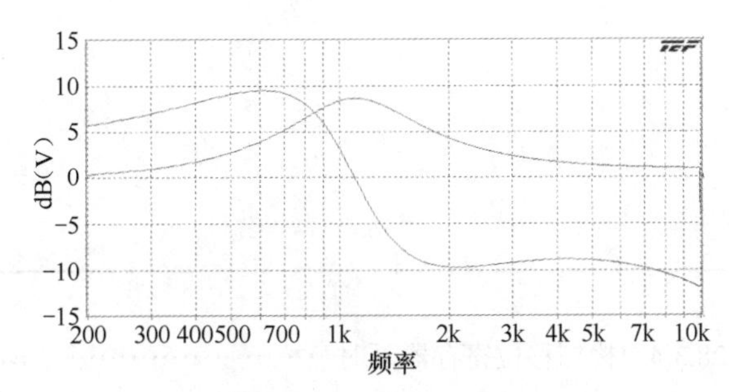

图 27.29　单独的双二阶滤波器的幅频和相频响应

27.6.3　参量均衡器

参量均衡器（Parametric equalizers）允许对定义滤波器的 3 个主要参量进行调整。

- 提升或衰减量（dB）。
- 中心频率。
- 带宽或 Q 值。

要想让参量均衡器在宽的频率范围上提供对 3 个参量完全独立的控制是较困难的。几个滤波器元件必须随一个控制变化。因此，参量均衡器有时必须将某一个控制做成多触点开关形式，而不是连续可变的形式。这样便允许一组被调元件切换就位，而不必忧虑如何跟踪可变的元件值。

参量均衡器总是有源形式，并且一般在单元中存在几个二阶部分。每一频段的中心频率在有限的范围内调整，以便能维持参量的独立性。这意味着在一个单元中每一部分覆盖的频率范围稍有不同，每一部分的最高中心频率与最低中心频率之间存在着 10 ： 1 ～ 25 ： 1 的比值。最低的频带调至 20Hz，最高的频带调至 20kHz。典型情况下，每个部分提供的衰减电平要比提升电平大。典型的提升可高达 15dB，而可用的衰减则可低至 -40dB。不同厂家的产品所标注的带宽或 Q 值并不是统一的。有些以 Hz 来指定带宽，有些用 Q 来指定，而有些还可能用倍频程的分数值来指定。对于 Q 值，该控制范围一般是 0.3 ～ 3，控制的中心位置上的临界阻尼值为 0.707。

通常会有一个总增益设置，它有助于维持平均电平恒定，并在避免削波的前提下使峰值储备最大化。

27.6.3.1　准参量均衡器

参量均衡器的简化形式经常会出现在调音台上。这是一种准参量（semi-parametric）或扫频式（swept frequency equalizer）的均衡器。这种类型的均衡器只有一个中心频率和衰减或提升控制。虽然通常 Q 值设定成阻尼数值的中间值，但是它可能还是可配置的，以致 Q 值会随增益变化而变化。

27.6.3.2　对称或非对称 Q

直接设计产生的恒定 Q（constant-Q）值滤波器在任意量的提升或衰减情况下都具有同样的 Q 值。如果对于相同量的提升和衰减的频率响应曲线关于单位增益轴彼此互为镜像，那么其响应特性就称为互补（reciprocal）或对称（symmetrical）。这意味着在采用提升时受影响的频带宽度大于使用衰减时影响的频带宽度。图 27.30 示出了对称响应中，衰减模式下的截止频率 F_c 要比提升模式下的截止效率 F_b 低。

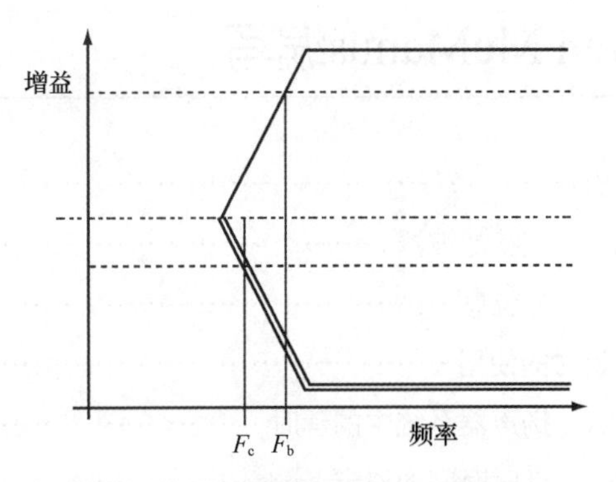

图 27.30　衰减和提升时不同带宽的对称响应

这种响应并非总是最适合音乐应用的响应。这是种更为普遍的频谱整形处理，以达到在较宽的频率范围上进行柔和提升。窄带的提升存在着不稳定的倾向，它更适合处理准确频率上的陷波，同时又不会对周围的频谱成分造成太大影响的应用。正因为如此，均衡器在设计上更倾向于带宽随增益的提高而变宽的做法。

27.6.4　可编程均衡器

所有类型的均衡器都可以进行编程。在数字均衡器中，滤波器系数被存储在存储器中，并可以根据需要调用或修改。除非均衡器只应用于系数固定设置模式下，否则它本身都是可编程的。

在可编程的模拟滤波器当中，数字控制系统常被用来对模拟滤波器进行物理上的控制。这种控制既可以通过调换电路输入或输出元件的控制开关来实现，也可以通过使用压控增益改变滤波器响应的方式来实现。在开关电容滤波器的情况中，数字控制系统可以通过控制开关频率来调整滤波器，以调整等效电阻数值，并以此改变滤波器的特性。

27.6.5　自适应均衡器

自适应均衡器（adaptive equalizer）很早就应用于通信系统中的多径回声消除当中。它们是必须适应声学条件随时变化的音响系统中的终极均衡器。自适应均衡器的最为常见的应用实例就是扩声中使用的反馈抑制器。在这种应用当中，均衡器监测通过它的信号，伴随反馈的建立，电平随频率呈指数增加。在检测到这种增加时，它会在需要抑制的反馈频率处设置一个频带非常窄的陷波滤波器。一般它可以在不到 1s 的时间内启动工作，人们丝毫察觉不到发生了什么。

第28章
延时器

Steven McManus编写

28.1 引言

延时是相对的。延时对声音造成的影响一定要与原始的未延时声音联系在一起来听。出现这种情况的方式有两种。单一一个声音通过两个不同的路径到达听音人，比如直达声和反射声，或者不同延时的两个信号可以进行电学意义上的相加，之后在单一一个位置来聆听，如图 28.1 所示。

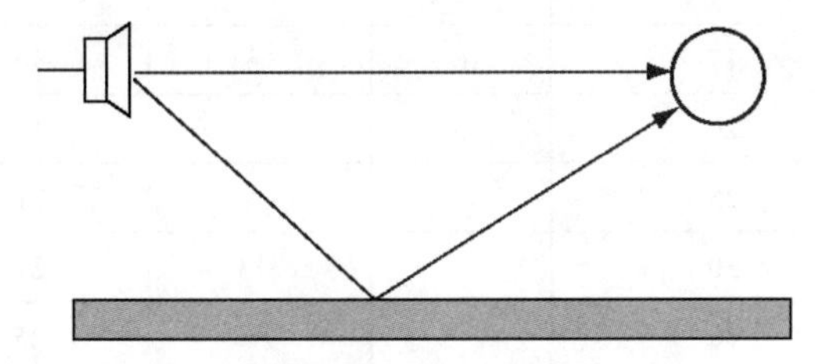

图 28.1　通过空气介质传输的不同声音通路

28.1.1　梳状滤波器

将由同一信号进行不同延时而得到的两个复制信号进行混合，根据每一频率的相对相位的差异，混合会产生相加或相减的结果，如图 28.2 所示。如果声波相隔了一个完整的周期，那么这种混合就会产生声级峰值；如果相隔半个周期，那么就会产生一定程度的抵消，抵消的程度是由它们的相对声级决定的。这种影响形成了响应曲线为梳齿状的滤波器，所以根据图 28.3 和图 28.4 所示的频率响应轮廓形状将其命名为梳状滤波器。响应中一连串的峰值先是下降到直流，然后每一频率对应的周期等于延时的整数倍。抵消的陷波点准确地出现在这些频率的中间点上。

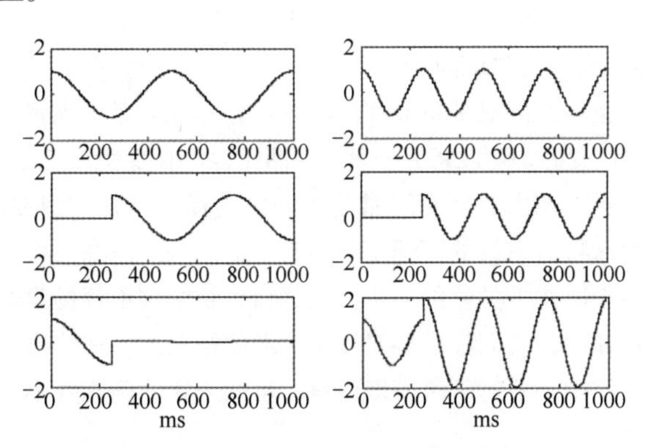

图 28.2　对于相同的延时，不同频率信号叠加的效果

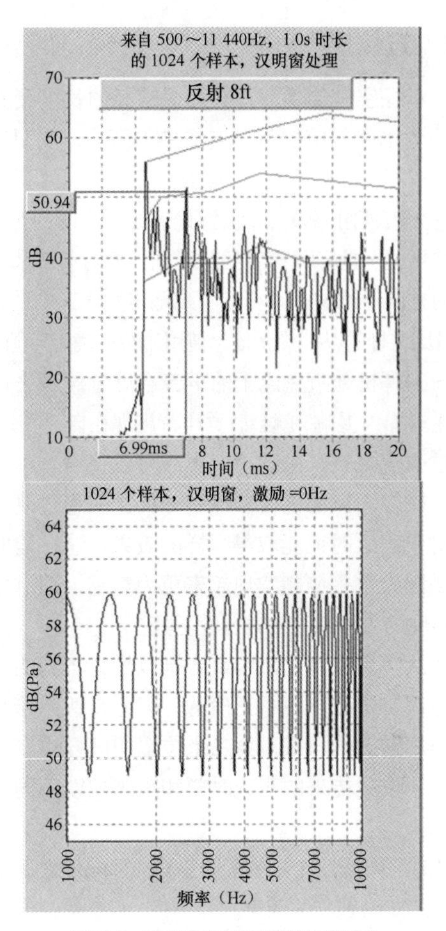

图 28.3　影响声音方位感判断的反射声

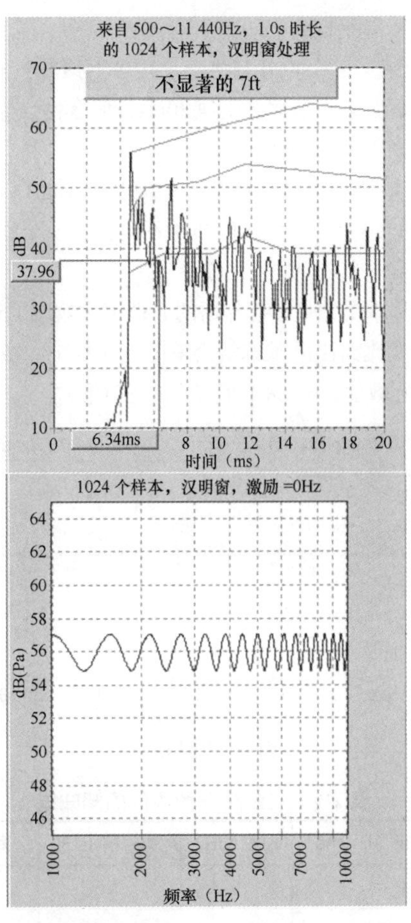

图 28.4　声级太低，以至于不会对声音感知产生影响的声反射

28.1.2 方位感

当声音经空气传输时，其传输路径的长度及其对应的传输时间对于空间中的每一点都是不同的，从而导致每一位置都具有不同的梳状滤波器响应。

人的大脑利用每只耳朵位置处形成的不同的有效梳状滤波器，并将这一信息与声音到达时间、相对声级和由耳廓形状产生的方向性滤波相结合，由此确定发出声音的方位。像直混能量比这样的其他提示信息被用来帮助确定声源的距离。

用一副耳机来听完全干的声音会感觉声音来自自己头内部。逐渐加入混响，就会感觉声音出现在自己头外的正面。虽然通过改变每只耳朵的相对声级可以将声音由一侧移到另一侧，就如同声像电位器控制一样，但通过改变每只耳朵的相对干声延时也能取得同样的效果。这种延时技术不常采用是因为电平控制实现起来更为容易，通过左右声道相加而实现的单声道重放兼容性更好。

感知从声源位置发出的声音是以最先听到的声音为依据。这种声音定位一般是正确的，因为直达声始终是在任何反射声之前到达。来自第二个位置的同样声音则根据相对于第一个位置传来的声音时刻和声级被以不同的方式感知到。

- 如果第二个声音在第一个声音 30ms 之后到达，那么它将被感知为独立的回声。
- 如果第二个声音比第一个声音高出 10dB，那么听到的第二个声音将是独立的回声。
- 如果第二个声音与第一个声音声级相差在 10dB 之内，并且落后第一个声音不到 30ms，那么将会导致感知到的声源位置产生声像偏移。
- 如果第二个声音比第一个声音低 10dB 以上，那么它将对空间感产生贡献，但感觉不到它是一个独立的声音或改变了第一个声音的视在位置。

这些基本结论是对起作用的心理声学效应的近似表述。感知曲线要比给出的基本结论来得更为复杂。图 28.5 中描绘的是实际数值，表 28-1 是结论的图表形式。

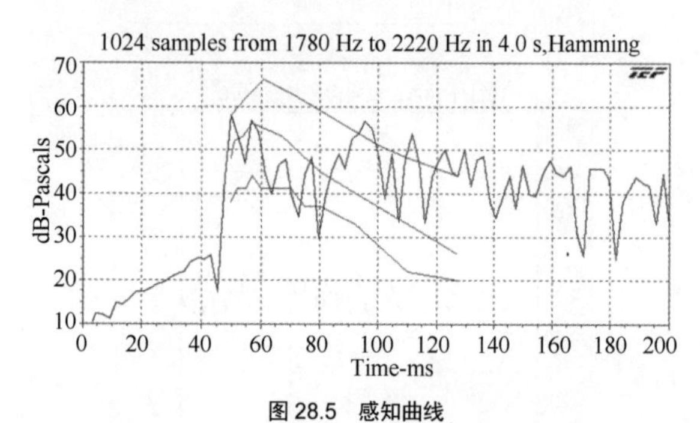

图 28.5 感知曲线

表 28-1 图 28.5 图表的感知曲线

直达声后的时间（ms）	回声（dB）	声像偏移（dB）	空间感（dB）
0	0	−10	−20
1		−6	
2			−17
4	4	−5	
5			−17
7		−2	−14
10			−17
11	8		
17	6	−5	
20	5		−17
25			−21
30		−13	−21
40			−25
50	−7		
60	−10		−36
77	−14	−32	−38

28.2 延时的使用

延时有时是有用的。应注意的是，系统中可能存在不想要的延时。这在数字访问设备中尤为如此，这时处理器的输入和输出总是存在转换延时，它要加到任何的处理延时之上。最小几毫秒的延时对于处理器而言并不罕见，在计算实际要使用的延时量时要将这些延时考虑在内。

28.2.1 扬声器系统中的延时

仅当存在一个判断的基准参考点时，经由扬声器系统放大的声音将被判断为声像偏移和可闻回声。在扩声系统中，通常的情况是将最初的声音作为基准参考，或者多扬声器设置时，可以将另一只扬声器作为基准参考。

所表现出的回声通常是系统中的扬声器并不想要的，因为这将对系统的可懂度产生有害的影响。声像偏移的重要与否取决于具体的应用。在舞台系统中，不管扬声器的位置如何，人们都想要对舞台声源的视在感。在分布式播报系统中，相对于可懂度而言，声像一致的确立并不那么重要。

声音以 334m/s 或 1130ft/s 的速度传播。声音传输 33ft 将会延时 30ms，所以声源相距 33ft 以上时，就应该使用延时来避免回声的产生。

28.2.2 延时时间的设定

在图 28.6 中，声音来自声源，讲话人的声音经由扬声器放大，声音的视在声源位置被保持在舞台上。为了实现这一目标，来自声源的声音必须先于扬声器发出的声音到达听音人。声信号由扬声器到达听音人所用的时间是声音在空气中由扬声器到听音人这段距离所用的时间与电声信号传递到扬声器这一可忽略不计的时间之和。我们必须将馈给扬声器的信号加一定量的延时，以便让经由空气传播较慢的直达声能赶上由扬声器发出的声音。延时的时间应稍微长于声音走过声源与扬声器的距离差所用的时间，这样可以使直达声首先被听到，并以此来对声源定位。随后，扬声器可以让 5 ～ 10ms 之后的声音声级提高 10dB，从而在声级提高的同时不改变声源的视在位置。

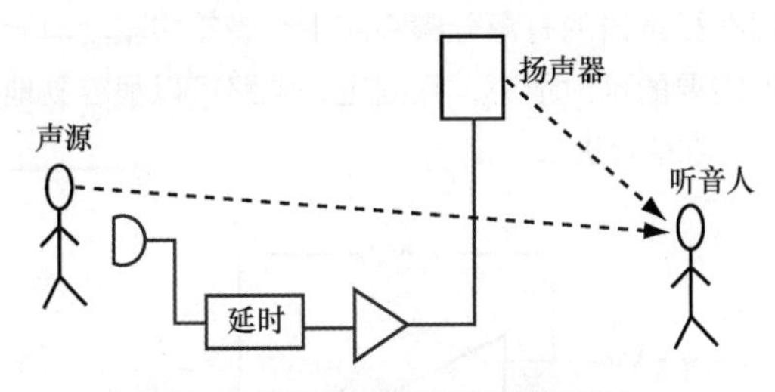

图 28.6　扩声系统中为了纠正声源与听众，以及扬声器与听众之间的声程差而加入的延时

图 28.7 示出了设定延时的图形方法。声源和扬声器的位置被标出，环绕其的一系列同心圆是以 30ms（33ft）为间隔绘出的。虽然也可以由扬声器的极坐标响应图形得出声压级，但对这一例子的一个简单方法是：使用无指向声源时，距离每增加 1 倍，声压级下降 6dB。

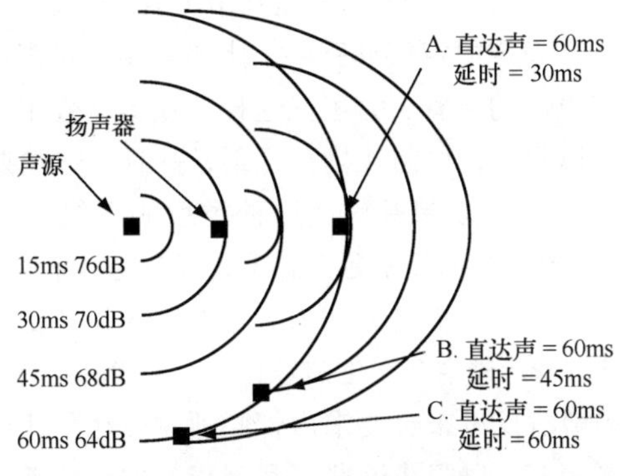

图 28.7　设定延时的图示法

如果我们从 A 点来看，这里的声源和扬声器是在一条直线上，所以时间差为 30ms。即如我们在此基础上增加少量的延时，以便让直达声首先听到，那么先将延时设定为 35ms。现在我们就如下 3 点来对声音进行分析。

（1）扬声器的声音比声源的声音响 6dB 且落后 5ms。虽然总的声音听上去是从声源方向发出的，但响了 6dB。

（2）扬声器声音比声源声音响 2dB 且落后 20ms。虽然总的声音听上去是从声源方向发出的，但响了 2dB。

（3）扬声器与声源具有同样的声级，但落后了 35ms。在这一点上，延时太长了，并能听到分立的回声。

实际上，选择的扬声器覆盖型要确保声音的声级在延时起作用的区域之外有足够的衰减。

28.2.3　混响的合成

混响是初始声音被多次反射的结果。图 28.8 所示的是一般事件形式，首先出现的是直达声，接下来的是一个小的时间缝隙，这就是所谓的初始时间缝隙（Initial Time Gap，ITG）。随后到来的就是由声源或听音人附近边界表面的声反射形成的分立早期反射回声。再后来，反射声开始产生自己的第二、第三和更高次反射，能量级以恒定的衰减速率下降。这一衰减速率与所传输的距离和房间的吸声量有关。

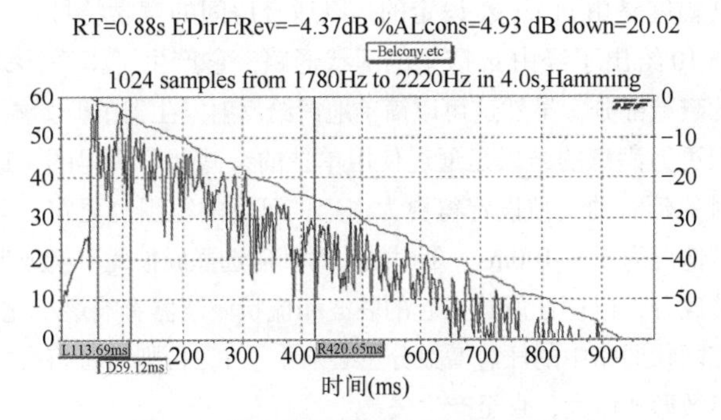

图 28.8　能量时间曲线表示出了房间中的声延时

注：测量结果不用译

延时被用作混响合成的基础，因为它为存储信号并在日后释放提供一种方便的方法，随后到达听音人的房间表面反射声高于直达声。合成混响的典型应用包括录音制作时节目素材的增强、在现场娱乐制作中引入特殊效果、对娱乐空间中自然混响差或缺失的情况进行补偿。

对好的混响合成的要求在本质上是与声学设计良好的厅堂一样的。要想取得真实的混响模拟，必须要考虑许多参量。

- 与声源的距离。距离感主要受直达声成分和衰减成分的相对能量关系控制。
- 房间大小。对房间大小的感知由第一组直达声和早期反射与衰减尾音开始的延迟时间，以及衰减尾音的长度控制。对衰减尾音的要求与声学设计良好的空间是一样的。相对平滑的衰减斜率是想要的，并配合较低频率上比较高频率更长一些的衰减时间，以模拟声音经由空气传播时产生的高频损失。
- 明亮度。衰减尾音的频谱平衡决定了混响的特点。大的高频滚降模拟了装饰了大量的地毯、窗帘或设计的吸声器件的房间音色，并产生暗的声音。较小的高频滚降模拟的是具有硬边界表面的房间音色，比如内部装饰石材的教堂，产生明亮的声音。
- 特征。衰减的平滑度决定了声音的特征。具有大且相对平坦边界表面的房间会表现出颤动回声，这里的声音会在墙壁间来回反射，很少有扩散。具有更多建筑特性或多个表面的房间将倾向于扩散出更多的声音，产生更密集和分布更均匀的衰减。
- 包围感。来自周围而非特定位置的混响感受到控制，让不同的重放通道有不同的混响类型。这可以利用双通道立体声及系统中的多只专用扬声器来取得。其中最重要的差异体现在早期反射的类型上。虽然衰减尾音应与直混能量比和衰减时间保持一致，但还是可以被随机化，以产生更紧密的声场。随机化信号部分可以改变其频率响应，以模拟耳朵对从后面来的声音的非一致响应，进而增加包围感。

图28.9所示的抽头延时适合于创建早期反射。延时 $T_1 \cdots T_N$ 为不等的延时长度，且在10～30ms范围内变化，其幅度是由 $g_1 \cdots g_N$ 设定的，以适合房间的声学特性。图28.10给出了经由 g_f 产生的网状通路，它产生了指数形式的衰减部分。虽然这可以简单地馈给反射发生器的开始端，但更为满意的结果是通过使用单独的衰减部分获得的，这时的延时抽头被设定得更为密集，可调的范围也更宽，典型情况为5～100ms。延时抽头时间应选择成彼此不构成谐波成分，以便让所建立起的驻波和梳状滤波器影响最小化。在网状通路中的任意增益分量必须小于1，否则声音将会按指数形式增大，直至产生失真。

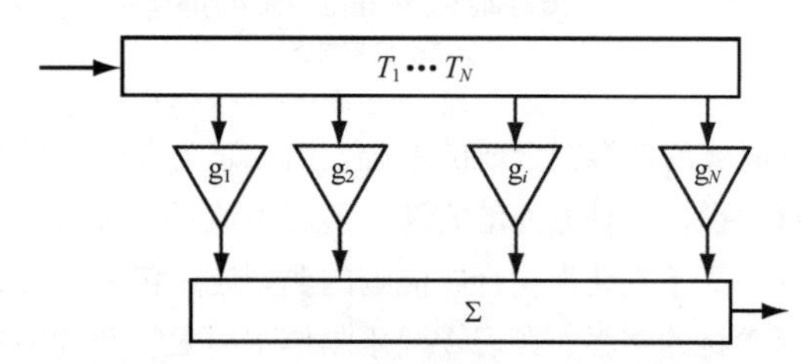

图28.9 用来创建早期反射声的多抽头延时

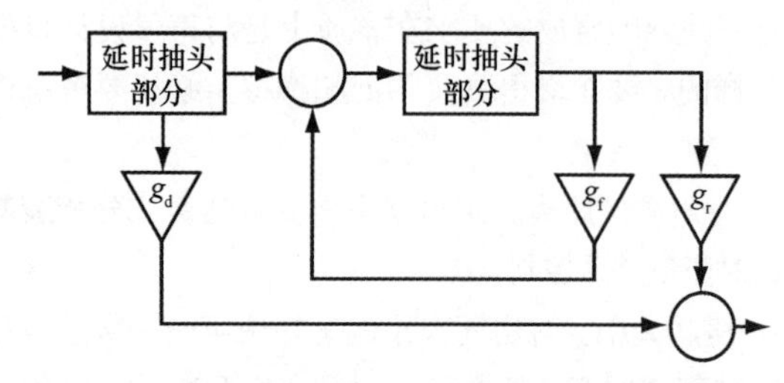

图28.10 为了产生声音衰减的尾音而采用带反馈的延时部分

28.2.4 基于延时的效果

镶边是通过将原始声音的复制信号（干信号）与延时的复制信号（湿信号）混合后产生的一种声频效果。延时量随时间变化，从而产生了在声频频谱上向上和向下变化的梳状滤波器型的响应。合唱效果被用来让人声或乐器声听上去像多个同类声源在发声一样，它与镶边效果具有同样的拓扑结构，只不过使用的延时更长而已。

28.3 延时的实现方法

延时应用需要采用一些能将信号存储，并且随后能在受控的时间周期之后将其释放出来的方法。这既可以通过采取存储声音的连续记录方式，也可以将声音信号切割成样本单独存储的方式来实现。这通常需要对信号进行一定的预处理，以便使其与选用的存储媒质和方法相兼容，并且可以使用一些后期处理方法来重建被存储的信号，使之具有可用的形式。

28.3.1 短延时

利用全通滤波器的移相特性可以实现短延时。图28.11所示的这样的电路被限制为产生小于最高频率波长数量级的延时。这些片断可以级联在一起，产生更长时间的延时，但是要想得到长于几毫秒的延时也是不现实的。这种方法有时用在扬声器的有源分频系统上。音箱中驱动单元时间对齐所需要的延时很小，且固定，电路可以很容易地将频率滤波要求结合进来。

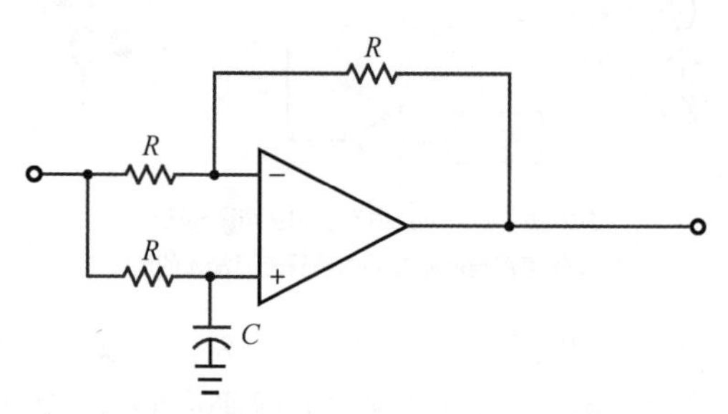

图28.11 根据频率进行有比例移相的全通放大器，它会表现出小量的延时

28.3.2 声学延时法

实现长延时的一种方法就是利用声速，将要延时的信号送到一个固定的空气通路中，比如一端为扬声器，另一端为传声器的声管。为了让这样的仪器有效工作，声管必须加以阻尼，以阻止内部反射，并且在一端要有吸声装置，以免建立起驻波。这种类型的系统有许多缺点，为了得到任何有用的延时，系统都会变得非常大。因阻尼材料的原因，故其频率响应随着声管长度变化而变化，并且声音行进中会产生信号衰减，这就需要有大的增益。大的增益反过来会要求声管必须对震动和外部声音进行机械隔离，以阻止这些不利因素附加到被延时的声音上。

28.3.3 磁带延时

早期产生连续延时的较为实用的方法就是使用磁带环路。图28.12所示的就是这种设备的一个实例。声音通过录音磁头记录到磁带上，之后被一个或多个放音磁头读取重放。随后，磁带通过消音磁头，循环回到起始点。延时可由下式给出。

延时＝磁头间的距离/磁带走带速度 （28-1）

图28.12 磁带环路延时系统

只是磁带的长度限制了最大延时。这一系统的性能取决于录音系统的质量。动态范围、频率响应和 *SNR* 都受到磁带走带速度和磁迹宽度

的影响。这些性能可以通过使用常用的录音技巧（比如压缩和各种形式的预加重 / 去加重降噪）加以改善。这样的系统需要定期维护，包括磁头清洁和更换磁带，以维持其最佳性能。

28.3.4 模拟移位寄存器延时

图 28.13 所示的模拟移位寄存器有两种表现形式：庳斗链和模拟电荷耦合器件（CCD）。这两种形式的移位寄存器的工作方式非常类似，其不同点体现在开关类型的硅级别上：CCD 是金属氧化物半导体电容器（Metal Oxide-Semiconductor Capacitor，MOSC）结构，而庳斗链是金属氧化物半导体结型 FET 电容器（Metal Oxide–Semiconductor Junction FET Capacitor，MOSJC）结构[2]。之所以将其归类为移位寄存器是因为它们响应时钟信号，将一个信号样本以电荷的形式从一级移至下一级。移位寄存器的延时（T）与寄存器单元数（N）成正比，与时钟信号的频率（f_s）成反比。

$$T = N/f_s \qquad (28\text{-}2)$$

电荷转移器件（Charge Transfer Device，CTD）这一术语已经被应用于基于庳斗链和 CCD 结构的模拟延时器当中。CCD 一词已经成为摄像机中使用的光敏阵列类型的代名词，但实际上它是指读取这些器件中信息的方法。CTD 的概念就是在时钟信号的控制下像电容器上电荷那样存储模拟信息样本，将其转移至下一个存储地址。针对声频频带限定的采样理论的全部要求都应满足。CTD 的性能参量包括有转移效率（ε），在每次转移之后留下的电荷部分，以及在保持期间因半导体热效应导致的单元电荷泄漏。这些因素综合在一起，使得信号在通过 CTD 后 *SNR* 下降，同时也存在因泄漏的非线性属性而引发的失真。实用的 CTD 被限制用于需要小于 100ms 的延时场合，在容忍一定 *SNR* 和失真的前提下，可以有更长的延时。随着延时线的出现，CTD 的使用已经大为减少，因为数字系统变得越来越便宜了。

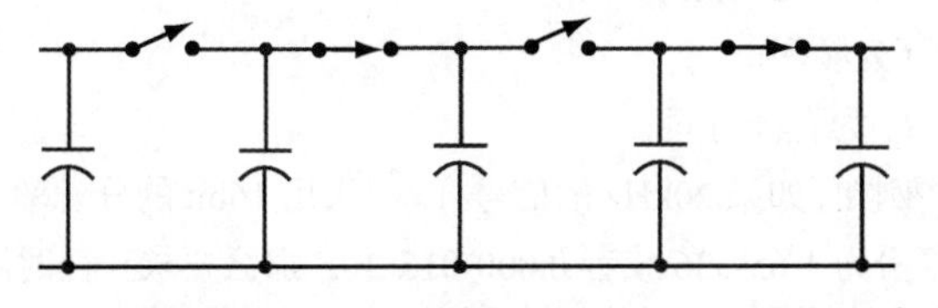

图 28.13 庳斗链式结构：开关交替开和关，以控制线路上器件的充电过程

28.3.5 数字延时

自从数字延时应用于音响系统以来，数字延时的工作原理已经有了许多非常重要的变化。这其中最明显的可能要算是存储类型的改变了。移位寄存器几乎广泛应用于最先生产的商用单元中。数字式移位寄存器在概念上与模拟 CTD 器件类似，其主要的优点是仅通过电荷的有无来传递重要的信号信息。如今的随机存取存储器（Random Access Memory，RAM）为设计提供了灵活和经济的解决方案。到目前为止，存储器的成本还是设计中要考虑的主要因素。当前，DSP 倾向于有大的内置存储器，系统成本有了极大的下降，构成成本的主要成分是 A/D 和 D/A 转换器。

28.4 时间采样

模拟 CTD 延时和数字延时依靠的是将被延时信号分割成分立的样本。这些样本是通过以规律间隔度量信号幅度产生的，它并不考虑信号在其他时间的幅度。图 28.14 示出了这一处理过程。脉冲序列（B）控制开关，它让信号（A）瞬间导通通过，而在采样周期的其他时间里就断开了。其结果是产生了幅度调制脉冲串（C），其中每个脉冲的幅度等于采样时刻的信号值。按照采样理论，如果用大于 $2f_c$ 的速率采样，那么就可以恢复出不包含高于频率 f_c 频率成分的连续限带信号。这一速率被称为奈奎斯特频率（Nyquist frequency）。由于现实中永远都不存在完全满足理论条件的情况，所以采样频率一般都选择高于 $2f_c$。所以，典型情况下的 20kHz 带宽信号延时的采样频率为 48kHz，而不是刚好满足最低条件要求的 40kHz。

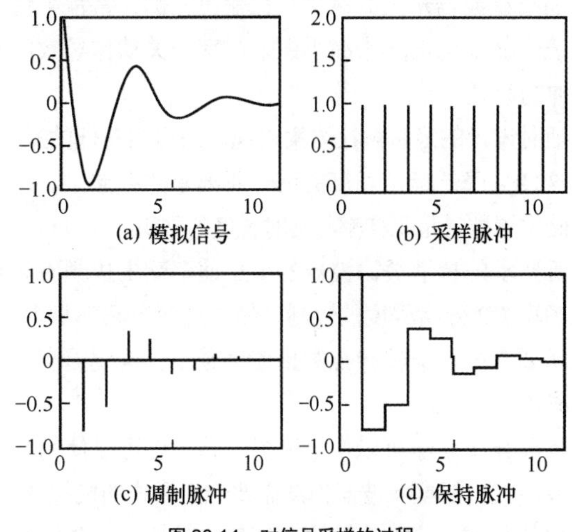

图 28.14 对信号采样的过程

28.4.1 混叠

声频信号的采样是一种调制形式。上边频为 f_c 的限带信号被采样频率 f_s 调制，产生了以 f_s、$2f_s$、$3f_s$ 等为中心频率的原始频谱的镜像频谱。如果采样频率不够高，或者带宽没有被充分限制，那么以 f_s 为中心的频谱部分将混叠到原始信号的频谱当中，如图 28.15 所示。在恢复过程中，混叠成分将成为信号的一部分，从而产生不能够被滤除的不想要的频率成分。

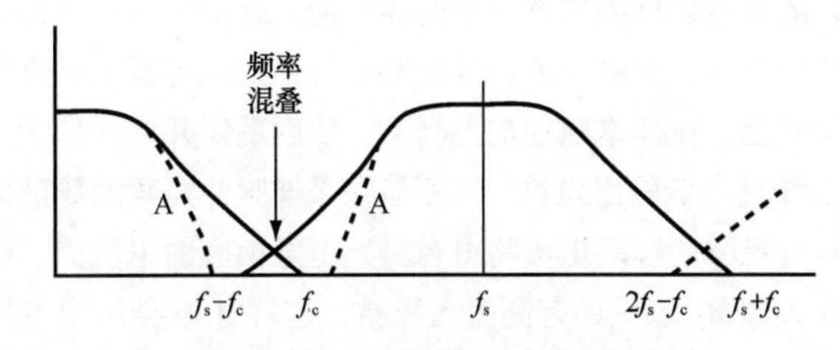

图 28.15 在采样频率附近发生的频谱混叠

混叠所产生的影响，可以拿电影中运动的马车轮子打比方，我们看到车轮反方向运动就是这种情况所带来的影响。电影的采样率低于单个轮辐经过车轮顶部的速率。当影像重建时，轮辐频率产生折叠，车轮表现为以不同的速率运动。这一现象就是所谓的混叠。图28.16示出了混叠的情况，其中采样点位于有同样幅度的不同频率的两个波形时刻。

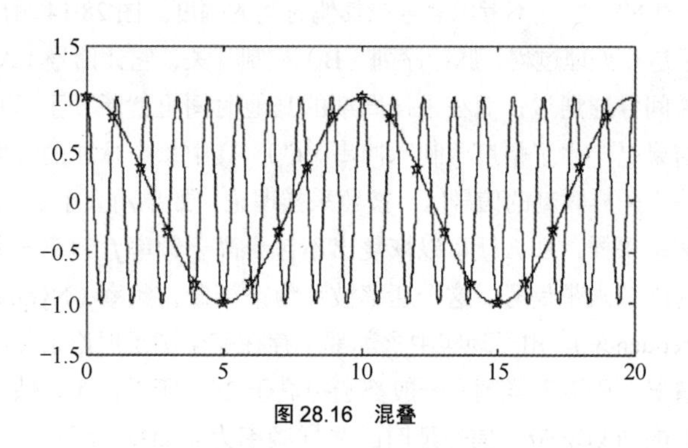

图28.16 混叠

混叠必须消除或者至少要通过选择高采样率和足够陡的抗混叠滤波器来大大减小。在输出一侧，常常采用类似的抗镜像低通滤波器来减小由采样率开关动作导致的高频小脉冲的数量。

延时设计的经济解决方案表现为采用相对低的采样率，因为这样会降低指定长度的信号所要求的存储量。所要求的存储位置数量是采样率与延时长度的乘积。

所要求的抗混叠滤波器的截止速率受上边频 f_c 和奈奎斯特频率 $f_s/2$ 分离程度的限制。如果这两个频率靠得越近，那么所要求的滤波器极点数量就会越多，这便提高了滤波器的成本。

抗混叠滤波器可以使用模拟电路，也可以使用数字电路。数字式抗混叠滤波器仍然需要一定形式的模拟滤波器，但是要依靠过采样的高速率来缓解设计要求。数字滤波器对延时线没有苛刻的存储要求，所以它可以工作在比存储部分更高的采样率下。

28.4.2 样本的捕捉

采样和保持电路非常快地获取了模拟信号瞬时电压的快照样本。保持电路迫使样本的幅度在整个样本周期内保持恒定值。在图28.14（d）中，所示的样本幅度被设定为样本周期开始时的值。

图28.17所示的是基本的采样和保持电路。电容器上呈现的信号幅度被冻结一个时间周期，直至下一个采样周期开始为止，此刻新的信号幅度被转移到电容器上。开关瞬间闭合，在样本脉冲的控制下，然后重新开启。放大器 A_1 必须具有低输出阻抗，以便能在采样脉冲短暂的导通期间具有足够的驱动电流将电容器充电至相应的电压值。输出放大器 A_2 必须具有高输入阻抗，这样才不会从电容器中拖出过多的电荷，因为任何的电流泄漏都将导致电压改变。电容器也应是低泄漏的，这样有助于电压的稳定。模拟延时完全可以通过采样和保持电路中的电荷转移建立起来。

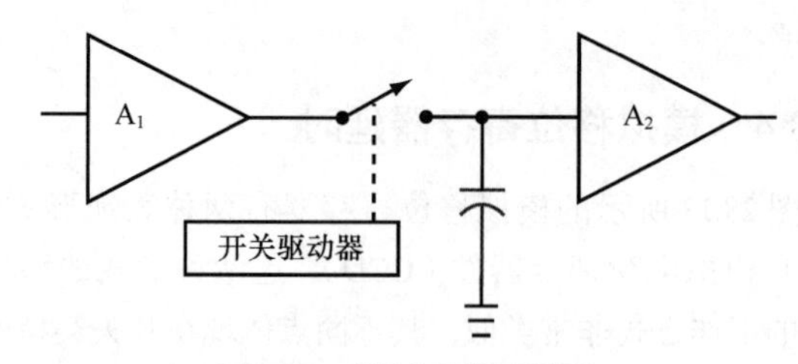

图28.17 常用的采样保持电路

28.4.3 采样量化中的误差

不论是数字的还是模拟的，任何的采样系统都需要用一定的时间来将输入电压转变为适合于存储的形式。这一时间被称为孔径时间（aperture time），它与转换的幅度分辨率有关。采样误差 ΔV 等于孔径时间 t_α 期间输入电压 V 的变化量。

$$\Delta V = t_\alpha(\mathrm{d}V/\mathrm{d}t) \tag{28-3}$$

对于峰值幅度为 A 的正弦信号，

$$\Delta V = t_\alpha[\mathrm{d}(A\sin\omega t)/\mathrm{d}t] \tag{28-4}$$

$$\Delta V = t_\alpha A\omega\cos\omega t$$

在公式中，

$\omega = 2\pi f$。

电压的变化率在 $t = 0$ 时的过零点是最大的。

$$\Delta V = t_\alpha A\omega \tag{28-5}$$

这一误差 e 用满刻度的分数形式表示，

$$e = \Delta V/(2A) = \pi f t_\alpha \tag{28-6}$$

在公式中，

V 为电压；

A 为峰值幅度；

f 为频率；

t_α 为孔径时间。

例如，如果20kHz的信号样本，采用16bit的分辨率（每一等份为1/65 536或者0.000 015 2），那么要求孔径时间为0.000 015 2/20 000π或者0.24ns。对于模数转换器的工作而言，这是非常短的时间。采样和保持电路用来将电压保持足够发生转化的长度。系统的孔径时间成为样本和保持的开启开关时间，而不是模数转换器（ADC）的转换时间。

28.5 模数转换器

虽然对模数转换方法进行广泛深入的讨论已经超出了本章的范围，但为了更好地掌握数字延时或混响系统的原理，对常见转换的基本原理进行一些概述还是非常有必要的。

28.5.1　脉冲编码调制

脉冲编码调制（Pulsed Code Modulation，PCM）采用一个数字来表示每一样本的数值。连续变化的模拟信号通过采样实现时间上分割，又通过量化进行了幅度上的分割。

量化分辨率是由二进制数中使用的比特数来定义的，它同时定义了信号的幅度分辨率。n 比特的一个数字可以表示的状态数为 $2n$。对于一个 16bit 数字而言，它可以表示出 2^{16} 或者 65 536 个不同的电压。对于峰峰值为 1V 的信号来说，这相当于有 30μV 的分辨率。在用它来表示模拟数值过程中会产生误差，因为在某一范围上的电压会产生同样的电压输出码。这一误差被称为量化噪声，它由下式给出。

$$Q = A/2n \tag{28-7}$$

在公式中，

Q 为转换器可以分辨的最小模拟差异；

A 为最大的幅度；

n 为比特数。

表达这一误差的另一种方法就是转换器的动态范围。

$$\begin{aligned} DR &= 20\lg 2n \\ &= 20n\lg 2 \\ &= 6.02n \end{aligned} \tag{28-8}$$

因此，16bit 编码系统具有的动态范围就是 6.02×16 =96dB。多比特二进制字是以均匀间隔来表示样本幅度的，通常是采用 2 的补码形式。在该方案中，码字在 $2n^{-1}$ ～ $2n^{-1}-1$ 变化。最高有效比特位（Most Significant Bit，MSB）表示的是符号，对于所有负值数据，MSB = 1。代码常使用其小数形式，其中表示的数字处在 -1 ～ 0.999。

28.5.2　Δ 调制

Δ 调制（Delta modulation）是根据序列中的最新样本是小于还是大于上一样本的情况来实现的。Δ 调制器产生一个表示实际输入信号与解调器重建信号间误差的比特流。

图 28.18 所示的是一个简单的 Δ 调制器，它由三部分构成：比较器，它输出的高低取决于输入信号（SST）的相对电平和重建信号 $Y(t)$；在采样时钟控制下存储比较器输出的 D 类触发器，以及将二进制输出积分重建出 $Y(t)$ 的参考解码器。解调器具有与用在调制器参考通路上的那些电路同样特性的简单积分电路。它将重建参考信号 $Y'(t)$，它与原始输入信号十分接近。

编解码方案的简化形式已经在通信的 Δ 调制器和电机控制中应用。虽然最简单的积分网络可由电阻和电容构成，但是来自它的量化噪声相当大，因此更为实用的系统是在参考通路中使用双重积分处理。

如果输入信号的变化率大于积分器输出的最大变化率，那么 Δ 调制就会出现失真。正弦信号 $A\sin\omega t$ 的最大变化率是 $A\omega$。因此每个样本电压所要求的最大变化就是

$$\Delta V = A\omega\Delta t \tag{28-9}$$

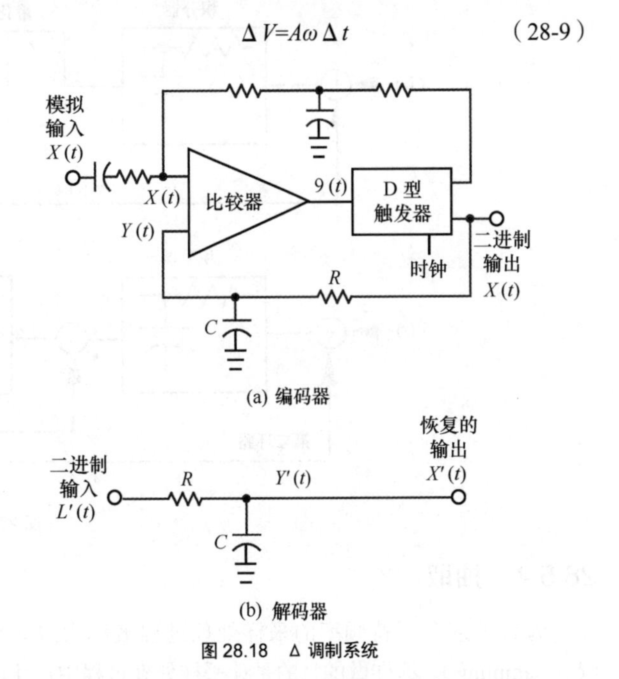

图 28.18　Δ 调制系统

ΔV 相对于最大幅度 A 的数值决定了系统的幅度分辨率。SNR 与采样频率成正比，与信号的带宽成反比。当出现的是固定输入时，Δ 调制器将通过在 1 和 0 之间改变每一样本的输出来追踪数值。最终的输出是以采样频率为频率、幅度为 ΔV 的音调音，它被称为空闲噪声（idling noise）。

Δ 调制对存储或传输过程中误差的免疫力要比 PCM 好。在输出上的单比特误差就是 ΔV 模拟信号中的最终误差。在 PCM 系统中，单比特误差可能高达满刻度值的一半。在与 PCM 系统进行关于每秒比特数的比较时，虽然 Δ 调制具有与 PCM 相当的动态范围，但是频率范围要窄一些。在较低的比特率下，Δ 调制具有比 PCM 系统更好的 SNR 和动态范围，这对于延时线是有意义的，此时为了取得同样的信号质量所必须存储的比特总数可以降低。

28.5.3　Σ-Δ 调制

通过重新组织工作的次序，Δ 调制器就变成了 Σ-Δ 调制器（Sigma-Delta Modulator，SDM）。图 28.19 所示的是一阶 SDM，它在信号的通路上有一个低通滤波器积分器，并有一个到产生模拟误差信号叠加点的直接反馈通路。Δ 调制器的比较器被量化器所取代，量化器是一个针对固定零基准的比较器。解调是通过与 Δ 调制中一样的低通滤波器来实现的。

Δ 调制器和 Σ-Δ 调制器采用的采样频率要比奈奎斯特频率高很多，一般都要高出百倍的数量级。这使得量化噪声处在非常高的频率上，这时就可以利用滤波轻易地将其去除。

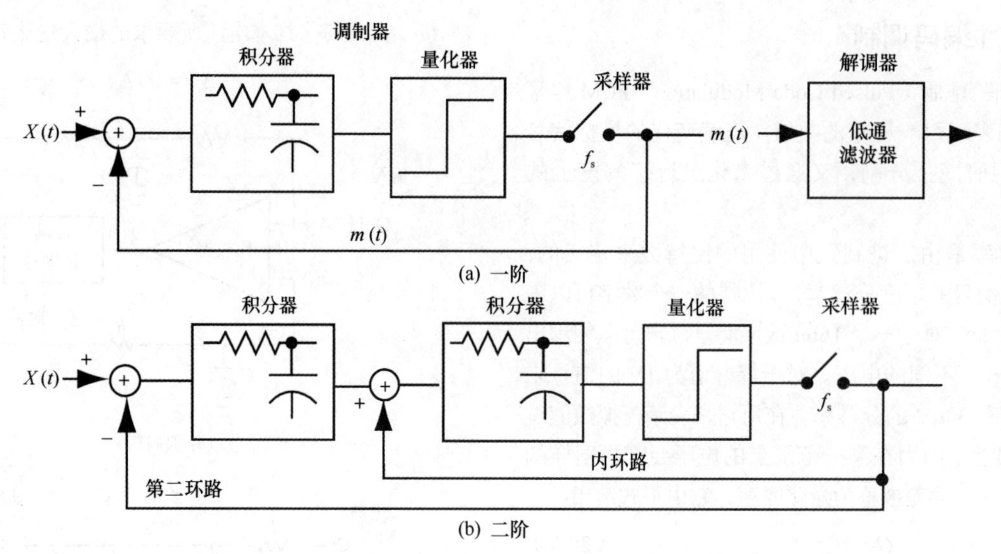

图 28.19 Σ-Δ 调制

28.5.4 抽取

远高于奈奎斯特频率的采样处理过程被称为过采样（oversampling）。这样做的目的是让采样处理过程中产生的固有调制噪声处在与声频信号相距更远的频率上，以便可以更加容易地将其滤除。通过抽取处理在降低总体比特率的同时，过采样系统还能保持高的SNR。

虽然每增加1bit，PCM编码的量化噪声减小6dB，但采样率每增加1倍量化噪声仅减小3dB。过采样PCM数据的抽取可导致总比特率大大降低。抽取滤波器被用来实现这一目的，我们可以将其想象为对现有数据实施内插，给输出填充附加比特一样。

Σ-Δ 调制器在采样率加倍时可使 *SNR* 改善多达15dB。SDM信号的抽取可以用来将单比特数据流转换成适合于RAM存储和DSP处理的多比特PCM格式。

第29章

调音台、DAW与计算机

Steve Dove编写

29.1 引言

数字赢了。

到目前为止，大多数的专业声频操作、处理和记录、调音台和工作站领域都已数字化了。不过模拟的技术和设备仍然存在。

为了对这两种情况有更深刻的理解，本章会对模拟信号处理单元，以及在系统构架中仍然在使用的模拟处理技术进行阐述，因为在数字环境下，大部分工作流程还绝大多数遵循模拟环境下的工作流程，这是工作的必要性使然。这也就是说：人们对于声频所做的一切，在这两种信号形式下的目的是一样的。另外，伴随着新技术的涌现，在过去几年间针对数字调音台所进行的实用化设计工作还在不断地探索当中。

在此，有观点认为：数字声频工作站（Digital Audio Workstation，DAW）要稍稍多于专门的数字调音台；其内部工作及构架具有高度可识别性；记录媒介的高度集成化已成为主要技术标志。形式上多种多样的调音台已经不同于过去传统的“旋钮海洋”，如今的 DAW 具有调音台的绝大多数功能。大型和中等规模的制作一般都可以利用 ITB(“In The Box”）外加屏幕和鼠标来完成，的确，大部分不需要实时控制访问的所有操作都在使用这种操作方式；不过现实当中这些操作的大部分还是利用较大的控制界面。尽管如此，调音台只不过是隐藏在并不熟悉的机箱内；除了外观，解决方案还是可直接追溯至传统的声频构架［本章通篇采用“console”一词（在没有其他的通用称谓术语情况下这也是理所当然的做法）来描述操作人员使用的控制系统，而不理会控制系统的尺寸大小或处理类型］。

与假想的模拟 / 数字差异更大就是现实中业已发生的声频控制问题；如今控制界面的合理化已是常态做法，而且深受用户的欢迎（就在不久之前人们还在为这样的异类而争论不休），不过控制界面（不论它是玻璃屏幕，还是旋钮加推子）已经与实际处理的声频信号完全分离。

调音台和声频工作站安排（构架）论述的内容对于分析实际使用的任何系统的工作原理已是绰绰有余了。

电路和技术上的描述更偏重于实践，而理论方面则较少涉及，对于实际的商用声频系统设计的详尽分析并不是多余的。因为对典型电路功能块的先期阐述有助于开阔人们看问题的视野。在引入让人头痛的公式之前，我们尽可能对数字信号处理在调音台中的应用问题进行深入的阐述。抛开那些让人感到难以理解的讨论，我们会发现某些数字信号处理的构架与模拟解决方案有很强的相似性。因此，我们会采用与剖析和解释实际模拟调音台的方法对实际的数字调音台设计进行概述和分析。

如果不能使用设备，那么对处理声频的任何幻想都是没有意义的。这就是说一定要实际操作它们。声频传输正发生着革命性的变革，文中我们会对简单的 AES3，乃至正日显优势的 AoIP(Audio over Internet Protocol）解决方案进行全面的讨论。

与不断进步的模拟技术齐头并进的是传统模拟调音台在操作上的成熟和进步；而之前未对未曾见到的音乐场景的探究也是推动其发展的动力。如今，调音台及其组成部分的信号处理单元的数字化正在迎头赶上。的确，在许多工程方面，数字调音台承袭了其模拟调音台固有的一些特点，这其中有好的一面，也有差的一面。因此，人们理所当然地要知道为何它们有这样的结果，以便人们可以在新的领域中找到最佳的前进方向。这就是所谓的以史为鉴，只有在这种情况下，历史才能更好延续下去，并留下它的足迹。

调音台的发展沿革

调音台地位的确立是一个缓慢的渐进过程。类似地，系统（或预先组织的设备安排）的演变也是很缓慢的。在大部分声频工作中，上述两者几乎被视为同义；其中的最大不同就是：调音台是系统的一个组成部分。但即便如此，调音台无疑还是系统的核心和基础。

调音台的历史可以追溯到纯机械式录音的年代，如图 29.1 所示，随后进入电子模拟时代，如图 29.2 所示，其中包括了声源换能器（在本例中就是传声器）、增益的实现方法（放大器）和输出换能器（唱片刻纹头）。单凭惊人的想象力是无法将系统拓展到其他应用当中的，比如公共扩声这种通过电子方法对自然声音进行的声学放大，如图 29.3 所示。图 29.4 所示的是唱片重放，图 29.5 所示的是由无线电发射机实现的简单机电换能器所取代的广播播出。系统的目标就是促成从一种信号源到目标源的信号转化（可能是简单的换能器或者另一种系统）。

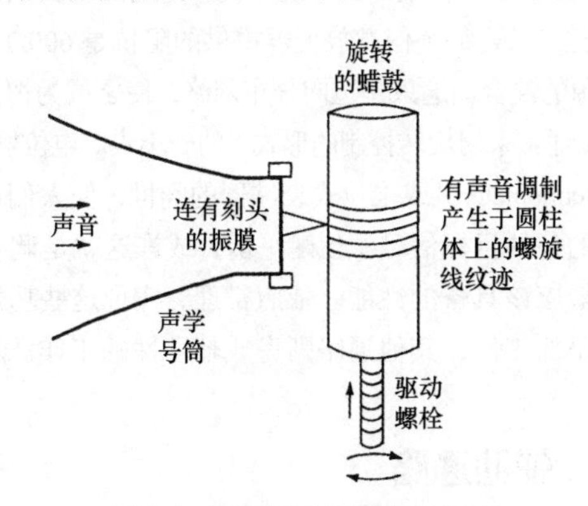

图 29.1　机械式录音或早期的鼓式录音

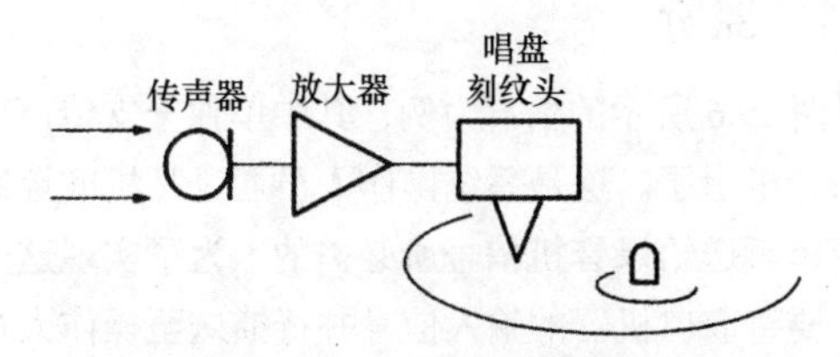

图 29.2　电气录音（刻盘机由电子设备驱动）

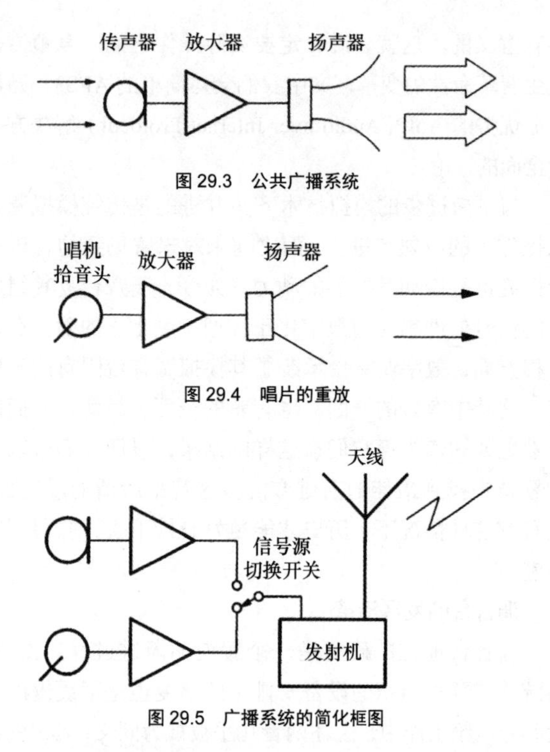

图 29.3 公共广播系统

图 29.4 唱片的重放

图 29.5 广播系统的简化框图

当然，事情要比这更复杂一些，要想展示其复杂性，常常要解释其变革进程中这一行业出现的最重要的子系统（录音机，单声道、立体声或多声道）的工作原理，利用它几乎一个人就能完成当今看来也是很复杂的工作。唱片可以长期保存。不管你如何看待这一问题，磁带至少给人们提供了很多问题的解决手段。

系统发展初期的混音实现起来惊人地容易——只是将各种信号源的输出连接到输入放大器上就大功告成了。重要的是，了解当时运用的这一技术远比今天的设备来得简单。比如，随后采用的电子管放大器需要在其输出端接特定的负载阻抗才能正确工作，这就是在随后的讨论中常常提及 600Ω 浮动平衡的原因。通过简单地将放大器的输出连接在一起，只要每个信源放大器提供的阻抗是 600Ω，就可实现声源的混合。这只是迈向分布网络，使之成为恒阻可变衰减器（通常采用旋转控制的形式）的一小步。电位器（pot，源自 potentiometer）或推拉式衰减器的问世，使人们可以对选择出的各种目标信号源创建平衡，或许这就是调音台及其系统最应该具备的性能。依照常理，实现这些功能是主信号通路的工作，其他通路则完成辅助性的工作。

29.2 辅助通路

29.2.1 监听

以图 29.6 所示的情况为例，其中单独一支传声器被连接到录音机上了。这是系统操作人员通过耳机或控制室监听音箱审听送给录音机信号所必需的。为了实现这一技术要求，要将取自机器的输入信号并行馈送至操作人员的监听上。监听（Monitoring）对于辅助信号通路而言是最重要的；它是对主通路信号属性做出合理判断的基础。同样它也是我们做出判断的基准。

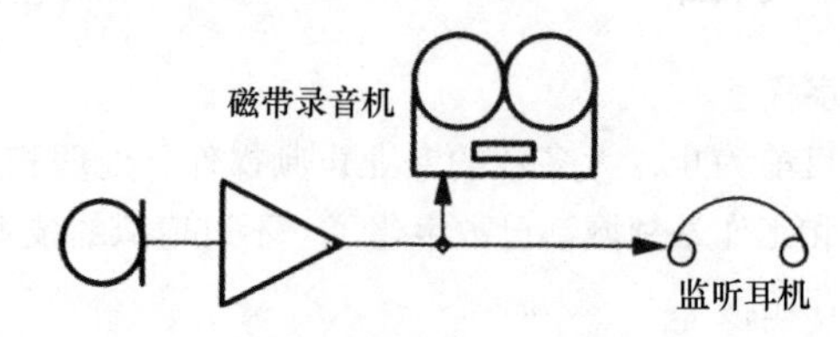

图 29.6 传声器至录音机监听的简化示意图（只对声源监听）

图 29.7 对信号源 / 重放源（带前 / 带后信号，译者注）切换方式中的基本监听通路做了小的扩展，从而让操作人员能听到他处理之后的声音情况。如果录音机有独立的录音和重放信号通路，那么就可以在这两个通路间进行切换，对所进行记录的节目质量立即作出评价。为此产生了监听部分。

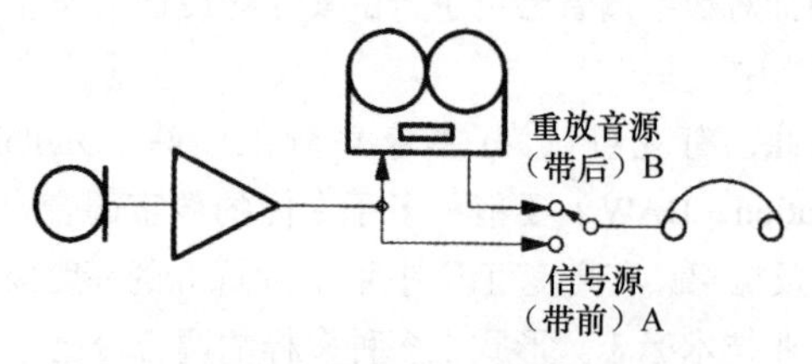

图 29.7 录音机的监听（声源和磁带监听）

29.2.2 推子前监听与审听

当有多个声源系统时（类似于图 29.8），我们便需要另一种监听——推拉衰减器之前监听（Prefade Listen，PFL，简称推子前监听）和审听。联想到电台播出的情况，这时的信号源由光盘播放单元和传声器组成；很显然，这时必须要在将信号源切入播出通路之前能对其进行审听，以便对其进行检查。

（1）传声器被设定在正确的位置、电平上，使之正常工作!

（2）所需要的录音片断处在放音准备状态。

这种预听功能可以采用图 29.9 所示的两种基本方法之一来实现。它们拥有各自的用户群，这主要是针对大西洋两岸的操作习惯稍有不同的现实。第一种安排是在所选择的置于监听链路信号源通路的推拉衰减器之前设置了一个信号切换装置，如图 29.9(a）所示。这一装置被称为推拉衰减器前监听。这种安排不会立即显现出的优势就是它可以监听通道信号对混合的作用，与此同时又不会影响信号的混合。因此，这是一种非破坏性的监听功能。图 29.9(b）所示的另外一种方法，它采用的是将所需要的通道信号（推拉衰减器之后）从混合信号中除去，并将其放在第二个并行的、常被我们称作审听（audition）或排练（rehearse）的混合设施上；这一混合信号可以准确地模拟实际混音中所发生的一切，同时还不推翻当前实施的缩混方案。这种方法的缺点就是对实况中使用的通道不能使用这种功能，因为它会干扰声源，并阻止其进入混合信号当中。这是一种破坏性监听技术。上述每一种方法都具有各自的优点，并且大多数现代的调音台同时采用了这两种监听技术，以应对变化的内容。这就是说，除如今美国使用的小型广播调音台之外的所有调音台都采用了 PFL 型提示功能，审听 / 排练母线被安排作为独立的第二组混合母线，其构架与节目母线相同。同时还保留了对其原始功能称谓“回声”这一叫法。然而，推拉衰减器之后的监听在大型制作用调音台上还在使用，它被称为稍后描述的带声像的立体声监听（in-place stereo）。

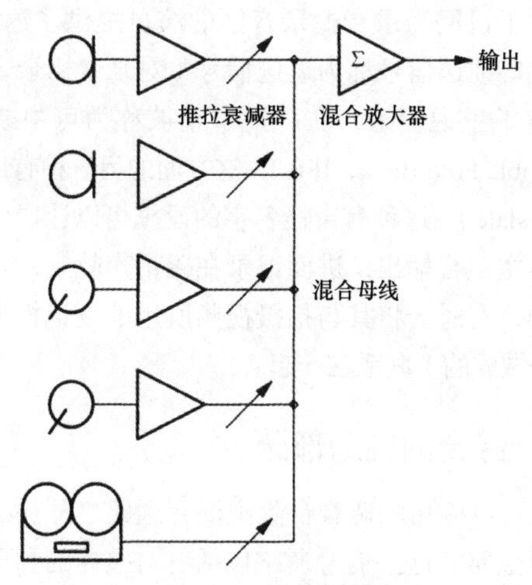

图 29.8　多声源混音器

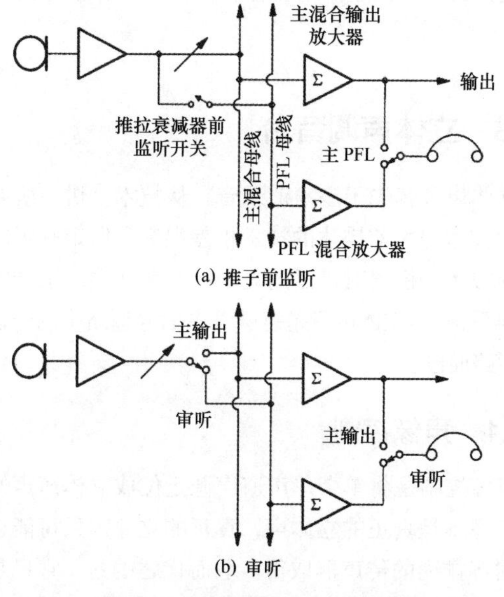

图 29.9　推子前监听（PFL）和审听

29.2.3　同步录音与返送（提示）

虽然广播播出适合解释各个通道监听的需求，但是记录在磁带上的原始素材最适合解释另外一种辅助信号通路。

在录音棚使用一台以上的磁带录音机之前，曾经在一小段时间里采用过所谓的同步录音（overdubbing）技术。简言之，这种技术就是先在一台录音机上录制背景声轨（例如节奏声部），然后在歌手演唱的同时重放之前记录的声轨，或者说歌手跟着播放的声轨演唱；之后，将所有的声音信号混合在一起并记录在第二台机器上（并轨），如图 29.10 所示。这一录制方式可以一直进行下去，直至接下来的机器到机器的再生损失无法接受为止。（尽管这从未困扰到许多早期的制作人！那个年代磁带录音机性能并不理想，所以会产生再生损失，但所再生出来的信号强度还是明显强于被掩蔽量！）。很显然，其本质要求就是让录音棚内的音乐人能够通过音箱或耳机听到伴随其演奏的声音，这就是返送监听。在其最简单的形式中，该信号可以直接源自主混合输出，因为该输出包含了其基本要求的每一个必要成分。然而，该系统存在一些不足，这主要是所期望达到的终混结果与艺术工作者要求听到的表演满意度之间存在根本性的冲突。这种令人左右为难的情形在背景歌唱声部的录制中普遍存在；通常它们在缩混中所占的比例相当小，被平衡掉了。与此相对的就是演唱者的要求不仅体现在要听到声轨的重放声，而且还要足够舒适地听到自己的演唱声（通常被放大了），以便有效地调整和强调自身的音准。这种条件在终混时不太可能实现。图 29.11 所示的情况中，相关声源进行独立的平衡，并单独馈送给演员，为他们提供所需要的返送混音。返送馈送信号绝大部分是固定不变地取自推拉衰减器前，以便在对主混音信号进行必要调整时，演员听到的混音平衡不受影响。

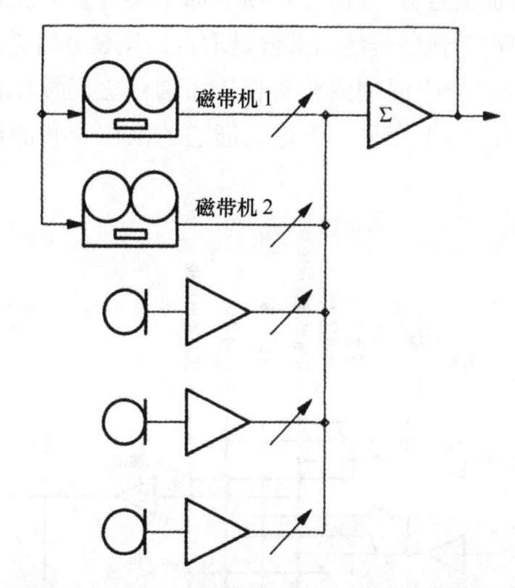

图 29.10　同步录音 / 跳轨，之前记录在磁带 1 上的传声器混音器信号可以和进一步的传声器混音器信号同步放音，或反过来进行

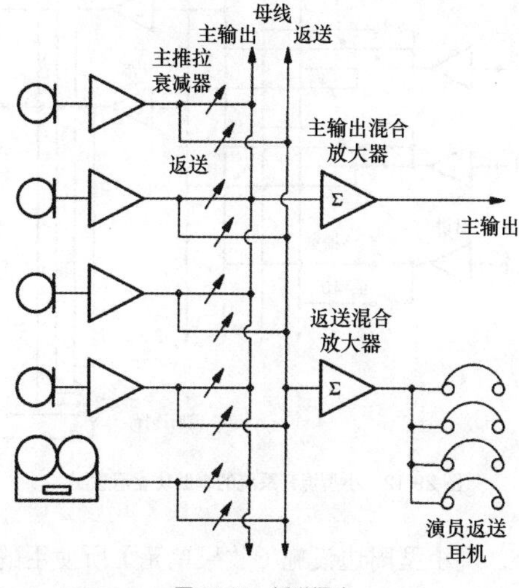

图 29.11　返送混合

29.2.4 回声、混响和效果送出

从自然的表演声环境转向更为人工化的、较干的、近距离拾音技术（看上去似乎令人遗憾），这一转变带来了许多问题。如何让人们感觉在一间小的录音棚内所做的录音听上去像是在一座宏伟的音乐厅内录制的呢？最初的解决方法是利用混响室，混响室是经过声学处理的相对小的空间，它延长了混响时间（浴室效应）。电声信号驱动摆在房间一端或角落的扬声器，并在另外一端用传声器拾取声音，所拾取的信号经放大后，平衡混合到主混合信号中，由此取得相当令人信服的大空间混响效果。简言之，虽然馈送至该房间内扬声器的所有需要的信号源自主混合信号，但存在与返送混合信号类似的问题，艺术判断表现得更为复杂。有些乐器和声音在很大程度上得益于拾取到的这种干声（比如，大部分套鼓乐器），而另外一些声源（尤其是歌唱声）的声音听上去相当干、冷且乏味。采用对应于调整各个声源的人工混响相对量的方法是种有益的做法。图29.12所示的是一个配备有一路回声送出混合母线（在这种情况下，回声包括了混响）的小型调音台系统，与其他任何附加信号源一样，回声返回将信号带回至主混合信号中。回声馈送信号绝大部分是取自推拉衰减器之后，以保持混合信号中混响成分与相应干信号之间按比例（一旦设置好之后）变化，无论主通道的推拉衰减器设定在何处。

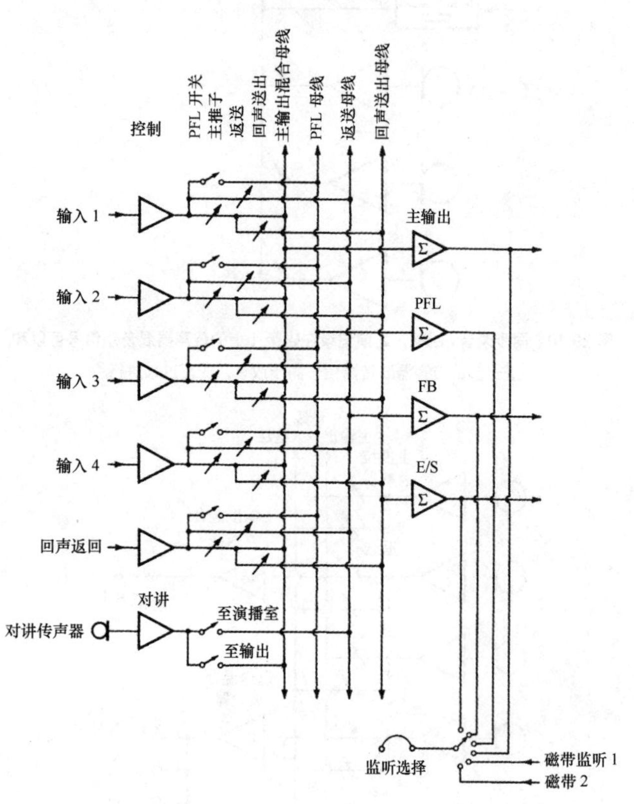

图 29.12 小型混音系统的辅助功能示意图

如今，供小型周边设施（效果单元）所使用的返送和效果送出的数量激增，那种每路馈送激励一种效果单元的时代已一去不复返了。

29.2.5 通信联络（对讲）

人们时常忽略但又十分重要的调音台辅助功能就是对讲（talkback）。它是指调音台的操作者/制作人与参与录音的各个人员间的交谈功能。对对讲的需求主要源于进行必要声学隔离的录音棚录音区与控制/监听室之间的通话联络。由于已经为录音棚录音区的演员提供了返送信号，所以将这些馈送信号称为返送信号（对录音棚录音区的谈话声而言）也说得通，在广播中它被称为可中断的返送（Interruptible Fold Back，IFB）。这方面的另一种有用功能就是打板（slate）。这种有奇怪名字的设施可以让操作者的讲话声馈至主混合输出，进而记录在磁带声轨上，其目的是检索方便，有时会将其与拍摄视频所用的场记板（过去它是用板子做成的）联系在一起。

29.2.6 综合的辅助部分

总之，可应用的调音台除主混合通路之外还必须要有几个信号通路。这些信号通路包括有对整体的和预录声源的监听，推拉衰减器之前的可调节返送馈送，推拉衰减器之后的人工混响馈送，以及通信（对讲）馈送，如图29.12所示。

29.3 立体声调音台

立体声录音先于多声道录音。从技术上讲，所要求的调音台技术与之前描述的技术相差很大。假定采用同样的跳声轨技术（机器对机器的复制和此前在同步录音中描述的转换系统），立体声只是意味着主信号通路中的一切都是两个通路而已。

29.3.1 声像控制

声像控制是将单个单声道声源定位成立体声声像的技术。声像不是真正的立体声，真正的立体声只可能通过一致性对齐排列的传声器取得。取而代之的是，它只是单声道声像控制而取得的。简单而言，耳朵将检测到的立体声对左右通路间的纯粹电平差转变为对不同声像位置的感知。让整个业界庆幸的是，这种技巧工作得相当不错，而且实现起来相当简单。

最为常见的方法是利用互补衰减器（采用旋转电位器，一个提升，一个衰减）将一个单声道信号源馈送至L和R混合通路。图29.13(a)所示的就是这样一个系统，声像电位器通常插在信号源推拉衰减器之后。另外一种安排方式如图29.13(b)所示，其中的声像电位器插在推拉衰减器之前。这种方法要求采用同轴双联匹配衰减器。尽管后面描述的其他方法也可以对声源实现带立体声声像的监听，但是这种安排方式在需要进行立体声PFL时可能还是会用到。

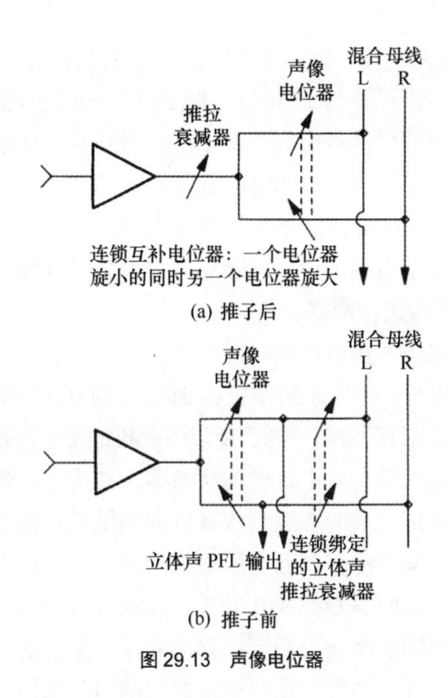

图 29.13　声像电位器

29.3.2　用于立体声的辅助部分

将主混合通路升级成立体声形式，辅助通路基本上还是保持不变；监听部分的系统功能也是一样的（唯一明显的差异就是用两个通路取代了原来的一个通路，以便处理立体声馈送信号）。推拉衰减器之前的返送和 PFL 输出仍然是单声道的形式。推拉衰减器之后的回声送出馈送信号一般是取自主通路的声像电位器之前，所以它们也仍然是单声道的形式，但是通过其自身声像电位器返回的信号的声像（比如混响的声像）还可以在缩混时确定其空间位置。将回声送出信号以自身的方式馈送成立体声的做法已经是常见的用法，图 29.14 所示的情况就是通过自己的声像电位器混合到两路输出上的。许多混响室、板混响和混响小盒都能够支持扩散立体声声场。这样做的目的是激励混响室（或者板混响器，弹簧混响器或者小的黑盒子）空间，在主混合中建立起更为坚实和可信的混响效果。如果不能利用声像电位器控制的回声送出输出，则常见的做法是利用一对独立的推拉衰减器馈送，并调整两者之间的电平。

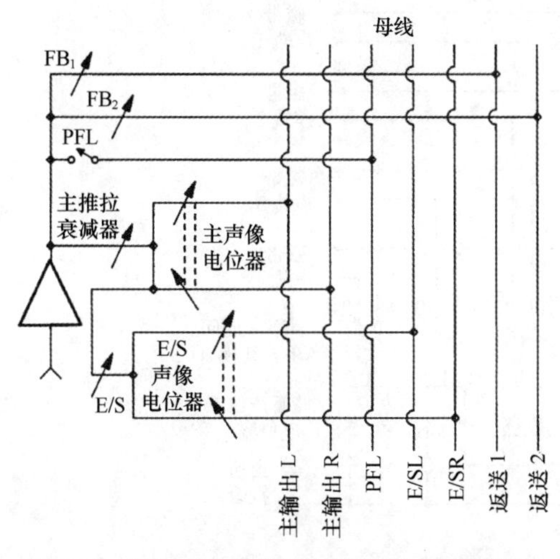

图 29.14　返送和立体声返送信号馈送方式中的通道馈送

29.3.3　多效果送出

目前，在缩混中为了取得特殊效果而使用的电子设备非常多，如谐波发生器（Harmonizers®）、延时（delay）、镶边（flanger）、移相器（phaser）、自动摇像器（automatic panner）、各类的人工混响器（reverberator）等。这些效果设备都需要从各自的效果混音通路获取激励信号。同样，演播室的返送混音数量的增长，更加丰富了音乐的制作手段，使音乐人对演播室技术的认识日益成熟。因此，现代调音台中的辅助混音数量迅速增长。为了使这些辅助混音多功能化，其合理化的解决方法通常是既可以让这些混音信号取自相应信号源的推拉衰减器前，也可以取自推拉衰减器之后。利用这种方法，可以使所需要的母线数目更少。在录音过程中，针对录音棚内音乐人的许多返送（推拉衰减器前）的加重是开启的，或许给监听添加一两种效果器的效果。另一方面，在同步录音期间和缩混阶段，虽然需要的返送（如果需要的话）非常少，但是每条母线被设定为在推拉衰减器之后，承担激励效果器的任务。另外，在广播中，通常必要的是向其中的某些或所有各个混音加入对讲信号，这样的馈送信号被称为可中断返送。现场直播用的大型现代调音台常常配有许多立体声返送辅助功能，这是由深受演员喜爱的入耳式耳机（通常是无线传输形式）日益流行所致。

一些小的处理器件或有时比较常见的信号处理（比如压缩）一般也是以插接的形式引入通道的信号通路中的，引入点通常在推拉衰减器之前。在 DAW 中，一些小的处理手段使用起来很随意，可以通过插件的形式引入，许多处理通常以级联的形式应用于通道的输入信号源。

29.4　多轨录音的产生

多轨录音操作就是将大量的独立段落单独地记录在录音机的某一轨上，在接下来的缩混过程中将这些单独的声轨重新混合（单声道或立体声形式）并记录在另一台机器上，或者临时并轨到同一录音机的空闲声轨上。

采用两轨磁带技术的立体声录音似乎都是许多专业声频的顶尖之作。即便是今天，人们对此还在热议。一些出色的立体声录音对此都给出了充分的佐证，尤其是对于古典和爵士音乐作品，其中许多都是采用基本的传声器技术直接记录成两轨的方式记录的。即便是在流行音乐录音的场合，这时要进行一定跳轨操作，但是最终母版体现的还是最后同步录音的第一代版本内容（回顾以往，要想体现当前多轨录音的优势最好所有的声音素材都不超过第二代）（要记住，磁带的带次意味着严重的质量下降，这与今天的数字调轨不同）。

在 20 世纪 60 年代初期，多轨录音崭露头角——最初是在 1 in 磁带上记录 3 轨和 4 轨，人们认为这是鼎盛时期。虽然更多的声轨减小了本机内部跳轨的次数，但是它们还是要叠加的！那时候，对于现代音乐录音而言，3轨录音相对于2轨录音具有很大的优势。2轨录音始终受阻于需要确保所有此前在跳轨操作过程中所作的一切一开始就是正确的这一前提条件，因为随后是没有机会再对其改正了。典型的声轨/人声/其他（Track/Vocals/The Rest）格式的3轨录音受到的压力很小。制作人和演员已经利用了多层次制作的优势，以降低录音的热度。对于重大的事件，从主唱到第三个三角形态中的每个人都要一次性呈现的做法不再是必需的了。人们一次可以做一点。多轨录音将这一做法继承并发展下来是显而易见的事：声轨越多，需要的这些小的段落就可以越少，需要混合的次数当然就越少。推迟定论（终混）是多轨录音的最强呼声之一。确实，这导致行业出现了奇妙的极化。分轨（tracking），即各个声轨的分配，一般是所有不同录音棚或制作环境进行混音（mixing）时一定要做的。而重混（remixing）则是针对特定的音乐风格（比如舞曲混音），由同样的基本声轨建立起的不同混音构架，它已经被拆分成另一种行业工种。因此，音乐制作呈现出百花齐放的格局。

29.5 编组和监听部分

调音台内的每个信号源需要进行一定的路由分配，以确定其最终记录在录音机的哪条声轨上。可以肯定的是，由于调音台的单声道或立体声输出是直接馈给磁带录音机各自的单声道/立体声输入，所以此前的情况几乎并不存在。立体声调音台只有两路编组，所有的信号源均被混合叠加在一起，而编组数与磁带声轨数目相同的多声道调音台可以从任何声源切换到任意的机器声轨。将所有的信号跳线至跳线盘上是另外一种强制方式，它极其乏味、混乱、成本高且易于出错。

4轨录音设置融合到调音台设计当中已历时多年。其中包含监听部分。图29.15可以与图29.12所示的较简单的立体声调音台的后端相比较。从中可以看到其主要差异是在调音台内多出一个单独的混音部分，该部分只是处理多声道监听。庆幸的是，这是个相当基本的混音部分，它处理的信号全都是高电平信号，除非监听混合母线需要增益补偿，否则很少进行增益提升。

虽然这些声轨已经被安排好了，但是还需要在控制室和演播室内听一下所做的结果。其监听的方法与所要求的录音机带前/带后监听一样，所以多轨机的每个声轨都需要进行类似的处理，只不过做的次数多一些罢了。最初，随着每台机器声轨数的增加，调音台的编组数目也要相应地增加。每个编组都有自己专用的关于各个调音台声轨输出和相应机器返回信号的A/B开关，以及各自的电平和声像控制，从而馈送出一个完全独立的立体声监听混音。这个新的监听混音表现为主监听选择器上的另一个信号源。这还是不够，推拉衰减器之前的返送馈送不再是奢望，而是一个必需的功能，因为调音台的立体声输出或派生信号可以不再作为演员想听到的返送信号了。除了缩混信号，任何时候都没有正确的调音台立体声输出。返送馈送信号被加到每个编组的监听系统上。效果送出也被叠加其中，这样可使监听声音更完美。

大型调音台将自身划分成两个完全独立的信号处理系统：主混音系统和监听混音系统。这时出现一个奇怪的情形，在前期多轨录音期间，用于监听的混音在缩混的时候必须完全转换成主混音系统。一般而言，磁带录音机返回信号不仅要回到监听部分，而且还要作为主混音部分的高电平线路输入。将这些通道接入主立体声混合母线就产生了重混（remix）。

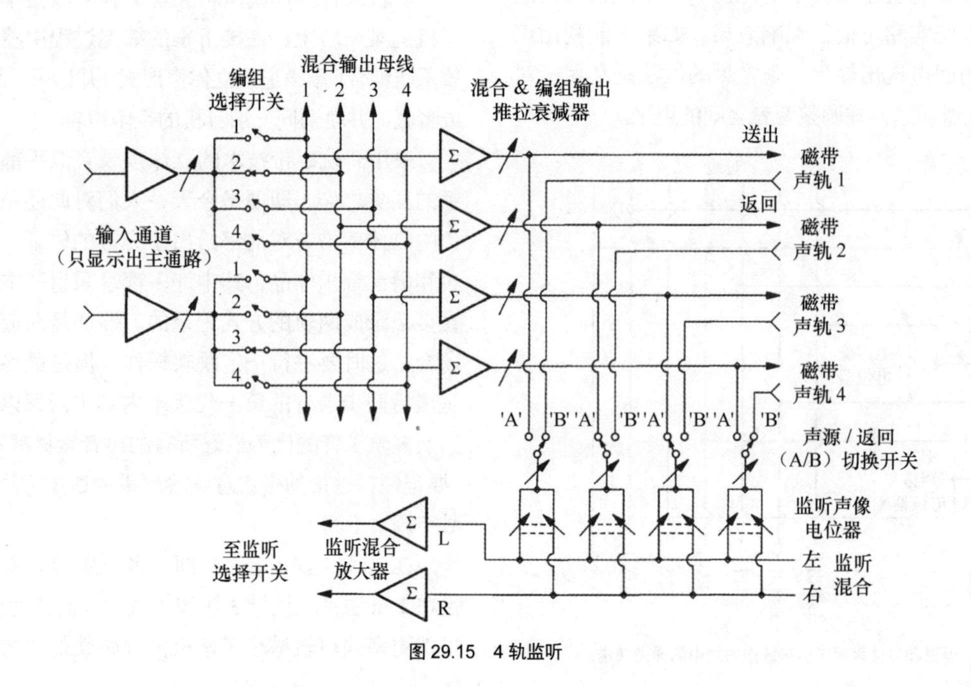

图29.15 4轨监听

或许首要的合理化处理对象（这一问题在许多普通的 X 输入，24 编组，24 监听调音台出现之后还存在很长一段时间）就是实际应用中人们很少会需要全部 24 编组推拉衰减器设定，采集无用的声音。立刻丢弃它们，以避免在信号通路中设置不必要的可变增益级，否则可能导致噪声或峰值储备性能的恶化。

各个通道输出及少量的立体声混合次编组（一般为 4 或 8 对）可能还要再次分配至任意的多轨机上，使应用更加灵活。然而这时仍然存在监听母线和主立体声混合母线的复制，伴随两者的效果和返送馈送几乎不会同时使用。最后，两者（监听和立体声主母线）的理念可能是同样的。单列一体式监听录音系统开始陆续出现。单列一体式调音台将所有的录音通道处理功能，以及所有的机器返回信号监听控制功能融入一个通道条内，它可以有效地共享控制、处理和这些通道间的混合功能，通过分轨、同步录音和制作时的混合可以充分利用其性能。这样还可以省去独立的多轨监听部分，因为这种调音台套调音台的设计几乎将调音台的物理尺寸加倍。

这一切多亏了那些设备发烧友和真知灼见人士，正是这些人掌控或推进着行业的进步，利用技术能力将一切一步步纳入正轨。这些进步的里程碑奠定了当今调音台理念的基石。单列一体式调音台就是个经典的例子。

次编组和输出矩阵

尤其是在现场应用中（比如，扩声或直播），对相关信号源（比如：鼓传声器、贝斯、吉他、键盘、背景人声、主唱可能各自有许多信号源）的次编组能力，以及它们之间的混合再平衡是相当有价值的附属功能（这意味着只推拉次编组的一个推拉衰减器，不用小心翼翼地拉下鼓组的 10 支传声器信号电平，同时又不破坏之前做的来之不易的平衡）。这些是真正的次编组，之所以这样称谓是因为创建的是真实声源的真实混音，而不是通过 VCA 次编组（稍后全面介绍）实现的仅推拉衰减器移动产生的近似结果。可利用的输出只包含次编组的信号源，如果需要对它们进行有别于其他信号源的处理（EQ，动态处理等），那么就可以对其进行次编组和重混，将其作为激励效果的辅助送出。其中后者是这些次编组的强大应用，将次编组信号作为信号源馈送至下游的混音器，这种混音器常被称为矩阵混音器（matrix mixer），它常常可以建立起大量的矩阵输出混音。

这里再次以扩声作为应用实例来说明，舞台上的许多演员都需要通过返送监听音箱或个人监听耳机来听到他们自己及其他演员的表演声音。麻烦的问题是，每位演员要求的混音平衡一般都是完全不同的！通过此前创建的次编组，利用每个矩阵输出馈送上的各个重混能力，可以用几个次编组建立起多个不同的混音，在舞台上得到所期望的结果。

29.6　调音台设计的发展

在确定满足指定应用的调音台功能时，存在两种彼此相互影响的因素。这两个因素（系统和电子）具有完全不同定义的参量，但却又不能将这些参量完全分割开来。

当用尽可能多地设计来实现所要求的功能时，必须要对电子电路进行认真的设计，使其对调音台的声音没有大的影响。声音扰动的原因可以进行分类或预测，可疑电路配置也可以完全避免。似乎存在一个设计潮流，即让声音特质回到演播室电子的时代，几代人都致力于解决如何准确又中性地表现声音，这是个令人担忧的问题。令人欣喜的是，人们仍然期望调音台（除非另有反常的做法）是中性的处理设备，而音色则是通过外围周边设备来取得的。为此，除非有特殊的说明，这里描述的电子电路的宗旨还是为了产生中性的声音。面对一些纯粹主义者的冲击，通常可以利用的集成电路运算放大器一般用于本章的所有设计当中。这样做的原因（除了显而易见的方便性）及其得到坏名声的原因会在 29.7 节中深入讨论。

近年来，运算放大器让性能全面的调音台概念和系统功能有了革命性的变革。运算放大器的利用使得系统的组成要素被当作积木那样进行设计和应用。尽管这使问题得到了相当程度地简化，但也招致了一些中肯的批评：调音台的设计可能堕落至走量的例行公事。值得庆幸的是，器件的特性、精密性和将各个系统组成部分集成的完全独立学科的成功运用，使整个调音台不再发生此类问题。

让调音台行业庆幸的是：当今调音台生产厂家中的大部分开始在现实中充当音乐人和录音棚工程师的角色，私下为自己的目的构建调音台，直接根据需求进行底层系统设计。在生产中继续延续这种思路，生产厂家倾听相关客户的需求是最重要的，因为他们本身在这场游戏中就扮演着角色。

不久前，像这样的系统和调音台还不存在。在控制室中使用的所有电子设备都安装在其中，为了方便，它们的输入和输出通过调线盘或者使用小改锥来连接访问，这样就不用蹲下来连接设备了。

通过并行放大器输出来实现信号源的混合（应记住的是，可能因为所有老旧的电子管设备都被设计成具有特定端接阻抗的缘故，通常安排成常见的平衡 600Ω 形式），同时希望或安排目标源具有足够大的增益，以补偿所带来的并行损耗。从当今工程的角度来看，这似乎有些粗糙，但却具有一些优雅的色彩。放大器只不过是一个具有平衡的 600Ω 源阻抗和端接阻抗的盒子。它也可以有另外一种桥接（大于 10kΩ）输入端，同时可选择增益量，以满足传声器放大器、混音放大器，乃至耳机放大器等通用应用的需求。要完成的事情越多，则要增添的小盒也越多。均衡器和限制器也具有类似的通用适用性问题。通过真正平衡的 600Ω 信源和终端，借助旋转衰减器再次获得可变电平控制。无系统性演播室的完美之处在于通过任何方式，任何东西都可以去到任何地方，并且在任一点被混合或分布（几十年过去了，我们还在说同样的事情）。

很快，放大器被硬线连接到衰减器和专门设计的传声器放大器，以及已经创建的系统上。其中一些与混合增益补偿放大器一起被置于小盒中。于是便诞生了调音台。

从那以后，便开始走下坡路了，随着绑定在一起的系统部件数量的增加，为了取得一定的灵活性，势必增加节点的数量。与所预料的相反，系统可以被定义为降低其组成部件多功能性的方式。

一旦调音台本身被视为一个系统组成部分，那么接下来问题就来了。由于没有必要进行内部与外部的方便互连，所以平衡变压器就消失了，更为经济的替代方案可让旋转衰减器方便地工作在内部阻抗上。通过更为积极的手段，针对所指定的特殊功能（诸如传声器放大器和混合放大器），电子器件逐渐被优化（这个问题提醒我们，如今一切都过时了，要想让通用放大器可以针对变化的需求进行优化是不可能的）。不过，至少调音台的所有输入和输出还是方便的。在专业声频中的电子管缓慢消亡前，这一结论一直成立。

29.6.1 晶体管

由于在设计上存在许多限制因素，迫使人们改变了设计习惯，所以晶体管在推出后很长一段时间并不受欢迎也是可以理解的。因为早期为器件提供的是低电源电压，因此动态余量严重受限。它们的噪声较大，而且存在着温度不稳定性。这一切并不可怕，它们可以通过设计巧妙地化解掉（电子学中的“锗元素时期”是最应该选择忘却的时期，硅元素成了救世主）。晶体管的工作阻抗低，而且在发生削波时的模式也与电子管不同，它所产生的是实际的硬削波，而不是柔顺地弯曲（那些人们熟知的电子管特性，至今还被人津津乐道）。为了取得合理的低失真，许多晶体管都采用了大量负反馈的复合配置，这与具有极少反馈，近乎开环工作的单级电子管相去甚远。这引起了一个奇特的现象：听上去好像来自科幻小说——零阻抗（zero impedance）。

在晶体管电路外围采用的深的电压负反馈可以使放大器的输出对负载阻抗的变化不敏感，它们会提供出同样的输出电压电平，几乎与其端接负载没有关系。这样便消除了对不同负载连接而进行的电平补偿时担心的端接问题。除了长线缆馈送，600Ω 端接方式实际上已名存实亡了。如今的高电平平衡输入绝大多数采用的是桥接方式，这种连接方式具有足够高的阻抗（通常 >10kΩ），连接后不会干扰信号源的电平。不论好坏，它已经成为常用的演播室互连技术。截止到最近，认可两种技术上的差异和单独电平指标还会继续一段时间。

29.6.2 电平的技术规范

原来传输线电平技术指标指的是 1mW 的功率级，而不论阻抗如何。这就是 0dBm。这是个通用的技术指标，适用于任意标称阻抗、任何目的的，沿任意长度线缆传输的任何频率信号，它广泛地应用于射频和完全与声频不相关的领域。dBm 定义是特定且不可改变的。600Ω 负载上 0dBm 对应于 0.775V_{rms}。实际上，对于一般的声频工作这适合作为基准参考值。对于零阻抗技术，虽然工作电压是指定的，但阻抗并不是指定的。虽然它可以是任何值，但是最终的功率（以 dBm 为单位度量的）一定是变化的。例如，跨接在 100Ω 负载上的 0.775V_{rms} 是 +7.78dBm，而跨接在 10kΩ 上则为 -12.22dBm，但其数值仍然是 0.775V_{rms}。

针对零阻抗的参考电平视为电压，人们将其选择为熟悉的 0.775 V_{rms}，在过去每个人都使用过它。该电压有别于 0dBu。有些人试图为声频强制推行一个基于 1V 电压电平（称为 dBV）的通用参考基准值，它容易用 10 来除，但事实证明这会给使用 dBm 的人带来很大的混淆，所以现在已经弃用了。

且慢，还有要补充的问题！将无所不在的 VU 表用来度量 +4dBm（0VU = +4dBm，600Ω）的标称系统电平时，以及在 VU 盛行的地区和市场，+4dBm（和近来的 +4dBu）还是很常见的参考基准值。尽管可以作为一种尝试，但是不容忽略的是：在使用的准专业录音和声频设备要比实际的专业声频设备多，这些设备通常采用 -10dBV 的民用电平作为标称的参考基准。

29.7 调音台中的运算放大器

采用集成电路运算放大器（Integrated Circuit operational amplifiers，IC op-amps）的调音台饱受非议，并在早期声誉不佳（有些是应得的），它处在十分尴尬的境地。这部分内容力图从当今的角度来阐述 IC op-amps 的历史、缺点和属性，并指出克服这些缺点的方法，为它们在未来调音台中重新争回声誉。与其他大部分技术一道，如果多年前未定义细节，那么概念就难以理解和量化，如图 29.16 所示。

当 IC 刚刚问世时（比如 Fairchild μA709），其价格很高，容易产生振荡，而且没有短路输出保护。

在这一博弈阶段，分立的晶体管电路在专业声频领域占据绝对的优势，与此同时，有相当多的电子管还在使用。虽然技术上的进步和 IC 的控制足以保证运算的可靠性，但是其高频环路增益太小了，不足以充分保证有足够的反馈将高频失真减下来。另外，它们的噪声非常高。尽管其参量可以设定，以便可以被任何设定应用和增益设置所接受，但是从本质上讲调音台中的控制是变化的，因此最终的操作几乎不可避免地会偏离其最佳的情形。

为此，在声频设计的词汇表中又多出一个新的词汇：补偿（compensation）。补偿就是将放大器强制放缓，为的是终止其不受约束，啸叫的不稳定性。从本质上讲，这是通过定义放大器整个环路或放大器内特定增益级（或两者同时使用）的带宽来实现的。这样做一般都会使器件承诺的性能大打折扣。

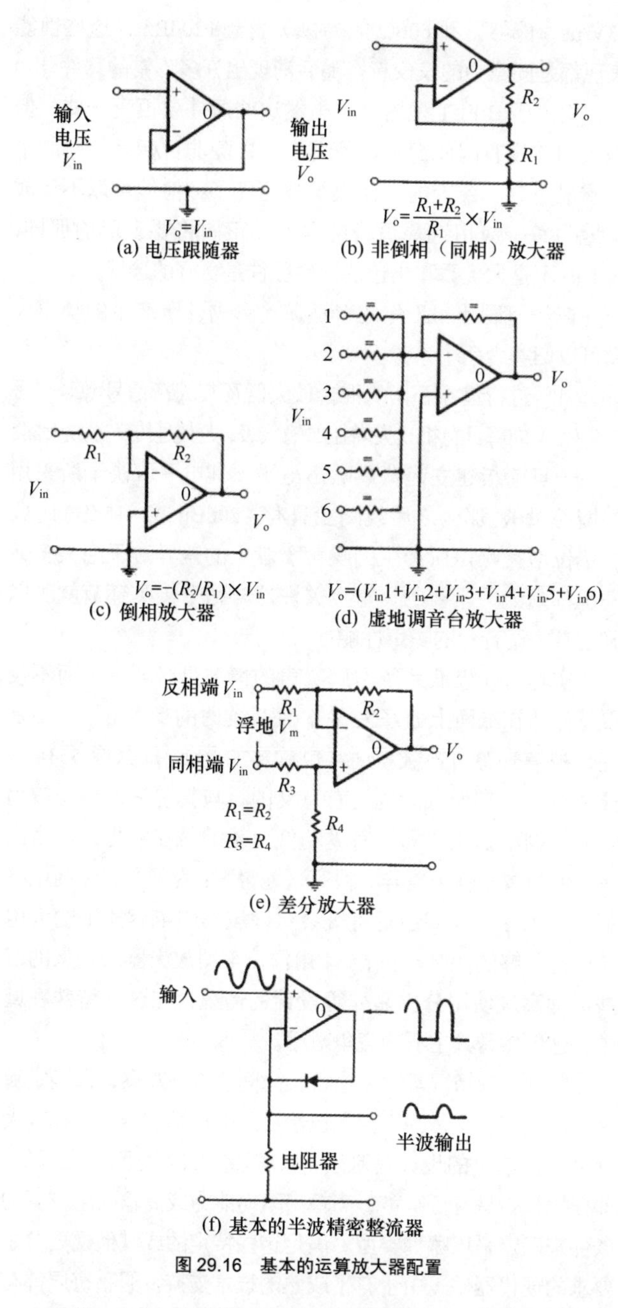

图 29.16　基本的运算放大器配置

随着 μA709 的面世，人们对其褒贬不一的言辞也接踵而至，但对 μA741 却始终赞许有加。其中最著名的就是其塑封 8 脚双列直插式配置，在我们的行业中它统治多年，甚至被人们视为几乎完美的运算放大器，至少它没有了 709 的一些痼疾。虽然它在内部采用了很强的补偿来实现标称的稳定性，但是其代价就是随频率提高而快速消失的开环增益。只要有足够的增益留下来，为 20kHz 的带宽上省下来 20dB 的安全宽带增益即可。有些 IC 生产厂家提供了赶超 μA741 的产品，它们具有较低的噪声，同时没有了困扰早期器件的粗糙的输出补偿电压的问题。μA741 还具备输出保护性能，提供一定程度的短路保护功能，让其从原有的困境中解脱出来。

μA709 之后一代的运算放大器包括 μA748（μA741 的无补偿版）和 301，其中一些规格的产品成为这类器件的佼佼者。用户实施补偿的 μA748 和 301 顾及的是更优化的参数设定问题，在大部分电路中仅需要一只电容便能实现这一目标（与之相对的是，μA709 必须要两个阻容网络才行）。

尽管表面上这给设计人员带来了很大的方便，但是它掩盖了这样一个事实：出色的带宽和相位容限性能要通过认真考虑补偿网络的属性才能获得。这远不是保持放大器稳定的一只足够数值电容器那么简单的问题（它还调谐内部的补偿晶体管，使之成为除了器件速度什么都不管的密勒积分器），而且还要使用如图 29.17(e) 所示的更为复杂的双极点阻容网络，以此来大大改善性能。

外部前馈和同时采用的倒相器或虚地混合级也是比较为常见的补偿安排，它在带宽和速度性能方面有了极大的改善，如图 29.17 所示。

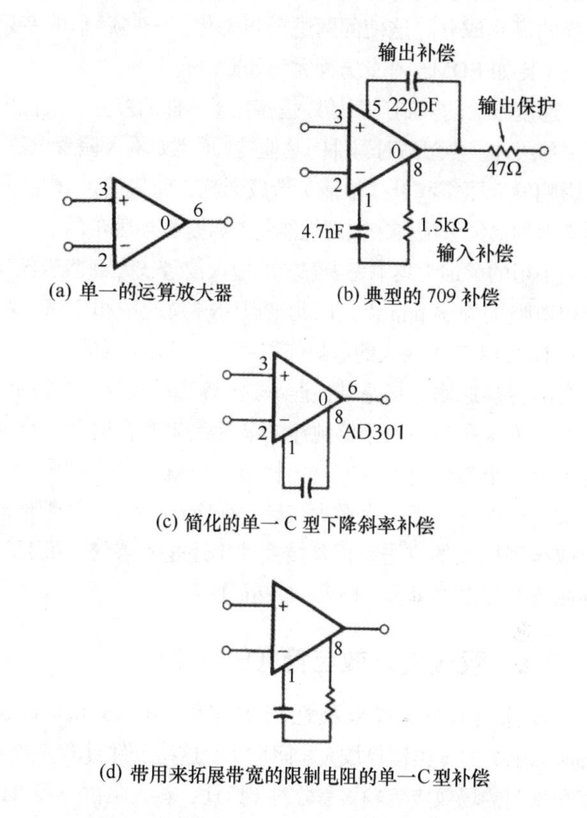

图 29.17　各种运算放大器补偿技术

29.7.1　转换速率的限制

所有这些早期器件都存在一个让高保真发烧友组织和有类似发烧情结的声频工程师所诟病的缺陷。这一缺陷便是转换速率的问题。转换速率是指当极高速率的阶跃信号源施加到放大器的输入端时，输出端所表现出的转变速度（通常用 V/μs 为单位来度量）。虽然所有早期的运算放大器的转换速率都在 0.5V/μs 的数量级上，但是没有一个人真正认识到它的本质或隐含的问题，以及由此产生的影响，尽管现在这已经不是问题了。

为何转换速率会成为问题呢？如果通过器件的声频信号的上升时间快于放大器的转换速率，那么就会产生明显的失真。显然，放大器不能以足够快的速度产生响应，以跟随声频信号。在高频（快的瞬态变化）和高电平（以较低 V/μs 变动的平静信号要比同样信号更响）时，转换就成为一个问题了。其令人欣喜的一面是，许多高频范围上并不包含高幅度成分的节目素材可以不受困扰地通过慢的、低转换速率器件。不幸的是，在录音棚或舞台中见到的许多节目源都不满足这一要求，它们不但较响，而且还包含很强的高频成分。这使问题进一步恶化，一些后来的音乐类型（比如 EDM）在此方面尤为如此。

速度方面的限制几乎始终是存在于器件的差分和直流电平漂移级内。要想不对器件的其他特性(比如输入偏置电流，它影响输入阻抗和补偿性能）造成影响，而只通过 IC 晶片制造上的晶体管配置来实现性能的改善是相当困难的。

采用的前馈（其中将未偏转的输入信号按比例馈送至响应相对慢的外围 pnp 级，以此来改善转换速率和带宽）技术对 LM318 产生很大的影响，利用这一技术可取得 70V/μs 左右的转换速率。正是转换速率这一领域与明显改善的噪声性能（这是在相对不够纯净的晶片上生产合适器件所遇到的另一个难以克服的问题）相结合成就了发生在声频应用常用器件中的下一个重大突破——Harris 911。尽管性能上取得了极大的改进，但是转换速率还是不够快，而且还存在着不对称的问题（+5 和 -2V/μs）。

29.7.2　双极性场效应管（BiEFT）

被称为 BiFET 或双极性场效应管（bipolar field effect transistors）的一类运算放大器问世了。这些器件具有完美匹配和微调的场效应管输入差分对（因此，输入阻抗一般可达不可想象的 10MΩ），且拥有相当快（13V/μs）的转换速率。这类器件的典型例子是 Texas Instruments 公司的 TLO 系列，以及 National Semiconductor 公司的 LF356 系列器件。当源阻抗被优化时，所选择的规格可以在声频频率范围上使噪声指标提高 4dB，与广泛应用的 μA741 的单元成本相比，这确实是非常出色的表现了。虽然当今有性能更好、噪声更小、速度更快的器件可供使用，但是 BiFet 确实是用于专业声频领域中的第一代器件，其不足和局限性并不会因它的使用而导致系统性能下降，时至今日它也不会成为梦魇的选择。

器件的速度已经通过用 FET 配置取代普通的双极性晶体管差分输入和电平漂移电路得以提高。顺便提一下，这些 FET 前端的固有噪声特性与双极性晶体管之间存在明显的差异，而且在听感上似乎尚可接受。

目前，在高质量声频设备中有少部分器件完全是专门设计并优化的。引述 Signetics 公司 NE5534（或 TDA1034）的指标：在声频范围上的噪声指标提高了 1dB，转换速率 13V/μs，能够驱动 600Ω 的端接负载至 +20dBm，这些性能表现都是同类中的佼佼者。随后涌现出许多不错的器件。

相比于 BiFET 型器件，虽然这些器件要更贵一些，但是人们并没有因此而放弃使用它们，除非目标设计对成本要求很苛刻。今天的设计人员被宠坏了，他们可以不计成本地为每个应用选择适合的器件，正如将要表现的那样，有时并不是太优秀和出色的器件往往是更好的选择。

在任何设计和工作的合适调音台内，所产生的噪声大致可以归类为两个来源。

（1）进行增益补偿的混合放大器及其大量信号源。

（2）内部具有相当大增益的输入级，尤其是传声器放大器。

一旦前级建立起背景噪声电平（其电平取决于所采用的增益量），那么之后线路上具有 -20dBu 或 -15dBu 的典型单位增益噪声所产生的噪声贡献上的差异对于绝大多数情况都是无关紧要的。重点关注这样两个热点环节就可以确定整个调音台的噪声性能。

实际上，极低系统本底噪声的情况是必要的（而不仅仅是停留在纸面上的好主意），而且此时的噪声电平并不是完全被信号源所掩蔽（通常也确实如此），那么像 5534 这样的器件在其他方面也是有意义的。与其说它们自身较为安静，倒不如说它们具有驱动低负载的潜在能力，产生出有价值的本底噪声差异。很高兴地得知：为了在高频高电平下正常工作，我们还是有机会对滤波器中电容器上的大电流进行足够的扼制。将 5534 用作传声器放大器所带来的麻烦远远高过使用分立晶体管设计的情况，在这一特殊领域中，这仍然是其主要的竞争对手。

每种设计情况都需要进行长时间的冷静观察，以确定哪种器件最有意义，并不存在包治百病的技术或器件。在很大程度上，这里的设计是基于 TLO 类或 5534 类器件进行的，即根据是否具备低噪声、高输出驱动能力或高输入阻抗驱动条件来确定采用哪种类型。满足这些特定的或其他次要参量要求的现代器件（由于有了成熟的技术支持，似乎每周都有新的运算放大器问世）理所当然是要适合应用要求的。

29.7.3　分立的运算放大器

由 Jensen Transformers 公司的迪恩•詹森（Deane Jensen）设计并由 Hardy Co. of Evanston，Illinois 制造的 JE990 是封装的分立放大器模块的一个例子。许多有关运算放大器内部设计问题（有些甚至 IC 设计人员都还未意识到）的令人感兴趣的解决方案都在这一设计当中实施了，其性能促使人们对当代声频电路设计和理念进行总体的重新评价。利用 IC 多并行的输入晶体管差分对，可以将优化的输入信号源阻抗（对于大部分 IC 和分立放大器，一般大约为 10kΩ）降低至约 1kΩ。发射极内的小电感提供了对潜在高频不稳定的隔离，这种不稳定性是由变化的源阻抗产生的第一差分级的增益 - 带宽特性漂移所造成的。单位增益噪声可达令人吃惊的 -133.7dBu 的水平，同时输出能够在 75Ω 的负载上形成满幅摆动。这样便可以利用较低阻抗的外围电路元件，减小热噪声的生成。这种优异的器件势必带来高昂的价格。其许多属性指明了设计方向。就笔者的知识而言，它远远超过了任何 IC 形式的器件及当前调音台制造中采用的任何通用分立电路元件。

这就是说，990 或这类分立模块的实际应用是辩证的考量而非技术上的选择，取得总体系统性能表现的好方法就是尽可能利用 990 这类模块，以相当低的成本和尺寸达到同样的结果。如果信号通路中采用最少元器件是追求的目标，那么它们就会大显身手。

29.7.4　不稳定性

设计人员在升级到更新、更快的器件时所面临的一个难题就是所有之前设计的电路可能会突然出现大量的低电平不稳定因素，即便是已经很稳定的电路板也会有这样的问题。

布局上的异常（比如声轨过于靠近）是导致不稳定的主要原因，所以必须采用一组新标准来形成新的布局，将其加到原本已经危险的模拟插卡设计当中。然而，该问题的真正根源是器件本身，以及人们对其内部配置与外围之间的关系缺乏认识。熟悉并使用 741 系列产品的每个人已经习惯于采用某种通用的手段来处理问题。让这些人认识到问题或者是显现出振荡的原因是一件非常困难的事情。人们习惯于将 IC 视为插拔的增益块，很少考虑其内部的实际情况，现实当中的电子器件组合也总是会发生所有电子器件都会出现的问题。741 对使用者造成的问题相对不敏感的原因就类似于这样一种情况，在这种情况下要想人们认识到不是器件本身特性因素，而是交织在一起的其他任何因素引发的问题是一件相当困难的事。

对新器件的第一错误就是相信它们是稳定的，因为数据表是这么写的。其真实含义是指“在单位增益时不会进入振荡状态（在这样的情况下……），”它们指的根本不是同一回儿事。

29.7.5　相位边界条件

保持开环时的内部结构增益 - 带宽滚降设定与外围电路确定的闭环增益附近的滚降间的边界容限尽可能大是很重要的。这样做的目的是保持增益电路在各个频率上有足够的相位容限。如果实现不了，便可能导致反馈产生足够大的相移，以致出现反相，进而产生振荡（正反馈）。即便相位没有相当大的偏移，反馈也倾向于正反馈，以及瞬态信号冲激作用于电路时发生的阻尼振铃。另外，这些谐振效果出现在极高的频率上，一般是几兆赫，因此距离电路很远的任何射频信号都绝对喜欢放大器临界谐振在其频率之上！针对所有增益频率，合理的相位容限目标值应优于 45°。在实践中，在更新的器件上可以相当容易地在想要的电路带宽与为了获取相位容限而减小带宽之间取得折中，为此所需要做的一切都是被认可的。

对带宽与稳定的相位容限的思考似乎存在两种流派。第一种流派是实用主义者，他们想尽可能快地将所需通带外的带宽关闭掉，取得最大化的稳定相位容限和 RF 中立性。第二种流派是纯粹主义者，他们是要保持电路增益尽可能高，行走在稳定性的钢索之上——通常要遵从带内相位线性的原则。

通常确定电路闭环滚降最容易，且最灵活的方法是通过主输出至倒相输入反馈电阻上的相位超前电容器来实现，将输入反馈电阻反相。典型的安排如图 29.18 所示。通常，虽然只借助这样一种方法就可以自动处理，并且正确确定增益块的带宽，但是这要假定两种要求（相位容限确定和带宽限制）始终相互满足，因此这是一种危险的设计实践。

相位容限蜕变和不稳定性的常见根源是放大器反相输入端到地间的寄生电容。该电容（内部器件、管脚和印刷电路板布局临近电容的组合）对反馈阻抗起反作用，提高了高频闭环增益。在普通电路中，即便是典型的 5pF 电容，都足以导致闭环增益参量发生畸变，从而威胁到稳定性。更糟糕的是，当反相输入端沿着导线（更差的是母线）伸出相当长一端距离（比如在虚地混合放大器中）的情况，这时数百，有时几千 pF 的电容会隐藏其中。也可能会出现这种情况：尽管在反馈脚上存在稳定的时间常数，但是人们不期望出现的高频滚降还是会发生，因为增益提升仅能通过母线电容进行补偿。利用任何虚地混合器来确保所需的响应和相位特征只可能通过在混合放大器外围进行至少二阶补偿，以及对最终的系统启动和全面运行来实现，因为任何附加的信号源都会通过母线来改变所呈现的阻抗。

为了确定这一不想要的增益可以升高多少，可以在尽可能靠近放大器反相输入端增加一只小的限制电阻器，这就是虚拟接地点的代价，现在基于电阻器的数值，存在一个最小阻抗。顺便提一下，通过输入级连接端进行的整流，

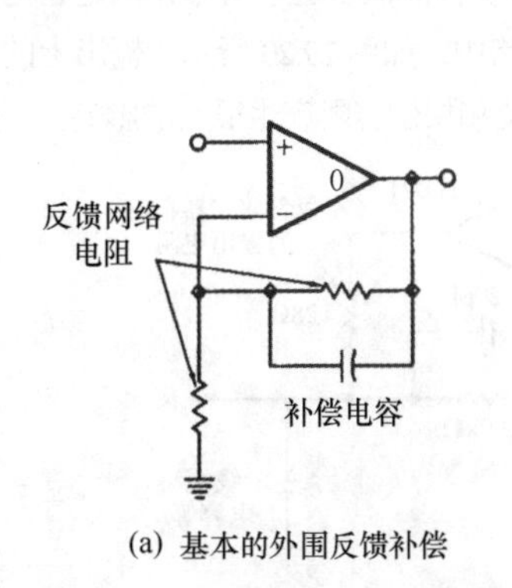

(a) 基本的外围反馈补偿

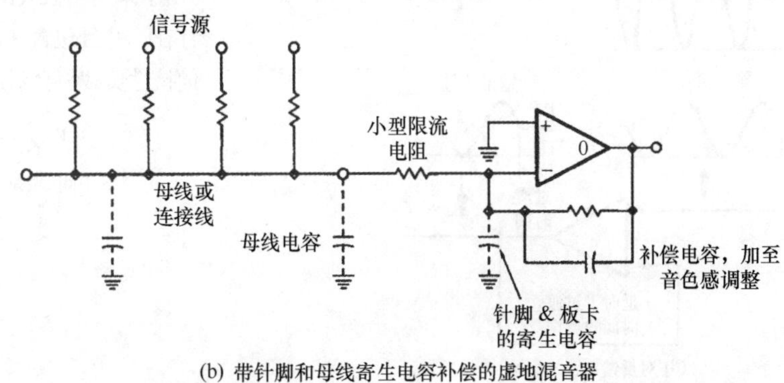

(b) 带针脚和母线寄生电容补偿的虚地混音器

图 29.18　反馈型相位超前式的稳定性补偿

电阻器也可以成为防止任何射频信号影响到母线的一种措施。更好的是，与加法放大器输入相串联的小（确实如此！）电感提供了降低带外增益和提高 RF 抗干扰能力的另外一种措施。这一电感的大小是综合判断的问题。其危险是该电感与母线电容结合在一起会构成谐振，如果谐振频率远离放大器的增益带宽，那么就能很好地确定出其振荡的频率，过小的电感几乎对稳定性没有影响。

29.7.6 时域影响

出现在任何放大器输入端的信号要想在放大器的输出上表现出作用肯定是要用一定的时间，这就是所谓的过渡时间。每个微小的电容及随之形成的放大器内部电路中的时间常数一定会造成这种结果，电子器件实现自己的功能需要时间。随着频率的升高，这时的过渡时间使得想要信号波长的比例明显变大，故一定要考虑这方面的问题。图 29.19 所示的是固定过渡时间是如何随着信号频率的提高而更为相关的。当然，对于某一频率信号的波长最终过渡时间将为必要时间的一半。在那一级上，放大器的输出会有半波长的滞后或 180° 的反相。在该点之前，随频率提高而导致的相位容限减损可能开始引发严重的问题；在这种极限状态下，根据预测的性能在放大器上采取的负反馈现在就会完全颠倒了。现在它变成了正反馈，此时的放大器出现了振荡。

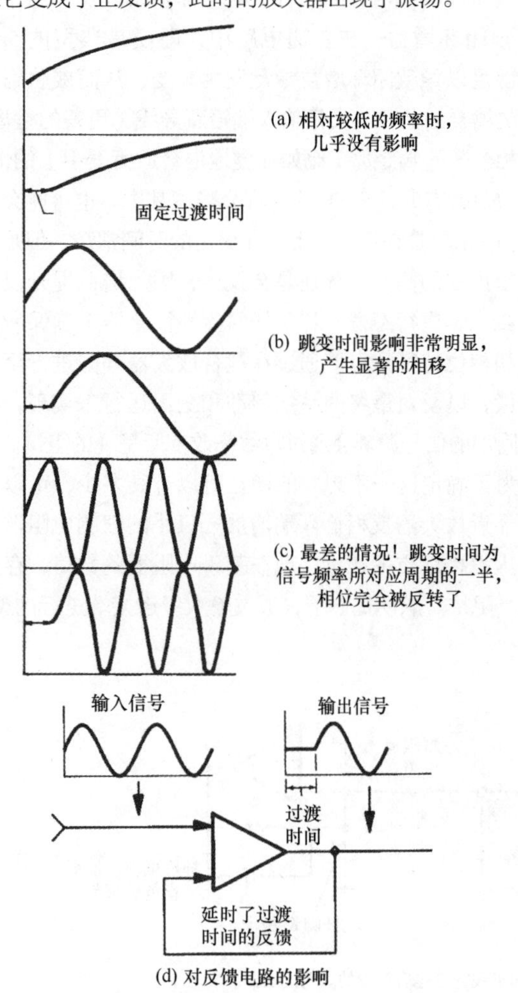

图 29.19 信号频率提高对过渡时间的影响

29.7.7 瞬态互调失真

如果转换速率不够快的问题不构成严重影响，那么 TID 影响就是由放大器的过渡时间造成的。不要奇怪，几乎与热点问题一样（TID 是 20 世纪 70 年代提出的概念），只要有负反馈放大器电路（20 年代就有），TID 便被人们所认识。这始终是完全可预测的。

TID 是由采用了大量负反馈的放大器的伺服属性所导致的直接结果。反馈就是要提供一个校正信号，它源自放大器输出和所施加的输入信号间的差值。这是个简单的概念：输入与输出间的任何差异便是放大器的误差。我们所需要做的一切就是减去误差。然而，这并不是件容易的事情。由于放大器内存在延时，所以电路在校正信号到达之前必须等待一定的时间。在这一期间，输出是不受控制的，一般的变化方向是在输入的指示下急剧变化。一旦校正信号到达，那么放大器还必须再次等待，以便找到准确调整的方式，不断地波动，直至放大器输出稳定下来。庆幸的是，所有这一切发生得都很快（取决于放大器外围电路），然而在输入和输出之间还是会表现出不一致的现象。对于具有大量负反馈的放大器而言存在一种奇特的效果（大多数当今电路的典型情况），自身常常表现出相当强的可闻性 —— 尤其是在过渡时间相当长而且输出大且缓慢的输出器件构成的功率放大器中。更为严重且听上去更为可怕的结果是这时该放大器产生了削波，摆脱削波（当然现在不借助于断开反馈环路）可能是一个缓慢、不规则且令人讨厌的过程。

那些依靠其自身（比如电子管放大器）的基本线性，而不是借助伺服型的非线性校正系统工作的放大器常常保持有主观上的平滑性。无反馈电路的优势在整个分支行业中已悄然发生演变。如今，器件的速度特性改善了，相对于要处理的信号瞬态而言，过渡时间正变得微不足道，并且这将 TID 自身表现的频率区域远远地推至所期望声频激励所处的频带之外。

29.7.8 输出阻抗

许多器件，尤其是 BiFET 的 TLO 系列具有相当大的开环输出阻抗。很显然，这是因为 IC 设计人员没有必要使用有源输出限流电路（至今已成为大部分运算放大器的标准），一只简单的电阻器就足矣。虽然内部的输出阻抗通常在输出端口（由于采用了极大的负反馈）被降低至近乎为零，但是它仍然存在，并且包含在反馈通路中，如图 29.20 所示。输出上的任何抗性负载将会对反馈相位和相位容限产生很大的影响。

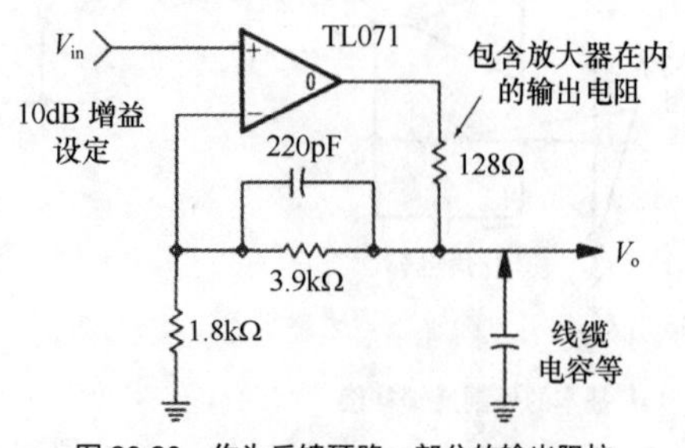

图 29.20 作为反馈环路一部分的输出阻抗

输出到地之间的任何电容将会构成一个反馈相位滞后网络。该网络将使相位朝着让整个放大器和网络在反相输入端的相移达到180°（完整一周为360°）的方向偏移，进而使电路产生振荡。发生振荡时的频率与电容值反相。对于小的电容值，在示波器高频灵敏度的边界上发现振荡的情况并不罕见。在放大器的输出上悬挂一段导线（尤其是对内部电容有强屏蔽作用的屏蔽线缆），一定出现的不稳定情况正是这一问题的原因。那里存在的可度量电感也增加了其复杂度。可以想象的是，最初长线缆可能看上去像失配的调谐于某一频率上的端接，这时的放大器还会有一定的增益，它建立起一个非常不错的、稳定的RF发生器。

这一额外的阻容输出电路产生的实际效果就是大大增加了放大器的过渡时间，此处，实际的端接问题产生出有可能存在于器件自身中的长延时。因此，对这两种问题采用类似的处置方法并不奇怪。庆幸的是，对这种不稳定问题的简单解决方法就是利用典型值为33～150Ω的小电阻器对来自输出反馈端的负载进行缓冲。虽然通常是这么做的，但是要付出动态余量损失的代价，因为针对负载端接的缓冲电阻器产生了衰减。假如负载约大于2kΩ，那么为了避免产生导致IC输出级饱和的电流驱动，这一动态余量损失最好小于1dB。较好的方法是利用小电感来实现缓冲，这样随着频率的提高，隔离也在加大。与（通常的）容性负载所产生的相移特性不同，它在较高频率时总端接上的相位是恒定的。在较低的声频频率上，感抗非常低，负载是放大器的非常低的动态输出阻抗。缓冲电感实际上变得透明了。

这样两种技术还借助输出级或反相输入上提供的整流方法来防止RF信号找到进入放大器的通路。极为常见的情况是在输出级检测到RF要比在输入上更加容易。

虽然具有低输出阻抗的一些器件（即那些未缓冲的，互补射随器输出级）在应用反馈前不大会被这样的影响所困扰，但这只是这些惯性条件下的设计而已。紧急更换、器件升级或IC内部设计更改可能会在无意中引发此类问题。

29.7.9　运算放大器的补偿

运算放大器有一对针脚是专门用于补偿的，由生产厂家获取的这方面信息并不够详细，只是说他们的产品在某些使用条件下不稳定，需要在外围进行一些巧妙的设计。通常这种条件是带宽处在最极端时的低闭环增益情形。经典的解决方案是通过将放大器的转换速率慢下来，以缩窄放大器的带宽。但这破坏了好不容易得到的转换速率。

减慢器件的最常见方法是处理某一内部增益级，保留其他级原封不动。从好的一面来看，如果这一级是外围接了会导致不稳定的补偿电容器的内部增益级，那么应该考虑解决电容器。不幸的是，那样的级极少。如果某一前级（比方说就是输入差分放大器）不稳定，那么所有的电容器将做的就是减慢放大器，并且将转换速率降低到在输出上再也看不到振荡的程度。这并不能解决不稳定的问题，问题还暗含其中。通常，唯一向外部表现出的是并未消失的直流偏置电压和音质差的放大器。

对补偿的这种表述存在一个确定的含义，如果一切都可以避免，那么就不使用需要补偿的运算放大器。稳定性应该通过整体电路来保证，如果速度被保留下来，那么运算放大器就不应在刚好稳定时的增益之下使用。补偿是通过掩蔽一种现象，而不是解决问题来取得稳定性的。

除了反馈相位超前电容器，之前的预防措施现在需要针对许多运算放大器配置中使用了更新的快速器件进行电路实用化处理。这里应该表述为：由于在标准的电压跟随器配置周围没有实施相位超前的处理手段，而且这是关系稳定性的最关键配置，所以它不是首选的电路元件。虽然生产厂家可以毫不脸红地说其所设计的IC在单位增益下具有足够的稳定性，但是可能其实际的容限富余量很小。在相应的针脚上跨接一只补偿电容将会减慢转换速率，并且不一定会使整个放大器出现不稳定情形。但最好不要冒风险。

29.7.10　输入饱和

标准电压跟随器的应用表明：为了保持那一级有同样的系统动态余量，输入必须以预期输出相同的比例升高或降低。实际上这是不可能的。在大多数运算放大器中，尤其是那些具有双极性输入的运算放大器，当电源供电加入前，以及输出摆幅达到一定值之前，差分输入级会出现饱和或截止。这种受限的输入共模范围意味着跟随器不仅停止跟随，而且还要花相当长的时间从摆幅的一个极端解锁到另一个极端。一旦放大器内部级闭锁了，那么反馈环路就被断开了；该级的伺服机构不会帮助自身解锁。一旦环路重新建立起来，它必须再次稳定下来，好像由一个巨大的瞬态作用才能恢复跟随。从根本上讲，这是很不好的一面。对于达到电源反方向的输出，输入共模范围到达底部，有些器件的性能会变得更差。还是谈谈“音质”问题吧。

IC生产厂家常常规定共模输入电压范围，这是作为跟随器应用不应超出的准确限定值。作为基准，它们为：5534是±13V，LM318是±11.5V，典型的BiFET是+15～-12V。这远远达不到电源的最大值。虽然有些应用器件的输入共模范围涵盖了一个或两个供电干线电压，但是从其他方面考虑它们可能并不合适。

假如在放大器周围建立起了足够的增益，以阻止其达到这些共模限制值（换言之，在输入出现该情况前输出饱和），那么就不会有闭锁的问题发生；反馈网络也提供一些实质性的闭环补偿，另外还可以让放大器利用满摆幅电压输出。

虽然任意时刻、任意级发生的类似稳定时间问题会引发驱动至削波状态，但是由于如今常用高电源电压和随之产生的大峰值储备，所以削波还是极为少见的。

29.7.11 前端的不稳定性

最为模糊的所有潜在不稳定性造成的影响都直接与双极性前端运算放大器的行为相关。输入差分级的增益 - 带宽特性在很大程度上取决于呈现于输入上的阻抗，增益带宽随着源阻抗的降低而提高。对于给定的已存在临界条件，由此产生的被侵害相位容限可能会使整体出现不稳定。这种不稳定在一定程度上可以利用电阻器（一般为 1kΩ）和与输入串联的电感实现的限制增益 - 带宽偏移量的方法来缓和。一般而言，这样的处理对电路的性能影响甚微，但可能对噪声性能有所损伤，尤其对于传声器放大器的噪声性能有影响。噪声性能在很大程度上取决于来自特定源阻抗的放大器，1kΩ 是个大小相当的比值。然而，这在设计阶段通常是相当容易安排的，以至于 IC 在任意一个输入上都不具有零阻抗。

庆幸的是，由于在 FET 门与其通道间存在很大的隔离，所以这是一个在 FET 输入运算放大器中并不存在的问题。表面看来，针对与受影响的输入串联的输出隔离所提出的类似解决方案（即电感，而非电阻）似乎同样也是不错的想法。电感器在声频范围上的阻抗是较低的（因此不会对噪声标准有明显的影响），而在射频频段是高的，此时低的源阻抗现象起作用。除非数值被精确地定义，否则足够数值的电感器在 RF 频段能提供有效的高电抗，并且该电感与电路寄生和自身绕组电容相结合，在某一频率产生自谐振，而且该谐振频率可能仍然处于放大器的增益 - 带宽能力之内。对此要加以注意。

具有分立元件电路设计经验的设计人员对这种源阻抗不稳定效应不会感到惊讶，这种效应也是在三种基本的晶体管放大器配置中射随器最不稳定的原因。其解决方法是同样的。串联阻抗不仅限制源阻抗近似为零，而且还与任意管脚和基极 - 发射极电容共同作用，构成一个阻止不利于稳定的外围相移进一步加大的低通滤波器。该基极源阻抗的不稳定性具有相当大的隐蔽性，如果它很关键，那么它就会对放大器环路产生贡献，不过它也可能是完全独立的局部不稳定，此时被影响的器件与外围环路的特性没有任何关系。

29.7.12 频带限制

在声频领域的增益要求相对较低的情况下，运算放大器采用深度负反馈带来的最大的好处之一就是得到了一个近乎完美的直流至光谱频率的频率响应。笔者还清晰地记得所测量的新调音台对歇斯底里的一连串笑声的响应在振荡器测试范围的一端正好是 0dB，而当我们对真正的声频节目信号进行监听时，却总是会表现出担心和一些不解。

许多声频信号，尤其是来自传声器的现场信号、具有高残留偏磁成分的模拟磁带返回信号、键盘和其他信号源信号，都包含一定的超声频成分。如果进行数字录音的模拟重混，许多 D/A 转换器就会受到与节目不相关的带外噪声的困扰。好的传声器会拾取到空间中各种各样的声音成分，如 TV/ 计算机尖利的扫描信号声、运动报警声、启动时开关电源或调光器电感发出的刺儿声，它们没有一个可以视为乐音。根据接下来可能应用的 A/D 转换器的优异程度，这些非乐音成分可能被混叠到可闻声频带，使得人们可以明显地听到其带来的不利影响。

有这样一种说法，窗户开得越大，进来的脏东西就越多。下面我们回到模拟信号处理这一中心问题上来，如果后续电路能够处理远高于声频频带上限频率的信号，那么一切就会十分完美。遗憾的是，当时（即便是现在）也非如此。产生困难的根本原因在于各个运算放大器开环增益的恶化，随着频率的升高，开环增益以 6dB/oct 的斜率下降，这样便需要保持较小的可利用闭环反馈，以便维持运算放大器的线性。换言之，随着频率的升高和反馈的下降，电路的线性会越来越差。

图 29.21 所示的是一个运算放大器的开环（无反馈）输入 - 输出的转移特性，即输出与输入的关系。它根本无线性可言。实际上，这还会令人更加讨厌（顺便提一下，大部分大功率放大器都具有类似的曲线）。良好的带内线性和运算放大器的低噪声都源自所采用的大量负反馈。图 29.22 所示的就是增益为 40dB 的 741 型同相放大器的情况。在 100Hz 时，可能存在 60dB 的反馈，通过大约为 1000：1 的调谐校正其中的大部分非线性问题！然而，在该频率之上，开环增益急剧下降，在 1kHz（100：1）时还保留有 40dB 的反馈（人们普遍认为，这一 40dB 的数值是保证运算放大器具有良好性能的最低反馈量）。在 10kHz 时，它进一步下降至 20dB；在 20kHz 是只有 14dB；而在 40kHz 的超声频率上，则仅有区区 8dB! 虽然仍然存在增益，放大器对那些频率的信号成分还具有一定的放大能力，但性能已谈不上很好了。

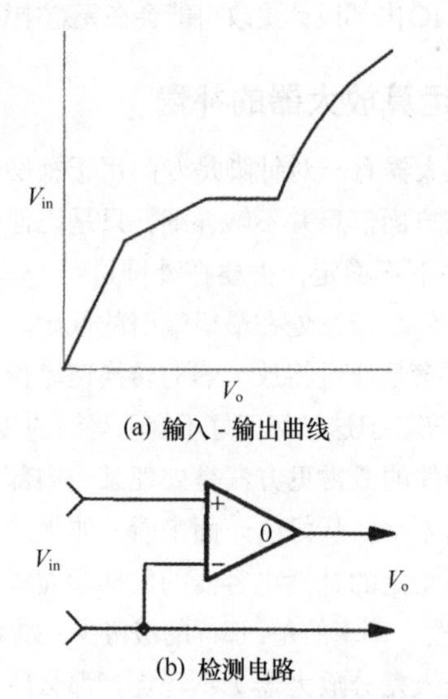

图 29.21 典型双极点器件型运算放大器开环增益曲线

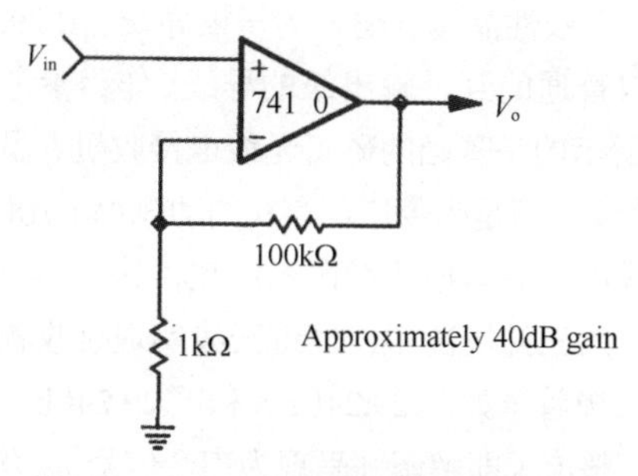

图 29.22　具有 40dB 增益的 A741 运算放大器

信号通过图 29.21 所示的那种转移函数处理后所产生的超声波谐波失真分量并不重要，因为这些频率成分已远远超出人的可闻能力。问题是源于两个或多个信号所产生的互调失真，其中的许多互调分量常常会落入可闻声频带之内。更为严重的是，它们与噪声混合在一起会在带内产生噪声分量。从而产生出大量的互调分量。如此说来，早期的运算放大器声音听上去难听也就不足为奇了。

因此，人们更多寄期望于通过宽阔、开放的频率响应来改善瞬态响应。事后想起来这一结果是显而易见的，有意将调音台的输入频率响应限制为稍稍小于声频频带的宽度，便会产生令人惊讶的干净声音。通过去掉不可闻信号自身及与带内信号的正交调制所产生的大量不可闻信号，这是声音缺乏透明感的主要原因，同时也成为早期 IC 运算放大器调音台被淘汰的原因。

尽管改进的器件在更宽的频带上具有更大的开环增益，但是这种解决方案如今仍然有效。通过频带限制，尽可能早地减少节目信号中不可闻信号成分，这样便可以大大降低它们产生不想要的可闻成分的概率。在现代设备中，前端的低通滤波器与整个调音台中所有其他用来进行反馈补偿的低通配合工作，足以让现代器件产生的这些分量最小化。

在实际的器件和人的生理结构的范畴中，完美主义者对任意有意滤波处理的不理想之处存有争议看上去似乎是徒劳的。由于以实际的科学手段来表明人类对 20kHz 以上成分可闻的理论凤毛麟角，因此仅从处理中无带内相移的立足点出发，频带限制到 20kHz 会去掉所有绝对可怕和令人尴尬的事情。除了很少的换能器（专门且昂贵），其他的换能器在拾取和重放 20kHz 以上的信号成分时会感到吃力，因此像大部分数字信号、空气传输链路、磁带一样，除了固有的频带限制，一般都将重放 20kHz 作为最终信号的目标。然而，采用 96kHz（甚至 192kHz）数字采样渐渐成为主流做法，它加宽了窗口，至少是要利用此做法来为系统换取这来之不易的带宽。在科学上已经证明：从提高采样率获得音质改善的做法源于带宽的提高，而不是许多诸如现代设计利用这种技术获得整体性能的改善这类笼统的说法。对频带进行一定程度的理智限制对于消除讨厌的噪声确实是强有力的工具，同时这也会损失一定的声音透明感，人们对这种做法的使用不应存在不战而退的心理。

29.7.13　转换速率的影响

当上升时间最快的信号到达时，转换速率的限制因素便显现了，人们希望放大器能以超过最快放大级的速度让信号通过。如果快慢与放大器的能力相当，那么输入就会瞬态变得模糊。这是与电平相关的影响因素，在低电平时，虽然输入信号的瞬态可能刚好处在放大器转换包络内，并且逃离受损的境地，但是随着输入变大，瞬态的斜率可能等于或超过放大器的转换速率。

转换会引发互调影响，该影响与频率和信号电平有关。输入瞬态越响、越快，则信号受损越严重。这一限制的常见主观结果就是，随着电平的不同，套鼓的高频端改变了驾驭其上的低音乐器的声音特质。另一个受人欢迎的事情就是其中“小军鼓的消失”，声音随电平的改变而发生根本性的变化。

29.7.14　器件的特性与未来发展

许多电路的工作在一定程度上依赖于 BiFET 器件的高输入阻抗，以及所需要的非常低的输入偏置电流。到处都使用双极性晶体管可能将无法避免输出上产生电压偏移，在极端情况下，该电压自身可能显现出类似开关的嘭嘭声和电位器转动时的擦刮声。另外，对于非 BiFET 器件（尤其是一些内部极性并不理想的双极性器件），反馈相位超前补偿的适应性并不确定。如果倾向于使用较为普通的双极性器件（尤其是多只封装的双极性器件），那么当输入或输出处在电源电位之上或之下时就有必要对其特性进行考核。如果这种条件下的器件结构未加保护，并成为会发出怦怦声的电源可控硅整流器，那么最好的解决办法就是使用其他的器件。总之，如果选择了针对应用的特定器件和相应的支持电路实现设计，那么就要为此增加另一个器件，而这种器件通常是无直接关联性的，并往往是走回头路。运算放大器及其外围的组件应被视为一个整体。

近些年来，放大器组件急剧增加的态势表现得愈演愈烈，而且可供使用的 IC 运算放大器体积更小、成本极其低廉，制造技术的提高使得复杂性更高的功能模块应用变得更加普遍。如果要改善其电气和音质特点，体积和成本就要增大一个数量级，那么它的应用还会那么普遍吗？在过去电子管的黄金时代，人们并不缺乏对电子管的专业理解，而且均衡器也没有像今天这么复杂，正是因为它的体积和成本人们不能再无所顾忌地使用电子管。另外还应注意的是，当时也确实没有必要这么做。

历史本身总是存在着重复性，许多数字声频算法惊人的复杂性（例如，利用多达 9 个双二阶结构来实现一个频段上的整个 EQ，单单为此就需要用 27 个运算放大器来仿真）仿佛使得人们对模拟技术的担忧成为多余的了。

29.8　接地

如果没有一个无限大的、不可移动且可靠的地，那么人类所见到的任何电子设备马上就无法工作。人们对接地也有许多其他的称谓，如大地、0V、参考基准、机箱框架、机架等，但每一个不同的解释最终都隐含着大且不可移动的参考基准这层意思。

电子对这一切并不太关心。它们只是负责指示电位，任何电路本身都可以完美地工作（人造卫星、汽车和手电筒的工作不就是如此吗？)。在这些情况中，接地只不过是研究人员为了讨论问题方便而设定的。

大量电路组件互连构成一个系统，这就一定意味着在其之间要使用一个参考基准。当然，除非是共用电源，否则在很大程度上是可以通过利用差分或平衡式接口来取得基准参考的。

因此，有证据表明接地似乎只是一个精神支柱而已，那它又为何成为系统设计和制造的最关键部分呢？

29.8.1 导线

图29.23(a)所示的典型、普通细长金属通常被认为是导线，偶尔也会当作印刷电路通道。虽然它可能很短，但它还是拥有电阻，这就意味着只要有电流通过它就一定会在其上面产生压降。类似地，它还具有电感，在其周围会形成磁场。如果有任何东西接近它，它还会与之形成电容。

因此，在实际情况中，图29.23(a)看上去更贴近于具有电阻和分布电抗成分的图29.23(b)。很显然，虽然这些数值很小，而且在声频范围上的表现似乎也很不明显，但是问题确实存在（尤其是对于29.7中讨论的运算放大器)，即认为在20kHz的可闻声上限对听音没有影响还是过于草率了。

射频工程师在看到图29.23(b)时，就会将其笼统地视为“传输线”“谐振器”或“带通滤波器”，甚至可能是“天线”。除非在考虑当今常用的动辄数百兆赫带宽的有源器件时，否则对于声频设计而言，RF技术和思维可能过于深奥，与声频设计关系并不大。一个更为可怕的现实是：由于技术的原因，在空间中存在的RF能量巨大，不要只在意广播的千兆瓦能量对我们的冲激，像对讲机、移动电话和商用电台的不断增多都会对我们的系统产生不良影响。甚至是来自其他天体的RF信号都会产生影响，在现实当中，国际广播的总场强都处在6MHz、7MHz、10MHz和15MHz附近。

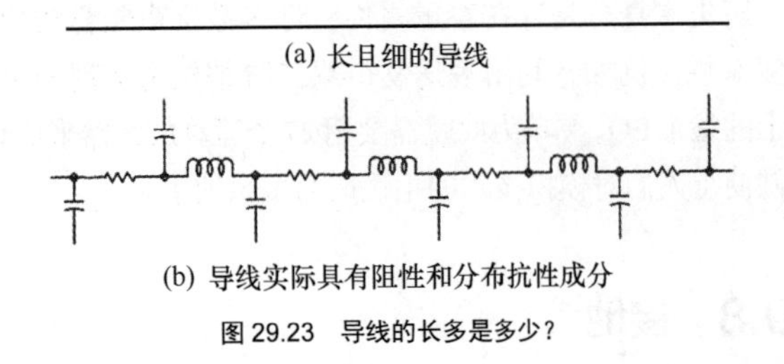

图29.23 导线的长多是多少？

更为模糊的等效结果如图29.24所示。图29.24(a)表示的是接入双极性晶体管输入的一根导线，图29.24(b)表示的是来自普通的互补输出级的导线，作为参考基准，图29.24(c)所示的是基础的矿石无线电接收机。虽然这可能看上去很奇怪，但是当今广泛存在的动辄每米几伏的RF场能量与无线电鼎盛时期的情况相比较，其工作原理是一样的。在所有的三种情况中，通过天线实现接收和发射的射频信号经二极管［如图29.24(a)和图29.24(b)中的基极发射极结］整流（即解调并呈现为声音信号)。发生在放大器输出上的解调可能与之正好相反，它或许是最常见的检波机制，利用通常提供的旁路负反馈管脚的方法为解调分量找到其返回放大器输入的通路。

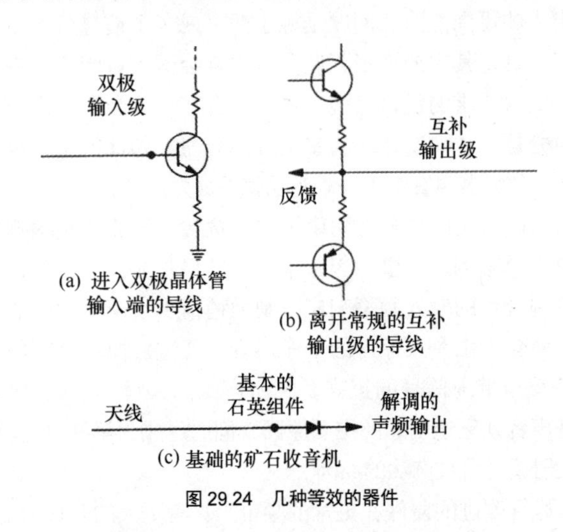

图29.24 几种等效的器件

采用更粗的导线，可以降低其电阻和电感，同时也会增大电容（暴露在附近物质的表面积更大了)。因此，尽管导线寄生参量引发的谐振频率还是一样的，但是动态阻抗（由此产生的Q值）降低了。一般而言，虽然这被认为是件好事，但是在有些情况下这仅仅是为了改善RF信号源与谐振的匹配和耦合。

以一个极端情况为例，即便调音台的机箱在极低的（中频-VHF）频率上形成一个大的谐振腔，但是机箱可能会对谐振构成强阻尼，使其不能被视为普通的接地通路。

为了进行实际设计，这些考虑或许成为更好的定义。对谐振和滤波有影响的电容和电感这类电抗元件的关注针对的是不太显著的方面（比如电子稳定性和对无线电解调的倾向性)，而电阻引起的最可怕的事情往往被归结为一个术语——接地问题。

29.8.2 接大地

大多数人最为熟悉的接地方式就是在交流电源插头上的粗的插脚。值得庆幸的是，对于接地而言，这就足够了，它只用一点作为基准参考。由于到地的路径和电阻不同，所以其他点上电势会稍有不同。与技术地（例如，接入大地的铜质水管或铜管）相比较，传统的地球地可能会出现令人惊讶的高电势（1V或2V)，但这基本上可以视为不会传输普通电流的安全设施。任何电势都意味着接地通路上存在电阻，这对于打算将其作为参考基准，同时又不引发安全方面性能下降的应用是不利的。

实际上，如果每一事物（甚至包括靠近的不相关事物）所产生的上下波动很小，而且上下波动的方式是相同的，那么它就不那么重要。通常电势很低，这意味着接地阻抗相应就很低，其影响程度就可以认为不显著。

29.8.3　为什么所有的设备均要接入大地

作为系统组成部分的所有组件均通过一个基准地连接在一起，并且按照所期望的那样工作，于是便引出一个问题：为什么必须要指定大地作为基准地呢？如果内部接地完全正确，那么不论它们被连接到何种电位（相对于大地），我们的系统均会完美、安静且稳定地工作。如果它们不连在一起，那么由于电阻的泄漏，它们将各拥有自己的电位，感性耦合，并与周围的事物间产生电容。对于一个单独供电的系统（即电池），这些泄漏和耦合将具有非常高的阻抗，因此很容易被人体到地的阻抗所淹没。

像大多数情况那样，如果系统关闭了交流电源供电线路，那么这种浮地电位演变成了非常低的阻抗，进而更容易通过人体这一负载（也就是你或我）流过电流（这是使人致死的电流，而非电压）。当你的手指划过拥有自身电位的暴露金属物体时，我们便会产生刺痛、麻木感。

对于这种较低的阻抗，其工作机制相当直观。要记住，电源变压器会对 50 ～ 60Hz 的电能实现最佳的变化，产生出非常高的击穿电压（几千伏）；变压器中较细微的点（比如泄漏电感、中间绕组和绕组的不平衡电容）绝大多数被人忽视了。

浮地电位在规模上远大于普通环境电抗耦合，它可使任何事物均处在地电位之上 $240V_{ac}$，或者本地的任何电力线路上。

通常人们认为，在有些单元的每个供电插脚与机箱地之间安装了旁路电容，这样做会阻止交流电源中令人讨厌的噪声进入声频频谱这块净土中。如果不接地，则可以肯定的是机箱会以相当低的阻抗浮于供电线路的一半处。这样情况就不妙了。但还有比这更坏的消息。随着开关电源的普遍应用，周围的每件东西都一定程度地含有数字电子成分，因此有必要保证电源 / 数字设备产生的不需要的东西辐射不到机箱外部和供电线路上！有些事情要反过来说。这样做的目的在很大程度上并不是想减小污染，而是如果不这样做就有可能通不过辐射检测（FCC Part 15，CE 以及类似的法规），因此产品也就无法进入市场。一般在电源一侧进行滤波处理是对这种供电方式的最低要求，它采用的是由共模电抗器和并联电容器（包含到机箱地的电容器）构成的 π 型滤波器。

其最终的结果是，如果机箱不是直接接入大地，那么它便处在（在两条连有电容器线路的情况）线路电压一半的状态。电容器数值给变压器带来严重的问题，而且机箱产生的浮动电位具有令人不舒服的低阻抗（理论上如此）。机箱产生的刺痛感会让人由“嗯，有趣”变为讨厌地甩手。

由多个独立供电单元组成的系统存在哼鸣声，如果不接地，声音一般听上去会不舒服，这与早前的“不论电位是否连在一起，系统都将会完美地工作”说法直接矛盾。将自身产生的多个不同电位连接到系统通路的不同点上不是一剂良方。

每个不同的变压器都具有不同大小和排列的泄漏，因此传导出不同的电位，并使一定的电源线路噪声进入其他完美接地的通路中。各式各样的地电位意味着有多种地电流，也就意味着有多种多样的噪声。

尝试将整个接地通路接入大地就是对深陷泄漏阻抗泥潭问题的最佳解决方法。（近似）零阻抗的连接使得大部分其他电位创建的通路成为空谈，其中大部分通路具有数千欧姆的电抗。

在这种多电源供电情况下不论接地端的情况如何，沿着接地参考基准线路总会存在明显的电流。最终的组件间噪声和嗡声电压（建立于无法回避的线路电阻两端）在非平衡的系统中很快就成为无法容忍的情形。接地参考基准的任何波动变化将直接叠加到想要的信号上。

平衡式或纯粹的差分传输有助于将它们视为系统的共模信号消除掉，因为理论上这种系统只对差模信息敏感。在现实当中，实用的变压器可以在声频频率的低端提供 70 ～ 80dB 的良好共模信号隔离。除非再做进一步努力，形成更为准确的外部平衡，否则该参量数值会随着频率的升高而以 6dB/oct 的速率恶化，直至达到绕组谐振频率为止。尽管变压器平衡确实会在噪声电平方面带来神奇的改善效果，但是它对基本嗡声（50 ～ 60Hz）的改善效果要远远好于对其他供电线路的负荷噪声的改善效果。这便解释了在复杂的系统中，调光器的嗡嗡声、电机的点火噪声、具有高频能量或瞬态成分的任何信号源总是很难去掉的原因。

处理任何平衡系统接地问题的黄金法则就是将其当作非平衡的。这样就将不可避免的参考基准地电流最小化。

乍看上去尽早将接地系统接地是一个良好理由。一台设备机箱的影响会在供电线路电位处有意无意地变得明显起来。我们宁可看到保险或断路器断掉，也不愿看到这种接地问题带来的影响。

29.8.4　调音台的内部接地

我们假定录音棚控制室的接地全部都是合理的，并且调音台拥有可靠的接地端。那么调音台内部又如何呢？对于大部分调音台生产厂家而言，这或许是完全不平衡的信号通路。

普通的放大器级借助的是其输入与参考值之间的电压差，为的是产生相应的输出电压（自然这也是针对输入的参考值而言的)。如果输入保持稳定，而参考基准不稳定，那么输出端将呈现出相应的(放大的)不稳定反转信号。

很显然，对于输入而言，它所遇到的任何参考信号也不是普通的信号(比如地噪声)，这些信号将被放大并且与输出叠加混合，其效果就如同所施加的正确输入一样。明显的(却常常被人们忽略的)让外来噪声变得无关紧要的方案就是要确保在放大器信号源处电压直接绑定到基准参考值上，同时放大器的输出只与基准参考值相关联。后续各级的环通链路也与之类似(信源基准到目标源基准，以此类推)。这一哲学理念被称为接地跟随信号(ground follows signal)。

29.8.4.1　接地跟随信号

“接地跟随信号”是一句经典的格言，它支配着绝大多数调音台的设计与制造。这一点在分立半导体设计时代尤为如此，通常，地不仅是声频信号的地，而且还是0V电源的返回通路，理想的声频和电源地应是独立的。随着复杂性的加大，被严格调整且耦合到地的电源火线也成为接地通路的一部分，从此它同样也成为人们的梦魇。通过让一个阻抗明显高于正确接地通路所提供的阻抗的做法，将每个电路元器件与电源线隔开一定的空间距离就可以相当容易地避免这一问题的发生——这既可以通过分别调节来实现，也可以通过一个串联电阻，并联电容网络的简单去耦合处理来实现，如图29.25所示。实际上，这是个荒谬的概念表述，即单相供电系统要比差动线路安排更加容易，要想正确实现它们就要使用几乎同样数量的零部件并付出同样多的努力。

技术上的加速发展这一次真的让生活变得更加简单了，特别是，IC运算放大器朝着使用差动电源($+V_e$和$-V_e$)的方向发展。值得庆幸的是，这将电子工作电流由声频系统地通路消除了。最受欢迎的运算放大器所具有的出色电源噪声抑制比有助于将与开环增益同步恶化的部件的带外电源噪声抑制掉，良好的设计实践是在器件的电源管脚串接一个47nF的电容到地，以确保电源与附近的带内(声频)去耦合。

尽管如此，还是要提供正确的接地通路；电源电流的去除刚好暴露和突出了声频接地的微妙之处。

不幸的是，虽然运算放大器将一个方面简化了，但是如果它不能工作了，那么其应用的方便性和多样性对于由多级、多断点、多混合母线和简单菊花链形式的地跟随信号链路所构成的分配网络来说就影响很大，且难以处理。替代的另一种接地解决方案就是星形接地解决方案，其中的每一接地通路和参考点都是采用中心地或者大地，这种方案正扮演着日益重要的角色。

在实践中，这两种主要的接地系统间必要的折中考量在大部分调音台的设计理念中都会出现。菊花链方式主要应用于卡式电子器件中(比如通道或编组)，而系统交换和路由分配则借助于星形连接方式。

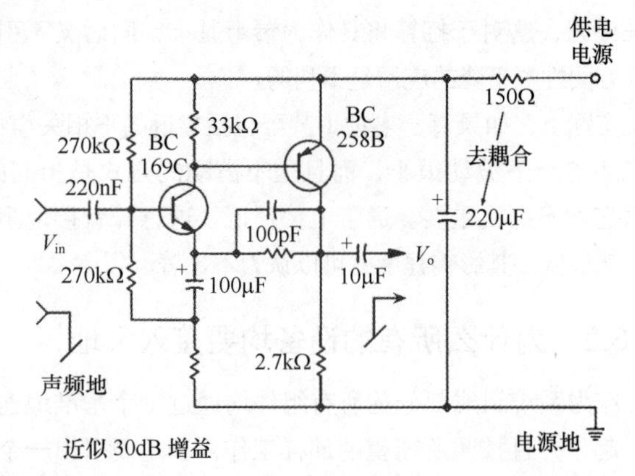

图29.25　供电电源的去耦合：典型的电源与声频地隔离的分立放大器

29.8.4.2　地电流的叠加

与接地有关的主要表现就是串音，或者是某一信号通路中的内容出现在了其他的信号通路中。与空气传导的近距离电抗串音不同，大部分不想要的外来噪声是由公共阻抗或阻性接地通路机制引入的。在图29.26(a)中，R_1代表的是放大器输出的负载(不论它是10kΩ的推拉衰减器，还是600Ω临时线路端接假负载)。电阻器R_G代表的是小量的接地通路导线、损耗电阻等。很显然，终端的底部与参考地之间由导线的电阻隔开一小段距离，它们结合在一起构成了经典的分压网络。虚拟地存在一个表现为放大器输出电压的信号电压，它通过R_1衰减进入R_G。

实践中，利用600Ω端接负载(R_1)和0.6Ω的接地损耗(R_G)，虚拟地将会对信号电压产生60dB的衰减。将虚拟地作为任何其他电路的参考基准就一定会对进入其中的串音产生有意义的-60dB插入损耗。

幸运的是，共享相同虚拟地的两个同样端子通过在接地损耗R_G两端生成一个共同的电位，而彼此产生的串扰比例很小，如图29.26(b)所示。

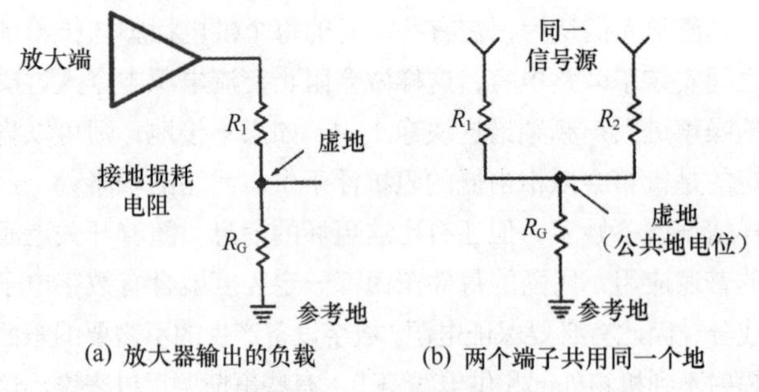

图29.26　地电流的叠加

如果第二个端子在阻抗(推拉衰减器的10kΩ)上高出很多，那么其对虚拟地电位的贡献将低很多(-86dB)，因为接地阻抗远小于源阻抗。相应地，相对于较低阻抗的串音，这种较高阻抗端接在公共地上的串音就会大一些。

29.8.4.3　典型的接地问题

这是个相当不寻常(但绝对不是未知的)的异常接地，它并不为接地通路所关注。在图29.27中，A2是线路放大器，它馈送600Ω的端接进入0.6Ω的损耗地当中，导致虚拟地电位在放大器输出之下 60dB。链路中更早的一级 A1（在本例中，传声器放大器具有相当大的增益），其反馈脚（放大器的基准参考点）连接到相同的虚拟地上了。它的输入地基准（这里存在着问题）被认为是取自单独的母线，以便提供出优良、干净的地。这确实令人欣慰，母线被直接连到基准参考地上，而且没有大的干扰源进入其中。

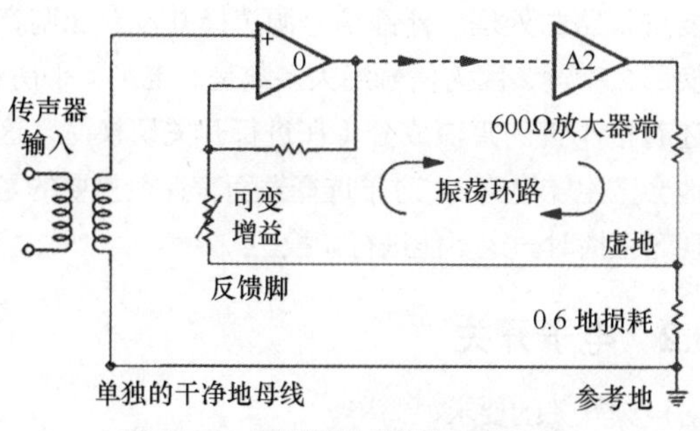

图 29.27　由接地不良引发的反馈和振荡

出现在虚拟地上的任何信号都会被传声器放大器适当地放大（以其倒相模式），并在线路放大器的输出上被衰减回虚拟地。很显然，只要传声器放大器增益一超过输出衰减，那么整个链路便进入振荡状态。

一个非常类似的机制就是负责处理著名调音台拥有者的批评建议，他们总是尝试利用任意通道模块上的声轨路由分配功能，同时该通道的声音还可以改变。人们发现，通常通道中没有什么东西会引出太多的电流，所有接地阻抗要求是相当轻的。直到声轨路由线路放大器及其路由电阻器的负载和端接的输出变压器被访问时，启动才要求相对大的地电流。该输出级电流与模块所有其他电子器件共享唯一的模块接地访问点（两个平行的接口插针），明显例外的是传声器和线路输入变压器的接地返回通路。虽然这还不足以激发出振荡，但是借助高频和低频端输出变压器的相移实现的综合反馈会导致产生明显的声染色。

对这些虚拟地和环路问题，理想主义者的回答就是为整个调音台选择一个接地点，将每一个参考基准和接地返回通过单独的接地导线直接连到这一点上。

于是几个小问题便接踵而至。大量的接地线路将马上占满模块接口的容量，同时大量的导线也让布线工累得半死，世界上铜短缺的现状会更加恶化。庆幸的是，可行的折中建议本身就是基于利用阻抗来对不同类型的接地要求进行区分的。桶形接地指的是将阻抗相当高的信号源接到一个公共接地点、母线或线路上（因为它们阻抗比值非常大，以至于可以指望总的虚拟地电位达到可忽略的水平）。任何可以引出电流的事物（任何类型的输出或线路放大器级）应直接进入地，这样就不会通过任何母线，同时也就不会在到桶的道路上形成共有接地通路。

因此，任何接地母线都有一定的电阻，并且在某种程度上都是假的。如果我们正确进行叠加，那么接地母线上的信号电平可以保持在可接受的 -100dBu 以下的低电平。令人满意的是，我们可以忽略这样数值的数据，直至我们（几乎是不可避免的）对其产生放大为止。

虽然公共接地急剧较少了，比如源于老式的平衡式互连的回归，但是潜在的根本问题却被忽略了。

29.8.4.4　虚拟接地调音台的地噪声

虚拟接地混合放大器不可避免地会放大接地噪声。图 29.28（a）说明的就是这一问题。例如，多轨混合放大器一般可能存在 32 个可应用的信号源，虽然来自任何信号源的信号经过的是单位增益处理（假设源电阻等于反馈电阻），但是电路的实际增益为 33dB 或 30dB 的调整。在图 29.28（b）中对电路进行重新绘制，它表示出了信号被准确地放大了 30dB。以此为线索来考虑直接应用于运算放大器上的非倒相输入地。正确地讲，虽然它放大的是由电阻器和器件内部热噪声机制产生的噪声，但就这里进行的讨论而言，它放大的是地电位。在任何尺寸适中的调音台中，假如大多数情况的信号源是近乎完全不成比例的情形，地噪声的特性是随机的。它被放大了的结果就使得混合放大器的噪声明显比计算的结果高。在有疑问的系统中，人们发现它已经成为主要的噪声源。其实，混合放大器的实际电子增益也就是人们所称的噪声增益（noise gain）。

真正令人吃惊的是，对虚拟接地调音台接地的关注放在母线噪声指标上。对于混合放大器而言，实际的噪声性能与所使用的器件关系并不大，绝大多数的事情都与接地有关。只有当它被分类为电子器件自身细节时，它才能够被处理。

29.8.4.5　抗性接地影响

因接地引发的噪声并非主要决定于声频频率上的接地导线的阻抗。在射频（正好处在现代运算放大器的带宽内），即便是相当短的接地导线和母线也存在非常明显的电抗，从而使有效接地阻抗急剧升高。将各级之间直接耦合在一起，只不过是降低了各级之间的隔离。所有的固有 RF 噪声和各级的不稳定性相互调制（由器件在这一频段上的非线性引起的）作用，使得其存在的可闻度更大，并成为可测量到的噪声。

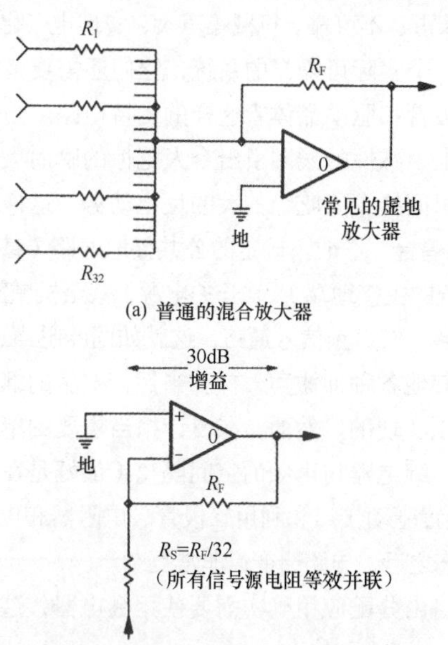

(a) 普通的混合放大器

(b) 将地作为信号源（噪声）的同相放大器电路示意图

图 29.28　用作虚地混合放大器的抑制接地噪声放大器

虽然“极端恐怖”的绝好例子以简单的理论术语进行了描述，但是其在实践中的自身表现还是很明显的，可以将其称之为单腿站立效应（standing on one leg effect）。

图29.29示出了通过导线连接到地基上的一台设备。它看上去还过得去，所以就这样了，对于导线长度为电信号1/4波长，或者是1/4波长的奇数倍的那些射频频率则是个例外。按照传输线理论，原本并不重要的导线转变为调谐线路，它将地的零阻抗转变为另一端的无限大阻抗。结果就是，在那些频率上，器件与地完全去耦合。当然，这带来的实际后果就是从非常高频率时采用长距离供电和接地引线板卡的不稳定变化为对RF的不合理敏感，同时也会对设备的性能纯净度指标产生影响。

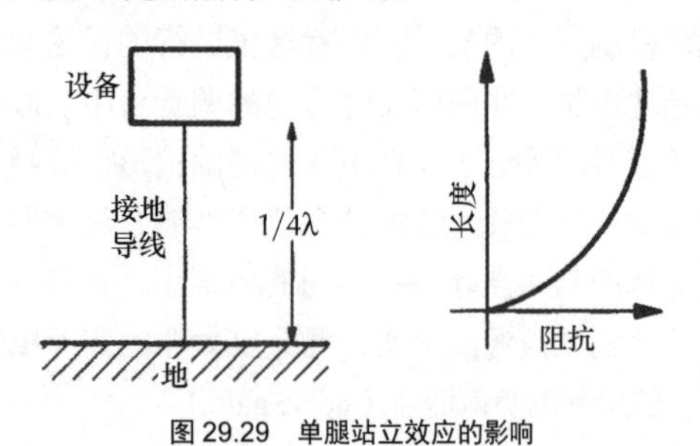

图29.29 单腿站立效应的影响

29.9 信号的切换与路由分配

在系统的通道和其他部分，信号的路由分配是个棘手的事情，调音台的设计人员对此总是有较多不如意之处，尤其在占线式调音台和可遥控、可安排的系统中更是如此。作为始终应用的标准继电器，虽然存在一定的问题，但是从其他技术角度来看，它还是有合理和吸引人的地方。

29.9.1 继电器

除非是昂贵的微型IC封装类型，否则继电器一般都会存在大且笨重、不可靠、机械噪声大、实现电子化困难的问题。作为一个实际可操作的系统，它们还需要诸如反电动势保护二极管和驱动晶体管这样的支持电路。当停止工作时，本质上为感性的线圈引出令人吃惊的瞬时大电流，同时也释放出同样令人吃惊的大的反电动势。这样两种情况[通过互感耦合，形成不确定的公共接地通路（甚至远离单独供电系统的主接地端），软开关电源，甚至机械颤音效应]本身往往会损伤声频信号通路，这就如同咔哒声、啪啦声、乒乓声和其他各种冲激声一样。当然，安静的继电器开关切换是可以实现的。然而，在设计相当重要的单独接地不相关电源、继电器与声频的空间隔离（最好是在另一块板卡上），设置驱动接口和利用二极管、电阻器和电容器来平顺尖峰瞬态之后，电路会变得非常复杂。

某些路由分配应用确实需要使用继电器，这些应用中对直流成分，以及平衡传输网络中可能伴随的声频信号的异常共模或差模信号量的关注不够。这样的情况在使用电话线路的领域随处可见。

广播从业者对这一点尤为关注。在电台的应用中，许多外部高质量信号源出现在电话线路上，它们在进入电台内部分配放大器系统之前，或者调音台的直接线路输入之前需要进行路由处理。外部信号源选择并没有像调音台内部切换那么幸运，因为信号绝大多数是高电平、平衡式的，并且还有很小量的直流成分（在进行开关切换时，这不可避免地会产生咔哒声）。对于选择器而言，最重要的是在实际的现场直播时一定不能进行切换。

29.9.2 电子开关

对声频开关的要求很简单。

（1）无限大的开路阻抗。

（2）零欧的短路阻抗。

（3）1路与信号通路相隔离且对信号通路无影响的控制信号。

（4）几乎没有成本。

当然，在现实当中必须要留有一定的余地，然而值得庆幸的是，折中处理要比这些基本内容更细微一些。

尽管晶体管具有高的开-关阻抗比，但还是未能入选的电子开关名单，因为它们的电流基本上是单向流动的，而且控制端（基极）实际上只是信号通路的一半。在某些情况下，它们被用来取代继电器，作为软输出哑音控制器件，如图29.30（a）所示。

图29.30（b）中的二极管广泛应用于RF设备的信号分配，所需要的信号叠加在相对大的直流偏置上，用来克服二极管的正向电压降，使其形成低阻抗通路，同时利用大的反向偏置来实现相应的截止功能。考虑在有些声频设计情况中去除小量微伏级的直流成分可能是件痛苦的事情，故数十伏的投掷式开关缺乏吸引力。典型情况是，用于RF的PIN结构的开关二极管被应用，其非常小的电容是随反向偏置变化相当小的参量，因此可将自动调制及其由此产生的失真最小化。

FET已经被广泛用于信号开关中，而且目前仍然在使用。虽然它们也具有高的开-关比，而且控制端口（门）具有极高的阻抗，与信号通路很好地隔离，但是门的开-关电平作为接口的逻辑控制信号有点不适合。根据门开-关偏置电压范围，它们还限定了信号通过开关的动态余量。它是双向的，虽然其通道通路本质上只是个压控电阻器，但是导通电阻倾向于随着两端声频电压的改变而发生变化（自动调制）。在较基本的FET开关配置中，失真可能是个问题。然而，它们还是可以工作的，如图29.30（c）所示。

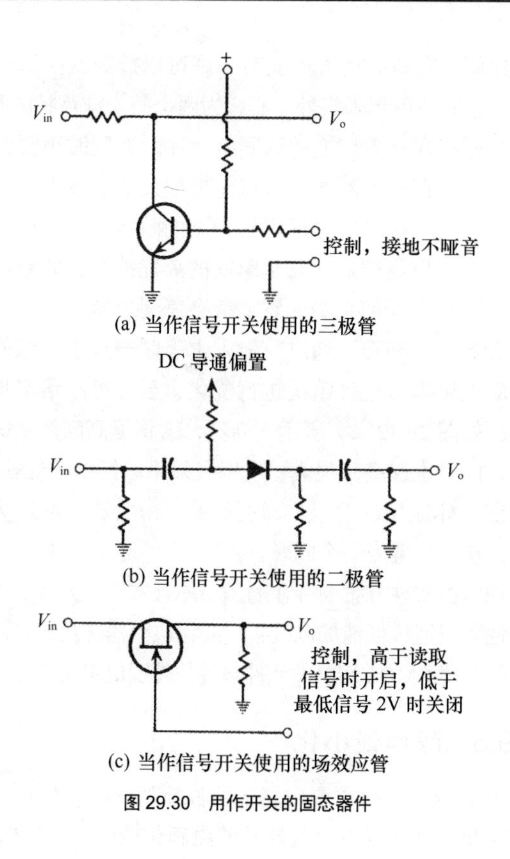

(a) 当作信号开关使用的三极管

(b) 当作信号开关使用的二极管

(c) 当作信号开关使用的场效应管

图 29.30 用作开关的固态器件

29.9.3 MOSFET 和 COMS

与 FET 密切相关的是金属氧化物半导体场效应管（Metal-Oxide-Semiconductor Field Effect Transistors，MOSFET）。虽然它们具有不同的化学结构和物理结构，但是本质上具有类似的特性，门控器件甚至具有较高的阻抗，控制电压摆幅处理起来更容易。背靠背连接形成的近似理想双向模拟传输门的互补 MOSFET（CMOS）元件由 IC 生产厂家以各种方式制造并封装。在极端的表现下，较小的控制端口击穿（电荷注入）可能带来不利的影响，对此要予以关注。

早期规格的 CMOS 传输门存在一些顽症。它们是原始的 CMOS 元件，其主要属性之一就是截止时产生极高的阻抗，以及其控制端口很容易被正常量的静电所损坏。另外，如果任何 MOS 结被无意反偏成导通状态，那么它们就很容易被锁定（如果信号电压瞬时超过供电电压，就很容易发生这种状况）。当前大多数器件都具有门保护功能，以防止静电击穿，出现的最坏情况就是随着声频信号超过供电电压一点，开关会发生状态转变（即临时导通声频信号）。这并不会发生致命的情况。

最知名且应用最广泛的这类器件或许要算 4016 了（它的小弟弟就是 4066，它们在本质上都是一样的，都具有较低的阻抗）。这是一种 14 脚的双列封装形式，其中包括有 4 个独立可控的 CMOS 传输门。每个门可以将 IC 电源电压（典型值为 $18V_{dc}$）加到 10kΩ 以上的负载上，在基本开关格式下的失真约为 0.4%。很显然，噪声指标和 0.775V 之上（对于 $18V_{dc}$ 电源）18dB 的可使用峰值储备对于如今期望的调音台标准来说还是严重不足。另一个不太明显的缺陷就是由于门两端泄漏电容的原因而产生的高频开关隔离度的下降。

图 29.31（a）给出了 CMOS 传输门的阻抗随施加到门上的信号电压门变化的典型表现。当然，这种阻抗变化是失真的根源。如果我们能将信号电压限制在中间一点（线性区），或者最好是完全消除信号电压，那么问题就彻底解决了。

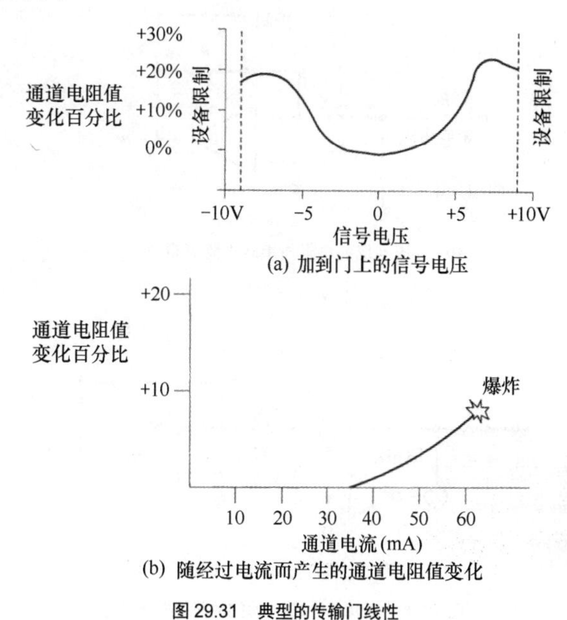

(a) 加到门上的信号电压

(b) 随经过电流而产生的通道电阻值变化

图 29.31 典型的传输门线性

将开关元件置于虚拟接地点，如图 29.32（a）所示，便可以让该信号电压消除，现在开关的动作相当于一个双态电阻器。当闭合时，导通电阻变化，尽管如此，由于其两端的电压摆动非常小，故导通电阻的变化也非常小，这种微小的变化可通过串联更大的阻抗（相对而言）来掩盖掉。当断开时，开路阻抗将总的串联阻抗扩展至近似无限大。在实践中，这种开关比还是不够。印刷电路上通道间的电容和器件自身的封装因素与公共地电流和其他基本上拥有平坦响应的串音机制相结合，最终导致十字开关的泄漏特性基本上呈现出相对于频率以 6dB/oct 斜率上升的结果。另外，尽管当前现实中的失真问题已被大部分解决，但是当开关断开时还是会存在峰值储备的问题。如果出现在串联电阻上的信号源电压超过了 CMOS 门的电源电压，那么门状态将会反转，对输入波形过大的部分将会导通。

通过在信号撞击到门裙摆之前将开关断开的方式，将信号源信号衰减到所需要的量。不幸的是，这样会将虚拟接地放大器的噪声增益衰减等同的量。在图 29.32（b）中，将一只等值降压电阻器从门结的位置放入串联电阻与地之间是一种可行的解决方案。当开关断开时，存在于门两端的最大信号可能为之前的一半，通常有足够大的衰减来避免产生状态反转。这一 6dB 的损失在闭合模式下被奇妙地补偿上了，因为现在放大器的信号源阻抗减半了（串联阻抗与降压电阻器有效地并联）。

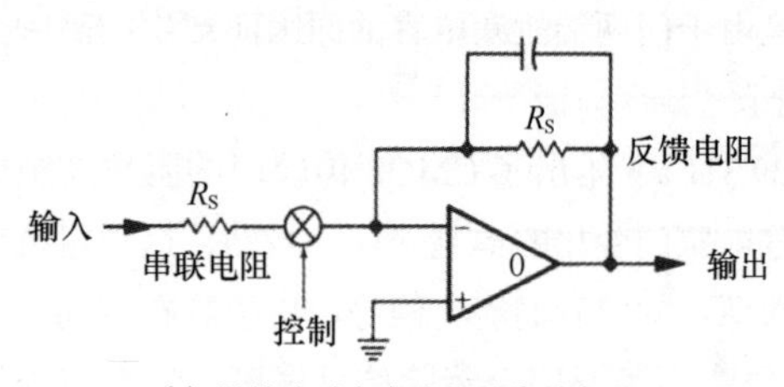

(a) 提供给对应虚地点的信号电压

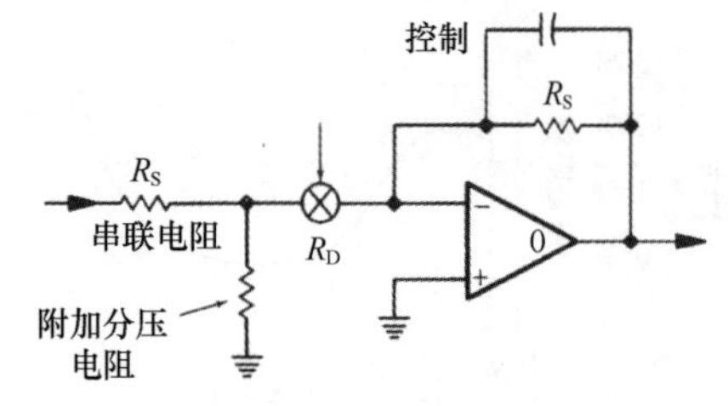

(b) 分压到地的电阻与串联电阻等阻值

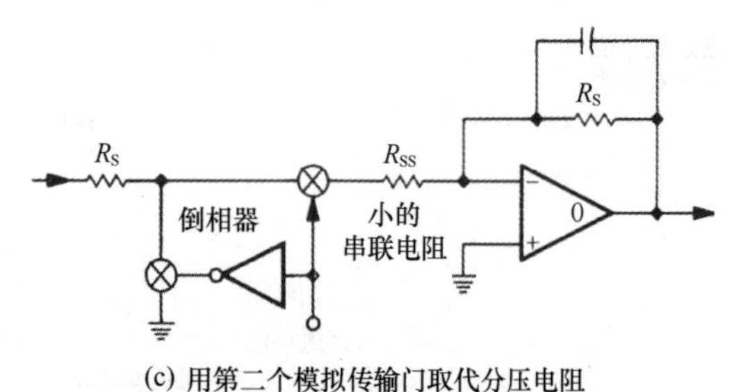

(c) 用第二个模拟传输门取代分压电阻

图 29.32 采用 CMOS 传输门的开关电路配置

顺便提一下的是，串音也因此而改善了将近 6dB——在芯片内，实际的信号电压较小。出于诸多实用的目的，如果这种开关情形如所定义的那样，那么这种配置就足够了。例如，噪声和串音特性会优于任何模拟多轨录音机一个数量级，因此对于低成本的声轨分配路由矩阵而言，这种元件是个不错的选择。

29.9.4 电位切换

该元件的准确说明（实际上，它是同样原理的进一步拓展）如图 29.32（c）所示。这里，第二个模拟传输门取代了分压电阻器，该门是由第一个门的控制线路上的反相器驱动的，当其他门关闭时它打开，反之亦然。当第一个门打开时，在每一门两端存在非常小的电位（它们处在运算放大器的虚拟地处）。类似地，当第二个门打开时，在任一个门两端也存在小量的电位，因为它被连接在入地的串联电阻器上，打开的门是处在地与虚拟地之间。当元件关闭时，串音得到神奇地改善，因为存在于串联电阻器上的任何信号都面临着连接到地的串联电阻器的双重衰减，这是通过关闭第一个门马上打开第二个门，信号进入运算放大器的虚拟大地输入来实现的。在元件打开的模式中，不存在输入衰减，因此，没有增益，而且也没有来自放大器的噪声贡献。如今对这种开关元件的交叉开关泄漏特性的唯一限制就是印刷电路板布局和接地安排。在良好的封装条件下，该元件实际上是无法测量的。

然而，在有些地方确实有一种可以排除其应用的惯用做法。除非使用起来格外小心，为两个门安排互补的开 - 关定时，否则在开关切换的瞬间会存在两者同时短暂部分导通的状态。在这一瞬间，这将虚拟接大地的放大器输入通过阻值为两个串联门导通阻抗一半的阻抗连接到地，从而由放大器的极高增益建立起瞬间的猝发冲激，如果在虚拟大地点上存在任何直流偏置，就会表现出瞬时噪声，严重时还会产生噼啪声。通过在输入上串联一只小阻值的电阻器（R_{ss}）可以对这种情况进行优化，至少可以限定瞬态的大小，如图 29.32（c）所示。当然，这将提高门两端的信号电压，同时也提高了失真，所以必须采取折中的处理手段，以适应具体应用的要求。即便如此，由此造成的过大失真本身还从未表现为一个问题。

在电位实现方案中存在的微小的且本质上无意义的残留非线性可以通过抵消加以改善，即将放大器的反馈环路中一个能够实现 CMOS 切换的元件与等值外围电阻器连在一起。

29.9.5 噪声最小化

为了减小热噪声对电路噪声性能的影响，包括开关在内的阻抗应尽可能低，与器件的限制和地电流安排相一致。在虚地级周围的反馈电阻是由运算放大器的输出驱动能力限定的，要牢记它还必须驱动其负载。图 29.31（b）表示的是CMOS开关元件的典型通道阻抗与通过电流之间的关系。其特性在大约 40mA 之前一直保持线性，实际上这更有利于提高运算放大器的输出驱动能力（FET 是出色的恒流源，它本身固有自限制作用）。一般而言，在模拟门开关电路周围所用的电阻器可以低至 2.2kΩ，此时并不超出器件的限制条件。如果对最低热噪声的驱动很重要，那么 5534 的高输出电流能力就会取得不错的效果。通常，在达到理论极限之前，本底噪声主要来自接地产生的噪声，总体的最低阻抗问题变得弄巧成拙了。驱动电流越大，地噪声性能就会更加恶化。

4000 系列的 CMOS 器件的应用非常普遍，其中有一个重要的性能与调音台技术要求有所差异，即最大供电电压。较早的 4000A 系列限定为 $15V_{dc}$ 总电压（相比较而言，调音台设计中通常采用的总电压为 $30V_{dc}$ 或 $36V_{dc}$），而较新的缓冲型 B 系列可以达到 $18V_{dc}$。更新的系列（比如，HC）绝大多数维持在普通数字电子的 5V 供电电压（实际上是 $7V_{max}$）。早期系列的优点是不需要提供单独的 5V 电源。如今，虽然总是为此提供 5V 的工作电源，但从另一方面讲，为 HC 开关建立起稳压性能足够好且安静的 5V 电源并不困难。对于介绍过的虚拟接地开关技术，这种电源电压的下降是无关紧要的。

29.10 输入放大器设计

人们期望调音台既能接受输入电平和阻抗变化范围很

大的信号源信号，同时又能产生能够被记录声轨或类似定义的输出严格规定所接受的一致输出。

庆幸的是，至少行业标准提供了一些调音台可以采纳的解决方案线索。不过，这些标准显然无助于改变各种换能器和常用信号源的工作物理特性，动圈传声器和录音机输出间所要求的处理上的差异完全将通用输入级的想法排除在外。

调音台前端设计有点像在做快填完的拼图，其中所有重要的条件都很难吻合。令人高兴的是，我们发现或培育出一些吻合很好的方法，比如在线路电平输入级。这种欣喜很快就被其他方面存在的一些固有问题所破坏，尤其是在传声器输入级。

动圈传声器前置放大器的输入噪声性能优化完全就是一种操作，看上去存在的变量有无数个。动圈传声器可以表示为（有些简单）电压源与存在相应损耗的电感（通常在中频范围上呈现出 150 ～ 300Ω 阻抗）的串联，如图 29.33 所示。作为换能器和本质上必要的机械特性，许多复杂变化的动生阻抗效应会在总体表现中有所贡献，这就如同许多传声器中所用的匹配变压器的影响一样。然而，对于大部分设计目标，这种简化的电子模拟就足够了。常见的和普遍使用的低阻抗的降低主要受固有线缆电容引发的高频衰减的影响。尽管传声器线缆的特性阻抗与典型信号源偏离的并不太远，但工作在所谓传输线的短波长情况下，这一结论就不适用了，这时线缆看上去就像一个分布电容。在实际情况中，这相当于换能器必须驱动一个大数值电容负载。不幸的是，阻抗还没有低到将其按纯电压源来对待的程度。因此，必须认真对待有限阻抗上的微小信号，并针对最佳性能对其进行处理。

29.10.1 功率转换和端接负载

关于电子理论的教科书表明，指定信号源给出最大功率

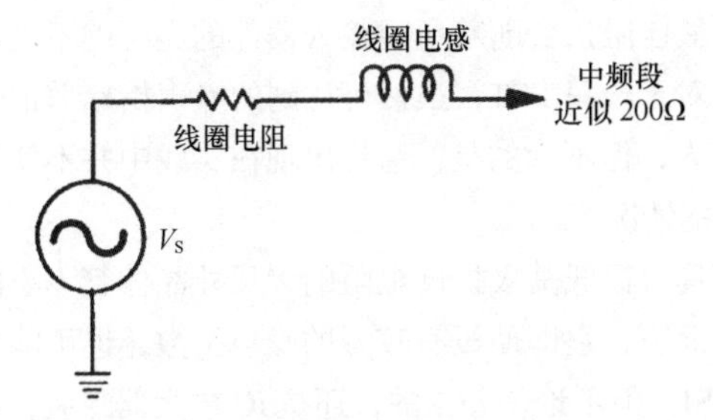

图 29.33 动圈传声器的简化电路模型

值的最佳负载准确数值等于信号源阻抗值。在动圈传声器中，这是个值得怀疑的数值（如果有的话）。如果我们将来自发生器的所有可能的能量全部提供出去，那么最终的情况会是如何呢？假定大部分用于低噪声应用的电子放大器类型都具有相对高的阻抗（即，电压放大器），那么对传声器负载起决定作用端接阻抗实际上会消耗掉大部分来之不易的功率。这就是此处成功应用的信号源输出电压能力，而非功率能力。因此，如我们在图 29.34 所见到的那样，源阻抗与负载阻抗匹配完成一项非常有效的工作就是要牺牲 6dB 信号电平，这一定要在后续放大器上给予补偿。这并不意味着噪声性能可能要恶化 6dB，因为（基本完美的）放大器的信号源阻抗现在是传声器阻抗与其匹配阻抗的并联，这一阻抗值大约是其中任意阻抗值的一半。故该组合信号源产生热噪声还不到 3dB。因此，尽管电压下降了 6dB，但是这样端接下的噪声性能仅下降了 3dB。虽然如此，在放大器本身遭遇到麻烦之前最好不要丢弃这一不错的 3dB。

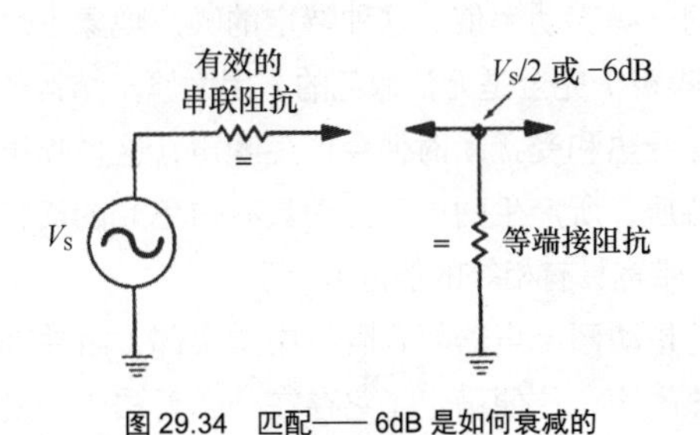

图 29.34 匹配—— 6dB 是如何衰减的

不用一个相等的或任何相当低的阻抗来端接的另一原因是这样做对传声器响应和主观音质的影响。如果具有感性特征，那么动圈传声器膜盒便存在一个随频率升高而稳步升高的阻抗，在声频频率的高端它成为占主导地位的成分，因为这时信号源的感抗大部分对抗于音圈绕组阻抗。当用相对低的阻抗端接时，膜盒的复合阻抗与端接电阻器构成了一个单阶 6dB/oct 低通滤波器，形成传声器柔和的高频滚降。如果端接阻抗并不是随频率变化保持平直（有些输入配置在频带的顶部和 / 或底部会出现滚降），总体的响应也趋向于跟随阻抗的变化而变化。

对于相当大的线缆电容，系统不再是美妙的。现在整个网络看上去更像一个二阶滤波器。不论端接方法是怎样的，除非前置放大器被遥控或者靠近传声器本体，否则始终都要考虑线缆电容的影响。

29.10.2 优化噪声性能

放大器并不是完美无缺的。对于噪声标准，信号进入放大器的第一个器件是十分关键的，因为它所产生的噪声通常会掩蔽（大幅度）所有来自后续各级的噪声。

所有实用的放大器件的性能均受到内部噪声生成机制的制约，其中就包括热噪声生成机制。在进行测量时，这些机制会产生出一些重要的数值，我们将其称为输入噪声电压、输入噪声电流和这两者之间的比值，实际上也就是输入噪声阻抗。它在后面的讨论中会变得很重要。对于大多数双极性晶体管（不论是标准的，还是更为常见的大规模形式，有时是多个并联的）而言，它们被用于放大器的前端放大器件（不论是分立元件设计，还是运算放大器封装），因此在后面的讨论中有许多内容都是与这两种设计情况相关的。

这些噪声电压和电流各自的幅度和彼此的比值会因电气参量（尤其是集电极电流）的不同而发生改变。可以预见的是，随着该电流的减小，噪声电流（大部分噪声是由器件电流的少量的随机不连续性造成的）也会随之减小，

噪声电压与噪声电流之比（或噪声阻抗）也可能会以这种形式发生改变。

热噪声的产生机理对于所有阻性元件都是一样的。其大小与温度和测量带宽有关，这两个因素的加大都会使噪声功率随之提高。在同样的条件下，任意阻值所产生的噪声功率都是一样的。不同的电阻器阻值只是产生出不同的噪声电压与噪声电流的比值，这两个参量数值的乘积始终是等于同一噪声功率值。这种特定的噪声现象（热噪声或Johnson噪声）完全是无法避免的，因为原子结构的本性使得物质在受热和受扰动时便会产生噪声，这种噪声具有随机性的特质，所产生的电子扰动具有白色光的谱特征（即每一周期带宽具有相等的能量）。

即便是动圈传声器复合阻抗中的实部（阻性部分）也会产生热噪声，这便确定了它存在一个无法改善的基本固定的最小噪声值。

29.10.3 噪声指数

热噪声所确定的本底噪声与所测量到的实际系统噪声值之间的差异被称为噪声指数（Noise Figure，NF），并且以分贝数来进行度量（噪声指数 = 系统噪声 - 理论噪声）。电阻器或阻抗的实部所产生的噪声输出是可以计算和预测的（Herr Boltzmann定律）。在某一放大器的输出端测量到的由加到放大器输入上的电阻器产生的噪声电压与所期望的电阻器噪声电压的直接比较可以简单地通过减去测量到的放大器增益来获得。这是一种NF度量。

采用任意指定的一组电气参量来构建放大器的前端器件，这时会发生一种令人感兴趣的效果，源阻抗的数值会稳步地改变。图29.35中出现的明显谷点和这一谷点时电阻器的数值都随器件参量（主要是集电极电流）的改变而变化。作为通常主要的噪声机制（热噪声），最小NF出现在微小的集电极电流（5～50μA）和高的源阻抗（50kΩ以上）条件下。不去深入研究这些机制，则无法对外部噪声源与内部电压和电流噪声发生器之间的相互作用进行平衡。不过是在较低阻抗和较高集电极电流时，较大几何尺寸的器件会表现出类似的曲线，但在类似的噪声指数上会降至最低点。

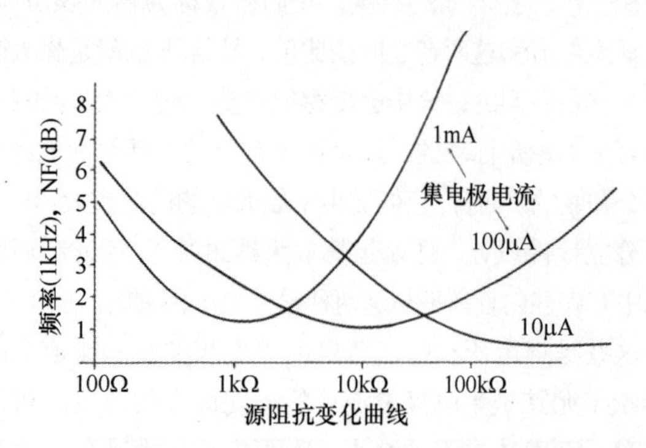

图29.35 双极噪声曲线（对于优质的pnp前置晶体管的噪声指标，集电极电流与源阻抗为变量）

29.10.4 反比例频率噪声

半导体存在另一种主要的固有噪声机制。这就是低频（电平与频率成反比）噪声（由半导体表面生成并进行杂散电流重组而形成的一种汩汩声，碰撞型噪声），虽然它在干燥的器件上最为普遍，但在所有的半导体器件上都不同程度地存在。它的主观表现明显，必须要加以关注。对其要单独进行测量，低频噪声具有自己一组集电极电流和源阻抗空穴，通常该噪声与热噪声相比，电流要大得多，阻抗要低很多。

通常，我们将该噪声称为1/F噪声（意指它主要是在非常低的频率上占主要地位），并以这种噪声的量值与器件的有效热噪声量相同时的频率来指定。在该转折频率之下，1/F噪声占据主导地位。很干净器件的这一转折频率在10Hz以下，尽管信号通路上采取的积极滤波处理可以让1/F噪声对系统的影响变为次要因素，但是各个放大级还是要对此给予格外关注。

29.10.5 最佳信源阻抗（OSI）

折中处理是一定要做的。为了对图29.35进行归一化，典型低噪声pnp晶体管的100μA集电极电流和10kΩ源阻抗似乎是正确的（由于pnp晶体管具有比npn型晶体管稍微好些的低频性能，因此前者通常用于此领域）。源阻抗数值是器件针对声频目的进行静音优化的数值，它被称为最佳信源阻抗（Optimum Source Impedance，OSI）。顺便提一下，该阻抗与器件可能的电路配置种类毫无关系。不论是共基极放大器的50Ω输入阻抗，还是具有自举性能的桥接前端的10MΩ以上相应输入阻抗，这些都无关紧要。虽然为了取得最佳噪声性能的源阻抗处于10kΩ，但是集电极电流在所有情况下都是相同的。最佳源阻抗与输入阻抗无关。

该最佳阻抗会随着所用输入器件的类型的不同而发生改变。对于一只FET，虽然可达到的噪声指标数值一般都低得惊人，但不幸的是，这是出现在实践中并不使用的几十兆欧的情况下。

对具有极低基极扩展电阻的大尺寸晶体管（小的功率管等）而言，它即便没有较好的噪声指数，也可能有低得多的OSI，但不论是分立的，还是IC放大器封装，好的双极性晶体管的OSI处在5～15kΩ的区间上。庆幸的是，这些数值与能够提供最佳平坦度器件转移特性的源阻抗一致性非常高。这有助于取得最佳的频率与相位线性关系，进而增强普通强负反馈放大器配置的稳定性。

图29.36所示的是改变接入这种放大器（采用普通的双极性晶体管输入器件）的源阻抗对输出频率响应的影响。响应的跌落是由于过高的源阻抗反作用于器件的基极 - 发射极、线路板和接线电容所构成的低通滤波器造成的。高频弯曲是奇特机制的实际影响结果，当双极性晶体管由阻抗近似为零的信号源馈入信号时，其高频的增益 - 带宽特性会

急剧延展，在很大程度上改变了相位容限和所设计放大器的稳定性，而且要对更多常见的操作进行补偿。弯曲是由这种机制引发的相位容限受损而造成的放大器环路内谐振导致的，但这是振荡引发不舒服的一小步。

正如我们在图 29.36 所示曲线中见到的那样，源阻抗大约在 10kΩ 时，响应最平坦，这一数值与同样的配置取得最佳噪声性能时的 OSI 数值基本一样。要协调的一个问题就是，对于动圈传声器，我们实际采用的源阻抗一般是 200Ω，而对于最好的常规输入器件，OSI 约为 10kΩ。我们该如何协调这两者呢？

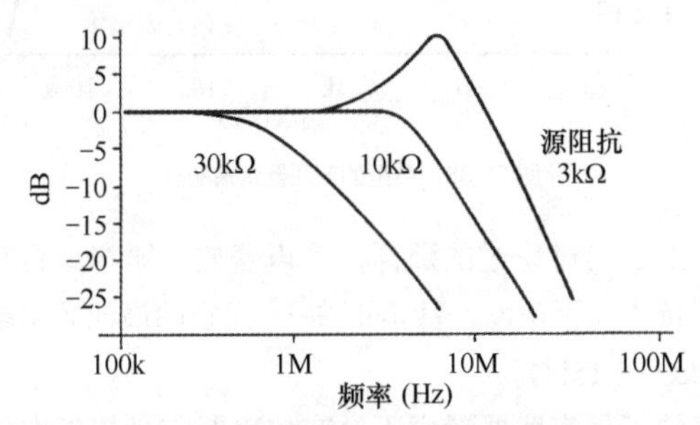

图 29.36 对于典型跟随器连接的运算放大器，源阻抗、带宽增益和频率对输入器件源阻抗的重要影响

29.10.6 传声器变压器

有关变压器的不足之处有一些恐怖的故事。然而，如果正确设计和使用变压器，它们确实可以对阻抗匹配和输入级设计所面临的诸多问题给出良好的，甚至出色的解决方案。简单而言，变压器是缠绕两个绕组的软磁芯材料，两个绕组间的电压比等于相应绕组间的匝数比。阻抗比是匝数比的平方（例如，10∶1 的匝数比对应于 100∶1 的阻抗比），因为输出功率不能超过输入功率。如果电压被提升了 10 倍，那么输出电流就必须减小至原来的 1/10。由于阻抗是电压与电流之比，因此它是转换电压或电流比的平方，参见第 15 章“声频变压器”。

如果这个参量是给定的，那么计算出现实可行的传声器阻抗与放大器 OSI 匹配所需要的比值就是件简单的事情了。由于很少有人深入了解整个事件对单支传声器测量的影响，所以将常见的 200Ω 作为讨论问题时源阻抗的中心值是不错的选择。实际传声器源阻抗间的变化在较大的设计规划中产生的差异很小。假设大部分双极性输入放大器的 OSI 处在 5～15kΩ，这就表明变压器的匝数比应为 1∶5～1∶8.7 的一个比值。

许多调音台使用较高匝数比（典型值为 1∶10），其可能的朴素想法就是：升压输入变压器具有的噪声优势源自它所提供的无代价增益。尽管在基本电平方面，它似乎让人产生这样的感觉：较低的电子增益需要系统必须更加安静，但事实将这种谬论完全驳倒了，事实是变压器只允许针对放大器的噪声性能优化来选择和改变源阻抗。将匝数比提高到该数值以上，除了理论上可以方便定义最佳值，实际上它会让放大器的噪声更大。

在实践当中，白来的增益可能会弊大于利。对于传声器输入而言，接收到瞬态超过 +10dBu，而平均电平为 −10dBu 的情况并不少见，尤其是在摇滚乐现场舞台上或录音过程中。甚至动圈传声器头都可能产生出可怕的高电平，让调音台前置放大器的峰值储备出现问题。典型的 1∶5 变压器具有 14dB（1∶10 的匝数比为 20dB）的电压增益，这就意味着即便在变压器之后没有电子增益，信号电平也可以达到，甚至超过普通调音台工作电平。这些情况使得人们对噪声性能上 1 或 2dB 差异的担忧完全成为空谈，它只是指出了：如果不进行完美地优化，那么传声器的前端必须能够处理大动态的信号。

29.10.6.1 变压器特性

变压器存在许多由其物理结构所产生的局限性和不足，从而使得其实际性能与理论模型所期望的情况产生差异（在有些方面差异还非常大）。

变压器的核心是软磁性材料感应进出的能量。几乎任何材料（镍、钢、铁、亚铁衍生物和相应替代品）都具有同样的基本局限性。它们在不能支持进一步的磁场偏移，并表现出磁滞（类似低电平时的非线性交越变化，它在低电平时会产生明显比设计良好的现代信号通路中所见到的任何其他失真都高）时，便会在该磁平上发生磁饱和。

这两种发生在动态谱两端的效应意味着所有的变压器都有一个事先定义好的范围，它们必须在此范围内工作，而且这一范围小于期望传声器放大器（话放）通过的信号电平范围。在低频时尤为如此，此时的磁芯倾向于更早地出现饱和。这时便要开始优化了。是要针对最小磁滞（小信号），还是充分利用磁性材料针对容纳的最大信号电平进行设计呢？

绕组是由导线绕制而成的，它存在电阻。电阻的存在意味着损耗，以及效率和噪声性能的下降。每个绕组要有足够多匝，以确保它有不影响带内应用的感抗，这时的电阻就不能再忽略了。单独的阻性损耗意味着即便是非常优异的变压器几乎也提供不出优于 1dB 的总体传声器输出级噪声指数。

靠得很近的物体之间存在电容，变压器的绕组也不例外，绕组之间、相邻匝之间、同一绕组的叠片之间，以及绕组与地之间都存在着电容。在所给出的这些情况中，对我们而言没有一个是好消息。绕组间的电容意味着不想要的泄漏和不完美的隔离，而绕组自身的电容会与绕组的电感相互作用，产生谐振。即便谐振点远离声频频带，但还是会导致响应和对带内相位线性出现问题。这些电容的组合会给变压器的共模抑制（Common-Mode Rejection，CMR）带来很大的影响。

29.10.6.2 共模抑制

对于将想要的信息从一个绕组转移至另一绕组的变压器而言，电流必须要流经初级绕组，这通过在其端口加上极性相反（差分）信号电压就能理想地实现。还有一个理想的情况是，在绕组两端上任何相同信号（共模）不会在绕组内产生任何电流（因为绕组两端不存在驱动它的电位差），也就没有信号能够被转换到次级。这里有如此多的理想条件。

共模抑制是变压器忽略出现在两个输入脚上相同信号（幅度和相位均相同）的能力，并不像差分信息那样被变换到次级。

主要是沿着两个绕组的长度上的电容（绕组彼此之间的电容和绕组到地的电容）非平衡分布使得CMR不够完美。绕组间的电容对直接耦合产生影响，两个导线可以让共模-差模的信号通过，这种恶化程度会随着频率的升高以6dB/oct的速率演变。绕组间的静电屏蔽（法拉第屏蔽）可以减弱绕组间电容的耦合。

即便两个绕组彼此完美地平衡，如果初级绕组关于地不是端到端容性匹配，那么还是可以预见到CMR就会进一步恶化。当来自有限阻抗信号源（绝大多数这种情况）的共模信号遇到这样一种容性非平衡绕组时便会是非平衡的（随着频率的提高，非平衡程度会加大）。此外，输入共模信号被转换成不同于想要的输入差分信号源的输出差分信息。

广播工作者特别关心绕组的平衡，不仅仅是传声器变压器，还包括线路输出变压器，其原因就是：共模-差模转换很有可能与输入一样发生在信号源处。

29.10.6.3　两种传声器变压器模型

图29.37给出了使用动圈传声器时必须面对问题的较好处理思路。绕组电容（C_P和C_S）与电感构成谐振，而转换后的初级绕组电阻（R_P）加到次级绕组的电阻（R_S）上，它只不过是提高了产生损耗和综合效率降低的传声器有效源阻抗。

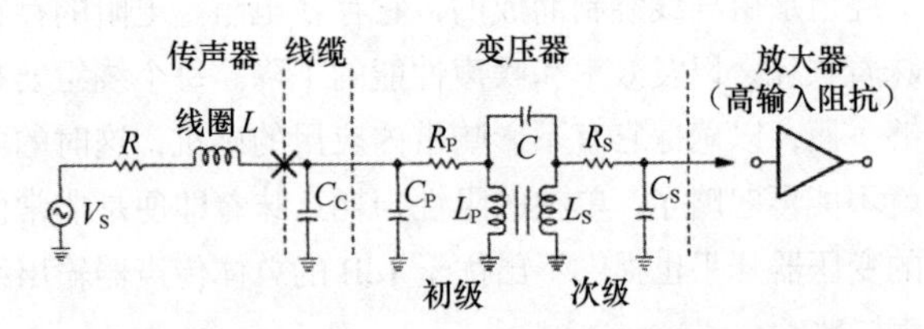

图29.37　表示出了主要元器件的变压器耦合模型

接入200Ω信号源的不太理想变压器的频率响应和次级跨接高阻抗时测量到的频率响应看上去与图29.38所示的情形类似，此时的低频跌落是因一个或两个绕组的感抗与信号阻抗相当所导致的结果，而高频的峰值则是先前提及的次级绕组谐振的结果。虽然通常初级自谐振被源阻抗很好地阻尼了，但是偶尔增加的线缆电容可能也会引发让人无措的情况出现。

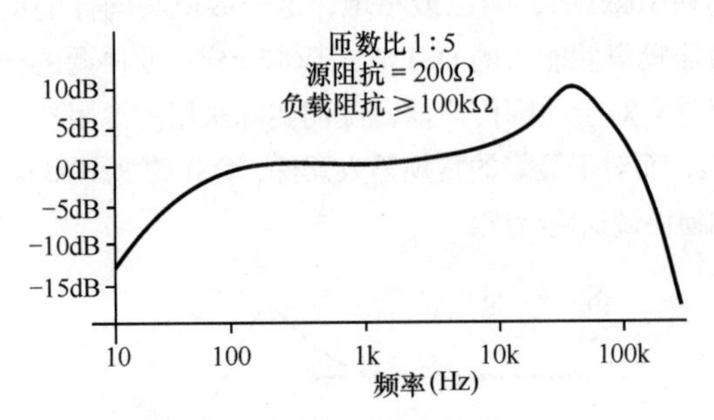

图29.38　典型的变压器传输响应

正如之前讨论过的那样，传声器放大器本身具有高的输入阻抗（几百千欧，甚至更高），而它的最佳源阻抗被定义为5kΩ～15kΩ。

好的工程实践要考虑不处在传声器定义的工作阻抗时电路是如何动作的（即未插入传声器时的情况）。一般而言，图29.37所示的插入传声器的电路可能会发生振荡，如同处在高增益的任何电路一样，高输入阻抗放大器只通过一只可恨的、集合了谐振和相移的开路变压器器件来端接。开路阻抗定义的电阻器（图29.39中的R_o）数值是放大器OSI的10倍或20倍，这将有助于减弱其不利影响。这也稍微减弱了次级的谐振。

处理这一谐振的技术有许多，从假装它不存在到实际上作为前端低通滤波器的一部分，将无用的超声频信号从电子信号中去掉。高频凸起的最小化仅可能在放大器之前尝试无源处理；图29.39中的控制网络是其中的一种典型解决方案。其中，采用了串联阻容zobel组合与开路阻抗定义的电阻器连接的方法。计算出产生阶跃响应的数值，如图29.40所示，该响应与变压器响应的高频端凸起结合在一起便产生出人所接受的滚降特性。很显然，该网络和变压器的复合阻抗间的相互作用并非那么简单。网络电容与变压器电感强烈作用，将处理过程中的谐振频率偏移。这一事实导致人们产生误解，即认为电容以一种巧妙的方式形成谐振。

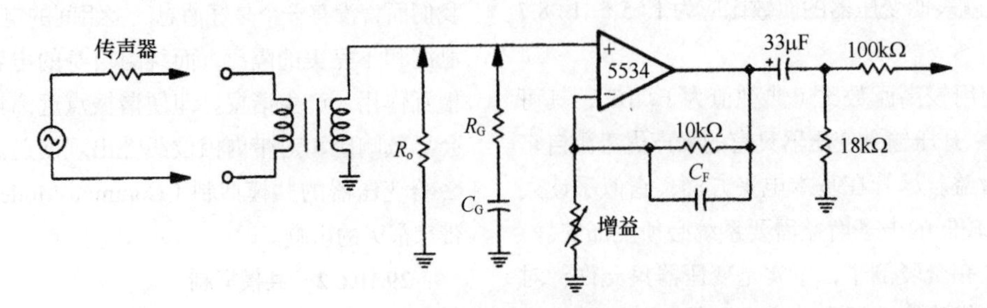

图29.39　带补偿元件的基本传声器前置放大器

如图 29.40 所示，其中的开路稳定性有了非常大的改善。网络将整体的高频响应去掉较大的一部分，但不幸的是，这要以较高频率上带内端接阻抗的跌落为代价。另外一种解决方案就是假设 Zobel 并不是取得开路稳定性所必须的，而是要在后续的放大器级周围实现响应滚降，或者至少通过缓冲原理输入本身。在实践中，无源和有源技术同时应用，以最小的高频端接阻抗损伤换取带内相位和频率响应的稳定和优化。

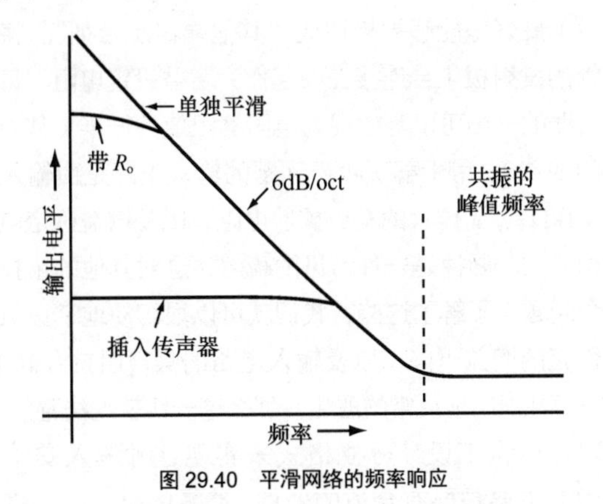

图 29.40 平滑网络的频率响应

29.10.6.4 带宽

将传声器放大器本身强调的反馈相位超前的形式应用于随后的放大器补偿高频滚降（CF）上具有这样的优点，即在较高频率上综合的噪声性能始终保持不受无源网络产生的阻抗失配的损伤。

问题会出现在几个方面内。当电子增益接近单位增益时，传声器放大器的补偿变成受限了，而在后面的固定增益级进行的补偿意味着先于它的各级（包括传声器放大器）在谐振频率上的峰值储备被窃取了，并且谐振达到一定的幅值。这是否会成为问题，则取决于谐振曲线的低端侵入声频频带的程度。

无源方法减小了谐振的幅度。最终的低通滚降斜率就是谐振曲线高频一侧的曲线斜率，而更为准确的说法应是：它是稍稍被阻尼的感容形式的 12dB/oct 低通滤波器。有源方法是在补偿过程中采用一个附加的 6dB/oct 曲线，使总的斜率到达 18dB/oct，但是它取决于谐振起始时的可控程度。通常，这两种技术措施都要采用，要想对每种不同变压器类型进行优化，其平衡和关系是个实验的过程。

这种强制滤波具有相当大的优势，它有助于将所有不想要的超声噪声隔离在调音台之外。它还体现出变压器输入相对于固态输入形式的强大优势。

更为有利的滤波作用就是放大器在极低的频率处存在降低的源阻抗。这是因为绕组的感抗随频率的降低而减小了。这有助于抑制初级放大器产生的低频噪声。

29.10.6.5 共模转换

有两种不同的幅度响应曲线要考虑。第一条曲线是普通的差分输入时的曲线，该曲线已经被完全确定了。由于其机制的原因，第二条曲线在主滤波器元件本身（变压器）控制下并不完善，而且忽视了我们认真计算的滤波器响应。共模未抑制信号本身仍然出现在放大器的输入端，就好像什么都未发生一样。

29.10.6.6 输入阻抗

正如较早前确定的那样，如果传声器的阻抗很高，最好是无限大，那么我们最终会获得较好的噪声性能和听上去更加干净的声音。撇开偏好不谈，虽然我们已经定义了相关的负载（输入），其中电阻器的阻抗必须保持在未插入信号源情况下（R_0）的前端稳定，但其数值至少与工作阻抗在一个数量级上，或者比工作阻抗高，这样其影响就比较小。尽管其作用与信号源阻抗一起构成输入信号衰减器的一部分，并且产生绕组损耗，如图 29.41 所示。这是采用变压器造成前端噪声性能恶化的主要因素。在优化的放大器之前的任何衰减（一般在 1 ～ 6dB）都会直接造成噪声技术指标的下降，具体下降的程度取决于变压器。

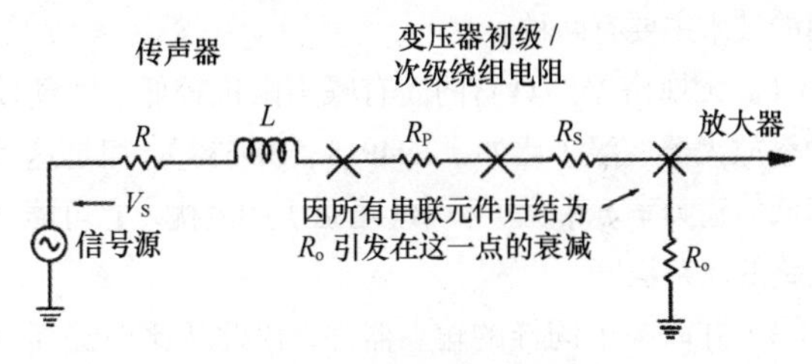

图 29.41 输入损失导致噪声指标恶化

如果变压器性能完美，那么就可以假设传声器的反射阻抗在声频频带内是恒定的。在低频端（如图 29.42 所示），逐步减小的变压器绕组感抗（随着频率的降低，趋向于零）变得越发重要，它影响了并联的阻抗、衰减量和相应的效率。虽然绕组的自电容和无源补偿网络是高频响应跌落的主要原因，但是造成这种跌落的因素近乎是无限的。

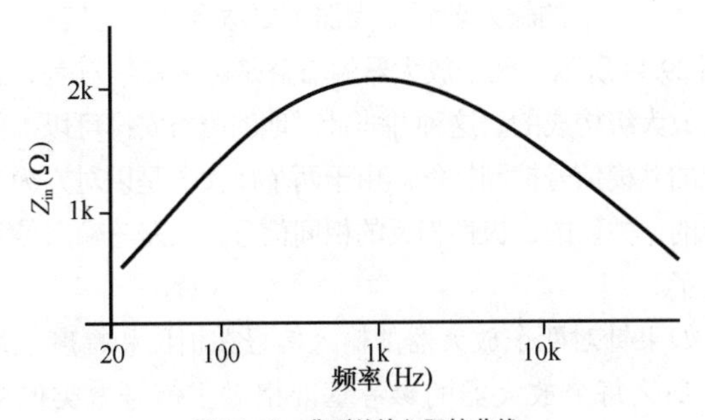

图 29.42 典型的输入阻抗曲线

一个好的原则就是：中频段的输入阻抗应大于源阻抗的 10 倍，或者对于动圈传声器而言应在 2kΩ 左右。该阻抗的任意改变都会导致幅频和相频响应发生明显畸变，这或许是采用变压器作为前端的最严重缺陷。实际上，事情并没有看上去那么糟，这里所示的例子是有意采用一个极端的变压器，以突出其不利的影响，尤其是对响应和阻抗平坦度的危害。像产自 Jensen、Lundahl 和 Sowter 这样声誉良好厂家的优良变压器都会表现出非常不错的结果，尽管如此，要取得良好的效果最好还是要遵从设计标准来工作。

29.10.6.7 衰减器垫整

令人遗憾的是，衰减器垫整在许多情况下都是必要的，以保持峰值储备，并避免高电平信号源引起的磁芯饱和，但希望将其引入通路时应维持工作阻抗不变。变压器初级还是应该用标称的200Ω阻抗来端接，与此同时传声器的负载阻抗还应在2kΩ或更高。偏离将会导致垫整启动和断开时，传声器/放大器组合输出的声音听上去有相当大的不同，其原因正如我们所预料的那样，这是因为信号源和负载阻抗呈现出复杂的滤波器特性。垫整的明显缺点就是：尽管差分信号（想要的）被衰减到期望的大小，但是所有共模信号并没有被衰减。

29.10.6.8 无变压器前级

将放大器的最佳信号源阻抗降低，以便普通的动圈传声器可以使用其他的变压器。降低放大器固有电压和电流噪声比会产生这种效果。不论是单独形式，还是组合形式，使用的技术主要有两种。

（1）大规格器件具有的固有噪声阻抗较低。即便使用了功率放大器前级（比如，2N4918、BD538），但是这些均受到低传输频率（带宽）和β（增益）的困扰，它可能会加大电路的复杂程度。

（2）并联多个同样的输入器件，以此按比例提高关于噪声电压的噪声电流，降低两者之间的比值（即噪声阻抗）。即便是廉价的低等级通用2N4403，如果这么使用也能够取得惊人的良好效果。

与NPN晶体管相比，PNP晶体管（与上文提及的一样）具有较小的表面重组噪声/较低的基极扩散电阻，因此后者在这类应用中更受人们的欢迎。

常见的技术将两个和（或）多个这样的器件置于电子差分放大器之前的输入前置放大器（更适合准确地匹配）中，如图29.43所示。整个放大器的增益是由最初一对差分正交耦合放大级构成的。这种并非针对地的增益安排可以提供出合理的共模信号抑制性能。由于两个放大器是以对方为参考基准的，关联的是极性相反的相同信号，故差分输入信号被放大了。

如果针对两个放大器的输入信号在相位和幅度上均一样，那么每个放大器的参考基准相对于信号做类似的上下对称摆动。对于每个放大器，不存在要进行放大的电压差，进而也就不存在增益。对于普通的差分输入信号，放大器正常工作，其接地参考基准为确定增益的可变电阻器中间点的零电位。该点是两个放大器上反极性摆动间的抵消零点。

这些放大器以单位增益为常规的电子差分放大器馈送信号。为了维持级噪声尽可能低，电阻器阻值在器件可接受的范围内应尽可能低。很显然，这种安排并非真正的测量放大器（有完备文件描述的电路配置），唯一的特征就是一对低阻抗优化前端放大级。

人们对有些实现方案（包括较早一代集成元件）提出了中肯的批评，认为它在小增益时的噪声性能要比高增益时有明显地恶化，而高增益时（寄希望）优化的输入对占主导地位。这归结为两种机制。

（1）为运算放大器型差分放大器外围选定的阻抗太高。这时有些电阻器的阻值看上去已高达25kΩ，在大的增益范围上肯定有高且不变的本底噪声，奇怪的是，有些实践方法也试图在这一级附近进行增益处理。早前课程中学过的保持电路阻抗尽可能低的要求在这里就显得更为重要了。

（2）最好是能够被描述成“其他端口综合征”。将输入晶体管的发射极集合连接在一起作为增益设定电阻。每个差分放大器的一半可以等效视为电阻器阻值的一半（其中心是抵消的谷点）。用于解决噪声问题的输入电路是由输入偏置电阻（1kΩ）、晶体管的基极扩散电阻，以及增益确定电阻的一半构成的。漏掉是一种常见的疏忽，这对其他的拓扑确实是一个问题。了解了这些，我们就可以很容易地掌握阻抗值变大引起的增益下降，以及输入电路的噪声阻抗升高情况，如果噪声性能出现反常的恶化，那么这一切就无法避免了。

现在以人工设计分立格式来实现这种输入安排有几个原因，主要是要有合适的器件：遗憾的是，颇受青睐的2SB737正变得难以获取，并且诸如THAT 320这样的出色集成匹配晶体管组合价格相对昂贵。这就是目前设计IC的成本！这种安排有几个集成格式产品，其普通小型封装可以提供出非常易于接受的性能；Burr-Brown INA103或163和THAT Corporation的1510拥有多只并联的输入晶体管级，它对标称传声器阻抗表现出完美的OSI性能，后者会考虑运算放大器差分级的核心噪声问题。Texas Instruments / Burr-Brown的PGA2500是这种配置的数字控制增益规格，它们与THAT Corporation的1570/5171对一样。这后一种组合被称为“其他端口综合征”，它与增益一道同时按比例调整反馈和增益来设置电阻，所以它维持一个与增益无关的极低噪声指数。这些数字可编程增益器件具有1dB的增益控制步阶和不可闻的增益变化（zipper）噪声，解决了让数字调音台设计者颇为头痛和传声器增益遥控所面临的问题。已经证明：这一切对于带式传声器是值得的，经得住最终的严酷前端噪声的考验。

利用这种无变压器输入配置，尽管可以提供出比变压器输入更高、更平滑的潜在输入阻抗，但还是存在困难。即便前两级均工作于跟随器状态，但共模信号还是会直接蚕食前两级的峰值储备。这种在随后的差分放大器中被大幅度抵消的共模成分始终是一个隐患。共模信号（除了普通的差模信号）可能超出输入器件的摆动能力，这还是很危险的。最好的情况是它将输入级截止，最差的情况——如果共模信号足够大，且存在足够低的阻抗（这里可以认为是交流接地故障）可能会引发严重的损坏。变压器输入则不用理会这样的问题。

射频热衷于采用基极-发射级结，并且这种配置应用很普遍。成功且充分地对传声器输入进行滤波，而又不牺牲噪声性能或输入器件的高频增益（提高高频失真等问题）并不是件轻松的工作，这似乎让输入变压器的自滤波性能更吸引人。

图 29.43（c）给出了屏蔽的细节，人们必须将电子传声器的前端包裹起来才能正常工作。

- π 型 L/C 滤波器和高频时的对地附加耦合有助于抵御 RF。电感器既可以是单个（一个脚一个），或者更好地是在公共磁芯（通常是环形的）周围的一对绕组。这具有双重优点，即集中于共模信号（最常见的是干扰形式）的抑制作用，同时本质上两个绕组电感也对差分信号有抵消作用，所以这样便保护了想要的声频信号，同时将 RF 的影响大大降低。
- 输入直流去耦合电容器的数值必须很大，以维持低频的完整性，同时又具有足够高的电压标称值用来处理典型的 48V 空载幻象电源电压。
- 虽然钳位二极管的参量变容二极管的电容对声频的影响很小或没有影响，但是它对于保护前端免受幻象电源开或关时的状态失衡影响却至关重要。即便如此，钳位与否、共模抑制比好坏与否、幻象倾斜与否，这些瞬态变化都不精确。虽然这些二极管可能有助于保护输入免受其他不干净信号的影响，但是前面提及的主要接地故障将会让这一切毁于一旦。好消息是：这种情况极少出现，但在巡回演出扩声中就难说了。

29.10.6.9　线路电平输入

若想深入了解有关实践中接口的内容，读者可阅读 Bill Whitlock 编写的第 15 章“声频变压器”的内容。

变压器（至少好的是这样）成本高、体积大且很重。稍差一点的变压器相对成本也较高、大且重，由于其低频失真、磁滞和高 / 低频相位响应等影响因素，所以它往往是现代信号通路中的薄弱环节。如果确实需要使用，那么最好只利用变压器的阻抗变换、固有滤波和出色的隔离性能。在这样的应用中，它们会有不错的表现。局限于演播室环境的大部分高电平接口应用中所使用的变压器既非利用其强项，也无太大的缺点。

关于输入和输出应用中变压器电子等效方面的研究业已展开，针对经典电路输入级已取得了一定的成果，如图 29.44 和图 29.45 所示。这些是采用运算放大器的简单差分输入放大器和测量放大器配置。

线路输入是普通的差分放大器，虽然与无变压器传声器放大器中的用法类似，但是电阻器的阻值提高了，以便将差分阻抗提高到桥式端接所要求的 10kΩ 以上，如图 29.44 所示。由于这些级的噪声都是直接由这些电阻器阻值所引起的，所以电阻器阻值越低越好。虽然测量放大器配置似乎可以给出更好的噪声性能（差分放大器电阻器阻值可以保持很小），但是它需采用不想要的，存在潜在稳定性问题的电压跟随器（参见 29.7），而且输入电压摆幅受限制、输入级（对于 RF）无保护。至少对于简单的差分放大器，其阻抗还是可以达到满意的低数值，输入可以通过外围电阻器来缓冲。

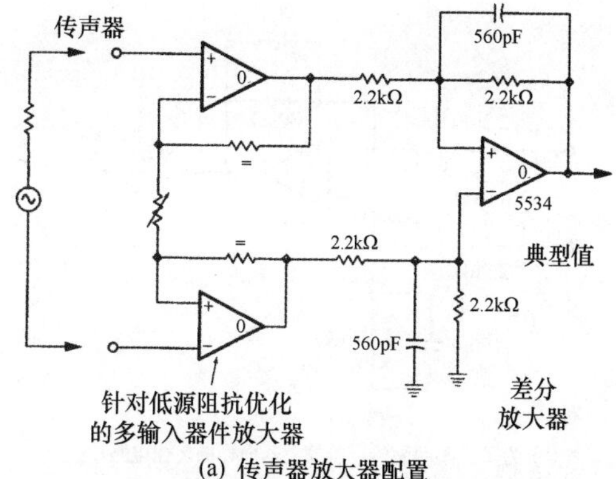

(a) 传声器放大器配置

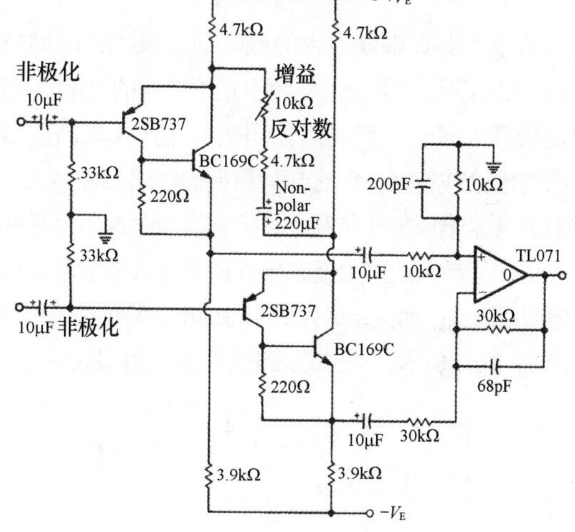

(b) 简化的分立元件输入

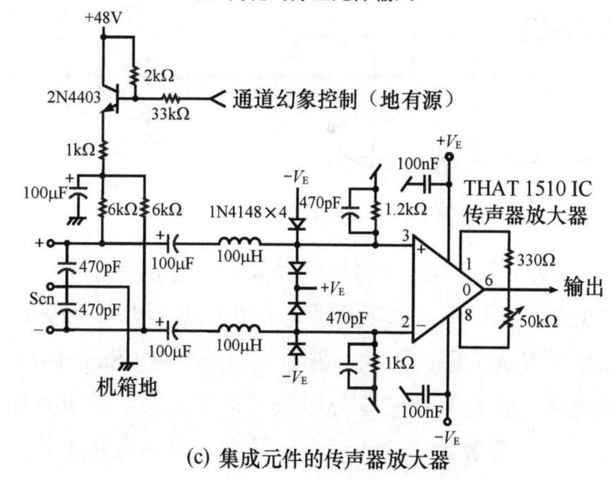

(c) 集成元件的传声器放大器

图 29.43　基本的无变压器传声器放大器配置

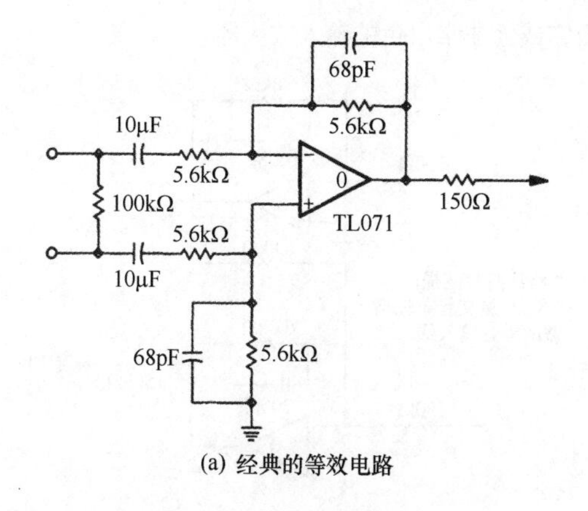

(a) 经典的等效电路

图 29.44　电子差分输入放大器

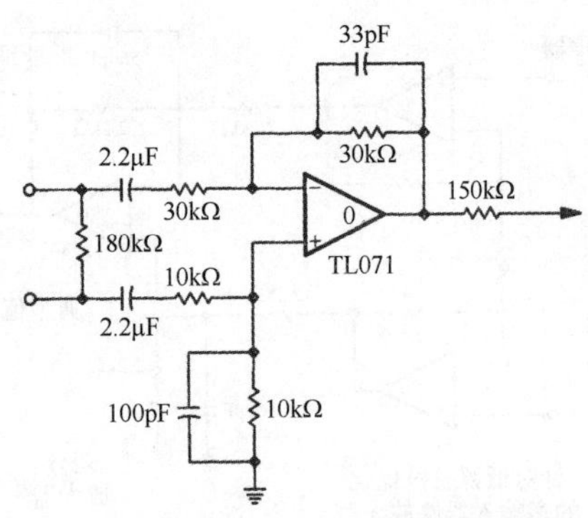

(b) 为了匹配动圈传声器放大器而作的优化电路

图 29.44 电子差分输入放大器（续）

遗憾的是，隔直串联电容的数值必须很大，以维持输入阻抗的平稳，以及应用中最低频率相位响应的平坦。另外，电容器还必须无极化，其物理体积大，生产成本高。尽管为此付出的代价并不高，但它却是重要的电路元件。

测量放大器呈现出非常高的、无基准参考地的差模和共模端接阻抗，其最大的好处就在于在两个输入放大器之间可以方便地调用增益，而又不必为所取得的出色共模抑制性能付出代价，如图 29.45 所示。集成式线路接收机一般都是这种配置。

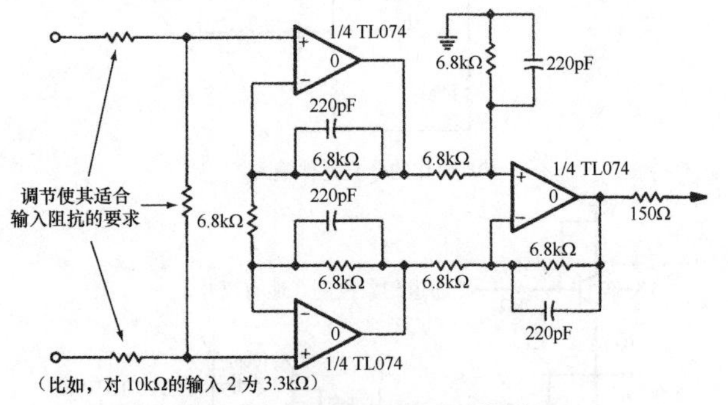

图 29.45 测量放大器型的线路输入级

图 29.46 所示的一对倒相放大器建立了简单耐用、易于定义的差分（但不是真正的浮地平衡）输入级。图 29.47 所给出的就是人们感兴趣的，被称为超级平衡（Superbal）输入的电路，这是平衡式差分虚拟接地放大器，所指的地只是对一个运算放大器输入而言，并且具有非常好的共模抑制能力，其限制来自构建电路元件的容限。如果接收到任何非平衡输入信号，它将产生对地完全对称的差分输出，这使得它成为非常出色的输入放大器。

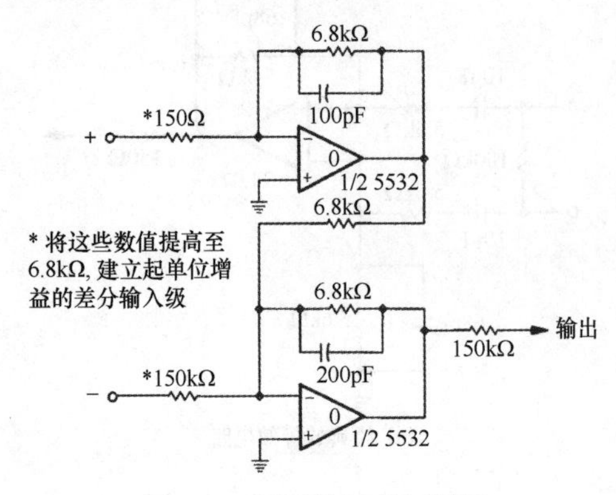

图 29.46 差分式混合 / 输入放大器

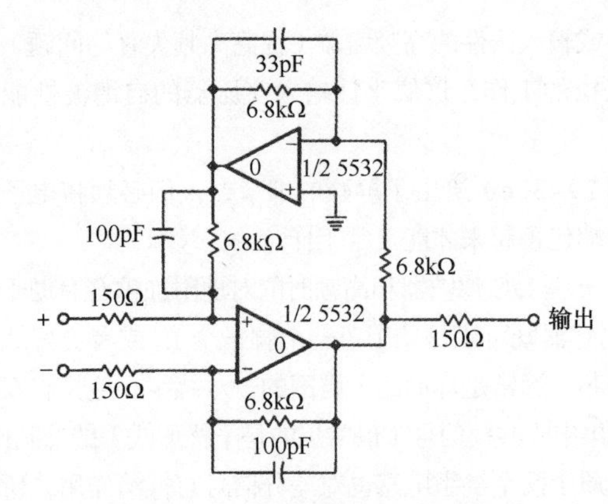

图 29.47 超级平衡差分式混合 / 输入放大器

这样两个电路在差分虚拟地位置点表现出的能力使之成为平衡式混合母线系统的理想选择。

29.10.6.10 电子平衡输出

最简单的平衡输出配置如图 29.48 所示。这是个纯粹的、实际倒相器产生的差分馈送。对于许多内部互连，尤其是在差分平衡式混合系统中，它工作良好，但并不用它与外部相连。

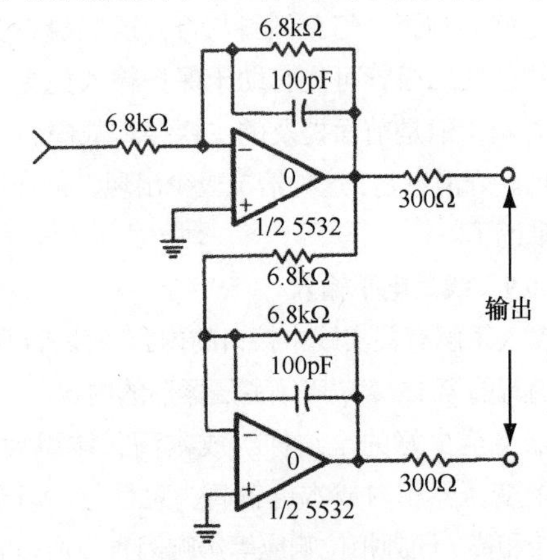

图 29.48 倒相型差分输出

理想情况是，输出电路与理想变压器之间的特性没有明显差异。毕竟现实中平衡传输线路上的信号并不会轻易地变得对你有利，因为你已经选择不用变压器了。如果变压器被取代了，那么最好采用能够为系统及其信号提供类似好处的器件。不论提供的相反共模电位如何，都一定不能改变差分输出电位。另外，输出不应对端接的任何不平衡（即便是其中的一个脚短路到地）敏感。这是浮地测试。例如，图 29.48 所示的简单倒相电路就通不过浮地测试，因为如果一个脚短路到公共端，那么总体输出一定会下降一半（6dB）（所发生的问题是要回避短路放大器瞬间大电流入地而产生的接地噪声）。当靠近变压器应用时，有两种基本的电路不但密切相关，而且大部分平衡输出拓扑也源自它们。这两者均与补偿端接不平衡的两个管脚间的正交耦合正反馈有关。

在图 29.49 中，单位增益倒相级提供了驱动两个管脚的反相信号，其中的每个输出脚是一个 -6dB 增益的倒相放大器，在放大器的基准（正）输入上提供了误差检测。在正常工作条件下，不存在误差传感电压；在等值检测电阻器的中间点，两个反相输出相抵消。两个放大器将差分电压反转，相当于在其输出之间出现了非平衡的输入电压（两个 -6dB 量相加得到零增益）。对于一个输出的情况，上边放大器被短路到地。在误差感应线路上产生关于这种相位和电平的误差电位，其中的正反馈将未短路放大器的增益提高了 6dB，同时对短路放大器正相输入与反相输入信号，抵消其放大量。关闭短路的放大器，以避免产生地电流问题。因此，任何输出端接不平衡的度量都能通过这种安排进行合理地处置。

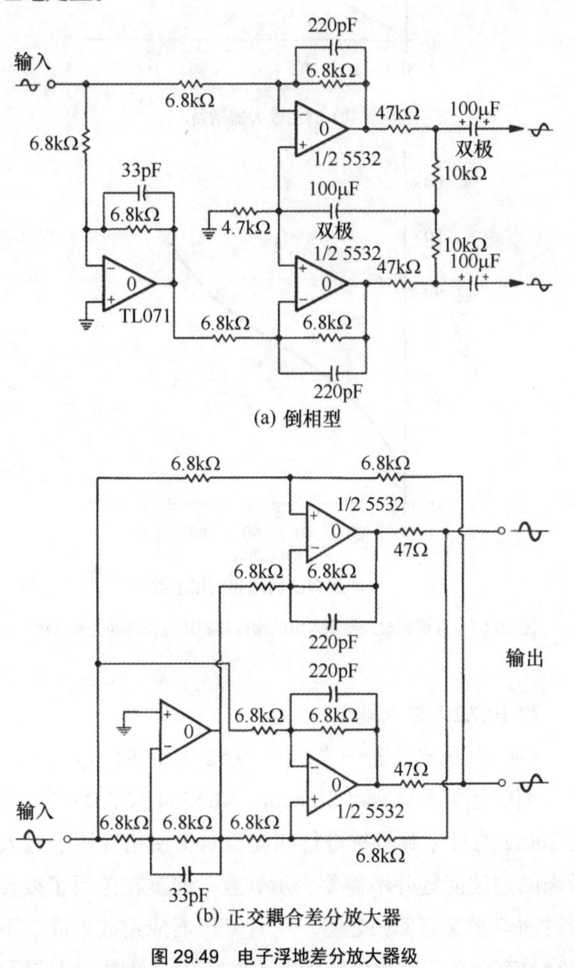

图 29.49　电子浮地差分放大器级

与正反馈的高电平有关的任何电路都存在一个大问题，这就是其电位的不稳定。这两个电路在不稳定的边缘是正确的——为了准确工作，它们必须如此。边界余量大小必须以平和的心态给出，并且要考虑器件的容限。这种反馈折中主要影响不平衡端接下的共模抑制和输出电平。当一端短路到地时，可期望的差分输出电平损失大约为 0.5dB，不过严格的器件容限可以对此有所改善。器件容限上的不平衡（即便是制造精度为 1% 的电阻器）本身也表明了有时相当大的直流偏移必须要进行微调，以便不会吞噬掉太大的峰值储备。

令人好奇的是，不稳定性自身往往表现为共模形式。笔者在早期的一次安装过程中遇到这种错误是，接在这种输出上的峰值表（PPM）读不到任何信号，耳朵里只能听到点儿嗡嗡声，但接在任一入地脚上的示波器却显示出 $10V_{p\text{-}p}$ 的方波，将连接的磁带机输出驱动至强失真的程度。

诸如 SSM 2142 这种正交耦合电路的集成规格电路的巨大优势在于它极其准确地匹配 / 微调电阻器阻值，因此它的性能要比分立的规格的性能更容易预测。

29.10.7　实用传声器放大器设计

优化前端声音只不过是在近乎无尽的电子工作条件下反复进行判断、调整，以期望在大范围和常用的信号上取得足够好的性能。任何小的问题都要考虑到，以便只在相当特殊的工作条件下才产生影响。

图 29.50 所示的传声器放大器例子就是进行了一定开发的基本前端设计规格，它极有可能成为行业的标准。

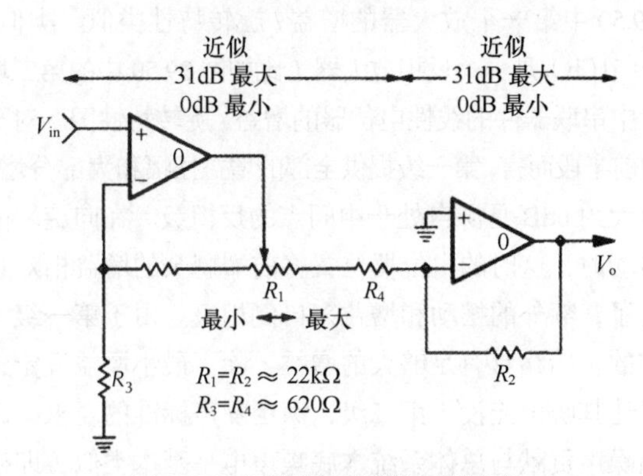

图 29.50　共享增益双运算放大器输入级

最为引人注目的方式就是用一个单联电位器同时改变两个放大器元件的增益——前端（非倒相）级和后续的倒相放大器。由于第一级（就所关心的输入而言）是普通的非倒相放大器，与采用较简单的传声器放大器（例如，图 29.39 所示的标准通用传声器放大器）相比，变压器输入耦合问题并不大。

对于两级间最大的增益分配，大的增益在高频端不会对两个放大器中任意一个的反馈目标中的足够动态余量传输构成任何威胁。另外，这也使得放大器的稳定处理变得相对简单，利用较简单的单级放大器电路来实现相同的增益变化范围并不是件容易的事情。

相对于单级而言，这种双放大器配置的一个并不显著优点就是它对“其他端口综合征（Other Port Syndrome）”的处理能力是与生俱来的。这种情况下的其他端口就是双级规格中输入放大器 B 的倒相输入，它被确定为一个固定值的低阻抗，而与其（600Ω 电阻器 R_3）无关，它的噪声小，而且在端口上的残留噪声基本上只由器件输入噪声电压确定。然而，针对增益控制数值，单级放大器存在自己的“其他端口”问题，与之前描述的电子前端一样，随着增益的下降，噪声性能同样也会恶化。

单电位器增益控制除了简单、成本低，它在设计上存在两个固有的不错性能，这就是从系统电平结构和工作的视角考虑问题。

29.10.7.1　系统的电平结构

系统的电平结构主要涉及处于最佳电平下系统中的所有工作元件和（或）针对噪声与峰值储备（即处在本底噪

声和削波电平之间的合适电平位置）等问题。这里包含增益的因素，对于最终的噪声而言，重要的是针对噪声指标进行增益级的优化，以便噪声可以在后续处理中被完全掩蔽，并期望其影响最小化。在不存在增益摆动时（尤其是在最小增益时），应将不想要的残留增益衰减掉。该衰减量直接在整个系统的峰值储备中减去即可。如果其他各处的峰值储备都是良好的24dB，而前端只有16dB该怎么办呢？

在这方面，类似于图29.50电路的良好表现，图29.51所示的曲线显示了原因。图29.51(a）是以dB为单位表示的简单反相放大器增益，其中放大器的增益变化是利用反馈脚上线性数值刻度的旋转电位器来控制。这与图29.50中第一个放大器的增益/旋转特性类似。类似地，图29.51(b）是一个反相放大器（比如图29.50中的第二增益级）中串联器件的线性电位器的增益/旋转特性图。对于旋转的前半段而言，第一级提供全部的增益摆幅和大部分增益，只有大约6dB是源自处于中间点的反相级。在向旋转的终点转动时，这时的电位器位置将前端剩余的增益相对状态翻转了，额外的摆动和增益来自倒相级。由于第一级（优化过的）始终具有足够大的增益，除了最小增益设定，这样可让其噪声淹没于第二级，满足噪声标准的要求。因为前端噪声贡献与总体系统本底噪声电平基本类似（即确实非常安静），因此这一噪声也就无关紧要了。第二级周围的阻抗在很大程度上决定了放大器的噪声性能，正因为如此，也就不需要考虑任何增益设置合理时的输入噪声了。在需要进行任意增益设定的第一级之后没有衰减，所以峰值储备还是令人满意的。双增益级工作得到了褒奖。

工作上的优势可以由图29.51(c）推断出来。这是针对整个双运算放大器电路的组合增益/旋转曲线。应注意的是，在增益变化的中央附近（这是最常使用的位置）的非常大的旋转百分比，其单位转动量对应的dB增益变化与线性变化一样出色。虽然在顶部和底部有点被挤压，但是其他还是无法与之相比。作为稍后的参考，人们可能注意到：有两只可供使用的电阻器(R_2和R_3)，它们可独立地用来改变电位器的增益结构。

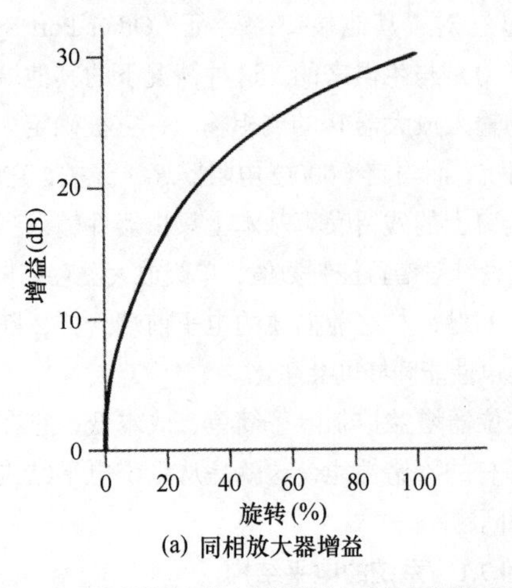

(a) 同相放大器增益

图29.51 双运算放大器输入级的增益与旋转电位器的关系

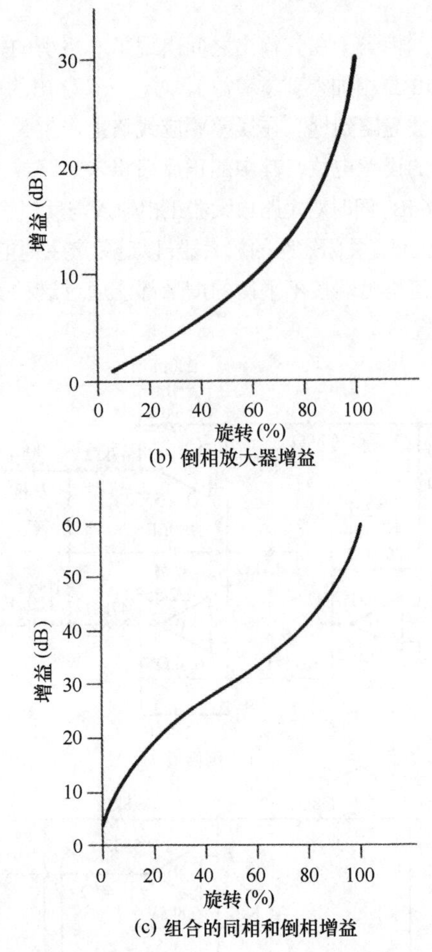

(c) 组合的同相和倒相增益

图29.51 双运算放大器输入级的增益与旋转电位器的关系（续）

29.10.7.2 输入耦合

与传声器放大器一样，图29.52中使用的最佳源阻抗相当高的运算放大器（Signetics NE5534或AD797）需要与200Ω的目标源阻抗进行匹配。对于使用变压器输入而带来的削波问题并不需要表示歉意，何况在停用了很长一段时间似乎又有回归之势。尽管变压器应用成本高，不过还是具有一些非常出色的优点（尤其在简单性、阻抗提升、保护和滤波方面），在这些应用当中它还是胜过电子输入一筹。

许多电路数值（图29.52中标注星号的，用在一些意想不到的地方）是与选用的特定变压器类型相关的。几种不同的变压器可以非常成功地用来提供出不同的变换比，这在电平计算中要考虑。1：7的比值是对于匹配所用输入器件的OSI是最佳的。相位和响应微调数值将会明显地改变。例如采用Jensen JE-115-K，这比使用Sowter 3195要更简单一些，因为后者在最初开发时是要使用外围电路的。尽管电路明显简化了，但是在确定前端带宽和可闻频率极限端平直相位响应方面还要做很大的努力，尤其是控制高频时的变压器谐振是件相当烦人的事情。

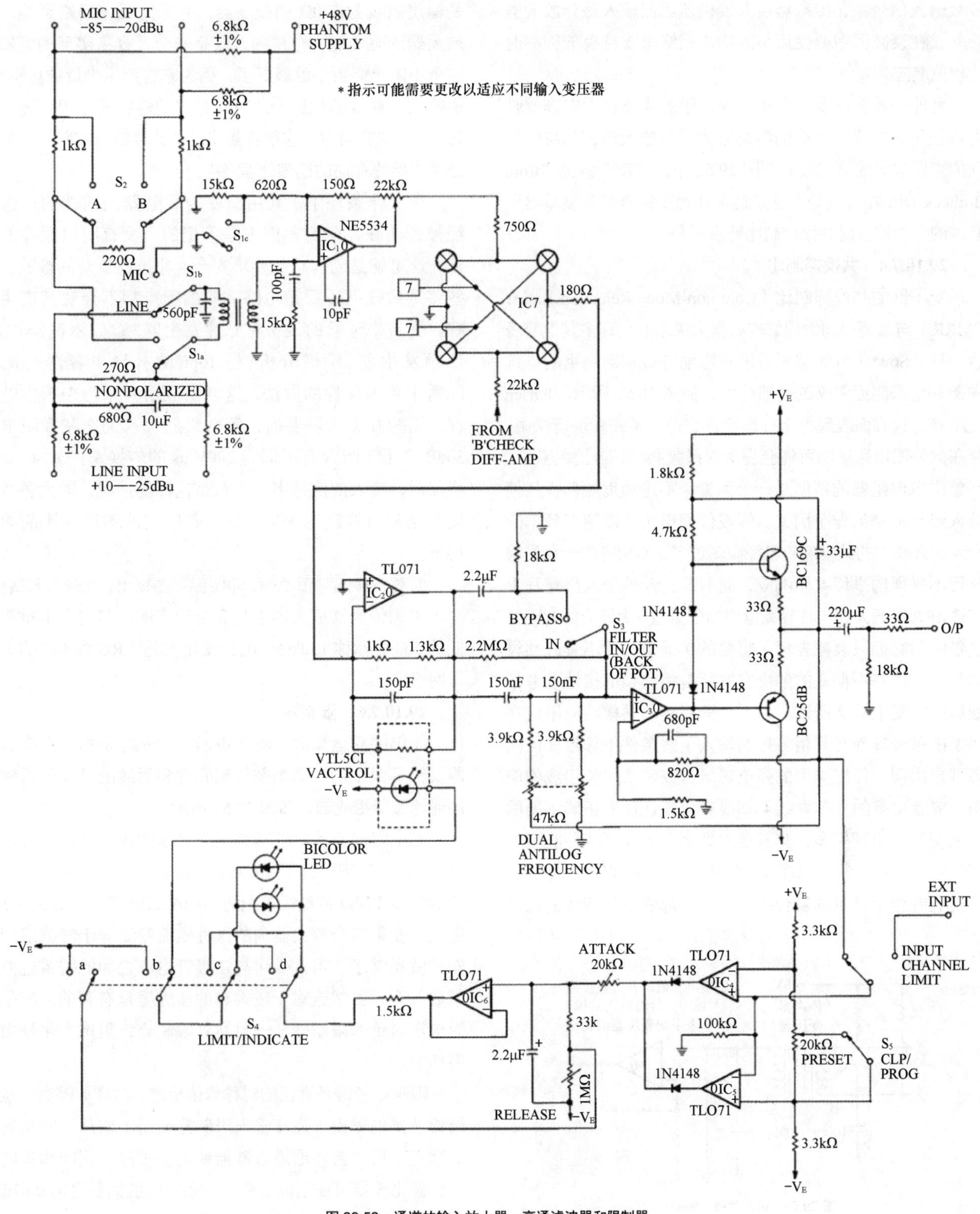

图 29.52　通道的输入放大器、高通滤波器和限制器

在变压器前面接入常用的组件，以便传声器放大器可用于电容传声器：一个 20dB 的输入衰减器和通过每个脚上匹配的 6.8kΩ 电阻器，沿着传声器线路共模传输 48V 幻象电源。回顾较早前的讨论，要选择垫整中元件数值，以便不论垫整是否插入，传声器的阻抗都是同样的通用阻抗，同时传声器放大器的阻抗还是约 200Ω 的信号源，保持所有基于变压器的滤波都处于平稳状态。对 6.8kΩ 幻象电阻器进行匹配是必须要做的，匹配不良会很容易将好不容易得到的共模性能破坏掉。

29.10.7.3　线路电平输入设备

线路输入选项也是通过变压器引入调音台中的。它拥有更硬的输入衰减特性（大约 36dB），同时又不能让初级丧失掉太多的增益摆幅。最终的 35dB（在 -25 ～ +10dBu 的输入电平）增益摆幅，配合 13kΩ 的桥接型输入阻抗将适应大多数输入信号源，传声器输入或机器返回输入差分放大器除外。在衰减器中要使用小的均衡网络来支持极低频率时的相位响应。

另外一种在许多方面都表现不错的线路输入安排就是可以使用分立或者集成的测量放大器型放大级，其被切换到传声器放大的第二级。在图29.52中，这位于标记“from B-check Diff-Amp”处。这是避免使用变压器及其衰减器所必需的，当然这对共模抑制比特别不利。

29.10.7.4 共模抑制比

变压器的共模抑制比（Common-Mode Rejection Ratio，CMRR）与其绕组的物理结构有很大关系。与许多其他变压器一样，Sowter可能需要通过有意地进行初期绕组的电抗失衡补偿来匹配忽略的内部特性，如图29.53所示。Jensen变压器在这方面表现得十分出色，它通常不需要进行微调。存在的外围电路影响可能会丧失对最大共模抑制比的获取。幻象供电电阻器的精度是一个因素，不论精度如何，任何输入垫整都是另一个因素。假设任何电抗（即随着频率的升高而升高）的共模响应已经微调过了，不相等的幻象脚将执行不平衡的平坦共模响应，同时真正浮地输入垫整马上将CMRR降低大约与其衰减量相当的量值。为何会如此呢？这是因为它们只衰减差模（想要的）信号，而不衰减共模信号。一种并不彻底的解决方案就是将垫整的接地参考基准居中。鉴于前文所述，并不十分完美的共模响应不应在典型的录音环境及其相当短的输入引线条件下导致任何病态现象出现。任何类型的强电磁场，或者采用长引线的应用（或者更差的多芯导线）都很有可能让那些正确平衡的无微调输入出现问题，其不足之处会大大加剧各种类型共模问题（包括幻象电源馈线上的噪声）的危害程度。的确，这是调音台上常见的复合问题，它们都表现为持续的噪声输入。

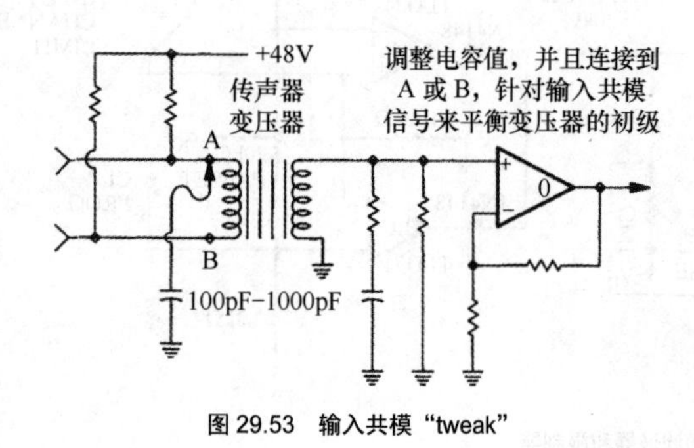

图29.53 输入共模“tweak”

29.10.7.5 最小增益考虑

第一级采取轻微的折中处理是必要的，以避免极高输入电平条件下出现疲惫的喘息现象。理想情况下，运算放大器输出的阻抗必须为600Ω或更高（这是满幅电压摆动可以驱动的最低阻抗）。最大增益状态确实不是一个问题。如果第一级被过驱动，那么第二级就有大约30dB被削波；有人可能会注意到！

尽管处于最小增益，但是图29.52中的第一级几乎就是输出阻抗为770Ω的跟随器，并保持反馈通路到地。在放大器的驱动能力范围内，这是安全且容易实现的。如果这个小阻抗能更小就最好了，因为它将产生少量的热噪声，影响到对前端的优化。此时计算出的性能恶化程度还不到1dB，在现实当中，这很容易淹没在计算结合实际噪声测量处理中始终存在的模糊处理当中。

在工作条件下，利用演变为跟随器的前端的理念已经被证明在其带宽范围内是稳定的，没有明显振铃的迹象。这可能是因为它仅要求安全、非抗性负载的缘故。那些将导致任何不稳定电路啸叫的因素都不会对其产生影响。会带来考验的设备有脉冲发生器/存储示波器和RF扫频发生器/频谱分析仪。10pF的补偿电容器是比实际需求更为理性的做法。这样的应用并未带来折中的处理，因为在最大增益时，第一级放大器工作在系统电平30dB之下（暗含有近似为200V/μs的转换率！）。在最小增益时，输入的信号电平一般是这样的情况，即大多数可能都是来自线路电平信号源，其限定的速度要比前端大得多。

面对兆赫的频带范围，即便传声器拔出，且输入未端接，对于声频传声器放大器也是完全稳定的，与输入阻抗相当低的5534（标称150kΩ）配合使用的是（RG和CG的）输入网络。

29.10.7.6 限制器

简单的双运算放大器传声器放大元件是由第二个放大器反馈环路中的自动增益控制元件和后续的可变转折频率高通滤波器组成的，如图29.53所示。

光电阻器件的阻性端绑定在普通的决定增益的反馈电阻器上。它的阻值下降范围从与光电二极管电流成反比时的非常高（MΩ数量级）至约20mA二极管电流的300Ω限定值。在第二个放大器内的这种阻值变动对于峰值限制器安排就足够了。阻抗变化与二极管电流之间的关系近似为指数关系，虽然这对于较柔和的压缩器是有利的，但是作为这里讨论的限制器，一旦达到限制点，阻抗变化是相当突然的。

限制器旁链是真正的对称峰值检波，这样能够选择从高通滤波器的输出（当作输入限制器使用）或从下游均衡后的断点之后（当作通道限制器使用）去除。正向和负向电平检波比较器可在削波检测（在系统峰值储备之前0.67dB）或+8dBu节目电平（标称）间调节。

双色LED红色闪烁表示启动限制，限制器不工作时绿色闪烁，以此表明所选择的电平（削波或节目电平）尚未达到或已超过。在这种指示模式下，限制器积分时间常数被有意缩短，以便使绿色闪烁特性与限制时的红色闪烁特性类似。

差异源于伺服环路的固有属性，其中的反馈型限制器就是这样一个例子。在限制中，环路自我调整，增益控制元件抑制声频信号电平的变化，以至于它正好反馈并对旁链形成补充。在图示当中，环路被断开，不存在这样的调整。

不论门限何时被超过，绿色指示总是点亮的，而且在时间常数电容器放电时会一致亮着。即便是小量的过驱动，这种释放延迟可能延长达数秒，因此，要缩短时间常数。

这种限制器并不精密复杂。其目的就是实现应急保护。比较器为门限积分器提供一个满幅的电源电压，建立时间预置与比较器的输出阻抗相配合起到一定的软化作用。这种不同寻常的解决方案就是要帮助激活响应时间相对缓慢的光电阻器。这种结合可以调整为足够慢，以便它不会足够快地卡住，阻止可闻的咔哒声产生。对于普通节目，过冲通常在 1dB 以内，所提供的释放时间足够长，以防止泵机效应的出现。

作为一个大致的指南，如果为了实现零星的瞬态保护而打算使用这样的限制器，那么最好是采用短的建立和释放时间，要记住的是，这样的设定将会使其动作更像针对较低频率时的削波器。对于连续效果应用，较长的时间常数影响较小，并且更为活跃。这种旁链安排与更为常见的 FET 或压控放大器（VCA）线性比例系统一定会有不同的行为，并且搭建的方案也稍有不同。

29.10.7.7　高通滤波器

图 29.52 中前端线路输出放大器周围的电路结构就是一个二阶高通滤波器。它是个非常普通的 Sallen-Key 型滤波器，它采用一个双联等值电位器来扫频处理 20 ~ 250Hz 上的 3dB 转折频率点。在低频端的咔哒终止式开关（逆时针到头）将滤波器功能取消，取而代之的是时间常数非常大的单阶直流去耦器。这些是为了将咔哒声最小化而做的尝试。庆幸的是，由于滤波器中的 BiFET 运算放大器几乎不使用任何输入偏置电流，所以基本上也没有信号源补偿电压的困扰。

由于是等值滤波器，所以如果反馈没有提高电平，用以补偿电阻比，那么 Q 值或翻转确实非常不灵敏。此时要做一些折中。低 Q 值具有非常柔和的滚降（声音听上去不错），而高 Q 值会对截止频率之外的成分进行更快的衰减，其代价就是会影响到带内的频率响应（明显的起伏），而且快速的时域和相位响应会呈现出振铃和瞬态受损伤的情形。幸运的是，大部分控制室监听在低频端会表现出比此更糟的特性。

在两种极端情况中间的最为平坦的响应是通过适宜的反馈提升量（约 4dB）取得的。该增益针对整个滤波器，传声器放大器的第二级安排成维持有 4dB 损失需要进行补偿的形式。最终一切都很顺利，动态余量也不存在折中的问题。对于最小增益设定，前后仍然存在单位电子增益。增益带来的方便在于其为强化反馈相位边界余量提供了更好的机会，这一点对于必须驱动非常高容抗线缆的线路放大器而言相当重要。另外，它还提供了有助于平滑传声器变压器高频谐振的另一个单阶低通极点。

29.11　均衡器与均衡

严格来讲，均衡（equalization）一词属于用词不当。该词原本是用来描述对固有的或设计当中偏离原始响应形状（比如电话和模拟磁带机）的系统响应进行平坦化和一般性校正处理（后者中的均衡指的是对预加重和去加重曲线的调整，不一定是曲线本身）。

在探究针为偶尔的创造性效果和音色改变而进行的幅度和相位与频率响应关系上的有意修正的表述方面，将缩略词（即 EQ）理解为名词和动词为好。

这种声音上的处理在一定程度上采用频率响应曲线和整形的做法，它要求将操作人员的需求与技术上的便捷性 / 可行性进行复杂的结合才能达到。在 20 世纪 50 年代和 60 年代，如今调音台通道上的多参量 EQ 中的任一个参量都需要用许多电子管来实现。有趣的是，他们似乎并不需要这样的 EQ。

IC- 运算放大器设计上积极一面（可能是消极面）的结果就是有源滤波器（后面的 EQ）的实现和技术上的广泛开放性，唯一的限制就是经济成本、印刷电路板的规模和使用者手指的大小。

EQ 曲线大致可以分成 3 种用户类型：无用成分处理、变化趋势和区域。很显然，用来消除空调声、传声器支架震动的隆隆声、呼吸噪声、哼鸣声、电视监视器的行频尖利声和过大的电子设备噪声的高通、低通和陷波器都属于无用成分处理这一类。图 29.54（a）所示的是实现上述目标所期望的一种响应。图 29.54（b）所示的是柔和的高保真型高音和低音倾斜曲线，它建立起的响应变化趋势类似于搁架型曲线，而类似于谐振的钟形提升和衰减滤波器则是对整个频谱响应区域进行控制，如图 29.54（d）所示。这些方法被用来抑制不想要的或让人不悦的声音成分，或者是强调某一指定频率或附近不足的声音成分。由于曲线不同，所以需要技术设计来保证。

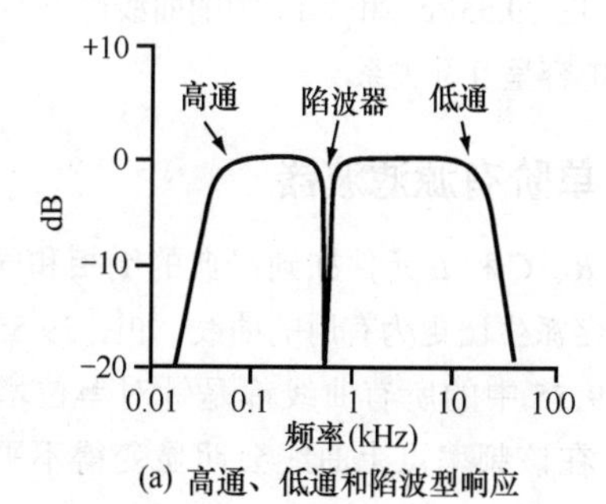

(a) 高通、低通和陷波型响应

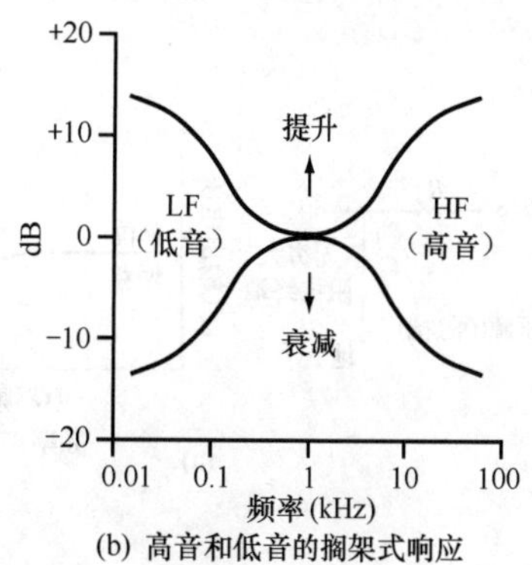

(b) 高音和低音的搁架式响应

图 29.54　EQ 响应

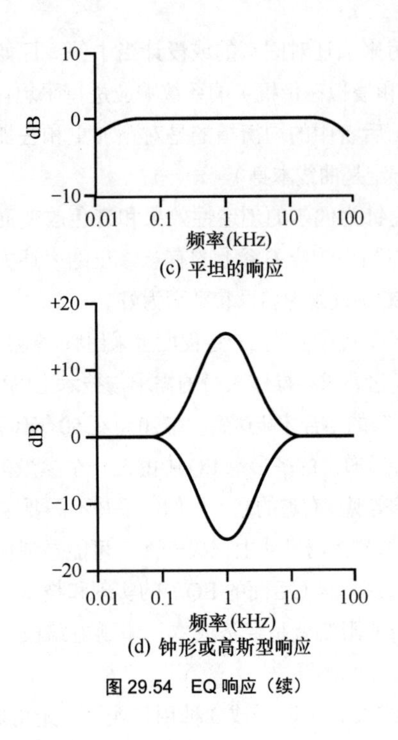

(c) 平坦的响应

(d) 钟形或高斯型响应

图 29.54 EQ 响应（续）

29.11.1 单阶网络

正所谓，巧妇难为无米之炊。图 29.55 给出了利用基本无源器件组合构建输入 - 输出电压转移函数的大致方法（本质上为频率响应）。假设 V_{in} 源阻抗为零，V_o 端接阻抗无限大。

在图 29.55（a）中，随着频率的升高，容抗降低；同时随着频率的提高，输出到地的阻抗迅速减小，并最终短路，而在图 29.55（b）中，随着频率的降低，电容稳定地将输出与输入隔离开来（电抗升高）。

电感器则正好具有完全相反的电抗特性。感抗与频率成正比，所以图 29.55（c）和（d）中的曲线也就不足为奇了，其中它们与电容呈互补关系。

29.11.2 单阶有源滤波器

将无源 R、C 和 L 元件加到经典的倒相和同相运算放大器的周围会派生出更为有用的曲线，如图 29.55（e）～（l）所示。图 29.55 中的所有曲线都是针对单位增益和同一中心频率（在该频率点上曲线会明显变得不平坦了）归一化的。

标准的数学公式通常会考虑曲线偏离平坦位置 3dB 的频点（-3dB 点）时的情况，一般在这一点上相位也会有 45° 的偏移。这只是实际 EQ 滤波器设计中要利用的一部分特性，偏离点或转折频率的表述一般更为贴切一些。

29.11.3 改变滤波器的频率

任何这样的滤波器，通过改变 R、L 或 C 中任意一个的数值，都可以移动滤波器作用的频率。将任何数值变小，都会使频率向高端移动，而数值增大则会使频率降低。

在同一频率上，创建出同样曲线的元件数值组合有无数种。在图 29.55（a）中，如果减小电容器数值（提高电抗），滤波器曲线会向频率高端移动。这时如果按比例提高串联电阻器的阻值，那么曲线将会复原回原来的转折频率，我们利用不同的电阻器 / 电抗器组合可得到同样的滤波器。唯一需要保持不变的是两种元件间的比例或关系。唯一改变的是滤波器的阻抗（电阻和电抗的组合）。

这里也有少数例外的情形。任何有源滤波器的工作原理最终都可以利用图 29.55 所示的这些基本的单阶滤波器特性来解释。

两种电抗元件（电容和电感）的一种特殊组合是构建 EQ 的基础。图 29.56 所示的就是这种串联调谐电路，其中的一些属性确实让人很感兴趣。

29.11.4 电抗与相移

例如，在简单的电阻 / 电抗滤波器中，如图 29.55（a）所示，电抗成分不仅导致幅度与频率的关系发生偏移，而且相关的相位也会发生偏移。两种类型电抗元件（C 和 L）的根本差异是输出电压（V_o）相对于信号源（V_{in}）的相移方向。更为具体的就是，随着滚降的不断加大，图 29.55（a）中电容器会致使输出电压相位滞后于输入的程度不断加大，直至曲线滚降达到最大时的 -90° 限定值，而对于图 29.58（c）中的电感器，随着低频滚降程度的加大，电压相位超前的程度不断加大，直至达到最大衰减时的 +90°。

纯粹形式的两种电抗产生的相移为 +90° ～ -90°，整个范围为 180°，它们的相移方向是完全相反的，彼此是反相的。

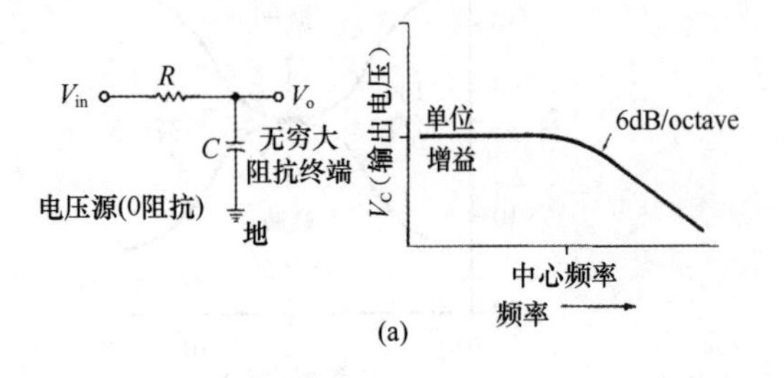

(a)

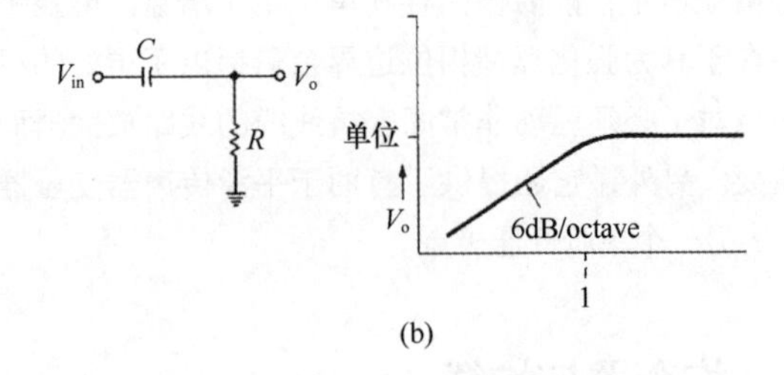

(b)

图 29.55 单阶滤波器

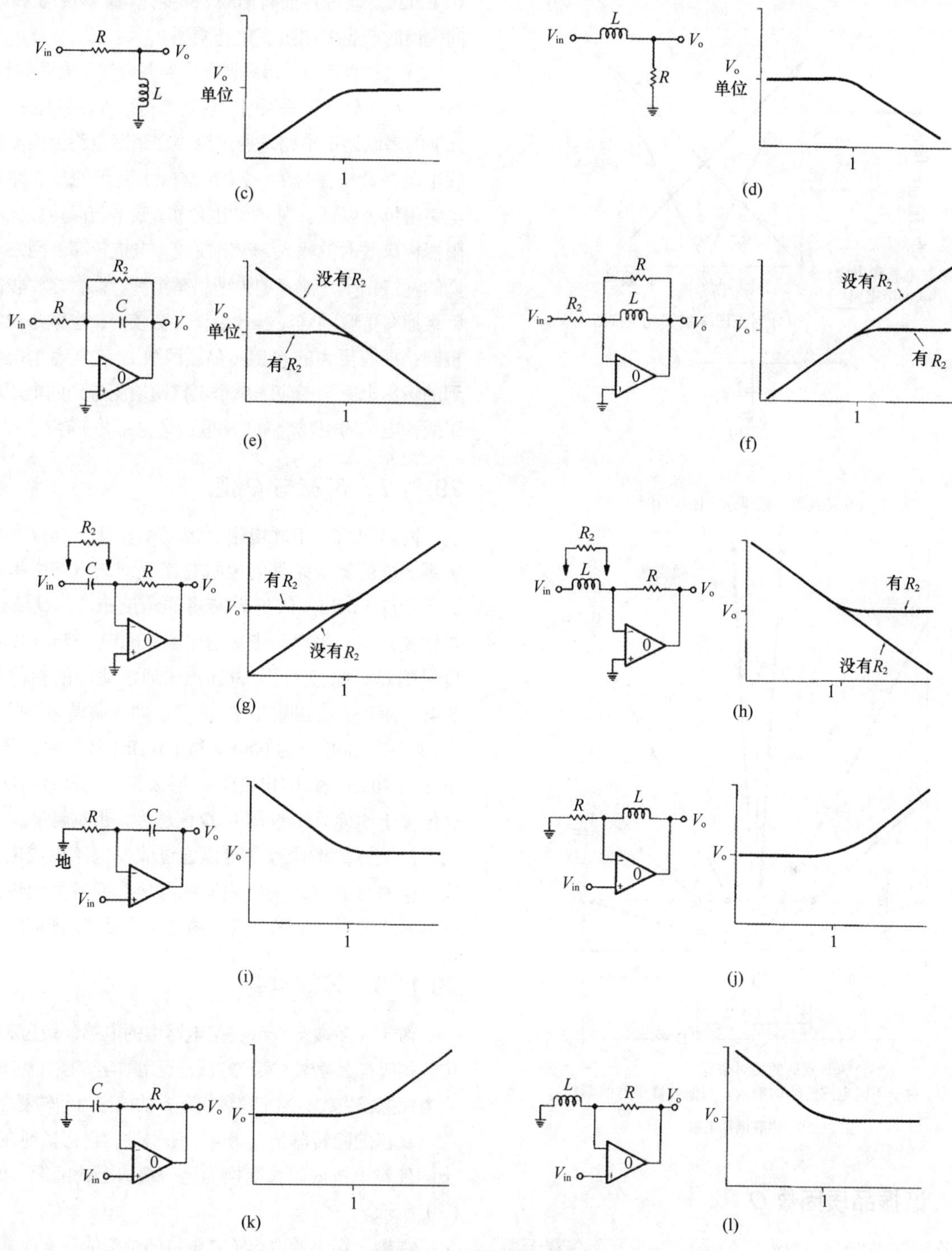

图 29.55　单阶滤波器（续）

再次提及图 29.56，它会表现出稍微不同的情形。两种电抗彼此以完全相反的方向工作，感抗试图抵消容抗，反之亦然。在数学上，两种电抗的相反数值直接进行十分简单的相减运算，综合网络的行为与具有同样电抗特性且主宰网络特性的单独电抗行为一样。

例如，对于给定的频率，如果感抗为 +1.2kΩ（ + 代表的是电感的相移特性），容抗为 -1.5kΩ，那么整个网络的有效电抗就是电容的 -300Ω 电抗。

29.11.5　谐振

谐振是个奇怪的状态，此时 L 和 C 的电抗部分是相等的。对于任何处于谐振下的电感 - 电容对，这两种电抗都将相等。如果将两个相等的数字相减，其结果为零。因此，对于图 29.56（a）所示的处于谐振状态的串联调谐电路安排，它是不存在阻抗的。两个电抗分量彼此抵消。该电路在这一谐振频率上呈短路状态，实际上，它是不存在元件损耗的，并且在选择的频点上为短路情况。当然，在该谐振频率的两侧，一种或另一种电抗成分会重新占据主导地位。

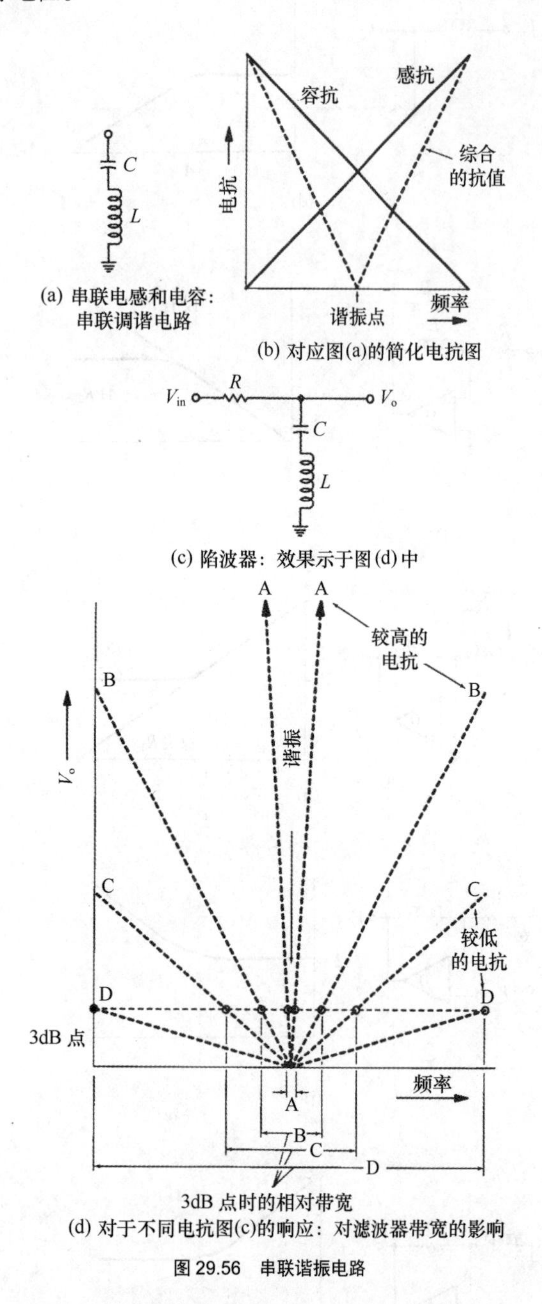

图 29.56　串联谐振电路

29.11.6　谐振品质因数 Q

与单阶网络类似，任意给定的谐振频率上存在着无限种 C 和 L 的组合（也就是说两个电抗分量相等）。类似地，阻抗的大小随着这一数值的变化而变化；谐振点任意一侧（失谐）的电抗幅度和变化率取决于所选用的组合。

在谐振处，尽管两种电抗彼此相互抵消，但是它们各自仍然具有其原本数值。偏离谐振点时，则表现为其实际的电抗特性。如果每种电抗在谐振时均为 400Ω，那么在双方向产生 10% 的失谐时，其电抗值分别为 440Ω 和 360Ω。这种情况下，10% 的变化约相当于上下变化了 40Ω。现在想象一下，采用较小的电容器和较大的电感器来获得同样的谐振频率。其电抗将会相应地大一些。如果电抗是各自 2kΩ 电抗的 5 倍，那么 10% 的失谐将会使电抗变为 2.2kΩ 和 1.8kΩ，或者各自有 200Ω 的变化量。网络阻抗越高，偏向失谐时产生的电抗变化越剧烈。

就其自身而言，串联调谐电路并未涉及太多的阻抗问题。然而，在与外围相联系时，这就变得引人注目起来。图 29.56（c）的串联调谐电路是通过跨接在调谐电路上检测输出的串联电阻器馈送信号的。图 29.56（d）所示的是 3 种不同调谐电路阻抗（以低、中、高电抗为基础）与保持数值不变的电阻器相串联时的输入 - 输出曲线。电抗较高的网络与电抗较低的网络相比，前者的失谐斜率更陡。换言之，较高电抗的网络拥有更窄的陷波器效果，带宽较窄，也就是说它比低电抗网络拥有更大的 Q 值（品质因数）。在所有情况中，检测到的输出电压与相应的单个电抗两端测量到的电压相同。除了两种电抗的相减行为，串联调谐电路并不存在所谓的魔力。

29.11.7　带宽与 Q 值

网络电抗、串联电阻、带宽和 Q 值之间存在着直接的关系。Q 值等于元件的电抗与串联调谐电路中串联电阻的比值（$Q=X/R$），从更为实用的角度来看，Q 值还可以通过滤波器中心频率与带宽的比值来确定（$Q=f/\mathrm{BW}$）。带宽度量的是谐振点两侧 −3dB 点（通常此时的相位已发生了 ±45° 的偏移）之间的频率间隔。如果调谐电路的中心频率为 1kHz，−3dB 点为 900Hz 和 1.1kHz（从学术的严谨性角度讲应为 905Hz 和 1.105kHz），那么其带宽为 200Hz，网络的 Q 值等于 5（频率 / 带宽）。Q 值越大，带宽越窄。

滤波器的谐振频率可以通过改变电感量或电容量来改变。Q 值可通过改变电阻器的阻值，或者可通过同时改变感容网络的电抗量来改变，同时又能保持同样的中心频率。

29.11.8　等效电感

对于大多数调音台类型电路中的电感，最为高效的（从电气和成本上考虑）实现方法是运用数学变换方法来进行电路人为模拟或生成。通常这种实现方法被称为回转器（gyrator）。

真正的回转器是一个 4 端子器件，它将呈现在一个端口上的任意电抗或阻抗变换为另一端口上的镜像，如图 29.57（a）所示。

在输入端上的电容（其电抗随频率的升高而降低）会在输出端口上建立起电感（其电抗随频率的升高而升高）。所生成的感性电抗的大小可以方便地通过改变图 29.57（b）所示的回转器的内部增益平衡结构进行连续改变，这是通过改变背靠背放大器的跨导来实现的，从而得到连续可变的电感。

在声频设计上，实际电感器的名声并不好，它并未全部继承变压器的优良属性。它们体积大且笨重，易于磁饱和。其磁芯的磁滞会导致失真，而且容易拾取到邻近电磁场（除非进行了很好的屏蔽，否则会产生交流电源嗡声和 RF 干扰，而屏蔽反过来会使得电感器更大、更笨重）。绕组和端接容易断开，并且成本很高。

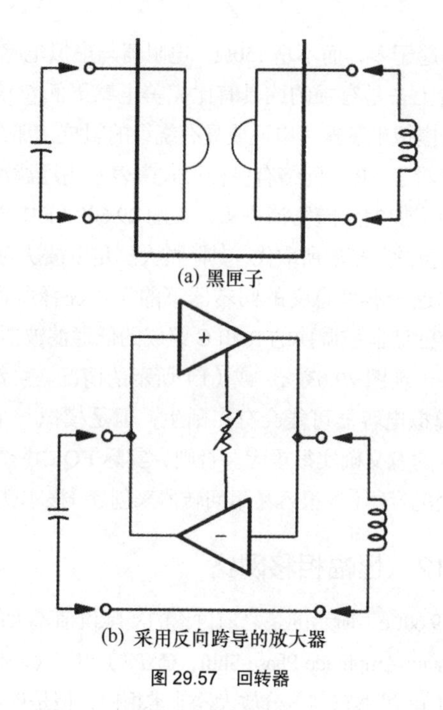

图 29.57　回转器

由此也就不难理解为何要避免使用实际电感器了。很显然，虚拟感抗在质量上与容抗一样出色，它被用来建模和产生回转器电路本身的负载效应。电感的退化采用有效串联损耗电阻的通用形式来表示，承受电感器 Q 值（$Q=X/R$）所带来的困扰。通过镜像电容器产生的泄漏阻抗也要为此承担部分责任。幸运的是，对于普通的均衡器应用，非常大的 Q 值既非必需，也非想要，所以为此选择电容器类型几乎是没有必要的。

连续可变电感器明显的一个扩展作用就是通过在回转电感器上增加串联或并联电容器形成的连续可变带通滤波器，从而构成分别实现陷波器和峰形滤波器的串联和并联调谐电路。尽管对于固定频率滤波器及其由与回转器谐振器串联的电阻器定义的网络 Q 值或锐度是理想的，但是当谐振频率移动时，这种结论就不成立了。

如果通过改变 L 或 C 将频率移得更高，那么谐振时元件的电抗就变得更低，因此，电抗与固定的串联电阻器数值之比（这一比值决定了 Q 值）变得更小，而且滤波器的带宽变得更宽。为了在预计的频率变化情况下保持相同的 Q 值，串联电阻器必须与频率控制联动，但这并不容易实现。如果还必须使 Q 值成为可变参量（就像参量型 EQ 部分那样），那么就会形成相当复杂的一组交互可变控制。基于这一原因，参量型 EQ 被构建成普通的二阶左右的有源滤波器网络，而不是实际的或回转器形式的单独调谐电路。

29.11.9　回转器类型

我们暂且不讨论回转器在可变滤波器中的功能。正如我们所见到的那样，在许多有源滤波器中，它们以一种或两种方式形成第二个电抗。

背靠背跨导放大器类型中的真正回转器搭建、设置和使用都很困难。庆幸的是，有一种模拟可变电抗的简单办法——如果不是纯电抗，至少抗性 / 阻性网络的影响是可预测的。

29.11.10　图腾柱

图 29.58 执行的是将单只电容器 C_1 神奇转换成端口间模拟电感的情况。尽管设置正确时模拟为相当纯粹的电感，但是准确地讲，设置并不直观。实际上，这样的一种电路很可能得到不想要的情况。

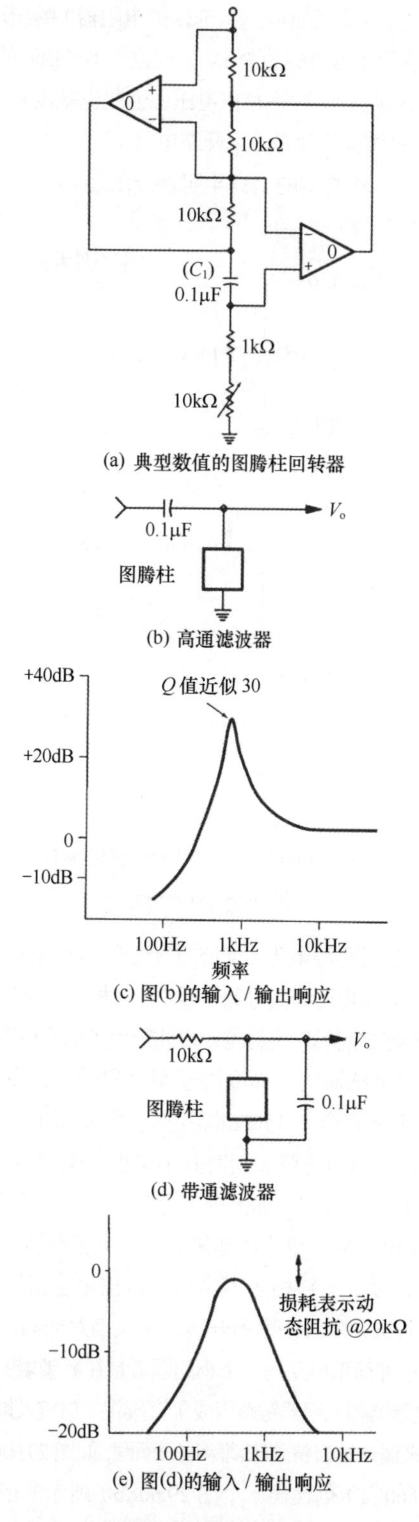

图 29.58　图腾柱回转器

29.11.11 自举

图 29.60(a) 所示的是最简单的、具有典型数值的模拟电感器。它所利用的技术就是所谓的自举(bootstrapping)。图 29.59 所示的是其原理。1 个 1kΩ 电阻器加上 1V 电压将会通过 1mA 的电流。如果不改变 1V 的源电位，则电阻器的底端被钳位在 0.8V 上。这时电阻器上有 0.2V 的电压，所以流经电阻器的电流为 0.2mA。信号源(仍然为 1V)有 0.2mA 的电流从其中流出，期望的电流量将会得到 5kΩ 的电阻值(1V/0.2mA = 5kΩ)。它认为所流经的是一个 5kΩ 的电阻器！继续这样考虑下去，在电阻器的底部钳位为 1V 的电位(不是相同的信号源)就意味着在电阻器两端不存在电压，因此也就没有电流。我们原本的信号源就认为是一个开路电路(无限大阻抗)，尽管实际上还是有一个真实的 1kΩ 电阻器接在上面。

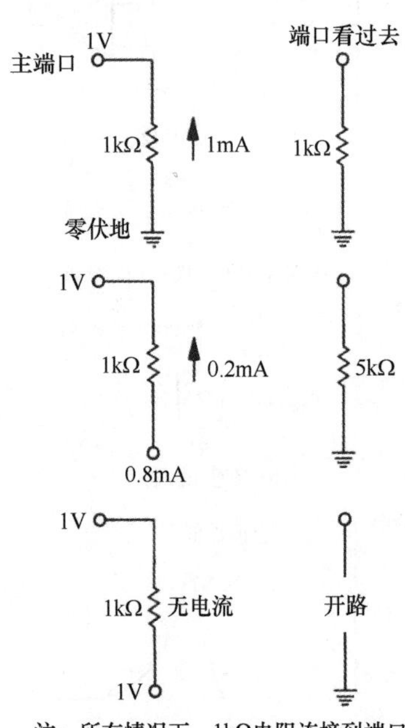

注：所有情况下，1kΩ电阻连接到端口

图 29.59 自举分析

对于任何信号源电压(交流或直流)，这种现象都会出现，提供的瞬时自举电压与信号源一样。任何相位或电势差都会在电阻器两端建立起瞬时电势差，由此产生了电流和视在阻抗。

该虚拟电感器的工作取决于频率相关的自举，在高频时，端口几乎完全被 150Ω 电阻器自举到高阻，随着频率的降低，自举电压下降(同时其相位也发生偏移)。在非常低的频率下，电容器实际上相当于开路。由于不存在自举，所以端口通过 150Ω 电阻器连接到地，电压跟随器的输出阻抗有效值为零。电路相当不错地模拟出电感器，它在低频时具有低阻抗，随着频率的升高，阻抗相对变高。

伴随这种简单电路的一个小问题就是在高频端的并联阻抗(由可变电阻器和电容器链路组成)直接将端口接入地。我们通过跟随器来缓冲端口链路来消除这一问题，如图 29.60(c) 所示。

图 29.60(a) 创建出一个图 29.60(b) 所示的带有损耗的电感器。串联电阻器是 150Ω 自举电阻器，毕竟正确的感抗在低频时趋于零，而不是 150Ω。电阻器与虚拟电感相串联，使得它看上去是有损的或具有比完美电感更低 Q 值的电感器。如果虚拟电感器可以说成具有绕组的阻抗，那么我们就可以这么看了！R/C 网络有多种形式来表示高通滤波器的阻抗，其中附加的跟随器消失了，在图 29.60(d) 中被具有更大输入阻抗的跟随器所取代，其阻抗大到足以被认为是断路。

正如这一典型意义的回转器下的简短注释所言，如果高通阻容滤波器被调换的 R 和 C 组成的低通滤波器所替代，那么就会出现图 29.63(c) 或(f) 所示的情况。虽然对利用电路来模拟电容器可能会有点陌生，但是模拟一个连续可变电容器的意义确实很重大。否则，实际 EQ 中所需要的大数值可变电容器(也很容易用回转器来创建)根本就不存在。

29.11.12 恒幅相移网络

图 29.60(e) 所示的是之前讨论的实际价值不大的恒幅移相(Constant-Amplitude Phase-Shift，CAPS)电路(不同于非常短的延时)。虽然它与差分放大器非常相似，但是该电路可以相对于输入将相位转动 180° ，其中的频率主要由高通 RC 滤波器决定。另外，输入与输出幅度关系一直保持恒定。

具体情况如何呢？图 29.60(g) 和(h) 表示出其信号处理情况，其中为了简化分析，假定电容器在低频是断路的，在高频是短路的，这样，电路在低频时表现为直通的单位增益倒相放大器(-180° 相移)，而在高频时表现为单位增益非倒相放大器(0° 相移)。后一种模式的工作机制是我们感兴趣的。运算放大器实际上是工作于双增益非倒相器下的，这是通过输入脚补偿实现的，该输入脚还穿过仍工作于单位倒相的通路，因此它自然进行相减运算，保持单位增益、非倒相的特点。

29.11.13 模拟的谐振

至此所进行的详细分析全都是创建单阶和二阶滤波器所需要的变量。更高阶的网络可以利用上述两种滤波器的组合来实现。跟踪可变的电容器和电感器可以设计出针对各个频率恒定 Q 值带通滤波器。这最终有助于我们理解关于积分器环路滤波器这种状态变量工作原理的诸多争论。图 29.60(e) 中的 180° 相移电路给出了分析问题的线索。将两个这样的滤波器(具有可变电阻元件的双联)相串联，得到一个性能显著的电路。当设计中出现任何的频率波动时，电路输出电压可以实现与信号源的准确反相(-180° 相移)。通过输入与输出相加，在那一频率上发生直接抵消，并且不会产生其他问题。简言之，频率可变的陷波滤波器具有恒定谐振特征。作为另一种方法，源自输出的输入自举电路实际上改变了输入端口的信号，其作用与接地的串联调谐电路极为相近，如图 29.60(j) 所示。借助于同时跟踪的模拟电感和电容，在所选择的工作谐振频率上准确地保持同样的元件电抗，则电路频率连续可变，并且 Q 值恒定。这便建立起相同源电阻、相同电抗和相同的 Q 值。

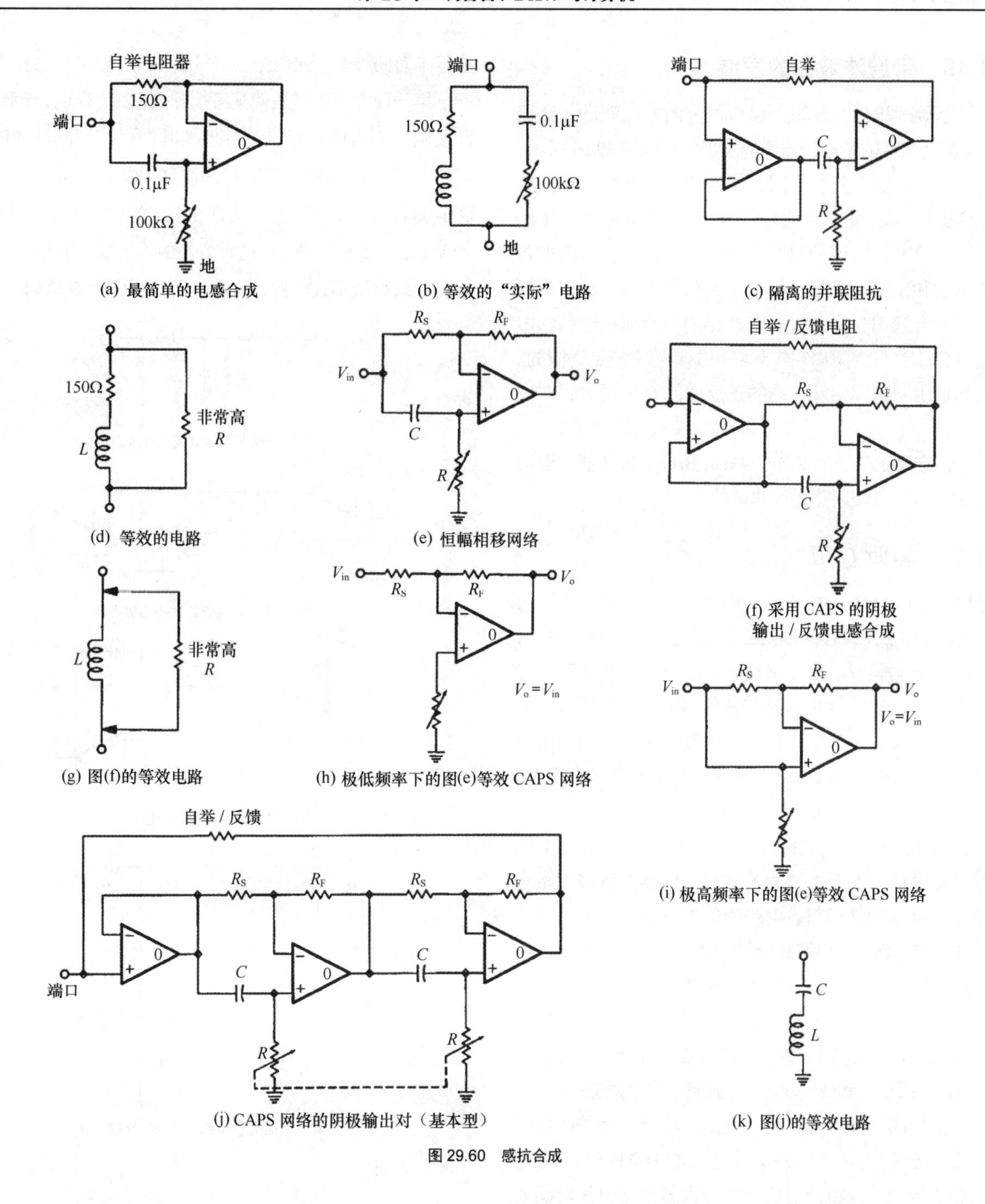

图 29.60 感抗合成

29.11.14 恒 Q 与恒带宽

可以肯定的是，相同的 Q 值并不意味着有相同的滤波器带宽。随着谐振频率的改变，带宽也随之按比例变化，毕竟带宽是频率与 Q 值的比值。在一些有源滤波器（比如多反馈类型）中，当中心频率变化时，它们表现出恒定的带宽：中心频率变化了 10 : 1，Q 值也变化 10 : 1。当然，这种滤波器很少用于实际的 EQ 当中。值得一提的是，尽管 Q 值随频率以相反的情形发生变化，我们还是期望以正常的变量情况来调谐电路。随着频率的升高，Q 值使曲线变得更加尖锐。恒定带宽滤波器就是一个很好的例子。

29.11.15 Q、EQ 和音乐

当频率变化时，要想在整个频域上进行创作或者想要让信号保持干净，应维持谐振型滤波器是恒定 Q 值。这源于心理声学、人们对可闻刺激的反应方式，以及声学上处理问题的自然方法。

如果问题是声谐振，那么在调音台上就需要类似的电学谐振响应整形来补偿、选取或者模拟它。声学特性是通过单阶和二阶滤波器，以及已经针对 EQ 研究过的时域效果准确模拟来定义的。

覆盖有吸声材料的不同墙体表面的吸声特性与搁架型 EQ 曲线非常吻合。开孔和部分封闭空间的各种行为类似于电子谐振电路中的二阶谐振。房间的尺寸决定了它能支持的最低频率，这一点与高通滤波器很像。初始和其他大空间反射效果与在声频上引入的精心调整的电子延时效果非常相近，与频率相关的声传播特性是利用滤波器的过渡特性来模拟的。

29.11.16 带通滤波器的发展

一旦基础理论建立起来，那么滤波的方法就迅速涌现出来了。深受欢迎的带通滤波器的发展历程如图29.61所示。开始之初，它是两个具有共同分频点的可变无源单阶滤波器，它们被绑定在一起，以便它们能跟踪工作。图29.61（b）稍微做了点改变，以便让相互作用最小化，它所示的电路带上了驱动和感应放大器。包围于倒相放大器周围的两个网络彼此完全隔离，以此改善滤波器的响应曲线形状。由于带通 Q 值相当低，所以在实际应用中其范围还是有限的。由放大器输出回到同相输入端的正反馈使 Q 值更大，曲线更加尖锐。

对了，它看上去确实像一个 Wein Bridge 振荡器。取得高 Q 值的尝试也被证明是无可非议的！

29.11.17 审听 Q 值

这引发了过大 Q 值的问题。庆幸的是，极高的 Q 值（大于10）是不必要的，或者在EQ应用中不能使用。Q 值越大，被改变的信号实际频谱成分就越少，所以尽管其实际的峰值增益或衰减与较低 Q 值、滤波器的相同，但是所产生的主观感知变化会更小一些。在设置滤波器用来准确地增强或微调想要的效果时需要敏锐的判断。这时的调谐很困难，容易发生调整过度的情况。

随着 Q 值的提高，会出现一个转折点，此时你不会像滤波器自身那样去倾听滤波器的效果。调谐的谐振电路本质上是交流电能存储机制，电路中的能量会在两个电抗元件之间来回转换，直至电路将能量耗散为止。Q 值越大（所定义的损耗越低），该信号存储就越明显。

我们将高 Q 值电路看成一口钟，这只不过是同样事物的声学形式而已。如果钟被物理方式或调谐音调的可闻声频率所激励，那么它就会形成振铃，直到它自然衰减掉为止。滤波器也是如此。瞬态将设定滤波器与其 Q 值相关的振铃衰减时间。在滤波器频率上音乐所包含的能量也与之一样，听音人在初始瞬态或激励之后会听到振铃持续很长时间才会停止。尽管这对于笑声效果会不错，但是极高 Q 值和最终将枪声拖到日落的效果对于任何实用的EQ而言都是没有价值的。用瞬态来冲激这样一个滤波器会在滤波器的频率上产生出几乎与衰变正弦波一样的序列。

通过声频通路的方波有利于终止几乎任何频率上形成的撞击型谐振振铃。这是一种破解无益的响应凸起、相位和不稳定问题的简便方法。转折点（此时滤波器的振铃是可闻的）还是很低的，根据节目素材的属性，Q 值在5～10。

29.11.18 推进或阻碍？

如今不难理解谐振电路和振荡器有非常密切的近亲关系——通常无法对其进行区分，除非使用了极特殊的元件数值。利用有源滤波器技术来实现谐振带通特性的解决方案基本有两种。

第一种方案就是从使其可控开始，差的表现、无源网络，以及随后引入的正反馈都会促使其产生可预测性能的（我们希望的）不稳定。反馈将滤波器的特性夸大化，同时将 Q 值提高到想要的程度。此方面很好的例子就是图29.61所示 Wein Bridge 的演变。这种方法的最大缺点就是 Q 值相对于反馈调整量不成比例，尤其是尝试严格的 Q 值时。

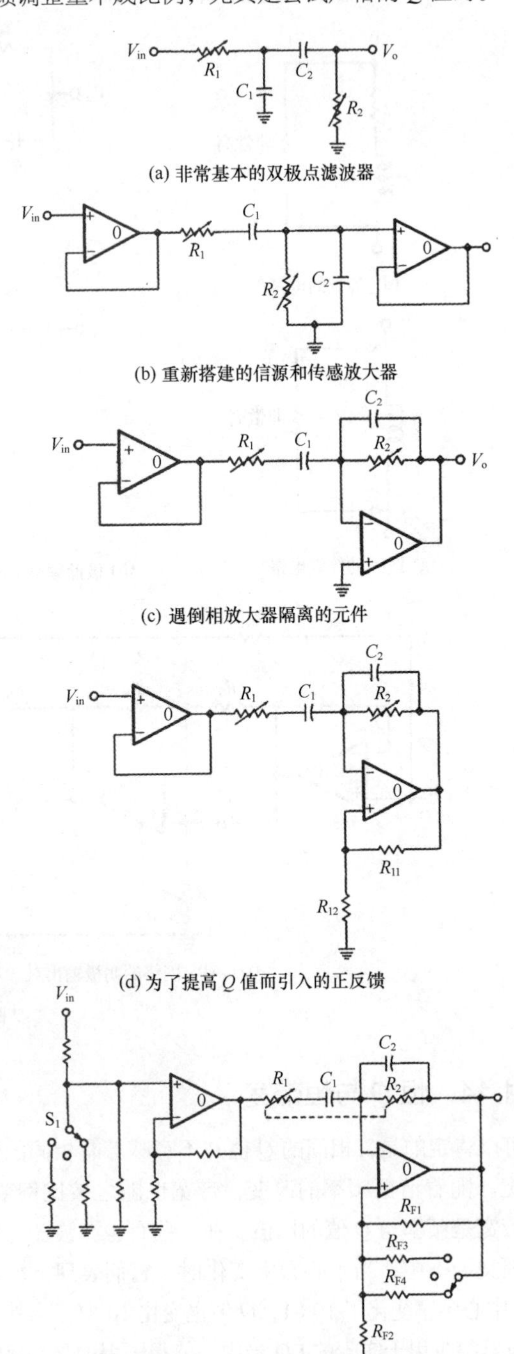

图29.61 带通滤波器的发展

第二种方案是从振荡器和随后的阻尼开始，直到其得到充分的控制。这是状态变量滤波器、双二阶滤波器，以及类似的积分环路型有源滤波器。

29.11.19 双积分环路

不论好坏，用于参量均衡器的大部分受欢迎的滤波器拓扑中的各种因素有很大不同。如图 29.62 所示，其中环路中连接的 3 个反相放大器看上去似乎是完全没有意义的电路，而现实也确实如此。它表现出的（假设是完美的运算放大器）是稳定性很好的安排。由于每级都产生倒相（180°相移），所以第一个放大器部分接收的是一个完全反相（倒相）的反馈，抵消了环路内任何漂移或摆动的倾向。去掉 180° 相移将会导致产生完全同相正反馈，其结果就是未知频率振荡器主要是由放大器综合传输时间来确定的。

仅对一个特定频率下安排成 180° 失相，其结果就只在那一个频率上存在不稳定。换言之，振荡是可控的。两个倒相放大器组成的积分器会产生 180° 的失相，如图 29.62（b）所示，之所以这么说，是因为它们的动作就是对数学上的积分函数进行电子模拟。

读者可以将积分器视为从图 29.59 中的单阶滤波器变形而来。在此，其幅度响应意义并不很大，有用的是其相位响应，即在给定的频率（由 R 和 C 的数值决定）上，相对于它们的输入有 −90° 的相移。两个连续的、数值绑定的积分器建立起 180° 的相移。

可以有多种方法阻止环路发生振荡。

（1）调整余下倒相器的增益。这是十分重要的，就如同确定 Q 值的 Wein Bridge。

（2）将一只电阻器添加到积分器电容器当中，如图 29.62（c）所示。从本质上讲，这是个双二阶（biquad）滤波器（之所以称为 biquadratic，是因为其数学表达式决定的）。Q 值在很大程度上取决于容抗与并联电阻之比，因此，它是随频率的变化按比例变化的。对于固定频率应用，双二阶易于实现，性能较为稳定，且可预测。

（3）移相负反馈。虽然这并不是真正的负反馈，但是它是从第一个积分器的输出（90° 相移）获取的反馈信号。它给出了一个易于管控的变化，并且 Q 值是恒定的，与滤波器的频率无关，如图 29.62（c）所示。作为状态变量滤波器的基础，如果当今大部分商用模拟调音台设计被认为是可信赖的，那么这一切可能要归功于“有源滤波器的成功”。

像图 29.62 所示的那种环路滤波器本身存在许多固有的问题，这些问题通常被运算简化和良好的设计所掩盖了。

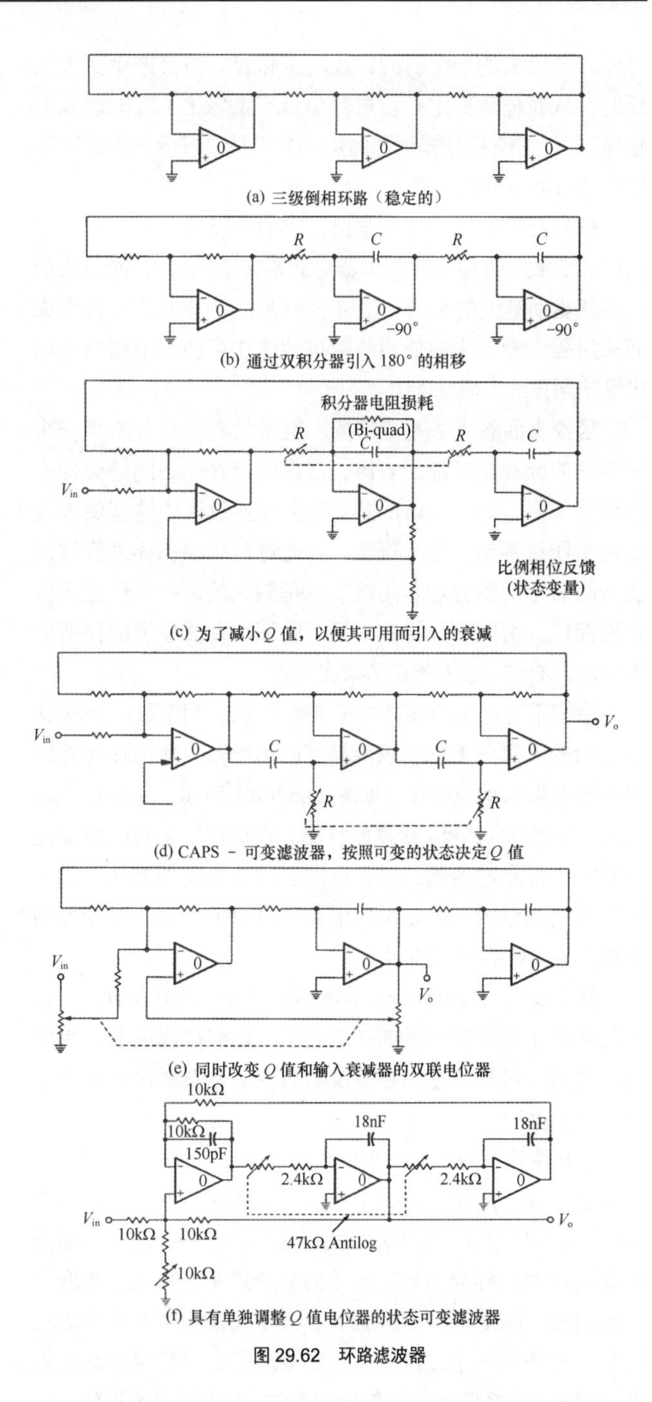

(a) 三级倒相环路（稳定的）

(b) 通过双积分器引入 180° 的相移

(c) 为了减小 Q 值，以便其可用而引入的衰减

(d) CAPS － 可变滤波器，按照可变的状态决定 Q 值

(e) 同时改变 Q 值和输入衰减器的双联电位器

(f) 具有单独调整 Q 值电位器的状态可变滤波器

图 29.62 环路滤波器

29.11.20 稳定性和噪声特性

环路内的每个放大器都具有一定的延时，累加起来的结果会在放大器的开环带宽内产生明显的相移。虽然有些简单相加是由积分器带来的，但是叠加放大器周围的总体时间的不连续性可能会加剧数兆赫范围上的不稳定。在叠加放大器周围为此所作的补偿也可能会引入进一步的相移，严重破坏滤波器的高频性能。

积分器安排本身的属性带来一些问题。在反馈容抗的极端情况下它们就会表现出来，即在非常低和非常高的频率上，其电抗分别呈现出近似开路和短路的情形。

对于典型的声频 EQ，积分电容器数值（可高达 1μF）可能相当稳定。这里存在两种进一步恶化的情况。

（1）电流限制。运算放大器的电流输出能力足以将这种大小的电容器瞬间充电吗？如果不能，那么在运算放大器转换率限制启动之前这将导致信号频率和信号电平处在最低值。放大器就可能无法足够快地提供出足够大的电流。

（2）有限的器件输出阻抗。可以肯定的是，几乎一定存在与运算放大器开环输出阻抗相关的另一个小问题，这一问题对应于电阻器与器件输出相串联所形成的时间常数，以及与积分器电容器一切构成的滤波器（这并不是想要的）。

另外，多出来的一个时间常数就意味着环路会产生更大的延时，从而导致稳定相位边界余量严重恶化（可能已经很临界了）。它给积分器附加的延时为零是最好的，由此可降低高频时的积分器效率。

积分器需要许多器件输出，它们不仅要处理难以处理的抗性负载（许多运算放大器对此都疲于应付），而且它们还必须驱动其他的电路（比如下一级）。出于噪声方面考虑而采用强大驱动来降低电路阻抗的做法可能使电路马上超出最佳运算放大器的能力。

尽管表面看上去是稳定的，但是状态变量并不是一个无条件的或稳定可靠的安排，潜在的带外动态问题会使声音性能下降。令人惊讶的是，许多商业设计中这些滤波器都还工作得不错。开个玩笑，对此进行脉冲和猝发音测试会表明假定的积分器零阻抗节点是骗人的，有时只是大体正确而已。由此可以肯定的是，运算放大器疲于应付所提的要求，滤波器没有按照要求去工作。

除了不可避免的环路效应（通常与时间相关），有关状态变量的大部分不想要东西都可以用恒幅、恒相移元件取代积分器来消除或缓和，如图29.62（d）所示。这便出现我们最为熟悉的CAPS-变量滤波器。在这里，所有的组成元件基本上都是稳定的，并且提供了独立的器件补偿。对于任何频谱成分没有未定义的增益。这似乎是让滤波器外围电路变为更健康格式的起点。

状态变量/CAPS-变量滤波器的另外一种处理方式就是迅速解决了之前讨论的有关回转器、L和C滤波器、串联调谐电路，以及似乎尚存争议的有源滤波器解决方案中存在的问题。

谐振取决于两个作用相反的电抗（相位效应相差180°）的反应。除了用差分方式（在指定的频率上，一个元件为+90°，而另一元件为-90°）实现这一目标外，这些有源滤波器通过对同样检测相移的叠加［-90°+(-90°)］来取得总的相差，即相差仍然是180°。其中还是包括有两个电抗网络，它还是一个二阶效果。在考虑的所有情况之后，主要的差异是：这种环路型有源滤波器存在中间谐振相位，它以与输入有90°相差的形式表示出来，其结果便是：两个电抗效果处在同样的检测下，这与实际的LC网络谐振点的零相移表现截然相反。

29.11.21　Q值与滤波器增益

几乎每个谐振型有源滤波器在谐振时都具有增益特性，该特性至少与滤波器的Q值直接相关，往往与Q值成正比。这就意味着Q=10的滤波器通常在谐振时具有的电压增益为10（20dB）。很显然，这并未使实用均衡器的制造变得更加容易。它可做的事情并不多。即便是指定一个最大的Q=5（14dB增益），相对于Q=10而言也只不过损失了6dB的提升量。

这代表的是在滤波器频率处动态余量被蚕食的一个非常稳定的系统模块，它也让和-差矩阵有必要提供通常难以实施的提升和衰减功能。显而易见的解决方法就是将进入滤波器的信号衰减与所期望Q值滤波器增益相同的量。安排一个对信号源也进行相应衰减的连续可变控制并不是件简单的任务，至少对滤波器而言是这样的。或许最直观的例子就是图29.62（c）所示的情况，其中状态变量型滤波器及其延迟网络中的衰减器在输入/叠加放大器之前随衰减器一起联动改变Q值。在合理的限制范围内，它在非常有用的Q值范围上保持谐振峰值输出恒定。图29.62（f）所示的是一个更为巧妙、应用更为普遍的解决方案：在叠加放大器的同相输入端上设置的单个电位器主要有两个目的——滤波器Q值和输入电平控制——它具有互补和简单的特点。

其他的大部分滤波器在连续改变Q值方面做得并不完美。在更换相应的输入衰减的同时切换不同的Q值是相当常见的实用且可操作的解决方案，它几乎适用于任何滤波技术。图29.62（e）所示的是采用了这种方法的改进型Wein Bridge安排，以此提供3个可供选用的Q值。在阻抗上，衰减器数值一定要高，以避免信号源有过重的负载，在有些实用EQ中，这一因素可能是很重要的。

29.11.22　高通滤波器

图29.63所示的是两个基本的单阶高通滤波器。对于高通滤波目标，关键是随频率的降低要将到地的感抗降低，如图29.63（f）所示，随着频率的降低要提高容抗，如图29.63（g）所示。

将图29.63（a）中的两种电抗组合在一起，并省略掉电阻器会发生什么情况呢？正如所期望的那样，两种特性相反的电抗组合在一起会导致最终的滚降速度是单阶时的2倍。然而，它们也会在两种电抗数值相等的频点出现谐振峰。谐振Q值是元件的电抗与电阻之比，在电路中通过端接电阻器的方式有意地引入损耗，以此来控制谐振，从而得到不错的平滑带内响应，如图29.63（b）所示。

作为取代基本回转器或模拟电感器的一种实际方法，图29.63（c）自然会工作得不错，甚至比我们所期待的还要好。滤波器输出可以直接取自回转器放大器的输出，这样就免去了用另一个放大器作为输出缓冲器的必要。进一步而言，我们可以提高自举电阻器的数值，将所需要的损耗量自动引入电感器当中，从而得到正确的阻尼（请参阅29.11.9小节中关于回转器的讨论）。

更进一步，我们会很容易地通过改变调谐电阻器来改变滤波器的转折频率。当然，在这么做的过程中，元件的电抗与损耗之比会随之改变，从而导致阻尼系数（也就是所说的Q值）也随之改变。频率变化和所要求的阻尼变化直接相关联，且处于同一意义之下，可以利用双联控制同时来改变。甚至是，如果我们所做的叠加正确，则可让两个绑定的声轨具有同样的数值！

将图 29.63（c）重新绘制便得到了图 29.63（d），它是一个更为常见的经典 Sallen-Key 高通滤波器安排。随着 Sallen-Key 滤波器的演变，它变成了一个等值滤波器（其中两个电容器是相等的，并且两个电阻器是相等的），其结果是响应的形状不够多。将响应裁减并变为准 Butterworth（它是基于这样的一种假设：两只电阻器要比特殊的双联电位器便宜得多）的权宜之计就是在回转器缓冲放大器（这为放大器提供了更为健康的工作模式— 跟随器是个坏消息）中引入增益来改变阻尼，如图 29.63（e）所示。这种阻尼调整技术（顺便提一下，它是独立于滤波器频率的）的一个副作用就是引入了输入 - 输出带内增益。为了获取滤波器频率响应最大平坦度必须要引入的 4dB 增益可以包含于整个系统增益中，或者是采用另一种方法，即在其前面设置补偿衰减器。这同样可以被安排成固定频率、带端、单阶高通滤波器，以加速带外滚降衰减斜率，进一步的选择方案就是让滤波器的输入在两个电容器之外，以便输入信号在被衰减所要求量的同时组合电容量对于滤波器而言还是正确的，然而，这对于足够大的驱动而言可能就是个梦魇。对于许多应用，4dB 的富余量并不是个问题——这可以简单地作为系统电平结构的一部分。

4dB 可能会是件麻烦事。在特定应用中，普遍采用的或必须采用倒相滤波器级的多反馈配置工作效果不错。的确，与 Sallen-Key 的情况一样，它没有了近似跟随器的问题，而利用了运算放大器。在高 Q 值或极端频率下，有些元件的数值可能会远远偏离于这里描述的 EQ 和滤波器中见到的普通中频时的阻抗数值，因此人们应该了解可能出现的噪声或者运算放大器电流驱动的限定问题。与所描述的 Sallen-Key 有所不同，它可能不容易连续改变转折频率，而且使用了 3 个电容器作为确定频率的元件，而不是两只电容器。不过，对于固定频率滤波器，这是种非常友好的拓扑。

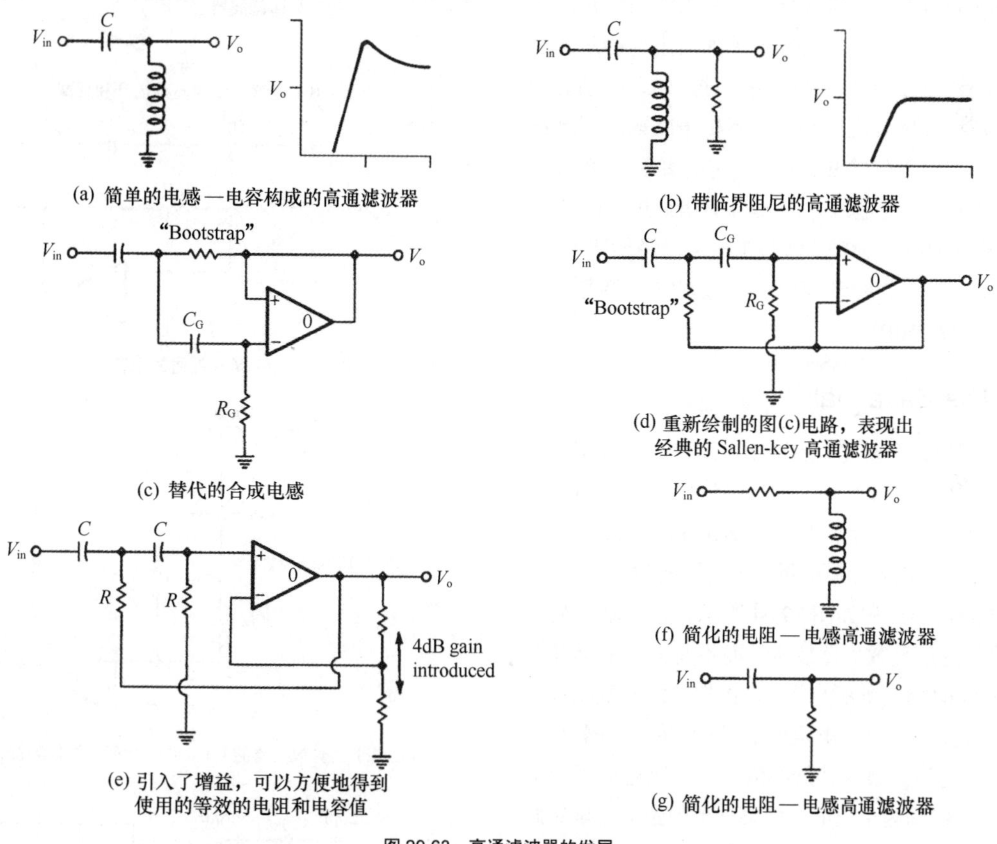

图 29.63　高通滤波器的发展

29.11.23　二阶、三阶还是多阶？

即便对心理声学没有做过深入的研究，耳朵还是会轻易注意到三阶或更高阶滤波器所带来的问题，其原因在许多方面显然都与高 Q 值带通滤波器一样。这对信号通路的瞬态响应产生严重的影响，而且振铃型时间相关成分被引入信号频谱当中。

对这种影响并不过分反感的一个应用就是利用滤波器来确定可闻高低频极限值得到的带宽。在可闻频带内，人耳对这样的人为衍生物是相当苛刻的。

瞬态响应的改变和时域影响并没有就此结束，滤波器转折区内乐器基频及其谐波之间的关系很可能被感知为声音不自然，尤其对于基频相对于谐波被衰减时情况更是如此。

假定它是与 Bessel 或 Butterworth 特性相关的 Q 值适中滤波器，二阶滤波器在两方面均表现不错。它们对瞬态响应的干扰较小，对音质的改变也较小。被较缓滤波器处理的声音比较陡，而比滤波器处理的声音听上去更自然且更富乐感，对这一结论持怀疑态度的人极少。小量的波纹将会在滤波器频率响应上留下少量可控的欠阻尼隆起。这会带来两个后果：一个是带来稍微快一点的带外滚降速率，另一个则是主观效果，响应隆起将会引入过多的节目能量，这有助于补偿转折频率之下的能量损失。对滤波器所带来影响的感知更多地体现为声音的轻微变化，而不是低频响应的直接跌落，这比追求技术上近乎平坦、测量结果完美的滤波器能达到更好的主观折中。

29.11.24　均衡控制

虽然取得了没有任何修饰的自然响应形状（高通、低通、钟形带通，或陷波），但确实无法形成有用的 EQ 系统。形状（即便频率和带宽是可变的）要么有、要么无；要么在输入，要么在输出；要么明显、要么隐含；一些取得效果强度控制的方法至关重要。到目前为止，最常见的（但肯定不是唯一的）控制要求且使用者很容易理解的就是提升和衰减，在相关各种滤波器的频率区域上，要求能在限定的范围上进行任意可变量的提升或衰减。单独决定这些限定是对一个，还是两个要求有利，则取决于对诸如系统动态余量、使用者的熟练程度及应用等诸多不相干问题的权衡结果。为单独音效专门创建的 EQ 不是稳定的装置。20dB 的调整确实存在过（不幸的是，这并不是未曾听说过的情形）；相比而言，对于讲话声，6dB 的调整量通常已经足够大了。对于通道型 EQ，大多数生产厂家普遍接受的电平调整量的中间值在 ±12 ～ ±15dB。

29.11.25　The Baxandall

Hi-Fi 型音调控制需要类似的基本电路设计，以实现对高频和低频的提升和衰减控制，这种设计理念可以追溯到 20 世纪 50 年代彼得• 巴特桑德尔（Peter Baxandall）所开展的工作，此后其各式各样的更新形式已经成为行业标准。Baxandall 理念的发展历程如图 29.64 所示，它是基于如今人们已经很熟悉的运算放大器技术，而不是分立的晶体管或电子管。图 29.64（a）所示的是一个虚拟接地型倒相放大器，其增益（数值等于反馈电阻器 R_F 与串联电阻器 R_S 的比值）可从近似无穷大衰减（最小值）变化至近似无穷大增益（最大值），中间为单位值。如果一个固定增益确定脚被引入，而可变脚进行频率感应，如图 29.64（b）所示（在这一例子中，采用的是简单的单阶高通滤波器 — 串联电容器），那么增益的摆幅只发生于那些滤波器的通带内。针对频谱其他部分的增益由两个固定电阻器决定。如果这个固定链路被与最初的不发生明显频带重叠的第二个频率感应网络所取代，那么两个链路会独立改变其频率范围，如图 29.64（c）所示。固定链路是唯一必需的，否则这里由频率感应网络定义的增益就是不可预知的。

图 29.64（c）所示的双保险低通安排（用于低频提升和衰减）可以合理化为图 29.64（d）所示的更为高级的电路。该电路更像起决定作用的 Baxandall 电路。除了利用提高感抗的方法来隔离低频提升和衰减电路，控制则是通过相对小的电阻，以及通过电容旁路高频的做法来缓冲。在低频，随着容抗升高，有效旁路的性能降低了，控制效果不断加强。更进一步的改进就是用一对数值小的嵌位电阻器，它们确定了整个网络的最大提升和衰减量。

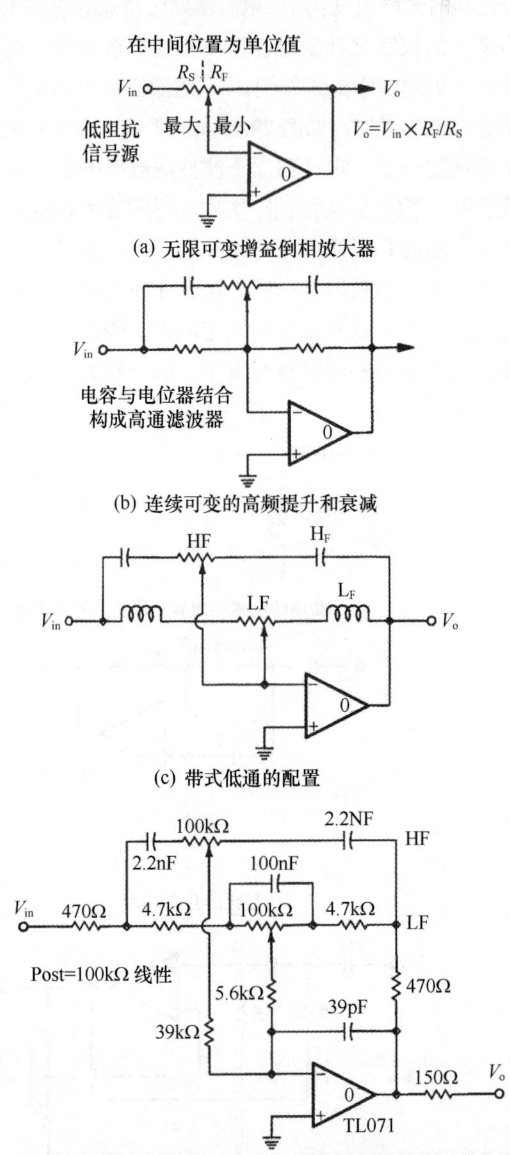

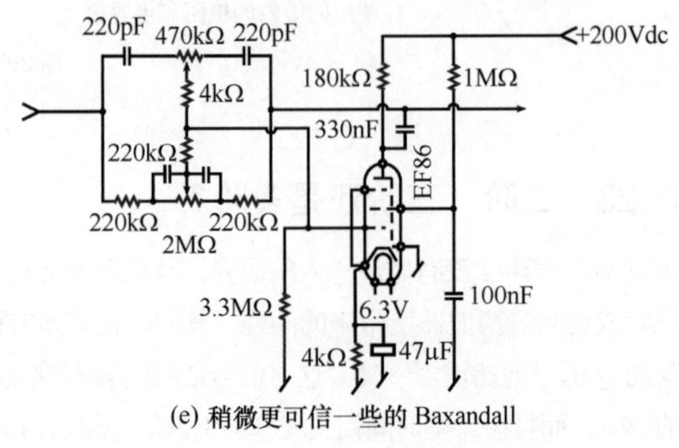

(e) 稍微更可信一些的 Baxandall

图 29.64　Baxandall 型均衡器的发展

很显然，在同样的安排下，可以配置更为复杂的 EQ。利用图 29.65 所示的任何方法都可以方便地引入中频钟形曲线，这给出了利用电感器来避免采用实际调谐电路的启示。

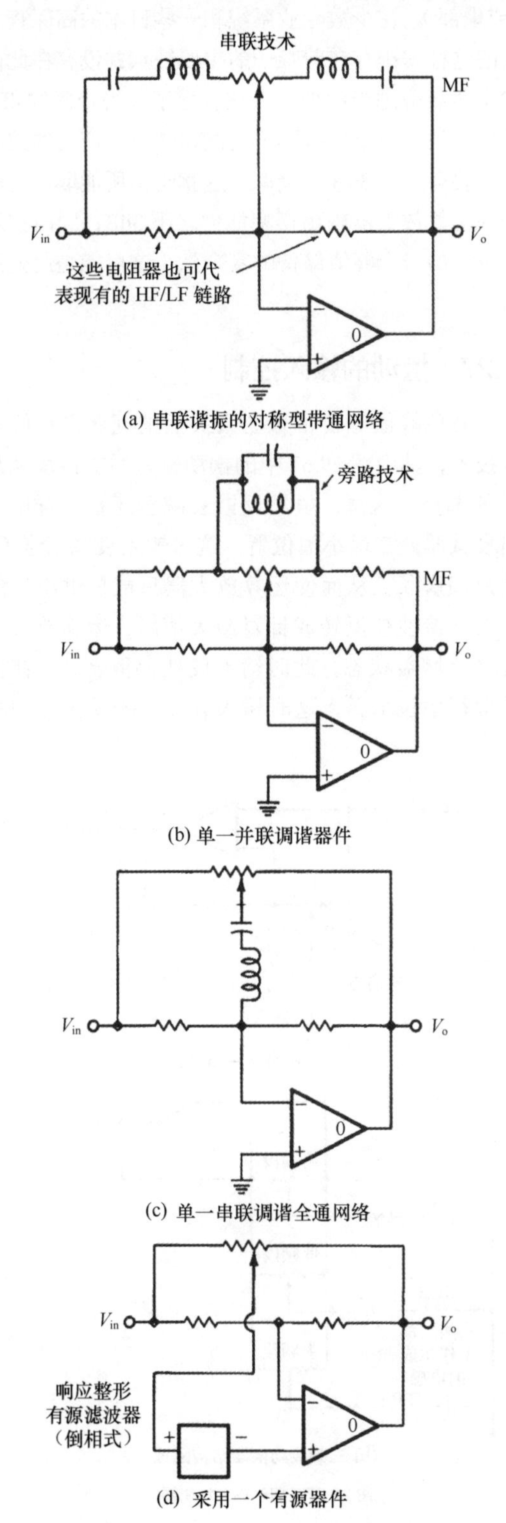

图 29.65　在 Baxandall 均衡器中的谐振频率选择器件

相对于信号源 V_{in} 而言，相位上要么为正，要么为负的变化信号可以从直接跨在现有高频和低频链路两端的电位器上选取，采取一个有源滤波器安排产生出所需要的幅度响应形状。信号随后可以从虚拟接地点（连接到高频和低频链路上）返回到环路，或者返回到同相基准输入端，如图 29.65（d）所示，具体则取决于滤波器的绝对相位是正，还是负。业内似乎还是喜欢利用 Wein Bridge 带通或状态变量积分器环路型来实现这一方案。

这样的有源链路可以引入任意个，所产生的两大难题不会成为过分干扰因素。

- 难题 1 是频率分组之间的相互作用。从最好的层面讲，挂在一起的两个工作于同一频率上的要么可调要么重叠的控制链路是欺骗，从最差的方面讲，这是弄巧成拙。在 Baxandall（与大多数其他安排一样）中，如果通过一个控制在指定频率上取得最大增益（比如说，15dB），那么第二个类似的调谐链路调成最大将不会再给出所期望的另外的 15dB 增益。整个环路已经工作于接近钳位电阻器所定义的最大增益状态下。一个明显的测量结果就是：对于扫频钟形曲线的最大提升和衰减能力被限定在搁架式高频和低频曲线重叠的范围内。

从实践经验中我们得到一个基本的规则：由最少的电子器件所构成的大多数 EQ 是不允许重叠进入具有 ±6dB EQ 效果的任一条曲线点之外的。最好是利用另一个 EQ 级来实现重叠，尽管这样会带来其他的折中考虑。虽然在一级上的并联部分（相加）是有效的，但会产生相互作用，部分隔离要求后续各级采用成本更高的乘法技术。另外一种考虑就是许多靠耳朵调谐的操作人员喜欢并接受相加的划分，而那些更偏重分析的人员则倾向于使用乘法。

- 难题 2 就是噪声。采用纯无源定频组件的基本 Baxandall 是一种相当安静的安排。对于平坦时的控制，理论上噪声只比放大器单位增益噪声加上网络电阻产生的热噪声高出 6dB——全都处在 -100dBu 的区间附近。噪声特性随控制改变而变化，就如同对放大器所预期的那样，其增益直接操控所关注频率产生的噪声——如果高频提升，那么高频噪声就加大，以此类推。

只要存在有源滤波，就不可避免地会引入更大的噪声，通常也会产生更明显的声染色，其影响也更易被人们感知到。更有甚者，不论控制位置在何处，这种情况都存在。

即便相应的控制处在中性位置，人们还是常常会听到滤波器频率扫频变化时产生的嗖嗖噪声。连同源自有些滤波器噪声的这种奇特频谱特性，尤其是积分器环路的类型，这是非优化阻抗和几乎存在于设计本身的不确切稳定性所带来的一种结果。

29.11.26　摆动的输出控制

Baxandall 的信号源阻抗与反馈阻抗间的比例法方案并不是实现对称提升和衰减的唯一方法，可能还有同样简单和性能优良的解决方案。图 29.66 中所示的是开发出的一种反相放大器，这是一种反馈脚内实施闭合控制的方法。它具有不必控制运算放大器同相输入的优点，无须使用前向低阻信号源和缓冲放大器。对这种摆动的迂回策略是缓冲放大器高目标源负载阻抗所必需的，因为输出在阻抗方面是变化的，而且阻抗还包含在运算放大器的反馈环路之中。严重的控制法则修正、伴随不稳定产生的潜在相位容限损害，以及一定的峰值储备损失都会因端接不慎重而受到惩罚。

当反馈链路的衰减量等于输出衰减量时，便可实现图29.66(a)中的单位增益，反馈衰减器导致运算放大器产生的电压增益与输出衰减器损耗的电压增益相同。图29.66(b)利用滑动电位器替换了衰减器的两个底脚，从而实现提升和衰减的功能。当电位器朝最小值方向滑动时，反馈脚被有效延长到地，放大器增益有所减小。与此同时，输出衰减器短了很多，从而使输出降低了。在最大值处的情况则正好相反，反馈脚被缩短了，运算放大器的环路增益提高了，与此同时，输出衰减器被延长了，输出损失较小。小的钳位电阻器将整体增益摆动限定在单位值附近，否则变化会处在从零到震耳欲聋的范围上。

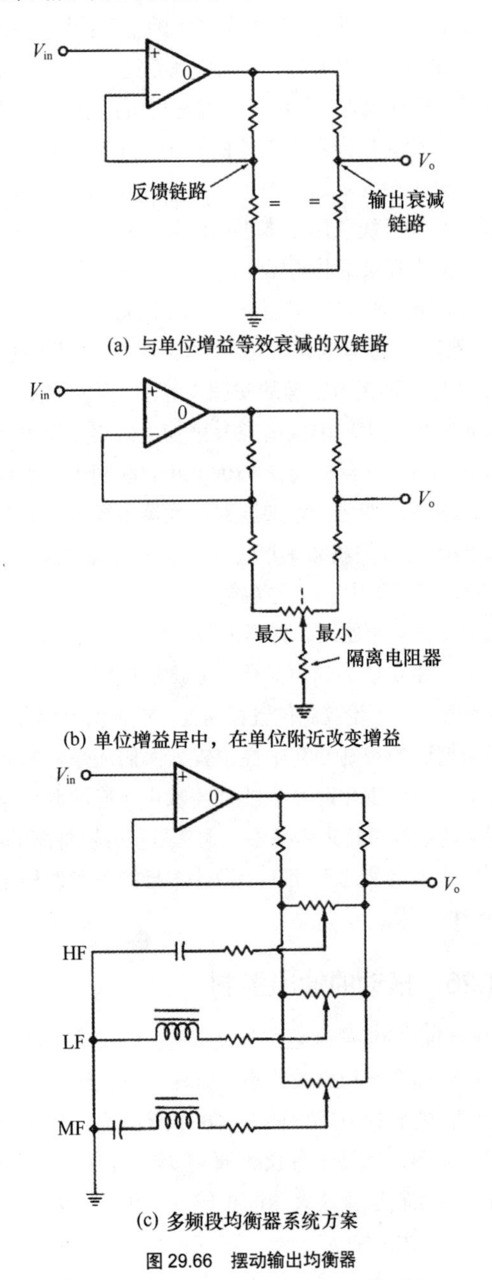

(a) 与单位增益等效衰减的双链路

(b) 单位增益居中，在单位附近改变增益

(c) 多频段均衡器系统方案

图 29.66 摆动输出均衡器

在电位计的接地脚［或图29.66(c)的脚］引入电抗和复合阻抗再次导致整个频带的提升和衰减控制，此时的电抗为最小值，即电容器对应的高频，电感器对应的低频(实部或虚部)。在少数专业系统和一些日本的高保真系统中采用的这种安排存在着唯一的主要缺点并没有在此前提及的输出负载考虑当中加以表述。为了取得合理的dB/旋转量线性特性，两个衰减器(反馈和输出)产生的控制在中心处需要有大约3dB的衰减。这就暗指所能取得的输出电平处在运算放大器输出摆幅能力之下3dB，同时在均衡器级内设置出一个峰值储备的富余量(这可能是此处最需要的)。

29.11.27 摆动的输入控制

为了避免峰值储备带来令人头痛的问题，我们采用类似的技术，其中图29.67中的摆动输入增益模块就是非常不错的选择。这里，虽然反馈衰减器还是一样的，但是输出衰减器处在最小值位置，这对输入衰减相当不利，这时的反馈脚长，从而使运算放大器只能提供小量的增益。当衰减特性被反转成针对最大值时，运算放大器工作于高环路增益状态，此时输入仅被稍稍衰减。在控制中心处取得单位增益，这时输入衰减等于放大器的补偿增益。

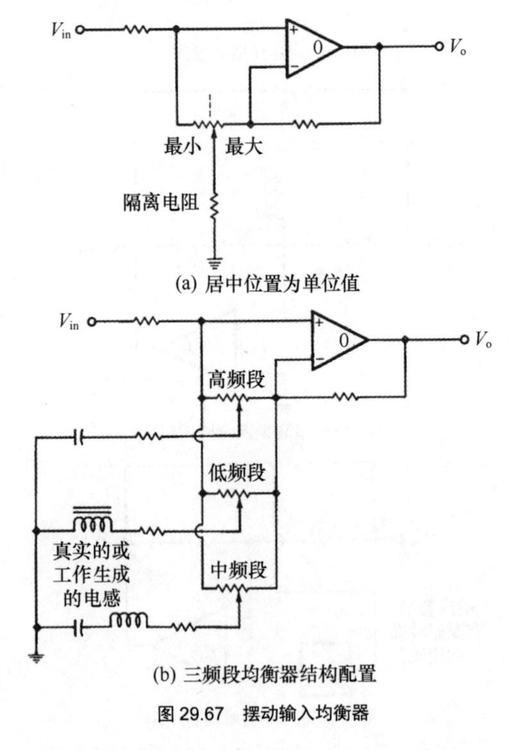

(a) 居中位置为单位值

(b) 三频段均衡器结构配置

图 29.67 摆动输入均衡器

在该电路配置内的噪声机制间存在很诱人的折中处理。假定3个控制(针对相当基本的高频、低频和中频扫频曲线)相互作用演变成大灾难之前放大器可以有10～20dB的频率感知背景增益(即所有控制在平坦位置)，那么乍一看就会觉得噪声要明显高于Baxandall。然而，放大器周围的阻抗要低了大约一个数量级。这便大大降低了由阻性元件和运算放大器内部机制所产生的热噪声。

另外，对于中性控制，由有源定频滤波器所产生的噪声相等地进入运算放大器的反相和同相输入端。差分放大器将其视为共模信号（即插入了相等的滤波器噪声）抵消掉了，并不会出现在输出。

由于相互作用也可能会产生干扰，故应注意避免产生过多的频带重叠。中心抽头电位器（抽头接地）消除了许多相互作用产生的影响，但代价是增加恒定背景增益（噪声）和特殊的、棘手的增益变化线性与控制旋转量之间的关系问题。

29.11.28 实用的 EQ

图 29.68 所示的是 3 段参量 EQ 外加通用搁架式高频和低频控制的细节。它被设计成很容易简化的高频、低频，外加中频参量均衡频段划分的形式，以满足那些并不需要有完全功能的应用场合。每一单独的频段可以通过开关将预置的控制加入处理通路或从中旁路掉。利用联动电阻器实现的简单通 / 断比较可将不用的滤波器保持在 dc 状态，以便将切换产生的咔哒声最小化。下面简单看一下电路所带来的好处。经由 EQ 的信号通路只通过 3 个运算放大器，IC_2 是一个输入差分放大器，IC_3 完成的是输出线路放大的任务。在简化形式中，该通路减少到只有 2 个运算放大器（IC_1 和 IC_3），它们被用作一个摆动输入 EQ 增益模块。IC_2 及其相关电路在这种简化形式中并未使用。

在差分输入级周围特殊的元件产生出单位增益的非平衡输出电平，同时分别在两个输入脚上形成一样的阻抗（相对于地而言）。很显然，元件数值精度越高，越有可能提供出更好的共模抑制性能。

29.11.29 第 1 个 EQ 级

图 29.68 中的 IC_2 是第一个摆动输入级。它具有两个工作频段并不重叠的滤波器，一个频段覆盖的是 25 ～ 500Hz，另一个频段覆盖 1Hz ～ 20kHz。每个滤波器网络产生随频率变化的复合阻抗，看上去像连接到地的串联 LC 调谐电路。这一伪调谐电路（由环路中两个恒幅移相网络构成，它们被称为 CAPS- 可变滤波器）实现了普通参量滤波器并不具备的性能。

利用反对数电位器，中心频率在其整个工作频率范围上可连续、平滑地改变；在整个调整过程中，Q 值保持恒定。Q 值本身在 0.75 ～ 5（非常宽到相当窄，对应的带宽分别为 1.5 ～ 0.2oct）连续可变。确定 Q 值的环路内正反馈与负反馈相抗衡，它控制着最小滤波器阻抗，以及相应的幅度。有趣的是，该电路将摆动输入级的输入阻抗作为负反馈衰减器的一部分。庆幸的是，不论提升和衰减的位置在何处，该阻抗均保持着合理地恒定。

在缺少为实现此目的的互补平方 / 反平方定律双联电位器时，现成的对数 / 反对数双联电位器可以近似地做到合理的控制正 / 负反馈平衡。作为这种折中的结果，随着 Q 值控制的扫描变化，滤波器最高振幅（最大效果）的变化处在 ± 1dB 之内；与诸如 Q 值变化引发的巨大声音差异相比，这就显得很不明显了。所有这一切在 IC_2 的输出上体现出来的结果就是位置（频点）、高度、深度和宽度连续可变的谐振型曲线。

29.11.30 第 2 级 EQ/ 线路放大

一对非常合理的晶体管连接在 IC_3 的端口，除了将其作为 EQ 部分的摆动输入放大器，这样做的目的是取得受人欢迎的线路驱动能力。运算放大器与晶体管的组合具有足够大的开环增益（覆盖比声频频带更宽的带宽），足以应付 15dB 的 EQ 提升和输出级的非线性。

与前一个 EQ 级不同的是，该 EQ 级只有一个中频钟形曲线生成器，其工作范围为 300Hz ～ 3kHz，它配合高频和低频范围上的阻抗发生器工作。

29.11.31 低频控制

建立常见低频搁架式响应的回转电感（通过 220kΩ 的反对数电位器来改变转折频率）是在 IC_{11} 周围取得的。一只相当大的（2.2μF）串联电容器与之形成了可开关的谐振。电容器的数值要认真计算，以便与电路阻抗很好地配合工作，产生极低的频率响应，该响应在回到最终谐振频率之下的单位增益时不会改变响应曲线的高频边缘。这种安排的 Q 值随着频率的提高而按比例降低。如图 29.69 所示的最终典型响应曲线的表现刚好体现出所有这些含义，它展现出十分有用的低端控制性能。

29.11.32 高频控制

不同寻常的是一种描述高频阻抗生成器及其 EQ 效果的方法。它本质上是一个超级电容器，或容性电容器。换言之，这一电路在与一个电阻相结合时会产生如我们通常期望的一个电感器和电容器组合那样的二阶响应——相对于单阶的 6dB/oct 而言，它具有 12dB/oct 的响应斜率。图 29.70 所示的是它作为 EQ 单元使用时的情形。

响应被绑定在大约 1kHz。在增益达到最大值（或者当提升—衰减控制设定为衰减的最小值）时，控制可以改变频率范围（5 ～ 20kHz）。在 1kHz 与选择的最高频率之间的斜率基本上近似为恒定 dB/oct 特性的一条直线，它近似为平顶的搁架特性。

在电子方面，这是通过不断降低超级电容器，直到它不再是超级为止来实现的，即最终它看上去就像一只简单的电容器。

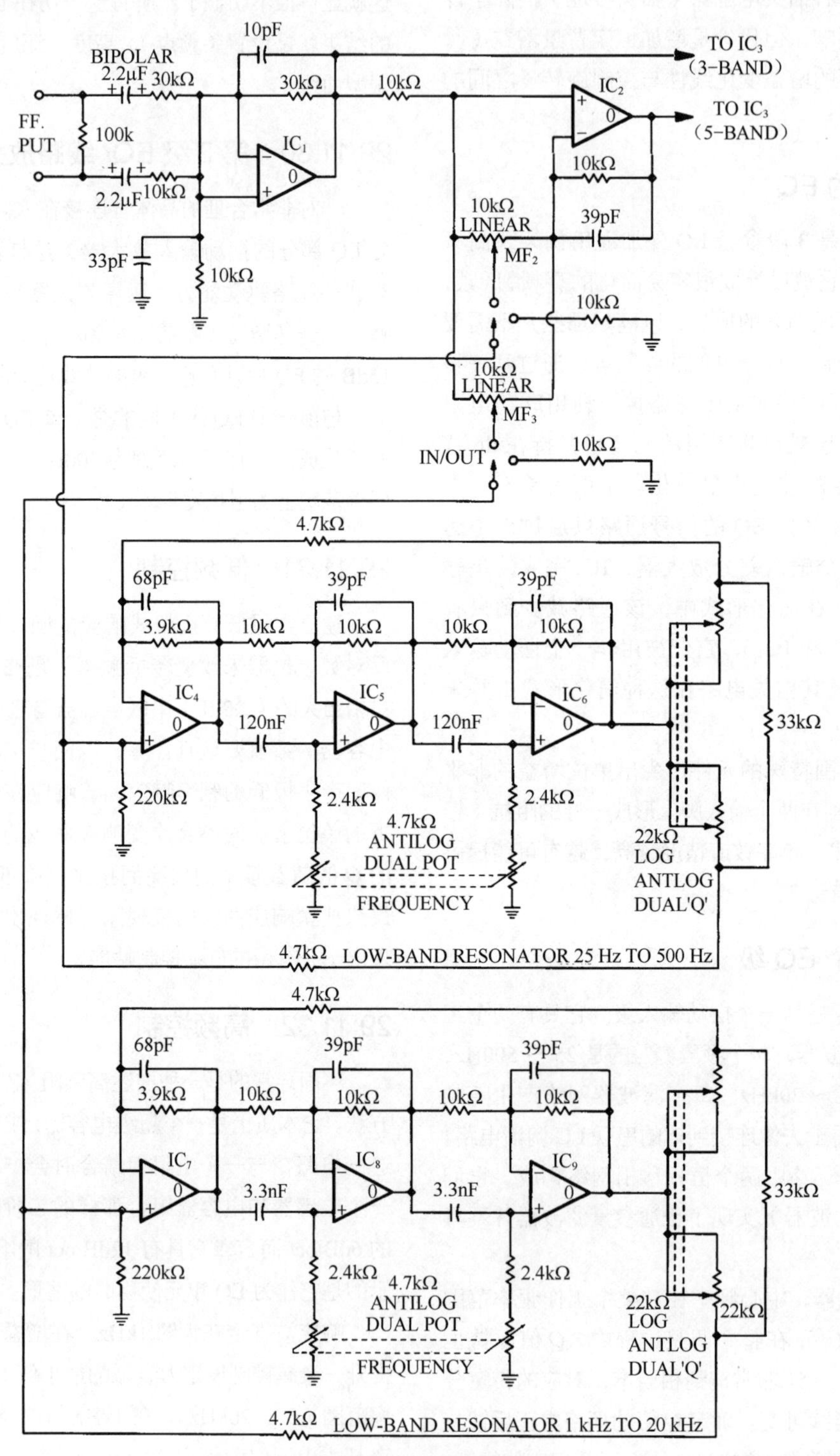

图 29.68 5 段均衡器电路图

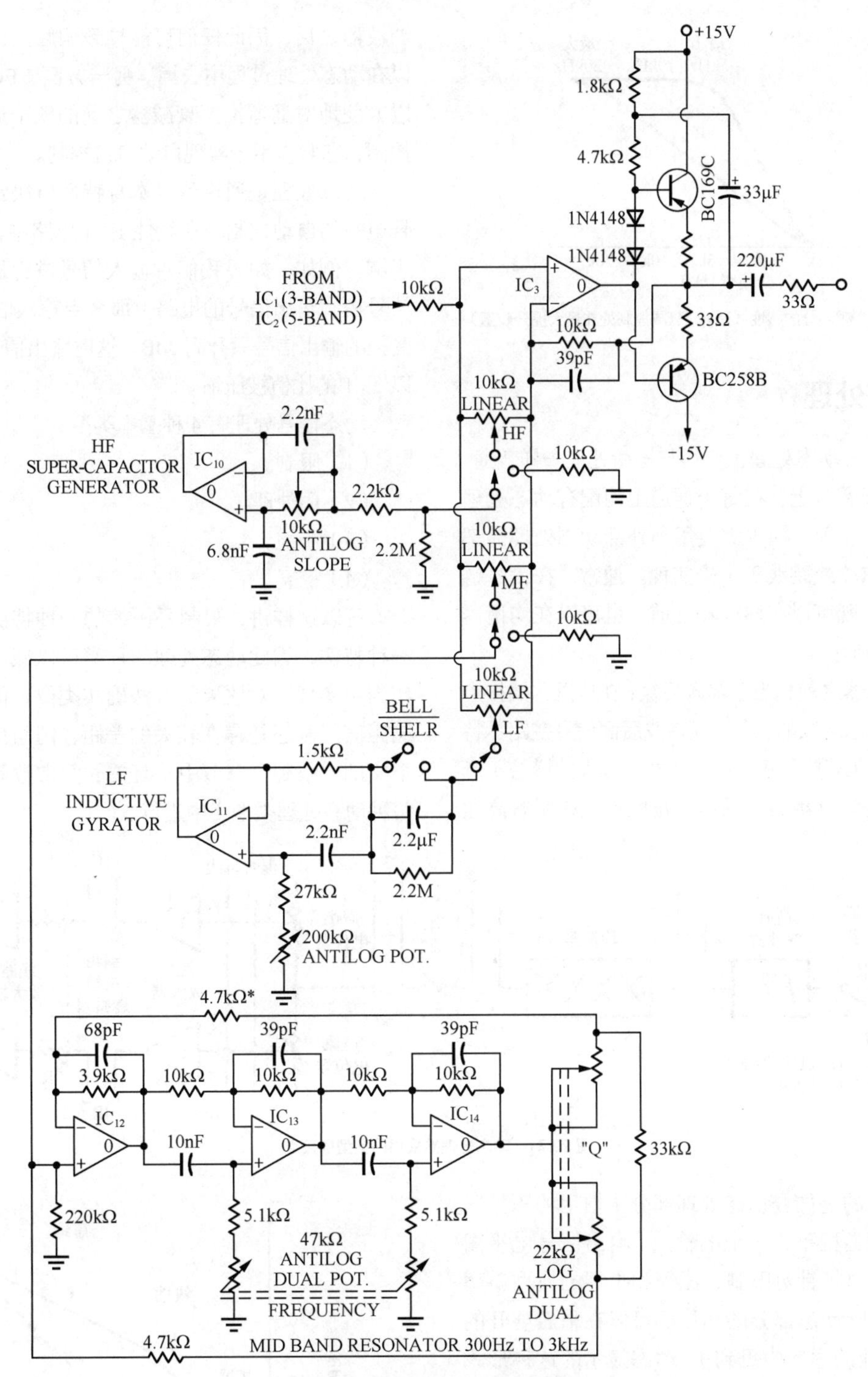

图 29.68　5 段均衡器电路图（续）

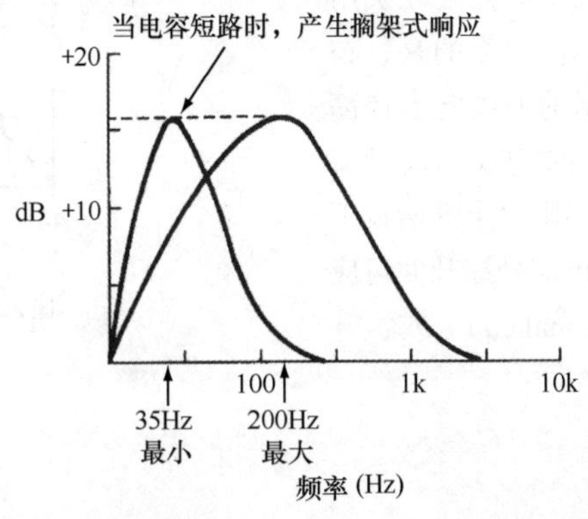

图 29.69　图 29.68 的低频部分的频率响应（控制处在最大增益位置）

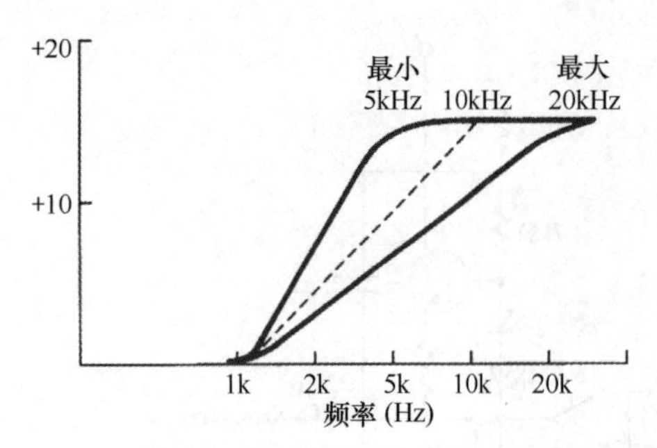

图 29.70 图 29.68 的高频部分的特性（提升 / 衰减控制处在最大提升位置）

29.12 动态处理

在信号通路中，动态处理正变得与均衡处理一样普通。在许多商用混音调音台上，在每个通道上均配有动态处理组件已成为标准。从前，偶尔需要用到外部动态处理时都是通过通道插接点（或跳线盘）来实现。通常，在信号链路中，这些跳线点既可以在均衡器之前，也可以在均衡器之后，如图 29.71 所示。

实际上，均衡器之前相当于输入后级；在这里，插接点的目的就是控制难以驾驭的、有可能造成后面信号链路（特别是在 EQ 部分，在某些频率上可能要建立起大的增益）产生削波的输入信号。这种典型的信号拾取点处在所有高通滤波器之后，因此任何可能导致假触发的低频隆隆声都可以在动态处理过程中去掉。另一方面，EQ 之后的插接点可以方便地对通道推拉衰减器之前的整个通道信号立即进行控制，它常常用于实现自动增益控制。

动态处理是通过信号本身特性所决定的参量实现对信号电平的自动控制。在线性 1 : 1 电路中，进出的信号不受影响。例如，如果我们对输入信号进行检测，同时该度量信号控制输出信号的电路，那么当输入信号电平升高 6dB，受控的输出信号只升高 3dB。这时输出信号相对于输入信号以 2 : 1 的比值被压缩。

动态信号处理有 4 种基本类型。

（1）限制。

（2）门处理。

（3）压缩。

（4）扩展。

可以这样讲，限制是压缩的一种特例，而门是扩展的一种特例，因此动态处理的种类可以减小为两种。尽管现实当中实现这对效果的方法确实类似，但是真正明确的压缩距离限制还是存在较大的差距，门与扩展同样如此。在下文的“限制”章节中，有关时间常数等的讨论直接放到每种动态处理类型当中进行。

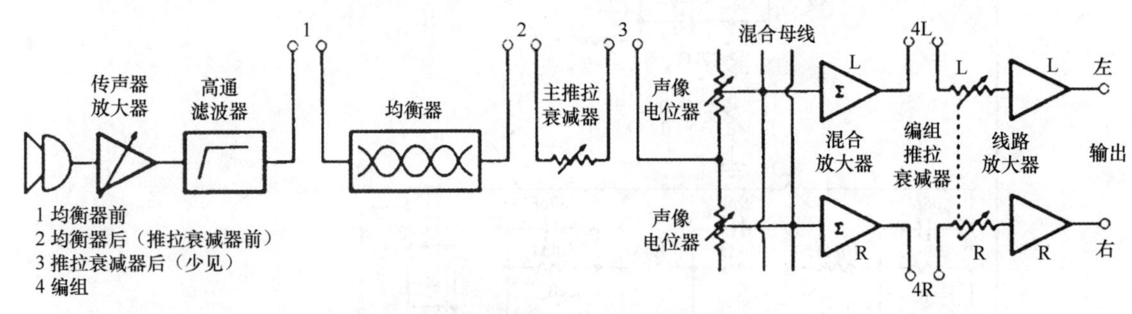

图 29.71 动态处理器采用的典型插接点

图 29.72 所示的是如今动态处理部分中惯用的压扩器（启动的动态处理类型不止一个的输入 - 输出信号电平图形式），其中显示出了针对限制、压缩和扩展的典型斜率（由测量得到的实际动态部分的图形还可以在稍后展开的有关数字动态处理的内容中见到）。动态显示的这种形式常见于可编程调音台中，如所讨论的各种类型一样，它可以成为直观表现的一种方便形式。线性（即无处理）用点线来表示，其代表输出等于输入。非同寻常的是，在该压扩曲线中存在一段线性部分，显示的曲线向上提高了 15dB，当使用了诸如压缩和（或）限制这类自动增益下降处理时，这是正常现象。为了补偿门限之上的增益下降，要通过一定的增益来补偿，并将输出信号提升回可应用的电平。这种做法通常被称为补偿（makeup）或提升（buildout）增益。

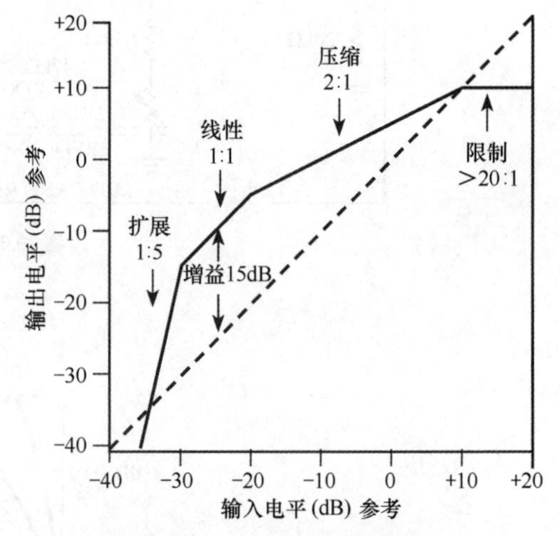

图 29.72 动态的输入 / 输出特性曲线图

29.12.1　限制

这是一种在概念上最简单且最常见的动态处理应用形式。在录音棚之外听到的任何声频节目（TV 伴音、广播，尤其是 CD）的某些环节点上均进行了限制器处理。这种无处不在的应用现状会产生出奇特的、无法预见的效果，从人文的角度来看，尽管这已经超出了我们可接受的范围，但是人们已经变得依赖这种过分限制和重压缩的声音了；即便是对于受过训练的耳朵，当他听一张新发售的 CD 时，他还是会觉得此时听到的声音与从广播中听到的不一样，或觉得声音有些软，这是因为广播播出的节目一般都采用了看似有些“残酷”的处理。实际上，唱片店对此颇有微词。很不幸，响度上的竞争已经由广播蔓延到了唱片制作领域，此前的 20 世纪六七十年代开始的响度大战，只是在 AM 广播电台中展开，其所带来的有害影响将会让未来的音乐史研究者百思不得其解。

每种记录和传输媒质都有一定的动态余量限定，最大电平之上的信号将会使其产生过载、失真或成为非常严重的问题。AM 广播的过调制不仅听上去很可怕，而且还会导致上下波动变化的干扰，FM 发射机过偏会导致相邻通道干扰，以及出现接收机鉴频器失真的风险，若这种情况发生在刻盘机上，它会使纹迹间发生冲突（长期之后，这些唱片就无法用任何普通拾音器或唱头重放了），同样它也会使 PA 音箱声音发炸，磁带饱和、失真并发出尖锐声；对于数字处理它会耗尽所有的比特位并使其崩溃。那么，这该怎么办呢？当设备检测到电平足够高时，它自动降低信号源的电平，这样做的目的就是不让这样的高输出电平产生危害。这就是限制器的作用。

图 29.73（a）所示的是一直在使用的基本限制器——一对背靠背的二极管。它们将来自信源电阻器的输入信号钳位至其非导通范围内，不论二极管的哪一极性方向上的电流超过了 700mV，使其导通，它都会将任何过大的信号切掉。尽管做法有些野蛮，但却有效。其缺点就是会产生严重的失真——发生严重的波形变化，产生出不受控的可闻失真成分。图 29.73（b）所示的是利用锗二极管实现的同样想法。虽然锗二极管拥有更低的导通电压（200 ～ 300mV），但是其状态转变效果变得更为柔顺。这时声音听上去不那么刺耳——因为这时产生出的高次失真成分较少。在最终信号质量并非是必需的，而需要提高信号密度（引申为：响度）的情况下，这些削波电路的工作看上去像个魔法；通信电路常常采用这样的技术截去语音信号顶部的 10dB 或峰值，这样便可以将增益进一步提高类似的量，从而提高视在响度。其诀窍就在于滤掉或保留、控制最终的失真分量，以便不会让人感觉不舒服，同时又可以保持削波带来的高信号密度。这就是限制所带来的另一个诱人之处。

理想的限制器电路是一种已知输入即将过顶，通过降低其增益，将信号停留在相对不失真，却在指定的限定范围内达到尽可能响的电路。图 29.73（c）便是这类设备的一个框图。在这种情况下，旁链电路是一个触发线；如果放大器输出超过规定的电平（刚好处在可以处理的目标值之下），旁链产生出一个控制信号，该信号告知输入衰减器将输入信号降低足够的大小。整个电路工作于受控状态中——输入信号越高，潜在的过载概率越大，控制信号也就越大，从而衰减量也就越大。在规定的电平（门限）之下，整个电路的工作状态就如同普通的直通放大器一样。图 29.73（d）所示的是普通的、可实现限制器功能的简单框图，它最初被应用于 20 世纪 60 年代中期的 Philips 盒式磁带录音机中。

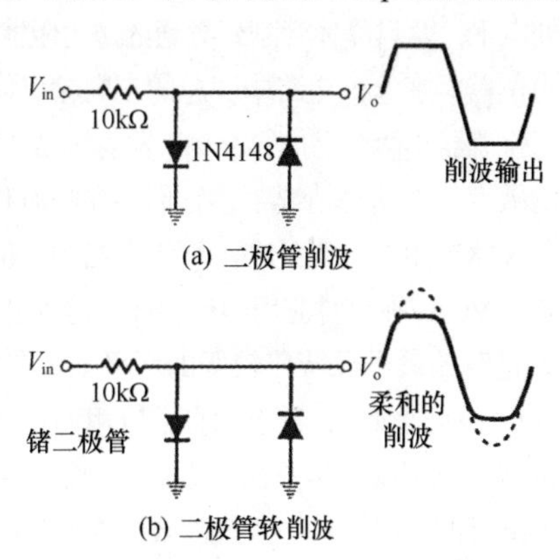

(b) 二极管软削波

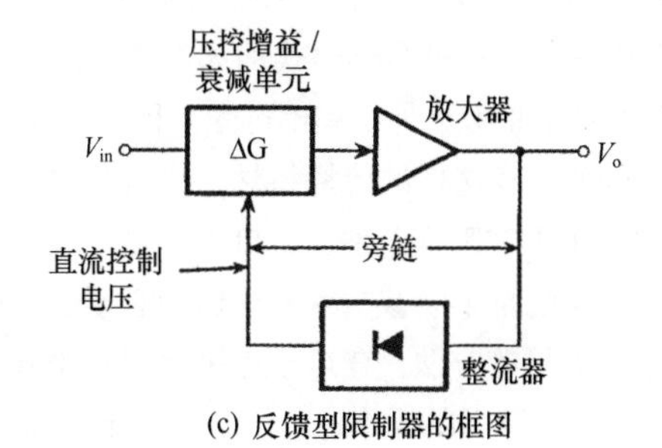

(c) 反馈型限制器的框图

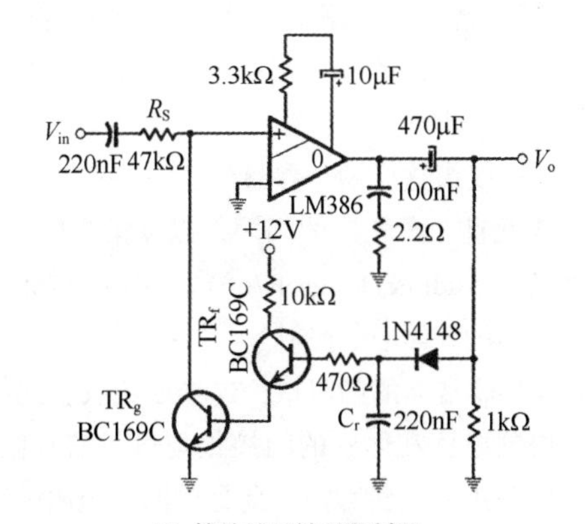

(d) 简单的反馈型限制器

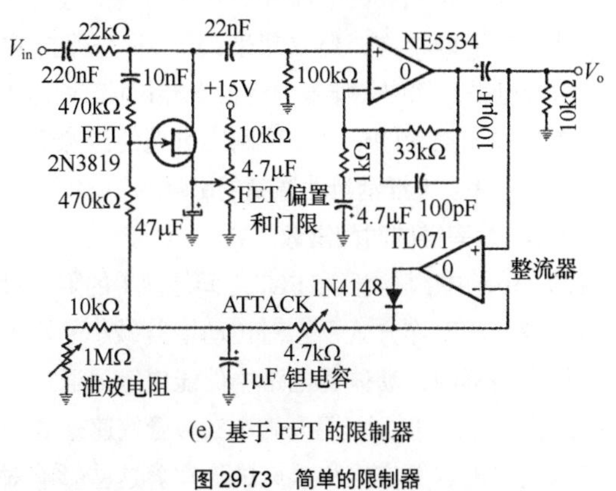

(e) 基于 FET 的限制器

图 29.73　简单的限制器

LM386是常用来驱动耳机或小型扬声器的小功率运算放大器，其工作状态与普通放大器一样，在这种情况下，有时其增益为30dB。这里它被用于功率输出级，其大小足以让我们忽略二极管整流器和旁链负载的影响。当正向输出信号超过约700mV时，该二极管导通，对充电电容器C_r充电。它提供给增益控制晶体管TR_g的射随器（TR_f）缓冲。当TR_f的基极电压足以强制导通两个基极 - 发射极结时，TR_g导通，使得放大器输入端增加一个低阻通路。它与将输入信号衰减至整流器处电平，两只晶体管刚好导通的源电阻器R_s一起构成了一个电位器。在这一电路中，总的正向输出信号大约为2V（增加了整流器和两个晶体管基极 - 发射极结的压降）。简单化有它的缺点，在这种情况下，它们存在噪声和失真。尽管二极管削波器产生的失真处在不同组合当中，但是晶体管也不是理想的VCA，在这种应用中也存在一定程度的非线性。然而，如果这时的信号保持在较低的水平上（在此情况中，它是-30dBu，越低越好），对于大多数应用而言还是可以接受的。保持信号电平低必然要在后级跟随一定的增益，以便将信号电平重新再提升起来。这就意味着要放大噪声。

可以应用的压控器件种类很多，图29.73（e）所示的是采用JFET器件实现的较柔顺形式的晶体管限制器。它们的工作原理有很多相似之处，只不过旁链和VCA电路有所改进而已。FET具有这样的传播特性，故有必要对其偏置点进行预置。在正常工作条件下，FET需要偏置成刚好不导通的状态，也就是不衰减的状态。这种必要的调整还提供了改变输出电平的方法，在这一电平上限制器开始产生限制，附带对增益降低的比率进行一定的控制（偏置越大，FET导通并开始衰减之前就必须产生更大的控制电压信号，只有这样才能以严格的控制方式进行工作。低的偏置导致产生较低的或根本没有的门限，以及非常柔顺的增益控制比率。仔细地权衡这样两个参量设置——针对大压缩比值的高门限或低且“柔和”的门限，以及柔顺的FET导通，产生像著名的Audio&Design F760和UREI 1176LN那种基于FET压缩器的整体增益控制）。

FET具有非常高的门阻抗，这样便免去了此前必需的跟随器。控制电压在器件的门控处与输入信号样本相加。自动调制是FET的一种效应，此处的漏源电阻（我们所依赖的电阻是输入衰减器的一部分）随其两端信号电压的变化而变化。它以两种方式建立起来：第一种是保持FET上的信号为低电平，就像晶体管限制器一样；第二种是为门提供一些相反方向摆动的信号，这确实可迫使漏源通路工作得相当不错，并大大抵消自动调制的影响。

29.12.1.1 旁链的时间常数

图29.73（e）中，整流器和FET之间是简单的阻 - 容网络，它决定了旁链的工作方式及它对自动增益减小的影响。这与晶体管电路不同，晶体管电路中储能电容器通过一端连接的晶体管放电，同时通过另一端的二极管快速充电。这里，我们可以调整电容器充电和放电的速率。这些影响对于电路的行为和声音至关重要。

但是为何要有时间常数呢？如果就是要提供过载保护，那么为何还要影响它的处理呢？所有二极管限幅器都能胜任这一工作，如图29.73（a）和图29.73（b）所示。它们具有零建立时间，这意味着在处理过载时不存在延时或启动问题。类似地，它们的释放时间也为零，这就是说：一旦过载被处理，它会立刻处于正常状态。它们听上去很可怕，麻烦就在于晶体管或FET限制器具有的无限短的时间参量。

29.12.1.2 建立时间

图29.74所示的是超出限制器门限的一连串正弦波中前几个周期的情况，限制器产生的效果就是将输出减小到规定的电平。图29.74（a）所示的是零建立时间和不出所料地被截断的包络。图29.74（b）所示的是将建立时间加长一些的情况，这时留下了一个可察觉但却残缺的波峰，如果进一步加长建立时间，这时表现出的弯折度较小，如图29.74（c）所示。不幸的是，由这一效果产生的失真分量很容易听出来；它们很响（由于它是受控的响信号）并且是高次谐波，不可能被基频信号所掩蔽。即便在这一阶段，我们还是明显地看到：建立时间越长，输入信号整体性被破坏得越少；波形被改变得越小，声音听上去也越好。将时间量扩展到多个周期，就会显示出加长建立时间所带来的结果。图29.74（f）所示的便是长建立时间逐渐减小限制器增益，直至信号完全处在控制之下的情况，这时表现出的失真也较小。

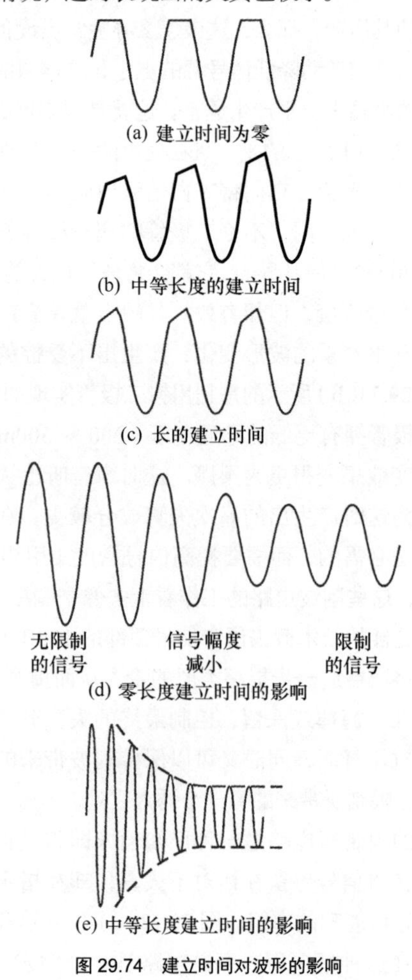

图29.74 建立时间对波形的影响

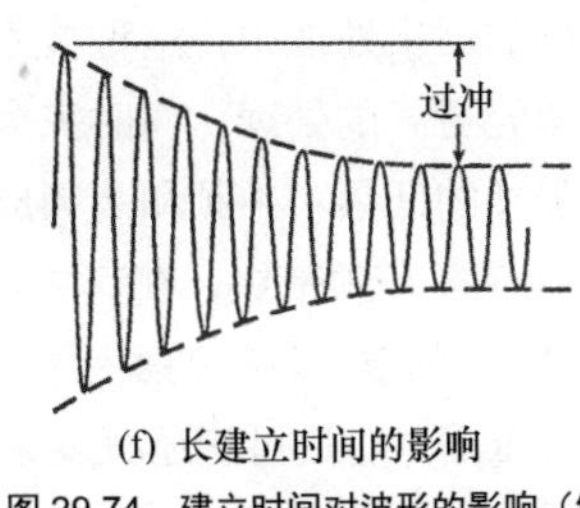

(f) 长建立时间的影响

图 29.74　建立时间对波形的影响（续）

折中是显而易见的。采用足够长的建立时间，便可不破坏节目素材，同时电路增益逐步减小也使过大的输出电平得以控制。针对由短的建立时间而产生的音头失真来平衡这种过冲是主观上的折中处理。

很显然，频率越低，周期波峰之间的时间间隔越长，建立时间的失真影响也越大。对于高频足够长的建立时间很可能对低频就太短了，而对低音足够长的建立时间对高频就太长了，这就是现实。

在高质量演播室系统的动态处理部分中，旁链中使用全波整流器是很正常的做法（相对于这两个例子中所示的半波整流）。这便在每个周期里给出两倍的机会来检测和调整增益（一次在正向峰值，一次在负向峰值），只不过这要求现实当中的信号是对称的，这种情况在现实中并不多见；要么是正向的大一点，要么是负向的大一点，有时还会相差得很明显。

建立时间通常是以毫秒或微秒为单位来测量和表示的（即储能电容器与充电电阻器构成的时间常数，它也近似对应于控制瞬态所用的时间），或者用 dB/ms 来度量，它表示的是衰减变化的速率。

29.12.1.3　释放时间

虽然设置释放时间常数的目的是多方面的，但在峰值限制器的情况下，它的数值是影响失真最小化的主要因素，其作用比建立时间更重要。如果输入的正弦波序列是处在门限之上，并且限制器试图控制它，而其释放时间短，那么增益将会在每个正弦波波峰之间恢复。实际上，这是建立时间失真的逆向过程。尽管在每个波峰处存在着一组新产生的与建立时间相关的失真，但一定不要忘记：与衰减的释放一样，在波形其他部分的形状与周期内的幅度变化一样，受到的损伤较小。

释放时间通常的维持时间要比建立时间长一些。对于真正的瞬态变化（瞬间的峰值建立起来之后，随后会在一个不确定的时间周期内衰减掉），它不是恒定不变的，大部分声音倾向于瞬变之后停留一段时间（至少几个周期）。为此，我们可以合理地假设：一旦信号触及门限，那么会有更多的信号跟随它；鉴于此，衰减在几毫秒之后再重新启动衰减是没有什么意义的。释放时间是对信号持续过程的一种天然记忆，它必须在指定的时刻进行处理，并且保持衰减量相对平稳，对所建立起的充电过程带来的损伤较小。较长的建立时间常数使建立电路动作的概率变得更小，除非节目素材一开始就超出了门限。

如果存在大的瞬态，那么长的释放时间（从失真最小化的角度选择）就带来危险，因为这时限制器会启动，马上降低增益来阻止产生过大的输出电平。虽然这样很好，但是长释放时间会保持长时间的衰减设定，对后续的节目素材产生压缩，后续的大量信息将会丢失，直到增益慢慢回到正常水平为止，如图 29.75 所示。

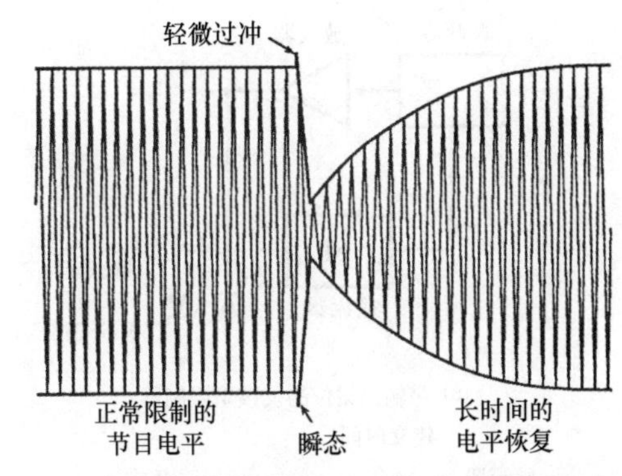

图 29.75　当信号具有很强的瞬态时，长释放时间对输出信号的影响

长释放时间（从失真角度考虑）与快速恢复之间的主观折中在很大程度上取决于节目素材。更多地释放，而非建立；过短的释放时间确实会让低音遭殃。由建立和释放时间常数带来的失真（瞬态失真、互调失真和谐波失真）归结为这样一种自身现实：增益变化十分迅速。它们与产生衰减的器件类型无关，不论是简单的晶体管，还是高成本的 VCA，它们都会产生令人讨厌的影响。总体而言，对这些由动态诱发的失真的主观感知远远高过对器件静态失真特性的感知。如果处在信号通路中的电路发生的处理很小或无动态处理，那么这些才变得重要。一旦事情开始，那么对其效果好坏的评判取决于各种时间参量设定对节目素材包络所作的改变，或者自动改变所带来的主观音质变化。

释放时间通常以毫秒或秒为单位来表示，有时也会采用诸如 dB/ms 或 dB/s 来表示。

简言之，动态处理器动作取决于旁链。

29.12.1.4　复合的释放时间常数

大的瞬态遇到长释放时间常数限制器引发的打孔问题可用两种方法加以解决。如果细微之处没有很好的标准可遵循（例如，在 AM 发射机限制器中“应当没有过调制”），那么就可以将背靠背二极管限制器的变化放到定时器件的输出上，如图 29.76（a）所示。设置成在反馈限制器正常工作输出之上时立刻削波，这样不仅严格终止了过大的输出信号摆动，而且还避免瞬态进入旁链，不至于在后续的声频信号中形成太大的孔洞。

图 29.76（c）中的电路应用得很普遍。在旁链电路中，用一个确定建立时间的电阻器和一个确定释放时间的电阻器取代了单独的储能电容器，如图 29.76（b）所示，可以安排成图 29.76（c）所示的复合电路。小阻值电阻器和电容器构成了额外的、更短的建立时间和释放时间常数，它与较慢的设定配合工作。延长的建立和释放时间密切关注节目素材的正常响度包络，同时较短的建立和释放时间主要关注任何短时的变化和瞬态的顶部，通常它们被调整到处理

顶部 5dB 左右的部分。如果是一般的目的，则需要使用自动的、无须调整的限制器，这种精心选定数值的安排可以取得很好的工作效果，它是一些自动工作模式下的商用周边限制器的基础。

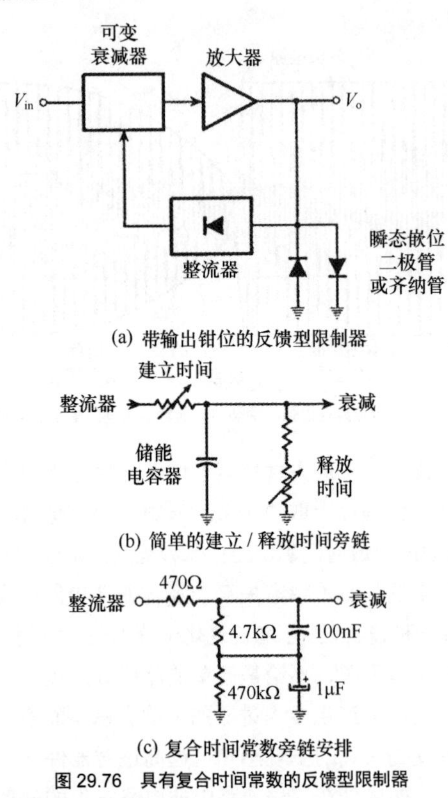

(a) 带输出钳位的反馈型限制器

(b) 简单的建立 / 释放时间旁链

(c) 复合时间常数旁链安排

图 29.76 具有复合时间常数的反馈型限制器

29.12.1.5 多频带处理

针对时间常数随频率变化的一个复杂却有效的解决方案框图如图 29.77 所示。这里，输入信号按照频率分成多路（在本例的情况中分成 3 路，即低频、中频和高频）。每个频带信号经过一个限制器，其旁链时间常数针对该频带进行了优化；这样便可以让高频信号用短时间常数进行优化处理，而不需针对其他频带的时间常数进行折中考虑，以此类推。频带信号重新进行混合后，再通过一个包络限制器，由于该限制器只需要捕捉有限的动态范围，所以它对通路和整体声音的影响很小。双频带方案对于消除通常由高能量低音对较高频率的调制所形成的泵机效应已经足够了；3 频段方案要求对最重要的中频范围设定更优的时间常数，以便建立起无折中考虑的高频和低频处理；频带划分得越多，比如说 5 段或 6 段，就越要对节目声音的密度（换言之：响度）进行足够的考虑，以便在处理的同时保留好声音的乐感。

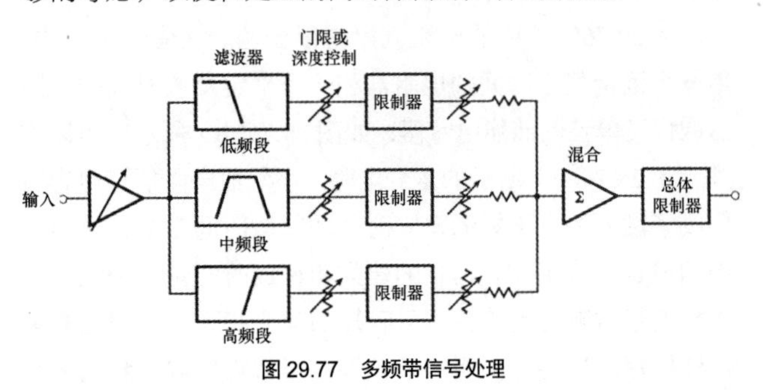

图 29.77 多频带信号处理

在无线电广播的播出处理中，这种技术十分常见，它允许进行比宽带单元更强的处理，同时完全避免了旁链泵机效应（一般是强烈的低频对中频和高频成分的调制）的产生。这里通常有许多多频带级，在其之前是宽带 AGC，在其之后是宽带限制 / 削波。最初的多频带部分（5 段是常见的情况）是进行压缩，而且可能还有多频段 AGC，之后馈送信号给多频段限制的第二部分（31 频段限制也有所耳闻！）。不用说，这样的设备设置起来可能是件相当娱乐的事情；确实，整个处理器的魔幻分支已经渗透到了无线电领域。

调整正确，这些单元出来的声音惊人得好（而且响）。作为一种必然结果，它们也很容易将声音弄得一团糟。不幸的是，不论是诸如播出链路处理器那样的分立单元形式，还是声频工作站和数字调音台的软件插件形式，虽然多段技术已经被应用于音乐制作当中了，但是我们很少在此领域见到有成功的案例。

29.12.1.6 自适应释放时间常数

被动放电的旁链储能电容器及其电阻器并不一定是解决问题的最佳方法。图 29.78（a）所示的初始放电速率是相当快的。利用增益控制元件（即压控放大器 / 衰减器—VCA）控制电压与 dB 衰减量之间的线性特性，释放期间的增益下降量在初期衰减得非常快，并稳定在最低点。这是个坏消息，因为比释放时间常数长的时间就需要一直承受足够大的低频失真。如果储能电容器是图 29.78（b）那样的通过恒流源线性放电方式，它被线性电阻器所取代，如图 29.78（c）所示，那么随之而来的便是相当不错的线性 dB 衰减与时间特性；较短的释放时间一定会存在类似 LF 失真的影响。

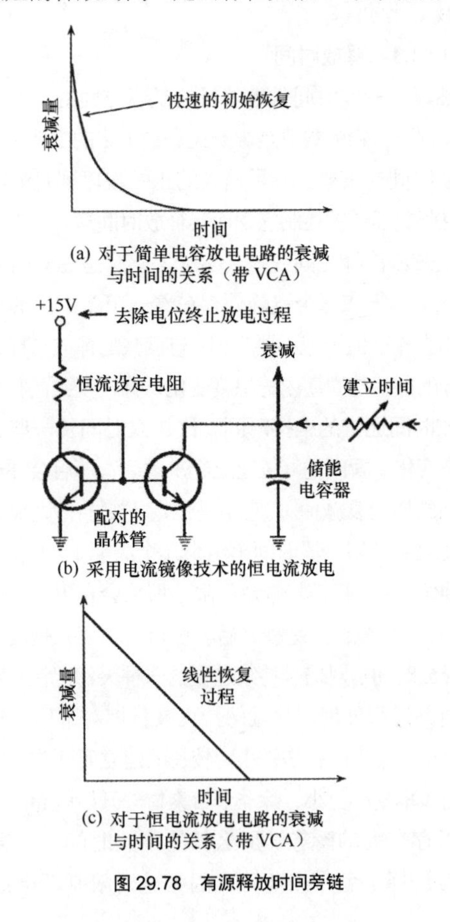

(a) 对于简单电容放电电路的衰减与时间的关系（带 VCA）

(b) 采用电流镜像技术的恒电流放电

(c) 对于恒电流放电电路的衰减与时间的关系（带 VCA）

图 29.78 有源释放时间旁链

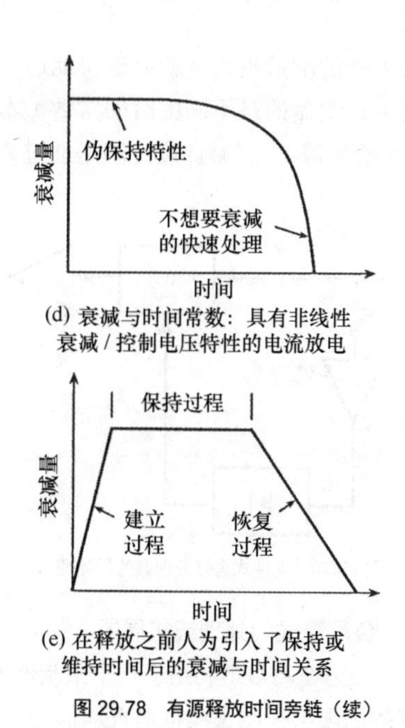

图 29.78 有源释放时间旁链（续）

这可以采取进一步的措施加以解决。比如，有些具有对数特性（晶体管）或者平方特性（FET）增益 - 控制元件的控制电压，与无源释放系统配合工作，提供相当好的线性 dB/ 时间释放近似值。将恒流放电添加至这样特性的电路当中，会产生出缓慢的初始放电（即良好的低频失真特性）及较短的尾声过程，如图 29.78（c）所示，它可以比任何其他安排更快地去除不必要的增益下降。对于节目素材，这种方法工作效果非常好，同时还可以降低泵机效应及其瞬态喘息现象所带来的不利影响。

29.12.1.7 保持或停顿时间

如果将有源放电与恒流源相结合，那么它就可以将放电通路关闭。这样它便具有瞬间冻结衰减量的特点，放电被去掉了；如果放电通路不存在，那么控制电压就保持静态，为此，衰减量也就不变了。近来在动态处理方面的改进成果便包括了这一性能；如果旁链正在对一个不断增大的、超过门限的信号建立响应，那么恒流放电会自动关闭。它在建立过程停止之后及电路进行正常释放过程期间会关闭一段预置的时间。取而代之的是，衰减量在那段时间里会保持静态，之后放电过程重新建立，正常释放衰减随之发生，如图 29.78（d）所示。这种优势效果很明显；在衰减被冻结的这段时间里不存在与时间常数有关的失真，而且随后发生的释放过程可能与想要设定的返回增益快慢无关。对于指定节目源所做的建立、保持和释放时间的剪裁可以让处理在许多方面呈现出透明的特点。保持（Hold 或 hang）时间通常直接用毫秒或秒来表示。

冻结增益下降的第二个应用就是当提供给压缩器的信号电平跌落到安静的段落，或者处在某一确定的门限之下时的工作情形。如果冻结一直持续到有效信号再次出现，那么压缩器就不必从一直是低电平的冷信号且存在动态调制的状态下重新建立起信号控制，可以这么说，它刚好能从停顿的地方开始工作。例如在讲话中，短暂停顿时压缩器增益并不缩小（常常是噪声伴随信号通过），呼吸噪声会减轻一些。对这种性能有不同的叫法，比如称作冻结（Freeze），并将其与门处理（Gating）相混淆（它与稍后在 29.12.2 中描述的门处理非常不同）。

29.12.1.8 用于效果的限制和压缩

限制或压缩的主要创作目的（相对于此前描述的预防和防损坏控制功能而言）就是要让作品听上去响。合适的参量设置还可以使低频变得浑厚，对声音有加权作用。如果传输或记录介质存在一个明确的最大动态余量，那么人们常常就要提高节目密度或降低动态范围。这里给出的一个例子是（还是）广播播出。压缩的合理目标是要让节目当中因过于安静而有可能淹没于环境噪声、干扰或接收机端静态状态当中的节目段落能够被听到。众所周知，汽车接收机的输出能力和车内噪声间的动态窗口非常小。压缩器（或通常的播出链路处理器）被设定成能在安静的节目段落有足够高的输出，而在节目变响时自动减小增益。

这种令人感兴趣的主观副作用理论上源于心理声学；如果耳朵听到一些声音，并知道它在某一音量下会表现得较为安静，那么即便两个信号被限制器压缩到相同的电平，已知较响的声音还是会比较响。一个经典的例子就是混响尾音——我们常用相对响度来对其进行衡量；如果原始声音产生的混响尾音被压缩至更贴近尾音电平，那么声音整体听上去似乎就较响。

普通节目素材是由高于平均电平相当大的瞬态和峰值决定的。如果这些峰值被去掉了（被削波器削掉或者被具有短时间常数的定时处理器较为巧妙地压掉），那么平均的传输电平就可能相应地提高。时间常数越短，响度可能被挤压得越明显。通常，这是以音质下降为代价的。

这里，它掩盖了广播业者热衷于动态处理的主要原因——他们播出的节目越响，听众就越能被他们的节目所吸引。为此，广播电台播出的节目饱受增益下降的困扰。这是众人皆知的效果，即被感知到的声音越响（即便提高很小）就认为越好，至少在短时期内情况还是会这样。

对信号进行压缩处理更具说服力的原因是要将调音台中个别录音通道上的声音突出出来；这不仅对每个声音信号的电平进行有助于平衡的较大控制，而且声音听上去也更厚实、更结实。其缺点是：这样容易将声音挤压得失去活力，以声音的活跃度和深度感作为最终的交换代价有时便会让人对此失去兴趣。

29.12.2 门处理

从某种角度来看，门处理是反方向的限制处理。除非信号的强度足够高，否则它会从输出信号中被除去；换言之，如果输入信号处在门限电平之上，那么它就被允许通过，但如果它跌落到门限之下，那么它将被衰减。

通常这样做的目的就是：当信号对缩混不再有意义时，将被去掉或减小其电平，被去掉想要的节目段落之间出现的噪声，这种动作我们一般可以视为自动哑音。真正的门是将不想要的信号完全去掉，但在实际中（尤其是降噪时），一般是对其进行较小衰减量的处理；这是通过控制设定和所谓衰减深度（depth）指示器，或者只是衰减来实现的。较为柔和的衰减深度量值可让门处理操作的痕迹很不明显，这样做的另一个好处就是当门被要求进行小范围的改变时产生的互调失真也较小。

门的建立或启动时间一般都是可调的，它决定了信号处在门限之上时，对信号响应时门开启的快慢。通常，它都被设定得非常快，这样便不会失掉信号的音头。保持时间（通常有这么一个时间参量可供使用）决定了在信号跌落到门限之下时仍然会保持门打开的时间长短，而释放或衰减时间则设定的是衰减恢复的快慢。这些行为特性与限制器特性存在直接并行的关系绝非偶然；绝大多数的动态处理部分都具有这些控制。唯一需要牢记的是：门处理的建立时间必须要做的是需要多长时间将衰减去掉，而不是像限制器那样很快地将衰减加上。

时间常数的数值范围一般与限制器的数值范围类似，只不过门限范围可能要由0dBu（或者某些情况下的+20dBu）下降至大约-40dBu或更低。大多数情况下，较高的门限设定用于键控触发，而极低的门限设定用于降噪。自动哑音设定有时相当关键，必须将其设定在正常的背景信号电平之上，同时还要处在想要信号的典型电平之下；虽然进行一定的调整是免不了的，但是调整的区间一般处在-10～-20dBu。衰减深度可以在0～40dB的衰减量间调整（有些生产厂家乐观地声称可以做到无限大）。

实际应用包括自动传声器哑音（哑掉背景歌手的声音）、除去泄漏串音（比如，定音鼓传声器通常都要经过门处理，以便在定音鼓不敲击时，传声器不会拾取到其他乐器的敲击声），以及降噪处理（对磁带声轨进行门处理，减轻磁带嘶声或空调隆隆声的干扰）。在所有情况下，参数的设定一定要尽可能让人感觉处理效果不要太突兀。这些设定的范围从对定音鼓的极快建立和衰减，到用于降噪的相当缓慢的起降。

除了为了避免门对极短信号处理产生振荡而设的保持时间，还有另外一个工具可以用来阻止门的误动作，这就是在必须开启门（开启门限）的信号电平与门认为信号已经消失的电平之间（关闭门限）存在的滞后；这种滞后（几个分贝）通常被操作者隐蔽了。

29.12.2.1　前馈式旁链门处理

很显然，噪声门不可能像此前描述的反馈型限制器那样从其放大器输出取信号来工作——这样它就永远都不会开启。它必须检测信号链路衰减器之前的信号。这样的安排被称为前馈式旁链检测（feed-forward sidechain sensing），并且这已经成为当今动态处理器生成控制电压的一种流行做法。图29.79所示的是采用这种方法的典型门电路；输入信号不但进入衰减器，而且也进入可变增益放大器，它决定了门限。放大器的增益越大，就会越快地达到检测器的门限。跟随门限检测器的是不同的时间常数（本例中是比较型是/否电平检测器）。衰减深度控制是通过衰减量来实现的。

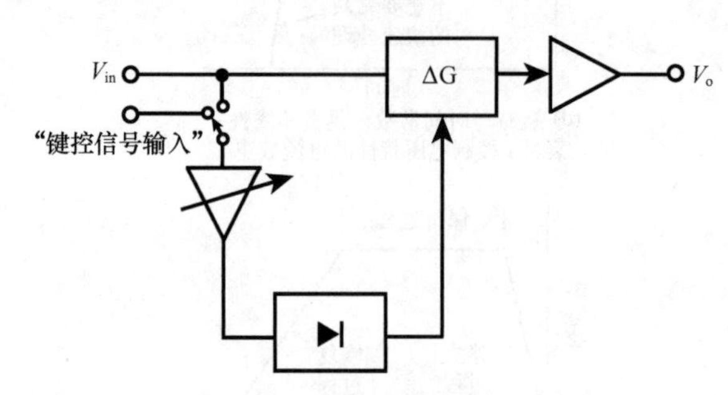

图29.79　前馈式旁链处理器的门处理

29.12.2.2　负反馈式门处理或扩展器

另外一种门控方法巧妙地利用了一个限制器（只不过具有一个非常低的门限）来减去或抵消直通信号，如图29.80所示。通过直通通路和限制器的信号增益（在其门限之下）被安排为相同值，但信号是反相的；它们彼此抵消。在限制器门限之上，限制器输出保持固定值，而直通信号保持原样不受影响。所以两者不再发生抵消，所留下来的直通信号占据主导地位。有效的门控时间常数是由限制器的时间常数决定的，门限是由限制器环路内放大器的增益决定的，衰减深度是由所设计的未限制电平和直达通路电平之间的失配程度决定的，这种失配不会产生完全抵消，而会存在一定的残留。

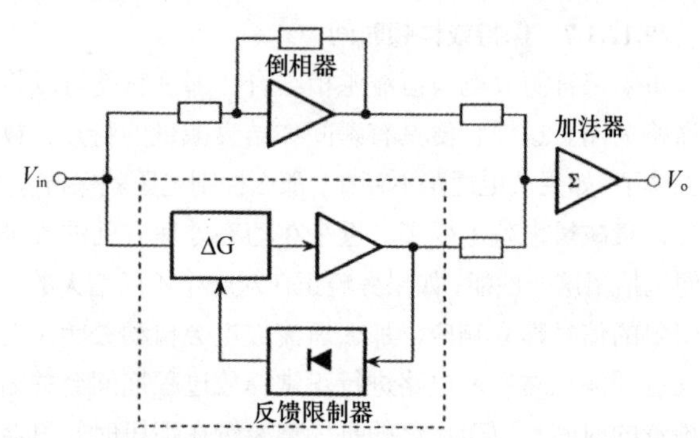

图29.80　由倒相输入中取消限制器的反向门处理

29.12.2.3　键控

键控就是来自外部信号源的门触发信号，这个信号源并不是来自实际通过噪声门的信号。或许最好且最为常见的听音实例就是键控的定音鼓和大鼓声音——在迪斯科黑暗时代的风行做法。在需要新奇的鼓声或者是现有鼓声不适合人们口味（在现场演出中极为常见）的情况下，人们用现有的鼓声键控门设备，在门控设备信号通路中传输的信号就会被整形成更好的鼓声。人们喜好纯洁或均衡过的纯正，但是此时噪声被用来模拟定音鼓声音；类似地，在通过门设备的建立、保持和衰减时间进行整形时，有些20～60Hz的音调音（有时甚至是交流电源哼鸣声）都可以被用来获得好听的大鼓声！

29.12.3　压缩

就像本章开始时概述的那样，压缩处理后，由处理器输出的信号并不会像输入信号那样提高同样的量。如果输入信号的电平跳变是 10dB，那么压缩比为 4 ∶ 1 的压缩器只允许输出升高 2.5dB。相应地，输入电平 16dB 的向下跳变，经相同设置的压缩器处理后的输出仅有 4dB 的电平变化。压缩器按照压缩比所设定的比例来减小动态范围。

真正的压缩器会以同样的方式来处理所有信号，而不论实际的信号电平如何。不论怎样，如果输入信号下探至 –60dBu，或上升至 +20dBu，那么指定量值的输入信号电平变化也会引发输出信号产生类似的变化。从实践角度来看，并不存在真正压缩器这样的事物；与之近似，针对非常低信号电平所做的处理被用于电话线路、磁带录音机和无线传声器应用中采用的降噪系统中，其中压缩器被当作扩展器（参见稍后的介绍）的互补设备来使用，以便建立起原有的动态范围。

大部分压缩器都具有一个门限，在门限之下，它会保持信号不受影响（1 ∶ 1 的压缩比），门限之上，它会对信号进行处理，对动态范围实施压缩，这一点与限制器很像。同类设备的相似性使其更加引人注目，人们将其视为具有高压缩比的压缩器。门限之上，10 ∶ 1 压缩比的压缩器会将 10dB 的输入电平跳变减小到只有 1dB。∞ ∶ 1 的压缩比会将门限之上的任何变化都缩减到同样的输出电平。这看上去像限制器，其表现也像限制器。一般而言，压缩器都会采用较为柔和的压缩比（1.5 ∶ 1 ～ 4 ∶ 1），以一种比限制器更暧昧的方式对较低电平节目素材进行处理，同时还会保留一定的声音明暗感（虽然变化减小了）和强弱对比。它们还被巧妙地用来使声音变得更浑厚——一定量的压缩往往倾向于对较低频率成分加以突出，而那些通常最具支配作用的频率成分则被实施这种增益减小的控制。

限制与压缩之间的主要差异表现在旁链的属性、电平检波器和针对特殊应用采取的时间常数上。限制器几乎无一例外地采用峰值检波器，这样才能检测到波形的峰值，同时利用限制器允许的时间常数来避免发生过载；这对于限制器的保护作用而言是再好不过了。另外，压缩器倾向于采用缓得多的建立和释放时间，以便让经它们处理过的声音听上去要比极端的限制器设定处理的声音柔和很多，没有那么强烈。类似地，由于压缩器更多是关注人耳的响度感而非峰值电平，倾向度量整体的信号能量或功率而不是峰值，所以检波器一般都会采用平均值或功率检测。较长的时间常数设定基本上忽略了峰值而更多地响应建立时间和恢复时间上反映出来的平均值，以此实现既定的目标。从听感上讲，深思熟虑的平均值检波（或多或少有一些与无意相对的意思在里面）要比峰值检波均匀得多，同时也更受人们的关注；更进一步看，利用均方根（rms）电平检波器实现的功率检测的表现还是不错的。然而，在现实当中人们很少会在平均值和 rms 值之间作选择，因为尽管它们在测试波形条件下会给出明显不同的答案，但是在激烈的声频大战中，要想区分这两者还是相当困难的。偶尔这两种检波器中的任何一种还是会被很复杂的一段节目素材所欺骗。

门限倾向于向下扩展，一般处在 –30 ～ +10dBu 的范围上，比值调整范围通常从 1 ∶ 1（直线）一直到∞ ∶ 1 或关闭（限制）。有些商业单元产品的压缩比突破了∞的极限，而给出了负值；这就是说，如果信号进一步超出门限，那么压缩器会产生更进一步的衰减！虽然乍看一眼时会觉得这没多大意思，但是它确实会给复杂信号带来相当不错的声音电平控制；这样允许采用比普通限制器更松弛（更长的）建立时间，最终的过冲只是驱动信号进一步向下远离可能的过载。这也有助于避免对单件乐器产生出一些愚蠢的影响。

大部分压缩器（和限制器）采用的是硬拐点（hard knee），这意味着门限处的过渡处在它们正在起作用与并未完全确定之间。软拐点（soft knee）压缩器以一种渐变过渡取代硬拐点处理，从不活动状态到完全压缩要经历几个分贝的增益下降；在许多应用中，这种做法听上去不错，尤其是将压缩作为控制而不是作为效果使用时。

29.12.4　扩展

相对于输入信号而言，扩展器提高了输出信号的动态范围。其扩展比决定了其提高的幅度：1 ∶ 3 的扩展器会将输入信号中 4dB 的电平变化输出为 12dB 的变化。

正如阐述压缩时所提及的那样，真正对整个动态范围实施扩展是极少见的，这种情况一般只在双端降噪系统中作为压缩器的互补处理器的应用中才会见到。在这些情况中，它们基本上总是采取 1 ∶ 2 的扩展比，并且有一个位于 0dBu 附近的转折点（在该点上输入信号与输出信号的电平是一致的）。

实用的扩展器有一个门限设定，信号在其之上的，它保持信号不变，而对在其之下的信号则会以设定的增益下降量来处理。这听上去有点像噪声门嘛？噪声门可以通过一个 1 ∶ ∞扩展比的扩展来模拟；任何门限之下的信号将会被完全衰减掉—— 一个例外之处就是扩展器没有衰减深度控制。扩展的目的与噪声门非常类似，只是有时它会做得更好，扩展的痕迹也不明显。相对柔和的扩展斜率（也就是说 1 ∶ 2 或 1 ∶ 3 的扩展比）同样可以提供出与噪声门去噪程度相当的降噪效果，但是扩展器产生的增益变化没那么突然；因为信号还是可闻的（但比较弱），并不一定要将起始复原到正常电平，相当柔和（比噪声门慢一些）的建立时间使得在需要的音头边缘处并没有明显的软化效果。

扩展旁链时间常数与噪声门的类似，就像是门限范围一样。与压缩器类似，扩展比通常为 1 ∶ 1 ～ 1 ∶ –∞，不过通常“经典的”应用采用的是近似为 1 ∶ 2 的固定比值。扩展通常被当作柔和的门处理来使用，这就好像是柔和的压缩被用来替代硬限制一样。

29.12.5 前馈式VCA型动态处理

前馈式动态处理本身得益于VCA的研发和类似的对数/反对数处理；其中的典型例证就是经典的dBx160系列产品。至于调音台，仅仅是在推拉衰减器自动化的通道中会见到利用这种类型的处理（VCA会在后面有关“调音台和计算机”的章节中进一步讨论）。图29.81所示的是这种处理器的框图。

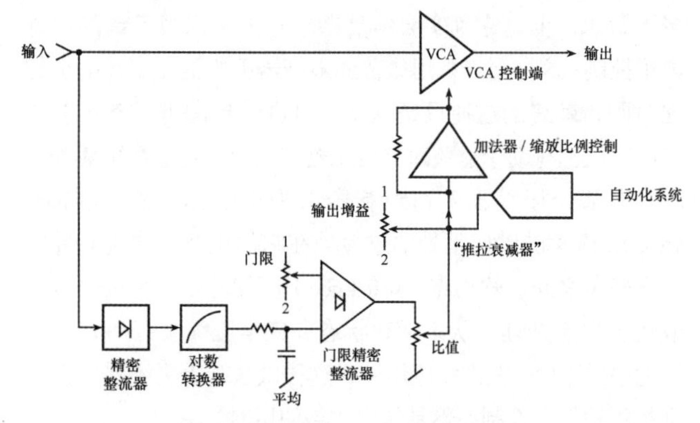

图29.81 前馈式VCA动态处理的框图

VCA动态处理的关键是本身固有的指数（对数）控制，它利用的是相当简单的基本晶体管特性（基极电压与电流的关系）。VCA的增益（或增益下降量）具有良好的线性dB/V表现，由此可以实现一种决定性的设计方案（意味着人们可以不借助伺服环路的帮助，在小限制内很好地预测出电路将要做的动作）。简单的对数/反对数本身为VCA动态处理部分提供了另一种典型性能。

29.12.5.1 RMS检测

迄今为止，动态处理中信号电平的检测要么是采用峰值型，要么是采用平均值型。实际上，这些是通过信号整流之后具有不同建立时间的类似电路实现的；短的建立时间使得充电电容器迅速充电至所施加的最高信号电平，而较长的建立时间则倾向于平滑掉峰值，停留在所施加的整流波形的平均值上。在这两种检波方式间还存在连续过渡的类型。

均方根（root mean square，rms）检波的目的是度量所施加波形的能量，即实际功率。其原因是：人们认为度量的功率可能与响度的等效性有更为密切的关系。要想获得rms，首先要对施加的信号进行平方（即自身相乘，而不是将其转变为方波），获取该平方信号的平均值，然后求出该平均值的平方根（对其开方）。听上去是不是感觉很麻烦呢？还好，如果用一种比较直观的方法就不会觉得麻烦了。这种方法源自对数/反对数单元的应用。

精密整流的（意思是准确地下降至非常低的电平）输入信号被取对数，然后其输出加倍（自身相加）；对数值的加倍代表该数字的平方。之后，该信号被足够长的时间常数积分，以便对所考虑的最低频率进行合适的平均；这同时也确定了处理器的最短建立时间。随后，这个对数值平均被平分（对数值被2除相当于取平方根），产生出对数域的rms检波输出（在这种情况下，随后的反对数转换就不需要了。实际上，在这一点上平方根也被忽略了，因为它可以通过后面的扩展处理来实现）。令人欣喜的是：所有这一切只需用很小的晶体管结就能实现。虽然释放时间可以利用如下的缓冲电容器来延长，但通常rms检波的时间常数用来作为对称的建立和释放时间。虽然这种内部且自身有些从容的时间响应（必须让低频有良好的rms检波，没有因失真导致的波纹）确保这种动态处理部分的性能不能太过随意，但由此可以推论出：这样的处理器的确是引入干扰最小的自动音量控制方法，这就是它的难能可贵之处。

29.12.5.2 门限

随后，rms检波控制信号在门限确定电路中被掩蔽；一般而言，该电路是一个基准参考点由门限控制电压确定的精密整流器，其目的就是忽略掉所有检测电压变化，直到它超出（在压缩器情况下）门限点，之后其输出会跟随均方根值检波器输出变化。超出门限的任何控制信号仍然具有dB/V的特性，并跟随输入信号变化。看待这一现象的另一种（线性思维）方法就是分区对待；被检测的控制信号由门限来划分，对于任何小于1的结果，在1处被掩蔽，只有大于单位值，信号才正常通过。

如果门限器被设计成只通过门限之下的变化，那么就可以实现扩展和门处理的效果，门限之上的信号被忽略。对于动态部分的每个想要的功能，都必须要用单独的门限器和跟随调节器来实现。

29.12.5.3 比值

如果该门限控制电压被直接加到VCA（电平调节）的控制端，那么将会发生奇怪的现象：什么都没发生。更为准确地讲，在门限之上，控制信号将随所施加的声频信号的升高一同升高准确量值，由此产生的增益下降量将完全与信号升高量相同。对于所加的任何高于门限的信号电平，VCA输出将保持在一个固定的电平上。换言之，这是个压缩比为∞∶1的压缩器，这意味着在门限之上，任何信号电平变化量都不会对输出产生影响。还可以说，这是一个限制器（虽然动态响应慢一些）。

在由门限器取出并馈给VCA控制端信号的通路中引入一个可变衰减器，它提供变化的动态增益下降量；控制信号变化越小，增益下降越少。这种非常简单的方案在对数域表现出的一个出色性能就是其衰减量（等效于在线性中求变量根值）使所施加信号电平与dB增益下降量的比值精准；对于指定的设定，如果输入信号升高了6dB，而输出升高3dB；这一2∶1的比值对于任何高出门限的信号而言都会取得线性的控制结果。

聪明的读者可能想知道，如果控制信号不是被衰减，而是被放大了，那么这时所发生的情况会是怎样的情形呢？

可以肯定的是，衰减程度将会变得比所施加信号的相应变化更大，而且在门限之外时 VCA 的输出将大大降低。这一效果被 Eventide 的 Omnipressor（全能压缩器）发挥到了极致。

29.12.5.4　旁链信号源

图 29.81 和图 29.82 所示的分别是前馈型动态处理单元的框图和原理电路图，这两幅图都是将旁链所获取的信号视为与馈送至 VCA 增益控制器的输入相同。其实根本不必如此。实际上，对于标准的通道信号处理，它具有相当大的局限性，动态处理部分被强制只能置于推拉衰减器之前，其他各种处理之后的位置。旁链输入可以是分离的，换言之，它可以取自上游链路中的多个位置；将整个动态处理部分物理移动至那个地方，就整体效果（及其仅有的一些副作用）而言是一样的。对于大多数情况，声频信号并不关心来自旁链的控制电压与通过 VCA 的信号是否有联系。它主要关注的是：如果检测和启动之间存在明显的（和可闻的）有意延时或包含有极短的时间常数，那么整个效果听上去会有失真。第一个断点是很明显的，而第二个则是不相干的，因为它听上去总会觉得不是非常好。

回顾之前的讨论，基于 VCA 系统的主要优点就是许多不同的信号源可以借助于一个相对贵一点的 VCA 增益单元同时进行操控。如果有多个旁链（比如说，一个用于键控 / 门控 / 扩展，另一个用于压缩），那么这些旁链就不一定要从相同的断点取信号进行检测，而是要选取更合适的地方进行信号检测。噪声门很可能是检测输入滤波器后信号，而压缩器则更多是检测下游链路，即 EQ 前或后。虽然这种情况可以工作，但是会导致其行为特性不同于分立的噪声门在前，分立的压缩器在下游的情况。用文字表述（即拥有两个分离的动态处理单元）就是输入来的信号在进行压缩之前先经过噪声门处理。然而，在这种假设的情况中，作用于压缩器旁链的实际声频信号不会被之前的噪声门处理掉，因此这样会致使压缩器的动作不同于被门处理过的动作。虽然差异很小，但肯定会有不同。

29.12.5.5　增益补偿

旁链中门限和比值化的控制信号被混合叠加，其电压代表的是构建增益的量值（这是补偿由压缩 / 限制影响造成的信号电平降低所必需的），在典型的调音台通道中，它们也是将自动化系统中代表推拉衰减器位置的信号混合相加，以电压形式表示出来。这种叠加混合信号被进行比例缩放处理和馈送，以适合实际（高灵敏度）VCA 控制端口的要求。

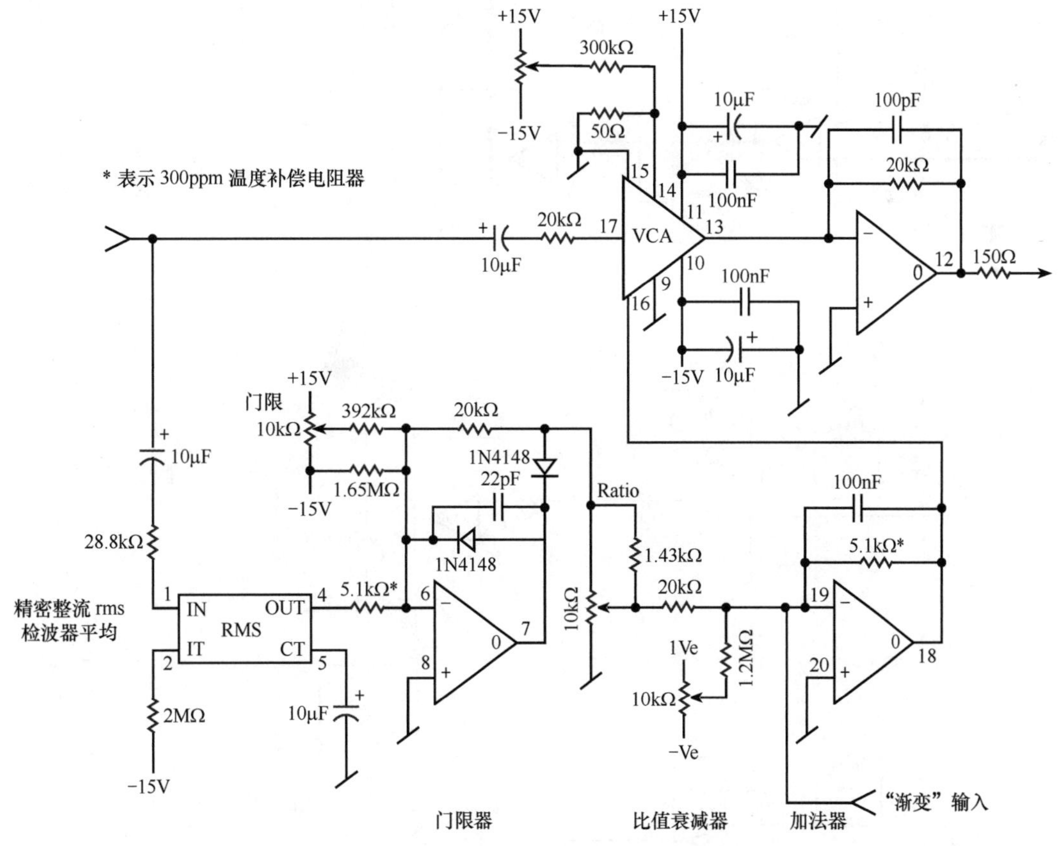

图 29.82　使用了 THAT 4301 的前馈式 VCA 压缩器

29.12.6　实用的前馈式设计

THAT Corporation 的 4301 是高度集成化的部件，它除了用于耦合一些运算放大器，还包括有均方根值检波器和一个内置的 VCA。图 29.82 示出的是该部件内所包含的一个简单、小型的计算压缩器及其所有有源元件。正如所见到的那样，它与图 29.81 所示的框图有很强的关联性。

29.13 混合

29.13.1 虚拟接地混合放大器

图29.83的简化电路图中有一些隐蔽式设计，这些设计含于电路与机械和电气环境的关系当中。

这些设计就是一定要认真对待的运算放大器信号馈送（参见29.7）和地通路（参见29.8）问题。被安排了大量固定信号源（比如主混合母线）的混合放大器级对于整个调音台性能的好坏起到了至关重要的作用，这就如同任何前端放大级一样。在典型情况下，对于拥有33个信号源（通道加上访问点）的单位增益虚拟接地混合级，要求放大器具有约30dB的宽带增益，链路中与之拥有同样数量信号源的任何其他放大级还有传声器前置放大器和（或）次输入级。

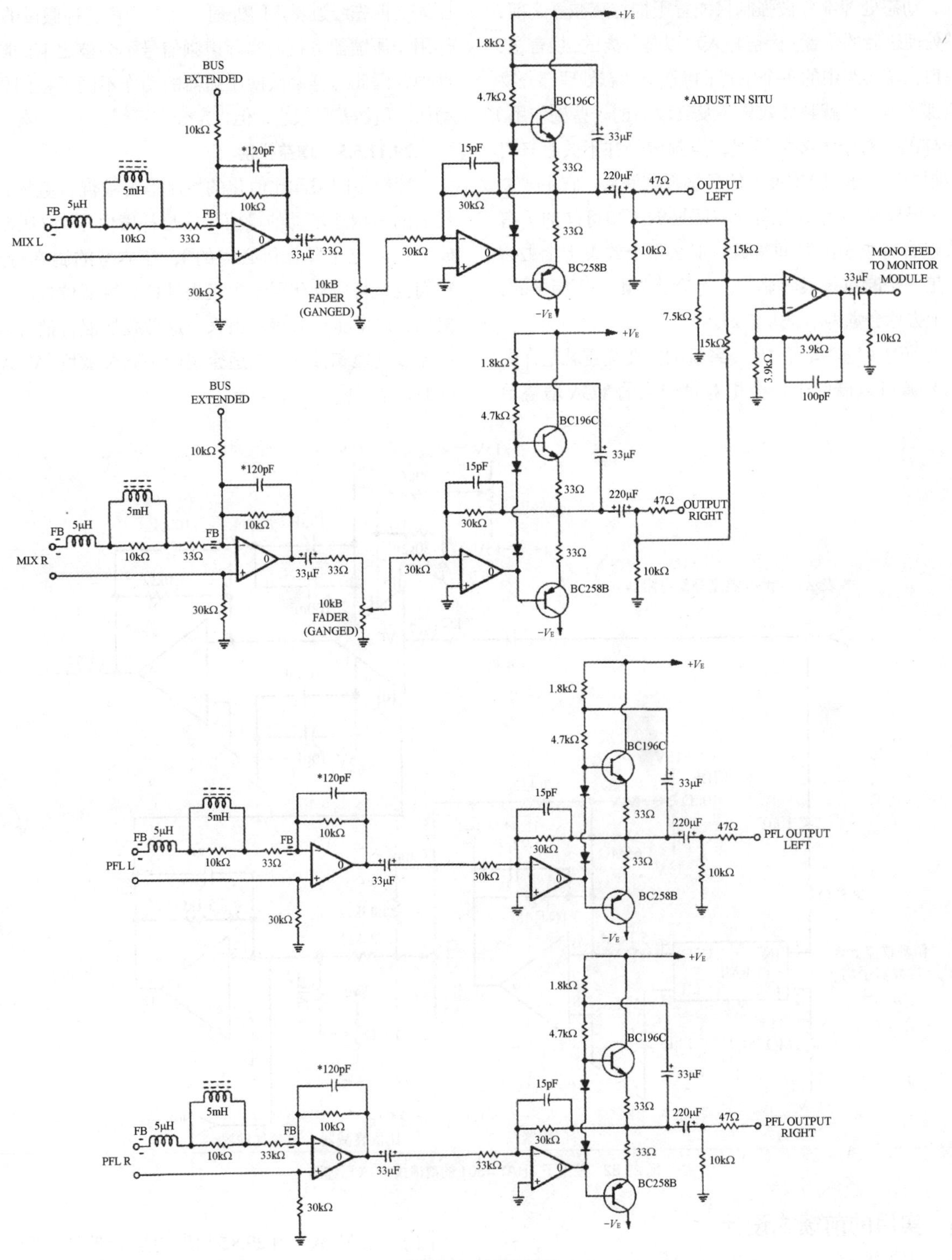

图29.83 主编组电路

29.13.2 噪声源

假设所有后续混合器件的系统接地是完美的，那么情况就太好了。那就是说：有时将混合放大器增益说成噪声增益并非偶然。除非采取措施，即通过平衡推拉衰减器通道噪声贡献来抑制这种自身生成的混合放大器噪声，否则后者可能成为整个调音台本底噪声的主宰者。类似地，虽然通道噪声的贡献应等于或超过混合放大器噪声，但这不能过分：理想情况下，它们应贡献相等，关闭通道时的噪声贡献程度一定不要影响到整个母线噪声，同时母线噪声不应对通道开启噪声有明显的影响。混合放大器中自身生成的噪声主要是由放大的源阻抗与反馈阻抗的并联阻抗产生的热噪声、器件输入电流噪声和表面生成及重新组合的噪声。后两项噪声可以通过器件筛选来最小化。热噪声是物理层面的，并且不会消失。通常看上去的第一感觉就是让混合电阻器的阻值尽可能低，但这样做的缺点就是：这种太低的阻值将导致信号电流相当大，地电流噪声很响。更低技术含量和更高经济成本的现实，让我们必然要在每个信号源到母线的馈送中间加入能力更强、更重要的缓冲放大器。

通常在整个混合器内混合电阻具有这样的阻值，即混合后的有效并联阻抗刚好处在几乎任何混合放大器器件都可利用的最佳源阻抗之下，因此基本的噪声模式是上面提及的那些器件噪声。当然，对于 FET 前端器件而言这并不是件难事，它具有高的最佳源阻抗（Optimum Source Impedance，OSI）。在这种应用中，凭借其 FET 输出，这些器件还能发挥出另外两大优势。输入电流（在这里，也可称为输入电流噪声）是非常低的，而且作为 FET，它们并没有太多双极性器件所固有的那种低频结点和表面噪声。虽然将超高输入阻抗器件用于零阻抗混合似乎是一种荒谬而矛盾的说法，但在许多方法及一些条件下，它们要比双极性器件更适合于应用。另外，5534 类器件固有的出色噪声性能可以在这一应用中发挥出良好的作用。与调音台设计中许多这类情况类似，每个应用都必须关注自己的优化解决方案。对于那些小型调音台的奢华方案，或者或多或少保证只有少量信号源可以同时使用母线，因而在此维持相当高并联源阻抗的情况，这确实是唯一要面对的问题。在大多数没有这类限制因素的中型和大型调音台中，混合器件噪声可能会占据主要地位。当然，器件选择得好，就会降低其自身的噪声，但如果叠加电阻器阻值低，这时其输出电流能力和处理位于其输入电流节点上的众多容性母线的能力也会下降。集成的传声器放大器已经成功用作差分无源混合母线放大器，这种放大器具有非常低的 OSI，满足低母线阻抗和低母线噪声要求的概率非常高。然而，正如此前所提及的那样，所有那些通道上的母线驱动放大器在通道关闭时的噪声贡献很可能就成为主要的因素。这是一个要进行权衡的过程。

如果母线噪声确实是要重点考虑解决的问题（多轨调音台可能就是这种情况）— 就像物理断路那样 — 那么将所有那些不使用的信号源同时从母线上断开不失为一种最佳的解决方案，这样可以降低噪声增益，同时也可以让母线阻抗回到让混合放大器噪声性能达到最佳的阻值上。然而，对于分轨或缩混调音台来说，它就无计可施了。

如果阻抗 /OSI 关系是错误的，那么情况可能会变得有些让人吃惊。高于 OSI 和低于 OSI 一样，器件噪声对噪声贡献的权重会不断提高。多年前，调音台设计中采用了双极性器件混合放大器和相当大阻值的混合电阻器，在 20 个通道规格的调音台中实际测量到的母线噪声要比最初的 10 个通道规格产品的母线噪声还要低一些。不久之后，人们终于知道其中到底发生了什么。信源电阻器数量的增加降低了母线的阻抗，之前刚好处在只有 10 个信号源放大器的 OSI 之上，与 OSI 较为接近，输入噪声电压产生的贡献较小。

理论上的信源阻抗和器件贡献所显示出的问题还不到实际设计的一半。其中许多在实验台的隔离条件下是合格的，但是放到系统当中可能就全不是那么回事了。这在很大程度上取决于对接地和带外问题的考虑。

29.13.3 射频电感器

在图 29.83 和图 29.84 中，电感器被用于母线与放大器输入之间。乍一看，将它们放在这的目的就是要阻止混合母线上的任何射频成分进入电子器件当中，但这只是其目的之一。放在这里的铁氧体磁珠和小型扼流圈（大约 5μH）是要提高输入阻抗，并寄希望有助于母线与放大器的高频去耦合。较大的电感建立起升高的电抗，以抵消母线容抗的下降。如果完全不去理会，该电容将导致混合放大器产生极端的高频环路增益，使之成为一个 RF 振荡器。虽然放大器外围电路的相位超前反馈会阻止增益的提升，但是如果在输入脚上没有采取串联一定损耗的措施（无意或有意），那么将不足以保持放大器的相位边界余量处在其稳定的限定之内，尤其是在带宽的极端边界处，在这里，器件的传输延时在环路内表现得很明显。小的串联阻抗可以给出这样的损耗，同时它也定义了电路可以升高的最大增益。并联的电感 - 电阻组合会在几个重要性能方面有所改善。

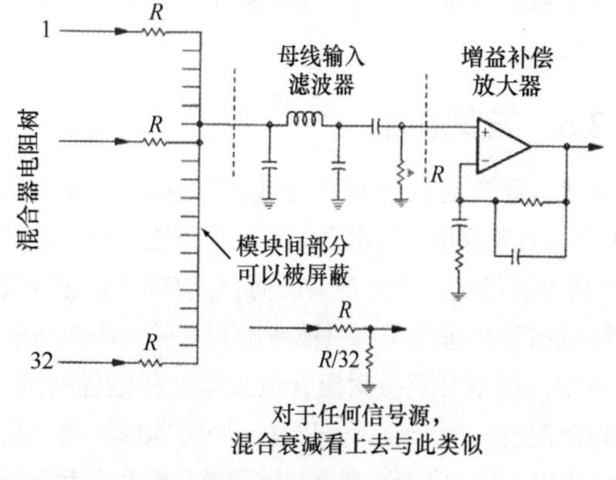

图 29.84 无源混合的安排

计算得出的电感器要呈现出低的带内（小于20kHz）电抗，这可让混合放大器以其想要的虚拟接地（零阻抗）配置工作于母线上。在声频频率的高频端电抗稍有升高，所带来的频率响应异常很小，但是其确切的好处就在于：即便在无法回避的大母线电容影响下，还能有部分相位平直的响应。

即便是更高的频率，感抗继续升高，直至综合的网络阻抗被电阻器限制为止，若电阻器阻值仍足够高，还是可将放大器带外增益确定于合理的低数值上。然而，这一数值低到足以阻止不可避免的电感 - 母线电容谐振处于完全失控的状态。虽然产生稳定的电感 - 电容振荡器是避免寄生不稳定的一种方法，但这并不是最终想要达到的目标。

相对于双极性输入而言，虽然FET输入更不易产生由不知从哪冒出来的RF干扰所引发的互调和直接解调的影响，但是这种相当积极的滤波处理会有助于它们在大功率的高频信号源（比如电视发射机群）附近工作。

29.13.4　接地的优点

针对虚拟接地混合（尤其是在大的混音器当中）的地通路始终是对系统本底噪声下探至多低及混合级对外部电磁场和地电流敏感程度的最终评判者。在当今的数字时代，地通路尤为关键。还记得在图29.62中运算放大器级同相输入端上的噪声是如何通过放大级的噪声增益得到放大的吗？这意味着 -100dBu 的地噪声在具有32个信号源的混合器上最终上升至大约 -70dBu，这几乎快满足不了要求了。

这种在虚拟接地级常常被忽视的简单原则就是要确定地参考点也存在同样不干净的信号，反之亦然。可以肯定的是，地跟随着信号。如果地和信号具有相同相位的同样噪声，那么就存在着可将噪声视为共模信号而被忽略的机会，在混合放大器内不会对其进行放大。因此，对于每一条母线，应有一条由每一通道最后的相应接地参考实现的并行接地母线。避免产生较长母线长度的地环路（否则就会形成所谓的单匝变压器！），这意味着通道内所有正常的重量级信号电流（比如，推拉衰减器 / 哑音 / 模式转换开关）均有一个导线直接通至中心地，同时混合放大器拥有一个相当不错的输出参考地，通道信号电流的纯净度是缓冲放大器参考基准的体现。混合放大器并未采取自己的直接系统中心地。

29.13.5　无源混合

当然，还有另外一种单母线虚拟接地混合方法。图29.84所示的无源电阻器混合对于实现不进行分割、更改或切入 / 切出转换的固定分配系统而言具有相当大的可行性。其优势就在于其母线电容只被考虑到有关频率响应和相位响应当中，而不会直接对混合放大器的稳定性构成影响。对于无源混合，混合放大器只是一个缓冲放大器，用以补偿电阻器树产生的损耗；利用滤波器信号源和负载阻抗，以及对地参考性能，RF滤波变得简单了。主要泄漏源于母线的不平衡和对声频所呈现出的一定阻抗（尽管信号源并联已使该阻抗值相当低了）。同样地，它自身对感性噪声和容性耦合串音都是完全开放的。尽管如此，它还不失为一种相当不错的方法，并且多年来在相当多的制作调音台中成功地运用。

在各种情况中，尤其是小型（少于8个信号源）混合器中，无源混合相对于虚拟接地而言，前者存在着理论噪声性能上的优势。以一种极端情况为例，两个信号源的无源混合采取的简单相加需要6dB的增益来补偿叠加网络产生的损耗。虚拟接地混合器则需要大约10dB的增益。如果使用8个以上的信号源，则这一优势就不明显了。

29.13.6　分配混合

图29.85所示的分布或分配式混合采用本机混合放大器来实现相对小的通道块的信号相加；这些本机放大器的输出被送至一个公共叠加点。这种方法相当巧妙地解决了长母线的问题，但同时也确实产生出安排分配式加法器的实际问题。

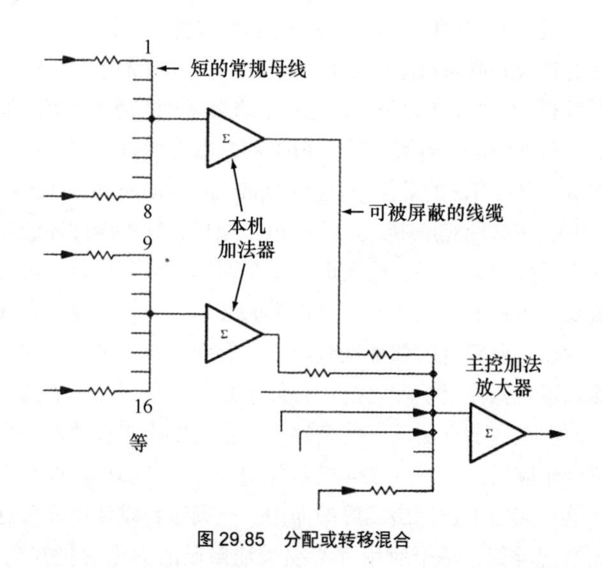

图29.85　分配或转移混合

无源和信号衰减系统具有可让大量母线工作于屏蔽线缆中的优势。这里的额外电容并不会产生长距离虚拟接地混合放大器那样的可怕后果。

为了取得一致性（如果采取这样的解决方案），所有母线应采用接力方式工作。这意味着要为PFL母线、效果送出、返送和主立体声 / 监听混合，以及模拟次编组（如果使用的话）提供预混合工具。另外，在编组的末端还必须为每一个预混合准备出将其安排至主混合的工具。

29.13.7　平衡混合

信号混合的最早形式是直接将信号源并联在一起，而这些信号源通常是中等阻抗（标称600Ω）且平衡的。在半导体电子器件问世之前，人们一直采用这种无源平衡混合形式，它容易实现零阻抗的透传。平衡完全是由变压器实现的；事件的发展又一次半途而废了，至少可以部分这样认为。作为一种技术，它简单（就当时的技术水平而言），并且总体上保持了平衡系统的所有优势。之所以受欢迎，主要是其耐用性，以及对干扰、感应噪声或串音的免疫力。

随着元件成本的降低，平衡或差分混合再次得到实用性应用，而且研发出了简单的电子差分和浮地平衡输入和输出电路（参见 29.9.6.1 ～ 29.9.6.4）。图 29.86 所示的是如何利用超级平衡输入级将那种微小的差分（直通和倒相的）信号源在平衡虚拟接地混合母线上混合、创建和检测的。

尽管需要相对多的元器件，但在大型多轨调音台中这种安排所表现出的性能确实是惊人的，尤其是在噪声、动态余量、电磁场抑制和串音方面。噪声性能的改进主要体现在两个方面。

（1）不再是混合放大器放大噪声的参考地。它是以自身作为有效地的参考基准。

（2）平方定律的噪声叠加——两倍的信号（相干信号）意味 6dB 增益，对于两个基本不相干的噪声，这意味有 3dB 增益，不错，这就有了 3dB 的噪声性能优势。

由于两个信号通路传输的是差分形式的同样信息，所有动态余量高了 6dB（很显然，噪声和动态余量是相互关联的；在指定的情况下，哪一个要求更迫切些，就必须在电平结构上优先考虑它）。虽然在 RF 场和串音抑制性能方面的改善很惊人，但这些完全都是所期望的平衡系统自身抵消属性所带来的。

保持虚拟接地混合器有条不紊地工作和稳定的所有问题都具有双重性；当然，强力推荐采用母线缓冲，这主要是要让超级平衡层面的带宽定义有效。

无源平衡混合放大器可以安排在集成传声器放大器器件（比如 THAT 1510）的周围；虽然单端输出不会使它们动态生成差分虚拟零阻抗混合母线，但却允许针对混合宽度来选择混合电阻器的阻值，以优化元器件的混合噪声贡献。目前，如要考虑在大型调音台设计上不采用平衡混合母线是相当困难的。

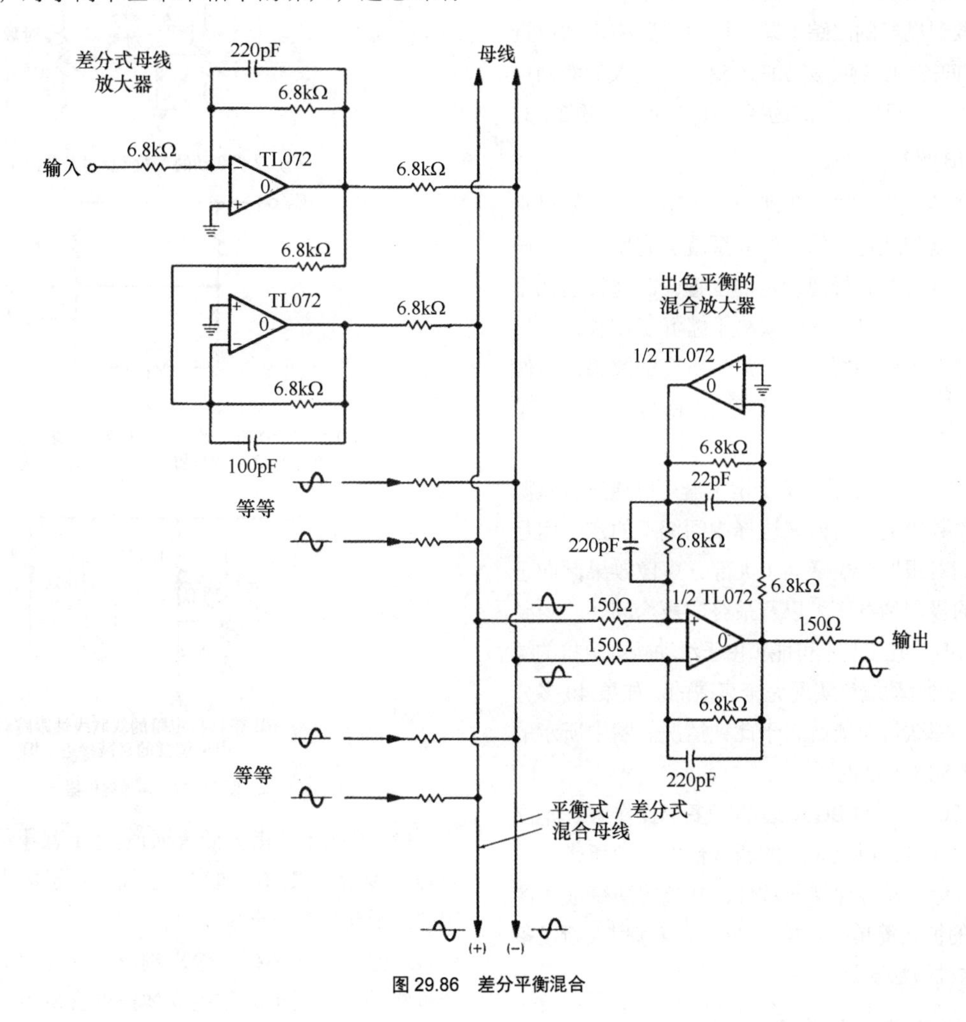

图 29.86 差分平衡混合

29.13.8 声像电位器

正如早前概述声像电位器时所描述的那样，声像电位器是将单声道的声像定位在立体声声像平面某一位置上的方法。图 29.87（a）所示的简单声像电位器是一对线性推拉电位器，它们是互补接线的：一个向上，另一个就向下。所有表现均令人满意，即便是叠加效果也有很好的表现；如果随后 L 和 R 输出重新变回单声道，那么混合相加信号还会保持同样的幅度，与声像电位器的位置（中间、两端或其间的任何位置）无关。从主观上讲，似乎声像位于边缘时（即极左和极右）会使声音太响，在中间时会对声音产生抑制。

利用双联对数 / 反对数（对数部分上下颠倒连接）电位器取代线性电位器，虽然完成的任务是一样的，但是采用的方法不同，如图 29.87（b）所示。如果信号被声像电位器稳定地置于右边，那么左边的输出就会被稳定地衰减，以保证右输出电平相当稳定（实际应用中大约只偏离了 1dB）。在中间位置，我们会看到 L 和 R 相对于开始时的单声道信号只有稍微衰减（小于 1dB）。关于线性电位器效果的主观感受，人们就不会对此感到吃惊了：中间声像比两边声像似乎要更响一些。尽管如此，通常这种法则是比较适用的，尤其是声像电位器被用作多轨奇 / 偶母线分配的一部分，或者用作校正偏差控制时。在这些情况当中，它表现出的优点就是可以做到至少一侧的声像不受任何损伤。

在这两个极端位置之间的某一位置上（如果极端位置正好表示为 6dB 的差异）的信号将具有一个令人满意的折中值，这将使得它在整个声像面均保持一个相等的主观声级，而且还能做到良好的跟踪（即在控制位置和声像位置间存在良好的相关性）。容易实现吗？这一直是人们激烈辩论的主题，而且是人们数十年的选择。在中间应该低 2、3、$3\frac{1}{2}$、4 或 $4\frac{1}{2}$ dB 吗？

通常就是这样，那些建立在理论上的事情，比如日常使用的声像电位器与理论上的紧密联系就会有所丧失。声像控制通常会一直处在其最初设定的位置，时间长达几小时、几天、几周、几个月——这取决于缩混工作长短。如果在进行某次缩混工作期间，为了产生所要的效果，声像电位器是动态应用的，那么其非常戏剧性的要求就淹没了是否“声音在中间有点弱”这类质疑了。

虽然图 29.87（c）中使用的单个电位器可以通过调整源电阻器和电位器数值的相对值来选择中间偏下的点，但是其代价就是人们对跟踪产生疑问（大部分声像效果倾向于处在控制过程的极端情况下）以及最终的声像问题。当硬性采用一种方法时，几乎是不可能（由于滑动轨迹阻抗的缘故）通过减小一侧滑动端来实现完全衰减的。如果 40 多分贝已经足够好，那么这可能就属于此种情况。图中所示的是声像电位器低 3dB 的情况。

在 20 世纪 70 年代，BBC 就理解了多个操作者、不同年代的无数张调音台，以及大量的调音台供应商所带来的问题。他们的目标就是要保持一致性，并最终演变成了图 29.87（d）所示的惊人简单的安排，并建议将其列入新设备采购清单中。这种做法奏效了。

29.13.9　环绕声声像控制

虽然环绕声的种类很多，但是从本章讨论的角度出发，这里所提及的环绕声指的是 5.1 格式的；其他格式与之有类似的基本要求，它们可以当作 5.1 的子类或引申出来的子格式。

好吧，现在四方声又回来了（人们还没有忘记它）。至少 5.1 信号中的 4 个（前左、前右、后左和后右）还是用到它们了。针对这些声道的声像处理是通过人们已经淡忘的年代中采用的方式取得的，即控制信号源分配给 4 个以相对比例输出的摇杆，或者是完成同一功能的一对声像电位器取得的；一个声像电位器负责左 / 右，另一个声像电位器负责前 / 后。保留 1.1 中 1 是处于中间位置；通常是将对白或歌唱声的声像处理在中间；这通常是利用一种综合或与字面意思类似的控制方式实现的，即在中央声道与四方声声像电位器之间对信号源信号进行交叉渐变处理。在这种方式中，信号源可以直接被分配至任一通路或通路上，或者想要效果的组合中。

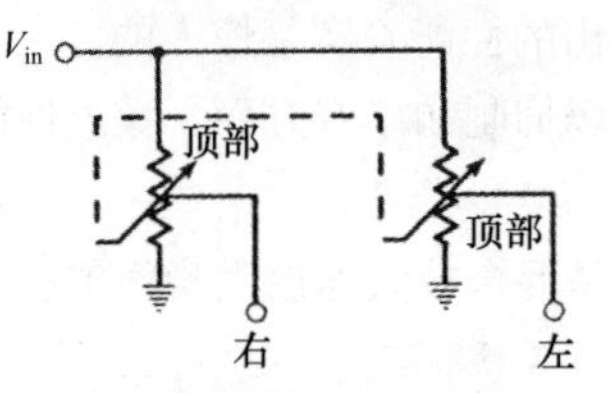

(a) 双联联动的线性电位器

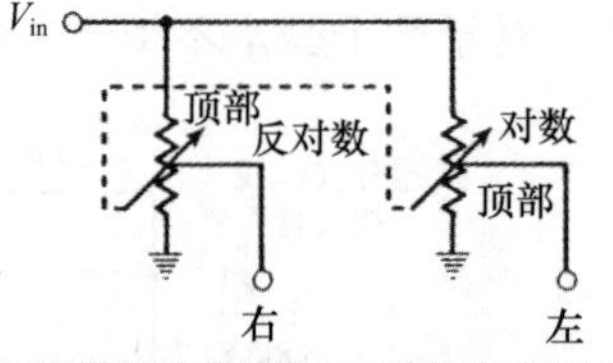

(b) 双联联动的对数 / 反对数分配电位器

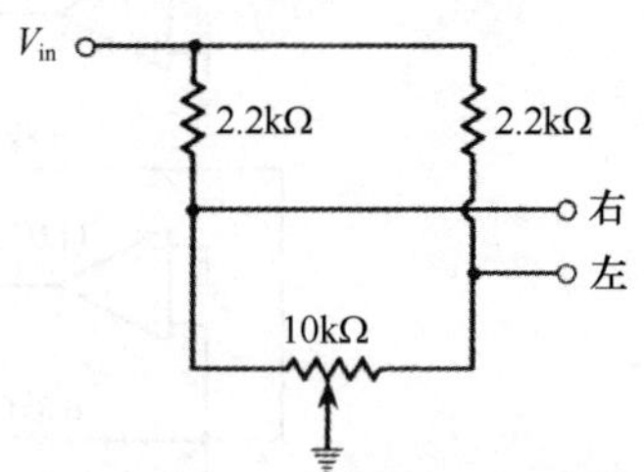

(c) 具有馈送电阻的单一电位器。电阻的选择选定在中央之下的位置，图中所示近似为 3dB

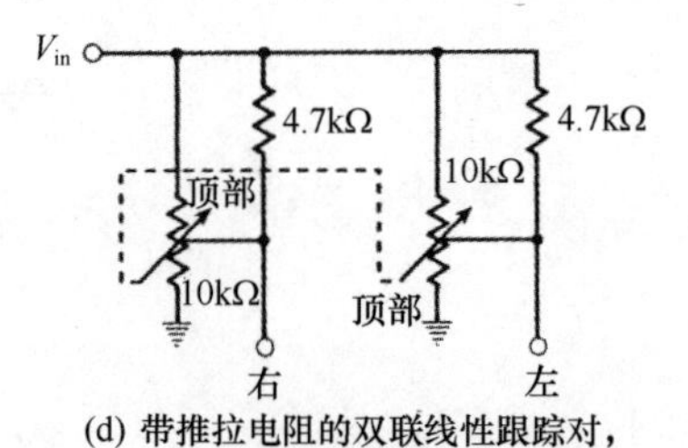

(d) 带推拉电阻的双联线性跟踪对，中央位置的衰减接近 3dB

图 29.87　声像电位器

最后的 0.1 是指重低音通道。0.1 意味着它是（但并不总是）频带受限的。通常，它拥有自己的电平控制，该控制独立于全频带的声像控制。

声像控制的环绕声输出构成了拥有 6 个专用环绕声混合母线的一个通道，与主立体声混合母线一样，它们在调音台中也被视为绑定在一起的设置。

29.14　监听

监听部分或许是调音台中最重要的组成部分之一。如果没有了这部分，工程师就听不到他操作的结果。简单而言，监听是由连接到调音台主输出上的功率放大器和音箱，以及实现去掉应用或采用预置应用的辅助功能设施组成的。在公共扩声（Public Address，PA）工作中，PA 实际上就是监听；其他唯一必要的功能就是推拉衰减器前监听（Prefade Listen，PFL），它在应急处置模式中确实是唯一有用的工具。在另外一种极端情况中，监听要求多轨录音提供一个完整的次级预混音，其中包含声像处理、推拉衰减器前 / 后的返送效果馈送和单独的监听，以及对调音台上所有送出和返回端口的监听访问。单列一体式调音台本质上有效地利用了电子器件的功能，将通常同时发生的信号混合在一起，构建出普通多轨录音技术所要求的监听通路。如果缩混方案是深思熟虑过的，那么除了监听主立体声母线输出，就极少需要对其他信号进行监听操作了。

在多轨录音工作中，启动监听的方式主要有以下 3 种不同类型。

（1）主线路监听——主线路是指立体声母线，它包括多轨机信号源 / 返回和立体声缩混。如果有，这还可以是环绕声母线。

（2）临时性监听——为了再次确认或调整，利用 PFL 或独听（Solo）功能可以实现短暂的核实监听。

（3）辅助监听—— 这提供了访问各种返送 / 效果送出、效果返回、母带录音机和辅助录音机返回信号的手段。

从操作角度看，上述监听启动功能似乎形成自然的分类。从技术上讲，这是完全不同的事情。独听（带声像的监听）功能与立体声母线有非常密切的关系。实际上，它使用完全相同的信号通路——可以视为其变形应用。尽管它与 PFL 的操作类似（PFL 只不过由声像电位器之后取监听信号变为从推拉衰减器前取信号），但它实际需要一个完全独立的母线和混合系统。它的输出被切换到监听，而且监听级别优先于主通路（人们似乎对这种几乎不包含立体声声像信息的单点声音检查功能觉得很奇怪，但人们一定要牢记带声像的独听是会破坏缩混的，而 PFL 是无损的）。反过来，操作者通常在心理上有这样的意识，即主立体声母线监听是真正无问题的信号通路，所有的辅助功能会受到较小的损伤。在现实当中，监听链路的信号通常直接从所有的监听源中选取，与众多情况一样，我们处理的只不过是立体声缩混信号而已，并不需要或提供特殊的处理。

29.14.1 独听、排除式独听和推子前监听

假定实施的独听功能是这样的：如果调音台的一个通道被独听，那么所有其他对主立体声母线有贡献的信号源全都被哑掉，只将需要的通道信号以设定的电平和声像位置隔离出来。其中一个例外和扩展的情况就是在实施独听操作期间，其他通道的信号在立体声缩混中一直不被哑掉（主要是被我们独听通道的效果返回还在起作用）；这是利用那些通道上仍然需要的无保护独听来实现的。无保护独听将通道由整个调音台的哑音 / 独听启动逻辑中摆脱出来。

通常需要独听某一通道的湿信号（即所有与之相关的效果信号）；制作时，舞台上的声音被混响和各式各样的稀奇噪声所裹挟，反复进行独听只是为了让人们感知到它——到那个时候，有些声音听上去发干也就不足为奇了。通道上的声音变成了信号源信号与所加入效果的混合信号，而不只是信号源信号本身。

其结果就是：独听监听是固有的立体声混合通路。如果那个通路未被选中进行监听，那么两个声道中的任何一个都不进行独听。所以，尽管独听优先于主立体声混合（除非利用主控功能中的独听安全使其所有通路均不能实现独听功能），与 PFL 不同，它不能凌驾于任何事情之上。

虽然 PFL 只能构建成另一个监听信号源，但是它被用来模拟单按键触控操作中的独听，这提高了它凌驾于所有事情（选择用来监听）之上的优势能力。如果想听，触动调音台上任何地方的 PFL 按钮，相应的信号就会出现在监听当中。或者，这一监听信号可以只分配至耳机或“近场监听音箱”上，以便其不会干扰到主监听。

29.14.2 监听控制

现在，我们研究如何获得信号，以及它们在监听链路中的优先级问题。对此，我们还要经历其他的考验吗？

（1）监听电平控制（level control）被用来调整监听音量。通常单独使用一个大的旋钮或推拉衰减器来实现上述目标。它是调音台上最常用的控制，只要问问调音台生产厂家的服务部门即可得知。

（2）监听哑音（mute）被用来临时将信号关掉。

（3）监听音量衰减（Dim）应用就是为了能听到人们交谈的内容。

（4）单声道监听（mono）在广播电台和电视台中还在使用。

（5）相位反转（phase reverse）用来确认是否无意中将相位处理成反相了（在历史上，该功能结合单声道监听按钮是校准模拟磁带录音机方位角的最快捷方法之一）。

（6）分离监听（split）是从广播监听技术中借用过来的。它将主立体声混合母线的单声道叠加信号连续地分配至监听链路的左侧，而所有被选择信号源的单声道叠加信号（包括强制 PFL）分配至右侧，同时提供出两种不同信号源（其中之一肯定是调音台的输出）的监听（分离监听源于网络化电台，这里的主持人必须要在节目串连处讲话，平滑自然地过渡到另一演播室或网络馈送的新闻或调度好的节目上。为了实现这一点，他们必须能够听到自己的声音和其选择的节目导引和切换提示声音）。除了其基本的设计应用，分离监听功能在其他正常节目编排上也应用得相当普遍，它能提供对随机信号源的监听，同时又不漏掉对正在输出的调音台主输出信号的监听。另外，这种监听在节目预录和制作中也有广泛的应用，进行实用的、实时多声源编辑（跳

跃编辑)，不再需要剪接刀片和黏给带了。分离监听在多轨录音技术中也找到了自己的位置；如果没有别的办法，那么可以通过将干声源选到右侧来满足单只音箱的单声道监听要求。

(7) 桌面音箱或傻瓜型放音器被用来模拟晶体管收音机和廉价设备的重放音质，还可以提供对各种普通监听音箱声音的夸张表现。

(8) 近场音箱 (Near-field loudspeakers)(相对小的扬声器，通常放置在调音台的表桥之上) 用来在缩混期间进行两两对比的现场核查：这些音箱距离工程师很近，用以削弱室内声学的影响；它们在大小 / 音质上与大多数听众使用的音箱相近似。通常，人们利用大的监听音箱来完成主要的监听任务，而小监听主要是用来确认声音没有缺陷或被过分夸大。

29.14.3 相关的串音

从节目角度看，两种形式的串音是相关的。第一种相关形式串音是某一信号渗入另一个传输音乐和临时性相关信号(例如，立体声左右对之间，或者多轨录音机的相邻声轨之间)的信号通路。这种情况是经常出现的，所幸的是，人们对此感觉并不明显；常常它们正在播放同一歌曲!

多轨录音系统内部的串音通常比较糟糕。因此，物理尺寸大的调音台的地通路自然就比较长，地电流会在最终的低阻抗两端形成串音电压(并串入其他通路中)。互连线缆、绝缘线缆、模块、母线之间的电容都会导致电气上的总体串音性能下降。很显然，设计和结构做得越好，调音台在这方面的表现就会越好。一般人们都会体验到投资的回报。

模拟多轨磁带录音机声轨之间的串音会将所取得的串音抑制成果葬送——它所带来的恶化程度要比一张糟糕的调音台还要大。这些磁带机不仅存在与调音台一样的电气问题，而且由于许多磁头靠得非常近，对磁带介质的所有处理在磁隔离方面做得都不到位。之所以它能被接受且可以简单应用，就是因为所有的串音都是相关的，混在一起并不明显。

29.14.4 非相关的串音

非相关的串音是彼此冲突且相互影响的信号，这些信号彼此之间没有关系，会造成彼此尴尬的局面。

在调音台监听中，充满破坏力的信号(即延时重放的主输出B检测)与主立体声混合通路处在不舒服的近距离时可能会引起尖叫。广播工作者时时刻刻都面临着同样的问题。除非播出去，否则所有的信号源都是潜在的对手。

这是不相关的串音，这里所渗透进来的信号与被干扰的信号完全不相像，且不相关。基本上，如果任何不相关的串音处在背景噪声之上且可闻，那么人们就会注意到它。

一种相当新且隐蔽的不相关串音类型是呈现给人的各种嘀啾声、哼鸣声和嘶嘶声，它们源于调音台设计和操作过程中无休止的数字化。虽然电影与电视工程师协会(Society of Motion Picture and Television Engineers，SMPTE)的时间码和自动化代码已经让问题足够糟糕了，但是尝试将计算机的嗡嗡声和视频监视器的尖利声排除在混合母线和声频通路之外并不是生活中最有趣的任务之一。

处理计算机噪声的唯一办法是从源头做起，将其设计得更好。

(1) 确保所有的逻辑地和模拟地的相互关系有意义，或者单独向后延伸并且绝不相交。

(2) 认真检查印刷电路板的布局，确保不存在数字信号与任何模拟信号相邻的问题，或者其正反面存在模拟信号的情况。

(3) 将大量的接地轨迹散布开。

(4) 对大电流、高速数字信号进行屏蔽。

(5) 尝试在模拟线路板上只让静态数字控制线存在——这意味着在声频线路板的其他地方对数字母线信号进行解码。

(6) 各处的地平面具有线路板的空间，充分填充于电源与接地层之间。

(7) 选定的逻辑系列产品(或者至少在接口设备上)为小电流的，并且不产生大的电源浪涌。CMOS就不错。

(8) 对所有信号去耦合——对于AF进行数字去耦合，对于RF要模拟去耦合。

(9) 根据自己的能力去工作。

29.14.5 串音的量化

“如果你听到或测量到它，那就说明问题大了。”这就是经验性串音检测。一种更为正规的检测方法就是先进行通道间(即调音台任意通道之间)的串音测试；这也被用于任何不相似通道间的串音测量。简言之，要求通道间在6kHz时要有优于60dB的隔离度，测量采用标准的嵌入CCIR 468加权滤波器的峰值节目表进行。由于该CCIR曲线存在12dB的峰值增益(在6kHz)，技术标准实际要求在6kHz时要有优于72dB的隔离度，这一指标实现起来并不容易，而且通常也并不现实。偶尔，这样的数据并不是远远高于系统的本底噪声。要记住，这是一种峰值测量；如果采用均方根值测量，则数值要低7～10dB。无人敢说这是容易达到的目标。串音是件难以解决的棘手问题。

29.14.6 仪表

为操作者提供一些关于调音台中信号的电平指示是很重要的，当信号被馈送到另一处时，信号电平指示是必须的。在图29.88中，馈送给一对电平表的信号是取自监听衰减开关的顶部；因此，它们是与监听一致的。更进一步，还可选择将一对仪表永久跨接在主立体声混合输出上。根据惯例，还为每一通道加装了仪表指示器件；在这样的设计中，馈送的信号是取自后续的监听通道信号源 / 返回开关。这可以在录音期间对分配至磁带声轨的信号和“包含效果”的重放信号电平进行指示。在进行多轨重放时监看一排仪表，就可以方便地获知每个通道的电平指示信息。对于缩混工程师而言，这是重要的提示信息。

流行的标准和类型的专利仪表有很多，而且有些人们还相当陌生，同时这也是个人喜好问题，人们希望从眼前的各种指针、指示灯和闪烁的跳动中获取想要的信息。

如果撇开有关平均值与峰值读取仪器的纷争，那么可以肯定的是：指示仪器的选择将会直接影响到工作电平、电平结构、记录设备标称电平排列，以及各种微调，比如该设计中的输入级限制器门限。在数字域中，现在的参考电平是 0dBFS，或削波电平，可以说，这与原有学校参考书中给出的一般在此电平之下 20dB 相比有所改变。

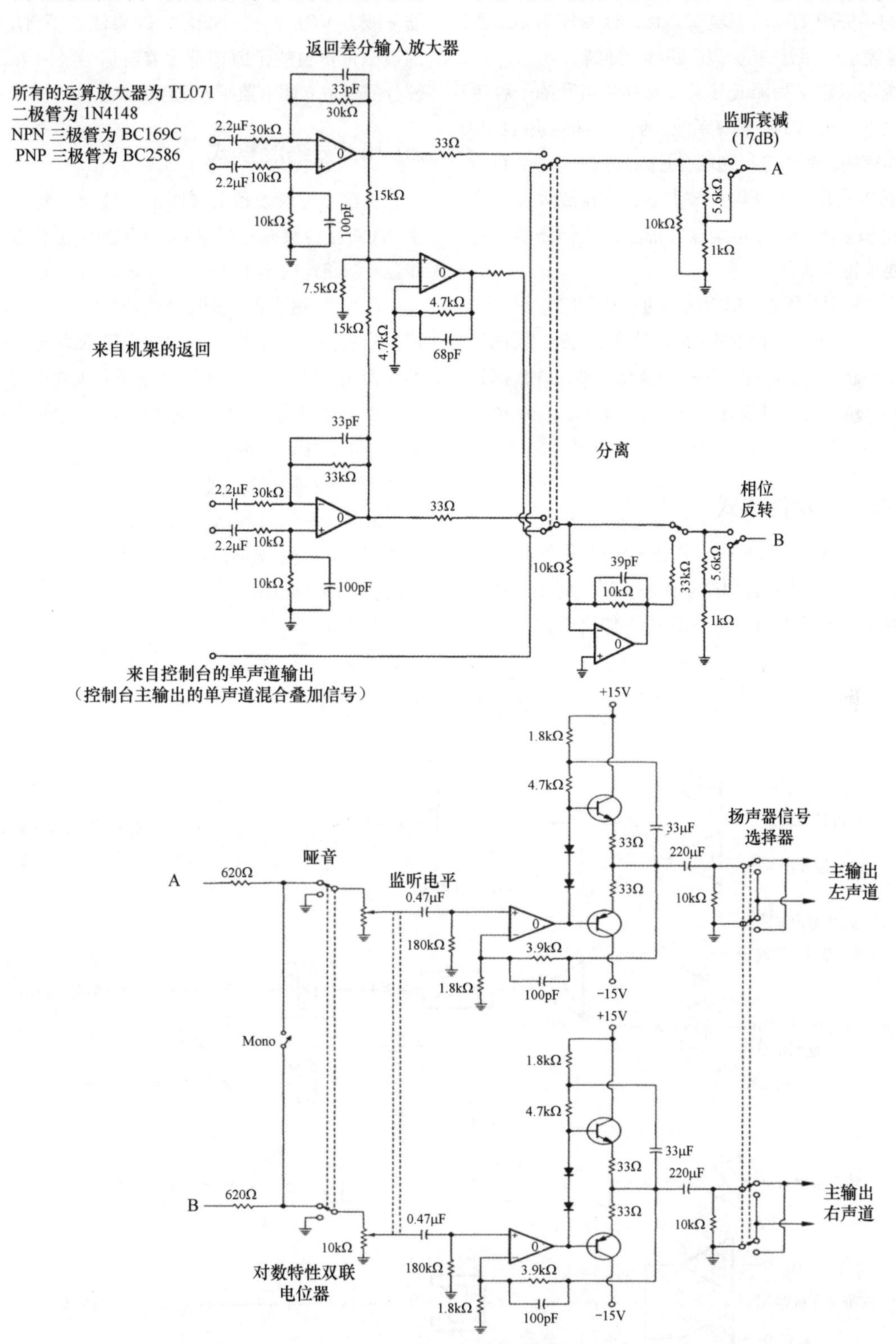

图 29.88　监听的声频信号通路（控制台端）

在此我极力向大家推荐阅读本手册的第30章“声频输出仪表和仪器”的内容。

29.15 多轨调音台概述

在本章的其他章节中，我们将对已经应用于当今调音台的每种实用的电子系统规格进行描述、研究和分析。这里将要介绍的是完整的商用多轨调音台，以及作为整个系统运作和自身需求一部分的电气方面考量等问题。

一个系统可以定义为降低其组成部分多用性的一种手段。理想情况下，虽然不应该有系统，但是实际应用表明：系统是必须要有的。想到这一切就会让人感到心痛：数百个元件、传声器放大器、差分输入放大器、线路放大器、均衡器、滤波器和分配矩阵松散地摆在那里，人们需要针对各自的工作要求将其耦合在一起。

我们必须要利用其优势，值得庆幸的是确实有这么一个。工程和平衡习惯确实是不容改变的，它能让许多明确定义的常用元件组合在一起。对这些组合进行合理化处理，并根据其必要性安排进行选择是一种很好的折中处理原则。在获得一组工作模式集合的同时，我们并没有丧失太多的灵活性应用。

29.15.1 单列式功能模式

图29.89（a）、图29.89（b）和图29.89（c）分别简单示出了针对录音、缩混/直接输出至立体声，以及同步录音情况的单列式录音调音台的4种基本通道工作模式。其中的X表示的是切换点。简言之，这里给出了该系统中主要的多轨工作模式及其实现方法。

29.15.2 录音模式

在录音模式中，目标就是要将现场的声源（例如，传声器）经由信号处理链路（如限制、均衡等），记录到多轨记录设备的声轨上。该通路上的电平控制是由主推拉衰减器（或者VCA推拉衰减器，如果使用了自动化），至专门通道磁带声轨的带前和带后监听信号经由第二级电平控制被分配至主立体声监听/混合母线上。

29.15.3 缩混模式

机器（记录设备）返回信号被送入处理链路，并经由主/VCA推拉衰减器在主立体声监听/混合母线上混合。机器监听链路这时不工作。

在缩混期间保持多轨分配开启的一个主要原因就是要提供附加的效果馈送，所以如果第二级电平控制是针对主推拉衰减器之后，以及哑音/独听开关之后信号就再好不过了。为了实现这一目标，图29.89（b）中包括有交叉馈送的电子路由分配。然而，如果需要调用推拉衰减器反转功能，则独立控制就被恢复了。

另外一种工作模式是直接至立体声，它是缩混派生出来的。它可以让现场声源直接混合至主立体声母线，无须使用多轨路由分配。

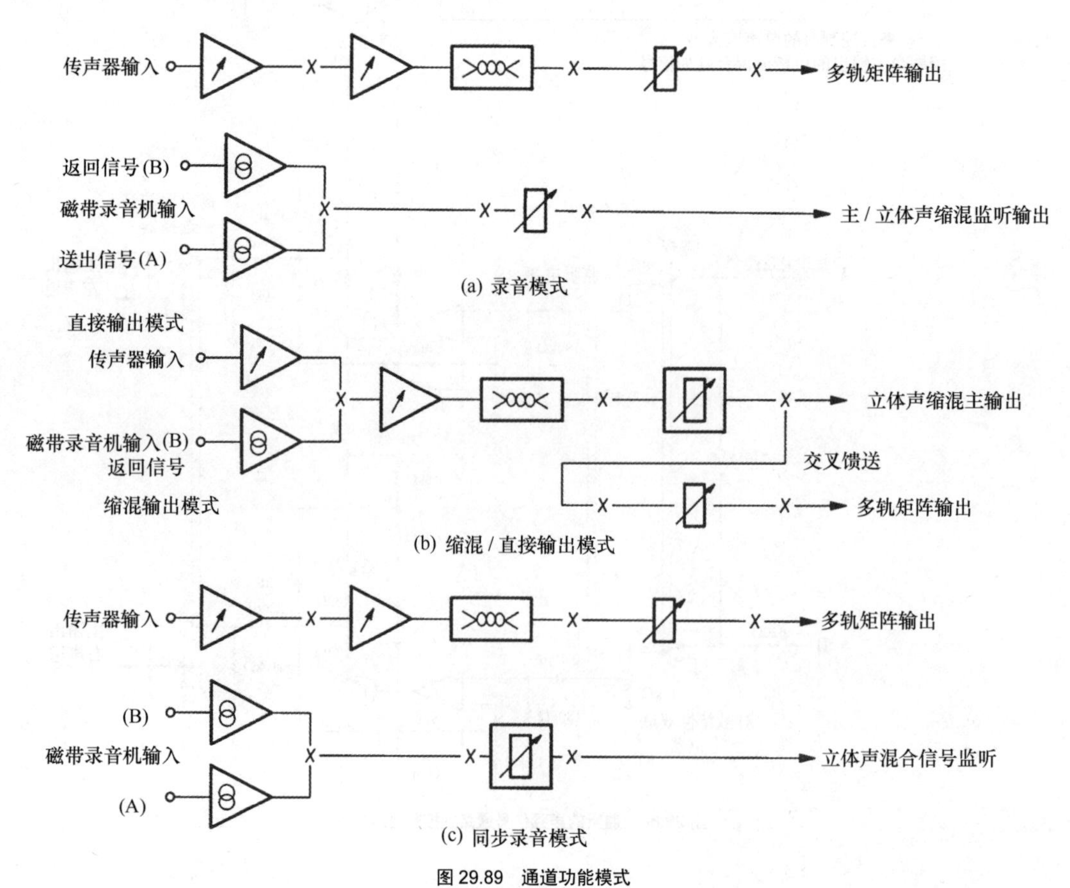

图29.89 通道功能模式

29.15.4　同步录音模式

录音和缩混的中间环节就是同步录音，当调音台的大多数通道处于缩混模式时，如果个别通道处于录音模式，那么就用到同步录音了。这时的信号流与录音模式时一样，只不过主 /VCA 控制与第二级电平控制互换了。因此，在这种模式下，主 /VCA 推拉衰减器控制馈送至主立体声混合母线的监听信号，这一推拉衰减器将处于缩混状态下的其他所有通道联系在一起。

在这一模式中存在一个方便的互锁机制，它可以很容易通过按下单一一个按钮来操控。当通道系统功能被选作同步录音，同时监听通路被设定为 A 检查（机器输入）时，一对继电器闭合，这时它们便可以被机器遥控访问。如果声轨记录设备准备好了，则检查就会自动将机器转为同步录音状态。

29.15.5　系统电平结构

在有些条件下，模拟调音台的非单位电平结构一定存在遗憾之处——这里的细化就是指被直接应用于这里所描述调音台设计的方法（在大部分调音台中相当典型的安装）。

在正常工作条件下，如果给定的是标准 +4dBm 基准的 VU 表，那么在任何调音台中都充满动态余量变窄的风险。图 29.90 所示的是应用中处理潜在动态余量不足的各种方法。人们喜欢将整个调音台系统运行于压缩电平（通常是 -4dB）之下，然后通过输出变压器匝数设定来进行必要的无源 4dB 补偿。从两个方面来看，这是一种差的选择。变压器设置安排对于端接阻抗至关重要，而且频率响应可能还要承受诸如长线缆带来的重感性负载的影响。

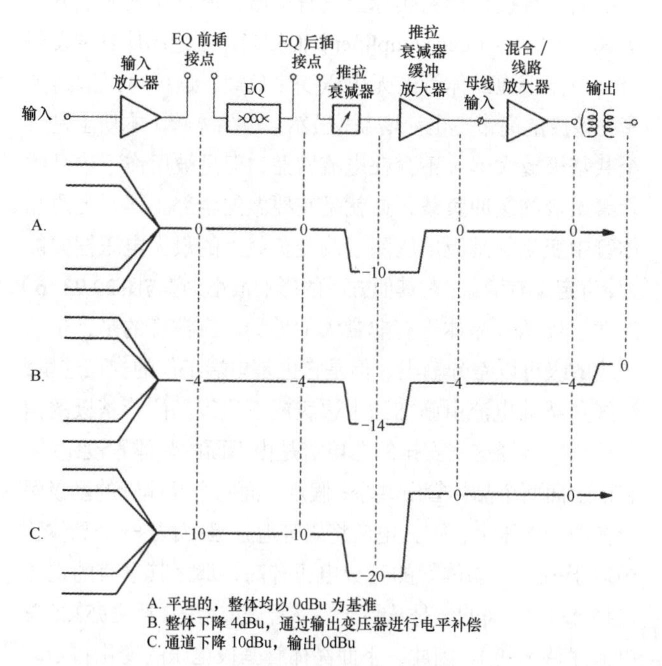

图 29.90　系统电平结构

对于类似问题的较现代解决方案是采取 -6dBu 的压缩电平，并在伪平衡电子输出级补偿输出电平。在这种方法中，动态余量在通路的任何点上不进行折中。

输入通道中，在通道增益控制器件（推拉衰减器）之前动态余量是主要问题。不规则且不可预测的输入源和均衡器增益会将边界余量蚕食光。所幸的是，除了那一点，电平和混合都可以利用推拉衰减器方便且很好地调整。将通道电平降低 6dB 或 10dB 对解决问题有极大帮助，增益补偿既可以通过混合放大器，也可以通过推拉衰减器之后的缓冲放大器来实现（后一种做法更常用）。虽然这确实对母线噪声（静态调音台输出噪声）做了折中考虑，但是这样做的主要理由是信号呈现出的高信号电平，因此还是利大于弊。这种被压缩的通道系统在任何情况下都具有实际意义，人们不用去理会仪表指示的类型，因为在输入线路的端口很有可能潜伏着许多未知的因素。

存在的一些缺点就是所有的通道插接点均工作在压缩的（10dBu）电平上，这或许在一些非多功能周边设备上产生问题。更为直接的问题就是其他内部通道电路将需要调整。

从长远的观点看，这是设计师制造的产品（该调音台），但对于操作者而言应尽可能简洁且无限制。虽然系统动态余量上的混乱确实有点像组装机器，但是作为一种最终让音乐创作不再痛苦的方法，谁又会反对这么做呢？调音台毕竟是一种创作工具，而不是技术操作标准的博物馆。

29.16　数字调音台

在数字调音台尚未问世之前的很长一段时间里，改变逻辑控制的层级、遥控、自动化，以及数据存储和调回等操作在模拟调音台上是很常见的，没有其他选项可以替代。在当时，虽然这种模拟调音台的数控问题一直是较难解决的问题，但是近年来我们见到针对大部分要求的解决方案已经被提出来了。

自动化的推拉衰减器系统追求能存储和调用所有调音台功能，因为即刻存储、调用，以及调音台自动化设定在众多领域中都是立即应用的。当到了自动化调音台的性能水平与非自动化调音台的水平相当时，数字调音台便真正成为现实。由于它们必须是完全可编程的，所以控制硬件和软件也就理所当然地就位了，从而实现一定程度的自动化就是水到渠成的工作了。

数控发展所带来的一个问题就是控制界面的人体工学化；它远非将一大堆硬件堆砌在一起，而是要将界面设计成与其目标最为适合的形式。

更进一步的考虑源自智能性、必要性和（或）利用调音台控制界面遥控调音台所希望实现的操作（信号处理控制）。除了对调音台结构设计产生影响的广泛通信要求（通常受到网络理念的冲击）、构架惊人地小，它也会对小文件的处理产生影响。这样看来，控制界面就是真正的“交战战场”。

29.16.1 推拉衰减器的自动化

自动化要解救的第一个受害者就是推拉衰减器。一旦多轨（16/24 轨）成为司空见惯的情况，那么人体生理学（只有 10 个手指）就成为严重的制约因素。缩混时，如果操控的通道数相当多，这便形成了障碍。至今为止经典的解决方案——将声轨的次编组混合数量减至更为可控的数量——就是强制产生另一种磁带版本；将任意跳轨作为多轨优势之一来宣传并不是一个好的理念。

在某一缩混期间记忆推拉衰减器的动作并能随后进行必要的修改似乎是一个不错的想法。针对这一需求目前还只有两种解决方案。

（1）记住推拉衰减器的物理位置，并且根据调用的安排将推拉衰减器移动到所要求的物理位置。

这里的第一个技术由一个大的生产厂家（Neve 的 NECAM 系统）首次引入，现在这种技术已经应用得相当普遍了，它是利用价位适中的电动机推拉衰减器实现的。其他大部分则划归第二阵营。移动的推拉衰减器系统深受其使用者的追捧，因为它们始终都能明确地指示出（推拉衰减器的实际位置）系统实际执行的动作。它的另一大好处是，第一次看到一大堆电动机驱动的推拉衰减器上下移动，任何人都会不由自主地发出会心的微笑。

随着制造成本下降带来的器件普及，这种可动推拉衰减器几乎适合各个层面的应用，实际上它已经成为自动化模拟和数字调音台的标准。

（2）由推拉衰减器驱动压控放大器（Voltage Controlled Amplifier，VCA），并根据调回信息为 VCA 提供相应的恢复控制电压——推拉衰减器本身并不是控制 VCA，如图 29.91 所示。

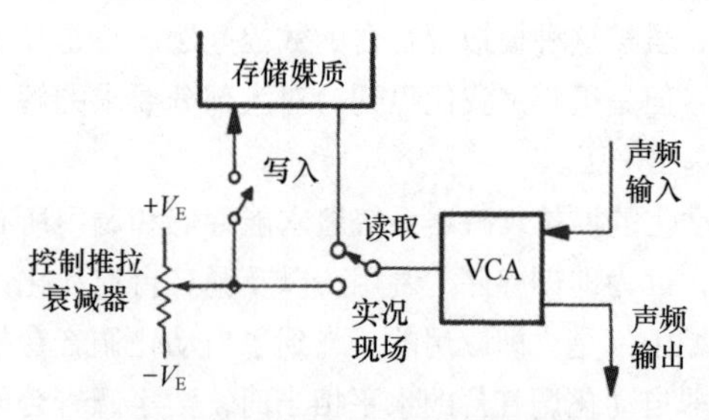

图 29.91 简化的 VCA 型推拉衰减器自动化

VCA 系统在模拟调音台中仍有立足之地，因为它们在可动推拉衰减器无法单独工作的关键推拉衰减器位置点表现出优势。尽管 VCA 自动化系统曾经以纯模拟的形式实施控制，但推拉衰减器的位置数值则以 PWM 的形式存储，或者通过电压 - 频率转换法保存在模拟磁带录音机的声轨上，只要它是可行的，那么这些技术就可以采取数字控制的模式实现存储。

参考后文的描述，一般要采用归零指示器来匹配实际的 VCA 增益，以便让推拉衰减器指示出实际增益值。

29.16.2 VCA

调音台中的几种功能迫切需要完美且一致的可控增益模块。除了自动推拉衰减器系统，动态控制和其他模拟受控增益级都可以通过类似于图 29.92 所示的增益控制获得益处。它对于应用的声频信号而言是个黑匣子，声频信号从中被提取，控制端决定有多大的声频信号可以从中通过。理想情况下，控制信号的法则应为可预测的，而且具有恒定性。无偏置、无微调、无振荡、无跳变。应该很容易实现，对吧？

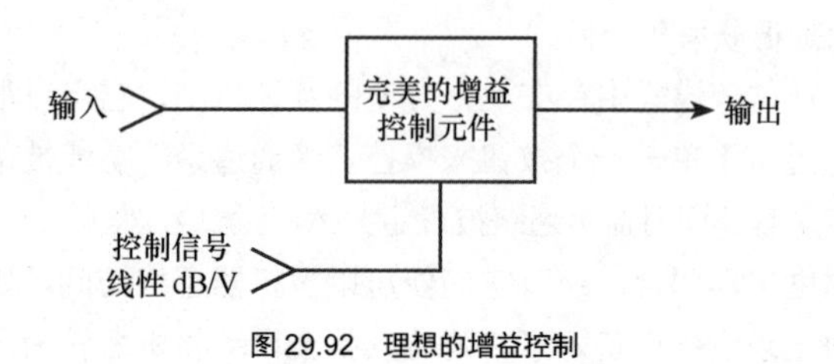

图 29.92 理想的增益控制

正如我们在其他地方见到的那样，未经处理的有源电子器件可以被用作可变增益级，虽然具有一定的成功率，但都存在一定的折中和不足；尽管限制条件有很多，但最为明显的限制条件包括声频信号处理能力有限、高失真和时常表现出的非线性（非理性）的压控法则。在诸如压缩器和限制器这类反馈型自动增益减小电路中，非线性控制法则可利用伺服反馈回路消除，使其可以被忽略掉，或者（更好的情况）使电路对激励响应行为产生令人感兴趣的作用。如果进行了有效的偏置（为了回避截止区），那么 FET 可以产生平方律响应，晶体管针对所施加的基极电压，集电极电流会呈指数（对数）响应。对数？——dB 不就是对数形式吗！

29.16.2.1 晶体管结

图 29.93（a）所示的是 VCA 领域之旅的起点，虽然对于我们的直接目标它实际上没有价值，但它在其他地方以级联放大器（cascade amplifier）而知名。上边晶体管的发射极被当作下边晶体管的无电压变化负载，这样可以取得无密勒效应的高带宽电流增益；虽然上边晶体管（本质上是一个共基极放大器）不存在电流增益，但是被用作下边晶体管集电极的缓冲负载，这就是其要做的全部工作。上边晶体管中变化的基极电压除了改变负载上的最大电压摆幅能力，肯定没有增益，对其他方面的影响很小，它与图 29.93（b）的发射极耦合晶体管有非常大的差异。应注意的是，虽然上边的级可以差分输出，但是它也是单端工作的。在这里，流经负载的电流由施加到上边级或下边级晶体管基极的信号控制。流经这一安排的总电流是由下面的晶体管设定的，它由上面两个晶体管所共享；假定上面两个晶体管的基极保持在同一电压上，那么电流将均等地分担；如果一个晶体管相对于另一个晶体管的基极电压升高，那么其享有的电流也将升高，升高的量是从另一晶体管处取得的，反之亦然（总电流保持不变）。因此，下面晶体管基极电压的变化将会改变总电流，上面两个晶体管基极产生的综合作用就是倍增的增益变化［顺便提一下，某一种信号（通常是声频信号）可以加到上面一对晶体管差分对上，并且可以从该差分对恢

复，尽管对它们而言，单端驱动的相对基极接地并不罕见]。其存在的一个缺陷就是所有器件的工作点都会随着下面晶体管基极上施加的控制电压的变化而移动，所以控制电压不可避免地会部分出现在所产生的输出信号中。

29.16.2.2 Gilbert单元

图 29.93(c) 所示的是一个良好的 VCA 基本核心——两只背靠背的发射极耦合晶体管。实际上它有点像三只；在每个输出脚，每只发射极耦合晶体管接着一只发射极耦合晶体管。它是这种基本配置的通用形式，并已经成为 VCA 的代名词——在提及 VCA 时，脑海中就会出现它的身影；这一主题的变形和扩展形式已被广泛应用。其叫法多种多样，从事射频工作的人把它称为 Gilbert cell 或双平衡调制器（double-balanced modulator），其主要的与生俱来属性就是在输出上所施加信号和控制电压（CV）输出相抵消；出现在输出上的所有成分均是所施加信号和 CV 乘积的产物。乘积暗示着它是相乘的结果，事实也确实如此。如果没有完美的模拟乘法器，那么该电路就是一个良好的基础。更好的是，由于它利用了老式的、具有指数形式基极电压与集电极响应特性的晶体管，所以针对增益和衰减的分贝数而言，其控制法则具有较大的线性部分。这就是所有人烦恼和抱怨的原因。

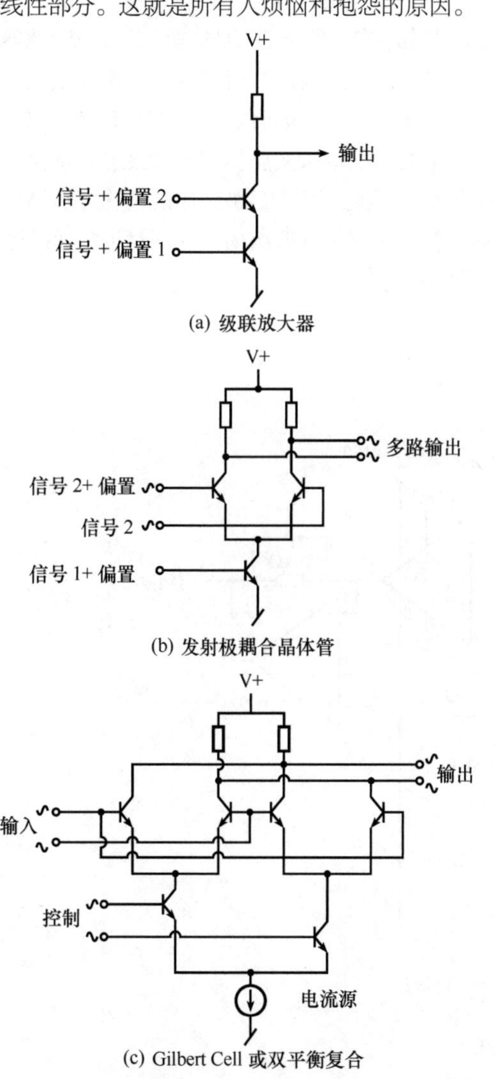

图 29.93 VCA 设计

29.16.2.3 对数-反对数单元

图 29.94 所示的是一种不同解决方案的简化示意图，其内部核心的拓扑结构是所谓的对数 - 反对数方案（尽管实际的集成实施起来并非如此）。

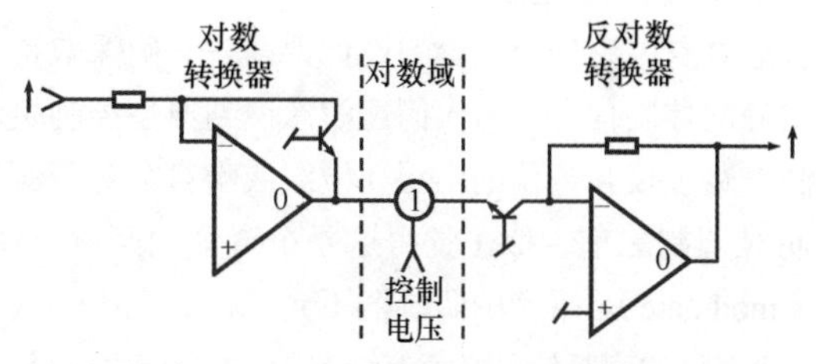

图 29.94 对数 - 反对数 VCA 原理

它也是利用了晶体管基极电压与集电极电流间的指数关系。第一级是对数转换器，它将（本例中是正向的）输入信号转变为一个（负向）以对数形式表现的电压；混合相加形成控制电压，由于处在数字域，所以它是线性的电压 / 分贝关系；之后，合成的结果通过反对数处理变换回实际的情况。正或负的控制电压影响的结果是提高或降低端到端的线性增益。

29.16.2.4 商用VCA

商用 IC VCA 一般采用这些解决方案中的一个；VCA 绝大多数要有的，并且要以 IC 形式应用。虽然采用分立元件实现的 VCA 也可以工作，但是同一衬底的有源半导体在本质上固有的更接近匹配属性大大减小了元件匹配和对各种偏差的调整补偿，同时生产厂家也省去了温度补偿和为了让器件在现实中表现更好而施加的各种偏置。尽管如此，基于此而对这种安排或电路工作所做的优化、预置调整都是基本工作准则，即便是集成规格的产品也是如此。或许很多调音台并不会在空调环境下一直工作到报废，因此抵御温度影响的工作稳定化处理会让问题进一步复杂。

除了基本且性能非常突出的电路元件，实际工作中的电子电路还会带来其他一些问题。噪声是主要要考虑的问题；晶体管最佳工作点的变化取决于需要优化的参量（参见有关传声器放大器的集电极电流与噪声关系的讨论）；几乎可以肯定的是，关于噪声方面正确的处理方法用于对足够大信号的处理都不见得对。人们已经尝试利用如下两种方法来解决上述问题，一个是根据所施加的信号来动态改变晶体管的偏置点，以便它们在低电平区（噪声）和高电平区都能力争取得近似正确的结果。另外一种解决方案是针对许多并联的 IC VCA 的，目的是改善组合器件的噪声 / 电压与噪声 / 电流之比，从而改善噪声性能，并更好地适应普通声频信号阻抗和电平下的工作（这与并联相辅相成，或者采用多个输入晶体管并联的方式来优化无变压器传声器放大器的 OSI）。

输入缓冲和控制信号调整使得它们易于使用；虽然线性已经相当不错了，但其线性区域还可以扩展到更大的控制范围上，并且安排成每伏的控制信号产生多分贝变化（比如，

20dB/V），以便与自动化系统中的A/D和D/A转换器和电压摆动控制的直流驱动推拉衰减器方便地结合。然而，一般的集成VCA上的控制端口灵敏度可能高于此（几毫伏每分贝），并且需要很小心地处理。

29.16.2.5 控制电压噪声

这里重点讨论一个关键的设计课题——确保取得一个非常安静的控制信号。当人们还没意识到典型控制灵敏度下控制线路上仅几毫伏的不想要波纹或噪声会对声频信号产生明显调制之前，似乎觉得这是个奇怪的问题。注释：调制（modulate）。平衡的调制器不允许控制电压进入输出VCA，而实际的声频信号必须流经VCA才会产生这种调制。最重要的是，在很大程度上这是VCA有了使声音变脏这一坏名声的主要原因。与所有这类诽谤一样，现实背后确实是有根源的。其中的根源之一就是CV噪声。包含于CV之中的任何电路应该谨慎地处理人们放到"实际"信号通路中的信号；人们应抵御较随意（较便宜）的控制部件所带来的非常现实的诱惑。

一个并不明显的隐含问题源于这样一个事实：声频通路和控制通路不仅是交叉的，而且结构也不相同。声频通路（假定是调音台通道）是沿着信号的流向延伸的，而许多通道（即便不是全部）的控制电压则不然，它们被放在一起处理，并且以星形方式分布。如果曾存在疏忽的接地感应噪声问题，那么问题就是它了。如果CV是以某一地为参考基准，而这一地与VCA的声频地的关系发生任何形式的变化，那么其间的差异就会有效地叠加到CV之上，进而使VCA产生噪声调制。

29.16.2.6 VCA通道的应用

图29.95所示的是高端集成VCA的典型应用。

THAT Corporation（"dBx的后代"）的VCA型2180是用于声频领域的电流输入、电流输出器件，因此，它跟随有采用优质双极性运算放大器的标准电流-电压转换器。还应注意的是，在控制电压加法器上的运算放大器看似多余。控制端口让事情变得有趣。馈送至VCA的控制信号可以是几个不同信号源的相加混合（可以简单地理解为——由于VCA控制电压呈对数特性，所以电压相加会导致它们在VCA内相乘，换言之，产生dB形式的电压相加或相减）。

（1）通道推拉衰减器确实不单单是一个衰减器。它实际是D/A转换器的输出，它既可以反映出A/D转换器检测到的推拉衰减器的位置，还可以重现出自动化系统保存的之前推拉衰减器的位置。但到目前为止，我们还是将它称为推拉衰减器。

（2）由通道动态处理产生的增益下降控制。对于内置于通道中的动态处理，常常会将高质量推拉衰减器式的VCA当作增益控制元件使用。这里假定动态处理部分拥有定量意义的前馈型检波器和调节器。很显然，后馈型压缩器就不能使用这种VCA。

（3）VCA次编组。作为扩声调音台的一般性能，这些次编组是由集中安排的一组VCA编组主推拉衰减器（通常是8个）控制的。这些推拉衰减器生成控制电压，在调音台上，每个控制电压均被母线化了；每一通道可以选择这些控制电压中的一个用来实施控制（如果喜欢冒险，还可以选择多个），这些电压相加后被用作该通道的VCA。这是一种在不必创建实际声频编组的情况下对相关通道进行编组的非常方便的方法。

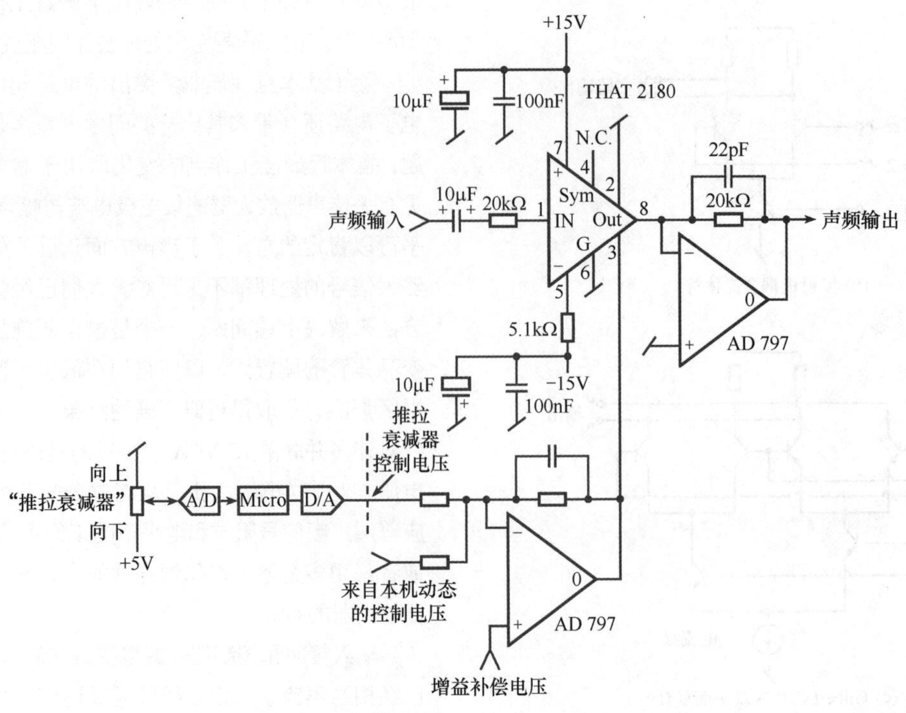

图29.95 利用商用的IC实现的简单通道型VCA

（4）VCA 主控。集中安排的推拉衰减器只是用来对作为分配到主混合母线的所有通道信号进行总控。这看上去有些多余，因为几乎在混合母线输出上肯定会有一个实际的声频推拉衰减器，然而，设置 VCA 主控的好处就在于对混合信号产生贡献的所有信号源电平都可以调整，而不是控制混合级的输出。这有助于避免混合级出现动态余量问题。

还应强调的是，用于 0 ～ 5V 控制信号的 5V 供电应被强制管理，并且应极其纯净。采用一些接近微法级的电容器来实现，而跨接其两端的 100nF 则不算数。

在配备复杂计算机控制的调音台设计中，除本地通道动态控制信号之外的所有控制信号都以数字形式控制和相加，这一复合结果通过 D/A 转换器被馈送到通道 VCA；这样便大大简化了每个通道叠加模拟控制电压的多重性。

29.16.3　数控放大器

在模拟电路中 VCA 并不是用来解决所有可变控制问题。为了能够由数字控制系统驱动，需要利用 D/A 转换器的输出来获得一个用于每一 VCA 的模拟控制电压。尽管这实现起来成本可能非常高，但却非常迅速。直接连接到实现控制功能的微型控制器上的一个增益可控级可能是比较合适的。

29.16.3.1　乘法DAC

一个更为直接的方案就是直接由数控系统来驱动，它采用一个乘法数模转换器（Multiplying Digital to Analog Convertor，MDAC）— 特别是，参考的基准输入四象限乘法器，这意味着它可以产生电势为正和负的输出（或在这一特殊情况下的电流），并且与施加到其参考基准端口的电压成正比，如图 29.96 所示。要牢记的是，虽然这些器件从未打算以这种方式应用，但幸运的是它们的效果不错。

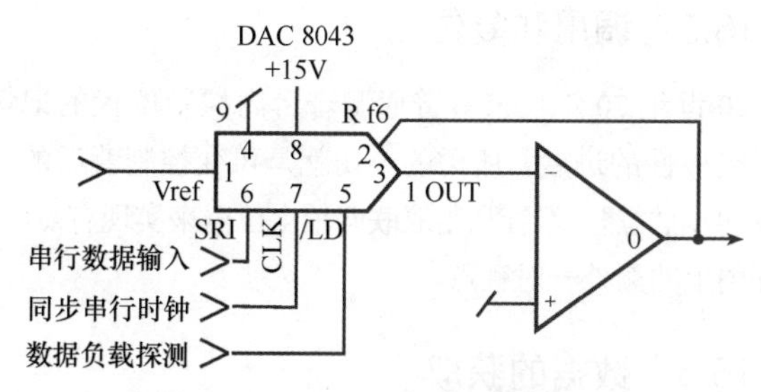

图 29.96　MDAC 实现的根本性增益控制

声频信号被加到参考基准脚；在本例中，数字宽度为 12bit 的信号串行馈入器件，它被加到 12 bit R-2R- 梯形 DAC，如图 29.110 所示；针对 12bit 表达的最大值（4096 个步阶），声频信号按比例衰减，以便适合所施加的数字值。输出电流经检测，并通过随后连接于运算放大器外围的内部反馈电阻器的虚拟接地输入放大器转变回电压。其接口其实非常简单，线性也相当好，信号处理能力优异，噪声性能也不错——除了每次增益变化时（新的数字信号转变为增益时），它可能会产生很小的嘀嗒噪声，不过对于高电平信号、低频信号，尤其是这两种情况组合在一起时这一噪声会明显听到。实际上，随着增益被改动（依照推拉衰减器的方式），典型的拉链型噪声会非常明显。关于它的唯一好消息就是该噪声在很大程度上被节目素材的频谱成分所掩蔽。然而，当器件被用于均衡器中的确定频率或 Q 值单元时，其影响就变得滑稽了；这取决于人的幽默感。解决这种噪声需要采用两种方法，因为该噪声实际上是由两个独立原因产生的。

29.16.3.2　电荷注入

在 CMOS 和其他电子开关中这几乎是无法避免的效应，在这些情况中，微量的差动电荷自身发生撞击，从控制端口的过渡点进入信号通路中。在乘法 DAC 中，当增益变化时，进入的电荷数量可能会变化，因此总的注入电荷也会相应发生改变。然而，这几乎完全独立于所施加的声频信号。

利用储能方式可以取得不错的抵消效果。一种方法就是简单采用本身带转换器的第二个 MDAC，它将求和引入主 MDAC 通路的虚拟接地点，其参考基准脚不被驱动。然而，仅仅稍微复杂一点的安排如图 29.97 所示，它是我们所熟悉的超级平衡（Superbal）差分混合安排，其馈送是来自两个 DAC 的差分驱动。这样不仅提供了具有满负荷差分信号处理能力的增益控制级，而且电荷注入噪声基本上被抵消了。然而，为了取得最佳的噪声抵消效果，实际的 DAC 需要进行匹配（整个梯形 DCR 检测是验证匹配的一种合理方法），或者采用同样衬底上的组对元件。

29.16.3.3　过零

脉冲噪声的第二个原因就是试图切换大信号；对高电平信号所做的任何截取或非常快的电平改变都将会产生“咔嗒声！”（让音调音经过开关，并开关几次。开关的咔嗒声——俗称咔嗒音——的强度似乎是随机变化的；这是因为切换发生的时刻处在正弦波周期的随机位置点上。那些处在或靠近正弦波峰值点的咔嗒声最响）。对此并没有简单的解决方案。如果安排只改变增益，而施加的信号是过零点的，或者是处于低电平，那么这种现象就都不存在了。过零检测在增益变化器件（比如数控传声器前置放大器、外接 / 周边 I/O 接口，以及声处理器）上是标准做法。如今，这些集成到转换器当中的技术与这里所描述的内部调音台设计非常相似。

减小咔嗒声是控制方面的课题，而不是声频通路方面的问题；图 29.97 表示的是具有取得近似过零的外围电路的差分 MDAC。图 29.96 和图 29.97 中的 MDAC 是双缓冲的。换言之，可以在它们上面加载新的增益数值而不会干扰当前的运算增益，随后在需要使用 /LD（负载）控制脚时转换出新的数值。这样的安排允许控制微处理器在电路上执行“游击战术”，存储新的增益数据并告知电路在下一个过零点采用该增益数据；微处理器并不是必须要等待下一个过零点出现。它可以同时缩放其他 MDAC 的设置，或者参与到其他类似的微处理控制工作中。如果电路被访问，则新的增益数据以时钟为速率串行进入MDAC的第一个缓冲器中，之后微控制器轻轻推高ARM线路（ARM线路只需要瞬时+5V的脉冲；第一个比较器周围的正反馈保持在设定的状态。同样地，如果需要轻微拉低至dis-ARM，也是可以的——但这没有使用价值）。比较器等待所施加的声频信号跌落到近乎为零的低信号窗口，在那一点上产生出用于/LD的瞬时脉冲，该脉冲将新的增益数据锁存至MDAC梯形电路，同时取消ARM。

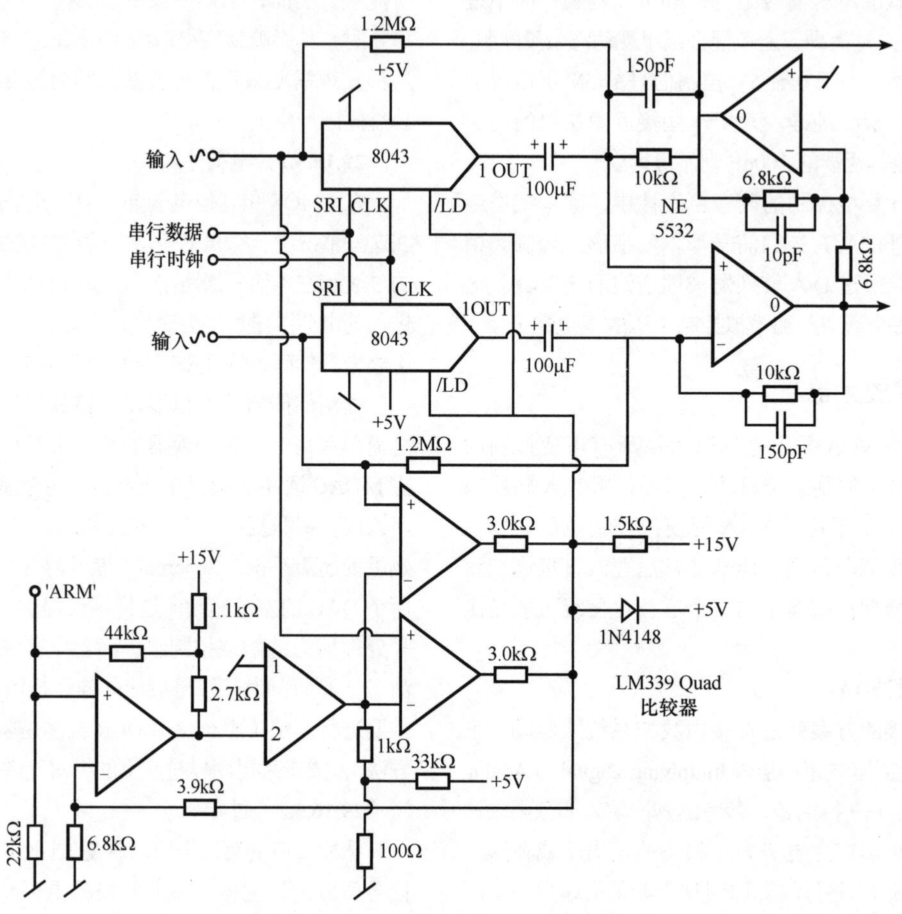

图29.97 具有零交越能力的差分MADC增益控制

虽然这种安排对于动态不是最佳路径，因为这要花相当长的时间来加载数据和等待过零，限制产生明显响应（VCA对动态更好）但对于其他任何事情的处理还是可以的。通过合理匹配12 bit MDAC，这种增益控制电路实际上是透明的，甚至在高Q值滤波器和EQ中都有不错的表现。尽管它还不是很便宜，而且在中等的调音台上必须利用多个这样的电路（或DAC/VCA）来实现全面的自动化，其价格不菲，但是它却有惊人的效果。

29.16.4 分立逻辑和可编程门阵列

如今无处不在的这些部件所给出的硬件设计方案还是立刻让那些熟悉带一点布局的人感到有些大胆和异样；线路板上的一切（也就是说开关、解析器、转换器等）被直接连到门阵列针脚上；主要微型控制器接口引入了门阵列；之后如何互连、策略化、定时、查询、选通等所有的一切都变成了针对门阵列的纯（软件）编程操作了。类似地，误差和变化也变成了软件变化，而不是对线路板进行改版。它们已经给调音台控制方法带来了革命性的变革。

29.16.5 调用和复位

20世纪70年代末对普通调音台内控制位置的记忆取得了突破性的进展。所需的一切就是可变控制背后的一个Rider型电位器（尽管利用双联同轴电位器来实现有点困难）和开关上的额外一对触点。

29.16.6 数据的获取

开关闭合实现8或16位批处理传感（取决于自动化控制中使用的微处理器的母线宽度），同时通过8 bit模数转换器（256个可能的位置）准确地转变为各个旋转电位器的位置。尽管大部分旋转电位器有非常高的分辨率和实用重复定位性，但实际上降低性能要比放在那不动要困难一些！对于旋转电位器而言，这一精度就可以了，但是对于高质量的推拉电位器可能就太粗糙了；可能必须要有12 bit的分辨率。在大部分实用的系统中，地噪声降低了可用的分辨率，一般的分辨率等效于10bit。微处理器寻址及在调音台内存的编译数据区内的往复操作体现为巡检周期内整个调音台的控制状态。

单一的微处理器处理整个面板及其相应控制工作是件较为吃力的任务，虽然这样做的器件成本很低，不过要在每个通道上简单配置一个微型控制器或 FPGA 来完成上述这些任务并不是不现实的做法；这样可以使部件的数量明显减少至可承受的程度。这样调音台的主处理器只需要校验每个通道上的微型控制器获取的数据即可。

29.16.7　调用显示

将这种控制数据存储在诸如硬盘或网络这样的海量存储中是相当简单的计算机文件管理操作，调用同样也是如此。现在的问题是如何处理调回的信息。

假定这种特殊的要求只是信息调回，而不是硬件复位（即将通道参量设置到其所存储的数值上）。肉眼比较和手动调整采用的是重置机制。比较的内容是仪表、LED 柱状表、条状表、归零指示器或图形化用户界面（Graphical User Interface，GUI）显示屏与直接从控制端实际读取的数值和相邻显示之间差异。如果相关的控制做了调整，那么其显示的数值将高于或低于所存储的数值；当两者匹配了，控制位置才与进行快照时的数值一样。图 29.98 所示的是基本匹配处理的简化形式。

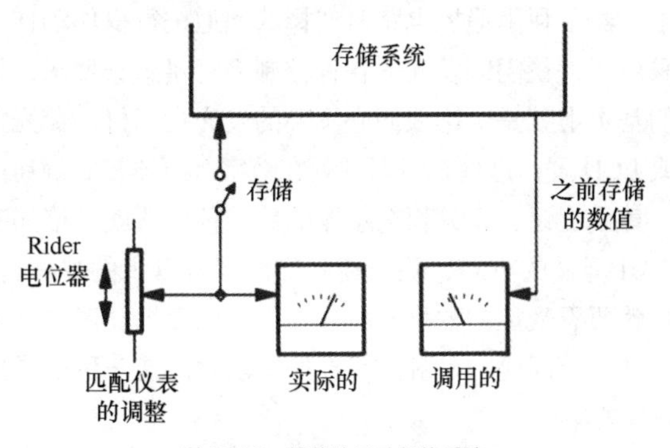

图 29.98　简单的手动复位系统

29.16.8　调零

零位指示器实现和使用起来都特别容易。它们通常采取在相应控制的边上设置一对 LED 的形式来实现。如果实际的数值高于被调回的数值，那么上边的 LED 点亮；如果低于，则下面的 LED 点亮。如果两个 LED 都亮，则说明两个数值匹配了。甚至有更简单的零位指示器，它采用一个 LED，当两个数值匹配时，该 LED 点亮（或者熄灭）。更好的安排是采用单只绿 / 红 LED，它能给出明确的“动”或“不动”的指示。这种器件将让确认通道上设置混乱的操作变得特别容易。

从操作上讲，这些设置同样耗时，不过它可以实现对整个调音台参量的重置。与将每一件事写下来相比，这样要省事和准确得多。通常，只有很重要的设定以这种方式复位，比如说，用于歌手多次应用的同步录音传声器通道设定。

很显然，手动人眼复位与理想情形相去甚远；这里可能不够直观的地方就是忽略了可复位性方面的性能，如今人们采用控制界面的方法来控制其他的设备，例如，DAW 的响应性能。

29.16.9　复位功能

开发计算机辅助功能的下一个逻辑步骤就是不但要让机器记住调音台的设定，而且要通过命令将调音台重建到之前的工作状态。这意味着当调音台状态在进行存储时，如果通道 27 的多轨路由分配到了机器的声轨 15，那么之后不论路由分配或配置发生了什么变化或怎样变化，只要调回通道 27，它就一定会分配到声轨 15 上。

打算重置的每个开关功能都需要电子控制；在早前的章节中已对技术做了详尽的描述。总体上讲，这种替换在其他目标中已经实现了，比如简化 PC 布局，避免使用大的物理开关，不仅仅是实现现代制作调音台所要求的各种信号的路由重新分配功能。

29.16.10　电动旋转电位器和推拉电位器

电动式旋转电位器和推拉电位器的外表和感觉与普通的电位器并没有多大区别，只是由伺服控制的电机离合驱动提供了可将电位器重新设定到其可调范围上任何位置点的功能。不论是由 A/D 转换器编码的普通阻性声轨形式，还是数字声轨直接输入形式的控制声轨都可以通过微控制器使声轨保持位置不变。通过对现在位置与之前存储位置进行比较，驱动伺服来对两者进行均衡，即将控制返回到之前的位置。

特别是在自动化或软件型调音台中这样的应用越发普遍，在这种应用环境下，一个物理控制可以负责对多个通道或功能的控制。

29.16.11　解析器

解析器是连续旋转（无停止终点）控制，其他方面与普通的电位器并无不同。这些指示通常被安排成用解析器旋钮周围或本身之上一圈 LED 灯的形式来实现，而不是在旁边用直线型指示灯来表示。这种巧妙安排是当今控制面板的主要形式。当转动解析器时，解析器便送出两路脉冲流，两路脉冲流有一半重叠，如图 29.99 所示；换言之，它们彼此是有 90° 的相移或 1/4 象限的相移。对于确定它转动有多快（通过对其中一个序列的脉冲进行计数），以及转动方向而言，这一信息已经足够了。对于进行分析且进行相应控制的控制处理器而言，进行执行速率和方向两个参量的检测就足矣。

图 29.100 所示的简单电路解决了这一问题；这是 4013 D 型闭锁器。一个序列馈送到数据端，另一个序列被馈送至边缘触发时钟输入。如果时钟被 A 序列上升沿触发，同时 B 序列启动了，那么闭锁器输出变为高电平，这表明解

析器向一个方向转动（图29.99中是从左向右转动）。在另一方向上，来自A序列的上升时钟边缘对应于B序列闲置，所以闭锁器输出为低电平。

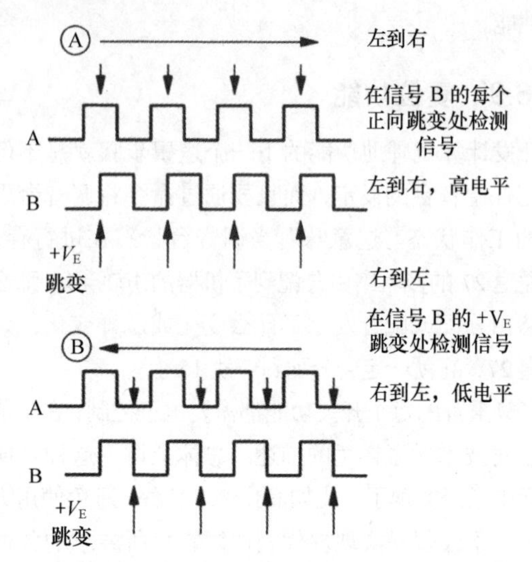

图29.99 来自解析器的四种码型，分别指示出了感应的速度和方向

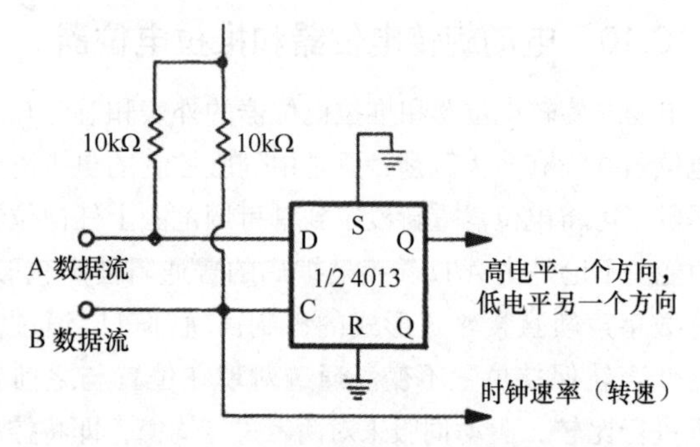

图29.100 解析器解码器（利用D型触发器）

当然，这是个简单的电路，它假定解析器的接触是完美的，并且没有虚假触发现象出现。虽然利用更时髦的光学解析器，可让上述假设成为现实，但是在D型闭锁器门之前，很少使用的防弹跳清洁机械解析器可能更受人们的欢迎。

29.16.12 控制界面

录音和现场扩声调音台面临的一个大问题就是它们变得越来越大。鉴于纯粹的历史原因，调音台的通道变成瘦长的一条，将所有信号通路的电子器件安装在很紧密的PC卡上并只是在上面加标签的制造技术几乎没有什么进展。到目前为止，尽管在技术上还不成熟，但将声频电子器件（模拟或数字）从控制面板下移至远程设备机架上似乎是一种明显的改进。许多类型的模拟电路还是以自身来实现遥控。例如，从本质上讲，用于电平控制的VCA需要一条直流控制线路。诸如均衡器和传声器前置放大器这样的其他电路则不然。噪声和扩展的非零阻抗配置上的困难是个非常明显的问题。与其他事物一样，这些难题看上去在一定程度上有很大差异。正如所见到的那样，这里只做了轻微的妥协。所有类型的数字遥控声频电路实现起来要付出一定的成本代价，而且复杂性也提高了；如今，控制界面完全可以实现让声频信号并不在其附近传输的目标。

对于数字调音台而言，控制界面和信号处理电子部分是否应该分离，以及应用于可能更适合它们的环境中的问题要比模拟调音台更加重要；尽管可以实现，但在现实中采用声音不错、没有咔嗒声和嘶嘶声的遥控全数字控制模拟（Digitally Controlled Analog，DCA）电路的成本是非常高的。如今这样做的成本要比采用全数字信号通路的成本还要高，这实际已经成为一种共识。

29.16.12.1 单通道的概念

大型调音台存在着明显的重复——一排排完全一样的通道模块。直观上第一步要做的就是将这些减少到只由一组通道来控制，该通道控制可以选择或安排到需要调整的任意通道。这方面进行的简化单通道调音台概念的第一个变革就是必须始终保持主电平推拉衰减器处在操作者的面前；每个单独推拉衰减器旁边的按钮（“ME!”按钮）将可安排通道控制调用给与该推拉衰减器相关联的通道使用。

第二个变革关注的是所安排的控制。像无旋钮的推拉衰减器一样，它们必须单独进行指示。一旦被调用，那么控制的指示部分就对应于那一通道的相关设置；控制（不论是旋钮、开关，还是推拉衰减器）便可以配合对应于动作的指示器，利用遥控电路对选择的通道进行操作动作。虽然采用了大量闪闪发光的各种控制来满足这一要求，但是它们基本上就是一排或同心圆环的发光指示灯、荧光指示灯或LCD屏，这些显示器件处在数字解析器控制旋钮的周围。替代旋钮、开关和指示器的另一种方式就是诸如交互式GUI屏显的方式，除非控制变成了屏幕上的鼠标拖动，否则就要忍受控制的物理操作与相应的反馈显示之间的人体工学脱节问题。带触感反馈控制的触屏是一种非常出色的解决方案。

对初始合理化的第三种变革关注的就是调音台上许许多多的辅助混合，这些辅助混合可能被用于效果馈送、返送或者最重要的多轨监听。尽管这些控制被认为是传统的通道控制，但从直觉上看，它们都是整个调音台的横向操控；如果有人创建了返送混音，那么他们最可能利用用于混合母线的一排控制来工作（另外他们几乎肯定是通过监听来进行审听），对任何其他通道控制根本不感兴趣。让操作者每次选择每一通道来做诸如路由混合设置的操作是一种极具逆向性的工作——它强制执行一个不受欢迎的多步骤处理流程，将操作者从对手边工作的关注中转移开，以实现要做的工作。自然而然，任何针对同样功能母线的控制应该一同访问。这正是全部通道推拉衰减器同时可访问背后的基本原理。理想地，一排交互旋钮（整个调音台上每个通道一个），其功能与感兴趣的性能一致（如同返送混音一样）是非常诱人的。这些被称为智能母线或虚拟控件。这里更进一步的合理化开始起作用；如果确实有必要使用已经存在的推拉衰减器，那么整个调音台控制分组暗指的对辅助母线并行访问（这意味处理每个通道的推拉衰减器还承担着对辅助母线的控制）就可以避免。毕竟如果我们忙于建立辅助混音，那么我们将不会过于关心其他混音，其中就包括主混合信号。即便有些事情确实需要时刻关注，但是将推拉衰减器重新安排给主混合只需按一下旋钮便可。

因此，这便是控制界面合理化的本质。每个通道会有一排活动推拉衰减器和可能的智能旋钮，以及与此相邻的控制选择旋钮（ME!），它们呈现为作用于特定通道的单独一组通道控制（不论是映像的，还是物理的）。我们还拥有一排按钮（可能还带有 GUI 补充控制），它们用来选择推拉衰减器作用的混合母线。

早期的实践经验表明，即便操作者很容易掌握单通道概念，但理想的情况应该有不止一组通道控制——在进行某一混音中，重放两个或更多个通道是很常见的要求。人们总认为要在混音（烧钱的传声器）中的一个重要通道上建立起一组控制，而且要用一个或多个活动界面来体现出更好的折中。这体现为对单通道概念的第四个重要变革，尽管大多数合理化设计还是依赖所提供的一组通道控制。

被人们所热衷的是所有的控制瞬态（即，并不完全为任一通道的功能所专用）：所有调音台功能都可以被悄然进行数字存储、调用、调整和自动化。

29.16.12.2　商用调音台控制界面

曾经作为人们热议的一个话题就是：熟悉传统模拟调音台的一个旋钮一种功能的这种人体工学设计和实现方式的用户群非常之大，为何要强迫他们掌握一种新的学习曲线呢？在不到一代人的时间里，绝大多数调音台的控制界面方式就在一定层面上合理化了，这些产品的用户要么对原有的“巨兽”般的调音台心存敬畏，要么就觉得它们很优雅精致。

作为兴趣点的转换，图 29.101 和图 29.102 示出的是世界上顶级的模拟制作调音台 SSL AWS 和基于 DSP 的 SSL 现场扩声调音台。尽管两者都可以单独工作，但都必须在 DAW 的工作环境下才能使用：模拟调音台的意图只是与 DAW 舒适地联手工作，利用高度集成于 DAW 上面的控制功能，同时为模拟形式的“分轨”（原始素材）提供存储空间和人们喜欢的工作流程选项。数字调音台可以当作 DAW 的接口使用，不过在大多数情况下人们是将其当作演出的多轨记录设备使用，或者与单独的记录设备配合使用。

图29.101　SSL AWS – 模拟音乐分轨录音调音台（Solid State Logic授权使用）

图 29.102　SSL Live – 数字现场扩声调音台（Solid State Logic 授权使用）

SSL AWS 保留了近似于传统调音台每个功能对应一个旋钮的布局格式。在合理化范围的另一端就是图 29.103 所示的 Innova-Son Compact。这是尽可能地接近单一通道概念的产品；除了推拉衰减器全部控件集中，在想要的通道上还伴有“ME！”按钮的启动。有一些非常巧妙的性能并不能通过照片明显表现出来：所有的推拉衰减器都在移动；如果通道的“ME！”按钮按下，那么全部编组推拉衰减器都会移动，以表现出通道馈送给每一编组的量。如果编组“ME！”被按下，那么全部通道推拉衰减器会移动至可体现各个通道对该编组贡献量的位置。这是一种让人印象深刻的控制界面和操作体验。

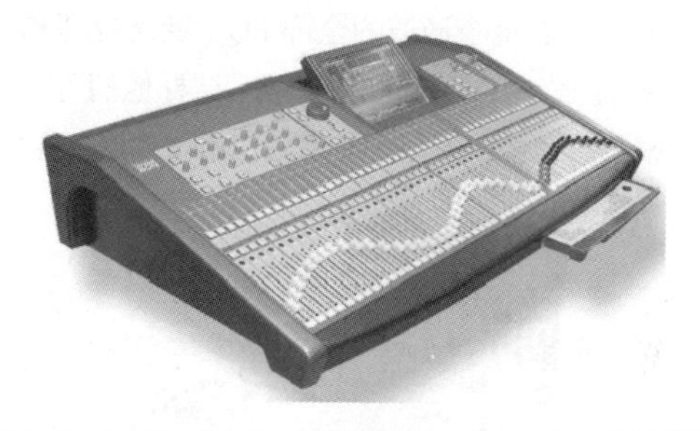

图 29.103　Innova-Son Compact 扩声调音台（Sennheiser USA 授权使用）

看到一个合理化界面，比如可以对输入（其实也可以是输出）通道进行翻页，这并不奇怪；这意味着开关可以快速地将一组控制通道调到界面上来。表面上看，这是个不错的想法，因为这样便可以用一张中等规模的控制界面来操控更大规模的调音台，这种看似巧妙的辅助功能对于理解其工作流程要比合理化通道本身困难得多。调音台的一半不见了会让人感到相当不安！要想设计并工程化一个拥有足够提示信息的控制界面，以便体现出隐藏通道和良好、舒适的翻页操作要付出相当大的努力。

图 29.104 所示的是经过深思熟虑的控制界面设计，在某种程度上它处在每个功能一个旋钮和完全合理化设计这两种极端情况之间。Wheatstone D-32 电视声频制作调音台将 EQ、动态处理、路由分配、环绕声声像控制、辅助和减混音（-mix）馈送集中放置，这样便可以让每个相关通道上的“ME！”按钮发挥出假定的作用。另外，我们还应该注意的是：在每一通道上还是保留有相当数量的本地控制；这些控制都是操作者随时要用到的（当然，在各设置之间，以及直播不同内容时它们会有所不同），而且是不带有中间

选择环节（要记住，广播是高风险、不容出错的环境）。输入仪表指示在每个推拉衰减器旁边，每个推拉衰减器上方的两组通道ID指示有助于弱化翻页带来的不便；全部的调音台状态和仪表指示散布在顶部的各种GUI显示当中。

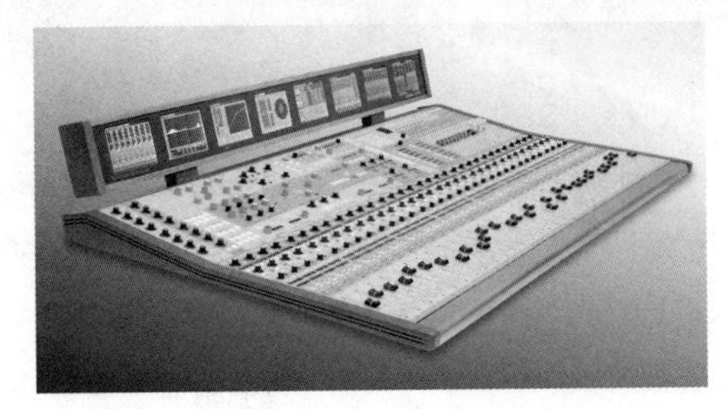

图29.104 Wheatstone D-32 现场扩声调音台
（Wheatstone Corporation 授权使用）

在某些情况下，对于不同的工作日或技术熟练的用户而言，所使用的房间可能会有很大的不同；要记住这是广播电台的演播室。当面对着这一片让人头晕的旋钮时，电台主持人可能会很困惑，然而，商业制作人可能认为控制方面做得还不够。图29.105所示的是一种摒弃软控制界面概念的常用解决方案；虽然硬件界面非常基础——只是直播主持人所必需的一些控制——但屏显（如果需要可移动）可以做到ME化和鼠标驱动，对每个通道的全部EQ、动态处理和效果实施控制：这样广告制作人就很高兴了。这样他们可以通过屏幕来操控整个调音台，不用去考虑或使用硬件操控界面了。

图29.105 Wheatstone Evolution 6 调音台
（Wheatstone Corporation 授权使用）

短短几段文字，我们就由一旋钮一功能的理念过渡到了完全没有旋钮的环境中。已经广泛存在于无国界生产厂家产品当中的新兴游戏控制界面设计就恰当地运用了控制方式和制作界面，使之比之前设计更贴近实际要求，使控制上的禁锢被数字控制所解放。这是非常令人鼓舞的一件事。通用、完美的控制界面解决方案并不存在；似乎“一旋钮一功能”和“推拉衰减器加按钮”的解决方案并存的情况还是主流。

29.16.12.3 控制界面的智能化

即便同一机箱内没有安装信号处理电路，但是控制界面下面还是有许多电路存在的，如图29.106所示。一般情况下，它会有一个大型嵌入式控制器，或者甚至是PC型微型计算机，它充当控制界面主机的角色；它将很可能是X86类型的，或者是具有嵌入能力的处理器，比如ARM。由于缺乏具有统治力的窄模块条，所以只能获得合理数量的控制数据，驱动合理数量的直接指示器，这对实施调音台长母线传输方案形成了制约。大型调音台的控制和指示价值很容易由大量的行业标准缓冲器或FPGA中挑选出来的中等速度的周边处理器来体现。如果提交的方案必定要源自半模块或大模块的控制界面解决方案，那么每个子模块就可以由更小的嵌入式微处理器或一个FPGA来负责，每个处理器与后台主机的通信由高速串行链路来实现。（在较小型的规格中，整个小型广播或录音界面的全部要求可以通过单独一个适合的FPGA来满足，这从本质上简化了互连，因为根本就没什么互连。）

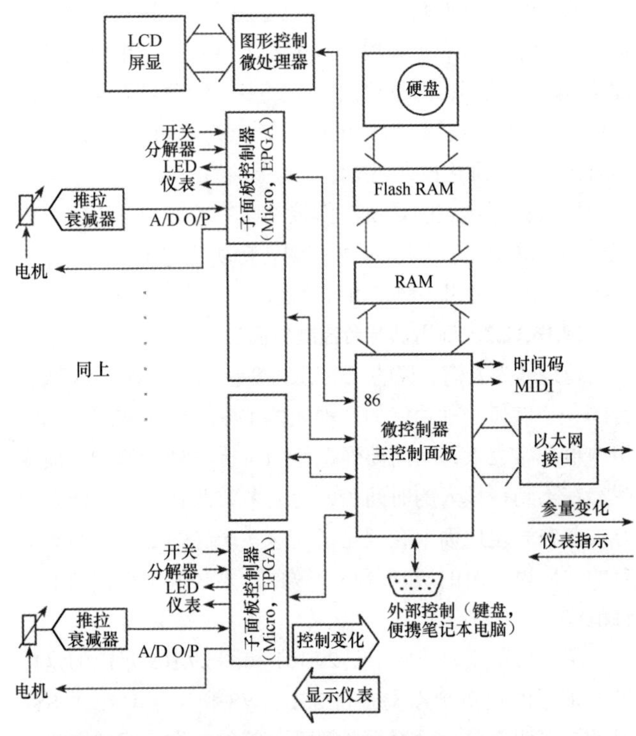

图29.106 控制界面的控制结构

这一主机也将馈送数据给辅助的一个（或两个或三个）LCD屏幕驱动处理器，这时机会落在了以太网至信号处理主机的新参量（如果它们在控制界面端正进行计算，那么这也可以是系数组）的传送上，由处理主机的仪表指示信息数据包接收信息、分配至相应的显示器上面，调音台工作时尤其会参与（静态快照或实时）自动化层面的工作。为了实现这一目标，几乎可以肯定是：这需要大容量的存储，比如大容量的闪存RAM和（或）硬盘驱动器。

29.16.12.4 多用户，多功能

用户的一些想法可以表述为如下情况：“虽然我们可能打算一次改变几件事情，但是Fred和制作人喜欢在我休息的时候去听监听混音。”控制软件自然允许对通道对或绑定在一起的编组通道同时进行控制，这实现起来相当容易，同时也不是访问的重点。尽管主工程师调音台很重要，但

是它还是被调音台内的主计算机简单地识别为一个终端。没有任何东西可以阻止其他的终端，换言之，或与之相当的或有意限制的设备可以访问电子部分的主体，共享网络及其资源。在实践中，它们能够访问并操控预编程总体功能的一部分（比如，我们的制作人朋友的监听混音），同时将其分配到主终端或控制界面上。另一个显而易见的次级终端就是针对多操作环境的第二组，甚至第三组可安排通道控制，只不过除了一切尽在掌握之中的电影后期合成，我们无法帮助人们获知冗余到底有多频繁。作为一个功能，要想让工程师摆脱新的设计理念所带来的不适要走很长的一段路，他们担心要以牺牲掉一次实现多个控制的性能为代价来换取新的伪合理性！

同时访问同一组信息的本质含义就是多用户（multiusers）。多个控制界面不会是真正的问题——控制系统和网络化操作有如此之快的刷新率，混音工程师可以让几个并行的操作人员完全没有交互感。

在计算机领域中，所描述的系统更像与硬件相关联的数据库，它们由网络中的一个或多个终端来控制。同样，在计算机领域中，这是个很小的数据库，至少从控制层面来看，这时的网络负载很轻。

29.16.13 告别跳线盘，迎接路由分配

利用数字技术将最简单的声频子系统组织在一起的方法之一就是信号切换，不过令人惊讶的是跳线盘仍然存在。在如此发展的大背景之下，模拟切换矩阵可以被视为对系统完全透明。当然，不论怎样，数字路由器对信号质量都不会产生影响。不论是采取哪一种方法，在进行多级级联时，它都不能成为制约系统的性能瓶颈。它们密度高（在与 144 个塞孔相同的机架空间上存在数千个信号源 / 目标源交汇点），而且成本也在不断降低——与相当的塞孔电路相比，其每个交汇点的成本较低。控制是由软件实施的，因而操控可以通过普通的计算机终端，结合 PC 应用程序来实现，并作为调音台控制界面的一部分有效地完成无缝集成目标。当然，在可安排的系统中，矩阵是操作人员通过交互控制界面控制的，如果需要，所有的路由分配和参量均可像调音台的其他参量那样进行实时存储、调用和复位。

到调音台内部每一模块（均衡器、动态处理、前端放大器、线路输出放大器等）的输入和输出，以及到调音台外部的每件事物（效果器、机器输入和输出等）均表现为矩阵的信号源或目标源。插接点的概念已经消失了；任何事物都可以出现在任何地方。几十年后变得更加复杂的一些事情突然间又变回到简单的情况了——没有了系统，没有了预配的互联。在制订方案期间，就可以通过矩阵，利用所有电路构建模块的互连，搭建出符合指定情况要求的系统。原本展开工作的一些常规做法（需要做的跳线安排）就可以根据需要进行存储和调用。

在纯粹的数字信号处理系统中，这是要进一步采取的步骤，这时的处理组件可以根据意愿来排序，或者以插件的形式放入系统当中。不存在专门的系统：周而复始。

29.16.14 周边设备的集中控制

在当今节目制作成功的案例中，人们运用了大量的周边信号处理设备（俗称声音处理的小工具）。现在使用周边设备（outboard）这一称谓有点不够准确，因为如今这些处理设备的信号已经通过系统矩阵或插件被完全内部化了。尽管存在一定的局限性，但原有的音乐行业串行通信 MIDI 链路仍然被融入任何演播室交互系统当中。针对这些集中控制位置点就是操作人员使用的交互主控界面，除非调音台整体上（虽然有些奇怪，但却是相当巧妙的想法）作为外部控制器的一台 MIDI 从属设备，否则还需要有 MIDI 控制应用程序。MIDI 控制器与调音台一样吗？

DAW 领域的大多数参与者（比如，Steinberg 及其 CuBase）最初大都深深涉足于乐器、机器控制、音乐合成和 MIDI 控制协议等方面的研发，它们对专业声频其他方面产生了潜移默化的影响，因此出现上述情况也就并非巧合了；这也有助于解释在这些 DAW 中会存在 MIDI 音乐制作能力与声频处理有如此紧密结合的现象，它们的外观和感觉都深深地带上了乐器（musical instrument，MI）的烙印。

其结果是，仅仅几年前还是不可能的演播室系统，如今已经出现了高度集成、全自动化，以及与效果、存储设备和其他系统（比如视频系统）实时结合的可复位系统。

29.17 DAW

29.17.1 数字声频工作站（DAW）

仅通过 GUI 进行控制，所有的声频功能由鼠标启动屏幕上的小控件来控制，这些小控件以虚拟的旋钮、按钮和滑动控件的形式呈现，这种情况已经成为自然发展的结果，如果没有其他原因，没有比这更便宜的方案了——无须搭建或购买物理控制界面！然而，GUI 是假定实际的信号处理是以数控形式进行的，通常是纯数字形式。尽管 GUI 可以作为后面要描述的传统数字调音台的一部分存在，但这时它只是个点缀而已，它与控制码和信号处理码一同被嵌入 PC 中。这并未使其跳出调音台的范畴，因为所有组成调音台的组件和处理（包括记录设备）还是在一个地方，并且只有这一个地方。

DAW 迅速摆脱了其作为两轨编辑工具这一角色的束缚，在声频的多个方面充当起调音台功能的角色。其核心特征便是（或者至少在表面上是这样）运行在人们熟悉的 PC 或 Mac 上的应用软件；这些应用软件将录音素材记录在 PC 的硬盘上，它们可轻松地实现声频信号处理，进行全面的合理化控制，这样便充分适应了屏幕应用环境，DAW 在非实况和声频制作领域占据了统治地位。由于许多 DAW 完

全是运行于PC平台下，并绕开了主PC的处理限制（随着PC能力的提高，限制因素正变得越来越少），在有些情况下，大量增设的DSP被运用其中，以此完成更繁重的工作，摆脱了它在大部分PC中作为用户界面使用的地位。不论是哪种情况，基于PC的DAW都是十分有效的多轨制作环境。看似有些矛盾的是，原本DAW的强项（环境和GUI的方便性、友好性和低成本）现在正成为主要的（还有其他的）短板。基于屏幕显示的DAW采用的是选中-单击的高度合理化的操作方式，并没有使自身很好地适应一次一个操作之外的应用。

这是DAW及其采用的技术至今在任何现场实况工作中还无法发挥作用的主要原因，而更为传统的（包括合理化的！）调音台控制界面仍然保持其优势地位。即便如此，有一些新兴的售后和自有品牌的控制界面力图改善DAW的工作性能，同时许多传统的调音台生产厂家也已经采纳底层技术，将这两种解决方案无缝地结合在了一起；其中既有仅几个推拉衰减器的小型控制面板，也有像上面提及的SSL这样的大型控制界面。

这里的关键点是：尽管DAW可能看上去自成一类，不过除了与记录媒体高度集成，它们确确实实就是数字调音台。也就是说，在与传统调音台配合使用时，单纯利用DAW软件进行录音是常见的做法，利用典型的MADI或某种网络声频协议进行声频信号的传输，可以将其无缝集成为独立使用的记录设备。所有这一切表明：假如控制界面满足要求，人们可能从来就不知道，或不关心其到底采用了何种技术。

29.17.2 基于DSP的调音台

鉴于本书篇幅所限，在此无法对数字调音台及其相关技术进行全面、细致的讨论。如果要进行全面的讨论，那么读者很快就会发现自已陷入了纯粹数学分析的窘境当中。我们在此阐述数字调音台的目的是要概述有关典型数字声频信号处理方面的考虑、方法和来自直观和实用层面的限制，以及最终的实际数字调音台设计等问题。

模拟与数字之间的鸿沟仍然存在，它们像相对应的任何一对技术一样，其中一方看似很容易的事情，在另一方看来可能会很难，反之亦然。数字技术可以完成现实当中模拟技术不可能完成的工作。例如，通常在模拟技术中完成与时间相关的数学计算是一件很可怕的事情。一般而言，人们常说：实际的EQ和动态处理是由模拟技术实现的，到目前为止，采用强大的模拟技术实现起来较容易，而且成本较低，可以利用模拟器件取得优美的声音，以及复杂且灵活的相位和幅度响应整形；随着数字信号处理器规模、速度和能力的提高，相关的专业人士和“金耳朵”也认可了数字技术，但是它并不是一个非黑即白的命题。确实有些数字EQ、动态处理和效果做得非常不错。许多人暗示：如今的数字声频处理已经在所有重要的方面超越了模拟处理，不过建议也好、暗示也罢，在这里充斥着“攻击性”的字眼。

尤其是在混合、切换和路由分配方面，相对于纯数字而言，已有的神奇双极性开关具有成本低和易使用的特点，它们与相应的组件一样，成为现成的应用器件；图29.107所示的是一对LSI IC和少部分辅助部件的图片，图中对此进行的说明还是很详细的；当然，有人会认为同样的功能仅通过144运算放大器和2304 VCA就能以模拟形式简单地实现，不过这会存在不确定性。

图29.107 数字调音台的混合级

本书的其他章节对数字录音和传输进行了广泛的阐述。因此，将其作为专业声频中数字化的开端标志也就不足为奇了；一旦相应的处理速度加快、带宽足够宽，那么在通信和计算机领域中被证明不错的技术就被用来解决大数据量数字声频存储和传输带来的问题。总之，世界上大多数电话公司已经采用高速数字流技术数十年了。早期在声频上的成功案例就包括1971年BBC的国内广播网络节目分配系统的数字化迁移。在20世纪80年代，又出现了几款数字磁带录音机，它们是由3M/BBC设计的；之后便出现了PC这种小东西。硬盘录音由所谓的高大上沦为家庭工作室的常客，如今它无处不在。至此，专业声频的革命性进程几乎完成了。前进的脚步已经无法阻挡了。

图29.108所示的是关于DSP系统的最简单例子。在过去的分立逻辑构架和后来的专门定制的微处理器之间，处理器本身是与外部模拟域耦合方法间的中间环节。我们首先看到的是转换器，然后才是DSP控制部分。

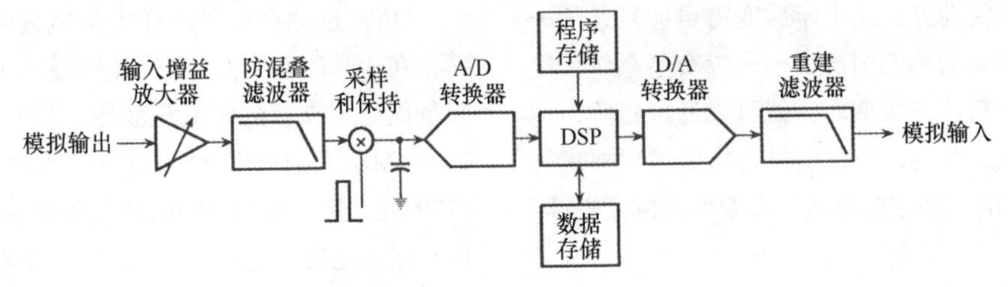

图29.108 模拟域中的基本数字信号处理器

29.18 转换器

29.18.1 A/D 转换器

29.18.1.1 分辨率

DSP 处理器要具有足够分辨率的数字码流，以便充分描述指定时刻的输入信号电平。这一分辨率是由每个码字的二进制比特数决定的；每增加一个比特相当于分辨率加倍，或者大致相当于动态范围提高了 6dB。电话通信系统基本上采用 8bit（线性编码时动态范围近似为 48dB，当采用压扩处理时，其效果会更好），BBC 的最初分配系统是一个 13bit 系统（78dB），CD 采用了 16bit（96dB），大部分制作和录音系统一般则采用 24bit。

A/D 变换处理是难以处理的一个环节，高分辨率转换器尤为如此，实际的动态范围常常远小于由比特数计算出来的可能理论值。不论是来自模拟通路，还是来自各种数字信号的串音、系统噪声都是主要的制约因素；总的误差通常源于非单调性。严格地讲，如果输入信号的分辨率提高一个单位值，那么转换器的输出应反映出输出数字码字的数值增加了一个比特。通常，尤其是在大比特转换时，这便会出现错误，并发生不良的跳变。例如，在一个 8bit 的码字中，01111111 到 10000000 的变化便可能是一个非单调性点。虽然这仅仅反映出分辨率的一个增量变化，但是当有多个转换器比特同时发生变化时，便会产生更大的变化（字长比较宽时尤为如此），误差的变化也越大。摆在转换器生产厂家面前的情况就是：每个连续的比特位所携带的权重是前一个比特位的 2 倍；对于非常宽的转换器，分辨率的增加很微小，差异也不断减小。在 16bit 转换器中，最高有效位必须是准确的，至少对器件的一些分辨率要是单调的；这对应的精度优于 0.0015%。毋庸赘言，某一瞬态中变化的比特数越多，每单个比特的容限便起作用了，此时产生误差的可能性就越大。

如今规模化产品都转向了 Σ-Δ 型 A/D 转换器，它的单调性是与生俱来的，在大多数实际情况中这一问题几乎被埋没了。集成化 IC Σ-Δ 转换器已经非常便宜了，并且拥有过去常常被认为是科幻的性能。正如前面提及的那样，主要的限制还是噪声，不论它是耦合来的数字声频干扰，还是由这些器件的混合信号格式中必要的模拟零部件带来的噪声；这些对于低电平的模拟信号而言并不是理想的工作环境。低的供电电压（目前，5V 都被认为是高的了）意味着普通高电压（比如典型的 ±15V 或更大）所带来的可应用的额外动态范围根本不可用。

虽然现在想要找到小于 24bit 的转换器已经相当困难了（平心而论，它们的内部结构，尤其是 FIR 的字长为 24bit），实际的性能取决于这些比特中有多少被用来表达有用的数据、有多少是用来做宣传的比特数。

29.18.1.2 采样率

除了分辨率要求，转换速度也扮演着重要的角色。为了对某一时刻的输入信号波形进行准确的描述，信号数字化需要足够快的转换，只有这样才能准确地重建出原始的模拟信号。理论上的最低（Nyquist，奈奎斯特）采样率是所要处理信号的最高频率的 2 倍。这就意味着 20kHz 信号（声频中的典型情况）的每个周期至少要进行两个数字字的转换。在实践中，采样率甚至会更高，44.1 kHz（家用）和专业声频的 48kHz 的技术指标是最为常见的，96kHz 及其更高采样率的转换器也已应用，许多制作人员在进行制作（传输则不同）录音时便采用这种采样率，不过潜台词就是没必要考虑增加的带宽。

29.18.1.3 对转换器的限制和要求

目前，48kHz 采样率下的 24bit 线性转换实际上是专业声频的一个标准参量数值。虽然这些参量具有非常不错的声音性能，与模拟录音和传输方法相当或更好的数字方法也已取代了模拟方法，但是它们在实际应用中还是存在一些不如模拟电子方法的性能。这不是数字发展的障碍；很显然，选择进行实践差异研究的任何人都会发现：其差异并不大。

实际应用到底需要多高的分辨率呢？优异的低噪声平衡母线多轨调音台的典型输入 - 输出通路可以做出如下期望：对于 116dB 动态范围，在 0dBu 工作电平之上具有大约 26dB 的峰值储备（动态余量），在其之下 90dB 才是本底噪声。期望混合叠加了相当数量信号源的类似质量的调音台在 106dB 动态范围下具有对应的 -80dBu 本底噪声还是相当合理的。这些数值暗含着数字字的宽度分别为 20bit 和 18bit。如果做得好，这样性能的转换器就可以商用了。进一步的相关问题就是动态范围最高的信号源是哪些？在非常安静的空间中，噪声性能非常好的 FET 的电容传声器可能就是最佳的候选对象；它在动态范围的高端可能能够处理 130dB SPL 的枪声，同时也能够听到动态范围另一端的呼吸噪声。这就是人们可能要求除了科学实验调整之外避免正面回答这一问题的原因。实际上，虽然几乎任何有意义信号源（能够最终出现在缩混节目中的）或最终制品（人们可能打算花钱来听的）的动态范围实际上大大小于正确使用的数字硬件的动态范围。然而，人们一定不要对这种解决方案过于漫不经心——干净的母版（不论是多轨的，还是被缩混的）应保证动态范围远超出打算使用的分配介质的动态范围，这样便允许在对同样素材进行压缩和母带处理时有一定的损失。即便是很小的压缩都可能对动态范围造成大的、不利的影响。

29.18.1.4 抗混叠滤波器

早期的转换器采用的是作用于奈奎斯特频率上的所谓砖墙式滤波器，其目的是避免超声频频率成分的镜像分量落入（混叠）声频频带内，并进一步阻止与采样频率外差作用产生的超声频信号。

例如，一个40kHz信号通过一个48kHz采样率的采样器将会产生8kHz的副产品，而这一信号经信号重建后一定会变为可闻。过去曾经被描述为并不是坏事的这些滤波器对此毫无办法。它们的时间响应是很惊人的，其影响已经深深地嵌入想要的声频通带内。尤其是在早期，这些滤波器给数字声频带来了坏名声。

这时Σ-Δ转换器伸出了援手。它以采样率的倍数（4、8、16或更高大倍数）进行采样和重建处理的过采样技术让这种名声不好的滤波器所带来的不良影响得以缓解，同时将由此产生的一些问题移到了更高的频率之上，这大大改善了这种不利情况——滤波器的带内影响大大减弱。通常，最初的Σ-Δ转换器的采样率是标称采样率的64倍、128倍，甚至256倍，其结果是防混叠效果可能被降低到与柔和的单极点或双极点滤波器同样的水平；频带限制是由转换器内的线性相位FIR滤波器实现的，这样将大大降低对音质的影响。

虽然如此，实验已经表明：与高于最高频率两倍的同样类型滤波器组比较，即便是这种工作于20kHz的有益内部滤波器，对于有些节目素材及有些情况而言，其表现还是可闻的。由于对这种40kHz滤波器的唯一正确处置方法就是将采样率加倍，所以96 kHz以上系统的主要改善之处（甚至比较轻微）并不是要提高可应用的带宽（有关我们听到/感知声音能力，甚至现实期待问题的争论一直十分激烈），不过，采样率加倍是将滤波器不良影响排除在可闻声之外的唯一方法。由于这种方法导致系统硬件的处理量加倍，所以这并不是个轻松的决定。

29.18.1.5 A/D转换器的类型

在数字声频中可以应用的转换器类型有3种。毫无疑问，虽然Σ-Δ型转换器在专业声频领域占据统治地位，但还是有许多应用采取了下面将要讨论的Flash（闪速）转换和逐次逼近型编码器。

Flash转换。Flash转换包括一长串比较器，以便指定的信号幅度进入指定数量的比较器，而且相当简单的转换逻辑便可以将其输出转变为二进制数据。这是逻辑传播时代最快速的转换方法；输入上的电平变化立刻就反映到输出的码字上。其缺点就是针对合理大小的字宽所要求的比较器数量，每一分辨率对应的可能电平需要一个比较器；另外，比较器偏移量的不准确也会导致所要求分辨率被矮化！这就是说，除了在一些混合型转换器（其中4bit Flash转换器用来给出较宽码字的粗分辨率，余下的部分用更为准确类型的转换器来处理），这种转换器很少使用。

逐次逼近型编码器。逐次逼近型编码器是一种非常常见的编码器形式，尤其是在高精度、低延时的高速应用中需要这样的器件。然而，与Flash转换不同的是，它只用了一个比较器，减弱了精度上的压力。随着分辨率的变高，转换至少要用多个周期来完成。其中的操作包括比较内部电压、按照比特数值进行加权、（通过采样和保持电路）阻止输入信号的冻结样本。由于转换并不是即刻完成的，而且要捕获的输入信号电平会随着时间的变化而变化，所以必须要冻结。最高有效位的数值是可允许输入范围的一半，下一位为1/2，第三位为1/8，第四位是1/16，各比特位的权重以此类推。它们被应用于比较器上，首先是MSB。如果样本大于MSB，那么MSB就被定下来为1；如果不是这样，那么就放过去，该位为0。接下来应用下一个权重加权；如果输入样本还是大于MSB和No. 2的组合值，那么No. 2也随之确定下来，数值为1，以此类推。最终，所有的比特位都针对输入样本及其待定的比特进行尝试，得到1和0构成的数据。

上述两种转换器在每个采样周期内生成输入信号的绝对数值。

Σ-Δ转换。Σ-Δ，或者称为Δ-Σ，其转换本质上是测量输入信号上下变化所移动的相对量，而不是表示其准确位于何处。转换发生的速率要高出所要求的输出采样率（例如，48kHz）许多，通常是后者的128倍或256倍。转换本身要简单得多。简言之，在每次转换时，唯一必须要做的决定就是输入信号相对于其前一个样本而言是向上（增加）变化了，还是向下（降低）变化了。其输出是上下变化非常快的信号流；采样要足够快，以便它能跟随上输入信号可能发生的变化，自动检测出是发生了大的电平偏移，还是发生了微小的电平变化。随后进行的智能化处理（滤波）保持对这种连续不断的单比特状态变化的跟踪，并呈现出针对绝对输出数值的普通数据。

作为一种转换方法，它具有许多优点，但面临的最大问题就是非常高的内部采样率；对抗混叠滤波器的要求大大减低了，这主要体现在滤波器的阶次和截止频率两个方面（通常只是由单阶或二阶滤波器组成，其设定的频率要远高于与其他编码器配合使用时的频率 — 有时完全省掉了！）。滤波是在数字域内完成的。

它们也是单调的，并没有其他类型比较器的电平或阶梯精度上的问题。它们所存在的问题是在相关样本数字化之前相对非常长的等待时间（信号处理延时），这一点是有些应用所关注的问题；针对正常的采样率和FIR抽取滤波器的长度，这一等待时间可能会在1ms左右。Σ-Δ A/D在专业声频应用中占据统治地位。

29.18.2 D/A转换器（DAC）

29.18.2.1 常用的梯形DAC

将DSP处理过的输出信号转变回模拟形式信号的方法是必须的。虽然这些内容在本手册的第35章“DSP技术”、第41章“虚拟系统”和第42章“数字声频接口和网络化”中阐述了，但是从完整性考虑还是有必要在此作一概述。DAC将对应于重要二进制比特位的加权电压（或电流）相加。图29.109所示的是简化的DAC。应用所要求的输出数字信号，如果最高有效标志位设定为高电平，那么就形成一个 1mA 的电流源。下一个最高有效位对应的电流源的电流减半，为 0.5mA，之后的比特位再减半，为 0.25 mA，以此类推，直至减小到最低有效位的 7.8μA 增量。在所示的 8bit 转换器中，如果所有比特均为高电平（全为 1 的极端情况），则最大输出电流刚好处在 2mA 以下（1.996 mA），如果各比特全都为低电平（全为 0 的另一极端情况），则电流为 0。处于这两者之间的任何中间值都可以通过设定输入比特的排列组合来取得，这一范围由 255 个步阶来划分，这就是 8bit 字的分辨率。这一输出电流可以通过叠加放大器转变为一个输出电压。

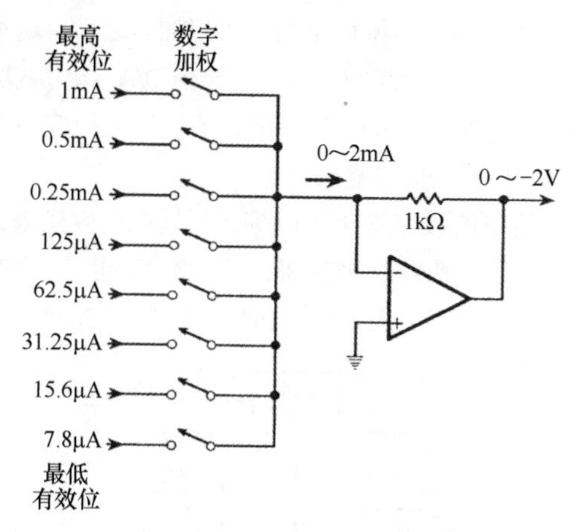

图 29.109　简化的 D/A 转换器

此外还有其他类型的 D/A 技术，其中最为常见的就是 R/2R 梯形网络，如图 29.110 所示。

几乎与简单的 DAC 一样，确定为高电平的比特位会使输出呈现出对应的二进制加权电流。

29.18.2.2　重建滤波器

之前有关抗混叠滤波器的所有论述也适用于重建滤波器。DAC 对声频的要求（高达 20kHz 的带宽）也是一样的，其产品的类型很多，在频谱方面最不引人注意和隐蔽性最强的就是以采样频率为中心的声频镜像及其下限频率；以 48kHz 采样的 20kHz 声频信号从 DAC 输出时就伴随有 28kHz 的一个镜像下限频率（采样频率减去声频信号频率）。外差冲激信号再次出现；另外还有一个 68kHz 的镜像上限频率（采样频率加上声频信号频率），同时还很可能存在更多组以采样频率的谐波为中心频率的镜像谱。其中对声音威胁最严重的就是第一个反转镜像。

29.18.2.3　过采样

根据人们的要求，前端的每一比特快速地进入滤波器中。每一比特同样也让人难以处理。除了良好的解决方案，还要在数字域进行良好的滤波器设计；过采样技术便是其中采用的一种设计技术。一种解决方案就是在处理器和 DAC 之间接入一个内插滤波器（interpolation filter）。这种数字滤波器被用来在较高的采样率下重建声频信号；滤波器有效的平滑作用在数字信号（DSP）实际发布的几个采样点之间建立起更多的采样点。假设在实际的每个数字之间插入一个数字，那么有效采样率便被加倍，实际的 DAC 的处理强度和速度都增加了一倍，并输出模拟信号。

这是好的一面。如果采样率加倍，那么所产生的外差镜像的起始频率就要高出很多；还是以此前的例子来说明，一个 20kHz 信号的第一个反转镜像现在便处在 76kHz（96kHz 减去 20kHz），而不是之前的 28kHz。这样做所获得的直接利益便是减轻了对重建滤波器的压力——这时重建滤波器可以不用那么陡了，而镜像频率成分被推高，使其更加远离声频频带。

过采样处理甚至可以在更高的频率上实现；4 倍、8 倍、16 倍，甚至更高的采样率都是比较常见的情况，这样便可以将不想要的分量推高至更高的频率上，从而大大降低了对重建滤波器的要求。实际上，16 个样本中可能被滤除掉 15 个的假设掩盖了一个事实，即这样做并不会改善声音的可闻性——这样做只是省掉了会造成很大影响的苛刻模拟滤波。在高采样率（96 kHz 以上）的应用中采取的是与 A/D 转换器完全相同的条件，其目的就是听不到抗混叠滤波器产生的影响。

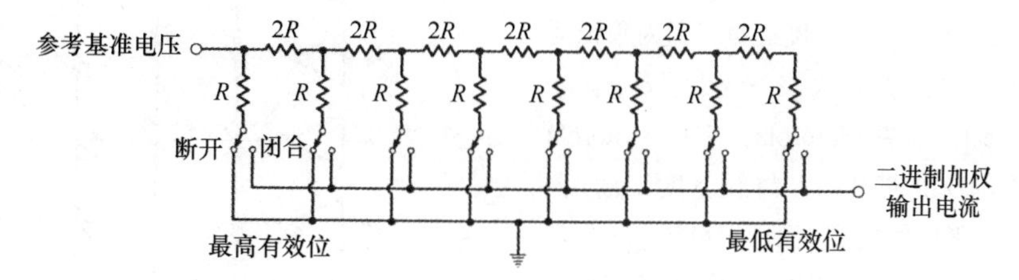

图 29.110　R/2R D/A 转换梯形结构

29.18.2.4　Σ-Δ DAC

与之前描述的 A/D 转换器对应器件一样，Σ-Δ DAC 过采样也具有同样的采样率（64，256，或者更高），在提高了相应重建滤波器频率的同时也大大简化了其实现的难度。虽然普通的阶梯形转换器还在广泛应用，但如今的专业声频应用中的大部分 D/A 都是 Σ-Δ 型，尤其在高于普通声频速度的应用场合（比如广播立体声编码器）更是如此。此外，等待时间是这种类型转换器的唯一缺点；虽然处理延时仍取决于采样率、特定的器件，以及所使用的滤波器长度，但是这一时间一般都在 1ms 左右。当然，这意味着在两端（ADC 和 DAC）均使用 Σ-Δ 的系统就可能潜在有几毫秒的等待时间；这种等待时间在某些应用中可能会是个硬伤。

29.18.3 采样率转换器（SRC）

早期的数字声频系统设计者面临的一个大问题就是将来自不同机器的信号源组合在一起，除非处理的是极端情况，而且所有的系统机器在相位和字时钟都同步于自己独立的时钟下，几乎可以肯定的是：所有机器都运行于并不十分精准的同一频率上，而是稍有偏差。这对于混合便是一个大的灾难。

SRC可以让许多采样率并不相同的信号源重新锁定于调音台的主时钟之上，使其正常地进行信号处理。因为它们利用内部非常长的FIR滤波器，而且滤波器的长度还会根据输入-输出采样率变换比值的变化而变化，所以它们不仅存在等待时间上的问题，而且这一等待时间还是变化的。另外一个小的缺陷就是它会对最终的动态范围产生影响，但当前的大多数器件在这一方面表现得都很出色。总而言之，这些难题已近乎全面解决了。

29.19 数字信号处理器

从性能来看，区分针对DSP而专门设计的器件的方法有很多，诚然，可以从其大小和速度上区分，但通常更为严谨的做法是参照其在PC和类似产品中的功能进行划分。

29.19.1 乘法器/累加器（MAC）

DSP器件的核心是其算术逻辑单元中的硬件乘法器。它需要采用两个完整数据宽度的数字，对其进行相乘运算，并将结果快速地保留在累加器当中。更进一步的乘法运算可以通过被称为MAC（Multiply/Accumulate，乘法器/累加器）的软件指令来安排，实现与累加器内存储的之前结果的相加运算。MAC是DSP的核心。在数字域内绝大多数信号处理都是通过一个样本与另一数值（被称为系数）相乘来实现的。最简单的例子就是电平控制——在声频中，就是指增益控制。如果输入的样本被数值1来乘，那么在累加器中所寄存的结果就与输入样本一样。如果定义增益的系数是大于1或小于1，那么累加的结果就会相应地大于或小于输入样本。

累加器的字宽一定要比输入字节宽度更宽，因为乘积运算最终的结果可能比输入样本的数值大很多或小很多；在应用非常普遍的定点Freescale（参见Motorola，它是Motorola的前身，译者注）56系列DSP芯片中，母线宽度（输入-输出字宽度）是24bit，而累加器的宽度则为56bit。一个有意义的经验法则就是：相乘的结果会使比特宽度加倍。

在这种音量控制的例子中，输入模拟信号在编码器的前端被采样，其数值根据指令被放置在DSP芯片母线上。输入字与系数相乘，类似于访问数据母线，其计算结果留在了累加器中。对可能过长的计算结果要做舍去处理，以适合DAC的宽度（比如，将一个16bit相乘运算可能产生的最大32bit的结果截取为16bit）。其结果被放到根据指令将要被D/A转换器所访问的母线上。D/A执行一种近乎实时的转换操作，将其变换回模拟域，供现实当中的消费领域使用。这样一个完整的流程在1s内要重复进行48 000次；每次操作至少需要约20μs。真要恭喜呀！这种数字方法替代了5美元的电位器。

为了了解数字解决方案功能强大的一面，图29.111（a）示出了许多连接在DSP输入-输出母线上的A/D和D/A转换器。其中的每个转换器由DSP芯片独立访问；它可以系统地拾取来自任意A/D的输入信号字，并对其进行处理，然后将结果送给任意的D/A转换器。更进一步，它可以从任意或所有的A/D获取输入样本，用不同系数与这些样本相乘，并在累加器内将相乘的结果相加。之后，这种累加后的结果被进行比例缩放，并进入一个D/A当中。实际上，这是多个信号源混合的数字等效，不同增益设定的所有信号源被混合成一个信号输出。

相对简单的数字安排可以等效于模拟的软矩阵，如图29.111（b）所示。初看上去它更像一个成本可行且节省空间的解决方案；这种小巧的6入6出例子就已经等效于36个VCA了。

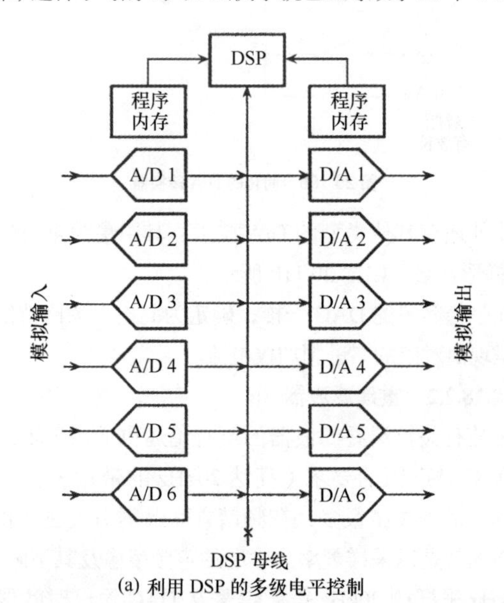

(a) 利用DSP的多级电平控制

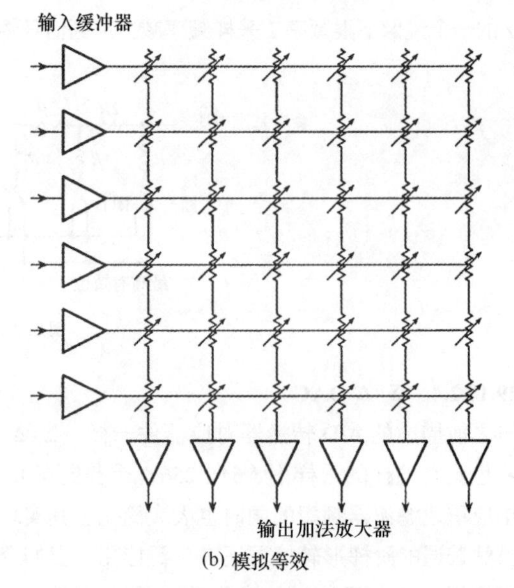

(b) 模拟等效

图29.111 多个信号源的数字混合

当然，进出混合级的更多输入和输出也是可以实现的。这时主要的限制因素是累加器的宽度，这就如同在模拟域时专注于要有足够的动态余量一样，这时更为重要的是处理时间；总之，它必须要在 20.8μs 的窗口内完成所有输入 - 输出的乘法运算。

29.19.2 指令周期

简言之，处理器的指令周期就是指其执行单独一个简单操作所用的时间，比如一次母线访问（数据的获取或处理），一个数学函数或将数据从一个寄存器移至其他地方等。乘法运算可能花的时间会长一点，具体则取决于芯片，然而 DSP 芯片结构及其硬件乘法器非常巧妙且具有很高时效性。它们也必须这么做。处理器的速度决定了在指定的时间窗口内有多少个时钟周期被用来进行处理操作，因此它也就直接限定了处理器的处理速度可以有多快。例如，一个 400Meg 器件的处理器周期速度是 400 000 000Hz。如果指定的采样率是 48kHz，那么它所能给出的最大值就是每个采样周期仅有 8000 个指令周期。有些操作所用的时间可能长于一个时钟周期，所以这还是一个过于理想的数值。实际上，它会以稍慢一点的速度工作。尽管看上去这是个大的数字，但是只要将任何巧妙的想法尝试与 DSP 相配合便可能算不上大了。更为重要的是，这就是在 DSP 领域内将采样率升高至其可行的最小值之上的做法不受欢迎的主要原因。这就是周期预算法则。

29.19.3 处理器类型

选择特定 DSP 器件的原因多种多样，其中有现实存在的因素和感知到的因素。这包括器件应用的灵活性、单位成本和实施的方便性（来自厂商的支持和设计工具的质量）等诸多因素。在大批量的产品（比如消费领域）中，零部件成本将可能凌驾于所有其他方面之上，而实现起来的方便性和速度在诸如专业声频应用领域则成了更为重要的考虑因素。几乎并不存在仅凭一个性能来确定或放弃选择的情况。然而，为了充分发挥每一器件的处理能力，还是有相当大数量的编程停留在机器代码层面，因此设计者对特定汇编语言的熟悉程度将会对此产生很大的影响——这肯定会影响到研发部门的研发速度和研发难度。

对处理声频数据的最低要求或许就是要能处理 24bit 的字长，以及相应更长的累加器和寄存器。就自身而言，Freescale 器件符合这些要求。它们是定点（fixed point）处理器，它的比特数直接限定了处理器的动态范围（对于 24bit 为 144dB，对于累加器为 336dB）；庆幸的是，这是现实当中大部分声频处理的情形。有些应用（比如有些滤波器）在进行计算和中间值数据存储时要求有更宽的即时动态范围，对于这种情况就需要长的或双精运算。其缺点是：这样的滤波器所用的处理时间是单精运算的 2 倍（处理器周期的 2 倍多*）。

*注释：处理器周期不是采样周期；声频信号并不会花更长的时间才能通过 DSP，只是因为有一部分处理采用的是双精运算

29.19.4 浮点

浮点处理器（floaters）的一个例子就是 Analog Device 的“Sharc”系列或 TI 6000 系列处理器，它采用指数 / 尾数的格式来表示内部的数字，以此避免上述问题的发生，其中内部包含有更多的处理，它们用来处理这些数字的复数形式。这些“Floaters”既可以工作于 32bit 定点，也可以工作于 32bit 浮点。由于浮点处理器的动态范围非常好，所以不是必须使用定点运算，都会毫不犹豫地选用浮点运算处理器。另外，它的透传能力也非常强。

29.19.5 并行

DSP 不同于常规的微处理器，其构架设法使一些常见的处理过程尽可能平顺，同时尽可能在每个时钟周期执行更多的现实数据操控和保管。其中的后者被称为并行（parallelism），并行程度就是器件的功能设定。例如，在一个时钟周期内执行一次 FIR 滤波（或者调音台路由），DSP 是可以做到的。

- 执行乘积和累加（Multiply and Accumulate，MAC）。
- 为下一次 MAC 获取下一个数据，更新数据指针。
- 为下一次 MAC 获取下一个系数，更新系数指针。
- 更新程序计数器。

简言之，为了保证一个滤波点可以在一个周期内被计算出来，所需要的一切都做了，以便为执行下一步操作做好准备。

29.19.6 多存储空间

其内存分配绝大多数与普通的处理器有所不同，普通处理器通常只有 1 个内存空间为所有的功能所分享；DSP 至少有 2 个独立的内存空间；例如：Freescales 就有 3 个，1 个用于程序信息（程序存储），一般还有 1 个用于系数，1 个用于处理产生的不可避免的中间滤波器数值等，这些数据必须在每个样本计算中间被存储，用来内部堆放声频数据（如果整体是由外部引入）。

29.19.7 实时的特殊外设

另外，大部分 DSP 在构建应用时都会使用一些方便的周边器件，这样可以让进出芯片的数据实现有准备的、无缝且快速的转换，不论这种转换是到内存的映射数据空间，还是经由各种串行通信格式的传输。通常可以实现 DSP 与大量常见的串行格式 A/D 或 D/A 转换器，以及其他 DSP 的无缝连接。并不是说它不重要，针对修改数据而导入新的程序 / 系数的迅速、快捷的方法一般都是借助主端口来实现的。

有关的主要工具就是直接存储器访问（Direct Memory Access，DMA）。这样可以使大量的数据进出DSP的内存，除了在要求的时间内设置必要的指针和启动DMA活动，这样做几乎影响不到主周期预算。对于非常繁忙的处理器，可能会出现冲突（DMA确实借用了一些实际处理器的资源，通常在有些情况下会侥幸成功），所以它并不是完全自由的，但还是比较方便的。

但是X86型PC处理器又如何呢？尽管它们没有单独的存储空间、平顺的并行性和板载外围设备，相对比较贵，需要大量的支持电路，运行起来非常非常热，但他们的运行速度却非常快的。这就是所谓的瑕不掩瑜。

29.20 DSP的时间处理

29.20.1 时间控制

在数字域中非常容易实现的处理就是信息的存储，信息既可以长时间保存于硬盘或闪存中，也可以保存于RAM中适当的时间，还可以短时间地保存于处理器的存储器和RAM中。绝大多数复杂度的数据操作对存储的要求都要高于上面提到的软矩阵的例子。

29.20.2 延时

输入数据流被写入RAM内存中，并在随后的一段时间之后再被读取出来。可记录的时间长度（样本长度）取决于内存的大小和采样率——采样率越高，内存被占用得也越快。之后，这些被记忆的样本可以被存储在任何介质上，比如说，存储在硬盘上。

确切地讲，回声需要一个相对较短的时间延迟。输入数据流被写入RAM，并在一个固定时间（一定数量的样本）后被读出。迟早内存将被耗尽，延时停止，因此内存通常被安排成环形缓冲器的形式；当到达缓冲器末端时，存储寄存器跳回到缓冲器的起始，将之前写入的数据覆盖掉，以此类推。缓冲器以同样的方式被读取，在写入之后多长时间被读取则由所需要的延时来决定。只要缓冲器足够长，足以保存延时所要求的样本数，那么就可以连续输出延时过的输入样本。表面上看，复杂的环形缓冲器的主要优点就是只有指针，或标志被更改和刷新；声频样本的改变只是将最新的样本覆盖写入最早的样本位置上。重要的是没发生什么；大量的数据并未被读出，只是重新写入别的地方。其复杂性只是表现在保持对那些读取和写入指针的跟踪，实际上这是简单的算术问题，在许多处理器中这确实就是一个自动化功能。

29.20.3 回声、回声、回声

重入（reentrant）、递归（recursive）和延时（旋转回声）中的被延时信号不断重复，直至消退的过程是通过（在乘法器内）衰减延时字并在累加器内与新到的输入字相加来实现的。

如果得到的延时非常短，而且延时信号在累加器内与新的、直达样本相加，那么就发生令人感兴趣的现象——直接与模拟域相并行。直达的和延时的信号相叠加，形成干涉。1ms的延时对应于500Hz信号的半波长；换言之，500Hz信号经过1ms的延时，延时信号将被倒相180°，与输入信号呈反相状态。它们将会彼此抵消，在500Hz（以及频谱上向上，每隔500Hz）都会出现一个陷波点。变化的延时时间会改变抵消点出现的频率；录音棚的工作人员将其称为镶边（flanging）；我们把它称作梳状滤波器，它是我们最早实现的数字滤波器之一。

29.20.4 混响

在实际的声学环境中，混响是由无数个随机延时的反射叠加而成的，这些反射来自地板、墙壁、天花板和空间中的障碍物。虽然因边界表面吸声系数变化造成的不同频率畸变的不同反射组合十分复杂，但本质上它还是各个不同延时的电平递减信号的叠加。正因为如此，可以利用复杂延时变化在DSP内对其进行合理的模拟；所建立起的相对长的延时环路被用来模拟大空间的反射模式。许多短延时环路和全通配置被用来模拟声学空间中出现的去相关特性，这种不相关特性是由多个短距离反射和衍射形成的。输出-输入的反馈中所做的处理（其中的每个组成部分都是可调整和可均衡的，一般是采取简单的滚降形式的处理）既可以用在环路之后，也可以处在反馈通路中，以此来模拟声学环境当中频率越高的成分被吸收越多的现实。大大小小的组成元素有很多，所有的处理或东西都需要被赋予参量。

从根本上讲，组成要素的数量和确定复杂相互作用和参量的能力决定了混响效果的逼真度及其特征。一些好得惊人的效果就是源自DSP及其相当小（64KB）的外部存储器。

随着DSP变得越来越强大，成本越来越低，实际应用中的混响类型不断增多，它们对所施加的声频信号执行一个非常非常长的卷积，产生出真实场所混响尾音的数字录音（参见29.21.1，横向滤波器，以此作为基本技术原文，译者注）。虽然这可能包括有成千上万次的DSP乘法运算（意味着有很多DSP），但会产生出如人们所期望的那种深刻印象和灵活性。尽管专有的卷积算法可以减轻计算上的负担，但这仍然是所面临的大问题。

29.20.5 平均

大量输入样本的平均是通过将一定时间周期内的输入字数值全部相加之后对其进行所要求的平均处理来实现的；这通常要得到样本的数量——对于48kHz采样率，20ms内的样本数为960个（这将是一个样本的长序列）。这些样本在累加器内全部相加，并除以样本数——其结果便是针对20ms的平均值。如果每个样本被存储在他处，那么便可

以实现滚动平均；对于每个添加进来的新的输入样本，960个样本中的第一个样本被减去，计算出那一时刻的新的平均值。

就其自身而言，DSP 内的相除只是在极端压力之下所做的工作；这是非常耗费资源和低效的工作。如果可能，在这种情况下，创建一个与平均相当的相除工作可以通过第一次安排来取得，即平均的长度是一个二进制数间隔（2，4，8，16 等）。所有相加得到的最终结果可以是对应次数的比特右移。一次算术右移（将数字字向右移动一步，用 0 来填充现在失去的头上的比特位）与用 2 来除是一样的；因此，一个 64 个样本的平均需要进行 6 次右移。另外，乘上 0.015 625（1/64）（或者可以是任意样本数的倒数）完成的是同样的工作。在 DSP 中，不论采用哪一种方法都比进行 24bit 相除快很多。这里所做的事是除相除运算之外的任何运算。

[连同任何超越数学运算，或者执行开方，或许许多多其他常见的“无须动脑”的数学函数运算，DSP 中相除运算的成本很高。这是用高级语言为 DSP 编撰时出现编写代码常常编译效果差，而且很烦琐臃肿的主要原因；简单地敲“/”或 exp()、sqrt() 似乎并不痛苦。DSP 程序员有一些保证处理顺畅或避免掉入这类陷阱的小窍门]。

29.21　DSP滤波和均衡

29.21.1　横向、Blumlein 或 FIR 滤波器

不错，这些也是 Alan Blumlein 发明的。在 DSP 中，样本序列的概念变得非常有意义。这种类型的滤波器可以得到各种各样的时间效果和频率响应形状，尤其是在通带和截止方面。虽然针对各种滤波器类型的系数确定方面的内容已经超出了本节的讨论范围，但图 29.112 还是给出了其基本原理。对于每个采样周期（即，每 20μs），新输入的样本被插入序列的头部；所有样本顺着序列方向移动，最早一个样本移出另一端，并消失了。每个样本与那一位置的特定系数相乘，并在累加器中与其他的乘积样本的结果相叠加。每个选截器从属于不同的系数和求和检测（正常的或逆向的）。对于特定的采样时刻，累加器数值是新的输出字；20.8μs 之后，整个流程又重新开始。

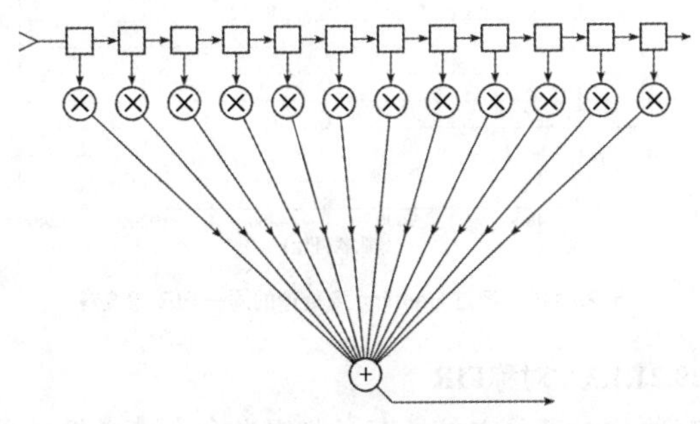

图 29.112　横向或有限冲激响应滤波器（FIR）

这样一组数据（本例中是声频数据）到另一组数据（系数）的变化过程也被称为卷积。

29.21.1.1　冲激响应

与我们使用的用来分析或描述器件或电路转移函数的频率响应测量相类似，这里有一个同样强大的描述符：冲激响应。了解冲激响应的概念有助于形象地掌握数字滤波器的工作原理。图 29.113（a）所示的波形看上去就像被冲激所撞击的大钟的振动波形：大钟所产生的被阻尼的正弦波音调音（它与来自阻尼振荡器或带通滤波器的信号没有什么不同。记住这一想法。实际上，看其响应，虽然它可能听上去更像灯柱的残影，但是现在就不要再怀疑了）。

每条垂直线代表的是在每个采样周期上的信号瞬时幅度；如果愿意，这可以被认为是逐个样本的数字录音。如果我们以样本被记录时的采样率进行重放，则会再次听到钟发出的当当声。现在我们把钟声的样本数字值作为横向滤波器的系数，如图 29.113（b）所示，并将一个脉冲（幅度完全为正值的一个样本）送入滤波器；这时的效果是一样的。随着脉冲经过每个系数，钟声将被重建出多次。

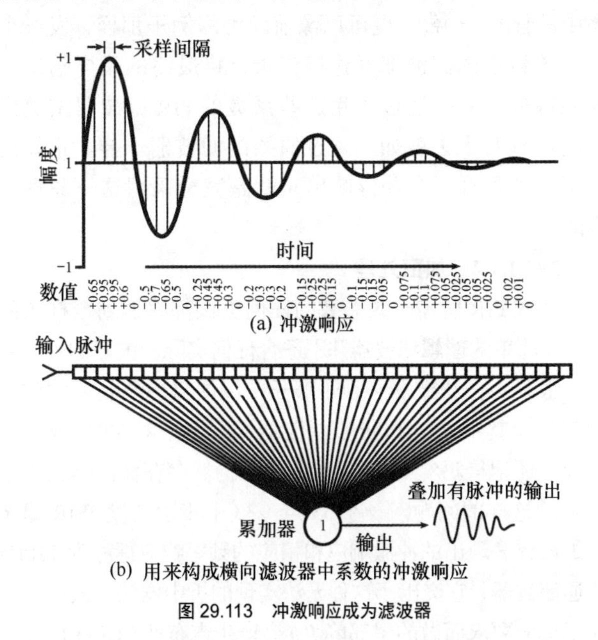

(a) 冲激响应

(b) 用来构成横向滤波器中系数的冲激响应

图 29.113　冲激响应成为滤波器

没有什么可以阻止我们将真正的声频样本放到横向滤波器的前面——其效果就如同声频是通过钟形频率响应的阻尼带通滤波器重放出来一样。钟形的冲激响应直接加到通过横向滤波器级的声频信号上。这时的声音听上去就像你用头撞击钟的内部听到的那样。不错，这就是滤波器！简言之，如果我们可以描述想要滤波器的冲激响应，并且将其样本作为横向滤波器内的系数，那么任何通过横向滤波器级的信号都将被进行相应的滤波处理。

这种处理通常称为 FIR（有限冲激响应）滤波。如果瞬态（脉冲）信号被编码，并加到这样的滤波器上，那么样本描述它进入级序列。输出求和贡献会一直持续到样本到达终端为止。当最后的相关样本跌出序列末端时，就不可能再输出与原始施加的瞬态信号有任何关系的样本了。瞬

态信号在滤波器内停留的时间受限于序列中其样本的寿命；最终它们全都要离开。脉冲的存在时间是有限的，滤波器的长度是有限的，因此，响应是有限冲激响应。

理性地讲，FIR的诱人之处就在于其简单性。不幸的是，在当今的DSP中，实现这种滤波还是有难度的，因为任何有用的声频滤波器都需要很长的处理时间。作为一个粗略的经验法则，要想在指定的频率上做任何有意义的事情，滤波器必须能够包含该频率信号的完整周期；工作于50Hz的FIR就至少需要20ms的长度，（假设采样率是48kHz）其大约为1000个滤波点的长度。正如早前提及的那样，对于一个200MHz的部件，可供每个样本使用的处理周期大约为4000个——仅这样一个滤波器就要吞噬掉整个DSP1/4的处理能力！只是在少数特殊和保密的情况（比如线性相位EQ和自动自适应）下会使用这样的滤波器，这也就是主流声频DSP处理较少采用FIR的主要原因。它们还是采用硬件方式，并对处理时间有苛求。

适合插入横向滤波器的冲激响应系数集既可以计算出来（更倾向于分发，或者使用诸多出色滤波器设计程序中的任意一个），也可以像前面钟的例子那样，发一个脉冲给特定的滤波器并进行记录，将最终的采样输出作为系数使用——通过采用那些系数的FIR滤波器重放出来的声频听上去就如同通过原始的滤波器一样。正如此前提及的那样，有些混响单元就是完全采用这一原理工作的。

29.21.1.2 加窗处理

生成FIR所需一组系数的任何尝试都将遇到这样的问题，即简单的理想滤波器并不适合任何实际滤波器的长度要求。很显然，滤波器必须足够长，以便将想要处理的数据确实包含其中（一个99点滤波器实现不了对50Hz成分的处理，还记得吗？），即便如此这里仍然存在滤波器长度是有限的这样的问题。一个33点（33个步阶长度）FIR滤波器组设计表现出的冲激响应和相应的频率响应标称为12kHz高通滤波器，它突出了这种无法实现的折中做法。截取（即为了适应要求而做的尾部剪切）会产生吉布斯（Gibb）现象，即想要的滤波器频率响应被大的波瓣严重影响，如图29.114所示。

汉宁（Hanning）、汉明（Hamming）和哈里斯（Harris）等先生利用了所谓加窗处理技术（windowing）来解决这里暴露出的问题。这些技术是通过对系数组数值加权处理，将最主要的成分（通常是处在数组中间）保留下来，在向数组的两端过渡过程中逐渐衰减其数值。根据所加窗的类型，所产生的递减变化会有所不同，不同的加窗类型会与不同的折中侧重建立起最佳的映射关系。图中所描述的是所谓的砖墙式滤波器；图29.115所示的窗函数可能对阻带抑制是最佳的，而图29.116所示的另一个窗函数可能针对滤波器的截止斜率做出倾斜。在这里，要真诚感谢Momentum Data Systems的软件生成了此曲线。

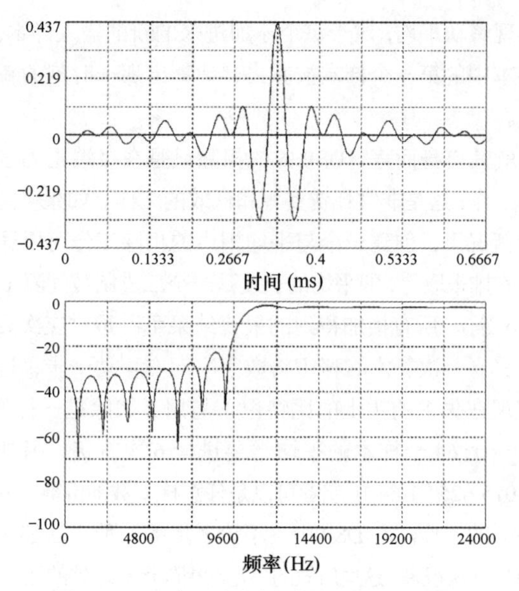

图29.114 一个33点的未加窗处理的FIR滤波器

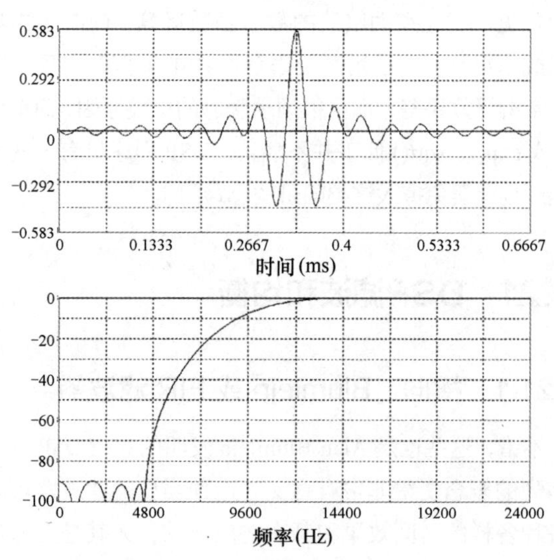

图29.115 Harris窗处理的33点滤波器

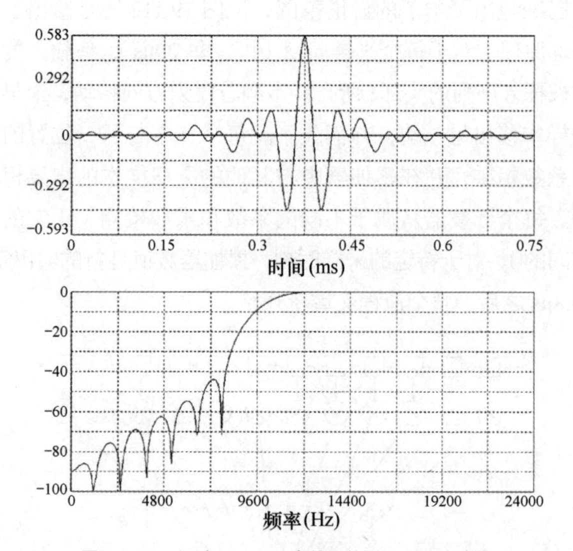

图29.116 经过Hanning窗处理的同一FIR滤波器

29.21.1.3 对称FIR

有种FIR实现方式具有一些相当令人感兴趣的属性，

而且这种实现方式可以被大多数人所采用，以至于大部分商业设计程序包都将其作为设计对称 FIR 的缺省假设，而且它几乎成为对称滤波器的同义语。

这样便可以在不改变相位响应的前提下取得强制的频率响应（在常规型 EQ 的情况下），不像普通的 EQ（及其固有属性），其中的任何频率响应的变化都会伴随着相位响应的偏移。尽管乍一看这一特性似乎是理想的，而且是声频技术向前发展的标志，但是在现实中它们却很少用到；是的，这还是尚未开垦的处女地，虽然处理的声音听上去确与等效频率响应的常规 EQ 有所不同，但是却不一定好（一种奇怪的效果就是：为了取得类似的主观效果，人们似乎更需要无相位变化的 EQ，而不是常规的 EQ）。可以肯定的是，它还没有好到可以取代常规 EQ 的地步，不论是数字还是模拟形式，后者都可以更方便地实现，同时也更有效。然而，差异性是其在音乐制作中生存的主要原因，利用对称 FIR 实现的特效单元和声频工作站插件软件是可以使用的。有些是以相位线性作为基本性能要求的应用，诸如气链处理，这是它们大显身手的地方。

对称指的是系数集合被安排成关于滤波器的中心（中间点）呈对称的形式；朝向末端延伸与朝向前端延伸的系数集合是一样的。滤波器的中间点被认为是时间中心。换言之，对称 FIR 存在一个等于滤波器对通过信号进行计算所需时间一半的固有延时；对于我们熟悉的 50Hz 能力而言，960 点滤波器的有效延时为 10ms，或者说对于任意一个数据样本而言，其通过整个滤波器需要 20ms 的时间。这一延时是对称 FIR 的另一个主要缺陷；为了保证多个信号源工作时调音台的时间是对齐的，所有其他的信号源必须进行延时，延时量是 FIR 只处理一个信号源时的有效延时。有时延时是自身的实际问题。

应注意的是，不仅在时间中心之后（这是字头缓冲）进行一半的滤波器工作，而且在时间中心之前也要做一半的滤波工作。因为固有延时的原因，滤波器只是保留因果关系。耳朵可以对之前发生过的事情进行滤波处理，并将其全部积分成可接受声音的能力确实令人惊叹。

29.21.2　递归处理

这一概念是在实现循环回声和混响过程中提出的；将已经使用过的输入样本馈送回到环路的输入端，与新的和（或）其他的样本一起再进行处理。图 29.117（a）所示的就是这种情况。环路的延时时间（大量的样本延时）和反馈电平是由控制系数决定的。选取不同的样本，并使用不同的系数对其进行处理可以实现对环路反馈和动态属性的全面控制。要注意的一个重要事情就是：一旦样本进入环路中，它就会一次次地在环路内重复处理，每次都会加入新的输入样本进来。信号衰退至消失所用的时间由反馈环路内的系数决定——不严格地讲，这可以类比成模拟中的 Q 值概念；滤波器内的正反馈越高，其响应越严苛，其缺点就是不良的控制有可能会导致振荡问题。这正是数字递归级的情况。即便被控制，实际上信号也不会完全衰减；在 DSP 中，这可能导致剩下的比特不停地循环，并表现为重复性的周期误差。需要使用宽度足够大的累加器来将循环或噪声整形的结果很好地呈现出来。

递归处理的第一大优点就是其所需要的存储访问要比 FIR 明显少很多——环路内构建的历史（相当的滤波器长度和时间分辨率）不是个别和顺序处理所必须。第二个优点就是所需要的系数和运算要少很多。

29.21.2.1　IIR滤波器

采用递归技术构建的滤波器被称为无限冲激响应（Infinite Impulse Response filter，IIR）滤波器，如图 29.117(b) 所示，这么称谓是因为一旦进入环路，脉冲就会无限地循环下去。在实际情况中，虽然它迟早要衰减掉，但是这与 FIR 不同。

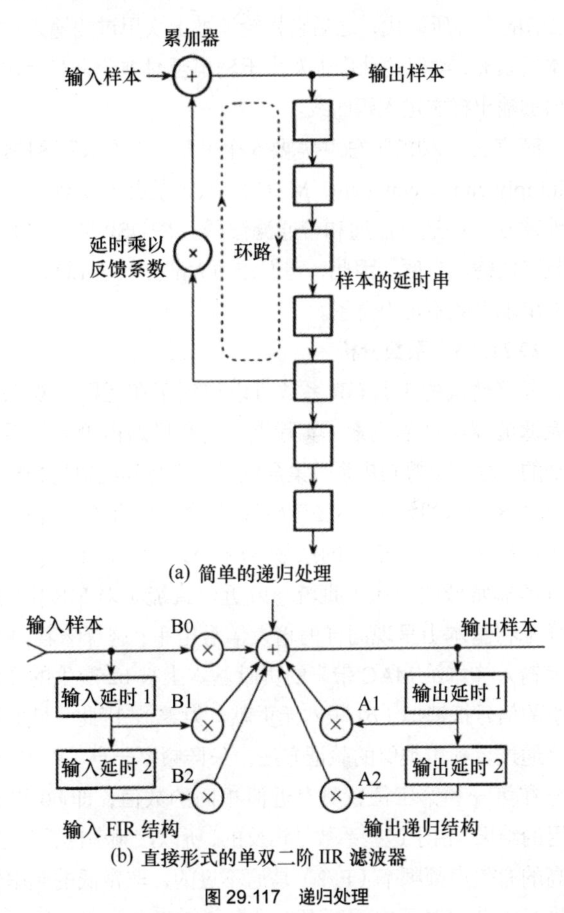

(a) 简单的递归处理

(b) 直接形式的单双二阶 IIR 滤波器

图 29.117　递归处理

另外，来自 IIR 的输出同时也被用作输入样本，滤波器立刻开始其滤波作用；唯一的延时是滤波器的群延时，这与模拟域是完全一样的；并不等待构成滤波器特性的足够系数所影响的足够数据，这一点与对称 FIR 发生的情况是一样的。

IIR 表现出实现起来更容易、更快速，以及比 FIR 滤波器更短的传输时间和更小的存储控制特性；因此，它们在声频 DSP 中应用得较为普遍。

29.21.2.2　双二阶

有许多不同的方法可实现 IIR。图 29.117（b）所示的一种方法就是其众所周知的同类：双二阶直接形式 1，该图很好地显示出其处理过程（虽然其他形式使用的内存空间较小，或者说工作速度较快，但追求的结果是一样的）。之所以被称为双二阶，是因为它本质上计算的是双二阶方程。它对输入和输出延时、乘积和求和并没有实际的数量级限制；它只是那些长于经典双二阶的更为敏感结构，为了保证稳定读取，它们在计算系数方面更加容易。

滤波器由两部分构成。输入级由短的、3 抽头 FIR 构成。所加的输入信号乘上系数（b0），结果放入累加器当中；两个延时线输出乘上各自的系数（b1 和 b2），并在累加器上相加。输出级是一个双延时递归部分；两个延时线输出中的每一个分别乘以各自的系数（a1 和 a2），其结果在累加器上相加，其总的成分现在就呈现在输出上。一旦采用了一个样本时间的计算，那么输入和输出延时线的成分向下移动一个样本，以便于输入延时线 2 内的数值被输入延时线 1 之前的内容所取代，之后它将轮流被上次用过的输入数据样本所填充；类似的动作也发生于输出延时中，只有上次计算出的输出样本进入延时线。

简言之，双二阶总共需要 5 个系数，5 次乘积和累加（Multiply and Accumulate，MAC），数据的并发编排可以很好地建立起高通、低通和带通滤波器。在 DSP 中，它们实现起来快捷、方便。因此，它们作为大部分数字 EQ 的基本构架出现也就不足为奇了。

29.21.2.3 系数分析

考察输入的 3 点 FIR 系数可以得到正在运行的双二阶所属滤波器类型的线索（实际上，复杂只是由更多的系数带来的，对更长的 FIR 系数集合也可以进行同类型的分析）。图 29.118 所示的是 3 个双二阶系数集合。集合（a）表示的是大小相等、符号相反的系数 b0 和 b2，没有 b1。所应用的频率非常低的声频（直流，或近似直流）对 FIR 中的 3 个样本将基本上呈现同样的输入信号电平；这意味着由 b0 乘上输入样本给 MAC 带来的贡献基本上被 b2 产生的类似大小的信号抵消掉（b1 根本无贡献，为零）。因此，低频将不会通过。利用类似的验证方法，采样频率一半（$F_s/2$）的信号在第一和第三位置具有近似相同的数值，即 b0 和 b2 作用的结果；由于这些系数是相反的，所以该频率也丢失了。最高的有效声频频率（$F_s/2$）是通不过的，非常低的频率信号也是如此。对于中间频率信号会稍微幸运一些，所以它与带通滤波器很相像。

在图 29.118（b）所示的第 2 个系数集合中，乘以 b0 和 b2 的效果被直流的 b1 效果完全抵消了，然而，由于 b0 和 b2 彼此并不是相反的，所以 $F_s/2$ 并不会丢失。如果人们对此毫不了解，那么得出的结论就是它类似于高通滤波器。

稍微明显的唯一误导情况就是图 29.118（c）所示的低通滤波器，虽然人们希望在 $F_s/2$ 处塞住谷点，但是乍一看似乎 b0 和 b2 系数并不相同。尽管如此，但是如果人们想象 $F_s/2$ 信号的正峰值对应于 b0 和 b2，那么 b1 系数就与负向的峰值相对应——为 b0 和 b2 之和的系数 b1 通过在 $F_s/2$ 处建立起的等于其正向贡献的负向信号将它们的影响轻易地抵消掉了。

48k	bpf	1000Hz	Q 0.707
b0		0.292543	
b1		0	
b2		−0.292 543	
a1		−1.982 89	
a2		0.707 457 1	

(a)

48k	hpf	1000 Hz	Q 0.707
b0		0.911 575 1	
b1		−1.823 15	
b2		0.911 575 1	
a1		−1.815 318	
a2		0.830 982 4	

(b)

48k	lpf	1000Hz	Q 0.707
b0		3.916 071E-03	
b1		7.832 143E-03	
b2		3.916 071E-03	
a1		−1.815 318	
a2		0.830 982 4	

(c)

图 29.118 针对带通、高通和低通滤波器的双二阶系数集合。应注意的是，a1 和 a2 系数中的相似性；滤波器的类型是由输入 FIR 结构中的 b0、b1 和 b2 系数决定的

图 29.119 表示出了这些分析结果。总之，输入 FIR 是同类滤波器中有点笨拙的滤波器（实际上这决定了其类型），输出反馈型 IIR 结构实际决定了频率和 Q 值。

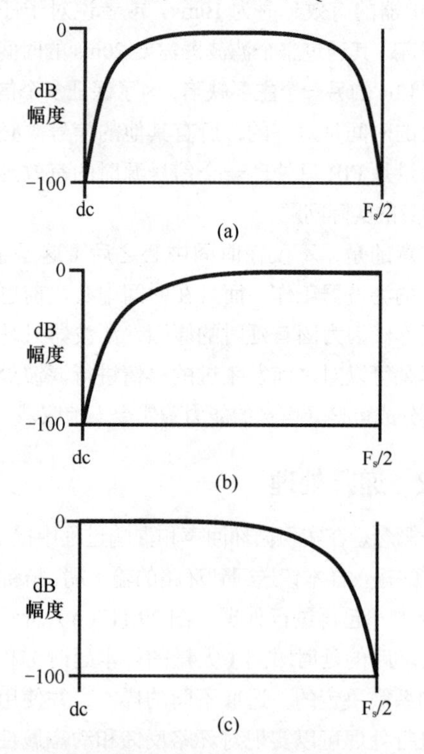

图 29.119 由图 29.118 的 b0、b1 和 b2 3 点得到的 FIR 滤波器

29.21.2.4 滤波器量化失真

双二阶的输出（递归）级可以导致累加器内出现电平变化相当剧烈的信号，毕竟它们是稍微复杂一些的反馈电路；部分输出信号回馈给对应其 a1 和 a2 乘积的延时通路，

并且不断增大，直至它（希望如此）稳定下来（这可以类比于在示波器中看到的 PA 正好处在反馈边缘的工作情形；这是 IIR 的标准工作流程）。高 Q 值和（或）相对于采样率而言更为重要的频率非常低的（不幸的是，它对应着大部分 EQ 型频率）滤波器会加剧这一效果。解决这一问题的唯一方法就是将滤波器激励至想要的输出相对于信号源是单位增益的程度；这通常是通过按比例缩减 FIR 输入链路中的系数来实现的。考察图 29.118（c）中的系数，我们可以清楚地看到这一点；b0 和 b2 系数确实相当小了；这一数值的倒数就是 IIR 输出链路中生成的增益量。谢天谢地，商用设计软件包和大部分谱书系数计算流程都将这一缩放比例考虑其中了。但潜在的问题还相当严重。也就是说，使用 0.000 1 作为 b0 系数（并非不现实），并且假设最大输入信号为 1（在一些定点 DSP 中，采用分数算法方案的最大信号范围为 1～-1），尽管在 IIR 输出链路具有巨大的反馈增益，但 0.000 1 的数值还是会消失在累加器中，毕竟输入信号的输出产生的贡献还仅仅是 0.000 1，它对应于 -80dB。如果输出被截取到 24bit（144dB），那么输入信号底部的 13bit，或者对输入信号还有意义的这些比特被抛弃了，留给我们的是一个 11bit 的系统。从数字上看，这保留下的最大信号与本底信号之比仅有 64dB；如果系统的标称工作电平是 -20dBFS（满刻度电平之下的分贝数）（0.1），那么这时的信号与本底信号相差了 44dB。实际上，通过舍去、噪声整形或高频颤动处理之后，情况会更加恶化。

听到的好消息就是滤波器内的这种量化噪声有时可以通过滤波器中非常大的信号掩蔽掉一些；而传来的坏消息则是它们还会被听到，要记住：它是可闻的。即便明显听不到的时候，它还是会使声音呈现出难以消除的、令人不安的粗糙感。累加器拥有涵盖全部有效数据的宽度；对于有可能在这方面出问题的这种滤波器的标准实践方法就是让 IIR 链路延时存储足够宽，能够完全包含被衰减的输入信号。在 24bit 定点处理器的特例中，IIR 输出延时链路被做长了，或者宽度被加倍到 48bit。这也就意味着 a1 和 a2 IIR 相乘也几乎总是要比较长才行，即较低的 24bit 需要与较高的 24bit 一起被 MAC，这样会增加滤波器的执行时间。

在这一点上，Sharc 构架和其他的浮点处理器程序也表现不错。我们终于可以见证到摆脱定点处理枷锁的这一幸福时刻。

29.21.2.5 级联双二阶

之前已经提到，在延时和乘法运算方面胜过双二阶的 IIR 滤波器并无诱人之处，然而，有一些解决方案是将多个双二阶与更为复杂、更有效的滤波器，或者简单的高阶滤波器耦合在一起。这比一个接着一个的运行结果要好。图 29.120 所示的就是这样一种安排；第二个双二阶使用第一个双二阶的输出延时作为其输入延时，以此类推。

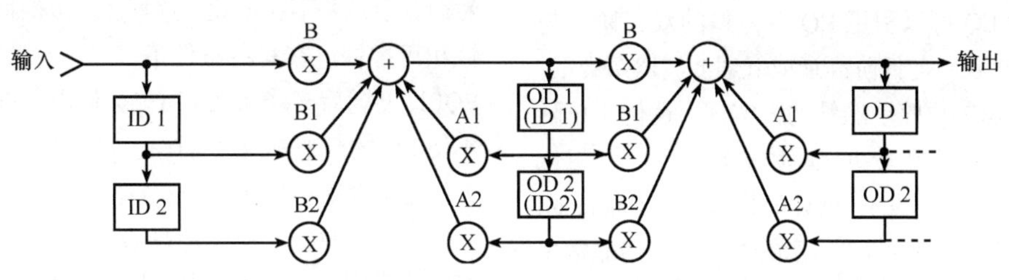

图 29.120 级联的 DF1 双二阶、共享延时线

29.21.3 参量 EQ

原始的双二阶可以满足大部分传统滤波的要求。图 29.121 所示的是用于调音台的参量均衡部分的一种解决方案，它能对滤波器的中心频率和 Q 值，以及所提供的提升或衰减量进行独立控制。标准的双二阶的馈送信号直接来自声频信号源，（在这种情况下）它也是利用算术上将数据向右（向下）移动 2 个比特，或者在 DSP 内将数据乘上 0.25 的方法得到 12dB 的衰减。经过衰减器馈送的滤波器输出与被衰减的直接信号相加，其得到的结果就是在算术上将数据向左移动 2 个比特（提高 12dB）。如果需要进行高电平的提升，那么这种向上和向下的移动便可以让相应的更高滤波器控制量表现在输出上。本例中 12dB 可以实现 13.8dB 的最大提升量，我们高兴地看到这涵盖了 EQ 中常用到的 ±12dB 控制范围；提升能力越大，所要求的向下和向后偏移比特位越多。人们可以在浮点 DSP 中单独留下直接信号，并且根据需要乘以滤波器的输出（衰减器成为增益级），避免整体的偏移。

EQ 提升是通过滤波器内的相加实现的，衰减是通过相减实现的——将负的系数植入后处理滤波器衰减器中，取代正的系数。对于衰减系数并没有一个明显的标准，作为一种衰减，EQ 响应器的有效 Q 值倾向于变得尖锐。这就是说，对于这种安排的频率响应而言，衰减 12dB 与提升 12dB 并不是互补的；人们需要将滤波器的 Q 值与衰减电平相关联和修改，为的是将这一情况考虑其中，并保持常见提升 / 衰减的对称性。

尽管采用将多个滤波器并联运行，然后将直接信号与所有增益处理过的结果相加的方式在许多经典设计的模拟上取得了较好的结果，但是参量 EQ 的各个部分可以是、通常也就是简单地进行级联。频段间的相互作用完全不同，虽然与清晰的理念相悖，但与事实更为接近！

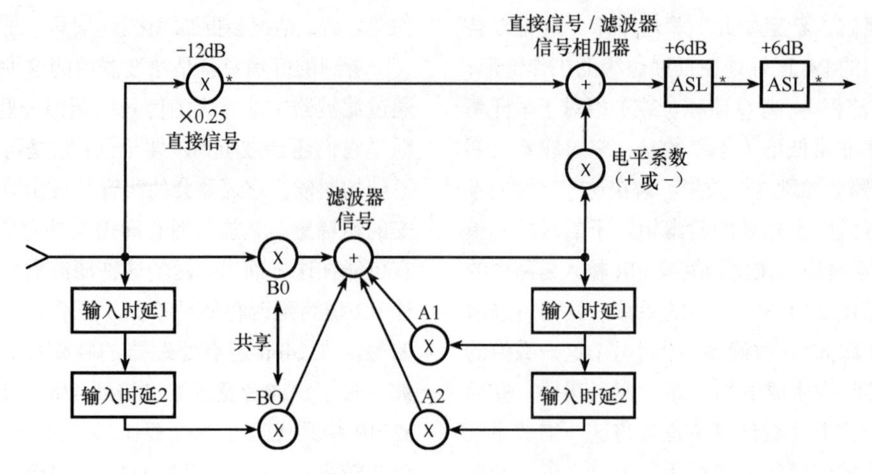

图 29.121　带通参量式 EQ 级

正如我们所见到的那样，考虑到大部分参量 EQ 仅使用带通滤波器（即便是搁架型滤波器也可以采用这样的方式来实现不错的掩盖），而带通滤波器的 b1 系数始终为零，对其根本不做乘法处理也是说得通的，因此就省去了数据的获取和相乘处理。另外，由于 b0 和 b2 系数是简单的互为倒数关系，因此一个系数只需要从主处理器传送到 DSP，而倒数处理在内部就可简单实现。这是种受欢迎的处理简化方式。

29.21.4　搁架式 EQ

实际的搁架型 EQ 可以利用 EQ 中完整的双二阶（与所示的简化纯带通相反）与低阶高通或低通滤波器系数组，或者用图 29.122 所示的更简单的结构来实现。远优于单阶响应的滤波器响应倾向于在转折频率附近产生一个“相位跳跃”，通常认为这是不想要的（或许要将人们对 Baxandall 的模拟非常挑剔排除在外）。图中所示的安排是采用非常短的滤波器实现的搁架式 EQ。单阶滤波器的优点就是可以非常方便地从直接信号中减去低通成分来建立起高通滤波器。

29.21.5　EQ 高频响应异常

当滤波器过于靠近一半的采样率时（对于这里所讨论的 48kHz 系统就是 24kHz），便会出现奇怪的现象：正如我们所见到的那样，其部分原因是带通滤波器在采样率的一半时的响应必定为零，部分是源于用来创建滤波器系数的转换计算中预卷积的影响。诸如用在参量均衡中的有效 Q 值就会使靠近 $F_s/2$ 的曲线呈现出提升（变得更加尖锐）和不对称（高频一侧变得更陡）现象。尽管可以认为这种发生在可闻上限的影响并不重要，但是这种情况可以在卷积之前对想要的 Q 值实施辅助校准这一权宜之计来加以改善，或者使用更为基本的过采样方案来改善。这种基本的解决方案意味着 EQ（至少 EQ 的高频部分）要工作于采样率的 2 倍之下；升采样至 96kHz 和降采样（回到 48kHz）相当直接、简单。这样做具有将区域向上推高 48kHz 的新 $F_s/2$ 的作用，然而其重点并不在于此，这样还可以保持 EQ 标称范围的线性和可控性。在有些条件下，对于有些节目素材，升采样 EQ（即便随后又降回来）可能会使声音听上去更好听。为了不使 EQ 的频率响应变得比处理前更糟糕，在进行升采样时人们必须要对重建滤波器的属性格外关注。

图 29.123（a）所示的是 Q 值近似为 2 的 16kHz 参量均衡部分模糊效应；为了进行比较图中还示出了 Q 值近似为 2 的 200Hz 滤波器的情况。校正（在这种情况下，未进行过采样）使得 16kHz 滤波器的较低频率一侧斜率得以改善；现在它与 200Hz 滤波器的“裙摆”相当了，如图 29.123（b）所示。不幸的是，如果不采用过采样技术，人们对 24kHz 的零值没有太多的办法，所以人们对靠近频带上限的 EQ 性能总是有点心虚。

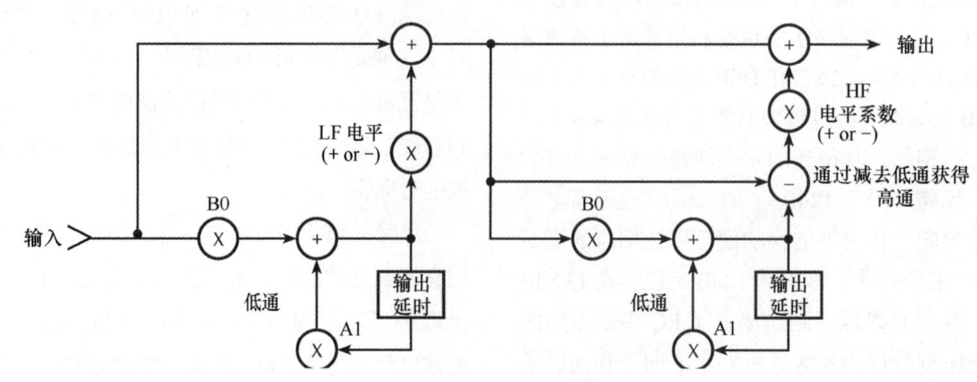

图 29.122　利用单阶滤波器构成的搁架式 EQ

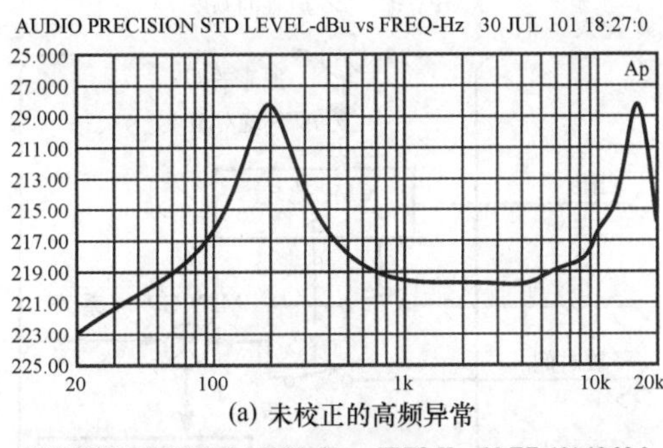

(a) 未校正的高频异常

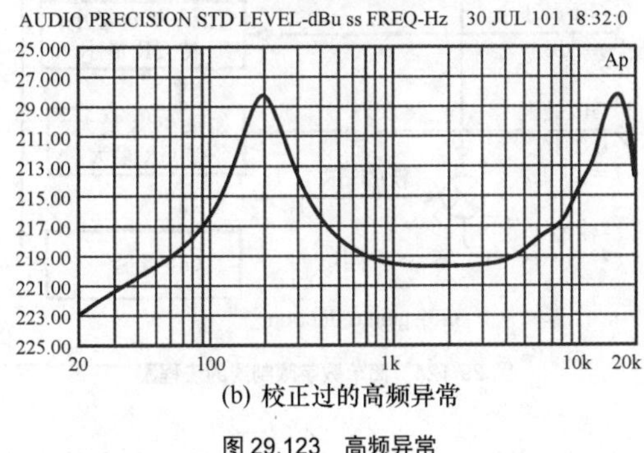

(b) 校正过的高频异常

图 29.123　高频异常

29.22　数字化的动态

虽然数字域动态处理的方案有很多，但是大部分都属于下面两种中的一种：映射型和直接型。简言之，映射型（Mapping）包括要创建一个图表或一个映射图，以此来描述针对特定输入电平所要求的输出电平；一个输入样本输入时，根据其数值从查询表中选择出增益控制值，该值被应用到特定的输入值之上，为的是建立起想要的输出电平。映射图表可以同时包含针对多个不同类型动态处理（即压缩和门控处理，限制器和扩展器等）的转换值。在前面讨论动态处理的图 29.71 中给出了这种映射图结构的线索。

直接型（Literal）搭建一个等效的数字处理结构，它准确地实现在原来模拟域内所取得的良好处理效果。

由此所带来的所有麻烦就是 DSP 增加了声频设计的难度，不过好在现实中所碰到的方方面面问题都非常容易解决，而且效果都不错。下面给出的就是其中的两种情况。

- ABS——针对 ABSolute 数值的机器语言记忆。效果就是察看一个数字，如果数字是负的，则使它成为正的。这是整流器的 DSP 精确等效，绝不是最简单的模拟设计工作。
- MPY（Multiply）——这是最完美的、无失真、无副作用的增益组件。人们绝不会再次采用 VCA 或 FET 来实现这一目标。

29.22.1　映射型的动态

在想要的系统增益中创建的查阅表是针对所应用的信号电平。对于被检测的输入信号，相应的增益值被“查阅（looked up）”。这是简单的索引式查阅。

查表式动态处理在处理周期特性方面具有非常快的属性，这是以存储足够多的映射图或图组为前提的。由于已经做了预先的计算，所以所要做的就是根据输入信号的数值在非常短的时间里查询目录表（送回的数据就是增益控制数值），并准确地诠释它。根据动态范围的具体情况，对动态处理实施的动作、动态行为的深度（电平有多低）进行充分的描述（这对于门、扩展器很重要），表的分辨率（以便从一个数值到另一个数值时，信号电平没有明显的倾斜问题）和表的大小对于取得健康的数值非常重要。此外，实际工作中常常方便地运行多个表。所要求的存储空间可能是个问题，也可能不是——有些 DSP 具有巨大的存储容量，而另一些 DSP 则是对存储要求较低的流媒体声频应用而设计的，对于基本应用情况可能都是足够的。

映射图只是描述瞬时的增益值。直接应用所恢复的增益值将导致可怕的失真。很显然，有些要增加时间约束条件。一般而言，这些约束条件就是指建立和释放这类参量的经典动态数值。此时所应用的这些时间常数是令人感兴趣的问题。为了用通常相对慢一些的释放时间常数来平滑源于查询表量化的固有阶跃变化，一般这时都要跟随查询。如果人们打算模拟峰值限制器，那么人们可能会让输入信号直接从表中选取其数值，然后在其上面应用通常短的建立时间常数。换言之，对于一个限制器，其建立和释放过程要跟在查表级后面。

通常，压缩器对建立时间的限制就宽松多了，因为这时所要产生的信号更多是要对应于声频信号的能量，而非其瞬时峰值。在这种情况下，建立过程的处理将采取短时平均的方式进行，或者通过准均方根值检波形式来实现；这种平均的结果被用作查询表的指针。释放过程留在查表的输出阶段进行，其扮演的主要角色是管控者，修正潜在的不规则波动。

假设这是个压缩器，可能的门限范围处在标称工作电平之下 -40dB 至工作电平之上 10dB。由于标称工作电平通常处在 -20dBFS 附近，所以这就意味着查询表必须涵盖的输入电平范围为 -10dBFS ～ -60dBFS。这些必须要通过足够的分辨率来实现，以便不产生明显的增益变化（尽管在这种情况下大部分音乐节目素材可以抵御少见的、大的增益变化，但是要记得有些独奏的长笛或者缓慢衰减的颤音贝斯音符会突出小的增益变化）。由于增益步阶几乎是 dB 线性或近似线性的，而且采用的信号也是线性的，所以明智的做法就是对输入信号进行对数转换，以便更加贴近表中的 dB-dB 映射。虽然这样往往要付出昂贵的计算成本或以自身查表工作量为代价，但是不做足前期工作所带来的后果要么是采用查表来取得足够的低电平分辨率（对于实际的 1/1000 步阶，-60dBFS 是要向下走很长一段距离的），要么降低低电平的精度，以取得更小的映射图。针对该压缩器，线性映射可能需要 2048

或 4096 个步阶，只有这样才能在电平底部附近不至于出现令人尴尬的行为。

如果改变了参量（比如说压缩比变化了一个等级），那么在某种意义下，大的查询表（实际上任何大的东西）就是个坏消息，因为这时必须将一个巨大的全新查询表由主微型控制器馈送给 DSP。如果处理器内存支持，那么另一种方案就是建立一个永久的，能够涵盖参量所要求范围的一套映射图，只要处理器中的内存支持它就行。当参量变化时，它会指向不同的映射图。这样，内存就需要很大才可以!

对确实存在的深度映射问题的一个不错的横向思维解决方案就是为各种参量变化建立起一个良好的、简明的映射图，或映射图组，然后通过缩放实际的声频样本来移动门限。同样的，仅旁链内的声频需要按比例缩放，被留下来的“实际的”声频，除了增益修改都由按比例缩放的旁链查阅表来决定。

工作于使动态范围降低较大幅度的峰值限制器可能要尽量回避使用对数转换器，而只是直接查表。另外，扩展器可能必须要对低至 -90dBFS 的电平（或者可能是并不关心的电平）进行充分的描述。这要采用之前的另一观点：如果不同的功能需要不同的时间常数，而且它们肯定处在压缩器和噪声门之间的状态，那么各自使用不同的查询表就有意义了。

29.22.2 直接型的动态

这是模仿（尽可能接近）模拟电路实现所要求的动态特性的技术。这种解决方案多少带点艺术因素，尽管算法会用掉较长的时间，其程度肯定比映射型更强，但是所需要的内存非常小，而且改变参数只需要由主机向 DSP 传送一组系数便可以实现，而不需要数千个系数。

它可以模拟反馈型压缩器 / 限制器的完全随意的、不受控制的伺服环路特性，或者采用清晰、明确的前馈式 VCA 方案，为了取得最终的良好性能，这里涉及除法和（或）对数、反对数处理，以及无法明确的处理时间（DSP 中，超越函数非常冗长），平心而论，其结果也很一般。用这种类似 VCA 的处理器来填充整个 DSP 并不困难。

采用直接型动态处理的方案与模拟设计方案一样有很多种；诚然，如果唯一的目标就是要模仿经典的模拟动态处理，那么就只有一条路可走。

29.22.2.1 简单的数字限制器

图 29.124 重点突出了 DSP 的动态信号处理原理（在这种简单的峰值限制器情况下），它可能几乎顺从于模拟结构。

限制器工作的关键因素就是增益下降数值——对不起，笔者还是将其认为是控制电压。要记住：乘上系数为 1 的信号并不改变信号；乘上小于 1 的系数，会减小输出信号——即影响增益下降量，在遇到限制器时就需要这种处理。

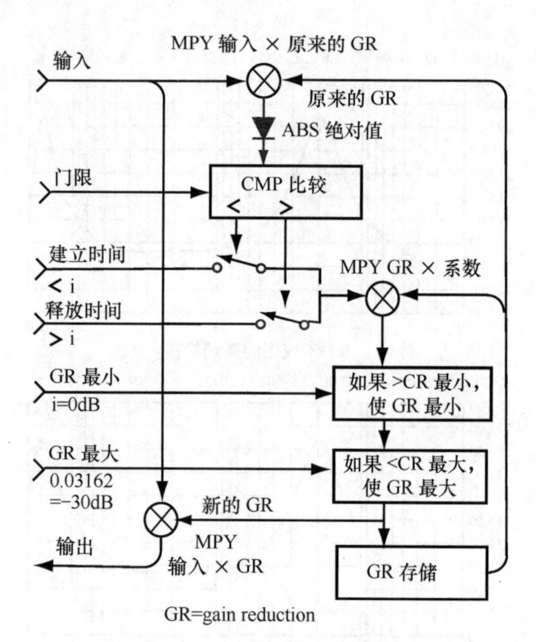

图 29.124 简单数字限制器的流程图

首先，当前（新）样本（MPY）乘以所存储的上一样本所生成的 GR。这对于判断是否要对当前样本来调整这一之前的 GR 数值，以及需要采用何种方法来调整是必要的。然后将修正后的输入样本的绝对值（ABS）与门限系数进行比较（CMP）。如果是高于门限，那么就需要减小 GR 值，同时节目分路进入建立过程，此时原有的 GR 数值一般要乘上一个稍小于 1 的系数。同样地，如果没有超过门限，则 GR 数值可以不加约束，故节目分路脱离，进入释放过程，此时它实际上要乘以一个稍大于 1 的系数。图中所示的就是利用建立系数或释放系数进行切换的情况。很显然，修正后的 GR 数值必须被钳位，以便它不能升至高于 1（不再是 GR!），这也是正常的单位增益“静止”情形。

在这种简单的情况下，建立和释放过程的系数（它可能变得更为复杂！）与 GR 数值的乘积按相同的比例变化，换言之，每个样本的 dB 数值相同。这就是说，当以 48kHz 采样率工作时，为了取得 1dB/s 的释放速度，系数必须在 GR 数值上体现出 1/48 000dB 的增量（或者大约为 1.000 05）。“增幅很小”说明了一切。这种每次 dB 的增益变化轨迹在声频处理中表现得相当不错，仿真出了许多优秀的模拟系统的动态响应。

最后发生的事情便是将新修正的 GR 数值存储起来，供下一个样本使用，也可以用来乘上当前的输入样本，以建立起增益减小的输出样本。

总而言之，这几乎就是对简单的反馈型限制器的模拟；在采样时间系统（比如初始输入 / 上一个 GR 自左乘）中存在着针对操作的复杂性妥协，这与始终依靠现有信号实施针对建立和释放过程的连续的、真正每次 dB 增益变化率相反，在简单的系统中通常只能对某一种漂亮的模拟设计性能做到近似仿真。

29.22.2.2　反馈型限制和压缩

与大部分模拟 GR 组件不同，DSP 中的“MPY”是完全线性的操作，即所谓 0.3 的增益下降数值将会导致经过乘法器的信号减小 10dB。与 VCA 或者注入晶体管或 FET 这样的原始半导体器件表现的分段指数 / 对数特性类似，它不是线性的分贝变化。不过，正如上面所示的那样，线性的分贝结果实现起来可能会相当简单。虽然对其他变化规律的仿真可能令人更感兴趣一些，但是从追求声音音质角度看肯定也是可以实现的。类似地，所确定的反馈型限制器的瞬时反馈量取决于多方面因素，建立和释放时间常数是一定要被考虑其中的。另一个问题是：控制信号总在生成，并且只在超过门限时才应用，而且只当控制门限被超过时控制信号确定过程才启动。两种情况都可以很好地工作，不过声音听上去完全不同。

反馈型压缩器可以使用基本型的限制器作为上述的开始点。限制器（根据其建立和释放时间常数，使用所要求的压缩器建立特性）建立起一个隐含在其控制信号的超门限信号，它体现了在指定时刻输入信号超过限制器门限的量值。通过控制这一超门限信号，以便建立起一个与所选择的压缩比（而非硬限制）更为一致的控制信号，适合应用的释放时间常数，所修改的控制信号用来与未控制的输入信号第二次相乘，它处在反馈环路之外。作为一种解决方案，它将反馈型动态处理单元的边界特性和声音特征与一个理智的、明确的压缩比结合在一起。图 29.125 所示的是采用上面所描述技术实现的数字式柔和拐点压缩器的一簇类似模拟情形的输入输出曲线。

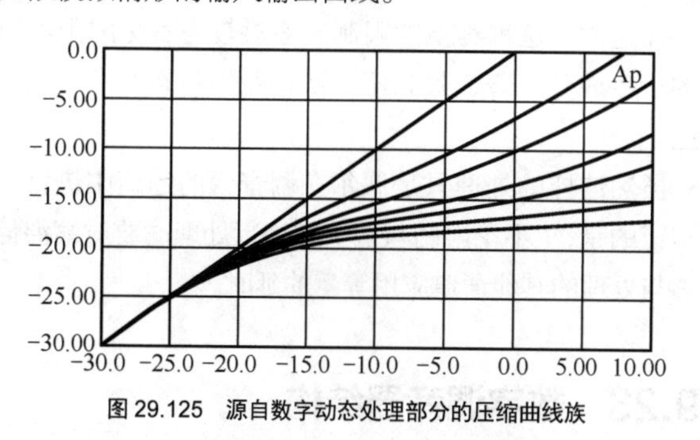

图 29.125　源自数字动态处理部分的压缩曲线族

29.22.2.3　门处理

门控处理的目的是要对低于指定门限的信号完全衰减或部分衰减。通常，门控单元的启动（打开）应很快，并在信号减小的过程中保持一小段时间的开启状态，为了防止出现问题，然后会以较为柔和的速率将门关闭。另外，为了避免“虚假触发”，设置了两个门限，一个门限用于门的开启，另一个门限电平比前一个稍低一点，用于确定门的关闭。如上所述，这是一种“数字”上的是或否的判断，人们希望以此建立起满足声频要求的一组条件，这对于直接型解决方案是一种完全自然的做法。

输入信号的绝对值与开启门限进行比较；如果发生了状态反转，那么为 1（未衰减的）的目标控制信号加到短时间常数低通滤波器上，承受的建立（开启）时间常数馈给衰减乘法器（这样迅速将门提升至开启状态）；同时，计数器被初始化。计数器是滞空时间计数器。它在超过关闭门限的每个样本处重新初始化，以便它没有倒计数的机会，除非信号真的消失了。如果发生了上述情况，而且计数器倒数到零，那么零值（用于关闭）或一些其他数值的控制信号将代表着加到较长释放时间常数低通滤波器的衰减量（深度），其输出会加到衰减乘法器上。

图 29.126 所示的是使用了门控 / 柔和限制器组合的传声器输入动态转移函数；该组合被广泛应用于舞台背景和对歌手声音的处理上。如果歌手正发出足够响的噪声，那么门会打开（实际上它解除了 14dB 的衰减，而这一衰减量原本足以让舞台摆脱泄漏的危害），限制器几乎会立刻接管处理，保证人声电平在缩混信号中的可控和持续。应注意要进行 3dB 的增益补偿。恐怕人们会关心这种组合对于较为安静的歌曲的处理会太过粗线条，要记住：这是数字处理，而且在可编程调音台中可以重新进行编程，以适合每一首歌曲，甚至是每首歌的各个乐段。

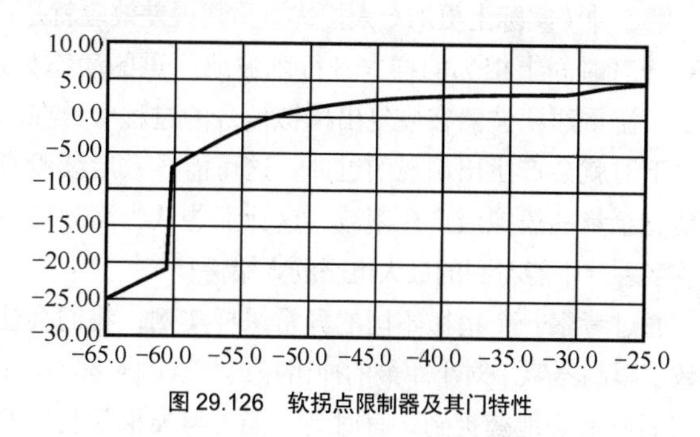

图 29.126　软拐点限制器及其门特性

29.22.3　限制器的样本不足问题

总体而言，香农和奈奎斯特做了大量的工作。数字声频工作性能确实不错，而且确实可在系统采样率刚刚达到声频带宽 2 倍的情况下重建出无法区分的结果。然而，有两个地方出现了样本数量有限的问题——尤其是打算检测信号的峰值，并将其用在限制器和门控处理时，这两种情况都要求对峰值做出准确地响应。

尽管存在不公平和不合理（因为它与大部分实际的声频并没有特别的相关性）的地方，我们还是首先考虑 $F_s/2$（1/2 采样率）的例子。由于被采样信号在每个周期内只有两个样本，所以如果这两个样本恰巧出现在所采用声频信号的过零点处，那么它们完全可能一同丢失信号。但话说回来，它们也可能在波峰处碰到好运。

更为现实的情况是，考察图 29.127 所示的 $F_s/4$，或者 48kHz 采样率下的 12kHz 时的两种极端情况。毫无疑问，12kHz 是可闻的，但此时的检测电平可能存在高达 3dB 的误差。如果更为严重的误差点零散地分布在整个声频频谱上（比如，$F_s/8$，6kHz 等，或者 F_s 被偶数除之后的各个频点），那么也会出现类似的情况。现在要想完全公平，只要在任何合理的情况下激励不出这种效果，那么肯定就听不到其危害了，因为孤立的、正好 12kHz 的音调音并非很常见或有用，这为数字声频提高采样率的论点提供了理论支撑。不过在尝试检测声频峰值电平的特定情况下，人们会遇到处理不够而出现的这些频点。这是一种重建误差，或者更准确地说它是一种因样本没有充分描述信号而靠后面的重建滤波器来填充缝隙所产生的误差。回到模拟域，信号重建一切都好！这只是暗示在两域之间偶尔会出现相分离的现象。

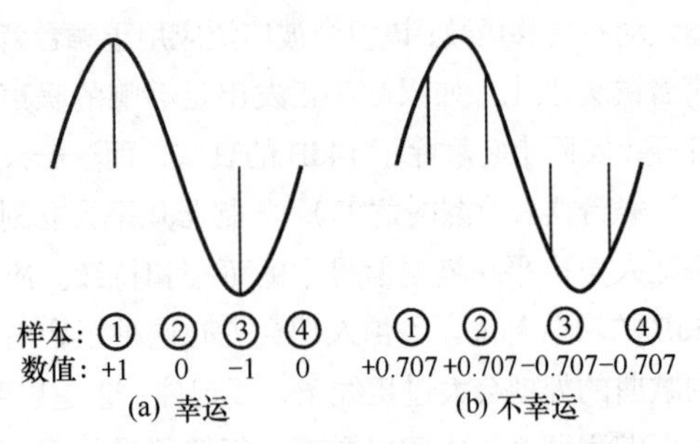

图 29.127 以 $F_S/4$（12kHz）进行的不规则采样：可能产生 3dB 的误差

第二种（实际上更加令人担忧）重建误差效应就是：如果对一对时间上相邻的样本进行削波或严重的动态处理，那么下游重建滤波器在恢复出模拟信号的过程中，在满刻度之下时就会产生出明显的过冲。这可能导致后续没有足够动态余量的模拟级产生削波，这让那些认为满刻度电平是数字系统中能看到的最大电平的人错愕！

通过考察一个稍微不同的异常采样实例，我们会注意到数字限制器似乎对小军鼓的冲击声的每次响应都不同；有时它们能准确地捕捉到，有时则不能。与模拟限制器对小军鼓声音的捕捉相比较，假设现在小军鼓声音存在相当有害的、非常大的初始短时尖峰。根据分析，有时尖峰可以通过有限数量的样本来描述，有时它掠过缝隙。虽然所捕捉的峰值电平间 3 ～ 6dB 的差异有时并不算大，但是对于听感而言就非常大了，更重要的是此时它已经大到足以让峰值限制器作用丧失殆尽的程度！

过采样（即将采样率提高两倍，或者更多倍）力图将最严重的重建误差塌陷频点推至相应的可闻频带之外。即便人们正在以一个较低的，并不足够的采样率处理完全一样的原始采样数据时，峰值捕捉还是足以满足所有实际应用的精度要求。图 29.127 中的丢失的峰值实际上借助升采样器所使用的低通滤波器重建效应填充了，其工作方法与 D/A 重建滤波器的完全相同。

同样地，峰值限制器和其他快速动态处理中采用的过采样技术存在非常激烈的争论。由于它对目标有严格的定义，所以采样率转换的影响并没有大到对 DSP 处理周期预算构成影响的程度。

29.22.4 预延时或预测

由于高质量的声频延时难以通过模拟方式产生，所以极少使用模拟形式的延时，而在数字动态处理部分预延时是完全可行的。预延时是在包含动态处理环节的主信号通路上实施短周期（1ms，2ms 等）延时的技术，以便让旁链处理确定出应用的正确增益下降量；随后该数值被应用于独立于旁链的主信号通路中的增益控制组件上，如图 29.128 所示。其主要应用是峰值限制器（它绝大多数是反馈型，即便其中的其他部分可能是前馈式形式），其中衰减期间可能出现的过冲可以完全避免。声音效果方面也得到了改善，因为非常强烈的、短的建立时间可能缓解已知的过冲，使之不会继续增大。相对柔和的 1ms 建立时间（对于峰值限制器而言）配合一个适当的预延时来捕捉峰值，不需要进行辅助削波，而是非常积极地将其响度特性保留下来，同时还没有通常情况所表现出的波纹形式的硬边缘。

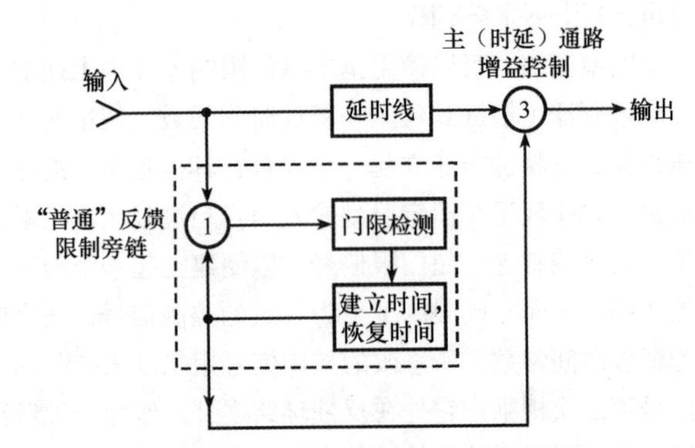

图 29.128 预延时系统中的动态处理部分

预测型限制被广泛用于广播播出链路的处理上，尤其是在向流媒体压缩编解码器（例如，AAC，MP3 或 HD 广播）馈送时，这种类型的限制一般对较为常见的削波所产生的衍生成分或普通限制器无法避免的瞬态逃逸过载不做反应。

虽然这样的处理只是偶尔在调音台的通道中进行，但应牢记的是，（不论限制与否）在进行处理时要对缩混信号中参与处理的其他通道应用等量的延时。

29.23 数字调音器结构

混音调音台采用的信号处理构架似乎存在两种截然不同的解决方案，这或许是因为设计人员深深地沉醉于传统的计算机科学当中的缘故。

29.23.1 DSP 方案的多样性

对此，针对所有预想的处理而设的足够大的 DSP 阵列紧密地耦合在一起，从而实现快速转换，以及阵列间的数据共享。“tank”由所有信号源馈给信号，而且所有目标源也是从中选取的。在电话交换类解决方案中，信号要求的处理交由 tank 中的其他处理器来完成，并将结果返回；它可以被认为是来自外部的一个大处理器。这种解决方案的主要优势是对特定的组织机构并未做物理限定，重新配置很直观；针对任何目的，任何信号可随时分配至任意处。如果需要更多的处理，那么根据需要增加到总线系统的连接即可。其主要缺点就是全面的灵活性使得编程成为难以驾驭的事情（梦魇一词总是围绕在我们身边，挥之不去）。

当然，这样“一个大的处理器”对于许多中等规模的应用确实很理想，它只不过是一个并不起眼的 PC 形式而已。这样便具有了一个速度越来越快、处理能力越来越强的处理内核，而且这些性能还在成倍地增长。尽管在处理声频方面它们有自己的问题（比如，它们通常对 DSP 的利用并不是非常有效），但是其强大的处理能力、处理速度可以弥补这些不足。其主要的积极一面便是使得所要做的一切都有了保障，解决了多方互连的问题。

“DSP 之海（Sea of DSP）”（不论是 DSP，还是 PC）的主要不足是缺乏可扩展性。若它是完整的，那么就是完整的，今后任何形式的扩展都会使成本大幅增加，甚至可能是实践中无法回避的。考虑到所有产品在本质上是要满足 10% 以上的应用能力，所以这是被忽略的危险。尤其是基于 PC 的 DAW 用户常常习惯紧盯着“油量表（DSP 占用百分比）”。

第二种解决方案基本上就是遵循传统模拟调音台信号流的理念，根据需要使用多块 DSP，并在需要的位置以占线的方式应用。在非常大的调音台上，虽然混音处理本身可以采取 tank 风格的阵列形式来实现，但除此之外，信号通路的布局与模拟系统有明显的相似之处。

29.23.2 实用的数字混音器

正如模拟调音台中讨论的那样，我们还是围绕着一个特定设计的描述来展开讨论，因此本章以此作为真正数字调音台的基础构架，它表示出了构架的基本形式。作为读者要很好地掌握其中的内容、实施中的各个微小细节，这样可以迅速提高读者对这方面的理解力，扫除一些微小细节给认识带来的模糊障碍；由于了解其中大部分工作的基本原理并不难，所以为了简单起见在此就将其中的这部分内容省略掉了。重要的是要牢记传输声频信号的线路，由于其采用了后面将要讨论的串行声频格式，所以这方面的定义还是十分准确的。这里所示的是一个中等规模的 64×24 格式，这种特殊设计的前提是简单性和可扩展性（它可以方便地扩展或缩小），同时还要采用一些并不新奇的技术来使其具备很好的耐用性和工作可靠性，各个方面并不工作在边缘临界状态。多年以来，这种基本构架已经得到了进一步的发展，所采用的 DSP 处理能力也在一代一代地增强，随着时间的推移，原本在这一支离破碎的领域中靠一些奇怪的效果支持的设备实际上实现起来已经变得更加简单了。另外，在集成转换器方面取得的令人欣慰的稳步改进已使得采用类似技术设计的数字调音台的总体性能达到了与模拟调音台不相上下的程度。

当然，这里是假定将控制界面作为一个独立的设计部分来考虑的，现实中在很大程度上也确实如此；这里所做的讨论关注的是信号处理方面的内容。

29.23.2.1 串行声频格式

绝大多数的转换器和类似的周边设备（比如通常用作串行数字接口的 AES/EBU 格式发射器和接收器）；通常它是将每个样本帧分成两个 32bit 数据组（左和右）来设置的（总共 64bit），这意味着数据率达到 3.072MHz（针对 48kHz 的采样率而言）。这是个非常容易控制且鲁棒性很强的数据率，人们可以从容地利用其工作，根本不必去担心中断的问题，因此这几乎已经成为这种调音台内转移声频数据的唯一方法。这种串行格式的采用也将所需要的数据格式变化量最小化了。

29.23.2.2 输入

对应用于任何形式转换器或接口的输入信号是有要求的：传声器放大器或线路电平输入至 A/D 转换器，AES/EBU 至 AES 接收器，以及随后的采样率转换器等。采样率转换器（Sample Rate Converter，SRC）是必要的，因为其他数字信号源不可能始终保持与调音台相一致的字 / 数据率（除非所有的麻烦都交由整个系统的同步机构来解决，而调音台只是整个系统中的一部分）。虽然录音机可能是个不错的备选设备，但典型的 AES/EBU 设备（比如周边效果或遥控信号源）则很少会用于此目的。如果认为这是必要的（作为基础，任何不必要的数据所带来的麻烦都不是什么好事），那么 SRC 可以被旁路掉，不作为同步信号源使用；不过坦率地讲，如今的 SRC 所产生的衍生成分非常低，基本上可以被认为是无害的。

在这一点上，所有的数据均为原生格式（转换器串行标准），组对传输——每条数据线路上一对单声道信号（所谓传声器信号）和立体声信号源的左 / 右对。对于 64 路输入的调音台，这就意味着要有 32 条数据线。

每个输入 DSP 完成对 4 个通道（2 对）的通道信号处理，如图 29.129 所示。这里方便使用的 DSP 拥有原生格式的输入和输出（被设计成与普通的转换器配合使用），这使得接口确实很简单。它们很容易实现功能强大的高性能 4 通道信号处理。一般而言，这就是高端低通滤波器、4 段参量均衡器和限制器 / 压缩器 / 噪声门等动态处理器，以及延时器（如果需要，存储可以连接到支持其功能的外接设备存储接口上）。通道 DSP 拥有富余的输入输出能力，如果需要，它们可以选作直接通道输出，动态处理单元的键控输入等。

29.23.2.3 混合级

64 通道输出取自 16 通道处理 DSP，以此作为 32 路输出线路，并将其应用于混合级，如图 29.130 所示。

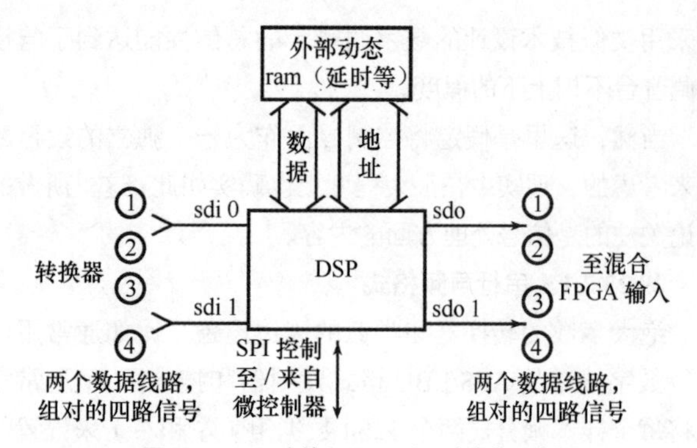

图 29.129　一个输入 DSP（16 个中的一个）

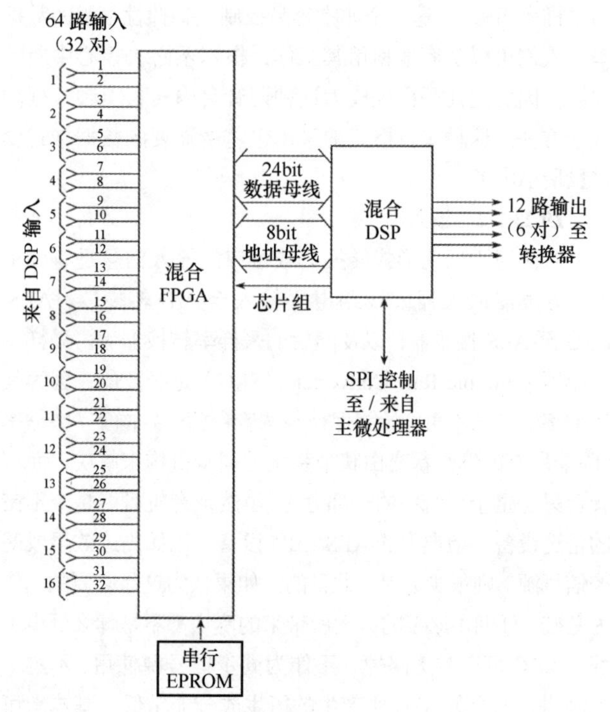

图 29.130　混合级

被标为场可编程门控阵列（Field Programmable Gate Array，FPGA）的通用大型器件将所有那些消失的线路编程为仅是串行至并行数据转换器的（大）集合。图 29.131 所示的是其稍微简化一些的版本。FPGA 获取每个数据线上的数据，并将其放到其自身的 24bit 字长的移位寄存器上；当计数到所必需的 24bit 数据到达时，它便对数据进行解释，并告知混合 DSP 准备收获相关的数据（这一设计的原型是采用的分立逻辑移位寄存器。这样所用的元件便很多，体积巨大，FPGA 就明显改善了很多）。就 DSP 而言，32 个移位寄存器输出被组成阵列形式进行访问，看上去与存储器完全一样，的确，FPGA 就位于 DSP 的 24bit 宽度的外部存储母线上，同时具有足够的地址线路，可以给每个移位寄存器位置分配一个独有的地址。一旦被告知数据准备好了，那么 DSP 就会通过混合代码访问它，将数据值复制到自己的存储器当中。尽管这可以通过实际的 DSP 软件来实现，但通常这要调用直接存储器访问（Direct Memory Access，DMA）这类与芯片成熟性能有关的子程序，该子程序可以在正常的处理后台将数据在一个地方或周边设备与内存之间进行安静的转移，同时对正常操作的影响也最小。实际上，虽然这似乎总是要慢一点 [后台（background）似乎是一个相对的术语]，但就整体而言，DMA 还是很流畅的。FPGA/DSP DMA 组合在每个采样周期执行两次这种转移，一次是针对左声道数据，一次是针对右声道数据。这样两组数据保留在 DSP 的缓存当中，以便为下一次通过的混合码字做好时基对齐准备。

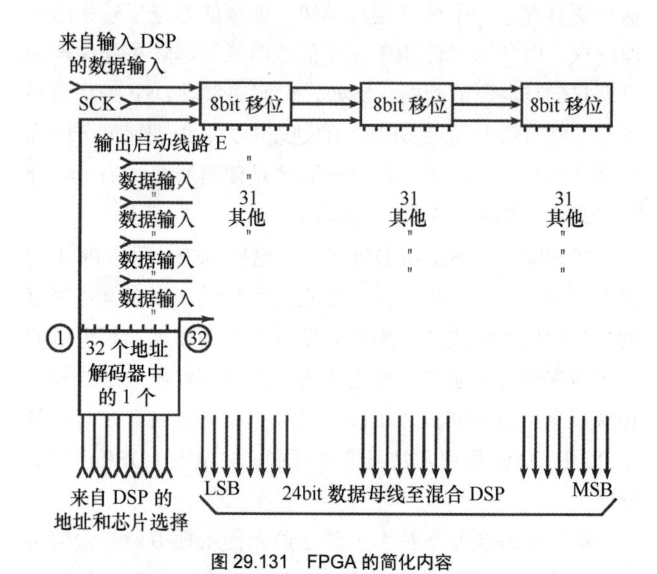

图 29.131　FPGA 的简化内容

29.23.2.4　混合编码

正如此前提及的那样，所设计的 DSP 在实现有些功能时确实很好，其中之一就是 FIR 滤波器。这就包括用一特殊的系数去乘一组数据，将所得到的结果在累加器中相加，然后转移去执行完全一样的事情（下一数据点，下一系数），一直重复下去，只要滤波器可以工作。那么，从混合的角度来看，一组输出是特殊的系数乘以输入通道样本，在累加器中完成乘积的相加，之后快速转移去完成完全一样的工作（下一输入样本，下一系数），一直重复下去，直到对所有的输入通道样本完成上述工作为止。明白了吗？就 DSP 而言，混音器和 FIR 是无法用化学方法来区分的。对于每个混合分组依次进行的 DSP 处理是要对所有的输入数据进行一次访问，并用相应的增益系数来乘每一数据。DSP 内的自动访问保持对伴随样本系数的跟踪。这样就在最大程度上保证其处理操作的效率。

尽管更大和更有趣的 DSP 和 FPGA 可以大幅提高输入、输出和混合的能力，但是下面的描述可更好地凸显实际设计考虑。

交叉点（Crosspoint）。每次通道 - 分组的计算都是一个交叉点（这源自混合器是大的软矩阵概念）。虽然在 48kHz 时一个 150MHz DSP 的处理周期不到 3000，但是必要的编程需求将用于混合的所有这些周期排除在外。大约 2000 交叉点或许是较为理想的。因此，对于 64 路输入、32 路输出的调音台而言，理论上每个 DSP 都可胜任、32 个信号源，64 个输出；128 个信号源，16 个输出，以此类推。（很显然，虽然更大、更快的 DSP 扩展了这些能力，但是足够就好，为何还要为此费神呢？）不过这种输入与输出关系的弹性伸缩度是有限的，具体如下。

输入边界（Input Bounding）。这是关于人们可以将数据理想地捕捉到 DSP 当中，并在其保留其中进行处理期间对可实现任意混合的数据组数量的限制。即便 DMA 也存在一定的时间影响——通常，如果 DMA 拖曳数据所用的时间越长，则用于处理的时间就越少。外部存储器获取也需要时间（访问这样的存储器要比访问内部存储器慢得多，因此，为了进行混合，需要将数据从 FPGA 取出，而不是直接访问）。即便理论上可以花一个完整周期的时间，在后台为下一次计算而循环新的数据，但数据管理可能变得格外有风险。相比而言，实际的混合就很容易了。

输出边界（Output Bounding）。这是更小的一个问题，因为总体而言，这种问题较少出现。但预计会因此而引发出如何将所有这些混合信号回馈的诸多问题。

由于简单化是这种特定设计的主要目标，所以混合级的输出由 DSP 的内置串行接口产生出 6 对（12 个编组）；这些编组输出是与输入混合和匹配相同的方式应用的，它必须直接面对任何类型的输出设备，如用于模拟输出的 D/A，用于数字输出的 AES 发射器等。由 DSP 产生的更多输出要将这些混合信号返回到 FPGA（还是通过 DMA），并且每次都要进行并行到串行的转换，而输入到混合级则要进行相反的处理。利用这样的方法，该调音台内核中适中的处理能力便可以从容地控制 64×32 规模的调音台。这里，直接来自 DSP 的 12 条母线串行输出并不是以这种方式工作的。

通过使用另一个 FPGA/DSP 内核还可以进一步增加混合母线的数量，可将母线数增加到 32 条。第二个混合级的 FPGA 是简单的并行馈送，它与第一个混合级一样，数据是来自输入通道 DSP 的 32 条数据线。

实际上，如果某些应用需要，混合输出对 DSP 后处理（比如，图示均衡和编组动态处理部分）的串行原生格式是非常有利的。

正如我们在框图、说明见到的那样，该调音台的信号流图与模拟实施方案如出一辙，人们可能迫切想知道其中的所有奥秘。

FPGA 正变得更快、更具规模，并且能够与板载 RAM 和专用的乘法器等这类器件配合应用。采用这种设计的中等规模调音台可以直接在一个 FPGA 内单独实现，无须 DSP 配合工作。目前，这是种成本 - 效率的设计实践，它决定是否值得用有足够能力的（和更贵的）FPGA 来取代低成本的 DSP 和更便宜的 FPGA。然而，这是十分明显的发展趋势。

29.23.2.5 通用混合母线

前文所描述的设计提供了大量的对原始素材的混合功能，没有特定的混音硬件或编码。人们可能会注意到：对于调音台而言，很重要的子系统（监听）不见了。实际情况并非如此，这是种隐含的设计，因为针对混合母线的解决方案和属性难以在模拟域内保持，其中的每条母线都成本不菲：而在数字域中，母线的成本变得很低了。

在这种情况下，监听强制用一对混合母线（假定是立体声的）来完成；现在可以被认为是 PFL 母线。调音台的任何输入可以通过将一个打开的系数应用于相应的节点上，将信号源跳至母线上的方式进行监听。到目前为止其表现还不错。但是对于监听输出母线（立体声编组，辅助，其中的任何一种情形）人们更愿意采用选择器形式的模拟解决方案来对已有的编组进行切换，人们可以做的就是准确地重建出他想听到的混合；如果人们将同样的系数组也应用到辅助母线 5 上，也就是说将辅助母线 5 跳至监听，那么他就可以在监听上准确地听到辅助母线 5 上所做的重建混音。

在这里，这种解决方案的真正亮点就是主混合母线监听——人们尽可以根据自己的爱好来随意改变监听母线，而根本不会影响到主混合信号，这种无损的独听式监听方法可以成为一种可靠的、易于实现的解决方案。

对讲被简单地视为调音台的信号源之一，它可以分配至任意的混合输出上，而不必建立独立的子系统，可中断式返送（Interruptible Foldback，IFB）可通过修正系数的方法来减弱或哑掉。

应注意的是，基于最终目的而做的编组输出与编组、辅助、无附加馈送等之间并没有区别。所有的差异都在控制面板上体现，通过微型主控制器来诠释其要求。换言之，其中的差异都表现在控制软件上，而并不体现在混音所采用的硬件上。

29.23.2.6 系数混合

对于不错的概念而言，这是个有些令人生畏的主题。这一主题就是如何实现主推拉衰减和编组推拉衰减。已经实现的混合后的独立下游增益级并非要影响整体的电平控制，根据这里所描述的带有软矩阵调音台的方便解决方案就是要检测实际的物理编组推拉衰减器的电平，然后将馈送给特定母线的信号乘上相应的各个系数。这是对 VCA 编组的直接模拟，其中的一个推拉衰减器改变每一信号源送至混合母线的电平，而不是混合之后对混合信号实施增益改变。由于所有这些数字（信号源贡献系数和编组推拉衰减器）存在于微型主控制器当中，所以算数运算相当简单。虽然大型调音台中的这种数据库管理让人很感兴趣，但是这种准 VCA 编组解决方案的应用还是很普遍的，而且功能非常强大。

29.23.2.7 系数回转

DSP 中快速变化的系数数据碰到了与模拟域中进行 MDAC 工作完全一样的咔嗒音问题；在进行声频采样时，即便小的、非零瞬态，人们也会很容易将其听成是咔哒声。快速移动推拉衰减器可能产生明显的拉链噪声，就如同 MDAC 一样，若对 EQ 处理的影响不留意就会产生很滑稽的效果。

现实中是不可能在数字域实现过零检测的，尤其是高频高电平样本很可能并不处在靠近零的地方。要记住：这并不是连续的模拟信号，样本只是一组有规律的脉冲串。充分捕获过零现象的一个足够宽的窗口对于捕获一些可闻瞬态可能已足够宽了。不用担心这样一种事实：进行窗口比较，以及针对每次比较和每一系数的处理成本都是至关重要的；它有可能将一个混合级内的潜在交叉点的数量降低一个数量级。

一个良好的解决方法就是要通过 DSP 使当前值和新的想要值之间产生相对缓慢的变化，基于各个样本建立起自己的内插步阶，小到足以听不到步阶的变化（顺便说一下，这是侵吞大块混合 DSP 周期的必要处理组成部分之一，它将可利用的交叉点的最大数量限制成明显低于建议给出的器件可应用的原始周期数）。稍微不同的一种解决方案就是在一个中间处理器内（通常也就是 DSP）对系数进行“预偏转”，以减轻来自主机和目标 DSP 的压力。然而，DSP 之间的通信联络变得有点令人生畏。

首次尝试在 DSP 上进行回转是非常伤脑筋的。毕竟用于 IIR 滤波器（比如 EQ 当中的）的系数可能是非常非常敏感的，而且不像使用的滤波器那样，它们在处理那些非常奇怪的事情之前的误差容限很小。然而，令人惊讶的是似乎所提供的滤波器组在其开始的地方是稳定的，而且在终止的地方也是稳定的，在系数被偏转中间也保持稳定；虽然这可能有点靠不住，但是还不足以导致出现任何严重的声音问题，当然也不足以引发所谓“来自地狱的猫叫”这一戏称现象的出现（DSP 声频的玩家对此再熟悉不过了）。

29.23.2.8 时钟

数字调音台中的主要子系统就是时钟——确保各种电路组成部分中的每一个都取得正确工作所要求的准确的、干净的时钟。在这种设计中，用于处理的时钟共有 6 种：12.288MHz 主时钟（实际上它是由 24.596MHz 分频得到的，以确保对称性），6.144MHz 被用作 AES/EBU 发射器主时钟，3.072MHz 被用作标准化的原生串行数据格式，有些相对并不灵活的 A/D 或 D/A 转换器会将其反过来应用，当然数据采样率和左 / 右主时钟还是 48kHz。

尽管从元件计数的角度来看，倾向于在现有的 FPGA 中包含时钟再生，也就是说是来自一个混合级的时钟，这对于独立的、较小 FPGA 或 CPLD 组件来说可能是有益的。一般而言，馈送给每个器件的每一时钟应进行各自的缓冲，并且要尽可能靠近其目标源。更不必说，这会占用许多 FPGA/CPLD 针脚，而且开始看上去单一目的的器件像是个好主意。主要的好处是人们可以将其安放在最能发挥其作用的物理位置上；这就是尽可能靠近 A/D 和 D/A 转换器的地方。理想的情况下（但几乎是不可能），所有这些应集中在某一“转换器区域”中，以保持时钟线路确实很短，并紧挨着时钟发生器，这样有利于将各种时钟噪声和偏转最小化，并可以对转换器的抖动噪声性能产生直接影响。

29.23.3 信号处理控制

图 29.132 勾勒出信号处理或处理端的典型控制结构。它应与图 29.106 所示的控制界面终端放在一起考虑。现实中处理和控制确实是分开的，分离位置之间是通过网络互连的。

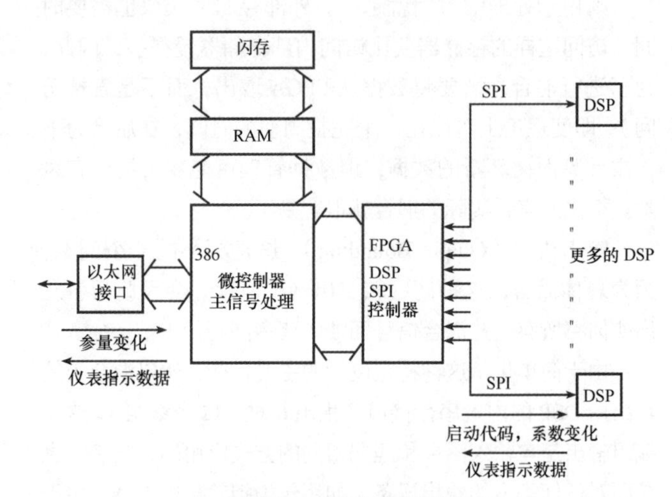

图 29.132 信号处理控制结构

29.23.3.1 控制DSP

每个 DSP 拥有一个串行外围设备接口（Serial Peripheral Interface，SPI）端口，这是器件间通信的行业标准方式。它是由每个器件串行时钟线路（用于数据进出的时钟同步），以及线路中的串行数据所组成的；这些可以并行于所有 DSP 的周围。串行数据对用于馈送数据（比如仪表指示信息）返回主处理器的多路复用器要求进行了概述。另外还有一个芯片选择线路，它需要单独运行回到主机；当紧急启动时，特定的 DSP 便知道串行数据线路上的时钟控制数据用于此目的。

它是这种下行数据的 SPI 接口母线，该接口母线是 DSP 用来接收开机时其根代码（将运行的程序代码），一组当前的工作系数（通常那些系数是调音台上次关机保留下来的），以及调音台工作期间那些系数的任何变化和参数变化。

29.23.3.2 仪表指示

对于用户而言，各个通道和编组的信号电平、动态增益下降量数值等的指示都是通过主控制界面驱动相应的指示器实现的。在实现过程中，从执行所有任务的 DSP 中获取微处理器数据的方法可能会有很大变化，这在很大程度上取决于调音台的物理配置。如果它是一个单独配合控制面板下的信号处理工作机箱，那么仪表指示数据就简单地直接从实际 DSP 上的通用输入和输出（GPIO）针脚上获取。另外一种方法就是放弃单个机箱的主要优点，主机的微控制器可以从 DSP 中恢复出所有的仪表指示数据，并将其分配至相应的各个地方。然而，如果调音台是分离式的，那么从 DSP 中获取所有仪表指示数据的方法就会涉及整个控制界面，相应的明确分配一定要设计好。这句话描述的就是无可救药地被多次低估的事情，至少在需要一个完全独立的以太网返回纯控制界面来处理仪表指示的情况下是这样的。

在这种设计情况中，主机微控制器轮询每个 DSP，通过其 SPI 的各个返回通路来对仪表指示信息进行时钟同步，为整个调音台设置创建的数据包被分发回控制界面。

好消息便是仪表指示数据并不需要类似声频数据样本率的数据。馈送的信号在 DSP 中经过合适时间常数预先滤波，并且以相对较慢的速率（优于每 25ms）、相对少的数据进行更新（8bit 已是很多了）就足够了。然而，除非主机的轮询是在严格且确定的条件下进行，并且认真考虑了这种相对缓慢的、小数据组的总带宽情形，否则仪表指示就可能成为大的负担。

29.23.3.3　主机微控制器

这通常是相当快且重要的微控制器，一般为 X86 或大的 68 000 家族产品。在独立型调音台（控制面板和信号处理区都处在同一机箱内）情况下，它将实施所有可能的控制界面和显示，以及这里给出的相关功能的管理，其优先权高于 DSP。

主机的工作就是将控制参量（由控制界面生成的）转变成 DSP 可以理解的系数集合，从而执行那些参量变化的效果。这是由 coe 文件生成的，或者由系数生成的，软件（一般是由 C 语言编写的）与 DSP 运行的实际 DSP 代码同样重要（实际上还稍微重要些）。这是决定调音台工作、感觉和音质的 coe-gen 代码——毕竟 DSP 所执行的就是接收到的指令，以及该主机传送给它的运行代码。举例来说，coe-gen 代码查找混合 DSP 交叉点所需要修改的内容，以便系数值对应于将指定推拉衰减器移至某一电平位置，同时考虑任何母版重叠，准 VCA 次编组等：为某一参量 EQ 部分创建的系数值变化到不同的频率、电平和 Q 值参量上。除了进行数据库内的大量操作，在这里还要有一些良好的数学基础［在 DSP 软件设计中，人们力图保持实际的 DSP 算法尽可能直观（速度快），尽可能将诸多特别的和繁杂的计算工作留给主机的 coe-gen 代码来做］。

由于朝向数字化调音台方面发展的主要驱动力就是其所具有的存储和调用功能，即静态的（快照）或动态的（实时自动化），所以人们所关注的是主机对所涉及的数据传输管控。虽然所需要的每一信息都已经保存在主机中了，但是实现存储 / 调用功能的软件子程序和硬件需要进行预置。如果数据集合相对小，那么调音台在这方面就可以相当独立；板载的闪存可能就足以胜任这一工作。不然，就必须使用旋转磁碟的硬盘驱动器。如果调音台被紧密地与录音设备、硬盘或其他设备结合在了一起，那么自动化数据就可以以边带、并发的滚动编辑决策表（Edit Decision List，EDL）形式处理。

在分离式调音台（控制界面与核心处理器相分离）中，主机还必须管理与控制界面的通信联系；一般这项工作由某种类型的以太网来承担，这要求有用于通信协议的 TCP/IP 栈和以太网终端。

29.24　数字声频工作站（DAW）

图 29.133 所示的是数字调音台系统及其相关构成的主要（通常是不可分割的）部分。

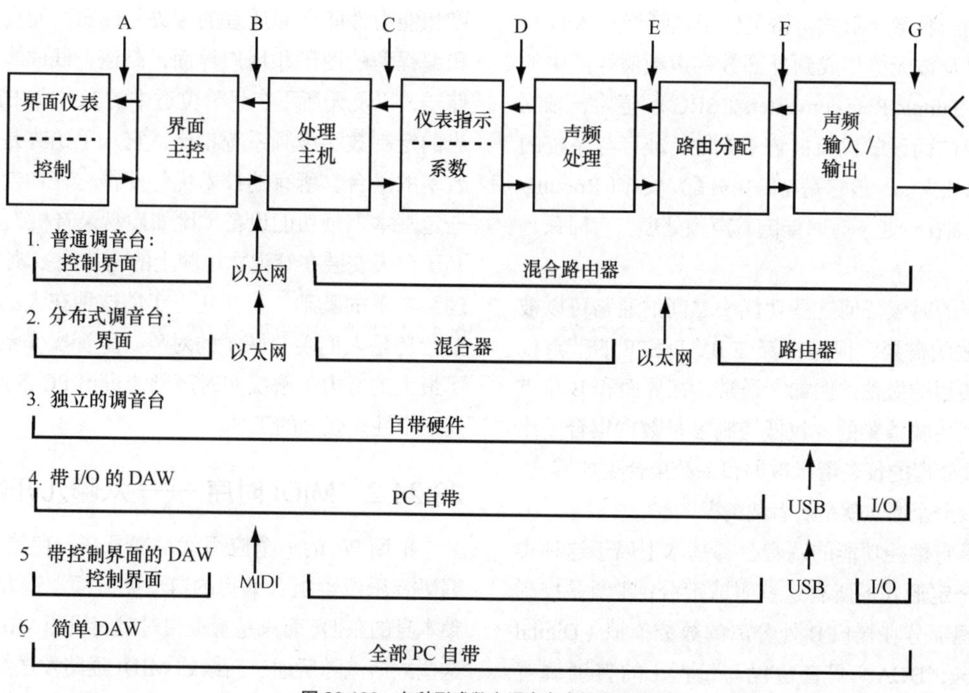

图 29.133　各种形式数字调音台中的处理分布

用户界面（User Surface）。这表示出了控制定位、仪表指示，以及控制声频处理的方法，它们既可以是大型调音台型的“旋钮海洋”式控制面板，也可以是鼠标控制或触屏式的PC图形界面。

界面主控（Surface Host）。从微观上看，它可以理解为控制和仪表指示的驱动。这可以从微型的嵌入形式变化为大型的、类似PC的处理器，具体则要取决于界面的大小，如果期望实现高速通信，则控制界面应是遥控的。它也可能并不存在，但其必要的功能由PC的CPU处理器来替代实现。

处理主机（Processing Host）。负责察看由界面主控传来的数据，为声频处理器创建必要的系数，同时还要察看由声频处理器返回的诸多各式各样的仪表指示信息，它们被渲染成有利于控制界面显示的形式。除非这些功能由PC的CPU来实现，否则通常这是需要相当大且能力很强的处理器来完成。

声频处理（Audio Processing）。它利用来自处理主机的系数来更改想要的声频通路，通常是在一系列DSP内完成的，当然，除非声频处理在PC的CPU内进行，否则这既可以通过FPGA辅助实现，也可以由FPGA取代来实现。

路由安排（Routing Assignment）。决定哪一声频通路将被分配进行信号处理，并将控制应用其中。另外它还决定哪一输出端路口输出被处理过的声频信号。通常由DSP混合器（尤其是与声频处理集成在一起时）中的辅助软件矩阵来实现，或者利用FPGA中的硬切换来实现，尽管PC的CPU完全有能力完成这一工作，但一般都是由一个单独产品来承担此工作。

声频输入/输出（Audio Input Output）。这是声频信号源和目标源的端口，并且转换成了声频处理（Audio Processing）可以吸收处理的一种数字形式。常见例子包括许多A/D和D/A转换器，以及被无缝集成到外部数字声频信号源中的采样率转换器（Sample Rate converters，SRC）。通常，独立的、专门为其目的而设的机箱被置于本地，或者与系统的其他组成部分相独立。一般它是与路由分配/安排（Routing/Assignment）集成在一起，有时伴随着声频处理。有时只是直接插入PC上。

虽然在需要的时候任何这些功能块之间的通路可以被断开并满足传输的需要，但是在标注B、E和F的节点处断开则是更为实用的做法。例如，通常，在界面和B节点的处理主机之间传输渲染的、较低控制参量数据集合要比试图移动原始预处理的仪表指示数据和系数集合更加容易，在D节点处形成一个断点就是后者的情况。

几乎任何具有数控功能的调音台都基本上属于这种类型，并且包含一定形式的所有这些组成部分；即便是控制界面与电子处理部分在接口B处分离的数控模拟（Digital Control of Analog，DCA）调音台也与情形1的普通调音台类似。因此，可以看到从模拟调音台到DCA，再到纯数字调音台（至少最初几乎就是模拟调音台的翻版），直至DAW的家族产品演变是一个水到渠成的过程。

对于不同类型的调音台，这些处理功能块的细分及其可能的传输方法如图29.133所示。

（1）普通控制界面/混音路由安排在节点B有一个大的传输要求。

（2）网络型分布式混音调音台在B和E插入网络链路。

（3）一个一体化机箱安排（模拟独立的模拟调音台和较简单的数字调音台）不带传输插接。

（4）带外接输入输出单元的DAW在E点存在一个链接。

（5）类似的DAW，只不过在B和E点处附加的物理控制界面存在链接。

（6）有限I/O的简单DAW不需要外部连接。

其中的后者使用主PC的GUI进行控制和显示，PC的CPU执行所有虚拟主机和声频处理的工作，内部的转换器完成声频输入和输出任务。令人惊讶的是在DAW设备中广泛采用了准专业或民用通信解决方案，例如，用于控制界面互连的乐器数字接口（Musical Instrument Digital Interface，MIDI），以及将声频传输至外接声频I/O接口的USB。

所有这些的主要潜台词就是：DAW也是调音台！图29.133所示的是其基本结构（由于它们必须执行完全一样的功能），与“真实的”调音台的差异实际上也就一带而过了，因为在许多方面DAW的功能表现得更为强大。

一个主要的差异就是它有别于调音台，DAW与记录媒体（大部分情况是作为运行DAW软件的PC系统一部分而安装的硬盘驱动器或SSD）具有紧密地即时整合。

29.24.1 PC

在声频制作领域，令人羡慕的硬件基础就是要拥有速度和能力性能方面适宜的中央处理器，使用起来相当容易和编程型的图形和用户界面，高速、低成本、大容量的存储器，以及无所不在且价位适中的PC。与任何其他性能相当的定制数字声频系统相比，它几乎始终是一个更具成本效率的平台。所有的技术优势使得它在初期自然成为具有一定基本声频功能设备（比如硬盘录音机/立体声编辑器，乃至今天安装在笔记本电脑上的全功能多轨录音/编辑/处理系统）的基础，就在几十年前这种在大的录音棚才有的配置还是人们羡慕嫉妒的对象。尽管操作系统的开发厂家尽最大的努力来解决实时声频流进出PC的问题，但PC还是一个性能强大的工具。

29.24.2 MIDI时序——从哪儿开始？

早期PC的一个应用就是在录音、存储、操控和MIDI编码音乐段落组合编辑的自动化方面。这并不涉及任何声频本身的东西，而只是管理相对时间线的MIDI命令数据流。这些数据流随后通过后续的MIDI通路发送给所连接的播放音乐本身的音乐合成器上。

作曲、重新编排、拷贝和与其他部分同步的时间滑动等所表现出的功能强大的自动化，使得它在很大程度上远胜过传统调音台的自动化解决方案。

如果处理器的速度、硬盘驱动器的容量，以及访问速度允许，就可以实现 PC 上的声频记录和控制（两轨编辑是很常见，这导致立体声磁带录音机几乎一夜之间跌下了神坛）。尽管将多个实况声频流同时录入系统的方法存在滞后的问题，但多个声轨可以按时序来记录，并构建出真正的多轨记录，这正是一些小型工作室采用的基本工作模式。

因此，大部分 MIDI 音序软件的倡导者成为 PC 演播室的主要推手也就不足为奇了，尽管在理论层面两者存在明显的不同，但是他们的解决方案很好地将 MIDI 域转变为声频域。这确实解释了之前深入传统录音中的那些假设、控制方法，甚至在音序演播室工具中十分陌生的术语，对于伴随着传统技术（以及传统术语和假设）成长起来的人们而言，这一切都变得很奇怪。MIDI 音序器对今天的声频处理投下了一道长长的阴影。

许多应用于声频领域所表现出的音序优势在以前是不可想象的。例如，某一声轨或段落的时间滑动或拷贝，被视为相关的、而非完全独立部分的声轨或段落无限次处理。随着录音硬件（PC）日益增强的处理能力，可同时使用的声轨数量也在增加，而一些颇具讽刺意味的解决方案也脱颖而出：原本以声频 +MIDI 的混合形式存在于音序器周围的 MIDI 组件被单独区分对待，然而，如今人们往往将所有 MIDI 轨视为如同现场声源的声频轨来对待，同时也采用声频控制和自动化的方法来工作。

29.24.3 DAW 声频输入和输出

有关移动声频信息方法的内容会在 29.25 中详细介绍。DAW 与任何其他的调音台一样，都需要实现声频的输入和输出，不论输入 / 输出是多少，它一般包括以下几个部分。

• PC 的板载声卡（这一定要提，更何况有些人根本对此极少使用）。典型情况是，模拟输入、模拟输出（有时是 S/PDIF）采用的是非常低的民用信号电平，通常对音质不太关心，但求方便而已。

• USB/ 火线。连接外部的声卡转换器小盒，它可以是立体声输入 / 输出，也可以是火线或 USB2 上实现的 16 入 /16 出，或者是能力更强的 USB3 实现的功能，如图 29.134 所示。

• ADAT。通过光纤缆实现的 8 入 /8 出。

• MADI。通过同轴线缆和近来 RJ451 型连接实现的高达 64 输入 / 输出。

• 以太网。采用同样硬件实现的，可以是真正的 TCP/IP 以太网，也可以采用声频专用 UDP 类型，对于 100MHz 的 UDP 而言，一般是 64 路 I/O 双向传输。

在 PC 上需要安装专用驱动程序（以太网及其变型的完整一套接口代码），以便处理采用这些解决方案的声频。DAW 软件拥有输入和输出路由器，它可以拾取传输至输入槽口的流式输入样本，因此声轨和 DAW 输出将其发送至相应的输出槽口。

到目前为止，基于 PC 的音序器型声频控制方案看上去像一台拥有高级自动化和编辑功能的多轨录音机（拥有几乎无限的声轨）。但是调音台形式的声频处理又是什么呢？

29.24.4 DAW 内部声频通路

DAW 内部的声频分配在设计上往往是非常基本的：图 29.134 所示的便是从输入至记录设备声轨的这种基本路由分配，从带前或后至混合母线（或多个母线），再到某一输出的情况。可识别调音台一般只包含诸如某一推拉衰减器和声像控制这种类似功能，以便表现出典型的初始环境。

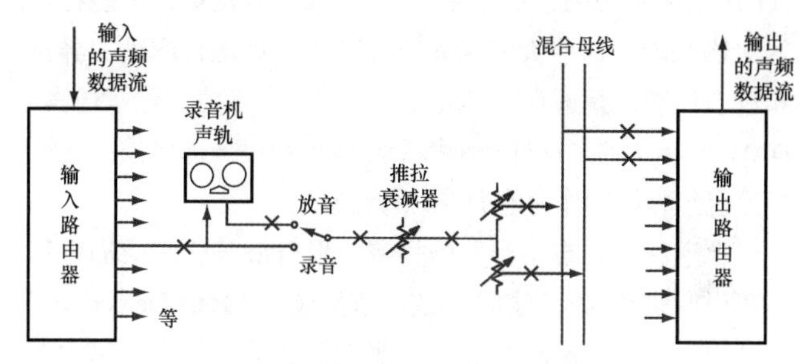

图 29.134 简化的 DAW 声频通路

图中所有的 X 标记意味着这些位置可以“插入一个插件”（换言之：使用一个信号处理软件模块），或者将该点的信号跳接到标记 X 的任何其他地方。例如，输出母线常常可以跳接回来，使之成为记录声轨的信号源（老的说法为跳轨）；许多模块可在每个 X 处上连锁插入，这具有相当大的灵活性。这种解决方案——几乎每处都是一个插接点，并提供处理访问，它与传统调音台的“一切都在那里”的理念相反，它可以让其处理能力应用于所需要的地方，同时保持所有其他通路应用的自由性。

29.24.5 插件

插件（Plug In）就是分立软件程序的集合、程序库，这些软件程序包括以下几部分。(1) 各种实际的处理，将声频信号从一种形式处理（或生成）为另一种形式——比如 EQ、动态处理、延时、混响等，或者一种 MIDI 乐器。(2) 利用系统的 GUI 提供图示化的模块功能显示，显示包括有各种旋钮、按钮、拨号盘、计量工具、仪表和指示灯。(3) 计算参量转换，将那些控制转换成实际的信号处理可以处理的系数，以及相应的反向仪表指示数据，即从声频至 GUI。所有的“操控”一般都可以通过直接方式或 MIDI 访问方式让系统的自动化系统所采用。换言之，模块可以将系统视为另一台 MIDI 从属设备，可以对其实施相应的自动化操作。

插件标准不断演变（大多数 DAW 播放设备要求的形式），虚拟演播室技术（Virtual Studio Technology，VST）、AU（Apple）和 DirectX（Microsoft）便是其中的佼佼者，因为它们具有更受人们欢迎的非专有化属性，实现不同 DAW

之间的交互所付出的代价也不高。一些DAW销售商拥有专用的插件标准，它们与自己生态环境之外的系统的渗透性较弱。

正如所提及的那样，虽然许多插件是适合自身应用的MIDI乐器或设备，但却是声频处理中应用最为普遍的一种处理类型。大部分DAW都配有一套适合其使用的一组通用模块，这些模块可以让诸如EQ和动态处理传统的功能，以及一些至今还是机架安装的应用设备（比如混响单元，镶边效果设备等）发挥作用。

可供使用的模块种类非常多，有些被专业化了，现实当中存在的模块盒，不论是现代的还是经典的，许多都是模仿的，其或多或少取得了一定的成功。单从华丽的外表（GUI）控制一组让人失望的手册算法，以及冒充一些特殊的事物来看，这些大相径庭的模块都是对现有产品的异常和精心仿制，其逼真程度会让人觉得有些变态。除了仿真，DAW已经达到了这样一种接受和使用程度，即模块的生产厂家已经将插件作为他们唯一的业务。

在这种“毁誉参半”的领域，用得最多的两类插件就是可以调整音乐人节拍不准的“节拍检测（Beat Detective）”和“自动修音（Auto Tune）”，虽然后者最初是为了稍微纠正歌手偶尔出现的音准问题，但是最常见的滥用情况是将其当作独立的声音效果来使用。

29.24.6 DAW的局限

随着DAW潜能不断被挖掘，人们对DAW局限性的任何描述都注定要成为笑柄。对早期信号处理能力不足的一个解决方案就是将声频信号处理交由安装在PC机箱内的DSP插卡或者外置机箱内的DSP来完成。这样做所具有的整体性能要远远超过单独利用PC的CPU可以实现的性能，目前这仍然是针对专业领域DAW的一种解决方案。这样做的缺点就是可能导致其建立起专用的技术孤岛，使得非标准化文件格式的形势更加恶化，不同类型的系统之间的文件交换变得更困难。

充分利用有限处理器的巧妙解决方案就是围绕数据流展开处理，利用其他停滞时间和近乎无限的处理能力来存储所要记录的声轨。例如，如果将某一EQ加到某一声轨上，而不是每次实时运行那个EQ，那么在重放时（还可能有数十种其他的处理，这有可能将系统拖死），它运行得很快且很安静，在整个声轨长度走完后，它就被存储为另一声轨。在这种方法中，系统只是重放预先均衡过的声轨，而不是必须运行EQ，这样便大大节省了资源。如果重放的中途改变了均衡，那么EQ从实施变化处实时运行，但在重放结束时还是将合成的整个EQ声轨保存为另一声轨。系统保存的声轨是当前最新的声轨：这也是DAW看上去似乎能够无限次回退或撤销（Undo）变化能力的关键——除了自动记忆所有变化，所有早前的声轨还可以即刻调用。效果声轨、混响通路等只需要粘贴一次，绝不会再次侵占PC的处理能力。显示给用户的声轨有时可能仅是冰山一角。随着PC能力的提高，对这种小技巧的需求也逐渐变弱。

参照图29.134，在理论上可以回避同时使用录音机，简单地将DAW用作简易的调音台的情况。然而，人们必须记住两件事。

（1）每个插件每次将当作“调料”来使用，人们迟早会发现加入得太多了——资源缓和了惯常所发生的对声轨无法进行实时混合的影响，因为这时的每一件事情必须要即刻发生。虽然处理器改善进程是不可逆转的，但是推进其向前发展的这种限制因素绝不会消失。要记住：“分配给工作消耗的资源要加上10%。”这就是说，大规模的现场演出录音可能就要借助这样的DAW来实现，信号源将全部直接进到声轨，很少执行快速写入所必需的处理，而且在缩混中所做的处理全都被固定下来了。如今，在DSP或基于DAW的现场演出用调音台上完成每晚现场演出中每个通道/声轨的录制只是个流程问题，就如同一次立体声演出盒带播放一样。

（2）可能存在过长的延时（输入-输出延时），该延时大部分来自声频信号输入和输出机箱所产生的作用。在有些情况下，这种情况刚好被人感知到，或让人感到讨厌，或者在所谓的舞台环境中会因其过长而让系统瘫痪。应该牢记的是，如果调音台/DAW中一个通路的延时增加了，那么所有其他相关通路也要做适当的安排，以便与该延时匹配。

图29.135示出了典型DAW的主屏显，其中大部分与这种基本格式保持一致。最明显的是显示出记录声轨幅度与时间关系的水平布局。这一特定的工作区允许对某一（或多个）声轨直接进行编辑，甚至在时间线上前后移动选中的块区域，声轨间的交叉渐变，以及在显微放大情形下进行其他方面的处理。沿着底部的是较为方便的垂直布局的推拉衰减器工作区，它在混音阶段用的最为频繁。确实，在录音时常常用到这些功能，这就如同录音师操控传统的单列一体型调音台前的监视器。万变不离其宗，DAW解决方案的好处就在于显示的工作窗口可以根据使用者的想法来切换，以便针对工作流程中的任何特定阶段将最有用的细节部分突显出来，将其最大化显示。

图29.135 典型的DAW缩混屏显（Cockos，Inc. 授权使用）

29.24.7 DAW 的意外结果 —— 调音台的新生

不论是何种 DAW 的专业用户，大部分都会增设外接控制硬件，以便使工作更为便捷（这可以简单地通过 MIDI 命令将特定的硬件控制与虚拟的屏幕动作绑定在一起来实现，也可以借助更为复杂的、基于以太网的专门控制来实现）。其中的两个主要工作区是监视器控制（选取并控制控制室监听的电平等），以及针对缩混而理所应当要有的基于推拉衰减器的界面。图 29.136 所示的是这种解决方案的顶级产品之一，针对 Steinberg 的“Nuendo”DAW 软件物理控制而推出的 Yamaha Nuage 控制台界面，很显然，这一方案是打算完成视频节目的声频编辑工作。这种具有类似复杂程度界面的解决方案在日常进行的复杂混音制作中应用得很普遍。调音台确实是转世复活了。

图 29.136 Nuage DAW 控制台界面（Yamaha/Steinberg 授权使用）

29.25 数字声频的传输

从之前进行的有关数字声频混合和处理系统（尤其是在对彼此存在物理联系的组成比特限制不多的情况下）的讨论中就已经明显地看到这样的问题，即其中可能存在大量的声频往复操作情况。内部调音台（intra-console）一词被用来区分小部分调音台系统间的这种互连，这种互连不同于在一个设施内移动一批声频数据。不过，这种差异常常会变得模糊！

虽然有时需要做的事情就是将一些声频数据从一个地方移动至另一个地方，但是对自由编组安排形式的全部（或有些）目标源中的所有（或有些）可利用信号源的要求会增加。这便是其以网络形式出现的起始。如果它们被安排成某一集线器端接端口之一，与其他端对端链路以星形配置，那么这里所描述的大部分端对端信令类型便可以使其成为这种网络的一部分。因此，集线器（路由器）具有类似电话交换机的信号分配功能。凭借自身的能力，所描述的一些传输机制被设计成网络或准网络的形式——在这一领域中拥有举足轻重地位的就是 TCP/IP。

29.25.1 移动的声频 —— 小型化

29.25.1.1 AES-3

立体声对（或单声道对）已经满足早期的 AES-3 标准的要求；这是一种 Manchester 编码的数据流，其中有两个 32bit 构成的声频字，有些是用于表示状态和格式的信息标签，而大量的用户比特是用于表示遥控开关到串行传输元数据（节目特定的信息），或者更为复杂的实时控制数据。它具有很强的鲁棒性，而且简单，其出现之初在用法上也尽可能与模拟域靠近，甚至在常见的实施过程中就使用了人们已经熟悉的 3 针 XLR 连接件。对于一些小的更新，主要是关于连接的类型和数据率（目前能轻松处理过去不曾想像的 192kHz），它工作还是不错的。它与家用的 S/PDIF 数字接口（Sony/Philips Digital Interface）非常相近（的确从基础材料的化学成分上难以区分，而且采用的是相同的芯片组）。虽然声频处理完全相同，但是格式和信息标签却不同。虽然 AES-3/S/PDIF 接收器常常设置成将这些不同比特剔除，以便可以进行通用连接，但很显然这是以牺牲伴随声频数据流的元数据为代价的，如果对这方面不理会，那么任何数据数字版权标记就会失去约束力。

尤其在早期的实施方案中，AES-3 的性能缺陷就是恢复时钟抖动。利用接收端的时钟重建可取得最佳的性能，这既可以通过采样率转换（Sample Rate Conversion，SRC），也可以利用性能非常好的飞轮型锁相环路来重建出可靠性强且平稳的时钟。如果设备具有同质性，且所有均工作于主时钟下，那么上述问题就不重要了；“比特就是比特”，只要它们在同一帧周期（比如，48kHz 就是 20.8μs）和采样周期内到达，并且任何 D/A 与任何 A/D 一样都是工作于同一原始时钟下，那么传输抖动就是不相关的。

29.25.1.2 AES-42

正如我们会在稍后的 USB 传声器中见到的那样，驱动数字化器件要尽可能靠近信号源，从提高专业声频性能的角度来考虑可以让问题得以简化。在传声器本体内置入传声器前置放大器、A/D 转换器和处理的概念就是这种理念的具体体现，它既具诱惑性，同时又让人感到困惑。将数据流（可能是 AES-3 格式）简单地直接从传声器馈送至数字化系统一直是颇具影响力的想法。反映表明：这（在任何有意义的系统中）意味着要么在传声器上面增添大量人们并不熟悉的旋钮和开关，要么利用遥控的方法对所有上述功能进行控制，但某些原因会让后者的做法有些黯然失色，尤其是那些将传声器作为即插即用的器件的人来说尤为如此。

由于问题已经很明确了，所以很少会将特定的功能绑定在特定的物理位置或一个系统硬件或软件上。假定有些鼠标加屏显 GUI 的小窗口用来控制传声器参量，或者采用实际存在的一套物理硬件旋钮和开关来完成同样的工作，那么就无须关心目标是否处在同一小盒内、还是另一个处理器，甚至是同一大洲内。这就是说，在这种情况下，加在演播室中闪亮的传声器支架顶部的目标已经无关紧要了。因此，不仅由传声器获得数字声频的方法是必要的，而且控制传声器参量或系数的方法，乃至同步基准时钟都是十分重要的，只有这样传声器的原始声频才不会受到为匹配其他系统而进行的采样率转换所带来的突然影响。当然，需要一种方法来解决上述问题。

为此，人们制定了AES-42标准，其目的就是要在人们对多个不兼容解决方案尚未丧失热情之前将所有这一切标准化。图29.137就是对这方面的一个概述。

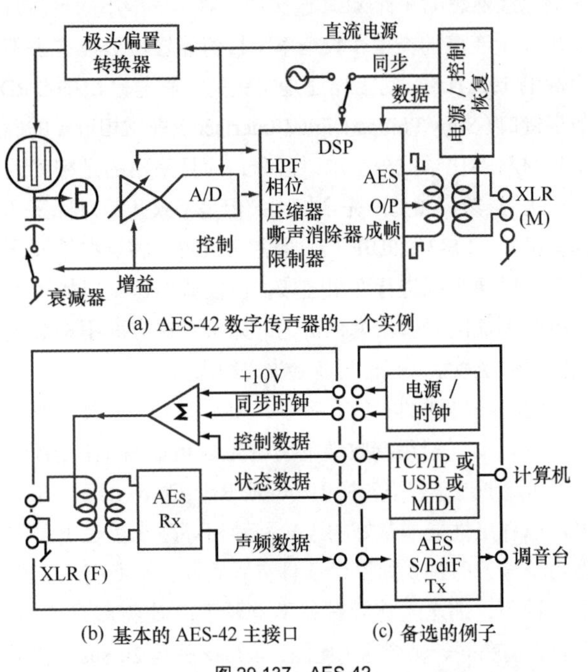

图29.137 AES-42

到目前为止，许多调音台的控制功能已经找到了借助于AES-42对传声器进行控制的方法。尽管解决方案并不局限于这里所描述的这些，但是作为实例的Neumann TLM-103-D数字传声器做到对增益、传声器指向性、绝对相位、高通滤波器，内置的一个压缩器/限制器/嘶声消除器，以及峰值限制器的参量实施控制。这很容易看到传声器极头朝向哪里，我们并不需要调音台通道来获悉这些信息。

尽管普通的接口连接化处理是通过人们原本就很熟悉的XLR来实现的，但是为了避免与可能导致潜在损坏的其他使用XLR的系统相冲突，我们建议这时使用XLD。正如我们所期望的那样，人们很熟悉的AES-3信号格式常被用来恢复声频信号，这常见的差异归结为屏蔽的线对。数据流中的用户比特传递的是诸如传声器生产厂家、产品型号，以及可应用控制等固定数据，诸如瞬时参量数值这样的可变数据也可以使用这种方法。现在，有意思的问题出现了——电源是以幻象形式（共模及其基准都是相对于屏蔽层而言的）馈送至线路上的，而这时它不仅要调整馈送给传声器及其电子器件的供电电源，还要调制控制数据和同步字时钟，这些数据被滤除，传声器的采样率自由运行，这时要么它是主时钟（但是可能需要采样率转换来满足任何复杂系统的工作要求），要么可能是作为从属，同步于字时钟。如果可以实现，那么后者是人们所喜欢的。要注意的是，供电方案并不是采用普通的48V幻象电源，它将完全不能给传声器本体内所有必要的电子器件供电，而是具有有效电流能力的12V电源。

目前使用AES-42格式的数字传声器可以对端接进行选择，具体取决于系统是已经嵌入采用特定传声器语汇的AES-42当中（来自系统的控制数据是隐含的），还是通过外部的接口盒，让计算机通过运行合适且专门的控制软件来与传声器对话，声频数据可识别为可供使用的AES-3或S/PDIF格式。

一个令人感兴趣的说明就是，对解决方案和早期适配器有很大影响的Neumann声称：这样一种安排会使整体动态范围要比传统的传声器连接更好，这大概归结为两个主要方面，传声器极头与转换器之间的接口连接量最小化，同时利用重叠增益范围转换器方案。这排除了对增益控制元件的需求，因为这种方法可以取得真正意义的数字缩放处理。

29.25.2 移动的声频——多通路

多对立体声要求更为彻底的解决方法，其快速发展趋势一般都超出标准的制定速度，更不用说试图用专用格式来抓住用户的商业推动力了。格式有两种，一种是来自专业声频，另一种则来自准专业声频，它是从早年间的多轨录音机/调音台的互连中脱颖而出的。

29.25.2.1 AES-10——MADI

这种格式在数字式盘-盘（开盘）录音机（是不是有人认为我们对此念念不忘呢？）与早期格式数字调音台的互连中非常常见。它可传输多达56个声频通道（现在是64个），最初是使用廉价的电视类型的75Ω同轴线缆来传输信号（这对48轨录音机来说是足够了）的，后来有许多应用是采用早期的通信网络主干格式FDDI来传输的。单向传输意味着进出录音机的每一方向都必须有MADI链路。它的延时相当低，而且芯片组的实用性使得方案实现起来相当直接。作为一种古老且有效的做法，有些生产厂家还是会在一定程度上将其应用于专业声频领域，用于整个系统的互连和调音台内网的构建，同时形成了不同专用数字网络方案间互连的共用基础形式。

29.25.2.2 ADAT

ADAT最初实现的是简单的（硬件和信号格式两方面）单向光纤互连，最初用于将8路声频信号输入/输出曾经颇受欢迎的基于Alesis ADAT VCR的8轨录音机（它可以视为顶级录音和家庭录音配置的转折点）。目前它仍然是准专业录音设备互连的选择，其中的“8路1组”的形式足以满足准专业录音的要求，并且以模块化形式面向市场销售。

作为一个严格的硬件接口，它具有完全的确定性（声频信号以希望的精度准确地到达）和非常低的延时。尽管可以使用便宜些的芯片，但这种格式本身适合（可能已经这么做了）在产品设计的现场可编程门电路（Field-Programmable Gate Arrays，FPGA）中实现低影响的应用，因此附加的成本近似为零。

1 帧 ADAT 可以携带多达 8 路 24bit 声频字，对于 48kHz 的采样率，12.288MHz 的时钟速率而言其长度为 256bit。其中有 16bit 字头，它包含有 10bit 帧同步周期和 4 个用来控制 / 传送信息的用户比特［数学上精明的人想知道另外 46bit 去哪儿了，它们在整个帧内使用，每 4bit 半字节之后都有（帧同步周期除外）用来同步的零值比特］。比特被加密（Manchester 编码）成不归零形式，以便消除出现直流分量的可能。这其中（尤其是同步和 NRZ）要处理许多变化无常的 VCR 走带问题，虽然作为一种长期使用的标准，且有数百万工作非常良好的安装实例，却仍然无法保证在重新设计时不出现问题。设计出一个更为简单且稳定的多声道自时钟接口是很困难的，其设计人员要拥有良好的信誉！

29.25.2.3　USB

有些令人吃惊的发展是采用普通 PC 的 USB 连接来传输大小适中的声频信息。这反映出近些年来录音行业由神坛级的大型录音棚向小规模的家庭工作室或演示工作室转变的新主流趋势。

作为 PC 应用的 RS-232 串行连接（以及相关鼠标 / 键盘接口）的替代品和扩展，虽然早期的 USB 实施方案（比如：v1.1）在移动 44.1kHz 的立体声对时很吃力，但是升级后的 USB2 标称 480MHz 的数据率使这一状况得到了根本性的转变。例如，图 29.138 所示的由 Tascam 生产的 1U 高度的机架安装机箱（在笔记本电脑下面，出色的传声器前置放大器之上的设备），它借助 USB2 可以轻松地同时传输 16 个声频通路（回传 4 个通路）至运行 DAW 软件的 PC 上。USB2 似乎已经超越了火线（IEEE 1394），后者具有类似速度（如果具备网络化能力）的互联，迄今它还用来临时将小量的声频文件从 PC 传输至外接的 A/D 和 D/A，及其类似的设备单元上。

图 29.138　声频接口单元（中间的设备）与笔记本电脑间采用 USB 连接的中等规格的 DAW。（基本上是免费的）DAW 软件可以同时启动 48 轨工作，并且具备相当程度的声频处理能力。图中还显示出了独立的外接传声器放大器和计算机，这些都是使用传声器工作所应做的合理投入；对这些设备和性能上的投入在 20 世纪 90 年代差不多能买一台相当不错的轿车，如果在 20 世纪 70 年代则能买一幢不错的简单装修的房子

对于小型调音台（模拟或数字）而言，通过 USB 来实现输出和接收组对的返回输入功能并不罕见，小型手持录音机、传声器前置放大器也可如此工作，甚至 USB 传声器也是在这种条件下工作的。它们所连接的 PC 可以识别诸如外接声卡这种简单的互连，并且用通用驱动程序来处理，互连毫不费力。虽然利用 PC（ASIO）内安装的专用驱动程序可以取得更好的表现和更先进的控制及其性能，但是即插即用的使用方式在使用上还是占有不可撼动的优势地位。

人们必须谨慎地对待传输机制的抖动性能，拥有非常严格时钟恢复要求的数字声频数据流在这方面从未进行的特征化描述。在之前描述的小型 DAW 设置当中，由于 A/D 和 D/A 是装在同一机箱内的，而且假设时钟是精密工作的，所以整体性能受限于链路的类型、链路的延时，或者说与计算机时钟是不相干的，只要时钟保持与数据同步即可。这对于时钟唯一隐含在数据中、没有外部基准参考信号的任何传输解决方案都是危险的。

然而，人们更关心的是计算机操作系统对声频的处理，它可能产生出比任何令人担心的链路抖动还要严重的情况。这一般是通过将特定设备的驱动程序（这种情况就是 ASIO）载入计算机来解决的，驱动受到运行操作系统的笨重硬件抽象解决方案的打击，构建的延时缓冲能够吸收大部分时间方面的不规则性。尽管如此，USB（或许更应该是火线）链路的性能常常受限于主 PC 的处理（延迟的子程序调用）、中断的累积和时间相关子程序的调用，它们需要更长的访问时间，明显长于链路缓冲器可以维持的时间。有时必须要在禁用性能 / 程序 / 周边设备（尤其是无线网）方面投入很大的精力，升级或找到正确 / 更好的驱动程序、对这些进行优化、安装替换的硬件，以及常见的令人担心的一些事情，其目的就是要让 PC 有足够的能力来传输 / 处理有意义的大量声频数据。PC 确实不是流式声频友好环境的指路明灯！

29.25.3　网络化的数字声频

29.25.3.1　CAT-5/RJ-45相互连接类型

后面讨论的通信方案（即便是来自当地的文具店）一般都采用常见的网络化布线，比如采用小型塑料 RJ-45 电话连接件端接 CAT-5 或 CAT-6 线缆，通常共享同样端接的物理协议层（PHY）电子设备。不过实际应用时所发生的一切可能完全不同。虽然这使问题变得简单了，但是这种可行的技术也对概念加以扩展，它可以前后移动大量的声频信息，模糊传输、混合和处理上的差异。

1. UDP

本质上讲，用户数据报协议（User Datagram Protocol，UDP），有时也称用户定义协议，它使用的是同样的（极为廉价且易于实现）以太网类型的连接、硬件和芯片，只不过采用的是比 TCP/IP 简单得多的信息传输协议，并且更适合眼下的应用。早期低速时代 TCP/IP 的复杂度和低的总容量将大部分精力投入 UDP 中网络轮的大规模改造。当然出

现了很多专有且完全不兼容的传输协议，协议的开发者存在着强烈的商业紧迫感，以保持自身产品的竞争力。标准AES-50试图将明智且兼容的解决方案引入GHz领域，这样无数100MHz解决方案就考虑退出舞台了。自相矛盾的是，1GHz最终使得声频的TCP/IP化（见下文）得以实现，致使AES-50的方案很少得到实施。

在最简单的方案中，在每个样本周期中，我们将一个由字头和各种不同字长的声频字组成的大的数据包放到专门的以太网硬件电路上。在接收端，它们被解码成简单的数据格式，并恢复出样本结构。我们可以做一个合理的假设：在专门的线路上，数据包将无损透传，而且这样的链路一般传送的是原始的、未处理的数据，没有用于误差检测的机制。总之，这样的系统会运行得很好，而且日常工作中也确实如此。

声频只是整个框架中的一部分。伴随它的元数据，取决于控制的逻辑开关，控制数据和计数数据必须都要考虑，并且在任何有意义的情况下都要包含于完全可用系统的链路当中。

这样的UDP链路一般是双向的（但有时会是单向的）、端到端闭合的链路。就其本身而言，它们并不构成网络，它们可以松散地被描绘成“去任何地方的任何东西”——连接到网络上的任何信号源都可以被任何目标源拾取到。有两种总体解决方案会将这些一对一的链接转变为网络：将它们进行节点至节点的级联，变化后的信号流经每个链接（串行），或者将它们安排成由中央集线器辐射开来的连接形式（星形连接）。

2. *串行或环形网络化*

在这种方法中，一根单向线路通过需要访问网络的每一区域；根据具体要求，访问是通过复杂度不同的节点或接线盒实现的，每个节点或接线盒具有唯一的地址，以便用于编程。在最简单的形式中，固定的、少量的网络输入和来自网络的输出可以由节点提供，其中伴有唯一的控制数据。这些既可以是模拟的输入/输出，也可以是数字的输入/输出，或混合形式的，其中的每一个可以检测到64个程序位置（在输出的情况下），也可以选择一个位置，将声频信息放入其中（在输入情况下）。

举例来说，更为先进的节点可以检测到许多位置，然后进行混合，将其与本地输入素材混合，之后将复合的混合内容放入网络的槽位中。常见的应用就是由槽位恢复出声频信息，并用本地输入素材取代它。针对本地需要的信号处理（例如，针对扬声器组进行的分频/EQ）可以在这样一个节点上实现。从本质上讲，这样的制作的确可以视为与整个网络广泛连接的处理器，其在市场宣传上也是这么说的。第三方或多个经销商可以彼此协作，获得同样网络协议的全部授权。

这种改良的数据流随后被送至下游节点。数据流可以是单向的（串行）或环行回到自身（令人惊讶，环路），于是，原始节点表面上看是其输入，其后的数据流通过所有其他的节点。

这样的网络往往十分有效，因为它们能够重复使用通路上的槽位。其缺点有以下几点。

• 串行的所有信息往往都会受到单点故障的严重影响。换言之，一个节点出现问题会使得其所有下游数据流不受保护。

• 接收槽位数据包、拆包、修改槽位、重新封装并将其送出要花相当长的时间，很显然，这样的处理延时会累积前后节点的处理延时。这就是说，在几个采样周期范围内，延时时间可能是低的，与100MHz TCP/IP系统相比是微不足道的。

• 网络布线路由必须仔细斟酌，遵循声频需要继续下去的逻辑进程。有时这并不是件容易的事情。

3. *星形网络拓扑*

与IP型以太网络的包可寻址能力（与集中命令和控制不同）相比，如果是以潜在准确且固定的低延时形式将定量声频数据从直管线的一端驱动至另一端，那么UDP型网络就需要一个集中切换：这种未打包的所有输入数据流决定了其中的各个部分的去向目标，并正确地组装出输出的数据流。这样的路由分配系统在广播安装中已经司空见惯，而且用于高带宽UDP管线传输的概念在运行多条分立信号线路时变得很自然和受推崇。虽然并不是严格意义的封装系统（即具有一个前导的描述性字头和多个声频样本，并以一个整体加以传送），但这样的UDP管线常常被描述为时分复用（Time Division Multiplexed，TDM）。TDM意味着在特定声频通路中所形成的严格时间槽被体现在一个严格重复的大的周期数内。封装只是意味着每个包内的声频样本以同样的顺序串联在一起。

负责整个网络连接中数据交换的中央交换机是和电话系统一样古老的概念。正因为如此，它具有与线缆工作环境下类似的优势和不足也就不足为奇了，其可靠性取决于中央服务器的可靠程度。正如我们所见到的那样，这似乎是一个弱点，单点故障、并行和冗余的方法都是很常见的情况。

声频意义下的切换实际就是一个路由器，它接收大量的信号源，同时可以将它们以任意的组合形式重新分配至大量的目标源上。通常情况下，虽然众多的信号源和目标源对于路由器而言都处于本地状态，但更为常见的情况是像上面描述的高密度声频管线，也就是说64路独立的信号双向激励异地的设备，其中这些管线的输入和输出端被端接成所要求的属性和复杂性（如果所有的输出需要的是XLR端接的模拟形式，那么就是这种情况。对于AES对而言，这是没有问题的——端接的类型很容易实现，并符合应用的要求。如果想要在本机进行特殊的信号处理，则也是没有问题的）。这些管线被简单地安排成路由器的多个信号源和目标源的形式。路由器也可以在每一声频通路上透传任何元数据、逻辑控制或仪表指示数据，并且分配或处理相应的这些数据（丢失元数据或将其传送至错误的地方就如同航线运输丢失了乘客的行李：虽然你到了地方，但你不是本地市民，工作需要的东西你身边一样也没有）。

这种集中化的路由器模型在广播应用环境（电台或电视台）下工作得相当好，其中的大部分工程工作是集中在中心机房内完成的；可能许多路由器的信号源和目标源都处在本地的这一房间内，这样就更容易互连，将高密度的声频信号以辐射状的形式传至每个演播室和制作区——这显然具有星形拓扑的特征属性。

现场扩声从这种方法中得到的好处要比从其他应用中（比如串行方式）得到的更多。典型的设置是两张调音台（一张用于主扩，一张用于返送监听）均接受所有舞台声频信号源信号，至少是其中的大部分次编组的信号源。在这种情况下，路由器将接收来自作为信号源的有源舞台设备的输出，并根据需要通过传输链路将它们分配给两张调音台。

由调音台返回到路由器的信号如下。

（1）主扩调音台——主混合信号和（或）扬声器处理器的输出。

（2）返送监听调音台——多组舞台返送混合信号。

这些信号进入路由器，然后利用进一步的链路将其送给驱动吊装和（或）地面 PA 音箱的功率放大器，或者直接送给有源音箱本身；同时也送给推动舞台返送监听音箱的功率放大器和入耳式耳返的发射机。

对于录音这类应用，在路由器上还组合有其他的馈送信号，这些信号被送至乐队的 DAW 或者录音车和相应的终端设备。

4. *在路由器上的混合*

简单交叉切换或叠加切换路由器概念的进一步延伸便是软矩阵，其中信号源和目标源的相对电平可以改变。换言之，它就是一种混合器，或者是拥有有限输入和输出的多个小型混音器。

更进一步而言，对于已经确定的高强度信号处理环境，这可以让针对混音器输入、输出和预混音等调音台型信号处理变得相对容易实现。

路由器具有调音台形式的处理功能十分常见，其中确实存在调音台的混音 / 处理部分；这样做很重要，因为所有可能的分量信号要在路由器中混合，或者可经由一个或几个链路快速到达目标源。图 29.139 所示的是一个大型电视节目制作调音台，其中并不存在任何声频信号，它仅是一个控制界面，在这样一个处理路由器的其他地方控制着信号处理 / 混合。作为调音台系统或路由器的一部分，这意味着可使用的混合信号源数量仅受限于路由器的大小，并且可以扩展到数千个信号源。显然这种特殊的系统还能够利用 AoIP 连接 I/O 单元，并使之称为更大的 AoIP 网络化系统的一部分（参见后文的 AoIP 部分）。

图 29.139　Wheatstone Dimension 3 是大型电视节目制作应用的调音台，其控制界面中并不包含声频处理部分，它是用来控制位于另一处的路由器，并将其 I/O 与 UDP 或 AoIP 连接

然而，从操作层面来看，调音台被限定为只对有自己推拉衰减器的多个信号源进行同时混合；这可以通过控制界面的翻页功能将混合数量加倍，这样便可以将整体或逐个推拉衰减器触发，从而控制更多的其他通路；因此，某一时刻的通道数量可达数百个，这种情况在大型实况演出中（比如选举之夜）是十分常见的。

这种将路由器作为调音台的解决方案还有另外两种主要的应用。一种是在电台演播室，如果几个相对小的调音台处于一种复杂的组成状态：它们可以共享同样的硬件和一个路由器资源，那么它们确实可以全部都设置在同一机箱内，但其工作实际上是独立进行的。

很自然，这也可以作为实况扩声的解决方案，这时的情况如上面所描述的那样，它可能有多张中型的调音台系统（主扩、返送监听、录音调音台），但它们却都共享来自舞台的同一资源，不过其目标源却是完全不同的（PA 音箱、返送监听、录音机）。混音路由器不仅执行信号路由分配任务，而且它也是对所有三种操作所需的调音台型信号处理的总部。

正常情况下，对上述每个应用而言关注的就是单点故障。大的路由混音器一般采用一些防故障措施来应对这样的问题，这意味着每台微型计算机主机都有一个热备份，以便随时接管出现中断的一台主机，信号处理 / 混合 DSP 板卡同样也要做备份，用来在其中一块板卡出问题时随时接管工作，重新安排播出。有些设计甚至还对整个路由器做了备份，备份路由器与主路由器并行工作，在主路由器发生故障时接管其工作。虽然这样做被认为是太过昂贵的预防手段，但是对于避免出现停播故障来说，成本再高的措施都不为过。

29.25.3.2　AoIP —— 网络声频

采用辅助 TCP/IP 平台的以太网深受人们的喜爱（几乎无处不在），这一切推动了人们尝试将它运用某些领域的进步，网络化并非其真正的目的，而且也不特别适合，比如移动的专业声频应用。为了让它充分发挥作用，人们付出了巨大的努力，市场营销已经显现出足够的效果。

所有的互联网用户都知道如何前后移动声频（既可以是文件数据块，也可以是数据流中的一段），这种操作既可以利用局域网，也可以利用互联网自身来实现。一个看似合理的推论就是，是否可以将显而易见且业已存在的方法用于数字声频网络来移动大量的声频数据。

简单的答案是："可以"。鉴于以太网连接的存在和每个所需要连接单元中良好的 IP 堆栈（网络工作硬件），我们可以利用这样的网络成功地实现大量非压缩声频通道的移动。

然而，复杂的解释开始了。不论使用哪一种方法，其最佳性能方面都会逊色一些。唯一现实的优点就是之前提及的用户熟悉的 TCP/IP 网络及其工作熟练程度，人们不必为此预先走线了。只要需要它的地方可以通过任何方式上网，那么就可以进行声频文件的传输 — 不需要提供一个“本垒打”形式的直接回到主路由器，或者专门的辅助路由器方案。但它们确实存在明显的不足。

以互联网为例，声频信息绝大多数是采用 MP3、WMA、AAC 和 Ogg-Vorbis 来压缩的，或者使用可以减小文件体积或适合要求的数据流比特率的文件格式。除了少数存在争议的例子，比如新闻的自动播出或无线电广播的商业播出，压缩声频在专业声频领域是无立足之地的。如此突然地需要加载非压缩声频会使数据量增加 10 倍，或者超出民用音频文件的大小。网络阻塞的影响总是时隐时现。

除了相对快的传输时间，TCP/IP 是一个打包封装系统，并且以最小的包封装 / 解封装时间来取得最佳的效果。数据包通常比较小（从流的角度来看），这样便成倍增加了处理 / 互补处理的成本，而为了传送包字头也浪费了带宽（然而，这是可以调整的，权衡封装包大小与灵活性间的关系，可以将峰值储备的比例最小化。理想情况下的声频“流式”封装包被做成长的形式，以使这种峰值储备最小化）。

所有这一切都会产生延时（即输入与输出间的时间延迟），有些情况下该延时可以被接受，有时则可能无法被接受。在实况应用（也就是说，广播或扩声应用）中，这就可能成为问题，尤其是存在多个链路延时累积的时候更是如此。与来自现实环境的延时相比，虽然这是相对小的延时，但它会让情况变得越来越糟。

对于声频应用而言，网络阻塞是 TCP/IP 矛盾的主要制约因素，在设计时要考虑处理针对预期应用的严重阻塞问题。当任何可能与主声频流相冲突的其他网络阻塞不存在时，封包的声频将可能不受干扰地顺序到达，并且从 A 点到 B 点可以传输密度相当高（大量声频数据）的信息。简言之，在点到点的专门链接中，借助 TCP/IP 传输的声频可以合理地工作。

不幸的是，这是非网络概念的承诺：来自多个信源的多个不相关数据流，以及多个目标源共享同样的布线基础构架。一旦其他信息传输冲击网络（即从 C 点到 D 点的另一个声频流）——尽管以太网存在固有检波冲突回避机制，但是来自一个流的数据包将不可避免地与其他的数据包发生冲突。TCP/IP 的强大之处之一就是可识别出这样的事件，并且对其进行很好的处理；每个流都有机会重新传送被中断的，或未确认的（即丢失的）数据包，并接收堆栈掌握的内容，将现在可能顺序已被打乱且可能被延时的数据包重新装配成正确次序的数据流。那到底做错了什么呢?

1. *缓冲延时*

网络对确定性（可预测性）可能已经表现出了控制力的丧失，因为对于冲突和恢复而言，频率和恢复时间方面是不可预测的。总之，当准备使用恢复出的声频时，确定性就是要准确且一致地掌控，这对于流式或实时声频，或者发生失落情况是绝对必要的。纯粹的、分离的低密度点到点 TCP/IP 链路可以近似地加以确定，并通过上面提到的信息封包、成帧和传输时间，以相对短的延时加以预测。即便如此，这也只能做到近似，在链路上还存在其他的传输任务，每一传送信息包都要做出确认收到（ACK）形式的应答：是的，冲突可能发生在实时数据与其自身的 ACK 之间！现实当中，使用的网络通路有多路，冲突 - 恢复时间的影响各自参半，而且当今造成时间加大的未知因素越来越多，随着传输信息量的加大，这一时间会近似地以几何级数的形式增长。不仅如此，很有可能发生的是那些已经在传输和重复的信息包不会按顺序到达，有时在几个顺序排列信息包的许多帧到达之后才通过重复信息。

工作区（将一个较短的、不能使用的不可预知延时变换为一个固定的、已知的较长延时）是由每一接收点上的先入先出（FIFO）缓冲器来设立的。为了有时间最终接收到信息包，并恢复原来的顺序，就一定会出现这一有意为之的固定缓冲延时；信息传输量越大，所需要的延时就越长，在繁忙的网络上，这一时间可能长达数十或数百毫秒，只有这样才能将最差情况下的拥挤效应包含其中。尽管这对于有些情况下的许多声频应用而言是难以接受的，尤其是人们需要这样一个系统来听到自己现场表演的场合。因此，通常推荐将低延时和伪确定性声频链路置于具有较小竞争风险的分立式一一对应链中。这确实回避使用 TCP/IP 背后的基本原理，以及对其进行“网络化”的承诺。如果允许在同一网络进行任何其他信息的传输，那么所有这些问题都将会进一步恶化。在现有的办公网络上运行大数据量的声频，或者允许在声频网络附近使用大流量的企业实施将是痴人说梦。

如果希望通过互联网进行声频的实时输入或输出，那么结果会适得其反——构建的延迟可能会越来越长，需要更长的时间（有时达到秒的数量级）来抵消各种未知因素产生的影响！同样的，在有些情况下这是可以接受的。总之，如果人们使用了互联网，那么声频很可能要走更长的路，对信号源而言并不存在基准的参考帧。

千兆以太网的一个可取之处（相对于更为常见的百兆以太网类型）就是每一件事都会更快地发生，对于实用中常见的传输量而言，冲突率和恢复时间会直接下降，因此构建的缓冲延时可以急剧降低；作为声频网络基础的 TCP/IP 与网络承诺大大接近了，它与任何百兆网系统边缘的高容限特性不同。其优点不单在于理论上可处理的传输量高了 10 倍，而且在处理类似的传输量时，其延时可以达到毫秒级，如果经过的系统不太多（要记住：所经过系统的延时要相加），那么其性能是可以接受的。

任何有意义的规模网络都会迫切地要求使用网络交换机。虽然一小部分单元在绑定使用办公用的路由器时也能取得不错的工作效果，但还是需要做一些额外的考虑。路由器只是缓冲器，确保数据从正确的信源传至正确的目标源。交换器处理问题更加智能，通过分层给予某些链路（声频流）有不可改变的权限，其代价是降低有些数据（控制、仪表指示、文本信息）的优先权，同时确保数据从一点到另一点的传输所经过的网络底层构架量最小。这后一个方法的含义就是说，如果数据流（大数据量应用）可以避开电线，那么那些电线中未占用的带宽就可以用来提高流量。它们还可以处理零散的工作，这样一个信源被送至多个目标源的任务就只需要传送一次即可完成，而不用向每个目标源分别传送一次，这大大节省了资源。在大型系统中，大型交换机价格昂贵。

2. AES67

结果不出所料，大量的商用网络声频协议（Audio over Internet Protocol，AoIP）系统纷纷以自己的市场定位进入市场。有些系统在广播市场“称雄”，另一些则在商用声频领域“出人头地”，也有一些系统则在现场扩声应用中“大展身手”。认为任何一个系统在其可能的生命周期里始终广受人们喜欢且占据支配地位是不现实的想法。来自不同厂商的系统至少需要具备操作上的交互性，正是这一要求催生出了 AES67 标准，该标准至少为不同系统间的交互提供了一个共同的过渡格式。它所带来的主要变革如下。

- 采样率——要求为 48kHz，同时建议具备 44.1kHz 和 96kHz 的能力。
- 低延时——64 个 24bit 字组成的包，在 48kHz 采样率下的点到点延时应在 1ms 之内。
- 时钟——　应采用 IEEE 1588 给出的同步方法。

大部分 AoIP 系统采用的是相对简单的节拍计时系统（以规律的时间间隔送出时钟包），它们能以非常优秀的一致性将所有的声频样本安排到系统的所有节点上。IEEE 1588 的应用归功于更为图示化的互联网层级网络时间协议（Network Time Protocol，NTC），它采用了高精度可跟踪实时时钟，该时钟被分配至所有相关点上，每个节点获悉精度非常高的当前时间，并利用这一时间来调整声频封装包的传输。

在标准中，未定义的是控制协议（元数据和遥控数据等的形式），它表示为“nor Discovery”。Discovery（发现）是指网络如何做出最初它应连接到哪儿的决定，同时决定是否要将某些东西加入进来，或者已经将某些东西从网络中去掉。它的参与度很高，并且是决定系统工作鲁棒性的关键要素。

3. *延时 —— 多长就算太长了？*

AoIP 系统不论大小都会引入明显的等待延时。尽管许多研究人员对此做了很大的努力，但是大部分数据的延时可闻性是基于传言和不实假设得到的。不过由此引发的问题尚不足以让广播主持人扯下他的耳机，大发脾气。

我们甚至不去讨论到底多长的延时算是明显的延时，或成为分立的回声；如果真要这么做，这显然是一条漫长之路，当测试信号被馈送至耳机或监听时，通常每个人（受过训练或未受过训练的）都很难讲清其听音感觉。小于 50ms 的延时是个模糊的听感区域（对于短于此时间的延时，耳朵 / 大脑会将所有相关的声源作为一个整体来对待），这是我们所关注的问题。

当表演者直接听被延时的自己声音时，等待延时就成为一个问题了。要牢记的两种情况是：DJ 佩戴的耳机或舞台上表演者佩戴的耳返或普通的地返 / 侧补声监听。要注意的一个重要事情就是会听到来自这些人的迥异的回答，有的回答一针见血，有的则是抱怨，或者是无的放矢，之所以如此取决于他们是被带入固定延时的系统，还是被带入延时不断增加的系统中，在耳机 / 入耳式监听情况尤为如此。

当人讲话时，讲话人自己不仅从耳机里听到自己的声音，如果使用的是开放式耳机（即非密闭式），那么他还会听到房间的扩散声，以及自己头内传递的骨导声。后者明显是频带受限的，所通过的频率成分通常只是基频及可能的元音低次谐波。它们彼此之间在耳朵内的干扰使得感知到的频率响应是不平坦的，呈现出抵消产生的谷点和相应增强叠加的峰值（这与声频效果中的镶边机制相同）。通常这并不会成为真正的问题——人们很快就会将其接纳为正常的，自己戴着耳机时所听到的声音。故意引入不同的延时，哪怕只有 1ms 或 2ms 人们都会马上感知到——干涉抵消 / 正向叠加变化（声音变化）。这就是试验通过不逐步增大延时确立出的可接受延时的结果低得有些不切实际的原因；即便小的延时改变所导致的相对小的音色变化都非常容易被感知到，而且马上被认为出了问题。

反之，如果一个人通过耳机听到的延时是比这还要长的馈送信号（没有此前建立起参考基准的机会），那么相关的干涉声音将很容易被认为是正常的声音。

日常播出的无数个电台都装配有延时在 10 ～ 15ms 的播出链路处理器；除了从传声器到收听闭路广播耳机环路中的其他等待延时，这意味着近 20ms 的延时是常见的情况，处在差不多可接收的程度。然而，如果延时比这大得多，人们则会抱怨声音不连贯或发空、发散。

大型摇滚音乐会音响系统中开展的时间校准实验所取得的结果基本上与之类似。20ms 的监听延时可能是大多数演员所能容忍的最大值，虽然有些人可能会察觉出更低的延时值，但是大部分人都认为这样的延时值对他们没有太大的干扰。尤其是在大型场地中，演员与 PA 之间的延时表现得相对并不重要的原因有两个：第一，演员会听到较多（较响）的监听，他们可能对此关注比较多；第二，PA 的散射声经过了相当程度的扩散，相关性已经被削弱了许多。在所有情况下，人们对延时的不可接受阈限是非常明确的，明确这一阈值是压断骆驼背的最后一根稻草。

在所有情况中都要考虑的主要问题是延时叠加的问题：信号通过信号链路或网络都会产生延时；每件设备或每一处理都会产生延时问题；各个传输延时加在一起常常会明显高于人们期望的数值。经由 AoIP 管线产生的几毫秒的很短延时都可能突破这一限定值。

AoIP 网络确实要承担起处在最佳位置上的许多各种各样系统组成单元的低影响分布的管控责任。例如，调音台的混合引擎可能是独立的单元，尽管它与调音台是分开的，但是它还是通过 IP 受控于控制界面。尤其其输入 / 输出可能是分散式的；传声器放大器至演播室的传声器线缆长度要最短化；设备间用于卫星信号馈送及此类信号互连的 AES I/O；用于多轨记录设备接口的 AoIP 至 MADI 转换器。路由分配能够像中央路由器那样灵活实现。就是说，任何传声器信号源可以接入并被位于网络中的任何调音台所使用。从可扩展的角度来看，AoIP 系统的性能非常强大：不像 UDP 系统一定要事先确定应用和扩展问题，这时额外的单元或实际的辅助调音台可以根据需要随时添加到网络中。

4. AoIP 网络的案例

AoIP 系统的组成要素通常被分解为小的块结构，这样可以取得更大的应用灵活性，同时降低了扩展的成本。图 29.140 所示的是中等规模的电台系统配置，它有 3 个独立的播出演播室和基本的支持设备。每个 1U 机架单元［有时被称为“节点（Node）”或“叶片（Blade）”］是 AoIP 功能单元，它们是底部 4 台 PC 的接口卡。每个“调音台”实际上只是控制界面（熟悉吗？），每个控制界面通过本地交换机控制各自的混合引擎（也在 1U 的机箱内）。连接到本地交换机的还有输入 / 输出叶片，以及特定演播室所要求配置的模拟和（或）数字输入和输出混用设备单元。虽然这里的每个演播室类似，但是配置的设备并不一样，这很正常。共有 3 台本地交换机连接到主中央大交换机（Big Switch）上，其他的叶片也被连接到其中，其目的就是共享连续性空间中的 I/O。

类似地，PC 也连接到 Big Switch（大交换机）上。其目的主要是针对播出系统（所有的节目素材、音乐、点播内容、商业广告等均以文件的形式记录于 PC 上——渐渐离我们远去的电台节目主持人实际上变成了硬盘播出！），作为流媒体编解码器的主机向互联网馈送信息，并对来自外部设备的馈入信息进行解码。较为基础的 AoIP 系统要求以一个集中式 PC 来持续地管理系统，而这一系统（WheatNet IP）仅需要用一台 PC 进行初始设定，并不用于运行。

不论其物理位置在何处，任何 I/O 源都可以在其他地方通过网络加以调用。较好的执行系统携带包括声频路由分配在内的信源参量。例如，传声器信号源可以让新选定的目标源知道已为其设定的增益、所施加的滤波处理，以及任何均衡和动态设定等，这样便大大简化了演播室重新配置的难度。

29.26 总结

模拟与数字信号处理间的战争已烟消云散。本章中的技术性阐述和图片足以传达这样一个信息：针对指定应用而优化的控制界面即是全部，其始终以合理化为宗旨，所进行的（模拟、专门 DSP，或基于 DAW 的）信号处理绝大多数是非实质性的。尽管产品多如牛毛，不过总有一款适合您。

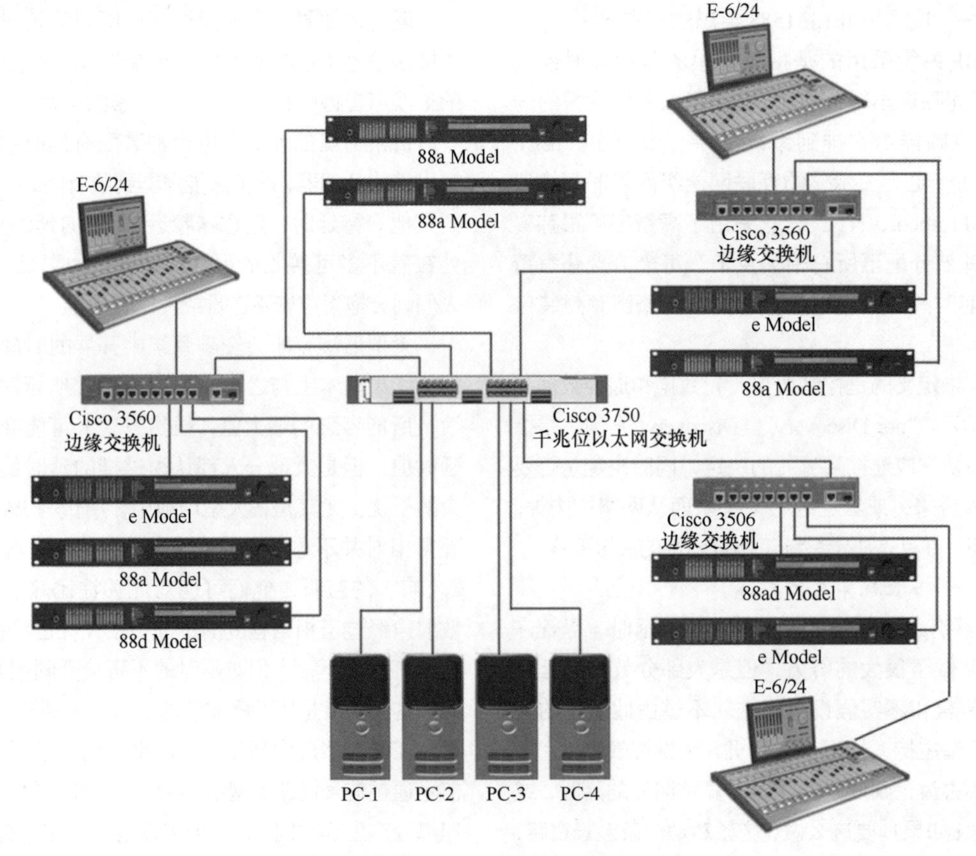

图 29.140 典型的 AoIP 设施

第30章

声频输出仪表和仪器

Glen Ballou编写

30.1 概述

为了正确操作录音或放音系统，需要一些方法来确定系统中不同部分的信号电平，以避免过载、噪声和失真，标准音量指示器（Standard Volume Indicator，SVI）仪表的目的就在于此。通常人们更多称其为VU表的VI表被用来度量声频信号的电平。直到最近，音量单位（Volume Unit，VU）表还是一种用于度量功率的仪器，其基准值是600Ω线路两端的1mW功率。如今所做的VU测量是针对许多不同的基准值进行的。

VU表最先被电话公司所采用，它们被用来测量送至线路上信号的电平。线路是彼此相距12in的一对AWG #6明线，其转换来的600Ω特征阻抗是根据如下公式得出的。

$$Z = 276\lg\left(\frac{2D}{d}\right) \qquad (30\text{-}1)$$

在公式中，

D是两条导线的间隔；

d是导线的直径。

如今，大部分放大器件都具有1978 IEC标准所规定的高阻输入和低阻输出，它要求器件的输出阻抗低于50Ω而输入阻抗要大于10kΩ。由于在50Ω和10kΩ之间传输的功率非常小，所以测量电压增益要比测量功率增益更为合理。

重要的是要知道采用何种测量基准值。下面给出的是一些常用的基准参考。

dBm。它是以600Ω负载上1mW的功率作为0dB基准值的功率级。

dBW。以1W为基准值的功率级。

dBf。以1femtowatt（1×10^{-15} W，毫微微瓦）为基准值的功率级。

dBV。以1V_{rms}为基准值的电压级。dBV用于电压耦合系统，而dBm用于功率耦合系统。

−10 dBV。许多民用产品采用的电压级基准值，它等于0.316V_{rms}。

dBu。以0.775V_{rms}为基准值的电压级。它不受阻抗的影响。u是未端接（unterminated）的意思。

+4 dBu。专业声频的电压基准电平值，它等于1.23V_{rms}。德国、奥地利和瑞典采用+6dBu，英国采用+8dBu为基准值。

dB FS。对应于满刻度电平的数字声频基准电平，它是数据转换器出现数字削波前的最大峰值电压电平。数字满刻度电平对应的正弦波峰值的基准值可用如下公式得出。

$$信号电平\ (\text{dB FS}) = 20\lg(A/B) \qquad (30\text{-}2)$$

在公式中，

A是电平待确定信号的幅度；

B是对应于满刻度电平的正弦波信号幅度。

dBA。声级计中采用“A”加权曲线表示响度测量的非官方方法。

dBC。声级计中采用“C ”加权曲线表示响度测量的非官方方法。

dB-SPL。以0.000 2 μbar作为基准值的声压级，其中1μbar = 1dyne/cm^{2}或听力阈值。

dBr。必须被指定的任意基准级。只要它被指定，就可以当作许多不同的基准来使用。

dBTP。采用至少为192kHz的过采样率仪表，它以dB真峰值（dB True Peak，dB TP）为单位指示测量结果。这种表示法以相对于100%满刻度电平的分贝值来表示真峰值的测量结果（ITU 1770-3）。

DIN Scale。在德国和奥地利使用的DIN度量中采用+6dBu作为0dB的基准值。它相当于1.55V_{rms}。

30.2 标准的VU表

VU表是用来监测广播、录音电路和扩声系统的一种特殊形式的VI表。这种仪表使用了特殊的指针摆动特性来平均复杂的波形，以便正确指示幅度和频率同时变化的节目素材。对于诸如语言这样的复杂波形信号，VU表读取的数值介于复杂波形的平均值和峰值之间。在VU表所测量到的音量与复杂波形的功率之间并不存在简单的关系。所指示的读数取决于某一时刻的特定波形形状。对于正弦波测量而言，1VU的变化在数值上等同于1dB的变化。

VU表被设计成具有与人耳响应近似的动态特性。当一个语言信号波形被加到VU表上时，表指针的运动将指示出信号的峰和谷。在10s内3个最高峰值的平均（除了偶然的极端情况）会被仪表的运动指示出来。

许多按VU标记的仪表实际上并不是这样的仪表，因为它们并不具备标准VU表特有的指示特性和特点。

自从1961年以来，VU表所执行的标准一直就没有改变过。仪表是由一个安装在仪表盒内的全波氧化铜整流器驱动的200mA dc D'Arsonval指示器件组成。VU表是按照600Ω负载上1mW功率为基准来校准的。典型的动圈式VU表如图30.1所示。

图30.1 动圈式VU表

在20世纪20年代和30年代，氧化铜整流器功率计用来对节目进行监测的结果并不准确，并且结果并不令人满意。全新仪表的研发工作由贝尔电话实验室、哥伦比亚广播公司（Columbia Broadcasting System，CBS）和全国广播公司（National Broadcasting Company，NBC）联合进行。该项研究成果不仅是开发出了新型的 VI 仪表，而且制定出以 1mW 作为新基准值的标准，执行该标准的设备单元也在 1939 年 5 月被电子行业所采用。当前的标准是 ANSI C16.5-1961，其前身是美国声学学会（Acoustical Society of America，ASA）的 C16.5-1961。

dBm VU 表具有以下特性。

• 常规特性。仪表是由一个 dc 仪表测量机构及一个全波氧化铜整流器单元（安装在仪器的机箱内）组成，并且对外加电压的均方根值（root-mean-square，rms）产生近似的响应。该值会根据信号波形和存在的谐波百分比的情况有所变化。

• 仪器刻度量程。仪表的面板可能具有图 30.2 所示的两种刻度面板中的任一种形式。每种面板有两种刻度量程：VU 的刻度量程范围为 -20 ～ +3VU，百分比调制度刻度量程范围为 0 ～ 100%，而且 100% 对应的读数音量值是 0VU 或 100%，该数值处于满刻度摆幅弧度 71% 的中间偏右位置。

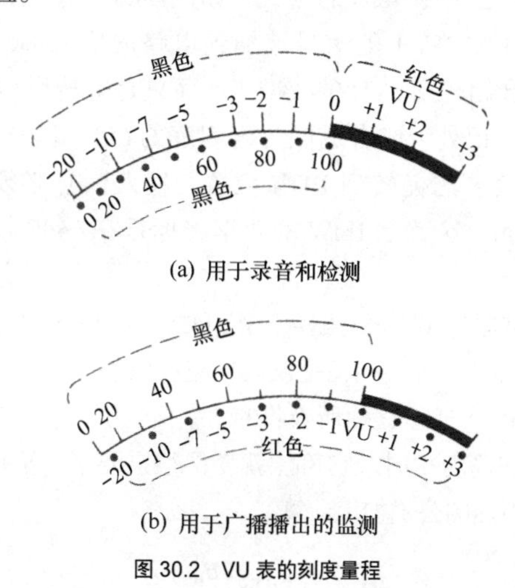

图 30.2　VU 表的刻度量程

• 动态特性。对于连接到 600Ω 外接电阻的仪器而言，突然加入的且足以产生稳态 0VU 或 100% 刻度点偏转的正弦波电压将导致指针产生的过冲不小于 1%，或不大于 1.5%（0.15dB）。指针将在 0.3s 达到百分比刻度的 99% 处。

• 响应与频率的关系。在 35Hz ～ 10kHz，仪器的灵敏度不应偏离开 1kHz 时的 0.2dB，在 25Hz ～ 16kHz，偏离不应大于 0.5dB。

• 阻抗。当采用足以让仪表偏转到 0VU 或 100% 刻度点的正弦电压进行测量时，包括仪器和正确串联的电阻器（3600Ω）在内的线路间桥接将具有 7500Ω 的阻抗。

• 灵敏度。1.228V（600Ω 线路上 1mW 对应于 4dB）的正弦波电位加到与仪器串联的正确电阻（3600Ω）上将会导致 0VU 或 100% 点的偏转。

• 谐波失真。在最坏的情况下（可变衰减器上无损耗），因 600Ω 电路与音量指示器相桥接所导致的谐波失真小于 0.3%。

• 过载。仪器必须能够抵御持续时间在 0.50s，读数为 0VU 或 100% 电压 10 倍的过载峰值信号，以及该电压 5 倍的连续过载信号，而且不会损坏，也不会对校准产生影响。

30.2.1　仪表的指示特性

仪表的指示特性是指内置于仪表测量机构的机械和电子特性。给定的特性可以通过极片成形和指针机构平衡来获取。虽然在仪表的端口处有时会采用分流，但是这种用法将降低测量机构的灵敏度。

当加入时长为 1s 的 1000Hz 信号时，典型的老式 VI 仪表或电压表和标准 VU 表的指示特性如图 30.3 所示。应注意的是，VU 表在 0.30s 后会达到稳定，而 VI 仪表会继续振荡，显示出在 1s 时间内的峰和谷。交流电压表的情况甚至比老式 VI 表更差，因为它永远不会停下来，并且持续存在过冲。这清晰地表示出为何 VU 表指示特性适合于监测含有复杂波形的节目素材。

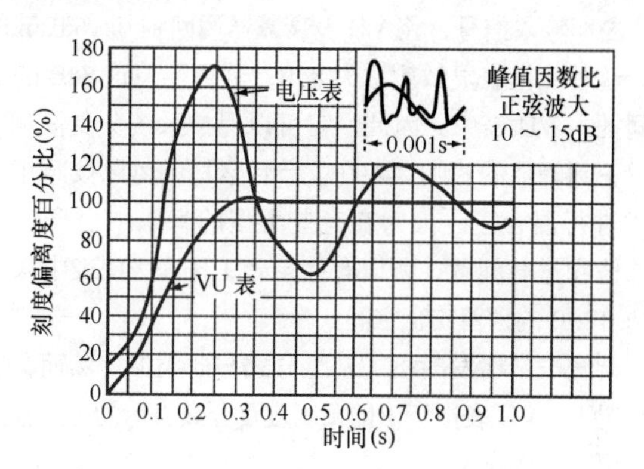

图 30.3　当加上 1s 的 1000Hz 信号时，原来的 VI 表和现在使用的 VU 表指示特性的比较

VU 表读取的是波形的 rms 值。对于正弦波，峰值的 rmsVU 指示器只高于读数 3dB；然而，对于语音或音乐，峰值可能在 VU 表读数之上 10 ～ 12dB。这种差异被称为波峰因数（crest factor），如图 30.4 所示。

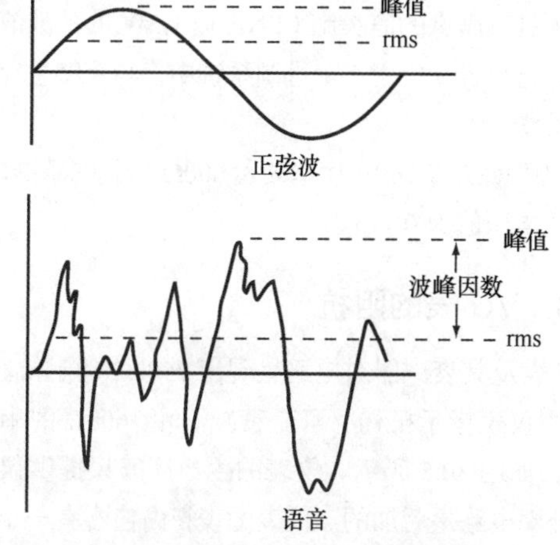

图 30.4　由比 rms 值高$\sqrt{3}$倍的音乐或语音峰值导致的波形因数

因为仪表的指示特性，所以 VU 表指示出的数值处在平均值和峰值之间。节目素材具有复杂和瞬态的属性；因此，VU 表读数会在瞬时峰值节目电平之下相当多。这意味着节目素材中存在的 8 ～ 14dB 峰值不会被仪表指示出来，因为仪表的指示机构不能跟随上小的瞬时峰值。即便可以观测到这些峰值，但这时再去降低电平已经太晚了。因此，仪表要么必须设定，要么使其处在让工作中的系统不出现过载的指示方式下。

VU 表并不包含节目素材（复杂波形）的真正峰值数值信息，所以录音系统相当容易过载。为了避免系统免受这些看不到的峰值的影响，要在 VU 表电路中插入一个安全的预留空间。

为了将这一预留空间插入 VU 表电路中，VU 表跨接到存在 +14dBm 正弦波电平的桥式母线上。400Hz 或 1000Hz 信号被送入录音调音台的输入。混合控制被设定在其正常的工作范围上，而且信号电平被调整至使母线电平提升至 +14dBm（VU 表的读数在 100% 或 0dBm）情形。

去掉输入信号，将 VU 表衰减器调回到其 +6dBm 的位置。通过使仪表灵敏度增大 8dB，就可以将这 8dB 的安全空间插入 VU 表中。因此，它可以保护系统免受高出 8dB 的看不到峰值的影响。现在，节目素材就可以按照正常的方式进行混合了。因为在有些类型的音乐中会碰到很大的峰值和过载问题，所以有些录音工作在 VU 表中采用了 10 ～ 12dB 的预留安全空间。

无线电广播发射机的调整方式与此类似。然而，在这种情况下，VU 表指示出的调制度百分数表示的是广播发射机的调制度百分数。

30.2.2 基准电平

在广播和录音的初期，人们采用 500Ω 线路上 10mW 和 12.5mW 作为基准参考值。但是后来这被改成了 6mW。在 1939 年 5 月采用了现行的 600Ω 线路上 1mW 的标准。这一基准值被电话公司选作要遵守的将传输线上信号电平限制到某一数值的标准，在这一数值上可以在取得最小串音的同时，还具有满意的信噪比（SNR）。1mW 的基准值是一个单位量，它很容易应用于十进制系统中，与瓦特（W）存在 10^{-3} 的系数关系。

零电平就是将 1mW 功率馈入 600Ω 负载的基准功率级。其等效的电压值为 0.775V。

30.2.3 VU 表的阻抗

VU 表及其衰减器对电路呈现出 7500Ω 的阻抗。VU 表系统是由仪表指示机构、可变衰减器和 3600Ω 的串联电阻器组成，如图 30.5 所示。仪表的生产厂家只提供仪表指示机构；外围电路是后加的。仪表的表箱内包含有一个内阻为 3900Ω 的 200μA D'Arsonval 仪表指示机构，以及一个全波氧化铜或硒整流器。以 2dB 为步阶变化的衰减器对仪表指示机构呈现出 3900Ω 的恒定电阻，并且在衰减器变化时能避免仪表的指示特性受到影响。

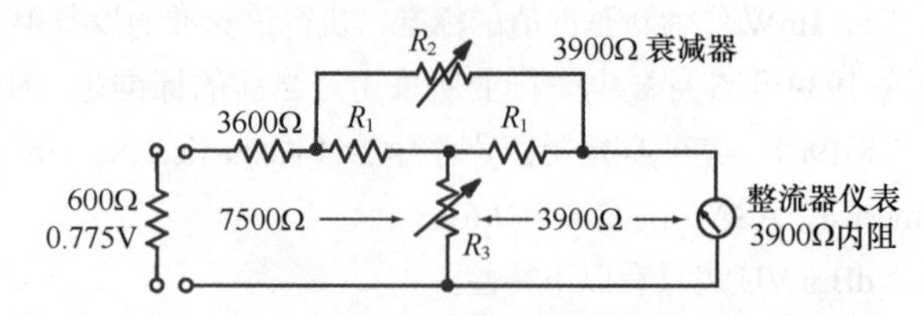

图 30.5 7500Ω 的 VU 表，它是按照跨接在 600Ω 负载上的 1mW 基准电平或 0.775V 来校准的

标准 VU 表被设计成当 1.228V（+4dBm）信号加到仪器上时其读数为 0VU 或 100%。如果仪表与衰减器配合使用，但是没接入 3600Ω 串联电阻器，而是连接到 1mW 功率的 600Ω 负载上，那么指示机构将会偏离 100% 的校准点。我们并不推荐这种使用方法，因为仪表朝后看过去的阻抗只是 3900Ω 和负载的 600Ω 电路。通常实际的使用方法是保持桥接器件的阻抗处在 10 : 1 或更大的比值上。

将 VU 表的阻抗从 3900Ω 提高到 7500Ω 将会在 3600Ω 的电阻器上产生 4dB 的损失。如图 30.6 所示的那样，如果 1mW（0.775V）的信号被加到电路的输入端，那么仪表就不会偏转到 0VU 的校准点，而只是偏转到 −4VU（或分贝）标记处，或者近似为满刻度的 65% 处。这意味着如果仪表要想偏转到 100% 位置，输入信号必须要增大到 +4dBm。这就是 1mW 的功率将标记在 −4dB 校准点的原因。

衰减器与 VU 表的配合使用开始于 +4dBm。VU 表被插入电路引发的桥接损耗是仪表电路吸收功率引起的信号电平下降量。一般而言，所吸收的功率相当小，可以忽略不计。然而，在高功率时，它可能就变得很重要了。桥接损耗可以利用下面的公式加以计算。

$$\mathrm{dB}_{\mathrm{loss}} = 20\lg\frac{2B_{\mathrm{R}}+Z}{2B_{\mathrm{R}}} \tag{30-3}$$

在公式中，

B_{R} 是 VU 表输入阻抗；

Z 是线路阻抗。

7500Ω VU 表的桥接损耗为 0.34dB。

30.2.4 VU 阻抗电平校正

VU 表是针对 600Ω 负载上 1mW 功率指示为 −4VU 来校准的，所以当 VU 表被连接到任何其他阻抗时，必须在所指示的读数加上校正量，以便给出正确的 VU 读数。计算电平校正量的公式为

$$\mathrm{dB}_{\mathrm{corr}} = 10\lg\frac{Z_2}{Z_1} \tag{30-4}$$

在公式中，

dB_{corr} 为加到 VU 表读数上的分贝值；

Z_2 为被校准仪表的阻抗；

Z_1 为电桥的阻抗。

应用校正因子的一个典型例子如下：一块针对 600Ω 线路阻抗校准的 VU 表被桥接到 16Ω 的扬声器线路上，它指示出的电平是 +1dBm。真正的 VU 读数应为

$$VU = 1\text{dBm} + dB_{corr} \quad (30\text{-}5)$$

在公式中，dB_{corr} 为校正因子。

由公式（30-4）得出的校正因子为

$$\begin{aligned} \text{dB}_{\text{corr}} &= 10\lg\frac{600}{16} \\ &= 10\times1.574 \\ &= 15.74\text{dB} \end{aligned}$$

15.74dB 的校正因子被加到仪表的 +1dBm 读数上，得到的真正电平读数是 +16.74dBm。典型的校正因子如表 30-1 所示。

表 30-1　当 VU 表被连接到非 600Ω 的阻抗两端时，应用于 VU 表上的校正因子（dBm）

线路阻抗（Ω）	仪表校准到600Ω（dB）
10 000	−12.22
5000	−9.21
2500	−6.20
1000	−2.22
600	0.000
500	+0.791
250	+3.800
200	+4.770
150	+6.020
125	+6.810
100	+7.780
50	+10.790
30	+13.010
16	+15.740
15	+16.020
8	+18.750
4	+21.760

如果 VU 表被连接到线路阻抗与最初校准的不一样的阻抗上，那么加到仪表上的电压比原来校准的要么低，要么高；因此，仪表将指示错误。图 30.6 所示的两个电路中，一个是 600Ω 的电路，另一个是 16Ω 的电路。两个电路消耗同样量的功率；但 600Ω 电路上的电压是 0.775V，而 16Ω 电路上的电压为 0.127V。正如我们所看到的那样，如果 VU 表被连接到 16Ω 的电路上，则这时的仪表偏转量与连接 600Ω 电路时不同，尽管这时每个电路消耗的功率是一样的。为了在 16Ω 电路上取得正确的功率级，就必须将校正因子应用于仪表指示上。

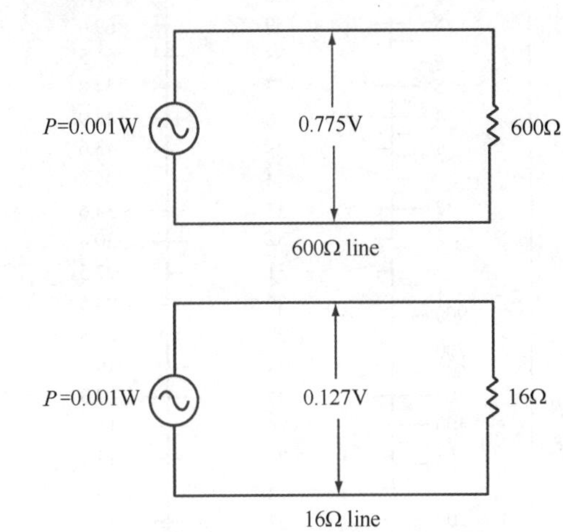

图 30.6　跨接在线路或不同阻抗上的电压，其中都是采用 1mW 的功率激励

30.2.5　各种类型阻抗上的电压

如果对于指定电平在 600Ω 时的线路电压是已知的，那么针对其他线路阻抗的电压就可以利用下式进行计算。

$$V_x = V\sqrt{\frac{Z}{600}} \quad (30\text{-}6)$$

在公式中，

V_x 为未知电压；

V 为针对 600Ω 的电压；

Z 为新的阻抗。

作为一个例子，假设电压 V_x 是针对 150Ω 的线路阻抗，在 4dBm 电平时所要求的。对于图 30.7，针对 600Ω 时 +4dBm 电平的电压就是 1.23 V。新的电压现在就可以利用下式来计算。

$$\begin{aligned} V_x &= 123\sqrt{\frac{150}{600}} \\ &= 0.615\text{V} \end{aligned}$$

对于 0 ～ +50dBm 的电平范围，其在 600Ω 阻抗上的电压可从图 30.7 得出。600Ω 两端的电压可根据 dBm 值，利用如下的公式计算出来。

$$V = 0.6\times10^{\frac{\text{dBm}}{10}} \quad (30\text{-}7)$$

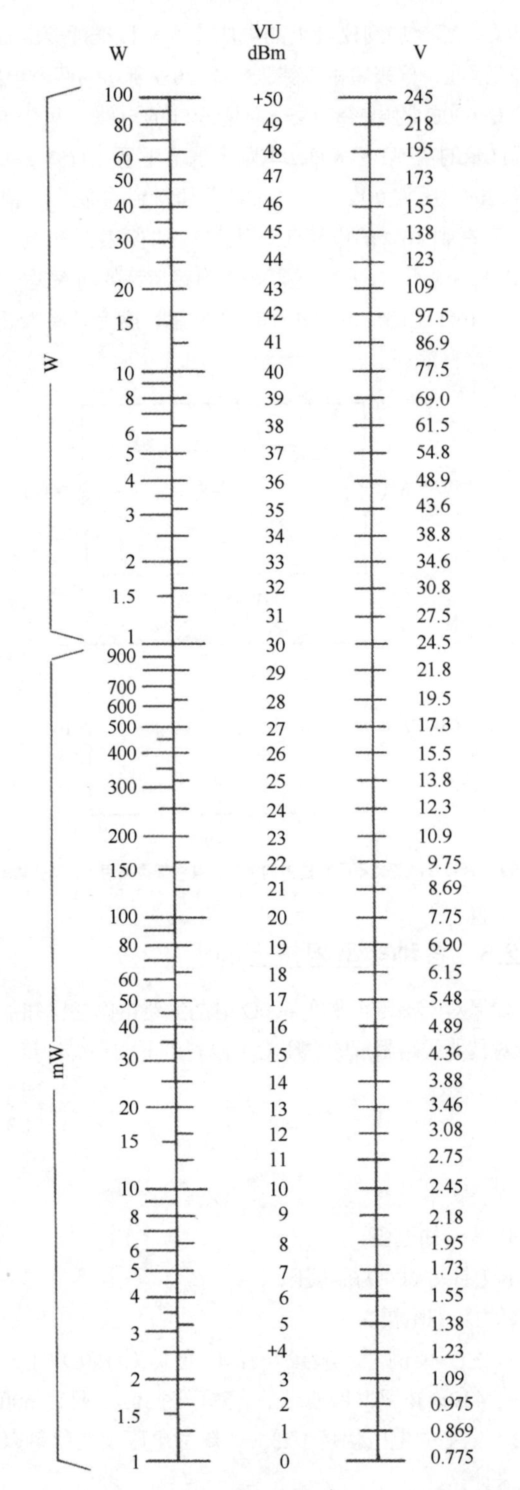

图 30.7 VU 和 dBm 与功率瓦数和 600Ω 线路上电压间的关系

30.3 大量程的VU表

标准 VU 表度量的只是信号电平上部的 23dB。从实际使用的角度出发，这样就将显示限制在 0 标识对应的基准电平之下约 20dB 的情况。

这种窄的工作范围限制了它的适用性，尤其是在将其连接到监听节目信息的桥接母线时更为如此。图 30.8 所示的大量程节目监听仪表（wide-range program-monitor meter）在 60dB 刻度范围上显示节目信息，其范围为 -57 ～ +3 dB。这种对节目素材的大范围度量可以让我们观察到电平非常低的信号及节目暂停期间的噪声。大量程 VU 表并不是被用来取代常规 VU 表的；但是其特性与 VU 表相兼容。另外，直流输出被用来连接线性磁带录音机，以便将节目电平拉入 60dB 的范围上。0dB 标识可以被设定为 -22 ～ +18dBm 的一个值，并以此作为基准值。

图 30.8 大量程的 VU 表

图 30.9 所示的基本器件是带有非线性反馈电路的对数放大器、前置放大器、15kΩ 桥接输入变压器、基准电平选择器开关和灵敏的仪表指示机构。

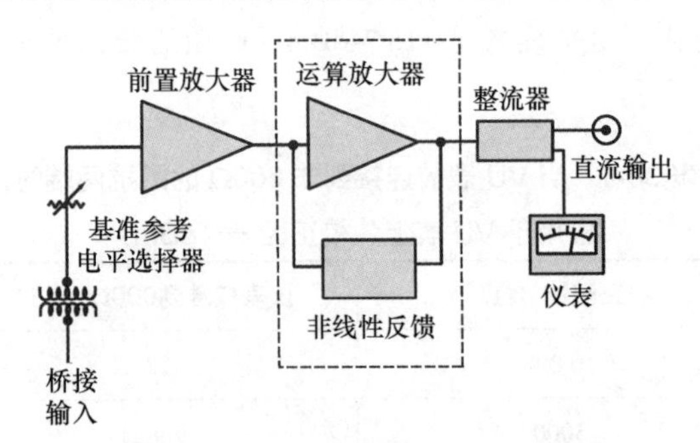

图 30.9 大量程节目监测用 VU 表的原理框图

30.4 柱状图示VU表和频谱分析仪

联合录音电子工业（United Recording Electronics Industries，UREI）的 970 Vidigraf 是可以工作在任意 NTSC（National Television System Committee）标准监视器或（结合并不昂贵附件）黑白电视接收机条件下的柱状图示显示发生器。系统具备 VU 电平显示和频谱电平信息显示的功能。它主要是针对录音棚的多轨录音应用设计的。然而，它的直流至 20kHz 的输入能力使其可以胜任大量程的直流或模拟电压测量应用。

970 Vidigraf 的模块结构为使用者提供了全面的灵活性，使其能针对各自的特定需求来选用系统。最多可以安装 4 组 16 通道的输入显示模块，用来实现对 VU 电平、自动控制电压或频谱的显示。在单一模式下，每一模块可以单独切换至视频发生器。在双显示模式下，屏幕被垂直分割，以便适应对任意两个输入模块信息的同时显示。输入信号源和（或）频率的瞬时指示，以及垂直刻度划分由内置的可编辑字符发生器自动实现。这消除了对屏幕重叠或马赛克的需要，同时可以不管屏幕尺寸或宽高比调整，确保对字母数字信息实现准确地定位。

一些典型的显示如下。

- 同时显示 6 或 32 个通道的 VU。
- 16 或 2 × 16 频段的频谱显示（1 或 2 个通道）。
- 16 个 VU 通道，加上自动控制电压通道。
- 16 个 VU 通道，加上 15 段的频谱和一个复合电平。

一个 VU 模块提供了 16 条具有标准 VU 指示特性的图形显示，显示范围为 30dB。在每一条的两个灰色阴影区，其中较淡的阴影处在 0dB 基准之上。当有信号被加到 16 个输入的任意一个时，亮条随着信号电平上下移动。0dB 基准点可以针对任一标准在 0 ～ +8dB 的范围上连续调整。VU 模块是用户可编程的，以便在测量声频信号时采用 -20 ～ +3dB 范围的对数刻度显示，或者针对交流或自动化直流控制电压进行 0 ～ 10 的线性读取。

频谱模块提供了对声频信号频谱的实时 VU 电平显示功能。这对于设定均衡和调整频率平衡很有用。该模块提供了 16 条柱状显示，可视特性与那些 VU 模块类似。一条被安排显示声频信号的总频谱。其他 15 个通道显示频谱的增量，频率中心处在标准的 ISO 2/3 倍频程滤波器频率上。两个独立控制调整的是相对于频谱分析条的总体频谱条的电平。

30.5　功率级计

功率级计是以分贝校准的 VI 表。一般而言，这种类型的仪表通常会用于稳态测量的检测设备上，而并不会用于监听节目素材，因为其指示特性更像那些电压表。

30.6　功率输出仪表

功率输出仪表用来测量声频放大器或其他设备的功率输出。它还常常用来确定特征阻抗和内部输出阻抗、负载阻抗变化的影响和其他包括输出功率和针对频率的阻抗特性的测量。功率输出仪表按照瓦和（或）dBm 进行校准。功率输出仪表是一种测量仪器，因其指示特性的原因，它并不用来监测节目电平。

30.7　峰值节目表

峰值节目表（Peak Program Meter, PPM）在欧洲应用的十分广泛，并被分成了四种标准，即 DIN 型的 DIN 45406、BBC 型、EBU 型和 Nordic N9 型。这些仪表度量的是峰值节目信号，通常是处在 VU 表可视读数之上 +6 ～ +20dB 的电平。

30.7.1　DIN 45406 标准

PPM 在欧洲应用得很普遍。它被设计成具有一个快速的上升时间，其上升速度要比 VU 表快 30 倍，回落或衰减时间则要慢得多。

DIN 45406 和 IEC 268-10 的积分时间为 10ms，回落 20dB 的恢复时间是 1.5s，回落 40dB 的恢复时间是 2.5s。指示器的刻度范围是 -50 ～ +5dB。100% 读数时的刻度标记是 0dB，它是 +6dBu 或 1.55V_{rms} 的基准电平，如图 30.10（a）所示。

图 30.10（a）所示的是 RTW 1019GL 模拟峰值节目表 + 响度表 + 相位相关表。127mm（5in）的 201 单元式柱状图示显示在 +5 ～ -10dB 范围上以每格 1dB 的形式对数显示电平变化，直至 -50dB。20kHz 以上的滚降斜率是 12dB/oct。仪表包括一个 +20dB 的增益提升和一个峰值记忆 / 复位电路。积分时间可在 1ms 和 10ms 之间选择。平衡输入采用变压器隔离。

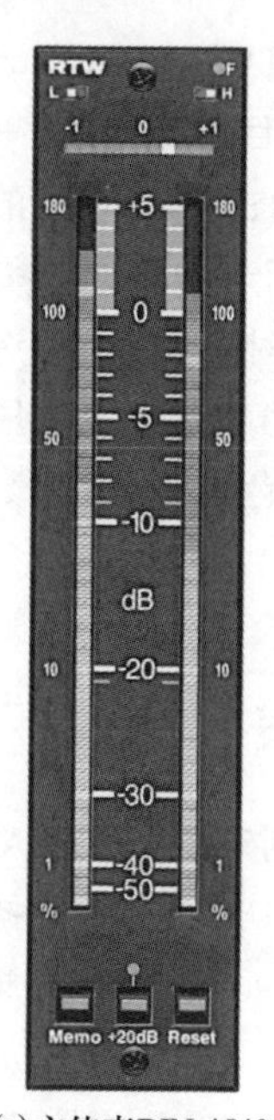

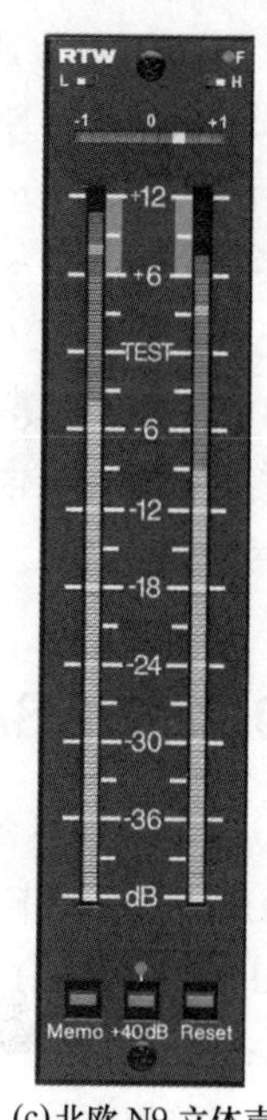

(a) 立体声 DIN 45406 峰值节目表、响度表和相位相关表合一的仪表　(b) 英国标准的立体声峰值节目表、响度表和相位相关表合一的仪表　(c) 北欧 N9 立体声峰值节目表、响度表和相位相关表合一的仪表

图 30.10　欧洲采用的 VI 标准

仪表面板包括一个具有记忆功能的三色相位相关度数值显示。相关表显示的是立体声信号的相位相关度。如果两个通道是同相的（即两个通道上的信号是单声道信号），那么其读数为 +1r。如果输入上仅一个通道有信号或输入上无信号，则仪表的读数为 0r。

30.7.2　英国广播（BBC）标准

英国广播标准（British Broadcast Standard）BS 55428 Part 9（第 9 部分）规定的积分时间是 12ms，从 7 衰减到 1 的恢复时间是 2.8s。指示器的刻度范围是 1 ～ 7，其等效为 -12 ～ +12dB。100% 读数时的刻度标识为 6，基准电平是 +8dBu 或 1.95V_{rms}。

图 30.10（b）所示的就是模拟 RTW 1034GL British standard scale IIa（英国标准刻度 IIa 型）模拟峰值表 + 响度表 + 相位相关表。127mm（5in）201 单元式柱状图示显示度量的范

围是 -12 ～ +12dB。仪表包括有一个 +40dB 增益提升和一个峰值记忆 / 复位电路。积分时间对于数字声频选择为 1ms，对于模拟声频选择为 10ms。平衡式输入采用变压器隔离。仪表面板也是具有记忆功能的三色相位相关度数值显示功能。

30.7.3　Nordic N9 标准

Nordic Recommendation（北欧建议书）N9 给出的积分时间是 5ms，对于 20dB 的衰减时间是 1.7s，40dB 的恢复时间是 3.4s。指示器的量程范围是 -42 ～ +12dB。100% 读数时的刻度标识是 0dB，基准电平是 +6dBu 或 1.5V_{rms}，如图 30.10（c）所示。

图 30.10（c）所示的是一块模拟式 RTW 1039GL Nordic Recommendation N9 仪表，它包括峰值节目表 + 响度表 + 相位相关表。127mm（5in）201 单元式柱状图示显示度量的电平范围为 -42 ～ +12dB。仪表包括有一个 +40dB 增益提升和一个峰值记忆 / 复位电路。积分时间对于数字声频选择为 1ms，对于模拟声频选择为 5ms。平衡式输入为变压器隔离。仪表面板也是具有记忆功能的三色相位相关度数值显示功能。

30.8　AES/EBU数字峰值表

随着数字设备的不断涌现，人们制定了工作于 AES/EBU 数字格式下的新的仪表标准。这要求能够支持以 32kHz、44.056kHz、44.1kHz、48kHz 和 96kHz 为采样频率的 AES/EBU 数字格式。

建立时间是一个采样时间段，0 ～ -20dB 变化的衰减时间是 1.5s。指示器的量程范围是 0 ～ -60dB。

图 30.11（a）所示的是 RTW 11529G 数字峰值表 + 响度表 + 相位相关表，它也是一块 127mm（5in）201 单元式柱状图示显示。它的采样率范围是 27 ～ 96kHz，仪表包括一个直流滤波器，以及关于 44.1kHz、48 kHz 和 96 kHz 采样频率、加重、误码和过载的指示器。另外，仪表还包括有峰值记忆、峰值保持、+40dB 增益和三色相关度修正数值显示。

图 30.11（b）所示的 RTW 11528G AES/EBU Digital PPM 尤其适合广播电台和电视台播出应用。仪表具备 AES/EBU 输入和输出功能。数字信号可以被显示一次，因为它未被进行任何加权处理（样本精确显示），它对应于刻度范围为 –60 ～ +9 dB 的数字标准，但是拥有一个固定的 –9dB FS 的峰值储备，它被标记为 0dB，并且以 10ms 的积分时间加以发光突出和叠加。它还可以显示配合叠加和发光突出的响度指示。最终，它可以以 10ms 的积分时间进行准模拟指示（仅为功能上）。其采样率范围为 27 ～ 96kHz。

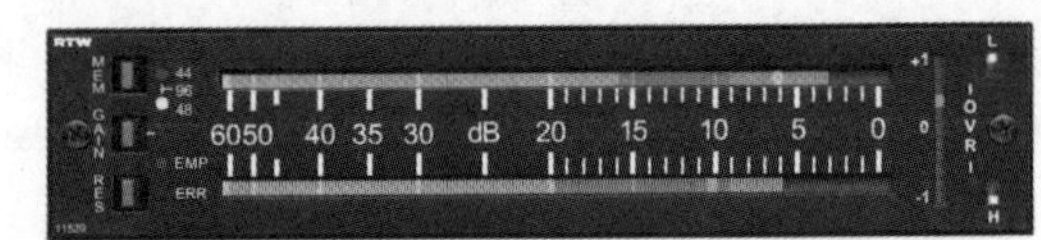

(a) RTW 11529G 数字峰值节目表、响度表和相位相关表合一的仪表

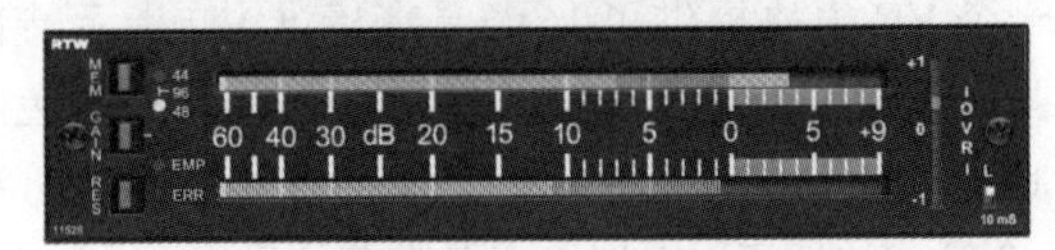

(b) RTW 11528G 数字峰值节目表、响度表和相位相关表合一的仪表

图 30.11　AES/EBU 峰值节目表、响度表和相位相关表合一的仪表

RTW 11529G 和 11528G 都包括一个过载检波器范围可选择的过载指示，可选择 9 ～ 24bit 过载响应字长和过载样本数。

接近 0dBFS 的过大电平结合数据压缩系统的趋势表现为在数字声频流内插入了数字采样峰值表无法预见和阻止的失真与互调问题。

图 30.12 显示的是经 48kHz 采样的 3kHz 模拟信号。通过放大可以很容易地观察到采样点并没有采集到波形的真正峰值点，所采集到的数值要比峰值低了 0.17dB。当这一样本值进入采样率转换器或 D/A 时，这种归一化到 0dBFS 的信号至少会导致过载失真问题出现。为了避免这种衍生物出现，ITU 建议采用真峰值仪表进行信号度量。这种度量的单位是 dBTP。

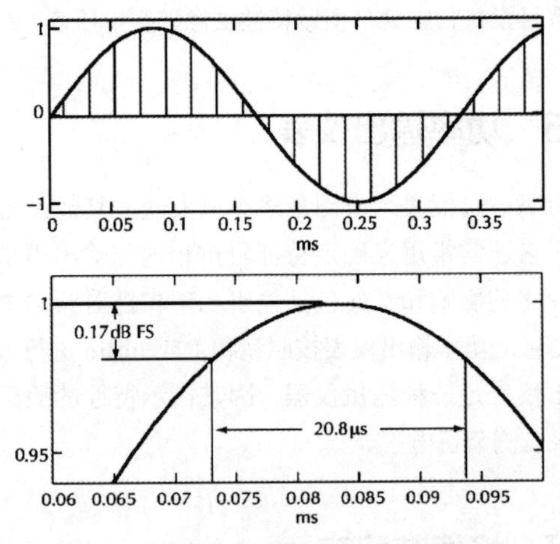

图 30.12　经 48kHz 采样的 3kHz 正弦波的例子

（RTW GmbH& Co.KG，Cologne 授权使用）

仪表由至少 4 倍于基本采样率（对于 SR=48kHz，→192kHz）的一个过采样级组成，如图 30.13 所示。

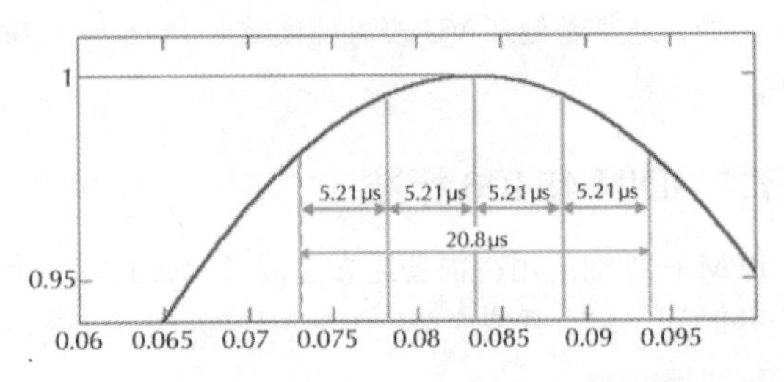

图 30.13　4 倍于基本采样率的过采样（RTW GmbH& Co.KG，Cologne 授权使用）

这样将会对波形进行更好的描述，同时取得更好的峰值假设。选择应用 4 倍过采样，可以在精度与对测量资源的要求间取得最佳的折中效果。

从安全的角度出发，我们建议对于线性系统将限定值定为 -1dBTP，对于数据压缩系统定为 -3dBTP，而对于大压缩率的数据压缩系统，甚至可以定为 -5dBTP。像 RTW 这样的公司已经在所有实际应用的设备上增加了这种度量。具有这种性能的仪表是通过 +3dB 的最大上限值来体现的。

ITU 标准要求这样的度量必须要在没有使用测量设备的输入采样率转换器的同步环境下进行，因为采样率转换器本身就已经产生了测量误差。

30.9　响度表

原有的响度表与 VU 表和 PPM 处在同一面板上，从而给出对信号整个动态范围的指示。这样也消除了眼球要跟踪具有不同指示特性的两个相邻仪表的摆动情况。在一种刻度下使用具有不同指示特性的两种指针将表现为 PPM 的读取电平始终是要比 VU 表的读数高一些，并且 PPM 衰减时间与上升时间间大的差异同 VU 表相同上升和衰减时间的对比也难以表达。

响度表上采用 3 种类型的刻度表示方法。

- 基于 +14dB 的动态余量。
- 以 100% 的广播传输为基准。
- 基于 20dB 的动态余量。

后期制作环境中采用的调音台可利用的动态余量与广播中允许的动态余量并不一致。在数字域中，美国的标准（SMPTE）是满刻度电平（Full Scale，FS）之下 20dB，而欧洲和许多中东国家采用的 EBU 标准定在满刻度电平之下 18dB。当电影和后期素材被送至广播设备时，峰值将不超过 +12dB（模拟）或 –8dB（数字）。

音乐和录音行业对其产品并没有这些要求，而且采用的是全部的动态范围。一般而言，这类素材的峰值相当一致，都处在数字读数仪表的 -1dB 位置，对于柱状显示方式，基本都处在峰之下 4 或 5 个 LED 位置。如果这类素材采用的方式被用在广播上，这可能会比视频中的声音高出 8dB 之多。其结果是所制作的产品被拒绝接受，要采用所要求的标准重新对素材进行制作，否则广播设备中的质量控制将对响度进行判断并按照 HDTV 中针对这些违规做法而设计的对白归一化（Dialnorm）方法将响度调低。

利用示波器观察复合声频信号，这时会表示出节目素材的峰值摆幅。使用具有长时间或可变辉光暂留特性的 CRT 类型示波器，将因屏幕辉光暂留所表示出的相对周期性幅度的一些其他信息显示在 CRT 中心位置的能量集中带处。这两种信息给出了有关峰值至准平均值信息的声学合成结果。图 30.11 所示的仪表的每一条都具有响度显示和峰值保持显示功能。

图 30.14（a）所示的仪表为模拟读数仪表，图 30.14（b）所示的是数字读数仪表，图 30.14（c）所示的是可访问这两类仪表功能的遥控单元。遥控按钮控制功能如下。

- 左 / 右。
- 和 / 差。
- 相位。
- 带过载复位的过载显示。
- 3s 峰值保持。
- 永久峰值保持。
- 基准参考模式。

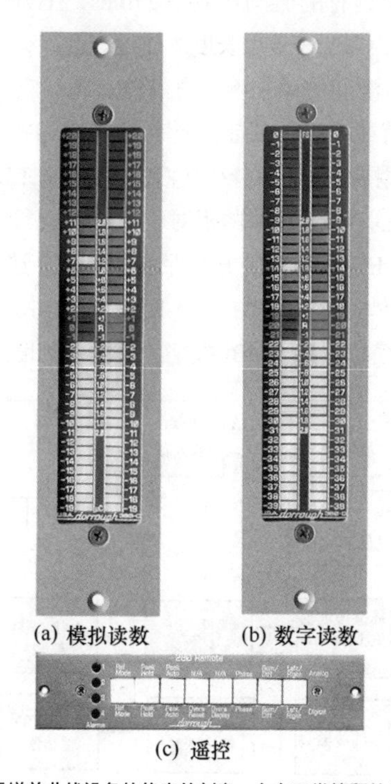

(a) 模拟读数　(b) 数字读数

(c) 遥控

图 30.14　用于增益曲线设备的仪表的刻度，它有正常停留的指示区域（更像 VU 表的读数）和正常的峰值指示区域两部分（Dorrough Electronics 授权使用）

遥控左侧的报警灯是针对相位误差（Phase Error）、比特流损坏（Bit Stream Corruption）和满刻度（Full Scale）而设置的。图 30.15 示出了图 30.14 所示响度表的框图。

对于同样动态方式的仪表读取和声频输入的信号输入而言，每种仪表显示出 0VU 持续基准电平之上的 20dB 峰值幅度，因此两种仪表的 0 基准参考是一样的。

峰值信息的点状显示和持续信息的柱状显示的允许采用一种显示拥有两种指示特性。所以显示中的每个灯由两个驱动器驱动，一个是峰值式、另一个是持续式。这种表示法体现为柱状图示顶部的点状叠加显示。为了使这种显示实用，在这两种指示特性之间必须建立起有意义的关系。峰值显示具有两种时间常数的上升时间，或者 10μs，该上升时间比 PPM 快 1000 倍。峰值显示的衰减时间为 18ms/dB。

针对节目素材正确加权的相等能量将被视为相等的响度。由于能量可以显示为幅度和时间的函数，所以示波器可以用来证明大幅度的短促音调脉冲等同于较低幅度的较长持续时间音调脉冲。

平均功率（Average power）被定义为以时间间隔分割的曲线下方具有相等的面积。由于间隔时间的面积等于输入的能量（W或瓦特），故

$$P_{\text{ave}} = W/t \qquad (30\text{-}8)$$

在公式中，

W的单位为W(瓦特)；

t的单位为s(秒)。

因此，平均型的仪表指示可以提供功率指示功能。

持久显示具有的时间常数是270ms，上升时间近似为600ms，或者为VU表该值长度的2倍。

人耳对声源间的感知响度由最先点亮对应红色LED组的电路（峰值或持续）决定。针对相等感知响度的节目调整应将峰值或持续偏转保持在其相应的红色LED区域。

对应于柱状图示峰值的相对响度特性已经通过两种仪表上的红色LED基准点的方式保留下来了。这是为了保持相等响度峰值与平均值存在一个12dB的窗口。在两种仪表上，+12dB(模拟)和-8dB(数字)是同一刻度点。

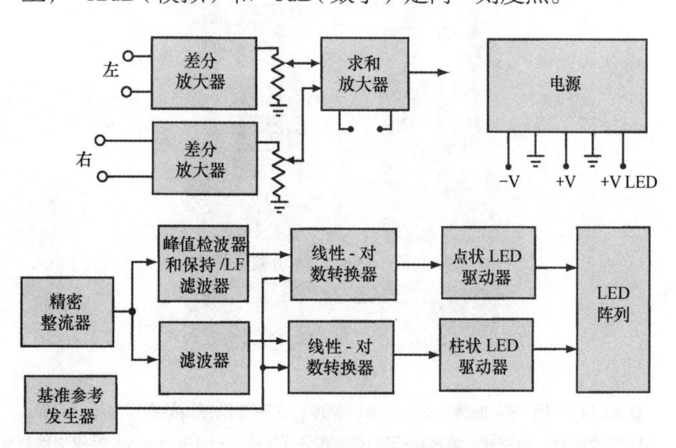

图30.15 Dorrough响度监测仪表的原理框图（Dorrough Electronics授权使用）

30.10 环绕声分析仪

环绕声分析仪采用将环绕信号的重要细节转变为适合于即时评估的图形显示方法。成功的环绕信号缩混很重要。除了艺术和美学方面的考虑，为了取得专业的结果存在一些基本的先决条件。

特别是在实况广播和针对视频或电视的声频制作时，现实往往与理想相距甚远。因此即便在紧张的工作环境下，更为重要的事情仍然是要知道听音人是如何判断环绕声缩混的。

图30.16所示的集成于RTW环绕声监视器（Surround Monitor）当中的RTW环绕声分析仪（Surround Sound Analyzer）就是能瞬间表示出环绕信号中所有重要参量的一种工具。它给出了有关缩混的所有各个通道及全部效果的细节信息。

Surround Sound Analyzer的视觉显示提供了所有通道的电平和相位关系。由于显示成分的动态响应是声像的直接表现，所以可以观察到环绕声的平衡。

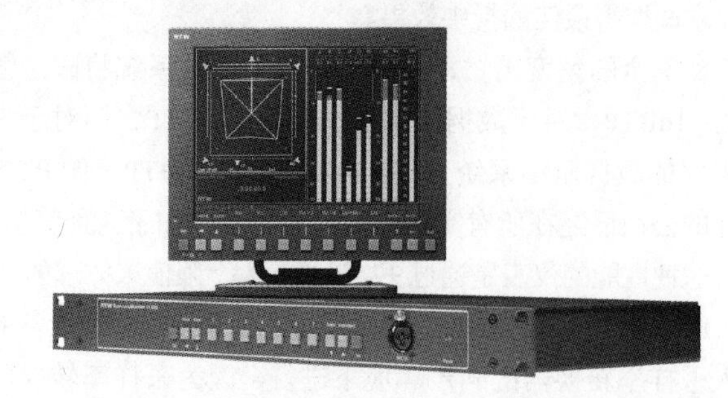

图30.16 用于AES/EBU数字和模拟标准的环绕声分析仪 — RTW Surround Monitor 11900（RTW GmbH& Co.KG，Cologne授权使用）

L，R，sL和sR这4个声道的音量以源自同一中心点的对角线式的白色电平条表示。其端点被橙红色的线段连接起来。由这一图形形成的方形总音量指示器（Total Volume Indicator，TVI）对总音量和声像平衡直接进行度量。

这些线形成的曲线显示出通道的相关性、正值由朝外偏转(屋顶形)表示、负值由朝内偏转（漏斗形）表示。

中间声道的音量由另一个朝上指的黄色连接线电平条表示，它表示出了关于L和R的中间声道的感知度和优势度。

前方、侧方和后方幻象声源的方向是由扬声器标志间直线（称之为幻象声源指示器，Phantom Source Indicator，PSI）表示的。其颜色随通道的相关度的变化而变化。在显示的底部表示出了针对两个环绕声道的单独相关度。

代表主矢量的十字表示的是缩混重心的主观感知中心。

Surround Sound Analyzer对环绕声声场中相对音量进行了正确的刻度图示表示。在整个环绕声节目制作中所有声道的相关度和电平（音量或声压级）的相互作用被图示出来。

Surround Sound Analyzer中的显示可以通过校准相应设备和演播室监听来针对音量或基准声压级进行设定。45°坐标系的轴向采用dB音量电平或dB-SPL刻度，和参考基准标识，该标识在设备的音量电平和峰值节目表的SPL显示也被显示为基准刻度。中间声道与L和R前方声道间的平衡是环绕声节目制作的关键。中间声道以其自己的显示要素来显示，以表示出中间声道与L和R声道之间的音量差。

除了信号电平，相关度（按幻象声源的发生和位置校准）对于环绕声节目制作也很重要，这主要涉及下变换或在生成单声道信号时可能出现的嘘声消除。sL和sR环绕声道的相关度也很重要。高度异常的与频率有关的相关度致使sL和sR环绕声信号的包围感不明显。为了监听这一问题，Surround Sound Analyzer具备针对sL和sR环绕声道的相关度指示功能。图30.17所示的就是各种情况下的显示和例子。

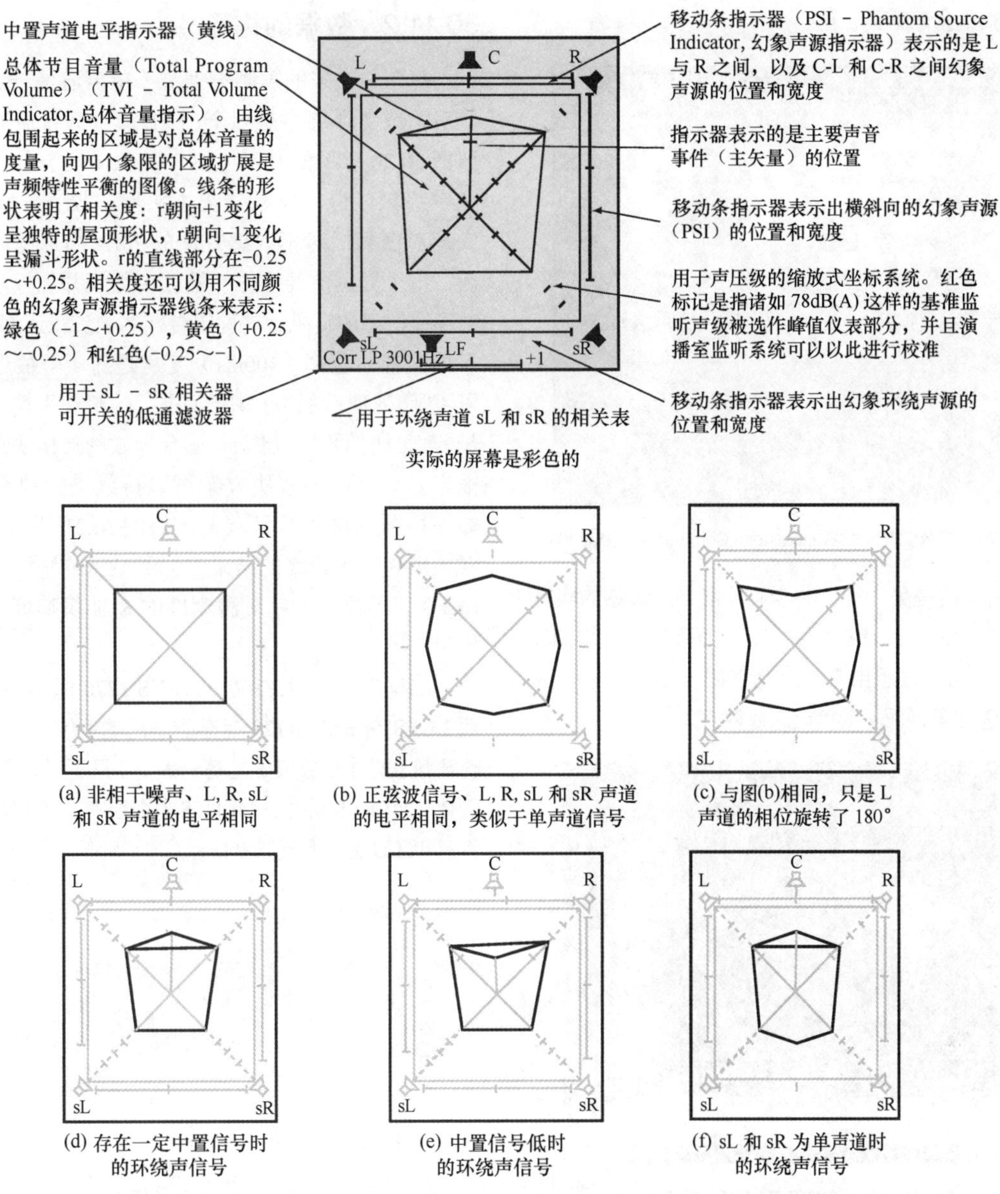

图 30.17 环绕声分析仪的屏幕显示（RTW GmbH& Co.KG，Cologne 授权使用）

30.11 响度表指示与BS1770

在美国，TV 和商业节目在响度上变化之大已经引起了立法部门的关注，进而颁布了“CALM”法案，这一举措与行业努力相契合，即在广播和制作环境中对响度进行简单却又精度合理的量化工作。针对此问题而颁布了 ITU-R BS1770 和 EBU R 128 标准，两者有类似的技术要求。目前在电视声音组件和用于 TV 制作的调音台中都需要加装符合这样标准的仪表。

30.11.1 长期指示

人们的基本目的就是要提供出一个以 LU（Loudness Unit）或 LUFS 为单位来表示响度的单一数字，使该数字值表示出的整个节目片段响度与目标数值理想匹配，尤其要指出的是：不要明显超出该目标值。在实践中，为了给操作者提供一个更好地达到此目标的“实时”指示，时长 3s 的中期滑动平均得到的所谓短时读数（S）被显示出来，它与长时片段平均数值相结合，或者取代长时片段平均数值。

正如我们在图 30.18 所见到的那样，在调音台实施方案中，因长的积分时间使得显示出的以 LU 为单位的大数字变化并不频繁，通常，这种方案也被其他测量支持。BS 1770 建议采用过采样峰值传感，为的是使指示的重建误差最小化。人们所熟悉的瞬时建立 / 缓慢释放的峰值指示器以柱状指示形式置于最左侧，柱状上部以闪烁形式指示过载。第二个柱状显示条具有准音节速率的动态显示特性（类似于经典的 VU 表），而第三条柱状显示指示的是“实时”响度，其中等的积分时间长度（一般为 3 ～ 30s）是可选的，不用理会当前所显示的大数字。

所有这些价格适中的工具与系统进行的电气结合对长期响度要有很好的指示，同时能持续达到这一既定的目标。为了达到此目标，在大数字之下的水平条状指示同样也提供出了适宜观察的指示区间。

图 30.18 BS1770 调音台实现方法（Wheatstone Corparation 授权使用）

图 30.19 所示的是另一种性能全面且富有装饰感的实施方案，其中很有用的响度历史以钟表形式图形化显示出来，分量的声音电平也被显示出来，因此它被认为是一种全面的仪表指示解决方案，而不单单是指示响度。

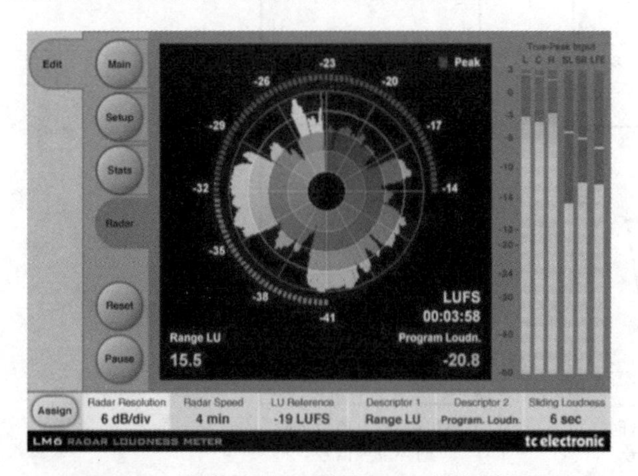

图 30.19 新型的 BS1770 分立式和 DAW 插件式实现方法（TC Electronic 授权使用）

30.11.2 数据的构建

每个输入来的声频数据流（单声道是一个，立体声是一对，或者环绕声是五个；LFE 或次低音声道被忽略）按照图 30.20 所示的方案（“K”加权）滤波处理，提供出了在中高频段进行球状边界（头形）校正，以及用来表示人耳对低频相对不敏感特性的 70Hz 高通滤波器处理。之后，每个数据流经均方（检测）处理并加权求和，体现出对环绕信息的贡献。这种组合样本被进行连续的 10ms 片段平均，音节速率（400ms）度量是对 4 个最近的 100ms 片段（“门处理后的数据块”）进行的滑动平均，类似的，更长的积分时间可以建立起适合计数的数据块滑动平均，从根本上讲，这种解决方案可以持续进行块平均，直至告知停播前的总体节目响度，如图 30.21 所示。尽管 LU 通常被用来表示最终的结果，但所显示的平均读数据说是以 LKFS 为单位的（针对满刻度的 K 加权响度），如图 30.22 所示。

准确来讲，LKFS 是 ITU BS.1770 标准中采用的术语，而 LUFS 是 EBU R128 标准所采用的单位术语。对于这种绝对测量，两种在数值上的每一差异，只不过是用词不同而已，例如 -24LKFS 等于 -24LUFS。在所有响度标准中相对测量都是以 LU 为单位定义的。

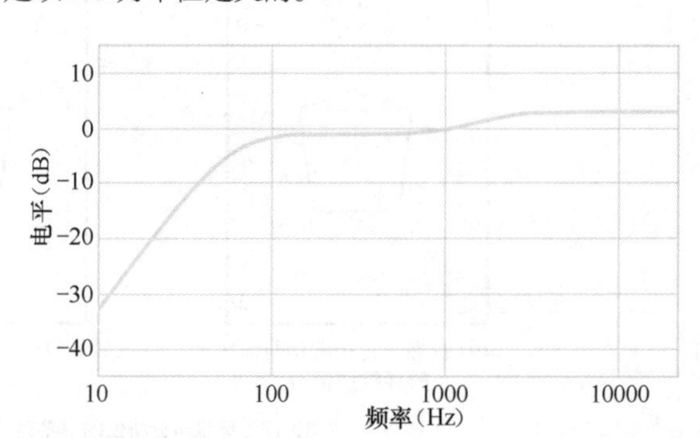

图 30.20 ITU 指定的 K 滤波器的响应曲线形状（包括了预加重）

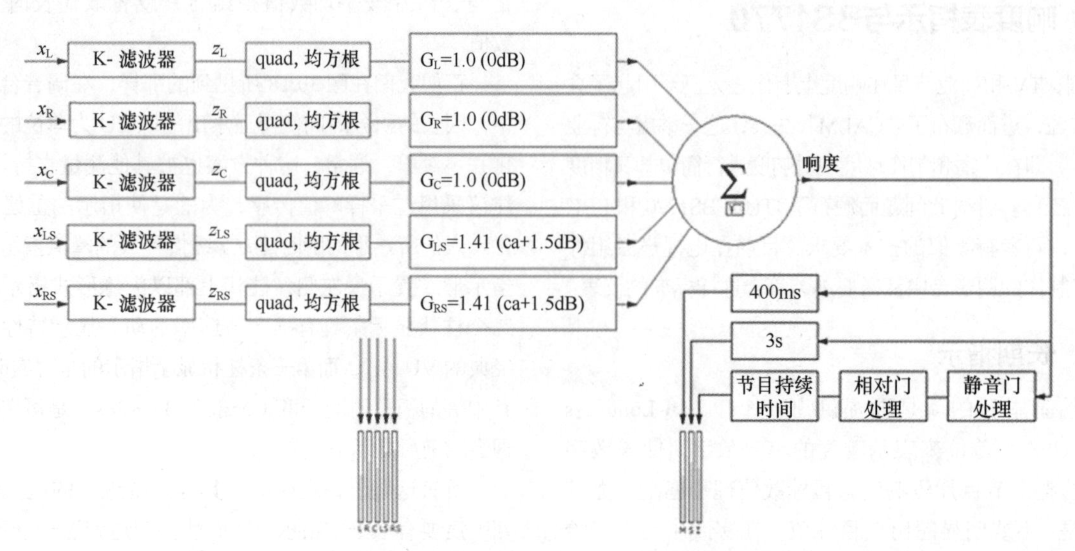

图 30.21 RTW TM（TouchMonitor）的简化框图（RTW GmbH& Co.KG，Cologne 授权使用）

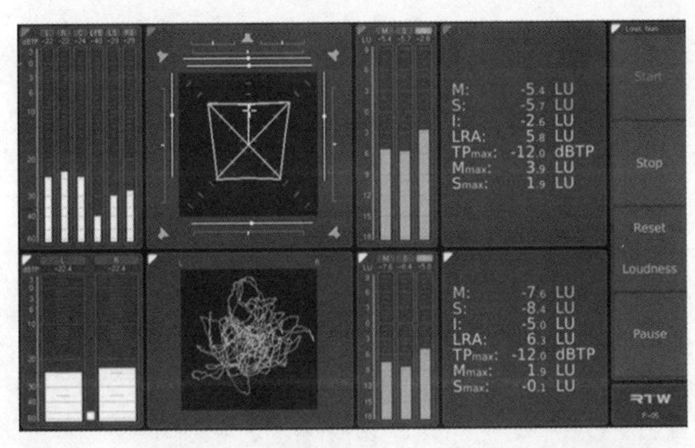

图 30.22　RTW TM9 TouchMonitor 同时显示 5.1 和立体声信号的电平、响度、真峰值和立体声声像的截屏（RTW GmbH& Co.KG，Cologne 授权使用）

30.11.3　生成稳定读数

频率响应整形和均方检测方案已经在广泛进行的听音测试中显示出与感知响度的强相关特性。长的平均时间意味着仪表对短期脉冲并不敏感，允许想要的动态忽略短期测量和控制。为了取得类似的结果，测量被进行自身的门处理，以便接近于静音的段落（对白中情绪化的段落，或者说无对白段落）不会导致仪表开始“回落”——错误地低于读数。从本质上讲，如果呈现的“块”数值是 10dB，或者远低于 LU 数值（对于 EBU 是 8dB），那么长期平均被停止，在有效电平出现之前 LU 保持不变。

30.11.4　控制

在许多实施方案中，有一些用户控制的按钮，一般用于复位、启动和暂停长期测量，即最大瞬时值（M_{max}）、最大短期数值（S_{max}）或响度范围读取（LRA）。欧洲默认的目标响度值是 –23dB LUFS，美国默认的目标响度值是 –24dB LUKS。

ITU BS.1770-3 的附录 1 规定了多声道响度的客观测量算法。算法由以下四级组成。

（1）“K” 频率加权。

（2）针对每个声道的均方计算。

（3）声道加权求和（环绕声道具有较大的权重，LFE 声道被忽略）。

（4）400ms 数据块的门处理（75% 重叠），这时使用了双门限。

- 第一个处在 -70LKFS。
- 第二个处在应用了第一个门限之后电平测量相对下降 10dB 的位置。

相对门处理确保能够应用于普遍存在的声频素材。它既可以用于语言素材，也可以用于非语言声频。

第 6 篇

记录与重放

第31章

模拟唱片重放

George Alexandrovich和Glen Ballou编写

31.1　引言

在过去的 100 多年间，有将近 300 亿张录音唱片被制作并销售出去。最著名的作曲家和演员、管弦乐队和乐团，以及重大事件的声音资料被永久地刻在模拟录音的错综复杂的沟槽当中。目前还有数百万张或许数十亿张唱片被唱片爱好者、声音档案馆、音乐图书馆、DJ 和广播电台所使用。

因为所有这些录音的内容可能从没被完整记录到激光唱片或其他媒质上，所以我们保存、复原和重放这些模拟录音就变得非常重要。

本章所涵盖的内容是写给可能已经对数字重放技术很了解的新一代工程师和技术人员的。虽然我们见证了模拟 LP 唱片的发展与衰落，但要牢记的是，目前世界上还有许多国家在很大程度上依赖模拟技术，在有些情形下，我们认为老式的 78rpm 格式还是他们预录音乐和娱乐的主要可利用音源。

早期记录的声音在 2kHz ~ 3kHz 处存在高频滚降。人们用了 100 多年的时间才取得了今天录音技术的成果，但一些做法却令声音真实性倒退，逼近高频的波形，并利用砖墙式（锐截止）滤波器将声频限制在 20kHz。从理论上讲，虽然数字录音很不错，但是人的耳朵需要更高的采样频率。或许只有少数人能听出其间的差异，但是我们怎么能与他们争论呢？在其他的领域，比如电视，它的发展趋势是高清晰度，有 SVHS 系统的摄录一体机，电子管类型的声频放大器还在溢价销售，因为许多所谓金耳朵的音响爱好者并不想放弃电子管的声音，LP 录音同样也是如此。对于一般的听众来说，CD 非常不错，只要听不到爆点和咔嗒声且不损坏唱针或唱臂。

本章将讨论重放设备。想要了解录音 / 唱片制作等问题，请参考 *Handbook for Sound Engineers–The New Audio Cyclopedia*（《音频工程师手册——新的声频百科全书》）的第 1 版或第 2 版。

31.2　唱片尺寸

模拟录音已经被标准化为 7in、10in 和 12in 的唱片，以及 33⅓ 转 / 分（revolutions per minute，rpm）和 45 转 / 分（rpm）。有关制作模拟录音唱片的最新 EIA 标准摘录如下。

31.2.1　唱片直径

录音唱片的直径为：

12in LP 唱片，33⅓ rpm　11.875 ± 0.031in（301.6 ± 0.8mm）

10 in 唱片，33⅓ rpm　9.875 ± 0.031in（250.8 ± 0.8mm）

7in/45rpm 唱片　6.875 ± 0.031 in（174.6 ± 0.8 mm）

记录面在开始时至少应有 1 圈未调制的沟槽。

31.2.2　最大外圈直径

记录表面的最大外径应为：

12in LP 唱片，33⅓rpm　11.500in（292.1mm）

10in 唱片，33⅓rpm　9.500 in（241.3mm）

7in/45rpm 唱片　6.625in（168.3mm）

31.2.3　沟槽尺寸

沟槽尺寸应为：

最小顶部宽度（仅单声道）　0.0022in（0.56mm）

最大底部半径　0.00025in（0.006mm）

夹角　90° ± 5°

对于立体声录音而言，瞬时的沟槽宽度应不小于 0.001in（0.025mm）。平均沟槽宽度最好应不小于 0.0014in（0.035mm）。

31.2.4　立体声沟槽

立体声沟槽（stereophonic groove）应携带两个声道的信息。两个通道应记录成可以通过以彼此呈 90°，在两个方向上运动的唱针重放出来的形式，并且与通过唱针和唱片中心的辐射线呈 45° 角。放音唱针的运动方向应为切线方向，或者处在经由唱针和记录中心的平面内，从记录中心看过来，更适合采用与唱针记录面法线呈 20° ± 5° 的顺时针倾角。在实际中，可能会出现 0° ~ 25° 的角度。

31.2.5　声道取向

从听众的视角来看，被沟槽壁运动激励的，由右手边音箱重放出的声音沟槽应记录到远离唱片中心的一侧。

31.2.6　声道相位

两个记录信号的相位应适合于设备重放，以便于所连接唱针的运动平行于唱片表面（与单声道记录一样），在电唱机的输出端子上产生同相信号。

31.2.7　声道电平

两个记录信号的电平应使沟槽的峰值位移在侧向平面上不超过 100μm 或 0.004in，在垂直平面上不超过 50μm 或 0.002in。

31.2.8　转速

录音应记录成能以如下转速之一进行重放的形式：

50Hz 供电	60Hz 供电
45.11rpm ±0.5%	45.00rpm ±0.5%
33⅓rpm ±0.5%	33⅓rpm ±0.5%

（注：将 16⅔rpm 和 78rpm 转速略去）

31.2.9 导入槽距

导入槽距应为 16 ±2 线 / 英寸（lines/inch，l/in）。

31.2.10 导出槽距

导出槽的纹距应为 2 ～ 6 l/in。当纹距超过 0.25in（6.4mm）时，导出槽的顶部宽度应至少增至 0.003in（0.076mm）。

31.2.11 终止槽

终止槽的直径应为：

12in 和 10in 唱片	4.187 ± 0.31in（106.4 ± 0.8mm）
7in 唱片	3.875 ± 0.078in（98.4 ± 2mm）

31.3 唱片录音时的信号均衡

为了克服基本刻盘和重放过程中的限制，人们开发出了用于录音前和录音后的特殊信号均衡。当对节目母线上出现的所有信号进行分析时，我们可能会看到低频幅度是最高的，高频幅度是最低的。信号的频率与其幅度之间的这种反比关系被称为恒速特性（constant velocity characteristic），如图 31.1 所示。

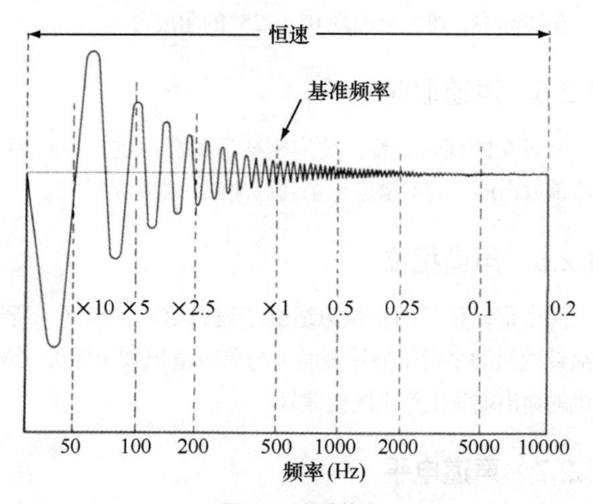

图 31.1 恒速特性

如果不加均衡而直接记录的话，则低频的位移将会占据全部的空间。在重放时，高频成分为低振幅信号，其幅度可能十分接近于系统的噪声电平。因此，这时的 SNR 极低。

为了解决这一问题，人们在录音和重放电路中引入了均衡。用于刻录的均衡被称为预加重（preemphasis），而用于放音设备的均衡被称为后加重（postemphasis）。使用的均衡曲线共有 3 种：RIAA、NAB 和 DIN 均衡曲线。第一条曲线是美国唱片工业协会（Record Industry Association of America，RIAA）使用的，而第二条曲线几乎与第一条曲线一样，但它是美国广播协会（National Association of Broadcasters，NAB）采用的。DIN（Deutsche Industrie Norm，德国工业标准）被用于欧洲国家，这些国家在重放期间的极低频率端增加了均衡，以此改善 SNR 和机械扰动（也就是转盘噪声）影响系统稳定性的问题，即隆隆的转盘噪声可能会影响系统的整体性能。

图 31.2 所示的是目前在放音设备中采用的 NAB（RIAA）曲线。表 31-1 所示的是记录特性的数字值。对于录音，我们采用的是该曲线的反转曲线。这意味着如果重放信号被提升了 19.3dB，则同一信号应该以 -19.3dB 的电平录音，以便最终的结果是使其与理想的平坦响应曲线的偏差为 0dB。

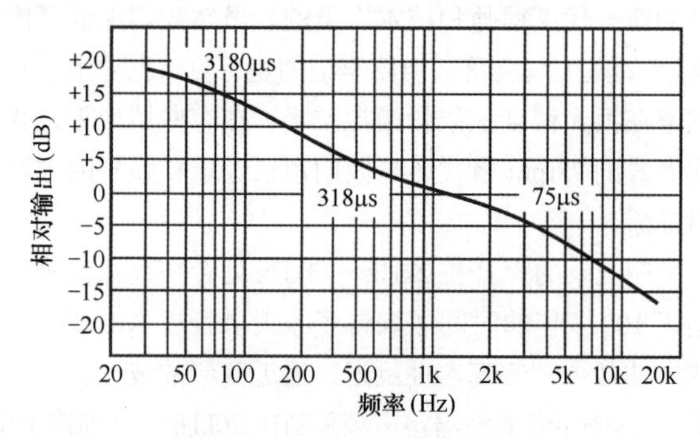

图 31.2 NAB（RIAA）标准重放特性

通常，使用均衡的目的是以最佳的失真和噪声性能进行最合适的电平录音，而且能够在声音重放时恢复各个频率间的原始平衡。

表 31-1 采用的频率和计算出的记录特性

频率（Hz）	记录特性（dB）	频率（Hz）	记录特性（dB）
20.0	–19.3	800.0	–0.8
25.0	–19.0	1000.0	0.0
31.5	–18.5	1250.0	+0.7
40.0	–17.8	1600.0	+1.6
50.0	–16.9	2000.0	+2.6
63.0	–15.8	2500.0	+3.7
80.0	–14.5	3150.0	+5.0
100.0	–13.1	4000.0	+6.6
125.0	–11.6	5000.0	+8.2
160.0	–9.8	6300.0	+10.0
200.0	–8.2	8000.0	+11.9
250.0	–6.7	10 000.0	+13.7
315.0	–5.2	12 500.0	+15.6
400.0	–3.8	16 000.0	+17.7
500.0	–2.6	20 000.0	+19.6
630.0	–1.6		

RIAA 曲线所覆盖的范围为 20Hz ～ 20kHz。图 31.3 所

示的 DIN 曲线将重放控制扩展到了 2Hz，此处的均衡返回到了 0dB。正如我们在图中所见到的那样，曲线具有复杂的形状；均衡器电路使用电容器和电阻器，其数值决定了信号的均衡量，可以用时间常数（μs）的函数形式来表示它，具体由下面的公式计算得出

$$T = CR \tag{31-1}$$

式中，

T 是时间常数；

C 是电容量，单位为 F；

R 是所提供网络的总有效电阻，单位为 Ω。

下面的公式决定了各个频率时的衰减量：

$$衰减量 = 10\lg\ (1 + \omega^2 T^2) \tag{31-2}$$

式中，

$\omega = 2\pi f$;

T 为公式（31-1）的 CR。

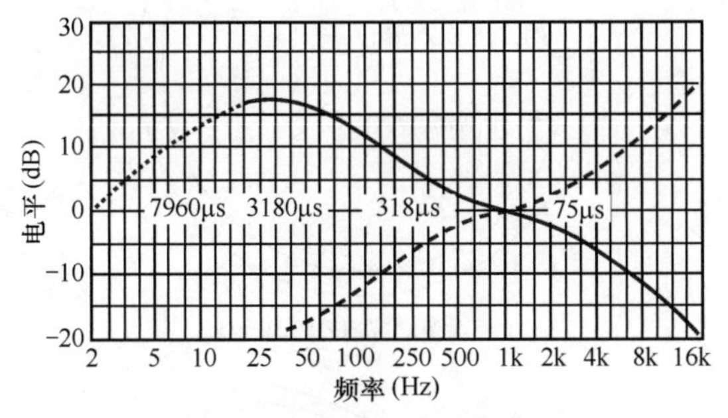

图 31.3　DIN 的录音和放音特性

RIAA 曲线由 3 个时间常数构成；使用 75μs 的时间常数是为了高频滚降，使用 318μs 的时间常数是为了在 1kHz 以下产生一个衰减，并且在 500Hz 处形成拐点，而使用 3180μs 的时间常数是为了平滑曲线的低频段。

因为唱片的录音空间有限，所以在频率范围的上半部分录音被处理成恒幅特性的信号。当通过唱头 / 拾音重放时，这些信号被均衡为恒速特性。在重放这些预加重唱片录音时，不同类型的唱头必须使用不同的均衡。例如，动磁、动铁、动圈和变磁阻唱头就是恒速器件；因此，它们响应的是唱针移动的速度。唱针被偏离得越快，输出的电压越高。陶瓷或石英唱头是压敏器件，它们响应的是作用于唱针的外力。它们被称为恒幅器件（constant amplitude devices），当采用恒速记录的录音用陶瓷唱头重放时，不需要附加的均衡。录音和唱头的综合特性彼此互补，使信号回到其原始的形态。仅需要进行较少的处理来补偿容性负载和唱头非线性的影响。

31.4　转盘

要想播放录音，唱机转盘或器件必须要按照所要求的转速转动。这是对所有唱机转盘的基本要求。不同型号的转盘和不同生产厂家的设计之间的要求结构和执行可能存在很大的不同。唱片驱动机构的变革历史从手摇圆筒机时代开始，经历了用于速度控制的发条式机械调节器转盘时代，再到电子控制的电子驱动时代。今天，可被测量到的转盘转速已经精确到与想要的速度的偏差不到 1% 的程度。

31.4.1　驱动系统

转盘由电动机驱动。将电动机功率转变成转盘运动的方法属于驱动机构的问题。转盘既可以由皮带驱动，也可以由圆盘或惰轮驱动，或者直接驱动。

第 1 种转盘类型（皮带驱动型）包括所有那些在转盘侧面安装电动机及缠绕皮带、电动机皮带轮和转盘外沿的模型，如图 31.4(a)所示。有些转盘设计有一个附加的内沿，用以隐藏和保护皮带。

许多唱机转盘装有同步电动机或带有某种转速控制机构的电动机，比如当速度超出预置数值时，用来断开电动机电源的离心开关。后一类型的电动机一般用在便携设备上，是由低压电池驱动的。另外，在便携式唱机中，存在控制低压电动机转速的电子反馈。

基于同一理念的另一种方式是利用由内置的石英控制振荡器驱动的低压交流电动机，该电动机可以改变转盘的转速，同时实现精度非常高的转速。速度波动变化的唯一原因就是皮带打滑或皮带性能变差。皮带驱动的转盘通常是最安静的转盘。皮带驱动的转盘的转速选择既可以通过改变电动机的转速来完成，也可以使用电动机上的步进皮带轮，利用将皮带从一个皮带轮移至另一皮带轮的方式来实现。

转盘的第 2 种类型就是圆盘驱动（puck-driven）或惰轮驱动（idler-driven）唱机转盘，如图 31.4(b) 所示。转盘和电动机轴之间的耦合通过中间惰轮或圆盘取得，圆盘的外沿包裹了合成橡胶或聚氨酯，用以产生强制传动，同时在电动机与转盘间隔离振动。惰轮绕着连接滑动支架的轴旋转。因为惰轮（或圆盘）一侧与圆盘沿内侧相连，而另一侧与电动机轴相连，所以惰轮将电动机转动传输给唱机转盘。机械结构被设计成当电动机关闭时，惰轮收缩脱离电动机轴，以避免橡胶边被磨平。

边缘驱动的优点就是它为唱盘提供正扭矩，如果电动机足够强，就可以给唱机转盘带来几乎恒定的转速。它的机械部分简单，是最为可靠的驱动类型。不幸的是，电动机与唱盘惰轮或圆盘之间的正耦合会将一定量的机械振动传递给唱盘并被播放出来，如图 31.4(c) 所示。

第 3 种唱机转盘驱动是直接驱动（direct drive），其中电动机直接驱动圆盘的轴。这种驱动设计也有几种变型。有些唱机转盘的设计非常巧妙，采用圆盘本身作为电动机的转子，通过自身的石英控制振荡器来提供驱动。其运行极为准确，转速可以显示在控制面板的数字显示屏上。这种看上去似乎接近于完美的驱动也有一个弱点。因为唱机

转盘的转动速度慢且电动机的极数有限，所以圆盘的运动稍微存在一点齿轮啮合动作，并且随着负载的增大会变得越发明显。这种不利因素只与质量和惯性相当小的唱机圆盘有关。如果圆盘足够重的话，就可以解决这一问题。

理想的唱机转盘应具备以下属性。

- 它应无延迟地快速启动。
- 它应以期望的转速转动，没有速度上的变化。
- 系统在运行期间，不存在可闻的电动机噪声或振动，同时振动也不应传递给圆盘。
- 唱机转盘应具有足够的防振安装机构，并且与其所处表面有足够的隔离，以避免将来自房间的振动传递进来。实际上这些较响的声音可能会使圆盘和唱臂振动。
- 既可以利用具有阻尼特性的唱机转盘垫，也可以对圆盘进行内涂层处理使圆盘抵御振铃的影响。
- 唱机转盘必须便于维护和修理。

满足上述所有条件的唱机转盘并不多，因此，为了了解如何对系统进行评估，重要的是要掌握其工作的原理。

转速。在对整个系统进行评估前，可以对唱机转盘单独进行一些测试。第一项检测就是转速检测。虽然检测转速的方法有很多，但是最简单的方法就是使用频闪盘。

启动时间。启动时间是指唱机转盘从完全静止到达其工作转速所用的时间。启动时间对于那些必须在准确的时刻播放所选择歌曲或内容的专业人士而言很重要。为了检测启动时间，我们需要一块秒表或者计时设备，以及频闪盘或测试录音。只要频闪盘上的线呈现静止状态，那么唱机转盘就达到了其工作转速。在播放测试录音时，随着唱机转盘达到了正确的转速，音调会发生改变。启动时间可能从不到1s，到2s或更长时间不等，这取决于唱机转盘的结构。唱片DJ所用的唱机转盘必须尽可能快地无过冲启动，也就是说，即便只是某一瞬间的转速也不应超过想要的转速。如果在播放节目素材时发生了过冲，那么转速的变化产生的影响将是最令人讨厌的。

噪声。第3个检测针对的是电动机和唱机转盘所产生的噪声。通常，该项检测在安静的听音室内可以很容易地实现，只需将除了唱机转盘外的所有设备均关闭即可。如果唱机转盘产生的噪声能被清晰地听到，并且盖过了正常的房间噪声，则唱机转盘驱动的性能难以令人接受。同一检测的第二部分是将唱机转盘关闭，同时系统被调至在正常的听音电平下进行的状态。当将录有静音沟槽的唱片放到唱机转盘上时，将耳朵贴近音箱可能会听到轻微的嗞嗞声。当录有静音沟槽的录音唱片被放到唱机转盘上时，并将唱针放入沟槽中，这时听到的噪声的提高就表明了唱机转盘传递结构隆隆声的程度。如果打开了唱机转盘的电源，则由电动机驱动产生的噪声就可以被测量出来。在该检测过程中，轻轻拍动唱机转盘的基座可以确定防振安装机构是否足够，以及是否不够响的音乐也会给重放的信号增加额外的声染色。总之，对优秀的唱机转盘所要求的就是只重放唱片所记录的内容，而对所有其他的振动源不敏感。

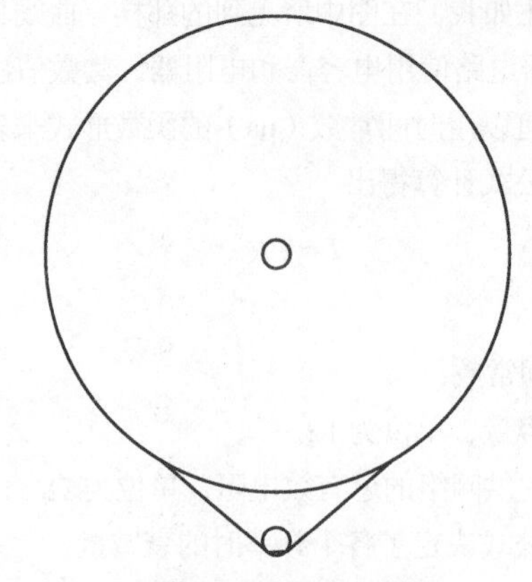
(a) 单电动机皮带驱动系统

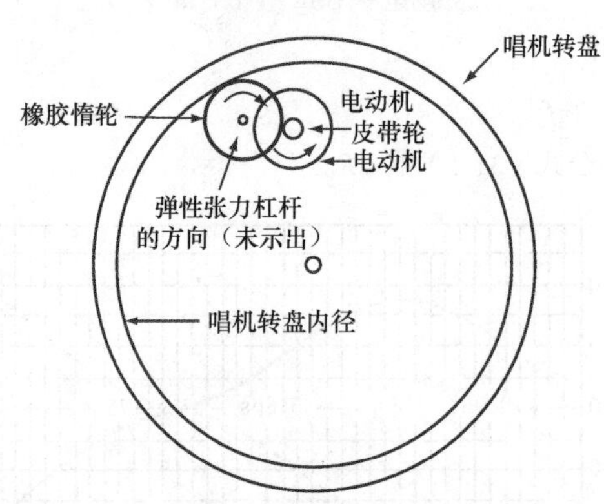

(b) 圆盘驱动或惰轮驱动转盘

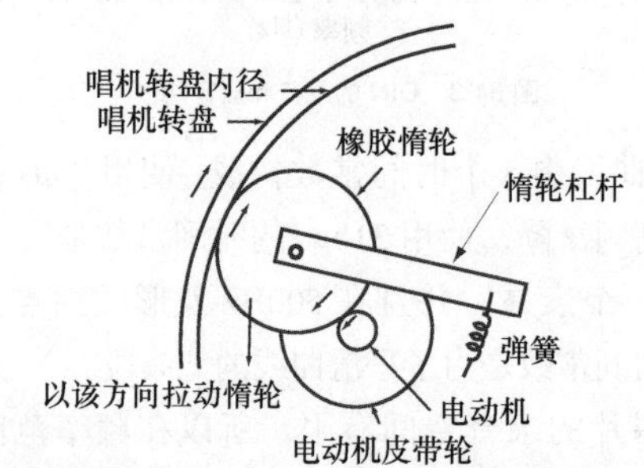

(c) 杠杆系统挤压电动机皮带轮与盘沿之间的惰轮

图 31.4 各种类型的驱动机械机制

31.4.2 21世纪的转盘设计

唱机转盘设计的最重要特点之一就是能够抑制唱机唱头唱针拾取电动机和轴承所产生噪声和隆隆声。许多廉价的唱机转盘采用的是电动机与转盘、廉价轴承间直接驱动的方式，这样便会将电动机产生的噪声和振动传递给转盘，然后再传递给唱头唱针。应牢记的是，不要令唱针相对唱片移动产生的声音与唱片相对唱针移动产生的声音之间有任何差异。

图 31.5 VPI HR-X 高质量无噪声转盘（VPI Industries 公司授权使用）

图31.5所示的VPI HR-X唱机转盘采用反转轴承取代了普

通的轴承。在这一设计中，轴承组件处在圆盘内，而不是处在圆盘下方的轴承井当中。主轴和滚珠被连接到底盘上，轴承井被反转并处在圆盘中。利用这样的设计，驱动皮带经过轴承组件的中心，而不是离开组件中心几英寸，从而将跷跷板效应减小至近似为零，稳定性更高。

因为所有的电动机组件都是完全与唱机转盘和唱臂分离的，所以在电动机和底座之间除了皮带外不存在任何机械连接。这样便隔离了噪声源，使噪声电平低了很多。

VPI HR-X 唱机转盘采用了双电动机飞轮组件来驱动转盘。由完美的正弦交流电源驱动的两个同步电动机以 300rpm 的转速驱动一个重达 6.35kg 的飞轮，两个飞轮交替驱动转盘。在这种配置方案中，转盘由非电动源驱动，而不像其他转盘由电动机或电动机组合驱动。工作于无电动机或电动机组合驱动的转盘可以产生黑丝绒般的背景，并且有完美的速度稳定性。

31.5 唱臂

唱臂（Tonearms）可以划分为两种类型：回转型（pivoted）和切线循迹型，如图 31.6（a）和图 31.6（b）所示。

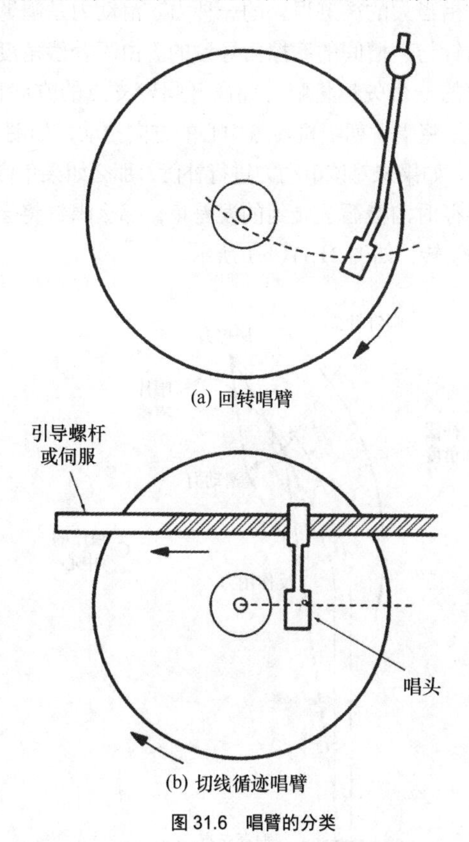

图 31.6　唱臂的分类

虽然目前的唱臂被设计成可应对各种问题的形式，但是人们还未找到一款具有近乎完美的几何结构设计且具有完美性能的唱臂。大部分唱臂被置于防滑器件中，可调节的配重用以适应各种重量的唱头和循迹力，垂直高度调节用来将唱臂设定成与唱片相平行的状态，并且具有使器件的安装和工作变得更加容易的各种性能。对所有的唱臂都进行了折中优化。极少有唱臂是动态平衡的，绝大多数唱臂是依靠动态不平衡来产生垂直循迹力。动态平衡唱臂是一种几乎能够在任何角度下播放唱片而不改变循迹力和循迹能力的唱臂。

唱臂几何结构。唱臂被设计为以和录音相同的方法恢复出沟槽的调制。唱臂的设计要考虑录音唱片或唱机转盘的直径，以及转盘的中心与唱臂支点之间的距离等因素。较早期的唱臂要承受正切误差的影响，因为唱头的正确校准是针对唱片上的唯一一点进行的。如今的支点式唱臂内置偏差角，以便在唱针定位处，它与唱片半径的垂直程度始终处在几度的范围内。这样便减小了侧向平面上的失真，改善了循迹性能。如今，有许多不同的量角方案可供人们使用，这有助于尽可能精确地定位唱臂中的唱头，使循迹误差最小化。

在刻录唱片时，刻录头沿半径方向划过刻录盘的表面。然而，在重放时，唱头与唱片半径方向呈直角的位置只有两个点，因为唱臂的支撑方式使唱针以一定的弧度摆过唱片的表面，如图 31.7 所示。

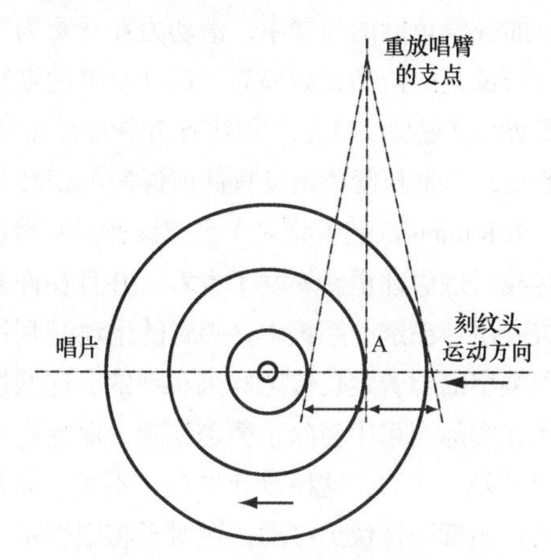

图 31.7　重放唱臂中的切线误差，只在 A 点误差为零

通常，唱臂的生产厂家都会针对特定的唱臂提供相应的模板和安装指南。如果没有这些信息，则要以正切误差最小的方式来安装唱臂。安装唱臂的一种方法如图 31.8 所示。不论回转臂处于何处，正切误差都不能被完全消除。

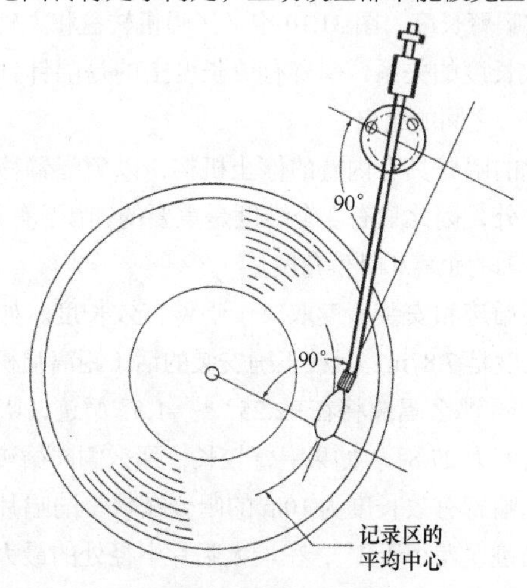

图 31.8　偏置唱臂的典型安装

但是，我们可以做到让正切误差小到可忽略的程度。图 31.9 所示的是将唱臂弯成 S 形或 J 形，以此来对唱臂进行补偿，它能对唱头位置实施调整，以便让唱片上的两个点的误差为零。它与这种理想的沟槽 - 唱头位置连接方式在水平方向上的偏差只有 2° ～ 3° 。

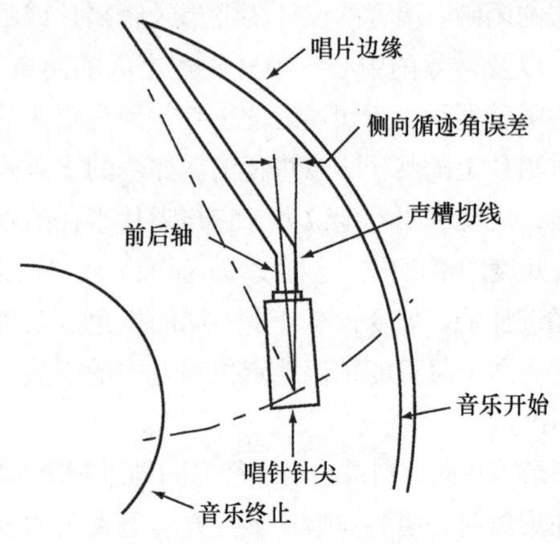

图 31.9 现代唱臂的几何配置

横移式唱臂引入了一个滑动力，将唱臂拉向唱片的中心。在没加补偿角度的唱臂中，滑动力在一点为零，当唱臂移开这一位置时滑动力会提高。这种唱臂的零正切误差点与零滑动力位置是一致的，见图 31.7 中的点 A。

理论上，不带补偿角和没有任何误差的回转唱臂必须无限长。由 Rabinoff（拉宾诺夫）兄弟设计的唱臂使爱迪生采用的切线循迹原理重新焕发了青春，并且在许多唱机系统中都有应用。在这一系统中，唱臂的运动是利用伺服机构和各种类型的唱臂定位传感器来实现的。这些切线循迹唱机转盘在实际应用中消除了循迹误差，深受许多高保真发烧友的喜爱。然而，这种设计也存在不足。通常，唱臂不能像回转唱臂那样快速移动，这对于将唱臂定位速度作为根本要求的操作而言可能是一个不利因素。切线循迹唱臂的优点就是它们更短、更轻，并且可以制作得更具刚性，从而避免了在有些差的回转唱臂中出现的唱臂共振问题。但是切线循迹唱臂的机械复杂性要求使用包括特殊集成电路和传感器的现代技术。

有效唱臂长度。图 31.10 定义了唱机转盘和主轴位置与唱臂有效长度的关系，唱臂有效长度指的是唱针针尖与唱臂支点中心之间的距离。

现代的唱臂具有内置的停止机构，以免唱臂移动到锁终止槽之外，因此只有 3 个维度是重要的：唱臂有效长度、支点到主轴的距离和补偿角度。

唱头循迹和安装精度取决于唱臂有效长度。如果唱臂的有效长度是 7.87in，且被正确安装的话（距离唱机转盘主轴 7.04in），那么唱头将在 +2.25° ～ –1.5° 循迹，唱头的安装补偿角度为 27.8° 。如果唱臂较长，那么侧向循迹误差较小，因此唱臂有效长度为 10in 的唱臂在较小的唱片半径处的最大循迹误差小于 1°，在最大唱片半径处的最大循迹误差为 1.7° 。

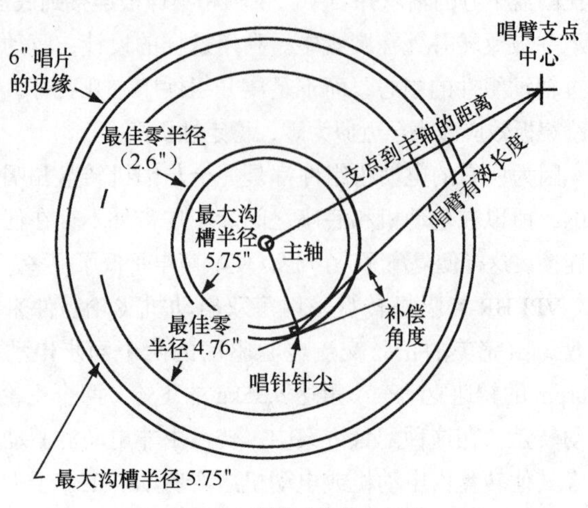

图 31.10 唱臂横向组件的关系

由于靠近外沟槽处的线速度较高，波长较长，所以循迹角度误差对信号质量的影响较小。为此，循迹误差应该在保证唱片上所有录音的重放信号质量一致的前提下针对内侧沟槽进行最小化处理。

滑动力。滑动力指的是可能破坏最佳唱臂校准状态且导致产生相当大的循迹误差的一种力。滑动力是唱臂几何结构和唱针与声槽间的摩擦力导致的。由于补偿角度和悬挂，该力的一个矢量将唱针朝离开唱臂支点的方向拉动，第二个矢量将唱臂朝唱机转盘中心的方向拉动，如图 31.11（a）所示。如果未对该滑动力进行补偿，那么如果角度远大于不同半径时沟槽循迹碰到的误差角，那么唱针将会朝唱片的外部偏转，如图 31.11（b）所示。

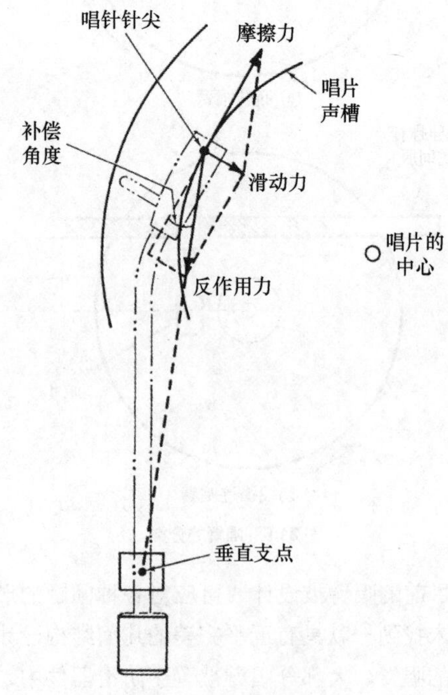

(a) 唱臂在唱片的位置及作用在其上面的力

图 31.11 唱臂的几何位置的影响（G . Alexandrovich 授权使用）

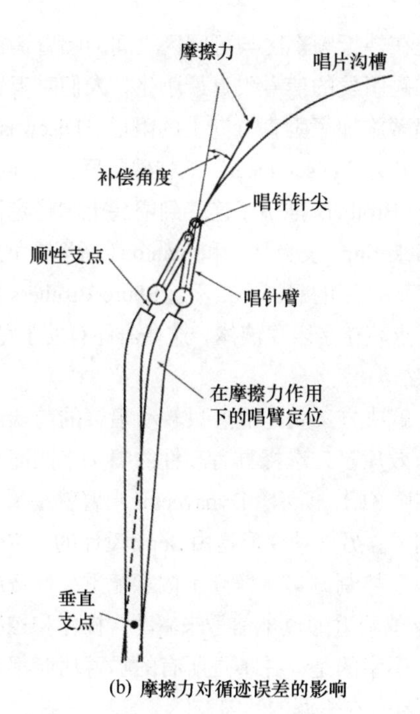

(b) 摩擦力对循迹误差的影响

图 31.11 唱臂的几何位置的影响（G . Alexandrovich 授权使用）（续）

滑动力的补偿包括向唱臂提供一个与滑动力大小相等、方向相反的力，如图31.12所示。完全从实际应用的角度出发，如果循迹误差小且唱臂校准正确的话，则滑动力对于所有半径上的音乐沟槽都是恒定的。虽然强调制和新唱针的尖锐导致的沟槽壁塑料形变会使滑动力稍有变化，但是滑动力的最大偏差是记录材料的变化所导致的。通过研究各种材料，我们会发现：最软的材料会产生较大的摩擦力和较大的滑动力。清漆母版产生的摩擦力（也就是滑动力）要比黑胶唱片高出25% 以上。今天的 45rpm 苯乙烯唱片的摩擦力要比黑胶唱片小约 30%，所需要的防滑补偿要比 LP 更小。

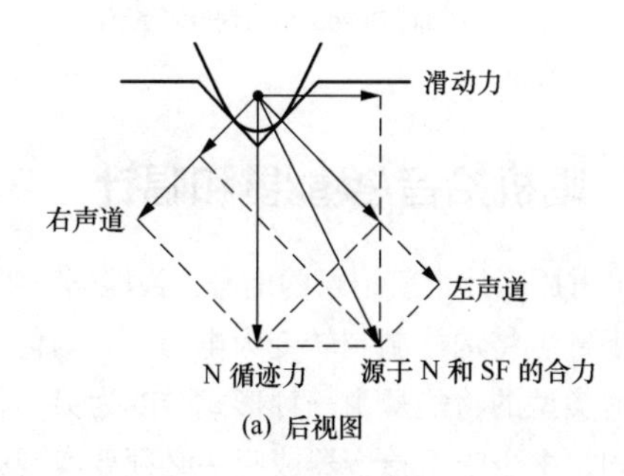

(a) 后视图

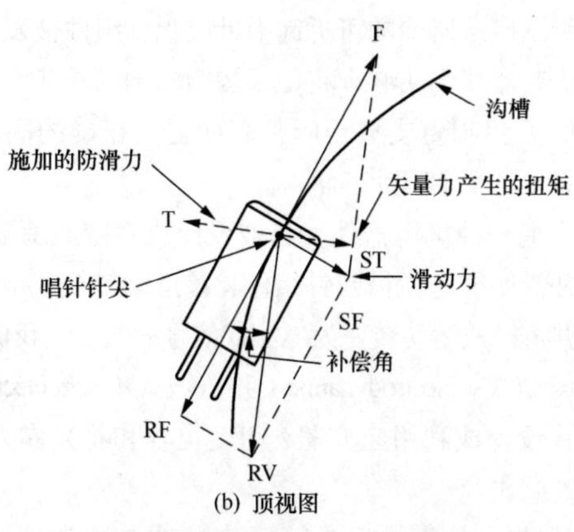

(b) 顶视图

图 31.12 声槽内滑动与反作用力

有多种不同的方法可以产生防滑力。提高拖动唱臂的水平运动力来进行滑动补偿的假设是不正确的。滑动力与沟槽旋转速度无关，拖拉并不起作用。另外，因为在所有当前的录音中变调是很普遍的，所以唱臂会以不断变化的速度移过唱片表面，偶尔甚至可能为零。正因为这种变化，所以产生防滑力的机构应在所有的时间里均能产生一致的力，而不论唱臂的运动状态如何。防滑力可以通过弹簧、磁铁、带滑轮的重物、电子器件及机械连接和配重来产生，如图 31.13 所示。为了使唱臂抵消滑动力，在水平面上所施加的任何顺时针偏转都会产生积极的效果，然而，补偿不可能对于所有系统类型来说都是准确的。

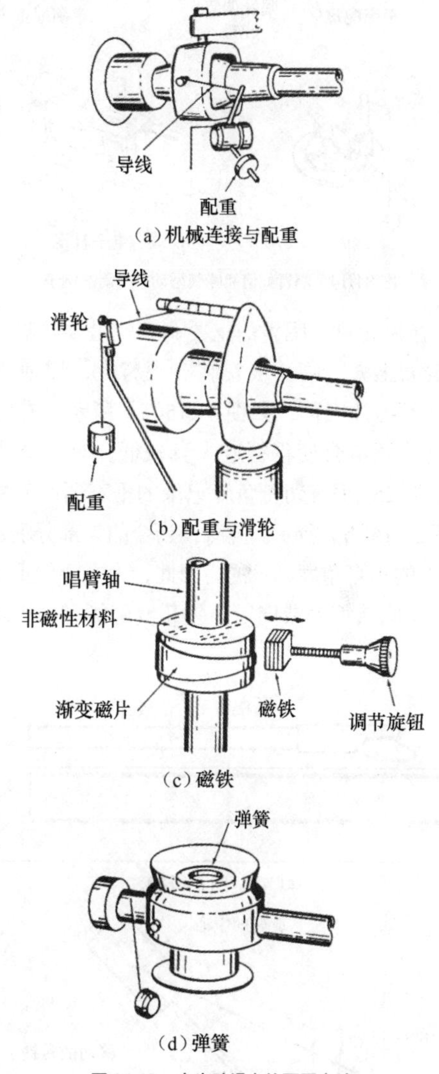

图 31.13 产生防滑力的不同方法

产生防滑力的机构的有效性在很大程度上取决于唱臂的动态特性。如果唱臂不是动态平衡的（大部分唱臂都不是），那么转盘的任何倾斜都有可能导致滑动力发生变化，从而危及唱头的循迹能力。正如我们之前多次提到的，唱臂的动态平衡意味着唱臂的支点也是质量的重心。在大部分现代的唱臂中，为了产生循迹力人们会将这一重心向唱头移动，如图 31.14 所示。在动态平衡唱臂中，循迹力是利用弹簧、永久磁铁或电磁铁（电磁线圈）产生的。拥有正确动态平衡的唱臂可以在转盘的任意位置重放唱片，并且对转盘震颤或地面振动完全不敏感。

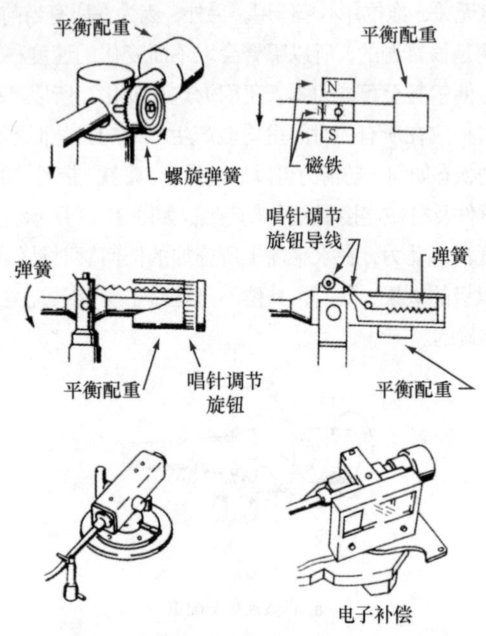

图 31.14 唱臂如何能够获得动态平衡的例子

垂直循迹角度。唱臂的重要调整就是要将唱头定位于唱片的表面上方。唱头被安装在唱臂上，以便唱头的安装面平行于唱片表面，如图 31.15（a）所示。有时唱头前端或尾端的倾斜会使得循迹失真较低。有些唱头被设计成在播放以 25° 垂直切割角度记录的垂直调制时的失真最低，如图 31.15（b）所示。同时，当今的大部分唱片都是以 10° ～ 15° 的垂直角度刻录的。因此，为了降低重放过程中的失真，将唱头移动或向后倾斜几度可能有助于降低循迹失真。

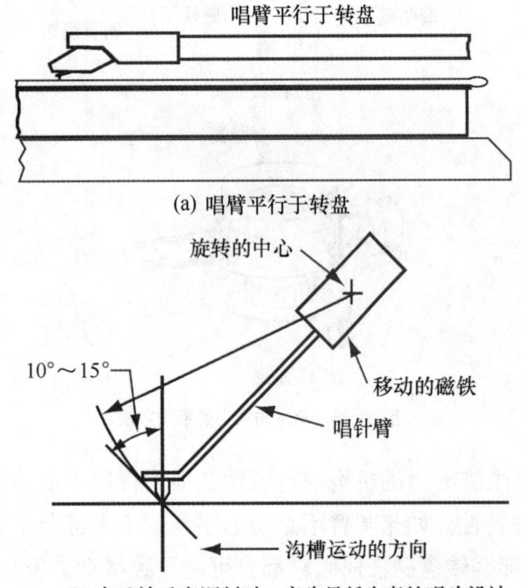

(a) 唱臂平行于转盘

(b) 当重放垂直调制时，产生最低失真的唱头设计

图 31.15 唱头的移动系统的图示，图示的是垂直循迹角

唱臂谐振阻尼。 Shure Brothers，Inc. 的研究表明：LP 录音的转折频率所在的区域从 3Hz 时的一周（0.5Hz）的峰值逐渐降低到 7 ～ 8Hz。因为频率的可闻范围约从 20Hz 开始，所以处在转折频率区与可闻区之间的唱臂谐振可以让唱机转盘弹跳引发的信号失真最小化。人们对唱臂进行了改进，对唱臂施加了垂直方向上的阻尼。Discwasher，Inc. 设计了一个名为“Disctracker”的特殊阻尼，它连接到了唱头上。Shure Brothers 推出了连接到唱头上的稳定器刷，它类似于由 Pickering（皮克林）和 Stanton（斯坦顿）发明并在 1971 年就开始使用的刷子，只不过 Shure Brothers 推出的稳定器刷的支点填充了阻尼液体。这些器件有助于稳定唱臂，同时刷子清洁沟槽。

另一种解决方案就是通过只转动唱臂的前端部分来调节唱臂的有效质量，选择具有顺性的唱头来匹配唱臂这部分质量，如图 31.16 所示。Dynavector 唱臂就是采用这种设计的一个例子。另一种变形是由 Sony 设计的，它采用了唱臂运动的电子控制方案。摒弃了依靠配重、弹簧或磁铁的方法，Sony 的唱臂通过电信号来驱动、操作和控制线性直流电动机。不幸的是，并不是所有的唱臂功能都能实现自动控制，而且存在失调的倾向。

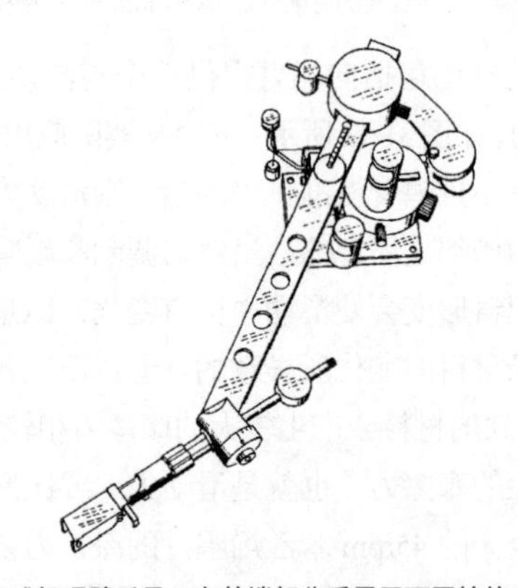
图 31.16 为了减轻唱臂质量，在前端部分采用了可回转的 Dynavector 唱臂（Onlife Research 公司授权使用）

31.6 唱机拾音/换能器和唱针

为了重放唱片上所记录的信号，换能器（唱机拾音器，唱头或唱针）将沟槽调制转变为电信号。与传声器、扬声器和其他类型的将能量由一种形式转变为另一种形式的换能器不同，由于唱机拾音器或唱头必须要实现的功能不止一个，所以自从所谓的可拆卸唱针或唱针组件被发明出来，唱机的拾音器或唱头必须将记录沟槽的调制转变为电信号，并且同时要将唱臂支撑至唱片表面之上正确的高度位置，让唱臂移动过整个唱片表面。

唱头是一种机电器件，它被设计成跟踪或追随沟槽的起伏，并借助循迹机械唱针组件将该运动转换成电信号。

根据将机械运动转变为电流或信号的原理，我们将唱头分类成电动式（electrodynamic）和压电式（piezoelectric）。也有将唱头设计成利用应变器、可变电容和将光作为传感器来工作的形式。

电动式。电动式唱头可再细分成 3 种类型：动磁式

(moving magnet)、动圈式(moving coil)和磁感应式(induced magnet)或动铁式(moving-iron type)。电动式唱头的原理是，当磁场穿过线圈绕组时，利用磁场来产生电流。其类型按照唱头的结构进行划分。如果磁铁是连接到唱针针管或悬臂上，并且线圈是静止的，那么就将其称为 MM 唱头。如果磁铁是静止的，而线圈是在磁场中移动的，则其被称为 MC 唱头；如果磁铁和线圈都是静止的，有一块软磁铁在磁铁位置处移动并被静止磁铁磁化，那么它就被称为动铁式或磁感应式唱头。

可变磁阻式唱头。自从最初的可变磁阻式唱头（见图 31.17）问世以来，该设计的许多不同版本便应运而生。磁结构是由两个极片 A，以及处在它们之间的小型永久磁铁 B 组成的。线圈 C 与软橡胶垫 D 被安装在一起。

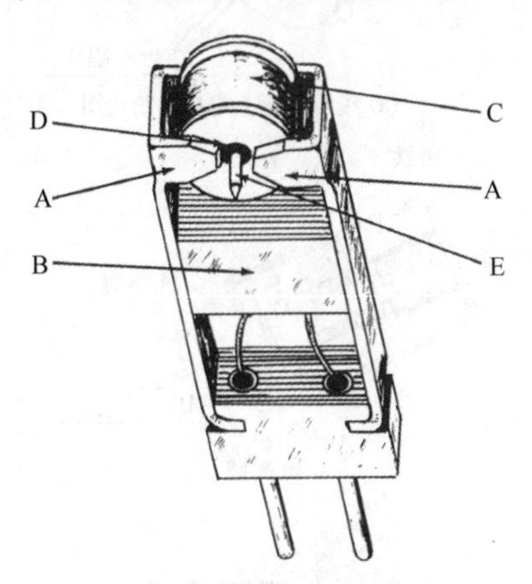

图 31.17　可变磁阻式唱头

唱针（也是衔铁线圈）通过橡胶垫片被精确地保持在磁结构的中心。当唱针被激励时，其运动导致线圈中产生电压。由于其结构的原因，频率响应被延展到正常的声频频带之外。1kHz 时的输出电压在 100mV 的数量级上，其输出阻抗这时为 500Ω。建议的唱针压力为 15 ～ 20g。唱针重量为 31mg，且可拆装。尽管建议的唱针压力为 15 ～ 20g，但是压力可以低至 7g。频率响应为 20Hz ～ 20kHz(±2dB)。

MC 唱头。现代的 MC 唱头有各种设计形式。虽然所有这类唱头都有活动的线圈，但并不是全都被冠以 MC 唱头的称号。基于软铁芯运动而不是基于线圈本身的运动赋予功能的设计不应被归类于 MC 器件。图 31.18 所示的是在重放唱片时 MC 唱针组件的剖面图。磁通量是由铁芯或线圈的衔铁控制的。如果线圈被做成静止的，而铁芯是振动的，那么仍然会产生信号，这一事实避免将其归类于纯粹的 MC 器件。

该设计的优点在于其具有极低的输出阻抗，这使得其对容性负载不敏感，并且可以采用非常长的线缆工作而不会改变器件的频率响应。其不足的一面就是唱头的输出非常低，要想测量十分之几毫伏的输出需要加 20 ～ 30dB 的放大，将电信号提高至建立起 $1mV/1cm \cdot s^{-1}$ 的记录速度所要求的参考电平。通常，升压变压器或额外的放大级会引入附加噪声，并对容性负载产生影响。这种设计的另一个不足之处是唱头的重量，工作时必须要使用更大的循迹力。

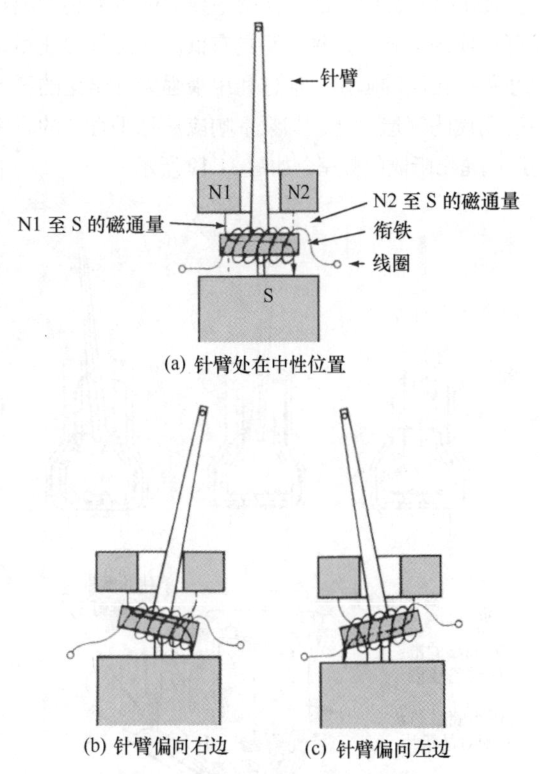

图 31.18　MC 唱头唱针组件的底视图

有关 MC 唱头的争议点之一就是它们产生的声音。MC 唱头对瞬态有非常快的响应，因为线圈具有非常低的感抗和阻抗，以及非常坚固的悬臂，为了移动相对重的线圈组件，悬臂必须非常坚固。这种设计的另外一个因素就是线圈组件的结构，其中可能有多匝线圈处于没有支撑的自由振动状态，这样便会在高频时产生随机信号。另外，可能无法保证引入导线和引出导线处于正确的状态，其在磁场中可能产生的振动会产生声染色。引线护套、线圈浸漆和黏结技术控制着该设计所产生声音的纯净度。

升压变压器要求绕组的匝数比为 1∶10 或更大。变压器的高阻抗次级绕组被反射回初级，超过指定数值的任何次级负载都会影响信号的输出电平和线圈的电气阻尼。从理论上讲，短路线圈产生的阻尼最大，而未端接的变压器次级绕组将会强调电谐振，并不控制机械运动。重要的是要将升压变压器靠近前置放大器输入放置，以便使变压器和放大器的输入级之间的屏蔽导线的容性负载最小化。因为由该输入变压器处理的信号电平极低，所以必须采取良好的变压器屏蔽措施。

可以用前置放大器来取代升压变压器。通过有源增益电路来实现的附加前置放大要求需要通过出色的低噪声电路来实现，为的是将 SNR 保持在可接受的程度。目前已经有许多这样的前置放大器设计采用了最为特殊的器件和电路，它们在电池供电或采用了最充分的滤波和稳压的特殊交流电源供电条件下工作，同时电源采用了磁屏蔽措施。

MM唱头。最受大家欢迎的高性能立体声唱头是MM唱头。MM唱头最明智的设计就是将立体声唱头的唱针设计成可更换的形式。这种唱头具有低的动态针尖质量、高的顺性和相当高的输出。通过利用最强大且罕见的稀土磁铁和最现代的制造工艺，其频率响应从几乎直流的频率延伸到远远超出听阈的频率，如图31.19所示。

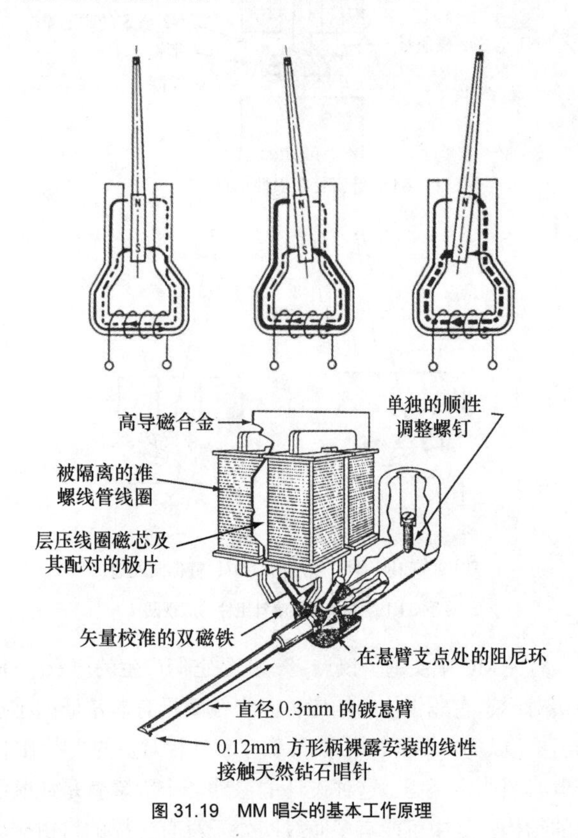

图31.19 MM唱头的基本工作原理

磁感应式唱头。这里举例的一款磁感应式或可变磁阻式唱头产品是由丹麦的Bang和Olufsen制造的。它由以高导磁率合金制造的且以正交形式放置的小块衔铁组成，它在4个极销之间摆动，如图31.20(a)所示。由厚度为0.002in(0.05mm)的铝管构成的唱针杆，它连接到高导磁率合金的正交衔铁的一端。唱针被可靠地固定在杆的另一端上。带有4个线圈的4个极销被置于十字的每一端上。与右边呈45°角方向的运动会产生反向电压感应。这样的动作允许线圈连接成推挽形式，这样便降低了由磁场的非线性所引起的谐波失真。另外，线圈提供了有效的抗哼鸣声电路。

因为串音因素已被补偿，所以左右通道间的串音被最小化。以45°角调制一个通道时，正交通道上的十字唱臂的转动并不会改变间隔；因此，假如针对沟槽而言的单元定位是正确的，则在这一通道上就不存在感应电压。

磁路的剖面图如图31.20(b)所示，其类似于用于扬声器中心磁铁的磁结构。因此，它提供了阻止磁场泄露的闭合磁路，而且是非磁性的，不会被钢质电唱机底盘所吸引。它还为线圈提供了有效的屏蔽。唱针杆支点在尼龙线上，并黏结到塑料支撑上。如图31.20(c)所示，支撑于弹性圆盘上的衔铁十字梁控制着有关移动系统的顺性和所加的阻尼。系统的转动点处在十字衔铁和尼龙线支撑的交汇点。对于5cm/s的刻录而言，每个通道的输出电压为7mV。在2g的循迹力作用下，唱针具有的角度为15°，它可以工作于1～3g的压力之下。在两个方向上的顺性为15 × 10^{-6}cm/dyn。频率响应为20Hz～20kHz(±2.5dB)。

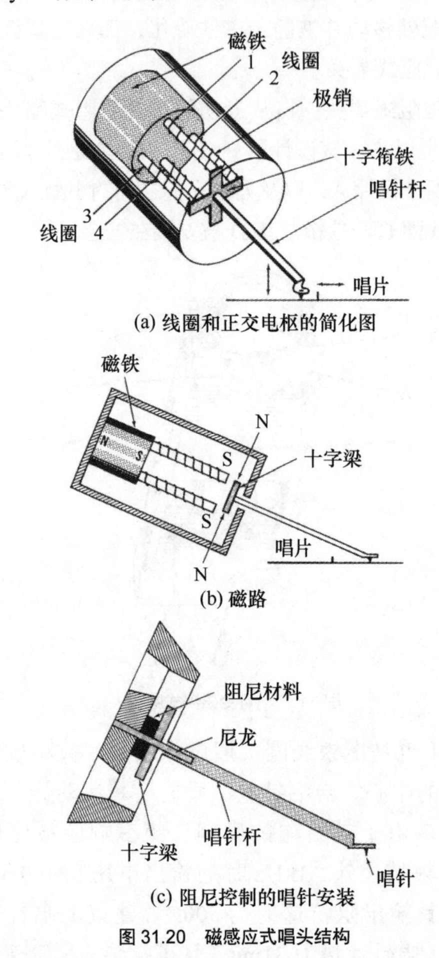

图31.20 磁感应式唱头结构

半导体唱头。半导体唱头(semiconductor pickup cartridge)利用应变仪的原理工作。其唱头机构使用了两个小的高掺杂硅半导体元件，尺寸为0.008in× 0.005in，其电阻变量是唱针偏转度的函数，如图31.21所示。元件被安装在轻质量的表面镀金的轻质环氧树脂叠层梁上。组件下梁V形槽口的作用相当于应力集中的铰链。在这样的结构中，使用了两个梁，每个梁由一个弹性轭驱动，耦合至唱针。除了轭和安装垫的顺度之外，梁和唱针杠杆内可以获得40∶1以上的机械优势。这种机械变化具有高顺性，并且降低了反射到唱针上的元件质量。唱针为椭圆形，并以15°角设置。

由于半导体元件是灵敏的调制器件，而不是普通唱头中的发生器，所以其工作所需要的能量非常小。1kHz时的顺性接近25×10^{-6}cm/dyn，频率响应为20Hz～50kHz。它需要一个电源，两个单级前置放大器和一个倒相级。随着元件被唱针动作偏转，半导体的800Ω电阻会产生轻微的改变，从而导致输出端的直流电压发生改变。这种直流信号通过交流耦合至电源内的前置放大器，在每一侧提供 0.4V 的输出电压。在每一前置放大器的输出端，唱头采用的机械均衡与 RC 均衡相结合，取得标准 RIAA 重放特性。

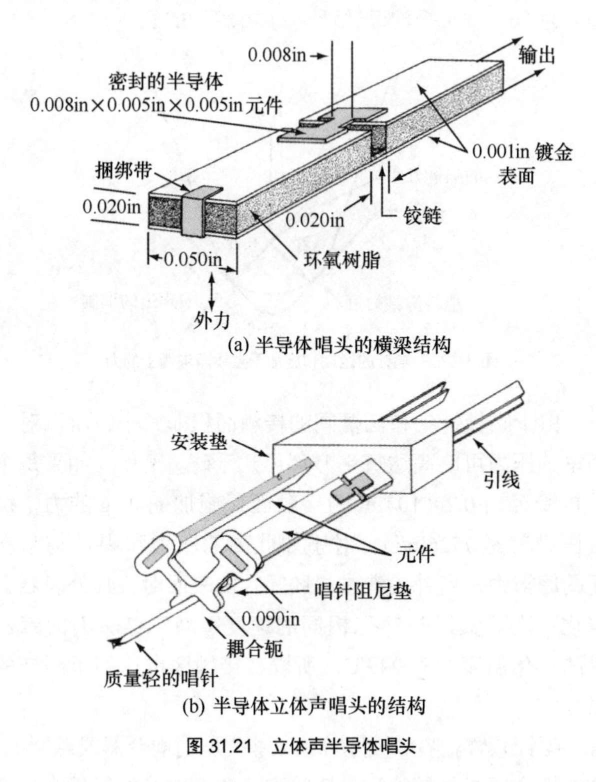

图 31.21　立体声半导体唱头

压电效应。压电效应是在压力作用下所表现出的电特性。压电式唱头内由晶体产生的电压与唱针位移的幅度变化成正比。一般而言，压电式唱头的输出电压都要比其他类型的唱头高很多。从电学角度来看，压电式唱头可被视为容抗型器件，因为其阻抗随频率的降低而升高。配合这种类型的唱头使用的简单 RC 网络是为了获得符合标准 RIAA 重放特性的频率响应。采用恒幅特性的唱片可以实现无均衡地重放。

在图 31.22 所示的陶瓷立体声唱头中，移动系统是由两个锆钛酸铅或类似材料制成的压电晶体片组成的。这种特殊材料具有高灵敏度和高容性这两个良好的机械和电气属性。在压电片的端部利用安装台实现牢固地安装，其前端通过注模成型塑料制成的轭进行连接。这种耦合很关键，因为电气性能和由唱片沟槽上唱针点看过去的机械阻抗都与之有关。耦合系统是根据处在唱针针尖和陶瓷片之间的机械部分来定义的。

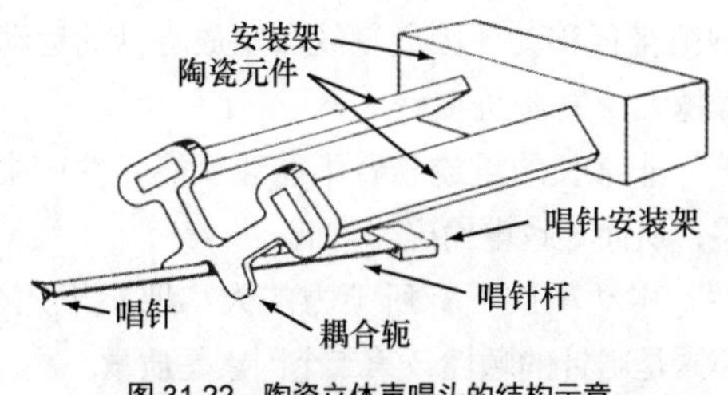

图 31.22　陶瓷立体声唱头的结构示意

唱针杆是由热处理的薄壁铝合金管制成的，其中被平滑的一端将唱针保持在理想角度上。长针杆的另一端被安装在唱针安装架上。耦合轭被连接到唱针杆的中间点附近。之所以选择这一点，是因为它能提供最想要的性能，并且从本质上减小从针尖看过去的轭和陶瓷元件的机械阻抗。

更好的唱头设计有 4 个输出端，每个通道有两个，这样可确保两侧的完全隔离。粘滞材料形式的阻尼被用于控制频率特性。这些唱头均为恒幅型，在 5cm/s 的峰值速度下的输出电压为 10mV。陶瓷唱头不受磁场或静电场的影响。

用于晶体和陶瓷唱头的 RC 均衡网络如图 31.23 所示。网络被连接到压电式唱头和前置放大器输入之间。这些网络的特性符合标准 RIAA 放音曲线。利用 15×10^{-6}cm/dyn 或更大的顺性进行拾音时，响应的不平坦度可在 ±2dB 之内。

一般晶体唱头的内部电阻约为 10kΩ，电容量为 0.001～0.0015μF。

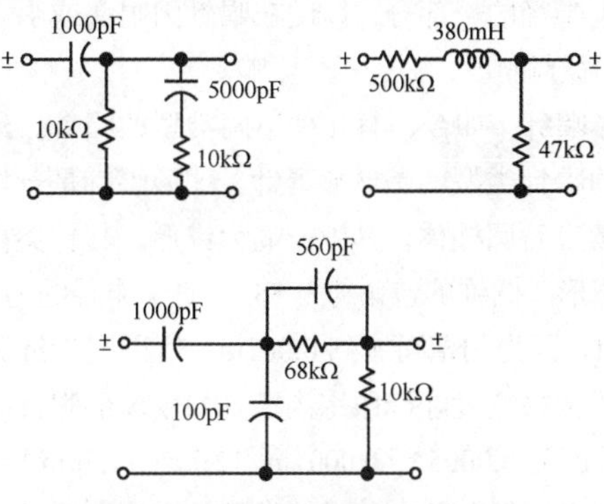

图 31.23　用于均衡陶瓷唱头的 RC 网络

31.6.1　唱针

立体声唱片沟槽。重放唱针是关于存储在唱片沟槽和重放系统之间的第一个连接链路。重放声音的质量受唱针跟踪沟槽调制精度的影响。

在 45°/45°调制格式的立体声录音中，两个声道彼此隔离，因为每一个声道的调制与另一个声道的调制相差 90°，如图 31.24 所示。

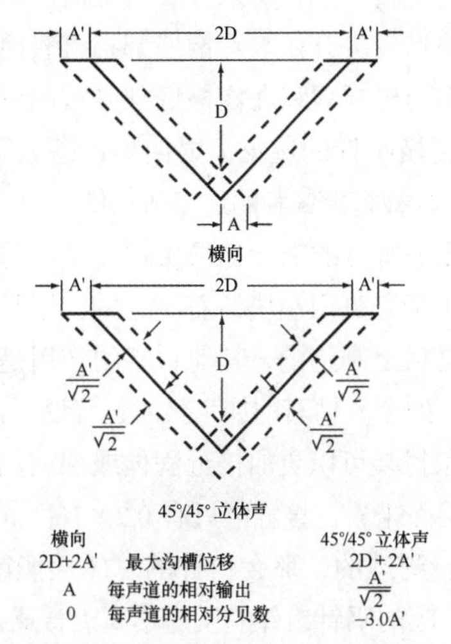

图 31.24　有标准横向沟槽的 45°／45° 立体声沟槽

为了让低频时垂直偏移的影响最小化，要对两个声道的相位进行调整，使低频信号同相，使之产生侧向调制。两个声道的相位关系决定了声像在两只音箱之间的位置，在有些情况中，相位是一个决定信号能否被真正重放的重要因素。

唱针针尖。重放唱针的功能就是跟踪沟槽的全部偏移。由于唱针被连接到悬臂的一端，所以唱针针尖的任何运动都将被传输到唱臂管或唱柄的另一端，并在那里通过运动的磁铁、移动的线圈或晶体产生出电信号。唱针具有被修圆的边缘，以便平滑地循迹。在理想情况下，重放唱针应居于沟槽中心，并且其中心线应匹配刻录唱针的中心线。在唱针和沟槽的校准上始终都会存在微小的瑕疵。因此，重放唱针的形状被制成补偿的形式，允许声槽存在一定程度的未对准的情况。

唱针与沟槽壁有两个接触点。接触区为曲线形式，并且为针尖半径的一部分，以便在唱针因唱头或唱臂未对齐而发生稍微倾斜时，循迹不受影响。

球形唱针。如今，有几种不同类型的唱针。最简单且最古老的唱针类型就是球形唱针。球形唱针是一块微小的钻石或蓝宝石圆柱体，其中一端为锥形，其针尖被打磨成精准的球形。圆锥的包角约为55°，针尖半径约为0.0007in或0.7mil。因为沟槽可窄到0.001in，所以唱针针尖必须等于或小于沟槽宽度才能跟踪沟槽。如今球形唱针的标准针尖半径范围为0.0005～0.0007in（12.7～17.7μm）。

椭圆形唱针。第二种唱针类型是椭圆形唱针。从正面看上去，它有些像球形唱针；然而，在该唱针的正面和反面有两个抛光平面。椭圆形唱针的侧向半径要比球形唱针细长很多。两个平面的交叉点被抛光，形成被称为循迹半径的小半径，其尺寸约为0.0002in（5μm）。这些小的侧向半径实际上与沟槽的调制相关联，因为它们很小，所以更容易跟踪沟槽的高频偏移。

唱针特性。所有重放唱针都被设计成只接触沟槽壁的形式，因此，唱针针尖一定不能接触沟槽的底部。因为随着磨损钻石会变得更细，所以针尖与沟槽底部的距离会越来越近。当唱针针尖开始与沟槽底部相接触时，噪声就开始变大了，因为碎屑累积在沟槽底部并被唱针铲起来。这是提醒用户更换唱针的迹象，更换唱针是为了减小噪声，同时也避免唱片被打磨锋利的边缘所损伤。

当前，几乎所有的唱针都采用钻石来制造。唱针的质量和价格取决于它是用小块钻石制造的，还是将小的芯片焊接在其他材料上制造的，其他材料的作用是给钻石尖加延展或基座。如今，钻石的加工技术已经明显改进了许多，使芯片焊接和封装可以更加接近固体或裸露的钻石尖。从实际应用的层面来看，接触区只有0.2×10^{-6} in^2，只要该区域面是由钻石制造的，那么唱针的总体性能就不受影响。只要结合在一起的唱针组件的质量不高于普通钻石的质量，且不大于裸钻的质量，那么上面所有这些结论就都成立。

施加在唱针上的垂直循迹力（Vertical Tracking Force，VTF）在两壁之间分配。每个壁感受到的力等于总的垂直力乘以cos45°或0.707，如图31.25所示。例如，如果垂直循迹力为1g，则每个沟槽壁承受的力就是0.7g。

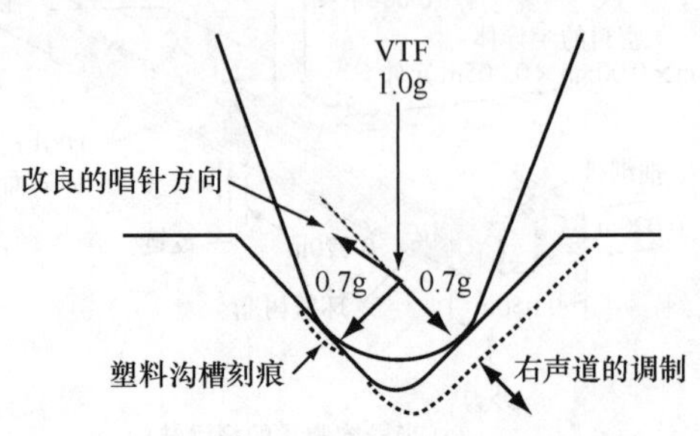

图31.25 唱针的运动和施加于立体声沟槽上的力

由于唱针针尖和沟槽间的接触面积非常小，所以对声槽壁的压力可能高达每平方英尺几千磅。例如，如果每个壁接受经由0.2×10^{-6}in^{2}的接触面积施加的0.7g的力，那么压力就是7726lb/in。对于如此高的压力和唱针与塑料间的摩擦力，当针尖滑过黑胶唱片的表面时，其外表层会熔化，之后又以与熔化相同的速度重新冻结。因为聚乙烯的熔化温度约为249℃，所以在接触区也达到了同样的温度。

唱针悬臂。唱针被连接到某些类型的耦合器或悬臂上，这些耦合器或悬臂将唱针连接到了唱头的换能组件上，换能组件可能是一块磁铁、一块铁片、一个线圈，或者一个陶瓷元件。因为该唱针组件必须有非常宽的频率传输范围，所以悬臂的结构材料和形状非常重要。从理论上讲，它必须非常轻且坚固。机械式录音已经存在了一个多世纪，曾以仙人掌针刺、鲸鱼骨、各种各样的金属、宝石、石头、塑料和木材为材料制造过唱针。最终的唱针材料选择对象集中在了铝合金薄壁管上。这种材料相当坚固、质量轻、不生锈、无磁性、导电且易于加工制造。

铝质悬臂管的平均直径是0.03in（0.76mm），长度可能为1/4～1/2in（6～12 mm）不等。少许进口唱头的悬臂是用硬的红宝石甚至是钻石制造的，有些是用硼或铍铜合金制造的。尽管红宝石和钻石是极为坚硬的材料，但是因为加工困难且具有较高的重量与长度比，所以它们被制造得非常短。回过头来，这使得支点更加靠近唱针针尖，在重放沟槽调制时移动的弧度也非常小。由于沟槽利用刻纹唱针进行调制，刻纹唱针与其支点有相当程度的距离，它以更大的圆弧半径移动，因此刻纹和重放唱针的运动之间存在的差异越大，失真也越大。

另外，非常长的重放悬臂不能让换能元件产生足够的运动位移，从而导致电输出非常低。

顺性。移动重放唱针所须力的大小取决于几个因素，第一个因素是唱针的顺性，第二个因素是质量。

悬臂或唱针的顺性是唱针组件对沟槽调制产生响应的能力。该力以cm/dyn或μm/mN（米制）为单位度量，并且给出针对指定力的唱针针尖偏移量。将顺性的度量分为静态和动态两种。

静态顺性度量的是当恒定力被施加在唱针针尖时悬臂的偏移量。动态顺性度量的是在重放测量采用了已知幅度的频率成分时针尖的偏移量。

垂直谐振。公式中的第二个变量是唱臂 / 唱头垂直谐振。唱臂和唱头垂直谐振在 5 ～ 15Hz，最理想的频率范围是 8 ～ 12Hz。8Hz 以下的谐振将使唱臂不稳定，并且将导致对中等弯曲唱片的循迹变差。

立体声唱头在唱针运动的所有平面上具有相当一致的顺性。具有较高顺性的唱头是轻型唱臂的最佳工作配置，重的唱臂应配置较低顺性的唱头。如果唱针顺性低，则施加在唱针上的循迹力应高于施加在高顺性唱针上的循迹力。

31.6.2　输出电压

唱头的输出电压取决于其设计和所用的换能器系统类型。陶瓷或晶体唱头产生的电压最高。其次是 MM 唱头，输出电压第 3 高的则是磁感应式唱头；输出电压最低的是 MC 唱头。MC 唱头产生的输出功率要高于其他类型的唱头，所以它可以配合升压变压器使用，以便将输出电压提高 10 ～ 20 倍或 20 ～ 26dB。另一方面，有些高输出电压陶瓷唱头被连接至损耗垫整和响应整形网络上，以便将电压减小至 MC 唱头输出电压的水平。如今，大部分前置放大器都被设计成可以接受 MC 唱头的情形。

31.6.3　电负载

面对各种输出电平和不同的源阻抗情况，唱头对电负载有不同的响应。例如，晶体或陶瓷唱头对容性负载最敏感。整体的响应取决于唱头的负载。在 MM 唱头中，只有频率范围的最高部分受容性负载影响。MC 唱头几乎完全不受负载的影响。一旦唱头被连接到升压变压器上，则升压变压器的次级就变得对负载非常敏感，过大的电容量可能破坏变压器的谐振和变压器次级绕组的阻抗。因此，唱头的生产厂家都指定了推荐的阻性和容性负载。

最常见的阻性负载为 47kΩ(欧洲为 50kΩ)，对于 MM 唱头，根据生产厂家和唱头型号的不同，它要并联 200 ～ 400pF 的电容。唱头的容性负载包括互连线缆和唱臂导线到地（或导体之间）的所有电容，以及因连接件和开关而增加的电容量。最后，前置放大器电路的内部导线和因电路设计不同而产生很大变化的前置放大器输入电路电容都会给唱头增加容性负载，如图 31.26 所示。在许多情况下，对唱头表现为容性负载的总电容超过了 1000pF，它导致在 7kHz ～ 8kHz 处出现电谐振峰，紧随该频率的是在这一频点之上的早期响应滚降。

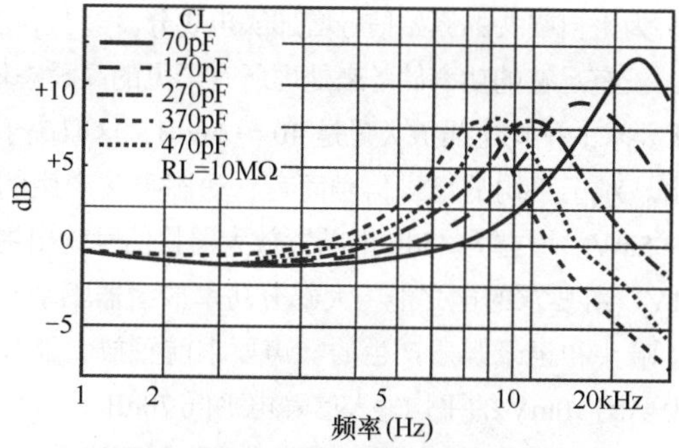

(a) 变化的容性负载对未端接的阻性唱头的影响

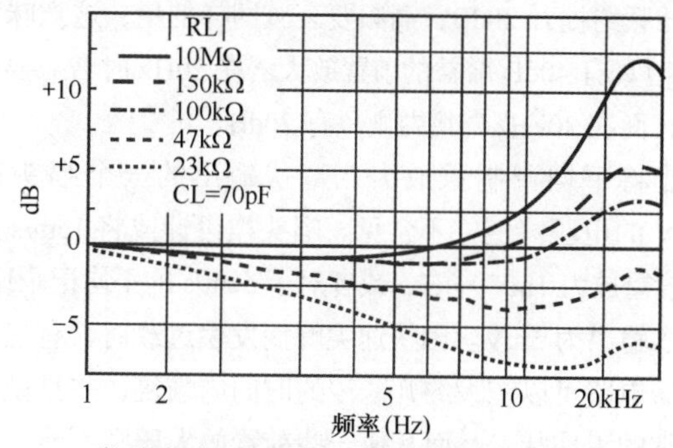

(b) 变化的阻性负载对未端接的容性唱头的影响

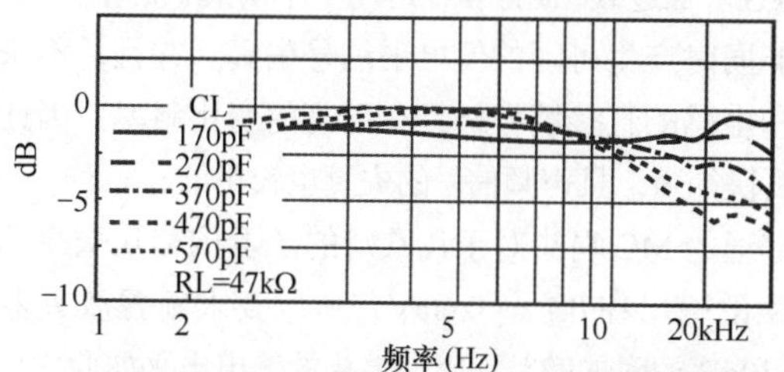

(c) 变化的容性负载对端接了 47kΩ 电阻的唱头的影响

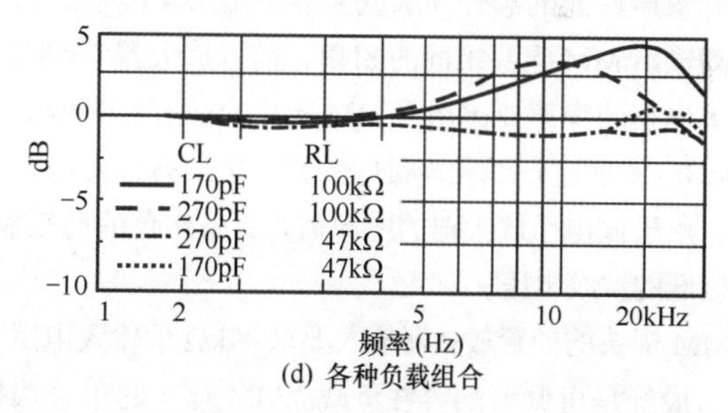

(d) 各种负载组合

图 31.26　唱头负载对频率特性的影响（Stanton Magnetic 公司授权使用）

31.7　前置放大器

唱机唱头需要特殊形式的放大来重放所记录的声音。来自唱头的电信号的有效值只有几毫伏，因此必须要将信号放大至几伏。这必须要满足如下几点。

- 最小的失真。
- 平坦的频率响应。
- 出色的 SNR。

唱机前置放大器必须在放大唱头所拾取信号的同时，不能：

- 改变信号的相位。
- 使谐波和互调失真度百分比增加太多。

- 为来自唱头的原始信号增加噪声成分。
- 没有足够的功率储备来处理所有罕见的高瞬态信号。

所要求的平均电压放大量是40～50dB，这取决于唱头的输出。对于平均的记录信号而言，动态唱头产生的输出为4～5mV。增益为45dB的前置放大器将信号输出提高至将近1V，所要求的电平能将大部分功率放大器驱动至满幅输出。唱头和记录媒质产生的噪声要求前置放大器噪声电平至少要比10mV的平均输入信号电平低70dB。

电路的频率响应满足RIAA特性，相对于1kHz而言，低频约提升20dB，高频要衰减同样的量，这意味着在1kHz时具有40dB增益的前置放大器在20Hz时增益要高达60dB，而在20kHz时增益则只有20dB。

让将平均调制重放为几毫伏输出的一个唱头产生100mV的电压峰值并不常见。唱头被设计成将1cm/s的记录速度重放为1mV左右，或者对于5cm/s的平均记录速度，唱头的输出为5mV。因快速尖峰而发生过载时，有些前置放大器电路可以在大约几毫秒的时间内恢复，并且恢复到其正常的工作状态，而其他一些前置放大器则不能快速恢复，并且一旦过载，便停留在这一不平衡的状态下很长时间，并可能同时产生可闻的低电平信号失真。并且，不采用大电容和电感的直接耦合级具有更高的变化斜率，因此其反应也要快得多，且声频信号的失真也较小。

普通的MC唱头对于几欧姆的源阻抗和几毫亨的电感所产生的输出在0.1～0.6mV，所以要求前置放大器具有20～30dB的附加增益。因为唱头的输出电平如此之低，所以对低噪声性能的额外需求就要靠电路来实现了。为了维持与高输出MM唱头相同的SNR，前置放大器（或唱头放大器）电路的噪声要比用于MM唱头的前置放大器的噪声低20dB。实现这一低噪声目标的方法之一就是使用升压变压器。用于低电平放大器的电源需要具备出色的稳压能力，以及极低的波纹电压。

MM唱头的前置放大器输入要求47kΩ的输入电阻和较低的、最好是可调节的容性负载。MM唱头的正确端接对于获得正确的换能器性能非常重要。MM唱头具有电阻和电感的属性，所以设计者对容性负载进行了指定。如果指定的容性负载高于电路的总电容，那么应规定前置放大器根据需要为唱头端增加电容。如果总电容比需要值大，线缆可以做得更短一些，或者用电容更低的线缆来取代原来的线缆。

31.8 激光电唱机系统

激光电唱机（Laser Turntable，LT）是由日本的ELP Corporation生产的，如图31.27所示。它具有非接触式的光学拾音系统，可以重放几千次唱片而不会对唱片造成损伤。激光电唱机的工作原理如下：两路循迹激光束对准的是沟槽的左肩和右肩。到达沟槽的光束只有一部分反射到两个位置检测器（Position Sensitive Detector，DSP）光学半导体器件上。落到记录区的光束部分发生偏折，并不会被PSD器件所拾取。信号通过模数转换器被送至微处理器，之后借助伺服机构保持读取头直接定位于沟槽上方。

图31.27 ELP激光电唱机（ELP公司授权使用）

两路附加的激光束正对着处在循迹光束下方的沟槽左肩和右肩。各个沟槽上的调制被反射至扫描器镜面及左右光学传感器上。被调制光的变化导致声频传感器产生反映沟槽上机械调制特性的电信号。整个声音重放链路都处在模拟域。

利用单独的激光束来保持记录面与行进的拾音头间距的恒定。这与CD播放机中采用“聚焦”激光来移动读取数字比特的激光，使读取光头与光盘保持正确间距的技术非常相似。由于录音唱片的厚度是变化的，所以这一性能可以确保拾音头与唱片间准确对齐。快速且反应灵敏的伺服甚至可以让激光电唱机播放已经扭曲的唱片。同样也可以播放新型的180g（厚度）的发烧唱片。

唱片上同样的声频信息被刻在沟槽的肩部到底部的位置上。激光读取在肩部之下10μm的声频信息，如图31.28所示，因此激光拾取声频信息的方式是无接触式或非磨损式拾取。

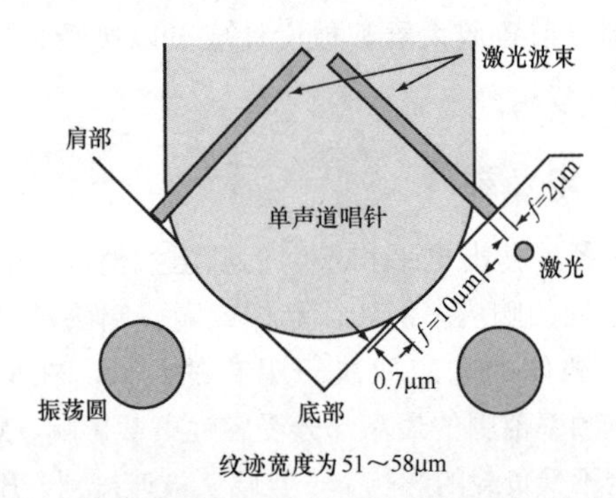

图31.28 激光束拾取靠近肩部的信号，处在这里的信号是标准唱针接触不到的

沟槽上激光束的入射面积是最好的立体声唱针接触面积的1/4，是单声道唱针的接触面积的1/26，如图31.29所示。激光束行进至沟槽的肩部并返回。反射角被转变为声频信号。因此，激光电唱机在整个处理过程中保持是模拟的，没有任何数字化环节。正因为如此，激光电唱机不能区分唱片上记录的是声频信号还是落的灰尘，黑胶唱片必须保持绝对干净且无碎屑。

反馈一般是由音箱（或来自其他地方）发出的声音到达电唱机，并且引起可拾取的机械振动而被反复放大所引发的。由于是无针重放，所以LP在舱中是安全的，而且激光读取的只是沟槽的起伏，故不需要精心制作的隔振垫。激光电唱机将听不到外界的噪声，比如地板上的脚步声、摔门声，或其他地方的振动。

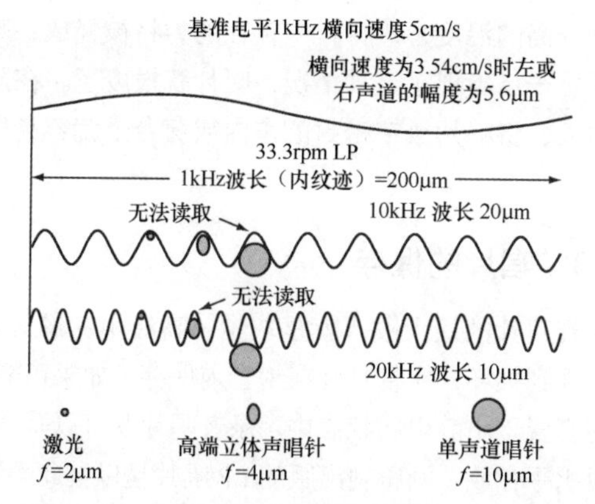

图 31.29　激光束的入射面积是立体声唱针接触面积的 1/4，是单声道唱针的接触面积的 1/26

激光电唱机的使用。当唱片被放入舱内并按下播放按钮时，唱片托盘关闭，激光电唱机扫描唱片，以识别各种曲目和刻录内容。曲目被显示在正面的 LCD 显示窗中。在曲目指示器上方的单条垂直线表示出了激光拾音头的位置。随着唱片的播放，垂直指示器移过唱片，显示其在唱片上的准确位置和正在播放的曲目。

在激光电唱机进行初始扫描时，激光拾音头从内侧（主轴）移至外侧声轨，同时标记出曲目。随后，机器进入第一首曲目并度量出光头到唱片表面的距离。几秒钟之后，唱机从开始处播放唱片。

LP 可以重复同一曲目多达 5 次，重复一个切入点，审听刻录的某一片段，重复播放一条沟槽，或者以任意的次序播放选择的曲目。

当打算播放唱片时，信息窗口会显示转盘的转速。在唱片放音过程中，窗口会显示经过的时间，当前切入片段已经过的时间，当前播放面余下的时间和当前播放面的总时间。

31.9　唱片的保养建议

保持来自唱片的声音没有噪声且没有不想要的砰声和爆点的最有效方法之一就是保持沟槽和唱针干净。唱片被污染的原因显而易见，空气传播灰尘的累积、手的油脂、香烟烟雾和其他存在于黑胶唱片表面的静电荷吸附的任何东西。放音唱针周围的灰尘主要归因于斜槽。停留在唱片表面的灰尘颗粒被唱针所吸附，尤其是在存在静电荷的情况下。较好的唱头是将唱针电气接地，将任何静电势通过接地的悬臂组件加以释放。

31.9.1　刷子

一种将灰尘清除出唱片沟槽的方法就是使用带集尘刷的唱头。当它滑过黑胶唱片的表面时，电气绝缘的刷子自身产生的静电会将周围区域的灰尘颗粒吸住。由因接地而呈电中性的金属材料制成的唱针悬臂保持干净，并且自由振动，跟踪沟槽的调制。

31.9.2　唱片清洁设备

黑胶唱片上的沟槽调制非常低，处在光波长的数量级，任何液体或固体混合物都将导致在重放那些沟槽时产生失真。钻石唱针可以等效为一块岩石，黑胶唱片相当于果冻。以高速摄影的方式拍摄岩石划过果冻的照片。这块岩石移过果冻方式的任何改变都将导致所记录声音发生变化。

在沟槽中，聚集了真菌、霉菌、污垢、灰尘、污染物、脱模剂复合物、各种清洁液和防腐剂等。所有这些物质都会影响唱针读取沟槽的方式，进而影响声音。好的真空清洁机可以在使用清洁溶液来清洗唱片之后以真空的方式清除唱片的表面液体，并将污垢一同带走。用好的真空清洁机清洁过的唱片达到了显微镜级的清洁度，人们所听到的声音也同样干净。

声频体验中让人震惊的事情之一就是当你第一次听到被真空吸尘器非常认真清洁过的唱片发出的声音，会发现声音变得更清晰、更干净、更清脆，能够非常容易听出来厅堂和声学空间的声音。干净的唱片将不易被磨损。损坏唱片的不是唱针，而是唱针通过污物，并将污物压入唱片沟槽，从而毁了唱片的声音。

真空唱片清洁机以同样的方式工作；唱片被放到唱机转盘上，唱机转盘转动唱片，同时机器或操作者清洗唱片，真空嘴将脏的液体从唱片上吸走。价位越高的产品工作起来越安静，或者能得到更好的清洁效果。最终的效果大同小异。图 31.30 所示的 VPI HW-16.5（几乎已经生产了 30 年）是一台并不太贵的唱片清洁机。

图 31.30　VPI HW-16.5 基本型唱片清洁机（VPI Industries 授权使用）

我们强烈建议在使用任何的清洁设备之前，一定要严格遵从说明书的指示，在对所有收藏的唱片进行清洁或者给唱片涂防腐涂料之前，先拿几张唱片进行一下试验。我们的忠告是：如果使用了太多的防腐涂料，则弊大于利。过量的材料不仅不会让表面噪声更低，而且还会使唱针针尖被弄脏，在唱针针尖脏到一定程度时，唱针针尖就不能在沟槽内运动了。清洁或防静电物质的唱针针头上的累积也会提供其动态针质量，干扰对高频调制的循迹。因此，清洁唱针就变得与清洁唱片同等重要。

除非必须，否则不应清洗唱片。首先用软刷或软的绒布来对唱片进行干燥清洁。如果必须清洗唱片，则要使用蒸馏水；千万不要使用热水或含有可溶性矿物质的水。唱片的标签应用一片薄塑料盖上，加以保护。使用软驼绒刷或一块滴了两滴液体清洁剂或香波的潮湿天鹅绒以圆形运动轨迹来清洁唱片沟槽。用蒸馏水冲洗整张唱片，然后再用干净的软干布擦拭。唱片可以用放到冷风挡的手持吹风机（绝对不要将手持吹风机放到热风挡）来吹干。沟槽内的大部分污物是唱片表面存在的静电荷吸附的灰尘。清洗或冲洗唱片表面可释放这些静电荷，让灰尘飘走。

忠告：绝对不要用含有酒精的溶液或其他溶解唱片材料中虫胶和主要成分的化学溶液来清洗老式的78rpm唱片。清洗聚乙烯LP唱片的限制则少了很多，可以使用酒精溶液来清洗它。目前较为安全且较为有效的清洁溶液是普通的家用液体皂液，遵照一定的注意事项来操作就会取得不错的清洁效果。

唱机垫是灰尘污染的最主要来源，因为唱机转盘长时间保持开启状态，会在垫上聚集灰尘。当干净的唱片被放到垫上时，唱片朝下的一面就会从垫上吸附到大量的灰尘。清洁甚至是清洗唱机垫便变得很重要。

聚乙烯唱片（和CD）对热都很敏感。当以非常高的压力压着唱片时，聚乙烯唱片就会被平滑成薄的塑料盘，要在一定的压力之下将塑料盘强制冷却下来，直至聚乙烯唱片不再柔软为止。之后，唱片进一步被冷却至室温。在压模期间施加在塑料上的力被留在唱片中。如果唱片再次被暴露于升高的温度下，材料中存在的力将被释放，唱片将会弯折。一旦出现了这种情况，唱片就报废了。在阳光充足的白天，将唱片放在密封的车内或窗台上就容易发生这种问题。

31.9.3 唱片的保存

录音唱片的最大敌人就是灰尘、高温和发霉。为了避免唱片受到损坏，应将其装在封套内保存。如果可能的话，要将封套置于防静电的状态中。录音唱片既可以垂直存放，也可以水平存放（刚压制出版的LP唱片是以彼此叠置的形式放置的，为的是避免唱片发生翘曲）。如果是水平叠置在一起，则不要将不同尺寸大小的唱片混放在一起，叠放要整齐且不要堆得太高。如果是垂直放置保存录音唱片，唱片不要摆得太松，并且不要倾斜，因为这样唱片会翘曲。在存放唱片前不要使用清洁剂或防腐剂，因为唱片在潮湿的环境下保存会更容易发霉。

第32章

磁记录与重放

Dale Manquen和Doug Jones编写

32.1 引言

当前本书已经出版到第5版。本书之前的版本，尤其是第3版和第4版都用了相当大的篇幅对磁记录和重放方面进行非常详尽的介绍。在相关章节中全面讨论了磁记录和重放的历史及其理论。这些已经是非常成熟的技术，保守地讲，自从本书的第4版发行以来，在磁记录方面并没有出现什么突破，从下面的论述中读者也可看到这一点。在撰写本书时我浏览了一下互联网，检索的结果表明当前仅有一家公司还保留着1/4in 2轨开盘磁带录音机的生产业务。模拟多轨磁带录音机的时代已黯然谢幕。当然，虽然它们还在被使用，不过磁带已成为稀有之物，因此价格也越来越贵。也还在使用硬盘驱动，从技术上讲硬盘也属于磁介质。然而，其理论已很好地应用于其他领域，因为对于计算机硬盘而言，它不存在用户可维护或调整的部件，通过查阅各种资料我们可以获取的内容很少。因此，我们决定将本章论述的内容重点放在保持模拟磁带录音机的继续使用上，以及对其进行正确调整的实用技术方面。对于打算阅读磁记录和重放的历史和理论的读者可以参阅之前版本的《音频工程师手册》。

32.2 磁带传动机构

负责将磁带以恒定速度和可重复方式通过磁头的机械部分被称为传动机构。传动机构扮演的角色如下。

1. 以可重复和适宜的恒定速度驱动磁带经过换能器磁头表面。

2. 在磁带经过磁头时，磁带保持有固定的机械方位取向。

3. 利用张紧的磁带或将磁带推向磁头的方法在磁带与磁头间产生紧密的压力。

4. 根据功能需要为磁带提供必要的走带方式，比如绕带、搜索和编辑。

实际上，所有磁带录音机都采用图32.1所示的布局。带盘被装在两个电动机的主轴上，电动机提供高速的绕带操作，同时在放音方式下提供磁带张力。磁带从左手边的供带盘移至右手边的收带盘。随着磁带离开供带盘，磁带将在导引机构的控制下依次通过消磁磁头、录音磁头和放音磁头。磁带以恒定的速度通过磁头，其运动是通过被称为主导轴的旋转轴和压带轮的驱动来实现的，其中压带轮将磁带压在主导轴的表面上。之后，磁带被传递到收带盘上。

实际上，几乎每台磁带录音机都采用过这样的设计，除了名声不佳的Ampex 400，在20世纪50年代初期它将主导轴/压带轮组件放置在磁头组件的左侧。

专业录音机可使用的典型精度包括：带速变化率在万分之几，机械校准误差已小于0.001 in和0.003°，张力变化率在百分之几的范围内。虽然这些看上去都只是很小的变化率，但也会给录音造成明显的误差，正确的传输机构调整是保证磁带录音机正确工作的关键。

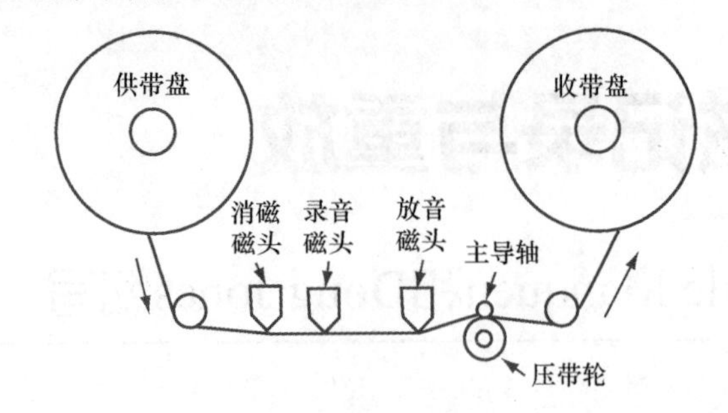

图32.1 传统的磁带传动机构的布局

有一种非常简单的速度控制技术，即通过夹持磁带的表面，让其以想要的带速走带，比如旋转鼓的外周。因此磁带是以受迫方式和完全同样正确的速度走带。各种应用中所使用的鼓直径由2in以上到直径小于0.1in的细轴。通常，鼓越大，带速控制越准确。非常细的转轴通常用于非常慢的带速情况，比如盒式磁带和民用的盒式录像带。

旋转的鼓被称为主导轴，它是参照航行船只中缆绳牵引设备来命名的，夹持设备被称为压带轮。最简单的主导轴就是电动机一端的转轴。转轴直径的选择是根据在电动机工作转速下线性走带的磁带移动速度来确定的。

主导轴内任何转速波动都将表现为记录磁带线速度的变化。这意味着主导轴必须以绝对恒定的转速转动。最简单的恒速设备就是磁滞同步电动机。同步一词指的是将电动机运行的转速锁定于驱动电动机的电压频率上，只要电力公司提供正确的电压频率（不同国家提供的电压频率不同，它为50Hz或60Hz），机器便以指定的速度运行。

当今的大部分磁带录音机都是利用对主导电动机的伺服控制来取得更高精度的走带速度。伺服控制电动机工作利用的是主导轴上安装的高分辨率光或磁测速仪形式的测速装置。这种测速仪在电动机每圈的转动过程中可以提供多达1200个速度样本，这种速率已经高到不仅足以检测总体的平均速度，甚至能将因带道上其他元件不良所产生的非常小的速度跳变反映出来。通过将测速仪检测到的速度与来自晶振分频的高精度基准速度进行比较，所产生的任何速度变化或误差都能被迅速检测到。控制电路利用这一误差生成对电压驱动电动机的矫正电压，从而抵消掉速度上的误差。这种闭环系统的总体精度主要取决于测速仪的精度和基准时钟。

针对伺服系统的变速操作要比针对磁滞同步电动机的变速操作容易得多。简单的可变频率振荡器可以替代固定基准，从而实现无级变速。

用于专业机器的实际标准来自附属设备的9600Hz外部VSO，附属设备将以标称速度驱动伺服系统。该9600Hz信号可以在倒计时链路中最终定速分频器之前的合适点取代晶振的倒计时信号。因此，VSO信号能够将机器控制在任意的运行速度之下。

如果准确安装了测速仪，测速样本发生的频率足以提供精确的传感、控制电路送至电动机的校正信号快到足以让误差被检测到，且如果电动机能够迅速对其控制电压的校准产生响应，那么电动机将恒速转动。上文中的一连串假设意味着这种伺服设计的复杂度。然而，良好设计所带来的结果令人印象深刻，日常情况下，专业录音机能够将机械感应的速度变化抑制在 0.05%rms（在 15in/s 即 38cm/s 的带速时）以下。

32.2.1　关于压带轮的注意事项

标准的压带轮橡胶是氯丁橡胶，这是可以抵御臭氧和烟雾影响，且性能相当稳定的橡胶化合物。使用许多更新的化合物作为压带轮橡胶，尤其是各种聚氨酯橡胶，也已经取得一些成功的尝试。有时，虽然新的滚轮会取得出色的结果，但是随后就会变得光滑，并且失去对磁带的附着力。在其他的情况中，滚轮的弹性体将转变成像太妃糖那样的软化物。

聚氨酯橡胶受温度和湿度影响，而且所有用来清洁带道的溶剂也对其有影响。在清洁完压带轮之后，总是要对清洁垫进行检查。如果垫上刚好有磁带的残留物，那么要进行正确的清洁处理。另一方面，如果看到的残留物疑似压带轮表面物质，那么可能是压带轮溶解了！

32.2.2　磁带张力

与所有的弹性介质一样，磁记录用磁带一定会被稍微拉伸，从而在磁带内产生张力。对于正常的录音应用而言，在每条带宽为 1/4in 的磁带上实施约 113.4g 的典型张力，便可以使磁带被拉伸近 0.1%。由于这种小拉伸还不到造成磁带永久损毁所需应力的 1/10，所以不会产生磁带永久损坏的后果。

磁带上的磁带张力执行了 4 个独立且常常冲突的功能如下。

1. 磁带张力保持移动的磁带与录音和放音磁头紧密地接触，以取得良好的高频性能。

2. 张力使磁带在磁带导引装置上保持笔直，以便让磁带的位置保持恒定。

3. 张力控制着收带盘上磁带层的缠绕。

4. 在无压带轮的机器上，张力用以保持磁带与主导轴的接触，以建立实现正确带速控制所需的足够大的驱动力。

图 32.1 所示的经典磁带传动机构利用了供带盘转动电动机来产生放音模式下磁带通过磁头的磁带张力。通过降低电压，供带盘转动电动机被逆时针激励，从而产生来自电动机的恒定转矩。为了将电动机的转矩转变为磁带张力，要用转矩除以磁带卷（活动臂）的半径。

然而，供带盘上带卷的半径随着重放时间的持续而减小。到了 10½in NAB 带盘的尾端，半径已降至起始值的一半，从而使得磁带张力被加倍（有些塑料 7in 带盘的外侧直径与内侧直径之比高达 3∶1）。

最终与磁带相接触的每个器件都会对磁带张力产生进一步的改变。当磁带滑过任何静止导柱或磁头表面时，磁带张力会因磁带与静止表面间的摩擦而稍微产生变化（旋转的导引器件的轴承摩擦和粘滞阻力通常忽略不计）。摩擦张力对总的磁带张力范围扩大的相对贡献程度从只有转动导引传动部件时的 5%，到有大量固定导柱传动和 / 或包裹固定导柱的大的磁带偏转角时的 50% 以上。

牵引张力是由图 32.2 所示的圆柱形导柱产生的。当磁带经过导引器件附近时，就会建立起张力和摩擦力。虽然总牵引力的准确表达式是指数函数形式，但是对于只存在少量包角的带道而言，我们可以将张力的变化近似表示为如下公式。

$$张力变化 = K \times 磁带张力 \times 包角 \times 摩擦系数 \quad (32\text{-}1)$$

要注意的是，尽管导柱的直径并未出现在张力的表达式中，但是由导柱与磁带表面接触所产生的压力随着其直径的减小而提高。这一增大的压力使得半径小的导柱被磨损得更快，积累灰尘的速度也更快。由于小的导柱表面上沉积的灰尘颗粒会更易于刮削磁带表面，所以半径小的固定导柱必须保持非常干净才行。

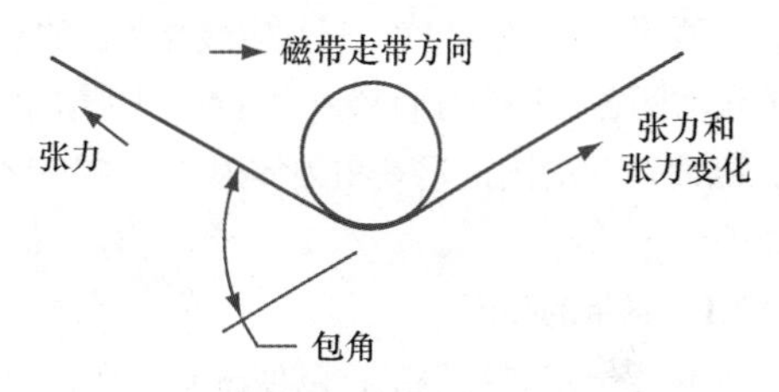

图 32.2　导引机构的摩擦使张力增大

摩擦系数不仅取决于磁带的类型，而且还与磁带的卷带状况有关。较旧的磁带可能失去了让磁带自由滑过静止物体表面的表面润滑剂。这可能导致当磁带经过录音机时会产生刺耳的声音。更糟糕的是，当磁带中的聚氨酯黏结剂脱落产生的黏结剂颗粒汇集到磁带导引器件上面时，磁带可能因此而被拖至停止。在对旧磁带归档时常常会出现这些问题。

有些传动设计要比其他设计对因磁带问题而引起的磁带张力变化更为灵敏。具有高牵引张力或无压带轮的带道可能需要重新调整磁带的张力，以维持可接受的性能并避免磁带打滑。控制传动机构的张力主要有两种基本方法：主导张力控制和绕带电动机张力控制。在此再次提醒读者，之前版本的《音频工程师手册》已对此主题进行了非常详尽的阐述。一般而言，在主导张力系统中需要由用户调节的工作很少。这基本上是传动机构物理设计所固有的属性。然而，绕带电动机张力控制系统可能需要定期进行调整，以保持其正确的方位取向。我们建议读者参考特定传动机构的相关手册，因为不同生产厂家之间在此方面会有相当大的不同。

解决的方法就是让两个主导轴具有稍微不同的面速度。如果我们需要0.1%的磁带拉伸来产生想要的约113.4g的磁带张力，那么输出主导轴的面速度必须要比输入主导轴的面速度高0.1%。这可以通过使用主导轴直径稍微不同的两台异步电动机来实现。高斯（Gauss）高速磁带复制机就是对这种技术进行了成功运用。一种与之非常类似的技术是采用了一条非拉伸塑料将驱动电动机耦合至两个主导轴。如果两个主导轴的转轴是一样的，但如果由于导出主导轴上的压带轮比另一个压带轮细了0.1%，那么就可以取得想要的速度差。

32.2.3 磁带的导引

为了能正确地进行磁记录的录制和重放，磁带必须以非常精确的路径通过磁头组件。该带道应能让磁带在没有任何垂直约束的前提下自然地通过磁头组件。导引系统存在的目的不仅仅是保护磁带，克服磁带微小的从盘到盘的变化，比如因磁带生产容限产生的扭转和弯曲，而且还要让磁带不受迫地执行任何非自然的动作。任何蛮力都将导致磁带损坏、过度的导引磨损，以及磁带走带不稳定和跳动等问题。

磁带导引系统要处理5个方面的磁带运动问题——高度，方位，顶部，缠绕和入盘——其中最受关注的是磁带在磁头处的运动问题。每个方面都依次受两种因素的影响：因调整不正确而产生的固定误差和因容限和磁带变化而产生的动态误差。

32.2.3.1 磁带的高度

磁带的高度一定要被控制，以便磁带上所记录的磁迹正好处在磁头的拾取区域。对磁带的高度的精度要求会随着磁迹变窄而提高。

对于将磁带准确定位的磁带导引装置而言，虽然磁带必须被紧密地安装在导引装置中，但导引装置也一定不要挤压到磁带边缘。典型的磁带宽度制造容限为2～4mil（50～100μm），磁带导引装置宽度容限为1～3mil（25～75μm）会使得许多磁带卷为松配合状态。

高度误差源还包括磁头和导引高度上的固定误差，以及磁头内磁芯的位置容限。良好校准是指磁头和导引装置的组合误差不超过1mil（25μm），但要使用录音棚中并不常见的光学测量仪器才能测量出来这一精度数量级。一般维修部门的维护工作产生的误差范围在2～3mil（50～75μm）。当将这种校准误差加到典型的1mil（25μm）磁芯位置误差和磁带导引的2mil（50μm）清洁误差之上时，所产生的信号损失或变化量在24轨录音机上可能很容易超过1dB。

降低对高度误差的灵敏度的相对简单的方法就是使用不同的记录宽度和重放磁头磁芯宽度。既可以采用较宽的重放头重放较窄的音轨，也可以用较窄的重放头重放较宽的音轨来减小或消除由高度变化所带来的损失。然而，不同的磁迹宽度会引起常见的操作误差。用全轨（信号被记录到整个磁带宽度上）的校准磁带来设定正常和同步的重放电平，将会在较宽的两个磁头上产生电平误差。与两个磁头的磁芯宽度比值有关的误差量必须从较宽磁芯的实际仪表读数中减掉，以确定真正的磁通磁平。例如，具有37mil（0.93mm）记录磁芯和43mil（1.08mm）重放磁芯的录音机在采用全轨校准磁带调整时，要将同步重放设定为0VU，而将正常重放设定为+1.3VU。

32.2.3.2 磁头方位角

磁带不仅必须以正确的高度通过磁头，而且被记录到磁带上的信号还必须要与重放磁头的磁拾取缝隙平行。任何角度上的误差都被指定为方位角误差（azimuth error）。对于典型的导引间隔为6in（15.2cm）的专业磁带录音机而言，在最差的导引和磁带尺寸组合情况下，每个导引装置都可能产生最大为±5mil（125μm）的动态导引误差，所产生的方位角误差为±0.1"或±6"。对于250mil（6.35mm）的轨宽而言，该误差将产生3dB的信号波动。重叠磁头或磁迹具有无方位角损失的性能改进。

对于多轨录音机而言，记录在单独磁迹上的声频通道间的时间和相位关系可能要比短波长信号的电平更为关键。方位角误差造成了磁迹间的微分时基误差，因为方位的倾斜导致一个磁迹的重放会稍微落后于另一个磁迹的重放。随着磁迹间距不断变大，比如1in和2in（2.5cm和5cm）格式，时基误差变得更为重要。度量这种时基误差的典型方法是在两个磁迹上记录相同的高频信号，然后测量磁迹间的相位差。表32-1所示的在1mil（25μm）波长时，当相位差和时间差处在最坏的情况下时，会给靠外的磁迹引入0.5dB的磁头方位角误差。

表32-1 由0.5 dB方位角误差引发的误差（1mil波长）

格式	相位误差	时基误差
3in立体声	151°	0.28 ms
1in8轨	867°（2.4周）	0.16 ms
2in24轨	3500°（9.7周）	0.65 ms

如果磁带导引和磁带的宽度完美匹配，那么高度损失和方位角损失的幅度将会大为降低。一种实现这一目标的方法就是采用带有弹性加载活动凸缘的合适导引，以便导引根据磁带宽度自己进行调整。有些具有许多窄磁迹的数字录音机利用弹性加载导引来维持带道的紧密可重复精度。

32.2.3.3 导带机构

有许多不同的磁带导带机构形状、尺寸和基本类型，如图32.3所示。每种导带机构都包含抵压在磁带边缘以对磁带进行控制的凸缘。在除了仅边缘导带机构外的所有情况中，磁带包裹着导带机构，产生力劲，以便凸缘施加的控制力可以移动整个磁带宽度，而不是只扣住磁带边缘。一般而言，为了获得足够的力劲，至少要有10°的包角。

通常，转动导引部件产生的效果不如固定的导引部件产生的效果。由于磁带是紧密地接触到转动导引部件的转动面，而与固定导引部件产生滑动接触不同，磁带上下滑动所需的力是由磁带张力和静态摩擦系数决定的。虽然张力构成与固定导引部件一样，但是这时应用的滑动摩擦系数一般只是静态值的一半。

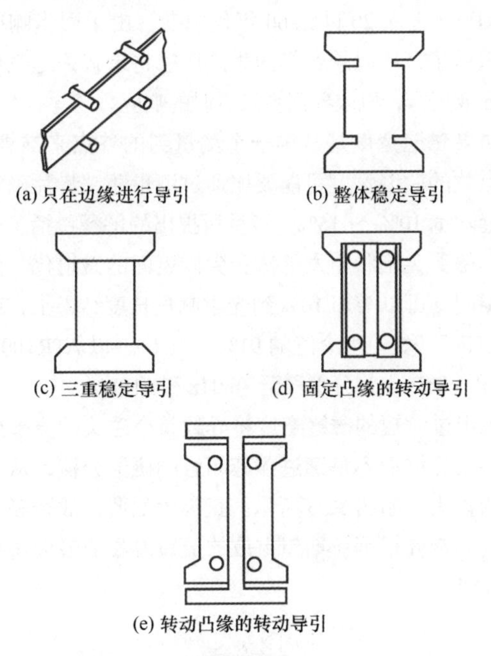

图 32.3　5 种类型的磁带导引机构

尽管固定和转动导引部件在磁带的传动机构中的使用都很普遍，但是转动导引部件稍微更容易损坏磁带的边缘。如果磁带边缘接触活动凸缘的外半径，那么具有大转动面的导引部件可能在磁带的边缘产生褶边。大部分导引部件被设计成渐细的凸缘，以便将这一危害降至最低，但如果导引部件被用于精确地磁带定位，那么还是需要在锥形物的底部有一个小平坦区域。

因为在磁带边缘上任何可察觉的力都可能引发磁带扭曲，而不是上下移动，所以仅在边缘导引的部件效果非常有限。

32.3　磁头

至此我们已经讨论了导引和控制磁带运动的传动机构。现在我们将讨论将磁信号转变为声频信号的换能器（磁带机的磁头）的问题。在记录 / 重放过程中可能会发生许多非线性的问题，这些问题都是磁头的结构和校准导致的。

32.3.1　几何特性

磁头的大部分特性受磁头和磁带的几何形状控制。由于磁带上的记录波长是由所记录信号的频率和磁带相对于磁头的速度决定的，不同频率和速度的多种组合在磁头上可以产生同样的效果。例如，带速为 15in/s 的母带录音机上 15kHz 音调的波长与带速为 240in/s 的高速磁带复制机上 240kHz 信号的波长相同。对于两个应用而言，尽管带速有 16 : 1 的差异，但从几何学上看是一样的。

磁缝宽度损失

磁带表面上的每一个微小磁粉颗粒都会在颗粒的周围空间产生磁力或通量。这种看不见的磁效应被称为磁场，它会与附近的其他磁粉颗粒相互作用。为了度量这一磁场的强度，重放磁头形式的通量集中器沿着磁带扫描。由磁头产生的最终电输出取决于记录到磁带上的磁通类型。

重放磁头必须能够从非常小的磁带扫描区有选择地收集磁通。例如，小型盒式磁带上磁量型的波长可能小至 100×10^{-6} in（2.5μm）。要想取得这么微小的分辨率，必须在磁性材料环上建立一个小磁缝，如图 32.4（a）所示。

缝隙的长度范围为从用于演播室母带录音机的 2×10^{-4} in（5μm）至小于 30×10^{-6} inch（0.75μm）——盒式高密度数字录音机的红光波长。由于没有可应用的切割技术用来准确切割出短的缝隙，磁芯通常被装配成两个捆在一起并填入想要尺寸薄垫片的极片，将该极片插入缝隙。图 32.4（b）所示的是典型的演播室磁头磁芯的全尺寸示意图，其中的磁头尖处的临界间隙区和邻接的磁带被放大，如图 32.4（c）所示。

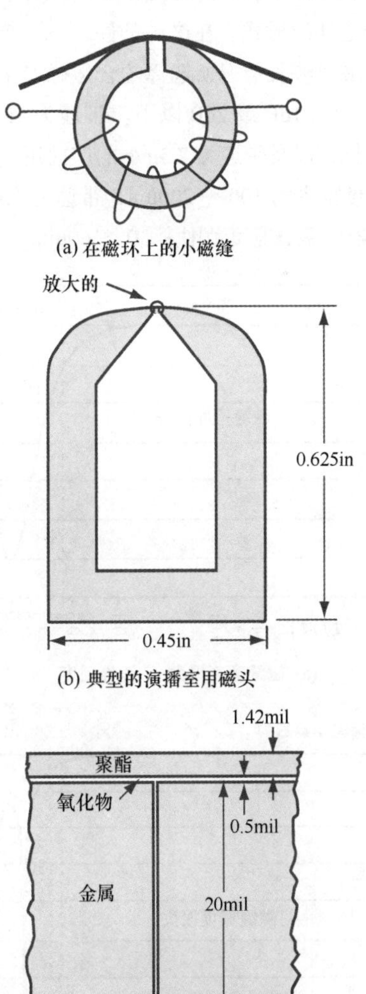

图 32.4　理想和实际的磁头

缝隙的作用相当于感应孔径，它可以被当作拾取磁带表面汇聚的磁通的器件来进行分析。通过磁芯拾取的磁通量可以用来产生绕组上的输出电压，该磁通量由跨越缝隙区的从磁头尖到磁头尖的净磁通决定。如果缝隙处的磁带微段只是由单极性的强磁化体组成的，那么磁芯中的磁通将被最大化。另外，如果磁带微段是由两个彼此抵消的相反极性磁性体组成的话，那么磁芯中的净磁通将为零。

由这种平均效应产生的最终缝隙效果如图32.5所示。磁头的输出最初是缓慢地衰减，之后便随着波长降至缝隙的长度再迅速降为零。当缝隙的长度变得比波长更长时，就会产生相反极性的输出，出现另一个零点。这种交变极性的衰减峰值形式被一次次重复，每一波长中出现的零点都在缝隙中形成了奇或偶数的完整周期。

以带速为15in/s的录音机为例，它在40kHz的频率时只有1dB的磁缝宽度损失，而在67kHz的频率时这一损失为3dB，可以肯定的是这一损失并不是主要的损失。当带速为30in/s时，这类损失甚至变得更加不明显，频率分别加倍到80kHz和134kHz时，损失才分别达到−1dB和−3dB。

几乎很少有哪种录音机被设计成可以工作于图32.5中所示的虚线之外的形式。在这种条件之下，专业机器针对特定应用和最短波长情况所选择的合适磁缝宽度的磁缝宽度损失会维持在1dB或2dB以下。带速为15in/s和30in/s的母带录音机，以及带速为7.5in/s的广播用录音机的重放磁头磁缝宽度范围为100～200μin，带速为1⅞ in/s的小型盒式磁带机器的磁缝宽度范围为30～60μin。

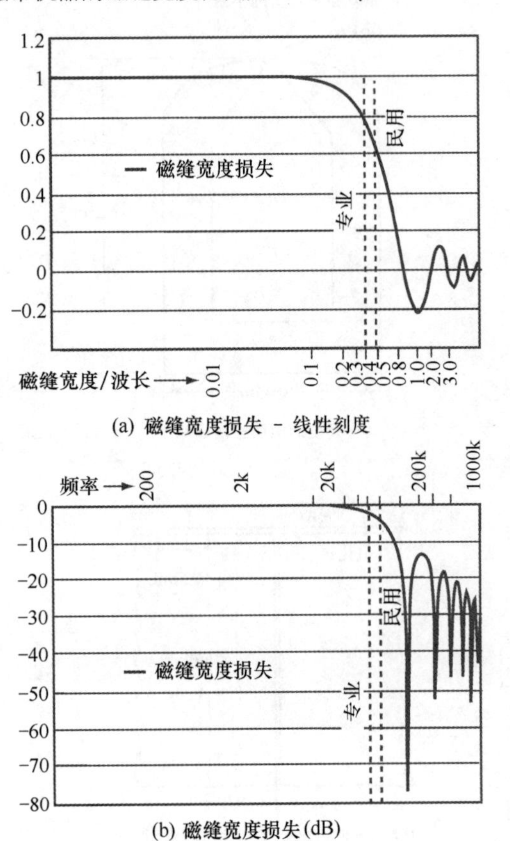

(a) 磁缝宽度损失 - 线性刻度

(b) 磁缝宽度损失(dB)

图32.5　磁缝宽度损失和磁缝宽度/波长比值

母带录音机在同步录音模式下还可以将录音磁头当作放音磁头使用。由于录音磁头的缝隙范围可能为250～1000μin，所以同步录音响应可能会出现明显的高端损失。例如，20世纪50年代生产的老式录音机的录音头缝隙为1000μin，在15in/s的带速下，响应中出现的第一个谷点为15kHz。进入20世纪60年代中期，由于同步响应变得更加重要了，所以录音机的生产厂家将录音磁缝宽度减至350μin或更窄，以改善同步录音时的响应。

如果磁缝宽度是从第一个测量到的谷点来推算的话，那么有效的磁缝宽度可能要比通过测量薄铁垫片确定出的机械缝隙宽10%～15%。各种所提出的解释包括了因制造应力和磁头尖饱和引发的磁头尖内表面的磁退化。如果对此有疑问，可以增加10%到光学测量长度结果上，或者将响应点向下移至理论值的91%(1/1.1)。以ATR100为例。−1dB和−3dB点将分别移至36kHz和61kHz。

采用过渡短的磁缝宽度将导致整个磁头的灵敏度因磁力线跳出磁缝而不是通过磁芯闭合的磁通分流，从而产生额外的损失，如图32.6所示。正因为如此，放音磁头的磁缝宽度通常要根据所期望重放的最短波长的最大可接受损失来选定。

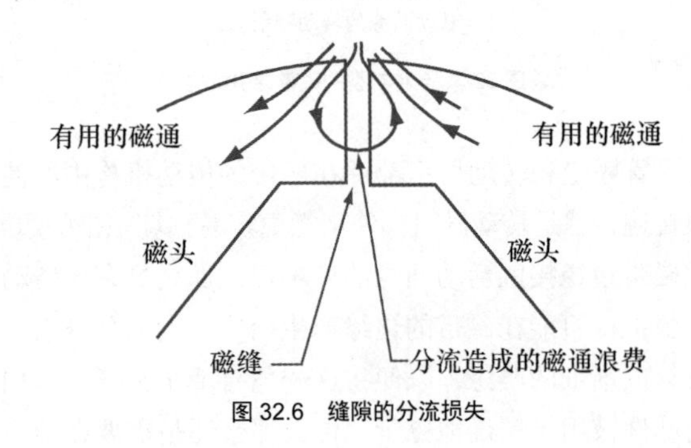

图32.6　缝隙的分流损失

32.3.2　间隔损失和磁带厚度

在记录过程中，微小的随机取向磁粉颗粒以磁性列队编组，以便它们的动作如同一个较大的磁粉颗粒一样。我们可以直观地看到这些分组就像小的条形磁铁一样，其尺寸大小是由磁带及信号决定的。磁迹的宽度定义了垂直方向，而磁带涂层厚度设定了深度。长度由记录信号的波长来决定。为了简化说明，假定要记录的信号是1.5kHz的方波，带速为15in/s，所产生的波长是10mil或0.010in。被记录的图像类似于5mil长、极性交替改变的条形磁铁的级联。

实际上，磁缝宽度损失和分流损失只决定了录音机的部分性能。最重要的参量是磁带上磁性涂层的相对厚度。磁带厚度与所要记录的最短波长的比值对频率响应、最大输出、噪声和信号电平波动都有很大的影响。

磁带表面的磁粉颗粒与磁头的磁芯紧密耦合，在磁芯内产生最大的重放磁通量。由于磁粉颗粒被覆盖在磁带表面之下，所以它在磁芯内产生的磁通较弱。所损失的磁通量与间隔距离和波长有关 —— 这就如同字体小的文字要比字体大的文字更难阅读一样。这种间隔损失的近似表达式如下。

间隔损失 = 55 × 距离 / 波长 （dB）　（32-2）

利用这一间隔损失公式的一个例子就是确定由放音磁头表面上的污物所引起的放音信号损失。假定典型的录音棚采用的带速为 15in/s(38cm/s)，仅仅 0.0001in(2.5μm) 厚的一点灰尘在如下的频率上所产生的间隔损失为。

150Hz 时的间隔损失 = 55 × 0.0001(15/150)
= 0.055 dB

1500Hz 时的间隔损失 = 0.55 dB

15kHz 时的间隔损失 = 5.5 dB

应注意的是，这种看上去并不明显的灰尘颗粒会在高频时产生严重的间隔损失。

因灰尘而产生的间隔损失并不是磁缝“近视”所产生的大问题，因为通过正确的清洁可以保持这种间隔距离小于 10^{-5}in(0.25μm)，在录音棚的带速下几乎是没有误差的。但对于 1⅞in/s(4.8mm/s) 的盒式磁带带速而言，这将产生严重 8 倍的问题。

严重的间隔损失问题是由磁带本身引发的，因为磁性涂层厚度使大部分颗粒更加远离磁头。考虑到磁带是由几个独立的氧化物层所构成的情况，如图 32.7 所示。如以每层的中间点来确定间隔距离的话，则可以计算出每层的平均间隔损失，图 32.7 中所示的图表是普通的 0.6mil(15μm) 厚度的磁性涂层的例子。

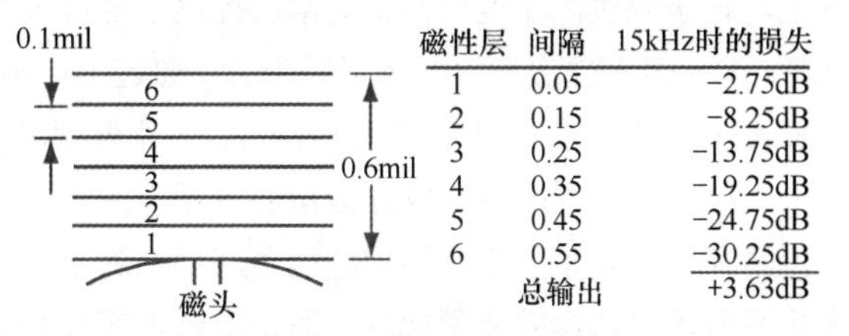

图 32.7　带厚损失

层 2 ～ 6 对间隔损失的贡献迅速下降，因为它们组合在一起的该波长下的间隔损失只等于层 1 自身所产生的间隔损失。实际上，除去占厚度 17% 的层 6，在这一波长下该层给输出造成的损失只占总损失的 2% 或 0.18dB。

这一磁性涂层厚度损失可以表示为如下公式。

磁性涂层厚度损失 = 20 lg($x/(1-e^{-x})$) （dB）　（32-3）

其中，

$x = 2\pi \times$ 厚度 / 波长。

尽管该表达式产生了图 32.8 所示的 6dB/oct 的下降，但是该曲线与电阻和电容所构成的低通滤波器响应并不一样。图 32.8 中的响应在渐近线的交叉处下降了 4dB，而不是单极点 RC 滤波器的下降 3dB 的典型情况。这种形状上的差异意味着简单的 RC 提升电路并不能正确校正厚度损失。根据 RC 提升频率的选择，形状上的差异将在中频响应上产生 0.5 ～ 1.0dB 的误差。

32.3.2.1　均衡提升

图 32.8 所示的厚度损失必须通过录音或放音电路进行补偿。尽管这一损失是放音缺陷造成的，但是损失校正是放在录音期间还是在放音期间完成却有一定的任意性。录音提升量受磁带磁饱和特性的限制；放音提升受限于磁带的高频噪声特性和放音磁头及相应电路。

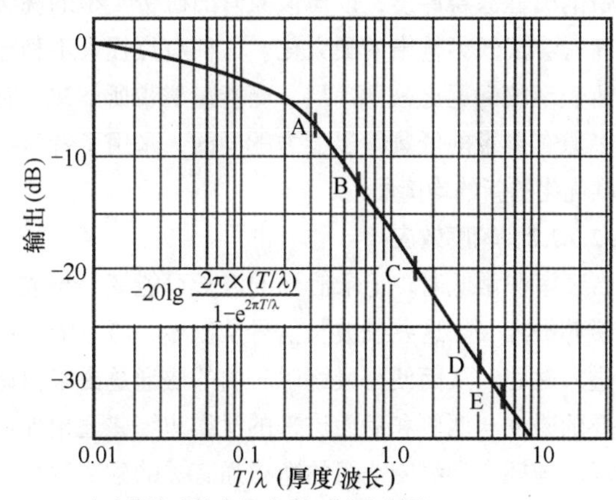

图 32.8　由磁性涂层厚度 / 波长比值导致的损失

取得平坦响应所需要的最小提升量可以被认为是必要的均衡。行业内已经开发出一系列被国际广泛接受的标准，以促进磁带的兼容性。每个标准都涉及定义已录音磁带准确特性的必要和自行确定的均衡。它们以磁带磁通特性为标准间接地指定了录音和放音函数间的均衡划分。表 32-2 列出了常见的标准。

表 32-2　常用的磁带记录 - 重放设备的均衡标准

转折频率和时间常数						
标准	磁带类型	1⅞ips	3¾ips	7½ips	15ips	30ips
IEC	Fe_2O_3	100/1326Hz	50/1768Hz	0/2274Hz	0/4547Hz	
		1590/120μs	3180/90μs	∞/70μs	∞/35μs	
	金属	100/2274Hz				
		1590/70μs				

续表

转折频率和时间常数						
标准	磁带类型	1⅞ips	3¾ips	7½ips	15ips	30ips
NAB		50/1768Hz	50/1768Hz	50/3180Hz	50/3180Hz	
		3180/90μs	3180/90μs	3180/50μs	3180/50μs	
AES						0/9095Hz∞/17.5μs

与放音特性的绝对属性不同，录音机的录音特性必须有足够的灵活性，以适应各种不同磁带的灵敏度和频率特性。一旦放音部分利用校准测试磁带被校准到标准条件，那么所有更进一步的调整就是在与标准磁带准确匹配的机器上制作录音磁带。

虽然总是可以通过采用更薄的磁性涂层来降低厚度损失量，但是厚度上的任何减小还可能导致低频和中频输出及 SNR 等量跌落。为了维持现有的标准，其做法就是调整新磁带的磁性涂层厚度，以模拟原有旧磁带类型的高频损失，同时尝试低频输出的最大化。这种有点损人不利己的做法所表现的问题已被薄涂层、高能量磁带所解决，它在保持了原有磁带的低频输出能力的同时，采用了针对新磁带厚度优化的新的均衡曲线。

32.3.2.2 轮廓效应

当频率非常低时，记录信号的波长可能变得与放音磁头的磁芯一样长。这些长波长信号从磁缝、磁芯的两侧和后面进入磁芯。从而使得最终磁芯内的磁通是由来自磁缝的想要的磁通与两侧和后面进来的泄露边缘磁通相加或相减构成。与耦合到线圈绕组的净磁通有关的磁头输出电压在低频时会出现起伏，这是因为波长会使边缘磁通建立起变化的积极和破坏性干扰。

图 32.9 中所示的响应曲线描述的就是典型带速为 15in/s（38cm/s）和 30in/s（76cm/s），放音磁头磁芯面为 0.5in（12mm）的母带录音机的磁头响应起伏或磁头凸起轮廓效应的属性。两个定义明确的磁头响应凸起通常在这类母带磁头上有明显的表现。磁头响应凸起会随着带速的加倍而向上移动一个倍频程，它在 30in/s（76cm/s）的带速下还会引发出更为严重的问题。

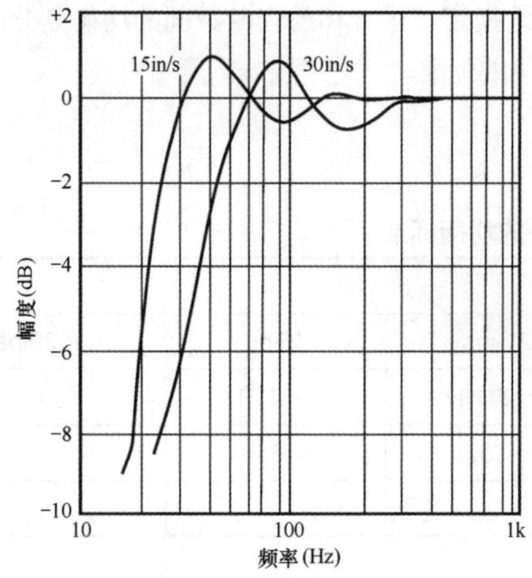

图 32.9 轮廓效应（Sony 美洲公司授权使用）

磁芯非常小或者只在磁头屏蔽壳磁缝区域有一小窗口的磁头可能会在低频响应上造成大量的波纹起伏出现。应尽量避免使用这样的磁头，除非带速慢到足以避免正常声频频带内发生严重的问题。

磁头凸起的准确形状由放音磁芯的大小和形状、周围的屏蔽材料和磁带的包角决定。由于在日常的校准过程中用户不能调整这些参量，所以只能通过增设周边均衡器来改变磁头凸起，均衡器利用反转的响应曲线来抵消这种凸起。

近期，在磁头响应凸起控制方面的改进措施已经降低了凸起的幅度，目前母带录音机在 15in/s（38cm/s）带速时凸起幅度的峰值不到 1dB，带速为 30in/s（76cm/s）时凸起幅度的峰值小于 1.5dB。要注意的是，这种电平误差在每次进行磁带录音和后续的缩混和保护复制过程中都会被引入。对于典型的操作流程而言，这一总误差可能很容易达到 5dB 或更大。

32.3.2.3 串音

多轨录音机会产生放音信号泄露或在长波长时的相邻磁迹间串音。磁头的磁芯间未使用的区域或保护带的宽度基本上与记录磁迹的宽度相当，通常这提供了足够大的物理间隙，以阻止磁通从一个磁迹泄露到另一磁迹上。然而，在波长长时，边缘的磁通将会跳过保护带，产生低频串音。

由边缘效应引发的串音成分最初随着频率的升高而降低，但是在中频频带下降过程中到达了底部。剩下的残留串音电平并不是边缘效应引起的，而是由录音或放音磁头中相邻磁芯泄露磁通直接引发的，这与变压器耦合很相像。一般会在磁通的磁芯间放置一层磁屏蔽材料来进行串音屏蔽，以减小这种磁通泄露。

32.3.3 噪声

经由磁带录音机的信号电平有用范围受磁带上所有磁粉颗粒完全被磁化或磁饱和，以及输入信号消失时残留噪声量的限制。磁带录音机的噪声来源有很多，有的噪声来自电子元件，有的来自磁带，还有的来自磁头本身，它们都可能是残留噪声。

来自磁带录音机的信号失真成分在磁带接近饱和时会急剧升高，因此正常的工作范围一定要被限制在最大工作电平以下。为了说明和比较磁带录音机，通常在无失真时的最大工作电平被认为是 3 次谐波失真和其他奇次谐波分量占主要的 THD 达到 3% 时的输出信号电平。在中等波长时对应于 3% THD 的电平与残留噪声的比值被定义为录音机的 SNR。

磁迹宽度

一方面，在窄磁迹民用磁带格式中，SNR 下降的第二个因素是因为随机噪声源和相干信号增大的方式不一致。磁带、磁头和电子元件引入的噪声由许多小的不相关噪声脉冲随机组合而成。如果这种类型的两个相等且无关的随机噪声源相加，噪声功率加倍，电压表读数提高 3dB。

另一方面，相干源只不过是同一波形的复制而已。如果两个一样的信号源相加，那么输出波形上每一点的数值准确地为任一输入波形数值的两倍。在这种情况下，输出电压加倍或提高 6dB。

考虑磁带录音机两个磁迹记录为同样信号的情况。如果将两轨的输出信号相加，则噪声将随机相加，而信号是相干相加。混合磁迹的信号大了 6dB，噪声大了 3dB，因此净 SNR 改善了 3dB。如果噪声源具有统计上不相干的属性，则采用将原始磁迹宽度加倍的单一磁迹也将产生同样的结果。

如果放音放大器噪声小于磁带噪声，则磁带噪声将遵循每加倍一次提高 3dB 的比率变化。不论磁头的磁迹宽度怎样，放音放大器的噪声一般保持近似恒定。然而，视在噪声将会变化，因为放大器的增益被调整了，以补偿因磁迹宽度的加宽或缩窄引起的磁头输出变化。当磁迹缩窄时，作为相干源函数的放大器噪声将最终主宰磁带噪声，使得磁带减半时 SNR 损失 6dB。

32.3.4　录音磁头

放音磁头的磁芯和磁缝遵守互易原理，这表明激励源和传感器的角色可以相互交换。对于用于放音模式的磁头，磁缝处外部的磁通会在磁头的绕组两端产生电压。反过来，如果电压被施加在磁头绕组两端，那么也会在磁缝处产生汇聚的外磁通磁场，并以此将信号记录到移动磁带的片段上。

磁缝处磁场的形状和强度是录音磁头的工作基础。由绕组中的电流在磁芯中产生的磁通必须要跨过磁缝，完成整个磁路的闭合。相对于磁芯而言，磁缝是非常弱的磁路，它会对磁通的扩散产生阻力，如图 32.10 所示。

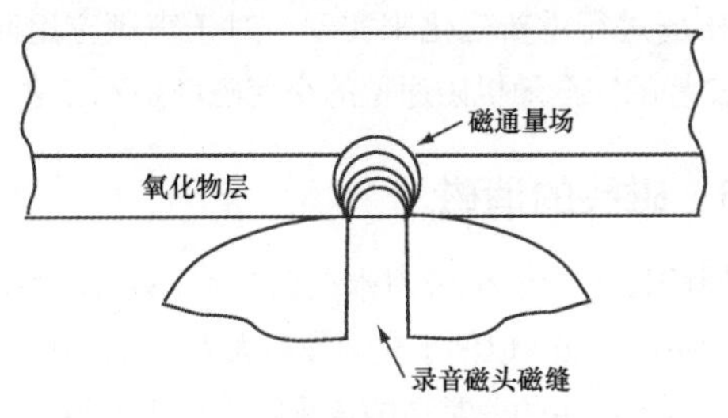

图 32.10　录音磁头磁通量场

以人群通过大堂为例，如果对于穿越走廊或小的会客区而言大堂变宽了，那么人群将散开进入开阔区，然后人流在大堂的连接处又重新聚集变窄。如果因紧急情况（比如火灾）而使大堂承受压力，那么大堂的广阔度就应增加。在宽与窄之间的过渡处承受的压力最大，因为人们在此处的聚集，试图改变人流的状态。

经过录音磁头磁缝的磁带经历了类似的磁记录磁场的建立和衰减过程。为了在磁带上产生永久地记录，磁通必须首先上升到足以克服磁带的磁记忆力的水平，通常这一磁记忆力可避免磁带的磁粉颗粒被自然的磁场改变状态。在完全激励的中心区，磁带磁粉颗粒将跟随驱动磁头的输入信号的任何变化。随着磁带磁粉颗粒退出强的中心区，到达良好的定义点，在这一点，驱动磁通将降至磁记忆力的水平之下，在磁带上留下固定的磁像。在磁缝后沿磁像冻结的这一过渡区被称为捕获面（trapping plane）。

捕获面的形状主要取决于磁缝的大小及磁带的厚度和磁特性。由于窄且在垂直方向的捕获面将产生更加易于重放的短波长记录，所以开发出了使过渡区变尖锐的几种技术，如图 32.11 所示。

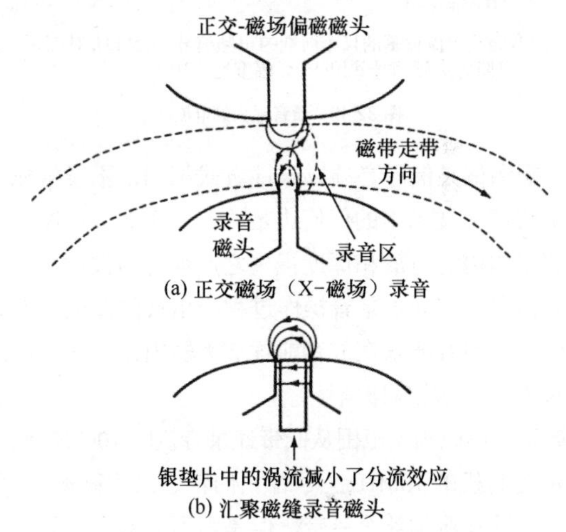

图 32.11　聚焦磁缝和正交磁场（X- 磁场）磁头

图 32.11（b）所示的汇聚磁缝使用了用银制造的高导磁磁缝垫片，这起到阻止磁缝正上方的磁通跳变的作用。垫片中的涡流迫使磁通离开垫片，使注入的磁通进入磁带的更深层。分流磁通的降低提高了磁头的效率，所需要的驱动功率变得更小。

高导磁磁缝垫片只在高频时有效，此时垫片内产生大的涡流。因此，汇聚磁缝录音机采用的偏磁频率大约比普通系统的偏磁频率高出 10 倍。

在实际应用中，银垫片被证明存在较大问题，因为软的银将污染后沿的磁头极片，同时缩短了磁头的叠片结构。

能产生类似结果的第二种技术就是正交磁场或 X- 磁场（crossed field 或 X-field），如图 32.11（a）所示。这种方法一般是在磁带的背面放置第二只用来偏磁的磁头，以建立起从一个磁头到另一个磁头的整形偏磁磁通磁场的跳变。

偏磁

因磁粉颗粒的记忆力或磁滞，故磁带磁粉颗粒的磁化并不容易改变。实际上，磁粉颗粒具有一种惯性，如果要取得线性转换，则必须要克服这一惯性。参见 32.3.10 部分有关偏磁电平设定方法的阐述。

如果刚开始磁化颗粒的幅度足够大的快速变化信号被加到声频磁通信号上，那么磁粉颗粒将更容易顺应声频波形的变化。高频偏磁信号将产生无磁滞或非滞后的记录。

图 32.12 所示的是低阻抗 Ampex 录音磁头中的典型电流波形，这是以 250nW/m 的磁平记录 10kHz 的情况。$7mA_{p\text{-}p}$ 的偏磁成分约比 650μA 的 10kHz 成分高出 10 倍（因磁头的阻抗随频率的升高以 6dB/oct 的斜率增大，故加在录音磁头两端的电压波形完全由偏磁信号成分所主宰，在这种情况下，35V 偏磁与 500mV 的 10kHz 的比值为 70∶1）。

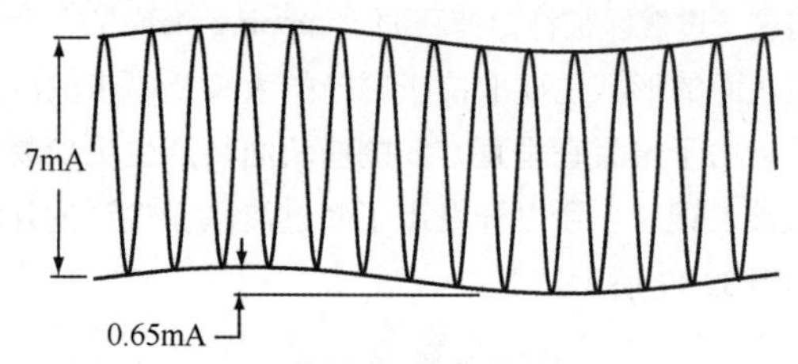

录音磁头电流偏磁的15个周期的声频信号@150kHz对应于1个周期的声频信号@10kHz。幅度比为10:1

图 32.12 录音磁头的电流

声频和偏磁信号必须以线性方式相加，不能生成存在于调幅或调频技术中的任何边带成分。因此，短波长偏磁信号在经由磁缝重放和厚度损失之后很容易被滤出，只留下声频信号（在同步录音操作过程中出现的高电平偏磁信号的变压器串音要求在放音前置放大器内设置一个很陡的陷波滤波器来去除偏磁信号）。

典型的偏磁频率范围从低带速录音机的 100kHz 到高带速磁带复制机的 10MHz。尽管人们希望采用高偏磁频率，以便于滤除和激励整个磁带，但是因不断增大的涡流和磁芯内的磁滞损失，以及因磁头感抗要求偏磁驱动电压提高等原因，母带录音机的高偏磁频率使用上限只能达到 500kHz。

可以通过采用非常小的磁芯，降低磁滞损失和选用薄的叠片结构或铁材料来降低涡流损失的方法来减小磁头损失。但如果录音磁头还被用于实现同步录音的声音重放功能，那么小磁芯将会导致产生严重的长波长轮廓效应。图 32.13 所示的折中锤形磁头设计通过增加磁芯面的延展度来改善小磁芯的放音性能。磁头尖部的作用只是重放低频信号，这时的磁芯损失并不明显。

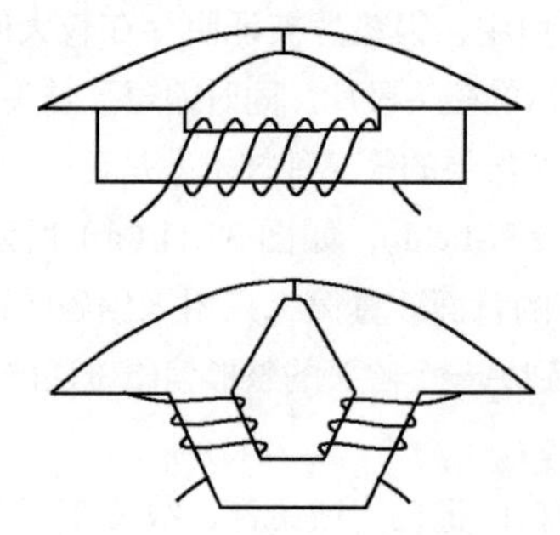

图 32.13 折中锤形磁头的磁芯

由于录音磁头电感的原因，驱动录音磁头所要求的偏磁电压每加倍一次，偏磁频率也要加倍。为了保持所需要的偏磁电压处在普通集成电路的工作范围内，可以通过采用降低线圈绕组的匝数或加大磁缝宽度的方法来降低电感。再次减少匝数会降低磁头产生的重放电压，从而使同步录音性能下降。虽然电感非常低的磁头一般需要升压变压器来取得足够的放音 SNR，但是变压器也会产生少量的附加失真，噪声和频率响应异常的现象。

尽管加大录音磁头磁缝宽度可以减小磁通分流，并取得对磁带的良好偏磁磁化作用，但是在短波长时的同步录音响应将会大受影响。

优化录音磁头的记录和重放性能的更为直接的解决方案是采用为每一功能提供独立的磁通路径或绕组的方法。切换绕组和磁通路径的一种简单方法就是可以有选择性地阻断并联路径。如图 32.14 所示，当高电感放音绕组被短路时，磁通将被阻止通过磁芯的放音并联磁通端，有效地消除了这一路径，迫使来自低阻抗偏磁绕组的所有磁通到了磁头的正面。在放音期间，由于偏磁绕组被短路，从磁带拾取的磁通将只通过重放绕组。尽管这种双绕组磁头的成本明显高于普通的单通路设计磁头，但是每个线圈可以在无须折中的前提下对各自想要的功能进行优化，所产生的放音与录音的电感比值高达 1000∶1。

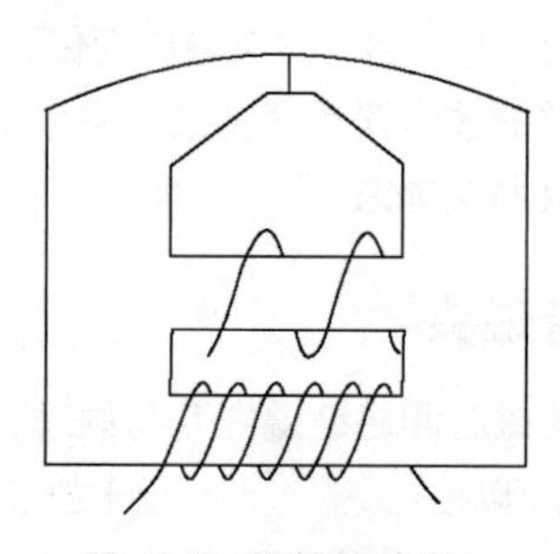

图 32.14 双绕组录音磁头

32.3.5 消磁磁头

磁带记录的一个主要优点就是能够方便地抹掉，并可以重新使用该磁带进行记录。尽管物理上的磨损最终会导致磁带性能下降，但是磁带的磁性能决不会被磨损掉。

磁带的消磁可以通过使用非常强的静态磁场或非常强的交变磁场进行重新磁化来实现。对于声频应用而言，产生非常安静的完全随机磁通型的交变磁场是不二之选。

32.3.6 磁头的消磁

早期的磁带录音机采用永久磁铁而不是使用交流高频信号进行磁带偏磁，以便于实现没有太大失真的小信号录音。这些固定磁场产生的非常高的背景噪声电平严重地限制了磁带录音的 SNR。交流偏磁的引入将磁带录音机由语音级别的记录设备升级为用于音乐录音的真正高保真录音机。

虽然现代录音机都采用交流偏磁，但磁带上的背景噪声偶尔还是会处在正常电平之上。其罪魁祸首常常就是被永久磁化的磁头、导引组件或主导轴，它们的作用相当于原来的偏磁磁铁。绝大多数问题是被磁化的工具（螺丝刀或刀片）接触到了带道上的组件引起的。有问题的电路偶尔也会在某一磁头内建立直流电路（响的咔嗒声或怦怦声可能就是存在直流电流的表现）。

并不经常检测导致噪声产生非常小的磁场的存在，所以最好的解决办法就是经常利用磁带消磁器对带道上的所有磁性组件进行去磁处理，如图 32.15 所示。

图 32.15 所示的磁头消磁器是一种带扩展磁芯的电磁铁。延展的探针将线圈内产生的交变磁通传导至探针尖部。探针靠近磁带机的磁性组件通过，以便交变磁通可以扩散至组件。实际的消磁过程发生在探针被缓慢撤离组件期间，这时产生了之前在将整盘磁带消磁的消磁器或消磁磁头中提及的逐渐衰减的交变磁场。

图 32.15　磁头消磁器

要小心！在使用磁头消磁器之前，一定要确认已将探针尖部用软的材料覆盖住，使其不要划伤磁头表面。如果有必要，还可以用塑料绝缘胶带或类似的胶带包裹住探针尖。

当使用商用级别的磁头消磁器对磁头或其他钢制磁带导带部件进行消磁处理时，要注意如下的问题。

1. 尽管普通的磁头消磁器不会干扰到距离消磁器几英寸远放置的已录音磁带，但最好还是在激励消磁器之前将所有的磁带从磁带传动机构附近移开。

2. 在给消磁器加电时，要保持消磁器距离磁带传动机构 1ft 以上。消磁器将在放音和录音磁头内产生非常大的电压，虽然这不会损坏相应的电子器件，但是一定会使电路中的模拟仪表出现“打表”的情况。在使用消磁器之前一定要关掉录音机电源。

3. 沿着每个磁头的磁缝线从底部向顶部以大约 3mm/s 的速度缓慢且平稳地移开消磁器。在磁头顶部，缓慢地将消磁器移至 6in（15cm）之外的位置，然后再缓慢移动，执行下一个消磁任务。

4. 为了安全起见，在断开消磁器电源前，至少要将消磁器移到距离传动机构 3ft（1m）以外的地方。

5. 对部件进行多次消磁处理并不会改善结果。一次缓慢且平滑的处理就足够了。

如果在消磁器还未被移至足够远的地方时就关闭其电源，消磁磁场快速消退，那么消磁所带来的所有好处就很容易消失殆尽（正因为如此，要避免在消磁处理过程中意外瞬间释放关闭电源开关）。

32.4　磁带组件

现代的磁带都是由非常细小的磁芯颗粒组成的，这些颗粒被涂布黏结在塑料基底或带基薄膜上。基底背面涂布了非常薄的一层碳颗粒，以改善绕带性能，减小静电荷的累积。

32.4.1　带基

尽管过去采用过几种带基薄膜材料，其中包括纸和醋酯纤维薄膜，而如今制造的所有磁带都使用聚酯薄膜（聚酯合成纤维）作为带基材料，比如杜邦（Dupont）的 Mylar ™。聚酯不仅极为结实、耐磨，而且当温度和湿度变化时性能也相对稳定。

根据应用的要求，标称的带基薄膜厚度范围从耐用的专业磁带的 1.4mil（35μm）到 C-120 盒式磁带的不到 0.25mil（6.25μm）。为了利用这些非常薄的薄膜取得可靠的性能，薄膜不仅必须非常薄，而且从头到尾，从薄膜一边到另一边的厚度都必须一致。

为了提高用于盒式磁带的薄带基薄膜的强度，要对聚酯进行预拉伸处理。尽管预拉伸处理过的磁带比普通磁带更为抗拉伸，但是预拉伸处理后的剩余应力可能导致磁带产生物理失真。对于薄且窄的磁带，这类失真在录音和放音磁头处被令人满意地平滑掉了。专业格式采用的磁带更厚、更宽，它们被认为不经预拉伸处理，也能让磁带获得足够的强度和性能，不过这会表现出这些失真产生的严重接触问题。

32.4.1.1　绕带

保持磁粉颗粒与薄膜带基结合的黏结剂对磁带的磁性能肯定会产生有害影响，没有积极的贡献。含有聚氨酯橡胶成分的新型高强度黏结剂的使用改善了近期磁带的耐用性和记录特性。

磁粉颗粒的磁特性决不会被磨损掉。颗粒可以被记录和 / 或重放无限多次，且不会有任何性能上的下降。

磁带的使用寿命由 3 个因素决定 —— 磁带的固有强度，磁带传动机构导致的物理磨损程度和应用所要求的磁带性能。磁带寿命的典型检测方法包括在选中的传动机构上重复进行多次重放，同时监测关注的最短波长的重放电平下降情况。当这些损失超过了应用的要求时，磁带就被磨损得不能再用了。

有些专业的声频传动机构是针对能重复进行 25 万次磁带放音而设计的。另一方面，维护差的演播室录音机可能用不到 10 次就会使母带损坏了！一般而言，如果传动机构施加在磁带上的研磨力刚好处在黏结剂的固有强度之下，那么磁带实际上可以无限期地使用下去。接触面污染导致的研磨力增加、过大的磁带张力或磁带引导组件设计不良都会加速磁带的磨损。

一旦研磨力变得足以在接触面上建立小的碎片，那么将会非常快地引发灾难性的后果。碎片和磁带表面间的摩擦力会因材料的相似性和凸起端压向磁带产生的高压而变得非常大。黏结剂受到过大的压力作用后，会导致凸起迅速增大，磁带在此时会表现出明显的划痕或折痕。如果发生了这种情况，那么要根除这一问题，并用受损磁带的复制版进行后续的工作。

从磁性能的角度出发，越平滑的磁粉颗粒和越新的黏结剂组合可以让磁带的生产厂家使用更少量的黏结剂材料来黏结磁粉颗粒。有用的磁粉颗粒与磁惰性黏结剂之比从1970年的典型母版磁带卷的近似40%升高至1980年的近似60%，此后再没有本质上的改善。这种磁密度的改善能够让指定的颗粒类型和涂层厚度产生的最大输出更高。

32.4.1.2 磁粉

磁带录音机的最终性能不是由磁带驱动、磁头或电子器件决定的，而是由磁带磁粉颗粒的物理特性和磁特性决定的。如果诸如最大输出电平、噪声和失真这样的基本性能参量确实只能由磁带决定，那么录音机性能就可以说是受磁带限制的。作为一个实用的原则，如果录音机的噪声和失真成分比磁带所产生的这些成分至少低10dB，那么机器和磁带的总体性能将处在单独磁带性能理论值 ±0.5dB 的范围内。

磁记录中最重要的是每个磁带磁粉颗粒呈现和保持磁化型的能力。选择这些颗粒是根据其沿特定方向或轴向维持磁场的能力，允许颗粒针对最佳性能进行物理对齐排列。偏爱的取向或材料的各向异性取决于颗粒的属性和晶体结构。

颗粒的形状决定了其在涂布过程中可取得的物理对齐排列的程度。没有粗糙边缘或枝杈的光滑柱状或球状颗粒可以紧密地堆积在一起，产生最大的输出电平。

颗粒的大小由每种材料的晶体结构决定。磁带的残留噪声随颗粒的变小而降低。因此，最希望得到的是具有强各向异性的小颗粒。用作录音磁带材料的典型铁氧体磁粉颗粒是长宽比在4∶1至8∶1的范围内的雪茄烟形颗粒。

最新的产品采用了有利于薄层的自由颗粒涂布技术，这些颗粒被蒸镀到塑料带基表面。这些非常薄的由高矫顽力材料形成的涂层对于波长非常短的视频或者数字比特密度非常高的应用很理想。新技术也带来了一些全新的问题，比如涂层的耐久性，以及如何在金属涂层上获得足够的润滑性等。

矫顽力（Coercivity）。矫顽力是对致使磁带上的磁粉颗粒的磁极性发生改变所需要的磁化力的度量。高矫顽力磁粉颗粒在进行偏磁、记录和重放时都比较困难。从有利的一面来看，它们能够更好地抵御记录之后相邻磁粉颗粒造成的外部干扰，降低磁带存放期间短波长信号的性能恶化程度。

保磁性和剩磁（Retentivity，Remanence）。如果矫顽力被认为是输入驱动的话，那么保磁性和剩磁就是留在磁带上的磁力输出。保磁性度量的是单位体积的涂层横截面产生的最大输出；剩磁（剩磁通）是1/4in宽度磁带的输出，它不仅随矫顽力的变化而变化，还随涂层厚度的变化而变化。剩磁的技术指标应被用来比较不同类型磁带在最长波长时的输出。

32.4.2 磁化特性曲线

典型磁性材料的输入与输出关系具有很强的非线性特点。如图32.16（a）所示，磁化特性曲线可以被分成3个区域。对于低的激励磁平，其最初的输出非常小，而且呈现非线性。随着激励的增大，进入相当线性的区域，此区域产生的失真也低。当磁平继续增大时，磁粉颗粒最终被完全磁化或磁饱和。输入再增大，磁性材料也不会产生更进一步的磁化。

如果想取得低失真，则一定要避免进入初始的非线性区域。高频偏磁信号具有足够高的激励，可将磁粉颗粒摆动至激活状态。优化的偏磁电平产生图32.16（b）所示的更加线性的转移特性。

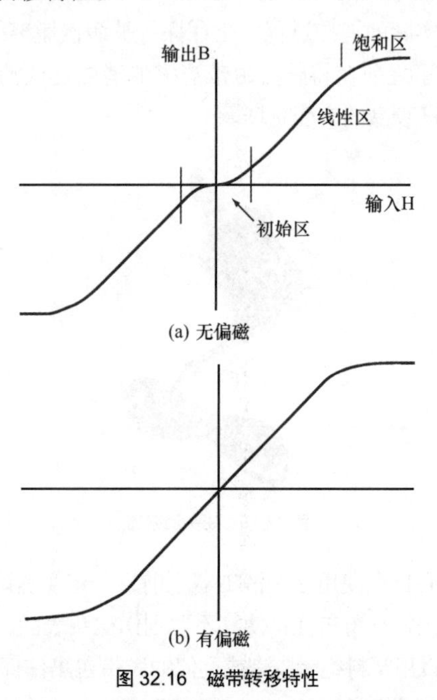

图 32.16 磁带转移特性

磁化特性的另外一种表示方法是磁带的 B-H 曲线，如图32.17所示。曲线表示出了在周期性变化的磁激励强度作用下磁性材料内建立的磁通密度情况。由于磁粉颗粒存储了部分的磁场能量，所以磁激励增大的路径不同于磁激励衰减的路径。

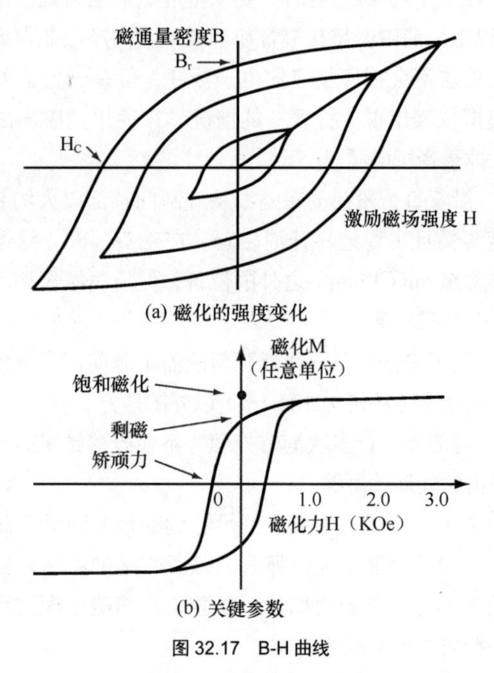

图 32.17 B-H 曲线

32.4.3 磁带的技术指标

磁带性能指标包括许多参量，比如最大输出电平、失真、噪声、复印效应和频率响应等。因此，特征化这些性能的数据表必须包括许多工作特性。然而，使用者必须非常仔细地关注得到这些数据的测试条件，包括录音磁头的磁缝宽度、带速、工作电平和均衡等。

表 32-3 给出了表现这一数据的一种形式。录入的数据是针对特定的推荐偏磁设定测量到的。有些数值，比如长波长时和短波长时的灵敏度，就是与标准化基准磁带性能进行比较。备注中包含定义得到这些数据所用的测试条件等重要信息。

表 32-3 磁带技术规格表

	单位	典型值	测试记录
	1. 电磁属性		
建议的偏磁设定	dB	3.0	1
1kHz时的灵敏度（81 kHz）	dB	0.8	2
10kHz时的灵敏度（Sl 0 kHz）	dB	1.1	2
10kHz饱和输出（SAT，0 kHz）	dB	18.5	13
参考电平的3次谐波失真（THD）	%	0.06	3
3%3次谐波失真时的输出电平			
失真（1kHz）（MOLL kHz）	dB	17.5	4
加权SNR			
a. 关于参考电平	dB	−58.0	5
b.关于3%三次谐波失真的输出电平	dB	−75.5	5
调制噪声比	dB	−73.0	6
复印量	dB	−58.0	7
	2. 磁属性		
矫顽力（Hci）	Oe（kA/m）	350（28）	8
剩磁强度（Brs）	Gs（mT）	1500（150）	8
	3. 物理属性		
厚度：			
氧化物层	mils	0.690	9
背层	mils	0.040	9
带基	mils	1.400	9
总厚度	mils	2.130	9
标准宽度：			
1/4in	in	0.24	6
1/2in	in	0.49	6
2 in	in	1.99	6
宽度偏差容限：			
1/4in	in	+0.001	
1/2in	in	+0.002	
2 in	in	−0.000	
拉力：			
屈服强度	lbs/qtr in	5.8	10
断裂强度	lbs/qtr in	11.6	11
背层电阻率	ohms/sq	5×10^4	12

续表

	单位	典型值	测试记录
	4. 测量条件		
带速	in/s	15	
参考磁平	nWb/m	320	
录音磁头：缝宽	mil	0.50	
轨宽	mil	70	
放音磁头：缝宽	mil	0.25	
轨宽	mil	70	
放音均衡	Ps	50 +3180	
录音均衡		无	

测量备注

1. 建议的偏磁设定是在10kHz时通过调整偏磁电流获得最大灵敏度，然后继续提高偏磁，直至灵敏度变化 3.0dB时来确定。调整采用参考电平之下约20dB的电平为重放基准。推荐的偏磁设定对应于1kHz时的低谐波失真和高输出。

2. 灵敏度是对输出电平与标准参考磁带A342D比较结果的度量，此时的录音是在参考电平之下约20dB的恒定输入电压和推荐的偏磁设定下进行的。

3. 3次谐波失真是3次谐波的电平与基波（1kHz）电平之比，其结果用百分比来表示，其条件是采用参考磁平和推荐的偏磁设定来记录。

4. 在3%3次谐波失真时的输出电平是在3%的3次谐波失真和推荐的偏磁设定记录时磁带1kHz输出能力的度量。

5. 加权SNR被定义为参考磁平或在3%3次谐波失真下的1kHz输出与ASA加权（NAB标准）噪声电平比值的dB值。噪声测量是在推荐的偏磁和无输入信号的条件下进行的。

6. 调制噪声比被定义为1.0kHz信号电平与800Hz信号电平，10Hz带宽的噪声裙摆（noise skirt）时的噪声电平之间幅度差的比值。记录是在参考磁平和推荐的偏磁下进行的。

7. 复印量是指磁带的相邻层所记录的信号引发的偶发复印效应产生的电平。复印信号以1kHz参考磁平记录，并且磁带在约21.1℃下存放24小时。

8. 矫顽力是将饱和剩磁减小到零所需要的磁场强度。矫顽力是对磁带要求的偏磁电流的直接度量。剩磁强度是磁性材料中可能残留下的最大剩磁。长波长的饱和输出与剩磁强度成正比。矫顽力和剩磁强度的数值是由60Hz的B-H磁滞回线测量得到的，此时场强维持校准到国家标准局（National Bureau of Standards）规定的1000Oe。

9. 厚度测量使用Standard Gauges，8000系列，由Smart Box测得。

10. 屈服强度被定为样本产生3%的拉伸量所需的力。测量是采用Instron张力检测仪在5in的钳口分离度和2in/min的十字头速度下完成的。

11. 断裂强度是致使磁带发生断裂的极限张力强度，测量是采用Instron张力检测仪在5in的钳口分离度和2in/min的十字头速度下完成的。

12. 背层电阻率与磁带维持静电电荷的倾向有关。5×10⁴Ω/单位平方的电阻率数值对于避免在高速复制系统或低湿度条件下正常使用时建立起静电已经足够低了。

13. 参见偏磁曲线。

指标更改恕不通知。

为了进行比较，图 32.18 所示的图示数据描绘的是偏磁数值在 16dB 的范围上调整时各个数值的变化情况。所有的数值都是没有与基准磁带进行任何比较的绝对数值。用来测量的录音机参数也被标注在图形曲线上。

磁带生产厂家推荐的偏磁点是底部刻度上的 0dB 数值。该数值是对每种偏磁设定下失真、噪声和最大输出电平同时进行评估所确定下来的折中值。

32.4.4 偏磁电平的设定

设定偏磁电平的常用技术有两种。一种技术是在调整偏磁的同时记录诸如 1kHz 这样的长波长信号。增大偏磁，直到所记录的信号出现峰值。偏磁电平是指进一步增大偏磁而使所记录信号电平下降 0.5dB 所对应的偏磁信号的电平。

第二种技术是利用短波长信号进行的，波长一般是 1.5mil，调整是针对明显过偏磁进行的。增大偏磁直至所记录信号出现峰值。然后进一步增大偏磁，直到所记录信号由峰值下降几个分贝。

如何对这两种技术进行比较呢？先找到曲线中间附近处的灵敏度曲线 S_1 和 S_{10}。这些曲线表示了 1kHz 和 10kHz 信号的电平是如何随偏磁的增大而变化的。应注意的是，S_1 曲线非常平直，在 5dB 的偏磁变化范围上只偏离峰值 1/4dB。相对而言，S_{10} 曲线基本上是随着偏磁的增大以近似 1dB/dB 的速率下降。

S_1 曲线的平坦形状表明在大的偏磁改变情况下信号电平的

跌落非常小。或许仪表的惰性引发信号电平调整上的 0.1dB 误差都可能导致 10kHz 灵敏度改变 2dB 或 3dB。这一误差需要另外增加 2 ～ 3dB 提升的录音均衡来校正总的响应。

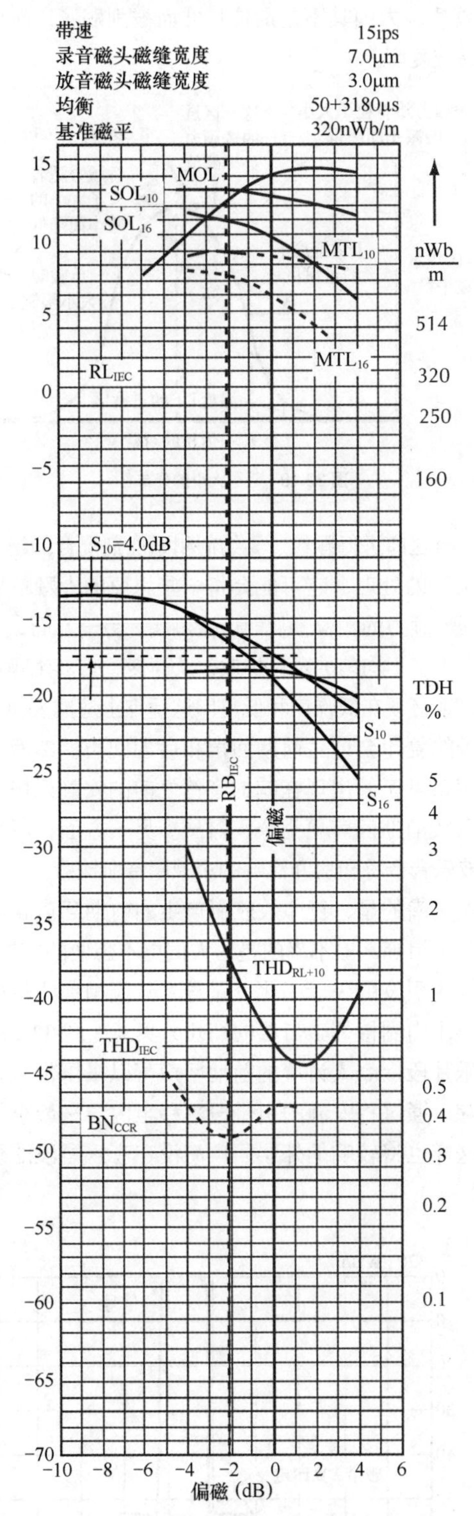

图 32.18　以图表形式表示的磁带性能数据

相对而言，当使用 10kHz 信号时，快速的信号电平变化会给出更为准确的调整和更好的磁迹间的一致性。很显然，虽然两种技术都试图进行一样的调整，但是短波长技术具有更好的分辨率。

该技术对于并不了解实际所发生情况的人来说可能是个陷阱。S_1 和 S_{10} 曲线分别是 15mil 和 1.5mil 的特定波长的实际曲线。如果带速加倍，那么现在这些曲线就表示的是 2kHz 和 20kHz 信号时的性能。一定不能将在 10kHz 信号时的 15in/s 过偏磁技术指标用在任何其他的带速下！例如，磁带在 30in/s 时的 S_{10} 曲线的偏磁向下斜率只有 0.5dB/dB。为什么呢？由于波长为 3mil，不是之前例子中 15in/s 带速时的 1.5mil。生产厂家推荐的只是 10kHz 和 15in/s 的 1.5dB 过偏磁。重要的是在所有带速下使用同样的波长时要分别将测量频率移至 30in/s 和 7.5 in/s 时的 20kHz 和 5kHz。

正如之前提及的那样，测量的数据与测量期间所用录音机的特性有非常大的关系。特别是，S_{10} 曲线的形状随着录音磁头磁缝宽度的改变而发生非常大的变化。表 32-4 表示的就是这一磁缝缝宽对推荐的过偏磁量的影响情况。

表 32-4　短波长与记录磁缝宽度的关系

记录磁缝宽度	10kHz过偏@15 in/s
1.0 mil	1.0 dB
0.5 mil	2.5 dB
0.25 mil	3.0 dB

32.4.5　老旧磁带的问题

美国磁带录音的存档文件包括 50 多年前的磁带。不幸的是，这些磁带中许多磁带都存在易于损坏或破坏其记录内容的问题。这些问题的其中一部分可以被纠正，但另外一些问题则无法修补或解决。

32.4.5.1　黏结与磁粉脱落

黏结力（Adhesion）是将氧化物涂层牢固地固定在塑料带基表面的黏合力。有两种简单的测试可以用来评估黏结力——Scotch 磁带检测和锐利边缘检测。

Scotch 磁带检测尝试用强力从塑料带基上撕脱氧化物。从一段几英寸长的 Scotch Brand Magic Mending（Scotch 牌魔术修补）带开始。将长约 3in 的黏结带粘到录音磁带的氧化物表面。摩擦黏结处，以确保磁带完全黏结。检测就是以平行于磁带的方向快速地剥离黏结带。如果黏结带还是干净的，则说明黏结良好。如果氧化物层被剥离且被黏结带粘掉，则说明黏结差。

锐利边缘检测是利用锋利的边缘建立非常尖锐的磁带弯曲。在台面上找一个尖锐的垂直边缘或一把没有圆形半径的塑料尺。将磁带样本的背面抵着尖锐的边缘放置。拉动磁带的一端，使磁带建立可靠的张力。在保持张力的同时，将磁带拉过 90° 弯折的边缘。如果氧化物没从带基支撑物上脱落，那么磁带就通过测试了。黏结差的磁带可能会使氧化物完全脱离，固体氧化物被剥离并从带基支撑物上不停地弹出。

32.4.5.2　脆化

聚酯带基和现代磁带采用的聚氨酯黏结剂在所有正常的环境中均能保持柔韧性。然而，早期磁带的带基和氧化层则可能会发生脆化。黏结剂中包含的塑化剂和醋酸背层为磁带提供了柔韧性。不幸的是，这些塑化剂会因年久而变硬，从而导致磁带变脆。恶劣的保存环境可能会加速塑化剂的变性。

脆化是不能逆转的。唯一的修复办法就是要使用对磁带极为柔和的磁带传动机构。要选用动态制动的传动机构，而不要选用并不精密的机械制动的传动机构。具有恒定磁带张力的传动机构可以设定为最低的实用磁带张力。有些盒式磁带机也具备柔和启动性能，它能使主导轴平稳地加速磁带，而不是让压带轮快速压向运转的主导轴。

32.4.5.3 黏结失败

在早期，标准的Scotch Brand玻璃纸磁带是唯一被使用的黏结带。后来，人们开发出来性能改进的黏结带，诸如Scotch #41和#620这样的黏结带。尽管这些黏结带在日常工作中表现不错，但是无法通过保存50年的检测。例如，玻璃纸磁带与黏结带的黏合剂可能渗出，黏结到相邻的磁带。常见的解决方法就是将滑石粉加到渗出黏结剂的部位，以避免层与层粘连到一起。

面对更长的保存时间，黏结剂可能会完全变干，从而使黏结性能完全失效。在这种情况下，唯一的解决办法就是用新的黏结带来替换。诸如蓝色#67这样的最新黏结带，它并未采用原来的乳胶黏结剂，它是采用不会渗出或变干的合成黏结剂。

磁带的操作者必须留意差的黏结产生的两种问题。第一种就是层与层粘连可能导致老的醋酸磁带产生致使磁带断裂的强拉力。第二种就是黏结失败时的磁带分离问题。如果怀疑可能存在上述的问题，那么就一定不要在录音机上进行高速走带。如果磁带以高速被牵引或分离，那么在停止旋转带盘之前，磁带的松散端可能会发生抽打和突然断裂的情况。

如果是旧磁带，则要慢慢地绕带，仔细地查看每个黏结点。如果存在任何可能黏结脱离的先兆，则要重新黏结所有黏结点。不要尝试去除任何录音磁带上已经变干的原有的磁带黏结剂。另一方面，可能黏结到相邻磁带层上的黏结剂残留物一定要除去。

32.4.5.4 复印效应

激活磁粉颗粒，使其转换磁性状态所需的能量取决于颗粒的大小，以及由涂层中众多颗粒的特性和平均大小决定的总体特性。更为详细的颗粒分析将涉及图32.19所示的颗粒大小的分布情况。尽管大部分颗粒大小都是在平均值左右，但是小部分颗粒则可能比尺寸平均值大一些或小一些。小的颗粒会引发自身的记录，即复印效应；而大的颗粒则会产生噪声脉冲。

小的颗粒呈现出新磁化状态所需的激活能量很小，甚至颗粒的热能都可以提供使颗粒被记录材料的相邻层产生的杂散磁场磁化记录的足够偏磁。这种自身记录会在录音的开始和结束处产生最明显的前期或后期回声。复印磁像的强度与磁性涂层中热偶的百分比和磁带的剩磁与矫顽力之比有关。剩磁度量出信号试图产生复印的磁化驱动力。另一方面，矫顽力则是颗粒抵御这种复印的反抗力。小颗粒的有效矫顽力因其不是最佳尺寸而被削弱了，所以小颗粒更容易被复印。

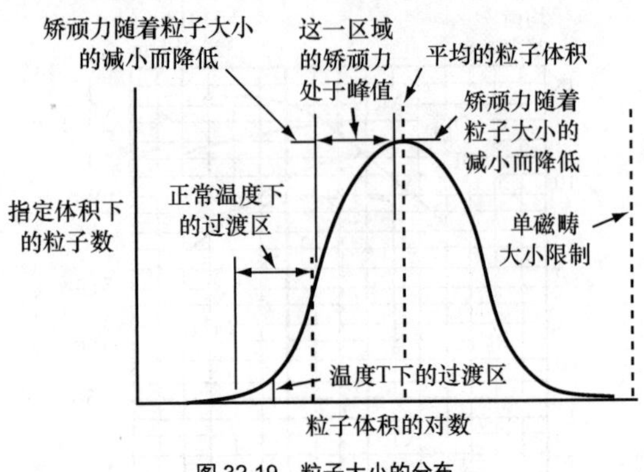

图32.19 粒子大小的分布

在涂布之前进行颗粒、黏结剂和添加剂混合的粉碎过程是一种错误的处理，它可能会将一些想要的大颗粒粉碎成更小的低矫顽力的颗粒，从而产生热偶。另一方面，不充分的粉碎产生了不均匀的颗粒扩散，从而使磁带产生噪声。磁带生产厂家必须在低噪声和低复印这两点上达成妥协。

信号的复印会产生前期回声和后期回声。然而，由于前期回声常常正好出现在响的音符之前的安静乐段，所以在音乐重放前期回声更为令人讨厌。另一方面，后期回声经常会被乐音音符和房间混响的衰减尾音所掩蔽。

令人庆幸的是，复印效应所产生的前期回声和后期回声程度并不相等，但不幸的是，人们更不想要的前期回声。记录过程中引发的矢量磁化分量导致外圈相邻磁带层的复印电平要比内圈相邻磁带层的高几分贝，如图32.20所示。因此音乐片段上令人讨厌的前期回声可以采用带尾朝外的方法保存，通过将安静的引带段落移至内层来最小化前期回声。这样也将较响的外层回声淹没在音乐尾段的衰减信号当中。

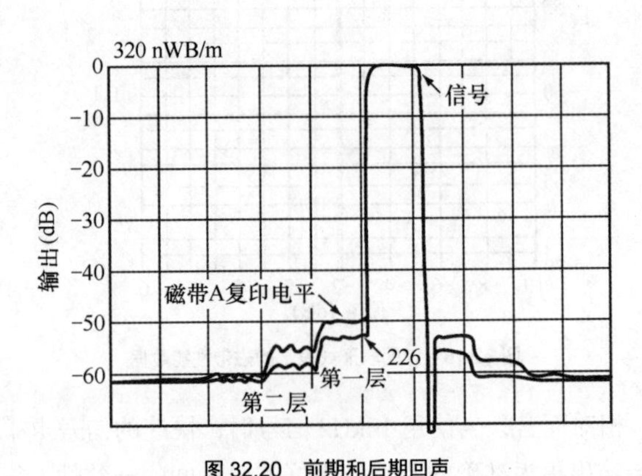

图32.20 前期和后期回声

（3M Co.，Magnetic Audio/Vedio Products Div. 授权使用）

选段之间使用的非磁性引带也有助于消除具有快速建立过程的选段上的前期回声。然而要小心的是，纸质引带可能包含少量的磁粉碎屑，当引带经过放音磁头时这些碎屑会使噪声电平升高。

使用者可以采取几种措施来最小化复印量。首先，使用更厚的带基薄膜会提高层与层之间的间隔。其次，避免存放期间温度升高和杂散磁场将会降低热偶的激励。最后，进行几次带盘到带盘的穿梭绕带将会部分消去被复印的颗粒。磁带的弯曲和摩擦产生足够的激活能量，中和部分复印。正因为如此，不经绕带操作，决不要复制保存的母版磁带。可能产生的最差复印电平情况存在于最初几次走带过程中。在有些情况下，经过 5 次穿梭走带循环之后，复印电平可下降 4 ～ 6dB 之多。

32.4.5.5　黏结剂脱落和磁带硬化

正如此前提及的那样，我们的目的就是在支撑材料（带基）的表面上附着上大量的完美堆积和取向的磁粉颗粒。诸如为了润滑、灭菌和减少静电电荷而加入的添加剂会取代部分磁粉颗粒，妨碍这一目的的达成，使磁带性能下降。这类添加剂中最重要的恰恰是保持磁粉颗粒就位的黏结剂。每份黏结剂都会取代一部分有用的磁粉颗粒。

最佳的选择是使用非常强效的黏结剂，这样就可以使用最小量的黏结剂来实现黏结的目标，同时留下更多的空间给磁粉颗粒。如今，所用黏结剂的胜出者就是高度交叉链热固性聚合物。从 1970 年左右开始，这些黏结剂结合高含量的聚氨酯成分使磁带性能大大提高。不幸的是，长期使用这些黏结剂的磁带在存放期间可能会出现黏结剂分解的问题。这一问题是磁带和导带机构上的残留物增多，以及磁带沾上这些残留物的不断累积造成的。在有些情况下，它实际上拖住了磁带发展的脚步。这一问题的俗称就是黏结脱落。虽然这一问题会在有关黏结剂分解的内容中常常讨论到，但它还会表现出有关润滑成分渗出的第二大问题。

聚氨酯黏结剂的分解。聚氨酯黏结剂包含长链聚合物，这一聚合物具有高黏结强度。周围空气中的水分进入磁带中使长链发生断裂的过程，就是所谓的水解作用（hydrolysis）。

由于长链聚合物的化学分解，被减弱的黏结剂黏结力弱到磁带表面物质开始被摩擦，掉到固定导柱和磁头上。根据传送机构的设计情况，这些残留物可能在几秒钟的时间内阻塞磁头。虽然具有转动导带机构和低磁带张力的机器需要更长的时间才会发生阻塞，但是对磁带的损伤还是不可容忍的。

值得庆幸的是，水解作用具有一定的可逆性。可以在适中的温度下烘烤磁带，让水解作用反向进行，恢复黏结剂的性能。尽管这看上去似乎有点像变魔术，但是成功完全对存档的数千卷磁带的烘烤已经证明这一技术的可行性。

电烤箱必须将温度很好地控制在 50 ～ 60℃内。因为体积和温度范围有限，大型的脱水机或液体干燥机也受到人们的欢迎。当只有电烤箱可以使用时，电烤箱要进行预热，并使用高精度测温仪表（比如糖果温度计）来核实温度稳定性。绕在金属盘上的磁带应水平放置在烤箱内，带盘的上方、下方和周围要留有可供空气流动的大空间。磁带烘烤 15 ～ 20 小时，然后让烤箱自然冷却至室温。

烘烤处理建立低湿度环境，将磁带黏结剂中的多余水分蒸发出来。虽然短链聚合物可以与周围的同类重新结合，产生更好的黏结效果，但是分解过程不会完全可逆。

润滑剂渗出。虽然引发问题的第二个机制也有黏结剂的身影，但是造成这种情况的罪魁祸首是氧化物。氧化物颗粒的变化也可能改变液态黏结剂的所必需的性能：

1. 保持磁粉颗粒处于悬浮状态。
2. 平滑地涂布在聚酯支撑材料上。
3. 在干燥烤箱中将有害的副产品蒸发掉。

在 20 世纪 70 年代初期，虽然 Phizer 推出了具有出色信号特性的新型高输出氧化物，但是颗粒需要用低 pH 值来对黏结剂进行变形处理，为的是满足上面提出的可用扩散的要求。这种颗粒被 3M 用在了 226 系列磁带上（226，227，806，807，808，809）和 Ampex 的 456 系列产品上。

新的黏结剂配方中含有主要起润滑作用的成分。然而，不幸的是这种润滑成分会迁移至磁带的表面，凝聚成黏的残留物。

前面章节中描述的烘烤操作将集中的润滑剂充分加热，使润滑剂流动并重新吸收至涂层的深部。

由于对两种黏结渗出问题都是采用烘烤的方式解决的，所以烘烤磁带的大部分人并不知道他们所处理的问题到底是什么，如果黏结渗出被消除了，那么他们可能就不关心了。

被烘烤过的磁带在多长时间后又会出现黏结渗出问题呢？结果是根据退化程度、磁带类型和特定批次、确切的烘烤方法和烘烤后的工作环境情况的变化而变化的。出报告结果的时间从几天到几年不等。当然，烘烤处理为磁带转移到另一种媒质上提供了一个足够的窗口期。

烘烤处理会引发任何磁带性能退化的情况吗？温度升高最有可能引发的问题就是复印效应。复印效应是与时间有联系的问题，在长时间升温之后其最大值被峰化。加热加速了复印的速度。然而，在烘烤前保存的磁带可能已经有足够的时间使复印效应接近最大值。因此，由烘烤而产生的附加复印量可以被忽略。

如何才能避免黏结渗出呢？水解作用的速度取决于磁带保存条件。虽然存档的磁带最好保存在 15℃的温度和 25% ± 5% 湿度的环境中，但是很少有条件这么奢侈的保存环境，所以要以原有的包装将磁带存放在凉爽、干燥的地方。

黏结渗出还可能导致层与层的粘连。如果极度怀疑磁带产生了黏结渗出，那么应在磁带传动机构上尝试进行任意绕带操作之前烘烤一下磁带。这将避免绕带期间因氧化物从磁带的塑料带基上脱落而使已录的内容完全失落。

32.4.5.6　啸叫

镀膜方法中采用的诸多成分之一就是少量的润滑剂。很显然，磁带不能太滑，否则主导轴就不能保持恒定的带速。另外，运行完全干燥的磁带可能产生可闻的啸叫。磁带经受的固定导带机构和磁头“粘 - 滑”现象会在高频建立起不稳定的运动。不规则的运动甚至可能被刮削抖晃仪测量到。

啸叫源于原有润滑剂的损失或失效。很显然，解决的方法就是更换润滑剂。虽然罐装10-W30机油并不适合，但是Quantegy推荐使用另一种常见的家用润滑剂WD-40。Quantegy声称，WD-40是廉价、有效、对所有录音机部件均呈惰性的非常好的润滑剂。用稍微潮湿的软布头或棉签蘸取少量机油，保持上涂工具在供带盘之后第一个导引机构处抵住移动磁带的氧化物表面。要稍微做一下实验，得到既能消除啸叫同时又不会导致滑动和带速不稳定的正确油量。在用完磁带时，对要保存的磁带在中等快进带速模式下绕带，并通过干燥装置处理（要非常小心地使用主导轴和 / 或定时器滚轮上带有弹性体的磁带传动机构。在磁带直接从供带盘到收带盘走带的同时对磁带稍加润滑，然后在磁带通过弹性部件之前让磁带第二次通过干燥装置来干燥磁带）。

32.5 模拟电路和系统

传动机构、磁头和磁带结合在一起共同决定对磁带录音机基本性能的限定。另一方面，录音机的模拟电子电路应在各个方面都超过磁头和磁带的性能，以便只有磁头和磁带对最终的信号质量构成限制。实际上，这意味着SNR、频率响应、失真和电子器件的动态余量等指标都会比磁头和任何磁带（包括将来改进的磁带）好很多。

图32.21所示的是典型专业磁带录音机的电信号框图。在实际的硬件方面，现代的专业录音中有近75%的声频电路是针对使用者的界面和控制的；剩下的25%用于消磁、记录和重放等基本功能。由于用于界面和控制功能的性能和技术变化太多，在此总结起来有一定的难度，所以后面的描述只针对基本功能展开。

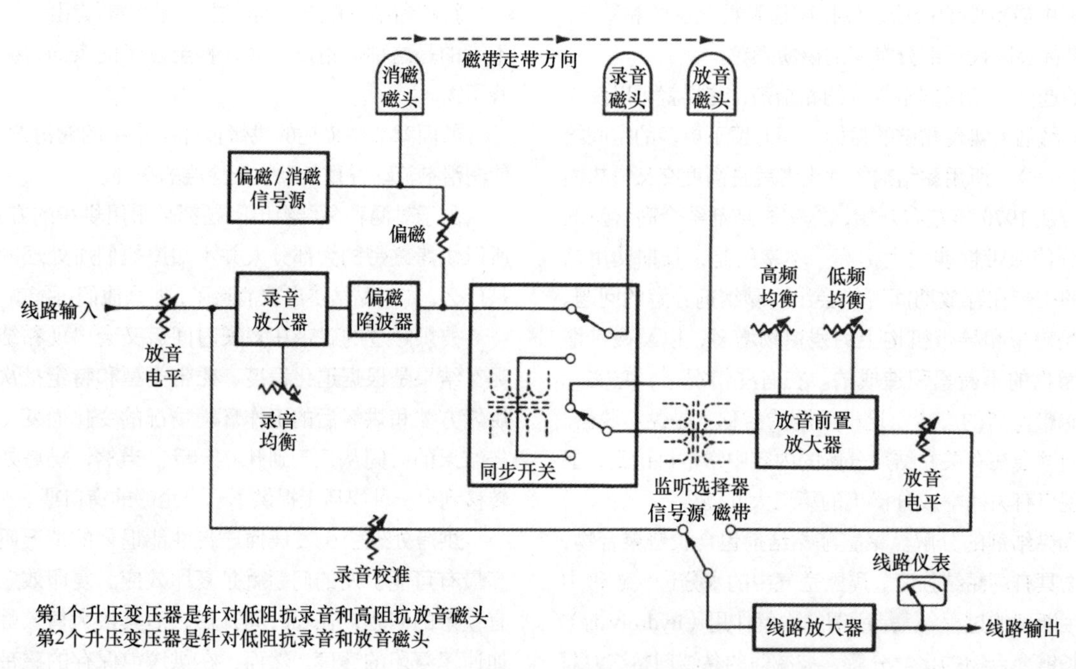

图32.21 磁带录音机的电信号框图

32.5.1 放音放大器

磁带通过重放磁头表面产生电功率的可能非常小。来自磁头的输出电压从记录的响段落的不到几毫伏降到安静段落的微伏数量级。这种微弱信号必须在不引入附加噪声的同时小心地提升至较高的第一级放音放大器可工作的电平上。为此目的而开发的特殊放大器电路至少要具备20dB的增益，以便后续的放大器级将不会工作在其噪声限制附近。

由于放音磁头产生的输出电压与磁带上的磁通变化率$d\phi/dt$有关，所以输出电压以6dB/oct的斜率上升。放音放大器要使用被称为积分器的、响应为6dB/oct的补偿电路来校正这一提升，得到与磁头感应到的磁通数值成正比的电压。

如果将放音磁头的共振峰、磁缝宽度、间隔、涡流和厚度损失影响都考虑在内，低噪声放大器和积分器的输出将遵从图32.22所示的下降曲线变化，图32.22中所示的是工作于15in/s（38cm/s）下的情况。该曲线必须通过录音和放音均衡器的综合作用重新被整形为平坦的响应。在录音和放音电路之间分配这种校正的方法是由操作人员选择的均衡标准体现的。如果指定均衡标准的所有用户采用的是同一分配方案，那么录音过的磁带将完全可互换。

图32.23所示的是具有必要放音校正能力的运算放大器型放音放大器的简化原理图。在一些NAB和盒式磁带标准中使用了低频切除电路，以牺牲低频动态余量为代价来换取对100Hz以下低频放音噪声的衰减。典型的设计还包括

一些用来实现放大器偏置和稳定的附加周边元件。

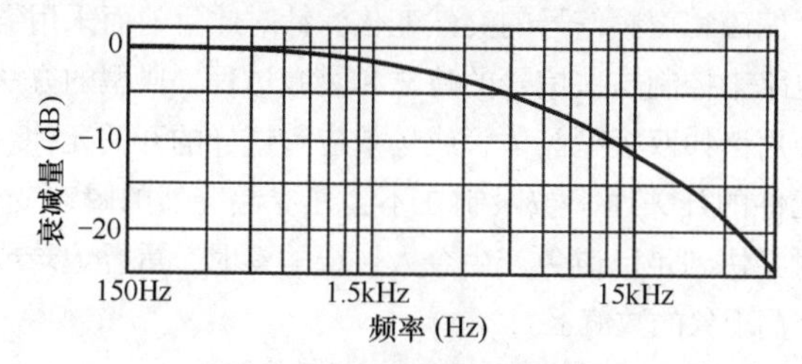

图 32.22　未均衡的重放磁头输出

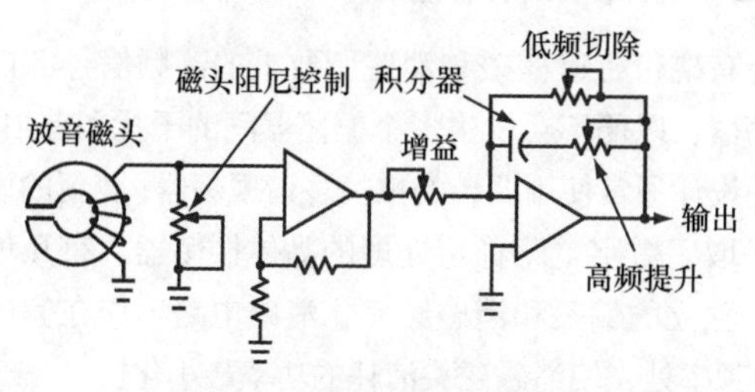

图 32.23　简化的放音放大器

作为一种常见的例外情况，在同步录音模式中使用了同样类型的电路来处理和放大来自录音磁头的重放信号。所不同的是增加了升压变压器，为了使信号高于低噪声输入部分的本底噪声，这种设计通常是必须要有的。这一问题源于导线的低电感和典型录音磁头很少的匝数。录音磁头必须要通过声频和高频偏磁信号；因此，电感必须要保持足够低，以避免磁头线缆在偏磁频率产生自共振。当采用较少的匝数来减小电感时，输出电压就会按比例下降。从本质上讲，这些匝数通过升压匝数比范围在 3：1 至 10：1 的变压器来复原。

32.5.2　录音电路

放大器的主要任务就是驱动录音磁头将输入声频信号电压按比例转换成录音磁头绕组中流动的电流。为了完成这一任务，磁头驱动器必须克服频率升高带来的磁头阻抗增大的问题，这一问题是磁头电感引发的。取得平坦的电流响应的常用技术如图 32.24（a）所示，它是插入一个与磁头串联的电阻器，以便电阻器与磁头组合在一起的串联阻抗在整个声频频带上保持相对恒定。如果选择的电阻值是在所需要声频频带上限频率时磁头感抗的 2～3 倍，那么基本上就可以取得想要的恒定电流特性。

串联电阻器的主要缺点是电阻器两端的额外信号衰减导致的动态余量降低。这一问题可以利用有源电流反馈电路来解决，该电路可以通过小的采样电阻器来检测磁头电流。图 32.24（b）所示的是串联在磁头返回脚上的采样电阻器 R_s。磁头中的电流在 R_s 两端产生的电压被馈送回反相输入端，用以和输入来的声频信号进行比较。驱动放大器的高增益必须要用非常小的反馈信号，以建立起可忽略的高频动态余量损失。

由于没提供包括高频偏磁信号与磁头中电流相加的电路，所以图 32.24 所示的电路过分简化了驱动录音磁头的任务。偏磁和声频信号相加的常用方法如图 32.25 所示。通过并联的调谐到偏磁频率上的陷波器，将声频驱动器与偏磁信号源隔离开来，以便偏磁信号不会在声频驱动器上引起非线性问题。陷波器在偏磁频率上呈现的高阻抗也降低了声频信号源对偏磁信号源负载的影响。

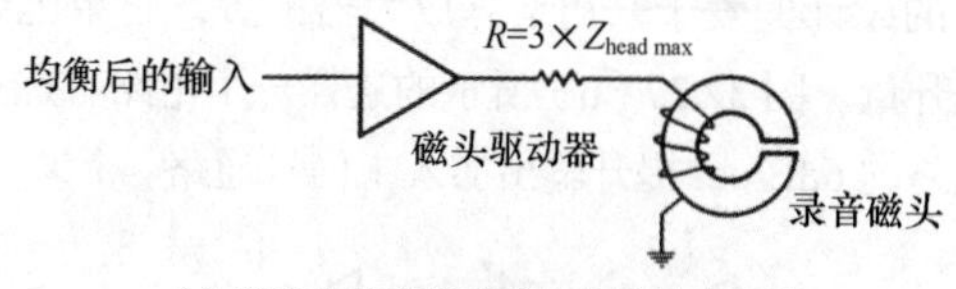

(a) 磁头与电阻器串联组合维持为常数

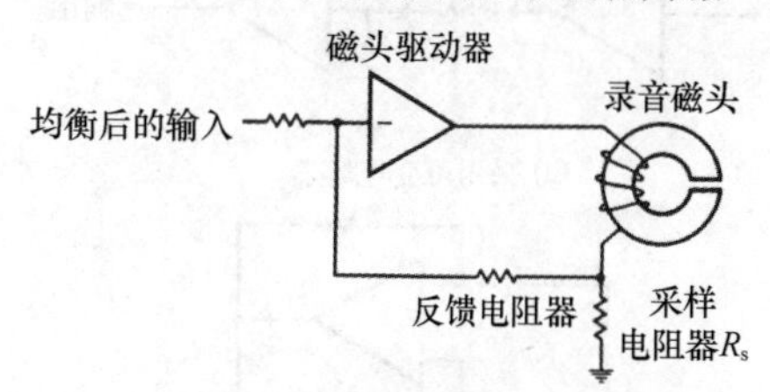

(b) 采样电阻与磁头电流返回管脚串联

图 32.24　定电流录音磁头驱动器

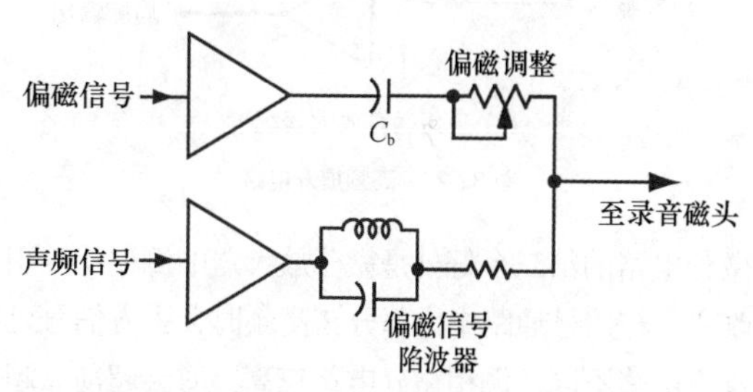

图 32.25　偏磁和声频信号与录音磁头的耦合

偏磁信号源的类似隔离是通过与偏置电源相串联的电容器来实现的。由于电容器对声频呈现出高阻特性，所以偏磁电源对声频信号源的负载影响被最小化了。在偏磁信号的较高频率上，电容器的电抗已经降至相对低的数值，为偏磁信号至录音磁头提供了足够大的耦合。

消除此前提到的隔离要求的另一种方案如图 32.26 所示。在这种情况下，偏磁和声频相加后作为组合的偏磁 / 声频磁头驱动放大器的输入。如果放大器有足够大的动态余量和非常低的失真，那么两个信号可以利用同一放大器同时进行放大，且相互之间没有任何干扰。为实现恒流驱动而将输出耦合到录音磁头的问题仍然是要解决的问题，这既可以采用复杂的耦合网络来解决，也可以用有源反馈放大器来解决。

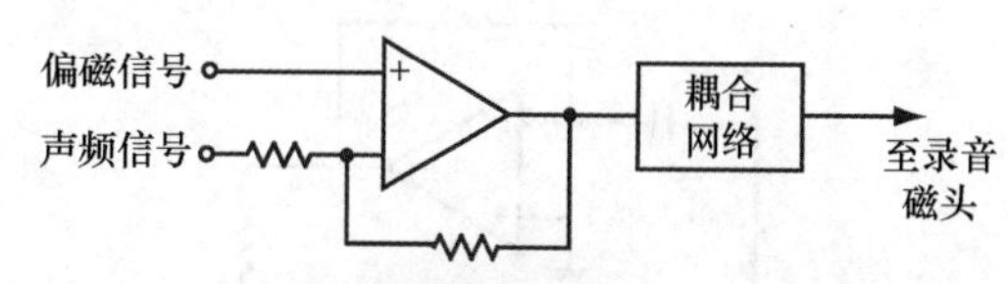

图 32.26　偏磁和声频信号的有源加法器

除了校正磁头电感引发的任何响应跌落的磁头驱动器电路外，录音放大器必须具备精心设计的频率响应修正性能，以匹配想要的均衡标准。标准通常要求在声频频带的中间以一个可调节的 6dB/oct 提升斜率开始，对于较低的带速一般需要更大一些的提升，以解决增大的带厚和自去磁损失问题。

虽然所需要的提升可以很容易地用图 32.27（a）所示的阻容电路来实现，但电容器调节范围的限定和笨拙的体积和安装等问题使得可变电容使用起来并不方便。因此，更新一些的设计偏爱于采用运算放大器配置，它用电位器来控制提升量。图 32.27（b）所示的这样一个电路有选择地将微分电路的 6dB/oct 提升输出加入主信号通路。

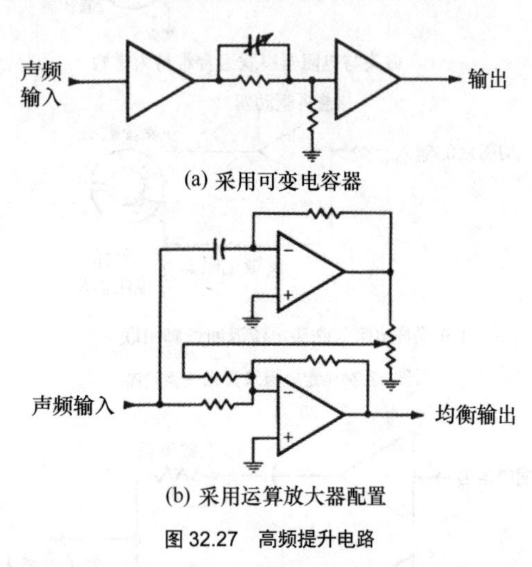

图 32.27 高频提升电路

微分电路的第二个好处是微分放大器的倒相特性引入的相位改变。与信号通路中大部分在高频时会引入信号延时的损失校正电路不同，倒相微分电路在高频时会超前。超前和延时的正确组合可以产生较小的信号相位失真，从而改善了瞬态响应，使其过冲较小。类似的相位校正作用已经被应用于其他设计中，以便在放音放大器中提供一个全通移相网络。

NAB 和盒式磁带均衡标准还为低频提供了附加的录音信号提升，以解决放音磁头和放大器的哼声和噪声限制问题。针对此目的的典型电路如图 32.28 所示。两种情况都取得了随着频率从 50H 或 100Hz 降到 20Hz 以下以 6dB/oct 斜率进行提升的特性。

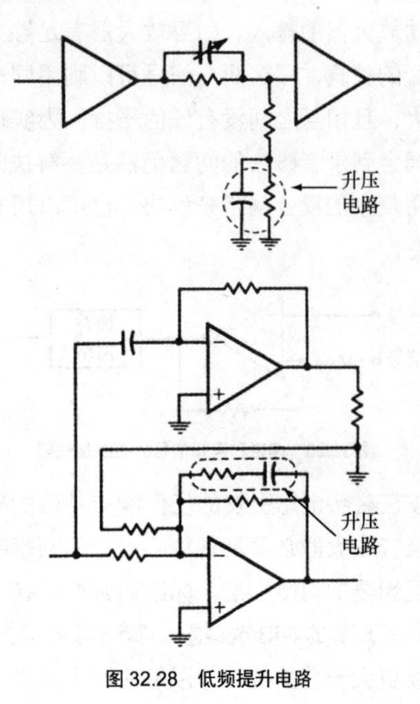

图 32.28 低频提升电路

不论是进入还是退出录音模式，都一定要避免录音磁头上偏磁和声频信号的突然变化。针对此目的而采用锯齿波电路来控制这些信号的建立和衰减过程。典型的方法包括使用诸如双极型晶体管或场效应管这样的开关元件。这些元件的开关速率被限制在不会建立起突然的瞬态变化，同时又快到足以避免产生令人讨厌的延时、重叠记录或节目空洞现象的数值上。

32.5.3 偏磁和消磁电路

所有磁带磁迹偏磁和消磁所要求的高频信号源自一个主振荡器，以便不会发生多个振荡器间的干扰和差拍问题。较早的设计通常使用调谐的推挽多谐振荡器；较新的设计更多地采取了数字电路稳定处理的晶体振荡器。有几种设计采用了独立的偏磁和消磁频率，消磁电路工作在偏磁频率的 1/3 频率处，使消磁磁头消耗的功率最小化。

在所有情况中，主要考虑的问题是偏磁和消磁电流波形的纯净度。包括直流、二次谐波、四次谐波等在内的任何偶次谐波都会导致有害的录音机背景磁带噪声被提高，降低了可用的 SNR。在图 32.29（a）所示的较早设计中，它很大程度上依靠带有平衡变压器的推挽电路，以便让这些偶次谐波成分最小化。图 32.29（b）所示的较新设计更愿意采用滤波和反馈控制的方法来减小不想要的成分。1∶2 的触发器消除了振荡器波形中的偶次失真。

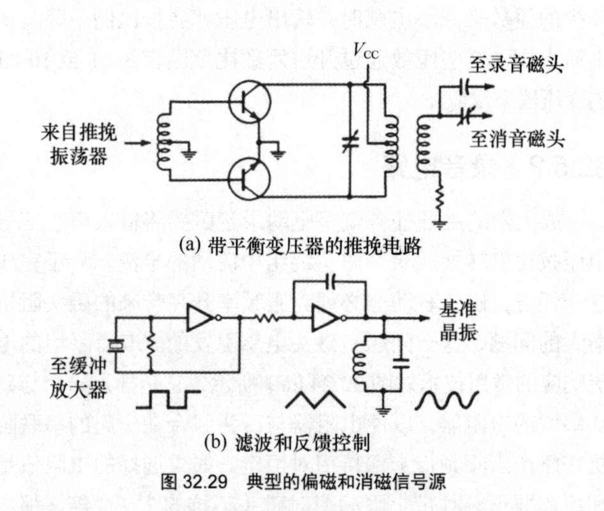

图 32.29 典型的偏磁和消磁信号源

消磁磁头一般利用可调的串联谐振电容器来耦合消磁信号源，以便使所需要的来自驱动器的电压最小化，并滤出偶次谐波成分。电流采样电阻器常常置于消磁磁头电路的接地针脚，以便能够检测消磁电流的幅度。

32.5.4 同步工作

多轨录音要求艺术家在能够听之前录好磁迹的同时与之前的磁迹同步地加入新的表演内容。模拟录音机通过使用录音磁头来重放一些磁迹作为放音声源，同时采用在同一磁头组件的其他磁迹上进行同步录音的方法来实现这一目标。

32.6　磁带录音机传动机构、维护和检测

维护是从视检和清洁开始。在开始清洁步骤之前，要留意因之前使用累积的灰尘和碎屑的地方和类型。过多的碎屑表明录音磁带正在慢慢地被磁带的传动机构损伤。

非常细小、丝状的沉积物表明聚酯带基薄膜正在被导带凸轮上的锋利边缘所刮削。检查所有被磁带切割成凸缘的凹槽边缘导带机构。如果凹陷很严重，则要么将导带机构重新定位到不被接触的磁带磨损表面的位置，要么安装新的导带机构。

靠近导带机构附近的褐色或黑色沉积物表明磁带的边缘被刮削或发生足够大的形变，将小的涂层块从磁带边缘剥离。检查磁带张力及导带机构和盘毂的高度。

任何导带机构或磁头表面上结块的沉积物都会产生严重的后果。检查磁带表面是否有刮削痕记。如果磁带表面被刮削，那么继续使用将会损坏磁带。在继续使用之前，找出并解决产生刮削的原因。

可以使用几种类型的清洁剂来清洁磁带机。较早的清洁剂通常含有强溶剂二甲苯，它对磁带残留物有很强的溶解能力。如今较温和的异丙醇更为受欢迎，但是避免使用含 30% 水的外用酒精，最好使用用于局部杀菌，纯度为 99% 类型的酒精。

使用柔软的药签沾上清洁剂，擦拭磁头、导带机构和主导轴与磁带的接触面。避免让药签湿透。如果药签过湿，那么溶液可能碰到主导主轴，进入顶部的轴承，洗掉轴承上的润滑剂。尽管棉药签适合大部分模拟磁带录音机的清洁，但是对于螺旋扫描录音机的精密磁头就不适合了。应利用特殊的、更为柔软不脱毛的药签来清洁旋转磁头机器。

在清洁磁头时，始终要顺着磁带运动的方向擦拭药签，不要横向擦拭磁头。横向擦拭可能擦掉磁芯的边缘叠片结构。避免药签棒或芯刮削磁头表面。在重新穿进磁带之前，一般要有 30s 这样的足够长的时间让溶液蒸发。我们并不想留下的溶剂溶解录音带。

二甲苯磁头清洁剂将会对包括光学传感器镜头在内的一些塑料制品产生腐蚀性。侵蚀性溶剂可能会部分溶解或在有些橡胶轮上建立起硬釉面。如果注意到在擦拭看上去干净的滚轮后药签或软布上有许多驻留物，那么此时清洁剂可能正在使滚轮溶解，而不是在清洁它！使用普通的清洁剂来清洁塑料部件，橡胶清洁剂用来清洁橡胶滚轮。

磁带还必须保持完全无尘。保持传动机构的表面干净，以避免在高速绕带时灰尘被拾取。在两次磁带使用的中间时间里，总是要将磁带放回套盒中。在处理带盘时，不要透过带盘的轮缘空隙将手指触到磁带卷的边缘（手指的皮屑是磁带丢信号的一个原因）。另外：

1. 在处理磁带时，避免食用富含脂肪类的食物。
2. 在编辑阶段，戴上不起毛的编辑手套可以避免手上的油脂和污物污染磁带的，这种手套可以在大部分摄像机商店中买到。
3. 让烟灰和其他粉状物质远离磁带。

磁带录音机的冷却系统应定期进行清洁。清洁所有的空气过滤器和冷却送风通路，清除真空吸尘器收集到的任何灰尘。检查机器底部的所有进气或排气孔，看看是否被地毯或垃圾阻塞，同时要让机器后面留有使气流自由流通的足够空间。

在清洁之后，就要开始进行诊断性维护，检查磁带的导带机构和磁头处的张力，看看是否能维持磁带与磁头的良好接触。抽出一盘被称为车间磁带（shop tape）的磁带放在一边备用，之所以这么称呼它，是因为这种磁带一般是来自检测的维修车间。在所有模式下运行这一磁带，同时观察磁头和导带机构处的磁带。磁带不应在任两个导带凸缘间被拉得太紧，且不应有任何边缘失真。如果边缘失真很明显，那么要检查弯曲的导带机构或张力传感臂。这些部件可能很容易因加载或卸载满卷磁带而被撞失准。

在许多机器中，图 32.30 所示类型的磁带张力计可以插入磁头附近的带道，以便测量张力。对于那些磁头区域过于拥挤的其他机器，要么必须将磁头组件去掉，要么必须在磁头区之外进行测量。测量磁带带盘的带头和带尾的张力。

图 32.30　张力检测（Ampex Corp. 授权使用）

应注意的是，磁带片段的刚度随着磁带宽度、带基薄膜厚度和磁带类型的变化而改变。张力计在使用前一定要进行调校，以便正确读取所使用的特定磁带样本在传动机构上的张力值。为此，要对张力计进行标定砝码校准。

下面的磁带张力值表示的是在录音棚中使用的录音机中常见的张力范围值。

¼ in	3 ～ 4 oz
½ in	4 ～ 8 oz
1 in	6 ～ 12 oz
2 in	10 ～ 24 oz

可以在机器的维修手册中找到指定型号录音机的标称值。

有些生产厂家指明了用弹簧秤和缠绕在磁带盘毂上的细绳来进行张力测量。这时应按照推荐的步骤进行测量。

验证机械制动或动态制动逻辑在不借助附加力的情况下从各种模式和带速下平滑地停止磁带的走带。发黏的制动螺线管或脏的制动带可能会很快损坏珍贵的磁带。

32.6.1 带速

即便在实验室的受控条件下绝对带速也是极难测量的。维修人员可以使用的一种方法就是测量商用测速标准磁带重放的频率。频率计读取的频率必须针对放音设备上磁带张力与录制过程中磁带生产厂家所采用的张力值间的任何差异进行校正。因此，校正表是随同磁带一起包装的。

较为常见的速度检测是检查从磁带带头到带尾的带速一致性。如下的操作步骤勾勒出通用的技术。

1. 使用已经运行足够长时间，并达到稳定条件的振荡器作为信号源，在磁带的带头录制频率在 1kHz ~ 5kHz 的基准音。

2. 倒转带盘，以便带头变成带尾。

3. 利用调音台监听调音台提供的信号，将重放音与振荡器输出音混合在一起，听辨主音高上的任何差异（如果检测到有明显的误差，则再将带盘反转回来，以核实振荡器没有产生频移）。

这一检测更为准确的形式是利用频率计来测量带盘两头的频率。之后就可以计算出速度误差百分比

$$速度误差 =2（带头 - 带尾）/（带头 + 带尾）\times 100\% \quad (32\text{-}4)$$

6% 的速度误差将产生一个半音的音调变化。典型的录音机技术指标是 0.1% ~ 0.5%。具有恒定张力的机器一般具有的误差最小。

产生带速误差的可能原因包括带盘的带头到带尾存在着过大的张力变化量，被磨损的主导轴表面或压带轮引起的磁带打滑、压带轮压力不够和主导轴转速不稳等。

假定磁带张力已经被认定为对主导轴两侧都是正确的，那么下一步检测就是检查压带轮的压力。首先，对压带轮表面的釉面进行视检，看看是否有过大的磨损。可能导致磁带和主导轴之间牵引力下降的压带轮表面的磨损形式如图 32.31 所示。

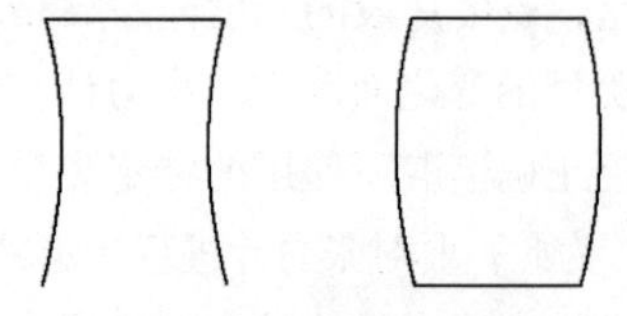

图 32.31 压带轮的磨损形式

接下来，将弹簧秤连接到压带轮轭或臂的顶部（如果可能的话，也连接到底部），如图 32.32 所示。秤被拉成与支撑臂呈直角，刚好有足够的力让压带轮脱离主导轴。将脱离时的力读数与录音机生产厂家推荐的数值进行比较。

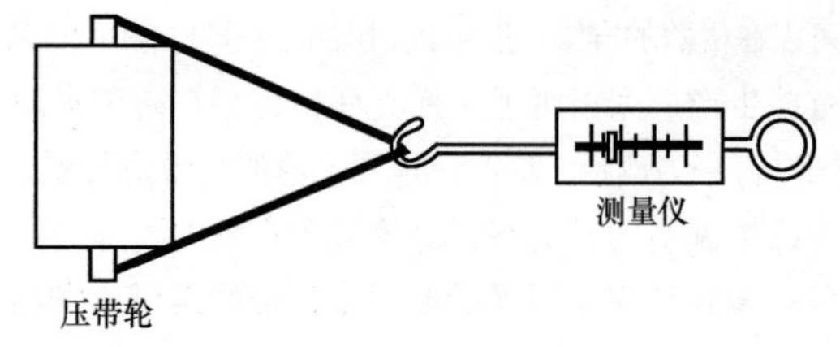

图 32.32 压带轮压力检测

对于有些传动机构，压带轮的压力被设定成螺钉或螺母的固定圈数。对于这种情况，首先要锁紧滚轮结合处，以便让滚轮与主导轴轻微接触，然后通过调紧指定的增加圈数来获取推荐的夹持力。

主导轴表面可能因磁带的研磨作用而变得高度抛光，以至于产生的滑动阻止获取正确的张力值和压带轮压力。在这种情况下，必须重新对主导轴表面进行电镀或喷砂处理，或者两种方法同时使用，以恢复所要求的牵引力。

在极为罕见的情况中，主导轴电动机可能会因坏的电动机轴承或高的张力所引发的过大负载而慢下来。被用作许多直接驱动交流同步主导电动机上的衬套轴承和一些主导轴压带轮是尤其要注意的。定期对这些部件进行润滑处理是保持低摩擦运行的根本措施。尽管这些部件在空载状态下可能表现为可以用手任意转动的状态，但是当约束螺线管给轴承加上几磅的侧向负载时摩擦力可能会急剧上升。干轴承导致的阻力和磨损可能产生实质性的速度误差。一小滴油可能就引发了其中的所有差异。为了避免问题出现，要遵照生产厂家建议的润滑时间表进行润滑处理。

如图 32.33 所示，可以用一个简单的闪光灯来检查同步主导电动机主轴上飞轮或风扇的运转速度。将部件及其灯泡凸起的头部包装在废弃的塑料笔仓内。保持光源足够靠近旋转部件，观察反射的情况。在各种磁带盘和不同速度的情况下，反射图案都必须保持稳定。感应异步电动机将始终产生运动的图案。

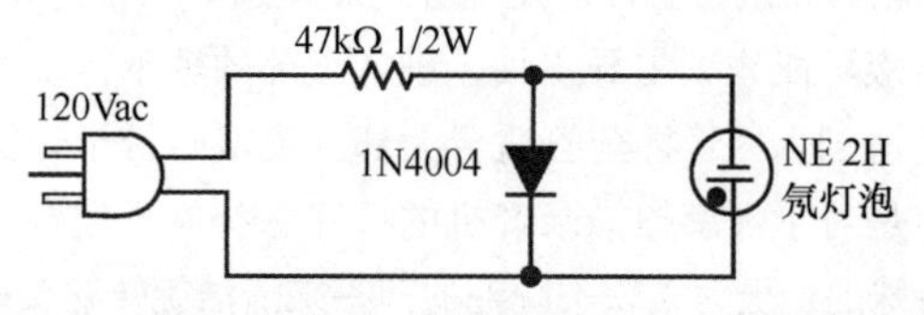

注：将部件及其灯泡凸起的头部包装在废弃的塑料笔仓内

图 32.33 用于带速测量的光闸

当用闪光灯进行检测时，如果驱动闪灯的交流电源频率是变化的话，那么晶体基准的伺服就可能表现出错误的速度变化。需要示波器和频率计数器来核实伺服工作是否正确。

32.6.2 抖晃

速度漂移只表现为速度误差频谱成分的极低频率。测量更高频率的抖动成分需要专门的被称为抖动测试仪（flutter meter）这样的频率解调器来完成。抖动测试仪的原理框图如图 32.34 所示。来自晶振时钟的基准信号必须在加到相位比较器的某一输入之前先通过磁带录音机的录音 / 放音处理部分。低通滤波器和压控振荡器激励存储了放音频率平均值的大飞轮。通过将平均值加到相位比较器的第二个输入，相位比较器的输出将只包含偏离平均速度的短时变化。这些变化被分到各个频带中进行进一步的分析。仪表指示电路提供对速度变化的方便量化测量功能。

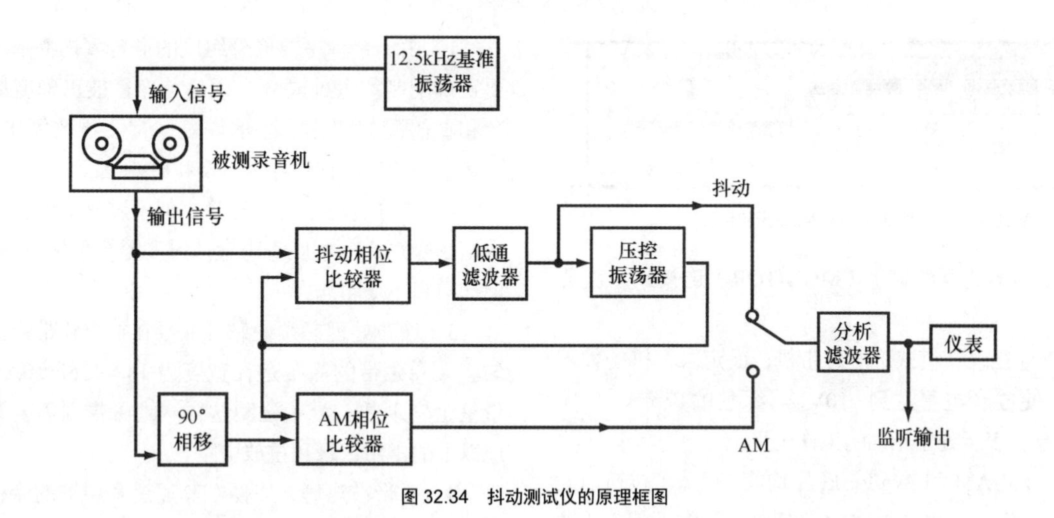

图 32.34　抖动测试仪的原理框图

就如同数字声频系统的采样率决定可能要被编码的最高声频频率一样，测试音的频率决定了任意频率解调器可以测量的抖动成分的范围。典型的边带上限频率约为测试频率的0.4倍。由于频率解调器工作所要求的边带属性原因，典型的18kHz声频频带可以支持12.5kHz的测试音和5kHz的抖动带宽。这一被称为高频带抖动测量（high-band flutter measurement）的测量技术是Audio Precision所支持的。

不幸的是，大部分抖动测试仪采用的是3150Hz的低频测试音，并将所有250Hz以上的抖动成分都切除掉了，忽略了当今伺服系统导致的许多抖动成分和磁带弹性振动引起的所有刮削成分。更为糟糕的是，大部分抖动技术指标是通过测量4Hz附近抖动成分的加权滤波器来制定的。正确的维护需要采用更宽的频谱测量来检查任何可能出现的问题。

说明抖动性能的方法有两种。如果可利用无抖动的磁带，那么可以报告在放音模式下获得的抖动读数。然而大部分专业录音机具有与任何可使用测试磁带相当或更优的抖动电平指标。在这种情况下，同一机器上的记录和重放是适合的。测量的方法应作为性能记录的一部分注释出来。

尽管测量和诊断工作常常与记录和重放同时进行，但是最终的检测则总是在重放模式下进行。磁带应启动和停止几次，在运行中手动对各个传动机构元件进行再调整，以取得对各种记录和重放抖动成分组合的随机采样。整盘磁带中除了任何少见的短时冲击信号外的每个样本最大值的算术平均就是所记录的数值。

如果抖动读数过大，那么下一步就要分析抖动波形中的信息，这样有助于准确确定有问题的带道部件。如下技术有助于将问题的罪魁祸首隔离出来。

1. 人的耳朵和大脑形成了非常强大的频谱分析仪，通它能迅速地从监听音箱重放的抖动信号特征中识别出有问题的部件。利用这种总是可以随时使用的免费便携仪器就可以审听来自抖动测试仪的解调输出了。

2. 抖动测试仪的各种可选择滤波器可以用来隔离抖动谱的通用部分，该谱中含有问题组件产生的抖动成分。

3. 所期望的旋转部件的转动抖动速率可通过部件的直径和带速由下式计算得出

$$抖动频率 = ST/(\pi d) \tag{32-5}$$

式中，

ST 是带速；

d 是组件的直径。

这些频率的范围可能从全卷磁带时的近似0.5Hz，一直到小直径主导轴的60Hz。

有些生产厂家的维修手册中会包含这些抖动频率的列表。用于许多转动部件滚珠轴承的小滚珠和固定夹还会产生另外一些并不明显的，频率高于轴承一圈速率的抖动分量。

4. 如果抖动非常有规律，那么显示在示波器上的抖动图案就可以用来计算主要抖动分量的频率。如果扫描触发模式被设定成线性模式，那么任何交流电动机或电源波纹引起的抖动成分将会稳定显示在示波器的显示屏上。

5. 普通的搜索技术是通过在转动部件的表面粘上一块遮蔽胶带故意建立抖动。此后就可以将由遮蔽胶带所建立起的抖动标志速率与未知组件进行比较，以确定两者速率是否一致。

6. 要注意在诸如导带机构和抖动惰轮这样的附属转动部件停转时抖动频谱的任何变化。失速的问题部件将会导致令人讨厌的抖动组件停止。例外的情况就是刮削抖动惰轮。失速的刮削抖动惰轮通常会使刮削抖动的幅度增大两三倍。如果注意到增量很小或没有增大，则说明惰轮起不到正确的作用了。检查一下是否有脏东西或损坏的轴承影响到惰轮的自由旋转动作。

之下所述步骤描述的是利用宽带抖动测试仪（见图32.35）进行的抖动测量。通用的技术也应用于其他仪器上。

1. 将基准振荡器的输出（reference oscillator output，REF OSC）连接到磁带录音机的线路输入。

2. 将频率解调器输入（INPUT）连接到磁带录音机的线路输出。

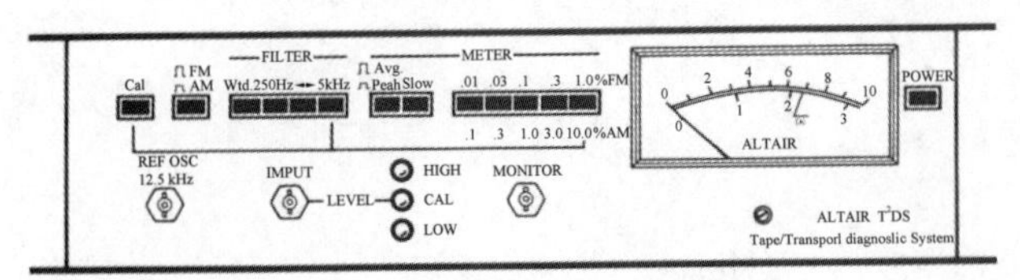

图 32.35 抖动测试仪（MANCO 授权使用）

3. 将频率解调器的输出（MONITOR）连接到示波器和声频监听。

4. 对于处在录音模式下的磁带机，设定录音机的输入电平控制，使放音电平达到 -10VU。绿色的校准灯（Cal light）应点亮，表示处于正确的工作电平上。

5. 对于 FM/AM 和 Avg/Peak（平均值 / 峰值）按钮都处于弹起状态，而 5kHz 和 1.0% FM 按钮都处于按下状态的情况，按下 Cal（校准）按钮。0.68% 的读数表明系统工作正确。在示波器上将看到，同时由监听也能听到 150Hz 的方波音。

6. 为了开始实际的录音机测量，选择 250Hz 滤波器和能让读数靠近量程中间区的仪表灵敏度范围。仪表读数是所有抖动部件产生的处在频带 0.5 ~ 250Hz 上的抖动复合值，这其中不仅包括了旋转的主导轴、导带机构及其相应轴承所引起的抖动，而且还包括任何与交流电源相关的电动机转矩脉动。

7. 选择 Wtd.（加权）滤波器。带宽现在减为 0.5 ~ 20Hz，以此突显转动部件偏心引起的单周期速率。主导轴和直径为 1/2 ~ 2in（12 ~ 50mm）的压带轮是该频带抖动的主要贡献者。

8. 选择标志为“↔”的 250Hz ~ 5kHz 带通滤波器。这一范围上的主要抖动成分是刮削抖动，对于大部分录音机而言，其峰值一般出现在 3kHz ~ 4kHz。更多出现在 100 ~ 500Hz，主导轴、绕带伺服不稳定或振荡引发的抖动也可能很明显。

9. 如果机器装配有刮削抖动惰轮，那么用铅笔尖压住惰轮的顶部则会使惰轮失速。通常，刮削抖动分量会提高至标称值的 2 ~ 3 倍。如果注意到提升量很小或没有提升，甚至是下降了，那么就说明刮削抖动惰轮不能正确发挥作用了。根据厂家的说明指南来清洁和润滑惰轮轴承。利用抖动测试仪取得清洁后的惰轮最佳定位。

10. 选择 5kHz 滤波器。这一总的读数涵盖了 0.5Hz ~ 5kHz 整个频带。

32.7 磁带检测

与一些普遍的看法相反，并不是到达用户手中的所有磁带都是没问题的。尽管磁带生产厂家被称赞为出色地执行了非常高的维护标准，但是用户还是必须做好处置质量差的磁带卷的准备，因为还是会有一些磁带逃过厂家的质量控制监控屏幕。所出现的问题通常可以追踪到生产过程的如下 7 个步骤中的某一个环节。

1. 由十余种主要成分组成的混合氧化物基本配方一定要正确配制。每种成分必须是纯净且被正确度量过的。混合和试验配方变化产生的误差常常会导致氧化物不耐久，脱离带基的碎屑粘到导带机构和磁头上面。

2. 成分的混合必须充分，但不过分。混合不充分会导致调制噪声高，本底噪声大。过度混合虽然可以降低噪声，但却提高了复印能力。

3. 涂布处理必须使磁性涂层在整个磁带卷上均保持均匀。大卷磁带的涂布是在宽度为 18 ~ 36in（0.5 ~ 1m）的带基上实现的。为了检测这样一卷磁带则需要有 400 个通道以上的常用记录和重放电路！

4. 磁带被烘烤，以便在其通过多层炉的涂布网时去掉溶剂。不良的温控可能导致磁带脆化或者氧化物软化。

5. 大卷磁带穿过加热过的滚轴，以便让氧化物更密实，从而提高输出和高频响应。这种压延成型的步骤是决定最终磁带的调制噪声成分大小的主要因素。

6. 磁带通过一组转动的刀具被裁成最终的宽度。差的裁切可能产生毛边、弯折或卷曲磁带，并将过量的氧化物和背层碎屑留在记录表面。

7. 之后，磁带被重新绕到带盘或盘毂上，进行检测和包装，再进行销售。磁带包装一般都经过了非常彻底的去磁处理，以便磁带上没有任何的残留剩磁信号。

在生产过程中出现的差错会导致 4 类问题产生。其中最为常见的是信号幅度的改变，这既可能是磁粉颗粒的非均匀扩散引起的，也可能是磁带的物理失真产生的磁带与磁头不稳定接触导致的。其他常见的问题还包括过大的噪声或失真，以及强复印效应等。

用来检测信号不稳定和失落的常用方法就是观察示波器或 VU 表上正弦波信号的幅度变化情况。尽管这些技术深入探究了磁带的性能，但是它们并不会给出可以确定可接受性能阈限的量化值。

信息含量更大的方法是对测试信号进行幅度解调，以去掉稳态音并且放大波动。如果解调器的输出被正确滤波，且馈送至仪表指示电路，那么就可以读取各种测量带宽下的波动量化值。

与其他抖动测试仪器不同，图 32.35 所示的抖动测试仪包含用于检测磁带的幅度解调电路。除了 FM/AM 选择器被设定在 AM 测量模式下，将锁相环连接为同步幅度解调外，AM 测量结构与之前的抖动设置一样。比抖动仪表量程高出 10 倍多的 AM 仪表量程被标记在仪表量程按钮的下方。

以 15in/s（38cm/s）带速工作的专业录音机上的一卷良好磁带的 AM 读数一般是 0.5% rms。来自声频监听的解调成分的本质应为低的隆隆声，以及只是偶尔才出现的中等强度猝发声。高通滤波器 ↔ 将产生一致的嘶声。

不良磁带卷产生的典型现象包括比正常值高出近 3 倍的读数，或者使表头指针频繁打表的大脉冲。两年为一周期的针对大量磁带库日常录音棚的检测已经表明：出现的这些霉斑特征是磁带有问题的良好标志物。

尽管幅度变化是不良磁带的表象，但是磁带导带机构和磁头也可能是问题的根源。如果磁带张力不够，而不能使磁带紧密地贴附于磁头表面，那么磁带可能会引发不规则的间隔损失。另一个因素就是磁头上的灰尘或磁头被磨平了，以至于磁缝不再紧密地抵住磁带。机械位置上的偏差，比如歪的磁头、定位不正确的导带机构或刮削抖动惰轮，这些都可能使磁带与磁头间的接触状态恶化。

偏磁幅度调整不正确、偏磁或消磁波形的偶次失真也可能产生过大的 AM 电平。在责怪磁带有问题之前始终要核实偏磁电平和调谐是否正确。

在怀疑一卷磁带有问题时，为了避免出现尴尬的局面，最好用已知的、没问题的同一类型基准磁带重新检测一下机器。如果所怀疑的磁带的 AM 成分比基准磁带的 AM 成分提高了很多，那么就说明磁带是问题的根源。

由于没有一家磁带生产厂家会提供用于说明磁带 AM 性能的信息，所以使用者必须通过在机器上测试几卷磁带的方法来获取数据。一旦开始这一过程，那么接下去不断增加的数据库将为所期望的数值范围提供更为深入的探究。

32.8　磁头故障和维护

任何一台复杂设备的故障排除工作都需要一种系统的探究技术，以便快速地隔离问题的源头。最为高效的技术就是实施一系列的实验，从总的系统出发不断地缩窄故障排除的范围，直到最终找到要隔离的问题源头为止。

将这一技术应用到磁带录音机上将会引出如下细分的问题。

1. 问题与磁带驱动机构、声频电路或控制逻辑有关吗？
2. 问题是发生在录音、放音和 / 或输入监听期间吗？
3. 出现问题的原因是录音机还是磁带卷？
4. 问题在两种带速时类似吗？
5. 整盘磁带都有同样的问题吗？
6. 温度或工作时间对此问题有影响吗？

如果问题与通过录音机的声频信号有关，那么问题的根本答案一定是：问题是否与波长或频率相关。若是波长问题，则立刻就会将问题隔离为移动的磁带与磁头之间的接触问题。频率问题通常与声频电路有联系。

将波长问题与频率问题区分开来的一种非常有用的工具就是图 32.36 所示的被称为磁通环（flux loop）的这样一种简单器件。由声频振荡器输出的恒定电流驱动的、由很少几匝细的磁性导线组成的磁通环建立起激励无损磁带微段的磁场。当将磁通环接到放音磁头的磁缝区时，环的磁通对磁头的激励很像变压器的初级绕组激励次级绕组。这种直接激励消除了与磁缝宽度、方位角误差和带厚损失有关的所有波长问题。如果放音设备在磁通环激励下工作正确，但还是不能正确重放已知的良好预录测试带，那么问题就是磁头与磁带接触面发生的与波长相关的误差引起的。

简单磁通环的放音响应并不平坦。因为由涂层厚度产生的主要损失并不表现在磁通环激励中，所以结合磁通环的高频响应将表现出显著的提升，这与所采用的特定放音均衡标准有关。NAB 低频均衡也将在 50Hz 以下产生滚降。

为了简化测量过程，馈送给磁通环的振荡器信号通常被进行预均衡，以适应均衡标准的这些作用。在图 32.36 中，包括了利用几种常用均衡的电容器数值进行高端校正的简单电路（振荡器的 600Ω 阻抗是滤波器的一部分。对于 50Ω 的振荡器，电容器的数值要乘上 2.57）。除了涡流损失或放音磁头和线缆的自身谐振引起的任何残留高频偏差外，最终均衡过的磁通环的高频重放响应将变得平坦。

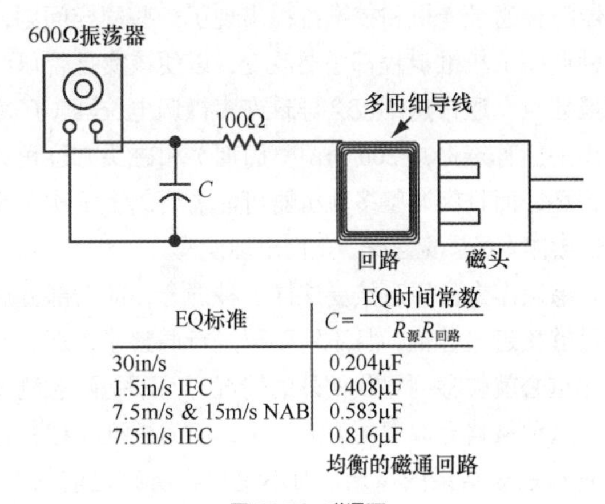

EQ标准	$C=\frac{\text{EQ时间常数}}{R_{源}R_{回路}}$
30in/s	0.204μF
1.5in/s IEC	0.408μF
7.5m/s & 15m/s NAB	0.583μF
7.5in/s IEC	0.816μF

图 32.36　磁通环

磁通环还可以反过来用作拾音器件，用以探测录音和消音磁头磁缝处所产生的磁场。如果驱动网络被断开，且磁通环直接连接到振荡器和仪表的输入上，那么就可以检查偏磁和声频场的相对幅度。一定要谨慎从事，将磁通环的电感属性引发的磁通环输出电压校正为以 6dB/oct 斜率上升的情况（与输入串联的一个电阻器和并联在输入端的一个电容器常常被用来建立一个使这一 6dB/oct 斜率升高变平坦的积分式低通滤波器）。

有关磁通环的结构和使用细节，以及针对方位角、高度和磁带包角的机械校准细节等内容可从各个磁带录音机生产厂家处获取。

磁头的修复

随着磁带磨蚀作用对磁头表面的损伤，磁头的性能特征会逐渐变化。最终在磁缝深度上的减小将降低分路作用，导致录音和放音磁头效率的提高。偏磁和声频电平必须逐渐降低，以补偿效率的升高。然而，达到临界点时，即有用的磁头面被完全磨掉时，磁缝的宽度就会随磨损的继续而快速增大。放音响应的上限将会在几小时的使用时间内突然下降，致使录音机不能使用了。这时，磁头必须要更换了，以恢复原有的性能。

大多数录音机的磁头在达到完全不能用的程度之前我们就需要对它进行长期地关注。对于大部分机器而言，磁带磨圆了磁头磁缝的顶部，致使磁带在磁缝处的接触压力下降。磁带开始稍稍脱离磁头，从而产生间隔损失引发的不稳定的短波长性能。

常用的解决方案就是重新恢复磁头的轮廓面，进而恢复接触压力。这一被称为磁头重新研磨（head relapping）的处理方法在磁头的使用寿命内可以使用两或三次，以恢复原有的性能。尽管一般的技术人员经过培训可以胜任这种研磨工作，但是基于 2in（50mm）多轨磁头组件处理不当所带来的高成本的原因，我们还是建议让专业研磨人员来完成这种独特的研磨任务。

32.9 信号调校的流程

伴随普通录音机和校准流程出现了一些同样问题，即每一种调整的校准流程都需要改变，以便核实是否已经达到了最佳点。通常这不仅会导致许多微调电位器（厂家一般给出的标称寿命是 200 个调整周期）和磁头方位角硬件过早损坏，而且因调整多轨机器可能需要的上千次调整动作会让操作人员感觉乏味，从而出现误差。

如果操作人员愿意接受这样一种理念，即大部分调整可能足够接近最佳值，且不需要再进行调整了，那么调整的工作重心就转移到寻找例外的情况，而不是随意测量每一项。这种策略会取得更好的结果，因为校准流程的每一次重复都是对结果的微调，而不是放弃所有之前的努力，重新开始具有很高误差概率的校准。

有些用来核实正确性能所必须进行的微调是要注意的例外情况。例如，磁头方位角可以用不同的方法加以验证，它们使用交替变化的测试片段，这些片段具有大小相等但方向相反的人为方位角误差。如果在两个倾斜方向上电平跌落相等，那么必须正确校准磁头，以校准到正确的垂直基准。如果检测结果令人满意，则不需要进行磁头的调整。

如果偏磁系统包含同时改变针对所有声轨偏磁电平的主偏磁微调电位器，那么可以取得针对偏磁电平优化的类似无损检测流程。利用这样一个单独的控制，而无须对每一声轨进行不必要的调整就可以增大和减小偏磁电平，以此核实是否取得了正确的过偏磁电平。

如下一系列步骤描述的是综合的校准步骤，它适合于必须核准录音机性能是否正确的任何调整校准。由于每一步的细节会随机器类型的变化而改变，所以操作者应参考录音机生产厂家提供的操作手册进行工作。

1. 清洁和肉眼检查磁带的导带机构（参照本章第 7 节）。

2. 对磁头和导带机构进行消磁处理（参照 32.3.6 部分）。在使用消磁器之前，始终要检查其尖部是否被诸如塑料或磁带这样的软材料覆盖住了，只有覆盖好才能不刮划到磁头表面。

3. 使用已知准确的测试磁带校准录音机的放音部分。针对此目标，有几种牌子的标准校准测试磁带可以使用。应记住，最后的结果不会好于作为基准参考的测量标准。

首先，利用测试磁带上的短波长方位角测试音信号对放音磁头的垂直度进行校准调整。磁头的方位角和/或相位校准可以利用示波器显示的李萨如图形或双踪显示器来进行测量，或者用相位表直接读取相位误差。如果没有专门的设备可供使用，则可以将一个通道反相的输出与另一个未反相通道的输出相加。相位校准会在相加的输出上产生一个深的谷。由于一个频率上的相位校准并不会消除 360° 误差的可能性，所以要核实一下几个较低频率上的相位情况。校准磁带上记录的语音广播声音是用于此目的的方便多频样本信号。

接下来，建立起用于放音频响测量的方便参考电平。检查和调整 10kHz 处的高频放音均衡，以匹配这一基准参考电平。一旦设定好了均衡，那么就利用磁带的测试音进行扫频测量，记录下与基准值的最大偏差。根据需要，重新调整均衡和基准参考电平，以获得想要的平坦度。

当对结果满意时，就记下结果，供日后比较之用。在录制一段性能正确的录音时，这会让故障诊断更加容易。

在进行之前讨论过的调整时会存在两个陷阱：一个影响基准参考电平，另一个影响频率响应和基准参考电平。有些录音机针对录音和放音磁头而采用不同的磁迹宽度。对于较宽放音磁头的机器而言，用于大部分宽磁带格式的全轨测试磁带会在测试期间产生增大的输出。源自磁带的基准参考电平必须设定在 0VU 基准参考之上，高出的量就是在较宽磁头被用作放音磁头时多拾取的部分。当为同步录音设定基准参考电平时，磁迹宽度是正确的，产生的电平是无须校正的真正 0VU 电平。

如果录音磁头具有较宽的声轨，那么正常的放音电平将是正确的，而误差则会出现在同步录音电平上。

这是长波长的边缘效应引起的，它导致低频的放音响应提高，因为在低频时放音磁头扫描到了区域之外多余的磁通。这种情况存在于全迹校准磁带放音和将同样的低频信号同时加到录音机所有声轨进行测试和校准流程当中。

边缘效应将首先在为中频段电平设定测试音确立正确的基准参考电平中产生问题。在 15in/s 和 30in/s（38cm/s 和 76cm/s）的带速下，可能存在能产生约为 0.5 ～ 1dB 误差的足够大边缘，具体则要取决于声轨格式、带速、磁头磁芯和屏蔽结构的几何形状。这种额外的边缘效应给基准参考音带来的影响也使高频响应显得不足，从而促使操作者提高均衡调整量。有关正确的步骤和针对给定型号录音机的校正系数问题，请参考使用手册。

重放校准步骤的最后一步是设定同步录音电路的电平和均衡。如果磁头还没有受到干扰，则操作者可以在如下的录音校准步骤开始之前选择遵从录音磁头的方位角校准的方法。

4. 录音校准从录音磁头方位角核实和/或调整开始。将放音磁头作为标准，设定录音磁头的校准，同时记录诸如 10kHz 或 15kHz 这样的短波长信号，利用放音校准流程中任一种方法来使方位角或相位误差最小化。因为这些调整可能引入变化的相位，所以应在偏磁和录音均衡设定完成后重新对这一校准进行核实。

偏磁应按照磁带和机器生产厂家针对相应的磁带类型、录音磁头缝宽和带速所推荐的过偏磁量进行调整设定。应注意的是，30in/s（76cm/s）时的 10kHz 信号不会取得通常针对偏磁调整指定的所需要的 1.5mil（38μm）波长。测试频率必须改变，以匹配磁带的带速。

偏磁首先应减小至不足的欠偏磁，然后慢慢地提高在放音电平中观察到出现峰值的那一点。继续增加偏磁，直至信号跌落了想要的分贝数。对于专业格式，典型的过偏磁设定是 2 ～ 5dB。

一旦偏磁调整正确，那么输入信号就应设定成在放音校准过程中用作基准参考的频率上。之后，录音增益控制就可以确定下来，以便在相应的 0VU 输入电平驱动下产生基准参考电平。

调整高频录音均衡，使录音 / 放音响应尽可能与之前记下的校准磁带响应相匹配。中频频率上的平滑度要比尝试保持在 15kHz 或 20kHz 时误差小更为重要。

重新检查录音磁头方位角，以便核实偏磁和均衡上的变化没有造成任何相位差。

如果必要的话，则要重新调整，直至所有参量均达到最佳。

设定录音增益预置和输入监听增益校准，以便所有监听模式均能取得 0VU 读数。

5. 在录音部分校准完毕后，最后可能要进行的就是低频放音均衡的检测和校准了。为了消除之前提及的所有边缘问题，均衡设定应在录音 / 放音模式下将信号加到其他各个声轨上进行。根据需要，进行一些小的调整，以优化响应的平滑度。

如果注意到出现了任何大的差异，那么要重新运行校准磁带。低频录音均衡上的任何问题，比如有问题的开关元件都将使需要较大的校正来处理的误差变得更明显。如果存在任何加倍的问题，那么录一段全频带扫频信号，然后翻转带盘，以便磁带倒放。相对于正向的数值设定，校准在十分之几分贝内就差不多了。

6. 在核实完噪声电平和消磁之后，校准步骤才算完成。录制一段 +6VU 的信号，倒回磁带，然后将磁带抹去。聆听监听音箱，听一下残留信号的电平和磁带噪声的主观属性。测试音应完全被抹掉，或者完全被磁带噪声所淹没。噪声应是平滑的嘶声，而不是大的或频繁出现的猝发声或爆点声。所有声轨的性能应类似。另外，在更改模式时，要检查令人反感的咔嗒声和砰砰声。

尽管这些噪声和消磁电平可由仪器读取，但操作人员应在颁布其通行证之前用一定的时间审听一下机器。由于在校准后录音机从来都不进行最终的审听检测，所以许多项目已经胎死腹中。

之前的各步骤并不包括更适合作为例行维护的几个步骤。包括偏磁和消磁源的调谐、偏磁陷波器的调谐、仪表校准的检查和失真电平的测量等实例。这些检测并不是每天都要进行。

校准最后要注意的是：不要掩盖大的差异。在这一校正流程中，需要校正的量都应在零点几分贝的数量级，而不是分贝的数量级。每当出现需要大幅度改变的情况，一定要停下来仔细思考一下为何需要如此之大的改变。找出有问题的元件，重新审定一下自己制定的流程。重新检查一下维修日志，以建立起所期望达到的正确性能水平。留意一些小的现象可能会有助于避免出现严重的灾难性后果。

32.10 自动化调校

数字技术的迅猛发展为我们提供了利用微处理器对变量校准调整实施控制的工具。许多组校准常量可以存储在不易被破坏的存储器中，这样就可以实现对工作带速、均衡标准、基准参考磁平和磁带类型的快速改变。

一旦自动调整的条件具备了，那么就可以采用 3 种校准方法。在最简单的模式中，操作人员将利用保存下来供日后使用的校准常量进行手动校准。虽然这种方法允许快速进行任务切换，但是并不会简化优化特定磁带卷偏磁和均衡调整。

如果可以将仪表指示仪器上对某一声轨的输入信息提供给微处理器的话，那么就可以自动执行校准程序，而无须操作人员介入。程序中包含校准的"方案"，其中包括想要达到的过偏磁量、均衡调整频率和工作电平等。要注意的是，这样的系统采用了并不是实际测量许多关键参量的推断调整技术。例如，录音机将针对基于特定频率的过偏磁规定产生最小失真的前提用于设定偏磁电平。实际上，机器并没有能力测量失真。方案只是推断对应于最小失真所需要的过偏磁量。不幸的是，如果存在引发异常工作的故障，那么校准流程可能检测不到这种现象。

近乎自动化的校准可以通过外接诸如 Audio Precision System One 这样的自动化测量设备来实现，测量设备通过如外接 IBM 兼容计算机这样的智能控制器来进行测量设定。对于多轨设备，还必须有遥控输入 / 输出切换矩阵。操作人员还是需要对磁头方位角这样的非自动化器件进行手动调整，像更换校准磁带和样本库这样的工作也要手动完成。智能控制器的校准程序依次对工作的机器进行严格、全面的一系列测量。诸如谐波和互调失真、串音、消磁效果、抖动、带速、噪声和相位这样的参量可以针对可接受的绝对标准进行检测。

最后给出的忠告很适合这种情形。许多操作人员和实验技术人员忽视了磁带录音机表现出的表象隐含的问题根本原因。一个很好的例子就是，人们需要不断地提高录音机高频均衡的调整量。虽然正确使用的机器不应表现出这样的倾向，但是性能不断恶化的磁头将会导致这样问题的出现。简单地进行针对不确定变化原因的再调整会丧失在酿成灾难性后果之前将问题解决的机会。尝试在事情完全变糟之前解决它们，以避免这类问题的发生。

第33章 MIDI

David Mules Huber编写

33.1 MIDI概述

如今专业和非专业音乐人都在使用 MIDI（Music Instrument Digital Interface）语言来拓展音乐范围，并以此在声频制作、视频节目的声频制作、电影后期和舞台制作等方面完成自动化任务。这种行业认可在很大程度上归功于 MIDI 制作的成本效率，以及其强大的功能和制作速度。一旦 MIDI 设备或仪器被应用于制作当中，那么通常就很少再需要（甚至根本不需要）找外来的音乐人参与项目之中了。这种诱人的条件可让音乐人在电子音乐环境下十分灵活地完成作曲、编辑和编排工作。至此，我并没有说 MIDI 取代（或将会取代）对声学乐器、传声器和传统演出形式的需求。实际上，它是帮助无数音乐人实现音乐创作和声频制作的一种强大的制作工具，为音乐制品带来了创新性和高度的个性化风格。简言之，MIDI 是一种集控制、可重复性、高灵活性、高性价比等制作能力于一身的创作工具，同时又兼有娱乐性的特质。

33.1.1 何谓 MIDI

简言之，MIDI 是一种数字通信语言，并且具有兼容的技术指标，它可让多个硬件和软件电子乐器、表演控制器、计算机和其他相关设备借助于网络实现彼此间的通信联络。MIDI 被用来将表演或相关控制事件（比如演奏键盘、选择音源号、改变调制轮、触发舞台视觉效果等）转变为等效的数字信息，然后将这些数字信息传送至其他 MIDI 设备，这些 MIDI 设备通常用来控制音源和其他表演 / 控制参量。MIDI 的美妙之处在于其数据可以被记录到硬件设备或软件程序（所谓的音序器）当中，然后在其中进行编辑并将其传送给电子乐器或其他设备，从而创作出音乐、控制表演中或表演后的任意数量的参量。

除了作曲和演唱歌曲外，音乐人还可以扮演技术指挥的角色，对声音调色板及其音色（声音及其音质），整体混合（电平和声像）及其他实时控制实现全方位的控制。MIDI 还可以用来改变工作室、流动演出或舞台环境中的电子乐器、记录设备、控制设备和信号处理器的表演和控制参量。

接口（Interface）一词指的是实际的数据通信链路和连接于 MIDI 网络中的软 / 硬件系统。借助于 MIDI 的运用，通过一个或多个数据链路（可以是设备到设备的链接），网络内的所有电子乐器和设备都可以通过实时传送表演和相关控制 MIDI 信息至整个系统或多台设备、仪器来实现访问。这种方案之所以可行是因为单一的数据线缆能够传送高达 16 个通道的表演和控制信息。正是这种简单的实际性能使得电子音乐人可以在类似于多轨录音的工作环境下实现录音、同步录音、混音和重放其表演的目标。一旦完成了母带处理工作，MIDI 便表现出超越普通多轨录音功能的功能，它能够以完全自动化和无限次重复的形式对编曲作品进行编辑、控制、修改和调用，这些功能远远超出了基于磁带的多轨录音功能。

33.1.2 MIDI 不是什么

对于初学者，先让我们揭开 MIDI 的最大谜团：MIDI 并不是进行声频方面的通信联络（它是不能创建声音的）。严格来讲，它只是一种指示设备或程序创建、重放或修改声音参量和控制功能的数字语言。这种数字语言协议可以实现开 / 关触发，以及大量的参量控制，以指示乐器或设备实现生成、重放或控制声频或相关制作的功能。正是因为存在这些差异，所以 MIDI 数据通道和声频路由通路彼此是完全独立的，如图 33.1 所示。即便它们以数字形式共享同一传输线缆（比如通过 USB 或火线），但实际的数据通路和格式还是完全独立的。

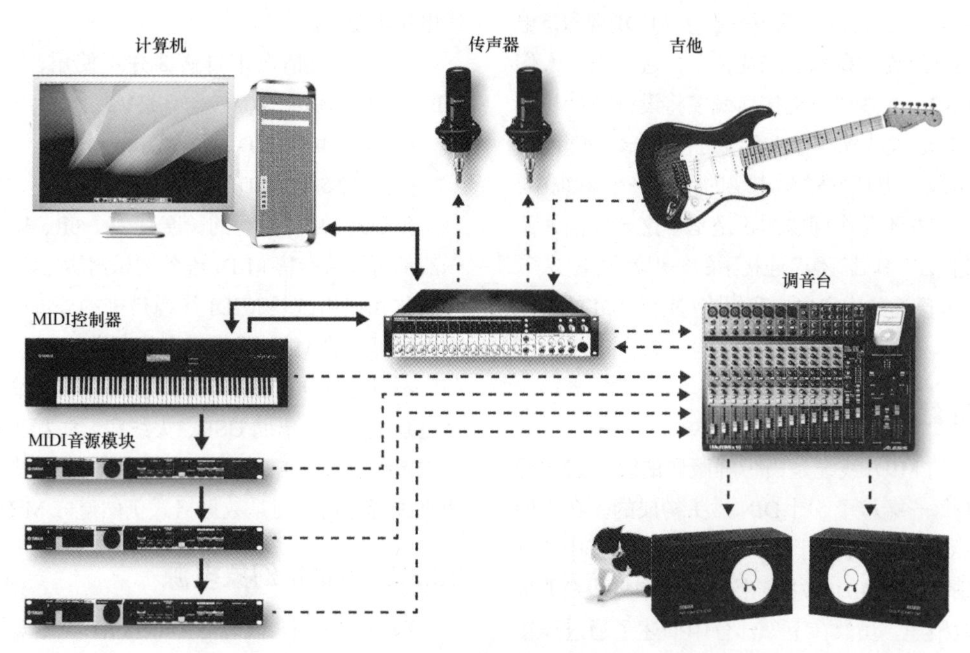

图 33.1 实线连接的 MIDI 网络和虚线连接的声频信号构成的典型 MIDI 系统

简言之，MIDI实现系统通信，指示乐器进行演奏或指示设备执行某一功能。这看上去像是演奏者钢琴乐谱中的一个个音符记号；当我们将乐谱卷起来塞到耳朵里时，我们是听不到任何声音的，但是当其中的音符记号通过演奏者钢琴的感应器时，乐器本身就会演奏出美妙的音乐。这一比喻对于MIDI是再恰当不过了。尽管MIDI文件或数据流是以串行方式在线缆中传输的一组简单指令，但是通过电子乐器对这些数据的编译，我们就能听到声音了。

作为基于演奏的控制语言，MIDI丰富了现代音乐制作手段，它可以对演奏轨进行编辑、叠加、更改、拉长、分割，并在完全自动化计算机控制下进行相对方便地后期制作。如果音符弹奏错了，还可以修改它。如果打算改变一个乐段的音调或速度，那也是可以实现的。假如想改变一首歌曲中某一乐段的表现力度，也是易如反掌，甚至可以改变声音特点（音色）！这些功能只是MIDI能力的冰山一角，如今它对项目演播室、专业演播室、声频或视频、电影、现场演出、多媒体，甚至是移动电话都产生了广泛的影响。

33.2 MIDI制作中的系统互连

作为一种数据通信介质，MIDI能够将演奏（16条分立通道），控制器和时间信息整合在一起，然后以经济小型化和易于管理的数据密度单方向传输数据。利用这种方法，可以实现将MIDI信息从特定的源（比如键盘或MIDI音序器）传送至以单一MIDI数据链路构成的网络中的任意数量的设备中。另外，MIDI应用起来十分灵活，可以使用多个MIDI数据线路将大型系统配置中的设备互连起来；例如，利用多个MIDI线路可通过多达32条、48条、128条或更多条的分立通道将数据传输给乐器和设备！

当然，这些年来人们已经熟悉并掌握了MIDI概念，电子乐器及其他设备互连的概念已经变化了。近年来，人们更多的是利用USB，火线或雷电接口线缆将设备与计算机相连，而不是采用老式的标准布线系统进行连接。实际上，通常这些互连是以“虚拟方式”实现的，在整个系统中，线缆连接限定通常并不是个问题。正是基于这一原因，了解并掌握这些数据在“基础等级”连接下的知识就很重要了。因此，在接下来要阐述的内容中，我们将讨论MIDI的布线系统。

33.2.1 MIDI线缆

图33.2所示的MIDI线缆是由带屏蔽层的双绞线对导线，且在线缆的每一端接了5针DIN插头构成的。在当前采用的MIDI技术指标中只使用了5针中的3针，其中的针脚4和针脚5用来传输MIDI数据，针脚2用来将线缆的屏蔽层与设备的地相连。虽然在下一部分中描述了通过连接针脚1和针脚3建立起的为设备供电的巧妙系统（被称为MIDI幻象电源），但是目前并未使用这两个针脚。线缆本身采用了双扭线缆和金属屏蔽接地的方法来降低外部干扰，比如射频干扰（RFI，Radio-Frequency Interference）或静电干扰，这两种干扰可能会导致所传输的MIDI信息产生失真或中断。

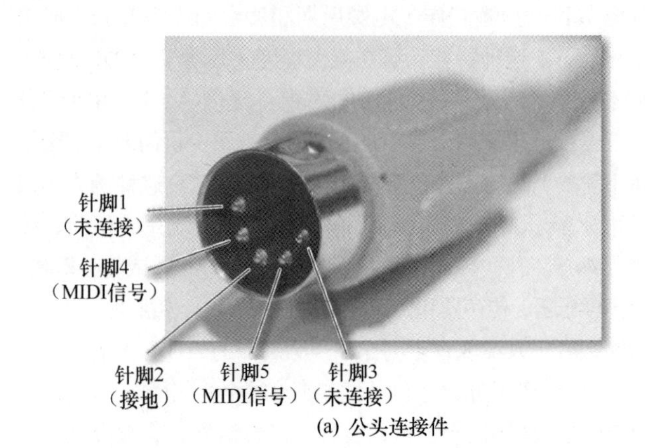

(a) 公头连接件

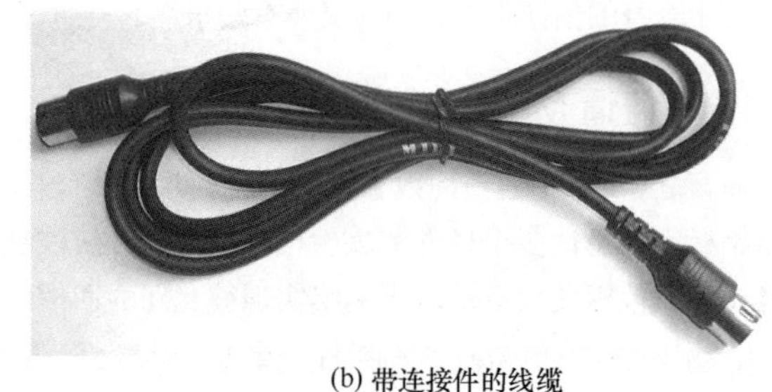
(b) 带连接件的线缆

图33.2 MIDI电缆

33.2.2 MIDI针脚说明

- 大多数情况下针脚1并不使用；但是它可以提供MIDI幻象供电电源的VB（地返回）。
- 将针脚2连接到屏蔽层或地线上，保护信号免受无线电和电磁干扰。
- 大多数情况下针脚3并不使用；但是它可以提供MIDI幻象电源的+V（+9～+15V）。
- 针脚4是MIDI数据线。
- 针脚5是MIDI数据线。

预制的MIDI线缆的长度有2ft、6ft、10ft、20ft和50ft，一般都可以从专售MIDI设备的乐器店处购得。为了降低信号劣化和使用过长MIDI线缆带来的外部干扰，MIDI标准中规定可用的MIDI线缆最大长度为50ft。

不过还应再次提请注意的是：在当今的MIDI制作中，通过系统网络，借助USB、火线和无线互连来传输MIDI数据的做法越来越常见。尽管数据并没有通过传统的MIDI线缆来进行传输，但是数据格式仍然遵守MIDI协议的规定。

33.2.3 MIDI幻象电源

1989年12月，Craig Anderton（克雷格·安德顿）在*Electronic Musician*上刊发了一篇文章，其内容就是允许信号源直接通过基本 MIDI 线缆的针脚 1 和针脚 3 提供标准化的 12V_{dc} 电源给乐器和 MIDI 设备。尽管针脚 1 和针脚 3 是为未来的 MIDI 应用中可能出现的变化所进行的技术保留，但是在过去一段时间，几家具有前瞻性的厂家（和项目的热衷者）已经开始在其工作室和舞台系统中直接采用 MIDI 幻象电源。

33.2.4 无线 MIDI

几家公司已经开始制造采用电池供电演奏的 MIDI 吉他使用的无线 MIDI 发射器、吹管控制器等，从而在演奏过程中可以让演奏者在舞台和工作室中任意走动和表演。这些电池供电发射机 / 接收机的工作距离长达 500ft，所引入的延时非常小，并且有许多的无线电通道频率可供切换使用。

33.2.5 MIDI 插孔

设备间的 MIDI 信号分配使用了 3 种类型的 MIDI 插孔：MIDI 输入、MIDI 输出和 MIDI 中继（MIDI In，MIDI Out 和 MIDI Thru），如图 33.3 所示。这 3 种插孔使用的插接件是 5 针 DIN 插接件，这些插接件是将 MIDI 乐器、设备和计算机连接到音乐和 / 或制作网络系统的一种方法。应该提一下的是，最好掌握这些端口的技术（MIDI 1.0 标准严格定义过的），它们采用光隔离技术，以消除将众多设备连接在一起时可能产生的地环路。

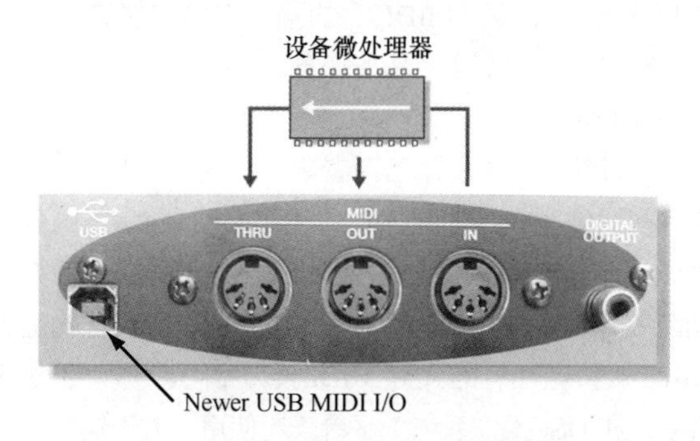

图 33.3 MIDI 输入、MIDI 输出和 MIDI 中继，所示的是设备的信号通路分配

MIDI In 插孔——MIDI In 插孔接收来自外部源的信息，并将音色、控制和 / 或定时数据传输给设备的内部微处理器，以便乐器进行演奏和 / 或设备受控。一个系统中可以设计有多个 MIDI In 插孔，并且具有 MIDI 混合功能或者使设备可以支持 16 条以上的通道。其他设备（比如控制器）根本就不可能有 MIDI In 插孔，不过它只支持 MIDI 输出。

MIDI Out 插孔——MIDI Out 插孔被用来将 MIDI 音色、控制信息或者系统专有（SysEx）信息从一台设备传输至另一台 MIDI 乐器或设备。一个系统中可以设计有多个 MIDI Out 插孔，这样有利于使用不止 16 条通道来控制和分配数据至多条 MIDI 通路上(即，16 个通道 × *N* MIDI 端口通路)。

MIDI Thru 插孔——MIDI Thru 插孔将 MIDI In 插孔接收到的数据再重新原封不动地传输出去。这一处理之所以重要，是因为它可以使数据通过一台乐器或设备直接转接到 MIDI 链路上的下一台设备。应牢记的是，这一插孔被用来中继传输原样的 MIDI In 数据流，而不要与 MIDI Out 插孔传输的数据相混淆。

MIDI Echo 插孔——虽然有些 MIDI 设备根本没有 MIDI Thru 插孔，但是这些设备中的有些设备可以选择将 MIDI Out 在实际的 MIDI Out 插孔与 MIDI Echo 插孔间切换，如图 33.4 所示。与 MIDI Thru 插孔一样，MIDI Echo 选项可以用来将 MIDI In 端口接收到的所有信息原封不动地再次传输出去，并且是将这一数据分配至 MIDI Out/Echo 插孔。与专用的 MIDI Out 插孔不同，MIDI Echo 功能常常被选择用来将输入来的数据与设备自身发生的音色数据相混合。利用这种方法，在一个 MIDI 系统中可以同时放置不止一台控制器。应注意的是，尽管音色和定时数据可以返回到 MIDI Out/Echo 插孔，但并不是所有的设备都能将 SysEx 数据返回。

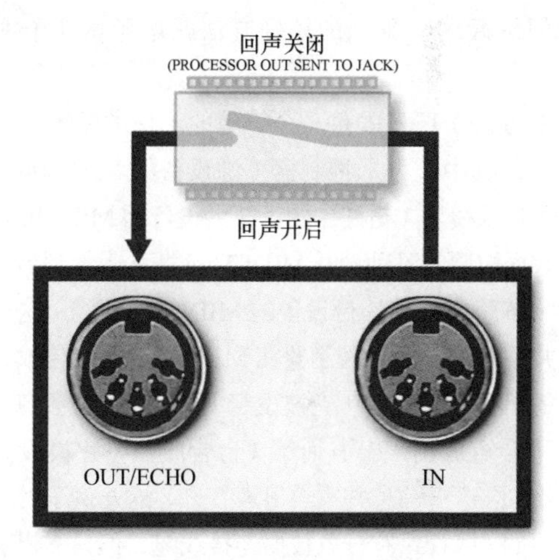

图 33.4 MIDIEcho 配置

33.2.6 典型配置

虽然电子化的工作室制作设备和设置很少有一样的（甚至是类似的），但还是有一系列的规则可以使 MIDI 设备方便地连接到功能网络中。这些常见的配置可以使 MIDI 数据尽可能以最有效和易理解的方式进行分配。

作为最基本的原则，只有两种有效的方法将 1 台 MIDI 设备连接到 MIDI 链路中的另一台设备上，如图 33.5 所示。

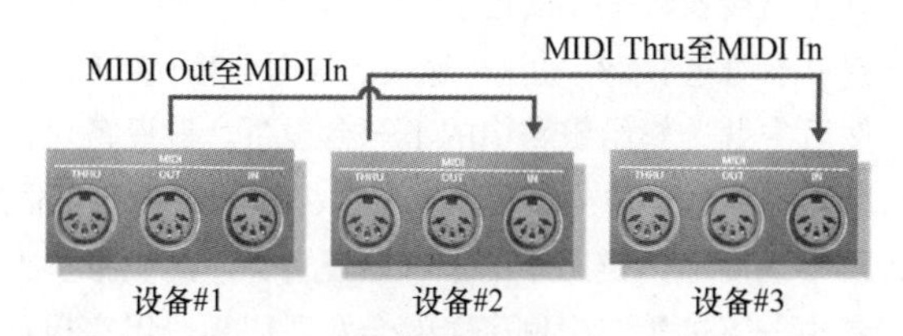

图 33.5 将一台 MIDI 设备与另一台 MIDI 设备连接起来的两种有效方法

1. 将源设备（控制器或音序器 / 计算机）的 MIDI Out 插孔连接到链路中的第 2 台设备的 MIDI In 插孔上。

2. 将第2台设备的MIDI Thru插孔连接到链路中第3台设备的MIDI In插孔上，接下来以同样的方式（Thru-to-In）进行连接，直到连接到线路的末端为止。

33.2.7 菊花链

在整个MIDI系统中，分配数据的最简单且最普遍的方法之一就是菊花链方式。这种方法将来自源设备（控制器或音序器/计算机）的MIDI数据中继传输给链路中的下一台设备（接收并按照此数据进行动作）。反过来，该设备再将输入的数据原封不动地中继输出到其MIDI Thru插孔，之后中继给链路中的下一台设备。该设备还可以再将其接收到的输入插孔数据原封不动地输出到其MIDI Thru插孔，然后中继传输给链路中的下一台设备，以此类推。利用这种方法，MIDI数据的16条通道可以以菊花链的形式将一台设备连接到另一台设备上形成一个数据网络 —— 准确地讲，这是一种通过一条MIDI线缆传输多通道信息的概念，并且能够使该概念得以实施！我们掌握这一概念的较好方法就是考察几个实际的例子。

图33.6（a）所示的是一个简单的（且常见的）MIDI菊花链例子，其中数据从控制器（源设备的MIDI Out插孔）流向合成音源模块（链路中的第2台设备的MIDI In插孔），其中该数据被原封不动地从MIDI Thru插孔中继到另一台合成器上（链路中的第3台设备的MIDI In插孔）。这理解起来应该并不困难，如果控制器在MIDI通道3上传输，那么链路中的第2台合成器（它被设定为通道2）将会忽略掉该信息而不会重放出声音，而第3台合成器（它被设定为通道3）会响应这一信息并重放出声音来。这一例子的本质就是告诉我们：尽管只有一条数据连接线缆，但只需沿着菊花链进行各自的通道设置就能演奏出数量惊人的各种乐器和通道音色的组合。

图33.6（b）所示的是另一个MIDI菊花链例子，其中表示出了计算机是如何方便地被指定为菊花链路中的主信号源，以便音序程序可以用来控制整个重放和菊花链系统的通道分配功能。在这种情况下，MIDI数据从主控制器/合成器流向计算机（在这里，数据可以被重放、处理和MIDI音序器中的通道再分配）的MIDI接口中的MIDI In插孔。然后，接口的MIDI Out被分配回主控制器/合成器的MIDI In插孔（它接收数据并按此数据进行动作）。接下来，控制器将原封不动地中继传输这一输入的数据至其MIDI Thru插孔，然后中继传输给链路中的下一台设备。该设备可以再原封不动地将这一输入的数据输出至它的MIDI Thru插孔，之后再中继传输给链路中的下一台设备，以此类推。如果我们考虑一下这第二个例子，就会发现控制器用来执行的是MIDI音序器的指令，然后它被用来将这一编辑和处理过的音色数据传输给所连接的MIDI链路中的各个乐器。

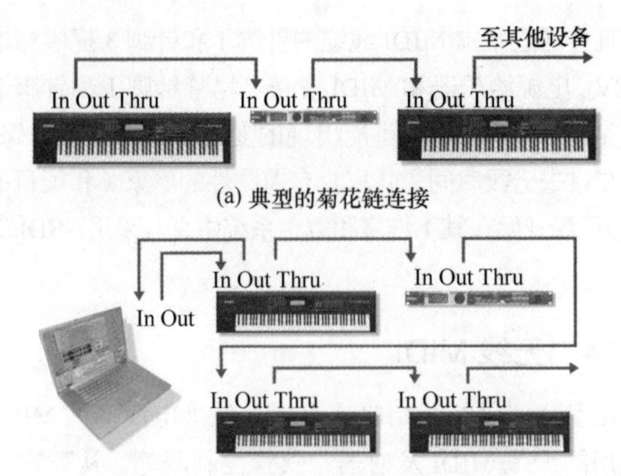

(a) 典型的菊花链连接

(b) 如何将一台计算机连接到菊花链当中的例子

图33.6 采用菊花链形式连接构成MIDI系统的例子

33.3 MIDI与周边设备的连接

个人计算机变革的重要事件就是硬件和处理周边设备的成熟。随着USB和火线协议的发展，诸如鼠标、键盘、摄像头、声频接口、MIDI接口、CD和硬盘驱动器、MP3播放器，甚至便携风扇这样的硬件设备都可以直接插入可使用的端口，而无须进行任何破坏性的硬件设定改变或打开机箱。外部的周边设备一般都是为了完成特定的任务或制作工作而设计的硬件设备。例如，声频接口能够将模拟声频（及通常的MIDI、控制和其他媒质）转换成计算机可以识别的数字数据。其他周边设备可以执行诸如打印、媒体接口连接（视频和MIDI）、扫描、存储卡接口连接、便携硬盘存储……这类实用功能任务。

MIDI接口

尽管计算机和电子乐器两者都是利用0和1这样的数字语言进行通信联络的，但是如果不借助可以将串行的数据结构翻译成计算机可以识别的数据结构的设备，那么计算机并不能简单地理解MIDI语言。完成这样工作的设备就是所谓的MIDI接口。现有的大量MIDI接口都可以与大部分的计算机系统和OS（操作系统）平台一起使用。对于偶尔为之和专业的音乐人而言，将MIDI介入制作系统的方式有很多种。最常见的方式可能要算是借助于当今的USB或火线声频接口，或者借助乐器/DAW控制器界面来访问MIDI In，MIDI Out和MIDI Thru插孔。对于便携设备而言，提供16通道的I/O（在一个端口上）已经变得很常见了，而多声道接口也包含可以让用户访问32条以上通道的多个MIDI I/O端口。

另外一种附加的选择方案就是从具有单一I/O端口（16通道）到可以方便处理多达64条通道的多端口系统（4个I/O端口）中选择一个USB MIDI接口。图33.7所示的多端口MIDI接口是需要增加路由分配同步能力的大多数专业电子音乐人的常见选择。这些可机架安装的USB设备一般可以提供8个或更多的独立MIDI In和MIDI Out，以便于利用单独的线缆在连接的网络中分配MIDI数据。

图33.7 M-Audio MIDISPOT 4×4 MIDI接口
（M-Audio授权使用，M-Audio是Avid Technology，Inc.的子公司）

除了上述接口类型之外，人们还设计出了大量的MIDI键盘控制器和带有内置MIDI端口和插孔的合成器。对于那些入门者而言，这种有用且节约成本的性能使我们可以方便地将现有的乐器集成到DAW和音序环境当中。

33.4 MIDI信息

MIDI是那些设计和生产MIDI乐器和设备的公司必须严格遵守的指定数据格式。由于数据格式已经被标准化了，所以不必为设备的MIDI输出能否被另一生产厂家所制造设备的MIDI输入识别而烦恼。只要数据端口采用MIDI语言进行通信，那么就可以确保数据（至少是基本表演功能）将被传输，并被所接收系统中的所有设备识别。采用这种方法，用户只需考虑日常要处理的事物，即与电子乐器关系密切的事物，而不用去理会设备间的数据兼容性问题。

MIDI以数字化通信形式在设备间传送音乐表演数据，这些数据是一串MIDI信息。在传统做法中，MIDI信息通过标准MIDI线缆以串行方式进行通信传输，传输速率为31 250bits/s。在串行数据传输线内，数据以单一文件形式在单一导线内传送；另一方面，并行数据连接能够以同步方式利用多条导线同时传输数据比特。

这些信息由8bit字组（所谓的字节）构成，它被用来向一个系统内的一台或所有的MIDI设备传送指令。

MIDI技术规范只定义了如下两种类型的字节：状态字节和数据字节。

- 状态字节用来表示设备或程序所要执行的MIDI功能的类型。它也用来对通道数据进行编码（允许设定成响应指定通道的设备接收指令）。
- 数据字节用来表示伴随状态字节的指定事件的相应数值。

一个字节由8bit构成，其最高标志位（MSB；MIDI字节中数字字中最左面的二进制比特）被用来识别数据的特定功能。状态字节的MSB始终是1，而数据字节的MSB始终为0。例如，由二进制形式的3字节组成的MIDI音符开启（Note-On）信息（它用来表示MIDI音符开始的信号）可能读取为3字节的音符开启信息（10010100）（01000000）（01011001）。这一特定例子所传输的指令被读取为"通过MIDI通道5传输音符开启指令，采用的键位是64号，触键的速率（音符的音量）为89。

33.4.1 MIDI通道

就像公共扩声的扬声器可以通过自身的单一输出，将信息传递给人群中的每个人一样，MIDI信息可以直接将信息传输给特定的设备或MIDI系统中串联的设备。它通过在状态字节中嵌入半个字节（4bit）的通道相关信息来实现，这样便可以通过一根MIDI数据线缆将表演或控制数据传输到多达16条通道上，使音色或控制信息传输至特定设备或安排给特定通道上的设备音源成为可能。

由于半字节为4bit，所以通过一根MIDI线缆或指定端口可以向多达16条独立的MIDI通道传送数据。

0000=通道1	0100=通道5	1000=通道9	1100=通道13
0001=通道2	0101=通道6	1001=通道10	1101=通道14
0010=通道3	0110=通道7	1010=通道11	1110=通道15
0011=通道4	0111=通道8	1011=通道12	1111=通道16

不论何时，MIDI设备、音源或音色功能均对特定通道的指令产生响应，它只对那个通道上传输来的信息产生响应（也就是说，忽略来自任何其他通道上传输的信息）。例如，假定我们正在用一台内置音序器（能够进行记录、编辑和重放MIDI数据的设备或程序）的合成器和两台其他合成器创编一首短的歌曲，如图33.8所示。

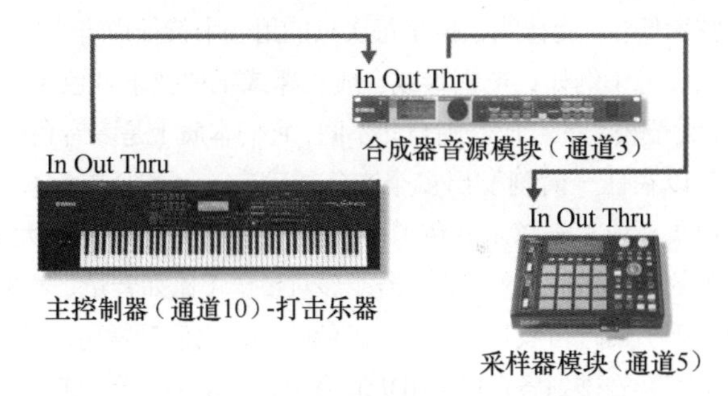

图33.8 由一组MIDI通道安排构成的MIDI设置

我们首先使用通道10将鼓声轨记录到主音序器上（多台合成器被预先安排成输出该通道上的鼓/打击乐器声音）。

一旦记录完成，音序器将通过通道10来传输音符和数据，这样便可以听到合成器产生的打击乐声部。

接下来，我们可以将合成音源模块设定为通道3，并且指令主合成器在同一通道上传输信息（由于合成器模块被设定为响应通道3的数据，所以只要主键盘开始演奏，它便会发出声音）。现在我们可以在音序器的下一声轨上记录歌曲的旋律线。

重放音序，音序器便会将数据传输给被设置为响应各自通道的主合成器（打击乐声部）和音源模块（旋律线）。这时，我们创编的歌曲便有了雏形。

现在，我们可以设定采样器（或者其他类型乐器）响应通道5的指令，并指令主合成器在同一通道上传输信息，以便我们可以进一步对歌曲进行完善。

至此，歌曲创编完成，音序器便可以通过被设置为对各自MIDI通道产生响应的合成器来重放音乐的各个声部，我们可以对一个环境之下的所有内容进行音量控制、编辑和各个乐器的多种功能控制。总之，我们已经创建了一个真正的多轨工作环境。

不用说，大家都知道上面的例子只是制作环境中我们碰到的无限多设置和通道可能方案中的一个。不过，这个例子是切实可行的，即便是最复杂的MIDI制作室都将存在一个系统，一个基本的通道和让音乐创作人员较易操作的总体设置。当然，这一总体设置和基本决定是为自己的工作室安排的。理顺一个系统，使其可以高效且方便地使用，是要通过一定时间的经验累积和实践操作才能完成。

33.4.2 MIDI模式

电子乐器通常可以通过内部的发声电路来改变同时发声的声音和/或音符数目。例如，某些乐器一次只能产生一个音符（所谓的单音乐器），而另外一些乐器则可以一次发出16个、32个，甚至是64个音符（所谓的复音乐器）。后一类型的乐器可以方便地利用一台乐器演奏和弦和/或多条音乐线。

另外，一些乐器一次只能产生一个音色（通常就是指单音色）。尽管其发声电路可能是复音的，允许演奏者演奏和弦和低音/旋律线，但是每次只能用一个特征声音来发出这些音符（例如，电钢琴或合成贝斯或某种弦乐音色）。然而，大量较新的合成器则与此不同，它们本质上是多音色的，即可以在任一时刻发出多个音色的声音（例如，电钢琴或合成贝斯或某一弦乐音色）。我们通常会碰到可以发出大量音色的电子乐器，这样的乐器能够对参量（比如音量、声像、调制等）进行自我控制；更为出色的是，它们通常可以将不同的声音安排到各自的MIDI通道上，实现多个音色在设备内部完成混合（通常所言的立体声母线分配），或者分配至不同的输出上。

下面的列表和规范解释了MIDI技术规范支持的4种模式。

- 模式1（全通道开启/复音）：在该模式下，乐器将响应从任意MIDI通道接收的数据，然后将这一数据改至乐器的基本通道。从本质上讲，设备将以复音形式重放现在输入上的所有信息，而不管输入通道的目标通道如何设置。正如您所料的那样，这种模式几乎不使用。
- 模式2（全通道开启/单音）：与模式1一样，乐器也是会响应其输入接收的所有数据，而不理会通道的目标设定。但是该设备每次只能演奏一个音符。相对模式1而言，模式2使用得更少，因为设备不能区分通道目标，并且每次只能演奏一个音符。
- 模式3（全通道关闭/复音）：在该模式下，乐器将只以复音模式响应与指定的基本通道相匹配的通道上的数据。被安排到任何其他通道上的数据都将被忽略。该模式是至今为止最常用的一种模式，因为这样可以利用在不同MIDI通道上接收的信息对多音色乐器中的音色单独进行控制。例如，一条MIDI线缆中的16条通道中的每一条通道都可以用复音色合成器中的16种音色来演奏每一个声部。
- 模式4（全通道关闭/单音）：与模式3一样，乐器能够响应由单独一个专门通道传输来的表演数据；但是每次每一音色只能产生一个音符。这种模式的一个实例就是通常在MIDI吉他系统中的使用情况，其中MIDI数据是通过6条并行的通道（每根弦音色占用一个通道）来传输单音的。

33.4.3 通道音色信息

通道音色信息被用来在所连接的整个MIDI系统中传输实时演奏数据。只要MIDI乐器的控制器演奏、选择或被演奏者改变，便会生成这种信息。这种控制变化的例子可以被键盘、按动音色选择按钮、移动调制或弯音轮来演奏。每一通道音色信息包括在其状态字节中表示的一个MIDI通道号，这意味着只有被安排在同一通道上的设备才会响应这些命令。有7种通道音色类型：音符开启，音符关闭，复音按键压力，通道（或触后）压力，音色改变，弯音变化和控制变化。

音符开启信息。音符开启信息被用来指示MIDI音符的开始，如图33.9所示。键盘、鼓机或其他MIDI乐器每触发一个音符（按下一个按键、敲击鼓垫等），便会生成这种信息。音符开启信息由3个字节信息构成：MIDI通道号，MIDI音高号和击键速度值（所传送的该信息传递的是每个音符演奏的音量[0～127]）（原文有误，已更正）。

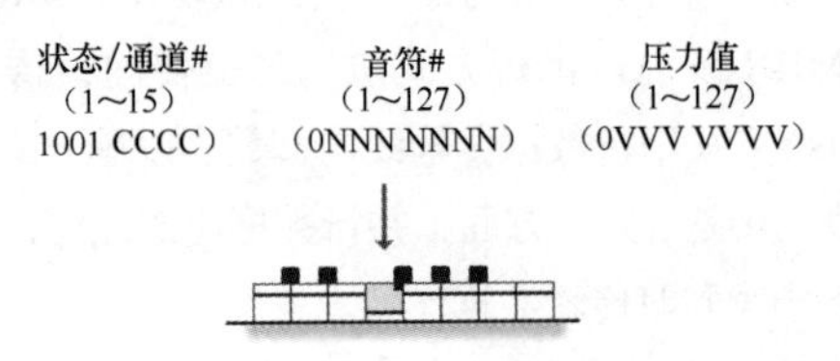

图33.9 一个MIDI音符开启信息的字节结构

音符关闭信息。音符关闭信息表示的是MIDI音符的释放（终止）。每个音符开启信息在接收该音符的音符关闭信息之前会指示乐器一直演奏下去。音符关闭信息将不切断声音；它只是停止演奏音符而已。如果被演奏的声音存在恢复（或最终的衰减）过程，那么它将开始接收这一阶段的信息。应注意的是，有些系统实际上是利用速度值为0的音符开启信息来代表音符关闭信息。

复音按键压力信息。乐器传输的复音按键压力信息响应的是应用于键盘的某一琴键上的压力变化，如图33.10所示。复音按键压力信息由3字节信息构成：MIDI通道编号、MIDI音符号和压力值。

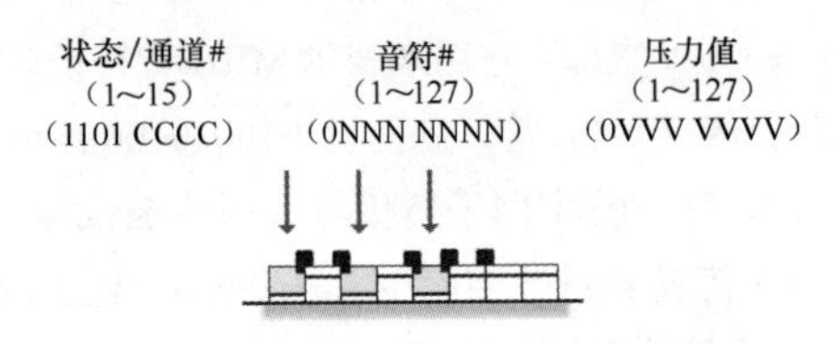

图33.10 MIDI复音按键压力信息的字节结构
（当附加的压力应用于演奏的每个按键时生成该信息）

通道压力（或触后）信息。乐器传送和接收的通道压力信息响应的是应用于按键上的单独一个整体压力，如图 33.11 所示。在这种方式中，按键上的附加压力可以安排给诸如弯音、调制和声像变化这类控制。

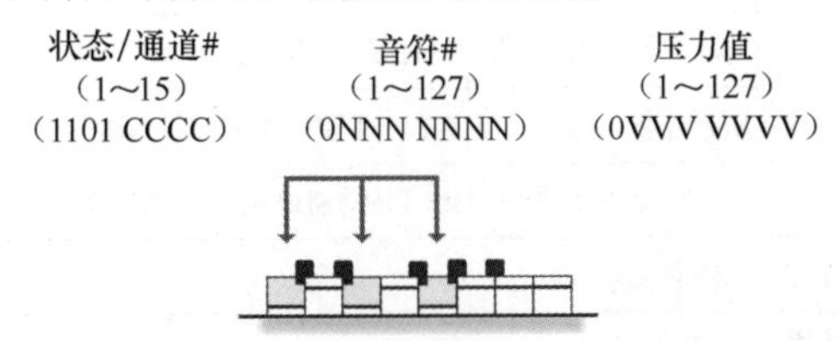

图 33.11 MIDI 通道压力信息的字节结构
（同时影响某一 MIDI 通道上传输的所有音符）

音色改变信息。音色改变信息被用来改变一件 MIDI 乐器或设备的启动音色（生成的声音）或预置音色编号，如图 33.12 所示。利用这种信息格式，可以选择多达 128 种预置（启动特定生成声音音色或系统设置的用户或厂家定义的编号）。音色改变信息由 2 字节信息构成：MIDI 通道号（1 ～ 16）和音色 ID 号（0 ～ 127）。

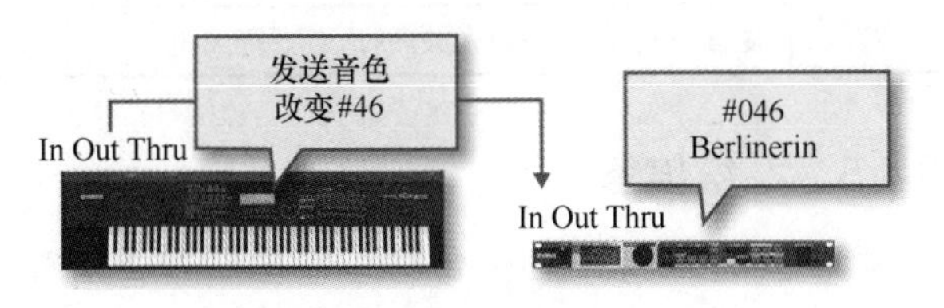

图 33.12 MIDI 音色改变信息的字节结构

弯音变化信息。只要弯音轮移动，不论是从中心位置（无弯音）正向移动（升高音调），还是负向移动（降低音调），乐器都会送出该信息，如图 33.13 所示。

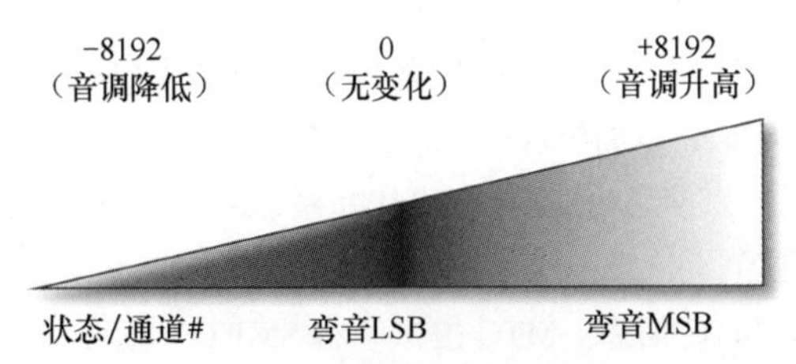

图 33.13 弯音变化信息的字节结构

控制变化信息。控制变化信息传输的是与 MIDI 乐器的演奏参量（比如调制、主音量、平衡和声像）相关的实时控制，如图 33.14 所示。通过控制变化信息传输的实时控制信息有 3 种类型：连续控制器传送所有可变控制设定的信息，通常设定的数值变化是 0 ～ 127；开关控制器（仅有开或关两种状态，没有中间设定）；数据控制器，通过数字键盘或步进式升 / 降按钮来输入数据。

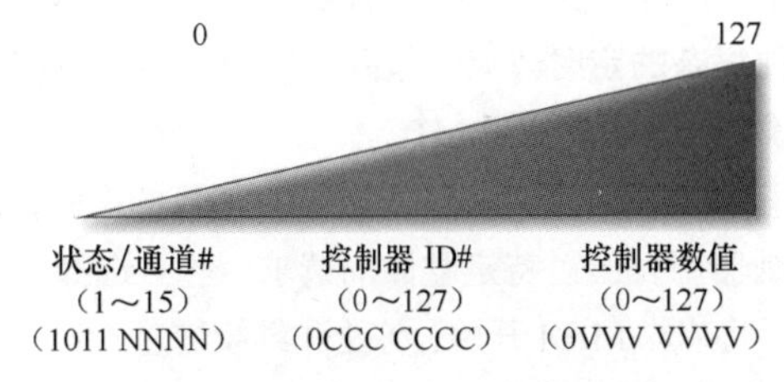

图 33.14 控制变化信息的字节结构

33.4.4 控制 ID 参量的解释

如图 33.14 所示，控制变化信息的第 2 字节被用于表示控制器 ID 编号。这一非常重要的数值被用来指定设备的哪个程序或演奏参量被访问。

在下文中将对安排控制器编号给相应的参量的一些基本分类和惯例进行了详细的归纳说明 [基于 1995 年 MMA（MIDI 制造商协会)]。表 33-1 对这些控制器进行了归纳总结。这确实是个重要的表格，因为这些编号对于掌握和 / 或发现正确的控制器编号将是重要的指南，选择正确的 ID 号将有助于找到一条生成正确声音完美变量的途径。

表 33-1 控制器 ID 号列表、 定义的格式、约定和控制器安排说明

控制器编号	参量
14bit控制器强调/MSB（最高标志比特）	
0	库选择0～127MSB
1	调制轮或电平0～127MSB
2	呼吸控制器0～127MSB
3	未定义0～127MSB
4	脚踏控制器0～127MSB
5	延音时间0～127MSB
6	数据输入MSB 0～127MSB
7	通道音量（原来的主音量）0～127MSB
8	平衡0～127MSB
9	未定义0～127MSB
10	声像0～127MSB
11	表现控制器0～127MSB
12	效果控制 1 0～127MSB
13	效果控制 2 0～127MSB
14	未定义0～127MSB
15	未定义0～127MSB
16～19	通用控制器1-4 0～127MSB
20～31	未定义0～127LSB
14bit控制器强调/MLB（最低标志比特）	
32	用于控制0的LSB（库选择）0～127LSB
33	用于控制1的LSB（调制轮或电平）0～127LSB
34	用于控制2的LSB（呼吸控制器）0～127LSB
35	用于控制3的LSB（未定义）0～127LSB
36	用于控制4的LSB（脚踏控制器）0～127LSB
37	用于控制5的LSB（延音时间）0～127LSB
38	用于控制6的LSB（数据输入）0～127LSB
39	用于控制7的LSB（通道音量，原来的主音量）0～127LSB
40	用于控制8的LSB（平衡）0～127LSB

续表

控制器编号	参量
41	用于控制9的LSB（未定义）0～127LSB
42	用于控制10的LSB（声像）0～127LSB
43	用于控制11的LSB（表现控制器）0～127LSB
44	用于控制12的LSB（效果控制1）0～127LS
45	用于控制13的LSB（效果控制2）0～127LS
46～47	用于控制14～15的LSB（未定义）0～127LSB
48～51	用于控制16～19的LSB（通用控制器1～4）0～127LS
52～63	用于控制20～31的LSB（未定义）0～127LSB
7bit控制器	
64	阻尼踏板开/关（持续音）<63关闭，>64打开
65	延音开/关<63关闭，>64打开
66	延长音开/关<63关闭，>64打开
67	软踏板开/关<63关闭，>64打开
68	连奏脚踏开关<63正常，>64连奏
69	保持2<63关闭，>64打开
70	声音控制器 1（默认：声音变化）0～127LSB
71	声音控制器 2（默认：音色/泛音强度）0～127LSB
72	声音控制器 3（默认：释放时间）0～127LSB
73	声音控制器 4（默认：启动变化）0～127LSB
74	声音控制器 5（默认：明亮度）0～127LSB
75	声音控制器 6（默认：衰减时间，参见MNA RP-21）0～127LSB
76	声音控制器 7（默认：静音速度，参见MNA RP-21）0～127LSB
77	声音控制器 8（默认：颤音深度，参见MNA RP-21）0～127LSB
78	声音控制器 9（默认：颤音延时，参见MNA RP-21）0～127LSB
79	声音控制器 10（默认：未定义，参见MNA RP-21）0～127LSB
80～83	通用控制器 5-8 0～127LSB
84	延音控制0～127LSB
85～90	未定义
91	效果1深度（默认：混响送出电平）0～127LSB
92	效果2深度（默认：颤音送出电平）0～127LSB
93	效果3深度（默认：合唱送出电平）0～127LSB
94	效果4深度（默认：音节栓[失谐]深度）0～127LSB
95	效果5深度（默认：移相器深度）0～127LSB
参量数值控制器	
96	数据增加（数据输入+1）
97	数据减小（数据输入–1）

续表

控制器编号	参量
98	非注册参量编号（NRPR）–LSB 0～127LSB
99	非注册参量编号（NRPR）–MSB 0～127MSB
100	注册参量编号（RPR）–LSB* 0～127LSB
101	注册参量编号（RPR）–MSB* 0～127MSB
102～119	未定义
为通道模式信息保留	
120	所有声音关闭0
121	复位所有控制器
122	本机控制开/关 0：关 127：开
123	所有音符关闭
124	全音模式关闭（+所有音符关闭）
125	全音模式开启（+所有音符关闭）
126	复音模式关闭（+所有音符关闭）
127	复音模式开启（+单音关闭+所有音符关闭）

33.4.5 系统信息

顾名思义，系统信息被传输到MIDI链路上的每一台MIDI设备上。因为在系统信息的字节结构中访问不到MIDI通道编号，所以它可以实现这种应用目标。因此，任何设备都将响应这些信息，而不去理会其MIDI通道安排。3种类型的系统信息分别是系统公共信息，系统实时信息和系统专有信息。

系统公共信息被用来将MIDI时间码（MTC，MIDI Time Code），歌曲位置指针，歌曲选择，调谐请求和专有数据信息结束信息传输至整个MIDI系统或指定MIDI端口的16条通道。

- MTC信息。MTC提供了将SMPTE（标准的同步时间码）时间的翻译成符合MIDI 1.0技术规范的对应码字的性价比较高且简单的应用解决方案。这是一种将基于时间的编码和命令分配到整个MIDI链路上的廉价、稳定且易于使用的方法。MIDI 1/4帧信息通过可以识别和执行MTC命令的MIDI设备传输和识别。8个1/4帧构成的一个编组被用来表示一个完整的MTC地址（以小时、分钟、秒和帧组成），它允许SMPTE地址每两帧更新一次。
- 歌曲位置指针信息。允许音序器或鼓机在一首歌曲的任意小节位置同步于外部信号源。

这种复杂的定时协议一般并不使用，因为当前大多数用户和设计方案更喜欢用MTC。

- 歌曲选择信息。利用对歌曲ID编号的识别，由音序器或控制器源发出对特定歌曲的请求。一旦选择了，那么歌曲随后将响应MIDI开始、停止和继续信息。
- 调谐请求信息。用来请求MIDI乐器初始化它的内部调谐程序。

- 专有数据信息结束。表示 SysEx 数据信息结束。

系统实时信息提供了同步所连接系统中各个 MIDI 设备所需要的时基成分。为了避免时基延时，MIDI 技术规范允许将系统实时信息插入数据流中任何一点，甚至可以插入其他 MIDI 信息之间。

- 定时时钟信息。MIDI 定时时钟信息在 MIDI 数据流中以各种分辨率进行传输。它被用来同步系统中每一 MIDI 设备的内部时钟，并且以当前定义的音乐速度在开始和停止两种模式下传输。在 MIDI 产生初期，这些速率（它以每 1/4 音符内的脉冲数来度量，用 ppq 表示）在 24 ～ 128ppq。然而，技术上的不断发展已经将这些速率上限提高至 240ppq，480ppq，甚至是 960ppq。

- 开始信息。只要接收到定时时钟信息，MIDI 开始指令便命令所连接的所有 MIDI 设备从其内部音序的初始点开始演奏。假如一个音色出现在音序中间，那么开始指令将会使音序重新定位回开始，并从那一点开始演奏。

- 停止信息。在接收到 MIDI 停止指令时，系统中的所有设备将从当前的位置点停止演奏。

- 继续信息。在接收到 MIDI 停止命令之后，MIDI 继续信息将命令所有连接设备准确地从其停止点恢复演奏其内部音序。

- 启动传感信息。如果处在停止模式，那么备选的启动传感信息可以通过 MIDI 数据流，每隔 300ms 传输一次。该指令命令可以识别该信息的设备仍然连接到一个活动的 MIDI 数据流上。

- 系统复位信息。系统复位信息是手动传输的，为的是使 MIDI 设备或乐器复位到其刚加电时的默认设定（一般就是模式 1，本机控制开启和全部音符关闭）。

系统专有（SysEx，System-Exclusive）信息可以让 MIDI 厂家，编程人员和设计者在 MIDI 设备之间进行专用 MIDI 信息的沟通联络。这些信息的目的就是使厂家，编程人员和设计者按照其适合的形式，自由地以任意无长度限定的指定设备数据进行通信联络。最为常见的情况是：将 SysEx 数据用来进行程序 / 音色数据和采样数据，以及借助设备参量的实时控制数据的大批量传送和接收。MIDI 标准定义的 SysEx 信息传输格式如图 33.15 所示，其中包括系统专有状态字头，厂家 ID 编号，任意数量的 SysEx 数据和 EOX 字节。一旦接收到 SysEx 信息，MIDI 设备便会读取标志编号，以此决定随后的信息是否相关联。这一任务很容易完成，因为特别的 1 或 3 个字节的 ID 编号被分配给每个注册的 MIDI 制造商。如果该编号与接收的 MIDI 设备不匹配，那么数据字节肯定将被忽略。一旦有效的 SysEx 数据流被传输，则最后送出 EOX 信息，之后设备将再次响应输入的 MIDI 演奏信息。

在实践中，SysEx 暗含的一般思想是利用 MIDI 信息在设备之间传送和接收程序、音色和采样数据，或者实时参量信息。这就有点像拥有了一台百变乐器或设备。某一时候，它可以被配置成某一套音色和设置数据，在接收新的 SysEx 转储信息后，你便可以轻易地获得一台全新的乐器，该乐器拥有一套新的，令人兴奋（或并不如此令人兴奋）的声音或设定。SysEx 应用的几个例子如下。

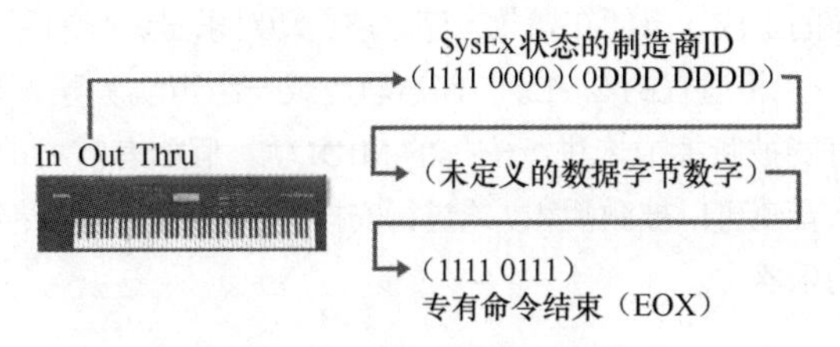

图 33.15 SysExID 数据和控制器格式

- 在合成器之间传输音色数据。SysEx 可以用来在同一标准制造的合成器与（最常用的）型号合成器之间传输音色和整体设定数据。假如您有一台 X 牌子的 Z 型号合成器，而住在邻近城市的朋友也有一台 X 牌子的 Z 型号合成器，那么好了，您朋友的合成器已经将一套完全不同的声音音色装入其乐器，而您也想获得这么一套音色，这时 SysEx 就大显身手了！您必须做的一切就是检查并将朋友的音色数据传输到您的合成器当中（为了轻松工作，一定要将指令手册放在手边）。

- 备份自己当前的音色数据。这可以通过利用传送自己合成器的整个音色和设定数据的 SysEx 转储命令将上述信息转移到 SysEx 实用程序（通常是共享软件）或自己的 DAW/MIDI 音序器当中。非常重要的一点就是在尝试进行 SysEx 转储之前，一定要将自己的厂家预置或当前的音色数据加以备份！如果忘记了并且下载了一个 SysEx 转储，那么您之前的设定就丢失了，这时要联系生产厂家，从他们的网站上下载并转储，或者将自己的合成器拿到你喜欢的音乐商店重新载入数据。

- 从网站上获取音色数据。较大的 SysEx 数据资源来源是互联网。为了在网络上搜索 SysEx 音色数据，必须要注册你所喜欢的搜索引擎网址，并且输入你的合成器名字。

之后你会吃惊地发现在网站上有许多搜索结果，其中许多是可以下载到合成器上的完整的 SysEx 转储文件。

- 实时改变 SysEx 控制器或音色数据。音色编辑器或硬件 MIDI 控制器可以用来实时改变系统和声音生成参量。这两种类型的控制器可以缓解参量值试验或采用物理或屏显控制改变混合策略的工作强度，这种工作方式要比处理电子乐器编程更加直观，而编程会让使用者在光标和 3inLCD 显示窗间奔波。

在过去几年间，一种单独的统一标准似乎开始从争论中诞生出来，它是如此简单，以至于人们惊讶为何最初没有普遍采用它。该系统简单地将 SysEx 转储作为数据记录成单独的MIDI轨文件。在将转储记录到音序器音轨之前，用户可能需要参考一下手册，以确认SysEx滤波已关闭。一旦完成这一工作，就可以简单地将音轨置于记录模式，启动转储，并将声轨存储在一个最重要的SysEx转储目录下。利用这一方案，人们还可以进行如下工作。

- 将适宜的SysEx转储声轨（或一组声轨）导入进行当前的工作，以便在播放音序之前自动对乐器进行编程。
- 将适宜的SysEx转储声轨（或一组声轨）导入单独的可能被哑掉或未进行安排的MIDI轨。假如有需要的话，那么音轨可以被激活和/或进行安排，以便将数据转储到相应的乐器中。

33.5 电子乐器

自从20世纪80年代初期问世以来，基于MIDI的电子乐器在音乐技术的发展和音乐制作中扮演了重要的核心角色。随着成本效率好的模拟和数字声频录音系统的出现，这些设备（几乎涵盖了每一种乐器类型）或许已经成为构建当今行业最重要的技术推动力。实际上，硬件与新型的软件插件技术的结合已经将个人项目工作室转变为当今音乐制作背后最重要的驱动引擎。

下面所提及的是当前市场上使用的多种硬件MIDI乐器类型的样本列表。

33.5.1 合成器

合成器（也称为synths）是一种电子乐器，它利用多个声音发生器、滤波器和振荡器模块建立起可以组合成无数声音变化的复杂波形。这些合成的声音已经成为现代音乐的基本主体，其覆盖的范围从那些听上去"华丽的"声音，到对传统乐器进行实际模拟的声音……，以及所有无法用文字加以分类的那些仿佛来自外太空的声音。

合成器采用大量不同的技术或程序算法来产生声音。其中就包括如下的例子。

- FM合成。该技术一般要使用至少2个信号发生器（通常称为算子）来创建和修改音色。

通常，这是通过发生的模拟/数字信号调制或改变基础载波信号的音调和幅度特性。更为巧妙的FM在合成每个音色时可以使用多达4个或6个算子，每个算子使用滤波器和可变增益放大器来改变信号特性。

- 波表合成。该技术利用存储在只读存储芯片上的少量数字采样声音片断进行声音合成。各种基于样本的合成技术利用非常少量的采样存储通过采样循环、数学内插、移调和数字滤波来创建延长和细节丰富的声音，所采用的存储在单独设备或程序中的样本和声音变种即便没有几千个，也有几百个之多。
- 加法合成。该技术利用组合波表方法，组合波表被生成、混合并改变不同时间上的电平值，以此创建由多个复杂谐波组成的新音色，这些谐波随时间发生变化。减法合成大量采用滤波处理将生成波形（或波形序列）中的泛音加以改变和减掉。

当然，有各种不同的形状和尺寸的合成器，并且广泛应用专利化的合成技术来生成复杂波形，同时对其进行整形，利用16、32甚至是64个同时发音的音色构成复音样式，如图33.16所示。另外，许多合成器常常包括打击乐的部分，它能以多种风格演奏全部的鼓声和"打击乐"声音。混响和其他基本效果也常常被内置于这些设备的构架当中，以减少舞台演出或内存不足时对大量周边设备的需求。谈到"内存不足"，这时是将许多合成器系统视为"工作站"。设计出如此的产品（至少理论上如此）是为了用一个全能的小巧的设备来满足基本制作的众多需求（包括基本的音源、MIDI音序、效果等）。

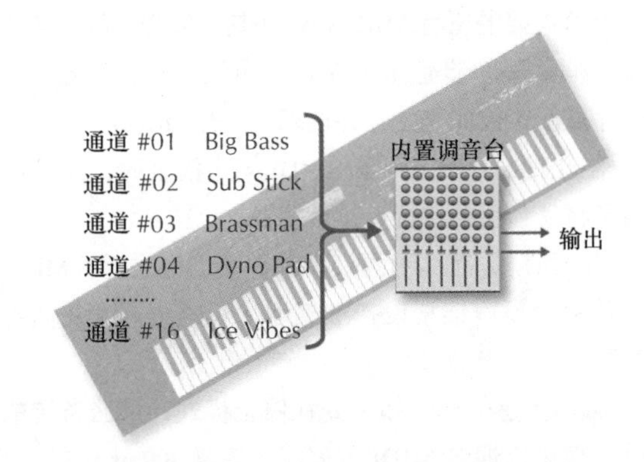

图33.16 多音色乐器是一个虚拟的乐队，它可以同时生成多个音色，每个音色可以安排到各自的MIDI通道上

33.5.2 采样器

图33.17所示的采样器是一种硬件或软件系统，它可以导入并管理随机存储器（RAM，Random Access Memory）中的数据。将声频信号转换为数字形式和/或处理预录采样数据的设备。一旦声频被采样或载入RAM（来自硬盘、光盘或磁盘），则采样的声频片段就可被编辑、改变顺序、处

图33.17 Kontact虚拟采样器
（Native Instrument Gmbh授权使用）

理和以复音音乐形式重放。简言之，采样器可被认为是数字声频存储设备，可供记录、编辑和重新将样本载入 RAM。一旦被载入，这些声音（其长度和复杂性常常只受存储器容量和想象力的限制）可以被循环、调制、滤波和放大（根据用户和厂家设定的参量），可以对波形和包络进行修改。信号处理能力（比如基本的编辑、循环、增益变化、包络反转、采样率转换、移调和数字混音能力）也可以方便地、几乎无限次地用来改变声音。

采样器是通过已记录和 / 或导入以数字声频形式存储于个人计算机或其他媒体存储设备中的声频数据来发声的。利用计算机的 DSP 能力，大多数软件采样器能够存储和访问内存中的样本：

- 导入之前记录的声音文件（通常是 wav，aif 和其他常见格式）。
- 以可用的形式编辑和循环声音。
- 改变包络参量（即动态与时间的关系）。
- 改变处理参量。
- 以文件的形式存储已编辑好的采样音色设定，以便日后调用。

样本可以按照标准的西方音阶（或者其他的音阶），通过改变控制器音符范围上的重放速率进行演奏。例如，按下键盘上的降调键将以较低的采样速率来重放样本，而按下升调键将会以一种让米老鼠都羞愧的速率来进行样本重放。通过选择合适的采样率比值，声音就可以按照对应标准和弦和音程的音调进行复音重放（每次发出多个音符组成的声音）。

具有特定音色数目（比如 64 种音色）的采样器（或者合成器）就可以简单地理解为在任何时候演奏键盘都可以弹奏出多达 64 个音符。利用所谓的分离或映射处理，可以将多音色系统的每个样本安排在演奏键盘上。利用这种方法，一个声音可以被安排在控制器音符范围（也称为分区）的整个演奏界面上，另外，还可以将样本编组到不同的分区，使用将速度值置入公式的方法，可以使多个样本分层叠置于控制器的同一按键上，根据演奏的力度轻重使其产生不同的样本声。例如，一个按键可以被设置为分层形式，以便在轻按按键时产生弱的记录样本，而在重按按键时则产生具有陡峭的打击乐建立过程的较响样本声音。在这种方式下，不仅可以通过改变弹奏的键位，而且可以通过改变击键速度来使映射创建出更为真实的乐器或室外的声景。大部分采样器都具有强大的编辑功能，可以采用与合成器非常类似的方式对声音进行修改，可以修改的内容包括：

- 速度。
- 声像。
- 表现（调制和用户控制变量）。
- 低频振荡（LFO）。
- 建立、衰减、维持和恢复（ADSR）过程和包络处理参量。
- 键盘缩放比例。
- 触后。

许多采样系统通常还包括内置信号处理、多路输出（为提高现场混音和信号处理能力，或者为了将不同的音色记录到多轨录音系统中而提供的独立通道输出）和内置的 MIDI 音序功能。

MIDI 键盘控制器。尽管 MIDI 控制器并不是乐器，但它却是一种为了控制连接到 MIDI 系统中的其他设备（进行音乐、灯光或机械方面的控制）而专门设计的设备。这些设备并不包含内部声音发生器或发声单元，而常常包含一个高质量的控制界面和用来实现处理控制、触发器和设备切换任务的大量控制。由于控制器现在已经成为音乐制作的有机组成部分，并且在控制和多种类型乐器仿真的具体案例中均有应用，所以在本书和电子音乐制作中时常见到控制器的身影也就不足为奇了。这些设备通常包括如下的控制。

- 音乐键盘界面。
- 可变参量控制。
- 推拉衰减器、混音和走带控制。
- 切换控制。
- 触感触发器和控制界面。

就如同所想象的那样，控制器大大改变了所提供的多种性能，如图 33.18 所示。首先，按键数目可以变化，从便携的 25 键模块到拥有 49 键和 61 键的模块，乃至可以演奏全尺寸三角钢琴整个音域的 88 键模块。按键可能是完全或部分配重的，而且许多模块的按键可能要比全尺寸钢琴琴键小很多，所以演奏起来有点困难。除了标准的音调和调制轮（或类似类型的控制器）外，备选的按键数和基本性能则由生产厂家来定。随着电子乐器和音乐制作系统对控制的需求日益增多，许多型号的控制器可提供大量的物理控制器，它们可实现对表现参量的更大范围的控制。

图 33.18　Novation 25SL USB MIDI 控制器。
（Novation Digital Music System，Ltd. 授权使用）

33.5.3　鼓机

在鼓机的最基本形式中，鼓机采用基于 ROM 中预录波形采样来重放来自其内存中的高质量鼓声。这些厂家载入的声音通常包括很多类型的鼓组、打击乐器组、罕见古怪的击打声和加了效果的鼓声（即经过了混响、门等处理的鼓声）。在您知道的人中，您可能就曾听到过著名的 King of Soul 的 James Brown 的尖叫 "Hit me!"。这些预录的样本可以安排到一组可以演奏的键区，一般这些键区位于鼓机的正面顶部，以提供直观的控制器界面，这些界面通常包括击键和离键力度的动态。采样音色可以被编排到每一个鼓垫上，并且可以用诸如调谐、电平、输出安排和声像位置等控制参量进行编辑。

因为新的成本效率技术的出现，所以现在许多鼓机都具有基本的采样技术，它可以直接由设备导入、编辑和触发发声，如图 33.19 所示。与传统的"节奏盒"一样，这些样本可以方便地映射，并通过传统风格的触发垫来演奏。当然，当前虚拟软件鼓机和唱片机也已应用，它们能以分立、插件和重新接线的形式被用于制作环境中。

图 33.19 Alesis SR-18 鼓机（Alesis 授权使用）

MIDI鼓音源控制器

MIDI 鼓音源控制器被用来将打击乐表演的音色和表现转化为 MIDI 数据。这些设备在捕捉现场表演的情感方面表现得非常不错，同时让使用者对现场表演实现自动或音序的灵活化处理。这些控制器的样式很多，从拥有较大敲击垫和触发点的大型演奏界面，到鼓机类型的敲击垫 / 按钮。它们归属于"不要在家里尝试使用"一类控制器中，这些控制器一般都太小，无法持续抵御鼓槌的敲击。正因为如此，它们一般都是用手指演奏。长久以来人们一直有一种错误的概念，即 MIDI 鼓机一定非常贵，然而实际情况并非如此。许多人把很多这类设备当作玩具看待，但实际上，随着 MIDI 技术的全面介入，这些设备可以很方便地被当作控制器使用。有许多种方法可以实现打击乐的音序功能，其中包括：

• 鼓机按钮垫。所有鼓机控制器中最直观的控制器之一就是采用了大多数鼓机、便携式打击乐控制器（见图 33.20）和某些键盘控制器上均使用的按钮垫设计的控制器。通过调用想要的设定和音色参量，这些小的足迹式触发器便可以让用户通过手指来完成演奏或音序轨的初排工作。

• 当作打击乐控制器的键盘。由于鼓机响应外来 MIDI 数据，所以用来触发打击乐和鼓音色的最常用的设备或许就是标准的 MIDI 键盘控制器了。利用键盘来演奏打击乐声音的优点之一就是声音可以被更快地触发，因为演奏界面是针对手指的快速移动而设计的，并不需要整个手掌 / 手腕的运动。它的另一个优点就是能够表现出整个速度范围（0 ～ 127）上的所有可能数值，而不是像某些鼓垫型产品那样只能采用有限的速度值。

• 鼓垫控制器。在较先进的 MIDI 项目工作室或现场舞台设备中，常常必须能让打击乐手访问某一演奏界面，使其能像演奏真实乐器那样演奏。在这种情况下，专门的鼓垫控制器就再好不过了。可以将它们制作到一个准便携的机箱中，其中供演奏的鼓垫在 6 ～ 8 个，或者可以将触发垫安装在特殊机架、传统鼓地板支架或套鼓上的某个垫上。

• MIDI 鼓。将 MIDI 变成声学鼓乐器的另一种方法是使用触发器。利用换能器拾音（比如传声器或接触式拾音器件），将打击乐器或鼓乐器产生的声能变成电压来实现简单地触发。利用图 33.20 所示的 MIDI 触发设备便可以将拾取的大量输入信号转变成 MIDI 数据，以便触发来自舞台上或工作室内的编程声音或采样。

• 其他类型的 MIDI 乐器或控制器。许多类型的乐器或控制器能够将表演或一般的身体运动转变成 MIDI。搜索一下网页，你会惊喜地发现有许多千奇百怪的控制器，有些是商用的，有些则是硬件发烧友自己制作的。有许多较为传统的控制器，其中包括 MIDI 吉他、MIDI 贝斯、吹管控制器、MIDI 电颤琴……

图 33.20 Akai LPD8 USB 鼓控制器（Akai Professional，LP 授权使用）

33.6 音序

除了计算机、DAW 和深受人们喜爱的电子乐器外，在今天的项目工作室中发现的十分重要工具之一就是 MIDI 音序器了。音序器基本上是一种用来以时序方式记录、编辑和输出 MDI 信息的数字设备或软件应用。这些信息一般以声轨的格式来安排，顺应了将乐器（和 / 或乐器音色）安排到独立声轨上的现代制作概念。这种传统的工作界面让我们更加容易查看 DAW 或模拟磁带录音机上的 MIDI 数据，它们是按照直观的线性时间线来排列的。

这些声轨包含与 MIDI 相关联的演奏和控制事件，它们由诸如音符开 / 关、触键力度、调制、离键和音色 / 连续控制器信息的通道和系统信息组成。一旦表演被记录到音序器的存储器中，那么这些事件就可以被图形化，并且编辑成音乐演奏。随后数据以文件或 DAW 中的事件形式存储，以备随时调用，允许数据以其原本记录或编辑的顺序进行重放。

由于大部分音序器被设计成以类似于多轨录音机的工作方式工作，所以我们能够在熟悉的工作环境中将每件乐器、分层的乐器组或控制器数据记录到独立的同步安排声轨上。就像多轨录音机一样，在重放期间每个声轨都可以重新记录、擦除、复制和改变电平。然而，所记录的数据本质上还是数字形式，所以在编辑速度、剪切和粘贴、信号处理和通道路由分配方面都要更加灵活，这些都是我们在数字制作应用中所体验到的性能。

至今，大部分常见的音序器类型都是软件型的音序程序，如图 33.21 所示。这些应用程序运行于各种类型的个人计算机和笔记本电脑上，并且充分发挥了硬件和软件通用多样性的优势，因为只有计算机可以提供快捷、灵活的数字信号处理、存储管理和信号路由分配的工作方法。然而，键盘合成器和采样器所组成的所谓键盘工作站系统通常会包括许多音乐制作所必需的制作硬件，其中就有效果和内置的硬件音序器。这些系统的优势在于用户只要带上自己的乐器和音序器就能演出，而不必带上整个系统。

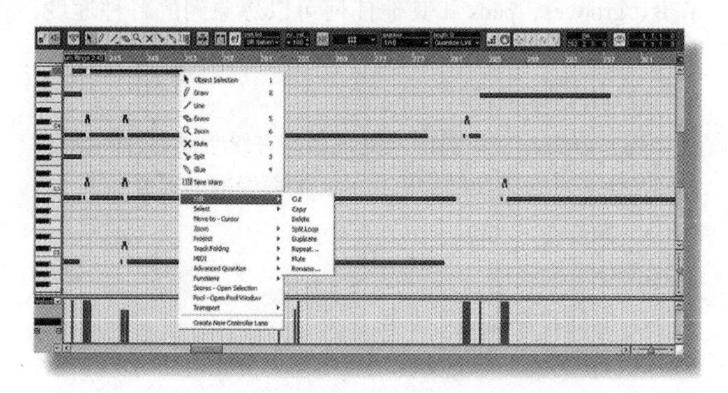

图 33.21　Cubase 声频制作软件自带的 MIDI 编辑窗口
（Steinberg Media Technologies GmbH. 授权使用，它是 Yamaha Corporation 的分公司）

基于计算机的音序器相对于其同类硬件产品而言具有功能更多样的特点。其中增强了图形显示能力（通常是提供了针对音轨、与走带相关的更强大的图示性能），标准的计算机剪切和粘贴技术，屏显的图示工作环境（可以方便地进行程序、与编辑相关数据的管理控制），将 MIDI 分配至所连接系统的多个端口上，以及通过图示方式来显示借助音色变化信息来安排乐器音色的工作（并不涉及利用标准计算机存储媒介存取文件的功能）。下面我们就来讨论这些设备的功能。

不管讨论何种音序器，要牢记的重要概念之一就是这些设备并不直接存储声音——取而代之的是它们编码 MIDI 信息，这些 MIDI 信息命令乐器通过某一通道，以指定的速率和任意的控制器数值演奏特定的音符。换言之，音序器简单地以某个时序顺序来存储命令指令。这些指令会告知乐器和 / 或设备如何演奏和 / 或控制其音色。这意味着编码的数据量对存储的要求要远低于其对相应数字声频或数字视频记录产品的要求。正因为如此，MIDI 所要求的数据余量非常小，允许基于计算机的音序器可以同时工作于数字声频声轨、数字影像、互联网浏览等处理环境下，而不会拖慢计算机的 CPU 速度。因此，MIDI 和 MIDI 音序器所提供的媒体环境与其他基于计算机的制作媒体配合良好。

33.6.1　记录

通常 MIDI 音序器是一种应用程序，它为创建个人作曲环境提供了数字化空间，这一环境从简单的起居室到精雕细琢的专业项目工作室。不论它们是基于硬件的，还是基于软件的，大部分音序器使用的工作界面被设计成模仿传统的多轨录音环境。类似于磁带机的走带操作方式可以让操作者利用标准的 Play、Stop、FF、REW 和 Rec（放音、停止、快进、快退和录音）命令按钮从一个位置移动到另一个位置。除了采用传统的“启动录音”按钮来选择录音声轨外，必须要做的就是选择 MIDI 输入（源）、输出（目标）端口、MIDI 通道、乐器音色和其他设定要求。之后我们便可以按动录音按钮并开始铺轨了。

一旦完成一个声轨的铺轨工作，就可以跳回到所记录段落的起始处，对其进行审听。从这一时刻开始，之后便可以“arm”（该术语表示将某一声轨置于录音准备模式）下一声轨，继续铺另外的 MIDI 轨，直至歌曲成型为止。

在 MIDI 制作期间，首先要考虑的问题之一就是速度和拍号。每分钟的节拍数（beats-per-minute，bpm）设定整个制作的基本速度。在制作开始时设定速度很重要，以便将总体的“小节和拍子”时基锁定到这一起始速度上，这通常是电子音乐制作所必需的。MIDI 制作的速度一般改变起来很方便，不必担心会改变音色的音调或实时控制参量。简言之，一旦了解了如何避免潜在冲突和陷阱的方法，事后再进行速度改变就相当轻松了。

尽管通常一次仅记录一个 MIDI 轨，但是大部分中等价位和专业音序器都可以让使用者一次记录多个声轨。这一性能使得多件触发乐器或几位表演者的演奏能以现场表演形式被记录为一个音序。例如，这样的安排可将 MIDI 鼓控制器的每个触发垫记录到各自的声轨上（每个声轨被安排到某个单独端口的不同 MIDI 通道上）。另外，在现场演出期间，舞台上电子乐队的几件乐器可以被捕获为一个音序，然后将其作为 DAW 的一个片段，供唱片制作使用。

33.6.2　编辑

音序器（或者 DAW 中的 MIDI 轨）的更为重要的特性之一就是必须提供编辑多个音序轨或者某一音序轨内各数据块的能力。当然，不同的音序器之间，这些编辑功能和能力通常会有所变化。音序器或 DAW 中 MIDI 轨的主音轨窗口被用来显示诸如现有音轨数据、音轨名称、每一音轨的 MIDI 端口安排、音色变化安排、音量控制器数值等信息和其他走带指令。

根据音序器的情况，特定轨的特定小节点（或者小节区间）上存在的 MIDI 数据通常是通过将音轨区间重点强调的方式突显出来的，这是一种极为直观的方法。通过浏览各种数据显示和参量分组，可以采用剪切与粘贴和 / 或直接编辑技术来改变音符时值和用于乐段或音乐编曲的几乎每个方面的控制器参量。例如，我们在放弃另外一个喜欢的贝斯即兴演奏片断时确实想修改几个音符。利用 MIDI 来修正这一问题完全不用劳神。我们只需简单地将每个有问题的音符选中，并且将其拖到正确的音符位置即可。我们甚至可以在处理过程中改变开始和结束点。另外，也可以改变其他的许多参量，其中包括速率、调制和弯音、音符和歌曲转调、量化和拟人化处理（消除或引入人演奏时的时间误差，这种误差一般出现在现场演出时），同样我们也可以对音色和连续控制器信息进行全面地控制……

33.6.3 重放

一旦完成编曲并存盘，所有的音序轨就可以通过各种MIDI端口和通道被传输到乐器或设备上进行音乐重放、为电影声轨创建声音效果或对设备参量进行实时控制。因为MIDI数据是以编码的实时控制命令形式存在的，并不是声频数据，所以可以随时审听音序，并进行修改。用户可以更改音色设定，修改终混或者进行诸如弯音或调制这类对控制器的修改和尝试，甚至可以改变速度和调号。简言之，这种媒体在创建、存储、叠加、折叠和撤销演奏和/或参量方面具有无限的灵活性，可以一直修改到自己满意为止。一旦完成，便可以在工作室或家中选择利用数据进行现场演出或者将音轨缩混成最终的记录媒体格式。

几乎所有类型的DAW和音序器都可以利用各种类型的控制器信息在MIDI域上进行音序混音工作。这通常是通过创建一个结合了这些控制的软件界面来实现的，这个软件界面通常是个集成到主DAW混音屏显窗口中的虚拟屏显调音台环境。用户并不是直接缩混构成音序的声频信号，这些控制能够直接访问轨控制器，比如主音量（控制器7）、声像（控制器10）和平衡（控制器8），其中大部分控制常常是在一个完全集成到工作站的总体混音控制环境下实现的。由于与混音相关的数据是简单的MIDI控制器信息，所以整个缩混方案可以方便地存储在音序文件中。因此，即便采用最基本的音序器，只要打开一个新的音序，用户就能够以完全自动化和全部设定调用的方式进行缩混和重混工作。几乎我们见到的情况都是DAW的声频加上MIDI图形化用户界面（GUI）的形式，控制器和混音界面几乎始终存在移动的推拉衰减器和可变控制器，如图33.22所示。

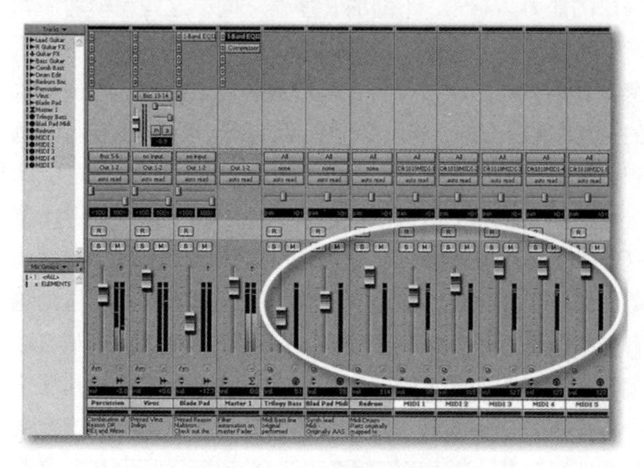

图33.22 MIDI轨可以添加到缩混中，以便通过硬件和/或软件设备进行实时参量控制（Avid Technology，Inc. 授权使用）

33.7 Groove工具

乐段“进入Groove”的表述通常是指源自乐段根基（节奏）的感觉。随着MIDI和数字声频的出现和成熟，新的、令人惊奇的工具成为音乐制作的主流，这些工具可以帮助我们利用技术来编曲、折叠、分割和通过循环技术直接使用节奏和其他音乐构成要素进行作曲。当然，虽然循环的周期性是种重复—重复—再重复的属性，但是新的循环工具和技术已经渗透了灵活、实时控制、实时处理的理念，这使之成为艺术家手中神奇的创作工具。

基于groove工具背后的基本理念是速度匹配，即各种节奏、grooves、pads和其他任何可以想象到的各种速度、长度的声音（通常还有音调）的声音可以巧妙地结合到一个单独创作的歌曲段落当中。

基于groove的工具时常处理节奏并给予周期性的循环，它们是由各种音乐源抽取出来的，需要管理的因素如下。

- 同步。
- 速度和长度。
- 时间和音调变化技术。

在同步方面，与groove项目中需要彼此相互同步的各种循环有关。几乎可以毫无疑问地讲，连续或同时被触发的多个循环必须要在时间关系上与另一个同步，否则声音会一团糟。

另一个关系与速度方面相关。就如同同步很重要一样，文件也必须要在音调（重新采样）和/或长度（时间压扩）上进行调整，以便于它们与当前所选择的速度准确地匹配（或者相对多个片段的速度进行编程）。

最后一个方面与时间和音调变化技术相关。这是通过改变声音文件（常常是有规律地重复和缩短长度）来匹配当前片段速度和利用可变采样及移调技术将其在软件内同步对齐的处理过程。利用这些基本的数字信号处理工具，人们可以改变声音文件的持续时间（通过提高或降低其重放的采样率来改变节目的长度）或改变其相对音调（升高或降低）。在这种方法中，这些循环可以被匹配或利用3种可能的时间与音调变化组合中的任意一个进行音乐型组合。

- 时间变化。节目的长度可以改变，但不影响其音调。
- 音调改变。节目的长度保持不变，而音调上下移调。
- 两者均改变。利用重采样技术可以改变节目的音调和长度。

通过将循环节目设定至主速度（或歌曲中指定的特定点速度），可以将声频片段或文件导出，检查采样率或长度，然后重新计算出与当前片段速度匹配的新的相对速度。瞧！现在我们便拥有了一个与所有其他片段的速度相匹配的声频片段了，这样就可以与其他定义的片段和/或循环文件相对同步地进行放音和相互影响了。

基于循环的声频软件

基于循环的声频编辑器是groove型音乐程序，如图33.23和图33.24所示，这些程序被设计用来让使用者将预录的或用户创建的循环和声频声轨拖拽到图形化的多轨制作界面中。就其最基本水平而言，在概念上，这些程序与其对应的传统 DAW 制作软件在音调和时间改变等结构方面的不同之处表现在：即便是在基本的节奏、打击乐和旋律性 groove 被创建之后，这种可变性和动态仍然可以对其速度、声轨形式、音调、片段调性等起作用，它们可以随时快速而方便地进行改变。借助于惯用的、无版权要求的循环（可以从许多厂家和第三方公司获取），通过简单地将循环拖曳到程序的主声频文件窗口（在此可以对循环进行安排、编辑、处理、保存和导出），用户可以快捷而方便地尝试 groove、衬底声轨的设置，创建出音响的环境感。

图 33.23 Apple GarageBand（Apple Computers，Inc. 授权使用）

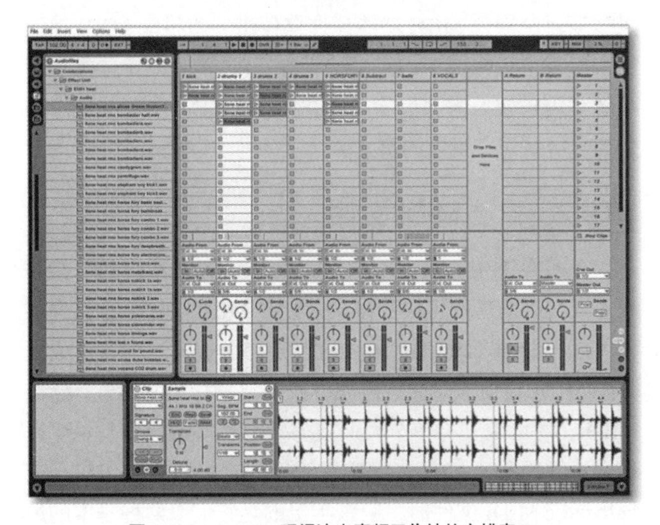

图 33.24 Ableton 现场演出声频工作站的安排窗口（Ableton AG 授权使用）

基于循环的编辑器最令人感兴趣的方面之一就是其使特殊编程的循环声音文件的速度与当前乐段的速度相匹配能力。足以让人惊奇的是，这一处理执行起来并不困难，因为程序从导入的文件字头提取长度、原有速度和音调信息，利用各种数字时间和 / 或变调技术来调整循环以适应当前片段的原有时间 / 音调参量。这意味着各种速度和音调的循环可以自动调整其长度和音调，以便与之前存在的循环的时间相适应……，只需拖曳即可实现！

33.8 音乐打印程序

在过去的几十年间，抄写乐谱和乐谱排版行业受计算机和 MIDI 技术的影响非常之大。这一处理过程由于使用了更新的软件得到进一步改良，软件可以将音乐符号数据以手动（利用键盘和 / 或移动鼠标的方式将音符放到屏幕上）、直接利用 MIDI 输入方式或利用乐谱扫描技术录入计算机。一旦录入完毕，便可以在屏显环境下编辑这些音符，这些程序可以让用户修改和定形乐谱，或者采用标准的剪切和粘贴编辑技术来铅版化。另外，大部分程序都可以通过 MIDI 利用电子乐器直接演奏乐谱中的音符数据。最后且十分重要的性能就是它们能以多种打印格式和风格打印出乐谱的硬拷贝或铅版乐谱。

音乐打印程序（也称之为乐谱程序）允许用户以各种手动和自动方法（常常是根据难易程度来选用）将音乐数据录入成计算机化的乐谱。图 33.25 所示的这种类型的程序可提供各种乐谱记号和字样，它们可以通过键盘键入或鼠标单击录入。除了手动输入乐谱之外，大部分抄谱程序一般都可以接受直接 MIDI 输入的录入方式，允许直接演奏生成音符。这可以以实时（通过演奏 MIDI 乐器 / 控制器或重放完成的音序程序）、步进（通过 MIDI 控制器每次录入一个乐谱音符），或者将标准 MIDI 文件输入程序（利用音序文件作为乐谱源）的方法来实现。

图 33.25 Finale 音乐作曲、编排和打印程序（MakeMusic，Inc. 授权使用）

除了专门的音乐打印程序外，大部分 DAW 或音序器软件包通常都会包含基本的乐谱应用程序，程序可以将音轨或指定区域中的音序数据直接在程序中显示和编辑，如图 33.26 所示，并且以限定的类似乐谱的形式打印出来。然而，许多高级的工作站提供了记谱功能，它可以将音序音轨数据变成音符，并且以专业形式编辑成完全可以打印的乐谱。

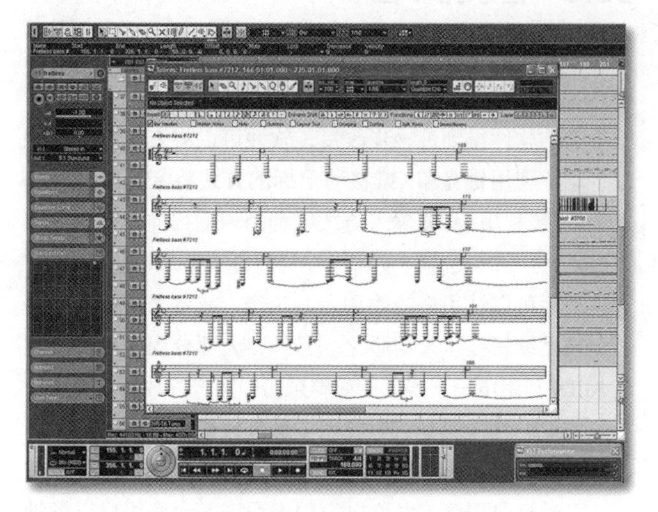

图 33.26 Steinberg Cubase/Nuendo 乐谱窗口
（Steinberg Media Technologies GmbH，Yamaha 公司北美分公司授权使用）

正如所期望的那样，音乐打印程序常常在其能力、使用方便性和性能方面有很大的变化。这些差异通常集中体现在图形化用户界面、输入和编辑数据的方法、乐谱中可放置的乐器声部数目、音符的整体选择、单页或整个乐谱的谱表数目（可放置音符的谱线数）等方面。与实现艺术制作的大部分程序一样，选择的范围和通用性功能反映出厂家的风格和视角，因此在选择专业音乐打印程序时要格外注意，看看它是否与自己的个人工作风格相适应。

33.9 多媒体与网络

当今的计算机、便携设备、游戏工作站，甚至是电视机都变得速度更快，外观更轻薄，具有更多触屏功能，整体设计更诱人已是广泛认知的事实。除了将其作为多功能制作工具之外，现代的工作和娱乐设备的最大成就之一就是对媒体和网络化的集成，这使得我们能以它的方式协同工作，这就是在大众中流行的词汇——多媒体。

借助各种工作于多任务环境下的硬件和软件系统，我们已经在现代计算机文化中觅得了工作和/或多媒体播放相结合的踪影，同时这种结合也让我们从如下的媒体类型中获得顺畅和统一的体验。

- 声频和音乐。
- 视频和视频流文本。
- 图形。
- MIDI。
- 文字。

整合和建立这些媒介类型显而易见的原因是人们具有与他人共享和交流彼此经验的愿望。这一点已经在几个世纪前就以书籍的形式实现了，在现代社会，人们通过电影和电视也达成了这一愿望。今后，功能惊人强大和多样性的网络会加入交流工具的列表。还没有哪种工具可以让个人和团体将一条信息如此方便地传递给数百万人。或许最重要的是，网络是一种每个人都可以操作、学习，甚至以交互形式响应的多媒体体验。对于体验多媒体事件和信息而言，网络确实具有开放和潜在的性能，它让我们中的每位都成为参与者，而非被动的旁观者。这是在21世纪之初诞生的革命性事件。

33.9.1 多媒体中的 MIDI

作为多媒体应用，MIDI 特有的优点之一就是实时播放各种乐器和不同节目风格作品的能力，同时几乎不占用计算机的 CPU 资源。这样便使得 MIDI 成为多媒体游戏或通过电话、互联网、游戏设备等声轨重放的理想候选者。正如人们期望的那样，MIDI 也继数字声频之后，在多媒体重放严肃音乐方面占有一席之地。其中较为重要的几个障碍因素如下。

- 媒体的基本误解。
- 产生 MIDI 内容要求有音乐基本知识的事实。
- 在多媒体环境下数字声频与MIDI同步时常比较困难。
- 声卡、电话等通常采用的是较差的 FM 合成器（尽管现在的大部分操作系统都具有高质量的软件合成器）。

值得庆幸的是，数量不断增长的软件公司都已经在其媒体项目中嵌入 MIDI 功能，这样便进一步推动 MIDI 在网络和游戏主流领域中的发展。因此，PC 产品开始依靠自身或者利用与数据增强程序、游戏相结合的方式来重放 MIDI 乐谱已经是司空见惯的事了。

33.9.2 标准 MIDI 文件

在多媒体中（或者不同厂家生产的音序器之间）传输文件或实时信息的可接受格式是标准 MIDI 文件。该文件类型（以 .mid 或 .smf 为扩展名进行存储）被用来向普通设备分配 MIDI 数据、歌曲、声轨、拍子记号和速度信息。标准 MIDI 文件可以支持单个声道或多声道音序数据，并且可以载入、编辑和直接存储到几乎任何的音序器软件包中。在导出标准 MIDI 文件时，应该牢记的是它们以两种基本的风格呈现：类型 0 和类型 1。

- 类型 0 是在必须将音序中的所有音轨压缩为单一 MIDI 轨时使用。所有的音符都附带通道号（即将演奏音序内的各种乐器）；然而，数据将没有明确的声轨安排。对于给互联网创建的 MIDI 音序（这时的音序器或 MIDI 播放器应用程序可能并不知道或关心多音轨的处理问题），该类型可能是最佳选择。
- 类型 1 将保留其原始轨信息结构，并且可以导入成其他的音序类型，同时其基本的轨信息和安排原封不动。

33.9.3 通用 MIDI

MIDI 制作最令人感兴趣的方面之一就是每个专业，甚至是准专业项目工作室配置和总体设置的绝对特殊性。实际上，没有两个工作室是一样的（除非是有意将它们设计成一样的，否则是不可能相同的）。每位艺术家都有其偏爱的设备、支持的硬件、习惯采用的通道、声轨分配方法和安排设定。为每个系统设置特性化和个性化的事实已经将 MIDI 置于与多媒体领域中系统兼容性要求相冲突的境地。例如，借助于网络导入另一个工作室已经创建好的 MIDI 文件，那么所听到的歌曲很有可能由完全不相关的一组声音组合演奏出来（虽然听上去很有趣，但是却不像人们最初想要的声音）。如果 MIDI 文件被载入一台新的计算机，那么音序听上去又会完全不同，这种不相关的设定使得吉他声轨的声音听上去像是来自行星中的一连串机关枪射击的声音。

为了消除（或者尽可能减少）现有系统间存在的这种基本差异，人们建立起被称为通用 MIDI（GM，General MIDI）的所谓有关音色设定和设置的标准。简言之，GM 是将特定的乐器音色设定安排给 128 个可用的音色变化编号。由于符合 GM 格式的所有电子乐器必须采用这些音色设定安排，因此放在每一轨起始点的 GM 音色变化命令将自动设定音序用其原来想要的声音和基本歌曲设置来演奏。正因为如此，不论音序器和系统设定被用来重放何种文件，只要接收乐器符合 GM 技术规范的规定，那么就能听到用想要的乐器演奏出的音序。

表 33-2 和表 33-3 对符合 GM 格式的音色编号和音色设定名称进行了详细的说明。这些音色设定包括仿真合成器、少数民族乐器的声音和 / 或源自早期 Roland 合成音色设定映射的音响效果。尽管 GM 技术规范表明合成器必须响应所有 16 条 MIDI 通道，但是前 9 条通道是为乐器保留的，同时 GM 将打击乐轨限定在 MIDI 通道 10。

表 33-2 GM 中带有音色变化编号的非打击乐器音色设置映射图

1. Acoustic Grand Piano	33. Acoustic Bass	65. Soprano Sax	97. FX 1 （rain）
2. Bright Acoustic Piano	34. Electric Bass （finger）	66. Alto Sax	98. FX 2 （soundtrack）
3. Electric Grand Piano	35. Electric Bass （pick）	67. Tenor Sax	99. FX 3 （crystal）
4. Honky-tonk Piano	36. Fretless Bass	68. Baritone Sax	100. FX 4 （atmosphere）
5. Electric Piano 1	37. Slap Bass 1	69. Oboe	101. FX 5 （brightness）
6. Electric Piano 2	38. Slap Bass 2	70. English Horn	102. FX 6 （goblins）
7. Harpsichord	39. Synth Bass 1	71. Bassoon	103. FX 7 （echoes）
8. Clavi	40. Synth Bass 2	72. Clarinet	104. FX 8 （sci-fi）
9. Celesta	41. Violin	73. Piccolo	105. Sitar
10. Glockenspiel	42. Viola	74. Flute	106. Banjo
11. Music Box	43. Cello	75. Recorder	107. Shamisen
12. Vibraphone	44. Contrabass	76. Pan Flute	108. Koto
13. Marimba	45. Tremolo Strings	77. Blown Bottle	109. Kalimba
14. Xylophone	46. Pizzicato Strings	78. Shakuhachi	110. Bag pipe
15. Tubular Bells	47. Orchestral Harp	79. Whistle	111. Fiddle
16. Dulcimer	48. Timpani	80. Ocarina	112. Shanai
17. Drawbar Organ	49. String Ensemble 1	81. Lead 1 （square）	113. Tinkle Bell
18. Percussive Organ	50. String Ensemble 2	82. Lead 2 （sawtooth）	114. Agogo
19. Rock Organ	51. SynthStrings 1	83. Lead 3 （calliope）	115. Steel Drums
20. Church Organ	52. SynthStrings 2	84. Lead 4 （chiff）	116. Woodblock
21. Reed Organ	53. Choir Aahs	85. Lead 5 （charang）	117. Taiko Drum
22. Accordion	54. Voice Oohs	86. Lead 6 （voice）	118. Melodic Tom
23. Harmonica	55. Synth Voice	87. Lead 7 （fifths）	119. Synth Drum
24. Tango Accordion	56. Orchestra Hit	88. Lead 8 （bass þ lead）	120. Reverse Cymbal
25. Acoustic Guitar （nylon）	57. Trumpet	89. Pad 1 （new age）	121. Guitar Fret Noise

续表

26. Acoustic Guitar （steel）	58. Trombone	90. Pad 2 （warm）	122. Breath Noise
27. Electric Guitar （jazz）	59. Tuba	91. Pad 3 （polysynth）	123. Seashore
28. Electric Guitar （clean）	60. Muted Trumpet	92. Pad 4 （choir）	124. Bird Tweet
33. Electric Guitar （muted）	61. French Horn	93. Pad 5 （bowed）	125. Telephone Ring
30. Overdriven Guitar	62. Brass Section	94. Pad 6 （metallic）	126. Helicopter
31. Distortion Guitar	63. SynthBrass 1	95. Pad 7 （halo）	127. Applause
32. Guitar harmonics	64. SynthBrass 2	96. Pad 8 （sweep）	128. Gunshot

表 33-3 GM 中打击乐器映射图 （通道 10）

35/B0. Acoustic Bass Drum	51/Eb2. Ride Cymbal 1	67/G3. High Agogo
36/C1. Bass Drum 1	52/E2. Chinese Cymbal	68/Ab3. Low Agogo
37/C#1. Side Stick	53/F2. Ride Bell	69/A3. Cabasa
38/D1. Acoustic Snare	54/F#2. Tambourine	70/Bb3. Maracas
39/Eb1. Hand Clap	55/G2. Splash Cymbal	71/B3. Short Whistle
40/E1. Electric Snare	56/Ab2. Cowbell	72/C4. Long Whistle
41/F1. Low Floor Tom	57/A2. Crash Cymbal 2	73/C#4. Short Guiro
421F#1. Closed Hi-Hat	58/Bb. Vibraslap	74/D4. Long Guiro
431G1. High Floor Tom	59/B2. Ride Cymbal 2	75/Eb4. Claves
44/Ab1. Pedal Hi-Hat	60/C3. Hi Bongo	76/E4. Hi Wood Block
45/A1. Low Tom	61/C#3. Low Bongo	77/F4. Low Wood Block
46/Bb1. Open Hi-Hat	62/D3. Mute Hi Conga	78/F#4. Mute Cuica
47/B1. Low-Mid Tom	63/Eb3. Open Hi Conga	79/G4. Open Cuica
48/C2. Hi Mid Tom	64/E3. Low Conga	80/Ab4. Mute Triangle
49/C#1. Crash Cymbal 1	65/F#3. High Timbale	81/A4. Open Triangle
50/D2. High Tom	66/F#3. Low Timbale	

注：与表33-2相对比，表33-3中的编号表示的是在MIDI键盘上的打击乐键位编号，不是音色变化编号

33.10 MIDI时间码

曾经声频设备与其他视频和/或声频设备的同步是一件实现起来成本非常高的事情，其价格远超出大多数项目工作室或独立制作工作室的投资预算。然而，如今利用 MIDI 在所连接的整个系统中传输同步及时间码数据的方案让这一问题变得简单了，且这种解决方案使用起来比较方便，成本也不高，如图 33.27 所示。即便在资金上精打细算的大部分家庭工作室也能够利用时间码实现媒体设备和软件的同步。

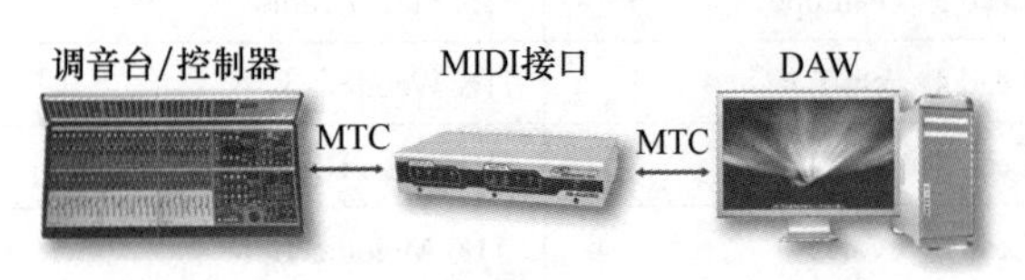

图 33.27 在演播室中的许多时基媒体设备可以通过 MIDI 时间码（MTC）连接起来

MIDI 时间码（MTC）的开发可以让电子音乐人、项目工作室、视频机房，以及所有其他的制作环境使用成本效益合适的解决方案，并且容易将时间码转换成可以通过 MIDI 数据线传输的时间印章信息。由 Chris Meyer（克里斯·迈耶）和 Evan Brooks（埃文·布鲁克斯）创建出的 MTC 可以将基于 SMPTE 的时间码通过整个 MIDI 链路分配至能够同步的设备或乐器上，以执行 MTC 命令。MTC 是 MIDI 1.0 中的规定，它利用了现有的 SysEx 信息类型，这类信息既可以是之前未被定义或者被其他非冲突目的采用的信息类型。

因为大部分现代录音系统都将 MIDI 包含于其设计中，它们在进行直接连接时通常不需要外部硬件。在简单链路中，只需用 MIDI 线缆进行从主机到系统内相应从机的连接（通过物理线缆、USB 或者虚拟的内部路由分配）。尽管 MTC 占用 MIDI 带宽的百分比相当小（在 30 帧/秒时，约为 7.68%），但是人们习惯上（但不是必须的）还是将这些线路与那些利用 MIDI 线缆传输演奏数据的线路独立开来。与常规的 SMPTE 一样，MTC 系统只能有一个主机，被安排与主机的速度和位置相跟随、定位和追踪同步的任意数

目的从机。因为 MTC 易于使用，并且在许多系统和程序设计中没有限制，所以该技术逐渐发展成为将 DAW、模块式数字多轨录音机和 MIDI 音序器，以及模拟录音机和录像机锁定在一起的最常用且最直观的方法（利用带有 SMPTE-MTC 转换器功能的 MIDI 接口）。

33.10.1　MIDI 时间码信息

MTC 格式可以分成以下两个部分。

- 时间码。
- MIDI 提示信息。

MTC 的时间码能力相对直观，并且可以让设备被 SMPTE 时间码同步锁定或触发。MIDI 提示是告知如果在特定的时间演奏将要发生的事件（比如载入、演奏、停止、插入 / 插出、复位）的一种 MIDI 设备信息格式。该协议事先考虑到了能够事先对特定的事件有所准备的智能 MIDI 设备的使用情况，因此要执行有关提示的命令。

MTC 由如下 3 种信息类型组成。

- 1/4 帧信息——这些信息只在系统工作于实时或变速期间（既可以是正向，也可以是反向）才被传输。顾名思义，1/4 帧信息是针对每一时间码帧生成的。因为需要 8 个 1/4 帧信息才能编码出一个完整的 SMPTE 时间码（以小时、分钟、秒和帧的格式——00:00:00:00）地址，所以完整的 SMPTE 地址时间是每两帧更新一次。换言之，若以 30FPS 的速率工作，则每秒要传输 120 个 1/4 帧信息，而在同一时间里完整的时间码地址将更新 15 次。每个 1/4 帧信息包括 2 个字节。第一个字节为 F1，它是 1/4 帧的公共字头，第 2 个字节由一个表示信息数（0 ～ 7）的半字节（4bit）和一个用来编码时间区数字的半字节构成。
- 完整帧信息——1/4 帧信息在快进、快退或定位模式下并不送出，因为这将对 MIDI 数据线产生不必要的阻塞。当系统处在任何这种穿梭模式时，单独一个完整帧信息被用来编码出整个时间码地址。在进入快速穿梭模式之后，系统生成完整帧信息，并将其置于暂停模式下，直至时间编码从机已经处在正确的位置处。一旦恢复放音，则 MTC 将重新开始送出 1/4 帧信息。
- MIDI 提示信息 —— MIDI 提示信息被设计用来在一个系统内访问各个设备或程序。这些由 13bit 组成的信息可以用来编译提示或编辑决定列表，依次指令一台或多台设备在指定的时刻进行放音、插录、上载、停止等操作。提示信息中的每个指令都包含了特定的数字编号、时间、名称类型和给附加信息的空间等内容。目前，128 种可能的提示事件类型中仅有少数被定义。

33.10.2　SMPTE /MTC 转换

尽管 MIDI 时间码连接可以直接在兼容的 MIDI 设备间实现，但对于其他类型的设备则还是需要使用 SMPTE-MIDI 的转换器来读取输入的 MTC SMPTE 时间码，并将其转变为 MIDI 时间码（反之亦然）。这类转换系统如图 33.37 所示。可供使用的这些转换设备可以是分立式设备，也可以是将这部分功能集成其中的声频接口或多端口 MIDI 接口 / 跳线盘 / 同步器系统，如图 33.28 所示。

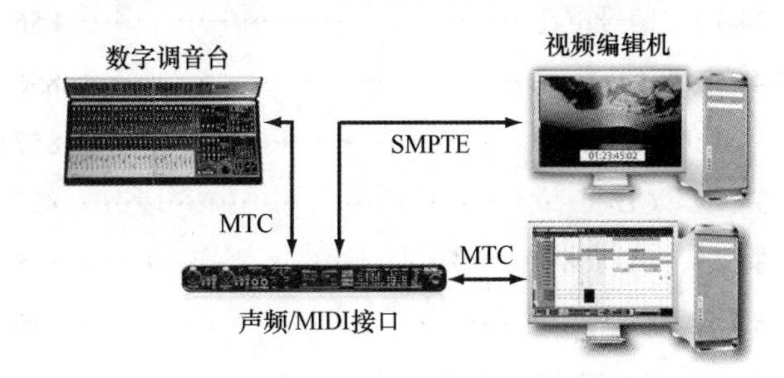

图 33.28　通常可以发生供整个制作系统使用的 SMPTE 时间码，它可以是 MTC，也可以是经由合适的 MIDI 或声频接口传输的 MTC

第34章

声音重放和记录的光盘格式

Ken Pohlmann编写

34.1 引言

声频信号的数字化存储带来了技术上的挑战。60min 的立体声音乐选辑，如果采用 44.1kHz 的采样率和 16bit 的脉冲编码调制，则产生的数据量在 50 亿 bit 之上。为了成功地将这些数据存储起来，如果采用更高的采样率、更长的字长和更多的声道进行记录，那么所要求的存储容量还会更大。光盘具有存储容量高、复制成本低、耐用性强、可随机访问、尺寸相对较小、使用方便等特点。在声频（和视频）数据的传播方面，光盘扮演着重要的角色。

小型光盘（Compact Disk，CD）是广泛用来存储数字声频数据的第一代光盘格式。在一张低制造成本的 CD 上可以存放 1h 以上时长的高保真音乐。随后人们又开发出了许多其他 CD 格式。一张 CD-ROM 光盘可以存放几个小时的音乐，外加视频和文字信息。之后，一次性写入和可记录 / 可擦除格式（CD-R 和 CD-RW）也被开发出来。

更高性能的技术指标和多声道声音的需求刺激了对超级数字音频光盘（Super Audio CD，SACD）格式的开发；该格式采用直接流数字（DSD）编码取代了 PCM 编码，将立体声或多声道声频信号存储在多层光盘上。随着对存储容量的需求不断提高，尤其是存储高质量数字视频信息，促使人们开发出了 DVD 格式。根据采用单数据层或多数据层的不同，一张 DVD 光盘可存储的数据量为 4.7 ～ 17Gb。CD，DVD 的形式有很多。DVD-Video（DVD- 视频）格式被用来存放活动影像，DVD-Audio（DVD- 声频）被用来存储高质量的立体声和多声道音乐，DVD-ROM 则针对计算机应用，大量的 DVD 格式也已被设计用于记录应用。HD DVD 和 Blue-ray（蓝光）光盘格式利用更短的激光波长和更高的光学分辨率，将存储密度大幅度提高，使其可以存储高分辨率的视频和声频。类似的这些光盘格式还将进一步拓展其在专业和民用领域的应用。

34.2 CD技术指标

小型光盘数字声频（Compact Disc Digital Audio，CD-DA）格式有时也被称为红皮书（Red Book）标准，并且归类于 ISO/IEC 908 标准。CD 的直径是 120mm（4.7in），其中心孔直径是 15mm（0.59in），厚度为 1.2mm（0.047in）。最内圈直径并不包含数据；它为播放器提供了一个夹持区，以确保光盘绕电动机轴转动。数据被记录在一条 35.5mm（1.4 in）宽的区域内。引导区占据最内的数据半径，而导出区则占据着半径范围的最外圈；它们包含用来控制播放器工作的非声频数据。

透明的聚碳酸酯塑料衬底形成的光盘厚度为 1.2mm，如图 34.1 所示。数据以光盘衬底顶面上的物理点坑表示。点坑表面覆盖了厚度为 50 ～ 100nm 的非常薄（纳米级）的金属（比如铝或金）镀层，以及厚度在 10 ～ 30μm 的塑料保护层，在保护层之上还有厚度为 5μm 标签印刷层。激光束用来读取数据。光束从下面照射，它透过塑料衬底后由金属化的点坑面反射回来，并再次通过衬底返回。激光束被聚焦成形于光盘内的金属化表面。

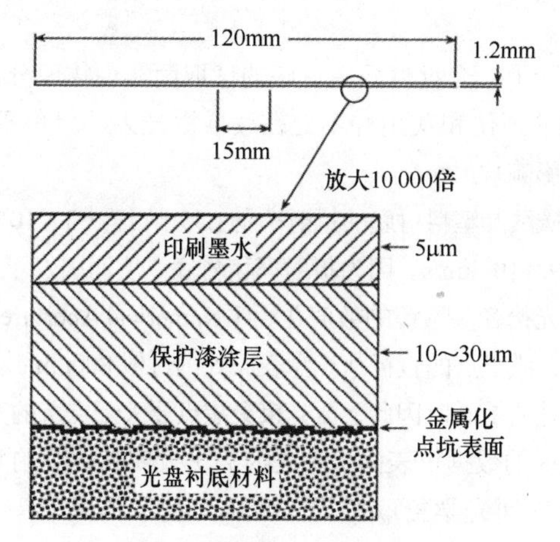

图 34.1　光盘底层、金属化层面、保护层和标签层的 CD 结构

34.2.1 点坑声迹

数据按从内圈到外圈的顺序，以连续螺旋线的点坑轨迹形式排列。坑的宽度约为 0.6μm。图 34.2 所示的是由扫描式电子显微镜摄取的点坑表面照片。声迹间距，即相邻声迹间的距离约为 1.6μm；声迹间距的作用相当于产生彩虹的衍射光栅。在 35.5mm 宽的光盘标准数据表面上最多有 20 188 圈声迹。

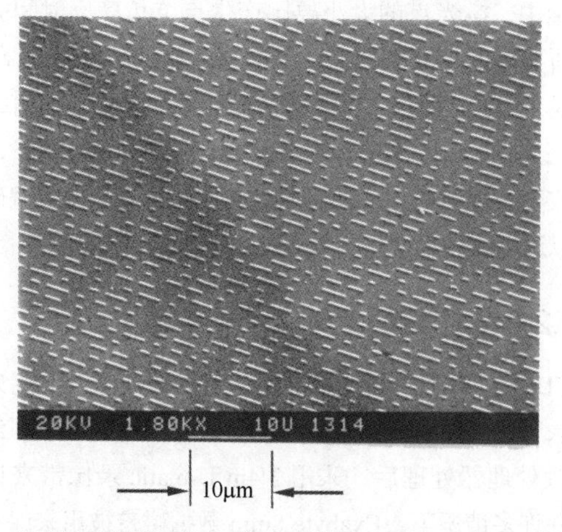

图 34.2　扫描电子显微镜下的 CD 数据面照片（University of Miami 授权使用）

声迹的线性尺度在螺旋线的起始和结束端是一样的。这就意味着 CD 要以恒线速度（Constant LinearVelocity，CLV）来转动，相同相对速度的条件要在数据螺旋线和拾取过程中保持不变。为了实现这一目标，光盘转速要根据拾取光盘径向位置的变化而变化。因为靠外的每圈声迹所包含的点坑数要比靠内的每圈声迹所包含的点坑数更多，所以随着播放向光盘外圈外延伸，光盘必须慢下来，以保持恒定的数据率。特别的是，当拾音器读取靠内的光盘声迹时，其转速约为 500rpm，而当读取靠外的光盘声迹时，转速则

逐渐降至约200rpm。CLV是通过CLV伺服系统来保持的；播放器从存储的数据中读取帧同步，并改变光盘转速，以维持恒定数据率。CD标准允许光盘的最长声频播放时间长度是74min33s。然而，通过减小诸如声迹间距和线速度的方法，人们可以生产出音乐播放时间在80min以上的光盘。

实际上，光盘表面由衬底的读取面实现物理分离。朝外表面的划伤和灰尘并不处在读取激光束的聚焦平面上，因此其影响被最小化。

聚碳酸酯塑料衬底的折射率是1.55；光速从3×10^5km/s减慢至1.9×10^5 km/s。因为折射率和衬底厚度而引发了光线弯曲，激光拾音头透镜的数值孔径（Numerical Aperture，NA）为0.45，激光点的直径从光盘表面处的近似800μm减小至点坑表面处的1μm。因此，激光束聚焦点要大于点坑的宽度。

反射的数据坑表面（称之为岛）致使其将大约90%的激光反射回光学拾取机构。当从光盘下部激光头看过去时，点坑表现为凸起。每个凸起的高度在0.11～0.13μm（110～130nm）。这一尺寸稍稍小于激光束在空气中的波长，即780nm。在聚碳酸酯塑料衬底的内部，激光波长约为500nm。凸起的高度近似为激光束在衬底中波长的1/4。

由凸起反射回的光束部分与由周围坑反射回的光束部分间存在着相位差。这一相位差导致反射光束出现相消干涉。从理论上讲，当光束撞击点坑之间的区域时，实际上所有的光均被反射，当光束撞击点坑时，实际上返回到拾音器的所有光均被抵消了，因此实际上是没有光被反射的。在实际中，激光点的大小要比产生点坑和岛反射间完全抵消时所要求的尺寸大一些，所形成的点坑深度要稍微比1/4波长浅一点；这便产生出更好的循迹信号。一般而言，凸起的存在大约将反射功率减小约25%。在任何情况下，数据表面改变了反射激光束的强度。因此，光盘上物理编码的数据可以通过激光来恢复，并通过光电二极管转换为电信号。

34.2.2 数据编码

CD上的声频节目是由母版录音编码而来的。用来保存母版录音的介质各式各样。最初，许多CD的母版在经过数字声频处理器处理后，采用3/4in U-matic录像带来记录数据。在许多情况下，Exabyte 8mm数据磁带被用来保存母版录音。对于声频母版而言，光盘描述协议（Disk Description Protocol，DDP）文件格式可以用来保存红皮书和PQ子码数据。一般采用DDP 1.0和DDP 2.0格式；DDP 2.0的技术指标规定将TOC写在磁带的末端。我们一般推荐提供给复制工厂的是DDP文件格式（包含PQ和ISRC数据）的Exabyte磁带。利用Exabyte磁带，可以以比实时更快的速度来生产出玻璃母版。在有些情况下，声频数据是以24bit WAV或AIFF文件形式写入母版CD-ROM（只读存储光盘）。虽然DAT磁带和CD-R光盘可以被当作母版介质使用，但是其相对高的误码率和易损特性，使其并非理想的记录介质。模拟磁带也可以被当作母带介质来使用。以不同采样率实现的数字记录必须能通过采样率转换器。

CD编码是一种将声频数据装配成适合光盘存储格式的过程。帧结构提供了一种区别数据型的方法。CD帧（调制前）中所包含的信息有27bit的同步字，8bit的子码，192bit数据和64bit的奇偶校验。编码始于声频数据。6个32bit PCM声频采样周期（16bit的左和右通道交替进行）被编组成一帧，左通道先于右通道。每一个32bit的采样周期被分割产生出4个8bit声频字符。接下来，信号处理准备将声频数据存储于光盘表面。特别要指出的是，一定要进行误码校正编码。

CD产生的底层误码率约为10^{-5}～10^{-6}，或者说每0.1×10^6～1.0×10^6个通道（已存储的）bit约产生一个误码。虽然存储容量给人留下深刻的印象，但是考虑到光盘每秒要输出4.3218×10^6个通道bit，因此误码校正的必要性是显而易见的。利用误码校正，每秒可以完成对220个误码的校正处理；对其进行交错分布误码和奇偶校验处理。

交叉交织里德索罗门码（Cross Interleaved Reed—Solomon Code，CIRC）算法被用于CD系统的误码校正。CIRC算法使用了两种校正编码来实现其误码校正功能，在将编码数据存放到光盘前进行三级交叉处理，在播放期间再对数据解码。由于交叉的原因，通过交错将两个误码校正编码分离开，一个里德索罗门码可以检测另一码的有效性。CIRC中采用的里德索罗门码非常适合CD系统，因为对其解码的要求相对简单。完整的CIRC编码算法如图34.3所示。利用这种编码算法，源于声频信号的数据（24个8bit字符）被交错，两个编码过程产生8bit的奇偶校验。

34.2.3 子码

在CIRC编码之后，在每帧中要加入一个8bit的CD子码字符。8个子码bit被指定为P，Q，R，S，T，U，V和W。在声频格式中只需要P或Qbit。CD播放器收集源于连续98帧的子码字符，并利用8个98bit字形成一个子码数据块。因此，8个子码bit（P～W）被用作8个不同的通道，每个CD帧包含1个Pbit，1个Qbit等。1个子码数据块是由一个同步字，指令和数据，命令和奇偶校验来构成。每个子码数据块是通过两个连续的数据块的第一字符位置的同步字型来指示的。

P通道包含一个标志比特，原本它是为播放器访问简单光盘信息而设计的。在实际应用中，播放器忽略Pbit，更多地利用更为全面的Q通道中的信息。Q子码通道对于读取光盘上的声频数据而言至关重要。Q通道包含4种类型的信息：控制，寻址，Q数据和循环冗余校验码（Cyclic Redundancy Check Code，CRCC）。每一子码数据块包含72bit的Q数据，16bit的CRCC，它用于控制、寻址和Q数据的误码检测。控制信息标志比特处理如下几种播放器功能。

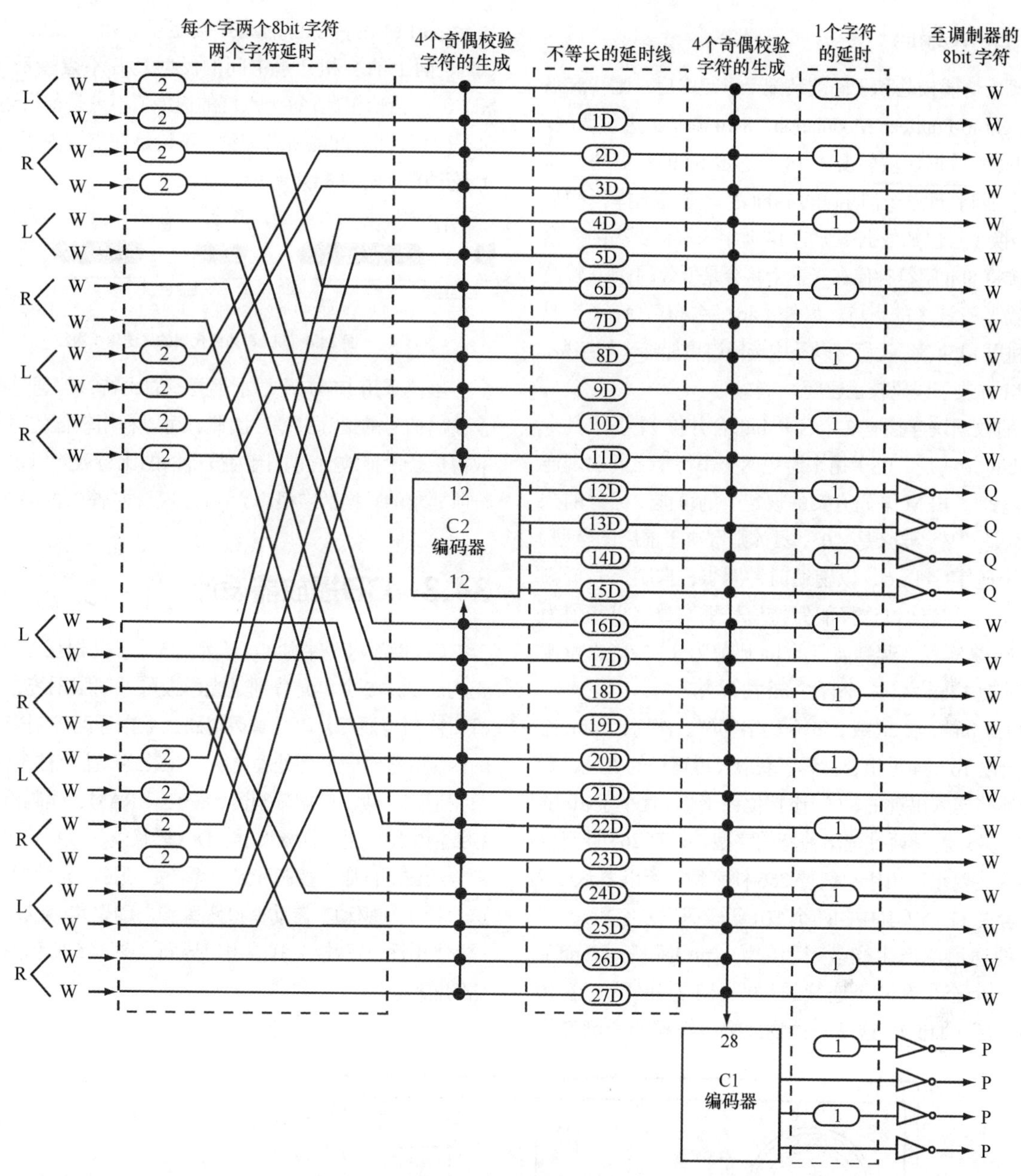

图34.3　CIRC编码算法

1. 表示声频通道（2个或4个）的数量；这用于区别2声道和4声道CD录音（后者未应用）。

2. 表示预加重（Preemphasis）的开关（on/off）；CD声轨可以采用预加重编码，这是一种降噪的方法（已经很少使用了）。

3. 表示可否进行数字复制（是/否）。

4. 表示是声频内容还是数据内容。

地址信息由4bit组成，它表示出Q数据bit的3种模式。主要而言，模式1包含声轨的数目和起始时间，模式2包含目录号，模式3包含其他的产品代码。模式1将信息存储在光盘的导引区、节目区和导出区；导引区的数据格式不同于其他区的数据格式。模式1的导引信息包含在CD的目录表（Table Of Contents，TOC）中。TOC存储着表示音乐选曲数目（最多99首）的数据，它被表示成声轨号和光盘运行时间中的声轨起始点。在光盘初始化且未开始播放声频数据之前，读取TOC。

在节目区和导出区内，模式1包含声轨编号、声轨内目录（细分编号）、声轨内时间和绝对时间等信息。在每一声轨的起始处，时间计数器被置零，并逐步增加至声轨的终点。在暂停开始处，时间计数器递减至暂停结束处的零终点。在节目区开始时，绝对时间被置零，并递增至导出区开始为止。时间和绝对时间用分钟，秒和帧来表示（每秒有75帧）。在子码中，模式2和模式3是备选的。

对约20兆字节的8bit存储进行说明的另外6个通道（R，S，T，U，V和W）被用于其他的数据存储。在有些光盘中，该容量被用来保存CD-Text（CD-文字），这是附加在原始红皮书技术规格中的性能。通过CD-Text，专辑名、歌曲名、艺术家名字和其他文字信息在生产光盘前被编码。兼容的播放器可以读取和显示CD文字信息中的简单文字信息。

34.2.4 EFM 编码

在声频、奇偶校验和子码被装配于一起之后，比特流采用 EFM(Eight-to-Fourteen Modulation，8-14 调制) 进行调制。其中 8 个 bit 的数据块被转变为 14 个通道 bit 的数据块，即为每 8bit 字强制分配一个明确的 14bit 字。通过选择一些小数字 1/0 转换（且已知数据率）的 14bit 字来取得更高的数据密度。直接将 8bit 字符存储在光盘上将会是低效的；1/0 转换的大数字需要有许多的点坑。另外，8bit 字符存在许多类似的字型。利用 14bit 字，我们可以从中选择出更加唯一的字型。因此，EFM 加快了误码校正速度。

14bit 的数据块连接有 3 个合并 bit(合并位)；要求其中两个合并 bit(始终是 “0”) 用来避免两个串行字之间出现连续 “1”（违背了 EFM 编码方案的规定）的可能。另外的合并 bit(要么是 “1”，要么是 “0”，具体则取决于前后的字型) 被加到每个码字字型上，以辅助时钟同步，抑制信号低频成分的出现。后者通过选择能保持信号平均数字求和值为零的合并 bit 来实现。调制前后的 bit 比值为 8 : 17。在解调期间，仅处理 14bit 字，3 个合并 bit 被舍去。

8 个数据 bit 要求 28 或 256 个码字字型。然而，14bit 通道字能够给出 16 384 种组合。为了获取长度可控的点坑，我们只选择那些连续出现的 “0” 比特位大于 2，且小于 10 的码字组合。另外就是要挑选出独特的字型。只有 267 种组合满足上述这些要求。由于只需要 256 种字型，所以要从 267 种字型中舍去 11 个（其中的两个被用于子码同步字）。

最终的通道流产生光盘表面的坑（pit）和岛（land），其中在长度上至少有两个连续的 “0”（3T），但不多于 10 个连续的 “0”（11T）。这是一种物理编码数据的长度变化组合。EFM 比特字型的选择确定了点坑长度的物理关系。CD 表面上的坑和介于中间的反射岛并不直接反映出 “1” 和 “0”。恰恰相反，每个点坑的边缘（不论是前沿还是后沿）都是 “1”，而其间的所有增量（不论是在点坑内还是点坑外）都是 “0”，如图 34.4 所示。

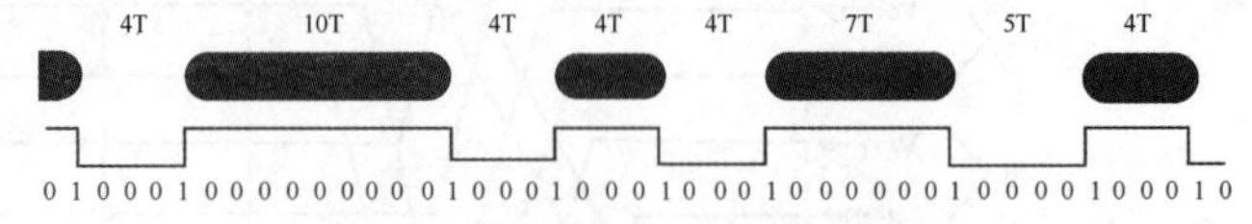

图 34.4 坑 / 岛边缘代表的是逻辑 1 数据

虽然采用 EFM 后要处理更多的比特，但通过调制降低了输出信号的最高频率。因此，可以利用较低的声迹速度来取得更长的播放时间。因为被传输的比特数除以媒质传输比特所要求的转换数字很高，所以这是种高效的编码方法。

34.3 CD播放器设计

CD 播放器硬件构架可认为由 5 个彼此相互协同的功能单元构成，这 5 个单元分别是光学读取、伺服系统、主轴电动机、控制与显示，以及解码电路。数据通路控制来自拾光器的调制光通过一系列处理电路，并最终产生立体声模拟信号。数据通路一般由数据分割器、去交叉 RAM、误码检测、校正和抵消电路、过采样滤波器、D/A 转换器和模拟输出滤波器等部分组成。伺服、控制和显示系统必须控制光盘的机械运行，这包括主轴驱动、自动循迹跟踪和自动聚焦，以及处理与播放器控制和显示相关联的用户界面。图 34.5 所示的是数据通路的框图。

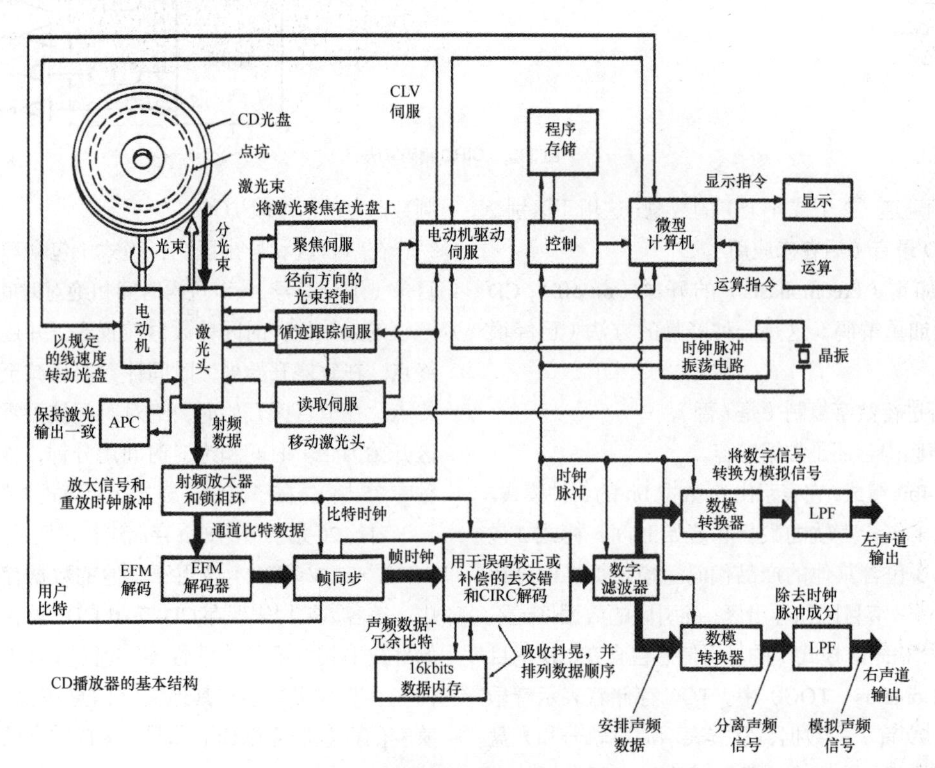

图 34.5 光学处理和输出信号处理环节的 CD 播放器框图

34.3.1　光学拾取

CD 的光学拾音头必须聚焦，循迹跟踪和读取数据螺旋声迹。包括激光源和读取器组合在内的整个透镜组件必须足够小，以便在光盘下侧滑动，即根据循迹跟踪信息和用户的访问需求移动。进一步而言，即便在不利的播放条件（比如脏的光盘或撞击和振动）下，拾音头也必须保持聚焦和循迹跟踪。

为了在数据表面取得准确的循迹跟踪和强度调制，我们采用激光作为光源。CD 的读取光头使用 AlGaAs 半导体激光器发射出的波长在 780nm（有的厂家使用 790nm）的相干相位激光束。CD 播放器可以使用单束光读取光头，也可以使用三束光读取光头；三束光设计更为流行。三束光读取光头采用中心光束来读取数据和聚焦，两束辅助光用来进行循迹跟踪。三束光读取光头的设计如图 34.6 所示。为了产生另外的光束，激光要通过衍射光栅（仅存在几个激光波长宽度缝隙的屏幕）。当光束通过光栅时，激光产生衍射；当最终的会聚透镜再次将其聚焦时，它便呈现出一条明亮的居中光束，以及存在于两侧的一系列强度减弱的光束。由这种衍射形成的三束光有效地撞击光盘表面。正如讨论过的那样，当激光点撞击到岛（两个点坑间的光滑间隔）时，光几乎完全被反射；当光撞击到点坑时（由激光头方向看过去是一个凸起），相消干涉和衍射导致较少的光被反射回拾光头。强度调制的光被物镜所会聚，并通过拾光头的读取部分。

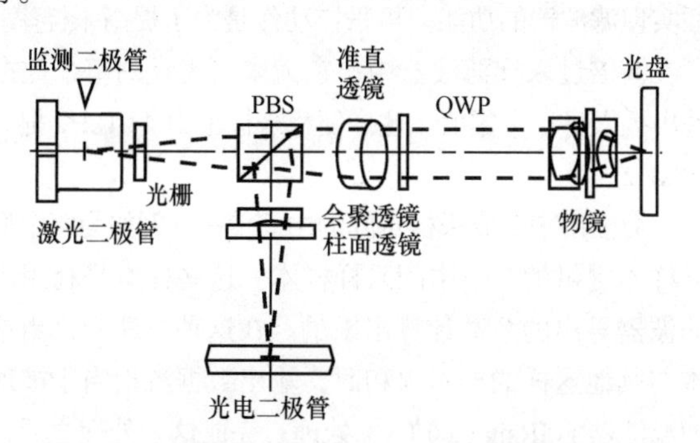

图 34.6　衍射光栅、物镜和光电二极管的三束光学拾取系统

在许多三束光设计中，散射属性常常被用来取得自动聚焦。柱面透镜常用来检测失焦的情况。当物镜与光盘反射面间的距离发生变化时，光学系统的焦点也会改变，柱面透镜透射出的像的形状改变了，如图 34.7 所示。四象限光电二极管上像的改变产生出聚焦校正信号。例如，如果光盘距离拾光头的物镜太近了，那么焦距将变短，柱面透镜的像散将导致反射的激光点扁平且转向其中一侧。这样便使光落入一对光电二极管的光量相对于落入另一对光电二极管的光量更多。由此产生的电压被伺服系统编译为将透镜向下拉离光盘的命令。这便缩短了聚焦通路长度，使像散不再影响光束。因此，这时它将呈现为圆形，落入到四象限光电二极管的光量是相等的，这时提供给伺服系统的是居中信号。当光盘距物镜太远时，激光点向相反方向偏转，产生的电压将透镜向上推。在实际情况中，在这一伺服环路中的处理是一个动态过程，物镜总是根据光盘偏离的情况持续地运动，给出正确的聚焦通路长度。

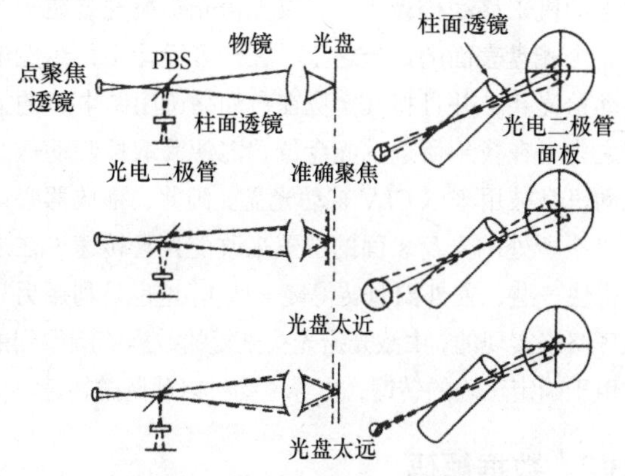

图 34.7　用于自动聚焦的散光处理

在三束光拾光头中，两束辅助光用于自动循迹跟踪。中间光束点覆盖点坑声迹，而两束循迹跟踪光束是关于中心光束上下和两侧对齐的。当光束正确跟踪光盘时，每一跟踪光束的一部分就与点坑的边缘对齐；另一部分则覆盖点坑声迹间的镜像岛。主光束撞击四象限光电二极管，两束循迹跟踪光束撞击两个安装在主光电二极管任意一侧的单独光电二极管。

如果三个光点漂移到点坑声迹的任一侧，那么由循迹跟踪光束反射回的光量会改变。撞击到较多点坑区域的循迹跟踪光束产生的平均光强较弱，而撞击较少点坑区域的循迹跟踪光束产生的光强较强。来自两个跟踪光电二极管的相对输出电压便构成了一个循迹跟踪校正信号，如图 34.8 所示。其工作原理类似于自动聚焦伺服环路中采用的信号，该循迹跟踪信号形成了用于自动循迹跟踪伺服机制的一个控制电压。例如，当拾光头的物镜漂移至点坑声迹的右侧时，右边的循迹跟踪光束会碰到更多的反射岛，其反射强度更大。当这一更为明亮的光点撞击到右侧的循迹跟踪光电二极管时，其所产生的电压要大于左侧光电二极管所产生的电压。这种电压偏差致使伺服系统将拾光头向左移动，即移向点坑声迹的中心。同样的情况，当拾光头向点坑声迹的左侧漂移时，则发生与之相反的动作。在这种动态过程中，伺服系统不断地移动拾光头，补偿循迹偏差。

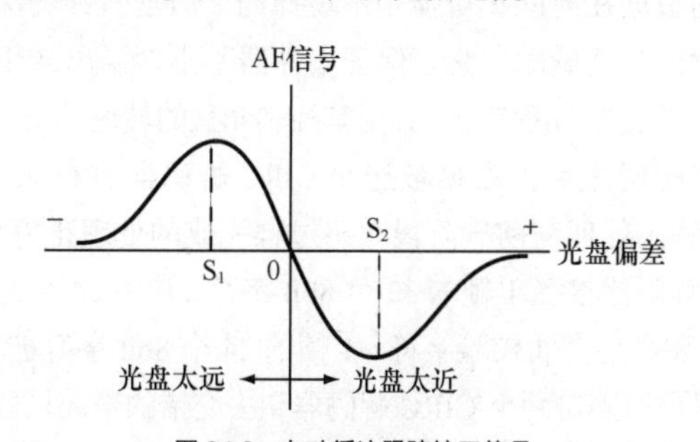

图 34.8　自动循迹跟踪校正信号

除了自动聚焦和自动循迹跟踪之外，CD 拾光头根据用户的指令，利用其他电机系统将拾光头在整个光盘表面移

动。例如，在读取数据或从一轨跳至另一轨时，拾光头必须快速掠过光盘。这些功能就是利用源自自动循迹跟踪和自动聚焦电路的控制信号处理实现的；然而，人们常常用单独的电动机来移动拾光头。三束光拾光头被安装在一个可移过整个光盘表面的滑板之上。在许多设计中，线性电动机移动拾光头，并且将其定位在自动循迹跟踪电路的捕获范围之内，在找到所选的光盘位置时便采取控制动作。主轴电动机常被用来以CLV转动光盘。因此，播放器必须根据拾光头所处的光盘表面的位置来改变光盘转速（在内圈时转得快一些，在外圈时转得慢一些）。这也是利用另一个伺服环路来实现的；由激光拾光头恢复的数据流所得到的信息被用于确定正确的转速，主导电动机以此调整转速。

34.3.2 数据解码

光电二极管阵列及其处理电路产生出所谓的EFM信号，该信号类似于一组高频正弦曲线。图34.9所示的就是EFM波形的集合（称之为眼图）。如果在信号越过零轴时可以被确定下来，那么按照EFM编码规则建立的相对时间约束条件就可以从EFM信号中恢复数字数据。

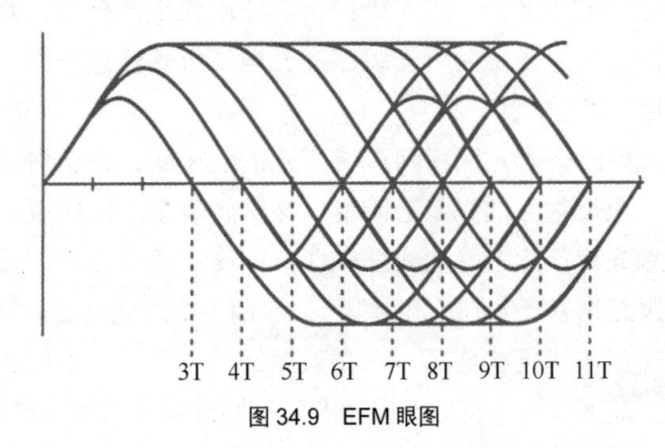

图34.9 EFM眼图

从本质上讲，CD数据的解码是按照与编码处理相反的次序进行数据处理。由信号抽取的第一个数据是同步字。该信息被用来同步每帧中通道信息的33个字符，生成的同步脉冲协助确定EFM字型的过零位置，并在那些点上生成跳变，以产生二进制信号。

解调EFM信号，以便每个17bitEFM字可以重新再转变回8bit，解调可以通过逻辑电路或查表来实现。缓冲器被用来消除光盘转动不规律所带来的不利影响；虽然输入至缓冲器的数据在时间上可能是不规律的，但是时钟确保缓冲器的输出是精确的。为了保证缓冲器不出现溢出或下溢的情况，要生成校正信号，并用其控制光盘的转速。

在解调之后，数据被送至CIRC解码器进行去交错。CIRC解码处理与前一阶段编码过程完成的处理正好相反。CIRC解码器接受1帧的32个8bit字符；其中24个是声频字符，8个是奇偶校验字符。1帧的24个8bit字符被输出。解码器利用来自两个CIRC解码器和去交错的奇偶校验。第一个误码校正解码器被设计用来校正随机误码，并检测突发误码。它标示出所有的突发误码，以提醒第二个误码校正解码器。

利用内插和哑音电路的误码隐蔽算法跟在CIRC解码器之后。未校正的字通过标志检测和处理，同时将有效数据直通，不进行处理。利用误码标志，播放器的信号处理电路确定是直接输出数据还是对其进行内插，或者实施哑音。

对于连续误码，哑音处理是采取的最后手段；无效数据被送至D/A转换器可能导致产生可闻的咔嗒声。哑音是通过在无效数据出现期间对多个样本进行衰减来实现的，以此平滑哑掉无效数据，然后平滑地恢复信号的电平。这种哑音方法处理的痕迹在很大程度上是听不出来的。

34.3.3 信号重建

在输出级，数字数据被转换成立体声模拟声频信号。这种信号重建需要借助抑制高频镜像分量的低通滤波器和D/A转换来实现。过采样数字滤波器利用来自光盘的样本作为输入，然后计算出内插样本，数字化地应用低通滤波器的响应。横向滤波器可以用来进行过采样（可以8倍的速率进行）；镜像分量是新采样率的倍数。由于基带和边带间的分离度更大了，所以可以使用低阶模拟滤波器来去除镜像分量。在CD播放器中见到的过采样滤波器的类型之一就是在许多应用中应用得较为普遍的有限冲激响应（Finite Impulse Response, FIR）数字滤波器。这些种类的滤波器采用了加法、乘法和延时单元来完成其工作，并且被归类到更广的技术类型——数字信号处理（Digital Signal Processing，DSP）当中。用于CD播放器的横向滤波器重新进行采样，并且通过内插实现滤波器的功能。再采样动作是为了提高采样率；例如，在8倍过采样滤波器中，它为来自光盘的每个数据数值输出插入了7个零值。这样便将采样率由44.1kHz提高至352.8kHz。

内插被用来生成采样点间的中间值——例如为每个原始采样样本提供的7个中间采样样本。这些样本是利用由低通滤波器导出的系数计算出来的。在这种方法中，当这些样本与其他这样的样本求和时，输出数据流相当于被理想低通滤波器的IRsin（x）/（x）处理。完成这一处理之后，数据被转换成适合于播放器中D/A转换器处理的格式。大部分CD播放器采用了Δ-Σ D/A转换器，这种转换器采用了诸如短字长，非常高的过采样率和噪声整形技术。

在每台播放器的声频输出级也会有声频去加重电路。有些CD采用了带声频预加重的编码。当重放这样的CD时，如果检测到预加重处理，则播放器会自动执行去加重处理，从而改善SNR。

34.4 其他CD格式

因CD尺寸小，制造成本低，以及在耐用性和容量上具有优势的特性，故成为出色的音乐载体。虽然其实用特性并没有限制音乐的播放，但是人们还是基于红皮书标准开发出了其他的格式，其中就包括基于计算机存储和可重复记录的格式。尤其要提一下的是广泛应用于计算机领域及声频应用中的 CD-ROM、CD-R 和 CD-RW 格式。

34.4.1　CD-ROM

有时被称为黄皮书标准的只读存储光盘（Compact Disc Read-Only Memory，CD-ROM）标准被纳入 ISO/IEC 10149 标准。虽然它源自 CD 声频标准，但它是针对普通数据存储定义的，并没有与任何特定的应用进行绑定。98 个 CD 帧相加构成了一个有 2352 个字节（24 字节 × 98 帧）的数据块。每张光盘可容纳 330 000 个数据块。每个数据块的前 12 个字节构成了同步字型，接下来的 4 个字节构成了带时间和地址标志的字头区。字头包含 3 个地址字节，它表示为时间形式，即存储的分钟，秒数和每秒的数据块数。另外，字头还包含模式字节；根据所选用的模式，余下的 2336 个字节可以存放用户数据，或者在增强误码校正时有 2048 个字节用来存放用户字节。

模式字节确定了 3 种模式，并用于两种不同的数据类型当中，如图 34.10 所示。模式 1 允许每个数据块有 2048 个用户数据字节。每个数据块包含有 2K 字节（2 × 1024）的用户数据；280 个字节被用来增强误码检测和校正（EDC/ECC）。模式 1 的 CD-ROM 可容纳 6.82×10^8（333 000 块 × 2048 字节）字节的用户信息。模式 2 将 2336 个字节全部给了用户数据。CD-ROM 比特流采用普通的 CD 编码，以便应用 CIRC、EFM 和其他处理。因此，模式 1 有两个独立的误码校正（EDC/ECC 和 CIRC）层，而模式 2 只采用了 CIRC 误码校正。

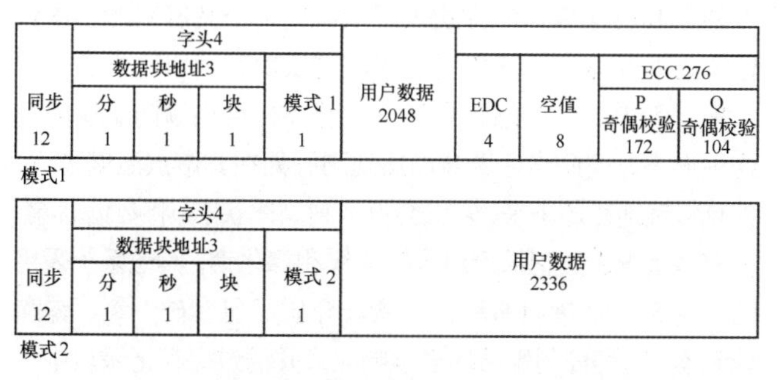

图 34.10　CD-ROM 模式 1 包括了 2048 个用户数据字节，以及延伸的误码校正，而模式 2 包含了 2336 个用户数据字节

因其增强误码校正的原因，EDC/ECC 数据将独立的 CIRC 误码校正编码应用于帧结构当中，从而在误码率性能上相比于声频 CD 有所改善。模式 1 用于数字式的数据存储，这种数据比声频数据更为重要。在 EDC/ECC 编码中，GF（28）里德索罗门乘积码（Reed-Solomon Product Code，RS-PC）对每个数据块进行编码。它分别用（26，24）和（45，43）码字产生出 P 和 Q 奇偶校验字节。

CD-ROM/XA 格式是对模式 2 标准的扩展，它定义了可包含诸如计算机和压缩音视频的多种数据类型的 XA 数据轨。然而，CD-ROM/XA 不同于 CD-ROM 模式 2；XA 提供了定义的两种数据块类型：类型 1 用于计算机数据，类型 2 用于压缩的音频 / 视频数据的子字头。前者提供了 2048 字节的用户区，后者提供了 2324 字节。

混合型声频 / 数据 CD 格式，比如 CD Extra 和混合模式 CD（Mixed Mode CD），它是将不同的格式类型（比如声频 CD 和 CD-ROM/XA）组合在一张光盘上。CD Extra 在第一会话区存放的是 CD 声频数据，而在第二会话区存放的是 CD-ROM/XA 模式 2 数据。在混合模式 CD 中，ROM 数据被放在轨 1，CD 声频数据被放在后续的轨上。为了确保声频播放器不访问 ROM 轨，可以采用预刻槽缝（pregap），以便将 ROM 数据放在光盘目录（Table Of Contents，TOC）之后，但在第一个音乐声轨之前的位置。CD-ROM 数据被放在轨 1 的索引 0（Index 0）和索引 1（Index 1）之间，而音乐开始于轨 1，索引 1。因此，声频播放器跳过数据，从第一个音乐轨开始播放。然而，对所有驱动软件而言，它们并不访问预刻槽缝区。

与 CD 声频标准不同，CD-ROM 标准并未规定内容如何被定义。后来，颁布了 ISO/DIS 9660 标准；它指定了计算机数据该如何被放入 CD-ROM；为了读取数据，计算机操作系统必须读取 ISO 9660 文件结构。CD-ROM 盘上的内容可以针对多个平台进行编撰；然而，可执行文件只可以在相应的平台上运行。

34.4.2　CD-R

可记录光盘（CD Recordable，CD-R）格式允许用户将声频或其他数据永久地记录到 CD 上。该格式的技术称谓是 CD-WO（Write Once，一次性写入），它被归纳在橙皮书第二部分（Orange Book Part II）当中。在 CD 复制之前，载有声频和非声频数据的 CD-R 可以被写成预母版（premastered CD，PMCD）格式；该光盘包含索引和其他信息。CD-R 光盘可用的播放时间长达 80min（约 700MB）。

在物理特性上，CD-R 光盘不同于红皮书（Red Book）CD。CD-R 光盘在生产时预刻有宽度为 0.6μm，间距为 1.6μm 的螺旋纹迹；该纹迹导引记录激光头沿着纹迹运动。预刻纹迹被频率为 22.05kHz 的正弦摆动物理调制成在 ±0.03μm 范围内变化的形式。记录设备利用该摆动来控制光盘进行 CLV 转动。22.05kHz 的纹迹沟槽还被 ±1kHz 信号调频；由此产生出 ATIP（Absolute Time In Pregroove，预刻纹迹形式的绝对时间）时钟信号。

CD-R 利用聚碳酸酯磁盘基片生产，它包含金属（比如金或银）反射层，有机染料记录层和保护层。记录层处在基片和反射层之间，如图 34.11 所示。结合反射层，它具有的反射率约为 73%。波长在 775 ～ 795nm 的写入激光透过聚碳酸酯基片，并将记录层加热至将近 250℃，从而导致其熔化和 / 或化学分解，在记录层形成凹陷或痕迹。同时，反射层产生变形。这些凹陷或痕迹将降低反射率。在读取期间，采用同样的激光，只是功率降低了，激光从数据面被反射回来，检测到的光强度是变化的。

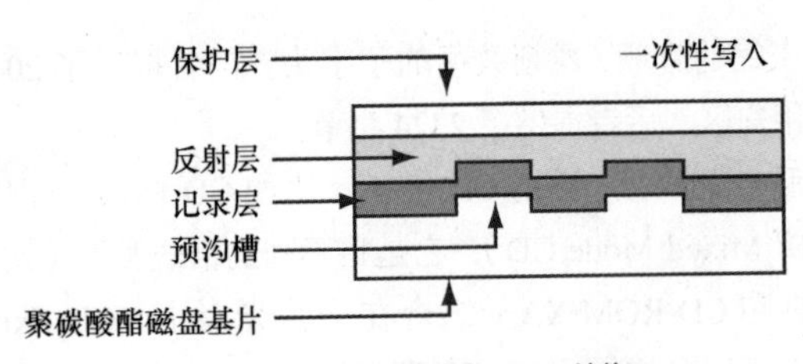

图 34.11 嵌入记录层的 CD-R 结构

青色素和酞菁有机染料聚合物都是记录层常用的原料。它们被设计用来吸收波长在 780nm 左右的光。青色素染料对光有相对宽的灵敏度范围，对于大多数记录设备、激光功率和写入速度条件通常它都能可靠地工作。据说采用酞菁染料介质的 CD-R 使用寿命都较长，因为它对普通光线敏感度较低，同时也较稳定。然而，低灵敏度可能导致写入激光的功率裕量小。因此，必须要更为精细地控制写入速度和激光功率。在有些情况下，金属化的偶氮染料被用作 CD-R 介质中的记录层。有机染料层会受时间的影响。由于受氧化、材料杂质或暴露在紫外光下等因素的影响，染料层性能将会退化。虽然 CD-R 可在大多数 CD 声频播放器上播放，但是降低了的数据层反射率可能导致重放不兼容。

两个区域被写入 CD-R 的内半径范围（22.35 ~ 23mm），这两个区域都在红皮书导入半径之内。节目存储区（Program Memory Area，PMA）包含描述声轨的数据、临时目录表和声轨跳转信息。当光盘被封装时，该数据被转换成 TOC。在最靠内的半径范围上，功率校准区（Power Calibration Area，PCA）被记录激光所利用，以便让光功率校准检测记录确定出正确的记录功率。当导入区（及其 TOC）、用户数据和导出区被写入时，记录便完成了。

CD-R 标准定义了单会话和多会话记录（一次会话是指具有导入区、数据区和导出区的一个记录）。在单会话记录（有时被称为一次性写入光盘）中，整个光盘节目是不间断记录的。轨道刻写记录允许在一次会话内被写入单轨或多轨。采用轨道刻写的记录设备还可以写入一个单会话 CD-R。在多会话记录中，每次可以记录一个或几个会话。轨可以被逐一写入，并且在每轨后可将记录停止。可以分开记录会话，每一会话有自己的导入 TOC，数据区和导出区。轨道刻写记录设备允许进行多会话和单会话记录。在轨道刻写中，多个轨可以写成一个会话，每次增加一轨数据；在会话关闭之前不会写入导入和导出数据。CD 声频播放器只可以读取多会话光盘中的第一个会话。虽然部分记录光盘可以在 CD-R 记录设备上播放，但是它们不能在 CD 声频播放器上播放，除非会话结束时最终的 TOC 和导出区被记录。利用通用光盘格式（CD-Universal Disk Format，CD-UDF）的 CD 部分，CD-R 记录设备可以执行封包写入；可以无须高额费用就能有效地将少量数据写入。文件中的数据可以追加和更新，而无须重新写入整个文件。

34.4.3 CD-RW

可擦重写光盘（CD Rewritable，CD-RW）格式可针对数据实现写入并读取，然后擦除并再写入操作。该格式的技术称谓是 CD-E，并由橙皮书标准第 3 部分（Orange Book Part III）加以描述。CD-RW 驱动器可以读取、写入和擦除 CD-RW 媒体，并且能读取 CD-ROM 和 CD 声频媒体。写入的周期次数可达数千次。任何数据都可以被写入，其中包括计算机程序、文本、图片、视频、声频或其他文件。CD-RW 在聚碳酸酯基片之上有 5 层：介质层、记录层、另一介质层、反射铝层和最上边的亚克力保护层，如图 34.12 所示。与 CD-R 一样，写入和读取激光沿着预刻沟槽的螺旋轨运动。

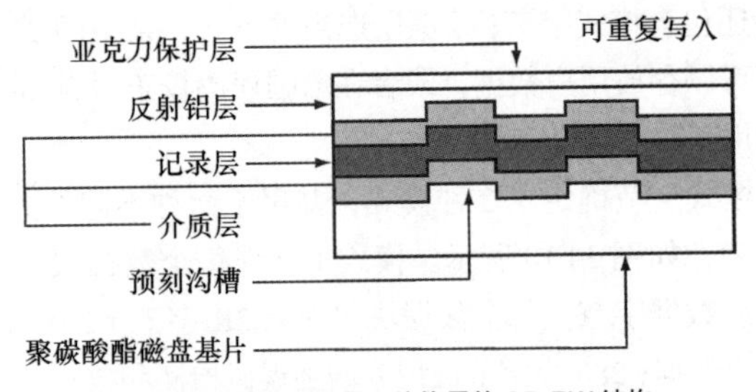

图 34.12 嵌入记录层和绝缘层的 CD-RW 结构

然而，CD-RW 格式利用了相变记录法，其使用的是呈现可逆晶体 / 非晶体相变特性的材料，它以一种温度记录，以另一种温度擦除记录。在大多数情况中，高反射率（晶体）到低反射率（非晶体）的相变被用于记录数据，反方向的相变被用于擦除。它通过加热晶体层至稍高于其熔点的温度并令其快速冷却的方式来记录数据。当其凝固时，该区域成为非晶体，降低的反射率通过低功率读取激光被检测出来。因为晶体形态较为稳定，所以材料将倾向于返回到这种形态。因此当区域被加热到刚好处在其熔点温度之下，并且慢慢地冷却下来，它就会返回到晶体状态，将数据擦除。在有些情况中，记录层包含锑化镓和锑化铟；其他系统采用的是碲合金及诸如锗和铟元素。介质层包含硅、氧、锌和硫元素；它们控制媒质的光学响应，并通过保存记录层中的热量来提高激光的效率。介质层还是绝热的，并保护预刻纹迹沟槽、基片和反射层。

CD-RW 光盘的反射率仅约 15%（非晶体状态）和 25%（晶体）。在大多数 CD 声频播放器或 CD-ROM 驱动器中将不能播放这种光盘；然而，许多 DVD 播放器确实会播放 CD-RW 光盘。多格式读取驱动器能够读取较低反射率的 CD-RW 光盘。它们使用一个自动增益控制（Automatic Gain Control，AGC）电路来提升来自光电二极管的信号输出增益，补偿较低反射率和减小的信号调制。CD-RW 光盘向播放器传输一个将其识别为 CD-RW 的代码。CD-RW 驱动常常被用作计算机周边设备。软件支持轨道刻写、整盘刻写和多会话记录。当 CD-RW 光盘被适当格式化后，CD- 通用设备格式（CD-UDF，CD-Universal Device Format）技术规格允许方便地逐文件进行重新写入；例如，用户可以通过拖放来对 CD-RW 光盘进行写入操作。

34.5　SACD 格式

超级数字音频光盘 CD（Super Audio CD，SACD）标准利用所具有的高密度存储性能来支持对双声道 CD 及双声道和多声道 SACD 声频的记录。SACD 记录采用 1bit 直接数据流数字（Direct Stream Digital，DSD）编码及其高采样率使频率响应上限达到 100kHz，0 ～ 20kHz 频带上的动态范围达到 120dB。混合型 SACD 可以拥有高密度 DSD 数据层（包含 5.1 声道缩混和立体声缩混节目）及其兼容红皮书（44.1 kHz/16bit）数据层。SACD 播放器能播放 SACD 和 CD。为了实现这一目标，双激光拾光头工作于 SACD 的 650nm 波长和 CD 的 780nm 波长。SACD 格式也指定了被称为直接数据流转换（Direct Stream Transfer，DST）的无损编码算法；它利用自适应预测滤波器和数学编码将光盘容量加倍。SACD 标准在猩红皮书（Scarlet Book）中有描述。

34.5.1　SACD 技术指标

SACD 的直径为 12cm，厚度为 1.2mm，这与 CD 是一样的。其他技术规格允许有更高的密度；激光波长为 650nm，透镜的数值孔径（Numerical Aperture，NA）为 0.60，最小坑 / 岛长度是 0.40μm，声迹间距是 0.74μm。单层 SACD 光盘可存放 4.7GB 数据；所存放的双声道立体声 DSD 录音节目可播放约 110min。在 SACD 格式中规定的几种光盘类型包括单层、双层和混合型光盘结构，单层光盘包含一层 DSD 内容（4.7GB）；双层包含一或两层 DSD 内容（两层共 8.5GB）；混合型光盘是双层光盘，它包含一个 DSD 内容的内层（4.7GB）和一个可在普通 CD 播放器上播放红皮书 CD 内容的外层（780MB）。在双层光盘中，两个厚度为 0.6mm 的基片被粘接在一起。在所有应用中都只有一个数据面。半反射层（20% ～ 40% 反射）覆盖了嵌入的内侧数据层，全反射的顶部金属层（至少 70% 反射）覆盖了数据面的外侧。外侧的数据面由亚克力层和印刷标签保护。混合型光盘和双拾光头（650nm 和 780nm）读取 SACD 和 CD 层的情况如图 34.13 所示。

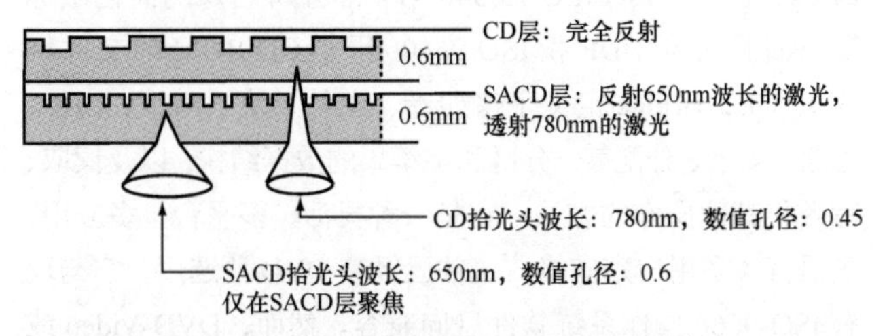

图 34.13　包含了 CD 和 SACD 数据的两个数据层的混合型 SACD 光盘

SACD 播放器可以重放 SACD 和 CD 光盘（及混合型 SACD 光盘）。CD 数据要通过数字滤波器，而 SACD 数据被提供给 DSD 解码器。DSD 数据是 1bit 输出信号，该信号被提供给脉冲密度调制处理器。数据信号被转变为补码信号；每个逻辑“1”建立起宽脉冲，而每个逻辑“0”建立起窄脉冲。电流脉冲 D/A 转换器将电压脉冲串变成电流脉冲。该信号被加到模拟低通滤波器上，从而建立起模拟声频波形。

34.5.2　DSD 编码

SACD 记录使用了 DSD 编码，这是一种用 1bit 脉冲密度表示法和调制技术对声频信号进行编码的方法。许多 A/D 转换器采用 Σ-Δ 技术对输入信号进行高采样率的采样。将信号加给抽取滤波器，并将输出量化为 44.1kHz（用于 CD）和 192kHz（用于 DVD-Audio）标称采样的 PCM 信号。类似的是，许多 D/A 转换器使用过采样技术来提高输出信号的采样率，并以此将镜像频谱移离声频频带。虽然 DSD 编码使用了高采样率，但是并不需要抽取滤波和多比特 PCM 量化；取而代之的是，原始的采样频率被保留下来。1bit 数据被直接记录到光盘上。进一步而言，在重放期间，DSD 不使用内插（过采样）滤波。

DSD 使用 Σ-Δ 调制（Sigma-Delta Modulation，SDM）和噪声整形。在简单的 SDM 编码器中，1bit 输出信号被用作补偿信号。它被延时一个采样间隔，并利用负反馈环路从输入的模拟信号中减去。如果在前一个采样样本期间输入波形升高到负反馈环路的累加值之上，那么转换器输出逻辑“1”。类似的，如果波形相对于累加值下降了，那么输出逻辑“0”。输出脉冲代表了输入信号的幅度；可以采用脉冲密度调制。因为 SDM 编码器中积分器的作用相当于低通滤波器，所以低频误差成分被减小了，而高频误差成分被提高了。更高阶次的噪声整形滤波器可以进一步减小可闻频带内的误差。从原理上讲，低通滤波器可以解码 SDM 信号，并且还可以除去噪声整形形成的高频噪声。

在 SACD 记录中，DSD 调制采用的采样频率是 2.8224MHz，每个样本被量化成 2bit 字。因此，总比特率要比 CD 高 4 倍。根据原理，DSD 的奈奎斯特频率为 1.411 2MHz。然而，为了去除噪声整形所引入的高频噪声，有些 SACD 播放器将 50kHz 低通滤波器（即 -3dB 频点为 50kHz）与普通的功率放大器和音箱配合使用。当进行 SACD 的声频测量时，推荐采用 20kHz 低通滤波器。1bit DSD 信号可以被转换成标准的多比特 PCM 采样率。

34.6　DVD格式

在发展初期，DVD 被定位为民用视频光盘重放系统。后来，标准的涵盖范围被进一步扩展了。最终的 DVD 光盘格式家族包含了视频、声频和计算机应用，并且采用了只读和可记录技术。尽管其外部的物理尺寸与 CD 一样，但是 DVD 数据层提供了约 CD 存储容量 7 倍的存储容量。存储容量的提高源于其采用了更短波长的激光、更高的数值孔径、更窄的声迹宽度和其他特性。在发展进程中，虽然其格式有时被称为数字通用光盘（Digital Versatile Disc，DVD），但是这个称谓从来就未被接受。取而代之的是，人们就将格式简单称为DVD了。

DVD家族包含6种DVD技术格式书：Book A是DVD-ROM（只读DVD），Book B是DVD-Video（DVD-视频），Book C是DVD-Audio（DVD-声频），Book D是DVD-R（可记录DVD），Book E是DVD-RAM [DVD-Random Access Memory，DVD-随机（存取）存储器]和Book F是DVD-RW（可擦重写DVD）。在每种技术格式书中，第1部分都定义了其物理技术规格，第2部分定义了文件系统的技术规格，接下去的内容则定义了特殊的应用和扩展。例如，第3部分定义了视频应用，第4部分定义了声频应用，而第5部分定义了VAN扩展。

DVD-ROM，DVD-Video和DVD-Audio的物理规格是一样的，并且这些只读格式共享光盘的结构、调制编码、误码校正等。光盘直径为120mm或80mm，厚度为1.2mm，有两层粘接基片，每层基片有单层或双层数据层。DVD光盘利用坑/岛结构来存储数据。DVD的轨道间距为0.74μm。轨道的CLV是3.49m/s（单层）或3.84m/s（双层）。最短/最长点坑长度比为0.40/1.87μm（单层）和0.44/2.05μm（双层）。用来读取DVD的激光束采用的是波长为635nm或650nm的激光。物镜的数值孔径是0.6。DVD层可以存储4.37GB（以8bit字节来测算）的数据，而多数据层可以提供更大的容量。

34.6.1 DVD的制造

厚度1.2mm的DVD包含两层0.6mm基片，为了取得更好地保护，它们与靠近内表面的数据层粘接在一起。当光盘相对于激光拾光头稍微倾斜时，越薄的基片对循迹跟踪误差的光学抑制力越强。双基片结构可以制造出变型的产品，目前有5种类型的只读式光盘：DVD-5（单面、单层），DVD-9（单面、双层），DVD-10（双面、单层），DVD-14（双面、一面单层与另一面双层的混合层）和DVD-18（双面、双层）。正如非强制命名所建议的那样，它们分别支持5种光盘容量：分别是4.37GB，7.95GB，8.75GB，12.33GB和15.91GB（以8bit字节来表示）。当平均的数据输出比特率为4.8Mbit/s时，近似的播放时间分别为：DVD-5的133min，DVD-9的241min，DVD-10的266min，DVD-14的375min和DVD-18的482min。

单层、单面的DVD-5使用一层基片和一个数据层，以及一个空白基片。两层基片及其数据面被粘接在一起，便形成了单层、双面的DVD-10；在访问另一面时要将光盘翻面。DVD标准允许数据被放在一个基片的两层上，以便得到由DVD-9一面读取的双层光盘。层是由干净的树脂和喷溅了金或硅的非常薄的半透明（25%～40%的半反射）层隔开。两层通过移动的物镜和聚焦到另外一层的读取激光由单侧读取。光束要么被靠下的半反射层反射，要么透射过它并由上边的反射层反射。因为内层的SNR和反射率稍被降低，所以层采用了更快的线速度（3.84m/s，与3.49m/s相比更快）。因此，点坑的长度更长（例如，最短的点坑长度为0.44μm，与0.4μm相比更长）。因此，内层的容量要比顶部数据层的容量小一些。

在双面光盘的生产中，两层聚碳酸酯基片单独成型，之后用热熔粘接剂或紫外光固化粘接方式将其粘接在一起。双层光盘可用两片0.6mm的基片成型；一层是完全金属化的，另一层是半反射金属化。之后两片基片用一层紫外光光学固化清洁聚合物粘接在一起。该技术可以用来制造单面光盘（比如某些DVD-9光盘）。另外，单层基片可以采用先涂一层半透明层，再涂上一层流体聚合物的方法产生，该聚合物可以通过第二次倒模成型，并通过将其暴露在紫外光之下来硬化。在镀层硬化后，加入全反射金属层，并将该基片与第二片基片粘接在一起。这种技术用于有些DVD-9和DVD-18的制造。双层、双面DVD-18的结构如图34.14所示。

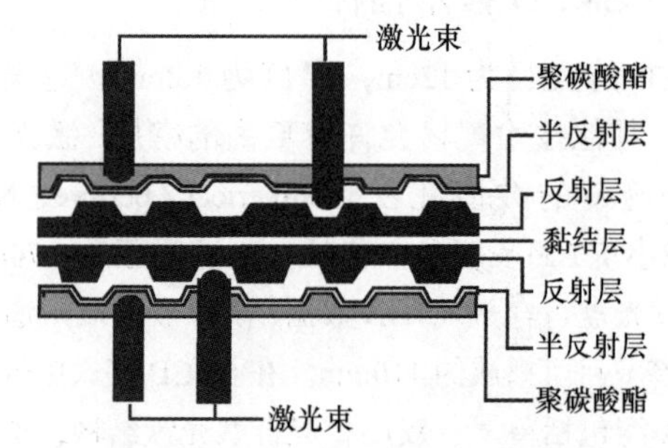

图34.14 双层、双面的DVD-18的结构

34.6.2 DVD文件格式和编码

DVD格式基本上是基于定义其应用的计算机文件格式。特别是，DVD技术规格描述了通用光盘格式桥（Universal Disc Format Bridge，UDF Bridge），文件格式是专门为光盘存储而设计的。只读式DVD（DVD-ROM，DVD-Video和DVD-Audio）的卷结构和文件格式采用UDF格式，而且UDF还应用于DVD-R和DVD-RW格式中。然而，应用的特定参量对于DVD-Video和DVD-Audio都是特定的。UDF Bridge是基于ISO/IEC 13 346第4部分所制定的简化版标准，而且符合UDF和ISO 9660（用于CD-ROM的文件格式）。UDF Bridge定义了诸如卷、文件、块、扇区、CRC、通路、记录、分配表、分区和字符集的数据结构，以及读取、写入和其他操作的方法。它是一种灵活、多平台、多应用、多语言、多用户定向格式，并已经被DVD所选用，它与现有ISO-9660操作系统软件后向兼容。然而，DVD-Video或DVD-Audio播放器只支持UDF，而不支持ISO-9660。

在只读式DVD格式中，数据被存储在目录文件中。DVD数据被置于光盘导入和导出区无缝连续运行的物理扇区中。一个 DVD 数据扇区由 2064 字节组成，其中有 2048 字节的主数据和 16 个字头字节；后者包括 4 个字节的识别标识（ID），8 个字节的其他数据，以及 4 个字节的误码检测（Error Detection Code，EDC）数据。识别标识的 4 个字节包括 1 个字节的扇区信息和 3 个字节的扇区号。同步码被加入记录扇区中第 91 个字节的字头，这形成了物理扇区。合计加入了 52 个字节的同步码。因此，用户数据的 2048 个字节增加至 2418 个字节。

RS-PC 是利用两个里德索罗门乘积码（C1 和 C2）组合而成的乘积码。它与 CD 中的 CIRC 码不同。两个乘积码 C1 和 C2 的长度分别为（208，192）和（182，172）。由于点坑的尺寸更小了，所以 DVD 面临的误码校正挑战更为严峻。除此之外，由于基片薄的原因，所以表面的瑕疵可能更容易遮挡数据面。然而，RS-PC 的纠错能力要比 CD-ROM 格式中使用的双重误码校正更为强大，它改善了误码保护性能。RS-PC 在成本方面也比 CIRC 更低。在 DVD 格式中，所有光盘类型使用同样级别的误码校正。

只读式 DVD 采用的是 EFMPlus 调制。这是一种 8/16 RLL 码，与用于 CD 中的 EFM 码类似；例如，它使用了相同的最短（2）和最长（10）运行长度，并且也是将逻辑“1”通道比特表示为坑 / 岛或岛 / 坑的转换，而逻辑“0”通道比特则没有这种转换。EFMPlus 与 EFM 相比，其用户存储容量提高了 6%，这是因为其编码效率比 EFM 更高。相比 EFM 使用了合并码和单一查询表，以及简单的级联法则来抑制低频成分，EFMPlus 则不需要使用合并码，同时采用了更复杂的查询表方法。EFMPlus 解码器定义了 4 个查询表，每个有 351 个可能的源码字。在实践中，源代码表的大小为 344；舍去了 7 个可能的码字，为的是产生出唯一的 26 比特同步字。其中的 256 个码字被用于编码输入数据。余下的 88 个码字被用于另外的通道表示，以便将运行数字和数值（running Digital Sum Value，DSV）最小化，以此控制低频成分。

在 DVD 播放器中，数据通过缓冲器，且被导航器 / 分离器评估，将比特流分离成视频、子图片、声频和导航信息。视频、子图片和声频数据被解码；例如，MPEG-2 视频数据被解码成 Dolby Digital 声频数据。

34.7 DVD-Video

DVD-Video 格式具有存储和播放活动图像或者多声道音乐会视频的功能。格式被设计成能提供如下功能：至少 133 分钟的数字视频，接近 D1 广播级图像质量，立体声或多声道数字声频，多种宽高比，多达 8 种语言声轨，多达 32 种字幕，父母控制选项和复制保护等。

在 DVD-Video 格式中，视频光盘中的数据被组织成 UDF Bridge 文件格式。在根目录下定义了 DVD-Video 分区和其他类型 DVD（DVD-Other）分区。在 DVD-Video 分区中，VIDEO_TS 目录（文件夹）包含菜单和展示数据（视频，声频等）。Video Manager（视频管理）定义了文件类型，并将视频和声频数据组织在一起，视频标题集（Video Title Set，VTS）子目录包含视频和声频文件数据（比如 MPEG-2 视频和 Dolby Digital 声频）。一个 Video Manager 可以包含多达 99 个 VTS 子目录。

DVD-Video VAN 光盘包含混合音视频光盘中的音视频导航数据。虽然 VAN 光盘是视频光盘，但是它们包含可在 DVD-Audio 播放器上播放的声频信息。声频数据被存放在声频标题集（Audio Title Set）当中，而视频数据是存放在视频标题集当中。声频管理（Audio Manager）和视频管理定义了文件类型和声频与视频数据的组织；其中包含菜单和节目数据。

DVD-Video 标准使用 MPEG-2 数据压缩算法来对视频节目进行编码。它在主层（Main Level）协议中使用了 MPEG-2 基本句法（Main Profile），也就是所谓的 MP@ML。这是一个中间层，处于有时用于 DTV 的高级层之下。然而，MP@ML 可以产生质量等同于专业级 CCIR-601 标准的高质量图像。利用 MPEG-2 视频压缩算法分析视频信号。视频节目以逐行扫描的 4∶2∶0 分量视频（Y，R-Y，B-Y）形式存储，图像的分辨率为 720 像素 × 480 像素。DVD-Video 播放器的平均输出比特率约为 4.7Mbit/s。

声频方面的内容

立体声和多声道声轨被放在 DVD-Video 标准的声频分区。它可以是 1 ～ 8 个线性 PCM（LPCM）的独立声道，1 ～ 6 个通道的 5.1 声道 Dolby Digital（AC-3），或者 1 ～ 8 通道（5.1 或 7.1）的 MPEG-2 AAC 声频。光盘还可以有 DTS，SDDS，或者其他声频编码备选。Dolby Digital 是美国（地区码 1，Region 1）所采用的多声道编码标准。Dolby Digital 的采样频率是 48kHz，标称的输出比特率是 384kbit/s，最高的比特率是 448kbit/s。作为备选，DTS 编码的多声道声频数据的标称比特率是 1.4Mbit/s。DTS 可以用作 1 ～ 8 个声道声频的编码方案，其采样频率范围在 8kHz ～ 192kHz。当采样频率为 44.1kHz 时，1 个 DTS 层可以存放 74min 长的 5.1 声道声频节目。在 MPEG-1 立体声声频以 48kHz 采样时，所具有的最高比特率为 384kbit/s。MPEG-2 多声道声频（最多 8 个声道）也可以在 48kHz 的采样率下编码，其最高比特率为 912kbit/s。NTSC 标题通常使用 Dolby Digital，而 PAL 标题采用 MPEG-2 声频编码；然而，PAL 标题可以将 Dolby Digital 编码用作备选。

DVD-Video 标题传输的是冗余 LPCM 声轨，所用的采样率可以是 48kHz，或者 96kHz，字长可以是 16bit，20bit 或 24bit。这种 LPCM 配置支持 16/48（最多 8 个声道），20/48（最多 6 个声道），24/48（最多 5 个声道），16/96（最多 4 个声道），20/96（最多 3 个声道）24/96（最多 2 个声道）。在 DVD-Video 中，最高的 LPCM 比特率是 6.144Mbit/s。各种内容必须被放到一个 DVD-Video 当中。例如，对于

3.5Mbit/s 的平均比特率而言，3 个声频声轨每个可占用 0.384Mbit/s，4 个子标题每个占用 0.01Mbit/s，最终的总比特率就是 4.692Mbit/s。

34.8 DVD-Audio

DVD-Audio 技术规定描述了可灵活支持通道数、采样频率、字长和诸如视频元素这样的其他性能的高保真声频存储媒质。DVD-Audio 主要是对 LPCM 数据的高保真立体声和多声道音乐节目进行编码。DVD-Audio 的开发受到代表大部分唱片利益的国际指导委员会（International Steering Committee，ISC）的影响。DVD-Audio 被设计成与其他 DVD 格式相兼容，并且在重放音质和多声道重放性能上有所突破。尽管 DVD-Video 格式可以提供高质量的声频（比如 6 声道的 48kHz/20bit 声频），但其最高为 6.144Mbit/s 的声频比特率不能支持最高质量级别的声频。因此，DVD-Audio 的最高比特率被提高至 9.6Mbit/s。然而，6 声道的 96kHz/24bit 声频超出了最高比特率，而且高比特率缩短了播放时间。故可以使用备选的 Meridian 无损打包（Meridian Lossless Packing，MLP）这种无损压缩算法来降低比特率，同时提供高保真的音质和较长的播放时间。这种选项允许在单数据层上存储长达 74min 的多声道音乐节目。所有的 DVD-Audio 必须包括未压缩或 MLP- 压缩的 LPCM 规格节目的 DVD-Audio 部分。为了增加与 DVD-Video 播放器兼容的性能，DVD-Audio 还可能包括带 Dolby Digital、DTS 和 / 或 LPCM 声轨的视频节目。

DVD-Audio 格式支持大量的编码方案和记录参数。备选的声频编码方案包括 Dolby Digital，MPEG-1，带 / 不带扩展比特流的 MPEG-2，DTS，DSD，SDDS 和 MLP。LPCM 轨对所有光盘都是强制性的；所有 DVD-Audio 播放器必须支持 MLP 解码。与有些 5.1 声道系统（Dolby Digital，MPEG）不同，用在 DVD-Audio 中的 LPCM 编码对 LEF 声道并不是限带的；它是全频带声道。DVD-Audio 是可缩放格式，为内容提供者提供了很大程度的灵活性。当采用 LPCM 编码时，声道数（1 ～ 6）、字长（16bit，20bit，24bit）和采样频率（44.1kHz，48kHz，88.2kHz，96kHz，176.4kHz 或 192kHz）都是允许的。在 176.4kHz 和 192kHz 的最高采样频率下，只可以进行双声道重放。声频编码备选项和光盘层数决定了播放时间。例如，在一个数据层上的立体声 LPCM 节目是可以播放 258min，还是 64min，则取决于其记录参量。类似的，不同的多声道记录配置所生成的播放时间范围如表 34-1 所示。利用 MLP 无损压缩或有损压缩同样可以延长播放时间。

表 34-1 没有采用 MLP 编码的 DVD-Audio 中播放时间的例子

声频内容组合	声道组合	每面光盘的播放时间			
		12cm光盘		8cm光盘	
		单层	双层	单层	双层
仅2声道	48kHz/24bit/2声道	258min	469min	80min	146min
仅2声道	192kHz/24bit/2声道	64min	117min	20min	36min
仅2声道	192kHz/24bi/2声道	125min	227min	39min	70min
仅多声道	96kHz/24bit/6声道	86min	156min	27min	48min
2声道和多声道	96kHz/24bit/2声道	每层76min	每层135min	每层23min	每层41min
	96kHz/24bit/3声道+48k/24bit/2声道				

声频声道是放在两个声道分组（Channel Groups，CG）内。编组分层表列出的是混合形式，其中采用了前 L 和前 R 声道，前 L、R 和 C 声道，以及角落 L、R、Ls 和 Rs 声道。CG1 的采样频率和字长大于或等于 CG2。一般而言，会安排 CG1 针对前方声道，安排 CG2 针对后方声道。声道可以被安排成单声道至 6 声道分组、不同的字长分组，并且前后声道可以采用不同的采样频率。例如，为了降低存储要求，前方声道可以用 24/96 来编码，后方声道可以用 16/48 来编码。采样频率必须呈简单的整数倍关系，比如 48/96/192kHz，或者 4.1/88.2/176.4kHz。

Meridian Lossless Packing Meridian（无损压缩包）

Meridian 无损压缩包（MLP）是一种用来取得无损数据压缩的声频编码算法。它降低了平均和峰值的声频数据率，从而降低了对存储容量的要求。MLP 打包声频数据在不改变内容的前提下压缩文件的效率更高。相对于 PCM，MLP 还具有另外一些特殊的增强性改进；当通过制作链的时候，生成损失、传输误码和其他因素可能会使 PCM 信号稍有改变，然而通过 MLP 编码文件的检测和其比特精度的核准，MLP 可以确保输出信号与输入信号完全相同。MLP 所取得的压缩量取决于被编码的音乐。非常确切地讲，它可以提供 1.85 : 1 的压缩比；从而将比特率降低约 50%，播放时间加倍，同时没有音质上的损失。例如，对于无压缩的 96kHz/24bit 声频，每个声道需要的比特率为 2.304Mbit/s。因此 6 个声道的记录就需要 13.824Mbit/s，这已超出了 DVD-Audio 的 9.6MHz 的最高比特率；因此，该配置最终将不能再使用 LPCM 了。相对而言，MLP 允许实现 96kHz/24bit 的 6 声道记录；其可能达到的带宽减小了约 38% ～ 52%，将带宽减小到了 6.6Mbit/s ～ 8.6Mbit/s，从而在 DVD-5 上可以实现 73 ～ 80min 的播放时间。在 192kHz/24bit 的双通道立体声模式中，MLP 提供的播放时间约为 117min，远长于 LPCM 编码的 74min 播放时间。

与有损感知编码不同，MLP 是逐比特地保存声频信号的内容。MLP 的压缩量要比有损方法的压缩量小，具体的压缩程度取决于声频信号的内容，虽然输出比特率可以根据信号条件而连续变化；但是也提供了固定比特率模式。MLP 是强制编码选项。因此，所有的 DVD-Audio 播放器必须支持 MLP 解码，但是光盘上采用 MLP 是内容提供者的备选项。MLP 可以逐声轨采用。MLP 支持所有的 DVD-Audio 采样频率，并且量化也可以以 1bit 为步长从 16bit 变化至 24bit。MLP 可以同时对立体声和多声道进行编码。

34.9　其他DVD格式

DVD-Video 格式是由 Book B 定义的，DVD-Audio 是由 Book C 定义的。然而，DVD 家族还包括 DVD-ROM（Book A），DVD-R（Book D），DVD-RAM（Book E）和 DVD-RW（Book F）。Book A、Book B 和 Book C 均采用 UDF Bridge 文件格式，而 Book D，Book E 和 Book F 则采用 UDF 格式。DVD-ROM、DVD-R、DVD-RAM 和 DVD-RW 主要用作计算机的周边设备，或者在专业建档环境中使用。

从本质上讲，所有的 DVD 都是 DVD-ROM，而且所有的 DVD 采用的都是基本的 UDF 格式。有些 DVD 应用，比如 DVD-Video，它们是将专门化素材放到特定的地方，比如 DVD-Video 区域。DVD-Other 区域包含的内容可能变化相当大。DVD-ROM 将其作为非专门化的存储来使用，作用相当于是大容量的 UDF 格式化比特桶。DVD-ROM 是用作存储数据、软件、游戏等的只读式媒质。通过合适的软件，DVD-ROM 驱动可以播放 DVD-Video 和 DVD-Audio。

DVD-R 格式具有一次性写入，并永久性记录数据的能力。DVD-R 采用 CLV 摆动预刻纹迹来产生用于电动机控制、循迹跟踪和聚焦的载波信号。DVD-R 将坑和岛（称之为坑前陆地，land prepits）压模成纹迹间的陆地区域，供时间地址和其他预录信号编码使用。花青有机染料记录层可以使用波长为 635nm 或 650nm 的激光。虽然读取激光跟踪预刻纹迹，但是光线照在预成型点坑的四周，建立起由主信号提取出的辅助信号。可以采用同样的基准速度和轨道间距来压模光盘，以取得同样未格式化的存储容量。DVD-R 技术规范有两个部分：DVD-R General（普通 DVD-R）和 DVD-R Authoring（编撰 DVD-R）；两种规范产生的光盘都可以在 DVD-Video 播放器上播放。

DVD-R 记录设备执行最佳功率校准（Optimum Power Calibration，OPC）流程，以此确定针对个别光盘的正确激光写入功率，利用光盘上的功率校准区（Power Calibration Area，PCA）来检测写入功率。记录管理区（recording management area，RMA）存储校准信息、光盘目录、记录位置、剩余容量信息，以及用于复制保护的记录设备和光盘的标识。光盘的剩余部分包括存放导入、数据可记录区和导出信息的区域。导入区包含关于光盘格式、技术规格版本、物理大小和结构、最低读取率、记录密度和可记录用户数据的数据可记录区位置指针等信息。导出区标记了记录区的结束位置。顺序写入（一次性写入光盘）和累加写入都可以实现。一旦记录了，光盘就可以在 DVD-ROM、DVD-Video 和 DVD-Audio 播放器上进行播放。DVD+R 是另一种采用染料记录层和 CLV 转动的一次性写入格式。可使用的容量为 4.7GB 和 8.5（DL）GB。DVD+R 是通用兼容型格式，可以在许多 DVD 播放器上播放。

DVD-RW 格式允许重复写入数据；其技术规格是对 DVD-R 的延伸。光盘采用相变记录机制，在记录层上下分别有介质层，形成了多层光盘结构。数据通过摆动预刻纹迹及其CLV实现记录；写入的数据块相对较大。记录层可以使用银、铟、锑和碲构成的复合层，并且可以实现 1000 次的写入操作。

DVD-RAM 是真正的随机访问、无序存储格式。它采用相变记录机制和摆动岛地及纹迹光盘设计。数据可以记录在纹迹平面的表面和岛之上；采用的纹迹间距较宽。该技术使光盘的容量加倍；深纹迹及抖动的纹迹壁用以避免相邻数据发生串扰。伺服被用来在每一圈的纹迹和岛区域间进行拾光头聚焦切换，在切换发生时循迹跟踪信号被反转。光盘包含有预凸起的点坑区域（针对每 2k 扇区）包含地址字头信息区域化的 CLV 转动控制。DVD-RAM 具有先进的误码校正和缺陷管理性能。光盘允许的可重写次数为 100 000 次，在建档完整性方面有很高的稳定度。

DVD+RW 是利用相变媒质的可擦重写格式，摆动的预刻纹迹和 CAV 或 CLV 转动为的是进行原始数据的传输或更快速的数据存取。数据是记录在预刻纹内，而不是岛地之上。数据地址通过预刻纹迹的调制来表示；这对于一些较大数据块的写入是必要的。可重复的写入次数在 100 000 次以上。

34.10　蓝光光盘格式

蓝光是一种广泛用于播放高分辨率电影的光盘格式。其画面质量优于标准分辨率 DVD 的画面质量，并且符合广播级高清晰度 DTV 标准。此外，蓝光格式还被用来发布视频游戏，可录和重复写入媒质也可以采用此格式。蓝光适用于各种类型的有损和无损声频格式。它能重放出高质量的多声道声音，而且能够长时间播放。另外，3D 视频蓝光技术规范也已经推出。

34.10.1　概论

与 CD 和 DVD 一样，可使用的蓝光光盘媒质有预录、可记录和可重复写入等格式。其技术指标分别就是人们所熟知的 BD-ROM、BD-R 和 BD-RE。这 3 种蓝光光盘类型拥有相同的数据容量。3 种蓝光光盘类型都能以单数据层或双数据层保存数据。各数据层是独立的，并且都可以由同一光盘侧读取数据。蓝光格式采用波长为 405nm 激光进行数据读取和记录。

单层蓝光光盘的存储容量大约为 CD 容量的 35 倍，约为 DVD 容量的 5 倍。蓝光光盘的直径有 12cm 和 8cm 两种；这些光盘的尺寸与 CD 和 DVD 是一样的。蓝光光盘的大容量存储得益于如下方面的改进，其中包括更短波长的激光和更高数值孔径的物透镜。所有这些因素可以提供更窄的纹迹间距和更小的点坑尺寸。这 3 种光盘格式的比较如表 34-2 所示。

34.10.2 光盘容量

俗称 BD-25 的单层蓝光 BD-ROM 光盘大约可以存储 25GB 的数据；它能存放至少 2h 的高清晰度视频内容。而俗称 BD-50 的双层光盘可存放 50GB 的数据。BD-27 和 BD-55 光盘格式也可以如此理解。直径为 8cm 的单层微型蓝光光盘大约能存放 7.8GB 的数据，而双层微型蓝光 BD-16 光盘约能存放 15.6GB 的数据。至于在声频存储方面，50GB 的光盘可以存放 10h 以上的 192kHz/24bit 的 PCM 立体声声频节目，或者 500h 以上的 5.1 声道 Dolby Digital 声频内容。表 34-3 给出了不同类型蓝光光盘的存储容量和典型播放时间。

表 34-2 CD、DVD 和蓝光格式的基本技术指标

	CD	DVD（单层）	蓝光（单层）
存储容量	0.7GB	4.7GB	25GB
纹迹间距	1.6μm	0.74μm	0.32μm
最短点坑长度	0.8μm	0.4μm	0.15μm
存储密度	0.41Gbit/in^2	2.77 Gbit/in^2	14.73 Gbit/in^2

表 34-3 光盘存储容量和典型播放时间

光盘类型	直径（cm）	光盘结构	容量（10亿字节）(10^9) [1]	容量（GB）(2^{30}) [1]	典型视频播放时间（h）[2]	2声道声频播放时间（h）[3]	5.1声道声频播放时间（h）[4]
BD-8	8	单层	7.791	7.256	0.7	3.8	27.1
BD-16	8	双层	15.582	14.512	1.4	7.5	54.1
BD-25	12	单层	25.025	23.306	2.3	12.1	86.9
BD-27	12	单层	27.020	25.164.	2.5	13.0	93.8
BD-50	12	双层	50.050	46.613	4.6	24.1	173.8
BD-54	12	双层	54.040	50.329	5.0	26.1	187.6

[1] 如果轨道纹迹间距减小的话，容量可能会稍有提高。

[2] 带声频声轨的高清晰度MPEG-2视频，比特率为24Mbit/s。

[3] PCM，比特率为4.608Mbit/s（以24bit/96kHz编码）。

[4] Dolby Digital，比特率为0.640Mbit/s。

34.10.3 光盘设计

与 CD-ROM 和 DVD-ROM 光盘一样，BD-ROM 光盘也是以基片上的点坑来保存二进制数据。在重放期间，点坑致使读取激光的光强度发生变化，这些变化随后被解码，重放存储的数据内容。数据层处在基片的近侧，数据从光盘的下方读取。

单层蓝光 BD-ROM 光盘的结构如图 34.15 所示。单层和双层光盘采用的是标称厚度为 1.1mm 的基片。在单层光盘中，基片的数据层被反射层所覆盖，反射层又被厚度为 0.1mm 的覆盖层所覆盖。在双层光盘中，基片覆盖有两个数据层，每个数据层由厚度约为 0.025mm 的透明隔离层隔开。靠内的数据层（L0）被反射层覆盖，靠外的数据层（L1）被半反射（或半透明）层所覆盖，而半透明的反射层又被厚度为 0.075mm 的透明覆盖层所覆盖。光盘是透过叠层被读取的；所谓透过叠层就是指激光透过覆盖层（或者透过覆盖层、靠外数据层和隔离层）。读取激光可允许聚焦到任何数据层。

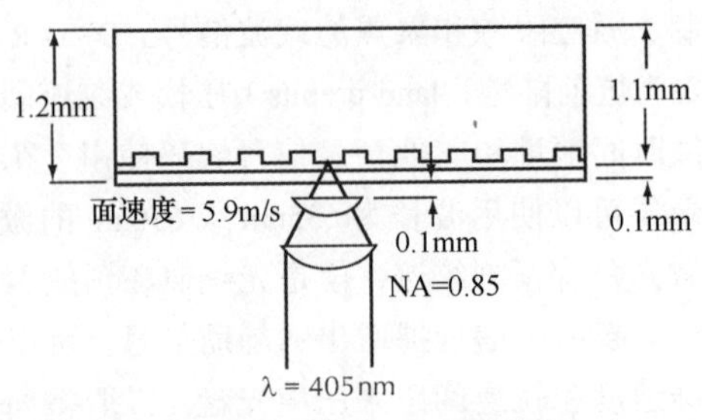

图 34.15 蓝光光盘采用了一个 1.1mm 的基底层和一个 0.1mm 的保护层，所示的是单层光盘，但双层光盘也可使用

与 CD 和 DVD 不同的是，蓝光光盘中光通路是透过覆盖层，而不是透过基片。因此，基片的光学特性并不重要；例如，基片可以是不透明的。由于物镜靠近数据层，所以光盘倾斜导致的光学像差被限制。覆盖层具有抗刮划性能，

这样可以降低对光盘盘套的要求。蓝光光盘技术指标对覆盖层的抗刮划性能有要求。在覆盖层上面覆盖单独的保护层是备选方案。

CD、DVD 和蓝光光盘全都采用螺旋状点坑轨道纹迹。另外，3 种格式从内圈开始依次向外读取数据。如果蓝光光盘为双侧结构，当读取到靠外数据层的终端时，激光可以重新聚焦到靠内的数据层，并开始依次向内圈读取数据。这种类型的循迹跟踪被称为反向轨道通路，或相反螺旋双层。缓存器用以保证数据层切换时数据输出的连续性。此外，为了有效地扩充缓存器的大小，切换点的数据可以用较低的比特率写入。

蓝光系统采用的是波长为 405nm 的蓝 - 紫激光。例如，可以采用铟镓氮（InGaN）激光作为蓝光光源。数值孔径为 0.85。光波波长越短，则数值孔径越大，同时数据层上的薄覆盖层允许（受衍射的限制）的光点大小为 580nm。连同高效数据调制，这便可以实现高数据密度的目标。此时纹迹间距为 0.32μm。光盘转动采用 CLV 方式。对于 25GB 和 50GB 的光盘而言，最短的记号长度（2T）是 0.149μm。对于不同容量的光盘而言，其线性记录密度是变化的。

蓝光光盘可以接受双点坑配置。显然，从光束的方向来看，凹陷的坑被定义为地（in-pit），而凸起的部分被定义为岛（on-pit）。一般而言，复制 BD-ROM 点坑采用的是“地”配置。然而，对于双层光盘的内层而言，一种生产方法是通过复制点坑到空白层产生“地”的方式建立点坑的，另一种方法是复制外层的“岛”。两种生产方法所制作的光盘均符合蓝光技术指标要求。在蓝光系统中，约为 λ/4 的点坑深度产生的抖动数值低。

为了保持兼容性，BD-ROM 光盘的反射被设计成与之前发布的 BD-RE 技术规格相类似的情形。与 CD 和 DVD 一样，将铝作为金属化镀层的首选材料。对于 BD-ROM 数据层，所指定的反射率范围是：单层光盘为 35% ～ 70%；双层光盘为 12% ～ 28%。这些指标要比 BD-RE 规格光盘采用的指标高一些。

34.10.4　光盘制造

BD-ROM 光盘的制造与 CD 和 DVD 的制造方法类似。然而，蓝光光盘的许多容限指标会更为严苛，而且采用了几种新的制造技术。在大多数情况下，形成点坑的 1.1mm 基片是通过溅射成型的。反射层是通过喷溅镀膜而成的。在单层光盘的情况下，靠外覆盖层可以处在采用旋转涂布的 UV- 光固化树脂全反射层上面。另外，封面可被打孔，将树脂用于基片上，而封面则通过 UV 照射固化树脂的方式黏结到基片上。此外，封面还可以用压敏黏合剂（Pressure-Sensitive Adhesive，PSA）来黏结。

双层光盘的制造过程会多几个步骤。基片上靠内的数据层是通过喷溅处理被完全金属化，隔离层（一种被称为 HPSA 的 UV 固化粘接剂）是通过压力粘接的方法成形于基片上。压膜被压入 HPSA，以复制出第二个点坑表面。UV 光照射下面，去掉压膜，半反射层被喷溅到 HPSA 上面。覆盖层采用与单层光盘同样的方法产生。

34.10.5　光学拾取设计

蓝光重放可以采用多种拾取设计。其中的一种设计是采用单一的非球面物镜和一个偏振全息光学元件（Holographic Optical Element，HOE）组成的集成化三格式拾取机构。HOE 在两个基片间夹入双折射材料。在某一偏振方向上，这种双折射材料与粘结材料具有同样的折射指数，而在不同的垂直偏振方向上则具有不同的折射指数。虽然 HOE 并不会影响 405nm（蓝光光盘）光波的波前，但在 650nm（DVD）和 780nm（CD）时，偏振方向垂直于 405nm 时的相位分布结果。这样便产生对于蓝光光盘的非扩散波束，而对 DVD 和 CD 则是扩散波束。HOE 被设计成控制这种相位分布，并且也补偿了 CD 和 DVD 基片中厚度差异所导致的球面偏差的形式。

34.10.6　声频编码

蓝光技术规范指定了几种声频和视频编解码器，以便可以进行灵活的程序编写，同时在光盘内容与播放器解码器间提供了广泛的兼容性。BD-ROM 技术规范支持 7 种不同的声频格式（有的是强制采用的，有的是备选的）。播放器必须支持 PCM、Dolby Digital 和 DTS 编解码器。备选的编解码器有：Dolby Digital Plus、Dolby TrueHD Lossless、DTS-HD High Resolution Audio 和 DTS-HD Master Audio Lossless。

在强制或备选支持方面，有几个限制条件一定要注意。在某种程度上，这是因为有些 Dolby 和 DTS 编解码器格式是对遗留格式的延展，是否将其视为强制或备选格式则取决于比特流配置，例如，播放器仅支持 Dolby Digital Plus 中 5.1 声道以上的配置；基本的 5.1 声道被核心 Dolby Digital 编码；只有较多通道数被 Dolby Digital 编码。对于 Dolby TrueHD，播放器强制支持核心 Dolby Digital 高达 640kbit/s 的比特流；对无损比特流的支持则是备选的。DTS-HD 延展（High Resolution 和 Master Audio）的核心部分强制支持高达 1.509Mbit/s 的比特流；对 HD 部分的支持是备选的。蓝光技术规范给出了声频编解码器的各种技术约束；例如，最高的比特率和通道数。

蓝光格式允许多达 32 个基本声频比特流（诸如主声轨）和多达 32 个附属声频比特流（诸如评论声轨）。它最多支持 8 个以 PCM、Dolby 或 DTS 格式编码的声道，可以以单声道、立体声、5.1、7.1 等各种通道配置进行编码。采样率高达 96kHz 和 192kHz。44.1kHz 和 88.2kHz 则不在支持的采样率之列。有些公司已经发布了仅含声频的“高清晰度”蓝光光盘制品。例如有些发售的光盘制品包含 24bit/96kHz 或 24bit/192kHz 音乐。文件编码可以采用 LPCM、Dolby

TrueHD 或 DTS Master Audio。蓝光光盘可以在所有蓝光播放机上播放。

34.11 可记录光盘格式

常用的可记录蓝光光盘格式有两种。可记录（BD-R）格式允许光盘写入一次，而重复写入（BD-RE）格式允许光盘进行多次的写入、擦除、再写入操作。大部分可记录蓝光光盘采用的是相变技术；GST（GeSbTe 化学计量合成物）或者共熔合金相变媒质都可使用。BD-R 光盘还可以采用有机染料或无机合金实现记录。BD-RE 光盘采用的是沟槽内（in-groove）法，而 BD-R 光盘采用的是沟槽内（in-groove）或沟槽上（on-groove）法进行记录。

可录光盘的容量一般是单层为 25GB，双层为 50GB。BD-RE 1.0 版技术规范说明了 23.3GB、25GB 和 27GB 层的光盘容量含义。BD5 格式在单层光盘上存储高达 4.5GB 的数据，而 BD9 格式则在双层光盘上存储高达 9GB 的数据。两种格式均使用廉价的 DVD 型光盘。有些蓝光播放机不能播放这类光盘。

BD-RE 光盘有 3 种版本。版本 1.0 为独特的 BD 文件系统，并且与计算机不兼容。版本 2.0 为 UDF2.5 文件系统，为了计算机应用，采用了 AACS。版本 3.0 增加了 8cm 摄录一体机光盘，与版本 2.0 后向兼容。BD-R 也有 3 种版本。版本 1.0 为 UDF2.5 文件系统，为了计算机应用，采用了 AACS（与 BD-RE 2.0 版本相同）。版本 1.2 增加了 Low To High（BD-R LTH）标准。版本 2.0 增加了直径 8cm 的摄录一体机光盘，且对版本 1.0 后向兼容（与 BD-RE 版本 2.0 相同）。BD-LTH 光盘可以采用不同的记录介质进行一次性写入操作；但是蓝光播放机不能播放此类光盘。

在 BD-RE 和 BD-R 格式中，蛇形预留沟槽被用于地址，类似的方法在 DVD+RW 格式中也使用。特别指出的是，基于最小偏移键控（Minimum Shift Keying，MSK）调制法，蛇形沟槽地址是在径向方向上，并且格式化成 64kb 的数据块。蛇形摆动频率（1x）为 956.522kHz。ADIP（预留沟槽地址）法被用于 56 个蛇形摆动周期。标称的蛇形摆动长度为 5.1405μs，每个蛇形摆动周期内有 69 个通道 bit。二进制 ADIP 信息表示为正极性，此时正弦蛇形摆动被最小偏移键控调制所偏置。偏移键控可能会受到读取缺陷的影响；为了解决这一问题，锯齿形蛇形摆动（Sawtooth Wobble，STW）信号常增加加入正弦蛇形信号的二次谐波，二进制 0 和 1 对应于加入谐波的极性。

第 7 篇

设计应用

第35章

DSP技术

Craig Richardson博士编写

35.1　引言

在过去的 50 年间，数字信号处理（DSP）领域从其作为在数字计算机上模仿模拟系统特性的各种技术发展成研究最广泛和在现代技术中普遍采用的技术之一。DSP 算法的应用已经成为无处不在的研究手段，它广泛地应用于音乐、通信、雷达、声呐、图形处理、机器人、地震学、气象学和应用物理等诸多领域。这一学科领域的飞速发展在很大程度上是由两个因素促成的。首先，由于 DSP 采用了离散系统理论的理论视角来描述、分析并实现了许多引人关注的线性和非线性算法，所以使其成为强有力的解决问题的工具。第二，也是更为重要的因素，这就是 VLSI 技术和 DSP 应用之间存在着特殊的关系。数字集成电路技术的飞速发展已经将应用成本不断降低，同时提高了 DSP 应用所必需的运算速度。另外，虽然 DSP 算法对计算能力有要求，但是通常这种要求都是非常规律的数据结构，它能非常好地与 VLSI 的能力相匹配。集成电路使得复杂的 DSP 应用得以实现，反过来 DSP 应用也成为开发和生产高速、复杂的集成电路的主要驱动因素。或许这一现象的最直观体现就是通常被称为 DSP 芯片的 DSP 微处理器家族。这些芯片已经对技术和基础工业的众多革新创造产生了巨大的冲击。

本章将介绍 DSP 技术的一些重要特性，其中包括 DSP 基础，模拟信号转变为数字信号的采样过程，算法开发过程，以及关于可编程 DSP 器件的简述。参考文献还为读者提供了更多这方面的信息。

35.2　DSP

DSP 是一门技术，它是对信号进行分析并从信号中提取信息、合成信号和处理信号的技术。DSP 一般被当作名词和形容词来使用。DSP 通常也代表数字信号处理器——用于实现系统的实际微处理器 / 计算机。DSP 的一般应用包括移动电话、MP3 播放机、环绕声接收机、CD 播放机、数码相机、电话应答机和调制解调器等。

与许多学科一样，探究 DSP 也有不同的视角和不同的提取层。针对本章的学习目的，将从理论、物理特性和嵌入软件等视角切入并对 DSP 进行阐述。

理论视角就是关注“哪些是可能的”问题，并从 DSP 理论基础出发实现它。这一基础包括线性系统理论、复变函数理论和应用数学。理论层面提供的是针对 DSP 开发者的通用语言，以便其进行研究和开发。

物理视角关注的是用来实现 DSP 系统的器件。这些器件包括执行超高速数学运算的可编程数字信号处理器，以及进行模数转换和数模转换的细节。

嵌入软件关注的是数字信号处理器执行任务的实际软件。该软件被称为嵌入软件，因为它在 DSP 器件内部运行，并且用户只有通过一定的用户接口才能访问，它有效地隐藏或嵌入产品，并且用户看不到执行的细节。

35.3　DSP信号和系统理论

信号与系统的概念是掌握 DSP 的关键。信号可能是连续时间的函数（也就是说是模拟的）或者是离散时间的函数。连续时间信号在任意的时间瞬间都有一个信号值，而离散时间信号只在时间的离散时刻才有信号值。样本之间的离散时间信号值由已知的样本值通过内插决定。

信号代表的是要进行处理的数据。其中的实例就包括进行低比特率存储或传输所必须压缩的声频文件或者针对特定对象研究的图像。系统就是进行将一个输入信号（或多个输入信号）映射为一个输出信号（或多个输出信号）的转换 —— 即映射输入至输出的黑匣子。在音乐信号压缩的例子中，输出信号可以是通过压缩输入信号得到的仍具有较高保真度的较小文件。在图像的例子中，输出信号可能是根据指针信息进行的简单的是 / 不是（yes/no）判断。DSP 系统是典型的源于简单的子系统设计，这一子系统更像是被开发的计算机软件 —— 一个个的子程序（每次调取一个层级）。本节将介绍一些基本的系统，同时也介绍一些系统所具有的有用属性。

35.3.1　时序

离散时间信号也称为序列，它通常都是由采样的模拟信号或时间连续信号创建的。通过对连续时间信号进行采样，样本序列（实际上是数字序列）可以由数字信号处理器进行处理和控制。在进一步探讨采样处理之前，先介绍一下要用到的信号与系统理论，首先从离散信号开始介绍。

离散时间信号在数学上被表示成数字序列。序列 x 用符号表示为：$x = \{x[n]\}$，其中 n 序列中第 n 次单元的指数。在符号方面，$x[n]$ 表示的是第 n 个样本及其以 n 为函数的整个序列。指数 n 的取值范围可以是 $-\infty \sim \infty$ 的所有数值。

从编程的角度看，序列可以被想象成一个无限大的以整数变化的数据指数阵列。在现实中，无限长的阵列是无法实现的，因此序列通常被表示成连续的数据流。常常我们假设序列是从时间为 0（$n = 0$）开始，并且结束于稍后的某一个时间上（$n = M$）。

DSP 系统的基本构建块有几种序列。这其中有单位脉冲、单位阶跃序列和正弦曲线（余弦或正弦）等。单位脉冲序列在 $n = 0$ 时数值为 1，而在任何其他地方数值均为 0 的一种信号，如图 35.1 所示。在数学上，用符号表示成下式。

$$\delta[n] = \begin{cases} 0, n \neq 0 \\ 1, n = 0 \end{cases} \qquad (35\text{-}1)$$

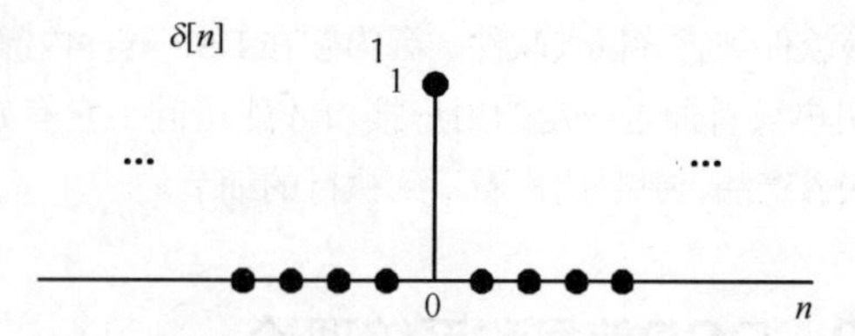

图 35.1 单位脉冲序列在 n=0 时，取值为 1，在其他情况时，取值为 0

根据单位脉冲的定义，我们可以将序列 $x[n]$ 表示为延时脉冲之和，该脉冲在 $n = \mathrm{k}$ 时，数值为 $x[\mathrm{k}]$。在数学上，这用公式表示为：

$$x[n]=\sum_{\mathrm{k}} x[\mathrm{k}]\delta[n-\mathrm{k}] \quad (35\text{-}2)$$

简单而言，$x[n]$ 的数值就是在 $n = \mathrm{k}$ 时的各个样本值的集合。单位阶跃是指信号由数值为 1 的指数 0 开始，并且所有正指数的数值均为 1，如图 35.2 所示。在数学上，它用公式表示为：

$$u[n]=\begin{cases}0, n<0\\ 1, n\geqslant 0\end{cases} \quad (35\text{-}3)$$

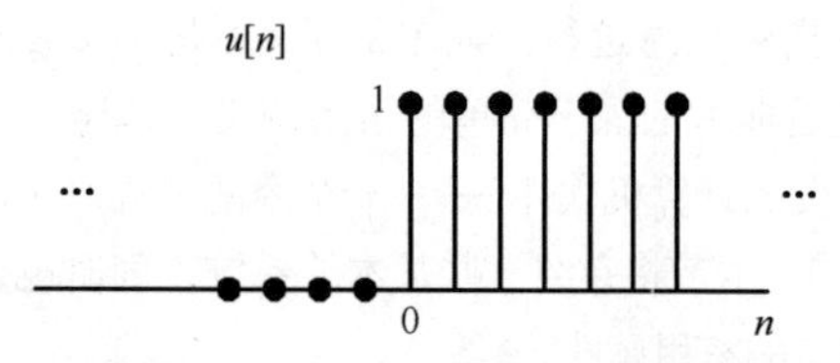

图 35.2 单位阶跃序列在 $n \geqslant 0$ 时取值为 1，在其他情况时，取值为 0

余弦信号是频率为 ω、相位为 φ 的正弦曲线。图 35.3 所示的就是余弦信号的一个例子。在数学上，余弦信号可用公式表示为：

$$\cos[n]=\cos(\omega n+\varphi) \quad (35\text{-}4)$$

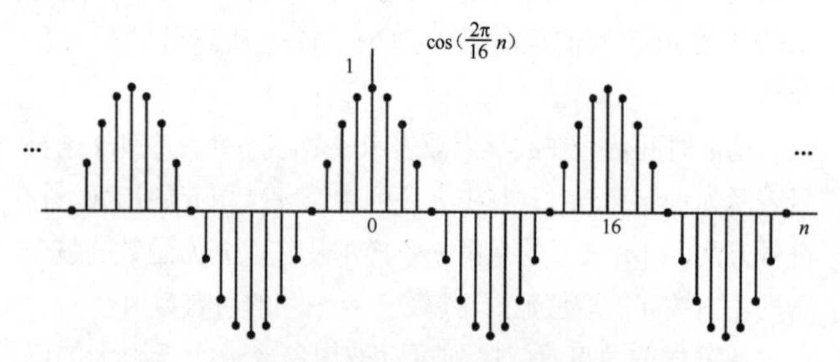

图 35.3 周期 16 的余弦序列。该特殊余弦序列是以 16 个样本为周期重复取值的无限长序列

所有的序列也可以利用样本数值 $x[n]$ 的数字来表示。表 35-1 所示的是图 35.4 所示的序列的样本数值。由于序列本身在第 16 个值（$x[15]$）之后就重复了，所以表中只列出了前 16 个样本值。

表 35-1 图 31.4 中信号 $x[n]$ 的数值

$x[0]$	1.000 0	$x[6]$	−0.707 1	$x[12]$	0.000 0
$x[1]$	0.923 9	$x[7]$	−0.923 9	$x[13]$	0.382 7
$x[2]$	0.707 1	$x[8]$	−1.000 0	$x[14]$	0.707 1
$x[3]$	0.382 7	$x[9]$	−0.923 9	$x[15]$	0.923 9
$x[4]$	0.000 0	$x[10]$	−0.707 1	…	
$x[5]$	−0.382 7	$x[11]$	−0.382 7		

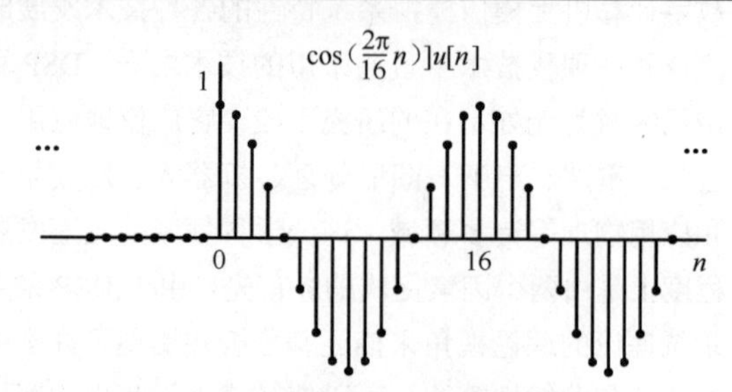

图 35.4 余弦序列与单位阶梯序列 $u[n]$ 相乘，应注意的是当 n<0 时，所有的信号取值为 0

35.3.2 系统

系统将输入信号转换为输出信号。一些普通的系统包括将输出相对于输入进行了延时的理想延时系统和执行简单的低通滤波处理的移动平均系统。系统通过每次操作单独一个样本或一组样本来操作信号。例如，如果想用一个常数乘以一个序列，那么可以用常数乘以序列中的每一个样本的方式来实现。类似的例子，如果想让两个序列相加则可以通过基于样本逐个相加的方式将信号加在一起来实现。对于其他的系统，比如 MPEG 声频压缩系统，可以操作每帧中的 1152 个样本的数据帧。选择逐样本还是逐帧操作是由系统设计者和算法开发者决定的。

基本系统要求理想的延时。理想延时是以延时量来进行系统延时或提前一个序列。该系统用公式来定义就是：

$$y[n]=x[n-n\mathrm{d}],\ -\infty<n<\infty \quad (35\text{-}5)$$

其中，

$n\mathrm{d}$ 是信号被延时的整数值。

理想的延时系统使用移动输入信号的方式建立一个输出信号 $y[n]$，当 $n\mathrm{d}$ 为正值时，$n\mathrm{d}$ 样本向右移动。这意味着输出信号 $y[n]$ 在特定指数 n 处的数值为当指数为 $n - n\mathrm{d}$ 时的输入信号值。例如，如果信号被延时了 3 个样本，那么 $n\mathrm{d} = 3$ 且输出值 $y[7]$ 等于 $x[4]$ 的值 —— $k = 4$ 时的 $x[k]$ 现在就表现为 $y[j]$，$j = 7$。系统将输入信号向右移动 3 个样本，如图 35.5 所示。

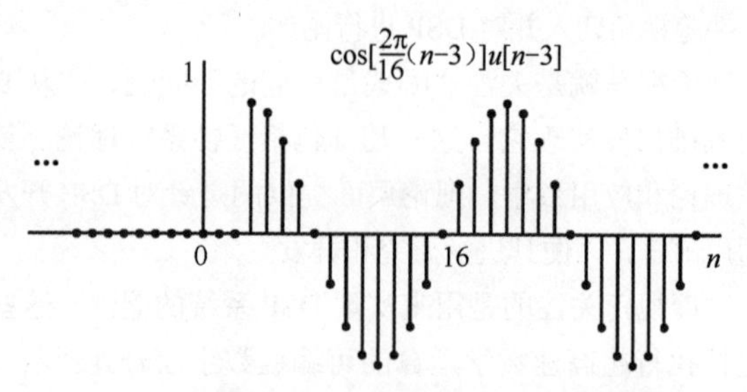

图 35.5 将图 35.4 所示的余弦信号延时 $n\mathrm{d}$=3 个样本。该延时将使序列向右移动 3 个样本

移动平均系统将输入信号在一些窗口下平均，然后将输入信号移动到下一个样本并在新的窗口下进行输入信号的平均……一般的移动平均系统由下面的公式定义，式中 M_1 和 M_2 是正整数。之所以称其为移动平均系统，是因为要想计算出每一输出 $y[n]$，必须将滤波器移至下一个指数，并且重新进行平均计算。

$$y[n] = \frac{1}{M_1+M_2+1}\sum_{k=-M_1}^{M_2} x[n-k] \qquad (35\text{-}6)$$

平均是将从 M_1 开始到当前点与从 M_2 之后开始到当前点的值相加并除以相加的点数，从而得到平滑信号的平均值。移动平均系统是从平均中去除高频信息的数字滤波器。

35.3.3 系统属性

系统属性是描述粗分类系统的一种简便方法。重要的系统属性包括线性、时不变特性、因果性和稳定性。这些属性之所以重要，是因为它们使人们可以方便地分析系统表现。

35.3.3.1 线性

线性系统的特点是线性表现的输入信号之和等于线性表现的输出信号之和。在数学上，如果满足下式，系统 $T\{\bullet\}$ 就是线性的。

$$y_1[n] = T\{x_1[n]\}$$

和

$$y_2[n] = T\{x_2[n]\}$$

然后，

$$\begin{aligned} T\{ax_1[n]+bx_2[n]\} &= T\{ax_1[n]\}+T\{bx_2[n]\} \\ aT\{x_1[n]\}+bT\{x_2[n]\} &= ay_1[n]+by_2[n] \end{aligned} \qquad (35\text{-}7)$$

这意味着对于线性系统和信号的输入，其输出是转换过来的各个信号之和。

例如，考虑执行标量相乘的一个系统：$y[n] = \alpha x[n]$（如果 $\alpha>1$，则 $y[n]$ 就是更响的 $x[n]$，而当 $\alpha<1$ 时，$y[n]$ 就是较弱的 $x[n]$）。这一系统之所以是线性的，是因为

$$\begin{aligned} y[n] &= \alpha(ax_1[n]+bx_2[n]) \\ &= (\alpha ax_1[n]+\alpha bx_2[n]) \end{aligned}$$

非线性系统的例子就是压缩器 / 限制器，因为压缩器 / 限制器输出中的和信号通常并不等于加到压缩器 / 限制器输入上的各个信号之和。

35.3.3.2 时不变特性

时不变系统是指输入信号中的一个延时导致输出有相等量的延时。在数学上，一个时不变系统 $T\{\bullet\}$ 就是：如果 $y[n] = T\{x[n]\}$，则

$$T\{x[n-N]\}=y[n-N] \qquad (35\text{-}8)$$

对于线性系统，当输入 $x[n]$ 被延时时，输出 $y[n]$ 也相应延时。关于系统并没有绝对的时间基准。因为卷积运算和傅里叶分析工具的应用，时不变和线性的组合使得 DSP 理论大类的设计、分析及应用更为简单[1]。

35.3.3.3 因果性

因果系统的特点是指定时刻的系统输出只取决于当前和以往的输入信号值。在因果系统中，当前时刻输出信号的生成可以不需要将来的数据。在公式 35-6 表示的移动平均系统中，如果仅是 $M_1 = 0$，则系统就是因果系统。

35.3.3.4 稳定性

如果每一有限输入序列只产生一个有限输出序列，则就是有限输入 / 有限输出稳定的系统。如果序列中的每一个值都小于无穷大，则序列就是有限的。在实际应用中，系统的稳定性非常重要，因为系统一旦变得不稳定，它将停止正确的工作。

35.3.4 线性时不变系统

将线性属性与时不变属性相结合便形成了线性时不变（Linear Time-Invariant，LTI）系统，这样的系统分析起来会非常直观。因为序列可以表达成如公式 35-2 所示的加权延时脉冲之和，而且 LTI 系统响应为如公式 35-7 所示的序列分量的分量响应之和，LTI 系统的响应完全由其冲激响应决定。由于输入信号可以被表示成延时和比例缩放脉冲的集合，所以对整个序列的响应就是已知的。系统对某一脉冲的响应通常就是指系统的冲激响应。在数学上表示为

$$x[n] = \sum_k x[k]\delta[n-k]$$

即，序列 $x[n]$ 为比例缩放和延时脉冲之和。如果 $hk[n] = T\{\delta[n-k]\}$，即系统在 $n = k$ 时刻对延时脉冲的响应，则输出 $y[n]$ 可以表示为

$$\begin{aligned} y[n] &= 7\{x[n]\} \\ &= T\left\{\sum_k x[k]\delta[n-k]\right\} \\ &= \sum_k x[k]h_k[n] \end{aligned} \qquad (35\text{-}9)$$

如果系统也是时不变系统，则 $hk[n] = h[n-k]$，且输出 $y[n]$ 为

$$\begin{aligned} y[n] &= \sum_k x[k]h[n-k] \\ &= \sum_k h[k]x[n-k] \end{aligned} \qquad (35\text{-}10)$$

这一表达式被称为卷积和，且一般写成 $y[n] = x[n] \times h[n]$。卷积系统要用到 $x[n]$ 和 $h[n]$ 这两个序列，并产生第 3 个序列 $y[n]$。对于 $y[n]$ 的每一个值，都需要进行 $x[k]$ 乘以 $h[n-k]$ 及对所有不为零的信号有效指数 k 求和的计算。为了计算输出 $y[n+1]$，需要移至下一个点——$n+1$，并进行同样的计算。卷积是一个 LTI 系统，也是构建更多、更大系统的基础。

举例说明，考虑图 35.6 所示的序列的卷积，其中 $h[n]$ 只有 3 个非零值样本，对于 $n \geqslant 0$ 的情况，$x[n]$ 是非零值样本的余弦序列。

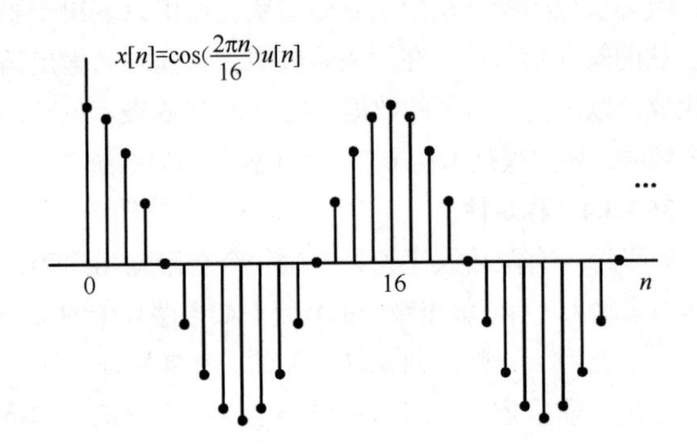

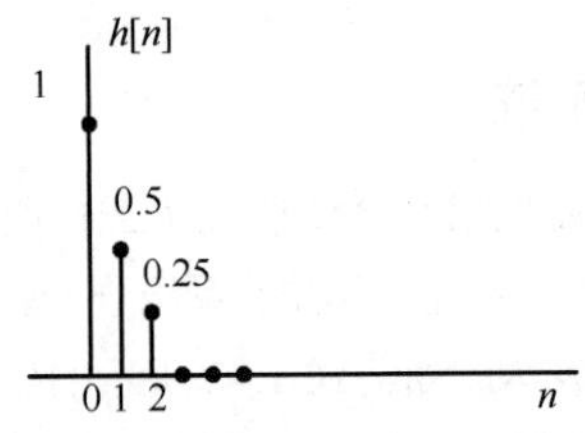

图 35.6 两个序列卷积的例子。$x[n]$ 与图 35.4 所示的信号一样，其取值如表 35-1 所示，而 $h[n]$ 如上所示取值

其计算按照下式

$$y[n] = \sum_{k=0}^{2} h[k]x[n-k]$$

依次执行。在 $n<0$ 时，$x[n]$ 的数值为零。它只表示了针对前 3 个输出样本的计算。

$$\begin{aligned} y[0] &= h[0]x[0] + h[1]x[-1] + h[2]x[-2] \\ &= 1.0 \\ y[1] &= h[0]x[1] + h[1]x[0] + h[2]x[-1] \\ &= 1.4239 \\ y[2] &= h[0]x[2] + h[1]x[1] + h[2]x[0] \\ &= 1.4190 \end{aligned}$$

卷积的结果如图 35.7 所示，样本数值如表 35-2 所示。

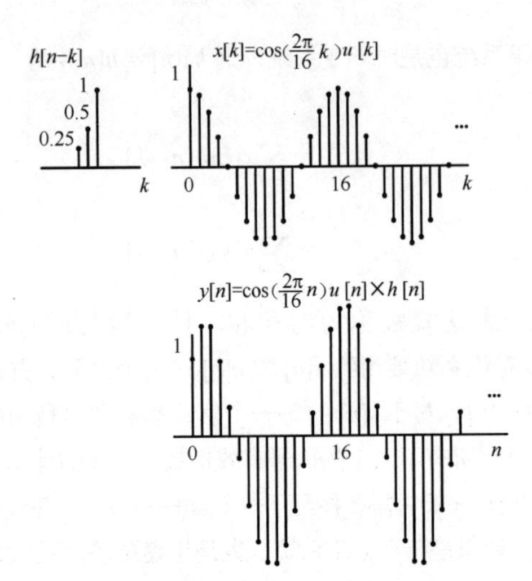

图 35.7 图 35.6 所示的 $x[n]$ 与 $h[n]$ 的卷积输出 $y[n]$

表 35-2 图 35.7 中卷积的结果

y[0]	1.000 0	y[11]	−0.967 2	y[22]	−0.898 4
y[1]	1.423 9	y[12]	−0.368 1	y[23]	−1.373 1
y[2]	1.419 0	y[13]	0.287 0	y[24]	−1.638 7
y[3]	0.967 2	y[14]	0.898 4	y[25]	−1.654 8
y[4]	0.368 1	y[15]	1.373 1	y[26]	−1.419 0
y[5]	−0.28 70	y[16]	1.638 7	y[27]	−0.967 2
y[6]	−0.898 4	y[17]	0.654 8	y[28]	−0.368 1
y[7]	−1.373 1	y[18]	1.419 0	y[29]	0.287 0
y[8]	−1.638 7	y[19]	0.967 2	y[30]	0.898 4
y[9]	−1.654 8	y[20]	0.368 1	…	
y[10]	−1.419 0	y[21]	−0.287 0		

35.4 频域表达

由于已经定义了 LTI 系统，所以就可以从频域的角度研究信号，了解信号在频域中的变化情况。信号在频域上被表示成从低到高的各个频率的组合。

每个时域信号都是将频率分量集合中的每个频率分量表示为一个正弦波或正弦音调音。由于 LTI 系统的正弦输入产生的输出信号的频率与输入相同，只是其幅度和相位是由系统决定的，所以正弦曲线很重要。这一属性使信号的正弦表示法变得非常有用。

例如，若输入信号 $x[n]$ 被定义为 $x[n] = \mathrm{e}^{\mathrm{j}\omega n}$，即表示为复指数形式（源于复数理论的欧拉关系将其表示为 $\mathrm{e}^{\mathrm{j}\omega n} = \cos(\omega n) + \mathrm{j}\sin(\omega n)$，其中 ω 是角频率，其所处范围是 $0<\omega<2\pi$），之后利用卷积对下式求和

$$y[n] = \sum_{k} h[k]x[n-k]$$

生成

$$y[n] = \sum_{k} h[k]\,\mathrm{e}^{\mathrm{j}\omega(n-k)} \qquad (35\text{-}11)$$

$$y[n] = \mathrm{e}^{\mathrm{j}\omega n}\left(\sum_{k} h[k]\,\mathrm{e}^{-\mathrm{j}\omega k}\right) \qquad (35\text{-}12)$$

根据定义

$$H(\mathrm{e}^{\mathrm{j}\omega}) = \sum_{k} h[k]\mathrm{e}^{-\mathrm{j}\omega k}$$

我们得到

$$y[n] = H(\mathrm{e}^{\mathrm{j}\omega})\mathrm{e}^{\mathrm{j}\omega n}$$

其中

$H(\mathrm{e}^{\mathrm{j}\omega})$ 表示的是由系统决定的相位和幅度。

这表明，LTI 系统的正弦（或者这种情况中的复数指数）输入将产生与输入同频的输出，只不过其幅度和相位由系统决定。

$H(e^{j\omega})$ 被认为是系统的频率响应，并且描述了LTI系统将会如何改变输入信号的频率成分。转换

$$H(e^{j\omega}) = \sum_k h[k]\,e^{-j\omega k}$$

被认为是冲激响应 $h[n]$ 的傅里叶变换。如果 $H(e^{j\omega})$ 为低通滤波器，那么其频率响应衰减高频而不衰减低频，因此它是通低频的。如果 $H(e^{j\omega})$ 是高通滤波器，那么其频率响应衰减低频而不衰减高频。

在许多的例子中，从频域角度去处理或分析信号要比从时域角度去处理或分析信号更为有用，因为我们感兴趣的现象要么是基于频率的，要么是我们对现象的感知是基于频率的。

其中的一个例子就是MPEG声频压缩标准，该标准研究的是如何利用人类听觉系统的频率属性来大幅度地压缩表达信号所需的比特数，同时声音质量又没有明显地下降。

35.5 Z变换

Z变换是广义化的傅里叶变换，与傅里叶变换相比，它可以分析更多类型的系统。另外，由于Z变换具有的方便符号表示，故使得系统分析更为方便[1]。傅里叶变换被定义为

$$X(e^{j\omega}) = \sum_k x[k]e^{-j\omega k}$$

而Z变换被定义为

$$X(z) = \sum_k x[k]z^{-k}$$

在利用其对线性时不变系统进行分析时，其重要的关系就是，两个序列卷积的Z变换等于两个序列Z变换的乘积，即 $y[n] = x[n] \times h[n]$，则 $Y(z) = X(z)H(z)$。$H(z)$ 是指系统函数（源于傅里叶分析的广义转移函数）。

Z域表达式的一般应用就是分析被定义为线性恒定系数形式的差分方程的一类系统

$$\sum_{k=0}^{N} a_k y[n-k] = \sum_{k=0}^{M} b_k x[n-k] \qquad (35\text{-}13)$$

其中，

系数 a_k 和 b_k 是恒定的（顾名思义被称为恒定系数）。

这种普通的差分方程构成了FIR线性滤波器和IIR线性滤波器的基础。FIR和IIR滤波器用来实现选频滤波器（比如高通、低通、带通、带阻和参量滤波器）和其他更为复杂的系统。

FIR滤波器是公式（35-13）的特例，其中除了第一个系数外，其他所有的 a_k 均被设为0，从而使公式变为

$$y[n] = \sum_{k=0}^{M} b_k x[n-k] \qquad (35\text{-}14)$$

要注意的重要事实就是，在FIR滤波器中的每一输出样本 $y[n]$ 都是利用系数序列（也被称为滤波器抽头）乘以输入序列的数值的方法得到的。在FIR滤波器中不存在反馈——即之前的输出值并不用于新的输出值的计算。其框图如图35.8所示，其中 z^{-1} 框用来表示1个样本的信号延时（即系统 $h[n] = \delta[n-1]$ 的Z变换）。

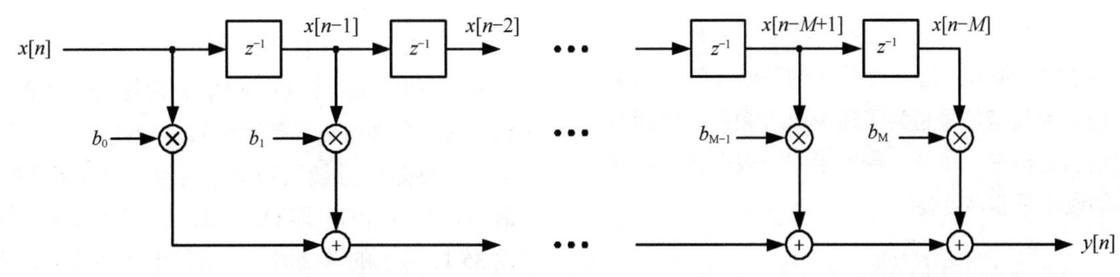

图35.8 FIR系统框图。其中输入 $x[n]$ 被馈送到系统中，滤波器系数 b_k 与延时的输入信号相乘，将所有的结果相加后构成输出 $y[n]$

无限冲激响应（IIR）滤波器含有输出 $y[n]$ 计算所用的反馈，即之前的数值被用于创建当前的输出值。由于该反馈，对于给定的计算量，IIR滤波器可以建立起比有限冲激响应（FIR）滤波器更好的频率响应（即对感兴趣频带之外的信号衰减的斜率更陡）。然而，大多数DSP结构都是针对计算FIR滤波器进行优化的（也就是说，连续地进行信号的乘法和加法运算），因此所用滤波器类型的选择取决于具体的应用。

35.6 时间连续信号的采样

最普通的产生数字序列的方法就是由连续时间（模拟）信号开始，并创建离散时间信号。例如，语言信号是连续时间信号，因为它们是声压的连续波形。传声器是将声学信号转换成连续时间电信号的换能器。为了将这一信号数字化，还必须将该信号转换到数字域。最终，在处理完成之后，通常还必须将离散时间信号转换回经由扬声器系统重放的连续时间信号。

将模拟信号转换成数字信号的处理常常由两个步骤来实现，如图35.9所示，以此来完成将连续时间信号转换成离散时间信号（幅度上具有无限高的分辨率），然后将离散时间信号量化成可以利用计算机处理的有限精度的数值（创建数字序列）[1]。首先介绍将连续时间信号转换成离散时间信

号的处理过程，然后再重温量化处理。要想建立兼容目标DSP算法能力的数据字长度的样本值，量化步骤是必不可少的。虽然现实中的所有A/D转换器执行的就是采样和量化的处理，但还是有必要分别讨论这两个过程，因为它们有各自不同的意义和设计考量。

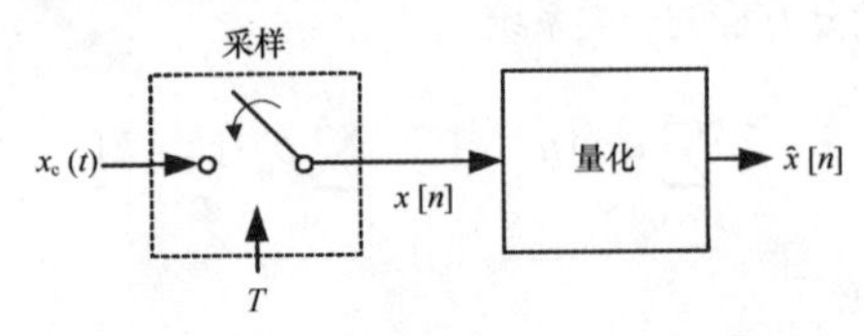

图35.9 AID转换器可以视为分成两步来工作，首先将时间连续信号转变成时间离散信号 $x[n]$，接下来再对样本进行量化，使其变成数字序列信号

35.6.1 连续至离散的变换

将连续时间信号 $x_c(t)$ 转换成离散时间信号 $x[n]$ 的最普通方法就是下面公式表示的每隔 T 秒对信号进行的均匀采样。

$$x[n]=x_c(nT),\ -\infty < n < \infty \qquad (35\text{-}15)$$

这便产生了样本序列 $x[n]$，这里 $x[n]$ 的数值是与在 $t=nT$ 时的 $x_c(t)$ 数值相同——也就是每个样本的间隔为 T。$1/T$ 被称为采样频率，其单位通常为Hz或周数。

数学上，当连续时间信号被采样时，最终的信号潜在地具有与连续时间信号频率响应和采样率相关的频率响应。正如下文所述，为了使数字序列能够重建与原来的信号完全一样的模拟信号，如果信号必需的采样速率不同则会呈现明显不同的结构。

下面我们将在频域内对采样处理过程进行分析，这里我们假设信号 $x_c(t)$ 为限带信号，该信号以采样周期 T 被周期采样。限带信号是一种信号能量高于特定频率 Ω_N 上能量的信号，如图35.10所示，其中 Ω 代表的是信号的频率轴。之所以假定信号为限带信号是为了避免出现频率混叠问题，这一点读者稍后会清楚。尽管在现实当中一般很容易实现，但是限带的假设还是非常重要的。

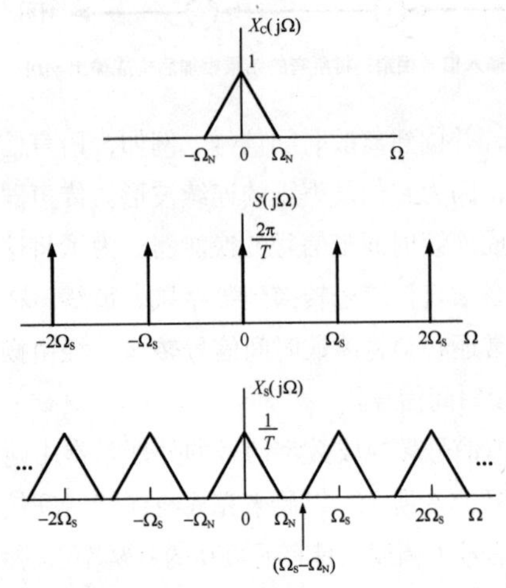

图35.10 模拟信号的频率响应是 $X_C(j\Omega)$，采样函数为 $S(j\Omega)$，最终的采样信号的频率响应是 $X_S(j\Omega)$

连续时间信号 $x_c(t)$ 经采样得到了信号 $x_s(t)$，可用公式表示。

$$x_s(t) = \sum_{n=-\infty}^{\infty} x_c(nT)\delta(t-nT) \qquad (35\text{-}16)$$

$x_s(t)$ 是在采样间隔 T 时刻时 $x_c(t)$ 的数值集合。该信号的方便表达方式是延时和加权脉冲函数的集合。幅度是采样瞬间的信号数值，样本以采样周期 T 为间隔进行排列。这一过程可以用脉冲序列傅里叶变换第一表达式（即表示为频域上的脉冲序列）的形式进行频域分析[2]。这意味着时域上的等间隔脉冲序列在频域上的表示也具有等间隔脉冲形式，只不过其间隔为采样频率 $2\pi/T$。这可以用下列公式表示。

$$S(j\Omega) = \frac{2\pi}{T}\sum_{k=-\infty}^{\infty}\delta(\Omega-k\Omega_s) \qquad (35\text{-}17)$$

其中，

$\Omega_s=2\pi/T$ 是以rad/s表示的采样频率。

采样信号 $x_s(t)$ 的傅里叶变换就演变为下列公式。

$$X_s(j\Omega) = \frac{1}{T}\sum_{k=-\infty}^{\infty} X_c(j(\Omega-k\Omega_s)) \qquad (35\text{-}18)$$

现在被采样的连续时间信号的频率响应演变为模拟信号 $X_c(j\Omega)$ 的原有频率响应的延拓集合。图35.10所示的是 $X_c(j\Omega)$ 的频率响应——脉冲串 $S(j\Omega)$ 和被采样信号 $X_s(j\Omega)$ 的最终频率响应。

频率响应 $X_s(j\Omega)$ 也可以认为是连续时间信号的频率响应与脉冲串 $S(j\Omega)$ 的频率响应间的频域卷积。

$$X_s(j\Omega) = \frac{1}{2\pi}X_c(j\Omega)\times S(j\Omega) \qquad (35\text{-}19)$$

由图35.10可以看到，只要采样频率与最高频率之差大于最高频率，即 $\Omega_S-\Omega_N > \Omega_N$，则复制的频率成分就不会重叠。这一条件可以重新写为 $\Omega_N > 2\Omega_N$，这意味着采样频率至少必须是信号最高频率的两倍。如果采样频率低于信号最高频率的两倍，即 $\Omega_N < 2\Omega_N$，那么复制的频率就会发生图35.11所示的重叠情况。这种重叠导致相邻频谱的复制成分相加，从而引发频谱信息的损失。一旦发生了这种重叠问题，则其影响是不可消除的。之所以发生了重叠现象，是因为采样频率 Ω_S 相对于连续时间信号 $X_c(j\Omega)$ 中的最高频率还不足够高。如上所述，采样频率至少必须是时间连续信号最高频率的两倍，才能避免出现这种频谱成分的重叠或混叠的情况。

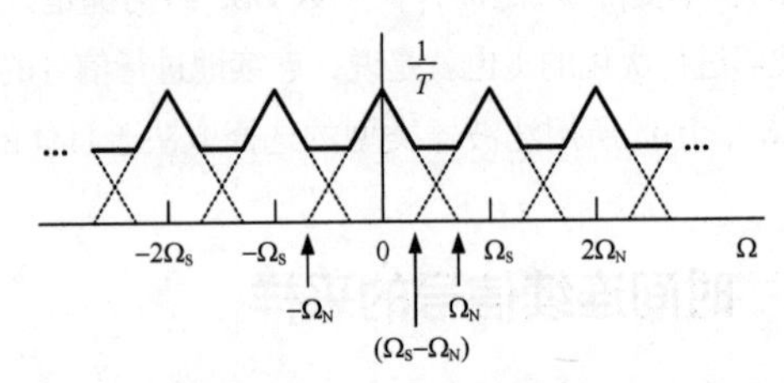

图35.11 当采样频率 Ω_S 小于两倍信号最高频率 Ω_N 时的采样情况

35.6.2 时间连续信号的重建

正如在对连续时间信号采样中所见到的那样，如果信号被采样的速率不够快的话，那么最终被采样信号的频率响应将存在与原始信号频率响应复制成分交叠的情况。假如信号被足够快速地采样（至少是信号带宽的两倍），则连续时间信号就可以通过简单地去除所有频谱复制成分来获得。这种频率分割可以用增益为 T、截止频率为 Ω_C 的理想低通滤波器来实现，其中的截止频率高于信号中的最高频率，同样也要低于第一个频谱复制的起始频率，即 $\Omega_N<\Omega_C<\Omega_S-\Omega_N$。图 35.12 所示的是重复的频谱和理想低通滤波器。图 35.13 所示的是对 $X_S(j\Omega)$ 应用低通滤波器后的结果。

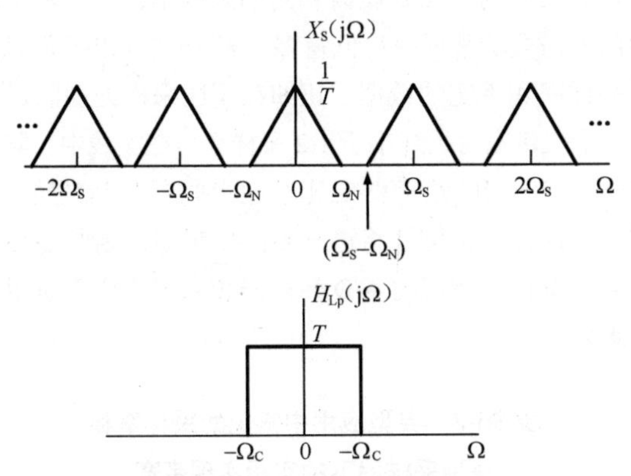

图 35.12 频谱的周期性延拓，以及用来去掉除想要的基带频谱之外的所有复制频谱成分的理想低通滤波器

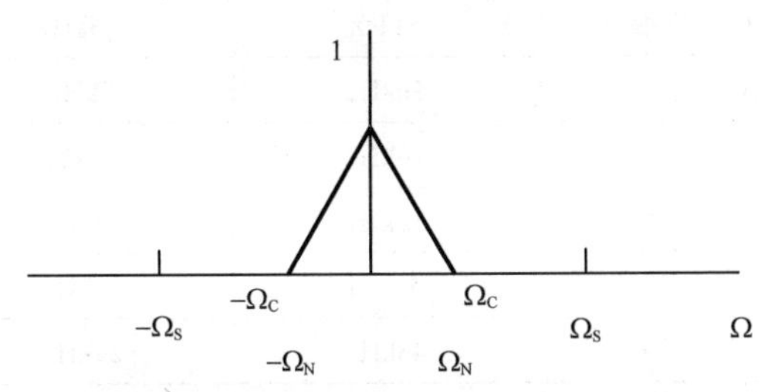

图 35.13 由采样信号重建的模拟信号最终结果

35.6.3 采样定理

奈奎斯特采样定理对采样要求进行了总结 [1]。使 $x_c(t)$ 为在 $|\Omega|\geqslant\Omega_N$ 时 $X_c(j\Omega)=0$ 的限带信号。之后 $x_c(t)$ 仅由其样本决定，如果 $\Omega_S=2\pi/T\geqslant2\Omega_N$，则 $x[n]=x_c(nT)$。频率 Ω_N 是奈奎斯特频率，而频率 $2\Omega_N$ 是指奈奎斯特速率。该理论十分重要，因为它表明只要连续时间信号是限带信号，且以至少两倍最高频率的速率被采样，那么它就可以由被采样序列准确地再生。

利用 $x[n]=x_c(nT)$ 关系，采样分析可以拓展至离散时间序列 $x[n]$ 的频率响应上，且

$$X(e^{j\omega})=\frac{1}{T}\sum_{k=-\infty}^{\infty}x[n]e^{-j\omega n}$$

结果为

$$X(e^{j\omega})=\frac{1}{T}\sum_{k=-\infty}^{\infty}X_c\left(j\left(\frac{\omega}{T}-\frac{2\pi k}{T}\right)\right) \quad (35\text{-}20)$$

$X(e^{j\omega})$ 是连续时间频率响应 $Xs(j\Omega)$ 的频率度量格式，频率度量是由 $\Omega=\Omega T$ 指定。这一度量也可以被视为利用采样率对频率轴进行归一化，以便发生于采样率处的频率成分现在出现于 2π 处。因为时间轴已被采样周期 T 归一化了，所以频率轴可以视为被采样率 $1/T$ 归一化了。

35.6.4 量化

至此，我们已经讨论了如何通过量化利用周期采样的连续时间信号建立离散事件形式信号的方法。如图 35.9 所示，这就是第二个步骤的任务——顾名思义，这就是将具有无限分辨率的离散时间信号映射为可以用计算机进行处理的有限精度表示形式（即每一样本用一定的比特数来表示）。其中的第二个步骤就是量化。量化过程就是给连续 / 离散转换来的样本找到最接近其数值的有限精度值，并将该电平表示成一个比特型。对应样本值的该比特型通常为采用补码形式的二进制形式，这样便可以无须将样本转换成另外的数字格式，就能直接用样本来进行数学运算（通过在 DSP 处理器上调用一定的指令来执行）。从本质上看，连续时间信号必须要进行时间上的量化（即采样）和幅度上的量化。

量化过程用数学公式表示为

$$x[n]=Q(x[n])$$

其中，

$Q(\bullet)$ 是非线性量化运算，

$x[n]$ 是无限精度的样本值。

之所以说量化是非线性的，是因为其不满足公式 35-7，即两个数值之和的量化并不等于两个数值分别量化后之和，因为它是用最接近的有限精度值来表示无限精度的数值。

要想对信号进行正确地量化，需要知道信号的期望范围——其信号的最大值和最小值。假设信号的振幅是对称的，将其最大的正向数值表示为 X_M。这时信号的范围是 $X_M\sim-X_M$，总的范围大小为 $2X_M$。

将信号量化成 Bbit 特使信号变成 2^B 不同的数值。每一个值表现出幅度为 $2X_M/2^B$，表示信号的步阶 $\delta=2X_M2^{-B}=X_M2^{-(B-1)}$。作为简化的量化过程实例，我们假定信号被量化成方便用 3bit 表达的 8 个不同数值。图 35.14 所示的是如何将一个输入信号 $x[n]$ 转变成 3bit 量化值 $Q(x[n])$ 的一种方法。在该图中，处于 $-\Delta/2\sim\Delta/2$ 的输入信号数值被确定为 0。用平均值 Δ 来表示处于 $\Delta/2\sim3\Delta/2$ 的输入信号数值，以此类推。对应于范围在 $-9\Delta/2\sim7\Delta/2$ 的输入信号的 8 个输出值的范围为 $-4\Delta\sim3\Delta$。大于 $7\Delta/2$ 的数值被确定为 3Δ，而小于 $-9\Delta/2$ 的数值被确定为 -4Δ——分别为最大时的饱和值和最小值。

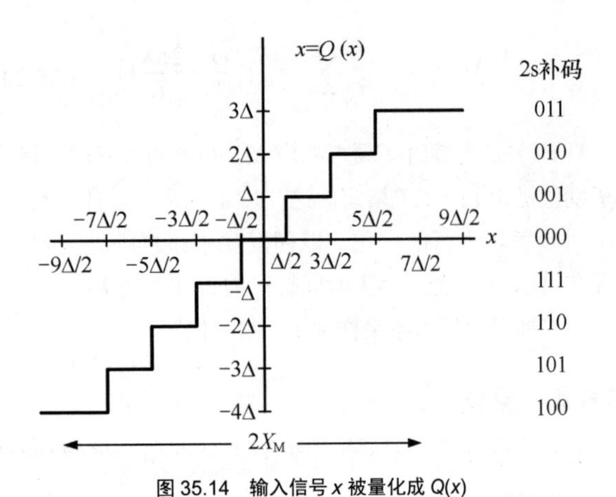

图 35.14 输入信号 x 被量化成 $Q(x)$

步阶大小 Δ 对最终的量化质量有影响。如果 Δ 较大，虽然表示范围在 $2X_M$ 的每个样本所需要的比特数较少，但是处理存在较大的量化误差。如果 Δ 较小，虽然表示每一样本所需要的比特数较多，但是量化误差较小。一般而言，系统设计过程决定了 X_M 的数值和转换器所需的比特数 B。如果选择的 X_M 过大，那么步阶 Δ 就大，且最终的量化误差也大。如果选择的 X_M 过小，虽然步阶 Δ 小了，但是如果信号的实际范围大于 X_M 信号则可能导致 A/D 转换器产生削波。

量化期间的这种信息损失可以建模为叠加于信号之上的噪声信号，如图 35.15 所示。量化噪声的量决定了信号的整体质量。在声频范畴中，通常 A/D 转换器是以 24bit 的分辨率实施采样的。假定一个模拟信号的摆幅为 ±15V，数字化信号的间隔是 $30V/2^{24}$，基本上接近 1.78μV。

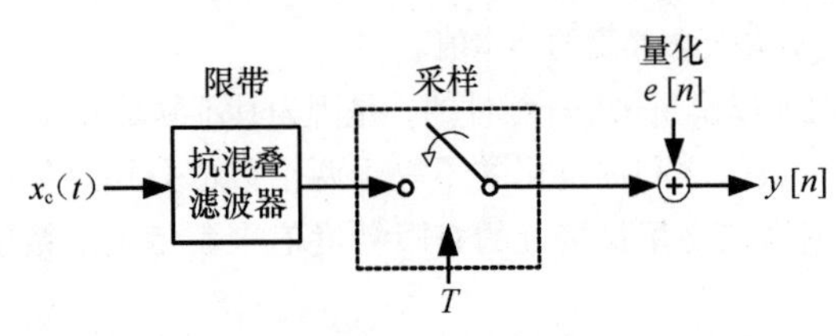

图 35.15 图 30.9 所示的采样处理外加了抗混叠滤波器和会添加噪声信号的量化处理模型

针对信号所进行的明确假设，这种峰值大约为 rms 值的 4 倍，可以表示出 A/D 转换器的 SNR 接近 6dB/bit[1]。A/D 转换器每增加 1bit 将会对 SNR 产生 6dB 的贡献。虽然一般都希望有较高的 SNR，但是这也要与整体的系统要求、系统成本和其他将会导致系统中高质量 A/D 转换器价值下降的固有噪声等指标相平衡。信号动态范围可以定义为 SNR 在可接受的最低 SNR 之上信号电平的范围。

有些性价比良好的 A/D 转换器可以对量化噪声进行整形处理，并产生高质量的信号。Σ-Δ 转换器或噪声整形转换器采用过采样技术，通过将固定的量化噪声扩散至远大于信号频带的带宽上的方法来降低信号中的量化噪声量[3]。过采样和噪声整形技术允许使用相对精度并不十分高的模拟电路来执行高分辨率的转换。市场上的大部分数字声频产品都采用这类转换器。

35.6.5 采样率选择

在确定数字化信号的带宽方面，采样率 $1/T$ 扮演着重要的角色。如果模拟信号没有被充分采样，那么将会丢失高频信息。另外一种极端情况就是，如果信号被过快地采样，则会产生多于相对应用所必需的信息，从而导致系统执行不必要的计算，以及系统成本的不必要增加。

在声频应用中，常用的采样频率为 48kHz（48 000Hz），其对应的采样周期为 1/48 000 = 20.83μs。许多产品的数据表之所以采用 48kHz 的采样率，是因为加到信号上的延时量是 20.83μs 的整数倍。

对所用采样率的选择取决于具体的应用和预期的系统成本。高质量的声频处理需要高的采样率，而低带宽的电话应用所需要的采样率也低得多。表 35-3 列出了常见应用及其采样率和带宽的数据。正如在阐述采样处理时讨论的那样，最大带宽将始终小于 1/2 采样率。在实践中，防混叠滤波器具有一定的滚降衰减斜率，同时要限带信号低于 1/2 采样率。这种限带信号将进一步降低带宽，因此最终的声频信号带宽将是特定的 A/D 转换器和系统采样率所用滤波器的函数。

表 35-3 典型应用中常见的采样率和每种采样率下的实际实现带宽

应用	采样率	带宽
电话应用	8kHz	3.5kHz
VoIP电话	16kHz	7kHz
视频会议	16kHz	7kHz
FM广播	32kHz	15kHz
CD声频	44.1kHz	20kHz
专业声频	48kHz	22kHz
将来的声频	96kHz	45kHz

35.7 算法的开发

一旦信号被数字化，则 DSP 系统执行的下一步动作就是处理信号。系统设计者将开始按照既定的目标开展设计，并使用算法开发工具来开发实现目标的必要环节（即算法）。

DSP 系统的设计周期一般分成如图 35.16 所示的 3 个截然不同的阶段：在提炼概念化算法阶段，要研究各种数学算法和系统；在算法开发阶段，要使用大量的数据进行算法测试；在系统实现阶段，要用特定的硬件来实现系统。

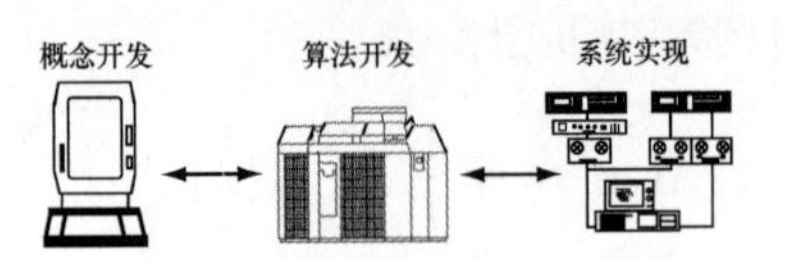

图 35.16 DSP 应用开发的 3 个阶段

在传统上，尽管开发工具的革新使得这一处理过程集中了，但是 DSP 设计周期中的这 3 个阶段还是由 3 个完全不同的工程师团队使用完全不同类型的工具来完成的。绝大多数情况下的算法概念化阶段通常都是研究人员在实验室环境下利用高度交互、图形化的 DSP 模拟和分析工具来完成的。在这一阶段，研究人员首先从打算要完成的任务概念出发，建立起仿真环境，该环境能够对问题的解决方案进行改变和中心制定。这时人们不会考虑计算性能问题。人们将重点放在概念上——找到可以解决问题（或者临时性的简化版）的方案。

在算法开发阶段，人们要通过让算法处理较大信号数据库的方法进行算法微调，通常使用高速工作站来取得想要的大量结果。在这一过程中，必须要常常提炼出高级别的概念，以便解决在整个系统运行数据时产生的寻址问题。通过在算法中设置可显示中间信号值、状态和其他帮助进行算法和仿真实现的故障诊断等有用信息的多个检测点来使仿真特征化。

一旦仿真按照需要进行了，那么接下来的一步就是建立仿真的实时执行。建立实时执行的目的就是要更好地模拟最终的目标产品，这要从掌握实时存储的概念和计算要求开始，并让系统运行实时数据。没有其他方法可以替代让系统运行实时数据这一环节，因为实时数据一般会表现出在仿真环境下没有预料到或者非有意产生结果的特征。实时数据对算法的考验通常要比仿真数据或非实时数据对算法的考验更为严峻。

通常，随着实时数据的引入，可能必须再次回到概念化层级，并重新对算法进行提炼。

尽管先进的开发工具和高速处理器已经使方针与实时应用间的差异越发不明显，实时应用的目标就是要“将多个算法尽可能地挤压”到目标处理器（或处理器）当中。将更多的算法挤压至目标处理器是我们想要达到的目标，因为通常这样就可以只用一个处理器，而不是用多个处理器来完成既定的任务，从而降低成本。

35.8 数字信号处理器

可编程数字信号处理器是适合非常高效地执行诸如乘法和加法这样的数学运算的微处理器[4, 5]。在传统上，这些领域的发展改善了处理器的性能，它们的发展都是以能进行方便的可编程性为前提的。

典型的微处理器具有执行数学运算和逻辑单元、内存空间、I/O 针脚和诸如串行端口和定时器等其他功能的外围器件。虽然数字信号处理器通常具有的外围器件较少，但还是会包括一个硬件乘法器，常常会有一个高速内部存储空间、较多的存储寻址方式、一个指令高速缓冲存储器和流水线，甚至可能会有一个有助于加快程序执行速度的单独的程序和数据存储空间。硬件乘法器可以让数字信号处理器在一个时钟周期内执行乘法，而微处理器一般都是要用多个时钟周期才能完成同样的任务。由于时钟频率很容易超过 100MHz，每秒钟高达 1 亿次。所以在这样的速率之下，在要求的时间跨度内可以发生 8000 余次乘法运算，以收集 48kHz（100M/48 000Hz）采样率下的数据样本。

高速内存库可以用来加速对数据和 / 或程序存储空间的访问速度。利用高速存储，在一个时钟周期内存储器可以被访问两次，使得处理器运行于最高的性能下。这意味着正确使用内部存储能够让指定速度的处理器表现出比使用外部存储器更强的处理能力。

指令高速缓冲寄存器也可以用来让处理器更高效地运行，因为它将最近使用的指令存储在处理器的特定位置，这一位置可以让处理器在执行对信号数据的循环程序指令时可以更快速地访问指令。流水线是处理器从存储中抓取一个指令、指令解码和执行指令的一系列步骤。通过并行运行这些子系统，可以让处理器在执行一个指令的同时解码下一条指令并抓取在其之后指令。这就是流水线式的指令执行。

35.8.1 DSP 算法

可编程 DSP 既可以提供定点计算也可以提供浮点计算。尽管浮点处理器一般价格都比较高，并且性能也比定点处理器差，但是 VLSI 硬件发展已将其中的差异最小化了。浮点处理器的主要优点就是能够不受数字度量的限制，简化了算法的开发和处理的实现。

在提及浮点数字的例子时，大部分人自然会想到分数和小数点的内容。一般的情况是，浮点 DSP 可以表示非常大和非常小的数字，并且采用的 32bit（或者更大）码字是由 24bit 的尾数和 8bit 的指数组成，两者结合在一起可以提供 2^{-127} ～ 2^{128} 的动态范围。浮点处理器可以提供的这一巨大动态范围意味着系统开发人员不必在数值上溢出（要表示的数字太大）或数值下溢出（要表示的数字太小）的问题上花费太多的时间。同样，在复杂的系统中也不必费尽心机去考虑数字的问题。

定点计算之所以被称为定点，是因为它有一个固定的小数点位置，且数字采用一个固定的标度，具体情况取决于必须要表示的范围。在执行基于定点数字的计算时程序师必须跟踪这一标度。大部分 DSP 采用的是定点 2 的补码格式，即正数用简单的二进制数值来表示，而负数则用将对其对应的正值的各个比特位反转然后加 1 的形式来表示。假定一个 16bit 字，它有 2^{16} =65 536 个可能的组合或数值可以用来表示范围从最大正值 $2^{15}-1$=32 767 到最小负值（举例而言，绝对值最大的负值）-2^{15} = −32 768。

除了整数数值表示外，很多时候小数的表达也是非常重要的。要想表示小数，就意味着小数点的位置必须要移动。当使用 16bit 算法时，为了表示只有小数，而没有整数部分的数值，可以采用 Q15 计算格式，该格式具有一个隐含的小数点的和在小数点右方的15bit小数数据。在这种情况下，可以表示的最大数还是$2^{15}-1$，但是现在该数被表示成32 767/32 768 = 0.999969482，而还是-2^{15}的最小负数被表示成-32 768/32 768 = -1。采用Q15算法，可以表示的数在0.999 969 482 ～ -1。另外一个例子是，表示范围在16 ～ -16的数将需要Q11算法（表示小数点之前4bit）。对于系统中的不同变量可以采用不同的表示小数位置的方案。

相对于浮点处理器而言，由于定点处理器具有较小的字长和较简单的数学运算，所以其一般使用的硅片面积要比其对应的浮点处理器使用的硅片面积更小，这也就意味着其成本较低且功耗较小。由于动态范围和定点计算规则的限制，所以权衡的结果就是算法的设计者在开发定点DSP系统过程中一定要扮演更为主动的角色。设计者必须决定对于给定的字长（一般是16bit或24bit）是被编译成整数还是分数，是否需要采用标度因子，以及保护寄存器避免其在代码的多个不同的潜在位置处产生溢出。在定点DSP中，溢出会有两种形式[4]。要么是当太多的数字累加时寄存器溢出，要么是程序试图存储来自累加器的*N*bit，舍去比特是很重要的。溢出问题的完整解决方案要求系统设计者了解所有变量的标度，以便使溢出发生的概率变得极低。如果一个数字小于可以被表示的最小数字，则会发生数值下溢出。浮点算法为了简化编程者的工作，始终保持对标度的自动跟踪。指数保持对小数点位置的跟踪。核实上溢出/下溢出，并防止这些条件更改DSP算法是比较困难的，因为改变的不仅是算法，还要解决数字问题。通常，一旦针对特定应用的执行命令是在开发阶段之后发出的，那么代码（它开始可能是浮点代码的形式）可以端接到一个定点处理器上，以便降低产品的成本。

定点处理器支持的动态范围是处理器的数据寄存器的字长的函数。对于A/D转换，每个比特会将SNR提高6dB。24bit的DSP要比16bit的动态范围大48dB。

35.8.2 执行问题

在实际系统中算法的执行常常要比使用编译器对自动代码最大性能进行优化复杂得多。实时系统存在着诸如有限存储、有限的计算性能等制约，同时最重要的是还必须处理由A/D转换器连续送来的实时数据，以及必须将实时数据由DSP送回至D/A转换器。在该实时数据中发生的中断一般都是不可接受的，以声频应用为例，这些中断将会导致声频信号中出现可闻的爆点和咔嗒声。

实时编程要求所有的计算所产生的输出信号必须在从A/D转换器捕获输入信号所用的时间内发生。换言之，每捕获一个输入样本，也必须产生一个输出样本。如果处理需要占用太长的时间才能产生输出，那么在有些点上，来自A/D转换器的输入数据将不能被处理，输入样本将会丢失。例如，假设系统以48kHz采样，并且执行对信号的参量均衡。假如每个参量均衡的频带需要5次乘法和4次加法才能完成，这将在9个时钟周期内执行，那么400MHz的DSP在样本间隔的时间里可以执行8000条指令。这些指令允许进行均衡的最大量为888个参量均衡频带（8000/9=888）。现在的实际情况是，系统同时还要执行其他的任务，比如收集来自A/D转换器的数据、传送数据至D/A转换器、调用和返回子程序产生的处理代价，以及可能对其他子系统中断产生响应。因此实际的均衡频带要比理论上的最多888个频带少很多。

DSP具有可访问的固量的内存和固量的外部存储。根据所设计系统的情况，会为系统所要求的外部存储容量最小化带来益处，因为这样可以降低零部件成本，降低制造成本和提高产品的可靠性。然而，设计者通常要在计算要求和存储使用上进行权衡。通常，计算能力的提高可通过交换存储空间来实现，反之亦然。其中的一个例子就是正弦波的创建。DSP既可以计算出正弦波样本，也可以查询表中的数值。虽然其中任何一种方法都能产生相应的正弦波，但前者需要的存储空间较小、CPU占用较多；而后者需要的存储空间较大、CPU占用较少。通常，系统设计者在权衡过程中进行明智决断是较为重要的。

35.8.3 系统延时

根据应用的情况，执行中最重要的问题之一就是采样和处理引入系统的延时量或反应时间。典型的数字系统如图35.17所示。将模拟信号送入对信号进行数字化和量化处理的A/D转换器。一旦信号被数字化之后，信号一般都是被存储于一些数据缓冲器或数据阵列中。数据缓冲器可以是一个采样长度或者更长，具体则取决于算法是基于逐个样本还是要求数据的缓冲器执行其处理。系统缓冲器通常被配置成乒乓形式，以便一个缓冲器在被来自A/D转换器的新数据填满时，正好DSP将数据从另一个缓冲器中取完，以便处理数据。

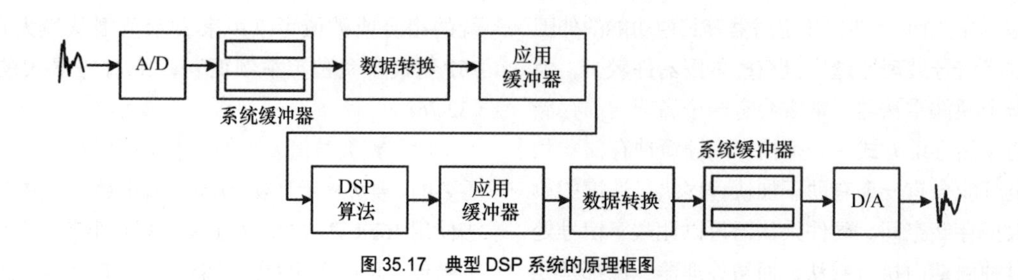

图35.17 典型DSP系统的原理框图

跟在系统缓冲器之后的可以是一个数据转换模块，它将数据从A/D转换器提供的定点整数格式转换给另外的定点格式或浮点格式处理器，具体则要取决于DSP和数字问题。再之后，可能还有一些应用缓冲器，它是数据的存储缓冲器，让DSP在处理单个数据块所用的时间有一定的灵活性。应用缓冲器可以被视为一个橡胶皮筋，它允许DSP用较长的时间处理一些数据帧，而用较短的时间处理其他的数据帧。只要处理数据缓冲器所要求的平均时间短于数据缓冲器所需要的捕获时间，则DSP就可以做到实时工作。如果处理缓冲器所要求的时间量长于缓冲器捕获数据所用的时间，那么系统将不能处理所有的缓存数据并将丢掉一些缓存数据，因为将不会留下任何处理时间收集来自A/D转换器的下一次缓存数据。在这种情况下，系统将不能做到实时工作，而且被丢掉的缓存数据会在声频信号中产生可闻的爆点。应用缓冲器可以被用来对相对其他处理而言需要较长处理（或CPU时间）的一些帧进行补偿。如果提供用来进行平均计算的帧越多，那么DSP将越可能实现实时。当然，如果DSP在数据缓冲器捕获期间不能执行平均时间所要求的计算量，那么平均再多帧也将无助于事。系统终将失去实时，且必须丢弃样本。

在应用缓冲器之后，DSP算法执行想要的运算，然后将数据送至可能的另一组应用缓冲器，反过来它可以将DSP的数字格式转换为D/A转换器所要求的格式。最后，数据将被送至D/A转换器，并且转换回模拟信号。

所考虑的系统延时应包括从模拟信号开始进入A/D转换器，直至模拟信号离开D/A转换器的所有延时。表35-4列出了图35.17中每一功能块的潜在延时。针对这个例子，假设数据帧由N个样本组成，其中$N \geqslant 1$。延时的每帧给系统增加$N \cdot 1/T$ s的延时。例如，48kHz采样的16个样本对应的延时为16/48 000 = 333.3μs。

表35-4　典型DSP系统中的延时问题的总结

模块	延时	描述
A/D	从1到16个样本	由于要进行处理，所以大部分A/D转换器的内部都会产生一定量的延时。过采样A/D产生的延时要比其他典型A/D产生的延时更长。
系统缓冲	至少增加1帧延时	在乒乓缓冲器方案中，系统总是要处理至少1帧的数据，同时A/D正提供来自下一帧的数据。
数据转换	可能没有	数据格式的转换可能打包在算法处理延时中。
应用缓冲	对于M帧缓冲器 增加M-1帧的延时	按照乒乓缓冲器方案来标准化M帧缓冲器，系统总是处理最早的缓冲，它是最新的缓冲之后的M-1缓冲。
DSP算法	可变，但通常小于1帧	DSP算法加大延时的方式主要有两种。一种是处理延时，另一种是运算延时。处理延时产生的原因是处理器的速度不是无限快，以至于它要用一定的时间来执行全部的计算。如果DSP在执行计算之后没有另外的CPU周期，那么处理时间就会将整帧的延时加到系统上。如果执行计算所占用的时间多于1帧的话，那么系统就做不到实时工作。 运算延时源于对使用数据的未来帧（即缓冲数据）的任何要求，以便进行关于数据的当前帧的决定和运算处理中固有的其他延时。
D/A	从1到16个样本	D/A转换器在将数字信号转换回模拟信号时伴随一定的延时。当前的转换器一般没有多于16个样本的延时。

进一步的复杂延时测量可能要求传送数据至一个外部系统。这可能是将比特流传送给异地的解码器、接收来自异地编码器的比特流，也可能是针对比特流的任何误码检测和/或校正形式。

35.8.4　选择数字信号处理器

针对特定应用数字信号处理器的选择取决于如下多种因素。

成本：数字信号处理器的价位从几美元到数百美元不等。低成本的数字信号处理器一般是内部存储量有限且周边元件很少的16bit定点器件。低成本的数字信号处理器一般适合于批量应用，其中所要求的精确能力不再内置于芯片当中。

高成本的数字信号处理器一般是包含大量内部存储或其他具有浮点计算、多处理内核和高速通信端口等结构的功能较新的处理器。

计算能力：MHz，MIPs，MFLOPs。计算能力以几种不同的方法来度量，其中包括处理器速度（MHz），每秒钟的百万条指令数（MIPs）和每秒钟的百万个浮点运算次数（MFLOPs）。处理器的计算能力通常与成本直接相关。1MIP是指每秒钟可以执行1百万次指令。能够被执行的指令可能包括存储器加载和存储或数学运算。1MFLOP是指每秒钟可以执行的浮点运算次数。浮点运算包括乘法和/或加法。通常数字信号处理器的结构可以让数字信号处理器每条指令执行两次（或多次）浮点运算。在这种情况下，MFLOP将是处理器MIP速率的两倍（或多倍）。

虽然高速处理器允许用户将多种性能放到一个DSP产

品中，但成本也会随之提高。

功耗：根据应用的情况，低功耗对于较长的电池寿命或低热耗散来说可能很重要。数字信号处理器常采用功率比或者 W/MIP（瓦 /MIP）比值来评估功耗。

构架：不同制造商生产的数字信号处理器具有不同的性能和折中处理。虽然有些处理器可以进行极高速的计算，但是这样的代价就是其难以编程。有些可以具备灵活的多处理功能，多个算法处理器或其他的性能。

算法精度：浮点算法的应用简化了算法的运算。虽然定点处理器通常较为便宜，但是常常需要另外的指令来维持其所需要的数字精度。最终产品的出货量通常决定了是否值得通过延长开发周期来降低成本。

周边：处理器的某些性能，比如能够在连锁处理器中共享处理器资源或者访问外部存储 / 器件，可能对处理器的特定应用产生明显影响。集成的定时器、串行端口和其他性能可以减少设计中所需的其他部件的数量。

代码开发：针对特定的处理器系列，已经开发出的代码量可以确定对处理器的选择。实时代码的开发要用相当长的时间，而且所需要的投资不菲。重新使用现有代码的能力可明显缩短产品上市的时间。

开发工具：开发工具是关系到特定处理器中算法适时应用的关键。如果工具不适用或没有作用，那么开发过程将很有可能超出实现预计的合理时间。

第三方支持：数字信号处理器的制造商享有一个提供工具、算法实施和特定问题硬件解决方案的公司网络。他们可以将有些公司已经实施了，并且不再使用的解决方案类型应用于所需要的指定应用当中。

35.9　数字信号处理器编程

像许多其他处理器一样，如果数字信号处理器可以输入和输出数据，那么它才有用。用来输入和输出数据的软件系统被称为 I/O 系统。如图 35.17 所示，数字信号处理器应用程序一般处理一个输入数据流，以产生一些输出数据。该数据的处理是在应用程序的指令下完成的，应用程序通常包括一个或多个编程于数字信号处理器上的算法。数字信号处理器应用程序是由输入流数据的捕获、利用算法处理数据和随后的以输出数据流形式输出处理过的数据等部分组成。其中的一个例子就是语音数据压缩系统，该系统的输入流是未压缩的语音数据流。这时的输出流是压缩的语音数据，其应用是由获得未压缩输入语音数据、压缩数据和送出压缩数据至输出流的部分构成。

其中最后的重要因素之一就是数字信号处理器 I/O 系统必须实时访问。这些实时 A/D 系统和 D/A 系统的一个极为重要的特性就是：为了使系统实时工作，样本必须以固定的速率产生并使用。虽然 A/D 转换器或 D/A 转换器是普通实时器件的例子，但是与实时数据捕获相关的其他器件也可能有实时的约束。如果它们被用于诸如硬盘驱动器和内部处理器通信链路，用以提供、收集或传输实时信息，则这一约束一定要有。在语音压缩的例子中，输出流可以连接到传输压缩语音至另一个对语音解压缩的数字信号处理器系统的调制解调器上。I/O 系统应被设计具有与这些器件（或任何其他器件）相匹配的接口。

实时 I/O 系统的另一重要特性指标就是由输入至输出所产生的延时量。例如，当数字信号处理器被用于室内扩声或双向语音通信（也就是电信通讯）时，其延时必须要最短。如果数字信号处理器系统产生了明显的延时，那么交谈将难以进行，系统被认为不可接受。因此，数字信号处理器 I/O 系统应能够使 I/O 延时最小化至合理数值水平。

数字信号处理器编程通常利用 C 和汇编语言相结合来完成。C 代码具有可以在多种不同的平台上方便运行的应用能力。将汇编语言用于需要更高计算效率的应用上，其代价是延长了程序调试时间，降低了应用的灵活性。由 C 开始，开发者可以以最耗时的子程序为标准不断提高应用的优化，优化这些程序，然后找到下一个要优化的子程序。

执行数字信号处理器算法的典型 C 代码外壳如图 35.18 所示。这里，C 代码分配了一些缓冲存储用来存储信号数据、打开 I/O 信号流和获得数据、处理数据，然后将数据送至输出流。输入和输出流一般具有较低电平的器件驱动器，用来分别直接与 A/D 转换器和 D/A 转换器进行对话。

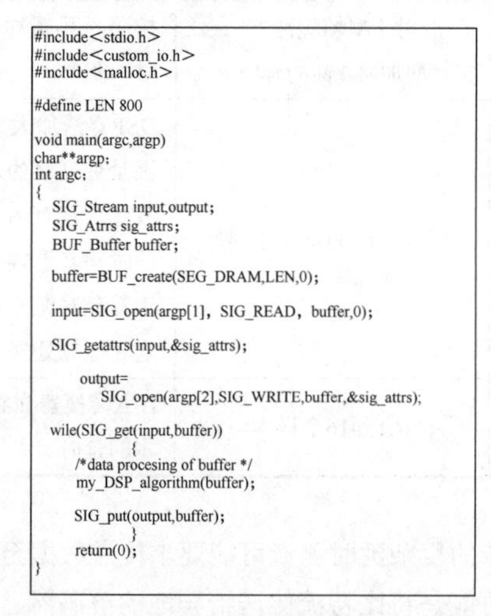

```
#include<stdio.h>
#include<custom_io.h>
#include<malloc.h>

#define LEN 800

void main(argc,argp)
char**argp;
int argc;
{
   SIG_Stream input,output;
   SIG_Atrrs sig_attrs;
   BUF_Buffer buffer;

   buffer=BUF_create(SEG_DRAM,LEN,0);

   input=SIG_open(argp[1], SIG_READ, buffer,0);

   SIG_getattrs(input,&sig_attrs);

       output=
          SIG_open(argp[2],SIG_WRITE,buffer,&sig_attrs);

   wile(SIG_get(input,buffer))
              {
       /*data procesing of buffer */
       my_DSP_algorithm(buffer);

       SIG_put(output,buffer);
              }
       return(0);
}
```

图 35.18　利用 SIG_open 建立输入信号数据流的 A/D，以及利用输出信号数据流将数据传送到 D/A，同时利用函数 my_DSP_algorithm() 处理数据的方法来采集数据的 C 语言程序实例

35.10　总结

本章从理论（信号和系统理论）和实践的角度介绍了 DSP 的基础知识。阐述了实时系统的概念、数据捕捉和数字信号处理器等内容。DSP 主题包含的内容非常丰富，感兴趣的读者可以利用参考文献列出的资料，进行更为深入地研究。[1, 6]

参考文献见本书的附赠资料。

第36章 接地与接口

Bill Whitlock编写

赠言

Neil Muncy(1938—2012)。我结识Neil Muncy已有近20年的时间了。我们曾在AES的标准工作组共事，负责有关接地和EMC实践事宜，期间所发生的许多事情还历历在目，有时我们会为某一问题争论不休，有时也会坐下来交流一些技术问题。记得有一次，他问我："为什么变压器能够解决问题，而其他器件则不能呢？"为了寻求答案我全身心地投入学习并努力了解有关接地和信号接口方面的理论。Neil既是位充满活力的同事，也是位亲切、宽宏大量的朋友。在此，特以此文来表达我对他的怀念。

Bill Whitlock

36.1　引言

曾经有许多声频专家将系统接地视为“玄学”。你是否多次听到有人说：线缆拾取噪声，就像无线电接收机从空中接收电磁波那样呢？甚至设备制造商也常常对出现的问题一筹莫展。在此，我们忽略或忘记了日常物理学的最基本定律。因此，一些荒诞的说法和错误的信息便传播开来，并且以讹传讹！本章力图使音响工程师能够掌握噪声产生的机理，并且能够避免或解决现实中的噪声问题。电子系统工程中将线缆戏称为“将潜在祸源与另外两个潜在的祸源连在了一起”，这种说法虽然是句玩笑话，但其中却包含更多的道理。由于设备的接地连接对信号接口上的噪声耦合影响非常大，所以我们必须重视接口的实际工作情况，以及设备何时、为何及如何接地的问题。尽管这一主题并不能归纳总结为几个简单的定理，但是它也并不包含高深莫测的科学，或者复杂的数学运算。

在本章的论述中，为了方便起见，我们使用噪声一词来表示源自信号通路之外的信号衍生物。这些衍生物包括来自供电线路和无线电设备的射频干扰产生的哼鸣声、嗡嗡声、咔嗒声或砰砰声。可预测量值的白噪声是所有电子器件所固有的，并且一定要考虑其量值。虽然这种听上去具有嘶嘶感的随机噪声对任何声频系统的可用动态范围都构成了限制，但是它并不是本章要讨论的重点。

任何信号在通过系统中的设备和线缆的过程中都会不断产生累加的噪声。一旦噪声对信号造成了损害，那么基本上就不可能在保证信号质量不变或不下降的前提下将其除去了。因此，必须避免噪声和干扰在整个信号通路中出现。这在将信号由一台声频设备的输出传送到另一台声频设备的输入时看上去可能是微不足道，但从噪声和干扰的角度来看，信号接口确实是个危险地带！下面我们首先从在一些接口中应用的一些基本电子学知识入手，来逐步阐述这一主题。

36.2　基础电子学

场可能会对存在其中的物体施加不可见的力。在电子学中，我们所关注的是电场和磁场。几乎每个人都曾见到过人们通过将锉下来的铁屑洒在纸上来观察小磁铁的南北极之间存在的磁场的实验。较小的电场存在于具有恒定电位差的两个物体之间。由于这种电场既不会移动，其强度也不会改变，所以被称为静电场。

不论是磁场，还是电场，如果其在空间上有所变化，或在强度上有所波动，则会生成另一种场。换言之，变化的电场将建立变化的磁场，或者变化的磁场将建立变化的电场，这种相互关系就会形成电磁波，电磁波以光速在空间中传播，其能量在电场和磁场间交替转换。

每种物质都是由原子构成的，原子的外层是电子。电子携带负电荷，并且它是电存在的最小单位。有些被称为导体的材料大部分都是金属材料，这些材料允许其外部的电子在原子间任意移动。另有一些被称为绝缘体的材料，其中常见的主要是空气、塑料或玻璃等材料，它们对电子的这种移动呈现很高的阻力。我们将电子的这种移动称为电流。电流只能在信源和负载连接到一起的完整电路中流动。不论通路多么复杂，所有脱离信源的电流一定还要返回信源。

36.2.1　电路理论

电势或电压，有时也称为电动力的 emf，是产生电流所必需的条件。通常，该参量在公式中表示成 E(源自 emf)，并以 volt(伏特)为单位度量，简写为 V。电流的最终结果通常在公式中表示为 I(源自 intensity，即强度)，其度量单位为 ampere(安培，简写为 A)。对于给定电压下的电流大小，由电路的电阻决定。在公式中，电阻用 R 来表示，其单位为 ohm(欧姆)，并用符号 Ω 来表示。欧姆定律定义了电压、电流和电阻的基本单位之间的定量关系，如下。

$$E = I \times R$$

它可以重新表示成

$$R = E/I$$

$$I = E/R$$

例如，将 12V 的电压 E 加到 6Ω 的电阻 R 上所产生的电流 I 为 2A。

电路元件可以串联、并联或以两者组合的方式连接，如图 36.1 和图 36.2 所示。

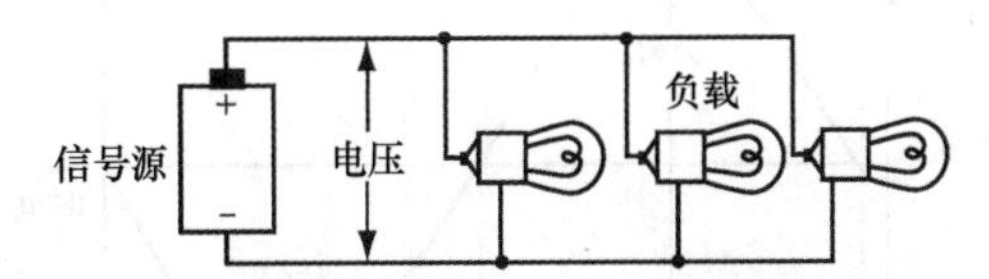

图 36.1　并联电路中跨接于所有元器件上的电压相同

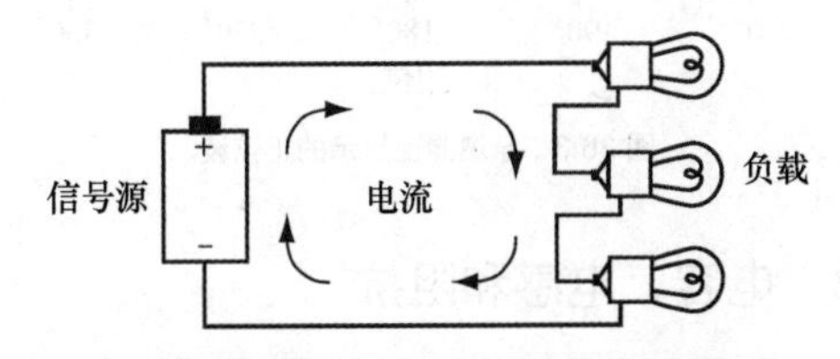

图 36.2　串联电路中流经所有元器件上的电流相同

尽管连接电路元件的导线电阻通常被假定为忽略不计，但是我们还是要在下文中对此进行讨论。

在并联电路中，总的源电流是流经每个电路元件的电流之和。根据欧姆定律，流经阻值最低的电阻元件的电流最大。信号源看过去的单一等效电阻阻值始终比最小电阻器件的阻值低，其阻值可以按下式计算。

$$R_{EQ} = \frac{1}{\frac{1}{R1}+\frac{1}{R2}+\frac{1}{R}\ldots+\frac{1}{n}} \quad (36\text{-}1)$$

在串联电路中，总的源电压为每个电路元件上的电压之和。根据欧姆定律，最大的电压出现在最大电阻的元件上。信号源看过去的单一等效电阻阻值始终要比最大电阻元件的阻值高，其阻值可以按下式计算。

$$R_{EQ} = R1 + R2 + R3 \ldots + Rn \quad (36\text{-}2)$$

电压或电流的数值大小（幅度）和方向（极性）随时间呈稳定状态的一般就被认为是DC。电池就是DC电压源的最好的例子。

36.2.2 交流电路

数值大小和方向随时间变化的电压或电流就是通常所谓的AC。AC电源插座上的电压通常就是120V，60Hz（译者注：在美国大部分州及其他一些国家和地区如此）。

由于它是随时间推移以数学上的正弦函数规律变化的，所以它被称为正弦波。图36.3所示的是在示波器上看到的图形，其中横轴刻度代表的是时间，纵轴刻度表示的是瞬时电压，其中零点位于中间。瞬时电压在+170V和-170V的峰值电压间摆动。一个循环是指电压或电流自身重复一个周期（在本例中为16.67ms）所经历的整个范围。每一周期内的相位是在360°上分割的，它主要描述两个或多个AC波形间的瞬时相位关系。频率是指每秒钟的循环次数。在公式中，频率通常用f来表示，其单位为Hertz（赫兹），简写为Hz。声频信号几乎都不是由单一正弦波构成的。其中大部分都是由同时存在的不同幅度和频率的各个正弦波构成的复杂波形，其频率范围为20～20 000Hz（20kHz）。

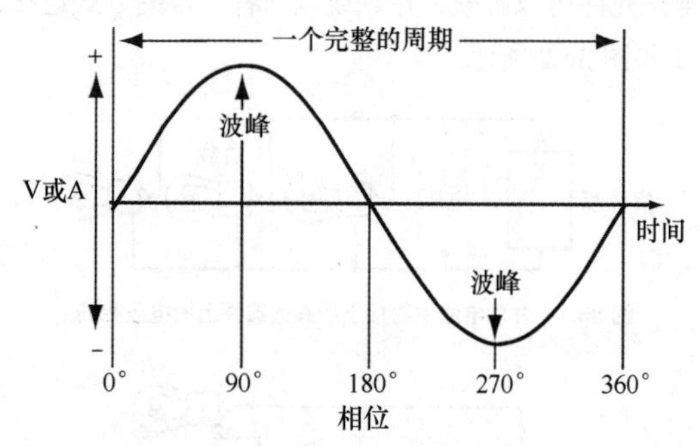

图36.3 示波器上显示的正弦波

36.2.3 电容、电感和阻抗

静电场存在于具有电位差的任意两个导体之间。电容具有抵抗任何场强度或电荷变化的属性。一般而言，电容容量会因导体表面积的加大和间距的缩短而提高。明确设计成具有高电容容量的电子元件被称为电容器。在公式中，电容用C来表示，其度量单位为Farad（法拉第），简写为F。重要的是要牢记寄生电容在现实中无处不在。正如我们将会看到的那样，这些寄生电容在线缆和变压器中可能表现得非常明显！

电流必须在电容器中流动才能改变其电压。电流越大，其要求的电压变化越快；如果电压保持恒定不变，则不会有电流流动了。由于电容器在AC电路中必须交替充放电，所以它们表现出视在的交流阻抗，它被称为容抗。容抗与电容量和频率成反比，因为这两个参量中任意一个的增大都将导致电流提高，从而使其抗性降低。

$$X_C = 1/(2\pi fC) \quad (36\text{-}3)$$

其中，

X_C为容抗，单位为Ω；

f为频率，单位Hz；

C为电容，单位为F。

总之，电容对直流表现为开路，随着频率的逐渐升高，它逐渐向短路过渡，通过的电流越来越大。

如图36.4所示，磁场存在于任何传输电流的导体周围，其方向垂直于流动的轴向。场强与电流成正比。磁场的方向或极性则取决于电流的方向。电感具有抵抗任何的场强或极性变化的属性。应注意的是，上下导体周围场的极性相反。回路内部场的方向相同，将场汇聚且提高了电感。在绝大多数情况下，被称为电感器（或扼流器）的电子元件是由缠绕多圈的导线线圈制造的，增加绕的圈数可以提高电感量。在公式中，电感被表示为L，其单位为henry（亨利），简写为H。另外还应牢记的是寄生电感的重要性，尤其是导线中的寄生电感！

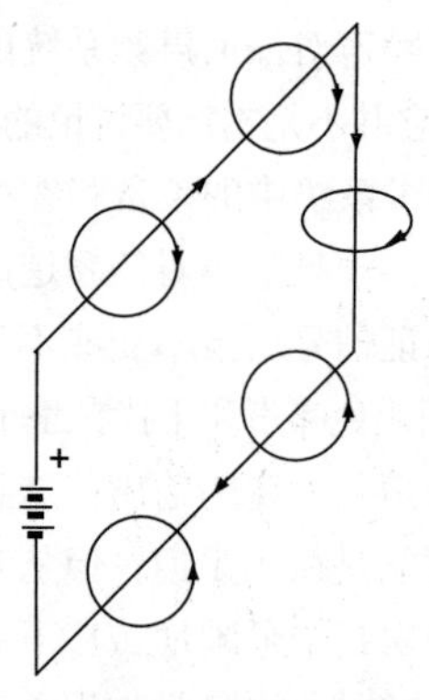

图36.4 导体周围的磁场

如果将DC电压突然加到电感器上，则在导线内部会产生磁场，并且随着电流开始流动而朝外移动。但是根据感应定律，提高场强将会感应出电压，该电压被称为反向emf，它阻止电流在导线中流动。场强增大的速度越快，所产生的阻碍电流流动的反向emf越大。最终的结果就是随着它到达最终值，电流建立的速度会慢下来，其最终值受所加的电压和电路电阻的限制。在AC电路中，如果施加的是恒定电压，则随着频率的提高电流的流动将缓慢降低，因为为了提高电流可利用的每个周期的时间都变短了。这种AC阻抗的视在提高被称为感抗。感抗随电感量和频率的提高而增大，与频率成正比。

$$X_L = 2\pi fL \quad (36\text{-}4)$$

其中，

X_L是感抗，单位为Ω；

f为频率，单位 Hz；

L为电感，单位为 H。

总之，电感器对 DC 表现为短路，而随着频率的提高，所通过的电流越来越少，它逐渐转变为开路。

阻抗表示的是含有电阻、电容和电感的电路中电阻和电抗的综合作用，这是所有现实电路所具有的真实情况。用字母 Z 表示阻抗，单位为 Ω。在欧姆定律的公式中，阻抗可以用 R 来替代。相对于电阻和电抗而言，阻抗一词用得较为普遍，对于 AC 电路而言，阻抗的作用等效于电阻。

36.2.4　信号线

导线的属性往往被人们忽略。我们以 10ft 长的 #12AWG 退火铜导线为例进行分析。

1. 导线的电阻与其长度成正比，与其直径成反比，并且与导线材料的关系非常大。查阅标准导线表格，我们会发现 #12AWG 退火铜导线的 DC 电阻为 1.59Ω/1000ft 或 0.0159Ω/10ft。在约 500Hz 以下频段，该电阻阻值为决定阻抗的主要因素。

2. 直导线的电感几乎与其直径无关，但与其长度成正比。由直的圆导线电感计算公式[1]，我们得到其电感为 4.8μH。如图 36.5 所示，它导致阻抗约从 500Hz 开始升高，在 1MHz（AM 无线电广播）时达到 30Ω。如果用直径为 1/2in 的粗铜棒取代，则阻抗只是稍微降至 23Ω。

3. 电磁波在空间或空气中以光速传播。波经历一个循环周所传输的物理距离被称为波长。

其公式为

$$M=984/f \tag{36-5}$$

式中，

M为波长，单位 ft；

f为频率，单位 MHz。

对于 1MHz 的 AM 广播、100MHz 的 FM 广播和 2GHz 的移动电话信号而言，波长分别约为 1000ft、10ft 和 6in。

4. 当导线的物理长度为某一频率对应波长的 1/4 或整数倍时，任何导线的作用都相当于一根天线。这是形成阻抗峰谷值的原因，图 36.5 所示的是以 25MHz 为间隔的情况。

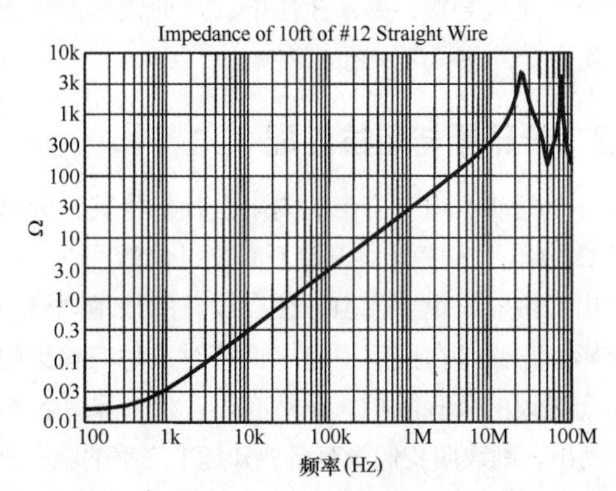

图 36.5　只有在低频时，导线才会呈现低阻特性的电路通路

36.2.5　线缆和传输线

线缆由在其长度方向上保持近距离的两根或更多根导体组成。这种类型的线缆用于 AC 电源和扬声器应用中，它通常用来向负载传输功率。在这种导体对中，由于电流以相反的方向流向和流出负载，所以所产生的磁场强度相同，但极性相反，如图 36.6 所示。从理论上看，如果两个导体处在同一空间中，则这时的外溢磁场为零，净电感也为零。因随线缆结构变化的磁耦合导致往返路径上的电感抵消，Z 型线为典型值的 50%，绞线对为 70%，同轴结构为 100%。

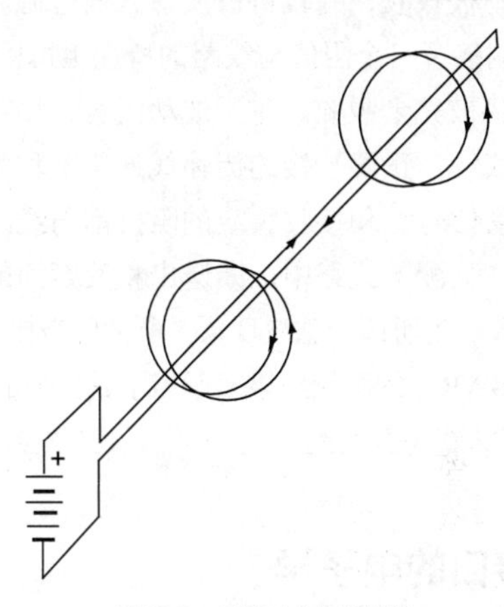

图 36.6　导线对中的场抵消

在非常高的频率上，线缆表现出了与在 60Hz 电源频率时全然不同的特性。这是因传播速度有限，这里所指的传播速度（propagation velocity）是指电能在导线中的传输速度。典型导线的传输速度约为光速的 70%，这种线缆中的波长相应就更短。在电学意义上被称为短线缆的线缆长度是指其物理长度在所关心的最高频率对应波长的 10% 以下。典型线缆在 60Hz 时的波长约为 2200 英里（mi），因此任何长度短于 220mi 的电力线从电学角度上看都是短线缆。同样，典型线缆在 20kHz 时的波长约为 34 500ft，因此任何长度短于约 3500ft 的声频线缆从电学角度上讲都是短线缆。在电学意义下的短线缆的各个点上存在的电压和电流基本上也是同样的情形，其信号耦合行为可以通过图 36.7 所示的集总电阻，电容和磁耦合电感来表示。此后，其等效电路就可以用普通的网络理论进行分析了。

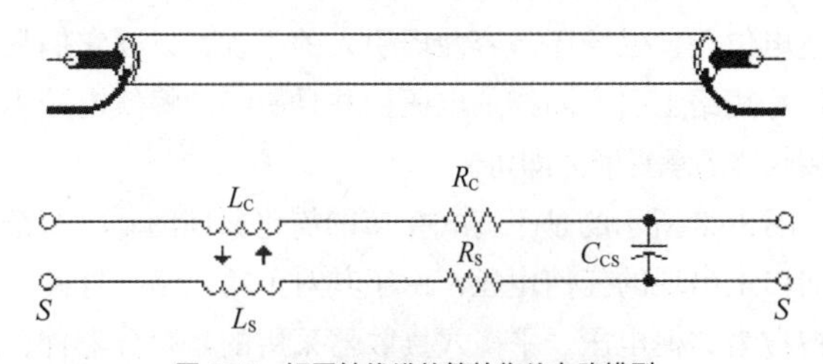

图 36.7　短同轴线缆的等效集总电路模型

当线缆长于波长的 10% 时，信号必须被视为是以电磁波的形式传播，此时线缆被称作传输线可能更为适合。这包括长度长于 7ft 的 10MHz 典型视频线缆，长于 8in 的

100MHz FM广播信号，以及长于0.8in的1000MHz CATV信号。在传输线的长度方向上瞬时电压有明显的差异。从完全实用的目的出发，其电学等效为由大量的串联小电感和电阻，以及并联的电容构成的分布电路。如果将电脉冲施加到无限长线缆的一端，则它表现为纯阻性阻抗。线缆的这种特征阻抗是其单位长度的电感和电容共同作用的结果，这是由线缆的物理结构决定的。从理论上讲，电脉冲或电波将永远在无限长的线缆中起伏波动。但是，实际的传输线始终存在一个远端。如果远端保持开路或短路，则波的能量完全不被吸收，并且将被反射回信号源。然而如果线路的远端端接了一个阻值与线路的特性阻抗相等的电阻，则波的能量将被完全吸收。对于波动而言，终端呈现的不只是简单的线缆。正确端接的传输线通常被称为匹配。一般而言，驱动信号源和接收负载的阻抗都与线路的特性阻抗相匹配。在失配的线路中，馈送出和反射回的波动间的相互作用导致产生所谓的驻波现象。所谓驻波比（Standing-Wave Ratio，SWR）的测量结果表示出了其失配的程度，1.00的SWR则意味着完全匹配。

36.3 接口的电子学

36.3.1 平衡式与非平衡式接口

信号传输系统的接口由3个部分构成：驱动器（一个设备的输出），线路（互连线缆）和接收器（另一设备的输入）。这3个组成部分连接在一起构成了信号电流的完整电路，即具有两个信号导体的一条线路。信号导体的阻抗（通常是针对地而言的）决定了接口是平衡式的，还是非平衡式的。平衡式电路的准确定义如下。

平衡式电路是一个双导线电路，其中导线和所有被连接的电路相对于地和所有其他的导线均呈现同样的阻抗。平衡的目的是要使两个导线所拾取的噪声相等，这样便形成了可以在负载上抵消的共模信号。[2]

平衡式接口是避免噪声耦合到信号电路中的极为有效的技术。这一技术对许多系统都十分有效，比如在电话系统中就是将其作为减小噪声的主要技术来使用。

从理论上讲，平衡式接口能够抑制任何干扰，不论是因地电位差、磁场还是容性场引入的干扰，只要它们在每个信号线路上引发同样的电压，并且最终的峰值电压不超过接收器的承受能力即可。

图36.8所示的是平衡式接口的简化原理图。在两个输入端口上出现的任何电压，由于其对于输入是一样的，所以被称为共模电压。平衡式接收器采用的是差分器件，不论是特定的放大器还是变压器都是如此，这样的设备只对输入间的电压差产生响应。根据定义，这样的设备对共模电压有抑制能力，即对其没有响应。该设备的差模增益与共模增益之比被称为共模抑制比（Common-Mode Rejection Ratio，CMRR）。该值通常用dB来表示，数值越大意味着对共模电压的抑制能力越强。在本章的稍后部分将会阐述实际的系统当中CMRR的恶化机理，以及并没有恰当地反映实际系统性能的该参量的传统测量方法。

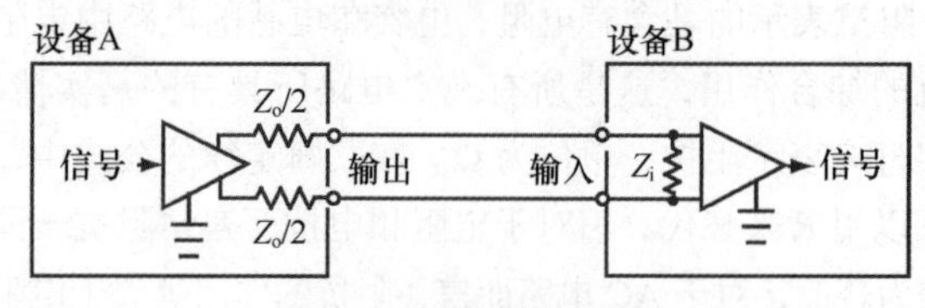

图36.8 基本的平衡式接口

当两个信号电压幅度相等且极性相反时，这两个信号电压具有对称性。虽然想要的信号对称具有优点，但是涉及的是峰值储备和串音，而不是噪声或干扰的抑制。正确的噪声或干扰抑制是与所需要差分信号的存在无关的。因此，不论信号是完全出现在一条线路上，或一条线路上的电压比另一条线路上的电压大，还是两个线路上的信号电压相等，其抑制能力可能并没有差异。然而，"对称"这种荒诞的思维方式还是流传甚广。其中的典型例子就是，每个导体上始终存在电压相等，但极性与另一导体上的信号相反的说法。在调音台上，接收这样信号的电路被称为差分放大器，导体的这种相反极性是其工作的基本出发点[3]。与许多其他的情况类似，这里所描述的平衡式接口也是针对信号的对称性而言的，但却对阻抗只字不提！即便是针对输出平衡的BBC检测实际上也是检测信号的对称性[4]。通过信号的对称来定义平衡式接口的思路犯了一个简单的常识性错误！很显然，这一思想已经对一些设计人员和大部分的音响器材发烧友产生了误导，以至于在其设计的推挽放大器中省去了差分输入级。他们简单地对（假定的）两个相对于放大器链路的地呈现出一样的对称输入信号进行放大。不存在抑制共模电压（噪声和干扰）的机制，实际上这些共模电压伴随信号一同被放大了。这样便埋下了严重的潜在危害。共模电压的抑制是平衡式接收器唯一最重要的作用。

在非平衡式电路中，一条信号导线是接地的（近似为零阻抗），而另一条导线呈现出较高的阻抗。正如我们在后面要讨论的那样，实际上不单单是信号，而且地噪声电流也都会流经接地导线，并产生压降，从而使得非平衡式接口天生就易受各种噪声问题的影响。

36.3.2 分压器与阻抗匹配

每一个驱动器均有自己的内阻，我们将其称为输出阻抗，以Ω为单位来度量。正如下面要讨论的那样，尽管实际的输出阻抗非常重要，但往往在设备的技术规格中见不到其踪影。尤其是在民用设备中，有时只是在输出的后面附上一个建议的负载阻抗。虽然有用，但如果并没有将输出阻抗列出，则说明我们没有必要知道！完美的驱动器应具有零输出阻抗，但在实际的电路设计中，这既不可能，也没必要。每个接收器也都有内阻，我们将其称为输入阻抗，并以 Ω 为单位来度量。完美的接收器应有无限大的输入阻抗，但话说回来，在实际的电路设计中也是既不可能也无必要。

图 36.8 和图 36.9 所示的是理想的平衡式和非平衡式接口。其中的三角形代表的是具有无限大输入阻抗的理想放大器（即不会分流），并且输出阻抗为零（即不限制驱动器的电流），而且线路导体不存在电阻、电容或电感。来自驱动放大器的信号电压使得电流流经驱动器的输出阻抗 Z_o、线路和接收器输入阻抗 Z_i。应注意的是，平衡式驱动器的输出阻抗被分成相等的两个部分。因为串联电路中各个部分的电流相等，故电压降与阻抗成正比，这样的电路被称为分压器。

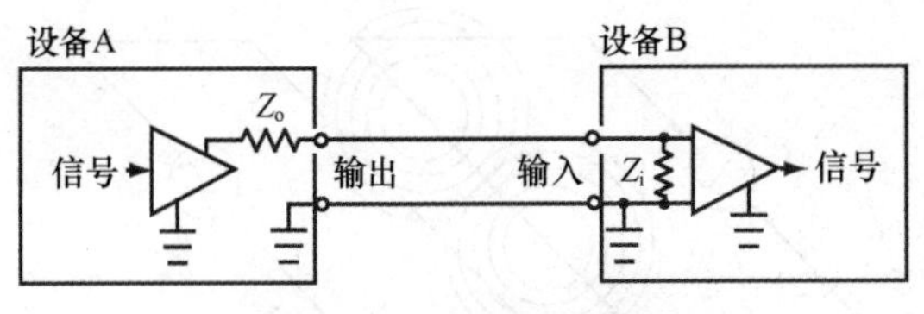

图 36.9 基本的非平衡式接口

一般而言，接口的目的就是将设备的输出信号电压最大限度地分配给另一设备的输入。使 Z_i 远大于 Z_o，就可以保证将大部分的信号电压分配给接收器，而在线路上的损失非常小。在典型的设备中，Z_o 的范围为 30Ω ～ 1kΩ，而 Z_i 的范围在 10kΩ ～ 100kΩ，也就是说可以实现 90% ～ 99.9% 的信号电压转移（即无负载或开路）。

匹配一词往往易被混淆。利用简单的数学计算和欧姆定律将证明：当 Z_o 和 Z_i 相等时，可以实现由信号源至负载的最大功率转换，只不过要损失掉一般的信号电压。如果考虑线路的影响，Z_o 和 Z_i 必须要端接或匹配线路的特征阻抗，以避免反射所带来的危害。尽管现代声频系统极少会使用必须考虑传输线影响的长线缆或最大的功率传输，但是早期的电话线系统却是要同时考虑这两个因素。电话系统最初采用的是已经存在的数英里长的电报线路明线工作的，由于导线尺寸和间距的原因，所以这种线缆的特征阻抗为 600Ω。由于当时还未使用放大器，所以系统全部都是无源的，必须在电话终端间进行最大功率的传输。因此，变压器、滤波器和其他器件均被设计成 600Ω 的阻抗，以匹配线路。这些元器件都被用于早期的扩声，无线电广播和录音系统中。即便是现如今对此已经什么要求了，但是 600Ω 的阻抗惯例还在使用。

有时，我们应用匹配的概念是为了取得某些电路性能的优化。例如，电子管功率放大器中的输出变压器就是通过将扬声器的低阻抗转换到适合电子管特性的更高阻抗上或通过阻抗匹配来实现功率输出的优化。类似地，现代技术是让 Z_i 远大于 Z_o，以在信号的接口上获得最大的电压转移，也就是人们常说的电压匹配。它采用的是 10kΩ 或更高的输入阻抗，这种连接方式被称为是桥接，因为可以将许多输入并联跨接到同一输出线路上，而忽略电平下降。为了在这类平衡式接口上驱动长达 2000 英尺的典型的屏蔽绞线对线缆，建议的最优化 Z_o 为 60Ω（Hess，1980）。

36.3.3 线路驱动和电缆电容

线路驱动器和线缆间存在两种重要的相互作用方式。第一种就是输出阻抗 Z_o 和线缆电容构成的低通滤波器将会导致高频衰减。非平衡式或平衡式屏蔽声频线缆的典型电容值约为 50pF/ft。如果输出阻抗为 1kΩ（在非平衡式的民用设备中并不常见），则线缆在 20kHz 的响应将为 -0.5dB/50ft，-1.5dB/100ft，以及 -4dB/200ft。如果输出阻抗为 100Ω（在平衡式的专业设备中很常见），则同样长度的线缆产生的影响可以忽略不计。当使用长距离线缆时，低输出阻抗尤为重要。另外还应注意的是，有些特殊的声频线缆具有高到异乎寻常的电容值。

第二种方式是线缆电容要求驱动器提供更大的高频电流。电流所要求的电容上的电压变化与电压变化率或电压转换速率（slew rate）成正比。对于正弦波而言

$$SR = 2\pi f V_p \qquad (36\text{-}6)$$

其中，

SR 每秒钟的电压变化率；

f 是频率，单位为 Hz；

V_p 为峰值电压。

$$I = SR \times C \qquad (36\text{-}7)$$

其中，

I 是电流，单位为 A；

SR 是变化率，单位为 V/μs；

C 是电容，单位为 μF。

例如，我们有一根对于 $8V_p$ 或 $5.6V_{rms}$（也就是 +17dBu 或 +15dBV）的 20kHz 正弦波，变化率为 1V/μs 的线缆。对于 50 pF/ft 的 100ft 长的线缆，C 将为 5000pF 或 0.005μF。因此，在 20kHz 时，需要 5mA 的峰值电流将线路电容刚好驱动至 +17dBu。显然，提高电平、频率、线缆电容或线缆长度将会提高所需要的电流。在之前的条件下，1000ft 长的线缆要求峰值电流为 50mA。这样的峰值电流可能导致产生保护性电流限制或导致使用于一些线路驱动器中的运算放大器产生削波。由于这种情况只是在高电平和高频时发生，所以可闻影响可能非常轻微。

当然，接收器的负载也需要电流。在 +17dBu 电平时，标称的 10kΩ 平衡式输入需要的峰值电流只有 0.8mA。然而，输入上的 600Ω 端接需要 13mA。为匹配 600Ω 信号源和负载，不仅仅是在驱动器上放置一个电流负荷，而且由于信号电压损失了 6dB（一半），驱动器必须产生 +23dBu 的信号，才能给输入分配 +17dBu。不必要的端接浪费了驱动器的电流，而且不必要的信源和负载阻抗匹配还会损失动态余量。

36.3.4 容性耦合与屏蔽

电容存在于任意的两个导电物体之间，即便两个导电物体相对距离较远。正如我们之前提及的那样，该电容的数值取决于物体的表面积和距离。当物体之间存在着AC电压差异时，虽然这些电容引发的电流较小，但却借助于变化的电场将该电流明显地由一个物体传输至另一物体（广义上讲，它指的是静电场，尽管从技术上讲这有些用词不当，因为“静”意味着不变）。

强电场由工作于高AC电压的任意导体辐射产生，并且一般会随距离变远而迅速减弱。增加耦合的因素包括提高频率、减小导线间距离、增加导线协同工作的长度、增加受影响电路的阻抗，以及加大与地平面的距离等。这些因素的其中一些存在着效用递减的临界点。例如，对于并联的22标号的导线，当导线间距加宽到1in以上时，耦合就不会再明显下降了[6]。容性耦合源自信源的电压。因此，不论电压是否加到电路上，负载上是否有电流流过，来自电源线的耦合都会存在。

可以通过在两个电路之间放置被称为屏蔽的导电材料的方法来抑制容性耦合，因为这样可以将与其相关联的电场和由此产生的电流转移至他处。屏蔽被连接至电路的某一点，此处有害的电流将被无害化地返回至信号源，也就是通常所谓的接地，有关接地的问题将在后文详述。例如，对于在反应敏感的印刷线路板与附近的AC电源线之间的容性耦合，可以通过在其间放置一块接地的金属板（屏蔽）、将线路板用薄的金属盒完全封闭起来，或者用薄的金属盒将AC电源线路密封起来等办法加以抑制。

类似的原因，如图36.10所示，屏蔽可以避免线缆中的信号线间彼此的容性耦合。诸如采用线管或叠层金属箔这类所谓的100%包裹的可靠屏蔽。由于编织线屏蔽会存在微小的孔隙，所具有的包裹覆盖率为70%～98%。当频率非常高时，这些孔隙的直径与干扰成分的波长相比就会很明显了，因此有时会使用金属箔/编织组合或者多重编织屏蔽的线缆。

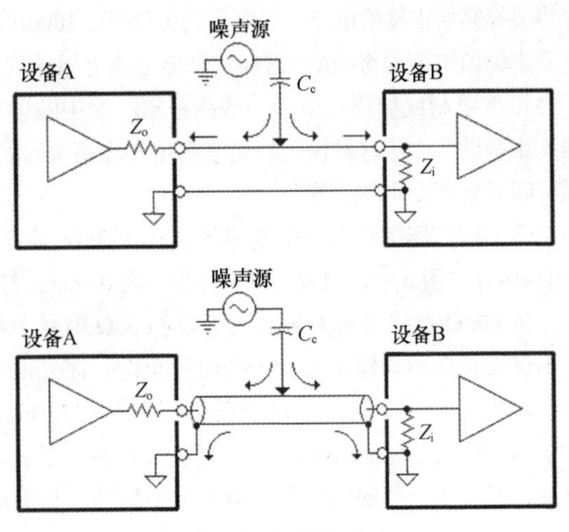

图36.10 容性噪声耦合

36.3.5 感性耦合与屏蔽

根据感应定律，当任何导体切割磁力线时，在导体内都会产生感应电压。如果交变的电流流经导体，如图36.11左侧所示，则磁场也是交变的，即强度和极性发生变化。我们可以将磁场直观化表示，即通过同心圆来表示，随时间周期性地扩张和收缩。因为随着导体经过磁场，它便垂直切割磁力线，由此在其长度方向上感应AC电压，这是变压器工作的基本原理。因此，在一个电路的导线中流动的电流可能会在另一个电路的另一根导线中感应噪声电压。例如，因为只有当电流流过信号源电路时磁场才会产生，所以来自AC电源电路的噪声耦合只有在负载电流实际存在时才会产生。

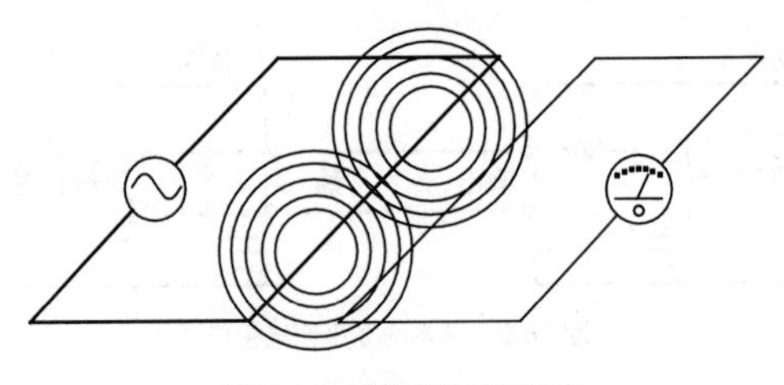

图36.11 导线间的感性耦合

如果将两个一样的导体暴露于同一AC磁场中，则它们所感应的电压将是一样的。如果它们以图36.12所示的情况串联在一起，则它们所产生的感应电压将趋于抵消。从理论上讲，如果两个导体处于相同的空间上，则这时的输出为零。

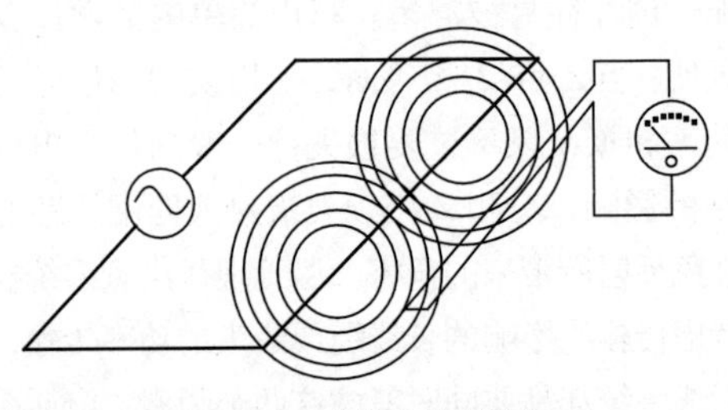

图36.12 环路的耦合抵消

随着与信源距离的加大，磁场将迅速减弱，通常强度与距离的平方成反比。因此，抵消作用的关键取决于两者距离磁场源的距离要准确一致。绞合基本上可以保证每个导体距离源的平均距离一致。所谓的星形四芯线缆使用了4条导线，它们在每根线缆的末端彼此并联连接。这些线对中的每一对有效磁中心均位于其中心线上，并且两组线对如今具有一致的中心线，将环路面积减小至零。与标准的绞线对线缆相比，星形四芯线缆具有的对电源频率磁场的免疫力要比绞线对线缆所具有的高出近100倍（40dB）。同轴线缆的屏蔽也具有与中心导体平均距离一致的特点。这样的结构技术被广泛地用来降低平衡式信号线对磁场的敏感度。总之，环路内的物理面积越小，所产生的磁辐射和磁耦合也就越小。

降低磁耦合影响的另一种方法如图36.13所示。如果两个导体的取向呈90°角（直角），则第二个导体将不切割第一个导体产生的磁力线，由此产生的感应电压也为零。因此，线缆垂直交叉产生的耦合最小，而平行走线产生的耦合最大。同样的道理也适合电路板的取向和电子设备的内部走线处理。

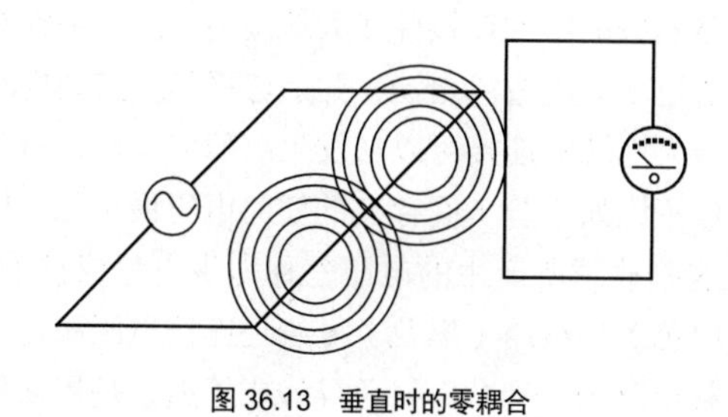

图36.13 垂直时的零耦合

磁路与电路类似。磁力线始终沿着闭合的通路或电路，从一个磁极到与其相对的磁极，并且始终是循着最小阻力或最大传导率的通路闭合。电流和导电率的等效磁参量是磁通密度和导磁率。强导磁率材料能够将磁力线或磁通汇集起来。空气和其他像铝、塑料或木材这样的非磁性材料的导磁率为1.00。普通铁氧体材料的机械钢材导磁率约为400，普通的含4%硅成分的变压器用钢的导磁率则高达7000，特殊的镍合金材料的导磁率高达100 000。磁性材料的导磁率随磁通密度的变化而变化。当磁场变得非常强时，材料可能会饱和，基本上失去为任何增加的磁力线提供便利通道的能力。材料的导磁率越高，则越趋于在较低的磁通密度下发生磁饱和，且如果受到机械压力的作用则会永久失去磁性。

磁屏蔽的基本做法是为磁力线提供一个更加便利的通道，使其避开敏感的导体、电路或设备。总之，这就是说屏蔽必须利用高导磁率材料进行完全的封闭。最有效屏蔽材料的选择要根据频率来定。在低频，也就是所谓的100kHz以下，高导磁率材料最为有效。我们可以用如下公式计算线管或线缆的屏蔽在低频时的作用如何。

$$SE = 20\lg(1+\mu t/d) \quad (36\text{-}8)$$

其中，

SE 是以dB来表示的屏蔽效果；

μ 是屏蔽材料的导磁率；

t 和 d 分别是管线或屏蔽的厚度和直径（同一单位）[7]。

所以，标准的采用低频导磁率为300的低碳钢制成的1in EMT可提供约24dB的低频磁屏蔽，但在频率到了100kHz时屏蔽则降为零。值得庆幸的是，通常只是低频磁场出现问题。在严重的情况下，可能必须在一个磁屏蔽外面再套一层屏蔽才能起作用。

典型的铜编织或铝箔屏蔽线缆对声频频段的磁场几乎没有作用。如果屏蔽在两端被接地了，则其作用有点类似于屏蔽内部导体免受磁场影响的短路环[8]。根据线缆屏蔽的接地端之间的外部阻抗，它可以对10kHz～100kHz范围上的磁场起作用。铝质或铜质的屏蔽盒被广泛用于密闭RF电路，因为它们通过涡流作用来阻止磁场，而且其对电场也有出色的屏蔽作用。参阅参考文献9中有关这种高频屏蔽的全面解释。然而，铜或铝屏蔽对于声频范围上的磁场所引发的噪声耦合作用几乎没什么屏蔽效果。

36.4 接地

从历史发展的角度看，必须接地是为了免受雷电击和工业生产（比如，面粉加工厂的传送带设备）产生的静电场的威胁。随着实用供电系统的发展，接地成为保护人和设备安全的标准实用操作规范。随着电子技术的进步，各种电路的公共返回通路一般就是指地，而不去追究其是否最终与大地相连接。因此，广泛使用的接地一词已经变得含义模糊，并常常让人捉摸不透。从广义上讲，接地的目的是取得最小化的电压差所进行的导电物体（比如设备）间的互连。接地的准确通用定义是为电流提供的返回通路，电流始终是要返回到信号源的。通路的建立可能是有意为之，也可能是偶然形成的——电子并不关心，也不会去读方框图！[10]。

与接地相关的噪声可能是任何声频系统中面临的最重要问题。其共同的表现是哼鸣声、嗡嗡声，咔嗒声和其他噪声。因为设备制造商总是不厌其烦地用含糊其词的所谓“接地不良”来解释这些问题，大部分系统安装者认为整个这一主题就是一个“玄学”。各个专家所提出的相悖的观点更增加了其含糊性。不客气地讲，大部分高校很少讲授有关现实当中接地问题的内容。毕业生们头脑中幻想的接地就是所有的地具有相等的电位——它们具有相同的电压。幻想肯定会使他们对框图中的那些接地符号所包含的复杂含义进行现实的解释，而且同样的幻想还可能导致其使用的声频设备和系统设计有引入噪声之患。

接地有几个重要的目的，且最常见的目的是有意或无意建立起的单地电路的目的也不止一个。如果我们打算控制或消除声频系统中的噪声，则必须掌握这些接地电路的工作原理，以及噪声是如何耦合到信号电路中的。

36.4.1 接入大地

接入大地就是通过一个低阻抗通路连接大地的实际接地方法。通常而言，接入大地是避免人受雷击的唯一必要措施。在诸如National Electrical Code（NEC，或就称Code）这样的现代标准颁布之前，危害电源线路的雷电常常很容易直接进入建筑物，引发火灾或致人毙命。雷电是大地和云形成的巨大电容器的放电现象。雷电产生数百万伏和数万安培的电压和电流，其以热、光和电磁场等形式辐射出令人难以想象的巨大瞬时能量。从电子学的角度讲，光属于高频事件，其大部分能量集中在300kHz频率以上！这就是为何我们此前讨论导线到接地棒的距离要尽可能短，并尽可能不要形成急弯折。电动机产生的最严重的损害可以通过简单地让电流在进入建筑物之前通过容易的、低阻抗通路到地。因为头顶上的电力线常常是雷电袭击的目标，所以实际在线路的所有现代电力分配上，沿着其长度方向常常会有一个导体连接大地。

AC 电能是如何将三相电分离成单相电送至建筑物内的典型 120 V_{ac} 支线电路的插孔上的如图 36.14 所示。供电的导线之一通常是不绝缘隔离的，这条线便是接地的中性导体。应注意的是，每个支路都有白色的中性线和绿色的安全地线两条线，这两条线是彼此绕在一起的，按照条例的要求，在供电的入口处要有一个接入大地的接地棒（或等效的接地电极系统）。这种接入大地的方式是将邻近建筑的接地连到一个有效的接地装置上，为雷电电流流入大地提供一条方便之路。

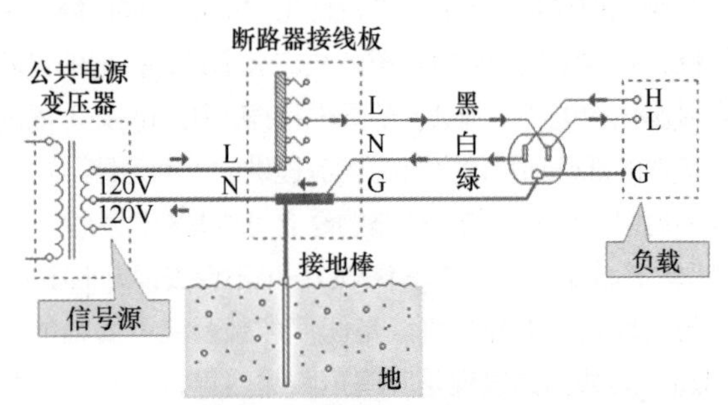

图 36.14　在居民区 AC 供电中由馈电箱到电源插口的简化图

电话，CATV 和卫星 TV 线缆也需要在进入建筑物之前将雷电的能量转移或耗散掉。为 telco 供电的灰盒子或 NIU 为电话线路提供这种保护，而 x 接地装置是为 CATV 和卫星蝶形天线提供这种保护的。NEC Articles 800，810 和 820 分别针对电话、卫星 /TV 天线和 CATV 的要求进行了描述。如果地线长度为 20ft 或更短，则所有保护性接地连接应采用用于实用电源的同一接地棒实现。如果地线较长，则必须使用单独的接地棒，并且这些接地棒必须通过 #6AWG 线绑定到主电源地电极上 [11]。否则由于两个独立的接地棒之间的土壤存在可观的电阻，所以在发生雷电时或者为信号线路提供电能的电源线发生坠落时，两个接地棒之间的电压可能高达数千伏。如果在这种情况下不将其绑定到一起，则可能导致像计算机调制解调器这样的设备发生严重损坏，将接地的计算机通过其电源线和电话线的保护地将一个接地棒跨接到另一个接地棒上 [12]。

36.4.2　故障或安全地

任何有暴露在外的传导部件（包括信号连接件）的 AC 线路供电设备如果存在内部缺陷，都有可能成为电击或电击致死的危险隐患。在电源变压器，开关，电动机和其他内部器件中采用绝缘处理，以保持各自的电学归属。绝缘可能失效的原因多种多样，并将电源连接到暴露的金属上。这种类型的缺陷被称为故障。例如，当某人意外同时接触机器和水龙头时，洗衣机可能电击人致死（假设接地是通过埋设的金属管实现的）。

NEC 要求家庭和建筑物采用图 36.15 所示的三线系统进行 120 V_{ac} 的配电。为了避免电击致人死亡，大多数设备都有一条金属暴露在外的第 3 根导线，它连接插孔的安全地针脚。插孔的安全地是通过绿色导线或金属导管跳接主电源断路器板的中性连接件和大地接地端。与中性端的连接允许流过较大的故障电流，并迅速平稳地启动电路断路器，而与大地端的连接可以在发生故障期间使设备与其他接地物体（比如水管）间存在的任何电压最小化。电力工程师将这些故障所产生的电压差称为步电势或接触电势。中性（白色）和线路（黑色）导线是连接电压源与负载的标准负载电路的一部分。绿色导线或管道只是用来传导故障电流的。NEC 还对安全接地导线的管线和设备箱（包括机柜）进行了要求。按照 Article 250-95，安全接地导线可以是裸线也可以是绝缘线，其最小规格尺寸要求为支路电路上 15A 的电流要使用 #14 铜线，20A 的电流要使用 #12 铜线，只有这样才能确保电路断路器快速动作。这种接地通路必须绑定于安全地系统中，而不是建筑钢材或独立的大地接地系统中！独立的大地接地不能提供安全接地！如图 36.16 所示，在发生故障的情况下，土壤的电阻远高于确保电路断路器平稳工作的电阻 [13]。通过在合适位置安装安全地，可使致命的设备故障导致的来自电源线路热线的高电流进入安全地，快速平稳地启动电路断路器，并将电力从这些支路电路中断开。在许多住宅和商业建筑中的安全接地是通过金属管道、金属 J- 盒和叉状接地或 SG 插座实现的。技术或隔离接地将在后文中讨论。

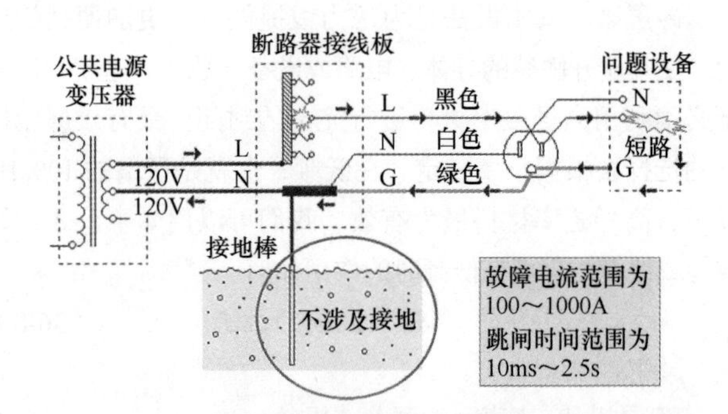

图 36.15　连接到中性结合点的安全接地可提供在发生故障时的安全保护

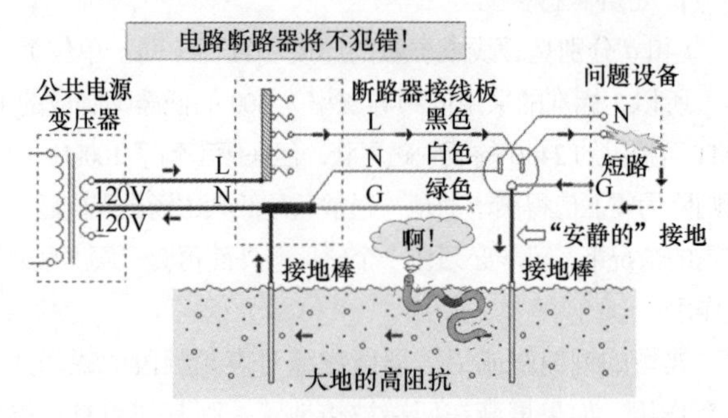

图 36.16　接入大地的接地方式不能提供在发生故障时的安全保护

当我们试图查找并纠正系统的噪声问题时，常常是假定电源插座的接线是正确的。通常价格不到 10 美元的廉价插座检测仪就能发现诸如热端 - 中性端或热端 - 接地端接反和断路这样的危险问题。因为它们检查的是针脚间的电压是否正确，中性和地端通常为 0V，所以它们不能检查出中性端 - 接地端接反的问题。这种具有隐蔽性的接线错误可能会导致声频系统陷入噪声问题的梦魇。虽然用眼观察并发现错误也是一种可行的办法，但是如果插座的数量很多的话，则要花费大量的人力。对于大型系统而言，即便是不能断电的系统，采用灵敏的、非接触钳式电流探针也可以在发生问题时帮助确定下一步该做些什么[14]。条例要求中性和安全地只能在电力供应断开时再进行绑定，这说明该操作一般要在电源断路板上完成。严重的系统噪声问题也可能是建筑内部其他地方的走线而形成的外来中性端到地的连接引起的。在这种情况下，可以采用特殊的检测程序来确定问题所在[15]。

千万不要使用像三脚到两脚的 AC 插头适配器（也叫接地提升器）这样的器件来解决噪声问题！这样的适配器原本是为了当三脚插头一定要连接 1960 年代建筑的两脚插孔时提供安全地（通过扣板螺钉固定到接地插座和 J- 盒），如图 36.17 所示。

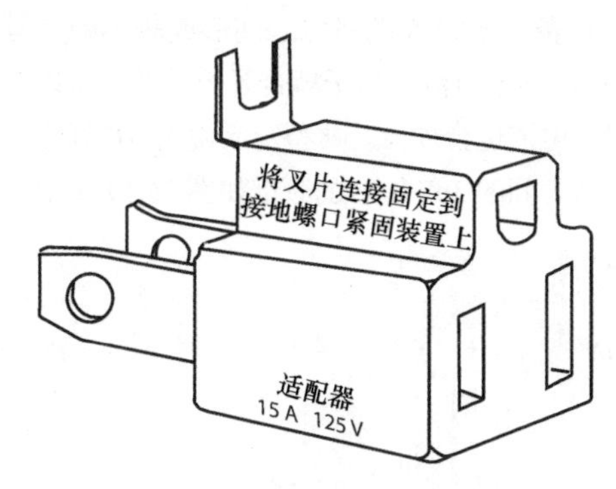

图 36.17　认定为可提供安全性接地的器件

下面分析带有接地 AC 插头的两台仪器通过一条线缆连接的情况。假如一台仪器在其插脚上有接地提升器，而另一台没有。如果故障发生在有接地提升器的仪器上，则故障电流会通过这单条线缆流到接地仪器上。这样极有可能导致线缆熔化，并引发火灾！

另外，美国每年因民用声频和视频设备使用不当发生电击事故致人死亡的人数约 10 人。在典型的年份中，这类设备导致约 2000 幢住宅发生火灾，并导致 100 人受伤，20 人死亡，超过 3 亿美元的财产损失，如图 36.18 所示[16, 17]。

图 36.18　如果整个系统只有一个浮地设备保护装置，那么互连线缆可能会带上足以致命的电压

在一些小规模的应用中，电动工具和民用电器配备的都是些两脚（不带接地）的 AC 插头，有时将其称为双路绝缘型（double insulated），这些设备是专门设计的，以满足严格的 UL 和其他规定的要求，并保证即便是两路绝缘系统中的一路有问题也不会发生安全事故。

通常在电源变压器或电动机线圈绕组中有一个一次性的热熔断开关，它可以避免设备过热和由此产生的绝缘失效的故障。只有带 UL 标识的设备，以及最初配备的就是无接地 AC 插头的设备还在无安全接地的情况下工作。最初配备的就是带接地脚的三脚插头设备必须在完成了安全且正确的连接的情况下工作！

36.4.3　信号地和 EMC

EMC 代表的是电磁兼容性（electromagnetic compatibility），它讨论是电子设备产生的干扰场，以及该设备对其他设备所产生干扰的易感性问题。随着世界上无线和数字技术的不断发展，日常的电磁环境正变得越来越差。工作于其他领域的工程师，尤其是信息技术和 IT 领域（应用的信号 / 数据频率非常高且频带窄）倾向于在声频系统对抗恶劣电磁环境方面使困难最小化。实际上，高质量的声频系统在如下两方面体现出它是特殊的电子系统。

1. 信号覆盖的频率范围非常宽，有将近 5 个十倍频程。
2. 信号可能需要非常宽的动态范围，目前超过了 120dB。

此外的困难性还体现在 AC 电源的频率及其谐波也落在了系统的工作频率范围内。您可能怀疑在控制电子设备和系统的辐射和易感性方面接地所扮演角色的关键性。一般而言，降低辐射的原理和技术同样也降低了易感性。接地解决方案一般不外乎下面 3 种的一种。

1. 单点或星形接地。
2. 多点或网状接地。
3. 频率选择过渡或组合式接地。

一方面，当频率低于约 1MHz（它包括声频），实际上所有的专家都认同：星形接地的工作效果最佳，因为这时系统接线相对于其波长而言，电气长度短。在这些低频频率上，主要的噪声耦合问题源自导线和电子元器件的简单集总参数特性。这包括导线的电阻和电感，供电电源和系统地之间电容产生的噪声电流，以及磁性和容性耦合作用等。

另一方面，当处在较高频率上时，系统接线可能变成电子学意义上的长线缆，而传输线效应（诸如驻波和谐振）演变成为主要的问题。例如，因为 25ft（7.5 m）声频线缆的长度相当于是 10MHz 频率的 1/4 波长，故演变成了天线。当频率达到 100MHz 或更高时，即便是 12in（30cm）的导线可能也不再认为是地阻抗通路了。为了在这些频率之下仍然保持接地的有效性，所以接地方案必须模拟成具有极低阻抗的所谓接地平面（ground plane）的一块平坦金属。实际上，这一点只能通过导线形成的多点接地系统来近似实现。两点之间导线长度必须保持在 1/4 波长以下，因此随着频率的提高，必须使用数量更多，长度更短的导线来构建网栅。最终，只有真正的接地平面可以在非常高的频率上产生低阻的接地连接，即便接地平面不是完美或等电位的（即各点为零）接地。由于其具有有限的阻抗，所以在各连接点与接地平面之间会产生明显的电压差[18]。因此，人们也就不应奇怪为何IT和RF工程师喜欢用网状接地技术，而声频工程师喜欢用星形接地技术了。

对于供电电源和声频频率而言，所谓的地环路会让噪声和信号电流在公共导线中混合。单点接地通过将信号电流和噪声电流控制在独立的通路上来避免这一问题。但是在超声频和射频频率上，由于它看上去像是导体，而噪声电流倾向于不从寄生电容构成的电路中流过，而使噪声电流趋于从导线旁路。除非在实际的系统中控制高频干扰，否则星形接地就是根本性的做法。虽然网状接地在控制高频干扰方面的效果确实更好一些，但是由于它会形成许多地环路，所以低频噪声很容易损伤信号。对于声频系统而言，这显然是负面的因素。

这种负面的影响可以通过组合接地方案加以解决。电容可以建立多个高频接地连接，而声频电流则利用直接的导线连接确立的通路来流动。因此，接地系统的工作原理为：在低频时相当于星形系统，而在高频时相当于网状系统[19]。这种接地平面和星形接地的组合式接地技术在电路板或整台设备的物理尺寸合适时是相当实用的做法。在声频线缆的屏蔽接地方面，系统层面同样也存在这种冲突因素。理想的情况是，在低频时屏蔽应只单端接地，而为了获得对RF干扰的最大免疫力又应双端接地（如果可能的话，甚至在中间点也接地）。这一问题可以通过在一端直接接地，而在另一端通过小电容接地的方法来解决[20]。有关屏蔽接地的内容会在36.5.2小节中讨论。

36.4.4 接地与系统噪声

大部分现实的系统都至少是由两台以上的由实用AC电源供电的设备组成的。这些电源线路连接不可避免地会导致有明显的电流流入接地导体和遍布整个系统的信号互连线缆。接线正确，充分符合规范要求的AC接线产生小的地电位差和漏电电流。从安全角度上讲，虽然它们是无害的，但从系统噪声的角度看则是潜在的危害。有些工程师急切地想通过大的导体将这些不想要的电压差短路掉，以减小其影响。但结果往往使其大失所望[21]。另一些工程师则认为系统噪声可以通过简单地找到一个多快好省的安静接地方法来尝试改善。他们抱着一种幻想，认为噪声电流可以通过神奇的方法直接导入大地，并由此永远地消失，无影无踪！[22]实际上，由于大地也像其他的导体一样存在着电阻，接入大地的连接点相对于其他的接地连接点或任何其他的神秘或绝对参考点而言并不是零电位。

36.4.4.1 电源线噪声

除了60Hz的正弦波电压外，电源线路通常还含有宽谱的谐波和噪声。这类噪声由给电子设备、荧光灯、调光器，以及诸如开关、继电器或电刷式电动机（比如搅拌机，剃须刀等）这样的间续式或点火式负载供电的电源产生的。导致负载电流突然发生变化的任何设备（比如声名狼藉的调光器）将会产生高频噪声。即便是普通的照明开关，在开关切换时内部也会产生短暂的电弧，从而产生一个类似的脉冲。这种噪声至少在1MHz之内包含了明显的能量，该能量会进入电源接线。导线的作用相当于是一组复杂的错误端接传输线路，它不受控制，并导致能量在整个线路上来回反射，直至能量完全被吸收或辐射。电源线路噪声可能会以几种方式耦合到信号通路中，一般这要取决于设备采用的是两脚还是三脚（接地型）AC电源连接。

36.4.4.2 寄生电容和泄漏电流噪声

在每台AC供电的设备中，寄生电容（从未示于框图中）始终存在于电源线路与内部电路地和/或机箱间，因为无法避免电源变压器的绕组间电容和其他连接于线路的元器件。特别是当设备中包含任何形式的数字信号时，也可能在电源线路滤波中存在有意设置的电容。这些电容会在电源线路与每一设备的机箱或电路地之间形成较小的，但却十分明显的60Hz漏电电流。由于耦合是容性的，所以在噪声频率提高时，电流也会加大。典型写字楼内AC插座中流经线路和安全地之间的3nF电容的频谱如图36.19所示。

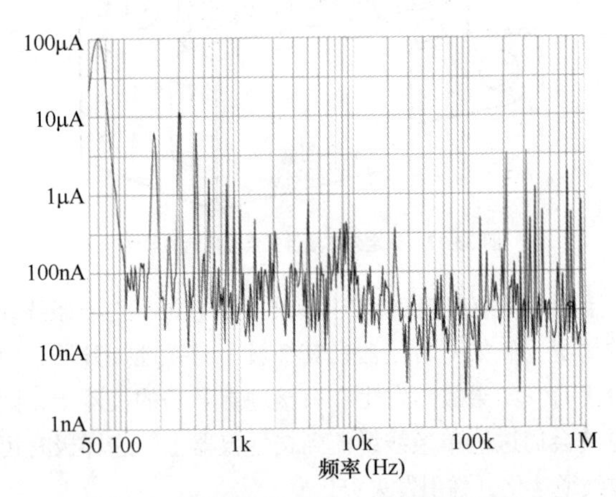

图36.19 通过3000pF电容进入75Ω频谱分析仪输入的由电源线耦合到安全地的典型泄漏电流

这一微小的电流尽管不会造成电击的危险，但是当它被耦合到声频信号通路时，则会引发哼鸣声、嗡嗡声、爆破声、咔嗒声，以及其他表现形式的噪声。这种容性耦合更偏重于高频，使得嗡嗡声出现的可能性远高于纯音的哼鸣声。我们必须像接受现实生活那样，接受噪声泄漏电流的存在。

36.4.4.3 寄生变压器和交互输出口地电压噪声

当负载电流流入图36.20所示的电路导体时，会在安全地线中磁感应出真实的电压。传输负载电流的线路和中性导体周围的磁场会在安全地导体的长度上磁感应出少量的电压，形成有效的寄生变压器。安全地导体离线路或中性导体越近，感应的电压越高。因为在任意瞬间，线路和中性电流相等，只是流向相反，如图36.21所示，在线路和中

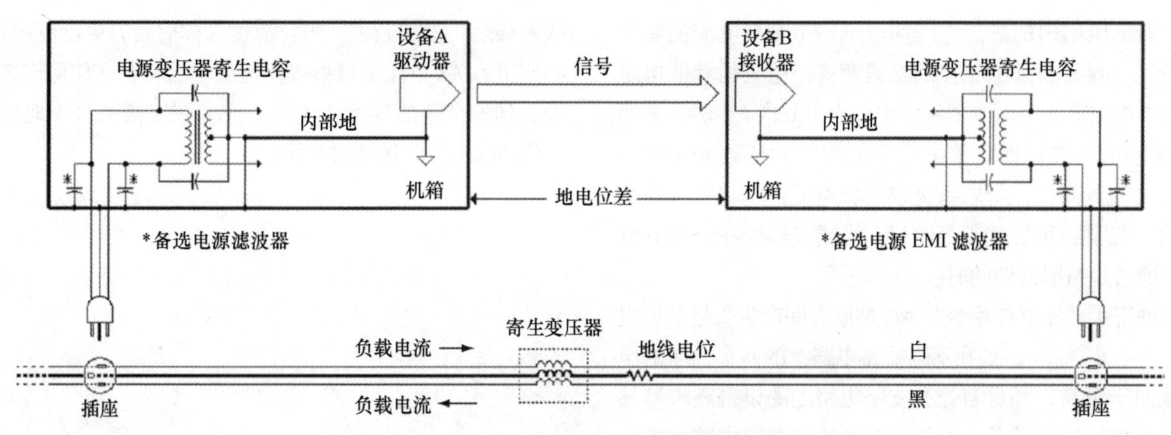

图 36.20　电压差是借助一定长度的安全地预埋线通过磁耦合产生的

性导体的正中间存在一个零磁场平面。因此，Romex 和类似的绑扎线缆相对于管线中的单根导线而言，其所产生的感应电压一般都明显较低，因为管线中的导线的相对位置不受控制。

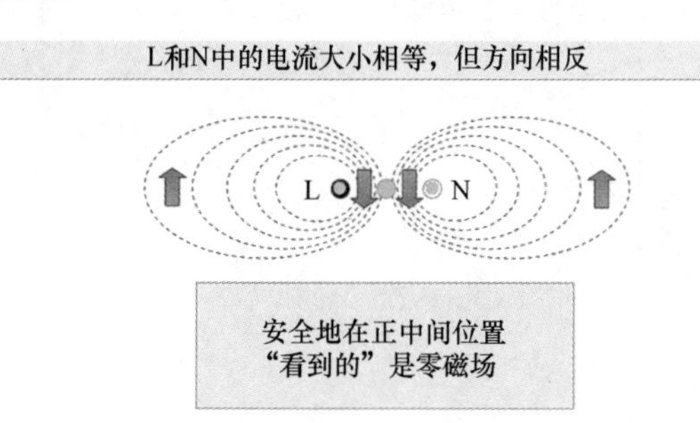

图 36.21　导线周围的磁场和中性区可以将电压耦合到安全地上

图 36.22 所示的是 AES 主题论文 [23] 中阐述实验的结论：

1. 创建一个精心受控的“参考基准”导体几何结构，以证明预测的理论。

2. 在模拟设备电源谐波电流的频率范围上对居所交流供电布线中几种广泛采用的导体配置进行比较。实验也检验了为了进一步降低“管线变压器”内地电压感应或 GVI 的鲜为人知的和有点激进的想法。

该变压器内的感应电压与电路中负载电流的变化率成正比。其结果导致在所有图中都存在 20dB/10 倍的上升斜率。其原因在于普通的相控调光器在快速切换电流时产生较大的干扰。如图 36.23（a）所示，廉价的调光器驱动 6 只 100W 白炽灯，并且设定为 50% 亮度（干扰最严重的情况）时的电路电流。如图 36.23（b）所示，将时间刻度扩大后的上升时间——从 0 到 8A 的瞬态时间仅大约 5μs，并且具有的实际能量持续到 70kHz。由于进入安全地的磁感应倾向于高频，所以系统中的噪声敏感性问题会在存在调光器的情形下变得最为显著。

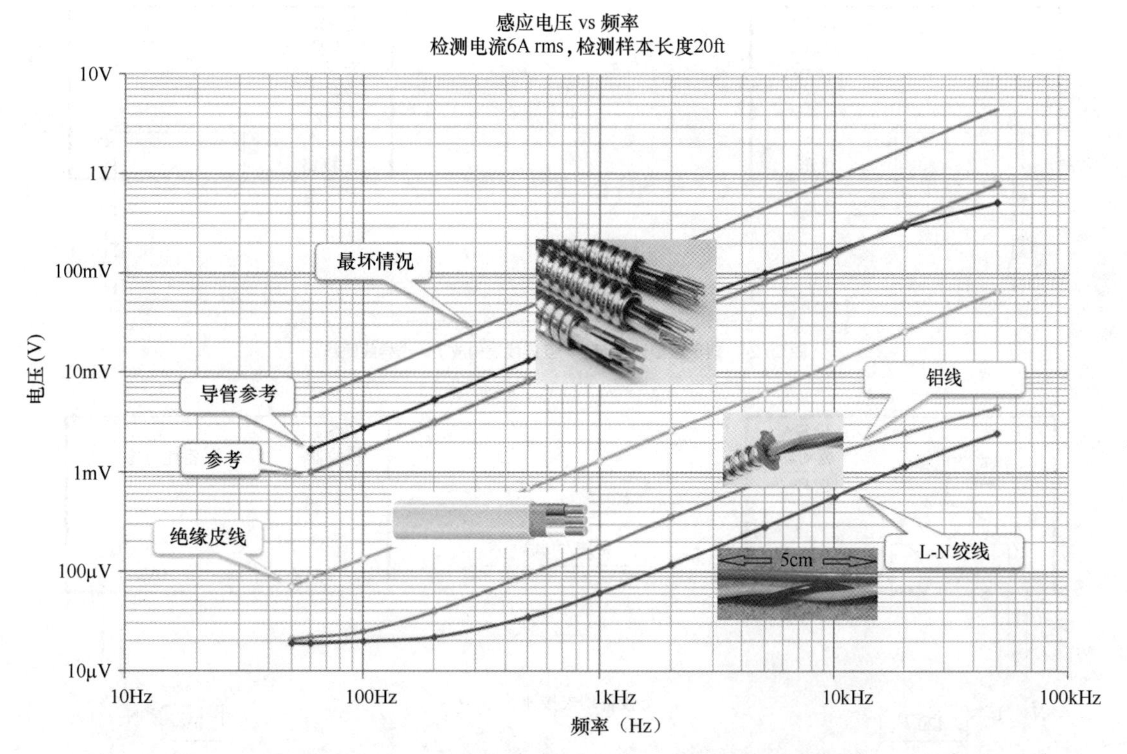

图 36.22　楼宇内交流电源布线中各种导体配置的地电压感应测量结果

任何变压器内的感应电压都与电路中负载电流的变化率成正比。对于普通的相控调光器而言，感应的峰值电压可能变得相当高。当调光器触发电流为120次/秒时，如图36.23所示的开关切换非常快（几毫秒）。由于到安全地的磁感应更偏重高频，所以系统中的噪声耦合问题在存在调光器的情况下将可能变得最明显。当调光器处在一半亮度设定时通常是情况最差的时候。

这种寄生变压器作用会在AC插座之间产生少量的地电位差，一般小于1V。处在不同支路电路上的两个插座的电位差倾向于更高，并且若处在支路电路上的设备还被连接到诸如CATV馈电装置、卫星碟形天线或建筑内部的捆扎线路上，则这一电位差还会更高。我们必须像接受日常现象那样接受地噪声电压。

36.4.4.4　地环路

从我们的角度来看，当信号线缆连接两台设备，而设备又连接到电源线路或其他设备时，电源-线路-支路电流在信号线缆内流动，从而形成地环路。

第一种，通常也是最差一种地环路出现在接地设备（具有三脚AC插头的设备）之间。如图36.24所示，电流在信号线缆内流动，它很容易达到100mA或更大。

第二种地环路出现在浮地设备（具有两脚AC插头的设备）之间。在框图中的每对电容CF（用于EMI滤波器）和CP（针对电源变压器寄生的）在线路和中性端之间形成了一个电容分压器，致使$120V_{ac}$的一部分出现在机箱和地之间。对于带UL标识的未接地设备，这一漏电电流必须是在0.75mA以下（办公设备为0.5mA以下）。这种小电流可能使人厌烦，但却无害，当它流过人体时会有麻酥酥的感觉。我们更为关心的是：这些噪声泄漏电流将会在任何连接浮地设备到安全地的导线中流动，或者在连接两台浮地设备的导线中流动，如图36.25所示。

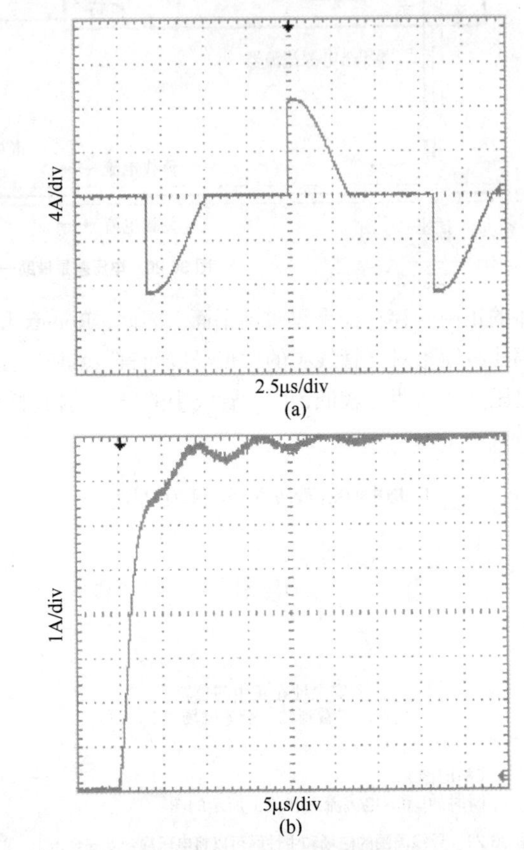

图36.23　(a) 相控调光器电流。(b) 为了显示开关速度将上升时间放大

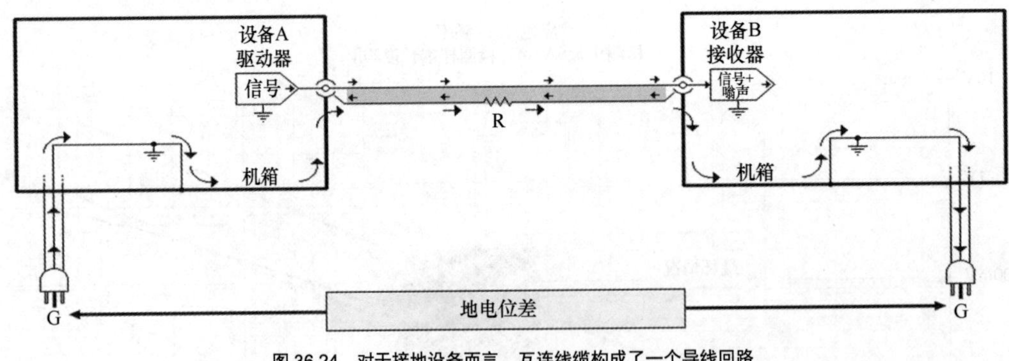

图36.24　对于接地设备而言，互连线缆构成了一个导线回路

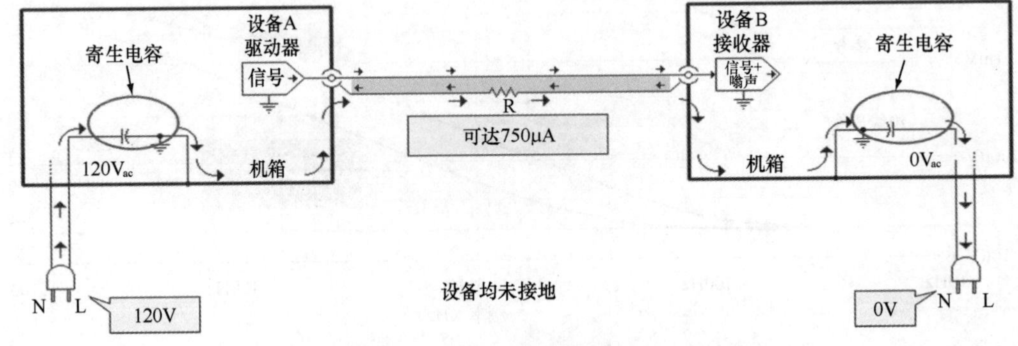

图36.25　对于未接地设备而言，互连线缆构成了一个容性回路

36.5　系统中的接口问题

如果整个声频系统采用了设计正确的平衡式接口，那么理论上是不存在噪声的。直到大约 20 世纪 70 年代，设备设计才允许实际的系统与这一理想化的理念非常接近。但是此后平衡式接口成为两大设计问题的牺牲品——谈论这两个问题可能会招致设备制造商的抱怨。认真研究制造商的技术指标和数据表会发现它们都没有反映出来这些问题——其祸根在于细节。这些问题都因大多数制造商的市场营销部门所谓的超过同一时期指标的成功说教而有效地化解了。

第一个问题就是噪声抑制能力的下降，这一问题在采用固态差分放大器取代输入变压器时就开始表现出来了。第二个问题是针脚 1 的问题，它是在大量采用 PC 板和塑料连接件取代原有的金属件时表现出来的。虽然进行正确的设计可以避免这两个问题，当然依照作者的观点，其中的部分问题是因为真正了解并从本质上掌握这一主题的模拟设计工程师数量的减少，而工程学校对大部分学生讲授的是数字技术的未来，而大大忽略了模拟这一主题。其他一些并不太严重的与平衡式接口相关的问题是平衡式线缆结构和对线缆屏蔽连接的选择引发的。

另一方面，非平衡式接口本身所固有的问题有效地将其限制在只能在电子环境非常好的环境下使用。当然，即便使用外接地隔离器设备可以解决这个问题，但是最好还是避免在专业系统中使用它们!

36.5.1　共模抑制的恶化

平衡式接口已经成为专业音响设备的传统标志。在理论上，由这样的设备构成的系统完全是无噪声的。然而，常被忽略的一个事实就是：整个信号接口的共模抑制并不单单取决于接收器，而且还和接收器与驱动器，以及作为子系统的线路性能有关。

简化的平衡式接口如图 36.26 所示，驱动器的输出阻抗 $Z_o/2$ 和接收器的输入阻抗 Z_{cm} 构成了图 36.27 所示的惠斯通电桥。如果电桥是不平衡的或未调零的，则接地噪声 V_{cm} 的一部分将转换成线路中的差分信号。共模电压的这种调零关键取决于驱动器 / 接收器对的 + 和 - 电路支路中共模阻抗 R_{cm} 的比值匹配。通过跨接于两条线路上的阻抗（比如图 36.28 中的信号输入阻抗 Z_i 和驱动器的信号输出阻抗）并不影响平衡和调零。这是共模阻抗的问题!

当所有臂具有同样的阻抗时，电桥对其中一个臂上的任何微小阻抗变化都十分敏感[24]。当上臂和下臂存在很大的阻抗差时，电桥是最不敏感的——例如，当上臂阻抗非常低，下臂非常高，或者反过来。因此，我们可以通过让一端的共模阻抗非常低，而另一端的非常高来使将平衡式系统（电桥）对阻抗不平衡的敏感性最小化。这一条件与 36.3.2 节中讨论的电压匹配要求是一致的。

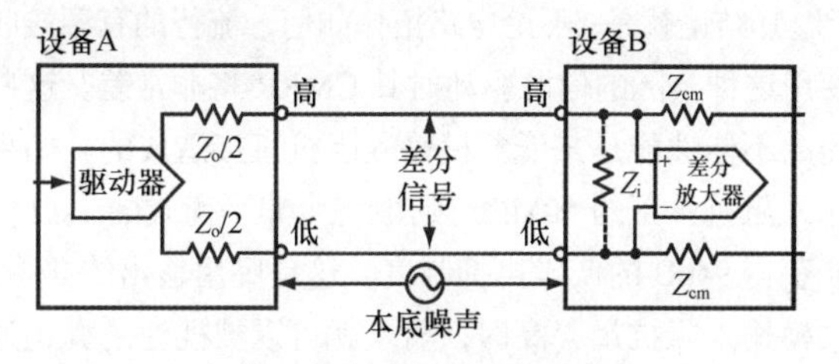

图 36.26　简化的平衡式接口

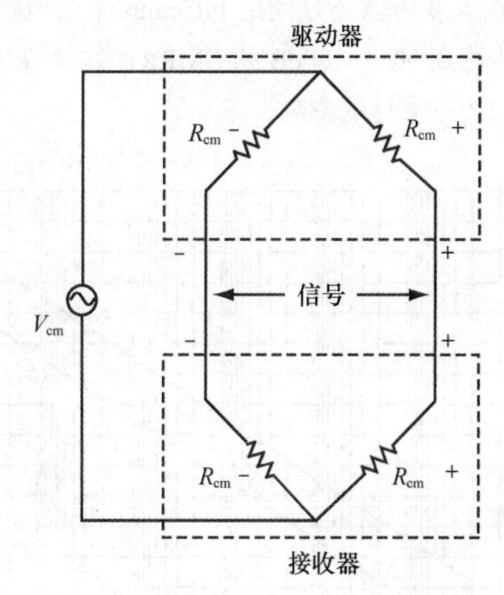

图 36.27　平衡式接口是一个惠斯通电桥

大多数有源线路接收器，包括图 36.28 所示的基本差分放大器，其共模输入阻抗在 5kΩ ～ 50kΩ 的范围，这并不足以维持实际源的高 CMRR。如果共模输入阻抗为 5kΩ，源的不平衡性仅有 1Ω，这种不平衡性可能是由一般性接触和导线电阻变化引起的，则导致 CMRR 恶化 50dB。在同样的条件下，良好的输入变压器的 CMRR 将不受影响，因为它的共模输入阻抗高达 50MΩ。图 36.29 所示的是针对不同接收器的共模输入阻抗计算出的 CMRR 与信源不平衡性的关系。热噪声和其他限制因素将大部分实测 CMRR 结果的实用值限定在 130dB 左右。

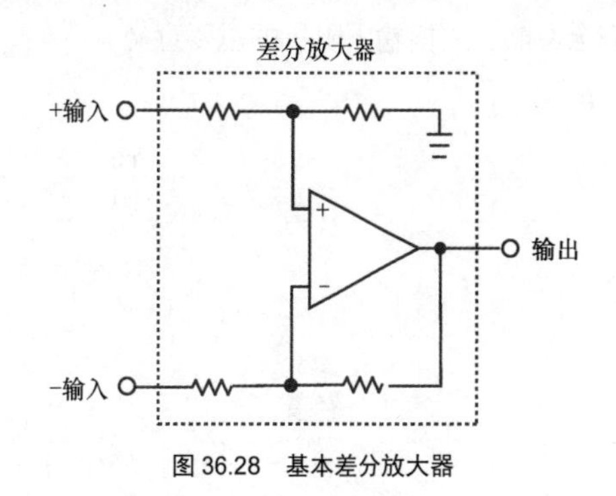

图 36.28　基本差分放大器

实际的信号源到底存在多大的不平衡性呢？内部电阻和电容决定了驱动器的输出阻抗。在典型设备中，$Z_o/2$ 可能出在 25 ～ 300Ω 的范围上。由于电阻通常存在 ±5% 的公差，而且电阻和电容的公差最好也就 ±20%，所以大约 20Ω 的阻抗不平衡性是日常应用所期望的。这定义了一个真实的信号源。在前一篇文章中，这一作者已经研究了平衡声频接口的一些细节，包括对各种接收器类型的性能比较[25]。其结论就是：不论电路拓扑如何，流行的有源接收器在使用这种实际的信源驱动时其CMRR将非常差。这些接收器的不佳性能是其低共模输入阻抗直接造成的。如果共模输入阻抗升至约50MΩ，则由完全非平衡式的1kΩ信源也能获得94dB的低噪声抑制度，这是民用输出的典型值。当共模输入阻抗足够高时，输入就可以被视为是真正通用的，且适合任何信源——平衡式或非平衡式信源。不论是采用优质的输入变压器还是使用InGenius集成电路的接收器[26]一般都能达到90～100dB的CMRR，并保持其不受典型的实际输出不平衡性的影响。

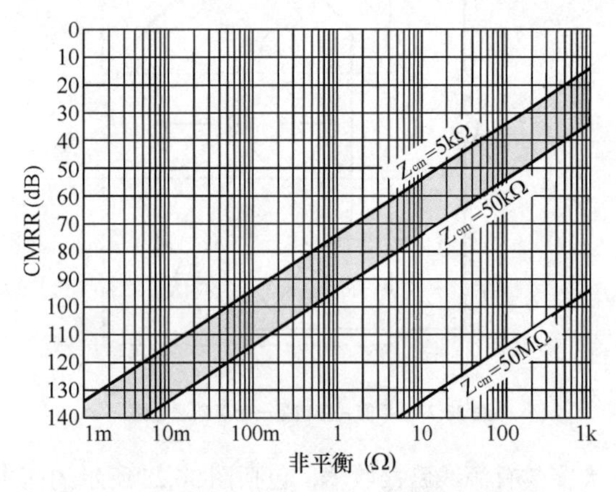

图36.29 噪声抑制性能与源阻抗/非平衡性之间的关系

本质上平衡式接口普遍被声频设备的设计者误解。将简单的差分放大器当作平衡式线缆接收器来使用的普遍做法就是例证。好在事情并不太坏，因为有些人已经尝试改善它了。测量输入X和Y，个别的简单差分放大器的输入阻抗使一些设计者要改变其等电阻阻值。然而，如图36.30所示，如果能同时正确测量阻抗，则一切就变得简单且无误了。粗糙的设计安装导致共模阻抗不平衡，从而使接口对任何实际信源的CMRR受到损害。对这种类型和其他类型误导的改善完全忽略了共模输入阻抗的重要意义。

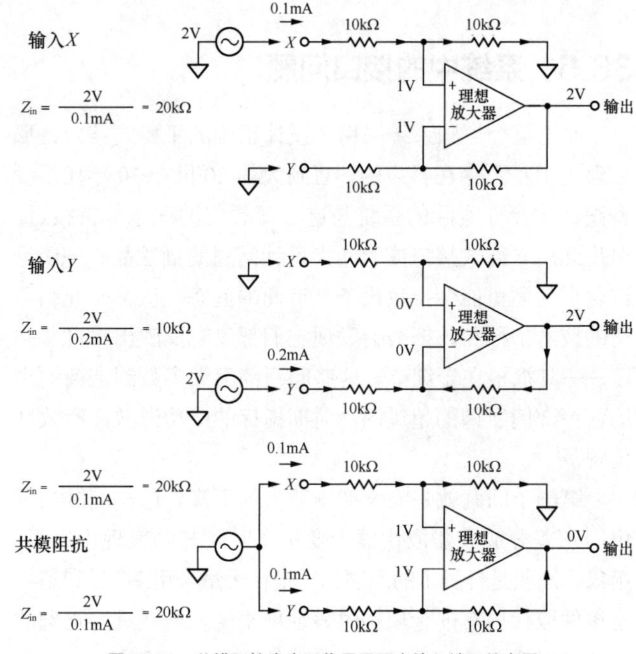

图36.30 共模阻抗产生了作用于两个输入端口的电压

同一错误概念还导致一些CMRR测量的结果对被测设备在实际系统当中的表现几乎没有提供任何提示信息。很显然，大量设计人员不是将输入彼此短路就是用实验室内精密的信号源来测量接收器的CMRR，所得出的实验结果既非真实，也会产生误导。额定值为80dB的CMRR输入在应用于实际的系统中时可能很容易降至20dB或30dB。关于其之前的测试，IEC已经意识到了他们在实验中没有充分保证某些电子平衡放大器输入电路的性能。原有的方法过于简单，几乎没有考虑信源阻抗的完美平衡。为了纠正这一问题，本章作者参与了对IEC标准“60268-3 音响系统设备–第3部分：放大器的仪器”的修订工作。如图36.31所示的新方法采用了典型值为±10Ω信源阻抗不平衡度的表述，并且清楚地反映出了模拟其规定的输入变压器和一些新型有源输入级的优势。新标准于2000年8月30日公布。2008年推出的Audio Precision APx520和APx525产品是可以提供新的CMRR测量的首批声频测量仪器。

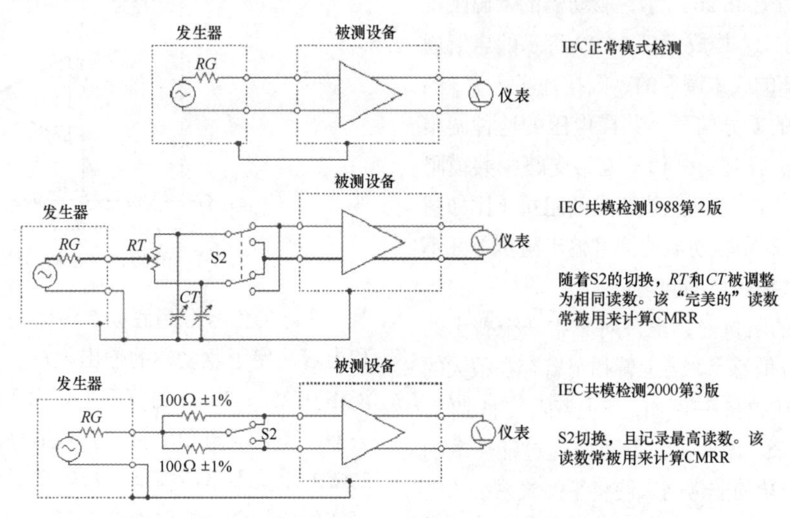

图36.31 用来比较CMRR的原有IEC测试方法和目前采用的IEC测试方法

36.5.2 针脚 1 的问题

1995 年，Neil Muncy（尼尔・芒西）在 AES 杂志上发表的著名论文中说道：

本论文是专门为研究用于众多专业应用中的平衡式线路电平信号接口的噪声耦合问题而撰写的，因为受欢迎且被广泛应用的声频设备设计的实践实际上在电子系统的任何其他领域中都没有先例，它们表现出一些未被认可的结果[27]。

只要两路电流流入共有或公共的阻抗便会产生共模阻抗耦合。当其中的一路电流为地噪声，另一路电流为信号时，就会产生噪声耦合问题。公共阻抗通常是由具有极低阻抗的导线或电路板路径形成的，其阻抗一般在 1Ω 以下。不幸的是，共模阻抗耦合已经被设计到许多生产厂家的声频设备中。噪声电流通过在设备输入或输出上的接线端口进入设备，这些端口是通过配对的连接件连接到线缆屏蔽上的。对于 XLR 连接件，就是针脚 1（以下均采用此称谓）；对于 1/4 in 连接件，就是套管；对于 RCA/IHF 连接件就是外壳。对于使用者而言，无法区别共模阻抗耦合表现出的现象与许多其他噪声耦合问题（比如不良的 CMRR）的表现。在此再次引用 尼尔的解释：

平衡方式之所以名声不如当初了，是因为有些方面已经名不符实了。这确实是个易挑剔的条件。平衡式线路电平互连被假定为能确保无噪声的系统性能，然而常常并非如此。

在平衡式互连中，平时线缆两端屏蔽均接地的线路输入和输出会出问题。当然，非平衡式接口是要求两端接地的。

几种共模阻抗耦合的例子如图 36.32 所示。当噪声电流流入信号参考接线或电路板线路时，会产生微小的电压降。这些电压可能耦合到信号通路中，通常是进入增益非常高的电路，并在输出上表现出哼鸣声或其他形式的噪声。在最初的两台设备中，针脚 1 电流是被允许流入内部信号参考线路中的。在第 2 和第 3 台设备上，电源线路噪声电流（通过电源变压器的寄生电容耦合的）也允许流入信号参考线路，并到达机箱 / 安全地。这种所谓的敏感设备将产生与针脚 1 问题无关的附加噪声。对于第 2 台设备而言，即便是断开其安全地（不推荐），也不会中断经由输入和输出间针脚 1 的屏蔽连接的电流流动。

在设计上不允许屏蔽电流流入信号参考导体的 3 台设备如图 36.33 所示，第 1 台设备采用的是对输入针脚 1，输出针脚 1 电源线安全地和电源公共端星形连接的方法。该技术是最有效的防护措施。噪声电流还是流动的，只不过是通过内部信号参考导体完成的。在印刷电路板出现之前，金属机箱用作极低阻抗的连接（有效的接地平面）将所有的针脚 1 彼此连在一起接入安全地。在当年的设计中实际上还不了解针脚 1 问题。现代印刷电路板——要适当关注根据需要安装的接口所引发的地噪声电流。当然，同样的问题也确实存在于民用设备的非平衡式 RCA 连接件上。

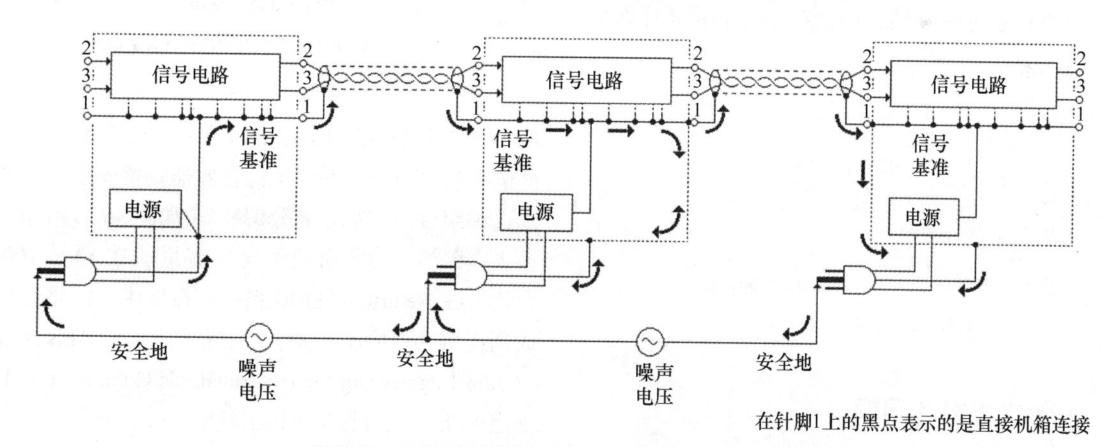

图 36.32 差的屏蔽接线产生的电流是如何导致针脚问题的产生

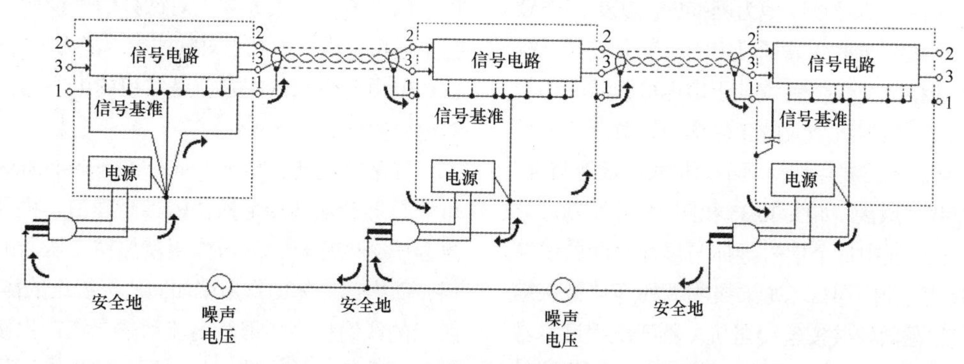

图 36.33 正确内部接线的设备

值得庆幸的是，测量反映出的这种共模阻抗耦合问题并不复杂。Cal Perkins（卡尔珀金斯）对使用实验室设备在宽频率范围上所进行的大量实验进行了阐述[32]，而John Windt（约翰温特）对使用并不太贵的被称为hummer的测试仪器所进行的简单测试进行了描述[33]。各种由Jensen Transformers，Inc.生产的Hummer如图36.34所示。它让整流过的60～80mA AC电流通过可能有屏蔽连接问题的被测设备，以确定是否引起耦合。汽车实验灯点亮表明连接良好，确实有测试电流流过。具体测试步骤如下。

1. 除了要监测的输出外，将其他所有输入和输出线缆断开，同时断开被测设备与任何机箱（例如由于机架安装的原因）的连接。

2. 给设备加电。

3. 如果可能的话，对设备的输出进行仪表指示和人耳监听。如果情况好的话，则输出将是简单的随机噪声。尝试各种操作控制设定，以便自己熟悉在没连接Hummer之前被测设备的噪声特点。

4. 将Hummer引线夹到设备的机箱上，并将探针的尖部接触每一输入或输出的针脚1。

如果设备设计正确，则不会出现输出哼鸣声或本底噪声的变化。

5. 测量其他可能存在故障的通路，比如由输入针脚1到输出针脚1，或者从电源线的安全地针脚到机箱（三插脚到两插脚的AC适配器方便进行这种连接）。

备注：有些设备的针脚1可能没有直接连接到地——希望这种情况只出现在输入！在此情况下，Hummer的灯泡可能不亮——这便OK了。

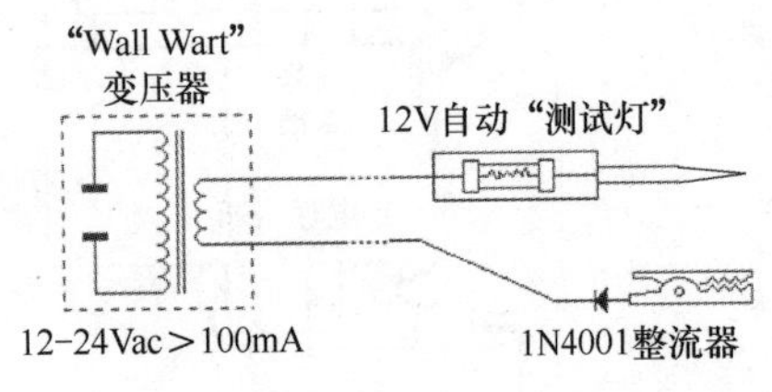

图36.34 Hummer II

36.5.3 平衡式线缆的问题

在声频频率上，即便是高达1MHz，线缆的屏蔽也应只是单端接地，这里的信号是以地为基准的。在更高的频率上，典型的系统线缆长度变成了只相当于部分波长，故这时必须通过多端接地来保持系统处于地电势，同时还能抵御RF干扰[28, 29]。根据我个人的工作体会，对于"线缆的驱动器一端的屏蔽始终要接地，而不论接收端接地与否"的问题还要增加两个原因：如图36.35和图36.36所示。第一个原因是：典型线缆中每个信号导体与屏蔽之间的线缆电容的不匹配程度达到了4%。如果接收端的屏蔽被接地了，则这些电容和驱动器共模输出阻抗（不匹配程度常常会达到5%或更大）便构成了一对针对共模噪声的低通滤波器。滤波器中的这种失配将一部分共模噪声转换成差模信号。如果只在驱动器端进行连接，则这种机制便不复存在。第二个原因是：同样的电容产生的信号不对称。如果信号完全是对称的且电容完全匹配，则屏蔽内的容性耦合信号电流通过抵消变为零。信号是不完全对称的和/或电容将导致屏蔽中存在信号电流。这种信号电流将直接返回到它所来自的驱动器。如果屏蔽在接收端接地，这一电流的全部或部分将通过能够感应出串音、失真或振荡的不确定通路返回[30]。

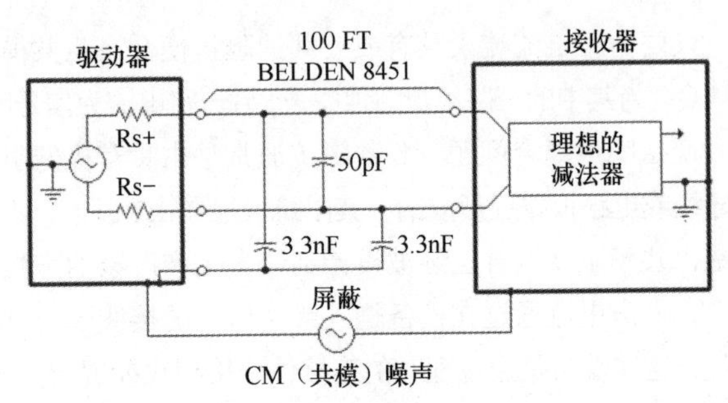

图36.35 仅在驱动端进行屏蔽接地

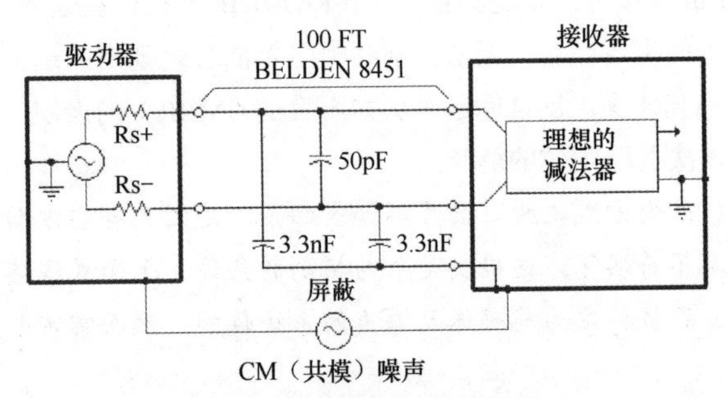

图36.36 仅在接收端进行屏蔽接地

对于线缆，虽然星形接地和网状接地方法之间也存在冲突（参见36.4.3小节中的讨论），但是这种低频与高频之间的矛盾可以通过在线缆的接收器端接一个合适的电容到地这种组合方式加以充分解决。（如图36.33所示的第3台设备）[28, 29]。为此所接的电容容量值在10～100nF最为合适。在Neutrik的EMC系列连接件中已经将这种电容集成到连接件当中了。关于此方案的好处，AES标准委员会（Audio Engineering Society Standards Committee）工作组在制定AES48的过程中讨论了多年。

从本质上讲，将每一导体绞合置于距磁场源平均距离相等的地方，并大大减少对微分信号拾取。星形四芯线缆甚至还可以进一步减小对其的拾取能力，一般可达40dB左右。但由此带来的问题就是线缆的电容约为标准屏蔽绞线对电容的一倍。

屏蔽电流耦合噪声（Shield-Current-Induced Noise，SCIN）可能是屏蔽双端接地做法的推断理由。将屏蔽的绞线对想象为一个变压器，屏蔽作用就如图变压器的初级绕组的作用，而内部导体的作用就如同次级绕组的作用，如图36.37所示的线缆模型。屏蔽内流动的电流产生磁场，然后由其在每一内部导体中感应出电压。如果电压是一样的，并且接口的阻抗平衡正确，则只产生可由线路接收器抑制的共模电压。然而，线缆的物理结构的少许变化都可能在两根信号导体上产生不等的耦合。由于这一差异电压对接收器表现为信号，故导致出现噪声耦合。有关 6 种商业线缆的检测结果的内容参见参考文献 31。一般而言，编织屏蔽的表现要优于金属箔和排扰线屏蔽。

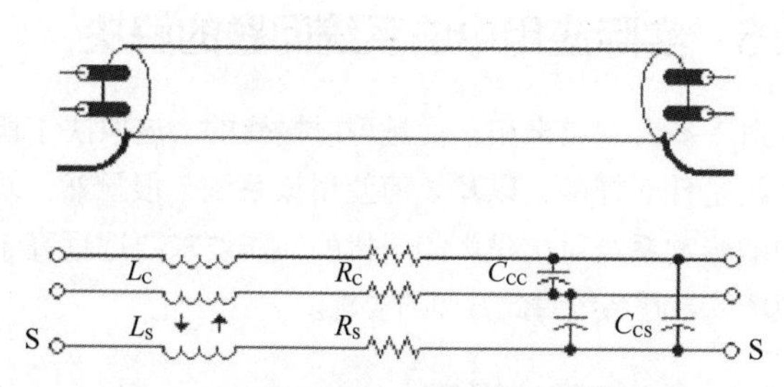

图 36.37　带屏蔽的双绞线对导线中的内部导体的磁耦合

当平衡式互连线缆的两端均接地时还会引发针脚 1 的问题（如果有针脚 1 的话），从而使情况变得更糟。虽然建议双端接地的说法可能很少出现，但是双端接地还是被广泛接受的实用做法。正如您可能见到的那样，尽管现实中平衡式接口的噪声抑制能力可能会因众多微小的问题和不完美的地方而下降，但根据中 36.6.4 节中讨论的结论，实际上它始终还是要比非平衡式接口表现得更为出色！

36.5.4　非平衡式线缆内的耦合

绝大多数民用和顶级的声频发烧设备仍然在使用 60 多年前推出的声频接口系统，人们是想利用它在最早的 RCA TV 接收器内部传输信号！随处可见的 RCA 线缆和连接件构成了非平衡的接口，这种接口极易受公共阻抗噪声耦合的影响。

如图 36.38 所示，在两台设备地或机箱间流过的噪声电流要通过线缆的屏蔽导体。这便导致在整个线缆长度上出现小却明显的噪声电压。由于接口是非平衡式的，所以这一噪声电压将直接被加到接收器的信号上[34]。在这种情况下，屏蔽导体的阻抗便成为产生共模阻抗耦合（common impedance coupling）的原因。这种耦合是使声频系统产生哼鸣声、嗡嗡声和其他形式的噪声的原因。另外它也是视频接口中带哼鸣声的缓慢移动条，以及非平衡式数据接口（如 RS-232）失灵、死机或产生咔嗒声的根源。

人们认为互连用的金属箔屏蔽线缆和 #26 AWG 排扰线的线缆长度为 25ft。由标准导线表或实际测量可知，其屏蔽导体的电阻为 1.0Ω。如果 60Hz 漏电电流为 300μA 的话，哼鸣电压将为 300μV。由于民用声频基准电平大约为 -10dBV 或 300 mV，所以 60Hz 哼鸣声相对于信号而言只有 20lg(300μV/300 mV)=-60dB。对于大多数系统而言，这一 SNR 是非常低的！对于采用两脚插头的设备，60Hz 谐波和其他高频电源线路噪声（见图 36.19）将产生容性耦合并导致产生富谐波嗡嗡声。

由于设备 A 的输出阻抗和设备 B 的输入阻抗与线缆的内部导体是串联的，所以线缆的内部导体的阻抗对耦合的影响并不大，在此就不再赘述。共模阻抗耦合在两个接地的设备间变得极为严重，因为两个设备间安全地线的电压降并联跨接到整个线缆长度的屏蔽上。通常这将导致富基波哼鸣声实际可能比参考信号还要高！

在众多的非平衡式线缆中，同轴线缆引起了人们的关注，而它在高频共模阻抗耦合方面并未给予充分的肯定，如图 36.39 所示。跨接在屏蔽导体上的任何电压将会在自身的屏蔽电感 L_s 和电阻 R_s 上按照频率的情况进行分压。当 L_s 的感抗等于 R_s 时，跨接在每个屏蔽上的电压将相等。对于典型的线缆，这一频率在 2kHz ～ 5kHz。当频率处在这一转换频率之下时，大部分地噪声将出现在 Rs 上，并如前文所述耦合至声频信号中。但是当频率处在这一转换频率之上时，大部分地噪声将出现在 L_s 上。由于 L_s 是通过磁耦合进入内部导体的，所以地噪声又与原来一样被感应于整个线缆长度上。这一感应电压被从内部导体的信号中减去，从而降低了耦合至信号的噪声。当频率是转换频率的 10 倍时，实际上这时已经根本不存在噪声耦合了——因为共模阻抗耦合没有了。因此，同轴线缆中的共模阻抗耦合在大约 50kHz 以上时，就不再讨论噪声这一问题了。在我们讨论所谓的电源线路滤波器问题时要记住这一点，一般去掉的噪声只是约 50kHz 以上的。

不论结构如何，非平衡式接口线缆也极易受到附近低频 AC 磁场产生的磁耦合噪声的影响。与平衡式互连不同，这样拾取的噪声是不会通过接收机被抵消掉的。

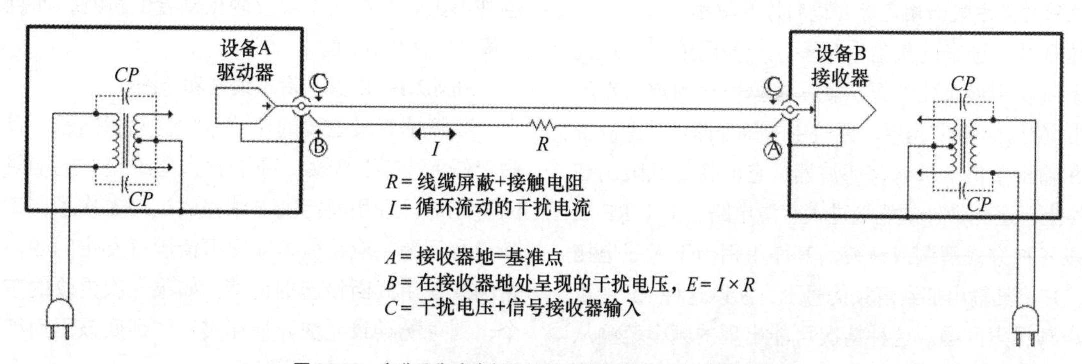

图 36.38　在非平衡式声频、视频或数据接口上公共阻抗的耦合

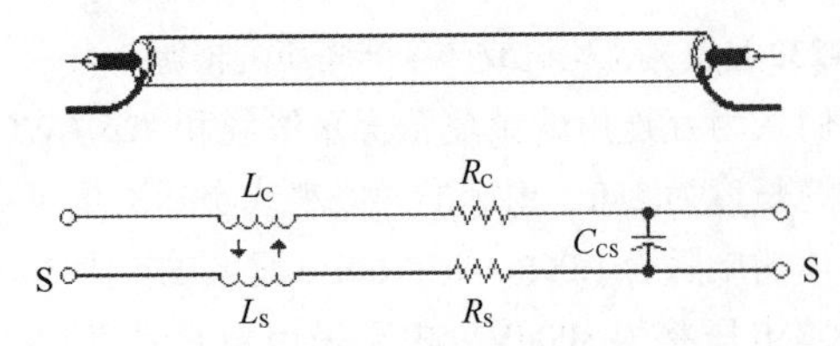

图 36.39 屏蔽层和中心导体间的磁耦合为 100%

36.5.5 带宽与 RF 噪声

发现 RF 干扰并不困难，但要想免受其扰却是极为困难的，尤其是在城市中。它可以通过空气或者任何连接设备的线缆进行辐射。常见的辐射 RF 的干扰源有 AM，短波，FM 和 TV 广播；业余电台，CB，遥控，无绳电话，移动电话和各种商用双工无线电和雷达发射机；医用和工业 RF 设备。诸如电焊机，电刷型电动机，继电器和开关等产生电脉冲设备都可能成为很强的宽带辐射器。较为少见的 RF 干扰源有来自供电线路绝缘体的电弧或电晕放电（一般常见于海边或潮湿的环境中）或发生故障的荧光设备，HID 或氖灯。当然，纯粹放电的雷电是最有名的辐射体，实际上它对任何的电子设备都会产生瞬间的干扰。

干扰还可以通过任意导线传导到建筑物内，由于电源和电话线路也相当于是巨大的室外天线，因此它们接收到大量的 AM 信号或其他干扰信号。然而最让人头痛的干扰源常常是在建筑物内，并且是通过 AC 电源线来传播其干扰能量的。令人讨厌的干扰源可能与系统同处一室，更让人纠结的是它还是系统的一部分！最让人烦心的常见干扰源是那些廉价的调光台，荧光灯，CRT 显示设备，数字信号处理器，或者任何采用开关电源工作的设备。

尽管线缆屏蔽是防卫 RF 干扰的第一道屏障，但是其有效性的关键取决于与每件设备的屏蔽连接情况。由于大量的实际感应是通过传统的 XLR 连接件和接地线头加到这一连接上的，所以屏蔽到了高的 RF 频段之后就没用了。共模 RF 干扰简单地出现在所有的输入导线上[35]。由于此前在 36.2.4 小节中讨论的导线局限性被应用到接地系统中，所以便产生了与广泛的认知相矛盾的结论。接地对于 RF 干扰而言并不是一种有效的方法。按尼尔•芒西所言：

高成本的技术接地方案是由大量的铜导体、地电极和其他安装的神秘硬件组合在一起形成的。当这些方案达不到预期的效果时，方案的制定者会遭到许多抱怨[36]。

窗户越敞开，进来的灰尘也越多。一种简单却常被人忽视的将系统噪声最小化的方法就是根据信号的需求来限制系统的带宽[37]。在现实当中，系统中的每个信号处理设备在其输入和输出接口上都含有滤波器，它们将带宽限制在合适的宽度上，避免带外的能量进入有源电路。由于 RF 被有源电路以各种方式解调或检波，其作用相当于无线电接收机一样，并将其输出加到声频信号上，所以这种 RF 能量便构成了声频噪声问题。这种情况可能出现的频率范围从实际接收的无线电信号、来自 TV 信号的 59.94Hz 哼鸣声或者源自移动电话信号的各种音调音，到常被人称为朦胧和颗粒化音质的各种各样微小失真[38]。避免这些问题出现所必需的滤波器在效果方面相差很大，并且在一些设备中可能根本就没有这种滤波器。悲哀的是大多数商用设备在这样的干扰被耦合到它的输入时都会造成设备性能的下降[39]。

36.6 实际应用中的系统问题的解决

到底多大的噪声和干扰是可以接受的，这取决于所用的系统是什么样的，以及如何使用该系统。很显然，录音棚中的音响系统对抗噪声和干扰的性能要求要远远高于施工现场的寻呼系统对此方面的要求。

36.6.1 如何看待噪声

分贝被广泛地用来表示与声频相关的测量结果。对于功率比值而言

$$dB = 10\lg P_1/P_2 \tag{36-9}$$

对于电压或电流比值而言，由于功率是与电压或电流的平方成正比的，所以

$$dB = 20\lg E_1/E_2$$
$$dB = 20\lg I_1/I_2 \tag{36-10}$$

大多数听音人都将 10dB 量级的增加或减小描述为响度的加倍或减半，而对 2dB 或 3dB 的量级变化感知并不明显。在实验室条件下，受过良好训练的听音人一般可以分辨出 1dB 或更小量级的变化。电子系统的动态范围是最大不失真信号输出与其残留噪声或本底噪声的比值。对典型的家用顶级音响发烧系统的动态范围要求可能达到 120dB[40]。

36.6.2 故障诊断与排除

在某些情况下，尽管采用的接地或接口技术并不好，但是其噪声特性还是可以接受的。人们常常由所进行的错误操作中侥幸逃脱！但是这种侥幸只是偶发的，逻辑和物理才是最终的真理。

诊断噪声可能是一件易受挫折和耗时的事情，但下文（见 36.6.2.2 节）所描述的方法可以减轻由此带来的苦恼。它不需要电子仪器，而且实现起来非常简单。其基础理论也并不困难。检测不仅反映出耦合的机制，而且还反映出了耦合发生的位置。

36.6.2.1 观察、发现线索和简图

故障排查最主要的环节是如何考虑问题。首先，不要假定任何事情！例如，不要落入思维定式的陷阱当中，即因为此前已经用特定的方法完成过许多次了，就由此断定其没有问题。应记住，即便事情没有发生问题，也要抵制猜测或使用武断措施的诱惑。如果一次更改的东西不止一个，则可能导致无法弄清在实际中到底该用何种方法来解决问题。

第 2 点，提出问题并收集线索！如果有足够多的线索，则在开始检测前会由此反映出许多问题。一定要写下每一件事情——健忘可能会浪费许多时间。故障排查方面的大师 Bob Pease（鲍伯·皮斯）[41] 建议考虑如下这些基本问题。

1. 该设备曾经正确工作过吗？
2. 让你认为设备工作不正常的迹象都是什么？
3. 何时工作出现问题或停止工作？
4. 在故障出现之前、之后或当中还表现出其他何种迹象？

设备控制的操作和一些基本的逻辑可以提供非常有价值的线索。例如，如果噪声不受增益控制设定或选择器的影响，则在逻辑上表明必须在控制之后进入信号通路。如果噪声可以通过降低增益或选择其他输入来消除，则必须在控制之前进入信号通路。

第 3 点，绘制系统的框图。简单的家庭影院的框图例子如图 36.40 所示。要图 36.40 表示所有的互连线缆，并表示出近似的长度。标记出任何平衡式输入或输出。一般而言，立体声对可以用一根线路来表示。应注意的是，通过三脚 AC 插头接地的任何设备。还应注意任何其他的接地连接，比如设备机架，有线 TV 连接等。

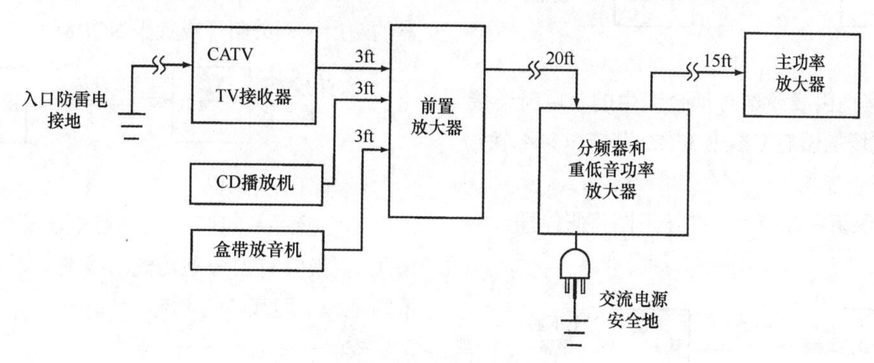

图 36.40　简单的家庭影院的框图

36.6.2.2　虚地的排查步骤

在这一步骤中的关键要素是易用的结构适配器或接地假体。通过将假体临时放在接口的合适位置上，便可以反映出问题的属性和位置的准确信息。检测可以对如下问题给出专门的说明。

1. 非平衡式线缆中的共模阻抗耦合。
2. 平衡式线缆中的屏蔽电流感应耦合。
3. 对磁场或静电场附近的磁场或静电场的拾取。
4. 问题设备内部的共模阻抗耦合（针脚 1 问题）。
5. 平衡输入的 CMRR 不够大。

接地假体可以由图 36.41 和图 36.42 所示的标准接有导线的连接件制成。由于假体并不通过信号，所以要将其清晰地标记出来，这样有助于避免将其意外地留在系统中。

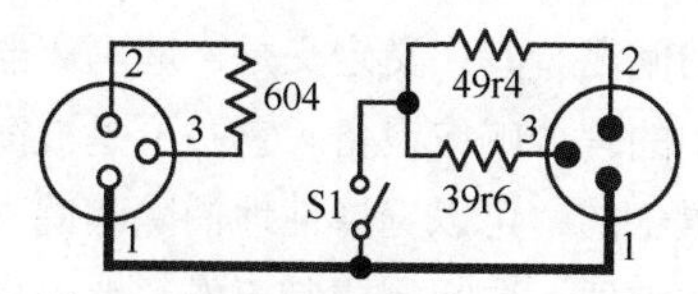

对于平衡式声频XLR
P1/J1 = Switchcraft 是带QG3F和QG3M 插接装置的S3FM适配器

所有电阻均为1%误差精度的1/4W 金属膜电阻

闭合S1只是为了进行CMRR检测

对于平衡式声频3C phone

采用Switchcraft 383A和 XLR规格的387A适配器

图 36.41　平衡式接地假体

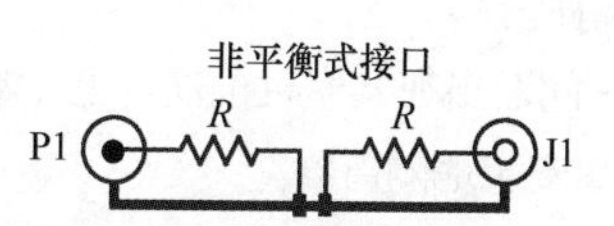

对于声频RCA
P1=Switchcraft 3502 插头
J1= Switchcraft 3503 插座
R=1kΩ, 5%, 1/4W电阻

对于声频2C phone
采用Switchcraft 336A和RCA 规格的345A适配器

图 36.42　非平衡式接地假体

每个信号接口用 4 个步骤加以检测。按照常规的规定，始终是从功率放大器的输入开始，然后向信号源的方向后移。在进行检测时，一定要十分小心，不要损坏扬声器或耳朵！避免可能造成损坏的最稳妥方法就是在为进行每一步骤检测的重新接线前关闭功率放大器。

1. 针对非平衡式接口的问题

步骤 1：将线缆由 B 盒的输入拔出，并按下图插入假体。

- 输出安静吗？

不安静——问题出在 B 盒或更远端的下游设备。

安静——进入下一步骤。

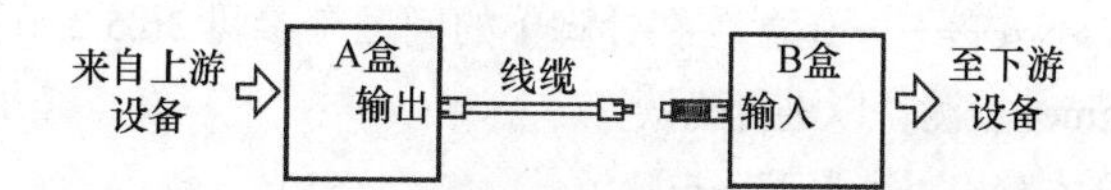

步骤 2：将假体保留在 B 盒的输入上，按下图将线缆插入假体。

- 输出安静吗？

不安静——B盒存在针脚1的问题（参见36.5.2节，以核实该问题）。

安静——进入下一步骤。

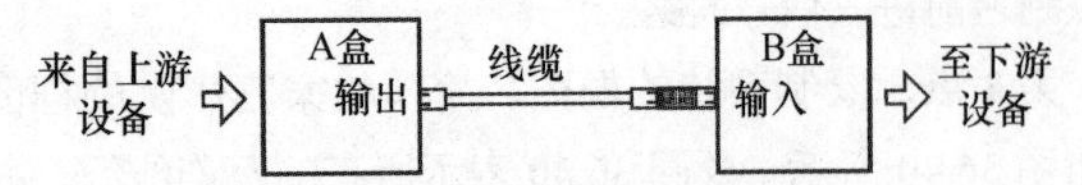

步骤3：去掉假体，并将线缆直接插入B盒的输入。将线缆的另一端由A盒的输出拔出，并按下图插入假体。不要将假体插入A盒或使其与任何导体接触。

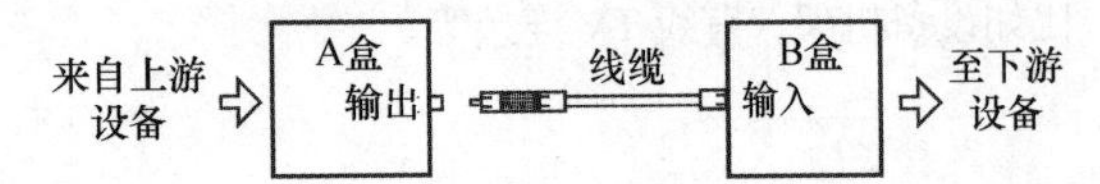

• 输出安静吗？

不安静——噪声是由线缆本身耦合产生的，重新连接线缆跳线，避免干扰场的影响（参见36.4.2节或36.4.4节）。

安静——进入下一步骤。

步骤4：将假体保留在线缆上，并按下图将假体插入A盒的输出。

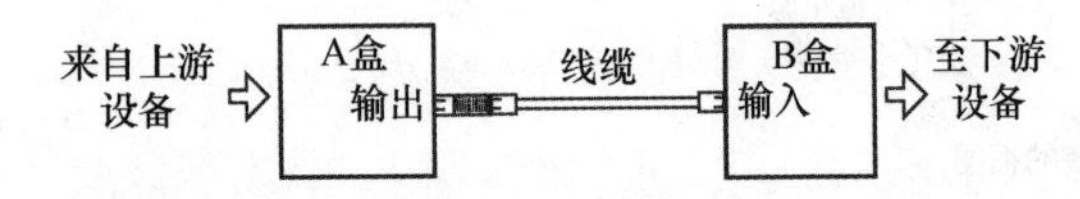

• 输出安静吗？

不安静——问题出在共模阻抗耦合上（参见36.4.4节）。在B盒的输入端安装地隔离器。

安静——噪声来自（或经由）A盒的输出。对将A盒连接到上游设备的线缆执行同一检测程序。

2. 针对平衡式接口的问题

步骤1：将线缆由B盒的输入拔出，并按下图只插入假体（开关打开或置于NORM）。

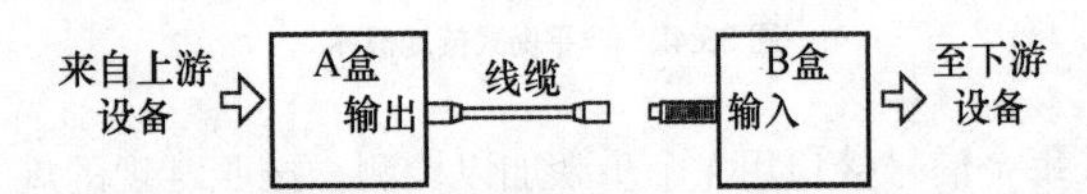

• 输出安静吗？

不安静——问题出在B盒或更远端的下游设备。

安静——进入下一步骤。

步骤2：将假体保留在B盒的输入上，按下图将线缆插入假体（开关断开或置于NORM）。

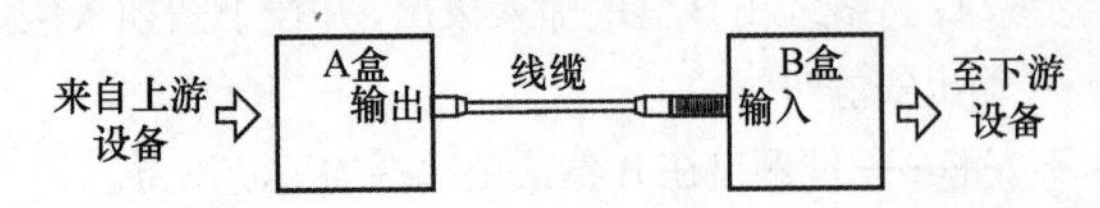

• 输出安静吗？

不安静——B盒存在针脚1的问题（参见36.5.2节的hammer检测，以进行确认）。

安静——进入下一步骤。

步骤3：去掉假体，并将线缆直接插入B盒的输入。将线缆的另一端由A盒的输出拔出，并按下图插入假体（开关接通或置于NORM）。不要将假体插入A盒或使其与任何导体接触。

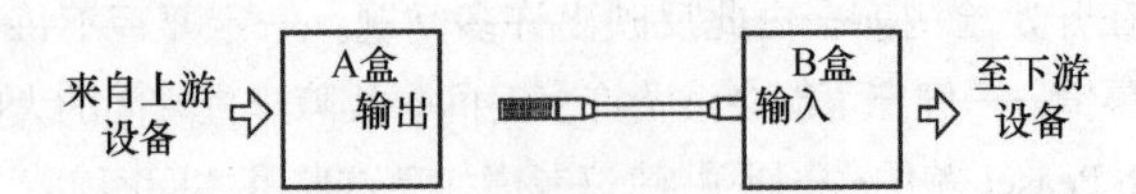

• 输出安静吗？

不安静——噪声是由线缆本身的电场或磁场感应引起的。检查线缆是否有屏蔽连接开放的情况，重新进行线缆跳线，以避免干扰场，或者用星形四芯型线缆来取代原来的线缆（参见36.2.5节或36.4.3节）。

安静——进入下一步骤。

步骤4：将假体保留在线缆上，并按下图将假体插入A盒的输出（开关断开或置于NORM）。

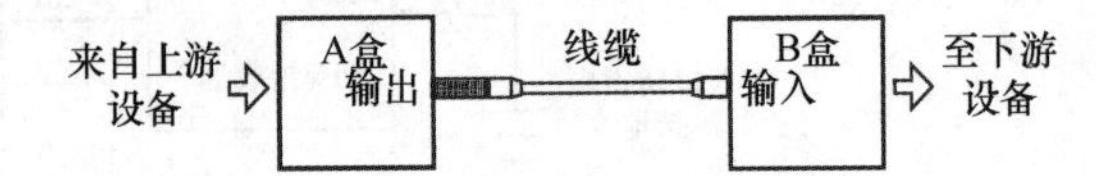

• 输出安静吗？

不安静——问题出在屏蔽电流感应噪声（参见36.5.3节）。更换具有差分型功能的线缆（不带排扰线），或者采取措施减小屏蔽中的电流。

安静——进入下一步骤。

步骤5：保留假体和线缆状态如步骤4的样子，但将假体的开关打到CMRR（闭合）位置。

• 输出安静吗？

不安静——问题可能出在B盒的输入级的共模抑制不够上面。该检测是基于IEC的共模抑制检测进行的，只不过采用的是系统中的实际存在的共模电压。虽然标称的10Ω不平衡不可能模拟A盒输出上的实际不平衡情况，但是检测反映出了输入级的CMRR对源的非平衡性的敏感度。最常用的解决方法是在B盒的输入增加一个基于变压器的地隔离器来解决这一问题。

安静——噪声一定是来自（或流经）A盒的输出。通过线缆将A盒连接到上游设备后执行同一检测程序。

36.6.3 解决接口的问题

36.6.3.1 地隔离

一种被称为地隔离器的设备解决了非平衡式接口中共模阻抗耦合的问题。其广义定义是，地隔离器是一个具有高共模抑制比的差分响应设备。它并不是被简单置于信号通路任何位置上的，可以选择性地消除哼鸣声、嗡嗡声或其他噪声的滤波器。要想完成其工作，地隔离器必须要被安装在引发不同噪声耦合的地方。

变压器是符合地隔离器定义要求的无源器件。变压器将电压从一个电路转移到另一电路，而无须在两个电路间进行任何的电气连接。它将其初级绕组上的AC信号电压转变成变化的磁场，然后这一变化的磁场再被转变回次级绕组上的AC信号电压（详细内容参见本手册第15章“声频变压器”的阐述）。

如图 36.43 所示，当变压器被插入非平衡式信号通路时，通过线缆的屏蔽层形成的设备地之间的连接被断开了。这样便中断了会产生噪声耦合的噪声电流在屏蔽层导体内的流动（参考 36.5.4 节的论述）。最强的噪声抑制是由包含法拉第屏蔽的输入型变压器取得的。用于民用声频信号的基于变压器的隔离器使用的就是这种变压器，图 36.44 所示的就是 ISO-MAX CI-2RR 型号变压器。为了避免带宽损失，这样的隔离器必须位于互联的接收器端，在隔离器输出和设备输入间使用的线缆要尽可能短。反过来讲，使用了诸如 ISO-MAX CO-2RR 型号的输出型变压器的隔离器，以及大多数其他商业用隔离器可以放置在任意位置，但是所取得的噪声抑制则明显消了很多。

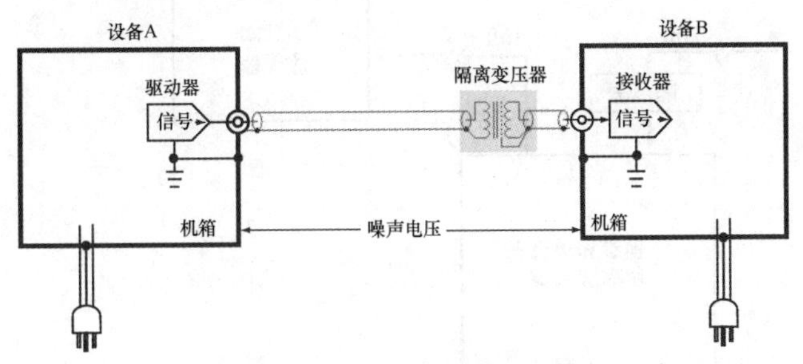

图 36.43　地隔离器将非平衡式连接线缆的屏蔽层中的噪声电流拒之门外

图 36.44　立体声非平衡式声频地隔离器（Jensen Transformers, Inc. 授权使用）

地隔离器也可以解决与平衡式接口相关的大部分问题。图 36.45 所示的 ISO-MAXPro model PI-2XX 通常可以将 CMRR 改善 40 ~ 60dB，即便是信号源是非平衡式的也能提供出色的 CMRR。因为它还具有 DIP 切换特性，能重新配置线缆的屏蔽地连接，所以它还能解决针脚 1 的问题。由于它采用了输入型变压器，因此可以将诸如 AM 无线电广播的 RF 干扰衰减 20dB 以上。另外，为了避免带宽损失，它必须处在长线缆工作的接收器端，并用最短的线缆将地隔离器的输出与设备输入连接起来。对于传声器信号和其他应用而言，也可以采用其他的型号。绝大多数商用的哼鸣声消除器和少数的用于特殊目的的 ISO-MAX 型号使用输出型变压器，可以任意放置它们，只不过在 CMRR 的改善上并不明显且基本上没有 RF 衰减。

图 36.45　立体声平衡式声频地隔离器（Jensen Transformers, Inc. 授权使用）

有几个生产厂家在生产有源（即带功率放大功能）的地隔离器，这类地隔离器使用了图 36.28 所示的基本差分放大器形式。不幸的是，这些电路对驱动源的阻抗十分敏感。图 36.46（原文插图错误，已纠正）给出了典型的有源隔离器与基于变压器的隔离器对 60Hz（哼鸣声）抑制能力的测量结果比较。纵观典型民用设备的输出阻抗，其范围在 100Ω ~ 1kΩ，变压器具有大约 80dB 以上的抑制能力！

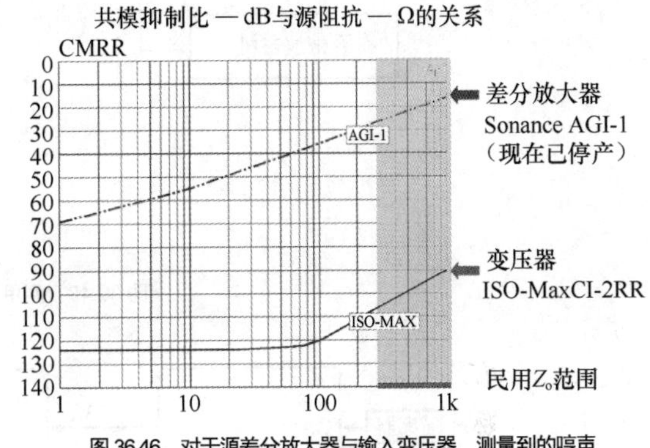

图 36.46　对于源差分放大器与输入变压器，测量到的哼声抑制性能与源阻抗的关系

基于输入型变压器的无源隔离器还具有其他优点。在它们工作时无须供电，对 RF 干扰具有天生的抑制能力，并且对可能造成有源电路突然停止工作的过电压具有免疫力。

36.6.3.2　多点接地

当系统包含两台或多台接地设备时，比如家庭影院系统中 TV 接收器和重低音功率放大器，这样便形成了图 36.47 所示的导线地环路。

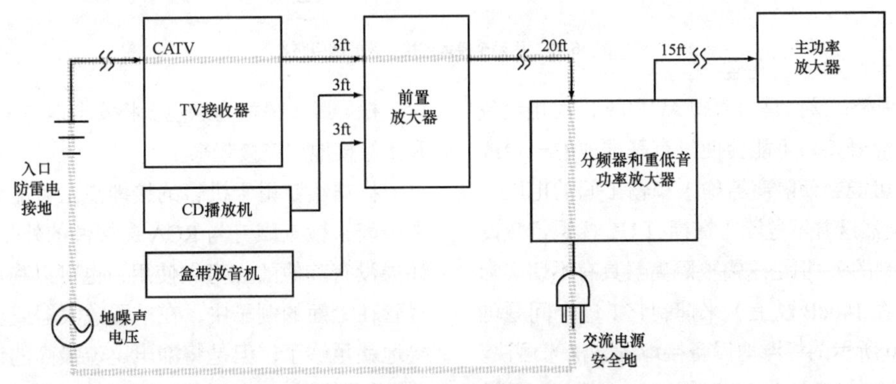

图 36.47　利用声频地隔离器来断开回路

正如之前在36.5.3节和36.5.4节中讨论的那样，当噪声电流流经非平衡式线缆或设备的内部地通路时，流经阴影通路的噪声电流可能将噪声耦合到信号中。这样的系统可能不论如何选择输入或进行音量控制设定都会表现出很响的哼鸣声，因为这时噪声电流流经20ft的线缆。你可能会尝试将重低音的安全地抬起以将这一地环路断开。清重新阅读36.4.2节中的内容，不要去这样做。

一种断开地环路的安全解决方法是在图36.48所示的前置放大器到重低音扬声器的声频通路中安装地隔离器来断开地环路。虽然也可以将地隔离器安装在TV接收器到前置放大器的通路中，但是一般最好是对最长的导线进行隔离，因为比较短的导线更易于耦合。

另一种断开地环路的安全解决方法是在图36.49所示的TV接收器的CATV信号通路安装隔离器。这些RF隔离器应安装在线缆与本地系统的连接处，通常是在VCR或TV的输入。如果将RF隔离器用在了分配器的输入上，则在分配器输出服务的系统之间还可能存在地环路，因为分配器是不具备地隔离的。尽管它可以和普通的TV或FM天线一同使用，但是千万不要将RF隔离器安装在CATV下行或天线与其避雷针的地连接之间（见36.4.1节）。隔离器将让DC工作电源不能为DBS TV系统的碟型天线正常供电。

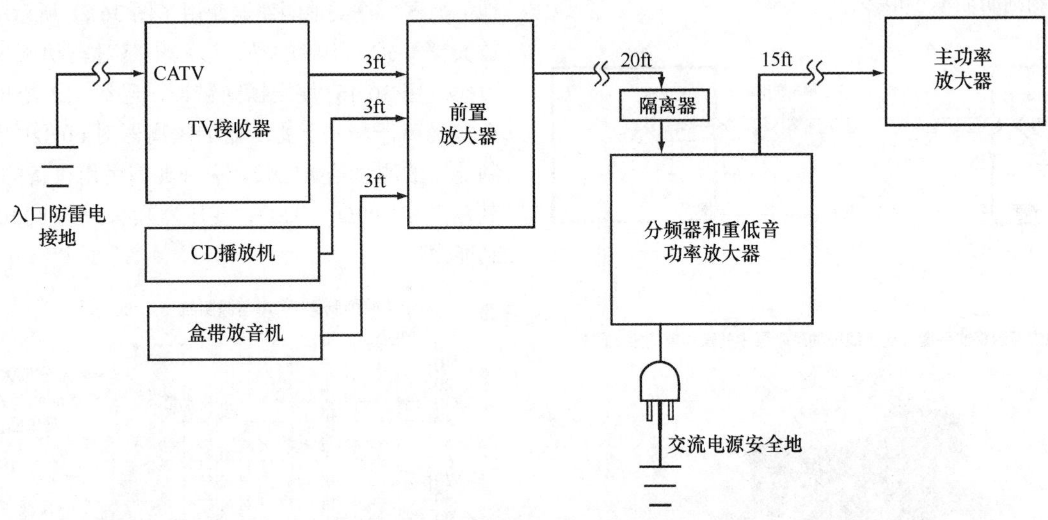

图36.48 利用CATV地隔离器来断开回路

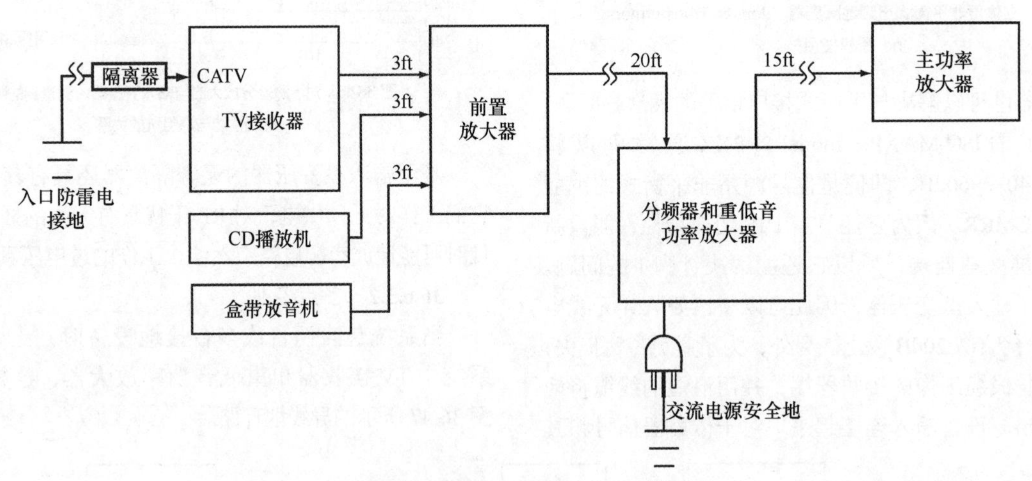

图36.49 因两个接地连接导致的地回路

由于大多数非平衡式接口是为两脚AC插头的民用设备制造的，所以隔离信号接口可能会使没有基准地的一台或多台设备漏掉。这可能会使隔离器输入和输出间的电压高达50V_{ac}或更高。虽然这并不危险（在标有UL标识定额设备中漏电流是被限制的），但是这需要隔离器具有不切实际的高性能（CMRR在140dB以上）来抑制它！这个问题可以通过采用图36.50所示的将浮地设备接地的方法来解决。最佳的做法是用三脚的AC插头取代两脚的AC插头，并增设一根导线（最好为绿色）将安全地与新的AC插头的插脚和机箱接地点连接起来。

将螺丝钉用于机箱的接地点上可能会方便一些。使用欧姆表来检查螺钉与RCA连接件的外侧接触面连通情况，如果没有其他的点可供使用，也可以利用RCA自身检查。尽管在上面的例子中，在前置放大器或功率放大器上增设接地就足够了，但是将漏电电流最高的设备接地（通常这些设备的额定AC功耗最高）通常会让本底噪声最小化。

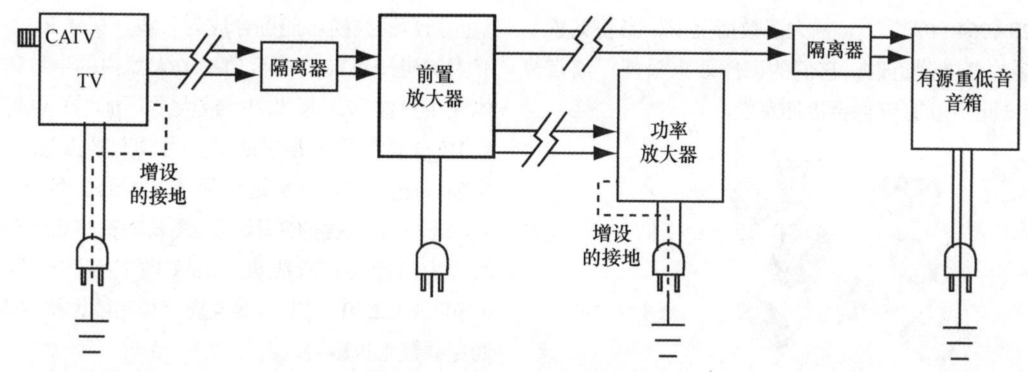

图 36.50 安装了隔离器的浮地设备

36.6.3.3 非平衡式到平衡式或平衡式到非平衡式

读者要想详细了解有关这些应用的论述，请参考本手册第15章“声频变压器”15.2.2节中的相关内容。

对RCA到XLR的适配器要格外关注！在使用这种适配器将非平衡式输出与平衡式输入连接时是如何降低接口对绝对无地的非平衡式接口的噪声进行抑制的，如图36.51所示！平衡输入完全失去了潜在降噪优点。

这种接口的正确接线如图36.52所示，尽管平衡输入是典型的普通性能之一，其最终还是有至少20dB的噪声抑制效果。其中的主要差异在于：采用屏蔽绞线对线缆，地噪声电流流经的是不属于信号通路的一部分的单独导体。

用平衡式输出驱动非平衡式输入并非如我们想象中那么直接。平衡式设备输出使用的电路类型很多。图36.53所示的就是其中的一种，当一路输出接地时它就可能被损坏。除非输出在驱动端直接接地，否则包括最受欢迎的伺服平衡输出级在内的另外一些电路可能也会变得不稳定，这样会将接口降为不具有噪声抑制能力的非平衡式接口[42]。在与任意的输出级配合使用时，除非非平衡式输出已经采用了内置的变压器，否则使用图36.53所示的外置地隔离器就成为避免出现意外损坏行为同时又能将地噪声最小化的唯一方法。这种解决方案被用于ISO-MAX Pro model PC-2XR的专业 - 民用接口的转换当中。

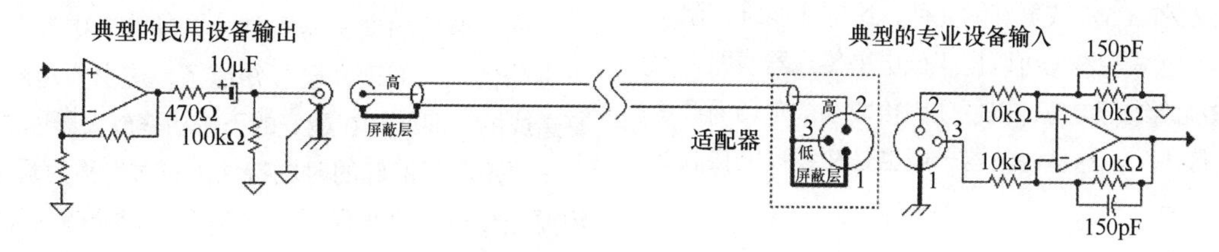

图 36.51 非平衡式输出与平衡式输入的不正确连接

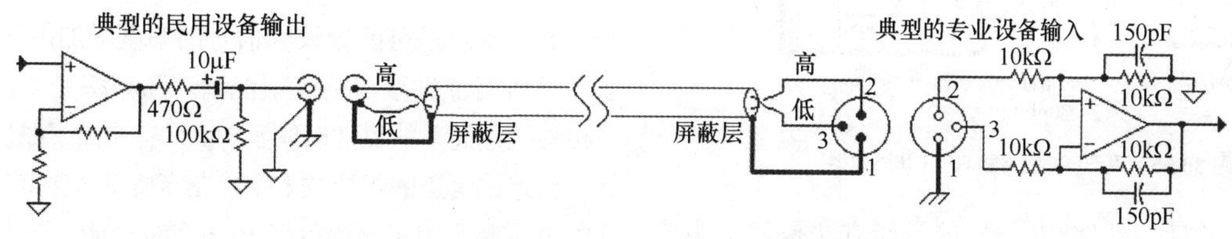

图 36.52 非平衡式输出与平衡式输入的正确连接

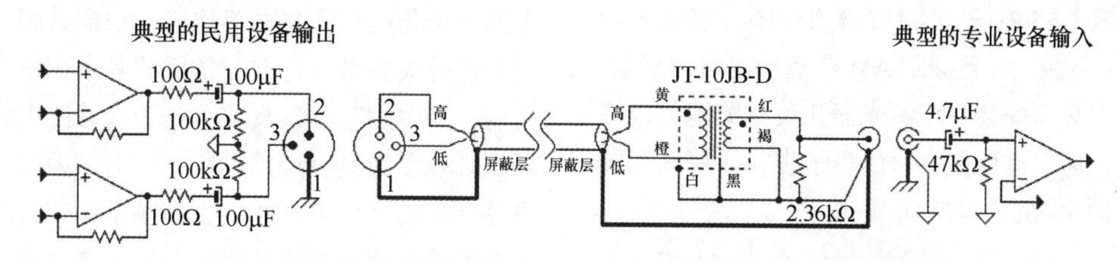

图 36.53 从平衡式输出到非平衡式输入的安全连接。在RCA端采用尽可能短的线缆

36.6.3.4 RF干扰

正如前文提及的那样，对RF干扰的免疫性或RF干扰是良好的设备设计的一部分。在欧洲，对RF干扰敏感性的检测是强制性的。不幸的是，今天使用的许多设备可能在对RF干扰的免疫性方面还是非常差的。在不利的条件下，可能需要通过采用外部措施来取得足够的对RF干扰的免疫性[43]。

对于约20MHz以上的RF干扰而言，图36.54所示的铁氧体壳体磁芯可以在线缆的外表很容易建立起来，而且可能非常有效。一些典型的产品便是Fair-Rite #0431164281

和 Steward #28A0640-0A[44，45]。在大多数情况下，当将其置于线缆上或接收器端附近时，它们的工作效果最佳。通常如果线缆缠绕磁芯几次，它们会更加有效。

图 36.54 铁氧体壳体磁芯

如果这一点做得不够，或者频率较低（比如 AM 广播频率），则可能必须在信号线路上增加一个低通（即高频阻止）RF 干扰滤波器。图 36.55 所示的是针对非平衡式或平衡式声频线路应用的简单的截止频率为 50kHz，12dB/oct 的低通 RF 干扰滤波器。为了获得最佳的性能和声频质量，要使用引线尽可能短的 NP0（也称为 C0G）- 型陶瓷电容器，引线长度最好在 1/4in 之下。对于难以处理的 AM 广播干扰而言，将 C 的数值提高至最大约 1000 pF 可能会有帮助。680μH 的电感器是小型铁氧体磁芯型，比如 J.W. Miller 78F681J 或 Mouser 434-22-681。如果干扰只是约在 50MHz 以上，则铁氧体磁环可以用于电感器 L。对于平衡式滤波器，电感器和电容器应为公差在 ±5% 或更好的元件，这样才能维持阻抗的平衡。虽然平衡式滤波器可以用于低电平传声器线路，但是推荐使用微型螺线管电感，以便使因拾取杂散磁场而产生的潜在哼鸣声最小化。这些滤波器一般也是在线缆的接收端使用最有效。

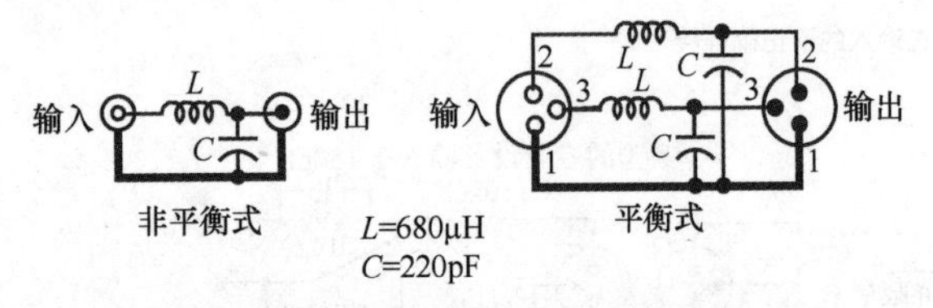

图 36.55 用于声频线路的 RF 干扰滤波器

如果可能的话，处理 RF 干扰的最佳方法是从源头控制它。图 36.56 所示的是针对额定功率高达 600W 的固态 120V_{ac} 调光器的简单防 RF 干扰滤波器的框图。它从大约 50kHz 时开始产生衰减，并且抑制 AM 广播干扰相当有效。令人遗憾的是，它必须安装在距调光器几英寸的地方，并且它的结构很大，通常需要非常深的箱子中才能将调光器和滤波器装下。零部件的成本在 10 美元以下。

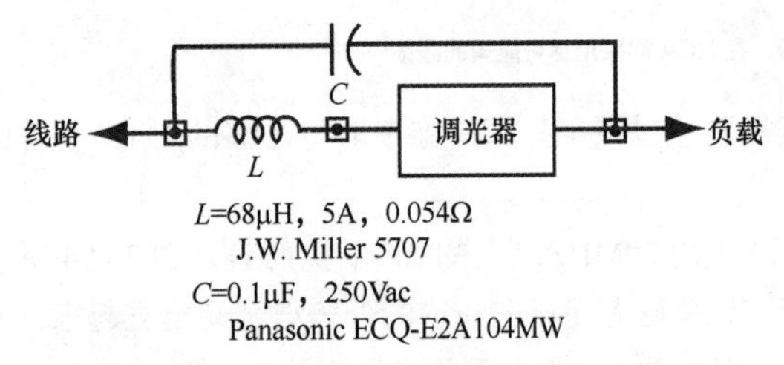

图 36.56 用于固态调光器的 RF 干扰滤波器

扬声器线缆可能也会成为天线。在强 RF 场中，会有足够大的电压可被分配至功率放大器内的半导体，这些半导体成了检波器，即便功率放大器不加电，也可通过音箱听到 RF 干扰。更为常见的是，当放大器加电，且 RF 进入其反馈环路时就会出现这种问题。不论是哪一种情形，解决方法取决于干扰的频率。将铁氧体磁芯放到放大器附近的线缆上可能会有所帮助。在棘手的情况下，可能还需要将 0.1μF 或 0.22μF 的电容器直接跨接到放大器的输出端口上来避免共模阻抗耦合。

36.6.3.5 信号质量

声频变压器设计包括一套复杂的折中处理。大量被应用的声频变压器即便是按照说明使用也达不到专业性能的水平。正如 Cal Perkins（卡尔珀金斯）曾写道："使用变压器，是要为此付出代价的。廉价的变压器会惹出一连串接口问题，其中的大部分问题都能明显听出来[46]。"

高质量的声频变压器的频率响应一般都会相当平直，如 ±0.1dB，20Hz ～ 20kHz 以及 ±3dB，0.5Hz ～ 100kHz。要想取得低相位失真必须要拓展低频响应[47]。高频响应则控制成按照 Bessel 函数规律缓慢衰减。根据定义，这样可以消除方波时的过冲，以及高频响应的峰值化。Jensen 的用户常常报告说，他们在功率放大器的输入上加了个变压器之后，因 Bessel 滤波器的作用而使声音清晰度大为改善。另一方面，廉价的变压器常常会在其响应中存在非常大的超声频峰值，人们现在已经知道了，这主要是严重的互调失真造成的，即便是在最好的下游功率放大器也是如此[48]。

要想获得准确的时域特性（有时也称为瞬态响应），则需要低相位失真来保留乐音的音色和维持准确的立体声声像。相位失真不仅改变了音质，而且可能对系统的动态余量产生严重的影响。即便是具有平坦的频率响应，高相位失真的设备还是可能导致峰信号的幅度增加多达 15dB。千万不要将相位失真与相移相混淆。随频率变化而产生的线性相移只是简单的良性时间延时：只有偏离了线性相位或 DLP 才会造成真正的相位失真[49]。在高质量声频变压器中的这种 DLP 在整个声频频谱范围上一般都在 2° 以下。

声频变压器的谐波和互调失真往往具有一定的特征性，不能完全与电子失真对等比较。根据其固有属性，变压器的大部分失真是在它被非常低的频率和较高电平驱动时产生的，其中大部分失真成分是 3 次谐波失真。变压器的失真机制表现为具有选频的特点，而放大器则不然。电子非线性产生的谐波失真倾向于与频率无关，而高质量的变压器产生的谐波失真在几百赫兹以上时就降至 0.001% 以下。另外，变压器产生的互调失真或 IMD 也非常低，人耳对互调失真尤为敏感。相较于与低频谐波失真相当的放大器，变压器的互调失真一般只有放大器的 1/10。虽然廉价的声频变压器使用的钢制磁芯在任何的信号电平之下产生的低频谐波失真都达到了 1%，但是采用特殊的镍 - 铁 - 钼合金作为磁芯的高质量变压器产生的失真则几乎难以被察觉。

当然，噪声抑制或 CMRR 是地隔离器最重要的属性。正如在 36.6.3.1 节和第 15 章“声频变压器”中讨论的那样，变压器要求内置法拉第屏蔽（不是磁或壳体屏蔽），以便取得最大的 CMRR。大部分商用隔离器或哼声消除器都是由微型的进口电话级别的变压器做成的，它并没有上面所说的屏蔽。要格外小心产品的模糊或不切实际的指标宣传！比如说失真在 0.1% 以下是没有意义的，因为它根本就没有明确频率、信号电平和源阻抗参量。廉价隔离器最常出现的问题就是边界噪声下降、重低音的损失、低音失真和较差的瞬态响应。当然，这些变压器的广告宣传和技术指标都做得非常棒，将其丑陋的原形隐藏起来了！但是设计优良且使用合理的声频变压器完全合乎真正高保真设备的要求。这些变压器为无源、稳定、可靠且无须调整和修饰的，也无需华丽的词藻去宣传。

36.6.3.6　针对平衡式接口的针脚问题

确保所有的平衡线对是绞合的。绞合的目的是让平衡线路免受磁场的干扰。这对于低电平的传声器接线来说尤为重要。端口或压线块和 XLR 连接件处的接线极易受到干扰，因为此处的绞合被打开了，很容易建立起拾取磁场的闭合回路。在非常恶劣的环境下，应考虑使用星形四芯线缆，因为这种线缆对磁场较为不敏感。磁耦合还可以通过拉大线缆之间的距离，线缆彼此垂直交叉而非平行走线，以及利用诸如钢质 EMT 管线这样的磁性材料进行屏蔽等手段。

关注线缆的屏蔽接地。正如在 36.5.3 节中讨论的那样，驱动端的屏蔽一定要接地，也可以两端同时接地，但决不能只在接收端接地。按照标准的实践操作，我们推荐两端接地，其原因有以下两点。

1. 如果设备输入存在边带 RF 抑制，则通常输入屏蔽接地可以减少这一问题发生的概率。

2. 不需要使用特殊的导线线缆，这样可能会产生进入另一系统的通路，并导致不期望的问题出现。如果使用了特殊的线缆（例如，为了处理针脚 1 的问题），则一定要标记清楚。

不端接，以此减小噪声。几乎每一个实用的声频系统都应使用不端接的声频电路。这是一种在专业声频领域中广泛采用的标准做法。尽管在输入上端接 600Ω 的电阻可以将噪声减小 6dB 或更多（这取决于驱动器的输出阻抗），但是它也会使信号减小同样的量，所以我们并未从中获益。如果噪声是由 RF 干扰引入的，那么在输入上安装一个合适的小电容可能会更为合适。

使用地隔离器来改善噪声抑制性能。正如在 36.4.1 节中讨论的那样，实际系统中的普通平衡式输入电路对噪声的抑制一般都是无法预知。当使用了的平衡式信号源时，实际的系统内的 CMRR 可能低至 30dB，而是用的是非平衡式信号源，则可能只有 10dB。采用合格的变压器制造的地隔离器可以将最普通的平衡式输入的 CMRR 提高至 100dB 以上。

留意针脚 1 的问题。有多达 50% 的商业设备，其中不乏人们熟知的制造商制造的产品，都具有设计上的缺陷。如果将输入或输出上的屏蔽断开，减轻了哼鸣声，那么线缆一端或另一端的设备可能为哼鸣声一问题的罪魁祸首。检测方法参见 36.5.4 节部分，连接件安装不牢靠是针脚 1 问题的主要原因。决不要忽视这种显而易见的问题！

36.6.3.7　针对非平衡式接口的针脚问题

保持线缆尽可能地短。线缆越长，耦合阻抗越大。50 ft 或 100 ft 长的线缆几乎是一定存在严重的噪声耦合。如果存在多个地，则即便使用再短的线缆也可能会产生严重的问题。绝不要让线缆缠绕而导致线缆长度过长。

使用大规格屏蔽的线缆。带金属箔或排扰线屏蔽的线缆会加大共模阻抗耦合。应使用大规格编织铜线屏蔽的线缆，尤其是长线缆应用。线缆所具有的对声频噪声耦合产生影响的唯一属性就是屏蔽阻抗，该阻抗可以用欧姆表来测量。

捆扎信号线缆。在任意两个线盒间的所有信号线缆都应捆扎起来。例如，如果立体声对的 L 和 R 线缆被分开，附近的 AC 磁场将在两个屏蔽层形成的环路中感应出电流，并导致两路信号出现哼鸣声。同样，也应捆扎所有的 AC 电源线。这样会有利于平均和抵消掉它们辐射的磁场和静电场。总之，保证将信号线缆和电源线缆分别捆扎会有助于减小共模阻抗耦合。

保持连接件良好的连接状态。如果连接件长时间不连接使用可能会被氧化，并使接触阻抗进一步加大。当连接件发生松动时，表明连接状态较差，同时哼鸣声或其他噪声也会发生变化。使用优良的、易用的商业连接和 / 或镀金的插接件将有助于避免此问题的发生。

不要增加不必要的地！只要是增加了接地点无一例外会增加环路噪声电流，而不会使其减少。正如早期强调的那样，绝对不应采取将处于安全目的或避雷地连接断开或使其失效的方法来解决噪声问题——这样的处理方法既不合乎法规，同时也非常危险！

在问题接口处使用地隔离器。由于基于变压器的地隔离器完全断开了通过线缆和连接件的噪声电流通路，所以它只存在磁耦合信号。这样便消除了共模阻抗耦合，同时还可以改善对 RF 干扰的抑制能力。

在安装系统之前预测并解决问题。对于大部分是由双路电源线供电设备组成的系统而言，有一些使用非常简单的万用表来测量每一系统设备和线缆的方法，通过测量它们可以实际预测哼鸣声电平，并在安装系统之前确认有问题的接口[50]。

36.7　另一种处理方法与伪科学

声频行业，尤其是高端领域充斥着大量的错误信息和荒诞之说。科学、证据和常识往往在神秘主义、市场炒作和巨大的利益面前被放弃了。唯一要牢记的是：物理定律至今还没改变！如图 36.57 所示。

图 36.57 物理学警察装扮的 Einsten 警官

36.7.1 从技术到 Bizarre 的接地

在大多数商业建筑中，在任何支线电路中的 AC 插座或 SG 插座都被安装在金属 J- 盒内。由于 SG 插座已连接到了 J- 盒的安全地端子上，所以安全地网络现在就与铅管、通风管或结构建筑钢件形成了电气连接。这样来自其他负载（其中可能包括空调、电梯和其他设备）的噪声电流就可以被耦合到音响系统所使用地内。在方案中金属 J- 盒和管线虽然并不提供所谓的技术或隔离接地，安全接地等，但是要有单独的绿色绝缘导线，该导线一定要接回到白色和黑色的电路导体旁边的电气接线板上，以保持低感应。该技术采用了特殊的绝缘地或 IG 插座（带绿色三角标记，有时是橙色的标记），其目的是要将绿色的安全地与安装有叉刀的插座绝缘开来。这种方案的目的是要让安全地与管线绝缘。有时可以将家用的每个插座接回到电气接线板上，使每个插座基本上都各自对应单独的支路，从而改善降噪效果 [51]。这种技术的介绍涵盖于 NEC Article 250-74 及其例外情况的描述中。在按照 36.4.4.3 节中所讨论的内容，将这种技术与 L-N 绞合组合在一起运用，确实可以使系统的噪声性能得到明显地改善。

认为大地可以简单地吸收噪声的许多人都迫切地想通过安装多个连接大地的接地棒来解决噪声的问题。这是个绝望式的思维模式。虽然条文规定可以使用额外的接地棒，但只能是将它们结合在一起接入现有的正确应用的安全地系统中。条文并不允许将其作为替代物来使用；对于转移故障电流而言，土壤的阻抗还是太高，且不够稳定，如图 36.16 所示。[52]

通过标准的电源线安全地将设备接地是合乎逻辑、易于实现和安全的做法。强烈推荐在所有的系统中采用此做法，并且这是便携或经常重新搭建系统应用中唯一实际可行的方法。

36.7.2 电源线隔离、滤波和平衡

大多数音响系统都是利用交流电工作的。当然，如果没有连接电源，则所有的哼鸣声和噪声都不会出现。这常常导致产生怪异的结论：噪声是由电源引起的，并且施工的团队或建筑的导线连接会受到责难 [53]。号称是净化 AC 电源的设备具有非常直观的号召力，人们常常不假思索地使用它们。实际上更为有效的解决方案是确定并安全地消除将噪声耦合到信号中的地环路。这解决了实际问题。在现实中，如果系统设计正确，则很少必须使用它特殊的电源处理方法。处理电源线路，以摆脱噪声的困扰就如同通过重新铺设所有的高速路来治理恶劣的行车状况。通过更换电阻尼器来处理耦合原因是更为明智的做法！

首先，当使用了任何通过导线接入的线路滤波器，调节装置或隔离变压器时，条文要求设备及其负载还是要如图 36.58 所示那样连接到安全地上面。连接导线的隔离变压器不能被视为单独衍生源，除非它们被永久性地通过导线接入每要求的配电系统中。有时隔离变压器的生产者已经知晓这些，建议将屏蔽和输出接地到单独的接地棒上。这样不仅违背了条文的规定，而且通过长导线接到远处的接地设施上会丧失高频屏蔽效果。应清醒认识到这样一个现实，由于设备可能控制关于自己参考地的干扰，所以对设备地可能影响很小或没有影响 [54, 55]。由于所有这些导线连接设备转移附加的 60Hz 和高频噪声电流到安全地系统中，所以它们常常恶化了他们声称要解决的特别问题。外置的、导线连接的滤波器或那些内置滤波器的插座可以作为解决设计不良设备问题的权宜之计。如图 36.24 所示，由于共模电源线路配电，有些设备比较敏感，从本质上讲已经构成了对信号电路的侵害，尤其是在高频段！

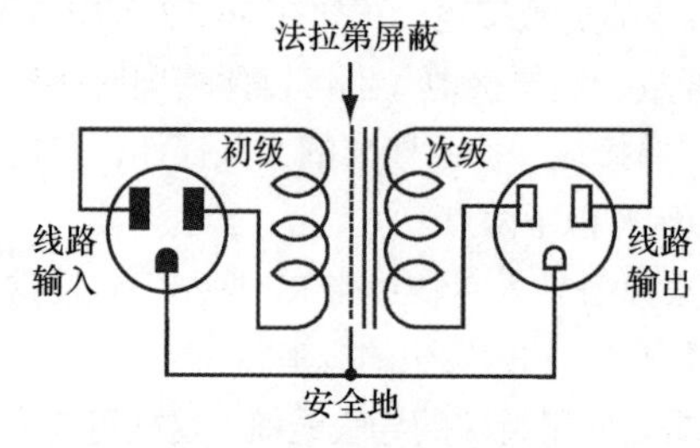

图 36.58 电源隔离变压器

其次，实际上所有这些电源线路设备宣称的噪声衰减指标都是以最不切实际的方法获取的。测量使用的所有设备（信号发生器，检波器和被测设备）均被安装在大的金属接地板上。尽管最终的指标给人的印象十分深刻，但是这些性能并不能简单地应用于现实的系统中，因为这时的接地连接是由纯粹的导线或管线形成的。然而，当将这些设备安装在配电的入口或配电板上时可能非常有效，此处所有的安全地被集中到一个普通的参考点上 [56]。从整体角度看，有关独立的电源分配及其设备机架应用方面的准确信息，作者强烈推荐读者阅读参考文献 60。

平衡式电源，更准确地讲应称为对称电源，如图 36.59 所示的是另一个诱惑人的概念。如果我们假设每一系统盒已经对电源线一脚到机箱地之间的寄生电容进行了巧妙的匹配，则最终流入安全地系统的噪声电流将降为零，机箱之间的电压也为零，并且因这些电流而产生的系统噪声也消失了！例如，如果 $C1$ 和 $C2$ 的电容量相等，并且跨接在

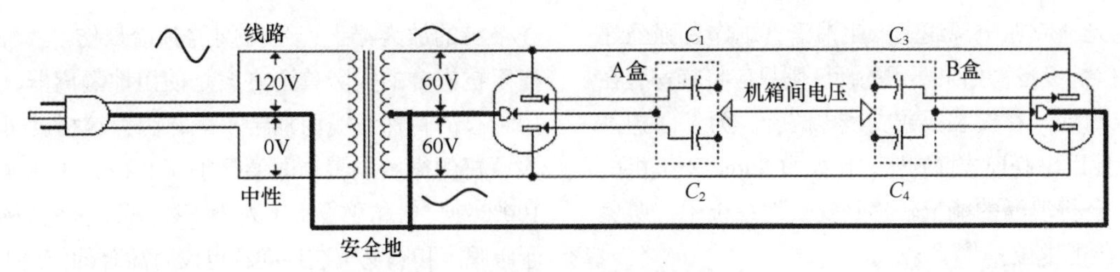

图 36.59　希望平衡式电源能抵消地电流

其两端的 AC 电压幅度相等，极性相反，则净漏电电流将真正为零。然而，对于绝大部分设备而言，这些电容并不相等或只是近似相等。在许多情况下，一个电容会是另一个电容的数倍——电源变压器结构正是这种情况。即便设备包含两脚 AC 电源连接，实际的降噪量可能也不到 10dB，且几乎不会超过 15dB。设备制造商为匹配变压器的寄生电容或在电源线路 EMI 滤波器中使用精密电容而再增加额外的成本是不可能。如果设备包含三脚（带接地脚）AC 电源连接，漏电电流减少，与之前在 36.3.4 节中描述的磁耦合产生的电压差相比，平衡式电源所提供的一些好处也将会变得苍白了。实际上，平衡式电源的许多利益可能源于简单地将所有的系统设备接入同一插口板或专门支路——这始终是个不错的主意。

接地故障断路器（Ground-Fault Circuit Interrupter，GFCI）的工作原理是感应插座的热端和中性端连接间的电流差。这一插值表示的是源自热端连接件而没有通过中性端返回到热端的电流。最坏的情况是假定这部分缺失的电流流经一个人的人体。当电流差达到 4 ～ 7mA 时（人会产生非常不舒服的感觉，但不至于威胁到人的生命），内部的断路器会在不到 1s 的时间内将电源断掉。有些功率调节器在其输出具有接地断开开关，并声称能消除地环路的问题。NEC 要求所有的平衡式供电单元设备具有 GFCI- 保护输出（在使用平衡式电源的其他一些限制陈述中提及）。尽管安全，但是将接地断开会使 GFCI- 保护电路走上一条荆棘之路。例如，考虑图 36.60 所示的系统连接。

对于带接地（3 根导体）电源线的设备来说，UL 标识要求其漏电电流不超过 5mA。通常，这一电流将通过安全地通路流回到中性端，且不会触动具有完善安全地连接的 GFCI。然而，如果安全地被断开，并且设备通过信号线缆连接到其他系统设备上了，则漏电电流将流过这些线缆再到地，并最终达到中性。因为电流没有通过自己的电源线返回，所以 GFCI 将其视为危险的并可能触发的，因 5mA 是处在其触发范围内的。如果多台设备被插入同一个 GFCI- 保护电路，则累计的漏电电流可能容易达到足以触发 GFCI 的大小。这一问题严重限制了 GFCI/ 接地断开组合解决地环路问题的能力——即便在平衡式电源部分地抵消了漏电电流。

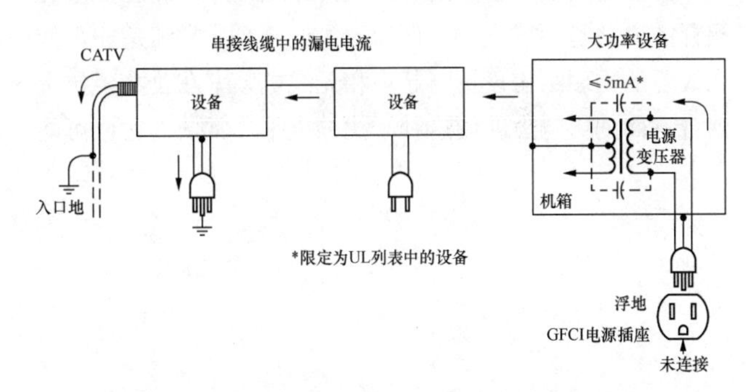

图 36.60　功率调节器中共用的关口在 GFCI 中产生的麻烦事

36.7.3　浪涌保护

如果设备是通过不同支路电路来供电的，则随便安放普通的浪涌保护器实际上可能会导致接口硬件的损坏[57]。如图 36.61 所示，非常高的电压可能导致实际的浪涌产生。所示的例子表明，利用三脚的金属氧化物变阻器（Metal-Oxide Varistors，MOV）制作的普通保护设备在非常高的电流浪涌情况下，其限制的电压约为 $600V_{peak}$。

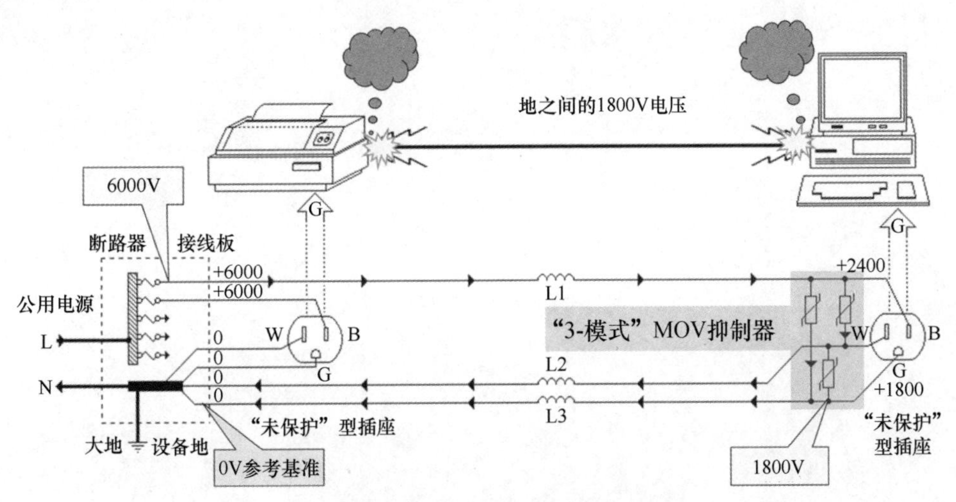

图 36.61　浪涌保护实际上可能导致设备损坏

为了避免光感应在电源线上产生浪涌，本作者强烈建议使用MOV保护设备，如果要用的话，则只应将其安装在馈电电源的入口处。在安装板或支线电路上，为了保护某一组设备，应使用串联模式抑制器，比如由Surge-X提供的产品，它们不会将浪涌的能量转移到安全地系统中，避免产生噪声和危险的电位差[58, 59]。

36.7.4 稀有的声频线缆

从最广义的词汇含义来看，每条线缆就是一根传输线路。尽管长度在数千英尺以下的声频线缆的特性可能完全不在传输线理论的研究范畴之内，但是该理论常常被用作伪技术争论的导火索，意在挑战所有已知的物理定律和声称声频线缆达到了登峰造极的出色性能。通过一些评估，如今这些专业的线缆每年的商业利益可达约2亿美元。

要小心线缆市场中的神秘宣传！线缆间可闻差异不可解释的说法是不成立的。例如，人们已经非常清楚非平衡式线缆的物理结构设计对超声和无线电频率在公共阻抗上耦合方面的影响。即便这种干扰的电平非常低，它也可能在下游的放大器上产生可闻的频谱损伤[60]。当然，阻止共模阻抗耦合的实际首选方案是使用地隔离器，而不是为选用稀有的特殊线缆而痛苦不堪，因为这样就可以取得最令人欣喜的微妙改善。即便是加了2种或3种屏蔽措施，由100%纯材料和秘鲁土著人手工编织的昂贵且稀有的线缆对于哼鸣声和嗡嗡声这种问题也没有显著的作用！正如前面在36.5.4节中讨论的那样，与非平衡式接口中的共模阻抗耦合相比，屏蔽通常是微不足道的问题。让人感到有趣的是，有些设计师设计买到的500美元/米的线对线缆却完全没有屏蔽——地和信号线只是编织在一起。

一些稀有的声频线缆具有的电容非常高，这便导致其高频响应严重下降，尤其是当线缆较长且/或使用民用设备驱动时情况更糟。对于要求高性能的应用而言，应考虑使用诸如Belden #8241F的低电容、低屏蔽阻抗的线缆。这种线缆的电容量为17pF/ft，可允许典型的1kΩ民用输出来驱动200ft长的这种线缆，同时保持有50kHz的-3dB带宽。其2.6mΩ/ft的低屏蔽阻抗，相当于#14标号的导线，这将共模阻抗耦合降至最低。另外，这种线缆还相当柔软，且有多种颜色可供选用。

第37章

系统增益结构

Pat Brown编写

37.1 简介

本章的目的是阐述如何构建扩声系统正确的增益结构。根据笔者已有的经验：音响系统几乎不会表现出在各组成部分的技术指标中所列出的最佳性能。在性能上的确切改进往往可通过简单的电平控制调整来实现。利用理想化的关系，可以对大部分技术主题进行最佳地诠释，这一点并无例外。虽然现实世界总是存在与理想情况有差距的地方，但理想情况可以用模型加以表示，并成为努力的目标。音响从业者正是基于其经验和丰富的现场实践经历来掌握权衡方法并解决视在矛盾的。接下来唯一要介绍的内容就是实验室和现场工作相互补充配合的益处。

37.2 接口

当为了传输信号而将两个组成部件连接在一起时，就存在接口的问题。一个组成部件是信号源（发送）设备，另一个是电信号的负载（接收）设备。至少有3个主要的拓扑结构存在于设备互连中，其主要的差异体现在要优化的接口对象上，即信号的电气参量：电压、电流或功率。其中主要是信源阻抗与负载阻抗之间比值的函数关系。在这一点上，我们通过假定这些设备的阻抗是感知不到电抗分量的纯电阻来完成第一步简化工作。实际上，这对于信号处理链路上的大部分电子部件而言是相当准确的假设。

37.2.1 匹配的接口

匹配接口意味着信源和负载阻抗相等。这种拓扑结构有一些令人称道的属性如下。

1. 功率传输被最大化。
2. 负载到信源的反射被消除了。

当声频信号的电波长比互连线缆短时，就要求进行信号阻抗匹配。其中的例子包括天线电路，数字接口和长的模拟电话线。这种接口的缺点就是功率传输的优化是以电压传输为代价的，所以信源设备可能被要求提供可观的信源电流。在这种情况下，要想将一路输出信号分成多个输入是比较困难的，因为这样会破坏阻抗匹配。工作于阻抗匹配的设备据称要被端接。电话公司必须采用匹配的接口，因为他们使用的线路是电气意义上的长线缆，许多年前声频领域就放弃了这种实践做法，转而在模拟互连中更热衷于使用电压优化的做法。图37.1所示的是一个匹配接口。应注意的重要一点是，其中强制性地将信源和负载阻抗选定为600Ω。这里重要的是阻抗比，而不是实际所使用的数值。

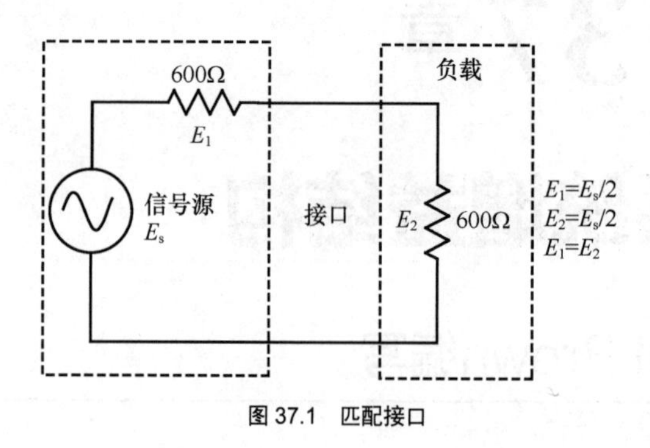

图37.1 匹配接口

37.2.2 恒压接口

大部分音响系统的组成部件都被设计成工作在恒压条件下。即被驱动设备的输入阻抗至少要高出信源设备输出阻抗的10倍以上。这种工作模式确保了驱动设备的输出电压与被驱动设备存在与否关系不大——因此我们将其称为恒压，如图37.2所示。恒压接口可以用于模拟声频系统中，因为典型的线缆长度远短于线缆上传输信号的电气波长。这就使得这样的线路对反射和驻波的有害影响产生免疫作用。无线电、数字和电话工程师则并没有这么幸运，部件的接口要求阻抗匹配。从固有特性上讲，恒压（有时称为桥接）比对应的阻抗匹配做法更简单一些。其优点就是在没有信号损失或劣化的前提下可利用单一输出驱动多个高阻输入（并联的）。另外，恒压接口并不需要生产厂家对其输入和输出接口进行标准化。只要输出阻抗低（一般是小于1000 Ω），输入阻抗高（一般是大于10kΩ），那么两台设备就可兼容。在实践中，大多数的输出阻抗是相当低的（小于100 Ω），这便允许单一的低阻输出可以驱动几路高阻输入，如图37.3所示。如果信源阻抗比负载高，那么就形成了恒流接口。在这种拓扑结构中，源于信源的电流是由源阻抗决定的，而独立于负载阻抗。恒流接口并不是电气设备间常用的接口，它通常是为专门的应用而保留的，比如阻抗仪表的结构。在本章的后续内容中，我们将不再讨论这种接口。

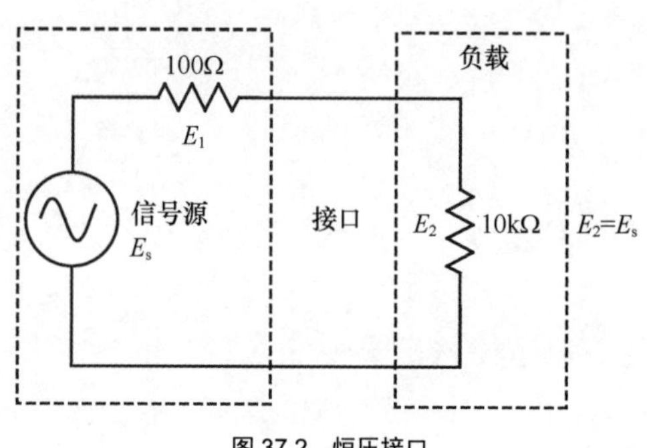

图37.2 恒压接口

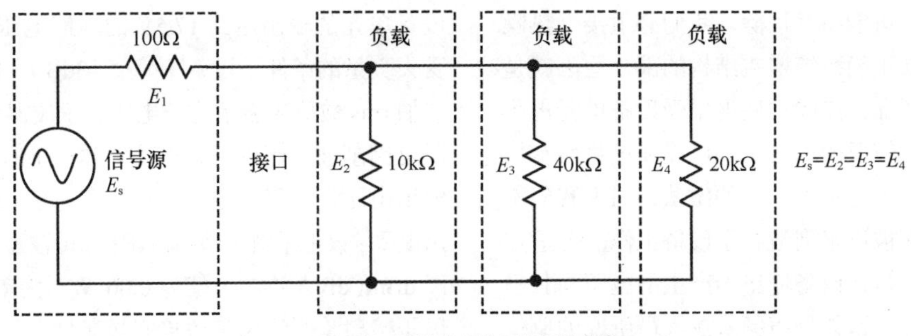

图 37.3 驱动多个输入的恒压式接口

37.3 声频波形基础

在扩声系统中，节目源提供要被放大并呈现给听众的信息。这一信息可能是声波（声学乐器或人的语音）形式或者电波（电子乐器或诸如 CD 的存储媒质）形式。不论是哪一种，信号在被送至音响系统之前波形一定处在电磁域内。必须将声学信号通过合适的换能器（比如传声器或加速计）转变为电磁信号。我们将人听觉系统可闻频带内的电磁波称为声频波形。一般的声频波形是相当复杂的，并且其数值随时间连续变化。这便使其难以用数字进行描述。常用来描述声频波形特性的参量如下。

峰峰值电压（Peak-to-Peak Voltage）。它是波形的最大正向值与最大负向值之间的电压数值。

峰值电压（Peak Voltage）。波形的最高峰值，不管其是正向还是负向。对于幅度对称的波形而言，该值是峰峰值电压的一半。

平均值电压（Average Voltage）。波形的所有正向和负向幅度值的平均值。

均方根值电压 [Root-Mean-Square（rms）Voltage]。有时被称为波形的有效值，rms 将交流电压描述成在阻性负载上产生相同热量的等效直流电压。rms 之所以有用，是因为它表示出了波形的热量值。如果用它来驱动扬声器，则复杂声频波形的 rms 电平也与感知的响度有关。对于正弦波，其 rms 电压是峰值电压的 0.707 倍。虽然复杂波形也有 rms 电压一说，但是这要通过对其波形进行时间上的积分来获得。波形的峰值与 rms 值之比被称为波峰因数（crest factor）。波峰因数必须针对有限的时间范围来描述。虽然 50ms 的时间跨度与人的听觉系统的积分时间有很好的相关性，但也可以采用其他的数值。

图 37.4 所示的是正弦波和语言波形在常见的幅度与时间坐标系下的情形。示波器给出的这种数据表示形式与 PC 上的波形编辑器给出的情形是一样的。简单的模拟电压表可以用来测量正弦波的 rms 数值。面对复杂波形则需要更为复杂的仪器来产生其有效值。

波形的峰值电压在通过音响系统的组成部件时一定不能被削波。在建立系统的增益结构时我们对此参量很感兴趣。信号的波峰因数决定了所包含的能量，以及放大器所产生的功率和分配给扬声器的功率。在考虑扬声器一定要耗散的热量时，我们很关注这一点。另外，rms 电压是与听众感知到的响度紧密相关的一个信号参量。由于声频系统的目标就是要为指定的应用重放合适的波形，所以这些波形理论广泛应用于音响系统的各个部分。

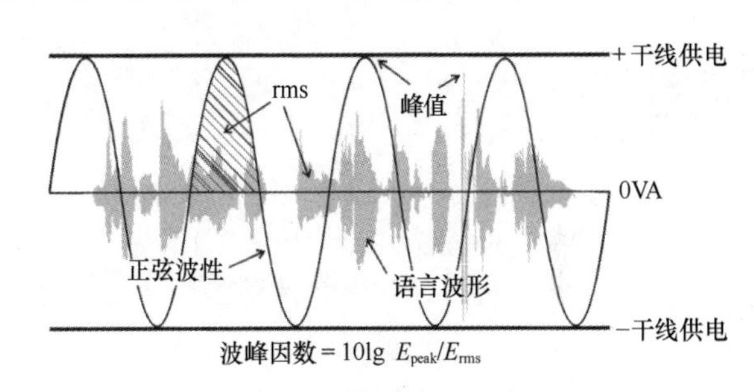

图 37.4 正弦波和语言波形的波形因数

37.4 增益结构

接下来将从增益结构的概论开始阐述如何将其应用于各个电子设备当中。这些设备可以是调音台，均衡器，放大器或其他有源的系统组成单元。我们所谓的有源是指设备内部的有源电路是有电源的。这一电源可以是简单的一两块内置电池，也可以是内置或外置的交流线路电源。电源电压建立起的波形通过单元时所能取得的最大幅度，如图 37.4 所示。在声频设备中，大部分电源形成的是双极供电线路——在两极间产生出固定正负值的零频率（直流）电压。线路电压的数值决定波形可以达到的峰值幅度。超过这一峰值将会导致波形畸变，也就是通常所说的削波。接下来我们将进一步假定线路电压是固定的，对于大多数信号处理设备而言确实也是如此。有些功率放大器拓扑结构使用的是多值或变动的线路电压。虽然原理是一样的，但在此我们并不考虑这类设备。

在没有输入信号的条件下，所有声频单元还是会发出残留的输出信号。在分子层级上粒子会产生热噪声，并且表现在所有系统组成单元的输出上，无论该单元是有源的，还是无源的。热噪声的电平决定了单元的本底噪声。在实践中，其他因素也可能会对电子设备的残留噪声有所贡献。尺寸过小的电源变压器或差的屏蔽都可能将某些频率成分提高至宽带本底热噪声电平之上，如图 37.5 所示。虽然设备的设计人员试图通过对单元进行筛选和精心设计来使热噪声最小化，但是绝不可能将其消除。我们必须接受热噪声存在这一事实。建立正确系统增益结构的部分原因就是要让热噪声的影响不明显。热噪声底电平受设备单元电平控制设定的影响。虽然较低的本底噪声可以通过将所有控制设定最小化来取得，但这是不现实的做法，因为我们不能这么操作。控制应该被设定到适合于设备工作的合适点上。良好的初始设定就是让设备输出端产生的电压与其呈现在输入端的电压一样，这就是声频从业人员所说的单位型设定。通常在将电平控制放在其 0 dB 的设定位置时就会产生这种条件，并且为设置系统奠定一个良好的基础。

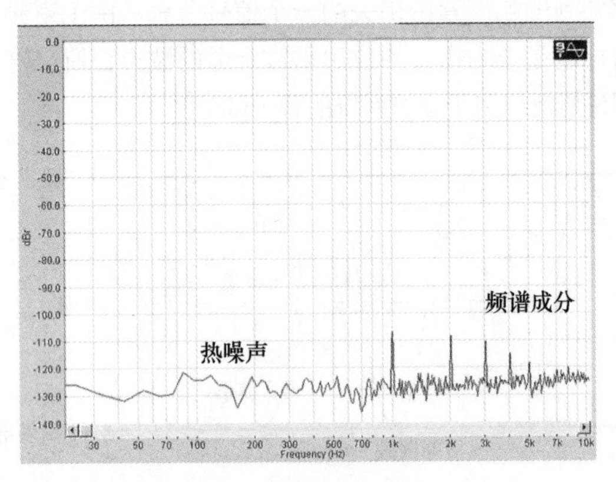

图 37.5 热噪声和谱噪声

供电线路和本底噪声构建设备的动态范围——可能的最高不削波峰值与信号可以达到的不被噪声所淹没的最低电平间的差异。当信号通过设备时，动态范围就是可能发生的情形。这是波形可以取得的可能数值范围。对于模拟设备单元而言，可能性（在设备的动态范围内）是无限的，而对于数字设备单元而言则是有限的，因为数字信号由必须以固定步阶量化的分立样本所组成。图 37.6 所示的是 1kHz 正弦波将设备单元刚好驱动至削波电平之下的情况。削波电平与本底噪声电平间的差异描述了设备单元的动态范围。

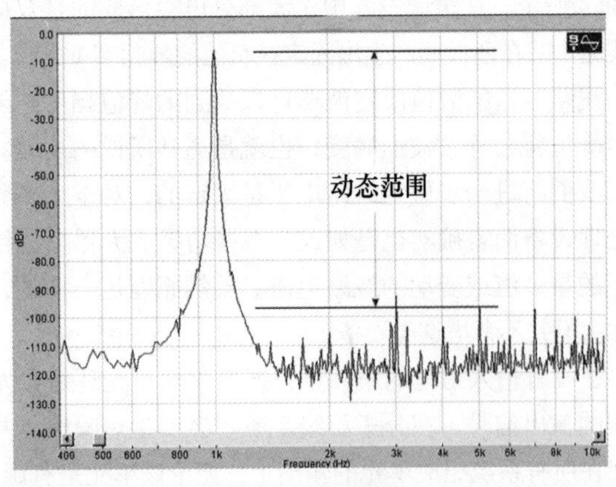

图 37.6 动态范围

其中的一个例子就是顺序问题。我们先考虑一台线路电平的声频信号处理器。我们可以挑选任何我们喜欢的线路电压，因为没有被广泛认可的标准存在。$+17.5V_{dc}$ 的线路电压（和对于负向线路的 $-17.5V_{dc}$ 的线路电压）将允许设备单元的输出达到 17.5V 的峰值电压。人们惯用在可接受失真量的条件下设备（峰值 -3dB）可产生的最大值正弦波的 rms 数值来表示这一电压。示波器可以观测到正弦波，以及因削波引起的任何畸变。这一 rms 电压被称为最大的输出电压，如果用分贝来表示，它就是设备单元的最高输出电平。该电平对于阻抗匹配接口（注意对电路阻抗的要求）以 dBm（dB 基准参考值为 0.001W）为单位来表示，或者对恒压接口（假设满足桥接阻抗条件）以 dBV（dB 基准参考值为 1V）或 dBu（dB 基准参考值为 0.775V）为单位来表示。

$$L_{out} = 20\lg(V_{peak}) - 3\text{dB}\ (\text{单位：dBV}) \quad (37\text{-}1)$$

$$L_{out} = 20\lg(V_{peak}/0.775) - 3\text{dB}\ (\text{单位：dBu}) \quad (37\text{-}2)$$

$$\begin{aligned} L_{out} &= 20\lg(17.5) - 3 \\ &= 21.8\text{dBV} \\ &= 20\lg(17.5/0.775) - 3 \\ &= 24\text{dBu}_{out} \end{aligned}$$

假设在设备输出端测得的热噪声约为 $200\mu V_{rms}$，因为测量使用的是 rms 宽带电压表。如果用 dBV 为单位来表示这一电平，则热噪声底电平如下。

$$L_{noise} = 20\lg(\text{输出噪声}) - 3\text{dB}\ (\text{单位：dBV}) \quad (37\text{-}3)$$

$$L_{noise} = 20\lg(\text{输出噪声}/0.775) - 3\text{dB}\ (\text{单位：dBu}) \quad (37\text{-}4)$$

$$\begin{aligned} L_{noise} &= 20\lg(0.0002) \\ &= -74\text{ dBV} \\ &= 20\lg(0.000\,2/0.775) \\ &= -71.8\text{dBu} \end{aligned}$$

因此该声频设备单元的动态范围（$L_{out} - L_{noise}$）在 100dB 的数量级上，这是非常出色的技术指标，不论是模拟的还是数字的声频设备，这是代表其设计优秀的典型值。

虽然建立起了动态范围，但还必须要有效地利用它。如果馈给设备单元的是弱信号，该信号可能远低于电源电压建立起的削波点，那么将其置于设备单元本底噪声附近就没有必要了。即便是设备单元有很宽的动态范围，这样还是会导致 SNR 恶化，如图 37.7 所示。

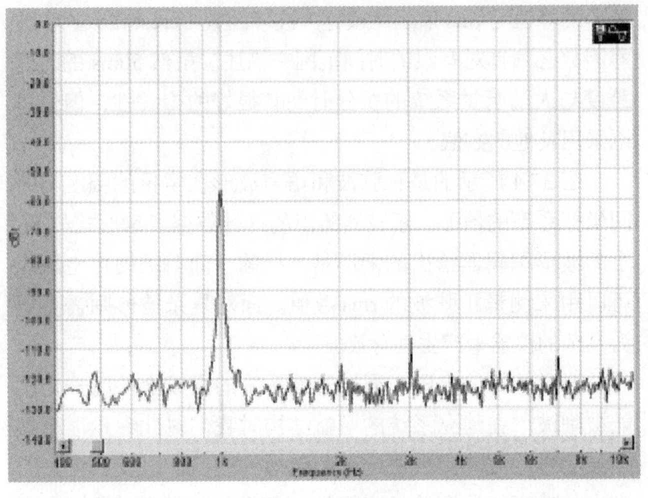

图 37.7 差的 SNR

如果输入电平控制被提高至单位增益之上，那么热噪声将可能随着信号电压的提高而增大，并不能实现 SNR 的提升。假设发送设备的本底噪声比被驱动设备的本底噪声低，那么提高驱动（信号源）电压将会改善 SNR。在有些情况下，可能需要额外的增益级，比如传声器和电唱机。

如果馈给设备单元的信号太强，波形的最高幅度部分可能不适合电源电压的约束范围，并有可能将设备单元驱动至非线性工作模式（削波）。虽然这可能产生出色的 SNR 性能，但是在失真的输出信号中存在许多谐波失真成分，如图 37.8 所示。从设备单元的角度来看，增益结构就是让信号以最佳的幅度（既不太强，也不太弱）通过。如此说来，系统中的设备单元可以被信号源过驱动、欠驱动或最佳驱动。重要的是要注意到这样的问题，即节目源的 SNR 常常是整个系统 SNR 的决定因素，因为在一般的扩声系统中还没有见到可以只改善 SNR 的非常专业的信号处理器。“输入的信号差，输出也就不会好”这句老话在这里完全适用。当信号通过其他的系统设备单元时，SNR 将会下降，这就是我们为何要对系统中的每一级进行正确调校。

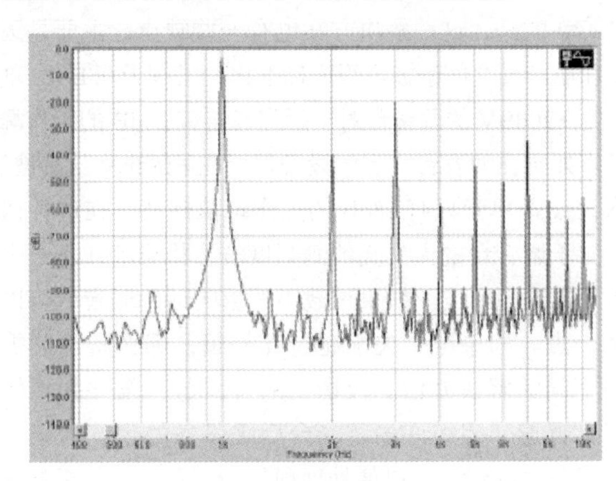

图 37.8 过驱动信号的特性

37.5 系统增益结构

在 20 世纪初期，声频设备单元就已经发展起来了。在声频设备单元的发展过程中，系统设备单元的动态范围变得越发一致，在许多情况下，它已经接近固有的理论极限值。虽然总体的动态范围类似，但是各个生产厂家，乃至不同的产品线之间的削波电平和本底噪声都不相同。尽管我们将不去探究其中的全部原因，但不幸的是，至少削波电平在扩声领域未被标准化。正因为如此，尽管系统设备单元可以在其自己的动态范围上进行最佳工作，但它还是会对下一个设备单元造成过驱动或欠驱动。这一现实情况迫使我们从系统的角度出发来考虑增益结构的问题。在讨论音响系统的增益结构之前，有必要考虑一下确定系统设备单元内部增益结构的方法。这可以通过给设备单元施加一个激励，同时观测其输出信号的方法来实现。这是技术人员常用的一种实践手段，他们采用稳态且可重复的波形来校准信号处理链路。正弦波形，也就是常说的正弦波就是具有这样属性的波形。正弦波是易于发生的单频音调音，将其馈送至输入，同时观测链路中每个设备单元的输出。所示的前一幅图形就是正弦波在幅度与频率坐标系下的显示情况。因为频带窄的原因，它们看上去像是个垂直的尖峰信号。另外一种等效的显示就是正弦波在幅度与时间坐标系下的情况。示波器显示的是波形幅度与时间的函数关系。更先进的方法甚至还提供一些统计结构，比如峰值电压，rms 电压，频率，波峰因数，电平等。让我们接着进行讨论。一个 1000Hz 的正弦波被加到调音台的一个通道的输入端口上。选择的信号幅度既不会导致输入过驱动，同时还能具有足够的电平来驱动调音台，在所有的电平控制均被设置为单位增益时，调音台输出是完全无失真的信号。对于传声器输入而言，约 $0.1V_{rms}$（–20dB 基准参考值为 1V）一般就足够了。而对于线路输入则可能需要 $1V_{rms}$。调音台的电平控制被设置成如下情形。

- 主控推拉衰减器位于单位增益或 0dB 处。
- 通道推拉衰减器位于单位增益或 0dB 处。
- 微调电位器位于单位增益或 0dB 处。

在这些条件下，输出信号的电压幅度应该与输入信号的电压幅度相同——放大系数为 1 或单位值、增益是 0dB。

增加输入电压，直至调音台的主输出仪表读数为零。虽然我们稍后会对零值进行更为细致的说明，但是到目前为止我们假设它表示的是处在调音台整体的动态范围的最佳工作范围时的电压（一般是 -20dB，参考值是削波电平）。由于节目声频波形总在变化，所以这一工作电平要给声频波形中的峰值留有一定的空间，以便它不失真地通过。在这一点上测量调音台的输出电压，使其为零值是有益的。利用示波器，可以测量波形的峰值或者 rms 值。传统的做法是测量 rms 值，因为使用比示波器简单得多的电压表就可以方便地测量 rms 值，同时该值与信号的响度和产生的热量有很好的相关性。

因为历史的原因，通常在调音台的输出测量的仪表零值是 $1.23V_{rms}$，对应的开路电平是 +4dB [基准参考值是 0.775V（+4dBu）]。这一电平可以被称为调音台的工作电平（operating level）。音量指示仪表描述波形的方法与听音人感知到的响度相关联。这种仪表采用 VU（Volume Unit，音量单位）为单位来指示。当音响系统采用阻抗匹配接口时，该电压跨接在下一输入级的输入阻抗（通常是 600Ω）上。由于电压和阻抗是已知的，所以利用功率公式就可以计算出如下的调音台的输出功率。

$$W = E^2/R \quad (37\text{-}5)$$

$$L_{out}=10\lg(V_{rms}{}^2/600) \quad (37\text{-}6)$$

$$=10\lg1.23^2/600$$

$$= 4\text{dBm}$$

功率传输是相关联的，因为采用了匹配接口，电路针对功率传输是优化的。1mW 给出的是有用的参考基准，因为该值处在音响系统中所见到的功率级范围的中间。将零值读数校准到 0.775V 的电压表可以直接以 dBm（假设是 600Ω 匹配的阻抗接口）为单位指示电路的功率级。这种校准将使电压表在跨接于 600Ω 电路时成为 dBm 表。当在其他的阻抗下使用 dBm 表时，就需要校正系数了。随着扩声系统演变为恒压系统，0.775V 的参考基准被沿用下来，因为以此校准的电压表已非常普遍了，此后信号便以 0.775V 为基准参考的 dB 值或 dBu。在现代系统中，级（level）一词便常用来描述设备单元接口上令人感兴趣的场量，对于恒压式接口，这一场量就是信号电压。应注意到，许多现代调音台并没有采用 +4dBu 基准电平进行仪表调零，因此读者最好查阅一下调音台的宣传资料或进行一下测量。如今较为常见的仪表零电平是 0dBV 或 $1V_{rms}$。

现在我们先调整微调控制或驱动电压（输入电平控制，译者注），直到在示波器上看到波形开始出现失真时。有些调音台利用削波指示灯来警示这一状况的发生。当波形顶部变平时，减小微调控制，直至波形不失真。由于调音台是由多级构成的，所以通常有益的做法是移动每个主推拉衰减器、通道推拉衰减器和输入微调控制，直至观察到削波，保证每一级同时被削波。这样就在调音台的输出端口上产生最大的调音台输出电压。利用示波器或电压表，测量波形的电压。应注意的是，虽然削波出现在波形的峰值，但是标准操作是测量波形的有效值，并将结果列于技术规格表中。理想的情况是，这一最大输出电压至少是仪表零刻度读数值对应测量电压的 10 倍，在仪表的零刻度之上有 20dB 的峰值储备。现在，驱动电平（或输入微调控制设定）应减小到使调音台处在仪表的零刻度工作电平上。

目前，我们掌握了调音台的工作电平和削波电平的内容（例如，分别是 +4dBu 和 +24dBu）。

应将这些数值记录在系统文件当中。虽然调音台的本底噪声可以通过哑掉输入信号，同时测量调音台无信号时的输出电压来获得，但是实践中人们对此兴趣不大。

37.6　单位放大法

如今调音台在最佳工作电平时有出色的 SNR 和 20dB 的峰值储备。将来自调音台的信号馈送给链路中的下一级设备单元。如果设备单元有输入和 / 或输出电平控制，那么调整它们就可以在设备单元的输出端口产生与调音台相同的电平。采用类似的方式，信号通过后续的信号处理器馈送，调音台的电平最终被送抵功率放大器的输入，放大器的输入灵敏度控制针对想要的输出电压进行设置（即系统的目标重放电平）。由于放大器的电压被加到扬声器负载两端，所以放大器提供的电流由扬声器的阻抗决定。虽然功率是流动传输的，但是信号电平是放大器在有用工作范围上所施加电压的线性函数。因此，输出电压是在正常工作条件下正确配置放大器到扬声器接口时所关心的参量。图 37.9 所示的是具有 0dBV 仪表零点的调音台中的这种处理链路。单位放大法具有许多优点，其中包括如下优点。

1. 容易校准。
2. 快速实现。
3. 设备单元替换容易。

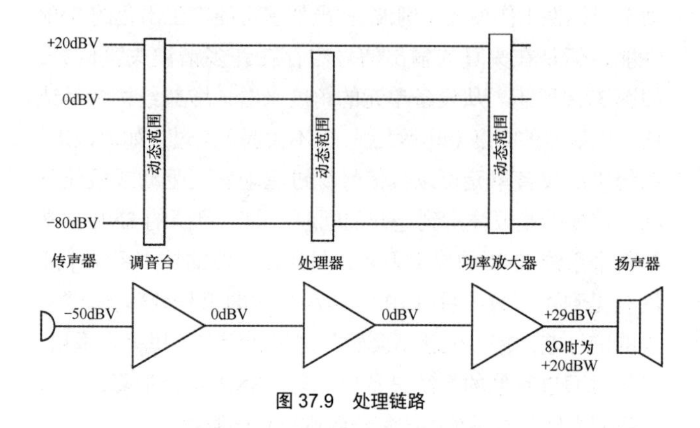

图 37.9　处理链路

不幸的是，这种解决方案也有一些缺点，主要是因产品线和制造商之间削波电平未标准化。工作于 0dBV，削波电平为 +20dBV 的调音台对于瞬态峰值有 20dB 的工作峰值储备。如果在调音台之后的设备单元在 +18dBV 就削波了，那么该设备单元只有 18dB 的工作峰值储备。在这种情况下，源于调音台的无失真的满刻度波形将导致在下一个设备单元内出现削波。如果过载不严重的话，调音台可以稍调低一点。如果电平失配超过几分贝，那么就可能需要采用不同的解决办法。应指出的是，这一条件并不像往常那么普遍，因为许多调音台后级设备的生产厂家已经更改了其产品设计，以便处理现代调音台产生的更高输出电压。

37.7　最佳法

可以通过系统增益结构的优化确立来改正单位放大法的缺点。单位放大法在设备单元之间建立起一致的工作电压，而最佳法是将每一台设备设定成同时产生削波，而不管实际信号的电平如何。调音台输出 +24dBV，均衡器输出 +20dBV，两者被设定成同时达到削波点。这种方法常常要求在调音台和均衡器之间插入阻性衰减器，允许调音台输出其最大的电压，同时还不会对均衡器造成过驱动。为了优化系统增益结构，我们采用与之前描述的同样方式馈送一个正弦波信号给调音台，但这次是先调整输入微调控制，直至在调音台的输出产生削波。应关闭或完全衰减全部功率放大器。削波可借助至少能够承受 +30dB（基准参考值为 V，+30dBV）的示波器或频谱分析仪来确定。调音台设定刚好不足以产生削波，连接调音台的输出至下一台设备单元（比如均衡器）的输入。将均衡器上的所有控制设定成单位设定。

将削波指示灯（示波器）移至均衡器的输出，并注意波形是否被削波。如果波形没有被削波，那么均衡器就能够让调音台的满幅输出电压通过。如果均衡器出现了削波，那么首先要尝试减小其控制输入电平的设定。这种处置方法往往不起作用，因为被过驱动的一级很可能处在电平控制之前。有些生产厂家将其设备设计成可处理的输入电平要比其可能的输出电平高，控制输入电平确实可以消除过驱动的情况。如果不是这样操作，就要在调音台与均衡器之间放置一个衰减器，调节衰减器让均衡器的输出波形不产生失真。对处理链路中后续的每一台设备都重复上述步骤。压缩器 / 限制器应被设定在其最高门限设定和最低压缩比条件下。分频网络要求满足如下条件之一。

1. 选择一个处在被测输出通带内的正弦波。

2. 重新调整分频频率控制，以便被测的输出可通过测试信号。

记住在打开放大器之前要先恢复设定!

在商业上，对于“过强”的信号源会采用阻性垫整处理。如果设备单元被前一级欠驱动（比如调音台的满幅输出电压不足以使均衡器削波），那么就可以先行提高设备单元的输入电平，直至它刚好处在削波点之下。这样就可以为下一个设备单元提供更强的驱动电压（并且可能改善 SNR）。

最佳法的优点如下：

1. 能够在仪表零刻度点进行混合，同时不存在对处理链路中后续单元的潜在削波。

2. 链路中所有设备单元的 SNR 均被优化。

3. 仪表型调音台现在就可以用作所有后续单元设备的准确指示仪器，因为所有的削波是同时发生的。

与所有声频问题一样，最佳法也不是没有缺点。其中就包括：

1. 它需要较长的时间且操作者有较丰富的经验来进行设置。

2. 如想使用最佳法，需要一种确定设备削波的方法（利用示波器或频谱分析仪）。

3. 如想使用最佳法，需要购置或搭建垫整部分。

4. 使用这种方法，替换设备单元变得更加困难，因为替换的设备单元可能具有与被替换的问题设备单元不同的削波电平。

对于驱动民用记录设备的专业调音台而言，可能必须要有 5 ～ 15dB 的垫整。

图 37.10 所示的是采用这一方法对增益结构进行优化的一个系统。不论是采用哪一种方法确立增益结构，都要将具有良好 SNR 的无问题驱动信号分配至功率放大器的输入。这两种方法还确保处理链路中的任何数字设备单元被足够高的电压所驱动，产生最佳的 A/D 转换。

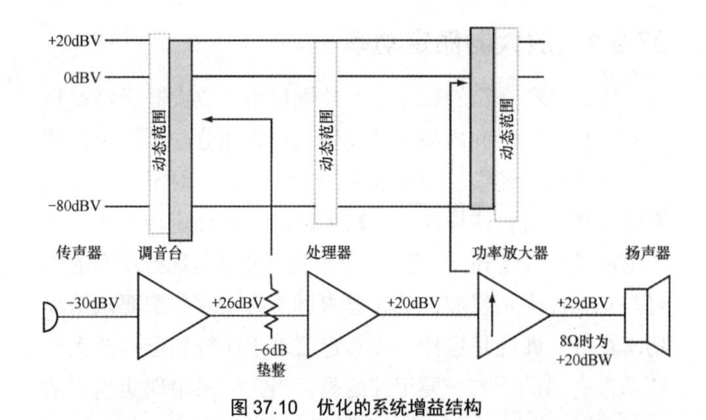

图 37.10　优化的系统增益结构

37.8　放大器灵敏度的设定

在理想情况下，放大器的输入级应能处理前一级设备单元的满幅输出电平而不出现削波问题。对于放大器输入电路而言，削波有可能出现在其输出级之前。这可以用前一级设备的满幅无失真信号电平驱动放大器，通过将放大器衰减器设定在非常低的电平，同时观测放大器的输出波形来核实。如果削波明显是出现在低电平的放大器衰减器设定时的放大器输出级，那么输入级就被过驱动了。这时就需要插入垫整来减小驱动电压。如果在信号链路上存在有源分频器，则应在打开和设定放大器输入灵敏度之前建立起正确的分频器设定。这些设定最好是从扬声器生产厂家那里获取。可以采用与校准其他设备单元一样的方法来校准放大器——简单地调整它的输入灵敏度（音量）控制，产生刚好在削波点之下的输出信号。这可能太响了，所以最好是使用宽带节目源信号（粉红噪声或音乐），并调整放大器，使之在听音人位置产生想要的 L_P。具体步骤如下。

将节目素材输入调音台，调音台被设定成之前描述的零刻度仪表指示。应注意的是，这里假定的是 VU 表，而不是峰值表。随后逐步提高功率放大器的输入衰减器，直至

1. 在观众区达到想要的声压级。

2. 放大器开始指示出削波。

不论是出现哪一种情况，都不要再将其旋高了。增益结构调整完毕，系统产生其最高的不失真 L_P。技术人员现在可以继续微调分频器网络和均衡器，完成最终的系统校准。

37.9　额定功率

应格外注意的是，放大器的标称瓦数必须适合扬声器。扬声器一定不要被驱动至其构建的热耗散能力之外，或者其机械位移限制之外。在大部分系统中，由于散热是比位移更大的问题，因此一定要对放大器输出电压波形的 rms 值进行控制。因为分配给扬声器的连续功率（基于 rms 电压）与节目素材的类型（波峰因数）存在着密切的函数关系，所以选择过程可能很复杂。

37.9.1 放大器额定功率

放大器和音箱的额定功率共性很小。放大器通常是根据它在指定的时间内将正弦波输入可靠地分配至指定负载阻抗上的最大连续功率来标称额定功率的。对于放大器的额定功率而言，这样便产生较大的放大器额定功率（因为正弦波具有较高 rms 电压），由于我们通常呈现给观众的信号与正弦波大相径庭，放大器永远不会按照分配要求给出功率瓦数。即便是这样，该额定值对于比较和选择放大器还是很有用的。唯一要记住的是，当人们采用现实当中的节目素材工作时，在扬声器两端是得不到高 rms 电压的。

37.9.2 扬声器的额定功率

扬声器的额定连续功率描述的是连续工作的扬声器耗散热量的能力。有意义的额定值一定是以最小值给出的，具体如下。

1. 所使用信号的类型和波峰因数。
2. 信号的带宽。
3. 测试的持续时间。
4. 信号的 rms 电压。
5. 被测扬声器的阻抗。

如果所用信号的波峰因数是 6dB，并且扬声器的额定功率是 50W（连续的），那么要求放大器进行的测试应为

$$17\text{dBW} + 6\text{dB} = 23\text{dBW}$$
$$23\text{dBW} = 200\text{W}_{peak}$$

对系统技术人员而言，功率技术规格的用处并不大。它们必须被转换成等效的 rms 电压，以便系统技术人员可以用电压表进行测量。简单的转换就是用额定功率乘以 8 后再开方，便得到电压值。要牢记的是，如果额定功率已被扩大，那么这种转换所得到的电压结果就太大了。

由于声频节目素材的波峰因数较高，功率放大器通常分配的功率值远低于其理论上的最大正弦波功率。如果目的就是要产生可能达到的最高 L_P，那么这便使得它可能（和必然）要使用连续额定功率高于扬声器连续额定功率的放大器。部分用户要注意，一定要保证节目素材的波峰因数不会被动态范围控制设备（压缩器和限制器）为了驱动放大器至削波点而过分减小。图 37.11 和图 37.12 所示的是同样的波形。每个波形的峰值输出电压是一样的。使用峰值限制器来降低第二个波形的动态范围，从而使得加到扬声器上的 rms 电压（和连续功率）提高了 6dB（4 倍）。这个例子表明放大器功率（和扬声器的功率消耗）在很大程度上取决于波形的属性，而不只是取决于放大器的额定值。在理想情况下，放大器大的选择和设定取决于观众区的目标声压级。在让扬声器工作在其额定功率之下这一点上是不存在异议的，实际上这也是良好的设计实践。

人们并不情愿利用形式化的公式来确定所需要的放大器功率，其中的原因如下。

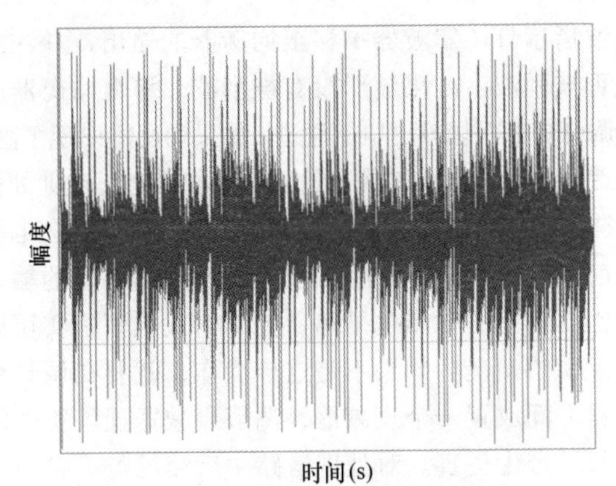

图 37.11 具有高峰值的复杂波形的输出电压

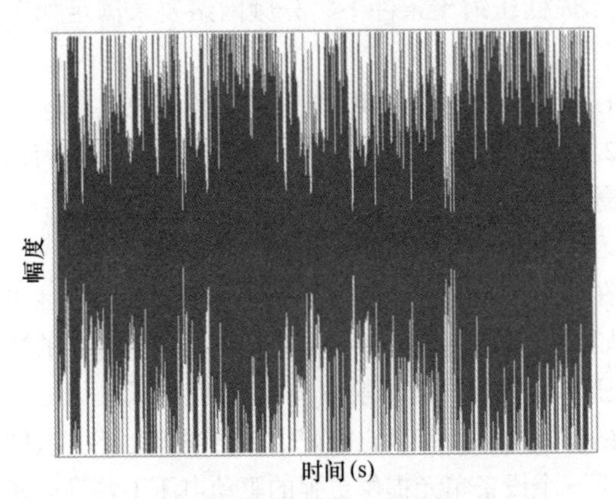

图 37.12 利用 6dB 限制器且进行满刻度归一化处理后的图 37.11 所示的波形的输出电压

1. 放大器的连续输出功率是节目素材波峰因数的函数，并且可能有高达 20dB 甚至更大的变化（100：1）。

2. 放大器的额定功率是基于可能与声频节目素材大相径庭的信号确定的。

3. 对分配给扬声器实际功率的监测需要使用复杂的设备，且由知识渊博的操作人员来完成。

4. 标准的扬声器承受功率测试需要将扬声器驱动至不产生永久性损伤的点。这种描述有些模棱两可。

笔者使用的可承受功率测试是采用 rms 电压不断增大的信号来驱动扬声器，直至其响应比小信号（一般是 $3V_{rms}$）时的响应变化了 3dB。这种 rms 电压常用来确定扬声器的连续额定值，它可以表示为以 V 为单位的有效值电压，也可以表示为以 W 为单位的馈给额定阻抗的功率。

即便如此，保守的方案如下。

1. 确定扬声器额定连续功率的瓦数（来自数据表）。通过对 8 倍的额定功率开方得到最大的 rms 电压。应注意的是，对于电平设定和验证来说是必要的。

2. 将这一额定值的 4 倍作为所用的放大器功率值。这样可允许节目峰值超出额定连续值 6dB。

3. 要留意不要让放大器产生削波，如图 37.13 所示。如果节目素材的波峰因数超过 6dB，并且放大器无削波地工作，那么扬声器将轻松地工作于其额定连续功率值以下，从而提高了它的可靠性和使用寿命。细心的操作人员

可以使用功率明显大一些的放大器，这样就能维持较高的声频节目素材波峰因数，同时避免削波，如图 37.14 所示。从本质上讲，虽然购置了功率大一些的放大器，但使用时还是要格外小心！不要对扬声器过驱动，或使观众区声压级过高！应始终用声级计来检测系统所产生的 L_P，其数值应处在 OSHA 制定的声环境暴露规定的数值范围内。

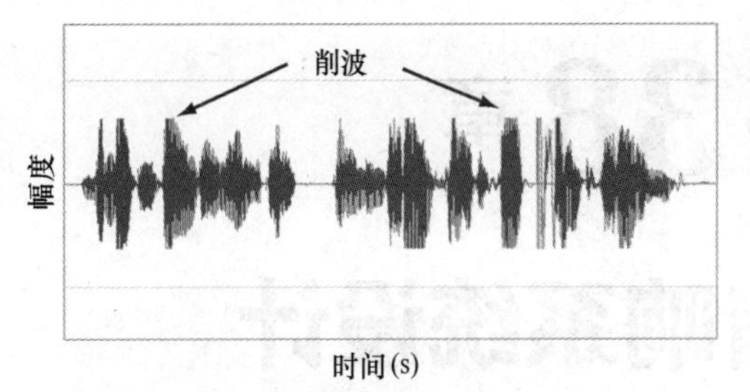

图 37.13　峰值储备不够导致的波形削波

37.10　结论

正确校准的音响系统可以让操作人员在调音台位于仪表零刻度或附近的条件下进行缩混，同时不存在使任何系统设备单元产生削波的风险。仪表的零刻度电平还与观众区所需要的最高 L_P 相关联。从功能上讲，实际系统中的所有设备单元现在就相当于一个设备单元，唯一的差异就是它们被独立地安排在独立的机箱内，并通过线缆互连起来。

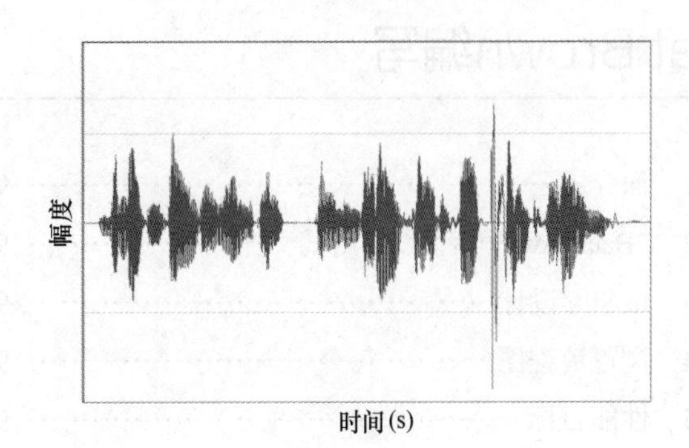

图 37.14　提高放大器规格以得到更大的峰值储备

第38章

音响系统设计

Pat Brown编写

38.1　简介

音响系统设计一定会受一些目标左右。这些目标与打算用系统完成何种任务有关，并且语言系统和音乐系统会有所不同。不论是哪种类型的系统，都要将声音信息清晰地传递给听众。

设计过程一定要适用于现有和将来的空间需求。如果空间是现有的，那么就要到现场勘察并实际听听。审听是音响系统设计过程的重要环节。下面要阐述的是有关评价房间内扬声器性能表现的一种合乎逻辑且有实际意义的方法。我们要作的第一个假设就是扬声器本身功能没问题，而且音质也是我们想要的。这就意味着电信号拥有足够的带宽、输出电平和动态范围，同时扬声器工作于正确状态，不存在老化或损坏的问题。

厅堂的声音清晰度主要受两个因素制约，这两个因素就是噪声和反射声。反射声可以细分成镜面反射声和混响声。这里我假设反射声是混响声，并且用房间的衰减时间及房间被持续声音激励时所达到的声压级对其进行量化，虽然这些假设大大简化了对房间声学属性的分析，但是简化的分析是针对相当一致的空间进行的。对于音响系统设计人员而言，控制空间的环境噪声和 / 或混响时间可能是可行的，也可能是不可行的。这里所阐述的音响系统设计过程是基于这些参量都是固定不变，且一定会对设计过程产生影响这一假设提出的。

38.2　“Back-Away（后撤）”测试

首先要完成的工作就是对空间中的语音进行评价。在进行这项工作时，我喜欢使用图 38.1 所示的“talker loudspeaker（扬声器声源）”，因为这样可以让我以听者的身份进行审听，同时还可以让我在一间安静的房间内单独进行测试工作。

图 38.1　“talker loudspeaker”提供了一个工作的起始点（NTI Audio 授权使用）

将需要重放的语言声轨排列好。从距其 1m 的地方开始听扬声器重放出来的语言。或许这是最容易听懂语言信息内容的地方，因为在 1m 的距离处，语言声压级基本处在房间环境噪声声压级之上，同时也处在空间所建立起的任何混响声声压级之上。如果出现了回声，那么其声压级相对于讲话人语音声压级也要低一些。保持这个轴向方向，背向声源移动，将距声源的轴向距离加倍。现在我们便处在距声源 2m 的位置处。此时源于声源的直达声声场强度减小了 6dB，而其他声场成分的强度则基本保持不变。这种距离上的增加可能会降低信息的传递质量。将距离再增加一倍，则会发生同样的事情。重复上述的步骤，直至听不懂说话声的含义为止。记下声音清晰度可接受的最远距离。这是声源的最大工作距离。

到底发生了呢？背向讲话人方向移动会降低直混比（Direct-to-Reverberant Ratio，DRR）和 SNR。这些因素中的一个或两个会导致声音清晰度下降。

接下来，将房间中的所有噪声声源“关闭”。这些噪声源可能包括风扇、灯、泵机等。回到最远的听音位置，并重新评估声音清晰度。如果声音清晰度有所改善，那么房间噪声导致声音清晰度的下降，并将 SNR 记录为该空间的一个影响因素。必须要对其声源位置处的噪声（比如吵闹的 HVAC 系统或喷泉声）进行处理。

随后，用一个中等指向性扬声器来替代原来的“扬声器声源”。这会是一个物理体积较大的仪器，它是通过“号筒加载”来获得更强的指向性，如图 38.2 所示。

图 38.2　性能控制得很好的中等指向性扬声器（Mitchell Acoustic Research 授权使用）

让声源产生与声源扬声器同样大小的轴向声压级，重复进行听音实验，并记下在声源工作距离基础上的任何距离增加。如果工作距离加大了，那么说明混响对声音清晰度有抑制作用。减小混响需要通过空间声学处理、提高声源指向性，或同时采用这两种方式来实现。

这一证据提供大量有关房间和平滑所要求的扬声器特性方面的信息。影响声音清晰度的两个主要机制是声压级（level）和指向性（directivity）。提高声压级改善的是 SNR。提高指向性改善的是 DRR。

这个简单的例子反映出了在音响系统设计过程中的核心思想。音响系统的工作目标就是将位于最大听音距离处的听音人的听音体验拓展到空间中所有的听音位置上。我们拥有可以提高声压级的放大器和音箱。我们还有可以保持听众区覆盖声能不变，且向房间其他空间很少辐射声能的指向性音箱。

我们开展的研究只考虑了位于声源轴向上的听音人。当然，在现实厅堂中有些听众是位于偏离扬声器主轴很大角度的地方。扬声器的技术指标包括了相对于声源各个方向声压级（L_P）的极坐标数据。

图38.3所示的流程图是音响系统设计的逻辑路线图。它建立起了可确保为所有听众提供足够的声音清晰度的完整设计流程。它为系统设计人员提供了针对相应的空间声学属性选择合适的音箱，以及如何设置音箱的指南。

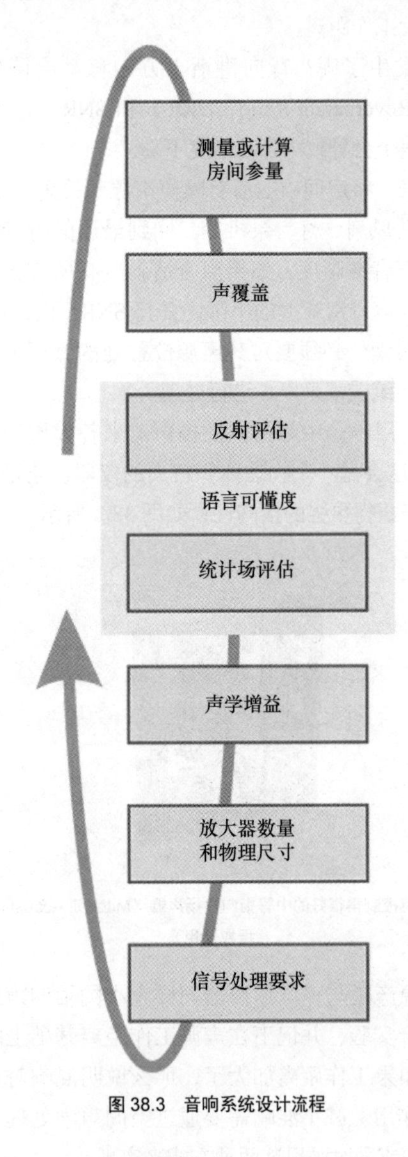

图38.3 音响系统设计流程

38.3 In Situ设计

假如时间和资金足够，那么整个音响系统设计过程就可利用刚刚描述的流程进行“In Situ（在现场）”测试。音箱可以放在中央位置，对准投射方位，其声覆盖区可通过在听众区边走动边听音加以评估。这将所有的变量均考虑其中。如果对声音不满意，则可以用不同的音箱来替换最初用的音箱，并重复上述步骤。之后，可以将音箱提升至实际使用的调整高度，重新对准方位，并重复上述过程。如果一只音箱无法覆盖整个听众区，那么可以增设音箱并重复上述步骤。尽管这种方法有可能无法在实际中实施，但是这确实不失为设计音响系统的一种非常不错的方法。所闻即所得。

38.4 浏览流程图

应注意的是，流程图是从“测量或计算房间参量”开始的。音响系统的性能与其所处房间的声学属性密不可分，至少需要考虑房间的混响时间（RT）和本底噪声（L_N）。如果房间是已建好的，那么就应测量RT。如果不是已建好的现成房间，那么通过计算加以估算。测量到的数据始终要比计算出的数据更受人们重视，因为声学预测中的误差会因为所包含的许多变量和采用的方法而变得很高。

因此，首先要考虑的是系统声音在某些位置听上去不错，这里所谓的某些位置是指音箱轴向方位所指的地方，必须要将这种良好的听音效果延展到最远的听音位置。这就是利用后撤实验所进行的评估工作。其次要考虑的是所取得的听众覆盖区如何，因为大多数房间无法通过单独一只音箱覆盖所有的听众区座席。假设每位听众需要清楚地听到某只音箱所发出的声音，所以我们从这只音箱开始，通过沿其轴向方位后撤来评价其声覆盖的程度，然后改变音箱的位置并重新进行声覆盖度的评估。对于大型空间而言，进行这项工作唯一实用的方法就是进行计算机建模，这方面的内容会在本章稍后的讨论中加以阐述。

当将音箱置于房间时，房间边界就会产生声反射。这是无法避免的。房间声反射有利有弊，具体则取决于其到达听众区的时间、声压级和来自何方。反射声的评估是基于几何学原理展开的，这时声波的入射角等于反射角。我们假定声音的行为属性与光类似，不过这只是近似而已。与声覆盖一样，将所有可能的声源 - 边界表面 - 接收器声传播路径均考虑其中的唯一实用方法还是要利用房间建模程序。

在有些房间中，源自音箱的声音产生的混响声场可能会掩蔽直达声场包含的一些信息。这时需要考虑混响声压级，以及它与直达声声压级的比值。这是可以利用一些经典的混响公式进行粗略评估的一个设计环节，而且多年来这一直是音响系统设计过程中的一个核心环节。进行计算机房间建模是能力更为强大的一种解决方案，因为很少有房间能满足使经典公式成立的条件。

流程图中的声学增益框力图解决“系统在进入正反馈之前会到达足够的响度吗？”这一问题。当然，这是假定现场存在已接入系统中的传声器，而且在同一空间中同样存在工作的音箱。良好的设计实践就是使直接覆盖传声器摆放区域（比如，舞台）的L_P最小化。保持声源至传声器的距离尽可能短也是良好的实践做法。在此我们假定将这两种措施结合在一起使用以取得足够的声学增益。

由于音箱及其摆放位置是已知的，所以就可以选择放大器了。需要足够的声频功率，以便在听音人处产生所要求的直达声声场声压级 L_P，同时还要为信号的峰值留有足够的峰值储备。由于我们还必须确保驱动信号不会损坏扬声器，所以还需要掌握放大器功率容量方面的信息。在有些情况中，我们可能必须从草图开始设计，以验证当前的解决方案是否能够产生所需要的 L_P。

所需要的信号处理只能在选择了音箱，并将其摆放就位后才能确定。DSP 为系统设计人员提供了难以置信的处理能力。许多厅堂设计为每只音箱提供了一个 DSP 通道和一台放大器。这样便可以根据系统的使用需求进行多种设定，同时也可以对各种配置进行试验。在 DSP 中，建立信号处理链路是音响系统设计流程的最后一步。

音响系统设计是一种实验、再进行误差处理的过程，人们可以随时返回到开始点重来。

38.5　性能目标

在开始音响系统设计之前设计人员至少必须对系统性能中的如下 3 个方面进行量化。

1. 响度有多大?
2. 这一响度必须要到达的最远距离有多远？
3. 所需要的带宽有多宽？

要想对音箱和放大器进行初始选择，有必要对这些问题进行回答。一定要对目标 L_P 认真考虑，同样也要认真对待来自客户的意见，以及打算利用系统做什么的问题。在 L_P 上出问题会酿成一个代价昂贵的错误。

38.6　音箱技术指标

音箱具有许多属性，且描述音箱的技术指标也有许多。通用扬声器格式（Common Loudspeaker Format，CLF）提供了一组非常完整的度量体系。CLF 是一种为如下两个目标服务的文件格式。

1. 它为系统设计人员提供了令其感兴趣的重要音箱技术指标。

2. 它是一种可以导入大部分用来对性能进行绘图研究的房间建模计算机程序中的数据文件。

免费软件 CLF Viewer（Microsoft Windows）的屏幕截图如图 38.4 所示。

CLF 中包含的所有信息均是有益且有用的，其中就包括了在音响系统设计过程初期非常重要的两个技术指标。这两个技术指标就是灵敏度和最大输入电压（Maximum Input Voltage，MIV）。在此对这两个参量进行概述。

灵敏度是一种利用施加到音箱上的已知电压度量参考基准距离上轴向（轴上）L_P 的参量。所施加的电压通常是 2.83Vrms，参考基准距离通常是 1m。大的音箱一般会在更远的距离上进行测量，并利用反平方定律反映出的声压级变化比将结果归一化到 1m 处的结果。所用的信号应是宽带信号，一般采用粉红噪声或扫频音（啁啾声）。灵敏度由音箱的生产厂家测量，并以技术指标形式给出。它应以声压级与频率关系图表的形式给出，在设计工作中可以采用有用带宽上的“单一数字”形式的平均值。

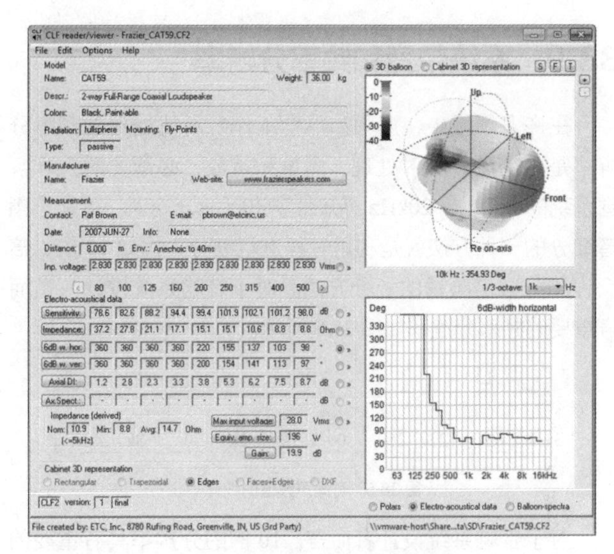

图 38.4　免费软件 CLF 数据查看器

MIV 指的是可以施加到音箱之上而不会造成其损坏的最大可持续驱动电压。轴向灵敏度可以通过 MIV 进行比例缩放，以确定扬声器在 1m 处可以产生的最大 L_P，而且这一声压级可以利用反平方定律扩展至任何距离处。这将反映出音箱是否可以在最远听音距离处产生出所需要声压级的情形。如果这是不可能的话，那么就很少有条件研究音箱的离轴性能。

针对系统声压级和带宽的适宜目标到底是什么呢？这些问题与系统类型有关。

38.7　语言系统

已知的人类最为有效的通信系统就是面对面的交流。语言扩声系统便是模拟面对面交流的音响系统。面对面交流的音响系统是由声源（讲话人）和双通道接收器（听音人）组成。普通男性讲话人在距其 1m 处产生的 A 加权 L_P 约为 60dBA。这将在安静的声环境下产生出可被听音人接收并解码出声信号所携带信息的足够高的 SNR。同时它也将在几乎大部分类型的空间中产生出足够的 DRR，这主要是因为讲话人与听音人间的距离很短（1m）。换言之，我们有望为空间环境设计出面对面交流的音响系统。

随着距离的增加，DRR 快速下降，语言可能变得让人听不懂。音响系统的设计人员必须掌握将在面对面情况下交流所需要的 DRR 进一步扩展到房间的基本理论。虽然人们可以将系统设计成可产生人类可以忍受的任何声压级，但是最好还是产生舒适的声压级。

38.8 音乐系统

音乐系统是频带带宽扩展了的语言系统。如果将其用于讲话扩声，那么它可提供人类可懂的语言。虽然该要求常常被音响系统设计人员所忽略，但出于语言教学的原因，这一要求正变得十分重要。

38.9 系统带宽和频率分辨率

在许多领域中，声频和声学工作者所要处理的频率分辨率是可变的。针对处理、测量和重放，必须要对人耳听觉系统的20Hz～20kHz感知带宽进行细分处理。可闻声频谱细分的一种方法就是利用音程进行细分，比如10倍、倍频程和分数倍频程的划分方法。对于音响系统设计人员而言重要的频率分辨率如图38.5所示。

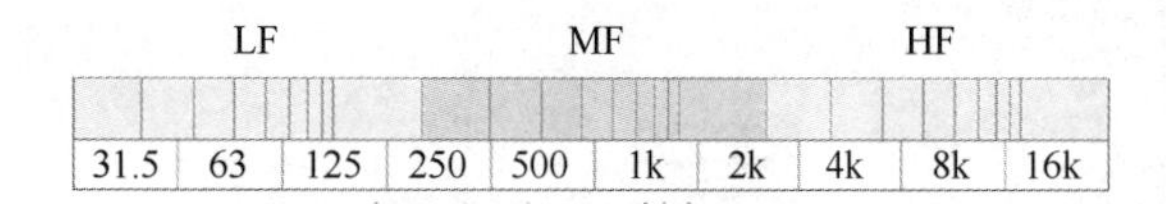

图38.5 可闻声频谱的细分

对于音响系统设计者而言，10倍的分辨率具有重要的意义，因为指定的固定尺寸大小的辐射器在被用于扩声时被寄希望在10倍的带宽上产生恒定的声压级。可闻声频谱可以被划分成3个10倍频程——低频（LF），中频（MF）和高频（HF）。这3个频带还可以进一步被细分成倍频程。可闻声频谱有10个倍频程，图38.5给出了其各自的中心频率。高质量的语言系统应覆盖125Hz～8kHz的倍频程频带。对于许多音乐节目素材的重放应用而言，这样的带宽足以产生令人满意的效果，比如背景音乐（BGM）和前景音乐（FGM）。对于高保真系统而言，带宽可以进一步展宽（比如10倍频程），比如影院和现代音乐厅应用。

本章将给出基于1/1倍频程分辨率的设计流程。它要求至少应考虑7个倍频程频带上有关声压级、声覆盖和清晰度问题。虽然更高的分辨率（比如1/3倍频程）是可以实现的，但为了对每个1/3倍频程频带上的系统声覆盖进行评估通常要绘制原来房间30倍的图，而且也不实用。1/1倍频程分辨率也是开展声学工作所能接受的标准，它是音响系统设计过程的主要环节。更高的分辨率对于特殊研究和分析直达声声场可能有用。

38.10 听音环境

扩声系统的性能受封闭空间的影响非常大。实际上，房间与声音的关系和房间与音响系统本身的关系几乎一样。在空间声环境良好的空间中，差的系统发出的声音听上去是可以让人接受的。在让人愉悦的空间声环境中，设计优良的音响系统可发出被认为是“好声音”的声音。

音响系统设计过程必须从分析房间开始。这需要采集房间的冲激响应（RIR），这方面的内容会在第49章“测试与测量”和本章稍后章节中阐述。利用RIR，可以将空间分类成沉寂的、活跃的或有混响感的空间。声学上沉寂的空间产生的声音与音箱产生的直达声声场竞争很小。在室外环境和摆满家具的室内环境中，如果可以取得较好的SNR，那么就有理由期望可借助于音响系统进行通信交流。但怎样才能确定这一问题呢？

让人庆幸的是，后退实验方法可以在数学上实现如下几种假设。

1. L_P的声压级变化是按照反平方定律所言的斜率跌落的。由于波前是球面，所以每次从距声源1m的初始距离加倍时，L_P都会跌落6dB。

2. 房间内构建出的混响声场在房间各处都是一致的。这是真正混响的基本特征。应注意的是，许多房间都是准混响空间，因此这一条件可能只是部分房间满足。

在利用计算机进行设计之前，音响系统设计人员应该着手测量或预测房间混响时间、扬声器的极坐标响应，并利用计算器（或计算尺）计算听众席样本点处的直达声与混响声能量之比。虽然这还是进行计算，但是利用计算机房间建模技术我们可以考虑更多座席位置情况、准混响空间，处理某些不符合理想化假定条件的特殊情况，而且完成所有这些工作所用的时间要比手动方案花费的时间少很多。

38.11 计算机辅助音响系统设计

考虑到存在着许许多多的变量，而且各变量间的相互作用很复杂，因此现代音响系统设计处理必须要借助于个人计算机才能完成。计算机房间建模程序可以让设计人员快速评估其设计思路的可行性。

笔者将以一个重要的表述——“计算机不能设计音响系统”开始本节的论述。虽然这一断言在将来可能并不成立，但现在确是如此。许多潜在的音响系统设计人员在购买了价格不菲的设计程序之后便灰心丧气了，它们发现这不过就是基于声波特性的简化假定来执行算法的计算器。这并不是说这些程序不够复杂、缜密。其中有些程序的复杂程度令人难以置信，它们基于几何声学原理将一些决定性的计算和模拟声学特性的专门算法结合在一起。声波的行为属性与光线相似吗？在某些方法中确实如此，但在其他方法中则不然。

为了全面了解房间声学建模的历史沿革，建议读者阅读一下Peter Svensson（彼得•斯文森）撰写的“*The Early History of Ray Tracing in Room Acoustics*”一文[1]。该文直观地将声学建模视为是一种近似、假设和折中的游戏。它并不是简单的数据处理问题。本章的余下章节力图让设计人员能够利用房间建模程序来使其所进行的选择达到最完善的程度。

38.12 球面扬声器数据

长久以来，轴向和极坐标测量一直被用于扬声器性能的特征化表达。房间建模程序需要用球面数据来对房间内的点声源或点声源组的特性进行建模。由于球面数据集合被包含在扬声器周围所有球面测量位置上测量采集到的数据中，所以它可以对扬声器的指向性进行特征化表示。

笔者从零开始搭建了一个球面扬声器测量系统，目前许多扬声器生产厂家将此系统得到的扬声器数据文件应用于房间建模程序中。经过多年的时间和资金投入，研究结果让我们得到了对相关问题更深刻的认识，有些并不是针对扬声器数据的。“更多”并不一定“更好”。

建模程序假定所形成的波前是球面，并且随着声音远离声源，声波以球面形式向外辐射。这一结论只在声源的远场才成立。扬声器数据一定要在扬声器的远场进行测量采集，这样才能保证计算的精度。

38.12.1　近场与远场

在声频工程领域中，“点声源”一词存在理论和常用两种定义。字面上的点声源是无限小的。指向性是通过干涉取得的。由于干涉需要质量，所以字面上的点声源是无方向的，它将在各个方向上发出相同声压的声波。随着声波远离声源向外辐射，球面波的声压级变化率是按反平方定律规定变化的。这就是说，当球体的半径加倍时，声音经过区域的面积增大了 4 倍。由于相同的声能通过的面积逐渐变大，所以声强级 L_I 和最终的声压级 L_P 将会随着距声源距离的增大而减小。在房间建模中，这种特性是通过点声源向外辐射的声线来模拟的。

物理上可实现的音箱是具有体积和质量的。声音不可能均匀地向其边界表面各个方向辐射声能，因此波前在声源附近不可能是球面。这一结论在多分频及线阵列设备中一定成立。即便离开这些设备的声波波前并没有构成球面，但是声波在各个方向上还是以相同的速度行进。这意味着随着距声源距离的增加，波前将变得趋向于球面。声波波前被视为球面时所对应的距声源的距离就是远场开始的距离。在此距离之外，我们就可以应用反平方定律了。所有的扬声器在距声源很远位置都遵守反平方定律的规定。应注意的是，“球面波”并不意味着扬声器是无指向性的。由于气球面状在远场为球面，所以轴向上的声音会因使用了号筒或波导而很可能更强。无指向性声源则是在球体的整个表面上产生相等的 L_I。

扬声器附近存在一个所形成的声波并非球面的近场区，同时还存在一个波前为球面的远场区。近场与远场之间存在一个与频率有关的过渡区。在近场中，扬声器轴向转移函数的形状与距离有关。要不是因为存在与频率相关的空气吸声效应的作用，在远场时它便与距离无关。

远场起始存在高频和低频两个条件。观察点必须是：

1. 在所关心的低频频率上，距声源的距离至少要是 1 个波长。这样便满足了低频条件。

2. 至少要是声源最长维度尺寸的 10 倍。这便满足了高频条件。这里假定高频声能是从设备的整个表面发出的。通常并非如此，10 倍的条件可能会被放宽一些。

因此，对于 30Hz 以上的频率而言，高度为 1m 的音箱的远场开始距离约为 10m。

10m 是 30Hz 的声波波长。在实际中，这一点可能会放宽一点，具体可以通过后退实验测量结果来决定，可以将测量结果与在距声源距离增加时测量到的轴向响应相比较。

测量球面数据的实用距离限定近似为 8m。对于长达 0.8m 的设备而言，这可以进行 43Hz 以上频率情况的测量（最长的维度尺寸通常是指轴向上的长度）。在实践中，较长的设备要在 8m 的距离处进行测量。其 2 点原因如下。

1. 大部分扬声器并不从其整个正面区域辐射出明显的高频成分。

2. 10 倍的距离条件在牺牲一定高频时精度的前提下有所放宽，因为针对房间建模的目标，数据只需要高达 8kHz 倍频程频带即可。

38.12.2　球面扬声器数据

一定要通过先前描述的在远场球面位置所进行的测量来决定现实中扬声器的辐射属性。扬声器被置于自由场当中——一个不存在声反射的环境。测量传声器被置于扬声器远场的主轴之上。测量并记录轴向冲激响应（时域）或转移函数（频域），随后将扬声器以需要的角度分辨率（一般为 5°）水平旋转，重复进行上述测量。该测量过程一直持续到传声器处于 180° 的离轴角度为止。39 个测量序列构成了一个“圆弧”。扬声器返回到轴向位置，将其基准轴转动大约 5°，并采集另一个圆弧。持续进行上述过程，直至测量到可对扬声器辐射特征进行全面特征描述的足够数量的圆弧为止。具体的圆弧数目取决于所需要的象限数目，反过来说，它取决于音箱的声学对称性。围绕音箱的测量圆弧如图 38.6 所示。

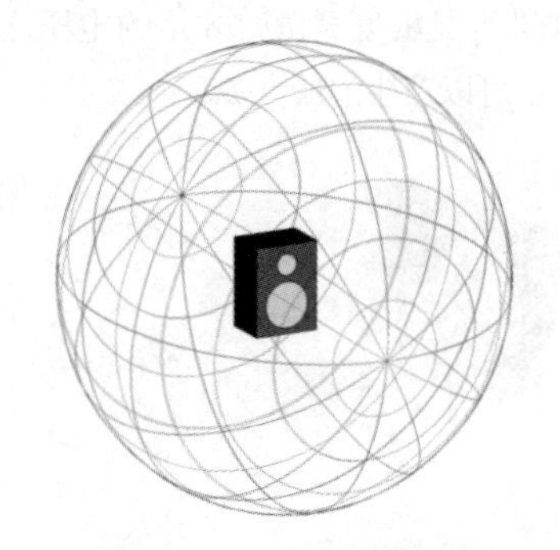

图 38.6　执行气球测量的网格

采用 5° 的分辨率，最终的结果就是得到一个大约由 2600 个冲激响应构成的集合。冲激响应（Impulse Responses，IR）利用傅里叶变换转变到频域，产生转移函数，或者针对每个测量位置的幅频响应和相频响应。之后，这个数据集合被处理成一组扬声器气球图。对于每个 $1/n$ 倍频程频带，均有一个气球图。针对房间声学工作而言，一般采用倍频程分辨率。1/3 倍频程可以用于扬声器覆盖图和球面研究工作。图 38.7 所示的是某一指向性扬声器的覆盖气球图。

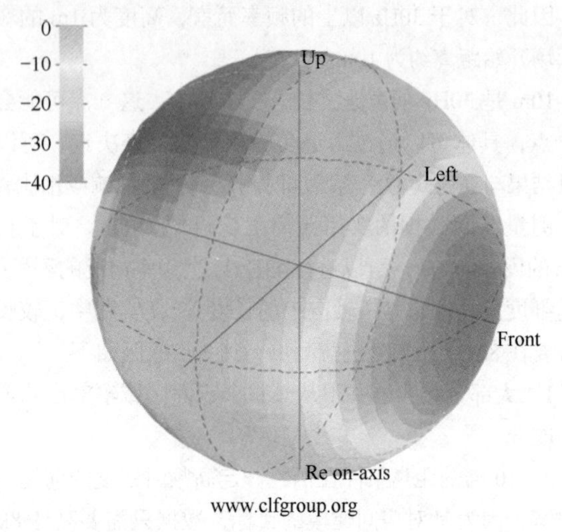

图 38.7　扬声器辐射“气球”（2kHz）

即便气球图是在 8m 的距离处测量到的，但我们还是假定气球图数据表现的是处在任意距离上的设备的指向性。这便使得对近场区扬声器的特性描述不够准确。换言之，在 8m 处测量到的数据气球形状对于较短的距离不可能准确，而对于此距离之外是准确的。如果数据是在 1m 的距离实测的，并且该距离处于近场当中，那么随着距离外推，其不准确程度会进一步加大。在该测量处理过程中一定要允许将气球数据准确外推至更远的听众位置，一般在较大的房间中这一距离要比靠近扬声器附近的座位距离更远。扬声器的 1m 灵敏度（也是在远场进行的测量，并利用反平方定律校准至 1m 处）常被用来将相对的气球数据按比例缩放至某一绝对声压级。房间建模程序将气球外推，直至它与观众平面相交汇，并且利用气球数据对 L_P 进行加权处理。图 38.8 所示的是呈现在观众区覆盖图中的合成 L_P。扬声器数据文件还包括可以应用于扬声器上的最大有效值电压。该电压与用来进行灵敏度测量时才用的电压之间的电平差被用于计算设备可以产生的最大 L_P。

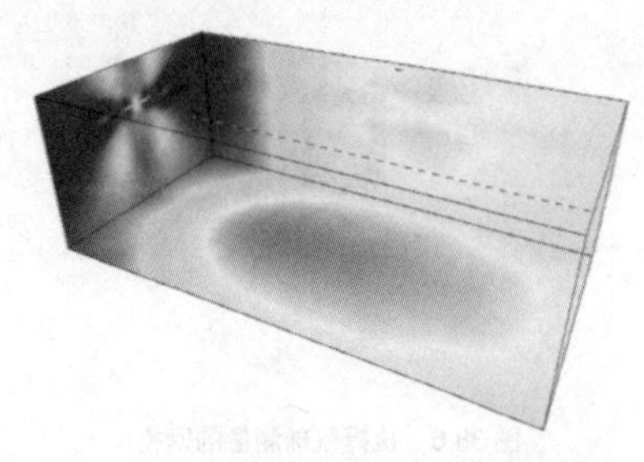

图 38.8　房间模型中观众区的直达声声场图

以这种方式进行的扬声器测量一般都将扬声器视为点声源。

38.12.3　扬声器阵列

对于小型扬声器阵列，比如 2m 长或更短的线阵列，我们可以将其视为点声源进行测量和建模，因为它们工作于远场。虽然如果以这种方式测量无法知道其近场特性，但是通常大部分观众是处在远场区，至少他们将会体验到较差的 DRR 和 SNR 产生的结果。较长的扬声器阵列可以由多个点声源组合而成。这就要求对其中一个点声源进行测量，然后将多个点声源叠置在一起形成垂直阵列，如图 38.9 所示。对于模型中的任何听音人位置，可以计算出每个点声源的相对到达时间。这便允许对复数（幅度和相位）相互作用进行建模，并且将方向型控制可视化。有些建模程序提供了专门的模块，以帮助构建阵列。

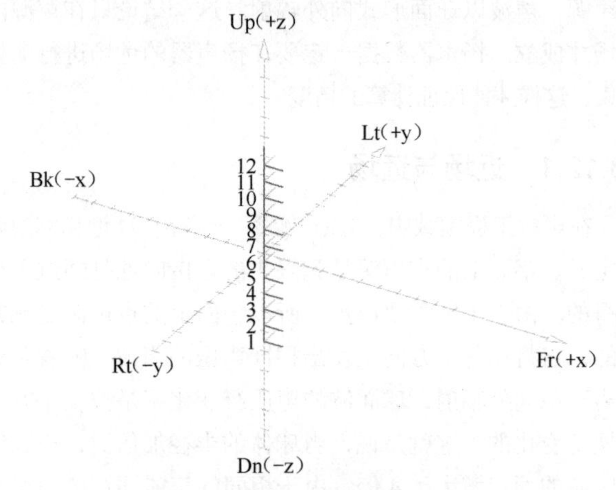

图 38.9　点声源的阵列建模（CATT-A）

扬声器数据气球可以只由幅度组成，也可以由幅度和相位数据组成。相位数据可以改善有些阵列类型的预测结果，顾名思义，它们依靠各个单元间的复数相互作用来构建辐射型，将其作为单独一个单元进行测量还是太大了。

38.12.4　直达声场建模

直达声声场的 L_P 和声覆盖预测可以不考虑房间的声学属性。如果所需要掌握的全部内容就是扬声器的安装高度和投射角度，以便优化对观众区的声覆盖，那么就没有必要构建完整且封闭的房间模型，建模程序对于显示球面数据气球与平坦观众区平面交汇情况极为有用，且结果很准确。这里假定一个合适的音箱已经被定位于可在观众区产生均匀直达声声场 L_P 的位置。

直达声声场覆盖图要考虑来自扬声器周围每一点辐射的 L_P，以及到观众区的距离。由于合成的 L_P 与频率有关，所以要在所需的 1/*n* 倍频程分辨率下产生独立的覆盖图。1/*n* 倍频程频带可以叠加并加权，以产生宽频带 L_P 图。

覆盖并不直观，而且失败的模型可能导致严重的误差。不论是否执行了房间声学建模，绘制直达声声场覆盖图都应为任何音响系统设计过程的第一步。

38.12.5　房间模型细节

一旦令设计人员满意的直达声声场覆盖被接受了，那么就必须要考虑来自房间的反射声能量。为此要构建出房间的几何学线框模型。

房间模型中所需要的细节程度一直是人们争论的一个问题。凭直觉人们会认为准确的可视模型似乎就是准确的声学模型。这样也就认可使用建筑师制图使用的 CAD 程序进行方便地建模。不幸的是，一般情况并非如此。好的可视模型不一定就是一个好的声学模型。

声音与房间物体的相互作用相当复杂，其中包含了反射、共振和衍射等声学现象。由于声线跟踪或像 / 源法只能对声音特性进行近似地描述，所以不管房间模型采用的细节描述程度如何，它们都不可能对声音特性进行完全准确的描述。过度的细节描述反而会使计算时间急剧增加，并不会提高预测的准确度。应将房间模型视为一个声学“画板”，它等效于建筑师利用泡沫板和纸做成的缩尺模型。由于它考虑了声源的指向性，所以它是一个按照房间的几何尺寸定制得非常不错的混响处理器。

声学预测的准确度趋于遵从来自声源的声音属性。扬声器发出的直达声声场可以进行准确度相对较高的测量，同时可以利用反平方定律进行其在远端自由场中的特性估算。这就意味着对直达声声场的测量（比如 L_P 和声覆盖）是可预测的。对于直达声声场，各种房间建模程序表现出出色的一致性，因为它是由计算决定的。一旦声音产生了反射，那么“准确”一词就不再适用了。在每根声线撞击到房间边界产生与原始声源同样复杂的新声学声源时，我们所进行的处理就都是近似的了。随着反射次数的增加，声音特性的复杂程度会不断增大，最终演变成扩散，并完全无法通过预测来确定。值得庆幸的是，音响系统设计人员的需求倾向于跟踪这一准确进程。我可以充分相信对直达声声场的预测结果，同时也可以相信对前几次反射的预测结果。不过对于误差累加、高阶反射和扩散场特性只能进行估算了。

建模程序给出了创建房间的几何学线框模型的模块，如图 38.10 所示。另外，它们可以利用第三方提供的 CAD 程序创建并导入来实现。如果每个房间边界都指定了吸声系数，那么就可以确定声线撞击到边界产生反射后的 L_P 减小了多少。它也可以给出扩散系数，这样便能将部分或全部反射声随机化了。散射系数对于估测复杂房间表面的特性是没有意义的。吸声和扩散系数是估计值，实际材料的这些数值在很大程度上可能会受到测量方法的影响。

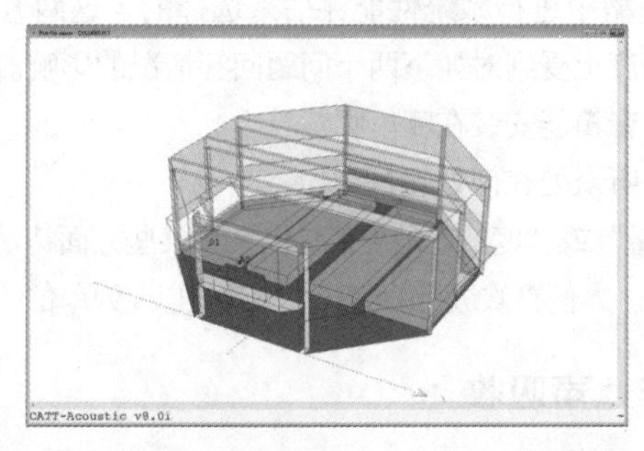

图 38.10　房间的几何学线框模型提供了一个虚拟的设计环境（CATT-A）

38.13　房间反射预测

房间建模程序主要利用两种方法来预测房间反射。像 / 源法是具有确定性的方法，它通过将房间表面视为镜面来实现可视化。如果您坐在听音位置，那么扬声器的像将为每个边界可视化，并产生针对座位的镜面反射。类似的情况是，在实际的房间中，如果声源被一个激光源所取代，且声像被镜子所取代，那么激光点将会结束于您的位置处。因此利用光学和几何学方法，便可以确定下来表面产生的镜面反射。

这种方法的计算强度会随着反射阶次的增大而加强，随着反射阶次的提高，预测的准确度会下降，因为误差是累加的。这样便要求我们需要对房间后期衰减过程的模拟采用不同的方案。声线跟踪法及其变型方法（比如，锥形跟踪法）从声源位置发射出数千根虚拟声线，对这些声线进行几何学跟踪，直至达到用户指定的反射阶次为止，然后计算到达听音人位置的那些声线。模型中的听音人实际上是一个“计数气球”——固定且半径可变的目标球。不同的建模程序采用的预测反射声声场的准确方法也不同，所以结果也就会不同。采用的预测反射声声场的方法可能是建模程序专有的，并且会受到程序员的知识结构、能力、直觉和偏见的影响。认识到建模程序的绝对性不应被过分宣传是很重要的。不要去购买市面上那些对声学建模准确性过分夸大的产品。

因此，我们还是应忘掉“准确”预测房间冲激响应的表述。从音响系统设计的角度来看，我需要确认的是，给听音人造成声学问题的房间表面。这可以通过创建一个简单的声学模型来确定，然后将散射系数应用于不可能产生镜面反射的表面（比如观众区）。散射系数将来自边界的反射随机化，以模拟在所专注的频率（波长）上作用明显减弱的房间表面的作用。针对每个物理座席单独建模都是不准确且不必要的。最好是采用一个平坦的平面，并赋给其一个吸声和散射系数。这有助于对各种大小观众区和分布进行模拟。

计算机使得利用算法编程进行计算得以实现，反过来而言，这些算法是人们基于简化声学特性建模的一些假设而进行的公式化表述。对于封闭空间中任意指定的声源 / 听音人组合，确定房间 RIR 的变量不计其数。反过来，RIR 是对于座席处所听到声音的最佳概括。

音响系统设计过程的目标就是要对 RIR 进行近似合成。在合成的 RIR 之间存在无数相似性和类比性，笔者更愿意使用回声图和实际的 RIR。要想成为一个优秀的建模者，就必须要首先成为一位出色的测量者。这是人们鉴别测量可让人们认识到预测 RIR 困难性的数据灵敏度的唯一途径。我们可以避免在细节和细微之处浪费时间的唯一做法就是利用对建模软件中使用的数学理论进行许多假定性说明。

测量到的 RIR 给出了创建虚拟环境的参考基准，其特性是对实际房间的仿真，这是选择和设置音箱所必须的。下面的阐述应用了测量和建模的声学数据。

38.14 室内声学

声波在空气中传播时的振动速度与光速相比是非常慢的。这样在到达听音人位置处的源自音箱的直达声所到达听音人位置处的源于空间内房间边界表面产生的反射声之间存在人耳可以察觉的时间差。室内声学从艺术与科学相融合的角度出发来处理这些声反射。

房间是无源的，其自身并不会产生声音。当房间中的声源产生声音时，声源便建立起大量的声场。由于到达听音人位置处的反射声是时间的函数，所以我们首先从时域展开分析。对于任何听音人位置而言，在这些位置上均存在一个直达声与“房间声”之间的比值关系。这一比值决定了音响系统对观众区的声覆盖结果的优劣。接下来我们会阐述如何评估房间响应的问题。

虽然“频率响应”是对来自音响系统的声音质量进行描述的方法中颇受欢迎的一种方法，但是频率响应是由时间响应决定的——直达声声场与每个听音人位置上独有的多个反射声的复杂相互作用。大多数信号处理工具（比如均衡器）是“时间参量的盲者”，因此无法给出音质差的实际原因。由于均衡器影响着听音人位置处所听到的全部声场，所以它不能改变它们之间的比值，而这一比值是引发大部分声音清晰度和语言可懂度问题的根本原因。

38.14.1 房间冲激响应（RIR）

空间中的一次拍手将会在听音人位置处产生一系列的反射声。每个反射声都是对原始事件的“修改传真”。这一反射声序列可以进一步划分成几个差异性声场。拍手可视为一种粗糙的 RIR。在正式的严谨研究中，我们会用校准恒定法取代拍手。重要的是要理解不论使用何种方法采集 RIR，RIR 都是最基础的声学测量。这是分析房间声学特性的主要方法，其合成是音响系统设计过程中的终极目标。房间对来自扬声器的任何声音也有同样的影响，它也体现在 IR 上面。房间的几何学线框缩尺模型提供了创建合成 RIR 的虚拟环境。

冲激所产生的声场如下。

- 直达声声场及其合成声压级 L_D
- 早期反射声声场及其合成声压级 L_{ER}
- 后期反射声声场及其合成声压级 L_{LR}
- 混响声声场及其合成声压级 L_R

对于真正的声学工作，冲激信号可以是气球的爆破声或发令枪的鸣枪声。对于音响系统工作，激励信号可以是经由扬声器重放的粉红噪声或正弦波扫频信号，利用分析仪记录并进行数学分析，产生 RIR。该技术允许不用实际的冲击信号来采集 RIR，不过同时这也伴有不足之处。这其中就包括要求要有非常安静的房间；如果重放的冲激信号电平太高还有可能损坏扬声器。

与将声源和接收位置置于物理房间内进行 RIR 测量的方法相同，这里是将虚拟声源和接收器置于计算机模型中预测 RIR。房间模型的作用相当于创建出的虚拟测量环境。

测量到的 RIR 如图 38.11 所示。这是一个时域图，其中的声压是因变量，时间是自变量。纵轴是线性刻度。

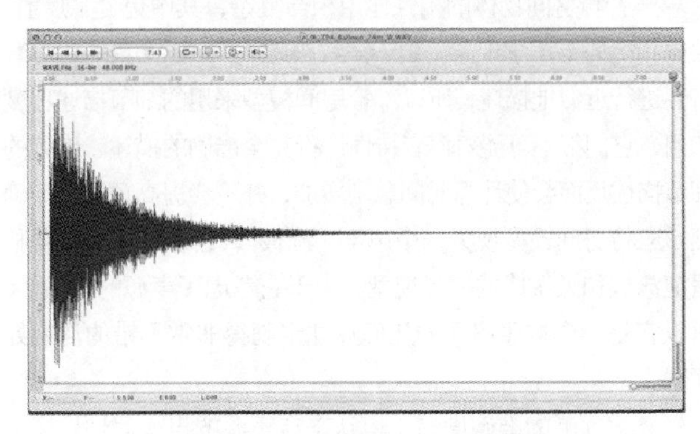

图 38.11 在波形编辑器中显示的 RIR

38.14.2 RIR 后处理

与前面描述的时域幅度数据一样，将幅度的绝对值显示在相对 dB 刻度的纵轴上，以便进行观察和研究。这就是对数 - 平方 RIR，如图 38.12 所示。

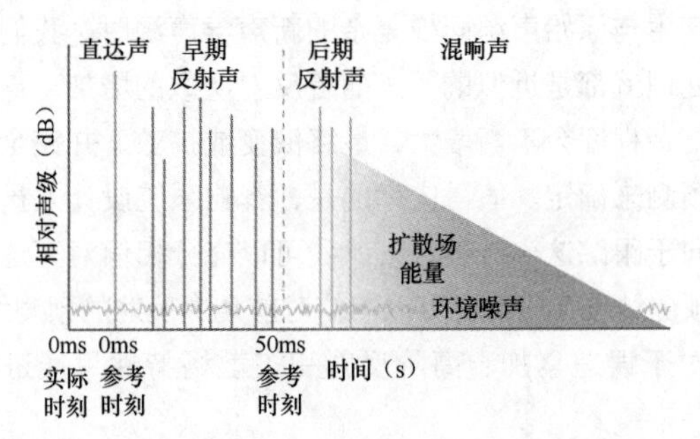

图 38.12 理想化的对数 - 平方 RIR 显示出了令音响系统设计人员感兴趣的声场

请稍停一下，认真思考一下图 38.12 所示的图形。它是在处于房间特定位置上的冲激声源发出的声音到达时的相对声压级，它是在不同的特定位置上采集的。由于这样的位置点存在无数个，所以研究人员必须要基于他们正在进行的研究来选择每个位置点。对“为什么”的答案决定了“在何处”。策略意义的声源和接受者位置是针对房间测量和在计算机模型中进行系统性能评估来选择的。这两方面均会在很大程度上受到对如下两个问题回答情况的影响。

1. “音箱能安装在哪里呢？”
2. “听众处在何处呢？”

“测量”或“度量”是用来量化 RIR 某些方面特性的一个评定分数。人们喜欢进行的测量参量就是以 s 为单位的 RT。

38.14.3 声吸收

吸声装置是通过将声能转变为热量的方式将声波终止

于房间的边界表面。描述材料吸声特性的评定值就是吸声系数或 α。α 是 0 ～ 1，其中 0 表示的是完美的反射体，而 1 则相当于没有声音返回的开窗。

在实际房间和房间模型中，将 α 乘以边界的表面积就可以得到由边界对空间的塞宾吸声量。英制中的 1 塞宾等于 $1ft^2$ 的开窗。而在米制中，1 塞宾等于 $1m^2$ 的开窗。塞宾数越大，则反射声越小。塞宾数可以增加或减小，以改变房间中的声音。

如果所有倍频程频带的房间表面吸声系数 α=1，那么房间就是消声室，或无回声的。消声室采用大的 α 来模拟这一条件。在实践中，完全吸声是不可能的，消声室环境的标准是在关注的带宽上，测量传声器位置处的所有反射声必须低于直达声 20dB。

吸声材料具有与空气类似的声阻抗。有效的吸声体包括柔软的绒毛织物材料，比如玻璃纤维和某些类型的泡沫。增加表面有助于增大表面积，并在指定的区域面积上产生更大的塞宾数。在关注的最低频率上，理想吸声体的最小厚度是 1/4 波长。因为对材料厚度有要求，从而使得低频吸声难以在实践中实现。

吸声系数通常都是在混响室中测得的。这对以随机角度撞击吸声材料的声音产生的能量损失（更正确地讲，它转变为热能了）进行了解释。材料对以特定角度入射的声波产生的镜面反射作用可能完全不同。要记住的是，这是估测。如果不得不对吸声系数进行猜测的话，那么应保守一些。

吸声系数在计算机模型中也扮演着核心角色。这里的图 38.13 给出的系数是个百分比数值。房间模型中的每个表面都被赋予了一个指定的 α，该值通常取自利用对各种表面覆盖物进行实际测量所得结果创建出的数值表格，由于很少提供其测量方法，所以其出处也比较模糊。该参量的实用数值范围为 1% ～ 99%。实用的分辨率为 1/1 倍频程。尽管存在着向更高分辨率（比如 1/3 倍频程）数据的推动力，但“更高分辨率”并不一定“更好”，其原因如下。

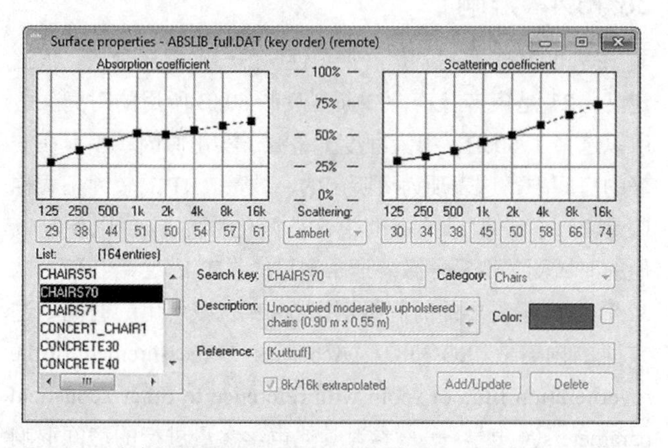

图 38.13　在房间建模程序中采用的 1/1 倍频程吸声和散射数据（CATT-A）

1. 不论怎么完善自己的材料库，在为房间表面安排 α 值时始终都会存在一些有依据的猜测成分。1/3 倍频程分辨率让这种猜测处理复杂化，许多数值我必须要猜测 3 次。

2. 虽然吸声特性中存在的尖峰支持材料在较高频率分辨率下的情况，但这样的尖峰（或谷）会对引发这种情况出现的变量非常敏感。即便是高分辨率的 ABS 数据也可能无法正确量化这种表面的特性。

3. 对扬声器和房间性能的预测必须要以实用的分辨率进行。对直达声声场覆盖进行特征化处理，以及在 1/1 倍频程分辨率下对各种性能进行测量原本就是件非常耗时的工作，更何况是 1/3 倍频程的分辨率了。

4. 性能表现良好的扬声器并不存在随频率改变而产生强烈指向性变化的情况。人们可以直观地看到在倍频程频带间插入的扬声器性能。反言之，最差的扬声器设计可能需要最高的测量分辨率来对其进行特征化处理，因为可能需要更高的角度分辨率来解决其无规律的响应变化问题。是提高分辨率来量化这类器件好呢，还是选择用较低角度分辨率就可以特征化的器件好呢？人们对这个问题一直争论不休。

38.15　声音属性

当波长相对于空间的内部容积而言为短波长时，声音按照几何学理论来建模，就像光线一样。入射角等于反射角，将反射面视为镜面。随着频率的降低，光模型变得越发不准确，声音必须要按波动学理论建模。房间由“声线属性”至“波动属性”的过渡转变是一个渐变过程，并不存在一个清晰、明显的转折频率。“声线假定”是我们为何可以用带箭头的直线表示声音传播方向的一个根本原因。人们必须始终牢记其假定的限制条件。将声音视为波动而非声线是一个大的飞跃，这就是为何大部分声学预测方法在低频时无法工作，而需要在较长波长时采用波动法来分析问题。

房间建模程序假设声音具有几何学属性，将其视为从声源发送的声线或粒子。Schroeder 频率估计出了从“波动属性”至“声线属性”的过渡区间。在实际情况中，声音的声线模型的有效性可能低至 100Hz，这是个宽泛的结论。这意味着中心频率位于 125Hz 的倍频程频带时可被视为房间模型中的最低频带。在频谱的另一端，8kHz 倍频程频带延展至 10kHz 之外。在 8kHz 倍频程频带之外的波长非常短，不能很好地对它们进行预测，其原因在于房间和空气声吸收的影响，以及温度梯度之间复杂的相互作用。如果存在对语言可懂度的影响，那么影响程度也很小。临界频率 F_C 给出了声音由“波动属性”向“声线属性”过渡的估计值，如图 38.14 所示。

正因为如此，音响系统的性能预测最好限制在 125Hz ～ 8kHz 的倍频程频带上。

接下来的讨论是假定房间尺寸相对于声音波长非常大，因此声音的行为属性符合几何学条件。需要扩声系统的空间足够大，对于大部分可闻声频谱而言这是很常见的情况。

音响系统设计人员使用的计算机建模程序是假定声音具有几何声学属性，因此在研究声学问题时将声学计算限制在125Hz 倍频程频带，以及以上的倍频程频带上。

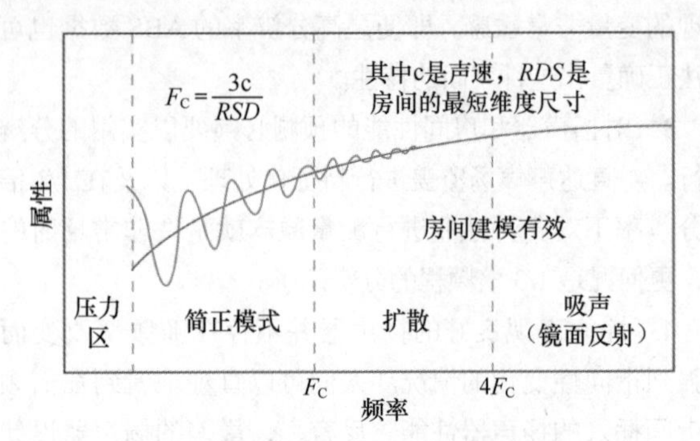

图 38.14 根据临界频率 F_C 对可闻声频谱的细分

38.15.1 直达声声场

在直达声声场中，声源至听音人位置处的声音以直线传播。由于这一距离最短，所以直达声首先到达听音人位置处。直达声声场是“工程设计的”声场。对音箱和放大器的选择常常只是根据它来进行，这就如同用于室外的系统一样。直达声的频谱可以通过改变送至带电子滤波器的扬声器上的驱动电压来加以均衡——处理常常是指“系统调谐”，但却常常误指为“房间调谐”。直达声声场与房间无关，当满足某些确定条件时，直达声声场均衡可以不在现场进行。对直达声声场的分析是在虚拟房间中进行建模处理的第一步。

38.15.2 早期反射声声场

早期反射声声场包括那些在到达时间上与直达声声场靠得非常近，并被人的耳 - 脑系统与直达声声场整合或混合在一起的反射。这一积分时间与频率相关联，时间范围从高频时的几毫秒到低频时的数十毫秒。通常 35 ～ 50ms 被用作“一个数字”式的积分时间。

早期反射声提高了声音的感知声压级，并且可以作为讲演或报告厅声音放大的主要手段。它们常常被称为“支持性”反射。声学工作者常用“暗淡”和“覆盖”等形容词描绘对听音人或音乐人提供支持的反射声。

由于在听音人位置处反射声会与直达声叠加，所以早期反射声也会产生声染色。这种影响有可能是好的，也可能是坏的，这取决于具体应用。好的音响系统设计实践要保持扬声器与房间表面间存在一定的距离，以便将扬声器声音的声染色最小化。表面处理可以替代距离处置方法，比如可以采用号筒加载。其结果是在直达声与最先到达的反射声之间形成一个在对数 - 平方 IR（测量数据）或回声图（预测数据）中可观察到的初始时间缝隙（Initial Time Gap，ITG）。10ms 或更大 ITG 的出现可以大大改善扬声器重放声音的保真度，并且在录音棚监听控制室这样的审听空间中被认为是必不可少的。这一点对于厅堂系统同样重要，此时的目标是要在各个座位上取得类似的响应。非常强的早期反射声可能使这一切无法实现。

在房间模型中，早期反射声声场是由像 / 源预测算法（简称“像源法”）决定的。它并不是像声线跟踪法那样依据声音撞击房间表面的概率来工作，像 / 源法采用的是定性解决方案。由于对于高阶反射而言这会让计算强度过大，所以为了合成整个房间的衰减过程，大部分建模程序都会从像 / 源法过渡为声线跟踪法，如图 38.15 所示。

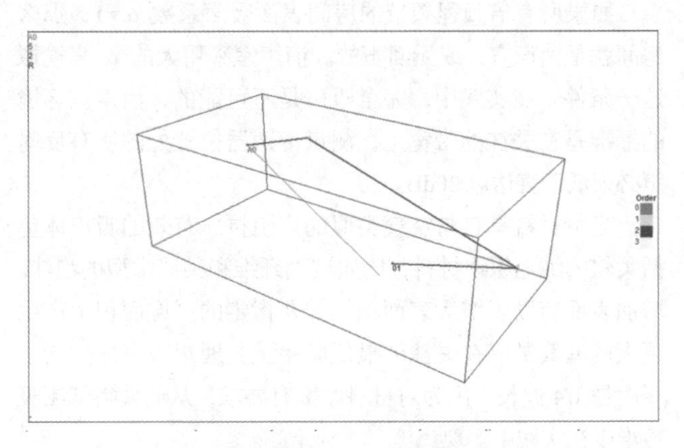

图 38.15 声源与听音人之间的镜面反射路径

38.15.3 后期反射声或回声

后期反射声是在人耳积分时间之后到达的。它们被感知为模糊的声音，在极端情况下或感知为回声。厅堂的设计人员利用房间的几何形状和声处理来控制后期反射声。音响系统的设计人员利用扬声器的指向性控制、摆放位置和方向校准来实现同样的目的。

在大多数情况中，强的后期反射阶次比较低。其中常见的“肇事者”包括后墙、挑台护墙、窗户、门等。预测的回声图常常可以确认有可能在指定听音人位置上产生对声音有害影响的边界表面。与物理空间一样，最可能出现问题的地点是观众席的前几排和舞台。

38.15.4 混响

房间的 RT 是对“声音持续性”的一种度量参量。根据定义，RT 是声音从声源中断至衰减 60dB 所用的时间。之所以选择了 60dB，很大程度上是源于实用原因，因为在安静的房间中，这表现为可听出的衰减量。RT 的较为正式称谓是 RT_{60}。在稍后的标准中这被简化称为 T_{60}，以便与其他的时域测量取得一致。通常测量的是 T_{30}，之后我们再从 30dB 衰减所需要的时间推测出 60dB 衰减所用的时间。这方面的内容在 ISO 3382-“Acoustics — measurement of the reverberation time of room with reference to other acoustical parameters（《声学 —— 参考其他声学参量进行的房间混响时间测量》）”一文中。RT 是最容易测量的声学参量，非正式的研究只需要对房间施加脉冲激励并进行计算就能开展。

混响时间与频率相关，其中 1 倍频程是实用的分辨率。

混响声源于声音可在空间中持续足够长的时间，在此时间里声音会被反射多次，从而演变成具有扩散和随机特性的反射声。将此与以确定方向行进的反射声相对比，后者可以归属于特定房间表面的作用。扩散声场类似于噪声，只不过它具有可重复性。人们感兴趣的两个混响特征就是混响时间和混响声压级。混响声压级是当房间被声源持续激励时所形成的混响声的声压级。虽然房间可以具有较长的混响时间，但如果可通过认真选择并摆放的音箱使产生的混响声压级降低的话，那么通信交流就不可能被混响声场所损害。正如一位咨询师所言："如果你瘙痒它，房间是不会发笑的！"

对于满足一定条件的房间，其混响时间可以利用塞宾公式及其变型公式来进行数学估算。这些条件包括低的平均吸声，具有一致性的吸声分布和混合式的几何形状。由于能够满足这些条件的房间很少，所以混响公式只是给出估算值。由于其具有随机和混合的属性，所以在建立起明显混响声场的整个空间中混响声场趋于一致。

虽然对于反射声而言，混响经常被用"catch-all(全方向)"一词来描述，但对于音响系统设计者而言重要的是要研究这里所概述的反射声类型。大部分房间是半混响的，在指定的听音人位置处，存在着所有类型的声场。研究者必须确定所研究的问题与哪种类型的声场有关。

由于计算机房间模型合成出了接收位置的完整回声图，所以就可以从这一数据中确定出 T_{30}。在所有声学测量中，T_{30} 与"特定座席"的相关度最小，这就是说当人在空间中到处走动时，这一测量值产生的变化要比其他测量参量产生的变化更小。它可以作为进行空间声音持续性测量的一种通用方法，并且在一个"3s 的房间"中讨论工作也是有意义的。图 38.16 所示的房间建模程序中有一个特殊的声线跟踪子程序可用来快速估算出 T_{30}。这对于在测量 T_{30} 和模型的 T_{30} 间取得总体匹配是有用的，如图 38.16 所示。

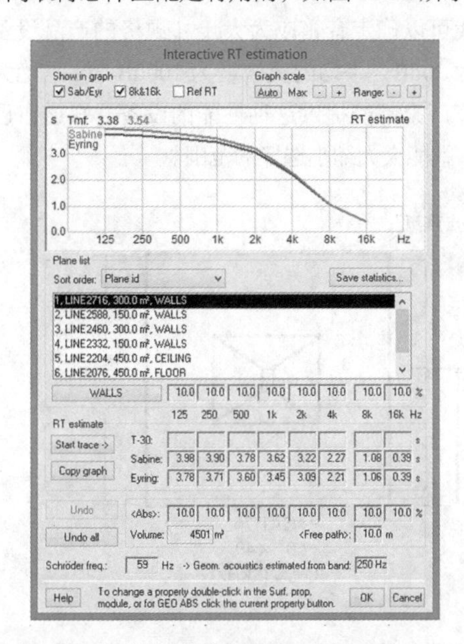

图 38.16　用于估算房间模型的 RT 的一个实用程序（CATT-A）

38.15.5　房间测量

根据之前所进行的声场描述，我们可以对扬声器传至听音人位置处的声音进行定量描述。这一任务是由采集 RIR 并处理数据的声学分析仪来完成。

这些定量描述的参量有：T_{30}、早期衰减时间（Early-Decay Time，EDT），清晰度（C_{50}）和语言传输指数（Speech Transmission Index，STI）。

室内声学是研究空间声场及其自身特性的一门学科。为此我们要对音响系统的可懂度进行测量和特征化。在此我们将对这两方面的理论进行概述，以便让读者了解其现状，以及它们在音响系统设计过程中的重要性。音响系统的践行者必须认识到室内声学对其音响系统所发出声音的影响。尽管这已是老生常谈了，但还是可以通过足够的 L_P 和直达声声场覆盖来抵消高混响声场声压级带来的不利影响。计算机房间建模的一个目标就是要在设计的制图阶段就确认这些问题。

38.15.6　房间模型量化

计算机房间建模程序创建了一个虚拟声学环境，以帮助选择和摆放扬声器。重要的是利用测量到的数据在物理环境与模型环境间搭建一个桥梁。跳过这一步有可能导致在预测和估算系统的清晰度时产生极大的误差。接下来要说明的方法就是为了设计音响系统我所采用的量化房间模型的方法。

第 1 步——声场测量

1. 控制得很好的扬声器被置于舞台上，远离房间的边界表面（除了地板）。针对该扬声器的正确测量数据文件（比如 CLF）具有强制性，应由厂家提供。很好地定义你所使用的东西并不是如此重要。在本章开始部分所描述的声源扬声器经过了内部处理和功率放大，它具有极为平滑的轴向传输函数和与说话人类似的、定义明确的指向特性。它是用于这种处理的出色候选对象。将其放置在实际讲话人站立于空间的地方，远离硬的边界表面（放置高度与站立人耳朵距地面的高度齐平）。

2. 选择最远的测量位置，该位置位于扬声器的轴向上，通常靠近厅堂的后排，但与房间边界（除了地板）有一定的距离。在这一位置采集 RIR。

3. 将距离减半，重复进行上述测量。

4. 将距离再次减半，重复测量。

这样便给出了便于我确定直达声声场声压级、*RT*、清晰度等参量的 3 个轴向位置。它们通过反平方定律联系在一起，因为相对于最近距离的测量而言，在后续的测量中直达声声场声级应近似按照 6dB 的速率衰减。如果需要的话，这样就可以对中间位置的声音特性进行评估了。可以在测量程序中展开分析数据，或者利用卷积运算进行听评。图 38.17 所示的是一个分析测得的 RIR，以及计算各种声学参量的程序。

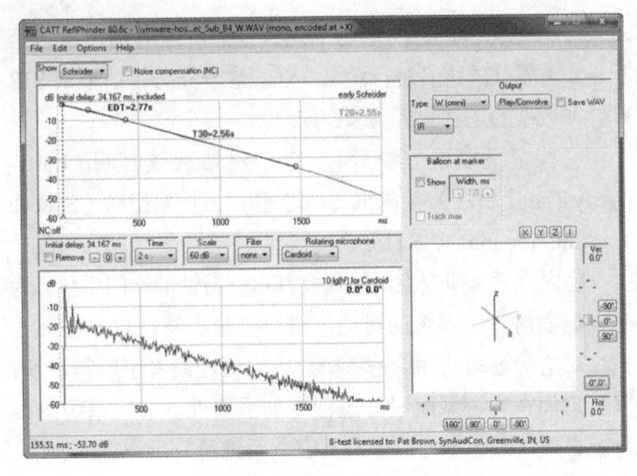

图 38.17 ReflPhinder 软件程序

第 2 步——生成线模型

1. 反映房间几何结构的几何学线框模型是在建模程序或其他 CAD 环境中生成的。每个房间边界被指定了颜色和描述符，即墙壁、天花板、地板、观众区平面。这些对于稍后分配吸声系数和散射系数很有用。

2. 在房间建模程序中，我最初将房间的所有边界表面的 α 设定为 0.1 或 10%。然后在模型中计算出 RT，并与在房间中测量到的 RT 进行比较。1/1 倍频程的分辨率就足够了。要记录下来预测的 RT 是比测量到的 RT 更高还是更低，因为它指出所选定的平均 α 是该增大还是该减小。

3. 通过估计墙壁、天花板、地面等的吸声系数来改善模型。这些数值可以选自测量得到的数据表中，猜测的数值，或者上述两者同时使用。继续上述处理步骤，直至 1/1 倍频程预测值与测量值差不多为止。

4. 从图形中直观确认出明显凸显出来的房间表面，并根据其凸显的程度与所研究倍频程频段所对应的波长比来安排散射系数。如果凸起等于半波长，那么将散射系数设定为 0.5。针对每个递增的更高频率的倍频程频带，每次增大 10%；而对于递减的较低频率的倍频程频带则在减半值的基础上增加 10%，如图 38.13 所示。这一步的目的就是对那些因形状复杂而不可能产生镜面反射的房间表面实施“去镜面化”处理。观众、座席和管风琴音管就是表现出强散射特性的房间表面实例。

第 3 步——相关性

现在，我们已经拥有用来评估测量数据和房间模型数据间相关性的足够信息。

1. 将虚拟声源置于房间模型中，其位置与声源在物理空间中的位置相同。指定用于测量扬声器的正确数据文件。

2. 采用与用于测量数据相同的坐标系来确定房间模型中听音人的位置。

3. 生成每个听音人位置处的回声图

4. 比较测量得到的和模型数据中的 C_{50}。稍微调整房间模型，直至每个 1/1 倍频程频带的 C_{50} 得分布在 1dB 之内，或者测量与模型间的差距在 2dB 之内。这些工作可以同时进行，这也说明了为何人们在声学建模时更喜欢采用 1/1 倍频程，而非 1/3 倍频程的原因。

第 4 步—— 设计音响系统

至此我们得到了一个用来尝试我们设计思想的量化房间模型。在所选择的位置上替换使用不同厂家生产的和不同型号的扬声器。根据需要添置听音人座席。利用覆盖图（总体）和回声图（特定座位），以保证所有听音人位置的声音清晰度均在可接受的范围内。

一个“家族”的音箱。市场上的音箱产品数以百计。我怎么才能知道该用哪种来尝试呢？我喜欢采用在设计上类似的一个家族的音箱来准备每项设计，只不过增大了外形尺寸和指向性，如图 38.18 所示。

这提供了针对可接受的可懂度来确定所需指向性的合理推演进程。首先从最小的开始，逐渐加大，直至在最远的听音人位置上取得可接受的性能。

这一工作的重点就是要确认在该环境下可工作的音箱类型。一旦知道了合适设备的灵敏度和指向性，就可以从您选定的厂家中选出具有类似性能的型号设备来替换它。例如，我可以确定音箱应为大尺寸规格的产品设备，灵敏度指数为 20dB，平均的灵敏度为 100dB SPL。绝大部分的音箱生产厂家都能提供这种性能的设备。知道自己想找何种设备，就能大大缩小选择的范围。

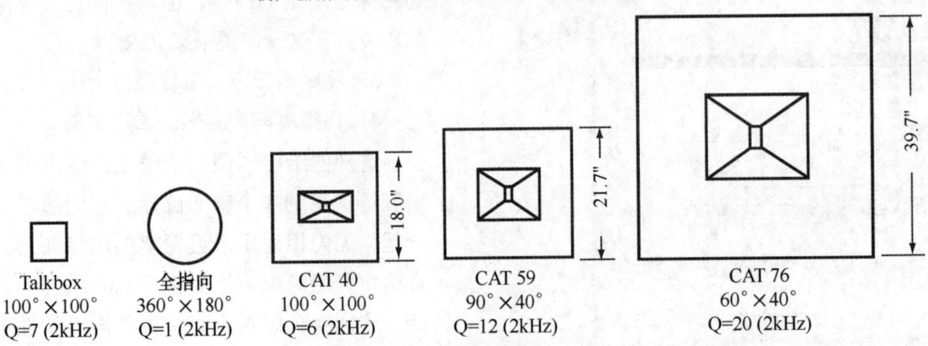

图 38.18 指向性递增的一个系列的点声源音箱产品（Mitchell Acoustic Research 授权使用）

合理的音响系统设计过程。既然已经量化了工作采用的虚拟环境，那么就可以着手向设计目标努力了。这里呈现的音响系统设计过程常常被我用来作为选择正确的音箱和摆放位置的方法。

由于声源基本上都处在舞台上，所以房间的前 - 后覆盖将不会均匀。将音箱提升至合适的高度，重新将其投射方向对准后排，重新生成覆盖图。现在的覆盖将会变得更为均匀，因为这时声源与前后排的距离差更小。

针对扩声系统，用更合适的声源取代现有的声源。一般是指向性更强、灵敏度更高的声源。从自己身边有的音箱系列产品中的最小产品开始。重新绘制出覆盖图，同时改变投射方向，直至尽可能均匀地覆盖全部观众。良好的目标条件是将覆盖观众区的声压级差控制在 6dB 以下。生成声音清晰度图，并对此进行评估。

继续提高指向性，直到轴向上的声音清晰度和可懂度首先被认可，最后才是使整个观众区满足要求。如果利用单一声源可以实现这一目标，那真是再好不过了。如果无法实现的话，那么可能需要将观众区分割成多个区域，重新开始，为每个区域安排一个音箱。

也可以考虑采用其他的解决方案，比如采用线阵列或椅背系统。建模环境可以让你进行各种尝试，将这些方案的结果与最初的“单声源”方案相比较。最终被认可的方案可能是在性能、美学、成本，或者 3 者综合因素权衡后胜出的方案。这要让用户来决定，音响系统设计人员的工作就是提交可行的设计方案。虽然可行的解决方案有很多，但还是要从这些步骤开始起步。千万别忘了现场审听这一目标—— 将面对面的听音体验延伸至空间中的所有听音人。

一旦通过建模处理确定了音箱的类型和摆放位置，那么就可以确定必要的放大器和信号处理器了。有关放大器选择的有价值参考资源就是通用放大器格式（Common Amplifier Format，CAF）。在一些网站上可以找到免费的放大器定制计算器。

最后一步。在音响系统设计过程中经常被忽略的一步就是对安装系统的性能测量结果与建模模型系统的性能进行比较。这要求在房间模型中使用过的听音人座位处对系统的 RIR 进行采集。如果一切都按计划进行，而且在吸声系数的估计上已经进行了保守处理，那么测量到的性能应比模型性能具有更高的声音清晰度和可懂度。因此，我们并不尝试对音响系统的响应进行准确的预测。我们要做的就是确认是否在最差的情况下系统还能工作。最好是评估 3s 时的 RT，而最终的结果是 2s，而不是反过来。

通过将测量到的响应与预测到的响应相关联，我们可以对建模程序的细微差异进行深入了解，这对于房间还没有建设好的情况会是不错的配置方案。经验是最好的老师。

第39章

音响系统的计算机辅助设计

Wolfgang Ahnert博士、Stefan Feistel和Hans-Peter Tennhardt编写

39.1　引言

两千多年前，声学现象就已经被认识到了，人们还对其进行了主观上的控制。Marcus Vitruvius（马库斯·维特鲁威）可以作为这方面的参考人物来说明问题，在有关这一时期的古罗马建筑描述中就见到了将声学定律应用于剧场空间的表述。在中世纪末期，尤其是上一世纪，声学已经发展成为一门独立的学科。

下面回顾一下科学计算设计的发展之路。

- 罗马、希腊时代、中世纪：根据经验、初次尝试和试错报告获得了知识——比如，公元前 15 世纪的罗马建筑师维特鲁威）。
- 自 18 世纪末期：理论研究——1810 年的 Chladni（奇洛德尼），或者 1875 年的 Lord Rayleigh（瑞利勋爵），Helmholtz（亥姆霍兹）教授。
- 自 1900 年：1923 年美国的 Sabine（赛宾）教授奠定了室内声学的基石；1930 年德国的 H.Stenzel（H. 斯特泽尔）和 1947 年美国的 H. F. Olson（H.F. 奥尔森）对声辐射进行了研究。
- 至 1935 年：德国德累斯顿的 Spandöck München（斯潘多克·慕尼黑）教授、Reichardt（赖夏特）教授对模型及"可听化"物理模型进行了测量。
- 自 1965：挪威 Trondheim（特隆赫姆）的 Krokstad（喀琅施塔德）教授对计算机模型进行了研究，之后进行了许多类似的工作。
- 自 1995：推出了利用计算机模型进行的可听化产品。

声场结构测量的 3D 形式就是图 39.1 所示的典型瀑布图（声能衰减是时间和频率的函数）。声压级以纵坐标表示，频率（63Hz～8kHz 的频率范围）以横坐标表示，而时间（0ms 的直达声至 3.5s 的混响声）以第 3 个坐标轴来表示。

这些声场结构与听音位置有关。在过去，针对语言传输所需的音乐厅声音衰减特性是通过改变房间的基本或辅助结构取得的，参考本手册第 9 章"大型厅堂和音乐厅的室内声学基础"9.3.2 节中的内容。如今，音响系统可以产生任何想要的主观声场。

如今，我们可以获得音响系统设计中的基本项目。听音的舒适度和可懂度受到如下因素的影响。

- *RT* 和空间容积。
- 早期和后期反射声。
- 环境噪声声压级。
- 扬声器或新型阵列结构的指向性。
- 扬声器类型。
- 干涉影响。

对音响系统性能的一些基本测量如下。

- 可懂度的 STI、Alcons 等。
- 以 dB 为单位的响度（SPL_{tot}）。
- 以 dB 为单位的直达声声压级（SPL_{dir}）.
- 频率响应的不平坦度 ±dB。
- 覆盖的不均匀度 ±dB。

现代音响系统设计的目标就是利用计算机辅助声学设计（Computer-Aided Acoustic Design，CAAD）程序事先计算出厅堂或开放空间的整个声场结构，以避免在音响系统搭建完毕之后出现让我们感到惊讶的不良结果。你只需事先描述出音响系统的属性和采用了新的音响系统的房间声学属性即可。

下面的一些考虑包含了作者本人的一些个人经验，尤其是使用 CAAD 程序 EASE[1] 的经验，因此在此还是要对其他程序的一些性能进行一些说明。

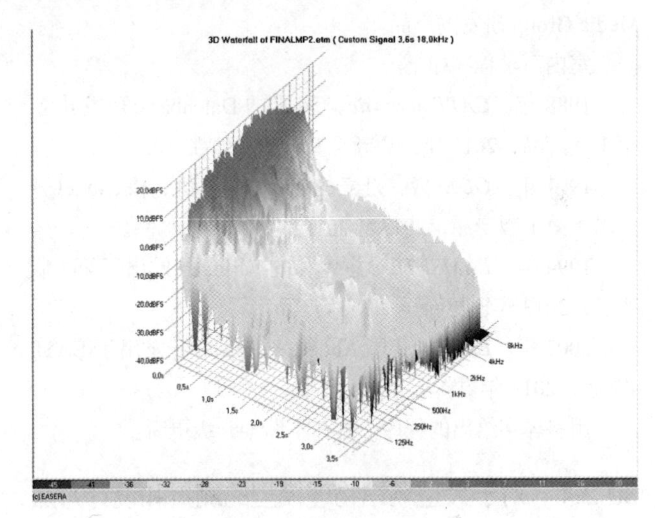

图 39.1　典型的瀑布图表示法

39.2　声学模拟的声音设计基础

用于声学和音响系统设计的物理或计算机模型如下。

1965 年之前。自从 20 世纪 30 年代和第二次世界大战之后，人们主要是利用研究中心的大型计算机对筛选的情况进行研究。

自 1970 年。可编程的便携计算器提供了首个用于声学的算法。

1981 年。PC 和 PC-XT 可供使用。

1984 年。简单房间的 RT 和可懂度计算：

1. CADP / JBL。
2. TEF-10-Analyzer。第一个覆盖图形被变为现实。

1985 年。PHD 程序。在该年春季，Prohs/Harris 的第 1 版 TEF 分析仪面世：

1. 类似于不同 RT 的室内声学计算。
2. 扬声器组的设计。
3. 号筒辐射器及其相应驱动器的功率计算。
4. Peutz（皮奥茨）提出的 Alcons 计算。

1986 年。BOSE-Modeler。1986 年美国 Bose 公司的 K.

Jacob（K. 雅各布），T.Birkle（T. 博克尔）开发出了首款基于 Macintosh 的全图形化 CAD 程序（第 1 版）。

1987 年。Acousta-CADD。美国 Altec Lansing 公司的 A. Muchimaru 开发出了首款基于 MSDOS 的全图形化 CAD 程序（第 1 版）。

1990 年。EASE。1990 年德国的 ADA 公司开发出了基于 MS-DOS 的下拉菜单式全图形化 CAD 程序（第 1 版）。

1991 年。CADP2。美国的 JBL 公司开发出了基于 Windows 3.1 的全图形化 CAD 程序。

1996 年。ULYSSES。由德国的 IFB（P. Hallstein）开发的产品。

1997 年。CADP2。终止进一步的研发。

1999/2001 年。基于 Windows 的 EASE。由 Ahnert Feistel Media Group 研发的产品。

室内声学程序如下。

1988 年。*CATT-Acoustic*。瑞典的 Dalenbäck 开发出了第 1 版产品，2013 年已更新至 9.0 C 版产品。

1991 年。*ODEON*。丹麦的 Naylor（内勒）和 Rindel 开发出了第 1 版产品，2013 年已更新至 12.0 版产品。

1994 年。*RAMSETE*。意大利的 Farina 开发出了第 1 版产品，2013 年已更新至 2.7b 版产品。

2002 年。*EASE*。德国 Ahnert & Feistel 开发出了 EASE 4.2 版，2013 年更新至 4.3 版产品。

用斜体字给出的程序一直在不断地升级更新。

39.2.1　对于大型场馆物理模型的测量和设计方法

（由**Hans-Peter Tennhardt**编写）

39.2.1.1　基础

利用基于房间的几何尺寸 L 和模型比例尺（指数 M）中声波波长 λ 间恒定比例的相应缩尺模型定律和自然比例（指数 N）可获得厅堂内部的简化模型房间的冲激响应

$$\begin{aligned}\frac{L}{\lambda} &= Const \\ &= \frac{L_N \cdot f_N}{c_N} \\ &= \frac{L_M \cdot f_M}{c_M}\end{aligned} \tag{39-1}$$

式中，

c 为声速，

f 为频率。

若缩尺模型检测是在同样的声音传播媒质中进行的话，那么 $c_N = c_M$，因此公式 39-1 变为

$$\begin{aligned}p &= \frac{L_N}{L_M} \\ &= \frac{f_M}{f_N}\end{aligned} \tag{39-2}$$

即，所进行的测量是在超出原始频率范围 p 倍的频率上完成的（缩减比例 1:p）。

虽然关于模型尺寸和再现精度的良好折中可以通过 1:20 缩放比例给出，但是根据模型的尺寸或要研究的频率范围，也可以采用 1:8 至 1:50 的缩放比例。声音脉冲是由声源位置（比如舞台、乐池、扬声器）辐射出去的。房间对辐射信号的声学响应是通过位于接收点（观众区、讲台、舞台）的特殊电声换能器（传声器、带耳朵模拟器的假人头）同时触发。发射与接收位置间的转移函数可通过所获得的房间冲激响应计算得出。在空气中，极为常见的声音辐射器是火花放电发生器（如今也常使用电子 MLS 比例辐射器）。对于模型中 80μs 的脉冲宽度，可以分解为原始房间中 60cm 的等效声程差。最大声压的重现精度小于 ±0.2 dB。

特殊模型声源能够模拟讲话人或歌手，将管弦乐队和管弦乐器组类比成具有同样中心的无指向性声源（参见 39.1.2.2 节），以及将扬声器类比成可变指向性声源。最好是将房间的冲激响应通过位于听众座位处的人工头记录为双声道形式，以此来代表确定的座位区，以便将人耳听觉器官的头部相关双耳听音参量优化再现。在缩放比例为 1:20 的模型中，这种微型头模的直径必须为 11mm 左右，如图 39.2 所示。

图 39.2　用于测量的 1:20 缩放比例人工头模型

在缩尺模型中，所研究的频率范围在 5kHz ～ 200kHz，这对应于原始情形中的 250Hz ～ 10kHz。原始房间中尺寸小于 8cm 的线性尺寸结构将不会在模型中重现。另外，所研究频率范围以下的吸声装置和墙壁阻抗也不在模型测试的考虑范围之内。

在测量期间，为了更好地访问模型，测试应在正常大气压的空气中进行。由于在模型频率上会出现过大的大气吸收，所以要通过实时补偿来校正产生的错误瞬时值。如果没有进行这些数学修正的话，那么这些测量必须在氮气而不是空气环境中进行，在这种情况下的不足包括不良的模型访问。

诸如衍射和散射这样的声学现象均以真实的频率形式表现出来。

目前，这种方法可取得的精确度还是优于计算机仿真。模型能够给出针对音乐表演空间建设投资平衡问题的答案（参见 39.1.2.2 节），电声学分量对室内声学参量的影响，以

及墙壁和天花板结构的方向性因素都要预先体现在缩尺模型当中。

通过将原始声源仿真（讲话人、歌手、非指向性声源、管弦乐器组、扬声器系统）和人工头作为接收者单元，上文所描述的测量步骤也可被应用于原始空间。

39.2.1.2 音乐性能的投资平衡

最初，管弦乐队的缩尺模型仿真可以近似通过来自同一中心的全指向性声辐射来实现。然而，如果人们打算了解房间对听音人座位区上不同乐器声音平衡的影响，则仿真必须要对细节有较好的体现。通过模拟可基本再现音乐表演特性在频率响应下的管弦乐器组声音频谱，我们可以取得有用的近似。其指向性特征源自通常的演奏姿势[2]。

被模拟的管弦乐队被细分为如下 4 个乐器组，其中响度相当高且演奏风格适应性强的打击乐器组可以暂且不考虑。

- 弦乐器组（St）
- 木管乐器组（Wo）
- 铜管乐器组（Bl）
- 低音乐器组（Ba）

还可以将歌手 / 讲话人（S）的电声学模型换能器加入其中。

缩尺模型仿真包括火花隙振荡器产生的脉冲激励，火花隙振荡器具有确定声衰减的遮蔽反射器，以便其能与讨论的乐器组的指向特性取得一致[3, 4]。按照管弦乐队的乐队布局（如图 39.3 所示）电声换能器被定位于讨论的乐器组的中央。

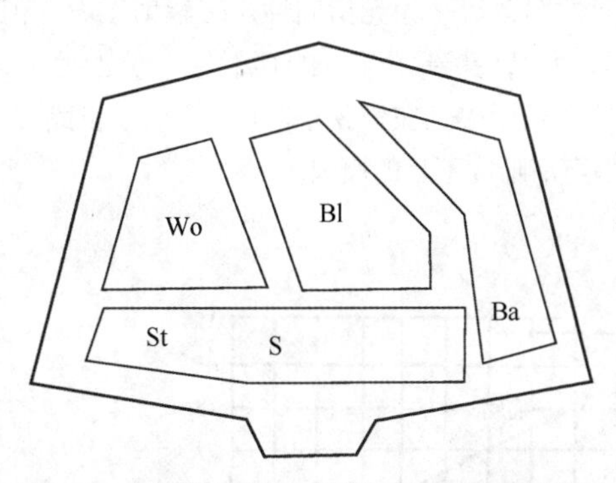

图 39.3 模拟音乐厅舞台上管弦乐队乐器组的典型排列

根据接收到的平衡测量（Balance Measure，BR，参见本手册第 9 章的 9.2.2.15 节）结果，评估测量到的双耳房间冲激响应；针对表演区的水平和垂直边界表面的建筑改造，澄清有关管弦乐队垂直方向高度参差问题也可以通过室内声学测量来推断。根据声音的强度 - 时间特性可以推断出有关各个乐器组声音建立过程的结论，而房间次要结构的声学构造措施引发的频域和时域内的掩蔽效应也可由此推导出来。

图 39.4（a）所示的是利用缩尺模型测量技术对音乐厅进行测量的例子，而图 39.4（b）所示的是装修完成后的原有空间情况。

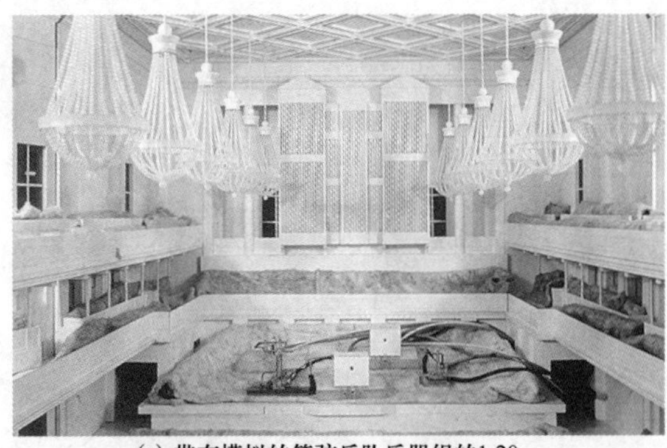

(a) 带有模拟的管弦乐队乐器组的1:20比例的声学室内模型的空间情况

(b) 装修完成后的原有空间情况

图 39.4 柏林音乐厅（Konzerthaus）

39.2.2 建立计算机模型、导入房间数据

将房间数据导入仿真程序必须是简单且直观的。必须支持数据的图形和数值输入、平面和顶点的组合运用。导入房间数据的程序必须高效，为的是让程序具有工作成本效益，而且直观。如果导入房间数据花费的时间太长，那么作为实际设计工具程序的价值就不大了。许多不同的房间数据导入方法如下。

- 利用 x，y，z 坐标系。
- 利用文本文件。
- 利用专业的制图程序（比如 AutoCAD 或 SketchUp）来导入。
- 利用诸如打样或预定义的房间形状等制图工具来导入。

图 39.5（a）~（d）所示的是以不同的视图选项建模的例子。

基于简单的房间形状或技术原型，通常可以建立具有 500 ～ 1500 个表面的较简单模型。操作例程应允许人们拉伸或缩小模型尺寸，以适应需要的原型。用于基本研究的这种简单房间建模方法可能只需要几分钟便能实现。

更好的做法是能够直接导入 DWG 或 DXF，或者其他类似的建筑结构文件。但其中的缺点是在设计的初期阶段的结构图中无法建立起 3D 模型，而只能提供 2D 的设计草图。这些草图较少使用，因此声学工作者必须逐点、逐线、逐区域地输入模型。有时，可以通过 2D 方案的扩展和结果处理来建立 3D 模型。

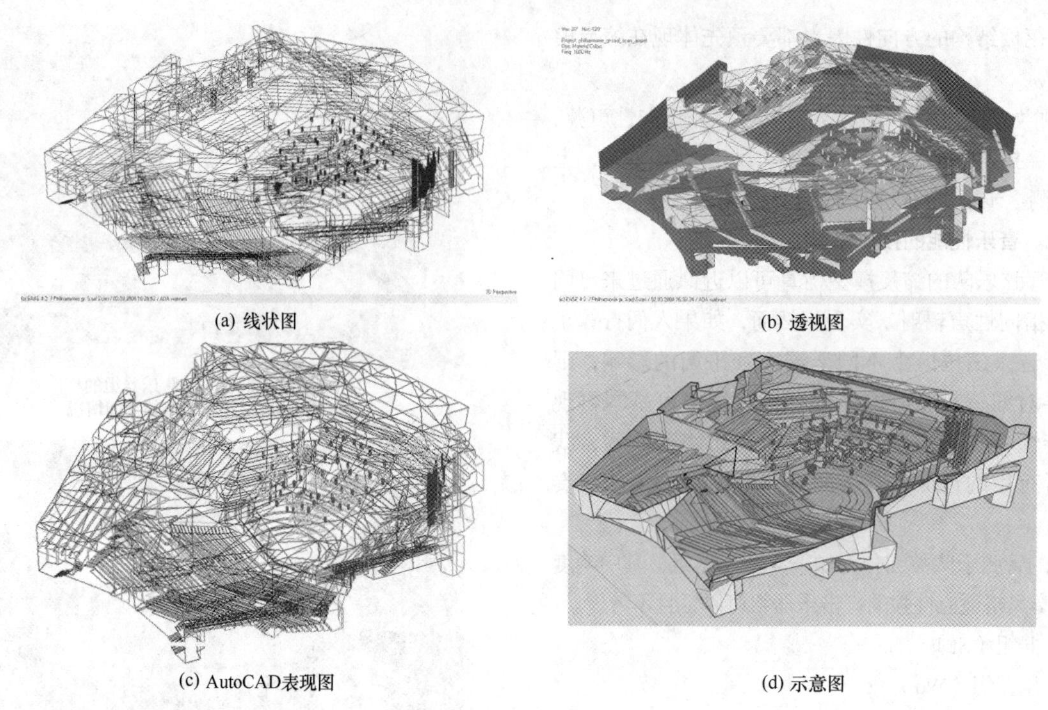

(a) 线状图　(b) 透视图

(c) AutoCAD表现图　(d) 示意图

图 39.5　同一房间模型的 4 种视图

39.2.3　声学声源和扬声器系统

39.2.3.1　自然声源

最常见的扩声功能是必须处理诸如人声或真实乐器这类自然声源的声音。因此，要想理解扩声要求的结果，我们一定要对基准声源的质量及其如下方面有所掌握。

- 响度。
- 频率响应。
- 指向性。

图 39.6 所示的是人类可感知到的自然声源和乐器涵盖的频率范围。在这一范围内，自然声源产生声功率及所提及频率范围内的声压级要素。频率范围之外的一切，下部被噪声所掩蔽（比中间区域低 30dB），上部则对我们的听力健康产生危害（痛阈，它近似等于 120dB）。低于 25Hz 及高于 15kHz ～ 20kHz 的频率成分则会变得不可闻，具体的可闻范围取决于人的年龄与健康程度。

类似于人声或乐器这样的自然声源并不是无指向性辐射声音的。虽然人声接近于无指向性，但是在较高的频率上，人的头部对朝后辐射声音的阻碍作用越发明显。图 39.7（a）所示的是在垂直面上女声的指向性球形图案。在 1000Hz 以下，指向性图案近乎为无指向性声音辐射图案，但对于较高的频率而言，头部正前方的辐射越来越占据主宰地位。这也就是音乐厅中坐在管弦乐队后面的观众时常会抱怨演唱者歌唱声清晰度不足的原因。

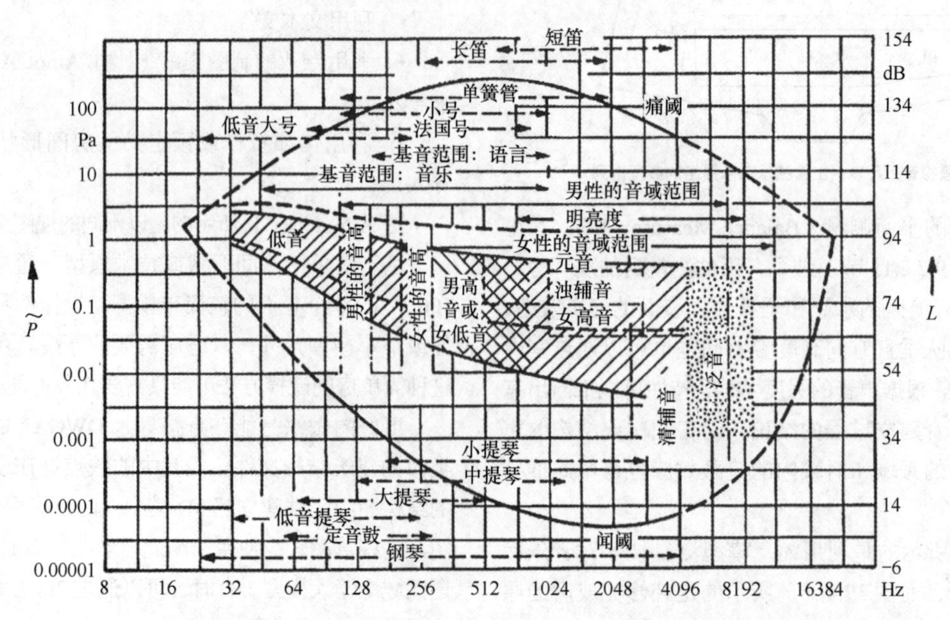

图 39.6　自然声源和乐器的声压级和频率范围（V.O. Kunden 1932[5] 授权使用）

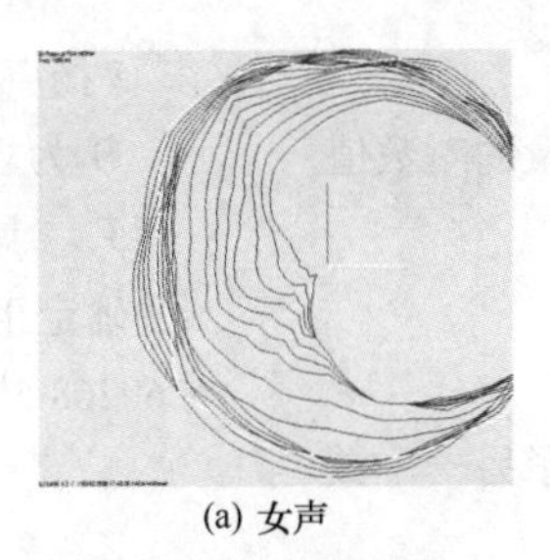
(a) 女声

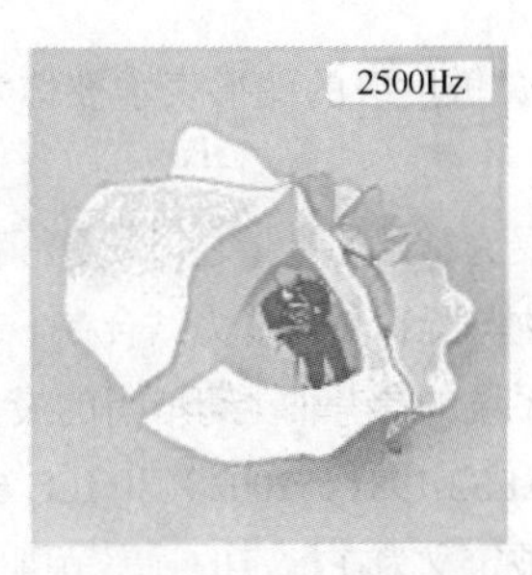

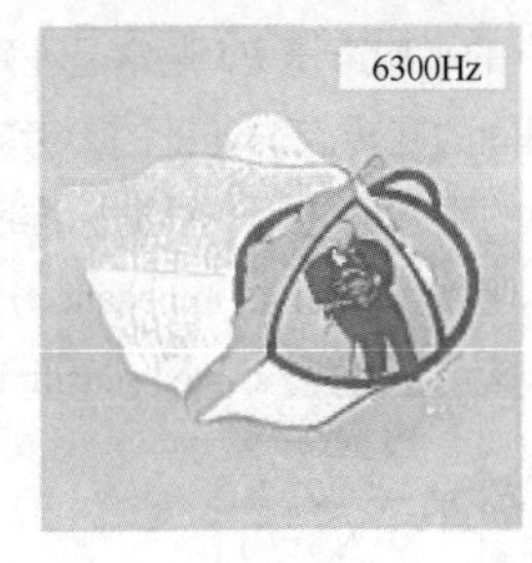

(b) 包括演奏者在内的铜管乐器

图 39.7　自然声源和乐器的指向特性

乐器的辐射特性则要复杂得多。在这方面，人们（尤其是 Meyer）进行了大量的研究工作[6]。图 39.7（b）所示的是包含演奏者在内的铜管乐器的 3D 指向性球形图案。按照 Meyer 的解释，这里也考虑了演奏者本身的遮蔽效应。我们从图 39.7（b）中看到，随着频率的提高，朝演奏者前方辐射的声音降低了。

为了对所有这些自然声源正确建模，必须要掌握它们的辐射特性，不单单是针对单件乐器，而且也要考虑乐器组。很显然，我们还缺乏这方面的数据[7]。

39.2.3.2　扬声器类型的声源

我们可将扬声器分成如下的类型。

- 点声源。
- 扬声器柱。
- 扬声器组。
- 线阵列。
- 数控声柱。

为了利用好这些不同的声音辐射器，必须要掌握其性能参数。然而，人们马上就会注意到，生产厂家指定的性能参量在精度和内涵上都有所不同。近 20 年来，AES 标准委员会已经尝试更新规范和标准，以便在这方面能有统一的表述方案[7]。然而，当研究不同生产厂家的数据表时，人们就会注意到要让专家从给定的数据量中归纳出一个定论尚存在着相当大的分歧。为此，我们将会提出扬声器设计中最重要的特定数据。在此，我们先从点声源开始讨论。

39.2.3.2.1　*点声源*

点声源并不表明它天生就具有无指向性辐射特性。它的指向性是通过转盘测得的，全部的指向性气球数据都是针对旋转点而言的，故称其为点声源。

转换特性。这种类型扬声器的标称负载能力（load capacity）P_n 是生产厂家根据设计特性指定的电功率有效值（或 rms）确定的。

在辐射器上，将声压 $\tilde{p}$ 与获得这一负载能力所需要的电压间的比值称为灵敏度（sensitivity）T_s。

$$T_s = \frac{\tilde{p}}{\tilde{u}} \quad (39\text{-}3)$$

自由场灵敏度（free-field sensitivity）T_d 与扩散场灵敏度（diffuse-field sensitivity）T_r 之间存在着差异。通常，自由场灵敏度是针对扬声器参考轴向，距扬声器 1m 的参考点来表示的。它可以表示为

$$T_d = \frac{\tilde{p}_d r}{\tilde{u} r_0} \quad (39\text{-}4)$$

扩散场灵敏度必须要明确是在扩散场中，比如是在混响室中。为了消除房间特征属性因素的影响，要引入房间的等效吸声面积，同时必须要使用校正系数，扩散场灵敏度可表示为

$$T_s = \frac{\tilde{p}}{\tilde{u}} \quad (39\text{-}5)$$

式中，

T_s 和 T_d 或 T_r 以 Pa/V 为单位。

灵敏度级（sensitivity level）G_S 用灵敏度参量的对数值来定义，可表示为

$$G_S = 20\lg\frac{T_S}{T_0}\,\text{dB}$$

参考灵敏度 T_0 更多采用 1Pa/V。如果选择了另一个数值，则必须要事先说明。

作为频率函数的灵敏度级的图形表示被称为频率响应（frequency response）。

音响扩声工程师最为常用的参量之一就是标称或特征灵敏度。当其他一些事物与标称负载能力结合在一起时，要确认在扬声器或扬声器系统的参考轴上可取得的最大声压。根据 DIN 标准 -45570[9]AES2-1984（r2003）[8] 和 IEC 60268-5[10] 所给出的定义，该参量被定义为在指定的频率范围（大部分情况为 250 ～ 4000Hz）上的平均声压 P_d[通常是在距辐射器的参考点（通常为测量期间的旋转点）1m 处的参考轴上的测量到的] 与所施加的功率的平方根之比。根据标准所述，该功率是针对辐射器的标称阻抗（nominal impedance）Z_n 而言的，即 $Ps=(\tilde{u}^2/Z_n)$。因此，额定灵敏度（rated sensitivity）为

$$E_K = \frac{\tilde{p}_d}{\tilde{u}}\sqrt{Z_n\frac{r}{r_0}} = \frac{\tilde{p}_d\ r}{\sqrt{P_S}\ r_0} \tag{39-6}$$

式中，

$\tilde{p}_d$ 为直达声声压；

r 为主轴上距扬声器的距离；

r_0 等于 1m。

由于功率参考值，该表达式还可以指定为额定功率灵敏度。按照 IEC 60268-5，该表达数值的对数被称为特征声压级（characteristic sound level）L_K，其单位为 T_s/dB。它被定义为

$$L_K = 20\lg\frac{E_K}{E_{K0}}\,\text{dB} = 20\lg E_K\ \text{dB} + 94\,\text{dB} \tag{39-7}$$

近似室内声场条件的一个重要参量为正向与随机方向比例因子（front to random factor）γ。该参量将与要评估的实际扬声器具有相同自由场灵敏度的全指向性扬声器辐射到空间中的声功率与实际扬声器的声功率间的关系特征化，表示为

$$\gamma = \frac{\int_S \tilde{p}_0^{\,2}\,dS}{\int_S \tilde{p}^2(\vartheta)\,dS} = \frac{S}{\int_S \Gamma^2\,dS} \tag{39-8}$$

式中，

$\tilde{p}$ 为声压（$\tilde{p}_0$ 为正前方测量到的声压）；

S 扬声器周围的球体面积；

Θ 为立体角；

Γ 参见公式 39-17。

确定正向与随机方向比例因子的测量步骤在 IEC 颁布的 60268-5[10] 文件中有规定，表示为

$$\gamma = \left(\frac{\tilde{p}_d\ r}{\tilde{p}_r r_H}\right)^2 \tag{39-9}$$

式中，

$\tilde{p}_0$ 为直达声声压；

$\tilde{p}_r$ 是混响声声压；

R 为距扬声器的距离；

r_H 为扩散声场中的临界距离，参见公式 9-10[11]。

通常使用指向性因数（directivity factor）$Q(\vartheta)$ 这一专业术语，它是角度 ϑ 的函数，参见公式 39-20。

正向与随机方向比例因子的对数就是正向与随机方向比例因子指数

$$C = 10\lg\gamma\,\text{dB} \tag{39-10}$$

它对应于自由场灵敏度和扩散场灵敏度电平间的差异

$$C = G_d - G_r \tag{39-11}$$

式中，

G_d 为直达声声场中的灵敏度级；

G_r 为扩散声场中的灵敏度级；

它还可以通过扬声器直达声声场，以及距扬声器 1m 处测量到的声压级（L_d）与混响时间为 RT、容积为 V 的扩散场声压级（L_r）来表示，见下式。

$$C = L_d - L_r + 10\lg\frac{RT}{V} + 25\ \text{dB} \tag{39-12}$$

式中，

L_d 为直达声声压级；

L_r 为扩散声声压级；

RT 为混响时间，单位：s；

V 为房间的容积。

理所当然，要取相等的输入功率 P_{el}。

因为辐射器尺寸，低频范围上的辐射声波长要比辐射面的尺寸大。这一差异所导致的指向性微不足道。随着频率的升高，这一关系发生了变化，指向性提高了。

对于扩声目标，现实中已经证明了扬声器系统的正向与随机方向比例因子指数近似为比 3dB/oct 稍微提升一点的数值是合适的，因为大部分自然声源都表现出对相应音色变化有类似的提高。

对于正向与随机方向比例因子指数的近似计算或测量，所涵盖的频率范围至少为 500 ～ 1000Hz。如今，许多生产厂家在其产品数据表格中表示出了指向性的这种频率相关性。

利用正向与随机方向比例因子指数 C 和标称额定功率 P_n 也可以描述扬声器系统的特征声压级：

$$L_K = L_W + C - 10\lg P_n - 11\text{ dB} \quad (39\text{-}13)$$

式中，

L_W 为声功率级。

扬声器系统的效率 η 由所辐射的声功率与所施加的电功率之比来决定：

$$\eta = \frac{P_{ak}}{P_{el}} = \left(\frac{E_K^{\ 2}}{\rho_0 c} \times \frac{4\pi r_0^{\ 2}}{\gamma_L}\right) \times 100\% \quad (39\text{-}14)$$

式中，

P_{ak} 为声学声功率；

P_{el} 为所加的电功率；

E_K 为扬声器的灵敏度；

r_0 为 1m 距离；

γ 为扬声器的正面随机系数；

$\rho_0 c$为 20℃时空气的特征声学阻抗 = 408Pa s/m³。

通过组合所有常量，我们可得到如下的近似。

$$\eta = 3\frac{E_K^{\ 2}}{\gamma_L}\ \% \quad (39\text{-}15)$$

这种相关性可以由图 39.8 看出。现实当中扬声器系统的效率处于 0.1% ～ 10% 之间。与额定灵敏度一样，效率常常指的是扬声器的标称阻抗 Z_n 和标称效率（nominal efficiency）η_n:

$$\eta_n = \frac{\tilde{p}_d^{\ 2} Z_n}{\gamma_L \tilde{u}^2} \times \frac{4\pi r^2}{\rho_0 c} \quad (39\text{-}16)$$

式中，

$\tilde{p}_d$ 是直达声声压；

Z_n 为标称阻抗；

γ_L 为扬声器的正向与随机方向系数比。

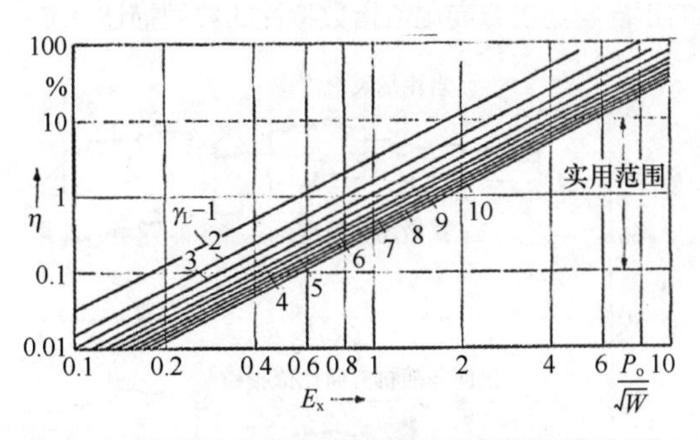

图 39.8　扬声器的效率是标称灵敏度和前方随机系数的函数

式 39-14、式 35-15 和式 35-16 建议，由于正向与随机方向比例因子指数的频率相关性和自由场灵敏度的不敏感频率相关性，因此扬声器系统的效率同样可能与频率有很大的相关性。

指向性属性。现实当中使用的所有扬声器都或多或少地表现出定向辐射的特性，该特性与频率相关——就如同波束一样。声音辐射的这种角度相关性通过如下详细讨论的 3 个参量来进行特征描述。

针对频率或频带的角度指向性比值（angular directivity ratio）Γ 是偏离参考轴 ϑ 角方向某处辐射产生的声压 p 与在参考轴上与所选的声学基准参考点（该参考点由扬声器生产厂家选定，并且必须要在数据表中公布：通常它是音箱的重力中心点）[11] 等距离处的声压 p_0 之间的比值。

$$\Gamma(\vartheta) = \frac{\tilde{p}(\vartheta)}{\tilde{p}_0} \quad (39\text{-}17)$$

一般而言，$\Gamma(\vartheta) \leqslant 1$。如果指向特性的最大值并未出现在 $\vartheta = 0°$ 的方向，那么 $\Gamma(\vartheta) > 1$。

将角度指向性比值的对数值称为角度指向性增益

$$D(\vartheta) = 20\lg\Gamma(\vartheta)\,\text{dB} \quad (39\text{-}18)$$

图 39.9 所示的是极坐标表示下的号筒扬声器指向性增益的图形曲线。从图 39.9 中人们可以看到：最大值出现在 0° 方向上，同时在较高频率时还出现几个次极大值。

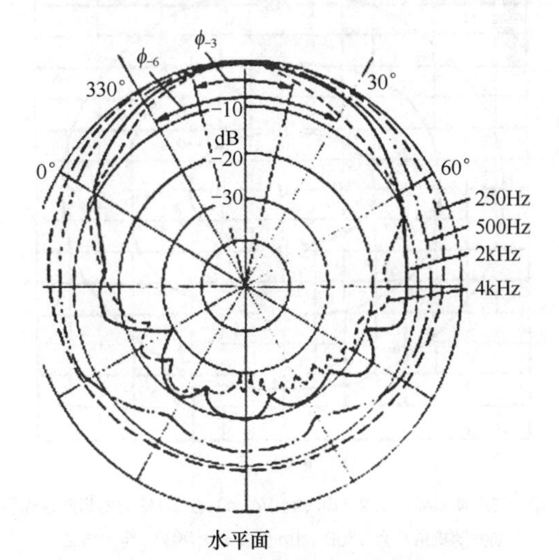

水平面

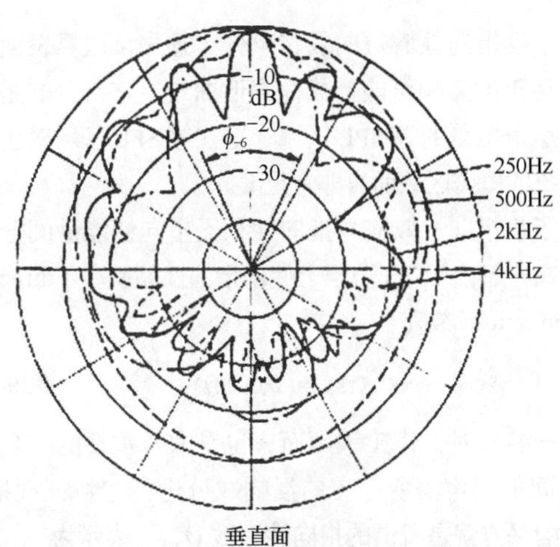

垂直面

图 39.9　表示出了辐射角度的声柱角度指向性增益极坐标图

针对直达声覆盖的一种重要参量就是辐射角度 Φ（波束宽度角）。它代表的是指向性增益相对于基准参考值下降了 3dB 或 6dB（或者另外某一个指定数值）时所涵盖的立体角。将等指向性增益曲线标注为 Φ_{-3}、Φ_{-6} 或者是 Φ_{-n}；指向性越强，辐射角越小，如图 39.10 所示，可与 IEC60268-5，条目 23/4[10] 进行比较。

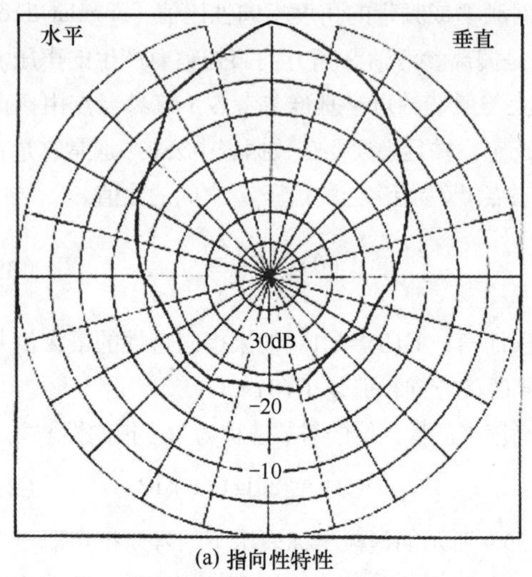

(a) 指向性特性

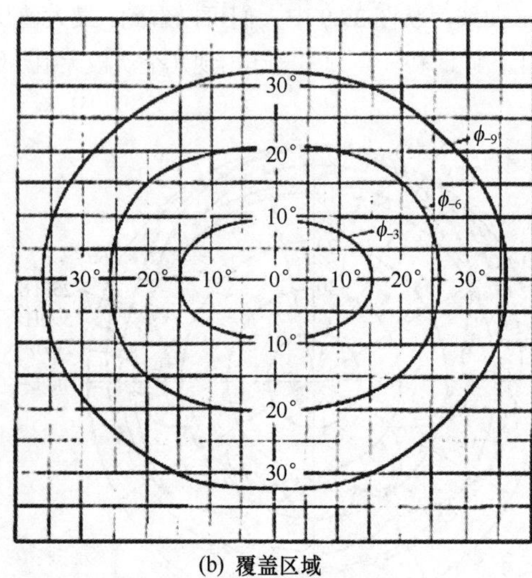

(b) 覆盖区域

图 39.10 辐射体 DML-1122（Electro-Voice）在 2kHz 时的指向性作用图；前方随机指数为 15dB；1m 处的最大声压级为 125dB

由于等指向性增益曲线和声分布损失，边界表面对扬声器直达声的影响可能形成椭圆形曲线，它代表的是计算出的直达声覆盖的等 SPL 区域。这些等 SPL 区域对于规划扩声系统的覆盖区域而言非常重要。

为了将指向性效应与指向性和无指向性能量间分布影响结合在一起，人们在声学上使用指向性偏差率（directivity deviation ratio）参量[11]：

$$\Gamma^*(\vartheta) = \sqrt{\gamma}\,\Gamma(\vartheta) \tag{39-19}$$

这一参量对扩声工程师而言也是非常重要的。它对由激励房间的扬声器所产生的混响成分进行了特征性描述。该参量的平方就是所谓的指向性因数 Q，可表示为

$$\begin{aligned} Q &= g(\vartheta) \\ &= \gamma\Gamma^2(\vartheta) \end{aligned} \tag{39-20}$$

尤其是在美国，通常只采用针对不同角度 ϑ 的 Q 值。不过这一实数是与角度相关的，因此它始终应相对于特定的角度而言。指向性因数 $Q(\vartheta)$ 的对数表达式就是所谓的指向性指数 DI（也是与角度相关的）。

$$\begin{aligned} DI &= H(\vartheta) \\ &= 10\lg g(\vartheta)\,\mathrm{dB} \\ &= 10\lg Q(\vartheta)\,\mathrm{dB} \end{aligned} \tag{39-21}$$

式中，

$H(\vartheta)$ 是混响的指向性指数。

在德国的专业文献中，指向性因数 Q 是采用混响指向性数值 $g(\vartheta)$ 来表示的[11]。出于同样的原因，用被称为混响指向性指数（reverberation directional index）的 $H(\vartheta)$ 来表示指向性指数 DI。

读者应该知道部分的矛盾约定，有些人采用的只是针对 $\vartheta = 0°$ 时的 Q 和 DI 数值，而另外一些人则使用与角度相关形式的 Q 和 DI，有时并没有对此进行明确的说明。

传输范围。按照几个标准中的表述，扬声器的传输范围是指可利用的频率范围，或者更多是用于声音传输表述上。其中在自由场中参考轴上测量的传输曲线区域内的声压通常并不会跌落到对传输范围进行特征描述的参考声压之下。基准参考值是针对最高灵敏度的 1 倍频程带宽（或者由生产厂家指定的较宽区域）的平均值。在确定传输范围的上下限时，并不考虑短于 1/8 倍频程的任何峰和谷。

这样的定义意味着扬声器在被用于扩声系统之前并没有必要对其传输范围进行检查。对于打算室外应用的辐射器，还是有必要考虑正向与随机方向的比值——即扩散场成分对最终声压构成的影响。

对于特殊的扬声器系统（例如演播室监听设备），较窄的自由场声压容限区被用来描述传输范围。因此，OIRT Recommendation 55/1[12] 允许 100Hz ～ 8kHz 范围上可有相对平均值 ±4dB 的最大偏差，然而对于低于 50 Hz 和高于 16kHz 的情况，将容限区间加宽到 -8dB ～ +4dB[11]。

图 39.11 所示的是对自由场灵敏度、扩散场灵敏度和辐射器的正向与随机方向比值指数特性的典型描述。

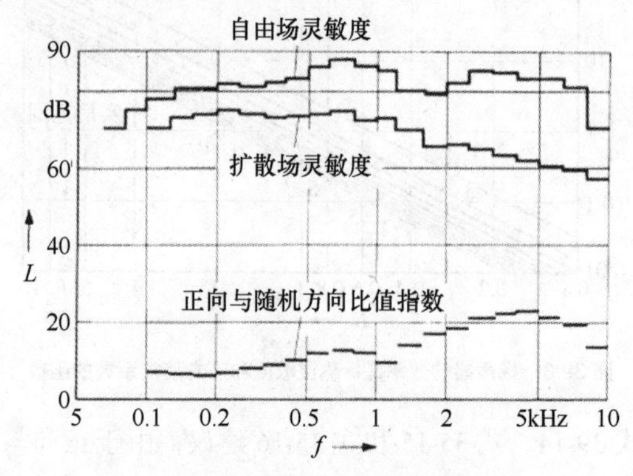

图 39.11 将自由场灵敏度与扩散场灵敏度进行比较，考察前方随机指数的频率相关性

另外，传输范围会受到其他因素的影响，尤其在较低频率区会受到安装条件或辐射器布局的影响。如图 39.12 所

示，扬声器系统的布局对传输曲线有相当大的影响。这是因为辐射器被布置在反射面正面、下方或上方会引发强反射声与直达声之间产生干涉，从而产生类似梳状滤波的抵消现象，这可以通过对最终信号进行窄带分析加以验证。如果声源处在墙壁的正前方，且辐射器在其后部存在补偿孔，或者这些反射来自距离约 1.5m 的墙角（比如天花板与墙壁之间），那么这些抵消现象将会表现得特别明显。

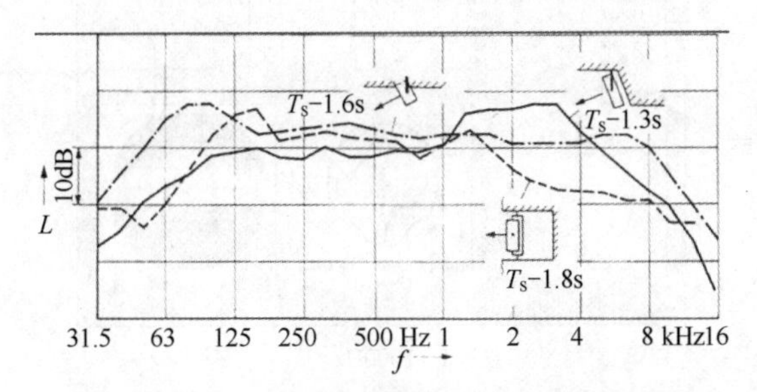

图 39.12　不同安装情况下的扬声器频率响应曲线。T_S 是大厅的混响时间

一般而言，人们可以说：人耳通常感知不到倍频程频带滤波器分析测量不到的谷和峰（除非它们呈现出明显的周期性结构）。

如果辐射平面为嵌入的反射面（例如墙壁或天花板），那么就会产生良好的低频辐射。在这种情况下，辐射面和周围的表面间还可以呈现一定的角度。

音箱的类型。面对扩声工程的不同任务，要求使用不同类型的辐射器。这些差异表现为箱体的尺寸和形状、声音传导的形式、所用驱动系统的类型，以及它们的布局和组合。利用这种方法，人们获得了不同的声辐射指向特性、声音汇聚、灵敏度、传输范围和距离，从而得到了针对不同应用或者总体应用的解决方案。

最简单的辐射器就是被用于分布式信息发布系统中的较小尺寸和有明确额定值的单只音箱（例如，用来覆盖大的平面空间或产生多功能厅的空间效果）。结合了墙壁或这些音箱某一箱体的做法避免了常见于无障板情形中的声学短路问题——抑制振膜前后部之间的声压补偿。为此，可以采用图 39.13 所示的障板、开箱或闭箱形式。

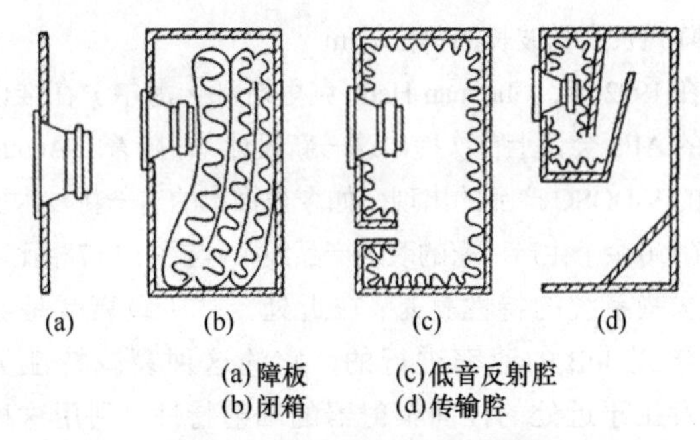

(a) 障板　(c) 低音反射腔
(b) 闭箱　(d) 传输腔

图 39.13　抑制声学短路的不同措施

对于闭箱，人们必须考虑箱体内相对于硬气垫相反方向上扬声器函数的振荡部分。为此，像这种小型箱体的扬声器具有极其柔软的振膜悬吊，以便它们并不能被方便地用于其他目的。

声学上更为有利的是开孔箱体，即低音反射式箱体（bass reflex box）或倒相式箱体（phase reversal box）。尽管如今这种箱体的音箱较少用作分布式宽带辐射器，但是其在高功率大尺寸扬声器阵列中的应用不断增长。

取得既定指向特性的另外一种可行方案就是在驱动音箱系统的前面设置导声面。鉴于这样的布局大多是类似于号筒的设计，故将其命名为号筒式音箱（horn loudspeakers）。因其具有高特征灵敏度和强指向性特点，故这种辐射器设计非常适合大型厅堂的扩声应用，这种场合所需的频率范围和不同目标区域（覆盖区域）要求采用不同类型的辐射器指向性图案。

从技术原因上讲，构建涵盖整个传输范围的宽带号筒是不理智的做法。较好的解决方案是使用彼此互补的集中号筒式音箱。

低音号筒。由于尺寸大的缘故，需要对低音号筒的设计进行广泛的妥协。一般而言，实用型低音号筒接受的号筒形状只有一个维度，即与之垂直，通过与表面平行的方法来取得对声音的控制。主要用于演唱会或音乐厅系统的低音号筒的功率承受能力约为 100 ～ 500VA。

中音号筒。驱动单元和号筒设计的最成功类型就是在约为 300Hz ～ 3kHz 的中频范围上使用的号筒音箱。

所使用的驱动单元大多是通过喉口（喉口适配器，throat-adapter）方式将动态压力腔系统连接到号筒上。

高音号筒。对于更高的频率范围，生产的号筒音箱主要有两种类型。这些与中频号筒有类似设计特性的号筒辐射器起作用的频率范围为 1kHz ～ 10kHz，将特殊的高音扬声器（小圆顶号筒，calotte horns）用于 3kHz ～ 16kHz 的频率范围。

39.2.3.2.2　直线式辐射器排列中的音箱线、声柱和线阵列

经典声柱。就扩声工程的诸多任务而言，人们要求辐射器能够在距其安装点很远的位置处产生高声压级，同时对在其附近设置的传声器影响最小。为了实现这一目标，辐射器必须表现出明确的指向特性和波束。适合于此目标的辐射器是由同相的具有一致性的音箱堆砌起来的扬声器阵列（数量取决于具体要求）。在与这种安排正交的平面上会发生声压的叠加，而在这一平面上下则会产生干涉抵消，因为不同音箱产生的声音成分在时间上存在先后差异，如图 39.14 所示。每只单独的扬声器以球面波形式辐射声音，声波在远场取得有益的叠加，与此同时，单只音箱的影响在近场表现得很突出。对于远场，由 Stenzel（斯特泽尔）[13, 14] 和 Olson（奥尔森）[15] 提出了如下的角度指向性比值（所谓的极坐标图案）Γ 公式。

$$\Gamma = \frac{\sin\left[\frac{n\pi d}{\lambda}\sin\gamma\right]}{n\sin\left[\frac{\pi d}{\lambda}\sin\gamma\right]} \tag{39-22}$$

式中，

n为单个音箱单元的数量；

d为各个音箱单元的间距；

a为弧度角；

λ 为声音的波长；

l=(n-1)d，它是音箱线的长度。

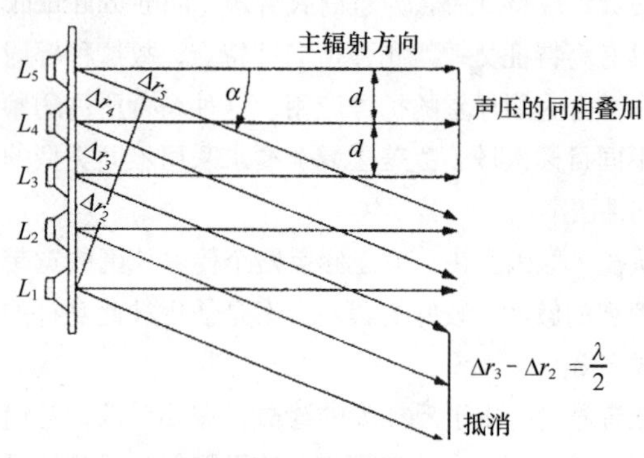

图 39.14 经典声柱的工作原理

将图 39.15[16] 所示的音箱线声源的这种指向性影响示于图 39.16(a)(1kHz 的球状指向图案)和图 39.16(b)(2kHz 的球状指向图案)中。线声源是由间隔 25cm 排列的无指向性扬声器组成。次极大波瓣出现的频率处在临界频率(波长=音箱的间距)以上，在本例中次极大波瓣出现在 1400Hz 以上。因此，想要的不存在次极大的蝶形辐射可在 1000Hz 处时观察到，而在 2000Hz 处时辐射瓣(次极大)就已经十分明显了。

直线型音箱布局的缺陷如下。

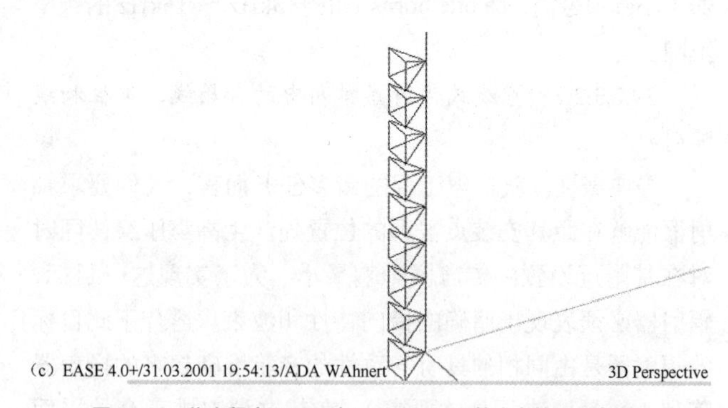

图 39.15 仿真程序 EASE 中 9 只 HP64 号筒式音箱的直线表示

• 想要的指向性影响只能在临界频率以下给出，与此相反，在临界频率以上会产生出附加的次极大波瓣。

• 指向性与频率相关——主极大的正向与随机方向比例因子(front-to-random Factor) $\gamma \approx 5.8\ lf$(l为声柱长度，单位为 m；f为频率，单位为 kHz)[17]。

• 指向性提高并不只发生在指向域内，而且由于各个扬声器间距，这种情况也会发生在散射域内。因此声柱在高频丧失了指向性。

音箱线声源的所有这些与频率相关属性都涉及在听觉宽度和深度上有关音色的变化。为了消除或限制这一缺陷，在频率范围的上部常常对音箱线进行细分。这主要是通过“香蕉状”或所谓的 J 形阵列的曲线声线来实现。或者是在水平域内可以将各个单元稍微转成离轴情形，比如相对于系统的投射轴，以 ±10° 的错角来安排。

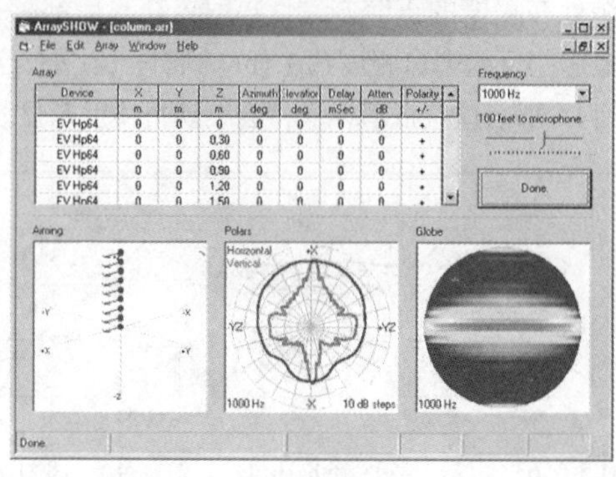

(a) 1000Hz

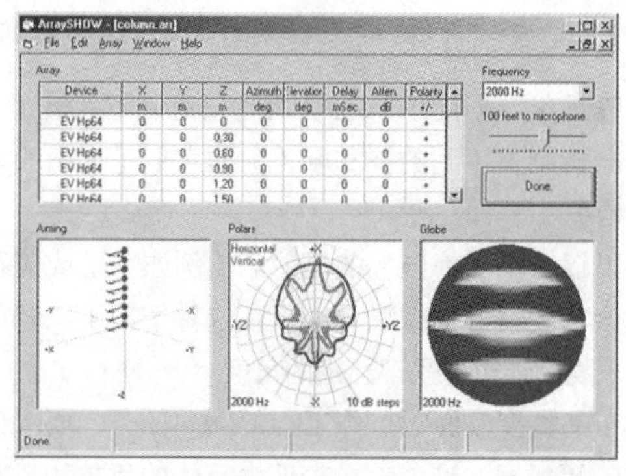

(b) 2000Hz

图 39.16 根据图 39.15 模拟仿真得到的球形表示

线阵列。现代线阵列并不是由直线排列的各个纸盆扬声器组成的，而是通过安排长度为 l 的波导线性形成的，以此产生所谓的相干波前。与传统声柱相比，线阵列在其附近区域范围内辐射出柱面波。这一附近范围与频率相关，并且仅当达到如下的距离 r 时才成立。

$$r = \frac{l^2}{2\lambda} \tag{39-23}$$

式中，

阵列长度和波长的单位为 m。

在 1992 年，Christian Heil(克里斯汀·海尔)在维也纳举办的 AES 会议上首次提出这一新设计[18]。随着 L-Acoustics 生产的 V-DOSC 产品的出现，如今被推出的这一新技术已经出现在 50 余个生产厂家的改进产品线中(与图 39.17 相比较)。

这些系统的特性就是：在近处，声压级衰减是随距离加倍以 3dB 的速率进行的，它的这种衰减特性类似于仅发生于近处的柱面辐射器的辐射特性。利用这种方法，可使高声压级覆盖远的距离，而无须采用延时音箱组合。

数控线阵列。这是减弱指向特性与频率相关性的一种方法，其中由不同相位和电平组成的声信号声束线被提供给被阵列中的各个音箱。

图 39.17 NEXO SA 的 Geo T 系列声柱

Duran-Audio 是最早利用电子手段（所谓的 DDC 解决方案），使其产品随着频率提高，逐步减小其 Intellivox 线长的生产厂家之一。这种解决方案导致音箱线阵列在垂直域内有强指向性，而在水平域内具有恒定的声功率集中[19]。图 39.18 所示的是 3D 表现形式的这种指向性效果。

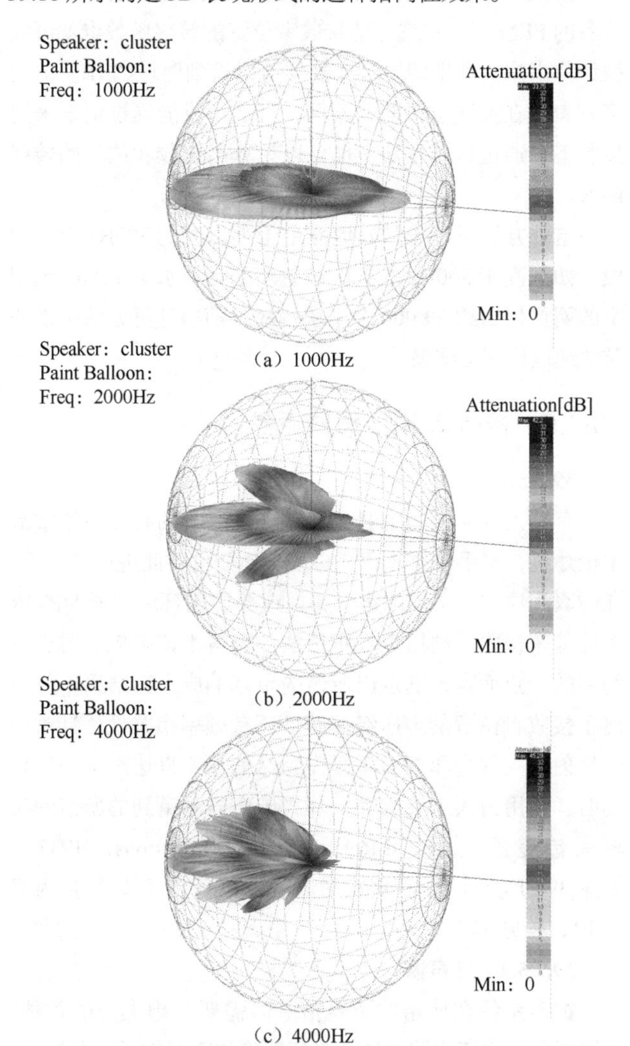

图 39.18 EASE 中 Intellivox 2C 的气球形簇状表示

目前，许多生产厂家也推出了这种数字控制投射方向的扬声器，比如 Renkus-Heinz 的 ICONYX 扬声器[20]（如图 39.19 所示），法国公司 ATEIS（Messenger）[21]，EAW（DSA 系列）[22] 和 Meyer Sound Inc.（CAL 系列）[23]。

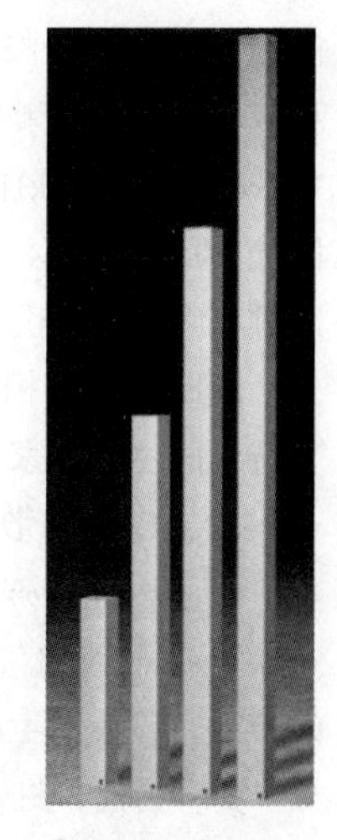

图 39.19 Renkus-Heinz Inc. 生产的 ICONYX 系列产品

通过改变硬件，可以控制这些声柱的如下一些性能。

1. 恒定声压级与距离的关系。
- 中间频带频率。
- 非复杂形状观众区。
2. 如下的性能参量被优化。
- 张角。
- 指向角。
- 聚焦距离。
- 相对观众区的安装高度。

然而，这种解决方案在处理复杂观众区布局时会表现出局限性。进一步而言，只有经过几次校正之后才能获得确定的声压级分布。这样便产生如下的问题："如何控制音箱阵列，使其产生预定的远场和近场响应呢？" 其中的一个解决方案就是 Duran Audio 采取的数字指向性合成（Digital Directivity Synthesis，DDS）技术[24]。

这里的指向性图案可以适应观众区；而且在复杂形状的观众区也可以实现一致的声压级分布。

很显然，一定尺寸的点声源或线音箱并不能自动地表现出这种辐射特性。为此，生产厂家不但提供与音箱阵列配套的电子驱动单元，而且还要提供参数的设定算法。利用相应的软件，这种算法随后将根据应用被控制。在过去的几年间，许多公司引入了数值优化函数的理念，为了适应音响系统的辐射指向性和剧场的几何形状采用了改良的 FIR 滤波器处理技术，比如 Martin Audio 的 DISPLAY 软件[25]，Tannoy 的 BeamEngine[26] 和 AFMG 的 FIRmaker[27]。

39.2.4 墙体材料

为了模拟室内或开放空间中声源的辐射特性，我们需要构建相应的模型。这些模型的所有边界墙壁必须具有相应的声学属性，具体如下。

- 吸声。
- 散射。
- 衍射。

这些属性已经在第 9 章 "大型厅堂和音乐厅的室内声学基础" 的 9.3.4 节中讨论过了，故在此不再赘述。取而代之的是，我们在此会对计算机建模过程中需要掌握的一些重要专业问题进行讨论。

39.2.4.1 吸声材料数据

虽然在数百年前人们就知道了吸声现象，但是真正将吸声现象数据量化还是近 80 年间的事情。我们要区别数据是在混响室内测量到的数据（Standard ISO 354）[28]，还是与角度相关的数据。几乎很少测量后者这类吸声系数，仅在特殊应用中才可被利用。对于计算机仿真，我们将使用在扩散场中测量到的吸声系数。吸声系数由相应的生产厂家测量，并公布于技术规格手册中。吸声系数测量是在倍频程或 1/3 倍频程频带上进行的，通常是从 63Hz 开始，直至 12kHz，乃至 16kHz。在大部分仿真程序中，低端被跳过，因为实际的仿真流程并不覆盖 100Hz 之下的频率范围。最高频率频带通常也只到 8kHz。

同时，所有相关数据以表格形式公布，有些仿真程序支持不同生产厂家生产的多达 2000 余种材料。

39.2.4.2 扩散体数据

除了一些特殊的散射材料或样本外，散射数据在教科书中是找不到的。在此应提一下 RPG Diffuser Systems Inc. 的产品，该公司生产具有声扩散面的特殊模块[29]。

另一方面，掌握扩散系数 s 的绝对值并不太重要。实际上，几乎没有哪一种材料是不扩散的（$s=0$），或者只是扩散的（$s=1$）。扩散系数的实用数值处在 0 ～ 1。因此，在仿真软件程序中存在一些定义实际扩散系数的经验法则。有些程序提供了估计系数的一些指南，而也有些程序（比如 EASE 4.2）则采用特殊的 BEM 子程序（比较第 9 章“大型厅堂和音乐厅的室内声学基础”中的图 9.46），以生成符合 Mommertz 建议的测量方法[30]的系数（也可参考 Standard ISO 17497-1[31]）。

散射系数一般不会有表格形式的数据供人们使用（除了此前提及的特殊模型数值），因为室内建筑师在厅堂内使用材料的方法对散射特性有影响。

因此，计算机模型中墙体部分的散射特性必须针对具体模型专门确定。

39.2.4.3 衍射，低频的吸声

正如我们在 39.3.2 节中所见到的那样，计算机仿真程序采用了不同的声线跟踪算法来计算模型空间的 IR。但是利用粒子辐射的这些子程序只在由下式确定的特定频率之上才有效。

$$f_1 = K\sqrt{\frac{RT}{V}} \qquad (39\text{-}24)$$

式中，

K 是常数（在米制单位时为 2000，在美制单位时为 11 885）；

RT 为视在混响时间，单位为 s；

V 为房间容积，单位为 m^3 或 ft^3。

对于较低的频率，尤其是小房间，就不能应用粒子假设了，而是要应用波动声学程序。由于解析解释不可行，所以必须要开发数值子程序。主要使用的方法是有限元法（Finite Element Method, FEM）和边界元法（Boundary Element Method, BEM）。首先应用 FEM，计算机模型必须被细分成小块（网格），其中的网格尺寸对应于 FEM 要处理的上限频率。频率越高，网格尺寸越小，所用的计算时间越长。例如，如果要对一个 10 000m^3 的厅堂构建网格，则需要网格分辨率达到约 6.9×10^6 个子块，才能使 FEM 处理达到 500Hz。图 39.20 所示的是对教堂模型进行这种网格化处理的情况。对于 BEM，只对表面进行相应的网格化即可。

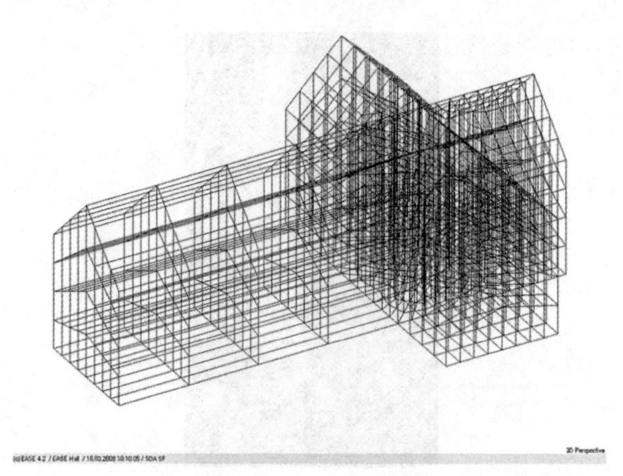

图 39.20 EASE4.2 中的网状模型

在网格化（在复杂的空间结构中，这是相当困难的工作[32]）准备就绪之后，我们需要知道单个墙体部分的阻抗特性。这同样是相当复杂的一件事情，因为大部分墙体材料的刚性或质量数值都是未知的，所以第一种方法中墙体材料的阻抗可以由已知的吸声系数推导出。这样就可以应用著名的 FEM 了，在选定的接收者位置的转移函数也就可以被计算出来。利用傅里叶变换便可以得到时域的 IR。即便接收者处在发送位置的遮蔽区，直达声只能通过衍射来到接收者，通过这种方法，也可以计算出接收者位置的转移函数。

这种方法可以非常好地应用于小房间的 300Hz 以下频段。如果高于 300Hz 的频率被忽略的话，那么 135m^3 控制室的网格仅由约 20 000 个子块构成。期望这种方法可以非常快速地计算出结果[33]。

39.2.5 接收者和传声器系统

39.2.5.1 人耳

有关人耳属性的主题已经在许多专著的心理声学章节中论述过，本手册第 3 章“心理声学”也对此进行了讨论。在仿真程序中，房间的声学属性或自由场环境由所谓的 IR 的计算来决定。利用声线跟踪法计算得出该响应。对于空间中的一点而言，确定出所谓的单耳响应，其结果不仅给出了接收者位置的声压级，而且还有频率相关性，针对单一反射的入射角和相对于最先到达信号（直达声）的传输延时。利用由人工头或者入耳式传声器测量到的所谓的头相关传递函数（Head-Related Transfer Functions，HRTF），如图 39.21 所示[24]，利用实时卷积，单耳 IR 可以转换为双耳 IR，参见 39.3.3 节。

39.2.5.2 传声器

扩声系统在使用传声器拾音时需要考虑大量的条件。为了避免声学正反馈，通常必须要将传声器靠近声源摆放，以便能使用数量更多的传声器。更进一步而言，现场演出情况要求所使用的传声器非常耐用。

为了模拟传声器应用，要预先计算出声学反馈的门限或者根据电子处理来模拟扩声系统，这就需要真正掌握各类传声器的属性及其连接技术方面的知识。

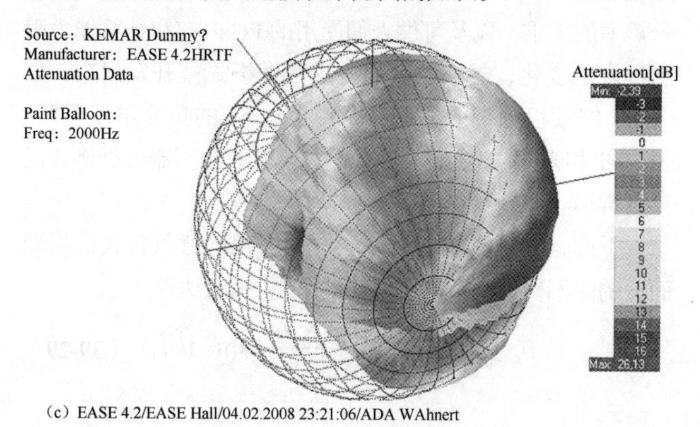

图 39.21　人工头左耳的 HRTF 球

39.2.5.2.1　基本参量

将传声器数据列在标准中 [35]。在这段文字中，我们将只考虑那些对计算机建模很重要的传声器数据。对于得到更进一步的信息，尤其是有关传声器类型方面的信息，请参考第 20 章“传声器”的相关内容。

作为入射声压函数的传声器输出电压幅度是通过传声器灵敏度来描述的

$$T_{\mathrm{E}} = \frac{\tilde{u}}{\tilde{p}} \tag{39-25}$$

单位为 V/Pa 或 20log，即灵敏度电平（sensitivity level）

$$G_{\mathrm{s}} = 20\lg\frac{T_{\mathrm{E}}}{T_0}\,\mathrm{dB} \tag{39-26}$$

参考灵敏度 T_0 一般指定为 1V/Pa。

根据测试条件，人们对灵敏度进行如下的区分。

• 声压开路灵敏度（pressure open-circuit sensitivity）T_{Ep} 为某一频率下的有效输出电压与垂直输入声波的有效声压之比。

• 自由场开路灵敏度（free-field open-circuit sensitivity）T_{Ef} 是考虑了特殊测量条件得出的参数值，即由传声器截面尺寸引发的声压提高条件。

• 扩散场灵敏度（diffuse-field sensitivity）T_{Er}，它反映的是传声器对扩散声入射的响应。

39.2.5.2.2　指向特性

传声器的电压与激励声音的入射方向间的相关性被称为指向性效应（directional effect）。下面的参量被用来描述这一效应。

• 角度指向性比值（angular directivity ratio）$\Gamma(\vartheta)$ 是以与传声器主轴呈 ϑ 角到达的平面波自由场灵敏度 T_{Ed} 与给定的参考值（入射角为 0°）间的比值。

$$\Gamma(\vartheta) = \frac{T_{\mathrm{Ed}}(\vartheta)}{T_{\mathrm{Ed}}(0)} \tag{39-27}$$

• 角度指向性增益（angular directivity gain）D 是角度指向性比值取常用对数值的 20 倍。

• 覆盖角（coverage angle）是指向性增益相对于参考轴时的增益下降了 3dB（或 6dB、9dB）所对应的角度。

除了要描述传声器对来自各个偏离主轴方向的声入射灵敏度间比值的参量外，还有必要描述针对平面波灵敏度与扩散激励下灵敏度的关系。利用这些参量，就可以确定出相对传输的直达声而言要抑制的房间声音分量。该能量比值用如下参量来描述。

• 正向与随机方向比值是传声器被来自主轴方向的平面波激励所产生的电功率与传声器被具有同样声压级的同样信号在扩散场激励时产生的电功率之比。如果直达声场测量到的灵敏度是 T_{Ed}，扩散场测量到的灵敏度是 T_{Er}，那么正向与随机方向比值为

$$\gamma_M = \frac{T_{\mathrm{Ed}}^{\ 2}}{T_{\mathrm{Er}}^{\ 2}} \tag{39-28}$$

• 正向与随机方向比值指数是正向与随机方向比值系数取常用对数乘以 10。

理想的全指向性传声器的正向与随机方向比值系数为 1，而理想的心形传声器的正向与随机方向比值系数为 3。这意味着心形传声器在房间中所拾取的声功率只是处在与声源同样距离的全指向性传声器所拾取的声功率的 1/3。这就是说，要想得到相同比例的声功率，就距声源的距离而言，心形传声器可以被放置在比全指向性传声器远 3 倍的位置处。

39.3　声学模拟中的换能器数据

为了模拟整个声学系统，必须要考虑声学系统的所有组成部分。除了房间外，扬声器和自然声源，以及传声器和人耳听觉系统都必须要考虑其中。在这一部分中，我们的主要目标就是要复习现行惯例，总结出软件程序用户在针对特定声音换能器导入性能数据时应该掌握的软件优缺点。就此而言，我们的意图是将电声学和声学系统的室内声学预测作为一个整体来讨论换能器仿真的问题。我们将不涉及扬声器或传声器设计过程中采用的数学方法问题。虽然这样可能在某些方面提供精度较好的结果，但同时对于其他仿真目标所提供的数据而言则往往不够。特别是对于采用 BEM/FEM 预测方法进行的换能器设计而言，我们建议读者阅读相关的教科书和出版物。

39.3.1　扬声器的模拟

在计算机辅助声学设计中，尤其是扩声系统应用，声源建模的准确度将扮演关键的角色。因此，大部分仿真软件包都在借助测量扬声器及它们所组成的复杂扬声器系统得到的数据来不断改进其描述能力。与此同时，个人计算机的快速发展和可应用性也对声学测量系统产生了很大的影响，这体现在测量精度和计算能力两个方面。

从这层意义上说，扬声器系统的测量和模拟可以大致

分成两个时期。第一个时期（直至20世纪90年代末期）的标志就是几乎任何类型的扬声器都采用简化的远场数据，并且假定其具有点声源的特性。但是随着应用于巡演扩声和语言传输的现代线阵列技术的出现，必须要推出新的概念。这些方法利用多个点声源及先进的数学模型来反映当今扬声器系统的复杂性。除此之外，DSP平台的广泛应用也进一步加速了研究的进程，其结果需要模拟DSP控制扬声器及基于计算机约束而产生的隐含因素，比如计算速度和存储问题。

39.3.1.1 点声源的模拟

39.3.1.1.1 理论背景

多年来，声源尤其是音箱的辐射特性基本上都采用包含固定频谱和空间分辨率幅度数据的3D矩阵来描述。从20世纪80年代末开始，典型的数据文件则包括了涵盖可闻倍频程频带（比如63Hz～8kHz）的指向性数据，这些数据由15º角度间隔的球形网格给出。在大多数情况下，数据还被假定是关于一个或两个平面对称的。随着人们对更高分辨率的需求，以及可供人们使用的PC内存和计算能力限制程度的变化，越来越多的先进数据格式被开发出来，如今1/3倍频程频带的典型分辨率已达5° 的角度增量步阶。表39-1和表39-2给出了其中一些典型的扬声器数据格式及其分辨率。

下面，我们浏览一下这一发展历程的背景。我们将球面波的时不变传输用声压的复数形式$\bar{p}$来表达[36]。

$$\bar{p}_{\text{Sphere}}(\vec{r},f)=\frac{\bar{A}(\varphi,\vartheta,f)}{|\vec{r}|}\exp(-\mathrm{j}|\vec{k}||\vec{r}|) \quad (39\text{-}29)$$

式中，

$\vec{r}$ 为接收者位置；

f为频率；

$\bar{A}(\varphi,\vartheta,f)$是与角度$\varphi$和$\vartheta$（两者均是$\vec{r}/|\vec{r}|$的函数），及$f$有关的声源辐射复变函数；

$\vec{k}$ 为波矢量。

表39-1 常见的扬声器数据格式和EASE GLL格式

数据类型	EASE SPK 简单数据表	EASE XHN 简单数据表	GDF 简单数据表	ULYSSES UNF 简单数据表	CLF 简单数据表	EASE GLL 改进的描述语言
球对称	全空间，半空间	全空间	全空间，半空间，1/4空间	全空间，半空间，1/4空间	全空间，半空间，1/4空间	全空间，半空间，1/4空间
角分辨率	5°	5°	5° 或10°	5° 或10°	5° 或10°	1° ～90°
频率分辨率	1/3oct	1/2oct	1/1oct或1/3oct	1/1oct或1/3oct	1/1oct或1/3oct	任意
复数数据	是	是	否	否	否	是
单个换能器	否	否	否	否	否	是
滤波器	否	否	否	否	否	是
可配置性	否	否	否	否	否	是

表39-2 典型气球分辨率的测量参量

测量分辨率	测量点	测量时间（每个测量点10秒）	应用于
2个测量平面，15°，关于两个测量平面对称	24	≈ 10min	EASE 1.0
在球面上测量，10°，关于水平面对称	325	≈ 1h	EASE 2.1 ULYSSES 1.0/CLF
在球面上测量，10°，不对称假设	614	≈ 1½h	CATT-Acoustic/CLF ODEON BOSE Modeler
在球面上测量，5°，关于水平面对称	1297	≈ 3½h	CLF EASE 3.0～EASE 4.2 EASE 4.2 DLL/GLL
在球面上测量，5°，不对称假设	2522	≈ 7h	ULYSSES 2.82/CLF EASE 3.0～EASE 4.2 EASE 4.2 DLL/GLL
在球面上测量，2°，不对称假设	16 022	≈ 2天	MAPP (Meyer) EASE 4.2 DLL/GLL
在球面上双换能器测量，10°，不对称假设	1228	3h	EASE 4.2 GLL EASE 4.2 DLL

扬声器测量都是针对分立的角度 φ_k，ϑ_l，以及频率 f_m 进行的，仿真软件必须在这样的数据点之间进行内插，以获得平滑的响应函数

$$\bar{p}_{\text{Sim}}(\vec{r},f_m) = \frac{f_{Int}(\hat{A}(\varphi_k,\vartheta_l,f_m))}{|\vec{r}|}\exp(-jk|\vec{r}|) \quad (39\text{-}30)$$

在此，内插函数用 f_{Int} 来表示。频率分辨率基本上是通过可利用的 f_m 数据点集合给出，角度分辨率则由数据点 φ_k，ϑ_l 的密度来确定。

长期以来，大多数测量是捕获幅度数据，$\hat{A} = |\hat{A}|$ 和 $f_{\text{Int}}((\hat{A})) = |f_{\text{Int}}(\hat{A})|$。在这种情况下，多个声源间相互作用的模拟产生出声强 I_{Sum}，它既可以通过相干声源 n（位于 $\vec{r}_n$ 处）的功率叠加导出

$$\begin{aligned} I_{\text{Sum}}(\vec{r},f_m) &= \sum_n |\bar{p}_n|^2 \\ &= \sum_n \frac{[f_{\text{int}}(\hat{A}_n(\varphi_k,\vartheta_l,f_m))]^2}{|\vec{r}-\vec{r}_n|^2} \end{aligned} \quad (39\text{-}31)$$

也可以通过针对相干声源的最短运行时间相位 $\Phi_n = -\vec{k}_n(\vec{r}-\vec{r}_n)$ 来导出

$$\begin{aligned} I_{\text{Sum}}(\vec{r},f_m) &= \left|\sum_n \bar{p}_n\right|^2 \\ &= \left|\sum_n \frac{f_{\text{INT}}(\hat{A}_n(\varphi_k,\vartheta_l,f_m))}{|\vec{r}-\vec{r}_n|}\exp[-j\vec{k}_n(\vec{r}-\vec{r}_n)]\right|^2 \end{aligned} \quad (39\text{-}32)$$

该仿真模型明显采取了如下一些的假设。

1. 首先，球面波形采用的是假定测量和仿真发生于器件的远场，即可以将声源（通常是一个表面）视为点声源 $\bar{p}_{\text{Real}}(\vec{r},f) \approx \bar{p}_{\text{Sphere}}(\vec{r},f)$ 的位置处。

2. 其次，假定分立数据点的密度足够高，指向特性的角度和频率分辨率足够平滑，以便球面波的真正辐射函数可近似表达为 $\bar{A} \approx f_{Int}(\hat{A})$。

3. 再次，利用只有幅度的数据（假定 $\bar{A} \approx f_{Int}(\hat{A})$）要求测量 $\hat{A}$ 期间的基准参考点以真正生成相位方式选择，否则要进行附带测量，并且可以通过模型中生成相位 $\vec{k}\,\vec{r}$ 来重建。它要求忽略相干声源相位，$\arg \bar{A} \approx 0$。

4. 假设所关心的扬声器系统是不能由用户改变的，或者配置更改时其性能数据不受影响的固定系统。测量数据被认为是针对所有可能应用和配置的体现。

5. 最后，在计算中使用这种点声源包括其几何遮蔽和声线跟踪计算，声源被视为位于一个点上，对于接收者而言，它既可以完全可见（可闻），也可以是不可见的。

特别是在 20 世纪 90 年代初期，这些假设就已经采用了，为的是以实用的方式获得和使用音箱指向性数据。重要的因素是测量平台和方法的实用性和准确度、处理测量数据的存储容量，以及针对普通数据用户的 PC 性能和可利用的处理器速度。

然而，这些假设存在一些问题。这些不足不但在广泛应用的大型巡演线阵列和数控音箱柱中表现得尤为明显，而且在不断采用廉价 DSP 技术处理多分频音响系统的今天也表现得很突出。与上面 1 ～ 5 点相冲突的一些问题被列于下文。

- 不能在远场对一些几米高的大型线阵列系统进行充分地测量，除此之外，实际上许多应用主要发生在近场区。因此，将整个线阵列模拟成点声源的做法在合理的误差范围内是无效的。

- 通常遇到的另一个问题是角度分辨率不够。音箱柱和多分频音箱在那些多个声源以类似强度相互作用的频率范围上呈现出明显的旁瓣特性。通常，太过粗糙的角度测量无法捕获这些细微结构，由此产生混叠 / 采样误差导致的错误仿真结果。

- 虽然在许多情况下简单音箱辐射声压的相位被忽略了，至少在考虑轴上和运行时间补偿是这么做的，但对于大多数现实系统这一做法并不成立。另一方面，对于多分频扬声器系统，人们通常无法确定在所有频率和角度方向下被测相位响应消失的一个点。

这就是所谓一组声源的声学中心问题。在这种情况下，不论辐射点在何处，所测量到的相位数据一般都表示为运行时间相位分量，该分量与角度和频率有关。另一方面，在描述音箱体边缘附近产生的声衍射（也就是离轴 60º 或更大角度的情况）对辐射特性的影响时，固有的相位响应扮演着重要的角色。

- 音响系统的可配置性日益提高，以便用户能使其与特定的应用相适应。典型的例子就包括几乎所有的巡演用线阵列，此时的指向特性由相邻箱体单元间的倾角进行机械方面的定义；另外还包括声柱或多分频扬声器系统，此时的辐射特性可通过电子手段控制滤波器设定来改变。

- 在现代场馆内的扩声系统计算机仿真中，必须要进行几何计算。这需要掌握被声源与接收者之间障碍物遮蔽的观众区的情况。在声线跟踪法计算中也需要考虑几何方面的问题，以便发现反射和回声。在这两种处理过程中，将物理上的大尺寸音响系统简化为点声源可能会引发明显的误差。根据选取的不同声源参考点，可能发现不了特定反射，或者被夸大了，大部分观众区可能被非常小的物体给遮蔽了。

除了上述问题外，还有一些小问题也会明显地表现出来。这包括用一个单独点声源表示的多输入系统的最大承受功率的定义问题。这时有助于进行可供使用的箱体草图的设计，以及用于测量参考点的清晰表示。

由于存在一些明显矛盾的结论，所以在 20 世纪 90 年代末期，人们提出了大量的解决方案。这一发展进程中的一部分解决方案是由音箱生产厂家提出的，另一部分则是由仿真软件的编程者提出的。为了解决大规格音响系统的问题，需要将其细分为更小的单元，以便能够实现预测目的的测量和应用。为了对这些单元间的相互作用正确建模，需要复杂的测量数据，其中包含幅度和相位数据。

最突出的解决方案可以总结如下。不是进行整个系统的测量，而是根据各个箱体单元或扬声器组进行的远场测量计算出所谓扬声器组合的远场球形图[35]。为了描述各个声源，除了需要幅度球形响应数据外，还要引入相位数据[38, 39]。可以利用隐含了相位信息的数学模型，比如最小相位法或元波法及2D声源[18]。然而，第一种方案不具有普遍性，因此将其应用于现有的仿真软件包中会特别困难，甚至是不可能实现的。

这种情况最初是利用动态链接库（Dynamic Link Library，DLL）的概念解决的，其基本作用相当于仿真软件的一个可编程插件[40]。另一概念称之为通用扬声器数据库（Generic Loudspeaker Library，GLL），它引入了新的扬声器数据文件格式，新的扬声器数据文件格式明显要比普通的数据文件格式灵活，它被设计用来解决大部分显而易见的矛盾之处[41]。下一部分我们将总结一下这两种解决方案，因为它们已经被调试成标准化的方式，用于复杂音响系统的建模。

39.3.1.1.2 实践考量

理论上可行的改进方式还必须在实践中可实现。很显然，只有合理的测量时间才能够以有效的方式提供出可靠的数据。在实践中，5°的角度分辨率已被证明足以满足大多数应用的要求，有时甚至10°这样的较低角度分辨率也足以满足要求。对于特殊情况，仿真软件包应能处理更高分辨率的数据。在测量过程中，可以采用排列成弧形的多支传声器（比如10支或19支）来拾取声音信息[42]，以此来缩短测量时间。在采用这一技术时，要对测量设置格外注意，因为所有的传声器必须校准并进行归一化处理。

另外，捕获幅度和相位数据应比单独捕获幅度数据多注意一些问题。然而，现代IR捕获平台提供了获取复数数据和足够频率分辨率的良好方法。基于IR波形文件的扬声器指向性函数表示法由AES标准委员会SC04-01工作组进行了全面讨论[8]。正如我们在下文中要看到的那样，声学模型中相位数据的采用已经成为一个重要的因素。作为例证，图39.22（a）～（d）所示的是MATLAB和EASE仿真软件中高分辨率的扬声器幅度和相位数据（由Meyer Sound Inc.的UPL1提供）[43]。

除此之外，值得一提的是（下一部分我们会给出一些实用性的指南）：为了获取点声源方案可接受的数据，测量一定要在假定点声源的远场上进行。如之前所讨论的那样，对于大型多分频音箱或声柱式音响系统，这可能难以做到。

一般而言，必须强调：利用这种扬声器数据的计算机模型只在最低质量的数据下表现得还可以。如今，扬声器数据的精度常常要比材料数据的精度高许多。通常已知的吸声和散射系数只是针对1/1或1/3倍频程频带的随机入射而言的。使用者必须清楚的是尽管音箱的直达声声场预测可能非常准确，但是任何房间反射和扩散场的建模都受限于可利用的材料数据。进一步而言，对墙体材料引起的声反射和散射进行系统的、大规模的、与角度相关的复数指向性数据测量是不太可能的。

为了实现从实用角度看待问题的目的，人们还必须强调另外一点。描述扬声器声学特性的任何数据集合也应对重要的测量参量和条件进行文件化处理。尤其是用于灵敏度和球形测量的旋转点一定要在这样的数据集合中有所定

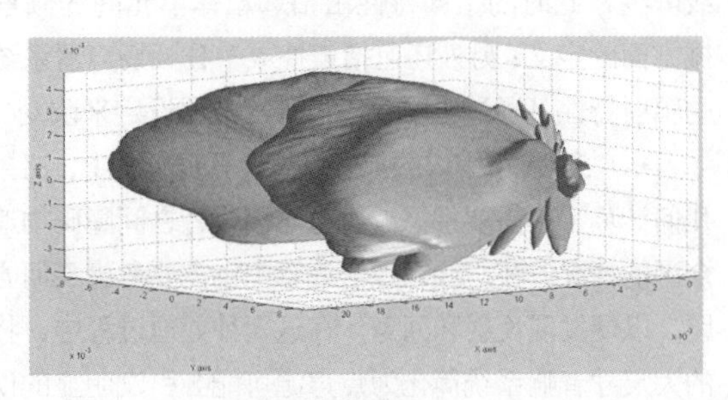

(a) 高分辨率幅度球

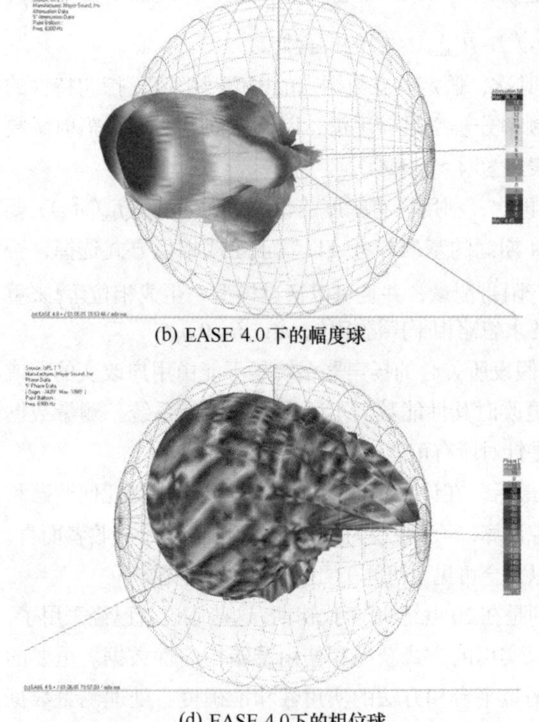

(b) EASE 4.0 下的幅度球

(d) EASE 4.0下的相位球

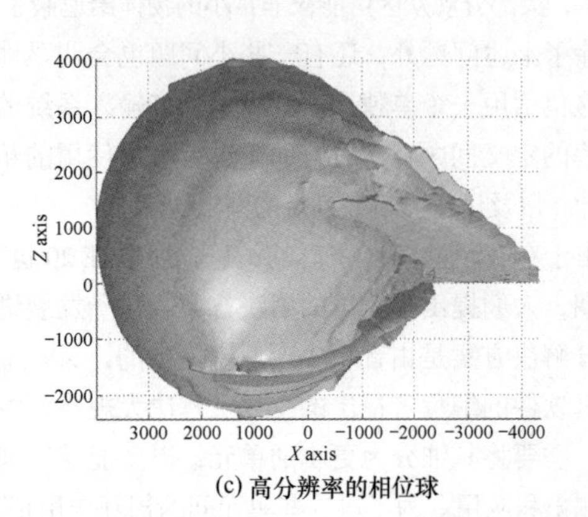

(c) 高分辨率的相位球

图 39.22 高分辨率和 EASE 4.0 下的幅度和相位表示

义，同样也要在草图中表示出来，如图 39.23 所示。只有当这一参考点已知时，终端用户才能准确定义计算机模型中扬声器的位置，并获得正确结果。

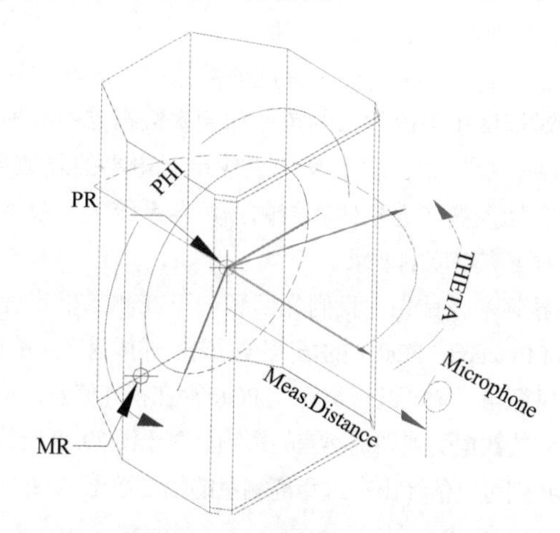

图 39.23　表示出了旋转点 PR 和机械参考点 MR 的扬声器 AutoCAD 图

39.3.1.2　复杂音箱的模拟

39.3.1.2.1　利用 DLL 程序模块建模

开发出来的 DLL 解决方案要做的第一件事就是要解决将复杂音箱简化为简单点声源等一系列相关问题[44, 35]。从技术角度讲，MS Windows DLL 是一个程序，或是可以执行并返回结果的一组函数。虽然它不能独立运行，但是它可以作为可通过预定义接口访问的另一种软件插件来使用。其基本理念就是将声学仿真程序对某一声源的复杂描述转变为可以单独开发且可以包含专用内容的单独模块。利用这种方法，清晰地界定了仿真软件包的编程者与可以开发适合自己产品的专用 DLL 模块的音箱生产厂家之间的关系。

然而，声学预测程序有不同的基本概念，因此尽管 DLL 概念是通用的理念，但是不同 DLL 接口之间有很多区别。结果是，针对一个仿真平台搭建的 DLL 不能用于另一个平台。尽管如此，所有的 DLL 模块共享类似的解决方案来处理给定的问题。因为它们可以被编程，其主要的功能是能够处理任意类型的数据，实现任意类型的算法。如果现有的音箱系统的数学描述和 / 或测量数据足够充分的话，那么这一信息就可以被编码到一个 DLL 当中。假如描述声源声辐射的理论适合的话，那么就可以不用进行太多的折中便能求解出结果。在实际应用中，DLL 通过特定的音箱给出了描述声辐射的数据，仿真软件利用这种数据对声源与空间之间的相互作用进行建模，图 39.24 所示的例子对此进行了说明。

与常见的表格数据格式相比，这种灵活性是无法比拟的。很显然，利用足够精度的数学建模可以解决之前讨论过的许多问题。但与此同时，DLL 模块的开发需要在编程上花些功夫。与被编码的二进制文件一样，它对于音箱生产厂家来说还是专有的，所以一般的仿真软件和 DLL 插件用户并不能确定音箱系统的实际模型如何。除非 DLL 的创建者公布了足够多的信息，否则终端用户无法评估模型给出的预测精度的等级。

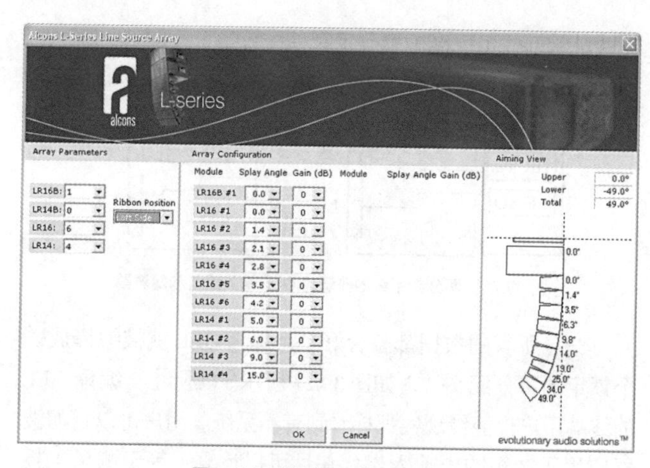

图 39.24　截取的 EASE DLL 屏显

39.3.1.2.2　利用 GLL 数据文件建模

在尝试解决同一问题时，从技术层面讲，与 DLL 理念相比，GLL 概念[41]采取了不同的思路。基于众多扬声器生产厂家的经验，以及使用的仿真和测量软件包的情况，人们开发出了针对对象描述语言的 GLL，以此来定义扬声器系统的声学、力学和电学属性，如表 39-1 所示。由于每个物理实体都有 GLL 语言的软件域表示方式，所以并不需要进行人为的假定来满足严格的、减小数据结构的要求。基本上，在 GLL 的理念当中，每个声辐射对象都应如此建模，现实当中的工程师与扬声器之间的所有互动都应反映在软件域中。在这种情况下，换能器、滤波器、箱体、吊装结构和整个阵列或扬声器组均以其基本属性和参数的形式呈现在 GLL 中，如图 39.25 所示。

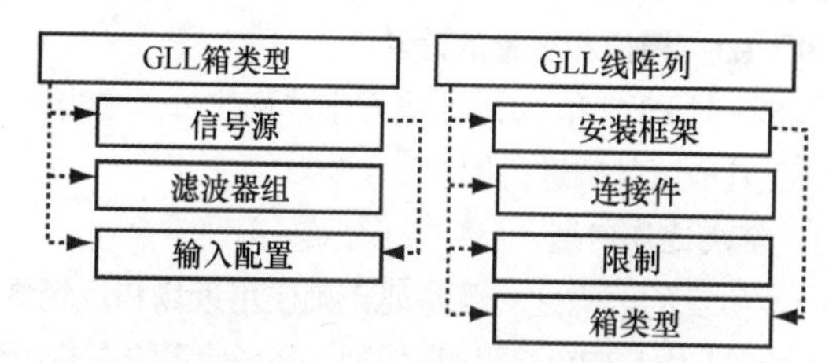

图 39.25　GLL 描述语言的一些基本对象

一般而言，音箱的 GLL 模型包含一个或多个声源，每个声源都拥有自己的位置、取向、指向性和灵敏度数据。这些声源可以是简单的点声源，也可以是空间展开的声源，比如线声源、活塞式声源等。除此之外，基于高分辨率 IR 或复杂的频率响应数据在球面网格上呈现的复杂指向性球体描述了辐射的特性。一方面声源表示了扬声器的声学输出，另一方面 GLL 的创建者定义了音箱的电输出。滤波器矩阵给出了逻辑关系，用以将输入和输出结合在一起，如图 39.26 所示。

它可以包含多组滤波器，其中包括 IIR 滤波器，FIR 滤波器，分频器和均衡滤波器。通过针对大量计算的图纸和数据对音箱进行机械方面的特征化。箱体可以组合成阵列和扬声器组。按照终端用户可使用的功能，扬声器生产厂家预先确定了可使用的配置。诸如安装框架和连接件这类辅助机械部件可以准确地确定哪种配置是可行的。

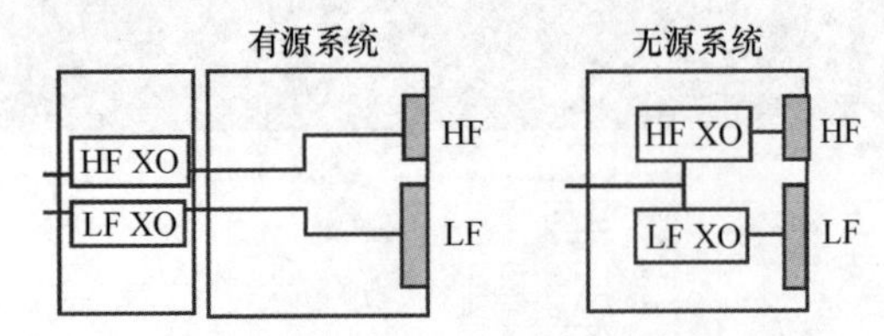

图 39.26 两分频系统的典型的 GLL 输入配置和滤波器

一旦所有的数据都整合好了，那么 GLL 就被编译成一个锁定的可分配文件，如图 39.27 所示。实际上，编译 GLL 的终端用户仅能像现实那样看到音箱系统。用户可以将滤波器应用于音箱的电输入上，并且可以计算（等于测量）扬声器的声学输出。同样地，他可以看到音箱。当对阵列建模时，他可以按照厂家允许的方式来改变箱体的摆放位置。

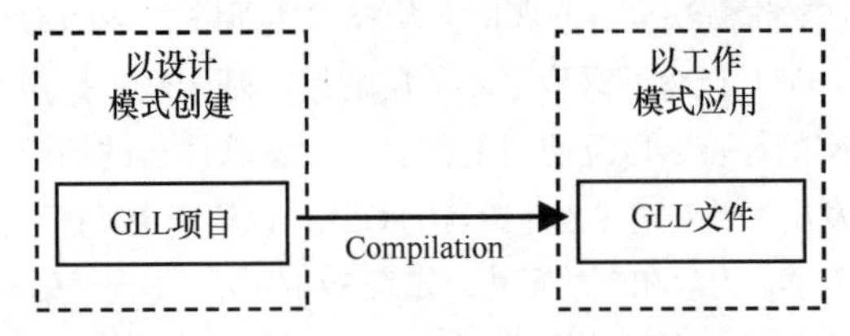

图 39.27 与创建 GLL 的兼容

很显然，GLL 格式提供了描述扬声器系统的直观方法。利用 GLL 模型，任何有源和无源多分频音箱、数控扬声器声柱、线阵列或扬声器组合的声学、电学和机械方面的属性都能得到准确地表现。尽管如此，由于其过于写实，所以当人工算法被用来实现现实当中没有的对应物时，GLL 模型就无能为力了。

39.3.1.3 模拟和测量的背景

本部分对 DLL 和 GLL 建模方案涉及的仿真方法和测量要求，及其理论基础进行概述。

1. *解决远场问题*

声源仿真的要点之一就是要正确使用近场和远场数据。在之前的章节中我们已经强调过：如今现场使用的许多音箱和扬声器系统实际上主要是用于近场区的，也就是说，在系统所处的位置上，不能将系统近似视为是指向性独立于距离因素的单点声源。由于其大小，系统几乎不能作为一个整体在其远场进行测量。然而，在近场距离进行的测量结果仅在此距离上是有效的，不能超出这一距离使用，如公式 39-23 所示。

对此的解决方案主要有两种。一方面，人们可以尝试将系统建模成名义上的空间延展声源。利用理想化的直线或曲线声源及其源自测量的一些校正系数可以对其进行数学上的特征化。另一方面，出于实际安装、运输和维护的目的，几乎所有的大型扬声器系统都是由单个的单元形式组成的。例如，巡回演出用的线阵列是由多个音箱构成的，每只音箱又是由多个换能器单元组成的。因此，人们自然而然地用其组成单元的特性来对所构成的线阵列进行基本描述，而整体的辐射特性也是源自单个组成单元。因此，如果将明显比较小的组成单元表示为点声源，那么现在所进行的测量和仿真必须只是在各自组成单元的远场上进行。因此，由这些组成单元产生的声波辐射相干叠加将会校正整个系统的近场和远场特性。

2. *复数数据的捕捉和内插*

用复数数据来替代仅有幅度值数据的问题与找到正确插入针对幅度和相位数据的角度和频率数据点的准确方法密切相关。反过来，利用某一组成单元电平的复数数据，在测量和插入被作为整体看待的扬声器系统电平数据时便取消了对更高精度的要求。

临界频率。首先，我们先回顾一下在测量指定旋转点（Point of Rotation，POR）的扬声器指向性球体时产生的误差。问题通常源自一个或几个声源与 POR 存在稍许偏差，从而导致测量到的数据受到系统误差的影响。对于图 39.28 所给定的设置，我们可以估计出在远距离测量的幅度数据 $\Delta|\hat{A}|$ 的相对误差[46]。

$$\delta|\hat{A}| = 1 - \frac{x^2}{2d^2} + \frac{x}{d}\sin\vartheta \qquad (39\text{-}33)$$

式中，

x 为 POR 与所关注声源间的距离；

d 为 POR 与传声器间的测量距离（其中 d 远大于 x）；

ϑ 为传声器与扬声器主轴间的测量角度。

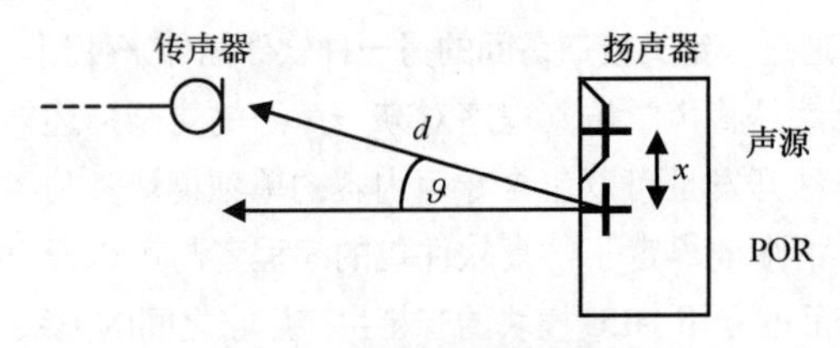

图 39.28 扬声器测量的典型设置

贯穿 POR 和声源的传声器与 POR 间连线（在此情况下，角度 $\vartheta = 90°$）方向上的测量误差最大。尽管如此，对于所有实用的情况，误差都是微不足道的。例如，对于 $x = 0.1$m 且 $d = 4$m 的典型值，所产生的误差仅为 0.2dB。

当仅用幅度数据来描述扬声器时，相位被完全忽视了。要想模拟相干声源间的相互作用，通常要计算通过 POR 与所用接收器之间距离的相位。正如早前所阐述的那样，这里假设系统的固有相位响应可被忽略，而且存在一个近似的所谓声学中心，在此处经过的时间相位消失了，该位置一定被用作 POR。对于这种测量条件，相位数据上的系统误差 $\delta\Phi = \delta\arg\hat{A}$ 同样可以计算出来[46]。对于长的测量距离 d（见图 39.28），它可由下式得出

$$\delta\Phi = \frac{2\pi}{\lambda}x|\sin\vartheta|$$

对于仅有幅值的数据（$\arg\hat{A} \approx 0$）

式中，

λ 表示的是波长。

比较而言，若除了幅度数据外还要获取相位数据，那么该误差可以最小化为

$$\delta\Phi = \frac{2\pi}{\lambda}\frac{x^2}{2d}(1-\sin^2\vartheta) \qquad (39\text{-}34)$$

对于复数数据（$\arg\hat{A} \neq 0$）

因此，采用相位数据，误差幅度被减小了一个数量级。实际上，定义最大可接受相位误差是最有用的，比如 $\delta\Phi_{crit}=\pi/4$ 并且基于测量设置导出上限（临界）频率限定。临界频率 f_{crit} 是 POR 与声源间距离的函数如图 39.29 所示。

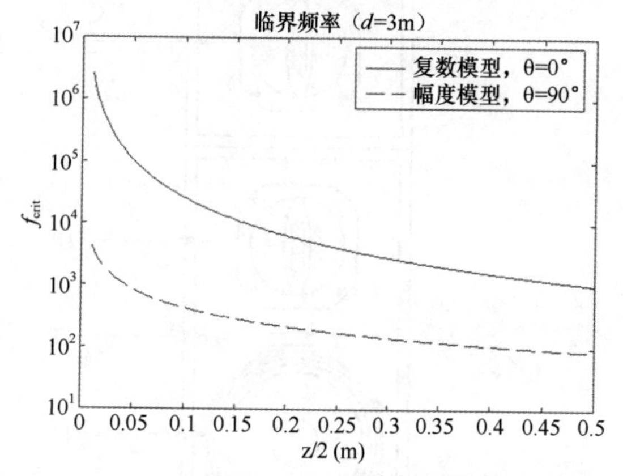

图 39.29　作为 POR 和声源间距离 x=z/2 函数的幅值数据和复合数据的临界频率，测量距离为 3m，最大相位误差为 45°

我们强调，相位数据的使用不仅降低了指向性数据的误差，而且在很大程度上消除了定义、发现和使用所谓声学中心（远场球面波前的虚源）的需求。

局部相位内插。一旦扬声器可利用复数指向性数据，那么下一步要做的就是定义针对离散数据点集合的合适内插函数，以便镜像出现实声源的连续声场（$f_{Int}(\hat{A}) \rightarrow \bar{A}$）。算法必须对频率和空间双域上的幅度和相位数据都有效。虽然平均、平滑和内插幅度数据是直接目的，但对于相位数据进行同样的处理就不成立了。由于相位的数学属性，其数据值是位于一个圆周上的。因此，当相位被映射成线性尺度时，必须考虑内插缠绕的问题。就此而言，人们提出了大量的解决方法，比如使用群延时、展开相位，或者使用所谓的连续相位表示法等。尽管这些方法各具优点，但可以明确的是，这些方法都不适合实际扬声器的全球面辐射数据 [47]。

另外，当人们关心底层数据分辨率时，可使用一种名为局部相位内插（local phase interpolation）的方法，它可以成功地被运用。这种方法本质上是在局部范围上内插相位，而不是在整个范围上内插相位。例如，假定两个数据点 i 和 j 的相位平均被定义为

$$\langle\Phi\rangle = \frac{1}{2}\Phi_i + \frac{1}{2}\Phi_j \qquad (39\text{-}35)$$

之后假定相应的相位数据全都位于某一确定范围内

$$|\Phi_i - \Phi_j| < \frac{\pi}{2} \qquad (39\text{-}36)$$

为此，i 和 j 可以表示两个角数据点 ϑ_i 和 ϑ_j，或两个频率 f_1 和 f_2。另外，平均或内插函数可以包含两个以上的点。

应注意的是，在上述情况中，我们假设在计算绝对误差时最大可能的插值为 π。通过进行相对于彼此之间 2π 倍数的相移，这一条件始终可以得到满足。

根据上述条件我们可以直接导出测量的要求。假设相位通常是由离开 POR 一定距离的一个或几个声源产生的运行时间相位成分决定的，那么就可以计算出数据点的空间和频谱密度条件 [47]。针对频率，人们得到

$$x_{crit} \approx \frac{c}{4\Delta f} \qquad (39\text{-}37)$$

式中，

Δf 表示的是频率分辨率，

c 为声速。

对于这些参量，x_{crit} 便是指定频率分辨率下 POR 和声源间允许的最大距离。对于角度，人们得到类似的表示如下。

$$x_{crit} \approx \frac{c}{4f\sin(\Delta\vartheta)} \qquad (39\text{-}38)$$

式中，

f 为频率，

$\Delta\vartheta$ 为角分辨率。

作为一个例子，这些限定大致对应于一种测量设定，其中的声源距 POR 的距离并未大于 0.15m。如果按照在公式 39-36 中，频率分辨率不低于 1/12 倍频程（或 $\Delta\Phi$=475Hz），角度分辨率不低于 5°，那么到了 8kHz 的频率时相位数据点将足够贴近了。

频率条件如图 39.30（a）所示。当声源 $\vec{r}_s$ 位于连接旋转点 $\vec{r}_c$ 和传声器 $\vec{r}$ 的直线上时，相位频率响应的斜率是最陡的。因此，根据 $x = x_{crit}$，由公式 39-35 确定所要求的频率分辨率 Δf。类似地，角度条件如图 39.30（b）所示。在此，当声源 $\vec{r}_s$ 和旋转点 $\vec{r}_c$ 的连接线垂直于测量轴时，两个相邻角度数据点之间的差异及其差分角 Δφ 将为最大。根据 $x = x_{crit}$，根据公式 39-36 便可以得出所要求的角度分辨率。

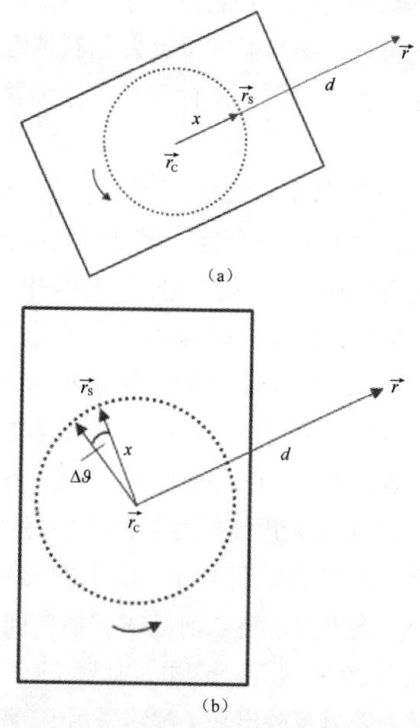

图 39.30　(a) 当声源位于连接参考点和测量点的直线上，相邻频率数据点之间的相位差最大。(b) 当声源靠近于连接参考点和测量点直线的垂直线时，相邻角度数据点之间的相位差最大。

利用现代的测量平台，如下条件可以得到满足。

数据获取。尽管扬声器性能数据和指向性图案在几十年前就已经被测量出来了，但是人们并没有从这些实践中提取出明确的标准。几年前，AES标准委员会试图统一现有的各种方法和概念，以便得到一些被人们普遍接受的测量建议。

扬声器极坐标数据的准确测量是人们热议的问题之一。尤其是复数频率响应数据的获取，这需要比测量设置明显高得多的精确度才可以，同时还需要保证比测量纯幅值数据更严格的环境控制。为了确定被测扬声器相对于POR的准确相位响应，不可避免要对测量距离及对声辐射产生影响的通路环境条件进行测量和补偿。例如，确切地讲是8kHz频率的1/4波长，所有距离的测量必须精确到1cm的长度范围之内。这并不是件艰巨的任务，生产厂家的工厂和大学里都设有专业的声学实验室，而且独立的业务服务商也可提供这方面的服务[48]。因此，当今的许多扬声器系统都是采用具有高分辨率冲激响应或复数频率响应数据的测试平台进行测量的。

但重要的是要注意到，按照上面描述的方法获取测量数据只是稍稍提高了总体的工作量。想搭建一个能够获取复数形式球体数据的测量系统就意味着要做许多艰苦的前期努力，但对于自动化的极坐标测量而言，随后进行的测量持续时间与进行纯幅度数据测量的时间一样。很显然，音箱或扬声器阵列的单个组成单元的测量需要更长的测量时间。然而，在许多情况下，针对换能器测量的角度分辨率可以低于对整个多分频器件进行测量的角度分辨率，因为其指向性特性更为平滑。以同样的方式，可以选择的频率分辨率更为充分一些。最后，相位数据的获取也意味着所谓的声学中心也不需要用耗时的程序运行来确定。因此，测量扬声器的设备安装也更为简单。对于同一扬声器的不同换能器的测量同样也不需要再重新安装设备了。另外，正如我们在下文中见到的那样，扬声器的设计者和制造者直接从高级的测量数据中获益，比如指向性预测、分频器设计和验证功能。

对于单个元件利用复数数据所获得的一些利益如图39.31、图39.32和图39.33所示。图39.31所示的是对堆置配置的两分频扬声器，对号筒对号筒（HF-HF）安排的测量结果与预测结果进行比较。其1kHz时的垂直方向指向性图案如图39.31所示，测量到的数据（+）和基于复数数据所进行的计算（实线）有很好的一致性。纯幅度数据的计算（虚线），给出了错误的结果。在这种情况下，扬声器的口部（FR）被选作POR。测量与采用纯幅度数据的预测之间的类似差异可由低音单元至低音单元（LF－LF）的安排中看到，如图39.32所示。要想图示出之前描述的抽样问题，4kHz时的同样配置如图39.33所示。这里，测量（+）要通过2.5°的角度增量才能正确反映出来（虚线采用5° 增量测量出的单个组件）。在内插时，以5° （虚线）这一过低的分辨率进行的计算或测量（虚线）完全无法描述系统的属性。

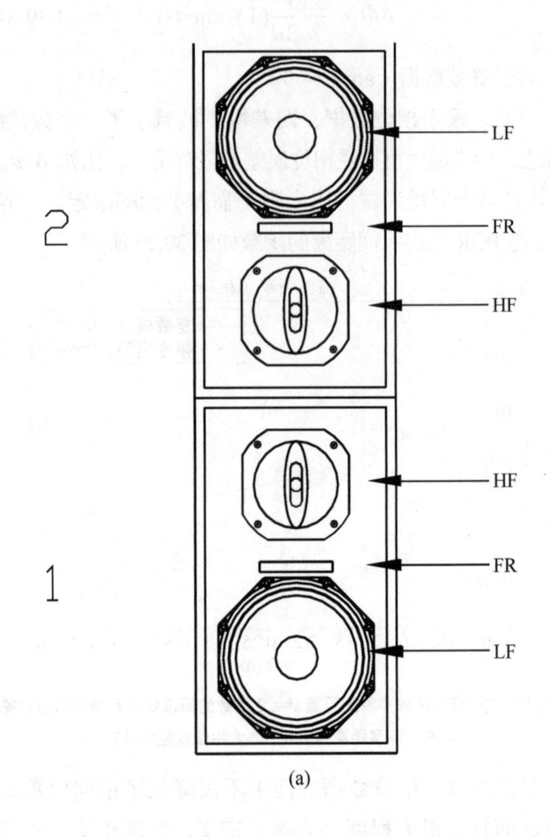

(a)

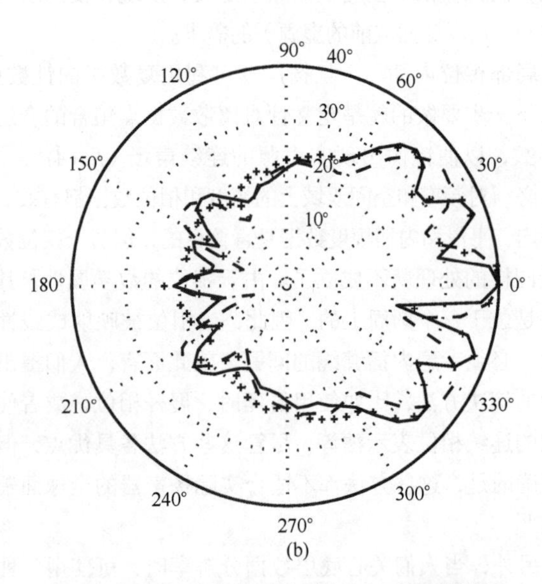

(b)

图39.31 对于2个两分频扬声器的HF-HF配置的测量与预测比较（a），在1kHz和1/3倍频程带宽时的测量数据（+），复数数据（实线）和纯幅度数据（虚线）（b）

因为建立一个准确且相位稳定的测量系统是很复杂的，所以在实践中会采用另一套解决方案。特别的是，该方案根据惠更斯（Huygens）原理，利用基本的点声源来对扬声器处辐射的波前进行建模。另一种模型是基于由幅度响应导出丢失的相位响应的想法得出的，比如利用最小相位假设。其中有些实施方案对于应用中的子应用（比如垂直面或在相对于扬声器主轴呈一定张角的区域内）有不错的效果。然而，这些理想的模型没有办法描述那些表现不太好的区域内扬声器的声辐射特性，并据此给出分析对策。

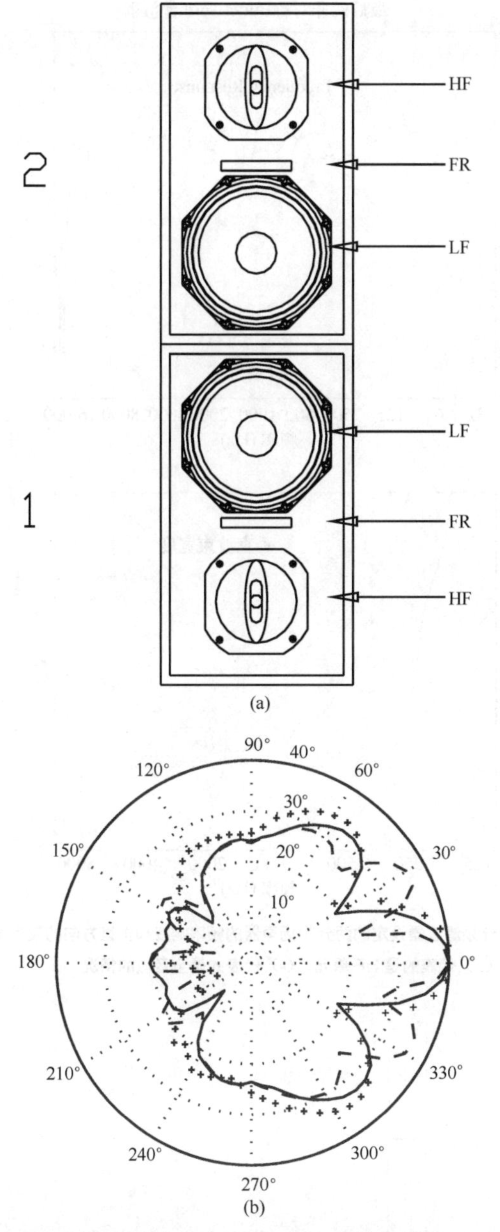

图 39.32　对于 2 个两分频扬声器的 LF-LF 配置的测量与预测比较（a），在 1kHz 和 1/3 倍频程带宽时的测量数据（+），复数数据（实线）和纯幅度数据（虚线）（b）

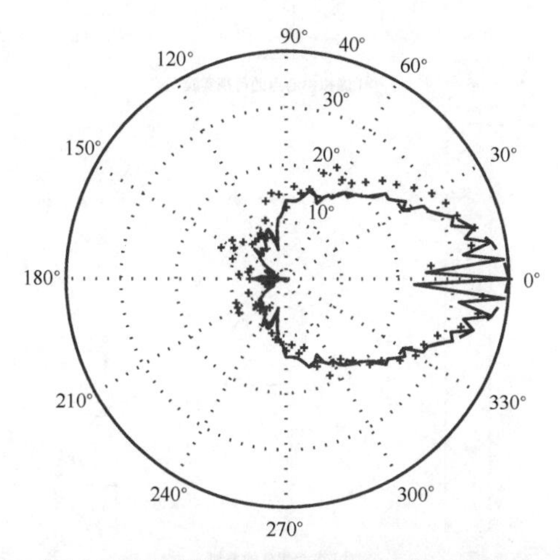

图 39.33　对于 2 个两分频扬声器的 LF-LF 配置的测量与预测比较，在 1kHz 和 1/3 倍频程时（+）表示的是 5° 角度分辨率的测量数据，（虚线）表示的是 5° 角度分辨率的复数数据，（实线）表示的是 2.5° 角度分辨率的复数数据

3. 配置扬声器

在之前的章节中，我们对现代音箱系统建模的关键部分进行了阐述。回过头来，单个组件的复数指向性数据的获取也为解决明显问题的软件方案的进一步发展奠定了基础。这让系统的可配置性（电子和机械方面）得以实现。如今，有源和无源音箱的滤波器设定可以用直观的方法来考虑。我们可以将系统的电输入$\bar{U}(f)$、换能器的灵敏度$\bar{\eta}(f)$和系统的滤波器配置$\bar{h}(f)$包含在内，从而更准确地描述复数形式的辐射函数

$$\bar{A}(\varphi,\vartheta,f)=\bar{\Gamma}(\varphi,\vartheta,f)\bar{\eta}(f)\bar{h}(f)\bar{U}(f) \qquad (39\text{-}39)$$

其中，

$\Gamma(\varphi,\vartheta,f)$表示的是与角度和频率相关的指向性比值。

相应地，系统中几个组件的相干声压之和表示为下式。

$$\bar{p}_{\mathrm{Sum}}(\vec{r},f_m)= \qquad (39\text{-}40)$$

$$\sum_n \frac{\bar{\Gamma}_n(\varphi,\vartheta,f)\bar{\eta}_n(f)\bar{h}_n(f)\bar{U}_n(f)}{\left|\vec{r}-\vec{r}_n\right|}\exp[-j\vec{k}_n(\vec{r}-\vec{r}_n)]$$

该公式主要涉及方程式 39-6 及其等式$E_K \sim \left|\bar{\eta}_n(f)\bar{h}_n(\underline{f})\right|$和$P \sim \left|\bar{U}_n(f)\right|^2$。通常要对扬声器属性$\Gamma(\varphi,\vartheta,f)$和$\bar{\eta}_n(f)$进行测量，参量$\bar{h}_n(f)$和$\bar{U}_n(f)$由生产厂家和终端用户来确定。因此，这一概念可以让人们在给定的滤波器设定条件下对多单元系统的总体响应进行建模，这个多单元系统可以是多分频音箱，数控声柱，或者音乐厅扩声线阵列。显然，普通的滤波器转移函数$\bar{h}_n(f)$可以描述用于均衡的 IIR 滤波器，以及用于波束控制的 FIR 滤波器，比如利用 FIRmaker[37]。当然，改变分频器参数对指向特性的影响也是可以计算的 [49]。图 39.34 给出了一个例子。

现在可以进行二步了。流动演出线阵列或音箱组合的机械变量既可以通过其坐标系以直接方式表示，也可以利用以用户定义参量的间接定义 $\vec{r}_n$ 的方法来加以考虑，比如系统的安装高度和各个箱体之间的倾角。

4. 阴影化和声线跟踪

此前就已经指出了对于大规格的扬声器系统，采用单点声源作为声线跟踪法或基于粒子波动法的出发点是不适当的。另一方面，对于指定的可采用的计算能力和模型的几何精度而言，采用全部个体声源作为声线跟踪法的出发点并不实用。但这并不是必要的，声线跟踪法可以针对声源的子集合或分组来运行，因此，必须要找到具有代表性的点，即所谓的虚拟中心点，可以作为将后粒子源来使用，如图 39.35 所示。

对于粒子模型的典型低频限制和普通房间模型中细节的等级，建议的声线跟踪声源空间间距约为 0.5 ～ 1m。在许多情况下，这对应于源自每个音箱的一根声线。虽然这种虚拟中心点方法在准确性方面要明显高于将整个阵列视为声线的单一声源情况，但对于所要求的计算性能方面而言它仍然是可行的，比较图 39.36(a) 和图 39.36(b)。

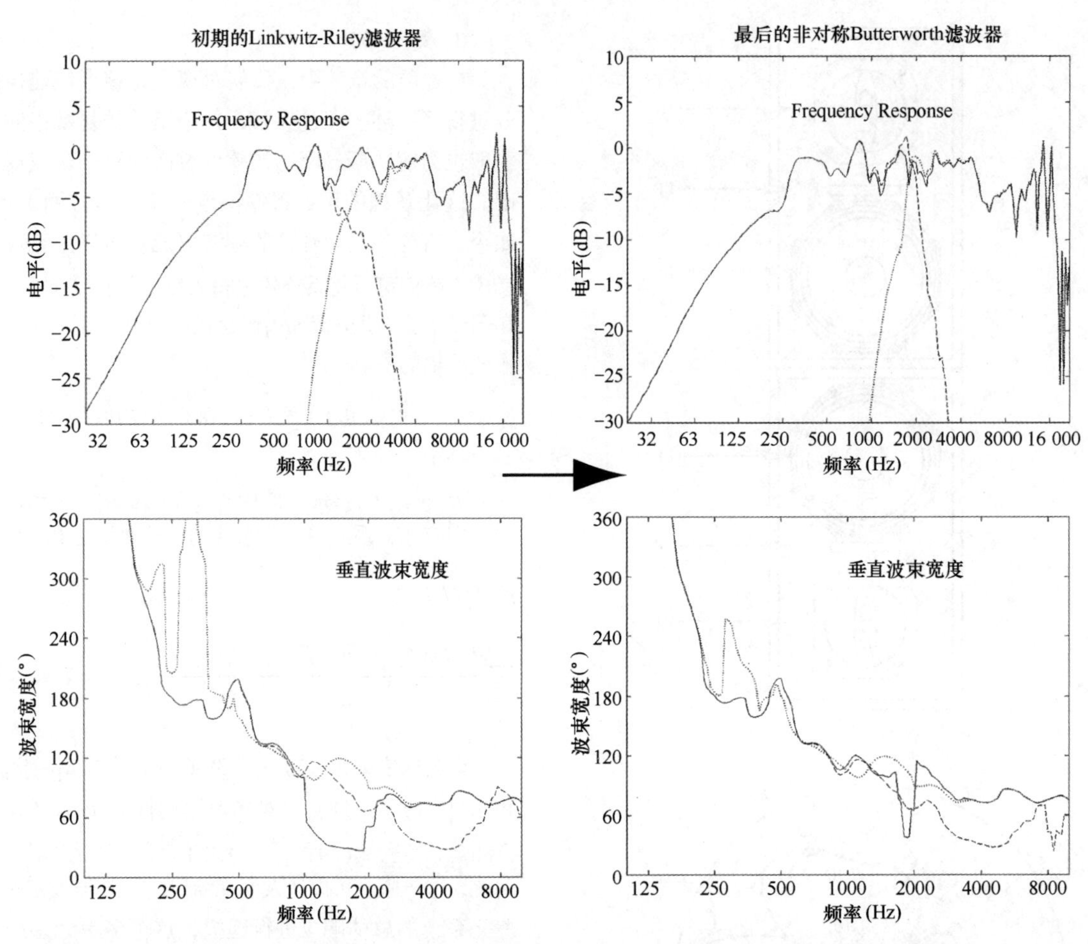

图 39.34 利用预测软件 EASE SpeakerLab 进行的指向性优化。左边表示的是采用最初的分频滤波器设定的两分频扬声器的频率响应和垂直方向的波束宽度；右边表示的是优化后的频率响应和垂直波束宽度。(--) 代表的是 LF 单元，(..) 代表的是 HF 单元，(-) 代表的是全音域的情况

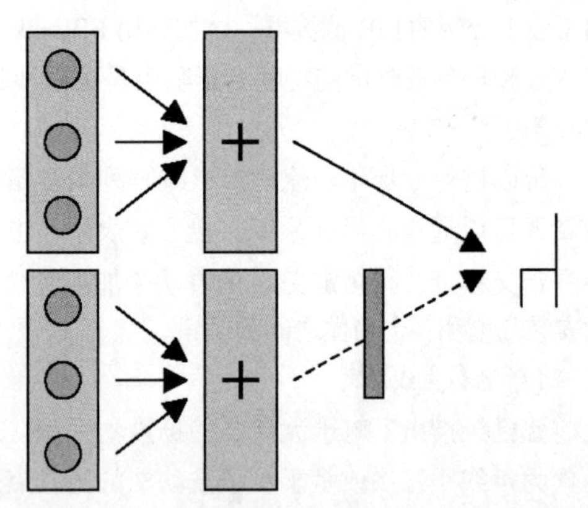

图 39.35 采用虚拟中心点的阴影 / 声线跟踪法的示意图。音箱的箱体用灰色矩形代表，声源用灰色圆圈代表，虚拟中心点用黑色十字代表。只有一个中心点被用于可视测量

5. 其他的注意事项

其他一些问题也可以通过对扬声器系统组件进行单独建模自动解决。例如，对最大功率处理能力的定义变得直观。通过利用最大输入电平和测量信号可能的频率响应可以对每个组件分别进行描述。在这一方面，专业声频领域的关注焦点也从有时被音箱厂家定义的含糊不清的最大功率值转移到最大电压指标上，因为在现代恒压放大器中是可以直接测量和使用后者的。

最后，人们应留意类似 GLL 或 DLL 这样的先进建模方

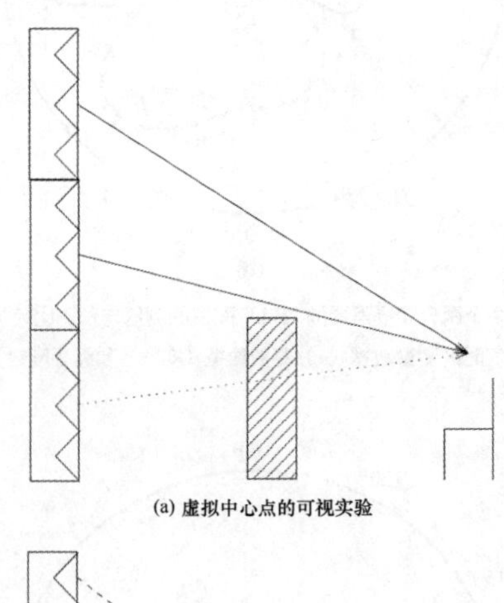

(a) 虚拟中心点的可视实验

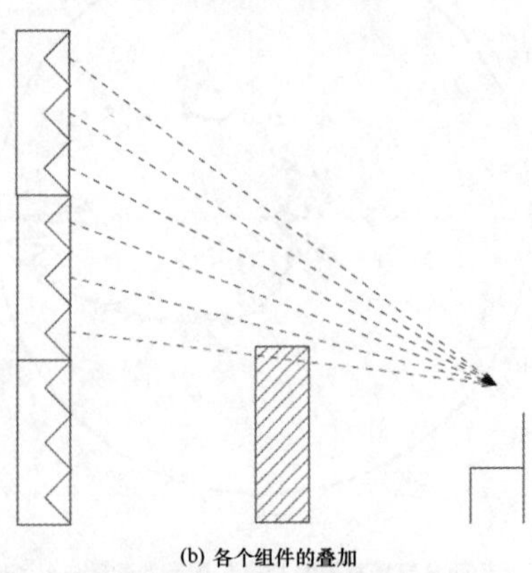

(b) 各个组件的叠加

图 39.36 几何可视实验。三角形表示单个的声源；声源是按矩形表示的组来安排的

案中所产生的误差。很显然，获取复数数据需要更加小心，因此工程技术人员首先会看到明显的处理误差，尤其是在测量的可重复性方面。通过改进测量设置，采用最新的测量技术和数据平均，以及对称性假设，数据的获取通常可以改善一个数量级。另外，必须强调的是，同一扬声器型号样本间的变化可能大于测量误差。然而，这与生产厂家及其质量控制水平有很大关系。

从仿真软件的角度看，应假设这是最佳的实践活动。因为最廉价音箱的质量不佳，故它对声学仿真软件包限定能力的意义并不大。与房间的几何学和声学模型类似，“垃圾进，垃圾出”的道理对于房间的音响系统部分仍然成立，使用者一定要了解这一点。

39.3.2　接收者模拟

作为一个完整的声学模型，还必须要考虑声学接收者。对于可听化这一目的而言，最重要的是要描述人头部的特征，以及它对到达内耳声音的影响。通常，仿真软件包也可以利用传声器指向性数据，以此反映现实测量的情况。然而，必须要说明的是，一般情况下正确运作的电声接收器几乎无法像人那样以同等注意力接收声源。

39.3.2.1　人头的模拟

核心的问题是要将人的头部特性整合到仿真结果中，因此为最终可听化目标所进行的准备就是HRTF。一般而言，这是一个由两个指向性球组成的数据集合，其中一个指向性球针对左耳，另一个针对右耳。通常每一个指向性球都是利用复数数据来描述人头部和外耳对于到达人耳处声波的影响程度。令人满意的双耳听音的关键因素是要利用相应的角度和频率相关指向性函数来对每只耳朵接收到的信号加权。

对于人头而言，测量数据的获取不是件小事。由于实际的人头不能直接被测量，所以必须要采用所谓的人工头或入耳式传声器（见 39.1.5.1 节中的“人耳”部分内容）。人工头或实际人头的每只耳朵佩戴一支传声器。所进行的气球测量类似于扬声器气球测量，只不过将声源和接收器的位置反过来而已，并且获得的是立体声数据文件[34]。

近期的研究[50]表明：包括人躯干因素的 HRTF 也对双耳重放的音质有明显的影响。还有，利用头部跟踪系统可以获得更高质量的听音结果，以及一组 HRTF 气球数据，其中的每对气球描述了人头部相对于人身体特定角度位置时的左右耳传递函数。随后，就可以使用该数据，以便利用语言或音乐内容对测量到的或仿真环境的 IR 进行可听化表现。

39.3.2.2　传声器的模拟

在声学仿真软件中需要加入传声器因素的原因有几个。一方面，为了能将测量的结果与计算结果进行比较，传声器的频率响应和指向性特征是必须要考虑的。另一方面，对讲话人或音乐人录音或扩声的模拟的可能性也是人们实践的兴趣。例如，通过改变拾音传声器的位置和取向，可以对覆盖进行优化。最后，采用所包含的传声器，它使整个扩声链路（从声源到传声器，再到扬声器，最后再回到传声器）的仿真变得可行。只有这样才能进行反馈预测并评估反馈前潜在增益。

然而，传声器数据的获取和分配还必须考虑初始阶段的情况。可使用的数据由大量基于倍频程的纯幅度数据组成，并且这些数据被假定为轴对称。对于不同传声器生产厂家和测量条件而言，采用的测量技术差异很大，比如测量距离并未标准化，甚至通常没有文本文件可查。因此，大部分仿真程序的使用者并不考虑将传声器数据放到实施的模型中，或者如果用的话，他们会使用基于理想指向特性（就像心形或无指向性图案）的通用数据。

有几个问题会妨碍广泛获取、接受和使用传声器数据。

- 第一，测量距离对于获取数据并将数据应用于软件域尤为重要。许多传声器都会表现出近讲效应，即其频率响应和指向性函数属性会根据入射声波波前的形状的不同而发生变化。如果声源处在距传声器几米的范围之内，那么近讲效应最为明显，此时波前就不能再被视为平面波了。
- 第二，我们此前描述扬声器数据时，重要的是要保持其在软件域内的可配置性。就这一点而言，在对数据模型进行全面性描述时，必须将可切换的多指向性传声器考虑其中。
- 广泛使用组合传声器。特别是多声道接收器（比如人工头、一致性拾音传声器或 B 格式接收器）需要在仿真软件中找到合适的表达。
- 我们关心的另一个问题就是相位数据的获取。忽略扬声器相位对性能仿真造成影响是众所周知的。但是在传声器方面的研究却不多。尽管如此，人们对类似反馈环境或传声器信号电混合（比如讲台上开启的两支传声器）这种特殊情形下相位所扮演的角色是很清楚的。
- 最后，当然必须要阐述的是，传声器数据的可用性存在局限性，这种局限性取决于特定模型的应用。相对于安装传声器，典型的手持传声器具有不同的属性。需要的和可能获取的数据可能也会相应有所不同。

近来，所提出的一种改进数据模型能够解决上面列出的许多问题[51]。基本上，它建议采用类似之前介绍的扬声器描述语言（GLL）这样的解决方案，即以归一化处理、面向对象的方法来描述接收器系统。这尤其意味着：

- 传声器数据文件不但至少要包含远场数据（平面波假设），而且还可能包含针对各个近场距离的近讲数据。
- 传声器模型可以由多个接收器（也就是声学输入）组成，并且可以有多个通道（电输出）。
- 可切换的传声器应采用一组对应的数据子集来表示。
- 应采用 IR 或复数频率响应数据来描述传声器的灵敏度和指向性属性，具体视情况而定。

图 39.37 所示的是新的 EASE 传声器数据库（EASE

Microphone Database）软件中的输入函数例子。

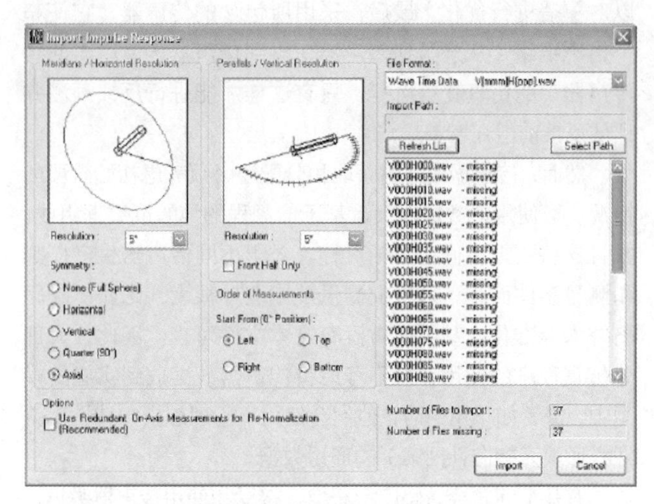

图 39.37 EASE 传声器数据库（EASE Microphone Database）软件的导入流程

39.4 模拟的工具

如今，声学 CAD 程序必须能够以足够的精度预测所有必需的声学测量。虽然可能做不到 100% 精度的预测，但计算机仿真的结果必须要与实际情况接近（误差通常等于或小于 30%）。这样的话，设施的声学特性便可以通过所谓的可听化处理听出来（人们将听到计算机处理过的声音事件）。下面的章节将对当今计算机仿真的可行性进行概述。

39.4.1 室内声学模拟

39.4.1.1 统计学方法

基于简单的房间数据和相应的表面吸声系数，计算机程序便可以按照塞宾和诺里斯 - 艾林（Norris-Eyring）公式（参考第 9 章中的 9.2.1.1 节）计算出混响时间。换言之，被测量的数值必须直接能用于这样的程序。早期衰变时间（Early Decay Time，EDT）的计算同样也应能够实现。

由国家特有的和国际通用的墙体材料及其吸声系数构成的庞大数据库是程序的一部分。该数据库应是可访问的，以便让使用者从其他的文本资源或测量结果中导入和录入数据。由于教科书中大部分规定的散射系数无法利用，因此计算机程序甚至应允许使用由经验得出的数值。

要将一组与频率相关的目标 RT 导入仿真程序，以便能够将房间模型计算出的（或实际测量的）RT 与目标数值进行比较。之后，程序应能显示图 39.35 所示的（对于每一选定的频带）的计算值（或测量值）与目标 RT 的关系，并且列出相对于目标值而言，在容限范围内超出或低于 RT 的数值，如图 39.38 所示。

RT 的图形应允许在一幅图内绘出多个 RT 数值，以便表示出不同观众人数、所提出的和 / 或另外的房间处理方案等条件对 RT 的影响。作为一种选项，程序应允许将针对特定项目所需要的 RT 范围灰度化或虚线化，与测量到的或计算出的 RT 数值形成对比，以供参考。

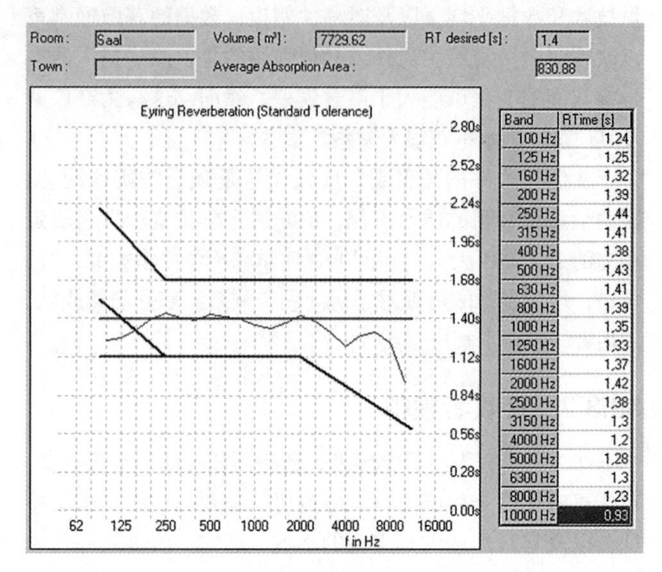

图 39.38 带容限范围的 RT 图表

39.4.1.2 客观的室内声学测量

获得可观测量结果的最简单方法就是采用一个或多个声源的直达声，并在假定房间符合统计意义上均匀分布的声音衰减特性（均匀的、各向同性扩散声场，即整个房间的 RT 是恒定值）的前提下，利用 RT 公式计算出房间的混响声压级。从这些计算中，我们可以推导出直达声和扩散声的声压级，从而得出客观声学参量的范围，参考第 9 章中的第 1 节。不言而喻，这需要房间的声学条件呈现出统计意义下的规律特性（RT 的频率响应与所考虑房间中的位置无关）。然而，在现实当中，这样的特性几乎是见不到的。为此，人们倾向于将这样的数据作为初级入门的指导角色来看待，这已经通过附加的细化调研加以证实了。

39.4.2 声线跟踪法或镜像建模方法

39.4.2.1 序言

计算声辐射 IR 的方法有几种。大家较为熟知的方法之一就是镜像声源算法。在此值得一提的还是声线跟踪法，人们首先是在光学中了解它的，此外还有其他类似于锥体跟踪或金字塔跟踪的特殊程序算法。如今更为常用的方法是将这些程序算法组合在一起使用，这种组合形式被称为混合程序算法。

39.4.2.2 镜像模型

对于镜像建模，要选择一个声源和一个接收点。之后，便开始对不同阶次的所有声源进行定性搜索，以便计算出 IR，如图 39.39 所示。

在镜像模型法中，接收点被用来替代计数气球（对比于经典的声线跟踪法）。频率响应和干涉效应（包括相位研究）也容易计算。

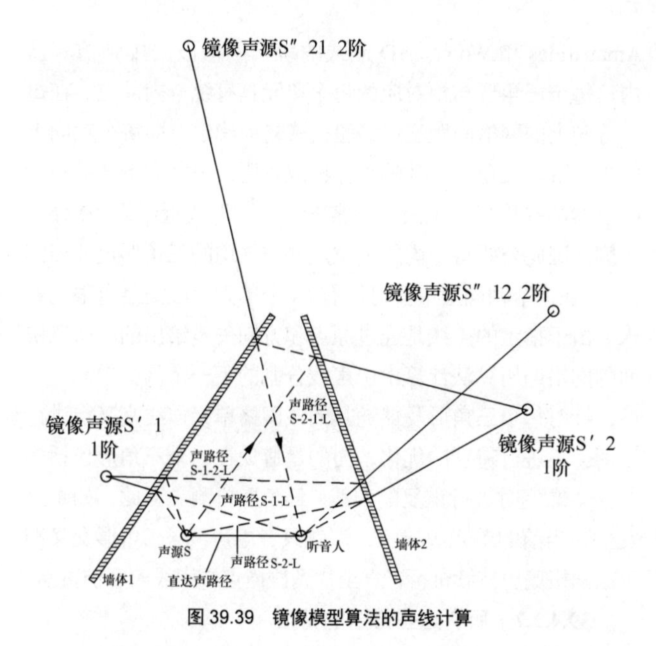

图 39.39　镜像模型算法的声线计算

这种方法非常耗时，而且计算时间与 N^i 成正比，N = 模型中墙壁的数量，i = 墙体声反射的阶次。

因此，人们要想从镜像模型中得到可用的结果，$N < 50$ 且 $i < +6$。对于较大的模型和更为复杂的研究，下面要讨论的方法更具优势。

39.4.2.3　声线跟踪法

为了与镜像模型相对照，此时要满足以随机角度辐射到空间中的单个声粒子辐射路径要求。对所有边界进行核实，找出反射点（有或没有吸声或扩散）。一般而言，在房间内听音人的位置上，如果余下的声能被衰减至某一确定声压级，或者当粒子撞击到相应安排的有限直径的计数气球时，对单个声线的跟踪便终止了，如图 39.40 所示。

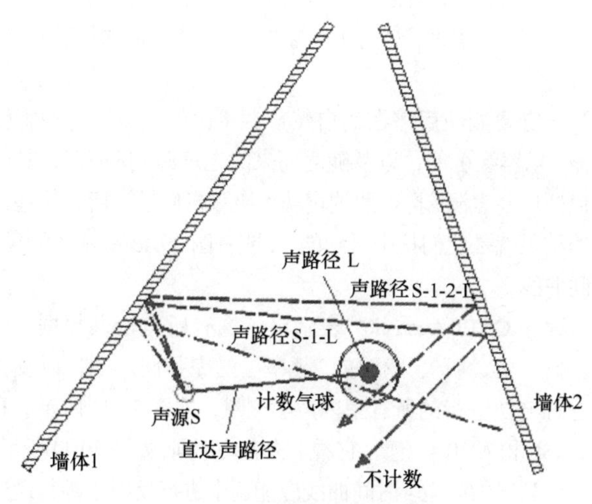

图 39.40　声线跟踪法的声线计算

虽然不可能直接考虑相位的因素，但是如果某一镜像模型子程序被运行，在拦截计数气球之后重新跟踪最后的声线，或者如果声线保留有关整个处理过程的反射点次序信息的话，那么就可以推导出相位的因素。

这种方法的运行速度明显更快一些，计算时间只与模型墙壁的数量 N 成正比。如果它们利用交叉点（～ lg$N$）搜索算法，那么声线跟踪法甚至还可以更快。

39.4.2.4　锥体跟踪法

这种方法被用在各种 CAD 程序当中。其优点就是可以在不同的房间角度上直接辐射声线，如图 39.41 所示。

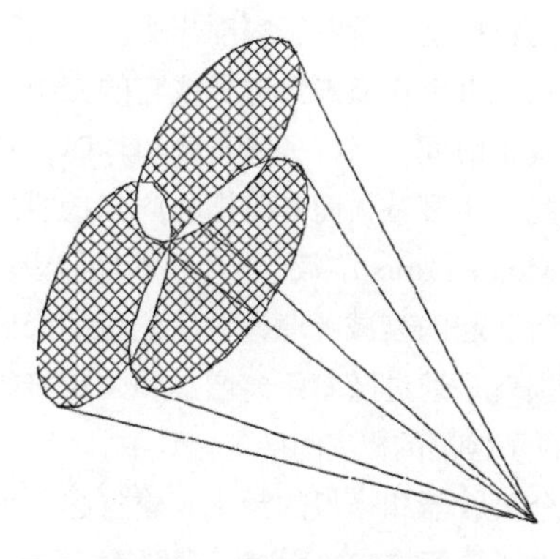

图 39.41　锥体中的声线辐射

因这些锥体，故可以实现快速的声线计算。圆锥未覆盖整个声源“球形”表面的事实原来是一个劣势。将相邻的锥体重叠是必要的，要求算法避免多个检测或对能量实施“加权”，以便多个贡献者产生（平均的）正确的声压级。据悉，一些著名的锥状波束跟踪器采用了不同的技术来对这一点进行校正 [52, 53]。

39.4.2.5　金字塔跟踪法

这种方法是 1995 年由 Farina（法里纳）在“Ramsete”程序中首次应用的 [54]。

Farina 展示了金字塔波束并未受到锥体跟踪重叠问题困扰的情形，因为相邻的金字塔完美地覆盖了声源球面，如图 39.42 所示。

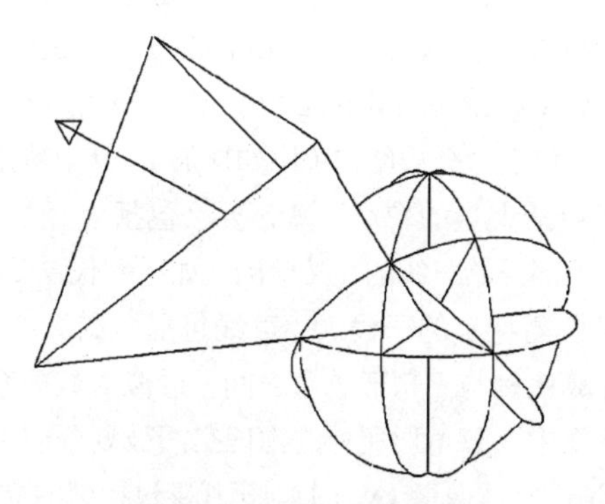

图 39.42　金字塔中的声线辐射

原本，三角形的表面细分是由球形 8 分圆的持续细分实现的，按照 Farina 的说法——“这种方法生成的金字塔数量可以是 2 的任意次幂，并且所有这些金字塔几乎都有同样的基座面积，给出了近乎各向同性的声源”。

39.4.2.6　室内声学分析模型——AURA

为了说明这些方法，我们以新的混合型声线跟踪算法 AURA 为例来进行如下的详细阐述。

AURA[55, 56, 57] 采用有源声源来计算指定接收点上房间的转移函数。为此，人们采用了一种混合模型，该模型对于早期的镜面反射使用一个准确的镜像声源模型，而对于后期的散射则使用了基于能量的声线跟踪模型。两个模型之间的转换由一个固定的反射阶次来决定。

声线跟踪模型利用了概率粒子方案，因此它可以被理解为一个 Monte-Carlo（蒙特卡罗）模型。最初，声源以随机选定的方向将指定能量粒子辐射出去。粒子随后在穿越空间时被跟踪，直至它撞击到边界或它的穿越时间达到了用户定义的截止时间。当粒子撞击到边界时，它会根据表面材料的情况产生衰减，而其传播方向会按照反射定律被调整。这种 Monte-Carlo 方案的一个根本性假设就是将空气或表面反射所引起的衰减考虑为粒子能量的降低，而距离产生的传输损耗是通过随着距离增加和固定接收器大小减少针对单个粒子检测的概率间接包含其中。

针对每个接收器和模拟的频率，建立起一个在时域上线性分布，由能量箱构成的所谓回声图（echogram）。当接收器受到撞击时，被检测粒子的能量被加到对应于飞行时间的箱体内。另外，作为单独一个步骤，镜像声源模型的贡献被包含在内。粒子模型以概率方式解释散射的问题。只要粒子撞击到某一表面，材料的吸声部分便从其能量中被减掉。随后，生成一个随机数，根据散射系数的情况，粒子要么被几何反射，要么基于兰伯特（Lambert）分布以随机的角度产生散射。在此之后，粒子被跟踪，直至它再次撞击到接收器或墙壁为止。

对于室内声学模型的强制声线跟踪，也就是对所有模型墙壁或交叉点的墙壁三角形的检测常常不切实际，因为计算时间与三角形的数量呈线性关系。通过采用结构三角形数据可以取得性能上的改善，这样的话每条声线仅对三角形子集的交叉点进行检测。当前的方法是基于两种主要的策略：层次包围盒（Hierarchical Bounding Volumes，HBV）[58]和空间划分（space partitioning）[59]。在前一种情况中，构建的是简单的包围盒分层结构（比如球形），其中特定的盒内要么可能包括大量的较小子盒，要么包括大量的三角形。在分层的顶部开始声线的交叉检测，如果父代盒受到撞击，那么就只检测特定的子代盒。声线包围盒交叉的成本低，合成的计算比例与三角形数量之间呈近似对数关系。在空间划分方案中，三角形所处的物理空间被划分成更小的单元，或所谓的立体像素（voxel）。声线穿过相邻的立体像素，仅检测与那些立体像素有关的三角形。划分可以是相同的，或者更复杂的（比如分层、自适应等）。

之前的研究表明：没有特殊声线跟踪加速结构显然是最有效的，因为总的计算成本取决于算法和硬件实施[60]。而高度精确的分层加速方案需要的交叉检测可能较少，相应的数据结构是非均匀的（即很难并行化），涉及非本地数据结构的遍历，正因为如此，它不太适合现代处理器和显卡的缓存、矢量处理的优化。另一方面，尤其是那些包含类似于均匀网格这样的简单数据结构的空间划分方法更适合有效的矢量处理单元。

在 AURA 中，统一的网格声线跟踪法的实现类似于 Amanatides 和 Woo[61]。3D 形式的统一网格被安排到仿真盒内，每个三角形与相对应的每个单元具有统一内部点。在每一方向上的网格间距通过经验公式自动确定，即每个轴向上的单元数与三角形总数的平方根成正比，将轴向上盒的长度除以盒的平均尺寸（因为通常的三角形形式近似为 2D 外形轮廓，因此公式将平均的单位尺寸与平均的三角形尺寸相匹配）。在每个轴向上最多可以有 64 个单元，以满足有限的要求。由于指定的声线是通过原点和方向矢量给出的，所以快速的网格遍历算法计算出由声线分割的下一个网格单元。之后，针对每个三角形及伴随其的该网格单元声线交叉点进行检测。不进行特别的优化，为的是避免在一个三角形包括多个立体像度时进行重复的声线 - 三角形检测。因此，如果这发生在当前的单元边界上，那就只考虑声线 - 三角形交叉即可。网格遍历持续进行，直至找到碰撞点或声线离开仿真盒。

39.4.2.7 所有这些方法的特性

所有的声线跟踪法或镜像建模方法在计算 IR 时都必须将声源的指向特性和声源至接收点声波所撞击表面的吸声和散射特性考虑其中。

设计程序必须允许使用者将特定的边界 / 平面指定为反射或非反射。这不仅可以对声反射墙壁进行仿真，而且也简化了地平面——现实中地平面具有复杂的形状，比如观众座席区或乐池等。目前，这些方法采用易于使用的统计意义的吸声系数取代了与角度相关的吸声系数（对于后者，教科书中并没有现成的资源可供使用），同样地，有些扩散系数也是通过经验和 / 或专门测量到的扩散系数估计出来的。有关衍射行为的考量尚处在研究阶段，有些程序的解决方案采用了 FEM 或 BEM 方法[32, 62]，见 39.1.4.2 节和第 9 章“大型厅堂和音乐厅的室内声学基础”中的图 9.46。另外，还必须考虑空气中的声能损耗（即与频率相关的空气衰减）。

一定要能使用潜在的自然声源（比如人声和各种管弦乐器 / 乐器组）库，以及随之而来的电声源 / 扬声器，其中应包括这些声源 / 扬声器的声功率级和指向性。所有这些计算的结果就是我们从中得到的 IR 或者图 39.43 所示的能量 - 时间曲线。

程序 CATT-Acoustic[44] 表示出了携有所有输入数据（房间、扬声器、听音人位置、频率）的完整回声图，以及采用这种方法进行的所有室内声学测量，如图 39.43 所示。利用 EASE 和 AURA 仿真，它看上去有些不同，如图 39.44 所示。

计算出的能量 - 时间曲线应能逐个进行反射跟踪，通过将声线和表面适当地突显出来，便可以表示出声源到接收器传输过程中声线的路径，以及所碰到的表面，如图 39.45 所示。软件应表示出接收器位置处能量到达的中间 / 侧向 / 水平位置（及相对幅度），如图 39.46 所示。

另外，仿真程序应具有计算早期 / 后期能量比的能力。能够设定早期 / 后期时间，以及选择后期能量积分的截止时间是很重要的，如图 39.47 所示。

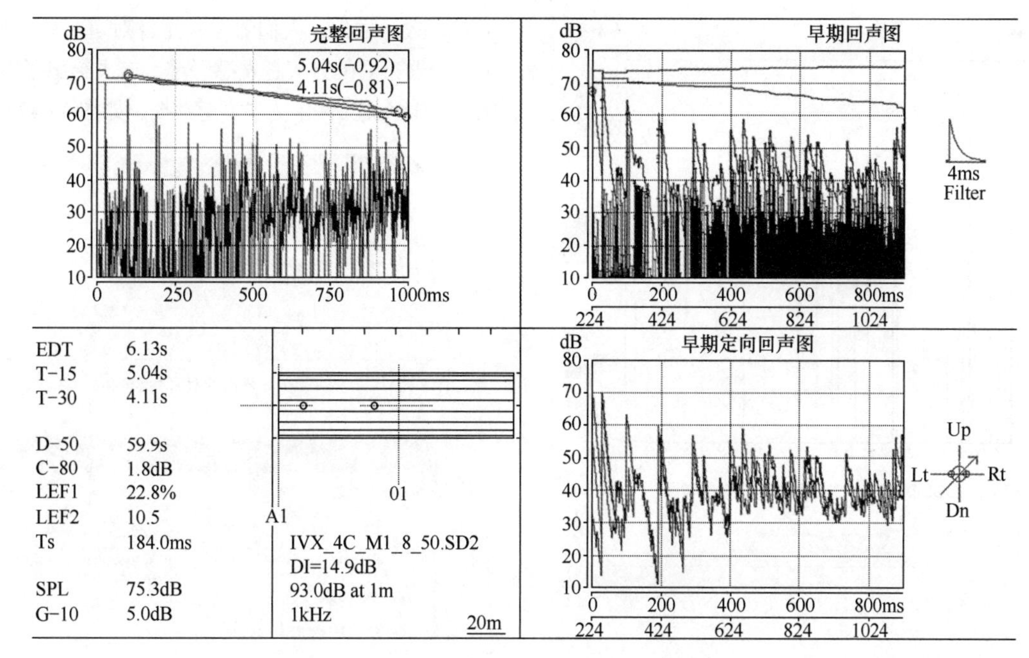

图 39.43　CATT Acoustics 中的回声图和数据图表

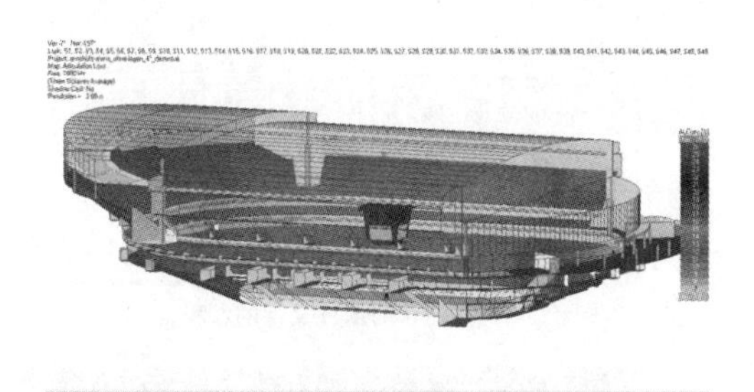

(a) 模型中的3D映射

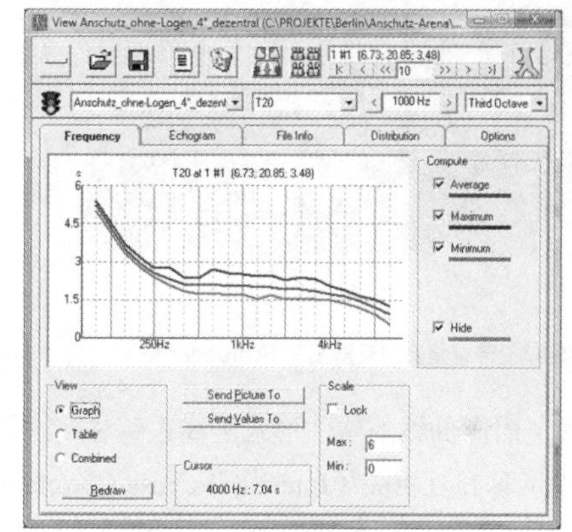

(c) EASE-AURA中的混响时间

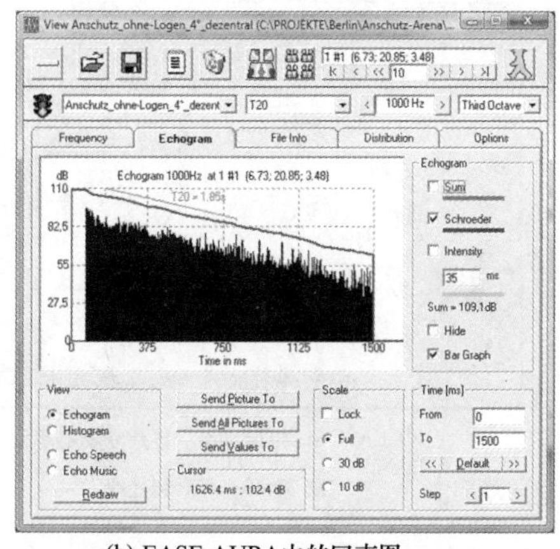

(b) EASE-AURA中的回声图

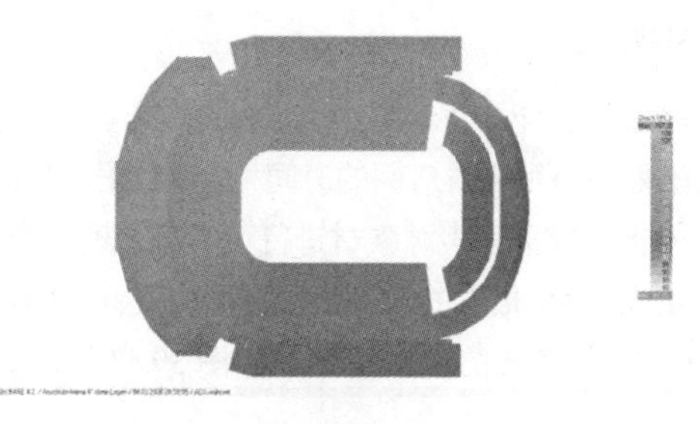

(d) 2D映射

图 39.44　EASE 4.2 中的回声图和数据图表

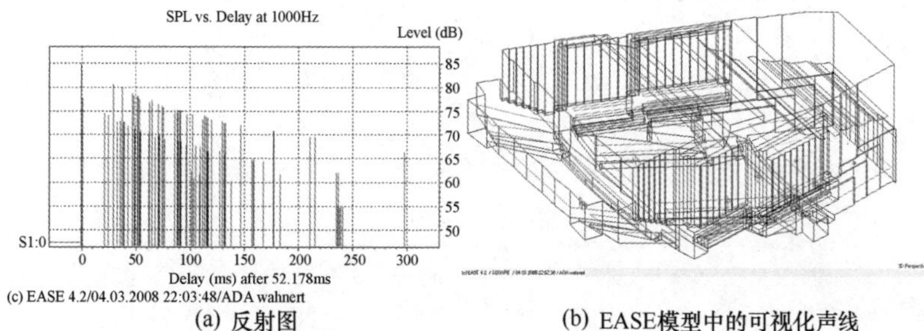

(a) 反射图　　(b) EASE模型中的可视化声线　　(c) 用于可视化的控制文件夹

图 39.45　EASE 4.2 中的反射图和可视化声线

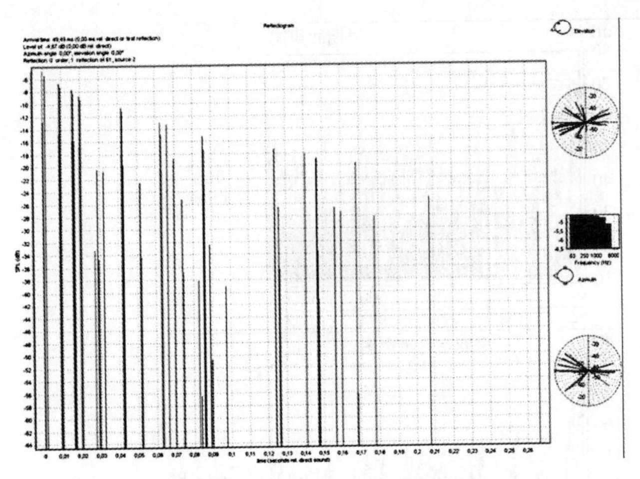

图 39.46 ODEON 9.0 中的反射图和碰撞刺猬图

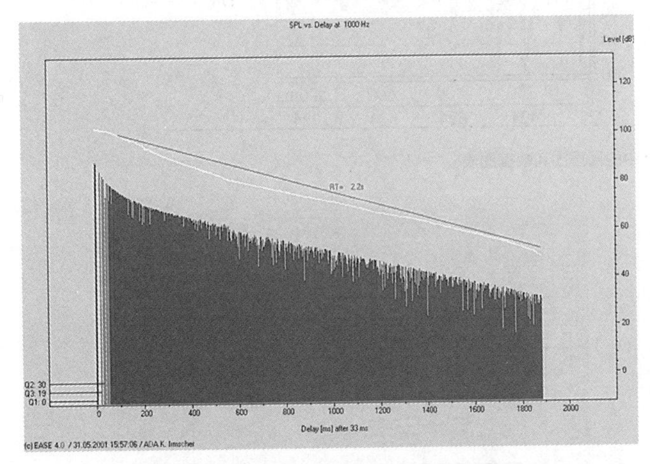

图 39.47 带有尾音的反射图和 Schroeder 图表

推导出能量 - 时间曲线的软件形式声线跟踪法或镜像建模方法应具备表示耳间互相关（Interaural Cross Correlation，IACC），以及对指定听音人位置处侧向能量系数的预测能力。

39.4.3 可听化

仿真程序必须有能力将计算出的 IR 曲线传递给后处理子程序，该子程序将用来对房间的时间 / 能量数据及其消声环境拾取到的音乐或语言声源素材进行可听化处理。当然，子程序必须生成 WAV 格式的双耳数据文件，或者其他常用的计算机声音文件格式的数据文件，如图 39.48 所示。除了双耳数据之外，人们对于采用针对可听化目的的空间包络扬声器布局的方案越发感兴趣。这里给出了多声道数据，比如，B 格式文件中的多声道数据，如图 39.49 所示。

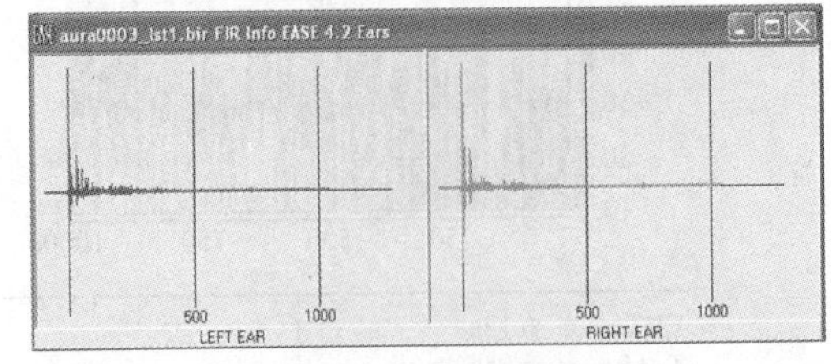

(a) 计算出的双耳冲激响应

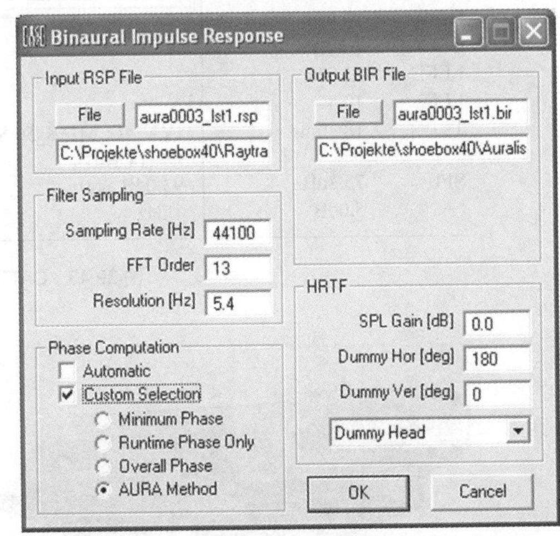

(b) HRTF文件的卷积

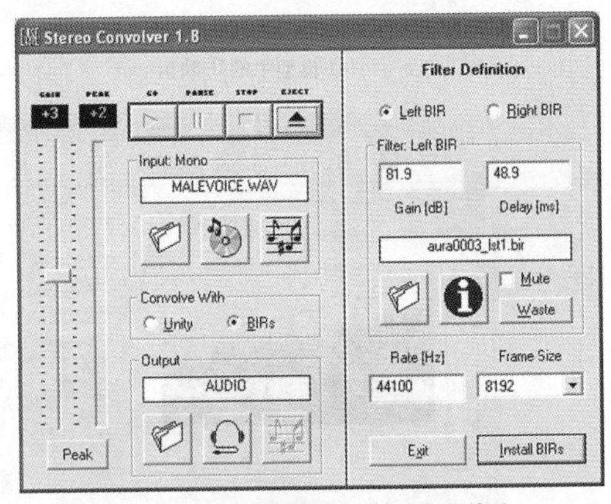

(c) EASE 4.2中的实时立体声卷积器单元

图 39.48 可听化处理

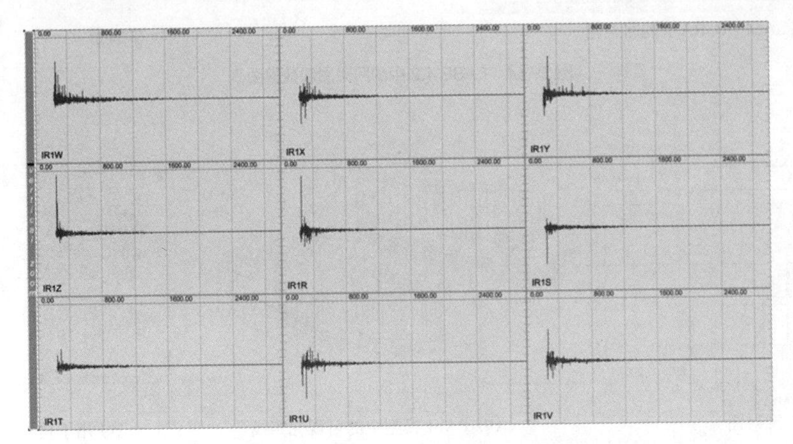

图 39.49 Arup SoundLab 导出的 2 阶 B 格式文件

39.4.4　声音设计

39.4.4.1　对准方位

与某一只扬声器对准是确保扩声系统空间布局和取向正确的重要操作。一旦取得了相应的房间或开放空间模型，并且准确掌握了扬声器系统的机械和声学数据，那么这些系统的大致位置就确定了，之后，人们就可以开始进行相同的微调操作了。现代仿真程序采用了一种等波束 / 等声压线的方法来进行初期的扬声器定位对准工作，人们比较愿意采用 –3dB、–6dB 或 –9dB 的等压轮廓线。

图 39.50 所示的是将 –3、–6 和 –9dB 的曲线投射到房间中的各种类型。在观众区，人们也可以看到多只扬声器形成的重叠目标对准曲线，如图 39.51 所示。

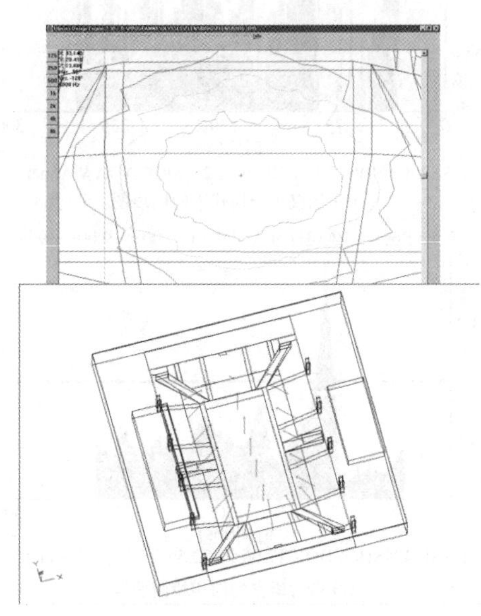

(a) ULYSSES 2.3 中的3D表示

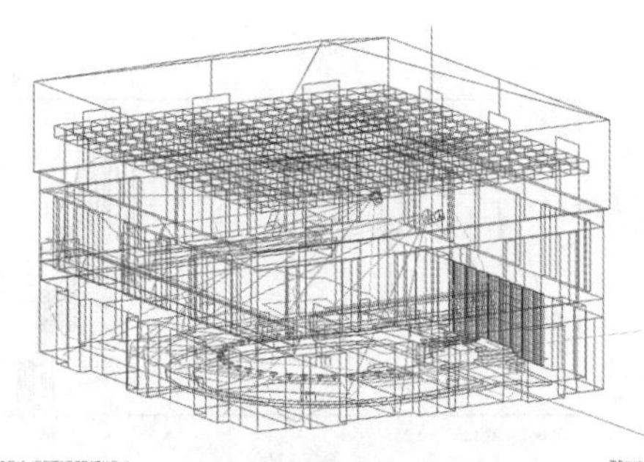

(b) EASE 4.0的线状模型中的3D表示

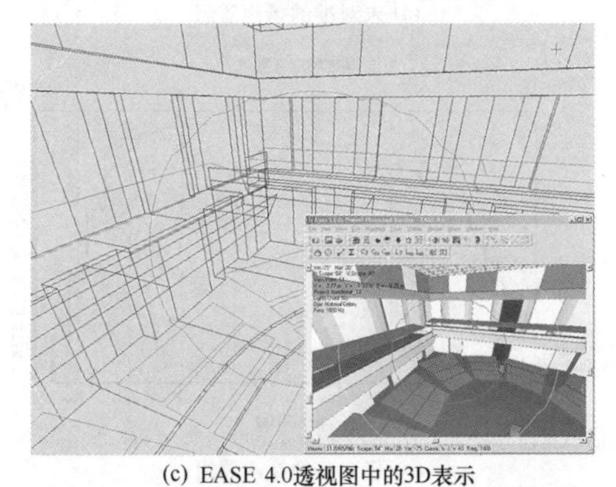

(c) EASE 4.0透视图中的3D表示

图 39.50　在仿真程序中的 3D 方位对准表示

THEATRE[simple]
No Mapping:
1000Hz
Used:
Lspk: 8AL,8AL*,MFL,MFL*,U8,U8
-Speaker Data Not Authorized-
Interference:
Interference Sum
Kin.Energy
Pot.Energy
[Speaker Phase used]
Bandwidth:
0
FRONT
BAL

图 39.51　EASE 4.2 中的 2D 方位对准映射

39.4.4.2　声压级的计算

在扬声器的方位被正确对准之后，人们就能够开始计算可由这些扬声器取得的声压了。首先得出的结果就是直达声声压级（Sound Pressure Level，SPL）。只要我们预测对听众区有良好的直达声覆盖，那么我们也就能期望得到完美的可懂度数值，当然前提是混响声压级不能太高。

复数叠加（也要考虑包括运行时间差在内的相位条件）必须是计算直达声声压级的标准方法。虽然这种方法对于平面波情况是准确的，但是对于不同传播方向上的声波叠加也能取得近似的结果。不过不同相干声源的复数声压分量首先必须相加，再平方，以获得声压级数值。在所谓的 DLL 或 GLL 方案中，人们始终是对阵列中的所有声源进行复数叠加计算。

当今的叠加程序通常还仅仅是分析程序，它能计算多个扬声器在其所处声学条件下取得的声压级。然而，问题是要求越来越多。将来的程序还应针对想要的系统平均声压级来询问用户，自动调整提供给每只扬声器的功率——基于设计想要的声压级、扬声器的灵敏度和指向性、投射的距离和扬声器的数量（当需要的功率超出扬声器的承受能力时，发出警告）。当然，其前提是正在开发大部分仿真程序中的新算法，比如，AFMG 的 FIRmaker[27]。

在图 39.52 中，选定房间中听音人座位处的扬声器组的声压级 - 时间 - 频率特性以模拟的瀑布图表示出来。

所有努力的目标就是要均匀覆盖整个观众区，同时声音要富有愉悦的乐感和可懂度，所产生的声压级适合于想要达到的目的。

当今的所有仿真程序在计算声反馈方面的表现普遍有缺陷。然而，这种现状不久就会改变了，因为可利用的传声器数据具有与扬声器类似的数据结构，参考 39.2.1.2 节。这样一来，它就可以基于传声器 / 扬声器 / 听音人 / 讲话人的参量计算出最大的和标称的声学增益，其中传声器的数量和 / 或扬声器的布局均被考虑其中。

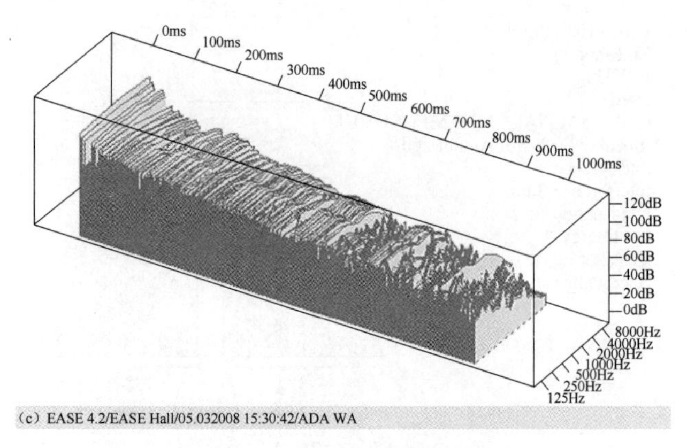

图 39.52 EASE 4.2 中的瀑布图表示

39.4.4.3 到达时间，对齐时间

到达时间的图表（直达声，直达声 + 反射声，仅反射声）应能让使用者根据设计的需要看到最先达到的能量，以便调整信号延时扬声器，使扬声器进入同步状态，并实现放大声源的声学定位——通过距离和哈斯效应（HAAS effect），如图 39.53(a）和图 39.53(b）所示。

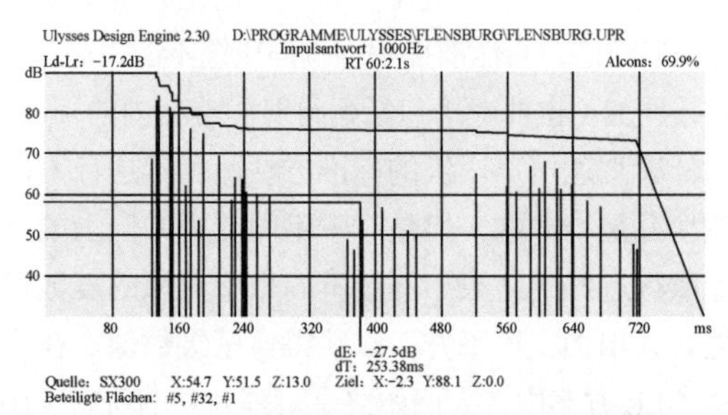

(a) ULYSSES 2.3中的反射图

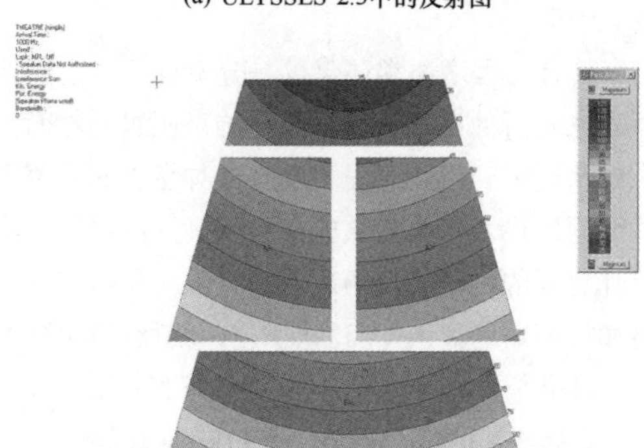

(b) EASE 4.2中的延时类型

图 39.53 模拟仿真程序中的延时表示

一些诸如定位，声像等特殊要求往往会让事情复杂化。仿真程序可以确定出第一波前，以及计算出初始延时间隙或回声检测（如图 39.54(a）～（c）所示）。

仿真程序应显示出可组成阵列扬声器的预测阵列波瓣型，同时能够提供将阵列代入声学校准状态的信号延时和 / 或移动相应扬声器的信息。如今的程序都有能力提供使扬声器时间对齐所须的单个扬声器信号延时信息。相应的声压级计算就会考虑测量的单个扬声器相位数据或者忽略组件间相位差时的传输过程相位[63]。

图 39.55(a）和图 39.55(b）所示的是扬声器组未对齐时和对齐时的相位响应，这是用 EASE/ULYSSES 得到的。

(a) 初始时间延时间隔(ITD)映射

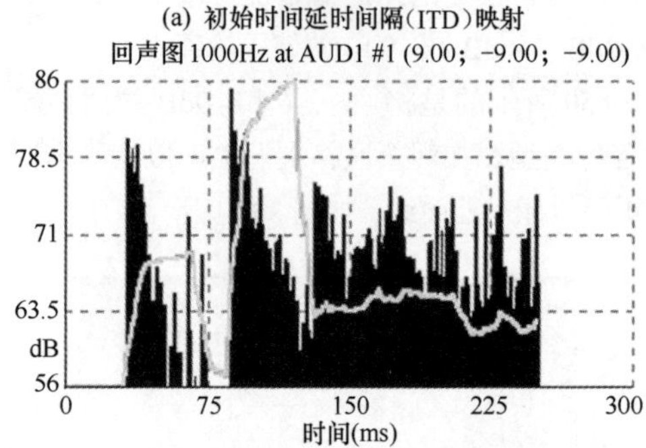

[c] EASE 4.0/SHOEBOX/12.06.01 23:00:24/ADA WAhnert

(b) 加权积分模式下的回声图

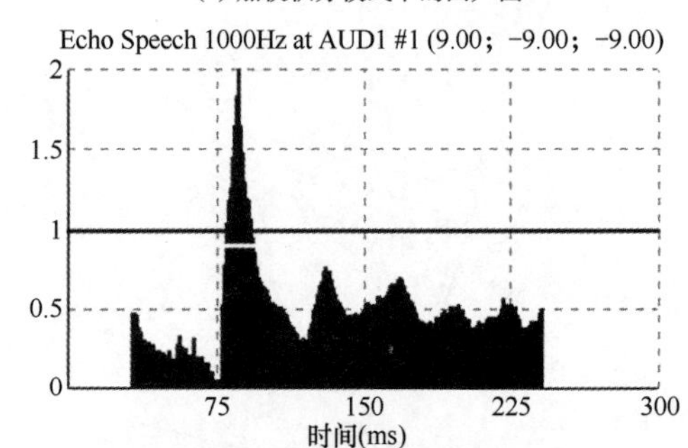

[c] EASE 4.0/SHOEBOX/12.06.01 22:59:59/ADA WAhnert

(c) 针对语言的回声检测曲线

图 39.54 在 EASE4.2 中的回声检测曲线

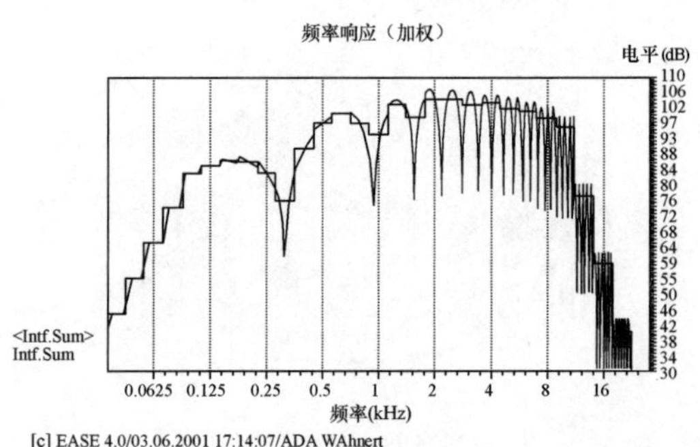

(a) 未对准的扬声器组

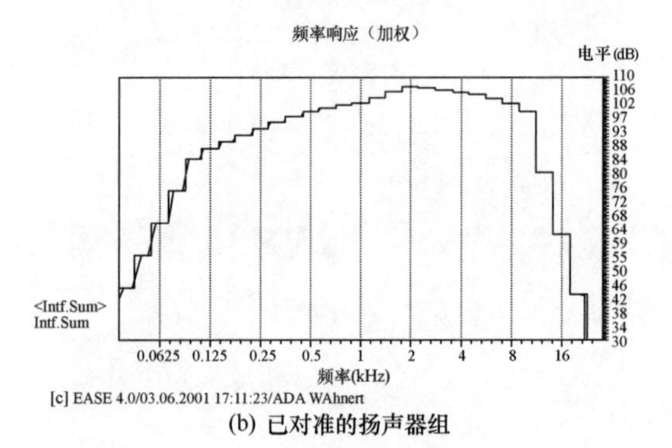

(b) 已对准的扬声器组

图 39.55 扬声器组的频率响应

39.4.4.4　映射，单点研究

一旦完成了方位对准、功率设定和对齐工作，那么程序应提供可反映预测音响系统性能的彩色可视覆盖图。该覆盖图必须考虑扬声器的属性和反射面或遮挡面的影响，并至少提供如下的显示。

- 以倍频程或 1/3 倍频程观测的预测声压级，如图 39.56(a) ～ (c) 所示。

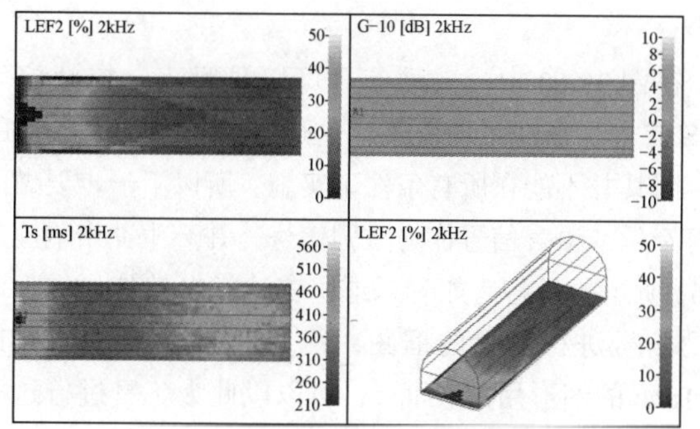

(a) CATT声学中的2D表示

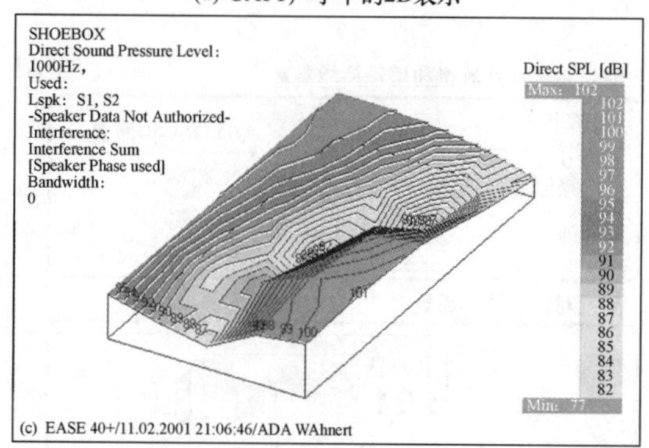

(b) EASE 4.0中的窄带表示

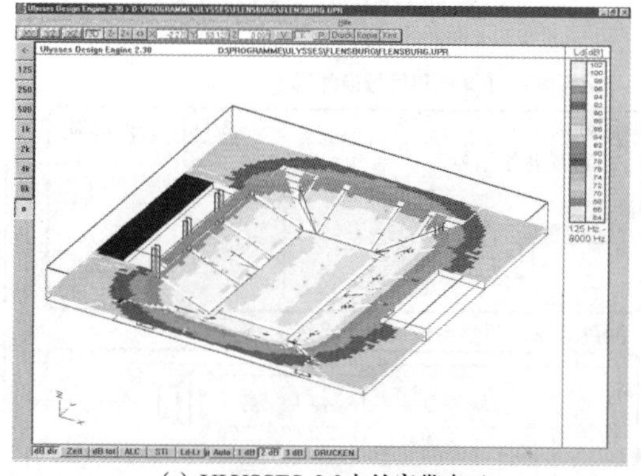

(c) ULYSSES 2.3中的宽带表示

图 39.56　模拟仿真程序中的 SPL 映射

- 预测的可懂度数值（在 2kHz 倍频程频带上，或者 500Hz ～ 4kHz 倍频程频带数据的加权平均），以列表形式表示的 STI 或 RASTI 数值，如图 39.57(a) 和图 39.57(b) 所示。

- 预测的声学测量（针对倍频程或 1/3 倍频程频带频率），按照 ISO 标准 3382，列表表示出 C80、C50、%Alcons、中心时间、强度或其他数值，与图 39.58(a) 和图 39.58(b) 相比较。

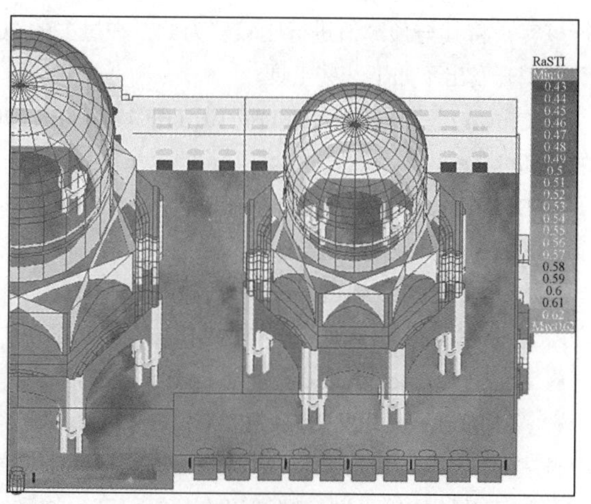

(a) 清真寺内的3D表示

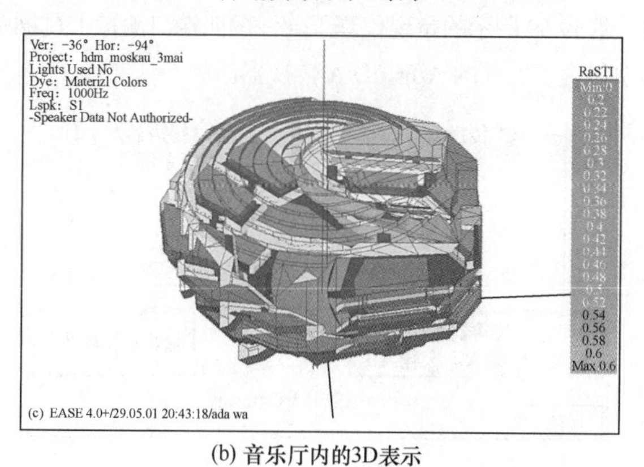

(b) 音乐厅内的3D表示

图 39.57　模拟仿真程序中的 RaSTI 表示

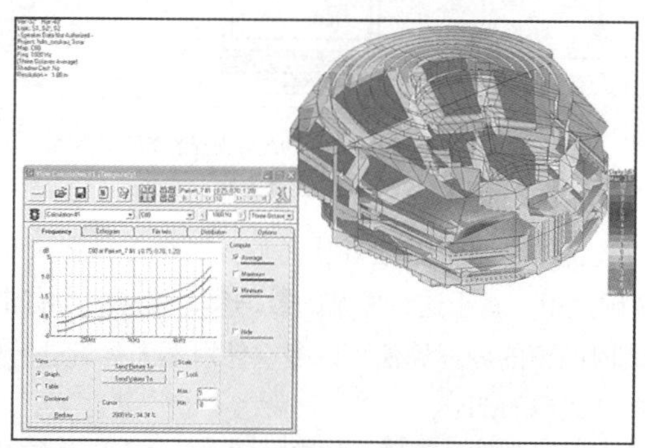

(a) C80的表示

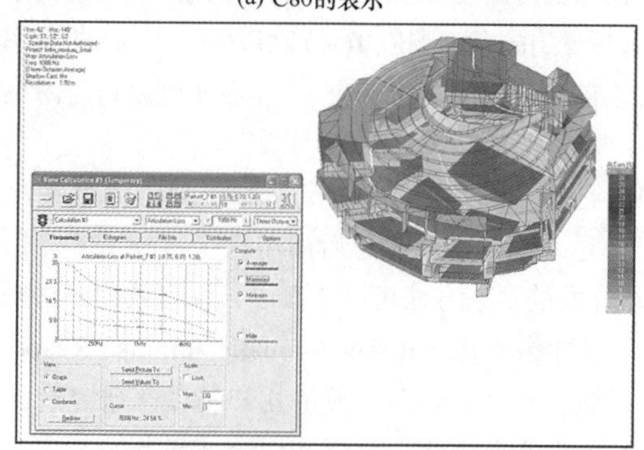

(b) 辅音清晰度损失Alcons的表示

图 39.58　EASE 4.2 中的 ARUA 表示

39.5　模拟结果的验证

在仿真、实用化设计和安装之后，重要的是要对结果

进行核实，将其与预测值进行比较。为此，在过去的20多年间我们开发出了如下一些工具。

- Crown开发的最著名的TEF 10、TEF 12和TEF 20(后来的Gold Line)。
- DRA Laboratories开发的MLSSA。
- SIA Soft开发的SMAART。
- Morset Sound Development开发的WinMLS。
- Brüel & Kjær(B&K)开发的DIRAC。
- Sound Technology Inc开发的SpectraLAB。
- AFMG Berlin开发的EASERA和SysTune。

预先定义激励信号的所有测量一般都利用两个或多个端口。被测系统的输入端口馈送出由分析仪产生的激励信号。图39.59所示的是现代基于软件的四端口测量工具框图，其中包含了所须的A/D、D/A转换器。

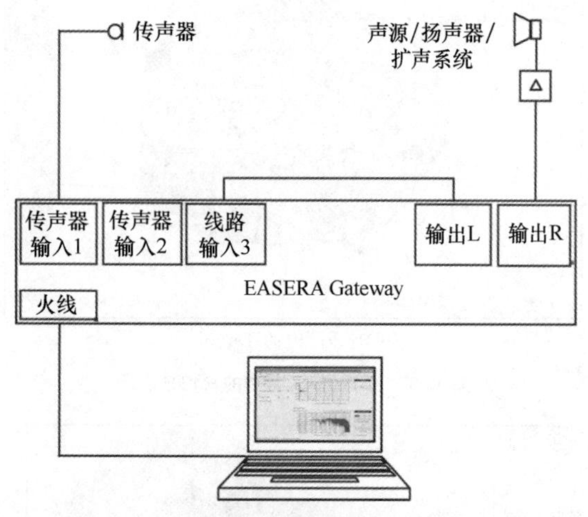

图39.59 内置必须的A/D、D/A转换器的基于软件的现代四端口测量工具

首先，DUT的未处理输出（原始数据）被记录和存储在PC硬盘上。基于这一原始的数据集，相应的含有带通滤波器或时间窗的处理算法可以多次使用不同参量进行处理，以查看感兴趣的部分。

由所记录的原始数据计算出转移函数$H(\omega)$的简单方法就是用测量到的频率响应$Y(\omega)$除以信号$X(\omega)$的频率响应（或者之前测量到的参考响应）。随后便可以利用傅里叶逆变换计算出IR $h(t)$。

到目前为止，常见的情况是利用静态测量程序，其中的IR是每次声学测量之后用单独步骤导出的。相比而言，新开发的动态方法可以让人以一种有效的方法来测量房间声学冲激响应（Room Acoustic Impulse Responses，RIR），这是一种以非常友好的用户特性来研究声学空间声学属性的分析方法——以实时方式进行分析[64]，如图39.60所示。

利用实时去卷积（Real Time Deconvolution）方法确定IR意味着采集声学信号源信号并计算IR数据是同时且连续的处理过程。之所以要动态导出RIR，是因为大量优化后的处理步骤在性能上绝对等同于静态导出的RIR，可具有的典型时间长度为4～10s。

频率和时间范围间的转换是线性的，而且是完整的长度，类似于静态程序。平均处理同样可以用来抑制噪声。

测量系统的实时能力是建立在结果计算和显示及分析具有非常高刷新率的基础之上的（近似为10次/秒）。

人们也可以将这样的测量系统理解为一台“RIR示波器”。可以立即且直接看到可能的声学性能变化所引发的结果。

在图39.60中，激励信号可以是噪声、扫频信号或MLS信号。在现场情况下，这通常是相当让人头痛的事情，因其并不能在所有条件下实施。所以下一步要做的就是将音乐或语言信号作为激励信号，并产生冲击响应。图39.61所示的是将诸如音乐或语言这类自然信号作为可用激励信号进行测量的框图，图39.62所示的是EASERA SysTune的图形用户界面[65]，可以以此为工具进行这类测量工作。

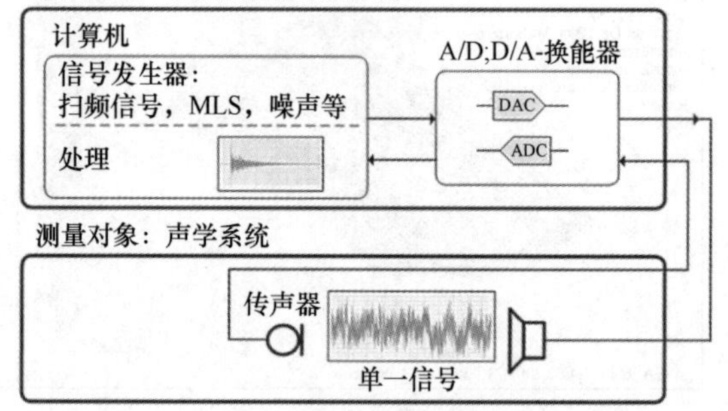

图39.60 基于FFT的静态类型测量

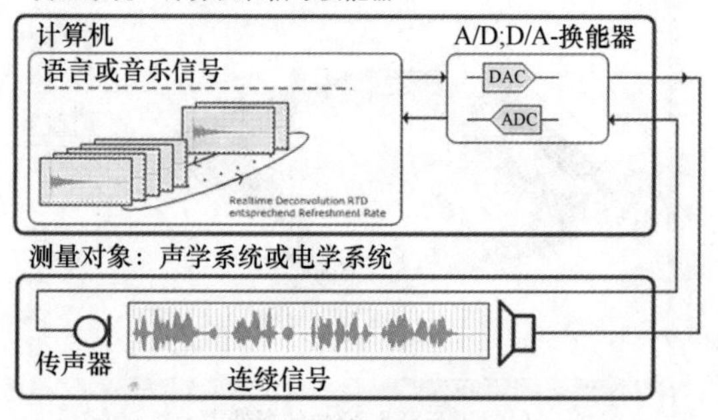

图39.61 基于FFT的动态（连续的）类型测量

一旦采用动态或静态方式计算出了IR，那么就可以从中推导出来电声学和室内声学测量，比如RT、D/R比值、C50或者STI。之后，这些数值就可以与建模得出的结果进行比较。

当进行这种比较时，始终要评估各方面的误差、测量和模拟、定性分析，以便确定误差的含义。结果间的一致性将取决于一定程度的测量和模型所能提供结果的可靠性。

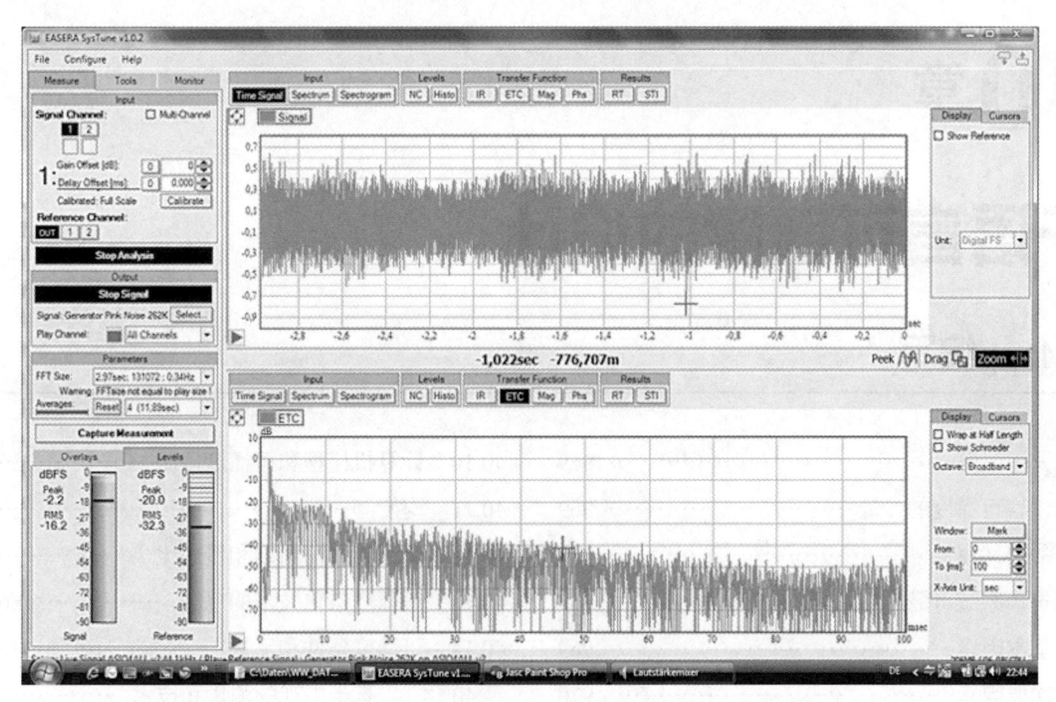

图 39.62　EASERA SysTune 的图形用户界面

第40章

基于语言可懂度的设计

Peter Mapp编写

40.1　引言

寻呼、通知、语音报警或语言扩声系统的基本目的就是将清晰的语言传递给听音人。然而却有数量惊人的系统达不到这一基本目标。造成这一问题的原因有很多，从 SNR 不够高到房间的声学性能差，或者音箱选型不对、安装位置不合适等原因。音响系统设计者的工作就是要认真考虑这些因素，并在设计音响系统和选择设备时将这些因素考虑其中，让语言可懂度达到所要求的水平。然而，为了做到这一点，则要求对影响语言可懂度的基本因素和我们倾听语言的方式有充分的了解。为此，本章在探讨音响系统设计和优化音响系统设计及性能的方法之前首先介绍语言信号的属性和听音机理。另外，我们还将讨论目前评价和测量语言可懂度的方法及实际应用中的一些局限性问题。

40.2　影响语言可懂度的参量

虽然音质与语言可懂度有着难以厘清的联系，但它们并不是一回事。例如，差的音响系统很可能拥有高的语言可懂度（比如说受限的频率响应和谐振 re-entrant 号筒），反过来，高质量的音响系统重放的语言可能令人完全听不懂（比如在飞机库内的高保真扬声器）。在讨论语言可懂度时，人们也时常会犯类似的错误，也就是会将可闻度与清晰度相混淆。声音可闻并不意味着它是可懂的。可闻度与听音人生理上的听音能力相联系，而清晰度描述的是检测声音结构的能力。在语言情形中，这意味着为了确定单词和句子结构，要能正确地听清辅音和元音，这就是语声可懂度的含义。

40.3　语言的自然属性

语言信号涉及声压、时间和频率的维度。图 40.1 所示的是消声室内数字“one”“two”“three”的语音波形。波形十分复杂，其幅度和频率成分几乎每毫秒都在变化。辅音声音持续时间一般为 65ms 左右，而元音约为 100ms。音节的持续时间一般为 300 ～ 400ms，而完整单词的持续时间约为 600 ～ 900ms，具体则取决于单词的复杂性和语速。当语言声被传输至混响空间时，局部反射和常见的混响会因时间上的拖延而使语言波形产生失真。一个音节或一个单词的混响尾音可能会延续到下一个音节或单词的开始处，并对其形成掩蔽，从而降低了潜在的清晰度和可懂度，如图 40.2 所示。同样，如果背景噪声声压级高，或更严格地讲是语音的 SNR 太低，那么还会进一步丢失单词或音节部分，造成可懂度恶化，如图 40.3 所示。可能对语言信号的潜在可懂度和感知清晰度构成影响的其他因素还有很多，在此对其中较重要的因素加以总结。

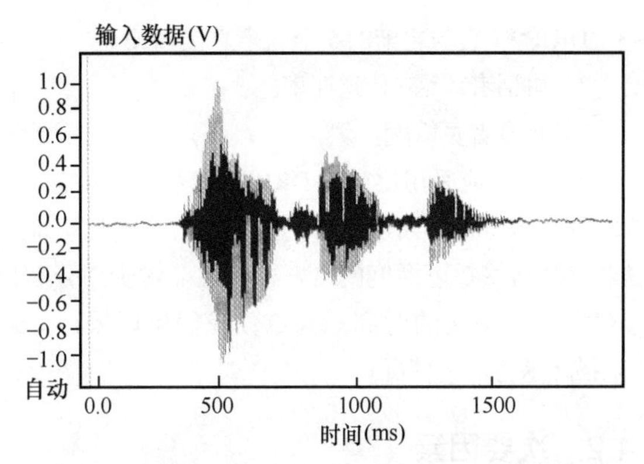

图 40.1　消声室内数字“one”“two”“three”的语音波形

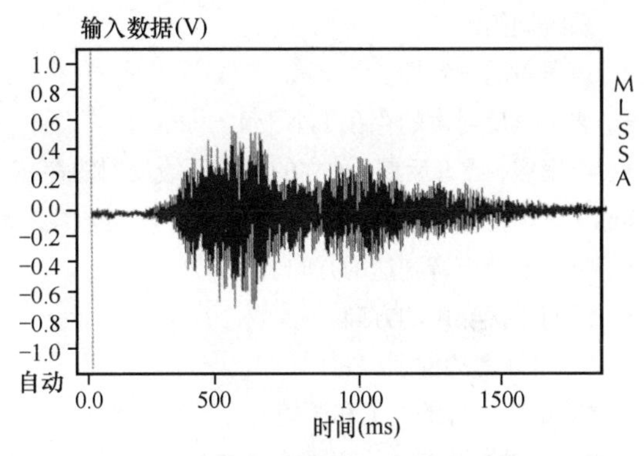

图 40.2 （与图 40.1 一样的）语音波形，但是房间存在 RT（RT=2.4s）。虽然这种方法可以很清晰地看到一个字到下一个字的变化过程，但是将它们集中起来我们还是可以听出每一个字

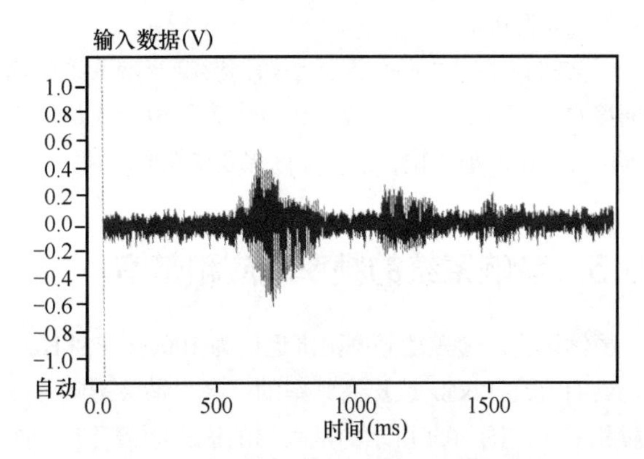

图 40.3 （与图 40.1 一样的）语音波形，但是存在背景噪声。虽然噪声掩蔽了较多的语音波形的细节，但是仍然可以听懂语音

40.4　影响扩声系统可懂度的因素

40.4.1　基本因素

- 音响系统的频率响应和带宽。
- 响度和 SNR。
- 房间 RT。
- 空间的容积、大小和形状。
- 听音人到扬声器的距离。
- 扬声器的指向性。
- 空间中正在工作的扬声器数目。

- DRR**（它与之前的5个因素直接相关）。
  * 讲话者谈话 / 传送速率。
  * 听音者灵敏度。

严格而言，应采用比简单 DRR 更复杂的特性描述，即通过采用直达声和早期反射声的能量与后期反射声能量和混响来取得与感知可懂度的良好相关性。对于划分有用声音与有害声音到达的时间分割点，我们可以采用 C50 或 C35 来描述这方面的情况。

40.4.2 次要因素

- 系统失真（比如谐波失真或互调失真）。
- 系统均衡。
- 声覆盖的一致性。
- 非常早反射声的存在（小于 1 ～ 2ms）。
- 声聚焦，或者后期、独立的高声压级反射的存在（大于 70ms）。
- 听音人处声音到达的方向。
- 任何干扰噪声的方向。
  * 讲话者的性别。
  * 语言信息的词汇和语境。
  * 针对讲话者的传声器拾音技术。

上文中带有（•）标记的参量是与建筑或系统有关的，而带有星号（*）标记的参量则是与系统自身控制范围之外的人的因素有关。

下文将讨论上述各个因素是如何影响音响系统的潜在可懂度这一问题，同时还要讨论音响系统设计人员如何将有害声音的影响最小化，以及优化想要特性的问题。

40.5 音响系统的频率响应和带宽

虽然语言所覆盖的频率范围近似为 100Hz ～ 8kHz，但还是会有高达 12kHz 或更高频率的更高次谐波影响总体的音质和音色。图 40.4 所示的是平均的语言频谱及其一个倍频程频带上的相对频率贡献。最强的语音能量出现在大约 200 ～ 600Hz 的范围——250Hz 和 500Hz 倍频程频带上，随着频率的提高，它会以 6dB/oct 的速率快速跌落，如图 40.4 所示。

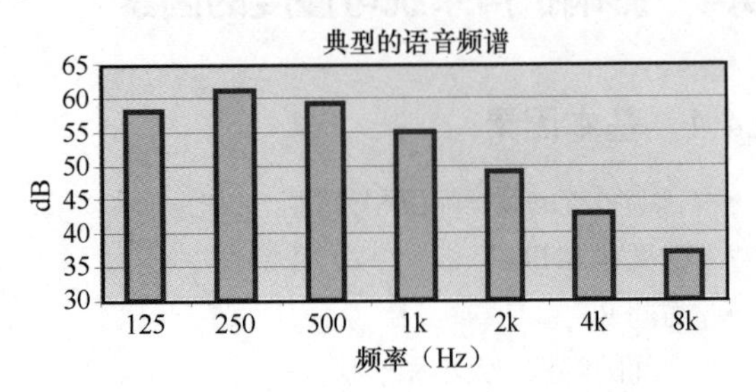

图 40.4 平均的语音频谱（倍频程带宽分辨率）

较低频率对应的是元音，而较弱的高频频率则对应的是辅音。然而，对语言可懂度的贡献并不遵从相同的规律——实际情况恰恰相反。如图 40.5 所示，其中用相对倍频程频带百分比来表示对可懂度的贡献。从中，我们可以清楚地看到，最高的可懂度集中在 2kHz 和 4kHz 的频带上，它们各自产生的贡献约为 30% 和 25%，而中心为 1kHz 的频带上的贡献达到了 20%。因此，这 3 个频带所给出的频谱可懂度内容占了 75% 以上（应注意的是，这些贡献因素并不是绝对的，而是取决于所进行的可懂度实验的结果和采用的语言素材）。

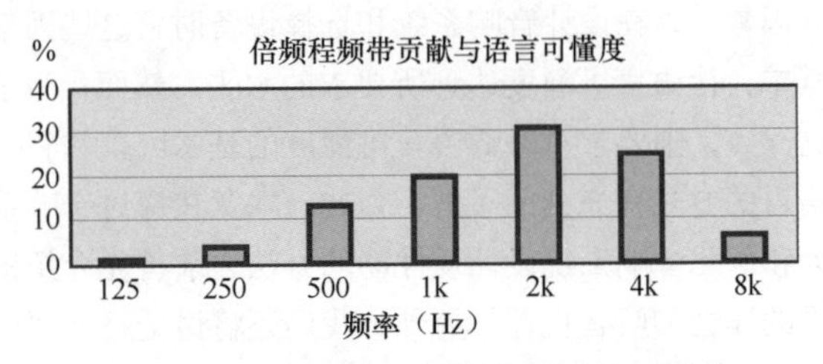

图 40.5 倍频程频带百分比对语言可懂度的贡献

然而，现实表明，300 ～ 3000Hz 的频率范围对于电话的可懂度已经足够了，更宽的频率范围通常是音响系统应用所要求的——尤其是在较恶劣的声学条件之下。图 40.6 表示出了这种效果。它将笔者近期在混响空间（RT = 1.5s）所进行的一些研究成果与电话（单耳听音）的结果进行了对比。以 Fletcher（1929）命名的上面曲线表明 4kHz 以上的频率几乎对可懂度没什么贡献，而在实际空间的系统上得出的下面曲线（双耳听音）则表明改善可懂度的频率延续到了 10kHz。由此可以马上看到人们对扩展带宽的要求。带宽限制对现代音响系统设备和扬声器来说不应成为问题。然而，也存在如下一些例外的情况。

1. 便宜的低质量传声器。
2. 一些 re-entrant 号筒扬声器（或者没有采用均衡处理的 CD 号筒驱动单元）。
3. 一些便宜的数字信息存储设备。
4. 微型、特殊目的的扬声器。

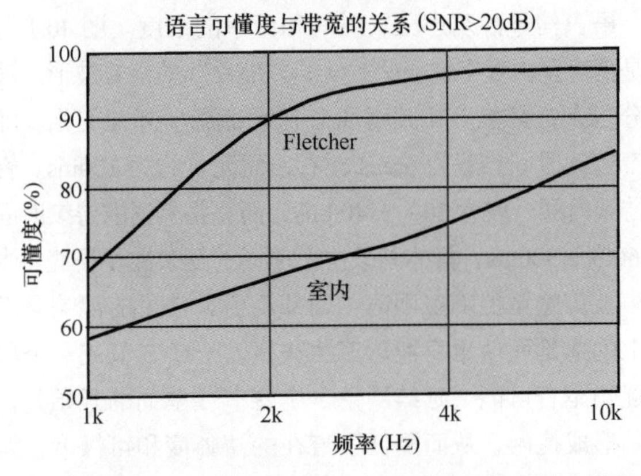

图 40.6 频率带宽对语言可懂度的影响。上面的曲线是单耳听音的情况（以 Fletcher 命名），下面的曲线是双耳听音的情况（以 Mapp 命名）

许多潜在能力足够的音响系统常常由于使用了便宜的或带宽受限的扬声器，而让人对其表现有所失望。以笔者的经验，即便是使用带宽受限扬声器（比如 re-entrant 号筒）

的基本寻呼系统，具有合理带宽的扬声器与良好控制的频率响应之间的差异总是可以很容易确定出一个受限的频率响应，尽管它超出了扬声器本身的频率响应。这时可以肯定的是："进来的是垃圾，出去的也一定是垃圾"。然而，当工作于高背景噪声的环境下，则需要在最佳频率响应与最佳噪声抑制之间进行折中的考量，因为这两个参量常常是背道而驰的。

除了组件均衡（或缺少均衡）外，目前伴随系统频率响应而生的最常见问题要么起因于扬声器 / 房间边界的影响，要么起因于近距离安装的（多只）扬声器之间的相互作用。图 40.7 所示的是当响应十分平坦的高质量监听扬声器靠近边界墙壁放置时，其安装位置所产生的影响。正如我们所见到的那样，频率响应现在已经非常不平坦了！

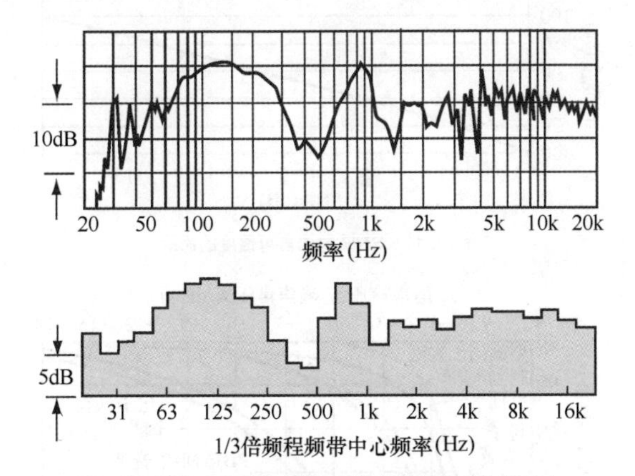

图 40.7　局部边界的相互作用对扬声器频率响应的影响

单靠均衡不能纠正这一问题。降低峰值是可以实现的，但频率响应中的凹陷是不能均衡掉的，因为它是由无法由频率滤除方法校正的复杂相位相互作用引起的。扬声器间的相互作用是扬声器组设计中常见的问题，其中辐射的波前可能受到由不同声程所引起的不同步问题（比如，声学中心差异的原因）的困扰。图 40.8 所示的是典型的扬声器间相互作用问题。

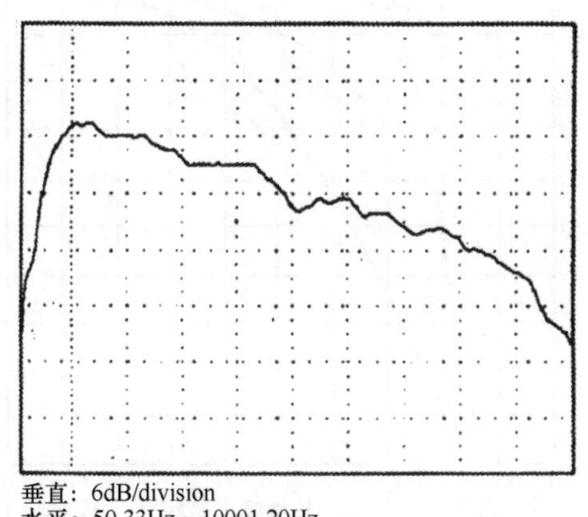

(a) 扬声器间同步

图 40.8　两只扬声器的频率响应。其中上面的曲线表示的是在声音同时到达时的情况，下面的曲线表示的是当存在 300μs 的不同步时的情况

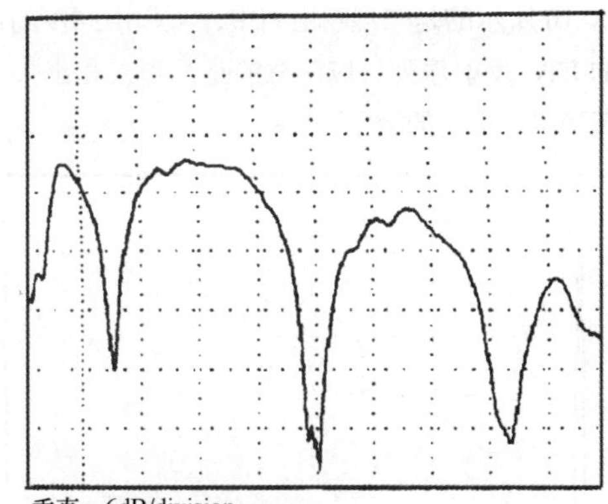

(b) 扬声器间存在300μs的不同步

图 40.8　两只扬声器的频率响应。其中上面的曲线表示的是在声音同时到达时的情况，下面的曲线表示的是当存在 300μs 的不同步时的情况（续）

两个号筒扬声器的频率响应如图 40.9 所示。在上面的曲线中，声音是同步到达的，所以产生的是正向的积极性叠加。然而，下面的曲线中的号筒扬声器是不同步的，存在 300μs 的差异，因此产生了一串尖锐的梳状滤波。不仅是在大量陷波频率上丢失了有用的语言信息，而且辐射的指向图也常常受到不希望看到的因素的影响，如图 40.9 所示。最终形成的辐射瓣不但可能导致某些频率传输不到听音人处，而且还可能建立起由不希望的反射形成的辐射瓣。这些可能会引发不想要的额外混响声场激励，或者产生会损伤可懂度的反射(回)声。

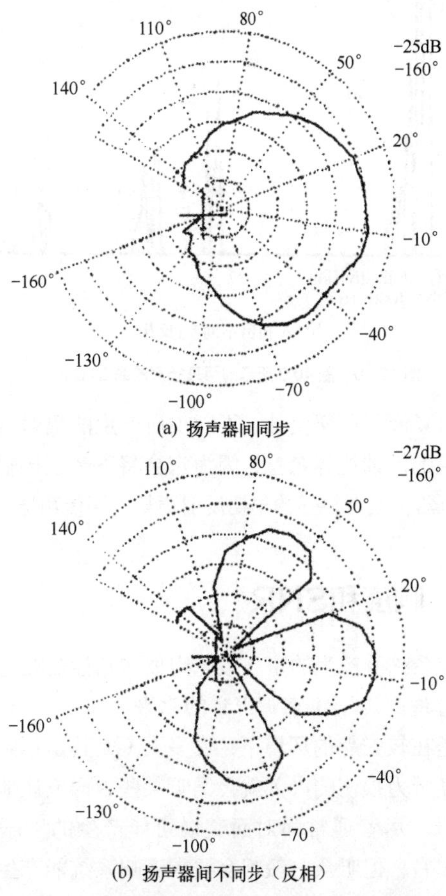

图 40.9　当两只扬声器同步时和不同步时的极坐标响应

图40.10所示的是在混响空间中，入和出同步的情况下所对应的ETC反射序列。应注意的是，当入和出失去同步时，提高了混响声场的激励。

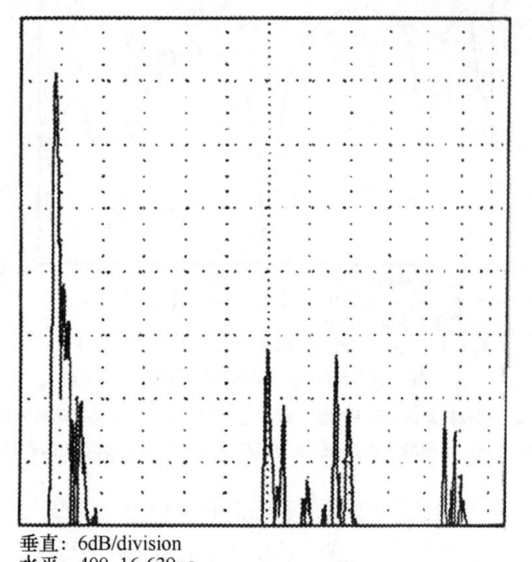

垂直：6dB/division
水平：400−16 639μs

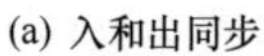

(a) 入和出同步

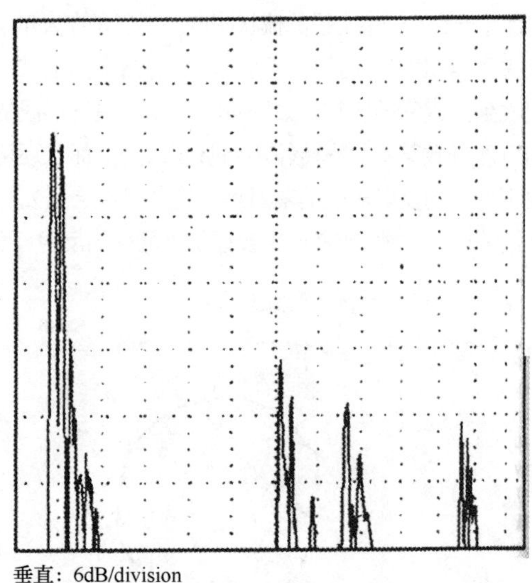

垂直：6dB/division
水平：4000−16 639μs

(b) 入和出不同步(反相)

图40.10　图40.9所示的两只扬声器的ETC曲线

除了降低了可懂度外，不同步所产生的辐射瓣还可能降低系统的反馈边界余量，因为它会将声音直接辐射给现场的传声器，或者将强的早期反射声辐射回传声器。

40.6　响度和SNR

音响系统所产生的声压级一定要达到让需要它的听音人能以舒适的声压级来听声音的水平。如果声压级太低，则即便是在较安静的环境下，许多人（尤其是年纪较大的或有中度听力损伤的人）就会漏听某些单词或让他们感到听音困难。尽管通常面对面交谈可能产生的声压级都在60dBA左右，但听众一般都会要求音响系统能产生更高的声压级，即便是在安静的听音环境下，典型的会议系统产生的声压级都在70～75dBA的水平。

在嘈杂的环境中，最根本的问题是要取得良好的SNR。多年来，人们已经总结出了多种经验法则。一般而言，对SNR的最低要求是要达到6dBA，目标至少应定为10dBA。虽然高于15dBA还会对听音有一定的改善作用，但这时递减法则又重新开始对大部分现实的系统起作用了。

一般被认可的参考数据存在着一定的差异。例如，图40.11所示的是SNR与可懂度间的基本关系。按照曲线所表示的情况，这基本上是一个线性关系。在实际应用当中，改善曲线在高SNR时已经平直了——然而这与测量条件有很强的相关性。这种情形如图40.12所示，它是利用不同的测量条件和信号进行大量研究、比较得出的结果。

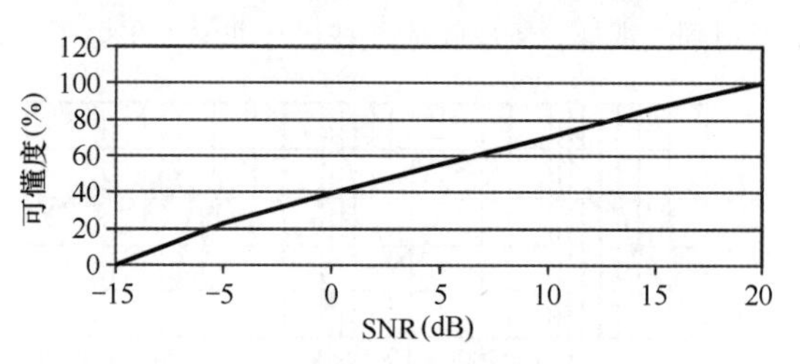

图40.11　SNR对语言可懂度的影响

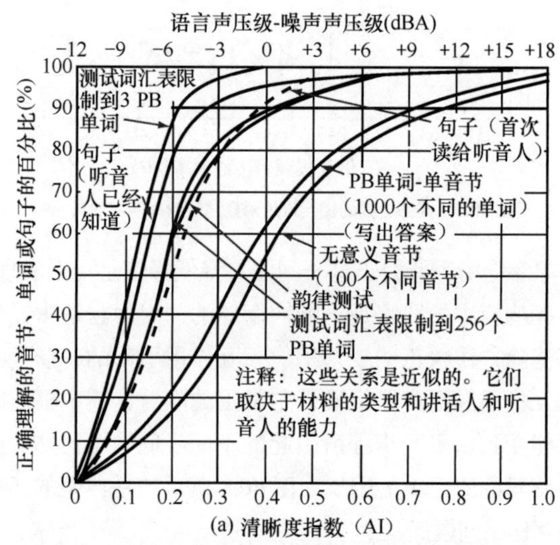

(a) 清晰度指数（AI）

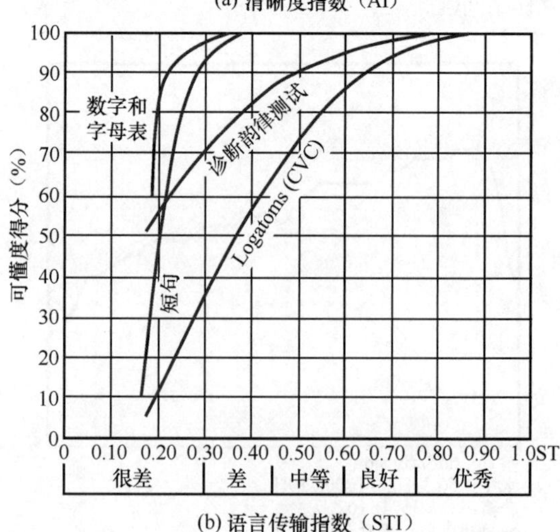

(b) 语言传输指数（STI）

图40.12　语言可懂度测量实验格式间的比较，测量格式是清晰度指数（AI）和语言传输指数（STI）的函数

例如，曲线表明，对于较困难的听音任务，必须要有

更高的 SNR，以获得良好的可懂度。图 40.13 所示的是 SNR 对度量可懂度参量 %Alcons 的影响。我们可以很清楚地看到，在 25dB SNR 以上，曲线已经变平坦了。在高噪声环境下，这样的 SNR 可能要求非常高的声压级，这时要格外小心。

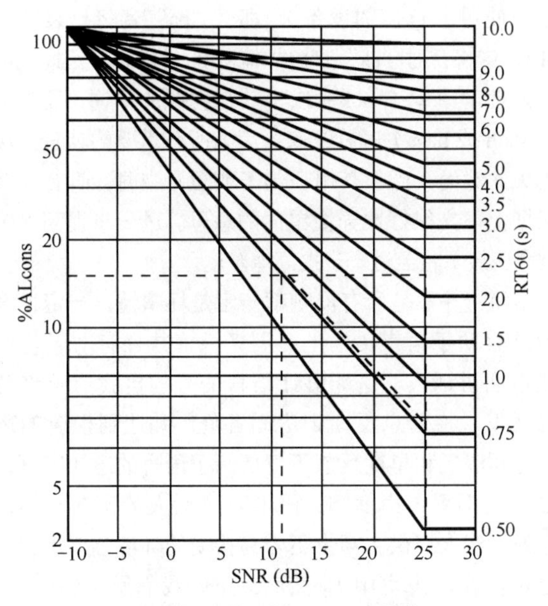

图 40.13 SNR 对 %ALcons 的影响

当噪声成为一个特殊问题时，我们要进行全面的频谱分析。理想的情况是进行 1/3 倍频程的频谱分析，但在许多应用当中，1/1 倍频程带宽的分析已经足以给出比单一 dBA 数值更为明确的信息了。图 40.14 所示的就是这样一种分析。

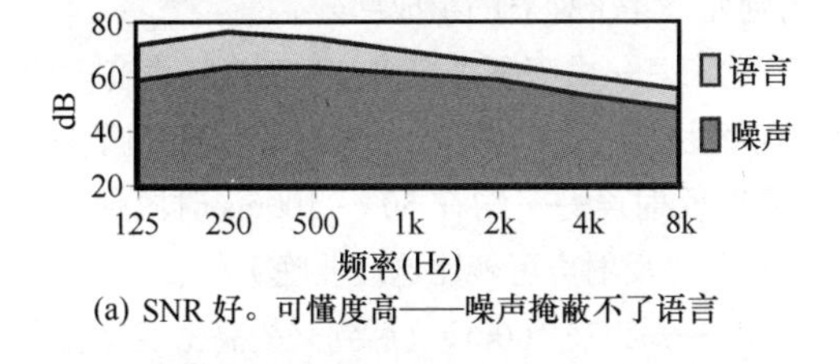

(a) SNR 好。可懂度高——噪声掩蔽不了语言

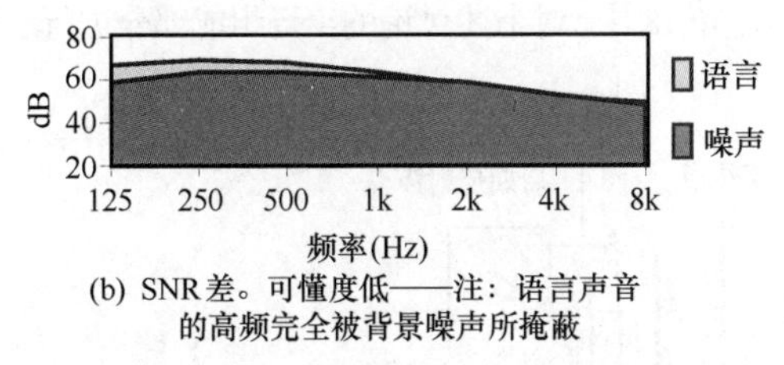

(b) SNR 差。可懂度低——注：语言声音的高频完全被背景噪声所掩蔽

图 40.14 语言 SNR 的频谱分析（分辨率为 1 倍频程）

在上面的曲线中，它描绘的是正面的 SNR，可以看出在每个倍频程频带频率上语言信号都要高于噪声。然而，在下面的曲线中，我们可以看到在高频时噪声已经高过了想要的语言信号。对潜在可懂度的总体影响可以通过观测各个倍频程频带的 SNR，如上文中图 40.5 所示，根据它们各自的相对贡献进行加权求和计算。

这是清晰度指数（Articulation Index，AI）的基础，AI 是一种确定噪声对语言影响的很好的度量方法——它既可以对诸如电话或无线电通信这种单通道传输线进行度量，也可以对低噪声空间的 PA 系统进行度量。AI 方法不能考虑房间的混响或反射因素。虽然现在 AI 已经被 STI 所取代了（参考 40.14.2.4 节），但是它对于评估语言私密性的有效性和声音掩蔽系统还是一种有用的方法。

在许多情况下，背景噪声可能不是稳定的，而是随时间变化的。在许多工业区或交通工具的竞赛中会是例外。吸引大量观众的体育赛事也可能表现出高的、变化的人群噪声声压级，其声压级的大小取决于现场在任意时刻的比赛情况。图 40.15 所示的是地铁站点的典型噪声情况。当列车进出站台时，录得的声压级峰值为 90dBA。因此，PA 系统需要产生至少 96 ～ 100dBA 的声压级，才能在这些时候取得合适的 SNR。

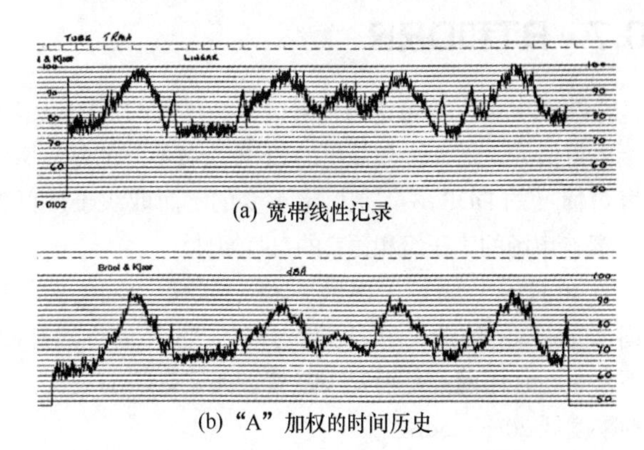

(a) 宽带线性记录

(b) "A" 加权的时间历史

图 40.15 地铁列车在进入和驶出站台时的噪声 - 时间历史包络

在这种情况下，噪声检测和自动声压级控制是要采取的最基本措施，否则在相对较安静的时间段，当环境声压级降至只有 66dBA 左右，如此之响的广播声可能会让人吓一跳。（较好的解决方法是将广播声存储起来，按照正常较安静时间段内的情况进行广播，而不是与所有时间的背景噪声进行竞争）。应注意的是，当声压级大约处在 80 ～ 85dBA 以上时，语言可懂度一般开始随着声压级的提高而下降。

吸引大量观众的体育比赛也可能产生大范围的噪声声压级波动。如果有可能的话，广播也应在较安静的时段进行，其声压级可以通过对特定场合中人群行为的统计分析结果来更好地确定。图 40.16 所示的是足球比赛过程中的部分时间的历史包络。应注意的是，其声压级峰值数值可能会超过 110dBA。

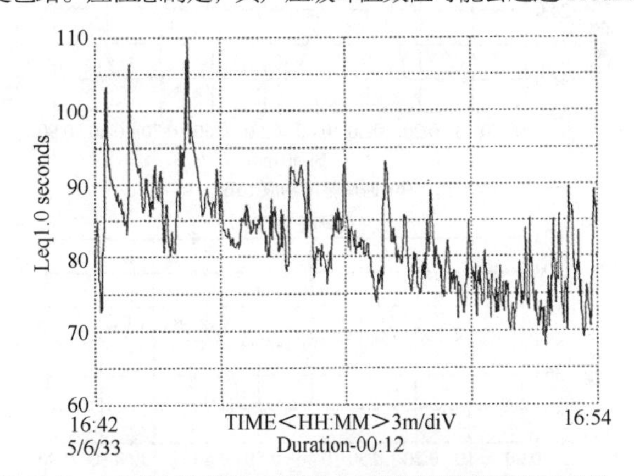

图 40.16 在足球比赛过程中，现场观众人群噪声的噪声时间历史分析——注：它在短时呈现变化的特征，峰值达到了 111dB，而平均值为 82dB

一定不要忘记，在传声器位置处产生的任何噪声都将降低感知到的 SNR——确切地讲，它是直接叠加到听音人位置

的SNR之上的。目标值至少应为20dBA，最好是大于25dBA。为了实现这一目标，可以采用的技术有很多，部分如下。

- 近讲/抑制噪声传声器。
- 使用强指向性传声器（比如，枪式传声器或自适应阵列）。
- 使用一个噪声罩，或者最好将传声器放在合适的、安静的房间或闭室当中。
- 在极端的情况下，可以采用数字化的噪声抵消和处理手段来改善SNR。

40.7 RT和DRR

就像噪声可以掩蔽语言信号一样，过大的混响也能够掩蔽语言信号。然而，与简单的SNR掩蔽不同的是，影响语言可懂度的DDR并不是恒定不变的，而取决于房间的RT、混响声场的声压级和语言的自身属性。

图40.17（a）～（c）图示了这一影响。上面的曲线是单词“back”的波形。单词以相对高的“ba”音突然开始。接下来300ms跟随的是辅音“ck”音。典型“ck”音要比“ba”音的幅度低20～25dB。

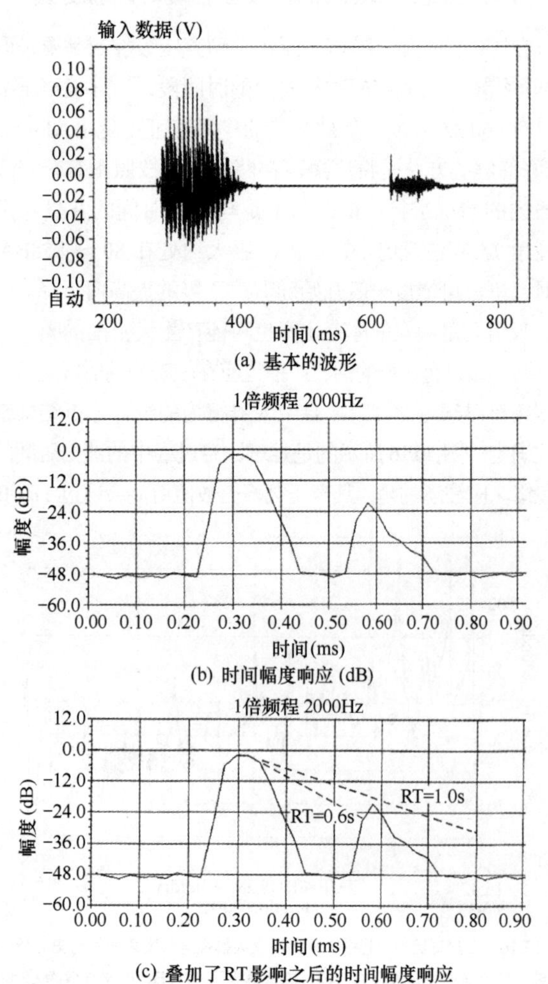

图40.17 停止发声之后的单词波形

对于短RT（比如RT=0.6s），“ba”音会在“ck”音开始之前就衰减掉了。假定期间有300ms的间隙，“ba”音将衰减30dB左右，将不会对稍后的“ck”音形成掩蔽。然而，如果将RT提高到1s，并且房间的混响声压级足够高（也就是说使用了Q值的设备），那么“ba”音将只衰减了约18 dB，这将会对“ck”音整体掩蔽8～13dB。因此此时就不可能理解单词“back”或将其与类似的单词（比如bat，bad，bath或bass）区分开来，因为所有重要的辅音区域将会丢失。然而，当将其用在句子或短语中时，听音人就可以根据上下文很好地弄懂单词的意思。进一步提高RT（或混响声压级）将会进一步提高掩蔽度。

然而，并不是所有混响都一定是坏事情，一定程度的混响是有助于语言传输的必要条件，并且有助于将部分声能返回讲话人。这能够让语言信号的自我监听潜意识得以激发，将信息反馈到房间各处，并达到相应的声压级。房间混响和早期反射不仅提高了语言的感知响度，使歌唱演员不用大声演唱，降低对讲话人的潜在损伤，而且也为听音人提供主观上更容易接受的环境感（没有一个人想生活在消声室中）。然而，正如我们所见到的那样，太多的混响与混响不够之间的平衡是一个相对很细微的问题。

大空间的声场可能很复杂。从统计学角度来看，它可以分成两个基本的组成部分，即直达声场和混响声场。然而，从主观印象和语言可懂度的角度来看，声场还需要进一步细分，得到如下4个独立的组成部分。

1. 直达声——由声源直接传输到听众的声音。
2. 早期反射声——约在35～50ms时段到达听众的声音。
3. 后期反射声——约在50～100ms时段到达听众的声音（尽管分立反射声可能比这还要晚）。
4. 混响——约在100ms之后到来的高密度反射声。

在图40.18中，对上述讨论的声场组成部分进行了总结。

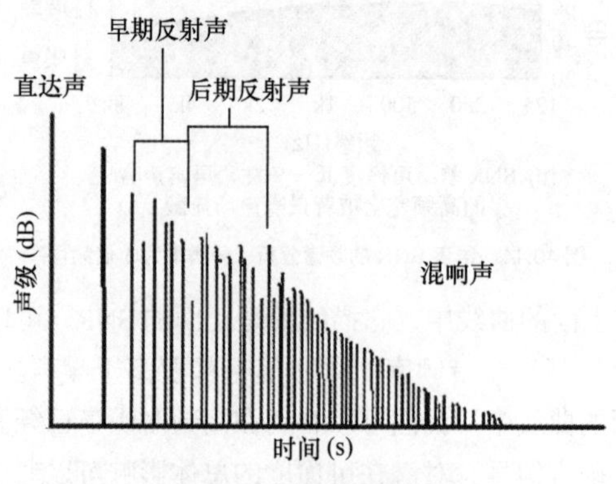

图40.18 声场的组成成分

对于上面的列表，人们还可以增加“早早期”反射声——发生于1～5ms之内的反射。（如果本质上是镜面反射的话，那么这些反射一般会导致梳状滤波和声染色的产生。1～2ms的反射尤其麻烦，因为它们在频率响应的2kHz附近会产生较深的陷波点，所以它会因衰减了主要语言可懂度频率区间的能量而使可懂度降低）。

目前人们对直达声与早期反射声如何结合方面的认识存在一定的分歧。许多人相信，如果它们具有类似频谱的话，那么直达声之后 35 ～ 50ms 时段产生的反射声会与直达声成为一个整体。这会导致感知响度提高，在嘈杂的环境下，这提高了有效的 SNR 和可懂度。然而，在较安静的听音条件下，情况就不十分明确了，包括频谱内容和反射方向在内的诸多因素变得更为重要。同样的一些研究建议：积分时间可能是频率相关的，只不过一般是对 35ms 左右的语言信号才如此。然而，一般人们都一致认为后到达的反射声（晚于 50ms）会使可懂度恶化，并且随着到达时间越来越滞后，其对可懂度的影响程度也在不断提高。

尽管在 60ms 之后还会有分立的强反射声到达，或者听上去为分立回声，但是约 100ms 之后到达的声音一般就标志着混响声场的开始。正是直达声 + 早期反射声与后期反射声和混响之比决定了混响空间内的潜在可懂度（假定诸如背景噪声和频率响应等其他因素的影响可以忽略不计）。一般而言，正的比值是人们所希望得到的，但这在现实情况中几乎很少能实现，不过也有例外的情况。

这类情况如图 40.19 和图 40.20 所示。图 40.19 所示的是对长混响教堂（2kHz 时的 RT = 2.7s）中强指向性（高 Q 值）扬声器的能量时间曲线（Energy Time Curve，ETC）的声音到达分析。测量点（大约位于后部总长 2/3 的距离的位置处）上的 DRR 为 8.7dB，这会产生高可懂度。另外的可懂度测量源自同一 TEF 数据（参见 40.13 节中有关测量可懂度方面的内容），如下。

- %Alcons 为 4.2%。
- 等效 RaSTI 为 0.68。
- C50 为 9.9 dB。

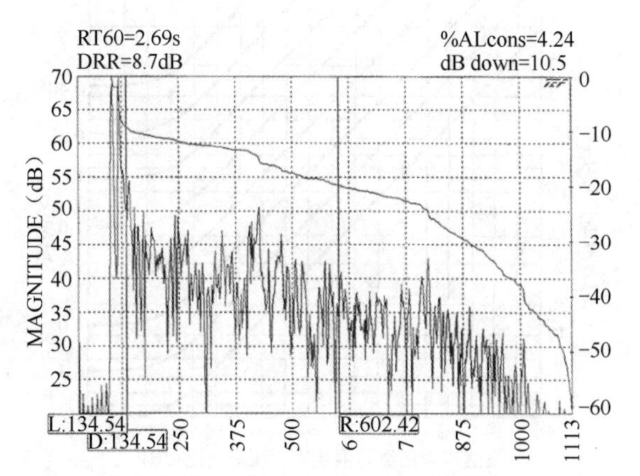

图 40.19　高 Q 值（强指向）扬声器在长混响教堂中的 ETC 曲线

若有机会将高 Q 值设备换成几乎全指向性的低 Q 值扬声器，人们就会发现它对感知可懂度和最终 ETC 有很大的影响。这种情况如图 40.20 所示，它呈现出明显不同的曲线和声音到达模式。很显然，这是由很强的反射和混响声场激励引起的。现在的 DRR 为 –4dB（恶化了 12dB），其他计算出的数据如下。

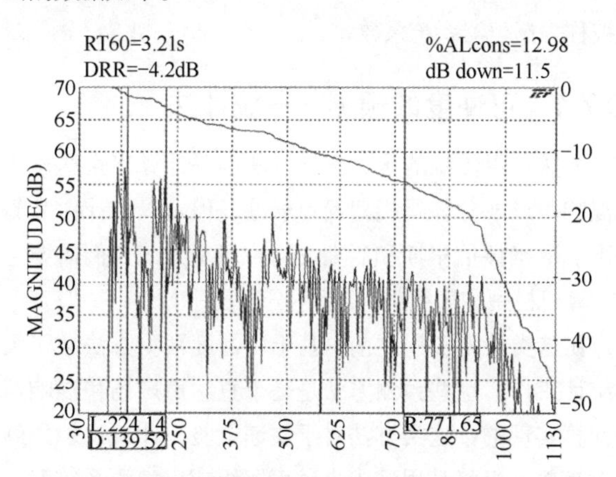

图 40.20　低 Q 值（全指向性）扬声器在长混响教堂中的 ETC

- 现在 %Alcons 只有 13%。
- C50 现在降至 –3.6dB。
- 等效 RaSTI 为 0.48。

所有指标，甚至是对曲线的肉眼检查都反映出潜在可懂度有明显地下降。

虽然对 ETC 的肉眼检查可能非常具有启发性，但也可能产生时间上的误导。我们以图 40.21 所示的曲线为例来说明。乍一看，这与此前所示的低 Q 值设备的 ETC 有些相像，这可能暗示出低可懂度，因为这时看不到明显的直达声成分。然而，控制环境中的高密度分布吸顶扬声器系统与大空间中点声源的工作机理并不相同。前者的目的是通过多个相邻近的声源提供高密度的、短声程的声音到达序列。早期反射声密度将很高，并且是处于良好控制的房间中，之后到达的反射声和混响声场将被衰减。这便产生平滑的声覆盖和高可懂度。在图 40.21 所示的情况中，RT 为 1.2s，最终的 C50 为 +2.6dB，RaSTI 为 0.68，两者都预示着高可懂度，而事实也确实如此。

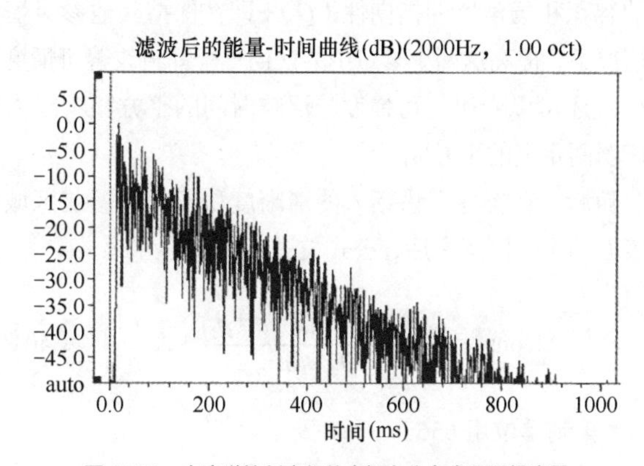

图 40.21　在声学控制良好的空间内分布式吸顶扬声器系统的 ETC

不应忘记的是，即便是在高混响空间中，还是可以在局部区域产生高可懂度的，将覆盖区域拓展到更大区域总会使这一点的可懂度下降，这时需要增加声源的数量（附加的扬声器）来承担更艰巨的任务。这主要是因为最终馈入混响声场的声功率提高了（即提高了混响声压级），它通常被称为扬声器系统系数 n。

40.7.1 可懂度的预测——统计法

虽然利用传统的统计声学方法准确计算出直达声声场和混响声场成分显得相对简单一些，但是以统计作为基础并不能准确评估早期和后期反射声场（为此人们需要空间的计算机模型和声线跟踪/反射分析程序）。

在这类技术实用之前，基于可懂度预测方法做了大量的统计工作，这些预测方法是基于直达声声场和混响声场的计算实现的，这类方法对于快速检验设计或设想的结果仍然有效。当将其用到中央扬声器组或点声源系统时，其准确性还是较高的（尤其是高密度的分布式系统）。

由 Peutz（皮奥茨）提出，随后被 Klein（克莱因）修正的最著名公式就是辅音清晰度损失（Articulation loss of consonants，%Alcons）的计算公式。Peutz 将可懂度与信息的损失相关联。对于混响空间中基于扬声器的系统而言，它包含了如下一些因素。

- 扬声器指向性（Q）。
- 空间内工作扬声器的数量（n）。
- RT。
- 听音人和扬声器间的距离（D）。
- 空间的容积（V）。

$$\%\text{Alcons} = \frac{200*D^2(RT^2)(n+1)}{QV} \quad (40\text{-}1)$$

* 美制单位用 656

%Alcons 尺度与众不同，其数值越小，可懂度越高。由公式 40-1 可以看出，混响空间的可懂度实际上是正比于空间的容积和扬声器的指向性（Q）（即在保持其他参量恒定的情况下，提高这两个参量中的任何一个都将改善可懂度）。由公式还可以看出，可懂度与混响时间的平方和听音人与扬声器间距离的平方成反比。

随后，在考虑了讲话人的清晰度和扬声器覆盖区域吸声表面的影响因素之后，公式被进一步修正为

$$\text{Alcons} = \frac{200*D^2(T_{60}{}^2)(n+1)}{QVma} + K \quad (40\text{-}2)$$

* 美制单位用 656

式中，

m 是临界距离修正因子，它考虑了有观众时的吸声系数高于地面平均吸声系数的因素，例如，m 为 $(1-a)/(1-ac)$，其中 a 是平均吸声系数，ac 是扬声器覆盖区域的吸声量。

k 为听众/讲话人校正常数，一般为 1～3，但对于差的听众/讲话人可能提高 12.5%。

Peutz 发现成功交流的 Alcons 限定值约为 15% 左右。10%～5% 时的可懂度一般被认为良好，低于 5% 时，可懂度被认为优秀。限定条件也是由 Peutz 发现的。

$$\text{Alcons} = 9T + k \quad (40\text{-}3)$$

尽管由公式不会立刻得到明显的结论，但是它们可以有效地计算出 DRR。通过对公式重新进行整理，DRR 对 %Alcons 的影响可以针对 RT 图示出来。这种情况如图 40.22 所示。从图 40.22 可以看出，潜在可懂度可以直接由关于 DRR 和混响时间的函数曲线读出（见图 40.13，背景噪声 SNR 的影响也可以合并其中）。

Peutz 公式假设中心为 2kHz 的倍频程频带是决定可懂度的最重要因素，并且利用该频带内的直达声声压级，混响时间和 Q 值来度量。还有一个假设就是不存在可闻回声，同时房间或空间是不存在诸如声聚焦等其他声学异常现象的统计意义声场。

在 20 世纪 80 年代中期，Peutz 重新定义了 %Alcons 公式，并将其用混响声压级和背景噪声声压级表示出来。

$$\%\text{Alcons} = 100(10^{-2(A+BC)-ABC}) + 0.015 \quad (40\text{-}4)$$

式中，

$$A = -0.32\lg\left[\frac{L_R + L_N}{10L_D + L_R + L_N}\right]$$

$$\text{for } A \geqslant 1, \text{ let } A = 1$$

$$B = -0.32\lg\left[\frac{L_N}{10L_R + L_N}\right]$$

$$\text{for } B \geqslant 1, \text{ let } B = 1$$

$$C = -0.50\lg\left(\frac{RT}{12}\right)$$

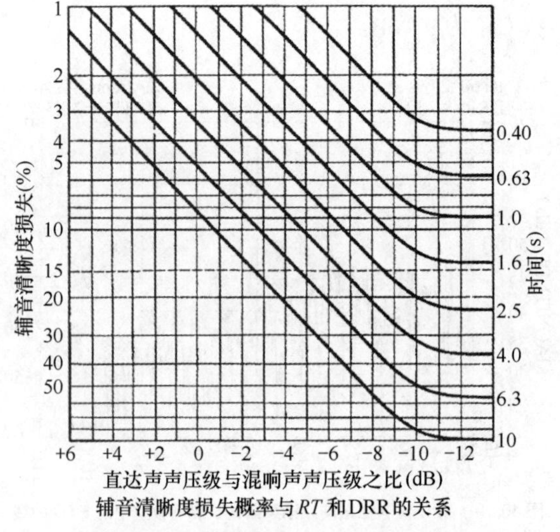

图 40.22 作为 RT 函数的 DRR 对 %Alcons 的影响

%Alcons 公式对于单点或中心扬声器组系统或者均匀分离的扬声器组表现得很好，但是对于分布式系统（尤其是示例中的高密度吸顶系统），确定（n+1）系数变得极为困难，因为确定由相邻的或半相邻的扬声器辐射产生的对直达声和早期反射声场与对混响的贡献百分比比例比较困难。

从某种程度上讲，在较为复杂或长距离情况下这样做较为容易，尽管在实施时还需要相当强的能力，但是可以直接使用比例系数。因为 %Alcons 公式并未有效地考虑早期或后期反射声的能量，所以必须认真对待其准确度。进一步而言，方法和公式是基于统计声学得出的，因此在短混响时间（比如小于 1.5s）时其准确度较低。%Alcons 方法并未将其他语言频带的贡献考虑其中——因为它是针对自然语言目的导出的，此时这些关系相对恒定。

40.7.2　可懂度和 RT

正如我们所见到的那样，尽管影响可懂度的因素有很多，不单单是混响，但是掌握空间的混响是进行音响系统设计的良好出发点，并且马上就可以将任务的潜在难题进行量化。在这种情况下，可应用的一些一般性原则被列于表 40-1 中。

表 40-1　RT 的影响

RT	结果
<1s	将取得优秀的可懂度
1.0～1.2s	将取得优秀与良好之间的可懂度
1.2～1.5s	将取得良好的可懂度，扬声器类型和位置变得很重要
>1.5s	需要精心设计（扬声器选型和间距）
1.7s	在大空间中取得良好可懂度受限制（分布式系统）——比如，购物中心，航站楼
>1.7s	需要指向性扬声器（教堂，多功能厅和强反射空间）
>2s	需要非常精心的设计。需要高质量指向性扬声器。可懂度可能受限（音乐厅，教堂，健身房/馆）
>2.5s	可懂度将受限。需要强指向性扬声器。大的（石头建造的）教堂，体育馆，体育场，封闭的火车站台和运输大厅
>4s	非常大的教堂，大教堂，清真寺，大且未处理的天井，飞机库，未处理的封闭滑冰馆/场，需要强指向性传声器，并尽可能靠近听音人放置

在设计或搭建用于混响和反射环境的音响系统时，要遵循的主要原则就是“将扬声器对准听众，并保证有尽可能多的声音是来自墙壁和天花板的反射”。虽然这会使局部的 DRR 自动最大化，但是现实不可能这么简单。有源和相位处理线阵列的推出对可懂度产生了巨大的影响，现在可以在混响和长混响空间中取得不错的可懂度。长达 5m(16ft) 的阵列已经可以应用了，甚至可以在 RT 长达 10s 的环境中，在 20 ～ 30m 以上的距离位置处产生出令人注目的可懂度。针对音乐的线阵列的应用也让体育场和音乐厅中音乐 / 演唱的清晰度明显得到改善。 反过来，点声源或低 Q 值声源的可懂度会随着距离的平方有效地减低，但这并不是精心设计 / 安装线阵列的理由。实例如图 40.23 所示，可以很容易看到：在强混响的大教堂（RT = 4s）中，可懂度（采用 STI 来度量）在 30m 的距离处几乎保持恒定。

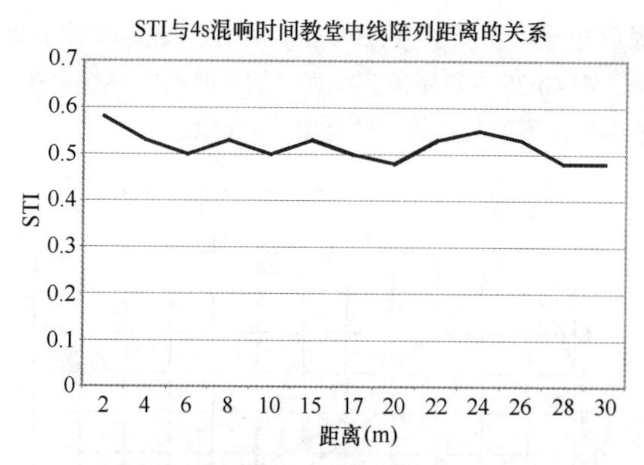

图 40.23　在长混响的教堂中，4m 长线阵列的可懂度与距离的关系

40.8　回声和后期反射声的进一步影响

正如已经解释的那样，在直达声之后 35ms 内到达的语言信号一般会与直达声结合在一起，有助于增强可懂度。在大部分音响系统（尤其是分布式扬声器系统）中，相当数量的早期反射声和到达声音将会出现在指定的听音位置。这些可以提供有用的遮蔽效应（时序掩蔽），它或许能将有用声音的到达时间扩展至 50ms。许多研究人员研究过单独或分立反射对可懂度的影响方式——其中最知名或许就是 Haas(哈斯)。

Haas 发现，在某些条件下，在初始直达声到达之后到达的延时声音（反射声）实际上可能比直达声还要响，同时不影响声源的视在位置。这种现象通常被称为哈斯效应（Haas effect）。Haas 还发现，后到达的声音可能或不可能感知为回声，具体则取决于其延时时间和相对声压级。这些发现对音响系统设计和效果的重要性尤为明显，例如，延时的补声扬声器在许多应用中被用来提高可懂度，这些应用从针对观众席的挑台补声系统和教堂内长椅区补声系统，到大型场地的后补声扬声器。如果声学条件允许，那么可懂度和声音清晰度的改善可以在不损伤定位的前提下取得。

图 40.24 所示的是由 Hass 给出的一组回声分布曲线，同时显示对回声或各种声压级、延时时间的次级声音干扰的灵敏度。

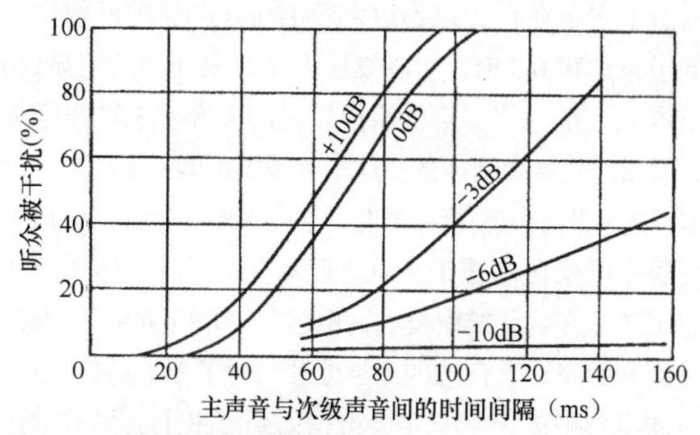

图 40.24　回声干扰强度是延时和声压级的函数（以 Haas 的名字命名）

图 40.25 所示的是各种延时时间和声压级的回声感知曲线（虚线），并表明当延时超过 5ms(比如，50ms 延时）时延时声音变得容易分辨了，在感觉不到之前，单一反射声或

次级信号一定要低于 10dB 以上，并在 100ms 时低于 20dB 以上。图 40.25 中所示的实线表示的延时声音将被感知为独立的声源，不再与直达声结合为一个整体。

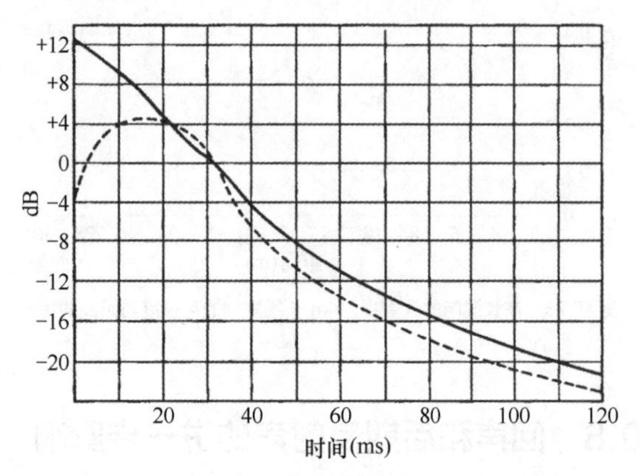

图 40.25 对回声的感知是延时时间和声压级的函数（以 Meyer 和 Shodder 的名字命名）

尽管回声确实很烦人，但它所引发的可懂度恶化程度不可能如我们想象中那么严重。基于 Peutz 的研究，由分立到达的声音或回声所导致的 %Alcons 下降情况如图 40.26 所示。曲线刚好从 2% 之下开始，这就是由参与实验的特定讲话人和听音人分组产生的残留损失。正如图 40.26 中所表示的那样，单一反射一般只由 2% ~ 3% 的附加损失造成。

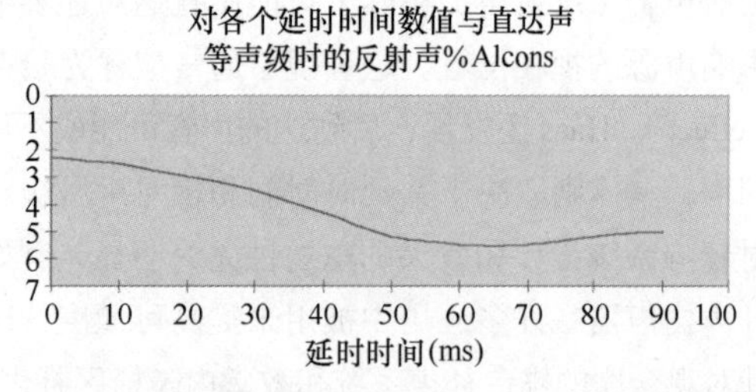

图 40.26 回声对 %ALcons 的影响（以 Peutz 的名字命名）

然而，在混响空间中工作的较复杂的系统常常可能引发并建立起后期反射，至少不严格地讲这会表现出有害的一面。图 40.27 表示的是在 1000 座音乐厅礼堂的舞台上测得的 ETC。从中可以清楚地看到一小部分明显的后期反射。

由于它是在直达声到达之后 120ms 到达的反射声，并且低于直达声 0.5dB，所以被认为是造成问题的明显因素。其根本原因是中间扬声器组投射出的声音被未经声学处理的后墙反射回舞台造成的。这不仅清晰可闻，而且当舞台上的讲话人利用系统进行扩声时，会让人们感觉极其讨厌——然而整个听众区的覆盖和可懂度却非常好。虽然所产生的问题明显是音响系统引发的，但这并不是音响系统的错误，而是因为后墙缺乏合适的声学处理。为了覆盖后排座位区，扬声器组辐射的声音一定会被投射到墙壁上。尽管通过设计舞台和合适的处理安排可将这一问题缓解，但在此时并没有此方面相关的设备安装，故产生极为讨厌的回声后果（后期的特定处理解决了这样的问题，从而也说明了将音响系统与声学处理相结合的重要性）。

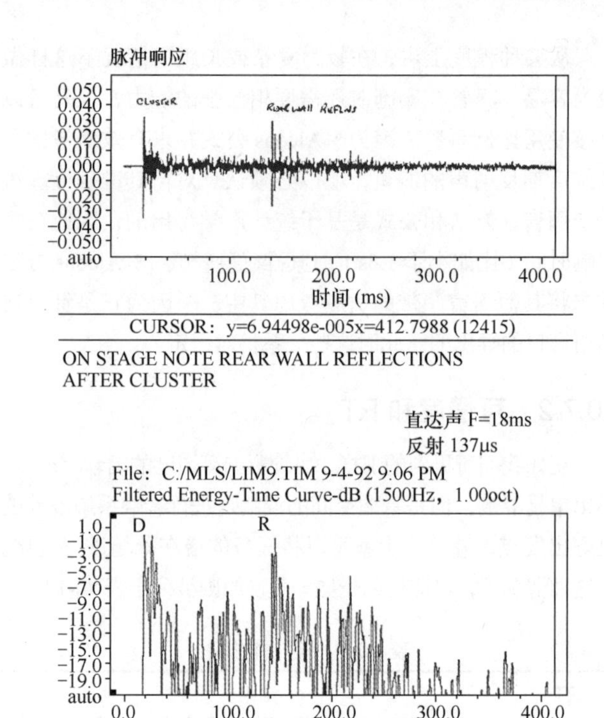

图 40.27 IR 和由场馆后墙到舞台的后期反射的 IR

图 40.28 表示出了同样的礼堂在初次安装音响系统期间所发现的另一个让人感兴趣的问题。这时我们还能清晰地看到一组后期反射声。这组强反射声出现在直达声到达之后 42ms，比直达声低了 1.9dB，而更后一组反射声是在直达声到达之后 191ms 到达的，比直达声低了 4.5dB。

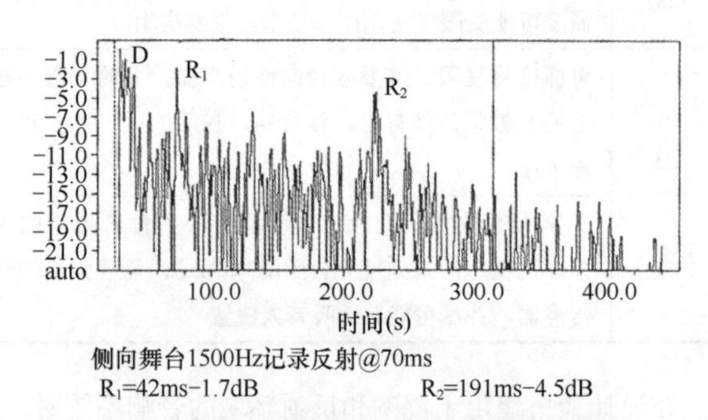

图 40.28 导致声音模糊和可懂度下降的场馆后期反射 ETC

或许令人惊讶的是，这些反射影响并没有建立起分立的回声，但却造成了可懂度损失，同时声音变得模糊。在其他临近的座位区，可懂度良好，测量到的 STI 为 0.7，而在可懂度差的座位区 STI 为 0.53。尽管比 0.7 低了很多，但是 0.53 这一数值还是表现出了与主观印象的密切关系。然而，Houtgast 和 Steeneken 着重提醒人们不要利用 STI 来评估有明显回声或强反射声的环境。然而，想不通过观测 ETC 来发现问题是不可能的。

40.9 声场覆盖的均匀性

在设计工作于嘈杂和 / 或混响空间的音响系统时，其根本问题是要确保现实中的直达声声压级的一致性。例如，在良好的声学条件下，6dB的波动变化（±3dB）是可以接受的，这样的波动变化在混响中可能导致可懂度有20%～40%的变化范围。在这样的条件下，40%的清晰度恶化量一般是无法接受的。单就噪声情况而言，将潜在可懂度的最低下降量限制为20%——但这将取决于噪声的频谱。因此，选定扬声器的离轴性能是很重要的——人们非常需要平滑且控制良好的响应特性。

在听众任意走动的场合（比如广场或购物中心），覆盖方面可能存在较大的波动变化，可懂度也是如此。然而，对于封闭空间中就座的听众或观众而言，其本质就是要让座位与座位的波动变化最小化。在关键应用中，2kHz和4kHz倍频程频带上的覆盖波动变化需要保持在3dB之内。这是一项苛刻的要求，常常有成本需求。下面的例子就是将这些因素综合考虑其中的情况：假定给定空间的*RT*=2.5s。计算表明：对着扬声器主轴方向的指定距离处给出了0.52 STI的数值（10% Alcons）——一个可接受的数值。然而，在离轴的位置上，直达声声压级只要下降3dB就会使预测的STI为0.40（%Alcons的数值仅有20%）——一个不可接受的数值，如图40.22所示。这表明在进行可懂度预测和音响系统设计时的关键是要牢记离轴位置和轴上位置的情况。尤其是在考虑多种应用时，潜在的可懂度将会因背景噪声（尽管不是主要的因素）的存在而进一步恶化。

40.10 计算机模型和可懂度预测

计算机建模和目前的先进技术在第9章"声学建模和可听化"和第35章"音响系统计算机辅助设计"中进行了深入的讨论，所以在此只对其进行概述。准确预测直达声和混响声声场，以及计算发生在任意指定点处的复杂反射序列能力在音响系统设计方面已经有了长足的改进。正如我们所见到的那样，按照当今的要求，单凭统计声场来计算可懂度并不能达到足够的精度——尤其是对于分布式音响系统。对反射序列及某一点上IR的计算需要更为复杂的分析，只有这样才能执行关于早期/后期声场比值和STI的直接计算（应该注意的是，尽管目前一些较为简单的程序和更早的预测程序据称可以提供STI的预测结果，但实际上他们是根据统计的%Alcons计算，并将计算结果转变成最终的RaSTI数值，因此对最终数值的精度要打上一个大大的问号）。

然而，有些程序能够实现高精度的可懂度预测，尤其是随着扬声器数据精度提高到了1/3倍频程带宽以及10°或更高角度分辨率的情况。另外，随着计算能力在不断提高，更长的反射序列和更高的阶次都可以在可懂度预测程序当中考虑，因此可以计算出更为准确的反射声场数据，程序也就更为实用。目前主要的限制因素并不是模型本身的数学精度，而是最初建模所耗费的时间和精力。对于许多方案来说，这不是简单的经济可行性问题，因此一些简单的预测子程序还是需要的，至少可以让我们大致掌握所提出音响系统的可懂度数量级。

40.11 均衡

令人惊讶的是，许多音响系统要么是没有安装均衡设备，要么是所安装的均衡设备不够。然而，系统正常安装均衡设备时所表现出的频率响应中的大部分波动变化（感知到的和测量到的）都可能对最终的可懂度和清晰度产生明显的影响。同样，在实施了均衡之后常常许多音响系统听上去的声音反而比实施均衡之前还要差。

这主要是因为进行均衡工作的人员对其想要完成的任务缺乏了解。关于均衡对可懂度的影响方面的研究似乎非常少。尽管笔者已经注意到有些系统通过使用均衡已经使可懂度改进了15%～20%，但是在其他方面所取得的改进却鲜为人知。

在对音响系统实施均衡之前通常可能会观察到引发频响异常的9大原因。假设扬声器具有合理的平坦度和良好控制的响应，以此作为开始，9大原因如下。

1. 局部边界的相互作用，如图40.7所示。
2. 扬声器间的互耦合或干扰。
3. 扬声器组中的单元不同步。
4. 声学加载不正确的扬声器（比如吸顶扬声器的后腔和/或耦合腔太小）。
5. 不规则（差的平衡）声功率特性与空间的混响和反射特性相互作用。
6. 覆盖不充分，导致主要的混响声偏离主轴。
7. 主要房间模式（本征音）的激励（虽然这些可能并未在频率响应上表现出强的不规则性，但是主观听上去可能有明显的可闻性和侵扰性）。
8. 对长线缆传输或过强大气吸收所引发的高频损失进行比较。
9. 吸顶扬声器栅格结构或装饰处理对扬声器的遮挡。

如果表现出强反射或声聚焦，那么房间声学的异常或缺陷可能会表现得更为明显。

均衡是个棘手的话题，人们可以从许多不同的视角来表达如何实施均衡，以及确定哪些是均衡可以实现的目标，哪些是均衡不可能实现的目标。只要解释均衡对音响系统可懂度和清晰度的明显改进就足够了。

在有些情况下，音响系统可懂度和清晰度的改善程度是非常惊人的——尤其是在不过分强调可懂度本身，而且还要考虑诸如听音舒适度和听音疲劳等相关因素时。这时的关键问题是没有一条通用曲线或均衡技术适合于所有时刻的所有音响系统。

下面我们举两个这方面的例子。图40.29所示的是强混响教堂内的音响系统均衡前后的响应曲线。所讨论的扬声器消声室响应是相当平坦的，并且高频响应得到了很好的拓展。因为测量（听音）位置处在临界距离之外，所以混响声场占据主导地位，它被辐射到空间内，并确定整体响应的总声功率。

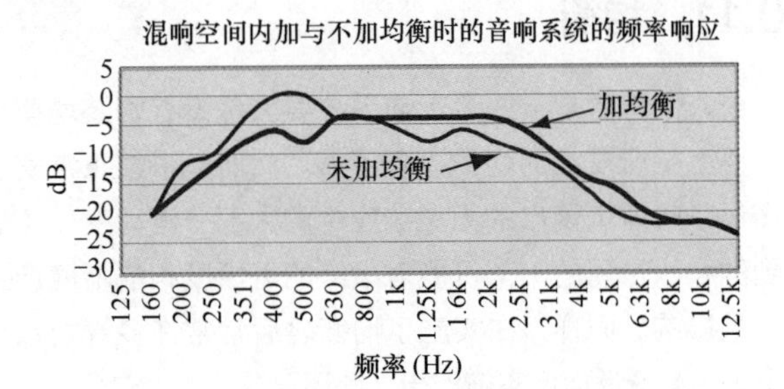

图 40.29 均衡前后的强混响教堂中音响系统的频率响应

所研究扬声器的功率响应不再平直，而是随着频率的升高而跌落（这是锥盆器件的正常变化趋势，有些器件会表现出比这更陡的滚降特性）。这一情况与建筑的坚硬石质结构所引发的低频较长 *RT* 相结合会过分地强调低频和中低频成分。在 400Hz 左右的峰值是由功率响应、扬声器的互耦合和边界相互作用效应综合作用所形成的。合成响应导致潜在可懂度产生了相当大的损失，因为此时高频辅音丢失了。实线表示的音响系统均衡明显地改善了清晰度和可懂度，有些音响系统可将最终的可懂度改善 15%。

图 40.30 所示的是被语言扩声系统广泛引用的均衡曲线。虽然已发现这对于混响空间的分布式系统有不错的效果，但这只是个指导方针，不应认为它是个十分严格的规定。与轴上频率响应越接近，具有较好平衡功率响应的扬声器表现出的高频滚降就越小，一般就可以让高频均衡曲线更多地向上扩展。重要的是要确保来自扬声器的直达声频率响应一开始就相对平坦，随后通过仔细地均衡房间频率响应，进行总体的调整，不要让这一声音要素（直达声）受到过分影响。

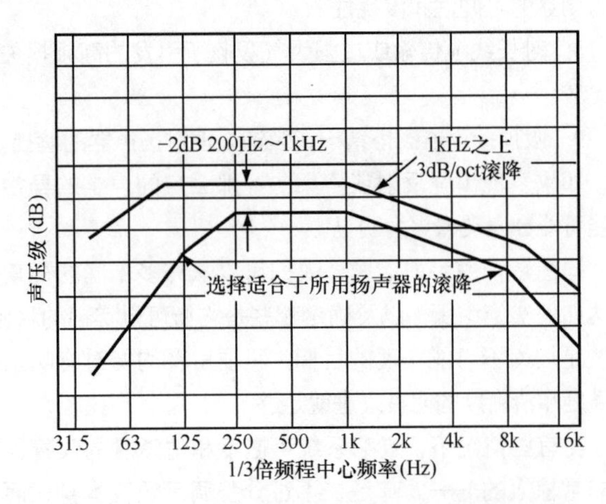

图 40.30 对于语言扩声系统而言的典型频率响应参考曲线

图 40.31 所示的就是这一情况的例子。它是在反射被很好控制的声学环境中采用的分布式两分频扬声器系统的频率响应。在这种情况中，高频响应滚降将完全不适用，系统的清晰度将会恶化。

虽然增加音响系统的低音可以使其听上去令人印象深刻，但与清晰度和可懂度则没有任何关系。实际上，一般这种解决方案将会降低可懂度和清晰度，在混响空间中更是如此。当音乐及其语言都需要通过系统来重放时，应在不同通路上使用不同的均衡设定，以便可以针对每种信号的不同要求进行优化。

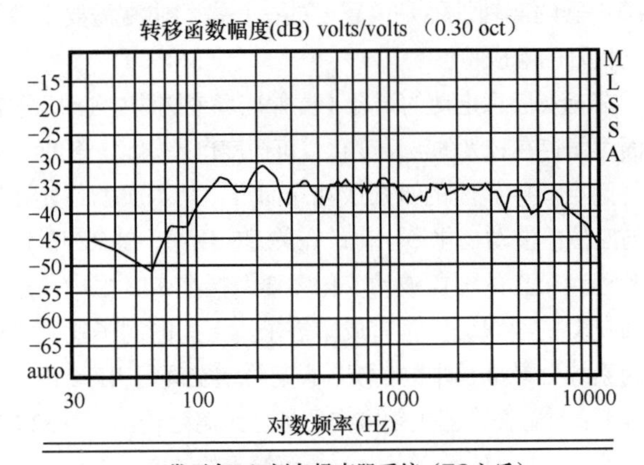

图 40.31 虽然存在反射，但在控制良好的声学空间中，分布式两分频扬声器系统的频率响应曲线

40.12 讲话者的清晰度和传送比

尽管音响系统的设计者对影响音响系统潜在可懂度的物理参量有一定的控制力或影响力，但是使用传声器的人对此却没有控制能力。有些讲话者的发音本身就比其他的讲话者清晰，因此最终的广播播报声也就会更清楚。

然而，一定不要忘记：即便是发音不错的讲话者也会造成潜在可懂度产生一定的损失。例如，Peutz 发现音响系统和当地环境因素会让发音不错的讲话者的 Alcons 损失额外再增加 2% ～ 3%，甚至更大。而对发音差的讲话者可能造成的额外损失会高达 12.5%。因此，为了弥补这种潜在的可懂度损失，重要的一点就是给音响系统设计留出一定的安全余量。

借助音响系统发言的讲话人语速也是一个重要的影响因素——尤其是在混响空间当中。让在声学条件恶劣的环境中（比如大教堂，空旷的竞技场，体育馆或其他未经声学处理的场地）讲话人以稍慢于正常语速的速度讲话可以让可懂度得到一定程度的改善。

训练信息播报人或使用者如何使用音响系统，以及如何对着传声器讲话可以明显改善可懂度。虽然不能过分强调正确训练的必要性，但是这是人们常常忽视的一个因素。将信息预录到高质量的宽频带数字存储设备当中可以在一定程度上解决这方面的问题。

对于强混响的空间，讲话的语速要比正常的语速慢一些——比如，语速从大约每秒 5 个左右的音节降到每秒约 3 个音节。这在正常的工作条件下可能是非常难以做到的，但经过认真地演练，进行更慢速的录音会是非常有效的。同样，笔者发现，将人讲话声音中稍加延时或混响的信号反馈回来（比如，通过头戴耳机或耳塞）可以非常有效地将语速减慢下来——但是这必须要认真地控制和设定延时，因为太多的延时可能会令人不悦并产生副作用。

研究表明：当可以看到讲话人的嘴唇运动时，可以改善可懂度。在低可懂度（比如，在 0.3 ～ 0.4 AI 的情况下，可视交流可以使可懂度提高 50%。即便是还不错的可懂度（比如，0.7 ～ 0.8AI），也会观测到可懂度有 10% 的改善。这就暗示着：寻呼和紧急语音报警系统的潜在可懂度实现起来要比扩声系统更加困难，因为后者一般都会有附加的可视提示信息存在。

40.13 可懂度量化技术的总结

如下给出的要点会有助于进行音响系统可懂度的优化处理，或者对其他想法和设计方案起到催化剂的作用。尽管有些要点是非常基本的要求，但是通过这些微小的调整或简单地再设计可以让许多音响系统的性能得到明显地改善。

• 将扬声器对准听众，并保证有更多的声音由墙壁和天花板反射回来——尤其是在混响空间或者可能产生长声程回声的场合。

• 让扬声器与听众之间保持无遮挡的直视视线。

• 让扬声器与听众之间距离最小化。

• 保证系统有足够的带宽，最低的要求是 250Hz ～ 6kHz，最好上限是大于 8kHz ～ 10kHz。

• 避免频率响应出现异常，利用合适的均衡来校正无法避免的频率响应峰值。

• 尝试避免将扬声器安装在角落。

• 避免出现长声程延时（大于 45ms）。利用电子信号延时来解决诸如扬声器间距 20ft/6 m（30ft/9m，最大）所带来的问题。

• 在混响空间中利用指向性扬声器来优化潜在的 DRR（如果可能的话，利用建模法让模型呈现出平滑控制且具有合理平坦度或缓慢变化的功率响应曲线）。

• 使直达声声场覆盖波动变化最小化。要记住，在强混响的空间中，3dB 的低波动变化都有可能产生有害的影响。

• 确保语言的 SNR 至少为 6dBA，最好是大于 10dBA。

• 利用自动噪声声压级检测和增益调整来优化背景噪声可能存在变化的场合的 SNR。

• 为播音员传声器找一个安静或不受干扰的安放区域，或者使用高质量的，具有良好频率响应且能抵消噪声影响的传声器。

• 保证传声器的使用者经过正确地操作培训，知道不能随意离开传声器的必要性，以及在混响环境中要清晰地发音并放慢语速。

• 重复重要的内容。

• 在非常恶劣的声学环境中，使用简单的语汇和内容表达方式。考虑采用高质量的专用预录设备来发布消息。

• 考虑对声学环境进行改进处理。不要孤立地设计音响系统。要记住声学环境对任何音响系统的性能发挥都会构成限制。

40.14 可懂度条件和测量

在之前的章节中我们已经注意到有大量的可懂度标准，以及标称和评测方法。在此我们将对其进行更为深入和广泛地介绍。由于每一种技术都比较复杂，所以读者可以参考本章最后部分给出的参考文献，从中可以获取更为详尽的信息。

很显然，能够确定特定目标想要达到的可懂度程度或者以此对特定的项目或系统定出客观的指标是很重要的。这种要求自然也要遵循满足给定条件的相应测量和评估方法。可懂度测量和评估技术可以大致分成如下两类。

1. 基于主观的测量——采用分组听音方式进行样本提取，并使用各种基于语言的测试素材进行主观评测。

2. 进行与听音感知有关的参数或参量的客观声学测量。

基于主观的评测包括记录单词识别率得分，句子识别，修改节奏检测和音节（logato-me）识别。客观声学测量包括宽带和加权 SNR，AI，Speech Interference Level（SIL 和 PSIL，语言干扰级），DRR 测量（包括 TEF%Alcons 和 C35/C50），以及 STI。在后面的技术中，这些还有许多子分类。

不应忘记的是，并不只是扩声或公共广播系统需要对可懂度进行评估，其他相关的声频应用，比如电话和通信（基于电话 / 耳机或扬声器）系统，以及电话会议系统和其他通信通道（比如无线电）也对可懂度有要求。针对听力困难人群的助听系统可能也要利用下面所描述的大量技术进行评估和评价，因为刻意追求的有效噪声掩蔽系统反过来会造成可懂度的下降。为了评估空间的自然可懂度也可能需要进行测量，以便可以针对语言扩声系统的潜在利益或需求进行评估和客观评价（比如教堂，教室和讲演厅 / 礼堂等）。

由于并不是所有的技术都适用于每一种应用，所以在每一部分的结尾处都会对技术应用的场合进行说明。另外也将对每种方法的应用局限性进行简要的讨论。

40.14.1 基于主观的测量和技术

可懂度的基础测量当然是语言本身。已经开发出来许多用来评估语言可懂度的技术。最早的研究工作始于 20 世纪 20 年代和 20 世纪 30 年代，其研究是针对与电话和无线电通信系统相关方面的课题。这些研究工作包括噪声、SNR 和带宽所产生的影响，将主观测量方法公式化［其中的许多工作都是在 Harvey Fletcher[哈维 . 弗莱彻）领导下的 Bell Labs（贝尔实验室）完成的]。各种检测方法的灵敏度也由此建立起来，可以看到测量中采用的句子和简单的单词对劣化最不敏感，常常提供不出能够对所研究参量产生明确结论的足够详细的信息。

为了确保所有的语言声音是同样的，需要研究开发出音位平衡（Phonetically Balanced ，PB）单词表。单词表先是有32单词，之后是250个单词，最后确定为1000个单词。另外也开发出了采用音节（logatome）的测试。虽然这些后开发的测试对于语言信息损失的测量最灵敏，但是方法复杂、耗时且应用成本高。

所开发的改良韵律测试（Modified Rhyme Test，MRT）是一种用来替代PB词汇表的较简单方法，它适合于在现场使用，只须简单培训就能进行测量（较灵敏的方法可能需要在开始实施实际测量之前进行数小时的主题培训）。各种方法及其相互之间的关系如图40.12所示，其中AI法常被当作基准来使用。

40.14.2 客观的测量和技术

40.14.2.1 AI

AI是开发出的将声学测量结果与潜在可懂度关联在一起的初期标准和评估方法。AI涉及噪声对可懂度影响的评估，它主要是为评估电话通信通道而开发的。虽然后来增加的校正考虑了房间混响的因素，但是这些方法对于音响系统应用而言准确度还不够。用AI来评估和评价噪声对语言的影响还是非常准确的，而且是很有用的方法。ANSI标准S3.5 1969（后来在1988年和1997年分别进行了修订）详细说明了基于干扰噪声和想要语音信号频谱（要么依照1/1倍频程频带，要么是依据1/3倍频程频带）测量的计算方法。

指数范围为0～1，其中0代表无可懂度，1代表100%可懂度。指数对于在房间混响影响可忽略不计的应用场合中评价噪声对语言的影响也非常合适——比如通信通道或飞机机舱等。

另一个重要的应用与办公室和商业环境中语言私密性评估有关。这种场合需要的是非常低的AI评分，为的是确保听不清邻近区域的语音交谈。这对于建立和调整声音掩蔽系统而言是极为有用的，并且针对此目的的语言私密性评估尺度也已开发出来。不幸的是，将测量结合其中的商用分析仪凤毛麟角，如果可以利用1/3倍频程实时频谱显示的数据，那么测量实现起来将会极为简单。目前，这种应用中的大部分AI用户要么是必须手动计算出结果，要么是利用简单的电子表格程序来计算出结果。

40.14.2.2 辅音清晰度损失

这种方法是Peutz（皮奥茨）在20世纪70年代开发的，并在20世纪80年代进行了更进一步地提炼。尽管最初的公式使用起来很简单，实际上它是基于对DRR比的计算实现的，但这并不是立刻从公式上显现出来。复杂形式的公式考虑了噪声和混响的因素（但不幸的是它所得出的数值与利用简单形式公式计算得出的数值并不完全类似），它被许多人认为是太过乐观的形式。最初的研究工作是基于人的语言，而不是音响系统[最早的预测公式在1971年被Klein（克莱因）进行了修正，成为现在人们所熟悉的形式]。

在1986年，人们进行了一系列有关语言可懂度方面的实验，为的是找出混响条件下所取得的MRT识别率评分与TEF分析仪上实现的DRR测量结果间的相关性。这是首次允许广泛应用预测和设计评价技术进行现场测量。然而，在采用这种方法进行相关性测量时确实必须考虑许多限定因素。这时所采用的测量带宽要近似等于以2kHz为中心频率的1/3倍频程。尽管在3个差异非常大的场合应用了这种方法，每种场合使用了3种明显不同的扬声器和指向性，但是相关性及其方法只在单一声源的音响系统上成立。为了设置ETC测量参量和因子游标，要求测量操作者要具备相当的能力，以便在正确的可视范围上获得答案。尽管如此，测量还是提供了非常有用的评估和分析方法。在1989年，Mapp（马普）和Doany（多安尼）提出了将技术拓展到分布式和多声源音响系统的方法，这是通过将测量窗口的持续时间扩展至40ms左右来实现的。

该方法的一个主要限制是只使用了2kHz频带。对于自然的语言，不同讲话者之间基本上呈一致的指向性，故单频带测量的准确度是可以被接受的。然而，对于音响系统中使用的大部分扬声器而言，其指向性类型却并非如此，它们并非是恒定的，而是随着频率的变化而呈现出非常明显的变化——即便在相对窄的频率范围上也是如此。同样，只在一个较窄的频带上进行测量是无法获得系统整体响应结果的。因此，测量相关度的准确性就变得极为可疑，任何提取的视在%Alcons数值都必须谨慎对待。

40.14.2.3 DRR与早期后期反射声之比

作为一种预测方法，DRR测量、或更准确地讲就是将直达声和早期反射声能量与后期反射声和混响能量之比用于建筑和厅堂声学潜在可懂度测量已经很多年了。用来划分直达声或直达声和早期反射声及后期能量的时间分割法有很多。其中最常测量的是C50，它是前50ms时间内产生的总能量与冲激响应的总声能的比值。另一种常测量的是C35，其时间划分点为35ms，有时还测量C7，这种早期时间划分产生的几乎就是纯粹的DRR。

虽然并没有开发出定义良好的度量尺度，但一般建议良好的可懂度（在礼堂或类似的大声学空间中）最起码C50要为正的数值，而+4dB的C50应是目标值（这与约0.60的STI或5%Alcons等效）。测量一般是在1kHz频带上进行，或者是对整个频率范围的平均值。方法并未考虑背景噪声因素，由于缺少明确定义的尺度和频率限定，所以在音响系统方面的应用受到限制——尽管没有任何原因表明为何在不同频率上获得的数值不能以加权的形式组合在一起[1]。Bradle（布拉德）将C50和C35的概念扩展了，引入了U50和U80等概念，其中U代表的是有用的能量。他还将SNR因素的影响包含其中。虽然这一概念是一块有用的语言可懂度测量调色板，但是它并没有流行起来——但可以将它当作一个非常有用的诊断工具来使用，并且可以进一步加深我们对语言可懂度的理解。

40.14.2.4 STI，RaSTI和STIPA

STI技术也是在荷兰开发的，其研发时间与Peutz开

发 %Alcons 的时间基本相同。虽然 %Alcons 方法在美国流行开来，但是 STI 则在欧洲应用得更为普遍，并且被许多国际和欧洲标准及与音响系统语言可懂度性能相关的实践规范所采用，另外与飞机声频性能有关的国际标准也采用了这种测量方法。（如今 STI 也被针对火警和火警信号的更新版 NFPA 72 规范所引用）。让我们感兴趣的是，%Alcons 主要是作为预测技术开发的，而 STI 则是作为测量方法开发的，它在预测方面表现得并不直观！

技术将声源 / 房间（声频通路）/ 听音人视为传输通道，测量参量是经过通道时特殊测试信号调制深度的下降量，如图 40.32 和图 40.33 所示。STI 特有的非常重要性能就是它在评估潜在可懂度时将混响和噪声的影响自动考虑其中。

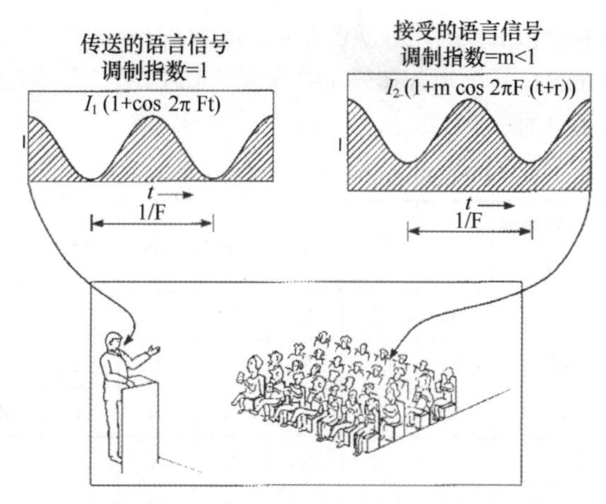

图 40.32　房间混响造成 STI 和调制指数下降的原因

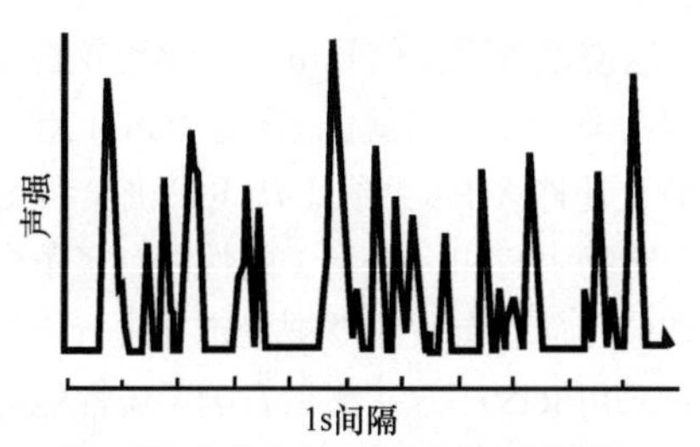

(a) 人讲话声片段中存在大包络幅度的例子

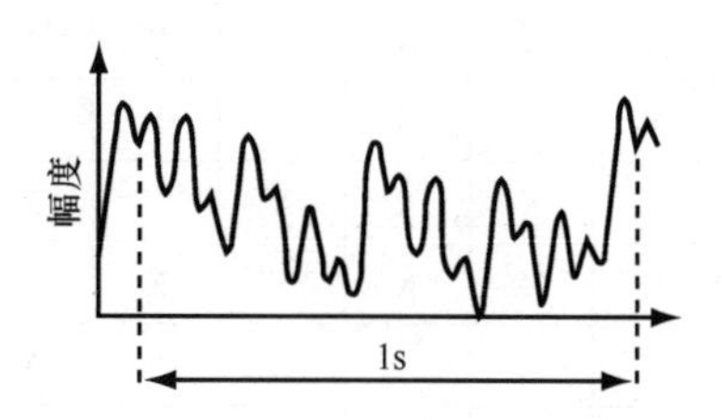

(b) RaSTI 信号调制（应用于2kHz倍频程上）

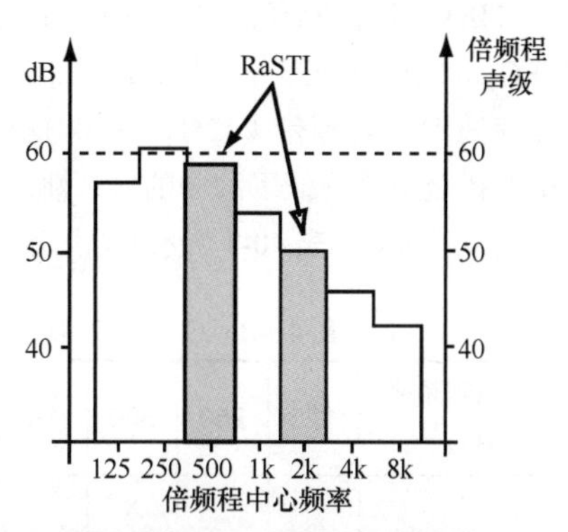

(c) 普通人讲话的长期平均倍频程频谱（距离讲话人1m，$L_{eq,A}$=60dB）。阴影部分表示的是用在 RaSTI 方法中的载波信号

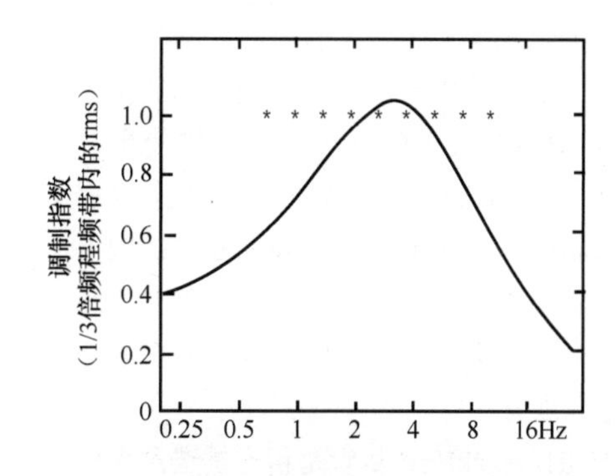

(d) 表示出人讲话的调制谱的曲线。将用于RaSTI方法中的分立调制频率标记为“*”。在500Hz倍频程中使用了4个调制频率，而在2kHz倍频程上用了5个调制频率，如下。
500Hz倍频程：1Hz, 2Hz, 4Hz, 8Hz
2kHz倍频程：0.7Hz, 1.4Hz, 2.8Hz, 5.6Hz, 11.2Hz

图 40.33　倍频程频带频谱和语言调制频率的 STI 和 RaSTI 的原理

后来，Schroeder（施罗德）表明它借助系统的 IR 还可以测量调制下降量和 STI。如今，现代信号处理技术允许采用各种各样的测试信号（包括语言或音乐）来获取 IR，并以此计算出 STI。当前，有许多测量设备和软件可以利用，并且能够直接测量出 STI。然而，在使用有些程序时，必须要注意的是，应确保它将任何的背景或干扰噪声正确计算在内。

完整的 STI 技术是非常不错的分析方法，它是以自然语音中发生的幅度调制为基础，如图 40.33 和图 40.34 所示。测量采用的是 125Hz ～ 8kHz 范围上的倍频程频带载波频率，因而它覆盖了大部分正常语言的频率范围。在 0.63 ～ 12.5Hz 范围上，每个频带测量 14 个单独的低频（类似于语言）调制。

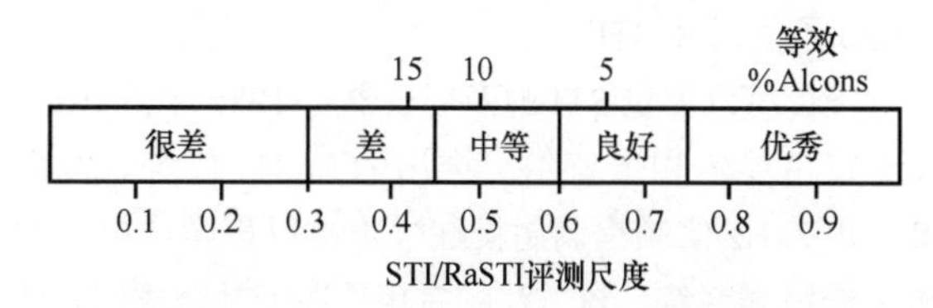

图 40.34　STI 的主观评分，以及与 %Alcons 的比较

因此，每个 STI 数值总共要测量 98 个数据点（7 个倍频程载波 × 14 个调制频率）。因为 STI 方法几乎是针对整

个语言频带工作的，所以它非常适合评估音响系统的性能。完整的 STI 数据矩阵如表 40-2 所示。其中的“X”代表的是要提供的一个数据值。

表 40-2　STI 调制矩阵

载波/调制频率 (Hz)	125	250	500	1K	2K	4K	8K
0.63	X	X	X	X	X	X	X
0.80	X	X	X	X	X	X	X
1.0	X	X	X	X	X	X	X
1.25	X	X	X	X	X	X	X
1.6	X	X	X	X	X	X	X
2.0	X	X	X	X	X	X	X
2.5	X	X	X	X	X	X	X
3.15	X	X	X	X	X	X	X
4.0	X	X	X	X	X	X	X
5.0	X	X	X	X	X	X	X
6.3	X	X	X	X	X	X	X
8.0	X	X	X	X	X	X	X
10.0	X	X	X	X	X	X	X
12.5	X	X	X	X	X	X	X

在 STI 被开发之初，执行上述计算的处理量已超出了经济型处理器的技术性能，所以想出了一种较简单的派生测量方法——RaSTI。RaSTI 代表的是快速语言传输指数 [Rapid Speech Transmission Index，后来变成房间声学语言传输指数（Room Acoustic Speech Transmission Index），因为在实现音响系统性能测量上存在不足 [2, 3]]。RaSTI 仅使用两个倍频程频带载波上的 9 个调制频率，因此其所要求的处理能力被降低了一个数量级。

倍频程载波为 500Hz 和 2kHz，尽管是精心挑选用来覆盖元音和辅音范围的，但这并不意味着被测系统必须要具备合理的线性，并表现出良好拓展的频率响应。不幸的是，许多寻呼和语音报警系统并未满足这些条件，从而导致人们对读取的数据准确度产生了疑问（然而，它所考虑的频率范围还是要比传统的 DRR 和 %Alcons 方法宽一些）。图 40.35 所示的是笔者通过 RaSTI 仿真和评价的音响系统响应。尽管大部分语言频谱完全缺失了，但是结果却几乎是完美的 0.99 STI 得分 [注释：最新版的 IEC 60268-16（第 4 版 2011）强烈建议不使用 RaSTI]。

第一台可以测量 STI 的商用仪器是 1985 年由 Brüel & Kjaer（布吕埃尔和卡亚尔）推出的 RaSTI 仪表。发出的 500Hz 和 2kHz 倍频程调制粉红噪声被以声学或电学的方式传输给被测系统。该方法的有用性在于其合成信号的属性与语言信号非常类似，其波峰因数约为 12dB，这与普通语音信号（约为 15 ～ 20dB）相当。500Hz 和 2kHz 信号的相对电平也以可以和自然语音相比拟的正确比值自动传输。

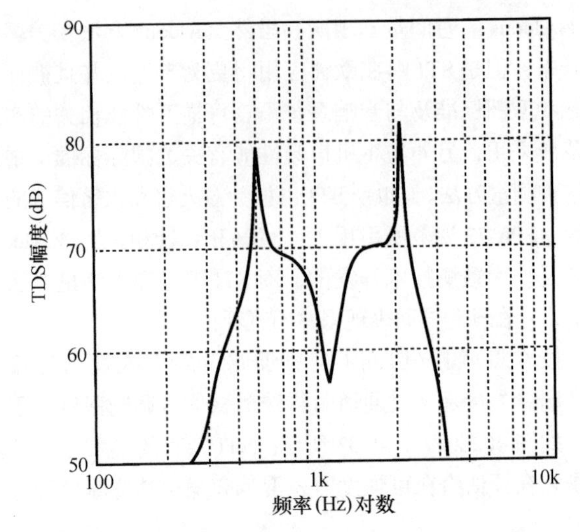

图 40.35　通过模拟系统频响曲线的 500Hz 和 2kHz 的响应，虽然它反映出系统有出色的 RaSTI 数值，但是音质很差

这使设置测试信号电平变得比较直观，只须经过简单培训的非专业人员就能胜任。RaSTI 测量方法的推出和使用简直让许多 PA 系统（从飞机机舱和飞行记录系统到火车、购物中心和大教堂）的性能有了革命性的改变，这类系统的可懂度首次能够被设定并进行方便地验证。随着人们对采用 RaSTI 方法测量音响系统性能的局限性了解得越来越清楚，自然人们就需要一种替代的方法 [2, 3]。在 2001 年，STIPA（用于 PA 系统的 STI）被推出，并在 2003 年成为 IEC 268-16 的一部分。与 RaSTI 不同，STIPA 测量基本是在完整的语言频带（125Hz ～ 8kHz）上完成的。然而，采用的稀疏矩阵降低了激励的复杂性，同时也缩短了相应的测量处理时间。表 40-3 所示的是用于 STIPA 的调制矩阵。

表 40-3　STIPA 调制矩阵

载波/调制频率 (Hz)	125	250	500	1K	2K	4K	8K
0.63			X				
0.80						X	
1.0	X	X					
1.25					X		
1.6	?						
2.0				X			
2.5							X
3.15			X				
4.0						X	
5.0	X	X					
6.25					X		
8.0	?						
10.0				X			
12.5							X

当前的 IEC 60268-16（第 4 版，2011）对上述调制稍稍

进行了修改，为 125Hz 频段提供了单独数值。

自从其问世以来，STIPA 技术发展迅猛，至少有 4 个厂家生产了手持式便携测量仪器（虽然有些仪器的准确度比其他的仪器更高一些[4*]）。与 RaSTI 的方式类似，STIPA 信号是整形的语言，所以会自动提供评估音响系统的正确信号（STIPA 是受保护的名称，它指的是利用调制信号进行的测量。尽管 STIP 可以由 IR 导出，但是任何这样的测量都必须清楚地表明是一个等效的 STIPA）。新版标准也有助于确保各种 STIPA 仪表完全兼容，所以任何两块采用相同 IEC 60268-16（第 4 版）的测试信号仪表都能提供一样的结果。

执行单一 STIPA 测量所需要的典型时间约为 12 ～ 15s。然而，由于测试信号是基于一个伪随机信号，所以在两次测量读数间可能存在一些自然的波动变化。正因为如此，建议至少进行 3 次数据读取，以确保所得测量结果的可靠性。STIPA 与 STI 有非常密切的关系，并解决了与 RaSTI 有关的大部分问题。然而，就像 STI 一样，它与完美的测量还是有很大的差距，其中有许多我们需要了解的局限性。

STIPA 易受某些形式数字信号处理的攻击，尤其是 CD 播放器误码的攻击。STIPA 一般是分配存储在 CD 上，有些 CD 播放器可能引入明显的误码。因此至关重要的是要进行循环测量，以确保生成有效的信号。然而，近来信号分配已经采用固态存储卡上的 wav 文件形式来实现，而且还可以直接下载，这样有助于解决此前的问题[4]。包括一些误码检测形式在内的大部分硬件应用——尤其是测试期间出现的突发噪声的检测。并不是所有的 STIPA 仪表都将存在于语音声压级和可懂度之间的声压级依存关系集成到仪表当中——尽管 IEC 60268-16 标准已经对此进行了清晰的定义。标准要求的掩蔽函数同样也是如此。

STI 和 STIPA 的主要不足之一就是它们无法正确评估均衡对音响系统产生的作用。例如，此前描述了针对系统所进行的 STI 测量，图 40.27 中表现出的均衡前后的频率响应是完全一样的——只不过单词辨别率的可懂度得分有了明显的改善。采用 STI 来正确处理这种情况并不是一种简单或直观的方法，要想实现这种情况下的准确测量，事先还是要花一定时间的。

STI/RaSTI 刻度范围为 0 ～ 1。0 代表的是完全不可懂，而 1 代表的是完美的声音传输。在 STI 度量尺度与基于主观的单词表测试之间存在着良好的相关性。与当前所有的客观电声测量技术一样，STI 实际上并未测量语言的可懂度，而只是测量了与可懂度有强相关度的某些参量。它还假设传输通道是完全线性的。基于这一原因，某些系统的非线性或时变处理可能会愚弄所进行的 STI 测量。STI 还容易被后期分立到达的声音（回声）所破坏。然而，通过考察调制下降矩阵很容易发现这些问题。

STI 调制下降系数 $m(f)$ 的基本公式为

$$m(f)=\frac{1}{\sqrt{1+\left(\frac{2FT}{13.8}\right)^2}}\times\frac{1}{1+10^{\frac{-L_{S/N}}{10}}} \qquad (40\text{-}5)$$

不幸的是，该公式不能直接求解，运行 STI 预测的复杂程序需要仔细地进行计算机建模和声场分析。在 STI（RaSTI）与 %Alcons 之间存在一个近似关系。两种测量尺度如图 40.34 所示，而表 40-4 给出了一个等效数值的数字集合。

表 40-4 RaSTI 和等效数值的 %Alcons 数字集合

质量	RaSTI	%Alcons	质量	RaSTI	%Alcons
	0.20	57.7		0.62	6.0
	0.22	51.8		0.64	5.3
	0.24	46.5		0.66	4.8
	0.26	41.7		0.68	4.3
恶劣	0.28	37.4		0.70	3.8
	0.30	33.6		0.72	3.4
	0.32	30.1		0.74	3.1
	0.34	27.0	良好	0.76	2.8
	0.36	24.2		0.78	2.5
	0.38	21.8		0.80	2.2
	0.40	19.5		0.82	2.0
	0.42	17.5		0.84	1.8
差	0.44	15.7		0.86	1.6
	0.46	14.1		0.88	1.4
	0.48	12.7		0.90	1.3
	0.50	11.4		0.92	1.2
	0.52	10.2	优秀	0.94	1.0
	0.54	9.1		0.96	0.9
	0.56	8.2		0.98	0.8
中等	0.58	7.4		1.0	0.0
	0.60	6.6			

在评估 PA 和音响系统时，用于 STI（和 RaSTI/STIPA）的主观度量尺度已经导致出现了相当大的混乱（例如，假如在高混响或声学条件恶劣的环境下听音，0.5 STI 的标称值被评价为良好，而不只是中等）。实际上，0.45 ～ 0.50 STI（以及更为特殊的 0.55 STI）在感知上通常也是存在一个标记差级的——尽管它们全都被评价为中等。在解决问题的尝试中也增加了对容忍度的测量，笔者曾建议过使用新的评价尺度来对 PA/ 音响系统进行评测（Mapp 2007）[5]。建议的评价尺度如图 40.36 所示，它是基于一系列指定的频带，而不是绝对的类别。虽然频带保持固定不变，但是其应用可能会发生变化（比如紧急情况语音播报系统），以至于可能需要它们满足“G”类或以上级别的要求，反过来用于剧院和音乐厅的高质量系统可能要满足“D”类要求，助听系统可能要满足“B”类或以上级别的要求等（见表 40-5）。新的评测尺度已被 IEC 60268-16 所采纳，并成为第 4 版标准（2011）的一部分。

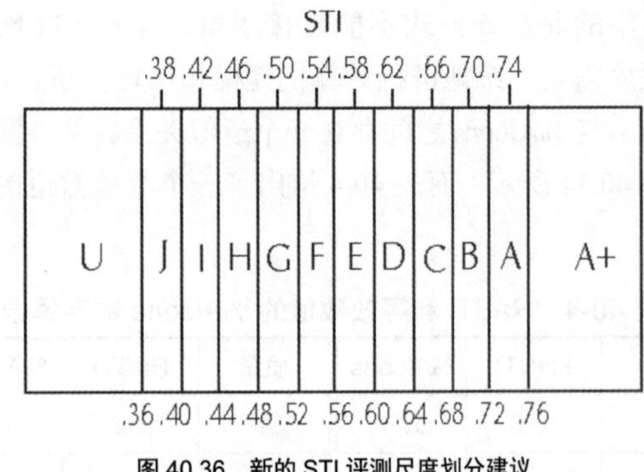

图 40.36 新的 STI 评测尺度划分建议

表 40-5 针对音响系统可能的评级方案

类别	典型应用	注释
A		
B	剧院，演讲礼堂，HOH系统	高语言可懂度
C	剧院，演讲礼堂，电话会议	高语言可懂度
D	阶梯教室，教室，音乐厅，现代教堂	良好的语言可懂度
E	音乐厅，现代教堂	高质量PA系统
F	购物中心，写字楼，VA系统	良好质量的PA系统
G	购物中心，写字楼，VA系统	针对VA/PA的目标要求
H	恶劣声环境下的VA & PA系统	针对VA/PA的较低目标
I	恶劣空间的VA & PA系统	
J	不合适的PA系统	
U	不合适的PA系统	

反观STI，它确实结合了一定程度的诊断能力——比如，如果语言可懂度的下降主要是由噪声、混响和后期反射声的存在引发的，那么它能很容易确定——在确定实际应用的合适补救措施和确定问题根本原因或有害反射面时，采用能提供ETC或IR的视觉显示是非常有价值的。因此，在处理包括指向性和极坐标ETC测量这样的问题时笔者采用了组合技术。

40.14.2.5 语言清晰度指数（SII）

语言清晰度指数（Speech Intelligibility Index，SII）这个相对新的指数（ANSI S3.5 1997）不但与AI有密切的关系，而且也利用了一些STI概念。SII计算与语音通信带宽有关的多个频带的有效SNR。拥有不同频域分辨率的几种程序可供使用。这其中包括常规的1/3倍频程和1/1倍频程，以及21个频带的临界带宽（ERB）分析。基于17个相等贡献频带的每个分析也被包含在内。该方法表现出的特性更适合于直接通信通道，而不是扩声和语音播报系统，但在混响影响很小或根本没有影响的情况下，该方法还是可以利用的。它也可以用来评测和量化语言掩蔽系统的有效性。

40.14.3 语言清晰度测量的发展前景

正如之前讨论中所见到的那样，要想真正测量语言可懂度本身还有很长的道路要走。目前我们所能做的一切就是在一定的条件下测量多个与可懂度相关的物理参量。要做到一个数量级的改善就需要将这些物理参量的异常和不可靠程度降低。现代PC的能力已胜任基于测量进行更多的感知评测工作，这种情形已经发生于电话网络当中了。然而，一定不要忘记的是，在现场使用必须是简单的操作系统，它由无须严格培训的工作人员来操作，因为有一件事是可以肯定的：在未来的几年间对满足可懂度标准的测量和证明需求将会迅速扩张——STIPA的引入确实加速了这一进程。需要进行这类评测的应用范围也将快速扩张，并且将涵盖几乎所有公共交通设施，以及所有基于语音形式的人身安防系统。教堂、礼堂、教室、体育馆和运输终点站场所的较传统测试也必定迅速扩展。随着DSP技术持续发展，以及人们对心理声学和语言学的认识不断深化，人们通过控制语音信号，使其具有更好的可懂度的能力也将进一步增强。这样的测量进程将是令人兴奋的挑战。

在接下来的几年间将有可能看到发展的特定领域就是双耳可懂度测量的发展和使用——可能以STI为其基础。笔者也已尝试利用STI和STIPA来确保语音的私密性和语音掩蔽系统的有效性。虽然这是具有潜在发展前景的技术，但在可能成为可行技术之前还是要克服存在的许多障碍——尤其是在语言可懂度和STI评测尺度的低端STI之间还需要做相当多的研究工作[5]。助听系统的测量和可懂度评价也是当前研究的课题[6]，并且已显现出相当好的发展前景，人们希望针对这一专业且日益重要的领域的一系列新标准和测量技术能够被研发出来。实际语言信号和其他常见的PA信号的使用也在研究当中，并为研发损伤较小的测量技术铺就了发展道路。

鸣谢

笔者对于JBL Professional授权在本章论述中引用其技术备忘录“语言清晰度”[Technical Note “Speech Intelligibility”（TN，vol. 1，no. 26）]中首次公布的大量图表和图形深表谢意。笔者同样要感谢Don和Carolyn Davis（戴维斯夫妇）在1986年首次举办的Syn-Aud-Con语言可懂度研讨会（Speech Intelligibility Workshop），此后这次研讨会一直激励人们对这一主题进行更深入地研究。

第41章

虚拟系统

Ray Rayburn编写

41.1 音响系统的设计

音响系统由如下3个基本部分构成。

- 输入换能器。
- 信号处理。
- 输出换能器。

41.1.1 模拟系统

换能器是将能量从一种形式转变为另一种形式的器件。

音响系统中使用的主要输入换能器类型就是传声器。它将被我们称为声音的声能形式转变为携带同样信息的电能形式。另外一种常见的声频输入换能器还包括磁头、光学传感器、无线电接收机和唱片拾音头。磁带录音机，软盘和硬盘驱动器是利用磁头将磁性介质上的模拟或数字形式磁化模式转变为电信号。光学自由空间链路，光纤接收机和CD及DVD播放器全都是利用光学传感器来将光能转变为电能的。无线电接收机将精心选择的射频能量部分转变为电能。电唱机的唱头（拾音器）则将记录沟槽的机械运动转变为电能。

同样，音响系统中使用的最为常见的输出换能器类型就是扬声器。它将电能再转变回声音的声能形式。其他一些常见的输出换能器包括耳机、磁头、激光器、无线电发射机和记录刻纹头。耳机是专门用来将电信号转变为声信号的换能器，其目的是只为一个人产生声音信号。磁带录音机、软盘和硬盘驱动器是利用磁头将电信号转变为磁性介质上磁化模式的。光学自由空间链路，光纤发射机，CDR，CDRW，DVD±RW和BD记录器全都是利用激光器将电能转变为光能的。无线电发射机将电信号转变为射频能量。唱片刻纹头将电能转变为记录沟槽的机械运动。

一般而言，我们不能只是简单地将传声器连接到扬声器上，以此构成可应用的音响系统。“声能”电话是个例外，几乎在所有情形中都是要将信号处理器连接在传声器和扬声器两者之间。

这种处理的最简单形式可能只包括放大。一般而言，传声器的电功率输出电平很低，而扬声器需要较大的电输入功率才能产生想要的声学输出声压级。因此，就需要进行放大处理。

下一个最为常见的声频信号处理形式就是电平控制。它被用来调整放大量，以匹配这种情况下的系统要求。

进行信号处理的多个输入经常配置了各自的电平控制，将它们与电平控制的输出组合在一起。这便构成了最基本的调音台。

剩下的许多信号处理所完成的工作可以根据其处理的目的来分类，比如用来补偿输入和输出换能器的局限性，输入和输出换能器的使用环境，以及/或者使用音响系统的人员等。除此之外，这样的处理包括均衡、动态处理和信号延时。

均衡包括搁架式、参量式、图示式和滤波子类及其分频器等。常见的滤波器包括高通、低通和全通。分频器由滤波器组成，用来将声频信号分割成独立的频带。

动态处理方式中的处理参量是变化的，这取决于当前或过去的信号情况。动态处理器包括压缩器、限制器、噪声门、扩展器、自动增益控制（Automatic Gain Controls，AGC）、画外音压缩器（Ducker）和环境电平控制设备。

信号延时产生一个相对于进入设备的信号滞后一定时间（通常是固定的）的输出。

在音响系统中早期的最大突破是开发出了模拟电子信号处理技术。这使得有些机械或声学系统所带来的设计局限性不复存在。这是与基于电子管的电子电路开发同步进行的巨大革命。

之后，晶体管电路让产品的体积变得更小，所实现的处理更为复杂。模拟集成电路的开发加速了这一变化趋势的发展。

然而，模拟信号处理也有其局限性。诸如信号延时和混响这类处理非常难以实现。信号每次进行记录和传输，其质量都会损失。与各个功能模块的动态范围相比，为满足更为复杂的音响系统要求而进行的电路级联还是会减小总体的动态范围。

41.1.2 模拟系统中使用的数字器件的介绍

这些因素组合在一起催生了DSP技术在声频领域中的应用。

DSP是一种数字处理应用，它是对已经转变为数字序列的信号执行信号处理功能。模拟信号到数字序列的转换是由模数转换器（Analog to Digital Converter，A/D Converter）实现的。同样，将数字序列转变回模拟信号是由数模转换器（Digital to Analog Converter，D/A Converter）实现的。

模拟域的延时几乎都要用到声学、机械或磁系统。换言之，必须要使用换能器才能实现电域到另外一些能量形式的转换（反之亦然），因为完全限定在电子形式内实现满足声频系统需要的信号延时量是非常困难的。

虽然早期的数字信号延时的性能与当今的数字产品比较起来性能差很多，但是因为可以利用的模拟延时的性能更差，而且最大延时时间非常短且延时时间不可调，所以当时它深受人们的追捧。

数字信号延时可提供更长的延时时间，延时时间易于调整，且有多个输出，如图41.1所示。

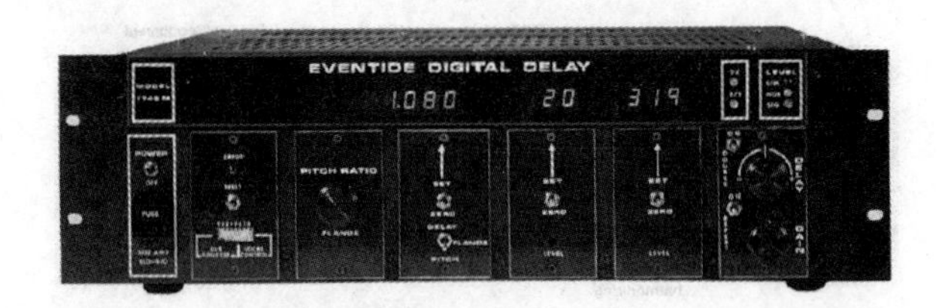

图41.1 在1974年推出的Eventide Clockworks Model 174M模块式数字声频延时器是首次使用随机存储器（RAM）取代移位寄存器进行存储的设备。备选的功能还有移调和镶边效果

模拟混响总是需要一定类型的机械、磁或声学系统才能实现。

最初的模拟混响是通过简单地隔离出一间拥有强反射面的房间，并在其中安装一只用来插入声音的扬声器，以及安装用来拾取混响声音的一支或多支传声器来取得的。很显然，这种方案有一些大的缺陷。房间体积和建造成本限制了这一技术的应用，同时对其混响特性进行调整也相当困难。

另外一种模拟技术是利用声音来激发薄的钢板，使之振动，然后在板表面的多个位置拾取振动。它的好处在于其体积小，可以通过移动声学阻尼材料靠近或远离钢板来实现对混响的调整。

还有更小的模拟混响器，它利用金箔取代了钢板，或者是采用一端被驱动，而在另一端拾取振动的弹簧来制成。金箔技术可以产生相当不错的声音，虽然基于弹簧的系统常常成本较低，但是产生的声音质量差，几乎不能使用。

最初的数字混响非常贵，虽然其体积与金箔或较好的弹簧系统相当，但是其更大的优点在于其对混响特性的控制能力要比模拟系统强大很多。随着数字电路成本的逐年下降，基于DSP的混响器价位在走低，体积变小。

声音的模拟记录和传输始终会导致声音质量与原始声音质量相比有明显下降。每次声音被重新录制或再传输还会使音质进一步下降。

声音的数字记录和传输则迥异。虽然将模拟信号转变成数字形式也总是会产生一定的损失，但只要信号保持数字形式，不变回模拟信号，那么所进行的信号复制或传输不会引发任何的额外损失。因此，由于模拟系统伴随着代次损失，所以我们就不再使用一直在使用的模拟系统了。

41.2　数控的音响系统

41.2.1　数控的模拟设备

声频设备的物理控制始终是产品成本的主要构成部分。像混音调音台这样的顶级设备，操作者需要随时访问所有的控制。然而，在进行音响系统的必要初始化设置时，最好是始终将一些控制隐藏起来，不让使用者很方便地进行调整。这些控制常常被置于安全盖之下，以减小未经许可的使用者调整它们的概率。分频器、系统均衡器和延时器是较为常见的这类设备。

在并不太贵的图形界面PC推出之前，一直没有一种切实的方法来回避成本问题，或者提供对控制访问没有物理限制的其他方案。随着图形化界面PC变得越发普通，且价格不再高不可攀，我们看到新型的数控模拟设备面世了。这些设备大大减少了物理控制的数量，在有些情况下已经没有了物理控制。取而代之的是，我们通过连接到它们上面的PC，并在PC上运行控制程序来进行控制。一旦“控制”被设定成用控制程序来控制，那么就可以断开计算机，设备将会一直保持在这种设置状态下。

由于实际的物理控制不存在或者有数量受限的问题，所以就没有必要对限制设备进行物理访问了。如果没有了计算机和相应的控制程序，用户也就没有办法调整控制了。

由前面板或遥控调用的预置如今成为可行的方法。如今，要求多种控制变化的不同系统配置只须简单按一个按钮就能实现。

计算机控制还可以让一台小型的产品提供许多种复杂的控制，使其更加实用。例如，一台1/3倍频程的均衡器可以有27个频段，加上大量的预置，仍然可以装在一个小机箱内。

设备的遥控可以让控制点距离声频设备本身很远。这样便使得较少声频系统的声频布线量成为可能，取而代之的是利用成本并不高的数据布线连接到操作控制点。数据线缆对外部干扰的抑制性能要优于声频线缆对外部干扰的抑制性能。

在这种控制系统的初期规格中，需要不同的控制程序和从计算机到打算实施这种控制的每台声频设备的物理连接。这对较小的系统还不成问题，但是对于包含许多这类数控设备的较大型系统安装而言，麻烦马上就来了。

为了解决这一限制问题，Crown开发出了被其称为IQ系统的技术。它利用单独一个控制程序，再结合连接多台数控设备的控制网络进行工作。因此，它在计算机屏幕上提供了一个单独的虚拟控制界面，该界面可以实现对各个设备的调整和监控操作。

41.2.2　数控的数字声频设备

早期数字声频设备上的物理控制模仿的是模拟设备的控制。就像数控模拟设备一样，遥控程序的优势立刻显现出来了，尤其是对拥有许多控制的那些设备更是如此。

由于数字声频设备内部已经是数控的了，所以实现遥控就变得很容易且实现起来成本也相对较低。一些这样的设备提供了与信号处理器进行通信联络的物理控制。而另外一些则只提供了运行于PC上的控制程序，并通过数据连接连回到受控设备上。

与数控模拟设备一样，大部分这类控制方案都需要用单独的数据线来连接控制计算机与每台受控设备。包括TOA和BSS这样的几家生产商开发出的利用单一数据线对其自己的多台设备进行控制的技术。这些方案都仅限于对单一厂家的产品进行控制。虽然在AES的支持下，人们多年来一直试图开发出一种通用的控制解决方案，但是不同厂家设备的要求五花八门，通用的标准还迟迟没有颁布。

这是像Crestron和AMX等公司开发出能够控制和自动遥控采用任何控制协议设备的通用控制系统的原因之一。这是这样的控制系统首次让用户使用单一一个控制界面来运行采用了各种各样控制协议的所有这类系统。这些控制系统控制声频、视频、灯光、安全和机械系统，让整个系统的集成度达到前所未有的程度。

尽管这些通用控制系统取得了成功，常常用户只需要使用一个界面就可控制所有的声频系统组件。这是人们不断努力开发出通用控制协议或者将所有这些控制协议打包提供给用户其他简易方法背后的驱动力。除了AES致力于这样的通用协议开发之外，为其他行业开发的控制和监控协议也适合声频系统使用，例如简单网络管理协议（Simple Network Management Protocol，SNMP）和Echelon LonWorks。

人们对减少控制界面统一系统的渴求也是集成设备受欢迎的原因之一，这些集成设备将此前许多分立设备的多种功能集成到了一个统一的产品中。

41.2.3 集成到模拟系统中的数字产品

41.2.3.1 动态范围

模拟系统的动态范围用超出标称失真之前本底噪声、标称工作电平和最大输出电平来进行特征描述。模拟系统的本底噪声通常是恒定的，并不随着声频信号的改变而变化。模拟系统的失真通常是随着电平的提高而增大。随着接近最大输出电平而加大的失真可能会产生渐变或突变。如今大部分专业模拟声频设备的最大输出电平的范围为+18～+28dB@0.775V(dBu)，标称工作电平的范围为0～+4dBu。虽然最佳工作需要匹配最大输出电平，以便信号链路中的所有设备同时达到最大输出电平，但在现实中许多工程师并不费心去匹配最大输出电平，而是采用更容易操作的匹配标称电平的做法。运行典型模拟声频设备的最佳信号电平是中等的电平，它远高于本底噪声电平，但也并不接近最大输出电平。

另一方面，数字设备具有与模拟声频设备不同的一组特征。失真随着电平的提高而减小，并在达到最大输出电平前达到最小失真点。在最大输出电平时，失真迅速升高。数字设备的本底噪声通常并不是恒定的。在有些情况中，本底噪声与信号有很强的相关性，它们听上去更像是失真，而非噪声。将这些特征集中在一起考虑，建议最佳的信号电平应接近但稍低于最大电平。

41.2.3.2 电平匹配

当我们将模拟设备和数字设备组合在同一系统时，针对两种技术的不同特点，建议为了取得最佳的性能和最宽的动态范围，我们必须将最大输出电平对齐。

虽然每台设备拥有自己的动态范围，但是它们的动态范围具有不同的特征。在所有情况中，我们要让声频信号尽可能地远离本底噪声。

在任何系统中，有些设备会拥有极小的动态范围，由此对系统的最终性能构成限制。

除非采取缜密的措施，确保所有设备同时达到各自的最大输出电平，否则作为整体的系统可能会表现得与最差表现的部件一样。

41.2.3.3 电平匹配的步骤

为了匹配最大输出电平，将一个中频音调音送至系统中第一台设备的输入。提高应用于设备的信号电平和/或增益，直到通过失真的增加确定达到了最大输出电平。这一点可以利用失真度测试仪、示波器观测信号是否开始出现削波，或者将监听连接到设备输出的压电高频扬声器等手段来确定。

后一种技术是由Syn-Aud-Con的Pat Brown开发的。如果选择了400Hz范围上的频率，那么压电高频扬声器就不能将其重放，扬声器将保持静音状态。当被测设备超出了其最大输出电平，最终失真产生的400Hz调音的谐波会落入压电高频扬声器可重放的范围内，这时便会以非常明显的方式被听到。随后减小电平，直到高音扬声器刚好听不到为止，这样便确定了最大电平。Rane已经基于这一概念生产出了商用的测量仪，它被称作Level Buddy。

一旦第一台设备处在其最大输出电平，则要对第二台设备的增益进行调整，以取得其最大输出电平。在有些情况下，第二台设备的输入将会因第一台设备的最大输出电平而过载，并且第二台设备没有增益调整控制可以消除失真。在这种情况下，就必须在两台设备之间串接一个衰减器来衰减信号的电平，以便第二台设备的输入不发生过载问题。常常需要这种衰减器的一个地方就是在功率放大器的输入。经常会碰到这样的情况，即专业功率放大器拥有的输入过载点远低于任何用来驱动它们的常见设备的最大输出电平。

一旦第二台设备处在最大输出电平，则系统中每台后续的设备就会反向重复上面的过程。如果所有设备的接口都被最优化了，那么系统就能够发挥出最大的潜在性能。

41.2.3.4 转换的最小化

至今，数字化的组成部件已经可以被视为取代了系统中相应的模拟部件。然而，这并不是将数字处理集成到系统中的最佳方法。

不论是模拟的还是数字的，所有设备都会对系统的性能产生定量的影响。在正确设计的数字设备中，最大的性能限制因素源自模数转换和数模转换。正确实现的DSP将不会给信号引入其他人为的附加成分。早期的模数转换器所产生的失真要明显地高过早期的数模转换器。而对于现代的转换器而言，情况却反过来了，模数转换器所产生的失真要比数模转换器产生的失真更小。不论是哪种情形，基于数字信号正确设计的信号处理器所产生的失真或导致质量下降的其他大部分因素都是来自转换器。

这便提示我们要认真地考虑一下所使用的系统到底使用了多少个模数转换器和数模转换器，我们的着眼点就是要让任何指定的信号通路上的转换器数目最小化。

这就要求我们改变对系统中数字声频设备的看法。我们可能就不再认为这些数字声频设备是可以与传统的模拟部件相互换的。取而代之的是，我们一定要采取这样的系统设计理念，即要减少声频信号所经过的转换器数目。

一种很有效的技术是将所有的数字设备编组在一起，使之成为系统信号流中唯一的一部分，并且设备间要使用数字互连，而不要用模拟互连。虽然并不是所有的数字处理器都可以利用数字形式的互连，但大部分设备是可以实现数字互连的。

应用最为普遍的双通道民用数字互联标准就是所谓的 SPDIF，而最普遍的双通道专业互联标准是 AES3。欧洲广播联盟（European Broadcasting Union，EBU）接纳了 AES3 标准，只在一点上进行了明显的改变。EBU 要求采用变压器耦合，在 AES3 中这是备选项。因此，这种互联标准常常被称为 AES/EBU。许多产品都采用这种互连形式，转换器可以用来从 SPDIF 转换成 AES3，以及从 AES3 转换成 SPDIF。

有许多接口可以传输两个以上的通道信号。其中之一就是在家庭工作室环境中广受欢迎的 ADAT 接口，该接口可以携带 8 个通道的数据。针对家庭工作室市场的大部分接口都存在工作距离方面的限制。

为了解决专业应用需要更长传输距离和更多通道数的问题，人们开发出了 CobraNet。它与其他数字接口不同，它用从单点到多点的连接取代了仅能从点到点的连接。这是因为它是运行于以太网上的，如今它已成为行业的标准计算机网络协议。目前，有几种不同的数字接口系统在销售，它们部分或全部采用以太网标准来传输数字声频。

有关数字声频互连方面的更多信息可以参考本手册第 42 章“数字声频接口与网络化”中的论述。

通过尽可能将多台数字声频设备编组成系统的一部分，并且使其互连全部在数字域内实现，这样我们就可以使信号所经过路径上的转换次数最少化，同时使潜在性能得到最大程度地发挥。

41.2.3.5 同步

数字声频是由一系列连续的声频数字采样组成的，每个样本必须是顺序接收。如果样本没有按正确的顺序接收，或者样本丢失或重复，那么声频将会出现失真。

为了数字声频设备能以数字形式互连，每个连接端必须工作在相同的采样率下。如果信源是工作在比接收机稍微快一点的采样率下，那么信源迟早会输出一个接收机还未准备好接收的样本。这便导致样本出现丢失的情况。如果信源工作的采样率比接收机的稍慢一点，那么最终接收机将会在信源准备送出采样之前，它会一直在寻找样本。这便会让一个新的假样本插入数据流当中。

在互连数字声频设备的简单链路中，每台设备都可以针对输入数字声频的采样率工作，并将自身锁定于输入的采样率上。这样系统存在的一个问题就是，由输入的数字声频中恢复出的采样率的稳定度并非完美。其采样率将会存在少许的变化，这种变化就是我们所说的抖动。虽然我们可以采取一些技术手段来减小这种抖动，但这要增加成本，并且效果也并未非完美。链路中后续的每台设备将会使这种抖动进一步提高。因此，并不推荐以这种方式级联太多的数字声频设备。

如果诸如调音台这样的一台数字声频设备会从多个信源接收数字声频信号，那么这种简单地同步于输入数字声频信号的解决方案就不成立了，因为信源不止一个。解决这一问题的方法有两种。

一种方法是在每个输入上使用采样率转换器（Sample Rate Converter，SRC），将输入的采样率转变为处理器使用的内部采样率。这样的 SRC 将会给输入增加成本，同时也会以一些很微妙的方式导致声频质量下降。当然，根据所采用的 SRC 的复杂程度和成本的不同，它所产生结果的完美程度也有所不同。有些 SRC 只处理与内部采样率成简单数字比值关系的输入数字声频信号。而另一些 SRC 则可以接受很宽范围上的任意采样率输入，并将其转变为内部的采样率。

当必须要从没有统一参考基准的多个信源接收数字声频信号，并将其全部转变为统一的内部采样率时，这里所说的第二种 SRC 就非常有用了。

正如上文所指出的那样，处理来自多个数字声频信号源输入的另一种方法就是将数字声频系统中的所有设备全都锁定于共同的参考基准采样率上。在大的系统中，这是一种不错的解决方案，声频工程师协会（Audio Engineering Society，AES）为此制定了 AES11 标准，该标准详细地解释了如何正确使用这种系统的方法。这样一个系统具有出色的抖动性能，因为每台设备都是直接接收来自同一信源的基准采样率。数字声频设备间的互连可以任意进行重新安排，因为我们不用担心随着信号流图的改变而产生的同步问题和抖动变化。

这一解决方案的唯一不足之处就是有些声频设备可能不具备接收外部采样率基准信号的条件。因此，在许多复杂的系统中，除了要有一个大部分设备都要锁定其上的主采样率时钟外，还常常需要考虑不能锁定到主时钟，或者工作于不同采样率的样本的需求。

41.2.3.6 多功能设备

一旦我们将大部分或所有的数字设备编组为系统单一的一部分，接下来自然就会想到为何不将这些多个独立的设备组合为一个产品的问题。很显然，这样一个组合设备会大大减少或消除系统设计人员对与同步设备连接问题的顾虑，因为设备设计人员考虑的全是产品内部的问题。只要系统包含一台以上的数字设备，那么数字互连就一定会引发同步的问题。

将这些产品组合在一起的第一个例子就是数字调音台和扬声器处理器。

开发出的数字调音台不仅仅是传统混音和均衡功能的组合，而且还具备内置混响器和动态处理器。根据应用的需要，这样的数字调音台还可以将自动化系统和遥控界面集成于其中。遥控界面可以让信号处理与人的操控分离开来。这就可以将所有的信号处理放在舞台上，而只将控制界面置于操控者的位置，如图41.2所示。

图41.2　Yamaha推出的CL3数字调音台是声频调音台家族中的一员。调音台的大小与被控制的声频输入和输出数目并没有直接的关系。声频输入和输出连接处在舞台接口箱内，接口箱与调音台的连接是通过Dante网络实现的。如果想要用单独的调音台进行监听混音，那么也可以共享同样的输入连接

扬声器处理器是另一个集成数字子系统的常见例子。这些设备可能包括输入电平调整、压缩、信号延时、均衡和分频功能。每个分频器输出还可以进一步包括信号延时、均衡、电平调整和限制。由于生产厂家通常利用这些处理器对其扬声器系统进行标准设定，所以优化扬声器的性能到某一程度是不可能的，但却可以将通用处理器用于其系列产品中的诸多不同产品上。

这种产品的局限性在于其内部配置是固定的，所以其可能的应用场合被限定为生产厂家预定的那些场合。

有一种解决方案是由Dave Harrison（戴夫·哈里森）首先在其模拟调音台设计中提出的。在当时，大部分录音调音台是定制的，它所具有的性能和信号流能力是应演播室拥有者的要求而设立的，David（大卫）设计的调音台具有许多性能，它能够灵活地进行信号的路由分配，可以满足绝大多数使用者的需求。某些使用者可能除了对调音台的一小部分性能有需要外其他的性能都不需要。有一小部分使用者可能会要求增加一些性能，让生产厂家专门为其定制。通过创新工程，David能够以这样一种方式设计调音台，即能够以比要取代的有较多限制的定制调音台更低的成本来批量生产调音台。

将同样的概念应用于集成数字设备上，使所设计的设备具备远超出一般用户所要求的信号处理和路由分配功能。当然，这使得这类设备的应用场合比受限设备的应用场合更为广泛。

41.2.3.7　可配置的设备

集成DSP的另一个明显优势就是设备的用户可配置性。在这样的设备中，信号流和路由分配的基本配置保持不变，或者是使用者可以从几种不同的可能配置中选择一种。接下来，使用者可以选择特定的数字信号处理功能，这种数字信号处理功能由受一定约束的所选配置中各个处理功能模块来实现。

这种设备对于基本功能有限，而对定制功能有一定要求的应用场合来说很理想。

TOA Dacsys II是这类系统的早期代表，可供使用的规格有两入两出和两入四出两种形式，如图41.3所示。

图41.3　TOA Dacsys II数字声频处理器（图中间和右边的设备）。TOA的第二代数字声频处理器（SAORI是第一代）是基于Windows的控制程序，它能对信号的走向进行一定程度的内部分配。图左下角的设备是数控模拟矩阵混音器，它也能用同样的控制程序进行控制

例如，用于扬声器的复杂处理器有多个针对不同类型声频输入优化的输入。它可以针对语言频率范围而限制频带、并针对语言可懂度进行了均衡处理和适中压缩的语音输入。它也可以具有较宽的频率范围、针对音乐的均衡处理和针对重压缩的背景音乐输入。还可以进行音乐均衡，进行没有压缩的全音域音乐输入。

针对每只扬声器的输入处理链路有电平控制和用来减小次声和语言带宽的高通滤波器。语言输入链路可能还会紧接着一个用来减小高频范围的低通滤波器。之后，所有3路输入还有中频参量均衡器，用以对频响进行整形处理。语言和背景音乐输入有用来进行动态范围控制的压缩器。3个输入处理链路终止于调音台，它将它们组合为一个混合的信号来驱动输出处理链路。

这样一个系统可能有3路输出，一路用于低频，一路用于中频，另一路用于高频。低频处理链路拥有一个高通滤波器，用以消除低音扬声器重放范围之外的频率成分。接下来会有一个低通滤波器用来设定馈送给中音扬声器的分频频率。这常常可能紧接着多频段参量均衡器之后，用来平滑低音扬声器的响应。最后是限制器，它用来避免功率放大器出现削波，并且/或者对低音扬声器提供一定程度的保护。中频处理链路有一个用来设定与低音扬声器间分频频率的高通滤波器和一个用来设定与高频扬声器分频频率的低通滤波器。它可能还有一个多频段参量均衡器和一个限制器。高频处理链路有一个用来设定与中音扬声器分频频率的高通滤波器和用来设定高频上限的低通滤波器。它还可能有一个搁架式均衡器，用以补偿驱动器的高频响应。另外还可能有一个多频段参量均衡器和一个限制器。

这些固定配置声频处理器中的一些可以设备构建出相当复杂的系统。例如，Ashley Protea ne24.24M提供了24路输入和24路输出。每路输入都有一个高达60dB增益的传声器前置放大器，48V幻象电源和“即按即通话”开关，带极性转换的输入电平调整，无源电位器或有源RD-8C遥控电平控制，信号延时，15段全参量EQ，噪声门，自动化电平调整器和画外音压缩器。其后连接一个矩阵混音器。每个输出具有高通滤波器和低通滤波器，信号延时，15段EQ滤波器，增益调整，遥控电平控制和限制器。所有这些功能的组合可以实现相当复杂的系统，如图41.4所示。

图 41.4　Ashley Protea ne24.24M 矩阵 DSP 处理器

41.3　虚拟声音处理器

然而，有时即便是最复杂的固定配置处理器也还是不能满足项目的要求。在 1993 年，Peavey MediaMatrix 系统推出了虚拟声音处理器的概念。它可以让设计者从大量的虚拟声频处理设备中选用，并以任意希望的配置对其进行接线。现在，集成数字音响系统就可以像此前模拟域那样，进行与其一样的灵活配置，而且接线也更为方便。配置的更改可以通过屏幕快速实现，并单击一个按钮将其载入处理器。受限于电路漂移或成本因素而不可能用模拟技术实现的复杂系统现在变得很平常了。拥有多达 256 路输入和 256 路输出，且拥有 70 000 或更多个内部控制的系统已经变为现实，如图 41.5 所示。几年后，BSS 推出了 Soundweb 数字声频处理器，它拥有与 Media-Matrix 类似的功能，但是物理结构不同，如图 41.6(a) 所示。MediaMatrix 是基于 PC 的，支持插入其中的数字声频处理卡。Soundweb 由一组数字声频处理器设备组成，这些设备机箱利用 cat5 UTP 线缆连接，因此其名字中有一部分是取自网络。两种产品以不同的方式提供类似的功能。

Biamp，BSS Audio，Electro-Voice，Innovative Electronic Designs，Meyer Sound，Peavey，QSC Audio Products，Symetrix，Yamaha 和其他公司都提供了能够让使用者将虚拟设备结合在一起的功能。这些产品有类似于 MediaMatrix 或 Soundweb 这样的大系统产品，也有 QSC 推出的小型模块，它是为单台功率放大器而提供的处理器，如图 41.6(a)～(e) 所示。

(a) Peavey MediaMatrix Frame 980nt，它是首台虚拟声音处理器。它是基于Windows/Intel的加装有数字处理单元(DPU)的PC模块式系统。根据处理量的需要可以插装1～8块DUP

(b) Peavey MediaMatrix Break Out Box(BoB)。每个BoB都提供了8路声频输入和8路声频输出给MediaMatrix 处理器

图 41.5　Peavey MediaMatrix 主机系统是首台虚拟声音处理器

(a) Biamp的虚拟信号处理器中的声频系列产品

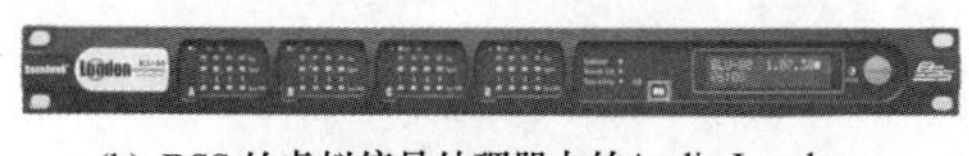

(b) BSS 的虚拟信号处理器中的Audio London系列产品中的一款

(c) Peavey 的MadiaMatrix NION N6虚拟信号处理器

(d) QSC的BASIS系列虚拟信号处理器

(e) Yamaha的DME Satellite系列虚拟信号处理器

图 41.6　Biamp、BSS、Peavey、QSC 和 Yamaha 推出的虚拟声音处理器

这些信号处理器中的许多产品都能提供针对声频输入和输出的选项。例如，MediaMatrix 提供了针对模拟 I/O，AES3 I/O 和 CobraNet 或 Dante 接口的选项。

为了让虚拟声音处理器取代在音响系统中使用的模拟处理，必须要有许许多多虚拟设备可供使用。如今，MediaMatrix 提供了接近 700 个标准声频处理，控制其菜单中列出的逻辑虚拟设备。它还可以用出现在菜单中或存在于菜单设备内部的较简单设备来构建自己的复杂设备。几乎任何想要的声频处理设备都可以既在菜单中发现，也可以由可利用的组成要素来构建。

系统的设计方式非常类似于在CAD系统中绘制原理图。在菜单中拿到虚拟设备，并将其放在工作面上。它们在设备左面有声频输入节点，在设备右面有声频输出节点。有些系统在设备的顶部还有控制输入节点，在设备的底部有控制输出节点。用在 I/O 节点和虚拟设备间绘制的互连线来表示导线，如图 41.7 所示。

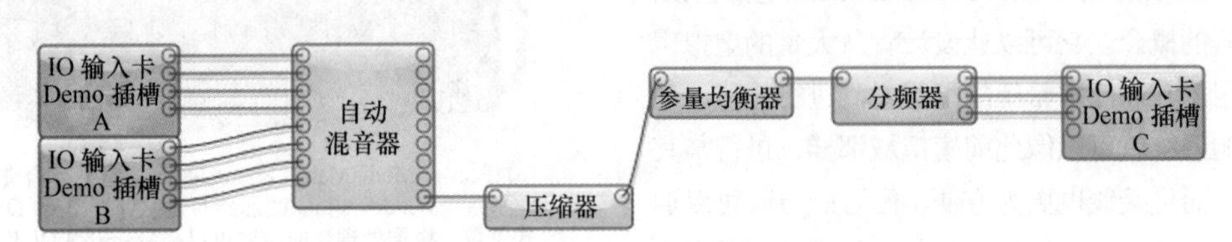

图 41.7 QSC 虚拟声音处理器的一个简单应用案例框图

除非可利用的 DSP 处理能力被耗尽，否则可以使用任意数量的虚拟设备。所有系统都会提供显示当前 DSP 使用量的一些方法。设备可以被添加到设计原理图中，直至达到 100% 的使用率。像 MediaMatrix 和 Soundweb 这样的可扩展系统允许增添更多的插卡或机箱，以满足对提高处理能力的需求。MediaMatrix 还可以让使用者选择采样率。使用较慢的采样率是为了通过减小带宽来换取处理能力的提高。

由于设计原理图随时可能要进行编辑，所以这类系统的一个最大优点就是在现场可以很方便地进行方案更改，以适应现场要求或现场条件的变化。因为极少会将系统利用到 100%，所以经常会需要添加另外的虚拟设备，或者更改接线。如果更改超出了可利用的 DSP 资源，那么就可能需要在不太重要的区域内进行一些其他的更改，以降低对 DSP 资源的占用。相反，在模拟系统中，这种情况就需要进行物理性质的重新接线，或购买增补的设备单元。这两种方法都会使成本大大提高。因此，虚拟声音处理器的使用会大大节省总的项目成本，避免最初购置设备的成本高出预算要求，使最终的系统更加优化。

通常，双击虚拟设备就会将其打开，让使用者看到其内部控制，如图 41.8 所示。在每台虚拟设备内部都有一块控制板，其中包含设备所需要的控制和指示灯。有时会将很少使用的控制置于下一级窗口中。

在设备中选中的控制可以被复制并放置到控制面板上。这些操作是采用标准的 Windows 复制和粘贴指令来完成的。之后可以将方案设计原理图隐藏起来，只让使用者可以登录并访问设计人员打算放在控制面板上的控制。可将多个控制加以绑定，可以用预置或子预置来调用许多控制的设定。使用预置可以调用出系统中的全部控制设定，而使用子预置则只能调用选中控制的子设定。还可以对控制进行编辑，更改其类型、尺寸大小、颜色和取向。该功能可以让设计者开发出对用户非常友好的用户界面。通常可以插入位图，将其当作背景来使用。

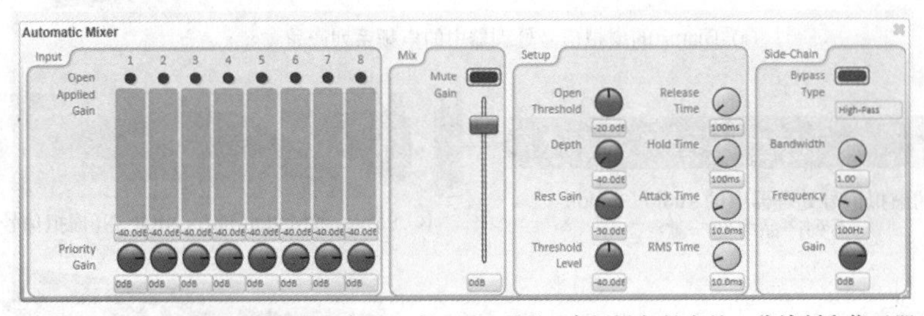

(a) QSC的典型虚拟设备细节。它显示出了图41.7所示虚拟设备具有的一些控制和指示器

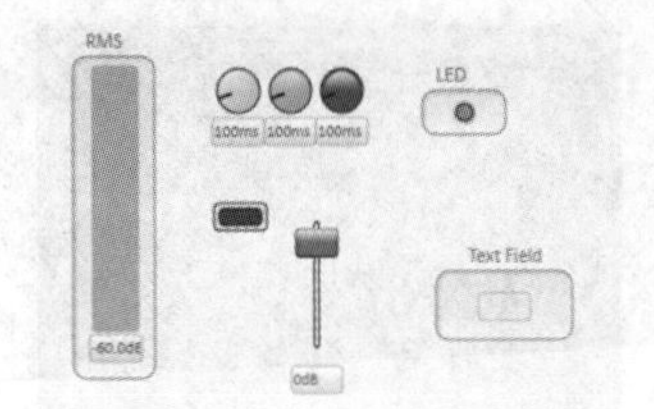

(b) 在 QSC 虚拟声音处理器中可以采用的一些控制和指示的图标。在控制面板中，虚拟设备中的控制器可以复制，并安排到用户友好的控制界面中

图 41.8 典型的虚拟 QSC Q-Sys 设备细节。它显示出了图 41.7 所示虚拟设备具有的一些控制和指示器

除了虚拟接口外，有些系统还需要有物理接口。为了支持这一要求，大部分虚拟声音处理器除提供各自的虚拟控制界面之外还提供了遥控的功能。有些还提供了少量的前面板控制，如图 41.9（a）所示。许多虚拟声音处理器为外接开关或电平控制提供了控制输入，以便将其接入。控制输出可以用来驱动指示灯或继电器。也可以使用采用 RS232，RS485 和 MIDI 工作的串行控制界面。有些虚拟声音处理器还提供了以太网接口。另一些处理器还有专门的可编程遥控面板。虽然遥控的需求很广泛，但用户界面一定要简单，像 AMX 或 Crestron 通常采用触摸屏方式操控控制系统工作。这些通常是利用串行 RS232，RS485，或者以太网控制线来控制虚拟声频处理器，如图 41.9（a）～（e）所示。

除了用户有能力更准确地优化系统外，设计和使用虚拟声音处理器类似于设计一个模拟系统。单一的虚拟设备的成本非常低，并且有能力按照使用者的需求进行准确地连线配置。所以，设计会更加有效，也更能准确地满足系统的要求。

我们还是以之前提及的扬声器处理器为例，它具有 3 个输入，针对不同的节目类型对每个输入进行优化，它还有 3 个输出，并且使用 QSC Q-Sys 针对该任务设计出一个虚拟声音处理器。虽然其他虚拟声音处理器也可以用于同样的目的，但一些细节会有所不同。

所进行的第一步是要放置用于声频输入和输出的虚拟设备。由于我们打算使用模拟输入和输出，所以要从设备（Device）菜单中为输入和输出 1～4 选择模拟 I/O 卡，如图 41.10 所示。

输入 1 为语言输入。为此我们使用了 1 个高通滤波器，1 个单频带参量均衡器，1 个高频搁架式均衡器，1 个压缩器和 1 个 3 输入调音台。将输入 1 连线到高通滤波器的输入上。将高通滤波器的输出馈送至参量均衡器，之后分别

(a) Peavey MediaMatrix X-Frame88。这是带前面板控制的虚拟声音处理器实例，通过面板可以对虚拟框图中的相应内部参量进行控制

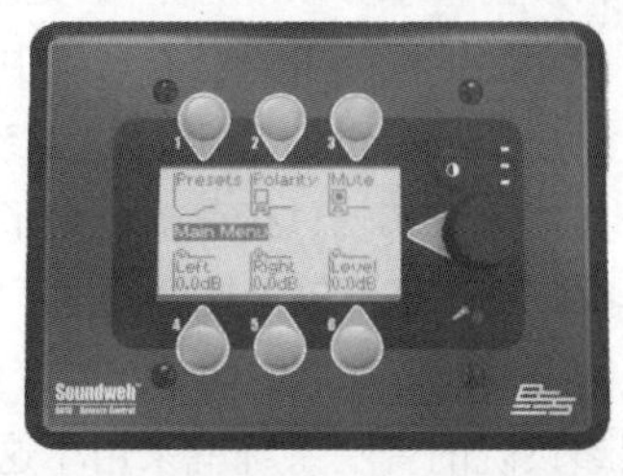

(b) BSS Audio Soundweb 9011 Remote Control。这是一种利用专门的遥控面板控制内部的Soundweb控制参量的实例，其中的遥控面板有6个按钮，1个旋钮和1个LCD显示屏

(c) BSS Audio Soundweb 9012 Wall Panel。通过简单遥控板控制虚拟声音处理器的实例

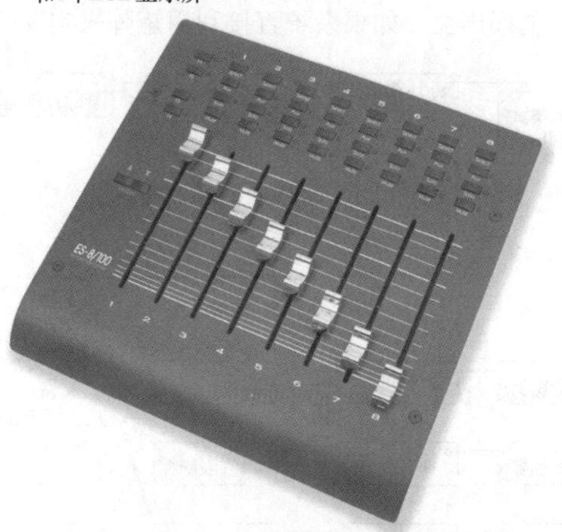

(d) JL Cooper的ES-8/100电动机推子组件，它可以作为虚拟声音处理器的界面来使用

(e) AMX NXD-CV 17触摸控制屏，它可以和虚拟声音处理器一起配合使用

图 41.9　用于虚拟声音处理器的一些物理控制实例

图 41.10 QSC 软件，其中示出了用于声频输入和输出的虚拟设备

将参量均衡器的输出送至压缩器和搁架式均衡器的输入。将压缩器输出接线到调音台的第一个输入。高通滤波器被调整为 125Hz 24dB/oct 巴特沃斯滤波器。其频带将输入限定为语言音域范围，同时抑制低频噪声的干扰侵入。将参量均衡器的带宽设定为 2 个倍频程宽，并在 3kHz 处有 3dB 提升。这在语言可懂度范围施加了轻微的加重处理。压缩器保持为其默认设定的状态，即采取柔顺拐点（Soft Knee），0dB 门限，2:1 的压缩比。高频搁架式均衡器被设定为频率是 8kHz，提升量为 8dB。将其与压缩器结合在一起使用可以构成嘶声消除器（de-esser）。通过提升输入至压缩器旁链信号的嘶声频段，就可以让压缩器对这一频段的压缩更为容易，过大的高频嘶声将被控制，如图 41.11 所示。

输入 2 用于背景音乐。我们为此使用了一个高通滤波器，2 频段的参量均衡器和一个压缩器。高通滤波器被设定为 80Hz，Q=2。这样在低频滚降频率之上产生了一个欠阻尼的低音提升。参量均衡器的一个频段被设定为 1.5kHz，带宽为 2 个倍频程，衰减量为 5dB，而另一个频段被设定为 8kHz，带宽为 1 个倍频程，提升量为 5dB。高通滤波器与参量均衡器的结合便可以产生背景音乐重放所需要的响应。压缩器被设定为柔顺拐点，-10dB 的门限和 4 ∶ 1 的压缩比。这样的设置可产生较为强烈的压缩。压缩器的输出被连接到调音台的第 2 个输入上。

输入 3 用于全音域的音乐。它有一个高通滤波器和一个低频搁架式均衡器。高通滤波器被设定为 30Hz，12dB/oct 的提升斜率，低频 EQ 被设定为 100Hz，+10dB 的提升。EQ 的输出被连接到调音台的第 3 个输入上。

调音台的输出将驱动一个用于整个系统 EQ 的 6 频段参量均衡器。接下来的是 3 分频的 24dB/oct 分频器。分频器的低频输出被连接到一个 Q 值可调的高通滤波器上，以便能进行最佳的调谐，并保护低音扬声器。再接下来是 3 段参量均衡器，5ms 延时器和限制器。限制器的旁链输入被直接连接到旁路延时的 EQ 输出上。这种延时器和限制器的接线组合为的是让限制器的主输出看到的是被延时的信号，而在旁链输入上为无延时的信号，也就是所谓的前向限制器（look-ahead limiter）。通过将延时时间设定为限制器的建立时间的 3 倍，限制器便在信号到达限制器之前有时间对声频信号产生反应。由于限制器的建立时间为 1ms，所以我们将延时设定为 3ms。前向限制器能够准确限制声频瞬态，而不会有超快限制器所固有的失真。

分频器的中频输出和高频输出被进行类似的处理。中频输出只有参量 EQ，延时器和限制器，而高频输出则有一个用来补偿恒指向号筒的搁架式均衡器，参量均衡器，延时器和限制器，如图 41.11 所示。

正如我们所见到的那样，虽然该电路相对简单，但是采用虚拟声音处理器可以让我们以一种使用普通模拟器件或固定配置的数字处理器无法实现的方式来优化系统。这种解决方案大约占用了小规格 QSC 虚拟处理器资源的 3%。相比较而言，类似的解决方案会占用单块 MediaMatrix 板卡中可利用 DSP 资源的 19%。这表明最新一代的虚拟处理器在 DSP 处理速度上有了很大的进步。

系统越大越复杂，虚拟声音处理器相对于之前技术的优势越发明显。立法机构办公大楼，体育馆，舞厅，主题公园和教堂都可以采用虚拟声音处理器设施。

在立法机构使用的音响系统中常有的一种技术被称为减性混合（mix-minus）。通常这类系统为每位司法人员配备了一支传声器和一只扬声器。为了避免出现回授，每只扬声器接收到的是不包含其相关传声器信号的一个混音信号。来自附近其他传声器的信号在混音信号中也被降低了电平。美国参议院的音响系统就采用了这一技术。由于 100 位参议员每人都有属于自己的传声器和扬声器，再加上议长的传声器和扬声器，所以共需要有 100 余支传声器及其相应的扬声器，如果系统直接利用矩阵来实现的话，那么就需

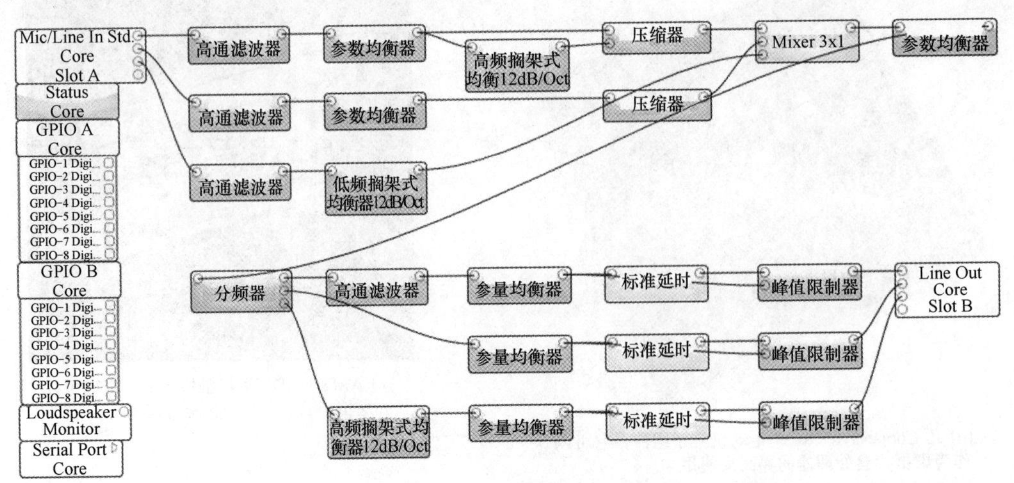

图 41.11 完整的分频器实例框图

要 100 多个拥有 100 多个输入的混音器。为了降低这种复杂程度，人们开发出了 mix-minus 技术。其工作理论依据就是在任意指定的输出上只有少量传声器的输出需要被哑掉或需要降低电平。一张大型的调音台被用于产生被称为和信号（sum）的所有输入混音信号。每个输出混音器接收和信号及那些必须被哑掉或降低电平的输入。混音器的直接输入极性被反转，以便于随着其电平的提高，它们会将混音器输出中的自身信号部分或全部抵消。如果直接输入被设定为单位增益，那么它将会从和信号中完全被减掉，因此也就被从混音器的输出中消除。虽然这种技术在模拟系统设计中也采用过，但是电路的稳定性限制了其在较大系统中的应用。数字系统增加了另外一种潜在的复杂性。由于信号是在 DSP 处理芯片间处理和传输的，所以就可能引入延时。假如和信号和直接输入信号不能准确地同时到达混音器，那么就不能正确地抵消直接信号。在所选择输入上可能需要少量的延时，以确保所有的信号同时到达任意指定的混音器。有些虚拟信号处理器自动提供这种补偿，或提供一个关于它的备选项。人们总是可以根据需要手动地插入非常小的延时。

如今，较大型的虚拟扩声系统利用一定形式的虚拟处理器。由于其在系统设计优化、更改设计上更加方便，同时在降低成本方面拥有更大的优势，所以这类处理器在全球的承包商和咨询商中广受欢迎。

目前安装的系统还在使用模拟传声器和传声器前置放大器，有时还使用模拟调音台，其输出被馈送至虚拟声音处理器。同样，虚拟声音处理器的输出通常也是以模拟域连接到普通的功率放大器上，然后再连接到扬声器上。因此，整个音响系统还是有相当大的部分仍处在虚拟声音处理器之外。然而，作为一种不错的方法，它在 1994 年首次被美国参议院所采用，并在 2006 年重新安装了新的系统。

每位参议员都配有属于自己的带微型 Kevlar 扩声线的小型传声器。并不能使用拥有直接数字输出的合适传声器。扩声线由位于参议员桌子处的 Servoreeler 系统伺服控制轮管理，该系统处在虚拟系统控制之下。没有使用滑动环，将扩声线的远端直接连到也位于桌子处的前置放大器上。前置放大器的模拟增益也在虚拟系统的控制之下。将前置放大器的输出驱动连接到 DSP 处理器的模数转换器上，它也位于桌子处。最初的声频和控制处理是在控制桌内完成的。声频、控制信号和供电由控制桌与虚拟音响系统中的中心处理器部分的单根线缆来传输。中央处理器执行所有 mix-minus 处理和许多辅助功能。中央处理器的输出通过同一线缆返回至控制桌，并在虚拟系统的控制下的控制桌上进行进一步地处理，并驱动功率放大器和扬声器。

这一系统的特殊之处不仅在于虚拟声音处理器参与中央处理，而且相应的传声器和扬声器处理也是虚拟系统的一部分。整个系统由冗余的中央处理器，超过 100 个控制桌单元，定制的操控调音台和几个显示组成，这就是一个集成化虚拟音响系统的所有构成部分。所有的 DSP 处理包括中央处理器，以及载入其工作代码并由一个共同的虚拟音响系统程序控制的超过 100 个的桌内遥控处理器。即便是由机电系统伺服控制的传声器转轮和模拟传声器前置放大器也在虚拟音响系统的控制之下。不必进行模数转换和数模转换，最长的模拟互连是传声器线缆。在传声器线缆的末端，声音从模拟形式转变为数字形式，并且一直保持在数字域，直至其传输至音箱。1994 年初安装，并在 2006 年进行系统升级的美国参议院音响系统可以被认为是未来虚拟音响系统的技术原形。

41.4　虚拟音响系统

41.4.1　传声器

将来的虚拟音响系统将是通过统一的用户接口程序来进行编程和控制的。它将没有模拟互连。

传声器将有直接的数字输出，接收器供电和控制信号通过传声器线缆传送。声频工程师协会标准委员会（Audio Engineering Society Standards Committee）颁布的 AES-42-2010 标准定义了数字传声器接口。虽然采用的数字声频传输方案是基于 AES3 标准的，但是增加了数字幻象供电、传声器控制和同步性能。传声器可以将其内部采样时钟锁相于它所连接设备的采样时钟上。满足该标准的首支传声器包含普通的模拟传声器部件，并在传声器本体内部完成到数字域的转换。在将来，我们可能会看到传声器部件直接输出数字信号。不论是哪种情况，这些新型的智能数字传声器可以通过所连接的虚拟音响系统实施控制。一些传声器甚至可以改变指向性，在有些情况下，它们可以在虚拟音响系统的控制之下对准声源进行拾音。通过动态调整每支传声器的拾音方向性和指向性，虚拟音响系统可以进行自身性能的自适应优化。

传声器阵列将增强对传声器指向性和准确度的控制。传声器阵列可由 3 支，乃至数百支传声器单元组成，这些传声器单元的输出经处理后产生一支或多支指向性和取向可控的虚拟传声器。TOA 开发的实时控制阵列传声器（Real-time Steering Array Microphone）是第一款商用的可控阵列传声器，并用于扩声系统当中。讲话者位置和跟踪讲话者位置的控制拾音束形成三角形。随着讲话者移动，拾音束会动态适应讲话者。在设置期间，传声器跟踪的讲话者位置活动范围是可调的。即便阵列传声器距离讲话者仅几英尺，反馈前增益还是非常出色，这与鹅颈传声器处在距离讲话者嘴部几英寸的位置时的情形类似。因为这一功能，与传统的传声器相比，阵列传声器将有能力清晰地拾取来自更远处声源的声音。这可以将音响系统设计成即便是在复杂的声学环境下也看不到传声器的放置位置。

由于阵列中各个传声器单元的输出被 DSP 处理器处理

成单一虚拟传声器输出，所以增加更多的DSP就可以让同一阵列产生更多的虚拟传声器。每支虚拟传声器可根据其各自的指向性对着不同的方向。我们已经开始见到采用这一技术的一些传声器系统能通过一个小型的传声器阵列提供用于录音的5.1环绕声输出。在语言扩声系统中，每支虚拟传声器可以跟踪各自的讲话者。讲话者通过其独有的自身声纹来标识。当房间中有多个传声器阵列时，每位讲话者自用的虚拟传声器可以通过优化附近的传声器阵列自动形成。当每位讲话者在房间内走动时，其自己的虚拟传声器将始终由附近的传声器阵列来构成，并随着他的移动会从一个传声器阵列切换到另一个传声器阵列。

由于每支虚拟传声器会始终对着其指定的讲话者，所以每支传声器可以针对指定的讲话者进行优化。当需要对房间内活动进行记录时，如果想要的话，可以将每个人的声音记录在各自的声轨上。如果这时使用了语言到文字的转换，那么给每位讲话者提供独立的虚拟传声器就会表现出明显的优势了。当系统可以学习各自讲话者的声音时，语言到文字的转换就会变得更加容易。如果能将只包含每位讲话者声音的信号提供给语言至文字的转换系统，那么转换的准确度会大大提高。

传声器阵列还可以有选择地抑制来自某些声源的声音。在搭建系统期间，虚拟传声器处理器将告知系统扬声器的位置，以及房间内任何明显噪声声源的位置。这便可以让其指向性图案的零点始终对着噪声声源方向。因此，声反馈和拾取噪声的概率将大为降低。

它还可以定义语言不被放大的3D空间区域。例如，在立法机构使用的系统中，确保单向交谈决不被放大是极为重要的。通过将桌子稍后的区域定义为私密区域，这样即便法官忘记了关闭其使用的传声器，他也可以向后靠，与其助手进行私密交谈。

语音跟踪传声器阵列的应用受限于带宽、信号等待时间明显增加，以及成本等因素。这些因素使得它们在扩声领域缺乏吸引力。然而，处理算法上的改进，再加上我们看到DSP处理能力的成本逐年大幅下降，我们马上就会看到这种技术步入新的领域，其中就包括扩声领域。

41.4.2 扬声器

当今的许多音箱都是由内置的功率放大器和分频器来驱动的。有些音箱还通过直接接收数字声频和控制信号将这一概念进一步拓展。它们包括被集成到扬声器系统设计当中的DSP处理，这可以大大改善扬声器的性能和保护功能。现代的基于DSP的线阵列扬声器使辐射指向性可控，并且在有些情况下可以由同一扬声器产生多个声学输出波束。它们甚至可以将其声学输出的声频样本送回来，以实现可信赖的监听。

与传声器阵列一样，基于DSP的扬声器阵列可以将声音导向控制到需要它的地方，并保持该声音不辐射到不想要它的地方。动态控制的扬声器阵列将允许扬声器的覆盖随着空间和系统条件的改变而改变。扬声器阵列可以被制成线状或平板的形式，并嵌入安装到墙壁，天花板和其他建筑空间元素当中。扬声器已不再必须对准我们想要声音传输的方向。例如，将平板扬声器阵列安装在房间侧墙的方便位置，将声音向下导向并回到观众区的做法已变得相当可行。扬声器的覆盖类型和指向性可以针对设施的不同应用由虚拟系统控制改变。相对于较老的技术而言这是巨大的优势，为了不同的应用，较老的技术需要通过多组扬声器，或者物理改变扬声器的对准目标来实现。

单个扬声器阵列可以用来同时产生多个覆盖类型，如果需要的话，每个覆盖类型可以由各自独立的声源来驱动。这种技术的应用可以大大扩展一个房间中准确听到多声道重放效果的区域。对着房间边缘那些位置现在就可以接收到来自房间内所有扬声器正确平衡的声音，即便他们离某些扬声器的距离比离其他扬声器的距离近很多，也不必担心，这样便可以保持空间的重放特征。在另一个应用中，同样的扬声器让直达声对着观众，同时让环境声效果对着房间的其他部分。

虚拟音响系统的反馈控制可以根据环境条件的变化自动改变扬声器的覆盖类型。这种环境条件包括观众区的大小和位置、环境噪声、温度和风速及风向。集成的DSP处理还允许将一些有用的功能移入音箱。这些功能包括声源信号的选择和混合，延时，均衡，压缩，限制和驱动器保护，环境电平补偿。DSP处理的编程和控制借助的是将声频信号引入扬声器的相同连接这一做法。这还可以将所有扬声器功能集成为同一虚拟音响系统的一部分。

41.4.3 处理系统

那些既不包含在传声器中，也不包含在扬声器当中的声处理将包含在中央处理系统中。这既可以是单一处理器，也可以是网络化的处理器阵列。不论是哪种情况，都会有一个用于对整个系统进行编程和控制的用户界面。

虚拟音响系统的控制和监测可以同时在多个地点进行。系统可以由运行专用控制软件，或者标准网络浏览器的PC来控制。对于不接受鼠标控制的场合，可以使用触摸屏控制器。对于想使用物理控制的场合，可以使用各式各样的标准模块化控制面板单元。这样可以让物理控制应用如墙壁安装的音量控制一样简单，或者如大型混音调音台般复杂。

自20世纪90年代初期第一款这种类型的产品问世以来，虚拟音响处理器已经有了本质性的改进。随着这些产品内可利用处理能力的增长，其性能也同步提高。

现实世界中的音响系统也包含许多音响系统工作必须集成的其他单元。当今，最先进的虚拟音响处理器包含功能强大的控制逻辑子系统，以缓解这种集成。高速控制连接可以与外部空间和楼宇控制系统进行数据交换。

QSC Audio推出的Q-Sys声频处理系列产品具有出色的可靠性，精密性和虚拟声频处理能力。Q-Sys拥有许多之前只在明显独立的产品中才可利用的功能。这些功能包括一些先进的虚拟器件，比如FIR滤波器，反馈抑制和环境声压级检测。这也大大减少了编译所需要的时间，同时在所有的输入和输出之间拥有非常低的、且固定的等待时间。Q-Sys可让设计人员方便地创建一个完全冗余的系统，解决了初次使用数字系统进行全数字化声频信号处理和控制时所萌生的疑虑。

大部分先进的虚拟音响处理系统都拥有的一个非常明显的优点，即可以方便地进行各种处理子系统之间的相互作用。例如，自动化传声器混音器可以被认为是多电平仪表和增益模块的组合，其中各个输入的电平常被用来调整各个增益模块的瞬时增益。目前模拟、数字和虚拟形式的这种自动化传声器调音台在市场上都有。然而，在虚拟声音处理器中，交互的类型被进一步扩展到系统电平上。例如，每个传声器输入处理链路可能包含一个AGC。在保持整个系统稳定的前提下，可插入的一个AGC所拥有的最大可能增益将部分取决于针对所使用的每支其他传声器AGC的增益或衰减量。在虚拟系统中，可以让每个AGC知道其他AGC正在进行的动作，并基于该信息更改其自己的行为动作。

在市场上，已经有了可以动态插入校正陷波滤波器，避免音响系统出现反馈的设备。它们通过监测反馈的出现，并非常快速地应用校正滤波器来实现这一目标。这就意味着在采用校正之前系统一定会产生振铃了。相对而言，虚拟音响系统可以监测所有可能影响系统稳定性的因素，并只在需要的信号通路上有选择地插入校正陷波滤波器，所有这一切都是在系统产生振铃前做的。

虚拟音响系统可以被编程，以掌握哪些是最重要的传声器和扬声器区域，如果为了取得最佳性能必须要进行取舍的话，那么就可以优化最重要的输入和输出。例如，如果必须要听到某个人的讲话，而这个人讲话语音又非常软，增益又不能被提高到足够高，那么虚拟音响系统就可以将最重要的扬声器区域的增益提得更高一些，而不是将各处的增益都提高，这样便可以保证整个系统的稳定性。

在系统初次搭建期间，虚拟声音处理器可以有多达数千个控制需要调整。如今，先进的虚拟处理器包含的控制工具可以为系统调试工程师提供一个用于调整这些控制的简单界面。这就大大减少了所用的时间和出错的概率。

简言之，假设有经验的操作人员可以在瞬间对现状做出响应，并一次调整数百个控制，则设计良好的虚拟音响系统可以实现一个非常有经验的操作人员对系统控制实施的所有微小调整。

41.4.4 有源声学

虚拟音响系统还可以用来改变声学环境。

空间的混响时间和反射类型可以在任意时刻动态改变，以满足节目素材的需要。这要求空间的物理声学处在人们想要的混响范围的较低端。虚拟音响系统将增加来自正确空间方向的初始反射，以及包络的混响尾音，从而产生人们想要的声学环境。几乎能够瞬间改变声学环境的能力可以让节目的每一部分都能在最佳的声学条件下重放。例如，节目中讲话的部分可以只利用少量的支持性反射。在另一种极端的情况，合唱或管风琴音乐可能要有非常长的*RT*。这一技术还可以将室外表演场所模拟成室内的声学环境。LARES Associates和Meyer Sound是设计数字化可变声学系统方面领先的两家公司。

环境噪声，特别是具有低频和/或重复属性的噪声可以利用虚拟音响系统进行有源抵消。随着DSP处理成本的不断走低，换能器的功率处理能力不断提高，与传统的噪声控制和隔声方法相比，这一技术将会变得更具吸引力。利用传统的无源方法，振动和低频声的隔声是最难处理的，而且处理的成本很高。良好的低频性能常常需要将大间距隔离与较重的质量相结合。而在更高的频率上常常有更为廉价的技术和更有效的材料可供选用。通过比较，有源噪声和振动控制在低频是最有效的方法，想在更高频率的大范围上取得满意的性能的难度却增加了。因此，用来控制低频噪声的虚拟音响系统中有源噪声控制技术在降低总体项目成本方面被证明是有益的。

41.4.5 诊断

虚拟音响系统将监测自己的工作和其工作环境，对整个信号通路进行故障监测。根据系统设计的水平，操作者可能只被通知，或者冗余设备可以自动被启用，以确保工作不中断。大多数系统将利用多支传声器和扬声器。就其自身而言，这提供了明显的冗余度。如果传声器或扬声器的覆盖类型可控，那么虚拟音响系统就可以对任意指定的传声器或扬声器故障进行补偿。冗余还可以被设计到互连和虚拟音响系统的处理子系统中。通过精心设计，可以构建出故障点很少或没有一个故障点的系统。

比如温度和气流这种会对系统的长期健康构成影响的环境条件将会被监测，并给出趋势报告。系统中传声器和扬声器的性能将被监测和记录，以便在性能下降变得可闻之前指出性能的下降问题。声学环境也可以被监测，以便识别出可能影响音响系统主观性能的变化。系统健康报告将被自动生成，并在被监测的任何参量超出期望的容限值时将报告提供给系统操作者、安装人员和设计者。这一功能可以让系统在使用周期内性能更加稳定，同时将其使用寿命延长数年。

41.4.6 未来的虚拟音响系统

如果将所有这些技术综合在一起，未来的虚拟音响系统将具有更好的性能，对于使用者而言，很多性能是不可见的，系统使用起来更为容易，其使用寿命会比当前的任何系统更长一些。

第42章

数字声频接口与网络化

Ray Rayburn编写

42.1 背景

在大多数情况下，人们更愿意用数字域内数字声频设备间的相连取代模拟互连。这是因为每次在声频信号由模拟声频转变为数字声频信号，或者由数字声频信号转变为模拟声频信号时都不可避免地会产生质量上的损失。虽然模拟接口连接简单直观，但是人们却很少希望在模拟域内互连两台数字声频设备。比如，如果数字声频设备没有配备数字声频接口，那么这时就需要进行模拟接口连接。然而，这样的模拟接口将会导致数字声频信号在接口两侧出现微小的改变。在模拟接口的远端将不会重现构成数字声频的准确数字序列。

通常，用于数字声频的编号体系被称为二进制。二进制编号体系中的每位数字（称为比特）既可以是1，也可以是0。如果两个二进制数字是一样的，那么其所有的比特都是匹配的。

数字声频接口拥有在两台数字设备间进行准确比特传输的潜能，所以可确保组成数字声频的数字序列不发生改变，取得可能达到的完美精度。为了实现这一潜能，两台数设备必须要同步。

数字声频由一系列连续的声频数字化样本组成，必须要顺序接收每个样本。如果没能以正确的顺序接收每个样本，或者样本丢失或重复，那么声频信号就会产生失真。

为了进行数字声频的数字化互连，每个连接的两端都必须工作在相同的采样率下。假如信号源工作运行的速率与接收端（稍微快一点）不同，那么信号源迟早会输出一个接收机还未准备好接收的样本。这样便会导致样本丢失。类似的情况是，如果信号源工作运行的速率比接收机工作进行的速率慢一点的话，那么最终将导致接收机在准备送出样本之前会去等待样本。这样便导致将假的样本插入数据流。

42.1.1 同步连接

传输数字声频最直观的方法就是同步连接。在这样一种解决方案中，数据会以与生成它时完全相同的速率被传输，换言之，就是以相同的采样率来传输数据。当附加数据伴随同步系统中的声频一同被传送时，这些附加数据就被添加到声频数据当中，整个信息包就以声频采样率来传输。这样的系统以固定大小的数据组来传送信息，所引发的等待信号延时非常小。在同步系统中，声频数据字以声频采样率进行发送和接收，系统的两端必须锁定到相同的主采样率时钟上，如图42.1所示。AES3和IEC90958便是同步数字声频互连方案的实例。

42.1.2 异步连接

异步系统在许多方面与同步系统完全相对。信息并不在任何特定的时刻传送。所给定的信息包的大小可能会变化。得到整个异步连接中指定一段信息的时刻可能是不确定的。在连接的两端并没有共同的参考主时钟。

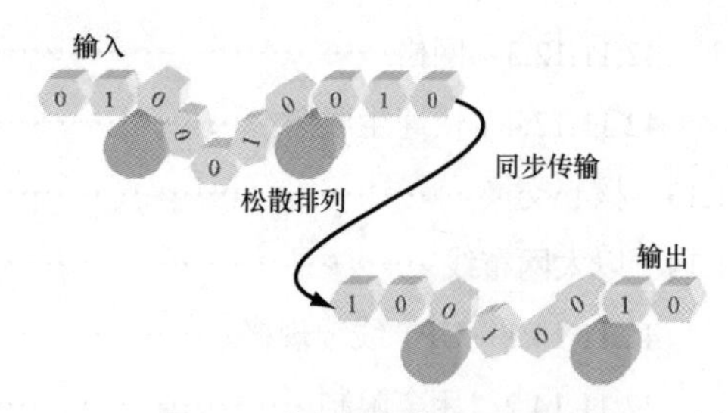

图42.1 输入和输出间的同步连接

异步传输的例子随处可见。当我们邮寄信函时，信函的内容可能只是单张纸的便签，或者可能是手写的书稿。将信函投入邮筒（出站延缓）后，可以想象它要在日后的某一时间才被分拣。信函在投递到最终地址前将经过许多不同的投递过程，并且会停顿一段时间。你可能知道信函平均的送达时间是3天，然而，在有些情况下，两天就完成了投递，而有些情况要6天才能送达。尽管你可以肯定信函最终一定会送达目的地，但却无法知道其准确的送达时刻。

异步传输的其他例子还包括互联网，以及最为常见的包含RS-232串行接口的计算机接口和以太网。

RealAudio和Windows Media Audio（WMA）是两种借助异步互联网实现同步声频连接的常用解决方案。虽然有长达5～10s的接收缓冲器，但还是会遇到互联网中有些声频数据包上的插入延时超出了接收缓冲延时的网络条件所引发的声频数据失落现象。通常，虽然声频数据通过时没问题，但是每次不久后就会出现声频数据失落现象。

42.1.3 等时连接

等时连接拥有同步和异步系统的属性，并且在两者之间架建起桥梁。信息不是以锁定到主时钟上的恒定速率来发送的。它提供的信息最长送达时间几乎都不会超时。利用每一端的缓冲器，它可以传输诸如声频这类信号，其中以正确的顺序发送声频字且延时已知和恒定是最基本的要求。在正确设计的等时系统中，等待时间可以非常短，近似于实时工作，而且可靠性非常高，如图42.2所示。

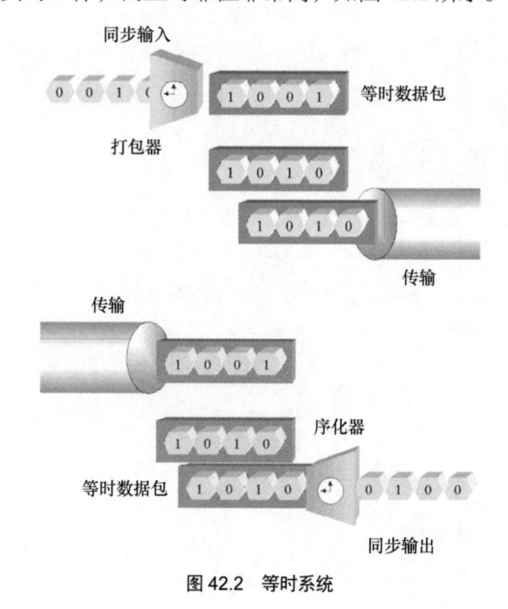

图42.2 等时系统

等时系统的实例就包括常用于发送电话呼叫和计算机数据的 ATM，以及 CobraNet 声频网络。FireWire（IEEE-1394）是将等时和异步成分组合在一起的网络化解决方案。

42.1.4　AES5

AES5对专业声频使用的48kHz±10ppm（parts per million）的基本采样频率进行了标准化。另外它还允许采用 44.1kHz 的采样频率，这是为了与民用设备相兼容。对于广播和相关的传输应用，此时可以接受 15kHz 的带宽，所以还允许使用 32kHz 的采样频率。对于要求带宽在 20kHz 以上的应用，或者如果打算使用滚降斜率缓的抗混叠滤波器，则可能会使用 96kHz ±10ppm 的采样率。

更高的采样率和有些时候会高很多的采样率会在数字声频设备的内部采用。当这样的较高采样率出现在外部的数字声频接口时，AES 推荐采用上述提及的某种采样率的 2 倍整数倍数值的采样率。

尽管 AES5 不鼓励使用其他采样率，但还是有使用其他采样率的情况。

上述信息是基于 AES5-2008（2013 年再次确认）得出的。建议大家关注标准的最新版本。

42.1.5　数字声频互连

在简单的数字声频设备互连链路当中，每台设备可以看到输入数字声频的采样率，并将其自身锁定到输入采样率上。这样系统存在的一个问题就是：由输入的数字声频恢复的采样率的稳定度不够完美。其速率存在少量的变化，我们将其称为抖动。虽然有些技术可以用来降低这种抖动，但是这要增加成本，而且结果绝不会完美。链路中每台级联的设备都倾向于增加抖动。如果抖动太高了，则接收设备就不可能正确地对数字声频信号进行解码，重现信号的准确度就会丧失。更坏的情况是，模数转换器和数模转换器的性能与时钟的精度和稳定度有非常大的相关性。即便是非常小的抖动都会造成模数转换器和数模转换器性能的明显下降。因此，不推荐以这样的方式级联太多的数字声频设备。

如果像调音台这样的单一数字声频设备将要接收一个以上的信号源，那么这种同步于输入数字声频信号的简单解决方案就不能用了，因为这样一次只可能同步一个信号源。有两种方法可以解决这一问题。

第一种方法是在每一输入端使用采样率转换器（Sample Rate Converter，SRC），将输入的采样率转换为数字声频设备的内部采样率。这样一台 SRC 将会增加输入的成本，同时也会以一种微妙的方式降低声频信号的质量。虽然准确度优于模拟连接，但是数字声频的传输达不到比特精度。当然，相应的不同级别的复杂度和成本产生出的处理完美程度也会不同。有些 SRC 只是以准确的且与内部采样率呈简单的数字比值的形式来处理输入数字声频。另外一些 SRC 可接收任何范围上非常宽的输入采样率，并将其转变为内部采样率。

第二种 SRC 在必须接收多个信号源且没有常用参考基准的数字声频时非常有用，它将所有的数字声频全都转变为常见的内部采样率。

正如上面提及的那样，处理多个数字声频信号源输入的其他方法就是将数字声频系统中的所有设备锁定到一个常用的基准时钟率上。在较大的系统中，这是一种深受欢迎的解决方案，AES 已经颁布了 AES11 标准，标准对如何正确使用这样的系统进行了详尽的说明。这样的一个系统可以具备出色的抖动性能，因为每台设备会直接接收来自公共信号源的基准采样率。对数字声频设备间的互连可以进行任意重新安排，因为我们不必考虑随信号流的变化而引发的同步和抖动变化问题。

42.1.6　AES11

AES11 定义了数字声频基准参考信号（Digital Audio Reference Signal，DARS），该信号只是被设备用作通用参考时钟的准确 AES3 信号。虽然 DARS 可以包含声频信号，但是并不要求一定这么做。

在 ASE11 中定义了 4 种基本工作模式：采用 DARS，采用嵌入时钟的 AES3 信号，采用源自 DARS 的通用主视频参考时钟，或采用 GPS 接收机作为参考 DARS，并在通道状态的 18 ～ 21 字节提供日期时间样本地址码。采用 DARS 被认为是正常的演播室实践操作。正如上文提及的那样，在没有 DARS 的情况下级联所有的设备可能导致抖动加大。

这种解决方案的唯一不足之处就是有些数字声频设备未准备接收外部采样率参考基准。因此，在许多复杂的系统中，虽然大部分设备锁定在主采样率时钟上，但常常还需要采样率转换器来接收不能锁定到主采样率时钟上的那些设备的输出。AES11 承认这种局限性。

AES11 将 DARS 划分为两个等级，即等级 1 和等级 2。作为根本目的的演播室同步 DARS 应由 AES3 通道状态字节 4 的比特 0 ～ 1 表示出来。更多的细节信息参见下文。

等级 1 的 DARS 是质量最高的，它既可以用来同步多间演播室，也可以用来同步单间演播室。所要求的长期稳定度的范围要在 ±1ppm。只希望产生等级 1 的 DARS 设备将自身锁定到等级 1 质量的信号上。只希望锁定到等级 1 信号的设备要求锁定信号的范围为 ±2ppm。

等级的 2 的 DARS 只用于不能承担采用等级 1 的 DARS 解决方案成本的单间演播室同步。与 AES5 的规定相同，它所要求的长期稳定度范围为 ±10ppm。希望锁定到等级 2 信号的设备要求锁定信号的范围为 ±50ppm。

以上的信息是基于 AES11-2009 给出的。我们始终建议大家关注最新版的标准。

42.2 AES3

AES将其AES3标准的标题定为“双通道线性表达的数字声频数据的串行传输格式（Serial transmission format for two-channel linearly represented digital audio data）”。在讨论AES3标准之初，先从脱离这一标题的内容展开讨论。

该标准传送的是串行形式的数据。换言之，它所要传送的信息是按照比特顺序沿单一传输通路传送的，与之相对应的传输方式是将每个比特沿单独的传输通路传送。构成一个声频样本的每个数据比特依照顺序从最低有效位开始传送，直至传送到最高有效位。最低有效位是定义声频电平最小变化的比特，而最高有效位（Most Significant Bit、MSB）则是定义声频电平的最大变化的比特。

AES3通常用来以单一传输通路来传输双通道声频数据。在指定的声频采样周期内，首先传送通道1的数据，紧接着传送同样样本的通道2的数据。在下一个采样周期里，重复这一传送顺序。

当今的大部分专业数字声频采用的是线性表达的数字声频数据。这种数据有时也被称为脉冲编码调制（Pulse Code Modulation，PCM）数据。在这种以数字表示声频信号的方案中，每一时刻的声频样本采用数字来表示等幅步阶范围内样本所处的位置。如果采用8个比特来表示声频信号的电平，则在可表达的最低电平和最高电平之间将有2^8或256个等幅步阶。在整个范围的低电平区域上可以表达的最小幅度变化与在最高电平区域上时一样。了解这一点非常重要，因为并不是所有的数字声频都采用线性的表达方式。例如，日常生活中的电话呼叫就是采用非线性的技术来编码的，以实现用有限的比特数来传输尽可能高质量语音信号的目标。在专业声频中，我们一般采用较大的比特数，常见的比特数范围为16～24bit，这样可以取得线性表达的出色性能。线性表达可使实现高质量转换器和信号处理算法更为容易。

将构成声频样本字的比特表示成2的补码形式，其LSB代表的是可能的最小幅度变化，而MSB代表的是信号极性。

AES3在上面描述的基本比特序列的周围增加了相当数量的结构变化，为的是可以由接收的信号中恢复出时钟，由此产生的鲁棒信号更易于经由有限带宽通路来传输，并且提供了同一通路的附加信号和数据传输能力。

可以通过AES3传送的两个声频通道中的每一个被格式化成两个子帧序列，分别被标号为子帧1和子帧2，每个子帧遵从如下的格式。

如下的信息是基于AES3-1-2009，AES3-2-2009，AES3-3-200和AES3-4-2009给出的，以上4个部分共同构成了AES3标准。建议大家关注标准的最新版本。

42.2.1 子帧格式

首先，附加的比特被添加到数字声频的前后，使子帧的长度达到了32bit，如图42.3所示，由左至右顺序开始传送。

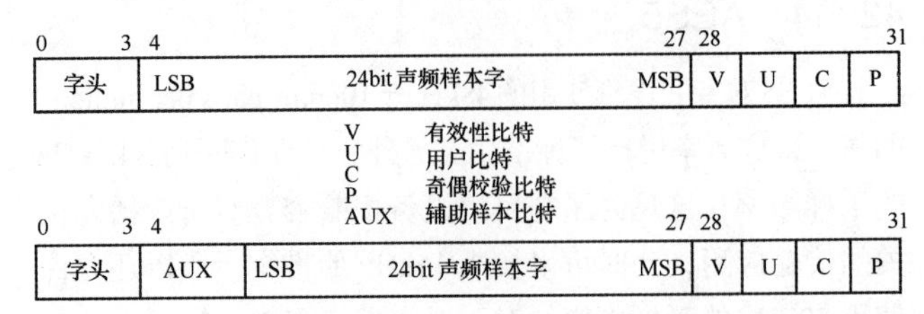

图42.3 AES3的子帧格式。应注意的是，第一个比特被称作bit0

如果声频数据由20或更少的比特构成，那么子帧就采用B格式。如果声频数据由21～24bit组成，则子帧采用A格式。不论是哪一种格式，如果数据采用的比特数少于20bit或24bit，那么就将0添加到LSB当中，保证总的比特数还是20bit或24bit。由于数据是2的补码形式，所以重要的是MSB，它所表示的信号极性时钟位于第27比特位。

字头被用来指示接下来的声频是声道1还是声道2，以及192帧数据块的开始。

如果传输的是20bit或更少比特的声频，那么AES3允许将其他数据的4个比特以辅助（AUX）比特的形式传送。如果允许将声频比特转变为模拟比特，那么有效性比特为0，如果不能进行转换，则该比特为1。没有哪一种状态应被视为默认状态。

用户比特可以任何方式用于任何目的。标准对该比特应用所指定的格式并不多。其中应用的这些格式之一由通道状态信息的字节1的比特4～7表示。如果不使用用户比特，那么它默认为0。

通道状态比特携带的是有关同一子帧中的声频信号，相关解决方案将在稍后加以介绍。

奇偶校验比特被加到子帧的尾部，它选用的方式是让子帧包含偶数个1或偶数个0。这就是所谓的偶校验。这是对接收信号进行误码检验的简单形式。

42.2.2 帧格式

声道2的子帧跟随于声道1的子帧之后。这对顺序相连的子帧被称为一帧。在正常使用时，帧是按照准确的采样率传输的。接下来的数据是按照图所示的从左至右顺序传输的。

图42.2中被表示为X、Y和Z的部分分别代表的是每个子帧字头部分的3种格式。当采用格式Z时，它表示的是192帧数据块的起始。当使用格式X或Z时，它表示接下来的通道数据数来自声道1。当采用格式Y时，它表示接下来的通道数据是来自声道2。

数据块被用来组织通道状态数据的传输，如图42.4所示。

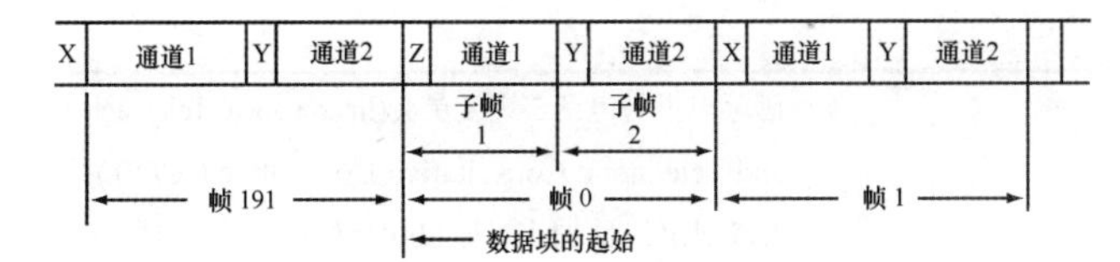

图 42.4　AES3 的帧格式。应注意的是，虽然子帧被编号为 1 和 2，但是帧的起始编号为帧 0

42.2.3　通道编码

AES3 必须能够通过变压器来传输。变压器不能通过直流成分。普通的二进制数据可能会在任意时间长度上一直保持为 1 这一比特电平，因此就一定会包含直流成分。为此，我们必须采用将这一可能性排除在外的编码方案。

另外，我们还必须由 AES3 信号自身恢复出采样率时钟。这样就不必采用单独的连接来传输采样率时钟了。由于普通的二进制码可能会停留在给定的比特电平上任意长的时间，所以也就无法从这样的信号中提取出时钟信息。

此外，我们还希望 AES3 对传输媒质中的极性反转不敏感。

为了满足这 3 个要求，除字头之外的所有数据都采用了所谓的双相位标志（biphase-mark）技术。

上面所示框图中信源编码部分中的二进制数据的顺序是 100110。

时钟标记二进制信源编码的比特率的 2 倍，所指定的时间被称为单位间隔（Unit Interval，UI），如图 42.5 所示。

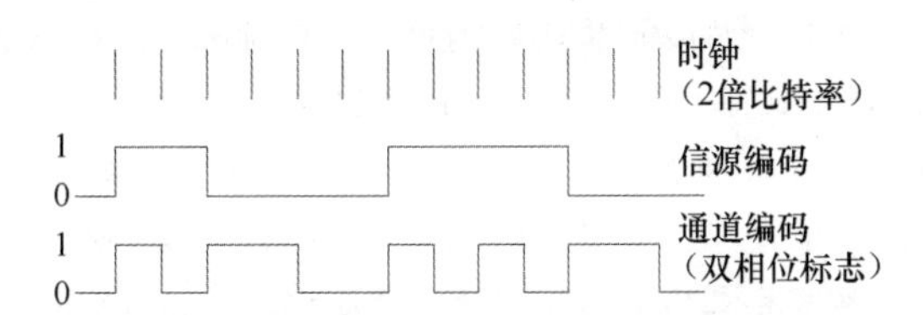

图 42.5　AES3 的通道编码。时钟脉冲间的时间间隔被称为 UI

被编码的通道数据序列在原始信源编码比特间的边界处都存在一个跳变，而不论信源编码是否存在跳变。这便允许从接收的信号中提取出原始的时钟速率，因为在每个信源比特边界处始终存在一个跳变。

如果信源编码数据为 1，那么通道编码将会在信源编码比特时间的中间插入一个跳变。如果信源编码数据为 0，那么将不会在通道编码比特时间的中间插入任何附加的跳变。

这些通道编码特性的组合为我们提供想要的性能。由于不包含直流分量，所以信号可以经由变压器来传输。采样率时钟可以由信号提取。信号对极性反转不敏感，因为数据状态是通过有无附加信号跳变来反映的，而不是由编码数据本身状态携带的。

42.2.4　字头

子帧中唯一没有采用双相位调制编码方案的部分就是字头。实际上，字头被有意设计成不按双相位标志规则编码。这样做的目的是让字头更易被识别，同时也避免有些数据型与字头可能重复的现象发生。

这也允许接收机识别字头，并且在一个样本周期内与输入的声频自同步。这便构成了非常可靠的传输解决方案。

正如上文格式中所提及的那样，其中存在 3 种可能出现的不同字头。每一字头以信源编码比特率的 2 倍的时钟速率传送。因此，每个字头的 8 种状态在每一子帧的开始时在 4bit 时间槽内传送。

字头开始的状态必须始终是与之前刚结束的子帧的奇偶校验比特的第二个状态相反、见表 42-1。

表 42-1　字头开始状态规则

之前状态	0	1	
通道编码			
“X”	11100010	00011101	子帧1
“Y”	11100100	00011011	子帧2
“Z”	11101000	00010111	子帧1和块起始

读者将会注意到每个字头的两种格式只是简单的彼此极性反转的格式。

在实践中，由于在字头之前采用比特的正极性属性，以及双相位编码，所以每个字头仅有一种格式被传输。然而，为了保护对极性反转的不敏感特性，AES3 接收机必须能够接收任意一种格式的字头，如图 42.6 所示。

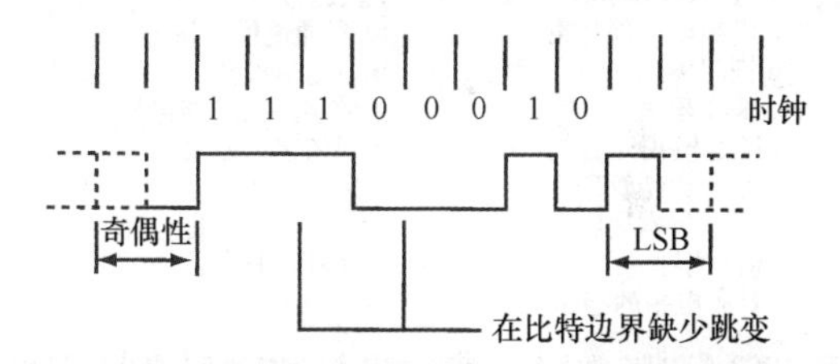

图 42.6　AES3 的字头 X 是（11100010），将时钟脉冲间的时间间隔称为 UI

与双相位编码一样，字头也无直流分量，虽然不同于至少两倍的双相位编码，却还是可以用来恢复时钟。

上面所示的时钟率是信源比特率的 2 倍。应注意的是，奇偶校验比特时钟是 0，所以字头总是从 0 到 1 的跳变开始。还要注意的是，在这样的字头中，由于所有可能的字头至少存在着两个没有比特边界跳变的位置，所以违反了双相位标志编码的原则，并提供了字头的正向指示。

42.2.5　通道状态格式

每个声频通道都有自己的通道状态比特。该比特携带的数据对应于自己的声频通道。由于并不要求每个通道的数据一样，故其可以不一样，如图 42.7 所示。

给定数据块内的 192 个通道状态比特的序列被视为 24 个字节数据，如表 42-2 所示。

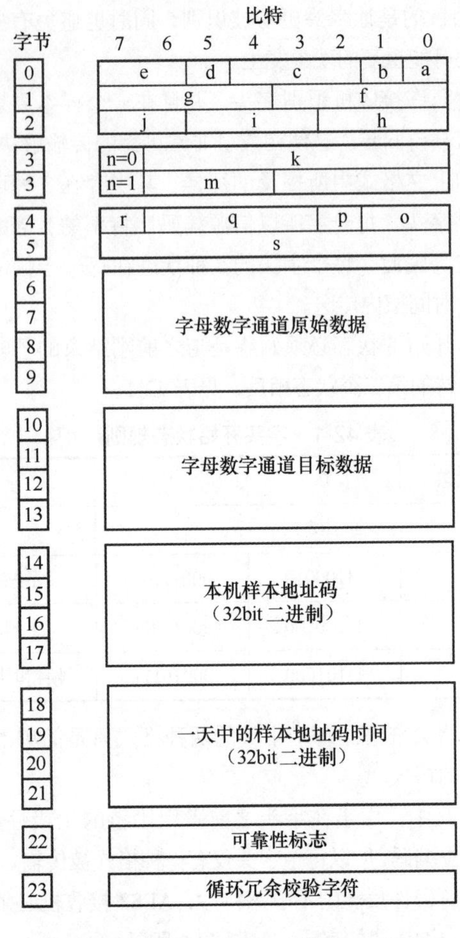

a.通道状态块的使用
b.线性PCM标识
c.声频信号预加重
d.锁定标识
e.采样频率
f.通道模式
g.用户比特管理
h.辅助样本比特的使用
i.信源字长
j.对齐电平的指示
k.通道号
l.通道号
m.多通道模式编号
n.多通道模式
o.数字声频基准信号
p.保留但未定义
q.采样频率
r.采样频率伸缩比例标志
s.保留但未定义

图 42.7　AES3 通道状态数据格式。应注意的是，比特和字节是从 0 开始编号的

表 42-2　AES3 通道状态数据格式细节

字节0		
比特0	0	符合IEC60958-3“消费类应用”标准的通道状态块内容。（该表的其余部分仅应用于“专业应用”）*
	1	符合AES3“专业应用”标准的通道状态内容
比特1	0	声频字由PCM样本组成
	1	声频字由线性PCM样本之外的形式组成
比特2～4	编码的声频信号预加重	
比特	2 3 4	
状态	0 0 0	未表示预加重。接收机默认为无预加重，但可手动强制控制接收机
	1 0 0	未使用预加重。不可以手动强制控制接收机
	1 1 0	使用了符合ITU-R BS.450的50/15μs的预加重。不可以手动强制控制接收机
	1 1 1	国际电报与电话咨询委员会(International Telegraph and Telephone Consultative Committee,CCITT)) J.17规定的预加重（在800Hz处有6.5dB的插入损失）。不可以手动强制控制接收机
	比特2～4的所有可能状态均被保留，且未被使用，除非将来AES有定义	
比特5	0	未表示出锁定。这是默认设定
	1	信源采样频率未锁定
比特6～7	编码的采样频率（见**，***，****）	
比特	6 7	
状态	0 0	未表示出采样频率。这是默认设定。接收机默认为接口帧率，可以自动确定采样率或进行优先手动控制
	0 1	48kHz采样率。不可以自动实施自动确定采样率或进行优先手动控制
	1 0	44.1kHz采样率。不可以自动实施自动确定采样率或进行优先手动控制
	1 1	32kHz采样率。不可以自动实施自动确定采样率或进行优先手动控制

*除了信息的通道状态数据块的应用之外，在AES3“专业应用”和IEC60958-3“消费类应用”标准之间，其他数据格式是相同的。然而，电气格式是不同的。出于这些原因，绝不应假设在“消费类应用”的接收机与“专业应用”的发射机一起工作时会有正确的功能，反之亦然

**如果字节0比特1表明其不是线性PCM，那么必须要设定针对通道的有效性比特（V），某些其他的比特保留

***不要求使用的采样频率由这些比特表示出来，也不要求可以采用的其中一个采样频率由这些比特表示出来。如果发射机不支持采样频率指示的话，那么采样频率就是未知的，或者采样频率不是这些比特可以指示的，之后比特应被设定成0 0。通道状态字节4的比特3～6可以指示其他可能的采样率

****如果字节1的比特0～3指示的是单通道倍采样模式，那么由字节0的比特6和比特7指示的采样率为加倍

字节1		
比特0～3	编码的通道模式	
比特	0 1 2 3	
状态	0 0 0 0	无模式指示。接收机默认为双通道模式，但可以手动强制改变
	0 0 0 1	使用双通道模式。不可手动强制改变接收机。
	0 0 1 0	使用单通道（单声道）模式。不可手动强制改变接收机
	0 0 1 1	使用主/从属（子帧1为主）的模式。不可手动强制改变接收机
	0 1 0 0	使用立体声（子帧1为左）的模式。不可手动强制改变接收机
	0 1 0 1	为用户定义的应用保留的

续表

状态	0110	为用户定义的应用保留的
	0111	单通道倍采样频率模式。子帧1和子帧2包含的是同一信号的连续样本。采样频率是倍帧频并且倍率由字节0指示出来（如果采样率被指示），而字节4指示的是不加倍的采样率（如果采样率被指示）。不可手动强制改变接收机。字节3可以指示通道数
	1000	单通道倍采样频率模式——立体声左声道。子帧1和子帧2包含的是同一信号的连续样本。采样频率是倍帧频并且倍率由字节0指示出来（如果采样率被指示），而字节4指示的是不加倍的采样率（如果采样率被指示）。不可手动强制改变接收机
	1001	单通道倍采样率模式——立体声左声道。子帧1和子帧2包含的是同一信号的连续样本。采样频率是倍帧频并且倍率由字节0指示出来（如果采样率被指示），而字节4指示的是不加倍的采样率（如果采样率被指示）。不可手动强制改变接收机
	1111	多通道模式。字节3指示出通道数
	比特0～3的所有其他可能的状态均被保留，并未使用，除非AES在将来对其进行了定义	
比特4～7	编码的用户比特管理	
比特	4567	
状态	0000	无用户信息被表示——默认情况
	0001	用户数据的192比特数据块，开始于字头“Z”
	0010	符合AES18标准的数据
	0011	用户定义的
	0100	符合IEC 60958-3标准的数据
	0101	符合AES52中指定的192比特数据块，以字头“Z”开始
	0110	符合IEC 62537标准的数据
	比特4～7的所有其他可能的状态均被保留，并未使用，除非AES在将来对其进行了定义	
字节2		
比特0～2	编码的辅助采样比特应用	
比特	012	
状态	000	最大20bit声频字，辅助采样比特的用法未定义，默认情况
	001	最大24bit声频字，辅助采样比特用于声频
	010	最大20bit声频字，辅助采样比特用于符合AES3-2-2009附录B的每个附属A协同信号
	011	用户定义的应用
	比特0～2的所有其他可能的状态均被保留，并未使用，除非AES在将来对其进行了定义	

续表

比特3～5	编码的声频字长*，**，***，****		
比特	345	如果比特0～2指示最大20bit长度的声频字长	如果比特0～2指示最大24bit长度的声频字长
状态	000	字长未指示，默认	字长未指示，默认
	001	19bit	23bit
	010	18bit	22bit
	011	17bit	21bit
	100	16bit	20bit
	101	20bit	24bit
	比特3～5的所有其他可能的状态均被保留，并未使用，除非AES在将来对其进行了定义		
比特6～7	对齐电平指示		
比特	67		
状态	00	未指示	
	01	SMPTE RP155（对齐电平为最大电平之下20dB）	
	10	EBU R68（对齐电平为最大电平之下18.06dB）	
	11	为将来应用保留的	

*如果默认状态或比特3～5被表示出来，那么接收机应按照比特0～2的指定默认为20bit或24bit，但是允许手动强制或自动设定接收机

**如果比特3～5默认状态以外的状态被指示，那么将不允许手动强制或自动设定接收机

***不论哪一种数字声频字长被指示，MSB表示的信号极性始终是子帧的比特27

****如果需要的话，实际编码声频字长的知识可允许接收设备对声频正确地进行再次高频颤动处理，处理成不同的字长

字节3		
比特7	定义比特0～6的含义*，**，***	
状态	0	未定义的多通道模式，默认设定
	1	定义的多通道模式
比特0～6	如果比特7为0，则为通道数。通道数是比特0～6（比特0为LSB）的数值加上1	
比特4～6	如果比特7为1，则为多声道模式	
比特	456	
状态	000	多声道模式0。比特0～3指定通道
	100	多声道模式1。比特0～3指定通道
	010	多声道模式2。比特0～3指定通道
	110	多声道模式3。比特0～3指定通道
	111	用户定义的多通道模式。比特0～3指定通道
比特0～3	如果比特7为1，则为通道数。通道数是比特0～3（比特0为LSB）的数值加上1	

*其目的是定义多声道模式在通道数和功能之间建立起可识别的映射。标准化的映射还没有被定义

续表

**有些设备可能只考虑两个子帧之一携带的通道状态数据。因此，如果两个子帧指定了同样的通道数，那么子帧2拥有在通道1之的通道号，除非使用了单通道倍采样率模式 ***如果比特7为1，那么比特0～3对应于IEC 60958-3指定的消费模式通道状态。消费模式的通道A等同于通道2，消费模式的通道B对应于通道3，以此类推		
字节4		
比特0～1	数字声频基准信号符合AES11标准	
比特	0 1	
状态	0 0	这不是基准信号，默认设定
	0 1	1级基准信号
	1 0	2级基准信号
	1 1	留作将来使用
比特2	PCM声频包含隐含信息	
	0	无信息（默认设定）
	1	PCM声频包含的信息在LSB内，符合AES55
比特3～6	采样频率	
比特	3 4 5 6	
状态	0 0 0 0	无频率表示，默认设定。
	1 0 0 0	24kHz
	0 1 0 0	96kHz
	1 1 0 0	192kHz
	0 0 1 0	384kHz
	1 0 1 0	保留
	0 1 1 0	保留
	1 1 1 0	保留
	0 0 0 1	留作矢量
	1 0 0 1	22.05kHz
	0 1 0 1	88.2kHz
	1 1 0 1	176.4kHz
	0 0 1 1	352.8kHz
	1 0 1 1	保留
	0 1 1 1	保留
	1 1 1 1	用户定义
比特7	采样频率缩放标志	
	0	无缩放，默认设定
	1	用1/1.001乘以字节0的比特6～7，或字节4的比特3～6表示的采样频率
*比特2指的是声频字的LSB，不是辅助比特。当比特2被设定为1时，包括高频颤动，采样率转换和电平变化等在内的声频处理都不应被实施。看到比特2的接收机可以寻找LSB内的信息，比如符合ISO/IEC 23003-1的MPEG环绕声 **字节4所表示的采样频率与字节1所表示的通道模式无关		

续表

***对特定的采样频率没有要求，也没有使用字节0或字节4中指示的采样频率。如果发射机不支持采样频率的指示，频率是未知的，或者采样频率不是该字节可以表示的，那么比特3～6应被设定为“0 0 0 0”，其目的是将之后使用采样频率指派给当前保留的字节4的比特3～6（除了0 0 0 1）的状态，如果采样率与44.1kHz相关联，那么比特6将被设定，如果它们与48kHz相关联，则比特6将被清除。除非将来AES对其进行了定义，否则不要使用这些保留的状态	
字节5	
比特0～7	保留。除非AES将来对其进行了定义，否则设定为0
字节6～9	
比特0～7（每个字节）	字母数字通道原始数据。字节6包含第一个字母
	7bit国际标准化组织（International Organization for Standardization，ISO） 646美国信息交换标准代码（American Standard Code for Information Interchange，ASCII）数据。未使用奇偶校验比特。比特7始终为0。首先传送LSB。不应使用不可打印的字母（代码01～1F hex 和 7F hex）。默认设定是全部为0 （代码00 hex 或 ASCII 的零）
字节10～13	字母数字通道目标数据。字节10包含第一个字母
比特0～7（每个字节）	7bit ISO 646 ASCII数据。未使用奇偶校验比特。IRV比特7始终为0。首先传送LSB。不应使用不可打印的字母（代码01～1F hex 和 7F hex）。默认设定是全部为0（代码00 hex或ASCII的零）
字节14～17	本机采样地址代码以32bit二进制形式传送，首先传送LSB。数值是该数据块中的第一个样本
比特0～7（每个字节）	首先传输LSB。默认设定全部为0
*它的作用与记录仪上的指数计数器一样	
字节18～21	每天的样本地址代码时间以32bit二进制形式传送，首先是LSB。数值是该数据块中的第一个样本
比特0～7（每个字节）	首先传输LSB。默认设定全部为0
*每天的这一时间是原始模拟到数字转换的时间，此后不应被改变。午夜12点用全部为0来表示。为了将该样本代码转变为正确的时间，必须知晓准确的采样频率	
字节22	保留。除非AES将来对其进行了定义。
字节23	通道状态数据循环冗余校验字符（Cyclic Redundancy Check Character，CRCC）
比特 0～7	CRCC允许接收机校验通道状态块的字节0～字节22是否被正确接收。它是由G（x）$=x^8+x^4+x^3+x^2+1$生成的。如果“最小的”实现被实施了，那么这将默认全部为0。AES3标准给出了如何计算它的进一步信息

续表

非PCM通道状态保留。当字节0比特0和比特1均被设为1时，如下状态比特按指定的保留		
字节	比特	功能
0	5	锁定指示
0	6～7	采样频率
1	4～7	用户比特管理
2	0～2	附属比特的使用
3	0～7	多声道模式指示
4	3～7	采样频率乘数和缩放标志
23	0～7	通道状态数据CRCC

每个通道的通道状态比特序列都是从字头 Z 的那一帧开始的。

42.3 AES3应用

42.3.1 AES3 发射机

在标准应用中，AES3 发射机必须编码和传输声频字、有效性比特、用户比特、奇偶校验比特、3 个字头、字节 0、字节 1，以及通道状态的字节 23(CRCC)。

增强的应用规格提供了标准应用规格之外的附加功能。所有的发射机一定支持文件化通道状态性能。

42.3.2 AES3 接收机

所有的接收机必须根据需要对通道状态进行解码，丢弃包含 CRCC 误差的通道状态块。一定不能哑掉或丢弃因通道状态误差对应的声频内容。

所有的接收机一定支持文件化通道状态性能。

42.3.3 电气接口

AES3 采用了 CCITT 的国际建议书 V.11 推荐的平衡式 110Ω 电气接口。当采用 110Ω 屏蔽绞线对线缆时，传输距离可达 100m，并且支持无均衡和高达 50kHz 的帧率设置。如图 42.8 所示。

强烈推荐驱动中采用变压器和隔离电容，同时使用端接和隔离网络。AES42(AES3-MIC）传声器数字接口标准“Digital Interface for Microphone Standard”要求用 $10V_{dc}$ 的数字幻象电源来为数字传声器供电，该供电方式是用于模拟传声器的幻象电源方案的变型。它对所有的 AES3 输入和输出（基于变压器或无变压器）都具有良好的隔直作用，避免了使用这种幻象电源方案导致器件损坏问题的发生。目前采用 5e 类线或高规格的线缆，以及 RJ45 连接件的结构性布线是被认可的用于 AES3 信号的另一种互连解决方案。这些互连解决方案也被用于以太网，它可以使用由以太网（PoE）提供的电力。它们还可以用于普通传统电话业务（Plain Old Telephone Service，POTS），其中将用到 48V 电池和 90V 的振铃信号。如果结构性布线线缆被用于 AES3，那么若是偶然互联到 PoE 或 POTS 线路上就一定要考虑线路驱动器和接收机电路的耐受性。

变压器可以对干扰信号、电磁干扰（Electromagnetic Interference，EMI）呈现出较高的共模抑制能力，并且比常见的有源电路更好地解决了接地问题。EBV 在该标准的规格（EBU Tech.3250-E）中要求使用变压器。这是标准间的主要差异。由于 AES3 将变压器作为备选项，而 EBU 是必选的，所以尽管表述并不严谨，但我们还是常常见到 AES3 标准被称为 AES/EBU 标准。

用于 ARE3 的连接线缆可以是带屏蔽的 110Ω 平衡式屏蔽绞线对（Shielded Twisted Pair，STP），或者是 5e 类或更高规格导线的非屏蔽绞线对（Unshielded Twisted Pair，UTP）。阻抗必须在 100kHz 至 128 倍最高帧率的频率范围内保持恒定。线路驱动器和线路接收机电路在同一频率范围上的阻抗必须为 110Ω ±20%。虽然并未指定线缆阻抗的可接受容限，但应注意的是，对线缆、驱动器和接收机执行更严格的容限可以提高可靠的传输距离，并可拥有更高的数据率，降低对电磁干扰的敏感性，同时减小电磁辐射。

如果 32kHz 采样率的单声道信号采用的是单通道倍采样率模式，那么接口的频率范围仅延伸到 2.048MHz。如果传送的是 48kHz 采样率的双通道信号，那么接口的频率范围将延伸到 6.144MHz，或 AES3 常引用的约 6MHz 带宽。然而，如果传输的是 192kHz 采样率的双通道信号，那么接口的频率范围将延伸至 24.576MHz。正如所见到的那样，有些 AES3 应用可以将频率范围延伸至 6MHz 以上。如果采用了拓展接口频率的模式，则一定要保证发射机、互联系统和接收机在所用的整个频率范围上均应满足技术指标的要求。

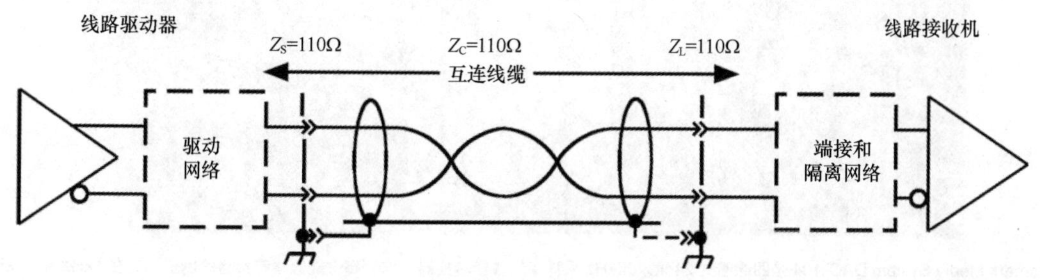

图 42.8　AES3 的通用电路配置

在AES3最初引入时，人们认为普通的模拟声频屏蔽绞线对线缆被用来传输AES3数字信号是可以接受的，在较短的传输距离情况中也确实如此。然而，常用的声频线缆的阻抗和平衡性变化非常大，人们很快就断言专门制造的AES3线缆的工作性能要明显优于普通的模拟声频线缆。后来人们还断言：在这种AES3标称线缆被用来传输模拟信号时也常常表现出明显优于普通模拟线缆的性能，因此今天我们常常会见到标称AES3线缆在模拟和数字域中都有应用。

虽然在AES3标准中提到互连的长度可长达“几百米”，但在实际应用中，通常约100m以上的距离就需要使用均衡来补偿线缆的损失。如果要使用这种均衡，则一定不要在发射机端使用，而只应在接收机端使用。

专门制造的标称AES3数字声频线缆的另一个目的就是接受5e类线或更高规格的结构性布线。这样的线缆连接既可以是STP，也可以是UTP结构。为了提供满意的性能，只有一种类型的线缆（5e类线或更高规格的STP，5e类线或更高规格的UTP，或者标称的AES3数字声频线缆）可以用于从驱动器到接收机的整个通路。如果采用的是5e类线或更高规格的UTP，那么不加均衡的工作距离可达400m，加了均衡的工作距离可达800m。如果采用了结构性布线线缆，AES3信号应加在“RJ45”连接件的4针和5针上。

42.3.4 线路驱动器

与AES3线缆连接一样，线路驱动器被指定采用平衡式输出，从100kHz到128倍最大帧率的整个频率范围上阻抗应为110Ω±20%。驱动器必须能够在没有线缆存在的情况下直接将2～7V(测量的峰峰值)的输出电平分配给跨接到输出端口的110Ω阻性端接负载上。必须要有足够好的平衡特性，以便任何共模输出成分都比平衡输出信号至少低30dB。

按照10%～90%幅度点测量到的输出上升和输出下降时间，在没有线缆存在的情况下，直接跨接在110Ω阻性端口时必须不短于0.03UI，同时也不长于0.18UI。如果帧率是48kHz，则等效为不短于5ns，同时也不长于30ns。虽然较快的上升时间和下降时间常常可以改善接收机端的眼图，但是较慢的上升时间和下降时间常常可以使电磁干扰较低。设备必须满足用户所在国的电磁干扰限定值要求。

在线路的驱动端一定不要使用均衡。

42.3.5 抖动

所有数字设备都存在着引入抖动，或者输出信号小量时基变化的潜在可能性。极端量的抖动实际上可以导致数据误差。虽然中等的抖动量不可能改变实际的数据传输，但可能引发其他的有害效果。理想的数模转换器将忽略输入信号的抖动，并且仅凭传输的数据就可完美地再生模拟输出。不幸的是，现实当中的模数转换器和数模转换器远非这么理想，而且允许抖动改变或调制输出。因此，保持抖动处在低水平会给听感带来明显的好处。

AES3将线路驱动器输出端的抖动分成固有的和经过的两部分。抖动的经过部分源自使用的时基基准抖动。如果使用了这种外部时基基准，那么AES3要求其在任意频率上抖动增益都绝不能超过2dB。外部时基基准可以源自AES3输入信号，或者来自DARS，后者在AESII中是被指定作为时钟参考基准使用的AES3信号。如果数字设备被构建为级联形式，其中的每台设备使用的是由链路中前一台设备接收到的AES3信号作为自己的时钟参考基准，那么最终的经过抖动就可能使输出抖动增加到令人不可接受的程度。

如今许多不错的模数转换器和数模转换器对来自时基基准的抖动有衰减功能，如图42.9所示。

固有抖动是结合设备自身的内部时钟测量的，而且使用的设备被锁定到一个无抖动的有效外部基准时钟上。固有抖动是通过最小相位的单极点高通滤波器测量到的，该滤波器的–3dB点低至700Hz，并且在至少低至70Hz时还能准确地给出所要的特性。滤波器在通带内拥有单位增益。测量是在过零瞬态通过滤波器时进行，抖动必须低于0.025UI，如图42.5所示。

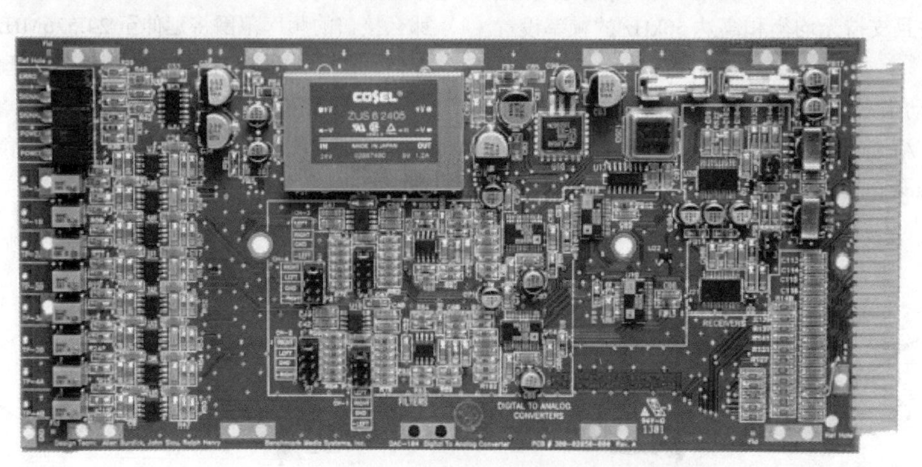

图42.9 Benchmark Media System DAC-104是四通道的24bit，96kHz采样率的数模转换器。作为高性能数模转换器的例子，它在1kHz和10kHz时的抖动分别降到100dB和160dB，任何采样率和测试频率下的–3dBFS总谐波失真加噪声（*THD+N*）小于0.00079%

42.3.6　线路接收机

就如同 AES3 连接线缆和线路驱动器一样，线路接收机也被指定要具有平衡式输出，在 100kHz 至 128 倍最高帧率的频率范围上阻抗保持在 110Ω ± 20% 的水平。接收机必须能够接受 2 ～ 7V（峰峰值测量）的输入电平。早期的 AES3 规格要求能接受 10V 的电平。在一条 AES3 线路上只可以连接一台接收机。早期的 AES3 规格允许连接多台接收机，但如今人们已经很清楚地认识到这并不是一种好的实践做法，现在已对标准进行了修正。

如图 42.10 所示，当不低于 V_{min} = 200mV 且 T_{min} = 0.5T_{nom} 的随机数据信号被加到接收机上时，AES3 接收机必须正确地对数据进行解释。

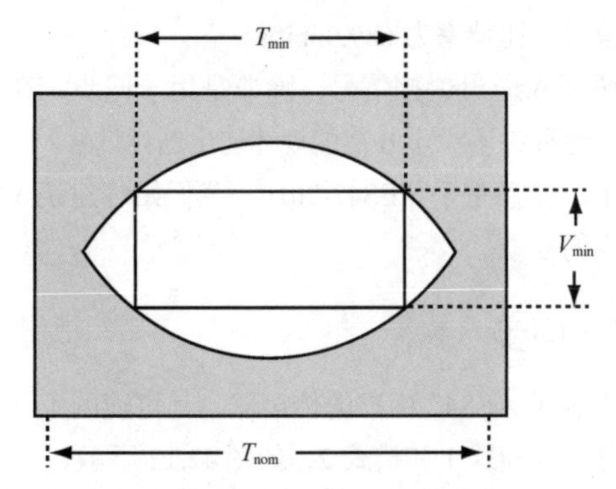

图 42.10　AES3 的眼图。T_{nom} = 0.5UI（见图 42.5）；T_{min} = 0.5；V_{min} = 200mV。眼图是用来考查接收数据质量的最为有效的工具之一。眼开度越大越好。所显示的限定是保证 AES3 数据被正确接收的最小眼开度

如果要使用的线缆长度在 100m 以上，可以使用备选的接收机均衡。所需要的均衡量取决于线缆的特性、长度和 AES3 信号的帧率。AES3 标准建议，在 48kHz 帧率下，提升的均衡器在 10MHz 时的最大提升量为 12dB 是适合的。

接收机一定不能对不超过 10UI 的 200Hz 以下频率、不超过 0.25UI 的 8kHz 以上频率的抖动引入数据误差。当然，虽然由这样的高抖动信号恢复出的时钟可能会引发其他问题，但至少数据一定会被正确解码。

42.3.7　AES3 连接件

用于 AES3 信号的连接件常常被称为 XLR，这是一种在 IEC60268-12 中被标准化的圆形锁定式 3 针连接件。输出使用公头形式连接件，输入采用母头形式连接件，这与这种连接件在模拟域中的用法相同。屏蔽或地连接为 1 针，信号连接使用的是 2 针和 3 针。对于 AES3 数字信号而言，2 针和 3 针的相对极性并不重要。

为了避免与模拟声频信号连接件混淆，AES3 建议生产厂家将 AES3 输出标记为“数字声频输出”或“DO”；建议生产厂家将 AES3 输入标记为“数字声频输入”或“DI”。

人们已经提出了另外一种改进的 XLR，它有助于人们分清连接件上的信号是数字形式的，而不是模拟形式的，并通过一种键控方案来降低偶发的输入和输出接口连接不兼容的概率。虽然有关更换这种连接件的讨论很多，要么是用于全部 AES3 信号，要么至少是用于 AES42（AES3-MIC）数字传声器信号，但至今还没有取得一致的意见。还应注意的是，由于模拟声频带宽一般不会明显超出 20kHz，而 AES3 频谱并不会低于 100kHz，所以单根线缆可以同时传输模拟声频信号和 AES3 信号。所提出的改良 XLR 也允许使用这种双用方法。

如果使用了 5e 类线或更高规格的 UTP 或 STP，就必须使用 IEC 60603-7 中指定的 8 路模块式连接件（通常将其称为“RJ45”，这种称呼并不正确）。“RJ45”的 4 针和 5 针是优选对，3 针和 6 针被推荐作为备选对。它建议，如果使用了 XLR 至“RJ45”的适配器，则应将 XLR 的 2 针连接到“RJ45”的 5 针（或另外的奇数编号针），应将 XLR 的 3 针连接到“RJ45”的 4 针（或其他的偶数针）。

如果采用了 AES3 同轴传输方式，则连接件必须是 IEC 60169-8 中指定的 BNC 型，其阻抗为 75Ω。

42.4　AES3的同轴传输

AES3 可以用非平衡的阻抗为 75Ω 的同轴线缆（早前被称为 AES3-id）取代阻抗为 110Ω 的平衡线缆传输信号。它允许将 AES3 信息传输长达 1000m 的距离。模拟视频分配设备和线缆通常适合传输 AES3-id 数据。当然这在视频设施中是极为方便的。

对于长达 1000m 的传输距离，可以不用接收机均衡。均衡绝不能在线路驱动器端使用。

AES-3-4-2009 和 AES2id-2012 给出了有关 AES3 同轴传输使用的有源和无源电路的大量表格和电路框图。其中 Canare（日本的佳耐美公司）还销售在阻抗为 110Ω 的平衡的 AES3 和阻抗为 75Ω 的非平衡的 AES-3 之间使用的无源适配器。

如下信息是基于 AES-3-4-2009 和 AES2id-2012 编写而成的。我们始终建议大家获取信息文件的最新版本。

42.4.1　线路驱动器

AES-3 同轴线路驱动器必须具有 75Ω 的阻抗，并且对 100kHz 至 128 倍帧率（48kHz 帧率为 6MHz）呈现出 15dB 以上的回波损失。虽不是所有，但有很多现代的视频装置具有正确处理更高采样率的带宽。

加到容错为 1% 的 75Ω 电阻上的峰峰电压必须在 0.8 ～ 1.2V，直流偏移不超 50mV。上升和下降时间应为 0.185 ～ 0.27UI（若帧率为 48kHz，则应为 30 ～ 44ns）。所选定的这些输出电压、直流偏移和上升及下降时间是针对与模拟视频分配设备的兼容性。对于更长的传输距离，则需要更低的直流偏移。

42.4.2　系统的互连

AES-3 同轴线缆在 100kHz 至 128 倍帧率（48kHz 帧率

为6MHz）的范围上必须拥有75±3Ω的阻抗。虽然它配备了IEC60169-8所描述的BNC连接件，但拥有阻抗却是75Ω，而不是50Ω。

42.4.3 线路接收机

AES-3同轴线路接收机必须拥有75Ω的阻抗，100kHz至128倍帧率（48kHz帧率为6MHz）呈现的回波损失在15dB以上。接收机必须能够对0.8～1.2V（峰峰值测量）的输入电平信号正确解码。

当加到接收机上的随机数据信号不低于图42.11所示的 V_{min} =320mV和 T_{min} = 0.5UI时，AES-3同轴接收机必须能正确解释数据。为了能在1000m以上的传输距离可靠地工作，要求接收机在 V_{min} = 30mV的条件下可以正确工作。

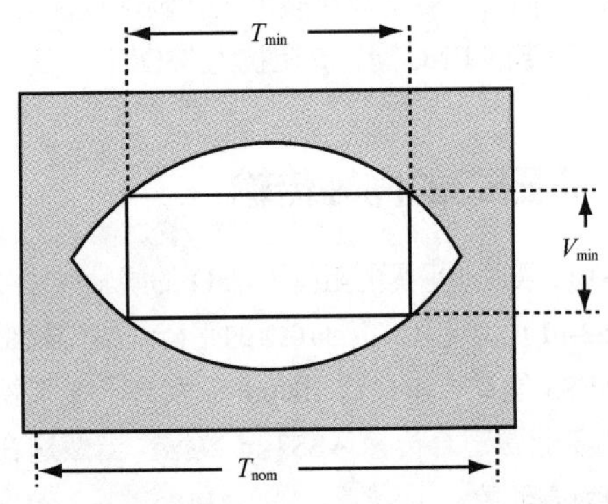

图42.11 AES-3同轴的眼图。T_{nom} = 1UI（见图42.5）；T_{min} = 0.5UI;V_{min} = 320mV。眼图是用来考察接收数据质量的最为有效的工具之一。眼开度越大越好。所显示的限定是能保证AES-3同轴数据被正确接收的最小眼开度

42.5 AES42

AES42是为满足传声器直接数字输出接口要求而设计的AES3变体。第一个最明显的差异就是发射机和接收机使用了中心抽头（在线缆一侧）变压器，它允许为传声器提供+10(+0.5，–0.5)V_{dc}，250mA的数字幻象电源(Digital Phantom Power，DPP)。DPP允许的纹波电压不超过50$mV_{p\text{-}p}$。传声器可以从DPP引出不大于250mA的电流，并且不可以对DPP呈现超过120nF的负载。传声器在被加上包括常用的48V幻象电压（P48）在内的任何IEC61938指定的模拟传声器幻象电源时一定不会被损坏。虽然该标准所描述的技术可以应用于除了传声器外的便携式AES3输出设备，但是AES42只涵盖传声器。

出于遥控的目的，备选的+10～+12V（导致产生300mA的峰值电流）调制可以应用于DPP。因此，该调制信号以共模形式由AES42输入回传到AES42传声器，所用的线缆同时还携带从传声器至AES42输入的AES3声频数据。由于它以共模形式传送数据，所以数据率一定要远低于AES3的数据率，以避免出现干扰。如果AES3帧率（Frame Rate，FR）是44.1kHz或48kHz，那么遥控信号的比特率就是FR/64bit/s。对于176.4kHz或192kHz的FR，遥控信号的比特率就是FR/128bit/s。对于176.4kHz或192kHz的FR，遥控信号的比特率就是FR/256bit/s。因此，如果AES3 FR是48kHz，96kHz或192kHz，则遥控信号的比特率为750bit/s；如果AES3 FR是44.1kHz，88.2kHz或176.4kHz，则遥控信号的比特率为689.06bit/s。

按照要求送出遥控信号，除非是用于同步，在此情况下将按照每秒钟不少于6次的规律送出遥控信号。

如下的信息基于AES42-2010。我们始终建议大家获取最新版本的标准。

42.5.1 同步

对于满足AES42标准的传声器，其可能的工作模式有两种，分别为模式1和模式2，如图42.12所示。

模式1允许传声器以自身内部时钟确定的速率自由运行。不要尝试将传声器的时钟率锁定到某一外部时钟上，如果需要进行这样的锁定，则必须在传声器外部实施采样率转换。该技术是AES42传声器工作的最简单方法，而且不需要使用备选的遥控信号。

模式2采用遥控信号的方式将数据回传至传声器，可以改变传声器的采样率，而且可以将相位锁定到外部参考基准。模式2中的传声器（或其他AES42器件）含有一个压控晶体振荡器（Voltage Controlled Crystal Oscillator，VCXO），该振荡器的频率由数模转换器来控制。数模转换器接收来自AES3-MIC接收机件的遥控信号。接收机件将当前的传声器采样率与外部基准信号的采样率进行比较，并利用锁相环（Phase Locked Loop，PLL）来生成校正信号，该校正信号被送回传声器。这便使传声器的采样率在频率和相位上均与外部基准信号相匹配。如果多支传声器或其他的AES42模式2的信号源被锁定到同

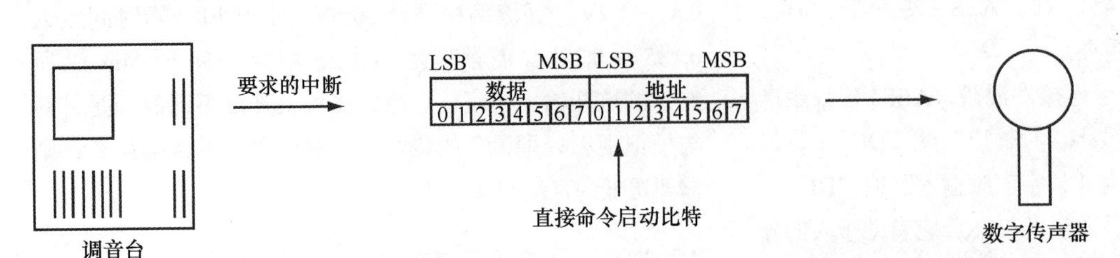

图42.12 简单指令集的AES42数据格式。图中的时间从右向左流经。应注意的是，每一字节的MSB是最先发送的，在每个第2字节之后，要有一个字节长度的请求中断时间。简单指令集的寻址是包含在地址字节的比特0～2

一基准信号上，那么这样做还会在各个信号源的采样时刻间取得恒定且近似零相位关系的额外优势。当多支传声器采样相关信号（例如在立体声或多声道录音技术当中便是如此）时，这样会得到稳定的声像。

如果接收机不支持模式 2 工作，则模式 2 传声器会自动恢复到模式 1 的工作状态。

42.5.2　传声器 ID 和状态标记

AES42 定义 AES3 中用户数据通道的使用，作为让传声器识别自身和回传状态信息的备选项。可以想象其好处在于，在复杂的设置中，人们不必担心指定的传声器被插入哪一个输入。接收设备可以利用传声器 ID 信息，自动将传声器跳线到正确的系统输入上，而不管连接到哪个物理输入。

42.5.3　遥控

AES42 定义了 3 种可能的遥控指令集：简单的、扩展的和厂家指定的。如果设备支持扩展指令集，则它也一定支持简单指令集。如果设备至少支持简单指令集，那么如果在加电时未接受指令，则它必须录入预先确定的默认设定。如果设备已经切换到它上面，那么它们将优先被接收的指令控制。

42.5.4　简单指令集

简单指令集用 2 字节信号来传送，并且在指令发送的中间有最短为 1 字节的中断。先传送每个字节的 MSB。

42.5.5　直接命令

表 42-3 给出了直接命令。

表 42-3　直接命令

直接命令地址字节		
比特0～2	直接命令启动比特	
比特	0 1 2	
状态	0 0 0	利用扩展命令集来识别这一命令参见下面的指令命令
	1 0 0	直接命令1（低切滤波器，指向性控制，预衰减）
	0 1 0	直接命令2（哑音，限制器，信号增益）
	0 0 1	直接命令3（同步）
	比特0～2的所有其他可能的状态被保留，除非AES将来定义，否则不要使用	
比特3～7	备选的同步控制字扩展	
比特	3 4 5 6 7	
状态	0 0 0 0 0	如果同步控制字扩展不使用，则为默认设定

续表

状态	x x x x x	如果使用了备选的同步控制字扩展，比特7将是扩展的MSB，比特3是LSB
直接命令1数据字节		
比特0～1	低切滤波器	
比特	0 1	
状态	0 0	无滤波器，默认设定
	1 0	40Hz（-3dB）低切滤波器
	0 1	80Hz（-3dB）低切滤波器
	1 1	120Hz（-3dB）低切滤波器
比特2～5	指向性	
比特	2 3 4 5	
状态	0 0 0 0	厂家定义的指向性，默认设定
	1 0 0 0	无指向性
	0 1 0 0	
	至	指向性递增
	0 0 1 0	
	1 0 1 0	次心形指向性
	0 1 1 0	提高指向性
	1 1 1 0	通过该状态
	0 0 0 1	心形指向性
	1 0 0 1	提高指向性
	0 1 0 1	超心形指向性
	1 1 0 1	锐心形指向性
	0 0 1 1	
	至	指向性递增
	0 1 1 1	
	1 1 1 1	8字形指向性
比特6～7	预衰减	
比特	6 7	
状态	0 0	无衰减，默认设定
	1 0	6dB（最小量）
	0 1	12dB
	1 1	18dB（最大量）
直接命令2数据字节		
比特0	哑音	
	0	哑音关闭，默认设定
	1	哑音开启
比特1	峰值限制器	
	0	限制器不起作用，默认设定
	1	限制器启动
比特2～7	增益	
比特	2 3 4 5 6 7	
状态	0 0 0 0 0 0	0dB增益，默认设定

续表

状态	000001	+1dB增益
	xxxxxx	每次按1dB递增
	111111	+63dB增益
直接命令3数据字节		
比特0～7	同步	
比特	01234567	
状态	00000000	VCXO最大负向调谐
	00000001	VCXO的中心频率
	11111111	VCXO最大正向调谐
利用5个扩展地址作为LSB扩展数据，同步控制字可以从8bit扩展到13bit。细节参见AES42-2010 附录C		
扩展指令命令		
要注意的是，并不是所有可能的命令都被定义		
扩展指令地址字节		
比特0～2	直接命令启动比特	
比特	012	
状态	000	识别该命令使用了扩展命令集
	100	直接命令1。参见上面的直接命令
	010	直接命令2。参见上面的直接命令
	001	直接命令2。参见上面的直接命令
	比特0～2的所有其他可能状态被保留，除非将来AES定义了，否则不要使用	
比特3～7	扩展地址比特	
比特	34567	
状态	00000	命令0，默认设定
	10000	命令4
	01000	命令5
	11000	命令6
	00100	命令7
	xxxxx	顺序排列下去的命令
	11111	命令34
扩展命令0数据字节		
比特0～7	系统命令	
比特	01234567	
状态	00000000	复位到AES42的默认设定*
	10000000	复位到用户默认设定*，**
	01000000	存储用户定义设定
	11000000	
	至	保留
	01111111	
	11111111	无工作（默认设置）

续表

*在传声器加电或发送复位命令之后，AES42接口必须立即发送其支持的控制命令，确保接口和传声器有对等的参量设定 **如果支持的话，则在传声器加电后，用户设定取代AES42默认设定		
扩展命令4数据字节		
比特0～1	灯光控制	
比特	01	
状态	00	无灯光，默认设定
	10	灯光1打开/灯光2关闭
	01	灯光2打开/灯光1关闭
	11	两种灯光
比特2～3	检测信号	
比特	23	
状态	00	无检测信号，默认设定
	10	检测信号1（确定中）
	01	检测信号2（确定中）
	11	检测信号3（确定中）
比特4	ADC校准	
	0	无校准，默认设定
	1	校准ADC
比特5	复位	
	0	无复位，默认设定
	1	复位
比特6～7	传声器状态数据页请求	
比特	67	
状态	0	页0，默认设定
	10	页1
	01	页2
	11	页3
扩展命令5数据字节		
比特0～3	高频颤动和噪声整形	
比特	0123	
状态	0000	无高频颤动或噪声整形，默认设定
	xxxx	所有其他状态在考虑中
比特4～6	采样频率	
比特	456	
状态	000	44.1kHz，默认设定
	100	48kHz
	010	88.2kHz，乘数＝2
	110	96kHz，乘数＝2
	001	176.4kHz，乘数＝4
	101	192kHz，乘数＝4
	011	352.8kHz，乘数=8

续表

状态	111	384kHz，乘数=8
比特7	x	保留
扩展命令6数据字节		
比特0～6	XY平衡*，**	
比特	0123456	
状态	0000000	左0.5，右0.5，中间，默认设定
	1111110	左1.0，右0.0，仅左（A）声道
	0000001	左0.0，右1.0，仅右（B）声道
比特0～6	MS宽度*，**	
比特	0123456	
状态	0000000	M（中间）0.5，S（侧向）0.5，立体声，默认设定
	1111110	M1.0，S0.0，单声道
	0000001	M0.0，S1.0，仅有差信号
比特7	XY或MS选择**	
	0	XY立体声，默认设定
	1	MS立体声

*2的补码表示法常被用于对通道权重进行编码。比特6的符号扩展=-2^0，比特5的符号扩展=2^{-1}……比特0的符号扩展=2^{-6}

**如果选择了XY，那么AES3的通道1传输的是左声道，AES3的通道2传输的是右声道，比特0～6控制XY的平衡。如果选择了MS，则AES3的通道1传输的是中间信号或和信号，AES3的通道2传输的是侧向信号或差信号，比特0～6控制MS的宽度

扩展命令7数据字节		
比特0～7	均衡曲线选择	
比特	01234567	
状态	00000000	无均衡，默认设定。
	xxxxxxxx	所有其他状态为厂家指定均衡
扩展命令8数据字节		
比特0	极性选择	
比特	0	
状态	0	无极性反转（默认）
	1	极性反转
比特1	立体声/单声道	
比特	1	
状态	0	立体声（默认为立体声传声器）
	1	单声道（两个声道传输同样信号）

*比特的默认设定是立体声。单声道传声器信号忽略该比特

比特2～7	xxxxxx	保留
扩展命令9		
比特0～7	周期传输控制	
比特	01234567	
状态	00000000	允许无变化（默认）
	1xxxxxxx	附录D，0页，字节20～22

续表

状态	x1xxxxxx	附录D，1页，字节13～20
	xx1xxxxx	
	至	保留
	Xxxxxxx1	

*有些传声器状态信息利用交变含义的字节被周期性传送。如果接收机支持这些特殊字节的解码，则命令9将被传送，为安全接收和解码提供握手机制。命令9的每个数据比特对应于一个在附录D的0～3页中描述的定义了的数据字节块。逻辑1允许传声器改变相应的数据字节

扩展命令10～27保留		
扩展命令28		
比特0～3	峰值限制器门限设定	
比特	0123	
状态	0000	0dBFS（默认）
	1000	-1dBFS
	0100	-2dBFS
	1100	-3dBFS
	0010	-4dBFS
	1010	-5dBFS
	0110	-6dBFS
	1110	-7dBFS
	0001	-8dBFS
	1001	-9dBFS
	0101	-10dBFS
	1101	-11dBFS
	0011	-12dBFS
	1011	-13dBFS
	0111	-14dBFS
	1111	-15dBFS
比特4～7		保留
扩展命令29		
比特0～3	压缩器/限制器建立时间	
比特	0123	
状态	0000	0ms（默认）
	1000	0.1ms
	0100	0.3ms
	1100	1ms
	0010	3ms
	1010	10ms
	0110	30ms
	1110	100ms
	0001	自动建立时间模式1
	1001	自动建立时间模式2
	0101	自动建立时间模式3

续表

状态	1101	自动建立时间模式4
	0011	自动建立时间模式5
	1011	自动建立时间模式6
	0111	自动建立时间模式7
	1111	自动建立时间模式8
比特4～7	压缩器/限制器恢复时间	
比特	4567	
状态	0000	厂家指定的恢复时间（默认）
	1000	50ms
	0100	0.1s
	1100	0.2s
	0010	0.5s
	1010	1s
	0110	2s
	1110	5s
	0001	自动恢复时间模式1
	1001	自动恢复时间模式2
	0101	自动恢复时间模式3
	1101	自动恢复时间模式4
	0011	自动恢复时间模式5
	1011	自动恢复时间模式6
	0111	自动恢复时间模式7
	1111	自动恢复时间模式8
*在IEC 268-8中对建立和恢复时间术语进行了定义。如果建立和恢复时间的定义与此标准不符合，则应采用厂家技术指标中的定义		
扩展命令30		
比特0～2	压缩器/限制器的压缩比	
比特	012	
状态	000	1.2∶1（默认）
	100	1.5∶1
	010	2∶1
	110	3∶1
	001	4∶1
	101	6∶1
	011	8∶1
	111	∞∶1（限制器）
比特3	保留	
比特4～5	旁链频响	
比特	4 5	
状态	00	平坦（默认）
	10	1kHz高通滤波器
	01	2kHz高通滤波器
	11	4kHz高通滤波器

续表

比特6～7	保留	
扩展命令31		
比特0～5	压缩器/限制器门限设定	
比特	012345	
状态	000000	0dBFS（默认）
	100000	-1dBFS
	010000	
	至	以1dB递增
	011111	
	111111	-63dBFS
比特6	保留	
比特7	压缩器/限制器已启动	
比特	7	
状态	0	压缩器/限制器未启动（默认）
	1	压缩器/限制器已启动
扩展命令32		
比特0～3	明亮度	明亮1
比特	0123	
状态	0000	明亮度1（暗淡）
	1000	明亮度2
	0100	
	至	连续递增
	1110	
	0001	默认
	1001	
	至	连续递增
	0111	
	1111	明亮度16
比特4～7	明亮度	明亮2
比特	4567	
状态	0000	明亮度（暗淡）
	1000	明亮度2
	0100	
	至	连续递增
	1110	
	0001	默认
	1001	
	至	连续递增
	0111	
	1111	明亮度16
扩展命令33为厂家特殊指令开始		
扩展命令34为厂家特殊指令结束		
厂家特殊指令正在考虑中		

42.5.6　遥控脉冲结构

传输遥控脉冲的模式有两种：标准模式和备选快速模式。如果传声器支持快速模式，那么要设定性能比特［快速 DPP 遥控数据（Fast DPP Remote Data），见附录 D］。

遥控脉冲被加到 DPP 电压上，其具有的峰峰幅度为 2 ± 0.2V。它们以脉宽调制的形式传输信息。

对于 48kHz 或其整数倍的 AES3FR，其中的遥控数据率为 750(9600)bit/s，而对于 44.1kHz 或其整数倍的 AES3FR，其遥控数据率为 689(8820)bit/s。每比特的传输时间 T 对应于翻转比特率 –1.33ms(104μs) ~ 1.45ms(113μs)。

逻辑 1 用 7/8(2/3) × T 的脉冲宽度来表示，并且一定要跟在前面脉冲 1/8(1/3) × T 的间隔之后。逻辑 0 用 1/8(1/3) × T 的脉冲宽度来表示，并且一定要跟在前面脉冲 7/8(2/3) × T 的间隔后面。因此，两种情况下 1 个比特所用的总时间为 64/FR，一个字节为 8 × T，将命令和数据字节组合在一起为 16 × T。

在将来，可以将一个扩展命令字节加到前述的现有命令和数据字节之前。任何情况下的扩展命令字节的整个序列（如果将来定义了），命令字节和数据字节以不间断的脉冲流的形式传送。

一个命令和数据字节数据块结束与下一个数据块开始之间的最小间隔是 8 × T 或一个字节。命令 - 数据块结束是由 4 × T 这一最短中断时间定义的，该时间允许进行命令和数据字节结束的检测，并且将数据锁入传声器。

命令字节首先被传输，紧接着的是数据字节。在每个字节内，MSB 被首先传送，最后是 LSB。

脉冲的上升和下降时间（测量的是在 10% 幅度至 90% 幅度点之间占用的时间）为 10μs ± 5μs，不受允许的容性负载条件（C_{load} = 0 ~ 170nF，其包括了线缆电容）的影响，如图 42.13 所示。

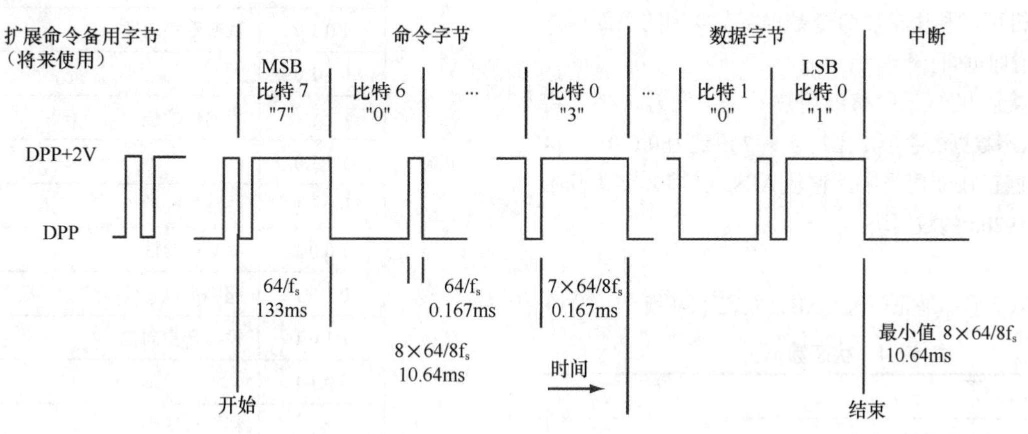

图 42.13　48kHz 帧率（FR）下的 AES42 指令和数据字节的比特结构

42.5.7　同步

模式 2 的 AES42 发射机包含一个 VCXO 和一个设定其工作频率的数模转换器。对应的 PLL 存在于 AES42 接收机中。接收机利用简单指令集的直接命令 3 送出有规律的控制电压命令数据流给传声器。命令被重复的速率不低于每 1/6s 一次，其分辨率可以达到 8bit ~ 13bit。模数转换器和数模转换器的精度必须达到 ±1/2LSB，并呈单调性。

如果加电模式 2 的 AES42 发射机看不到送给它的同步命令，那么它将以其默认的采样率或以扩展指令集（如果支持的话）指定的采样率运行于模式 1 之下。如果正在运行于模式 2 下的 AES42 发射机停止接收同步命令，那么它将一直维持最后传送给它的控制电压值，直至同步命令恢复。

模式 2 的 AES42 发射机通过 AES3 数据流中用户数据的部分命令将自身识别为模式 2 接收机。当胜任模式 2 的接收机看到该信号时，它将切换到模式 2 的工作方式。

AES42 指定模式 2 中 AES42 接收机的特性是针对 48kHz 或 44.1kHz 的工作情况。由于比较频率和环路增益之间存在线性关系，所以在较高频率工作时，需要进行分频处理，将频率降至 48kHz 或 44.1kHz，或者是相应降低环路增益。

相位比较器是频率—相位（0°）型，PLL 具有比例、积分、差分（Proportional，Integrating，Differentiating，PID）特性。在 163ns 时间误差（48kHz 时为 2.8°）时，比例常数 K_p 是 1LSB。163ns 时间误差时的积分时间常数 K_i 是 1LSB/s。163ns/s 时间误差变化率下的差分常数 K_d 是 1LSB。在 163ns 的时间误差（快速变化）时的差分信号最大增益是 8LSB。主基准时钟的精度必须为 ±50ppm 或更高。

模式 2 的 AES42 发射机的 VCXO 基本精度必须是 ±50ppm，最小调谐范围是 ±60ppm + 基本精度，最大调谐范围是 ±200ppm，调谐斜率在控制数据为 0xFF 时达到正的最大值 f_{max}。控制电压低通滤波器的直流增益为单位增益，第 1 级滤波器为 1 阶型，其转折频率为 68mHz（0.068Hz），频率高于 10Hz 时的最大衰减量为 24dB 的恒定值，第 2 级滤波器为 1 阶型，其转折频率为 12Hz。当调谐变化率很好时，常常可以采用提高转折频率的方法。这样将允许更快速地实现加电开机锁定。

AES42提供的方案表明了该如何实施这种模式2控制系统。

42.5.8 传声器标识和状态标记

AES42兼容发射机可利用AES3中定义的用户数据将状态信息传送给接收机。通道状态数据块起始字头被用来识别192bit用户数据块的起始位置。每个子帧包含一个用户数据。这便可以在每个子帧内传送不同的、与子帧相联系的信息。

在单声道传声器中，其中的声频数据在两个子帧内是重复的，用户数据也一定是重复的。

传声器状态在每一192bit的页号中以MSB的形式传送。各页号的用户数据被组织成24个字节。所有页号的字节0包含的都是同样的数据，数据包括页面标识符和时间关键比特。这里假定不论哪一页面被传送都会分发时间关键比特。页面0被连续传送，同时每一附加页面每秒至少传送二次。接收机可以利用扩展命令数据字节4中的页面请求命令来请求附加页面。

为了使接收机能正确解释用户数据，发射机必须将AES3通道状态数据的字节1比特4～7设定为0 0 0 1。这表示用户数据正在使用当中，它从AES3子帧Z字头开始被组织成了192bit的数据块。

组织

所有状态字节都是先传送MSB，如表42-4所示。

表42-4 状态数据页

状态数据页0		
状态字节0——启动所有状态数据页		
比特0～2	保留	
比特	0 1 2	
状态	0 0 0	保留。必须始终被设定为0 0 0
比特3	哑音	
	0	无哑音，默认设定
	1	被哑音
比特4	过载	
	0	无过载，默认设定
	1	过载
比特5	限制器	
	0	限制器未启动，默认设定
	1	限制器启动
比特6～7	页标记	
比特	6 7	
状态	0 0	状态页0 传声器状态
	1 0	状态页1 传声器标识
	0 1	状态页2 传声器修正
	1 1	状态页3，保留

续表

状态数据页0字节1——传声器配置回声		
比特0～1	低切滤波器状态回声	
比特	0 1	
状态	0 0	无滤波器，默认设定
	1 0	40Hz（-3dB）低切滤波器
	0 1	80Hz（-3dB）低切滤波器
	1 1	160Hz低切滤波器
比特2～5	指向性状态回声	
比特	2 3 4 5	
状态	0 0 0 0	厂家定义的指向性，默认设定
	1 0 0 0	无指向
	0 1 0 0	
	至	指向性增强
	0 0 1 0	
	1 0 1 0	次心形指向性
	0 1 1 0	
	至	指向性增强
	1 1 1 0	
	0 0 0 1	心形指向性
	1 0 0 1	提高指向性
	0 1 0 1	超心形指向性
	1 1 0 1	锐心形指向性
	0 0 1 1	
	至	指向性增强
	0 1 1 1	
	1 1 1 1	8字形指向性
比特6～7	预衰减回声	
比特	6 7	
状态	0 0	无衰减，默认设定
	1 0	6dB（最小量）
	0 1	12dB
	1 1	18dB（最大量）
状态数据页0字节2——传声器配置状态		
比特0		哑音
比特0		
状态	0	哑音关闭
	1	哑音开启
比特1		
比特	1	
状态	0	峰值限制器开启
	1	峰值限制器关闭
比特2～7		信号增益

续表

比特	234567	
状态	000000	0dB（默认）
	100000	+1dB
	010000	
	至	按1dB递增
	010000	
	111111	+63dB
状态数据页0字节3——传声器遥控性能指示器1（声音）		
比特0	EQ曲线选择	
状态	0	EQ曲线不可用，默认设定
	1	EQ曲线可用，利用扩展命令数据字节7设定
比特1	平衡-宽度	
状态	0	MS宽度或XY平衡不可用，默认设定
	1	MS宽度或XY平衡可用，利用扩展命令数据字节6，比特0～6设定
比特2	MS-XY切换	
状态	0	MS或XY选择不可用，默认设定为MS或XY选择可用，利用扩展命令数据字节6，比特7设定
比特3	限制器	
状态	0	限制器不可用，默认设定
	1	限制器可用，利用扩展命令数据字节2，比特1设定
比特4	增益控制	
状态	0	信号增益设定不可用，默认设定
	1	信号增益设定可用，利用扩展命令数据字节2，比特2～7设定
比特5	低切滤波器	
状态	0	低切滤波器设定不可用，默认设定
	1	低切滤波器设定可用，利用扩展命令数据字节1，比特0～1设定
比特6	指向方向型控制	
状态	0	指向方向型设定不可用，默认设定
	1	指向方向型设定不可用，利用扩展命令数据字节1，比特2～5设定
比特7	衰减	
状态	0	衰减设定不可用，默认设定
	1	衰减设定可用，利用扩展命令数据字节1，比特6～7设定
状态数据页0字节4——传声器遥控性能指示器2（控制）		
比特0	模式2同步	
状态	0	外同步不可用，默认设定

续表

状态	1	外同步可用
比特1	高频颤动-噪声整形	
状态	0	高频颤动和噪声整形不可用，默认设定
	1	高频颤动和噪声整形可用，利用扩展命令数据字节5，比特0～3设定
比特2	多采样频率	
状态	0	多采样频率不可用，默认设定
	1	多采样频率可用，利用扩展命令数据字节5，比特4～6来设定
比特3	灯光控制	
状态	0	灯光控制选择不可用，默认设定
	1	灯光控制选择可用，利用扩展命令数据字节4，比特0～1来设定
比特4	测试信号	
状态	0	测试信号选择不可用，默认设定
	1	测试信号选择可用，利用扩展命令数据字节4，比特2～3来设定
比特5	ADC校准	
状态	0	ADC校准功能不可用，默认设定
	1	ADC校准控制可用，利用扩展命令数据字节4，比特4来设定
比特6	复位	
状态	0	复位功能不可用，默认设定
	1	复位功能可用，利用扩展命令字节4, 比特5来设定
比特7	哑音	
状态	0	哑音选择不可用，默认设定
	1	哑音选择可用，利用直接命令数据字节2，比特0来设定
状态数据页字节5——传声器遥控性能指示器3		
比特0	极性	
状态	0	极性选择不可用
	1	极性选择可用
	压缩器/限制器	
比特1	0	压缩器/限制器不可用
	1	压缩器/限制器可用
比特2	立体声	
状态	0	立体声设定不可用
	1	立体声设定可用
比特3	峰值限制器门限	
状态	0	峰值限制器门限设定不可用
	1	峰值限制器门限设定可用
比特4	保留，比特设定为0	

续表

比特5	传声器配置状态3	
状态	0	不支持传声器配置状态3反馈
	1	支持传声器配置状态3反馈
比特6	保留，比特设定为0	
比特7	快速DPP遥控数据	
状态	0	不支持快速遥控数据
	1	支持快速遥控数据

状态数据页0字节6——无线传声器状态标志		
比特0～4	保留	
比特	0 1 2 3 4	
状态	0 0 0 0 0	保留，必须始终设定为0 0 0 0 0
比特5	Squelch	
	0	接收机Squelch未启动，默认设定
	1	接收机Squelch启动
比特6	链接损失	
	0	RF链接正在工作，默认设定
	1	RF链接不工作
比特7	电池电量不足	
	0	无电池电量不足条件，默认设定
	1	有电池电量不足条件

*该字节只用于无线传声器，对于有线传声器应将全部比特设定为0

状态数据页0字节7——无线传声器电池状态		
比特0～1	保留	
比特	0 1	
状态	0 0	保留，必须始终设定为0 0
比特2～5	电池充电百分比	
比特	2 3 4 5	
状态	0 0 0 0	100%，默认设定
	1 0 0 0	90%
	0 1 0 0	80%
	1 1 0 0	70%
	0 0 1 0	60%
	1 0 1 0	50%
	0 1 1 0	40%
	1 1 1 0	30%
	0 0 0 1	20%
	1 0 0 1	10%
	0 1 0 1	0%
	x x x x	所有其他状态保留
比特6～7	电池类型	
比特	0 1	

续表

状态	0 0	未指示，默认设定
	1 0	电池类型是基本电池
	0 1	电池类型是可充电电池
	1 1	保留

*传声器支持的电池电量不足指示使用字节6比特7。传声器支持电池充电指示必须使用字节7比特2～5和字节6比特7

状态数据页0字节8——无线传声器报错处置标志		
比特0～2	保留	
比特	0 1 2	
状态	0 0 0	保留，必须始终被设定为0 0 0
比特3～4	错误抵消	
比特	3 4	
状态	0 0	未使用错误抵消，默认设定
	1 0	在使用错误抵消
	0 1	保留
	1 1	保留
比特5～7	FEC容量	
比特	5 6 7	
状态	0 0 0	FEC容量使用0%，默认设定
	1 0 0	FEC容量使用20%
	0 1 0	FEC容量使用40%
	1 1 0	FEC容量使用60%
	0 0 1	FEC容量使用80%
	1 0 1	FEC容量使用100%
	0 1 1	FEC容量过载
	1 1 1	保留

状态数据页0的字节9——支持的采样率		
比特0～7	采样率（多个标志可以被设定：x=不理会）	
比特	0 1 2 3 4 5 6 7	
状态	1 x x x x x x x	支持44.1kHz
	x 1 x x x x x x	支持48kHz
	x x 1 x x x x x	支持88.2kHz
	x x x 1 x x x x	支持96kHz
	x x x x 1 x x x	支持176.4kHz
	x x x x x 1 x x	支持192kHz
	x x x x x x 1 x	支持352.8kHz
	x x x x x x x 1	支持384kHz

状态数据页0的字节10——传声器开关监听		
比特0～4	保留，比特设定为0	
比特5～6	请求按钮	
比特	5 6	
状态	0 0	无按钮被按下

续表

状态	10	按钮1被按下
	01	按钮2被按下
	11	按钮1和按钮2被按下
比特7	遥控关闭	
比特	7	
状态	0	遥控参量设定可用
	1	遥控参量设定不可用
状态数据页0的字节11——传声器误差状态		
比特0～7		
比特	01234567	
状态	00000000	无误差
	1xxxxxxx	传声器极头误差
	x1xxxxxx	
	至	保留
	xxxxxxx1	
状态数据页0字节12		
状态数据页0的字节13～19——保留		
状态数据页0的比特13～19的所有比特均被保留，且应设定为0		
状态数据页0的字节20——传声器配置状态3-周期传输		
比特0～7	扩展命令计数器	
比特	01234566	
状态	00000000	
	至	字节22中相应数据的含义（见附录A.2）
	11111111	
状态数据页0的字节21——传声器配置状态3-周期传输		
比特0	扩展命令	
状态	0	扩展命令字节未使用
	1	扩展命令字节有效
比特1～2	保留	
比特3～7	命令计数器	
比特	34567	
状态	00000	
	至	字节22中相应数据的含义（见附录A.2）
	11111	
状态数据页0的字节22——传声器配置状态3-周期传输		
比特0～7	状态数据	
比特	01234567	
状态	xxxxxxxx	传声器配置状态（见附录A.2）
状态数据页0的字节23——压缩器/限制器增益下降量		
*AES42-2010并未指定细节		

续表

状态数据页1比特1～12——厂家标识		
厂家标识信息只能用范围为00和20～7E Hex的可印刷字符的7比特ASCII形式来传送，并且从字节1开始。不允许使用范围在01～1F Hex的不可印刷字符。每个字节都有一个在比特7保留为0的用法，接下来是比特6的ASCII代码MSB，再到比特0的LSB。这便得到了厂家标识的12个字符。任何不用的字节都用0来填充		
状态数据页1字节13～20——传声器型号标识		
传声器信号标识只能用范围为00和20～7E Hex的可印刷字符的7比特ASCII形式来传送，并且从字节13开始。不允许使用范围在01～1F Hex的不可印刷字符。每个字节以ASCII代码的LSB的比特0开始，接下来是比特6的ASCII代码MSB，再到在比特7保留为0的用法。这便得到了传声器信号标识的8个字符。任何不用的字节都用0来填充		
状态数据页1字节13～20——设备信息-周期传输		
设备信息只能用范围为00和20～7E Hex的可印刷字符的7比特ASCII形式来传送，并且从字节13开始。不允许使用范围在01～1F Hex的不可印刷字符。每个字节以ASCII代码的LSB的比特0开始，接下来是比特6的ASCII代码MSB，再到在比特7保留为0的用法。这便得到了设备信息的8个字符。任何不用的字节用0来填充		
状态数据页1字节21——设备标识（字节13～20的含义）-周期传输		
比特0～7		
比特	01234567	
状态	00000000	传声器型号（默认）
	10000000	传声器极头
	01000000	无线发射机
	11000000	无线接收机
	00100000	无线通道编号
	10100000	无线通道名称
	01100000	
	至	保留
	11111111	
状态数据页1字节22——保留		
状态数据页1字节22的所有比特均被保留，并应设定为0		
状态数据页1字节23——压缩器/限制器增益下降量		
*AES42-2010并未指定细节		
状态数据页2字节1～8——传声器串行编号		
传声器串行编号只能用范围为00和20～7E Hex的可印刷字符的7比特ASCII形式来传送，并且从字节1开始。不允许使用范围在01～1F Hex的不可印刷字符。每个字节以ASCII代码的LSB的比特0开始，接下来是比特6的ASCII代码MSB，再到在比特7保留为0的用法。这便得到了传声器串行编号的12个字符。任何不用的字节用0来填充		
状态数据页2字节9——传声器硬件版本主版号		
信息以2个二进制编码的十进制（Binary Coded Decimal，BCD）数字的形式传送。L-半字节或低半字节（lower nibble）用其比特0为LSB，比特3为MSB的形式传送，而U-半字节或高半字节（upper nibble）以比特4为LSB，比特7为MSB的形式传送。小于10的数字的U-半字节是对前面的0进行的编码		

续表

状态数据页2字节10——传声器硬件版本索引号
信息以2个BCD数字的形式传送。L-半字节或低半字节用其比特0为LSB，比特3为MSB的形式传送，而U-半字节或高半字节以比特4为LSB，比特7为MSB的形式传送。小于10的数字的U-半字节是对前面的0进行的编码
将字节9和10结合在一起表示范围在00.00～99.99的整个硬件版本号。字节9为整数部分，而字节10为小数部分
状态数据页2字节11——传声器软件版本主版号
信息以2个BCD数字的形式传送。L-半字节或低半字节用其比特0为LSB，比特3为MSB的形式传送，而U-半字节或高半字节以比特4为LSB，比特7为MSB的形式传送。小于10的数字的U-半字节是对前面的0进行的编码
状态数据页2字节12——传声器软件版本索引号
信息以2个BCD数字的形式传送。L-半字节或低半字节用其比特0为LSB，比特3为MSB的形式传送，而U-半字节或高半字节以比特4为LSB，比特7为MSB的形式传送。小于10的数字的U-半字节是对前面的0进行的编码
将字节11和12结合在一起表示范围在00.00～99.99的整个硬件版本号。字节11为整数部分，而字节12为小数部分
状态数据页2字节13～15——以样本为单位的延时
信息以2个BCD数字的形式传送。L-半字节或低半字节用其比特0为LSB，比特3为MSB的形式传送，而U-半字节或高半字节以比特4为LSB，比特7为MSB的形式传送。小于10的数字的U-半字节是对前面的0进行的编码
将字节13～15结合在一起表示范围在000000～999999的整个样本延时。字节1为LSB，而字节15为MSB
状态数据页2字节16～22——保留
状态数据页2字节16～22的所有比特均被保留，并应设定为0
状态数据页2字节23——压缩器/限制器增益下降量
注释：AES42-2010并未指定细节
状态数据页3字节0——页标识器，峰值限制器，过载，哑音和保留
注释：AES42-2010并未指定细节
状态数据页3字节1
注释：AES42-2010并未指定细节
状态数据页3字节2～22——保留，所有比特设为0
状态数据页3字节23——压缩器/限制器增益下降量
*AES42-2010并未指定细节

42.6 IEC 60958标准第2版

该标准是基于AES3和EBU Tech. 3250-E专业数字声频互联标准，以及Sony和Phillips（SPDIF）这3种不同信号源的民用数字接口技术指标制定的。

该标准被分成4个部分，IEC 60958-1 Ed涵盖的是有关数字接口的一般性信息；IEC 60958-2（与第1版标准相比，没有进行更改）包含的是有关串行复制管理系统的内容；IEC 60958-3 Ed2涵盖的是民用接口的专门信息；而IEC60958-4 Ed2包含的是专业接口的有关信息。

由于专业接口被包括在前面的AES3章节当中，所以这一部分我们将只总结不同于AES3的60958-3中民用接口的专门规定。

表42-5是基于IEC 60958的第3版标准。我们始终建议用户获取标准的最新版本。

表42-5 IEC 60958标准第3版

通道状态基本格式		
字节0		
比特0	0	符合IEC 60958-3“民用”标准的通道数据块内容
	1	符合AES3“专业应用”标准的通道数据块内容。忽略该表的其他规定（见注释1）
比特1	0	声频字由线性PCM样本组成
	1	声频字由线性PCM样本以外的样本类型组成
比特2	0	软件版权（见注释2）
	1	未声明版权
比特3～5	附加的格式信息，它取决于比特1的状态	
如果比特1＝0，则为线性PCM模式		
比特	345	
状态	000	2个声频通道未使用预加重
	100	2个声频通道使用了50/15μs预加重
	010	保留的（为使用预加重的2个声频通道保留）
	110	保留的（为使用预加重的2个声频通道保留）
	比特3～5的所有其他状态均被保留，除非IEC将来对其进行定义，否则不使用	
如果比特1＝1，则为线性PCM以外的模式		
比特	345	
状态	000	默认状态
	比特3～5的所有其他状态均被保留，除非IEC将来对其进行定义，否则不使用	
比特6～7	通道状态模式	
比特	67	
状态	00	模式0，民用
	比特6～7的所有其他状态均被保留，除非IEC将来对其进行定义，否则不使用	

*除了信息的通道状态数据块应用外，数据格式的其他部分是与AES3“专业应用”标准和IEC 60958-3“民用”标准一致。然而，电气格式不同。正是出于这些原因，绝不应假设在“民用”接收机与“专业应用”发射机配合使用时功能会正确发挥，反之亦然

续表

**如果针对该应用版权状态是未知的，则该比特的状态可能以4Hz～10Hz的速率交替变化		
民用数字声频的通道状态格式		
如果字节0比特1和比特6～7全都为0，那么就为如下的应用		
字节1—分类码		
包含指示发生信号设备类型的分类码。分类码见标准的附录部分。比特0包含LSB，比特7包含MSB。在与版权比特一起使用时，可用来控制有许可的素材版权		
字节2—信源和通道号		
比特0～3	信源号	
比特	0 1 2 3	
状态	0 0 0 0	不理会
	1 0 0 0	1
	0 1 0 0	2
	1 1 0 0	3
	- - - -	
	1 1 1 1	15
通道4～7	声频通道编号	
比特	4 5 6 7	
状态	0 0 0 0	不理会
	1 0 0 0	A（立体声左声道）
	0 1 0 0	B（立体声右声道）
	1 1 0 0	C
	- - - -	
	1 1 1 1	O
字节3 — 采样频率和时钟精度		
比特0～3	采样频率	
比特	0 1 2 3	
状态	0 0 0 0	44.1kHz
	0 1 0 0	48kHz
	1 1 0 0	32kHz
	比特0～3的所有其他状态均被保留，除非IEC将来对其进行定义，否则不使用	
比特4～5	时钟精度	
比特	4 5	
状态	0 0	Ⅱ级
	1 0	Ⅰ级
	0 1	Ⅲ级
	1 1	保留
比特6～7	保留	
字节4—字长		
比特0	最大声频字长	

续表

比特0	0	最大声频字长为20bit
	1	最大声频字长为24bit
比特1～3	编码的声频字长	
比特	1 2 3	如果比特0表示了最大字长，则此时的声频字长是20bit
状态	0 0 0	长度未表示，默认设定
	1 0 0	16bit
	0 1 0	18bit
	0 1 1	17bit
	比特1～3的所有其他状态均被保留，除非IEC将来对其进行定义，否则不使用	
比特4～7	保留	
*如果辅助样本比特未使用，则应将它们设为0		
**通常，用户比特不使用，并且所有比特均被设为0		
***如果并未将全部比特设定为0（不理会），那么除了通道号外，对于所有通道，通道状态都是一样的		

42.6.1　电气和光学接口

规定的接口类型有两种，即非平衡电气型和光纤型。

指定的时基精度有 3 个级别，并且由通道状态加以指示。I 级是高精度模式，要求的容错为 ±50ppm。Ⅱ级是普通精度模式，要求的容错为 ±1000ppm。Ⅲ级为可变音调模式。虽然准确的频率范围还在讨论当中，但容错可能为 ±12.5%。

根据默认设定，接收机应能将信号锁定到Ⅱ级时基精度上。如果接收机具有较窄的锁定范围，则它一定能够将信号锁定到Ⅰ级时基精度上，并一定被指定为Ⅰ级接收机。如果接收机能够在Ⅲ级时基精度范围内正常工作，那么它就应被指定为Ⅲ级接收机。

42.6.1.1　非平衡线路

连接线缆是非平衡式屏蔽线缆，其在 100kHz 至 128 倍最高帧率的频率范围上的阻抗为 75±26.25Ω。

在 100kHz 至 128 倍最高帧率的频率范围上，线路驱动器在输出端呈现的阻抗为 75±15Ω。在未连接任何线缆条件下，在输出端跨接 75Ω±1% 电阻时测量到的输出电平为 $0.5 \pm 0.1V_{p\text{-}p}$。在 10% 与 90% 的幅度点之间测量到的上升和下降时间应小于 0.4UI。这源于任何基准参考输入的抖动增益在所有频率上必须小于 3dB。

接收机在 100kHz 至 128 倍最高帧率的频率范围，应为电阻式的，阻抗为 75Ω±5%。它应能正确解释标称为 $0.2 \sim 0.6V_{p\text{-}p}$ 的信号数据。

IEC 60268-11 的表 IV 的 8.6 对用于输入和输出的连接件进行了说明，并将其称为 RCA 连接件。在线缆的两端使用的是公插头。厂家应清楚地标注出数字输入和输出。

42.6.1.2 光学连接

它在IEC 61607-1和IEC 61607-2中进行了说明，并将其称为TOSLINK连接件。

42.7 AES10（MADI）

AES10标准描述的是串行多通道数字音频接口（Multichannel Audio Digital Interface，MADI）。简言之，虽然它采用的是一种异步传输解决方案，但最好还是将整个协议描述为等时方式。尽管它基于AES3标准，但是它可以借助一根75Ω的同轴线缆将32、56或64通道的数字声频以常见的32kHz～96kHz范围上的采样率，高达24bit的分辨率传送50m。它也可以借助光纤来传输。与其他的解决方案一样，我们所考察的情况只允许有一台发射机和一台接收机。

表42-6是基于AES10-2008得到的。我们始终建议用户获取最新版本的标准。

表42-6 AES10 MADI

比特	名称	描述	含义
0	MADI通道0	帧同步比特	1=正确
1	MADI通道启动	通道启动比特	1=正确
2	MADI通道A或B	AES3子帧1或子帧2	1=子帧2
3	MADI通道块同步	通道块起始	1=正确
4～27	AES3声频数据比特	（比特27是MSB）	
28	AES3 V	有效性比特	
29	AES3 U	用户数据比特	
30	AES3 C	状态数据比特	
31	AES3 P	奇偶校验比特	偶数
		（不包括比特0～3）	

除了子帧字头之外，MADI采用的是AES3的比特、数据块和子帧结构。取而代之的是按照表42-5的规定来替代4个比特。

MADI从通道0开始以顺序方式传送所有启动的通道。每个启动通道中的启动通道比特被设定为1。不启动的通道必须将所有的比特设定为0，其中也包括启动通道比特。不启动的通道必须始终拥有比启动通道更高的通道编号。

通道采用不归零反转（Non-Return-to-Zero Inverted，NRZI）无极性编码来串行传输。在编码前，每4bit数据转变成5bit数据，每32bit通道数据被分割成4bit的8个字，每个字遵从如下方案。

续表

字	状态数据比特			
0	0	1	2	3
1	4	5	6	7
2	8	9	10	11
3	12	13	14	15
4	16	17	18	19
5	20	21	22	23
6	24	25	26	27
7	28	29	30	31

将4bit字依照如下的规则转变成5bit字。

4bit字	5bit编码字
0000	11110
0001	01001
0010	10100
0011	10101
0100	01010
0101	01011
0110	01110
0111	01111
1000	10010
1001	10011
1010	10110
1011	10111
1100	11010
1101	11011
1110	11100
1111	11101

现在，5bit字按照如下的形式传输（从左到右）。

字	通道连接比特				
0	0	1	2	3	4
1	5	6	7	8	9
2	10	11	12	13	14
3	15	16	17	18	19
4	20	21	22	23	24
5	25	26	27	28	29
6	30	31	32	33	34
7	35	36	37	38	39

与AES3采用的编码不同，该编码允许链路上有直流。

AES10使用的同步字符11000 10001从左到右传输，它每帧至少被插入一次，以确保接收机和发射机的同步。虽然并没有定义该字符的插入位置，但是它只可以在数据字之间的40bit边界插入。在传输的通道间应有足够的同步字符被交错，并且在最后的通道之后传输，以填满总的链路容量。

42.7.1　NRZI 编码

5bit 链路通道数据采用 NRZI 无极性码来编码。每个高电平比特在比特前被转变为一个瞬态跳变，而每个低电平比特没有瞬态跳变。换言之，1 转变成 1 到 0 或 0 到 1 的瞬态跳变，而 0 则保持静态的 1 或 0 状态。

42.7.2　采样频率和采样率

MADI 允许采用如下 3 种范围中的采样频率工作。

- 32kHz ～ 48kHz，±12.5%，56 通道。
- 标称 32kHz ～ 48kHz，64 通道。
- 64kHz ～ 96kHz，±12.5%，源于标称频率的 28 个通道。

更高的采样率（比如 192kHz）要求每个样本占用多个声频通道。数据在整个链路上以恒定的 125Mbit/s 的数据传送，与使用的通道数无关。数据传输率是 100Mbit/s。其差异源于 4 个数据比特采用了 5 个链路比特编码。

所用的实际数据传输率是变化的。48kHz + 12.5% 的 56 通道，或者 96kHz + 12.5% 的 28 通道产生的数据传输率都是 96.768Mbit/s，而 32kHz-12.5% 的 56 通道产生的数据传输率则是 50.176Mbit/s。

尽管 AES3 已经将采样率提高了 4 倍或 8 倍，但是人们还是提出了未打包的解决方案，用以解决这些 AES10（MADI）中存在的更高采样率带来的问题。

42.7.3　同步

与 AES3 不同，MADI 并不携带同步信息。因此，必须为实现同步目的而单独传送一个 AES3 信号给发射机和接收机。

MADI 发射机必须在外部基准信号的样本周期时基的 5% 范围内开始发射每一帧。而 MADI 接收机必须在外部基准信号的样本周期时基的 25% 范围内开始接收帧。

42.7.4　电气特性

允许使用的传输介质既可以是阻抗为 75Ω 的同轴线缆，也可以是光纤缆。光学接口会在下一部分描述。

线路驱动器在端接 75±2Ω 阻抗时，其平均输出电平是 0±0.1V。在 75Ω 阻抗上的峰 - 峰输出电压为 0.3 ～ 0.6V，20% 与 80% 幅度点之间的上升和下降时间必须不长于 3ns，同时也不应短于 1ns，且与平均幅度点的相对时基偏差不大于 ±0.5ns。

有趣的是，虽然并没有为接收机指定输入阻抗，但是所举例子中的解决方案中表示的是 75Ω 的端接阻抗。

当满足图 42.14 所示限定的信号被加到 MADI 接收机的输入时，它必须进行正确的解释。

互连 MADI 设备的线缆的阻抗必须是 75±2Ω，并且在 1MHz ～ 100MHz 的范围上的损耗不低于 0.1dB/m。线缆装配有 75Ω BNC 型公头连接件，最大传输距离为 50m。机箱上的连接件为母头。

在线缆的接收机端，眼图恶化的程度一定不能超过图 42.14 所示的眼图恶化情况。不允许进行均衡。

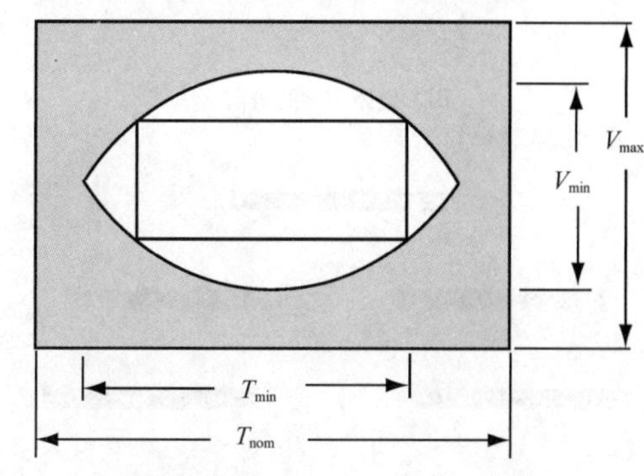

图 42.14　针对最小和最大输入信号的 AES10 眼图，其中 t_{nom} = 8ns；t_{min} = 6s；V_{max} = 0.6V；V_{min} = 0.15V。当其输入给出这一范围内的眼图时，MADI 接收机必须正确地解释信号

线缆屏蔽必须接地到发射机的机壳上。如果屏蔽未直接接地至接收机的机箱，那么在 30MHz 以上时必须被接地。这可以通过屏蔽与机箱间跨接的约 1.0nF 的合适低感抗电容器产生的容性耦合来实现。

42.7.5　光学接口

芯直径为 62.5nm，标称包芯直径为 125nm，将数值孔径为 0.275 的渐变折射率光纤与 ST1 连接件配合使用。这样将允许链路长达 2000m。

42.8　Harmon BLU链路

到目前为止，我们所考察的所有互连解决方案都是点对点的，并没有网络化。BLU 链路是简单却有用的网络化解决方案中一个很好的例证，它是 BSS Audio 推出的系列化信号处理设备家族中的一员，后来被 Harmon 公司的其他设备所采用。

与至今所讨论过的基于标准数字声频的互连方法不同，针对 BLU 链路的协议还未发布，可利用的产品均来自唯一一个生产厂家——Harmon。虽然它的应用如此广泛，但是还是要从应用的角度来考察需求。

每个 BLU 链路的组成部分都拥有进行设备互连的网络输入和输出接口。布线采用环形配置实现。在网络上可以放入多达 256 个声频通道（48kHz）或 128 个通道（96kHz），两种情况下均为 24bit，为了冗余，每个通道在环路中双向传输。这样便允许在环路断开时仍能连续工作。

将某一输出通过长达 300m 的 5e 类或更高规格的数据线缆连接到某一输入上，连接长度可长达 100m。通过采用特定的光纤转换器，可使连接距离进一步延长。环路中可放入多达 60 个设备，尽管 BLU 使用 5e 类数据线缆，以及采用和以太网相同的“RJ-45”连接件，但重要的还是要注意 BLU 链路并不采用以太网协议，只是采用与以太网同样的线缆和连接件。

关于图 42.15，有几件事情要注意。首先，物理接线始终要从输出接到输入。尽管信号在线缆上是双向流动的，但是输出和输入术语表明了基本的信号流向。

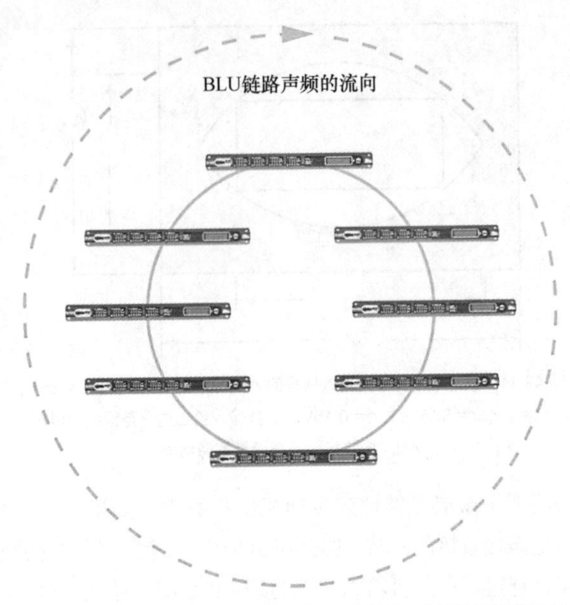

图42.15 Harmon BLU 链路。物理连接是一个环路。信号在物理环路上双向传输，因此即便环路断开，声频信号仍然流动

42.9 Nexus连接

Stage Tec 的 Nexus 是另一种专利化数字声频网络标准。这是一种采用光纤进行互连的质量非常高的系统，该系统拥有非常强的灵活性。冗余互连可实现非常高的可靠性。可将非常多的输入和输出设备插接到 Nexus 框架内。模拟和数字输入及输出都可使用。

Nexus 系统最令人感兴趣的方面之一就是系统内可编程设备的能力，它可以从系统中的另一设备上学到其将要完成的工作。如果某一设备在运行的系统中出了问题，那么在插入替换设备时，该设备会由网络中的其他设备决定其将要完成的工作。针对所有设备的指令被存储于系统中的多个位置，以便启动此功能。

42.10 IEEE 1394（火线）

火线是一种颇具吸引力的网络化解决方案，因为它在同一网络内同时具有等时传输和异步传输的功能。然而，同样颇受家庭网络化解决方案青睐的这种多样性能力也使得其可以借助 IEEE 1394 来传输大量不兼容的协议信号。

来自不同生产厂家的设备，有时甚至是来自同一生产厂家的不同型号的设备彼此之间都不兼容。1394 行业协会（1394 Trade Association）的主席 James Snider（詹姆斯·斯奈德）在 2001 年 3 月曾写道："1394 的用户可让设备'准确地知道哪些设备是协同工作的，哪些不是，以便不会对其有不合理的性能期望'。"虽然 1394 行业协会正在从事这方面的工作，但是问题尚未得到完全解决。

火线对于指定链路的最长传输距离被限定为 4.5m，对于整个网络的传输带宽被限定为 400MBit/s。在这种情形下，它与基于中继器的以太网网络类似。尽管火线的支持者声称它可能具有比以太网更低的成本，但是市场的推动力已使以太网的成本降了下来，并且增强了人们可能质疑的会被 FireWire 迎头赶上的功能。

最终这致使 1394 的大部分应用局限在民用视频和游戏范围内。虽然它确实可以传输声频，但是目前采用该协议的专业数字声频设备却很少。

AES58 定义了传送 32bit 通用数据的方法，其中包括了 IEEE 1394 链路上的专业声频数据。

42.11 以太网

以太网是世界上较为常用的数字网络化标准，现已具备 5000 万个网络节点。计算机行业的巨大发展空间持续地推动其价格成本的下降，而其性能却在不断提高。许多专业声频设备利用以太网来进行控制和编程，AMX 和 Crestron 还将其接纳为声频 / 视频系统控制。

尽管它有诸多优点，但是以太网自身特性却不适合传输实时声频信号，这是其固有属性和异步系统决定的。Peak Audio 的 Kevin Gross（格罗斯·葛罗斯）下决心一定要找到突破限制以太网传输诸如声频和视频这样的实时信息的方法。其解决方案就是利用 CobraNet，这是一种被承认的专利技术，并且被许多大型专业声频公司所认可，将其应用于产品当中的公司就包括 Biamp、Creative Audio、Crest Audio、Crown、Digigram、EAW、LCS、Peavey、QSC、Rane 和 Whirlwind。

近来，又有新踏入数字声频网络化领域的 Aviom，EtherSound 和 Dante。所有上述公司的产品都或多或少地采用了以太网技术。

在我们讨论这些声频网络化技术之前，我们有必要对以太网有更深入的认识。

42.11.1 以太网历史

1972 年，施乐帕罗奥多研究中心（Xerox Palo Alto Research Center，PARC）的 Robert Metcalf（罗伯特·梅特卡尔夫）及其同事开发出了一个互连 Xerox Altos 计算机，被称为 Alto Aloha Network 的网络化系统。在 1973 年，Metcalf（梅特卡尔夫）将其名称改为以太网（Ethernet）。虽然 Altos 一去不复返了，但是它却成为世界上十分受人们追捧的网络化系统，如图 42.16 所示。

该系统拥有许多重要的属性。它采用了共享介质，在该情况中为同轴线缆。这意味着可利用带宽为线缆连接的所有站点所共享。如果任意一个站点在传输，那么所有其他的站点将接收信号。在某一时刻只能有一个站点在发送，并且完全不中断地获得数据。如果有一个以上的站点打算同时传输数据，则会发生所谓的冲突，并引发数据混乱。

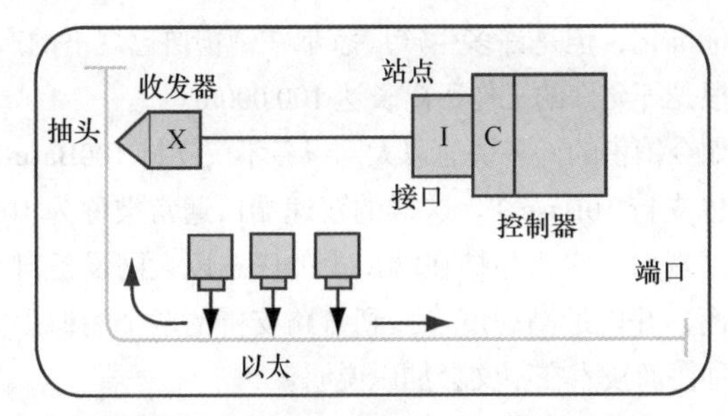

图 42.16　Robert Metcalf 的第一个以太网的原理图

在共享媒介的以太网网络当中，存在冲突被视为正常工作的一部分。因此，避免冲突的机制就是要检测那些无法避免的冲突，并有必要将其从冲突中恢复过来。

这种机制被称为带冲突检测的载波监听多路访问(Carrier-Sense Multiple Access With Collision Detection，CSMA/CD)。换言之，虽然任意站点可以在任意时刻传输（多路访问），但是在任意站点可以传输之前，必须保证没有其他站点在传输（载波监听）。如果没有其他站点在传输，那么它就可以开始传输了。然而，因为有可能有两个或多个站点试图同时传输，所以每一传输站点必须监听另外一个试图同时进行的传输（一个冲突）。如果一个站点传输检测到一个冲突，那么站点会传输一个被称为阻塞的比特序列，以确保所有传输站点检测到已经发生了一个冲突，之后在尝试再次传输前静默一段随机长度的时间。当然，如果另一个站点在传输，就不能尝试再次传输。如果检测到第 2 个冲突，那么在传输之前就还要再增加一段延时时间。在进行了大量的尝试之后，传输就失败了。

既然信号在同轴线缆中的行进速度为光速（近似值），而且线缆一端的站点必须能够检测处于线缆另一端的一个站点所引发的传输冲突，那么就必须满足如下的两个要求。首先，对传输线缆的长度有限定。之所以提出这一要求是为了限制由线缆一端上的某一站点传输到最远站点所用的时间。第二个要求就是传输数据包的最小长度。这为的是确保彼此相距一定距离的各站点有时间来识别已经发生了冲突。如果线缆太长了，或者数据包的长度太短，并且线缆一端的各站点要同时传输，则有可能在发现来自其他站点的数据包之前完成传输，并且不会意识到已经发生了冲突，如图 42.17 所示。

目标地址（6个字节）	源地址（6个字节）	协议（2个字节）	有效载荷（46～1500个字节）	FCS（4个字节）

图 42.17　以太网包格式

42.11.2　以太网的包格式

世界上的每台以太网设备都有一个全球独一无二的介质访问控制（Medium Access Control，MAC）地址。生产厂家应用电子电气工程师学会（Institute of Electrical and Electronics Engineers，IEEE）的规定，并且为其应用指定一个 MAC 地址数据块。每个厂家负责确认它承运的每一设备和器件具有的独有范围内的 MAC 地址。当已经用去了其地址资源的 90% 以上时，它就可以使用另外的地址块了。

MAC 地址为 48bit，或 6 个字节长度，可以有 281、474、976、710、656 个唯一的地址。虽然以太网极为受欢迎，但是我们还没有耗尽可能的 MAC 地址。

一个以太网数据包从目标的 MAC 地址开始。接下来的是传送数据包站点的 MAC 地址。再接下来的 2 个字节被称为以太类型（EtherType）编号或协议标识符，它表示用于有效载荷的协议。IEEE 再次分派这些编号。例如，将协议标识符安排给 CobraNet 的是十六进制表示法中的 8819。

数据有效载荷范围可以从最小的 46 字节至最大的 1500 字节。协议标识符指定了有效载荷的内容，以及如何对其进行解释的方法。小于 46 字节的数据必须延长或填充至 64 字节，而长于 1500 字节的数据则必须分成多个数据包来传输。

帧检验序列（Frame Check Sequence，FCS）是由传输站点基于其他以太网数据包的内容（目标地址，源地址，协议和数据区）计算得出的 4 字节长度的循环冗余检验（Cyclic Redundancy Check，CRC）。接收站点也计算 FCS，并将其与接收到的 FCS 进行比较。如果它们匹配，那么所接收的数据就被假定为被无中断地接收到了。检出 1bit 误差的概率为 99.9%。

正如我们所见到的那样，最短的以太网数据包长度为 64 字节，最长的为 1518 字节。

42.11.3　网络直径

如图 42.18 所示，可让以太网的冲突检测方案起作用的可允许最大网络直径取决于如下条件。

- 最小数据包的长度（64 字节）。
- 数据率（这后两项加在一起决定最小数据包的持续时间）。
- 线缆的质量（它决定线缆的传播速度）。

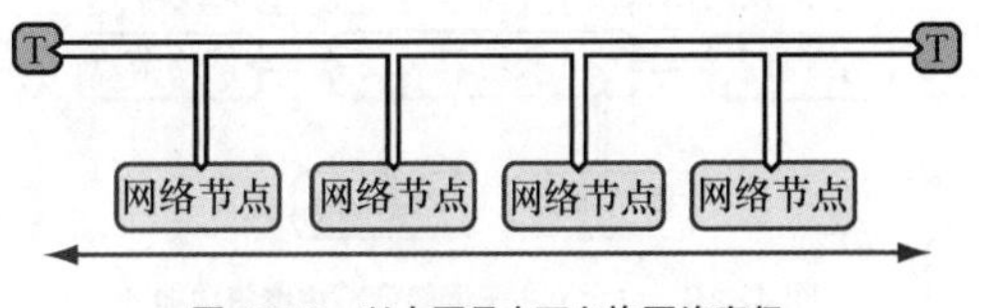

图 42.18　以太网最大可允许网络直径

42.11.4　以太网种类

在 1980 年，IEEE 将以太网标准化为 IEEE 802.3。这一最初的标准基于直径为 10mm、阻抗为 50Ω 的同轴线缆。之后很快出现了许多以太网的变体。

- 10Base5—这是最初的以太网，也被称为粗线缆网或粗线缆以太网，因为它们使用的是直径粗的同轴线缆。其工作速率为 10Mbit/s，基带（baseband）具有的最大分段长度为 500m（故被称为 10Base5）。
- 10Base2—为低成本以太网而设计的，它被称为细线缆网或细线缆以太网，因为它采用的是较细的 RG-58 50Ω 同轴线缆。它工作的速率为 10Mbit/s，基带（baseband）具有的最大分段长度为 200m。

• 1Base2—速率较慢的细线缆网。它工作的速率为1MBit/s，基带（baseband）具有的最大分段长度为200m。

• 10Broad36—非常少见，它通过类似于有线电视分配系统中使用的RF线缆来传输，并且与有线电视分配部分一同建设。

所有这些变体都受困于同一问题。由于它们采用了必须对网络内每一站点进行物理连接的共享媒介，所以干线网上任意一点出了问题都可能使整个网络瘫痪。很显然，我们需要不同的解决方案来保护共享媒介，帮助其免遭破坏。

在1990年，人们引入了所谓的10Base-T新技术来解决这些问题。取代整个网络设施中串联的易受损坏的共享媒介的是将这些媒介集中到一个被称为中继集线器的盒子上，如图42.19所示。虽然媒介还是共享的，但却是受保护的。它拥有的可允许最大网络直径是2000m，使用的数据包结构是同样的。每一站点通过绞线对线缆连到集线器上，要使用两对。一对将信号从站点传输至集线器，另一对将信号从集线器传输至站点。3类（Cat3）的UTP与每一线对终端的变压器隔离一同使用。单根线缆的最大工作距离被严格限定为100m。长达2000m的较长工作距离则可能要使用所谓的10BaseF光缆规格。Cat3线缆较之前的同轴线缆更为耐用且成本更低。其中最为重要的是，伴随线缆的问题只会影响一个站点，而不会使整个网络瘫痪。

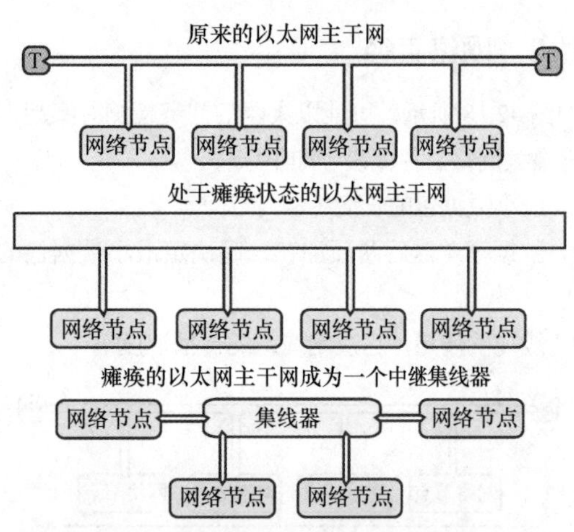

图42.19 以太网主干网转变成中继集线器

此后，引入了100BaseT或快速以太网（Fast Ethernet）。它的数据率为10Base-T的10倍，或100Mbit/s。由于数据率是10Base-T的10倍，且最小数据包的大小还是一样的，所以最大的网络直径必须减小到200m。尽管千兆以太网正在快速跟进，但这仍是当今最常见的以太网形式。虽然CobraNet采用的是快速以太网端口，但它可以在交换机之间通过千兆以太网来传输。

快速以太网有几种变体。100Base-T4使用了Cat3 UTP线缆的全部4组线对。100Base-TX使用了Cat5线缆的两组线对。这是快速以太网中最常用的两种类型。这两种类型的快速以太网允许的单根线缆的工作距离是100m。100Base-FX使用的是多模光纤，允许的单根光纤工作距离是2000m。尽管采用单模光纤工作的快速以太网规格还没有被标准化，但是许多生产厂家都在销售自己规格的产品，其单根光纤允许的工作距离长达100 000m。

如今销售的许多快速以太网设备不仅支持100Base-TX，而且也支持10Base-T。这样的双速端口通常被称为10/100以太网端口。它将与挂在端口上的任意以太网设备自动进行协商，并以最高速度连接到链路支持的两个端口上。有关这种协商技术在下文会加以说明。

如今千兆以太网已可供使用了，并且其价格大幅下降，并逐渐取代快速以太网。正如读者猜到的那样，它的运行速率是100BaseT的10倍，或1000Mbit/s。虽然其最初的规格是使用光纤，但是如今可用的规格是采用Cat5 UTP线缆连接的。然而，它使用的是线缆的全部4个线对。千兆以太网将最小数据包的大小由64字节提高到了512字节，为的是让网络直径保持在200m。以太网端口支持10Mbit/s、100Mbit/s、1000Mbit/s速度和自动协商，以匹配连接设备支持的最高速度的情况如今已经很常见。

千兆以太网也有集中变体类型。1000Base-LX（L代表长波长）既可以使用多模光纤，也可以使用单模光纤。1000Base-SX（S代表短波长）只能使用多模光纤。1000Base-SX的成本比1000Base-LX低一点。虽然1000Base-LH（LH代表长距离，Long Haul）不在IEEE标准内，但得到了许多厂家的支持。生产厂家的不同规格是根据覆盖距离决定的。1000Base-T利用Cat5线缆的全部4个线对来工作。单根线缆可工作的最长距离为100m。

工作在10倍于千兆以太网的网络规格已在使用，其价格也已开始回落。

有几个生产厂家利用以太网的布线线缆来为其产品供电。如今IEEE已经有了通过以太网来供电（Power over Ethernet，PoE）的IEEE标准，并且大部分生产厂家通过以太网连接线缆为其产品供电的做法也已经依照此标准进行。

无线以太网的IEEE 802.11标准已经成为非常受欢迎且低成本的解决方案。它根据传输距离和环境条件的不同而提供可变的数据传输率。虽然对于802.11ac（在撰写本书时最新的标准）在一个阵元天线访问点时的最佳数据传输率为6.77GBit/s，但是单天线的数据传输率仅433Mbit/s。

42.11.5 以太网拓扑

图42.19所示的集中式主干网以太网拓扑通常被称为星形拓扑，因为每个站点都被连回到公用的集线器上。它还可以将多个星形拓扑结合在一起，成为星形的星形，如图42.20和图42.21所示。

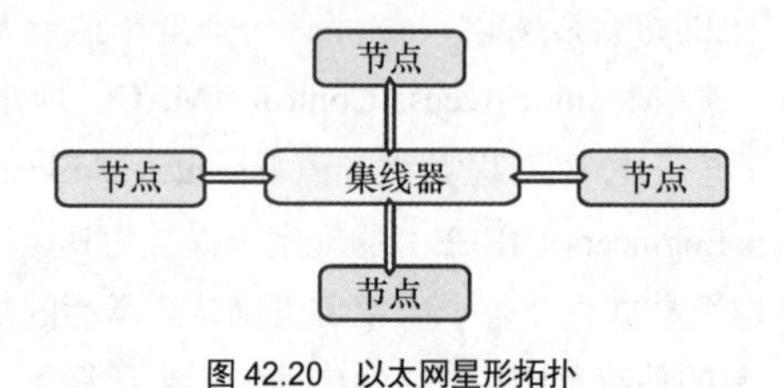

图42.20 以太网星形拓扑

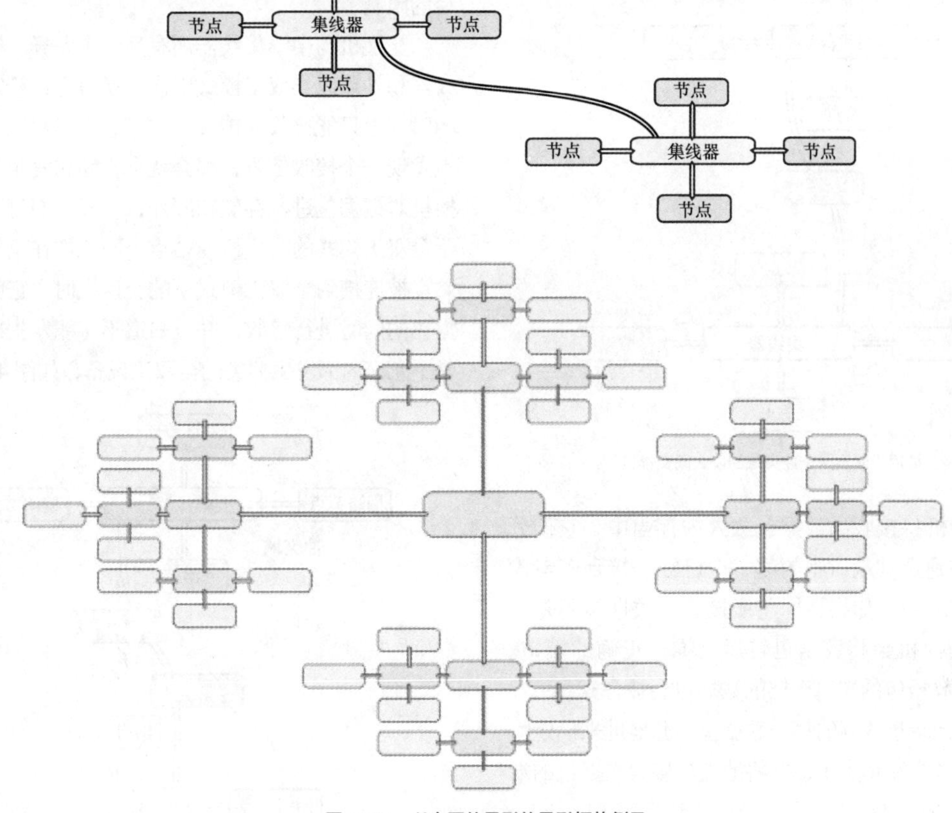

图 42.21　以太网的星形的星形拓扑例子

利用光纤来互连星形拓扑可以增加星形串之间的距离，如图 42.22 所示。

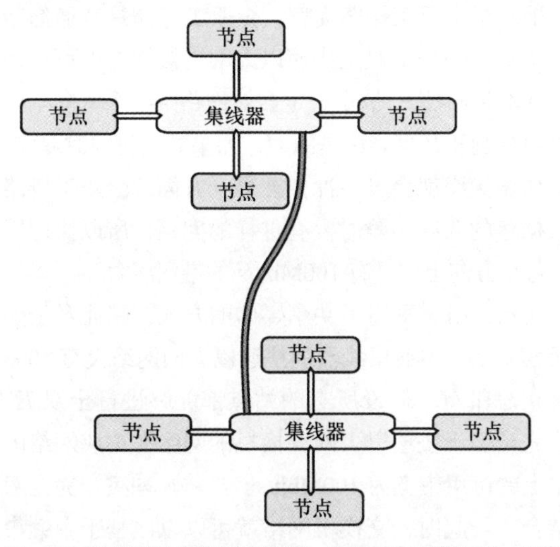

图 42.22　将光纤用于两个星形拓扑的互连。这便突破了铜线 100m 的传输限制。现在唯一的限制因素就是网络直径。如图 42-18，图 42-19 和图 42-20 所示，可以利用星形的解决方案便能利用简单的连线构成相当大的网络。在所有这些例子中，不存在环路。这是因为以太网中只有一个环路，除非使用特殊技术构成所谓的 broadcast storm，这是声频系统中一种传输反馈的数据等效

42.11.6　以太网设备

当我们研究了已经提及的中继集线器的内部功能时，这一问题将会变得更为清晰。集线器拥有既可以与站点相连，也可以与其他集线器相连的端口。到达某一端口的任何数据都可以马上被送至所有其他的端口，除非端口已有所指派，如图 42.23 所示。声频类比将是一个减法混合系统。

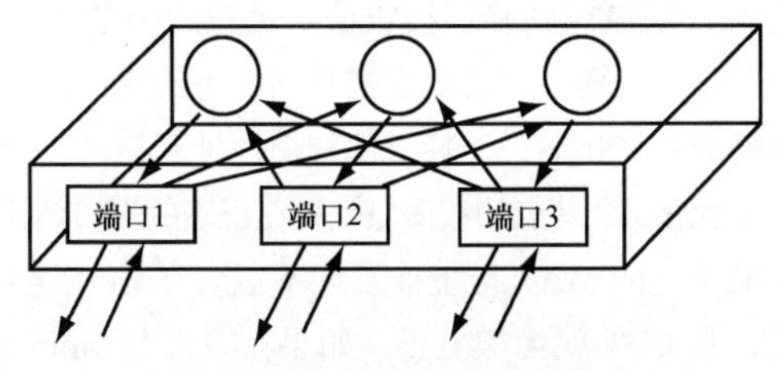

图 42.23　中继集线器功能框图

阻碍网络规模增长的因素之一就是所有这些星形和星形拓扑仍具有相同的网络直径限制。搭建更大网络的一种方法就是将一个星形结构的数据与另一个星形结构相隔离，不同星形结构间只通过到达另一星形结构中的站点所必须的数据包。在给定的星形结构中发生的冲突不会传到另一个星形结构中，因为传递的另一个星形结构中的站点具有唯一的完整数据包地址。这种方法将每个星形结构隔离在自身的冲突域当中，所以网络直径的限制只适用于给定的冲突域。

在冲突域对之间具备这种功能的设备被称为桥接器。随着技术的发展，多端口桥接器更加便宜，这些多端口桥接器就是所谓的交换机。由于交换机日益受到人们的欢迎，所以人们对桥接器的应用热情逐渐淡化，现在有时看到的桥接器指的就是双端口的交换机，如图 42.24 所示。

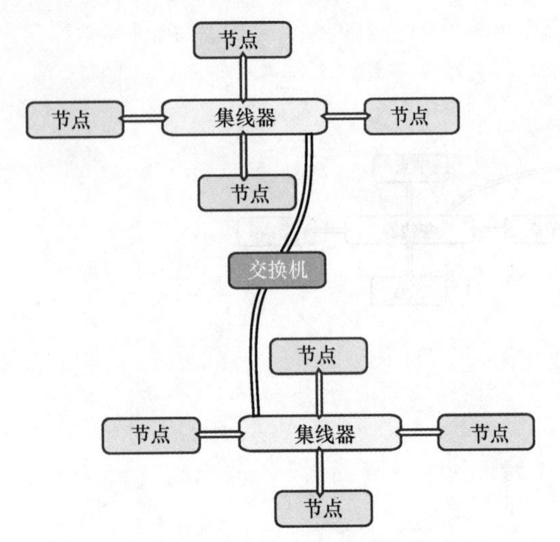

图 42.24 被用于隔离两个冲突域的以太网交换机

以太网交换机将接收的数据包放入内存当中。它们分析目标地址，并确定其端口中的哪一个已经连接到了考虑中的地址站点。之后，如果目标与所接收的数据包不是同一端口，那么交换机会将数据包转运至唯一正确的端口。目标地址与接收数据包的端口一样的数据包会被舍弃。

交换机通过记录接收到的每个数据包的源地址来确定哪些地址被连接到各个端口上了，并将地址与接收数据包的端口结合在一起。该信息被收集到交换机的查询表（Look Up Table，LUT）中。当每个数据包都被接收到时，交换机会检验它，看其是否是 LUT 中已有的目标地址。如果是，那么交换机就知道将这个数据包送至何处，并且只将它送到相应的端口上输出。如果目标地址不在 LUT 当中，那么交换机会将数据包送到除了接收该数据包之外的每个端口。由于大部分以太网站点会响应接收到的寄给它们的数据包，所以当响应被送出时，交换机便知道地址开启了哪个端口。此后，投递给那个站点的数据包就只在正确的端口传送输出。

如果给定的 MAC 地址被发现不包含在 LUT 当中的不同端口，则 LUT 就会被更正。如果在或许是 5min 的超时窗口时间内没有从给定的 MAC 地址上接收到数据包，那么 LUT 中的入口就会被删除。这些特性可以让交换机在网络发生变化时能够适应并知道。

打算输出给指定端口的数据包绝不允许在交换机内部产生冲突。取而代之的是每个输出数据包都会被存储分配给指定端口的先进先出（First In First Out，FIFO）缓存当中，并且每次将一个数据包传送出端口。

虽然大部分数据包都是以上面描述的形式通过交换机的，但是有一种类型的数据包却不是这样被传送。大多数数据包访问的是特定目标 MAC 地址，这被称为单播地址。还有一种特殊的访问形式，它被称为多播寻址。在其目标域内具有该地址的数据包被送到所有的站点。此后，数据包被送到交换机上除了已有指派外的所有端口。

交换机并不是早期同轴线缆以太网变体，或更新的中继集线器的共享媒介。相反，通过存储数据包、检查地址、选择性地传送数据包和 FIFO 缓冲输出，它们突破了网络直径的限制。

交换机与中继集线器还有另一个差异。被连接的中继集线器和站点以半双工模式工作。换言之，给定的站点在不同的时间上只能接收或传输。如果处在半双工模式下的传输站点发现一个接收信号，那么就会告知它发生了冲突。由于交换机对数据包进行存储和缓冲，所以它们可以和其他可工作于全双工模式的交换机或站点一同工作在全双工模式下。当站点被连接到全双工模式下的交换机时，它就可以在传送数据包的同时进行接收，并且知道不可能发生冲突，因为它们是不允许内部发生冲突的全双工设备，如图 42.25 所示。

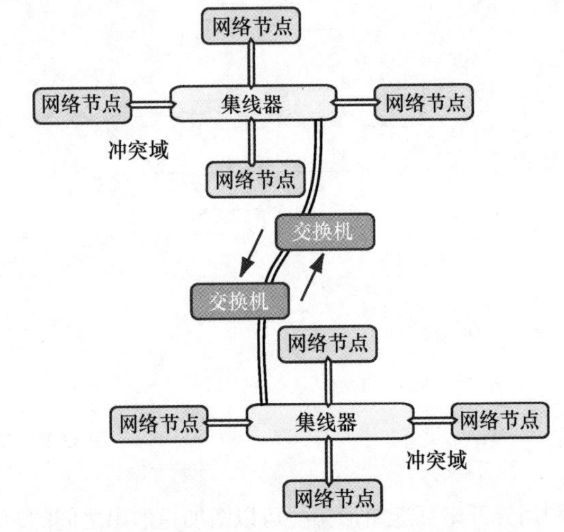

图 42.25 两个以太网交换机显示它们之间的全双工操作，并且隔离两个冲突域

相对于半双工链路而言，全双工工作具有通信带宽加倍的优势。一个半双工快速以太网连接拥有的可利用带宽是 100Mbit/s，这一带宽一定会被链路中各个方向上传送的数据包分割和共享。这是因为，如果数据包同时双向行进，那么根据定义就会发生冲突。另一方面，全双工链路在进行数据包的双向传输时没有这样的问题，所以快速以太网链路每个方向上均具有 100Mbit/s 的带宽能力。

当然，由于采用了共享媒体的方式，因此对于整个网络而言，基于中继集线器的快速以太网网络仅有 100Mbit/s 的可用总带宽。假设所有的站点都能够进行全双工工作，那么完全基于快速以太网交换机的网络在构成网络的每个链路上的可用带宽为 100Mbit/s。当将无冲突与完全双工工作结合在一起时，交换机网络就可以以比基于中继集线器网络更快的速度运行。

在交换机内的内部数据包路由分配功能被称为交换结构或交换云。即便所有的端口正在接收最大的数据量，而在其交换云当中具有足够的数据包路由分配功能也不会耗尽带宽的交换机被称为“无阻塞”交换机。

正确的以太网设计包括确保数据包从信源到目标的传输路径上不会经过 7 个以上的交换机。

在交换机刚刚面世时，其价格成本致使其应用被限制在需要其功能的很少情形中。目前，交换机的价格大大下降，其成本与中继集线器不相上下。因此，中继集线器正在淡出以太网的历史舞台，如图 42.26 所示。

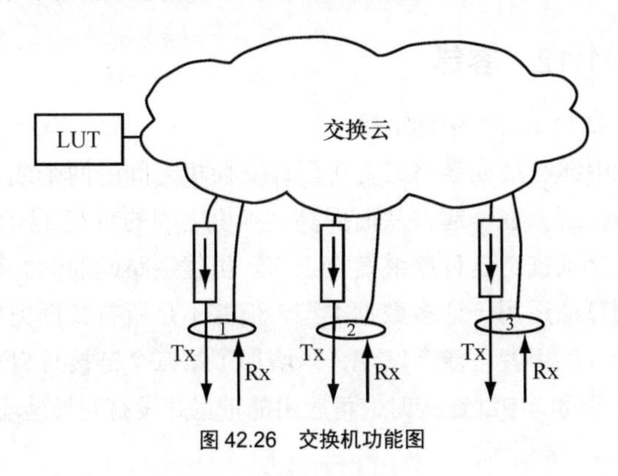

图 42.26　交换机功能图

42.11.7　以太网连接协议

为了了解有些设备组合可以工作，而另一些设备组合则不能工作的原因，掌握不同的以太网设备之间的协议连接是很重要的。

如果速度为 10Mbit/s 的以太网设备并未传输数据，那么其输出是停止的。如果在一段时间之后还没有数据传输，那么它将开始传送正常的链接脉冲（Normal Link Pulses，NLPs）。这样就可以让链路另一端的设备知道链接还是良好的，同时也可用来识别它是否是速度为 10Mbit/s 的设备。

另一方面，速度为 100Mbit/s 的以太网设备则始终在传输信号，即便在无数据传输时也是如此。此时被传送的这一信号被称为载波，其作用是为了识别设备是否是速度为 100Mbit/s 的设备。

在链路搭建起来之前，10Mbit/s、100Mbit/s 的以太网设备常常采用所谓的自动协商机制技术来建立起链路另一端设备的功能。这一过程决定了其他的设备是否具备双工或半双工工作的性能，以及是否能以 10Mbit/s、100Mbit/s 或 1Gbit/s 的速度进行连接。数据采用快速链接脉冲（Fast Link Pulses，FLPs）进行传输，该脉冲只是构成消息的 NLPs 序列。

如果在自动协商机制结束时建立起速度为 10Mbit/s 的链接，那么两个设备闲置时将传送出 NLPs。如果建立起一个 100Mbit/s 的链接，那么两个设备传输载波信号。

自动协商机制还利用了并行检测。这使得所要建立的链接可含有非协商的定速设备，并且在设备检测到 FLPs 之前，建立起了一个链接。如图 42.27 所示的以太网自动协议状态图表明了如何取得不同的可能结束条件情况。应注意的是，速度为 100Mbit 的设备绝不可能在双工链接中进行并行检测。

在图 42.27 中，10 = 10Mbit/s，100 = 100Mbit/s，HD = 半双工，FD = 全双工，虚线表明在等待识别 FLP 时可能发生并行检测。应注意的是，如果并行检测建立起一个速度为 100Mbit 的半双工链接，那么全双工就绝不可能建立起来，尽管光纤链接传输载波，但是它们并不通过自动协商机制所必需的 FLPs。这产生的一个结果就是，如果需要进行光纤链接的双工操作，则就需要进行手动配置，或者需要一个智能的媒介转换器。这样的转换器在光纤的每一端都拥有一个自动协商链接的电路。

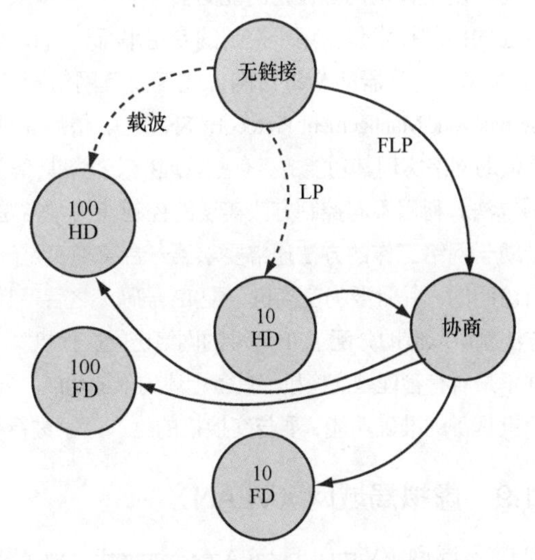

图 42.27　以太网自动协议状态图

如果 10/100NIC 被连接到一个速度为 10Mbit/s 的中继集线器上，那么速度为 10Mbit/s 的集线器送出被 NIC 检测的 NLPs。发现了 NLPs，10/100NIC 转到速度为 10Mbit/s 的半双工工作模式，并建立起链接。因为集线器是半双工设备，所以这是正确的。

如果 10/100NIC 被连接到一个速度为 100Mbit/s 的中继集线器上，那么速度为 100Mbit/s 的集线器送出被 NIC 检测的载波。发现了载波，10/100 NIC 转到速度为 100Mbit/s 的半双工工作模式，并建立起链接。因为集线器是半双工设备，所以这是正确的。

如果 10/100NIC 被连接到一个 10Mbit/s、100Mbit/s 交换机上，那么交换机送出被 NIC 检测的 FLPs。在解释了 FLPs 之后，10/100NIC 转到速度为 100Mbit/s 的全双工工作模式，并建立起链接。由于 100Mbit/s 是最高的常用速率，并且交换机可以工作在全双工模式下，所以这是正确的。

媒介转换器可以被认为是一个将一种类型媒介转换成另一种类型媒介的双端口中继器。这种转换的最常见形式是由铜线转变为光纤。媒介转换器有两种基本类型：简单型和智能型。

简单型媒介转换器无智能化功能，只是进行电信号与光信号的互相转换。这些简单的媒介转换器不能通过或检测 FLPs。因此，它们不能让自动协商机制所需要的信号从一端传到另一端，它们也不具有与自身每一端的端口自动协商的功能。

智能型媒介转换器在光纤链接的每一端都增设了可以发生和解释 FLPs 的电子部分。因此，这样的转换器既可以实现与每一终端各端口的自动协商机制，也可以采用手动配置完成。它们还具备工作于全双工和半双工模式的功能。

42.11.8　管理型交换机

所有的交换机都具备至此所描述的所有功能。有些交换机还增加了一些显著的功能。仅具备基本功能的交换机被称为非管理型交换机，其价格非常低。非管理型交换机自动工作，并不需要对其工作进行特殊的设定。管理型交换机具有控制交换机内部设定的能力。

普通的控制技术包括用于控制的专用串行端口和Telnet、利用普通Web浏览器的Web访问，或者简单网络管理协议（Simple Network Management Protocol，SNMP）。最后3种控制方法是借助网络实现其功能的。有些管理型交换机具备全部4种控制方法。利用不同控制方法实现的控制能力常常是不同的。借助于网络工作的方法通常要求第一台交换机是通过串行端口访问的，并且要为交换机分配IP号码。之后，其他的控制方法就可以借助分配了IP地址的网络访问交换机。

并不是所有管理型交换机都具备上述的附加功能。要想确定交换机具备的准确功能，要与交换机的生产厂家进行核实。

42.11.9 虚拟局域网（VLAN）

虚拟局域网（Virtual Local Area Network，VLAN）的性能可使某些交换机端口与其他的端口隔离开来。这样便可以将较大的交换机分成几个虚拟的、较小的交换机。如果所有的数据都是单点传送的，那么这一性能实现起来就不会有问题，如果存在任何多路传输通信，则可能会明显显现出来将通信传输隔离为几个确定端口的优势。有些交换机可能允许来自几个VLANs的数据与另一台交换机共享一个普通的链接，而不产生任何的数据混合。要想以这种形式工作，两台交换机必须支持同样的方法。如今的大部分交换机采用的是被称为“加注标记（tagging）”的技术，它可以让隔离的VLANs共享交换机之间共同的物理链路。

42.11.10 服务质量（QoS）

服务质量（Quality of Service，QoS）允许试图离开交换机的某些数据享有比其他数据更高的优先权。例如，如果我们打算利用CobraNet通过以太网传送声频，那么我们就不想让声频在经由交换机的正常计算机数据通信出现瞬时尖峰干扰时出现任何失落现象。如果计算机数据流量的激增占用了声频传输所需要的带宽，以及接收声频数据包产生延时，就可能发生这样的失落问题。

有几种方法可以用来指定通信交换机享有给定的优先权。优先权可以指定为某一VLAN上的给定通信，也可以是从某些端口接收数据，或者是从某些MAC地址接收数据，甚至是指定为包含特定协议标识符的通信。

42.11.11 路由

以太网交换机一般并不考察以太网数据包的有效载荷部分。路由器能够发现内部的有效载荷，并基于互联网协议（Internet Protocol，IP）将以太网数据包分配至有些以太网有效载荷可被发现的地址上。已经将这样的路由器，或路由功能内置于有些交换机当中，它们可以让数据包在通常为独立的网络或VLANs之间传输。这一功能可能非常有用，比如让中心SNMP管理系统监控设施中的所有网络设备，即便这些设备分处于独立的隔离网络或者VLANs中。

42.11.12 容错

42.11.12.1 中继链接

中继链接或链路聚合可以让交换机之间的两个或更多个链接组合在一起，从而提高交换机之间的带宽。两台交换机必须支持这种中继链接工作。虽然链路间通信共享采用的算法适用于许多数据类型，但并不是所有数据类型都可以。使用者可能会发现，当增加了第二个链接且启动了交换机间的中继链接时，可应用的带宽并没有明显地增加，如图42.28所示。

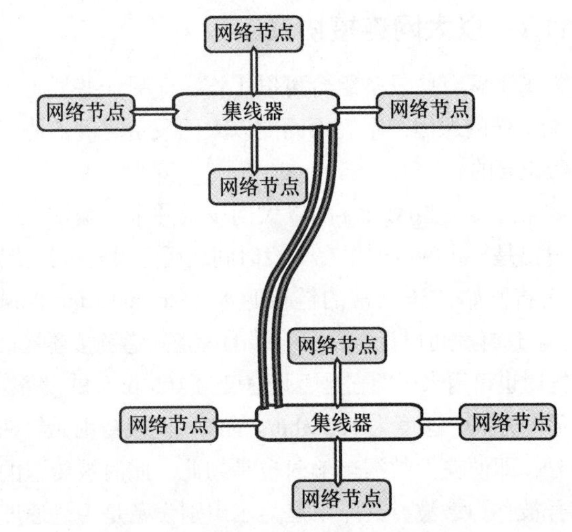

图42.28 两个交换机之间的中继链接例子

中继链接确实提高了容错，尤其是当链接经由两台交换机间不同的物理通路聚合运行时。如果一个链接丢失了，那么另一个链接将继续在两台交换机间实现载荷通信。

42.11.12.2 生成树

生成树具有自动免受网络拓扑中意外环路干扰的功能。这种保护的代价就是启动端口连接延时，端口启动了生成树，同时交换机尝试确定是否有端口最终返回到同一交换机的通路输出。如果它发现没有这样的通路，那么它将启动端口。延时可能达到30s到1min的数量级。如果发现有返回自身端口的通路，那么它将使端口丧失能力。不论何时进行或关闭端口连接，并且端口启动了生成树，那么交换机将重新检查所有端口的环路，并启动那些没发现环路的端口。

在任何网络中，线缆受损都是导致网络故障产生的较为常见的原因。生成树可以用来降低这类故障对网络运行的影响，如图42.29所示。

当使用了具有生成树性能的管理型交换机时，较常见的是有意构建带环路的网络。交换机将发现环路，并将交换机之间足够多的链路禁用，以确保网络拓扑为星形的且稳定。如果启动链接中的一个链接因为线缆物理损伤或其他交换机故障被禁用了，那么当前被禁用的链接将自动恢复运行。这给出了提高网络可靠性的低成本解决方案。

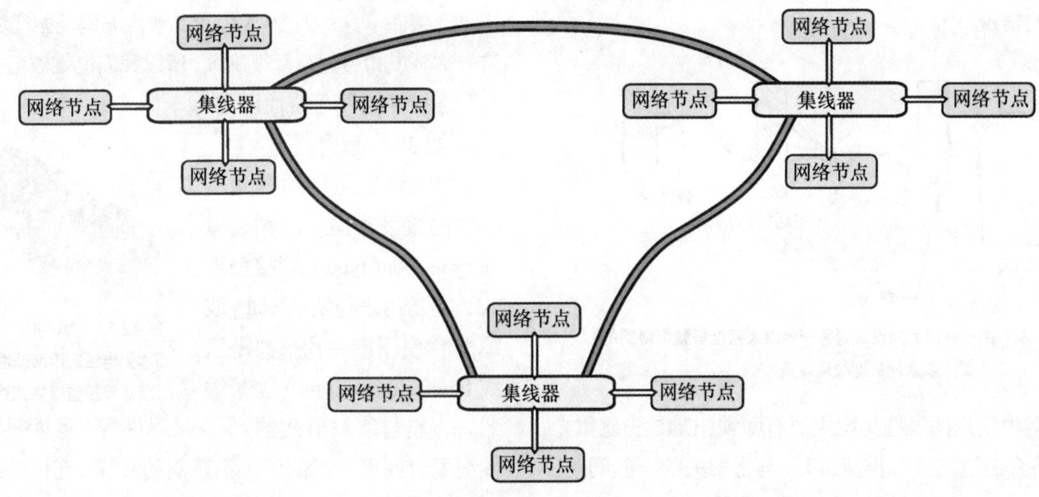

图 42.29　交换机周围的环路。生成树将使交换机之间的 3 个链路中的一个链路失去作用，让网络稳定下来

图 42.30 所示的是使用了生成树能够稳定工作的一种可能的网络拓扑。这样的网络设计可以具有相当强的鲁棒性，可容纳多个网络故障并保持网络运行。

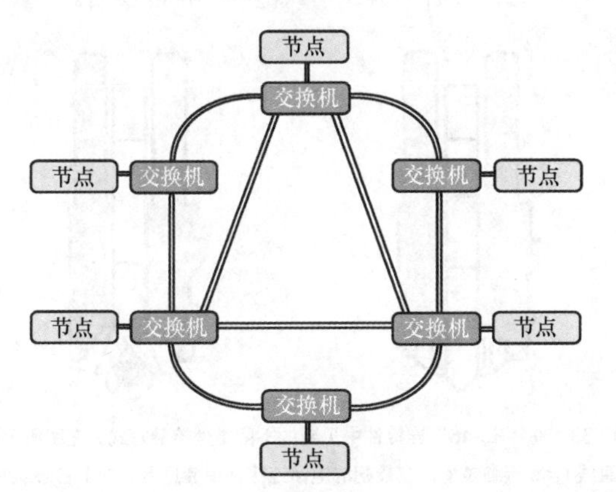

图 42.30　6 个交换机周围有多个环路。这是用来提高网络容错的典型网络拓扑。生成树足以使交换机之间的链接失去作用，让网络达到稳定状态

设计使用生成树网络的一个困难点就是我们不知道哪个链接将被禁用，哪个链接将处于启动状态。这使得它难以预测指定链接携载的通信量。

虽然将生成树与正确的网络拓扑结合使用可以提高系统的可靠性，但却不会对网络拓扑的故障或改变即刻产生响应。有时在发生故障后恢复运行可能会用几分钟的时间。

42.11.12.3　网格

当时，这只在有些惠普网络（Hewlett Packard ,HP）Procurve 交换机中可用。网格是将网络链接和生成树的最佳部分组合成新协议的一种尝试。与生成树不同的是，网格不禁用任何链接。相反地，它保持对数据包的跟踪，避免它们在环路中再循环。当对于数据包而言有多个到达其目标的可能路由时，网格会尝试以最直接的路由传送数据包。

网格的最显著优点之一就是，从链接或交换机的故障中恢复过来的速度要远快于生成树，它可以在几秒钟而不是几分钟内完成恢复。

42.11.12.4　快速生成树

近来，新的协议已经将网格和其他专有技术的诸多优势引入普通市场。它可以让一般的网络恢复在几秒钟而不是几分钟内完成。

42.11.13　核心交换

最简单的核心交换机可以被视为星形的星形配置的中心交换机。通过边缘交换机来交换只需要在本地的设备间相互传输的数据，从不进入核心交换机。核心交换机的数据传输率常常是边缘交换机数据传输率的 10 倍。例如，如果边缘交换机是快速以太网，那么它们会将千兆比特上行链路端口连回到千兆以太网核心交换机。

除了可以进行 10 倍的数据通信外，核心交换机中使用下一代更高速协议的原因是，如果不使用更高的速度，通过高速链接和交换机的等待时间仅有 1/10。

有些核心交换机拥有路由分配能力，它可以利用 SNMP 管理方便地进行所有 VLANs 的中心控制。

通常采用比普通交换机更高的质量标准来制造核心交换机，因为这种核心交换机可能是网络的单一故障点。为了避免出现单点故障，显著改善网络的容错性能，可以使用一对核心交换机，每台核心交换机都与所有边缘交换机相连接。即便其中一台核心交换机或任何到核心交换机的连接出了问题，网络仍将全面运行。

42.11.14　以太网布线

以太网线缆生产厂家的正确设计对于取得可靠工作、易于维护和最佳性能的以太网线缆而言至关重要。

典型的以太网线缆通路或链路如图 42.31 所示。线缆生产的术语包括如下术语。

- 线缆连接节点——这可以是 Cat5 或光纤线缆。
- 机房跳线盘
- 基站线缆——从节点到墙壁接口板的线缆。
- 墙壁接口板——靠近节点的数据或信息输出口。

包含图 42.31 所示的中间跳线点的做法被认为是良好的设计实践。这让布线承包商可以更加灵活地应对系统扩展

和配置改变的情况。

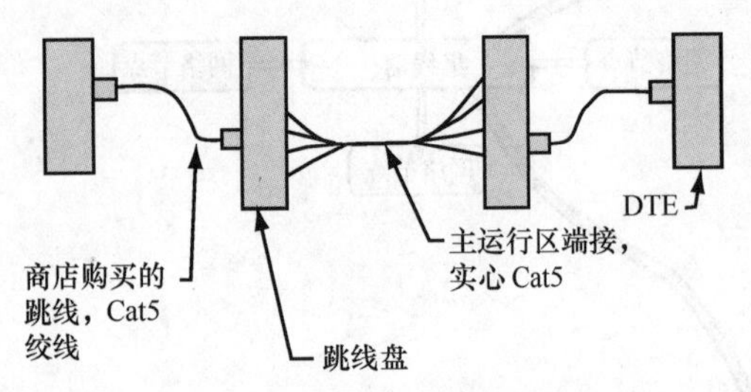

图42.31　表示由一台以太网设备到另一台以太网设备整个链路的以太网典型线缆设备

在以太网中使用的线缆类型主要有两种：Cat5线缆和光纤缆。下文将介绍这些线缆类型，以及与之相关的一些问题。

42.11.14.1　UPT线缆规格

可将UTP线缆划分为如下几种类型。

- Quad：之前用于电话综合布线的非绞合4导线线缆。
- 1类：无性能标准的UTP。
- 2类：标称达到1MHz（原来的电话绞线对）。
- 3类：标称达到16MHz（10Base-T和100Base-T4以太网，当前FCC最低电话要求）。
- 4类：标称达到20MHz（令牌环）。
- 5类：标称达到100MHz——现在已被废除，被Cat5e所取代。
- 5e类：具有更严格的容错要求的改良5e类线缆（100Base-TX和1000Base-T以太网）。
- 6类：标称达到250MHz。
- 7类：主要在欧洲使用的屏蔽线缆。

当与高质量设备一同使用时，如果在快速以太网中使用标称高过Cat5e类线缆进行连接，通常并不会表现出太多的优势。未来更高速度的网络或快速以太网上的外围设备可能会从这些改进的线缆中获益。

除非生产厂家有不同的指定，否则大部分UTP拥有的最小弯折半径是线缆直径的4倍，约为1in。

Cat5e是一种物美价廉的UTP形式的数据级线缆。它与随处可见的电话线非常相似，只不过线缆对绞合更加紧密。应该注意的是，并不是所有的Cat5e线缆都是UTP形式的。屏蔽的Cat5线缆也有应用，只不过很少见，因为这种形式的线缆价格更高，限制的传输距离也比UTP Cat5e限制的传输距离更短。

42.11.14.2　距离限制

在快速以太网系统中，Cat5e线缆的工作距离被限制在100m，因为要考虑信号辐射和衰减的问题。工作距离超过100m的Cat5e线缆对于电磁干扰（Electromagnetic Interference，EMI）极为敏感。

42.11.15　连接件

Cat5线缆端接的是“RJ-45”连接件。严格地讲，这种命名法并不正确，因为它指的是连接件的特定电话用法，而不是连接件本身。因为“8位置8触点非键控型模块式连接件”这一称呼说和写起来都很麻烦，所以我们也就被迫接受了“RJ-45”连接件这种习惯性用法，如图42.32所示。

图42.32　“RJ-45”连接件。这是原本为电话应用而开发的8位置8触点非键控型模块式连接件。它是以太网中用于所有UTP的连接件

“RJ-45”连接件有两种不同的接触类型。一种是弯曲tyne（bent tyne）型接触形式，它是用来与实心Cat5线缆配合使用的；另一种是直线tyne（aligned tyne）型接触形式，它与编织形式的Cat5线缆配合使用。当使用了不正确的线缆/连接件组合时可能会产生误码。图42.33所示的是模块式连接件中单个触点的端视图。直线tyne型的接触形式（左图）必须能够穿过导线的中心，所以它只可能使用编织导线。面对弯曲tyne型的接触形式，导线间彼此存在2或3个tyne偏差，以便跨接导体；因此，实心或编织形式的导线都能使用。

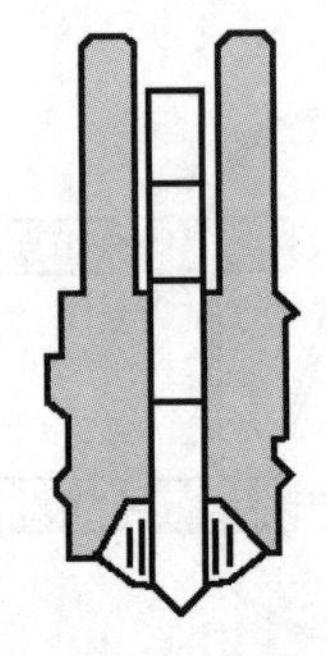

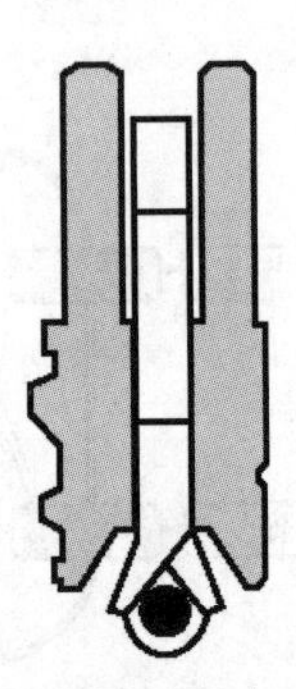

图42.33　在“RJ-45”连接件中见到的不同类型接触方式。左图所示的是直线tyne接触类型，在最初的电话连接件中会见到。由于它必须要穿过导线，所以只能用于绞线。右图所示的是弯曲型tyne接触方式。导线彼此间有2或3个tyne的偏差，并跨在导体上。因此它既可以用于编织绞线，也可以用于实心导线

模块式连接件的线缆开口可以针对扁平的、椭圆的或圆形线缆来成形。Cat5线缆通常与专门为扁平电话线缆而设计的连接件并不完全吻合，如图42.34所示。

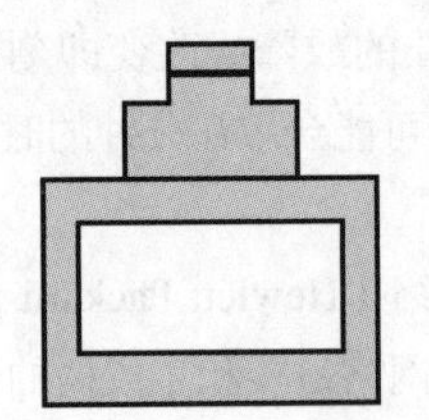

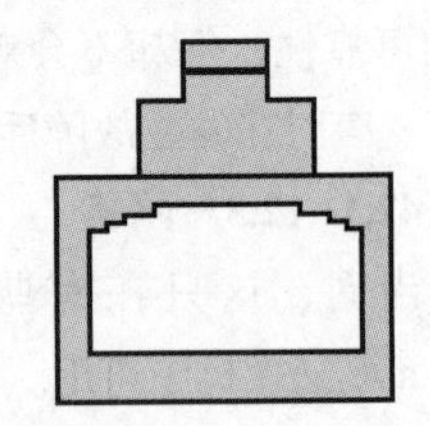

图42.34　在“RJ-45”连接件中见到的不同类型的线缆开口。左图所示的是用于初期电话接口的扁平线缆开口。右图所示的是用于Cat5线缆的圆形线缆开口

廉价模块式连接件不可能对触点正确镀金，而只是闪着点金光而已。由于未经正确的镀金处理，所有连接件可能很快就被磨损和腐蚀，从而导致连接不可靠。

虽然AMP连接件成为合乎质量要求的模块式连接件，但是第二个夹压点所处的位置与其他的连接件不同。图42.35所示的是标准的夹压模型和AMP连接件。点“A”是

主拉力夹压点，并将主要的拉力释放袢扣向下折入插头，以便锁住线缆护套。在插头的另一端，触点被压入各个导体中。点“B”这个第二个拉力夹压点会固定住各个导体，以便它们不会被从触点中拉出。

AMP 连接件将这个夹压装置放在与所有其他厂家产品不同的放置位置上。如果将 AMP 连接件用于标准的压紧机构中，则它们要么阻塞夹压冲模，要么使夹压冲模弯折或断裂。如果将标准的连接件用在 AMP 压紧机构当中，则冲模一般会断裂。一旦任何一种插头被正确压入了导线，那么它们就不能互换了，并将在任何配对的插座内正确工作，如图 42.35 所示。

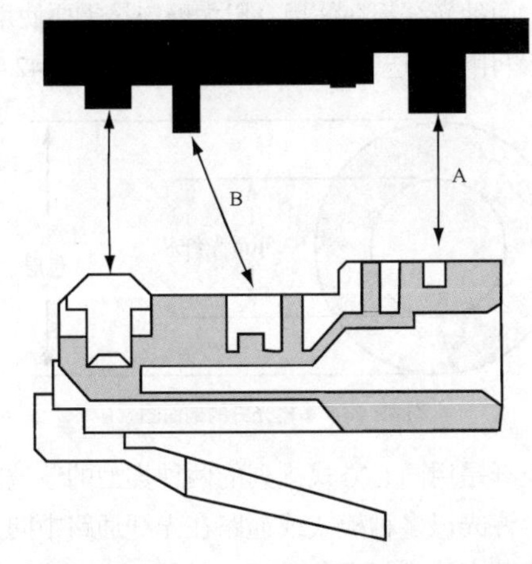

图 42.35　在 AMP 连接件上方的标准夹压冲模。应注意的是，第二个拉力夹压点“B”的不重合情况。AMP 连接件将被塞入标准的压紧机构中，而标准的“RJ-45”连接件通常将折断 AMP 的夹压模

有些插头生产时被加入了引导导线的嵌片。这种机构可使正确装配连接件更加容易。有些连接件带的嵌片还可以提供优于 Cat5 线缆的性能，如图 42.36 和图 42.37 所示。

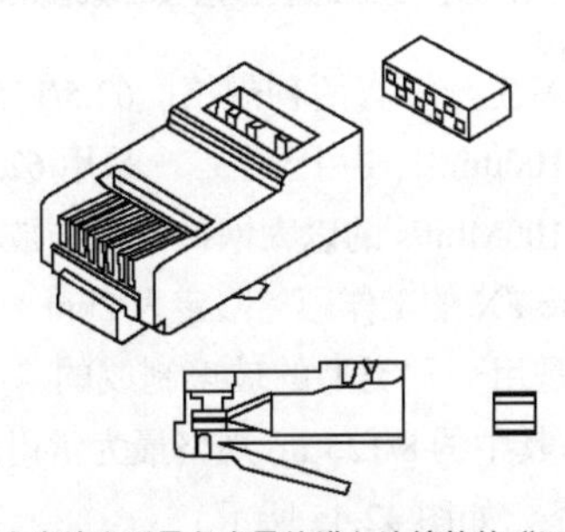

图 42.36　采用一个嵌片来引导各个导体进入连接件的“RJ-45”接口连接件。可以更加方便地将这样一个连接件组装到线缆上。有些连接件利用这种方法产生出优于 Cat5 线缆的性能

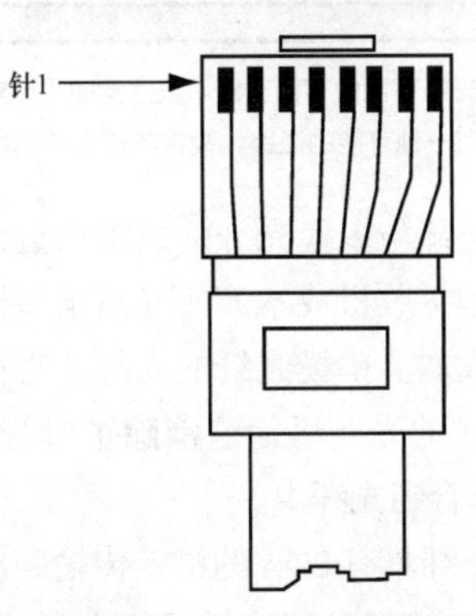

图 42.37　“RJ-45”插针编号

绞线对、色标和端子

Cat5 线缆由 4 组绞线对组成。为了使绞线对间的串音最小化，每组绞线对会以稍微不同的比率进行绞合。对于快速以太网，将一组绞线对用来传送（1 针和 2 针），将另一组绞线对用来接收（3 针和 6 针）。剩下的两组绞线对被端接，而不用于快速以太网。尽管 4 组绞线对中只有两组绞线对被快速以太网所使用，但重要的是所有绞线对都被端接，而且导线被正确地绞合在一起。事先制定的标准 EIA/TIA 7568A/568B 和 AT&T 258A 定义了 Cat5 线缆可接受的接线和色码方案。这些与电信采用的通用服务分类代码（Universal Service Ordering Code,USOC）接线标准有所不同，如图 42.38 和图 42.39 所示。

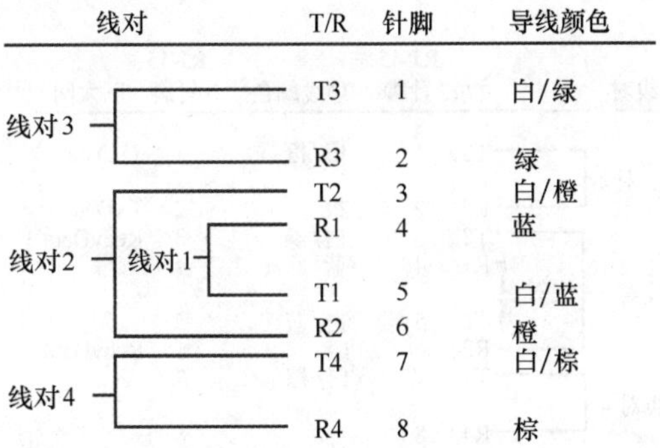

线对	T/R	针脚	导线颜色
线对 3	T3	1	白/绿
线对 3	R3	2	绿
线对 2	T2	3	白/橙
线对 1	R1	4	蓝
线对 1	T1	5	白/蓝
线对 2	R2	6	橙
线对 4	T4	7	白/棕
线对 4	R4	8	棕

图 42.38　将标准 EIA/TIA T568A（也被称为 ISDN，之前被称为 EIA）用于以太网的一种接线方案

线对	T/R	针脚	导线颜色
线对 2	T3	1	白/橙
线对 2	R3	2	橙
线对 3	T2	3	白/绿
线对 1	R1	4	蓝
线对 1	T1	5	白/蓝
线对 3	R2	6	绿
线对 4	T4	7	白/棕
线对 4	R4	8	棕

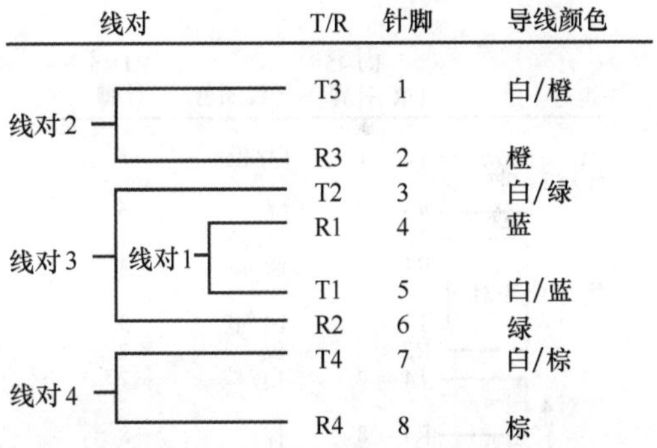

图 42.39　将标准 EIA/TIA T568B（也被称为 AT&T 技术规范，之前被称为 258A）用于以太网的一种接线方案

应注意的是，利用“RJ-45”连接件传输数据的两种色码标注是相冲突的。虽然两种标准工作得都不错，但是为了避免出现问题，要保证整个设施选择并使用统一的色码标准。

经常出现的问题是：当安装人员适应了电话接线安装数据线缆的方式时，他们将会错误地使用电话的 USOC 接线方案。这将导致网络要么不能工作，要么误码率非常高，如图 42.40 所示。

诸如图 42.41 所示的标准以太网线缆接线方案被用于不同设备间的互连。换言之，它被用于站点的网络接口卡（Network Interface Card，NIC）与交换机或中继集线器间的连接。诸如一对 NICs，也可能是交换机之间、中继集线器之间，或者交换机与中继集线器之间类似设备的连接需要按照

图 42.42 所示的情形进行“交叉式”线缆接线。这是因为数据传送线对必须被连接到接收的输入上，反之亦然。

线对	T/R	8 针脚	6 针脚	导线颜色
线对 4	T4	1		白/棕
线对 3	T3	2	1	白/绿
线对 2	T2	3	2	白/橙
线对 1	R1	4	3	蓝
线对 1	T1	5	4	白/蓝
线对 2	R2	6	5	橙
线对 3	R3	7		绿
线对 4	R4	8		棕

图 42.40 将 USOC 用于电话的接线方案。这一定不能被用于数据传输。8 触点连接件使用了所有 4 对线路。6 触点连接件只使用中间 1 ～ 3 对线路，用于 1、2 或 3 线电话

线对	T/R	RJ-45 针脚	导线颜色	RJ-45 针脚	以太网
线对 2	T3	1	白/橙	1	TxData +
线对 2	R3	2	橙	2	TxData −
线对 3	T2	3	白/绿	3	RecvData +
线对 1	R1	4	蓝	4	
线对 1	T1	5	白/蓝	5	
线对 3	R2	6	绿	6	RecvData −
线对 4	T4	7	白/棕	7	
线对 4	R4	8	棕	8	

图 42.41 用于大部分互连的以太网标准（T568B 彩色）跳线盘接线。所示的是 10Base-T 和 100Base-T 以太网用法。1Gbit/s 以太网使用所有线对

线对	T/R	RJ-45 针脚	导线颜色	RJ-45 针脚
线对 2	T3	1	白/橙	3
线对 2	R3	2	橙	6
线对 3	T2	3	白/绿	1
线对 1	R1	4	蓝	4
线对 1	T1	5	白/蓝	5
线对 3	R2	6	绿	2
线对 4	T4	7	白/棕	7
线对 4	R4	8	棕	8

图 42.42 以太网标准（T568B 彩色）交叉线。2 对和 3 对端到端反转。用于类似设备（NIC，交换机或中继集线器）间的连接

通过审视“RJ-45”连接件内的连接导体，我们可以非常容易地说出交叉线缆和直通线缆之间的差异。如果两端的接线方案一样，那么就说明这是一条直通线缆，如果两端的接线方案不同，则很有可能是一条交叉线缆。

有些集线器和交换机拥有可以免除对交叉线缆有需求的上行链接端口。在这样的端口内线对 2 和线对 3 是反接的。当连接这样装配的两台交换机或中继集线器时，要确认只在一端使用了上行链接端口。另一个要注意的是，虽然通常这样一个上行链接端口不是一个独立的端口，但在内部却会被接线到某一正常的端口上。在这种情况下，要确认只使用了一对端口中的一个。

有些交换机使用了自动交叉线功能。这样在任何的端口上都既可以使用直通线缆，也可以使用交叉线缆。交换机自动检测使用了哪种类型的线缆，并调整电子设备来适应这种类型的连接线缆。

绞线跳线线缆有时具有如下不同的颜色。

线对 1　绿色和红色。

线对 2　黄色和黑色。

线对 3　蓝色和灰色。

线对 4　棕色和灰色。

42.11.16 光纤缆

光纤缆有两种基本类型：单模光纤和多模光纤。在以太网设计中，两种光纤都在使用。以太网连接需要使用两根光纤，一根光纤用于传送，一根光纤用于接收，如图 42.43 所示。

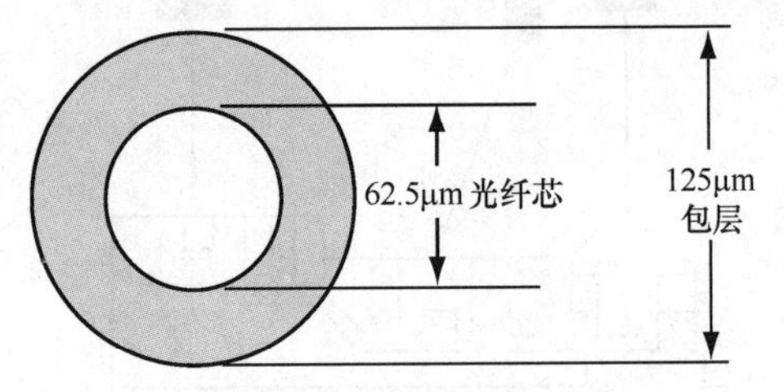

图 42.43 多模光纤的剖面图

多模光纤是用同心方式排列的两种类型的玻璃制成的。多模光纤允许光以多种模式或通路在光纤通路中向下传输。光纤芯较粗的多模光纤可与并不太贵的 LED 光源很好地耦合，所使用的耦合器和连接件也不贵，如图 42.44 所示。

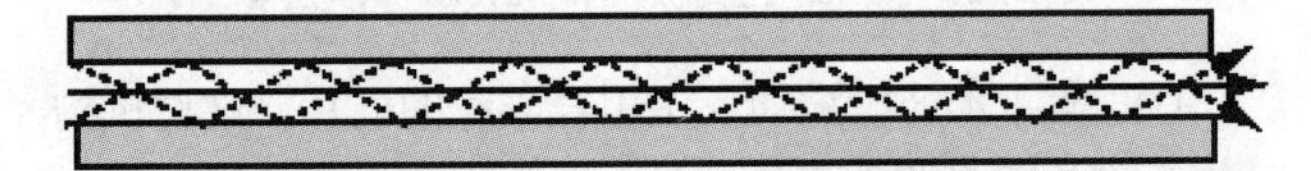

图 42.44 多模光纤可能的下行光通路。应注意的是，对于光传输而言，可能有多种通路。这就是称其为多模线缆的原因。

可使用的多模光纤有两种规格。62.5/125μm 主要用于数据通信，50/100μm 主要用于电信。采用 62.5/125μm 多模光纤的速度为 100Mbit/s 的以太网传输标准被称为 100Base-FX。将 100Base-FX 的工作距离限定为 2km。

单模光纤是用一种类型的玻璃制成的。光纤芯的直径为 8 ～ 10μm，其中的 8/125μm 规格最为常用。经由光纤的光通路只有一条，如图 42.45 所示。

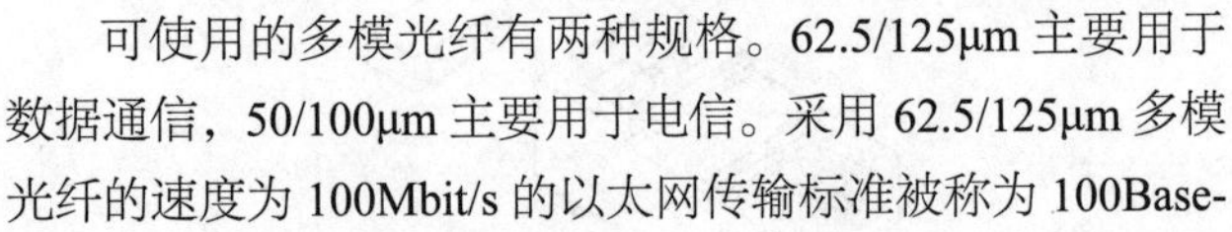

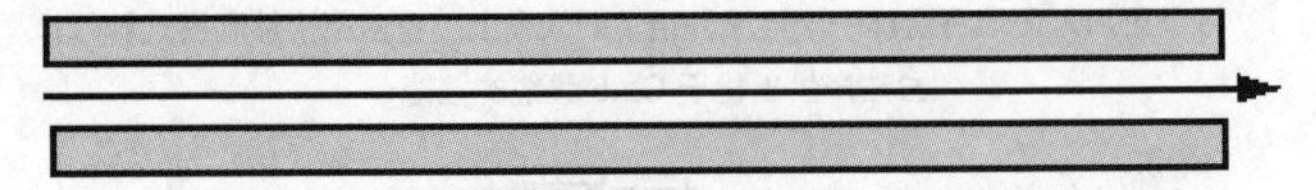

图 42.45 单模光纤可能的下行通路。应注意的是，对于光传输而言，只有一种可能的通路。故将其称为单模线缆

虽然单模光纤与多模光纤的成本相近，但是单模光纤安装的发射机和接收机成本却明显高于多模光纤安装的发射机和接收机成本。单模光纤的光纤芯直径很小，因为它只传输一种模式的光。尽管这消除了对带宽的主要限制，但却难以将光耦合到光纤中。

尽管多模光纤具有 2km 的指定传输距离限制，但是单模光纤的传输距离限制却根据所用系统的属性而有所变化。

它们全都超过了2km，有的甚至可达100km。目前还没有关于单模光纤的以太网标准。

42.11.16.1 光纤连接件

常用的光纤连接件有图42.46所示的两种类型，SC和ST（Straight Tip）。ST或直通式光纤连接器是光纤线缆最常用的一种连接件，只不过以太网现在已经不再使用它了。这种类似于BNC的桶形连接件是由AT&T开发的。更为新型的连接件 ——SC正应用得越来越普遍。该连接件有一个方形的外观，被认为在有限的空间中可以更方便地连接。SC是大多数以太网交换机光纤模块常用的连接件类型，并且是100MBit/s和千兆以太网选用的连接件。可供使用的SC连接件有两种规格，这主要是为了避免TX光纤和RX光纤被错误连接。

图42.46 两种常用的光纤连接件。右边的ST一直深受人们喜欢。如今大部分以太网光纤接口开始装配左边的SC连接件

在将来，我们可能会看到更多种光纤连接件在使用。这些连接件就是MTRJ和MTP。

它们两个都是双工连接件，其大小与“RJ-45”连接件接近。

42.11.16.2 线缆和网络性能

导致以太网网络性能下降的因素有很多，其中就包括使用了性能差的线缆。线缆接线问题和对EMI的敏感性可能引发实质性的数据包丢失。下面关于线缆接线问题的讨论有助于实现高质量的布线安装。

Cat5线缆的技术指标要求在每一端散开的线对长度不超过1/2in。好的实践方法是，决不要将线缆外层护套剥离到比要求更多的程度，同时让线缆的线对保持其出厂时的绞合率，直至它们必须分开、单独进入连接终端。

与声频接线一样，在设计网络线缆路由时要注意某些邻近距离的技术规定。表42-7列出了一些UTP相邻布线的指南。对于光纤线缆应用，我们不去考虑邻近的问题，因为光纤对EMI和RFI有先天的免疫力。

表42-7 以太网UTP靠近布置的技术规格

条件	小于2kVA	2kVA～5kVA	大于5kVA
靠近开放或非金属线槽的无屏蔽电源线或电子设备	5in（12.7cm）	12in（30.5cm）	24in（61cm）
靠近接地金属线槽的无屏蔽电源线或电子设备	2.5in（6.4cm）	6in（15.2cm）	12in（30.5cm）
靠近接地金属线槽的封闭在接地金属线槽（或等效屏蔽）的电源线	N/A	6in（15.2cm）	12in（30.5cm）
变压器和电动机	40in（1.02m）	40in（1.02m）	40in（1.02m）
荧光灯	12in（30.5cm）	12in（30.5cm）	12in（30.5cm）

续表

光纤对电磁场并不敏感，不需要隔离

42.11.17 线缆敷设

42.11.17.1 线缆的绑扎和UPT

影响安装质量的另外一个因素就是绑扎线缆的紧凑程度。绑扎绝不应拉得过紧，导致UTP线缆的外层护线套变形或产生凹痕，安装质量下降。这会致使绑扎点下的线缆阻抗稍微发生改变，从而可能导致网络性能下降。如果沿着线缆长度等间隔地采用这种绑扎方式，那么网络性能下降会更加明显。

为了取得线缆间外部串扰最小化的最佳性能，它们不应被捆绑或梳理成一条直线和整齐的形式，相反应让其彼此随意且松散地分布在那儿。

42.11.17.2 拉力和弯曲半径

一个常见的误传就是说光纤缆很脆。实际上，光纤缆的抗张强度要比同样直径的铜或钢纤维的抗张强度还要大。光纤柔韧，易于弯曲，而且对攻击铜线的大部分腐蚀性因素都有抵御能力。有些光纤线缆可以抵御的拉力高于150磅。实际情况是，Cat5e线缆可能比光纤缆更脆：过紧的绑扎、连接件处过于松散及打急弯全都可能使线缆的性能下降，直至它不再满足Cat5e线缆的性能要求。虽然光纤可能有了一个比其实际更脆弱的名声，但还是有局限性的，在安装Cat5e线缆和光纤缆时都应该多加小心。在此，给出有关Cat5e线缆和光纤缆弯曲半径和拉力限制的一些指南。

42.11.17.3 Cat5e

所有的UTP线缆的拉力限制值都远低于声频领域中那些容限值。如果安装期间将25lbs以上的力施加到Cat5e线缆上，那么它就不再满足技术指标要求。像大部分声频线缆一样，UTP线缆也对最小弯曲半径有限制。对于直径为1/4in的普通Cat5e线缆而言，其最小弯曲半径是线缆的直径的4倍，或1in。除非生产厂家有特别的使用说明，否则按照指南的要求来使用还是相当安全的。应注意的是，这是最小弯曲半径，而不是最小弯曲直径。

42.11.17.4 光纤缆

光纤的弯曲半径和拉力限制会根据所用光纤的类型和型号的不同产生很大的变化。如果没有指定最小弯曲半径，那么以假定以光缆外直径10倍的最小弯曲半径为前提来使用一般会是安全的。对于拉力，将限制的起始值定在50lbs左右，可以超过150lbs。通常，在实施自己的工程布线安装时，建议与光缆的生产厂家核实所用的特定光纤缆的技术指标。

42.11.17.5 线缆检测

不论是铜线还是光纤缆，所有网络线缆的基本结构都要在使用前和怀疑受损后进行检测。所用的检测仪应按照Cat5，Cat5e，Cat6，或者所认可的性能等级要求来验证链路的性能。

较为便宜的Cat5检测仪通常就是个连通性检查仪器，由于它可能提供线缆连接良好的虚假安全性信息，所以这种检测仪给出的信息非徒无益，有时给出的结论是安全的，但实际情况已经到了十分可怕的地步。

根据Cat5的所有技术指标来正确认证链路的检测仪价格会高达数千美元，能够胜任更高级认证检测的检测仪还会更贵。

虽然有专门的光纤检测仪，但许多合格的Cat5检测仪都可以作为光纤检测模块。

42.12 CobratNet

CobraNet是由Peak Audio开发的一种技术，Peak Audio是Cirrus Logic，Inc.的一个分支机构，该技术被用来借助以太网网络来分配实时、非压缩的数字声频信号。基本的技术应用已经远远超出了声频分配的范畴，它还被用来进行视频和其他实时信号的分配。

CobraNet包括专用的以太网接口硬件，允许借助以太网进行等时工作的通信协议，以及运行于使用该协议的接口的硬件。它既可以工作于交换机网络，也可以工作于专门的中继器网络。

除了基本的以太网功能外，CobraNet还增加了等时数据传输、采样时钟生成和分配，以及控制和监测的功能。

CobraNet接口执行从同步到等时和从等时到同步的转换，以及借助网络进行实时数字声频传输所要求的数据格式化等操作。

CobraNet接口具有从同步到等时的转换，以及将数据格式化为满足以太网要求的功能。这样便可以让其实现借助网络进行实时数字声频传输的目标。

如图42.47所示，CobraNet可以传输等时声频数据、携带和使用控制数据，以及让其借助同一网络连接进行正常的以太网通信。SNMP可以用于控制和监测。在大部分情况下，普通的以太网通信和CobraNet通信可以共享同一物理网络。

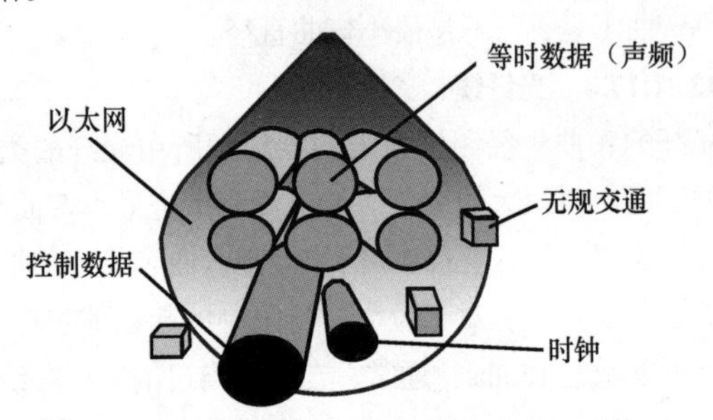

图42.47 CobraNet数据业务表明经由以太网的不同类型数据流

42.12.1 CobratNet术语

CobraNet接口（CobraNetInterface）。由Peak Audio向CobraNet授权商和联盟会员提供硬件或相应固件的硬件设计。

CobraNet设备（CobraNet Device）。包含至少一个CobraNet接口的产品。

指挥者（Conductor）。选择用来为网络提供主时钟和传输仲裁的特定CobraNet接口。网络中其他的CobraNet接口的功能相当于执行者。

声频通道（Audio Channel）。比特深度为16bit，20bit或24bit的一个48kHz采样的数字声频信号。

包（Bundle）。包是网络上用来分配声频的最小单位。每个包在每个等时周期内以一个以太网包来传送，可传送的声频通道为0～8个。每个Bundle都会被编号，号码的范围为1～65 535。一个指定的Bundle只能由单独的CobraNet接口来传输。Bundle有两种基本类型。

多播包（Multicast Bundle）。包1～255为多播包，并采用多播MAC目标地址来送出。如果发射机被设定为一个多播包编号，那么它将始终是发送状态，不管接收机是否被设定成同样的包号码。多台接收机可以接收同一多播包。

单播包（Unicast Bundle）。包256～65 279为单播包，并且利用被设定为相同包号的接收机的指定MAC目标地址来发送。只有单独一台接收机可以接收所有这些包。如果接收机没有针对这些包进行设定，那么包就不被传送。

42.12.2 协议

CobraNet工作于数据链路层（OSI Level 2）。它使用了3种不同的包类型，在以太网包中，所有这3种类型的包均由IEEE分配给Peak Audio的唯一协议标识符（8819十六进制）来识别。CobraNet是局域网（Local Area Network，LAN）技术，并未利用互联网协议这种最重要的广域网（Wide Area Networks，WAN）。

42.12.3 同步数据包

同步数据包（Beat Packet）与多播目标MAC地址01:60:2B:FF:FF:00一同发送。它们包含时钟，网络工作参数和传输许可。同步数据包由指挥者发送，并表示了等时周期的开始。因为同步数据包携带网络的时钟信息，所以它对向所有其他CobraNet接口的数据分发所产生的延时波动变化很敏感。如果不能满足延时波动变化技术指标的要求，则其他设备的本机时钟就可能被阻止与指挥者中的主时钟锁定。尽管同步数据包一般很小，大概在100字节的数量级，但会随着启动包的增多而增大。

42.12.4 等时数据包

每个包的每个等时周期都要传输一个等时数据包，并携带声频数据。根据包号（Bundle Bumber）的情况，它既可以被单播目标地址也可以被多播目标地址所访问。由于 CobraNet 接口对数据进行缓冲，所以一个等时周期内的乱序分发是可以接受的。为了降低以太网数据包结构顶部对占用总带宽的影响，数据包通常较大，约为 1000 字节的数量级。

42.12.5 预留包

预留包（Reservation Packet）随多播目标 MAC 地址 01:60:2B:FF:FF:01 一同传送。CobraNet 设备通常每秒钟发送一次预留包。该数据包从来都不大。

42.12.6 时基和性能

为了让 CobraNet 提供实时声频分发的功能，一些对最大延时和延时波动变化的要求必须要反映出以太网网络的性能，如表 42-8 所示。

如果网络丢失了同步数据包，那将导致整个 CobraNet 网络正常工作的中断。如果丢失了等时数据包，那么只会导致特定包所携带的声频产生 11/3ms 的失落。单独一个这样的失落可能是不可闻的，或者可能在声频信号中产生一个“滴答”声。大量的失落听上去像是失真。

42.12.7 包标识符

声频由 CobraNet 网络包携带。包可以包含有 0 ～ 8 个声频通道。每个包由表 42-9 中指定的 3 种数据包（packets）类型之一的数据流组成。

表 42-8 针对以太网网络的 CobraNet 包时基和性能要求

参量	最小值	最大值	典型值	说明
等时周期间隔			1333μs	将来的CobraNet版本可能允许其他的周期间隔选项
同步数据包长度	5.12μs	121.4μs	≤10μs	同步数据包随着包计数的增加而增大
数据报长度	5.12μs	121.4μs	100μs	大小取决于声频分辨率和包所携带声频的通道数
预留包长度	5.12μs	121.4μs	10μs	
数据包间隔	0.96μs		5μs	
同步数据包延时变化	0μs	250μs		假定是正常的延时分布
正向延时	0μs	400μs		在计算存储和正向延时时（如果使用的话），我们假设最大包长度。包括延时变化，即750μs的正向延时和250μs的由延时波动变化引发的最大正向偏移相加等于1000μs。较高的正向延时对于拥有较小延时波动变化的网络而言是可容忍的。如果超出了正向延时技术指标，那么额外的延时会以64个采样周期（11⁄3 ms）为增量被自动加到声频当中

确认所用以太网交换机的零售商为应用目的所配置的交换机满足上述延时波动变化和正向延时技术指标要求。

表 42-9 CobraNet 包类型

16进制包号	10进制包号	指定	用途	传输寻址	传输模式
0	0	清零	未使用的包。当选择时，不能传送/接收	从不传送	从不传送
1-FF	1-255	多播	公用包。每个包由单独单元来传送，可被任意数量的单元所接收	始终是多播	始终传送
100-FEFE	256-65279	单播	公用包。每个包由单独单元来传送。如果默认采用单播模式设定，那么将只能由单独单元接收	虽然一般为单播，但如果txUnicast Mode变量是这么调整的，它可以是多播	当至少一台接收机通过反向预留识别时，它就只传送
FF00-FFFF	65280-65535	私人	各个发射机本机分配私包。包号由发射机的MAC来决定。每台发射机的这样的包有256个，所以私包的总数实际上是没有限制的	虽然一般为单播，但如果txUnicast Mode变量是这么调整的，它可以是多播	当至少一台接收机通过反向预留识别时，它就只传送

包号指定了包的类型。在同样的网络或VLAN中，对于任意给定的多播或单播包编号，每次只能有一个发射机。3种包类型具有不同的特征。多播包在交换网络中被分配至每个端口，或分配至VLAN中的每个端口，所有都应有所保留地使用它们。一般建议在任一时刻，在指定的交换网络或交换网络中的VLAN内使用的多播包不超过4个。

42.12.8 多播包

在给定的网络或 VLAN 中，只可能有一次指定一个多播包的情况。在任何等时周期里，指挥者将只允许给定的多播包号仅启动一台 CobraNet 发射机。

多播包始终是多播寻址，并且始终是处于传送模式，即便没有接收机选择那个包也是如此。由于它们是多播寻址的，所以它们将出现在网络或 VLAN，甚至是交换机网络的每一个端口上。因此，接收机并不一定要向指挥者提交预留请求，以便接收多播包，因为多播包将始终出现在其输入上。

当多播包与交换机网络一起使用时一定要小心，避免多播通信让端口承受不起。通常建议在给定的交换机网络或 VLAN 上不要同时使用 4 个以上的多播包。

多播包可以用作一个共同的标准，以允许 CobraNet 设备进行相互操作，有些 CobraNet 设备只能由其前面板的开关来配置。

42.12.9 单播包

在给定的网络或 VLAN 中，只可能有一次指定一个单播包的情况。在任何等时周期里，指挥者将只允许给定的单播包号仅启动一台 CobraNet 发射机。

根据发射机接收的针对包号的预留请求是一个还是多个，单播包既可以被单播寻址，也可以被多播寻址。txUnicast Mode 变量被用来控制将发射机切换到单播包号上多播的能力。对于默认设定，如果有一台以上的接收机请求指定的单播包号，那么只有第一台接收机会得到其反向预留请求，并将得到该包。对于默认设定，单播包不能被用于单点到多点的分配，而必须要使用多播包来进行单点到多点的分配。

有些 CobraNet 设备允许每次有一个以上的包传输同样的声频。这可为单独的 CobraNet 设备提供另外一种让单播同时到达 4 个接收设备的方法。

如果接收机已经请求了那个包，那么单播包就只进行传送。这可以让接收机在网络上选择打算接收的多个信源，以及选择传送的唯一信源。

42.12.10 私包

各个 CobraNet 发射机控制各自的私包。与多播包和单播包不同，网络或 VLAN 上同一包号可能同时有多个私包。这是因为除了包号外还利用发射机的唯一 MAC 地址来指定私包。

根据发射机接收的针对包号和 MAC 地址的预留请求是一个还是多个，私包既可以被单播寻址，也可以被多播寻址。txUnicast Mode 变量被用来控制发射机切换到私包号上多播的能力。txUnicast Mode 变量的默认设定会失去在私包号上传送多播的能力。对于默认设定，如果来自同一发射机的给定私包号有一个以上的接收机请求的话，那么只有第一台接收机会得到其反向预留请求，并将得到该包。对于默认设定，私包不能用于从点到多点的分配，而必须使用多播包。

有些 CobraNet 设备允许每次有一个以上的包传输同样的声频。这可为单独的 CobraNet 设备提供另外一种让私包同时到达 4 个接收设备的方法。

如果接收机已经请求了那个包，那么私包就只进行传送。这可以让接收机在网络上选择打算接收的多个信源，以及选择传送的唯一信源。

42.12.11 包的分配

通过 CobraNet，所有的声频通道被打包成被称为 Bundle 的编组，用以借助以太网网络进行传输。通常的分配是将 20 比特深度的 8 个声频通道编成一个 Bundle。尽管可以采用更少的声频通道，但这是可能的最大值。一般而言，为了最有效地利用网络的带宽，建议用最大的 Bundle。在本章的后续内容中，我们将谈及最大 Bundle 的问题。如果使用了 24bit 声频通道，那么因最大可允许的以太网包太小，最多将 7 个声频通道打包成一个 Bundle。

一个 CobraNet 系统由被称为指挥者的某一设备来协调。当一台或多台 CobraNet 设备被正确互连时，基于优选的方案，其中一台设备将被推选为网络的指挥者。被用作指挥者的 CobraNet 设备上的指挥者指示灯将被点亮。

每台 CobraNet 设备都具备发送和接收固定数目 Bundle 的能力。Bundle 号告知 CobraNet 指挥者哪台指定的 CobraNet 设备正尝试通过网络与其他的 CobraNet 设备进行通信。利用 Bundle 号就取消了用户必须告知设备正试图与其他设备进行通信的以太网硬件（MAC）地址的必要性。只要 CobraNet 设备全都被设定为相同的 Bundle 号，那么 CobraNet 系统关注的就是通过设备间的以太网设定声频路径的所有其他技术细节的内容。

指定的 Bundle 只可能有网络上的一台发射机。单播包只可以有一台接收机。多播包可以有多台接收机。

在普通的以太网数据网络中，中继集线器和交换机可以混用，并可以保证网络不间断运行。然而，对于 CobraNet 网络则并非如此！对于 CobraNet 网络，网络要么必须全都用中继集线器，要么全都用交换机。这是因为 CobraNet 协议的改变取决于它是借助哪种类型的网络工作。然而，非 CobraNet 设备可以通过中继集线器连接到采用交换机的 CobraNet 网络当中。

在基于中继集线器的网络中，每个网络最多有 8 个固定 Bundle。任意一个 Bundle 可以由任意的端口放置在网络上，并且出现在网络中其他各个端口上。用于中继集线器网络中的 Bundle 通常的编号范围是 1 ～ 255（10 进制），它们被称为多播包。这样的 Bundle 始终是以多播模式进行传送，并可以被网络中的任意 CobraNet 设备所接收。

只要不超过 8 个包的总量限制，使用 1 ～ 65 279 范围上的通道编号就不会发生问题。

不建议在使用有中继器的CobraNet网络中混入普通的计算机数据，因为这将导致声频数据的失落。

在交换机网络中，没有固定最大包数的可能。编号将由网络设计决定。同样，1～255（10进制）的包为多播包，因为它们是多播的，所以通常它们将被发送到网络中的每一端口。在交换机模式的CobraNet网络中，我们不建议使用4个以上的多播包。在特殊的情况下，可以使用多个多播包，有关这方面的问题将在下文讨论。

包号在256～65 279（10进制）的包被称为单播包。它只能被单独一个目标单元所寻址，并且是以单播形式发送的。一台交换机将只发送这些通道至可以被CobraNet设备访问的端口。与多播包不同，除非有接收机正在请求那个单播包，否则是不会传送单播包的。这便可以对分配实现目标控制，这里的接收机可以选择几个可能的发射机中的一个来接收，并且只启动被选择的发射机。

如果这些通道中的大部分是采用单播包来实现单播发送，那么交换机网络上启动的包总量可以远超出8个。快速以太网交换机上的指定端口在不破坏带宽的前提下最多只能发送出8个包。那些包是由网络上的各个多播包加上直接连接到该交换机端口或通过其他交换机连接到交换机的该端口的CobraNet设备所访问的任何单播包组成的。

有些交换机除了快速以太网端口外还有千兆以太网端口。千兆以太网端口可以用来在交换机之间以快速以太网的带宽的10倍带宽进行数据传输，它可以携带的包数也是快速以太网的10倍。千兆以太网还可以以快速以太网的速度的10倍速度进行数据传输，所以它的正向延时也只有快速以太网的1/10。这一点对于较大的网络而言会变得非常重要。

与基于中继集线器的网络不同，借助于交换机网络的CobraNet确实可以与普通的计算机数据共存于同一网络中，因为它们与声频并不冲突。存在着这种可能性，即CobraNet的通信量会导致用于计算机数据通信的10Mbit/s NICs出现问题。还记得，多播包被发送到同一网络中的所有交换机端口。因为8个包将充满快速以太网（100Mbit/s）交换机端口，所以如果这些端口被连接到一个10Mbit/s NIC（大部分快速以太网交换机端口是10Mbit/s与100Mbit/s双速端口），那么就会很容易见到来自CobraNet的多播数据可以使10Mbit/s NIC出现饱和，并由此造成其所必须的计算机数据包的失落。

有如下几种可能的解决方案，其中一个方便的解决方案就是将NIC升级成100Mbit/s全双工模式。

1. 另一种可能性就是采用小的多播包。

2. 大部分管理型交换机具有多播滤波器性能。这些性能可以让使用者将多播数据通信从指定的端口排除掉。如果数据通过互联网协议传输，那么将所有的多播数据通信从相关IP的地址分辨协议（Address Resolution Protocol，ARP）所使用FF:FF:FF:FF:FF:FF目标地址中排除掉通常是安全的。

3. 很显然，将用于声频和数据的物理网络隔离开来会解决问题。单独的网络也可以利用VLAN来建立，大部分管理型交换机都支持这种做法。指定VLAN中的所有数据通信甚至是多播数据通信被隔离到VLAN的部分端口上进行。一般可以分区划分成8个不同的VLAN，并根据用户的意愿将端口指派给它们。可以将用来连接两个交换机的上行端口连接到多个VLAN上，来自那些VLAN的数据通信在那一链接上被复用，之后在另一端被去复用。

当用户需要使用的多播包数量多于指定CobraNet网络所允许的数量时，在这些情况下也可以使用VLAN。通过将网络分割成两个虚拟的网络，用户就能够将运行的多播包数量加倍。

对于有些CobraNet设备还可以使用另一种解决方案，即将2、3或4个单播包上相同的声频信息传送至指定的目标，而不采用单一多播包的传送方式。应注意的是，并不是所有的CobraNet设备都具备这样的功能。有些设备只能传送2个单播包，而另外一些设备则可以传送4个单播包。有些设备只可以接收8个声频输入，而另一些设备则可以接收18个声频输入。很显然，如果一台设备接收16个声频输入，并只能传送2个单播包，那么就不能使用该技术。

还应注意的是，不同的CobraNet设备接收的包数可能也不同，并且只选择来自那些包的某些声频通道使用或输出。

在设计一个CobraNet网络时，要遵从如下的流程。

1. 制作一个包括所有声频信号源及其所处位置的表格。

2. 对于每一个信号源，列出它所要去的目标。

3. 将某一位置上的声频信号源编组到包中，指定的包中声频通道不超过8个（或7个，如果样本是24bit的话）。

4. 确定每个包是否可以单播，还是一定要多播。

5. 确认网络中没有4个以上的多播包。如果需要4个以上的多播包，则需要进行如下操作。

- 考虑使用多交换机网络或VLAN。
- 考虑用传送几个单播包的方式来取代传送一个多播包的方式。
- 采用如下的规则，看看是否可以在指定的网络或VLAN上传送4个以上的多播包。
- 认真映射出传送至系统各端口的包数。到达每个交换机端口的多播包和单播包的总数不能超过8个。
- 如果使用的是只能传送2个包的半双工设备，并且被设定成使用其作为网络一部分的2个包来传送，那么就必须要确认网络指挥者不传送多播包。这可能要求改变系统中一台或多台设备的默认指挥者优先权，以确保满足该条件。
- 映射出系统中每个链接传输的包数。确认在指定快速以太网连接中每一方向上的包数不超过8个。

42.12.12 CobraCAD

值得庆幸的是，有更容易的方法来实现上述的第5步和第6步。可以从 Cirrus Logic Web 上免费下载 CobraCAD。CobraCAD 是一款较新的软件工具，它能提供用来设计和配置 CobraNet 网络的简单图形用户界面。

它可以让用户利用市场上符合现行版本要求的任意 CobraNet 设备绘制出所提出的 CobraNet 网络设计方案。用户还可以使用以太网交换机的任意大型选项。

在绘制物理以太网互连之后，要绘制的就是 CobraNet 设备间的包连接。之后，只需按下设计检查（Design Check）按钮，CobraCAD 将执行设计规则检查。通过该检查的设计在现实当中可以正常工作的可能性就极大。还是有一些事情是 CobraCAD 无法检查的，所以一定要阅读帮助（Help）系统中的信息和免责声明。

用户也可以登录 Cirrus Logic 的 CobraNet 网站查阅最新的软件版本。

42.12.13 CobratNet 硬件

图 42.48 所示的 CobraNet 接口的核心是数字信号处理器，或 DSP。它与硬件一起运行，实现所有 CobraNet 和以太网功能。根据 SRAM 中栈内的需求，它存储了所有的声频和以太网信息，将输入的同步声频转变成用于网络传输的等时包，将来自网络的等时包再转变成同步声频输出。DSP 提供了进出安装设备的所有接口功能，并控制包括采样时钟在内的所有其他 CobraNet 接口部分。

采样时钟是来自压控晶体振荡器（Voltage Controlled Crystal Oscillator，VCXO），它是在 DSP 的控制之下。如果 CobraNet 接口被用作指挥者，那么采样时钟则为固定的频率，并作为网络的主时钟使用。在网络的所有其他接口中，采样时钟由 DSP 调整，以便能与网络主时钟的频率锁定。

虽然 CobraNet 接口将其时钟信号提供给部分设备，但是还可以接收来自设备的时钟信号，如果接口为指挥者，则可以将这一信号作为网络的主时钟。

CobraNet 接口可以提供多达 32 个同步数字声频信号给设备，并接收来自在整个网络上用来传送的设备送来的 32 个同步数字声频信号。

串行端口可以接收串行数据，之后将其桥接到整个网络上，并出现在网络上所有其他的 CobraNet 设备上。

主接口可以实现 CobraNet 接口 DSP 与接口所在的主设备的处理器间的双向通信和控制。有关 CobraNet 接口与主机设备的连接和信号信息可以从 Cirrus Logic 的 CobraNet Web 网站上的 CobraNet 技术数据表中获取。

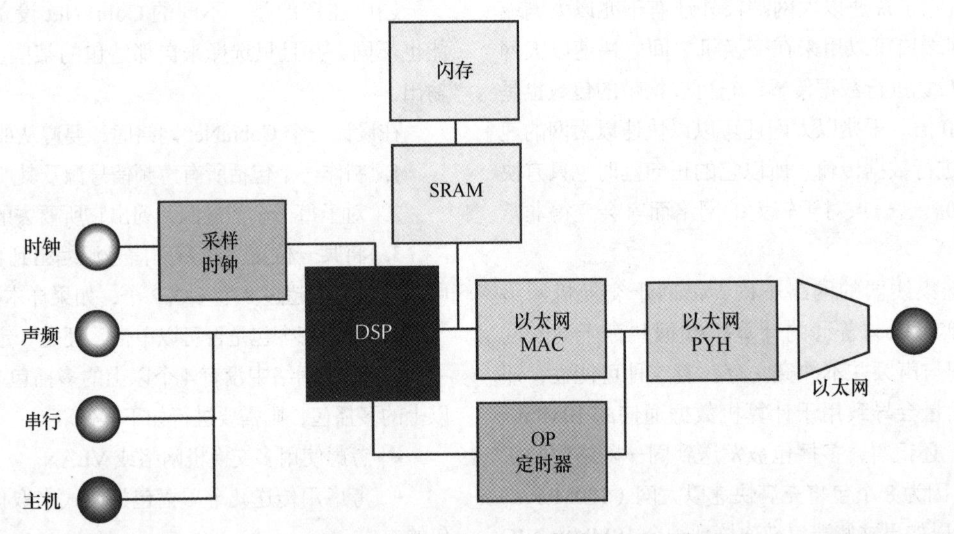

图 42.48　CobraNet 接口硬件。从右侧看，存在以太网连接和隔离变压器。PHY 是一块被用作以太网物理接口的芯片。MAC 是以太网介质访问控制器。将 PHY 和 MAC 芯片与变压器结合在一起构成标准的快速以太网接口。闪存作为 DSP 固件和管理可变设定的非易失存储。SRAM 提供针对 DSP 处理器的记忆。所有声频和以太网缓冲器均位于此。DSP 是 CobraNet 的核心，并提供全部控制和处理功能。采样时钟受 DSP 的控制，并且既可以作为主时钟使用，也可以通过网络锁定到指挥者的主时钟上。OP 定时器控制网络上的数据包的传输

42.13 Aviom

Aviom 利用以太网的 PHY。换言之，它是借助 Cat5e 线缆和“RJ-45”连接件来传输的。虽然它并不使用以太网的任何其他部分，但取而代之的是使用自己的协议。Aviom 在其网站上说：“A-Net 管理数据不同于以太网”，它优缺点兼有。当时 Aviom 提供了两种不同的技术规格，即 Pro16 和 Pro64。将 Pro16 限于在点到点的连接中使用，而 Pro64 则更为灵活。Pro64 允许有多达 64 个声频通道，并且可让所有的设备看到全部 64 个通道。Aviom 协议具有低等待时间的特点，并且可简单地投入使用诸如个人监听混音调音台（在舞台和演播室中具有革命意义的个人入耳监听产品）这样的不贵却有效的设备。将一根 Cat5e 线缆连到每个音乐人携带的，有 16 个声频通道和功放的小盒上，这样就可以让音乐人完全按照自己的意愿制作出自用的监听混音。

42.14 EtherSound

顾名思义，虽然 EtherSound 确实遵从 802.3 以太网标准，但是 EtherSound 网络的建立方式与以太网并不一样。以太网是采用星形网络据扑或星形的星形网络拓扑构建的，其中每个边缘设备都被连接到交换机端口。除了两台设备构成的简单网络情况外，以太网边缘设备并不直接彼此相连。除了极少数以太网边缘设备拥有冗余端口之外，大部分以太网边缘设备只有一个以太网端口。以太网设备一定不会以菊花链或级联的方式连线，另一方面，EtherSound 在其周边设备上提供了输入和输出以太网端口，并且在许多情况中它是通过边缘设备的菊花链式连接构建网络的。虽然这可以使网络设计更为简单，但是这也意味着如果在菊花链中间的设备出现了故障，便将其他的设备分割成两个相互隔离的链路。虽然 EtherSound 也可以在更方便的星形拓扑中使用交换机，但是交换机下游的设备在交换之前不能将声频传送回设备。针对容错，可以将设备连接成环状，在同一网络中，菊花链、星形和环形拓扑可以混用。

EtherSound 等待时间短，并且可以在同一网络中支持多采样率混用。为了取得这种低等待时间特性，在同一网络或 VLAN 当中，EtherSound 交通一定不与普通的以太网交通相混合。在 EtherSound 中，96kHz 数据流占用了两个 EtherSound 通道，而 192kHz 数据流占用了 4 个。

现已推出的 EtherSound ES-Giga 借助于千兆以太网链路将单向的通道数从 64 个通道扩展到了 256 个通道。

42.15 Dante

迈入数字声频网络世界的新途径就是 Audinate 的 Dante。与其他实时数字声频网络化协议不同，Dante 利用了新的 IEEE 1588 实时时钟标准来解决采用以太网进行声频传输所遇到的诸多问题。Dante 还采用了标准化的 UDP/IP 数据传输标准。例如，它允许利用计算机上的标准以太网端口取代对计算机与声频网络连接专用硬件的需求。Dante 在同一网络内支持多等待时间、多采样率和多比特深度。与将层 2 传输现在局域网的 CorBraNet 不同，Dante 是一个层 3/IP 传输，它可让信号在两个子网间进行路由分配。Dante 还增加了对 AES67 层 3 协议的支持，AES67 层 3 被设计用来在来自两个不同厂家的声频网络解决方案间实现互操作性。我们期待在本书出版之际会有另外的多家公司让其声频网络支持 AES67，所以 Dante 会成为一个约定俗成的行业标准。

42.16 Q-Lan

QSC Audio 也已推出了 Q-Lan，这是个基于以太网层 3 的数字声频网络解决方案，并应用于其一些产品当中。它可以将计算机上的标准以太网端口作为声频传输端口使用，并且不需要专门的声频 I/O 硬件。设计充分利用了千兆以太网和以太网技术的其他发展成果，并且与以太网完全兼容。在其优势方面，它将声频网络化带入高通道数，低等待时间的水平，同时能够运行多个交换机。它采用自动配置技术，这大大简化了设定声频网络的过程，使其应用方便快捷。

Q-Lan 支持高达 512 声频通道冗余以太网网络，并使单一网络连接实现了 512 声频通道工作，同时对网络上的总声频通道数没有限制，整个网络的等待延时为 1ms，如图 42.49 所示。

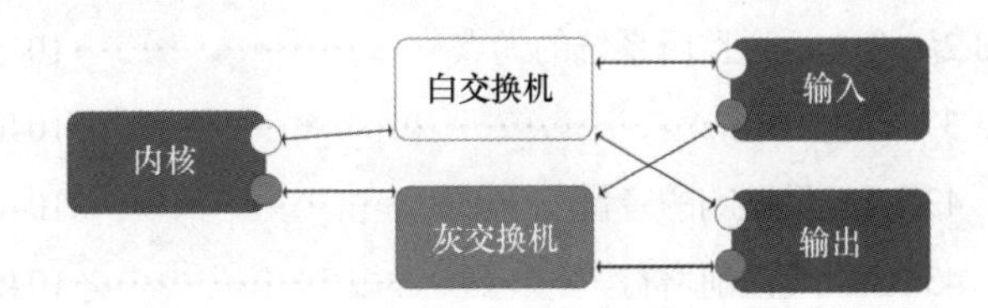

图 42.49 带冗余以太网交换机的 Q-Lan

Q-Lan 还支持冗余数字信号处理器内核和冗余输入 / 输出设备。数字信号处理器内核和 I/O 设备都支持自动化故障转换功能。声频输入和输出的冗余对采用并联接线方式。连入的声频设备驱动冗余对的输入。系统继电器将未启动的冗余对的声频输出连接断开，所以实际上仅一个输出驱动负载，如图 42.50 所示。

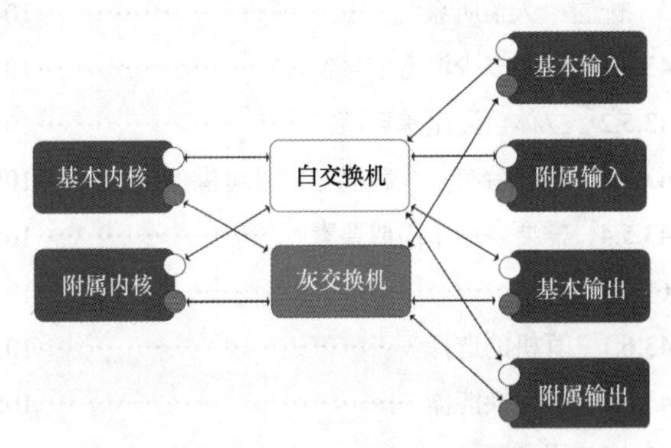

图 42.50 完全冗余 Q-Lan 及其冗余数字信号处理器内核、冗余以太网交换机和冗余 I/O 设备

虽然 Q-Lan 工作于层 2 以太网，但是它可以利用层 3 性能上的一些优势，比如 IGMP、WAN 多播管理、线速 IP 路由分配，如果网络支持上述功能，则它也支持互联网路由分配协议。

即便以太网标准并不支持它，但是许多零售商支持“巨型包”，这种包要比标准允许的包更大。如果支持的巨型包能够在交换机上工作，那么针对所有包的网络等待时间将会增大到超出 Q-Lan 所能接受的情形。值得庆幸的是，大部分交换机都支持禁用巨型包。

Q-Lan 需要仅在管理型以太网交换机上可用的 DiffServ。管理型千兆以太网交换机现已变得越来越普遍，它与非管理型千兆以太网交换机之间的价格差异微乎其微。

第43章

个人返送监听系统

Gino Sigismondi编写

43.1　背景

20 世纪 60 年代，由于现代音乐扩声系统的涌现，音乐表演者被要求在舞台上应能更好地听到自己声音。在广场音乐会流行和集中使用 Marshall 放大器的年代之前，演员想通过主 PA 音箱听到自己的演唱声并不困难。大部分音乐会都在较小的场地举办，也有少数例外的情形。当 Beatles 于 1964 年在谢亚球场（Shea Stadium）举办演唱会时，PA 音箱只被用于人声重放；吉他声只是来自吉他放大器。当然，人群的噪声很响，以至于观众听不清楚歌手到底在唱些什么，更别说是乐队了！随着摇滚演出的规模越来越大，声音越来越响，演员想听到自己的演唱或演奏声音变得越来越难。显而易见的解决办法就是将其周围的音箱转动一定的角度，使其面对乐队。更为完美的方法就是利用放在地板上的楔形音箱，使其朝上对着乐队，最终让歌手能够以合适的音量听到自己表演的声音，如图 43.1 所示。随着舞台不断扩大，要想听到歌手演唱的声音，乃至其他声音变得越发困难。鼓组可能被抬升至空中，距舞台地板 15ft 高度的位置，吉他放大器偶尔会被挪到舞台之下。这些变化就需要人们使用返送监听调音台（一张单独用来为演员创建多种返送监听混音的调音台）进行监听混音，以满足为每位演员创建单独混音和所有其他额外输入的需求。如今，甚至是最小的音乐俱乐部也要提供至少 2 个或 3 个单独的返送监听混音，而且当地乐队带上自己的监听设备，创建出 4 种或更多种混音的情况也并非罕见。许多巡演活动通常都会使用多达 16 种立体声混音，如图 43.2 所示。

图 43.1　楔形的地板返送监听音箱（Shure Incorporated 授权使用）

图 43.2　大型的返送监听调音台（Shure Incorporated 授权使用）

采用传统返送监听系统带来的问题很多，我们在下一部分会对此进行详细地分析。一言以蔽之，就是要找到更好的返送监听设备。鼓手多年来就一直使用耳机来监听节拍声轨（节拍器）和节奏型循环（loop）。理论上讲，如果所有的演员都能佩戴耳机的话，那么对楔形的地板返送监听音箱的需求就不存在了。本质上，耳机是第一种个人监听——它是一种不会影响其他演员，或者不会取决于其他演员监听需求的封闭系统。不幸的是，使用它们会显得很麻烦，对演员不具吸引力。为耳机采用源于助听技术的换能器设计让演员使用上了耳塞式耳机，这减小了耳机的尺寸规格，佩戴也较为舒适。包括 Peter Gabriel（彼得·加布里埃尔）和 Grateful Dead 乐队在内的专业音乐人最先使用了这一新技术。促进个人监听研发的另一个主要因素就是无线传声器系统的成熟。有线返送监听系统对于鼓手和键盘手非常合适，因为他们在演奏时相对其他音乐人，位置几乎不变，不进行移动，但其他的音乐人就需要有更大的机动性。从本质上看，无线个人返送监听系统是反过来的无线传声器系统，它可让演员完全随意地移动。固定的发射机传送出返送监听混音。演员佩戴小型接收机用以拾取发来的混音。第一款个人返送监听系统非常昂贵；只有大牌的巡回演出活动才可能用得起。随着不断引入新技术，以及个人返送监听系统普及率的不断提高，其价格也开始下降。目前的个人返送监听系统的价位已经达到许多艺人预算可接受的水平。

43.2　个人返送监听系统的优点

传统的楔形地板返送监听系统有一些令人担心的问题。演员，尤其是歌手会觉得难以听清楚声音。回授是常见且烦人的问题。返送监听工程师始终是在不停地与困难抗争，以满足每位演员的返送监听需求。虽然有现场演出经历的任何人都可能要面对较差的返送监听系统，但即便是较好的系统也有许多限制因素，因为它们要服从物理定律的制约，这一点无一例外。入耳监听的概念源于人们对创建可以突破传统地板返送监听系统局限性的舞台听音体验的需求。

在许多情况下，个人返送监听系统和传统的地板返送监听系统设置并存。任何返送监听系统存在的目的都是要让演员听到自己的声音。需要返送监听的声音被转变为返送监听系统所须输入的电信号。这通常是由传声器完成的，在有些情况下，诸如键盘和电子鼓这样的电子乐器，可以将其信号作为输入直接接到调音台。之后，便在调音台上对各种信号进行混音，将混音输出至功率放大器和音箱，或者用作个人返送监听系统的输入。在这个过程中可以增添任意数量的信号处理，比如均衡或动态处理（压缩器，限制器等）。有线的个人返送监听系统（在信号流方面）与传统的地板返送监听系统类似，因为腰包基本上就是一台功放，入耳式耳机就相当于是小型音箱。然而，为无线个人返送监听系统增加了几个组成部件，尤其是发射机和接收机，如图 43.3 所示。来自调音台输出的声频信号被送给发射机，发射机将该信号转变为射频（Radio Frequency，RF）信号。佩戴在演员身上的腰包接收机拾取到发射来的 RF 信号，并将其转变为声频信号。在这一阶段中，声频信号被放大并输出至耳机。

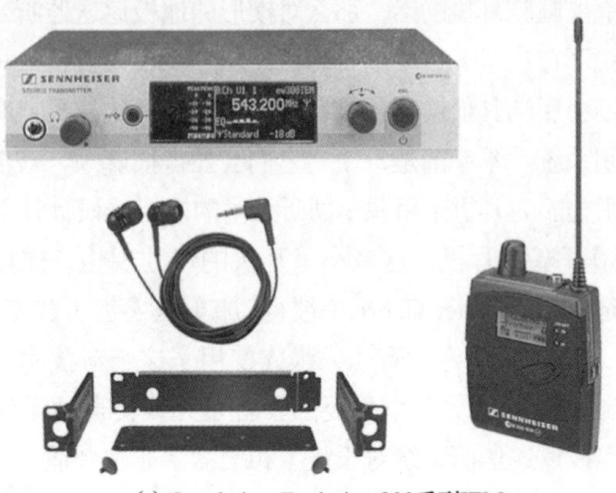

(a) Sennheiser Evolution 300系列IEM
（Sennheiser Electronic Corporation授权使用）

(b) Shure PSM 900 系统（Shure Incorporated授权使用）

图 43.3 两种无线个人返送监听系统

个人返送监听系统的称谓源自几个因素，但基本上还是考虑了返送监听混音的概念，以及根据每位演员的特殊要求而量身制作的混音，同时又不影响表演或其他演员的听音环境。虽然这一概念要比入耳返送监听更为宽泛，它表述了返送监听的定位，但是没有给出有关体验的进一步信息。

使用个人返送监听系统有 4 大好处。

- 改善音质。
- 便携性。
- 舞台上的机动性。
- 个人控制。

43.3 音质

从整体来看，有几个因素会影响个人返送监听系统的音质改善。这些因素包括对演员而言足够响的音量、反馈前增益、听力保护、降低歌手声带拉伤的概率、降低对观众混音的干扰。

43.3.1 足够响的音量

向返送监听工程师提出的最常见的要求就是：“您可以把我的声音调大点吗？”（有时用词并不是这么礼貌）。不幸的是，问题并非总是这么简单。在使用传统的地板返送监听系统时会有许多因素限制将信号的响度提高：功率放大器的规格，音箱的功率承受能力，以及最为重要的潜在声学增益（参见下文的反馈前增益）。另外一个使听到自己的声音不困难的因素就是舞台上的噪声声压级。很多时候，歌手不像吉他手、贝斯手和键盘手那样，通常他们演奏的乐器声音一开始就被放大了，而歌手只能依赖舞台上的返送监听系统。当然，鼓手敲击鼓的声音不用放大就很响了。由于音乐人都想在日益吵闹的背景声音中听清楚自己的声音，所以音量大战通常并不少见。歌手演唱声音的清晰度常常会因为在返送监听混音中其他乐器声的加入而变得模糊，如果可利用的混音不够，就必须要增多返送混音的数目。键盘，声学吉他和依赖返送监听的其他乐器常常会与歌手竞争声音空间。个人返送监听系统将使用者与支离破碎的舞台声音和较差的室内声学隔离开来，让音乐人在舞台上获得类似录音棚音质的听音体验。如果使用正确的话，专业的隔离式耳塞会使背景噪声声压级降低 20dB 以上。返送监听混音可以针对每个人的喜好量身定制，不会与另外的不可控因素发生冲突。

43.3.2 反馈前增益

要想利用传统的舞台地板返送监听系统取得更高的返送监听声压级，就要使用更大的放大量和更多的音箱，但最终还是物理定律起作用。反馈前增益的概念与反馈发生前传声器可以开得多响有联系。与其紧密相关的是潜在声学增益（Potential Acoustic Gain,PAG）。PAG 方程是一个可以用来预测音响系统在达到反馈门限之前可利用的增益有多大的数学公式，简单地插入诸如声源至传声器距离和传声器至音箱的距离就能得出结果，如图43.4所示。简而言之，声源距离传声器越远、传声器距离音箱越近或者音箱距离听音人越远，那么可以利用的反馈前增益就越小。现在以典型的舞台情况为例。传声器通常靠近演唱者的口部（或者乐器），这样很好。当传声器（相对）靠近返送监听音箱时，情况就不妙了。在返送监听音箱（相对）远离表演者的耳朵时情况也不好。只要进入传声器的声音被音箱重放出来，并且又被同一传声器“听到”，那么就会发生反馈。为了取得合适的返送监听声压级，就需要有一定的可供使用的增益。但是在上面给定的情形中，有两大因素会大大降低可利用的反馈前增益。让问题复杂化的是 NOM，或者开启的传声器数目（number of open microphones）。每当开启的传声器数目加倍时，可利用的反馈前增益就会降低 3dB。如果舞台上开启的传声器是 4 支，而不是 1 支，则可利用的反馈前增益就会降低 6dB。

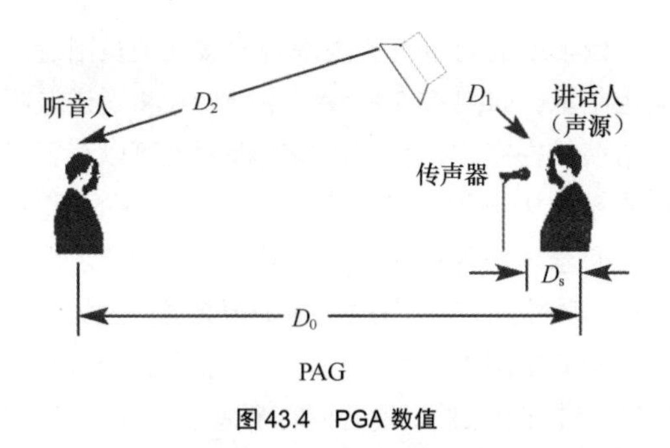

图 43.4　PGA 数值

怎么解决呢？由于 PAG 公式是假定使用了全指向性传声器，所以使用心形或超心形指向性的传声器会有帮助；只是不要将传声器对着音箱。另外，PAG 公式还假定音响系统具有完美的平坦频响。减小响应问题带来的反馈的最常用工具就是图示均衡器。由于有些频率会在另一些频率之前被反馈回来，所以图示均衡器可以让成熟的使用者减少返送监听系统中那些惹麻烦的频率输出。假设传声器的位置不变，那么这样的技术会额外获得将近 3 ～ 9dB 的反馈前增益。对于有些返送监听工程师，这是一种尝试通过对返送监听系统进行均衡处理而让此处不产生反馈的常用实践方法，有时甚至在传声器正对着音箱的纸盆都不会产生反馈。不幸的是，通常在利用均衡器消除反馈的同时，返送监听的保真度被完全破坏了。即便均衡已经平滑了返送监听系统的响应，PAG 还是会成为限制因素。此时，传声器不能被移到更靠近声源的位置上，将音箱移到更靠近演员的耳朵处也会让它更靠近传声器，从而也就否定了对 PGA 所进行的任何努力。

个人返送监听完全解决了 PAG 和反馈前增益的问题。“扬声器”现在被隐藏在耳道内，与传声器隔离开来。由于反馈环路断开了，所以就可以取得所必需的高音量——这便引出了下面的主题。

43.3.3　听力的保护

如果一个强烈的主题切换到了个人返送监听，那么他们就可以很好地听到自己表演的声音。但这会导致他们最终完全听不到声音了，这就不是件好事情了。正如此前提到的，舞台上的音量大战是通病。延长暴露于极高声压级的时间可能很快便会导致人们的听力下降。有些演员通过佩戴耳塞来保护自己的听力，但即便是最好的耳塞也会引发频率响应产生些许改变。个人返送监听地板系统提供的听力保护水平相当于耳塞的作用，但带来的额外优势就是耳塞内有一个微型扬声器。这时返送监听的声压级可由演员掌控。如果觉得太响，那么就可以毫不犹豫地将监听声压级调低至舒适的声压级上。强烈推荐使用周边设备中的限制器来避免高声压级的瞬态所造成的永久性听力损伤。在较大型的复杂返送监听设备中，周边设备中的压缩器和限制器常常被用来提供更大程度的音量控制和声音保护。在较新型的调音台中，这类处理或多或少成了标准，并应尽可能利用其优势特点。

注：使用个人返送监听系统并不能保证使用者不会发生听力损伤的情况。这些系统能够产生高达 130dB SPL 以上的声压级。处在这种声压级下的时间过长就会使听力受到损伤。每位使用者都有义务保护自身的听力。相关的更详细内容请参阅“个人返送监听安全听音”的章节。

减小歌手声带拉伤的概率。与音量紧密相关的问题就是能让歌手听得更清楚，以减小歌手演唱的压力。为了补偿未提供足够歌唱声扩声的返送监听系统，许多歌手将会迫使自己以比平时或健康时更强的力气来演唱。靠自己声音吃饭的任何人一旦发不出声了，那他就失去了自己的生活。应采取一切可能的措施来保护自己的发声器官，个人返送监听系统是帮助歌手延长其艺术生涯的一个重要因素（参见之前讨论过的“足够响的音量”节）。

干扰观众的混音。个人返送监听系统的好处还可扩展到了表演者之外的应用中。地板返送监听系统的有害副作用就是舞台声音被泄露到了观众区。尽管高频存在方向性，但音箱辐射出的低频信息则或多或少地呈现出无指向性辐射的特点。这便加重了 FOH（Front-Of-House）工程师面对复杂任务的难度，在创建观众混音时，FOH 工程师必须要解决过响的舞台声压级问题。来自监听后面的过低频率成分会使得房间混合的声音模糊，从而可能严重影响歌声的清晰度，这在场地较小时尤为如此。但如果取消了楔形地板返送监听系统，声音就变得相当清晰了。

43.3.4　便携性

便携性对于巡回演出的表演团体来说是要考虑的重要问题，因为每场演出之后都要进行音响系统的安装，也要重新布置演出场地。以一般的返送监听系统为例，它会包括 3 只或 4 只楔形地板返送音箱，每只重量约 40 磅（约 18kg），此外还有一台或多台功率放大器，每台功放的重量约为 50 磅（约 22.7kg）——这还是相对少的返送监听设备。换言之，一套完整的个人返送监听系统也就公文包大小。单从美学的角度来看，将楔形地板返送音箱和笨重的扬声器线缆从舞台上去掉会让整个舞台的外观大为改善。这一点对于婚礼乐队和教堂音乐团体而言特别重要，这时专业且无干扰地呈献表演与音质一样重要。个人返送监听系统的使用会带来一种干净、看上去很专业的舞台环境。

43.3.5　机动性

楔形的地板返送监听系统会在舞台上形成最佳听音点，在这一点上所有声音听上去都很好，如图 43.5 所示。如果向左或向右移动 1ft，声音听上去马上就不再那么好了。在此，音箱的相对指向性，尤其是在高频的指向性起了很大的作用。然而，使用个人返送监听系统就像使用耳机一样——声音跟着你走。个人返送监听系统的一致属性也伴随着不同场馆的演出。当使用楔形地板返送监听时，室内声学在总体的音质中扮演着重要的角色。由于专业的耳塞式耳机对环境噪声进行了隔离，声学上的因素被消除了。在理论上，对于拥有同样成员的同一乐队，监听设定实际上可以保持不变，返送混音听上去每晚都是一样的。

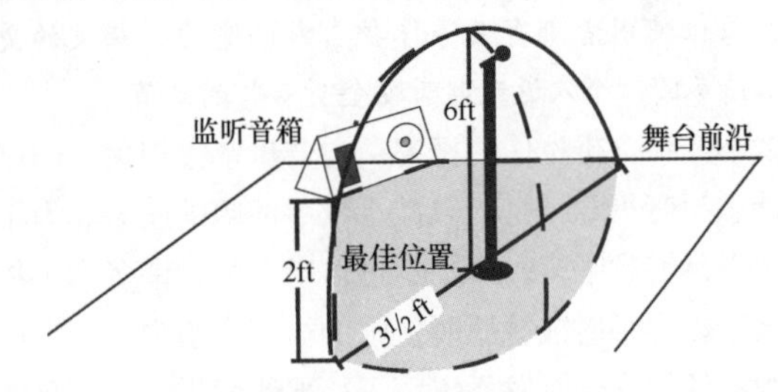

图 43.5 由楔形地板返送监听音箱创造的最佳听音点（sweet spot）

43.3.6 个人控制

或许个人返送监听的最实用优点就是能够让演员直接控制他们想听的声音。虽然还是需要音响工程师进行细微的调整，但是个人返送监听系统还是给演员提供了宽泛调整自己想听声音的机会，比如调整总音量，声像或选择不同混音的能力。如果混音中的所有成分都需要被调整得更响，那么演员就不再需要向返送监听工程师摆一些复杂手势了，他自己在腰包上提高总音量就行了。

许多专业系统采用了双单声道（dual-mono）的方案，这时腰包将立体声系统的左声道和右声道混合在一起，并将混合后的信号送至两侧的耳塞，如图 43.6 所示。对系统而言，输入现在应被视为“混音 1(Mix 1)”和“混音 2(Mix 2)”，而不是左和右。接收机上平衡控制的作用相当于混合控制，它可以让演员在两个混音间选取一个，或者通过控制每个混音的电平来听两个混音的混合。声像电位器逐渐向左旋转，提高双耳内 Mix 1 的电平，同时降低 Mix 2 的电平，反之亦然。虽然这种特性有不同的称谓，比如 MixMode（Shure）或 FOCUS(Sennheiser)，但是功能基本上一样。较便宜、只能返送单声道的系统利用发射机提供的多个输入，以及每个输入的单独音量控制也可实现类似的控制。因此，发射机应被放在靠近演员的地方，以便人们快速地进行混音调整。

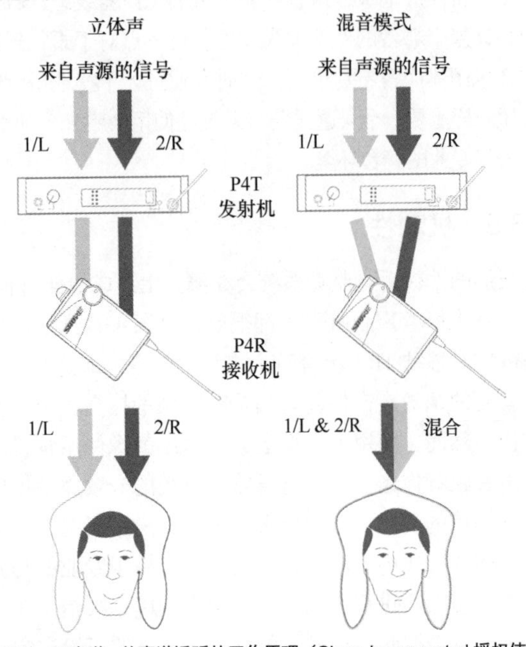

图 43.6 双声道 - 单声道返听的工作原理（Shure Incorporated 授权使用）

将一台小型的周边设备型调音台放在演员附近，就可以提高控制量，如图 43.7 所示。由于现在将返送监听控制工作交给演员去完成，所以音响工程师就可以花更多的时间，集中精力去进行提供给观众的乐队声音的调整工作，而不必担心乐队是否对其提供的混音感到满意。混音分配（在 43.8.2 节中讨论过）考虑了多个声频通道至大量个人监听混音器的简单路由分配问题。有些数字调音台甚至为通过移动设备进行个人监听混音留有余地。

图 43.7 Aviom A360 个人监听调音台（Aviom Inc. 授权使用）

近来，向个人返送监听系统过渡的成本急剧下降。基本的系统成本与典型的楔形地板返送监听系统、功率放大器和图示均衡器的组合相当。扩展的系统也更具成本效率，当需要为相同的混音增加楔形地板返送音箱时，为了避免放大器的负载过大，所加的音箱数量受到限制，这时便需要再加一台放大器。然而，对于无线个人返送监听系统，同一返送混音所用接收机的数量是无限的。增加接收机并不会加大发射机的负担，所以可根据需要任意添加接收机，而不用增加发射机。对于运输自己使用的 PA 设备的乐队而言，这同样可以降低运输成本。设备越少，在运输设备时使用的卡车就越小，需要的巡演管理员就可以更少。

43.4 系统的选择

考虑到入耳返送监听的个人属性，选择合适的个人返送监听系统是很重要的一步。有几种选择可供采纳。在购置之前应将当前和未来的需求考虑在内。

个人返送监听系统有两种基本类型——无线型和有线型。有线型系统要求演员带上一根线缆，这未必是负面的。在演奏时相对不移动的鼓手和键盘手，或和声歌手可以利用较为便宜和更为简单的有线个人返送监听系统。简单将返送送出信号连接至有线系统的输入，并选择一个混音。有线系统应用也很普遍，它不用寻找干净的频段或研究当地的无线电法律或规定。最后，如果几位演员需要相同的混音，那么对于具有足够高输入阻抗的有线系统，可以采用菊花链的形式将它们连接在一起使用，这不会造成明显的信号损失。另外，分配放大器可以将信号分配至多个有线系统中。分配放大器利用一个输入，将它分成多个输出，通常可以单独控制这些输出的电平。

就本质而言，需要在细节上给予无线设备特殊的考虑和关注。然而，在很多时候它所带给人们的好处要超出其成本和复杂程度的提高带给人的压力。个人返送监听系统的一个主要优点就是不论演员站在何处，返送监听混音都是一样的；无线系统可以让人们充分利用这一优点。另外，当几位演员需要同样的混音时，个人返送监听系统会让这一切变得更加容易实现。只要有足够多的无线接收机，那么就可以在不产生副作用的前提下监听到同样的混音。

其次，所有的使用者都要考虑传输方面的问题。不论它是传声器系统还是个人返送监听系统，大部分无线系统都是工作在电视广播不用的频道上。由于每个城市中未被电视广播所占用的频带并不相同，所以选择合适的工作频率非常重要。对于只在一座大都市里演出或使用固定安装设备演出的文艺团体而言，一旦选择好了工作频率，就没必要再进行改变了。然而，对于巡回演出活动，能够更改工作频率是对系统的基本要求。

下面有关选择无线传声器的一些重要技术指标同样也适用于选择个人返送监听系统。

- 频率范围。
- 调谐范围（带宽）。
- 可选用的频点数。
- 兼容频点的最大数目。

关于无线系统的其他方面考虑

由于 UHF 电视频段内的可用频谱数量日益减少，所以针对所有无线设备来仔细选择和协调频率就变得十分重要。大多数无线系统（包括个人返送监听系统）都具有内置扫频功能，这样便可以让系统快速且可靠地将自身使用的工作频率设定到干净的频率上。虽然这适合于中等规模的应用，但是使用这种方法的前提是假设没有其他无线设备（传声器，内部通话等）在使用。当传声器，个人监听和可能的内部通话同时使用时，它们必须作为一个分组进行协调。诸如 Shure Wireless Workbench 6 或 Professional Wireless System IAS 这类软件工具是进行大规模频率协调的基本工具。

通常我们希望将个人监听系统和无线传声器分置于 UHF 频谱的不同频率范围上。这就是所谓的“频带规划”。每一个这种类型的系统都有一些限定的可调谐频率范围，即所谓的“频带”，同时隔离的大功率个人监听发射机一般都允许大量无线系统可靠地工作，而不是使它们全都重叠在一起。

最后，即便使用了软件，现场获得的扫频数据还是会为实现协调目标提供更准确的结果。利用这种方法，可以准确地发现存在哪种 RF 干扰信号，同时可以为频率协调提供依据。基于 PC 的扫频设备，比如 WinRadio 或手持式 TTi 扫频仪都可以以某些软件应用可使用的格式导出扫频数据。可以将诸如 Shure AXT600 Spectrum Mangager 这类的其他设备直接与 Wireless Workbench 捆绑在一起，当作实时扫频仪来使用。

43.5　配置个人监听系统

要想选择正确的系统需要事先确定好使用场所的返送监听要求。最起码要解决如下 3 个问题。

- 应用场合需要多少种混音。
- 返送监听混音是立体声的还是单声道的。
- 混音调音台可以提供多少种返送监听混音。

这方面的信息与演员采用的令人满意的入耳监听设备有直接的关系。下面的例子详细地分析了如何确定这样系统的配置问题。

43.5.1　需要多少混音信号？

这一问题的答案取决于有多少位演员，以及演员在返送监听方面所达成的共识。比如，典型的摇滚乐队乐器包括鼓、贝斯、吉他、键盘，摇滚乐队成员除各位乐手外，还包括主唱和由吉他手和键盘手兼顾的两个伴唱。在理想的情况下，由于每位演员都想听到同样的混音，所以对这一问题的答案就是：只需要一种混音。然而，在大多数现实情形中，演员所需要的返送监听混音不止一种。在使用两种混音的低成本配置中，一种混音是由歌唱声组成的，另一种混音是由乐器声组成的。如果利用一个可以提供两路单声道信号的系统来工作，每位演员可以选择对这两种不同混音以不同比例混合的信号来作为返送监听，如图 43.8 所示。这种情况下，不但要将成本效率因素考虑到个人监听之中，而且还要求乐队成员间有良好的合作。

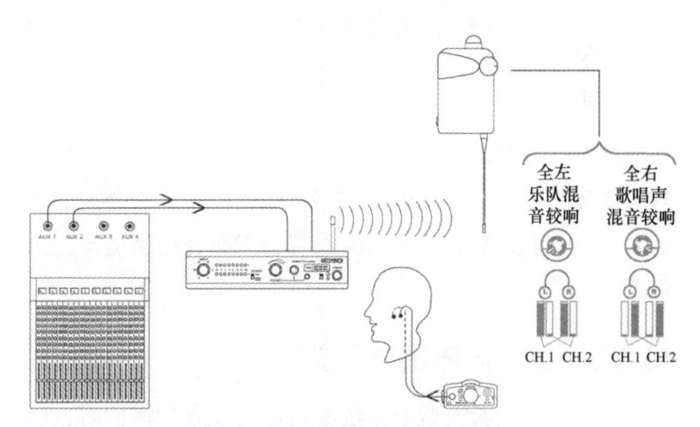

图 43.8　两种混音信号，双声道 - 单声道

另一种情形就是为鼓手单独提供一种混音，如图 43.9 所示。鼓手需要这种选项有如下两个原因。

1. 通常，与其他乐队成员相比，鼓手想在返送监听中听到响得多的鼓声。

2. 在小型舞台上演出的乐队，鼓声很响，以致他们很容易听到声学意义上的鼓声（未借助其他扩声设备）。因此，在其他的混音中甚至可能没必要再加入鼓声了。

3. 现在就有了 3 种混音——歌唱声的混音，乐器声的混音（不带鼓声）和鼓手专用的混音。

至此，我们假设歌手能够与歌唱声传声器的混音达成一致。虽然强迫歌手共享同样的混音会有助于好的歌唱声混合，但这一理论在实践中常常并不成立。通常，将主唱歌手的声音单独输出成单独的混音将会解决这一问题，并且这可以采取如下两种方法中的一种方法来实现。首先，将伴唱传声器所拾取的部分声音放入乐器混音中，并调整歌唱声混音，直到主唱满意，甚至可以考虑在歌唱声的混音中加入一些乐器的声音。这种情形的结果如下。

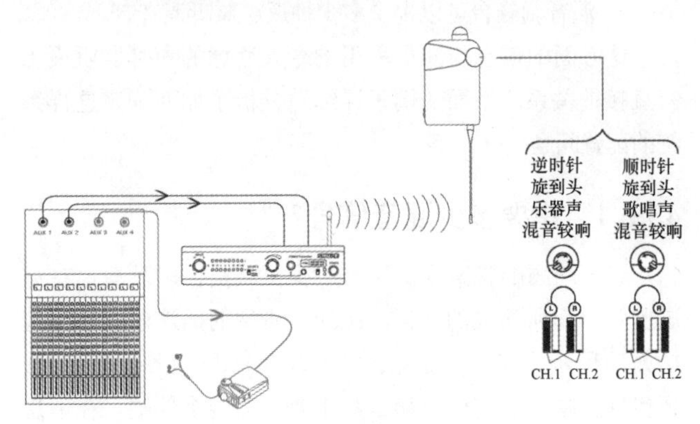

图43.9　3种混音

- 为主唱歌手输出一个单独的混音。
- 在吉他手和键盘手的混音中包含了他们的演唱声。
- 鼓的混音（这时在鼓手的混音中贝斯手的声音常常可在需要的时候被添加进来）。

第2种方法就是为主唱歌手创建第4种混音，同时不会对另外3种混音产生影响。这种配置可以让吉他手和键盘手保有对其演唱声与乐器声间的控制能力，同时为主唱歌手打造一个完全定制的混音。贝斯手需要单独的混音吗？如果需要的话，那么混音数就达到5个了。要加小号声部吗？如果需要的话，那么该混音就有6个了。可以添加更多的混音，直到达到两个限定因素中的某一个的上限；要么是调音台没有那么多输出，要么是达到了无线返送监听系统兼容频点的最大数值。根据具体的应用，这时可能需要用一个分配式混音系统，将混音的工作交给演员自己来完成。

43.5.2　立体声还是单声道？

大部分个人返送监听系统既可以实现立体声监听，也可以实现单声道监听。乍一看，似乎理所当然应该选择立体声监听，因为我们是以立体声方式听音的，而且几乎每台民用声频设备如果不具备环绕声功能，那么它至少也可以工作在立体声模式下。虽然这并非在所有场合都会受到欢迎，尤其在可利用的调音台数量有限的情况下更是如此，但是立体声形式的监听混音可以重建出真实的听音环境。我们一生的时间里都在听立体声；从逻辑上讲，立体声混音提高了人们对自然声舞台的感知。立体声形式的监听还可以降低整体的听音声压级。我们来想象一下两位吉他手共享同一混音的情况。当两件乐器占据同样的频谱时，为了每位吉他手的听音，他们总是会不停地要求提高自己的音量。当以单声道形式监听时，大脑只是根据幅度和音色来区分声音。因此，当两个声音具有大致相同的音色时，大脑感知到的唯一提示信息就只有幅度或声压级了。立体声监听增加了另外一个维度的提示信息，即位置信息。如果对吉他进行了声像调整，哪怕只是稍微偏离了中间一点，那么每个声音就会占据自己的“空间”。大脑将这些位置提示信息作为它感知声音的基础部分。研究表明如果信号的整个立体声频谱被扩散开来，那么每个信号的总体声压级就可以更低，因为大脑这时可以根据其位置来辨别声音。

很显然，立体声需要两个声频通道。这就意味着个人返送监听系统的使用者要听来自调音台的两路送出信号所创建的立体声监听混音——这时所占用的通道是单声道混音的两倍，如图43.10所示。立体声监听可能会很快耗尽调音台的辅助送出；如果调音台有4路辅助送出，那么就只可能建立起2个立体声混音，而可以有4个单声道混音。有些立体声发射机可以工作于双-单声道模式下，即提供2个单声道混音，而不是1个立体声混音。这种功能是省钱的好方法。对于只需要一种混音的场合，比如只有一位演员，那么只用单声道系统则是另一种改善成本效率的选项。重点考虑的系统包括一个传声器输入，它可以让表演者将传声器或乐器直接连接到监听系统中。

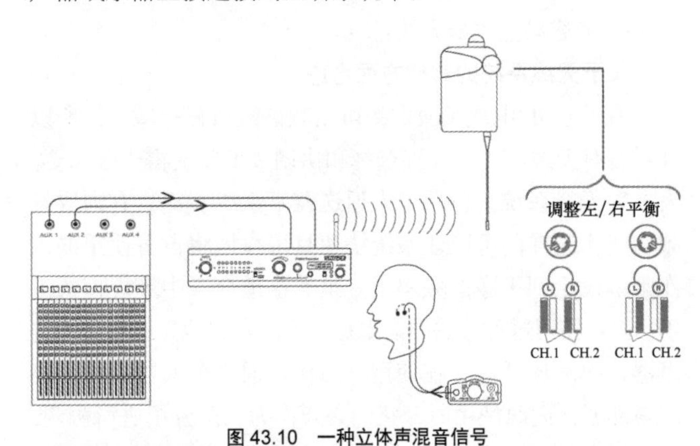

图43.10　一种立体声混音信号

43.5.3　调音台有多少路混音信号可供使用？

监听混音的创建一般是利用了位于观众席中的调音台（FOH调音台或观众区调音台）的辅助送出，或者在条件许可的情况下使用一张专门的监听调音台来创建。典型的小型调音台一般至少有4路辅助送出。然而，是否所有送出的辅助都可以供监听使用则是另外一回事。辅助送出还要用于激励效果器（混响器，延时器等）。无论如何，将可供使用的辅助送出是决定最终可以创建多少种混音的根本因素。如果回答问题1（所需要的混音数量）的重要程度高于回答问题3（可利用的混音数）的话，那么就有两种选择：要么是重新配置所需要的监听混音，以便与现有的调音台共享混音，要么是买张新的调音台。

43.5.4　需要多少个组成要素？

在回答完上述问题之后，要在如下的公式中插入一个数字，以准确地确定每个部分到底都需要多少，从而选择一个可以满足这些要求的系统。

立体声混音：

发射机数目 = 想要的混音数目。

辅助送出的数目 = 2× 发射机的数目（例如：4 种混音需要 4 台发射机和 8 路辅助送出）。

双 - 单声道混音：

发射机数目 = 想要的混音数目 /2

需要的辅助送出数目 = 2× 发射机数目（例如：4 种混音需要 2 台发射机和 4 路辅助送出）。

单声道混音：

发射机数目 = 想要的混音数目。

辅助送出的数目 = 发射机数目（例如：4 种混音需要 4 台发射机和 4 路辅助送出）。

接收机的数目 = 演员数。

43.6　耳机

43.6.1　耳机的选择

耳机的质量是决定个人返送监听成功与否的关键。返送监听信号通路中所有的优秀组件都将被性能差的耳机毁于一旦。性能优异的耳机一定是集全音域的声频保真度、良好的隔声、舒适度和小巧的外观于一身的。可供使用的耳塞类型包括价格较低的 Walkman 型耳塞，定制耳塞和通用型耳塞。每种类型的耳塞都各有优缺点。虽然 Walkman 型耳塞相对较便宜，但是其隔声性能较差，它并不是为抵御工作音乐人所处的严酷声音环境而设计的，并且很可能会从耳朵中掉出来。与此相反，专门定制的耳塞具有出色的音质和隔声性能，价格相当高，并且在购买前很难有机会试戴，因为它们是针对某人的耳朵专门制作的。为了获取定制的模型需要拜访听力学专家。听力学专家会在耳朵内部放置一个阻挡物来保护耳膜，然后对耳道取模，在取模时要在耳道中填充硅基材料，硅基材料会与耳道的结构尺寸完全吻合。获取的耳道模型被用来制作定制耳塞。在最后定型佩戴时还要去咨询听力学专家。定制耳塞的生产厂家包括 Ultimate Ears、Sensaphonics 和 Future Sonics，如图 43.11 所示。

第三种类型的耳塞是通用型耳塞，如图 43.12 所示。通用型耳塞不但具有定制设计耳塞的出色音质和隔声性能，而且还具备 Walkman 型耳塞开盒即用的方便性。这种设计的通用性体现在它有可互换的听筒，这些可互换的听筒适用于标准尺寸的耳塞，并适合任意大小和形状的耳道。这种设计可以让使用者在购买之前试听各种听筒的效果，从中找出能发出与演示耳塞效果一样的最佳听筒。不同的耳塞听筒选件包括泡沫听筒、橡胶折边听筒，胶质边缘装饰和定制模型。泡沫听筒类似于普通的泡沫耳塞，但它在泡沫的中心有一个小孔，其中有一个塑料管。它们可提供出色的隔声性能和良好的低频特性。在不断的使用中，它们终将要变脏和磨损，这时必须要进行更换。正确地套入泡沫也还要花较长的时间（相对于其他的选件而言），因为在泡沫膨胀时需要将耳塞保持在原位。为了快速套入和取下耳塞，灵活的橡胶听筒会是不错的选择。利用软且柔韧的塑料制成的折边听筒形状有点像蘑菇头，一般有不同尺寸规格的产品可供使用。虽然没有泡沫密封得那么紧密，但是橡胶听筒是可清洗和重复使用的。3 边塞子形的听筒在中心橡胶听筒周围有 3 个圆环（或圆边）。根据它们的形状，它们常常被说成圣诞树。虽然其利弊与折边听筒的类似，但是具有不同的舒适因素，这样有些使用者会觉得他们更喜欢这种类型的听筒。第 4 种，也是最贵的听筒选件——定制听筒。套入定制听筒会相对容易一些，同时又具备折边听筒的耐久性和泡沫听筒的出色隔声性能（取决于使用者的喜好）。获取通用型耳塞使用的定制听筒的过程与获取专门定制耳塞的过程非常类似；也是需要咨询听力学专家，以进行耳道取模。虽然定制听筒也与专门定制耳塞一样为使用者提供同样的好处，但是通常其成本较低，并且在耳塞丢失、被偷或需要维修时，人们还可以将听筒换到其他的耳塞上使用。对于 Walkman 型耳塞的使用者而言，最后一个听筒选件是适合耳塞使用的橡胶套。一般这种听筒选件的隔声性能最差。

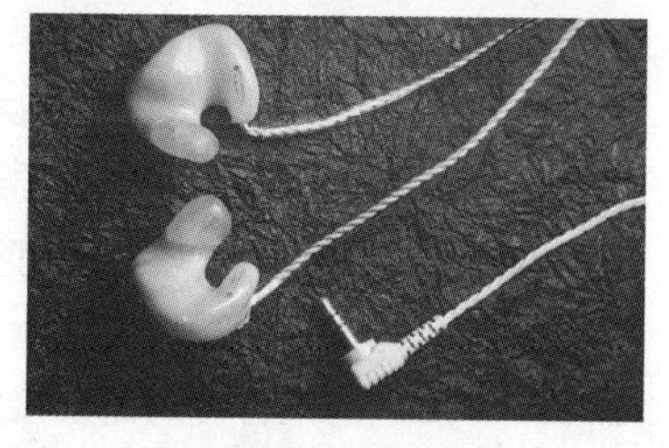

图 43.11　定制耳塞

图 43.12　Shure SE846 通用型耳塞（Shure Incorporated 授权使用）

如果一副通用型耳塞出了问题，则可以用另一副通用型耳塞来替换，并不会有不良的影响。专门定制的耳塞并不具备这种应用多样性；如果一副专用定制耳塞需要维修，那么在维修期间唯一可行的解决方法就是多备一副同样的耳塞。

重要的注意事项：有几种品牌的专用定制耳塞带有内置的滤波器，这些定制的耳塞具有相对平直的频率响应和不同的声压级衰减量。尽管在物理上可以让通用型耳塞适合于去掉滤波器的耳塞，但我们并不推荐这么做。耳道内耳塞轴向位置对于获得正确的频率响应是很重要的，大部分耳塞都会避免让耳塞偏离正确的位置。还要再次强调的是，专用定制耳塞并不认可更换专用听筒这种做法。

43.6.2　耳机换能器

耳塞的内部工作原理同样也有不同的类型。在耳塞设计中使用的换能器类型基本上有两种——动铁式换能器和平衡衔铁式换能器。

动铁式换能器的工作原理类似于动圈传声器或最普通的扬声器。将薄的振膜连接到悬于磁场的线圈上。振膜材料包括 Mylar（动圈传声器是这种情况）或纸（扬声器的情况）。当有电流被施加到线圈上时，悬吊在永久磁场中的该线圈将会与电压变化同步振动。随后，线圈带动振膜振动，从而使周围的空气分子发生扰动，导致气压发生变化，形成我们所谓的声音。磁铁 - 音圈组件一般会被用在物理尺寸较大的耳塞中。虽然之前将动铁式换能器用在耳塞中，但近来技术上的改进已经使其在通用型设计当中被采用。另外，在有些定制耳塞中也会看到它们的身影。

最初用于助听领域中的平衡衔铁式换能器集小巧的体积和高灵敏度于一身。马蹄形的金属，该臂的一端周围绕有线圈，另一端被悬吊在磁铁的南北极之间。当交变电流被施加到线圈上时，相对端（悬吊在磁场中的一端）被拖向磁铁的两极，要么是北极方向，要么是南极方向，如图 43.13 所示。之后，振动被传递到振膜，也就是所谓的簧片，通常它是一层薄薄的金属箔片。平衡衔铁式换能器类似于在受控磁铁传声器中使用的部件。除了提高了灵敏度之外，其最典型性能是有较好的高频响应。耳塞与耳道之间良好的密封特性是取得正确频率响应的关键。

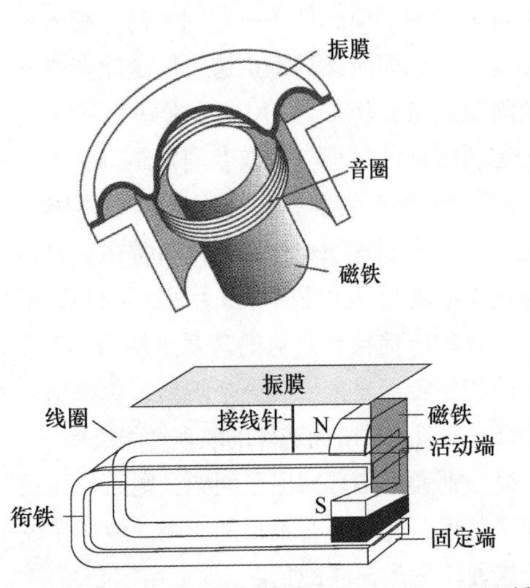

图 43.13 动铁式换能器和平衡衔铁式换能器（Shure Incorporated 授权使用）

对于使用多换能器的情况，还可以对类型进行细分。双换能器 [双驱动器（dual driver）] 耳塞是最常见的。采用双换能器设计的扬声器是另一个例子，其中有一个号筒 [或高音扬声器（tweeter）] 被用于高频重放，而低音扬声器被用来重放低频声。频谱被分频网络分成两个部分。每个驱动器都只需重放对其而言在最佳重放频率范围内的频率成分。双驱动器耳塞工作的原理与之类似——每个耳塞都包含分别针对高频和低频性能优化的高音单元和低音单元。另外，无源分频器被内置于线缆中，它将声频信号分成多个频段。最终的结果不但有较好的低频端响应，同时也扩展了高频响应的上限。在低频端提高的效率可能对贝斯手和鼓手而言吸引力尤其大。许多公司推出了含 3 个驱动器的换能器，以及将动铁式和平衡衔铁式换能器组合在一个耳塞之内的混合型耳塞。尽管不会始终表现得更出色，但是良好设计的多驱动器耳塞可以产生比双驱动器耳塞更低的低频响应。最后，耳塞的选择有非常大的个人因素，常常需要在部分用户中进行实验，从中找出工作最好的解决方案。

43.6.3 阻塞耳朵

对于初次使用某一耳塞的使用者而言还有最后一个注意事项。当耳道被声学封闭（阻塞）时，此时的听音体验会与正常听音时的听音体验有所不同。对于那些已使用传统地板返送监听系统多年的演员而言，可能有一个必要的调整周期。对歌手而言，阻塞耳朵的一个常见的副作用就是压唱。在没有竭尽全力演唱时被自己的声音突然吓到会导致有些歌手演唱的声音比平常演唱时轻一些，这让 FOH 工程师难以在主扩的混音中让歌唱声有足够的响度。要记住，FOH 工程师还要与 PAG 的法则相抗争，所以歌手还是要放开嗓子唱。

阻塞耳朵的另一个副作用就是耳道内低频的构建。若用一副耳塞将耳道封闭住，那么在嘴后部构建的声压级就会使内耳的骨头产生共振。这种共振通常出现在 500Hz 以下，由此产生的空洞声会对歌手和小号演奏者产生影响。然而，最近的研究表明，将耳模插入耳道越深（在第二个弯折之外），实际会减弱耳朵阻塞的影响。较深的封闭会减弱耳道听骨区域的振动。

43.6.4 环境耳塞

有些隔离耳塞的使用者抱怨其带来的封闭感，或认为观众反应或表演的氛围被隔离得太多了。虽然隔离耳塞的出色隔离特性有助于保护听力，但是许多演员还是希望它能恢复一定的自然的声音环境感。要实现这一目标可以采用如下几种方法，其中最常用的方法是使用环境传声器。环境传声器一般被放置在固定的位置，距离听音人的耳朵较远，并且其电平由音响工程师而非演员来控制。另外，环境传声器（假设是左 / 右立体声对）提供的方向性提示信息取决于面对观众的演员。如果演员来回转动，那么环境提示信息将被反转。

更为自然的结果可以通过使用所谓的环境耳塞（ambient earphones）这种更新的技术来取得。利用声学手段或电学手段的环境耳塞可以让演员感觉到在入耳式混音中声学环境感增强了。无源的环境耳塞有一个端口，实际上就是耳模上的一个开孔，该开孔可以让环境声进入耳道。有源环境耳塞将很小的电容传声器直接安装在了耳塞上。将传声器连接到一个辅助器件上，该器件让使用者可以控制混入个人返送监听混音系统中的所须环境声的大小。由于这些传声器正好处在耳朵的位置上，所以方向性提示信息会保持恒定，并且很自然。环境耳塞不仅为用户提供更为真实的听音体验，而且也让歌曲之间与演员之间的交流变得更加容易。负责为演员提供混音的监听工程师面临的一个挑战就是他们在进行混音调整时无法听到与演员所听到的完全一样的效果，除非监听工程师就站在舞台的同一点上。对于有些演员而言，为恢复某些失去的声音“活跃感”的好处而进行一定的折中考虑是值得的。在要求改变监听混音时，演员应理解这种折中考虑。

43.7　个人返送监听系统的应用

虽然配置个人返送监听系统及其应用是一个相对简单的过程，但是它们的配置方法却几乎是无限的。本节将会讨论几种典型的系统设置情况。个人返送监听系统的作用在演出和彩排阶段同等重要，它们所带来的好处，让小型夜总会设定，以及大型的巡回演唱会和教堂应用受益匪浅。

43.7.1　彩排

对于已经拥有自己调音台的团体，为彩排安排一个个人返送监听系统就变得简单了。根据所需要的混音数量，可以有多种方法将信号引入系统。为了创建一个简单的立体声混音，只需简单地将调音台主输出直接连到个人返送监听系统的输入即可（应注意，这种做法同样也适用于单声道系统）。如果想要独立地进行混音，那么也可以使用辅助送出。对于携带自己 PA 系统（或至少有自己的调音台）的乐队，这种方法可以让他们在彩排期间创建出监听混音，并且在演出期间复制这种混音设置。不需要对演出环境的声学属性进行调整。

43.7.1.1　演出、俱乐部/社团/婚礼乐队——无监听调音台

大多数演出团体不具备专用的返送监听调音台。在这种情况下，返送监听混音是用主扩调音台的辅助送出来创建的。可供使用的混音数主要受调音台性能的限制。在一般情况下，大部分个人返送监听系统至少可以创建一个立体声混音或两个单声道混音。因此，任何被使用的调音台应能提供至少两个专用的推子前辅助送出。推子前辅助送出不受主推拉衰减器混音变化的影响。推子后辅助送出电平的变化是基于通道推拉衰减器的位置改变的。它们通常被用于产生效果。尽管推子后辅助送出可以用于监听，但推子移动引发的听音声压级改变可能会在一定程度上分散演员的注意力。

对于只有两个辅助送出可供使用的用户而言，最佳选择是可以进行双 - 单声道工作模式的操作，因为这样使用起来最为灵活。连接很简单——只需将调音台的 Aux Send 1（辅助送出 1）连接到左输入，将 Aux Send 2（辅助送出 2）连接到右输入。（如果 Aux Send 3 和 Aux Send 4 也是推子前送出，则也可使用——所有调音台都是不同的！）那么，根据使用者要听的内容，通过提高想听通道的辅助送出来创建混音。下文中列出了几种常用的双 - 混音设置。

通过调整接收机上的平衡控制，每位演员可以选择其想听的混音。一定要确认接收机被设定成双 - 单声道工作模式，否则每个混音只能听到左侧或右侧的声音，但不会双耳都能听到声音。还要记住的是，有多少台接收机就只能监听多少台发射机。

有些演员可能愿意听主混音，这样他们就可以准确地监听到观众所听到的声音。要记住，这不可能总能产生我们想要的结果。很少会出现耳道内的声音听上去会与不尽如人意的声学环境中 PA 系统重放出来的声音一样的情况。很多时候，在入耳监听混音中似乎混合到刚好的程度的歌唱声在通过 PA 重放时会完全丢失，尤其是在小空间里使用真乐器演奏时。这种技术可能适合于电子乐队，因为这时的大部分乐器声是被直接输入调音台的。房间内唯一的声音是由音响系统所创建的。

调音台的辅助送出越多，可以创建的返送监听混音数就越多。多个例子见表 43-1 ～表 43-3。

表 43-1　3 种监听混音模式（MixMode）

选项1			
Aux 1 输出（PSM 1 左）	Aux 2 输出（PSM 1 右）	Aux 3 输出（PSM 2 左）	PSM 2 右
歌唱声混音	乐队混音	专门的鼓混音	未使用
选项2			
Aux 1 输出（PSM 1 左）	Aux 2 输出（PSM 1 右）	Aux 3 输出（PSM 2 左）	PSM 2 右
主歌唱声	其他所有的声音	专门的鼓混音	未使用
选项3			
Aux 1 输出（PSM 1 左）	Aux 2 输出（PSM 1 右）	Aux 3 输出（PSM 2 左）	PSM 2 右
正前方混音	后排混音	“自我”混音（乐队领队得到他所想要的）	未使用

表 43-2　4 种监听混音模式［MixMode——只使用辅助送出（Aux Sends）和 PSM Loop Jacks］

选项1			
Aux 1 输出（PSM 1 左）	Aux 2 输出（PSM 1 右）	Aux 3 输出（PSM 2 左）	PSM 2 右
歌唱声混音	乐队混音	小号混音	乐队混音（环通来自PSM 右的环路输出插口）

表 43-3　4 种监听混音模式（MixMode）

选项1			
Aux 1 输出（PSM 1 左）	Aux 2 输出（PSM 1 右）	Aux 3 输出（PSM 2 左）	PSM 2 右
主唱歌手的混音	吉他手的混音	贝斯手的混音	鼓手的混音

续表

选项2			
Aux 1 输出（PSM 1 左）	Aux 2 输出（PSM 1 右）	Aux 3 输出（PSM 2 左）	PSM 2 右
歌唱声混音	乐队混音	小号混音	歌唱声/乐队混音
选项3			
Aux 1 输出（PSM 1 左）	Aux 2 输出（PSM 1 右）	Aux 3 输出（PSM 2 左）	PSM 2 右
“EGO” 混音（只有主唱声/乐器声）	“Ego” 混音（此外的所有声音）	乐队混音	专门的鼓混音

43.7.1.2 俱乐部乐队 —— 带监听调音台

这时候，典型的小型 FOH 调音台已经达到了用于监听目标的极限。那些高水平的乐队（较大的、有名气的俱乐部和剧院或小型巡演团体）可能会发现专用监听调音台给他们带来的好处。大部分监听控制面板能够提供至少 8 个单声道（或 4 个立体声）混音。如今为每位乐队成员建立自己专用的混音已经变为一种实用的做法。系统连接仍然非常简单——来自调音台的各种混音输出被直接连接到各种监听系统。由于有大量的混音可供使用，同样有经验的返送监听工程师可将混音调整至完美，所以立体声监听是可行的。

有些演员甚至自带监听调音台。由于各人监听拥有一致的属性，因此对于每场演出都相同的演员且使用同样乐器的乐队而言，可以将他们采用的监听混音设定保存在其调音台内。因为可以完全不理会场地的声学情况，所以在检查音质阶段所须进行的必要调整并不多。

43.7.1.3 专业巡回演出系统

当无须再考虑预算问题时，就可以充分利用个人返送监听系统的功能了。专业艺人的大规模巡演使用的许多系统常常都可以提供 16 种以上的混音。

要将完全独立的、个性化的混音提供给舞台上的每位演员。这时需要使用大型的监听调音台。例如，为了提供 16 种立体声混音，就要求监听调音台拥有 32 路输出。

通常，所使用的效果处理也要比较小的系统的效果处理更多。

当采用大量的无线个人返送监听系统时，与之相关的问题就变得更加重要了。必须认真进行频率协调，以避免系统之间，以及系统与外部干扰间的相互作用。根据巡演的内容，有一个频率检测系统是可取的做法。必须正确地进行天线组合，以减少近距离安放发射机天线的数量。指向性天线还可以被用来提高工作范围，降低多路径干扰引发信号失落现象的概率。应该注意的是，应谨慎使用高增益指向性天线。许多巡回演出将对数周期天线，或更为常见的是将螺旋天线正好摆在混音的位置处。通常这样就将天线放置在距演员不到 20ft 的地方。不需要将指向性天线摆在距演员如此之近的地方，实际上有时这样做会弊大于利，它会造成接收机前端过载。通常将标准的半波全指向性天线安置在良好的视线范围之内就足够了。对于采用巨型舞台的大型场地秀，采用指向性天线会更适合一些。

43.7.2 个人返送监听系统的调音

针对个人返送监听系统所制作的混音可能需要不同的调音方案，这与传统返送监听系统有所不同。通常，这与演员的要求关系非常大，这可能要求监听工程师对此给予更多的关注。特别的是，许多小型夜总会的音响系统一般都是只对歌唱声扩声提供监听。因为隔声，一般要求入耳监听系统将其他声源的声音加入监听混音当中，当乐手选择降低整体的舞台音量时尤为如此。有些演员可能喜欢更积极地进行混音，比如提升独唱或独奏乐器的音量，或者强调某些歌唱声部。这种额外的要求可能需要专用的监听调音台和音响工程师来满足。FOH 工程师主要对提供给观众的混音负责，一般只是应演员的要求稍微对监听混音进行一下更改。除了巡演的专业人士外，在大多数情况下，这种方案都能被使用者完全认可，而且效果比地板返送监听系统要出色得多。

对于自己进行混音的演员而言，还需考虑其他的因素。专业音响工程师或监听工程师的优势之一就是他们拥有多年的混音经验。这种本事并非一夜之间就能学会。对于刚开始使用个人返送监听系统的乐队而言，他们强烈渴望能制作出 CD 质量的入耳式监听混音。虽然这对于经过训练的音响工程师来说，利用合适的设备是可以实现的，但对于并未掌握混音基本概念的人而言，要想成功地模仿专业混音的效果是不可能的。

入耳监听的新手常犯的一个错误就是将所有的声音都尽可能地放入混音。这里我们为读者提供另一种将更多声音放入混音当中的方法，具体如下。

1. 将耳塞开启，系统打开。但是不在混合信号中放入任何乐器声音。

2. 尝试演奏一首歌曲。在表演的同时，确定那些乐器需要更大的扩声处理。

3. 开始将乐器声音加入混音，一次加入一种乐器声。通常，最先加入的是歌唱声，因为往往它是舞台上唯一没有经过放大的声音。

4. 只需将声音提高至必要的响度即可，要抵御住将那些在声学上可以听到的乐器声在混音中提高响度的诱惑。

监听混音应注意的一点就是：演员现在对其所听到声音的控制能力达到前所未有的高度。他们总是想让自己的声音最响，在混音中表现最好，然而这种做法并非在任何情况下都是最佳的做法。如果混音与现实情况偏离太多，那么接下来与乐队中的其他成员的声音建立起正确的混合就不可能实现。一般大型的乐队都会使用声学乐器或和声参与表演。这类乐队的混音是针对彼此间的听音来创建的，而不单单是为了自己。如果首席小号吹奏者使用了个人返送监听系统，小号吹奏出的声音响度会是其他声音响度的 3 倍，这并不是艺人演奏声音过响或过弱的准确反映。要牢记的是，出色的乐队混音本身并非是完全依赖音响技术实现的。

43.7.3　立体声无线传输

立体声个人返送监听系统采用所谓的立体声复用传输（Multiplexed Transmissions，MPX）形式进行传输。立体声复用无线传输将频率范围限制在 50Hz ～ 15kHz。这一频率响应限制是既定的事实，因为 FCC 认可的 MPX 标准可向前追溯到 1961 年。声频工程师为舞台上的艺术天才们所佩戴的入耳器材提供立体声无线传输混音时应掌握 MPX 的工作原理，以便在接收机上取得想要的结果。

在调制立体声无线发射机之前使用了一个锐截止滤波器（或所谓的砖墙式滤波器），中心在 19kHz，以便为导音创建一个安全区域。立体声无线发射机中的 MPX 编码器采用了一个 19kHz 导音来告知接收机传输的信息是立体声编码的。如果接收机检测不到 19kHz 导音，那么它将只解调单声道信号。进一步而言，如果 19kHz 导音不稳定，那么接收机处的立体声声像质量将会下降。最重要的是，如果入耳式监听接收机检测不到稳定的 19kHz 导音，那么它就会进行哑音处理（这就是所谓的 tone-key squelch，它是为当相应发射机关闭时保持接收机哑音而设计的一个电路）。问题是由现代混音调音台的强大 EQ 能力所引发的，调音台具备的高频搁架式均衡可从低端的 10kHz，向上延伸到 12kHz、15kHz 和 16kHz 的频率上。现实应用中的数字混音调音台上的参量式滤波可在任何中心频率上实现，并可产生高达 18dB 的提升。利用多通道混音控制面板，可以很容易地在感兴趣的频率（19kHz）上创建反作用频率响应。在立体声无线传输方式下，实际被传输的信息有两条，即单声道或和信号（左＋右）和差信号（左－右）声道，每个信号占据的频谱宽度为 15kHz。19kHz 导音处在这两个信号的正中间，如图 43.14 所示。

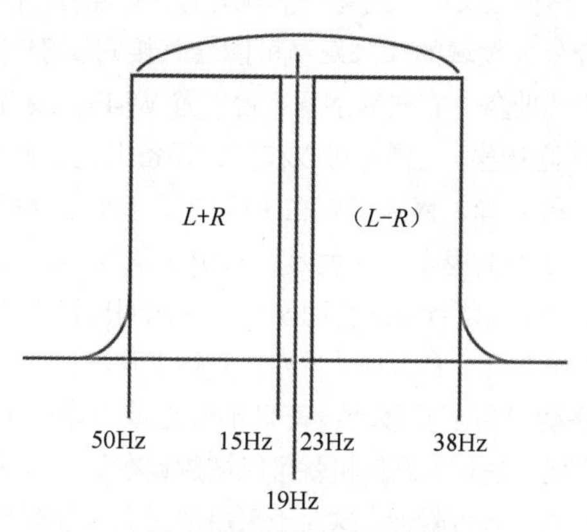

图 43.14　立体声 MPX 编码

通过将和信号与差信号的相加产生左声道，通过将这两个信号相减产生右声道，从而在接收机上恢复立体声声像。

$$(L+R)+(L-R)=2L \quad (43\text{-}1)$$

$$(L+R)-(L-R)=2R \quad (43\text{-}2)$$

该系统保证了单声道的兼容性，因为当导音丢失时，接收到的信号将会变成单声道。仅 $L+R$ 和信号被保持下来。

然而，由于 19kHz 导音处在声频频带内，所以它很容易被节目素材损伤。这些高频成分进入调制器中所导致的结果是，最好的情况是立体声隔离度和失真性能下降，最差的情况是接收机哑音。在立体声发射机的压扩电路（一种降噪形式）之前的预加重曲线中增加高频搁架处理，这时在 RF 链路之后很容易发现所听到的声音受到小量高频提升带来的明显影响。如果声频信号调制导音，那么立体声接收和最终的音质就会变差。如果乐器的高次谐波强调了 $L-R$ 边带（尤其在瞬态情况下——铃鼓、三角铁、踩镲、节拍声轨等），则立体声的隔离度就可能恶化，频率响应可能受损，甚至可以检测到一个通道与另一个通道的间的动态相互作用。

为了改善立体声传输性能，要持之以恒地完成如下几件简单的实际工作。

- 避免进行极端的立体声声像控制。最好尝试用 10 点钟位置和 2 点钟的位置取代将声音偏向极左和极右。
- 在立体声传输之前使用少量的均衡，以取得更平滑的 MPX 编码。

较新的系统可能采用数字立体声编码器，它在接收机中结合了更好的滤波性能，对高频成分的干扰敏感性较低，同时还可以实现更宽的声像。

43.7.4　用于教堂和音响承包商的个人返送监听系统

采用个人返送监听的好处不只局限于演员。上面给出的例子是从严格的音乐行业角度来阐述的。本部分将讨论个人返送监听是如何成为音响承包商手中的有用工具，尤其是它们被用于现代教堂的情况。

赞美诗咏唱队和现代音乐团体将传统的教堂仪式带到一个令人激动的新水平，但同时在遇到一般的摇滚乐队时却产生了问题。这其中的最重要问题就是音量大战。鼓声往往自然成为舞台上最响的声音。吉他手为了更好地听到自己的声音，他会将自己使用的放大器的音量开得更高。随后，歌手就需要用更高的监听声压级来与乐队的其他乐器声相竞争。这种恶性循环又周而复始地进行了。在任何实况扩声场合，比如教堂或其他场合，较响的舞台音量可能会分散观众席中的总体音量。在接下来的音响检查时尝试进行一个简单的实验。当乐队对返送监听混音满意时，关闭观众的 PA，只听来自舞台的声音。它可能足够响，以至于根本不需要打开主扩音响系统！让问题变得复杂的是，地板返送朝后“辐射”的声音成分主要由低频信息组成，它使得给观众的混音声音变得模糊。虽然这种情况会让大部分音响工程师感到头疼，但更为可怕的是这种情况还是出现在教堂环境中。虽然参加星期天早晨活动的大部分人并不想听到极响的摇滚乐，但在有些情况下，教堂混音就是这么响，以至于可以通过舞台监听听到它们。如果主系统关闭了，可它还是太响，那又该怎么办呢？降低地板返送的声压级，乐队又会抱怨——更不要说它听上去有多可怕。

对于使用个人返送监听的乐队，这些问题随之烟消云散。传统的地板返送可以被完全取消。作为我们实验的第二部分，在乐队演奏的同时关闭舞台监听。请注意，观众听到的混音变得清楚多了吗？如果乐队正在使用个人返送监听系统，那么这时混音听上去如何。另外，个人监听不止用于演唱者。佩戴入耳式监听的鼓手往往会演奏得轻一些。当舞台上最响的乐器声变得轻一些时，其他的乐器声就都跟着轻下来了。有些教堂将这一措施进一步向前推进了一步，即使用电鼓，它所产生的声学噪声很小（如果有）。如果演员使用个人返送监听系统，那么贝斯、键盘和电吉他也可以直接接入调音台，取消对舞台放大器的需要。最终的结果就是得到更加干净、更为可控的教堂混音，而音乐人也可以在不影响会众的前提下获得非常响的监听。

第二点，考虑反馈的问题。当传声器处建立起的声音是从扬声器重放出来，并再次进入传声器时，这时就会发生反馈。扬声器离传声器越近，反馈的概率就越大。取消了地板返送也就消除了最糟糕的反馈环路。利用被封闭在耳道内的"扬声器"，信号也就没有机会再进入传声器了。不用均衡器或回授抑制器，利用个人监听同样可以消除舞台上的反馈。

许多其他的应用也可以使用个人返送监听系统。合唱指挥可以将个人返送监听用于提示，或者更加清楚地听到唱诗班的演唱。想监听自己语言传声器（造成反馈）的神职人员会发现这是一种很不错的解决方案。位于礼堂后面的管风琴演奏者可以利用个人返送监听系统来更好地听到位于前部的合唱声，或者接收到提示信息。个人返送监听系统的好处已经扩展到了演员之外的使用者，它提高了演出的整体质量。

43.8 个人返送监听系统的扩展

43.8.1 个人返送监听调音台

个人返送监听将演员对返送监听的控制能力提高到前所未有的高度。但对于想要较简单的音量和声像控制的演员而言，可以用另外的调音台来进行混音。个人返送监听调音台对于可供使用的返送监听设备数量有限的乐队，也可能没有专门的监听工程师，或者根本没有人来管声音的场合尤其有用。在完美的情况当中，所有的演员会有幸听到完全一样的混音；但在现实当中，每个人可能想要听的重点会存在一定的差异。安放在演员附近的小调音台可以让他们将混音定制为与自己想听的内容完全一样。理论上讲，虽然任何调音台都可以兼作个人监听调音台，但是大部分都缺少一个重要的特性；需要以某种方式发现输入信号到主扩（FOH）调音台的路径。已装配单独返送监听调音台的大型音响系统使用被变压器隔离的分配器，将输入的信号分送至两个地方，但是这样的做法对于大部分乐队和小型俱乐部而言都太奢侈了，无力承其成本。虽然Y形线缆可以用来分离传声器信号，但是会让现场系统走线变得很乱，并且存在一定的不可靠性。有少数生产厂家将传声器分配器集成到了调音台当中。这类调音台有最基本的，用来创建一种混音的只有音量和声像控制的4通道混音器，也有较大型的可以提供4种或更多种立体声混音的调音台，其中每种混音分别配有推拉衰减器控制和参量均衡进行混音的控制调整。

43.8.2 混音信号的分配

在数字声频网络化的领域当中。混音信号的分配是其先进性的直接体现。通过将模拟信号转变为数字信号，声频信号可以被分配到多个地方，且不会造成信号质量的下降或可感知的信号损失。与模拟个人调音台有所不同，这时的线缆连接变得简单多了。一般而言，调音台的模拟输出被连接到模数转换器上。此后，利用一根以太网线缆（5类线，Cat5），数字声频的多个通道可以由模数转换器分配到每位演员的个人混音控制器上，因此也就消除了在模拟声频信号分配中对传声器线缆跳线架或大且笨重的蛇形线缆的需求。Cat5线缆并不贵，而且是现成的。混音控制器提供了一个模拟的耳机输出，该输出可以直接驱动一组独立的耳塞，或者更好的做法是，将其以硬线或无线的方式连接到个人监听系统上。如果没有别的事要做的话，个人返送监听系统上面的限制器具有一定的优势，它可以在一定程度上对演员的听力进行保护，同时演员还可以在其腰包上对音量进行控制。调音台的大部分分配系统一般是不带限制器的。大部分系统拥有8个或16个声频通道，可以让每位演员建立自己专用的、独立于其他演员的混音，同时也无须音响工程师介入其中。应注意的是，要想让演员具备这一水平的控制能力，需要对演员进行一些基本的混音培训（参见上文中"创建一个基本的监听混音"的内容）。

混音分配领域的未来发展可能会直接归属于时髦的移动技术增值业务。有些数字调音台内置Wi-Fi，或者能够与无线路由器相连，这样便可以在移动设备上进行混音操作。这样就使得混音工程师可以在房间的任何地方进行声音调整。这种能力的逻辑延伸就是为每位乐队成员提供一个通过Wi-Fi连接到调音台的移动设备，让他们自己来调整自己想要的监听混音。在这种情况中，实际上并没有声频信号被分配到移动设备上，移动设备只不过是被当作一个控制界面使用而已。这样，发射机就可以被放置在便于直接与调音台相连接的调音台附近。这对于采用硬线混音分配系统的方式而言具有明显的优势，这种系统需要将发射机放置在演员附近，因为需要将每个单独的混音设备直接与相应的发射机相连。另外，大部分演员几乎都随身携带着自己的移动设备，因此也就降低了对昂贵的混音工作台的需求，如图 43.15 所示。

对于一个刚刚接触个人返送监听系统（这是种“超结构”，它要为每位演员创建自己想要的监听混音）的新人来说，要想解决以上这两种技术所面临的艰巨挑战要跨越许多障碍。无线组件问题确实只是问题的一半。就像传统的楔形地板返送监听系统要求混音调音台为演员提供正确的声源混音一样，个人返送监听系统也面临同样的问题。由于个人返送监听系统并不存在听音环境因素产生的影响，并且不需要考虑回授的问题，因此相对于舞台上的音箱监听，个人返送监听系统所创建的混音控制则是一种更为合理的解决方案。

图 43.15 QMix Aux-Mix 控制软件（Presonus 授权使用）

43.8.3 其他设备

入耳式返送监听会带给人不同于传统舞台返送监听的听觉体验。由于听音人的耳朵与环境声是隔离的，所以表演的环境感被改变了。可以在个人返送监听系统中增加一些其他类型的设备，以改善听音体验，或者尝试模拟出更为逼真的“现场”感。

43.8.3.1 鼓手座椅振动器

在由传统返送监听方式转变为个人返送监听方式过程中，在演员的听音体验中可能会失去扩声的低频声音所造成的物理振动。鼓手和贝斯手对这一振动的作用非常敏感。尽管使用了双驱动器耳塞可以让感知到的低音更丰富，但是耳塞并不能再现空气的移动（声音）给人带来的动感，而非耳道内的感受。虽然鼓振动器并不产生扩声的作用，但是它可以重建出通常由重低音扬声器或低频换能器给人带来的振动感。通常我们会在汽车音响和电影院应用当中见到它的身影，这些设备与音乐节目素材同步振动，模拟出较响的低音扬声器所产生的空气扰动，如图 43.16 所示。可以将它们连接到鼓手的座椅下或舞台的台阶下面。

图 43.16 Aura Bass Shaker（AuraSound，Inc. 授权使用）

43.8.3.2 环境传声器

有时偶尔也会使用环境传声器来恢复使用个人返送监听系统时可能失去的部分“现场”感。其用法有几种。对于打算重现舞台上乐队声音的演员而言，可以在高处架设两支电容传声器，将其所拾取的声音馈送到监听混音中。舞台上的环境传声器还可以被用于演员彼此间的交流，这个声音观众是听不到的。一种极端的做法（前提是不考虑预算问题）就是为每位演员佩戴一支无线领夹传声器，并将这些传声器的混合信号馈送至所有的监听混音当中，但 PA 声音中不包括该成分。由舞台向外探出的枪式传声器也可以拾取到良好的观众声，但退一步看，如果没有枪式传声器可供用户使用的话，好的电容传声器也足矣。

43.8.3.3 效果处理

可以利用效果处理器来进行混响环境的人工塑造。即便使用一款不太贵的混响器也可以增加混音的深度感，对演员而言这可以提高其听音的舒适度。许多歌手认为给他们的声音加上效果会让他们感觉声音更好听，而且入耳式返送监听可以保证在加入效果时并不干扰 PA 混音或其他演员的返送混音。

也可以将周边设备中的压缩器和限制器用于声频信号处理。尽管许多个人返送监听系统有内置的限制器，但是外接的限制器还会对较响的瞬态信号进行额外的处理。压缩器可以用来控制信号的电平及其较宽的动态范围，比如对歌唱声和声学吉他进行压缩可以让它们不至于淹没在缩混信号当中。更富有经验的监听工程师可以利用多频段压缩和限制的优点，使动态处理只对特定的频段起作用，而不是对整个声频信号起作用。

入耳式返送监听处理器将这几种功能集成到一个硬件当中。典型的入耳式返送监听处理器具有多频段压缩和限制，参量均衡和混响的功能。另外还具有诸如立体声空间声场模拟算法等次要功能，它可以让人们实现对立体声声像的控制，让每个单元所形成的声像有所变化。如今的任何一款还算合格的数字调音台一般都包含上面提及的各种效果。

43.8.4 等待时间与个人返送监听系统

用来改善个人返送监听系统表现的设备大多数是数字化设备，而不是模拟化设备。虽然数字化设备的优点有很多，比如灵活性更强，噪声更低等，但是所有的数字声频设备都会为信号通路引入更长的、可测量到的等待时间（latency），这应引起个人返送监听系统使用者的注意。数字设备中的等待时间指的就是自信号进入数字设备的输入到从该设备输出所用的时间。在模拟化设备中，声频信号以光速传播，等待时间不是要考虑的因素。然而在数字化设备中，需要将输入的模拟信号转变为数字信号。之后，信号再被处理，并转回至模拟域。就单一设备而言，完成整个处理过程不到几毫秒。

信号通路中的许多设备都是数字化的，其中就包括调音台和信号处理器。另外，信号分配系统本身也可能是数字化的。个人混音系统中的声频信号分配实际上是利用 Cat5 线缆（与以太网计算机网络中使用的相同）来传输数字声频信号。声频信号由中心单元数字化，并在个人调音台处转回至模拟形态。以类似方式工作的数字声频蛇形线缆也受到人们的欢迎。

因为由数字化声频设备引起的等待时间很短，所以信号不会被感知为可闻的延时（或回声）。一般而言，等待时间要长于35ms才会产生明显的回声。大脑将会把间隔时间不到35ms的两个信号视为一个整体。这就是所谓的哈斯效应（Haas Effect），它是以首先描述这一效应的Helmut Haas（赫尔穆特•哈斯）的名字来命名的。然而，等待时间会累计，同一信号通路上的几个数字化设备可能产生足够长的总等待时间，并由此产生感知回声。

正如讨论过的那样，隔声耳塞是个人返送监听耳机的首选类型，因为它们可以对极响的舞台声音提供最大的隔声量。然而，隔声耳塞会产生阻塞耳朵的效应。声音至少以两种途径被传输至听音人的耳朵。第一种途径就是通过骨导形式将声音传输至耳道的直达通路。隔声耳塞强化了直达通路的作用，由此构建声音的低频信息，它听上去类似于戴耳塞时进行交谈的情形。第二种途径是经由调音台，被个人监听发射机和接收机传输的“扩声”信号，在信号通路中可以有其他处理。如果通路完全是模拟的，那么以光速来传输信号，几乎与直达（骨导）声同时到达。即便数字设备引入的等待时间很短，但还是会导致梳状滤波（comb filtering）问题的产生。

在继续深入讨论之前，有必要对梳状滤波进行解释。可以通过多个通路将声波传输至同一接收机（这一情况下，耳朵就是接收机）。有些声波将会比其他声波通过更长的通路才能到达同一点。当它们在接收机处混合时，这些声波可能处于彼此反相的状态。混合声波的最终频响曲线类似于梳子，故被冠以梳状滤波的称谓，如图43.17所示。

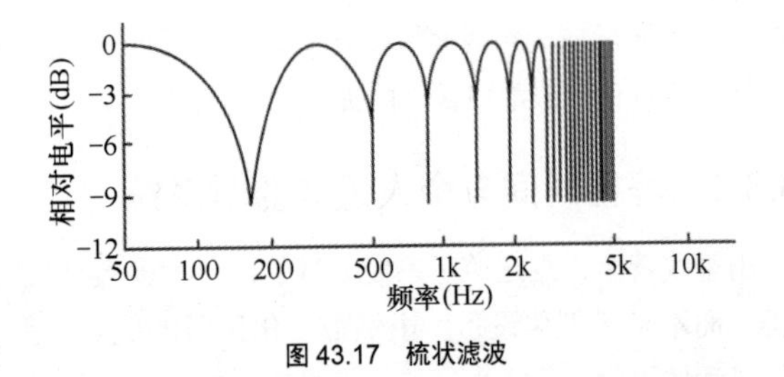

图43.17 梳状滤波

声音发空常被用来描述经梳状滤波后声音的听感。

人们一般都认为等待时间越短越好。从根本上讲，改变等待时间量，发生梳状滤波的频率就会发生偏移。即便等待时间只有短短1ms，也会在某些频率上产生梳状滤波。改变的是产生梳状滤波的频率点。等待时间越短，产生梳状滤波的频率越高。对于大多数现场应用而言，长达2ms的延时是可以接受的。在使用个人返送监听系统时，要想取得模拟信号通路或零等待时间的音质，总的等待时间不应超过0.5ms。虽然在现实当中可能难以取得如此之短的等待时间，但是要意识到任何数字化设备都将会产生一定的等待时间。个体使用者将必须确定多长的等待时间是可以容忍的。作为另外一种方法，有些使用者报告认为将某一输入声道的极性反转，甚至是将整个混音的极性反转会改善音质。应牢记的是，虽然梳状滤波还是会发生，但其所处的频率对听音人的影响可能会较弱。

正如上文所提及的那样，数量级不超过几毫秒的等待时间一般不会让人们将被处理的信号感知为可闻延时。然而，我们所关注的是入耳式返送监听使用者的感受，特别是小号吹奏者，偶尔也会在歌唱者中表现出问题。当小号演员听一个音符时，振动通过骨导形式直接被导入耳道。如果传声器信号经过了数字处理，则较长的等待时间会引发梳状滤波。使用者一般都会感觉这时的声音发空，不自然。应该注意，如果发生了梳状滤波的问题，则要采取措施，避免引入不必要的处理。调整处理器中的延时（假设数字延时是一种可以利用的效果）也可以对等待时间进行补偿。另外，通过辅助母线，而不是在返送监听系统输入之前分配效果，这样可通过使用始终将干信号直接分配给监听系统的办法，来使等待时间的影响最小化。

43.8.5 利用个人返送监听系统的安全听音

若不讨论人的听觉属性，则对返送监听系统的分析将会不完整。虽然人们对大脑将空气分子振动反应为声音的能力并未完全搞清楚，但是我们对耳朵如何将声波转变为神经脉冲，并为我们大脑所理解这一问题还是有一定的了解的。

将耳朵分成3个部分：外耳，中耳和内耳，如图43.18所示。外耳有2个作用——收集声音并对其进行初始频率响应整形。外耳也包括了听觉系统中唯一可见的部分，即耳廓。耳廓是声音定位的关键器官。耳道是外耳的另一组成部分，它对频率响应进行了进一步的改变。耳道内发生共振的频率近似为3kHz，这与大部分辅音所处的频段刚好一致。这一共振提高了人们识别语言的能力，同时也使交流变得更为有效。中耳由耳膜和中耳骨（听小骨）构成。这部分在听觉系统中的作用相当于阻抗匹配放大器，它将相对低的空气阻抗耦合至内耳液的高阻抗。耳膜的工作机理类似于传声器的振膜，它与进来的声波同步移动，并将那些振动传递至听小骨。这些骨头中的最后一块骨头（镫骨）刺激卵形窗，并将刺激导入耳蜗，耳蜗是内耳的起点。耳蜗包含150 00～250 00个微小的纤毛，称作纤毛细胞（cilia），它会随着内耳耳液的振动扰动而发生弯曲。纤毛细胞的这种弯曲便通过听觉神经将神经脉冲传送至大脑，大脑便将其翻译为声音。

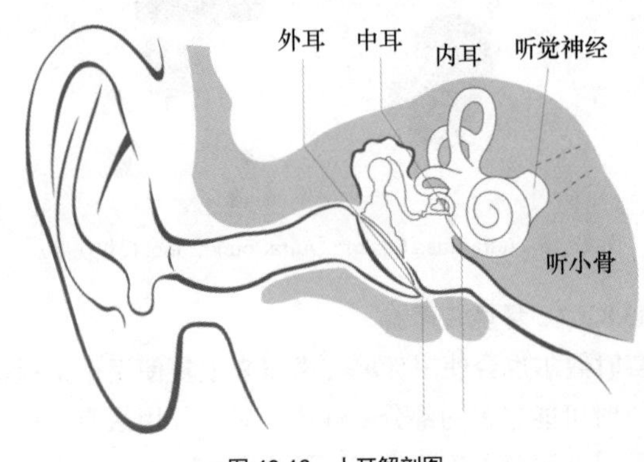

图43.18 人耳解剖图

听力损失源于纤毛细胞的死亡。从我们出生开始，纤毛细胞便开始死亡，它们是不能再生的。对高频最敏感的纤毛细胞也最容易被过早损伤。对纤毛细胞的 3 大威胁便是感染、药物和噪声。听力损伤在 90dB SPL 的声压级下就会发生。按照职业安全和健康局（Occupational Safety and Health Administration，OSHA）的规定，暴露在 90dB SPL 声压级之下 8h 就可能导致一定程度的听力损伤。当然，声压级再高，发生损伤前可暴露的时间长度便要缩短。

对于在声频领域中工作的每个人而言，听力保护都是很重要的问题。正如之前提到的那样，入耳式返送监听系统有助于保护听力，避免其受损——但它不是简单的保护。如今，安全听音的责任落到了演员的头上。这时，所设定的音量与耳膜处所呈现的声压级之间并没有直接的相关性。在此，我们给出几点建议，它们将对保护个人返送监听系统的使用者的听力有所帮助。

43.8.5.1　使用隔离式耳塞

毫无疑问，保护听力的最好方法就是使用高质量的耳塞来避免高声压级的刺激。同样的道理也适用于入耳式返送监听。在使用个人返送监听系统时，在较低的声压级下进行监听需要对环境声有很好的隔离，这与耳塞的作用类似。听觉感知在很大程度上取决于 SNR。要想让它有用，想要的声音至少要比任何背景噪声声压级高出 6dB。在普通乐队表演时的实际声压级一般会达到 110dB SPL，在这样的环境下停留 30min 就会产生听力损伤。当使用无隔声耳塞的个人返送监听系统时，需要声压级达到 116dB SPL 才能提供有用的扩声，此时允许的暴露时间减少到了 15min。不太贵的随身听耳塞，比如 MP3 播放器随机配送的耳塞提供的隔声能力很弱。个人返送监听系统应用应避免使用这类耳塞。

并非所有类型的隔声耳塞都是真正隔声的。一般基于动铁驱动单元的耳塞要用一个开孔的耳罩来提供足够的低频响应。这一开孔是耳罩上的一个或多个小孔，它会大大降低隔声效果。应注意的是，并不所有的动铁式耳塞都需要开孔。有些设计采用了封闭的共振腔来获得正确的频率响应，因此就没有必要使用开孔了，同时保留了耳塞真正的隔声性能。采用与助听器类似的平衡衔铁换能器的耳塞的体积较小，不需要开孔或共振腔。实际上，平衡衔铁型耳塞利用对耳道的良好封闭来获得正确的频率响应。虽然它们可以制作得很小，但与同档次的动铁式耳塞相比一般都比较贵。

43.8.5.2　使用双耳塞

一个让人痛苦的趋势（而且还在不断地变得普遍）是只使用一只耳塞，而另一只耳朵不戴。演员只有一个耳朵戴，而另一耳朵不戴耳塞的做法有几个理由，最为常见的理由就是演员不喜欢没有观众声音的感觉，但这种做法所带来的危害远大于这种微不足道的抱怨。首先，我们还是用上面提及的例子来说明，乐队的实际声压级为 110dB SPL。一只耳朵承受的声压级是真正的 110dB SPL，而另一只耳朵则需要 116dB SPL 的声压级才能听到。只使用一个耳塞相当于使用了无隔声的耳塞，只不过一只耳朵要承受另一只耳朵的听力损伤的 2 倍。第二，所谓的双耳叠加（binaural summation）现象也起因于使用了双耳塞，诱使耳朵 - 大脑听音机制感觉到比实际单耳更高的声压级。例如，如果在左耳和右耳处均为 100dB SPL 的声压级，则会让人感觉声压级为 106dB SPL。只使用单耳塞就需要在佩戴耳塞的耳朵处有 106dB SPL 的声压级。这种实际差异构成的对听力的潜在损伤时间由原来的 1h 变成了 2h。使用双耳塞通常会降低总的听音声压级。

表 43-4 给出了 OSHA 建议的暴露时间与声压级间的关系。

表 43-4　OSHA 建议的暴露时间与声压级之间的关系

声压级	暴露时间
90dB SPL	8h
95dB SPL	4h
100dB SPL	2h
105dB SPL	1h
110dB SPL	30min
115dB SPL	15min

通常，使用环境传声器有助于克服这种隔绝感。环境传声器可以是夹在演员身上的领夹式传声器，将该传声器所拾取的声音直接分配给入耳式混音，或者将指向观众的立体声传声器作为环境传声器来使用。常见的做法是让使用者来控制环境声的声压级。

43.8.5.3　保持限制器始终开启

不期望的声音（比如有人拔除带幻象供电的传声器或噪声冲击所引发的声音）可能导致个人返送监听系统产生超过 130dB SPL 的声压级瞬时峰值，这相当于在耳膜处射击的声压级。砖墙式（锐截止）限制器可有效阻止这些冲击声达到损伤听力的声压级。只在接收机处使用限制器的个人返送监听系统，没有任何原因将其取消。设计良好的限制器不应反过来对音质有影响，它应只对这些不期望的峰值启动。如果限制器看上去启动过于频繁，那么就说明可能将接收器音量设定得太高了（解释为：不安全）。虽然建议一定要将周边压缩器和限制器设置在返送监听系统输入之前，但绝不能因此替代内置的限制器，因为它们无法让设备免受 RF 噪声和其他可能于发射机之后产生的人为成分的影响。

43.8.5.4　注意耳朵所传达的内容

暂时性阈移（Temporary Threshold Shift，TTS）的特征就是阻塞或压缩感，这就像在人的耳朵里塞了棉花一样。耳朵嗡嗡响（或耳鸣）是 TTS 的另一种表现形式。请注意，即便从未发生耳鸣问题，也有可能发生了听力损伤。在经历了 TTS 之后，听力可以恢复。但也有可能发生永久性听力损伤。TTS的影响被累积起来，若经常出现上述情形，就说明演员监听太响了，反复暴露在这样声压级之下就会发生永久性听力损伤。

43.8.5.5 你定期检查听力吗？

想要了解某人的听音习惯是否安全的唯一可靠方法就是定期进行听力检测。首次进行的听力测试结果将作为未来所有听力检测的比较基准，以决定他是否出现了任何听力损伤问题。大部分听力学专家都会建议音乐工作者至少一年检查一次自己的听力。如果听力损伤被早期发现，通过校正可以避免其进一步恶化。

关于入耳式返送监听常被问及的一个问题就是："我怎么才能知道它有多响呢？"这时，唯一的方法就是找到音量旋钮设定与耳膜处实际声压级之间有用的相关性关系，耳膜处的声压级是通过专门的微型传声器在耳膜处测得的。合格的听力学专家（并不是所有专家都有正确的检测设备）可以实施测量，并给出合适的声压级设定建议。

虽然个人返送监听可以让使用者的听力在健康水平保持更长的时间，但这只有在使用正确的前提下才成立。较低声压级下的监听是有效保护听力的关键因素，这只能通过足够的隔声实现。使用正确的专业隔声耳塞，再结合向听力学专家咨询，便可以让对保护自己听力感兴趣的音乐人得到这方面的法宝。我们不能过分地强调个人返送监听系统内部及自身并不能担保听力不受损伤。然而，个人返送监听系统不仅改善了音质，且使用也更为方便，同时也让演员对监听的控制达到前所未有的水平。通过反馈和对观众混音干扰的最小化处理，降低舞台音量也改善了观众的听音体验。与大多数新技术一样，虽然还需要有一个适应的周期，但是在使用过个人返送监听系统之后，很少再有演员回过头来去使用地板返送监听系统了。

第44章

信息转发器、博物馆与旅游导览系统、语音教学和群发信息系统

Glen Ballou和 Hardy Martin编写

44.1 数字声频存储

数字声频存储的应用非常多，有些是人们日常使用的，有些则是为后代保存信息使用的。我们首先阐述日常使用的信息转发器的应用和工作原理，然后将讨论特定的声频信息存档应用。

44.2 信息转发器

最初的“信息转发器”是一位坐在传声器处通过公共扩声系统或在适当的时刻发布信息的一个人。信息可能随时改变，如果采用了区域切换，那么不同的可以将信息实时发布到不同的区域。然而，不能同时发送不同的信息。它的另一个缺点就是需要有专人为此工作。在紧急的情况下，要求1个人坐在传声器旁用平静和果断的语气来发布消息——困难是如何将信息发布做到最好。

随着磁带录音机的出现，可以预先将信息录制下来，手动或自动进行播放。如果不是使用多声道录音机或多台录音机，那么每次只能播放一条信息。为了播放记录好的不同信息，需要将这些信息的顺序记录，并通过快速走带的方式确定下一个想要播放的信息的位置，这在紧急状况下要花费一定的时间。利用设计的循环带，人们开始采用连续循环播放式磁带录音机。虽然这解决了倒带的问题，但是这也就意味着在磁带制作完成前是不能转发信息的。磁带总是有可能被拉伸和断掉。虽然自动绕带的盒式播放机也被使用，但还是存在与开盘机一样的问题，即它们必须要重新绕带。

到了20世纪70年代末期，出现了采用固态器件的数字存储设备。相比之前的系统，数字化信息转发器具有如下优点。

- 可靠性高。
- 灵活性强。
- 固态介质的重放质量高。
- 使用者可录制信息。
- 可编程（通常指的用户编程），既可在本机，也可在其他机器上实现。
- 可遥控。

44.3 信息转发器的工作原理

数字信号处理器的应用大大简化了数字电路，同时也使数字化信息转发器的设计得以实现（见第35章DSP技术）。

图44.1所示的是简单形式的数字化信息转发器。在这一系统中，永久性的信息被生产者数字化，并存储在数字化的信息存储电路中。要想改变信息则需要将产品单元送回生产厂进行重新编程。如今新的技术可以不用将产品单元送回原生产厂，而是在现场利用可实现电子擦除并再次写入的存储器来进行信息更新。这些系统采用受微处理器控制的存储器来记录和播放所存储的信息。

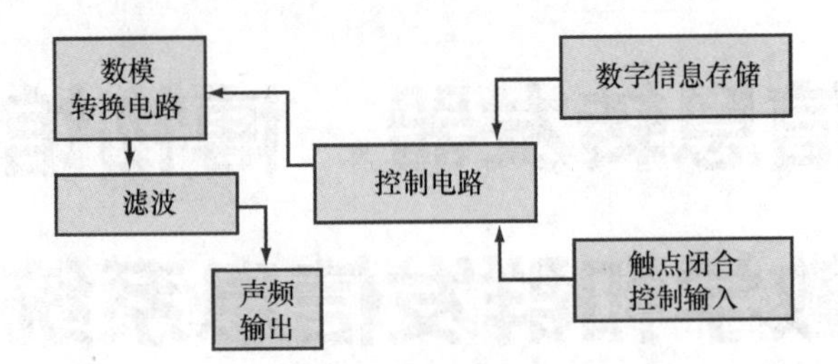

图44.1 数字化信息转发器

在触点闭合时，控制电路将数字化的存储信息传输给数模转换电路，在那里将信息转换到模拟电路中。这时的模拟信号还只是近似形式，因此这时要用滤波器来平滑波形和限制频响。通常，这类单元的频率响应范围是300Hz ~ 3kHz，或者说是基本的电话响应。滤波过的输出就可以直接送至声频输出电路进行放大、平衡或非平衡处理，与输出阻抗进行正确地匹配。

图44.2所示的是ALARMCO生产的Instaplay智能化数字化信息转发器。在该系统中，记录的信息可以来自传声器（Mic），辅助输入（Aux，比如CD或MP3播放器），或者标准的按键电话（控制电话）。随后，模拟信号输入被滤波，转换为数字信号（模数转换电路），进行存储（数字信息存储）。它可以存储几千条信息，并能随时替换其中某一条信息。Instaplay利用闪存来存储信息，其重放的音质源于存储的采用了16bit或24bit量化样本的声频数据。还可以对声频和编程数据进行数字形式下载。利用内存和智能化固件，每条新的记录可以长于或短于原来记录，它们被记录到任何尚未使用的存储空间中。

为了简化来自控制电话(既可以是本地,也可以是异地),控制电话和电话网络接口（Control Phone and Telephone Network Interface）的记录，要将预录的指令以数字化形式存储在播报器（announcer），命令提示音存储（Command Prompt Audio Storage）中。这些指令导引使用者一步步进行操作。电话的按键被用来响应紧急事件。

安装者可以为厂家提供的调度程序（Internal Program Storage，内部程序存储）的信息播放创建一个行程表。利用这个调度程序，播放员可以在一天或一周的任何时间从一个播放列表自动切换到另一个播放列表上。播报器不仅保证了已制作好的信息的播报，而且还可以准时进行信息播报。它不仅可以将文字信息送至计算机，以保存事件的记录，也可以将文字信息送至指示牌上，以显示可视信息。

利用智能化播报器，安装者既可以指定用户程序存储（User Program Storage），信息应在何处播放，声频输出（Audio Outputs），同样还可以在每个输出通道上的播报信息间加入延时。

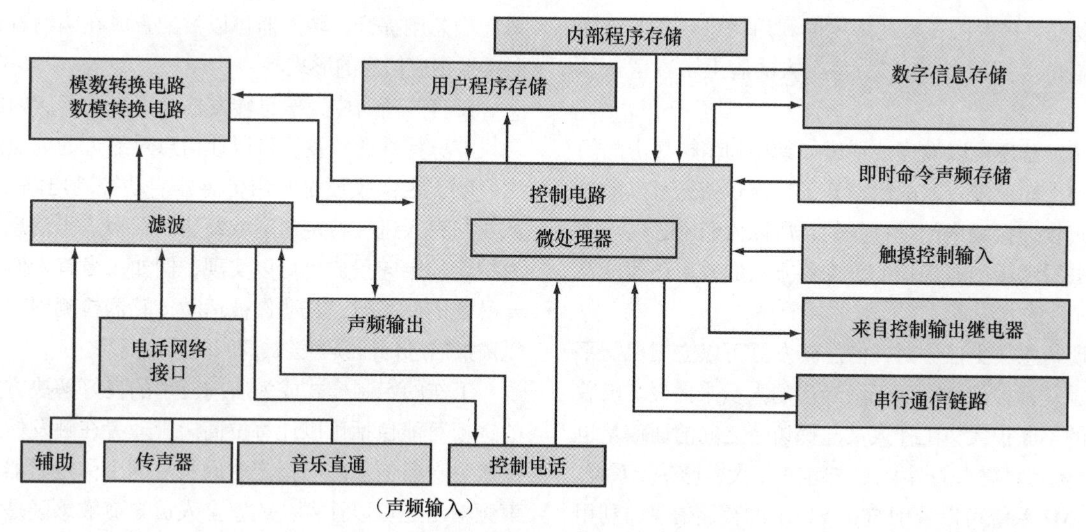

图 44.2　智能化信息转发器（ALARMCO 授权使用）

在进行讲话的时候，Instaplay 始终都是知道的。通过启动多个继电器 [输出继电器（Output Relays）] 中的某一个，安装者就能利用播报器来管理其他的动作，比如打开灯光或触发其他播报器。通过导入播放列表（用户程序存储），安装者可以控制这些继电器。

在信息播报期间，被选择的信息可以按任意的次序（包括重复）进行播报，播报信息的次序由安装者（用户程序存储）指定。背景音乐可以插在多个信息转发器播报的信息 [音乐直通（Music Feedthrough）] 之间。

然而，智能化信息转发器（比如 Mackenzie Dynavox）可以对软件（用户程序存储）发出质询，并决定在发布每条单独信息期间是否将背景音乐压低或哑掉。这个系统包括一个内置的定时器，用户可以将其设定成自动模式，以预定间隔来播放信息。

智能化信息转发可以通过多种外部方式 [Contact Closure Control Inputs（触摸控制输入），Serial Communications Link（串行通信链路），Control Phone（控制电话）] 实现触发，并且播放信息序列或新信息列表。另外，智能转发器可以让客户记录新的信息，采用本机或遥控方式修改日程播放列表和其他编程参量。当异地登陆播报者（announcer）时，进入电话网络接口页面，这时可能要输入安全口令代码。列队是已经被选作通过特定通道播放的信息文件序列。播放列表是让信息列队以确定序列和通道进行播放的命令单，同时还具有运行外部设备的能力。另外，它还能通过外接触发器来启动和停止信息的播放。

Instaplay 从嵌入的固件（内部程序存储）获取其固有的智能特性。有些生产厂家提供的程序不仅定义了机器的内部运行，而且还定义了默认参数，比如如何重播预录的消息或在接收到请求时该如何动作等。

Instaplay 从现场编程来实现应用的智能化，并将编制的程序存储在播报者的随机存储器（用户程序存储）中。安装者（installer）必须能够方便地更改这些已被播报者当作工作应用指令使用的默认参量。然而，根据预定流程，特定的工作一整天可能要播报数百条事件；月台上火车进站的通报需要与准确的火车进站时间相对应，而不是按照预定的到站时刻表来播报。

微处理器必须始终对默认系统数值和用户指定的参量进行协调，以针对不同的应用正确地运行。

44.4　信息转发器的用途

将信息转发器用于如下许多场所。

- 医院。
- 工厂车间。
- 娱乐公园。
- 零售店。
- 学校。
- 旅游景点。
- 运输部门。
- 信息提供商 / 广播服务。
- 信息暂留。
- 博物馆。
- 群发通知。

44.4.1　信息转发器在医院中的应用

信息转发器已经被销售给了众多的医院。它常用的应用之一就是为医院内独立的场所播报不同的信息。信息可以被分成向所有区域播报，或只向公共区域或患者区域播报。例如，探视时间提醒是向医院所有区域播报的，包括病房在内。禁止吸烟提醒可能只向医院大厅、咖啡厅和候诊室播报，而医生呼叫则只对患者区域播报。

另外，按照时间安排，信息转发器通常是在探视时间快到时或探视时间再次开始时进行播报。

全国的医院都在尝试以特有的方式来提高患者就医的

舒适感。现在许多医院在婴儿降生时利用信息转发器来播放勃拉姆斯的《摇篮曲》。它为每个人的脸上增添了一丝笑容。

信息转发器还可以被连接到诸如老年和精神病房的门控上，让护士知道未授权的门打开了。语音信息可以随时向整个建筑物通报哪扇门是打开的，所以人们不必进入中心报警器去看哪扇门是虚掩的，这种方法的效率和速度都要比视频显示的方法高。

当出现紧急救生任务时，信息转发器可以立刻根据平时的要求重复播报信息，而无须专门的人员来播报。随着医院规模的不断扩大，工作人员与探访者之间的通信量也在增加。伴随信息需求的增大，也要求采用大容量存储系统。Mackenzie M3 系统可以容纳 500 条以上的存储信息，利用 RS-232 的控制功能进行快速而可靠的信息启动。

44.4.2　信息转发器在工厂车间中的应用

即时生产对于节约成本的公司来说是一种非常受欢迎的方式。有些公司报告已经显示每年通过即时分发零配件来降低库存成本，从而节约了上百万美元。采用这种技术，不用的零部件不需要占用有价值且昂贵的地板空间，同时生产线的运作也不会因为缺少零部件而慢下来。美国的许多大型工厂（比如 Motorola，General Motors 和 Xerox）多年前就已经采用这种方法来降低成本了。

在某些零部件需要补充入库时，信息转发器可以用来播报这方面的信息。装配工可以通过按动按钮来手动触发信息，或者当盛放零部件的容器重量过轻时，由传感器自动启动信息，向库房传送一个补货的口信。

转发器还可以用来播报午饭时间、工间休息、安全提示和公司公告等内容。它可以被配置成在有人进入（或处在）需佩戴安全帽的区域时让系统知道的形式。它可向进入者发出警示信息。还可以对回到出口的访客发出送还安全帽和护目镜的信息。

信息转发器的另一有趣用途是消除噪声环境下的声反馈。通过在信息转发器上录入信息或记录，只要录入完毕就马上进行信息播报，这样传声器 - 放大器 - 扬声器 - 房间所构成的反馈环路被破坏，反馈被消除且寻呼信息可以自动重复。

44.4.3　信息转发器在零售店中的应用

信息转发器对于商店内的求助应用十分理想。店内求助日益受到店内零售商的追捧，因为这可以让他们削减雇用大量员工所带来的成本支出，同时还可以为客户提供必需的服务。通常告知顾客的“在本店内如需帮助请按按钮”提示标志被连到了信息转发器上。

对于加油的顾客而言，他对便利店的第一印象是其能否成为忠实顾客的关键。当有人驶入加油站时，信息转发器会触发不同的广告信息。研究表明这种形式的广告会使销售额急剧提升。转发器可以被配置成在购物者进出商店时播报相应信息的形式。

在有些商店中，信息转发器被用来进行店内的定向广告投放。特殊的转发器可以让信息对靠近购物点的顾客产生影响。定向投放是利用传感器启动控制电路来实现的，从而在有人进入特定通道或商店时播报广告信息。甚至变为特定的定向投放也可以实现，例如，当有人伸手去拿某一品牌的商品时，其动作被运动传感器检测到，这时就可以播报信息，让顾客尝试商店的品牌商品。

工作的定制模式成为店内应用的良好解决方案。特定的选项可能包括可以让每位商店管理者在触发信息转发器播放另一条信息之前指定时间长短的个体定时器。第二个声频输出还可以让办公或安全人员知道敏感区是否有人需要帮助，比如有人在这一区域携带危险物品。信息转发器可由中心区（比如办公前台）来启动或关闭任意商店区域。如果儿童正在玩弄按钮，那么商店管理者可以临时停用那一个按钮，直至儿童离开。

利用内置的日程安排，信息转发器可以每天播报相应的闭店时间。复杂一些的软件可让一台智能化信息转发器同时执行多个这样的功能。

44.4.4　信息转发器在学校中的应用

可以预录下雪致使学校闭校或缩短白天在校时间等通知，并通过学校的 PA 系统和当地城镇的 TV 频道播出。

另外，也可以预录下来调课通知和活动通知，并依照内部的日程安排自动地在白天或晚上传送出去。还可以将信息转发器设置成针对体育锻炼安排、最新消息等的拨入线（dial-in line）形式。

通常学校的健身房或礼堂是课后使用的。由于消防规范，许多学校并没有设置安全门来将使用区与学校的其他区域隔离开。由光束或活动检测器触发的信息转发器可以告知人们正进入一个封闭区域，同时也会通知报警人员或安保人员。如果安全门处于闭锁状态，那么信息转发器可以及时可靠地进行指挥将学生和工作人员疏散到安全地点。

44.4.5　信息转发器在运输部门的应用

为了减轻驾驶员的负担，可以在信息转发器上手动选择、控制和播报公交车的线路停靠信息，或者完全由计算机控制进行播报。旅游巴士上的信息转发器常被用来替代导游告知旅游须知和观光线路等内容。通常，在准备播报下一条信息时，司机会按下开关，对转发器进行控制。

在公共运输的装货台上的信息转发器可以播报车辆的到站和离站信息、安全须知和将要进行的日程变更。自由女神像的参观渡船选用了 Alarmco 的 Instaplay 用来智能发布参观信息和必要的安全须知等内容，如图 44.3 所示。

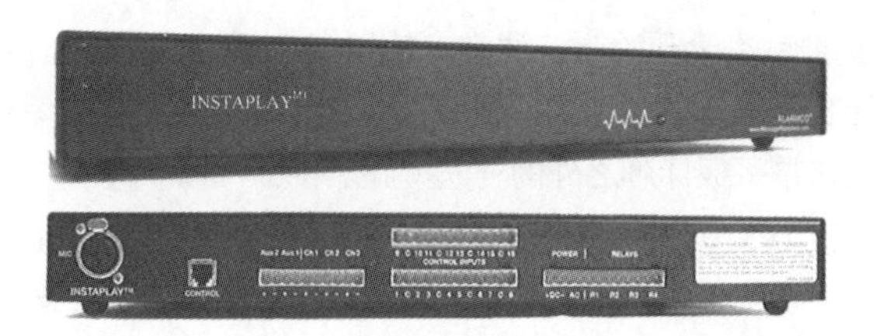
图 44.3　Instaplay 信息转发器（ALARMCO 授权使用）

44.4.6　信息转发器在信息 / 广播中的应用

美国新闻总署（USIA）的美国之音（VOA）在许多欧洲国家使用信息转发器来检索向全球卫星网络广播的信息。将广播的信息以各种语言下载到相应的转发器上。各个国家的当地电台接入信息转发器并下载信息，再由广播电台播出。智能化信息转发器具有对线路电平输入进行异地记录的能力，因此可以通过遥控电话来控制它们，同时也可以记录来自卫星的信息。

因为信息可能时常变化，所以它们对于电台收听指南、Traveler Advisory Radio[比如来自信息台专家（Information Station specialists）的 AlertAM]、新闻广播业务和游客信息服务的应用十分理想。它们还被广泛应用于就业热线、影院放映和演出日程表、在线体育比赛比分播报和气象信息播报等。

44.4.7　信息转发器在等候接听平台中的应用

当设置成挂起状态时，每当我们听除静音之外的任何声音，电话等待接听设备就会工作。可以本机录制等候接听播放器的节目和信息，也可以遥控录制。本机录制和编排需要人员现场录制信息或下载信息内容。有些更为智能的系统可以利用卫星系统、FM 副载波声频通道、标准电话线、调制解调器或互联网遥控下载节目和信息。在重放期间，这些遥控下载单元具有数字等候接听设备的可靠性强的优点。此外，它们相对于普通的磁带下载设备还具有附加的优势，即在安装现场完全不用插手操作。它们不需要销售人员到达现场，这些人可能不愿意或不能下载新的声频内容。

数字等候接听播放器使用存储芯片来保存信息内容。为了实现 20Hz ～ 20kHz 的频率响应范围要求的巨大的存储容量。电话线通常不会传输频率范围宽于 300Hz ～ 3.5kHz 的信号，因此提高频率响应的做法并不现实，同时这么做也会使成本大幅增加。

如 CD 的情形一样，数字等候接听单元每秒对输入信号采样多次，并将信号存储在存储芯片内。从理论上讲，每秒采集的样本数（即采样率）越多，声音的质量越好。采样率通常被表示为每秒千比特（kbit/s）。一般质量电话性能（任何电话网络允许的最佳性能）的采样率是 64kbit/s，所以不需要等候接听单元有高于 64kbit/s 的采样率。

采样率只是人们衡量数字可下载等候接听单元声频质量的一种度量方法；滤波器的网络和频率补偿器也对音质改善有所贡献。

在大多数情况下，非技术人员将等候接听设备连接到线路上，并下载新录制的音乐 / 信息。有些等候接听单元使用微处理器来控制下载 / 播放的各个方面处理。

Bogen HSR 系列单元设备就是完全由微处理器来控制等候接听系统的一个例子。它有 4min、6min、8min 或 12min 存储容量等多种型号。HSR 系列单元设备的自动运行包括确定声频的开始和停止点，设定录音电平，下载和自动进入播放模式。单元还包含一个单条信息播放触发模式，用于诸如商店闭店时播放这种单条信息。

MacKenzie Laboratories，Inc. 的 Dynavox 系列产品（如图 44.4 所示）也是一个可以当作商店广播员使用的等候接听系统。One series（1 系列）拥有 3.4kHz 的电话带宽，其他系列拥有适应商店广播和其他宽带要求的 6.8kHz 带宽。比特率从 96kbit/s 提高到了 196kbit/s，采样频率从 8kHz 提高到了 16kHz，从而改善了频率响应。声频存储要求使用 16MB 动态随机存储器（dynamic random-access memory，DRAM）来记录 96kbit/s 的 32min 内容，或者 196kbit/s 的 16min 内容。这些单元的本底噪声和动态范围大于 70dB。DVSD-3000 系列产品采用内置的小型 SD 存储卡，卡的容量可存储 30min 以上的信息内容。声频内容通过 USB 存储密钥直接载入内部的 SD 存储卡中。

图 44.4　MacKenzie DSVD-3000 Message-On-Hold 系列信息转发器（MacKenzie Laboratories，Inc. 授权使用）

图 44.5 所示的 MacKenzie Laboratories，Inc. 的 Dynavox Storecasting 系统通常用来播放营销信息，并且被集成到背景音乐系统当中。这些系统包括一个内置的用户可调节定时器，以便可以在现场针对任意给定系统来设定信息播放间隔。在加油站或便利店中，信息播放间隔可以短至 3 ～ 5min，而在超市中信息播放间隔可以长至 15 ～ 25min，因为购物者会在这些地方停留较长的时间。使用 MP3 或 WAV 声频文件时的声频性能为 15kHz。信息可以通过可移动的 USB 密钥直接载入内部的 SD 存储卡中。

图 44.5　MacKenzie DSVD-3000 MTS/LR Message-On-Hold 系列信息转发器（MacKenzie Laboratories，Inc. 授权使用）

诸如 ALARMCO 的 Instaplay 系列智能化信息转发器可以提供等候接听音乐和信息，商店播音信息，触发顾客求助信息，以及自动闭店通知等功能，所有这一切都由它来完成。另外，这种类型的信息转发器还可以播放已有的背景音乐，因此就免除了用户购买音乐录音磁带的必要。

图 44.6 所示的 MacKenzie Laboratories，Inc. 的 M3 系统是一个高保真的立体声或单声道信息转发器，它可以用于单一或大容量的应用场合，这时需要存储大量的信号或需要进行长时间的信息播放。采用 MP3 或 WAV 文件时的声频性能为 15kHz，内容通过可移动的 USB 密钥载入。

图 44.6 MacKenzie M3 高保真多通道数字信息转发器（MacKenzie Laboratories，Inc. 授权使用）

采用大容量的 SD 存储卡时，M3 模块能够存储长达数小时的声频内容。系统包括一个 RS-232 指令端口，使用基本的 ASCII 命令结构来访问其中的数百条信息。该系统依靠自身的可编程序逻辑控制器（Programmable Logic Controller，PLC）和其他逻辑系统（比如 Crestron 控制器）来工作。M3 可以被配置成以单路或双路立体声输出的系统，这对于像主题餐厅、娱乐公园和普通的背景或前景音乐重放这类需要良好声频质量和大存储容量的应用场合是很有用的。4 个内部的 M3 模块（每个模块有 2 组立体声通道，这样便有 16 个声频通道）可以被安装在一个 1U 的机箱内。

M3 还可以被用于医院的急救、机场广播、语音报警和紧急疏散系统等应用场合。

过程控制系统需要大量的指示灯，以便高效工作。当检测超出容限时，可以利用监控系统直接向 M3 系统发出指令，这意味着当温度不在技术指标规定范围内、设备速度不正确或者燃气、燃油和水压错误时，它会向工人播报此类信息。在系统运行时，它发出的信息有多种等级，有警告，乃至关闭整个系统。所存储的大量信息可让 M3 播报信息，并提供一个安全和高效的工作场所。

44.5 信息转发器在博物馆中的应用

许多年前，每个下雨的星期日下午我都是在博物馆中度过的。我的父亲热衷于历史，因此我们就伫立在一件件艺术品前，逐字逐句地阅读着那些标牌上的晦涩文字。我发誓我再也不和我的家人去那些呆板而无聊的博物馆了。

值得庆幸的是，时代变化了。由于有了交互显示和视听手段，博物馆变得有趣了很多，它能激发参观者的求知欲。那些原本呆板、晦涩的标牌文字成了过去时。如今，参观者习惯置身于多媒体环境中，这让人有种寓教于乐的感觉。

原来的博物馆声频系统包括解说和音效。扬声器被安装在展览物的正面，音量通常都比较轻柔。声源通常是连续循环播放的磁带，这种磁带不能重绕，它们连续运行，因此如果听者是在信息播放期间进来的，那么他们就必须在信息的重新播放开始前先听完信息的尾段。如果磁带能停在解说的结尾处，那么听音人就能够按下开始按钮，从信息的起始段开始听。通常，使用多轨播放磁带机，就可以让听音人选取他所要听的语言。由于它并不是最佳系统，所以它是呆板标牌之外的补充措施。

在 1957 年前后，参观者肩上扛着开盘磁带录音机。利用这一系统，它们不仅收听了信息，而且还锻炼了身体。

44.5.1 感应环系统

另一种早期的，而且当今的有些博物馆还在使用的系统就是利用观众区周围的导线感应环天线来传输信号。听众佩戴接收机和耳机，只要他们身处环路建立的边界之内，他们就能听到声音信号。如果他们走到环路建立的边界之外，信号便消失了。他们可以进入下一个展区，进入该展区的环路内，听这一展区展览的讲解。这种系统的优点就是系统简单、可靠，并且可以和助听器配合工作。其缺点如下。

- 频响差，只能用于语音。
- 由于信号是模拟的，并且工作原理与 AM 广播电台非常类似，所以其音量和灵敏度会随听众到环路的距离变化而改变。
- 受诸如照明设备，电动机和 SCR 调光电路等发出的外部电子噪声的影响。
- 在感兴趣的区域内需要有导线环路，有时安装和隐蔽导线环路还是很困难的。

有关磁感应环路系统的更多信息请参阅第 46 章“助听系统”中的相关内容。

44.5.2 红外系统

Sennheiser 和其他厂家推出的另外一种类型系统利用的是红外（Infrared，IR）传输。在这样的系统中，信息通过采用幅度和频率调制处理的无线红外线来传输。它们既可以工作于多声道设置的窄带模式，也可以工作于高质量的宽带模式。

接收区域被限定为直线对传或某一单独空间。然而，经由反射，红外线在角落附近被弹回，进入其他不想要的区域。虽然它们可以有效覆盖较大的区域，但当有限区域内有多个展览时，其应用会受到限制。使用红外传输时存在的另一个问题就是在阳光或非常明亮的区域使用效果不佳。

双通道系统一般采用 95/250kHz 或 2.3/2.8MHz 的副载波工作。发射机被置于房间周围，产生均匀的覆盖，可以采用方便安装的菊花链方式工作。

有关红外系统的更多信息，参见第 45 章“同声传译系统”和第 46 章“助听系统”的相关内容。

44.5.3 RF 系统

如今 RF 系统是最为常用的一类系统，它可以使系统应用更加广泛，安装更加简单。这些系统有的很简单，有的则相当复杂。下面给出的这些系统只列出了其一部分应用功能；要想了解其更多的功能和更新，请访问相应公司的官网。

44.5.3.1　有发射机基站的RF系统

具有多输入的信息转发器十分适合那种需要单一显示与几种信息相配合的博物馆显示应用。例如，针对成人或儿童的信息、简单或详尽的信息或者多语种信息等。

下面提及的系统一般采用基站信息转发器和发射机，以及多种佩戴方式或手持接收机。Acoustiguide（一家语音导览公司）开展业务已有 50 余年。其主要的系统是 Acoustiguide 2000 Series 产品，它包括 3 种 AG 2000 播放器——Wand，Mini 和 Maxim。

这 3 个播放器系统都使用 MP3 声频格式，整个声音制作采用的是 Windows Media Audio 4.0，它被称为 Vocoder，这是其专为语言开发的自有软件。

Wand 的大小为 12.5in（长）× 2.5in（宽）× 0.75in（厚）即 31.8cm × 6.4cm × 1.9cm，重量为 9.2oz（261g），如图 44.7 所示。它可以存放多达 500 种可选择的语言或程序，或者多达 8000 条信息。其控制包括 Play（放音），Clear（清除），Pause（暂停），Fast Forward（快进），Rewind（快退），Volume Up（音量提高）和 Volume Down（降低）。它可以连续播放 12h 而无须充电，同时兼有浏览、游戏和教育问答格式。电池放到充电 / 编程托架上可在 3 小时内完成充电。

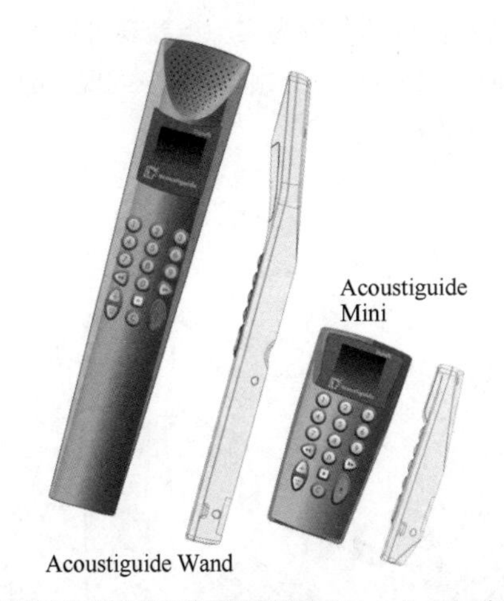

图 44.7　在博物馆系统中使用的典型导览器（Acoustiguide 公司授权使用）

因为 Wand 采取了有利于激发公司赞助热情的设计，其中包括在 LCD 显示屏上旋转商标，外壳上的平坦区域很适合应用商标和图形。

Mini 的许多性能与 Wand 是一样的。Mini 适合于集解说、档案声频、大型访谈、让展览更加生动的音乐和音效于一身的应用。Mini 配有一副头戴式耳机或一副耳塞。单元尺寸 5.6in（长）× 2.6in（宽）× 0.75in（厚）即 14.2cm × 6.6cm × 1.9cm，重量为 5oz（148g）。其控制与 Wand 一样。它还可以在不充电的情况下连续工作 12h，其完全充满电所需要的时间为 3h。

Maxim 可以存储 200h 的立体声内容，或 2000h 以上的语音内容，可以线性访问、随机访问，或者以组合旅游的形式播放内容。它可以存放 500 段不同的节目，在每个单元上有多达 120 00 条信息可以为游览提供不同主题或外语语言的服务。单元为 7in 长，3.9in 宽，1.5in 厚，重量为 15oz。其控制与 Wand 和 Mini 相同。

Acoustiguide 的存放架可对电池充电，并且包括一块信用卡大小的编程卡。程序既可以由代理商来写，也可以由 Acoustiguide 来写，它能提供富有创造性的制作服务。通过互联网或 CD 将程序下载到笔记本电脑上。由于新的素材被编写、记录和数字化了，所以将其放入程序卡中就可以在充电的同时自动升级播放器了。

为了运行系统，会发给每位参观者一个播放器。工作人员设置了播放器使用的语言和复杂的游览模式。游览内容可长、可短，用以在博物馆人流大的时候控制数据通信流量，或者针对成人或儿童进行设定。在每个参观区域，参观者可以调整音量，以补偿噪声所带来的影响。当参观者处在某一展区时，他就可以按下标牌上所示的对应展示物编号。之后，参观者就可以进行节目播放暂停、快退或快进操作。

Acoustiguide 的最新单元是一个带小屏幕的播放器，它是专门为博物馆和参观场所的现场翻译而设计开发的。Opus 系列产品具有让公共机构为参访者提供各种数字化资源（视频、图片和动画，以及传统声频）访问的能力，如图 44.8 所示。

图 44.8　触摸屏式的 Acoustiguide Opus Touch 播放器（Acoustiguide 公司授权使用）

Opus 序列产品的高性能计算能力包括凭借其处理速度和内存能力实现的复杂图形图像和数字影片，这便可以实现高分辨率视频文件和 CD 质量声音的发布。

管理的用户界面可以实现简单的内容增减，以及一些更复杂的功能，比如声频与视频和静止图像的合成。

Opus 系列产品共有两种格式：Opus Click（点击）和 Opus Touch（触摸）。Opus Click 格式使用的是一块小键盘，而 Opus Touch 格式采用的是触摸屏。系统具有如下功能。

- 遥控触发和同步。
- 通过红外和 RF 技术启动异地内容。
- 与外部多媒体或演出控制系统同步。
- 数据收集和游客调查。
- 软件跟踪用户的点击流。
- 可以将定制的调查结合到导览的音 / 视频内容当中。
- 生成易读的报告。
- 参观者可以将感兴趣的内容制作成书签，并通过 MyCollection 或电子邮件信息，获取游后服务业务所提供的想要的印刷品。
- 地图 - 驱动或目标 - 驱动模式。
- 全彩色 TFT LCD 屏幕。

- 大容量，可扩展内存。
- 与全部的声频、视频、影像和动画多媒体格式相兼容。
- 借助内置扬声器和/或耳机的双听音模式。
- 两次充电间可用时间长达12h。
- 通过IR和RF的遥控启动。
- Opus内容管理系统（Opus Content Management System）——易于设置和安装，可由代理使用。
- 双听音模式。
- 可折叠扬声器，每个播放器都可被当作真正的wand来使用，也可被当作耳机单元来使用。
- 耳机可集成为带状。
- MP3立体声音质。
- 16档步进式音量范围。
- 500h的多语种声频内容。
- MP4和JPEG影像质量。
- QVGA分辨率（320像素 ×240像素）和65 536彩色深度。
- 28h视频，或10 000帧图片。
- 2GB内存；可扩展。
- 存放多种语言和游览信息。
- 导览信息可以包含声频、图片、动画或视频等内容。
- 带菜单选择和导航功能、图形丰富的用户界面。

另一种系统是由Tour-Mate制造的。其产品SC500 Listening Wand的尺寸为13in（长）×1.8in（宽）×1in（厚），即33cm×4.6cm×2.5cm，重量为8oz（227g）。将背带连接到导览棒的内部，用以提高其强度并避免它从游客手中滑落。系统由可充电的镍氢电池供电，充满电的电池可以连续工作10h，电池充满需要3～4h，如图44.9所示。

图44.9 典型的充电器和/编程器

系统的最大容量为：单声道声音24h，或立体声声音12h。信息可以在现场扩展。导览棒可以存储几种游览方案。可让工作人员在软件中敲入代码，将所需要的游览项目之外的所有游览项目锁死。按键允许人们看到所有应被选中的游览项目。

Tour-Mate editing capability（Tour-Mate编辑功能）软件兼容视窗操作系统。编辑软件可让使用者输入游览信息和信息片段，并执行如下的操作：剪切、粘贴、参量均衡、可变增益、可变压缩、插入信息列队和信息序列编程等。

由Espro提供的MyGuide是一个与前两个系统有许多相似之处的系统。它也使用了一个导览棒，该导览棒可以通过存放架/电源上记录内容的闪存卡来下载游览解说。每次电池充满电，系统可连续工作10h，可以存放长达4h的声频内容。系统的频带宽度为300Hz～4kHz，因此该系统只对语音特别有用。

Espro提供的ExSite MP3系统可以存放长达72h的多语种内容，它采用了较宽的字母数字和图形LCD屏幕，并且可以与诸如DVD和视频这样的外接多媒体显示相同步。它也可以收集和分析参观者给出的有用数据。系统既可以使用单元内置的扬声器，也可以插入耳机使用。

Espro提供的GroupGuide是一个供旅游团使用的便携式系统，旅游团的游客佩戴个人接收机和耳机，导游佩戴带传声器的发射机。

Sennheiser的GuidePORT系统是一种与前文介绍的系统类型完全不同的系统。为了运行GuidePORT，博物馆被分成了区域或单元，如图44.10所示。这些分区可以是单独的房间或区域，或者是大房间中的部分空间。声频文件与某一单元内的展示相关联，其对应的标识器单元被创建和/或存储于标准的PC中。文件由GuidePORT软件上载至处于每个单独区域内的多通道RF无线发射机单元。每台发射机存储着特定区域的声频内容。当参观者进入相应的区域时，针对特定区域的声频（预录的和/或现场的）会被下载到参观者的接收机上。

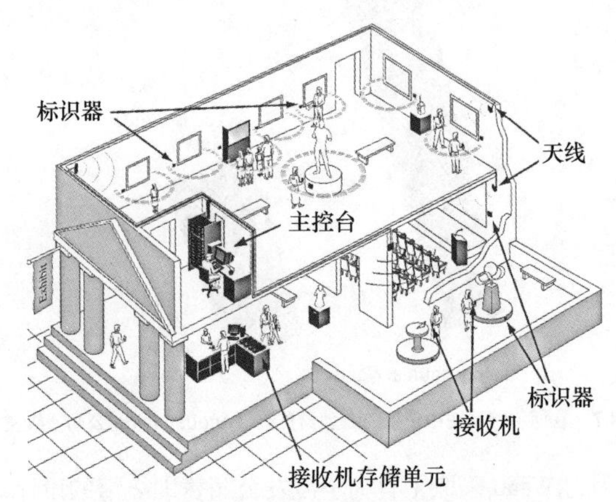

图44.10 博物馆中的典型GuidePORT系统布局
（Sennheiser ElectronicsCorporation 授权使用）

GuidePORT的充电系统可以存放10个接收器，并为其充电。可以将充电器连锁在一起，可容纳5000个以上的接收器。在充满电的前提下，接收器可以使用长达8h。充电器系统被连接到控制单元（PC）上，用来对接收器使用的语言和/或电平进行编程。

为了能对展览环境的日常变化进行管理，Sennheiser已经将基于列表的声频配置软件工程化了，所以在展览项目和相应的标识器发生改变时，博物馆管理部门只需要通过简单地升级主声频列表就能控制声频导览。

分立的无线天线被巧妙地安置到整个展示空间，为的是让接收机和单元发射机实现交互。系统被设计成工作在无须认证的专用无线电频段（2.4GHz ISM 频带），该频带非常适合数字声频应用，同时对频带外的 RF 干扰有很好的抑制作用。

图 44.11 GuidePORT 标识器（Sennheiser Electronics Corporation 授权使用）

由电池供电或外接电源供电工作的无线标识器（如图 44.11 所示）被隐藏在每个展品的附近或背后。GuidePORT 系统后置的无线结构可以实现方便快捷的博物馆设置，因为只要一撤展，相应的标识器就一同被移走了，这样便可以方便地进行重新布展了。

发给参观者的是很轻的接收器，它很适合拿在参观者手中或挂在脖子上，并配有头戴式耳机。接收器被工作人员按照参观者所需要的语言和电平进行了编程。这些系统无须用手操作，所以参观者不需要通过按动按钮来匹配展览标牌。参观者按照自己的参观速度进入展区，从一个展区走到另一个展区，系统会自动取消前一条信息的播放，换成新的一条信息。参观者可以调整音量，对感兴趣的信息暂停或重复听，如图 44.12 所示。头戴式耳机适合所有年龄段的游客，并且可以显示主办机构的商标。

图 44.12 GuidePORT 接收机（Sennheiser Electronics Corporation 授权使用）

当参观者进入一个展区时，有关这一展区的所有声频文件将被下载到参观者的接收机上。当参观者处在展示项目指定的区域时，标识器会自动触发接收机，让其播放相应的声频文件。连同标识器的其他参量一起，触发范围可以通过一台红外 Palm 兼容 PDA 来进行编程。

GuidePORT 可以将现场的声频集成到介绍当中。只要参观者进入展区就可以听到与声音同步的现场展示、音乐会、电影和视频展示。当参观者离开一个展区，进入一个新的展区时，这时声频内容将会自动改变。

GuidePORT 的所有固件均位于中心位置。将单元发射机（如图 44.13 所示）界面与其基站 PC 通过 USB 端口连接。更大一些的设施可以与多个基站 PC 联网，可以使用现有的网络进行联网。天线采用标准的屏蔽 Cat5 线缆进行连接。可以用任何标准格式来创建声频文件，随后在导入 GuidePORT 之前，将其转换为 WAV 文件格式。在对系统进行初始配置或重新配置时才需要用到基站 PC 和 / 或中心控制单元，这可以用临时的 PC 或笔记本电脑来替代。

如今，RF FM 系统已是最为常用的系统了，系统功能更为强大，安装也更为简单。这些系统有的简单，有的相当复杂。下面讨论的系统只是冰山一角，但在此也对可利用的性能进行了介绍。

图 44.13 GuidePORT SR 3200-2 双单元发射机（Sennheiser ElectronicsCorporation 授权使用）

44.5.3.2 便携式旅游导览系统

便携式旅游导览 FM 系统由一个便携式 FM 发射机和一个便携式 FM 接收机组成。通常佩戴在头上的传声器被连接到发射机上，同时将讲解员的介绍声传输给听众或旅行团中的每个人。便携式发射机不必借助于传声器，或者被插入墙壁插孔中就可将声频发布出去。佩戴便携式 FM 接收机的听众可以通过耳机听到讲解声。与一台发射机配合使用的接收器数量并没有限制，只要求听众处在其发射覆盖范围内即可，一般该范围最远可达 150ft(45.7m)。

发射机和接收机被调谐到相同的频道，具体根据频段来定，同时可以使用的频道可达 3 ～ 8 个。这便可以一次为多个旅行团提供多语种服务。目前，旅游导览系统可用的频道频率是 72MHz、150MHz、216MHz、863MHz 和 926MHz。

发射机和接收机为频道选择、编程、供电、信号强度和使用提供了混合式的功能操作。便携式发射机和接收机一般采用标准碱性电池或 NiMH 电池供电。

旅游导览系统非常适合工业旅游、博物馆、室外活动、无线传声器应用、教学或培训等场景或者个人应用。任何需要进行声音放大，而又没有（或不想）安装扩声系统的场合都可以使用该系统。

44.5.3.3 FM发射机

图 44.14 所示的是典型的便携式 FM 发射机。

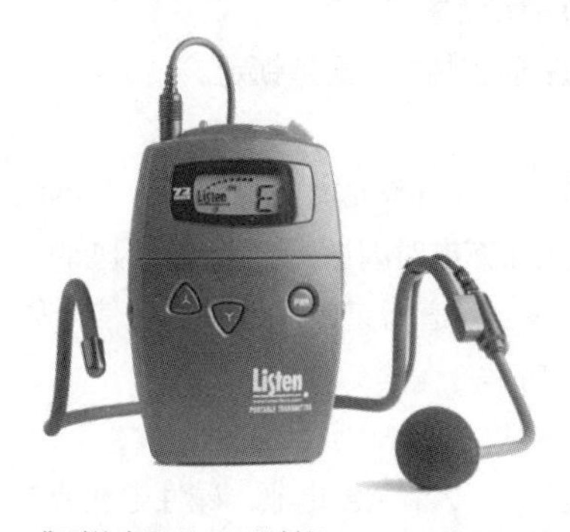

图 44.14 典型的高品质 FM 发射机，Listen LT-700-072（Listen Technologies Cprporation 授权使用）

这种发射机的技术指标如下。

一般性指标

- 通道数：17（宽带），40（窄带）。
- 通道调谐能够被锁。
- SNR:80dB 或更大。

• 输出功率：可调节成 1/4，1/2 或满负荷功率。
• 声频频率响应：50Hz ~ 15kHz ±3dB。
• 包括一个传声器灵敏度开关。
• 包括一个静音开关。
• 工作采用 2 节 AA 电池。
• 包括一个 LCD 显示屏，它可以显示电池电量、频道、频道锁定状态、低电量指示、电池充电信息、编程和 RF 信号强度。
• 包括用于 NiMH 电池的自动电池充电电路。

RF 指标
• RF 频率范围：72.025MHz ~ 75.950MHz。
• 频率精度：±0.005% 稳定度（32°F ~ 122°F 或 0℃~50℃）。
• 发射机稳定度：50PPM。
• 发射机工作范围：0 ~ 150ft（45.7m）。
• 输出功率：小于 100mW（72MHz）。
• 天线：传声器线缆。
• 天线接口：3.5mm 接口。
• 符合 FCC Part 15，Industry Canada。

声频指标
• 系统频率响应：50Hz ~ 10kHz ± 3dB 72MHz。
• SNR：SQ 启动，80dB；SQ 关闭，60dB。
• 系统失真：80% 频偏时，小于 2%（THD）。
• 传声器输入：非平衡，+4dBu（最大），–10dBu 为标称输入电平，可调，阻抗为 10kΩ。
• 传声器灵敏度：高、中、低（6dB 间隔）3 档开关。
• 线路输入：非平衡，–10dBu 为标称输入电平，–3dBu（最大），阻抗为 10kΩ。
• 传声器供电：$3V_{dc}$ 偏置。

控制
• 用户控制：电源，哑音，通道上 / 下调整。
• 设置控制：在电池仓内，传声器灵敏度，NiMH/ 碱性电池，SQ 启动 / 关闭。
• 编程：通道禁用，通道锁定。

指示器
• LED 红色：当单元加电时点亮，在电池电量不足时或指示电池正在充电时闪烁。当静音时闪烁两次。
• 显示屏：频道指定，锁定状态，信号强度指示，电池寿命，RF 功率。

电源
• 电池类型：2 节 AA 电池，碱性电池或 NiMH 电池。
• 电池寿命：碱性电池 10h，NiMH 电池可充电。
• 电池充电：（仅 NiMH 电池），自动充满需要 13h。
• 电源标准：复合 RoHS，WEEE，UL，PSE，CE，CUL，TUV，CB 规定。

物理指标
• 尺寸：5.0in × 3.0in × 1.0in（13.0cm × 7.6cm × 2.5cm）。
• 颜色：深灰色，白色拉丝屏处理。
• 单元重量：3.9oz（111g）。
• 带电池的单元重量：5.8oz（164g）。

使用环境
• 温度（工作）：14°F ~ 104°F（–10℃~ 50℃）。
• 温度（存放）：–4°F ~ 122°F（–20℃~ 50℃）。
• 湿度：0% ~ 95% 相对湿度，不冷凝。

44.5.3.4 FM接收机

图 44.15 所示的是典型的 FM 接收机。

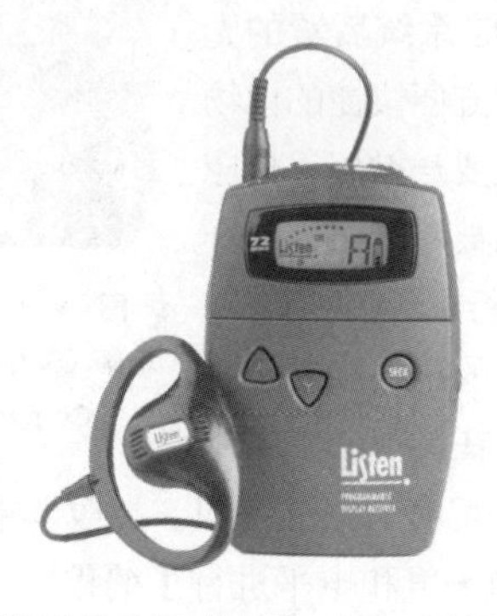

图 44.15 典型的高品质 FM 界射机，Listen LT-500-863（Listen Technologies Cprporation 授权使用）

这种接收机的技术指标如下。

一般性指标
• 通道数：17（宽带），40（窄带）。
• SNR：80dB 或更大。
• 通过编程对不需要的频道进行电子禁用处理。
• 可以搜索频道，并能锁定在单一频道上。
• 可调节的噪声消除处理。
• 声频频率响应：50Hz ~ 15kHz ± 3dB。
• 包括一个立体声头戴耳机插孔，可以是立体声耳机，也可以是单声道耳机。
• 包括一个 LCD 显示屏，它可以显示频道、电池电量、电池低电量指示、电池充电信息和 RF 信号强度。
• DX 和本机模式功能。
• 工作采用 2 节 AA 电池。
• 包括用于 NiMH 电池的自动电池充电电路。

RF 指标
• RF 频率范围：72.025MHz ~ 75.950MHz。
• 通道数：17（宽带），40（窄带）。
• 灵敏度：0.6μV（典型值），1μV（最大值，在 12dB SNR 时）。
• 频率精度：±0.005% 稳定度（32°F ~ 122°F，或 0℃~50℃）。
• 天线采用耳机线缆。
• 可以 20 个步阶编程消除噪声，针对 RF 信号损失自动处理。
• 符合 FCC Part 90，Industry Canada。

声频指标
• 系统频率响应：50Hz ~ 10kHz ± 3dB 72MHz。

• SNR（A 加权）：SQ 启动，80dB；SQ 关闭，60dB。

• 系统失真：80% 频偏时，小于 2%（THD）。

• 输出：非平衡，0dBu（标称输入电平），标称输出电平为 16mW（最大），阻抗为 32Ω。

控制

• 用户控制：频道上下调整、搜索、音量。

• 设置控制（电池舱内）：碱性电池 /NiMH 电池，SQ 启动 / 关闭。

• 编程：频道锁定、消除噪声、频道禁用。

指示器

• LED 红色：当单元加电时点亮，在电池电量不足时或指示电池正在充电时闪烁。当锁定和搜索被按下时闪烁。

• 显示屏：频道指定，锁定状态，信号强度指示，编程。

电源

• 电池类型：2 节 AA 电池，碱性电池或 NiMH 电池。

• 电池寿命：碱性电池 15h，NiMH 电池可充电。

• 电池充电：（仅 NiMH 电池），自动充满需要 14h。

• 电源：输入 $120V_{ac}$，输出 $7.5V_{dc}$，250mA。

物理指标

• 尺寸：5.0in × 3.0in × 1.0in（13.0cm × 7.6cm × 2.5cm）。

• 颜色：深灰色，白色拉丝屏处理。

• 单元重量：3.9oz（111g）。

• 带电池的单元重量：5.8oz（164g）。

对于高质量接收机而言上述技术指标基本上都是一致的。LCD 显示屏显示频道锁定和电池电量。

44.6 用于展览和旅游导览的窄波束扬声器系统

任何波导源的指向性（波束宽窄）都与源尺寸相对于源所发信号波长的比例有关 *。可闻声的波长范围从几英寸到几英尺，由于这些波长与大部分扬声器的尺寸相当，所以低频至中频声音（20Hz ~ 10kHz）通常是无方向性辐射的。只有让声源的尺寸远大于它所辐射的声音波长，才可能产生窄波束。为了用标准扬声器实现这一目标，则需要扬声器直径达到 50ft。较小声源的窄波束辐射可以通过生成超声波束来实现，随着行进它就变为可闻的了。

超声的波长只有几毫米长，要比声源波长短得多，因此它以极窄的波束宽度向前行进。虽然超声所包含的频率远超出我们的听力范围，我们完全听不到，但随着超声在空气中的行进，空气的固有属性会导致超声产生可预测的失真（波形发生改变）。这种失真会产生落入可闻频带内的频率成分，它可以被准确预测，因而就能准确控制。从本质上讲，只要发出正确的超声信号，我们就可以在空气中建立起任意想要的声音。

应注意的是，声源并不我们所见到的几米长的物理器件，而是超声的不可见波束。虽然这种新的声源是不可见的，但它与所发出的声频信号波长相比却很大，因此最终的声频辐射具有非常强的指向性，就如同光束一般。

人们经常将其错误地归属为所谓的塔蒂尼音（Tartini tone），这是一种在 40 多年前由物理学家和数学家为水下声纳而开发的利用高频波动产生低频信号的技术。

之后，F. Joseph Pompei（F. 约瑟夫 • 庞培）博士在 MIT 进行了研究，解决了困扰研究人员的将超声作为可闻声源的问题。他设计的 Audio Spotlight** 扩声系统是最早使用的，且至今还在使用的唯一一个产生低失真、高质量声音的强指向性扬声器系统的专业解决方案，如图 44.16 所示。图 44.17 所示的是针对标准的 1kHz 音调音的声场分布及其等响曲线。中心区为在 100% 幅度时的最响区域，而所示波束区域之外的声压级还不到该值的 10%。

图 44.16 Audio Spotlight AS-16B 系统（Holosonic Research Labs 公司授权使用）

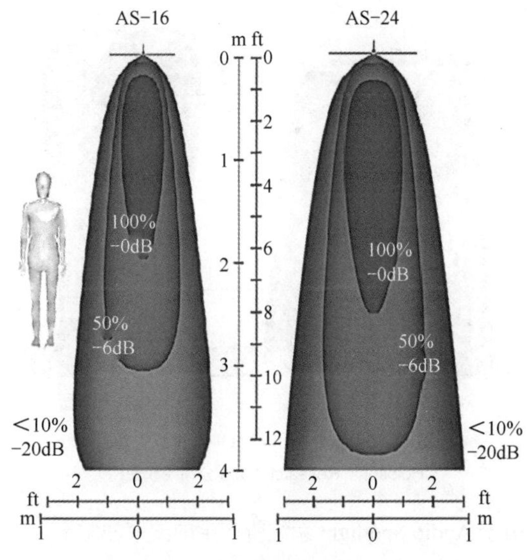

图 44.17 Audio Spotlight AS-16 系统和 AS-24 系统的声场分布（Holosonic Research Labs 公司授权使用）

虽然 Audio Spotlight 系统对听音距离的敏感度要比传统扬声器低很多，但是最大的性能表现大约是在距离扬声器 1 ~ 2m（3 ~ 6ft）的位置上获得的。

对于 AS-16 型号的系统，典型的声压级为 80dB SPL@1kHz，AS-24 型系统的典型声压级为 85dB SPL。较大的 AS-24 型系统可以输出的功率是 AS-16 型系统可以输出的

* 该部分许多内容摘自 Holosonic Research Labs，Inc. 拥有版权的文字表述，在此已取得授权许可。

** Audio Spotlight 是 Holosonic Research Labs，Inc. 的注册商标。

功率的2倍，其频率范围也是AS-16型系统的两倍。

Audio Spotlight系统最常应用的场合是将声音分配到指定的隔离区域。就如同灯光一样，最好是直接将Audio Spotlight系统安装在听众的上方，指向下方，如图44.18所示，这样能提供最大的定位能力。还可以将扬声器板安装在墙上，并向下倾斜对着听众。

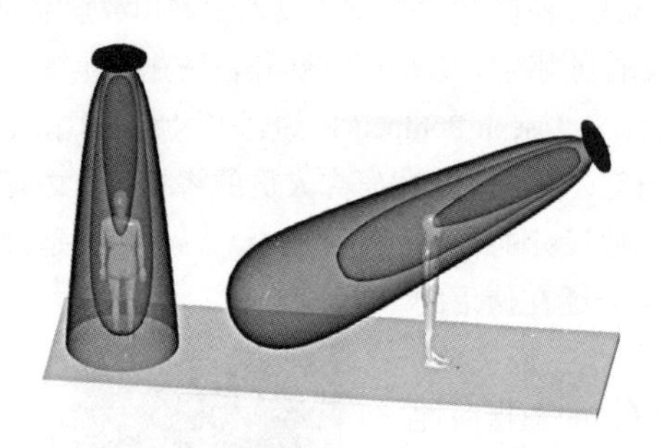

图44.18 Audio Spotlight系统的安装角度
（Holosonic Research Labs公司授权使用）

多个Audio Spotlight系统可以用来创建更大声场，或提高指定区域的声强。就如同可见的聚光灯一样，声束可以彼此靠在一起，得到如图44.19(a)所示的声场形状。或者将多个扬声器板对着一个位置，如图44.19(b)所示。正如光一样，来自这些系统的声音将被组合在一起，使输出得到大幅度提高。

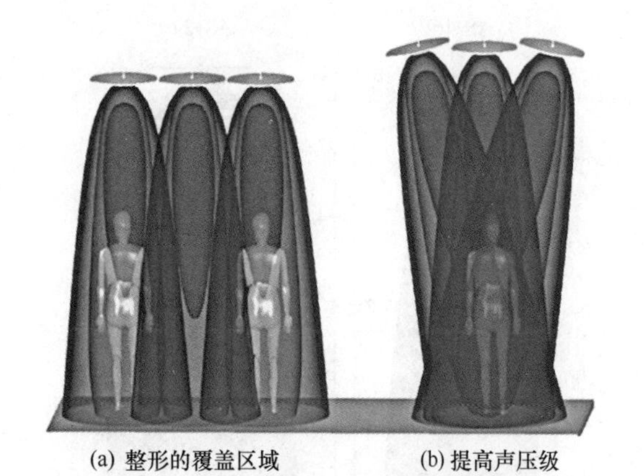

(a) 整形的覆盖区域　　(b) 提高声压级

图44.19 多个Audio Spotligh系统的情况
（Holosonic Research Labs公司授权使用）

由于Audio Spotlight系统所产生的波束非常窄，所以波束将会从所处环境的表面（和听众）反射回来。对于声波而言，固体表面就像是针对光的一面镜子一样。因此，要想减小反射，就应该使用吸声表面（比如地毯、地垫或窗帘）来捕获声束，并降低反射。一般而言，这只有对于非常安静的空间来说才最重要，在这样的空间中掩蔽镜面散射声能的背景噪声很低。另外与光相像的一点是，反射可以被用作可闻声的投射。通过让波束的方向对着表面，就可以建立非常有趣的虚拟扬声器效应。通常，波束在投射后会维持其指向性，所以最好是听众处在反射波束的通路之上。

最响的声音区域处在扬声器板正前方1～2m的位置。合理的听音区域指图44.19中的暗色区域。波束外的声压级要低90%以上。在所有的音响系统中，可闻度由接收的声压级与背景噪声的关系决定。因此，在背景噪声存在的场合，人们感知到的波束会更窄，因为来自听众或地板的散射是听不到的。这就如同在完全黑暗的房间中用手电筒照射与在有背景光的房间用手电筒照射间的差异一样。

44.7 语音教学/群发信息系统（MNS）

由Innovative Electronic Design，LLC的Hardy martin编写

44.7.1 针对安全/群发信息系统的UL 2572标准

本节中的信息直接或间接地源自2013年的NFPA 72版。

针对安全的UL 2572标准指定了用于建筑物内住户、小区或其他紧急情况空间里通信信息的组件配置及接口。这些系统由可进行现场播报和/或预录语音、报警音和可视指示灯（比如闪光灯和可视显示）信息播报的设备组成。

要想构建高效的MNS，则有关存活的风险承受限度、可懂度、声学分区空间（ADS）、声压级、监控、故障检测和故障报告等方面的知识全都是必须的。

日常每一天使用MNS的重要之处就是要确保人员能听到标准的实时和/或预录通知，并且对接收的这些非紧急通知能够适应。

当MNS被集成到楼宇火情紧急语音/警铃通信系统时，要优先考虑NFPA 72的要求。

应能够以如下的优先级来安置和维护控制下的MNS。

实时紧急报警通知。它优先于所有其他通知。

预录的紧急/紧急语音合成（Text-TO-Speech，TTS）通知。它优先于除实时紧急报警通知之外的所有其他通知。

图44.20 火警信息（Innovalive Electronic Designs，LLC授权使用）

系统静音。将包括任何背景音乐或其他节目在内的整个系统静音。它将被实时紧急报警通知或预录紧急通知所启动，包括背景音乐或其他节目在内的所有较低优先权权限的通知不会解除系统的静音状态，它会一直处在静音状态。

图44.21 龙卷风报警信息（Innovalive Electronic Designs，LLC授权使用）

非紧急通知。要进行风险评估，以确定所需要的优先权从报警条件激活或手动激活报警开关算起，在最差情况下加载系统的信号处理和启动的时间周期不应长于10s。

可视显示设备，将电子广告标示等作为 MNS 系统的补充，这些设备可以将紧急报警信息取代日常信息加以显示，如图 44.20 和图 44.21 所示。

可视显示设备还可以提供前往正确安全避难所的指示信息，如图 44.22 所示。

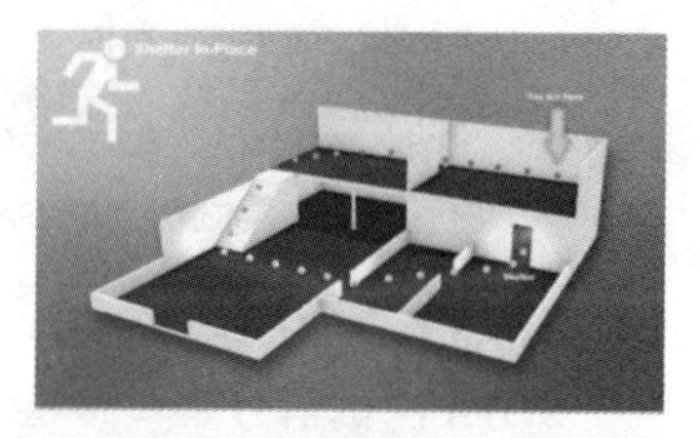

图 44.22　紧急逃生通道信息（Innovalive Electronic Designs，LLC 授权使用）

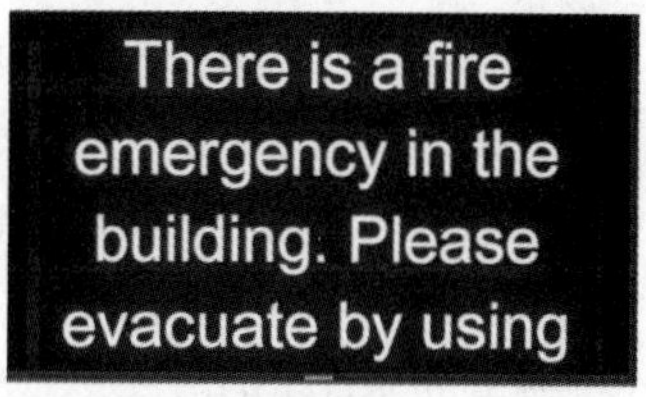

图 44.23　滚动的文字信息（Innovalive Electronic Designs，LLC 授权使用）

同步的可视呼叫还可支持所有预录和语音合成通知（紧急或非紧急通知）。显示的文字必须与通知同步，如图 44.23 所示。

备用电源工作。用来给楼宇 MNS 供电的备用电源应能在静负载情况下最短工作 24h，在出现紧急载荷的情况下能保证系统工作 15min。它适用于采用机动发电机和 / 或不间断电源（UPS）。

管辖权（Authority Having Jurisdiction，AHJ）。AHJ 是负责制订强制性规范或标准的机构、政府机关或个人，也可以是认证的材料、装置或规程。

监管。要进行初始化系统检测，其中包括所有系统组件的检测记录，按照 AHJ 进行的定期检测，故障检测和故障报告紧急情况通信系统（ECS）。不论是独立于楼宇的 MNS，还是其他形式的集成 ECS，都应具备挽救生命和财产的应急功能。设计者必须牢记：在设计任何一个 ECS 时，基础音响和通信概念，可懂度，安保，生存和正确使用信息等都要体现在整个系统设计的所有重要方面。

44.7.2　NFPA 72 2013 版 第 24 章：ECS

风险分析。风险分析通常是指对自然的、技术上的风险，以及人为灾害和其他紧急事件的发生概率和强度，还有应急不足之处所进行的特征化分析过程。风险分析应集成到应急方案（Emergency Response Plan，ERP）当中。它包括如下 3 个相互关联的要素。

风险评估。明确可能发生的是何种事件，并确定事件发生的概率。

风险感知。它指的是影响行为的心理和情感因素。我们感知风险的方式将决定我们如何应对它。利用 MNS 所给出的清晰、简明的指示和信息，人们对事件的感知度能帮助人们从惊恐中平静下来。

风险管控。指基于风险评估和影响风险感知因素给出的降低后续损失的策略。

针对 MNS 的逃生道路生存等级由风险分析结果决定。MNS 的每个应用应指明设施的自然属性和参与风险。这里给出的是对与群发信息事件相关的潜在内容的简单说明。实际的问题必须对设施所处的不同区域进行针对性地说明。

何谓紧急情况的类型。是火灾、水灾、环境灾害、安全性灾害，还是其他类型的灾害事件？

何谓紧急事件的紧急度？它表示事件是当前发生的风险、已经发生的风险、预计不久将要发生的风险，还是预计将来会发生的风险？

何谓紧急事件的预期严重度？紧急事件对设施及其功能产生何种影响，预计是中等、极端、还是严重等？

何谓紧急事件的确定性？它指的是事件现已发生，还是有可能或非常有可能发生，或者是将在未来发生，也可能是不知是否会发生？

哪些区域或地区将收到紧急情况通知和信息。是建筑物的某一区域、多个区域，还是整个建筑物，或者是多个建筑物，也许是整个社区都会收到此类信息？

何谓紧急事件的有效性？指紧急事件是已经调查和 / 或核实过了吗？

何谓灾后恢复计划。指预先制定的紧急情况发生后应采取哪些措施的计划。

重要的是要牢记在紧急事件发生时，要立即进行响应并从容应对。没有时间留给人们反复思考。风险分析应作为制定 ECS 应急响应预案（ECR）条款的基础。

44.7.3　NFPA 72 2013 版 3.3.135 可懂度

可懂度的质量或条件。采用的可懂度一词是与在 ECS 中使用的语音通信相关联的。如果楼宇内的业主和其他地方的人们无法听懂语音信息，那么信息系统所起的作用就很小了，或者没有益处。针对语音信息的可懂度要求并不是条例中新的内容，但是随着对 ECS 要求的扩充，可懂的语音通信变得越来越重要。对语音可懂度的要求可参考第 24 章的附录 D——语言可懂度为系统设计及其测量要点所提供的指南。

ADS 可以是一种紧急情况下的通信分区，或者是进一步的细分区域，它可以是封闭的，或者是其他的物理定义空间，也可以是不同的声学环境，或者是具有不同声学特征（比如混响时间和 / 或环境声压级）的空间。每个 ADS 可能需要不同的要件和设计性能才能取得所要求的语音通信可懂度。例如，采取类似声学处理和相等噪声声压级的两个 ADS 有可能具有不同的天花板高度。这时天花板高度较低的 ADS 可能要求安装在天花板上的扬声器较多，以确保所有的听音人均处在直达声场中，如图 44.24 所示。另一个 ADS 则可以采取另外的扬声器技术（比如线阵列）来满足对可懂度的要求。如果区域内的环境声声压级为 85dBA 或更高，那么要想满足可懂度的通过 / 不通过（pass/fail）要求是不可能的，这时就必须要采取其他措施。

44.7.3.1　STI

公共扩声系统中 STI 的测量可能是非常耗时的工作，因为必须要获得并相加处理由 98 个调制转移函数（MTF）

组成的完整一组测量。STI测量的基本原理包括用同步的测试信号取代说话人的语音。通过语言可懂度测量获取这一信号，并对其进行评价，而这是通过人耳来感知的。

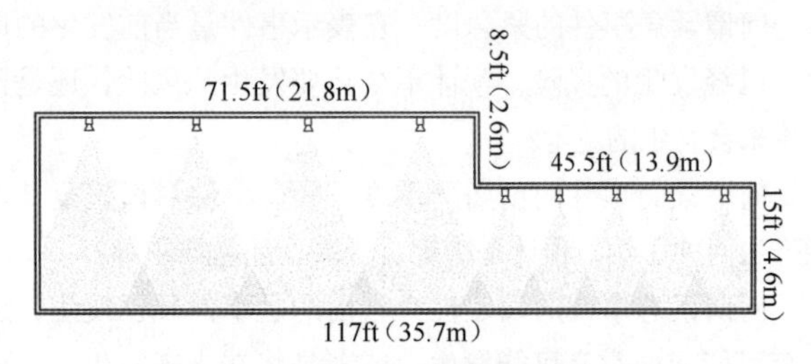

图44.24 天花板高度对扬声器声场覆盖的影响（摘自R.P. Schifiliti Associates，Inc.）

公共扩声的语言传输指数（STIPA）。STIPA利用SNR的计算简化了完整的STI测量，这种计算仅利用7个倍频程频带中每个频带上的两个调制频率（共14个MTF）。如今，便携式STIPA分析仪能够在15s内对某一房间位置的语言可懂度进行评估。这种评价方法已经被集成到了语言可懂度仪表当中，仪表可以显示可懂度结果，该结果是0～1间的一个数值，0代表不可懂，而1代表可懂度出色，如图44.25所示。

STI	0	0.3	0.45	0.6	0.75	1.0
	很差	差	中等	良好	出色	
CIS	0	0.48	0.65	0.78	0.88	1.0

图44.25 语言可懂度的STIPA标准（摘自NTi Audio）

44.7.3.2 STIPA测试信号

STIPA测试信号是一种特殊的声频信号，它是通过ECS播放并进行测量的。

测试声源（Talkbox）。仪器设备通常是由高质量声频扬声器组成，用它来播放STIPA信号。测试声源的输入信号应设置成适合测试用来接收人的语音的信号手持传声器、鹅颈传声器、头戴式传声器或者其他仪器的正确电平。测试声源也可以将STIPA测试信号载入其中。设定测试信号的音量，以匹配正常条件下的语言声压级。馈送给ECS的传声器应距离测试声源扬声器1～2in。在使用NTi Audio测试声源时，要选择Track 1（声轨1）作为STIPA测试信号。

在使用STIPA信号进行ECS的测试时，从传声器输入信号，经由系统，到达功率放大器输出，所测得的STI可懂度结果应该为0.9或更高。信号通路的细节见图44.26。这一测试的目的在于确定ECS从传声器输入到放大器输出间的基线。在建立这一基线之后，我们便可以记录进入系统的STIPA测试信号，或者将STIPA测试信号直接馈送给系统，以进行后续的所有测量。

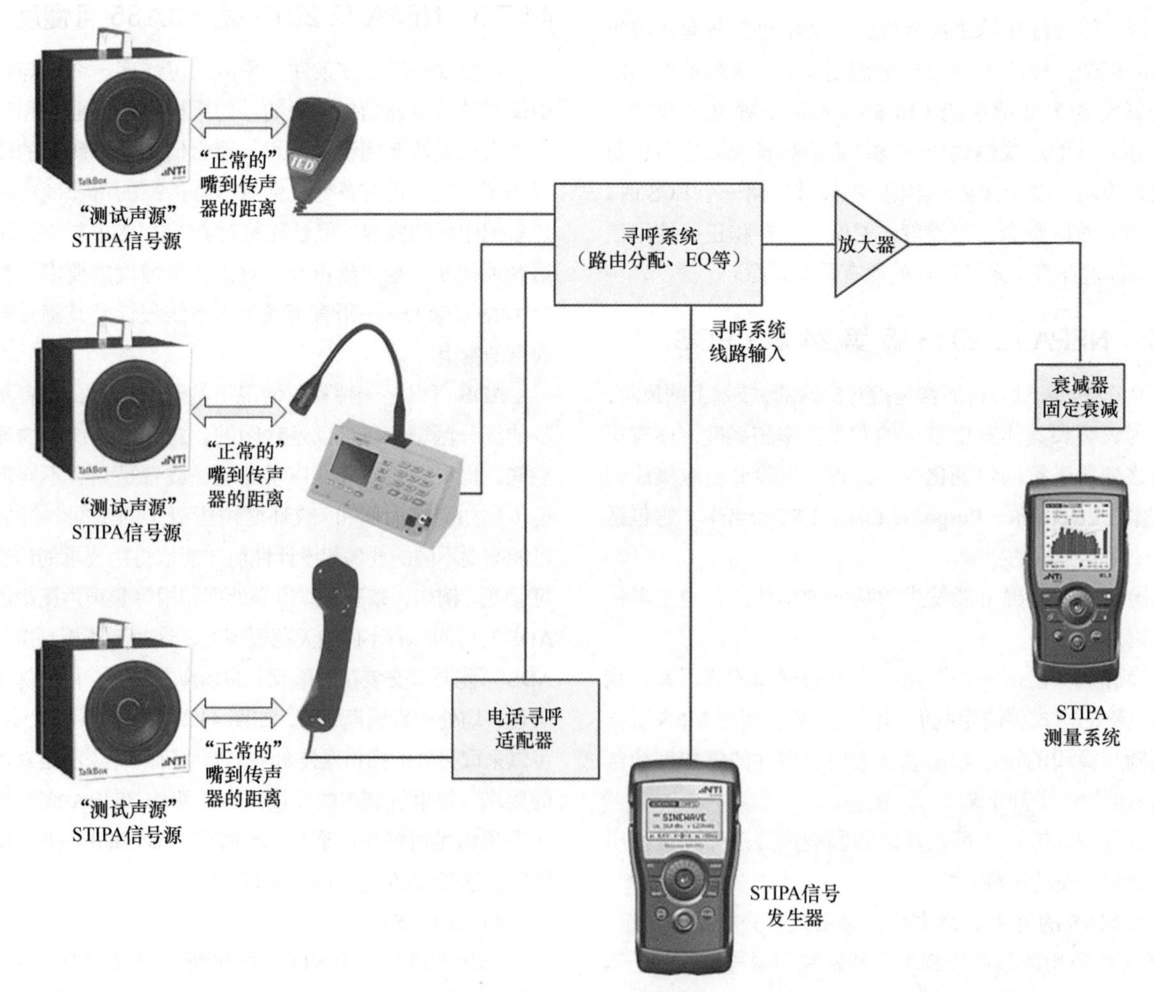

图44.26 利用NTi Audio仪器测量STIPA（Innovalive Electronic Designs，LLC授权使用）

测量和匹配语言声压级。将分析仪（仪表）设定成A加权、快速响应，以便测量声压级。在设施的典型ADS位置上放置分析仪，故其传声器被放置于封装地板上方约5ft（1.5m）高度的位置。测试应该在ADS区域空置、环境声压级低的时间段内进行。启动来自ECS的预录语音信息。

STIPA测试信号产生的声压级应与预录语音信息所产生的声压级相匹配。

1. 播放预录信息。

2. 测量预录信息的声压级。不要将测试分析仪从测试位置移开。

3. 关闭预录信息，打开STIPA测试信号。

4. 调整STIPA测试信号的声压级，使其与预录信息的声压级相匹配。用调整过的STIPA测试信号的声压级完成其他测试。

44.7.3.3 测量所有ADS

打算使用的建筑物内各个部分都应细分成ADS。在较小的区域，比如400ft^{2}以下，单体墙壁将用来确定ADS。诸如天花板高度变化超过20%或者存在诸如区域内地毯和瓷砖变化的物理特征将被视为单独ADS处理。若区域内的声压级在85dBA或更高，则想满足可懂度的通过/不通过（pass/fail）要求是不现实的，这时就必须要采取其他的措施。

影响经ECS播放并进入ADS区域的播报和预录信息可懂度的因素有许多。影响可懂度的主要因素如下。

1. 背景噪声。

2. 被访问的空间配置。

3. 在墙壁、地板和天花板上的铺装材料的声学属性。

4. 扩声系统设备的失真和带宽。

5. 差的扬声器指向性或覆盖。

44.7.3.4 在每个ADS测量可懂度的步骤

首先利用诸如NTi XL2这样的分析仪对现实ADS区域内一天里人最多时的环境噪声声压级进行测量、记录和存储。然后利用存储在分析仪中的环境噪声，再利用STIPA测试信号测量在一天中ADS区域空置时的语言可懂度。通过对人多时环境噪声声压级进行测量、对空置时声压级进行测量，以及对空置时STI测量结果进行后期处理得到校正过的STI。实际上，测量到的STI（在空置时）是通过加上实际预期的（在人多时）环境噪声声压级的影响而被校正的。

如果某个ADS小到只需要一个测量位置足矣，那么结果应该为0.50STI（0.70CIS），或者大于通过语言可懂度要求的ADS数值。有些ADS因其尺寸较大，可能需要多个测试点进行ADS测量。如果ADS有多个测试点，那么要求至少在90%的测量点取得的数值不低于0.45STI（0.65CIS），并且所有测量点的平均值要达到0.50STI（0.70CIS）或更高。

测试结果应全部以文件化的形式提交给建筑物的拥有者、ECS承包商、系统设计师、相应管理部门（AHJ）和认为应当送达的任何其他个体或组织。

44.7.4 缩略语

ADA（Americans with Disabilities Act，美国残疾人法）

ADS（Acoustically Distinguishable Space，可区分声学空间）

AHJ（Authority Having Jurisdiction，管辖权）

CIS（Common Intelligibility Scale，普通可懂度尺度）

dBA（Decibel, A weighed，A加权分贝数）

ECS（Emergency Communications System，紧急情况通信系统）

ERP（Emergency Response Plan，应急方案）

EVACE（Emergency Voice/Alarm Communication System，紧急情况语音/警铃通信系统）

MTF（Modulation Transfer Functions，调制传输函数）

MSN（Mass Notification System，群发通知系统）

NFPA（National Fire Protection Association，美国消防协会）

STI（Speech Transmission Index，语言传输指数）

STIPA（Speech Transmission Index Public Address，公共扩声语言传输指数）

TTS（Text to Speech，语音合成）

UPS（Uninterruptible Power Supply，不间断电源）

44.8 声频档案

除了信息重复应用之外，信息还需要长时间存储——将声频和视频数据保存起来，用于日后的再生。人类脱离黑暗年代进入数字存储时期不过仅仅1/4世纪，如表44-1所示。随着世界从模拟域进入数字域，存档的媒质也必须要变革。

毕竟20 000年前用来记录信息的媒质如今还能读取出来，而今天用来存储声频信息的媒质只能保留几年，重放设备也就随之淘汰了。

当今，用于声频存储的大部分存储器都是通过固态技术来实现的。固态技术可大致被分为如下类型。

1. 基于半导体IC技术的电存储。

2. 基于磁性材料的磁存储。

3. 基于光与物质交互作用的光存储。

4. 基于原子、分子或生物能级改变的分子、化学或生物存储。

电存储是在数字声频存储中最常用的技术。在各种类型的存储单元中，以数字形式存储信息。常用的电路是DRAM，PROM，EPROM，快闪EEPROM和ROM。

利用动态随机存储器（Dynamic Random Access Memory，DRAM）对信息进行动态存储，也就是将信息存储为电容器上的电荷。这些设计利用一只场效应管（Field Effect Transistor，FET）来进行信息读写，以利用薄膜电容器进行信息存储为特征。大多数非易失性单元依靠存放在FET中的浮置栅极的陷阱电荷来工作。可以重复写入这些单元多次，其限定次数取决于电介质的编程应力感应的下降程度。将电荷从浮置栅极上擦除是通过利用沟道效应或将其暴露于紫外光之下来实现的。

DRAM 具有易失性，平均的存放时间约为 10 年。可编程存储器至少可以被编程一次，有些可以被编程百万次。有少量非易失性存储器只能被编程一次。这些阵列在每个半导体的交叉点处串联了可熔断或防熔断二极管或三极管。

电子可编程只读存储器（Electrically Programmable Read Only Memory，EPROM）通常指的是进行电写入、UV 擦除的单元。EEPROM 或许是最常见的应用技术。当电力取消时，有时会将静态随机存储器（Static Random Access Memory，SRAM）连接到 EEPROM 上，用来进行存储。快闪 EPROM 要求整体擦除，所以不能用民用的只读存储器（Read Only Memory，ROM）写入，民用 ROM 是唯一一种永久非易失半导体存储器件。即便没有电源，信息也可保留在 ROM 当中，不会失去任何信息。

CD 和 DVD 这样的光存储器件深受长期存档应用的欢迎，其原因如下。

- 磁盘介质是高度标准化的。
- 磁盘介质是多媒体（声音，数据，静止图片和活动影像）。
- 磁盘介质格式具有数十年的平均商用寿命。
- 磁盘介质为高效且不断改进的介质。
- 磁盘介质具有良好的化学和机械耐受性。
- 磁盘介质对恶劣环境条件具有良好的耐受性。
- 磁盘介质为非接触式读取工作方式——即无损读取。
- 磁盘介质的成本效率更高。
- 在 ROM 规格中，磁盘介质是不可记录系统，可阻止擦除和覆盖写入操作。

存档 CD 必须是化学稳定的，并且有良好的抗划擦、抗断裂等特性，同时对极端温度、湿度和电磁场条件要有一定的宽容度。有些公司（比如 DIGIPRESS）生产了稳定性 CD。DIGIPRESS 的 CENTURY-DISC ARK 不是采用有机基片，而是采用非电镀的蚀刻钢化玻璃基片，基片上覆盖有氮化钛，这是一种非常耐磨的金属。它们拥有 200 年以上的寿命，虽非永久寿命，但已大大超过了我们目前使用媒质的使用寿命。

第45章

同声传译和流动系统

Glen Ballou编写

45.1 同声传译系统

随着世界各国之间的联系变得越来越紧密，通信变得越发重要。国与国、企业与企业、人与人之间都必须进行交流。就在几年前，同声传译系统还只能在联合国和NATO这样的国际组织中见到。如今，企业与世界各地的商业伙伴谈生意，不同组织召开国际会议，国际学校和音视频会议等场合都会见到同声传译系统。

设计和构建一个同声传译系统不只是给音响系统加一副耳机和一支传声器那么简单。需要为同声传译人员配备音响设备和声学条件正确的房间。来自各位同声传译人员的输出被传送至使用不同语言的各位听众。这可以通过硬线和耳机、AM或FM传输、感应环路或红外传输系统来实现。

同声传译系统可以让发言人的讲演实时或近似实时地被关注的所有人听到或理解。为了实现这一目标，将发言人的声音直接传送给隔声间或区域内的同声传译人员。同声传译人员聆听耳机传出的最初语种的语言，并立刻或同时将其翻译成安排给他们要传译的语言。随后，传译的信号经由传译人员、传声器和传输媒质被传回到观众区，听众通过各自的控制面板和耳机来听回传的声音。

同声传译系统有两种基本类型：双语型和多语型。双语系统是为只使用两种语言的地区设计的，比如加拿大东部地区，那里只使用法语和英语。双语系统是最便宜且最易使用的同声传译系统。这些系统一般只供一个传译间与另一个传译间或两个传译人员使用。

多语系统在联合国会议、大型会议和学校等场合使用。这些同声传译系统要复杂得多，并且安装使用也比较困难，因为他们需要有各自的传译间，以及供听者切换语言使用的切换开关。

45.1.1 中心控制单元

中心控制单元是系统的集线器。大部分系统由微处理器和/或通过IBM兼容PC控制，如图45.1所示。其中基本语言以线路电平的形式进入单元，并且被分配至传译间，如果需要还可以被分配至磁带录音机。准备传输给听众的传译过的语言从传译间返回至中心控制单元。这可以通过硬线、感应环、红外线或这3种形式的任意组合来实现。另外也针对传译语言的磁带记录进行了规定。单元集成了各种工作模式和互锁功能，以及传译员与操作人员彼此之间进行通信交流的手段。

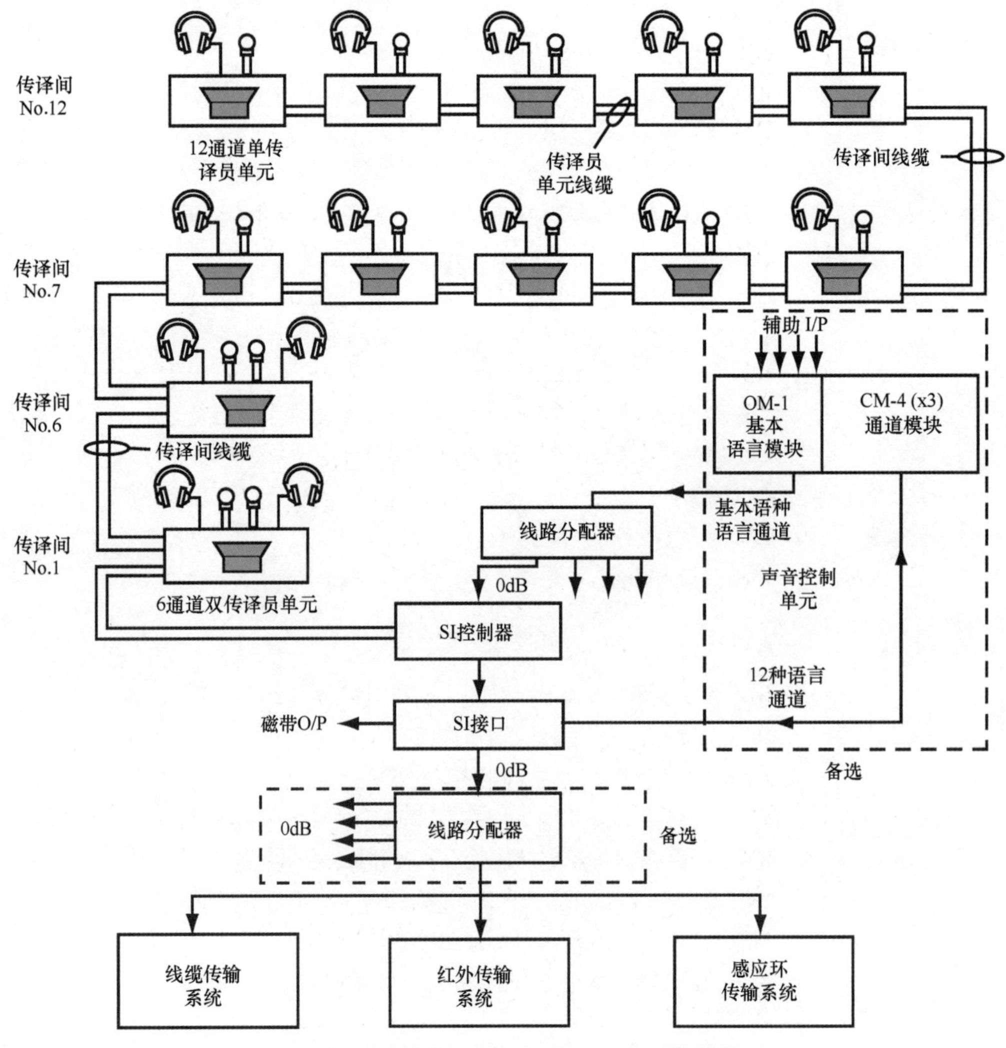

图45.1 同声传译系统（Auditel System Limited 授权使用）

45.1.2 翻译小室

在多语种系统中，每个传译间一般都有由两位或多位传译员组成的传译小组，他们彼此之间配合工作，将基本语言翻译成传译间指定语种的语言。如果允许有多种基本语言，那么每个传译间可能需要有多达 4 位传译员。ISO 对系统中有 6 ～ 12 种语言的固定传译员传译间的建议是在前 6 个传译间中每间有 3 位传译员，在余下的传译间中每间有 4 位传译员，如图 45.2 所示。虽然系统可以有 2 ～ 30 种语言，但是通常 12 种语言似乎是最大语言使用数量。如今，大多数系统都是数字的，这样的系统可以降低背景噪声、失真和串音。AGC 可以确保所有的输入通道有相等的听音声压级，而且系统之间可以利用屏蔽的 FTP 或 STP Cat-5e 线缆连接在一起，如图 45.3 所示。

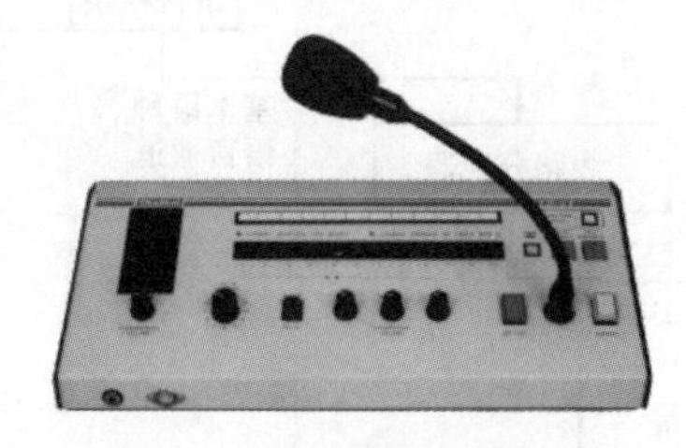

图 45.2 12 种语言的同声传译单元（Auditel System Limited 授权使用）

图 45.3 全数字化的双输出 A/B 通道，并且带 5 路输入切换按钮的系统（Listen Technology Corporation 授权使用）

传译间的大小由 ISO 指定。永久性的传译间和设备由 ISO 2603(1983) 规定，标准规定的传译间最小尺寸为 2.5m(宽) × 2.3m(高) × 2.4m(深) 即 8.2ft × 7.75ft × 7.87ft。可容纳 4 位传译员的传译间的宽度应达 3.4m(11ft)。80cm(31.5in) 高的窗户将延长传译间的总体宽度，窗户的底部要与控制台齐平。房间结构应衰减现场声，以便在非扩声声音不超过 80dB 时，内部信号不超过 35dB。

活动式传译间要符合 ISO 4043(1998) 的规定，而且如果采用红外形式的声音传输，要符合 IEC 764 标准的规定。TAIDEN Industrial Co 提供的 HCS-815A/02 传译间就是针对活动应用的解决方案。传译间包括 4 块开口窗板，3 块经声处理的墙板，1 块门板，1 张桌子和 2 块顶板。可在顶板安装换气扇，指标满足 ISO 4043 标准的规定，如图 45.4 所示。图 45.5 所示的是固定安装型传译间。

图 45.4 便携或固定安装型同声传译小室（TAIDEN Industrial Co 授权使用）

图 45.5 固定安装型传译间有 3 个传译员站点（Listen Technology Corporation 授权使用）

同声传译系统并不只是简单地为传译间提供输入。系统必须能够让传译人员听到基本内容（不论是代表的发言，还是展示的节目素材，或者是来自远端电话会议的内容），同时将翻译过来的语言传回为各听音人分配声音信号的系统。除此之外，系统必须要适应以下的工作要求。

- 原声通道将直接通过传译间回传到语言分配系统，传译没有必要，与会者和观察员能够听到发言人最初的母语讲演。

- 如果会议上有多种语言，那么传译员可能必须要依靠另一个传译间的传译来完成自己的翻译工作。这被称为同传接力，基本要求就是要让传译员选择进来的通道。如果传译员的语言要求是已知的，那么就可以自动实现这种接力切换；这被称为自动接力同传，对 B 或 C 通道的选择被用作切换指定传译间的触发器。

例如，原声是汉语；汉语传译间将切换成 B 通道（或 C 通道）输出给英语翻译；其他的传译间选择用法语通道取代原声通道，并开始自己的翻译工作。

- 明智的做法是系统要有一定的灵活度，以及对传译间的输出通道进行控制的功能，以便充分利用传译间内传译小组的能力。还必须有办法抑制来自另一传译间占用通道的偶发干扰。多功能系统应考虑互锁选择，不同机构的传译间之间的工作替代或 B/C 替代将会进行差异化处理。

- 当需要时，任意或所有通道的输出必须都能实现录音，和 / 或连接到其他的馈送端，将录音传输至其他的地方。

- 传译员偶尔会需要帮助，同时传译间内的设备要让传译员方便进行这方面的交流沟通。常用的办法是按下“Help(帮助)”按钮来发送一条文字信息给控制间工程师或按下“Call Booth(呼叫传译间)”按钮，它将开启一条直达控制间的声频呼叫通路。

- 如果传译员需要第二次机会来听复杂的数字或公式，那么传译系统的原声通道的“重复功能”就变得非常重要。

图 45.6 所示的是符合 ISO2603 规定的现代传译员调音台，虽然单元很小巧，但针对各种控制（包括传声器开 / 关，哑音，耳机音量，接力选择通道，以及输出通道选择）的高效利用都进行了人体工学考虑。在进行传译员调音台设计时考虑到传译员要执行的标准功能，同时还要接收来自会议操作者（Conference Operator）的信息；重复原声通道和获得听复杂表述的二次机会；直接联系会议工作人员（Conference Officer）或控制间内的会议工程师（Conference Engineer）。

图 45.6 传译员调音台（TAIDEN Industrial Co 授权使用）

图 45.7 所示的是满足 ISO 4043 要求的用于 2 位传译员的双人同声传译终端。该单元有两个可交替操作的传译员终端，其中包括两套传声器 / 耳机组合。有两个输出通道可供传译员直接选用，并且可以选择对所有语言进行接力翻译。听音区域包含音量、低音、高音控制，一个输入通道选择器和一个原始 / 接力切换开关。它还有供系统操作人员用作输入和输出的备用通信通道，以及状态信息指示灯。

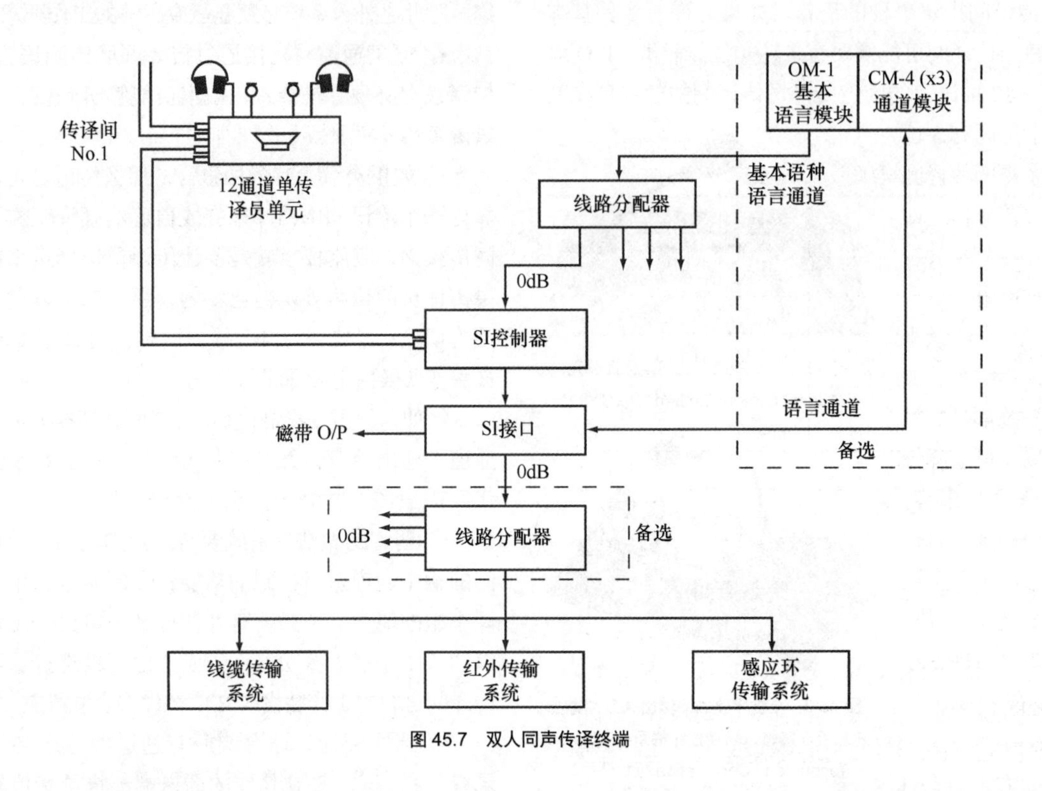

图 45.7 双人同声传译终端

45.2 语言的分配

一旦语言被翻译完成，并被送至主站点，则必须要被分配给听众。共有两种基本信号传输系统可供使用；这两种基本信号传输系统分别为硬线系统和红外传输系统。

45.2.1 硬线系统

硬线系统主要用于将传译语言通道信号传输至会议大厅场地中的代表站点。它们对于像联合国大楼这样的建筑是最有用的，因为这时听众总是就座于同样的位置，并且可以佩戴有线耳机。硬线系统的可靠性极高，防窃听的安全性极高，而且音质也极好。通常，虽然硬线系统的硬件成本较低，但是其安装成本较高。在多芯线缆系统中，每个通道要采用一对导线来放大、传输。要在每位听众的座位处配置一块控制板，控制板上包括语言选择开关、音量控制和一个耳机插孔。如果导线是双绞线对，那么在长度为 1000m（3280ft）的线路上产生的串音很小，面对更长的传输距离则要使用屏蔽线缆。由于要将线缆铺设到各个听众处，实现起来并不容易，而且存在物理安全性的问题，所以硬线系统并不特别适合流动系统。对于使用者来说，重要的是不要将耳机靠近传声器放置，除非传声器被关闭了，因为它们处在同一通道上，这样会导致回授啸叫。如果使用的是开放式耳机，则会在传输线路上产生串音，因为开启的相邻传声器有时会拾取传译的语言。

如果使用了多种语言，那么最好的方法就是进行信号复用，而不是采用多芯线缆来传输。该系统由中心调制器及通过同轴线缆环通配置的多达 12 个通道驱动的有源通道选择器单元组成。通道选择器的供电由嵌入网络的直流电源来完成。

大部分分配备代表传声器的单线缆会议系统都具有内置扬声器。扬声器信号直接取自公共的声频线路。这样便简化了接线的问题，不用第二条声频线路来驱动扬声器。这就意味着输入和输出信号处在同一线路上，除非采用一些办法来对所使用的信号进行隔离，否则就会形成闭合环路和反馈。这一问题可以利用图 45.8 所示的 Auditel 及其共模反相声频馈送（Common Mode Reverse Audio Feed，CMRAF）方法来解决。该技术是基于对较大的共模信号进行有选择地抑制来实现的。来自传声器前置放大器的输出是平衡式信号，并且通过变压器从中心单元提取。信号经处理后，扬声器驱动信号以共模形式被嵌入声频对信号。由于扬声器驱动放大器和代表单元抑制平衡式信号，所以可以通过同一导线来传输两个信号，同时也不会造成信号间相互作用或信号质量折中问题的产生。

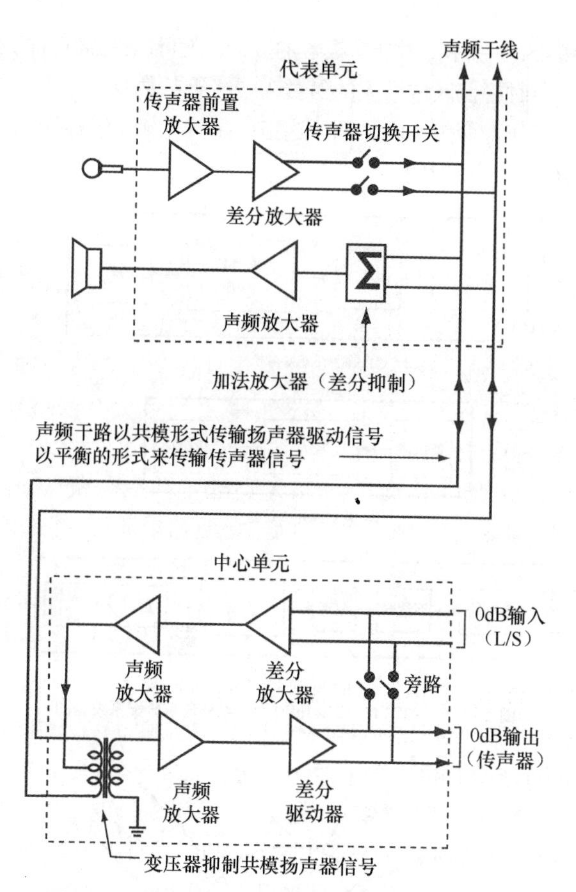

图 45.8　共模声频信号（Auditel System Limited 授权使用）

45.2.2　FM 同声传译系统

通过将一台固态 FM 发射机连接到声频系统中，将 FM 信号传输给助听仪器佩戴者和语言传译员的便携式接收机，这样便可以将 FM 产品用于语言传译了。除了便携式接收机外，传译员还要使用便携式发射机、头戴式传声器和耳机单元。这种组合可以让他们在清楚地听到临近区域的声频信号的同时以正常的语音讲出其传译的语言。他们传译的语言通过 FM 产品回传给与会者的接收机。这里重要的是要让发射机和接收机拥有多个通道，只有这样才可让使用者在 FM 设备大量使用的频带拥挤场合找到一个清晰的通道。

45.2.3　数字红外系统

最初的红外系统是 20 世纪 70 年代设计的，当初将其用作控制家庭影院系统中各种设备的一种方法，后来被用于助听系统。与 RF 频率不同，红外介质可以排除拥挤的频谱空间引发的 RF 设备的所有干扰问题。不过从 20 世纪 70 年代开始，红外技术向前迈进了一大步，不严谨地讲，如今的红外指的是数字红外；虽然窄带调制技术仍处在 875nm 波长的频带内，但是明显的差异体现在红外光的频率已上升至 2MHz ～ 8MHz 的频率范围；符合 IEC 61603 和 ISO 61603-7 的新标准设置。在这一标准中，系统可以传输多达 8 个载波信号；每路载波可传输 4 路声频通道。每路载波传输的准确通道数取决于所选用的声频质量模式。立体声信号占用的带宽是单声道信号占用带宽的两倍；完美质量（20Hz ～ 20kHz 的频率范围）所占用的带宽是标准质量占用带宽的两倍。每路载波可以选择不同质量模式的通道组合。

许多红外系统的声频信号是基于已调红外辐射传输的。红外辐射是可见光、无线电波和其他辐射类型组成的电磁谱光的一部分，红外波长大于可见光的波长。

红外是不能透过诸如墙壁这类不透明的物体的，所以其他的房间不会无意识地听到信号。进一步而言，红外并不发射无线电辐射，因此也就不需要进行全球的无线电频率认证许可。对于红外信号而言，建筑物墙壁起到障碍物的作用。就如同可见光一样，红外辐射会被硬的表面反射，同时也会被透明（玻璃或透明外观）物体折射。房间内的物体、墙壁和天花板的结构将会对红外光的分布产生影响。红外辐射被大部分的硬表面（包括平滑，光亮或有光泽的）所反射。暗的或粗糙的表面会吸收大部分的红外能量。通常，透不过可见光的表面也会阻碍红外光的辐射。

墙壁和家具的阴影将会影响红外光的传输，这个问题可以通过采用以某一方式定位的足够多数量的辐射器来解决，让辐射器所覆盖的整个会议区有足够强的红外场。应该注意的是，不要将辐射器正对着无遮挡物的窗户，否则会因此而失掉大部分辐射。

如今使用的大部分系统都是基于调制载波的 FM 或调相技术。宽带双通道红外系统的工作频率是 95kHz 和 250kHz，峰值频偏为 ± 50kHz。窄带系统在 2.3MHz ～ 2.8MHz 频带上可以有 12 个或更多个通道，峰值频偏为 ± 7kHz。这些标准由 IEC 76 国际标准指定，以确保各生产厂家制造产品间的兼容性。表 45-1 给出了红外系统的通用技术指标。系统包括 3 个部分：发射机、辐射器（有时两者被组合在一个单元内）和接收机。发射机将声频信号加到副载波上，辐射器将其转换为红外光线。接收机对红外信号进行解码，恢复原始的声频信号，如图 45.8 和图 45.9 所示。

表 45-1　红外系统的技术指标

特性	窄带系统	宽带系统
通道数	32	2
载波频率	55kHz～1335kHz（包括455kHz）	2.3MHz和2.8MHz
通道间隔	40kHz	155kHz
调制	FM	FM
预加重	100μs	50μs
正常频偏	±6kHz	±35kHz
峰值频偏	±7kHz	±50kHz
发射机		
频率响应（-3dB）	80Hz～8kHz	50Hz～13kHz
最大失真（1kHz）	<1.0%	<1.0%
SNR（A加权）	>55dB	>70 dB

续表

特性	窄带系统	宽带系统
接收机		
频率响应（-3dB）	50Hz～8kHz	100Hz～9kHz
最大失真（1kHz）	<2.5%	<1.0%
SNR（A加权）	>55 dB	>63 dB
辐射器面板		
频率响应（-3dB）	30Hz～710kHz	

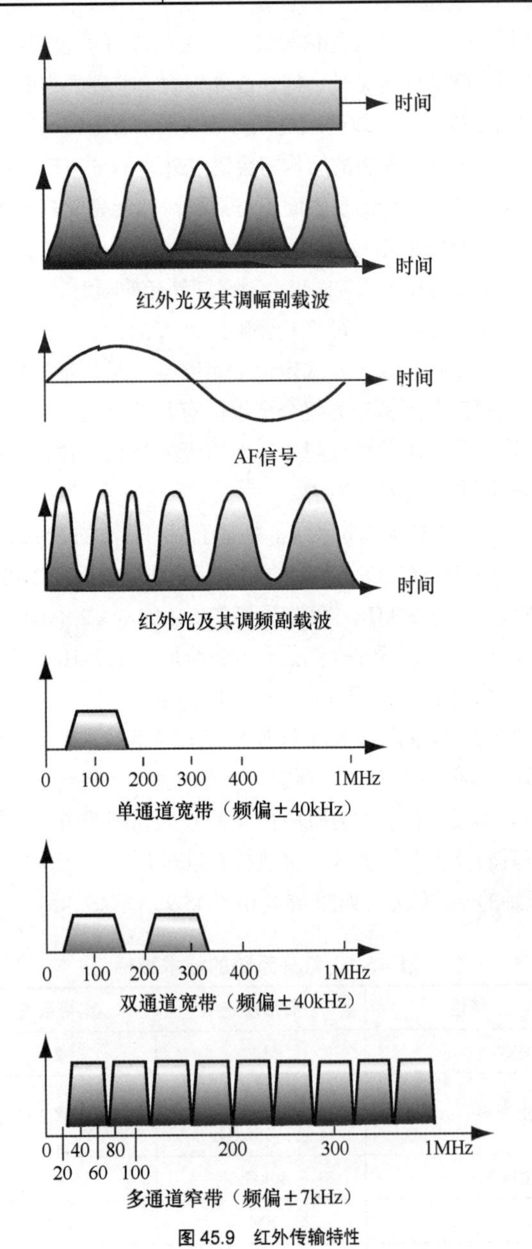

图 45.9 红外传输特性

模拟声频信号首先被转变成数字声频信号并被压缩。之后，它对载波进行调制，滤波，放大并送至辐射器。辐射器将红外信号发射至接收机，接收的信号经放大，滤波，自动增益控制，解调回模拟信号，并被送至耳机。图 45.10 所示的是 TAIDEN HCS-1500 数字红外语言分配系统框图。

信号通过红外辐射器进入听众区。红外发光二极管配合聚光透镜使红外光线弯折，使红外光撞击到二极管上，如图 45.11 所示。增加二极管的数量，就可以提高红外的强度，同时覆盖区域增大的倍数为二极管的数目。二极管的持续工作寿命为 100 000h，这指的是其光输出衰减至原始值 70% 所用的时间。

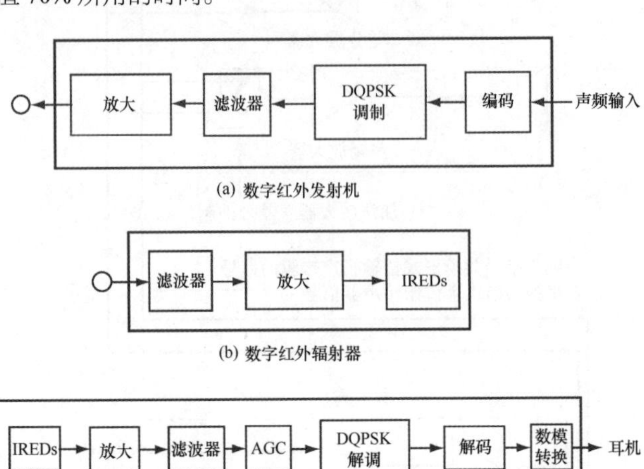

图 45.10 TAIDEN HCS-1500 数字红外语言分配系统框图

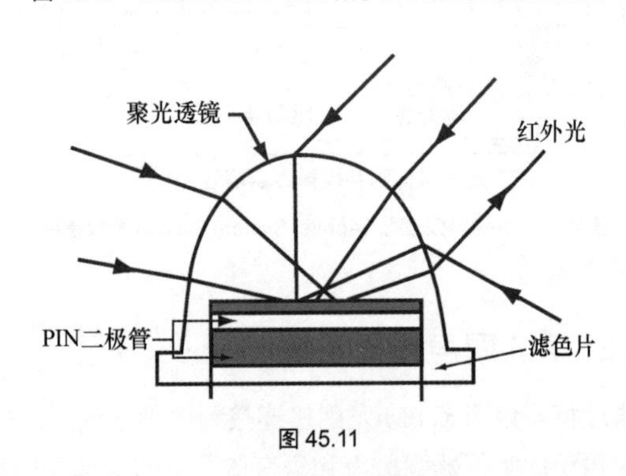

图 45.11

Sennheiser 窄带多通道的工作通道如表 45-2 所示。

表 45-2 Sennheiser 窄带多通道的工作通道

通道0	55kHz	通道16	735kHz
通道1	95kHz	通道17	775kHz
通道2	135kHz	通道18	815kHz
通道3	175kHz	通道19	855kHz
通道4	215kHz	通道20	895kHz
通道5	255kHz	通道21	935kHz
通道6	295kHz	通道22	975kHz
通道7	335kHz	通道23	1015kHz
通道8	375kHz	通道24	1055kHz
通道9	415kHz	通道25	1095kHz
通道10	495kHz	通道26	1135kHz
通道11	535kHz	通道27	1175kHz
通道12	575kHz	通道28	1215kHz
通道13	615kHz	通道29	1255kHz
通道14	655kHz	通道30	1295kHz
通道15	695kHz	通道31	1335kHz

根据房间的大小、形状和边界表面的特性，我们可采用单独的小辐射器或者多个大辐射器。Auditel System Limited 规定取得 40dB 以上 SNR 所需要的辐射器数量可由如下公式计算得到。

$$N=\frac{面积 \times 通道数}{D} \tag{45-1}$$

式中，

$$D=\frac{总的发射功率}{接收机灵敏度}$$

这里并未考虑墙表面、壁龛和障碍物，并假定至少 95% 的辐射器是可用的。Sennheiser 规定其大辐射器可以覆盖系统中 110 00 ft^2/ 通道数。TAIDEN Industrial Co 规定其大辐射器可以覆盖 1274m^2 的面积。

面板的布局也很重要。每个座位必须配有一个可视面板。辐射器的范围和覆盖区受被照射表面取向的影响。面板所处的位置要使其接收指向性平行于地板，该地板会随着距离变远而使信号变弱，并留下一个长长的足迹。朝下的面板将具有圆形指向性，在每个方向上具有基本一样的信号强度，如图 45.12 所示。

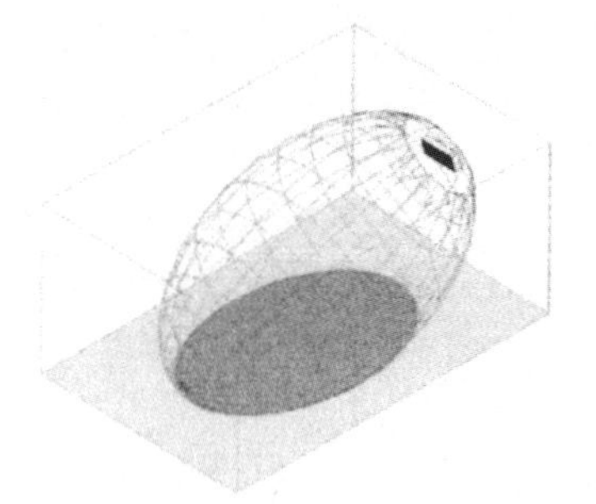

(a) 将辐射器安装在与天花板呈15°夹角的位置上

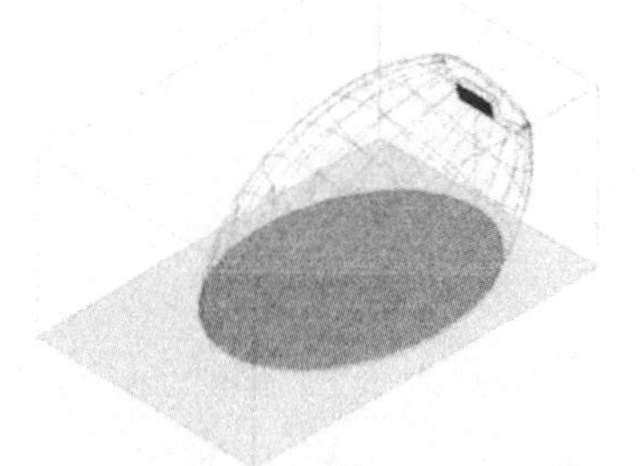

(b) 将辐射器安装在与天花板呈30°夹角的位置上

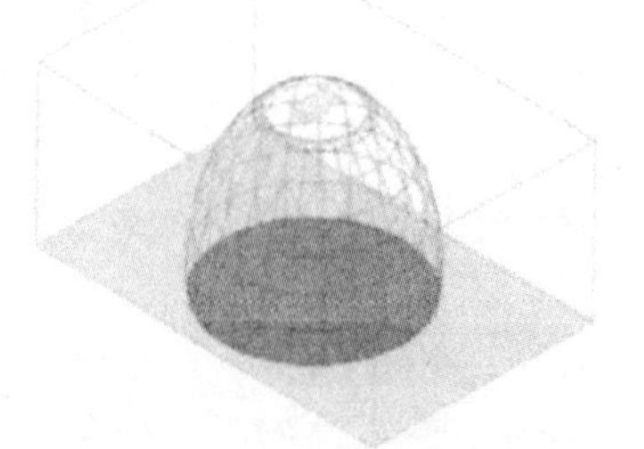

(c) 将辐射器安装在与天花板呈90°夹角的位置上

图 45.12 各种角度时辐射器的覆盖型

总的红外功率与面板上二极管数量成正比。如果在同一位置上使用的两块面板或一块面板上的二极管数目加倍，则功率就可以加倍。通常最好是使用一个以上的辐射器，以消除覆盖死角。如果重叠区域减小了信号，那么两个信号可以相加，以便将 SNR 提高至可接受的水平。

听众通过使用小型红外接收机接收红外信号，可以用挂带将接收机挂在脖子上，或者将接收机放在外衣口袋里。接收机的尺寸规格大约为 155mm × 46mm × 24mm(6.1inch × 1.8inch × 0.9inch)，重量约为 135g(4.7oz)，其中带有电池仓和通道选择器开关、音量控制和耳机插孔。将集成的头戴耳机式接收机挂在耳朵上，下探到佩带者的下巴处。它包括一个通道选择器和一个音量控制，如图 45.13 和图 45.14 所示。

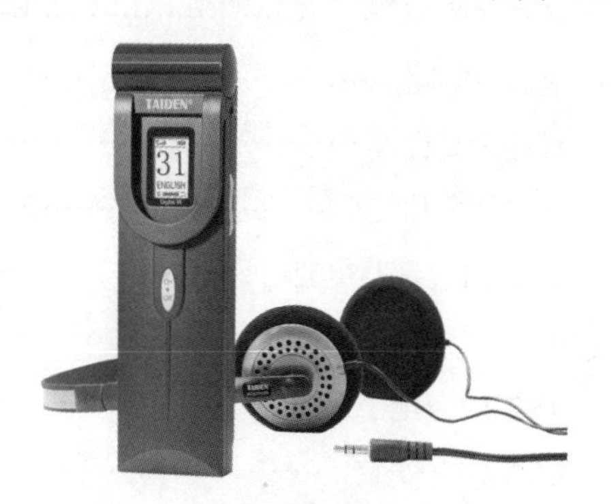

图 45.13 带有易读显示屏的红外接收机

（TAIDEN Industrial Co 授权使用）

图 45.14 内置接收机的红外头戴单元

（Sennheiser Electronics 授权使用）

由于不想要的接收机不能看到辐射机或其反射体，所以其防窃听的性能很好。另外，因为红外线不能穿透坚固的墙壁，所以房间之间的抗干扰性能也十分出色。在过去，红外系统会受到其他红外光源的影响，比如阳光、白炽灯和荧光灯等。但随着技术上的改进和对频移技术的采用，如今即便是在阳光直射的情况下，红外系统仍可工作。因为它是在视距内工作的系统，所以发射机与接收机之间的物体（包括人）可能会导致信号失落，除非同一区域至少有两部以上的发射机。

红外系统可被当作便携系统使用，这时对于较大的房间可以再加隔断，同时它也可以固定安装使用。虽然这样的系统比感应环系统成本更高，但是其音质却要好很多，同时也不受电子干扰的影响。红外系统是当今系统的选择对象。

第46章

助听系统

Glen Ballou编写

46.1 问题的属性

世界上有数千万人（仅美国就有两千万人）的听力因为不正确地使用了在本书的其他章节中所描述的声学和电子系统而受损。令人惊讶的是，如此之大的有特殊听力要求的人群却被人们长时间遗忘了，尤其是我们中的每一位都面临着一个非常现实的问题，我们都有可能因为疾病、外力损伤或衰老而成为这一群体中的一员。

根据国家聋人协会（National Association of the Deaf，NAD）的解释，助听系统（Assistive Listening System，ALS）有时也被称为助听仪器（Assistive Listening Devices，ALD）就是将进入人耳的声音直接放大的放大器。它通过分离声音（尤其是语言）来改善语噪比（Speech-to-Noise Ratio），使人能在存在背景噪声的环境中听到想听的声音。

研究表明：听力困难的人为了达到与正常听力的人同样的听力认知水平需要将SNR提高大约15～25dB。ALS可以让其获得这一增益，同时又不让周围的人们感觉声音太响。

存在不同程度（中度到重度）听力损失的人，包括助听器使用者和那些实施了耳蜗植入，以及两种措施均未采用的人均可使用ALS。ALS有时被描述成“耳朵的双眼”，因为它们进一步延伸了助听器和耳蜗植入的作用，进一步增强了其效率。

ALS面临着背景噪声最小化、声源与听力受损的人之间距离的减小所产生的影响，以及克服诸如回声这样的劣质声学表现等因素给听力带来的挑战。可将ALS应用于娱乐、工作、教育领域和家庭 / 个人环境中。

听力受损不仅仅局限于那些配戴助听器的人。实际上，仅有20%的听力受损者配戴了助听器。虽然许多听力受损者能够在近距离或面对面的情况下具有听力功能，但是在嘈杂或存在混响设定的情况下就失去了听力。即便配戴了助听器的听力受损者在混响空间里，或者是在背景噪声声压级高的环境中也还是会出现听力问题。我们采用的语言可懂度标准是根据对正常听力的人进行听音实验的结果制定的，它并不能直接应用于听力受损者，参见第3章“心理声学”和第40章“针对语言可懂度的设计”。不论听力受损者是否佩戴了助听器，噪声和混响都会迅速地降低可懂度。常常深受人们褒奖的剧院和音乐厅的声学质量与听力受损者的需求相抵触，而大多数教室和报告厅的声学设计也不适合听力受损的学生。

多年来，只是在教堂避难所前面几排的靠背长椅座位配备了为听力受损者准备的特殊助听耳机。近些年来，新的无线技术发展或应用成果被用来满足听力受损者在公共集会场合中的特殊听音需求。专门配备有线设施的座位对使用者是一种限制；如今每个座位都可以使用；不需要特别的订票告知。使用者可以随便与家人和朋友坐在一起欣赏演出。

广义的ALS在ADA 1990（Americans with Disabilities Act of 1990，美国残障人法令1990）的主题Ⅲ中有说明。该主题规定：除非提供场地者可以证明配备ALS是不当负担，否则所有的公共场所都要提供ALS。比如电影院，现场演出的剧院和公共教室等场所。ADA要求免费提供ALS接收器，并且指明必须要根据座位的数量（4%的规定）来提供ALS接收器。2010年，对ADA所进行的最明显修改是：对州和当地政府设施的标准产生影响，主题Ⅱ；公共设施和商业设施标准，主题Ⅲ。

ADA 2010的采用改变了有关“集结区域内座席容积”的表述，“从之前的50座要求变成了现在的50座或更少”。它们也更改了大型场馆缩尺模型中接收机最小数目的百分比（过去是4%）。它们还增加了对“助听兼容接收机的最少数目”的要求。这些改变与国际建筑规范（International Building Code，IBC）的要求相一致。应注意的是，在加利福尼亚州，它们采用自己的加州建筑规范（California Building Code，CBC），该规范取代了ADA的要求实施管辖权AHJ。

在ADA的主题Ⅰ（工作场所）和主题Ⅱ（州和当地政府提供的场所）中也对ALS进行了说明。其他可能需要使用ALS的公共法规包含在《康复法》的504节（影响联邦金融机构）和《残疾人教育法》当中。

46.2 助听系统的类型

无线系统有3种基本类型：磁感应型（也被称为听力环路），FM广播型和红外光型。每一类型的无线系统都具有其自身优点、问题和局限性。对于每种应用并不存在一个最佳无线系统；每种无线系统的使用和安装都很简单。

不论哪种类型的无线系统都必须拾取节目的声音。在完全是通过传声器进行拾音的情况中，可能要将这种拾音信号馈给扩声调音台。对于没有使用传声器的情况，也必须用特殊的传声器为听力障碍系统馈送信号。为了取得尽可能高的声音质量，对于馈给系统的信号而言，对混响和无关噪声的拾取最小化是非常重要的。安装在舞台前部或舞台上方的声学反射板上的压力区域传声器（参见第20章“传声器”）对于许多演出的拾音来说都是不错的选择。降低房间影响的更好系统应为演员，讲话人或歌手配发自己的传声器或近距佩戴传声器。对混响声场和无关噪声的拾取没有抑制能力的拾音，以及已经失真的声音对听力障碍系统是没有意义的。

46.2.1 磁感应环路

有时被称为听力环路系统的磁感应是一种最古老却仍在使用的系统之一。该系统的主要优点是能够直接被放到使用者的助听器中，而无须像其他系统那样要配便携式接收器。导线环路是绕在座位区附近（一般是在地毯下面），并且连接到放大器上的。流经环路的电流建立起一个可以被安装了T-线圈（与电话机中的T一样）的助听设备拾取的磁场（与变压器的初级一样）。在美国大约有60%的助听器装有能与电话机耳机产生磁耦合的T-线圈。使用没有T-线圈的助听器的人可以使用便携式接收器。

然而，环路系统存在着几个问题。大多数建筑物存在会被T-线圈拾取到的其他磁场。由于普通的电子线圈会在整个空间中辐射出较强的60Hz磁场，所以T-线圈和便携式接收器被设计成对低音区不产生响应，以消除60Hz的哼鸣声。另外还存在一些与输电线有关的无法滤除的噪声，比如最常见的电动机、调光器和荧光灯产生的噪声。环路的大小和形状，以及建筑物或在附近座椅内钢制品的使用量将会影响磁场强度和一致性。在临近的房间中同时使用的环路常常是一个问题，因为系统之间存在串扰。不过，这一问题可以通过采用"低溢出相位阵列"设计来解决。

可以利用的有限统计结果表明，需要助听的人群中只有20%的人实际佩戴了助听器，这些助听器中仅有60%装配了T-线圈，在建议佩戴助听器的人群中仅有12%的人能够利用其助听器中的磁环路。人们争论过的议题是这些没有T-线圈的助听产品使用者的大部分实际是儿童和老人；活跃的成人最可能佩戴有T-线圈的产品。尽管T-线圈的使用相当有限，且磁环路系统确实存在一些局限性，但是对它的使用还是很普遍，这2500万人中的许多人还是佩戴有T-线圈的助听器来欣赏声乐演出，并且这一数量还在增加。

磁感应环路系统的成本很大程度上取决于放大器的成本和安装这些导线环路的人工成本。接收器并不贵。然而，固态电子的发展使得AM和FM广播系统在价格上也颇具竞争力。当要覆盖较大的区域时，磁环路在成本效率方面可能无法与广播系统相比较。

环路设计标准

正常语言声压级下输入环路系统的磁场强度国际标准为0.1A/m。磁场强度 H =0.1A/m（SI单位体系）或0.125Oe（cgs单位体系）。这一场强在T-线圈中产生的声频信号电压约等于在普通语言声压级作用下助听系统的输出，如图46.1所示。这样，在传声器与T-线圈间切换时免去了使用者对音量的控制调整处理。另外，这一磁场对于噪声和干扰问题的最小化已经足够强了，但还不至于强到使助听放大器产生过载问题。正确接收的磁场是利用场强仪进行测量的，测量输入是400mA，1kHz正弦波。要利用场强仪进行如下几种测量。

场强在整个覆盖区内应尽可能一致。可以取得的一致性条件是在声频输出信号上允许的最大变化为 ±3dB。

系统设计基于磁场的垂直分量，忽略了磁场的水平分量，其原因有如下3点。

• 垂直场强分量控制着环路区域的大部分，如图46.2所示。

• 有T-线圈的助听器一般都指向对垂直场最灵敏的方位。

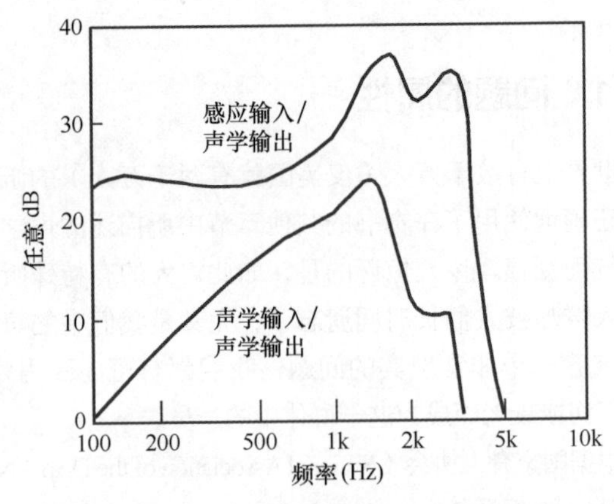

图46.1　典型的听力辅助系统的响应（摘自参考文献1）

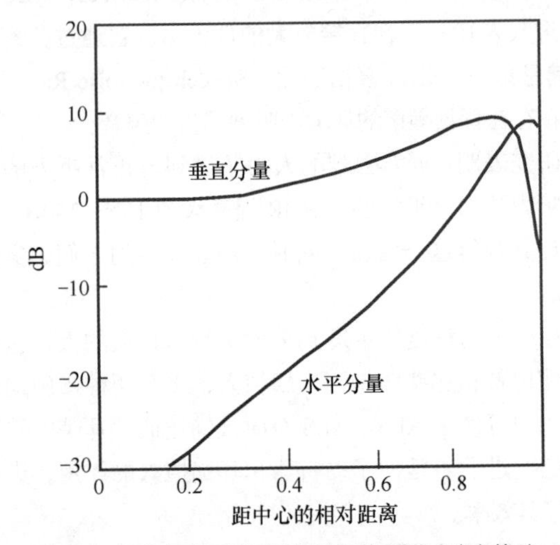

图46.2　沿着方形环路的对角线的场强（摘自参考文献2）

• 绕着垂直轴转动助听器（就像转动头部一样）对垂直分量的拾取没有变化，与此同时这样的转动则使对水平分量的拾取由零变到最大，再由最大变到零。

46.2.2　环路位置和大小

环路由环路边缘到中心产生的场强强度是变化的，如图46.3所示。变化的范围取决于环路的面积和形状，以及听音高度，这一听音高度是指环路平面到接收器的垂直距离。将这种相互关系表示为相对听音高度，它由下式确定。

$$h_r = \frac{h}{\sqrt{0.5A}} \qquad (46\text{-}1)$$

式中，

h_r 是相对听音高度；

h 是听音高度；

A 是覆盖的面积。

沿着各种形状的环路的对角线方向归一化场强，对应的可接受 h_r 数值范围如图46.4所示。

利用式46-1和图46.4所示的 h_r 数值，就可以设计出形状，面积和 h 可接受的环路。对式46-1中不等式的惩罚就是场强一致性的下降，如图46.4所示。

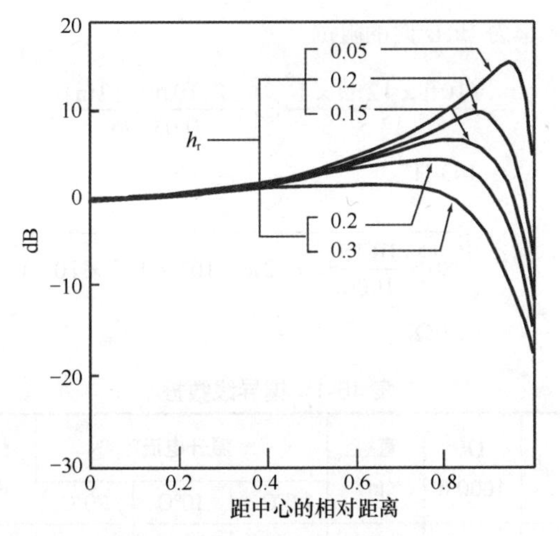

图 46.3　沿着矩形环路的对角线的垂直场强 1（摘自参考文献 2）

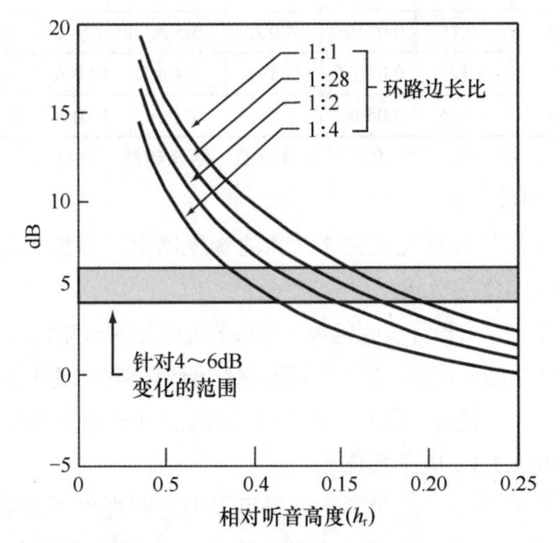

图 46.4　沿着矩形环路的对角线的垂直场强 2（摘自参考文献 2）

如果环路处于地平面（对于坐着的听众，$h = 48\text{in}$），在可接受的 h_r 范围内，矩形环路的尺寸为从 28ft × 28ft 到 38ft × 38ft。长方形的 1 ∶ 4 环路可能的尺寸范围为从 24ft × 96ft 到 32ft × 126ft。环路的面积越小，所要求的 h 就越小；环路的面积越大，所要求的 h 也越大。

如果 h 越来越大，那么建筑结构和观众座椅中的钢材料所产生的场失真效应也会更强。这种场失真会被环路内的死点凸显出来。最坏的情况是，整个系统可能完全不能使用。

较大的 h 要求的大环路也暴露出了建筑结构上的问题。常常安放环路的唯一实用的地方就是地平面，它可以处在地板下，也可以是地毯下。环路处在地平面之上或之下太多，是不切实际的做法，可以将单一的大环路分割成许多较小的环路安放在地平面上。因为垂直场强分量快速降低至导体上方的最小值，所以将环路导线放在过道处或其他不需要覆盖的区域是很重要的。对于多个环路而言，相邻环路的平行导体中的电流必须同方向流动，如图 46.5 所示。

不幸的是，多个环路所表现出的一致性总是要比与多环路中的某一个环路大小相同的单环路的一致性差。在使用多环路时，采用特殊的设计技术来取得更为一致的垂直场强。这些技术就包括使用两套叠置的环路，它们分别用相差为 90° 的电信号来驱动。Bosman（博斯曼）和 Joosten（约斯滕）对这种复杂的处理过程进行了描述[3]。

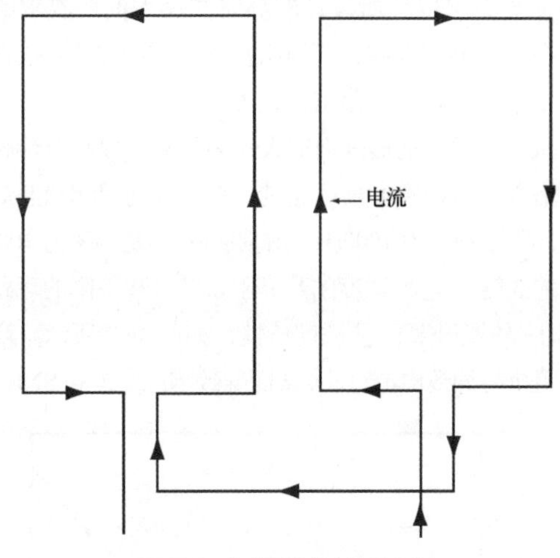

图 46.5　多个环路的电流流向图

46.2.2.1　环路电流

一旦将环路的大小和位置固定下来了，那么就可以计算出所需要的环路电流。磁场的强度与环路的电路之间有直接的关系。环路中所要求的电流 I 为

$$I = \frac{0.1\text{A/m}^* \pi A}{2D} \times (1 + 2h_r^{\ 2}) \times \sqrt{1 + h_r^{\ 2}} \qquad (46\text{-}2)$$

* 在英制单位体系中取 0.0305A/ft

式中，

0.1A/m 是场强标准；

A 是环路的面积，单位为 m^2 或 ft^2；

D 是环路的对角线长度，单位为 m 或 ft。

包含 h_r 的参量是对听音人距环路平面距离的校正，它由图 46.6 获得，即由横轴上一点画一条垂直线，与校正曲线相交点画一条水平线就可得到校正距离。

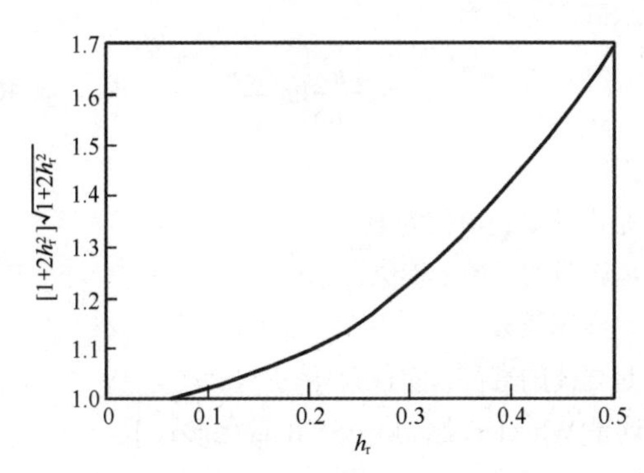

图 46.6　用于取得距离校正的图表

如果使用了多个环路，那么所需要的环路电流为

$$I_M = I / n \qquad (46\text{-}3)$$

式中，

I 是由式 46-2 代入的电流，

n 是匝数。

46.2.2.2　环路阻抗

在对环路中导线的粗细和匝数进行选择时，必须要保

证能够安全处理所要求的电流，并且要控制阻抗在整个声频频段上的变化范围。通过采用相对较细的单匝导线或较粗的多匝导线可以让所设计的环路提供人们所要求的磁场强度。在第一种情况中，环路阻抗成分主要是电阻；在第二种情况中，环路阻抗成分主要是感抗。

阻抗会随频率的提高而增大，因为频率提高时环路感抗也随之增大。这种增大量可通过调整导线的粗细和匝数来加以限制，所以频率为1000Hz时的阻抗并不是频率为100Hz时的阻抗的3倍。这种适度的升高阻抗特性和下降的环路电流将补偿T-线圈升高的灵敏度特性，如图46.7所示。高频时太高的阻抗将导致电流过小，从而导致响应变差和SNR下降。

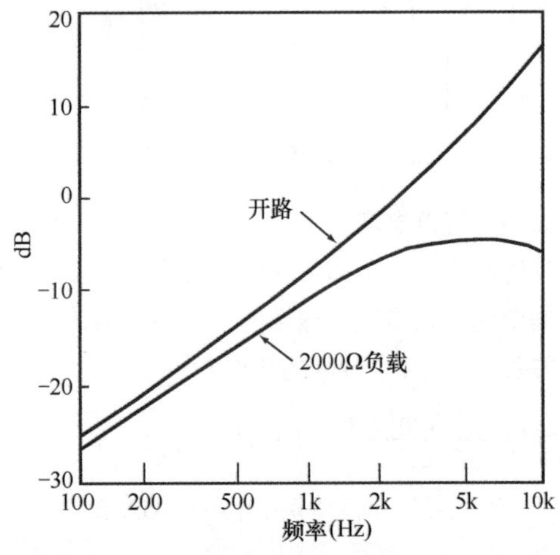

图46.7 典型电感线圈的灵敏度（摘自参考文献1）

如表46-1所示，可以选择在可接受的温升条件下处理所要求电流的导线粗细。之后，就可以计算出诸如100Hz，1kHz和10kHz等几个频率上的阻抗。最常见的导线规格是14AWG或16AWG，然而扁平铜带是非常高效的介质，并且如果将其安装在地毯或其他地面材料下面，它几乎是不可见的。下面的公式很有用。

$$L = \frac{rn^2}{13.5}\lg\frac{2.8r}{d} \tag{46-4}$$

式中，

L是电感量，单位为H；

r是环路的半径，单位为in；

n是线圈匝数，

d是导体的直径，单位为in；

[这是Wheeler(惠勒)公式的简化形式]。

且

$$Z = \sqrt{R^2 + (2\pi fL \times 10^{-6})^2} \tag{46-5}$$

式中，

Z是环路阻抗；

R是线圈的长度上直流电阻；

f是关注的频率；

L是由式46-4得到的环路电感量。

计算的例子要求确定20ft × 20ft环路单匝AWG#20导线在频率为1kHz时的阻抗。

$$L = \frac{(10\,\text{ft} \times 12\,\text{ft}) \times 1^2}{13.5}\lg\left[\frac{2.8(10\,\text{ft} \times 12\,\text{in})}{0.03196}\right] = 143\ \text{H}$$

$$Z = \sqrt{\left(80 \times \frac{10.15}{1000}\right)^2 + (2\pi \times 10^3 \times 143 \times 10^{-6})^2} = 1.21\,\Omega$$

表46-1 铜导线数据

AWG#	Ω/ 1000 ft	直径 (in)	温升电流*			熔化电流
			5°C	10°C	20°C	
24	25.67	0.02010	2.3 A	3.2 A	4.5 A	29.2 A
22	16.14	0.02535	3.0 A	4.2 A	5.9 A	41.2 A
20	10.15	0.03196	4.0 A	5.5 A	7.8 A	58.6 A
18	6.375	0.04030	5.5 A	7.8 A	10.0 A	82.4 A
16	4.016	0.05082	7.5 A	10.0 A	15.0 A	117.0 A

*温升是根据10密尔的绝缘厚度得出的。绝缘越厚，同样温升所需要的电流就越大。

如果导线被连接到1 ∶ 4的变压器上，则放大器看到的是4.84Ω的负载。

整个这一设计步骤包含一定量的近似处理；例如，式46-4使用的是圆形环路。在计算矩形或长方形环路的电感时便引入了误差，但是这一误差并未大到对结果产生严重影响的程度。

46.2.2.3 电子系统

人们所选择的功率放大器可以为环路提供所需要的电流。确认所选的功率放大器（也称之为听力环路驱动器）被设计用来满足这类系统的低阻抗和电流驱动要求。这里并不采用对标准4Ω或8Ω扬声器实施电压驱动的标准声频放大器。所需要的功率可由下面的基本公式确定

$$P = I^2 Z \tag{46-6}$$

输出电流的调整由下面的公式确定

$$I = E / Z \tag{46-7}$$

图46.8所示的是典型的环路系统框图。在非常大的厅堂中，面对更长距离的环路可能需要使用延时单元，以避免环路信号和声学信号间出现过大的延时。为了补偿频率响应的不平坦特性还需要借助均衡器的帮助。调整均衡器，使典型的接收器具有自然的音质，确保功率不被传输到接收器的功率带宽之外。

为了确保系统在高信号电平时不产生过大的失真，这种失真可能源自放大器的削波，也可能是因为助听器T-线圈的过载，故压缩器还是必须的。应该根据主要节目素材的属性来调整压缩器。在有些生产厂家的听力环路驱动器的设计中要么包含压缩器，要么包含AGC，若是这样就没必要外接处理器了。如果主要将系统用于音乐，约4 : 1的压缩比对音乐的损害是最小的。如果主要的节目是语言，则可以采用高达20 : 1的压缩比，以改善语言可懂度和SNR。

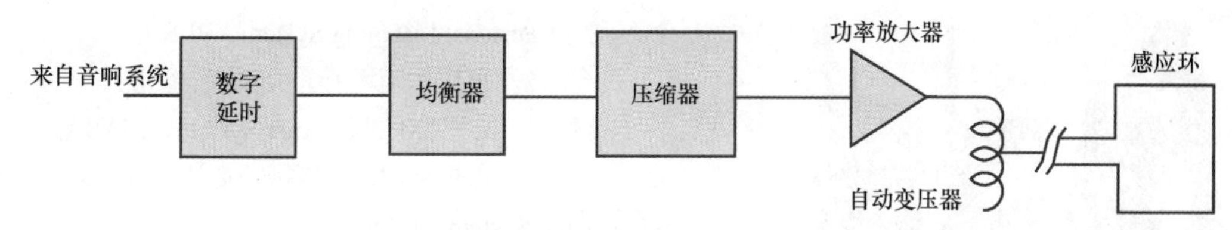

图 46.8　感应环路的系统框图

46.2.2.4　安装

如果环路是被安装在管道内，那么必须采用像 PVC 这样的非金属管道，并且安放的位置要让环路与听音人之间存在很少的（或没有）钢质材料。虽然通常是将管道铺装在混凝土板的上部或者木框架地板之下；但是它也可以被安装在房间的墙壁中，甚至是天花板中。如果在已有的房间中实施安装，则通常最容易实现的方法就是将环路铺装在地毯下，只利用管道连接放大器。

46.2.3　FM 广播

在为听力受损的儿童上课的那种教室中可以用 FM 广播系统取代许多的磁环路，因为 FM 信号通常不会受噪声影响，并且能提供更为一致和可靠的信号。由于可用的通道有几个，所以可以在相邻的房间中使用这样的系统。声音质量很出色。根据建筑内钢材的使用量，有用的接收范围在 30 ～ 914m（100 ～ 3000ft）间变化。可用的发射器可以是固定安装的输电线供电形式，也可以是便携式应用的电池供电形式。

美国联邦通信委员会（Federal Communications Commission，FCC）已经在 FCC 条例的第 15 部分规定将 72.025MHz ～ 75.975 MHz 的频段留出来供听力受损人士的 FM 广播使用。这些频段不能被用于其他目的，比如同声传译系统或通信应用。虽然不需要许可证，但是发射器的生产厂家要求具有 FCC 认证的发射器设计资质。FCC 将辐射的最大场强限制为：30m 处为 8000μV/m。

FCC 条例规定在助听发射器上要有特殊的天线连接器，以避免使用非法的增益天线，致使发射出超出 FCC 规定的发射场强。系统安装无须专门的知识，生产厂家提供的安装指南就足够了。

FCC 已经开放了 216MHz ～ 217MHz 的频段给助听设备使用。该频段处在 FCC 的低功率无线电业务（Low Power Radio Services，LPRS）频段之下，它将功率输出限制在 100mW。72MHz 频段可以传输 500 ～ 1500ft，216MHz 频段可以传输 1000 ～ 3000ft。

系统既可以是宽带的，也可以是窄带的。宽带系统具有如下特点。

- 对于所有应用均为高保真。
- 低成本。
- 对于不想要的无线电信号或外部的无线电信号有很好的抑制能力。
- 将可同时工作的通道限制为 6 个。

窄带系统的特点如下。

- 对不想要的无线电信号或外部的无线电信号有强免疫力。
- 可同时工作的通道多于 8 个。
- 在语音应用时有很好的保真度。

FM 广播非常像无线传声器；更详细的信息可以从第 20 章“传声器”中的内容获得。

由 Listen Technologies 提供的 FM 型助听系统的 LS-04 安装系统包括可编程接收器和充电器，以及可充电电池，如图 46.9 所示。LR-400 接收器可以被编程用来只接收场地中可用的通道。该系统有助于公共场所满足美国残疾人法案（Americans with Disabilities Act，ADA）指南的要求。

图 46.9　FM 型助听系统（Listen Technology Corporation 授权使用）

系统具有 80dB 的 SNR，并且可在 72MHz、216MHz 或 863MHz 频段使用。系统包括一台 LT-800 基站式发射机，一套天线，机架安装套件和 4 台带耳机听筒的可编程显示接收器 LT-400，两个颈环，以及一套助听告知引导套件。

Listen Technology 生产的个人系统（Personal System）包括一台便携式发射器和装在软质携带包中的接收器。Personal System 的 LT-700 便携式发射器，领夹式传声器，LR-400 可编程显示接收器和耳机听筒等全部套件均可装入一个软质携带包内，以方便带到学校或剧场中使用。听音人将带着传声器的发射器递给讲演者，听音人使用 LA-166 颈环或 LA-164 耳机就能听音了。颈环产生被装配有 T- 线圈的助听器拾取的磁场，如图 46.10 所示。

Sennheiser Mikroport 2015 适合于教室使用，它可以让有听力障碍的学生通过与教师的无线声频连接来改善其学习体验感受。系统包括供教师佩戴的领夹式传声器和无线发射器，以及供学生佩戴的无线接收器。直接声频输入线缆可以与人工耳蜗和助听器，以及用于助听器 T- 线圈的感应颈环配合使用。系统还可以和标准的耳机或耳塞一起使用。多个接收器可以共用一个发射器，因为可以利用的分立频点数以百计，可以在邻近的教室使用系统，而不会产生串音或干扰，如图 46.11 所示。

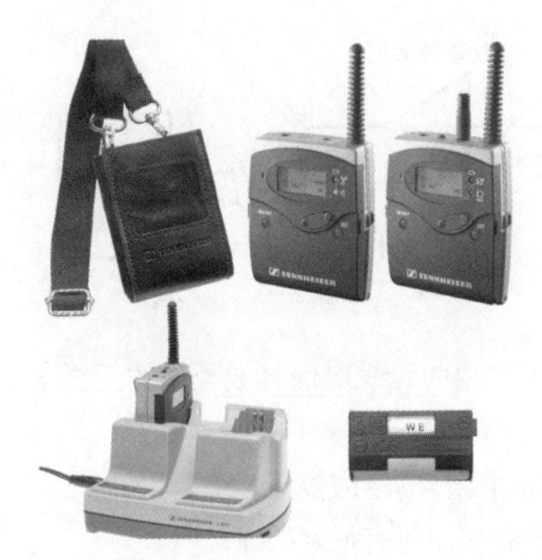

图 46.10 颈环与耳机（Listen Technology Corporation 授权使用）

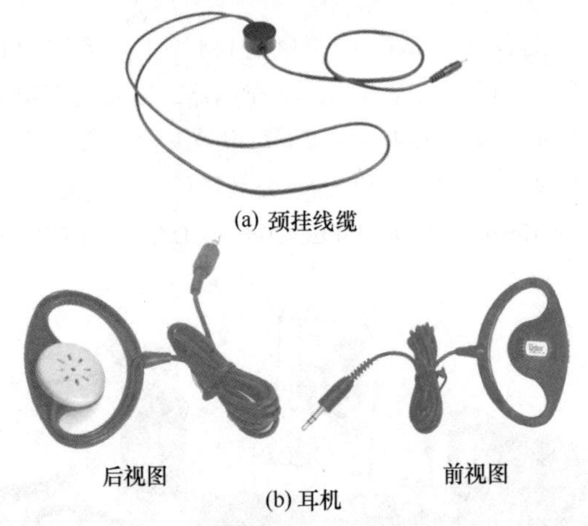

(a) 颈挂线缆

(b) 耳机

图 46.11 包含 FM 发射机、接收机和充电电池在内的个人系统（Sennheiser Electronic Corporation 授权使用）

46.2.4 红外

红外光可以播送非常高质量的信号。目前可供使用的系统可以利用同一发射器播送 12 套不同的节目，红外的这一特点对于大规模同声传译系统来说非常有用。红外系统还可以用于博物馆和听诊的演讲和教学，以及听心脏跳动等。系统也可以针对家庭的立体声听音和视频（TV）来定制。这是唯一一种可以为听力障碍人士传送立体声的系统。与其他系统不同，红外广播只能针对整个房间工作，因为红外线的特性类似于可见光；它无法穿透墙壁，甚至厚重的织物都可能成为其无法穿越的屏障。如果机密性很重要的话，那么播出信号的覆盖范围就是一个关键性的要素，比如社团的会议室。正因为如此及它所具有的出色音质，红外技术成为专业剧院和音乐厅系统很好的选择。

46.2.4.1 红外系统的组件

红外系统的基本组件如下。

- 控制发射器（将它连接到声源上）。
- 从属发射器，以菊花链式连在一起（如果需要）。
- 接收器。

46.2.4.2 种类

任何系统安装一般都可以归类于以下 4 种情形。

1. 用于起居室、卧室、办公室等地的个人返送监听系统（Personal Listening System，PLS）。

2. 用于休闲场所、会议室、法庭、教室、小剧场等地的中型系统（Medium Area System，MAS）。

3. 用于礼堂、大剧场、竞技场等地的大型系统（Large Area System，LAS）。

4. 用于同声传译和其他应用的大型多通道系统（Large Area Multichannel System，多达 32 个通道）。

46.2.4.3 覆盖

发射机和具有现代艺术设计理念的平板发射器及其器件可以让单通道红外系统中的每只红外光发射二极管覆盖 $70ft^2$ 的面积。平板的极坐标指向性形状几乎与单只二极管的指向性一致。当前采用的 LED 发光度的半功率角近似为 ±25°。采用更多的 LED 可提高红外的强度，并且覆盖的面积也要乘以平板内二极管的数量。可以认为水平和垂直方向上的辐射指向性是一样的，并且极少受二极管的放置位置或阵列封装的影响。

由于任何 LED 的光输出功率都存在物理上的限制，所以多通道系统中的总输出必须为通道间所共享，每个辐射器可利用的覆盖面积必须要除以系统的通道数量。反之，对于所要求的同样的覆盖面积，辐射器的数量应乘以系统中的通道数量，或者在同一场地中采用立体声系统时的发射器数量要比在单通道安装中所需要的发射器数量多一倍。

墙壁、天花板、垫板和装饰物所产生的反射会使覆盖变宽，覆盖更趋向于无指向性。红外光的特性与可见光的特性很相似，像墙壁这样明亮和光滑的表面会使其产生最佳反射，而像黑色的绒布窗帘这样暗且粗糙的材料更容易对其产生吸收。

应以可对整个房间产生均匀照射的方式放置发射器。一般是将其安装在地板上方 10 ~ 40ft 的地方，并且将其朝下指向观众。当发射器被置于舞台两侧时，应让其在观众区产生交叠。系统中使用的接收器数量可以是任意的，因为这对信号源没有影响。

LED 的光输出会随着时间的推移而下降，然而，利用好的电路设计，在光输出衰减到其初始数值的 70% 前的标准条件下，LED 连续投射的工作寿命可在 100 000h 以上。

46.2.4.4 环境灯光

除了直射阳光外，实际上红外系统可工作在任意环境中。甚至红外系统可以被安装到阳光照射不到的阴暗的室外区域。对于环境光非常强或滤光差的荧光灯房间可能要添加发射器来达到足够的 SNR。

46.2.4.5 红外链路

红外系统既可以是窄带的，也可以是宽带的，具体取决于自己的需要。表 46-2 列出了红外系统的技术指标。

红外链路利用特殊的掺杂砷化镓的发光二极管（LED）来传输信号。每只 LED 发射约 10mW 的总辐射功率，在每个阵列中需要多达 143 只 LED 才能产生足够的功率。所发射光的波长为 930nm，它既是非单色的，也是非相干的，所以使用任意数量的 LED 也不会彼此干扰。辐射器可利用的覆盖指向性会随距离和传输通道数的变化而变化，如图 46.12 所示。所需要的发射器数量取决于所要覆盖的面积和形状，以及使用的通道数量。通常是组对使用发射器的，并将其置于观众的前方，在座位区产生交叉重叠，这样可以使每位观众都能接收到来自每一侧的一束红外波束。这种交叉发射有助于消除观众群中其他人对波束的遮挡。

表 46-2　红外系统的技术指标

特性	窄带	宽带
通道数	12	2
载波频率	55kHz～535kHz，包括455kHz	95kHz和250kHz
通道间隔	40kHz	155kHz
调制	FM	FM
预加重	100μs	50μs
标称频偏	±6kHz	±35kHz
峰值频偏	±7kHz	±50kHz
发射机		
频率响应（-3dB）	50Hz～8kHz	50Hz～13kHz
最大失真（1kHz）	<1.0%	<1.0%
SNR（A加权）	>55dB	>70dB
接收机		
频率响应（–3dB）	50Hz～8kHz	100Hz～9kHz
最大失真（1kHz）	<2.5%	<1%
SNR（A加权）	>55 dB	>63 dB
发射器面板		
频率响应（–3dB）	30Hz～710kHz	30Hz～710kHz

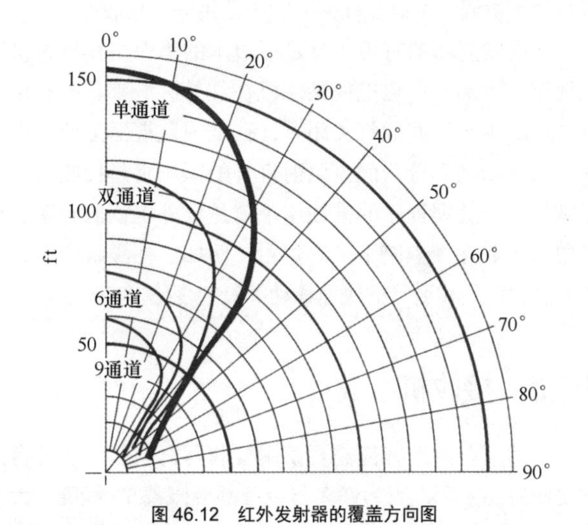

图 46.12　红外发射器的覆盖方向图

红外链路的接收端是反向偏置的硅光电二极管，它在受到光照射时会产生电流。虽然光的拾取区域很小，仅 7mm^2，但是通过安装的聚光透镜可以有效地将其增大，如图 46.13 所示。

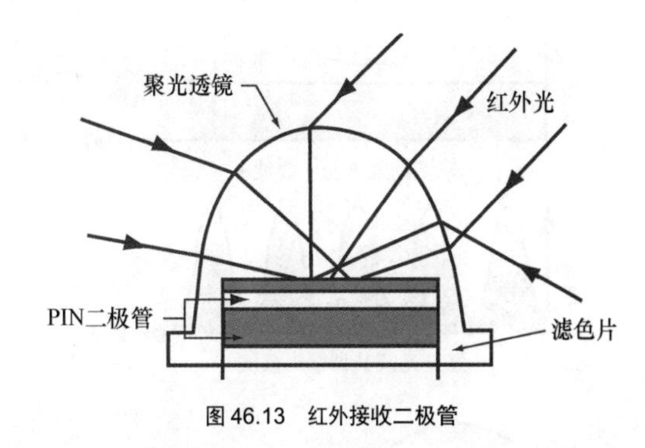

图 46.13　红外接收二极管

硅 PIN 接收二极管具有对 850nm 波长最灵敏的特性。图 46.14 所示的是人眼的频谱、红外 LED 发射二极管、红外滤光片和接收二极管的灵敏度。

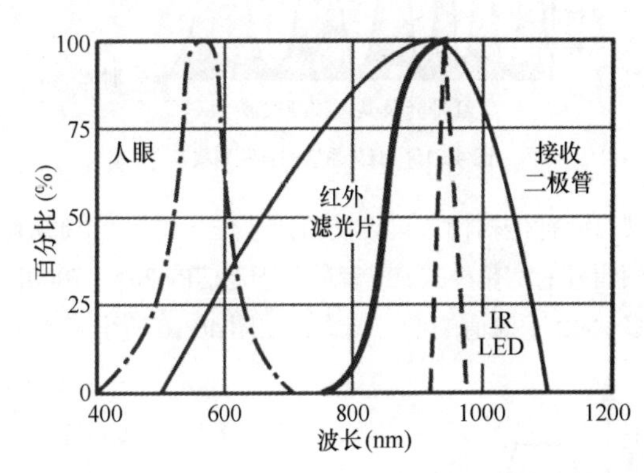

图 46.14　人眼、红外 LED 发射二极管、红外滤光片和接收二极管的灵敏度

红外光的特性与可见光的特征非常相像；当它遇到浅色的墙壁、天花板和其他边界面时会被反射，所以即便没有直接视线触及发射器，接收器也能够“看到”信号。另外，接收器的超宽角度鱼眼透镜也能捕捉到几乎来自任意方向上的直接或反射信号。

对红外应用的唯一限制就是：不能在明亮的日光环境中使用它。作为日光中固有成分的红外光将会压过来自系统的较低功率的调制光。系统还可能受到来自高亮度白炽灯的干扰。在有些情况下，部分的调光白炽灯泡可能会产生问题，因为加给灯泡的电压的降低会导致其发出的光偏红，从而大大提高了灯泡的红外输出。在观众就座后，在保留调暗灯光的情形下，这种个别情形下的红外干扰增加便可能成为问题，并且系统的红外波束变弱。在挑台下部靠里的位置很可能就是个麻烦点。当出现了这种问题时，必须将灯光调得更暗，或者给红外系统增加更多的发射器，以覆盖挑台下面的区域。

一个红外系统由 3 部分组成：发射机、发射器（有时两者合二为一）和接收器。发射器给声频信号提供副载波信号，发射器将其转变为红外光。接收器对红外信号进行解码，恢复原始的声频信号。

为了获得可用的辐射功率级，将红外 LED 用于多个阵列当中。其光输出被一个或多个调频副载波（单通道宽带系统一般为 95kHz；双通道宽带系统为 95kHz 和 250kHz）调幅。每个通道的声频信号对其特定的副载波调频，如图 46.15 所示。

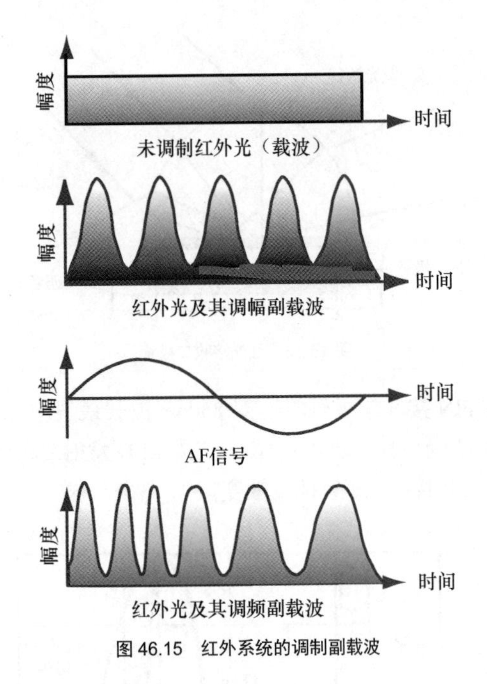

图 46.15 红外系统的调制副载波

共有两种传输模式可以使用：用于一个或两个通道高保真声频信号的宽带模式；或者适合于通信的 70 ～ 7000Hz 响应的多达 12 个通道的窄带模式，如图 46.16 所示。

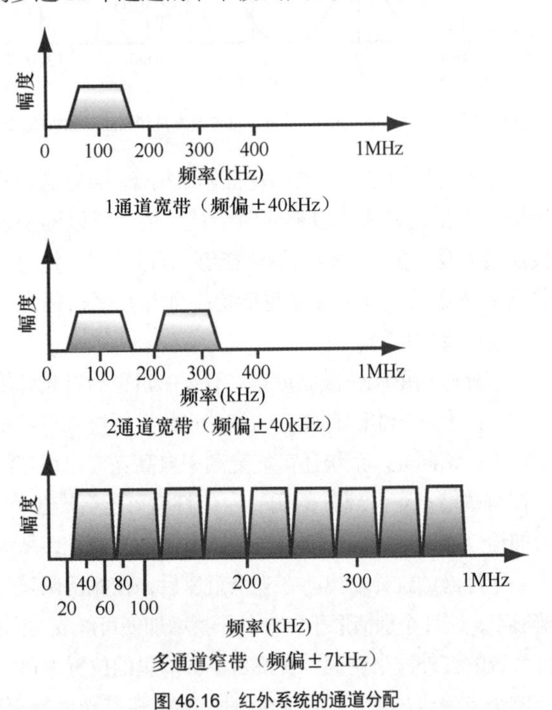

图 46.16 红外系统的通道分配

由于传输媒介是无害的不可见光调制载波（如图 46.17 所示），它取代了无线电或声频信号，所以它不会受到外部干扰的影响，同时也不会引发自身的问题。使用红外系统不需要授权。

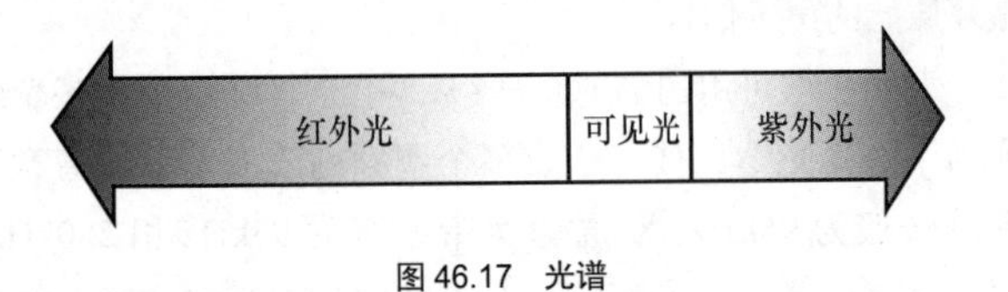

图 46.17 光谱

生产厂家提供了详细的系统解决方案和安装说明。典型的剧场安装红外系统如图 46.18 所示。后部的发射器必须覆盖挑台下方和挑台区域。为此，可能需要用单独的发射器来覆盖这两个区域。

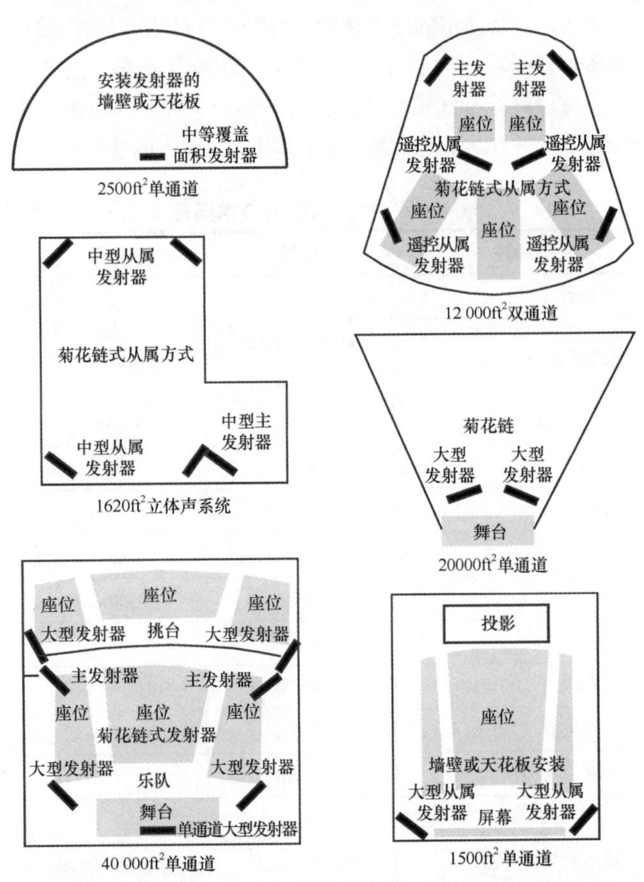

图 46.18 典型的剧场安装红外系统

红外系统的优点是能够完全实现相邻房间需要不同声频节目的应用，比如综合多影厅应用。可以在每个房间中装配同样的系统，彼此不互相干扰。不需要与无线电系统进行频率协调。可以在任何剧院中使用同一接收器。

瞄准发射器的有用工具是低成本的黑白电视摄像机和监视器。大部分单色电视摄像机在红外区域都具有有用的灵敏度。由于房间的灯关闭了，在电视监视器上监看由红外波束照明的部分房间。照射良好的区域将是接收良好的区域。这一处理程序的推理结果就是红外电视监看系统可以用来观看逐渐黑暗下来的舞台，例如，在黑暗中完成的转动装置协同和道具的快速移动等复杂变化。

46.3 接收机

虽然所有的系统都需要使用接收器，但是几乎没有人需要使用感应环，因为许多与会者都会佩戴 T- 线圈。大部分为听力障碍人士提供产品的系统厂商都会为接收器配备几种类型的耳机。一般情况下，这其中包括单耳耳塞，听诊器式双耳耳塞，如图 46.19 所示，以及和参会者的 T- 线圈一起使用的感应环。大多数使用者都报告说非常喜欢佩戴双耳耳塞设备，同时也表示非常讨厌使用过头顶的头戴式耳机，因为长时间佩戴这种耳机会感觉不舒服，并且破坏了发型。可供使用的感应环有两种类型。一种是紧贴着助听器，挂在耳朵上的小线圈，对于年纪较大的人而言，这种类型常常会出现使用错误的情况。较受人们欢迎的感应环是绕挂在脖子上的系索式，它通常可以支持接收器。

图 46.19　头下佩戴型多通道耳机无线红外系统接收机（Sennheiser Electronic Corporation 授权使用）

在许多剧院中，人们会发现有一些正常听力的观众也使用供听力障碍人士使用的系统来增强其聆听的舒适度，在较大空间中那些坐在自然声学条件较差的座位区的观众尤爱如此。这些正常听力的观众基本上都喜欢用双耳耳塞，因为这时的声音更为自然，而用单耳耳塞时，未戴耳塞的一只耳朵听到的是来自舞台的现场声，这便产生了令人讨厌的信号延时。根据观众距舞台的距离，这一延时所带来的注意力分散程度可能比听力严重受损所带来的影响要小得多。

更换电池和耳塞消毒是对助听器件的主要日常维护工作。虽然电池可以用一年，但是如果接收器经常使用，那么电池可能使用不了那么长时间。如果红外接收器使用可充电电池，那么在每次使用后都应充电。最常用的耳塞消毒方法就是更换塑料的耳机末端或使用可更换的泡沫球。

大多数剧院和音乐厅为观众提供免费的接收器，或者收取少量的处理、电池和消毒费用。有些机构组织在向常来的观众销售接收器方面已经取得了成功，尤其是对几个使用同一技术的剧场和社团。

第47章

内部通话系统

Glen Ballou编写

47.1 引言

Intercoms 是内部通话系统（Intercommunication Systems）的缩写，它们通常要比扩声系统更为复杂，因为扩声音响系统是单向的，而内部通话系统是双向的。不同的内部通话系统之间的复杂程度差异很大，从简单的户内通话系统，到酒店和公寓的内部通话系统，医院护士使用的寻呼和应急系统，同线电话系统，多处理器控制、多存储形式、模拟和数字内部通话系统。

47.2 内部通话的基本目的

内部通话系统被分成 3 类：点到点式、合用线式和矩阵式，如图 47.1。点到点（point-to-point）或专线式（dedicated line）是两个站点之间的专用线路，其他的站点听不到他们彼此间的谈话。

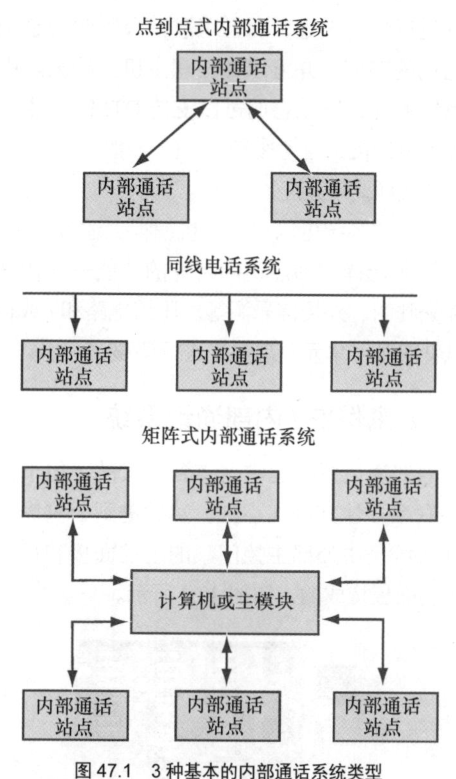

图 47.1 3 种基本的内部通话系统类型

合用线（party line）、会议连线（conference line）或分布线路（distributed line）通常是完成同一任务的多人共享的线路，其中的所有人都可以相互交谈。这就像围坐在会议桌旁的每位与会者都可以彼此交谈并同时倾听别人的谈话，它没有私密性。利用多个电路和多条导线，该系统可以同时进行不同会议间的通话联络。最常使用这种类型的内部通话系统就是在广播中采用的内部通话。

最主要的内部通话制造公司都提供了数字矩阵系统。这些系统是受控多处理器、多存储形式，可以采用模拟和数字声频形式工作，并且可以将点到点式和同线电话通信方式组合在一起工作。每种类型的内部通话系统都有其各自的优缺点，它们可以采用硬线或无线，或者将两种信号传输方式相结合的形式工作。

内部通话系统可以是简单的两单元系统，每个单元只装配有一个呼叫按钮和一个传声器/扬声器组合，系统也可以是复杂的多通道、多站点系统，并且配有单独的可编程传声器和扬声器、显示窗、TV 入口监控、辅助输入，以及大量的特殊功能。

47.2.1 点到点式内部通话系统

点到点式内部通话系统是在住宅和办公应用，学校、公寓和护士呼叫，以及紧急呼叫系统中使用的最简单、应用最普遍的内部通话系统类型。对于点到点式内部通话系统，呼叫者或主叫者与所需要的接收器进行联络，并且只与他们进行通话，如图 47.1 所示。所有其他的站点被隔离出来，所以它们不能成为单方或双方通话的一部分。这与电话系统类似，使用者通过会议呼叫，拨通一方或多方的内部通话站点，即便系统中的电话成百上千部，但只有那些被呼叫的各方内部通话站点才能听到谈话。

系统通常由主内部通话站点、从属内部通话站点、门禁监控和开放内部通话站点，以及诸如 AM/FM 接收机这类输入设备组成。

这些系统具有多种功能，并且可以用于房间和办公桌间的内部通话、室内内部通话站点和室外（包括门禁）内部通话站点间的内部通话，以及为系统中所有内部通话站点或所选择的内部通话站点提供某种形式的重放信号。系统可以是一个主内部通话站点，一个或多个从属内部通话站点；系统也可以全都是主内部通话站点；或者系统也可以是两种情况的结合。主内部通话站点具有向任意或所有内部通话站点发出呼叫的功能，而从属内部通话站点只能呼叫它们所连接的主内部通话站点，如图 47.2 所示。内部通话站点可以是墙壁安装单元，也可以是桌面安装单元；可以是有线的硬线连接型，也可以是无线型。通常，硬线系统最适合于点到点式内部通话系统应用，因为它们便宜，且很少出现干扰。缺点就是移动或重新定位安装较困难。

图 47.3 所示的 Bogen Model PI35A 是一个拥有 25 个内部通话站点的内部通话系统。它具有双向通话、紧急寻呼、报时信号和为装配了扬声器的地点发送背景音乐和其他声频节目素材信号的功能。Bogen Model PI35A 是为大功率寻呼和在噪声环境通话（楼宇、零售店、小工厂、停车场等）要求而设计的。20W 内部通话放大器具有针对可懂度而设计的语音整形频率响应。将 35W 节目放大器用于节目素材和/或应急广播。

可以将来自传声器、CD 播放器或其他背景音乐的信号作为节目源使用。通过简单的按键选择来实现信号的分配。应急广播的优先权高于节目分配信号，并且是通过单独一个按钮来选择的。也可以将报时信号送至所有的站点。备用的寻呼设备允许通过异地电话或传声器实现对所有站点的应急寻呼。电话寻呼具有相当高的系统优先权，除了应急寻呼外，它的优先权高于所有其他的系统功能。

房间选择器面板用来选择每个内部通话站点的内部通话和节目功能。来自内部通话站点的呼叫通过各个房间中的呼叫接入开关来启动，并且通过控制中心内的指示灯和提示音加以显示。系统具有一个25V平衡式输出，并工作于120V_{ac}/60Hz的电源条件下。系统由一块主控面板和一个拥有25个内部通话站点的房间选择器嵌板组成。它有房间呼叫接入开关、用于老式呼叫接入开关的呼叫接入适配器模块和各种类型的变压器耦合扬声器等诸多备选组件。

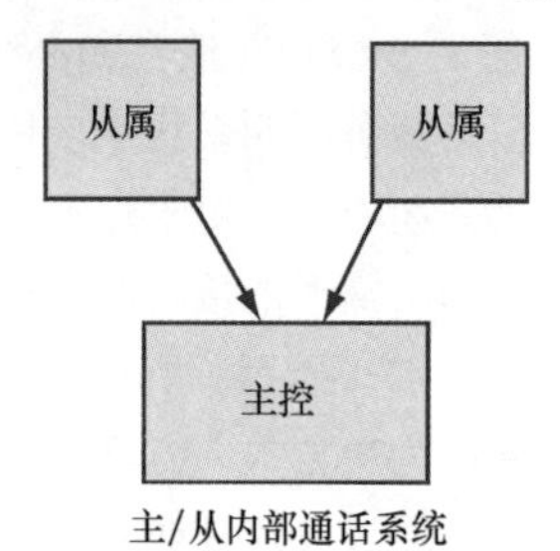

主/从内部通话系统

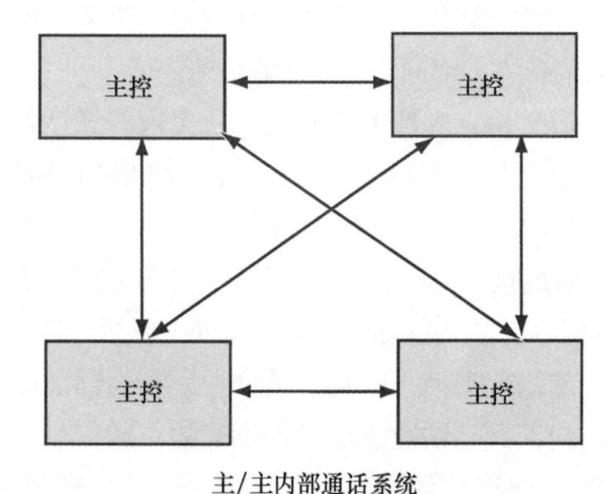

主/主内部通话系统

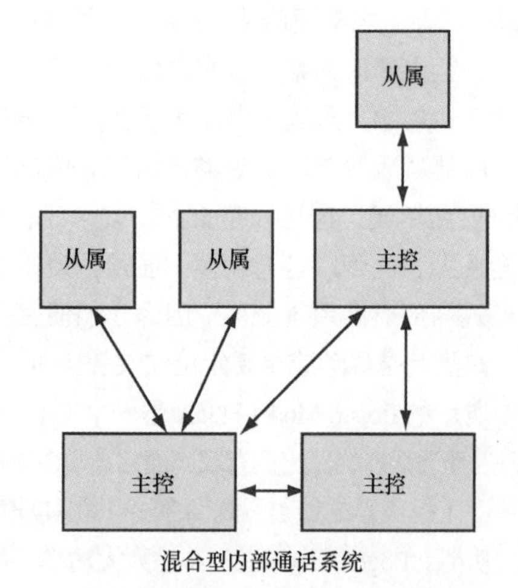

混合型内部通话系统

图47.2 主/从内部通话系统，主/主内部通话系统，以及混合型内部通话系统

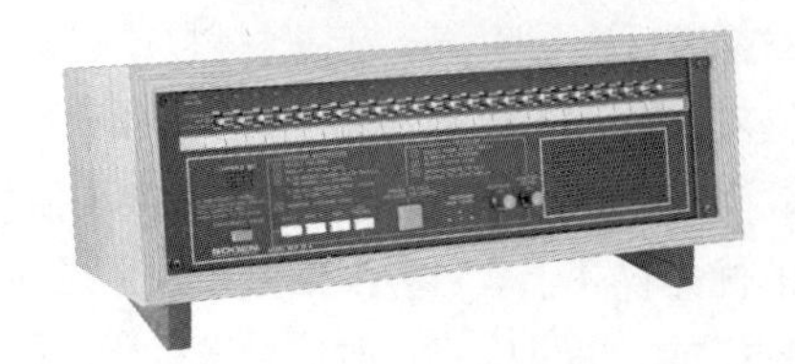

图47.3 Bogen Model P135A是一个拥有25个内部通话站点的内部通话系统（Bogen Communication公司授权使用）

47.2.2 矩阵式内部通话系统

几年前，所有的内部通话系统都还在使用机械式交换矩阵来实现呼叫和语音信号的跳线分配。系统简单，导线引自一个中央系统并且被连接到各个主控和次主控上。切换开关是多极的，可以传输信号和语音。通常话频线路是屏蔽的，以避免拾取哼鸣声和寄生噪声，但在连接的系统中，也会使用非屏蔽线路，这时接收机的频率响应被限制在200Hz～4kHz，以消除哼鸣声和噪声。

虽然今天这些系统仍在使用，但是许多系统已经被数字矩阵和电子交换机所取代了。这些系统工作于低压/低功率条件下，由于信号是数字的，所以几乎不需要使用屏蔽线路。

矩阵式内部通话系统可以控制多达256个单位内部通话站点，通过使用多台矩阵交换机可以控制多达100 00个以上的内部通话站点*。

因为它们是数字形式的，所以将其与外部的C/O或PBX线路相连，利用常用数字实现的单数字或双数字拨号可以对其进行快速设定，而且可以记录呼叫者定制的呼出信息和它们的响应，并可以在任意主机上检索。由于它们与电话系统兼容，所以它们可以支持DTMF发生，单线路电话设备（电话机、自动拨号器、传真机等）。通过铜质双绞线或光纤线缆实现互连。

许多这样的系统可以用计算机编程。通过简单的程序，就可以只让所选择的站点访问特殊的功能——传呼、电话呼叫、优先呼叫、外接信号源等。压缩电路和/或自动电平电路可以针对某一单元及总电平进行调整。

47.2.3 公寓保安/内部通话系统

公寓内部通话系统通常是点到点式的，用于访客与公寓业主的联系，让其进入小区，然后进到公寓内。这样的内部通话系统是由外部主控门禁的主控面板和每个房间中的从属控制面板构成的，如图47.4所示。

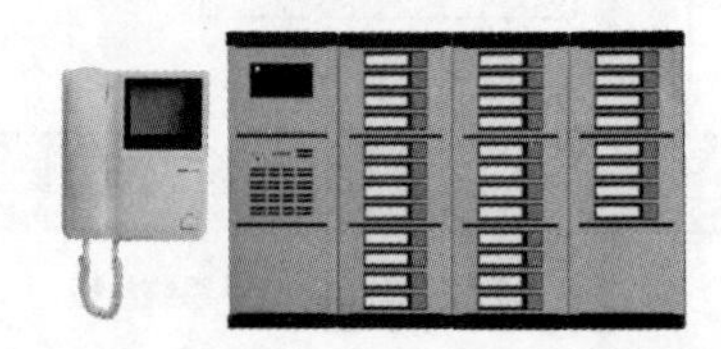

图47.4 声频/视频门禁保安系统（Aiphone Communication授权使用）

外部主控面板必须是防水和防爆的，因此外部单元面板和按钮必须采用强化材料制造，比如铝、不锈钢或LEXAN。传声器/扬声器的防护网一定要坚固且隔水，最好与面板浑然一体，扬声器必须是防水的。一定要用防破损安装硬件牢固地将面板固定在墙面上。外部的主控面板由传声器/扬声器和人们选择的联系方法组成。这可以通过访客与想去的房间进行联系的一组按键或者通过访客与房间联络用的12个按键的电话面板经由数字电路来实现。

* Clear-Com Eclipse可以将多达64个矩阵进行智能化连锁，每个矩阵有多达256个内部通话站点。

将电源和放大器安装在内部，将它与其他组件分开来。通常一个系统只使用一个放大器和一个电源，因为同时进行的谈话只有一个。门禁开启装置通常工作于 3 ～ $6V_{dc}$ 或 8 ～ $16V_{ac}$。

公寓的扬声器站点由传声器 / 扬声器单元、呼叫按钮、听音按钮和门禁释放按钮组成。

更为复杂的安保系统包括提高安全性的视频监视器。室外的面板包括摄像头，室内单元包括一个 4in 的平板监视器。由于全景功能可以扫描更大的区域，所以它提高了系统的安全性。由于摄像头处在玻璃的后面，所以访客看不到它，访客也就无法躲避它。鉴于当今的技术，我们也可以使用广角摄像头，这样就免去了使用更贵和更复杂的全景摄像头的必要。摄像头要有非常出色的低照度工作性能，因为大部分访客会在傍晚或深夜到访。摄像头通常的灵敏度是 1lux。大部分系统在摄像头和监视器之间不需要使用同轴线缆进行连接。

如今，自身包含视频功能的门禁应答系统正迅速取代普通的门铃。面对小型企业和家庭不断增长的入户安全需求，这种系统无疑是简单便捷的解决方案。在这些系统中，有些系统采用了与门铃一样的双线制，它们通常利用老建筑中原有的线缆，从而简化了安装的流程。

以一个系统为例，其中一对线缆传输的是声频和视频的 FM 调制信号，第二对线缆控制门禁的释放，如图 47.4 所示。在这一系统中，门控单元采用了一个高分辨率的 25 万像素的红外电荷耦合器件（Charge-Coupled Device，CCD）摄像头，它能在 1lux 的照度下提供清晰、锐利的图像。

利用广角透镜，在距离为 20in 的位置处，总的视角区域面积可达 39in × 27in，如图 47.5 所示。要想得到更大的覆盖区域，可能就要使用全景（PanTilt）门控基站了，如图 47.5 所示。它可在距离为 20in 的位置上，产生 72in × 36in 的覆盖面积。像任何传输系统一样，连接线缆非常重要。系统设计工作在如典型门铃一样的双线制条件下。使用同轴线缆、两条独立的导线或多芯线缆将会影响画面的质量。如果不只一对线缆，那么一定要将其他线缆对端接 120Ω 的电阻器。这样就可以保持正确的线路阻抗。

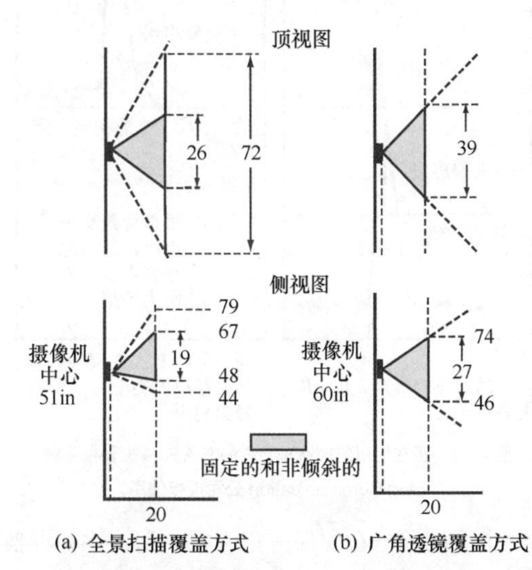

图 47.5　视频监控覆盖的门站区域（Aiphone Communication 授权使用）

在安装任何门禁系统的摄像头时，都要保证单元不被暴露在极端环境当中。例如，突然的温度下降可能导致摄像头结雾，雨滴可能会使画面失真。照明灯应处在人的正前方。较强的背光（即阳光或街灯灯光）可能导致监视器中呈现出轮廓影像，荧光灯可能产生闪烁。如在安装门禁系统的摄像头时将这些考虑其中，在大多数情况下将会产生好的影像。

重要的是，门禁释放按钮正常断开接触，以激活可选电动门停止工作。正常的断开接触保证了门禁在出现供电故障时不被打开。

47.2.4　住宅内部通话系统

住宅的内部通话系统用来实现房间与房间或者主控单元与其他房间之间的通话，因为门禁保安系统和将诸如 AM/FM 或 CD 这样的编程外接信号源连到了任意或所有的房间中。由于内部通话系统的限制，故音乐一般不是立体声的，虽然重放的声音音质达不到专业立体声系统的声音质量，但是作为背景音乐已经足够了。另外，它们还有一个优点，即当人在不同的房间中穿行时听到的是同一信号源的声音。通常，住宅内部通话系统是被安装在墙壁上的，采用了免提应答和保密开关设计。系统可以是主 / 从、主 / 主 / 从或全部是主的配置。

47.2.5　商业保安系统

楼宇保安系统协助安保人员保护所有承租人、雇员和访客的人身和财产安全。在停车场、楼梯转弯处、楼梯井和电梯中的人应能方便地找到应急开关所处的位置，并且能很方便地操作免提应急呼叫装置。

47.2.5.1　区域寻呼

高层建筑物和建筑群需要有专门的区域公共寻呼装置。控制人员进入的建筑物需要安装有语音确认功能的设备，并且要装配 CCTV 摄像头。电梯要有内部通话装置，以确保安全，要定期维护大堂和电梯机房的通信设施，保持良好状态，如图 47.6 所示。

这种类型的内部通话系统的变型可以用作校园安保，因为校园中有建筑群、停车场、宿舍和人行道。

47.2.5.2　安全声频监听

不幸的是，几乎所有的犯罪高发区都是光线阴暗的区域，或者是灯光幽暗的过道。这些地方都潜伏着犯罪的可能性。另外，这些地方也是在建筑物中高危的电源变压器、发电机和隐蔽管线的所在地。不可能每处都安排安全和维护人员。即便有视频监控作为辅助的工具，可使用摄像头的数量和监控的人力资源还是有局限性。即便摄像头处在最佳的工作条件下，它还是无法透过关闭的门监控到每个角落，或者停放汽车后面的区域。

为了消除仅采用视频监控所带来的问题，安保系统的生产厂家开发出了监听设备和强噪声触发报警装置。虽然这些产品似乎在将安保系统的开发引向正确的方向，但是还是存在潜在的局限性。

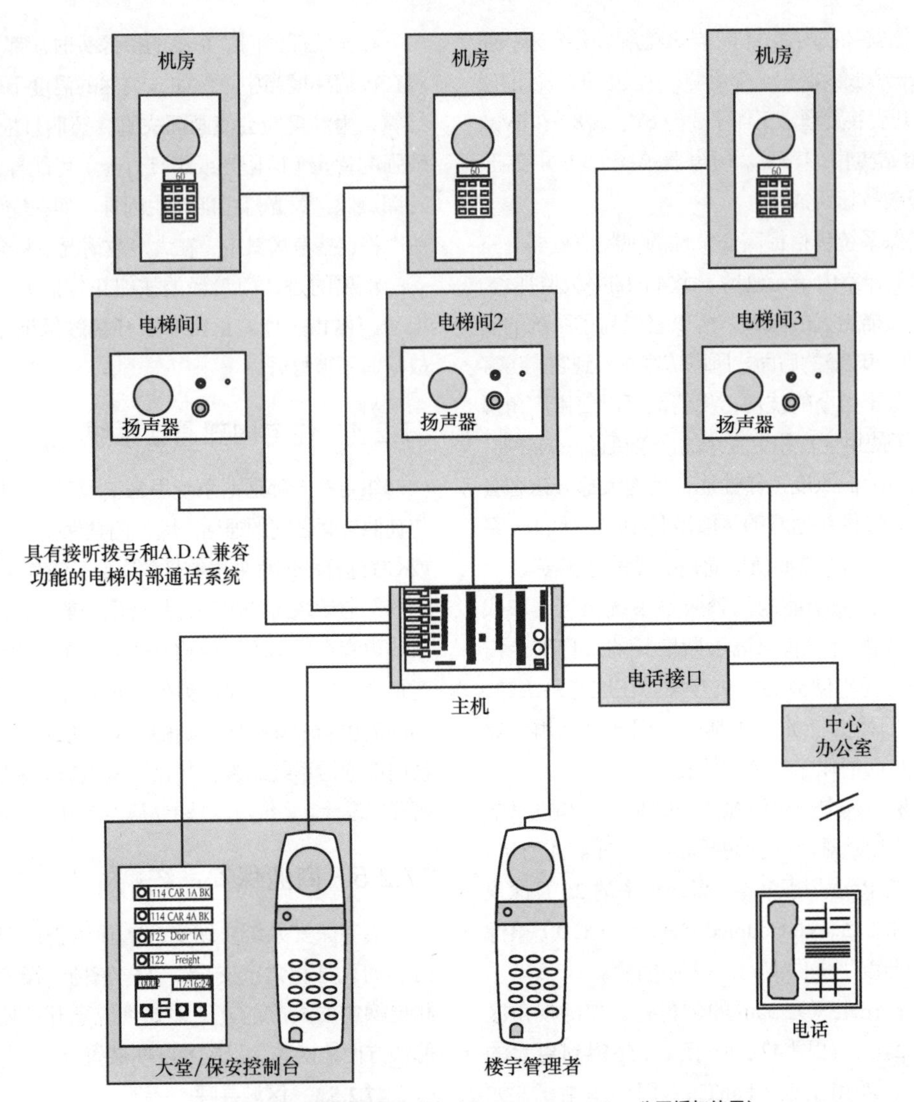

图 47.6 基本的楼宇内部通话系统（Ring Communication 公司授权使用）

使用监听设备是个不错的想法，因为它们可以让安保人员分辨所听到的声音。不幸的是，它们如摄像头一样存在一定程度的局限性，它们必须连续监听才能发挥其真正的作用。另外，开启传声器也存在问题，它常常被视为侵犯个人隐私权。

强噪声触发报警装置存在着声音误判的问题，比如大笑者的尖声，或者在汽车引擎发动时的强噪声都可能会触发报警。由于没有能力分辨特定的声音，以及没有能力去掉正常的背景噪声，所以虚假报警将使其变得无用。

如今，智能化的安保设施将监听设备和噪声触发两者有机地结合在一起，没有了之前提及的诸多不足。

一种有效的方法就是使用可以根据背景噪声的声压级连续进行自身调整的声传感器件，在进行自身调整的同时传感器检测和分辨出与危机和紧急情况相关联的特定声音类型的声音特征。当系统拾取到某一种危机情况出现时的声音特征时，它会告知特定区域内的安保人员可能发生了紧急情况。系统还可以自动开启摄像头、声音报警装置，或者启动双向内部通话系统，以便于安保人员可以立即通知现场的每个人。

由于这种类型的系统根据背景噪声的声压级和频率响应的连续变化对自身进行了连续的调整，并且能够插入时间门处理，以进一步减小报假警的概率，所以它也能将尖叫或玻璃破碎的声音隔离出去，如图 47.7 所示。

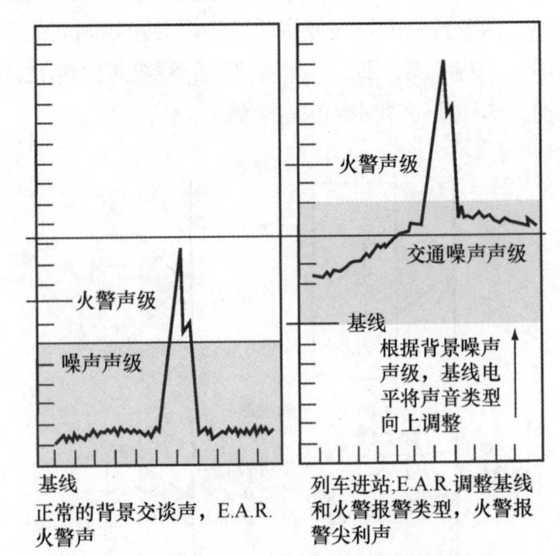

图 47.7 正在使用的地铁车站内的 E.A.R 模拟警报系统
（Ring Communication 公司授权使用）

这种类型的监听在安保应用中很有用，比如在监狱和大众轨道交通管理部门、停车场、学校、大型仓库和正常办公时间之外的无人办公室走廊中的安保应用。

47.2.5.3 突发危机发布

通信方式在变化，传输方式在变化，安装方式也在变化。生产厂家不断地升级设备，以应对这些变化。

一度被基本接受的信号传输方法就只是利用铜导线进行传输，如今，信号的传输可以采用多种方式来实现。

虽然在有些场合中会常常忽视语音的通信问题，但是通过铃声、号声或尖利的声音进行报警的方式只能警示人们发生了问题，却不能告诉人们到底发生了什么问题、问题发生在何处，或者人们应该采取何种自身保护措施来应对所发生的问题。如果在紧急警报、消防报警或事故报警中加入语音通信的功能，那么就可以告知普通的公众当前发生的报警是何种警情、它发生在何处、该采取何种措施应对它。

通常必须要覆盖巨大的地理场所。为了实现这一目标，几乎就不能只采用铜线来实现通信。环形主控通信危机报警系统（Ring Master Intercommunications Crisis Alert System）能够将设备集成在一起，以一个完整的系统来工作，通过多种传输手段来实现线路监控，同时解决所发生的任何这类问题。

当今使用的这样一种系统如图 47.8 所示，它能满足机场应用中众多且不断变化的需求。

系统提供了满足机场各方面通信要求的通信手段，将这一切整合在一个综合监控系统当中。系统包括：

- 空中交通管控。
- 安保。
- 行李处置。
- 人员定位。
- 访问安装的普通吸顶寻呼装置。
- 除冰。
- 航班运行和规划。
- ADA 电梯通信。
- 门禁访问与控制。
- 用于停车设施的紧急呼叫点。

当建筑物与工作地点间的距离较远时，使用铜线来连接区域就不再是一个可行的解决方案。最好采用光纤来将地理位置相距较远的区域连接在一起。在其他方面，借助无线电通信实现的 VOIP 最新方法可以用来进行通信传输，比如与移动的列车系统进行通信联络。

对于这类系统，不论系统中的任意站点是处在机场的何处，它们都是可以实现异地编程、呼叫系统中的其他站点或被其他站点呼叫，或者随时访问通信系统的多种功能中的任一功能。

既然这种连接功能被加入通信安保内部通话系统，那么它们实际上就不只是为了满足保障安全通信的要求了。

47.2.6 商业 / 工业内部通话系统

商业 / 工业内部通话系统被用于机场、汽车销售点、学生宿舍、工厂、医院、养老院、百货商店和学校等地。大部分这类系统采用的是主 / 从系统或子系统方式。

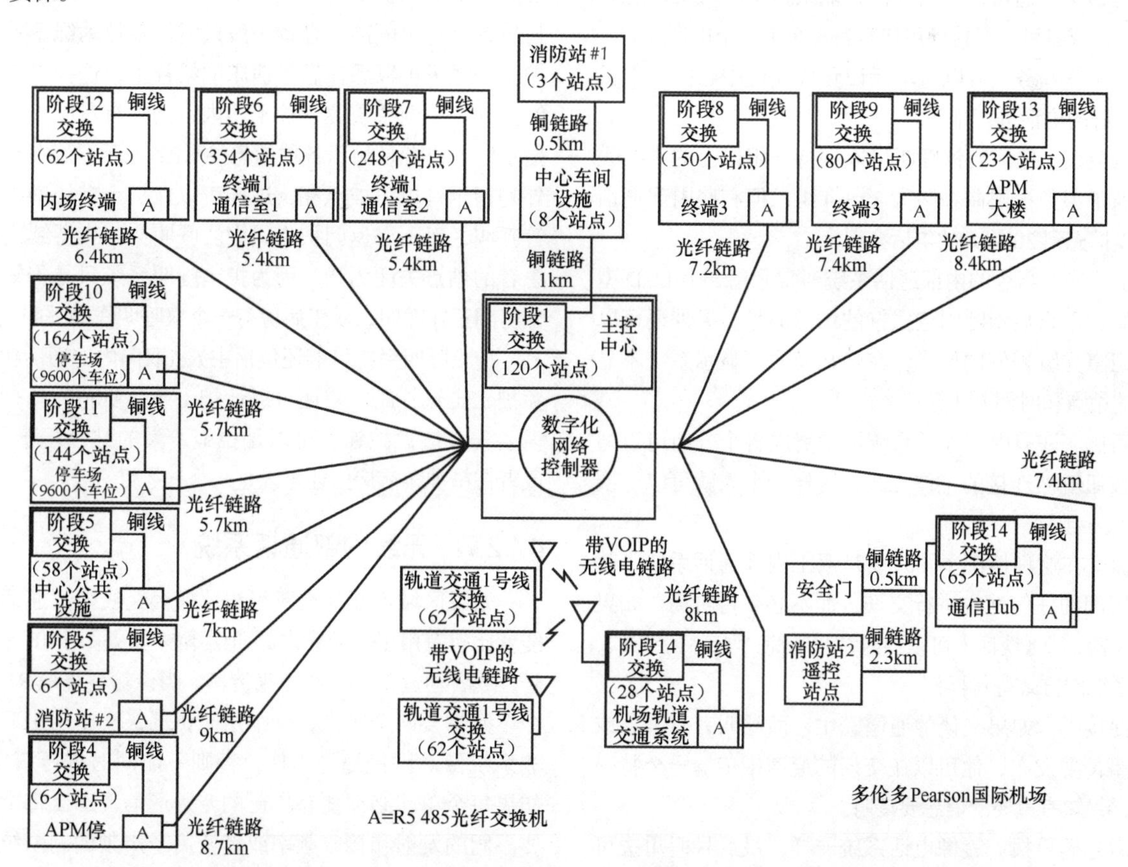

图 47.8 安装在多伦多 Pearson 国际机场的环形主控通信危机报警系统（Ring Communication 公司授权使用）

必须要将医疗保健和医院设施系统设计成可由手术室、急诊室、分娩室等地实现免提操作的形式。还必须能够在每次使用之后对系统进行消毒处理。这可以通过将聚酯薄膜覆盖在面板上来实现，因为这样面板上就没有缝隙了。系统可能还包括医生和护士使用的寻呼系统，或者安保呼叫和病人排号呼叫等功能。

虽然普通的商业/工业内部通过系统的工作原理与门禁或住宅内部通话系统的非常类似，但却包含如下的特殊功能。

缺勤登记。单元可以被编程，以显示无人值守的站点。

全呼。全呼功能可以让主站点连接到其他每个站点上，实现信息群呼功能。

回电。当接收线路繁忙时，呼叫者会启动回电功能。呼叫者可以将内部通话系统设成自动回拨方式，只要想接收的线路空闲下来，就立即通知他，他就可以恢复呼叫，或者系统自动重新呼叫接听者。

呼叫转移。呼叫转移可以将对某一站点的呼叫全部转移到另一站点。

呼叫应答。当被呼叫的人不在时，呼叫者可以拨一个回拨信号，该信号表示他已经打过电话了。

呼叫转接。这一功能对于将呼叫转至秘书台，或从秘书台转至他处来说特别有用。

占线等待。占线等待是一种可以让呼叫者在呼叫一位正在与其他人通话的人时使用的功能，这时呼叫者可以不挂机等待。一旦被呼叫的人挂断电话，呼叫者就自动被连到他的电话上。通常，占线等待只能维持10～20s，之后就掉线了，或者可以保持使用状态，直至下一个电话开启。

中心应答业务。可以将单元设置成通过中心应答人员自动对打进的电话进行排队。

电话会议。电话会议呼叫可以保持一组以上的人在线通话。通常组数被限制在最大3～4组，但有些内部通话系统可以扩充到30组人的电话会议。

显示功能。当今的内部通话系统通常采用一个LCD型显示系统，用它显示呼叫或拨打的站点编号，另外还可以显示一组事先编程好的信息，在隐私模式下显示系统不显示呼叫的站点和时间/日期。

组回拨。许多内部通话系统被设置成各个分组可以通过一个按钮就被连接的工作方式，这样一个人就可以一次呼叫整个一组人。

免提。在这种情况下，只要是双工内部通话系统，就可以在房间的任何地方进行交谈，而不必手持听筒。如果谈话要保密，那么谈话人可以随时拿起听筒，改变交谈方式，以电话系统的方式进行操作。

催促接听。如果交谈的通道繁忙，而呼叫者有紧急或重要的事情要发布，他可以在交谈的通道中传输一个特殊的信号，告知有重要的信息要接听。

最后号码重拨。就像电话系统一样，最后号码重拨可以让呼叫者一次次重拨他最后一次拨打的号码。

话筒断开。话筒断开被用来在谈话期间断开话筒的连接，以便使接听者听不到谈话者与同一房间内其他人的交谈。

寻呼。主站点可以寻呼另一个主站点、子站点，以及通过外接的放大器遥控扬声器。

PBX站点内部通话。许多内部通话可以被连接到PBX或外部的C/O线路上，以便与外界进行联络。

口袋式寻呼访问。任何主站点都可以呼叫想要的口袋式寻呼接收机，单元数量多达100 00。

优先权。如果优先的站点拨打了一个号码，而通话的通道繁忙，那么他可以选择优先于繁忙的链路，直接连接到被叫方。这通常被用于应急内部通话系统当中。

隐私权。隐私权可由一个人来启动，以便呼叫者呼叫该人时会接收到一个告知接听不想被打扰的信号。

节目分配通道。音乐或特殊的信息可以被当作背景音乐使用。

扫描监听。扫描监听允许控制站点随意扫描从属站点或子站点分组，进行声频监听。既可以手动进行扫描，也可以自动进行。

时间/日期。有些内部通话能够显示时间和日期。

护士呼叫系统。护士呼叫系统必须响应迅速、可靠，最重要的要容易使用。必须保证患者不用思考该如何使用系统来寻求帮助。系统必须保证不会干扰复杂的患者监测系统，它与其他设备之间一定不存在地环路。

对患者而言，最简单，或许也是最好的方法就是用拉链方式来呼叫护士。这种链子实际上就是线绳，它将系统与患者进行电隔离，患者一般只需轻轻拉动绳子就能呼叫护士。绳子可以系在患者病床的栏杆上，这样患者很容易触摸到。监测系统位于护士站内，其中有对应于房间号的指示灯，或者是显示各种信息的CRT显示器。在患者房间外的指示灯也可被点亮，这样可以让护士在楼道内就能应答呼叫，而不必返回护士站内。呼叫会一直持续到护士将患者的站点关闭为止。因为护士呼叫系统只是告知护士哪个房间正在呼叫，双床病房有一个双呼叫线的呼叫站。

护士呼叫系统可能还包括主/从双向内部通话功能，避免护士走冤枉路。它还可以让护士站监听房间。有些地方需要安装应急按钮，可以是拉绳、大的红色蘑菇状按钮，或者在精神科病房内还可以是一个操控键。

47.2.7 无线内部通话系统

如果区域不断被重新组织，那么无线内部通话系统可能就比较有用了。无线内部通话系统可以采用RF来传输信号，或者通过120V_{ac}线路来传输。当传输系统是RF时，每个单元需要两个频点，一个用来讲话，一个用来聆听，除非系统像对讲机那样工作，否则不能同时进行双向通信。如果每个单元必须要有自己的专用通信，那么每个单元需要不同的发射和接收频率或者使用子声频调制系统来键控相应的单元。子声频调制系统每次只可以进行一次交谈。

无线内部通信系统的最大缺点就是它们会拾取到噪声和寄生信号。然而，如果区域有限且电子噪声相对小，那么无线内部通信系统就可以大大节约安装成本了。

47.3　广播内部通话系统

用于广播的内部通话系统需要能进行快速、可靠和灵活的通信联络。庆幸的是，矩阵和合用线（Partyline）内部通话设备几乎能够满足不断增长的所有要求。

电话通常用于每次通话时长不超过 20min 的通话。内部通话系统一般用于每次通话时长长达数小时的通话应用。从事电信工作的人们常常不能中断或取下他们使用的听筒。如果系统具有有限的频率响应，那么系统的滤波器效应会造成失真。这种不自然的声音可能引发疲劳，这一问题可以通过全频内部通话来解决。

广播内部通话系统可以是点到点式、合用线式或矩阵式的。声频线路可以是平衡式，也可以是非平衡式的。平衡式线路工作对诸如荧光灯、跳线盘或调光器这样的器件所产生的电磁干扰有最强的抑制能力。由采用标准屏蔽双扭线的传声器线缆构成的平衡式系统能够工作的距离为 5000ft。

有时也被称为三线系统的非平衡式线路更容易进行开关切换和工作于特殊的声频电路中，而且信号是在不同的线路上，仅将地（屏蔽）作为公共线路使用。第二种方法拥有双通道的非平衡式声频，一个通道是处在每个导体与屏蔽之间的，并且直流工作电源与一个声频通道相混合。

许多内部通话系统在工程上可以接受来自 $24V_{dc}$ 系统电源构建的幻象电源。固定或永久性的站点通常工作于干模式（dry mode）之下。dry 一词指的是内部通话通道存在声频信号，但通道上一般不存在通常使用的幻象电源。在干模式下工作相对于在湿模式下工作有如下的几个优点。通常在干模式下工作更为安静，降低了对大型系统供电电源的需求和成本，而且占用的主机架空间也更小。系统配置可能包括湿和干混合通道，具体则要取决于安排给特定通道的站点设备。通常，大部分有线腰包和扬声器站点需要湿通道，因此也就需要一个系统电源。

47.3.1　广播合用线内部通话系统

在广播合用线内部通话系统中，每个站点全都装配了用来接收和传送声频信号及进行信号分配的电子器件。广播合用线内部通话系统需要的主机架设备最少，通常只需要一个系统电源和多通道系统中的无源分配开关。

广播合用线内部通话系统可以采用模拟声频接合控制信号或全数字化的方式工作。*

广播合用线内部通话系统可以进行全双工形式的站点编组实时通信。实际上，由于它是广播合用线内部通话系统，所以所有的单元都可以聆听，并且是整个谈话中的一员。

多通带广播合用线内部通话系统允许用户进入几个不同的通道，允许他们决定使用哪个线路讲话，使用哪个线路聆听。通常，它不具备像点到点式通话那种私密性。

双通道、双向聆听，以及具有可编程的单声道输出切换可让使用者同时听到两个通道上的谈话，并且选择与其中一个通道进行交谈。它们包括针对每一通道的音量控制，传声器开 / 关控制，呼叫信号按钮与指示灯和电话机侧音。这些站点对于 ENG 和 EFP 流动制作转播车、制作演播室调音台和 TV 设备而言很理想。

直接型双通道单元允许在两个内部通话通道上同时进行聆听和谈话。耳机输出以分立馈送立体声的方式工作，将每个通道馈送到双耳罩耳机的一个耳朵上，各自单独控制每个通道的音量。操作人员可以同时与两个通道一起交谈或聆听两者，或者单独与其中一个通道进行交谈，而不将两者结合在一起。通常，舞台主持的输出可以配备中继控制，以便进行外部呼叫。传声器或线路电平节目输入可以被安排到任一通道或两个通道上。系统的功能还包括可选择的节目中断功能（program interrupt），遥控关闭传声器（mic-kill）功能，双方动作，电子式即按即通话按钮和具有自动复位和短路保护功能的安全电源。

Clear-Com 制造的典型双通道广播合用线内部通话系统包括一个带电源的主站点。全双工的每个通道允许通道上的每个人选择与另外一个人进行交谈。尽管 min 站点具有双通道，但是可以在同一系统内混合单和双通道腰包。这样便降低了成本，同时允许一个人控制对通道的安排。所有的连接线都是标准的低电容屏蔽传声器用声频线缆，如图 47.9 所示。图 47.10 所示的是广播合用线内部通话系统中使用的腰包。

有些多通道广播合用线内部通话系统具有强大的编程能力，它可以让各个站点通过非易失存储器将定制存储为按钮设定（button setups）。由于许多编程的设定可以被存储，所以可以方便快捷地在彩排与演出间或活动与事件间进行设定的转换。可以将各个按钮安排存成预置（presets），以便于进行瞬时调用。当对该设备编程时，信息通过编程序列提示操作者，简化了站点的设置。

4 通道，双线广播合用线内部通话系统与双通道广播合用线内部通话系统类似，只不过多出了 2 个通道。在图 47.11 中，将通道 A 用于呼叫场地工作人员，将通道 B 用于呼叫灯光工作人员，将通道 C 用于呼叫声频工作人员，而通道 D 呼叫的是演员服装间工作人员和售票处工作人员。制作人和导演有访问所有 4 个通道的权限。灯光导演被限制只能呼叫场地工作人员和灯光工作人员。声频工程师可以访问场地工作人员和通道 C 呼叫的声频人员。应注意的是，大部分腰包是单通道的。灯光工作人员没有理由与服装间内的工作人员交谈，他们只能在安排给其使用的通道上进行交谈。所有连接线均为标准的低电容屏蔽传声器声频线缆。

* 数字广播合用线内部通话系统的一个例子就是 Clear-Com HelixNet Network Party Line 系统。

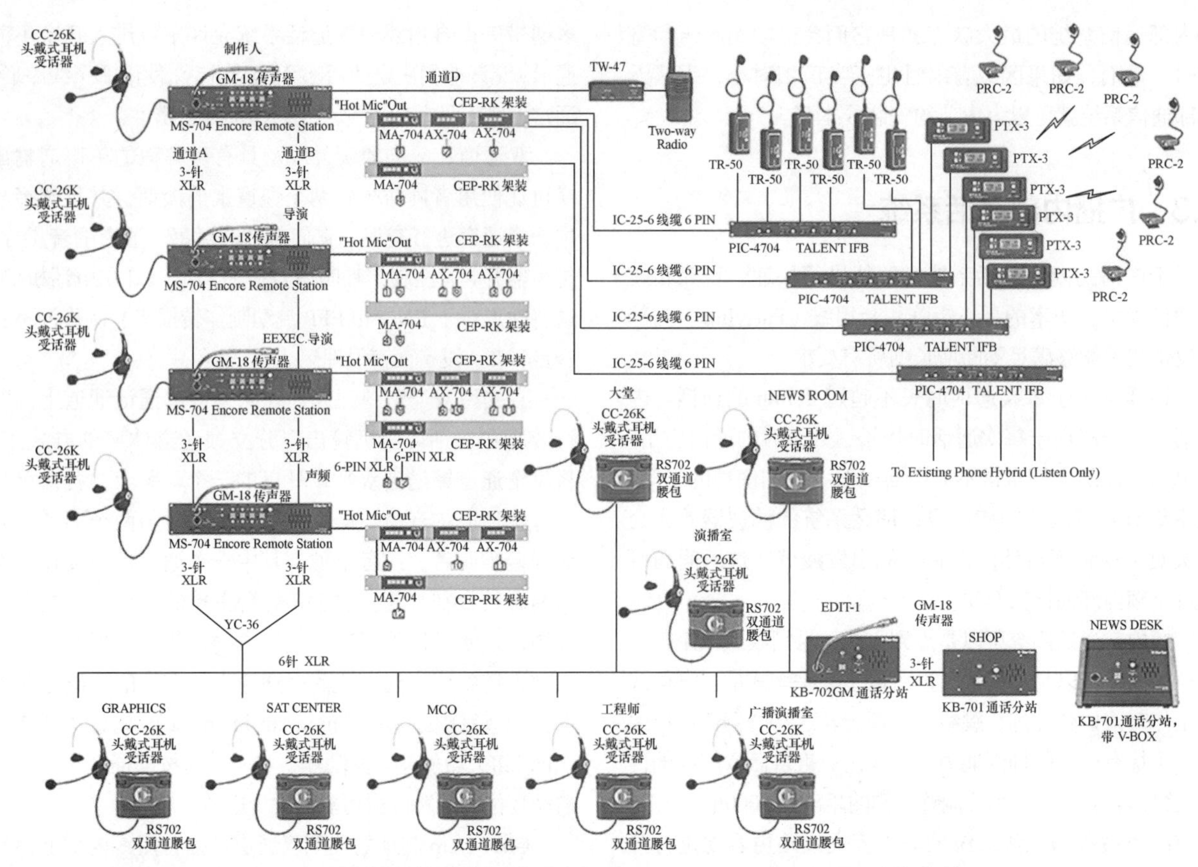

图 47.9 双通道广播合用线内部通话系统（Clear-Com Communication System 授权使用）

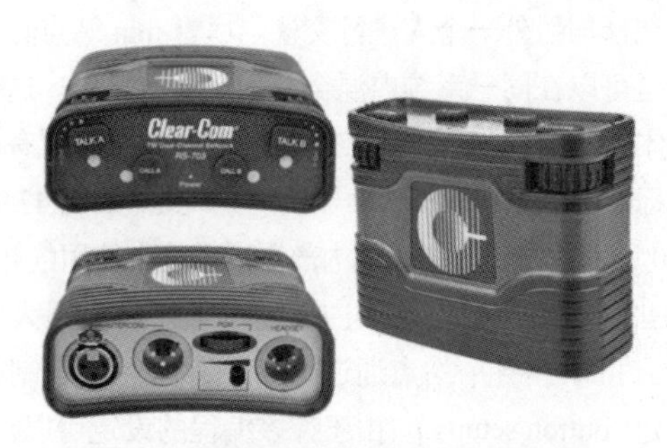

图 47.10 广播合用线内部通话系统中的腰包单元

（Clear-Com Communication System 授权使用）

图 47.11 Clear-Com HelixNet 数字广播合用线内部通话系统

（Clear-Com Communication System 授权使用）

数字广播合用线内部通话系统在许多方面与模拟广播合用线内部通话系统的工作方式一样，但前者的一个巨大优势就是多个数字通道可以使用一条传声器线缆或 Cat5 线缆来工作，如图 47.12 和图 47.13 所示。这意味着现有的线缆还可以使用，而且还能有更大的容量，能满足系统需求的增长。另外，由于声频信号被数字化，使用者不必每次对线路“清零”，它被扩充或重新跳线，这样便不用理会阻抗和电容的变化。数字声频具有出色的声频性能，可以通过网络来拓展工作距离。通道可以标签化，以便呼叫者可以被识别出来，组织更易于管理。

图 47.12 Delta-HX 数字广播矩阵内部通话系统

（Clear-Com Communication System 授权使用）

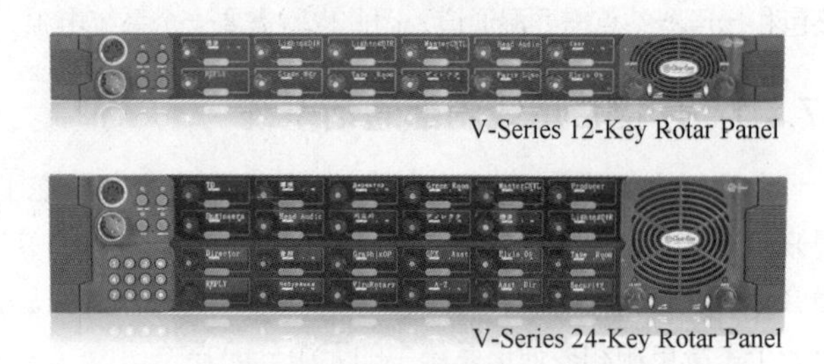

图 47.13 Clear-Com Matrix Station（矩阵站点），V 系列

（Clear-Com Communication System 授权使用）

47.3.2 广播矩阵内部通话系统

广播矩阵内部通话系统以通过中央交换机矩阵的各个循环连回到多按键用户站点为特征，所设计的中央交换机矩阵可以让使用者进行点到点、单点到多点、会议或合用线操作，

并且根据矩阵数据库的设置，同时实现任意组合的控制操作。在过去，用户站点与矩阵机柜间的连接全部都是模拟的，但如今连接全部都是数字形式的，比如 IP 或 AES3 声频，或者采用将模拟声频与针对主要数据的数字控制相结合的方式工作。

任何用户站端口都不能使用模拟或数字接口。标准规格的模拟导线具有较宽的声频带宽，并且易于连接到标准的 4 线声频和数据电路上。它允许通过转发器和卫星链路、TI 电路和光纤系统实现用户至矩阵的通信联络。

全数字格式的传输只需要使用一对导线来传输数据和数字化声频信号，故简化了安装。另外，数字声频不能由非授权人员抽取，该信号对外部信号源的噪声具有全面的抑制能力。接线很方便，利用现有的非屏蔽多芯 telco 或 Cat5 类导线就可以实现标准的 punch-block 式连接。

数字广播矩阵内部通话系统不同于几种领域使用的广播合用线内部通话系统。除了合用线交谈（在广播矩阵内部通话系统中常常被称为会议交谈）外，人们还可以在控制板之间进行保密的点到点式交谈。通过直观的编程，分组成员可以根据意愿来改变交谈方式。该系统易于与电话、双向无线电、线路电平声频输入 / 输出，IP 语音、GPI 和转发器集成在一起。它可以将打进和打出的电话呼叫分配至特定的面板或分组。广播矩阵内部通话系统非常适合动态的广播环境，该环境下的 IBF 声频馈送必须快速变化。无线内部通话系统方便集成，并且可以根据所用的无线规格将其视为另一个面板。主机架与控制板之间的连接采用的是标准的非屏蔽 Cat5 或 Cat6 线缆。图 47.12，图 47.13 和图 47.14 所示的是 Clear-Com 的数字广播矩阵内部通话系统。

广播矩阵内部通话系统采用的是 Crosspoint 和 CPU 电路。主机架被用作控制站点、接口模块、电源、配置计算机和外部声频和控制设备的中心互连点。所有的信号，不论是数字信号还是模拟信号均在主机架上进行处理并按照当前的软件配置程序进行路由分配。

CPU 运行机架上的设备，控制所有的系统数据通信。Crosspoint 电子器件包括与 CPU 和站点通信的微处理器。Crosspoint 电路支持可以连接到站点、接口，或模拟 4 线电路和设备的各个端口。

接口电路将系统与外部的 4 线电路相耦合，提供系统间的正确隔离、阻抗匹配和电平设定。另外，它支持外部的中继动作和呼叫传感电路。典型的电路包括 4 线电话线路、摄像机内通、双向无线电和微波链路、4 线内部通话、光纤链路和卫星链路。另外类型的 4 线电路包括 IFB 系统，ISO 系统和编程的声频输入 / 输出。

许多广播矩阵内部通话系统具有与其他矩阵系统链接的能力。这可以让一个系统中的站点与另一系统中的站点进行通信联络，而且一个系统可以选择或控制的任何对象都可以由任意其他的链接系统来选择和控制。这可以让异地的独立系统，甚至是处在不同城市的系统以一个系统的形式运行。

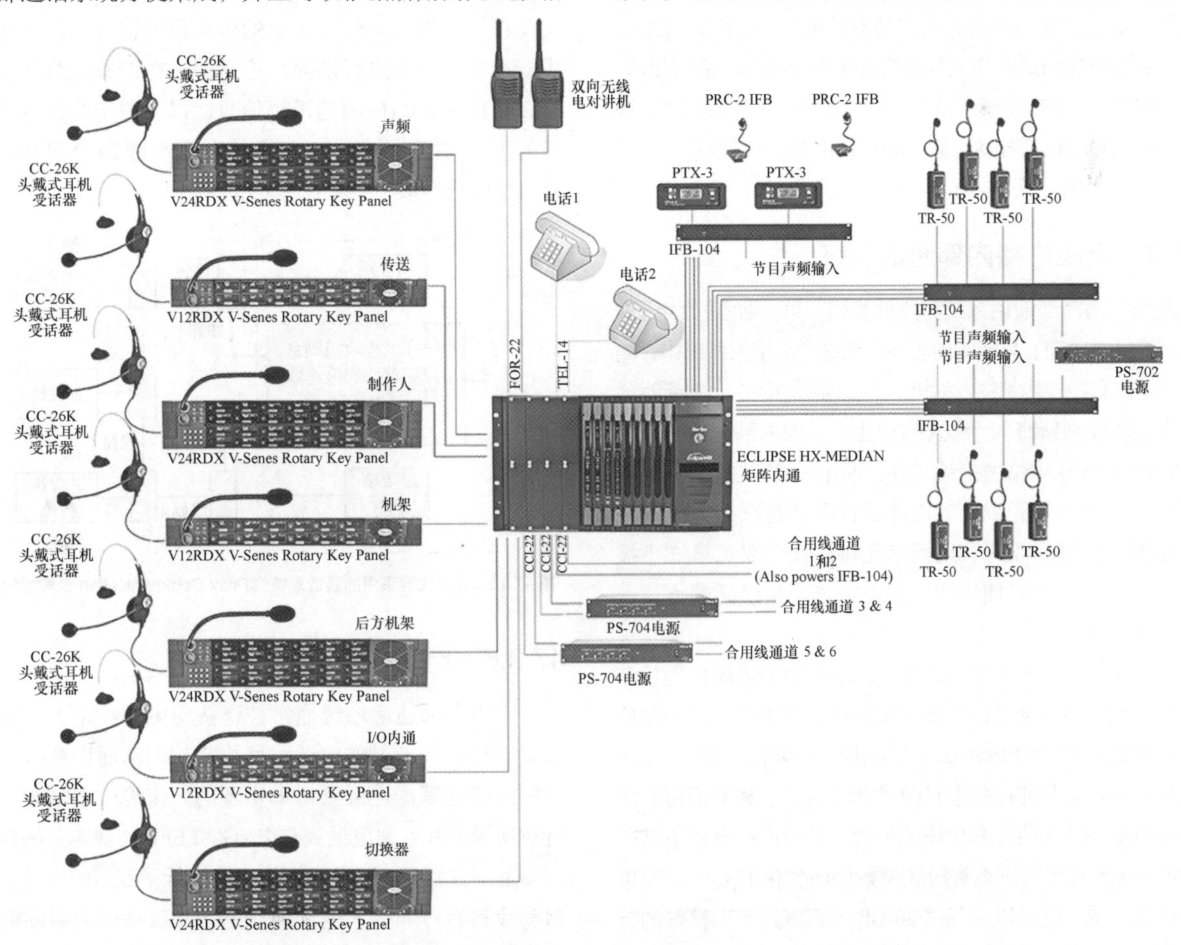

图 47.14　数字广播矩阵内部通话系统（Clear-Com Communication System 授权使用）

矩阵系统中站点到矩阵的连线既可以采用3对连线的模式，也可以采用4对连线的模式来实现。如果采用4对连线方案，异地站点的工作可以由任何地点来操控，它可以提供标准4线声频电路及返回到中心矩阵的4线RS-422数据电路。这可能包括卫星和光纤电路、T-1通道库和ISDN。

端口输入信号一般是通过软件形式的可控数字电位器进行路由分配的。这可以通过PC或者直接通过内通控制站点来对输入电平进行遥控，可以迅速对用户混合中过大或过小的声频信号进行调整。

由于声频信号是数字形式的，所以噪声拾取是不存在的，频率响应一般为10Hz～20kHz ±1dB，失真小于0.5%，SNR大于68dB。

47.3.3 节目中断（IFB）

IFB是电视制作行业的缩略语，它表示的是返送中断（interrupted feed-back，interrupted fold-back，interrupted return-feed），有时代表即刻哑音（prompt-mute）。当某一呼叫者对IFB目标讲话时，正常进行的声频节目馈送被衰减或哑音。在这种方法中，一对导线会将提示声频馈送给演员，并且在需要时，馈送内部通话声频。IFB在制作的幕后活动中扮演着重要的角色，这样便可以让导演或制作人在画外音解说期间谈论演员等话题，而不论实况或录播制作中摄像机开闭与否。体育广播一般使用多通道的IFB，以便在场地和控制室的各个地点与主持人通话。在录制舞台或演播室的现场演出时，音乐人可以听到来自导演或制作人及各个音乐混音师的一系列要求。对于电视播出，IFB用于出镜主持人，并且用于现场记者、演播室主持人和演播室导演之间。IFB是由讲话人或控制人员实施控制，而听者除了接收电平外控制不了IFB。

47.3.4 无线广播内部通话系统

无线广播内部通话系统有两种类型。第一种类型为远处的站点提供了单向、只能听的功能。在这一类型的系统中，内部通话是被有线连接到主发射机上的。内部通话线上的所有通信联络被转发到所有的无线接收机上。单向内部通话一般用于需要知道下一步要做些什么工作，而无须回答的工作人员。

第二种类型的无线广播内部通话系统是双向系统。在这种配置中，基本单元和现场单元可以在全双工模式下彼此进行交谈。这要求使用两个频点，一个是谈话频点，一个是聆听频点。

虽然无线广播内部通话系统可以是单独的系统，但是在连接到有线广播内部通话系统时无线链路对用户实际上是透明的。FCC已经将150MHz～216MHz的频段批给广播使用，在这一频段上可有多达1700个可用频点。相对而言，该频段可免受外部无线电和电场的干扰。发射机输出被限制在50mW。单元间的工作距离随环境条件的变化而变化。如果是在开阔区域，则可以在长达2000ft的距离外实现良好的接收。然而，如果在使用区域内存在墙壁、障碍物和其他无线电发射机，则传输距离可能只有150ft～300ft。由于通常都是长时间使用这些单元，所以腰包的电池寿命应在20h以上。由于发射机只在讲话时才打开，所以具有使用寿命长的特性。

FM传输对捕获特性有要求，这一特性通常用标称的捕获比来表示。这种情况出现在两台或多台发射机使用同一频点时。接收机处两个信号中较强的信号将被接收机捕获，其他发射机发出的信号则被忽略。如果发射机相对于接收机移动，那么较强的发射机将被接收机捕获，所以通信联络将会在各个发射机间跳跃。基于这一原因，在不使用的时候必须关闭所有的发射机，新的讲话人在发射之前必须要对通道进行监听。如果需要使用多台发射机和接收机，则需要使用多个频点。

47.3.5 腰包

腰包被用来进行远距离通信联络，当人必须来回走动和/或通信联络一定不能让其他人听到时，比如在剧场演出期间（见图47.15）或足球比赛时比赛监督与教练员的沟通（见图47.16）。它们既可以是有线形式的，也可以是无线形式的，同时可以配合使用单耳式头戴式耳麦或者双耳式头戴式耳麦。推挽放大器为头戴式耳麦提供高电平声频信号，而传声器限制器对使用者的语音变化进行补偿。腰包还可能包含一个用于正常环境和高噪声环境的两档增益开关。基站上的远程传声器关闭（remote mic-kill）功能可以实现在另一地点关闭腰包上的传声器的操作，以方便对传声器拾取的声音进行切除。这是通过在声频线路上发送一个20kHz～24kHz的超声频信号，以此关闭线路中每个单元的讲话门控来实现的。腰包上的高亮度LED可视呼叫信号可提醒已经取下头戴式耳麦的操作者。

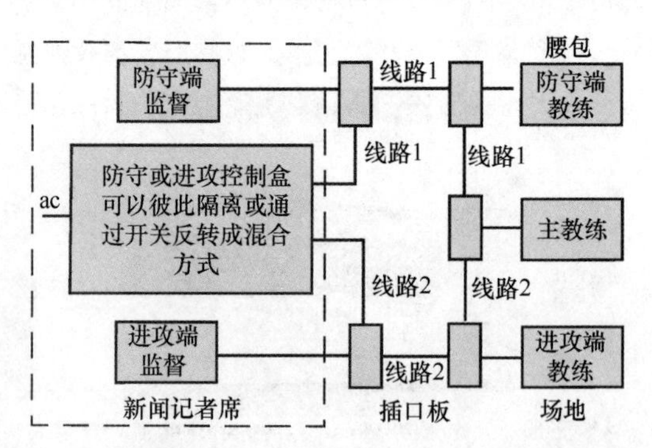

图47.15 足球比赛采用的通话系统（Telex Communication公司授权使用）

47.3.6 电话接口

广播内部通话系统通常被连接到电话线路上，这是通过基于提供处理过的电话拨号线路与内部通话系统间通信功能的微处理器电话接口来实现的。该接口非常适合广播行业使用，并且为电话线与ENG和EFP转播车、制作用的演播室调音台和TV设备间的连接进行了专门的设计。设备自动应答将呼叫接入内部通话系统，自动化的前向调零电路调整线路两端的内部混合器，并在不到0.1s的时间里取

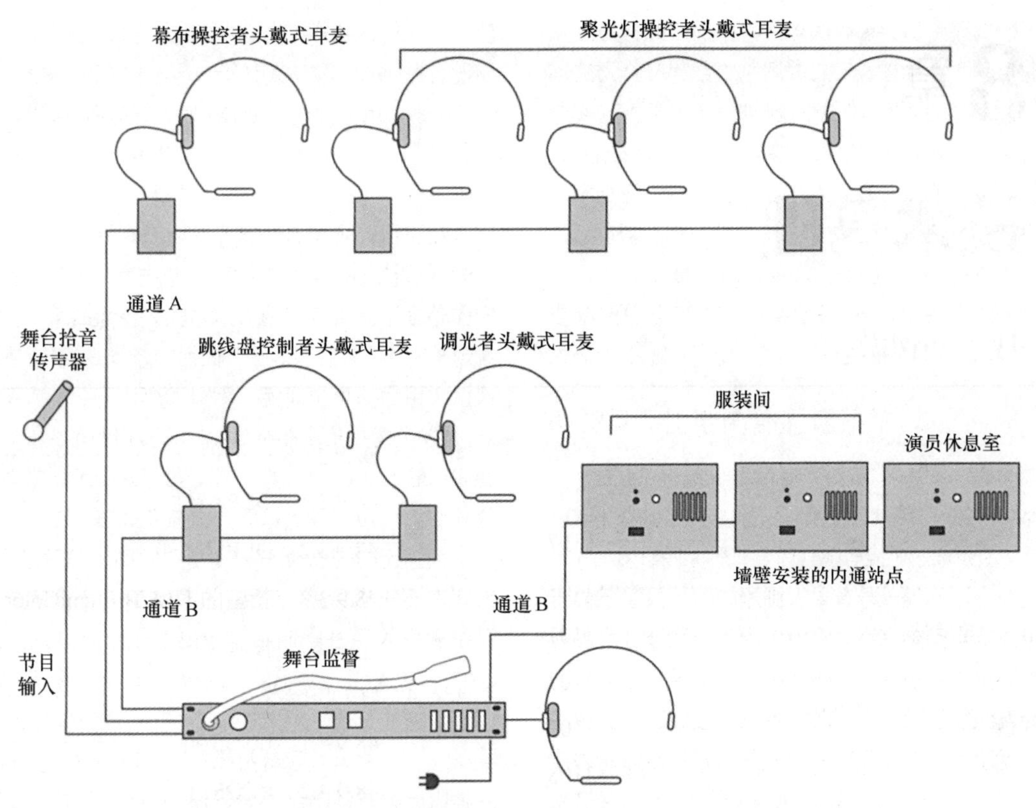

图 47.16 剧场使用的内部通话系统（Clear-Com Communication System 授权使用）

得高达 40dB 衰减谷点。设备还包括能保持输入电话声频信号电平恒定的自动增益控制。另外，它还能自动拨打 IFB，让现场的工作人员直接访问预置的 IFB 电路，以便立即与演播室的工作人员进行通信联络。

当设备被设定成自动应答时，进入的呼叫被自动应答，并且主站点会以振铃表示，所有的内部通话站点都会以亮灯来表示。如果接口检测到恶意挂断或线路问题导致的掉线，那么它可以自动挂断或下线。如果声频节目太响或让人分心，它也可以通过任意的本地内部通话用户实施临时或永久性阻断。

因为将电话 - 内部通话接口与标准电话线路一起使用，所以频响被限制在 250Hz ~ 3.4kHz ±3dB。自动音量控制（Automatic Volume Control，AVC）约为 20dB，200Hz ~ 8kHz 上的零点衰减深度大于 30dB。

许多数字矩阵内部通话系统具有强大的通过市面上任何按键电话直接拨号访问系统的能力。它们可以包含多达 50 个双数字 DTMF 代码，该代码可以用来选择任意站点、编组、节目源或系统中的 IFB 电路。

47.3.7 头戴式耳麦

大部分头戴式耳麦主要是为通信系统的通话而设计的，这其中包括广播合用线和广播矩阵内部通话系统的应用。它们供内部通话系统和体育评论员 / 主持人使用，在这类应用中，头戴式耳麦的音质、可靠性、佩戴舒适度和能在嘈杂的环境中听讲至关重要。

重量轻、佩戴舒适和耐用也非常重要。许多头戴式耳麦采用柔软的复合材料制造，如果发生跌落、抛掷或踩碰也不会损坏。

必须要注意的是传声器与耳机间的声学和电学隔离，要让多通道内部通话系统中常见的串音问题最小化。另外，还可以采用双腔泡沫作为耳垫的填充物，这样可以在满足耳机声隔离的前提下获得耳机佩戴的舒适度，同时降低在强噪声环境中通话对听力带来的损伤。

广播质量的传声器需要有噪声抑制能力，同时还要有宽频率响应，在非常靠近嘴边使用时，传声器要具有良好的呼吸和风噪抑制能力。安装的传声器可以随意调整其位置，并通过主动锁定机构让其正好处在头戴式耳麦的右手或左手，吊臂可以弯曲到任何想要的位置。通常，将吊臂向上推，切断传声器，以消除回授和令人讨厌的噪声 *。

头戴式耳麦使用的线缆是专门设计的，以取得传声器和耳机间最小的串音效果。绞合线采用的是特殊设计的柔软且防折断复合材料。

耳机具有特殊整形的宽带频响特性，灵敏度为 94dB SPL@1mW。这样便降低了放大器的功率，延长了腰包电池的使用寿命。

* 参见 Clear-Com 的 CC-300-X4 头戴式耳麦

第48章

显示技术基础

Alan C. Brawn编写

48.1　引言

本章我们将介绍有关显示技术的基础知识，以及每种显示技术的工作原理等内容。我们从显示技术规格开始，之后讨论视频和计算机信号，最后介绍显示技术将图像显示在屏幕上的原理。

48.2　显示技术规格的影响

在大部分音视频系统设计中，显示是房间中的关键亮点。出于这种考虑，要求显示与环境协调，并且要在原始设计方案和系统设计中明确提出。因此，为了完成针对各个应用的正确设计，必须要掌握与显示技术相关的技术规格。要考虑的关键因素如下。

- 亮度。
- 对比度。
- 颜色。
- 分辨率。
- 缩放比例。

亮度是我们最为熟悉的要素。它是对投射到表面的光的度量，或者是对由等离子体、LCD 或 OLED 等平板显示光源所发出的光的度量。在相应的显示技术中最为常用的亮度测量表述单位有两个。

48.2.1　流明

流明（lumen）是对投射到表面的光的度量，比如投影仪投射照亮了屏幕。它是利用测光表对着投影仪的透镜测量到的，因此它测量的是投影仪本身的光输出。

1 流明等于在 $1in^2$ 的面积上落入了 1in 烛光的光。正确的解释是，它是指 1 个 ANSI 流明，推断是源自美国国家标准协会的测量方法，测量利用矩形的 9 区模式，并对 9 个区上测量到的光进行平均。由于没有检验指定显示器生产厂家流明技术指标的强制 / 标准化方法，所以实际的光输出可能在给出的技术指标值上下浮动 20%。因此在每个应用中对特定投影仪进行说明之前一定要检测每个显示器的实际流明数。虽然以流明为单位表示的光输出是常用的技术指标，但是实际的英尺朗伯（foot lambert）或观看者看到的屏幕表面反射光是最重要的。在对投影仪进行说明时，必须将房间的环境光和屏幕表面增益考虑在内。

流明光输出范围从微型投影仪的 100 流明至大型租赁投影仪和舞台或数字影院投影仪的 300 00 流明。

48.2.2　cd/m^2 或尼特

每平方米坎德拉（candela），或者 cd/m^2 是测量单位，也可称其为尼特（nit），后者一般用来度量观看者可直接观看的等离子体、LCD 或 OLED 等平板显示设备发出的光。

拆分缩写成的 cd 的 candela 一词源自在剧场中使用蜡烛的年代。

针对我们的目的，cd/m^2 测量的是辐射自 $1m^2$ 表面的光属性，它是表述显示器的黑电平、峰值亮度、灰度阶和 γ 读数性能的基准技术框架。在进行光输出测量时，用 cd/m^2 要比用流明更准确，并且也可以采用同样的 9 区 ANSI 模型进行测量。由于屏幕的反射或增益被从公式中除去了，所以其复杂程度比将投影仪和屏幕相组合的形式低。典型的 cd/m^2 测量值的变化范围从 19in 台式监视器的 300 cd/m^2 到对角线尺寸为 108in 的最新 LCD 显示器的 1500 cd/m^2 。

一般都认为对比度是表现图像画面质量的要素。较差的对比度会使图像模糊、褪色，而良好的对比度会使照片表现出出色的景深和更多的细节。这也让我们获得了更高的分辨率表现，但实际上图像并没有给出更多的分辨率线条或更高的像素密度。

48.2.3　对比度

对比度是图片的明暗值范围。

- 它用最大亮度值和最小亮度值的比值来表示——比如 1000 : 1。
- 低对比度主要表现为灰色阴影。
- 高对比度表现为黑白，伴随的灰度很少。
- 在数字技术中，对比度是 ON 像素和 OFF 像素间照度或亮度的差异。

对比度被用作市场规格，同时也是所有厂家显示技术规格中最常被错误解读的技术规格。测量对比度的正确方法是利用 16 区黑白 ANSI 测试模型，并将黑色矩形框的平均值与白色矩形框的平均值进行比较得出正确的对比度。作为基准参考点，当以这种方式测量时，市面上最贵的数字电影投影机将产生约 500 : 1 的对比度，而普通的会议室投影机在典型亮度环境下的对比度小于 100 : 1。

48.3　显示颜色

虽然每种显示技术都会以不同的方式产生我们看到的彩色，但是它们全都是利用了红、绿、蓝这 3 种基色，以及青、橙、黄这 3 种混合色来产生我们在屏幕上看到的所有色谱。

回想我们在高中上物理课时，我们透过棱镜观察白光产生真实的彩虹，这就是我们所谓的全色谱或电磁光谱。记住可见光色谱的最简单方式就是记它们的名字 ROY G BIV [Red（红）, Orange（橙）, Yellow（黄）, Green（绿）, Blue（蓝）, Indigo（靛蓝）和 Violet（紫）]。红外和紫外光是不可见的，并且处在频谱的极远端。

在专业视听领域，您可能会碰到被称为 CIE 的色品图（色板）。这种色板表示出了全彩色谱，其中包括以纳米为单位度量的光波长和以热力学温度度量的色温。作为特定的基准参考点，我们可以看到将红、绿和蓝混叠产生的白色光。在现代显示技术中，通过对白光的控制能够以如下多种方法产生彩色。

• 在单片DLP(Digital Light Processing，数字光处理)中，彩色由投影仪灯泡经由色轮闪烁产生。

• 像LCD，3片DLP，或硅基液晶显示屏（Liquid Crystal On Silicon，LCOS）这样的显示器件，其彩色由投影仪灯泡经由透射显示器件的闪烁或反射式显示器件的反射产生。

• 像CRT，等离子体或OLED这样的显示器件，其彩色由发光显示器件产生。

• 像平板LCD这样的显示器件的彩色由透射显示器件的背光产生。

大部分显示器的彩色和彩色空间是利用所谓的色度计来校准的。这些器件测量可见的色谱，并让技术人员根据应用进行特定色温的校准。大部分显示的色温被设定为6500K，也就是所谓的D65，它以全日光模式来复制图像。

48.4 显示分辨率

数字显示技术的分辨率是参考固定矩阵显示来确定的。分辨率与视觉灵敏度和眼睛的所见直接相关。每种显示技术的像素间距是不同的，像素的间距被称为填充因子。拥有最高填充因子显示的窗纱效应较弱，因此看上去更贴近35mm彩色胶片或CRT显示的模拟图像。像素数越高，图像细节越多。

• 在数字显示中，分辨率是显示包含的像素（pixel，或picture elements，individual points of color）数，它用水平轴向的像素数和垂直轴向的像素数来表示——比如1920×1080。

• 显示图像的锐度与显示的分辨率和尺寸有关。在相同像素分辨率的情况下，较小的显示器显示的图像锐化程度更高，随着显示尺寸不断加大，图像的锐度会逐渐丢失，因为相同的像素数被分布到更大的英寸数上。

• 在填充因子方面，LCD的像素间距最大，DLP次之，而如今的LCOS具有的填充因子最高。

48.5 显示扫描

电视信号和兼容显示一般是隔行扫描，而计算机信号和兼容显示一般则是逐行扫描（非隔行扫描）。这样两种格式彼此并不兼容；在进行任何常见的处理之前，一种格式必须被转换为另一种格式。

针对模拟NTSC电视的设计，进行隔行扫描的每幅图像被称为1帧，每帧由两个子帧组成，我们将子帧称为场，所以2场构成1帧。要想将隔行扫描的图像呈现在屏幕上要分两步来完成，第一次扫描的是第一场的水平行，然后返回到屏幕的顶部扫描第二场的水平行，这些行位于第一场各行之间。场1由行1～行262½组成，而场2是由行262½～行525组成。电视每秒扫描60场（30个奇数场和30个偶数场）。这样将两个30场信号混合在一起，在1/30s的时间里建立起完整一帧图像，在1s的时间里显示出30帧图像。与逐行扫描相比，隔行扫描的缺点就是分辨率较低，闪烁，混叠失真和衍生的图像质量问题。

在信号的每一行（或像素行）中，逐行扫描不同于隔行扫描，它是按数字顺序排列的，而不是像隔行扫描那样以交替顺序排列。简言之，对于逐行扫描，图像行（或像素行）以数字顺序（1，2，3）从屏幕上方向下方扫描，而在隔行扫描中则以交替的顺序从屏幕上方向下方扫描。采用逐行扫描，屏幕上的图像每秒有60帧，而不是隔行扫描那样每秒30帧，所以前者在屏幕上显示的图像更为平滑、可以表现出更多图像细节。其优点就是能看到细微的图像细节（比如文字），同时其闪烁感也比隔行扫描弱，基本消除了画面中物体边缘上的混叠现象。逐行扫描的缺点就是需要用更高的带宽将图像显示在屏幕上。

48.6 宽高比和屏幕格式

尽管宽高比（Aspect ratio）指的是我们在屏幕上看到的图像形状，但是宽高比只包含这层含义吗？宽高比一般描述的是屏幕的宽度与高度的比值。常见的宽高比有两种。第一种是标准电视的宽高比，即4：3的宽高比。还要注意的是电视的宽高比在列表中被写成1.33：1。宽高比还有另外一种写法——宽度除以高度(即4/3＝1.33)，这也是1.33：1。像等离子体平板电视宽屏显示的宽高比通常为16：9。由于16/9＝1.78，所以这一宽高比也被写成1.78：1。

普通的宽高比

• 4×3(1.33：1)。这是在20世纪半个世纪中一直采用的标准电视格式。普通的计算机和NTSC广播视频都是如此。

注：1280×1024实际上是5：4的宽高比，而不是4：3。

• 16×9(1.78：1)。这是宽屏DVD电影，HDTV(720p和1080i)和宽屏计算机分辨率(1280×720，1920×1080等)常用的格式。

• 13×7(1.85：1)。这是剧院发行的影片拷贝采用的标准格式。

• 29×9(宽荧幕电影——2.35：1)。这是剧院发行的电影和一些新的DVD采用的宽屏幕格式。

48.7 缩放比例

在数字显示技术领域中，经常会出现显示本身的分辨率与要显示的信号或信号源不匹配的情况。必然要采用所谓的缩放或扫描转换处理这种不匹配，或者称为放大或缩小。它是指对高分辨率信号进行的处理，对高分辨率信号进行调整并显示在较低分辨率的设备上，或者处理低分辨率信号，使其显示在较高分辨率的设备上。

虽然可以使用单独的缩放设备进行这种处理，但目前大多数情况是将这一功能内置于显示设备中。

数字与固定矩阵显示扫描转换

在数字或固定矩阵显示中，像素的大小和位置是固定的，输入信号可能匹配，也可能不匹配。为了使模拟信号源图像适应显示中的多像素，必然要进行扫描转换。根据显示技术的情况，图像信息的20%～30%可能被丢弃。例如，如果我们的固定矩阵显示是1024×768，而输入的信号是800×600，那么采用的数学算法就是让低分辨率信号中的信号信息依照数学公式减小，以适合高分辨率显示。我们也会采用同样的处理过程使高分辨率的图像在数学上适合低分辨率显示的要求。

在所有情况中，缩放和扫描转换都会丢失信息。缩放设备或扫描转换器的处理质量会随每种显示的变化而变化，图像的最高保真度发生在信号和显示分辨率彼此匹配的条件下。

48.8 视频信号

为了进一步了解显示技术，必须要对当今采用的不同类型视频信号有基本的了解。下面我们将讨论所有信号的核心要素及其传输标准。

48.8.1 视频信号中包含的信息

表示为（C）的色度（Chrominance）是指信号的红通道、绿通道、蓝通道的色调或具有一定饱和度的色彩。

表示为（Y）的亮度是指每个红通道、绿通道、蓝通道的光量。

如果信号中没有色度，图片就是黑白的了。

48.8.2 复合视频信号（aka NTSC）

模拟和复合视频信号主要出现在家庭民用场合。它将色度和亮度组合在一起，与同步信号一同在线缆中传输。这样更容易将NTSC电视广播播出信号传送至家庭。

48.8.3 Y/C（aka S-Video）

虽然这也是复合视频信号，但是亮度和色度几乎是分开的，这样会使屏幕的彩色还原更加准确。

48.8.4 分量视频

俗称RGB [RGB sync（RGB同步），RGB with H and V sync（带H和V同步的RGB），RGB sync on green（同步于绿色的RGB）]。

这种类型信号中的红、绿、蓝是完全分开来的，并且同步于明确定义的每一色彩通道。

从不将分量信号用于广播业务，因为其绿色信号通道需要的带宽过大。要注意的是，同步信号可以是H/V（水平和垂直）或同步于绿色信号。

最常见的分量信号格式就是所谓的YP_bP_r。在广播领域中，这被称为色差信号。由于普通的RGB信号需要过大的带宽来传输主要的绿通道，所以作为由亮度通道（Y）和蓝分量（Pb）及红分量（Pr）导出的分量信号，YP_bP_r舍弃了绿分量。

通过消除专门的绿色信号而实现的所需要带宽减小，可以使分量信号的播出更为经济。

48.8.5 VGA（视频图像阵列）

VGA是针对PC的模拟显示标准。VGA利用模拟显示器和PC显示适配器输出的模拟信号来工作。所有的PC CRT和大部分的平板监视器都支持VGA信号，有些更新的平板显示器还可能具有DVI接口，作为输出数字信号的显示适配器。

VGA可以指PC上的15针物理插口，以便与平板显示器上的数字DVI插口相区别。另外，VGA也可以只指原始VGA的640×480分辨率和16色分辨率。

48.8.6 DVI（数字视频接口）

DVI是用来传输标清和高清数字视频信号的多针连接，我们经常会在HDTV调谐器、很多DVD播放器、兼容HDTV的电视和一些计算机显示器上见到它。DVI连接以纯数字形式传输视频信号，这对于采用固定像素显示器（比如LCOS、等离子体、LCD或DLP TV）尤为有利。信号进行了针对高带宽数字内容保护（HDCP，High-bandwidth Digital Content Protection）的加密编码处理，以避免内容被重新记录和盗版。

DVI连接有不同的类型。在大多数家用视频设备中常见的DVI-D只传输数字视频信号。有些计算机显卡采用的DVI-I既可以传输数字视频信号，也可以传输模拟视频信号。有些电视机具有DVI-I输入，这增加了连接的灵活性。

48.8.7 HDMI（高清晰度多媒体接口）

HDMI是从DVI标准发展出来的第二代数字接口。

HDMI是通过一根线缆传输标清数字视频信号和高清数字视频信号，以及多声道数字声频信号的一种多针连接方式。这些连接通常会在新型的HDTV调谐器、越来越多的DVD播放器、全面兼容HDTV的电视和家庭影院接收机中见到。由于HDMI线缆支持高达5Gbit/s的带宽，所以它可以同时传输未经压缩的纯数字视频信号和纯数字声频信号（甚至是HDTV视频）。

HDMI尤其适合进行固定像素的显示（比如LCOS，等离子体，LCD或DLP TV），并且与大部分的DVI连接后向兼容。信号采用针对HDCP的加密编码处理，以便对记录内容加以保护。

尽管许多配置了HDMI的第一代设备只允许传输双通道声频信号，但是HDMI可以携带多达8个独立声频通道信息，并且与7.1音响系统前向兼容。这就意味着在新型配置中带HDMI的设备之间可以用一条线缆就能传输数字视频信号和多声道声频信号。

48.9 数字显示技术

最近在视听领域中，人们一定要潜心研究显示技术上的细节及工作原理。在当今的市场上，人们一定要了解各种显示技术的基本原理，更明确地讲，就是要掌握基本功能对最终设计和提交给指定客户的解决方案的影响。

我们将研究如下显示技术的特点和基本性能，以及使用方面的问题。

- PDP（等离子体显示屏）。
- DLP（数字光处理显示器）。
- LCD（液晶显示）。
- LCOS（硅基液晶显示器）。
- OLED（有机发光二极管）。
- LED（发光二极管）。

48.9.1 PDP技术

在所有的固定矩阵显示技术中，PDP可重现最接近于35mm胶片放映机和CRT的平滑图像。等离子体本身属于自发光体，它利用了与CRT相类似的稀土磷光剂来产生显示器的彩色饱和度，如图48.1所示。

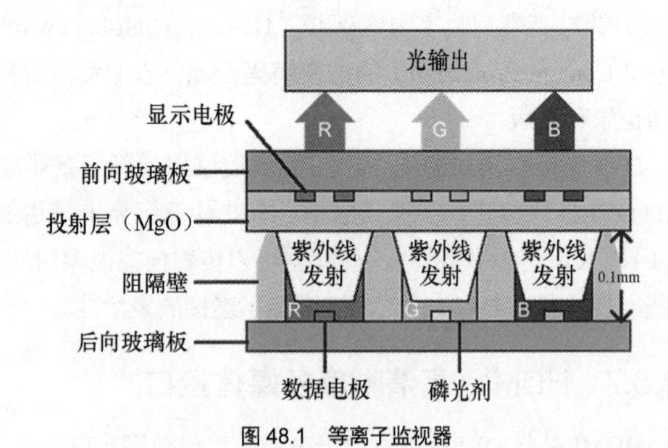

图48.1 等离子监视器

48.9.1.1 PDP特性

- 3～4in厚的显示结构（壁或基础机构）。
- 60～500磅。
- 平板的尺寸有37in、40in、42in、43in、46in、50in、55in、60in、61in、63in、71in、103in和150in。
- 16∶9的宽高比。
- PDP将LCD的像素结构与CRT的彩色生成原理结合在一起。
- 无放射性或高压辐射。
- 快速响应时间。
- 高对比度。
- 深彩色饱和度。

48.9.1.2 PDP工作特性

- 在单元空隙中填充氦氖混合气体。
- 受控电流流经气体。
- 紫外线由电流激发气体，生成等离子体的方式产生。
- 紫外线撞击单元内部的红、绿和蓝磷光剂。
- 紫外线激励稀土磷光剂产生可见光。
- 将电压施加到像素3个端子中的1个端子上面。在这一过程中电压通过像素放电至第2个电极，电离惰性气体（产生等离子体）。电离产生紫外光，它激励R，G，B磷光剂，使其发光（与CRT类似）。亮度变化是通过控制光脉冲数量取得的，我们眼睛的积分效应产生区域的明暗感。

48.9.2 LCD技术

LCD的应用已经很普遍了。作为现代计算机和移动电话显示屏的基础，LCD技术已经被应用于大尺寸平板显示，以及3芯片的LCD投影仪当中。不论是何种应用，LCD技术及其工作原理基本都是类似的。

48.9.2.1 LCD特性

- 3～4in厚的显示结构（壁和基础结构）。
- 60～400磅。
- 板尺寸的范围为8～108in。
- 宽高比为4∶3、16∶9和16∶10。
- 无放射性或高压辐射。
- 低耗电量。
- 高分辨率，高达HDTV的分辨率的4倍。
- 非常适合于计算机显示和数字看板显示应用。

48.9.2.2 LCD工作特性

构建LCD远非生产一块液晶板那么简单。下面4个因素的组合使得LCD技术成为现实。

- 光可以被极化。
- 液晶可以传输极化光或改变极化面。
- 可以通过电场来改变液晶的结构。
- 存在可以导电的透明材料。

为了创建LCD，需要用两片镀有极化膜的玻璃。

聚酰亚胺（一种高分子材料）膜被镀在玻璃的液晶侧，然后通过机械研磨产生微槽。

通过仔细控制间隙的大小，两片玻璃被装配在一起。

当LC材料呈现这种单元结构时，挨着聚酰亚胺材料的薄层将依照微槽的方向对齐，在两片玻璃板之间产生螺旋状的LC分子结构，如图48.2所示。

将LCD分成两种基本配置：平板显示和投影显示。虽然两种配置利用的都是同样的LCD基本原理，但是它们的发光方式不同。

在平板 LCD 显示中，光来自显示器背面，照亮冷阴极荧光灯。

在投影 LCD 显示中，光来自 LCD 反射回的灯泡光，并投射到屏幕上。

LCD 监视器利用的是薄膜晶体管（TFT）。TFT 是位于 LCD 结构中玻璃材料上的小型开关晶体管和电容器，如图 48.2 所示。

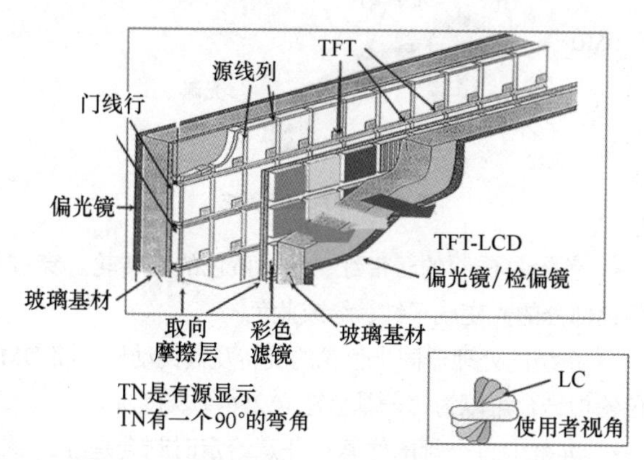

图 48.2　TFT-LCD 技术

每个像素受 1 ～ 4 个这样的 TFT 控制。为了激活某一像素，则要为正确的列和行加电（就如同无源矩阵一样）。

在同样的行和列上未被定位的任何像素只是简单地导通电流。定位像素上的晶体管截止电流。电容获取电流并将其存储起来。之后它能够将电荷保持至下次屏幕刷新为止。

另外，通过调整每个像素上的电压量值，可以控制不会被弯曲的 LC 量，从而改变颜色。

对于彩色 LCD 监视器而言，屏幕上的每个像素一定有 3 个子像素，每个子像素为一种基色（红、绿、蓝）。在这一方面，彩色 LCD 的工作方式与彩色 CRT 一样。通过对 3 色中的每一个颜色（每个颜色有 256 种可能的明暗度）进行不同形式的混合，彩色有源矩阵式 LCD 便成了具有 1680 万种色彩的调色板。每个子像素都有一个晶体管 / 电容器及这种设计过程，人们可以看到必须要有数百万个晶体管才能明确地表示整个 TFT 显示屏。

在 LCD 监视器中，光源处在板背面，并从后面照亮显示器。一般情况下，虽然光是荧光灯类型的，但是最近研发的光源是通过侧向发光的 LED，相对于背光显示而言，这种形式在显示的一致性、耐用性、明亮度和使用寿命等方面得到了改善。

虽然 LCD 投影仪将 3 块 LCD 板或芯片作为显像器件，但是它与 LCD 监视器不同，它们在颜色和亮度的发生方式上均不同。在查看图 48.3 所示的 LCD 投影 TV 光学通路图时，我们首先从用于照明的金属卤化物灯开始。灯发出的光近似为纯白光，它由色谱推断出来。彩色（RGB）由光学通路中使用的分光镜或滤色镜取得。分光镜滤除了所有不想要的色谱成分，只通过红、绿和蓝色系的窄带色谱成分，让每一色系以纯色的形式被传输至位于投射透镜正后面的主光学棱镜或光合成器上。

LCD 投影仪的大小、形状、光输出和分辨率各不相同。

商用 LCD 投影仪的典型物理分辨率是 640 × 480，1024 × 768，1280 × 800，1280 × 1024 和 1920 × 1080。

在重量方面，越亮的投影仪，其所需要的灯仓就越大，投影仪也越重。

现代的 LCD 投影仪的重量从 5 磅直至高亮度型号 LCD 投影仪的 50 磅。

亮度一直是投影仪的关键参量，平板 LCD 的亮度为 250 ～ 5000cd/m²，LCD 投影仪的亮度达到了 16 000 流明。

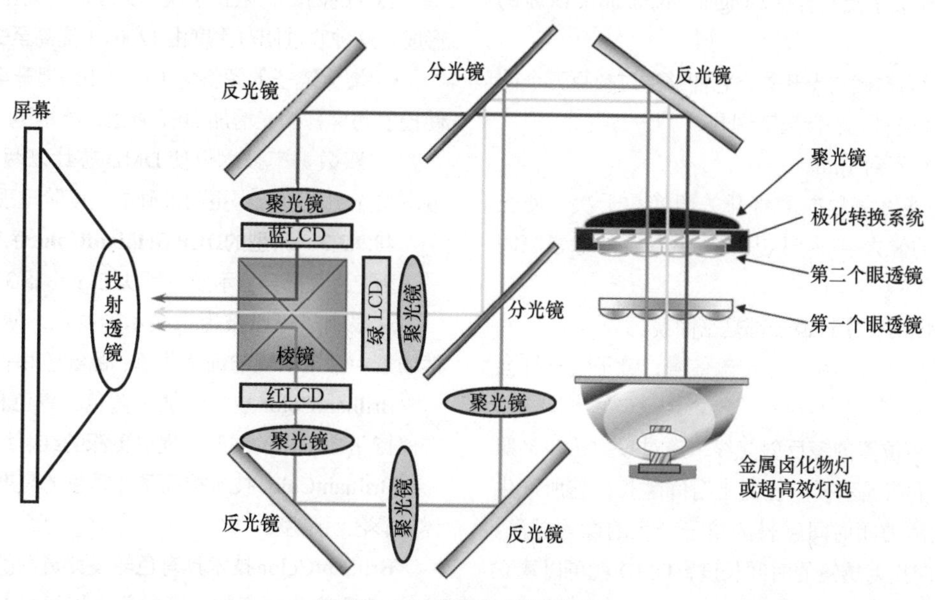

图 48.3　LCD 投影 TV 的光学通路图

48.9.3 DLP 技术

DLP 由德州仪器的 Larry Hornbeck 博士开发，并在 20 世纪 90 年代中期市场化。其基础就是被应用于投影应用中的数字光开关，这些应用小到嵌入移动电话中的各种形式的微型投影，大到取代电影院 35mm 胶片放映机的数字影院投影机。其小型化的尺寸，以及单片或 3 片规格使得它在显示技术中独树一帜，如图 48.4 所示。

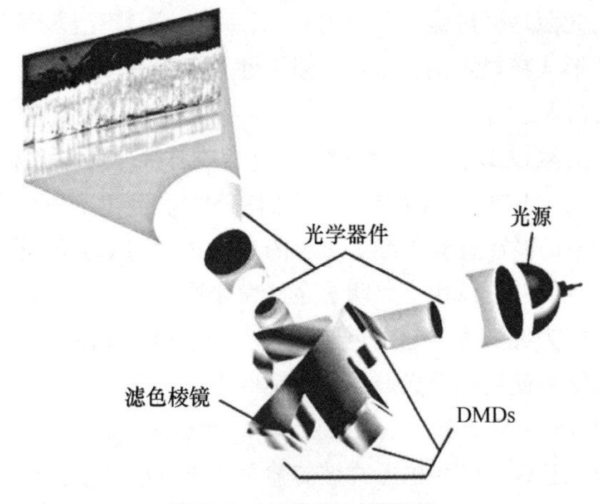

图 48.4 3 片式 DLP 投影电视

48.9.3.1 DLP特性

- 投影技术，无固定屏幕尺寸。
- 单片或 3 片配置。
- 宽高比为 16∶9 和 16∶10。
- 无放射性或高压辐射。
- 低功耗。
- 高分辨率，高达 4K。
- 高亮度和高对比度。
- 不需要极化光。

48.9.3.2 DLP工作特性

- DLP 是基于数字微镜器件（Digital Micromirror Device）的光电半导体。
- DMD 是极为精确的光开关，它能够通过数百万个排列成矩形阵列的微镜对光进行数字调制。
- 每个镜间距不到 1μm。
- 这些镜子能够每秒准确将开关切换数千次，使光直接投射到特定的像素空间，以及将光从特定的像素空间直接导出。
- 当显示关闭时，所有镜子都是平面镜。
- 当显示开启时，芯片开始传输信号，镜子每秒钟会前后反转数千次。
- 在显示开启位置的镜反射光线，透过投射透镜，照射到屏幕上。镜子在显示开启位置上时间越长，它所产生的像素越淡。显示关闭时间越长的镜子产生的像素越深。通过改变镜子面向投射透镜的时间长度，DMD 就可以建立起 1024 个灰度阶。
- 将灰像素在屏幕上混合，便可产生连续的、全数字化的单色图像。
- 为了给图片增加彩色，单片 DLP 系统采用了图 48.5 所示的色轮。

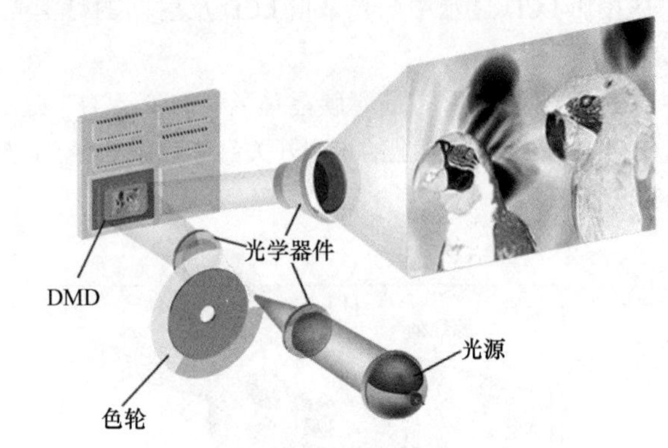

图 48.5 单片 DLP 系统

- 色轮是透明的、带红、绿、蓝色的旋转轮。穿过每一颜色部分的光变成了红、绿或蓝色。
- 系统的处理器同步色轮的旋转及其镜动作。将 DMD 和色轮相结合可以为每一基色建立 256 个灰度阶。
- 屏幕上每个灯的像素在任意给定时刻会是红、绿或蓝色。之后，颜色被混合，建立起想要的图像色彩。
- 对于 DLP 投影仪，在观看其投影时，尤其是当图像焦点由某一部分变化到另一部分时，少部分人会体验到彩虹效应，看到单一分量的颜色。
- 这种情况只会发生在使用分段色轮的 DLP 系统中，在每种基色使用一块 DLP 芯片的系统中是不会有这种情况的。
- 大量的家庭影院系统使用的是带有附加分段的色轮，每种颜色两段，或者顺序彩色获取（基色被安排成螺旋状，取代了原来的分段），以便减小彩虹效应发生的概率。
- 新型的 DLP BrilliantColor 色轮技术弱化了彩虹效应的表现。在新一代的 DMD 中，吸光的厚金属覆盖层被应用于每一芯片的内部，阻止了镜子关闭时传输至屏幕的杂散光的形成。这种改进使对比度由 1200∶1 提高至 2000∶1，或更高。
- 增大镜子的倾斜角（由 ±10° 提升至 ±120°），这可使投射到屏幕的光增加 20% 以上，亮度更高。
- 双数据率技术可使 DMD 芯片以两倍的速度偏离或偏向其光源，以取得更为准确的灰度阶重现。

48.9.3.3 新型的DLP BrilliantColor色轮技术

历史上大部分显示器件都以红、绿、蓝 3 基色来渲染场景。这限制了可以被用来显示的颜色，使得其难以显示自然场景中常常出现的灿烂黄色、品红色和青色等色彩。

BrilliantColor 技术增加了黄色、青色和品红色的色轮，在保持明亮白色的同时，提供更深的红、绿和蓝色。

BrilliantColor 技术提高了非基色的亮度，同时提高了整体的彩色明暗度。

BrilliantColor 技术具有色轮设计灵活的特点，可以使用 OEM 产品产生明亮的、高彩色饱和度和彩色分辨率的彩色图像。

48.9.4 LCOS 技术

LCOS 技术将 LCD 和 DLP 的优点充分结合在了一起。虽然它类似于 DLP 的反射技术，但是它利用 LC 取代了活动的镜子，以此控制单个像素的光传输水平。LCOS 技术的优点在于其出色的彩色和对比度性能，以及拥有当前所有数字显示技术当中最高的填充系数。另外，它具有 4K 的分辨率，这与数字电影应用的 DLP 相匹敌，如图 48.6 所示。

48.9.4.1 LCOS特性

- 投影技术，无固定屏幕尺寸。
- 3 片配置。
- 16 : 1 宽高比。
- 无放射性或高压辐射。
- 低功耗。
- 高分辨率，高达 4K。
- 高亮度和高对比度。
- 高填充系数。

48.9.4.2 LCOS工作特性

• LCOS 技术是反射式液晶调制器，其中电信号直接访问器件。

• LCOS 器件在 COMS 单晶硅材料上将像素配置成 X-Y 矩阵形式，采用在标准 IC 技术中使用的平面处理技术将单晶硅材料安装在 LC 层后面。

• LC 被安装在确定每个像素的铝镜面阵列上的 COMS 材料的上面。

• 玻璃台面电极覆盖在 LC 上面，形成完整的结构。

• 加到所选择的矩阵像素上的电压对应于输入信号，使得 LC 改变双折射，从而改变入射光的极化方向。

• 在像素镜面之间的非激活区最小，只是用来隔离每个像素；余下的电极被激活，形成反射面，进而给出高孔径比。

• 尽管它拥有当前投影技术所具有的最高的整体性能，但其发展受产量和元件成本的限制。

48.9.5 OLED 技术

OLED 技术是最新的显示技术，与 LCD 和等离子体等其他平板显示成为正面竞争的关系。OLED 技术最明显的优势就是显示器的厚度薄如纸。由于它是一种不需要独立光的发射技术，所以它可以生产厚度如信用卡般薄的显示器。它可以被制成透明的，甚至很柔韧。另外，它还具有功耗低和图片动态性能出色的优点。目前 OLED 所面临的最大问题就是生产成本高和板的寿命不长，人们正在积极解决这两个问题。

48.9.5.1 OLED特性

- 拥有极薄和极轻的显示器。
- 响应时间快速。
- 高亮度。
- 低功耗。
- 可以制成透明或柔韧的形式。

48.9.5.2 OLED工作特性

• 基本的 OLED 单元结构由夹在透明的阳极和金属阴极之间的薄薄的有机层组成。

• 有机层包括一个空穴注入层，一个空穴透明层，一个发射层和一个电子传输层。

• 当相应的电压（一般是几伏）被加到单元上时，注入的正电荷和负电荷在发射层重新组合，产生光（电致发光）。

• 有机层的结构和阳极及阴极的选择被设计成发射层内重新组合最大化的形式，因此来自 OLED 器件的光输出被最大化。

一般将 OLED 制成透明材料，其上的第一电极（通常铟锡氧化物具有透明和导电特性）首先被沉积。

之后的一个或多个有机层既可以在有机染料分子小的情况下采用热蒸镀涂布产生，也可以采用聚合物的旋转涂布方式产生。除了发光材料本身外，其他的有机层可以用来增强电子和 / 或空穴的注入和传导。

有机层的总厚度在 100nm 的数量级。

最后，金属阴极（诸如镁银合金，锂铝或钙）被蒸镀在最上部。

两个电极可能会在器件的总厚度之上增加 200nm。因此，结构的总厚度（和重量）主要由基片本身决定。

OLED 可以被制成几种不同的类型，根据所使用的分子大小，以及制造所使用的基片类型对它们进行分类。一些例子如下。

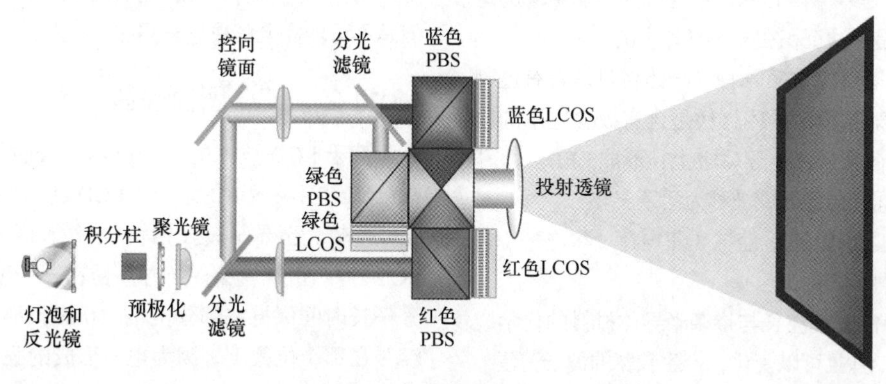

图 48.6 LCOS 投影系统

• TOLED——透明OLED（Transparent OLED）。它是利用干净的基片制造的，适合诸如抬头显示器这样的应用。

• FOLED——柔软OLED（Flexible OLED）。这种类型的OLED被制成可以弯曲、卷曲的密闭柔软基片。

48.9.6 LED技术

LED因其具有较高的输出光效和相对低的功耗而被普遍应用。我们会在家庭、汽车和高亮度室外显示应用中见到其身影。其最新应用是在LCD平板显示中被用作背光光源，以及被作为采用DLP和LCOS芯片的微型投影仪光源。

48.9.6.1 LED特性

- 极高的亮度。
- 相对低的功耗。
- 使用寿命长，大于50 000h。
- 可在室外/室内应用。
- 具有尺寸可缩放的模块式结构。
- 可使用的像素间距为1.9～25mm。

48.9.6.2 LED工作特性

电致发光（electroluminescence）现象由Henry Joseph Round（亨利·约瑟夫·朗德）于1907年发现。

20世纪50年代开展的英国实验诞生了第一只现代的红色LED，它出现在20世纪60年代初期。

到了20世纪70年代中期，人们生产出了可发出淡绿色光的LED。采用双芯片（一个在红色LED中，一个在绿色LED中）的LED能够发出黄光。

在20世纪80年代初期出现了第一代超亮LED，首先其是红色的，之后是黄色的，最后出现的LED是绿色的，在20世纪90年代陆续又出现了橙红、橙色、黄色和绿色的LED。

意义重大的蓝色LED也是诞生于20世纪90年代初期，在20世纪90年代中期人们制造出了高强度蓝色和绿色LED。

超亮蓝色芯片是白色LED的基础，其中的光发射芯片涂布有磷质荧光剂。

与之相同的技术已经被用来产生多种颜色的可见光，如今市面上的LED可以发出之前极难产生的颜色的光，比如浅绿色和粉色。

LED是高效的持续发光光源。

• LED的核心是半导体芯片，它包含几个非常薄的材料层，这些材料层是依次沉积在支撑基片上的。

• 沉积在支撑基片上的第一种半导体材料是含有过剩电子的掺杂原子，第二种半导体材料是含有极少电子的原子掺杂材料被沉积在第一种半导体之上，形成LED。两种掺杂半导体材料之间形成的区域被称为活跃层。

• 当LED被施加电压时，空穴（正电荷）和电子（负电荷）在活跃层相遇，产生光。

• LED所发出的光波波长与掺杂半导体材料的化学成分和相对能级有关，并且可以变化，产生较宽的波长范围。

• 在制造完之后，芯片被安装在连接到导线架的反射杯上，导线架被导线连接到阳极和阴极端子上。

• 之后，整个组件被封装在坚固的环氧球顶透镜中，透镜能将发射出的光聚焦，通过在透镜中植入微小的玻璃颗粒来控制光的散射和扩散光束，或者通过改变透镜或反射杯的形状来使之呈一定的角度。

48.10 分辨率

到底什么是分辨率呢？分辨率的简单定义就是所显示图像的锐度和清晰度。在LED显示中，分辨率由矩阵面积和间距决定。

面积也被称为像素矩阵，其对应于显示区的像素数量。在行业内，我们将矩阵面积表示为垂直方向上的像素数乘以水平方向上的像素数，比如16×64。

间距被定义为两个像素间的距离。距离是从一个像素的中心到另一像素中心的测量长度。

间距还可能影响指定区域的像素矩阵。例如，16mm的间距将产生5×7的矩阵面积，而10mm的间距在同样区域上将产生8×11的矩阵面积。

间距决定像素间的空隙量，因此，间距越小，矩阵面积越大，分辨率越高。

48.11 老化与图像暂留

在为指定的应用选择适宜的显示技术时要考虑的一个问题就是不同的显示技术将会对显示器的老化或图像暂留产生怎样的影响。LCD和PDP可能会碰到这种现象。

48.11.1 PDP老化

PDP采用地球上稀有的磷光剂，随着气态等离子激发磷光剂产生的紫外光的持续，磷光剂会随时间的推移而退化。这是显示器的自然老化过程。当静止图像长时间停留在显示器上时，它会导致磷光剂的消耗（退化）不均匀。从而使得每个亚像素间的色彩出现亮度差。这种亮度差将会呈现较暗或偏色的像素，导致显示在屏幕上的静态内容出现“鬼影”。通常，虽然活动内容或彩色的反转，以及将全活动内容与部分静止内容并置的做法可以减弱这种现象，但是不可能完全解决这一问题。

48.11.2 LCD图像残留

基于LCD技术的每种显示在长时间显示固定图像时都会碰到图像残留的现象。LCD利用LC结构的扭转来阻止或传输光至显示板。当静止图像长时间停留在屏幕上时，LC结构的扭转就会保持并停留在一个位置上。如果将LC分子长时间保持在部分扭转的状态，那么它们就可能“粘滞”在那个位置上，因为电压形成的强外部能量迫使它们扭转。这样便可能在屏幕上留下“鬼影”。随着时间的推移，这种影响会随着 LC 中能量陷阱的消退而减弱，但还可能重复出现。

48.11.3　LCD 响应时间

响应时间是时间量，它度量的是在 LCD 监视器上某一像素从一个亮度级变到另一个亮度级再变回来所用的时间，单位为 ms。数值越小意味着转变越快，看到图像缺陷的概率就越小。具有较长响应时间的较老监视器会在活动物体附近形成模糊图形，这对于活动视频的显示来说是不可接受的。当前的 LCD 监视器型号（比如那些具有 120Hz，240Hz 或 480Hz 刷新率的 LCD 监视器型号）在此问题上有了改进，在那一点上只能看到极高的对比度。对于 LCD 而言，黑 - 白 - 黑的典型响应时间为 8 ～ 16ms，或灰 - 灰的响应时间为 2 ～ 6ms。依照惯例，响应时间是按全黑 - 全白的转换过渡来记录的，这已经成为这项技术指标的 ISO 标准。

48.11.4　显示刷新率

刷新率与响应时间完全不同。刷新率指的是屏幕上显示拉帧的速率，用周期 / 秒或 Hz 来表示。典型的电视视频一直是以 30 帧 / 秒或 60Hz 的速率显示。然而，许多显示器的生产商开始以更高的刷新率作为其主要的营销策略，比如 120Hz，240Hz 和 480Hz。这是为什么呢？这与电影有直接的联系。从手摇摄影机和 Thomas Edison（托马斯•爱迪生）那时开始，电影就采用 24 帧 / 秒的速率记录拍摄，这种速率可以提供顺滑、干净的图像。尝试将 24 帧分成 60Hz，这在数学上并不完美，并且实现起来画面并不是很清晰。因此，要对电影视频进行修正，并在 60Hz 的显示器上显示。这种修正被称为 3：2 下拉。简言之，这意味着针对电影的视频帧并不是像电视那样每帧每秒显示 2 次，而必须是依照帧顺序 1 帧 / 秒显示 3 次，然后是 1 帧 / 秒显示 2 次，然后再是 1 帧 / 秒显示 3 次，依次循环下去。这样做带来的结果就是会产生运动抖动和模糊。新的高刷新率标准可以取消 3:2 下拉，因为 24 帧能够以整数分别分到 120Hz、240Hz 和 480Hz 当中，从而实现流畅的视频播放。

48.12　多显示矩阵

某些应用需要对不适合采用单一大型平板器件进行的工作的显示表面区域进行配置。在这种情况下，可能就需要采用多显示矩阵（常常被称为视频墙）来建立必要的图像尺寸或形状。这些阵列几乎可以配置成任意的尺寸或形状，并且可以满足特定方案（比如覆盖较大平面区域、填充窄条或廊柱、与曲面墙壁吻合，或者以平板的马赛克形式装配）的需求。

视频墙通常是以垂直显示器（行）的数量乘上水平显示器（列）的数量来表示，比如 2×2，2×4，1×8 等。通常，视频墙是由平板 LCD 来组建的，将显示面板直接嵌入框上，彼此靠在一起排列安装，构成一块坚固的显示器。虽然可能要使用标准安装件，但有专门的墙壁、天花板和地面安装组件可供使用，这样可以使安装、调整和维护更加容易。

在界定视频墙时，一定要考虑 4 件事情：框条尺寸，分辨率与观看距离的关系，彩色校正和处理。

48.12.1　框条尺寸

很显然，在设计视频墙时，显示器间的框条尺寸是要考虑的问题之一。较宽的显示器框条会在图像中产生较宽的深色“网格”，这会降低显示器的显示质量。专门定制的视频墙面板的框条尺寸从 15mm（每个显示单元）到 1.75mm（每个显示单元），这可以让设计人员将图像中的结合缝隙最小化，不过这会使成本增加。视频墙显示器还可以将框条到框条或屏幕边缘到屏幕边缘的尺寸作为框条尺寸的参考。这指的就是从一块显示器上一个点亮的像素到其相邻显示器上第一个点亮像素间的距离。尺寸越小，则所产生的图像就越接近于无缝。越窄的框条，显示器的价格也越高。最佳的实用解决方案是在目标预算内使用最窄或最薄框条的显示器。另外一种不错的经验法则就是如果视频墙离观众较远，那么就可以使用较宽的框条。距离因素可以使得框条更好地融入图像。

48.12.2　分辨率

分辨率不只是视频墙中某一显示器中像素数的函数，而且也不是将视频墙中所有显示器呈现像素数进行简单相加。分辨率不仅与可用像素数有关，还与处理和显示内容有关。当观看者靠近视频墙站立时，我们就需要提高分辨率来减弱视频内容中的瑕疵。这意味着不单单要提高视频内容的显示分辨率（可能需要为视频墙专门预定），而且处理器也必须能够输出足够高的分辨率，以满足应用的要求。

48.12.3　彩色校正

因为视频墙显示器可能是不同时期生产的，所以彩色校准和亮度会因材料或制造工艺的变化而有所不同，这与在家居建材中心购买的油漆类似。然而，与油漆不同的是我们可以对显示器进行校准，让搭建视频墙的各个显示器彼此匹配，以确保每台显示器的彩色设定彼此匹配，而且每个显示面板的亮度也彼此匹配。这样便可以使视频墙重现的内容无拼接缝隙，没有因不同颜色而产生的补丁感。

48.12.4　处理

在进行视频墙系统的设计时，要优先考虑的一个重要问题就是处理。这可能是视频墙应用成功与否的一个关键要素。处理器是一种接收一个或多个输入信号源并产生一个供整个监视器阵列使用的视频输出设备。这种设备的成本可能会根据输入数量、输出和可用性能等因素而有所变化。处理器的类型主要有以下 3 类。

菊花链标量型。菊花链标量型是视频墙处理器的最基本类型。它能够将单一输入送至阵列中的所有显示器单元，并将单一图像依比例划分至整个视频墙的多个显示器上。通常将这种类型的处理器直接内置于平板显示中，故并不会增加额外成本。它们常常以菊花链的形式将视频组合在一起，这样可以简化安装与走线。虽然这些处理器在性能上受限，但是成本低。不过，除了每个面板的原始分辨率（典型分辨率为 1080P）和 16×9 的宽高比外，它们不能处理任何其他的问题。这便对将其与“线性”配置（即 2×2，3×3，4×4 等）配合使用构成了限制，只能维持 16×9 的宽高比。另外，它们一次只能处理一个输入，可能还需要进行外部切换。

基于处理器硬件型。基于视频墙处理器的硬件构建于菊花链标量型的能力之上，扩展了视频墙的功能。可以将这些设备制造成拥有一组视频输入和一组视频输出的形式。内部的软件可让用户在屏幕上一次安排多个信号源，根据生产厂家和产品型号的不同，有时会包含动画和时序安排。虽然在基本型号产品中输入和输出的数量是固定的，但是一些改进型号产品为输入和输出提供了模块化的“帧”开槽。模块化单元可以针对具有不同输入类型和输出类型的应用来进行裁切、取舍。每个显示器会被连接到一个备用的输出上，而且还需要一根视频线缆或平衡式 - 不平衡式转换器进行连接。这可能会对显示器与处理器的距离构成限制，并且安装要求更为复杂。

基于处理器软件型。虽然基于视频墙处理器的软件可以提供与基于处理器硬件型产品相同的性能，但是它用现成的 PC 和网络化硬件取代了视频的超结构。普通的以太网交换机和线缆连接构成了与骨干网的连接。每个显示器都有一个 PC 连接，它用来对视频部分进行渲染。每个信号源都会被 PC 上的软件捕获，它可以是流式台式机或来自捕获卡的输入。这种电视墙类型相对于基于处理器硬件型的硬件单元类型可以达到更低的价格，同时还具有可扩展性。

48.13 结论

我们可以肯定的一件事就是显示技术每时每刻都在发展与进步。我们可以期待 PDP 和 LCD 显示屏幕变得越来越薄，越来越轻，在功耗明显降低的同时显示的亮度更高、使用寿命更长。在 LCD 中对环境有害的 CCFL 背光显示屏将被 LED 照射所取代；对于投影仪，LED/ 激光照射混合类型会在低于 6000 流明的中等亮度应用中获得认可，通过取消常规的灯泡来降低用户的应用成本。OLED 将承担普通 LCD 和 PDP 的工作，并且在未来的几年间会受到用户的欢迎。如今，作为 PDP 竞争对手的当代 LED 显示器在画面质量上会进一步改善，重量会更轻，尺寸会更大，功耗会更低。唯一不变的就是显示技术领域的不断革新，我们大家终将会从中获益。

第 8 篇

测量

第49章

测试与测量

Pat Brown编写

49.1　测试与测量

在过去几十年中，技术的发展为我们提供了大量非常有用的测量设备，而这些测量设备的大部分生产厂家都为这些设备的使用进行了专门的培训。本章将研究所有测量系统均遵循的一些测试和测量的基本原理。如果测量人员掌握了测量的原理，那么大多数主流测量设备将足以进行数据的采集和评估。实现有意义的音响系统测量的最重要先决条件是要有坚实的声频和声学基础。“我到底该如何进行测量呢？”对这一问题的回答可能要比回答“我应测量什么？”更容易一些。虽然本章会涉及这两方面的问题，但是读者会发现测量能力与实施者对声音的基本物理属性和产生良好音质的因素的理解直接相关。本书的宗旨就是为读者提供尽可能多的有用信息。

为什么要进行测试与测量？

必须要对音响系统进行测量，以确保所有的组成部分功能正确。测试和测量过程可以细分为两种主要类型：电子测试和声学测量。电子测试主要是在元件的接口进行电压和阻抗的测量。虽然也可以测量电流，但是测量设置本身较为复杂，所以人们常常是利用欧姆定律关于电压和阻抗的关系加以计算。虽然声学测量从本质上将会更为复杂，但是有时它与电子测试的基础是一样的，只不过被测参量（通常为声压）改变了。电子测试和声学测量的主要差异是后者的解释必须通过处理复杂的 3D 空间来实现，而不像是电路中某一点的幅度与时间的关系那么简单。在本章中，我们将扬声器系统定义为构成系统的大量组成成分，之后它有可能是指单独的扬声器。例如，重低音单元、球顶高音单元和分频网络都是单独的组成成分，但是它们可以组合在一起构成扬声器系统。虽然我们常常进行系统的测量，但是系统必须要分割开来，对每个组成部分的响应进行全面的特征化描述。

49.2　电子测试

在实验室，我们可以对音响系统的组成部件进行大量的电子测试。测量系统的技术指标一定要超过被测设备的技术指标。现场测试不需要很复杂，测试可以用较简单的仪器设备来实现。现场电子测试的目的如下。

1. 确定所有音响系统组成部件工作是否正确。
2. 诊断音响系统中存在的电学问题，通常这是通过一定形式的失真表现出来的。
3. 建立正确的增益结构。

电子测试可以在很大程度上帮助建立起正确的音响系统增益结构。笔者认为声频工程师必须掌握的电子测量设备如下。

- 交流电压表。
- 交流毫伏表。
- 示波器。
- 阻抗表。
- 信号发生器。
- 极性测试装置。

重要的是要注意大多数的声频产品具有足以满足电平设定需求的机载仪表和 / 或指示器，这样就不必用单独的仪表进行测量了。电压表和阻抗表通常是非网络化系统故障排除，或者检查机载仪表指示精度和校准的唯一必须仪器。

如今有许多可供使用的仪器设备是为专业声频专门设计的，它能执行之前列出的所有功能。这些仪器必须具备可覆盖可闻声频谱的带宽。许多通用的仪表主要是为交流电源电路及不满足宽频带要求的应用而设计的

有关电子测试的更多内容会在有关增益结构的章节中进行介绍。本章余下的内容会在扬声器系统和房间特征化要求的声学测量中专门阐述。

49.3　声学测量

如今的大部分声学测量和分析是由计算机中的测量程序或者计算机控制的仪器来完成的。可供使用的测量系统有很多，测量人员应选择最符合自己特定测量要求的测量系统。就扬声器系统而言，并没有明确的最佳选择或所有仪器要满足的单一尺寸。庆幸的是，如果掌握了一种分析仪的工作原理，那么通常只需要短时间的学习就可以掌握另一种仪器的原理。使用测量系统就像是租车——您了解了它们的性能，所需要做的就是在何处能租到它。在本章中，笔者将尽可能对足够多的解决方案进行介绍，使读者通过研究比较，选择满足自己测量要求和预算的测试工具。扩声系统的声场测试主要是测量扬声器系统在空间各个位置的声压不均匀度。传声器的安放位置是根据必要的信息来确定的。这些信息可能是针对系统校准目的的扬声器主轴定位，或者是针对系统的清晰度和可懂度测量的听音人位置。测量必须要进行正确的系统校准，这些校准可能包括对扬声器分频器的设定、均衡和对信号延时的选择。声学波形具有复合属性，这就使得它难以用某一个读数来描述除宽带声压级之外的参量。

49.3.1　声压级测量

声压级测量是所有类型声频工作的基础。不幸的是，对“它有多响？”这样的问题并没有一个简单的答案。虽然使用仪器可以方便地测量声压，但是相对于人的感知进行描述的方法却有很多。对声压的测量通常在某一离散的听音位置上进行。声压级可以显示为一定时间间隔上的积分或者是相应滤波器频率加权的形式。快速的仪表响应时间会产生有关节目素材峰值和瞬态方面的信息，而慢响应时间所

产生的数据则与声音的感知响度和能量成分有较好的相关性。

声级计由对声压敏感的传声器、仪表偏转显示（或数字显示）和一些支持电路组成，如图49.1所示。用它来测量某一时刻的声压，以分贝级的形式显示声压。只有很少一部分声音在不同时刻会测量到同样的声压数值。像语言和音乐这样的复杂声音将会产生极大的变化，这使得如果不采用图49.2所示的声压级曲线的方式进行声压级的测量就难以描述。声级计基本上就是工作于声学域的带传声器的电压表。

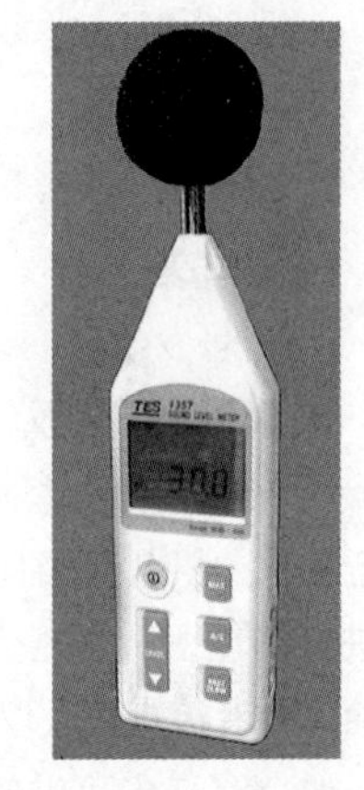

图49.1 声级计基本上就是一个工作于声学域的带传声器的电压表（Galaxy Audio 授权使用）

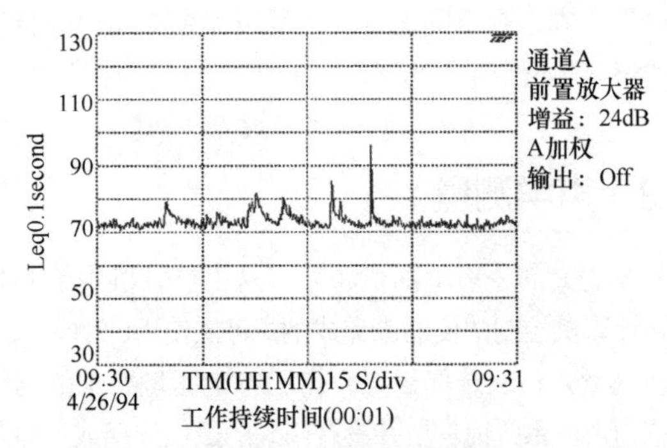

图49.2 声压级与时间的关系图是最全面地记录声音事件声压级的方式（Gold Line 授权使用）

声压测量被转变为以0.000 02pascal（帕斯卡）为基准参考值的分贝表示形式。请参考第5章中有关分贝信息的内容。之所以采用20μPa作为基准参考，是因为人耳在中频的声压灵敏度阈值为该值。这样的测量被称为声压级（Sound Pressure Level）或L_P（Level of Sound Pressure）测量，之所以声频专业中接受L_P，是因为它易于与L_W（声功率级，Sound Power Level）、声强级L_I（Sound Intensity Level）和许多用来描述声压级的其他L_X米制度量相区别。声压级是在单独一点（传声器位置）上测量的。声功率级测量必须要考虑器件辐射的全部声音，而声强级测量必须要考虑流经某一区域的声功率。通常，由于声功率级和声强级测量是在声学实验室而不是在现场进行的，所以这两个参量的测量不在本章的讨论范围之内。本章中描述的所有测量都是以0.000 02Pa为基准参考的对声压级分贝值进行的测量。

声压级测量通常必须针对人耳的感知相关性对数据进行处理。人并不以相同的灵敏度听所有频率成分，使这一问题进一步复杂化的因素是我们听音时的声压级。著名的Fletcher-Munson曲线描述的是针对一般听音人的频率/声压级特性（参见本书第5章）。声压级测量经过加权滤波器处理后，会使仪表的“听音”响应与人耳的听音感受相类似。每一测量结果表示的都与不同声压级范围上的人耳听音灵敏度相关联。为了让声压级测量更具实用意义，除了要指出仪表的响应时间外，还必须要对所采用的加权测量进行说明。在此我们给出如下一些实例声压级（如果未被广泛接受）表达的含义。

- 在缩混监听位置处，系统产生的L_P为100dBA（慢响应）。
- 在我们座位处的峰值声压级是L_A，为115dB。
- 在30ft距离处的平均声压级为100dBC。
- 扬声器在距其1m处产生的连续L_P为100dB（假定未使用加权处理）。
- 在最远座位处的等效声压级L_{EQ}为90dBA。

声压级技术指标应表述得足够清楚，以便人们可以根据给定的描述进行重复性测量。因为加权测量的结果间存在很大的差异，所以没有指明采用测量尺度的声压级是没有意义的。采用C加权测量的事件声压级L_P = 115dB，在采用A加权测量时其测得的L_P只有95dB。

另外测量的距离也应指明（但实际很少这么做）。虽然可能所有的扩声系统在一定距离位置上都能产生L_P = 100dB的声压级，但是并不见得在观众座位的后排还能产生这么大的声压级！

L_{pk}是测量某一时间段内最高的瞬时峰值声压级。我们之所以要关注峰值，是因为音响系统组成设备必须能无削波地让其通过。被削波的峰值会产生使音质下降的高谐波失真电平。另外，削波降低了波形的波峰因数，导致产生可能使扬声器被永久性损坏的更多热量。由于人的听觉系统对响度的感知取决于一定时间上的能量积分（累积），所以人对峰值声音级的响度并不十分敏感。不幸的是，我们极易受到峰值声音级所带来的破坏，故我们不应忽略此问题。研究表明：人的大脑要用约35ms的时间来处理声音信息（频率相关的），这就意味着在响度方面声音事件靠得更近，而不是被混合在一起。这就是您的声音在较小的、硬边界房间中会更响的原因。同时这也是为何真空吸尘器在不同的房间中的响度会发生改变。短间隔的反射声和直达声被人耳/大脑系统整合在一起。大部分声级计都具有快和慢的设定，以此来改变仪表的响应时间。大部分慢设定的仪表表示的都是准均方根值（准有效值）声压级。它是信号的有效声压级，并且与感知响度有较好的相关性。

在SynAudCon的论坛中进行的一项针对声频从业人员的调查表明大部分人都将L_P = 95dBA（慢速响应）的声压级作为在任意听众座位区上大龄组听众可接受的演出最大声压级。之所以采用A加权，是因为它所考虑的声压级主要是最易对人产生干扰和损伤的频谱部分的声压级。慢速响应时间可使测量忽略节目中持续时间较短的峰值声音级。虽然这种类型的测量将无法表示低频信息的真正电平，但一般它可以很好地表示人们感兴趣的中频信息的声压级。

如今测量一定时间段内声压级的量化方法有很多。其中包括：

- L_{PK}——在一定时间段内，所记录到的最大瞬时峰值。
- L_{EQ}——等效声压级（指定时间间隔上的能量积分）。
- L_N—其中 L 是指 N% 的时间内都超过此声压级。
- L_{DEN}——以特定的度量方法来加权以天为时间单位采集到的声级。DEN 代表的是（Day-Evening-Night，白天 - 傍晚 - 深夜）。
- DOSE（暴露剂量）——对暴露在声环境中总时间的度量。

测量声压级的仪器有很多，从简单的声级计（Sound Level Meter，SLM）到复杂的具有数据日志功能的测量设备。SLM 用来对声压级进行快速的检测。大部分这种仪器都至少有 A 加权和 C 加权测量功能，有些还具有可实现限带测量的倍频程频带滤波器。SLM 上的一个有用功能就是允许以交流电压形式访问被测数据的输出插孔。可供使用的应用软件可以将仪表的响应与时间的关系以日志形式表现出来，同时可以多种方式显示结果。声压级与时间的关系曲线是表示所记录的某一声音时间的最全面的方法。图 49.2 所示的就是这样一种测量。应注意的是，这里要指明开始时间和结束时间。这样的测量一般都能给出针对所记录数据的统计摘要。越来越多的人以这种方式进行场地声压级监测，这是因为人们日益关注听力损伤或听力保护方面的法律诉讼。由于 SLM 质量和测量精度的不同，SLM 的价格有很大的差异。

所有的声级计都能对相对声压级进行准确的指示。对于绝对声压级的测量而言，通常必须要用校正器对测量系统进行校准。许多基于 PC 的测量系统都具有自动校准子程序。校正器被置于传声器位置处，如图 49.3 所示，在数据区输入校正器声压级（通常是 94dB 或 114dB，基准参考为 20μPa）。现在测量工具就具有用来显示测量数据的一个基准参考的真正声压级了。

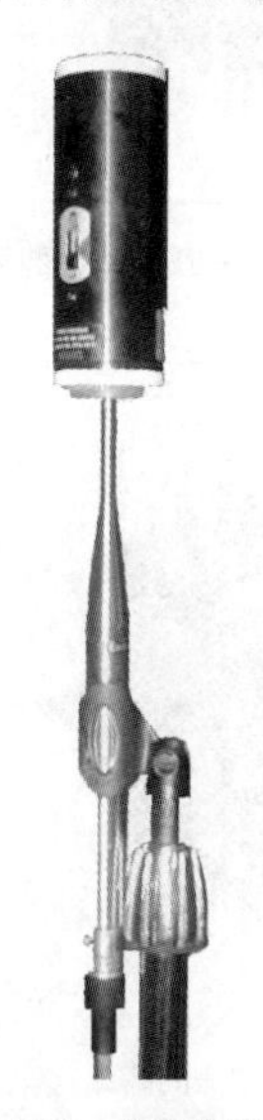

图 49.3　必须将校正器安装在转盘上，以提供传声器的滑动座。大部分传声器厂家可提供这一转盘

标称的噪声标准提供了一个单一数字式的技术指标，该数值是被允许的环境噪声声压级。以倍频程频带为带宽进行的声级测量结果如图 49.4 所示。标称 NC 值从右手边的纵轴读取。应注意的是，NC 曲线已经频率加权。虽然这样可以允许提高低频噪声的声压级，但是在较高频率上的要求会变得更加苛刻。音响系统的技术指标应包括空间的标称 NC 值，因为过大的环境噪声将降低系统的清晰度，同时需要更大的声学增益。在设计音响系统时，必须要考虑这一点。可以利用仪器、仪表进行自动化的噪声标准测量。

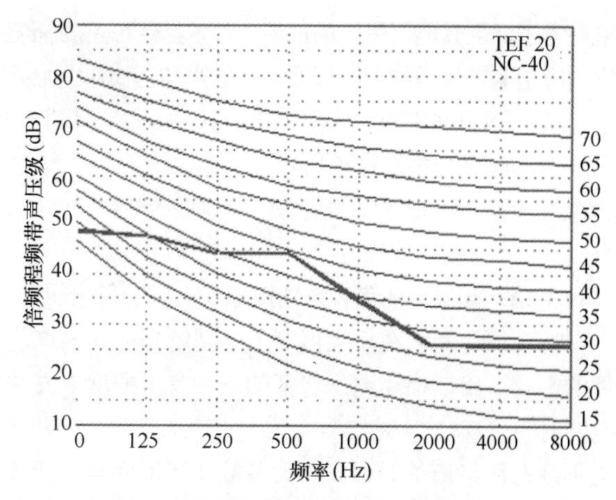

图 49.4　噪声标准指标应符合音响系统的指标

结论

模糊的声压级测量表述会使其测量结果变得没有意义。近来有消息写道："在大型体育场馆进行比赛时观众欢呼声的声压级已达 137dB。"其中给出的无加权的测量尺度或仪表的响应时间数值是没有意义的。在对声压级进行说明时，重要的是要说明如下内容。

1. 声压级数值。
2. 所采用的加权方式。
3. 仪表的响应时间（快速，慢速或其他）。
4. 所进行测量的距离或位置。
5. 被测的节目类型（即音乐，语言，环境噪声）。

下面是一些正确描述的实例。

- "对于宽带节目，主扩系统在 C 区产生的声压级为 90dBA（慢速）"。
- "对于宽带节目，监听系统在演员头部位置处产生的声压级为 105dBA（慢速）"。
- "在 HVAC 运行时，空置房间的环境噪声为 NC-35"。

简言之，如果你读取到一个数字，并且有需要澄清的要求时，则说明它没有给出足够的信息。正如我们所见到的那样，单一数值的标称声压级几乎没有什么用途。

所有音响技术人员应有自己的声级计，许多事实表明：为能提供所测声压级统计信息的较为高级的系统花些钱还是值得的。从实际使用的角度看，如果除了在场馆的某一出口处存在过大声压级外没有其他原因，那么尽可能训练自己不用仪器仪表而用耳朵来判断各种情况下的声压级也是很有意义的。

49.3.2　声音测量详解

要想对扬声器或房间响应进行特征化描述，则所进行的测量必须具有合适的频率分辨率。这对于测量并掌握到底何种响应是合适的需求也很重要。如果将应用于调音台这类电子设备的要求也同样移植到扬声器上，那么最佳的响应就应该是在所要求的系统通带内的各个频率上具有平坦的（达到最小不平坦度）的幅度和相位响应。实际上，我们通常测量音箱是为了保证其能以最大的潜能工作。虽然平坦的幅度和相位响应是非常优秀的客观属性，但物理现实就是我们必须满足精度偏差非常小的要求。尽管它们自身存在一定的不准确度，但许多音箱确实可以很好地将语言或音乐信息传递给听众。测量的目的之一就是要确定扬声器或房间的响应是否限制了音响系统性能。

49.3.2.1 闭室中的声音持续情形

音响系统的性能在很大程度上受到听音空间内声能持久性的影响。用以描述这一特征的一种有用的度量方法就是混响时间，T_{30}。T_{30} 是指当突然中止稳态声源，声音衰减到听不到时所经历的时间。在大多数环境本底噪声受控的礼堂中，要想声音不被听到大约需衰减 60dB。T_{30} 这一表示法源自测量 30dB 的衰减，衰减 60dB 所需要的时间要将这一时间加倍。现在确定 T_{30} 的方法有很多，其中有简单的听音检测法，也有复杂的分析法。图 49.5 所示的是简单的门限处理噪声检测，它所提供的精度足以满足音响系统设计的需求。这种测量所用的冲击信号可以用 WAV 编辑器生成。8 个倍频程频带中的每 1 个倍频程频带都应能生成多达 5s 的冲击信号。通过低指向性扬声器将倍频程限带噪声信号辐射到空间中。通过门处理，噪声通过 1s、断开 1s。在断开期间评价房间衰减。如果在下一个冲击到来之前，声音被完全衰减掉了，则 T_{30} 就小于 1s。如果不是这样，就将冲击的通断间隔时间改为 2s。测量者始终在简单推进下一声轨，直至房间在冲击信号断开期间能完全被衰减掉，如图 49.6、图 49.7 和图 49.8 所示。这种方法的优点如下。

1. 不需要复杂的设备。
2. 测量者可在空间中任意走动。
3. 可以判断衰减场的属性。
4. 只需要有一组人员便可以进行测量工作。

这种类型的测试被用作采用更为复杂技术进行测量的前期工作。

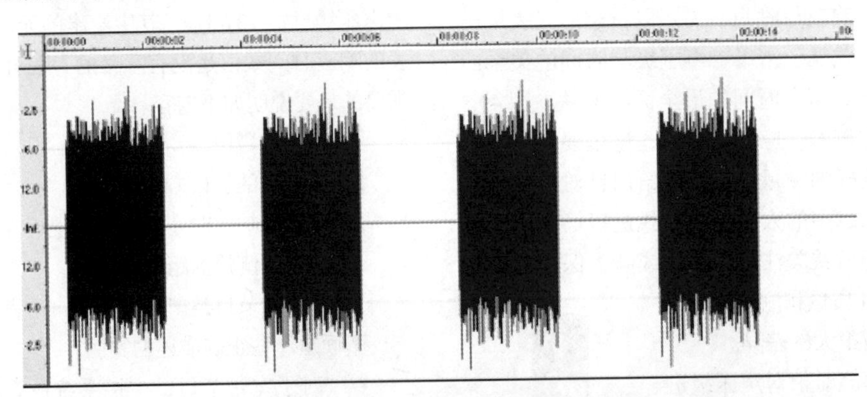

图 49.5 1 个倍频程带宽内门猝发信号（2s 持续时间）的声压级 - 时间图

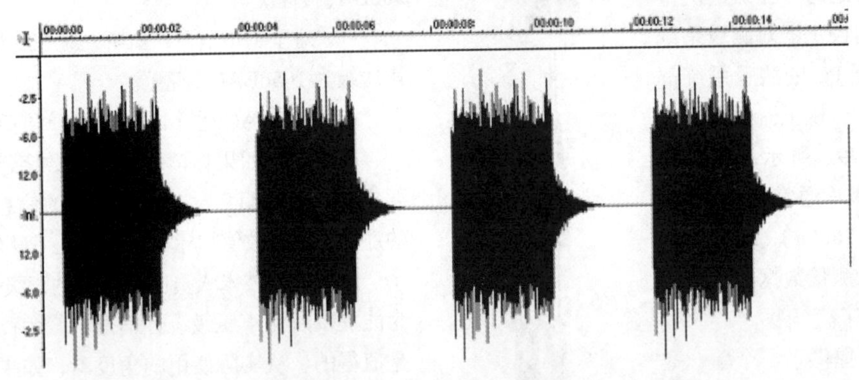

图 49.6 在 *RT*<2s 时的房间响应

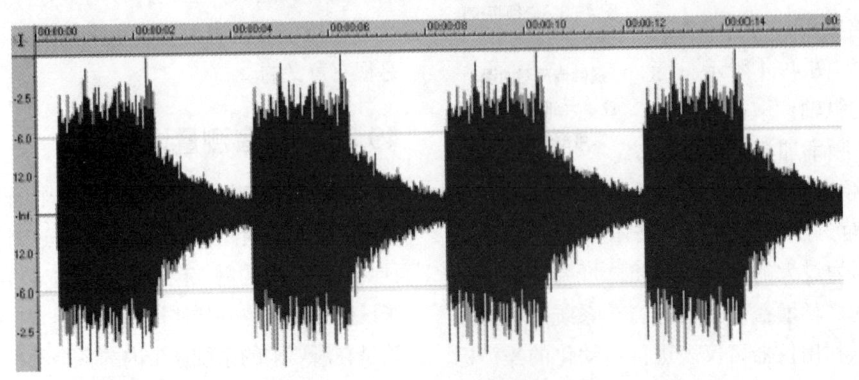

图 49.7 在 *RT*>2s 时的房间响应

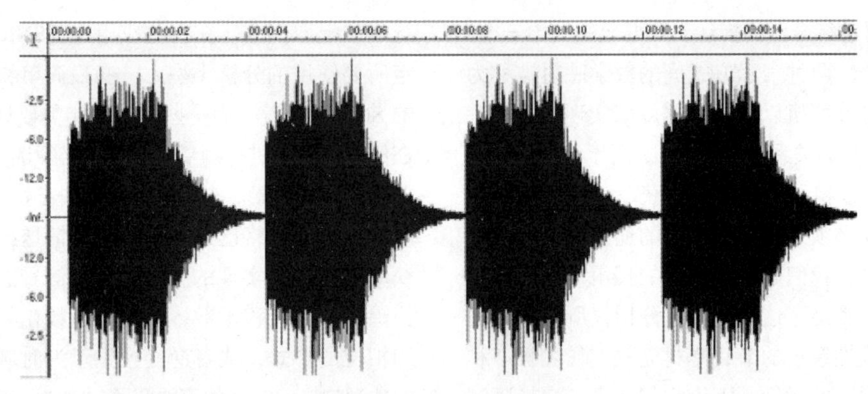

图 49.8 在 RT=2s 的房间响应

49.3.2.2 幅度与时间的关系

图 49.9 所示的是声频波形的幅度与时间的关系图。这种表示方法对人而言尤为有意义，因为它代表耳膜在其静止位置附近的运动情况。所示的波形是在消声室环境中记录的男性讲话人的声音。0 线表示的是被调制介质周围环境（无信号）的状态。这就是处在大气压下的声波，或者在系统组成设备输出上测得的 0V 或直流偏置的电信号波形。

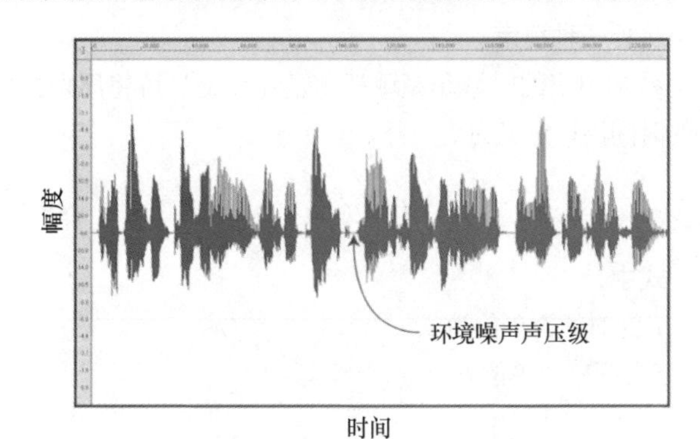

图 49.9 在消声室环境中男声的幅度与时间的关系图

图 49.10 所示的是同样的声频波形，只不过这次是通过扬声器辐射到空间并记录下来的。现在声频波形就被扬声器和房间的响应编码（卷积）了。这时的声音将完全不同于在消声室环境中的声音。

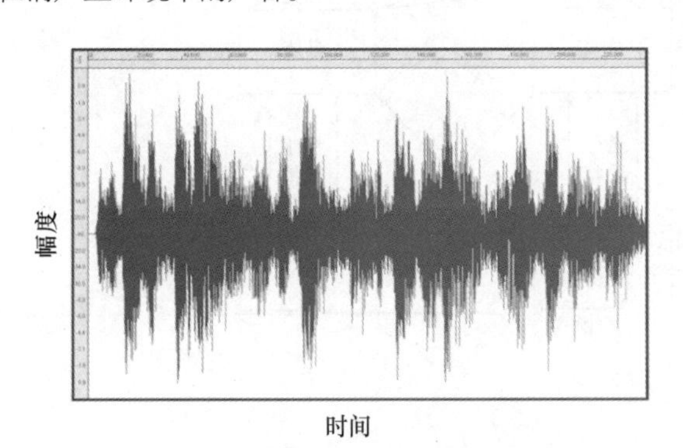

图 49.10 在被房间的响应编码处理之后的语声波形

图 49.11 所示的是 IR，图 49.12 所示的是扬声器和房间的包络 - 时间曲线（Envelope-Time Curve，ETC）。图 49.9 和图 49.10 间的根本差异全面描述了扬声器或房间对馈送给扬声器并在空间中该点进行测量的电信号的所有影响。假定系统是线性时不变的，那么就可以利用系统冲激响应来确定其对通过它的任何信号的作用，所以大部分测量系统都尝试测量冲激响应。这种影响被称为系统的转移函数，并且包括通带内每一频率的幅度（电平）和相位（时基）信息。扬声器和房间可以被视为将能量传递至听音人必经的滤波器。将其视为滤波器就可以对其响应进行测量和显示，并且提供评估其影响的客观基准。它还可以开放扬声器和房间，以便通过电子网络分析法进行评估，这些方法一般要比声学测量方法更被人熟知，也可以更好地开发这些方法。

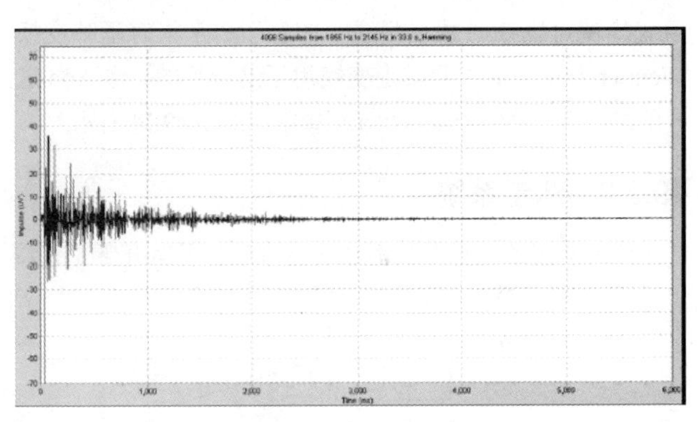

图 49.11 声环境的冲激响应

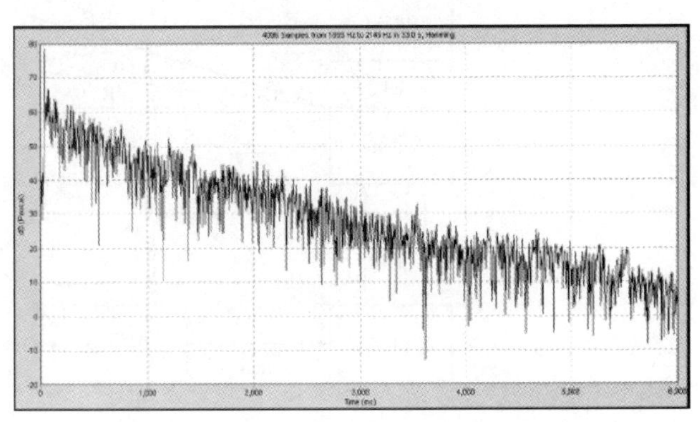

图 49.12 同一环境下的 ETC。它可以由冲激响应来获取

49.3.2.3 转移函数

滤波器对波形的影响被称为其转移函数（transfer function）。可以通过比较滤波器的输入信号和输出信号来获得转移函数。不管滤波器是电子元件、扬声器、房间，还是听音人都不重要。系统的时域特性（冲激响应）可以显示为频域的频谱和相位（转移函数）形式。不论是时间还

是频率都能对滤波器进行全面的描述。只要已知其中一个，就可以确定另外一个。两种表示方式间的数学映射被称为变换。变换可以通过计算机以极快的速度来实现。各种系统响应表示法之间的映射关系图如图 49.13 所示。测量者必须牢记：分析仪上测量和显示的响应与获取响应的测试激励有关。合适的激励必须是在被测系统的通带内具有足够的能量成分。换言之，我们可以将独奏的长笛声作为激励来测量重低音单元。满足了这一条件，分析仪所测量和显示的响应便与通过线性系统的节目素材无关。粉红噪声和正弦扫描信号都是常见的激励，因为它们都具有宽带频谱成分。换言之，系统的响应相对于节目素材不会发生变化。对于线性系统，转移函数被归纳为一句话“如果你将能量馈入该系统，那么这就是所要发生的情况”。

域图给出了显示系统响应的各个方法间的关系图。它的作用就是让测量既可以在时域上进行，也可以在频率上进行。利用变换可以从数学上确定另一种观测方法。这允许通过时域测量来确定频率信息，也可以通过频域测量来得到时域信息。利用这种时间和频率间的重要可逆关系会得到许多测量系统或显示响应的可行方法。例如，在时域上不可能得到的抗噪声特性可以在频域上获得。之后，利用变换就可以在时域观测这一信息了。常将傅里叶变换（Fourier Transform）及其逆变换用于这一目的。像 Arta 这样的测量程序将信号显示在任意域中，如图 49.14 所示。

49.3.3 测量系统

任何有用的测量系统都必须能将存在于噪声当中的系统响应提取出来。在有些应用中，SNR 要求实际上可能决定所要使用的分析类型。一些最简单和最方便测量的方法的 SNR 性能差，而一些复杂的和需要计算的方法几乎可以在任意条件下进行测量。测量者必须选择分析的类型，并且要牢记这些因素。它可以不使用冲击就获取滤波器的冲激响应。这是通过将已知宽带的激励馈送给滤波器，同时再次获取其输出来实现的。进行两个信号的复杂比较（数学上相除）得到转移函数，该转移函数在频域中被显示为幅度和相位的形式，或者逆变换显示为时域的冲击响应。系统的冲激响应回答了如下的问题：“如果我向系统馈送了一个完美的脉冲，能量何时会从系统中出来呢？”已知“何时”就可以对系统进行特征描述。在完成转换之后，以分贝为刻度显示频率响应的频谱。相位图表示了被测设备的相位响应，并且任何相移与频率的关系都变得很明显。如果冲激响应是在某一时刻测量的，那么我们就可以将频率响应描述为测量的对象。换言之，“如果我将一个宽带激励（全频）输入到系统中，那么在系统输出上会出现哪些频率？它们之间的相位关系又如何呢？”转移函数包含了幅度和相位信息。

另外一种视角

系统响应的时域和频域视角是互斥的。可将周期性事件的时间周期定义为

$$T=1/f \tag{49-1}$$

式中，

T 为时间，单位为 s，

f 为频率，单位为 Hz。

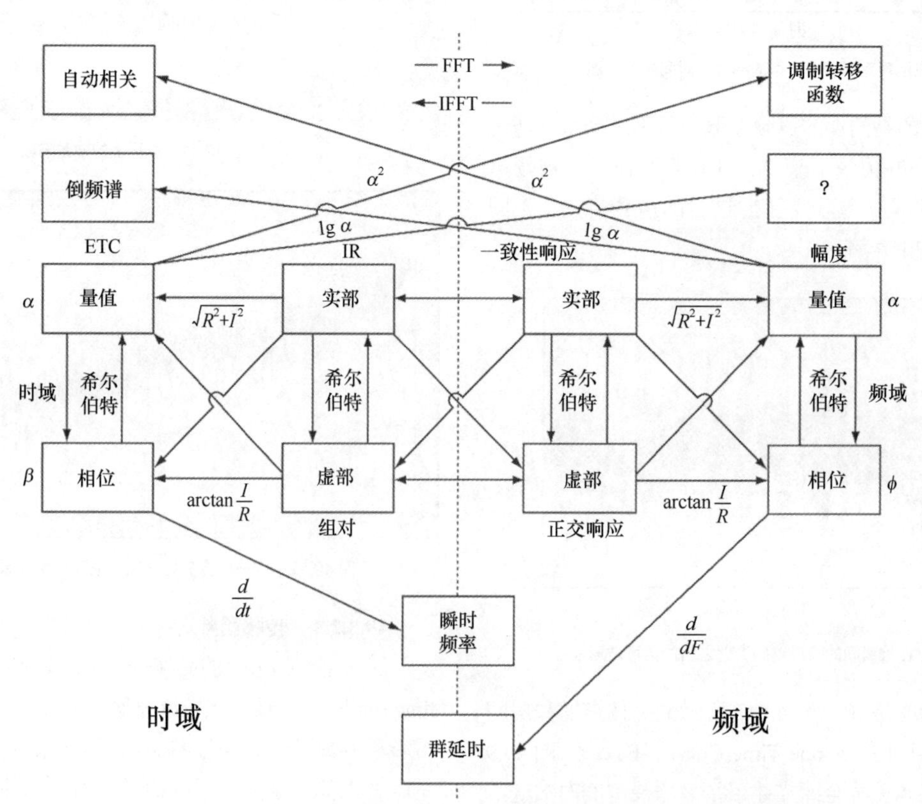

图 49.13 域图提供了各种系统响应表示法之间的映射关系图（Brüel and Kjaer 授权使用）

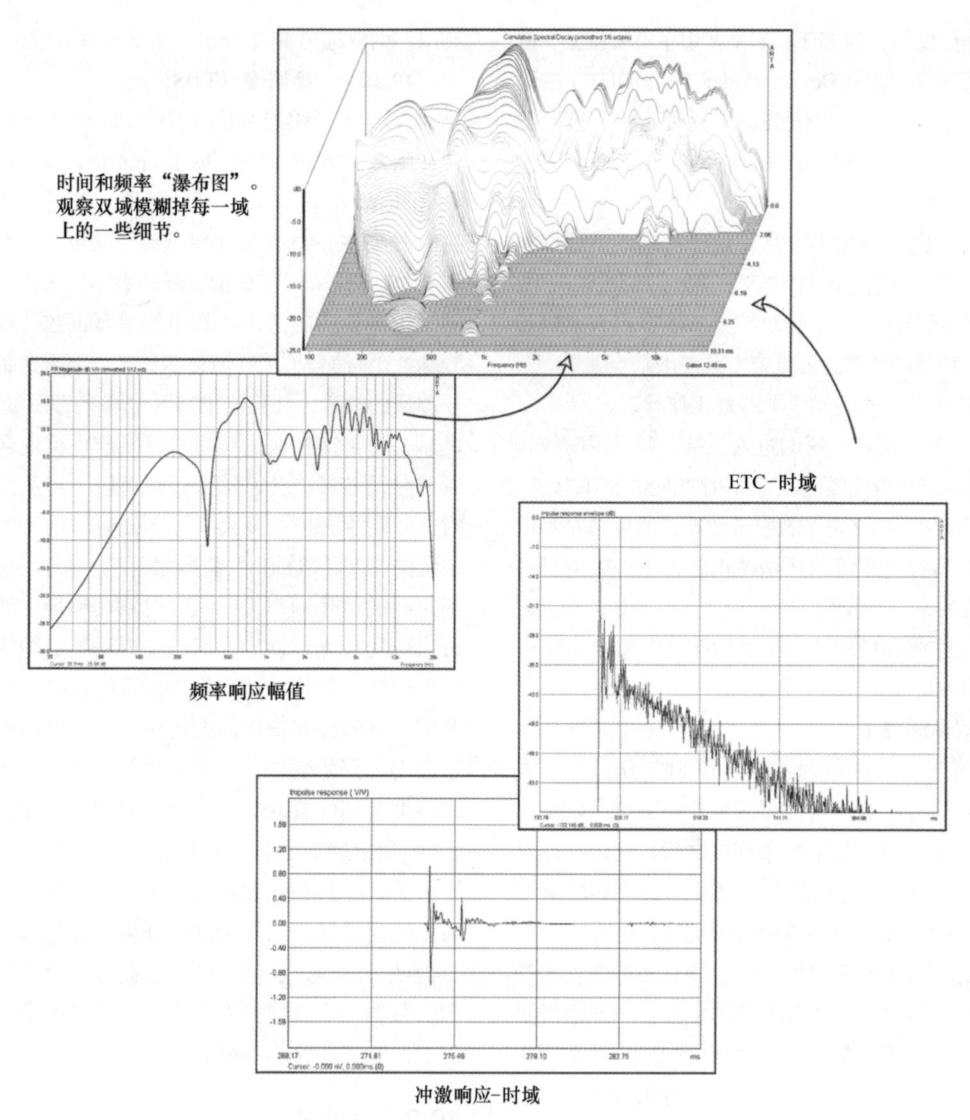

图 49.14　FFT 可以用来观测时域测量（Arta1.2）的谱成分

由于时间和频率互为倒数，所以一个视角会排斥另一个视角。在冲激响应图中是观察不到频率信息的，而冲激响应也是看不到时间信息的。试图同时观看两者将会使两者的一些细节被模糊掉。现代分析仪允许测量者在时间和频率视角间切换，以从数据中提取信息。

49.3.4　测试方法

比较音响系统中的其他组成部分，我们会发现扬声器和压缩式驱动单元的基本设计在过去的 50 多年间变化相对而言并不大。自其发明面世的半个多世纪以来，我们仍然是通过悬吊在磁场中音圈的活塞运动来推动空气。然而，由于现在计算机可以有效地执行数字采样和信号处理，并且可以在极短的时间里完成变换，所以对这些设备或器件性能的测量方法也有了长足的改进。如今，即便是规模很小的生产厂家和个别的声频从业人员也可以使用和买得起能力出众的测量系统。适合于扬声器的测量系统的共同属性就是能够实现室内的自由场测量，而无须借助于消声室。利用可以使分析仪采集扬声器直达声声压场响应而忽略室内反射的时间窗的方法就可以实现现实空间中的自由场测量。从概念上讲，时间窗可以被视为可以在想要声波通过传声器时闭合，而在来自环境的不想要的反射声到达之前断开的开关。目前实现的方法有很多，每种方法都有各自的优缺点。潜在的买家必须了解发展的趋势，针对想要的应用提供最佳折中方案。其中感兴趣的参量有 SNR、速度、分辨率和价格。

49.3.4.1　FFT测量

傅里叶变换是确定时域信号频谱成分的数学滤波处理方法。快速傅里叶变换（Fast Fourier Transform，FFT）是同样变换的高效计算方式。大部分现代测量系统利用计算机的能力来对采样数据快速执行 FFT。FFT 的“近亲”就是快速傅里叶逆变换（Inverse Fast Fourier Transform，IFFT）。正如人们想象的那样，IFFT 以频域信号作为输入，产生时域信号。FFT 和 IFFT 构成了现代测量系统的基石。许多声频之外的领域利用 FFT 来分析周期性活动的时间记录，比如公共事业公司要找出峰值使用时段，或者投资公司研究周期性的股票市场行为特点等。将利用 FFT 来确定时变信号频谱成分的分析仪统称为FFT。如果使用了宽带激励，那么FFT可以显示被测设备（Device Under Test，DUT）的谱响应。一种这样的激励就是单位IR，它是理论上幅度无限大，持续时间无限短的信号。这种激励的FFT就是频域内的竖线。

虽然历史悠久的室内拍手声测试过于简陋，但却是冲激响应的有用形式。尽管拍手声测试对于随机观测比较有用，但对于严谨的声频工作而言，一般都要求使用更为准确和可重复的方法。利用脉冲激励测量音响系统的缺点如下。

1. 脉冲可能将扬声器驱动至非线性工作状态。

2. 由于所有的能量在一瞬间进入系统，并且用时较长的再捕获会伴随来自环境的噪声，所以冲激响应的SNR较差。

3. 由于没有办法创建完美的冲击脉冲，所以总是难以确定系统的响应特征是系统的还是冲击脉冲的，或者是源自受激励扬声器的某些非线性。

即便它有这样或那样的缺点，冲激响应测量还是可以提供有关扬声器或房间响应的信息。

49.3.4.2 双通道FFT

当将FFT用于声学测量时，双通道FFT分析仪将数字化采样的信号馈送给扬声器，同时也对测试传声器输出上的扬声器声学信号进行数字化采样。之后，利用相除对信号进行比较，得到扬声器的转移函数。双通道FFT具有能够采用任何宽带激励作为测量信号的优点。虽然这一优点只在一定程度上弥补了其SNR差和稳定性不如其他类型测量系统的劣势，但对于许多普通的测量而言一般已经足够了。粉红噪声和扫频正弦信号具有较好的稳定性和噪声抑制能力。由于必须同时对输入和输出信号进行测量和比较（通常是实时的），所以这是一种计算量很大的方法。为了正确进行比较，以得到扬声器的转移函数，重要的一点就是必须进行同一电平下的信号比较，并且要除去两个信号间的任何时间偏差。双通道FFT分析仪已经设立了化简这些条件确立的子程序。便携式计算机上的模数转换器是其板载音频系统的一部分，而其微处理器会执行FFT运算。利用合适的软件和音频系统接口，它们就能构成性能强大、成本低廉且便携的测量平台。

49.3.4.3 最大长度序列（MLS）

最大长度序列（Maximum-Length Sequence，MLS）是伪随机噪声测量激励。由于它对被测系统的输入信号并不要求，所以MLS克服了双通道FFT的一些不足之处。二进制序列（0和1）被馈送至被测设备，同时它被存储起来，用来与之后由测量传声器捕获的扬声器响应相关联。伪随机序列具有白噪声的频谱特性（每赫兹的能量相等），而且完全已知和可重复。对输入序列串与测量传声器捕获的序列串进行比较，得到系统的转移函数。MLS的优点就是其出色的噪声抑制性能，这一点深受扬声器设计人员的欢迎。其缺点就是它可能被类似噪声的激励所干扰，有时要求测量在数小时之后进行。近些年来，MLS的使用出现衰落的迹象，而双通道FFT分析仪实施的是对数扫频正弦测量。

49.3.4.4 延时谱（TDS）

TDS是一种与MLS的基本原理完全不同的测量系统转移函数的方法。它是Jet Propulsion Laboratories的科研人员Richard Heyser（理查德.海泽）发明的方法。Heyser先生有关TDS的论文文集可从参考文献中查到。双通道FFT和MLS方法采用了宽带激励的数字化采样。TDS采用在声呐领域中使用的方法，其中的单频正弦“啁啾声（线性调频脉冲）”信号被馈送至被测设备。啁啾声信号缓慢地扫过要测量的频率，并且被TDS分析仪的跟踪滤波器再次捕获。之后，将再次捕获的信号与输出信号相混合，产生一组和频成分及差频成分，每个频率对应于到达传声器处的不同时刻。利用相应的变换将差频成分转换到时域，得到被测系统的ETC。TDS是基于频域的，允许将跟踪滤波器调谐到想要的信号频率上，同时忽略其频带之外信号。TDS具有出色的抗噪声性能，可以在近乎不可能的测量条件下采集到出色的数据。其不足之处可能就是，如果不延长测量时间，且未经知识渊博的用户校正选择的测量参量，就难以获得良好的低频分辨率。尽管如此，它还是深受承包商和咨询公司的喜欢，他们必须经常对处在空调、真空除尘和楼宇中的音响系统开展校准工作。

虽然还有其他的测量方法，但大部分方法都可以归结为上述用于扬声器和房间的现场和实验室测量方法。如果正确使用的话，任何一种方法都可以给出准确且可重复的测量数据。许多声频专业人士有几种测量平台，利用其各自的长处来测量音响系统。

49.3.5 准备

对于音响系统，可能要进行多项测量。任何测量的先决条件都是要回答如下的问题。

1. 我正打算测量什么？

2. 我为何要对其进行测量？

3. 它是可闻的吗？

4. 它是相关的吗？

若对这些问题考虑得不周全，就可能浪费几小时的时间，并且使硬盘存满了无意义的数据。即便使用的是令人难以置信的技术，但任何测量开始前首先要做的事情还是听。这可能要花去几小时的时间来确定解决音响系统问题所要测量的对象，而可能几秒钟就完成了实际测量。用一个医学领域的情况来打比方，医生必须询问一下患者，以缩小诊断的范围。越了解疾病情况，为诊断所要进行的检测就会更加有针对性和相关性。如果病人的问题是背痛，那么就没有必要去查扁桃体。

1. 我正打算测量什么？在进行有意义的测量之前要进行的基本决定就是确定房间响应有多少信息被包含在测量数据中。现代测量系统有能力进行半消声室测量，测量人员必须确定是测量扬声器、房间，还是测量这两者的组合。

如果要诊断的是扬声器方面的问题，那么就没理由去选择足够长的时间窗来包含后期反射和混响的影响。正确选择时间窗可以将扬声器的直达声声场隔离出来，使对其响应的评估能够与房间的响应相独立。如果打算测量房间总的衰减时间，那么直达声声场就变得不那么重要了，要选择好传声器的位置和时间窗，以便能捕捉到整个能量衰减过程。大部分现代测量系统捕获的是完整的冲激响应，其中包含房间内声音的衰减过程，所以可以在数据的后期处理阶段来选择时间窗的大小。

2. 我为何要对其进行测量？进行空间内的声学测量有几种原因。对系统设计人员而言，重要原因就是听音环境的特征化。空间是沉寂的，还是活跃的？混响是怎样的？必须要在设计该空间使用的音响系统之前考虑这些问题。虽然人的听音系统可以给出这些问题的答案，但是它不能形成文件化的、易于让人接受的结论。在对现有音响系统进行改造或增加空间处理之前，为了对现有音响系统的性能进行文件化的表述，也可能要进行测量。有时进行音响系统翻新或升级要用掉几个星期的时间，这时客户就会忘记原本的声音有多差了。进行系统测量的最常见原因是为了校准。这包括了均衡、信号对齐、分频器选择和其他组合原因等。由于扬声器与其周围环境相互作用的方式很复杂，所以所有音响系统安装的最后阶段就是要通过测量来对音响系统性能进行检验。

3. 它是可闻的吗？我可以听到正在进行的音响系统测量吗？如果人不能听到音响系统的异常情况，那么就没有理由对其进行测量。人的听觉系统或许是用来判定是否需要进行音响系统测量的最好工具。虽然人的听觉系统可以告诉我们哪些地方听上去不对，但是问题的原因可能要通过测量才能反映出来。可以听到的内容都是可测量的，一旦进行了音响系统的测量，就可以对其进行量化和控制。

4. 它是相关的吗？我正在进行的音响系统测量值得做吗？如果一个人正在为客户工作，那么时间就是金钱。一定要对测量优化，以便将其集中到可闻的问题上。对测量一些对客户来说并不重要的细节内容可能要耗费大量的时间去“捉兔子”（舍本逐末）。尽管这是不必要的，无果而终的过程，但却是应该在自己的时间里去完成的工作。我就曾有几次花费时间去测量和文件化一些与客户要求并没有太大关系的异常问题。所有的场地都存在拥有者未发现的一些问题。避免落入上述这种陷阱的最好方法就是与客户进行沟通。

49.3.5.1　冲激响应详解

声频从业人员经常面临的进退两难的问题就是确定声音变差的原因是扬声器、房间，还是两者的相互作用。冲激响应可以给出这些问题及其他复杂问题的答案。以幅度与时间关系显示的冲激响应对于确定音响系统组成部分的极性问题并不是特别有用，如图 49.15 所示。更好地表示来自方波冲激响应（使所有的偏差为正），并且以对数形式的纵轴刻度显示结果的平方根。这种对数 - 方波响应可以比较能量到达的相对电平，如图 49.16 所示。

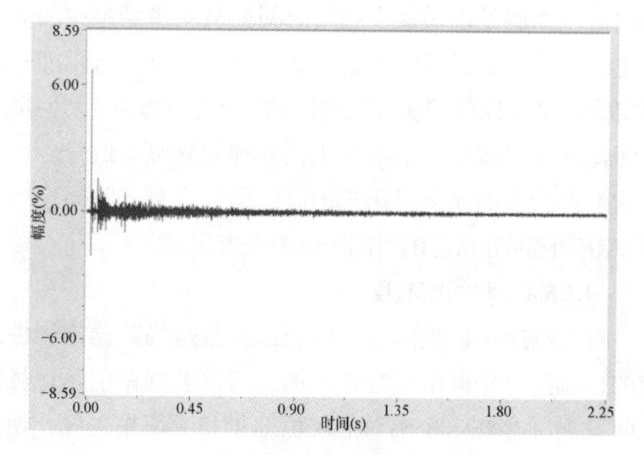

图 49.15　冲激响应，SIA-SMAART

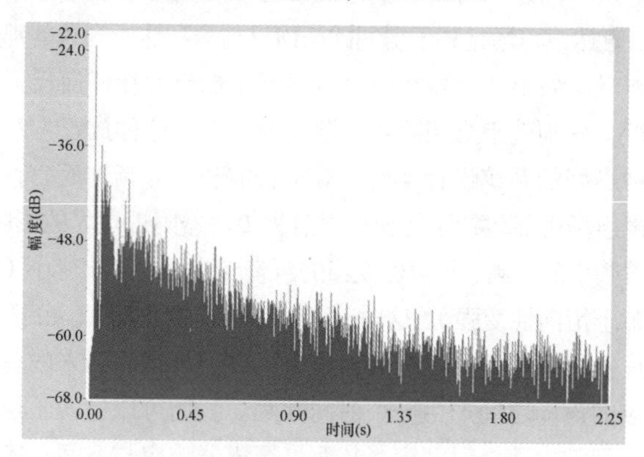

图 49.16　对数一方波响应，SIA-SMAART

49.3.5.2　ETC

观察冲激响应的另一种有用方法就是 ETC 表示法。ETC 也是 Richard Heyser（理查德• 海泽）的贡献。该方法取 IR 的实部，并将其与相移 90° 的同一分量相混合，如图 49.17 所示。取得相移形式的方法之一就是使用希尔伯特变换（Hilbert Transform）。这两个信号的复杂组合通常会产生比冲激响应更容易解读的时域波形。可以简单地将 ETC 想象为对数 - 方波响应的平滑函数，它表现出数据的包络。这样可以更加直观地表现出事件的可闻性。冲激响应（对数—方波响应）和能量 - 时间曲线是观察时域数据的两种完全不同的方法。

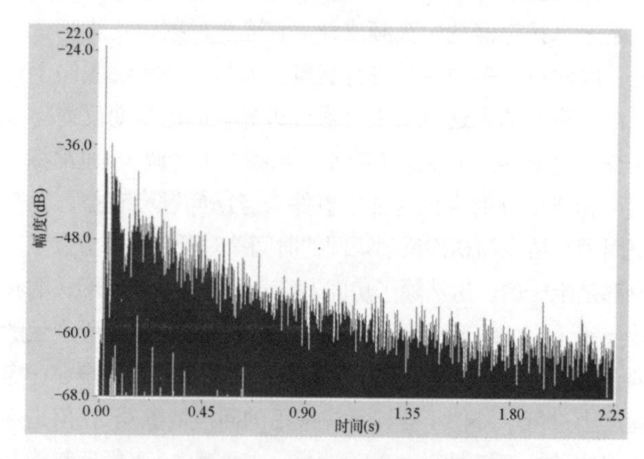

图 49.17　ETC，SIA-SMAART

49.3.5.3 纵览

在开始测量工作时，在具有实用性的解决方案中，要先进行总体浏览，并测量房间的完整衰减过程。之后，我们就可以在后处理过程中利用时间窗从测量结果中隔离出想要的部分，选择时间记录中要忽略的部分。可以加长时间窗的长度，以便将房间反射回的更多能量影响包含其中。时间窗还可以将反射隔离出来，并观测其频谱成分。正如您的寿命代表的是人类历史的时间窗口一样，时间窗可以将冲击响应部分从总的时间记录中隔离出来。

49.3.5.4 时间窗长度

时域响应可以被细分，以表示哪些是扬声器的属性造成的，哪些是房间的属性造成的。必须要强调的是，虽然这两者之间存在一个相对的灰色地带和频率相关线，但是针对这一问题的讨论我们是假设可以将两者明确地分割开来。直达声声场是先于房间的任何反射声到达听音人的那部分能量。如果扬声器和传声器都不是被放置在任何反射面附近，分割就相当明确了，顺便说一下，这种放置方法是一种良好的系统设计实践。对于长波长（低频）而言，直达声声场可能包括了处在扬声器和传声器附近边界的影响。随着频率的升高，扬声器发出的声音受边界的影响变小（部分源于指向性变强），这时就可以单独测量它们了。正确的扬声器位置摆放会在扬声器发出的声能与稍后到来的房间响应的声能之间产生一个时间间隙。我们可以借助于这一时间间隙来选择时间窗，从而将扬声器响应与房间响应分离开来，进而诊断系统问题。

49.3.5.5 声学波长

声音以波的形式传播。我们感兴趣的声波以其物理长度来描述。为了观测波形的频谱响应需要有一个最小的时间跨度。观测声学事件所需要的最短时间长度由事件中存在的最长波长（最低频率）决定。对于人耳的听音上限而言，虽然其对应的波长只有几毫米，但是随着频率的降低，声波波长会变长。对于人耳听音的最低频率而言，其波长可达数米，可能会比听音（或测量）空间还要大。因为由扬声器辐射出的低频成分与其周围的边界相互作用（耦合），这便使得其难以对扬声器产生的低频信号进行独立于听音空间的测量。对于处于理想位置的扬声器，首先到达的能量是来自扬声器的中高频成分，它先于反射声到达听音人处，因此可以单独对其进行测量。人的听音系统倾向于将来自扬声器的直达声与来自附近边界界面的早期反射声混合在一起来感知声压级（响度）和频率（音调）。通常将直达声和早期反射声视为独立事件来考虑问题会有益，尤其是因为直达声和初次反射声间的时间差对于每个听音位置来说都是唯一的。这消除了房间/扬声器响应中任何形式的频域校正（比如均衡），而不是消除因靠近附近边界所产生的耦合频率。虽然对在空间中某一点存在的房间反射声在一定程度上进行了补偿（会议系统采用的回声消除器），但是不能将这种校正拓展到一个区域上。这种对中/高频反射能量补偿的缺失建议我们在进行有意义的均衡工作之前利用合适的时间窗将其影响从扬声器的直达声声场响应中去掉。

49.3.5.6 传声器的位置

传声器需要捕获在某一位置上的扬声器辐射到空间的声音。正确的传声器摆位由所要进行的测量类型决定。如果一个人对测量房间的衰减时间感兴趣，那么通常最好是将传声器放置在刚好处在临界距离之外的位置上。这样可以观测到混响声场的建立过程，同时对衰减的尾段也具有很好的分辨率。临界距离是指直达声声压级与混响声场声压级相等的位置与扬声器的距离。进一步的描述请参照49.3.5.7部分。如果需要测量的是扬声器的响应，那么放置在临界距离以内的传声器会在有些类型的分析仪上给出较好的数据，因为此处的直达声声场能量强于稍后由房间返回的能量。如果传声器被放置在过于靠近扬声器的位置上，那么测得的声压级虽然对该位置是准确的，但按照反平方定律外推得出的更远距离位置上的声压级就可能不准确了。随着声音进一步传播，在远处听音位置上的响应就可能与近场传声器位置处的响应没什么相似之处。正因为如此，通常都是希望将传声器放置在远离扬声器的自由场——距离扬声器既不太近也不太远的地方。近场的大致范围可以通过使距测量点（假定在轴向上）的距离与距声辐射器边界距离的声程差小于所关注频率成分波长的1/4来确定。对于辐射低频的小型扬声器而言，这一条件很容易满足。这样的器件十分接近理想的点声源。随着频率的升高，要想满足这一条件会越来越困难，此时如果辐射器的尺寸也增大，则会变得尤其困难。辐射高频的大辐射器（或辐射器组）可能将近场向外延伸非常长的距离。线阵列利用这一原理来突破反平方定律的制约。在实践中，可以在距离小型书架式音箱几米处对小型书架式音箱进行准确的测量。对于处于大空间的中型全音域音箱而言，10m左右是常用的测量距离。对于辐射高频的大型器件甚至需要更远的测量距离。一般的准则就是不要将传声器放置在小于音箱最长尺寸3倍的范围之内。

49.3.5.7 估算临界距离

临界距离很容易估测。具有足够精度的快速测量方法就是使用声级计和噪声声源来完成测定。在理想情况下，噪声声源应是限带的，因为临界距离与频率有关。在测量临界距离时，2kHz倍频程频带是好的起始点。具体测量步骤如下。

1. 采用源于被测声源想要的倍频程频带的粉红噪声激励房间。声压级至少要比同一倍频程频带上的背景噪声高出10dB。

2. 使用声级计在扬声器附近（约1m）的轴向上获取读数。在这一距离上，直达声声场占据测量结果的主导地位。

3. 远离扬声器，同时观察声级计的读数变化。随着离开距离的加大，声压级将会不断下降。如果你已经处在混响声场，那么声级计的读数将停止下降。这说明你现在已经移到临界距离之外了。在这一点之外测量直达声场对于有些类型的分析仪来说将是个挑战。朝着扬声器的方向往回移动，直至仪表读数又开始升高。这时，你便处在这一环境下对扬声器进行声学测量的良好区域了。根据以上的步骤所得出的估测距离对用于扬声器检测的测量传声器定位已经足够准确了。对于处在临界距离之内的传声器位置，直达声声场在冲激响应中表现出主导地位，时间窗处理会更有效地去除房间的反射因素。

令人感兴趣的是：拿着声级计在这一点附近徘徊可以评估混响声场的一致性。当采用具有连续频谱的噪声激励时，符合经典混响定义的房间在临界距离之外区域的声压级变化很小。相对于其容积而言，这样空间的内部吸声小。

49.3.5.8　所有测量的共性因素

我们假定打算测量的是扬声器 / 房间组合的冲激响应。虽然在每个座位上测量其冲激响应并不现实，但最好是根据系统性能检验的需要在多个位置进行冲激响应测量。一旦捕获到正确的冲激响应，就可以针对数据进行任意次数的后处理，从中提取出我们所要的信息。最现代的测量系统是利用数字采样来获取系统的冲激响应。其中的基本原理和前提条件与数字录音采用的不同，这时人们关注的是事件的声压级及其时间长度。此时需要进行有些设置，一些基本原理如下。

1. 采样频率必须足够，以捕捉到所关注的最高频率成分。这要求采样频率至少要是最高频率成分的两倍。如果打算测量至 20kHz，那么所需要的采样频率至少要是 40kHz。大部分测量系统的采样频率是 44.1kHz 或 48kHz，这对于声学测量来说已经足够了。

2. 测量的时间长度必须足够长，长到可以将衰减的能量曲线平滑到房间本底噪声之中。一定要注意的是，不要截断衰减的能量，因为这将导致数据中出现人为成分，它听上去类似于唱片的刮削声。如果采样频率是 44.1kHz，那么每秒必须采集到 44 100 个样本的房间衰减。因此，3s 就需要 44.1 × 1000 × 3 或 128 000 个样本。拍手声检测是评估房间衰减时间且捕获到所需要的所有样本的不错方法。测量的时间跨度也决定了测量数据可解决的最低频率，它近似为测量长度的倒数。可以降低采样频率，以延长采样时间，从而得到更好的低频信息。

3. 测量必须具有足够的 SNR，以便可以完整观测到衰减尾段。这通常要求重复进行多次测量，并对测量结果进行平均处理。利用双通道 FFT 或 MLS，平均的次数每增加 1 倍，SNR 将改善 3dB。10 次平均是不错的起点，人们可以根据环境的情况来增减。测量激励的电平也很重要。虽然较高的电平可使 SNR 得到改善，但是这也会对扬声器构成压力。

4. 进行测量并观测数据。它应从左上角到右下角充满整个屏幕，整个衰减先到达屏幕右侧。测量应是可重复的。进行几次测量，以核实一致性。背景噪声可能对测量的可重复性和数据的有效性产生明显的影响。

一旦获得了冲激响应，就可以进一步进行频谱成分、可懂度信息和衰减信息等的分析。这些被认定为度量指标，有些分析需要具备一些正确放置标记（被称为光标）的测量知识，以确定需要进行计算的参量。让我们看一下如何从刚刚采集到的数据中提取扬声器响应。

如果一个冲激脉冲通过系统，那么时域数据会显示出其结果。不要尝试将分析仪上看到的情况与测量期间所听到的情况联系在一起。大部分测量系统显示的是由已知的系统输入信号和输出信号计算出来的冲激响应，测量时所听到的与屏幕上所见到的不存在相关性，如图 49.18 所示。

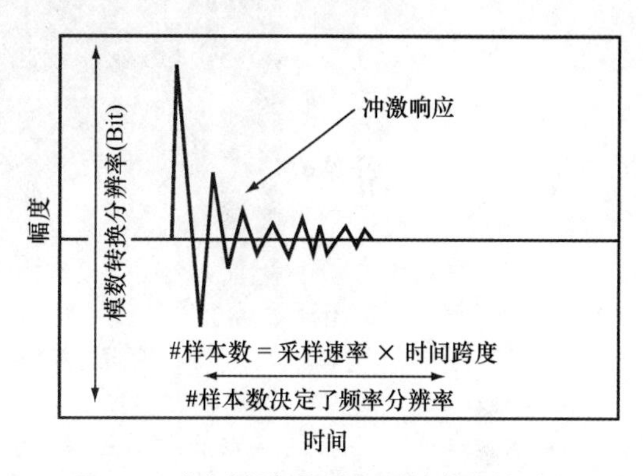

图 49.18　许多分析仪通过数字采样来捕获房间响应

我们通常可以假定最先到的声能是来自扬声器本身，因为任何反射声都要传输更远的距离，所以它的到达一定迟于第一波声能到达。通过让声波在固体中传输，可以使其先行到达，比如天花板或地板和传声器附近的再辐射。这种到达情形是非常少见的，而且声压级通常也相当小。在有些情况中，实际的反射声可能比直达声更响。这可能是由扬声器设计或其相对于传声器的摆放位置造成的。如果对于给定的扬声器位置 / 座席位置而言这是正常的，那么这就由测量人员来决定。所有扬声器存在一些刚好在第一波声能到达之后到达的内部和外部反射。这些反射实际上是扬声器响应的一部分，不能利用时间窗将其与第一波声能到达分隔开，因为它们彼此靠得太近，不在频率分辨率上进行极端的妥协是无法将两者分开的。至少这样的反射对扬声器的特性还是有影响的。录音棚监听设计人员和演播控制室设计者进行了很大的努力来降低这类反射的声压级，以便得到更准确的声音重放。良好的系统设计实践是将音箱尽可能地远离边界放置（至少在中频和高频要这样做）。这将在扬声器的响应和房间的初次反射之间产生一个时间间隔。这一时间间隔是扬声器响应和房间响应良好的初始分割点，在分割点左手边的能量是扬声器的响应，在分割点右手边的能量是房间的响应。这一分割点的位置可让分析仪构建一个时间窗，将光标设定时间位置之后的一切完全忽略掉。时间窗的大小也决定了后处理数据的频率分辨率。在频域内，改善分辨率意味着更小的数字。例如，10Hz 的分辨率就要优于 40Hz 的分辨率。由于时间和频率存在互为倒数的关系，所以观测 10Hz 所需要的时间窗长度将远长于分辨 40Hz 所需要的时间窗长度。分辨率可以通过公式 $f=$

1/*T* 来估算，其中 *T* 是时间窗的长度，单位为 s。由于幅频特性图是由许多直线连接的数据点构成的，所以观测频率分辨率的另一种方法就是看频域显示中数据点之间的Hz数。

不同分析仪确定时间窗长度的方法是不同的。有些分析仪可以让光标处在数据记录的任意位置，而位置借助于时间窗的长度来决定频谱的频率分辨率。另外一些分析仪要求测量人员选择用来构成时间窗的样本数量，反过来以此决定时间窗的频率分辨率。之后，可以将时间窗分别放置在时域图的不同位置处，以观测窗内能量的频谱成分，如图 49.19、图 49.20 和图 49.21 所示。

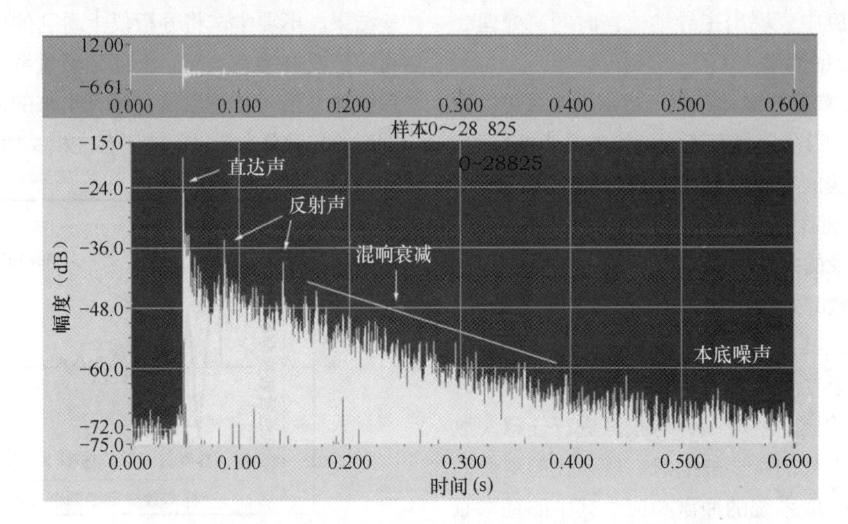

图 49.19 在闭室空间内可能存在的各种声场的房间响应，SIA-SMAART

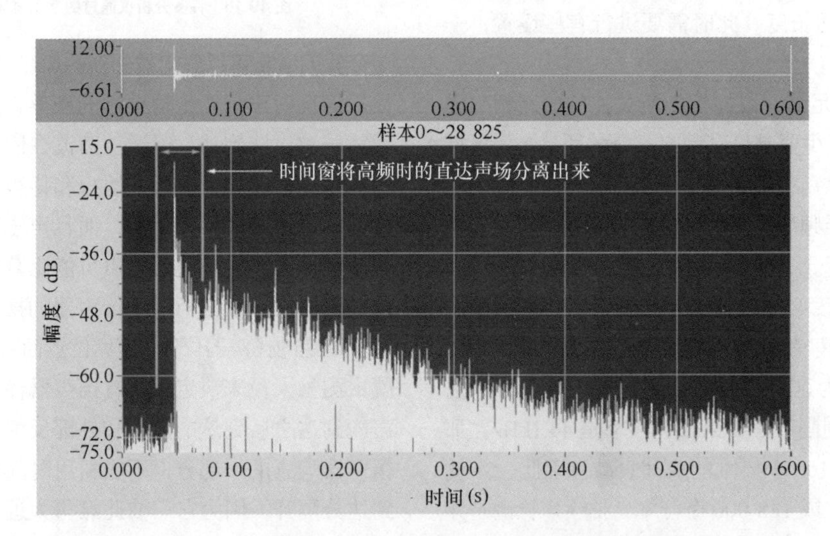

图 49.20 时间窗可以用来将扬声器响应与房间的反射隔离开来

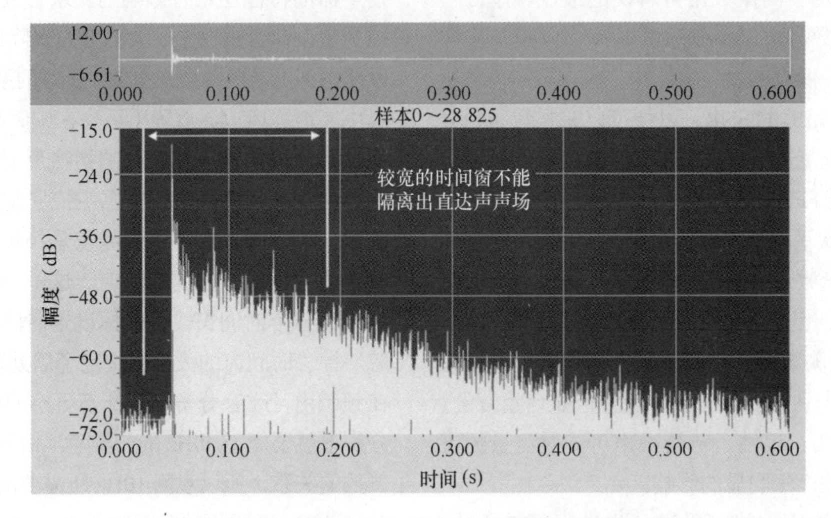

图 49.21 加大时间窗的长度可以提高频率分辨率，让我们通过测量获得更多的房间信息，SIA-SMAART

例如，1s 的总时间（44 100 个样本）可以分成大约 22 个时间窗，每个时间窗有 2048 个样本（大约 45ms）。每个时间窗可以观测到的频谱成分低至（1/45）× 1000 或 22Hz。时间窗可以重叠和来回移动，以便更准确地选择要观测的时间宽度。以时间偏移显示标称值可以形成一个被称为瀑布图的 3D 图形。

49.3.5.9　数据窗

当通过放置鼠标光标确定时间窗时，有些情况一定要观测。在理想情况下，我们愿意将鼠标光标放置在能量为零的时间记录点上。截断到达能量的鼠标光标定位将会产生尖锐的上升时间或下降时间，这会在最终计算得出的频谱响应中产生人为成分。时域上的不连续在频域上表现为具有宽带的频谱成分。一个很好的例证就是唱片上的刮削。刮削形成的不连续在重放时表现为宽频带的咔嗒声。如果其他方面的平滑轮在某一点存在不连续，那么当其在光滑表面转动时会发出令人讨厌的怦怦声。我们使用的测量系统将选择时间窗内的数据视为是连续的重复事件。事件的终端点必须与起点对齐，否则两点间的不连续最终就会导致产生人为高频成分，我们将其称为频谱泄露（spectral leakage）。同样的情形，可以通过抛光来纠正唱片或转轮上的物理不连续，对于采样时间测量中的不连续，可以利用数学函数将时间窗的起始点和终点位置的能量渐变为零的方法来修正。在进行的平滑处理中有很多形状的数据窗可供使用。

其中就包括 Hann（汉恩）、Hamming（汉明）、Blackman-Harris（布莱克・哈里斯）和其他一些窗函数。与物理抛光处理会磨掉一些好的材料一样，数据窗在平滑不连续的同时也会去掉一些有用的数据。每种窗均具有特定的形状，它对窗中心的大部分数据不会触碰，只是将其渐变过渡到边缘。半窗只平滑时间记录右边的数据，而完整窗则对双边（起点和终点）实施渐变。由于所有加窗处理均具有副作用，所以对必须使用哪一种窗进行处理并没有明确的结论。Hann 窗在时间记录的截取和数据保存间具有良好的折中性能。图 49.22 和图 49.23 所示的就是用于减小频谱泄露的数据窗。

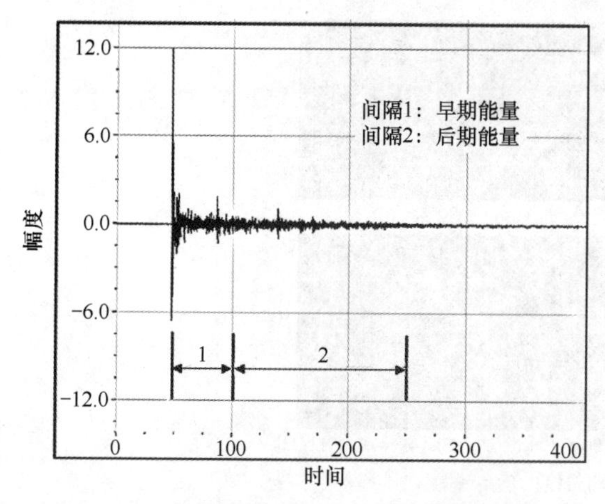

图 49.22　冲激响应表示早期能量和后期能量的到达时刻

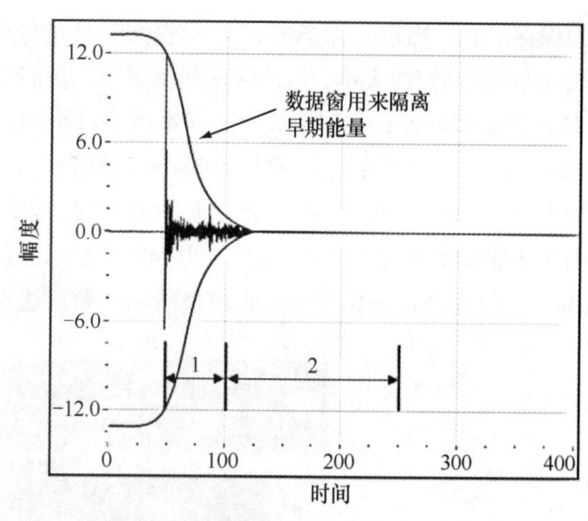

图 49.23　数据窗被用来消除后期到达信号的影响

49.3.5.10　音响系统测量方法

由于所进行的音响系统测量有很多，所以有必要为音响系统测量工作建立一个系统且有逻辑的处理方案。这样一种方案可包含如下内容。

1. 确定音响系统测量工作的目的和范围。打算发现什么？你能听到它吗？它可重复吗？为什么需要这一信息呢？

2. 确定将要测量的内容。是观测房间还是音响系统呢？如果是观测房间，那么可能唯一有意义的测量就是总的衰减时间和本底噪声。如果是研究音响系统，那么就要决定是否需要关掉或断开某些扬声器。这可能是确定音响系统各个组成部分是否正常工作，以及判断一种异常是否是由几个组成部分间相互作用造成的关键。其中的至理名言就是“分而治之”。

3. 选择传声器的位置。我通常是从在临界距离内测量并获取扬声器的主轴响应开始。

如果有多只音箱打开，那么要将所有的音箱都关掉，只是在开始测量前打开其中一只音箱。传声器应被放在之前描述的远离音箱的自由场的位置。在测量扬声器响应时，要仔细地消除掉早期反射声对测量数据的影响，因为这些反射声所产生的声学梳状滤波器效应可能会掩蔽真正的扬声器响应。在大多数情况下，引发问题的主要边界表面是地板或其他靠近传声器和音箱的边界。这些反射声可以通过采取将传声器置于地平面、高的传声器支架（当将音箱放置于头上方时），或者有意识地放置一些吸声体的方法来削弱或消除。我本人更愿意在留位区用高传声器支架安装测量系统，因为这样几乎在任何情况都可以工作，而不用去管座位的类型。我们的意图就是要在声音传输到听音人的路途中将其截获，所以这一定要在声音可能会与位置附近的边界相互作用发生之前实现。由于这些对于特定的座位而言始终是唯一的，所以最好是研究自由场响应，因为这对于许多听音座位而言都是共同的。

4. 开始进行重要的工作。测量空间中完整衰减的冲激响应。这会得到房间 / 系统的整体属性，并且为更小时间窗的放大显示提供了良好的基准点。为了实现文件化的目的，将这一信息保存下来，以便日后重新打开文件进行进一步的处理。

5. 减小时间窗的大小，以消除房间反射声。我们要记住的是，在截取时间记录时，频率分辨率就会打折扣，如图49.24所示。一定要保持足够的分辨率来观测低频细节。在有些情况下，有可能无法维持足够长的时间窗，以观测低频并同时消除高频反射声的影响，如图49.25所示。在这种情况下，研究者可能想用短时间窗来研究高频直达声声场，而用更长的时间窗来评估低音单元。我们可以针对频谱的每一部分使用合适的时间窗。有些测量系统提供了可变的时间窗，它可以让人们观测到更多的细节（长时间窗），同时也提供了对高频的准消声室观测（短时间窗）。有证据表明：人耳对声音信息的处理就是使用这种方法，因此人们对这种方法尤为感兴趣，如图49.26所示。

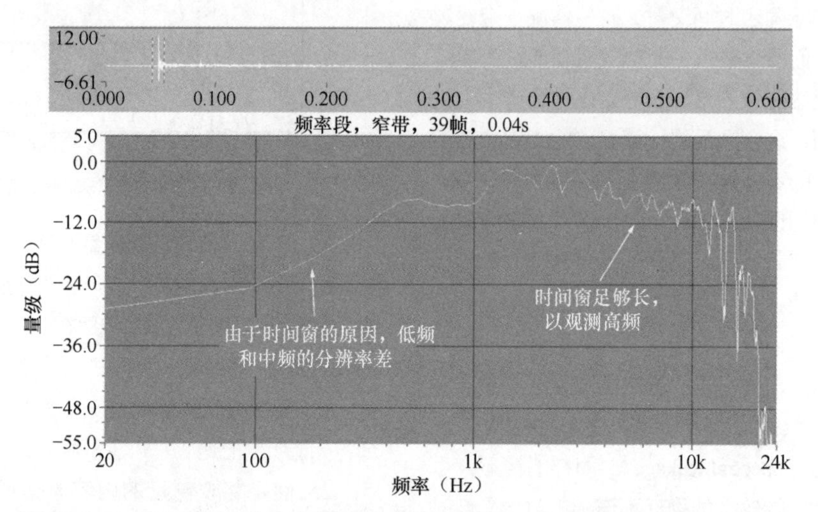

图49.24 短时间窗可以让我们只采用低频率分辨率就能将高频直达声场分离出来，SIA-SMAART

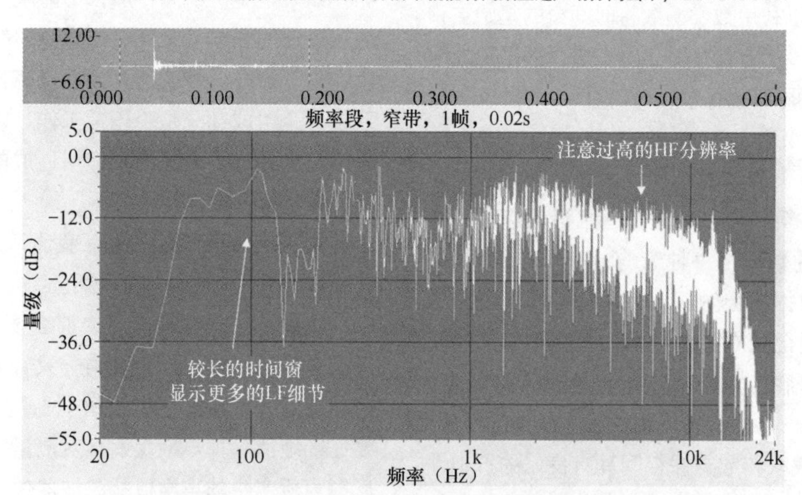

图49.25 长时间窗提供了良好的低频细节，SIA-SMAART

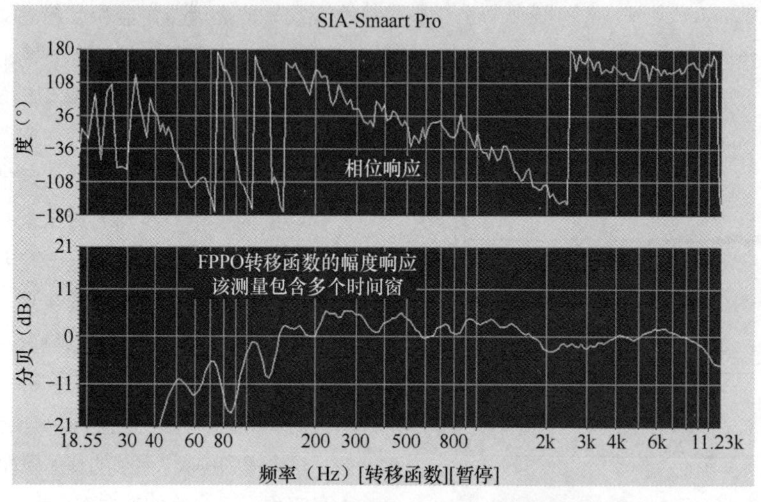

图49.26 随着频率的降低，时间窗的长度加长

6. 为了特征化扬声器还必须进行其他传声器位置的测量吗？有些扬声器的离轴响应与轴上响应非常类似。另一些扬声器的离轴响应则非常不稳定，并且在扬声器周围的任意一点所进行的测量与在另一点进行的测量结果可能很少有相似之处。虽然这是设计上的问题，但是测量人员一定要考虑到这一点。

7. 一旦测量到准确的冲激响应，就可以进行后处理，得到有关频谱成分、语言可懂度和音乐清晰度等信息。可以提供这一信息的指标有很多。这些就是测量数据的解释，通常它与在座位上感知到的主观音质相关联。

8. 评估冲激响应的一种常用观测方法就是利用卷积，将其编码为消声室节目素材。一种被称为 GratisVolver 的性能出色的免费卷积器可以从 Catt 网站获取到。听冲激响应常常可能会发现各种指标所丢失的细节，同时也为我们到底该用何种后处理来观测感兴趣的事件提供线索。

49.3.6　人的感知

有用的测量系统可以测量到具有更多细节的扬声器 / 房间组合的冲激响应。有关语言可懂度和音乐清晰度的信息可以从冲激响应中获取。几乎在所有的情况中，这都涉及利用几种清晰度测量指标中的一个清晰度指标对冲激响应进行后处理的问题。

49.3.6.1　%Alcons

对于语言，这样一种度量指标表示的是辅音清晰度损失百分比(Percentage Articulation loss of consonants，或%Alcons)。尽管当今对它的使用并不普遍，但是考虑它可以为我们提供对良好语言可懂度的深层次要求。%Alcons 测量从冲激响应开始，通常以对数 - 平方响应或 ETC 的形式显示。由于计算基本上检查的是早期能量、后期能量和噪声间的比值，所以测量人员必须在显示上放置鼠标光标，以便确定这些参量。可以通过测量程序自动放置这些鼠标光标。由于要对结果关于衰减时间进行加权，所以这一定要由测量者来定义。像TEF25和EASERA这样的分析仪包含基于Peutz(皮奥茨)，Davis(戴维斯) 和其他人研究成果中假设的最佳默认位置，如图 49.27 所示。

这些自动测量的位置由相关测量数据再结合各种声学环境下的现场听音人评分确定，并且体现出解决方案明确和有序的特点，取得了与现场听音人感受相关联的有意义的结果。虽然测量者可自由选择另一个鼠标光标位置，但必须格外注意一致性。另外，如果有可能将你的结果与其他测量者得到的结果进行比较，那么另一鼠标光标位置会使其变得困难。在默认的 %Alcons 位置，早期能量 (直达声声场) 包括了最先到达的声音和之后 7 ～ 10ms 到达的任何能量。这对于直达声而言，构成了紧凑的时间跨度。在这一时间范围之外的能量就被视为后期能量，它对通信质量是有害的。正如人们假设的那样，靠后的鼠标光标位置会产生较高的可懂度得分，因为较多的房间响应被认为有益于可懂度。正因为如此，默认位置给出的是最差情况。默认位置考虑的是早期衰变时间 (Early-Decay Time，EDT) 的影响，而不是经典的 T_{30}，因为即便是在长 T_{30} 的房间中，短的 EDT 也可以产生良好的可懂度。另外，测量者可任意选择采用计算确定衰减时间的另一个光标位置，需要注意的地方与放置早期 - 后期分割光标注意事项相同。%Alcons 分数立刻显示在光标位置，并随着光标的移动进行更新。

49.3.6.2　语音传输指数（STI）

STI 可以利用参考文献中 Schroeder(施罗德) 概述的又被 Becker(贝克尔) 详细阐述的程序，由测量到的冲激响应计算出来。STI 可以说是在现代可懂度测量应用中应用最为普遍的度量指标。实际上，所有的测量平台都支持它，而且有些手持分析仪可以被用于快速检测。简言之，它是个范围在 0 ～ 1 的数值，正常的可懂度居于量程中间的 0.5 位置上。有关 STI 及其变形，针对公共扩声的语言传输指数 (Speech Transmission Index for Public Address System，STIPA) 细节请参考本书第 40 章中的相关内容。

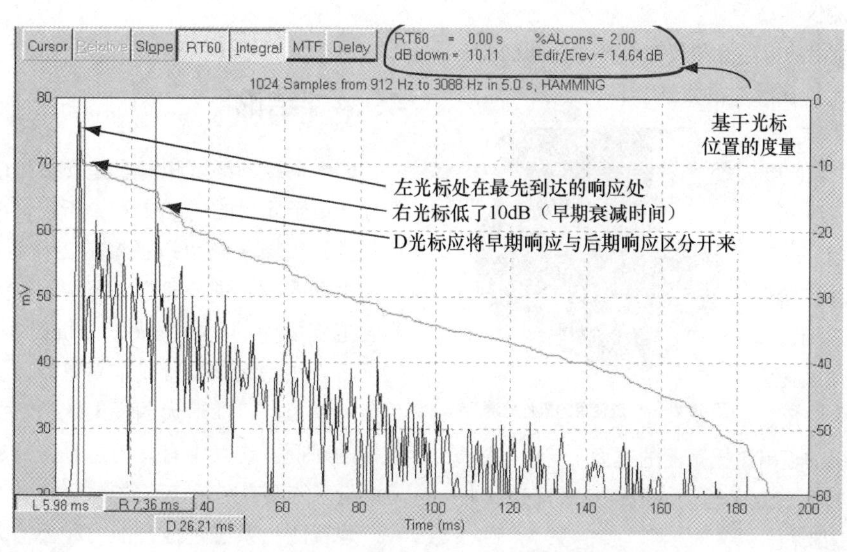

图 49.27　ETC 可以被处理，以得出可懂度的得分，TEF25

49.3.7 极性

良好的音响系统安装实践能保持从系统输入到系统输出有正确的信号极性。声频信号波形始终围绕着某些基准参考点摆动。在声学中，这一基准参考点就是环境的大气压。在电学器件中，推挽电路中的基准参考是0VA电源基准（通常被称为信号地）或A类电路中的固定直流偏置。我们首先看一下声学情况。不管传声器关于声源的取向如何，声波导致的气压升高将会使压力式传声器（最常见的传声器）的振膜的朝内偏移。这种振膜朝内的偏移将会在传声器输出的针脚2上产生相对于针脚3的正向电压摆动，信号流经的每件设备上的输出同样也是如此。最后电信号将被加到扬声器上，正向信号使扬声器的振膜朝外偏移（朝着听音人的轴向方向），使环境的大气压升高。考虑传声器振膜的移动和扬声器振膜的移动一前一后，你就会认识到这一问题了。由于大部分扩声设备使用双极电源供电（让声频信号在零基准参考点附近正负摆动），所以信号就有可能出现极性反转的情况。这便出现了馈入设备的正向电压在输出上成为负向电压。如果扬声器的极性与传声器的极性相反，那么传声器处的声压提高（空气被压缩）会使扬声器正面的压力下降（空气变稀薄）。在有些情况下，这可能极端到可闻并损伤音质。在另外一些情况下，它可能是不相关的，但检查始终是好的。

在安装系统时，系统安装人员始终要检查极性是否正确。检查的方法有很多，有些简单，有些复杂。我们在进行检查时，总是最先选用最简单且成本最低的方法。

49.3.7.1 电池测试

低频扬声器可以使用标准9V电池进行检测。电池有正负端，而且两个端口的间隔正好适合被跨接到大部分低音单元端子上。当电池被跨接到扬声器两端，且将电池的正极连接到扬声器的正端时，扬声器纸盆将朝外移动。虽然这是检测极性的最准确方法之一，但是这对于电子设备或高频驱动单元却不适用。即便如此，它可能是检测低音单元的最廉价且最准确的方法。

49.3.7.2 极性检测仪

在声频市场上，商用的极性检测仪有很多。图49.28所示的仪器包括一个输出检测脉冲的发送器件，该脉冲通过小型扬声器（用来检测传声器）或一个XLR插接件（用来检测电子设备），以及一个收集经由内置传声器（扬声器检测）或XLR输入插口信号的接收器件。绿色指示灯被点亮表明极性正确，红色指示灯点亮表明极性相反。应将接收单元放在系统的输出（扬声器的正面），而发送单元则有序地朝着系统输入的方向移动。极性反转通过接收单元的红色指示灯表示出来。

图49.28 广泛使用的极性检测仪

49.3.7.3 冲激响应测试

冲激响应或许是声频和声学测量的最基础内容。扬声器或电子设备的极性可以通过观测冲激响应来判定，如图49.29和图49.30所示。这是远距离检测吊装扬声器的几种方法之一。由于音箱各个单元的极性并不一定相同，所以最好对多分频音箱的各单元的极性逐一进行检测。由于信号通路中的滤波器（也就是有源分频网络）会使得对检测结果的诠释更为困难，因此为了得出明确的结论可能必须认真地对其中一个系统组成元件（即低音单元）的整个频率范围进行检测。在进行接下来的测量前记得一定要将分频器调回其正确的设定。

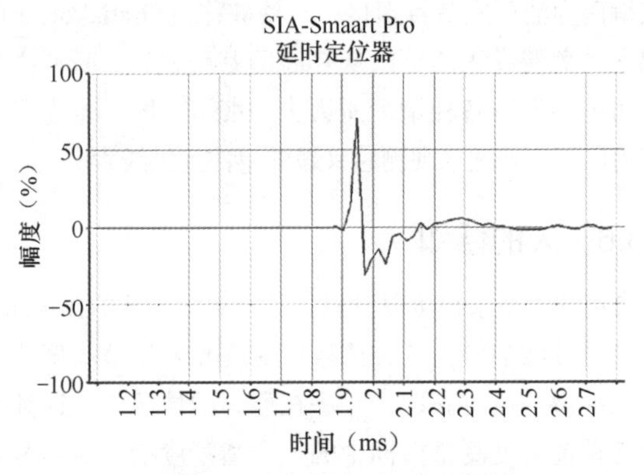

图49.29 极性正确的换能器的冲激响应

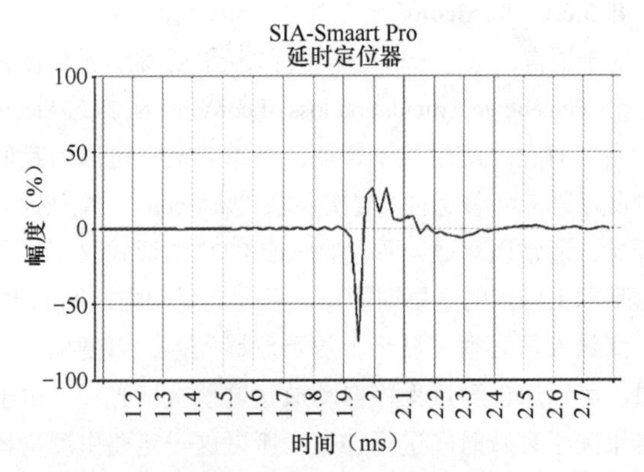

图49.30 极性反转的换能器的冲激响应

49.4 结论

扩声系统的测试和测量是安装和诊断处理的重要组成部分。用于此目的的FFT和分析仪已经使测量过程发生了革命性的变革，它可以让音响工作者挑选出系统的响应，对扬声器的响应进行研究。那些不在大多数技术人员考虑购置范围之内的功能强大的分析仪现在已经不算太贵了，完全可以买得起，购置成本高可能已经不再是不进行系统测量的借口。目前最大的投入就是掌握声学基础理论诠释数据的时间。这其中有些信息是普通的，有些信息对于特定测量系统而言则是特殊的。

购置测量系统是提升能力和公信力的第一步。接下来就是要通过自学或参加短期培训班来掌握音响系统的正确使用方法。最后一步，也是最重要的一步就是长时间泡在现场，将测量到的数据结果与所听到的声音联系在一起。随着这方面知识和经验的不断积累，测量速度、有效性和关联性也会提高。由于我们都可以在相对短的时间里掌握测量方法，所以其他的同事就可以花时间学习如何对测量结果进行分析和诠释。

第50章

测量基础与测量单位

Glen Ballou编写

50.1 测量的单位

测量是我们确定现实中所有事物的常用方法。维度是指任何可度量的参量，比如长度、厚度或重量。测量系统就是相关单位的某一组合，这些单位表示出了我们所见、所尝、所闻、所嗅或所触的某一事物属性的量值。

测量单位是对被测或被表示量数量大小的表示，例如英寸（in）、厘米（cm）和米（m）等。包括声音在内的物理定律都是由量纲方程式来定义的，这些量纲方程式则由质量、长度和时间的测量单位来确定。例如，这里的

$$面积 = L \times W \tag{50-1}$$

$$速度 \quad — \tag{50-2}$$

式中，

L 代表的是长度；

W 代表的是宽度；

D 代表的是距离；

T 代表的是时间。

物理量是由数字和单位来指定的，比如 16ft 或 5m。

50.1.1 SI 体系

SI 体系（源自 the French Système International d'Unités，国际单位制）被国际上现代的米制体系所采纳。这种体系被广泛用于除了美国等少数几个国家外的绝大多数地区和国家。

SI 体系具有如下的一些优点。

1. 得到国际认可。
2. 除了时间外，所有基本单位的数值都可以进行十进制的乘或除运算。
3. 易于使用。
4. 便于掌握。
5. 改善了国际商贸往来及其沟通环境。
6. 相关性。所有导出单位都可以通过其他单位的乘除来得到，无须引入任何数字转换系数。
7. 一致性。每一物理量只由一个基本物理量来表征。

在使用 SI 体系时，常常要用到指数或符号前缀。表 50-1 是目前人们所认可的数字及其指数形式，以及符号和前缀称谓的一览表（注：由于其大小，$10^{21} \sim 10^{303}$ 并没有以数字的形式表示出来，并且针对这些数字的符号和前缀名称还没有确立）。

50.1.2 基本的量纲

在物理学上有 7 个基本量纲：长度、质量、时间、电流强度、温度、照度和分子物质。两个补充的量纲是平面角和立体角。

表 50-1 倍数和约数的前缀

数字的名称	数字	数字的指数形式	符号	前缀
Centillion		1.0×10^{303}		
Googol		1.0×10^{100}		
Vigintillion		1.0×10^{63}		
Novemdecillion		1.0×10^{60}		
Octodecillion		1.0×10^{57}		
Septendecillion		1.0×10^{54}		
Sexdecillion		1.0×10^{51}		
Quindecillion		1.0×10^{48}		
Quattuordecillion		1.0×10^{45}		
Tredecillion		1.0×10^{42}		
Duodecillion		1.0×10^{39}		
Undecillion		1.0×10^{36}		
Decillion		1.0×10^{33}		
Nonillion		1.0×10^{30}		
Octillion		1.0×10^{27}		
Septillion		1.0×10^{24}	E	Exa-
Sextillion		1.0×10^{21}	P	Peta-
Trillion（万亿）	1 000 000 000 000	1.0×10^{12}	T	Tera-
Billion（十亿）	1 000 000 000	1.0×10^{9}	G	Giga-
Million（百万）	1 000 000	1.0×10^{6}	M	Mega-
Thousand（千）	1000	1.0×10^{3}	k	Kilo-
Hundred（百）	100	1.0×10^{2}	h	Hecto-
Ten（十）	10	1.0×10^{1}	da	Deka-
Unit（一）	1	1.0×10^{0}	—	—
Tenth（十分之一）	0.1	1.0×10^{-1}	d	Deci-
Hundredth（百分之一）	0.01	1.0×10^{-2}	c	Centi-
Thousandth（千分之一）	0.001	1.0×10^{-3}	m	Milli-
Millionth（百万分之一）	0.000 001	1.0×10^{-6}	μ	Micro-
Billionth（十亿分之一）	0.000 000 001	1.0×10^{-9}	n	Nano-
Trillionth（万亿分之一）	0.000 000 000 001	1.0×10^{-12}	p	Pico-
Quadrillionth（千万亿分之一）	0.000 000 000 000 001	1.0×10^{-15}	f	Femto-

50.1.3 派生的量纲

派生的量纲是根据 7 个基本量纲来定义的，例如：速度 = 长度 / 时间。共有 16 个派生出的量纲，其名称分别为：能量（功，热量），力，压力，功率，电荷，电势差（电压），电阻，电导，电容，电感，频率，磁通量，磁通量密度，光通量，照度和惯常温度。接下来还有 13 个附加的派生量纲，其单位是由原始单位组合得出的单位。这些量纲分别是面积，体积，密度，速度，加速度，角速度，角加速度，动粘滞率，动态粘滞度，电场强度，磁动势，磁场强度和亮度。

50.1.4 量纲的定义

下面描述的量纲是以 SI 单位定义的，同时也给出其美制惯用单位的等效值。

长度（*L*）。长度是对从一端到另一端有多长的度量结果。米（meter，m）是 SI 单位（注：在美国采用“meter”的拼写方式，而大多数国家采用的是“metre”的拼写方式）。1m 对应于真空中氪 -86 原子的 $2P_{10}$ 和 $5D_5$ 能量层级之间无扰跃迁辐射出 1 650 763.73 个波长的长度。结果是橙 - 红线代表的 6057.802×10^{-10}m 的一个波长。1m=39.370 079 in。

质量（*M*）。质量是对质点惯性的度量。物体的质量用如下公式来定义。

$$M = \left(\frac{A_s}{a}\right)M_s \quad (50\text{-}3)$$

式中，当两个物体相互作用时，

A_s 是标准质量 M_s 的加速度，a 是未知质量 M 的加速度。

质量的单位是千克（kilogram，kg）。这是 SI 体系中唯一包含前缀的派生单位。它是由单词克（gram）和前缀 kilo- 构成的。小的质量可以以克（g）或毫克（mg）为单位来描述，而较大的质量则可以以兆克（megagrams）为单位来描述。应注意的是，虽然有时也采用吨来代表公吨（metric ton）或兆克，但是并不推荐这么使用。

目前国际上对千克的定义为保存在法国德塞夫勒省的国际计量局（International Bureau of Weights and Measures）内的特制铂铱合金圆柱体的质量。1kg 等于 2.2046226 磅（lb）的重量。在标准的温度和大气压下，1 升纯水的质量为 1kg ± 0.0001。物体的质量通常是通过其重量反映出来的，重量是由地球对物体的重力引力产生的。

如果质量是在月球上称得的，那么其质量与地球上的一样，但是其在月球上的重量却因月球的引力较小而变得较轻。

$$M = \frac{W}{g} \quad (50\text{-}4)$$

式中，

W 代表的是重量，

g 代表的是重力加速度。

时间（*t*）。时间表示的是两个事件或点之间的周期，或者某事存在、发生等行为持续的周期。

时间的单位是秒（second，s）。时间是一维的，在 SI 体系中并不存在 10 倍关系的单位。短的时间周期可以采用毫秒（milliseconds，ms）或微秒（microseconds，μs）来描述，而更长一些的时间周期可以用分（minute，min；1min = 60s）和小时（hour，h；1h = 3600s）来表示。而再长一些的时间周期则可以用天、星期、月和年来表示。现今国际上对秒的定义是：对应于铯 -133 原子在两个基态超精细层级之间跃迁 9 192 631 770 个辐射周期的时间长度。它也被定义为公历一天的 1/86 400。

电流（*I*）。电流是电子流动的速率。度量电流的单位是安培（ampere，A）。小电流可以用毫安（milliampere，mA）和微安（microampere，μA）来表示，而大的电流则用千安（kiloampere，kA）表示。国际上对安培的定义是，如果将处在真空中的两条无限长且截面积可忽略不计的直线平行导体保持在准确 1m 的间距，那么在导线间将产生 2×10^{-7} N/m^2 的力。

1A 电流可以简单地被定义为：在 1V 电位差的作用下，流经 1Ω 电阻的电流大小。

温度（*T*）。温度表示任何事物的冷热程度。温度的单位是开尔文（kelvin，K）。开尔文是纯水的三相点热力学温度的 1/273.16。注：度（°）并不与开尔文（K）一起使用，而是与其他温度刻度一起使用。

一般的温度测量采用摄氏度，其中水在 0℃结冰，在 100℃时沸腾。由于 1℃的温度变化等于 1K，因此 0℃ = 273.15 K；0℃ = 32 ℉。

照度（*IL*）。照度是点光源在指定方向上的每一单位立体角上发射出的光通量。照度的单位是烛光（candela，cd）。1 个烛光的照度将会在 1 个球面度的立体角范围内产生 1 流明（lumen）的光通量。烛光的国际定义是：在 101 325N/m^2（帕斯卡，Pa）压力和冰冻铂金的温度环境下，1／600 000 m^2 黑体在垂直于表面的方向上的照度。

分子物质（*n*）。分子物质是指与 0.012kg 碳 -12 包含同样多原子数的一个系统的物质量。分子物质的单位是摩尔（mole）。1 摩尔的任意物质重量就是指该物质的 g/mol。例如。1 摩尔水（H_2O）的重量是 18.016 g。

H_2 = 2 个原子 × 1.008 原子量

O = 1 个原子 × 16 原子量

H_2O = 18.016 g

平面角（α）。平面角是由两条相交的直线或平面所形成的角度。平面角的单位是弧度（radian，rad）。1 弧度是指圆周上弧长等于半径的圆弧所包裹的角度，该角度是圆的两个半径间的夹角。360° 的弧度为 2π。

一般的测量还是以度（° ）为单位来进行计量的。度可以被细分为分和秒，它们分别对应于度的 1/10 和 1/100。对于较小的角度，后者（分和秒）最为有用。

$$\text{圆弧上 1 度 } (1°) = \frac{\pi}{100}\text{rad} \quad (50\text{-}5)$$

$$1\text{rad}=57.2956°$$

$$\text{立体角 } (A) = A/r^2 \quad (50\text{-}6)$$

立体角（*A*）。立体角是 3 个维度所包裹的角度。立体角是由单位半径的圆球上所包裹（投影）面积与面积 A 的比值来度量的，也就是半径为 r 的球面上的横截面面积与半径平方之比（A/r^2）。

立体角的单位为球面度 steradian（sr）。球面度是自球体中心看出去的立体角，即球体表面包裹的区域对应的角度，该区域是边长等于球体半径的正方形。

能量（*E*）。能量是对系统做功能力的度量。能量主要有两种形式——势能和动能。

（1）势能（*U*）是物体或系统处在某一位置时所具有的能量，它等效于将系统由一定的标准配置变化到目前所处状态所做的功。势能可以通过公式（50-7）加以计算。

$$U = Mgh \tag{50-7}$$

式中，

M 代表的是质量；

g 代表的是重力加速度；

h 代表的是高度。

例如，质量 M 被置于自由落体加速度（g）的重力场中，距离基准参考面之上 h 的高度处，这时它所具有的势能就是 $U = mgh$。当物体在两个层面之间发生下落时，该势能便转化为动能。

（2）动能（T）是因运动而具有的能量，它等效于令运动物体静止下来所需要做的功。以速度 v 进行直线运动的物体所具有的动能可由公式（50-8）给出。

$$T = 0.5Mv^2 \tag{50-8}$$

式中，

M 代表的是物体的质量，

v 代表的是物体的速度。

如果物体做圆周运动的话，则

$$T = 0.51I\omega^2 \tag{50-9}$$

式中，

I 代表的是物体关于其旋转轴的转动惯量，

ω 代表的是角速度。

能量的单位是焦耳（joule，J）。其机械学上的定义是：当 1 牛顿（newton，N）作用到物体上时，它能使物体在力作用的方向上移动 1m 的距离，或者称之为 1Nm。能量的电子学单位是千瓦小时（kilowatt-hour，kWh），1kWh 等于 3.6×10^6J。

在物理学中，能量单位是电子伏特（electron volt，eV），1eV=$(1.602\,10 \pm 0.000\,07) \times 10^{-19}$ J。

力（*F*）。力是为使处于静止状态或者匀速直线运动状态的物体发生或者倾向于发生变化所施加的任何动作。

力的单位是牛顿（newton，*N*），1 牛顿就是指施加到 1kg 的物体上，并使其获得 1m/s² 加速度的作用力。1N 等效于 1J/m，1kg（m）/s²，10^5 达因（dyne），0.224 809 磅（lb）的力。

压力（*P*）。压力是指对位于一点的无穷小平面上的单位面积所施加的力（在流体中）。在静止的流体中，任意一点在所有方向上所受到的压力都是一样的。流体是指处在静力平衡的任何材料物质，它不能在横向表面施加切向力，但只能施加压力。液体和气体都是流体。

压力的单位是帕斯卡（pascal，Pa）。Pa 等效于牛顿每平方米（N/m²）。

$$\begin{aligned}1\text{Pa} &= 10^{-6}\,\text{bars} \\ &= 1.450\,38 \times 10^{-4}\,\text{lb/in}^2\end{aligned} \tag{50-10}$$

功率（*W*）。功率是指能量消耗或者做功的速率。功率的单位为瓦特（W），以 1J/s 的速率产生能量的能力就是 1W。

$$\begin{aligned}1\text{W} &= 1\text{J/s} \\ &= 3.141\,442\,\text{BTU/h} \\ &= 44.253\,7\,\text{ft-lb/min} \\ &= 0.001\,341\,02\text{hp}\end{aligned} \tag{50-11}$$

电荷（*Q*）。电荷是在一定的时间周期内流过某一点的电量或电子的数量。电荷的单位是库仑（coulomb，C），它是指 1A 的电流在 1s 的时间内流过的电量。1C 也被定义为 $6.24\,196 \times 10^{18}$ 电荷。

电势差（*V*）。通常被称为电动力（electromotive force，emf）和电压（V），电势差是指两点间的电场强度的线积分。电势的单位是伏特（volt，V）。1V 就是当电路上的两点间存在 1W 的功耗时，能使电路上的这两点间产生 1A 电流强度的电势差。

简单而言，可以将其定义为：能在 1Ω 的电阻上产生 1A 的驱动电流的电位差就是 1V。

$$\begin{aligned}V &= \frac{W}{A} \\ &= \frac{J}{A(s)} \\ &= \frac{\text{kg}(\text{m}^2)}{s^3 A} \\ &= \text{A}\Omega\end{aligned} \tag{50-12}$$

电阻（*R*）。电阻决定了在指定电位差下能在导体中产生多大电流的导体属性，它取决于导体的粗细、材料和所处的温度。它也是物体阻止电流并且最终以热能的形式产生功耗的属性。电阻的单位是欧姆（Ω），当将 1V 的电位差加到导体两端时，1Ω 的电阻会将电流限制在 1A。

$$\begin{aligned}R &= \frac{V}{A} \\ &= \frac{\text{kg}(\text{m}^2)}{s^3 A^3}\end{aligned} \tag{50-13}$$

电导（*G*）。电导是电阻的倒数。电导的单位是西门子（siemens，S）。当将 1V 的电位差加到导体两端时，电导为 1S 的无源器件将允许产生 1A 的电流。

$$\begin{aligned}S &= \frac{1}{\Omega} \\ &= \frac{A}{V}\end{aligned} \tag{50-14}$$

电容（*C*）。电容是指单独的导体或导体组与绝缘体间存储电荷能力的属性，电容的单位是法拉第（farad，F），1F 被定义为：当其保持有 1C 的电荷时，它会在其间表现出 1V 的电位差。

$$F = \frac{C}{V} = \frac{AS}{V} \quad (50\text{-}15)$$

式中，

C代表的是以库仑为单位的电荷量；

V代表的是以伏特为单位的电位差；

A代表的是以安培为单位的电流；

S代表的是以西门子为单位的电导。

电感（L）。电感表示的是对所存在电流变化的抵抗属性。只有当电流发生变化时才会呈现电感。电感的单位是亨利（henry，H），1H的电路电感是指1A/s的电流变化会产生1V的电动势。

$$H = \frac{Vs}{A} \quad (50\text{-}16)$$

频率（f）。频率是指在单位时间内周期性现象所重复发生的次数。频率的单位是赫兹（hertz，Hz），1Hz相当于每秒钟循环1次，即1Hz = 1 c/s。通常，频率是以Hz，kHz和MHz来度量的。

声强（I）。声强是指穿过垂直于其传输方向的单位面积上的声能传输速率。对于以正弦规律变化的声波而言，声强I与声压p和媒质的密度ß有关，表达式如下。

$$I = \frac{p^2}{\beta c} \quad (50\text{-}17)$$

式中，

c为声速。

声强的单位是瓦特每平方米（W/m^2）。

磁通量（ϕ）。磁通量是对磁场总体大小的度量。磁通量的单位是韦伯（weber，Wb），1Wb是指单匝导线中磁场在1s的时间内均匀减少到0产生1V的电动势的通量。

$$\mathrm{Wb} = \mathrm{W(s)} = 10^8 \text{ lines of flux} = \frac{\mathrm{kg(m^2)}}{\mathrm{s^2A}} \quad (50\text{-}18)$$

磁通量密度（B）。磁通量密度是指在与磁力垂直的方向上通过单位面积的磁场磁通量。磁通量密度和导体内电流的矢积会在每一单位长度的导体上产生力。

磁通量密度的单位是特斯拉（tesla，T），并且1T被定义成$1Wb/m^2$。

$$\mathrm{T} = \frac{\mathrm{Wb}}{\mathrm{m^2}} = \frac{\mathrm{V(s)}}{\mathrm{m^2}} = \frac{\mathrm{kg}}{\mathrm{s^2A}} \quad (50\text{-}19)$$

光通量（Φ_v）。光通量是指光辐射能量的速率，它用产生的光感应来评估。光通量的单位是流明（lumen，lm），1流明是指均匀辐射且强度为1球面度的点光源所发射的光通量。

$$\mathrm{lm} = cd\left(\frac{sr}{m^2}\right) = 0.079\,577\,4\text{candlepower} \quad (50\text{-}20)$$

式中，

cd为以烛光为单位的光强，

sr为以球面度为单位的立体角。

光通量密度（E_v）。光通量密度是指入射到指定的单位面积上的光通量。有时也称之为照度。在表面的任何一点上，其照度为

$$E_v = \frac{\mathrm{d}\Phi_v}{\mathrm{d}A} \quad (50\text{-}21)$$

光通量密度的单位是勒克斯（lux，lx），lx是lm/m^2的辐射通量密度

$$lx = \frac{lm}{m^2} = cd\frac{sr}{m^2} = 0.092\,903\,0 \text{ fc} \quad (50\text{-}22)$$

位移。位移是指系统的指定质点在外力的作用下从静止位置变化至另一位置，或移动了一段距离。

速度/速率。速度是指物体移动距离增大的比率。下式给出的是平均速度的计算公式

$$S = \frac{l}{t} \quad (50\text{-}23)$$

式中，

S为速度；

l为长度或距离；

t为移动所用的时间。

由于速度（Speed）并没有方向作为参考基准，所以它是标量。瞬时速度 = $\mathrm{d}l/\mathrm{d}t$。速率（Velocity）是在特定的方向上物体移动距离增加的比率。速率是个矢量，因为它表示包括速度和方向两方面在内的信息。虽然通常l/t对于一个物体的速率和速度而言可能是一样的，但是如果只给出了速度，我们还是不知道运动的方向。如果一个物体描述的是环形路径，且在相同的时间里都会沿着这一路径移动同样的距离，那么其速度就是恒定的，然而由于移动方向在不断地变化，故速率一直是变化的。

重量。重量是由行星、恒星，月亮等的重力牵引而施加到质量块上的力，其大小与质量相当。人们在地球上感受到的重量是源于地球的重力牵引，这一引力产生的重力加速度是$9.806\,65m/s^2$，这将导致物体以$9.806\,65\ m/s^2$或$32ft/s^2$的加速度落向地球。质量M的重量是$M(g)$。如果M是以kg为单位，而g以m/s^2为单位，则重量的单位就是牛

顿（newtons，N）。在美国的单位体系中，重量的单位是磅（pounds，lb）。

加速度。加速度是指速率的变化率，或者速率随时间的增减比率。以 m/s^2 为单位来表示加速度，或者采用美制单位 ft/s^2 来表示加速度。

振幅。振幅是指幅度偏离零值的变化量。通常总是结合形容词来描述振幅，比如峰（值），均方根（值），最大（值），瞬时（值）等。

波长。在周期波动中，相邻的两个周期中同相位的两点间的距离被称为波长。波长是与传播速度（c）和频率有关的，其关系可用下面的公式来表示。

$$\lambda = \frac{c}{f} \tag{50-24}$$

在海平面高度及标准的温度和气压（STP）下，声波在空气中的传播速度为

$$\lambda = \frac{331.4 \text{ m/s}}{f} \tag{50-25}$$

或

$$\lambda = \frac{1087.42 \text{ ft/s}}{f} \tag{50-26}$$

例如，1000Hz 声波的波长是 0.33m，或者 1.09ft。

相位。相位是已经过去的完整周期的一部分，它是用固定的数值来度量的。一个正弦量可以被表示成旋转的矢量 OA。当旋转了完整的 360° 时，它就代表了一个正弦波。在圆周的任意位置上，虽然 OX 是相等的，但是与 OA 相比却有 X° 的差异。

这也可以表述为 OA 与 OX 间的相位差是 α。当质点进行周期运动时，波动的行进是按相同的方向进行的，若它们具有同样的相对位置，那么我们就说它们是同相位的。当相邻的波前间的距离等于波长时，则波前中的质点便做同相振动。在 X_1 和 X_2 距离上的两个质点的相位差为

$$\alpha = \frac{2\pi(X_2 - X_1)}{\lambda} \tag{50-27}$$

如果具有相同频率和波形的周期波同时到达对应的振幅，那么我们就说它们是同相的。

相位角。表示两个具有相同频率周期函数的两个矢量间的角度被称为相位角。相位角也可以被认为是两个做循环运动的对应进程阶段的差异，以度（° ）来表示。

相位差（φ）。相位差是指具有同样频率并且将同一时间参考点作为基准的两列波在电子域上的度数或时间差异。

相移。发生于单个参量相位上的任何变化或者发生于两个或多个参量之间相位差的任何改变都被称为相移。

相速度。相速度就是恒定相位的某一点以行进的正弦波的形式进行传播。

温度。温度是对冷热程度的一种度量。由于开氏温标是 SI 标准，所以一般都是以℃（摄氏度，degrees Celsius）或 °F（华氏度，degrees Fahrenheit）为参考单位。

较低的定点（冰点）温度即暴露于标准大气压下的纯冰和水的混合物的温度。

较高的定点（沸点）温度即在标准大气压下纯水开始产生蒸汽的温度。

在以 Anders Celsius（1701—1744，安德斯•摄尔修斯）的名字命名的开氏刻度体系中，温度最初被称为摄氏（Centigrade），定点温度为 0℃和 100℃。这种刻度法被用在 SI 体系中。

在华氏刻度体系［1714年以Gabriel Daniel Fahrenheit（加布里埃尔·丹尼尔·华伦海特）的名字命名］中，定点温度为 32° F和 212° F。

℃和 ° F 之间的转换可以采用下面的公式。

$$
\begin{aligned}
{}^\circ\text{C} &= ({}^\circ\text{F} - 32^\circ) \times \frac{5}{9} \\
{}^\circ\text{F} &= \left({}^\circ\text{C} \times \frac{9}{5}\right) + 32^\circ
\end{aligned}
\tag{50-28}
$$

绝对温度刻度从绝对零度开始计算。绝对零度是物体不能再进一步冷却的温度，因为这时所有可利用的热能都已释放榨取完毕。

绝对零度就是 0K 或者 0° R（兰金刻度）。开氏刻度［以 Lord Kelvin（劳德•开尔文，1850）名字命名］是 SI 体系中的标准，并且与℃相关联。

$$0℃ = 273.15\text{K}$$

蓝金（Rankine）刻度是与华氏体系相关联的。

$$32^\circ \text{F} = 459.67^\circ \text{R}$$

声音的速度受温度影响。随着温度的升高，速度也随之提高。其间关系的近似公式为

$$C = 331.4 \text{ m/s} + 0.607\,T \quad \text{（SI 单位）} \tag{50-29}$$

式中，

T 是以℃表示的温度。

$$C = 1052 \text{ ft/s} \times 1.106\,T \quad \text{（美制单位）} \tag{50-30}$$

式中，

T 是以 ° F 表示的温度。

另外一个确定声音速度的较简单公式如下。

$$\text{C} = 49.00\sqrt{459.69^\circ + {}^\circ\text{F}} \tag{50-31}$$

影响声音速度的事物是声波要穿过温度屏障或者要穿过源于空调装置产生的空气中的蒸汽。不论是哪一种情况，波动都会以与发生在玻璃中的光线折射同样的方式被偏转。

压力和海拔高度并不影响声音的速度，因为在海平面处，分子彼此撞击，减慢了其速度。在海拔高度较高处，分子彼此分得更开，并不像往常那样彼此发生撞击，所以它们到达目的地的时间是相同的。

戴维南定理（Thevenin's Theorem）。戴维南定理是一种将复杂网络简化为由一个电压源和一个串联阻抗构成的简单电路的方法。定理适用于稳态条件下的交流和直流电路。

定理表述的是：连接到任何网络上的端接阻抗中的电流

相同，就像是网络被一个电压等于网络的开路电压，阻抗等于从网络端口看进去的阻抗的发生器所取代一样。网络中的所有发生器被阻抗等于内阻的发生器所取代。

基尔霍夫定律（Kirchhoff's Law）。基尔霍夫定律适用于直流和交流电路。当用于交流分析时，还必须将相位因素考虑在内。

基尔霍夫电压定律（Kirchhoff's Voltage Law，KVL）。基尔霍夫电压定律的内容是：在任何闭环中支路电压之和在任意时刻均为零。基尔霍夫电压定律的另外一种表述方式是：对于任何闭环而言，任意时刻的电压降之和等于电压升之和。

在基尔霍夫电压定律中，各个电子电路元件都是按照一些接线方案和示意图连在一起的。在任意的闭环中，电压降一定是等于电压升。例如，在图 50.1 所示的直流电路中，V_1 是电压源或者诸如电池这样的升压装置，V_2，V_3，V_4 和 V_5 是电压降（可能跨接电阻器），因此

$$V_1 = V_2 + V_3 + V_4 + V_5 \quad (50\text{-}32)$$

或

$$V_1 - V_2 - V_3 - V_4 - V_5 = 0 \quad (50\text{-}33)$$

在交流电路中，由于必须要考虑相位的因素，所以电压应为

$$V_1e^{j\omega t}-V_2e^{j\omega t}-V_3e^{j\omega t}-V_4e^{j\omega t}-V_5e^{j\omega t}=0 \quad (50\text{-}34)$$

式中，

$e^{j\omega t}$ 为 $\cos At + j\sin At$ 或欧拉等式（Euler's identity）。

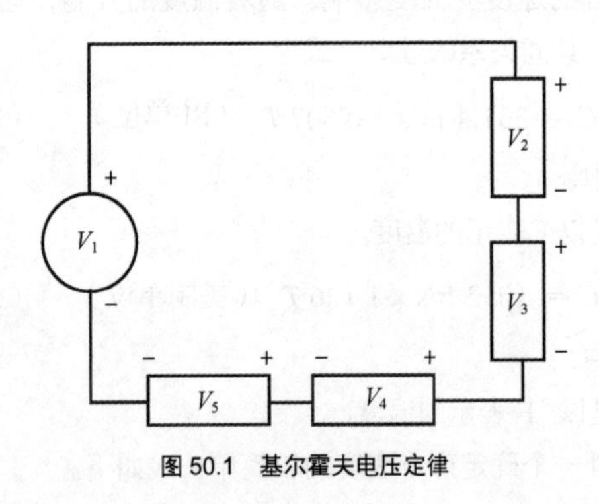

图 50.1 基尔霍夫电压定律

基尔霍夫电流定律（Kirchhoff's Current Law，KCL）。基尔霍夫电流定律的内容是：任意时刻离开任一节点的支路电流之和等于进入该节点的支路电流之和。

基尔霍夫电流定律的另外一种表述方式是：任意节点的所有支路入射电流之和为零。

如图 50.2 所示，直流电路中连接节点电流的汇总等于零，并且等于 I_1，I_2，I_3，I_4 和 I_5 之和，或者

$$I_1 = I_2 + I_3 + I_4 + I_5 \quad (50\text{-}35)$$

或

$$I_1 - I_2 - I_3 - I_4 - I_5 = 0 \quad (50\text{-}36)$$

整个电路的电流也是源自电源（V_1）电流和流经所有支路电流的函数。

在交流电路中，由于必须要将相位因素考虑在内，因此电流将为

$$I_1e^{j\omega t}-I_2e^{j\omega t}-I_3e^{j\omega t}-I_4e^{j\omega t}-I_5e^{j\omega t}=0 \quad (50\text{-}37)$$

式中，

$e^{j\omega t}$ 为 $\cos At + j\sin At$ 或欧拉等式（Euler's identity）。

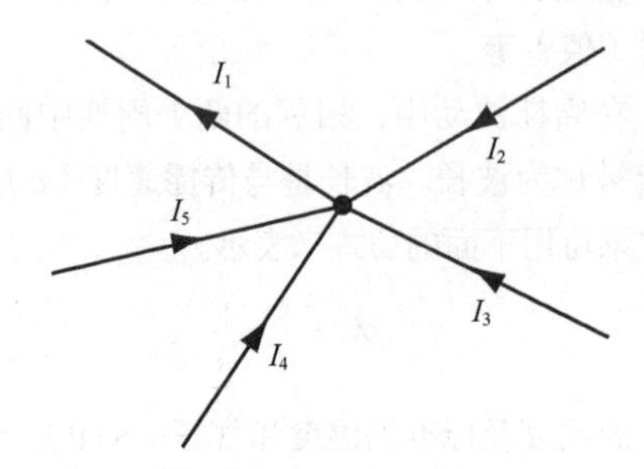

图 50.2 基尔霍夫电流定律

欧姆定律（Ohm's Law）。欧姆定律的内容是：所施加的电压与总电流之比在每一瞬时都是恒定的，并且该比值被定义为电阻。如果以伏特为单位来表示电压，以安培为单位来表示电流，那么电阻的单位就是欧姆。其公式形式为

$$R = \frac{V}{I} \quad (50\text{-}38)$$

或

$$R = \frac{e}{i} \quad (50\text{-}39)$$

式中，

e 和 i 分别代表的是瞬时电压和电流，V 和 I 代表的是恒定的电压和电流，R 为电阻。利用欧姆定律，我们就可以计算出电压、电流、电阻或阻抗，以及功率间的关系。

功率是所做功的速率，它可以表示为两点之间的电势差（电压）与将势能从一点转移到另一点所要求的流速（电流）的乘积。如果电压以 V 或 J/C 为单位，而电流以 A 或 C/s 为单位，那么两者的乘积的单位就是焦耳 / 秒（J/s）或瓦特（W）。

式中，

$$P = VI \quad (50\text{-}40)$$

或

$$\frac{J}{s} = \frac{J}{C}\left(\frac{C}{s}\right) \quad (50\text{-}41)$$

J 代表的是以焦耳为单位的能量，

C 代表的是以库仑为单位电量

一个将电流，电压，电阻或阻抗，及其功率联系在一起的环形关系图如图 50.3 所示。功率因数（PF）是 cos I，其中 I 为 e 和 i 之间的相位角。在交流电路中要用到功率因数。

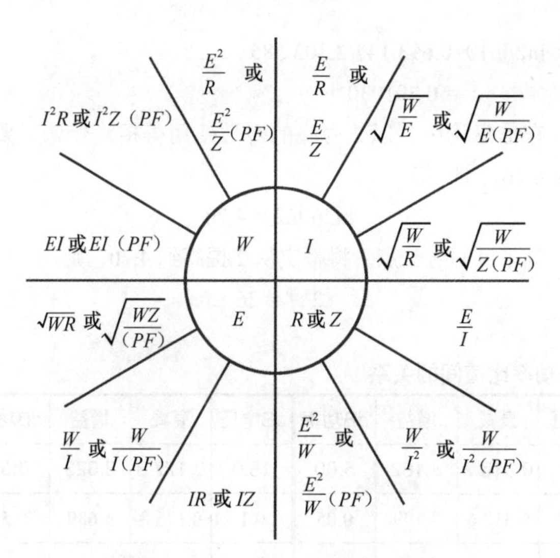

图 50.3　功率、电压、电流环形关系图

50.2　无线电频谱

30Hz ～ 3 000 000 MHz（3×10^{12}Hz）的无线电频谱范围被划分成如表 50-2 所示的各个频段。

表 50-2　频率的划分

频率	频带编号	归类	缩写
30～300Hz	2	极低频率	ELF
300～3000Hz	3	语音频段	VF
3kHz～30kHz	4	极低频段	VLF
30kHz～300kHz	5	低频段	LF
300kHz～3000kHz	6	中频段	MF
3MHz～30MHz	7	高频段	HF
30MHz～300MHz	8	甚高频段	VHF
300MHz～3000MHz	9	超高频段	UHF
3GHz～30GHz	10	特高频段	SHF
30GHz～300GHz	11	极高频段	EHF
300THz～3THz	12	–	–

50.3　分贝（dB）

分贝是两个数字比值的对数值。分贝源自两个功率级，它也被间接用来表示电压比（借助电压与功率的关系）。其公式或分贝值如下。

$$功率\ dB = 10\lg\frac{P_1}{P_2} \qquad (50\text{-}42)$$

$$电压\ dB_v = 20\lg\frac{E_1}{E_2} \qquad (50\text{-}43)$$

功率分贝与电压分贝的关系如图 50.4 所示。在图表中，“dBm” 以 1mW 为分贝参考基准。

表 50-3 所示的是分贝、电流，电压和功率比值间的关系。音量单位（Volume Unit，VU）表度量的分贝值是关于当电阻为 600Ω 时的分贝值，0VU 实际上是 +4dBm（见第 26 章）。当度量的分贝值是以 1mW 为参考基准，而电阻也不是 600Ω 时，则使用

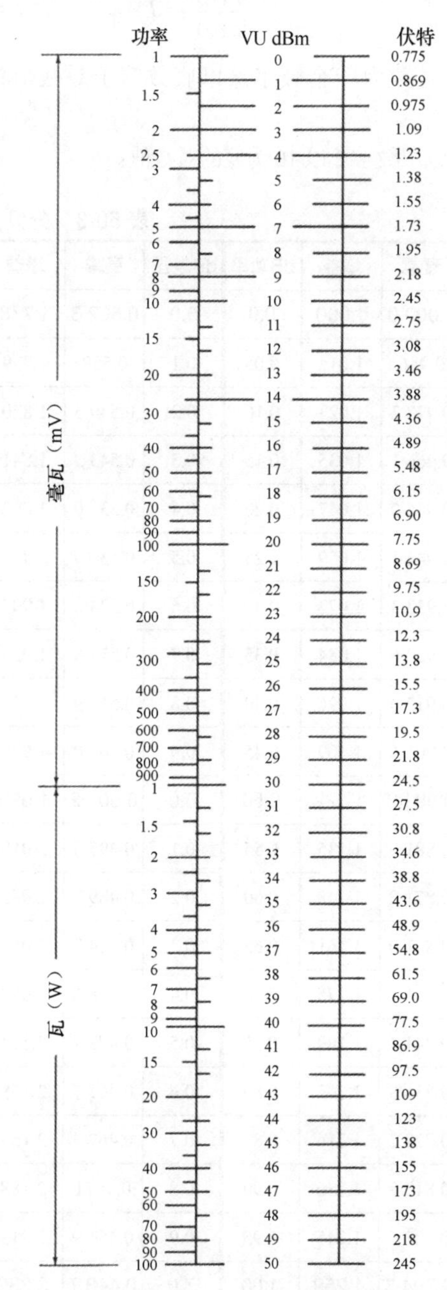

图 50.4　功率、dBm 和电压间的关系

$$新\ Z\ 时的\ dBm = dBm_{600\Omega} + 10\lg\frac{600\Omega}{Z_{new}} \qquad (50\text{-}44)$$

例如：32Ω 负载时的 dBm 为

$$dBm_{32} = 4dBm + 10\lg 600/32$$
$$= 16.75\ dBm$$

这些可以利用图 50.5 所示的图来确定。

要想查找某一数字以 10 和 2.718 之外的数值为底的对数值，可以采用

$$n = b^L \qquad (50\text{-}45)$$

一个数字等于提高至其对数值的底数，

$$\ln(n) = \ln(bL) \qquad (50\text{-}46)$$

所以，

$$\frac{\ln(n)}{\ln(b)} = L \qquad (50\text{-}47)$$

自然对数为一个数字除以底数等于对数值的自然对数。

例如，求数字2以10为底的对数值：

$$\ln 2/\ln 10 = 0.693\,147/2.302\,585 = 0.301030$$

在信息论中，以2为底的对数使用得相当普遍。要想求$\log_2 26$，则

$$\ln 26/\ln 2 = 4.70$$

为了证明这一点，将幂次从2提高到4.70，则

$$2^{4.70} = 26$$

表50-3 分贝，电流，电压和功率比值间的关系

dB电压	衰减	增益	dB功率	dB电压	衰减	增益	dB功率	dB电压	衰减	增益	dB功率	dB电压	衰减	增益	dB功率
0.0	1.000 0	1.000	0.0	5.0	0.562 3	1.778	0.50	10.0	0.316 2	3.162	5.00	15.0	0.177 8	5.623	0.50
0.1	0.986	1.012	0.05	0.1	0.559	1.799	0.55	0.1	0.312 6	3.199	0.05	0.1	0.175 8	5.689	0.55
0.2	0.977 2	1.023	0.10	0.2	0.549 5	1.820	0.60	0.2	0.309 0	3.236	0.10	0.2	0.173 8	5.754	0.60
0.3	0.966 1	1.035	0.15	0.3	0.543 3	1.841	0.65	0.3	0.305 5	3.273	0.15	0.3	0.171 8	5.821	0.65
0.4	0.955 0	1.047	0.20	0.4	0.537 0	1.862	0.70	0.4	0.302 0	3.311	0.20	0.4	0.169 8	5.888	0.70
0.5	0.944 1	1.059	0.25	0.5	0.530 9	1.884	0.75	0.5	0.298 5	0.350	0.25	0.5	0.1679	5.957	0.75
0.6	0.933 3	1.072	0.30	0.6	0.524 8	1.905	0.80	0.6	0.295 1	3.388	0.30	0.6	0.166 0	6.026	0.80
0.7	0.922 6	1.084	0.35	0.7	0.518 8	1.928	0.85	0.7	0.291 7	3.428	0.35	0.7	0.164 1	6.095	0.85
0.8	0.912 0	1.096	0.40	0.8	0.512 9	1.950	0.90	0.8	0.288 4	3.467	0.40	0.8	0.162 2	6.166	0.90
0.9	0.901 6	1.109	0.45	0.9	0.507 0	1.972	0.95	0.9	0.285 1	3.508	0.45	0.9	0.1603	6.237	0.95
1.0	0.891 3	1.122	0.50	6.0	0.501 2	1.995	3.00	11.0	0.281 8	3.548	0.50	16.0	0158 5	6.310	8.00
0.1	0.881 0	1.135	0.55	0.1	0.495 5	2.018	0.05	01	0.278 6	3.589	0.55	01	0.156 7	6.383	0.05
0.2	0.871 0	1.148	0.60	0.2	0.489 8	2.042	0.10	02	0.275 4	3.631	0.60	02	0.154 9	6.457	0.10
0.3	0.861 0	1.161	0.65	0.3	0.484 2	2.065	0.15	03	0.272 3	3.673	0.65	03	0.153 1	6.531	0.15
0.4	0.851 1	1.175	0.70	0.4	0.478 6	2.089	0.20	04	0.269 2	3.715	0.70	04	0.151 4	6.607	0.20
0.5	0.841 4	1.189	0.75	0.5	0.473 2	2.113	0.25	05	0.266 1	3.758	0.75	05	0.149 6	6.683	0.25
0.6	0.831 8	1.202	0.80	0.6	0.467 7	2.138	0.30	06	0.263 0	3.802	0.80	06	0.147 9	6.761	0.30
0.7	0.822 2	1.216	0.85	0.7	0.462 4	2.163	0.35	07	0.260 0	3.846	0.85	07	0.146 2	6.839	0.35
0.8	0.812 8	1.230	0.90	0.8	0.4571	2.188	0.40	08	0.257 0	3.890	0.90	08	0.144 5	6.918	0.40
0.9	0.803 5	1.245	0.95	0.9	0.451 9	2.213	0.45	09	0.254 1	3.936	0.95	09	0.142 9	6.998	0.45
2.0	0.794 3	1.259	1.00	7.0	0.446 7	2.239	0.50	12.0	0.251 2	3.981	6.00	17.0	0.141 3	7.079	0.50
0.1	0.785 2	1.274	0.05	0.1	0.441 6	2.265	0.55	0.1	0.248 3	4.027	0.05	0.1	0.139 6	7.161	0.55
0.2	0.776 2	1.288	0.10	0.2	0.436 5	2.291	0.60	0.2	0.245 5	4.074	0.10	0.2	0.138 0	7.244	0.60
0.3	0.767 4	1.303	0.15	0.3	0.431 5	2.317	0.65	0.3	0.242 7	4.121	0.15	0.3	0.136 5	7.328	0.65
0.4	0.758 6	1.318	0.20	0.4	0.426 6	2.344	0.70	0.4	0.239 9	4.169	0.20	0.4	0.134 9	7.413	0.70
0.5	0.749 9	1.334	0.25	0.5	0.421 7	2.371	0.75	0.5	0.237 1	4.217	0.25	0.5	0.133 4	7.499	0.75
0.6	0.741 3	1.349	0.30	0.6	0.416 9	2.399	0.80	0.6	0.234 4	4.266	0.30	0.6	0.131 8	7.586	0.80
0.7	0.732 8	1.365	0.35	0.7	0.412 1	2.427	0.85	0.7	0.231 7	4.315	0.35	0.7	0.130 3	7.674	0.85
0.8	0.724 4	1.380	0.40	0.8	0.407 4	2.455	0.90	0.8	0.229 1	4.365	0.40	0.8	0.128 8	7.762	0.90
0.9	0.716 1	1.396	0.45	0.9	0.402 7	2.483	0.95	0.9	0.226 5	4.416	0.45	0.9	0.127 4	7.852	0.95

续表

dB电压	衰减	增益	dB功率	dB电压	衰减	增益	dB功率	dB电压	衰减	增益	dB功率	dB电压	衰减	增益	dB功率
3.0	0.707 9	1.413	0.50	8.0	0.398 1	2.512	4.00	13.0	0.223 9	4.467	0.50	18.0	0.125 9	7.943	9.00
0.1	0.699 8	1.429	0.55	0.1	0.393 6	2.541	0.05	0.1	0.221 3	4.519	0.55	0.1	0.124 5	8.035	0.05
0.2	0.691 8	1.445	0.60	0.2	0.389 0	2.570	0.10	0.2	0.218 8	4.571	0.60	0.2	0.123 0	8.128	0.10
0.3	0.683 9	1.462	0.65	0.3	0.384 6	2.600	0.15	0.3	0.216 3	4.624	0.65	0.3	0.121 6	8.222	0.15
0.4	0.676 1	1.479	0.70	0.4	0.380 2	2.630	0.20	0.4	0.213 8	4.677	0.70	0.4	0.120 2	8.318	0.20
0.5	0.668 3	1.496	0.75	0.5	0.375 8	2.661	0.25	0.5	0.211 3	4.732	0.75	0.5	0.118 9	8.414	0.25
0.6	0.660 7	1.514	0.80	0.6	0.371 5	2.692	0.30	0.6	0.208 9	4.786	0.80	0.6	0.117 5	8.511	0.30
0.7	0.653 1	1.531	0.85	0.7	0.367 3	2.723	0.35	0.7	0.206 5	4.842	0.85	0.7	0.116 1	8.610	0.35
0.8	0.645 7	1.549	0.90	0.8	0.363 1	2.754	0.40	0.8	0.204 2	4.898	0.90	0.8	0.114 8	8.710	0.40
0.9	0.638 3	1.567	0.95	0.9	0.358 9	2.786	0.45	0.9	0.201 8	4.955	0.95	0.9	0.113 5	8.810	0.45
4.0	0.631 0	1.585	2.00	9.0	0.354 8	2.818	0.50	14.0	0.199 5	5.012	7.00	19.0	0.112 2	8.913	0.50
0.1	0.623 7	1.603	0.05	0.1	0.350 8	2.851	0.55	0.1	0.197 2	5.070	0.05	0.1	0.110 9	9.016	0.55
0.2	0.616 6	1.622	0.10	0.2	0.346 7	2.884	0.60	0.2	0.195 0	5.129	0.10	0.2	0.109 6	9.120	0.60
0.3	0.609 5	1.641	0.15	0.3	0.342 8	2.917	0.65	0.3	0.192 8	5.188	0.15	0.3	0.108 4	9.226	0.65
0.4	0.602 6	1.660	0.20	0.4	0.338 8	2.951	0.70	0.4	0.190 5	5.248	0.20	0.4	0.107 2	9.333	0.70
0.5	0.595 7	1.679	0.25	0.5	0.335 0	2.985	0.75	0.5	0.188 4	5.309	0.25	0.5	0.105 9	9.441	0.75
0.6	0.588 8	1.698	0.30	0.6	0.331 1	3.020	0.80	0.6	0.186 2	5.370	0.30	0.6	0.104 7	9.550	0.80
0.7	0.582 1	1.718	0.35	0.7	0.327 3	3.055	0.85	0.7	0.184 1	5.433	0.35	0.7	0.103 5	9.661	0.85
0.8	0.575 4	1.738	0.40	0.8	0.323 6	3.090	0.90	0.8	0.182 0	5.495	0.40	0.8	0.1023	9.772	0.90
0.9	0.568 9	1.758	0.45	0.9	0.319 9	3.126	0.95	0.9	0.179 9	5.559	0.45	0.9	0.101 2	9.886	0.95

dB电压	衰减	增益	dB功率	dB电压	衰减	增益	dB功率
20.0	0.100 0	10.00	10.00	60.0	0.001	1 000	30.00
	虽然与0～20 dB一样使用同样的数字，但是小数点要左移一位。 因此： 10 dB = 0.316 2 30 dB = 0.0316 2	虽然与0～20 dB一样使用同样的数字，但是小数点要右移一位。 因此： 10 dB = 3.162 30 dB = 31.62	该列每隔10dB重复，而不是每隔20dB重复		虽然与0～20 dB一样使用同样的数字，但是小数点要左移3位。 因此： 10 dB = 0.316 2 70 dB = 0.000 316 2	虽然与0～20 dB一样使用同样的数字，但是小数点要右移3位。 因此： 10 dB = 3.162 70 dB = 3162	该列每隔10dB重复，而不是每隔20dB重复
40.0	0.01	100	20	80	0.0001	10 000	40.00
	虽然与0～20 dB一样使用同样的数字，但是小数点要左移2位。 因此： 10dB = 0.316 2 50dB = 0.003 162	虽然与0～20 dB一样使用同样的数字，但是小数点要右移2位。 因此： 10dB = 3.162 50dB = 316.2	该列每隔10dB重复，而不是每隔20dB重复		虽然与0～20 dB一样使用同样的数字，但是小数点要左移4位。 因此： 10dB = 0.3162 90dB = 0.000 031 62	虽然与0～20 dB一样使用同样的数字，但是小数点要右移4位。 因此： 10dB = 3.162 90dB = 31 620	该列每隔10dB重复，而不是每隔20dB重复
				100	0.00001	100 000	50.00

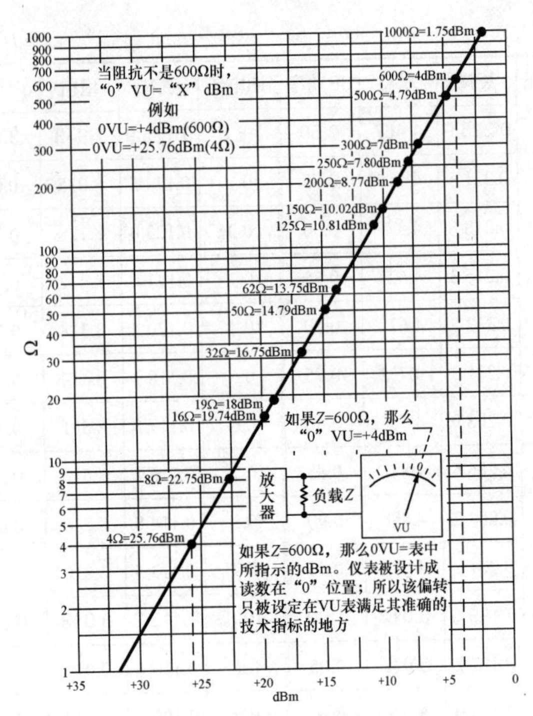

图 50.5 在各种阻抗情形下的 VU 与 dBm 间的关系

50.4 声压级

声压级（sound pressure level，SPL）是指如图 50.6 所示的声学压力。

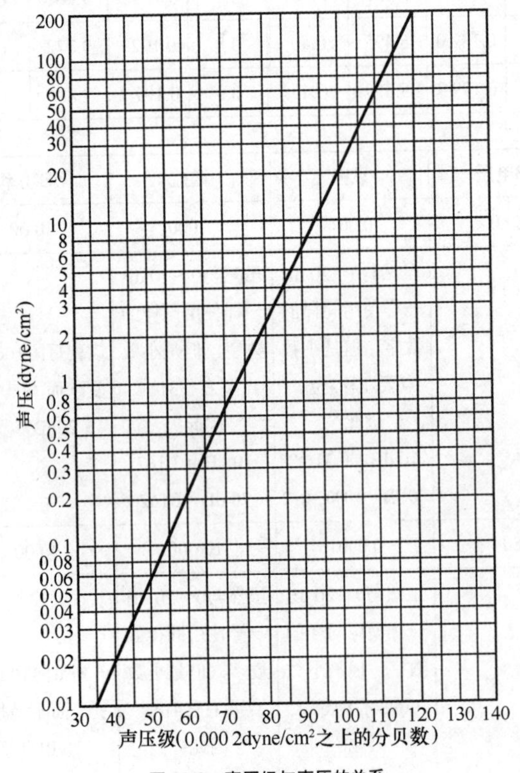

图 50.6 声压级与声压的关系

50.5 音响系统量纲和设计公式

对各种用于音响系统设计的参量的定义如下。

D_1。D_1 是传声器与扬声器间的距离，如图 50.7 所示。

D_2。D_2 是扬声器与最远听音人间的距离，如图 50.7 所示。

D_0。D_0 是讲话人（声源）与最远听音人间的距离，如图 50.7 所示。

D_s。D_s 是讲话人（声源）与传声器间的距离，如图 50.7 所示。

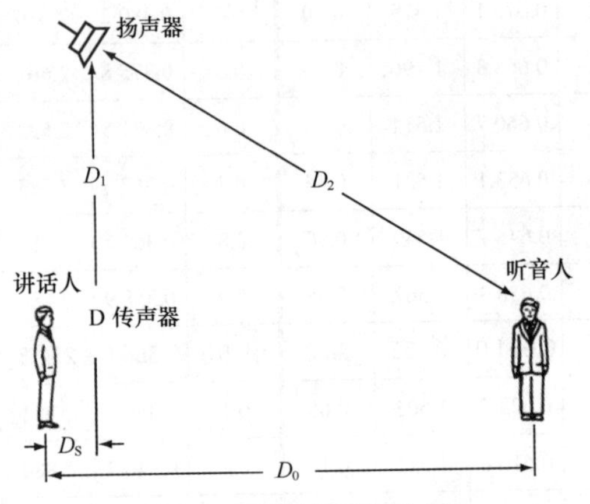

图 50.7 音响系统位置关系的定义

D_L。D_L 是限定距离，在 *RT* 为 1.6s 的房间中，15%Alcons 所对应的距离为 3.16D_c。这就是说，如果要让 %Alcons 维持在 15% 或更小，则 D_2 不能长过 D_L。随着 *RT* 的增加或者所要求的 %Alcons 的减小，D_2 应该小于 D_L。

EAD。等效声学距离（Equivalent Acoustic Distance，EAD）是指当无放大的讲话人声音产生足够的响度时，距离声源（讲话人）的最远距离。通常在周围相当安静的情况下，采用的 *EAD* 数值为 8ft，因为在这一距离上人们彼此之间可以轻松地交谈，并明白对方讲话的意思。一旦将 *EAD* 确定下来了，则音响系统就要被设计成在听众席的每一位置处都能产生这样的声压级。

D_c。临界距离（Critical Distance，D_c）是房间中直达声与混响声声能密度相等的位置点。D_c 可以采用下面的公式加以计算。

$$D_c = 0.141\frac{QRM}{N} \tag{50-48}$$

式中，

Q 是声源的指向性系数；

R 是房间常数；

M 是针对吸声系数的临界距离修正因子；

N 是针对直达声 / 混响声扬声器覆盖的修正因子。

也可以采用下面的公式得到临界距离。

$$D_c = 0.3121^{**}\sqrt{\frac{Qv}{RT}} \tag{50-49}$$

**SI 单位系数为 0.057

M。临界距离修正因子（*M*）是为了校正在扬声器所覆盖形状的通路上不同吸声系数的影响。

$$M = \frac{1-\bar{a}_{\text{total room}}}{1-\bar{a}_{\text{loudspeaker coverage area}}} \quad (50\text{-}50)$$

***N*。**临界距离修正因子（N）是为了校正多个声源的影响。N 是描述进入混响声场的不含直达声的声功率与扬声器在指定听音人位置上产生的直达声声功率比值的一个数值。

$$N = \frac{\text{扬声器的总数量}}{\text{提供的直达声数量}} \quad (50\text{-}51)$$

***%Alcons*。**英语由元音和辅音构成。辅音是确定单词的一些有粗糙感的字母。如果听清楚了单词中的辅音，则就能明白句子或短句了。荷兰的 V. M. A. Peutz（V.M.A. 皮奥茨）和 W. Klein（W. 克莱因）研究并公布了计算辅音清晰度损失百分比（% Articulation loss of consonants, %Alcons）的公式。该公式为

$$\%\text{Alcons} = 656^{**}\frac{RT_{60}{}^2 D_2{}^2 N}{VQM} \quad (50\text{-}52)$$

**SI 单位系数为 200

式中，

Q 是声源的指向性因数；

V 是闭室的体积；

M 是针对吸声系数的临界距离修正因子，

N 是针对多个声源的临界距离修正因子，

D_2 是扬声器与最远听音人间的距离。

当 $Dc \geqslant D_L$ 时，%Alcons = $9RT_{60}$。

***FSM*。**对反馈稳定边界（Feedback Stability Margin, FSM）有一定的要求，以确保扩声系统不发生振铃问题。当进入反馈时，房间和音响系统会产生长混响的效果。例如，当音响系统产生反馈时，房间 3s 的 RT 听上去很容易让人产生 RT 达到 6 ～ 12s 的感觉。为了确保不发生这种长混响的问题，必须要在要求的声学增益公式中加上一个 6dB 的反馈稳定边界。

***NOM*。**开启的传声器数目（Number of Open Microphones, NOM）会影响扩声系统的增益。系统增益会按照如下的公式减小。

$$\text{增益下降量 } dB = 10\lg NOM \quad (50\text{-}53)$$

每当传声器的数目加倍时，就要将增益减至原来增益的一半，因为总的增益是将所有的传声器加在一起的增益。

***NAG*。**必须的声学增益（Needed Acoustic Gain, NAG）是为了在最远的听音人位置上产生的声压级与在 EAD 处产生的声压级一样。NAG 的最简单形式如下。

$$NAG = 20\lg D_0 - 20\lg EAD \quad (50\text{-}54)$$

然而。NAG 也受到系统中所开启的传声器数量（NOM）的影响。NOM 每加倍一次，NAG 就提高 3dB。最终，要将 6dB 的反馈稳定边界（FSM）加到 NAG 的公式中，以确保系统一定不会达到反馈的状态。NAG 的最终计算公式如下。

$$NAG = \Delta D_0 - \Delta EAD + 10\lg NOM + 6\text{dB} + FSM \quad (50\text{-}55)$$

式中，

ΔD_0 和 ΔEAD 是经由 Hopkins-Stryker（霍普金斯 - 斯特赖克）公式的电平变化。

***PAG*。**音响系统的潜在声学增益（Potential Acoustic Gain, PAG）为

$$PAG = \Delta D_0 + \Delta D_1 - \Delta D_s - \Delta D_2 \quad (50\text{-}56)$$

式中，

ΔD_0，ΔD_1，ΔD_s 和 ΔD_2 在 NAG 使用过。

***Q*。**用于声辐射的换能器指向性因数（directivity factor, Q）是指在一些固定的距离和指定方向上的声压平方与在同样距离处来自换能器各个方向的平均声压平方的比值。距离一定要足够大，以便保证在脱离了有效的声源中心后声音表现出球面的特性。除非有特殊的说明，否则基准参考方向都是指最大响应的方向。几何上的 Q 可以利用如下的公式来得到。

1. 对于 0° ～ 180° 之间的矩形覆盖，

$$Q_{Geom} = \frac{180}{\text{arc sin}\left(\frac{\sin\theta}{2}\right)\left(\frac{\sin\phi}{2}\right)} \quad (50\text{-}57)$$

2. 对于 180° ～ 360° 之间的角度，如果一个角度是 180°，而其他的角度是 180° ～ 360° 之间的某一角度值，则

$$Q_{Geom} = \frac{360}{\text{角度}} \quad (50\text{-}58)$$

3. 对于圆锥形覆盖，

$$Q_{Geom} = \frac{2}{1-\cos\frac{\theta}{2}} \quad (50\text{-}59)$$

$C_\angle$. $C_\angle$ 是覆盖型的张角。一般 $C_\angle$ 表示的是覆盖型中 −6 dB 的两点间的夹角。

***EPR*。**EPR 是指在覆盖区域的指定点上产生人们想要的声压级所需要的电功率。它可以通过下面的公式得出。

$$EPR_{watts} = 10^{\frac{SPL_{des} + 10\text{dB}_{crest} + \Delta D_2 - \Delta D_{ref} - L_{sens}}{10}} \quad (50\text{-}60)$$

a。材料或表面的吸声系数（absorption coefficient, a）是指吸收声能与反射或输入声能之比

$$a = \frac{I_A}{I_R} \quad (50\text{-}61)$$

如果所有的声音均被反射，那么 a 就为 0。如果所有的声音均被吸收，则 a 为 1。

$\bar{a}$。平均吸声系数（average absorption coefficient, $\bar{a}$）是针对所有边界表面的，它可以通过下式得到。

$$\bar{a} = \frac{S_1 a_1 + S_2 a_2 + \ldots + S_n a_n}{S} \quad (50\text{-}62)$$

式中，

$S_{1,2\cdots n}$ 是各个表面的面积，

$a_{1,2\cdots n}$ 是各个表面各自的吸声系数，

S 是总的表面积。

***MFP*。**平均自由程（Mean-Free Path，*MFP*）是空间内反射间的平均距离。*MFP* 可由下式得到。

$$MFP = \frac{4V}{S} \quad (50\text{-}63)$$

式中，

V 是空间的容积，S 是空间的表面积。

Δ*Dx*。Δ*Dx* 是指与特定的距离相关的任意声压级变化，利用 Hopkins-Stryker 公式，可得

$$\Delta D_x = -10\lg\left[\frac{Q}{4\pi D_x^{\ 2}} + \frac{4N}{Sa}\right] \quad (50\text{-}64)$$

在准混响空间中，Peutz 将 Δ*Dx* 描述为

$$\Delta D_x = -10\lg\left[\frac{Q}{4\pi D_x^2} + \frac{4N}{Sa}\right] + \frac{0.734^{**}\sqrt{V}}{hRT_{60}}\lg\frac{D_x > D_c}{D_c} \quad (50\text{-}65)$$

**SI 单位系数为 200

式中，

h 为天花板的高度。

SNR*。SNR* 是指声学信号的信噪比。针对可懂度要求的信噪比为，

$$SNR = 35\left(\frac{2 - \lg\%\text{Alcons}}{2 - \lg 9RT}\right) \quad (50\text{-}66)$$

SPL*。SPL* 是以 0.000 02 N/m² 为参考值的 dB-SPL 单位的声压级。*SPL* 也称为 L_p。

最大节目声压级。最大节目声压级（Max Program Level）是指在可使用的输入功率的前提下，在指定点上可获得的最大节目声压级。最大节目声压级为。

$$节目声压级_{max} = 10\lg\frac{瓦数_{可使用}}{10} \left(\Delta D_2 - \Delta D_{ref}\right) + L_{sens} \quad (50\text{-}67)$$

L_{sens}。扬声器灵敏度（Loudspeaker sensitivity，L_{sens}）是指在特定的功率输入和特定的距离处，扬声器主轴上的 SPL 输出。最为常用的 L_{sens} 是指 4ft，1 W 和 1m，1W。

Sa*。Sa* 是指以塞宾（sabine）为单位的总吸声量，它等于总的表面积乘以其吸声系数。

***dB-SPLT*。**dB-SPLT 是讲话人或声源的声压级。

***dB-SPLD*。**dB-SPLD 是指向要的声压级。

***dB-SPL*。**dB-SPL 是以分贝表示的声压级。

EIN*。EIN* 是指等效输入噪声。

$$EIN = -198\text{dB} + 10\lg BW + 10\lg Z + -6\text{dB} - 20\lg 0.775 \quad (50\text{-}68)$$

式中，

BW 为带宽，Z 为阻抗。

热噪声。热噪声是由任意的电阻（包括标准电阻）所产生的噪声。处在绝对零度之上的任何电阻都会因材料中自由电子的热扰动而产生噪声。噪声的大小可以通过测量系统的阻值、绝对温度和等效噪声带宽来计算。输入被连接到其等效源电阻上的完全无噪声放大器也会在其输出上表现出噪声，其大小等于将源电阻噪声乘以放大量。这一噪声就是所谓的理论最小值。

根据电阻阻值和电路带宽确定热噪声电压均方根值（有效值）的快速方法如图 50.8 所示。对于实际的计算，尤其是那些阻性分量在感兴趣的带宽上为恒定值的情况，可以采用下式加以计算。

$$E_{rms} = \sqrt{4\times10^{-23}(T)(f_1 - f_2)R} \quad (50\text{-}69)$$

式中，

$f_1 - f_2$ 是 3dB 带宽；

R 是产生噪声的跨接阻抗的阻性分量；

T 是以 K 为单位的绝对温度。

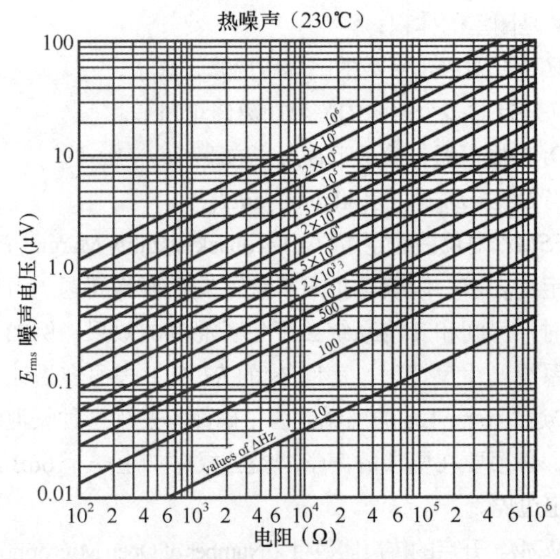

图 50.8 热噪声曲线图

RT*。RT* 是空间中被中断的稳态信号衰减 60dB 所需要的时间。*RT* 一般采用下面的某一公式进行计算：经典的 Sabine（塞宾）法，Norris Eyring（诺里斯埃润）改进的塞宾公式，以及 Fitzroy（菲茨罗伊）公式。当 *X*、*Y* 和 *Z* 平面中的墙壁上存在完全不同的吸声材料时，

Sabine 公式为

$$RT_{60} = 0.049^{**}\frac{V}{S\bar{a}} \quad (50\text{-}70)$$

**SI 单位的系数为 0.161

Norris Eyring 公式为

$$RT_{60} = 0.049^{**}\frac{V}{-S\ln(1-\bar{a})} \quad (50\text{-}71)$$

**SI 单位的系数为 0.161

Fitzroy 公式为

$$RT_{60}=\frac{0.049^{**}\mathrm{V}}{\mathrm{S}^2}\left[\frac{2XY}{-\ln(1-\bar{a}_{XY})}+\frac{2XZ}{-\ln(1-\bar{a}_{XZ})}+\frac{2YZ}{-\ln(1-\bar{a}_{YZ})}\right] \quad (50\text{-}72)$$

**SI 单位的系数为 0.161

式中，

V 是房间的容积；

S 是表面积；

a 是总吸声系数；

X 是空间长度；

Y 是空间宽度；

Z 是空间高度。

信号延时。信号延时是指以声速行进的信号由声源传输到指定空间点所需要的时间。

$$SD=\frac{Distance}{c} \quad (50\text{-}73)$$

式中，

SD 是以 ms 为单位的信号延时时间，

c 为声速。

50.6　ISO数值

“为了给棉绳定等级而制定合理的基准，1879 年 Charles Renard（查尔斯・里纳德）在法国提出了优选的数值。源于其工作的这一丈量体系以每一单位长度上质量的几何级数为基础，这样便使得级数每第 5 个步阶将绳的长度增加 10 倍（引自针对优先数的美国国家标准）。”当今声学上也使用同样的优先数系。1/12，1/6，1/3，1/2，2/3 和 1/1oct. 优选中心频率数值并不是精确的 n 级数数量。准确的 n 级数数量由如下的公式得到

$$n\text{级数}=10^{\frac{1}{n}}\left(10^{\frac{1}{n}}\right)\left(10^{\frac{1}{n}}\right)\cdots \quad (50\text{-}74)$$

式中，

N 是级数的序数。例如，对于 40 级数来说，第 3 个 n 的数量为

$$10^{\frac{1}{40}}\left(10^{\frac{1}{40}}\right)\left(10^{\frac{1}{40}}\right)=1.188\,502\,2$$

表 50-4 是为国际上优先的 ISO 数系。

表 50-4　国际上优先的 ISO 数系

1/12 oct. 40级数	1/6 oct. 20级数	1/3 oct. 10级数	1/2 oct. 6 1/3级数	2/3 oct. 5级数	1/1 oct. 3 1/3级数	精确值
1.00	1.00	1.00	1.00	1.00	1.00	1.000 000 000
1.06						1.059 253 725
1.12	1.12					1.122 018 454
1.18						1.188 502 227

续表

1/12 oct. 40级数	1/6 oct. 20级数	1/3 oct. 10级数	1/2 oct. 6 1/3级数	2/3 oct. 5级数	1/1 oct. 3 1/3级数	精确值
1.25	1.25	1.25				1.258 925 411
1.32						1.333 521 431
1.40	1.40					1.412 537 543
1.50						1.496235654
1.60	1.60	1.60		1.60		1.584 893 190
1.70						1.678 804 015
1.80	1.80					1.778 279 406
1.90						1.883 649 085
2.00	2.00	2.00	2.00		2.00	1.995 262 310
2.12						2.113 489 034
2.24	2.24					2.238 721 132
2.36						2.371 373 698
2.50	2.50	2.50		2.50		2.511 886 423
2.65						2.660 725 050
2.80	2.80		2.80			2.818 382 920
3.00						2.985 382 606
3.15	3.15	3.15				3.162 277 646
3.35						3.349 654 376
3.55	3.55					3.548 133 875
3.75						3.758 374 024
4.00	4.00	4.00	4.00	4.00	4.00	3.981 071 685
4.25						4.216 965 012
4.50	4.50					4.466 835 897
4.75						4.731 512 563
5.00	5.00	5.00				5.011 872 307
5.30						5.308 844 410
5.60	5.60		5.60			5.623 413 217
6.00						5.956 621 397
6.30	6.30	6.30		6.30		6.309 573 403
6.70						6.683 439 130
7.10	7.10					7.079 457 794
7.50						7.498 942 039
8.00	8.00	8.00	8.00		8.00	7.943 282 288
8.50						8.413 951 352
9.00	9.00					8.912 509 312
9.50						9.440 608 688

50.7 希腊字母

表50-5显示了希腊字母和通常用来表示的术语。

表50-5 希腊字母

名字	大写字母		小写字母	
alpha	Α		α	吸声系数，角度，角加速度，衰减常量，共基极电流放大系数，静态参量的偏差，线性膨胀的温度系数，电阻的温度系数，热膨胀系数，热扩散
beta	Β		ß	角度，共发射极电流放大系数，通量密度，相位常数，波长常数
gamma	Γ		γ	电导率，Grueneisen参数
delta	Δ	减量增量	δ	角度，阻尼系数（衰减常数），减量，增量，次级-发射比
epsilon	Ε	电场强度	ε	电容率，介电常数，电子能量，发射率，自然对数的底（2.71828）
zeta	Ζ		ζ	化学势能，电介质极化率（固有电容），效率，磁滞现象，介质的固有阻抗，固有喷射比
eta	Η		η	
theta	Θ	角度，热阻	θ	转动角度，角度，相角位移，磁阻，转换角度
iota	Ι		ι	
kappa	Κ	耦合系数	κ	磁化系数
lambda	Λ		λ	电荷的线密度，透射率，感光灵敏度，波长
mu	Μ		μ	放大系数，导磁率，micro的前缀符
nu	Ν		ν	磁阻率
xi	Ξ		ξ	
Omicron	Ο		ο	
pi	Π		π	佩尔捷系数，周长与直径之比（3.1416）
rho	Ρ		ρ	反射系数，反射因数，电阻系数，电荷的体密度
sigma	Σ	求和	σ	传导率，斯特藩-玻尔兹曼常数，电荷的面密度
tau	Τ	周期	τ	传播常数，汤姆孙系数，时间常数，时间-相位位移，传输因数
upsilon	ϒ	导纳	υ	
phi	Φ	磁通量，辐射通量	ϕ	角度，性能系数，接触势能，磁通量，相位角，相移
chi	Χ			角度
psi	Ψ	角度	ψ	电通量，相位差
omega	Ω	电阻	Ω	角频率，角速度，立体角

50.8 声频标准

声频标准是由国际音频工程学会（Audio Engineering Society，AES）和国际电工委员会（International Electrotechnical Commission，IEC）制定的，如表50-6和50-7所示。

表50-6 AES标准

	标准和实用建议
AES2-1984（r2003）	AES实用建议——用于专业声频和扩声的扬声器单元技术指标
AES2-2012	修订的扬声器（驱动单元）性能测量方法
AES3-2003	AES针对数字声频工程的实用建议——针对双通道线性表示数字声频数据的串行传输格式（AES3-1992的修订版，包括后续修正）
AES5-2003	AES针对专业数字声频的实用建议——采用脉冲编码调制应用中优选的采样频率（AES 5-1997的修订版）
AES6-1982（r2003）	测量录音和重放设备的加权峰值抖动的方法
AES7-2000（r2005）	AES针对录音制品的保存和修复的标准——媒质波长下声音磁记录的记录磁通量的测量（AES7-1982的修订版）
AES10-2003	AES针对数字声频工程的实用建议——串行多通道数字声频接口（AES10-1991的修订版）
AES11-2003	AES针对数字声频工程的实用建议——演播室工作环境中的数字声频设备的同步（AES11-1997的修订版）
AES14-1992（r2004）	AES针对专业声频设备的标准——插接件的应用，第1部分，XLR型极性和类型
AES15-1991（w2002）	AES针对扩声系统的实用建议——通信接口（PA-422；Withdrawn: 2002）
AES17-1998（r2004）	AES针对数字声频工程的标准方法——数字声频设备的测量（AES17-1991的修订版）
AES18-1996（r2002）	AES针对数字声频工程的实用建议——AES数字声频接口的用户数据通道的格式（AES18-1992的修订版）
AES19-1992（w2003）	AES-ALMA用于声频工程的标准测试方法——扬声器纸盆最低共振频率的测量（Withdrawn：2003）
AES20-1996（r2002）	AES针对专业声频的实用建议 —— 扬声器的主观评价
AES22-1997（r2003）	AES针对声频素材保存和修复的实用建议——塑料带基磁带的存放和处理
AES24-1-1999（w2004）	AES针对音响系统控制的标准 ——通过数字数据网络进行声频设备控制和监听的应用协议——第1部分：原理，格式和基本流程（AES24-1-1995的修订版）
AES24-2-tu（w2004）	针对音响系统控制的AES标准建议草稿——通过数字数据网络进行声频设备控制和监听的应用协议——第2部分：数据类型，常数和机箱结构（用于试用）
AES26-2001	AES针对专业声频的实用建议——声频信号极性的保持（AES26-1995的修订版）
AES27-1996（r2002）	AES针对法庭应用的实用建议——用于庭审记录目的建议使用的磁记录声频材料
AES28-1997（r2003）	AES针对声频制品存放和修复的标准——根据温度和相对湿度影响而进行的小型光盘（CD-ROM）寿命评估的方法（包括Amendment 1-2001）

续表

AES31-1-2001（r2006）	AES针对网络和声频文件传输的标准——声频文件传输和交换-第1部分：盘格式
AES31-2-2006	AES针对声频的网络化和文件传输的标准——在不同类型和厂家的系统间传输数字声频数据的文件格式
AES31-3-1999	AES针对声频的网络化和文件传输的标准——声频文件传输和交换-第3部分：简单的工程文件互换
AES32-tu	针对专业声频互连的AES标准建议草稿——光纤连接器，线缆及其特性（用于试用）
AES33-1999（w2004）	AES标准——用于声频互连——多节目连接配置的数据库（Withdrawn:2004）
AES35-2000（r2005）	AES针对声频制品保存和修复的标准——根据温度和相对湿度影响而进行的磁光盘（M-O）寿命评估的方法
AES38-2000（r2005）	AES针对声频制品保存和修复的标准——在可记录小型光盘系统内的信息寿命——考虑温度和相对湿度影响而进行的评估方法
AES41-2000（r2005）	AES针对数字声频的标准——针对声频比特率压缩的记录数据装置
AES41-1-2012	修订的声频嵌入元数据——第1部分：概述
AES41-2-2012	修订的声频嵌入元数据——第2部分：MPEG-1层II或MPEG-2 LSF层II
AES41-3-2012	声频嵌入元数据——第3部分：AAC&HE-AAC
AES41-4-2012	声频嵌入元数据——第4部分：Dolby E
AES41-5-2012	声频嵌入元数据——第5部分：EBU响度，真峰值和下变换
AES42-2006	AES针对声学的标准——传声器的数字接口
AES43-2000（r2005）	AES针对法庭应用的标准——针对模拟声频磁带录音鉴定的标准
AES45-2001	AES针对单节目连接件的标准——用于扬声器电平跳线盘的连接件
AES46-2002	AES针对声频的网络化和文件传输。“声频文件”传输和互换，交通电台声频节目传输扩展至广播WAVE文件格式
AES47-2006	AES针对数字声频的标准——数字输入和输出接口——借助异步传输模式（ATM）网络的数字声频传输
AES48-2005	AES关于互连的标准——接地和EMC实用指南——包含有源电路的声频设备的连接件屏蔽
AES49-2005	AES针对声频制品保存和修复的标准——磁带——用于长期使用磁带的保管和处置实践指南
AES50-2005	AES针对数字声频工程的标准——高清晰度多声道声频的互联
AES51-2006	AES针对数字声频的标准——数字输入-输出接口——借助以太网物理层的ATM蜂窝通信的传输
AES52-2006	AES针对数字声频工程的标准——在AES3传输流中插入的特有标识
AES53-2006	AES针对数字声频的标准——数字输入-输出接口——AES47中的采样精度时基
AES55-2012	修订的AES3比特流中的MPEG Surround
AES57-2011	元数据——针对保存和修复的声频目标结构
AES59-2012	平衡式电路中的5路D-型连接件
AES60-2011	核心声频元数据
AES62-2011	针对数字声频的改进XLR3型连接件
AES63-2012	XLR型连接件壳体内的数据连接件
AES64-2012	网络：命令，控制和连接管理
AES65-2012	环绕声话筒连接器
AES66-2012	小型XLR型连接件的极性和分类
AES67-2013	网络，AoIP（网络声频）交互性
重复条目	重复条目
AES-1id-1991（r2003）	AES信息文件——平面波导管：设计与应用
AES-2id-1996（r2001）	针对数字声频工程的AES信息文件——AES3接口的应用指南
AES-2id-2012	修订的AES3接口指引
AES-3id-2001（r2006）	针对数字声频工程的AES信息文件——利用非平衡式同轴线缆的AES3格式化数据的传输（AES-3id-1995修订版）
AES-4id-2001	针对室内声学和扩声系统的AES信息文件 —— 表面散射均匀性的特性和测量
AES-5id-1997（r2003）	针对室内声学和扩声系统的AES信息文件——扬声器建模和测量——用来测量，显示和预测扬声器极坐标数据的频率和角度分辨率
AES-6id-2000	针对数字声频的AES信息文件——PC声频质量的测量
AES-10id-2005	针对数字声频工程的AES信息文件——针对多声道数字声频接口，AES10（MADI）的工程指南
AES21id-2011	蓝光光盘中的高分辨率声频
AES-R1-1997	专业声频的AES项目报告——针对大容量媒体上声频的技术规格
AES-R2-2004	有关专业声频条款和设备技术规范的AES项目报告——用来表示电平的符号（AES-R2-1998修订版）
AES-R3-2001	关于单一节目连接件的AES标准项目报告——尖-环-套连接件跳线盘的兼容性

续表

AES-R4-2002	AES标准项目报告。针对数字声频工程的AES实用建议的指南——借助异步传输模式（ATM）网络的数字声频传输
AES-R6-2005	AES标准项目报告。针对数字声频工程的AES标准的指南——高分辨率多声道声频互连（HRMAI）
AES-R7-2006	AES标准项目报告——针对数字声频信号准确峰值仪表指示的考量

表 50-7 IEC 标准

IEC 编号	IEC标题
IEC 60038	IEC标准电压
IEC 60063	电阻器和电容器优选采用的数系
IEC 60094	磁带录音和重放系统
IEC 60094-5	磁带的电气属性
IEC 60094-6	开盘式系统
IEC 60094-7	用于商业磁带记录和家用的盒式磁带
IEC 60096	RF电缆
IEC 60098	塑料唱片转盘的振动测量
IEC 60134	电子管和半导体器件的绝对最大值和设计标称值
IEC 60169	RF连接件
IEC 60169-2	非匹配同轴连接件（Belling-Lee TV 天线插头）
IEC 60169-8	50欧姆BNC连接件
IEC 60169-9	50欧姆SMC连接件
IEC 60169-10	50欧姆SMB连接件
IEC 60169-15	50欧姆或75欧姆N型连接件
IEC 60169-16	50欧姆SMA连接件
IEC 60169-16	50欧姆TNC连接件
IEC 60169-24	75欧姆F型连接件F
IEC 60179	声级计
IEC 60228	绝缘电缆的导体
IEC 60268	音响系统设备
IEC 60268-1	概述
IEC 60268-2	常用术语和计算方法的解释
IEC 60268-3	放大器
IEC 60268-4	传声器
IEC 60268-5	扬声器
IEC 60268-6	辅助无源单元
IEC 60268-7	头戴式耳机与耳塞
IEC 60268-8	自动增益控制器件
IEC 60268-9	人工混响，延时和频移设备
IEC 60268-10	峰值节目表
IEC 60268-11	音响系统各组成单元互连的连接件应用

续表

IEC 编号	IEC标题
IEC 60268-12	用于广播极其类似应用的连接件应用
IEC 60268-13	音箱的监听检测
IEC 60268-14	圆形或椭圆形扬声器；外框架直径及其安装尺寸
IEC 60268-16	利用STI表征的语言清晰度客观额定值
IEC 60268-17	标准音量指示器
IEC 60268-18	峰值节目电平表——数字声频峰值电平表
IEC 60297	19 in机架
IEC 60386	抖晃的测量（声频）
IEC 60417	在设备中使用的图形符号
IEC 60446	接线色标
IEC 60461	时间和控制码
IEC 60574	音视频，视频和电视设备及系统
IEC 60581	高保真声频设备和系统：最低性能要求
IEC 60651	声级计
IEC 60728	针对电视信号，声音信号和交互业务的有线网络
IEC 60899	专业数字声频记录的采样率和信源编码
IEC 60908	CD数字声频系统
IEC 60958	数字声频接口
IEC 61043	与传声器对配合使用的声强计
IEC 61305	家用高保真声频设备和系统——性能的测量方法和规定
IEC 61603	声频或视频信号的红外传输
IEC 61329	音响系统设备——音响仪器性能的测量方法及其规定
IEC 61606	声频和视听设备——数字声频部分——声频特性的基本测量方法
IEC 61966	多媒体系统——色彩测量
IEC 61966-2-1	sRGB的默认RGB色域
IEC 62458	音响系统设备——电声换能器

50.9 声频频率范围

声频频谱通常被认定的频率范围是 20Hz ～ 20kHz，如图 50.9 所示。实际上，听觉感知的纯音上限在 12kHz ～ 18kHz，具体要取决于个人的年龄和性别，以及耳朵在大声音环境下的保护措施做得如何。20kHz 以上的频率是不能直接被听到的，但是这些频率产生的影响（即快速的上升时间）是能够听到的。

频谱低端的更为常见的感知情形并不是听到纯音，而是感知到它。在 20Hz 以下的频率很难重放出来。通常实际重放出的是其二次谐波，而大脑将其转换回基波。

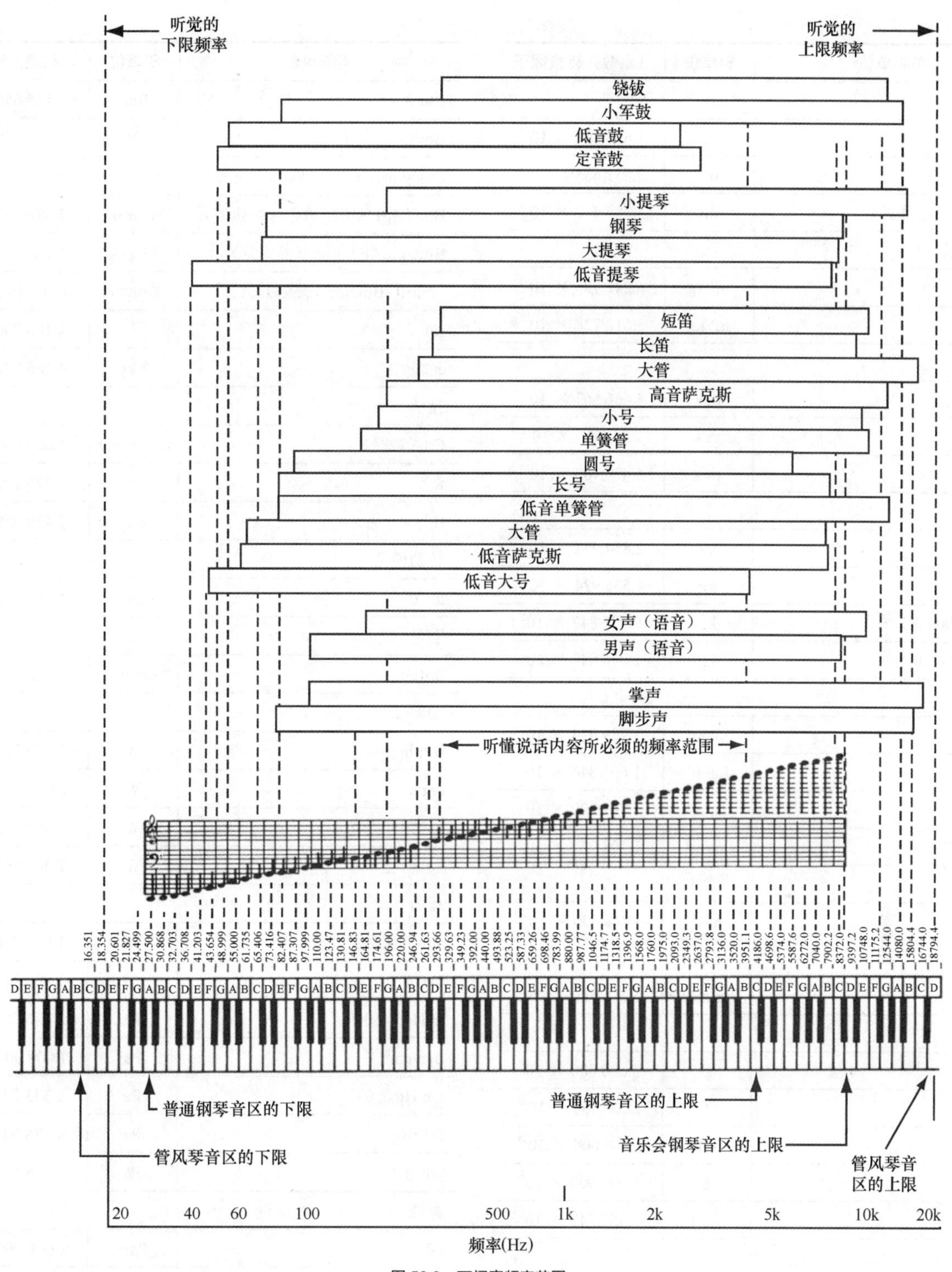

图 50.9　可闻声频率范围

50.10 常用的转换系数

美制单位到 SI 单位的转换可以通过将美制单位乘以表 50-8 中给出的转换系数的方法来实现。要想将 SI 单位转换成美制单位则要除以转换系数。

表 50-8　美制单位转换成 SI 单位使用的转换系数

美制单位	SI单位	（乘数）转换因子
长度		
ft	m	$3.048\ 000 \times 10^{-1}$
mi	m	$1.609\ 344 \times 10^{3}$
in	m	$2.540\ 000 \times 10^{-2}$
面积		
ft^2	m^2	$9.290\ 304 \times 10^{-2}$
in^2	m^2	$6.451\ 600 \times 10^{-4}$
yd^2	m^2	$8.361\ 274 \times 10^{-1}$

续表

美制单位	SI单位	（乘数）转换因子
容积/体积		
in^3	m^3	$1.638\ 706 \times 10^{-5}$
ft^3	m^3	$2.831\ 685 \times 10^{-2}$
liquid gal（液体加仑）	m^3	$3.785\ 412 \times 10^{-3}$
体积/质量		
ft^3/lb	m^3/kg	$6.242\ 796 \times 10^{-2}$
in^3/lb	m^3/kg	$3.612\ 728 \times 10^{-5}$
速度		
ft/h	m/s	$4.466\ 667 \times 10^{-5}$
in/s	m/s	2.540000×10^{-2}
mi/h	m/s	$4.470\ 400 \times 10^{-1}$
质量		
Oz	kg	$2.834\ 952 \times 10^{-2}$
lb	kg	$4.535\ 924 \times 10^{-1}$
短吨（2000 lb）	kg	$9.071\ 847 \times 10^{2}$
长吨（2240 lb）	kg	$1.016\ 047 \times 10^{3}$
质量/体积		
oz/in^3	kg/m^3	$1.729\ 994 \times 10^{3}$
lb/ft^3	kg/m^3	$1.601\ 846 \times 10^{1}$
lb/in^3	kg/m^3	$2.767\ 990 \times 10^{4}$
lb/美制加仑	kg/m^3	$1.198\ 264 \times 10^{2}$
加速度		
ft/s^2	m/s^2	$3.048\ 000 \times 10^{-1}$
角动量		
$lb\ f^2/s$	$kg{\cdot}m^2/s$	$4.214\ 011 \times 10^{-2}$
电学		
A•h	C	$3.600\ 000 \times 10^{3}$
Gs	T	$1.000\ 000 \times 10^{-4}$
Mx	Wb	$1.000\ 000 \times 10^{-8}$
Mho	S	$1.000\ 000 \times 10^{0}$
Oe	A/m	$7.957\ 747 \times 10^{1}$
能量（功）		
Btu	J	$1.055\ 056 \times 10^{3}$
eV	J	$1.602\ 190 \times 10^{-19}$
W•h	J	$3.600\ 000 \times 10^{3}$
erg	J	$1.000\ 000 \times 10^{-7}$
Cal	J	$4.186\ 800 \times 10^{0}$
力学		
dyn	N	$1.000\ 000 \times 10^{-5}$
lbf	N	$4.448\ 222 \times 10^{0}$
pdl	N	$1.382\ 550 \times 10^{-1}$
热学		

续表

美制单位	SI单位	（乘数）转换因子
Btu/ft^2	J/m^2	$1.135\ 653 \times 10^{4}$
Btu/lb	J/hg	$2.326\ 000 \times 10^{3}$
Btu/（h•ft^2•°F） 或k （导热率）	W/m•K	$1.730\ 735 \times 10^{0}$
Btu/（h•f^2•°F） 或C （导热率）	W/m^2•K	$5.678\ 263 \times 10^{0}$
Btu/（lb °F）或c （热容量）	J/kg•K	$4.186\ 800 \times 10^{3}$
°F•h•ft^2/Btu或R（热阻）	K•m^2/W	$1.761\ 102 \times 10^{-1}$
cal	J	$4.186\ 000 \times 10^{0}$
cal/g	J/kg	$4.186\ 000 \times 10^{3}$
光学		
Cd（烛光）	cd（烛光）	$1.000\ 000 \times 10^{0}$
fc	lx	$1.076\ 391 \times 10^{1}$
fL	cd/m^2	$3.426\ 259 \times 10^{0}$
转动惯量		
lb•ft^2	kg•m^2	$4.214\ 011 \times 10^{-2}$
动量		
lb•ft/s	kg•m/s	$1.382\ 550 \times 10^{-1}$
功率		
Btu/h	W	$2.930\ 711 \times 10^{-1}$
erg/s	W	$1.000\ 000 \times 10^{-7}$
hp（550 ft/lb. s-1）	W	$7.456\ 999 \times 10^{2}$
hp （电学）	W	$7.460\ 000 \times 10^{2}$
压力		
atm（正常大气压）	Pa	$1.031\ 250 \times 10^{5}$
bar	Pa	$1.000\ 000 \times 10^{5}$
in Hg@ 60°F	Pa	$3.376\ 850 \times 10^{3}$
dyn/cm^2	Pa	$1.000\ 000 \times 10^{-1}$
cm Hg@ 0℃	Pa	$1.333\ 220 \times 10^{3}$
lbf/f^2	Pa	$4.788\ 026 \times 10^{1}$
pdl/ft^2	Pa	$1.488\ 164 \times 10^{0}$
黏性		
cP	Pa•s	$1.000\ 000 \times 10^{-3}$
lb/ft•s	Pa•s	$1.488\ 164 \times 10^{0}$
ft^2/s	m^2/s	$9.290\ 304 \times 10^{-2}$
温度		
℃	K	$t_C + 273.15$
°F	K	（t_F + 459.67）/1.8
°R	K	t_R/1.8
°F	℃	（t_F −32）/1.8或（t_F −32）×（5/9）
℃	°F	1.8（t_C） + 32 或［t_C ×（9/5）］+ 32

50.11 技术上的缩写

工程上的许多单位或术语的缩写既被美国政府所接受，也被声学家和声频咨询人员和工程师所接受。表 50-9 列出了相应的这些缩写。将倍数和因数前缀的符号列于表 50-1 中。

表 50-9 建议的缩写

符号或缩写	单位或词条
…°	度（平面角）
…′ 或…′	分（平面角）
%Alcons	辅音清晰度损失百分比度（温度）
℃	摄氏度
℉	华氏度
"	秒（平面角）
3PDT	三极双投
3PST	三极单投
4PDT	四极双投
4PST	四极单投
α	吸声系数
A	安培
Å	埃
A/D	模数转换
AAC	高级声频编码
AACS	高级内容访问系统
Aavg	平均幅度
ABR	可用比特率
ac	交流
ACMC	相异串扰边界计算
ACR	衰减串话比
ADA	美国残疾人法案
ADPCM	自适应音频脉冲编码调制
ADSL	非对称数字用户线
AE	声音消除
AES	高级加密标准，国际音频工程学会
AF	声频频率
AFC	自动频率控制
AFEXT	远端外部串扰
AFP	苹果文件协议
AFTRA	美国电视和广播艺术家联合会
AGC	自动增益控制
Ah	安培-小时
AHD	声频高密度
AI	清晰度指数
AIP	可用输入功率
ALC	自动电平控制
ALD	助听设备

续表

符号或缩写	单位或词条
ALS	助听系统
AM	幅度调制（调幅）
ANEXT	近端外部串扰
ANL	环境噪声声压级
ANSL	美国国家标准组织
antilog	反对数
AoIP	IP声频
A_P	峰值幅度
A_{P-P}	峰峰值幅度
APD	雪崩光电二极管
APF	全通滤波器
AR	受援共振（电声谐振系统）
ARI	司机的广播信息
ASA	美国声学协会/美国标准协会
ASCII	美国信息交换标准码
ASHRAE	美国采暖，制冷与空调工程师学会
ASTM	美国测试和材料协会
ATSC	高级电视系统委员会
AVB	音视频桥接
AVC	自动音量控制
avg	平均
AVR	音视频接收机
AWG	美国线缆规格
AWM	设备接线材料
b	机房/比特
B	贝尔/通量密度
B-Y	蓝色差信号
Balum	平衡至非平衡转换
BAS	建筑自动化系统
BBS	公告板系统
BCA	平衡式电流放大器
BCD	二进制编码的十进制
Bd	波特
BDP	带宽距离积
BER	传输系统误码率
BFO	拍频振荡器
BIR	双耳冲激响应
BJT	双极结晶体管
BLC	背光补偿
BGM	背景音乐
BOVP	电池过电压保护
BPF	带通滤波器
bps	比特数每秒

续表

符号或缩写	单位或词条
BPSK	二进制相移键控
BRI	基本速率接口ISDN
Btu	英国热量单位
BV	击穿电压
BW	带宽
BWO	返波振荡器
C	电容量/电容器/库伦/覆盖角
CABA	欧洲自动化建筑协会
CAC	天花板衰减等级
CAD	计算机辅助设计
CAF	通用放大器格式
cal_{IT}	卡路里（国际餐桌热量）
cal_{th}	卡路里（热化学卡路里）
CAP	无载波调幅/调相
CAPS	恒幅相移
CAV	恒角速度
CB	民用电波频段：官方分配给私人无线电通信用的无线电频带
CBF	恒带宽滤波器
CBR	恒定比特率
CCCA	通信线缆和连接线缆协会
CCD	电荷耦合器件
CCFL	冷阴极荧光灯
CCIR	国际无线电咨询委员会
CCITT	国际电报与电话咨询委员会
CCNA	思科认证网络支持工程师
CCNP	思科公司网络专业认证
CCT	相关色温
CCTV	闭路电视
cd	烛光
CD	小型光碟
CD-DA	数字声频小型光碟
CD-G	音乐CD+图像
CD-I	交互式小型光碟
CD-UDF	CD通用设备格式
cd/ft^2	每平方英尺烛光量
cd/m^2	每平方米烛光量
CDR	时钟与数据恢复
CEA	消费者电子协会
CEC	加拿大电子规范/消费电子控制
CEDIA	消费电子设计与定制安装协会
CFL	紧凑型荧光灯
CGS	厘米-克-秒制

续表

符号或缩写	单位或词条
Ci	居里
CIE	国际照明委员会
CIRC	交叉交错里德-索罗门码
CLF	通用扬声器格式
CLV	恒线速度
cm	厘米
cm^3	立方厘米
cmil	圆密耳
CMR/CMRR	共模抑制或共模抑制比
CMTS	同轴电缆调制解调器端接系统
CO	电话总局
CODEC	压缩/解压缩算法
COLS	商业在线业务
CP	集合点
CPB	恒定百分比带宽
CPE	氯化聚乙烯
CPRI	通用公共射频接口
CPU	中央处理器
CRC	循环冗余校验
CRO	阴极射线示波器
CRS	接触电阻抗稳定性
CRT	阴极射线管
CSA	加拿大标准协会
CSMA/CD	带冲突检测的载波监听多路访问
CSR	消费业务代表
CSS	内容扰乱系统
CTD	电荷转移器件
CTS	认证技术专家
CW	连续波
D-VHS	数字VHS
D/A	数模转换
DA	介电吸收
DAB	数字音频广播
DAC	数模转换器
DASH	数字声频固定磁头
DAT	数字音频磁带
DAVIC	数字音视频委员会
DAW	数字音频工作站
dB	分贝
dBA	A加权声压级分贝值
dB_{DIR}	直达声声压级分贝值
dBm	以1mW为参考基准的分贝值
DBS	直播卫星

续表

符号或缩写	单位或词条
dB_{SPL}	声压级分贝值
dBV	以1V为参考基准的分贝值
dc	直流
D_c	临界距离
DCC	数字式小型磁带
DCP	数字电影包
DDC	显示数据通道
DDM	直接刻盘母版
DDR	双倍数据速率
DDS	数字数据存储
DEPIC	泡沫绝缘电线
DES	数据加密标准
DF	耗散因数
DFP	数字幻象电源
DFT	离散傅立叶变换
DHCP	动态主机配置协议
DHS	数字家用标准
DI	指向性指数
DIN	德国工业标准
DIP	双列直插式封装
DLP	数字光处理显示器
DMA	直接存储器访问
DMD	数字微镜器件
DMM	直刻金属母版
DMT	离散多频声
DNR	动态降噪系统
DOCSIS	同轴电缆数据接口规范
DOD	放电深度
DoS	拒绝服务
DPC	延迟进程调用
DPMS	显示功率管理信号
DPP	数字式幻象供电
DRC	数字房间校正
DRM	数字版权管理
DSB	直播卫星广播
DSB	双边带
DSD	直接流数字
DSL	数字用户线
DSP	数字信号处理
DSS	数字卫星系统
DSV	数字求和数值
ΔT	温差
DTH	直接到户（数字高清晰度直播电视卫星）

续表

符号或缩写	单位或词条
DTL	直接时间锁定
DTLe	改良的直接时间锁定
DTMF	双音多频
DTS	数字影院系统
DTV	数字电视
DTVM	差分热电偶伏特表
DUT	被测设备
DV	数字视频
DVB	数字视频广播
DVD	多用途数字光盘
DVI	数字视频接口
DVM	数字式电压表
DVS	描述性视频业务
DWDM	密集波分复用
dyn	达因
E	电压（电动力）
E.I	电子光圈
EAD	等效声学距离
EBS	应急广播系统
EBU	欧洲广播联盟
ECC RAM	差错校验和随机存储器
ECM	电磁兼容
EDA	设备分布区域
EDC	电子色散补偿
EDID	扩展显示识别数据
EDLC	法拉电容器（电双层电容器）
EDO RAM	扩展数据输出RAM
eDP	嵌入式显示端口
EDP	电子数据处理
EDTV	增强清晰度电视
EFC	能量频率曲线
E_{ff}	板极效率
EFM	8-14调制
EFP	电子现场制作
EHF	极高频
EHV	超高压
EIA	电子工业联盟/电子工业协会（原来称谓）
EIDE	增强IDE
EIN	等效输入噪声
EKG	心电图
ELF	极低频
ELFEXT	等电平远端串扰
EMC	电磁兼容

续表

符号或缩写	单位或词条
EMD	电子音乐发售
emf	电动力
EMI	电磁干扰
EMP	电磁脉冲
emr	电磁辐射
EMR	机电继电器
EMT	电气金属管件
EMU	电磁单元
E_n	噪声电压
EN	欧洲标准
ENG	电子新闻采集
E_o	开路电压
EOC	应急操作中心
E_{OUT}	输出电压
E_p	板极电压
EPA	环保局
EPR	电源要求
EQ	均衡器
ER	设备间
ERB	等效矩形带宽
ESD	静电放电
ESL	等效串联电感
ESR	等效串联电阻
ESU	静电单元
ETC	能量时间曲线
eV	电子伏特
EVOM	电子式伏特-欧姆计
f	频率；力
F	法拉第
FAQ	常见问题
FAS	火警和信号线
fBP	以Hz为单位的通带
f_C	英尺烛光
FCC	联邦通信委员会
FCFC	扁平电缆导体
FCoE	以太网光纤通道
FCSA	帧检验序列
FD	有限差分法
FDDI	光纤分布式数据接口
FDF	光纤配线架
FDFT	快速离散傅立叶变换
FDTD	时域有限差分
FEC	前向纠错

续表

符号或缩写	单位或词条
FET	场效应管
FEXT	远端串音
FFT	快速傅立叶变换
FIP	功能指示面板
FIR	有限冲激响应
fL	英尺朗伯
FLPs	快速链路脉冲
FM	频率调制（调频）
FMG	前景音乐
FO	光纤
FOC	光纤连接器
FOLED	柔性OLED
FOTL	光纤传输损耗
FPGA	现场可编程门阵列
FRC	……的小数部分
FS	满刻度
FSK	频移键控
FSM	反馈稳定度边界余量
ft-pdl	英尺磅达
ft•ibf	英尺磅力
ft/[']	英尺
ft/s	英尺/秒
ft/s^2	英尺/秒^2
ft^3/s	英尺^3/秒
FTC	频率时间曲线
FTP	文件传送协议，金属箔对绞线
FTTC	光纤到小区
FTTH	光纤到户
g	克
G	高斯
gal	加仑
gal/min	加仑/分钟
Gb	吉字节
GeV	十亿电子伏特
GHz	吉周/秒，吉赫兹
G_M	EIA标称传声器灵敏度
GMT	格林尼治标准时间
GND	地
GOF	玻璃纤维
GSA	美国公共事务总署
GWB	石膏墙板
h	小时
H	亨利

续表

符号或缩写	单位或词条
HANA	家庭自动化和网络化协会
HANs	家用网络
H_c	矫顽力
HCP	水平连接点
HD-SDI	高清晰度-串行数字接口
HDAs	平配线区域
HDCP	高带宽数字内容保护
HDLCS	高密度线性转换器系统
HDMI	高清晰度多媒体接口
HDSL	高比特率数字用户线
HDTV	高清晰度电视
HF	高频
HFC	光纤/同轴电缆混合网
HIPPI	高速并行网络技术
HLAA	美国听力损失协会
HOW	教堂
hp	马力
HPF	高通滤波器
HRTF	头相关传递函数
HSCDS	高速有线数据业务
HTML	超文件标示语言
HTTP	超文本传送协议
HV	高压
HVAC	供暖，通风和空调系统
Hz	赫兹，周/秒
I/O	输入/输出
I_a	声强
IaaS	基础架构即服务
I_{ac}	交流电流
IACC	耳间互相关系数
IBC	国际建筑规范
IC	集成电路
ICAT	视听技术中的独立咨询
ICEA	绝缘线缆工程师协会
ICIA	国际通信业协会
ID	内径
I_{dc}	直流电流
IDC	绝缘体置换连接器
IDE	集成电路设备
IDFT	离散傅里叶逆变换
IDP	集成检波/前置放大器
IDSL	ISDN数据用户线
IEC	国际电工委员会，集成电子元件

续表

符号或缩写	单位或词条
IEEE	电气电子工程师学会
IETF	因特网工程任务组
IF	中频
IFB	反馈中断
IGBT	绝缘栅双极晶体管
IGFET	绝缘栅场效应管
IGMP	互联网管理协议
IGT	绝缘栅晶体管
IHC	内耳绒毛细胞
IIC	影响绝缘等级
IID	双耳间强度差
IIR	无限冲激响应
ILD	双耳间声压级差，注入式激光二极管
IM或IMD	互调失真，互调
IMAX	图像最大化（ImageMAXimum）
IMG	折射率匹配胶体
in，[“]	英寸
in/s	英寸/秒
in^2	平方英寸
in^3	立方英寸
INMS	综合网络管理系统
INVOP	输入过压保护
IOC	集成光纤保护
IOR	折射率
I_p	板极电流
IP	互联网协议
IPCDN	有线数据网络IP
IPD	双耳间相位差
IPM	智能化电源管理系统
IR	冲激响应，红外，绝缘电阻
IRE	无线电工程师学会
IRS	对流辐射抑制
ISB	独立边带
ISD	初始信号延时
ISDN	综合业务数字网
ISL	反平方定律
ISO	国际标准化组织
ISP	互联网业务供应商
ISRC	国际标准记录规范
ITD	双耳间时间差
ITDG	初始时间延时间隙
ITE	入耳式
ITES	教育电视固定业务

续表

符号或缩写	单位或词条
ITU	国际电信联盟
IXC	中间交叉连接
J	焦耳
J/K	焦耳/开尔文
JFET	结型场效晶体管
JND	最小可觉差
JPEG	JPEG文件格式
JSA	日本标准协会
K	开尔文
Kcmil	千圆密尔
keV	千电子伏特
kg	千克
kG	千高斯
kgf	千克-力
kHz	千赫兹
kJ	千焦
km	千米
km/h	千米/小时
kn	海里
kV	千伏（1000伏）
kVA	千伏安
kWh	千瓦时
l	公升
L	电感量，电感器，朗伯
l/s	升/秒
L_a	振动加速度级
LAN	局域网
LAS	广域系统
LASER	激光
lb	磅
lb•fft	磅-力 英尺
lbf	磅-力
lbf/in^2，psi	磅/英寸^2。尽管常用psi的缩写，但不推荐
LC	电感-电容
LCD	液晶显示
LCOS	硅基液晶显示器
LCRS	左，中，右，环绕
L_D	激光二极管
LDR	光敏电阻
L_E	能量级
LE	横向效率
LEC	本地交换电信局
LED	发光二极管

续表

符号或缩写	单位或词条
LEDE	一端活跃一段沉寂设计
LEDR	听音环境诊断记录
LEED	领先能源与环境设计
LF	低频，横向比
L_F	振动力级
LFE	低频效果
L_I	强度级
lm	流明
lm.s	流明秒
lm/ft^2	流明/英尺^2
lm/m^2	流明/米^2
lm/W	流明/瓦
LMDS	本地多点分配业务
ln	自然对数
log	对数
L_{out}	输出电平（dB）
LP	长时间播放
L_p，SPL	声压级
LPF	低通滤波器
LPRS	低功率无线电业务
L_R	混响声压级（dB）
LSB	最低有效位
L_{sens}	扬声器灵敏度
LSHI	大规模混合集成
LSI	大规模集成
L_T	总声压级（dB）
LTI	线性时不变
LUT	查询表
L_v	振动速度级
LVDS	低压差分信号
L_W	能量密度级
L_W，dB-PWL	功率级
lx	勒克斯
m	米，毫
M	互感，波长
M-JPEG	活动影像-JPEG
m（F）	调制换算系数
m^2	平方米
M2M	机器到机器
m^3	立方米
m^3/s	米^3/秒
mA	毫安
MAC	媒体访问控制，倍增器/累加器

续表

符号或缩写	单位或词条
MACs	移动，相加和变化
MADI	多通道声频数字接口
MAN	城域网
MAP	制造自动化协议
MAS	介质区域系统
MASH	多级噪声整形
mb	毫靶
MB	兆字节
mbar	毫巴
Mbps	兆比特/秒
MC	动圈式
MCNS	多媒体有线网络系统战略伙伴有限公司
MCR	多通道混响
MCSE	微软认证系统工程师
MD	微型光盘
MDA	主配线区，齿轮传动放大器
MDA	多维声
mDP	微型显示端口（mini DisplayPort）
MDS	多点分布系统
MEMS	分子电化学系统
MeV	兆电子伏
MF	中频
MFP	平均自由程
mg	毫克
mGal	毫伽
mH	毫亨
MHD	磁流体
MHz	兆赫
mi	英里（法定）
mi/h	英里/小时
mic	传声器
MIDI	乐器数字接口
MIMO	多输入多输出
min	分（时间）
mm	毫米
MMB	大众传媒机构
MMF	磁动力
mmHg	毫米汞柱，常用法
MO	磁光
mol	摩尔
MOR	磁光记录
MOS	铁氧体半导体
MOSFET	金属氧化物半导体场效应管

续表

符号或缩写	单位或词条
MOV	金属氧化物变阻器
MPEG	运动图像专家组
MRT	改韵测试
ms	毫秒
mS	毫希
MSB	最高有效比特位
MSO	多系统操作器
MTC	MIDI时间码
MTF	调制传递函数
MTP	邮件传送协议
MUTOA	多用户信息点装配
mV	毫伏
MV	兆伏
mW	毫瓦
MW	兆瓦
MΩ	兆欧
Mx	麦克斯韦
MXC	主交叉连接
N	牛顿
N•m	牛顿・米
N/D	中密度滤色片
N/m^2	牛顿/米^2
nA	纳安
NA	数值孔径
NAB	全国广播工作者协会（美）
NAD	全国聋人协会（美）
NAG	必需的声学增益
NAT	网络地址转换
NBR	丁腈橡胶
NBS	国家标准局（美）
NEC	全国电气规程（美）
NECA	国家电气承包商协会（美）
NEMA	美国电气制造商协会
NEP	噪声等效功率
NEXT	近端串扰
nF	纳法
NF	噪声指数
NFPA	国家防火协会（美）
NIC	网络接口卡
NICAM	准瞬时压扩
NIOSH	国家职业安全卫生研究所（美）
NIST	国家标准技术研究所（美）
NLPs	正常链路脉冲

续表

符号或缩写	单位或词条
nm	纳米
NOALA	噪声调控的自动电平调节器
NOC	网络操作中心
NOM	开启的传声器数目
Np	奈培
NPN	负-正-负
NRZI	不归零倒相制
ns	纳秒
NSCA	国家系统承包商协会（美）
NTC	负温度系数
NTSC	国家电视系统委员会
nW	纳瓦
OC	光学载波
OCIA	反向电流交错放大器
OCMR	优化的共模抑制
OCP	过电流保护
OD	外径
Oe	奥斯特
OEIC	光电集成电路
OFDM	正交频分复用
OFHC	高导无氧铜
OHC	外毛细胞
OITC	室内外传输等级
OLED	有机LED，有机光发射二极管
OLT	光线路终端
ONTs	光纤网络终端
OPC	最佳功率校准
ORTF	法国广播电视机构
OSI	开放系统互连
OSI	最佳源阻抗
OSM	屏幕调整
OSS	运营支撑系统
OTA	运算跨导放大器
OTDR	光时域反射仪
oz	盎司（常衡制）
pA	皮安
Pa	帕斯卡
PaaS	平台即服务
PAG	潜在声学增益
PAL	逐行倒相制
PAM	脉冲幅度调制
PAR	耳廓声学响应，抛物面镀铝反射器
PASC	精确自适应子带编码

续表

符号或缩写	单位或词条
Pavg	平均功率
PB	音位平衡
PBO	功率补偿
PBS	偏振分束器
PBX	专用小交换机
PC	印刷电路
PCA	功率校准区
PCM	脉冲编码调制
PD	用电设备
pdl	磅达
PDM	脉冲密度调制，脉宽调制
PDP	等离子体
PEM	脉端调制
PETC	专业教育与培训委员会
pF	皮法
PF	功率因数
PFC	相位频率曲线，功率因数校正
PFL	推拉衰减器前监听
PFM	脉冲频率调制
PGA	可编程门阵列
PIC	塑料绝缘导体
PiMF	金属箔包裹线对
PIP	画中画
piv	反向峰值电压
PLD	可编程逻辑器件
PLL	锁相环路
PLS	个人监听系统
PM	相位调制
PMD	依赖物理介质层
PNP	正-负-正
P_o	功率输出
PoE	以太网供电
PONs	无源光网络
POTS	普通传统电话业务
PPM	峰值节目表，脉冲位置调制
PPP	点到点协议
PRF	脉冲回复频率
PRI	主速率接口ISDN
PRIR	参量化的房间冲激响应
PROM	可编程只读存储器
PRR	脉冲回复速率
ps	皮秒
PS-NEXT	功率和远端串扰

续表

符号或缩写	单位或词条
PSAELFEXT	相异功率和ELFEXT
PSAELFEXT	相异功率和等电平远端串扰
PSANEXT	相异功率和近端串扰
PSE	功率源设备
PSTN	公用电话交换网络
PTM	脉冲时间调制
PTZ	摇像/倾斜/变焦
PU	拾音
pW	皮瓦
PWM	脉宽调制，脉宽调制器
Q	指向性因数，品质因数
QAM	正交振幅调制
QDR	四倍数据率
QoS	服务质量
QPSK	四相移相键控
QRD	二次余数扩散体
QWP	四分之一波片
R	电阻，伦琴
R-DAT	旋转磁头数字声频磁带
r/min，rpm	圈数/分
rad	弧度
RADIUS	远程身份认证拨号用户服务
RAID	独立磁盘冗余阵列
RAM	随机［存取］存储器
RASTI	快速语言传输指数
RC	阻容，电阻-电容器
RCDD	注册通信分配设计师
RCFC	并列圆导体扁电缆
rd	拉德
RDC	区域数据中心
RDS	无线电数据业务，无线电数据系统
R_{eq}	等效电阻
RF	射频
RFI	射频干扰
RFID	射频识别
RFP	征求建议书
RFZ	自由反射区
RGB	红，绿，蓝
RIAA	美国记录工业协会
RIR	房间冲激响应
RL	回波损耗
RLC	电阻-电感-电容
R_M	匹配电阻

续表

符号或缩写	单位或词条
RMA	记录管理区
rms	均方根
RNG	随机噪声发生器
ROC	报告评议
RoHS	有害物质限制
ROM	只读存储器
ROP	报告建议
r_p	板极电阻
RPG	反射相位栅
RPS	反射次数/秒
R_s	源电阻
RSN	鲁棒业务网
RSVP	资源预留协议
RT，RT_{60}	混响时间
RTA	实时分析仪
RTL	电阻晶体管逻辑
RTP	实时协议
s	秒（时间）
S	西门子，总表面积
S-CDMA	同步码分多址
S-HDSL	单对高比特率数字用户线
S/H	采样和保持
Sa	房间常数
SAA	平均吸声量
SaaS	软件即服务
Sabin	塞宾（吸声量单位）
SACD	超级声频CD
SAG	电影演员同业工会
SAN	存储区域网
SAP	双语立体声节目
SAVVI	音响，音视频和视频集成商
SC	超级电容器
SCA	副载波通信认证
SCIN	屏蔽电流感应噪声
SCMS	串行复制管理系统
SCP	简单控制协议
SCR	可控硅整流器
SCS	结构化布缆系统
SCSI	小型计算机系统
ScTP	屏蔽绞线对
SCTP	流控制传输协议
SD	信号延迟
SD-SDI	标准清晰度-串行数字接口

续表

符号或缩写	单位或词条
SDDS	索尼动态数字声
SDI	串行数字接口
SDMI	音乐著作权保护协会
SDR	单数据率
SDSL	对称数字用户线
SDTI	串行数据传送接口
SDTV	标清电视
SDV	串行数字视频
SECAM	顺序存储彩色电视制式
sensi	灵敏度
SHF	极高频
SIP	单列直插封装，会话起始协议
SLD	超级发光二极管
SLM	声级计
SMA	超小型A类连接件
SMART	自我检测分析与回报技术
SMB	超小型B类连接件
SMC	超小型C类连接件
SMPTE	电影电视工程师学会
SNG	卫星新闻采集
SNIR	信号与噪声加干扰比值
SNMP	简单网络管理协议
SNR	信噪比
SoCs	系统集成芯片
SONET	同步光纤网
SPDT	单极双投
SPP	歌曲位置指针
SPST	单极单投
sr	球面度
SRAM	静态RAM
SRC	采样率转换器
SRI	隔声指数
SRL	结构回波损耗
SRS	采样率转换器
SSB	单边带
SSID	服务站点识别器
SSL	固态照明
SSM	固态音乐
SSR	固态继电器
STC	声传输等级
STI	声传输指数
STP	屏蔽绞线对
STS	静态转换系统

续表

符号或缩写	单位或词条
Super VHS	超级家用视频系统
SW	短波
SWG	线径规格
SWR	驻波比
t	公吨
T	特斯拉，时间
TBC	时基校正器
TC	热耦；时间常数，电信间
TCP	传输控制协议
TCP/IP	传输控制协议/互联网协议
TDM	时分复用
TDMA	时分多路访问
TDS	延时谱
TE	电信机柜
TEF	时间能量谱
TEM	横向电磁波
TFE	四氟乙烯
TFT	薄膜晶体管
TGB	电子通信接地棒
THD	总谐波失真
THD+N	总谐波失真+噪声
TIA	电信行业委员会
TIM	瞬态互调失真
TL	传输损耗
TM	横向磁场
TMDS	最小化传输差分信号
TMV	瞬时最小电压
TN，*i*tn	热噪声
TOGAD	音调操控的增益调节设备
TOLED	透明OLED
TP-PMD	依赖物理介质的绞线对
TR	电信机房
TTL	晶体管-晶体管逻辑电路
TTS	暂时性阈移
TV	电视
TVI	电视干扰
TVRO	仅接收的单向电视
TVS	瞬态电压抑制
TWT	行波管
u	原子量单位（统一的）
UBC	统一建筑规范
UC	超级电容器
UDF	通用光盘格式

续表

符号或缩写	单位或词条
UDP	用户数据报协议
UDP	用户定义协议
UHF	超高频
UI	单位间隔
UL	（美国）保险商实验室
UPA	普遍的电力协会
USB	通用串行母线
USOC	通用业务命令码
VTP	非屏蔽双绞线
UV	紫外，单位间隔
V	伏特
VA	伏安
V_{ac}	交流伏特
VC/MTM	可变星座/多音调制
VCA	压控放大器
VCO	压控振荡器
VCSEL	垂直扩展腔面发射半导体激光器
VCXO	压控晶振
V_{dc}	直流电压
V_{dc}	直流伏特
VDSL	甚高速数字用户线
VESA	视频电子标准协会
VFO	可变频率振荡器
VGA	视频图像阵列
VHF	甚高频
VHS	视频家用系统
VI	音量指示器
VLAN	虚拟局域网
VLF	甚低频
VLSI	超大规模集成电路
VOD，VoD	视频点播
VoIP	网络电话
VOM	伏特-欧姆表
VoWi-Fi	Wi-Fi语音
VP	辐射速度
VPN	虚拟专用网络
VPAM	视频RAM
V_{rms}	均方根值电压
VSO	变速振荡器
VSWR	电压驻波比
VU	音量单位
Ω	欧姆
W	瓦特

续表

符号或缩写	单位或词条
W/（sr•m²）	瓦/球面度•米²
W/sr	瓦/球面度
WAN	广域网
WAP	无线访问点，无线应用协议
Wb	韦伯
WCS	无线通信业务
WDM	波分复用
WEP	有线等效加密
Wh	瓦小时
WHO	世界卫生组织
Wi-Fi	无线保真
WiMax	无线微波访问
WMA	视窗媒体音频
WMTF	加权调制传输函数
WO	仅写入一次
WORM	写一次，读多次
X	电抗
Xc	容抗
XL	感抗
Y	导纳
Y	波纹系数
yd	码
yd^2	码²
yd^3	码³
Z	阻抗（幅度）
ZAD	分区配线区域
μ	放大系数，电压增益
μA	微安
μbar	微巴
μF	微法
μg	微克
μH	微亨
μm	微米
μmho	微姆欧
μs	微秒
μS	微西
μV	微伏
μW	微瓦

50.12　表面积和体积的公式

要想得到复杂区域的表面积和体积，常常要将该区域分隔成一系列的较为简单的区域，并且能够一次性处理。图 50.10 ～图 50.17 是针对各种体积的计算公式。

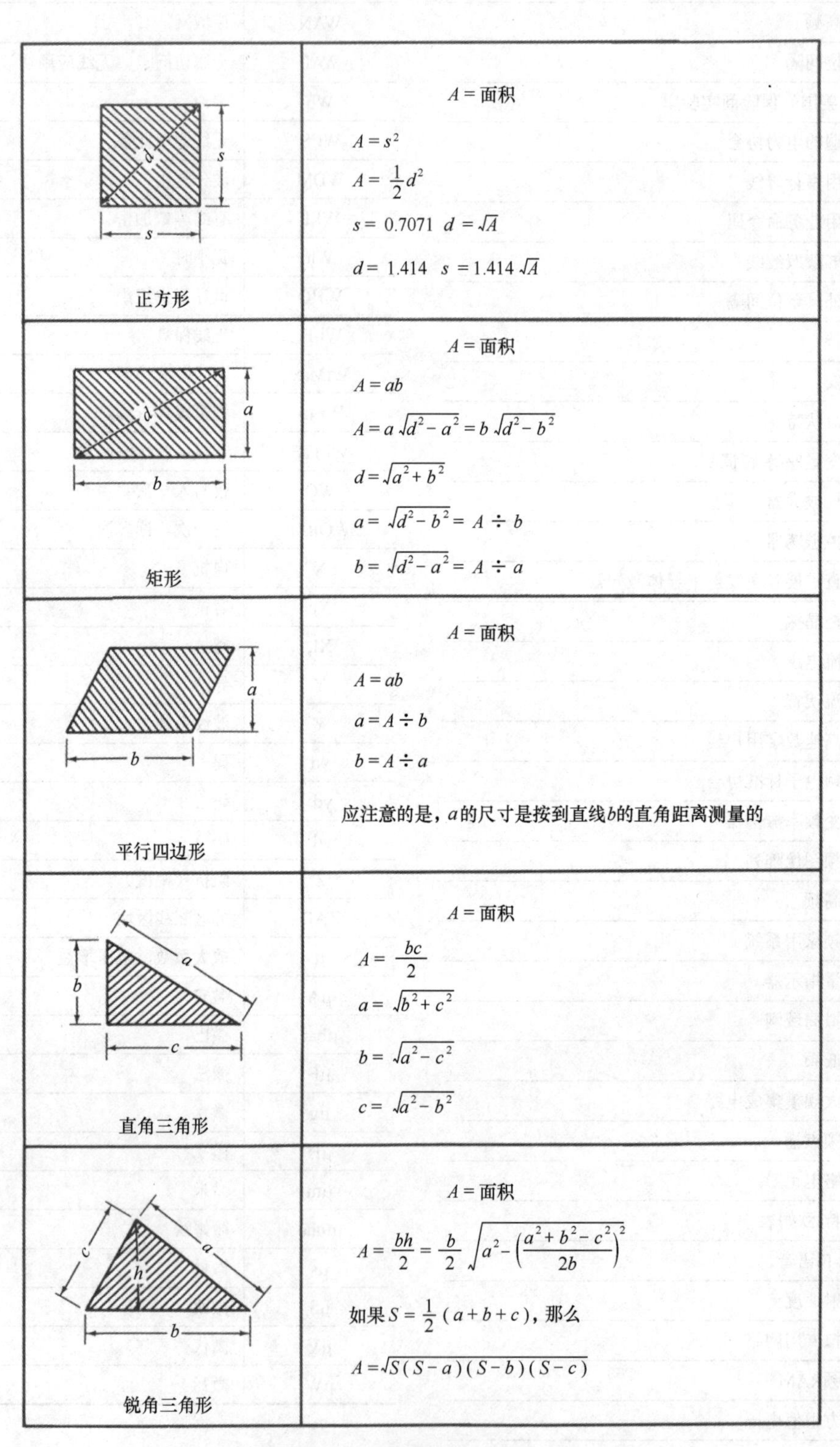

正方形	A = 面积 $A=s^2$ $A=\frac{1}{2}d^2$ $s=0.7071\ d=\sqrt{A}$ $d=1.414\ s=1.414\sqrt{A}$
矩形	A = 面积 $A=ab$ $A=a\sqrt{d^2-a^2}=b\sqrt{d^2-b^2}$ $d=\sqrt{a^2+b^2}$ $a=\sqrt{d^2-b^2}=A\div b$ $b=\sqrt{d^2-a^2}=A\div a$
平行四边形	A = 面积 $A=ab$ $a=A\div b$ $b=A\div a$ 应注意的是，a的尺寸是按到直线b的直角距离测量的
直角三角形	A = 面积 $A=\frac{bc}{2}$ $a=\sqrt{b^2+c^2}$ $b=\sqrt{a^2-c^2}$ $c=\sqrt{a^2-b^2}$
锐角三角形	A = 面积 $A=\frac{bh}{2}=\frac{b}{2}\sqrt{a^2-\left(\frac{a^2+b^2-c^2}{2b}\right)^2}$ 如果$S=\frac{1}{2}(a+b+c)$，那么 $A=\sqrt{S(S-a)(S-b)(S-c)}$

图 50.10　表面形状复杂物体的计算公式 1

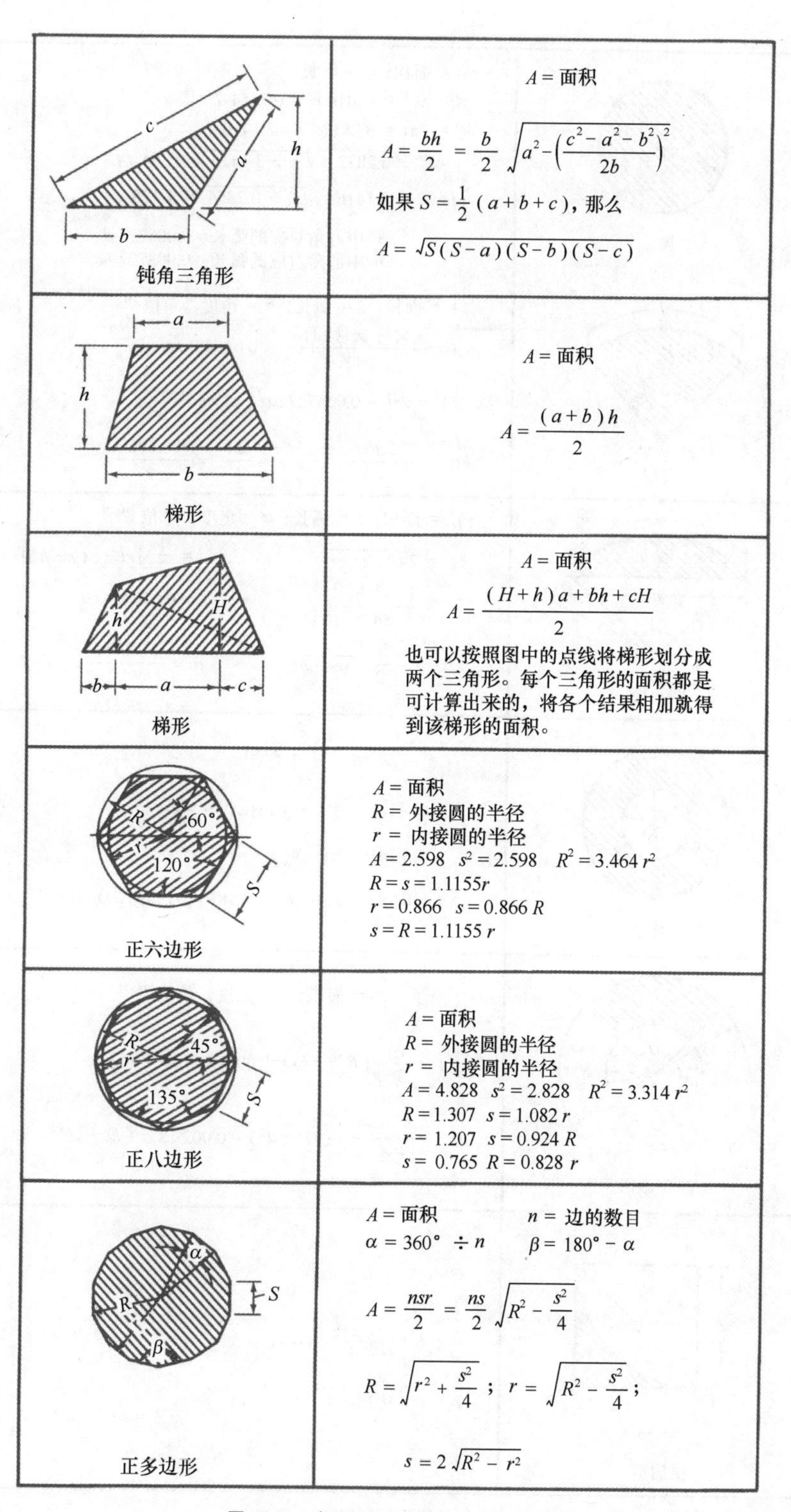

钝角三角形	A = 面积 $A=\frac{bh}{2}=\frac{b}{2}\sqrt{a^2-\left(\frac{c^2-a^2-b^2}{2b}\right)^2}$ 如果 $S=\frac{1}{2}(a+b+c)$，那么 $A=\sqrt{S(S-a)(S-b)(S-c)}$
梯形	A = 面积 $A=\frac{(a+b)h}{2}$
梯形	A = 面积 $A=\frac{(H+h)a+bh+cH}{2}$ 也可以按照图中的点线将梯形划分成两个三角形。每个三角形的面积都是可计算出来的，将各个结果相加就得到该梯形的面积。
正六边形	A = 面积 R = 外接圆的半径 r = 内接圆的半径 $A=2.598\quad s^2=2.598\quad R^2=3.464\,r^2$ $R=s=1.1155r$ $r=0.866\quad s=0.866\,R$ $s=R=1.1155\,r$
正八边形	A = 面积 R = 外接圆的半径 r = 内接圆的半径 $A=4.828\quad s^2=2.828\quad R^2=3.314\,r^2$ $R=1.307\quad s=1.082\,r$ $r=1.207\quad s=0.924\,R$ $s=0.765\quad R=0.828\,r$
正多边形	A = 面积　　n = 边的数目 $\alpha=360°\div n$　　$\beta=180°-\alpha$ $A=\frac{nsr}{2}=\frac{ns}{2}\sqrt{R^2-\frac{s^2}{4}}$ $R=\sqrt{r^2+\frac{s^2}{4}}$；$r=\sqrt{R^2-\frac{s^2}{4}}$； $s=2\sqrt{R^2-r^2}$

图 50.11　表面形状复杂物体的计算公式 2

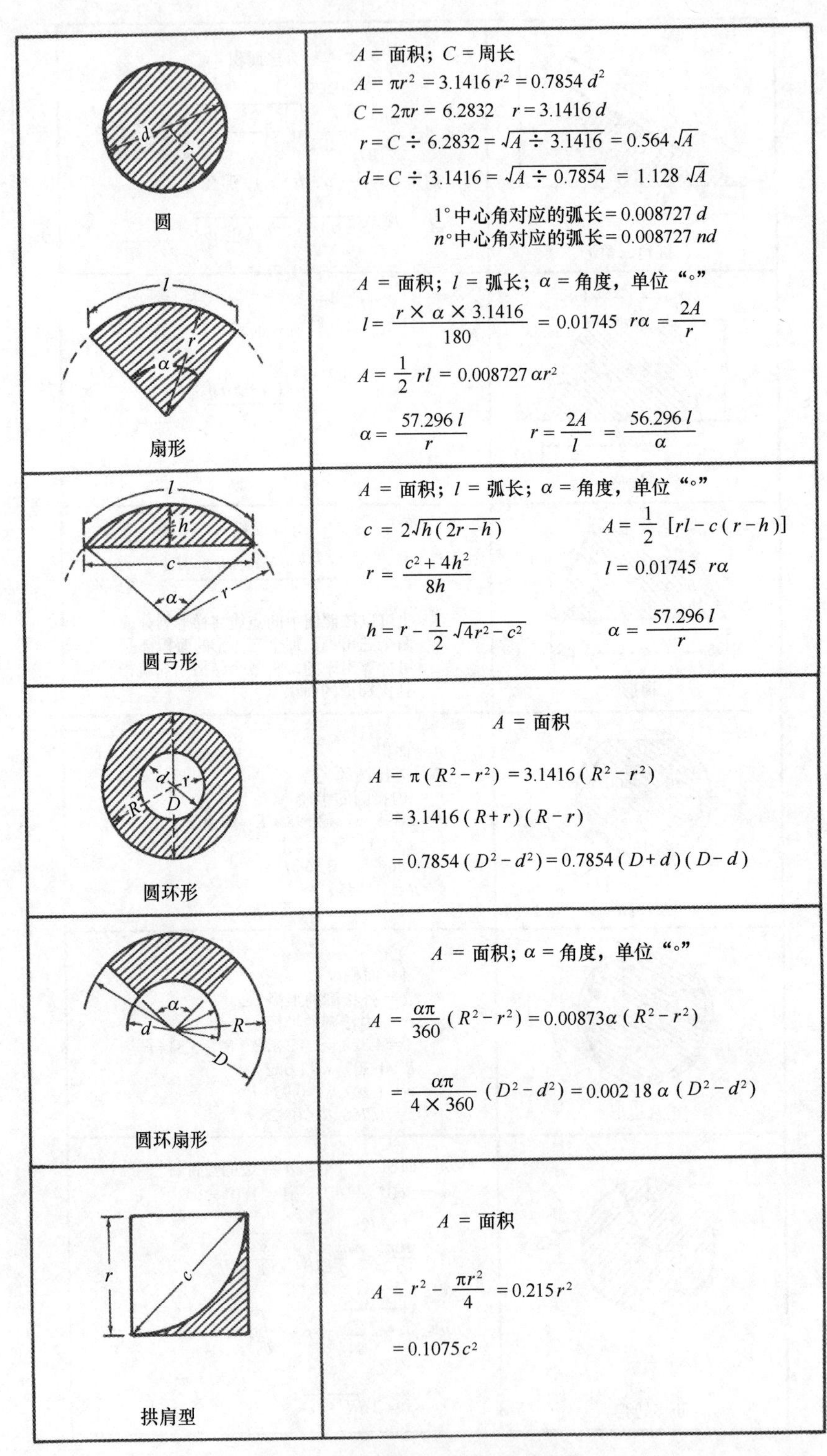

圆	A = 面积；C = 周长 $A=\pi r^2=3.1416\,r^2=0.7854\,d^2$ $C=2\pi r=6.2832\quad r=3.1416\,d$ $r=C\div 6.2832=\sqrt{A\div 3.1416}=0.564\sqrt{A}$ $d=C\div 3.1416=\sqrt{A\div 0.7854}=1.128\sqrt{A}$ 1°中心角对应的弧长 = 0.008727 d n°中心角对应的弧长 = 0.008727 nd
扇形	A = 面积；l = 弧长；α = 角度，单位“°” $l=\dfrac{r\times\alpha\times 3.1416}{180}=0.01745\ r\alpha=\dfrac{2A}{r}$ $A=\dfrac{1}{2}rl=0.008727\,\alpha r^2$ $\alpha=\dfrac{57.296\,l}{r}\qquad r=\dfrac{2A}{l}=\dfrac{56.296\,l}{\alpha}$
圆弓形	A = 面积；l = 弧长；α = 角度，单位“°” $c=2\sqrt{h(2r-h)}\qquad A=\dfrac{1}{2}[rl-c(r-h)]$ $r=\dfrac{c^2+4h^2}{8h}\qquad l=0.01745\ r\alpha$ $h=r-\dfrac{1}{2}\sqrt{4r^2-c^2}\qquad \alpha=\dfrac{57.296\,l}{r}$
圆环形	A = 面积 $A=\pi(R^2-r^2)=3.1416(R^2-r^2)$ $=3.1416(R+r)(R-r)$ $=0.7854(D^2-d^2)=0.7854(D+d)(D-d)$
圆环扇形	A = 面积；α = 角度，单位“°” $A=\dfrac{\alpha\pi}{360}(R^2-r^2)=0.00873\alpha(R^2-r^2)$ $=\dfrac{\alpha\pi}{4\times 360}(D^2-d^2)=0.002\,18\,\alpha(D^2-d^2)$
拱肩型	A = 面积 $A=r^2-\dfrac{\pi r^2}{4}=0.215\,r^2$ $=0.1075\,c^2$

图 50.12 表面形状复杂物体的计算公式 3

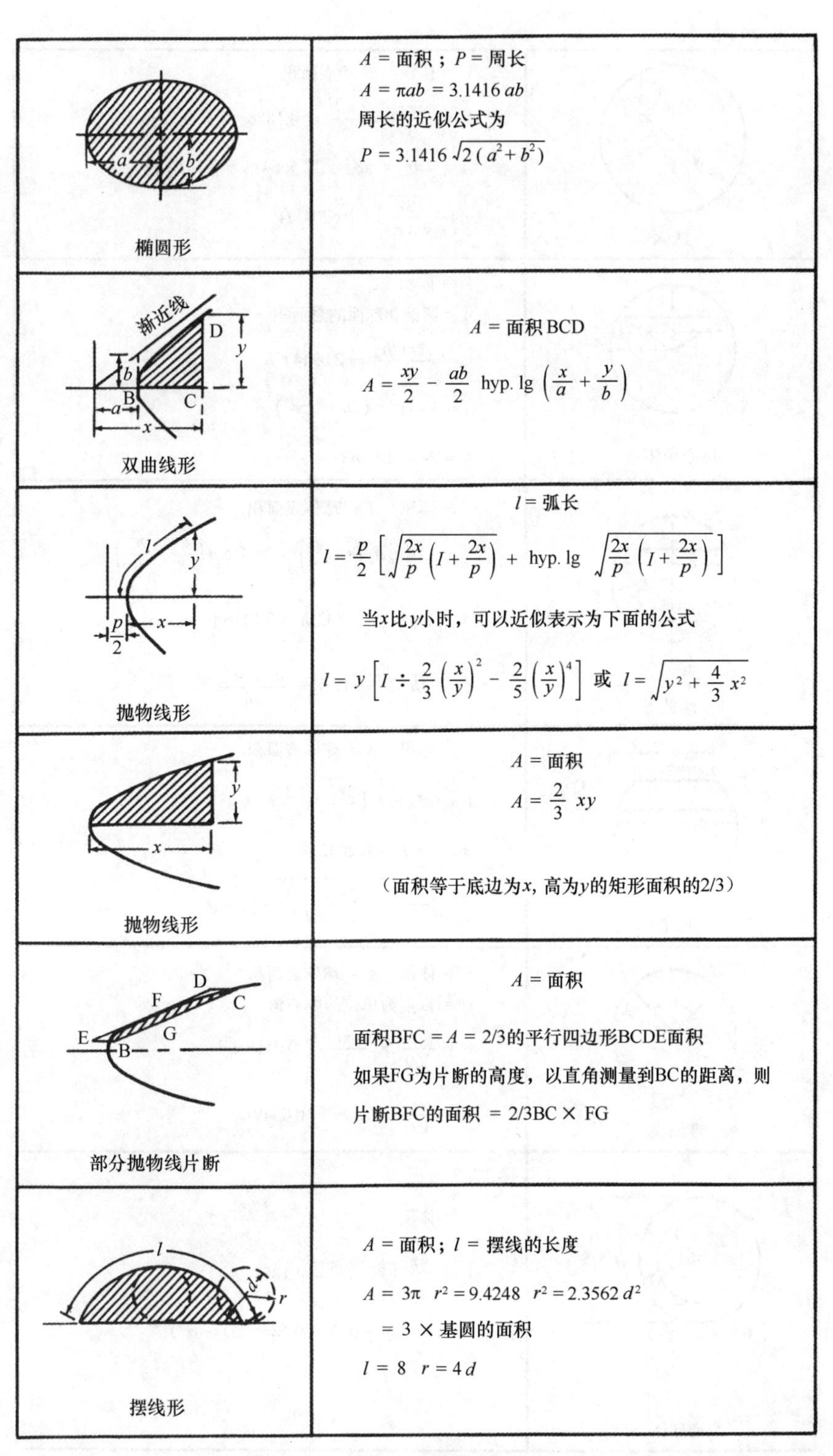

a　b 椭圆形	A = 面积；P = 周长 $A = \pi ab = 3.1416\,ab$ 周长的近似公式为 $P = 3.1416\sqrt{2(a^2+b^2)}$
渐近线　D　y　b　B　C　a　x 双曲线形	A = 面积 BCD $A = \frac{xy}{2} - \frac{ab}{2}\ \text{hyp. lg}\left(\frac{x}{a}+\frac{y}{b}\right)$
l　y　$\frac{p}{2}$　x 抛物线形	l = 弧长 $l = \frac{p}{2}\left[\sqrt{\frac{2x}{p}\left(1+\frac{2x}{p}\right)} + \text{hyp. lg}\ \sqrt{\frac{2x}{p}\left(1+\frac{2x}{p}\right)}\right]$ 当x比y小时，可以近似表示为下面的公式 $l = y\left[1 \div \frac{2}{3}\left(\frac{x}{y}\right)^2 - \frac{2}{5}\left(\frac{x}{y}\right)^4\right]$ 或 $l = \sqrt{y^2 + \frac{4}{3}x^2}$
y　x 抛物线形	A = 面积 $A = \frac{2}{3}\ xy$ （面积等于底边为x, 高为y的矩形面积的2/3）
D　F　C　E　G　B 部分抛物线片断	A = 面积 面积BFC = A = 2/3的平行四边形BCDE面积 如果FG为片断的高度，以直角测量到BC的距离，则片断BFC的面积 = 2/3BC × FG
l　d　r 摆线形	A = 面积；l = 摆线的长度 $A = 3\pi\ r^2 = 9.4248\ r^2 = 2.3562\,d^2$ = 3 × 基圆的面积 $l = 8\ r = 4\,d$

图 50.13　表面形状复杂物体的计算公式 4

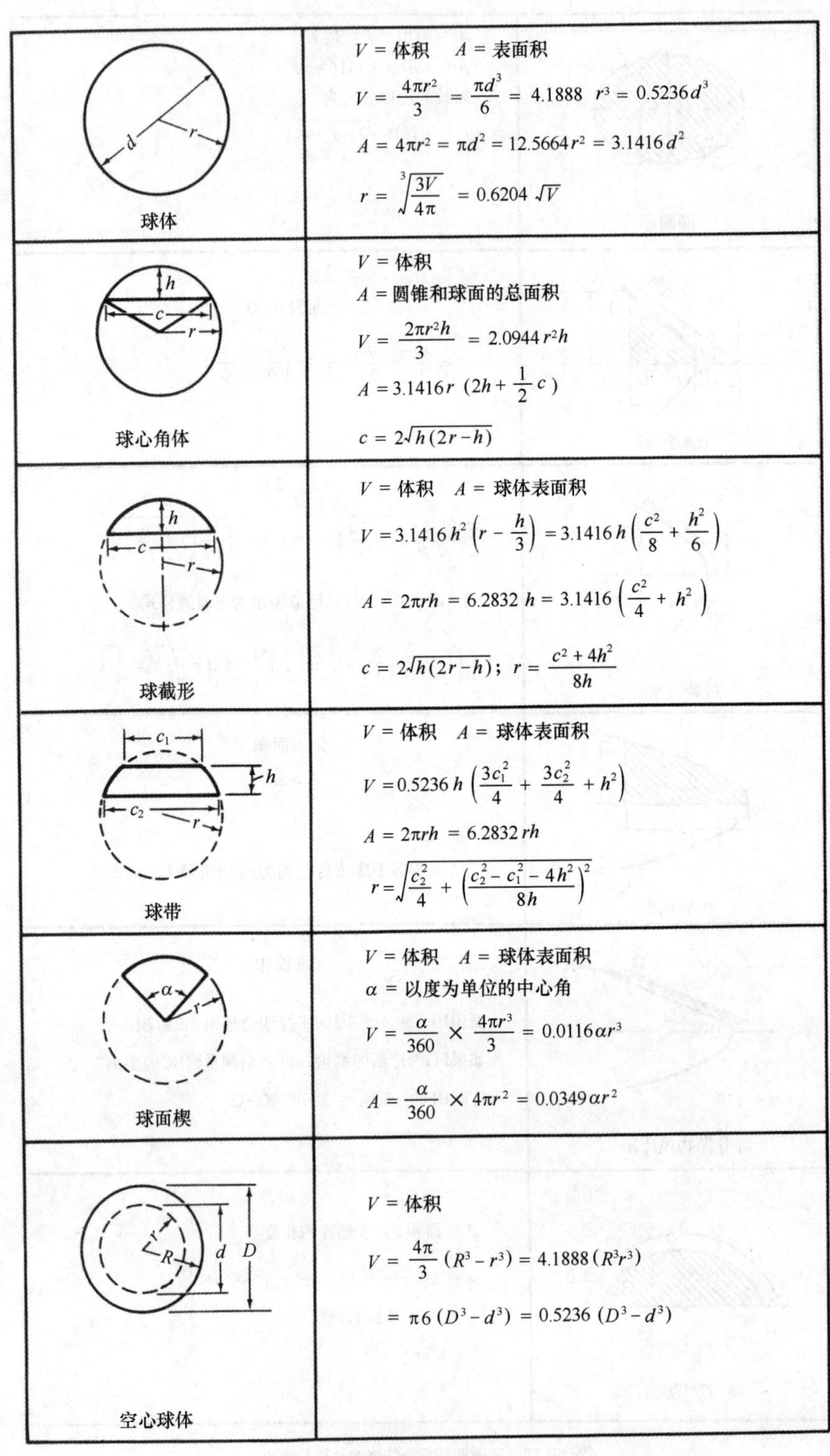

球体	V = 体积　A = 表面积 $V=\frac{4\pi r^2}{3}=\frac{\pi d^3}{6}=4.1888\ r^3=0.5236d^3$ $A=4\pi r^2=\pi d^2=12.5664r^2=3.1416d^2$ $r=\sqrt[3]{\frac{3V}{4\pi}}=0.6204\sqrt{V}$
球心角体	V = 体积 A = 圆锥和球面的总面积 $V=\frac{2\pi r^2 h}{3}=2.0944r^2h$ $A=3.1416r\ (2h+\frac{1}{2}c)$ $c=2\sqrt{h(2r-h)}$
球截形	V = 体积　A = 球体表面积 $V=3.1416h^2\left(r-\frac{h}{3}\right)=3.1416h\left(\frac{c^2}{8}+\frac{h^2}{6}\right)$ $A=2\pi rh=6.2832\ h=3.1416\left(\frac{c^2}{4}+h^2\right)$ $c=2\sqrt{h(2r-h)}$；$r=\frac{c^2+4h^2}{8h}$
球带	V = 体积　A = 球体表面积 $V=0.5236h\left(\frac{3c_1^2}{4}+\frac{3c_2^2}{4}+h^2\right)$ $A=2\pi rh=6.2832rh$ $r=\sqrt{\frac{c_2^2}{4}+\left(\frac{c_2^2-c_1^2-4h^2}{8h}\right)^2}$
球面楔	V = 体积　A = 球体表面积 α = 以度为单位的中心角 $V=\frac{\alpha}{360}\times\frac{4\pi r^3}{3}=0.0116\alpha r^3$ $A=\frac{\alpha}{360}\times 4\pi r^2=0.0349\alpha r^2$
空心球体	V = 体积 $V=\frac{4\pi}{3}(R^3-r^3)=4.1888(R^3r^3)$ $=\pi 6(D^3-d^3)=0.5236(D^3-d^3)$

图 50.14　表面形状复杂物体的计算公式 5

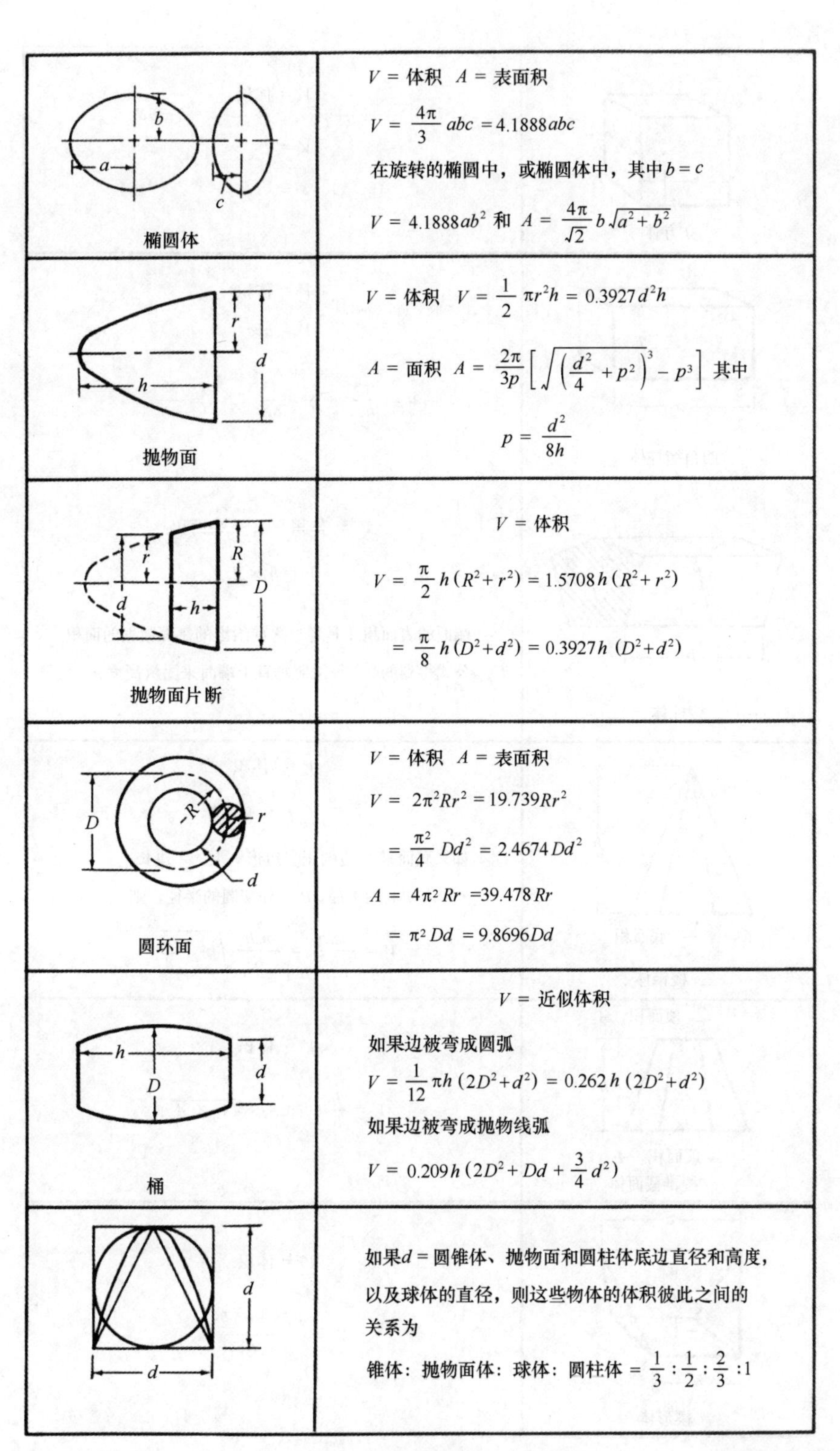

图 50.15　表面形状复杂物体的计算公式 6

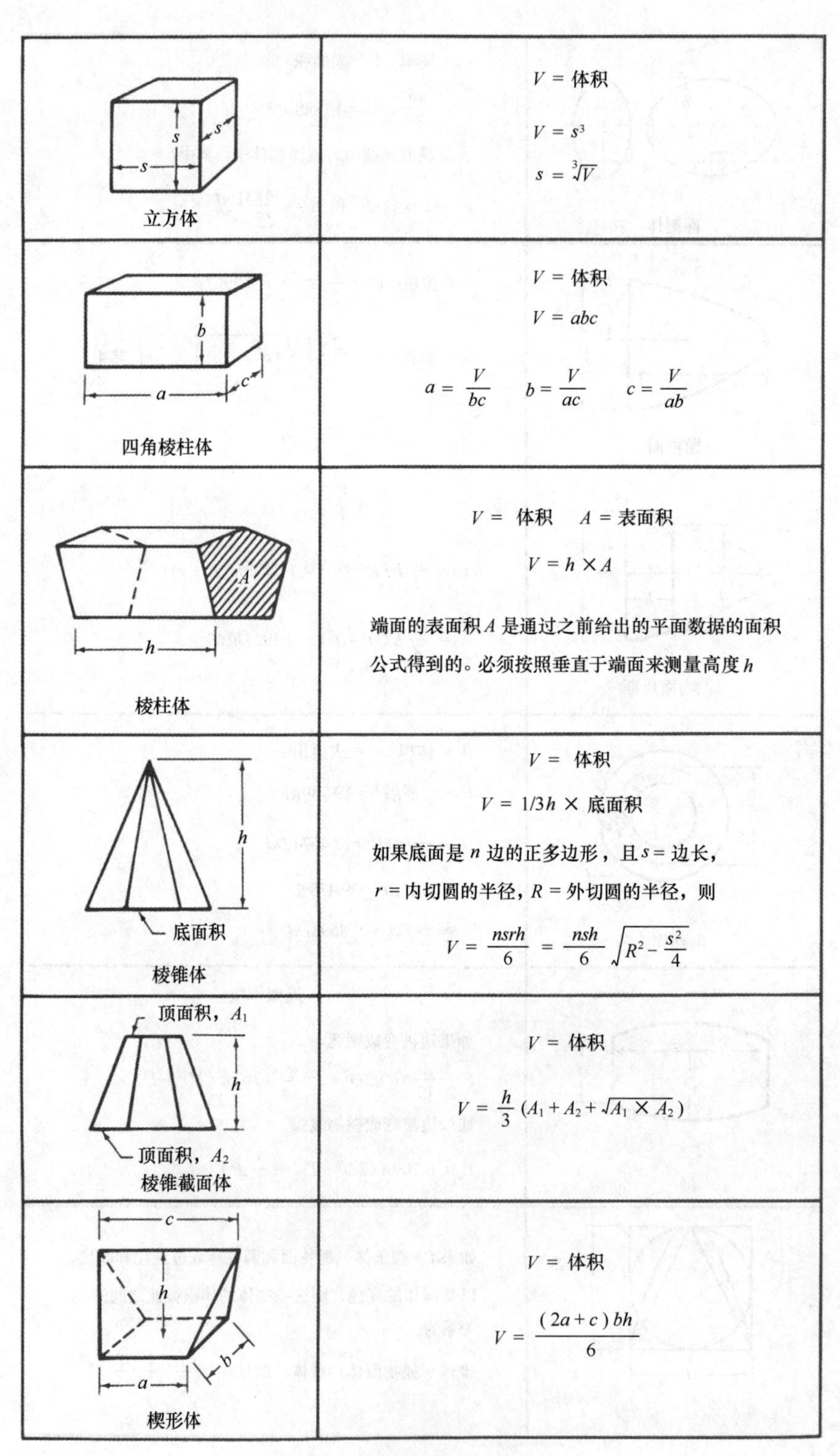

立方体	V = 体积 $V = s^3$ $s = \sqrt[3]{V}$
四角棱柱体	V = 体积 $V = abc$ $a = \frac{V}{bc}$ $b = \frac{V}{ac}$ $c = \frac{V}{ab}$
棱柱体	V = 体积 A = 表面积 $V = h \times A$ 端面的表面积A是通过之前给出的平面数据的面积公式得到的。必须按照垂直于端面来测量高度h
棱锥体（底面积）	V = 体积 $V = 1/3h \times$ 底面积 如果底面是n边的正多边形，且s = 边长，r = 内切圆的半径，R = 外切圆的半径，则 $V = \frac{nsrh}{6} = \frac{nsh}{6}\sqrt{R^2 - \frac{s^2}{4}}$
棱锥截面体（顶面积，A_1；顶面积，A_2）	V = 体积 $V = \frac{h}{3}(A_1 + A_2 + \sqrt{A_1 \times A_2})$
楔形体	V = 体积 $V = \frac{(2a+c)bh}{6}$

图 50.16 表面形状复杂物体的计算公式 7

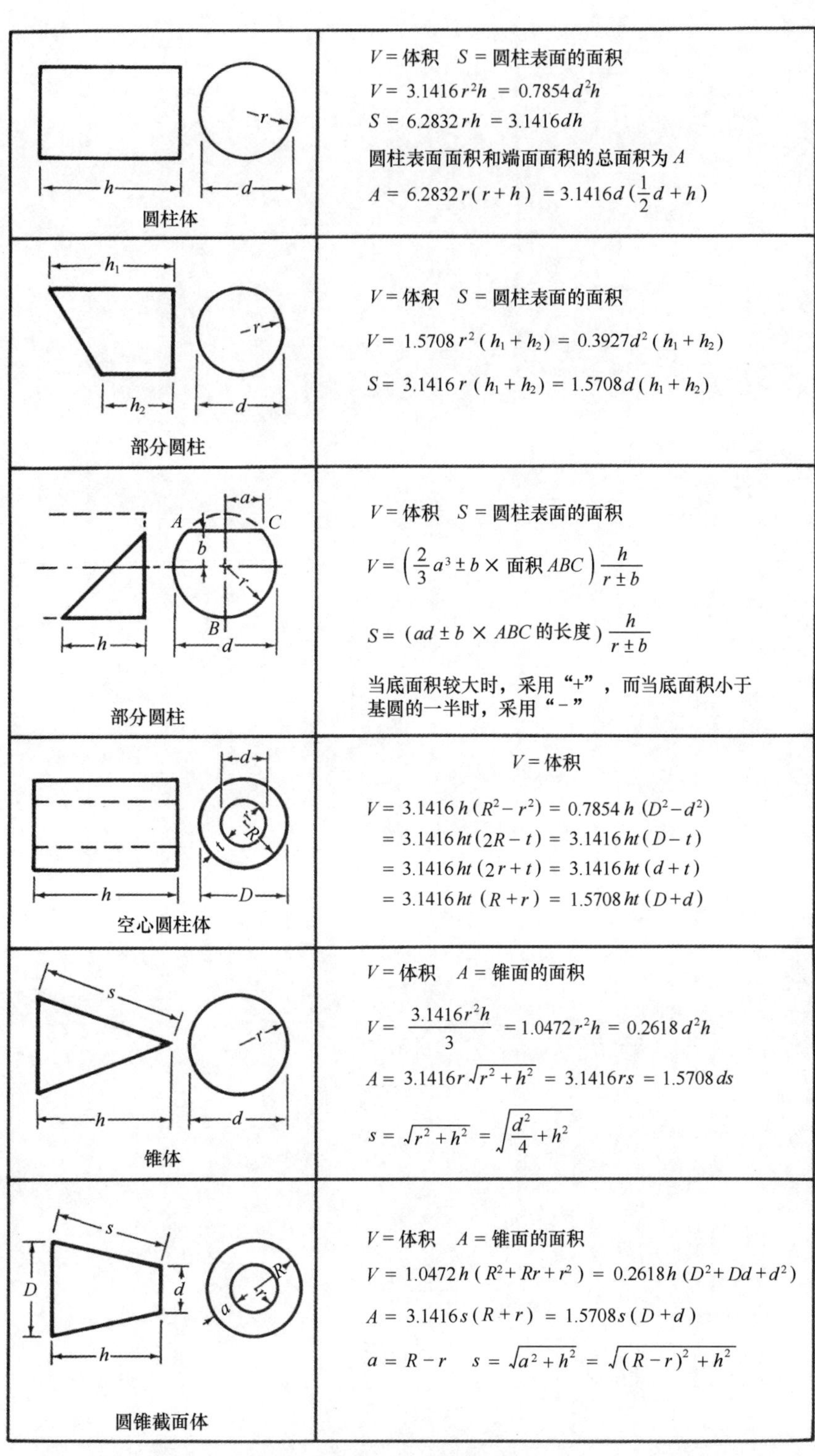

圆柱体	V = 体积 S = 圆柱表面的面积 $V = 3.1416r^2h = 0.7854d^2h$ $S = 6.2832rh = 3.1416dh$ 圆柱表面面积和端面面积的总面积为 A $A = 6.2832r(r+h) = 3.1416d(\frac{1}{2}d+h)$
部分圆柱	V = 体积 S = 圆柱表面的面积 $V = 1.5708r^2(h_1+h_2) = 0.3927d^2(h_1+h_2)$ $S = 3.1416r(h_1+h_2) = 1.5708d(h_1+h_2)$
部分圆柱	V = 体积 S = 圆柱表面的面积 $V = \left(\frac{2}{3}a^3 \pm b \times \text{面积} ABC\right)\frac{h}{r \pm b}$ $S = (ad \pm b \times ABC \text{的长度})\frac{h}{r \pm b}$ 当底面积较大时，采用“+”，而当底面积小于基圆的一半时，采用“-”
空心圆柱体	V = 体积 $V = 3.1416h(R^2-r^2) = 0.7854h(D^2-d^2)$ $= 3.1416ht(2R-t) = 3.1416ht(D-t)$ $= 3.1416ht(2r+t) = 3.1416ht(d+t)$ $= 3.1416ht(R+r) = 1.5708ht(D+d)$
锥体	V = 体积 A = 锥面的面积 $V = \frac{3.1416r^2h}{3} = 1.0472r^2h = 0.2618d^2h$ $A = 3.1416r\sqrt{r^2+h^2} = 3.1416rs = 1.5708ds$ $s = \sqrt{r^2+h^2} = \sqrt{\frac{d^2}{4}+h^2}$
圆锥截面体	V = 体积 A = 锥面的面积 $V = 1.0472h(R^2+Rr+r^2) = 0.2618h(D^2+Dd+d^2)$ $A = 3.1416s(R+r) = 1.5708s(D+d)$ $a = R-r$ $s = \sqrt{a^2+h^2} = \sqrt{(R-r)^2+h^2}$

图 50.17 表面形状复杂物体的计算公式 8